Bibliographische Information Der Deutschen Bibliothek

Die Deutsche Bibliothek verzeichnet diese Publikation in der Deutschen Nationalbibliographie; detaillierte bibliographische Daten sind im Internet über ‹http://dnb.ddb.de› abrufbar.

www.buske.de

לעדה ולטל כץ-בילצקי

Für Ada und Tall Katz-Biletzky

תוכן העניינים

Inhaltsverzeichnis

מבוא

המילון המופיע בזה מיועד בראש ובראשונה לציבור משתמשים ומשתמשות העוסקים בפילוסופיה, במדעי הלשון, בחקר ימי הביניים, במדעי היהדות ובהיסטוריה של מדעי הטבע וכמו כן למתרגמים ולמתרגמות. הוא מחזיק יותר מעשרים וחמישה אלף מונחים מן הפילוסופיה, המדעים והעשׂוּת (טכניקה), ורובם מיודעים בתוך סוגריים עגולים בקיצורי שמות המקצועות שבהם הם משמשים, או בראשי תיבות שלהם (ר' רשימת הקיצורים, עמ' 21). במקרים רבים היה קשה לקבוע אם מונח מסוים שייך לתחומו של מדע זה או אחר.

אפעלפי שׁיִחֵד המחבר תשומת לב רבה למונחים היותר חשובים שבשימוש מדעי הרוח והטבע והשתדל לכללם במילונו, ניתן להיחלק בדבר צידוק היכללותם של כמה וכמה מהם במילון סגולי כגון זה. בדרך כלל היה המחבר נוטה להרחיב את היריעה ולא לצמצמה, והוא מוּדע לכך שבחירת המונחים משקפת במידה מסוימת את נוֹשׂאיותוֹ (סוּבּיקטיביות) שלו.

לכל מונח גרמני הובא מונח עברי אחד לכל הפחות. למרבית המונחים הובאו, ממקורות שונים ומתקופות שונות, לפחות שני מונחים עבריים שנמצאו נאותים. לרבים מהם נוספו הגדרה סימנתית (סמנטית), תיאור או נרדפים. סדר המונחים העבריים הוא שרירותי למדי. כאשר לא נמצא מונח עברי מתאים, חידשׁו המחבר (ר' רשימת חידושי המחבר, עמ' 743), בתקוה שיועיל הדבר הן להבנה טובה יותר של כתובים מקצועיים בגרמנית והן למיתון המגמה הרווחת בקרב רבים מתלמידי המכללות ומוריהן ליטול מן האמריקנית בהפרזה.

מקורות אחדים (כגון: קלצקין, אפרת, סרמונטה, צרפתי) מביאים אוצר שלם של מונחים עבריים מן הספרות העברית של ימי הביניים, ועל אף שינויים מרחיקי לכת שחלו במרוצת הזמן במשמעותם של מונחים רבים, הוכנס למילון מבחר עשיר מהם, כדי שייטיבו הקוראים והקוראות לרדת לשורשם.

בצידם של מונחים שנבחרו מתוך 39 מקורות ראשיים (ר' רשימת הספרות, עמ' 11) ניתנו, בסוגריים מרובעים, אותיות או ראשי תיבות המסמנים את המקורות הללו בציוּן הכרך ו/או העמוד, למשל: [ר/א/250]. כך יוכלו המשתמשים והמשתמשות למצוא הסברים והגדרות נוספים בענין מונחים אלו במקור האמור. מקורות ספרותיים שאין בהם דברי הסבר נוספים (174 במספר) לא סומנו במילון ובצד מונחים שנלקחו מהם אין מידע על אודותיהם. רק מונחים שהובאו ממקור ״ק״ (קלצקין, יעקב: אוצר המונחים הפילוסופיים, 4 כרכים) יוּדעוּ, חוץ למקובל, בפרטים רְשמוֹרְתִיים (בּיבּליוגרפיים), אפילו הם נטולי הסבר כלשהו.

הוראות לשימוש:

*) כל המילים, הפסוּקוֹת (פרזות) וכו' שבגרמנית ניתנו במילון בסדר אלפביתי.

*) לאותיות הגרמניות ü, ö, ä יש להתיחס כאל ue, oe, ae.

*) לאות הגרמנית ß יש להתיחס כאל ss.

*) (-) סימן החזרה הבא במקום הערך הקודם.

*) (<---) הפניה ישירה (= ראה/ראי).

*) ([<---]) הפניה למידע נוסף (= ראה/ראי גם).

*) שמות צמחים ובעלי חיים הובאו רק אם יש להם הן שם עברי והן שם גרמני.

בתחילת העבודה על המילון עמד לרשות המחבר מעבד התמלילים MLS4. תוכנות משוכללות יותר הוצעו לשימוש כאשר כמות הנתונים שעוּבּדה היתה כבר גדולה מכדי העברה אל אחת מהן. המחבר מתנצל על המוּגבָּלוּת הטיפוֹגרפית ועל חוסר עקביות מסוים בְּעִיבּוּד הכתוב.

רגשי תודה מביע המחבר למר מיכאל הֶכינגֶר, עורך בית-ההוצאה ״הֶלְמוּט בּוּסְקֶה״, ולמו״ל, מר מַנְפְרֶד מַיינֶר, על שהסכימו לכלול ספר זה בין פרסומי הוצאתם ועל שנטלו על עצמם מעמסה כבדה בטרחה ובממון בהוצאתו לאור.

בנימין כץ-בילצקי

המבורג, קיץ 2002

Vorwort

Dieses Wörterbuch ist insbesondere für Philosophen, Judaisten, Mediävisten, Theologen, Linguisten, für Studierende dieser Fachgebiete und für die mit solchen Sachverhalten beschäftigten Übersetzer/innen verfaßt worden. Es enthält mehr als 25 000 Begriffe aus den Bereichen Philosophie, Wissenschaft und Technik, die größtenteils mit einer Angabe des Fachbereichs, aus dem der jeweilige Terminus stammt, versehen sind, z.B. פיל' (siehe Verzeichnis der Abkürzungen, S. 21). In vielen Fällen war es keineswegs einfach zu entscheiden, ob nun ein Wort zum Begriffsinventar einer bestimmten Wissenschaft gehört oder nicht.

Der Verfasser war bemüht, die in den Geistes- und Naturwissenschaften wichtigsten und gebräuchlichsten Termini zu berücksichtigen. Bei manchen Begriffen läßt sich streiten, ob sie überhaupt in ein solches Wörterbuch gehören. Allerdings sollte man berücksichtigen, daß manch "alltäglicher" Begriff eine wichtige Rolle in der Praxis der jüdischen Theologie spielt. Im allgemeinen war der Verfasser geneigt, den Rahmen eher etwas zu weit zu spannen, als zu eng, und er ist sich bewußt, daß die Auswahl der Termini zum Teil subjektiv ist.

Für jeden deutschen Begriff wird wenigstens ein hebräischer Begriff angegeben, für die meisten Begriffe werden sogar mindestens zwei angemessen erscheinende Übersetzungen aus verschiedenen Quellen und Epochen aufgeführt. Die Bedeutung wird teils in einer semantischen Definition, teils in einer Begriffs- oder Sachbeschreibung, teils in Synonymen angegeben. Der Reihenfolge der hebräischen Begriffe liegt kein besonderes Prinzip zugrunde. Falls es keinen einwandfreien hebräischen Begriff gegeben hat, sind Neologismen des Verfassers einbezogen worden (siehe Verzeichnis der Neuwörter, S. 743). Der Verfasser verbindet mit seinen Neuwörtern die Hoffnung, nicht nur zum besseren Verständnis deutschsprachiger Fachtexte beizutragen, sondern auch der bei vielen Studenten/innen und Hochschullehrer/innen zu beobachtenden Neigung, jede Menge Amerikanismen zu benutzen, entgegenwirken zu können.

Einige Quellen (z.B. Klatzkin, Efros, Sermoneta, Sarfatti) bringen eine Fülle von hebräischen Begriffen aus der jüdischen Literatur des Mittelalters, und obwohl sich bei vielen dieser Wörter im Laufe der Zeit ein grundlegender Bedeutungswandel vollzogen hat, sind mehrere von ihnen in das Wörterbuch aufgenommen worden, um es den Benutzern und Benutzerinnen zu ermöglichen, ein vollständiges Bild vom jeweiligen Fachbegriff zu bekommen.

Termini aus 39 ausgewählten Informationsquellen (siehe Literaturverzeichnis, S. 11) sind durch eckige Klammern kenntlich gemacht worden, z.B. **[250/א/ר]** = [Abkürzung der Quelle/Bandnummer/Seitenzahl]. Dadurch erhalten die Benutzer/innen weiterführende textgestützte Erläuterungen und Definitionen in der jeweiligen Quelle. Unbelegt sind die Termini der übrigen Literaturwerke geblieben, zu denen keine weiteren Erklärungen zu finden sind. Eine Ausnahme bildet die Quelle "**ק**" (Klatzkin: Thesaurus philosophicus, 4 Bde.), von der alle hebräischen Termini mit Band- und Seitenangabe übernommen worden sind, auch wenn sie nicht auf Stellen zur weiteren Belehrung verweisen.

Hinweise für den Gebrauch:
*) Alle deutschen Wörter, Phrasen usw. sind alphabetisch aufgeführt.
*) Die deutschen Umlaute (ä, ö, ü) werden stets als ae, oe bzw. ue verstanden.
*) ß wird als ss betrachtet.
*) (-) Wiederholungszeichen an Stelle des jeweils vorhergehenden Stichwortes.
*) (--->) Direkter Verweis (= siehe).
*) ([--->]) Verweis zur weiteren Orientierung (= siehe auch).
*) Pflanzen- und Tiernamen sind berücksichtigt worden, nur wenn sie sowohl hebräische als auch deutsche Namen haben.

Dem Verfasser stand zu Beginn seiner Arbeit an diesem Wörterbuch nur das Programm MLS4 zur Verfügung. Programme mit verbesserten Formatierungsmöglichkeiten kamen erst auf den Markt, als die Datenmenge schon so groß war, daß eine Überspielung in ein anderes Programm zu aufwendig geworden wäre. Für die typographischen Unzulänglichkeiten bittet der Verfasser daher um Nachsicht.

Ein Wort des Dankes sagt der Verfasser Herrn Michael Hechinger, Lektor des Helmut Buske Verlags, und dem Verleger, Herrn Manfred Meiner, für die Bereitschaft und die aufgewendete Mühe, eine Arbeit solcher Zielsetzung und Einrichtung zu übernehmen und zu betreuen.

Hamburg, im Juli 2002 — Benjamin Katz-Biletzky

רשימת הספרות
Literaturverzeichnis

א. מקורות שצוטטו וסומנו במילון באותיות או בראשי תיבות בציון כרכיהם ועמודיהם

אב״מ/...

01. מילון איתאב למונחי בנקאות ומימון. - תל-אביב : איתאב, 1994.

אב״נ/...

02. מילון איתאב למונחי בורסה וניירות ערך. - תל-אביב : איתאב, 1993.

אני״ת/...

03. מילון איתאב למונחי ניהול הייצור והתפעול. - תל-אביב : איתאב, 1995.

א״ת/א,ב,ג/...

04. Kraus, Samuel: Talmudische Archäologie. - Reprografischer Nachdruck der Ausgabe Leipzig 1910. - Hildesheim: Olms, 1966. 3 Bde.

בת״ט/...

05. קאנט, עמנואל: ביקורת התבונה הטהורה / תרגמו והוסיפו מבוא ונספחים שמואל הוגו ברגמן, נתן רוטנשטרייך. - מהדורה שלישית. - ירושלים : מוסד ביאליק, 1982.

ג״פ/...

06. פרייער, גרשם: מבוא לפילוסופיה המרכסיסטית / תרגם מכתב-יד י׳ כרמון. - תל-אביב : הקיבוץ המאוחד, 1963.

דח״ט/...

07. דביר, יוחנן: לקסיקון חומרים טכניים. - להבות הבשן : אבזרי בקרה, 1995.

דמ״א/...

08. דביר, י׳: לקסיקון למשתמש במחשב אישי. - להבות הבשן : אבזרי בקרה, 1993.

דמ״ח/...

09. קפלן, אברהם: דרכי המחקר : מיתודולוגיה של מדעי ההתנהגות / תרגמו מאנגלית אהרן ראובני, יונה שחר-לוי. - ירושלים : מוסד ביאליק, 1979.

המ״מ/...

10. הוסרל, אדמונד: מבחר מאמרים / ערוך בידי שמואל הוגו ברגמן ונתן רוטנשטרייך, עורך המהדורה המעובדת יעקב גולומב. - מהדורה שנייה מתוקנת, מעובדת ומורחבת. - ירושלים : מאגנס, תשנ״ג, 1993.

ו״מ/א,ב/...

11. מהלר, ורה: פסיכולוגיה : ספר עזר ולימוד בפסיכולוגיה כללית והתפתחותית. - הדפסה שתים-עשרה. - תל-אביב : תרבות וחינוך, 1966. 2 כרכים.

י״א/...

12. אבינרי, יצחק: יד הלשון : אוצר לשוני בסדר אלף-בית של הנושאים. - תל-אביב : יזרעאל, תשכ״ד, 1964.

יל״ט/...

13. טוקטלי, י״ל: מילון למונחי המטאורולוגיה. - תל-אביב : משרד הבטחון, 1994.

ל״ב/...

14. לב, חנן: לקסיקון דביר לביולוגיה. - מהדורה שלישית, מתוקנת ומורחבת. - תל-אביב : דביר, 1987.

ל״ח/...

15. יציב, גדי: לכסיקון חברתי. - תל-אביב : ספריית המינהל, 1993.

ל״מ/...

16. אביבי, פנחס: לכסיקון המדעים המדוייקים / מאת פנחס אביבי, הערכים בכימיה מאת אבנר טריינין. - רמת-גן : מסדה, 1967.

למ״ו/...

17. שלח, אביבה: לקסיקון דביר מוסיקה. - תל-אביב : דביר, 1990.

ל״ס/...

18. לקסיקון דביר לסוציולוגיה / בעריכת ג׳ דנקן מיטשל, מהדורה עברית מורחבת בעריכת משה ליסק. - ירושלים : דביר, 1984.

מ״ב/...

19. רודריג-שורצולד, אורה: מילון למונחי בלשנות ודקדוק / אורה רודריג-שורצולד ומיכאל סוקולוף. - אבן יהודה : רכס, 1992.

מי״ב/...

20. צרפתי, גד: מונחי המתימטיקה בספרות המדעית של ימי הביניים / מאת גד בן-עמי צרפתי. ירושלים : מאגנס, 1968.

מ״מ/...

21. בירנבוים, מנוחה: מי מפחד מעבודת מחקר?!. - חמ״ד : מפעלים אוניברסיטאיים להוצאה לאור, 1993.

ממ״ג/...

22. נרקיס, מ׳: מילון למונחי הגרפיקה. - ירושלים : מוסד ביאליק על ידי ועד הלשון העברית, תרצ״ז, 1937.

מ״ס/...

23. אבן, יוסף: מילון למונחי הסיפורת. - ירושלים : אקדמון, תשמ״ה, 1985.

מס״א/...

24. סתוי, משה: פרקי טבע ולשון. - חמ״ד : מלילות, תשי״ח, 1958.

מס״ב/...

25. סתוי, משה: גלויות וסתומות בלשון. - תל-אביב : מלילות, תשכ״א, 1961.

מ״פ/...

26. מילון פילוסופי קצר / בעריכת מ׳ רוזנטל ופ׳ יודין, עריכה עברית ש׳ צירולניקוב. - מהדורה שלישית מעובדת ומושלמת. - תל-אביב : מדע וחיים, 1954.

מר״ח/...

27. אבן-אודם, יוסף: מילון רפואי חדש / מאת ד״ר יוסף אבן-אודם וד״ר יעקב רותם. - ירושלים : מס, 1988.

נ״ש1/...

28. שפירא, נח: ״התפתחות הטרמינולוגיה הכימית בעברית״. - לשוננו כרך 24, עמ׳ 95-106; 1961.

נ״ש2/...

29. שפירא, נח: ״גלגולי לשון של העברית הטכנית״. - לשוננו כרך 27-28, עמ' 252-266 ועמ' 340-353; 1963-1964.

פ״ר/...

30. היגל, גיאורג: הקדמה לפנומנולוגיה של הרוח / היגל, גיאורג וילהלם פרידריך ; תרגם מגרמנית וצירף מבוא וביאור שיטתי ירמיהו יובל. - ירושלים : מאגנס, תשנ״ו, 1996.

ק/א,ב,ג,ד/...

31. קלצקין, יעקב: אוצר המונחים הפילוסופיים. - ברלין : אשכול, תרפ״ח-תרצ״ד, 1928-1934. 4 כרכים.

ק״מ/א,ב/...

32. מארקס, קארל: הקאפיטאל : ביקורת הכלכלה המדינית / ביסודו של הנוסח העברי הונח התרגום מאת ד״ר צבי ויסלבסקי... - מרחביה : ספרית פועלים:
ספר ראשון : תהליך הייצור של ההון. - 1947.
ספר שני: תהליך הסיבוב של ההון. - 1954.

קמ״ל/...

33. קופי, אירוינג: מבוא ללוגיקה / תרגום: חנן רותם, עריכה: מרסלו דסקל. - תל-אביב : יחדיו, 1977.

ק״ק/...

34. קאוטסקי, קארל: משנתו הכלכלית של קארל מארכס : מוסברת ומפורשת באופן השווה לכל נפש / תרגם א״ד שפיר. - תל-אביב : הקיבוץ המאוחד, תשט״ז, 1956.

ר/א,ב/...

35. ריבר, ארתור: לקסיקון למונחי הפסיכולוגיה / עורך המהדורה העברית אבי כצמן, יועץ מדעי בני שנון. - ירושלים : כתר, 1992. 2 כרכים.

רו/...

36. רודי, צבי: לכסיקון לפילוסופיה והמדעים הקרובים לה / בעריכת צבי ויסלבסקי. - תל-אביב : דביר, תרצ״ט, 1939.

שא״מ/...

37. שליטא, ישראל: אנציקלופדיה למוסיקה : מלון המונחים, התיאוריה, כלי-הנגינה, הצורות ותולדות המוסיקה היהודית והכללית. - מהדורה שנייה. - תל-אביב : יהושע צ'צ'יק, 1959.

שק״י/...

38. קלוזנר, יוסף: ״גנזי הלשון של בן-סירא העברי״. שפתנו קובץ שני, עמ' 24-44, תרפ״ג, 1923.

ת״ה/...

39. ברגמן, שמואל: מבוא לתורת ההגיון : המדע העיוני של הסדר / מאת שמואל הוגו ברגמן. - מהדורה שלישית. - ירושלים : מוסד ביאליק, 1975.

ב. מקורות עבריים שצוטטו אך לא סומנו במילון

001. אבינרי, יצחק: גנזים מגולים : אוצר מלים עתיקות... - תל-אביב : יזרעאל, תשכ״ח, 1968.

002. אבן-שושן, אברהם: המלון החדש. - הדפסה ארבע-עשרה. - ירושלים : קרית-ספר, 1964.

003. אהרני, בת-שבע: דוחיים : ספר-למוד לבתי-ספר תיכוניים. - ירושלים : מס, 1940.

004. אהרני, ישראל: תורת החי : ספר עזר למורים ; חלק ראשון בעלי החוליות ; מחלקה שלישית זוחלים. - ירושלים : קוהלת, תר״ץ, 1929.

005. אוכמני, עזריאל: תכנים וצורות : לקסיקון מונחים ספרותיים / מהדורה ערוכה מחדש ומורחבת, בתוספת מילואים ומונחון אנגלי. - הדפסה שנייה. - תל-אביב : ספרית פועלים, 1979. 2 כרכים.

006. אזר, משה: תחביר לשון המשנה. - ירושלים : האקדמיה ללשון העברית, תשנ״ה, 1995.

007. אייכנבום, משה: ערוך המשמעים / מאת משה דוד אייכנבום. - גבעון : תל חדשה, 1981. כרך ראשון.

008. אלקלעי, ראובן: לקסיקון לועזי-עברי חדש : כולל ניבים ופתגמים. - רמת-גן : מסדה, 1991.

009. אלקלעי, ראובן: מלון עברי שלם : ערוך וסדור בשיטה חדשה. - רמת-גן : מסדה, 1972. 3 כרכים.

010. אמתי, פנחס: מדריך החרקים בישראל : ופרוקי רגליים אחרים. - הדפסה שלישית. - ירושלים : כתר, 1989.

011. אנגלס, פרידריך: ״אנטי-דיהרינג (הפיכת המדע בידי מר אויגן דיהרינג)״ / תרגם יצחק מן (אבירפי). - כתבים נבחרים מאת קארל מארקס ופרידריך אנגלס, כרך ג׳. - מרחביה : ספריית פועלים, 1959.

012. אנציקלופדיה למדעי החברה / מהדורת על המשמר. - מרחביה : ספרית פועלים, 1970. 5 כרכים.

013. אפרת, ישראל: הפילוסופיה היהודית בימי הביניים : מונחים ומושגים. - תל-אביב : דביר, תשכ״ט, 1969.

014. אפרת, ישראל: הפילוסופיה היהודית בימי הביניים : שיטות וסוגיות. - תל-אביב : דביר, תשכ״ה, 1965.

015. אראל, אליהו: מבוא למדעי הלשון : מבנה הלשון ותפקודה... - תל-אביב : דקל, 1977.

016. בהט, יעקב: עקרי התחביר העברי / יעקב בהט ומרדכי רון. - הדפסה שניה. - תל-אביב : הקיבוץ המאוחד, תשמ״ד, 1984.

017. בהט, שושנה: מילון ההווה : מילון שימושי לעברית התקנית / שושנה בהט, מרדכי מישור. תל-אביב : ספרית מעריב, 1995.

018. בלאו, יהושע: תורת ההגה והצורות. - הדפסה שביעית. - תל-אביב : הקיבוץ המאוחד, 1992.

019. בן-אור, א׳: לשון וסגנון : דרכי ההבעה העברית / מאת א׳ בן-אור (אורינובסקי) עם השלמות והוספות מאת יצחק אבינרי. - תל-אביב : יזרעאל, תשי״ט, 1959. 2 כרכים.

020. בן-יהודה, אליעזר: מלון הלשון העברית הישנה והחדשה. - ניו-יורק : טומס יוסלוף, 1960. 8 כרכים.

021. בנימיני, דובי: מדריך הפרפרים בישראל : כולל פרפרי חרמון וסיני. - ירושלים : כתר, 1990.

022. בר-הלל, יהושוע: הגיון, לשון ושיטה : מסות בפילוסופיה של הלוגיקה של הלשון ושל המדע. - תל-אביב : ספרית פועלים, 1970.

023. ברש, אל׳: זוחלים : מדריך ומגדיר לזוחלים של ארץ-ישראל / מאת ד״ר אלכסנדר ברש ויעקב ח׳ הופיין. - הדפסה ארבע-עשרה. - תל-אביב : הקיבוץ המאוחד, 1991.

024. בשן, אביבה: מילון כלכלי, אנגל-עברי. כפר-סבא : לוגיק, 1991.

025. גור, יהודה: מלון עברי / מאת יהודה גור (גרזובסקי). - מהדורה שלישית. - תל-אביב : דביר, 1949.

026. דלמאס, קלוד: דברי ימי הציוויליזציה האירופית. - תרגם יונתן רטוש. - תל-אביב : מזרחי, 1969.

027. דרום, דוד: מדריך הים וחופיו, חי וצומח : מפרץ אילת, הים התיכון, הכינרת / ד״ר דוד דרום, ד״ר משה צורנמל. - ירושלים : כתר, 1992.

028. החי והצומח של ארץ-ישראל : אנציקלופדיה שימושית מאוירת / עורך עזריה אלון. - תל-אביב : משרד הבטחון, 1990. 12 כרכים.

029. המילון למונחי המתמטיקה, עברי-אנגלי. - החלטת האקדמיה ללשון העברית [רשומות, ילקוט הפרסומים מס׳ 3131], 1984.

030. הציפורים : מגדיר שדה שלם לציפורי אירופה והמזרח התיכון / הרמן היינצל... ; הנוסח העברי המותאם לתנאי ארץ-ישראל: יצחק כפכפי. - מהדורה שניה, מעודכנת. - תל-אביב : הקיבוץ המאוחד, תשמ״א, 1992.

031. וולק, רנה: תורת הסִפרוּת / רנה וולק ואוסטין וורן ; תרגמה דינה עליאש, ערך ומינח יונתן רטוש. - הדפסה שניה. - תל-אביב : יחדיו, 1971.

032. וייס, פאול: עולם האמנות / תרגמה אורה זינגרמן, עריכה ומינוח יונתן רטוש. - תל-אביב : יחדיו, 1970.

033. וקסלר, פאול: לקסיקון לועזי עברי / מערכת: פרופ׳ פאול וקסלר, מרים שלזינגר... - תל-אביב : פרולוג, 1996. 2 כרכים.

034. זהרי, מיכאל: מגדיר חדש לצמחי ישראל. - הדפסה שישית. - תל-אביב : עם עובד, 1980.

035. זהרי, מיכאל: צמחי התרבות בישראל : (מגדיר ומתאר) / מ׳ זהרי, א׳ פאהן. - מהדורה שניה מורחבת. - תל-אביב : הקיבוץ המאוחד, 1981.

036. יוסף, אשר: מילון למונחים במדעי החברה והרוח, עברי-אנגלי ואנגלי-עברי עם מבוא סמנטי. -

ירושלים : אקדמון, 1976.

.037 כנעני, יעקב: אוצר הלשון העברית : לתקופותיה השונות. - גבעתיים : מסדה, 1960 ואילך. 18 כרכים.

.038 לוי, זאב: סטרוקטורליזם בין מתוד ותמונת עולם. - תל-אביב : ספרית פועלים, 1976.

.039 למד לשונך : עלונים ומפתחות. - ירושלים : האקדמיה ללשון העברית, תשנ״ד, 1994.

.040 לנדאו, רחל: ״פסוקית התנאי בתחביר המשפט ותחביר הטקסט״. - בלשנות עברית מס׳ 37 עמ׳ 7-22, 1993.

.041 מדן, מאיר: מאלף עד תו : מלון עברי שמושי. - מהדורה מתוקנת, ערוכה וסדורה מחדש. - הדפסה שניה. - תל-אביב : אחיאסף, 1976.

.042 מוזס, אליהו: מילון למונחים משפטיים. אנגלי-עברי. - תל-אביב : המחבר, 1990.

.043 מונחי ארכיאולוגיה. - [תדפיס מתוך לשוננו כרך 11, תש״ב].

.044 מונחי גיאוגרפיה, עברי-אנגלי-צרפתי-גרמני. - ירושלים : האקדמיה ללשון העברית. - [תדפיס מתוך זיכרונות האקדמיה ללשון העברית כרך 6, תשי״ט; כרך 7-8, תש״ד-תשכ״א; כרך 12, תשכ״ה].

.045 מונחי הביולוגיה המולקולרית והמיקרוביולוגיה, עברי-אנגלי ואנגלי-עברי.- ירושלים : האקדמיה ללשון העברית, תשנ״ה, 1994.

.046 מונחי המיקרו-אלקטרוניקה, עברי-אנגלי. - החלטות האקדמיה ללשון העברית [רשומות, ילקוט הפרסומים מס׳ 2747, 1981].

.047 מונחי התיאטרון. - ועד הלשון העברית, ת״ש, 1940. [תדפיס מתוך לשוננו כרך 10, עמ׳ 338-368].

.048 מונחי פסיכולוגיה:
לשוננו כרך 11, עמ׳ 243.
לשוננו כרך 12, עמ׳ 96.
לשוננו כרך 13, עמ׳ 169, 252.
לשוננו כרך 14, עמ׳ 220.
לשוננו כרך 16, עמ׳ 90.
לשוננו כרך 17, עמ׳ 183.
לשוננו כרך 18, עמ׳ 122.
זכרונות האקדמיה ללשון העברית כרך 6, עמ׳ 27.

.049 מוצ׳ניק, מלכה: ״הבעות זמן, מודוס ואספקט בעברית החדשה״. - בלשנות עברית מס׳ 27, עמ׳ 29-54, 1989.

.050 מזיא, אהרן: ספר המונחים לרפואה ולמדעי הטבע, רומי-אנגלי-עברי / מאת ד״ר אהרן מאיר מזיא, בעריכת ד״ר שאול טשרניחובסקי. - ירושלים : מרגלית, 1934.

.051 מילון טכני : למונחי מחשבים, אלקטרוניקה וחשמל, עברי-אנגלי (מקוצר) ואנגלי-עברי / עורך יורם ביק. - בני ברק : סטימצקי, 1991.

.052 מילון למונחי גאודזיה, עברי-אנגלי ואנגלי-עברי. - ירושלים : האקדמיה ללשון העברית, תשנ״ג, 1992.

.053 מילון למונחי האנטומיה, עברי-לאטיני. - ירושלים : האקדמיה ללשון העברית, תשי״ז, 1957.

.054 מילון למונחי האסטרונומיה השימושית, עברי-אנגלי-צרפתי-גרמני. - ירושלים : האקדמיה ללשון העברית, תשל״ו, 1976.

.055 מילון למונחי הבינה המלאכותית, עברי-אנגלי ואנגלי-עברי. - ירושלים : האקדמיה ללשון העברית, תשנ״ז, 1996.

.056 מילון למונחי הבנקאות ושוק ההון, פרק ראשון, עברי-אנגלי ואנגלי-עברי. - ירושלים : האקדמיה ללשון העברית, תשנ״ו, 1996.

.057 מילון למונחי הגלים והזרמים בים, עברי-אנגלי-צרפתי-גרמני. - ירושלים : האקדמיה ללשון העברית, תשל״ג, 1973.

.058 מילון למונחי ההידרולוגיה, עברי-אנגלי-צרפתי-גרמני. - ירושלים : האקדמיה ללשון העברית, תשל״א, 1971.

.059 מילון למונחי ההידרוליקה, עברי-אנגלי-צרפתי-גרמני. - ירושלים : האקדמיה ללשון העברית, תשכ״ג, 1963.

.060 מילון למונחי הימאות, עברי-אנגלי-צרפתי-גרמני ; כרך א׳.- ירושלים : האקדמיה ללשון העברית, תש״ל, 1970.

.061 מילון למונחי הכימיה הכללית והמעבדה הכימית, עברי-אנגלי ואנגלי-עברי. - ירושלים : האקדמיה ללשון העברית, תשמ״ה, 1985.

062. מילון למונחי המוסיקה, עברי-איטלקי- אנגלי-צרפתי-גרמני. - ירושלים : האקדמיה ללשון העברית, תשט״ו, 1955.

063. מילון למונחי המטאורולוגיה, עברי-אנגלי-צרפתי-גרמני. - ירושלים : האקדמיה ללשון העברית, תשל״א, 1971.

064. מילון למונחי הספרנות, עברי-אנגלי-צרפתי-גרמני. - ירושלים : האקדמיה ללשון העברית, תשל״ו, 1976.

065. מילון למונחי הסרטוט, עברי-אנגלי-צרפתי-גרמני. - ירושלים : האקדמיה ללשון העברית, תשל״ד, 1974.

066. מילון למונחי הפיסיקה : חלק א׳ מכניקה, עברי-אנגלי-צרפתי-גרמני. - ירושלים : האקדמיה ללשון העברית, תשל״ג, 1973.

067. מילון למונחי הפיסיקה : חלק ב׳ חשמל ומגנטיות, עברי-אנגלי-צרפתי-גרמני. - ירושלים : האקדמיה ללשון העברית, תשל״ו, 1976.

068. מילון למונחי הפיסיקה : חלק ג׳ אופטיקה, עברי-אנגלי-צרפתי-גרמני. - ירושלים : האקדמיה ללשון העברית, תשל״ח, 1977.

069. מילון למונחי הפיסיקה : חלק ד׳ אקוסטיקה, עברי-אנגלי. - החלטת האקדמיה ללשון העברית בעניין מונחי הפיסיקה [רשומות, ילקוט הפרסומים מס׳ 3198, 1985].

070. מילון למונחי הפסיכולוגיה, עברי-אנגלי ואנגלי-עברי. - ירושלים : האקדמיה ללשון העברית, תשנ״ד, 1994.

071. מילון למונחי חוזק חומרים, עברי-אנגלי-צרפתי-גרמני. - ירושלים : האקדמיה ללשון העברית, תשכ״ח, 1968.

072. מילון למונחי חקר העבודה, עברי-אנגלי. - ירושלים : האקדמיה ללשון העברית, תשל״ג, 1973.

073. מילון למונחי רפואה, עברי-אנגלי ואנגלי-עברי. - ירושלים : האקדמיה ללשון העברית, תשנ״ט, 1999.

074. מילון למונחי המדידה בעבודות מתכת, עברי-אנגלי-צרפתי-גרמני. - ירושלים : האקדמיה ללשון העברית, תשכ״ה, 1965.

075. מילון למונחי תורת הקרקע והנדסת קרקע, עברי-אנגלי-צרפתי-גרמני. - ירושלים : האקדמיה ללשון העברית, תשכ״ו, 1966.

076. מילון שימושי למונחי המינהל הציבורי פרסום והדרכה. - ירושלים : השירות להדרכה ולהשכלה, נציבות שירות המדינה, 1967.

077. מלון למונחי טכניקה א׳ : פרקי מכונות, כלי-מלאכה, רתוך, שרטוט טכני ומכניקה, עברי-אנגלי-צרפתי-גרמני. - ירושלים : ועד הלשון העברית, תש״ו, 1946.

078. מלון למנחי המשק החקלאי, א׳ : סוס, רתמה, עגלה ומחרשה, עברי-אנגלי-צרפתי-גרמני ובו 23 ציורים. - ירושלים : ועד הלשון העברית, תש״ח, 1947.

079. מלון למנחי הקדרות, עברי-אנגלי-צרפתי-גרמני ובו 10 לוחות מצוירים. - ירושלים : ועד הלשון העברית, תש״י, 1950.

080. מלון למונחי מתמטיקה, עברי-אנגלי-צרפתי-גרמני. - ירושלים : מוסד ביאליק, מלוני ועד הלשון העברית כרך 10, ת״ש, 1940.

081. ניר, רפאל: לשון, מדיום ומסר : עיונים בסגנון וברטוריקה של התקשורת ההמונית בישראל. - ירושלים : פוזנר, 1984.

082. סוברן, תמר: שדות סמנטיים : עיון בלשני-פילוסופי בקשרי משמעות. - ירושלים : מאגנס, 1994.

083. עבאדי, עדינה: תחביר השיח של העברית החדשה. - ירושלים : מאגנס, 1988.

084. פ‍ֹול, ז׳אן: מבוא לאסתטיקה : מבחר / תרגום: אריה שטיין, ט׳ ריבנר, עריכה ודברי לוי: ה׳ דויד. - תל-אביב : ספרית פועלים, 1985.

085. פז, עזי: מדריך הציפורים בישראל : לפי מקומות חיות / עזי פז, יוסי אשבול. - ירושלים : כתר, 1990.

086. פיינגולד, אלן: מילון למונחי הרפואה והבריאות, עברי-אנגלי, אנגלי-עברי / ד״ר אלן פיינגולד, מרים פריר. - ירושלים : כרטא, 1991.

087. פינס, דן: מילון לועזי עברי המורחב : מילים, שמות וניבים זרים בעברית / דן פינס, קפאי פינס. - תל-אביב : עמיחי, 1987. 2 כרכים.

088. פרויד, זיגמונד: טוטם וטאבו ומסות אחרות / תרגם חיים איזק, עריכה מדעית ד״ר ח׳ אורמיאן. - הדפסה שביעית. - תל-אביב : דביר, 1988.

089. פרויד, זיגמונד: מבוא לפסיכואנאליזה / תרגם חיים איזק, עריכה מדעית ד״ר ח׳ אורמיאן. - הדפסה שביעית. - תל-אביב : דביר, 1988.

090. פרויד, זיגמונד: מעבר לעקרון העונג ומסות אחרות / תרגם חיים איזק, עריכה מדעית ד״ר ח׳ אורמיאן. - הדפסה שישית. - תל-אביב : דביר, 1988.

091. פרויד, זיגמונד: מעשה היצירה בראי הפסיכואנאליזה ומסות אחרות / תרגם אריה בר, עריכה מדעית ד״ר ח׳ אורמיאן. הדפסה שביעית. -תל-אביב : דביר, 1988.

092. פרויד, זיגמונד: פשר החלומות / תרגם ד״ר מ׳ ברכיהו. - מהדורה עשירית. - תל-אביב : יבנה, 1988. 2 כרכים.

093. פרויד, זיגמונד: תרבות בלא נחת ומסות אחרות / תרגם אריה בר, עריכה מדעית ד״ר ח׳ אורמיאן. - הדפסה שישית. - תל-אביב : דביר, 1988.

094. פרץ, יצחק: תחביר הלשון העברית : בצרוף אמונים. - תל-אביב : מסדה, תש״ג, 1943.

095. צדקה, יצחק: תחביר המשפט : לאור תיאוריות חדשות. - ירושלים : אקדמון, חש״ד.

096. צדקה, יצחק: תחביר העברית בימינו. - ירושלים : קרית-ספר, 1981.

097. צרפתי, גד: סמנטיקה עברית / מאת גד בן-עמי צרפתי. - מהדורה שנייה מתוקנת ומורחבת. - ירושלים : רובינשטיין, תשמ״ה, 1985.

098. קאנט, עמנואל: ביקורת התבונה המעשית / תרגמו והוסיפו מבוא והערות שמואל הוגו ברגמן ונתן רוטנשטרייך. - ירושלים : מוסד ביאליק, 1973.

099. קאנט, עמנואל: ביקורת כוח השיפוט / תרגמו והוסיפו מבוא והערות שמואל הוגו ברגמן ונתן רוטנשטרייך. - מהדורה שנייה, מתוקנת. - ירושלים : מוסד ביאליק, 1969.

100. קאנט, עמנואל: הדת בגבולות התבונה בלבד / תרגם והוסיף מבוא והערות נתן רוטנשטרייך. - ירושלים : מוסד ביאליק, 1985.

101. קדרי, מנחם: פרשיות בתחביר לשון המקרא / מאת מנחם צבי קדרי. - רמת-גן : אוניברסיטת בר-אילן, 1976.

102. רבי, יעקב: לשון בריאה. - ירושלים : מוסד ביאליק, 1994.

103. רבין, חיים: אוצר המלים / מאת פרופ׳ חיים רבין וד״ר צבי רדי. - מהדורה שנייה. - ירושלים : קרית-ספר, 1976. 2 כרכים.

104. רובינשטיין, אליעזר: המשפט השמני : עיונים בתחביר ימינו. - תל-אביב : הקיבוץ המאוחד, תשכ״ט, 1968.

105. רובינשטיין, אליעזר: הצירוף הפועלי : עיונים בתחביר ימינו. - תל-אביב : הקיבוץ המאוחד, תשל״א, 1971.

106. רוזן, חיים: עברית טובה : עיונים בתחביר. - מהדורה שלישית, מתוקנת ומורחבת. - ירושלים : קרית-ספר, 1977.

107. רוזנברג, שלום: ״תורת ה׳שֵמות׳ בפילוסופיה היהודית בימי הביניים״. - לשון, מחשבה, חברה : קובץ מוקדש לזכרו של יהושע בר-הלל / בעריכת יהודה מלצר. - ירושלים : מאגנס, תשל״ח, 1978.

108. רטוש, יונתן:

״תמליל״, משא מיום 18 בנובמבר 1966.
״מלים מתבקשות״:
עיתון הארץ מיום 30 בספטמבר 1966.
עיתון הארץ מיום 4 בנובמבר 1966.
עיתון הארץ מיום 6 בינואר 1967.
עיתון הארץ מיום 10 בפברואר 1967.
עיתון הארץ מיום 13 ביוני 1967.
עיתון הארץ מיום 21 ביולי 1967.
עיתון הארץ מיום 19 ביולי 1968.

109. שביט, יעקב: תחביר וסגנון. - הדפסה שניה. - תל-אביב : ספרית פועלים, 1987.

110. שויקה, יעקב: רב מילים : המילון השלם לעברית החדשה / ראש המערכת: פרופ׳ יעקב שוֶיקה, עורך ראשי: עוזי פריידקין... - חמ״ד : סטימצקי, 1997. 6 כרכים.

111. שטרן, נפתלי: מילון הפועל : ערכיות ותפוצה של פעלים בעברית החדשה. - רמת-גן : אוניברסיטת בר-אילן, תשנ״ד, 1994.

112. שלמון, בני: מדריך היונקים בישראל. - ירושלים : כתר, 1993.

113. שקד, אלישבע: מילון משפטי, עברי-אנגלי, אנגלי-עברי / עו״ד אלישבע שקד, עו״ד אביעד הכהן. - בני-ברק : סטימצקי, 1992.

ג. מקורות לועזיים שצוטטו אך לא סומנו במילון

01. Arnold, Edwin: Pareys Reptilien- und Amphibienführer Europas: ein Bestimmungsbuch für Biologen und Naturfreunde / von Edwin N. Arnold u. John A. Burton; übers. u. bearb. von Christian Gross. Mit 630 Abb. im Text u. auf Tafeln. - 2. Aufl. - Hamburg: Parey, 1983.
02. Bohusch, Otmar: Lexikon der grammatischen Terminologie: Zusammenstellung und Erklärung des deutschen, englischen, französischen und lateinischen Vokabulars zur Sprachlehre und Sprachkunde. - Donauwörth: Auer, 1972.
03. Brinkmann, Karl-Heinz: Data Systems Dictionary, German-English, English-German / by Karl-Heinz Brinkmann and Rudolf Schmidt. - 2. ed. completely rev. and enlarged. - Wiesbaden: Brandstetter, 1979.
04. Chinery, Michael: Pareys Buch der Insekten: e. Feldführer d. europäischen Insekten / übers. u. bearb. von Irmgard Jung u. Dieter Jung. - Hamburg: Parey, 1987.
05. Corbet, Gordon: Pareys Buch der Säugetiere: alle wildlebenden Säugetiere Europas / Gordon Corbet, Denys Ovenden; übers. u. bearb. von Richard Kraft- . Hamburg: Parey, 1982.
06. Dictionary of Commercial, Financial and Legal Terms. Vol. 1: English-German-French / by Robert Herbst and Alan G. Readett. - 4. Ed., 1985. 6. Impression, 1990. - Thun: Translegal, 1990.
07. Dictionary of Psychology and Psychiatry, English-German / by Roland Haas. - Toronto: Hogrefe, 1980.
08. Dictionary of Statistical Terms / prepared... by Maurice G. Kendall and William R. Buckland. - 2nd ed. with combined glossary in English, French, German, Italian, Spanish. - London: Oliver & Boyd, 1960.
09. Dreisprachiges psychologisches Wörterbuch. Bd. 3: Deutsch-Englisch-Französisch / Hrsg. von Hubert C. J. Duijker u.a. - 2. Aufl. - Bern: Huber, 1975.
10. Efros, Israel: Philosophical Terms in the Moreh Nebukim. - Reprint of Columbia University Oriental Studies, Vol. 22, 1924. - New York: AMS Press, 1966.
11. Efros, Israel: Studies in Medieval Jewish Philosophy. - New York: Columbia University Press, 1974.
12. Eisenreich, Günther: Wörterbuch Mathematik, Englisch-Deutsch; mit etwa 35000 Wortstellen / Günther Eisenreich, Rulf Sube. - Thun: Deutsch, 1987.
13. Engels, Friedrich: "Herrn Eugen Dührings Umwälzung der Wissenschaft ('Anti-Dühring')". - In: Marx, Karl: Werke / Karl Marx, Friedrich Engels. - 7. Aufl. - Berlin/DDR: Dietz, 1978. Band 20.
14. Europäische Enzyklopädie zu Philosophie und Wissenschaften / hrsg. von Hans Jörg Sandkühler u.a. - Hamburg: Meiner, 1990. 4 Bde.
15. Fachlexikon ABC Psychologie / hrsg. von Günter Clauss (Gesamtleitung) u.a. - 5., völlig überarb. Aufl. - Thun: Deutsch, 1995.
16. Fauna und Flora des Mittelmeeres: e. systemat. Meeresführer für Biologen u. Naturfreunde / in der Gemeinschaft von Erich Abel u.a. bearb. u. hrsg. von Rupert Riedl. - 3., neubearb. u. erw. Aufl. - Hamburg: Parey, 1983.
17. Grundlagen marxistisch-leninistischer Philosophie / Akademie der Wissenschaften der UdSSR, Inst. für Philosophie - 3., nach der 2. russ. Ausg. durchgesehene Aufl. - Frankfurt am Main: Verlag Marxistische Blätter, 1974.
18. Harris, Tegwyn: Pareys Mittelmeerführer: Pflanzen- und Tierwelt der Mittelmeer-Region / übers. u. bearb. von Joachim Haupt. - Hamburg: Parey, 1982.
19. Hebräisches und aramäisches Lexikon zum Alten Testament / von Ludwig Koehler und Walter Baumgartner. - 3. Aufl. neu bearbeitet von Walter Baumgartner u.a. - Leiden: Brill, 1967-1995. 5 Lieferungen.
20. Hegel, Georg W.: Phänomenologie des Geistes / Georg Wilhelm Friedrich Hegel. - 2. Aufl., 1989, auf d. Grundlage d. Werke von 1832-1845 neu ed. Ausg. in Schriftenreihe "Suhrkamp-Taschenbuch-Wissenschaft" Werke in 20 Bänden, Bd. 3. - Frankfurt am Main: Suhrkamp, 1986.
21. Heinzel, Hermann: Pareys Vogelbuch: Alle Vögel Europas, Nordafrikas und des Mittleren Ostens / Hermann Heinzel, Richard Fitter, John Parslow; übers. u. bearb. von G. Niethammer u. H. E. Wolters. - 6. Aufl., unveränd. Nachdr. d. 5 Aufl. - Hamburg: Parey, 1992.
22. Heupel, Carl: Taschenwörterbuch der Linguistik. - München: List, 1973.
23. Hofmann, J.: Wörterbuch der grammatischen und metrischen Terminologie / von J. B. Hofmann und H. Rubenbauer. - 2., erw. Aufl. - Heidelberg: Winter, 1963.
24. Husserl, Edmund: Cartesianische Meditationen: eine Einleitung in die Phänomenologie / hrsg., eingel. u. mit Registern vers. von Elisabeth Ströker. - 2., durchges. Aufl. - Hamburg: Meiner, 1987.

25. Husserl, Edmund: Philosophie als strenge Wissenschaft / hrsg. von Wilhelm Szilasi. - 11-15. Tsnd. - Frankfurt am Main: Klostermann, 1981.
26. Kant, Immanuel: Die Religion innerhalb der Grenzen der blossen Vernunft. - 8. Aufl. - "Suhrkamp-Taschenbuch-Wissenschaft" Werke in 12 Bänden, Bd. 8 / hrsg. von Wilhelm Weischedel. - Frankfurt am Main: Suhrkamp, 1989.
27. Kant, Immanuel: Kritik der reinen Vernunft. - 10. Aufl. - "Suhrkamp-Taschenbuch-Wissenschaft" Werke in 12 Bänden, Bde 3-4 / hrsg. von Wilhelm Weischedel. - Frankfurt am Main: Suhrkamp, 1988.
28. Kant, Immanuel: Kritik der Urteilskraft. - 10. Aufl. - "Suhrkamp-Taschenbuch-Wissenschaft" Werke in 12 Bänden, Bd. 10 / hrsg. von Wilhelm Weischedel. - Frankfurt am Main: Suhrkamp, 1989.
29. Kaplan, Abraham: The Conduct for Inquiry: Methodology for Behavioral Science. - Scranton: Chandler, 1964.
30. Kautsky, Karl: Karl Marx' ökonomische Lehren / hrsg. u. eingeleitet von Hans-Josef Steinberg. - 26. Aufl., Nachdr. d. 1922 erschienenen 22. Aufl. - Bonn: Dietz Nachflg., 1980.
31. Kleines Wörterbuch marxistisch-leninistischer Termini, Deutsch-Arabisch-Englisch-Französisch / von Klaus-Eberhard Pabst. - 2., unveränderte Aufl. - Leipzig: Verlag Enzyklopädie, 1988.
32. Kleines Wörterbuch sprachwissenschaftlicher Termini / hrsg. von Rudi Conrad.- 1. Aufl. - Leipzig: Bibliographisches Institut, 1975.
33. Kolbe, Werner: Künstliche Intelligenz, Englisch-Deutsch, Deutsch-Englisch. - Berlin/DDR: Vlg. Technik, 1990.
34. Koschnick, Wolfgang: Standard Dictionary of the Social Sciences, Vol. 1: English-German. - München: Saur, 1984.
35. Kosing, Alfred: Wörterbuch der Philosophie. - Berlin: Das Europäische Buch, 1985.
36. Kritisches Wörterbuch des Marxismus / hrsg. von George Labica u.a. unter Mitarb. von Gérard Bensussan. Hrsg. d. dt. Fassung: Wolfgang Fritz Haug. [Übers. von Detlev Albers u.a.] - Berlin: Argument, 1984-1989. 8 Bde.
37. Ladiges, Werner: Die Süßwasserfische Europas bis zum Ural und Kaspischen Meer: e. Bestimmungsbuch für Sport- und Berufsfischer / von Werner Ladiges u. Dieter Vogt. - 2., neubearb. Aufl. - Hamburg: Parey, 1979.
38. Lavy, Jaacov: Handwörterbuch Deutsch-Hebräisch / von Jaacov Lavy unter Mitarbeit von Dr. Chanan Prinz. - Berlin: Langenscheidt, 1980.
39. Lavy, Jaacov: Handwörterbuch Hebräisch-Deutsch. - 2., neubearb. Aufl. - Berlin: Langenscheidt, 1985.
40. Lexikon sprachwissenschaftlicher Termini / hrsg. von Rudi Conrad. - 1. Aufl. - Leipzig: Bibliographisches Institut, 1985.
41. Lexikon zur Soziologie / hrsg. von Werner Fuchs-Heinritz, Rüdiger Lautmann u.a. - 3., völlig neu bear. u. erw. Aufl. - Opladen: Westdeutscher Vlg., 1994
42. Marx, Karl: Das Kapital : Kritik der politischen Ökonomie. - Berlin/DDR: Dietz:
Buch 1: Der Produktionsprozeß des Kapitals. - 13. Aufl., 1979; unveränderter Nachdruck der 1. Aufl. 1962. - (Marx-Engels Werke, Bd. 23).
Buch 2: Der Zirkulationsprozeß des Kapitals. - 9. Aufl., 1981; unveränderter Nachdruck der 1. Aufl. 1963. - (Marx-Engels Werke, Bd. 24).
43. Medical Dictionary / Veillon, Nobel. - Fifth edition, rev. and enlarged by Albert Nobel. - Berlin: Springer, 1969.
44. Nomina Anatomica: zusammengestellt von der im Jahre 1923 gewählten Nomenklatur-Kommission / mit besonderen Erläuterungen versehen von H. Stieve. - 3., verbesserte u. erw. Aufl. - Jena: Gustav Fischer, 1947.
45. Ökonomisches Lexikon. - 3., neu bearb. Aufl. - Berlin/DDR: Vlg. die Wirtschaft, 1978. 3 Bde.
46. Paul, Jean: "Vorschule der Ästhetik". In: Werke, 5. Band / hrsg. von Norbert Miller. - 4., durchges. Aufl. - München: Hanser, 1980.
47. Philosophie und Naturwissenschaften: Wörterbuch zu d. philosophischen Fragen d. Naturwissenschaften; Neuausg. / hrsg. von Herbert Hörz u.a. - 3., vollst. überarb. Aufl. - Berlin: Dietz, 1991. 2 Bde.
48. Philosophisches Wörterbuch / hrsg. von Georg Klaus und Manfred Buhr. - 11. Aufl. - Berlin: Das Europäische Buch, 1975. 2 Bde.
49. Pons-Fachwörterbuch Medizin, Englisch-Deutsch, Deutsch-Englisch / hrsg. von P. H. Collin, Eberhard Schick u.a. - 1. Aufl., Nachdr. - Stuttgart: Klett, 1993.

50. Pschyrembel, Willibald: Klinisches Wörterbuch mit klinischen Syndromen: u. e. Anh. Nomina anatomica. - 253., erw. Aufl. - Berlin: de Gruyter, 1977.
51. Sermoneta, Giuseppe: Un Glossario Filosofico Ebraico-Italiano del XIII Secolo. - Roma: Edizioni dell'Ateneo, 1969.
52. Weiss, Paul: The World of Art. - Fourth printing. - Carbondale: South Illinois Univ. Press, 1973.
53. Wellek, René: Theorie der Literatur / René Wellek, Austin Warren. - Neuauflage. - Königstein/Ts.: Athenäum, 1985.
54. Wörterbuch der Biologie, Englisch-Deutsch-Französisch-Spanisch / von Günther Haensch und Gisela Haberkamp de Antón. - 2., neubearb. u. erw. Aufl. - München: BLV Verlagsgesellschaft, 1981.
55. Wörterbuch der Handels-, Finanz- und Rechtssprache. Bd. 2: Deutsch-Englisch-Französisch / von Norbert Herbst und Alan G. Readett. - 4. Aufl., 1989. Nachdr. 1990. - Thun: Translegal, 1990.
56. Wörterbuch der Literaturwissenschaft / hrsg. von Claus Träger. - 1. Aufl. - Leipzig: Bibliographisches Institut, 1986.
57. Wörterbuch der Logik / von N. I. Kondakow. Hrsg. d. dt. Ausg. Prof. Dr. Erhard Albrecht u.a. - Berlin: Das Europäische Buch, 1978.
58. Wörterbuch der marxistisch-leninistischen Soziologie / hrsg. von Georg Assmann u.a. - 2., überarb. u. erw. Aufl. - Opladen: Westdeutscher Vlg., 1978.
59. Wörterbuch der philosophischen Begriffe / hrsg. von Johannes Hoffmeister. - 2. Aufl. - Hamburg: Meiner, 1955.
60. Wörterbuch der linguistischen Grundbegriffe / von Winfried Ulrich. - Kiel: Hirt, 1972.
61. Zander, Robert: Handwörterbuch der Pflanzennamen / hrsg. von Fritz Encke u.a. 13., neubearb. u. erw. Aufl. - Stuttgart: Ulmer, 1984.

רשימת הקיצורים
Verzeichnis der Abkürzungen

אדר׳	אדריכלות
אלק׳	אלקטרוניקה
אמנ׳	אמנות
אנת׳	אנתרופולוגיה
אסט׳	אסטרונומיה, אסטרולוגיה
אסת׳	אסתטיקה
אקו׳	אקולוגיה
ארכ׳	ארכאולוגיה
אתי׳	אתיקה
בוט׳	בוטניקה
ביו׳	ביולוגיה
בלש׳	בלשנות
גאו׳	גאולוגיה
גרפ׳	גרפיקה
דפו׳	דפוס
דת	דת, תאולוגיה
הגי׳	הגיון (לוגיקה)
היד׳	הידרולוגיה
הנד׳	הנדסה
הסט׳	הסטוריה
התנ׳	התנהגות
זוא׳	זואולוגיה
חקל׳	חקלאות
טכנ׳	טכניקה
י״א	ידיעת הארץ (גאוגרפיה)
ימא׳	ימאות
כימ׳	כימיה
כלכ׳	כלכלה
לבו׳	לבוש
מדי׳	מדיניות
מדע	מדעים בכלל
מוס׳	מוזיקה
מ״ח	מדעי החברה
מחש׳	מחשבים
מ״ט	מדעי הטבע
מטא׳	מטאורולוגיה
מינ׳	מינרולוגיה
מלא׳	מלאכה
מ״מ	מדעים מדויקים
מנה׳	מִנהל
משפ׳	משפטים
מתמ׳	מתמטיקה
סטט׳	סטטיסטיקה
ספו׳	ספורט
ספר׳	תורת הספרות
ספרנ׳	ספרנות
פדג׳	פדגוגיה
פיל׳	פילוסופיה
פיס׳	פיזיקה
פסי׳	פסיכולוגיה
צבא	אמנות המלחמה
צבע	צבעים
רטו׳	רטוריקה
רפו׳	רפואה
תזו׳	תזונה
תקש׳	תקשורת

A

A

לָה (מוס') הַצְּלִיל הַשִּׁשִּׁי בְּסֻלָּם דִּיאַטוֹנִי

a fortiori ---> um so mehr; Schluß vom Leichten aufs Schwere und umgekehrt

a nescire ad non esse ---> Schließen vom Nichtwissen auf die Nichtexistenz

a posse ad esse ---> Schließen vom Möglichen auf die Existenz

a posteriori

מִלְּאַחַר (פיל') [ק/ב/128; ק/ג/268]. מֵהַמְּאֻחָר אֶל הַקּוֹדֵם, בְּדִיעֲבַד, לְאַחַר מַעֲשֶׂה, הַכָּרָה הַנּוֹבַעַת מִן הַנִּסָּיוֹן אוֹ הַמִּסְתַּמֶּכֶת עַל הַנִּסָּיוֹן. תּוֹרַת מְאֻחָר (פיל') [ק/ד/186]. מִסּוֹף, מִסּוֹפוֹ, לָמֵד מִסּוֹפוֹ, סוֹפוֹ מֵעִיד

a posteriori betreffend

מִלְּאַחֲרִי (פיל')

a priori

מִלְּקוֹדֵם (פיל') [ק/ב/128; ק/ג/268]. מֵהַקּוֹדֵם אֶל הַמְּאֻחָר, מִלְּכַתְּחִלָּה, מִן הַמֻּקְדָּם, מֵרֹאשׁ, הַכָּרָה שֶׁאֵינָהּ מִסְתַּמֶּכֶת עַל הַנִּסָּיוֹן. מֵהַקּוֹדֵם אֶל הַמִּתְאַחֵר (פיל') [ק/ב/310]. מִסִּבָּה לִמְסוֹבָב, לָמֵד מֵרֹאשׁוֹ עַל סוֹפוֹ, - מִן הַנָּתוּן עַל הַבָּא. תּוֹרַת מֻקְדָּם (פיל') [ק/ד/186]

a priori, Annahme ---> Annahme a priori

a priori, demonstratio ---> Demonstratio a priori

a priori betreffend

מִלְּקוֹדְמִי (פיל')

a tempo ---> Zeitmaß, im früheren

Aal *{Anguilla anguilla}*

צְלוֹפָח אֵירוֹפִּי (זוא') דָּג מִמִּשְׁפַּחַת הַצְּלוֹפָחִיִּים

Aale *{Anguillidae}*

צְלוֹפָחִיִּים (זוא') מִשְׁפָּחָה שֶׁל דְּגֵי גֶּרֶם

Aaskäfer *{Silphidae}*

קַבְּרָנִיתִיִּים (זוא') מִשְׁפָּחָה שֶׁל חִפּוּשִׁיּוֹת

ab ante

לִפְנֵי

ab esse ad posse valet - a posse ad esse non valet ---> Schluß vom Wirklichen auf das Mögliche

ab initio

מִלְּכַתְּחִלָּה, מֵעִקָּרָא

ab invito

נֶגֶד רְצוֹנוֹ

ab irato

מִתּוֹךְ כַּעַס

abändern ---> modifizieren
Abänderung ---> Modifikation
Abätzung

צְרִיבַת הֲסָרָה (אמנ') [ממ"ג/1]. צְרִיבַת הַפָּגָה, צְרִיבָה הַמְּאַפְשֶׁרֶת הַעְתָּקַת לוּחוֹת אֲחָדִים מִתַּשְׁלִיל (נֶגָטִיב) אֶחָד

Abakus ---> Rechenbrett
Abart [---> Variante]

זַן (זַנִּים) (פיל') [ק/א/306]. חֵלֶק מִין, בֶּן מִין. יוֹנֵק (יוֹנְקוֹת) [ק/ב/39]. תּוֹלָדָה, סְעִיף

Abasie

לַאְיוֹן הֲלִיכָה (רפו') חֹסֶר יְכֹלֶת לָלֶכֶת

Abbau ---> Degeneration; Schrumpfung

Abbau, biologischer

פֵּרוּק תַּחְיוּאִי (ביו') פֵּרוּק בִּיּוֹלוֹגִי

abbauen ---> degradieren

abbestellen, ein Abonnement ---> Abonnement abbestellen, ein

Abbild [---> Reflex]

בָּבוּאָה (בָּבוּאוֹת) (פיס', פיל', פסי') דְּמוּת גּוּף כְּפִי שֶׁהִיא מִשְׁתַּקֶּפֶת בְּמִשְׁטָח מַבְהִיק. תּוֹצָאָה רַעְיוֹנִית שֶׁל תַּהֲלִיךְ הַהִשְׁתַּקְּפוּת שֶׁבּוֹ בְּנֵי הָאָדָם מְנַכְּסִים רוּחָנִית אֶת הַמְּצִיאוּת הַמַּמָּשִׁית, תַּדְמִית. דְּפוּס, דְּפוֹס (פיל', פסי') [ק/א/143]. חִקּוּי, רִשּׁוּם. טֹפֶס (פיל', פסי') [ק/ב/21]. תַּבְנִית, הֶעְתֵּק. פִּתּוּחַ [ק/ג/221]. צֵל (פיס', פיל') [ק/ג/245]. דְּמוּת, תְּמוּנָה, צִיּוּר, בַּת אוֹר, בַּת זֹהַר. צֶלֶם (צְלָמִים) (פיל', פסי') [ק/ג/247]. קִצּוּר (אמנ') [ק/ג/297]. תְּמוּנָה מֻקְטֶנֶת, מִתְוֶה, דֻּגְמָה, שַׁעְתּוּק

Abbild, begriffliches

בָּבוּאָה מֻשָּׂגִית (פיל', פסי')

Abbild, gnoseologisches

בָּבוּאָה הַכָּרָתִית (פיל', פסי') תּוֹצָאַת הִשְׁתַּקְּפוּתוֹ שֶׁל מַשָּׂא בְּתוֹדַעַת הָאָדָם

Abbild, rationales

בָּבוּאָה שִׂכְלִית (פיל', פסי') בָּבוּאָה רַצְיוֹנָלִית, צוּרָה שֶׁל בָּבוּאָה הַכָּרָנִית (קוֹגְנִיטִיבִית)

Abbild, sinnliches
בָּבוּאָה חוּשִׁית (פיל', פסי') בָּבוּאָה חוּשָׁנִית, צוּרָה שֶׁל בָּבוּאָה הַכָּרָנִית (קוֹגְנִיטִיבִית)

Abbild, subjektives
בָּבוּאָה נוֹשְׂאִית (פיל', פסי') בָּבוּאָה סוּבְּיֶקְטִיבִית

abbilden [---> reflektieren]
הִרְשִׁים (מַרְשִׁים) (פסי') [ק/ב/328; ק/ד/62]. רָשַׁם (רוֹשֵׁם), הִשְׁאִיר רֹשֶׁם, טָבַע אֶת רִשּׁוּמוֹ עַל..., הִשְׁפִּיעַ, הִתְרַשֵּׁם, הִטְבִּיעַ אֶת חוֹתָמוֹ בְּ.../עַל..., נֶחְקַק רִשּׁוּמוֹ בְּלֵב..., נִשְׁאַר רִשּׁוּמוֹ, קִבֵּל רֹשֶׁם, הֻשְׁפַּע, הִצְטַיֵּר. חִקָּה (מְחַקֶּה), הִתְחַקָּה (מִתְחַקֶּה) (פסי') [ק/א/324; ק/ב/255]. צִיֵּר, חָרַט, נֶחֱרַת. חָקַק (חוֹקֵק) (פסי') [ק/א/327]. חָרַת. טָבַע (טוֹבֵעַ) (פסי') [ק/ב/14,13]. הִטְבִּיעַ, נִטְבַּע, הָטְבַּע, הָטְבֵּעַ, הִתְטַבֵּעַ, נָתַן צוּרָה, לָבַשׁ צוּרָה, קִבֵּל צוּרָה

abbildende Kraft ---> Kraft, bildende

Abbildrelation
יַחַס הִשְׁתַּקְּפוּת (פיס', פיל', פסי') הַיַּחַס בֵּין הַבָּבוּאָה לְבֵין הַמֻּשָּׂא הַמִּשְׁתַּקֵּף

Abbildtheorie [---> Reflexion]
תּוֹרַת הַהִשְׁתַּקְּפוּת (פיל', פסי') [מ"פ/567]. תּוֹרַת הַהִשְׁתַּקְּפוּת, עָנָף בְּתוֹרַת הַהַכָּרָה שֶׁעַל פִּיו תַּהֲלִיךְ הַתְּפִיסָה בְּמַהוּתוֹ אֵינוֹ אֶלָּא תַּהֲלִיךְ הִשְׁתַּקְּפוּת וְהַהַכָּרָה הִנָּהּ הִשְׁתַּקְּפוּת הַמְּצִיאוּת הַמַּמָּשִׁית בְּתוֹדַעַת בְּנֵי הָאָדָם

Abbildung [---> Reflexion; Illustration]
רִשּׁוּם (פסי') [ק/א/325]. חִקּוּי, צִיּוּר, חֲרִיתָה. חֲקִיקָה (פסי') [ק/א/326]. רֹשֶׁם

abbinden
שָׁנַץ (שׁוֹנֵץ) (רפו') שִׁנֵּץ (מְשַׁנֵּץ), קָשַׁר, רָבַט (רוֹבֵט), חָבַשׁ

Abbindung
שִׁנּוּץ, שְׁנִיצָה (רפו') רִבּוּט, רְבִיטָה, קְשִׁירָה, חֲבִישָׁה

Abbindungsschnur *{Ligatur}*
שֶׁנֶץ (שְׁנָצִים) (רפו') [מר"ח/422]. רֶבֶט (רְבָטִים), חוּט קְשִׁירָה נִתּוּחִי

Abbitte, Modalität der
דַּרְכֵי הַבַּקָּשָׁה (בלש', רטו') [ק/ב/218]. מֵנִיעַ הַמַּאֲמָר שֶׁל הַבַּקָּשָׁה, לְהַבָּעַת תְּחִנָּה וְהַפְגָּעָה

abblättern
חִסֵּף (מְחַסֵּף), הִתְחַסֵּף (מִתְחַסֵּף) (רפו', ביו') קִלֵּף, הִתְקַלֵּף

Abblättern
הִתְחַסְּפוּת (רפו', ביו', טכנ') הַשָּׁרַת עוֹר, הִתְקַלְּפוּת עוֹר, שִׁלּוּךְ קַשְׂקַשִּׂים

abbrechen
הִפְסִיק (מַפְסִיק), שָׂם קֵץ לְ..., קִפֵּד (מְקַפֵּד), סִיֵּם, חָדַל

Abbrechen, vorzeitiges
סִיּוּם שָׁגוּי (מחש') [דמ"א/7]. הַפְסָקָה שְׁגוּיָה שֶׁל פְּעֻלַּת הַמַּחְשֵׁב

Abbreviatur
רָאשֵׁי תֵּבוֹת (בלש') [פ"ר/107]

Abbruch
חִתּוּךְ (סטט')

abbrühen
חָלַט (חוֹלֵט) [א"ח/א/108;121]. מָלַג (מוֹלֵג), שָׁפַךְ מַיִם רוֹתְחִים עַל דְּבַר-מָה

Abbrühung
חֲלִיטָה, מִלּוּג, יְצִיקַת מַיִם רוֹתְחִים עַל דְּבַר-מָה

Abdankung
הִתְפַּטְּרוּת (משפ') פְּרִישָׁה מִתַּפְקִיד

abdecken
חָפָה (חוֹפֶה) (אמנ') [ממ"ג/1]. כִּסָּה לוּחַ הָעוֹמֵד לְהִצָּבַע בְּחֹמֶר חִפּוּי. הִפְשִׁיט (מַפְשִׁיט) (טכנ') [א"ח/ב/260]. פָּשַׁט (פּוֹשֵׁט), הֵסִיר עוֹר שֶׁל חַיָּה מֵתָה

Abdeckung
חֲפִיָּה (אמנ') [ממ"ג/1]. כִּסּוּי הַלּוּחַ הָעוֹמֵד לְהִצָּבַע בִּקְרוּמִית שֶׁל חֹמֶר חִפּוּי

abdichten
אִטֵּם (מְאַטֵּם) (טכנ') סָתַם דְּבַר-מָה לְנוֹזְלִים אוֹ לְגַזִּים

Abdomen ---> Bauch

abdominal ---> bauchbezüglich

Abdruck
הֶדְפֵּס (הֶדְפֵּסִים) (ספרנ', פיל', פסי', אמנ') [ק/א/143; ממ"ג/1]. דְּפוּס, חִקּוּי, רִשּׁוּם, הַדְפָּסָה, הַעְתָּקָה שֶׁל דַּף מִלּוּחַ אוֹ מִסְדָּר

abdrucken ---> kopieren

Abduktion
אִסְלוּק (פיל') אַבְּדוּקְצִיָּה, הֶקֵּשׁ בִּלְתִּי מוּכָח אַךְ מִסְתַּבֵּר מִן הַתּוֹצָאָה וּמִן הַכְּלָל עַל הַפְּרָט הַכָּלוּל בּוֹ

Abduktor
מְהַקְרֵב (רפו') [מר"ח/17]. שְׁרִיר מְקָרֵב, - מְתַוֵּךְ

abdunkeln
הִכְהָה (מַכְהֶה) (אמנ')

Abdunkelung
הַכְהָיָה (אמנ') הַכְהָאָה, הֲבָאָה לִידֵי כֵּהוּת

abduzieren
הִרְחִק (מַהַרְחִק), רִחֵק (מְרַחֵק) (רפו') [מר"ח/4]. הִצְדִּיד (מַצְדִּיד), הֵנִיעַ אֵבֶר מִסְּיָם מִקַּו הָאֶמְצַע שֶׁל הַגּוּף לַחוּץ. אִסְלֵק (מְאַסְלֵק) (פיל') הִקִּישׁ מִתּוֹצָאָה וּמִן הַכְּלָל עַל הַפְּרָט הַכָּלוּל בּוֹ בְּלֹא הוֹכָחָה אַךְ מִתּוֹךְ הִסְתַּבְּרוּת מְסֻיֶּמֶת

Abend werden
הֶעֱרִיב (מַעֲרִיב), בָּא הָעֶרֶב, נַעֲשָׂה עֶרֶב, עָרַב, נֶעֱרַב

Abenddämmerung
בֵּין הַשְּׁמָשׁוֹת [א"ח/ב/418]. דִּמְדּוּמֵי חַמָּה

Abendmusik ---> Serenade

Abendsegler *{Nyctalus noctula}*
רַמְשָׁן לֵילִי (זוא') יוֹנֵק מִמִּשְׁפַּחַת הַנִּשְׁפּוֹנִיִּים (עֲטַלֵּפִים)

Abendzeit

עֵת עֶרֶב (עִתּוֹתֵי עֶרֶב) [א״ת/ב/418]

Abenteuertum

הַרְפַּתְקָנוּת (מ״ח)

Abenteuertum, revolutionäres

הַרְפַּתְקָנוּת מַהְפְּכָנִית (מ״ח)

aber

אֲבָל, אוּלָם, אַךְ, בְּרַם

Aberglaube *{Superstition}*

אֱמוּנָה טְפֵלָה (אנת׳, דת) [ק/א/53]. אֱמוּנַת הֶבֶל. הַבְלִי (אנת׳, דת) [ק/א/152]. אֱמוּנָה הַבְלִית

aberkannt ---> beraubt
Aberration ---> Abirrung
Aberration, mentale ---> Gemütsstörung
abfächeln

נִפְנֵף (מְנַפְנֵף), הֵנִיעַ הֵנָּה וָהֵנָּה

Abfahrt

יְצִיאָה לַדֶּרֶךְ, הַפְלָגָה, הַמְרָאָה, יְצִיאָה

Abfall

פְּסֹלֶת [א״ת/ג/63]. נְפֹלֶת, נְצֹלֶת

abfallen

נָשַׁר (נוֹשֵׁר) [א״ת/א/234]. הִשִּׁיר (מַשִּׁיר), נָפַל, נִתַּק, נִשַּׁל, נָשַׁל (נוֹשֵׁל), הִשִּׁיל. פָּנָה מִן הָרוּחַ (ימא׳) הִפְנָה אֶת הָאֳנִיָּה מִן הָרוּחַ

Abfallen

נְשִׁילָה, נְשִׁירָה, נְפִילָה

abfallend

נָשִׁיל (בוט׳) הַנּוֹשֵׁר לִפְנֵי זְמַנּוֹ

Abfassung

חִבּוּר (ספר׳) [ק/א/268]. סֵפֶר, מַעֲשֵׂה יְדֵי מְחַבֵּר, כְּתִיבַת סֵפֶר

abfeilen ---> feilen
Abfluß

נֶגֶר (היד׳) מַיִם הַזּוֹרְמִים לַיָּם

Abfluß, randvoller

סְפִיקָה טְפוּפָה (היד׳)

Abfluß, unterirdischer

נֶגֶר תַּת קַרְקָעִי (היד׳) נֶגֶר בֵּינַי

Abflußkreislauf

מַחֲזוֹר הַנֶּגֶר (היד׳)

Abflußmenge

סְפִיקָה (היד׳) כַּמּוּת הַנּוֹזְלִים הַמְסֻפָּקִים בִּיחִידַת זְמַן

Abflußmenge, formbildende

סְפִיקָה גְּבֵרָה (היד׳)

Abflußrate

סְפִיקַת הַנֶּגֶר (היד׳)

Abflußrillen

חֲרִיצֵי הַנֶּגֶר (היד׳)

Abflußrohr

צִנּוֹר הֲרָקָה (טכנ׳) אָבִיק (אֲבִיקִים), צִנּוֹר בְּתַחְתִּית שֶׁל כְּלִי לְהוֹצָאַת הַנּוֹזְלִים מִתּוֹכוֹ

abfluten

זָרַם וְיָרַד

Abfolge

הֶמְשֵׁכוּת

abfressen

כִּרְסֵם (מְכַרְסֵם) [א״ת/ב/267]. קִרְסֵם, נָשַׁךְ

Abgabenfreiheit ---> Steuerbefreiung
abgabenpflichtig ---> steuerpflichtig
Abgang

פְּחָת (כלכ׳) יְרִידָה בְּעֵרֶךְ דָּבָר בְּשֶׁל שִׁמּוּשׁ

abgeben, sich

עָסַק (עוֹסֵק) בְּ... [ק/ד/75]. שָׁגָה (שׁוֹגֶה), הִתְעַסֵּק בְּ..., טִפֵּל בְּ..., הוֹצִיא זְמַנּוֹ עַל...

abgebildet

חָקוּק [ק/ב/184]. מְחֻקָּק, חָרוּת, טָבוּעַ, מְחֻקֶּה. מְצֻלָּם (אמנ׳) שֶׁדְּמוּתוֹ מְצֻיֶּרֶת אוֹ מְצֻלֶּמֶת

abgebunden

מְשֻׁנָּץ, שָׁנוּץ (רפו׳) קָשׁוּר, רָבוּט, מְרֻבָּט, חָבוּשׁ

abgegrenzt

תָּחוּם [מר״ח/234]. מְחֻיָּץ, מְגֻדָּר, מְתֻחָם

abgegrenzt, nicht

פָּרוּץ [ק/ג/209]. פָּרוּז, בִּלְתִּי נִגְדָּר בְּהֶקֵּף, חָפְשִׁי, בִּלְתִּי תָּלוּי, סְתָמִי, בִּלְתִּי מֻגְדָּר

abgegriffen ---> abgenutzt
abgehackt ---> skandiert
abgelaufen

שֶׁפָּג תָּקְפּוֹ (משפ׳)

abgelebt

כָּלוּחַ, כְּלוּחָה (רפו׳) יָשִׁישׁ, תְּשׁוּשׁ כֹּחַ, מְכֻלָּח

Abgelebtheit

כְּלִיחוּת (רפו׳) [מר״ח/229]. עֵת כֶּלַח, חֻלְשַׁת זִקְנָה, תַּשּׁוּת כֹּחַ

abgeleitet

גָּזוּר, נִגְזָר (בלש׳) [ק/א/110]. נֶחְצָב. מִשְׁתַּלְשֵׁל [ק/ב/305]. נִמְשָׁךְ מִסִּבָּתוֹ, שֶׁנִּמְשָׁךְ וְהוֹלֵךְ, מִתְפַּתֵּחַ מִדָּבָר אַחֵר, נֶאֱצָל, מֻשְׁפָּע

abgeleiteter Akkord ---> Akkord, abgeleiteter
abgeleitetes Nomen ---> Nomen, abgeleitetes
abgeleitetes Wort ---> Wort, abgeleitetes
abgemagert ---> eingeschrumpft
abgemessen

מָדוּד (פיל׳) [ק/ב/299]. מְשֹׁעָר, מְכֻוָּן וּמְדֻקְדָּק בְּשִׁעוּרוֹ וּבְמִשְׁקָלוֹ, קָצוּב. מְתֹאָזָן [ק/ב/309]. שָׁקוּל, מָתוּן

abgeneigt ---> aversiv
abgenutzt

בָּלוּי, מְשֻׁמָּשׁ, בָּלֶה, מְהוּהַ, מְרֻפָּט

abgenutztes Kleidungsstück ---> Lumpen
abgeplattet

פָּחוּס

abgerissen

קָרוּעַ, מְפֹרָע, נָתוּק

Abgesang

סוֹגֶרֶת (סוֹגְרוֹת) (מוס׳)

abgeschirmt

סָכוּךְ, מוּגָן, חָסוּי, מְאֻבְטָח

abgeschlagen ---> abgesplittert
abgeschlossen

מְסֻגָּר, סָגוּר הֵיטֵב, נִשְׁלָם, שֶׁהִסְתַּיֵּם

abgeschmackt

תָּפֵל, מְחֻסַּר טַעַם, חֲסַר טַעַם
Abgeschmacktheit
תְּפֵלוּת, חֹסֶר טַעַם, תִּפְלָה, תֶּפֶל, תַּפְלוּלִיּוּת
abgeschnitten
מְקֻצָּר [פ״ר/114]. מְנֻתָּק
abgeschnürt *{stranguliert}*
מְשֻׁנָּק (רפו׳) מְחֻנָּק, חָנוּק
abgeschwächter Krankheitserreger
---> Krankheitserreger, abgeschwächter
abgesehen davon, daß...
חוּץ מִזֶּה שֶׁ..., [ק/ב/175]. מְחֻבָּר לְ.../אֶל..., מִלְּבַד אֲשֶׁר..., נוֹסָף עַל, לֹא זוֹ אַף זוֹ, עוֹד זֹאת. מְצֹרָף לְ... [ק/ב/261]. חוּץ מִמַּה..., וְנִלְוֶה אֵלָיו גַּם-כֵּן...
abgesondert
בָּדֵל, שָׁרוּי בִּבְדֵלוּת, מֻבְדָּל
abgesplittert
מְשֻׁבָּב (טכנ׳) פָּגוּם
abgestoßen
נָתוּק (שֵׁם תֹּאַר), נְתוּקוֹת (תֹּאַר פֹּעַל)
abgestuft
מְדֹרָג, מְדֹרָג
abgestumpft
כָּדִיר (רפו׳, פסי׳) חֲסַר תְּחוּשָׁה, רְדוּם אֵבָרִים
abgestutzt
קָטוּם, גָּזוּז, גָּזוּר, קָצוּץ, גָּמוּם
abgetrennt ---> abgesondert
abgewickelte Ansicht ---> Ansicht, abgewickelte
abgewogen
מְשֻׁעָר [ק/ב/299]. מְכֻוָּן וּמְדֻקְדָּק בְּשִׁעוּרוֹ וּבְמִשְׁקָלוֹ, מָדוּד, קָצוּב. מְתֻאָזָן [ק/ב/309]
abgezogen
מֻפְשָׁט
abgießen, vorsichtig *{dekantieren}*
שָׁפָה (שׁוֹפֶה), שָׁפַךְ נוֹזְלִים בְּנַחַת
Abgießen, vorsichtiges *{Dekantation}*
שְׁפִיָּה, שְׁפִיכַת נוֹזְלִים בְּנַחַת
Abglanz
זֹהוּר, זָהוּר (פיס׳) [ק/א/251]. אוֹר נֶאֱצָל מֵאוֹר אַחֵר, אוֹר חוֹזֵר. צֵל (פיס׳, פיל׳) [ק/ג/245]. בַּת אוֹר, בָּבוּאָה שֶׁל דָּבָר, דְּמוּת גּוּף הַנִּרְאֵית בַּמַּרְאָה, בַּת זֹהַר, הַחְזָרַת אוֹר, זֹהַר מִשְׁנֶה
abgrenzen
תָּחַם (תּוֹחֵם), קָבַע גְּבוּלוֹת, חִיֵּז (מְחַיֵּז), מָצַר (מוֹצֵר)
Abgrenzung [---> Grenze, Abstecken einer]
תְּחוּם, חִיּוּז, הִתְחַיְּזוּת, הַגְדָּרָה
Abgrenzungskriterium
בֹּחַן שֶׁל תְּחוּם (פיל׳) [ד״מח/43]. קְנֵה מִדָּה (קְרִיטֶרְיוֹן) לְהַבְחָנָה בֵּין הֶגֵּד מַדָּעִי לְהֶגֵּד לֹא מַדָּעִי
Abgrund(s), Politik am Rande des
תְּהוֹמָנוּת (מדי׳) מְדִינִיּוּת עַל סַף מִלְחָמָה
Abguß
כִּיֵּר בִּדְפוּס (טכנ׳)
abhacken [---> abschneiden]
גָּדַע (גּוֹדֵעַ) [א״ח/ב/205]. כָּרַת (כּוֹרֵת), קָטַע, גָּדַם

abhängend, voneinander *{interdependent}*
תְּלוּיֵי הֲדָדִית (מתמ׳)
abhängig
תָּלוּי [ק/ד/205]. זָקוּק, מֻתְנֶה. נִתְלֶה [ק/ג/78]. קָשׁוּר, נִמְצָא בְּיַחַס אֶל..., שַׁיָּךְ לְ..., מִתְיַחֵס. מִתְרוֹשֵׁשׁ [ק/ב/328]. דָּבָר שֶׁאֵינוֹ נִמְצָא בִּפְנֵי עַצְמוֹ אֶלָּא תָּלוּי בְּדָבָר אַחֵר, גָּרוּר
abhängig, voneinander ---> korrelativ
abhängig von...
תָּלוּי בְּ... [ק/ג/47]. נִסְמָךְ, מְחֻבָּר, צָמוּד לְ..., כָּרוּךְ אַחֲרֵי..., נִסְפָּח לְ..., קָשׁוּר לְ..., נִתְלֶה בְּ...
abhängige Variable ---> Variable.
abhängige
abhängiger Satz ---> Nebensatz
Abhängigkeit
תְּלוּת [ק/ד/205; ר/ב/688; י״א/620]. תְּלִיָּה, תְּלִיאוּת (תְּלִיאוּיוֹת), תְּלִיּוּת, הֱיוֹת תָּלוּי בְּדָבָר, זִקָּה, קֶשֶׁר סִבָּתִי בֵּין מִשְׁתַּנִּים, מַמָּצָב (סִיטוּאַצְיָה) שֶׁבּוֹ תּוֹפָעָה אַחַת אֵינָהּ מִתְרַחֶשֶׁת אֶלָּא בְּצַוְתָּא עִם תּוֹפָעָה אַחֶרֶת אוֹ כְּשֶׁקַּיָּמִים קְשָׁרִים בֵּין נְתוּנִים בְּגִין מוֹצָאָם הַמְּשֻׁתָּף מִמִּדְגָּם אֶחָד. הִתָּלוּת [ק/א/238]. יַחַס הַדְּבָרִים וְשַׁיָּכוּתָם זֶה לָזֶה, קֶשֶׁר. הִתְחַיְּבוּת [ק/א/232]. תּוֹלָדָה מֻכְרַחַת, מֻגְבָּלוּת
Abhängigkeit, wechselseitige *{Interdependenz}*
תְּלוּת הֲדָדִית (מתמ׳)
Abhängigkeitsverhältnis
יַחַס תְּלוּת, זִקַּת תְּלוּת
abhärten, sich
הִתְחַסֵּם (מִתְחַסֵּם) (רפו׳)
Abhärtung
חִסּוּם, הִתְחַסְּמוּת (רפו׳) [מר״ח/4]. הִתְחַסְּנוּת
abhalten
מָנַע (מוֹנֵעַ), הֵנִיא, עָצַר
Abhandlung
מַאֲמָר (מַאֲמָרִים) (ספר׳) [ק/ב/133]. סֵפֶר, קֻנְטְרֵס, פֶּרֶק אוֹ חֵלֶק מִמֶּנּוּ. אִגֶּרֶת (ספר׳) [ק/א/20]. דָּבָר (ספר׳) [ק/א/130]. חִבּוּר
Abhandlung, gelehrte ---> Dissertation
Abhang
מִדְרוֹן (מִדְרוֹנוֹת) (י״א) מוֹרָד (מוֹרָדוֹת), שִׁפּוּעַ, יְרִידָה
abheben
שִׁטַּח (מְשַׁטֵּחַ)
abhebern ---> Heber benutzen, einen
Abhebung ---> Bedeutsamkeit
abhobeln
קִצֵּעַ (מְקַצֵּעַ) (טכנ׳) [א״ח/ב/267]. שָׁף, הִקְצִיעַ (מַקְצִיעַ), גֵּרֵד וְהֶחֱלִיק, יִשֵּׁר (מְיַשֵּׁר), שִׁפְשֵׁף
abhorchen
אִזֵּן (אוֹזֵן) [מר״ח/88]. הֶאֱזִין (מַאֲזִין)
Abhorchung
אֲזִינָה, הַאֲזָנָה, הַסְכָּתָה

Abhorchung bezüglich, auf die
אֲזִינָתִי, שֶׁל הָאֲזָנָה

Abiogenese ---> Urzeugung

abirren
נָלוֹז (פסי', מ״ח) הִסְתַּלֵּף, סָטָה מִן הַדֶּרֶךְ הַיְשָׁרָה

Abirrung
נְלִיזוּת (פסי', מ״ח) [מר״ח/4]. נְלִיזָה, הִתְנַלְּזוּת, סְטִיָּה

abkapseln
כָּמַס (כּוֹמֵס) (אלק')

Abkapseln
כְּמִיסָה (אלק')

Abklatsch [---> Umdruck]
טֹפֶס (טְפָסִים) (פיל', פסי', אמנ') [ק/ב/21]. תַּבְנִית, הֶעְתֵּק, חִקּוּי, **דְּפוּס**

Abklingen ---> Abschwächung

Abklingen einer Krankheit ---> Krankheit, Abklingen einer

abknipsen
תִּלֵּשׁ (מְתַלֵּשׁ), קָרַץ (קוֹרֵץ), צָבַט וְחָתַךְ, קָטַף (מְקַטֵּף), תֻּלַּשׁ (מְתֻלָּשׁ), נִקְרַץ, נֶחְתַּךְ, נִקְצַץ

Abkömmling
צֶאֱצָא, נוֹצָא, דְּבַר-מָה הַמִּתְקַבֵּל אוֹ הַנִּגְזָר מִמַּשֶּׁהוּ אַחֵר

Abkommen
אֲמָנָה (אֲמָנוֹת) (משפ', מדי') חוֹזֶה בֵּינְלְאֻמִּי, בְּרִית

abkühlen
קֵרֵר (מְקָרֵר) [א״ת/א/222]. הֵקֵר (מֵקֵר), הִקְרִיר, צִנֵּן (מְצַנֵּן), הֵצֵן, הִצְנִין (מַצְנִין)

Abkürzung
קִצּוּר (בלש') [מ״ב/7]. שִׁמּוּשׁ בְּחֵלֶק מִן הַמִּלָּה לְצִיּוּן כֻּלָּהּ, לְמָשָׁל: ״**וכו**״ = ״וְכוּלֵי״, ״**ביח״ר**״ = ״בֵּית חֲרֹשֶׁת״

abladen ---> löschen

ablagern
רִבֵּץ (מְרַבֵּץ) (היד', גאו') הִרְבִּיד (מַרְבִּיד), שִׁקַּע (מְשַׁקֵּעַ), שָׁקַע (שׁוֹקֵעַ). צָבַר (צוֹבֵר)

Ablagerung
מִרְבָּץ (היד', גאו') מִרְבָּד, שִׁקּוּעַ, הִשְׁתַּקְּעוּת. מִצְבּוֹר (מִצְבּוֹרִים), מִצְבָּר

ablandig, Wind ---> Wind ablandig

ablassen
רוֹקֵן (מְרוֹקֵן), הֵרִיק (מֵרִיק), רִקֵּן (מְרַקֵּן)

Ablaßhahn
בֶּרֶז יְצִיאָה (טכנ')

Ablation
פְּחִיתָה (גאו', י״א) הַפְשָׁרָה אוֹ הִתְאַדּוּת שֶׁל שֶׁלֶג אוֹ קֶרַח

Ablativ
יַחֲסַת ״מִן״ (בלש') [מ״ב/7]. יַחֲסַת אַבְּלָטִיב, יַחֲסָה הַמְצַיֶּנֶת בְּעִקָּר אֶת הַכִּוּוּן ״מִן... וָאֵילָךְ״. הַגְּבוּל שֶׁמִּמֶּנּוּ (בלש') [ק/א/100]. יַחַס שֶׁמִּמֶּנּוּ (בלש') [ק/ב/35]

Ablauf
נְקִיפָה, חֲלוֹף הַזְּמַן, פְּקִיעַת תֹּקֶף

Ablaufrinne am Dach ---> Wasserspeier

Ablaufrohr
אָבִיק (אֲבִיקִים) (טכנ') פֶּתַח לְהוֹצָאַת מַיִם

ablegen
פָּשַׁט (פּוֹשֵׁט) [ק/ג/220]. הֵסִיר מֵעָלָיו, הוֹרִיד

ablegen, eine Form ---> Form ablegen, eine

ablegen, Zeugnis ---> Zeugnis ablegen

ablehnen
דָּחָה (דּוֹחֶה) [ק/א/95]. בָּרַח, הִתְנַגֵּד (מִתְנַגֵּד), מֵאֵן (מְמָאֵן), הִדְחָה (מַדְחֶה), סֵרֵב (מְסָרֵב)

Ablehnung
דְּחִיָּה [ק/א/96]. בְּרִיחָה, הִתְנַגְּדוּת, הַדְחָיָה, אִי הַסְכָּמָה, מֵאוּן, סֵרוּב

Ablehnungsbereich ---> Zurückweisungsbereich

ableitbar *{differenzierbar}*
גָּזִיר (מחמ') שֶׁנִּתָּן לִגְזִירָה

Ableitbarkeit *{Differenzierbarkeit}*
גְּזִירוּת (מחמ')

ableiten
גָּזַר (גּוֹזֵר) (בלש') [ק/א/110]. חָצַב, הֶאֱצִיל. צֵרֵף (מְצָרֵף) (בלש') [ק/ג/256]. בָּנָה צוּרוֹת לָשׁוֹן אֵלּוּ מֵאֵלּוּ. הִסִּיק (מַסִּיק) (בלש', פיל') [ק/ג/292]. קָצַב (קוֹצֵב), הִשְׁוָה בֵּין שְׁנֵי עִנְיָנִים דּוֹמִים, הוֹצִיא מַסְקָנָה, הִקִּישׁ מִדָּבָר אֶחָד לְדָבָר שֵׁנִי

ableiten von Flüssigkeit ---> drainieren

Ableitung *{Derivation; Differentiation}*
גְּזִירָה (פְּעֻלָּה), נִגְזֶרֶת (תּוֹצָאָה) (בלש') [ק/א/112; מ״ב/59]. מַחְצַב הַמִּלָּה, שֹׁרֶשׁ, תְּצוּרָה, דֶּרִיבַצְיָה, תַּהֲלִיךְ יְצִירַת מִלִּים (לְקְסֵמוֹת) מִיסוֹדוֹת לְשׁוֹנִיִּים שׁוֹנִים, לְמָשָׁל: ״מִכְתָּבִי״ נִגְזָר מֵאוֹתִיּוֹת הַשֹּׁרֶשׁ כת״ב, הַיּוּד הַסּוֹפִית מֵאוֹתִיּוֹת הַשִּׁמּוּשׁ, וְהַמֵּם הַתְּחִילִית מֵאוֹתִיּוֹת הַמִּשְׁקָל שֶׁהוּא ״מִפְעָל״

Ableitung, partielle
נִגְזֶרֶת חֶלְקִית (מחמ')

Ableitung, retrograde
גְּזִירָה לְאָחוֹר (בלש') [מ״ב/26]. תְּצוּרָה לְאָחוֹר, - אֲחוֹרָנִית, יְצִירַת מִלָּה חֲדָשָׁה מִמִּלָּה אַחֶרֶת בְּאֶמְצָעוּת הֶקֵּשׁ בִּסְתּוּרִי (שְׁלְאָחוֹר), לְמָשָׁל: אַחֲרֵי שֶׁצּוּרַת הַיָּחִיד הַתִּקְנִית: ״עֶרֶב פְּסָחִים״ נָתְנָה אֶת צוּרַת הָרִבּוּי: ״עַרְבֵי פְּסָחִים״, צָמְחָה מִזֹּאת הָאַחֲרוֹנָה צוּרַת הַיָּחִיד הַמְּחֻדֶּשֶׁת: ״עֶרֶב פֶּסַח״

Ableitung durch Beschränkung durch den dritten Begriff
גְּזִירָה עַל יְדֵי הַגְבָּלָה בְּאֶמְצָעוּת מֻשָּׂג שְׁלִישִׁי (פיל') הַסָּקָה שֶׁבָּהּ הַנּוֹשֵׂא וְהַנָּשׂוּא שֶׁל מִשְׁפָּט הַמּוֹצָא מֻגְבָּלִים עַל יְדֵי אוֹתוֹ מֻשָּׂג שְׁלִישִׁי; אִם cA אוֹ cB מְהַוִּים אֶת הַהַגְבָּלוֹת שֶׁל A אוֹ שֶׁל B הֲרֵי שֶׁמִּן הַטַּעֲנָה: ״כָּל הַ-A הֵם B״ נִמְשֶׁכֶת הַטַּעֲנָה: ״כָּל הַ-cA הֵם cB״, לְמָשָׁל: מִן הַטַּעֲנָה: ״כָּל הַמַּתָּכוֹת הֵן גּוּפִים פְּשׁוּטִים״ נִגְזֶרֶת הַטַּעֲנָה: ״כָּל הַמַּתָּכוֹת הַנּוֹזְלִיּוֹת הֵן גּוּפִים נוֹזְלִיִּים פְּשׁוּטִים״

Ableitung von Flüssigkeit ---> Drainage

Ablenkung

הֶסֵּחַ הַדַּעַת, הַסָּחָה, הֲסָטָה (הֲסָטוֹת), מַטָּיָה

Ableseeinrichtung
הֶתְקֵן קְרִיאָה (טכנ')

Ablesegenauigkeit
דַּקּוּת הַהוֹרָיָה (טכנ') דִּיּוּק הַהוֹרָיָה

ablesen
קָרָא מִתּוֹךְ כְּתָב. אָסַף, לִקֵּט (מְלַקֵּט), לָקַט (לוֹקֵט), פִּנָּה (מְפַנֶּה)

Ablesen
קְרִיאָה מִתּוֹךְ כְּתָב. אִסּוּף, לִקּוּט, לְקִיטָה, פִּנּוּי

ablesen, Würmer ---> Würmer ablesen

ableugnen
הִכְחִישׁ (מַכְחִישׁ), כָּפַר בְּ..., הִפְרִיךְ, כִּחֵד (מְכַחֵד), דָּחָה אֶת..., כִּחֵשׁ בְּ...

Ableugnung
הַכְחָשָׁה, כְּפִירָה, הַפְרָכָה, הֶכְחֵשׁ

Ablichtung ---> Photokopie

Ablösungssystem
שִׁיטַת מִשְׁמָרוֹת (כלכ') תַּהֲלִיךְ יִצּוּר רָצִיף בְּכָל חֶלְקֵי הַיְּמָמָה שֶׁבּוֹ מִתְחַלֶּפֶת בְּתוֹרָנוּת קְבוּצַת עוֹבְדִים אַחַת עִם קְבוּצַת עוֹבְדִים אַחֶרֶת

abmähen [---> mähen]
כִּסֵּחַ (מְכַסֵּחַ) (חקל') [א"ח/ב/185]. כָּסַח (כּוֹסֵחַ), קִצֵּץ, גָּזַז, כָּרַת

Abmähen
כִּסּוּחַ (כִּסּוּחִים) (חקל') [א"ח/ב/185]. קִצּוּץ, גְּזִיזָה, כְּרִיתָה

abmagern
רָזָה (רָזֶה) (רפו') הִרְזָה (מַרְזֶה), נִרְזָה (נִרְזֶה), נַעֲשָׂה רָזֶה, כָּחַשׁ, נִכְחַשׁ

Abmagerung
רָזוֹן, הֲרָזוּת (רפו') הִתְרַזּוּת, רְזִיָּה, הַרְזָיָה, כְּחִישׁוּת

abmeißeln
קִצֵּעַ (מְקַצֵּעַ) בְּאִזְמֵל (טכנ') שִׁבֵּב (מְשַׁבֵּב) בְּאִזְמֵל

abmessen
מָדַד (מוֹדֵד) (הנד') [ק/א/181]. הִנְדֵּס (מְהַנְדֵּס). שִׁעֵר [ק/ד/147]. חִשֵּׁב, אָמַד, שָׁקַל, הֶעֱרִיךְ

Abmessender
מְשַׁעֵר (פיל') [ק/ב/298]. מִי שֶׁמּוֹדֵד וְשׁוֹקֵל אֶת הַדְּבָרִים כְּפִי שִׁעוּרָם הָרָאוּי

Abmessung
מְדִידָה (מתמ', מ"ט) [ק/ד/144]. שִׁעוּר, חִשּׁוּב, הַעֲרָכָה, הַשְׁעָרָה, הַאֲמָדָה

Abnahme *{Dekrement}* **[---> Nachlassen; Abschwächung]**
פְּחִיתָה [ק/א/231]. הִתּוּךְ, מִפְחָת, בְּנִגּוּד לִצְמִיחָה. חִסָּרוֹן [ק/א/236]. הַתִּיכָה, הֶפְסֵד. הַתָּכָה [ק/א/236]. הִתְפָּרְדוּת, דְּעִיכָה

Abnahme der Leistung ---> Leistung, Abnahme der

Abnahme der Reaktion ---> Reaktion, Abnahme der

abnehmen
פָּחַת וְהָלַךְ, נִפְחַת (נִפְחָת), נִגְרַע מֵעֶרְכּוֹ

abnehmende Bewegung ---> Bewegung, abnehmende

Abneigung [---> Aversion] *{Antipathie}*
עוֹיְנוּת (פסי') צְהִיבָה, אֵיבָה, אַנְטִיפַּתְיָה, צְהִיבוּת, שְׂטִימָה, שִׂטְמָה, סְלִידָה

abnorm ---> abnormal

abnormal
לֹא תַּקִּין [ר/א/328]. סֶטֶה, סְטוּתִי, לֹא נוֹרְמָלִי, חוֹרֵג בְּאֹפֶן נִכָּר מִן הַמְּמֻצָּע אוֹ מִן הַטִּפּוּסִי, שָׁנוּז, מְשֻׁנֶּה, אֲנוֹמָלִי, יוֹצֵא מִגֶּדֶר הָרָגִיל. יוֹצֵא חוּץ לַהֶקֵּשׁ (פיל') [ק/א/276]. יוֹצֵא מִגֶּדֶר הַשֵּׂכֶל וְהַסְּבָרָה. חָרִיג [ק/ג/37]. נָכְרִי, בִּלְתִּי טִבְעִי, לֹא נָהוּג, יוֹצֵא דֹּפֶן, - מִן הַכְּלָל, סוֹטֶה. זָר [ק/א/266]. מְשֻׁנֶּה, מוּזָר, תָּמוּהַּ

Abnormalität [---> Anomalie]
אִי תַּקִּינוּת [ר/א/328]. סְטוּת, לֹא נוֹרְמָלִיּוּת, מַצָּב שֶׁל חֲרִיגָה נִכֶּרֶת מִן הַמְּמֻצָּע אוֹ מִן הַטִּפּוּסִי, שְׁנִיזוּת

abnutzen, sich
בָּלָה (בָּלֶה) [א"ח/א/135]. הִתְבַּלָּה (מִתְבַּלֶּה), נִשְׁחַת מֵרֹב שִׁמּוּשׁ, הִתְרַפֵּט, נִמְהָה (נִמְהֶה), נָבַל

Abnutzung ---> Amortisation

Abnutzung durch Gebrauch ---> Verschleiß

Abonnement [---> Subskription]
מִנּוּי (מִנּוּיִים) (כלכ', ספרנ') חֲתִימָה, הַזְמָנָה שֶׁל דְּבַר-מָה הַנִּמְכָּר בְּהֶפְרֵשֵׁי זְמַן מְסֻיָּמִים

Abonnement abbestellen, ein
בִּטֵּל מִנּוּי (כלכ', ספרנ') בִּטֵּל חֲתִימָה

Abonnement erneuern, ein
חִדֵּשׁ מִנּוּי (כלכ', ספרנ') חִדֵּשׁ חֲתִימָה

Abonnent(in)
מָנוּי (מְנוּיִים), מְנוּיָה (מְנוּיוֹת) (כלכ', ספרנ') חָתוּם, חֲתוּמָה, מִי שֶׁהִזְמִין מֵרֹאשׁ דְּבַר-מָה הַנִּמְכָּר בְּהֶפְרֵשֵׁי זְמַן מְסֻיָּמִים

abonnieren
נִמְנָה (נִמְנֶה) עַל... (כלכ', ספרנ') חָתַם עַל...

Abort
הַפָּלָה (רפו')

Abort, künstlicher
הַפָּלָה מְלָאכוּתִית (רפו')

Abort, therapeutischer
הַפָּלָה תַּרְפּוּאִית (רפו')

Abort, verhaltener
הַפָּלָה מִשְׁתַּהָה (רפו') הַפָּלָה שְׁהוּיָה

abortieren
הִפִּילָה (רפו') [א"ח/ב/4]. יָלְדָה יֶלֶד מֵת

Abortivmittel
חֹמֶר מְיַחֵט (רפו') סַם הַפָּלָה, אֶמְצָעֵי הַפָּלָה

Abplattung *{Elliptizität}*
פְּחוּס (פיס')

Abrachie ---> Armlosigkeit

Abrakadabra
שַׁבְרִירֵי בְּרִירֵי (רפו', פסי', אנת') פִּטְפּוּט, דִּבְדּוּב שְׂפָתַיִם, מֶלֶל בֶּלֶל, שִׁבְרֵי דְּבָרִים לֹא בְּרוּרִים

Abrasion [---> Auskratzung]
גִּדּוּד (גאו', י"א) אַבְּרָזְיָה, שְׁחִיקָה, חֲסִיפַת הַחוֹפִים הַנִּגְרֶמֶת עַל יְדֵי מִשְׁבְּרֵי הַחוֹף

Abrasionsküste

חוֹף מְגֻדָּד (גאו', י״א)

Abraumhalde

עֲרֵמַת שֶׁפֶךְ (כלכ') מִצְבַּר פְּסֹלֶת, תֵּל שִׁפְכֵי תַּעֲשִׂיָּה

abreagieren

פִּרְקֵן (מְפַרְקֵן) (פסי') [ר/א/3]. פֵּרֵק (מְפָרֵק), נָתַן פֻּרְקָן, שִׁחְרֵר מִמְּתִיחוּת אוֹ מִמּוּעָקָה

Abreagieren ---> Abreaktion

Abreaktion

פִּרְקוּן (פסי') [ר/א/3; 228]. תְּגוּבַת פֻּרְקָן, הֶפְגֵּן, הִתְגַּלְּעוּת, אַבְרֶאַקְצְיָה, תַּהֲלִיךְ הַפְחָתַת חֲרָדָה עַל יְדֵי הִזָּכְרוּת בַּחֲוָיָה שֶׁגָּרְמָה לַחֲרָדָה, שִׁחְרוּר רְגָשׁוֹת מֻדְחָקִים

abrechnen

קִזֵּז (מְקַזֵּז) (מתמ', כלכ') אִזֵּן (מְאַזֵּן), הִפְחִית חֶשְׁבּוֹן חוֹבָה כְּנֶגֶד חֶשְׁבּוֹן שֶׁל זְכוּת

Abrechnung

קִזּוּז (מתמ', כלכ') אִזּוּן, הַשְׁוָאַת הֶחָסֵר וְהַיָּתֵר זֶה לָזֶה, קִזָּה. הֲפָקָה [ק/א/199]. הַשְׁוָאָה, הַשְׁוָיָה [ק/א/218]. תֹּאַם. הַתְאָמָה [ק/א/225]. הַסְכָּמָה, הִשְׁתַּוּוּת. קִבּוּץ [ק/ג/259]. פְּשָׁרָה, הֶסְכֵּם, הֶסְדֵּר, הִתְפַּיְּסוּת, אַחְדוּת

Abrechnungsstelle

מִסְלָקָה (כלכ')

abreiben ---> erodieren

Abreibung ---> Reibwunde

abreißen

תָּלַשׁ (תּוֹלֵשׁ) [א״ת/ב/186]. קָטַם (קוֹטֵם), קָרַע (קוֹרֵעַ), כָּרַת, קָטַע, נִקְטַם, נִתְלַשׁ, נִקְרַע

Abreißen

תְּלִישָׁה

Abrieb

שְׁחִיקָה (היד') פְּחִיתַת הָאֶבֶן הַמִּתְגַּלְגֶּלֶת בְּזֶרֶם הַמַּיִם

Abrieb *{Detritus}*

שְׁחוֹקֶת (רפו')

Abriß

תַּקְצִיר [ק/ד/216]. רָאשֵׁי פְּרָקִים, עִקְּרֵי הַדְּבָרִים. צֶלֶם (צְלָמִים) (פיל', פסי') [ק/ג/247]. דְּמוּת, צִיּוּר, תְּמוּנָה. קִבּוּץ [ק/ג/260]. תַּמְצִית, דָּבָר מְקֻצָּר. קִצּוּר (אמנ') [ק/ג/297]. תְּמוּנָה מְקֻטֶּנֶת, מִתְוֶה, דֻּגְמָה, דְּפוּס, חִקּוּי, שַׁעֲתוּק. רֹאשׁ דְּבָרִים, רָאשֵׁי דְּבָרִים [ק/ד/13]

Abrufen

הִשָּׁבוֹן, הֲשָׁבָה, הַחֲזָרָה

Abrundung

הַשְׁלָמָה [ק/א/219]. גְּמָר, תַּשְׁלוּם, מִלּוּי הֶחָסֵר, הִשְׁתַּלְּמוּת, שְׁלֵמוּת

absacken ---> einsacken

Absackung ---> Einsackung

Absatz [---> Paragraph; Ablagerung]

תְּפוּצָה (כלכ') שִׁוּוּק, מְכִירָה. עָקֵב (עֲקֵבִים) (טכנ') [א״ת/א/179]

abschaben

קֵרְצֵף (מְקַרְצֵף), שִׁפְשֵׁף, קִנֵּב (מְקַנֵּב), קִצֵּץ אֶת הֶעָלִים הַמְּיֻתָּרִים

Abschaben

קִרְצוּף, שִׁפְשׁוּף, קִנּוּב, קְנִיבָה, קִצּוּץ הֶעָלִים הַמְּיֻתָּרִים

Abschabung ---> Auskratzung

abschälen

קִלֵּף (מְקַלֵּף) [א״ת/ב/234]. קָלַף (קוֹלֵף), פִּקֵּל (מְפַקֵּל), נִקְלַף, הִתְקַלֵּף, הִתְפַּקֵּל

abschätzen ---> schätzen; bewerten

abschätzen, neu ---> auswerten, neu

Abschätzer ---> Schätzer

Abschätzung ---> Schätzung; Bewertung

Abschätzung, neue ---> Auswertung, neue

abschäumen

קִפָּה (מְקַפֶּה), הֵסִיר דָּבָר הַצָּף עַל פְּנֵי נוֹזְלִים, קָפָה (קוֹפֶה)

Abschäumen

קִפּוּי, הֲסָרַת דָּבָר הַצָּף עַל פְּנֵי נוֹזְלִים

abschalten ---> ausschalten

abschatten ---> abschattieren

abschattieren

הֵצֵל (מֵצֵל) [ממ״ג/3]. הֵטִיל צֵל, הִכְהָה מָקוֹם מִסָּבִיב לְשֶׁטַח מוּאָר כְּדֵי לְהַבְלִיטוֹ, בִּבֵּא (מְבַבֵּא), גָּרַם לִיצִירַת בָּבוּאָה, עִמְעֵם (מְעַמְעֵם), עִרְפֵּל, טִשְׁטֵשׁ

Abschattierung

הַצְלָלָה [ממ״ג/3]. הֲטָלַת צֵל, עֲשִׂיַּת צֵל כְּדֵי לְהַבְלִיט שֶׁטַח מוּאָר עַל יְדֵי הַכְהָיַת סְבִיבָתוֹ

Abschaum

צֹפֶת, זֻהֲמָה הַצָּפָה עַל פְּנֵי נוֹזְלִים, צָפֶת

abscheren

גָּזַר (גּוֹזֵר)

abschirmen

סִכֵּךְ (מְסַכֵּךְ), הֵגֵן, גּוֹנֵן, הֵסֵךְ, כִּסָּה, מֵסֵךְ

Abschirmung

סִכּוּךְ, הֲגַנָּה, אַבְטָחָה, גּוֹנְנוּת, חִסּוּי, חִפּוּי

Abschlag, auf ---> Konto, auf

abschlagen

קִצֵּץ (מְקַצֵּץ) [א״ת/א/84]. כָּרַת (כּוֹרֵת)

abschlagen, Früchte ---> Früchte abschlagen

Abschlagsdividende

גְּזִירֶוַח בֵּינַיִם (כלכ') דִּיבִידֶנְדַּת בֵּינַיִם

abschleifen [---> erodieren]

שִׁיֵּף (מְשַׁיֵּף) (טכנ')

Abschleifen

שִׁיּוּף (טכנ')

abschleißen

הִתְבַּלָּה (מִתְבַּלֶּה), בָּלָה (בָּלֶה), נִשְׁחַת בְּרֹב שִׁמּוּשׁ

Abschluß

סִיּוּם, גְּמָר, חִתּוּם, חֲתִימָה, גְּמִירָה, שִׂיא סִיּוּם

abschmieren ---> schmieren

Abschminke

מִחוּי (תאט') מִשְׁחָה לַהֲסָרַת אִפּוּר

abschminken

מָחָה (מוֹחֶה) אִפּוּר (תאט')

abschneiden [---> abhacken; scheren; stutzen]

בָּצַע (בּוֹצֵעַ) [א״ת/א/103]. פָּרַס לֶחֶם. קִצֵּץ (מְקַצֵּץ) [א״ת/ב/205]. קָצַץ, קָצָה (קוֹצֶה), גָּדַד (גּוֹדֵד), חָתַךְ, קָצַר. גָּזַם (גּוֹזֵם) (חקל') [א״ת/ב/211]. חָתַךְ עֲנָפִים מֵעֵץ

abschneiden, die Spitzen

זִנֵּב (מְזַנֵּב) [א״ת/ב/205]. קִצֵּץ אֶת הַקְּצָווֹת

abschneiden, Zweige
זֵרֵד (מְזָרֵד) (חקל') [א"ת/ב/211]. זָרַד (זוֹרֵד), גָּזַם עֲנָפִים דַּקִּים

Abschnitt[---> Paragraph; Phase; Segment]
מִקְטָע (שֶׁל שֶׁטַח) (מחמ')

Abschnitt eines Buches
פֶּרֶק (פְּרָקִים) (ספר') [ק/ב/133]. מַאֲמָר, חֵלֶק מִסֵּפֶר, מִקּוּנְטְרֵס וכד'. פַּן (ספר') [ק/ג/192]. שַׁעַר (ספר') [ק/ד/146]

Abschnürung *{Strangulation}*
שִׁנּוּץ, הִשְׁתַּנְּצוּת (רפו') חִנּוּק, הִתְחַנְּקוּת, חֶנֶק

Abschöpfer *{Skimmer}*
מִקְפָּה (טכנ') הֶתְקֵן לַהֲסָרַת זֻהֲמָה מֵעַל פְּנֵי נוֹזֵל

abschrägen
שִׁפַּע (מְשַׁפֵּעַ) (טכנ') הִטָּה בַּאֲלַכְסוֹן

abschrauben
פִּתַּח (מְפַתֵּחַ) בֹּרֶג (טכנ') הִתִּיר (מַתִּיר) בֹּרֶג

Abschreckstoff *{Repellent}*
דּוֹחָן (דּוֹחָנִים) (כימ', ביו') חֹמֶר דּוֹחֶה הַמְשַׁמֵּשׁ לַהֲגָנָה

Abschreibung ---> Amortisation

Abschrot
מִקְטָע (מִקְטָעִים) (טכנ')

abschroten
קִטַּע (מְקַטֵּעַ) (טכנ')

Abschuß
שִׁגּוּר (פיס')

Abschußbahn
מַסְלוּל שִׁגּוּר (פיס')

abschwächen
פָּג [א"ת/ב/240]. נֶחֱלַשׁ, דָּעַךְ, הִתְנַדֵּף, נָפוֹג, הִתְפּוֹגֵג, פּוֹגֵג (מְפוֹגֵג), הֶחֱלִישׁ

Abschwächer
מַנְחֵת (מַנְחֲתִים, מַנְחֲתֵי-) (רפו')

Abschwächung
דְּעִיכָה (רפו', פסי') [ר/א/170]. בְּלִיָּה, הִדַּרְדְּרוּת הַדְרָגָתִית. נְחוּת (רפו') [ל"ב/20]. אֶטֶנוּאַצְיָה, הַחְלָשַׁת הָרְעִילוּת שֶׁל אוֹלִיל (מִיקְרוֹאוֹרְגָנִיזְם) מַרְעָנִי (פָּתוֹגֵנִי)

abschwämmen
סִפֵּג (מְסַפֵּג) (טכנ') נִקָּה כְּלִי בִּסְפוֹג לִפְנֵי שֶׁהֵסִירוּ מֵעַל הָאָבְנַיִם

Abschweifung
חֲרִיגָה [ק/ב/46]. יְצִיאָה, נְטִיָּה אֶל עִנְיָן אַחֵר, סְטִיָּה מִן הַנּוֹשֵׂא, גִּבּוּב אֲמָרִים, הֶפְלֵג, הַגְזָמָה

abschwellen
הֵצֵר (מֵצֵר) (טכנ') גָּרַם שֶׁיִּהְיֶה צַר

abschwören
חָזַר בּוֹ מִשְּׁבוּעָתוֹ (משפ') הִתְכַּחֵשׁ לִשְׁבוּעָתוֹ

Abschwörung
הַכְחָשָׁה בִּשְׁבוּעָה (משפ') חֲזָרָה מִשְּׁבוּעָה

absehen
רָאָה מִן, לָמַד מִן

absehen von...
הֵסִיחַ אֶת הַדַּעַת מ...

Absence ---> Bewußtseinstrübung, kurzdauernde; Bewußtseinsausfall, kurzzeitiger

Absender
מוֹעֵן, הַשּׁוֹלֵחַ

absenken
שָׁפַל (שׁוֹפֵל), שִׁקַּע (מְשַׁקֵּעַ)

Absenkung
שְׁפִילָה, שִׁקּוּעַ

Absentismus ---> Fernbleiben vom Arbeitsplatz

absetzbar ---> verkäuflich

Absicht
כַּוָּנָה (כַּוָּנוֹת) [ק/ב/70]. הִתְכַּוְּנוּת, רָצוֹן. תַּכְלִית [ק/ד/200]. תְּשׂוּמֶת לֵב, רִכּוּז הַמַּחֲשָׁבָה, פְּנִיָּה. גְּמִיּוֹן [מר"ח/397]. יִעוּד הַלֵּב. הֶעָרָה, הֶעָרָה [ק/א/191]. זֵרוּז הַשֵּׂכֶל וְהַדַּעַת, רֶמֶז, הַיְשָׁרָה. יְזִימָה [ק/ב/31]. כִּוּוּן [ק/ב/67]. רִכּוּז הַדַּעַת לְדָבָר-מָה, מַחֲשָׁבָה לַעֲשׂוֹת מַשֶּׁהוּ. מְבֻקָּשׁ [ק/ב/139]. הַשְׁאִיפָה הַנִּרְצָה. מְגַמָּה [ק/ב/141]. פְּנִיָּה. מְכֻוָּן [ק/ב/197]. מַטָּרָה. מְקָח [ק/ב/267]. נְתִינַת הַדַּעַת. נִרְצָה [ק/ג/69]. עֵצָה [ק/ג/152]. צְדִיָּה [ק/ג/228]. כִּוּוּן הַדַּעַת, יִעוּד. תִּכְלָה [ק/ד/196]. יַעַד

Absicht, hinterlistige
מְזִמַּת עָרְמָה, עָרְמָה-מְזִמָּה

absichtlich [---> vorsätzlich]
כַּוָּנָתִי [ק/א/320]. חָפְצִי, שֶׁמֵּרָצוֹן עַצְמוֹ, מִתּוֹךְ רָצוֹן וְכַוָּנָה, מוּנָע עַל יְדֵי כֹּחַ הָרָצוֹן. בְּכַוָּנָה [ק/ב/70]. בְּמִתְכַּוֵּן, בְּמַחֲשָׁבָה תְּחִלָּה, לֹא בְּמִקְרֶה. רְצוֹנִי [ק/ד/53]. מִדַּעַת. גְּמִיּוֹנִי, מְגַמָּתִי, שֶׁיֵּשׁ לוֹ מְגַמָּה

Absichtserklärung
הַצְהָרַת כַּוָּנָה (משפ')

absinken
הִתְמוֹכֵךְ (מִתְמוֹכֵךְ), שָׁקַע לְאִטּוֹ

Absinken *{Subsidenz}*
הִתְמוֹכְכוּת (מטא') [יל"ט/57]. שְׁקִיעָה אִטִּית שֶׁל גּוּשׁ אֲוִיר

Absinth ---> Wermut

absolut
מֻחְלָט, מֻחְלָט [ק/ב/181]. נֶחֱרָץ, נִקְבָּע בְּוַדָּאוּת שֶׁהוּא כָּךְ, מַה שֶּׁאֵין בּוֹ שׁוּם הַגְבָּלָה וּתְנַאי, אַבְּסוֹלוּטִי. מְשֻׁלָּח [ק/ב/295]. לְלֹא סָפֵק. נִבְדָּל [ק/ג/12]. בְּשִׁלּוּחַ [ק/ד/109]. כָּלוֹ. גָּמוּר [ק/א/117]. שָׁלֵם. בְּהֶחְלֵט [ק/א/167]. בְּאֹפֶן מֻחְלָט. הֶחְלֵטִי [ק/א/167]. לַחֲלוּטִין, [ק/א/300]. לְגַמְרֵי, לִצְמִיתוּת. חֲלוּטִי [ק/א/300]

absolute Feuchtigkeit ---> Feuchtigkeit, absolute

absolute Größe ---> Größe, absolute

absolute Idee ---> Idee, absolute

absolute Luftfeuchtigkeit ---> Feuchtigkeit, absolute

absolute Mehrheit ---> Mehrheit, absolute

absolute Notwendigkeit ---> Notwendigkeit, absolute

absolute Schwelle ---> Reizschwelle, unterste

absolute Temperatur ---> Temperatur, absolute

absolute Wahrheit ---> Wahrheit,

absolute
absoluter Beweis ---> Beweis, absoluter
absoluter Geist ---> Geist, absoluter
absoluter Mehrwert ---> Mehrwert, absoluter
absoluter Satz ---> Satz, absoluter
absolutes Gehör ---> Gehör, absolutes
Absolutwert
עֶרֶךְ מֻחְלָט (מתמ׳) שֶׁל מִסְפָּר מַמָּשִׁי אוֹ מֻרְכָּב
absonderlicher Appetit ---> Appetit, absonderlicher
absondern [---> Bann tun, in den]
בִּדֵּל (מְבַדֵּל), הִתְבַּדֵּל, הִתְנַתֵּק (מִתְנַתֵּק), הִתְרַחֵק, פָּרַשׁ, הִפְרִישׁ, הִפְרִיד, שָׂם לְחוּד, הִבְדִּיל
absondernde Aufmerksamkeit ---> Aufmerksamkeit, absondernde
absondernde Kraft ---> Kraft, absondernde
Absonderung [---> Sekretion; Bann tun, in den]
בִּדּוּל [ק/ב/182]. מַחְלֹקֶת, הַרְחָקָה, בְּדֵלוּת, הִתְבַּדְּלוּת, הֶעָשׂוּת פָּרוּשׁ מֵאֲחֵרִים, בִּדּוּד, הֶפְרֵשׁ, הַפְרָשָׁה, הוֹצָאָה, הַפְלָטָה, הַפְרָדָה, אַבְדָּלָה, הַבְדָּלָה בֵּין דָּבָר לְדָבָר. בַּרְרָנוּת, כֹּשֶׁר בְּחִירַת דְּבָרִים מְסֻיָּמִים וּדְחִיַּת אֲחֵרִים, סֶלֶקְטִיבִיּוּת. דִּחוּי (רפוי) [ק/א/134]. הַכֹּחַ הַדּוֹחֶה. דְּחִיָּה (רפוי) [ק/א/135]. פְּעֻלַּת הַכֹּחַ הַדּוֹחֶה
Absorbens ---> Absorptionsmittel
absorbieren
מִיֵּץ (מְמַיֵּץ) (כימ׳, רפוי) [מר״ח/7]. קָלַט גַּזִּים דֶּרֶךְ נוֹזְלִים אוֹ דֶּרֶךְ רִקְמוֹת הַגּוּף. לִמֵּץ (מְלַמֵּץ) (כימ׳, רפוי) [מר״ח/20]. סָפַח (סוֹפֵחַ), סָפַג, קָלַט וְחָזַר וְקָלַט. בָּלַע (בּוֹלֵעַ) (פיס׳) [ל״מ/119]. קָלַט כַּמֻּיּוֹת חֹמֶר אוֹ מֶרֶץ (אֶנֶרְגִּיָּה) בְּתוֹךְ תָּוֶךְ מְסֻיָּם
Absorption
מִיּוּץ, הִתְמַיְּצוּת (כימ׳, רפוי) [מר״ח/7]. הִסָּפְחוּת שֶׁל חֹמֶר מְסֻיָּם לְחֹמֶר אַחֵר, קְלִיטַת גַּזִּים דֶּרֶךְ נוֹזְלִים אוֹ דֶּרֶךְ רִקְמוֹת הַגּוּף. לִמּוּץ, הִתְלַמְּצוּת (כימ׳, רפוי) [מר״ח/20]. סְפִיחָה. בְּלִיעָה (פיס׳) [ל״מ/119]. הַקְטָנַת הָעָצְמָה שֶׁל קֶרֶן אוֹר כְּתוֹצָאָה מִכָּךְ שֶׁעָבְרָה תָּוֶךְ מְסֻיָּם
Absorptionsgrad
בְּלִיעוּת (פיס׳) כֹּשֶׁר בְּלִיעָה, מְקַדֵּם בְּלִיעָה
Absorptionsmittel *{Absorbens}*
תַּלְמִיץ (תַּלְמִיצִים) (כימ׳, רפוי) [דח״ט/111]. סוֹפֵחַ (סוֹפְחִים), לַמֶּץ, תַּסְפִּיחַ, שֵׁם כּוֹלֵל לַחֲמָרִים שֶׁסּוֹפְגִים בַּרְרָנִית לַחוּת, רֵיחַ, טַעַם וְצֶבַע מֵחֳמָרִים שׁוֹנִים
abspannen ---> entspannen
abspiegeln
שִׁקֵּף (מְשַׁקֵּף), הִשְׁתַּקֵּף (מִשְׁתַּקֵּף) (פסי׳) [ק/א/324]. חִקָּה, הִתְחַקָּה, צִיֵּר, חָרַט, רָשַׁם
abspielen
שִׁפֵּק (מְשַׁפֵּק) (טכנ׳) הִשְׁמִיעַ אוֹ הִצִּיג חֹמֶר מְקֻלָּט
Abspielen
שִׁפּוּק (טכנ׳) הֲבָאַת חֹמֶר מְקֻלָּט לִשְׁמִיעָה אוֹ לִרְאִיָּה חוֹזֶרֶת
absprechen
פָּסַל (פּוֹסֵל) [ק/ד/115]. שָׁלַל (שׁוֹלֵל), אִיֵּן (מְאַיֵּן), בִּטֵּל, הִתְנַגֵּד, לֹא הִסְכִּים, מָנַע, אִפֵּס, הִכְחִישׁ, לֹא נָתַן, סָתַר, כָּפַר בְּ..., הִרְחִיק, סִלֵּק, כִּחֵשׁ בְּ..., נָגַד
Absprechen
פְּסִילָה [ק/א/213]. הַרְחָקָה, סִלּוּק, הֲסָרָה, שְׁלִילָה, אִיּוּן
Abspringen
הִשְׁתַּבְּבוּת (טכנ׳)
abspülen
הֵדִיחַ (מֵדִיחַ) [א״ח/א/76;228]. שָׁטַף כֵּלִים בְּמַיִם קָרִים, הִשְׁתַּטֵּף
Abspülung
הֲדָחָה [א״ח/א/76]. שְׁטִיפַת כֵּלִים בְּמַיִם קָרִים
absque generatione
בְּנִוּוּן [ק/ג/21]. זוּלַת נֶהֱוֶה, מִתְנַוֵּן, בְּלֹא הִתְהַוּוּת, בְּלִי הִתְפַּתְּחוּת, בְּקִפְאָה עַל שְׁמָרִים
Abstammung
מוֹצָא (מ״ח, ביו׳) הִשְׁתַּלְשְׁלוּת, יִחוּס, שַׁיָּכוּת לְמִשְׁפָּחָה, מוֹצָא מִשְׁפַּחְתִּי
Abstammung des Menschen ---> Mensch(en), Abstammung des
Abstammung nachweisen
יִחֵס (מְיַחֵס) (מ״ח, ביו׳) הִתְיַחֵס, קָבַע אֶת הַמּוֹצָא הַמִּשְׁפַּחְתִּי
Abstand [---> Distanz]
מִרְוָח (פיס׳) [ק/ב/279]. מֶרְחָק, שִׁעוּר הָרֹחַק, הָרֶוַח בֵּין שְׁתֵּי נְקֻדּוֹת, אֹרֶךְ הַדֶּרֶךְ. הֶפְרֵשׁ [ק/א/200].
abstecken
הִתְוָה (מַתְוֶה) (טכנ׳) סִמֵּן נְקֻדּוֹת בַּאֲתַר עַל יְדֵי תְּקִיעַת יְתֵדוֹת
Abstecken
הַתְוָיָה (טכנ׳) סִמּוּן נְקֻדּוֹת בַּאֲתַר עַל יְדֵי תְּקִיעַת יְתֵדוֹת
abstellen, eine Maschine ---> Maschine abstellen, eine
Absterben
גְּוִיעָה, גְּסִיסָה, חִדָּלוֹן
Absterben des Staates ---> Staat(es), Absterben des
Abstieg
מוֹרָד (מוֹרָדוֹת)
Abstieg *{Descensus}*
צְנִחַת (רפוי)
abstillen
גָּמַל (גּוֹמֵל) (רפוי) מָנַע יֶלֶד מִינִיקָה
Abstimmung
הַצְבָּעָה (מדי׳) הַבָּעַת דֵּעָה בִּבְחִירוֹת
Abstimmung, zeitliche
תִּזְמוּן (מדע) תֵּאוּם הַזְּמַנִּים לְפִרְטֵי הַפְּעֻלָּה
Abstinenztheorie
תּוֹרַאַת הַהִנָּזְרוּת (כלכ׳, מ״ח) תּוֹרַת הַהִנָּזְרוּת, מִשְׁנָה כַּלְכָּלִית עִם אֲרָצִית הָרוֹאָה בָּרֶוַח גְּמוּל הַמְּשֻׁלָּם לְבַעַל הַהוֹן חֵלֶף הִנָּזְרוּתוֹ מִשִּׁמּוּשׁ בְּמָמוֹנוֹ לְמַטָּרוֹת אִישִׁיּוֹת גְּרֵדָא
abstoßen
דָּחָה (דּוֹחֶה), הִרְחִיק, דָּחַק, דָּחַף, דִּחֵף, הָדַף, נִעֵר חָצְנוֹ מִן...

Abstoßung

דְּחִיָּה (פִיס', פסי') [ק/א/135]. דְּחִיפַת הַגּוּפִים (בְּנִגּוּד לַמְּשִׁיכָה), דְּחִיַּת גּוּמְלִין, דְּחִיקָה

abstrahieren

הִפְשִׁיט (מַפְשִׁיט) (פִיל') [ק/ג/220; פ״ר/134]. הֵסִיר אֶת הַמּוּחָשׁ וְהַגַּשְׁמִי, עָרַךְ הַפְשָׁטָה, הִכְלִיל דְּבַר-מָה בְּמַחֲשָׁבָה, הִתְעַלֵּם בְּמִתְכַּוֵּן מִן הַמִּקְרִי, הֶחְסִיר אֶת הַבִּלְתִּי אָפְיָנִי, הֶעֱלִים (מַעֲלִים) עַיִן מִדַּעַת, וִתֵּר (מְוַתֵּר) עַל פְּרָט מְסֻיָּם, הֶעֱלֵם (מָעֳלָם), פִּשֵּׁט (מְפַשֵּׁט), פָּשַׁט

Abstrahieren

הַפְשָׁטָה (פִיל') הַכְלָלַת דְּבַר-מָה בְּמַחֲשָׁבָה, הִתְעַלְּמוּת מִדַּעַת מִדְּבַר-מָה, הַעֲלָמַת עַיִן מְכֻוֶּנֶת מִפְּרָט מְסֻיָּם, וִתּוּר עַל הַמִּקְרִי, סִלּוּק הַבִּלְתִּי אָפְיָנִי

abstrahiert [---> abstrakt]

מֻפְשָׁט (פִיל') [ק/ג/219]. שֶׁעָבַר הַכְלָלָה בְּמַחֲשָׁבָה, מְוֻתָּר, פָּשׁוּט, מְחֻסָּר, שֶׁהֶחְסִירוּ מִמֶּנּוּ אֶת הַבִּלְתִּי אָפְיָנִי, שֶׁוִּתְּרוּ עָלָיו, מְעֻלָּם מֵעַיִן, מָעֳלָם מֵעַיִן. מְפֹרָק (פִיל') [ק/ב/249]. פָּנוּי מִן הַמִּקְרִי

abstrakt [---> abstrahiert]

מֻפְשָׁט (פִיל') [ק/ב/250]. שֶׁאֵין לוֹ מְצִיאוּת אֶלָּא בְּמַחֲשָׁבָה בִּלְבַד. מַחֲשַׁבְי (פִיל') [ק/ב/187]. נְטוּל גַּשְׁמִיּוּת, עִיּוּנִי. מְפֹרָק [ק/ב/249]. פָּשׁוּט (פִיל') [ק/ג/219]. תְּבוּנִי (פִיל') [ק/ד/177]. שִׂכְלִי

Abstrakte, das

הַמֻּפְשָׁט (פִיל') תְּמוּנָה מַחֲשַׁבְתִּית שֶׁבָּהּ הָאָדָם מְאַרְגֵּן דְּבָרִים בְּנֵי חִישָּׁה רַבִּים וְשׁוֹנִים עַל פִּי תְּכוּנוֹתֵיהֶם הַמְּשֻׁתָּפוֹת

abstrakte Arbeit ---> Arbeit, abstrakte

abstrakte Arithmetik ---> Arithmetik, abstrakte

abstrakte Form ---> Form, abstrakte

abstrakte Materie ---> Materie, abstrakte

Abstrakten zum Konkreten, Aufsteigen vom

עֲלִיָּה מִן הַמֻּפְשָׁט אֶל הַקָּשִׁי (פִיל') עַל פִּי מַרְקְס: נֹהַל שֶׁבְּעֶזְרָתוֹ מְנַכֶּסֶת הַחֲשִׁיבָה אֶת הַקָּשִׁי (הַקּוֹנְקְרֵטִי) וּמְשַׁצֶּרֶת (מְיַצֶּרֶת מֵחָדָשׁ) אוֹתוֹ כְּקָשִׁי רוּחָנִי. הַדֶּרֶךְ אֶל הָאֱמֶת עוֹבֶרֶת שְׁלֹשָׁה שְׁלַבִּים: 1. הִסְתַּכְּלוּת חַיָּה בְּמַשָּׂאִים הַקָּשִׁיִּים (קוֹנְקְרֵטִיִּים) שֶׁל הָעוֹלָם הַחָמְרִי, 2. הַכָּרַת הַקָּשִׁי בְּצוּרַת מֻשָּׂגִים מֻפְשָׁטִים וּכְלָלִיִּים וְשִׁצּוּר (רֶפְּרוֹדוּקְצִיָּה) הַקָּשִׁי כְּקָשִׁי רוּחָנִי, 3. שִׁמּוּשׁ בַּמֻּשָּׂגִים הַמֻּפְשָׁטִים וְהַכְּלָלִיִּים שֶׁל הַקָּשִׁי הָרוּחָנִי בַּפְּעִילוּת הַמַּעֲשִׂית

abstrakter Begriff ---> Begriff, abstrakter

abstraktes Nomen ---> Nomen, abstraktes

Abstraktion

הַפְשָׁטָה, הֶפְשֵׁט (פִיל') [ק/א/200; ר/א/219]. סִלּוּק הַגַּשְׁמִיּוּת מִן הַדְּבָרִים, הִתְעַלְּמוּת מִפְּרָטִים בִּלְתִּי רְצוּיִים. נִקָּיוֹן (פִיל') [ק/ג/66]. פִּנּוּי הַפְּרָטִיּוּת

Abstraktionsprozeß

תַּהֲלִיךְ הַהֶפְשֵׁט (פִיל') [מ״פ/6]. שׁוּרַת מַעְבְּדֵי חֲשִׁיבָה שֶׁבְּמַהֲלָכָם נִקְלָטִים מַשָּׂאֵי מְצִיאוּת בְּתוֹדַעַת הָאָדָם תּוֹךְ הִתְעַלְּמוּת מִסִּימָנִים בִּלְתִּי מַהוּתִיִּים, הַבְדָּלָה מַחֲשַׁבְתִּית וְהַכְלָלָה שֶׁל הַסְּגֻלּוֹת הַמַּהוּתִיּוֹת הַטְּבוּעוֹת בַּדְּבָרִים

abstreifen

פָּשַׁט (פּוֹשֵׁט), קִלֵּף (מְקַלֵּף), הִשִּׁיל, הִתְנַשֵּׁל, נָשַׁל, חָלַץ, הֵסִיר

abstreifen, Oliven ---> Oliven abstreifen

abstützen

תָּמַךְ (מִתְמַךְ) (טכנ') סָמַךְ (מְסַמֵּךְ), הִשְׁעִין

Abstützung

תְּתְמֹכֶת (טכנ') סֶמֶךְ (סְמָכִים)

abstufen

דֵּרֵג (מְדָרֵג) [ק/א/146]. הִדְרִיג (מַדְרִיג), סִדֵּר בְּהַדְרָגָה נְכוֹנָה

Abstufung

דְּרִיגָה [ק/ד/34]. רֹחַב, הַדְרָגָה (הַדְרָגוֹת), דֵּרוּג, מַעֲבָר אִטִּי מִדַּרְגָּה לְדַרְגָּה, חֲלֻקָּה לְפִי דְּרָגוֹת. מֶרְחָב [ק/ב/278]. רַבְגּוֹנִיּוּת, קִיּוּם פְּרָטִים שׁוֹנִים זֶה מִזֶּה, גִּוּוּן, שִׁנּוּיִים קַלִּים בֵּין פְּרָט לִפְרָט

abstumpfen [---> benommen machen]

קָהָה (קוֹהֶה) (טכנ') נִפְגַּם, נִטַּל חִדּוֹ, נִקְהָה, הִתְקָהָה (מִתְקָהֶה), הִקְהָה (מַקְהֶה)

abstumpfend [---> benommen machend]

מַקְהֶה (טכנ') פּוֹגֵם אֶת הַחֹד, מְקַהֶה

absurd [---> ad absurdum]

הָבֵל [ק/א/86]. בָּטֵל, אַבְּסוּרְדִּי, הֶבֶל, נֶהְבָּל, הַבְלִי, הַבְלוּתִי, כּוֹזֵב, מִן הַנִּמְנָע, לֹא יִתָּכֵן. גְּנוּתִי [ק/א/118]. גְּנוּת, גְּנוּתִי, מְשֻׁבָּשׁ, נִמְנָע. זָר [ק/א/266]. מְשֻׁנֶּה, מוּזָר, תָּמוּהַּ, יוֹצֵא מִגֶּדֶר הָרָגִיל. כָּזָב [ק/ב/72]. שְׁטוּתִי, חֲדַל תַּכְלִית. מְגֻנֶּה [ק/ב/142]. קָלוּשׁ, חֲדַל עֵרֶךְ. מֻפְלָא [ק/ב/245]. נְטוּל מַמָּשׁוּת, רָחוֹק מִן הַשֵּׂכֶל. מֶרְחָק [ק/ב/278]. תָּפֵל, רָחוֹק, לֹא מִתְקַבֵּל עַל הַדַּעַת. מָשְׁחָת, מָשְׁחָת [ק/ב/291]. שִׁקְרִי, לֹא הֶגְיוֹנִי. נִפְסָד [ק/ג/55]. גִּחְכָה, גִּחְכִּי, הֲבַאי. סָרָה [ק/ג/114]. שָׁוְא [ק/ד/77]. שָׁנוּא [ק/ד/137]. עָקָר. שֶׁקֶר [ק/ד/158]. חֲסַר טַעַם, נְטוּל יְסוֹד. אֱלִיל [ק/א/48]. בְּדוּת [ק/א/79]. בּוּרְכָּה [י״א/67]. בּוּרְכִּי

absurd sein

נֶהְבַּל (נֶהְבָּל) [ק/ד/86]. נִשְׁחַת, הִבֵּל (מְהַבֵּל), הָיָה בָּטֵל, - הָבֶל, - חֲסַר עֵרֶךְ, - נְטוּל יְסוֹד, - אַבְּסוּרְדִּי

Absurdität

הַבְלוּת [ק/א/86]. בְּטֵלוּת, בְּטֵלָה. בִּטּוּל (פִיל') [ק/א/85]. תְּכוּנַת הַדָּבָר הַבָּטֵל. דִּבָּה [ק/א/124]. הֶבֶל, זָרוּת, דֵּעָה בְּטֵלָה. הִתְהַפְּכוּת [ק/א/230]. מְחִילוּת [ק/ב/179]. מִסְטֶה, דְּבַר תִּפְלָה, שְׁטוּת, רְעוּת רוּחַ. הֶפְסֵד [ק/א/197]. נְפִילָה [ק/ג/53]. דָּבָר שֶׁאֵין לוֹ שַׁחַר, חֹסֶר הִגָּיוֹן, רְעוּת רוּחַ, תִּפְלוּת, אַפְסוּת הַדָּבָר. רִחוּק [ק/ד/35]. שְׁטוּת. שְׂחוּת [ק/ד/85]. שִׁקְרוּת [ק/ד/159]. גִּבָּב, דְּבַר הֲבַאי. הַרְחָקָה (פִיל') [ק/א/214]. בּוּרְכִּיּוּת [י״א/67]. הַבְלִיּוּת

Abteilung

מַחְלָקָה (מַחְלָקוֹת) (פִיל', מ״ט) [ק/ג/98]. סוּג, סִדְרָה, כִּתָּה, מִגְזָר. מַעֲרָכָה (ביו') יְחִידַת מִיּוּן תַּחְיוּאִית (בִּיּוֹלוֹגִית) מִתַּחַת לְמַמְלָכָה וּמֵעַל לְמַחְלָקָה

Abtötung des Fleisches ---> Fleisch(es), Abtötung des

abtragen
חָסַף (חוֹסֵף) (גאו', מטא')
Abtragung
חֲסִיפָה (גאו', מטא') פְּחִיתָה, מִכְלוֹל הַתַּהֲלִיכִים הַמְּבִיאִים לְהַנְמָכָה וּלְיִשּׁוּר פְּנֵי הַיַּבָּשָׁה
Abtragungsfläche
פְּנֵי קַרְקַע סְחוּפִים (גאו', מטא')
Abtragungsschutt
בְּלִית סְחִיפָה (גאו', מטא')
abtreiben
נִטְרַד (נִטְרָד) (ימא') סָטָה מִן הַמַּסְלוּל
abtreiben, ein Kind
יָחֲטָה (יוֹחֶטֶת) (רפו') [מר״ח/3]. הִפִּילָה, יָלְדָה יֶלֶד מֵת
abtreibendes Mittel ---> Abortivmittel
Abtreiber(in)
יַחְטָן, יַחְטָנִית (רפו') [מר״ח/6]. מַפִּיל, מִי שֶׁעוֹשֶׂה הַפָּלָה, מַפִּילָה
Abtreibung ---> Abort
Abtreibung, Durchführung einer
יִחוּט (רפו') בִּצּוּעַ הַפָּלָה
Abtreibung durchführen, eine
יִחֵט (מְיַחֵט) (רפו') בִּצַּע הַפָּלָה
Abtrennungsregel
כְּלַל הַהַפְרָדָה (פיל') [ת״ה/288]
abtretbar ---> übertragbar
Abtretbarkeit ---> Übertragbarkeit
abtreten ---> übertragen
Abtretende(r) ---> Übertragende(r)
Abtretung ---> Überlassung; Übertragung
Abtretungsurkunde ---> Übertragungsurkunde
Abtrift
טְרִידָה (ימא') סְטִיָּה מִן הַמַּסְלוּל
Abtritt
בֵּית מַחֲרָאָה, - שִׁמּוּשׁ צִבּוּרִי
abtrocknen
נִגֵּב (מְנַגֵּב) [א״ח/א/211]
Abulie ---> Willensschwäche
abwägen
שִׁעֵר (מְשַׁעֵר) [ק/ד/147]. חִשֵּׁב, אָמַד, שָׁקַל, הֶעֱרִיךְ, מָדַד
Abwägende(r)
שָׁקוּל, שְׁקוּלָה [ק/ב/298]. מְשָׁעֵר, מִי שֶׁמּוֹדֵד וְשׁוֹקֵל אֶת הַדְּבָרִים כְּפִי שִׁעוּרָם הָרָאוּי
Abwägung
שִׁקּוּל [ק/ג/190]. פִּלּוּס, שִׁקּוּל דַּעַת, עִיּוּן, הַעֲרָכָה, חִשּׁוּב. שִׁעוּר (מחמ', מ״ט) [ק/ד/144]. מְדִידָה, הַשְׁעָרָה, הָאֲמָדָה. אִזּוּן [ק/א/31]. בְּחִינָה
abwärtsgerichtet *{Top-down}*
כְּלַפֵּי מַטָּה
abwandeln ---> modifizieren

Abwanderung
עֲקִירָה מִמָּקוֹם לְמָקוֹם (מ״ח) הֲגִירָה
Abwandlung ---> Modifikation

Abwasser
שׁוֹפְכִין (מ״ח) מֵי שׁוֹפְכִין, שְׁפָכִים, שׁוֹפְכִין, מַיִם מְזֹהָמִים, - סְרוּחִים
Abwasserleitung ---> Kanalisation
abwechselnd
מִתְחַלֵּף, חַלְפָנִי, מִשְׁתַּנֶּה, בַּר חֲלִיפִין, - שִׁנּוּי, מְחֻלָּף
abwechselnde Erhebung ---> Erhebung, abwechselnde
Abwechslung
חִלּוּפִים, שִׁנּוּי
abwehren
הִתְגּוֹנֵן (מִתְגּוֹנֵן), הֵגֵן (מֵגֵן). סִלֵּק [ק/ג/103]. הֵסִיר, הָדַף, דָּחָה, בִּטֵּל, גֵּרֵשׁ. הִרְחִיק [ק/ד/38]. מָשַׁךְ יָדָיו מִ..., טָרַד אֶת... מִ..., שִׁלַּח
Abwehrhaltung
הִתְגּוֹנְנוּת (פסי', התנ') [ר/א/181]. הֲגַנָּתִיּוּת, דְּפוּס הִתְנַהֲגוּת מְסֻיָּם שֶׁמֵּגֵן עַל הָאָדָם מִפְּנֵי מַצָּבִים לֹא נְעִימִים
Abwehrmechanismus
מַנְגְּנוֹן הִתְגּוֹנְנוּת (פסי', התנ') [ר/א/181; ר/א/228]. מַנְגְּנוֹן הֲגַנָּה, תַּהֲלִיךְ שֶׁמְּנִיעָיו לֹא מוּדָעִים וּמַטְּרָתוֹ לְהָגֵן עַל הָ״אֲנִי״ מֵאִי נְעִימוּת, אִסְטְרָטֶגְיַּת הִתְגּוֹנְנוּת מִפְּנֵי חֲרָדָה
Abwehrmittel ---> Abschreckstoff
Abwehrspannung
תְּגוּנַת הַשְּׁרִירִים (רפו') [מר״ח/231]
Abwehrung
רִחוּק [ק/ד/35]. דְּחִיָּה, סֵרוּב, הֲסָרָה. רִחֵק [ק/ד/36]. הַרְחָקָה [ק/ג/102]. סִלּוּק, גֵּרוּשׁ, הֲדִיפָה
abweichen
סָטָה (סוֹטֶה), נָטָה, פָּנָה, סָר
Abweichen
הַמְעָדָה (מ״ח, אתי') [ק/א/178]. הֲסָרָה מִן הַדֶּרֶךְ הַיְשָׁרָה
abweichend
סוֹטֶה (התנ', אתי') [ק/ב/319]. מִתְמוֹגֵג, מִזְדַּעְזֵעַ, חוֹרֵג מִן הַמִּסְגֶּרֶת הַקְּבוּעָה, נָלוֹז, שֶׁסָּר מִן הַמְּקֻבָּל וְהַמֻּסְכָּם. נָזוֹר [ק/ג/24]. שֶׁעָזַב אֶת הַקַּו הַיָּשָׁר, נָסוֹג אָחוֹר בְּמַהֲלָכוֹ, הָפוּךְ, שֶׁלֹּא בְּסֵדֶר יָשָׁר
abweichende Ansicht ---> Ansicht, abweichende
abweichendes Verhalten ---> Verhalten, abweichendes
Abweichung [---> Divergenz]
נְסִיטָה [ק/ג/24]. נִזּוּר, עֲזִיבַת הַקַּו הַיָּשָׁר, הֶסֵּט, נְסִיגָה לְאָחוֹר. נְזוֹרוּת, נְזוֹרִיּוּת, נְזִירוּת, נְזִירָה [ק/ג/25]. נְטִיַּת הַכּוֹכָבִים (אסט') [ק/ג/30]. מֶרְחָקוֹ הַזָּוִיתִי שֶׁל גֶּרֶם שְׁמֵימִי מִקַּו הַמַּשְׁוֶה הַשְּׁמֵימִי. נְלִיזָה, נְלִיזוּת (התנ', אסט') [ק/ג/39]. נְטִיָּה מִן הַמַּסְלוּל. סְטִיָּה (פסי', התנ') [ר/ב/467]. חֲרִיגָה מִן הַמְּקֻבָּל, דְּפוּס הִתְנַהֲגוּת הַשּׁוֹנֶה מִזֶּה הַמֻּסְכָּם בַּחֶבְרָה
Abweichung, durchschnittliche
סְטִיָּה מְמֻצַּעַת (מחמ')
Abweichung, zulässige ---> Fehlergrenze
Abweichungsquadrat, mittleres
מְמֻצַּע רִבּוּעִים (מחמ')
abweisen

סִלֵּק (מְסַלֵּק) [ק/ג/103]. הִדְחָה, הֵסִיר, הָדַף, דָּחָה, בִּטֵּל, גֵּרֵשׁ. הִרְחִיק [ק/ד/38]. מָשַׁךְ יָדָיו מִ..., טָרַד אֶת... מִ..., שִׁלַּח

Abweisung

סִלּוּק [ק/ג/102]. גֵּרוּשׁ, הֲדִיפָה. רִחוּק [ק/ד/35; ר/א/154]. דְּחִיָּה, סֵרוּב אוֹ אִי יְכֹלֶת לְקַבֵּל וְלִקְלֹט. רֹחַק [ק/ד/36]. הֲסָרָה (פיל׳) [ק/א/186]. הַדְחָיָה, הֶעְדֵּר, שְׁלִילָה. הַרְחָקָה [ק/א/213]

abwenden, sich

הֵסֵב (מֵסֵב) פָּנָיו מִן

abwesend

נֶעְדָּר (פיל׳) [ק/א/64]. אָפוּס. מְפֻנֶּה (פיל׳) [ק/ב/246]. מְסֻלָּק, נִפְקָד, חָסֵר, שֶׁאֵינוֹ בְּנִמְצָא, בִּלְתִּי נוֹכֵחַ

abwesender Grundeigentümer ---> Grundeigentümer, abwesender

Abwesenheit

הֶעְדֵּר (פיל׳) [ק/א/189]. אִי הִמָּצְאוּת, הֵעָדְרוּת, אִי נוֹכְחוּת, נִפְקָדוּת. אֲפִיסָה (פיל׳) [ק/א/65]. שְׁלִילָה, בִּטּוּל, חֶסְרוֹן הַהֲוָיָה, אִי הֱיוֹת, אֲפִיסוּת. הֶפְקֵד (פיל׳) [ק/א/198]. חִדָּלוֹן, הֶפְסֵד. סִלּוּק (פיל׳) [ק/ג/102]. פְּסִיק הַתּוֹדָעָה (פסי׳)

Abwesenheit, Verurteilung in ---> Versäumnisurteil

abwickeln [---> auflösen]

פֵּרֵק (מְפָרֵק) (משפ׳, כלכ׳) חִסֵּל

abwickeln, eine Gesellschaft ---> Gesellschaft abwickeln, eine

Abwickler

מְפָרֵק חֶבְרָה (משפ׳, כלכ׳)

Abwind

זֶרֶם יוֹרֵד (מטא׳) [יל״ט/65]. זֶרֶם אֲוִיר יוֹרֵד

abwischen

נִגֵּב (מְנַגֵּב) [א״ח/א/77]. קִנֵּחַ (מְקַנֵּחַ), קָנַח (קוֹנֵחַ)

abzählbar

בַּר מְנִיָּה (מתמ׳) נִתָּן לִמְנִיָּה, בֶּן מְנִיָּה

Abzählbarkeit

נִמְנוּת (מתמ׳)

Abzahlung

תַּשְׁלוּם (תַּשְׁלוּמִים) (כלכ׳) שִׁלּוּם, נְתִינַת מָמוֹן, פְּרִיעַת חוֹב, פֵּרָעוֹן

abzeichnen ---> kopieren

abzeichnend, sich

נִתְאַר

Abzeß

מֻרְסָה (רפו׳) חַבּוּרָה שֶׁיֵּשׁ בָּהּ מֻגְלָה

Abzeß, steriler

מֻרְסָה עֲקוּרָה (רפו׳)

Abziehbild

צִיּוּר הַשְּׁאָה (אמנ׳) [ממ״ג/4]. צִיּוּר עַל גַּבֵּי נְיָר אוֹ חֹמֶר אַחֵר שֶׁאֶפְשָׁר לְהַעְתִּיקוֹ עַל יְדֵי הַרְטָבָתוֹ וּלְחִיצָתוֹ עַל מִשְׁטַח חֵלֶק

Abziehbilderdruck *{Metachromotypie}*

הַדְפָּסַת צִיּוּרֵי הַשְּׁאָה (אמנ׳) [ממ״ג/4]. הַדְפָּסַת אֶבֶן מְגֻוֶּנֶת עַל גַּבֵּי נְיָר מְצֻפֶּה עֲמִילָן וְגוּמִי; צִיּוּרִים אֵלּוּ מְצֻפִּים בִּלְכַּת אֶרֶד זְהֻבָּה; אֶת הַצִּיּוּר אֶפְשָׁר לְהַעְתִּיק עַל יְדֵי הַרְטָבָתוֹ וּלְחִיצָתוֹ עַל מִשְׁטַח חָלָק

abziehen [---> abduzieren; abstreifen; kopieren]

נִכָּה (מְנַכֶּה) (מתמ׳) [א״ח/ב/412]. הִפְחִית, חִסֵּר, גָּרַע (גּוֹרֵעַ), גֵּרַע (מְגָרֵעַ). הִפְשִׁיט, הֵסִיר

Abziehen

נִכּוּי, הַפְחָתָה, גְּרִיעָה, פְּחוּת. הַפְשָׁטָה, הֶפְשֵׁט, הֲסָרָה

Abziehstein

אֶבֶן הַשְׁחָזָה (טכנ׳)

Abzisse

פָּסוּק (פְּסוּקִים) (מתמ׳) אַבְּצִיסָה, שִׁעוּר רִאשׁוֹן, קוֹאוֹרְדִינָטַת X

Abzissendifferenz

הֶפְרֵשׁ פְּסוּקִים (מתמ׳) הֶפְרֵשׁ אַבְּצִיסוֹת

Abzug [---> Abdruck; Verminderung]

מְאַוְרֵר (מְאַוְרְרִים) (טכנ׳) מְאַוְרֵר, מִתְקָן לְהַחְלָפַת הָאֲוִיר. מִנְדָּף (מִנְדָּפִים) (כימ׳) תָּא סָגוּר וּמְאֻוְרָר לַעֲבוֹדָה בְּגַזִּים רְעִילִים

abzupfen

קִרְטֵם (מְקַרְטֵם), תָּלַשׁ, צָבַט, קָטַם

Abzupfen

קִרְטוּם, תְּלִישָׁה, צְבִיטָה, קִטּוּם, צִבּוּט

abzwicken ---> kneifen

Acajounnuß

בַּלְדּוּר (בוט׳, חזו׳) [מר״ח/129]. אֱגוֹז תּוֹלַעֲנָה

Accidens ---> Merkmal, abtrennbares

Accidens inseparabile ---> Merkmal, untrennbares nicht wesentliches

Accidens per se

מִקְרֶה מִפְּאַת עַצְמוֹ (פיל׳) [ק/ב/271]

Accidens separabile ---> Merkmal, abtrennbares

Acclamatio

סוֹף דָּבָר (רטו׳, ספר׳) [ק/ג/99]. אֶחָד מֵעַנְפֵי סֵדֶר הָעִנְיָנִים

Acetabulum ---> Gelenkpfanne

Achäne

זַרְעוֹן (זַרְעוֹנִים) (בוט׳) פְּרִי יָבֵשׁ שֶׁל מִשְׁפַּחַת הַמֻּרְכָּבִים

Achalasie ---> Dauerspasmus

Achillessehne *{Achilles tendon}*

עֲרְקֹב (רפו׳)

Achillodynie

מַכְאוֹב הָעֲרְקֹב (רפו׳)

Achlorhydrie ---> Magensalzsäuremangel

Acholie ---> Gallemangel

Achondroplasie ---> Knorpelwachstumsstörung

Achromasie

כְּמִידוּת (רפו׳) [מר״ח/11]. חֹסֶר צֶבַע, אַכְרוֹמַטִיָּה

achromatisch

כָּמוּד (פיס׳, פסי׳, אסת׳, רפו׳) לֹא צִבְעוֹנִי, אַכְרוֹמָטִי, לֹא צִבְעִי, חֲסַר צֶבַע

Achromodermie

כְּמִידוּת הָעוֹר (רפו׳)

Achromotrichia

כְּמִידוּת הַשְּׂעָרוֹת (רפו׳)

Achse
צִיר (צִירִים) (טכנ׳) [א״ת/ב/338]. סֶרֶן (סְרָנִים). בְּרִיחַ (מתמ׳) [ק/א/95]. אֲלַכְסוֹן. קֹטֶר (טכנ׳) [ק/ג/277]. גָּלִיל

Achse, imaginäre
צִיר מְדֻמֶּה (מתמ׳) צִיר הַמְּדֻמִּים

Achse, konjugierte
צִיר תָּאוּם (טכנ׳)

Achse, reelle
צִיר מַמָּשִׁי (מתמ׳) צִיר הַמַּמָּשִׁיִּים

Achselgrube, Haare der ---> Haare der Achselgrube

Achselhöhle
שֶׁחִי (רפו׳) בֵּית הַשֶּׁחִי

Achselschweißgeruch
צְפִירוּת (רפו׳) [מר״ח/353]. רֵיחַ בֵּית הַשֶּׁחִי

Achselschweißgeruch betreffend, der
צְפִירִי (רפו׳) שֶׁל רֵיחַ בֵּית הַשֶּׁחִי; צָפִיר, אָדָם בַּעַל רֵיחַ זֵעָה מִשֶּׁחְיוֹ

achselständig *{axillar}*
חֵיקִי (בוט׳) הַיּוֹצֵא מֵחֵיק הֶעָלֶה אוֹ יוֹשֵׁב בּוֹ

Achsensystem, bewegtes
מַעֲרֶכֶת צִירִים נָעִים (פיס׳)

Achsensystem, festes
מַעֲרֶכֶת צִירִים קְבוּעִים (פיס׳)

acht lassen, außer
הִסִּיחַ דַּעְתּוֹ מִן...

Achteck *{Oktagon}*
מְתֻמָּן (מתמ׳) [ק/ב/297]. מְשֻׁמָּן, מְצֻלָּע בַּעַל שְׁמוֹנֶה צְלָעוֹת

Achtelkreis *{Oktant}*
תְּמָן (תְּמָנִים) (מתמ׳)

Achtelnote
שְׁמִינִית תָּו (מוס׳)

achten, auf etwas
הִשְׁגִּיחַ (מַשְׁגִּיחַ) [ק/ד/75]. נָתַן דַּעְתּוֹ עַל..., יִחֵד תְּשׂוּמֶת לֵב לְ..., שָׂם לִבּוֹ אֶל...

achter Ordnung, Bruch ---> Bruch, achter Ordnung

Achterdeckschiff
אֳנִיַּת סִפּוּן אַחְרָה (ימא׳)

Achtflach *{Oktaeder}*
תְּמָנְיוֹן (מתמ׳) אוֹקְטָהֶדְרוֹן

Achtsamkeit
זְהִירוּת [ק/א/251]. שְׁמִירַת עַצְמוֹ שֶׁלֹּא לְהִנָּזֵק

Achtung
רְחִישַׁת כָּבוֹד

Achtung!
הִכּוֹן!

Achylie ---> Darmlymphemangel

Acidemia ---> Blutübersäuerung

Ackerbau
עֲבוֹדַת אֲדָמָה (חקל׳) חַקְלָאוּת

Ackerbautaglöhner
שְׂכִיר חַקְלָאִי (מ״ח, כלכ׳) פַּלָּח שְׂכִיר יוֹם

Ackerdill *{Anethum graveolens}*
שֶׁבֶת רֵיחָנִי (בוט׳) צֶמַח מִמִּשְׁפַּחַת הַסּוֹכְכִיִּים

Ackerecke, die den Armen zu überlassen ist
פֵּאָה (דת, חקל׳) [א״ת/ב/189] קְצֵה הַשָּׂדֶה שֶׁנֶּעֱזָב לַעֲנִיִּים בְּעֵת הַקָּצִיר

ackerfähig
רָאוּי לְעִבּוּד (חקל׳)

Ackerfrauenmantel *{Aphanes arvensis}*
עֲטִיָּה זְעִירָה (בוט׳) צֶמַח מִמִּשְׁפַּחַת הַוְּרָדִיִּים

Ackergauchheil *{Anagallis arvensis}*
מַרְגָּנִית הַשָּׂדֶה (בוט׳) צֶמַח מִמִּשְׁפַּחַת הָרַקַּפְתִּיִּים

Ackerhahnenfuß *{Ranunculus arvensis}*
נוּרִית הַשָּׂדֶה (בוט׳) צֶמַח מִמִּשְׁפַּחַת הַנּוּרִיתִיִּים

Ackerhellerkraut *{Thlaspi arvense}*
חֲפָנִים נְדִירִים (בוט׳) צֶמַח מִמִּשְׁפַּחַת הַמִּצְלִיבִים

Ackerknoblauch ---> Sommerknoblauch

Ackerkohl *{Conringia orientalis}*
אַרְכָּן מִזְרָחִי (בוט׳) צֶמַח מִמִּשְׁפַּחַת הַמִּצְלִיבִים

Ackerkrume [---> Humus]
עָפָר (עֲפָרוֹת) (גאו׳, חקל׳) [א״ת/ב/158]. קַרְקַע עִלִּית

Ackerland
שְׂדֵה פִּלְחָה (חקל׳) [א״ת/ב/202]. אַדְמַת תְּנוּבוֹת, שְׂדֵה זֶרַע, - דְּגָנִים וכד׳

Ackerrittersporn *{Delphinium consolida}*
דָּרְבָנִית מְבֻדֶּרֶת (בוט׳) צֶמַח מִמִּשְׁפַּחַת הַנּוּרִיתִיִּים

Ackersenf *{Sinapis arvensis}*
חַרְדַּל הַשָּׂדֶה (בוט׳) צֶמַח מִמִּשְׁפַּחַת הַמִּצְלִיבִים

Ackerwinde *{Convolvulus}*
חֲבַלְבַּל (בוט׳) צֶמַח מִמִּשְׁפַּחַת הַחֲבַלְבַּלִיִּים

Actio
פְּעֻלָּה (פְּעֻלּוֹת) [ק/ג/205]. מַעֲשֶׂה, עֲשִׂיָּה. רִשּׁוּם (פסי׳) [ק/ד/58]. תּוֹצָאַת הַשְׁפָּעָה עַל אָדָם, רֹשֶׁם

Actio immanens
פְּעֻלָּה עוֹמֶדֶת (פיל׳, פסי׳) [ק/ג/205]

Actio transiens
פְּעֻלָּה יוֹצֵאת (פיל׳, פסי׳) [ק/ג/205]

actu ---> Tat, in der

actu, in
בְּהִתְגַּשְּׁמוּת

Actus reus
מַעֲשֶׂה פְּלִילִי (משפ׳)

ad absurdum [---> absurd]
עַד הֶבֶל, - בֶּטֶל, - לִכְדֵי הֶבֶל וָרִיק, - שְׁטוּת

ad contradictoriam ---> Widerspruchsschluß, bewahrheitender

ad contrariam ---> Widerspruchsschluß, widerlegender

ad hoc
לְעִנְיָן זֶה

ad idem
בְּאוֹתוֹ עִנְיָן

ad infinitum
עַד אֵין סוֹף

ad subalternantem --->

Unterordnungsschluß, widerlegender
a d s u b a l t e r n a t e m ---> Unterordnungsschluß, bewahrheitender
a d s u b c o n t r a r i a m ---> Subkontrarietätsschluß
ad subordinandem ---> Schluß vom Subordinierten auf das Subordinierende
ad subordinatem ---> Schluß vom Subordinierenden auf das Subordinierte
ad valorem
לְפִי הַשּׁוֹוִי, - הָעֵרֶךְ
Adäquanz ---> Angemessenheit
adäquat ---> angemessen
adäquater Begriff ---> Begriff, adäquater
adäquater Reiz ---> Reiz, adäquater
Adäquatheit ---> Angemessenheit
Adagietto
אִטִּי מְעַט (מוס') לְאַט מְעַט, אֲדָגֶ'טוֹ
Adagio
אִטִּי (מוס') לְאַט, אֲדָגִ'ו
Adagio (ma) non troppo
אִטִּי (אַךְ) לֹא בְּיוֹתֵר (מוס')
A d a m a n t i n o m ---> Schmelzepithelgeschwulst
Adamsapfel
פִּיקַת הַגַּרְגֶּרֶת (רפו') פִּיקַת הַגָּרוֹן
Adaptation [---> Akkommodation]
יֵאוּם (פסי', ביו') [ר/א/213; מר״ח/16]. הִסְתַּגְּלוּת, הַתְאָמָה לַמַּצָּב, הֲלִימוּת לַתְּנָאִים הַנְּתוּנִים, הִתְאָמוּת, שִׁנּוּי זְמַנִּי בִּרְגִישׁוּת אוֹ בִּתְגוּבָתִיּוּת שֶׁל אֵבֶר חִישָׁה, שִׁנּוּי מִבְנִי אוֹ הִתְנַהֲגוּתִי הַמַּגְבִּיר אֶת סִכּוּיֵי הַהִשָּׂרְדוּת, הִתְרַגְּלוּת
Adapter
מְיָאֵם (מְיָאֲמִים) (מדע, טכנ') [דמ״א/8]. מַתְאֵם (מַתְאֲמִים), אֲדַפְּטוֹר
adaptiv [---> anpassungsfähig]
סַגְלָנִי (פסי', ביו') מִסְתַּגֵּל, מְיֹאָם, יָאִים, סְתַגְּלָנִי, שֶׁנּוֹטֶה לְהִסְתַּגְּלוּת
adaptives Enzym ---> Enzym, adaptives
Addend
מְחֻבָּר (מתמ')
Adder ---> Addierglied
addieren
חִבֵּר (מְחַבֵּר) (מתמ') [ק/א/64; מי״ב/88]. אָסַף, הוֹסִיף, צֵרֵף. כִּנֵּס (מתמ') [ק/ב/98]. קִבֵּץ (מתמ') [ק/ג/264]. הִתְקַבֵּץ (מתמ') [ק/ג/265]. נוֹסַף, נִתְכַּנֵּס, סִכֵּם, חֻבַּר, נִתְחַבֵּר, צֹרַף
Addierglied *{Adder}*
סוֹכֵם (סוֹכְמִים) (מחש') [דמ״א/8]. חַבָּר, יְחִידָה בַּמַּחְשֵׁב הַמְחַבֶּרֶת אוֹתוֹת סִפְרָתִיִּים
Addition
חִבּוּר (מתמ') [ק/א/269]. צֵרוּף מִסְפָּרִים וְאִחוּדָם. כִּנּוּס (מתמ') [ק/ב/98]. קִבּוּץ (מתמ') [ק/ג/259]. תּוֹסֶפֶת (מתמ') [ק/ד/184]. אֲסִיפָה (מתמ') [ק/א/64]. סֵעוּף (בלש') [מ״ב/11]. הִסְתָּעֲפוּת, הַצְמָדָה
Addition, logische
אִחוּד פְּסוּקִים (מתמ')

Additionsverbindung
תִּרְכֹּבֶת צֵרוּף (כימ') תִּרְכֹּבֶת סִפּוּחַ, - שֶׁבָּהּ פְּרָדִים (אֲטוֹמִים) אוֹ קְבוּצוֹת פְּרָדִים מִצְטָרְפִים לְחֹמֶר בַּעַל קֶשֶׁר כָּפוּל (אַלְקֶן) אוֹ לִקְבוּצָה קַרְבּוֹנִילִית
A d d i t i o n s w o r t ---> Kopulativkompositum
additive Aufzeichnung ---> Aufzeichnung, additive
Additivität
חִבּוּרִיּוּת (מתמ') אֲדִיטִיבִיּוּת
Adenitis
בַּלֶּטֶת (רפו') דַּלֶּקֶת קִשְׁרֵי הַלִּימְפָה
Adenoide
כּוּז (רפו') [מר״ח/18]. פּוֹלִיפּ
Adenoidenentfernung, Ringmesser zur - --> Adenotom
Adenokankroid
סַרְטוֹטָן בַּלּוּטָנִי (רפו')
Adenokanokarzinom
סַרְטָן בַּלּוּטָנִי (רפו')
Adenolipom
שַׁמְנֶמֶת בַּלּוּטָנִית (רפו')
Adenom
בַּלּוּטוֹמֶת (רפו')
adenomatös
בַּלּוּטוֹמִי (רפו')
Adenomatose
בַּלּוּטֶמֶת (רפו')
Adenomyon
שְׁרִירוֹמֶת בַּלּוּטָנִית (רפו')
Adenotom
מַכְרֵת הַלּוּז (רפו') סַכִּין נִתּוּחִים לְהַרְחָקַת לוּזִים (פּוֹלִיפִּים)
Adept
חָסִיד (חֲסִידִים), מִי שֶׁנּוֹהֶה אַחַר תּוֹרָה כָּלְשֶׁהִי
Adeptenwahn
טֵרוּף שֶׁל חָסִיד שׁוֹטֶה, שִׁגָּיוֹן שֶׁל עוֹשֵׂה נִפְלָאוֹת
Ader ---> Vene
Adererweiterung, örtliche ---> Aneurysma
Aderfläche ---> Aderholz
Aderhaut *{Choriodea}*
דָּמִית (רפו') [מר״ח/151]. שְׁפִירִית, דֹּק דָּמִים, קְרוּם בֵּין לֹבֶן הָעַיִן וְהָרִשְׁתִּית
Aderholz
שֶׁטַח סִיבִי (טכנ', אמנ') [ממ״ג/5]. לוּחַ עֵץ שֶׁגְּזִירָתוֹ מַקְבִּילָה לִתְנוּעַת הַסִּיבִים, גֶּזֶר שְׁתִי
Aderlaß
הַקָּזָה (רפו') [א״ח/א/251]. הַקָּזַת דָּם, הוֹצָאַת דָּם מִן הַוְּרִיד לְשֵׁם רִפּוּי, מִקּוּז
adernal ---> nebennierenbezüglich
Adernal ---> Nebenniere
Adhaesibilia
נִדְבָּקִים (פיל') [ק/ג/20]. אֶחָד מִשְּׁמוֹנָה עָשָׂר הֶבְדֵּלֵי הַדְּבָרִים שֶׁל אֲרִיסְטוֹ
Adhäsion ---> Verwachsung
adhäsiv ---> verwachsen, mit etwas

Adiadochokinese
אַל סַבְסוּב (רפו׳) [מר״ח/18]. אִי עִקְבּוּל הַתְּנוּעוֹת, אִי כֹּשֶׁר לְבַצֵּעַ תְּנוּעוֹת מְנֻגָּדוֹת לְסֵרוּגִין

Aditus ---> Eingang

Adjazenz *{Adjacens}*
נִצָּב (פיל׳) [ק/ג/61]

Adjazenzmatrix
אִמַּת הַשְּׁכֵנוּת (מתמ׳) מַטְרִיצַת הַשְּׁכֵנוּת

Adjektiv
שֵׁם תֹּאַר (שְׁמוֹת תֹּאַר) (בלש׳) [ק/ד/128;174; מ״ב/11]. תֹּאַר, מִלָּה הַמְצַיֶּנֶת אֵיכוּתוֹ שֶׁל שֵׁם עֶצֶם

Adjektiv, attributives ---> Attribut, adjektivisches

adjektivisch
תָּאֳרִי (בלש׳) [מ״ב/11]. שֶׁל שֵׁם תֹּאַר

adjektivisches Attribut ---> Attribut, adjektivisches

adjungieren
סִפַּח (מְסַפֵּחַ) (מתמ׳)

Adjunktenmatrix
אִמָּה מְצֹרֶפֶת (מתמ׳) מַטְרִיצָה מְצֹרֶפֶת

Adjunktion [---> Addition]
סִפּוּחַ (מתמ׳)

Adjuvans
מִמְרָץ (ביו׳)

Adler
עַיִט (זוא׳) שֵׁם שֶׁל עוֹף

Adlerbussard *{Bueto rufinus}*
עֲקָב עֵיטִי (זוא׳) עוֹף מִמִּשְׁפַּחַת הַנִּצִּיִּים

Adlerfarn *{Pteridium}*
אֶבְרָנִית (בוט׳) צֶמַח מִמִּשְׁפַּחַת הָאֶבְרָנִיתִיִּים

Adlerrochen *{Myliobatidae}*
טְחָנִיִּים (זוא׳) מִשְׁפָּחָה שֶׁל בַּטָּאִים (דְּגֵי סְחוּס)

Adlerrochen *{Myliobatis aquila}*
טְחָן עֵיטִי (זוא׳) דָּג מִמִּשְׁפַּחַת הַטְּחָנִיִּים (בַּטָּאִים)

adlibitum ---> Belieben, nach

Administration
מִנְהָל (מ״ח, מדי׳) מִמְשָׁל, אַדְמִינִיסְטְרַצְיָה, אֲמַרְכָּלוּת, נִהוּל

Admiral *{Vanessa atlanta}*
נִימְפִית הַסִּרְפָּד (זוא׳) חֶרֶק מִמִּשְׁפַּחַת הַנִּימְפִיתִיִּים (פַּרְפָּרֵי יוֹם)

Admiratio
דַּרְכִּיּוּת הַתְּמִיהָה (בלש׳, רטו׳) [ק/ב/217; ק/ד/210]. מֵנִיעַ הַמַּאֲמָר שֶׁל הַתְּמִיהָה הַמַּבִּיעַ תִּמָּהוֹן וּפְלִיאָה

Admittanz
מַתִּירוּת (פיס׳) [ל״מ/482]. הָעֵרֶךְ הַהֲפָכִי שֶׁל עַכָּבָה (אִימְפֶּדַנְצְיָה)

Adnexe ---> Gebärmutteranhängsel

adnominal ---> attributiv

Adoleszent ---> Jugendlicher

Adoleszenz ---> Jugendalter

Adonisröschen *{Adonis}*
דְּמוּמִית (בוט׳) צֶמַח מִמִּשְׁפַּחַת הַנּוּרִיתִיִּים

Adoptierung ---> Adoption

Adoption
אִמּוּץ (משפ׳)

Adoration ---> Verehrung

Adrenocorticoiden, Mangel an
חֶסֶר סְחִישִׁיּוֹת (רפו׳)

Adressant
פּוֹנֶה, פּוּנָה (בלש׳, תקש׳/) [מ״ב/11]. מוֹעֵן, הָאָדָם שֶׁפּוֹנֶה לַמִּתְפְּנֶה (נִמְעָן)

Adressat ---> Empfänger

Adresse ---> Anschrift

adressieren ---> anreden

Adsorption
סְפִיחָה (פיס׳) [דח״ט/187]. אַדְזוֹרְפְּצְיָה, תּוֹפָעַת הִתְחַבְּרוּתוֹ שֶׁל חֹמֶר אֶל חֹמֶר אַחֵר

Adsorptionswasser
מֵי סְפִיחָה (היד׳)

Adventitia ---> Gefäßwandschicht, äußere

Adventsstern ---> Weihnachtsstern

Adverb
תֹּאַר הַפֹּעַל (בלש׳) [ק/ד/175; מ״ב/12]. מִלָּה הַמְתָאֶרֶת אֶת הַפֹּעַל אוֹ אֶת הַתֹּאַר. מִקְרֶה הַמִּקְרֶה (בלש׳) [ק/ב/272]. כְּלִי (בלש׳) [ק/ב/89]

Adverb der Art und Weise
תֵּאוּר אֹפֶן (בלש׳) [מ״ב/129]. חֵלֶק הַמִּשְׁפָּט הַמְתָאֵר אֶת אֹפֶן בִּצּוּעַ הַפְּעֻלָּה אוֹ אֶת אֵיכוּתָהּ, לְמָשָׁל: ״וַאֲכַלְתֶּם אוֹתוֹ **בְּחִפָּזוֹן**״, ״הָעֲבוֹדָה נַעַשְׂתָה **בְּלִי רָצוֹן**״

adverbiale Bestimmung ---> Umstandsbestimmung

Adverbialsatz [---> Umstandssatz]
צֵרוּף תֵּאוּר (בלש׳) [מ״ב/12]. צֵרוּף תֵּאוּרִי, - מְתָאֵר, - הַמַּגְדִּיר אֶת הַמִּשְׁפָּט אוֹ אֶת הַצֵּרוּף הַנּוֹשְׂאִי שֶׁבּוֹ, לְמָשָׁל: ״הָעֲבוֹדָה נַעַשְׂתָה **בְּלִי רָצוֹן**״

Adverbium ---> Adverb

adversative Konjunktion ---> Bindewort, adversatives

Adversativsatz
פְּסוּקִית נִגּוּד (בלש׳, פיל׳) [ק/ב/130; מ״ב/12]. מַאֲמָר מַבְדִּיל, מִשְׁפַּט נִגּוּד, פְּסוּקִית דַּוְקָא, חֵלֶק הַמִּשְׁפָּט הָעוֹנֶה עַל הַשְּׁאֵלוֹת: עַל אַף מָה? לַמְרוֹת מָה?, לְמָשָׁל: ״**אַף־עַל־פִּי שֶׁהִשְׁתַּדַּלְתִּי מְאֹד** לֹא הִצְלַחְתִּי״

Adynamie ---> Schwäche

adynamisch ---> schwächlich

adynamisches Fieber ---> Fieber, adynamisches

Ächzen ---> Stöhnen

ähneln
הִתְדַּמָּה (מִתְדַּמֶּה) [ק/א/138]. דָּמָה, נִרְאָה דּוֹמֶה, הָיָה דּוֹמֶה

ähnlich
דּוֹמֶה [ק/א/133]. דָּמוּי. מִשְׁתַּתֵּף [ק/ב/308]. מִתְדַּמֶּה [ק/ב/311]. זֵהֶה, אָחוּד

Ähnlichkeit
דַּמְיוּת [ק/א/139; ר/א/168]. דִּמְיָה, דֹּמִי,

דּוֹמוּת, דְּמִיּוּת, הַיַּחַס הַמִּתְקַיֵּם בֵּין שְׁנֵי מַשָּׂאִים דּוֹמִים. דִּמְיוֹן [ק/א/140]. שִׁוּוּי, הֱיוֹת דּוֹמֶה. הִדָּמוּת [ק/א/158]. הִשְׁתַּתְּפוּת [ק/א/224]. הִתְדַּמּוּת [ק/א/229]. שַׁעַר [ק/ד/147]. דִּמּוּי [ק/א/138]. הַשְׁוָאָה, הַמְשָׁלָה. דְּמוּת [ק/א/139]

Ähnlichkeit, Methode der ---> Methode der Ähnlichkeit

Ähnlichkeit und Unterschied, vereinigte Methode der ---> Methode der Ähnlichkeit des und Unterschieds, vereinigte

Ähnlichkeitspunkt *{Zentrum der Homothetie}*
מֶרְכַּז הַהֲטָלָה (מתמ׳) מֶרְכַּז הַדִּמְיוּת

Ähnlichkeitsverhältnis
יַחַס דִּמְיוּת (מתמ׳)

Ährchen
שִׁבֹּלֶת (שִׁבֳּלִיּוֹת) (בוט׳) חֵלֶק מִתְפָּרַחַת הַדְּגָנִיִּים הַיּוֹשֵׁב עַל גַּבֵּי שִׁדְרַת הַתִּפְרַחַת

Ähre, geschnittene [---> Garbe]
עָמִיר (חקל׳) [א״ת/ב/187]. צְרוֹר שִׁבֳּלִים, מִסְפּוֹא

Ährenlese
לֶקֶט (דת, חקל׳) [א״ת/ב/189]. שִׁבֳּלִים שֶׁנָּשְׁרוּ בַּשָּׂדֶה וְהָעֲנִיִּים מְלַקְּטִים אוֹתָן

Änderung, Geschwindigkeit der
קֶצֶב הַשִּׁנּוּי (פיס׳)

Änderung, umgekehrt proportionale
הִשְׁתַּנּוּת הֲפוּכָה (מתמ׳)

Änderung der Karriere ---> Laufbahnwechsel

ängstigen, sich
חָשַׁשׁ (חוֹשֵׁשׁ) [ק/ד/25]. הִרְהִיב, חָרַד (חָרֵד), דָּאַג, נִדְאַג, פָּחַד

Ängstlichkeit
חַשְׁשָׁנוּת, חַיְשָׁנוּת, הַסְסָנוּת, נְבוֹכוּת

äolisch
רוּחִי (מטא׳) שֶׁל רוּחַ

Äolsharfe ---> Windharfe

aequalis
שָׁקוּל [ק/ד/155]. שָׁוֶה בְּעֶרְכּוֹ, נִמְצָא בְּשִׁוּוּי מִשְׁקָל

Aequalitas
שִׁקּוּל [ק/ד/155]. שִׁוְיוֹן, תֹּאַם, דִּמְיוּת, תְּכוּנַת הַדָּבָר הַשָּׁקוּל

Äquativ [---> Positiv]
עֵרֶךְ הַשִּׁוְיוֹן (בלש׳) [מ״ב/74]. דַּרְגַּת הַדִּמְיוֹן אוֹ דַּרְגַּת הַהַשְׁוָאָה בְּדִמּוּי עֶצֶם לְעֶצֶם בִּסְגֻלָּה מְסֻיֶּמֶת, לְמָשָׁל: ״הַיֶּלֶד חָכָם **כְּמוֹ** אָבִיו״

Äquator
קַו הַמַּשְׁוֶה (י״א) [ק/ב/195]. מַשְׁוֶה, גַּלְגַּל הַמִּישׁוֹר. עֲגֻלַּת הַשָּׁוֶה (י״א) [ק/ג/124]. קַו הָאָרֶךְ, - הַמִּישׁוֹר (י״א) [ק/ג/274]. קַו הַשִּׁוּוּי. הַקַּו הַשָּׁוֶה (י״א) [ק/ד/79]

äquatorial
מַשְׁוָנִי (י״א) שֶׁל קַו הַמַּשְׁוֶה

Äquatorialhorizont
אוֹפֶן יָשָׁר (אסט׳) [ק/ב/56]. הַגַּלְגַּל הַיָּשָׁר, - הָעֶלְיוֹן

Äquatorialsystem
מַעֲרֶכֶת מַשְׁוָנִית (י״א, אסט׳)

Äquinoktialpunkt ---> Tagundnachtgleichepunkt

Aequinoktium ---> Tagundnachtgleiche

äquipollente Begriffe ---> Begriffe, äquipollente

äquivalent
שָׁקִיל (מתמ׳) תָּשֵׁו (תְּשֵׁוָה), אֶקְוִיוָלֶנְטִי, שְׁוֵה עֵרֶךְ, תַּשְׁקִיל

Äquivalent
שָׁקוּל (שְׁקוּלִים) (מתמ׳, מ״ח) שְׁקִיל (שְׁקִילִים), שְׁוֵה הָעֵרֶךְ

Äquivalent, allgemeines ---> Äquivalentform

äquivalenter Reiz ---> Reiz, äquivalenter

Äquivalentform
הַשָּׁקוּל הַכְּלָלִי (מ״ח, כלכ׳) שְׁוֵה הָעֵרֶךְ הַכְּלָלִי, צוּרַת הַשָּׁקוּל, סְחוֹרָה הַמְשַׁמֶּשֶׁת בַּחֲלִיפִין הַסְּחוֹרוֹת בִּטּוּי עֵרֶךְ שֶׁל סְחוֹרָה אַחֶרֶת, שֶׁל כַּמָּה וְכַמָּה סְחוֹרוֹת אֲחֵרוֹת אוֹ שֶׁל כָּל הַסְּחוֹרוֹת הָאֲחֵרוֹת; אֶת תַּפְקִיד הַשָּׁקוּל הַכְּלָלִי נָטַל הַזָּהָב שֶׁהָיָה לִסְחוֹרַת מָמוֹן וְשִׁמֵּשׁ כְּמָמוֹן

Äquivalentkapazität
קִבּוּל שָׁקִיל (פיס׳)

Äquivalentwiderstand
הִתְנַגְּדוּת שְׁקִילָה (פיס׳)

Äquivalenz
שְׁקִילוּת (מתמ׳) שִׁוְיוֹן עֵרֶךְ, תַּשְׁקִילָה

Äquivalenzoperation
תִּפְעוּל שְׁקִילוּת (פיל׳) פְּעֻלַּת שְׁקִילוּת, - ״אִם וְרַק אִם״ (או״א)

Äquivalenzrelation
יַחֲסַת שְׁקִילוּת (מתמ׳, פיל׳) יַחֲסָה דּוּ סִפְרָתִית R בִּקְבוּצָה M

Äquivalenzschluß
הֶקֵּשׁ שְׁקִילוּת (פיל׳) הַקָּשַׁת יַחֲסָה (רֶלַצְיָה) הַמְבֻצַּעַת עַל סָמֵךְ הַוַּדָּאָה (אַקְסִיּוֹמָה): אִם כָּל אֶחָד מִשְּׁנֵי גְּדָלִים זֵהֶה לְאוֹתוֹ גֹּדֶל שְׁלִישִׁי, הֲרֵי שֶׁהֵם זֵהִים זֶה לָזֶה, לְמָשָׁל: ״x זֵהֶה לְ-y״, ״x זֵהֶה לְ-z״ <--- ״y זֵהֶה לְ-z״

Äquivokation *{Aequivocatio}*
דּוּ מַשְׁמָעוּת (בלש׳, פיל׳) [ת״ה/48]. שִׁמּוּשׁ בְּמִלָּה מְסֻיֶּמֶת שֶׁיֵּשׁ לָהּ שְׁתֵּי הוֹרָאוֹת מִבְּלִי שֶׁהַשּׁוֹמֵעַ נוֹתֵן דַּעְתּוֹ עַל כָּךְ, טָעוּת הֶגְיוֹנִית הַמִּתְרַחֶשֶׁת בְּהֶקֵּשׁ מָצוּעַ כַּאֲשֶׁר מַשְׁמָעוּתָהּ הָרְגִילָה שֶׁל מִלָּה מְעֹרֶבֶת עִם מַשְׁמָעוּתָהּ הַחֲמָרִית, לְמָשָׁל: ״הָאַרְיֵה הוּא מֶלֶךְ הַחַיּוֹת״, ״אַרְיֵה הוּא שֵׁם עֶצֶם״ לְפִיכָךְ: ״שֵׁם עֶצֶם הוּא מֶלֶךְ הַחַיּוֹת״

ärgern
רָגַז, הִרְגִּיז, הִתְרַגֵּז, חָרַד, יָרַע (יוֹרַע), הִקְנִיט (מַקְנִיט), הִכְעִיס, קִנְטֵר (מְקַנְטֵר)

Ärgernis, öffentliches
מִטְרָד לַצִּבּוּר (משפ׳, מדי׳)

Ärmel
שַׁרְווּל (שַׁרְווּלִים) (טכנ׳) [א״ת/א/159]. בֵּית יָד

aerob

אֲוִירָנִי (ביו') אֵירוֹבִּי, חַיְוִירִי

Aerobier

אֲוִירָן (ביו') [מר"ח/21; ל"ב/25]. חַיְוִיר, יְצוּר חַי הַקּוֹלֵט חַמְצָן מֵהָאֲוִיר כְּדֵי לְהָפִיק מֶרֶץ (אֶנֶרְגְּיָה)

Aerobiont ---> Aerobier

Aerobiose

אֲוִירָנוּת (ביו') חַיְוִירִיּוּת, חַיִּים בְּנוֹכְחוּת חַמְצָן

aerodynamisch ---> stromlinienförmig

Aerophagie ---> Luftschlucken

Aerosis

אֲוֶרֶת (רפו')

ärztliches Instrumentarium ---> Instrumentarium, ärztliches

Ästhet

בֶּן תַּרְאוּת (מ"ח, אמנ') אֶסְתֵּטִיקָן, אִישׁ הַטַּעַם הַטּוֹב

Ästhetik

תַּרְאוּת (מ"ח, אמנ') [רו/89]. אֶסְתֵּטִיקָה, תּוֹרַת הַדְּבָרִים שֶׁנִּתְּנוּ לְמְחִישָׁה, הַמַּדָּע שֶׁל הַיָּפֶה וְהַנָּאֶה בַּטֶּבַע וּבָאֳמָנוּת

ästhetisch

תַּרְאוּתִי (מ"ח, אמנ') אֶסְתֵּטִי, נָאֶה

ästhetischer Typus ---> Typus, ästhetischer

ästhetisieren

תִּרְאֵת, מְתַרְאֵת (מ"ח, אמנ') שָׁפַט אוֹ עִצֵּב בְּאֹפֶן חַד צְדָדִי עַל פִּי חֻקֵּי הַיֹּפִי

Ästhetisierung

תִּרְאוּת (מ"ח, אמנ')

Ästhetizismus

תַּרְאָנוּת (מ"ח, אמנ') אֶסְתֵּטִיזְם, אֶסְתֵּטָנוּת, נְטִיָּה אַחַר הַיָּפֶה וְהַנָּאֶה

ästhetizistisch

תַּרְאָנִי (מ"ח, אמנ') אֶסְתֵּטָנִי, שֶׁל מִי שֶׁנּוֹטֶה אַחֲרֵי הַנָּאֶה וְהָאֳמָנוּתִי

Ästhetizist

תַּרְאָן (מ"ח, אמנ') אֶסְתֵּטָן

Äther

חֹמֶר עֶלְיוֹנִי (פיס', אסט') [ק/א/312]. חֹמֶר הַגְּרָמִים הַשְּׁמֵימִיִּים, הַחֹמֶר הַחֲמִישִׁי, אֶתֶר, אֲתִיר, חֹמֶר גַּזִּי הַמְּמַלֵּא לְפִי הַשְׁעָרַת הַקַּדְמוֹנִים אֶת כָּל הַיְקוּם

ätherig

אֲתִירִי (פיס', אסט') אֶתֶרִי, אַוְרִירִי

ätherisch

מֵעֵין הָאֶתֶר (פסי', רפו') אֶתְרִי, בַּעַל רֵיחַ אוֹ טַעַם נָעִים

Ätiologie

תַּגְרוּמָה (מדע) אֶטְיוֹלוֹגְיָה, חֵקֶר סִבּוֹת הַמַּחֲלוֹת וְגוֹרְמֵיהֶן

ätiologisch

תַּגְרוּמִי (מדע) אֶטְיוֹלוֹגִי

Ätze ---> Ätzwasser

ätzen

צָרַב (צוֹרֵב) (טכנ', אמנ') חָקַק בְּאֶמְצָעוּת חֻמְצָה אוֹ בָּסִיס

Ätzen, etappenweises

צְרִיבָה מְדֻרֶּגֶת (טכנ', אמנ') [ממ"ג/61]. צְרִיבָה הַנַּעֲשֵׂית בְּהַדְרָגָה עַל יְדֵי חִפּוּי שְׁטָחִים שֶׁכְּבָר צֹרְבוּ וּצְרִיבָה חֲרִיפָה יוֹתֵר שֶׁל שְׁטָחִים בִּלְתִּי חֲפוּיִים

ätzend ---> brennend

Ätzgrund

קְרוּמִית צְרִיבָה (אמנ') [ממ"ג/6]. תַּעֲרֹבֶת שֶׁל חָמְרֵי חֲפִיָּה שֶׁחוֹפִים בָּהּ אֶת לוּחַ הַהַדְפָּסָה

Ätzmittel, Gewebezerstörung durch ---> Kauterisation

Ätzschale

אַמְבַּט צְרִיבָה (אמנ') [ממ"ג/7]. אַגָּן מְשֻׁטָּח הֶעָשׂוּי מֵחֹמֶר חָסִין חֻמְצוֹת הַמְּשַׁמֵּשׁ בֵּית קִבּוּל לַצֶּרֶב

Ätzwasser

צֶרֶב (טכנ', אמנ') [ממ"ג/7]. חֹמֶר צוֹרֵב

Äußere, das

חִיצוֹן (מתמ', פיס') [ק/א/288, 289]. חִיצוֹנִיּוּת, הַשֶּׁטַח הַחִיצוֹן, הַצַּד הַחִיצוֹנִי

äußere Erscheinung ---> Erscheinung, äußere

äußere Fläche ---> Fläche, äußere

äußere Form bezüglich, auf die ---> Form bezüglich, auf die äußere

äußere Gefäßwandschicht ---> Gefäßwandschicht, äußere

äußere Gestalt ---> Gestalt, äußere

äußere Gestalt bezüglich, auf die ---> Gestalt bezüglich, auf die äußere

äußere Notwendigkeit ---> Notwendigkeit, äußere

äußere Verbindung ---> Verbindung, äußere

äußerer Anstand ---> Anstand, äußerer

äußerer Schein ---> Schein, äußerer

äußerer Umstand ---> Umstand, äußerer

äußerer Wortsinn ---> Wortsinn, äußerer

äußerlich

חִיצוֹנִי [ק/א/276]. חוּצִי. שִׁטְחִי [ק/ד/89]. שֶׁאֵינוֹ מַעֲמִיק, קָלוּשׁ

äußerlich bewirkende Ursache ---> Ursache, äußerlich bewirkende

äußerliche, Bestimmung ---> Bestimmung, äußerliche

äußerlicher Sinn ---> Sinn, äußerlicher

Äußerlichkeit

חִיצוֹנִיּוּת [ק/ד/89]. שִׁטְחִיּוּת, חֹסֶר עֲמִקּוּת, שְׁטוּחַ הַמַּחֲשָׁבָה, קְלִישׁוּת

äußern, sich

הֶחֱצִין (מַחְצִין) אֶת עַצְמוֹ (פיל') [פ"ר/102]

äußerst ---> letzt

Äußerste, das

äußerste Grenze ---> Grenze, äußerste

מֻפְלָגוּת [ק/א/196]. הַפְלָגָה, הָעוֹדֵף עַל הַמִּדָּה הָרְגִילָה, מְאֹדִיּוּת, דַּרְגַּת הַמֻּפְלָג, שִׁעוּר גָּדוֹל, רִבּוּי, חֹזֶק, גֻּזְמָה, קִיצוֹנִיּוּת, הִתְאַמְּצוּת יְתֵרָה

Äußerstheit ---> Gliedmaße

Äußerung

מַבָּע (בלש') [מ"ב/239]. חִוּוּי, רֶצֶף שֶׁל יְסוֹדוֹת דִּבּוּר הַנֶּאֱמָרִים עַל יְדֵי אָדָם אֶחָד בֵּין שְׁתֵּי הַפְסָקוֹת. יָכוֹל לִהְיוֹת קָטָן מִמִּשְׁפָּט אוֹ

לְהַקִּיף מִשְׁפָּטִים אֲחָדִים

Äußerung, abweichende

מַבָּע סוֹטֶה (בלש') [מ"ב/62]. מַבָּע בִּלְתִּי תָּקִין מִבְּחִינָה דִּקְדּוּקִית אוֹ מַשְׁמָעוּתִית, לְמָשָׁל: "*הַשֻּׁלְחָן בָּכָה", "*הָאִשָּׁה אָכַל"

Äußerung eines Gedankens

הַבָּעַת רַעְיוֹן (פיל', פסי') [ק/א/155]. הֲגִיָּה, הֲגָיָה, בִּטּוּי רַעְיוֹן

Affäre, störende

בִּשְׁבּוּשׁ, דְּבַר בִּישׁ, הִשְׁתַּבְּשׁוּת

Affectio ---> Affekt

Affectio animi

הִתְפַּעֲלוּת הַנֶּפֶשׁ (פסי') [ק/א/244]

affectuoso

בְּרִגְשָׁה (מוס')

Affectus ---> Affekt

Affekt

הִפָּעֲלוּת (פסי') [ק/א/197; ר/א/89]. תְּגוּבָה רִגְשִׁית, קַבָּלַת פְּעֻלָּה מִגּוּף אַחֵר שֶׁגּוֹרֶמֶת שִׁנּוּי וְהִתְרַגְּשׁוּת בְּגוּף הַנִּפְעָל (מְקַבֵּל הַפְּעֻלָּה). הֶפְעֵל (פסי') [ק/א/197]. הַפְעָלָה, רֹשֶׁם וְהַשְׁפָּעָה מִפְּעֻלַּת אֲחֵרִים. הַפְעָלִיָּה (פסי') [ק/א/198]. הִתְפַּעֲלוּת (פסי') [ק/א/243]. הִתְרַשְּׁמוּת (פסי') [ק/א/247]. כֹּחַ כַּעְסִי, - הַכַּעַס, - כַּעֲסָנִי (פסי') [ק/ב/75]. כֹּחַ מִתְפַּעֵל (פסי') [ק/ב/76]. רֶגֶשׁ, אָפֶקְט. רִשּׁוּם (פסי') [ק/ד/58]. תּוֹצָאַת הַשְׁפָּעָה עַל אָדָם

affektbehaftet ---> affektiv

affektbezüglich ---> affektiv

Affektepilepsie

כִּפְיוֹן הִפָּעֲלוּתִי (פסי', רפו') כִּפְיוֹן הֶפְעֵלִי

affektiert ---> gespielt

Affektion ---> Affekt

affektiv [---> emotional]

הִפָּעֲלוּתִי (פסי') [ר/א/90]. רִגְשִׁי, הֶפְעֵלִי, אָפֶקְטִיבִי. רַשְׁמִי (פסי') [ק/ד/62]. עוֹשֶׂה רֹשֶׁם

affektive Besetzung ---> Kathexis

affektive Verödung ---> Anhedonie

Affektivität [---> Reizbarkeit]

הִפָּעֲלוּתִיּוּת (פסי') נְטִיָּה שֶׁל אָדָם לְהָגִיב עַל כָּל הַמִּתְרַחֵשׁ בְּהִתְרַגְּשׁוּת יֶתֶר, טְרִיבוּת, רִגְשִׁיּוּת, רִגּוּשִׁיּוּת

Affektkrampf

פִּרְכּוּס הִפָּעֲלוּתִי (פסי', רפו') [מר"ח/22]. פִּרְכּוּס הֶפְעֵלִי, הִתְכַּוְּצוּת הִפָּעֲלוּתִית

Affektlosigkeit

הֶעְדֵּר הִפָּעֲלוּת (פסי')

Affektpsychose

נַפֶּשֶׁת הִפָּעֲלוּתִית (פסי', רפו') פְּסִיכוֹזָה הִפָּעֲלוּתִית, נַפֶּשֶׁת הֶפְעֵלִית

Affenblume ---> Gauklerblume

afferent ---> hinführend

Affiliationsbedürfnis ---> Geselligkeitsbedürfnis

affine Begriffe ---> Begriffe, affine

Affinität

זִקָּה (זִקּוֹת) (פסי') [ק/ג/168; מר"ח/22]. עֲרֵבוּת, אָפִינִיּוּת, מְשִׁיכָה, כְּמֵהוּת, חִבָּה, נְטִיָּה, קִרְבָה, קְרֵבָה, נְסִיבוּת, הַמְשָׁכוּת

Affinität, chemische

נְסִיבוּת כִּימִית (כימ')

affirmare ---> bejahen

Affirmatio particularis

מִשְׁפָּט מְחַיֵּב פְּרָטִי (פיל') [ק/ב/300]

Affirmatio universalis

מִשְׁפָּט מְחַיֵּב כּוֹלֵל (פיל') [ק/ב/300]

Affirmation

חִיּוּב (בלש', פיל') [ק/א/284; ק/ג/279; מ"ב/13]. הַחְיָבָה. קִיּוּם (פיל', בלש') [ק/א/171]. אָפִירְמַצְיָה, אִשּׁוּר, כְּנִכּוּן, בְּנִגּוּד לִשְׁלִילָה וּלְסִלּוּק. תְּקוּמָה [ק/ד/215]. הַסְכָּמָה לְדָבָר. הֵן, הֵנִית [ק/א/181]. מִלַּת חִיּוּב (בלש') [ק/ב/205]

affirmativ

חִיּוּבִי (פיל', בלש') [ק/ב/158; מ"ב/13]. מוֹדֶה, חוֹיֵב, אָפִירְמָטִיבִי, נֶחְיָב. מְחַיֵּב (פיל') [ק/ב/178]. בְּנִגּוּד לְשׁוֹלֵל. מְקַיֵּם (פיל') [ק/ב/267]

affirmatives Attribut ---> Attribut, affirmatives

Affix

מוּסָפִית (מוּסָפִיּוֹת) (בלש') [מ"ב/13]. טְפוּלָה, אָפִיקְס, צוֹרָן כָּפוּף הַנּוֹסָף לַשֹּׁרֶשׁ בְּרֵאשִׁיתוֹ, בְּתוֹכוֹ אוֹ בְּסוֹפוֹ, לְמָשָׁל: "נַגָּרוּת", "אִשְׁתּוֹ", "אֶכְתֹּב"

affizieren

הִרְשִׁים (מַרְשִׁים) (פסי') [ק/ד/62]. רָשַׁם, הִשְׁאִיר רֹשֶׁם, טָבַע אֶת רִשּׁוּמוֹ עַל..., הִטְבִּיעַ אֶת חוֹתָמוֹ בְּ.../עַל..., נֶחְקַק רִשּׁוּמוֹ בְּלֵב..., חָרַת בְּדִמְיוֹנוֹ, פָּעַל עַל..., הִשְׁפִּיעַ (מַשְׁפִּיעַ), הִפְעִיל (מַפְעִיל)

affizierend

מַרְשִׁים (פסי') [ק/ג/203]. פּוֹעֵל, רַב רֹשֶׁם, שֶׁרִשּׁוּמוֹ נִכָּר, מַפְעִיל

affiziert

מִתְרַשֵּׁם (פסי') [ק/ג/258]. קַבּוּלִי, הִפָּעֲלוּתִי, נוֹחַ לְהִתְרַשֵּׁם, רָגִישׁ, עַרְנִי, פָּתוּחַ. נֶעְתָּק (פסי') [ק/ג/52]. נִפְגָּע, נָגוּעַ, נִדְהָם, מֻשְׁפָּע מִ..., גָּרוּי, נִפְעָם, נִפְתָּע, תָּפוּס לְהִפָּעֲלוּת, מִתְפַּעֵל וּמִשְׁתַּנֶּה. נִפְעָל [ק/ג/56]. סָבִיל, מְקַבֵּל פְּעֻלָּה וְשִׁנּוּי

affiziert werden

הִתְרַשֵּׁם (מִתְרַשֵּׁם) (פסי') [ק/א/336]. חָשׁ, חָשַׁשׁ (חוֹשֵׁשׁ), הִרְגִּישׁ

Affiziertwerden

הִתְרַשְּׁמוּת (פסי') [ק/ג/257]. פְּתִיחוּת, קִבּוּל, קַבָּלַת הַשְׁפָּעָה, - פְּעֻלָּה, רְגִישׁוּת, עֵרָנוּת

Affodill *{Asphodelus}*

עִירִית (בוט') צֶמַח מִמִּשְׁפַּחַת הַשּׁוֹשַׁנִּיִּים

affrettando

מְזָרֵז (מוס') בִּמְזֹרָז, אַפְרֶטַנְדּוֹ

Affrikate

מְחֻכָּךְ (בלש') [מ"ב/13]. עִצּוּר שֶׁתְּחִלָּתוֹ סוֹתֶמֶת וְסוֹפוֹ חוֹכֵךְ, לְמָשָׁל: בְּאַנְגְּלִית g, ch

After ---> Anus

Afterdienst

עֲבוֹדָה תְּפֵלָה (דת) פֻּלְחַן אֱמוּנוֹת הֶבֶל

Afterskorpione *{Pseudoscorpiones}*

זוּטַקְרַבָּאִים (זוא') סִדְרָה שֶׁל פְּרוּקֵי רַגְלַיִם

Afterwissenschaften

אֱמוּנוֹת הֶבֶל (פיל', דת) [ק/א/295]. חָכְמוֹת

דמיוניות, אמונות שווא
Agalaktie ---> Stillunfähigkeit
Agame, Sinai-
חרדון סיני (זוא׳) זוחל ממשפחת החרדוניים
Agamen *{Agamidae}*
חרדוניים (זוא׳) משפחה של לטאות
Agens ---> Agent
Agent
פעלן (בלש׳) [מ״ב/13]. אגנט, עושה הפעלה, מבצע הפעלה, למשל: ״**הוא** קדח חור בקיר״. כח פועל (פסי׳) [ק/ב/138]. מביא, המקרה המעורר והמביא לידי מעשה, מתקף, כח דוחף, דחף. מעורר (פסי׳) [ק/ב/232]. משים [ק/ב/285]. עושה [ק/ג/173]. פעלתן, עשין, מי שנרתם לפעלה, גורם, סוכן. פועל [ק/ג/203]. מרשים, משפיע, מפעיל
Agent provocateur [---> Provokateur(in)]
מאלל (משפ׳) מסית, מדיח, פרובוקטור
Agentur
מפעלה (מ״ח) סוכנות, גוף חברתי שבאמצעותו פועלים כח, השפעה או השראה כלשהם
Ager publicus
הניר הצבורי (הסט׳, מ״ח, כלכ׳) במקורו אדמת העדה של אזרחי רומי שעמדה לרשותם לצרך עבוד משתף או ששמשה למרעה
Agere ---> Handeln
Ageusie ---> Geschmacksverlust
Agglutination
צמות (רפו׳, כימ׳) [מר״ח/24; ל״ב/11]. לזיקה, התלזקות, לזוק, אגלוטינציה, יצירת תצמידים של חידקים או של כדוריות דם אדמות. תדביק (בלש׳) [מ״ב/14]. תופעה המצויה בלשונות מסימות שבהן מצטרפים לשרש באפן קוי צורנים כפופים, למשל: בהונגרית kert ״הגן״, kertet ״את הגן״, kertek ״הגנים״
Agglutinator
מצמת (רפו׳, כימ׳) מלזק
agglutinierbar
בר צמות (רפו׳, כימ׳) לזיק, צמית
agglutinieren
צמת (מצמת) (רפו׳, כימ׳) לזק (מלזק)
agglutinierende Sprache ---> Sprache, agglutinierende
agglutinierender Stoff ---> Agglutinator
Agglutinin
צמתן (רפו׳, כימ׳) [ל״ב/11]. לזקן, מצמית, חמר או נוגדן יחודי הגורם לצמות (אגלוטינציה)
Aggravatio ---> Krankheitserscheinungen, Übertreibung subjektiver
Aggregat
אסף (אספים) (פיל׳) צבור מקרי וזמני של פרטים שסוגליהם מאפינים רק את כלל הפרטים אך אינם הולמים כל פרט ופרט, למשל: את המשג ״יער״ הולמים סוגלים מסימים שאי אפשר להחילם על כל עץ מעצי היער, אגרגט, הרכב מכני של חלקים שונים או דומים ליחידה אחת, הצבר, תלכיד, מצרף. אסף (אספים) (מחמ׳)
Aggregation
התאספות (מ״ח, פיל׳) אגרגציה, תהליך התקבצות מקרי ועראי של פרטים שאינם תלויים זה בזה לצבור אחד, לכוד, רכוז אכלוסיות. קבוץ (פיל׳) [ת״ה/126; בת״ט/119]
Aggregatdaten
נתונים מצרפים (סטט׳) [מ״מ/219]. מידע על סדרת יחידות שצרפו בנתוח סטטיסטי כדי לתאר יחידה גדולה יותר, נתוני אסף
Aggregatszustand
מצב צבירה (פיס׳, מטא׳) [יל״ט/124]. שלשת מצבי החמר: מוצק, נוזל וגז
Aggressin
אתקף (רפו׳)
Aggression
תוקפנות (פסי׳, מ״ח) [ר/ב/678]. כל גישה או כל פעלה שמטרותיהן פציעה, השחתה או השמדה של משא כלשהו, אגרסיביות
Aggression, Akt der
מעשה תוקפנות (מדי׳)
Aggression, verschobene
תוקפנות מתקת (פסי׳) [ר/ב/679]. תוקפנות המפנית כלפי משא שלא עורר את ההתנהגות התוקפנית
aggressiv
תוקפני (פסי׳, מ״ח) [ר/ב/679]. אגרסיבי
Aggressivität ---> Aggression
Aggressor(in)
תוקפן, תוקפנית (מדי׳, מ״ח)
Agilität ---> Beweglichkeit
Agio
הפרשוי (הפרשוי) (כלכ׳) [אב״נ/129]. מעל השוי, ההפרש בין הערך הממשי (הראלי) לבין הערך הנקוב של נכס, מסמך או שערי מטבעות
Agitation ---> Propaganda
agitato
סעור (מוס׳) בסערות, אג׳יטטו
agitiert ---> erregt
Agitographie ---> Schreibhast
Agitophasie ---> Sprechhast
Agnosie
אלהכר (רפו׳, פסי׳) [ר/א/5; מר״ח/2;24]. אגנוזיה, אי הבחנת התחושה, לקוי בזהוי, עוון, חסר חישה
Agnostizismus
אידעת (פיל׳) [מ״פ/7]. אגנוסטיציזם, משנה השוללת את האפשרות להכיר את העולם ואת מהותו והמבקשת להגביל את תפקיד המדע להתבוננות בתופעות בלבד
agnostizistisch
אידעתי (פיל׳) אגנוסטיציסטי
Agonie ---> Todeskampf
Agoraphobie ---> Platzangst
Agraphie
אלכתיבה (רפו׳, פסי׳) [ר/א/6]. אגרפיה, אבדן חלקי או מלא של יכלת הכתיבה
Agrikultur ---> Landwirtschaft

Aguacate ---> Avocadobirne
ahnden
פִּלֵּל (מְפַלֵּל) (משפ') שָׁפַט, דָּן, יָרַד עִמּוֹ בְּעֹמֶק הַדִּין, עָשָׂה דִּין בְּ..., הִטִּיל עֹנֶשׁ, עָנַשׁ, הֶעֱנִישׁ
Ahndung
פִּלּוּל (משפ') שְׁפִיטָה, שִׁפּוּט, בִּצּוּעַ פְּסַק דִּין, חֲרִיצַת דִּין, עֲשִׂיַּת צֶדֶק, מִצּוּי הַדִּין, הָעֲנָשָׁה, עֲנִישָׁה, הַטָּלַת עֹנֶשׁ, פְּלִילוּת
ahnen
נִבָּא לוֹ לִבּוֹ [ק/ד/147]. שִׁעֵר (מְשַׁעֵר), דִּמָּה בְּנַפְשׁוֹ, צִיֵּר לְעַצְמוֹ, חָשַׁב בְּדֶרֶךְ סְבָרָה, תֵּאֵר בְּדִמְיוֹנוֹ, הִשִּׂיג בְּרֶמֶז, לִבּוֹ הִגִּיד לוֹ, נִחֵשׁ (מְנַחֵשׁ)
Ahnen, das
הַשָּׂגָה בְּרֶמֶז (פיל') [פ"ר/143]
Ahnung
נִבּוּי לֵב (פסי') [ק/ד/145]. שִׁעוּר, נְבוּאַת הַלֵּב, כֹּחַ הַמְּשַׁעֵר, הַכֹּחַ הַשִּׁמָּאִי, כֹּשֶׁר רְאִיַּת הַנּוֹלָד, כֹּחַ נְבוּאִי, תְּחוּשָׁה לַבָּאוֹת, נִחוּשׁ, רְאִיַּת דְּבָרִים מִתּוֹךְ הַרְגָּשָׁה פְּנִימִית, תְּבוּנַת לֵב, אִינְטוּאִיצְיָה. מִשְׁעָר (פיל') [ק/ב/299]. הַשְׁעָרָה, הַנָּחָה, סְבָרָה
Ahnungsvermögen ---> Ahnung
Ahorn *{Acer}*
אֶדֶר (בוט') צֶמַח מִמִּשְׁפַּחַת הָאַדְרִיִּים
Ais
לָה נָסֵק (מוס') לָה דִּיאֶז
Aisis
לָה נְסֵקִים (מוס')
Akathisie ---> Bewegungsdrang, hysterischer
Akantholyse
יַמֶּסֶת שִׁיצִים (רפו')
Akanthom
שִׁצֹּמֶת (רפו') סוּג שֶׁל סַרְטַן הָעוֹר
Akanthus *{Acanthus}*
קוֹצִיץ (בוט') צֶמַח מִמִּשְׁפַּחַת הַקּוֹצִיצִיִּים
Akazie *{Acacia}*
שִׁטָּה (בוט') צֶמַח מִמִּשְׁפַּחַת הַמִּימוֹסִיִּים
Akinesie ---> Bewegungslosigkeit
akklimatisieren
אִקְלֵם (מְאַקְלֵם) (פסי', מ"ח) הִתְאַקְלֵם (מִתְאַקְלֵם)
Akklimatisierung
אִקְלוּם, הִתְאַקְלְמוּת (פסי', מ"ח)
Akkommodation
הִסְתַּגְּלוּת (פסי', רפו') [ר/א/203]. הִתְאָמוּת, אַקּוֹמוֹדַצְיָה, וִסּוּת צוּרַת עֲדָשַׁת הָעַיִן כְּדֵי לִרְאוֹת עֲצָמִים הַנִּמְצָאִים בְּמֶרְחַקִּים שׁוֹנִים, תִּסְגֹּלֶת הָעַיִן, תִּסְגּוּל
akkommodativ
תִּסְגּוּלִי, מִתְסַגֵּל (פסי', רפו')
Akkord
תַּצְלִיל (מוס') [למ"ו/53]. צֵרוּף שֶׁל שְׁלֹשָׁה צְלִילִים אוֹ יוֹתֵר הַמַּשְׁמָעִים בּוֹ בַּזְּמַן, אַקּוֹרְד
Akkord, abgeleiteter
תַּצְלִיל נִגְזָר (מוס')
Akkord, gebrochener ---> Arpeggio
Akkordarbeit
קַבְּלָנוּת (קַבְּלָנִיּוּת) (כלכ') [א"ח/ב/108]. קַבָּלַת עֲבוֹדָה בְּשָׂכָר קָבוּעַ מֵרֹאשׁ וּבְלֹא הַגְבָּלַת זְמַן
Akkorden, Folge von
רֶצֶף תַּצְלִילִים (מוס')
Akkordion
מַפּוּחוֹן (מוס') אַקּוֹרְדְּיוֹן
Akkordionist(in)
מַפּוּחוֹנַאי, מַפּוּחוֹנָאִית (מוס') נַגַּן אַקּוֹרְדְּיוֹן
akkreditieren
הֶאֱמִין (מַאֲמִין) אֶת... (משפ', מדי') מִנָּה אוֹתוֹ נֶאֱמָן עַל...
akkreditiert
מָאֳמָן (משפ', מדי') מְאֻמָּן, מָאֳמָן לְ..., מְמֻנֶּה
Akkreditierung
הַאֲמָנָה (משפ', מדי') מִנּוּי
Akkumulation [---> Kapitalakkumulation; Anhäufung]
הֶצְבֵּר, צְבִירָה, מִצְבָּר, אָקוּמוּלַצְיָה
Akkumulation, kapitalistische
הֶצְבֵּר רְכוּשָׁנִי (מ"ח, כלכ') הֶצְבֵּר הוֹן, שִׁמּוּשׁ בְּעֹדֶף עֵרֶךְ כְּהוֹן אוֹ הֲפִיכַת עֹדֶף עֵרֶךְ לְהוֹן
Akkumulation, ursprüngliche [---> Kapitalakkumulation]
הֶצְבֵּר רִאשׁוֹנִי (מ"ח, כלכ') הֶצְבֵּר קַמָּאִי, תּוֹפָעָה אָפְיָנִית לְרֵאשִׁית הִתְפַּתְּחוּת רְכוּשָׁנִית (קַפִּיטָלִיסְטִית) הַמִּתְגַּשֶּׁמֶת בְּצוּרוֹת גַּסּוֹת וְאַלִּימוֹת בְּיוֹתֵר
Akkumulationsfonds
קֶרֶן הֶצְבֵּר (כלכ')
Akkumulationsprozeß des Kapitals ---> Kapital(s), Akkumulationsprozeß des
Akkumulationsrate
שִׁעוּר הַהֶצְבֵּר (כלכ')
Akkumulator
מַצְבֵּר (מַצְבְּרִים) (פיס') [ל"מ/406]. תָּא חַשְׁמַל הַצּוֹבֵר מֶרֶץ (אֶנֶרְגְּיָה) חַשְׁמַלִּי הַנִּתָּן לְשִׁחְרוּר לְצָרְכֵי שִׁמּוּשׁ. צֹבֵר (צֹבְרִים) (מחש') [דמ"א/7]. הָאוֹגֵר (רֶגִיסְטֶר) הָרָאשִׁי שֶׁל יְחִידַת הָעִבּוּד הַמֶּרְכָּזִית (יָעַ"ם) בַּמַּחְשֵׁב
Akkumulatorzelle ---> Sekundärelement
akkumulieren ---> anhäufen
akkumuliertes Kapital ---> Kapital, akkumuliertes
Akkusativ
יַחֲסַת הַמָּשָׂא הַיָּשִׁיר (בלש') [ק/ב/35; מ"ב/9]. יַחַס הַפָּעוּל, יַחֲסַת "אֶת", יַחֲסָה הַמַּבִּיעָה אֶת הַתַּכְלִית שֶׁל פְּעֻלַּת פֹּעַל יוֹצֵא, לְמָשָׁל: "הִיא חוֹקֶרֶת **אֶת הַמַּהְפֵּכָה**"
Akkusativobjekt
מָשָׂא יָשִׁיר (בלש') [מ"ב/65]. מָשָׂא שֶׁהַפְּעֻלָּה הַמֻּבַּעַת בְּפֹעַל הַנּוֹשֵׂא עוֹבֶרֶת עָלָיו בְּאֹפֶן יָשָׁר בְּלִי סִימָן יַחַס אוֹ בְּאֶמְצָעוּת הַמִּלָּה "אֶת", לְמָשָׁל: "יְלַמֵּד אָדָם **אֶת בְּנוֹ** אֻמָּנוּת נְקִיָּה", "הַתַּלְמִיד כָּתַב **מִכְתָּב**"
Akme ---> Krankheit, Höhepunkt einer
Akne
חֲטֶטֶת (רפו') [מר"ח/12]. חֲזָזִית שֶׁל מֻגְלָה
Akorie ---> Hunger, beständiger; Heißhunger
Akquieszenz ---> Tendenz, Ja-Sage-

Akribie

דַּיְּקָנוּת [ק/א/138]. דִּיּוּק. דִּיּוּקוֹת [ק/א/136]. דִּקְדּוּק וְצִמְצוּם. דַּיָּקוּת [ק/א/137]

Akroasphyxia

שֶׁנֶק הַקְּצָווֹת (רפו׳)

Akrobatik

לוּלְיָנוּת (ספו׳, אמנ׳) אַקְרוֹבָּטִיקָה

Akromegalie

שְׁרִיעוּת הַקְּצָווֹת (רפו׳) [מר״ח/14]. גִּדָּלוֹן, גִּדְלוֹן הַקְּצָווֹת, מַחֲלַת גְּדִילַת קְצוֹת הַגַּפַּיִם

Akromion ---> Schulterhöhe

Akronym

נוֹטָרִיקוֹן (בלש׳) [מ״ב/35;7]. הֶרְכֵּב קְצוּצֵי בָּסִיס, הֶלְחֵם, מִלָּה מְקֻצֶּרֶת הַנּוֹצֶרֶת מֵרָאשֵׁי תֵּבוֹת וַהֲנֻהֲגִית כְּמִלָּה לְכָל דָּבָר, לְמָשָׁל: ״**רַמְטְכָּ״ל**״ = ״רֹאשׁ הַמַּטֶּה הַכְּלָלִי״, ״**אוּ״ם**״ = ״אֻמּוֹת מְאֻחָדוֹת״

A k r o p a r ä s t h e s i e ---> Extremitätenneurose, vasomotorische

Akrophobie ---> Höhenangst

Akropolis

עֹפֶל (עֳפָלִים) (אדר׳) חַקְרָה, אַקְרָה, מְצוּדָה מְבֻצֶּרֶת בְּרֹאשׁ הַר

Akropolislage, Siedlung in ---> Siedlung in Akropolislage

Akrozephalie ---> Spitzköpfigkeit

A k r o z y a n o s e ---> Extremitätenblausucht

Akt [----> Aufzug]

מַעְבָּד, עֲלִילָה, מַעֲלָל, אַקְט. מַעֲרָכָה (מַעֲרָכוֹת) (תאט׳) פֶּרֶק בְּמַחֲזֶה

Akt, unfreundlicher

צַעַד לֹא יְדִידוּתִי (מדי׳)

Aktbedeutung [---> Aktionsbedeutung]

מַשְׁמָעוּת הַפְּעֻלָּה (פסי׳, פיל׳) [ד״מח/38]. מַשְׁמָעוּת הַמַּעֲשֶׂה לְגַבֵּי הָעוֹשֶׂה אוֹתוֹ אוֹ לְגַבֵּי הַמִּשְׁתַּתֵּף בּוֹ

Aktenbündel

תִּיק מִסְמָכִים (מנה׳, ספרנ׳)

Aktenumschlag

חוֹבְקָן (מנה׳) תִּיק לְהַחְזָקַת נְיָרוֹת

Akteur

פַּעֲלָן (פַּעֲלָנִים), פּוֹעֵל (פּוֹעֲלִים)

Aktienausgabe ---> Aktienemission

Aktienemission

הַנְפָּקַת מְנָיוֹת (כלכ׳)

Aktiengesellschaft (AG)

חֶבְרַת מְנָיוֹת (כלכ׳, משפ׳) עֵסֶק שֶׁהוֹנוֹ מֻרְכָּב מֵהַשְׁקָעוֹת בַּעֲלֵי הַמְּנָיוֹת שֶׁאֵין רַשָּׁאִים לִפְגֹּעַ בִּרְכוּשָׁם הַפְּרָטִי כְּדֵי לְכַסּוֹת חוֹבוֹת אֶפְשָׁרִיִּים שֶׁל הַחֶבְרָה

Aktieninhaber ---> Aktionär

Aktienkapital, eingezahltes

הוֹן מְנָיוֹת נִפְרָע (כלכ׳) [אב״נ/47]. הַהוֹן הַמֻּנְפָּק שֶׁתַּשְׁלוּמוֹ נִדְרָשׁ וְנִפְרָע עַל יְדֵי בַּעֲלֵי הַמְּנָיוֹת

Aktienpapier

שְׁטַר מְנָיָה (כלכ׳)

Aktienrepartierung ---> Aktienzuteilung

Aktienrückkauf

פִּדְיוֹן מְנָיוֹת (כלכ׳) [אב״נ/158]. פִּדְיוֹן הוֹן מְנָיוֹת מִן הַמַּשְׁקִיעַ עַל יְדֵי הַמַּנְפִּיק

Aktienzertifikat ---> Aktienpapier

Aktienzuteilung

הַקְצָאַת מְנָיוֹת (כלכ׳)

Aktinomyces ---> Strahlenpilz

A k t i n o m y k o s e ---> Strahlenpilzkrankheit

Aktion

פְּעֻלָּה (פְּעֻלּוֹת) (ספר׳) [מ״ס/61]. אֵרוּעַ הַנִּגְרָם עַל יְדֵי הַדְּמוּת הַסִּפְרוּתִית עַצְמָהּ בֵּין בְּיוֹדְעִין וּבֵין שֶׁלֹּא בְּיוֹדְעִין

Aktionär

בַּעַל מְנָיוֹת (כלכ׳)

Aktionsart [---> Aspekt]

הֶבֵּט (הֶבֵּטִים) (בלש׳) [מ״ב/22]. מֻנָּח הַמַּבִּיעַ הַבְחָנוֹת שׁוֹנוֹת בְּמַהֲלַךְ הַפְּעֻלָּה כְּגוֹן: הַבְחָנָה בֵּין פְּעֻלָּה נִמְשֶׁכֶת לְבֵין פְּעֻלָּה חַד־פַּעֲמִית, לְמָשָׁל: ״וְהָיָה אַהֲרֹן עוֹלֶה״ (פְּעֻלָּה רְצוּפָה), ״עָלָה אַהֲרֹן״ (פְּעֻלָּה חַד־פַּעֲמִית)

Aktionsbedeutung [---> Aktbedeutung]

מַשְׁמָעוּת הַמַּעֲשֶׂה (פסי׳, פיל׳) [ד״מח/38]. מַשְׁמָעוּת הַמַּעֲשֶׂה לְגַבֵּי הַמַּדָּעָן הַמִּתְיַחֵס אֶל הַמַּעֲשֶׂה כְּאֶל נוֹשֵׂא לַחֲקִירוֹת

Aktionsforschung

מֶחְקַר פְּעֻלָּה (מ״ח) [ר/ב/562; מ״מ/214; ל״ס/85]. מֶחְקָר מַפְעִיל, חֲקִירָה מַפְעִילָה, מֶחְקָר שֶׁמַּטְּרָתוֹ הָעִקָּרִית הִיא גְּרִימַת שִׁנּוּי שֶׁל מַצָּב חֶבְרָתִי קַיָּם

Aktionsprogramm

תָּכְנִית פְּעֻלָּה

Aktionszentrum

מֶרְכַּז פְּעִילוּת

aktiv

פָּעִיל [ק/ג/198]. פְּעִילִי, זָרִיז, אוֹהֵב פְּעֻלָּה, אַקְטִיבִי

Aktivation

אִפְעוּל (כיו׳) [ל״ב/241]. הַפְעָלָה (הַפְעָלוֹת), הֲבָאָה לִידֵי פְּעֻלָּה, שִׁפְעוּל, פְּעֻלָּה שֶׁהוֹפֶכֶת אוּל (אוֹרְגָנִיזְם), אֵבֶר, רִקְמָה אוֹ פְּרֻדָּה (מוֹלֶקוּלָה) לִפְעִילִים. עֵרוּר (פסי׳, רפו׳) [ר/ב/502]. עִירוּר, מֵמַד שֶׁל פְּעִילוּת אוֹ מוּכָנוּת לִפְעֻלָּה הַמְּבֻסָּס עַל רָמַת הָרִגּוּשׁ הַחוּשִׁי, הַמְּרִיצוּנִי (הוֹרְמוֹנָלִי) וְהַשְּׁרִירִי

Aktivator

מְאַפְעֵל, קַדָּם, מְעוֹרֵר, מַפְעִיל, זַרְזָן

a k t i v e I m m u n i s i e r u n g ---> Immunisierung, aktive

Aktiven, verfügbare

נְכָסִים נְזִילִים (כלכ׳)

aktiver Intellekt ---> Intellekt, aktiver

a k t i v e s A r t i k u l a t i o n s o r g a n ---> Artikulationsorgan, aktives

aktives Partizip Präsens ---> Partizip Präsens, aktives

a k t i v e s S p r e c h w e r k z e u g ---> Artikulationsorgan, aktives

aktives Zentrum ---> Wirkstelle

aktivieren

אִפְעֵל (מְאַפְעֵל), הִפְעִיל (מַפְעִיל), שִׁפְעֵל (מְשַׁפְעֵל), עוֹרֵר (מְעוֹרֵר)

Aktivierung ---> Aktivation
Aktivierung von Gewinnen ---> Kapitalisierung von Gewinnen
Aktivismus
פְּעַלְתָּנוּת [ק/ג/206]. פַּעַלְתָנוּת, פְּעִילוּת רַבָּה
Aktivität
פְּעִילוּת [ק/ג/198]. פְּעִילָה, זְרִיזוּת, אַקְטִיבִיוּת
Aktivlegitimation, mangelnde ---> Klageunfähigkeit
Aktualisation ---> Aktualisierung
aktualisieren
כְּעֵן (מְכַעֵן), עִכְשֵׁו (מְעַכְשֵׁו), הִתְכַּעֵן, הִתְעַכְשֵׁו, עָשָׂה שֶׁיִּהְיֶה אַקְטוּאָלִי. עִצֵּם, הִתְעַצֵּם (מִתְעַצֵּם) (פיל') [ק/ב/325; ק/ג/159]. נַעֲשָׂה לְעֶצֶם, קִבֵּל יֵשׁוּת עַצְמִית, הִתְמַמֵּשׁ, הִתְבַּצֵּעַ (מִתְבַּצֵּעַ), הִתְגַּשֵּׁם, יָצָא לַפֹּעַל, הוּצָא לַפֹּעַל, הִתְמַחֵשׁ, הָפַךְ לְמוּחָשִׁי
aktualisiert
מְכֹעָן, מְעֻכְשָׁו. נָח [ק/ג/26]. דָּבָר שֶׁיָּצָא מִן הַכֹּחַ אֶל הַפֹּעַל
Aktualisierung *{Update}*
כִּעוּן [מר״ח/15; דמ״א/105]. עִכְשׁוּו, עִדְכּוּן, אַקְטוּאָלִיזַצְיָה, מַעֲבָר מִן הָאֶפְשָׁרוּת אֶל הַמְּצִיאוּת
Aktualität
כְּעָנִיּוּת [ק/א/286]. חִיּוּב, עַכְשָׁוִיּוּת, הַדָּבָר שֶׁבְּפֹעַל, הַגָּעָה. שְׁלֵמוּת (פיל') [ק/ד/121]. כֹּשֶׁר הַחֹמֶר לְהִתְלַבֵּשׁ בְּצוּרָה קְבוּעָה, הַכֹּחַ הַמֵּבִיא לִידֵי הִתְמַמְּשׁוּת עַצְמִית שֶׁל הַמַּהוּת בִּתְוֹפָעָה, אֵנְטֶלֶכְיָה, הַגְשָׁמָה, הוֹצָאָה לַפֹּעַל, הִתְגַּשְּׁמוּת
Aktualität überführendes Ding, in
מוֹצִיא [ק/ב/167]. מוֹצִיא לַפֹּעַל, הָעֶצֶם הַמֵּנִיעַ לָצֵאת מִן הַכֹּחַ אֶל הַפֹּעַל
Aktualität übergeführtes Ding, in
מוּצָא [ק/ב/167]. מוּצָא לַפֹּעַל, שֶׁהוּצָא מִן הַכֹּחַ אֶל הַפֹּעַל. מִתְנוֹעֵעַ [ק/ב/322]. הַיּוֹצֵא לַפֹּעַל. מִתְנַעְנֵעַ [ק/ב/323]
Aktualität übergehen, in die
יָצָא [ק/ב/45]. נִתְגַּשֵּׁם הַדָּבָר, יָצָא אֶל הַפֹּעַל. מַגִּיעַ (פיל') [ק/ב/141]. הַנִּמְצָא בְּפֹעַל, הַיּוֹצֵא אֶל הַפֹּעַל
aktuell
כְּעָנִי, עַכְשָׁוִי, עַכְשְׁוָנִי, אַקְטוּאָלִי
aktuelle Lage ---> Lage, aktuelle
Aktzeichnung
צִיּוּר עֵירֹם (אמנ') רִשּׁוּם גְּוִיָּה
Akustik
תַּשְׁמוּעָה (פיס', רפו') שֵׁמַע, תִּשְׁמֹעֶת, אָקוּסְטִיקָה, תּוֹרַת הַשֵּׁמַע
akustisch
תַּשְׁמוּעִי (רפו', פיס') שִׁמְעִי, אָקוּסְטִי, שְׁמִיעָתִי
akut
חַד, חַדָּה (רפו') [ק/א/271; מר״ח/16]. אָקוּטִי, חָרִיף, דָּחוּף, אָנוּשׁ, בְּנִגּוּד לְנוֹשָׁן
akute Krankheit ---> Krankheit, akute
Akzeleration
הַמְהָרָה (שֶׁל הַדֹּפֶק, הַנְּשִׁימָה וכו') (רפו') הֶאָצָה, זֵרוּז
Akzent(e)
טַעַם (טְעָמִים) (בלש', מוס') [ק/ב/19; מ״ב/8]. סִימָן מְיֻחָד הַמְּצַיֵּן הַטְעָמָה, שִׁנּוּי קוֹל בְּהַדְגָּשַׁת הַהֲבָרָה אוֹ הַצְּלִיל
Akzent, beweglicher ---> Akzent, freier
Akzent, freier
טַעַם חָפְשִׁי (בלש') [מ״ב/84]. הַטְעָמָה חָפְשִׁית הַיְּכוֹלָה לָחוּל בַּהֲבָרוֹת שׁוֹנוֹת שֶׁל מִלָּה אַחַת לְשֵׁם צִיּוּן שֹׁנִי דִּקְדּוּקִי, תַּחְבִּירִי אוֹ דִּבּוּרִי, לְמָשָׁל: ״**יָפָה**״ (שֵׁם תֹּאַר) כְּנֶגֶד: ״**יָפָה**״ (שֵׁם פְּרָטִי)
akzentuieren ---> betonen
Akzentuierung ---> Betonung
Akzentuierung, starke
חֲדִידָה (בלש', מוס')
Akzept
מִמְשָׁךְ (כלכ', משפ') [אב״מ/117]. שְׁטָר מְקֻבָּל, - חֲלִיפִין שֶׁשִּׁמּוּשׁוֹ הָעִקָּרִי בְּעִסְקוֹת מִסְחָר מְקוֹמִיּוֹת, שְׁטָר שֶׁנֶּחְתַּם עַל יְדֵי הַנִּמְשָׁךְ (מִי שֶׁמֻּפְנֵית אֵלָיו דְּרִישָׁה לְתַשְׁלוּם) כְּהִתְחַיְּבוּת לְפָרְעוֹ בְּמוֹעֵד מְסֻיָּם
akzeptabel ---> annehmbar
Akzeptant
נִמְשָׁךְ (כלכ', משפ') [אב״מ/134]. מִי שֶׁמֻּפְנֵית אֵלָיו דְּרִישָׁה לְתַשְׁלוּם בְּאֶמְצָעוּת מִמְשָׁךְ
Akzeptanz
קַבָּלָה, הִתְקַבְּלוּת (פסי', מ״ח) אֶחָד מֵאַרְבַּעַת טִפּוּסֵי הַהֲגָבָה (קַבָּלָה, חִיּוּב, הַכָּרָה, הֵעָנוּת) שֶׁמַּשְׁמָעוּתוֹ בַּיְּחָסִים הַבֵּין אִישִׁיִּים עֲשׂוּיָה לִהְיוֹת ״אַהֲבָה״ וּבַתְּחוּם הַתּוֹךְ קְבוּצָתִי - הַרְגָּשַׁת הָ״אֲנַחְנוּ״
Akzeptibilität ---> Annehmbarkeit
akzeptierter Wechsel ---> Akzept
akzeptierter Wechsel, nicht ---> Wechsel, nicht akzeptierter
Akzeptierung ---> Akzeptanz
Akzeptverweigerung, Anzeige der
הוֹדָעַת חִלּוּל (משפ', כלכ') [אב״מ/40]. הוֹדָעַת אִי כִּבּוּד, מִסְמָךְ הַמּוּצָא עַל יְדֵי נוֹטַרְיוֹן צִבּוּרִי כְּשֶׁכּוֹתֵב הַשְּׁטָר אוֹ הַנִּמְשָׁךְ אֵינָם פּוֹרְעִים אוֹתוֹ
Akzessionsnummer
מִסְפַּר הָרְכוּשָׁה (ספרנ') מִסְפָּר סִדּוּרִי הַנִּתָּן לִסְפָרִים הַנִּכְנָסִים לְסִפְרִיָּה
akzessorisch
נִלְוֶה (רפו') [מר״ח/9]. הַנִּלְוֶה, יַתִּיר, נוֹסָף, יָתֵר, גָּרוּר
Akzessorische, das
מֹיתָר [ק/ב/169]. הָעִנְיָן הַמִּקְרִי הַנּוֹסָף עַל הָעִנְיָן הַטִּבְעִי, תּוֹסֶפֶת, נִסְפָּח, סֶפַח, גְּרָר, סֶרַךְ
akzessorische Bestimmung ---> Bestimmung, akzessorische
Akzidens
מִקְרֶה (מִקְרִים) [ק/ב/270]. דָּבָר שֶׁקָּרָה לְלֹא סִבָּה קְבוּעָה מֵרֹאשׁ, תְּכוּנָה אוֹ מַצָּב שֶׁל דָּבָר מְסֻיָּם שֶׁהֵם זְמַנִּיִּים, בְּנֵי שִׁנּוּי, וּבִלְתִּי מַהוּתִיִּים וְאִם יְבֻטְּלוּ לֹא תִּשְׁתַּנֶּה מַהוּת הַדָּבָר, בְּנִגּוּד לְעֶצֶם הַדָּבָר (סוּבְּסְטַנְץ). מַשִּׂיג [ק/ב/285]. נֶאֱצָל [ק/ג/11]. עִנְיָן [ק/ג/147]. עַ־עָר [ק/ג/172]. קוֹרֶה [ק/ג/299]. אֶפַע [ק/א/67]. אִשּׁוּר [ק/א/74]. מִקְרֶה קַיָּם. גֹּדֶשׁ [ק/א/107]. חִדּוּשׁ [ק/א/273]. מִקְרֶה הַמִּתְחַדֵּשׁ, עִנְיָן עוֹבֵר וְכָלֶה. טָפֵל (פיל') [ק/ב/21]. תְּכוּנָה

בִּלְתִּי אָפְיָנִית, תֹּאַר. מְאֹרָע [ק/ב/134]. דָּבָר שֶׁאֵרַע

Akzidens, indirektes
מִקְרֶה עָקִיף (פיל') [ק/ב/271]. מִקְרֶה נָשׂוּא עַל מִקְרֶה, - לֹא יָשִׁיר

Akzidens, primäres
מִקְרֶה רִאשׁוֹנִי (פיל') [ק/ב/272]

Akzidens, sekundäres
מִקְרֶה שְׁנִיּוֹנִי (פיל') [ק/ב/272]. מִקְרֶה שְׁנִיִּי

Akzidens, Substanz und ---> Substanz und Akzidens

Akzidens, wesentliches
מִקְרֶה עַצְמוּתִי (פיל') [ק/ב/271]

Akzidens besitzend
נִקְרֶה [ק/ג/68]. הֲרֵה מִקְרֶה, נוֹשֵׂא מִקְרֶה-מָה

Akzidens zum Wesen eines Dinges hinzutreten, als
קָרָה (קוֹרֶה) [ק/ג/299]. אֵרַע, נִזְדַּמֵּן, אֻנָּה, אֵרַע דָּבָר שֶׁלֹּא הָיָה צָפוּי מֵרֹאשׁ

akzidentell
מִקְרִי [ק/ב/272]. שֶׁבְּמִקְרֶה, בְּלֹא כַּוָּנָה

akzidentelle Beschaffenheit ---> Beschaffenheit, akzidentelle

akzidentelle Einheit ---> Einheit, akzidentelle

akzidentelle Form ---> Form, akzidentelle

akzidentelles Attribut ---> Attribut, akzidentelles

Akzise ---> Steuer, indirekte

al pari ---> Nennwert, zum

Alabaster
בַּהַט (גאו') [דח"ט/30]. גֶּבֶס גְּבִישִׁי בְּצוּרַת גּוּשֵׁי שַׁיִשׁ לְבָנִים וּשְׁקוּפִים לְמֶחֱצָה

Alant *{Inula}*
טַיּוֹן (בוט') צֶמַח מִמִּשְׁפַּחַת הַמֻּרְכָּבִים

Alarmgerät
מַזְעֵק (מַזְעֲקִים) (טכנ') מַנְגְּנוֹן אַזְעָקָה

Albatrosse *{Diomedeidae}*
אַלְבַּטְרוֹסִיִּים (זוא') מִשְׁפָּחָה שֶׁל עוֹפוֹת מִסִּדְרַת הַיַּסְעוּרָאִים

albern
פּוֹתֶה, אֱוִילִי, נוֹאָל, תַּפְלָנִי, הַבְלִי, תִּינוֹקִי, טָמוּם, שְׁטוּתִי

albern reden
פָּתָה (פּוֹתֶה), תָּפַל (תּוֹפֵל), דִּבֵּר שְׁטֻיּוֹת

Albernheit
פְּתַיּוּת [א"ח/ג/9]. תִּפְלוּת, תִּפְלָה, הָאֱוָלָה, הִתְנַהֲגוּת תִּינוֹקִית

Albertotypie ---> Lichtdruck

Albinismus-Syndrom
לַבְקָנוּת (רפו') [מר"ח/26]. לַבְנוּת מְרֻבָּה, חֹסֶר צִבְעָנִים (פִּיגְמֶנְטִים)

Albino
לַבְקָן (רפו') [מר"ח/26]

Albuginea
הַכְּתוֹנֶת הַלַּבְנוּנִית (רפו')

Albumen ---> Eiweiß

Albuminausscheidung, erhöhte ---> Albuminurie

Albuminurie
חֶלְבּוֹן שֶׁתֶן (רפו') [מר"ח/26]

Alchemie
אַלְכִּימְיָה (כימ', פיל') [ק/א/298; ק/ג/255]. חָכְמַת הַצְּרִיפָה, - הַכִּימְיָה, - הָאַלְכִּימְיָה, אַלְחִימְיָה, חָכְמַת הֲפִיכַת מַתָּכוֹת לְזָהָב

Alchemist(en)
אַלְכִּימָאִי (אַלְכִּימָאִים) (פיל', כימ') [ק/א/92]. בַּעֲלֵי הַכִּימְיָה

Aldehyd
אֶכְהָל (כימ') אַלְדֶּהִיד

Alexie
אַלְקְרִיאָה (רפו', פסי') אֲלֶקְסְיָה, אָבְדָן חֶלְקִי אוֹ מָלֵא שֶׁל הַיְּכֹלֶת לְזַהוֹת אֶת הַמִּלָּה הַכְּתוּבָה, עִוָּעוֹן קְרִיאָה

alexiekrank
עִוֵּעַ קְרִיאָה (רפו', פסי') שֶׁאֵינוֹ יָכוֹל לִקְרֹא עַל אַף מַצַּב רְאִיָּה תַּקִּין

Algebra
אַלְגֶּבְּרָה (מתמ') [ק/א/295,288]. חִיל, חָכְמַת הַחִיל. חָכְמַת הַתַּחְבּוּלוֹת, - הַתַּחְבּוּלָה (מתמ') [ק/א/299; ק/ד/190]

algebraisch
אַלְגֶּבְּרָאִי (מתמ') [ק/ד/219]. תִּשְׁבָּרִי

Algebraist(in)
אַלְגֶּבְּרַאי, אַלְגֶּבְּרָאִית (מתמ') [ק/א/281]. חַיֵּל, בַּעַל חָכְמַת הַחִיל (בָּעֲרָבִית: תַּחְבּוּלוֹת)

Algen *{Algae (Phycophyta)}*
אַצּוֹת (בוט')

Algesia ---> Schmerzhaftigkeit

Algiermalve *{Malva sylvestris}*
חֶלְמִית גְּדוֹלָה (בוט') צֶמַח מִמִּשְׁפַּחַת הַחֶלְמִיתִיִּים

Algolagnie ---> Masochismus

Algorithmus
קְבוּעַ (קְבוּעִים) (פיל', מתמ') אַלְגוֹרִיתְם, נֹהַל כְּלָלִי כָּתוּב הַמְּתָאֵר בְּדִיּוּק כֵּיצַד נִתָּן לִיצֹר מִמַּשָּׂאִים מְסֻיָּמִים שֶׁהֵם גְּדָלֵי הַקֶּלֶט מַשָּׂאִים חֲדָשִׁים שֶׁהֵם גְּדָלֵי הַפֶּלֶט

Alibi
דּוּכְשׁוֹן (משפ') אַלִיבִּי, הֵעָדְרוּת מִמְּקוֹם הַפֶּשַׁע בִּזְמַן בִּצּוּעוֹ

Alienation ---> Entfremdung

Alienationskoeffizient
מְקַדֵּם הַזָּרוּת (סטט') [מ"מ/216]. מַדָּד לְמִדַּת הַשּׁוֹנוּת בֵּין שְׁנֵי מִשְׁתַּנִּים

aliquoter Teil ---> Teil, aliquoter

Aliquottöne ---> Partialtöne

Alkalämie
אַשְׁלֶגֶת (רפו') אֶשְׁלָגִיּוּת הַדָּם

Alkali
אַשְׁלָג (כימ') אֶשְׁלָג, בֹּרִית, בָּסִיס, אַלְקָלִי

Alkaliämie ---> Alkalämie
Alkalimetalle
מַתְּכוֹת אַשְׁלָגִיּוֹת (כימ׳) [מר״ח/28]. מַתְּכוֹת אֶשְׁלָגִיּוֹת
Alkalinität ---> Alkalität
alkalisieren
אִשְׁלֵג (מְאַשְׁלֵג) (כימ׳, רפו׳)
Alkalisierung
אִשְׁלוּג (כימ׳, רפו׳)
Alkalität
אַשְׁלָגִיּוּת (כימ׳, רפו׳) אֶשְׁלָגִיּוּת
Alkaloid
אֶשְׁנָן (כימ׳) [מר״ח/28]. אַלְקָלוֹאִיד
Alkalose
בַּסֶּסֶת (רפו׳) עֹדֶף בְּסִיסִים בַּדָּם אוֹ חֹסֶר חֻמְצָה בּוֹ
Alkohol
כֹּהֶל (כְּהָלִים) (כימ׳) [דח״ט/72]. כֹּהַל, תִּרְכֹּבֶת אוֹלָנִית (אוֹרְגָנִית) הַמִּתְקַבֶּלֶת עַל יְדֵי תְּסִיסַת חֳמָרִים סֻכָּרִיִּים וַעֲמִילָנִיִּים, רוּחַ הַיַּיִן
Alkohol, denaturierter
כֹּהֶל פָּסוּד (כימ׳) כֹּהֶל מְפֻגָּל
Alkoholbrenner
מַבְעֵר כֹּהֶל (טכנ׳)
Alkoholdelirium
תְּזָזִית שִׁכּוֹרִים (פסי׳, רפו׳) טֵרְפּוֹן חֵיל
Alkoholgärung ---> Fermentation, alkoholische
Alkoholiker(in)
כַּהֲלְתָּן, כַּהֲלְתָנִית (רפו׳) אַלְכּוֹהוֹלִיסְט, שַׁכְרָן
Alkoholismus
כַּהֶלֶת (רפו׳) אַלְכּוֹהוֹלִיּוּת, שִׁכְרוּת
Alkoholmißbrauch
פִּרְצוּם בְּתִירוֹשׁ (רפו׳) [מר״ח/8]. הִתְמַכְּרוּת לְיַיִן, שְׁתִיָּה מֻפְרֶזֶת
Allargando
הָלוֹךְ וְהַרְחֵב (מוס׳)
alle
כֹּל, מִכְלָל
alle, für fast
כִּמְעַט בַּכֹּל (מחמ׳)
Allegorie
מָשָׁל (מְשָׁלִים) (ספר׳, פיל׳) [ק/ב/294]. אֲמִירָה בִּסְמָלִים הַמְּכֻוָּנִים לְמַה שֶּׁלֹּא נֶאֱמַר בִּמְפֹרָשׁ, דָּבָר בְּהוֹרָאָה מֻשְׁאֶלֶת, אַלֶּגוֹרְיָה, דָּבָר הַבָּא לְשֵׁם דֻּגְמָה אוֹ הַדְגָּמָה, בִּטּוּי עָקִיף וְסִמְלִי עֲבוּר מֻשָּׂגִים מֻפְשָׁטִים בְּאֶמְצָעוּת תְּמוּנָה קָשִׁיָּה (קוֹנְקְרֶטִית) וּמוּחָשִׁית. הֲלָצָה (ספר׳) [ק/א/175]. הַמְשֵׁל (ספר׳) [ק/א/180]. הֶסְתֵּר (ספר׳) [ק/א/188]. רֶמֶז
allegorisch
מְשָׁלִי (ספר׳) [ק/ב/295]. עַל דֶּרֶךְ מָשָׁל, בְּדֶרֶךְ הַשְׁאָלָה, אַלֶּגוֹרִי
allegorische Deutung ---> Deutung, allegorische
allegorische Erzählung ---> Erzählung, allegorische
allegorischer Sinn ---> Sinn, allegorischer

Allegorist(en)
מְמַשֵּׁל (מְמַשְּׁלִים) (פיל׳) [ק/א/93]. מְחַבֵּר מְשָׁלִים, בַּעֲלֵי הַתּוֹךְ
allegretto
עֶרְנִי מְעַט (מוס׳) בְּעֵרָנוּת מְעַט, אַלֶּגְרֶטוֹ
allegro
עֶרְנִי (מוס׳) בְּעֵרָנוּת, אַלֶּגְרוֹ
allein
בִּלְבַד [ק/ב/250]. מֻפְשָׁט, רַק, גְּרֵדָא
allein bleiben mit...
הִתְיַחֵד (מִתְיַחֵד) עִם... [א״ח/ב/42]. יַחַד, נִשְׁאַר רַק עִם אָדָם אֶחָד
allein lassen
יִחֵד (מְיַחֵד) [א״ח/ב/42]. הִשְׁאִיר שְׁנַיִם יַחַד
Alleinherrschaft
שִׁלְטוֹן יָחִיד (מדי׳)
alleinig
לְבַדִּי, בִּלְבַדִּי, בִּלְעָדִי
Alleinmeldung *{Exklusivmeldung}*
גִּלּוּעַ (גִּלּוּעִים) (תקש׳) יְדִיעָה בִּלְעָדִית, חֲדָשָׁה רִאשׁוֹנָה
allemal, ein für
אַחַת וּלְתָמִיד, לַחֲלוּטִין, אַחַת וּלְעוֹלָם, בְּאֹפֶן מֻחְלָט וְסוֹפִי, וְזֶהוּ זֶה
allerdings
וַדַּאי, אֵין סָפֵק, אָמְנָם
Allergen
חַיִשׁ (חֲיָשִׁים) (רפו׳) אַלֶּרְגֶן, אֶנְכָּר
allergenbezüglich ---> allergisch
Allergie
חֵיֶּשֶׁת (רפו׳) אַלֶּרְגְיָה, רְגִישׁוּת לַחֳמָרִים שׁוֹנִים, נִכָּרוֹן
Allergie verursachen
חִיֵּשׁ (מְחַיֵּשׁ) (רפו׳) גָּרַם לְאַלֶּרְגְיָה
Allergiker(in)
חָיֵשׁ (חֲיֵשִׁים), חֲיֵשָׁה (חֲיֵשׁוֹת) (רפו׳) הַסּוֹבֵל מֵחֵיֶּשֶׁת (אַלֶּרְגְיָה), נִכָּר, חָיֵשׁ
allergisch
חֵישִׁי (רפו׳) אַלֶּרְגִי, אַלֶּרְגֶנִי, אֶנְכָּרִי, נִכְּרוֹנִי
Allergisierung
חִיּוּשׁ (רפו׳) נִכָּרוֹן, הַנְכָּרָה
Allergose
חֵישִׁיּוּת (רפו׳) [מר״ח/29]. נַכֶּרֶת
allergrößten Teil, zum ---> Teil, zum allergrößten
Allerinnersten, im
לִפְנַי וְלִפְנִים, בְּתוֹךְ תּוֹכוֹ שֶׁל דָּבָר
allerpersönlichst
אִישִׁי בְּיוֹתֵר
alles in allem
הַכְּלָל הָעוֹלֶה (פיל׳) [ק/ב/92]. הַמַּסְקָנָה הַמִּתְקַבֶּלֶת
alles zusammengerechnet ---> zusammengerechnet, alles
allgegenwärtig
כָּלְנוֹכֵחַ
allgemein
כְּלָלִי (פיל׳) [ק/ב/93]. מִתְיַחֵס עַל הַכְּלָל, צִבּוּרִי, שַׁיָּךְ לַכֹּל, לֹא מְפֹרָט, לֹא מֻגְדָּר

בְּדִיּוּק. כּוֹלֵל (פיל') [ק/ב/90]. מַקִּיף, עוֹלָמִי, שֶׁל כְּלַל הָאֱנוֹשׁוּת. מִשְׁתַּתֵּף (פיל') [ק/ב/308]

allgemein anerkannt ---> anerkannt, allgemein

allgemein bekannt ---> bekannt, allgemein

allgemein bekannte Wahrheiten ---> Wahrheit(en), allgemein bekannte

allgemeine Anerkennung ---> Anerkennung, allgemeine

allgemeine Stimme ---> Stimme, allgemeine

allgemeine Vorstellung ---> Vorstellung, allgemeine

allgemeinen, im

בְּדֶרֶךְ כְּלָל [ק/ג/116]. בִּסְתָם. בְּשִׁלּוּחַ [ק/ד/109]. בְּהַכְלָלָה, בִּכְלָל, בְּהַבְלָעַת פְּרָט בְּתוֹךְ כְּלָל, בְּאֹפֶן כְּלָלִי

allgemeiner Begriff ---> Begriff, allgemeiner

allgemeiner Begriff, abstrakt ---> Begriff, abstrakt allgemeiner

allgemeiner Faktor ---> Faktor, allgemeiner

allgemeiner Reiz ---> Reiz, allgemeiner

allgemeiner Satz ---> Satz, allgemeiner

Allgemeines

כְּלָלָה (כְּלָלוֹת) (פיל') כְּלָלוּת, הַצַּד הַמְשֻׁתָּף בַּעֲלִיל שֶׁל קְבוּצָה בַּת עֲצָמִים, תְּכוּנוֹת, יְחָסִים אוֹ תַּהֲלִיכִים שֶׁל הַמְּצִיאוּת הַמַּמָּשִׁית אוֹ שֶׁל בָּבוּאוֹתֶיהָ בְּתוֹדַעַת הָאָדָם

allgemeines Äquivalent ---> Äquivalentform

allgemeines Bedürfnis ---> Bedürfnis, allgemeines

Allgemeines eines Dinges

כְּלֶלֶת הַדָּבָר (פיל', מ״ט) [ק/ב/194]. מִינוּת, מִינִיּוּת, עֶצֶם הַדָּבָר, מַהוּת הַדָּבָר, אֵיכוּת שֶׁל מִין, אָפְיוֹ הַכְּלָלִי שֶׁל דָּבָר וְטִיבוֹ, תְּכוּנָתוֹ הָעִקָּרִית

allgemeines Individuum ---> Individuum, allgemeines

allgemeines Zahlwort ---> Zahlwort, allgemeines

Allgemeinheit

כְּלָלוּת (פיל') [ק/ב/92]. כְּלָלִיּוּת, תְּכוּנַת הַכְּלָל, הֶקֵּף כּוֹלֵל בְּלֹא טִפּוּל בִּפְרָטִים. כְּלָלִית (כְּלָלִיּוֹת) (פיל') [פ״ר/46]. דָּבָר בִּלְתִּי מְגֻדָּר שֶׁאֵינוֹ נִכְנָס לִפְרָטִים

Allgütigkeit

טוּב כּוֹלֵל (פיל')

Allheilmittel *{Panacea}*

סַמְכֹּל (רפו') תְּרוּפָה לְכָל הַתַּחֲלוּאִים

Alliteration

מֶחְרָז אוֹת (ספר') [מ״ס/145]. אַלִּיטֶרַצְיָה, חֲזָרָה עַל אוֹתִיּוֹת וּצְלִילִים דּוֹמִים בְּמִלִּים סְמוּכוֹת בְּמִשְׁפָּט

Allmacht

כָּלְיְכוֹלִיּוּת (פסי') [ר/א/17]. יְכֹלֶת כֹּל, כֹּל יְכֹלֶת, אוֹמְנִיפּוֹטֶנְטִיּוּת הַמַּחֲשָׁבָה, הָאֱמוּנָה שֶׁמַּחְשְׁבוֹתָיו אוֹ מִשְׁאֲלוֹתָיו שֶׁל אָדָם יְכוֹלוֹת לְהַשְׁפִּיעַ עַל הַמְּצִיאוּת הַחִיצוֹנִית, יְכֹלֶת כּוֹלֶלֶת. יְכֹלֶת (מדי', דת) [ק/ב/37]. כֹּחַ בִּלְתִּי מֻגְבָּל, שִׁלְטוֹן, כֹּחַ הָאֵל

allmächtig

כָּלְיְכוֹלִי [ק/ב/36]. יָכוֹל, כֹּל יָכוֹל, בַּעַל יְכֹלֶת בִּלְתִּי מֻגְבֶּלֶת, כֹּל יָכוֹל, - יוּכַל, גִּבּוֹר, שַׁלִּיט. כָּהֵל [ק/ב/67]

allmählich

הַדְרָגִי, הַדְרָגָתִי, בְּהַדְרָגָה, לְאַט לְאַט, בְּנַחַת, קַלֵּי קַלֵּי

allmähliche Beseitigung ---> Beseitigung, allmähliche

allochtoner Boden ---> Boden, umgelagerter

Allod ---> Erbgut

Allograph

בֶּן גּוֹן אוֹת (בלש') [מ״ב/14]. אָלוֹגְרָף, בַּר חִלּוּף גְּרָפִי, שׁוֹנָה (וָרִיאַנְטָה) שֶׁל אוֹת אוֹ שֶׁל סִימָן גְּרָפִי אַחֵר (גְּרָפֶמָה)

Allokation ---> Zuteilung

Allomorph

בֶּן גּוֹן צוּרָן (בלש') [מ״ב/14]. אָלוֹמוֹרְף, בַּר חִלּוּף מוֹרְפוֹלוֹגִי, שׁוֹנָה (וָרִיאַנְטָה) הֶגָאִית (פוֹנֶטִית) שֶׁל אוֹתוֹ צוּרָן

Allopath

אַסְוָתָן (רפו') רוֹפֵא הַמְטַפֵּל בְּשִׁיטוֹת הָרְפוּאָה הַמְקֻבֶּלֶת

Allopathie

אַסְוָה (רפו') [מר״ח/29]. מַדַּע הָרְפוּאָה הַמְקֻבָּל בְּנִגּוּד לְשִׁיטַת הַסַּאסְוָה (הוֹמֵאוֹפַּתְיָה)

Allopathie betreffend, die

אַסְוָתִי (רפו') אַסְוָנִי

Alloperator ---> Generalisator

Allophon

בֶּן גּוֹן הֶגֶה (בלש') [מ״ב/15]. אָלוֹפוֹן, בַּר חִלּוּף פוֹנוֹלוֹגִי, שׁוֹנָה (וָרִיאַנְטָה) הֲגָאִית (פוֹנֶטִית) שֶׁל הֶגֶן (פוֹנֶמָה)

Allotropie ---> Polymorphie

Allquantor ---> Generalisator

allsehend

כֹּל רוֹאֶה

Alluvialland

אַדְמַת שִׂרְטוֹן (גאו') קַרְקַע שֶׁנּוֹצְרָה בִּתְקוּפָה הַתַּאֲדָמִית (גֵּאוֹלוֹגִית) הַצְּעִירָה בְּיוֹתֵר (הוֹלוֹצֶן)

allwissend

כָּלְיוֹדֵעַ, כֹּל יוֹדֵעַ

allwissender Erzähler ---> Erzähler, allwissender

Allwissenheit

יְדִיעַת הַכֹּל (ספר') [מ״ס/75]. תְּכוּנַת הַמְסַפֵּר הַיּוֹדֵעַ כָּל דָּבָר בְּכָל תְּחוּם שֶׁל סִפּוּרוֹ. חָכְמָה כּוֹלֶלֶת (פיל')

allzumeist

לָרֹב, עַל הָרֹב

Alm

מִרְעֵה הָרִים (חקל')

Almosen, Einsammlung von ---> Einsammlung von Almosen

Almwanderung ---> Wandertierhaltung
Alochie
אַל כּוּדָה (רפו')
Alopezie ---> Haarschwund
Alpaka ---> Neusilber
Alpdrücken
כְּבוּשׁ (כְּבוּשִׁים) (פסי', רפו') חֲלוֹם מוּעָקָה, סִיּוּט לַיְלָה, חֲלוֹם בַּלָּהוֹת מֵעִיק
Alpendohle *{Pyrrhocorax graculus}*
זַג צְהֹב מַקּוֹר (זוא') עוֹף מִמִּשְׁפַּחַת הָעוֹרְבִיִּים
Alpenfledermaus *{Pipistrellus savii}*
עֲטַלֵּפוֹן סָאבִי (זוא') יוֹנֵק מִמִּשְׁפַּחַת הַנִּשְׁפוֹנִיִּים (עֲטַלֵּפִים)
Alpennelke *{Dianthus alpinus}*
צִפֹּרֶן אַלְפִּינִי (בוט') צֶמַח מִמִּשְׁפַּחַת הַצִּפָּרְנִיִּים
Alpensegler *{Apus melba}*
סִיס הָרִים (זוא') עוֹף מִמִּשְׁפַּחַת הַסִּיסִיִּים
Alpenstrandläufer *{Calidris alpina}*
חוֹפִית אַלְפִּינִית (זוא') עוֹף מִמִּשְׁפַּחַת הַחַרְטוֹמָנִיִּים
Alpenveilchen *{Cyclamen}*
רַקֶּפֶת (בוט') צֶמַח מִמִּשְׁפַּחַת הָרַקַּפְתִּיִּים
alphabetischer Katalog ---> Katalog, alphabetischer
Alptraum [---> Alpdrücken]
חֲלוֹם רַע (פסי')
Alraunwurzel *{Mandragora}*
דּוּדָא (בוט') צֶמַח מִמִּשְׁפַּחַת הַסּוֹלָנִיִּים
als ob
כְּאִלּוּ
"als ob" spielen
צִחֵק (מְצַחֵק) מְצַחֵק כְּאִלּוּ, שִׂחֵק (מְשַׂחֵק) מְשַׂחֵק כְּאִלּוּ
als vielmehr ---> vielmehr, als
alsbald
לְאַלְתַּר, בִּמְהֵרָה, מִיָּד, בַּעֲגָלָא
alt
יָשָׁן [ק/ג/265]. קָדוּם, עַתִּיק, מִן הַזְּמַן שֶׁעָבַר, קַדְמוֹנִי, קוֹדֵם. רִאשׁוֹן [ק/ד/14]. זָקֵן
alt werden
הִתְיַשֵּׁן, נוֹשַׁן, נַעֲשָׂה יָשָׁן. הִזְקִין (מַזְקִין), הִזְדַּקֵּן, הָיָה לְזָקֵן
Alten
הַקַּדְמוֹנִים (הסט', פיל', דת) [ק/ג/269]. הַחֲכָמִים הָרִאשׁוֹנִים
Altenheilkunde ---> Geriatrie
Alter, anatomisches
גִּיל תַּשְׁרוּחִי (רפו') גִּיל אֲנָטוֹמִי
Alter, chronologisches ---> Lebensalter
Alter, geistiges (MA)
גִּיל שִׂכְלִי (פסי', פדג') [ר/א/131]. גִּיל הַמַּשְׂכָּל, רָמַת הַהִתְפַּתְּחוּת הָאֶשְׂכֵּלִית (אִינְטֶלֶקְטוּאָלִית) כְּפִי שֶׁהִיא נִמְדֶּדֶת בְּמִבְחַן מַשְׂכָּל
Alter, physiologisches
גִּיל כִּיּוּנִי (רפו') [ר/א/131]. גִּיל פִיזְיוֹלוֹגִי, - גּוּפָנִי, גִּילוֹ שֶׁל אָדָם הַנִּקְבָּע עַל סְמַךְ הִתְפַּתְּחוּתוֹ הַכִּיּוּנִית (פִיזְיוֹלוֹגִית)
Alter, soziales
גִּיל חֶבְרָתִי (מ"ח, פסי') גִּילוֹ שֶׁל אָדָם הַנִּקְבָּע עַל סְמַךְ הִתְפַּתְּחוּתוֹ הַחֶבְרָתִית
Alteration
הַתָּקָה (מוס')
alterieren
הִתִּיק (מַתִּיק) (מוס')
Altern *{Seneszenz}*
הַזְקָנָה (רפו'). יִשּׁוּן (טכנ') [דח"ט/185]. בְּחוּל, יִשְׁנוּת, הִתְיַשְּׁנוּת, שִׁנּוּי תְּכוּנוֹת חֹמֶר מְסֻיָּם בְּמֶשֶׁךְ הַזְּמַן
Alternation
חִלּוּף (בלש') [מ"ב/15]. הֲמָרָה, שִׁנּוּי קָבוּעַ שֶׁל יְחִידוֹת דִּקְדּוּקִיּוֹת שׁוֹנוֹת בִּתְנָאִים מְסֻיָּמִים
alternativ
חֲלוּפִי, אַלְטֶרְנָטִיבִי
Alternative
חֲלוּפָה (חֲלוּפוֹת) [ק/א/308]. חֲלֻקָּה, אַלְטֶרְנָטִיבָה, בְּחִירָה, בְּרֵרָה, כָּל אֶחָד מִן הַדְּבָרִים הַנִּתָּנִים לִבְרֵרָה. מַה נַּפְשָׁךְ, מִמָּה נַפְשָׁךְ [ק/ב/155]. אַחַת מִכַּמָּה אֶפְשָׁרֻיּוֹת. נָתַח (פיל') [ק/ג/77]. הִתְחַלְּפוּת (מחמ')
Alternative, Fall einer logischen
חֲלוּפָה הֶגְיוֹנִית (פיל') [ק/א/306]. חֵלֶק, אַחַת הַהַנָּחוֹת שֶׁל חֲלֻקָּה הֶגְיוֹנִית
Alternativfrage
שְׁאֵלַת בְּרֵרָה (בלש') [מ"ב/66]. שְׁאֵלָה דִּיסְיוּנְקְטִיבִית, - אַלְקְשָׁרִית, - הַמַּצִּיעָה אֶפְשָׁרֻיּוֹת מַעֲנֶה שׁוֹנוֹת, לְמָשָׁל: "נֵלֵךְ מָחָר לְתֵאַטְרוֹן אוֹ לְקוֹלְנוֹעַ?"
Alternativwahl
בְּחִירָה מִשְׁתַּיִם
Alternieren ---> Wechsel
alternierend
מִתְחַלֵּף
alternierende Hemiplegie ---> Hemiplegie, alternierende
Altersgruppe
קְבוּצַת גִּילָאִים (מ"ח) קְבוּצַת בְּנֵי אָדָם בְּנֵי אוֹתוֹ גִּיל
altersschwach ---> abgelebt
Altersschwäche ---> Abgelebtheit
Altersskala
סֻלַּם גִּילִים (פסי') [ר/ב/458]
Altersstufe
דַּרְגַּת גִּיל (מ"ח, פסי') מַצָּב (סְטָטוּס) הַנּוֹבֵעַ מֵהִשְׁתַּיְּכוּת לִקְבוּצַת גִּיל מְסֻיֶּמֶת וְכָרוּךְ בִּזְכֻיּוֹת וּבְחוֹבוֹת הָאָפְיָנִיּוֹת לְגִיל זֶה
altertümlich ---> archaisch
Altertum
יְמֵי קֶדֶם (הסט') הַזְּמַן הַקָּדוּם, הָעוֹלָם הָעַתִּיק
Alterung ---> Altern
Altimeter ---> Höhenmesser
Altokumulus
עָב בֵּינוֹנִי (מטא') [יל"ט/22]. אַלְטוֹקוּמוּלוּס, מִשְׁטַח עֲנָנִים דְּמוּיֵי פְּקָעוֹת מְסֻדָּרוֹת בְּשׁוּרוֹת
Altostratus
רְפִידָה בֵּינוֹנִית (מטא') [יל"ט/21]. אַלְטוֹסְטְרָטוּס, עָנָן אָטוּם וְאָחִיד בַּעַל צֶבַע אֲפַרְפַּר אוֹ כְּחַלְחַל
Altruismus

זוּלָתָנוּת (מ"ח, פסי') אַלְטְרוּאִיזְם, זוּלָתִיּוּת, דְּאָגָה לַאֲחֵרִים, אַהֲבַת הַבְּרִיּוֹת, טוֹבַת הַכְּלָל

altüberliefert

בְּמָּסֹרֶת מִדּוֹרֵי דּוֹרוֹת, כַּנֹּהַג מֵאָז וּמִתָּמִיד, כִּתְמוֹל שִׁלְשׁוֹם, כַּמְּקֻבָּל מֵאֲבוֹתֵינוּ

altverbürgt

וָתִיק-מֻבְהָק

Altvorderen ---> Alten

Altwasser

יַמַּת נַפְתּוּל (היד', י"א) נַפְתּוּל קָטוּעַ שֶׁהַמַּיִם שֶׁבּוֹ פַּסְקוּ מִלְּזְרֹם

Aluminium

חַמְרָן (כימ') [דח"ט/63]. אָלוּמִינְיוּם, יְסוֹד מַתַּכְתִּי בַּעַל צְפִיפוּת נְמוּכָה שֶׁצִּבְעוֹ לָבָן מַבְרִיק

alveolär

נֹאדִיתִי (רפו')

alveolar-palataler Laut ---> Laut, alveolar-palataler

alveolarer Laut ---> Laut, alveolarer

Alveolus

נֹאדִית (נֹאדִיּוֹת) (רפו')

amalgamierende Sprache ---> Sprache, verschmelzende

Amarant *{Amaranthus}*

יַרְבּוּז (בוט') צֶמַח מִמִּשְׁפַּחַת הַיַּרְבּוּזִיִּים

Amastie ---> Brustdrüse, Fehlen der

Amateur ---> Dilettant

Ambidexter

שְׁוֵה יָדַיִם (רפו', פסי') [ר/א/62]. מִי שֶׁמְּיֻמָּן בְּשִׁמּוּשׁ בִּשְׁתֵּי יָדָיו

Ambidextrie

שֹׁוִי יָדַיִם (רפו', פסי') [ר/א/62]. אַמְבִּידֶקְסְטְרִיָּה, מְיֻמָּנוּת בְּשִׁמּוּשׁ בִּשְׁתֵּי הַיָּדַיִם

Ambiguität ---> Amphibolie

ambitiös

שַׁאֲפָנִי, אַמְבִּיצְיוֹנִי, בַּעַל אַמְבִּיצְיוֹת, שַׁאַפְתָּן, שׁוֹאֵף לִגְדוֹלוֹת

Ambition

שְׁאִפָה (שְׁאִפוֹת), אַמְבִּיצְיָה, שַׁאַפְתָּנוּת

ambitioniert ---> ambitiös

Ambitus

הֶקֵּף הַהֶקֵּשׁ (פיל') [ק/א/205]. הֶקֵּף, - הַמִּשְׁפָּט. חוֹמָה (פיל') [ק/א/276]

ambivalent

דּוּ עֶרְכִּי (פסי') [ר/א/62]. בַּעַל רְגָשׁוֹת מְנֻגָּדִים כְּלַפֵּי מַשֶּׁהוּ כָּלְשֶׁהוּ, אַמְבִּיוָלֶנְטִי

Ambivalenz

דּוּ עֶרְכּוּת (פסי') [ר/א/62]. דּוּ עֶרְכִּיּוּת, קִיּוּם שֶׁל רְגָשׁוֹת מְנֻגָּדִים כְּלַפֵּי אֵיזֶה מַשֶּׁהוּ שֶׁהוּא, סְעֻפּוּת, רֶגֶשׁ מְעֹרָב

Amblyopia ---> Schwachsichtigkeit

Amboßwolke

עֲנַן סַדָּן (מטא') [יל"ט/153]. עָנָן שֶׁפִּסְגָּתוֹ דְּמוּיַת סַדָּן

Ambozeptor

צַמְדָּן (צוֹמְדָן) (רפו') [מר"ח/31]. דּוּ תּוֹפֵס

ambrosisch

נִיחוֹחִי (רפו', פסי') אַמְבְּרוֹסִי, טָעִים וְרֵיחָנִי, בָּסוּם, יָפֶה לַחֵךְ, בַּעַל רֵיחַ נִיחוֹחַ שֶׁל עִנְבָּר וּמוֹשֵׁךְ

ambulant

מְהַלֵּךְ (רפו') מִתְהַלְּכָן, מִתְהַלְּכָנִי, מִי שֶׁיָּכוֹל לָלֶכֶת בָּרֶגֶל וְאֵינוֹ מֻכְרָח לִשְׁכַּב, אַמְבּוּלַנְטִי

ambulatorisch

מִרְפָּאָתִי (רפו') אַמְבּוּלָטוֹרִי, שֶׁל מִרְפָּאָה

Ameise, Pharao- *{Monomorium pharaonis}*

מוֹרִית פַּרְעֹה (זוא') חֶרֶק מִמִּשְׁפַּחַת הַנְּמָלִיִּים

Ameisen *{Formicidae}*

נְמָלִיִּים (זוא') מִשְׁפָּחָה שֶׁל דְּבוֹרָאִים

Ameisenjungfern *{Myrmeleonidae}*

אֲרִינְמָלִיִּים (זוא') מִשְׁפָּחָה שֶׁל חֲרָקִים

Ameisenlaufen ---> Kribbelgefühl

Amenorrhoe

אַלְוֶסֶת (רפו')

Amenz ---> Schwachsinn

Amimie ---> Mienenspielverlust

Amitose

אִי פִּרְכּוּל (רפו') [מר"ח/34]

Ammern *{Emberizidae}*

גִּבְתּוֹנִיִּים (זוא') מִשְׁפָּחָה שֶׁל צִפְּרֵי שִׁיר

Ammoniak

נַשְׁדּוּר (כימ') אַמּוֹנְיָק

Ammoniakwasser

מֵי נַשְׁדּוּר (כימ') מֵי אַמּוֹנְיָק

Ammonium

אֹשֶׁק (כימ') אַמּוֹנְיוּם

Amnesie

שִׁכָּחוֹן (פסי', רפו') [ר/א/64; מר"ח/34]. אַמְנֶזְיָה, אָבְדָן מָלֵא אוֹ חֶלְקִי שֶׁל הַזִּכָּרוֹן, נְשִׁיוֹן, מַחֲלַת הַשִּׁכְחָה

Amnesie, anterograde

שִׁכָּחוֹן לַמְּאֻחָר (פסי', רפו') [ר/א/64]. אַמְנֶזְיָה אַנְטֶרוֹגְרָדִית, אָבְדַן הַזִּכָּרוֹן לְאֵרוּעִים שֶׁחָלִים לְאַחַר חֲבָלָה שֶׁגָּרְמָה לַשִּׁכָּחוֹן

Amnesie, rückläufige

שִׁכָּחוֹן לַמֻּקְדָּם (פסי', רפו') [ר/א/64]. שִׁכָּחוֹן לְמַפְרֵעַ, אַמְנֶזְיָה רֶטְרוֹגְרָדִית, אָבְדַן הַזִּכָּרוֹן לְמָה שֶׁהִתְרַחֵשׁ לִפְנֵי הַחֲבָלָה (טְרָאוּמָה) שֶׁגָּרְמָה לַשִּׁכָּחוֹן

amnesiebezüglich

נְשִׁיוֹנִי (פסי', רפו')

amnestischer Patient ---> Patient, amnestischer

Amnion

שָׁפִיר (רפו') [מר"ח/34]. טַרְפַּחַת, קְרוּם שֶׁהָעֻבָּר נָתוּן בּוֹ

Amöbe

פַּשְׁטָה (פַּשְׁטוֹת) (רפו') [מר"ח/32]. אַמֶּבָּה, יְצוּר חַדְתָּאִי, חִלּוּפִית

amöbisch

פַּשְׁטָאִי (רפו') פַּשְׁטָתִי, אַמֶּבִּי

Amöbenbefall ---> Amöbiasis

Amöbiasis

פַּשְׁטַאַת (רפו') הַטַּפְּלוּת אַמֶּבּוֹת

Amönomanie ---> Heiterkeit, krankhafte

Amok

רִיצַת גַּעַשׁ-הֶרֶג (פסי') גַּעַשׁ הֶרֶג, רִיצַת אָמוֹק

Amok laufen

רָץ בְּגַעַשׁ-הֶרֶג (פסי') רָץ אָמוֹק

Amor dei intellectualis

אַהֲבָה רוּחָנִית (דת, פיל') [ק/א/335]. חֵשֶׁק, אַהֲבַת הָאֱלֹהִים

Amoralität

אִי מוּסָר (אתי')

amorph ---> formlos

Amortisation

פְּחָת (כלכ') הַפְחָתָה, אָמוֹרְטִיזַצְיָה, אֶחָד מִמַּרְכִּיבֵי הָעֲלוּת הַמְּשַׁקֵּף אֶת הַבִּטּוּי הַמָּמוֹנִי שֶׁל עֵרֶךְ אֶמְצָעֵי הַיְּסוֹד (אֶמְצָעֵי הַהַשְׁקָעָה) הַמָּעֳבָר לַתּוֹצָרִים הַחֲדָשִׁים תּוֹךְ כְּדֵי שִׁמּוּשׁ

Amortisationsfonds

קֶרֶן פְּחָת (כלכ')

Amperemeter ---> Strommesser

Ampfer *{Rumex}*

חֻמְעָה (בוט') צֶמַח מִמִּשְׁפַּחַת הָאַרְכֻּבִּיתִיִּים

Ampfereule *{Acronicta rumicis}*

תִּנְשֶׁמֶת הַחֻמְעָה (זוא') חֶרֶק מִמִּשְׁפַּחַת הַתִּנְשָׁמִיתִיִּים (פַּרְפָּרִאִים)

amphibiös

דּוּחַיִּי (זוא') יַמְבָּרִי, אַמְפִיבִּי

Amphibium [---> Lurche]

דּוּחַי (דּוּחַיִּים) (זוא') [מר״ח/35]. יַמְבָּרִיָּה (יַמְבָּרִיּוֹת), בַּעַל חַיִּים הַמְּסֻגָּל לִחְיוֹת הֵן בַּמַּיִם וְהֵן בַּיַּבָּשָׁה

Amphibolie [---> Zweideutigkeit]

דּוּ מַשְׁמָעוּת תַּחְבִּירִית (בלש') [מ״ב/16]. תּוֹפָעָה הַנִּמְשֶׁכֶת מִמִּבְנֵהוּ הַתַּחְבִּירִי שֶׁל הַצֵּרוּף אוֹ שֶׁל הַמִּשְׁפָּט, לְמָשָׁל: ״בֶּן הַמֶּלֶךְ וְהַמַּלְכָּה״ (מַשְׁמָעוּת א': בְּנָם שֶׁל הַמֶּלֶךְ וְהַמַּלְכָּה. מַשְׁמָעוּת ב': בֶּן הַמֶּלֶךְ וְעִמּוֹ הַמַּלְכָּה). דּוּ מַשְׁמָעוּת שֵׁמָנִית (בלש') [ק/ג/107]. סִפּוּק, שִׁתּוּף מְסֻפָּק שֶׁל שְׁנֵי שֵׁמוֹת

amphibolisches Nomen ---> Nomen, amphibolisches

Amphora ---> Krug

Amplifikativum ---> Augmentativum

Amplitude

מַטָּה (מַטּוֹת) (פיס') [ל״מ/78; מר״ח/35]. אַמְפְּלִיטוּדָה, הַסְּטִיָּה הַמְּרַבִּית מִמַּצַּב שֶׁל שִׁוּוּי מִשְׁקָל בִּתְנוּדָה מַחֲזוֹרִית שֶׁל גֹּדֶל פִיסִיקָלִי, מִשְׂרַעַת, פּוּתְיָה, תְּנוּפָה, רֹחַב הַתְּנוּדָה, - הַנִּטְנוּט. מוֹפָע (מחמ') אַמְפְּלִיטוּדָה שֶׁל עֲקֻמָּה מַחֲזוֹרִית

Ampulla recti

צַרְצוּר הַחַלְחֹלֶת (רפו') הָאַמְפּוּלָה שֶׁל הַחַלְחֹלֶת

Ampulle

צַרְצוּר, צַרְצוּרִית (רפו') אַמְפּוּלָה, הִתְרַחֲבוּת דְּמוּיַת שַׁלְפּוּחִית בְּאֵבֶר צִנּוֹרִי בַּגּוּף

Amputation

גְּדִיעָה, גִּדּוּעַ (רפו') גִּדּוּם, קְטִיעָה, כְּרִיתַת אֵבֶר

Amputationsmesser

מַגְדֵּעַ (רפו') סַכִּין כְּרִיתָה

Amputierte(r)

מְגֻדָּע, מְגֻדַּעַת (רפו') [מר״ח/36]. גִּדֵּם, קִטֵּעַ, שֶׁנִּקְטַע אֶחָד מֵאֵבָרָיו

Amsel *{Turdus merula}*

שַׁחֲרוּר (זוא') שַׁחְרוּר, עוֹף מִמִּשְׁפַּחַת הַקִּיכְלִיִּים

Amt

רָאשׁוּת (מנה', מדי') רָשׁוּת מֻסְמֶכֶת, מִשְׂרָד, שֵׁרוּת צִבּוּרִי, תַּפְקִיד, מִשְׂרָה

amtlich zugelassener Vertreter ---> Vertreter, amtlich zugelassener

amtliche Untersuchung ---> Untersuchung, amtliche

Amtsblatt ---> Staatsanzeiger

Amtsenthebung ---> Suspendierung

Amtsgericht ---> Gericht erster Instanz

Amtsmißbrauch

שִׁמּוּשׁ לְרָעָה בְּסַמְכוּת (משפ')

Amtsrichter ---> Friedensrichter

Amulett

קָמֵיעַ (קְמֵיעוֹת, קְמֵיעִים) (אתנ', אמנ') [א״ח/א/204]. קָמֵעַ, פֶּתֶק שֶׁכְּתוּבִים בּוֹ דְּבָרִים הַמְּגִנִּים כִּבְיָכוֹל מִפְּנֵי מַזִּיקִים

Amusie

עִוְעוֹן הַנְּגִינָה (רפו', פסי', מוס') חֹסֶר יְכֹלֶת לְהָפִיק צְלִילִים מוּסִיקָלִיִּים אוֹ לְקָלְטָם

Amyloid

עֲמִילוֹן, עֲמִילוֹלָן (כימ') דְּמוּי עֲמִילָן

Amyloidose

עֲמִילֶנֶת (רפו')

Amylum ---> Stärke

Amyotonie ---> Muskelerschlaffung

an sich [---> Ansich, das]
כְּשֶׁלְּעַצְמוֹ [ק/ב/124; ק/ג/157]. לִכְשֶׁעַצְמוֹ, לְעַצְמוֹ, בְּעֶצֶם, לְעַצְמוֹ שֶׁל דָּבָר, כְּשֶׁהוּא לְעַצְמוֹ, בְּעִקָּרוֹ שֶׁל דָּבָר, בֶּאֱמֶת, לַאֲמִתּוֹ שֶׁל דָּבָר, כְּשֶׁהוּא נִפְרָד, לְגוּפוֹ שֶׁל דָּבָר, לוֹ גּוּפוֹ, בְּלֹא קֶשֶׁר וְיַחַס לִדְבָרִים אֲחֵרִים. מִפְּאַת עַצְמוֹ [ק/ג/181]. בִּיסוֹדוֹ, בְּכֹחַ עַצְמוֹ, לֹא עַל יְדֵי דָּבָר הַבָּא מִן הַחוּץ. מִתְנוֹעֵעַ מִצִּדּוֹ [ק/ג/227]

an und für sich ---> an sich

Anabase ---> Krankheit, Fortschreiten einer

Anachorese
הִתְבּוֹדְדוּת [ק/א/226]. פְּרִישָׁה מִן הַצִּבּוּר. הִתְפָּרְדוּת [ק/א/244]

Anachoret
מִתְבּוֹדֵד [ק/ב/310]. שׁוֹכֵן לְבָדָד וְאֵינוֹ מִתְעָרֵב בְּחֶבְרַת בְּנֵי אָדָם

Anachronismus
סָרוּת עֵת, אֲנַכְרוֹנִיזְם, דָּבָר שֶׁלֹּא בִּזְמַנּוֹ, עֵרוּב זְמַנִּים

anachronistisch
סָר עֵת, אֲנַכְרוֹנִיסְטִי, אֲנַכְרוֹנִי, שֶׁלֹּא לְפִי רוּחַ הַזְּמַן, מְעֹרַב זְמַנִּים

Anacidität
אִי חֲמִיצוּת הַקֵּבָה (רפו׳)

Anämie
חֶסֶר דָּם (רפו׳) חַוֶּרֶת, חֹסֶר דָּם, אֲנֶמְיָה

Anämie, aplastische
חֹסֶר דָּם אִזְלוֹנִי (רפו׳) חֶסֶר דָּם לְלֹא יְצִירַת כַּדּוּרִיּוֹת דָּם חֲדָשׁוֹת

Anämie, perniziöse
שַׁחֶמֶת (רפו׳) מַחֲלַת רָזוֹן קָשָׁה

anämisch
חֶסְרְדָמִי (רפו׳) חֲסַר דָּם, אֲנֶמִי

anämisieren
נִדֵּם (מְנַדֵּם) (רפו׳) גָּרַם חֹסֶר דָּם

Anaerobier
אַלְאֲוִירָן (ביו׳) [ל״ב/32]. אִיחַיְוִיר, אֲנָאֵירוֹבּ, אִי אֲוִירָן, אוּל (אוֹרְגָנִיזְם) הַחַי בְּלֹא חַמְצָן חָפְשִׁי

Anaerobiont ---> Anaerobier

Anaerobiose
אַלְאֲוִירָנוּת (ביו׳) אִיחַיְוִירִיּוּת, אֲנָאֵירוֹבִּיּוּת

anaerobisch
אַלְאֲוִירָנִי (ביו׳) אִיחַיְוִירִי, אֲנָאֵירוֹבִּי

Anästhesie [---> Empfindungslosigkeit]
אִלְחוּשׁ (רפו׳) [מר״ח/42]. הַרְדָּמָה, לְחִישׁוּת (מַצָּב), לחוּשׁ, הַלְחָשָׁה (פְּעֻלָּה), הַדְמָכָה

anästhesieren [---> narkotisieren]
אִלְחֵשׁ (מְאַלְחֵשׁ) (רפו׳) לְחֵשׁ, הִלְחִישׁ, הִרְדִּים

anästhesiert
מְאֻלְחָשׁ (רפו׳) לָחוּשׁ, מֻרְדָּם

Anästhesiologie
תּוֹרַת הָאִלְחוּשׁ (רפו׳) תַּלְחוּשָׁה

Anästhesist
רוֹפֵא מְאַלְחֵשׁ (רפו׳) תַּלְחוּשָׁן, מְלַחֵשׁ, מַרְדִּים

Anaglyptographie
הַדְפָּסָה טְבוּעָה (דפו׳) [ממ״ג/9]. הַדְפָּסַת אוֹתִיּוֹת בּוֹלְטוֹת בְּלֹא צֶבַע

Anagramm
הִפּוּכְתָּב (בלש׳) [מ״ב/16]. אֲנַגְרַמָּה, שִׁנּוּי סֵדֶר הָאוֹתִיּוֹת בְּמִלָּה כְּדֵי לִיצוֹר מִלָּה אַחֶרֶת, לְמָשָׁל: ״ר׳אש״ ---> ״אשֶׁר״

Anakoluth ---> Satzbruch

anal
פִּיטַבַּעְתִּי (רפו׳, פסי׳) אֲנָלִי

anale Phase ---> Phase, anale

Analeptikum
סַם מְעוֹרֵר (סַמִּים מְעוֹרְרִים) (כימ׳, רפו׳) סַם מְשׁוֹבֵב

Analerotik [---> Analverkehr]
אַהֲבָה פִּיטַבַּעְתִּית (פסי׳) [ר/א/68]. אֶרוֹטִיּוּת אֲנָלִית, עֹנֶג מִינִי הַמּוּפָק מִפִּי הַטַּבַּעַת

A n a l g e s i e ---> S c h m e r z u n e m p f i n d l i c h k e i t; Schmerzslinderung

analgetisch ---> schmerzstillend

Analgie ---> Schmerzunempfindlichkeit; Schmerzlinderung

analog
נִשְׁוֶה, נִשְׁוֵית, אֲנָלוֹגִי, דּוֹמֶה, מַקְבִּיל, מַתְאִים, הֶקֵּשִׁי

Analogie
נִשְׁוָאוּת (פיל׳, בלש׳) [ק/א/206; ק/ג/303; רו/79; מ״ב/16]. גְּזֵרָה שָׁוָה, הַקָּשָׁה, הֶקֵּשׁ, קִשְׁיוֹן, דִּמּוּי, צַד דּוֹמֶה, הַשְׁוָאָה, אֲנָלוֹגְיָה, הַשְׁוָאַת מֻשָּׂאִים הַשּׁוֹנִים בְּאֹפֶן כְּלָלִי זֶה מִזֶּה אֶלָּא שֶׁיֵּשׁ בֵּינֵיהֶם דִּמְיוֹת מִצַּד תְּכוּנוֹת, סוּגְלִים אוֹ יְחָסִים כְּלַשֶּׁהֵם כְּגוֹן: מִבְנֶה, תִּפְקוּד וכד׳, שִׁוְיוֹן יְחָסִים אֵיכוּתִי, גּוּף הַדִּמְיוֹן, אֹפֶן נָפוֹץ שֶׁל יְצִירַת מִלִּים חֲדָשׁוֹת עַל פִּי מִלָּה הַמְשַׁמֶּשֶׁת דֻּגְמָה, לְמָשָׁל: ״יַרְחוֹן״ (נוֹצָר בְּהֶקֵּשׁ לְעִתּוֹן). דֻּגְמָא (פיל׳) [ק/א/132]. מָשָׁל. דִּמְיוֹן (פיל׳) [ק/א/140]. הֶמְשֵׁל, הַמְשָׁלָה (ספר׳) [ק/א/180]. הַקְבָּלָה (פיל׳) [פ״ר/146]

Analogie, bedingte
נִשְׁוָאוּת מֻתְנָה (פיל׳) נִשְׁוָאוּת שֶׁבָּהּ אֵין נִקְבָּע בִּמְדֻיָּק הַקֶּשֶׁר בֵּין הַסּוּגְלִים הַכְּלָלִיִּים

הַנִּמְצָאִים בִּשְׁנֵי הַמַּשָּׂאִים הַמְּשׁוּיִם וּבֵין הַסּוּגַל הַמְּיֻחָס לַמַּשָּׂא הַנִּבְדָּק עַל סָמָךְ הַשְׁוָאָה עִם הַמַּשָּׂא הַמֻּכָּר, לְמָשָׁל: בְּמִתְוַת (סְכֶמַת) הֶקֵּשׁ הַהַשְׁוָאוֹת: ״לְ-A יֵשׁ סוּגָלִים c, b, a״, ״לְ-B יֵשׁ סוּגָלִים x, b, a״ לְפִיכָךְ: ״קָרוֹב לְוַדַּאי שֶׁ-x=c״, הַסּוּגָלִים a וְ-b מְשֻׁתָּפִים, וְהַסּוּגַל שֶׁיְּיֻחַס לְמַשָּׂא הַנִּבְדָּק לְאַחַר הַהַשְׁוָאוֹת הוּא c

Analogie, Methode der ---> Methode der Ähnlichkeit

Analogie bilden

נִשְׁוָה (מֻשְׁוֶה), עָרַךְ אֲנָלוֹגְיָה

Analogiebildung ---> Analogie

Analogiebildung, Lernen durch ---> Lernen durch Analogiebildung

Analogieschluß

הֶקֵּשׁ הַשְׁוָאוֹת [ק/א/206]. הֶקֵּשׁ, מַסְקָנָה הֶקֵּשִׁית, שִׁקּוּל הֶקֵּשִׁי, - אֲנָלוֹגִי, גְּזֵרָה הֶגְיוֹנִית שֶׁבְּאֶמְצָעוּתָהּ מוּפָק יֶדַע עַל סוּגְלֵי מַשָּׂא מְסֻיָּם עַל סָמָךְ דִּמְיוֹנוֹ לְמַשָּׂאִים אֲחֵרִים, לְמָשָׁל: מִן הַטַּעֲנוֹת: ״לְ-A יֵשׁ סוּגָלִים c, b, a״, ״לְ-B יֵשׁ סוּגָלִים x, c, b, a״ נִתָּן לִגְזֹר: ״קָרוֹב לְוַדַּאי שֶׁלְּ-B יֵשׁ גַּם סוּגַל x״. בִּנְיַן אָב (פיל׳) [ק/א/91]. בִּנְיָן. הֶקֵּשׁ הַדִּמְיוֹן (פיל׳) [ק/א/207]. הֶקֵּשׁ הֶמְשֵׁל. הֶקֵּשׁ הַהַעְתָּקָה (פיל׳) [ק/א/207]. מָה מָצִינוּ (פיל׳) [ק/ב/155]. כְּשֶׁנִּמְצָא אֵצֶל עִנְיָן אֶחָד פְּרָט מְפֹרָשׁ, נוֹתְנִים אוֹתוֹ בְּדֶרֶךְ הַשְׁוָאָה לְעִנְיָן שֵׁנִי הַדּוֹמֶה לוֹ

analogisch

נִשְׁוִי (פיל׳) אֲנָלוֹגִי, עַל דֶּרֶךְ הַגְּזֵרָה הַשָּׁוָה, עַל דֶּרֶךְ הַהֶקֵּשׁ

analogischer Beweis ---> Beweis, analogischer

Analogon

נִשְׁווֹן (פיל׳) [ק/א/17]. אָב, תַּקְבִּיל, אֲנָלוֹג, מַשָּׂא הַדּוֹמֶה לְמַשָּׂא אַחֵר, תּוֹפָעָה הַדּוֹמָה לְתוֹפָעָה אַחֶרֶת

Analverkehr [---> Analerotik]

סְדוֹם (פסי׳) מַעֲשֵׂה סְדוֹם, מִשְׁגָּל בְּפִי הַטַּבַּעַת, זִתּוּחַ, זְתִיחָה, סְדִימָה

Analverkehr ausüben

סִדֵּם (מְסַדֵּם) (פסי׳) עָשָׂה מַעֲשֵׂה סְדוֹם, קִיֵּם סְדוֹם, שָׁגַל בְּפִי הַטַּבַּעַת, זָתַח (זוֹתֵחַ, לִזְתֹּחַ), זִתַּח (מְזַתֵּחַ, לְזַתֵּחַ)

Analysator(in)

נַתְּחָן, נַתְּחָנִית, נַתָּח , נַתָּחִית, אֲנָלִיטִיקוֹן

Analyse

נִתָּחוֹן (נִתְּחוֹנוֹת) [ק/ג/77; ר/א/77]. נִתּוּחַ, נְתִיחָה, בְּחִינָה מְדַקְדֶּקֶת, עִיּוּן מַעֲמִיק, בֵּתּוּר, אֲנָלִיזָה. הַפְרָדָה (פיל׳) [ק/א/199]. הַפְרָדַת דָּבָר לַחֲלָקָיו אוֹ לְאֵיכֻיּוֹת הַיְּסוֹד שֶׁלּוֹ. הִתּוּךְ [ק/א/231]. הַתָּרָה. הַתִּיכָה [ק/א/236]. הַתָּכָה [ק/א/236]. הִתְפָּרְדוּת, בְּנִגּוּד לְהַרְכָּבָה, לִצְמִיחָה, לְהִתְמַזְּגוּת. הֶתֵּר, הַתָּרָה (פיל׳) [ק/א/246]. הֶתֵּר הֶקֵּשׁ, חִלּוּק הֶגְיוֹנִי. חִתּוּךְ (פיל׳, מחמ׳) [ק/א/336]. אַבְחָנָה (רפו׳, פסי׳) [מר״ח/38]. אִבְחוּן

Analyse, bivariate

נִתָּחוֹן דּוּ מִשְׁתַּנִּי (סטט׳) [מ״מ/218]. נִתּוּחַ דּוּ מִשְׁתַּנִּי, - סְטָטִיסְטִי לְגַבֵּי קֶשֶׁר בֵּין שְׁנֵי מִשְׁתַּנִּים

Analyse, mehrdimensionale ---> Analyse, multivariate

Analyse, multivariate

נִתָּחוֹן רַב מִשְׁתַּנִּי (סטט׳) [מ״מ/218]. נִתּוּחַ רַב מִשְׁתַּנִּי, דֶּרֶךְ רַבַּת מִשְׁתַּנִּים, נִתּוּחַ סְטָטִיסְטִי לִבְחִינָה בּוֹ זְמַנִּית שֶׁל הַקְּשָׁרִים בֵּין שְׁלֹשָׁה מִשְׁתַּנִּים וְיוֹתֵר

Analyse, qualitative

אַבְחָנָה אֵיכוּתִית (רפו׳) [מר״ח/38]

Analyse, regressive

נִתָּחוֹן נְסִגָּנִי (מדע) אֲנָלִיזָה רֶגְרֶסִיבִית, מַעֲבָר מִנִּתָּחוֹן עֻבְדּוֹת לְנִתָּחוֹן שֶׁל הַסִּבּוֹת הָאֶפְשָׁרִיּוֹת שֶׁחוֹלְלוּ אֶת הָעֻבְדּוֹת

Analyse, Smallest-Space (SSA)

נִתָּחוֹן הַמֶּרְחָב הַקָּטָן (סטט׳) [מ״מ/218]. נִתּוּחַ הַמֶּרְחָב הַקָּטָן, שִׁיטָה לִבְחִינַת מִבְנֶה מַעֲרֶכֶת נְתוּנִים עַל יְדֵי הַצָּגַת הַקְּשָׁרִים בֵּין הַמִּשְׁתַּנִּים בְּמֶרְחָב הַקָּטָן בְּיוֹתֵר

Analyse, zweidimensionale ---> Analyse, bivariate

Analyseeinheit

יְחִידַת נִתָּחוֹן (מדע) [מ״מ/213]. יְחִידַת נִתּוּחַ, מַשָּׂא אִסּוּף לְשֵׁם מֶחְקָר

analysieren

נָתַח (נוֹתֵחַ, לִנְתֹּחַ) [ק/ג/78; ר/א/77]. נִתַּח (מְנַתֵּחַ), הִתִּיךְ, חָקַר בַּדָּבָר עַל יְדֵי הַפְרָדָתוֹ לַחֲלָקָיו אוֹ לְאֵיכֻיּוֹת הַיְּסוֹד שֶׁלּוֹ, עָרַךְ אֲנָלִיזָה

Analysis ---> Analyse

Analysis finitorum

נִתָּחוֹן הַמֻּגְבָּלִים (פיל׳) [ק/ג/77]. נִתּוּחַ הַמֻּגְבָּלִים

Analysis infinitorum

נִתָּחוֹן הַבִּלְתִּי מֻגְבָּלִים (פיל׳) [ק/ג/77]. נִתּוּחַ הַבִּלְתִּי מֻגְבָּלִים

Analytica posteriora

תּוֹלָדוֹת הֶכְרֵחִיּוֹת (פיל׳) [ק/א/210]

Analytica priora

הַקָּשׁוֹת מְחֻבָּרוֹת (פיל׳) [ק/א/210]

Analytik

תַּבְחוּנָה (מדע) תּוֹרַת הָאַבְחָנָה, - הָאִבְחוּן

analytisch

נִתְרוֹנִי (פיל׳) [ק/א/199,148]. דֶּרֶךְ הַהַפְרָדָה, אֲנָלִיטִי, עַל דֶּרֶךְ הַהַתָּרָה, מְנַתֵּחַ. (עַל) דֶּרֶךְ הַהִתּוּךְ (פיל׳) [ק/א/231]. (עַל) דֶּרֶךְ הֶתֵּר (פיל׳) [ק/א/246].

analytische Definition ---> Definition, analytische

analytische Fähigkeit des Ohres ---> Fähigkeit des Ohres, analytische

analytische Intelligenz ---> Intelligenz, analytische

analytische Psychologie ---> Psychologie, analytische

analytische Sprache ---> Sprache, analytische

analytischer Satz ---> Satz, analytischer

analytisches Urteil ---> Urteil,

analytisches
Anamnese
מִזְכֹּרֶת (מִזְכּוֹרוֹת) (רפו׳, פסי׳) [ר/א/68]. גִּרְסַת הַמְּטֻפָּל, תּוֹלְדוֹת הַחוֹלֶה, אֲנַמְנֶזָה, תּוֹלְדוֹת הַמִּקְרֶה, הַבִּיּוֹגְרַפְיָה הָרְפוּאִית שֶׁל הַחוֹלֶה, תֵּאוּר הַנְּסִבּוֹת שֶׁקָּדְמוּ לַמַּחֲלָה
anamnetisch
מִזְכֹּרְתִּי (רפו׳, פסי׳) אֲנַמְנֶזִי
Anapher
חֶזֶר (חֲזָרִים) (ספר׳, בלש׳) [מ״ב/17]. אֲנָפוֹרָה, חֲזָרָה עַל אוֹתָהּ מִלָּה אוֹ עַל קְבוּצַת מִלִּים בְּרָאשֵׁי מִשְׁפָּטִים רְצוּפִים לְשֵׁם הַדְגָּשָׁה, לְמָשָׁל: ״**מִי יָגוּר לָנוּ** אֵשׁ אוֹכְלָה, **מִי יָגוּר לָנוּ** מוֹקְדֵי עוֹלָם״. מִלָּה הַמְּמִירָה מִלָּה קוֹדֶמֶת הַזֵּהָה עִמָּהּ בְּמַשְׁמָעוּתָהּ, לְמָשָׁל: ״**מֹשֶׁה** רָאָה אוֹתָהּ בְּעוֹד **הוּא** מְדַבֵּר״
Anaphie ---> Tastsinnverlust
Anaphora ---> Anapher
anaphorisches Pronomen ---> Pronomen, anaphorisches
Anaphrodisiakum ---> Geschlechtslust hemmendes Mittel
anaphylaktisch
נִגְשׁוֹנִי (רפו׳) אֲנָפִילַקְטִי
anaphylaktischer Schock ---> Schock, anaphylaktischer
Anaphylaxie
נִגְשׁוֹן (רפו׳) [מר״ח/39]. תְּגוּבָתִיּוּת יֶתֶר, הִתְנַגְּשׁוּת בֵּין חֳמָרִים מְנֻגָּדִים הַמְּגָרִים אֶת הַגּוּף
Anaptykse
חֲצִיצָה (בלש׳) [מ״ב/17]. אֲנַפְּטִיקְסִיּוּת, הַכְנָסַת תְּנוּעַת עֵזֶר לַהֲקָלַת הַהֲגִיָּה כְּגוֹן הַפַּתַּח הַגְּנוּבָה, לְמָשָׁל: ״גָּבֹהַּ״, ״רוּחַ״
anaptyktischer Vokal ---> Vokal, anaptyktischer
Anarchie
אַלְשְׁרָרָה (מדי׳, מ״ח) אֲנַרְכִיָּה
anarchisch
אַלְשְׁרָרִי (מדי׳, מ״ח) אֲנַרְכִי
Anarchismus
אַלְשְׁרָרְנוּת (מדי׳, מ״ח) אֲנַרְכִיזְם
Anarchist(in)
אַלְשְׁרָרָן, אַלְשְׁרָרָנִית (מדי׳, מ״ח) אֲנַרְכִיסְט, אֲנַרְכִיסְטָן
anarchistisch
אַלְשְׁרָרְנִי (מדי׳, מ״ח) אֲנַרְכִיסְטִי
Anasarka ---> Wassersucht des Unterhautgewebes
Anaspadie ---> Harnröhrenöffnung an Penisoberseite
Anastomose
הַשָּׁקָה (רפו׳) [מר״ח/39]. לִפּוּם, הִתְלַפְּמוּת, חִבּוּר שְׁנֵי אֵבָרִים צִנּוֹרִיִּים
Anatom
תַּשְׁרוּחָן (רפו׳) [ק/א/338]. חוֹתֵךְ, בַּעַל חָכְמַת הַנִּתּוּחַ, אֲנָטוֹם
Anatomie
תַּשְׁרוּחָה (רפו׳) [ק/א/298; ק/ג/77]. חָכְמַת הַנִּתּוּחַ. חִתּוּךְ (רפו׳) [ק/א/336]. מְלֶאכֶת הַנִּתּוּחַ (רפו׳) [ק/ב/202]. אֲנָטוֹמְיָה, מַדַּע מִבְנֵה הַגּוּף
Anatomie, pathologische
תַּשְׁרוּחָה תַּמְרוּעִית (רפו׳) אֲנָטוֹמְיָה פָּטוֹלוֹגִית
Anatomie, physiologische
תַּשְׁרוּחָה כִּיּוּנִית (רפו׳) אֲנָטוֹמְיָה פִיזְיוֹלוֹגִית
anatomisch
תַּשְׁרוּחִי (רפו׳) אֲנָטוֹמִי
anatomisches Alter ---> Alter, anatomisches
Anbau
עִבּוּד אֲדָמָה (חקל׳) עִבּוּד קַרְקַע, גִּדּוּל, פְּלָחוֹת, טִפּוּחַ. שְׁלַח (שְׁלָחִים) (ימא׳)
anbaufähig
בֶּן זְרִיעָה (חקל׳) [א״ח/ב/159]. בַּר זְרִיעָה, רָאוּי לַעֲבוֹדַת אֲדָמָה
Anbaufläche
שֶׁטַח הַיְּבוּלִים (חקל׳)
anbeten [---> bücken]
סָגַד (סוֹגֵד) [א״ח/ג/10]. הֶעֱרִיץ (מַעֲרִיץ)
Anbetracht, in ---> Ansehung, in
anblasen
נָפַח (נוֹפֵחַ) [א״ח/א/86]. נָשַׁב
anbrechen ---> abschneiden
anbrennen
הִקְדִּיחַ (מַקְדִּיחַ) [א״ח/א/120]. חָרַךְ, הִשְׁחִית
Andacht
תְּפִלָּה בְּכַוָּנָה (דת)
andachtsvoll *{religioso}*
בְּכַוָּנָה (מוס׳) בְּחֶרְדַּת קֹדֶשׁ
Andächtelei ---> Frömmelei
andante
הֲלִיכִי (מוס׳) בַּהֲלִיכוּת, אַנְדַנְטֶה
andante, più
הֲלִיכִי יוֹתֵר (מוס׳) בַּהֲלִיכוּת יְתֵרָה, פְּיוּ אַנְדַנְטֶה
andante sostenuto
הֲלִיכִי מָתוּג (מוס׳) בַּהֲלִיכוּת מְתוּגָה, אַנְדַנְטֶה סוֹסְטֶנוּטוֹ
andantino
הֲלִיכִי מְעַט (מוס׳) בַּהֲלִיכוּת מְעַט, אַנְדַנְטִינוֹ
andere, der/die/das
זוּלַת, זוּלָתִי [ק/א/254]. לֹא זֶה, אַחֵר, מַה שֶּׁאֵינוֹ הוּא
anders als...
שׁוֹנֶה מִן [ק/א/89]. אֵינוֹ..., בִּלְתִּי. זוּלַת, זוּלָתִי [ק/א/254]. לֹא זֶה, אַחֵר, מַה שֶּׁאֵינוֹ הוּא
anderslautend ---> heteronym
Anderssein
הֱיוֹת אַחֵר [ק/א/256; פ״ר/98;96;83]. זוּלָתִיּוּת, אֲחֵרוּת, הַנַּעֲשֶׂה לְאַחֵר, הָעֻבְדָּה שֶׁהַדָּבָר הוּא אַחֵר מִזֶּה, לֹא זֶהוּת
Anderswerden
הִתְאַחֲרוּת, הֱיוֹת לְאַחֵר
andeuten [---> implizieren]
רָמַז (רוֹמֵז) [ק/ד/44]. הוֹרָה עַל דְּבַר-מָה בִּרְמִיזָה, הֵעִיר בְּקִצּוּר, אִרְמֵז (מְאַרְמֵז)
Andeuten
אִרְמוּז, רִמּוּז
Andeutung

רֶמֶז (רְמָזִים) [ק/ד/43]. הֶעָרָה שֶׁבְּאַגַּב, הוֹרָאָה, הוֹרָיָה, הַנְחָיָה. רְמִיזָה [ק/ד/44]. סִימָן הַנִּתָּן בִּתְנוּעַת יָד, בִּקְרִיצַת עַיִן וכד', אֶרְמֵז

Andeutung betreffend, die

אֶרְמֵזִי

Androgynie ---> Hermaphroditismus

Andromanie ---> Nymphomanie

Androphobie ---> Männerscheu

aneignen, sich

נִכֵּס (מְנַכֵּס) [ק/ג/91]. סִגֵּל, אָסַף, רָכַשׁ, הִשִּׂיג לְעַצְמוֹ, זָכָה בְּ..., קָנָה

Aneignung

נִכּוּס [ק/א/204]. הַקְנָיָה, הַקְנָאָה, הַעֲבָרָה מֵרְשׁוּת לִרְשׁוּת. סִגּוּל [ק/ג/91]. הֲפִיכַת דָּבָר לְקִנְיָנוֹ שֶׁל אַחֵר, רְכִישָׁה

Aneignung, widerrechtliche

עֹשֶׁק (כלכ', משפ') גְּזֵלָה, חָמָס, שֹׁד, לְקִיחָה בִּזְרוֹעַ, רְכִישָׁה שֶׁלֹּא כַּחֹק

Aneignung der menschlichen Handlungen *{Kasb}*

קְנִיָּה (פיל', דת) [ק/ג/287]. בְּתוֹרַת הַמְדַבְּרִים: הַקִּנְיָן שֶׁאָדָם קוֹנֶה עַל יְדֵי רְצוֹנוֹ אֶת מַעֲשָׂיו, אַפְעָלְפִּי שֶׁאֵינָם בִּרְשׁוּתוֹ אֶלָּא נַעֲשִׂים עַל פִּי רְצוֹן הָאֵל. רָוַח (פיל', דת) [ק/ד/28]

Anemogramm

רִשְׁמַת הָרוּחַ (מטא') [יל"ט/25]. אָנֶמוֹגְרַם, הָרִשְׁמָה שֶׁרוֹשֵׁם הָאָנֶמוֹגְרָף (רוֹשֵׁם הָרוּחַ) כִּמְעַקֵּב רָצוּף שֶׁל הָעֲרָכִים הַמִּשְׁתַּנִּים

Anemograph ---> Windschreiber

Anemone *{Anemone}*

כַּלָּנִית (בוט') צֶמַח מִמִּשְׁפַּחַת הַנּוּרִיתִיִּים

Anergie ---> Antigene, Nichtreagieren auf

anerkannt

מְפֻרְסָם [ק/ב/248]. שֶׁמַּכִּירִים בּוֹ, מֻכָּר

anerkannt, allgemein

מְקֻבָּל עַל הַכֹּל (משפ')

anerkennen

חִיֵּב (מְחַיֵּב), הִכִּיר בְּ..., הוֹדָה בְּ..., הֶחֱשִׁיב (מַחֲשִׁיב), הֶעֱרִיךְ (מַעֲרִיךְ)

Anerkenntnis einer Schuld ---> Schuldanerkenntnis

Anerkennung

הַעֲרָכָה [ק/א/160]. הוֹדָאָה, הַכָּרָה, הַחְשָׁבָה, מַתַּן כָּבוֹד, חִיּוּב, אֱמוּנָה

Anerkennung, allgemeine

הַכָּרָה רְחָבָה [ק/ג/214]. פִּרְסוּם

Anerotismus

אִי אַהֲבָה (פסי') חֹסֶר יֵצֶר הַמְּשִׁיכָה הַמִּינִית

Aneurysma

מִפְרֶצֶת (מִפְרָצוֹת) (רפו') [מר"ח/43]. פָּרֶצֶת, הִתְרַחֲבוּת מְקוֹמִית שֶׁל הָעוֹרֵק

aneurysmatisch

מִפְרַצְתִּי (רפו') פָּרַצְתִּי

anfachen [---> anblasen]

לִבָּה (מְלַבֶּה), הִלְהִיב, גֵּרָה (מְגָרֶה) לְ..., עוֹרֵר, שִׁלְהֵב, הִגְבִּיר, לִבָּה

Anfachung

לִבּוּי, הַלְהָבָה, עִרוּר, שִׁלְהוּב, גֵּרוּי, הַגְבָּרָה

anfällig ---> empfindlich

Anfälligkeit ---> Empfindlichkeit

anfänglich

הַתְחָלִי [ק/א/234]. רִאשׁוֹנִי, שֶׁל הַתְחָלָה, בַּתְּחִלָּה, בָּרִאשׁוֹנָה, בְּהַתְחָלָה, בְּרֵאשִׁית

Anfall

הֶתְקֵף (רפו') הַתְקָפָה, חֶתֶף

Anfall, hysterischer

יוֹפְחָה (פסי') הֶתְקֵף יַפְחָתִי, - הִיסְטֵרִי

Anfall(s), Vorzeichen eines *{Aura}*

הַרְגָּשָׁה מֻקְדֶּמֶת (רפו') [מר"ח/88]. נְשִׁים, מַשַּׁב מַצַּב רוּחַ מְבַשֵּׂר, הַרְגָּשָׁה קוֹדֶמֶת, תְּחוּשָׁה טְרוּמָה בִּדְבַר הֶתְקֵף כְּפִיּוֹן הַמְּמַשְׁמֵשׁ וּבָא

anfallsartige Handlung ---> Handlung, anfallsartige

Anfang

הַתְחָלָה [ק/ג/222]. פֶּתַח, רֹאשׁ. רֵאשִׁית [ק/ד/16]. תְּחִלָּה [ק/ד/190]. מוֹצָא

Anfang, am

בָּרִאשׁוֹנָה, בַּתְּחִלָּה, בְּרֵאשִׁית, בְּפֶתַח הַ...

anfangen

הִתְחִיל (מַתְחִיל) [ק/ב/159]. הֵחֵל (מֵחֵל), הוּחַל (מוּחָל), הִתְחַל, נַעֲשָׂה לָרִאשׁוֹנָה, נִבְרָא

Anfangs...

תְּחִלִּי

Anfangsgeschwindigkeit

מְהִירוּת תְּחִלִּית (פיס') הַמְּהִירוּת בְּהַתְחָלַת תְּקוּפַת הַתַּצְפִּית

Anfangsgrund

הַסִּבָּה הָרִאשׁוֹנִית (פיל') [ק/א/233]. יְסוֹד, הַתְחָלָה, הַסִּבָּה הָעִקָּרִית, שֹׁרֶשׁ הַחָכְמָה

anfangslos

קָדוּם (פיל', דת) [ק/ג/265]. שֶׁאֵין לוֹ הַתְחָלָה. קַדְמוֹן (פיל', דת) [ק/ג/268]. קַיָּם מֵעוֹלָם

Anfangsloser

עַתִּיק (דת) [ק/ג/177]. כִּנּוּי לֵאלֹהִים, קַדְמוֹנוֹ שֶׁל עוֹלָם, הַקּוֹדֵם לָעוֹלָם

Anfangslosigkeit

קְדִימוּת (פיל', דת) [ק/ג/267]. תְּכוּנַת הַדָּבָר שֶׁאֵין לוֹ הַתְחָלָה, - הַדָּבָר שֶׁהוּא מֵאָז וּמִקֶּדֶם. קַדְמוּת (פיל', דת) [ק/ג/270]. תְּכוּנַת הַדָּבָר הַקַּיָּם מֵעוֹלָם. רִאשׁוֹנוּת (פיל') [ק/ד/15]

Anfangspunkt

נְקֻדַּת מוֹצָא, רֵאשִׁית

Anfangssatz

מִשְׁפַּט מוֹצָא (פיל', בלש') [ק/ב/159,130]. מַאֲמָר הַמּוּחָל בּוֹ

Anfangsverlust

הֶפְסֵד תְּחִלִּי (כלכ')

anfassen

אָחַז (אוֹחֵז), הֶחֱזִיק, לָפַת, תָּפַס

Anfassen

אֲחִיזָה, הַחְזָקָה, הֵאָחֲזוּת, לְפִיתָה, תְּפִיסָה

anfeinden

שָׂטַם (שׂוֹטֵם), שָׂטַן (שׂוֹטֵן), סָטַן, עָיַן, שָׂנֵא

anfeuchten

לִחְלֵחַ (מְלַחְלֵחַ) [א"ת/א/129]. הִרְטִיב

anfeuchten, Getreide

לָתַת (לוֹתֵת) (חקל') [א"ת/א/94]. הִרְטִיב גַּרְעִינֵי תְּבוּאָה לִפְנֵי טְחִינָתָם

Anfeuchten des Getreides
לתיתה (חקל') [א"ת/א/94]. לתות, הרטבת גרעיני התבואה לפני טחינתם

anflehen
התחנן (מתחנן), הפיל תחנתו לפני..., עתר, חנן (מחנן), הפגיע בעד..., פלל (מפלל), בקש רחמים, דרש בעד...

Anfragesprache
שפת שאילתות (מחש')

anfügen
חבר (מחבר), הוסיף, ספח (מספח), צרף (מצרף). הצטרף ל... [ק/ד/24]. רדף, הלך בעקבות..., נמשך אחר..., נלוה אל...

Anfügung
חבור, צרוף, ספוח, הוספה, תוספת מוסף, נספח, ספח

anführen ---> zitieren

Angabe
ציון [פ"ר/118]

Angabe, unrichtige ---> Erklärung, falsche

angeblich
כביכול, כפי שנטען, לכאורה, מדמה, מאמר

angeboren
מלדה (פסי') [ק/ב/172]. מזגי, של המזג, טבעי, בעל מזג ידוע מתחילת בריתו, שמלדה. מטבע (ביו') [ק/ב/188]. תורשתי, מולד

angeborene Eigenschaft ---> Eigenschaft, angeborene

angeborene Form ---> Form, angeborene

angeborene Ideen ---> Ideen, angeborene

angeborenes Verhalten ---> Verhalten, angeborenes

Angeborensein
טביעות מלדה (ביו')

Angebot [---> Preisangebot]
הצע (כלכ')

Angebot-Nachfrage-Theorie
תורת הצע-בקוש (כלכ')

Angebot und Annahme
הצעה וקבול (כלכ', משפ')

Angebranntes
חרחור (חזו') [א"ת/א/102]. קרום מאפה שנחרך ונשרף

angefeuchtet
מלחלח, רטוב

angefüllt ---> gestaut

Angeklagte(r)
נאשם, נאשמת (משפ')

Angeld ---> Draufgabe

angelernt
נלמד (פדג') [ק/ב/121]. למודי, מה שנקנה על ידי למוד, בנגוד לטבעי

Angelzwinge
בית הציר (טכנ')

Angelpunkt
קטב (קטבים) [ק/ג/276]. יסוד, הציר שדבר-מה סב עליו, עמק הענין, עקר, נקדת מפתח

angemessen *{adäquat}*
הולם [ק/א/155]. הגון, מתאם, הלים. יאות [ק/ב/24]. נאה, יאה, מדוד, מתאים. כשר [ק/ב/104]. כשר. מהגן [ק/ב/155]. מפיק [ק/ב/245]. יפה ל..., ראוי. מסכים, מסכם [ק/ב/224]. מכון, תואם, חופף. נאות [ק/ג/9]. הוגן. נכח [ק/ג/34]. מקביל, בהתאם ל..., מתאם. תכליתי [ק/ד/203]. מכון לתועלת מעשית, תועלתי, תאם, הולמני, שוה ערך, שקול כנגד..., שיך, שיש לו שיכות לדבר, אדקוטי

angemessen gestalten ---> proportioniert gestalten

angemessen sein
הלם (הולם) [ק/ג/229]. צדק, היה אמת, - נכון, - הגון, - ראוי, היה ראוי, - צודק, - ישר, התאים, היה טוב ל..., תאם

Angemessenheit [---> Proportionalität]
{Adäquanz; Adäquation}
הלימות [ק/א/150; מ"ב/20;11; המ"מ/223]. תאם, היות תואם, תואמות, התאמת רמת הדבור והכתיבה לנסיבות חברתיות שונות. האותות, הסכמה, היות הולם, התאמה. המקום הראוי, הענין הנאה. האתות [ק/א/151]. הגינות [ק/א/155]. סגלת מה שהוא הגון. ישר, ישרה [ק/ב/57,56]. נאותות, הגינות. ערבות [ק/ג/168]. אדקוטיות, סבירות, תכונת הדבר המתקבל על הדעת, תאימות, שויון ערך

angenähert ---> approximativ

angenehm
נעים [ק/ג/168; א"ת/ג/77]. ערב, טעים

angenommen
משער [ק/ג/28]. נחשב, מנח, נתון בדרך סברה לצרך-מה, אמור מתוך השערה

angenommen, daß...
נניח ש... [ק/א/53]. אמור ש...

angepaßt ---> adaptiv

angepaßt, schlecht
לקוי הסתגלות

angepaßtes Verhalten ---> Verhalten, angepaßtes

Angeredete(r) ---> Empfänger

angeschoppt ---> gestaut

angeschwollen
נפוח (רפו') תפוח, צבה, צבוי, מבצק, בצק, ירום, מירם

angesehen
נחשב (מ"ח) [ק/ב/237]. מעלותי, מדותי, בעל מעלה, רב חשיבות, נכבד

angesetzte Summe ---> Betrag, gewährter

angetan
עלול [ק/ג/138]. עשוי, מסגל, יכול, צפוי, מכשר, מזמן

angewandt
שמושי, שבא לידי שמוש, מישם

angewandt werden
שמש (משמש) [ק/ד/112]. שלח, השתמשו בו, ישם (מישם)

angewandte Mathematik --->

Mathematik, angewandte
angewandte Wissenschaften ---> Wissenschaft(en), angewandte
angewandtes Kapital ---> Kapital, angewandtes
angewiesen, auf des Vaters Tisch
סָמוּךְ עַל שֻׁלְחַן אָבִיו [א"ח/ב/18]
Angina
תְּעוּקָה (רפוי) [מר"ח/43]. אַנְגִינָה, אַנֶּקֶת, צָרְחָה
Angina pectoris
תְּעוּקַת הַלֵּב (רפוי) [מר"ח/44]. אַנְגִינָה פֶּקְטוֹרִיס, צָרְחַת הַלֵּב, אַנֶּקֶת הַלֵּב, תְּעוּקַת הֶחָזֶה
Angiom
מִזְרָקוֹמֶת (רפוי) שְׂאֵת כְּלֵי דָּם
Angiomatose
מִזְרָקֶמֶת (רפוי) אַנְגִיוֹמָטוֹזָה, הוֹפָעָה מְרֻבֶּבֶת שֶׁל מִזְרָקוֹמֶת
Angleichung [---> Assimilation]
הֶתְאֵם, תֵּאוּם
Angliederung
סִפּוּחַ, סִנּוּף, הִסְתַּפְּחוּת, חִבּוּר
Angophrasie ---> Angstreden
Angreiferstaat [---> Aggressor]
מְדִינָה תּוֹקֶפֶת (מדי׳)
angrenzend
גּוֹבֵל [ק/ב/260]. מִצְרָנִי, מַשִּׂיק, סָמוּךְ, קָרוֹב, נִמְצָא בִּשְׁכֵנוּת, שָׁכֵן. סָמוּךְ [ק/ג/104]. דָּבוּק, צָמוּד, נוֹגֵעַ. שָׁכוּן [ק/ד/92]
Angrenzer ---> Anrainer
Angriff
הַתְקָפָה (צבא) מִתְקָפָה, הִתְנַפְּלוּת, הִסְתָּעֲרוּת, תְּקִיפָה, חֲתָף
Angriffshandlung ---> Aggression, Akt der
Angriffslinie
קַו הַפְּעָלָה (פיס׳)
angriffslustig ---> aggressiv
Angriffspunkt
נְקֻדַּת אֲחִיזָה (פיס׳)
Angriffsstoff auf Gewebe ---> Aggressin
Angst
חֲרָדָה (פסי׳) [ר/א/278]. מַצָּב רִגּוּשִׁי לֹא נָעִים שֶׁמּוֹפִיעַ בְּלֹא מַשָּׂא וְהוּא מְלֻוֶּה בִּתְחוּשׁוֹת חֲשָׁשָׁנוּת, אִי נוֹחוּת וּמְצוּקָה
Angst, freiflottierende
חֲרָדָה סְתוּמָה (פסי׳) [ר/א/279]. סוּג שֶׁל חֲרָדָה עֲמוּמָה
Angst in geschlossenen Räumen ---> Klaustrophobie
Angst vor nackten Körpern ---> Gymnophobie
Angstneurose
עַצֶּבֶת מָגוֹר (פסי׳) נֵירוֹזַת חֲרָדָה
Angstreden
רִתְתוּת (פסי׳) [מר"ח/45]. דִּבּוּר רֶתֶת, - אֵימִים
Angstschrei ---> Schrei
Angstzustand
מָגוֹר (פסי׳)
Angulus solidus ---> Winkel, kubischer
anhängend
מִתְלַכֵּד [ק/ב/319]. מִתְאַחֵז, מִתְקַשֵּׁר, מְקֻשָּׁר, חָבוּר, דָּבֵק
Anhänger(in)
חָסִיד (חֲסִידִים), חֲסִידָה (דת, מ"ח) נוֹהֶה, מְנֻהָג, מִי שֶׁהוֹלֵךְ בְּעִקְבוֹת
Anhänger der Spekulation ---> Spekulation, Anhänger der
Anhänger der Trinitätslehre ---> Trinitätslehre, Anhänger der
Anhängsel *{Appendix}*
יוֹתֶרֶת (יוֹתָרוֹת) (רפוי) נִסְפָּח, תּוֹסֶפְתָּן
anhäufen [---> speichern]
צָבַר (צוֹבֵר), הֶאֱסִיף (מַאֲסִיף), צֵרֵף בְּאֹפֶן מִקְרִי וַעֲרָאִי פְּרָטִים שֶׁאֵינָם תְּלוּיִים זֶה בָּזֶה לְצִבּוּר אֶחָד, לִקֵּט לֶאֱסֹף (אַגְרֶגָט)
Anhäufung [---> Aggregat; Aggregation]
הִצְטַבְּרוּת, צְבִירָה, אָקוּמוּלַצְיָה, מִצְבּוֹר (מִצְבּוֹרִים), אִסּוּף
anhaften
הִצְמִיד, צִמֵּד (מְצַמֵּד), אָדַק, הֶאֱדִיק (מַאֲדִיק), חִבֵּר, קָשַׁר
Anhaften
הִצָּמְדוּת [ק/א/232]. הִתְחַבְּרוּת, קִשּׁוּר
anhaftend
צָמוּד [ק/א/21]. אָדוּק, מְצֻמָּד, אָחוּז וְדָבוּק, קָשׁוּר. דָּבֵק [ק/א/127]. מֻרְכָּב עִם דְּבַר-מָה. מְחֻבָּר [ק/ב/175]. מְצֹרָף. מִתְלַכֵּד [ק/ב/319]. מִתְאַחֵז, מִתְקַשֵּׁר, מְקֻשָּׁר, חָבוּר. נִכְרָךְ [ק/ג/38]. נִדְבָּק, מִתְדַּבֵּק. נִמְשָׁךְ [ק/ג/44]. נֶאֱחָז
anhaftend, notwendig ---> notwendig anhaftend
Anhalten des Atems ---> Atem(s), Anhalten des
Anhalten fahren, per
אִסְחֵב (מְאַסְחֵב), שִׁטֵּט (מְשַׁטֵּט), נָסַע בְּטְרֶמְפּ
anhaltend
הֶמְשֵׁכִי [ק/א/180]. מִטְבַּע הַהֶמְשֵׁךְ. נִמְשָׁךְ [ק/ג/43]. רָגִיל, שָׁכִיחַ, תָּכוּף, שֶׁיֵּשׁ לוֹ הֶמְשֵׁךְ, שֶׁעוֹד לֹא נִסְתַּיֵּם, מַתְמִיד, עוֹמֵד, תָּדִיר, תְּמִידִי, קָבוּעַ
Anhalter(in)
אֶסְחָב, אֶסְחָבִית, טְרֶמְפַּאי, טְרֶמְפָּאִית, טְרֶמְפִּיסְט, הֵלֶךְ, מִי שֶׁנּוֹסֵעַ בְּהִזְדַּמְּנוּת וּבְחִנָּם, שׁוֹטֵט (שׁוֹטְטִים), שׁוֹטֶטֶת (שׁוֹטְטוֹת), שַׁטָּט (שַׁטָּטִים), שַׁטֶּטֶת (שַׁטָּטִיּוֹת)
Anhaltspunkt
אֶפְתָּח (אֶפְתָּחִים) [ר/ב/637]. דָּבָר הַמְּשַׁמֵּשׁ פֶּתַח לְפִתְרוֹן בְּעָיָה אוֹ תַּעֲלוּמָה, רֶמֶז, גֵּרוּי הַמַּנְחֶה הִתְנַהֲגוּת, נְקֻדַּת אֲחִיזָה
Anhang ---> Zubehör
Anhangsgebilde ---> Anhängsel
anhauchen
הֶהְבִּיל (מַהְבִּיל), הֶעֱלָה הֶבֶל, - אֵדִים
Anhedonie
אִי נֶהֱנוּת (פסי׳) [ר/א/71]. אַנְהֶדוֹנְיָה, אָבְדַן הַיְכֹלֶת לֵיהָנוֹת מִדְּבָרִים

anhefteln
פָּרַף (פּוֹרֵף) [א״ח/א/158]. פֵּרַף (מְפָרֵף), חִבֵּר, רָכַס

Anhefteln
פְּרִיפָה [א״ח/א/158]. רְכִיסָה, כִּפְתּוּר, חִבּוּר

Anhydrid
אַלְמֵימָה (אַלְמֵימוֹת) (כימ׳) אַנְהִידְרִיד, תִּרְכֹּבֶת הַמִּתְקַבֶּלֶת כְּשֶׁמּוֹצִיאִים פְּרֻדַּת (מוֹלֶקוּלַת) מַיִם מִתִּרְכֹּבֶת מְסֻיֶּמֶת

Anima
חִיּוּת (מ״ט, פסי׳) [ק/ג/57]. נֶפֶשׁ, הַכֹּחַ הַחִיּוּנִי, בְּנִגּוּד לַשֵּׂכֶל וְלַכֹּחַ הָרוּחָנִי

Anima intellectualis
חִיּוּת אֶשְׂכֵּלִית (פיל׳, פסי׳) [ק/ג/59]. הַנֶּפֶשׁ הַמְדַבֶּרֶת, - הַמַּשְׂכֶּלֶת, - הַנַּפְשִׁית, - הַחָכְמָה, - הַהוֹגָה, - הַדַּבְּרָנִית, הַכֹּחַ הַדִּבּוּרִי, - הַשִּׂכְלִי

Anima sensibilis
חִיּוּת יִצְרִית (מ״ט, פסי׳) [ק/א/287; ק/ג/59]. הַנֶּפֶשׁ הַחִיּוּנִית, נֶפֶשׁ חַיָּה, - הַחַי, הַנֶּפֶשׁ הַבַּהֲמִית, - הַיִּצְרִית, - הַמַּרְגֶּשֶׁת (מ״ט, פסי׳) [ק/ג/59]

Anima vegetativa
חִיּוּת צוֹמְחָנִית (מ״ט, רפו׳) [ק/ג/59]. הַנֶּפֶשׁ הַטִּבְעִית, - הַצּוֹמַחַת, - הַמִּתְאַוָּה, נֶפֶשׁ הַצּוֹמֵחַ, - הַזָּן. הַנֶּפֶשׁ הַצִּמְחוֹנִית (מ״ט, רפו׳) [ק/ג/250]

Anima vitalis ---> Anima sensibilis

Animalia, bruta
בַּעֲלֵי חַיִּים זוֹלִים (זוא׳) [ק/א/254]. בַּעֲלֵי חַיִּים אִלְּמִים

animalisch [---> tierisch]
חַיָּתִי (מ״ט, פיל׳) [ק/א/287]. אֲנִימָלִי, פִּרְאִי, פְּרָאִי, חִיּוּנִי, שֶׁל הַחַיִּים, שֶׁיֵּשׁ בּוֹ חַיִּים

animalische Kraft ---> Kraft, animalische

animalische Seele ---> Seele, animalische

Animalität
חַיָּתִיּוּת (מ״ט, פיל׳) חַיּוּת, חִיּוּנִיּוּת, אֲנִימָלִיּוּת, פְּרָאוּת, פִּרְאוּת

animato
בְּהִתְעוֹרְרוּת (מוס׳) בִּתְנוּפָה, אֲנִימָטוֹ

Animismus
נִשְׁמָאוּת (דת, אתנ׳) הָאֱמוּנָה הַמְּיַחֶסֶת רוּחַ חַיִּים לִצְמָחִים וּלְדוֹמְמִים, אֱמוּנָה בְּקִיּוּם נְשָׁמָה נִפְרֶדֶת מִן הַגּוּף, נַפְשָׁנוּת

animistisch
נִשְׁמָאִי (דת, אתנ׳) נַפְשָׁנִי, אֲנִימִיסְטִי, שֶׁל הָאֱמוּנָה בְּקִיּוּם נְשָׁמָה נִפְרֶדֶת מִן הַגּוּף

Animositas
דַּעְתָּנוּת (פיל׳) [ק/א/143]

Anion
עַל יְאוֹן (פיס׳) יוֹן בַּעַל מִטְעָן שְׁלִילִי

Anis *{Pimpinella anisum}*
כַּמְנוֹן הָאָנִיס (בוט׳) צֶמַח מִמִּשְׁפַּחַת הַסּוֹכְכִיִּים

anitas
הֲלוּת [ק/א/175]. אִמּוּת. שְׁאֵלַת אִם, אִם דָּבָר מָה נִמְצָא אוֹ לֹא

Ankathete
צֶלַע גּוֹבֶלֶת (מתמ׳)

Anker, Schiff liegt vor
הָאֳנִיָּה מְעֻגֶּנֶת (ימא׳)

Anker gehen, vor ---> ankern

Anker hieven
הֶעֱלָה (מַעֲלֶה) עֹגֶן (ימא׳)

Anker lichten ---> Anker hieven

Anker werfen
הֵטִיל (מֵטִיל) עֹגֶן (ימא׳)

ankern
עָגַן (עוֹגֵן) (ימא׳) עִגֵּן (מְעַגֵּן)

Ankern
עֲגִינָה (ימא׳) עִגּוּן

Ankerplatz [---> Liegeplatz]
מַעֲגָן (מַעֲגָנִים) (ימא׳)

Ankläger(in)
מַאֲשִׁים, מַאֲשִׁימָה (משפ׳) תּוֹבֵעַ, קָטֵגוֹר

Anklage
אִשּׁוּם, הַאֲשָׁמָה (משפ׳) הַפְלָלָה, תְּבִיעָה

Anklage, öffentliche ---> Strafklage

anklagen [---> verklagen, jemanden]
הֶאֱשִׁים (מַאֲשִׁים) (משפ׳) [א״ח/ב/46]. קָבַל (קוֹבֵל), טָעַן נֶגֶד, קִטְרֵג (מְקַטְרֵג), הָאֲשַׁם, קִטְרַג

Anklageschrift
כְּתַב הַאֲשָׁמָה (משפ׳)

ankleiden
לָבַשׁ (לוֹבֵשׁ) [א״ח/א/160]. הִתְלַבֵּשׁ, הִלְבִּישׁ

Ankleider(in)
מַלְבִּישׁ, מַלְבִּישָׁה (מלא׳)

Ankörner ---> Körner

ankündigen, sich
בָּא וְהִכְרִיז עַל עַצְמוֹ, הִטְרִים (מַטְרִים)

Ankündiger ---> Vorbote

ankuppeln ---> kuppeln

Ankylose ---> Gelenkversteifung

Ankylostomabefall ---> Hakenwurmkrankheit

Anlage [---> Veranlagung; Neigung]
כִּשְׁרָה (כּוֹשְׁרָה) (פסי׳) [ק/ד/193]. תְּכוּנָה, נְטִיָּה, כִּשָּׁרוֹן, כֹּשֶׁר, מְסֻגָּלוּת, כֹּחַ נַפְשִׁי, יְכֹלֶת רוּחָנִית, סְגֻלַּת כִּשָּׁרוֹן טִבְעִית, מְנַת הַבִּינָה. עָתוּד (פיל׳) [ק/ג/177]. זִמּוּן, הֲכָנָה לִקְרַאת הַבָּאוֹת. בְּרִיאָה (פסי׳) [ק/א/95]. טִבְעוֹ שֶׁל יְצוּר חַי. דְּרִיכָה [ק/א/147]. הֲכָנָה (פסי׳) [ק/א/172]. הַכִּשְׁרָה טִבְעִית לְקַבֵּל תְּכוּנָה מְסֻיֶּמֶת. דֶּגֶם (דְּגָמִים) (ביו׳). מִתְקָן (טכנ׳) מִתְקֶנֶת

Anlage, ethische
כִּשְׁרָה מוּסָרִית (פסי׳, פיל׳) [ק/א/142]. דֵּעָה, תְּכוּנָה מוּסָרִית הַמֻּטְבַּעַת בָּאָדָם

Anlage, psychische
כִּשְׁרָה נַפְשִׁית (פסי׳) [ק/א/172]. הֲכָנַת הַנֶּפֶשׁ

anlagebedingt ---> konstitutionell

Anlagekonto
חֶשְׁבּוֹן קֶרֶן (כלכ׳)

Anlagekosten ---> Kapitalaufwand

Anlagerung
סְמִיכוּת [ק/ג/105]. קִרְבָה בְּמָקוֹם אוֹ בִּזְמַן, מִצְרָנוּת, מַגָּע, נְגִיעָה, שְׁכֵנוּת, קֶשֶׁר. שְׁכוּנָה [ק/ד/92]. תַּעֲרֹבֶת, הַסְּפָחוּת, חִבּוּר, הַרְכָּבָה, הִקָּשְׁרוּת

Anlandung [---> Anschwemmung]
הִתְהַוּוּת שִׂרְטוֹן (היד', גאו')

Anlaß
נְסִבָּה (נְסִבּוֹת) (פיל') [ק/א/24]. אוֹדוֹת, מִקְרֶה, מְאֹרָע, מְסִבָּה

anlassen
הִרְפָּה (מַרְפֶּה) (טכנ') הֵבִיא פְּלָדָה מְחֻסֶּמֶת לִתְמוּדָה (טֶמְפֶּרָטוּרָה) לֹא גְּבֹהָה וְצִנְּנָהּ מַהֵר

Anlassen
הַרְפָּיָה (טכנ') הֲבָאַת פְּלָדָה מְחֻסֶּמֶת לִתְמוּדָה (טֶמְפֶּרָטוּרָה) לֹא גְּבֹהָה וְצִנּוּנָהּ מַהֵר

Anlaut
הֶגֶה תְּחִלִּי (בלש') הֶגֶה רִאשׁוֹן שֶׁל מִלָּה אוֹ שֶׁל הֲבָרָה

anlegen
הִרְצִיף (מַרְצִיף) (ימא') קָשַׁר לָרָצִיף

Anlegen [---> Investierung]
הִנּוּחַ, שִׂימָה

Anlehnung [---> Stütze]
הִשָּׁעֲנוּת, סְמִיכָה

Anleihe
מִלְוֶה (מִלְוִים) ((מדי', כלכ') מִפְעָל צִבּוּרִי לְהַלְוָאַת כֶּסֶף לְגוּף צִבּוּרִי

anleiten
הִדְרִיךְ (מַדְרִיךְ) (אתי') [ק/ב/55]. הֵישִׁיר, הוֹבִיל בְּדֶרֶךְ יְשָׁרָה, הוֹלִיךְ, נָהַג (נוֹהֵג), נִהֵל (מְנַהֵל), נִהֵג (מְנַהֵג)

anleiten, stufenweise ---> stufenweise anleiten

Anleitung
הַדְרָכָה [ק/א/159; ר/א/187]. נְהוּג [ק/ג/21]. נִהוּל, הוֹלָכָה, הוֹבָלָה, הוֹרָאַת דֶּרֶךְ, נְהִיגָה, נְהִילָה. הַיְשָׁרָה [ק/א/170]. הוֹרָאָה, הַנְחָיָה לְשֵׁם בִּצּוּעַ פְּעֻלָּה מְסֻיֶּמֶת, הוֹלָכָה בְּדֶרֶךְ הַיָּשָׁר. הֶעָרָה [ק/א/191]. הֶעָרָה, זֵרוּז הַשֵּׂכֶל וְהַדַּעַת, כַּוָּנָה. יִשּׁוּר [ק/ב/53]. לֵאוּט [ק/ב/110]. הַדְרָכָה שֶׁנַּעֲשֵׂית לְאַט לְאַט, הַנְהָגָה אֱלֹהִית, הֲכָנָה. רֶמֶז [ק/ד/43]. סִימָן, הוֹרָיָה. אַט (אִטִּים) (דת) [ק/א/38]. הוֹלָכָה אֶל הַשְּׁלֵמוּת

Anliegen
מִשְׁעָה, עִנְיָן, יַחַס

Anlieger ---> Anrainer
Anlockung ---> Verführung
anluven ---> aufbringen
anmaßen [---> vermessen, sich]
הִתְיַמֵּר (מִתְיַמֵּר)

anmaßend [---> vermessen]
יָמְרָנִי, מִתְיַמֵּר

Anmaßung [---> Vermessenheit]
יֻמְרָה

Anmerkung
הֶעָרָה (הֶעָרוֹת) (ספרנ') [ק/א/191]. הַקְדָּמָה. הֶאָרָה (ספרנ') [ק/א/155]. הַגָּהָה, מַאֲמָר קָטָן שֶׁבָּא לְהַסְבִּיר בִּקְצָרָה

Anmerkungen, mit
מוּעָר (ספרנ') בְּצֵרוּף הֶעָרוֹת

Anmerkungszeichen ---> Hinweiszeichen

Anmut
חֵן (אסת') נֹעַם, חֶמְדַּת הָעַיִן, יֹפִי, נְעִימוּת, מַחְמַד עַיִן

annähernd
בְּקֵרוּב [ק/ג/300]. בְּעֵרֶךְ, קָרוֹב לְ..., פָּחוֹת אוֹ יוֹתֵר, בְּאֹמֶד, כְּ...

Annäherung ---> Konvergenz; Approximation

Annäherung, allmähliche ---> Iteration

Annahme [---> Akzeptanz]
הַנָּחָה (הַנָּחוֹת) (פיל') [ק/א/183]. דֵּעָה כִּיסוֹד לְדִיּוּן אוֹ לְמֶחְקָר, הַצָּעָה, הַקְדָּמָה. הַשְׁעָרָה (פיל') [ק/א/220]. אֹמֶד הַדַּעַת. מֻנָּח (פיל') [ק/ב/215]. סְבָרָה [ק/ג/89]. דַּעַת, שִׁקּוּל, מַחֲשָׁבָה. קִבּוּל [ק/ג/257]. קַבָּלָה, קְלִיטָה, סְפִיגָה, הַסְכָּמָה. תְּשׂוּמָה [ק/ד/219]

Annahme, Angebot und ---> Angebot und Annahme

Annahme, begründete
הַנָּחָה מְבֻסֶּסֶת (פיל') [ק/א/51]. אֻמְדָּן, אֻמְדַּן דַּעַת

Annahme, Geschlossene-Welt-
הַנָּחַת עוֹלָם סָגוּר (פסי')

Annahme, heuristische ---> Konstrukt, hypothetisches

Annahme, Offene-Welt-
הַנָּחַת עוֹלָם פָּתוּחַ (פסי')

Annahme, stillschweigende
הַסְכָּמָה אִלֶּמֶת (משפ')

Annahme a priori
הַנָּחָה מִלְּקוֹדְמִית (פיל') [ק/ג/84]. סִבָּה לְכַתְּחִלָּה, הַנָּחַת מִלְּקוֹדֶם

Annahme einer From ---> Form, Annahme einer

Annahme einer Wesenheit ---> Wesenheit, Annahme einer

Annahmeverweigerung ---> Nichtannahme

Annalen
סִפְרֵי הַיָּמִים (הסט')

annehmbar
קָבִיל (בלש') [מ"ב/8]. שֶׁמִּתְקַבֵּל כְּתָקִין וְטִבְעִי עַל יְדֵי דּוֹבֵר יְלִידִי שֶׁל הַשָּׂפָה

Annehmbarkeit
קְבִילוּת (בלש') [מ"ב/8]. תְּכוּנַת הַמִּשְׁפָּטִים אוֹ הַמַּבָּעִים הַמֻּעֲרָכִים כִּתְקִינִים וְטִבְעִיִּים עַל יְדֵי דּוֹבְרִים יְלִידִיִּים שֶׁל הַשָּׂפָה

annehmen
הִנִּיחַ (מַנִּיחַ) הַנָּחָה [ק/ב/48]. הִצִּיעַ (מַצִּיעַ). סָבַר (סוֹבֵר) [ק/ג/88]. שִׁעֵר בְּדַעְתּוֹ, חָשַׁב, דִּמָּה בְּלִבּוֹ, הָיָה בְּדַעְתּוֹ

annehmen, eine Eigenschaft ---> Eigenschaft annehmen, eine

annehmen, eine Entschließung ---> Entschließung annehmen, eine

annehmen, eine neue Form ---> Form annehmen, eine neue

annehmen, körperliche Gestalt ---> Gestalt annehmen, körperliche

Annehmlichkeit
נְעִימוּת [ק/ג/168]. עֲרֵבוּת, הֲנָאָה, עֹנֶג, תַּעֲנוּג

annektieren

סְפַח (מְסַפֵּחַ) (מדי') סִפֵּחַ
Annexion
סִפּוּחַ (מדי', כלכ')
Annexion, gwaltsame
סִפּוּחַ מְאֻנָּס (מדי', כלכ')
Annihilation ---> Annullierung
Annotation
תִּעוּר, אָנוֹטַצְיָה, מְלֶאכֶת הַהֶעָרוֹת בְּשׁוּלֵי סְפָרִים
annotierte Bibliographie ---> Bibliographie, annotierte
Annullator
מְאַפֵּס (מחמ')
annullieren
בִּטֵּל (מְבַטֵּל), הִפְקִיעַ, הֵפֵר (מֵפֵר). אִפֵּס (מְאַפֵּס) (מחמ')
Annullierung
בִּטּוּל, הַפְקָעָה, הֲפָרָה. אִפּוּס (מחמ')
Anode
חַשְׁמוֹלִיךְ עוֹלֶה (פיס') אָנוֹדָה, אָנוֹד, הָאֶלֶקְטְרוֹד הַטָּעוּן חַשְׁמַל חִיּוּבִי
Anodisieren
אִנּוּד (פיס') אִלְגּוּן
anomal [---> abnormal]
חָרִיג
Anomalie [---> Abnormalität]
חֲרִיגוּת (פסי', רפו') [ר/א/72]. אִי תַּקִּינוּת, אָנוֹמַלְיָה, חֲרִיגָה, סְטִיָּה נִכֶּרֶת מִן הַתְּקוּנָה (נוֹרְמָה) אוֹ מֵהַצָּפוּי. שְׁנִיזוּת (פסי', רפו') [מר"ח/5]. לֹא נוֹרְמָלִיּוּת, עִוּוּג מוֹלָד, אָנוֹמָלִיּוּת. זָרוּת [ק/א/267]. טֶבַע הַדָּבָר הַיּוֹצֵא מִן הַכְּלָל
Anomie
אַלְחֶבֶר (מ"ח) [ר/א/71]. אָנוֹמְיָה, מַצָּב שֶׁל הִתְמוֹטְטוּת הַמִּבְנֶה הַחֶבְרָתִי וְהֶעְדֵּר כְּלָלִי שֶׁל עֲרָכִים חֶבְרָתִיִּים, הֶעְדֵּר חֻקִּיּוּת
anonym ---> verfasserlos
Anopheles ---> Gabelmücke
anordnen [---> verordnen]
הִסְדִּיר (מַסְדִּיר), קָבַע סֵדֶר
Anordnung [---> Verordnung]
הַסְדָּרָה (פְּעֻלָּה), תַּסְדִּיר (תַּסְדִּירִים) (תּוֹצָאָה) [ק/א/185]. תִּקּוּן, הַתְקָנָה. זִמּוּן [ק/א/263]. הַעֲמָדָה, הֲכָנָה. סִדּוּר [ק/ג/93]. עֲרִיכַת דְּבָרִים בְּסֵדֶר, שִׁיטָה, תָּכְנִית. סֵדֶר [ק/ג/94]. מִסְדּוֹר, סְדִירָה, מַעֲרָךְ
Anordnung, absteigende
סֵדֶר יוֹרֵד (מחמ')
Anordnung, aufsteignede
סֵדֶר עוֹלֶה (מחמ')
Anordnung, endgültige ---> Verfügung, endgültige
Anordnung, vorläufige
צַו בֵּינַיִם (משפ')
Anordnung des Gericht(s) ---> Verfügung, gerichtliche
Anorexie
אַלְתֵּאָבוֹן (רפו', פסי') [ר/א/72; מר"ח/51]. חֹסֶר תֵּאָבוֹן, אָנוֹרֶקְסְיָה, הַפְרָעַת אֲכִילָה הַנּוֹבַעַת מִפַּחַד מֵהַשְׁמָנָה, קַהֶמֶת, אִי תְּחוּשַׁת רָעָב, קֵהוּת תֵּאָבוֹן
anorganisch
אִי אוּלָנִי (מ"ט) אַנְאוֹרְגָנִי, אִי אוֹרְגָנִי
anorganische Chemie ---> Chemie, anorganische
Anosmie
תַּתְּרוּת, תַּתְרָנוּת (רפו') [ק/ד/221]. הֶעְדֵּר חוּשׁ הָרֵיחַ, סְתוּם הַנְּחִירַיִם
Anosognosie
הִתְכַּחֲשׁוּת לַמַּחֲלָה (פסי', רפו') הִתְכַּחֲשׁוּת שֶׁל אָדָם לְמַחֲלָתוֹ שֶׁלּוֹ
Anotie ---> Ohrlosigkeit
Anovulation
אַל בִּיּוּץ (רפו')
anovulatorischer Zyklus ---> Zyklus, anovulatorischer
Anoxämie ---> Sauerstoffmangel
Anoxie ---> Sauerstoffmangel; Sauerstoffmangel im Blut
anoxisch
אַלְחַמְצָנִי (רפו')
Anoxybiont ---> Anaerobier
anpaßbar ---> akkommodativ
anpassen
הִסְתַּגֵּל (מִסְתַּגֵּל) [ק/ג/91]. הִתְאִים אֶת עַצְמוֹ, סִגֵּל (מְסַגֵּל), הִתְכַּשֵּׁר, הִתְרַגֵּל לְמַצָּב חָדָשׁ, הִתְאִם (מַתְאִם), אִקְלֵם, הִתְאַקְלֵם, הָלַם (הוֹלֵם), הִתְאִים לְ..., הָיָה רָאוּי לְ..., יָאַם (יוֹאֵם), הִתְיָאֵם (מִתְיָאֵם)
Anpassung [---> Adaptation; Akkommodation; Konformität]
סִגּוּל, הִסְתַּגְּלוּת (פסי', ביו') [ר/א/213]. הַתְאָמָה לַמַּצָּב, הֲלִימוּת לַתְּנָאִים הַנְּתוּנִים, סְגִלוּת, יְאִימוּת
Anpassung, Güte der
טִיב הַהַתְאָמָה (מ"ח, סטט') [ר/א/285; מ"מ/212]. טוּב הַהֲלִימָה, הַמִּדָּה שֶׁבָּהּ נְתוּנִים נִצְפִּים תּוֹאֲמִים הִתְפַּלְּגוּת עִיּוּנִית צְפוּיָה
Anpassung, mangelnde
אִי הֲלִיכָה בַּתֶּלֶם (מ"ח, פסי') אִי הֲלִימָה. הִסְתַּגְּלוּת לְקוּיָה [ר/א/213]
Anpassung, schlechte ---> Anpassung, mangelnde
Anpassung des Auges ---> Akkommodation
Anpassungsbereitschaft ---> Konformität
anpassungsfähig [---> adaptiv] *{flexibel}*
סָגִיל (ביו', מ"ח) שֶׁנִּתָּן לְהִסְתַּגְּלוּת, יָאִים
Anpassungsfähigkeit
סְגִילוּת (ביו', מ"ח) [מר"ח/16]. כֹּשֶׁר הַהִסְתַּגְּלוּת, יְאִימוּת
Anpassungsfähigkeit, soziale
סְגִילוּת חֶבְרָתִית (מ"ח, פסי') [ר/א/213]. כֹּשֶׁר הַהִסְתַּגְּלוּת הַחֶבְרָתִית, יְאִימוּת חֶבְרָתִית
Anpassungsvermögen ---> Adaptation
Anpassungsvorrichtung ---> Adapter
Anpreisungsmittel
אֶמְצָעֵי הַמְלָצָה
Anrainer

מִצְרָן (מִצְרָנִים) (משפ׳, מדי׳) שָׁכֵן הַיּוֹשֵׁב עַל הַגְּבוּל, בַּעַל הָרְכוּשׁ הַגּוֹבֵל

Anrede
פְּנִיָּה (בלש׳) [מ״ב/11]. פְּנִיַּת דִּבּוּר, חֵלֶק הַמִּשְׁפָּט הַכּוֹלֵל אֶת כִּנּוּיוֹ שֶׁל הַמִּתְפַּנֶּה (נִמְעָן), לְמָשָׁל: ״וְעַתָּה **בְנִי**, שְׁמַע בְּקֹלִי, לַאֲשֶׁר אֲנִי מְצַוָּה אוֹתָךְ״

Anrede, feierliche
פְּנִיָּה חֲגִיגִית (רטו׳) [ק/א/184]. הֶסֵּב הַדִּבּוּר

Anredefall ---> Vokativ

anreden
תֵּפְנָה (מִתְפַּנֶּה), קִבֵּל פְּנִיָּה

anregen
נִחֵץ (מְנַחֵץ), הִנְחִיץ (מַנְחִיץ) (פסי׳, רפו׳) [מר״ח/636]. הִמְרִיץ, עוֹרֵר, גֵּרָה (מְגָרֶה)

anregend
מְנַחֵץ, מַנְחִיץ (פסי׳, רפו׳) [מר״ח/636]. מַמְרִיץ, מְעוֹרֵר, מְגָרֶה

Anregung [---> Reizung]
נִחוּץ, הַנְחָצָה (פסי׳, רפו׳) [מר״ח/636]. גֵּרוּי, הַמְרָצָה, עִרוּר. הֶעָרָה, הֲעָרָה [ק/א/191]. זֵרוּז הַשֵּׂכֶל וְהַדַּעַת, רֶמֶז, כַּוָּנָה, הַיְשָׁרָה. עוֹרְרוּת [ק/ג/128]. הִתְעוֹרְרוּת, זֵרוּז, הַפְעָלָה, דְּחִיפָה לְמַשֶּׁהוּ, מִתְקָף, דַּחַף, שְׁאִיפָה, תְּעוּרָה

Anregungsmittel
(חֹמֶר) מְנַחֵץ ((חֳמָרִים) מְנַחֲצִים) (פסי׳, רפו׳) [מר״ח/636]. סְטִימוּלַנְט, עוֹרֵר (עוֹרְרִים), חֹמֶר מְעוֹרֵר, - מַמְרִיץ, - עוֹרְרִי, - מְגָרֶה

anreiben
שָׁחַק (שׁוֹחֵק) [א״ח/א/156]. כִּסְכֵּס (מְכַסְכֵּס), כָּתַשׁ, שִׁפְשֵׁף, קִרְצֵף

Anreiben
שְׁחִיקָה, כְּתִישָׁה, כִּסְכּוּס, שִׁפְשׁוּף, קִרְצוּף

Anreihung
כֶּפֶל סָמוּךְ (רטו׳, בלש׳) [ק/ב/103]. חֲזָרָה סְמוּכָה עַל אוֹתָהּ מִלָּה. כְּשֶׁלְּכָל נוֹשֵׂא בְּסִדְרַת מִשְׁפָּטִים צָמוּד פָּעֳלוֹ הַמְיֻחָד

Anreihungsregel
חֹק הַקִּבּוּצִיּוּת (מתמ׳) חֹק הָאַסּוֹצְיָטִיבִיּוּת

Anreiz
תַּמְרִיץ (פסי׳) [ר/ב/690]. מְנִיעַ לְהִתְנַהֲגוּת מְסֻיֶּמֶת, עִדּוּד עַל יְדֵי גְּמוּל

Anreizung zum Verbrechen ---> Verbrechen, Anstiftung zum

Anrufung
תְּחִנָּה (תְּחִנּוֹת) (דת, מ״ח) עֲתִירָה, תְּפִלָּה, תַּחַן, חִלּוּי, שַׁוְעָה, בַּקָּשַׁת רַחֲמִים

Ansa ---> Schlinge

ansässig
קָבוּעַ (מ״ח) שֶׁל קֶבַע, תּוֹשָׁב, מֻשְׁרָשׁ

ansammeln ---> anhäufen

Ansammlung ---> Anhäufung

Ansatz, Regel vom falschen *{Regula falsi}*
כְּלַל הַקֵּרוּב (מתמ׳) כְּלַל הָאִתּוּר

Ansatz, verheißungsvoller ---> Ansatz, vielversprechender

Ansatz, vielversprechender
גְּלוּמָה (גְּלוּמוֹת), מַה שֶּׁגָּלוּם בְּדָבָר כָּלְשֶׁהוּ אוֹ מִתְבַּשֵּׂר בּוֹ וְנִתָּן לְצַפּוֹת מִמֶּנּוּ

Ansaugen ---> Absorption

Ansaugung ---> Absorption; Aspiration

Anschaffungskosten
מְחִיר מְקוֹרִי (כלכ׳) מְחִיר הַקֶּרֶן, הוֹצָאוֹת לִרְכִישַׁת אֶמְצָעֵי יִצּוּר

anschalten
חִבֵּר (מְחַבֵּר) (טכנ׳) פָּתַח (פּוֹתֵחַ) מַכְשִׁיר חַשְׁמַלִּי

Anschaltung
חִבּוּר (טכנ׳) פְּתִיחָה שֶׁל מַכְשִׁיר חַשְׁמַלִּי

Anschauen
הִסְתַּכְּלוּת (פיל׳)

anschauend
מִסְתַּכֵּל

anschaulich [---> demonstrativ]
נִתָּן לְהִסְתַּכְּלוּת

anschaulich beweisen ---> demonstrieren

anschauliches Denken ---> Denken, anschauliches

Anschauung [---> Meinung]
הַשְׁקָפָה (הַשְׁקָפוֹת) (פיל׳) [ק/א/221]. הִתְבּוֹנְנוּת הַשֵּׂכֶל, מַחֲשָׁבָה וְדֵעָה קְבוּעָה עַל עִנְיָן כָּלְשֶׁהוּ. הִסְתַּכְּלוּת (פסי׳) [ק/א/187; פ״ר/58]. הִתְבּוֹנְנוּת פְּנִימִית, עִיּוּן. הִסְתַּכְּלוּת שִׂכְלִית, עַל פִּי שֶׁלִּינְג: רְאִיָּה שֶׁל הָאֱמֶת הַמֻּחְלֶטֶת בְּכֹחַ חֲוָיָה יְשִׁירָה שֶׁל הַשֵּׂכֶל וְלֹא עַל יְדֵי תַּבְנִית מֻשָּׂגִית. מוּחָשׁ (פיל׳) [ק/ב/160]. מַרְאֶה (פסי׳) [ק/ב/273]. מַה שֶּׁהָעַיִן רוֹאָה, וּבְיִחוּד בְּנִגּוּד לַאֲמִתַּת הַדָּבָר וְעַצְמוּתוֹ, רְאִיָּה בְּעֵינֵי רוּחַ. רְאִיָּה (פיל׳) [ק/ד/11]. בְּחִינַת הָאֱמֶת עַל יְדֵי מַרְאֵה עֵינַיִם, סְקִירַת עַיִן. הֶרְשָׁה (פסי׳) [ק/א/167]

Anschauung, geistige
הַשְׁקָפָה רוּחָנִית (פיל׳) [ק/א/224]. הִשְׁתַּקְּפוּת

Anschauung, intellektuelle
הִסְתַּכְּלוּת אֶשְׁכֵּלִית (פיל׳, פסי׳) הִסְתַּכְּלוּת מַשְׂכֶּלֶת

Anschauungsbild
תַּדְמִית צֶלֶם, דְּמוּת נִדְמֵית (אֵידֶטִית) (פסי׳) [ר/ב/674]. דְּמוּת דְּמוּיָה, תַּדְמוּת נִדְמֵית (אֵידֶטִית), דְּמוּת שֶׁמַּמְשִׁיכִים לִרְאוֹתָהּ בְּעָלִיל אַף־עַל־פִּי שֶׁנֶּעֶלְמָה מֵעֵינֵי הַחוֹזֶה בָּהּ, רְאִיָּה לִכְאוֹרָה שֶׁל מַשָּׂא הַגּוֹרֵם גֵּרוּי חֲזוּתִי גַּם לְאַחַר שֶׁהַגֵּרוּי הוּסַר, זִכְרוֹן הַגֵּרוּי, דִּמְיוֹן אֵידֶטִי

Anschauungsbild(es), Starrheit des
קִפְּאוֹת שֶׁל דְּמוּת נִדְמֵית (אֵידֶטִית) (פסי׳) קִפָּאוֹן שֶׁל תַּדְמוּת נִדְמֵית

Anschauungsbild(es), Verlagerung des
הֶתֵּקוּת שֶׁל דְּמוּת נִדְמֵית (אֵידֶטִית) (פסי׳) הַהֲקָה שֶׁל תַּדְמוּת נִדְמֵית

Anschein nach, dem
לִכְאוֹרָה [ק/ג/275]. לְמַשְׁמַע הַקּוֹל, לְמַרְאִית עַיִן, כְּפִי שֶׁהַדָּבָר נִרְאֶה, בְּהַשְׁקָפָה שִׁטְחִית, לְפִי מַה שֶּׁנִּרְאֶה לָעַיִן

anschicken, sich
הָיָה מוּכָן וּמְזֻמָּן לְ...

Anschlag [---> Plakat]
הִתְנַקְּשׁוּת (הִתְנַקְּשֻׁיּוֹת) (משפ׳, מדי׳) פְּגִיעָה לְרָעָה בְּגוּפוֹ שֶׁל אָדָם. מַגּוּעַ (מוס׳) סִגְנוֹן

הַנְּגִיעָה בִּכְלִי נְגִינָה מְסֻיָּם

anschlagen

בָּטַשׁ (בּוֹטֵשׁ) [ק/א/87]. הִכָּה (מַכֶּה)

anschließen

הִצְטָרֵף לְ... [ק/ד/24]. רָדַף, הָלַךְ בְּעִקְּבוֹת...,
נִמְשַׁךְ אַחַר..., נִלְוָה אֶל...

Anschließung ---> Angliederung

Anschoppung ---> Gefäßstauung

Anschrift

מַעַן (מְעָנִים), כְּתֹבֶת (כְּתוֹבוֹת)

Anschüttung ---> Erddamm, kleiner

Anschuldigung ---> Anklage

anschwatzen

הִשִּׁיא (מַשִּׁיא) בִּדְבַר שְׂפָתַיִם, פִּתָּה בַּחֲלַקּוֹת
לָשׁוֹן, מָשַׁךְ בְּנֹעַם דְּבָרִים

anschwellbar ---> erigibel

anschwellen

צָבָה (צוֹבֶה), נִצְבָּה (נִצְבֶּה), הִתְנַפֵּחַ (מִתְנַפֵּחַ),
הִתְנַפַּח, צָבָה (מַצְבֶּה), הִצְבָּה (מַצְבֶּה), הִפְשָׂה
(מַפְשֶׂה), גָּרַם שֶׁיִּהְיֶה רָחָב וְתָפוּחַ, הִתְפִּיחַ,
תָּפַח (תּוֹפֵחַ), בִּטְבֵּט (מְבַטְבֵּט)

Anschwellung *{Intumescentia}* **[---> Geschwollensein]**

תְּפִיחָה (רפו׳) תְּפוּפַּחַת, תַּפְחוּחִית, בִּטְבּוּט

Anschwemmung [---> Anlandung]

טִיּוּן (היד׳, גאו׳) אַלּוּבִיאַצְיָה, הַגְדָּלַת שֶׁטַח
הַיַּבָּשָׁה עַל יְדֵי שְׁקִיעַת סְחֹפֶת

Ansehen

יְקָרָה (מ״ח) סַמְכוּת, מַעֲמַד סַמְכוּת, חֲשִׁיבוּת,
מוֹנִיטִין

Ansehung, in

לְגַבֵּי, בִּדְבַר..., בְּיַחַס לְ..., מִתּוֹךְ נְתִינַת דַּעַת
לְ..., בְּשִׂים לֵב

Ansehung dessen, daß..., in

אִם נָבִיא בְּחֶשְׁבּוֹן כִּי..., בְּהִתְחַשֵּׁב בָּעֻבְדָּה שֶׁ...

ansetzen, Frucht ---> Frucht ansetzen

ansetzen auf den Herd ---> Herd, ansetzen auf den

Ansich, das

הַכְּשֶׁלְּעַצְמוֹ (פיל׳) [פ״ר/86]

Ansichseiende, das

מַה שֶּׁהוֹוֶה כְּשֶׁלְּעַצְמוֹ (פיל׳)

Ansicht ---> Anschauung; Meinung

Ansicht, abgewickelte

מַרְאֶה פָּרוּס (אמנ׳, טכנ׳)

Ansicht, abweichende

דַּעַת מִעוּט (משפ׳) הַדֵּעָה הַחוֹלֶקֶת

Ansicht, Befestigung einer ---> Befestigung einer Ansicht

Ansicht, nach

לְפִי דַּעַת... [ק/א/73]. אֵצֶל, בְּעֵינֵי...

Ansicht, zur

בְּהַצָּעָה (כלכ׳) לְעִיּוּן בִּלְבַד

Ansichziehen

מְשִׁיכָה (מְשִׁיכוֹת) [א״ח/ג/189]

Ansiedlung ohne Rechtstitel

תְּפִיסַת אֲדָמוֹת (כלכ׳, משפ׳) הִתְיַשְּׁבוּת בִּלְתִּי
חֻקִּית, תְּפִיסַת בִּנְיָנִים

anspannen

רָתַם (רוֹתֵם) (חקל׳) קָשַׁר בְּהֵמָה בִּרְתָמָה

Anspannung

מְתִיחוּת (פסי׳) [ר/ב/426]. מֶתַח, מַצַּב רְגוּשִׁי
שֶׁל לַחַץ נַפְשִׁי הַנּוֹבֵעַ מֵאִי סִפּוּק שֶׁל צֹרֶךְ,
מֵחֲסִימַת הַמַּאֲמָצִים לְהַשִּׂיג מַטָּרָה אוֹ מִכָּל
מַאֲמָץ מֻגְבָּר שֶׁהוּא, מַצָּב שֶׁל חֹסֶר אִזּוּן
בְּמַעֲרֶכֶת מְסֻיֶּמֶת, מִתּוּחַ

anspielen

רָמַז (רוֹמֵז) [ק/ד/44]. הוֹרָה עַל דְּבַר-מָה
בִּרְמִיזָה, הֵעִיר בְּקִצּוּר, אִרְמֵז (מְאַרְמֵז)

Anspielung

אֶרְמֵז

Anspielung betreffend, die

אֶרְמֵזִי

anspießen

שִׁפֵּד (מְשַׁפֵּד), שָׁפַד (שׁוֹפֵד), דָּקַר, תָּקַע דָּבָר
חַד

Ansporn ---> Anreiz

Ansprechbarkeit ---> Zugänglichkeit

Ansprechempfindlichkeit

הֵעָנוּת

Ansprechzeit ---> Reaktionszeit

Anspruch

תְּבִיעַת זְכוּת [ק/א/323]. זְכוּת (זְכֻיּוֹת), חֹק,
זְכוּת מִשְׁפָּטִית, זַכָּאוּת, הֱיוֹת זַכַּאי לְמַשֶּׁהוּ.
תְּבִיעָה, טַעֲנָה

Anspruch, gesetzlicher ---> Rechtsanspruch

Anspruch verzichten, auf einen

וִתֵּר עַל תְּבִיעָה (משפ׳)

Anspruchsniveau

רָמַת הַשְּׁאִיפָה (פסי׳, מ״ח) [ר/ב/646]. מִסְגֶּרֶת
הִתְיַחֲסוּת שֶׁבָּהּ הַיָּחִיד מַעֲרִיךְ אֶת הֶשֵּׂגָיו
וּבִתְחוּמָהּ נָעוֹת תּוֹחֲלוֹת הֶשֵּׂגִים אֵלּוּ

anständig

מְהֻגָּן (אתי׳) [ק/ב/237]. מוּסָרְנִי, גָּדוּר בָּעֲרָיוֹת,
צַדִּיק, שָׁלֵם בְּמִדּוֹת הַחֲסִידוּת, מוּרָלִי

Anständigkeit

מְהֻגָּנוּת (אתי׳) מוּסָרְנִיּוּת

Anstaltsverwahrlosung ---> Hospitalismus

Anstand, äußerer

יָאוּת (מ״ח) גִּנּוּנִים, דֶּרֶךְ אֶרֶץ, נִימוּסֵי גֵּו

Anstandsdame

שׁוֹמֶרֶת רֶגֶל (מ״ח) מַשְׁגִּיחָה עַל צְנִיעוּת
צְעִירוֹת, אֶפִּיטְרוֹפְּסִית

anstatt daß...

בִּמְקוֹם שֶׁ..., עַד שֶׁ...

anstauen, Wasser ---> Wasser anstauen

Anstaunen(s), Modalität des

דַּרְכִּיּוּת הַתְּמִיהָה (בלש׳, רטו׳) [ק/ב/217;
ק/ד/210]. מְנִיעַ הַמַּאֲמָר שֶׁל הַתְּמִיהָה
הַמְשַׁמֵּשׁ לְהַבָּעַת תִּמָּהוֹן וּפְלִיאָה

anstecken

קָשַׁר (קוֹשֵׁר) (טכנ׳) רָכַס, עָנַד

ansteckend *{virulent; infektiös; kontagiös}*

מְדַבֵּק (מְדַבֶּקֶת) (רפו׳) זַהֲרִי, זַהֲרָנִי, זָהֳמִי,
מִיאַזְמִי, מְחוֹלֵל מַחֲלוֹת, אַלִּים, אַלִּימוּתִי,
אַרְסִי, מְחוֹלֵל מַחֲלוֹת

ansteckend, nicht

לֹא מְדַבֵּק (רפוי) אִי זָהִיר, בִּלְתִּי זַהֲרָנִי, שֶׁאֵינוֹ מְדַבֵּק, לֹא אַרְסִי

Ansteckung

הַדְבָּקוּת (רפוי)

Ansteckung, soziale

הַדְבָּקוּת חֶבְרָתִית (מ״ח, פסי׳) [ר/א/194]. נְפִיצָה כְּמוֹ מַגֵּפָתִית שֶׁל דַּרְכֵי הִתְנַהֲגוּת, אָפְנוֹת, דֵּעוֹת, נְטִיּוֹת וַהֲלָכֵי רוּחַ בְּחֶבְרָה מְסֻיֶּמֶת

Ansteckungsfähigkeit

הַדְבָּקִיּוּת (רפוי) זַהֲרִיּוּת, אַלִּימוּת, יְכֹלֶת הַדְבָּקָה, אַרְסִיּוּת, יְכֹלֶת גְּרִימַת מַחֲלוֹת

Ansteckungsstoff

נְגִיעַ (רפוי) כָּל חֹמֶר מְנַגֵּעַ

Anstellungsvertrag

חוֹזֵה הָעֲסָקָה (כלכ׳)

Anstieg der Aufmerksamkeit ---> Aufmerksamkeit, Anstieg der

anstiften

הֵסִית, הִסִּית (מֵסִית, מַסִּית), הִדִּיחַ, עוֹדֵד לִדְבַר עֲבֵרָה

Anstifter

שֻׁתָּף לִפְנֵי מַעֲשֶׂה (משפ׳)

Anstiftung zum Verbrechen ---> Verbrechen, Anstiftung zum

anstimmen

פָּצַח (פּוֹצֵחַ) בְּזִמְרָה (מוס׳)

Anstoß ---> Impuls

Anstoß(es), Stein des ---> Stein des Anstoßes

Anstoß an jemandem nehmen

הִשִּׂיג עַל פְּלוֹנִי [ק/ב/285]. טָעַן וְהִקְשָׁה עַל דְּבָרָיו, עִרְעֵר עַל דַּעְתּוֹ

anstoßend

נוֹגֵעַ [ק/ב/211]. מְמַשֵּׁשׁ, פּוֹגֵשׁ, פּוֹגֵעַ. מִתְקָרֵב [ק/ב/328]. קָרוֹב, שָׁכֵן, מִצְרָן, גּוֹבֵל, מַשִּׁיק, נוֹגֵעַ. נִפְגָּשׁ [ק/ג/53]. נִתְקָל בְּ..., דָּבֵק, מִתְדַּבֵּק. סָמוּךְ [ק/ג/104]. דָּבוּק, מִצְרָנִי, צָמוּד

anstreben

חָתַר (חוֹתֵר) [ק/א/338]. דָּרַשׁ, בִּקֵּשׁ, חָקַר, הִתְאַמֵּץ, שָׁקַד (שׁוֹקֵד)

anstreichen

טִיֵּחַ (מְטַיֵּחַ) (אדר׳) טָח, מָרַח בְּטִיחַ, טִיֵּט (מְטַיֵּט), סִיֵּד (מְסַיֵּד)

Anstreichen

טִיחָה (אדר׳) טִיּוּחַ, מְרִיחָה בְּטִיחַ, טִיּוּט, סִיּוּד

Anstreicher

טַיָּח (טַיָּחִים) (מלא׳) סַיָּד

anstrengen, sich

הִתְאַמֵּץ (מִתְאַמֵּץ) [ק/ג/207]. פָּצַר (פּוֹצֵר), הִתְיַגֵּעַ (מִתְיַגֵּעַ), הִשְׁתַּדֵּל הַרְבֵּה

Anstrengung

הִתְאַמְּצוּת [ק/א/169]. טֹרַח, הַטְרָחָה, יְגִיעָה. הִתְעַצְּמוּת [ק/א/242]. מַאֲמָץ [ר/ב/344]. הָעֲבוֹדָה הַנִּדְרֶשֶׁת כְּדֵי לְבַצֵּעַ פְּעֻלָּה כָּלְשֶׁהִי. הַגָּעָה [ק/א/157]. חֹזֶק הַפְּעֻלָּה, הִשְׁתַּדְּלוּת

Anstrichmasse

עִסַּת מְשִׁיחָה (אמנ׳, דפו׳) [ממ״ג/13]. עִסָּה הַנִּמְשַׁחַת עַל פְּנֵי הַנְּיָר כְּדֵי לַעֲשׂוֹתוֹ נְיַר הַשָּׁאָה

Antagonisation

סִנְגּוּד (מדע) גְּרִימַת נִגּוּד

Antagonismus [---> Gegensatz; Widerstreit]

סַנְגָּדוּת (מדע) נַגְדָּנוּת, אַנְטָגוֹנִיזְם, נִגּוּדִיּוּת, עֻמָּה

Antagonismus anregen

סִנְגֵּד (מְסַנְגֵּד) (מדע) עוֹרֵר נִגּוּד

Antagonist

סַנְגָּד (סַנְגָּדִים) (מדע) [מר״ח/52]. אַנְטָגוֹנִיסְט, מִתְנַגֵּד, מִתְחָרֶה. דְּמוּת סַנְגָּדִית (ספר׳) [כ״ס/48]. דְּמוּת הַנֶּגֶד, - סִפּוּרִית הַנִּבְדֶּלֶת בְּתַכְלִית מִדְּמוּת אַחֶרֶת הַמּוֹפִיעָה בַּיְּצִירָה

antagonistisch

סַנְגָּדִי (מדע) אַנְטָגוֹנִיסְטִי, מְנַגֵּד, נִגּוּדִי

Antenne

מְשׁוֹשָׁה (מְשׁוֹשׁוֹת) (טכנ׳) [ל״מ/82]. אַנְטֶנָּה, תַּיִל הַמְשַׁמֵּשׁ לְשִׁדּוּר גַּלֵּי רַדְיוֹ וְלִקְלִיטָתָם, מָשׁוֹשׁ

anterograde Amnesie ---> Amnesie, anterograde

Antezedens [---> Prämisse; Vordersatz]

קוֹדְמָן (פיל׳) [ק/א/111; מ״ב/18]. גְּזֵרָה רִאשׁוֹנָה, מַקְדִּים, זוֹקֵק, הָאֵבֶר הַקִּדְמִי A שֶׁל הַשְּׁמַע (אִימְפְּלִיקַצְיָה): ״אִם A אָז B״, שֶׁהָאֵבֶר הָאֲחוֹרִי (B) שֶׁבּוֹ קָרוּי אוֹחְרָן, יַחַס בֵּין שְׁנֵי מְשָׁאִים אוֹ יוֹתֵר הַמְאַפְיֵן בִּכְלָלִים הַבָּאִים: 1. אַף מָשָׂא אֵינוֹ מַקְדִּים אֶת עַצְמוֹ, 2. אִם A מַקְדִּים אֶת B, וְ-B מַקְדִּים אֶת C, הֲרֵי שֶׁ-A מַקְדִּים אֶת C. רֵישָׁה (רֵישׁוֹת) (כתמ׳) [ק/ג/268]. קוֹדֶם, הַנָּחָה, הַקְדָּמָה

Anthere ---> Staubbeutel

Anthologie

מִקְרָאָה (מִקְרָאוֹת) (ספרנ׳) אַנְתוֹלוֹגְיָה, קֹבֶץ יְצִירוֹת סִפְרוּת, לֶקֶט סִפְרוּת

Anthrax ---> Milzbrand

Anthrazitkohle ---> Steinkohle

Anthropoid ---> Menschenaffe

Anthropologe

אֱנָשַׁאי (אֱנוֹשָׁאִי) (אנת׳) אַנְתְּרוֹפּוֹלוֹג

Anthropologie

אֱנָשָׁאוּת (אֱנוֹשָׁאוּת) (אנת׳) [מר״ח/55]. אַנְתְּרוֹפּוֹלוֹגְיָה

Anthropometrie

מִיּוּד הָאָדָם (אנת׳, רפוי) אַנְתְּרוֹפּוֹמֶטְרִיָּה, מַדַּע מְדִידַת אֵבְרֵי גּוּף הָאָדָם

anthropomorphisch ---> vermenschlicht

anthropomorphischer Metapher ---> Metapher, anthropomorphischer

Anthropomorphismus ---> Vermenschlichung

Anthropomorphismus, krasser ---> Vermenschlichung, krasse

Anthropomorphist ---> Vermenschlicher

anthropomorphistisch ---> vermenschlicht

anthropopathisch

בַּעַל רְגָשׁוֹת אֱנוֹשׁ

Antibiotikum

סַנְגַּד חַיָּאִים (ביו׳) חֹמֶר אַנְטִיבִּיוֹטִי

Antidot ---> Gegenmittel

Antigen

אֶנְגֶּד (אֶנְגָּדִים) (ביו') [מר״ח/56; ל״ב/37]. אַנְטִיגֶן, חֹמֶר הַמְעוֹרֵר יְצִירַת נוֹגְדָנִים בְּגוּפוֹ שֶׁל בַּעַל חַיִּים

Antigene, Nichtreagieren auf *{Anergie}*

הֶעְדֵּר תְּגוּבָה חִסּוּנִית (רפו')

Antiheld

נֶגֶדְגִּבּוֹר (ספר') [מ״ס/46]. אַנְטִי גִּבּוֹר, גִּבּוֹר יְצִירָה סִפְרוּתִית בַּעַל תְּכוּנוֹת הַנּוֹגְדוֹת אֶת אֵלּוּ שֶׁל גִּבּוֹר סִפְרוּתִי מְקֻבָּל

antiklinal

קִמְרִי (גאו', י״א) שֶׁל קֶמֶר (אַנְטִיקְלִינָה)

Antiklinale *{Antikline}*

קֶמֶר (קְמָרִים) (גאו', י״א) אַנְטִיקְלִינָה, קִמְרוֹן שֶׁל שִׁכְבוֹת סְלָעִים הַנּוֹצָר בְּעֵת הִתְקַמְּטוּתָן

Antiklinorium

קִמֹּרֶת (גאו', י״א) אַנְטִיקְלִינוֹרְיוֹן

Antikoagulans ---> Gerinnungshemmer

Antikörper

נוֹגְדָן (נוֹגְדָנִים) (ביו') [מר״ח/55; ל״ב/159]. נֶגְדָן, חֶלְבּוֹן הַנּוֹצָר אֵצֶל חֻלְיָתָן כַּאֲשֶׁר אֶנְגֶּד (אַנְטִיגֶן) חוֹדֵר לְנוֹזְלֵי גּוּפוֹ

Antikonvulsivum

סַם נוֹגֵד פִּרְכּוּסִים (רפו')

Antinomie

זִפּוּךְ (מדע) אַנְטִינוֹמְיָה, סְתִירָה שֶׁבֵּין שְׁתֵּי הַנָּחוֹת הַמְקֻבָּלוֹת כִּנְכוֹנוֹת וּמַפְרִיכוֹת זוֹ אֶת זוֹ

antinomisch

זִפּוּכִי (מדע) אַנְטִינוֹמִי, סוֹתֵר

Antipathie ---> Abneigung; Aversion

Antipode

אֶקְטָב, אַנְטִיפּוֹד, זֶה שֶׁמִּנֶּגֶד בְּתַכְלִית לְזוּלָתוֹ

Antiquar

מוֹכֵר סְפָרִים עַתִּיקִים (ספרנ', כלכ')

Antiquariat

בֵּית מִסְחָר לִסְפָרִים מְשֻׁמָּשִׁים (ספרנ', כלכ') אַנְטִיקְוָורְיָאט

antiquarisch

מְשֻׁמָּשׁ, עַתִּיק, יָשָׁן, נוֹשָׁן, אַנְטִיקְוָורִי

Antisepsis ---> Desinfektion

Antiseptikum

נוֹגֵד אֶלַח (רפו') חֹמֶר הַמּוֹנֵעַ זִהוּם שֶׁנִּמְשָׁךְ מֵאוּלִים (אוֹרְגָנִיזְמִים) מַזִּיקִים

Antiserum

נַסְיוּב נוֹגְדָנִי (רפו') [ל״ב/37]. נַסְיוּב נֶגֶד, נוֹזֵל הַדָּם הַמֵּכִיל נוֹגְדָנִים פְּעִילִים נֶגֶד מַחֲלָה מְסֻיֶּמֶת

Antispasmodikum

נוֹגֵד עֲוִית (נוֹגְדֵי עֲוִית) (רפו')

antisozial

נֶגֶד חֶבְרָתִי (פסי', מ״ח) [ר/א/74]. אַנְטִי סוֹצְיָאלִי

Antithese

טַעֲנָגְדָּה (טַעֲנוֹגְדָה) (פיל') [ק/ב/130; ק/ג/16]. מַאֲמָר נֶגְדִּי, הַנָּחַת נִגּוּד, הַנָּחָה שֶׁכְּנֶגֶד, אַנְטִיתֵזָה, הִפּוּךְ, הוֹכָחָה שֶׁכְּנֶגֶד, סְתִירָה, הַעֲמָדַת דָּבָר כְּנֶגֶד הַפּוֹכוֹ, נִגּוּד, עַל פִּי הֶגֶל כָּל תַּהֲלִיךְ הִתְפַּתְּחוּת מְהַוֶּה חֵלֶק מִשִּׁלּוּשׁ (טְרִיאָדָה): הוּא מַתְחִיל בְּהַנָּחַת יְסוֹד (תֵּזָה) הָעוֹבֶרֶת לְטַעֲנָגְדָּה הַמִּתְבַּטֶּלֶת (מוּשֶׂמֶת לְעַל) מִצִּדָּהּ עַל יְדֵי הָאַצְרָפָה (סִינְתֶּזָה). מִשְׁפָּט מִתְנַגֵּד (פיל') [ק/ב/301]

Antithesis ---> Antithese

Antithetik

מַעֲרֶכֶת הַנָּחוֹת שֶׁכְּנֶגֶד (פיל')

Antitoxin

מְרַעֲלָן (ביו', כימ') סוֹתֵר רַעֲלָן, אַנְטִיטוֹקְסִין, נֶגֶד רַעֲלָן, סַם נֶגֶד רַעַל, נוֹגְדָן יְחוּדִי שֶׁל נַסְיוּב הַדָּם

Antizipation ---> Vorgriff; Vordeutung

Antizipation der Reaktion ---> Reaktion, Vorwegnahme der

antizipieren ---> vorgreifen

antizipiert

מְטֹרָם

Antizyklon ---> Hochdruckgebiet

Antlitz [---> Gesicht]

קְלַסְתֵּר (קְלַסְתְּרִים) (רפו', אסת') צוּרַת הַפָּנִים, זִיו הַפָּנִים, תְּוֵי פָּנִים

Antonomasie

שִׁנְשׁוּם (פיל', בלש') [ק/ב/159; מ״ב/18]. מוּדָע, מְדוּעַ, כִּנּוּי סוּג עַל שְׁמוֹ הַפְּרָטִי שֶׁל נְצִיג אָפְיָנִי שֶׁלּוֹ. אַנְטוֹנוֹמַסְיָה, שִׁנּוּי שֵׁם, הֲמָרַת שֵׁם. שִׁנְשׁוּם לִכְלָל: הַחְלָפַת שֵׁם עֶצֶם פְּרָטִי בְּשֵׁם עֶצֶם כְּלָלִי, לְמָשָׁל: "עִיר הַקֹּדֶשׁ" (בִּמְקוֹם: יְרוּשָׁלַיִם), "דָּבָר אַחֵר" (בִּמְקוֹם: חֲזִיר). שִׁנְשׁוּם לִפְרָט: הַחְלָפַת שֵׁם עֶצֶם כְּלָלִי בְּשֵׁם עֶצֶם פְּרָטִי, לְמָשָׁל: "קֹרַח" (בִּמְקוֹם: אָדָם עָשִׁיר מְאֹד), "נָבָל" (בִּמְקוֹם: אָדָם מְנֻוָּל)

Antonomasticus

שֵׁם מוּדָע (בלש', פיל') [ק/ב/307]. שֵׁם עֶצֶם פְּרָטִי שֶׁהֻחְלַף בְּשֵׁם עֶצֶם כְּלָלִי אוֹ בְּצֵרוּף מִלִּים

Antonym ---> Gegenwort

Antrag stattgeben, einem

נַעֲנָה (נַעֲנָה) לְבַקָּשָׁה (משפ') נֶעְתַּר לְבַקָּשָׁה

Antragsteller

עוֹתֵר (עוֹתְרִים) (משפ') מִי שֶׁמּוֹסֵר עֲתִירָה לְעַרְכָּאָה גְּבֹהָה

antreffen

נִתְקַל (נִתְקַל) בְּ..., נִזְדַּמֵּן לְ..., נִפְגַּשׁ עִם..., הִפְגִּיעַ בְּ..., נִקְרָה לְ...

antreibend ---> vorwärtstreibend

Antrieb [---> Impuls; Streben, zielgerichtetes; Vorwärtsbewegung]

הִתְעוֹרְרוּת (פסי') [ק/א/241]. הִתְאַמְּצוּת הַמַּחֲשָׁבָה וְהָרָצוֹן. הֶעָרַת הַדַּעַת, הִתְלַהֲבוּת הַנֶּפֶשׁ. עוֹרְרוּת [ק/ג/128]. זֵרוּז, הַפְעָלָה, דְּחִיפָה לְמַשֶּׁהוּ, מִתְקָף, דַּחַף, שְׁאִיפָה, תְּעוּרָה

Antriebskraft

מְנִיעַ (מְנִיעִים) (פיל') [ק/ב/216]. הַגּוֹרֵם לִתְנוּעָה, מְסַבֵּב הַתְּנוּעָה, סִבַּת הַיְּצִיאָה מִן הַכֹּחַ אֶל הַפֹּעַל, הַכֹּחַ הַפּוֹעֵל בַּחֹמֶר לְקַבֵּל צוּרָה יְדוּעָה. מְנַעְנֵעַ (פיל') [ק/ב/220]. מֵבִיא לִידֵי פְּעֻלָּה אוֹ תְּנוּעָה. מְעוֹרֵר (פיל') [ק/ב/233]. מַשְׁפִּיעַ, מַמְרִיץ

Antriebsscheibe

גַּלְגַּל מֵנִיעַ (טכנ')

Antriebswelle

גַּל הֶנֵּעַ (טכנ') מוֹט גְּלִילִי בַּמָּנוֹעַ הַמּוֹסֵר תְּנוּעָה לְחֶלְקֵי הַמְּכוֹנָה

Antrum ---> Hohlraum

Antwort

תְּשׁוּבָה, מַעֲנֶה (מַעֲנִים), תְּגוּבָה, הֲגָבָה

Antworthäufigkeit ---> Antwortrate

Antwortrate

שִׁעוּר הַתְּגוּבָה (מ״ח, פסי') [מ״מ/221]. חֶלְקָם שֶׁל הַנִּבְדָּקִים שֶׁנּוֹעֲדוּ לְהִכָּלֵל בְּמִדְגָּם וְאָכֵן נִבְדְּקוּ

Antwortsender *{Transponder}*

מַעֲנָן (טכנ')

Anundfürsichsein, das

הֱיוֹת כְּשֶׁלְּעַצְמוֹ וּבִשְׁבִיל עַצְמוֹ (פיל') [פ״ר/96]. עַל פִּי הֶגֶל: בִּטּוּי הַמְּצַיֵּן אֶת אֹפֶן קִיּוּמָהּ שֶׁל מַעֲרֶכֶת שֶׁהִגְשִׁימָה אֶת מַהוּתָהּ בְּתוֹךְ ״הָאַחֵר״ שֶׁלָּהּ וְחָזְרָה אֶל עַצְמָהּ בְּתוֹכוֹ

Anurie ---> Harnverhaltung

anuriebezüglich ---> Harnverhaltung betreffend, die

Anus

פִּי־טַבַּעַת (רפו') [מר״ח/57]. פִּי הַטַּבַּעַת

Anwartschaft

סִבְרוֹן לְ..., סִכּוּי סָבִיר לְ..., מִבְטָח שֶׁ...

Anweisung

הַמְחָאָה (הַמְחָאוֹת) (כלכ')

anwendbar

שָׁמִישׁ, שֶׁנִּתָּן לְשִׁמּוּשׁ, יָשִׂים, רָאוּי לְשִׁמּוּשׁ, מַתְאִים, נִתְחָל, תָּקֵף, שֶׁיֵּשׁ לוֹ תֹּקֶף

Anwendbarkeit [---> Angemessenheit; Eignung]

שְׁמִישׁוּת, יְכֹלֶת הַשִּׁמּוּשׁ, חָלוּת, תְּחוּלָה, הֱיוֹת דָּבָר חָל עַל..., תְּקֵפוּת, הֱיוֹת בְּתֹקֶף, יְשִׂימוּת, הַיְכֹלֶת לְהָבִיא דָּבָר עִיּוּנִי לִידֵי שִׁמּוּשׁ מַעֲשִׂי, יִשּׂוּם

Anwendbarkeit, Bereich der *{logischer Umfang}*

תְּחוּם הֶחָלוּת (פיל') הֶקֵּף הַמֻּשָּׂג, טְוַח הַתְּחוּלָה, מִתְחַם הַתְּחוּלָה, מִכְלוֹל כָּל הָעֲצָמִים וְהַמֻּשָּׂגִים שֶׁכְּלַפֵּיהֶם אֶפְשָׁר לְהִשְׁתַּמֵּשׁ בַּמֻּשָּׂג הַנָּתוּן כְּנָשׂוּא מִבְּלִי לְהִסְתַּבֵּךְ בִּסְתִירָה

anwenden

הֶחִיל (מֵחִיל) [פ״ר/135]. חָל עַל..., גָּרַם שֶׁיָּחוּל. שִׁמֵּשׁ (מְשַׁמֵּשׁ) [ק/ג/54]. נָפַל עַל..., נָתַן עִנְיָן לְ..., רָמַז עַל..., הוֹרָה עַל..., צָדַק עַל..., צִיֵּן, יִשֵּׂם (מְיַשֵּׂם), הִשְׁתַּמֵּשׁ

anwenden, einen Ausdruck

הִתְבַּטֵּא (מִתְבַּטֵּא) (בלש', ספר') [ק/ג/173]. עָשָׂה (עוֹשֶׂה), הִשְׁתַּמֵּשׁ בְּבִטּוּי כָּלְשֶׁהוּ

Anwenderprogramm

תָּכְנִית יִשּׂוּם (מחש') [דמ״א/10]. תָּכְנִית לְפִתְרוֹן בְּעָיוֹת מֻגְדָּרוֹת

Anwendersoftware ---> Anwenderprogramm

Anwendung

הֶחָלָה, תְּחוּלָה, שִׁמּוּשׁ, יִשּׂוּם, הַפְעָלָה, הֲבָאָה לְשִׁמּוּשׁ, אַפְּלִיקַצְיָה

Anwendung, Leichtigkeit der

שְׁמוּשִׁיּוּת, קַלּוּת הַשִּׁמּוּשׁ

Anwendungssoftware

תָּכְנָה יִשּׂוּמִית (מחש')

Anwesen

חֲצֵרִים (משפ') בִּנְיָן וְחֶלְקַת הַקַּרְקַע שֶׁמִּסְּבִיבוֹ

Anwesenheit ---> Vorhandensein

Anwesenheit, in

בְּמַעֲמָד, בְּנוֹכְחוּת

Anzahl, beschlußfähige

מִנְיָן חֻקִּי (משפ', מדי') קְווֹרוּם, מִנְיָן מַסְכִּים לְשֵׁם קַבָּלַת הַחְלָטוֹת

anzapfen

בָּרַז (בּוֹרֵז) (טכנ') בֵּרֵז (מְבָרֵז), הִתְקִין בֶּרֶז לְשֵׁם הוֹצָאַת נוֹזְלִים, פָּתַח בֶּרֶז, מָשַׁךְ נוֹזְלִים מִמָּקוֹר כָּלְשֶׁהוּ. כָּבַשׁ (כּוֹבֵשׁ) (היד', י״א) כְּשֶׁנָּהָר מְגֻלִּיל נָהָר מְסֻיָּם פּוֹרֵץ אֶת קַו פָּרָשַׁת הַמַּיִם וּמְצָרֵף נָהָר מְגֻלִּיל נָהָר אַחֵר לִגְלִילוֹ

Anzapfen

בְּרִזָּה (טכנ') בְּרִיזָה, הַתְקָנַת בֶּרֶז לְשֵׁם הוֹצָאַת נוֹזְלִים, פְּתִיחַת בֶּרֶז, מְשִׁיכַת נוֹזְלִים מִמָּקוֹר כָּלְשֶׁהוּ. כִּבּוּשׁ (היד', י״א) תּוֹפָעָה שֶׁבָּהּ נָהָר פּוֹרֵץ אֶת קַו פָּרָשַׁת הַמַּיִם וּמוֹשֵׁךְ אֶת מֵימֵי נָהָר מְגֻלִּיל נָהָר אַחֵר לִגְלִילוֹ שֶׁלּוֹ

Anzeichen ---> Symptom

Anzeige [---> Bildschirmanzeige]

הוֹרָיָה (טכנ')

Anzeigefehler

טָעוּת הוֹרָיָה (טכנ')

Anzeigefeld ---> Bildschirmgerät

anzeigen

הוֹרָה (מוֹרֶה) (טכנ')

Anzeiger

חָו (חָוִים) (טכנ') קְצֵה הַמָּחוֹג בְּמַכְשִׁירֵי מְדִידָה, מַחֲוָן (מַחֲוָנִים), הֶתְקֵן הַמַּרְאֶה עַל כִּוּוּן מְסֻיָּם

anziehen [---> ankleiden]

גָּדַב (גּוֹדֵב) (פסי') [מר״ח/87]. מָשַׁךְ

anziehen, eine Schraube ---> Schraube anziehen, eine

anziehend

גּוֹדֵב, גְּדִיבִי (פסי') מוֹשֵׁךְ, אַטְרַקְטִיבִי

Anzieher ---> Abduktor

Anziehung

גְּדִיבָה (פסי') [מר״ח/87]. אַטְרַקְצְיָה. מְשִׁיכָה (פיס', פסי') [ק/ב/292]. בְּנִגּוּד לִדְחִיָּה, מִמְשָׁךְ, מְשִׁיכַת גּוּמְלִין, כֹּחַ הַמּוֹשֵׁךְ. תְּשׁוּקָה [ק/ד/220]. חֲשִׁקָה שֶׁל יֵצֶר, חֶמְדָּה, אִוּוּי, הִתְאַוּוּת, כְּמִיהָה, שְׁאִיפָה

Anziehung, elektrische

מְשִׁיכָה חַשְׁמַלִּית (פיס') [ל״מ/276]. הַכֹּחַ הַפּוֹעֵל בֵּין שְׁנֵי מִטְעָנִים חַשְׁמַלִּיִּים בַּעֲלֵי סִימָן שׁוֹנֶה

Anziehung, gravitationelle

מְשִׁיכַת גְּבִידָה (פיס') מְשִׁיכַת כְּבִידָה, - גְּרָבִיטַצְיָה

Anziehung, sexuelle

מְשִׁיכָה זוּגִית (פסי') [ר/ב/418]. מְשִׁיכָה מִינִית

Anziehungskraft

גְּדִיבוּת (פסי', פיס') [ק/א/180]. כֹּחַ הַמּוֹשֵׁךְ, גְּדִיבִיּוּת, אַטְרַקְטִיבִיּוּת, כֹּחַ מְשִׁיכָה, רְכִישַׁת לְבָבוֹת

Anziehungskraft, sexuelle *{Sex appeal}*
גְּדִיבוּת זְוִיגִית (פסי׳) [מר״ח/613]. תְּבִיעָנוּת, כֹּחַ מְשִׁיכָה מִינִית

anzielen ---> zielen
Anzielung ---> Zielung
anzüchten ---> züchten
Anzünden
הַדְלָקָה, אַדְלָקָה, הַבְעָרַת אֵשׁ

Aorta abdominalis
וְתִין בִּטְנִי (רפו׳) אַב הָעוֹרְקִים שֶׁל הַבֶּטֶן

aortabezüglich
וְתִינִי (רפו׳) שֶׁל וָתִין, - אַב הָעוֹרְקִים

Aortastenose
צָרוּת הַוָּתִין (רפו׳) הִצָּרוּת אַב הָעוֹרְקִים

Aortenisthumsstenose
צִיּוּק הַוָּתִין (רפו׳) [מר״ח/165]. צִיּוּק אַב הָעוֹרְקִים

Apagoge
הֶקֵּשׁ הָרְתִיעָה (פיל׳) [ק/ד/63]

apagogische Schlußfolgerung ---> Schlußfolgerung, apagogische
apagogischer Beweis ---> Beweis, apagogischer
Apathie [---> Gleichgültigkeit]
אִדָּשׁוֹן (רפו׳, פסי׳) [ר/א/85; מר״ח/58]. אַפַּתְיָה, חֹסֶר תְּגוּבָתִיּוּת, אִי הִתְעַנְיְנוּת מֻחְלֶטֶת, תְּמִהוּת

apathisch [---> gleichgültig]
אֲדִשׁוֹנִי (רפו׳, פסי׳) [ר/א/85]. אַפַּתִּי, אָדִישׁ, שֶׁלֹּא אִכְפַּת לוֹ, תְּמֵהַּ

Apertur ---> Öffnung
Apex ---> Spitze
Apfelbaum *{Malus}*
תַּפּוּחַ (בוט׳) צֶמַח מִמִּשְׁפַּחַת הַוְּרָדִיִּים

Apfelsine *{Citrus sinensis}*
תַּפּוּחַ זָהָב (תַּפּוּז) (בוט׳) צֶמַח מִמִּשְׁפַּחַת הַפִּיגָמִיִּים

Apfelwickler *{Cydia pomonella}*
עַשְׁפְּרֵי הַתַּפּוּחַ (זוא׳) חֶרֶק מִמִּשְׁפַּחַת הָעַשְׁפְּרִיִּים (פַּרְפָּרָאִים)

Aphärese
נְשִׁירָה (בלש׳) [מ״ב/19]. נְשִׁילָה תְּחִלִּית, הֵעָלְמוּת הַתְּנוּעָה אוֹ הַהֲבָרָה הָרִאשׁוֹנָה בְּמִלָּה, לְמָשָׁל: ״נַחְנוּ״ (בִּמְקוֹם: אֲנַחְנוּ; בַּמִּקְרָא)

Aphagie
אַלְבְּלִיעָה (רפו׳, פסי׳) [ר/א/84]. חֹסֶר יְכֹלֶת לִבְלוֹעַ, אָפָגְיָה, מַצָּב שֶׁל הַפְסָקַת עִכּוּל מָזוֹן מוּצָק

Aphasie
שַׁתֶּקֶת הַשְּׁמִיעָה (פסי׳, רפו׳) [ר/א/84]. שַׁתֶּקֶת, אָפָזְיָה אוֹדִיטוֹרִית, פְּגִיעָה חֲמוּרָה בַּיְּכֹלֶת לְהָבִין אֶת מַשְׁמָעוּת הַמִּלִּים הַנֶּאֱמָרוֹת

Aphasie, semantische
שַׁתֶּקֶת מַשְׁמָעִים (פסי׳, רפו׳)

Aphonie
אַלְהֶגֶה (רפו׳, פסי׳) [ר/א/86]. אָפוֹנְיָה, חֹסֶר יְכֹלֶת לְהָפִיק אֶת קוֹלוֹת הַדִּבּוּר הַגְּרוֹנִיִּים

Aphorismus
מִכְתָּם (מִכְתָּמִים) (ספר׳) [ק/ב/129]. מַאֲמָר, מֵימְרָה, פִּתְגָּם, מְשַׁל חָכְמָה קָצָר וְשָׁנוּן

Aphrodisiakum
מְיַחֵם (מְיַחֲמִים) (פסי׳, רפו׳) סַם מְעוֹרֵר תַּאֲוָה זְוִיגִית (מִינִית)

Aphrodisie
חִמְמוּת (פסי׳, רפו׳) [מר״ח/60]. תַּאֲוָה זְוִיגִית (מִינִית) מֻפְרֶזֶת

Apikal
חֹד לְשׁוֹנִי (בלש׳) [מ״ב/19]. עִצּוּר הַנֶּהְגֶּה בְּחֹד הַלָּשׁוֹן, לְמָשָׁל: s

Aplasie
אִזָּלוֹן (רפו׳) חֹסֶר הִתְפַּתְּחוּת, הֶעְדֵּר יְצִירָה, אַפְלָזְיָה

aplastisch
אִזְּלוֹנִי (רפו׳) חֲסַר הִתְפַּתְּחוּת, לְלֹא יְצִירָה, אַפְלַסְטִי

aplastische Anämie ---> Anämie, aplastische
apodiktisch ---> unwiderleglich
apodiktischer Satz ---> Satz, apodiktischer
apodiktisches Urteil ---> Urteil, apodiktisches
Apodosis
סֵיפָה (שֶׁל מִשְׁפַּט תְּנַאי) (בלש׳) [מ״ב/19]. הַמִּשְׁפָּט הָעִקָּרִי בְּמִשְׁפַּט תְּנַאי הַמַּבִּיעַ אֶת תּוֹצָאַת הַתְּנַאי, לְמָשָׁל: ״אִם תִּלְמַד, **תַּצְלִיחַ**״; אוֹ: ״**תַּצְלִיחַ**, אִם תִּלְמַד״

Apogäum
רוּם (אסט׳) [ק/א/98; ק/ד/33]. אַפּוֹגֵאוֹן, נְקֻדַּת מַסְלוּל הַיָּרֵחַ וְיֶתֶר כּוֹכְבֵי הַלֶּכֶת הָרְחוֹקָה בְּיוֹתֵר מִכַּדּוּר הָאָרֶץ, גֹּבַהּ גָּדוֹל, גֹּבַהּ, גֹּבַהּ רוּם, גָּבְהֵ רוּם. אוֹג, אוֹגָה (אסט׳) [ק/א/24]. גַּלְגַּל רוּם (אסט׳) [ק/א/115]

Apokope
הַשְׁמָטַת הַסּוֹף (בלש׳) [מ״ב/19]. אַפּוֹקוֹפָּה, הֵעָלְמוּת הַהֲבָרָה הָאַחֲרוֹנָה שֶׁל מִלָּה, לְמָשָׁל: בְּגֶרְמָנִית gern בִּמְקוֹם gerne

Apologet
תַּצְדְּקָן, אַפּוֹלוֹגֶטִיקוֹן, אַפּוֹלוֹגֶטִיקָן, מִי שֶׁמְּסַנֵּגֵר

Apologetik
תִּצְדּוּק, אַפּוֹלוֹגֶטִיקָה, הַצְדָּקָה, לִמּוּד זְכוּת, הִתְגּוֹנְנוּת, סַנֵּגוֹרְיָה

Apoplexie ---> Schlaganfall
Aposiopese
הַשְׁמָטָה (ספר׳, רטו׳, בלש׳) [ק/א/177; מ״ב/20]. הֶמְנֵעַ, הַעֲלָמָה וְהַסְתָּרָה בְּדִבּוּר, הַכְחָדָה תַּחַת לְשׁוֹנוֹ, הַפְסָקָה, הַשְׁמָטַת חֵלֶק מִצֵּרוּף יָדוּעַ, לְמָשָׁל: ״טִיַּלְתִּי בְּדִיזֶנְגוֹף״ (בִּמְקוֹם: ״טִיַּלְתִּי בִּרְחוֹב דִּיזֶנְגוֹף״)

aposteriori ---> a posteriori
Apostrophe
הֶסֵּב הַדִּבּוּר (רטו׳) [ק/א/184]

Apothekerskink *{Scincus scincus}*
חֹמֶט רְפוּאִי (זוא׳) זוֹחֵל מִמִּשְׁפַּחַת הַחֲמָטִיִּים

Apothema ---> Radius des Inkreises
Apparat
מַנְגְּנוֹן, מַעֲרֶכֶת, מַכְשִׁיר, כְּלִי

appassionato

בְּלַהַט (מוס׳) לָהִיט, אַפַּסְיוֹנָטוֹ

Appell

הֶזְעֵק (מוס׳) שְׁמוּעַ

Appellationsgericht ---> Berufungsgericht

Appellativ

שֵׁם עֶצֶם כְּלָלִי (בלש׳, פיל׳) [ק/א/185; ק/ב/225; מ״ב/40]. שֵׁם הַנֶּאֱמָר בְּהַסְכָּמָה, - מִסְכָּם, - הַתֵּאוּם, שֵׁם עֶצֶם מוּחָשִׁי אוֹ מֻפְשָׁט, אַפֶּלָטִיב, לְמָשָׁל: ״אִישׁ״, ״אַהֲבָה״. שֵׁם מַתְאִים, - מַתְאָם (בלש׳, פיל׳) [ק/ב/310]. שֵׁם מִטְבָּע (בלש׳, פיל׳) [ק/ד/126]. שֵׁם הַתְּאוּם (בלש׳, פיל׳) [ק/ד/128;171]

Appendix ---> Anhängsel

Appendizitis ---> Blinddarmentzündung

Apperzeption ---> Auffassen

Apperzeptionstest, thematischer (TAT)

מִבְחַן הַתְּפִסַּת הַנּוֹשֵׂא (פסי׳, מ״ח) [ו״מ/ב/123]. מִבְחַן הָאַפֶּרְצֶפְּצְיָה הַתֵּמָטִית, מְסַיֵּעַ בְּהַכָּרַת תַּהֲלִיךְ קְלִיטַת הָרְשָׁמִים אֵצֶל הָאָדָם וּמְיֹעָד לְגַלּוֹת אֶת הַשְׁפָּעַת הַצְּרָכִים הַקַּיָּמִים בּוֹ וְאֶת הַלַּחַץ הַסְּבִיבָתִי שֶׁמַּגְבִּילָם

apperzipieren ---> auffassen

Appetenz-

תַּאֲבוֹנִי (פסי׳) [ר/ב/683]. שֶׁל תֵּאָבוֹן

Appetit, absonderlicher

אֲכִילָה זָרָה (פסי׳) [ר/א/56]. תְּשׁוּקָה חוֹלָנִית לַאֲכִילַת פְּסֹלֶת וַחֲמָרִים לֹא אֲכִילִים, עִוּוּת הַתֵּאָבוֹן

Appetit bei schwangeren Frauen, absonderlicher

יֶחֶם (רפו׳) [מר״ח/158]. תַּאֲוַת אֲכִילָה מֻפְרֶזֶת אֵצֶל נָשִׁים הָרוֹת

appetitanregend

מְתַאֲבֵן (מְתַאַבְנִים) (תזו׳, רפו׳) מְגָרֶה, מְעוֹרֵר תֵּאָבוֹן

appetitlos

קְהַמְתָּנִי (רפו׳) חֲסַר תֵּאָבוֹן

Appetitlosigkeit ---> Anorexie

Appetitus

תְּשׁוּקָה [ק/ד/220]. חֶשְׁקָה שֶׁל יֵצֶר, חֶמְדָּה, הִשְׁתּוֹקְקוּת, אִוּוּי, הִתְאַוּוּת, כְּמִיהָה, מְשִׁיכָה, שְׁאִיפָה

Applikator ---> Auftraggerät

Appoggiatura

סָמִיךְ (סְמִיכִים) (מוס׳) [למ״ו/51]. אַפּוֹגִ׳טוּרָה, צְלִיל הַסָּמוּךְ לַצְּלִיל הָעִקָּרִי וּמַקְשְׁטוֹ

Apposition

תְּמוּרָה (בלש׳) [ק/ד/209; מ״ב/20]. הַקְבָּלָה, שֵׁם עֶצֶם הַנִּלְוֶה לְשֵׁם עֶצֶם אַחֵר כְּדֵי לְהַגְדִּירוֹ וּשְׁנֵיהֶם בְּאוֹתָהּ יַחֲסָה, לְמָשָׁל: ״יְרוּשָׁלַיִם בִּירַת יִשְׂרָאֵל״, ״הַנָּבִיא עָמוֹס״. מִתְחַבֵּר (בלש׳) [ק/ב/313]

Appräsentation

נִכּוּחַ (פיל׳, פסי׳) [המ״מ/222]. תְּפִיסָה בִּלְתִּי יְשִׁירָה שֶׁל מַשָּׂא עַל יְדֵי הַצָּגָתוֹ הַיְשִׁירָה שֶׁל מַשָּׂא אַחֵר

Approbatio

בֵּאוּר (רטו׳) [ק/א/77]. הַצָּעַת דְּבָרִים בְּאֹרֶךְ, קִיּוּם טַעֲנָה, מִין חֲלֻקָּה הֶגְיוֹנִית

Approximation

אֶקְרֵב (תּוֹצָאָה), אִקְרוּב (פְּעֻלָּה), קֵרוּב, אַפְּרוֹקְסִימַצְיָה, עֵרֶךְ מְשֹׁעָר, אֻמְדָּן, הַעֲרָכָה בְּקֵרוּב

Approximation, sukzessive

קֵרוּב צַעַד צַעַד

Approximation, sukzessive ---> Iteration

approximativ

בְּקֵרוּב [ק/א/51]. בָּאֲמָדוֹת, בְּאֻמְדּוֹת, בְּאֹמֶד, לְפִי אֹמֶד הַדַּעַת, אֶקְרֵבִי, אַפְּרוֹקְסִימָטִיבִי, אֻמְדָּנִי

approximieren

אִקְרֵב (מְאַקְרֵב), הֶעֱרִיךְ בְּקֵרוּב, בָּחַר עֵרֶךְ מְקֹרָב שֶׁל...

Apraxie

שַׁתֶּקֶת בִּצּוּעַ (רפו׳, פסי׳) [ר/א/91; מר״ח/64]. אַפְּרַקְסְיָה, אָבְדָן חֶלְקִי אוֹ מָלֵא שֶׁל הַיְכֹלֶת לְבַצֵּעַ תְּנוּעוֹת מְכֻוָּנוֹת, לֵאָיוֹן, אִי יְכֹלֶת לִפְעֹל

Aprikose *{Prunus armeniaca (Armeniaca vulgaris)}*

מִשְׁמֵשׁ מָצוּי (בוט׳) צֶמַח מִמִּשְׁפַּחַת הַוְּרָדִיִּים

apriori ---> a priori

Aptyalismus ---> Speichelsekretion, verminderte

Aqua regia ---> Königswasser

Aquaeductus ---> Wasserleitung

Aquarell

צֶבַע מַיִם (אמנ׳) [ממ״ג/12]. צֶבַע שֶׁאֶפְשָׁר לְרַכְּכוֹ בְּמַיִם

Aquarelldruck

הַדְפָּסָה מְגֻוֶּנֶת (אמנ׳, דפו׳) [ממ״ג/12]. שִׁמּוּשׁ בִּדְפוּס אֶבֶן בְּאֶמְצָעוּת אֲבָנִים אֲחָדוֹת שְׁחוּפִים עֲלֵיהֶן שִׁכְבַת חֹמֶר דַּקָּה וְרוֹשְׁמִים עֲלֵיהֶן בְּאַבְקַת גִּיר

Aquarellgravüre

פִּתּוּחַ אוֹר מְגֻוָּן (אמנ׳, דפו׳) פִּתּוּחַ אוֹר צִבְעוֹנִי הַנִּדְפָּס מִלּוּחַ יָחִיד

Aquarium

מֵימָאָה (זוא׳) [י״א/332]. מֵימִיּוֹן, אַקְוָרְיוּם

Aquatuschierung

גִּוּוּן מִכְחוֹל (אמנ׳, דפו׳) [ממ״ג/13]. תַּהֲלִיךְ בִּדְפוּס אֶבֶן לִיצִירַת שְׁטָחִים מְגֻוָּנִים בְּאֶמְצָעוּת מִכְחוֹל עַל גַּבֵּי לוּחוֹת אֶבֶן מְחֻסְפָּסִים וַחֲלָקִים לְסֵרוּגִין

arabische Zahlen, alte ---> Zahlen, alte arabische

Aräometer

מַד חֻמְצָה (כימ׳, טכנ׳)

Arbeit

עֲבוֹדָה (ביו׳, מ״ח, כלכ׳) שִׁמּוּשׁ בְּכֹחַ הָעֲבוֹדָה בְּמַשְׁמָעוּתוֹ הַכֵּיוּנִית (פִיזְיוֹלוֹגִית) כִּפְעִילוּת מוּדַעַת וְתַכְלִיתִית שֶׁל הָאָדָם, תַּהֲלִיךְ שֶׁבֵּין הָאָדָם וְהַטֶּבַע שֶׁבּוֹ הָאָדָם מִתּוֹךְ עַל יְדֵי פְּעִילוּתוֹ בְּחִלּוּף הַחֳמָרִים בֵּינוֹ לְבֵין הַטֶּבַע, מְסַדְּרוֹ וּמְפַקֵּחַ עָלָיו

Arbeit, abstrakte

עֲבוֹדָה מֻפְשֶׁטֶת (מ״ח, כלכ׳) עֲבוֹדָה אֱנוֹשִׁית

הָעֲבוֹדָה

Arbeit, wissenschaftliche

עֲבוֹדָה מַדָּעִית (מדע) מֶחְקָר

Arbeit, wohlfeile

עֲבוֹדָה זוֹלָה (מ״ח, כלכ׳)

Arbeiter(in)

פּוֹעֵל (פּוֹעֲלִים), פּוֹעֶלֶת (פּוֹעֲלוֹת) (מ״ח, כלכ׳) [א״ח/ב/161]. עוֹבֵד, עוֹבֶדֶת

Arbeiterbevölkerung, Zuschuß-

יִתּוּר שֶׁל אֻכְלוּסִיַּת פּוֹעֲלִים (מ״ח, כלכ׳)

Arbeiterbewegung

תְּנוּעַת הַפּוֹעֲלִים (מ״ח, כלכ׳)

Arbeiterklasse

מַעֲמַד הַפּוֹעֲלִים (מ״ח, כלכ׳)

Arbeiterpartei

מִפְלֶגֶת פּוֹעֲלִים (מ״ח, כלכ׳)

Arbeitgeber

מַעֲבִיד (מַעֲבִידִים) (מ״ח, כלכ׳) [ק/ג/48]. נֶעֱבָד, מִי שֶׁמַּעֲסִיק עוֹבְדִים שְׂכִירִים, - שֶׁעוֹבְדִים בִּשְׁבִילוֹ

Arbeitsanregung

עִירוּר (מ״ח, פסי׳) עֵרוּר, עוֹרְרוּת, זֵרוּז, הַפְעָלָה

Arbeitsart, spezifische

אֹפֶן הָעֲבוֹדָה הַסְּגֻלִּי (מ״ח, כלכ׳)

Arbeitsausgabe

בְּזִירַת עֲבוֹדָה (מ״ח, כלכ׳) הַשְׁקָעַת עֲבוֹדָה

Arbeitseinkommen

הַכְנָסָה מִיגִיעָה אִישִׁית (כלכ׳, משפ׳)

Arbeitsfonds

קֶרֶן הָעֲבוֹדָה (מ״ח, כלכ׳) [ק״מ/א/467]. קֶרֶן שֶׁהָעוֹבֵד זָקוּק לָהּ לְקִיּוּמוֹ וּלְשִׁצּוּרוֹ (הָרֶפְּרוֹדוּקְצִיָּה שֶׁלּוֹ), קֶרֶן לְאֶמְצָעֵי מִחְיָה

Arbeitsgegenstand

מַשָּׂא הָעֲבוֹדָה (מ״ח, כלכ׳) נוֹשֵׂא הָעֲבוֹדָה, עֶצֶם טֶבַע אוֹ תַּצְמִיד (קוֹמְפְּלֶקְס) עַצְמֵי טֶבַע (חָמְרֵי גֶּלֶם, מַחְצָבִים וכד׳) שֶׁעֲלֵיהֶם פּוֹעֵל הָאָדָם עִם אֶמְצָעֵי הָעֲבוֹדָה (מְכוֹנוֹת, צִיּוּד וכד׳) כְּדֵי לְיַצֵּר נְכָסִים חָמְרִיִּים

Arbeitsgericht

בֵּית דִּין לַעֲבוֹדָה (משפ׳)

Arbeitsinstrument

כְּלִי עֲבוֹדָה (מ״ח, כלכ׳) כָּל אֶמְצָעֵי עֲבוֹדָה מְכָנִי שֶׁהוּא

Arbeitsintensität

עֲצִימוּת עֲבוֹדָה (מ״ח, כלכ׳) מְמַדֵּי בְּזִירַת (הַשְׁקָעַת) עֲבוֹדָה גּוּפָנִית וְרוּחָנִית לִיחִידַת זְמַן בְּתַהֲלִיךְ הָעֲבוֹדָה

Arbeitskräfte

כֹּחַ אָדָם (מ״ח, כלכ׳) כְּלַל בְּנֵי הָאָדָם הַמֻּכְשָׁרִים לַעֲבוֹדָה

Arbeitskraft

כֹּחַ הָעֲבוֹדָה (מ״ח, כלכ׳) [ק״מ/א/135]. כָּל הַכִּשְׁרוֹנוֹת הַגּוּפָנִיִּים וְהָרוּחָנִיִּים הַקַּיָּמִים בְּגוּפוֹ שֶׁל אָדָם וּבְנַפְשׁוֹ הַמֻּפְעָלִים עַל יָדוֹ כָּל אֵימַת שֶׁהוּא מְיַצֵּר עֶרְכֵי שִׁמּוּשׁ מִכָּל סוּג שֶׁהוּא

Arbeitskraft, kombinierte

כֹּחַ עֲבוֹדָה מְצֻוָּת (מ״ח, כלכ׳)

Arbeitskurve

עֲקֹם הָעֲבוֹדָה (מ״ח, פסי׳, כלכ׳) עֲקֻמַּת שֶׁבְּמִפְשָׂט, בְּזִירַת (הַשְׁקָעַת) כֹּחַ עֲבוֹדָה אֱנוֹשִׁי בְּמוּבָן כִּיּוּנִי (פִיזְיוֹלוֹגִי), עֲבוֹדָה כְּמוּת שֶׁהִיא שֶׁאֵינָהּ תְּלוּיָה בְּצוּרָתָהּ הַקְּשִׁיָּה (קוֹנְקְרֶטִית) וְהַתַּכְלִיתִית בִּיצִירַת עֶרְכֵי שִׁמּוּשׁ, עָמָל אָדָם שֶׁבְּמִפְשָׂט

Arbeit, fortlaufende

עֲבוֹדָה רְצוּפָה (מ״ח, כלכ׳)

Arbeit, geistige

עֲבוֹדָה רוּחָנִית (מ״ח, כלכ׳)

Arbeit, Intensifikation der

הִגְבּוּר הָעֲבוֹדָה (מ״ח, כלכ׳) אִינְטֶנְסִיפִיקַצְיָה שֶׁל הָעֲבוֹדָה

Arbeit, Komando über ---> Komando über Arbeit

Arbeit, konkrete

עֲבוֹדָה מוּחָשִׁית (מ״ח, כלכ׳) עֲבוֹדָה קְשִׁיָּה, צוּרָה תַּכְלִיתִית שֶׁל בְּזִירַת (הַשְׁקָעַת) כֹּחַ עֲבוֹדָה בְּתַהֲלִיךְ הָעֲבוֹדָה

Arbeit, lebendige

עֲבוֹדָה חַיָּה (מ״ח, כלכ׳) בְּזִירַת (הַשְׁקָעַת) כֹּחוֹת גּוּפָנִיִּים וְרוּחָנִיִּים שֶׁל הָאָדָם בְּתַהֲלִיךְ הָעֲבוֹדָה

Arbeit, notwendige

עֲבוֹדָה הֶכְרֵחִית (מ״ח, כלכ׳) [ק״מ/א/173]. חֵלֶק מִן הָעֲבוֹדָה הַחַיָּה שֶׁמֻּבְזֶרֶת (מֻשְׁקַעַת) בַּיִּצּוּר הַחָמְרִי וְנַעֲשֵׂית בְּאוֹתוֹ מִקְטַע יוֹם הָעֲבוֹדָה הַמְּכֻנֶּה זְמַן עֲבוֹדָה הֶכְרֵחִי שֶׁבּוֹ חַיָּב הָעוֹבֵד לְיַצֵּר אֶת הָעֵרֶךְ שֶׁל כֹּחַ עֲבוֹדָתוֹ כְּדֵי לִרְכֹּשׁ אֶת אֶמְצָעֵי הַמִּחְיָה הַדְּרוּשִׁים לְקִיּוּמוֹ אוֹ לְשִׁצּוּרוֹ (הָרֶפְּרוֹדוּקְצִיָּה שֶׁלּוֹ) הַמַּתְמִיד

Arbeit, potenzierte

עֲבוֹדָה בְּחֶזְקָה מֻגְבֶּרֶת (מ״ח, כלכ׳)

Arbeit, produktive

עֲבוֹדָה יַצְרָנִית (מ״ח, כלכ׳) עֲבוֹדָה מוֹעִילָה הַיּוֹצֶרֶת עֶרְכֵי שִׁמּוּשׁ אוֹ מְבַצַּעַת שֵׁרוּתִים חָמְרִיִּים

Arbeit, thematische

מְלֶאכֶת נוֹשְׂאִים (מוס׳)

Arbeit, übermäßige

עֲבוֹדַת גֹּדֶשׁ

Arbeit, unproduktive

עֲבוֹדָה בִּלְתִּי יַצְרָנִית (מ״ח, כלכ׳) עֲבוֹדָה מוֹעִילָה שֶׁאֵינָהּ מִתְגַּלֶּמֶת בְּתוֹצָר חָמְרִי אוֹ שֶׁאֵינָהּ מְבַצַּעַת שֵׁרוּת חָמְרִי כָּלְשֶׁהוּ

Arbeit, Verdichtungsgrad der

דַּרְגַּת דְּחִיסוּתָהּ שֶׁל הָעֲבוֹדָה (מ״ח, כלכ׳)

Arbeit, vergegenständliche

עֲבוֹדָה מְגֻלֶּמֶת (מ״ח, כלכ׳) עֲבוֹדָה נִגְלֶמֶת, - מְמֻחֶשֶׁת, - חַיָּה שֶׁנִּקְרְשָׁה (נִתְגַּלְּמָה) בְּאֶמְצָעֵי יִצּוּר (מַשָּׂאֵי עֲבוֹדָה וְאֶמְצָעֶיהָ)

Arbeit, Vergegenständlichung von

הִתְגַּשְּׁמוּתָהּ שֶׁל עֲבוֹדָה בְּחֵפֶץ (מ״ח, כלכ׳)

Arbeit, vergesellschaftete

עֲבוֹדָה מְחֻבֶּרֶת (מ״ח, כלכ׳) צוּרַת עֲבוֹדָה הַנִּמְשֶׁכֶת מֵהַחְבָּרַת הַיִּצּוּר וּמִן הַקִּדְמָה הָעֲשׂוּתִית (טֶכְנִית) הַמַּעֲמִיקוֹת אֶת קִשְׁרֵי חֲלֻקַּת הָעֲבוֹדָה בַּחֶבְרָה כֻּלָּהּ

Arbeit, Vergesellschaftung der

הַחְבָּרַת הָעֲבוֹדָה (מ״ח, כלכ׳) תַּהֲלִיךְ שֶׁמְּקוֹרוֹ בְּהַחְבָּרַת הַיִּצּוּר וּבַקִּדְמָה הָעֲשׂוּתִית (טֶכְנִית) שֶׁבְּמַהֲלָכוֹ מִתְפַּתֵּחַ וְהוֹלֵךְ הָאֹפִי הַחֶבְרָתִי שֶׁל

הָעֲבוֹדָה, יִצּוּג גְּרָפִי שֶׁל בִּצּוּעַ הָעֲבוֹדָה: הַמִּשְׁתַּנֶּה הַלֹּא תָּלוּי בַּצִּיר הָאָפְקִי וְהַמִּשְׁתַּנֶּה הַתָּלוּי בַּצִּיר הָאֲנָכִי

Arbeitsleistung
הֶסְפֵּק עֲבוֹדָה (מ״ח, כלכ׳) בְּזִירַת (הַשְׁקָעַת) כֹּחַ עֲבוֹדָה אִישִׁי אוֹ קִיבּוּצִי בְּתַהֲלִיךְ הָעֲבוֹדָה בְּפֶרֶק זְמַן מְסֻיָּם

Arbeitslohn
שְׂכַר עֲבוֹדָה (מ״ח, כלכ׳) שָׂכָר, תַּשְׁלוּם בְּעַד כֹּחַ הָעֲבוֹדָה שֶׁהוּא בַּחֶבְרָה הָרְכוּשָׁנִית (קַפִּיטָלִיסְטִית) סְחוֹרָה שֶׁעֶרֶךְ הַחֲלִיפִין שֶׁלָּהּ נִקְבָּע לְפִי כַּמּוּת הָעֲבוֹדָה (הַמִּתְבַּטֵּאת בְּמָמוֹן אוֹ בְּתוֹצָרִים) הַדְּרוּשָׁה לְיִצּוּרָהּ מֵחָדָשׁ

Arbeitslohn, nomineller
שְׂכַר עֲבוֹדָה נָקוּב (מ״ח, כלכ׳) שָׂכָר נוֹמִינָלִי, - נָקוּב, הָעֵרֶךְ הַמָּמוֹנִי הַנָּקוּב שֶׁל הַשָּׂכָר בְּלֹא הִתְחַשְּׁבוּת בְּכֹחַ הַקְּנִיָּה שֶׁלּוֹ

Arbeitslohn, reeler
שְׂכַר עֲבוֹדָה מְצִיאוּתִי (מ״ח, כלכ׳) שָׂכָר מַמָּשִׁי, - רֵאָלִי, שְׂכַר הָעוֹבְדִים הַמַּרְאֶה אֵילוּ אֶמְצָעֵי צְרִיכָה אִישִׁיִּים וְשֵׁרוּתִים הֵם יְכוֹלִים לִרְכֹּשׁ תְּמוּרָתוֹ

Arbeitslosigkeit
אַבְטָלָה (מ״ח, כלכ׳) חֹסֶר עֲבוֹדָה

Arbeitsmarkt
שׁוּק הָעֲבוֹדָה (מ״ח, כלכ׳) שׁוּק (יִחוּדִי לַמִּשְׁטָר הָרְכוּשָׁנִי) הַנּוֹצָר מִגִּלְגּוּל כֹּחַ הָעֲבוֹדָה שֶׁל הָעוֹבְדִים לִסְחוֹרָה, וּבוֹ בָּאִים לְבִטּוּי יַחֲסֵי הַהֶצֵּעַ וְהַבִּקּוּשׁ שֶׁל כֹּחוֹת הָעֲבוֹדָה, וּכְתוֹצָאָה מִן הַהִתְחָרוּת בֵּין הָעֲבוֹדָה הַשְּׂכִירָה וּבֵין הַהוֹן נִקְבָּע בּוֹ הַשָּׂכָר

Arbeitsmaschine
מְכוֹנַת הָעֲבוֹדָה (טכנ׳, כלכ׳) מְכוֹנַת כֵּלִים

Arbeitsmittel
אֶמְצָעֵי הָעֲבוֹדָה (מ״ח, כלכ׳) חֵפֶץ אוֹ תַּצְמִיד (קוֹמְפְּלֶקְס) חֲפָצִים (כֵּלִים, מְכוֹנוֹת וכד׳) שֶׁעִמָּהֶם פּוֹעֵל הָאָדָם עַל מֻשְׂאֵי הָעֲבוֹדָה (חָמְרֵי גֶּלֶם, מֶחֱצָבִים וכד׳) כְּדֵי לְיַצֵּר נְכָסִים חָמְרִיִּים

Arbeitsnische
תָּא עִיּוּן (תָּאֵי עִיּוּן) (ספרנ׳)

Arbeitsperiode
תְּקוּפַת עֲבוֹדָה (מ״ח, כלכ׳)

Arbeitsplatz, Fernbleiben vom ---> Fernbleiben vom Arbeitsplatz

Arbeitsprodukt
תּוֹצַר עֲבוֹדָה (מ״ח, כלכ׳)

Arbeitsproduktivität
פִּרְיוֹן הָעֲבוֹדָה (מ״ח, כלכ׳) הַתּוֹעַלְתִּיּוּת אוֹ הַיְעִילוּת שֶׁל הָעֲבוֹדָה הַחַיָּה הַמַּמָּשִׁית, רָמַת פִּרְיוֹן הָעֲבוֹדָה נִקְבַּעַת עַל פִּי כַּמּוּת עֶרְכֵּי הַשִּׁמּוּשׁ הַנּוֹצֶרֶת בִּיחִידַת זְמַן מְסֻיֶּמֶת

Arbeitsprozeß
תַּהֲלִיךְ הָעֲבוֹדָה (מ״ח, כלכ׳)

Arbeitspsychologie
נַפְשׁוּת שֶׁל עֲבוֹדָה (פסי׳, מ״ח) פְּסִיכוֹלוֹגְיָה שֶׁל עֲבוֹדָה

Arbeitsspeicher
זִכָּרוֹן רָאשִׁי (מחש׳) [דמ״א/65]. זִכְרוֹן עֲבוֹדָה, זִכָּרוֹן הַמַּאֲחְסֵן נְתוּנִים וְהוֹרָאוֹת בִּזְמַן בִּצּוּעַ הָעֲבוֹדָה בַּמַּחְשֵׁב

Arbeitstag
יוֹם הָעֲבוֹדָה (פסי׳, מ״ח) [ק״מ/א/184]. הַסְּכוּם שֶׁל הָעֲבוֹדָה הַהֶכְרֵחִית וְעֹדֶף הָעֲבוֹדָה, כְּלוֹמַר: סְכוּם פִּרְקֵי הַזְּמַן שֶׁבָּהֶם מְיַצֵּר הָעוֹבֵד אֶת הָעֵרֶךְ הַמְּחֻזָּר שֶׁל כֹּחַ עֲבוֹדָתוֹ וְאֶת עֹדֶף הָעֵרֶךְ

Arbeitsteilung
חֲלֻקַּת עֲבוֹדָה (מ״ח, כלכ׳) הִתְפַּצְּלוּת שֶׁל תַּהֲלִיךְ עֲבוֹדָה כּוֹלֵל לְתַהֲלִיכֵי מִשְׁנֶה הַשּׁוֹנִים זֶה מִזֶּה אֵיכוּתִית. הִתְפַּתְּחוּתוֹ שֶׁל תַּהֲלִיךְ עֲבוֹדָה הַמֻּיכָּן (מְעֻצָּב) מִבְּחִינָה עֲשׁוּתָנִית (טֶכְנוֹלוֹגִית), אַרְצָתִית (טֶרִיטוֹרְיָאלִית) וְ/אוֹ חֶבְרָתִית

Arbeitstisch ---> Werkbank

Arbeitsvermögen
כֹּשֶׁר הָעֲבוֹדָה (רפו׳, כלכ׳)

Arbeitsweise
דֶּרֶךְ עֲבוֹדָה (מ״ח, כלכ׳)

Arbeitszeit
זְמַן הָעֲבוֹדָה (מ״ח, כלכ׳)

Arbeitszeit, gesellschaftlich notwendige
זְמַן עֲבוֹדָה הֶכְרֵחִי מִן הַבְּחִינָה הַחֶבְרָתִית (מ״ח, כלכ׳) [ק״ק/18]. זְמַן עֲבוֹדָה הַנִּדְרָשׁ כְּדֵי לְיַצֵּר אֵיזֶה עֵרֶךְ שֶׁל שִׁמּוּשׁ בִּתְנָאֵי הַיִּצּוּר הַחֶבְרָתִיִּים הַתְּקִינִים הַקַּיָּמִים וּבְדַרְגָּה הַחֶבְרָתִית הַמְּמֻצַּעַת שֶׁל הַכֹּשֶׁר וְהָעֲצִימוּת (אִינְטֶנְסִיבִיּוּת) שֶׁל הָעֲבוֹדָה

Arbeitszeit, notwendige
זְמַן עֲבוֹדָה הֶכְרֵחִי (מ״ח, כלכ׳) [ק״מ/א/173]. חֵלֶק יוֹם הָעֲבוֹדָה שֶׁבּוֹ חַיָּב הָעוֹבֵד לְיַצֵּר אֶת הָעֵרֶךְ שֶׁל כֹּחַ עֲבוֹדָתוֹ וְעַל יְדֵי כָּךְ לִרְכֹּשׁ אֶת אֶמְצָעֵי הַמִּחְיָה הַדְּרוּשִׁים לְקִיּוּמוֹ אוֹ לְשִׁצּוּרוֹ (הָרֶפְּרוֹדוּקְצְיָה שֶׁלּוֹ) הַמַּתְמִיד

Arbitrage
נִצּוּל פְּעָרִים (כלכ׳)

Arbitrium
רָצוֹן [ק/ד/50]. מִשְׁאָלָה, כֹּשֶׁר לִרְצוֹת דְּבַר-מָה וּלְהַשִּׂיגוֹ, חֵפֶץ, בְּחִירָה חָפְשִׁית

Arbor vitae ---> Kleinhirnmedianschnittzeichnung

archaisch
קַמָּאִי (בלש׳) [מ״ב/20]. מְיֻשָּׁן, לֹא בְּשִׁמּוּשׁ, קַדְמָאִי, אַרְכָאִי, עַתִּיק, קַדְמוֹן, יָשָׁן נוֹשָׁן, שְׂרִידִי, לְמָשָׁל: ״בֵּית סְפָרִים״ (= סִפְרִיָּה), ״הִבְדִּיחַ״ (= הִצְחִיק)

Archaismus
צוּרָה קַמָּאִית (בלש׳) [מ״ב/21]. צוּרָה אַרְכָאִית, - נוֹשָׁנָה, שִׁמּוּשׁ מְכֻוָּן בְּדֶרֶךְ הַבָּעָה הַלְּקוּחָה מִתְּקוּפָה קוֹדֶמֶת, לְמָשָׁל: ״הָגָה חֵן חֵן״ (בִּמְקוֹם: הוֹדָה)

Archenmuschel, Bärtige *{Barbatia barbata}*
תֵּבָה שְׂעִירָה (זוא׳) בַּעַל חַיִּים מִמִּשְׁפַּחַת תֵּבוֹת הַיָּם (צְדָפוֹת)

Archenmuscheln *{Arcidae}*
תֵּבוֹת יָם (זוא׳) מִשְׁפָּחָה שֶׁל צְדָפוֹת

Archetyp
דֶּגֶם רִאשׁוֹנִי (פסי׳, ביו׳) [ר/א/101]. אַרְכִיטִיפּוּס, אַרְכִיטִיפּ, דְּיוֹקָן רֵאשִׁית

Architekt(in)
אַדְרִיכָל, אַדְרִיכָלִית (הנד׳, אדר׳) [ק/ב/158; א״ת/א/20]. מְהַנְדֵּס, אַרְכִיטֶקְט, אַרְכִיטֶקְטוֹן, אַרְדִּיכָל. מְשַׁעֵר (הנד׳, אדר׳) [ק/ב/298]. בַּעַל חָכְמַת הַשִּׁעוּר, בַּנַּאי

Archiv

גִּנְזָךְ (גִּנְזַכִּים) (ספרנ׳) אַרְכִיּוֹן

Archivar(in)

גִּנְזָכָן, גַּנְזַכָּנִית (ספרנ׳) אַרְכִיּוֹנַאי, אַרְכִיּוֹנָאִית, מִי שֶׁמְּמֻנֶּה עַל הַגִּנְזָךְ

Archivierungsdatei

קֹבֶץ גְּנִיזָה (מחש׳) [דמ״א/11]. קֹבֶץ נְתוּנִים הַמָּעְתָּק לְזִכָּרוֹן חִיצוֹן בַּמַּחְשֵׁב

Arena

זִירָה (זִירוֹת) (תאט׳)

arg

רַע, מְקֻלְקָל, בָּאוּשׁ, פָּסוּל, קְלוֹקֵל, פָּגוּם

Argentan ---> Neusilber

arglistigerweise

בְּזָדוֹן (משפ׳) בְּמֵזִיד

Argot

נִיב סֵתֶר (כלש׳) [מ״ב/21]. אַרְגּוֹ, נִיב מְיֻחָד, שְׂפַת סֵתֶר מְלָאכוּתִית שֶׁקְּבוּצוֹת חֶבְרָתִיּוֹת שׁוֹנוֹת מִשְׁתַּמְּשׁוֹת בָּהּ, לְמָשָׁל: שְׂפַת הָעוֹלָם הַתַּחְתּוֹן

Argument

נִמּוּק (נִמּוּקִים) (פיל׳) [ק/א/30]. אוֹת, רַעְיוֹן שֶׁאֲמִתּוּתוֹ נִבְחֲנָה וְאֻשְּׁרָה עַל יְדֵי הַיַּעַשׁ (הַנִּסָּיוֹן הַמַּעֲשִׂי) וְעַל כֵּן עָשׂוּי לְשַׁמֵּשׁ לְהוֹכָחַת הָאֲמִתּוּת אוֹ הַשִּׁקְרוּת שֶׁל מִשְׁפָּט מְסֻיָּם. הַסְבָּרָה [ק/א/184]. טַעַם [ק/ב/18]. טַעֲנָה [ק/ב/20]. קֶנֶץ (קְנָצִים) [ק/ג/289]. רְאָיָה [ק/ד/11]. חֹק (אסט׳) [ק/א/324]. סִימָן, הוֹכָחָה. מוֹפֵת [ק/ב/164]. הוֹכָחָה חֲזָקָה וּמַכְרַעַת. פַּתְשֶׁגֶן הַמַּחֲזֶה (ספר׳, תאט׳) הַתֹּכֶן הַכְּלָלִי שֶׁעָלָיו נוֹסַד הַמַּחֲזֶה וְשֶׁנִּכְתַּב עַל יְדֵי הַמְחַבֵּר. מוֹפָע (מתמ׳) אַרְגּוּמֶנְט שֶׁל מִסְפָּר מֻרְכָּב

Argument, hypothetisches

טַעֲנָה הַנָּחִית (פיל׳) [ק/א/183]. טַעֲנָה הִיפּוֹתֶטִית

Argument, rhetorisches

טַעֲנָה נִמְלֶצֶת [ק/ב/20]. טַעֲנַת חִנָּם, - סָרָק, - רֶטוֹרִיקָה. הַקְדָּמָה מְסַפִּיקָה, רְאָיָה מְסַפִּיקָה (רטו׳) [ק/ב/226]. הוֹכָחָה עַל דֶּרֶךְ הַהֲלָצָה, הוֹכָחָה רֶטוֹרִית

Argument der Stufenleiter

מוֹפֵת סֻלָּמִי (פיל׳) [ק/ג/99]. רְאָיָה בְּדוּקָה הַמִּתְבָּאֶרֶת עַל יְדֵי צוּרַת הַסֻּלָּם

Argumentation [---> Begründung]

הַנְמָקָה (פיל׳, מדע) נְתִינַת נִמּוּק, אַרְגּוּמֶנְטַצְיָה, נְתִינַת טַעַם, תַּהֲלִיךְ הֶגְיוֹנִי לִגְזִירַת הָאֱמֶת שֶׁל מִשְׁפָּט מְסֻיָּם מִן הָאֱמֶת שֶׁל הַנִּמּוּקִים

Argumentation, dialektische

הַנְמָקָה תִּנְצוּחִית (רטו׳, פיל׳) [ק/ב/182]. הַנְמָקָה דִּיאָלֶקְטִית, מַחְלֹקֶת הַנִּצּוּחַ, - הַנִּצָּחוֹן, דַּרְכֵי הָרְאָיוֹת שֶׁמִּשְׁתַּמֵּשׁ בָּהֶן דִּיאָלֶקְטִיקָן. שִׁיטַת הוֹכָחָה, הַמְבֻסֶּסֶת עַל רְאָיוֹת הַלְּקוּחוֹת לֹא מִן הַמֻּחָשׁ וְהַמֻּשְׂכָּל אֶלָּא מִן הַמְקֻבָּל

Argumentation, rhetorische ---> Argumentation, dialektische

argumentieren

נִמֵּק (מְנַמֵּק), נָתַן טַעַם

Argumentum a contrario

הֶקֵּשׁ חֶלְקִי (פיל׳) [ק/א/207]

Argwohn

חֲשָׁד, חַשְׁדָנוּת

arid

צָחִיחַ (מטא׳, י״א) אָרִידִי

Aridität

צְחִיחוּת (מטא׳, י״א) אָרִידִיּוּת

Aries

טָלֶה (אסט׳) [ק/ב/17]. אֶחָד מִשְּׁנֵים עָשָׂר הַמַּזָּלוֹת

Aristoteliker

כַּת תַּלְמִידֵי אֲרִיסְטוֹטֶלֶס (פיל׳) [ק/ב/105]. אֲרִיסְטוֹטֶלִיִּים. הַפִּילוֹסוֹפִים (פיל׳) [ק/ג/186]. הַמַּחֲזִיקִים בְּדֵעוֹת אֲרִיסְטוֹ. שִׂכְלִי (פיל׳) [ק/ד/107]

aristotelische Form ---> Form, aristotelische

Arithmetik

חֶשְׁבּוֹן (מתמ׳) [ק/א/331]. חָכְמַת הַחֶשְׁבּוֹן, אֲרִיתְמֶטִיקָה, מְלֶאכֶת הַחֶשְׁבּוֹן, חָכְמַת הַמִּסְפָּר. חָכְמַת הַמִּנְיָן (מתמ׳) [ק/ב/216]

Arithmetik, abstrakte

חֶשְׁבּוֹן מֻפְשָׁט (מתמ׳) [ק/ב/228]. חָכְמַת הַמִּסְפָּר, חָכְמַת הַמִּנְיָן הַמֻּפְשֶׁטֶת

Arithmetiker(in)

חֶשְׁבּוֹנַאי, חֶשְׁבּוֹנָאִית (מתמ׳) [ק/א/289]. אֲרִיתְמֶטִיקוֹן, חֲכַם הַחֶשְׁבּוֹן, - הַמִּסְפָּר. חֶשְׁבּוֹנִי (מתמ׳) [ק/א/332]. בַּעַל חָכְמַת הַחֶשְׁבּוֹן. מִסְפָּרִי (מתמ׳) [ק/ב/229]

arithmetisch

חֶשְׁבּוֹנִי (מתמ׳) [ק/א/332]. אֲרִיתְמֶטִי

arithmetische Proportion ---> Proportion, arithmetische

arithmetische Reihe ---> Reihe, arithmetische

arithmetisches Mittel ---> Mittel, arithmetisches

Arkanum

לֹא מְגַלִּינָא (רפו׳, כימ׳) [מר״ח/66]. תְּרוּפַת סֵתֶר שֶׁאֵין מְגַלִּים אֶת סוֹד הַרְכָּבָהּ

Arkus ---> Bogen

Armbeuge

גֹּמֶד (רפו׳) [מר״ח/41]. שֶׁטַח פְּנִים הַמַּרְפֵּק

Armeelieferant

קַבְּלַן הַצָּבָא (צבא, כלכ׳) סַפַּק הַגְּיָסוֹת

Armenabgabe ---> Ackerecke, die den Armen zu überlassen ist; Ährenlese; Garbe, vergessene

Armenküche

תַּמְחוּי (תַּמְחוּיִים) [א״ח/ב/192]. בֵּית תַּמְחוּי, מָקוֹם שֶׁמְּחַלְּקִים בּוֹ מָזוֹן לַעֲנִיִּים

armer Mensch ---> Mensch, armer

Armleuchter *{Kandelaber}*

מְנוֹרָה (מְנוֹרוֹת) (טכנ׳) [א״ח/א/71]

Armleuchterpflanzen *{Charophyta}*

נָאוּנִיתִיּוֹת (בוט׳) חֲטִיבָה שֶׁל אַצּוֹת

Armlosigkeit

חֹסֶךְ זְרוֹעַ (רפו׳)

Armmuskel, zweiköpfiger *{Biceps brachii}*

קִבֹּרֶת הַזְּרוֹעַ (רפוי)

Armschiene

סָעִיד (סְעִידִים) (רפוי) מִשְׁעָן וְסַעַד לַזְּרוֹעַ, מִתְלֶה

Armseligkeit

עֲלִיבוּת, הֱיוֹת עָלוּב, אֻמְלָלוּת, מִסְכֵּנוּת

Armut

עֹנִי (מ״ח) [א״ח/ג/64]. עֲנִיּוּת, דַּלּוּת, אֶבְיוֹנוּת, מָכוּת

Aroma

בֶּשֶׂם (כימ') [מר״ח/68]. אֲרוֹמָה, נִיחוֹחַ, רֵיחַ נָעִים, בַּת רֵיחַ

aromatisch

בִּשְׂמִי (כימ') אֲרוֹמָתִי, רֵיחָנִי, נִיחוֹחִי, בָּשִׂים

aromatischer Essig ---> Essig, aromatischer

Aronstab *{Arum}*

לוּף (בוט') צֶמַח מִמִּשְׁפַּחַת הַלּוּפִיִּים

arpeggieren

שִׁבְרֵר (מְשַׁבְרֵר) (מוס') נִגֵּן שְׁבוּרִים

Arpeggio

תַּצְלִיל שָׁבוּר (מוס') אַרְפֶּג'וֹ

Arrangement

תַּסְדִּיר, סִדּוּר

arrangieren

סָדַר (סוֹדֵר), סִדֵּר (מְסַדֵּר)

Arrangieren

סְדִירָה

Arrhythmie

אִי קֶצֶב (רפוי) הַפְרָעַת קֶצֶב

arrhythmisch

אִי קִצְבִּי (רפוי)

Arrivist ---> Emporkömmling

Ars

מְלָאכָה (מְלָאכוֹת) (אמנ', מדע) [ק/ב/202]. תּוֹרָה, חָכְמָה, אֻמָּנוּת

Arsen

זַרְנִיךְ (כימ') [מר״ח/69]. אַרְסָן, יְסוֹד כִּימִי רָעִיל

arsenig

זַרְנִיכִי (כימ') שֶׁל זַרְנִיךְ

Arsenvergiftung

זַרְנֶכֶת (רפוי) מַחֲלַת זַרְנִיךְ, הַרְעָלַת אַרְסָן

Art *{Spezies}* **[---> Unterbegriff]**

מִין (מִינִים) (פיל', מ״ט) [ק/ב/192; ר/ב/383]. קְבוּצַת עֲצָמִים בַּעֲלֵי מַהוּת מְשֻׁתֶּפֶת הַקְּרוֹבִים זֶה לָזֶה בִּתְכוּנוֹתֵיהֶם, חֵלֶק שֶׁל סוּג. סוּג (סוּגִים) (פיל', מ״ט) [ק/ג/98]. מִגְזָר. אִיכוּת. גֶּנֶס (פיל', מ״ט) [ק/א/118]. סוּג עֶלְיוֹן. נוֹעַ (פיל', מ״ט) [ק/ג/22]. סִדְרָה, כִּתָּה, מַחְלָקָה

Art, Fortdauer der

קִיּוּם הַמִּין (פיל', מ״ט) [ק/ב/193]. הִתְמַדַּת קִיּוּם הַמִּין הָאֱנוֹשִׁי בְּנִגּוּד לָאַלְמָוֶת הַיָּחוּד (אִינְדִּיבִידוּאָלִי). קִיּוּם בְּמִין (פיל', מ״ט) [ק/ג/280]. הִשָּׁאֲרוּת הַמִּין בְּלִי כִּלָּיוֹן, קַיָּמוּת הַמִּין, אִי חִדְלוֹן הַמִּין

Art, in spekulativer

עַל דֶּרֶךְ הַהֶקֵּשׁ (פיל') [ק/א/210]

Art, niedrigste *{Infima species}*

מִין נָמוּךְ בְּיוֹתֵר (פיל', מ״ט) [ח״ה/129]. הַתּוֹצָאָה הַסּוֹפִית שֶׁל חֲלֻקָּה נִמְשֶׁכֶת וְהוֹלֶכֶת שֶׁל הַסּוּג, כְּלוֹמַר: מִין שֶׁאִי אֶפְשָׁר לְהַמְשִׁיךְ וּלְחַלְּקוֹ מִנְּקֻדַּת הָרְאוּת שֶׁל הַהֶקֵּף

Art, umfassende

כְּלִילָה (פיל') [ק/ב/90]. שְׁלֵמוּת, כְּלָלִיּוּת, רְאִיַּת דָּבָר בְּהֶקֵּפוֹ הַשָּׁלֵם

Art, von besonderer

מְגֻוָּן (פיל') [ק/ב/140]. בַּעַל תְּכוּנָה מְיֻחֶדֶת, עָשׂוּי בְּצוּרָה מְסֻיֶּמֶת

Art bezüglich, auf die

מִינִי (פיל', מ״ט) [ק/ב/194]. שֶׁל מִין, מִטֶּבַע הַמִּין, מַהוּתִי

Art und Weise [---> Modalität]

אֹפֶן [ק/א/66]. תְּכוּנָה, דֶּרֶךְ. אֹפֶן וּתְכוּנָה [ק/א/202]. עִנְיָן [ק/ג/150]. שִׁיטָה, צוּרָה. פָּן [ק/ג/192]. פָּנִים [ק/ג/194]. טַעַם, דֶּרֶךְ עֲשִׂיָּה, שִׁעוּר. צַד [ק/ג/226]

Art und Weise, Adverb der ---> Adverb der Art und Weise

Art und Weise, Umstandssatz der ---> Umstandssatz der Art und Weise

Art von, nach

כְּעֵין, כְּגוֹן

Artefakt

מְלָאכוּתָן (טכנ') מְלָאכְלֶכֶת, מוּצָר פָּשׁוּט, דָּבָר מְלָאכוּתִי. מִמְצָא (מִמְצָאֵי) שָׁוְא (מדע)

artenverknüpfender Begriff ---> Begriff, artenverknüpfender

Arterie

עוֹרֵק (עוֹרְקִים) (רפוי) [ק/ג/128]. צִנּוֹר הַמּוֹלִיךְ דָּם מִן הַלֵּב אֶל כָּל הַגּוּף

arteriell

עוֹרְקִי (רפוי)

Arterienentzündung *{Arteritis}*

דַּלֶּקֶת עוֹרְקִים (רפוי) דַּלֶּקֶת הָעוֹרֵק

Arterienverhärtung ---> Arteriosklerose

Arteriole

עוֹרְקִיק (רפוי) עוֹרֵק דַּקִּיק

Arteriosklerose

טָרֶשֶׁת הָעוֹרְקִים (רפוי)

arteriosklerotisch

טָרַשְׁתִּי (רפוי)

Artes liberales

הַמְּלָאכוֹת הַחָפְשִׁיּוֹת (מדע) [ק/ב/202]. כִּנּוּי שֶׁנִּתַּן בִּימֵי הַבֵּינַיִם לַמַּדָּעִים הַחִלּוֹנִיִּים: דִּקְדּוּק, תּוֹרַת הַנְּאוּם וְהַוִּכּוּחַ, חֶשְׁבּוֹן, הַנְדָּסָה, תְּכוּנָה וּמוּסִיקָה

Artes sermocinales

הַחָכְמוֹת הַדִּבּוּרִיּוֹת (רטו') [ק/א/127]. הֲלָצָה (רֵטוֹרִיקָה), הִגָּיוֹן וְדִקְדּוּק. הַחָכְמוֹת הַדִּבְרִיּוֹת (רטו') [ק/א/130]

Arthritiker(in)

חוֹלֵה שִׁגָּרוֹן (רפוי) [מר״ח/71]. מִי שֶׁחוֹלֶה בְּדַלֶּקֶת מִפְרָקִים שִׁגְרוֹנִית. שִׁגֵּד, שִׁגֶּדֶת, הַחוֹלֶה בְּמַחֲלַת הַשִּׁגָּדוֹן (פּוֹדַגְרָה)

Arthritis

טָרֶשֶׁת (רפוי)

Arthritis, rheumatoide

דַּלֶּקֶת מִפְרָקִים שִׁגְרוֹנִית (רפוי) דַּלֶּקֶת מִפְרָקִים שִׁגְרוֹנִתִית, שִׁגָּרוֹן, דַּלֶּקֶת פְּרָקִים

Arthritis, urica ---> Gicht

arthritisch

שִׁגְרוֹנִי (רפו') טָרַשְׁתִּי, שִׁגְרוֹנָתִּי, שֶׁל שִׁגָּרוֹן. שִׁגְדּוֹנִי, שֶׁל שִׁגָּדוֹן (פּוֹדַגְרָה)

Artigkeit

מַאֲדָב (התנ') גִּנּוּנֵי אֲדִיבוּת, אֹרַח נִימוּסִים

Artikel

תָּוִית יְדוּעַ (בלש') [מ״ב/21]. צוּרָן הַמְּשַׁמֵּשׁ לְיִדּוּעַ אוֹ לְאִי יִדּוּעַ, לְמָשָׁל: בְּעִבְרִית: הֵא הַיִּדּוּעַ (הֵא הַיְּדִיעָה)

Artikel, bestimmter

תָּוִית יִדּוּעַ מְסֻיֶּמֶת (בלש') [מ״ב/57]. תָּוִית הַמְּסַמֶּנֶת שֵׁם עֶצֶם אוֹ תֹּאַר שֵׁם, לְמָשָׁל: בְּגֶרְמָנִית der, die, das

Artikel, Nomen mit bestimmtem ---> Nomen mit bestimmtem Artikel

Artikel, unbestimmter

תָּוִית אִי יִדּוּעַ (בלש') [מ״ב/104]. תָּוִית מְסֻתֶּמֶת, מִלָּה הַמְּסַמֶּנֶת שֶׁשֵּׁם הָעֶצֶם בִּלְתִּי מְיֻדָּע, לְמָשָׁל: בְּגֶרְמָנִית: ein Mann, eine Glocke בְּעִבְרִית: ״אֵיזֶה״ לִפְנֵי הַגַּרְעִין: ״מוֹצִיא **אֵיזֶה** כֶּרֶךְ אֶנְצִיקְלוֹפֶּדְיָה מִן הָאָרוֹן״

Artikulation

חִתּוּךְ (בלש') [ק/א/336; ר/א/275; מ״ב/21]. חִתּוּךְ הַלָּשׁוֹן, - הַקּוֹל, - הַדִּבּוּר, - הָאוֹתִיּוֹת, בִּטּוּא צְלִילִים בִּכְלֵי הַדִּבּוּר הַשּׁוֹנִים, הֲגִיָּה, הֲגָיָה, הִגּוּי, אֹפֶן הַמִּבְטָא

Artikulationsorgan, aktives

חוֹתֵךְ, מְחַתֵּךְ (בלש') [מ״ב/21]. כְּלִי דִּבּוּר הַנָּע בְּעֵת הַהֲגִיָּה (חִתּוּךְ), לְמָשָׁל: הַשְּׂפָתַיִם, הַלָּשׁוֹן

Artikulationsstelle

מְקוֹם חִתּוּךְ (בלש') [מ״ב/173]. נְקֻדַּת חִתּוּךְ, מְקוֹם הֲגִיָּה, הַמָּקוֹם שֶׁבּוֹ נִבְלָם זֶרֶם הַהֲגִיָּה עַל יְדֵי אֵבָרִים הָעֲשׂוּיִים לְדַבֵּר, לְמָשָׁל: הָעִצּוּרִים הַנּוֹצָרִים בְּמַגָּע חֹד הַלָּשׁוֹן בַּשִּׁנַּיִם הַחוֹתְכוֹת הָעֶלְיוֹנוֹת, כְּגוֹן: d, t וכו'

artikulieren

חִתֵּךְ דְּבָרָיו, - בִּשְׂפָתָיו (בלש') [ק/א/337]. הָגָה, בִּטֵּא מִלִּים בְּצוּרָה בְּרוּרָה. חִתֵּךְ אוֹתִיּוֹת, - בִּשְׂפָתָיו, - בִּלְשׁוֹנוֹ, - בְּפִיו (בלש') [ק/א/338]. חִתֵּךְ (מְחַתֵּךְ) אֶת הַדִּבּוּר

Artillerie

תּוֹתְחָה (צבא) אַרְטִילֶרְיָה, חֵיל תּוֹתְחָנִים, כְּלַל הַתּוֹתָחִים

Artischocke *{Cynara}*

קִנְרַס (בוט') צֶמַח מִמִּשְׁפַּחַת הַמֻּרְכָּבִים

Artmerkmal

סוֹגֵל שֶׁל מִין (פיל') [ק/א/151]. תְּכוּנַת הַמִּין, הֶבְדֵּל, הַדָּבָר שֶׁבּוֹ נִבְדָּל מִין מְסֻיָּם מִזּוּלָתוֹ. הַבְדָּלָה (פיל') [ק/א/152]. מַבְדִּיל (פיל') [ק/ב/135]. שֹׁנִי. סִבָּה קוֹדֶמֶת, - קְדוּמָה (פיל') [ק/ג/84]. סִבָּה מַקְדִּימָה. פֶּרֶק (פיל') [ק/ג/215]. יִחוּד מִינִי

Arzneibuch ---> Arzneienverzeichnis

Arzneienverzeichnis *{Pharmakopoe}*

רְשִׁימַת תְּרוּפוֹת (רפו', כימ') רִקְחוֹן, סֵפֶר תְּרוּפוֹת

Arzneikunde

תּוֹרַת הַתְּרוּפוֹת (רפו', כימ') [ק/א/296]. חָכְמַת הַטְּבָעִים, חָכְמַת הָרְפוּאוֹת

As

לָה נַחַת (מוס') לָה בֶּמוֹל

Asafetida

חִלְתִּית (בוט', רפו') [מר״ח/73]. צֶמַח חָרִיף הַמְּשַׁמֵּשׁ לִרְפוּאָה

Asas

לָה נְחָתַיִם (מוס')

Asbest

גַּץ (מינ', כימ') [מר״ח/73]. אַזְבֶּסְט

Asbeststaublunge

גַּצֶּצֶת (רפו') [מר״ח/73]. רַעֶלֶת אַזְבֶּסְט, מַחֲלָה שֶׁהָרֵאָה מְאֻבֶּקֶת בְּאַבְקַת גַּץ (אַזְבֶּסְט)

Ascariasis

כָּרֶצֶת (רפו') מַחֲלַת הַכֶּרֶץ

Ascaris lumbricoides

כֶּרֶץ שִׁלְשׁוּלִי (זוא', רפו') [מר״ח/73]. כָּרָץ שִׁלְשׁוּלִי, תּוֹלַעַת טַפִּילִית הַגּוֹרֶמֶת לְכָרֶצֶת

Ascensio

עֲלִיָּה (אסט') [ק/ג/138]

Ascharija, Sekte der

כַּת אַשְׁעֲרִיָּה (דת) [ק/ב/105]

Asche

אֵפֶר [א״ח/א/86]

Asche, glühende

רֶמֶץ [א״ח/א/86]. אֵפֶר חַם

Asche, vulkanische

אֵפֶר גַּעֲשִׁי (גאו', י״א) אַבְקַת חֳמָרִים גַּעֲשִׁיִּים הַנִּמְצֵאת בְּכַמֻּיּוֹת גְּדוֹלוֹת בִּסְבִיבַת הָרֵי גַּעַשׁ

Asche legen, in glühende

רָמַץ (רוֹמֵץ) (חזו') [א״ח/א/117]. קָלָה בְּרֶמֶץ

Asemie ---> Asymbolie

Asepsis ---> Keimfreiheit

aseptisch ---> keimfrei

Askese

פְּרִישׁוּת [ק/ג/213]. הִנָּזְרוּת מִתַּעֲנוּגוֹת, הִבָּדְלוּת

Asket

פָּרוּשׁ (פְּרוּשִׁים) (מ״ח, דת) [ק/ג/210]. מִי שֶׁפֵּרַשׁ מִן הַחֶבְרָה וּמִתְנַזֵּר מִתַּעֲנוּגוֹתֶיהָ

Askription ---> Zuschreibung

Asomnie ---> Schlaflosigkeit

asozial

לֹא חֶבְרוּתִי (פסי', מ״ח) [ר/א/323]. לֹא סוֹצְיָאלִי, - חֶבְרָתִי

Aspekt [---> Aktionsart]

פָּן, אַסְפֶּקְט, הֶבֵּט, פָּנֶה (פָּנוֹת), חֲזוּת, נְקֻדַּת רְאוּת, בְּחִינָה, אֹפֶן רְאִיָּה וּמַחֲשָׁבָה. הַבָּטָה (אסט') [ק/א/152]. מַבָּט (אסט') [ק/ב/136]. קֶשֶׁת (אסט') [ק/ג/306]. מַעֲמַד כּוֹכָבִים בִּזְמַן מְסֻיָּם

Aspermie

אַלְזֶרַע (רפו')

Asphalt

חֵמָר (כימ') [א״ח/א/17]. זֶפֶת שֶׁל אֲדָמָה

Asphaltklee *{Psoralea bituminosa}*

שַׂרְעוֹל שָׂעִיר (בוט') צֶמַח מִמִּשְׁפַּחַת הַפַּרְפָּרָנִיִּים

Asphaltlack

לַכַּת חֵמָר (אמנ', טכנ') [ממ״ג/14]. תְּמִסַּת חֵמָר חֲסִינַת חֻמְצָה הַמְּשַׁמֶּשֶׁת לַחֲפִיַּת הַתַּחֲרִיט שֶׁעַל גַּבֵּי לוּחַ הַמַּתֶּכֶת

Asphaltstaub
אַבְקַת חֵמָר (אמנ', טכנ')
asphyktisch ---> erstickungsnah
Asphyxie ---> Erstickung, drohende
Aspirata ---> Laut, behauchter
Aspiration
שְׁאִיפָה (רפו') [מר"ח/75]. שְׁאִיבָה לִפְנִים. נְשִׁיפָה (רפו') [מר"ח/75]. שְׁאִיבָה לַחוּץ, הַשְׁאָפָה. נִשּׁוּף (בלש') [מ"ב/22]. אַסְפִּירַצְיָה, תּוֹסֶפֶת נְשִׁיפָה h אַחֲרֵי עִצּוּרִים, לְמָשָׁל: בְּגֶרְמָנִית Paß = P(h)as
Aspirator ---> Sauger
assai
הַרְבֵּה (מוס')
Assel
טַחְבִּית (זוא') טַחְבִּית, פְּרוּק רַגְלַיִם מִסִּדְרַת הַשְּׁוֵה רַגְלָאִים (סַרְטָנִים)
Assembler ---> Assemblierprogramm
Assembliersprache
שְׂפַת סַף (מחש') [דמ"א/12]. שְׂפַת תִּכְנוּת לִיצִירַת תָּכְנִיּוֹת
Assemblierprogramm *{Assembler}*
מְאַסֵּף (מְאַסְּפִים) (מחש') [דמ"א/12]. תָּכְנָה לְתִרְגּוּם שְׂפַת סַף לִשְׂפַת מְכוֹנָה
assertorisch ---> feststellend
assertorisches Urteil ---> Urteil, assertorisches
Assimilation
הִתְבּוֹלְלוּת [ק/א/226]. הִתְעָרְבוּת וְהִתְדַּמּוּת גְּמוּרָה, טְמִיעָה. הַטְמָעָה [ר/א/192]. אַסִּימִילַצְיָה, קְלִיטַת חֳמָרִים זָרִים וַהֲפִיכָתָם לְחֵלֶק שֶׁל הַגּוּף הַקּוֹלֵט. הִדַּמּוּת (בלש') [ק/א/158; מ"ב/22]. שִׁוּוּי וְדִמְיוֹן, תַּהֲלִיךְ הַנּוֹבֵעַ מִנְּטִיָּתוֹ שֶׁל הַדּוֹבֵר לְקָרֵב אֶת הַהֲגָאִים זֶה לָזֶה בִּשְׁעַת הַדִּבּוּר, לְמָשָׁל: "אַפֹּל" (בִּמְקוֹם: אַנְפֹּל), "הִזְדַּמֵּן" (בִּמְקוֹם: הִזְתַּמֵּן)
Assimilation, totale
הִדַּמּוּת מְלֵאָה (בלש') [מ"ב/47]. אַסִּימִילַצְיָה שְׁלֵמָה שֶׁל הֶגֶּה (פוֹנֶמָה) הַמִּזְדַּהֶה עִם הֶגֶּה מְאֻחָר יוֹתֵר, לְמָשָׁל: בְּ- *אֶנְפֹּל > אֶפֹּל נֶהְפָּךְ הַ-נ' לְ-פ'
Assimilationis, finis
תַּכְלִית הַהִדַּמּוּת (פיל') [ק/א/158]
assimilativ
הִדַּמּוּתִי [ר/א/192]. הַטְמָעָתִי, אַסִּימִילָטִיבִי
assimilieren, sich
הִתְדַּמָּה (מִתְדַּמֶּה) [ק/א/138]. הִתְמַזֵּג, הִתְבּוֹלֵל, נִטְמַע, טָמַע (מִטָּמֵעַ), הִטְמַע
assimilierend, sich
מִתְדַּמֶּה (דת, מ"ח) [ק/ב/312]. מִתְבּוֹלֵל, הַמִּשְׁתַּדֵּל לְהִטָּמַע בְּעַם אַחֵר אוֹ בְּדָת אַחֶרֶת, נִטְמָע, מִטַּמֵּעַ, מְטַמֵּעַ
assimilierende Kraft ---> Kraft, assimilierende
Assimilierung ---> Assimilation
Assistent(in)
מְסַעֵד, מְסַעֶדֶת [מר"ח/76]. אַסִּיסְטֶנְט
Assistent(in), technische(r)
מַעְבְּדָן, מַעְבְּדָנִית (מ"ט) מְסַעֵד עֲשׂוּתִי, אַסִּיסְטֶנְט טֶכְנִי, לַבּוֹרַנְט

Assonanz
מֶחְרֵז תְּנוּעָה (ספר') אַסּוֹנַנְס, שִׁוְיוֹן הַתְּנוּעָה שֶׁבַּהֲבָרָה הַמֻּטְעֶמֶת הָאַחֲרוֹנָה בְּלֹא שִׁוְיוֹן הָעִצּוּרִים
Assoziation
הֶחְבֵּר (הֶחְבֵּרִים) (פסי') [ר/א/80]. סְמִיכוּת, אַסּוֹצִיאַצְיָה, תַּסְמִיךְ, תִּסְמֹכֶת, כָּל קֶשֶׁר נִלְמָד וְתִפְקוּדִי בֵּין שְׁנֵי יְסוֹדוֹת לְפָחוֹת. שִׁתּוּף. קִשְׁרָה (קְשָׁרוֹת) (פסי') [י"א/39]. מִזְכּוֹר, זִכְרָה (זְכָרוֹת, זִכְרוֹת-)
Assoziation, freie
הֶחְבֵּר חָפְשִׁי (פסי') [ר/א/80]. סְמִיכוּת חָפְשִׁית, - שֶׁמְּמִילָא, כָּל אַסּוֹצִיאַצְיָה בֵּין רַעְיוֹנוֹת, מִלִּים, מַחְשָׁבוֹת וכו' שֶׁאֵינָהּ כְּפוּפָה לְאִלּוּצִים
Assoziation, gebundene
הֶחְבֵּר מְכֻוָּן (פסי') [ר/א/80]. סְמִיכוּת מְכֻוֶּנֶת, אַסּוֹצִיאַצְיָה יְשִׁירָה, הֶחְבֵּר בִּלְתִּי אֶמְצָעִי
Assoziation, mittelbare
הֶחְבֵּר מְתֻוָּךְ (פסי') [ר/א/81]. תַּסְמִיךְ מְתֻוָּךְ, - רָחוֹק, הֶחְבֵּר אֶמְצָעִי, אַסּוֹצִיאַצְיָה מְתֻוֶּכֶת, הֶחְבֵּר שֵׁנִי, שְׁלִישִׁי וכו' בְּשַׁרְשֶׁרֶת הֶחְבֵּרִים, אַסּוֹצִיאַצְיָה רְחוֹקָה, סְמִיכוּת מְתֻוֶּכֶת
Assoziation, paarweise
הֶחְבֵּרִים זוּגִיִּים (פסי') נִסְמָכִים זוּגִיִּים
Assoziation, rückläufige
הֶחְבֵּר לְאָחוֹר (פסי') [ר/א/80]. סְמִיכוּת לְאָחוֹר, קֶשֶׁר בֵּין פְּרִיט אֶחָד לִפְרִיט אוֹ לִפְרִיטִים שֶׁקָּדְמוּ לוֹ בִּרְשִׁימָה שֶׁל מַטָּלַת לְמִידָה סִדְרָתִית
Assoziation, überspringende ---> Assoziation, mittelbare
Assoziation auflösen ---> dissoziieren
Assoziationsreaktion
תְּגוּבָה הֶחְבֵּרִית (פסי') תְּגוּבָה סְמִיכוּתִית, תְּגוּבַת סְמִיכוּת, - הֶחְבֵּר
Assoziationsreflex
עֶכֶס הֶחְבֵּרִי (פסי') עֶכֶס סְמִיכוּתִי, תַּעֲכִיס הֶחְבֵּרִי, רֶפְלֶקְס אַסּוֹצִיאָטִיבִי
Assoziationsschwäche
חֻלְשַׁת הַהֶחְבֵּר (פסי') חֻלְשַׁת הַתַּסְמִיךְ, - הַסְּמִיכוּת
Assoziationsstärke
עָצְמַת הַהֶחְבֵּר (פסי') עָצְמַת הַסְּמִיכוּת
Assoziationszeit
זְמַן הַהֶחְבֵּר (פסי') [ר/א/80]. הַזְּמַן הַנִּדְרָשׁ לִיצִירַת הֶחְבֵּר, זְמַן הַסְּמִיכוּת
assoziativ
הֶחְבֵּרִי (פסי') תַּסְמִיכִי, סְמוּכִי, מְסַמֵּךְ, סְמִיכוּתִי, אַסּוֹצִיאָטִיבִי, שֶׁל קֶשֶׁר רַעְיוֹנִי, מְשַׁתֵּף
assoziativen Verschiebung, Gesetz der ---> Verschiebung, Gesetz der assoziativen
assoziatives Gesetz ---> Anreihungsregel
Assoziativität
קְבוּצִיּוּת (מתמ') אַסּוֹצְיָטִיבִיּוּת
Assoziativspeicher
זִכָּרוֹן סְמוּכִי (פסי') זִכָּרוֹן הֶחְבֵּרִי
assoziieren
הֶחְבִּיר (מַחְבִּיר) (פסי') סָמַךְ (מְסַמֵּךְ), הִסְמִיךְ, נִסְמַךְ, חִבֵּר דָּבָר לְדָבָר, קָשַׁר דְּבָרִים

בְּמַחֲשַׁבְתּוֹ, חִבֵּר רַעְיוֹנוֹת, הֶחְבֵּר (מְחֻבָּר)

Assoziieren

הִתְחַבּוּר (פסי׳) סִמּוּךְ, הֶחְבֵּרִיּוּת

assoziiert

נֶחְבָּר (פסי׳) נִסְמָךְ, שֶׁיֵּשׁ לוֹ קֶשֶׁר הֶגְיוֹנִי לְעִנְיָן, תָּלוּי

Astasie

לַאֲיוֹן עֲמִידָה (רפו׳) חֹסֶר יְכֹלֶת לַעֲמֹד עַל אַף מַצַּב שְׁרִירִים תַּקִּין

Asteriskus ---> Sternchen

Asthenie

חֲלִישׁוּת (רפו׳) תְּשִׁישׁוּת

asthenisch

חָלוּשׁ, חֲלוּשָׁה (רפו׳) תָּשׁוּשׁ, תְּשׁוּשָׁה

asthenische Konstitution ---> Konstitution, asthenische

asthenischer Habitus ---> Aussehen, schwächliches

asthenischer Typus ---> Typus, asthenischer

Asthma

גַּנַּחַת (רפו׳) [מר״ח/77]. קַצֶּרֶת, אַסְתְּמָה

Asthmatiker(in)

גַּנְּחָתָן, גַּנַּחְתָּנִית (רפו׳) [מר״ח/77]. גַּנֵּחַ, גַּנַּחַת, חוֹלֵה גַּנַּחַת (אַסְתְּמָה)

asthmatisch

גַּנַּחְתִּי (רפו׳) קַצַּרְתִּי, אַסְתְּמָטִי

Astigmatismus

שַׁבְרִירִיּוּת (רפו׳) [מר״ח/77]. אִי מִקּוּד עֵינַיִם

astral

כּוֹכָבִי (אסט׳) [ק/ב/70]. מִתְיַחֵס עַל הַכּוֹכָבִים, דִּמּוּי כּוֹכָב

Astralgeister

רוּחָנִיּוֹת (דת, אסט׳) [ק/ד/31]. כֹּחוֹת הַגַּלְגַּלִּים אוֹ הַכּוֹכָבִים שֶׁלְּפִי אֱמוּנַת עוֹבְדֵי הַכּוֹכָבִים הֵם שׁוֹרִים עַל הַצְּלָמִים הָעֲשׂוּיִים לִשְׁמָם

astralgeistergläubig

רוּחָנִי (דת) [ק/ד/32]. הַמַּאֲמִין בְּרוּחָנִיּוֹת, עוֹבֵד כּוֹכָבִים וּמַזָּלוֹת

Astrolab

אַצְטְרוֹלָב (אסט׳) [ק/א/71]. חוּג הַחוֹזִים, אִצְטְרוֹלָב, אִצְטְרוֹבָל. כְּלִי הַהַבָּטָה (אסט׳) [ק/א/152]. מֹאזְנֵי הַחוֹזִים (אסט׳) [ק/א/275]. כְּלִי הַנְּחֹשֶׁת (אסט׳) [ק/ג/28]. מִתְקָן אַסְטְרוֹנוֹמִי עַתִּיק שֶׁשִּׁמֵּשׁ לִקְבִיעַת מְקוֹמָם שֶׁל גַּרְמֵי הַשָּׁמַיִם וּלְנִוּוּטוּת

Astrolab(s), Bestandteile des

אֵם (אסט׳) [ק/א/50]. בְּרִיחַ (אסט׳) [ק/א/96]. אֶחָד מֵחֶלְקֵי הָאַצְטְרוֹלָב. כָּרֵס, כֶּרֶס (אסט׳) [ק/ב/104]. חֵלֶק מֵחֶלְקֵי חוּג הַחוֹזִים. מַעְצוֹר, מַעְצָר (אסט׳) [ק/ב/240]. שֵׁם חֵלֶק מִכְּלֵי הַחוֹזִים בַּכּוֹכָבִים. סוּס (אסט׳) [ק/ג/99]. רֶשֶׁת (אסט׳) [ק/ד/63]. שְׂבָכָה, סְבָכָה (אסט׳) [ק/ד/70]. תָּא (אסט׳) [ק/ד/170]. חֲגוֹרָה, חֵיק, עִגְלָה קִיצוֹנִית

Astrolab, Nadel des

שֵׁן הָאַצְטְרוֹלָב (אסט׳) [ק/ד/136]. אֶחָד מֵחֶלְקֵי הָאִצְטְרוֹלָב

Astrologe

אִצְטַגְנִין (אִצְטַגְנִינִים) (אסט׳, דת) [ק/א/92]. בַּעַל מִשְׁפָּט, אַסְטְרוֹלוֹג. בַּעַל תְּכוּנָה (אסט׳, דת) [ק/א/93]. הוֹבֵר, הֹבֵר (אסט׳ דת) [ק/א/153]. הַמַּגִּיד עֲתִידוֹת לְפִי מַצַּב הַכּוֹכָבִים. חוֹזֶה (אסט׳, דת) [ק/א/279]. חוֹזֶה בַּכּוֹכָבִים. חֲכַם הַמַּזָּלוֹת, - הַמַּעֲרֶכֶת, - הַמִּשְׁפָּט, - מִשְׁפַּט הַכּוֹכָבִים, חֲכַם מִשְׁפָּטֵי (אסט׳, דת) [ק/א/290]. תּוֹכֵן (אסט׳, דת) [ק/ד/181].

Astrologie

אִצְטַגְנִינוּת (אסט׳, דת) [ק/א/164; 294]. חָכְמַת הָאִצְטַגְנִינוּת, רְאִיַּת עֲתִידוֹת בַּכּוֹכָבִים, הֹבֵר, אַסְטְרוֹלוֹגְיָה. חָכְמַת הַהַבָּטוֹת, - הֶחָזוֹן (אסט׳, דת) [ק/א/295]. חָכְמַת מִשְׁפְּטֵי הַכּוֹכָבִים, - מִשְׁפְּטֵי הַמַּזָּלוֹת, - גְּזֵרַת הַכּוֹכָבִים, - דִּינֵי הַכּוֹכָבִים, - הַנִּסָּיוֹן, מְלֶאכֶת הַנִּסָּיוֹן (אסט׳, דת) [ק/א/297]. חָכְמַת רִשְׁמֵי הַכּוֹכָבִים, הַחָכְמוֹת הַשְּׁמֵימִיּוֹת, חָכְמַת הַתְּכוּנָה הַמִּשְׁפָּטִית (אסט׳, דת) [ק/א/299]. חָכְמַת הַשָּׁעוֹת. מִשְׁפַּט הַכּוֹכָבִים (אסט׳, דת) [ק/ב/302]. הוֹרָאַת הַכּוֹכָבִים, חָכְמַת הַנִּסָּיוֹן (אסט׳, דת) [ק/ג/45]. חָכְמַת הַתּוֹלֶדֶת (אסט׳, דת) [ק/ד/182]. תְּכוּנָה (אסט׳, דת) [ק/ד/194]. חָכְמַת הַהַבָּטָה (אסט׳, דת) [ק/א/152]. חִזָּיוֹן (אסט׳, דת) [ק/א/280; 295]. חִיּוּב הַכּוֹכָבִים (אסט׳) [ק/א/286]

Astronom

תּוֹכֵן (תּוֹכְנִים) (אסט׳) [ק/ד/181]. אַסְטְרוֹנוֹם. בַּעַל תְּכוּנָה (אסט׳) [ק/א/93]. הוֹבֵר, הֹבֵר (אסט׳) [ק/א/153]. חָכָם בְּחָכְמַת הַכּוֹכָבִים. חוֹזֶה (אסט׳) [ק/א/279]. חוֹזֶה בַּכּוֹכָבִים. חֲכַם הַתְּכוּנָה (אסט׳) [ק/א/290; ק/ד/195]. מַבִּיט (אסט׳) [ק/ב/138]. פִילוֹסוֹף (אסט׳) [ק/ג/187]

Astronomie

תְּכוּנָה (אסט׳) [ק/ד/194]. אַסְטְרוֹנוֹמְיָה, חָכְמַת הַתְּכוּנָה. חָכְמַת הַחִבּוּר (אסט׳) [ק/א/295,270]. חָכְמַת הַחִזָּיוֹן (אסט׳) [ק/א/295,280]. חָכְמַת הַגַּלְגַּל, חָכְמוֹת גַּלְגַּלִּיּוֹת (אסט׳) [ק/א/294]. חָכְמַת הַכּוֹכָבִים, - הַכַּדּוּר, - הַמַּזָּלוֹת, - הַתְּכוּנָה, - תְּכוּנַת הַגַּלְגַּלִּים וְהַכּוֹכָבִים (אסט׳) [ק/א/299,296; ק/ד/195]. חָכְמַת הַלִּמּוּדִים (אסט׳) [ק/ב/120]

Astronomie, mathematische

תְּכוּנָה מַתֶּמָטִית (אסט׳) [ק/א/296; ק/ב/122]. חָכְמַת הַכּוֹכָבִים הַלִּמּוּדִית, אַסְטְרוֹנוֹמְיָה מַתֶּמָטִית

astronomisch

תְּכוּנִי (אסט׳) תּוֹכְנִי, אַסְטְרוֹנוֹמִי

astronomischer, Meridian ---> Meridian, astronomischer

Astronomus maximus

הַתּוֹכֵן הַגָּדוֹל (אסט׳) [ק/ד/181]

Asymbolie

עִוְעוֹן הַסִּימָנִים (פסי׳, רפו׳) חֹסֶר יְכֹלֶת לְהָבִין סִימָנִים וּמִלִּים

Asymmetrie

אִי סִמְדּוּד, אָסִימֶטְרִיָּה, אִי תְּאִימוּת, חֹסֶר תְּאָמִיּוּת

Asymmetrie, schiefe

מַדַּד הָאִי סִמְדּוּד (סטט׳) [ר/א/83; מ״מ/213]. מַדַּד הָאָסִימֶטְרִיָּה, - חֹסֶר הַתְּאָמִיּוּת, מַדָּד הַמְּצַיֵּן אֶת מֶרְחַק הַתִּפְלְגוּת הַמִּשְׁתַּנֶּה מֵהִתְפַּלְּגוּת סִמְדּוּדִית (סִימֶטְרִית)

asymmetrisch

אִי סִמְדּוּדִי, אִי מְסֻדָּד, לֹא תּוֹאֵם, אָסִימֶטְרִי

Asymptote

הַקַּו הַיָּשָׁר (מתמ') [ק/ג/165]. אָסִימְפְּטוֹטָה, מַשִּׁיק לַעֲקֻמָּה כַּאֲשֶׁר נְקֻדַּת הַמַּגָּע הִיא בְּאֵין סוֹף

asyndetisch

לֹא מְקֻשָּׁר (בלש') [מ״ב/23]. אָסִינְדֶטִי, בְּלֹא מִלַּת קִשּׁוּר, כַּאֲשֶׁר שׁוּרָה שֶׁל שֵׁמוֹת, פְּעָלִים אוֹ חֶלְקֵי מִשְׁפָּט בָּאִים זֶה אַחַר זֶה מִבְּלִי שֶׁיִּהְיוּ מְקֻשָּׁרִים בְּמִלּוֹת חִבּוּר, לְמָשָׁל: ״אָמַר אוֹיֵב: אֶרְדֹּף אַשִּׂיג אֲחַלֵּק שָׁלָל״

Asyndeton

מְחֻלָּק (ספר', בלש') [ק/ב/181; מ״ב/23]. שׁוּרָה שֶׁל שֵׁמוֹת, פְּעָלִים אוֹ חֶלְקֵי מִשְׁפָּט הַבָּאִים זֶה אַחַר זֶה מִבְּלִי שֶׁיִּהְיוּ מְקֻשָּׁרִים בְּמִלּוֹת חִבּוּר

Asynergie ---> Koordinationsstörung

asynergisch ---> koordinationsgestört

Aszendent und Deszendent

שֹׁרֶשׁ וְעָנָף [ק/ג/150]. אָבוֹת וּבָנִים, שַׁלְשֶׁלֶת הַדּוֹרוֹת. עִקָּר וְעָנָף [ק/ג/167]

Aszendenz ---> Dominanz

ataktisch ---> koordinationsgestört

Ataraxie ---> Gelassenheit

Atavismus
סַבְסַבִּיּוּת (כיו') [מר״ח/79]. אָטָבִיזְם, הִתְגַּלּוּת תְּכוּנוֹת שֶׁל אָבוֹת קְדוּמִים בְּדוֹרוֹת מְאֻחָרִים

atavistisch
סַבְסַבִּי (כיו') אָטָבִיסְטִי

Ataxie ---> Koordinationsstörung

Atelektase
תֶּמֶט הָרֵאָה (רפו') [מר״ח/80]. חֲרִיתוּת הָרֵאָה, צְמִיקַת רֵאָה, שְׁאִיפָה לְקוּיָה שֶׁל נֹאדִיּוֹת הָרֵאָה כְּתוֹצָאָה מִמַּחְסוֹר בְּאֲוִיר

Atem(s), Anhalten des
עֲצִירַת הַנְּשִׁימָה (רפו')

Atemfrequenz, hohe *{Tachypnoe}*
רְהִיטוּת הַנְּשִׁימָה (רפו') נְשִׁימָה חֲפוּזָה, תֶּדֶר נְשִׁימָה גָּבֹהַּ

Atemnot
מְצוּקַת נְשִׁימָה (רפו') [מר״ח/46]. הִתְנַשְּׁמוּת, קֹצֶר נְשִׁימָה, כְּבֵדוּת נְשִׁימָה, תַּשְׁנִיק, תַּשְׁנוּק

Atemnot, höchste *{Orthopnoe}*
לְחִיתָה (רפו') [מר״ח/498]. לְהָתָה, קֹצֶר נְשִׁימָה עַז

Atemstillstand *{Apnea}*
דֹּם נְשִׁימָה (רפו') [מר״ח/61]. פֹּהַר, הַפְסָקַת נְשִׁימָה

Atemstörung ---> Kurzatmigkeit

Atheismus [---> Ketzerei]
אֶפִּיקוֹרְסוּת (דת, פיל') [ק/ב/102]. כְּפִירָה, אַלְדָּתוּת, אַלְדָּתִיּוּת, הַכְחָשַׁת עֶקְרוֹנוֹת הַדָּת, מִינוּת. כַּפְרָנוּת (דת, פיל') [ק/ב/103]. כּוֹפְרוּת, כּוֹפְרָנוּת, כְּפִירָה בִּמְצִיאוּת אֱלֹהִים, אַתֶּאִיזְם

Atheist [---> Ketzer]
אֶפִּיקוֹרוֹס (אֶפִּיקוֹרְסִים) (דת, פיל') [ק/ב/103]. כַּפְרָן, כּוֹפֵר בְּעִנְיְנֵי דָּת וֶאֱמוּנָה, אַתֶּאִיסְט, אַלְדָּתִי, מִי שֶׁאֵינוֹ מַאֲמִין בֵּאלֹהִים

atheistisch
אֶפִּיקוֹרְסִי (דת, פיל') כַּפְרָנִי, אַלְדָּתִי, אַתֶּאִיסְטִי

Athetose ---> Hyperkinese an Fingern und Zehen

Athlet(in)
גִּבָּר, גִּבָּרִית (רפו', ספו') אַתְלֵט, גְּבַרְתָּן

Athletik
גִּבָּרוּת (רפו', ספו') אַתְלֵטִיקָה

athletisch
גִּבָּרִי (רפו', ספו') אַתְלֵטִי, גְּבַרְתָּנִי

athletischer Typus ---> Typus, athletischer

Athyreose
חֹסֶר תְּרִיסִיּוּת (רפו')

Atlaspapier
נְיָר מְמֹרָק (אמנ') [ממ״ג/14]. נְיָר צִבְעוֹנִי מַבְרִיק

Atlaszeder *{Cedrus atlantica}*
אֶרֶז אַטְלַנְטִי (בוט') צֶמַח מִמִּשְׁפַּחַת הָאַרְנִיִּים

atmen
הִתְנַשֵּׁם (רפו') [ק/ג/76]. שָׁאַב אֲוִיר לְתוֹכוֹ, נָשַׁם לִרְוָחָה. שָׁאַף (רפו') [ק/ד/66]

Atmen, pfeifendes ---> Atmung, röchelnde

atmen, röchelnd
שִׁנְחֵר (מְשַׁנְחֵר) (רפו') נָשַׁם בְּקוֹל חִרְחוּר

atmen, schwer ---> ringen, nach Luft

Atmen, schweres ----> Ringen nach Luft

Atmosphäre
אֲוִירָה (מטא', מ״ח, פסי') אַטְמוֹסְפֵרָה, שִׁכְבַת גַּזִּים הָאוֹפֶפֶת גּוּף שְׁמֵימִי כָּלְשֶׁהוּ, הַהַרְגָּשָׁה כְּלָלִית, סְבִיבָה רוּחָנִית

atmosphärisch
אֲוִירָתִי (מטא', מ״ח, פסי') אַטְמוֹסְפֵרִי

atmosphärische Zirkulation ---> Zirkulation, atmosphärische

Atmung
שְׁאִיפָה (רפו') [ק/ד/64]. נְשִׁימָה, שְׁאִיבַת אֲוִיר פְּנִימָה

Atmung, röchelnde *{Stertor}*
שַׁנְחָרָה, שִׁנְחוּר (רפו') [מר״ח/635]. נְשִׁימָה חִרְחוּרִית, נַחֲרָה כְּבֵדָה, נְשִׁימָה נַסְרָנִית

Atmungsapparat
הַמְּנַשֵּׁם (רפו') כְּלֵי הַנְּשִׁימָה, מַעֲרֶכֶת הַנְּשִׁימָה

Atmungsgröße ---> Vitalkapazität

Atmungsmesser *{Spirometer}*
מַד נְשִׁימָה (רפו') מַד כֹּשֶׁר נְשִׁימָה

Atmungsmessung *{Spirometrie}*
מִיּוּד נְשִׁימָה (רפו') מְדִידַת כֹּשֶׁר נְשִׁימָה

Atom
פְּרָד (פְּרָדִים) (פיס') [ק/ג/207]. אַטוֹם. פְּרֶתֶךְ (פיס') [מר״ח/83]. גֶּשֶׁם פְּרָדִי (פיס') [ק/א/120]. עֶצֶם פְּרָדִי (פיס') [ק/ג/207,156]. דַּק (פיס') [ק/א/144]. יַחַס דַּק (פיס') [ק/א/162]. חֵלֶק (פיס') [ק/א/307]. חֲתִיכָה (פיס') [ק/א/337].

יחס (פיס') [ק/ב/34]. משהו (פיס') [ק/ב/290]. החלקיק הקטן של החמר. חלק שאינו מתחלק (פיס') [ק/ב/316]. נפרד (פיס') [ק/ג/57]. נקדה (פיס') [ק/ג/65]

atomar

פרדי (פיס') [מר"ח/83]. פרתכי, אטומי

Atomisation

רסוס (טכנ') פרתוך, **פצול**

Atomiseur

מרסס (מרססים) (טכנ') מפרתך, מכשיר לרסוס נוזלים

atomisieren

רסס (מרסס) (טכנ') [מר"ח/83]. **פרתך** (מפרתך), **פצל**

Atomisieren

רסוס דק (טכנ') פרתוך דק, **פעלת רסוס** לטפות דקיקות, **פצול**

Atomisten

בעלי העצמים הפרדיים [ק/א/93]

Atonie

יהינות (רפו') [מר"ח/84]. **יהנת, רפיון** השרירים, - **מתח**

atonisch

מיהן (רפו') רפה מתח, רפוי, שאינו מתוח

Atopognosie

עועון המקום (פסי', רפו') חסר יכלת לאכן גרויי מגע

Atresie

אטמות (רפו') [מר"ח/84]. **הסתתמות** של פתחי גוף טבעיים

Atrium ---> Vorhof

Atrophie

אזילות (רפו') [מר"ח/86]. **דלדול**, - **בטלות**, אזלת, אטרופיה, התנונות אבר בגוף עקב אי הספקת דם סדירה

Attitüde ---> Haltung

Attraktion [---> Anziehung]

גררה (בלש') [מ"ב/23]. **משיכה**, שנוי צוראי (מורפולוגי) ביחסה, במין, במספר או בגוף בהשפעת מלים שכנות, למשל: "אילנות טובות" (במקום: אילנות טובים)

attraktiv ---> anziehend

attraktive Kraft ---> Kraft, attraktive

Attraktivität ---> Anziehungskraft

Attraktivstoff ---> Lockstoff

Attrappe ---> Buch(es), Vertreter eines

Attribut

תאר (תארים) (דת, פיל', פסי') [ק/ד/172; ר/ב/686]. **תכונה** או סוגל של חפץ או של תופעה שהם הכרחיים לקיומם ובלתי נפרדים ממהותם. **מדה** (פיל') [ק/ב/147]. **לואי**, **לוי** (בלש') [מ"ב/11]. **נספח**, **מגדיר**, מלה הנלוית לשם עצם ומגדירה אותו, חלק המשפט המתאר או מרחיב שם עצם, רכיב תחבירי במשפט שנתן להשמיטו מבלי לפגע במבנה המשפט, למשל: "אחי **הגבור** חזר", "התפעלתי מספרו **של עגנון**". **השגה** (פיל', פסי') [ק/א/217]. **כנוי** [ק/ב/96]. **מספר** (פיל') [ק/ב/228]. **טיב**, **צביון**, **סימן הכר**. **משיג** (פיל') [ק/ב/285]. **ספור** (פיל') [ק/ג/107]. **מהות**, **סגלה**. **ענין** [ק/ג/147]. **איכות** [ק/א/74]. **אשור**.

תבנית (פיל') [ק/ד/178]. **מאפין** (מאפינים) (פסי', פדג') מתאר תכונה של משא (אובייקט) או של מצב (סיטואציה) בתהליך הלמוד

Attribut, adjektivisches

תאר לואי (בלש') [מ"ב/23]. **לואי מתאר**, תאר הרחבה, לואי המציין את תכונתו של שם העצם שאותו הוא מגדיר, למשל: "הפועל **החרוץ**", "הפועל - **חרוץ וטוב לב**"

Attribut, affirmatives

תאר חיובי, - החיוב, - מחיב, - מקים (פיל') [ק/ד/174]

Attribut, akzidentelles

תאר מקרי (פיל') [ק/ד/174]

Attribut, negatives

תאר שלילי (פיל') [ק/א/284]. **חידה מכחשת**, מדה שלילית. **תאר השלילה**, - **שולל**, - **שוללי**, - **מונע** (פיל') [ק/ד/174]

Attribut, positives

תאר חיובי (פיל') [ק/א/284]. **חידה מודה**, מדה חיובית. **תאר החיוב**, - **מחיב**, - **מקים** (פיל') [ק/ד/174]

Attribut, Zusammenstellung eines Substantivs mit seinem

הרכבת מתאר עם תאר (בלש') [ק/א/77]. הרכבת באור ותנאי

Attribut beilegen

הוסיף תאר [ק/ג/113]. **ספר**, **צין**, **דרג**, **נתן** תאר ל..., **כנה**, **תאר**, **אפין**, **איך**

Attribut Gottes ---> Gott(es), Attribut

Attribut im Genitiv

לואי סומך (בלש') [מ"ב/90]. **לואי המביע את** יחס הקנין אל הצרוף השמני העקרי, למשל: "נצחון **הנבחרת**"

Attribut-Wert-Paar

צמד מאפין-ערך (פסי', פדג') צמד תכונה-ערך

attributiv

לואי (בלש') [מ"ב/12]. **של לואי**

Attributsatz [---> Inhaltssatz]

משפט לואי (בלש') [מ"ב/24]. **פסוקית לואי**, לואי בצורת משפט טפל, למשל: "הפועלים, **שסימו את ארוחתם**, חזרו לעבודה"

Attributvariable ---> Variable, qualitative

atypisch

אי טבועי, לא טיפוסי

Audienz

ראיון רשמי (מדי') קבלה לשיחה

Auditorium ---> Hörsaal

Auerhuhn *{Tetrao urogallus}*

שכוי ענק (זוא') עוף ממשפחת השכויים

auf der Stelle --->alsbald

auf einmal ---> einmal, auf

auf Erden ---> Erden, auf

auf etwas bezogen ---> bezogen, auf etwas

auf jemand oder etwas anwendbar sein ---> anwendbar sein, auf jemand oder etwas

Aufätzen

צריבה חוזרת (אמנ', טכנ') [ממ"ג/14]. **צריבת**

הֶשְׁבּוֹן, צְרִיבָה בַּשְּׁנִיָּה
Aufbau ---> Konstruktion
aufbauend ---> konstruktiv
Aufbauformen ---> Konstruktionsformen
Aufbewahrung
אַחְסָנָה, שְׁמִירָה
Aufblähung *{Emphysem}*
נַפַּחַת (רפוי) אֶמְפִיזֶמָה
aufblitzend
בּוֹרֵק, זוֹעֵף
aufbringen
פָּנָה (פּוֹנֶה) אֶל הָרוּחַ (ימא׳) הִפְנָה אֶת הָאֳנִיָּה אֶל הָרוּחַ
Aufbuchtung
הִתְקַמְּרוּת (ימא׳)
aufdrehen, den Hahn ---> Hahn
aufdrehen, den
aufdringen ---> drängen
aufdringlich
פּוֹלְשָׁנִי
aufeinanderbeziehen
הִזְקִיק (מַזְקִיק) הֲדָדִי
Aufeinanderfolge *{Sukzession}*
תְּכִיפָה (תְּכִיפוּת) [ק/ג/164]. עֵקֶב, בּוֹא דָּבָר אַחֲרֵי סוּר חֲבֵרוֹ, רְצִיפוּת, רֶצֶף הַמְּשָׁכוּת. עֲקִיבָה [פ״ר/69]. סוּקְצֶסְיָה, הַמְשָׁכַת דֶּרֶךְ, הַמְּשָׁכוּת זֶה אַחֲרֵי זֶה, תְּכִיפוּת, תְּדִירוּת
Aufeinanderfolge, enge ---> Kontiguität
Aufeinanderfolge, unendliche
תְּכִיפָה אֵינְסוֹפִית [ק/א/76]. בָּא זֶה אַחַר סוּר זֶה, עֲקִיבָה אֵינְסוֹפִית, שׁוּרָה שֶׁל מִקְרִים הַמִּתְחַדְּשִׁים זֶה אַחַר זֶה בְּלִי סוֹף
Aufeinanderfolge, ununterbrochene
תְּכִיפָה מַתְמֶדֶת [ק/א/229]. הִתְדַּבְּקוּת, הֶמְשֵׁךְ, הַתְמָדָה, עֲקִיבָה מַתְמֶדֶת
aufeinanderfolgen lassen, unmittelbar
תָּכַף (תּוֹכֵף) [ק/ד/204]. עָשָׂה פְּעֻלּוֹת בְּזוֹ אַחַר זוֹ בְּלֹא הַפְסָקָה, הִתְרַחֵשׁ בִּרְצִיפוּת, תִּכֵּף (מְתַכֵּף), הִתְכִּיף, הִסְמִיךְ דָּבָר לְדָבָר
aufeinanderfolgend
תּוֹכֵף, עוֹקֵב
aufeinanderstoßen
הִתְנַגֵּשׁ, בָּטַשׁ, הִתְפַּגֵּשׁ, נִפְגַּשׁ, נִתְקַל, פָּגַע, פָּגַשׁ
Aufeinanderstoßen
הִתְנַגְּשׁוּת [ק/א/87]. בְּטָשָׁה, בְּטִישָׁה, הִתְפַּגְּשׁוּת, הַכָּאָה, פְּגִישָׁה בְּכֹחַ, הִתָּקְלוּת, פְּגִיעָה
Aufenthalt
שְׁהִיָּה, הִתְמַהְמְהוּת, הִתְעַכְּבוּת
Aufenthaltsort
מְקוֹם מְגוּרִים, - שְׁהִיָּה
Auferstehungsdrama
מַחֲזֵה תְּקוּמָה (ספר׳, תאט׳)
auffällig
מִתְבַּלֵּט [ק/ב/245]. מֻפְלָא, מְיֻחָד, מַתְמִיהַּ, יוֹצֵא דֹּפֶן, מוּזָר, מְשֻׁנֶּה, בּוֹלֵט
auffassen *{apperzipieren}* **[---> wahrnehmen]**
הִתְפִּיס (מַתְפִּיס) (פסי׳) [ר/א/237; רו/100].
רָכַשׁ יֶדַע חָדָשׁ וְהִטְמִיעוֹ בְּיֶדַע קַיָּם. תָּפַס (תּוֹפֵס) (פיל׳, פסי׳) [ק/ב/125]. לָקַח, הִשִּׂיג בְּשִׂכְלוֹ, הֵבִין
Auffassen *{Apperzeption}* **[---> Wahrnehmung]**
הַתְפָּסָה (פסי׳) [ר/א/237; רו/100]. אַפֶּרְצֶפְּצְיָה, תַּהֲלִיךְ הַבְחָנָה שִׂכְלִי שֶׁבּוֹ הַמְּשָׂאִים שֶׁנִּקְלְטוּ עַל יְדֵי הַחוּשִׁים מְעֻבָּדִים בְּמוּדָע לְאוֹר הַנִּסָּיוֹן שֶׁנִּרְכַּשׁ בֶּעָבָר, הִתְנַהֲגוּת פְּעִילָה שֶׁל הַנֶּפֶשׁ כְּלַפֵּי תָּכְנֵי תּוֹדָעָה חֲדָשִׁים הַמִּתְגַּלִּים וְהוֹלְכִים. תְּפִיסָה (פיל׳, פסי׳) [פ״ר/110; ר/ב/696]. הֲבָנָה, הַתַּהֲלִיךְ הַמַּקְנֶה לְכִידוּת וְאַחְדוּת לְקֶלֶט חוּשִׁי
Auffassen, denkendes
תְּפִיסָה חוֹשֶׁבֶת (פיל׳) [פ״ר/162]
Auffassung ---> Auffassen
Auffassung, oberflächliche
תְּפִיסָה שִׁטְחִית [ק/ד/89]. שֶׁטַח, מַשְׁמָעוּת חִיצוֹנִית
Auffassungsschwierigkeit
קֹשִׁי תְּפִיסָה (פסי׳)
Aufflammen
הִתְלַהֲטוּת (פיס׳, דת) [ק/א/241]. הִתְנוֹצְצוּת, הִתְלַקְּחוּת נִיצוֹץ
auffluten
זָרַם וְעָלָה
Aufforderungscharakter *{Valenz}*
עֶרְכּוּת (פסי׳) [ר/ב/517]. עֶרְכִּיּוּת, יְכָלְתָּם שֶׁל יְצִירִים מְסֻיָּמִים (מַשָּׂאִים, סְמָלִים, מְמַצְּבִים) לְעוֹרֵר אֵצֶל אָדָם נְטִיָּה לְצָרְךְ כְּלַשֶּׁהוּ אוֹ לְדַרְבְּנוֹ לִפְעֻלָּה עַל יְדֵי שֶׁהֵם מוֹשְׁכִים אוֹתוֹ (עֶרְכּוּת חִיּוּבִית), דּוֹחִים אוֹתוֹ (עֶרְכּוּת שְׁלִילִית) אוֹ שֶׁיֵּשׁ לָהֶם תְּכוּנוֹת מוֹשְׁכוֹת וְדוֹחוֹת כְּאַחַת (דוּ עֶרְכּוּת)
Aufforstung
יִעוּר (חקל׳) נְטִיעַת יְעָרוֹת
aufführen
בִּצַּע (מְבַצֵּעַ) (מוס׳) הֵפִיק, הִצִּיג
Aufführung
בִּצּוּעַ (מוס׳) הֲפָקָה, הַצָּגָה
Auffüllarbeit
עֲבוֹדַת מִלּוּי (טכנ׳)
Auffüllung
מִלּוּי, מְלִיא
Aufgabe [---> Überlassung]
מַטָּלָה (מ״ח, פסי׳) [ק/ב/283; ר/ב/377]. מַשָּׂא, מְשִׂימָה, תַּפְקִיד, מַה שֶּׁמּוּטָל עַל הָאָדָם לַעֲשׂוֹתוֹ
Aufgabenanalyse ---> Indikatorenanalyse
Aufgabenbezogenheit
מְכֻוָּנוּת לַמַּטָּלָה (מ״ח, פסי׳) מְכֻוָּנוּת לַמְּשִׂימָה, מוּדָעוּתוֹ שֶׁל אָדָם לְדָבָר-מָה שֶׁיֵּשׁ לַעֲשׂוֹתוֹ וּלִפְעֻלָּה שֶׁחַיָּבִים לְבַצְּעָהּ
aufgabenbezogen
מְכֻוָּן לַמַּטָּלָה, - לַמְּשִׂימָה
aufgabenorientiert ---> aufgabenbezogen
Aufgabenorientierung ---> Aufgabenbezogenheit
aufgeben ---> überlassen

aufgefangen
קָלוּט, נָתוּן בְּתוֹךְ

aufgekommen, neu
מִקָּרוֹב בָּא

Aufgeld ---> Agio

aufgelöst
מְפֹרָד [ק/ג/78]. נִתַּק, נִתַּךְ, נִפְרַד, סָתוּר, חָרֵב, נָתוּץ, רָעוּעַ, הָרוּס

aufgeprägt
חָקוּק [ק/ב/184]. מְחֻקֶּה, חָרוּת, טָבוּעַ, מְחֻקָּק

aufgerauht
מְחֻסְפָּס

aufgerauhte Platte ---> Platte, aufgerauhte

aufgeregt ---> erregt

aufgereizt ---> provoziert

Aufgesang
פּוֹתַחַת (פּוֹתְחוֹת) (מוס׳)

aufgeschoben
מֻשְׁהֶה, שָׁהוּי, מְעֻכָּב לְמֶשֶׁךְ זְמַן

aufgespeichert ---> gespeichert

aufgliedern
אִבֵּר (מְאַבֵּר) (פיל׳) הִפְרִיד לַאֲבָרִים

Aufgliederung
אִבּוּר (פיל׳) הַפְרָדָה לַאֲבָרִים, פֵּרוּק מַחְשַׁבְתִּי שֶׁל שָׁלֵם לְסַךְ כָּל מַרְכִּיבָיו, לְמָשָׁל: פֵּרוּק שֶׁל עֵץ לְשֹׁרֶשׁ, גֶּזַע, עָנָף וְעָלֶה

Aufguß ---> Infusion

Aufhängungspunkt
נְקֻדַּת הַתְּלוּי (פיס׳)

aufhäufen
עָרַם (עוֹרֵם) [א״ת/ב/189]. גָּדַשׁ (גּוֹדֵשׁ), צָבַר (צוֹבֵר), צִבֵּר (מְצַבֵּר), עֵרֵם (מְעָרֵם), עָשָׂה עֲרֵמָה, סִיֵּר (מְסַיֵּר), סִדֵּר בַּעֲרֵמָה, חָמַר, גָּבַב (גּוֹבֵב), גִּבֵּב (מְגַבֵּב), מִלֵּא מֵעַל לַמִּדָּה, סִגֵּל (מְסַגֵּל), אָסַף, הִשִּׂיג, חָסַךְ, נִצְבַּר, נֶאֱסַף, הִצְטַבֵּר, הֻצְבַּר

Aufhäufung
עֵרוּם, עֲשִׂיַּת עֲרֵמָה, צְבִירָה, גִּבּוּב, אֲסִיפָה, גֹּדֶשׁ, הָעֹדֶף שֶׁמֵּעַל לַמִּדָּה

aufheben
בִּטֵּל (מְבַטֵּל) [ק/ג/103; פ״ר/10]. שָׂם לְעַל, שָׁלַל, שָׁמַר וְהֶעֱלָה, סִלֵּק, הִרְחִיק, הֵסִיר, הָדַף, דָּחָה, בִּטֵּל, גֵּרֵשׁ

Aufhebung [---> Negation der Negation, Gesetz der]
בִּטּוּל (פיל׳) [ג״פ/152; פ״ר/10]. שִׂימָה לְעַל, תַּהֲלִיךְ שֶׁבּוֹ הַקַּיָּם נִשְׁלָל וּמִתְבַּטֵּל אַךְ מִשְׁתַּמֵּר בִּיסוֹדוֹתָיו הַמַּכְרִיעִים וּמוֹסִיף לְהִתְקַיֵּם גַּם לֶעָתִיד בְּשָׁלָב גָּבֹהַּ יוֹתֵר. דֶּרֶךְ הַהֶמְנַע [ק/א/177]. הַמְּנִיעוּת, מַה שֶּׁהוּא נִמְנָע, אִי אֶפְשָׁר. הֲסָרָה (פיל׳) [ק/א/186]. הֶעְדֵּר, שְׁלִילָה. הִסְתַּלְּקוּת (פיל׳) [ק/א/187]. הַרְחָקָה [ק/א/213]. הֲסָרָה, שְׁלִילַת תְּכוּנָה כָּלְשֶׁהִי מִנּוֹשֵׂא מְסֻיָּם. סִלּוּק (פיל׳) [ק/ג/102]. בִּטּוּל

Aufhebung, gegenseitige
בִּטּוּל הֲדָדִי [ק/א/177]. הַמְּנִיעוּת, תְּכוּנַת הַנִּמְנָע, - הַבָּטֵל, - הַבִּלְתִּי אֶפְשָׁרִי, הַבִּטּוּל שֶׁמְּבַטְּלִים שְׁנֵי כֹּחוֹת מִתְנַגְּדִים זֶה אֶת זֶה

aufhellen ---> klären

Aufhellung ---> Klärung

aufhetzen
חִרְחֵר (מְחַרְחֵר), עוֹרֵר מְרִיבָה, שִׁלַּח מְדָנִים בֵּין..., סִכְסֵךְ (מְסַכְסֵךְ)

aufhören
חָדַל (חוֹדֵל) [ק/ג/113]. סָר, פָּסַק (פּוֹסֵק). עָמַד (עוֹמֵד) [ק/ג/141]. הִפְסִיק, נָח, שָׁבַת. נִפְסַד [ק/ג/196]. בָּא קִצּוֹ, תַּם, אָפֵס, בָּטֵל. חָלַף [ק/א/305]. עָבַר, כָּלָה, פָּקַע (פּוֹקֵעַ), נִפְסַק, בָּטֵל (בּוֹטֵל)

Aufhören
חֲדִילָה [ק/ב/83]. כִּחוּד, חִדָּלוֹן. שְׁבִיתָה [ק/ד/70]. אִי עֲשִׂיָּה, הַמְּנִיעוּת מֵעֲשׂוֹת דְּבַר-מָה. אֲפִיסָה (פיל׳) [ק/א/65]. הֶעְדֵּר, שְׁלִילָה, בִּטּוּל, פְּקִיעָה, חֶסְרוֹן הַהֲוָיָה, אִי הֱיוֹת, אֲפִיסוּת. הֶמְנֵעַ [ק/א/177]. עִכּוּב. הִסְתַּלְּקוּת (פיל׳) [ק/א/187]. הֲסָרָה

Aufhören der Milchsekretion ---> Milchsekretion, Aufhören der

aufkämmen
קָבַע (קוֹבֵעַ) שִׁנַּיִם בְּגַלְגַּל (טכנ׳)

Aufkurs ---> Agio

aufkeilen
יִתֵּד (מְיַתֵּד) (טכנ׳) תָּקַע יָתֵד, יָתַד (יוֹתֵד)

Aufklaren
הִתְבַּהֲרוּת (מטא׳)

aufladen ---> beladen

Auflader ---> Ladeeinrichtung

Auflager
סֶמֶךְ (סְמָכִים) (טכנ׳) יְסוֹד, בָּסִיס

Auflager, eingespanntes
סֶמֶךְ מְקֻבָּע (טכנ׳)

auflandig, Wind ---> Wind auflandig

Auflassung
הַעֲבָרַת בַּעֲלוּת (משפ׳, כלכ׳) הֶסְכֵּם בֵּין מוֹכֵר נְכָסֵי דְּלָא נָיְדֵי לְבֵין הַקּוֹנֶה בְּעִנְיַן הַעֲבָרַת הָרְכוּשׁ מִזֶּה לָזֶה

Auflassungsurkunde [---> Eigentumstitel]
שְׁטָר הַעֲבָרַת בַּעֲלוּת (משפ׳, כלכ׳)

Auflauerung ---> Hinterhalt

auflegen
הוֹצִיא לָאוֹר (ספרנ׳)

auflehnen, sich
הִתְלוֹנֵן (מִתְלוֹנֵן), הִתְרַעֵם, הִתְאוֹנֵן, הֵלִין (מֵלִין)

auflösbar
מָסִיס (כימ׳) נָמֵס, שֶׁיָּכוֹל לְהִתְמוֹסֵס

Auflösbarkeit
מְסִיסוּת (כימ׳) יְכֹלֶת לְהִתְמוֹסֵס

auflösen [---> abwickeln]
הִפְרִיד (מַפְרִיד) [ק/ג/78]. הִתִּיךְ (מַתִּיךְ), הָרַס, סָתַר (סוֹתֵר), פָּרַע, גִּלָּה, פָּתַח, פֵּרֵק, אִבֵּד, מוֹטֵט, קִעְקַע, חִסֵּל, כִּלָּה. מָסַס (מוֹסֵס) (כימ׳) מִסֵּס (מְמַסֵּס), הֵמֵס (מֵמֵס), נָמַס (נוֹמֵס). יִמֵּס (מְיַמֵּס), הִתְיַמֵּס. פָּרַק (פּוֹרֵק) (מוס׳)

auflösen, sich
הִתְפָּרֵד (מִתְפָּרֵד) [ק/ג/78]. נָתַךְ (נוֹתֵךְ), כָּלָה, הִתְפּוֹרֵר, הִתְפָּרֵק

auflösende Bedingung ---> Bedingung, auflösende

Auflösung [---> Lysis]
הַפְרָדָה [ק/א/199]. בְּנִגּוּד לְקִבּוּץ. הִתּוּךְ [ק/א/231]. בְּנִגּוּד לְצְמִיחָה, לְהַרְכָּבָה וּלְהִתְמַזְּגוּת. הַתִּיכָה [ק/א/236]. הַתָּכָה [ק/א/236]. הֶפְסֵד, חֶסְרוֹן. הִתְמוֹגְגוּת [ק/א/239]. הִתְפָּרְדוּת [ק/א/244; ר/א/237]. פֵּרוּד, הִתְפַּזְּרוּת, נִתּוּק, הֲפָרָה. הֶתֵּר, הַתָּרָה [ק/א/246]. פִּתְרוֹן, יִשּׁוּב. בְּלִיָּה, פֵּרוּק. הֲמַסָּה (כימ') מְסִיסָה, נְמִיסָה, הִתְמַסְּסוּת. פְּרִיקָה (מוס')

Auflösung, literarische
הַתָּרָה סִפְרוּתִית (ספר') [מ"ס/84]. פִּתְרוֹן הַבְּעָיָה הָעֲלִילָתִית שֶׁגָּרַם הַסִּבּוּךְ הַסִּפּוּרִי

Auflösung des Widerspruchs ---> Lösung einer Frage

Auflösung einer Gesellschaft ---> Gesellschaft, Auflösung einer

Auflösungszeichen *{bécarre}*
סַלְקָה (מוס') בְּקָאר, סִימָן שֶׁנּוֹעַד לְבַטֵּל אֶת הַנָּחַת אוֹ אֶת הַנָּסֵק וּלְהַחֲזִיר אֶת הַצְּלִיל לְגָבְהוֹ הַיְסוֹדִי

aufmerken ---> aufmerksam sein

aufmerksam
קַשּׁוּב [ר/ב/619]. דָּרוּךְ, מְרֻכָּז, קָפֵד עַל...

aufmerksam sein
שָׂם לֵב לְ..., נָתַן דַּעְתּוֹ לְ.../עַל..., יִחֵד תְּשׂוּמֶת לֵב לְ..., רָאַג (מְרָאֵג), הִשְׁעָה לִבּוֹ לְ..., שָׂם אֶל לִבּוֹ, שָׁעָה (שׁוֹעֶה) אֶל..., פָּנָה, הִתְבּוֹנֵן אֶל...

Aufmerksamkeit
קֶשֶׁב (פסי') [ר/ב/619]. שִׂימַת לֵב, שׂוּמַת לֵב, קְשִׁיבוּת, שְׁעִיָּה, מְצִיאַת עִנְיָן בְּ..., נְתִינַת דַּעַת, תְּשׂוּמֶת לֵב לַנֶּאֱמָר, הִתְמַקְּדוּת בִּתְכוּנוֹת מְסֻיָּמוֹת שֶׁל הַסְּבִיבָה תּוֹךְ הִתְעַלְּמוּת מִתְּכוּנוֹת אֲחֵרוֹת. כַּוָּנָה (פסי') [ק/ב/70]. רִכּוּז הַמַּחֲשָׁבָה

Aufmerksamkeit, absondernde
קֶשֶׁב בַּרְרָנִי (פסי')

Aufmerksamkeit, Anstieg der
עֲלִיַּת הַקֶּשֶׁב (פסי')

Aufmerksamkeit, Beharrung der
הַתְמֵד הַקֶּשֶׁב (פסי')

Aufmerksamkeit, Brennpunkt der
מוֹקֵד הַקֶּשֶׁב (פסי') [ר/ב/367]. הַמַּשָּׂא שֶׁהַקֶּשֶׁב אוֹ הַחֲשִׁיבָה שֶׁל אָדָם מִתְרַכְּזִים בּוֹ

Aufmerksamkeit, distributive
קֶשֶׁב מִתְחַלֵּק (פסי')

Aufmerksamkeit, Enge der
צָרוּת הַקֶּשֶׁב (פסי')

Aufmerksamkeit, gerichtete
קֶשֶׁב מְמֻקָּד (פסי') [ר/ב/620]. קֶשֶׁב מוֹקְדִי, רָמַת הַקֶּשֶׁב הַגְּבוֹהָה בְּיוֹתֵר, הֶבֵּטִים אוֹ מַשָּׂאִים שֶׁל שְׂדֵה הַתְּפִיסָה שֶׁאָדָם מְמַקֵּד בָּהֶם אֶת הַקֶּשֶׁב

Aufmerksamkeit, gespaltene
קֶשֶׁב מְחֻלָּק (פסי')

Aufmerksamkeit, Niveau der
רָמַת הַקֶּשֶׁב (פסי') [ר/ב/620]. הַמִּדָּה שֶׁבָּהּ אָדָם מִתְיַחֵס לְגֵרוּיִים

Aufmerksamkeit, Schwankung der
תְּנוּדַת הַקֶּשֶׁב (פסי')

Aufmerksamkeit, Spannung der
מֶתַח הַקֶּשֶׁב (פסי')

Aufmerksamkeit, Tiefstand
שֵׁפֶל הַקֶּשֶׁב (פסי')

Aufmerksamkeit, Umfang der
הֶקֵּף הַקֶּשֶׁב (פסי')

Aufmerksamkeit, Wellen der
גַּלֵּי הַקֶּשֶׁב (פסי')

Aufmerksamkeitsstörung, neurotische
אִי קַשְׁבוֹן (פסי', רפו')

Aufnahme [---> Aufzeichnung]
קְלִיטָה [ק/ג/257]. קִבּוּל, קַבָּלָה, סְפִיגָה. הַקְלָטָה (טכנ') רִשּׁוּם צְלִילִים אוֹ תְּמוּנוֹת עַל גַּבֵּי נוֹשֵׂא צְלִיל אוֹ נוֹשֵׂא תְּמוּנוֹת

aufnahmefähig
קָלִיט [ק/א/172]. הֲכָנִי, בַּעַל יְכֹלֶת קְלִיטָה, בַּר קְלִיטָה

Aufnahmefähigkeit [---> Rezeptivität]
קְלִיטוּת, יְכֹלֶת קְלִיטָה

Aufnahmegerät
מַקְלֵטָה (טכנ') מַכְשִׁיר הַקְלָטָה

Aufnahmeorgan ---> Rezeptor

aufnehmbar ---> aufnahmefähig

aufnehmen ---> katalogisieren

aufnehmen, in sich ---> absorbieren

aufnehmend
קוֹלֵט [ק/ג/258]. קִבּוּלִי, מְקַבֵּל, סוֹפֵג

aufopfern, sich
מָסַר (מוֹסֵר) אֶת נַפְשׁוֹ, הִקְרִיב אֶת חַיָּיו

aufpeitschen, mit Drogen ---> aufputschen, mit Rauschgift

aufpinseln
מָשַׁח (מוֹשֵׁחַ) (אמנ', טכנ') מָרַח (מוֹרֵחַ)

aufputschen, mit Rauschgift
סִמֵּם (מְסַמֵּם) (פסי', רפו') סִמְמֵן (מְסַמְמֵן)

Aufputschmittel
סַמְרִיץ (סַמְרִיצִים) (פסי', רפו') סַם מַמְרִיץ, סַמָּן, סַמְמָן

Aufputschung mit Drogen
סִמּוּם (פסי', רפו') סִמְמוּן, נְטִילַת סַמִּים מַמְרִיצִים אוֹ מְשַׁכְּרִים

aufrechnen ---> kompensieren

aufrecht *{orthostatisch}* **[---> erigiert]**
זְקוּפָנִי (פסי') שֶׁל עֲמִידָה זְקוּפָה, זָקוּף

aufregend
מְרַגֵּשׁ (פסי') [ק/א/198]. הַפְעָלוּתִי, שֶׁל הַפְעָלוּת, גּוֹרֵם הִתְרַגְּשׁוּת. הִתְפַּעֲלִי, הִתְפַּעֲלוּתִי (פסי') [ק/א/244]

Aufregung
הִתְרַגְּשׁוּת (הִתְרַגְּשֻׁיּוֹת) (פסי') סַעֲרַת נֶפֶשׁ, הַפְעָלוּת, מַרְגֵּשָׁה (מַרְגֵּשׁוֹת), נִרְגָּשׁוּת, בְּהִילוּת, חֹסֶר מְנוּחָה, אִי שֶׁקֶט

aufreiben
קִדֵּד (מְקַדֵּד) (טכנ') נִקֵּב, חָתַךְ

aufreihen
חֵרֵז (מְחָרֵז) (טכנ') [א"ח/א/200]. חָרַז (חוֹרֵז), הִשְׁחִיל דְּבָרִים נְקוּבִים עַל חוּט, עָרַךְ בְּשׁוּרָה

Aufreihung
חֵרוּז (טכנ') חֲרִיזָה, הַשְׁחָלַת חוּט בִּנְקָבִים שֶׁל

דְּבָרִים נְקוּבִים, מְסֻדָּר (מְסֻדָּרִים), עֲרִיכָה בְּשׁוּרָה
aufreißen ---> aufspreizen
aufreizen ---> necken; provozieren
aufreizend ---> provozierend
Aufreizung ---> Provokation
aufrichten
הִזְדַּקֵּף, נִזְקַף, זָקַף, זִקֵּף (מְזַקֵּף), הִזְדַּקֵּר
Aufrichten
זְקִיפָה, הִזְדַּקְּפוּת, הִזְדַּקְּרוּת, זְקִירָה, זִקּוּר, זִקּוּף, הִזָּקְפוּת, הַזְקָפָה
aufrichtend
זוֹקֵף
aufrichtig
כֵּן, אֲמִתִּי, בַּר לֵבָב, גְּלוּי לֵב, תּוֹכוֹ כְּבָרוֹ, תַּם לֵבָב, הוֹגֵן, הָגוּן
Aufrichtigkeit
כֵּנוּת, אֲמִתִּיּוּת, תֹּם, יֹשֶׁר לֵב, הֲגִינוּת, הֲגוּנוּת
Aufrichtung ---> Erektion
Aufrißebene *{Vertikalebene}*
מִישׁוֹר נֶגְדִּי (מחמ') לוּחַ נֶגְדִּי
aufrollen
סָתַר צְנֵפָה (טכנ') פֵּרֵק פְּקַעַת חֲבָלִים
Aufrührer
מְהוּמַאי (מְהוּמָאִים) (מ"ח) מְהוּמָן, מְהוּמְתָן, מְחוֹלֵל מְהוּמוֹת, מְעוֹרֵר לִמְהוּמוֹת, שַׁגּוֹשׁ (שַׁגּוֹשִׁים), מִי שֶׁגּוֹרֵם לְשִׁגּוּשׁ
Aufsatz *{Essay}*
מַסָּה (מַסּוֹת) (ספר') חִבּוּר עִיּוּנִי קָצָר
aufsaugen
סָפַג (סוֹפֵג), קָלַט, שָׁאַב, יָנַק
Aufsauger
סַפְגָּן, סוֹפֵג, קוֹלֵט
Aufsaugung
סְפִיגָה, יְנִיקָה, קְלִיטָה, שְׁאִיבָה
aufschaben ---> schaben
aufschieben ---> verzögern
aufschieben, über Nacht
הֵלִין (מֵלִין) (דת, משפ') הִשְׁהָה בְּמֶשֶׁךְ הַלַּיְלָה
aufschiebende Bedingung ---> Bedingung, aufschiebende
aufschießen
צָנַף (צוֹנֵף) (טכנ') כָּרַךְ מְסָבִיב
Aufschlämmung ---> Suspension
Aufschlagen
הִתְחַבְּטוּת (ימא')
Aufschlepphelling
מִמְשָׁה (מִמְשִׁים) (ימא')
aufschlicken ---> verschlammen
Aufschneider ---> Scharlatan; Prahler
Aufschneiderei ---> Scharlanterie
Aufschrecken, nächtliches ---> Nachtangst
Aufschub
דְּחִיָּה (רטו') [ק/ד/206]. תְּלִיָּה, הַעְתָּקַת עִקַּר הַמַּאֲמָר לְסוֹפוֹ
Aufschub über Nacht
הֲלָנָה (הֲלָנוֹת) (דת, משפ') הַשְׁהָיָה בְּמֶשֶׁךְ הַלַּיְלָה

Aufschwemmung ---> Suspension
Aufschwimmen ---> Schwimmen
Aufschwungphase
תְּקוּפַת גֵּאוּת (כלכ') תְּקוּפַת שִׂגְשׂוּג
Aufseher
מַשְׁגִּיחַ, פַּקָּח, מְפַקֵּחַ, שׁוֹמֵר
Aufsicht [---> Kontrolle]
הַשְׁגָּחָה, פִּקּוּחַ, שְׁמִירָה
Aufspeicherung ---> Speicherung
aufspreizen
פָּקַס (פּוֹקֵס) [א"ת/ב/132]. פָּתַח בְּכֹחַ, פָּשַׂק, פִּשֵּׂק (מְפַשֵּׂק), פָּעַר לִרְוָחָה, הִפְעִיר (מַפְעִיר), פִּעֵר (מְפַעֵר)
aufstapeln ---> stapeln
aufstechen ---> aufspießen
Aufstehen, frühes
הַשְׁכָּמָה, קִימָה בַּבֹּקֶר הַשְׁכֵּם
Aufsteigen vom Abstrakten zum Konkreten ---> Abstrakten zum Konkreten, Aufsteigen vom
aufsteigend *{Bottom-up}* **[---> auftauchend]**
כְּלַפֵּי מַעְלָה
aufsteigendes, Zeichen ---> Zeichen, aufsteigendes
Aufsteigung, gerade *{Rektaszension}*
עֲלִיָּה יְשָׁרָה (אסט')
Aufsteigung eines Sterns
עֲלִיָּה (אסט') [ק/ג/138]. עֲלִיַּת גּוּף שְׁמֵימִי
aufstellen
הִצִּיב (מַצִּיב) [ק/ב/39]. יָסַד, יִסֵּד, נִתְיַסֵּד, קָבַע, כּוֹנֵן. הֶעֱמִיד (מַעֲמִיד) [ק/ג/140]. הֵקִים. קִיֵּם (מְקַיֵּם) [ק/ג/284]. שִׁכְלֵל [ק/ד/108]. סִדֵּר, עָרַךְ. הִשְׁלִים [ק/ד/118]
Aufstellung
הַצָּבָה, הֶצֵּב, הַעֲמָדָה
Aufstieg
עֲלִיָּה [ק/ג/103]. סִלּוּק, הֲלִיכָה לְמָקוֹם גָּבֹהַּ יוֹתֵר, מַעֲבָר לְשָׁלָב גָּבֹהַּ יוֹתֵר
Aufstoßen
גְּסִיָּה (רפו') [מר"ח/592]. גִּהוּק, גִּסּוּי, הִתְגַּסּוּת
auftakeln
הֶעֱטָה (מַעֲטֶה) אֳנִיָּה (ימא') צִיֵּד אֳנִיָּה בַּחֲבָלִים, בְּתְרָנִים וּבְמִפְרָשִׂים
Auftakt
מִקְדָּם (מוס')
auftauchen
הוֹפִיעַ (מוֹפִיעַ), נָסַק, גָּח, הֵגִיחַ, צָץ, יָצָא, בִּצְבֵּץ, בָּקַע
Auftauchen
הוֹפָעָה, נְסִיקָה, גִּיחָה, הִגָּלוּת, הִתְגַּלְּעוּת, הַפְצָעָה, בְּקִיעָה
Auftauen
הַפְשָׁרָה (מטא') הַמַּסּוּת
Aufteilung der Welt, territoriale ---> Welt, territoriale Aufteilung der
Auftrag ---> Aufgabe
Auftrag geben ---> überweisen
auftragen

תָּוָה (תּוֹוֶה) (אמנ׳, טכנ׳) סִמֵּן נְקֻדּוֹת עַל נְיָר, טָח, מָשַׁח (מוֹשֵׁחַ), צִיֵּן (מְצַיֵּן)

auftragen, Meßpunkte ---> Meßpunkte

auftragen

Auftragen

תְּוִיָּה (אמנ׳, טכנ׳) סִמּוּן נְקֻדּוֹת עַל נְיָר

Auftraggeber ---> Mandant

Auftraggerät *{Applikator}*

מָשׁוֹם (טכנ׳, כימ׳) הֶתְקֵן הַמְשַׁמֵּשׁ לַהֲשָׂמַת חֹמֶר בְּכַמּוּת קְטַנָּה, אַפְּלִיקָטוֹר

Auftragnehmer

שָׁלוּחַ (שְׁלוּחִים), מִי שֶׁקִּבֵּל עַל עַצְמוֹ לְבַצֵּעַ מְשִׂימָה מְסֻיֶּמֶת

Auftragung

תְּוִי (אמנ׳, טכנ׳) תּוֹצָאַת הַתְּוִיָּה (סִמּוּן נְקֻדּוֹת עַל נְיָר)

auftrennen

פָּרַם (פּוֹרֵם), נִפְרַם

Auftreten ---> Vorkommen; Eintreten

Auftrieb

כֹּחַ עִלּוּי (פיס׳) [ל״מ/311]

Auftriebskraft ---> Auftrieb

Auftriebswasser

נֶבַע (נְבָעִים) (הידי׳)

Auftritt [---> Recital]

הוֹפָעָה (פְּעָלָה), מוֹפָע (תּוֹצָאָה) (מוס׳)

Aufwachen

הֲקָצָה (פסי׳) הֶקֵּץ, הִתְעוֹרְרוּת מִשֵּׁנָה, יְקִיצָה

Aufwallung

גַּעַשׁ (גְּעָשִׁים) (פסי׳) [ק/א/177]. הֶמְיָה, הִתְרַגְּשׁוּת הַלֵּב וּרְתִיחָתוֹ, הִזְדַּעְזְעוּת פְּנִימִית

aufweichen [---> mazerieren]

רִכֵּךְ (מְרַכֵּךְ), הִתְרַכֵּךְ

Aufweichen [---> Mazeration]

רִכּוּךְ [ק/ד/42]. הֲפִיכַת דָּבָר קָשֶׁה לְרַךְ

Aufweichung ---> Aufweichen

aufwerfen, Fragen ---> Fragen

aufwerfen

Aufwertung

יִסּוּף (כלכ׳) הַעֲלָאַת שַׁעַר הַמַּטְבֵּעַ

Aufwind

זֶרֶם עוֹלֶה (מטא׳) [יל״ט/66]. זֶרֶם אֲוִיר עוֹלֶה

Aufwölbung

עִקּוּשׁ (טכנ׳) עִקּוּם, אִבּוּד צוּרָה, צִבּוּי, תְּפִיחָה, עִבּוּר צוּרָה

aufwühlen ---> wühlen

aufzählen

סָפַר (סוֹפֵר) [א״ח/ב/414]. הִרְצָה (מַרְצֶה), מָנָה (מוֹנֶה)

Aufzählung, vollständige

מְנִיָּה מְלֵאָה (פסי׳, פדג׳) מְנִיָּה שְׁלֵמָה, סְפִירָה מְלֵאָה, - שְׁלֵמָה

aufzeichnen

רָשַׁם (רוֹשֵׁם)

Aufzeichnung [---> Aufnahme]

רְשׁוּמָה (רְשׁוּמוֹת), רִשְׁמָה

Aufzeichnung, additive

רְשׁוּמָה מִצְטַבֶּרֶת, רְשׁוּמַת צְבִירָה, רְשִׁימָה הַנּוֹצֶרֶת עַל יְדֵי הוֹסָפָה רְצוּפָה שֶׁל הַפְּרָטִים הַמְּבֻקָּשִׁים

Aufzeichnung, kumulative ---> Aufzeichnung, additive

Aufzeigen

הַצְבָּעָה, הוֹרָיַת אֶצְבַּע

Aufziehen

טִפּוּחַ, טִפּוּל מַתְמִיד

Aufzug *{Akt}*

מַעֲרָכָה (תאט׳) פֶּרֶק בְּמַחֲזֶה תֵּאַטְרוֹן, אַקְט

Augapfelvordrängung *{Exophthalamus}*

בֶּלֶט הָעַיִן (רפו׳) [מר״ח/292]. גְּחוּץ, גְּחָצוֹן

Auge(s), Anpassung des ---> Akkommodation

Auge, inneres

עֵין הַלֵּב (פסי׳) [ק/ג/130]. עַיִן פְּנִימִית, רְאִיָּה פְּנִימִית, הַרְגָּשָׁתוֹ שֶׁל אָדָם

Auge(s), Kristallinse des

עֲדֶשֶׁת הָעַיִן (רפו׳) [ק/א/57]. אֶמְצָעִי, הָאֶמְצָעִי הַסַּפִּירִי (רפו׳) [ק/ג/110]. עֲדֶשֶׁת הַבְּדֹלַח

Auge(s), Sekret des

לִפְלוּף (רפו׳) לֵחַת הָעַיִן

Auge des Sturms ---> Sturm(s), Auge des

Auge öffnen

פָּקַח (פּוֹקֵחַ) עַיִן (רפו׳) פָּתַח עַיִן, נִפְקְחָה עֵינוֹ

Auge reicht, soweit das

מְלֹא עַיִן [א״ח/ב/386]. הַמֶּרְחָק שֶׁאָדָם יָכוֹל לְהַקִּיף בְּעֵינָיו

Auge springen, ins

נִקֵּר (מְנַקֵּר) אֶת הָעֵינַיִם, עוֹרֵר תְּשׂוּמֶת לֵב, בָּלַט בִּתְכוּנָה מְסֻיֶּמֶת

Augen, mit ungleichen

זַגְדּוֹם (רפו׳) זַגְדָּן, שֶׁאֵין שְׁתֵּי עֵינָיו שָׁווֹת

Augen, Schwarzwerden vor den ---> Schwarzwerden vor den Augen

Augenarzt

רוֹפֵא עֵינַיִם (רפו׳) עֵינַאי

Augenbeobachtung

תַּצְפִּית עַיִן (מטא׳) [יל״ט/219]. תַּצְפִּית מֵטֵאוֹרוֹלוֹגִית הַנַּעֲשֵׂית לְפִי הַעֲרָכַת הַצּוֹפֶה וּלְפִי אֻמְדָּנוֹ

Augenblick

רֶגַע (רְגָעִים) [א״ח/ב/421]. חֵלֶק קָטָן שֶׁל הַזְּמַן, הֶרֶף עַיִן, הֲרִיפַת עַיִן

augenblicklich

רִגְעִי

Augenblicklichkeit

רִגְעִיּוּת

Augenbraue

גַּבָּה (גַּבּוֹת) (רפו׳) גְּבִין (גְּבִינַיִם, גְּבִינִים), גָּבִין, גַּבַּת הָעַיִן

Augenbrauenverwachsung

לִפְנוּת (רפו׳) [מר״ח/651]. הִתְחַבְּרוּת שְׁתֵּי גַּבּוֹת הָעֵינַיִם

augenfällig

בּוֹלֵט לָעַיִן [ק/ב/234]. מְעֻיָּן, מַמְּשָׁנִי לָעַיִן, מִזְדַּקֵּר, מַה שֶּׁנִּרְאֶה בְּעָלִיל, הַמְּיֻחָד בְּתָאֳרוֹ, מוּחָשׁ, בְּנִגּוּד לְמֻפְשָׁט, הַדָּבָר הַמֻּרְגָּשׁ בְּחוּשׁ, קָשִׁי (קוֹנְקְרֶטִי), מַמָּשִׁי

Augenfalter *{Satyridae}*

סָטִירִיתִיִּים (זוא׳) מִשְׁפָּחָה שֶׁל פַּרְפָּרִאִים

Augenhaut

סְבָכָה (רפו׳) [ק/ד/70]. שְׂבָכָה, אֶחָד מִקְּרוּמֵי הָעַיִן

Augenlid

עַפְעַף (עַפְעַפַּיִם) (רפו׳)

Augenlidentzündung *{Blepharitis}*

דַּלֶּקֶת הָעַפְעַפַּיִם (רפו׳)

Augenlider, Herabhängen der

צְנִיחַת הָעַפְעַף (רפו׳)

Augenlider schminken, die ---> schminken, die Augenlider

Augenlidzucken, spastisches *{Cillosis}*

עַפְעֶפֶת (רפו׳)

Augenmaß

טְבִיעַת עַיִן, טְבִיעוּת עַיִן, הַעֲרָכָה עַל יְדֵי מַבָּט בִּלְבַד

Augenmerk

הֲשָׂמַת עַיִן [ק/א/217]. הַשְׁגָּחָה, תְּשׂוּמֶת לֵב, הִתְבּוֹנְנוּת, הִסְתַּכְּלוּת, עִיּוּן, שִׂימַת לֵב, הִשְׁתַּדְּלוּת, הִתְאַמְּצוּת

Augenoptiker ---> Optometrist(in)

Augenpunkt

נְקֻדַּת מַבָּט (אמנ׳) [ממ״ג/18]. קֶרֶן חָזוּת, הַנְּקֻדָּה בָּרִשּׁוּם הַנִּמְצֵאת מוּל עֵינוֹ שֶׁל הָרַשָּׁם

Augensalbe *{Collyrium}*

קִלּוֹרִית (רפו׳) [מר״ח/173]. קִלּוֹרִין, מִשְׁחַת עֵינַיִם, מֵי תְּרוּפָה לָעֵינַיִם

augenscheinlich

גָּלוּי לַכֹּל, - לָעַיִן

augenscheinliche Gültigkeit ---> Gültigkeit, augenscheinliche

Augenschminke

כֹּחַל (תאט׳) כָּחַל, צֶבַע אִפּוּר לָעֵינַיִם. פּוּךְ [א״ח/א/238]

Augenüberanstrengung

יְעֵפוּת (רפו׳) עֲיֵפוּת הָעֵינַיִם

Augenwimper

רִיס (רִיסִים) (רפו׳)

Augenwinkel

מַאַק (רפו׳) [מר״ח/119]. זָוִית הָעַיִן

Augenzeuge

עֵד רְאִיָּה (משפ׳)

Augenzittern *{Nystagmus}*

חִילוּת (רפו׳) [מר״ח/486]. רִצּוּד עֵינַיִם, נִיד עֵינַיִם, הִתְכַּוְּצוּת קִצְבִּית שֶׁל גַּלְגַּל הָעַיִן

Augenzitterrochen *{Torpedo torpedo}*

חַשְׁמַלָּן עֵינוֹנִי (זוא׳) דָּג מִמִּשְׁפַּחַת הַחַשְׁמַלָּנִיִּים (בְּטָאִים)

Augmentativum

סוֹפִית הַהַגְדָּלָה (בלש׳) [מ״ב/24]. סוֹפִית שֶׁל שֵׁם עֶצֶם אוֹ שֶׁל שֵׁם תֹּאַר הַמְּצַיֶּנֶת גֹּדֶל, לְמָשָׁל: ״סַרְבָן״, ״כַּרְסְתָן״

Augmentum

גִּדּוּל (מ״ט, כלכ׳) [ק/ג/213]. פְּרִיָּה, הִתְרַבּוּת. צְמִיחָה (מ״ט, כלכ׳) [ק/ג/250]. רִבּוּי, הוֹסָפָה, הַכְבָּרָה, רְבִיָּה. תּוֹסֶפֶת (מ״ט, כלכ׳) [ק/ד/183]

Auktionsstein

אֶבֶן הַמִּקָּח (הסט׳, כלכ׳) [א״ח/ב/362]. אֶבֶן הַמֶּכֶר, מָקוֹם בַּשּׁוּק שֶׁהָיוּ עוֹרְכִים בּוֹ מְכִירָה פֻּמְבִּית

Aura ---> Anfall(s), Vorzeichen eines

aural ---> Ohr gehörig, zum

Aureole

עֲטָרָה (מטא׳) [יל״ט/149]. הוֹפָעַת טַבַּעַת אוֹ סִדְרַת טַבָּעוֹת צְפוּפוֹת סְבִיב הַשֶּׁמֶשׁ אוֹ הַיָּרֵחַ הַנִּגְרֶמֶת מֵעֲקִיפַת קַרְנֵי הָאוֹר כְּשֶׁהֵן פּוֹגְעוֹת בְּטִפּוֹת מַיִם הַמְּרַחֲפוֹת בֶּעָנָן

ausarbeiten ---> bearbeiten

Ausarbeitung ---> Bearbeitung

Ausatmung *{Exspiration}*

נְשִׁיפַת אֲוִיר, נְשִׁיפָה (רפו׳) פְּלִיטַת אֲוִיר

ausauen

חִצֵּב (מְחַצֵּב) (טכנ׳)

ausbaggern ---> baggern

Ausbeute ---> Ertrag

Ausbeutungsgrad

דַּרְגַּת הַנִּצּוּל (מ״ח, כלכ׳) הַיַּחַס בֵּין עֹדֶף הָעֲבוֹדָה לְבֵין הָעֲבוֹדָה הַהֶכְרֵחִית

Ausbeutungsrate

שִׁעוּר הַנִּצּוּל (מ״ח, כלכ׳)

Ausbeutungsweise

אֹרַח שֶׁל נִצּוּל (מ״ח, כלכ׳)

ausbilden, Stimme ---> Stimme ausbilden

Ausbildung

טִפּוּחַ, לִמּוּד, הוֹרָאָה

Ausbildungssoftware

לָמְדָּה (לוֹמְדָה) (מחש׳) [דמ״א/38]. תָּכְנָה לְלִמּוּד וּלְהוֹרָאָה בְּאֶמְצָעוּת מַחְשֵׁב

Ausbleiben

אִי הוֹפָעָה, הֵעָדְרוּת, חִדָּלוֹן, אִי קִיּוּם, הִמָּנְעוּת, אִי הֱיוֹת

Ausbleiben der Zahlung ---> Nichtzahlung

ausbreiten [---> verbreiten]

פָּרַס (פּוֹרֵס) [א״ח/ג/7]. פָּרַשׂ, הִתְפָּרֵס (מִתְפָּרֵס), פִּרְשֵׂז (מְפַרְשֵׂז), שָׁטַח, פָּשַׂק, מָתַח, הוֹשִׁיט, פָּסָה (פּוֹסֶה), פָּשָׂה, הִתְפַּשֵּׁט, הִתְרַחֵב

Ausbreitung [---> Verbreitung]

הִתְרַחֲבוּת (פיל׳) [פ״ר/117]. עַל פִּי הֶגֶל: הִתְעַמְּקוּת בְּמֻשָּׂג מְסֻיָּם מִכָּל צְדָדָיו הַמּוֹלִיכָה לְמֻשָּׂגִים נוֹסָפִים. פְּרִיסָה, הַפְרָסוּת, הִתְפָּרְסוּת, הִתְקַדְּמוּת, פִּסְיוֹן, פִּשְׂיוֹן, הִתְפַּשְּׁטוּת, פִּשּׁוּט, פֵּרוּשׂ, שִׁטּוּחַ

Ausbreitung des Reflexes ---> Reflex(es), Ausbreitung des

Ausbruch *{Eruption}* **[---> Hautausschlag]**

הִתְפָּרְצוּת, יְצִיאָה נִמְרֶצֶת

Ausbrühen mit heißem Wasser

הַגְעָלָה [א״ח/א/76; א״ח/ב/292]. גִּעוּל, הֲדָחַת כֵּלִים בְּמַיִם רוֹתְחִים

Ausbrühen reinigen, durch

הִגְעִיל (מַגְעִיל) [א״ח/א/76; א״ח/ב/292]. נִקָּה כֵּלִים בְּמַיִם רוֹתְחִים

Ausbuchtung

גְּחִיָּה (גְּחִיּוֹת) (אדר׳) קִמֹּרֶת, הִתְרַחֲבוּת לְצַד. לְשׁוֹן הַנַּפְתּוּל (היד׳, י״א)

Ausbuchtung *{Recessus}*

נִסְגָּה (נִסְגּוֹת) (רפו׳)

Ausdauer

הַתְמָדָה, דְּבֵקוּת, הֶתְמֵד, שְׁקִידָה

ausdehnbar

מָתִיחַ (פיס׳) [ק/ג/44]. נִמְתָּח, נִתָּן לְהִתְמַתֵּחַ, גָּמִישׁ, נוֹצִי, קָמִיז, קְפִיצִי. מִתְנַפֵּחַ, מִתְפַּשֵּׁטַ

ausdehnen

מִתַּח (מְמַתֵּחַ) [ק/ג/220]. פָּשַׁט (פּוֹשֵׁט), הֵפִיץ, מָתַח (מוֹתֵחַ)

ausdehnende Auslegung ---> Auslegung, ausdehnende

Ausdehnung

הִתְפַּשְּׁטוּת (פיס׳) [ק/א/245]. גְּדִילַת הַשֶּׁטַח אוֹ הַנֶּפַח, הִתְרַחֲבוּת. הַמְתָּחָה (פיס׳) [ק/א/181]. הִתְמַשְּׁכוּת (פיס׳) [ק/א/240]. מֶשֶׁךְ [ק/ב/293]. הִתְמַתְּחוּת. מִתּוּחַ, מֶתַח (פיס׳) [ק/ב/313]. מְתִיחָה (פיס׳) [ק/ב/317]. מִתְפַּשֵּׁט (פיס׳) [ק/ב/326]. הֶקֵּף. פָּשׁוּט (פיס׳) [ק/ג/219]. הִתְפָּרְשׂוּת. פְּשִׁיטָה, פְּשִׁיטוּת (פיס׳) [ק/ג/221]. רֹחַב (פיס׳) [ק/ד/34]. הַרְחָבָה. רֹחַק (פיס׳) [ק/ד/37]. שִׁלּוּחַ (פיס׳) [ק/ד/110]. מִפְשָׂט (תְּחוּם) (פיס׳). פִּשְׁטוּחַ, הִתְפַּשְׁטְחוּת (רפו׳) [מר״ח/254]. הִתְנַפְּחוּת. הִתְמוֹדְדוּת (פיס׳) [ק/א/239]. הֶמְשֵׁךְ (פיס׳, מ״ט) [ק/א/179]. הַמְשָׁכוּת. הִתְרַקְּעוּת (פיס׳) [ק/א/247]. רְקִיעוּת (פיס׳) [ק/ד/56]. מֵמַד (פיס׳) [ק/ב/208]. מֶרְחָב (פיס׳) [ק/ב/278]. הִסְתָּעֲפוּת

Ausdehnung, blockförmige

הִתְפַּשְּׁטוּת גִּזְרָתִית (מ״ח, כלכ׳) הִתְפַּתְּחוּת בְּגְזָרוֹת שֶׁל יִשּׁוּב בְּנֵי אָדָם

Ausdehnung, extensive

הִתְפַּשְּׁטוּת פְּשִׁיטָה (פיס׳) [ק/ב/327]. מִתְפַּשֵּׁט בְּחִיצוֹנִיּוּתוֹ, הִתְפַּשְּׁטוּת פְּשִׁיטָה

Ausdehnung, intensive

הִתְפַּשְּׁטוּת עֲצִימָה (פיס׳) [ק/ב/326]. מִתְפַּשֵּׁט בִּפְנִימִיּוּתוֹ

Ausdehnung, lineare

הִתְפַּשְּׁטוּת רְצוּעָתִית (מ״ח, כלכ׳) הִתְפַּתְּחוּת בִּרְצוּעוֹת שֶׁל יִשּׁוּב בְּנֵי אָדָם

Ausdehnung, radiale

הִתְפַּשְּׁטוּת חֲשׁוּרִית (מ״ח, כלכ׳) הִתְפַּתְּחוּת רָדִיאָלִית, הִתְפַּשְּׁטוּת בַּחֲשׁוּרִים שֶׁל יִשּׁוּב בְּנֵי אָדָם

Ausdehnung, ringförmige

הִתְפַּשְּׁטוּת מַעְגָּלִית (מ״ח, כלכ׳) הִתְפַּשְּׁטוּת קוֹנְצֶנְטְרִית, הִתְפַּתְּחוּת בְּמַעְגָּלִים שֶׁל יִשּׁוּב בְּנֵי אָדָם

ausdenken ---> ersinnen

Ausdruck [---> Term]

הַבָּעָה (פְּעֻלָּה), מַבָּע (תּוֹצָאָה) (פסי׳) [ר/א/178]. בִּטּוּי חִיצוֹנִי, אֲרֶשֶׁת. חִקּוּי [ק/א/326]. מַעֲנֶה (בלש׳) [ק/ב/238]. דִּבּוּר, מִבְטָא, בִּטּוּי שְׂפָתַיִם

Ausdruck, bildlicher *{figürlicher Ausdruck}*

שֵׁם מֻשְׁאָל (ספר׳, בלש׳) [ק/ד/127]. שֵׁם עֶצֶם שֶׁיֵּשׁ לוֹ מוּבָן אַחֵר מִן הַהוֹרָאָה הַמְּקוֹרִית

Ausdruck, figürlicher ---> Ausdruck, bildlicher

Ausdruck, Gewandtheit im ---> Gewandtheit im Ausdruck

Ausdruck, nicht akzeptabler ---> Äußerung, abweichende

Ausdruck, sprachlicher

מַבָּע (מַבָּעִים) (בלש׳,פיל׳) [ק/א/125; ד״מח/50] דִּבּוּר, בִּטּוּי הַמַּחֲשָׁבָה, פְּעֻלַּת דִּבּוּר אוֹ כְּתִיבָה הַמְּבֻצַּעַת עַל יְדֵי אָדָם מְסֻיָּם בִּזְמַן מְסֻיָּם

Ausdruck(s), Zierlichkeit des ---> Zierlichkeit des Ausdrucks

Ausdruck, zweigliedriger ---> Binom

Ausdruck anwenden, einen ---> anwenden, einen Ausdruck

Ausdruck der Gedanken, Sprache als

מְלִיצָה (פיל׳, בלש׳) [ק/ב/206]. בִּטּוּי הַמַּחֲשָׁבָה בְּלָשׁוֹן, מִבְטָא

Ausdruck im figürlichen Sinn gebrauchen, einen ---> Sinn gebrauchen, einen Ausdruck im übertragenen

Ausdruck im übertrgenen Sinn gebrauchen, einen ---> Metapher bilden

Ausdrucksbewegungen

תְּנוּעוֹת הַהַבָּעָה (פסי׳)

Ausdrucksfähigkeit ---> Expressivität

Ausdrucksform, poetische

מַבָּע פִּיּוּטִי (ספר׳) [ק/ב/44]. יְפִי, נֹעַם מְלִיצִי, בִּטּוּי נִמְלָץ

ausdrucksstark ---> expressiv

ausdrucksvoll

רַב הַבָּעָה, עֹמֶק הַבָּעָה

Ausdrucksweise ---> Diktion

Ausdrucksweise, gewählte

צוּרַת הַבָּעָה נִבְחֶרֶת (רטו׳) [ק/ג/14]. מִלָּה נִמְלֶצֶת, - נִבְחֶרֶת

ausdrücken

הִבִּיעַ (מַבִּיעַ) [ק/ב/116]. הֵלִיץ, בִּטֵּא (מְבַטֵּא)

Ausdrücken ---> Ausdruck

ausdrückend

הַבָּעָתִי, מַבִּיעַ, מְבַטֵּא, שֶׁל הַבָּעָה, - בִּטּוּי

ausdrücklich

בְּפֵרוּשׁ [ק/א/76]. בְּבֵאוּר, בְּבֵאוּר, בְּבֵרוּר, בַּעֲלִיל, בִּדְבָרִים בְּרוּרִים

Ausdünstung, krankmachende *{Miasma}*

זֹהַם (רפו׳) [מר״ח/454]. זָהָם, טִנּוּף מְחוֹלֵל מַחֲלוֹת

auseinanderfallen

הִתְפָּרֵק [ק/ג/206]. הִתְפּוֹצֵץ, הִתְחַלֵּק, הִתְפּוֹרֵר, הִתְפָּרֵד, פֹּרַק, נֶהֱרַס, הִתְפַּזֵּר

auseinanderfließend ---> zerfließend

auseinanderspannen ---> ausbreiten

auseinanderstrebend ---> divergent

auseinanderziehen ---> spannen

ausfällen *{präzipitieren}*

שִׁקַּע (מְשַׁקֵּעַ) (כימ׳) נִפֵּל (מְנַפֵּל), הִשְׁקִיעַ חֹמֶר בִּתְמִיסָה

Ausfällung *{Präzipitation}*

שִׁקּוּעַ (כימ׳) פְּרֶצִיפִּיטַצְיָה, נִפּוּל, הַשְׁקָעָה, הַשְׁקָעַת חֹמֶר בִּתְמִיסָה

Ausfällung, Produkt einer *{Präzipitat}*

מִשְׁקָע (כימ׳) מִנְפָּל, תּוֹצָר שֶׁל שִׁקּוּעַ

Ausfall aus der Schule

נְשִׁירָה (מ״ח) עֲזִיבַת בֵּית הַסֵּפֶר לִפְנֵי סִיּוּם מַסְלוּל הַלִּמּוּדִים

Ausfallfehler
נְטַאי אִי תְּגוּבָה (מ״ח) [מ״מ/211]. הַטָּיָה כְּתוֹצָאָה מֵהֶעְדֵּר תְּגוּבָה, טָעוּת דְּגִימָה הַנּוֹבַעַת מֵחֹסֶר תְּגוּבָה שֶׁל נִבְדָּקִים הַשּׁוֹנִים בְּהֶבֵּטִים מַהוּתִיִּים מִן הַנִּבְדָּקִים שֶׁהֵגִיבוּ

Ausfallpförtchen ---> Hintertür

ausfindig machen, etwas [---> ersinnen]
מָצָא (מוֹצֵא), אִכֵּן (מְאַכֵּן), אִתֵּר (מְאַתֵּר)

ausflachen ---> abheben

ausflaggen
קִשֵּׁט (מְקַשֵּׁט) בִּדְגָלִים (ימא׳, מדי׳)

ausfließen
קָלַח (קוֹלֵחַ)

Ausflucht
אֲמַתְלָה (אֲמַתְלוֹת) [ק/א/134] דִּחוּי, דְּחִיָּה בְּקַשׁ, אֲמַתְלָא (אֲמַתְלָאוֹת), אֲמַתְלָאָה, תֵּרוּץ בְּעָלְמָא, הִתְחַמְּקוּת, תֵּרוּץ סְרָק. דְּחִיָּה [ק/א/135] תְּשׁוּבָה גְּרוּעָה, הִשְׁתַּמְּטוּת

Ausfluß
קִלּוּחַ [ק/ב/293]. קְלִיחָה, מֶשֶׁךְ, שְׁפִיעָה, נְתִינָה בְּשֶׁפַע, נְבִיעָה, זְרִימָה, שְׁפִיכָה. שִׁלּוּחַ [ק/ד/110]. יְצִיאָה, הוֹצָאָה, מִשְׁפָּךְ

Ausforschung
חִקּוּר, חֲקִירָה

ausfräsen ---> fräsen

Ausführbarkeit ---> Tunlichkeit

ausführen ---> realisieren

ausführlich
מְפֹרָט, פְּרוֹטְרוֹטִי, בִּפְרוֹטְרוֹט, בְּפֵרוּט, בִּמְפֹרָט וּבַאֲרִיכוּת, לְכָל פְּרָטָיו וְדִקְדּוּקָיו, בִּפְרָטוּת

ausführlich behandeln ---> behandeln, ausführlich

Ausführlichkeit
פְּרוֹטְרוֹטִיּוּת [ק/א/73]. אֹרֶךְ, פִּתּוּחַ מְפֹרָט, רִבּוּי דְּבָרִים, פֵּרוּט רַב, הִתְפָּרְטוּת, הַרְחָבָה, אֲרִיכוּת יְתֵרָה, פְּרוֹטְרוֹט

Ausführung ---> Realisierung

Ausführungsart ---> Modalität; Art und Weise

Ausführungsdatei
קֹבֶץ הַפְעָלָה (מחש׳) [דמ״א/41]

ausfüllen
מִלֵּא (מְמַלֵּא) (טכנ׳)

Ausfuhrlizenz ---> Exportlizenz

Ausgabe ---> Emission; Verausgabung

Ausgabe, vorläufige ---> Probeausgabe

Ausgabedaten ---> Output

Ausgabenbeleg
שׁוֹבֵר הוֹצָאָה (שׁוֹבְרֵי הוֹצָאָה) (כלכ׳, משפ׳) שְׁטָר קַבָּלָה לְהוֹצָאוֹת

Ausgangsereignis ---> Handlungsverwicklung

Ausgangsmaterial
חֹמֶר אָב (חָמְרֵי אָב) (גאו׳)

Ausgangspreis ---> Grundpreis

Ausgangspunkt
נְקֻדַּת מוֹצָא (פיל׳) [ק/ב/265]. מָקוֹם, עֶמְדָּה, יַחַס, גִּישָׁה, דֵּעָה קְבוּעָה, הַנָּחָה שֶׁבִּיסוֹד הַדְּבָרִים הַנֶּאֱמָרִים

ausgeben
הוֹצִיא (מוֹצִיא), בָּא עַל הוֹצָאָתוֹ, הוּצָא, בִּזְבֵּז (מְבַזְבֵּז)

ausgedehnt
מְפֻשָּׁט [ק/ב/250]. נִמְתָּח, מִתְפַּשֵּׁט

ausgefüllt
מְמֻלָּא (טכנ׳)

ausgeglichen
מְאֻזָּן [ק/ב/127]. מֻתְאָם, מְמֻתָּן, בְּשִׁוּוּי מִשְׁקָל. מְיֻשָּׁר [ק/ב/196]. מָתוּן, מֻתְאָם, תָּאִים, הַרְמוֹנִי, מַתְאִים יָפֶה, מִתְמַזֵּג הֵיטֵב. מְמֻזָּג [ק/ב/208]. מְעֹרָב בְּמֶזֶג הַשָּׁוֶה, תּוֹאֵם, מְשֹׁעָר, מָדוּד, קָצוּב, מְעֻיָּן, שָׁקוּל. שָׁוֶה [ק/ד/78]. רָחוֹק מִן הַקְּצָווֹת, מְמֻצָּע, שֶׁדַּעְתּוֹ מְיֻשֶּׁבֶת עָלָיו

ausgeglichene Rechnung ---> Rechnung, ausgeglichene

Ausgeglichenheit
אִזּוּן [ק/ד/80]. שִׁוּוּי, הִשְׁתַּוּוּת, אֶמְצָעִיּוּת, מְתִינוּת, עֵרוּב מְמֻזָּג, מִצּוּעַ, יִשּׁוּב הַדַּעַת, חֹסֶר קִיצוֹנִיּוּת, רֹחַק מִן הַקְּצָווֹת, שְׁבִיל הַזָּהָב

ausgehöhlt
מְחֻלָּד [מר״ח/689]. חָלוּל, נָבוּב, מְכֻרְסָם, מוּרָק, שָׁדוּף

ausgelassen
מְשֻׁלָּח [ק/ב/295]. עֶבֶד תַּאֲווֹתָיו, פָּרוּץ, מֻפְקָר, פּוֹרֵק עֹל

ausgelesen
נִבְרָר, מְבֹרָר [מר״ח/608]. לָבוּר, מְלֻבָּר, בָּרוּר, בָּחוּר, נִבְחָר

ausgeliehen
שָׁאוּל (ספרנ׳) לָקוּחַ בְּהַשְׁאָלָה

ausgelöst
דָּלוּי, שֶׁעֹרַר, שֶׁנִּגְרַם

ausgerutschte Linie ---> Linie, ausgerutschte

ausgesagt werden
נֶאֱמַר עַל... [ק/א/58]. יֻחַס לְ...

ausgeschieden ---> eliminiert

ausgeschlossenen Dritten, Satz vom ---> Satz vom ausgeschlossenen Dritten

ausgestoßenes Kind ---> Kind, ausgestoßenes

ausgetrocknet ---> entwässert

ausgewählt ---> ausgelesen

ausgewählte Werke ---> Werke, ausgewählte

ausgewiesen
מְסֻלָּק [ק/ב/278]. מֻרְחָק, בִּלְתִּי רָאוּי, מֻרְחָק, חָרִיג. רָחוֹק מִ... [ק/ד/36]

ausgezeichnet ---> vorzüglich

ausgießen ---> träufeln

Ausgießer
זַרְבּוּבִית (זַרְבּוּבִיּוֹת) (טכנ׳) [א״ח/ב/278]. חַרְטֹם בִּכְלִי שֶׁדַּרְכּוֹ יוֹצְקִים אֶת הַנּוֹזֵל מִן הַכְּלִי

Ausgleich ---> Kompensation; Abrechnung

ausgleichbar ---> kompensierbar

ausgleichen ---> kompensieren
ausgleichend ---> kompensatorisch
Ausgleichsfehler
טָעוּת מְקַזֶּזֶת (אסט')
Ausgleichsgerade *{Regressionsgerade}*
קַו תְּסוּגָה (מתמ')
Ausgleichsrechnung
חֶשְׁבּוֹן קִזּוּז (מתמ') הַפְחָתָה שֶׁל חֶשְׁבּוֹן חוֹבָה כְּנֶגֶד חֶשְׁבּוֹן שֶׁל זְכוּת
Ausgleichszoll
מֶכֶס מָגֵן (כלכ')
Ausgleichung ---> Ausgleich
Ausgleichungsprozeß
תַּהֲלִיךְ הִשְׁתַּווּת
ausglühen
רִפָּה (מְרַפֶּה) (טכנ') חִמֵּם פְּלָדָה לִתְמוּדָה (טֶמְפֶּרָטוּרָה) גְּבֹהָה וְצִנְּנָהּ לְאַט כְּדֵי לְשַׁחְרֵר אוֹתָהּ מִמַּאֲמָצִים פְּנִימִיִּים
Ausglühen
רִפּוּי (טכנ') חִמּוּם פְּלָדָה לִתְמוּדָה (טֶמְפֶּרָטוּרָה) גְּבֹהָה וְצִנּוּנָהּ לְאַט
aushalten
הִתְמִיד (מַתְמִיד), דָּבַק (דּוֹבֵק), הֶחֱזִיק מַעֲמָד
ausharren ---> aushalten
aushauen
חָצַב (חוֹצֵב) (טכנ') [א״ח/א/11]
Aushauen
חֲצִיבָה (טכנ')
ausheben
קִעֵר (מְקַעֵר) (אמנ', טכנ') [ממ״ג/19]. עָקַר חֹמֶר בְּאֶמְצָעוּת מַפְסֶלֶת קְעוּרָה
Ausheber
מַפְסֶלֶת קְעוּרָה (אמנ', טכנ') [ממ״ג/19]. אִזְמֵל קָעוּר
Aushebung ---> Hieve
Aushilfe ---> Notbehelf
aushöhlen
חִלֵּד (מְחַלֵּד) [מר״ח/689]. עִרְעֵר, חָתַר (חוֹתֵר) תַּחַת, כָּסַס, כִּרְסֵם, הֶחֱלִיל, עָשָׂה שֶׁיִּהְיֶה חָלוּל
Aushöhlung, unterirdische
מִחְתּוֹר (היד') הִתְהַוּוּת מַחְתֶּרֶת תַּת קַרְקָעִית
Aushubmaterial
חֲפֹרֶת (טכנ') הַחֹמֶר הַמּוּצָא תּוֹךְ כְּדֵי חֲפִירָה
aushusten, Auswurf *{expektorieren}*
הֶעֱלָה כִּיחַ (מַעֲלֶה כִּיחַ) (רפו') הֶעֱלָה לֵחָה
auskehren ---> fegen
Auskehren ---> Fegen
ausklügeln ---> ersinnen
auskolken ---> erodieren
Auskolkung ---> Erosion
Auskratzung
גְּרִידָה (רפו') שִׁפְשׁוּף
auskulatorisch ---> Abhorchung bezüglich, auf die
Auskundschaftung ---> Erkundung
Auskunftsdienst
שֵׁרוּת יַעַץ (חקש', ספרנ') שֵׁרוּת מֵידָע
Ausläufer
שְׁלוּחָה (שְׁלוּחוֹת) (מטא') [יל״ט/202]. אָפִיק הַנִּמְשָׁךְ מִשֶּׁקַע אוֹ רֶכֶס הַנִּמְשָׁךְ מֵרָמָה אֶל מֵעֵבֶר לְשׁוּלֵיהֶם
Auslage
הַשְׁקָעָה (כלכ')
Auslaßhahn ---> Ablaßhahn
Auslassung
הַשְׁמָטָה, הַחְסָרַת דְּבָרִים
Auslassungspunkte (...)
סִימַן הַשְׁמָטָה (בלש') שָׁלוֹשׁ נְקֻדּוֹת (...)
Auslassungssatz ---> Ellipse; Satz, elliptischer
auslaufen
הִפְלִיג (מַפְלִיג) (ימא')
Auslaufen
לְשִׁינָה (דפו') הִשְׁתַּלְּחוּת שֶׁל הַדְּפוּס אֶל הַשּׁוּלַיִם
Auslaufhahn
בֶּרֶז מְרוֹקֵן (טכנ') בֶּרֶז הֲרָקָה
Auslaugen
הִסְתַּחֲפוּת (טכנ') הַפְרָדַת הָרְכִיבִים הַמְּסִיסִים מֵחֹמֶר מְסֻיָּם בְּאֶמְצָעוּת בֹּרִית אוֹ חֹמֶר מֵמִיס אַחֵר
Auslaut
הֶגֶה סוֹפִי (בלש') הֶגֶה אַחֲרוֹן שֶׁל מִלָּה אוֹ שֶׁל הֲבָרָה
ausleeren ---> gießen
auslegen
בֵּאֵר (מְבָאֵר) [ק/ג/88]. סָבַר, הִסְבִּיר, פֵּרֵשׁ (מְפָרֵשׁ). פָּשַׁר [ק/ג/221]. פָּתַר
Auslegung
בֵּאוּר (רטו') [ק/א/77]. בֵּאוּר, הַצָּעַת דְּבָרִים בְּאֹרֶךְ, קִיּוּם טַעֲנָה, חֲלֻקָּה הֶגְיוֹנִית. סְבָרָה, סְבָרָא [ק/ג/89]. הֶסְבֵּר, פֵּרוּשׁ. פִּשְׁרוֹן [ק/ג/221]
Auslegung, ausdehnende
פֵּרוּשׁ רָחָב (משפ')
Auslegung, enge
פֵּרוּשׁ מְצֻמְצָם (משפ')
Ausleihbücherei
סִפְרִיַּת הַשְׁאָלָה (ספרנ')
Auslese [---> Anthologie; Auswahl]
בְּרֵרָה, בְּרִירָה [ר/א/119; מר״ח/608]. לְבִירָה, לִבּוּר, בֵּרוּר, בְּחִירָה, סֶלֶקְצִיָּה, נִפּוּי, מְבֹרָר, סֶלֶקְצִיָּה. מִבְחָר [ק/ג/92]. סְגֻלָּה, מֵיטָב, הַטּוֹב מִכֹּל, אוֹצָר, קִנְיָן יָקָר
Auslese bezüglich, auf die
בְּרֵרִי, בְּרִירִי, בָּרִיר, לָבִיר, לְבִירִי, בְּחִירָתִי, סֶלֶקְטִיבִי
auslesen
בָּרַר (בּוֹרֵר) [מר״ח/608; א״ח/ב/192]. לִבֵּר (מְלַבֵּר), בָּחַר, בָּרָה, בֵּרֵר (מְבָרֵר)
Ausleseverfahren
נִפּוּי (סטט') [ר/ב/439]. בֵּרוּר, בְּחִירָה בְּתַת קְבוּצָה שֶׁל מַשָּׂאִים מְסֻיָּמִים מֵאֻכְלוּסִיָּה גְּדוֹלָה יוֹתֵר
ausliefern, Verbrecher ---> Verbrecher ausliefern
Auslieferung
הַסְגָּרָה (משפ', מדי') מְסִירַת פּוֹשֵׁעַ לִידֵי

הָרְשׁוּת שֶׁל מְדִינָה זָרָה

Auslieferungsvertrag

הֶסְכֵּם הַסְגָּרָה (משפ׳, מדי׳) אֲמָנַת הַסְגָּרָה, הֶסְכֵּם בֵּין מְדִינוֹת לִמְסִירָה הֲדָדִית שֶׁל חֲשׁוּדִים וּפוֹשְׁעִים

auslöschen

הֶחְדִּיל (מַחְדִּיל) (מדע) [ר/א/189]. חָדַל (חוֹדֵל), בִּצַּע נִסּוּי הַחְדָּלָה. דָּעַךְ וְכָבָה, כָּבָה וְהָלַךְ, מָחַק

Auslöschung

הַחְדָּלָה, חֲדִילָה (מדע) [ר/א/189]. הִכָּחֲדוּת, נִסּוּי שֶׁמַּפְסִיקִים בּוֹ אֶת אֵרוּעַ הַגֵּרוּי הַמְּקַיֵּם אֶת הַהִתְנַהֲגוּת, דִּעוּךְ, מְחִיקָה

auslösen ---> hervorrufen

Auslösen ---> Hervorrufen

auslösen, ein Pfand ---> Pfand auslösen, ein

Auslösung des erstgeborenen Sohnes, Zeremonie der

פִּדְיוֹן הַבֵּן (דת) [א״ת/ב/18]. טֶקֶס פִּדְיוֹן הַבֵּן הַבְּכוֹר עַל יְדֵי תַּשְׁלוּם לַכֹּהֵן

Auslösung des Reflexes ---> Reflex(es), Auslösung des

ausmachend, das Wesen einer Sache

מַהוּתִי [ק/ב/208]. מְמַלֵּא, מַעֲמִיד, מְקַיֵּם, קוֹבֵעַ, מַה שֶּׁקּוֹבֵעַ מַהוּתוֹ שֶׁל דָּבָר, עִקָּרִי

Ausmaß, von gleichem

נָמֵד, שָׁקוּל, מִשְׁתַּף מִדָּה

ausmergeln

צָפַד (צוֹפֵד) (רפו׳) הִתְכַּוֵּץ, הִתְיַבֵּשׁ, יָבַשׁ (יָבֵשׁ), נִצְפַּד, הִצְטַפֵּד, הִצְפִּיד, שָׁדַף

Ausnahme

חָרִיג (חֲרִיגִים) [ק/א/241]. הַתְנוֹת בְּ..., יוֹצֵא מִן הַכְּלָל, חֲסַר תַּקְדִּים, יוֹצֵא מִגֶּדֶר הָרָגִיל, - דֹּפֶן

Ausnahmegesetzgebung ---> Notgesetzgebung

ausnahmslos

לְלֹא יוֹצֵא מִן הַכְּלָל [ק/א/90] בִּלְתִּי הַתְנוֹת

auspeitschen

יִסֵּר בְּשׁוֹטִים (משפ׳) הִצְלִיף בְּשׁוֹט, הִלְקָה בִּרְצוּעָה

Auspendler(in)

יוֹמֵם חוּץ, יוֹמֶמֶת חוּץ (כלכ׳) יוֹמֵם חוּצָה, אָדָם הַגָּר בָּעִיר וְהַנּוֹסֵעַ יוֹם יוֹם לִמְקוֹם עֲבוֹדָתוֹ מִחוּץ לָעִיר

ausplaudern ---> enthüllen

Ausprägung

הִטַּבְּעוּת, הִתְטַבְּעוּת (פסי׳) [ק/א/ 235,168]. הִתְרַשְּׁמוּת

auspressen

סָחַט (סוֹחֵט), מִצָּה (מְמַצֶּה), מָצָה (מוֹצֶה), נִסְחַט, הִתְמַצָּה (מִתְמַצֶּה)

Auspuffrohr

צִנּוֹר פְּלִיטָה (טכנ׳)

Ausräumen

פִּנּוּי, סִלּוּק

ausreichende Zahl ---> Anzahl, beschlußfähige

Ausreiseerlaubnis

אִשּׁוּר יְצִיאָה (משפ׳, מדי׳)

Ausreißer

עֶרֶךְ חָרִיג (סטט׳) [מ״מ/220]. עֵרֶךְ מְרַבִּי אוֹ מִזְעָרִי הַנִּמְצָא בְּמֶרְחָק רַב מִמְּרַבִּית הַתַּצְפִּיּוֹת בְּמִשְׁתַּנֶּה מְסֻיָּם

Ausrichtung ---> Orientierung

ausrotten

הִשְׁמִיד (מַשְׁמִיד), עָקַר (עוֹקֵר) מִשֹּׁרֶשׁ, הִכְחִיד, קִעְקֵעַ (מְקַעְקֵעַ), הֶחֱרִיב (מַחֲרִיב), הָרַס

Ausrückung

שִׁמּוּט (טכנ׳) הַתָּרָה

Ausrückvorrichtung

מַשְׁמֵט (מַשְׁמְטִים) (טכנ׳) מַתֵּר (מַתְּרִים), הֶתְקֵן לְבִטּוּל הַקֶּשֶׁר בֵּין הַמָּנוֹעַ לְבֵין הַגַּלְגַּלִּים בִּמְכוֹנִית

Ausrüstung ---> Ausstattung

Ausrüstung, gerättechnische ---> Instrumentenausrüstung

Ausruf(s), Modalität des

דַּרְכִּיּוּת הַקְּרִיאָה (בלש׳, רטו׳) [ק/ב/217]. מֵנִיעַ הַמַּאֲמָר שֶׁל הַקְּרִיאָה הַמְשַׁמֵּשׁ לְהַבָּעַת רְגָשׁוֹת עַזִּים

ausrufen, öffentlich

הִכְרִיז, כָּרַז (כּוֹרֵז), הוֹדִיעַ לַצִּבּוּר

Ausrufer *{Herold}*

כָּרוֹז (כָּרוֹזִים) [א״ת/ג/81]. מַכְרִיז

Ausrufewort*{Interjektion}*

מִלַּת קְרִיאָה (בלש׳) [ק/ב/205; מ״ב/75]. מִלָּה אוֹ צֵרוּף הַמְּבַטְּאִים הִתְפָּרְצוּת רֶגֶשׁ, לְמָשָׁל: ״הֶאָח!״, ״הַס!״, ״הַקְשִׁיבוּ לַנּוֹאֵם!״

Ausrufungswort ---> Ausrufewort

Aussaat, Zeit der

עוֹנַת הַזְּרִיעָה (מטא׳, חקל׳) [א״ת/ב/149]. זֶרַע, חֲצִי תִּשְׁרֵי מַרְחֶשְׁוָן וַחֲצִי כִּסְלֵו

aussätzig sein

צָרַע (צוֹרֵעַ) (רפו׳) לָקָה בְּצָרַעַת, צֹרַע (מְצֹרָע), הִצְטָרֵעַ (מִצְטָרֵעַ)

Aussätzige(r)

מְצֹרָע, מְצֹרַעַת (רפו׳) מִי שֶׁחוֹלֶה בְּצָרַעַת

Aussage

טַעֲנָה (טַעֲנוֹת) (פיל׳) אִמְרָה (אֲמָרוֹת), הַצְהָרָה, אֲמִירָה (אֲמִירוֹת), יֵשׁוּת הֶגְיוֹנִית הַמְשַׁקֶּפֶת אֶת חָזְיוֹ שֶׁל דָּבָר. בְּנִגּוּד לַמֻּשָּׂגִים הַמְשַׁקְּפִים אֶת הַדְּבָרִים, הַתְּכוּנוֹת וְהַיְּחָסִים, מְשַׁקְּפוֹת הַטַּעֲנוֹת אֶת הָעֻבְדָּה שֶׁתְּכוּנוֹת מְסֻיָּמוֹת הוֹלְמוֹת דְּבָרִים מְסֻיָּמִים אוֹ שֶׁקַּיָּם בֵּינֵיהֶם יַחַס מְסֻיָּם. עֵדוּת (עֵדֻיּוֹת) (משפ׳) הַעֲדָאָה, הַגָּדַת עֵדוּת, דִּבְרֵי עֵדוּת

Aussage, bedingte

טַעֲנָה מֻתְנֵית (פיל׳)

Aussage, denotische

טַעֲנָה מִצְוָתִית (פיל׳) טַעֲנָה הַמְּכִילָה הוֹרָאָה בְּרוּחַ מִצְוַת עֲשֵׂה אוֹ מִצְוַת לֹא תַּעֲשֶׂה, כְּגוֹן: ״זֶה מֻתָּר״, ״זֶה אֵינוֹ מֻתָּר״, ״זֶה אָסוּר״, ״זֶה אֵינוֹ אָסוּר״

Aussage, Inhalt einer *{Intension}*

תֹּכֶן שֶׁל מֻשָּׂג (פיל׳) [ת״ה/75; קמ״ל/129]. תֹּכֶן שֶׁל מֻנָּח, אִינְטֶנְסִיָּה, מִכְלוֹל כָּל חֶלְקֵי הַמֻּשָּׂג הַקְּשׁוּרִים בֵּינֵיהֶם לְפִי אֹפֶן קְבִיעָתָם

הַהֲדָדִית

Aussage, Negation einer
שְׁלִילַת טַעֲנָה (פיל')

Aussage, wahre
טַעֲנַת אֱמֶת (פיל')

Aussage auf dem Sterbebett
הַצְהָרַת שְׁכִיב מְרַע (משפ')

Aussage über alles und über nichts *{Dictum de omni et de nullo}*
מַאֲמָר עַל הַכֹּל וְעַל הַלֹּא כְּלוּם (פיל') [ק/ב/300]. מִשְׁפָּט מִן כֹּל וּמִן מְאוּם, כְּלָל הֶגְיוֹנִי הָאוֹמֵר: מַה שֶּׁחָל עַל הַסּוּג, חָל עַל הַמִּין וְעַל הַיָּחִיד גַּם-כֵּן; מַה שֶּׁאֵינוֹ חָל אַף עַל יָחִיד אֶחָד, אֵינוֹ חָל עַל הַמִּין וְלֹא עַל הַסּוּג

Aussageanalyse ---> Inhaltsanalyse

Aussagearten nach dem Grad der Bestimmtheit
חֻמְרֵי הַנְּשִׂיאוּת (פיל') [ק/א/313]. בְּחִינַת יַחַס הַנָּשׂוּא אֶל נוֹשְׂאוֹ אִם הוּא מְחֻיָּב (הֶכְרֵחִי), אֶפְשָׁרִי אוֹ מְצִיאוּתִי

Aussageform, prädikatenlogische
צוּרַת טַעֲנָה הֶגְיוֹנְשׂוּאִית (פיל') יֵשׁוּת לְשׁוֹנִית בַּעֲלַת מִשְׁתַּנִּים חָפְשִׁיִּים אוֹ מְקוֹמוֹת פְּנוּיִים הַיְכוֹלָה לִהְיוֹת טַעֲנָה אֲמִתִּית אוֹ שִׁקְרִית אִם שֵׁמוֹת מְנַחִים מֻשָּׂאִים מִתּוֹךְ שְׂדֵה מִשְׁתַּנּוּת מַתְאִים בִּמְקוֹם הַמִּשְׁתַּנִּים הנ"ל, לְמָשָׁל: צוּרַת הַטַּעֲנָה הַהֶגְיוֹנְשׂוּאִית: "x הִיא עִיר הַבִּירָה שֶׁל y" אוֹ "... הִיא עִיר הַבִּירָה שֶׁל ..." תַּהֲפֹךְ לְטַעֲנָה אִם יוּשַׂם שֵׁם עִיר מְסֻיֶּמֶת בִּמְקוֹם הַמִּשְׁתַּנֶּה x וְשֵׁם מְדִינָה מְסֻיֶּמֶת בִּמְקוֹם הַמִּשְׁתַּנֶּה y. הַטַּעֲנָה "חֵיפָה הִיא עִיר הַבִּירָה שֶׁל יִשְׂרָאֵל" הִיא שִׁקְרִית וְאִלּוּ "יְרוּשָׁלַיִם הִיא עִיר הַבִּירָה שֶׁל יִשְׂרָאֵל" טַעֲנָה אֲמִתִּית הִיא

Aussagegültigkeit eines Konstrukts ---> Konstruktvalidität

aussagen
הֵעִיד (מֵעִיד) (משפ') מָסַר עֵדוּת, הִכְרִיז (מַכְרִיז)

Aussagenalgebra
חֶשְׁבּוֹן פְּסוּקִים (מחמ', פיל') תַּחְשִׁיב פְּסוּקִים

Aussagenlogik
הֶגְיוֹן טַעֲנוֹת (פיל') חֵלֶק מִתּוֹרַת הַהִגָּיוֹן הַצּוּרָנִית (פוֹרְמָלִית) הַבּוֹחֵן אֶת הַיְּחָסִים בֵּין טַעֲנוֹת לְבֵין תִּפְעוּלֵי טַעֲנוֹת

Aussagenoperation
תִּפְעוּל טַעֲנָה (פיל') בִּלְשׁוֹן הַדִּבּוּר מְבֻטָּאִים תִּפְעוּלֵי הַטַּעֲנָה בְּאֶמְצָעוּת מִלּוֹת קֶשֶׁר כְּגוֹן: "לֹא", "וְ-", "אוֹ", "אִם - הֲרֵי", אוֹ - אוֹ", לֹא - וְלֹא", "אִם וְרַק אִם"

Aussagesatz
מִשְׁפָּט חוֹתֵךְ (פיל', בלש') [ק/א/110; ק/ב/129; ק/ג/197]. מַאֲמָר גּוֹזֵר, - פּוֹסֵק

Aussageweise ---> Modus

Aussatz *{Lepra}*
צָרַעַת (רפו')

ausschalen ---> abstreifen

ausschalten
נִתֵּק (מְנַתֵּק) (טכנ') סָגַר מַכְשִׁיר חַשְׁמַלִּי

Ausschaltung [---> Ausschluß]
נִתּוּק (טכנ') סְגִירַת מַכְשִׁיר חַשְׁמַלִּי

ausschauen
צָפָה (צוֹפֶה) (רפו') הִשְׁקִיף, הִבִּיט, רָאָה

ausscheiden [---> eliminieren]
הִפְרִישׁ (מַפְרִישׁ) [ק/ג/217]. הִפְרִיד בֵּין דָּבָר לְמִשְׁנֵהוּ, הִרְחִיק, יִחֵד, הִבְדִּיל, סִלֵּק (מְסַלֵּק)

ausscheiden, Bücher ---> Bücher ausscheiden

Ausscheidung *{Exkret}* **[---> Eliminierung]**
הַפְרָשָׁה (פְּעֻלָּה) תַּפְרִישׁ (תּוֹצָאָה) (רפו') [ק/א/134]. דִּחוּי, הַכֹּחַ הַדּוֹחֶה. דְּחִיָּה (רפו') [ק/א/135]. פְּעֻלַּת הַכֹּחַ הַדּוֹחֶה. סִלּוּק

Ausscheidungsvermögen
כֹּחַ הַדּוֹחֶה (רפו') [ק/א/133; ק/ב/74]. כֹּחַ הַמּוֹצִיא אֶת פְּסֹלֶת הַמָּזוֹן מִתּוֹךְ הַגּוּף. הַכֹּחַ הַפּוֹלֵט (מ"ט) [ק/ג/191]. כֹּחַ הַדְּחִיָּה, - הַגּוֹרֵם לְהַרְחָקָתָם שֶׁל גּוּפִים זֶה מִזֶּה

Ausschlag
נִיד (פיס') נִדְנוּד, נִעְנוּעַ. נְסִיטָה (טכנ') סְטִיָּה מִן...

ausschlagen
נָסַט (נוֹסֵט) (טכנ') סָטָה (סוֹטֶה) מִן...

Ausschlageisen ---> Locheisen

ausschließen
בִּלְחֵד (מְבַלְחֵד), בִּלְעֵד (מְבַלְעֵד), הִפְרִישׁ (מַפְרִישׁ), הוֹצִיא מִן הַכְּלָל, הִרְחִיק, הִבְדִּיל, יִחֵד

ausschließend, einander
מְבַלְחֲדִים זֶה אֶת זֶה, זָרִים זֶה לָזֶה, מוֹנְעִים אִישׁ אֶת רֵעֵהוּ

ausschließende Disjunktion ---> Disjunktion, ausschließende

ausschließliche Bestimmung ---> Bestimmung, ausschließliche

ausschließliches Urteil ---> Urteil, ausschließliches

Ausschließung ---> Ausschluß

Ausschluß *{Kontradiktion}* **[---> Begriffe, kontradiktorische]**
בִּלְחוּד (פיל') בִּלְעוּד, קוֹנְטְרַדִיקְצִיָּה, הַפְרָשָׁה, הַבְדָּלָה, הוֹצָאָה מִן הַכְּלָל, יִחוּד, הַרְחָקָה, הַגְבָּלָה. הַתְנוֹת בְּ... [ק/א/241]

Ausschluß der Öffentlichkeit, unter
בִּדְלָתַיִם סְגוּרוֹת (משפ')

ausschneiden [---> schneiden]
קָדַד (קוֹדֵד) (טכנ') גָּזַר (גּוֹזֵר), קִדֵּד (מְקַדֵּד), חָתַךְ מִתּוֹךְ..., חָקַק (חוֹקֵק), נִקֵּב, נִקְדֵּד

Ausschneiden
קְדִידָה (טכנ') גְּזִירָה, חִקּוּק, חֲקִיקָה, חִתּוּךְ מִתּוֹךְ...

Ausschnittdarstellung
מַרְאֶה פָּרוּץ (טכנ')

Ausschreibung
מִכְרָז (כלכ', משפ') הַצָּעָה פֻּמְבִּית הַקּוֹרֵאת לְצִבּוּר הַמְעֻנְיָנִים לְהַגִּישׁ אֶת מֻעֲמָדוּתָם וּתְנָאֵיהֶם

Ausschreibungsgarantie
עַרְבוּת לְמִכְרָז (כלכ', משפ') עַרְבוּת בַּנְקָאִית שֶׁנּוֹתֵן מִי שֶׁמַּגִּישׁ אֶת הַצָּעָתוֹ לְמִכְרָז

Ausschuß, beratender ---> Beirat

Ausschweifung
פְּרָצוּם בַּעֲרָיוֹת (פסי׳, רפו׳) [מר״ח/9]. הַפְּרָזָה בְּמַגָּעִים זוּגִיִּים (מִינִיִּים). מִגְרָע
Aussehen
חָזוּת, מַרְאֶה הַפָּנִים, זִיו הַפָּנִים, צוּרָה
Aussehen, schwächliches
חָזוּת חֲלוּשָׁה (רפו׳)
aussehen wie
הִתְדַּמָּה (מִתְדַּמֶּה) [ק/א/138]. דָּמָה, נִרְאָה דּוֹמֶה
außen gekehrt, nach ---> extravertiert
außen gelegen
מִלְבָרִי, חִיצוֹנִי
außen gewölbt, nach *{varus}*
עָקוּל, עֲקוּלָה [מר״ח/698]. פּוֹנֶה לַחוּץ
Außenbegriffe
מֻשָּׂגִים חִיצוֹנִיִּים (פיל׳) מֻשָּׂג כּוֹלֵל וּמֻשָּׂג נִכְלָל שֶׁל הַהֶקֵּשׁ הַמָּצוּעַ (סִילוֹגִיזְם) הַמְחֻבָּרִים בְּאֶמְצָעוּת הַמֻּשָּׂג הָאֶמְצָעִי וְהַמּוֹצְאִים אֶת מְקוֹמָם בְּמִשְׁפַּט הַסֵּיפָה שֶׁל הַהֶקֵּשׁ הַמָּצוּעַ. בַּדֻּגְמָה: ״כָּל הַמַּתָּכוֹת הֵן יְלִיכוֹת חֹם״, ״אָבָץ הוּא מַתֶּכֶת״, לְפִיכָךְ ״אָבָץ הוּא יָלִיךְ חֹם״. ״יָלִיךְ חֹם״ הוּא הַמֻּשָּׂג הַכּוֹלֵל וְ״אָבָץ״ הוּא הַמֻּשָּׂג הַנִּכְלָל וּשְׁנֵיהֶם מְחֻבָּרִים בְּאֶמְצָעוּת הַמֻּשָּׂג הָאֶמְצָעִי ״מַתָּכוֹת״
Außenbeobachtung
צְפִיַּת חוּץ (מדע) צְפִיָּה מִחוּץ לְכָתְלֵי הַמַּעְבָּדָה
aussenden
שָׁלַח (שׁוֹלֵחַ) [ק/ד/112]. הֶאֱצִיל, אָצַל עַל..., נֶאֱצַל, הִשְׁפִּיעַ, הֻשְׁפַּע, הֻשְׁרָה, הִקְרִין, הֶעֱבִיר אֶל... פִּלֵּט (פסי׳) [ר/ב/544]. שִׁלַּח (מְשַׁלֵּחַ), הֵפִיק, הִתְנַהֵג מִחוּץ לְהֶקְשֵׁר שֶׁל גֵּרוּי מַתְאִים
Außendrehung *{Außenrotation}*
סִיבוּב חִיצוֹנִי (רפו׳)
Außenfläche ---> Oberfläche
Außenhandel
סַחַר חוּץ (כלכ׳, מדי׳)
Außenhaut
דָּפְנָה (טכנ׳, ימא׳)
Außenkelch
גְּבִיעוֹן (בוט׳) עָטִיף חִיצוֹנִי הַנּוֹסָף עַל הַגָּבִיעַ
Außenseite ---> Hinterseite

Außenstehende, für
חוּצִי [ק/א/276]. חִיצוֹנִי, נִגְלֶה, גָּלוּי
Außenwinkel
זָוִית חִיצוֹנִית (לִמְצֻלָּע) (מתמ׳)
außer
חוּץ מִן... (בלש׳) [ק/ב/138]. מִבְּלִי, מִבִּלְתִּי, מִבַּלְעֲדֵי, מֵאֵין, מֵחֹסֶר, לְהוֹצִיא אֶת..., פְּרָט לְ...
außer acht lassen ---> acht lassen, außer
außer Gebrauch ---> Gebrauch, außer
außergerichtlich regeln ---> regeln, außergerichtlich
außergerichtliche Regelung ---> Regelung, außergerichtliche
außergewöhnliches Kind ---> Kind, außergewöhnliches
außerhalb
חוּצוֹנִי, חִיצוֹנִי, מִחוּץ, מִלְּבַר, מִבַּחוּץ
außerhalb befindlich
יוֹצֵא חוּץ לְעַצְמוֹ [ק/א/276]. דָּבָר שֶׁהוּא מִבַּחוּץ, נוֹסָף עַל עֶצֶם הַדָּבָר
außerhalb der Gemarkung ---> Gemarkung, außerhalb
außerordentliche Generalversammlung ---> Generalversammlung, außerordentliche
Außersichsein, das
הֱיוֹת מִחוּץ לְעַצְמוֹ (פיל׳) [פ״ר/96]
außersinnlich
עַל חוּשִׁי (דת)
außersprachlich
חוּץ לְשׁוֹנִי (בלש׳) [מ״ב/77]
aussetzender Wasserlauf ---> Wasserlauf, aussetzender
Aussetzung des Verfahrens ---> Verfahren(s), Aussetzung des
Aussicht
תַּרְאִית, מַרְאֶה, סִכּוּי, חָזוּת, מַה שֶּׁנִּשְׁקָף, - שֶׁבְּגֶדֶר הַצָּפוּי, תַּשְׁקִיף
Aussickerung
בִּצְבּוּץ (היד׳)
aussöhnen
הִתְרַצָּה (מִתְרַצֶּה) [ק/ד/49]. רָצָה, הִתְפַּיֵּס, נָחָה דַּעְתּוֹ, מָחַל
aussondern ---> auslesen
Aussonderung ---> Auslese
ausspannen
נָטָה (נוֹטֶה) [א״ח/א/7]. מָתַח
Aussparung, literarische *{Ellipse}*
דִּלּוּג סִפּוּרִי (ספר׳) [מ״ס/115]. דֶּרֶךְ לְעִצּוּב הַזְּמַן בְּסִפּוּר עַל יְדֵי פְּסִיחָה עַל תְּקוּפָה מְסֻיֶּמֶת וְאִזְכּוּרָהּ רַק בַּעֲקִיפִין
Aussperrung
הַשְׁבָּתָה (כלכ׳) מְנִיעַת עֲבוֹדָה וְשָׂכָר עַל יְדֵי הַמַּעֲבִידִים
aussprechen, deutlich ---> artikulieren
aussprechend, bestimmt ---> bestimmt
aussprechend
ausspritzen, Samenflüssigkeit ---> Samenflüssigkeit ausspritzen
Ausspruch
הֶגֶּד (הֶגֵּדִים) [ק/ב/129]. מַאֲמָר, אֲמִירָה, דִּבּוּר, סִפּוּר דְּבָרִים, רַעְיוֹן מֻבָּע בְּמִלִּים, טַעֲנָה, הַבָּעַת סְבָרָה, הַנָּחָה אוֹ דֵּעָה, חִוּוּי. מֵימְרָה (מֵימְרוֹת) (ספר׳, בלש׳) [ק/א/58]. אִמְרָה (אֲמָרוֹת), אִמְרַת שֶׁפֶר, גְּזֵרָה, מִשְׁפָּט
Ausspruch, merkwürdiger ---> Ausspruch, wunderbarer
Ausspruch, wunderbarer
הֶגֵּד מֻפְלָא [ק/א/274]. חִדּוּשׁ, דָּבָר נִפְלָא, - מַפְתִּיעַ. מַאֲמָר נֶחְמָד, - שִׂכְלִי
ausspülen
שָׁטַף (שׁוֹטֵף) (רפו׳) רִסֵּל (מְרַסֵּל)
Ausspülung *{Irrigation}*
שְׁטִיפָה (רפו׳) [מר״ח/404]. רִסּוּל
ausstatten

צַיֵּד (מְצַיֵּד), אָגַר, הֶחְסִין

Ausstattung

עֲרָכָּה (עֲרָכּוֹת), צִיּוּד, כְּלַל הָאֲבְזָרִים הַמְּשַׁמְּשִׁים לְתַכְלִית מְסֻיֶּמֶת

Ausstattungsstück

מַחֲזֶה תַּפְאוּרָה (תאט')

ausstechen

נִקֵּר (מְנַקֵּר), הוֹצִיא דְּבַר-מָה בִּדְקִירָה, נָקַר

Ausstechen

נִקּוּר, הוֹצָאַת דָּבָר בִּדְקִירָה

Aussteller [---> Absender]

מוֹשֵׁךְ (מוֹשְׁכִים) (כלכ', משפ') [אב״מ/108]. מִי שֶׁמּוֹצִיא וְחוֹתֵם עַל מִמְשָׁךְ לְתַשְׁלוּם סְכוּם מְסֻיָּם

Aussteuer

נְדוּנְיָה (נְדוּנְיוֹת) (מ״ח) מַתָּנָה שֶׁהַהוֹרִים נוֹתְנִים לְבִתָּם לְנִשּׂוּאֶיהָ

Aussteuerung ---> Modulation

ausstrahlen

הֶאֱצִיל (מַאֲצִיל) [ק/ד/112]. שָׁלַח, אָצַל עַל..., נֶאֱצַל, הִשְׁפִּיעַ, הִשְׁפַּע, הִשְׁרָה, הִקְרִין, הֶעֱבִיר אֶל...

ausstrahlend

מְאֻצָּל, נֶאֱצָל [ק/ב/259]. מְצַל, מַשְׁפִּיעַ, מַקְרִין

ausstrahlendes Wesen

מַשְׁפִּיעַ (דת) [ק/ב/303]. אֱלֹהִים הַמַּאֲצִיל מִטּוּבוֹ עַל בְּנֵי הָאָדָם

Ausstrahlung

קְרִינָה (פיס') קֶרֶן, הַקְרָנָה. הַאֲצָלָה (דת) [ק/א/151]. הַשְׁרָאָה, הַשְׁפָּעָה מִמַּעַל. שִׁלּוּחַ [ק/ד/110]. יְצִיאָה, הוֹצָאָה, מִשְׁפָּךְ, שְׁפִיכָה

Ausstrahlung, spezifische

פֶּלֶט קְרִינָה (פיס') פֶּלֶט קְרִינָה בִּנְקֻדָּה שֶׁל מִשְׁטָח

Ausstrahlungseffekt

רֹשֶׁם הַהִלָּה (פסי', מ״ח) [ר/א/195]. תּוֹצָאַת הִלָּה, אֶפֶקְט הַהִלָּה, הַשְׁפָּעַת הָרֹשֶׁם הַכְּלָלִי שֶׁאָדָם עוֹשֶׂה אוֹ הַשְׁפָּעַת תְּכוּנָה יְחִידָה בּוֹלֶטֶת עַל הַהַעֲרָכָה הַכְּלָלִית שֶׁל אוֹתוֹ אָדָם

Ausstrahlungsfehler

טָעוּת הִלָּה (פסי', מ״ח) נְטִיָּתוֹ שֶׁל הַצּוֹפֶה לְהַעֲרִיךְ בְּטָעוּת אֶת הַהִתְנַהֲגוּת שֶׁל מְשַׁא נִסּוּיוֹ עַל פִּי תְּשׁוּבוֹתָיו לִשְׁאֵלוֹת שֶׁהִצִּיג לוֹ הַצּוֹפֶה קֹדֶם לָכֵן

ausstrecken ---> ausbreiten; reichen

ausströmen

שָׁפַע (שׁוֹפֵעַ) [ק/ד/153]. נָבַע, זָרַם (זוֹרֵם), הִשְׁרָה, נֶאֱצַל. שָׁלַח [ק/ד/112]. הֶאֱצִיל, אָצַל עַל..., הִשְׁפִּיעַ, הִשְׁפַּע, הִשְׁרָה, הֶעֱבִיר אֶל...

Ausströmung

שְׁפִיעָה (פיל', דת) [ק/א/151; ק/ד/150]. שֶׁפַע, הַאֲצָלָה, אֲצִילָה, זְרִימָה, הַשְׁרָאָה, הַשְׁפָּעָה מִמָּקוֹר עֶלְיוֹן, כֹּחַ אֱלֹהִי נֶאֱצָל. הִתְפַּשְּׁטוּת [ק/א/245]. הִתְמַשְּׁכוּת. הַמְשָׁכָה (פיל', דת) [ק/א/71; 180]. הִשְׁתַּלְשְׁלוּת, אֲצִילוּת

Austausch

מַעֲשֵׂה חֲלִיפִין, חִלּוּף, תַּחְלוּף, הַחְלָפָה

austauschbar

חָלִיף, בַּר חִלּוּף, נִתָּן לְהַחֲלָפָה

Austauschbarkeit

חֲלִיפוּת, אֶפְשָׁרוּת הַחֲלָפָה

Austauschprozeß

תַּהֲלִיךְ הַחֲלִיפִין (מ״ח, כלכ') [ק״מ/א/85]. תַּהֲלִיךְ הַמִּתְבַּצֵּעַ בִּשְׁנֵי גִּלְגּוּלִים מְנֻגָּדִים וּמַשְׁלִימִים זֶה אֶת זֶה: גִּלְגּוּלָהּ שֶׁל הַסְּחוֹרָה בְּמָמוֹן וְגִלְגּוּלָהּ הַחוֹזֵר מִמָּמוֹן בִּסְחוֹרָה

Austauschverhältnis

יַחַס חֲלִיפִין (מ״ח, כלכ')

Auster, Eßbare *{Ostera edulis}*

צִדְפָּה נֶאֱכֶלֶת (זוא') אוֹסְטְרֵיאָה נֶאֱכֶלֶת, בַּעַל חַיִּים מִמִּשְׁפַּחַת הָאוֹסְטְרֵיאִיִּים (צְדָפוֹת)

Austern *{Ostreidae}*

אוֹסְטְרֵיאִיִּים (זוא') מִשְׁפָּחָה שֶׁל צְדָפוֹת

Austernfischer *{Haematopodidae}*

שַׁלְצְדָפִיִּים (זוא') מִשְׁפָּחָה שֶׁל עוֹפוֹת מִסִּדְרַת הַחוֹפָמָאִים

Austernfischer *{Haematopus ostralegus}*

שַׁלְצֶדֶף (זוא') עוֹף מִמִּשְׁפַּחַת הַשַּׁלְצְדָפִיִּים

austreiben, Gas ---> Gas austreiben

Austrittswasser

מֵי בִּצְבּוּץ (היד') מְבַצְבְּצִים

Austrocknung ---> Entwässerung

ausüben

תִּרְגֵּל (מְתַרְגֵּל), הִתְאַמֵּן

Ausübung

תִּרְגּוּל, אִמּוּן

ausverkauft

אָזוּל (תאט', מוס') מַצָּב שֶׁבּוֹ כָּל הַכַּרְטִיסִים לַהוֹפָעָה אָזְלוּ וְהָאוּלָם מָלֵא

auswählen ---> auslesen

auswärtsdrehen

פִּרְקֵד (מְפַרְקֵד), הִתְפַּרְקֵד (מִתְפַּרְקֵד) (רפו') [מר״ח/645]

Auswärtsdreher *{Supinator}*

(שְׁרִיר) מְפַרְקֵד (רפו') [מר״ח/645]. שְׁרִיר גַּבֵּן

Auswärtsdrehung *{Supination}*

פִּרְקוּד, הִתְפַּרְקְדוּת (רפו') [מר״ח/645]

Auswahl [---> Auslese]

תַּלְקִיט (תַּלְקִיטִים) (ספר', ספרנ') מִבְחַר יְצִירוֹת, אַלְבּוֹם

Auswahl, bewußte

דְּגִימָה מְכֻוֶּנֶת (מ״ח, סטט') [מ״מ/210]. תַּהֲלִיךְ דְּגִימָה לֹא הִסְתַּבְּרוּתִית שֶׁבּוֹ נִבְחָרִים לַמִּדְגָּם מְשָׁאִים הַנֶּחְשָׁבִים לִמְיַצְּגִים שֶׁל הָאֻכְלוּסִיָּה

Auswahl, mehrstufige ---> Mehrstufenauswahl

Auswahl, systematische

דְּגִימָה שִׁיטָתִית (מ״ח, סטט') [ר/א/148; מ״מ/210]. תַּהֲלִיךְ דְּגִימָה הִסְתַּבְּרוּתִית שֶׁבּוֹ הַמְּשָׁאִים נִבְחָרִים מֵרְשִׁימָה מְסֻיֶּמֶת בְּמִרְוָחִים זֵהִים הָחֵל מִן הַמְּשָׁא הָרִאשׁוֹן שֶׁנִּבְחַר בְּאַקְרַאי כְּרִאשׁוֹן

Auswahl nach dem Schneeballsystem ---> Schneeballauswahl

Auswahlbasis ---> Stichprobengrundlage

Auswahlgrundlage ---> Stichprobengrundlage

Auswanderung

הֲגִירָה מִן... (מ״ח, מדי')

auswaschen

הֵדִיחַ (מֵדִיחַ), שָׁטַף בְּנוֹזְלִים, חָתַר (חוֹתֵר),

סָחַף (סוֹחֵף)

auswechselbar ---> austauschbar

auswendig

בְּעַל פֶּה, עַל פֶּה, מִן הַזִּכָּרוֹן וְלֹא מִן הַכְּתָב

auswendig lernen ---> memorieren

auswerten, nach Punkten

נָקַד (נוֹקֵד), נִקֵּד (מְנַקֵּד) (מ״ח, פסי׳) הֶעֱרִיךְ דְּבַר-מָה עַל יְדֵי מַתַּן נְקֻדּוֹת

auswerten, neu

שִׁעֲרֵךְ (מְשַׁעֲרֵךְ), הֶעֱרִיךְ מֵחָדָשׁ

Auswertung ---> Bewertung

Auswertung, neue

שִׁעֲרוּךְ, הַעֲרָכָה מֵחָדָשׁ

Auswertung nach Punkten ---> Punktebewertung

auswringen

רָטָה (רוֹטֶה), יִבֵּשׁ, סָחַט דְּבָרִים רְטוּבִים

Auswuchs *{Ekphym}*

חֲטוֹטֶרֶת (רפו׳). הֶנֶץ (ביו׳)

Auswuchs abschneiden

יִבֵּל (מְיַבֵּל) (רפו׳, בוט׳) [א״ת/ב/211]. הֵסִיר יַבֶּלֶת

Auswuchs einer Pflanze

יַבֹּלֶת (יַבּוֹלוֹת) (בוט׳) [א״ת/ב/211]. יַבֶּלֶת (יַבָּלוֹת), גִּדּוּל עַל צְמָחִים

Auswurf *{Sputum}* **[--->Schleim]**

כִּיחַ (רפו׳) [מר״ח/628]. לֵחָה, פְּלִיטָה, תַּפְלִיט

Auswurf aushusten ---> aushusten, Auswurf

auszahlen

בָּא עַל שְׁלוּמוֹ, שִׁלֵּם (מְשַׁלֵּם), בָּא עַל תַּשְׁלוּמוֹ

Auszehrung ---> Schwindsucht

auszeichnen

צִיֵּן (מְצַיֵּן) לְשֶׁבַח, יִחֵד לְטוֹבָה, שִׁבַּח (מְשַׁבֵּחַ)

Auszeit ---> Pause

ausziehen

הֵסִיר, פָּשַׁט, שָׁלַף, חָלַץ (חוֹלֵץ)

Ausziehen

הֲסָרָה, פְּשִׁיטָה, חֲלִיצָה, שְׁלִיפָה

auszischen

שָׁרַק (שׁוֹרֵק) לְ.../עַל... (תאט׳, מוס׳) הִשְׁרִיק עַל, צִפְצֵף בִּשְׂפָתָיו לְאוֹת מְחָאָה, סִנֵּן בֵּין שִׁנָּיו, הִפְטִיר בִּשְׂפָתוֹתָיו עַל..., שִׁרְבֵּט שְׂפָתָיו

Auszug

תַּקְצִיר [ק/ד/216]. קִצּוּר, תַּמְצִית שֶׁל דָּבָר כָּתוּב

authentisch

אָמֵן, אוֹתֶנְטִי, אֲמִתִּי, אָמִין

Authentizität

אֹמֶן, אוֹתֶנְטִיּוּת, אֲמִתּוּת, אֲמִינוּת

Autismus

גַּוָּאוּת (פסי׳) [ר/א/16]. אוֹטִיזְם, הִנָּתְקוּת אָדָם מִן הַמְּצִיאוּת וּשְׁקִיעָה לְתוֹךְ עַצְמוֹ אוֹ נְטִיָּה לְהִרְהוּרִים שֶׁמְּקוֹרָם פְּנִימִי, בִּדָּלוֹן

Autist(in)

גַּוָּאִי, גַּוָּאִית (פסי׳) [ר/א/16]. אוֹטִיסְט, אוֹטִיסְטִית, אָדָם אוֹטִיסְטִי

autistisch

גַּוָּאִי (פסי׳) [ר/א/16]. אוֹטִיסְטִי, בִּדְלוֹנִי

Autoantikörper

נוֹגְדָן עַצְמִי (רפו׳)

Autobiographie ---> Lebensbeichte

Autobus ---> Bus

autochtoner Boden ---> Boden, autochtoner

Autodidakt(in)

מִתְלַמְּדָן, מִתְלַמְּדָנִית (פדג׳) [מר״ח/89]. אוֹטוֹדִידַקְט, הַלּוֹמֵד מֵעַצְמוֹ בְּלֹא עֶזְרַת מוֹרִים

Autoerotismus ---> Insichselbstverliebtsein

Autoimmunität

נוֹגְדָנוּת עַצְמִית (רפו׳) [ל״ב/110]. חִסּוּן עַצְמִי, מַצָּב תַּמְרוּעִי (פָּתוֹלוֹגִי) שֶׁבּוֹ הַגּוּף מְיַצֵּר נוֹגְדָנִים עַצְמִיִּים הַתּוֹקְפִים אֶת תָּאָיו שֶׁלּוֹ

autokinetisches Phänomen ---> Phänomen, autokinetisches

Autoklav

אַקְטָר (אַקְטָרִים) (טכנ׳, רפו׳) אוֹטוֹקְלָב, מַכְשִׁיר שֶׁנּוֹצָרִים בּוֹ תְּמוּדָה (טֶמְפֶּרָטוּרָה) גְּבֹהָה וְלַחַץ מֻגְבָּר

Autoklav betätigen, einen

אִקְטֵר (מְאַקְטֵר) (טכנ׳, רפו׳) הִשְׁתַּמֵּשׁ בְּאַקְטָר (אוֹטוֹקְלָב)

Automat

מִתְגָּב (מדע, טכנ׳) [מר״ח/89]. מִלְעַצְמוֹן, אוֹטוֹמָט

Automatie ---> Automatismus

automatisch

נִתְגָּב, נִתְגֶּבֶת, מַתְגֵּבִי (שֵׁם תֹּאַר), מַתְגֵּבִית (תֹּאַר פֹּעַל) (מדע, טכנ׳) אוֹטוֹמָטִית (ח״פ), אוֹטוֹמָטִי (ש״ת), מוּכָנִית, מוּכָנִי, הַפּוֹעֵל בְּלֹא כַּוָּנָה וּבְלֹא הִשְׁתַּתְּפוּת הָרָצוֹן, מֵעַצְמוֹ. מִלְעַצְמִי [מר״ח/89]

automatische Programmierung ---> Programmierung, automatische

automatische Übersetzung ---> Übersetzung, automatische

automatisches Verhalten ---> Verhalten, automatisches

automatisieren

תִּגֵּב (מְתַגֵּב) (מדע, טכנ׳) עָשָׂה אוֹטוֹמָטִיזַצְיָה

Automatisierung

מִתְגּוּב (מדע, טכנ׳) אוֹטוֹמָטִיזַצְיָה

Automatismus

נִתְגָּבוּת (פסי׳) [ר/א/13; רו/4]. אוֹטוֹמָטִיּוּת, פְּעֻלּוֹת הַמִּתְרַחֲשׁוֹת מֵאֲלֵיהֶן בְּלֹא הִשְׁתַּתְּפוּתוֹ שֶׁל רָצוֹן, מִלְעַצְמִיּוּת. הֲנָעָה עַצְמִית [פ״ר/86]

autonom

עַצְמָנִי (מדי׳, פסי׳) [ר/א/14]. אוֹטוֹנוֹמִי, נִשְׁלָט מִבִּפְנִים, מֻשַּׁת עַצְמוֹ

autonomes Nervensystem ---> Nervensystem, autonomes

Autonomie

עַצְמָנוּת (מדי׳, פסי׳) [ר/א/14]. אוֹטוֹנוֹמְיָה, שִׁלְטוֹן עַצְמִי

autonomisch

עַצְמָנִי (מדי׳, פסי׳) אוֹטוֹנוֹמִי, שֶׁל שִׁלְטוֹן עַצְמִי

autonym
שֶׁמְעַצְמִי (פיל', בלש') אוֹטוֹנִימִי, כְּשֶׁסִּימָן נֶחְשָׁב לִשְׁמוֹ הָעַצְמִי

autonymer Gebrauch von Ausdrücken
שִׁמּוּשׁ שֶׁמְעַצְמִי בְּבִטּוּיִים (פיל', בלש') שִׁמּוּשׁ בְּבִטּוּיִים שֶׁבּוֹ שֵׁם עֶצֶם מְשַׁמֵּשׁ כִּשְׁמוֹ הָעַצְמִי, לְמָשָׁל: בַּבִּטּוּיִים "חֻלְדָּה מַתְחִילָה בְּאוֹת גְּרוֹנִית", "חֻלְדָּה מֻרְכֶּבֶת מִשְּׁתֵּי הֲבָרוֹת" מִשְׁתַּמְּשִׁים בַּמִּלָּה "חֻלְדָּה" בְּהַפְשָׁטָה מִמַּשְׁמָעוּתָהּ בְּאֹפֶן שֶׁמְעַצְמִי (אוֹטוֹנִימִי)

Autopsie [---> Leichenschau]
סְקִירַת עַיִן (מדע) [ק/ד/11]. רְאִיָּה, בְּחִינַת הָאֱמֶת עַל יְדֵי מַרְאֵה עֵינַיִם, הִסְתַּכְּלוּת

autorisieren ---> bevollmächtigen
autorisiert ---> bevollmächtigt
autoritär
מָרוּתָאִי (פסי', מדי', פיל') אוֹטוֹרִיטָרִי, סַמְכוּתָנִי, רוֹדָנִי, דִּיקְטָטוֹרִי, סַמְכוּתִי, מָרוּתִי, אוֹטוֹרִיטָטִיבִי, מִי שֶׁדּוֹגֵל בְּנֶאֱמָנוּת מֻחְלֶטֶת לְסַמְכוּת

autoritäre Einstellung ---> Autoritarismus
Autorität
סַמְכוּת (פסי', מ"ח) [ר/א/485]. כֹּחַ מוּסָרִי וְחֻקִּי בַּחֶבְרָה, אוֹטוֹרִיטָה, מָרוּת, רָשׁוּת

Autoritarismus
סַמְכוּתָנוּת (פסי', מדי', מ"ח) [ר/ב/485]. מָרוּתָאוּת, אוֹטוֹרִיטָטִיבִיּוּת, הַשְׁקָפָה הַדּוֹגֶלֶת בְּעֶקְרוֹנוֹת כְּנִיעָה לְרָשׁוּת עֶלְיוֹנָה, צִיּוּת וְנֶאֱמָנוּת מֻחְלֶטֶת לְסַמְכוּת

Autorschaft
מְחַבְּרוּת (ספר', מוז') שֶׁל מְחַבֵּר יְצִירָה סִפְרוּתִית אוֹ מוּזִיקָלִית

Autosuggestion
הַשָּׂאָה עַצְמִית (פסי') [ר/א/15]. אוֹטוֹסוּגֶסְטְיָה, הַשָּׂאַת עַצְמוֹ, הִשְׁתַּעְבְּדוּת

Avantgarde
חָלוּץ (מ"ח) אָוַנְגַּרְד

Aversio
הֵסֵב הַדִּבּוּר (רטו') [ק/א/184]

Aversion
סְלִידָה (פסי', רפו') [ר/ב/482]. בְּחִילָה, תְּגוּבָה פְּנִימִית שְׁלִילִית, תִּעוּב

aversiv
מַסְלִיד, מַבְחִיל, דּוֹחֶה, מַתְעִיב

Avicennaviper *{Aspis vipera}*
עֶכֶן קָטָן (זוא') שְׁפִיפוֹן קָטָן, נָחָשׁ מִמִּשְׁפַּחַת הַצִּפְעוֹנִיִּים

avirulent ---> ansteckend, nicht
Avitaminosis ---> Vitaminmangel
Avocadobirne *{Persea americana}*
אֲבוֹקָדוֹ אֲמֵרִיקָנִי (בוט') צֶמַח מִמִּשְׁפַּחַת הָעֲרִיִּים

axial
צִירִי (מחמ', פיס')

Axialkraft
כֹּחַ צִירִי (פיס')

axillar ---> achselständig
Axiom
וַדָּאָה (וַדָּאוֹת) (פיל', מחמ') [ק/א/85]. בַּטּוּחַת חָכְמָה, אַקְסְיוֹמָה, וַדָּאוֹן (וַדָּאוֹנוֹת), מִשְׁפָּט אֲמִתִּי הַמִּתְקַבֵּל בְּלֹא הוֹכָחָה כְּהַנָּחַת מוֹצָא בְּמִבְנֶה אֶפְרוֹטִי (דֶּדוּקְטִיבִי) שֶׁל תּוֹרָאָה (תֵּאוֹרְיָה) וְהַמְשַׁמֵּשׁ לְהוֹכָחַת הַהַנָּחוֹת הָאֲחֵרוֹת שֶׁל הַתּוֹרָאָה הָאֲמוּרָה. יְדִיעָה רִאשׁוֹנָה (פיל', מחמ') [ק/ב/28]. אֱמֶת שֶׁאֵין צָרִיךְ לְהוֹכִיחַ אֲמִתּוּתָהּ. מֻשְׂכָּל רִאשׁוֹן (פיל') [ק/ב/287]. הַנָּחָה מֻסְכֶּמֶת. יְדִיעָה נוֹדַעַת (פיל', מחמ') [ק/ג/22]

Axt
גַּרְזֶן (גַּרְזִנִּים) (טכנ') [א"ח/ב/267]. כַּשִּׁיל (כַּשִּׁילִים), קַרְדֹּם (קַרְדֻּמִּים)

Azaroldorn *{Crataegus azarolus}*
עֻזְרָר אָדֹם (בוט') צֶמַח מִמִּשְׁפַּחַת הַוְּרָדִיִּים

azephal ---> schädellos
Azephalie ---> Schädellosigkeit
Azetessigsäure
חֻמְצַת חֹמֶץ חֻמְצִית (כימ')

Azeton
אֶחְמָץ (כימ') אֲצֵטוֹן

Azetonämie
אַחְמֶצֶת (רפו') [מר"ח/11]. אֶחְמָצִיּוּת הַדָּם, אֲצֵטוֹן בַּדָּם

Azetonämie betreffend, die
אַחְמַצְתִּי (רפו')

azetonämisches Erbrechen ---> Erbrechen, azetonämisches
Azetonurie
אֶחְמָץ שֶׁתֶן (רפו') אֲצֵטוֹן בַּשֶּׁתֶן

Azidität
חֲמִיצוּת (כימ', רפו') חֻמְצִיּוּת

azidophil ---> säureliebend
azidophile Blutzelle ---> Blutzelle, azidophile
Azidose ---> Gewebeübersäuerung
Azidozyt ---> Blutzelle, azidophile
Azidozytopenie ---> Bluttzellen, Mangel an azidophilen
Azidozytose ---> Bluttzellen, Überfluß an azidophilen
Azimutsystem ---> Horizontalsystem
Azinus
אוּנִית (רפו') [מר"ח/12]. אוּבִית

B

B
נָחֵת (נְחֵתִים) (מוס') בֶּמוֹל, מְנַמֵּךְ בַּחֲצִי טוֹן מִגָּבְהוֹ הַיְסוֹדִי שֶׁל הַצְּלִיל, סִי נָחֵת, - בֶּמוֹל

B, Doppel-
נְחֵתַיִם (מוס')

BB
סִי נְחֵתַיִם (מוס')

Baby [---> Kleinkind]
תִּינוֹק (תִּינוֹקוֹת, תִּינוֹקִים) (רפו', פסי') עוֹלָל (עוֹלָלִים), עוֹלֵל (עוֹלְלִים)

Babysitter
טַפַּאי (טַפָּאִית), שְׁמַרְטַף (שְׁמַרְטַפִּית)

Babysitting
טַפָּאוּת, שְׁמַרְטַפּוּת

Bachläufer *{Veliidae}*
רָצֵי נְחָלִים (זוא') מִשְׁפָּחָה שֶׁל פִּשְׁפְּשִׁים הַחַיִּים עַל פְּנֵי הַמַּיִם

Bachminze *{Mentha aquatica}*
נַעֲנַת הַמַּיִם (בוט') צֶמַח מִמִּשְׁפַּחַת הַשִּׂפְתָנִיִּים

Bachschildkröte, Kaspische *{Clemmys caspica}*
צַב בִּצּוֹת (זוא') זוֹחֵל מִמִּשְׁפַּחַת הַצַּבִּים הַבִּצָּתִיִּים

Bachstelze *{Motacilla alba}*
נַחֲלִיאֵלִי לָבָן (זוא') עוֹף מִמִּשְׁפַּחַת הַנַּחֲלִיאֵלִיִּים

Bacillus
מֶתֶג (מְתָגִים) (ביו', רפו') בָּצִילוּס, חַיְדַּק

Backbord Ruder! ---> Ruder!, Backbord

backenbezüglich
לְחָיִי (רפו') לֶחָיִי, שֶׁל לְחִי

Backenzahn
שֵׁן טוֹחֶנֶת (רפו') [מר"ח/461]. טוֹחֶנֶת

Backfisch
בֹּחַל, בַּת טִפֵּשׁ עֶשְׂרֵה

Backpropagierung ---> Rückwärtsfehlerfortpflanzung

Backtrog
עֲרֵבָה (עֲרֵבוֹת) (טכנ') [א"ת/א/101]. כְּלִי עֵץ שֶׁלָּשִׁים בּוֹ אֶת הַבָּצֵק, מִשְׁאֶרֶת (מִשְׁאָרוֹת)

Bad
מֶרְחָץ (מֶרְחֲצָאוֹת) [א"ת/א/217]

Bad, rituelles
מִקְוֶה (מִקְוִים) (דת) [א"ת/א/213]. מִקְוָה (מִקְוָאוֹת), בְּרֵכַת מַיִם לִטְבִילָה פֻּלְחָנִית

Badeanstalt
בֵּית מֶרְחָץ [א"ת/א/217]

Bademantel
בַּלְנָר (בַּלְנָרִים) [י"א/86]. מְעִיל רַחֲצָה

Bademeister
בַּלָּן (בַּלָּנִים) (מלא') [א"ת/א/224]. עוֹבֵד בְּבֵית מֶרְחָץ

Baden, rituelles
טְבִילָה (טְבִילוֹת) (דת) [א"ת/א/212]. כְּנִיסָה לַמַּיִם לְמַטְּרוֹת פֻּלְחָן דָּתִי

Badeschwamm *{Spongia officinalis}*
סְפוֹג הָרַחְצָה (זוא') בַּעַל חַיִּים הַשַּׁיָּךְ לַסְּפוֹגִים

Badewanne
אַמְבַּטְיָה (אַמְבַּטְיוֹת) [א"ת/א/221]. אַמְבָּטִי, אַמְבָּט

Bäcker
אוֹפֶה (אוֹפִים) (מלא') [א"ת/א/93]. נַחְתּוֹם

Bäckerei
מַאֲפִיָּה (מַאֲפִיּוֹת) (מלא') [א"ת/א/93]. נַחְתּוֹמֶר

Bäderheilkunde
תַּרְחִיצָה (רפו') תּוֹרַת הָרִפּוּי בִּרְחִיצָה

Bälkchen *{Trabekel}*
כַּפְסִיס (כַּפְסִיסִים) (רפו')

Bänden, Reihe von ---> Reihe von Bänden

Bänkelgesang
זֶמֶר שׁוּק (מוס', תאט')

Bär(en), Sternbild des ---> Sternbild des Bären

Bären *{Ursidae}*
דֻּבִּיִּים (זוא') מִשְׁפָּחָה שֶׁל טוֹרְפִים יַבַּשְׁתִּיִּים

Bärenkrebs, Großer *{Scyllarides latus}*
כַּפָּן גְּשְׁמָנִי (זוא') רְחַב מְשׁוֹשׁ, סַרְטָן מִמִּשְׁפַּחַת הַכַּפָּנִיִּים (סַרְטָנִים מַעֲשִׂירֵי רֶגֶל)

Bärenkrebse *{Scyllaridae}*
כַּפָּנִיִּים (זוא') מִשְׁפָּחָה בְּסִדְרַת סַרְטָנִים מַעֲשִׂירֵי רֶגֶל

Bärenohr *{Arctotis}*
אֹזֶן דֹּב (בוט') צֶמַח מִמִּשְׁפַּחַת הַמֻּרְכָּבִים

Bärenspinner *{Arctiidae}*

דְּבוֹנִיִּים (זוא׳) מִשְׁפָּחָה שֶׁל פַּרְפָּרָאִים
bäuchlings
גְּחוֹנִי (רפו׳)
Bagatelle
בַּטְלוּלִית (בַּטְלוּלִיּוֹת), זוּטָה (זוּטוֹת), בָּגָטֶלָּה
Bagger
אֳנִיַּת מַחְפֵּר (ימא׳) חַפֶּרֶת (חַפָּרוֹת). מַחְפֵּר (מַחְפְּרִים) (טכנ׳)
baggern
חִפֵּר (מְחַפֵּר) (טכנ׳)
Baggern
חֲפִירָה (טכנ׳) חֲטִיטָה
Bahn
נָתִיב (נְתִיבִים), מַסְלוּל
Bahn der Himmelskörper
מַסְלוּל (מַסְלוּלִים) (אסט׳) [ק/ב/225]. דֶּרֶךְ קְבוּעָה, מְסִלָּה. מַעְגָּל (אסט׳) [ק/ב/231]. מַהֲלַךְ גַּרְמֵי הַשָּׁמַיִם. גָּלִיל (אסט׳) [ק/א/116]. מְסִלַּת הַגְּרָמִים הַשְּׁמֵימִיִּים
bahnen
פִּלֵּשׁ (מְפַלֵּשׁ), חָדַר וְעָבַר, עָשָׂה מַעֲבָר, פִּלֵּס (מְפַלֵּס) דֶּרֶךְ, פָּתַח, פִּסֵּג (מְפַסֵּג), פִּשֵּׂק, הִבְקִיעַ דֶּרֶךְ, הִפְרִיד
Bahngipfel
שִׂיא הַמַּסְלוּל (פיס׳)
Bahnkurve, Reaktion der
תְּגוּבַת הַמְּסִלָּה (פיס׳)
Bahnlinie
קַו מַסְלוּל (טכנ׳)
Bahnung
הַסְלָלָה
Bahrenträger
נוֹשְׂאֵי הַמִּטָּה (דת) [א״ח/ב/64]. נוֹשְׂאֵי אֲרוֹן הַמֵּת לִקְבוּרָה
Bakteriämie
דַּם חַיְדַּקִּי (רפו׳) מַצָּב תַּחְלוּאִי (פָּתוֹלוֹגִי) שֶׁבּוֹ הַדָּם מָלֵא בְּחַיְדַּקִּים
Bakterie, fadenförmige
חַיְדַּק חוּטִי (ביו׳)
bakteriell
חַיְדַּקִּי (ביו׳) בַּקְטֶרְיָאלִי
bakterielle Flora ---> Flora, bakterielle
Bakterien, nitrifizierende
חַיְדַּקֵּי חַנְקוֹן (ביו׳) חַיְדַּקִּים בַּעֲלֵי כֹּשֶׁר לִקְבּוֹעַ חַנְקָן
Bakterienkultur
תַּרְבִּית (תַּרְבִּיּוֹת) (ביו׳, רפו׳) תַּרְבִּית חַיְדַּקִּים
bakterientötend *{bakterizid}*
קוֹטֵל חַיְדַּקִּים (ביו׳)
Bakteriologe
חַיְדַּקַּאי (חַיְדַּקָּאִים) (ביו׳, רפו׳) בַּקְטֶרְיוֹלוֹג
Bakteriologie
חַיְדַּקָּאוּת (ביו׳, רפו׳) חַיְדַּקָּנוּת, בַּקְטֶרְיוֹלוֹגְיָה, מַדַּע הַחַיְדַּקִּים
Bakteriophage
זוֹלְעָן (ביו׳, רפו׳) [ל״ב/59]. בַּקְטֶרְיוֹפָאז׳, נְגִיף חַיְדַּק, זַלְעַחַיְדַּק, זוֹלְעַן חַיְדַּקִּים, נְגִיף טַפִּילִי שֶׁל חַיְדַּקִּים
bakteriostatisch
בּוֹלֵם חַיְדַּקִּים (ביו׳)
Bakteriurie
שֶׁתֶן חַיְדַּקִּי (רפו׳) מַצָּב תַּחְלוּאִי (פָּתוֹלוֹגִי) שֶׁבּוֹ הַשֶּׁתֶן מָלֵא בְּחַיְדַּקִּים
bakterizid ---> bakterientötend
bald
בִּמְהֵרָה, תֵּכֶף, בְּהֶקְדֵּם, לְאַלְתַּר, מִיָּד, תֵּכֶף וּמִיָּד, כְּרֶגַע, כְּהֶרֶף, בְּהֶרֶף עַיִן, בִּן רֶגַע, עֲדֵי רֶגַע, עוֹד מְעַט, כִּמְעַט קָט; עִתִּים... וְעִתִּים
baldig ---> zukünftig
Balg *{Follikel}*
זָקִיק (זְקִיקִים) (רפו׳) [מר״ח/305]. גּוּמִית אוֹ שַׂקִּית בַּגּוּף
Balgfrucht
מִפּוּחִית (מִפּוּחִיּוֹת) (בוט׳) פְּרִי יָבֵשׁ דְּמוּי מַפּוּחִית
Balken
קוֹרָה (קוֹרוֹת) (אדר׳) [א״ח/א/25]. כֹּפֶת (כְּפָתִים) (אדר׳) [א״ח/א/22]. גּוּשׁ עֵץ אוֹ אֶבֶן. מַקָּף, מַקֵּף (מוס׳) מַקַּף תָּוִים
Balkenträger
קוֹרַת שִׁדְרָה (אדר׳, טכנ׳)
Balkon
גְּזֻזְטְרָה (גְּזֻזְטְרוֹת) (אדר׳) [א״ח/א/54]. גְּזוּזְטְרָה, מִרְפֶּסֶת
Ballast
זְבוֹרִית (טכנ׳) מַשָּׂא הַדָּרוּשׁ לְקִיּוּם שִׁוּוּי מִשְׁקָל
Ballast beladen, mit
זִבֵּר (מְזַבֵּר) (טכנ׳) טָעַן מַשָּׂא לִשְׁמִירַת שִׁוּוּי מִשְׁקָל
Ballaststoff *{Saburra}*
זְבֹרֶת (חזו׳, רפו׳) [מר״ח/593]. פְּסֹלֶת, מִשְׁקָע, שְׁיָרִים
ballaststoffbezüglich *{saburrös}*
זְבֹרְתִּי (חזו׳, רפו׳) מְזֻבָּר, פְּסָלְתִּי, מִשְׁקָעִי
Ballen
חֲבוּשׁ (חֲבוּשִׁים) (ימא׳) צְרוֹר קָשׁוּר. עִסָּה (עִסּוֹת)
Balleninhalt
קִבּוּל בַּחֲבוּשִׁים (ימא׳)
Ballettänzer(in)
בַּלֶּטָר, בַּלֶּטָרִית (מוס׳) רַקְדָן (רַקְדָנִית) בַּלֶּט
Ballon
כָּרוּר (כְּרוּרִים) (טכנ׳, מטא׳) [מר״ח/93; יל״ט/33]. בַּלּוֹן, כַּדּוּר פּוֹרֵחַ, בַּלּוֹן תַּצְפִּיּוֹת
Ballonblume *{Platycodon}*
עִנְבָּל (בוט׳) צֶמַח מִמִּשְׁפַּחַת הַפַּעֲמוֹנִיתִיִּים
Ballonpflanze ---> Herzsame
Ballottement ---> Hin- und Herrollen
Balneologie ---> Bäderheilkunde
Balsam
בְּשָׂמָן [א״ח/א/235]. אֲפַרְסְמוֹן, בֶּסֶמֶן, בֹּשֶׂם, בַּלְזָם, בַּלְזָמוֹן. צֳרִי (בוט׳, רפו׳) שְׂרָף מַרְפֵּא
Balsamapfel *{Momordica balsamina}*
לְעוּסִית מְטַפֶּסֶת (בוט׳) צֶמַח מִמִּשְׁפַּחַת הַדְּלוּעִיִּים

Balsambirne *{Momordica charantia}*
לְעוּסִית גְּדוֹלַת פְּרִי (בוט') צֶמַח מִמִּשְׁפַּחַת הַדְּלוּעִיִּים

Balsamine *{Impatiens}*
בַּשְׂמַת (בוט') צֶמַח מִמִּשְׁפַּחַת הַבַּשְׂמָתִיִּים

balsamisch
בָּשְׂמִי (רפו', פסי') [ר/א/108]. מֵעֵין הַשְּׂרָף, - הַבֹּשֶׂם, מַשְׂרִיף, רֵיחָנִי, בַּעַל רֵיחַ נָעִים, בָּסִים (בְּסִימָה), מְבֻשָּׂם

Bambus *{Bambusa}*
חִזְרָן (בוט') צֶמַח מִמִּשְׁפַּחַת הַדְּגָנִיִּים

Banane *{Musa}*
מוֹז, בָּנָנָה (בוט') צֶמַח מִמִּשְׁפַּחַת הַמּוֹזִיִּים

Band
פַּס (פַּסִּים) (מחמ')

Band *{Ligamentum}*
רְצוּעָה (רְצוּעוֹת) (רפו')

bandbezüglich *{ligamentös}*
רְצוּעָתִי (רפו')

Bande
כְּנוּפְיָה (כְּנוּפְיוֹת), לַהֲקָה (לְהָקוֹת)

Bandmaß
מַגְלוּל (טכנ') מַגְלֵלָה, סֶרֶט מִדָּה נִגְלָל

Bandmolch *{Triturus vittatus}*
טְרִיטוֹן פַּסִּים (זוא') דּוּחִי מִמִּשְׁפַּחַת הַסַּלָמַנְדְּרִיִּים

Bandschild *{Lepadogaster gouani (Lepadogastter lepadogaster)}*
צְמִידוֹן מָצוּי (זוא') דָּג מִמִּשְׁפַּחַת הַצְּמִידוֹנִיִּים (דְּגֵי גֶּרֶם)

Bandwurmbefall *{Taeniasis}*
נֶגַע שַׁרְשׁוּרִים (רפו') [מר"ח/656]. עַרֶקֶת, חֳלִי הָעַרְקוֹת

Bandwurmkopf *{Scolex}*
מִתְלַעָה (זוא', רפו') [מר"ח/603]. רֹאשׁ שַׁרְשׁוּר הָאָדָם (תּוֹלַעַת הָעַרְקָה), חֵלֶק קִדְמִי שֶׁבְּעֶזְרָתוֹ מִתְחַבֵּר הַשַּׁרְשׁוּר לַדֹּפֶן הָרִירִי שֶׁל הַמְּעִי

Bank
גְּבֵהָה (היד') שֶׁטַח מוּרָם בְּקַרְקַע יָם אוֹ נָהָר שֶׁהַשַּׁיִט בּוֹ אֶפְשָׁרִי. סַפְסָל (סַפְסָלִים) (טכנ') [א"ח/א/223]

Bankdarlehen
הַלְוָאָה בַּנְקָאִית (כלכ')

Bankfähigkeit ---> Begebbarkeit

Bankkapital
הוֹן בַּנְקָאִי (כלכ')

Bankkonto
חֶשְׁבּוֹן בַּנְק (כלכ')

Bankkredit
אַשְׁרַאי בַּנְקָאִי (כלכ')

Bankokratie
שִׁלְטוֹן הַבַּנְקִים (כלכ') בַּנְקוֹקְרַטְיָה

Bankrott [---> Konkurs]
פְּשִׁיטַת רֶגֶל (משפ', כלכ') הַפְסָקַת תַּשְׁלוּם חוֹבוֹת

Bankrotteur [---> Konkursschuldner]
פּוֹשֵׁט רֶגֶל (משפ', כלכ') מִי שֶׁהִפְסִיק לְשַׁלֵּם אֶת חוֹבוֹתָיו

Bankscheck
הַמְחָאָה בַּנְקָאִית (כלכ') שֶׁק בַּנְקָאִי

Bankterrasse
מַדְרֵגָה תְּלוּלָה (גאו', חקל')

Bankwesen
מַעֲרֶכֶת הַבַּנְקִים (כלכ') מַעֲרֶכֶת בַּנְקָאִית

Bann
חֵרֶם (חֲרָמִים, חֲרָמוֹת) (דת, משפ') [א"ח/ב/60]. נִדּוּי (נִדּוּיִים), בִּדּוּד, הַרְחָקָה

Bann tun, in den
הֵטִיל חֵרֶם (דת, משפ') [א"ח/ב/60]. נִדָּה (מְנַדֶּה), הֶחֱרִים (מַחֲרִים), דָּחָה, בִּדֵּד, הִרְחִיק

bar
מְשֻׁלָּל [ק/ב/296]. שֶׁאֵין בּוֹ, נְטוּל..., חָסֵר..., נֶעְדָּר... . עָרֹם [ק/ג/172]. חָפְשִׁי מִ..., מְנֹעָר מִ..., פָּנוּי מִ..., חָסוּךְ. רֵיק מִ... [ק/ד/54]. בְּלֹא. שׁוֹלָל [ק/ד/82]. מְחֻסָּר

bar sein
הִתְעָרָה (מִתְעָרֶה) [ק/ג/169]. הָיָה/נִהְיָה חָפְשִׁי מִ..., הִתְחַשֵּׂף, הִתְעַרְטֵל, הָיָה מְשֻׁלָּל מִדִּבֵּר-מָה. נִתְרוֹקֵן [ק/ד/57]. נַעֲשָׂה רֵיק, הוּרַק

Barbarismengebrauch ---> Sprachwidrigkeitengebrauch

Barbier ---> Haarschneider(in)

Bardesanäer
כַּת הַמַּחֲזִיקִים בְּתוֹרַת בַּר דֵּיצָן הַסּוּרִי (דת, פיל') [ק/ב/105]

Barengeld
מָמוֹן מְטִילִים (כלכ')

Barfüßigkeit
יְחוּף, יַחַף, הֲלִיכָה בְּלֹא נַעֲלַיִם, יְחֵפוּת

barfuß
יָחֵף, יָחוּף, חֲשׂוּף רַגְלַיִם

barfüßig sein
הִתְיַחֵף, יָחַף, נֶחְלְצָה מִמֶּנּוּ הַנַּעַל

Bargeld
מְזֻמָּנִים (כלכ') כֶּסֶף בְּצוּרַת שְׁטָר אוֹ מַטְבֵּעַ שֶׁהוּא הֵילָךְ חֻקִּי הַמְשַׁמֵּשׁ אֶמְצָעִי תַּשְׁלוּם

Barhäuptigkeit
גִּלּוּי רֹאשׁ

barmherzig
רַחֲמָנִי [א"ח/ב/50]. רַחֲמָן, בַּעַל רַחֲמִים, טוֹב לֵב, חוֹמְלָנִי, חַנּוּן, חַמְלָנִי, רַךְ לֵב, חַס עַיִן

Barmherzigkeit
רַחֲמָנוּת, חֶמְלָה, מִדַּת הַחֶסֶד, חוּמְלָנוּת, רַכּוּת לֵב

Barogramm
רִשְׁמַת הַלַּחַץ (מטא׳) [יל״ט/34]. בָּרוֹגְרָם, הָרִשְׁמָה שֶׁרוֹשֵׁם הַבָּרוֹגְרָף (רוֹשֵׁם הַלַּחַץ) כְּמַעֲקָב רָצוּף שֶׁל הָעֲרָכִים הַמִּשְׁתַּנִּים

Barograph
רוֹשֵׁם לַחַץ (מטא׳) [יל״ט/34]. בָּרוֹגְרָף, מַכְשִׁיר הַמּוֹדֵד אֶת הַלַּחַץ הָאֲוִירָנִי (אַטְמוֹסְפֶרִי) וְרוֹשֵׁם מַעֲקָב רָצוּף שֶׁל הָעֲרָכִים הַמִּשְׁתַּנִּים

Barometer
מַד לַחַץ (מטא׳) [יל״ט/35]. בָּרוֹמֶטֶר, מַכְשִׁיר הַמּוֹדֵד אֶת הַלַּחַץ הָאֲוִירָנִי (אַטְמוֹסְפֶרִי), מַדְוִיר

Barre [---> Untiefe]
חֶסֶם (חֲסָמִים) (היד׳, י״א) רֶכֶס שֶׁל חוֹל אוֹ אֲבָנִים הַנִּמְצָא בְּקִרְבַת שֶׁפֶךְ הַנָּהָר אוֹ מַקְבִּיל לַחוֹף וְהַמְּכֻסֶּה מַיִם בִּשְׁעַת הַגֵּאוּת. מְטִיל (מְטִילִים) (טכנ׳) [א״ח/ב/302]. עֶשֶׁת (עֲשָׁתוֹת), גּוּשׁ מָאֳרָךְ שֶׁל מַתֶּכֶת, כִּכָּר (כִּכָּרוֹת)

Barriere
מַחְסוֹם (מַחְסוֹמִים), חֶסֶם (חֲסָמִים), מְחִצָּה, חַיִץ חוֹסֵם, סְיָג, מִגְבָּלָה

Bartecke ---> Schläfehaar

Bartflechte *{Sykose}*
דַּבְלֶלֶת הַזָּקָן (רפו׳) [מר״ח/648]. דִּבְלֶת הַזָּקָן

Bartgeier *{Gypaetus barbatus}*
פֶּרֶס (זוא׳) עוֹף מִמִּשְׁפַּחַת הַנְּצִיִּים

Bartgras *{Bothriochloa}*
מִשְׁבָּל (בוט׳) צֶמַח מִמִּשְׁפַּחַת הַדְּגָנִיִּים

Bartmeise *{Panurus biarmicus}*
שְׂפַמְתָּן (זוא׳) עוֹף מִמִּשְׁפַּחַת הַטִּימָלִיִּים

Bartnelke *{Dianthus barbatus}*
צִפֹּרֶן צָפוּף (בוט׳) צֶמַח מִמִּשְׁפַּחַת הַצִּפָּרְנִיִּים

Basaliom
בַּסִיסוֹמֶת (רפו׳) סַרְטַן שִׁכְבַת תָּאֵי הַבָּסִיס בָּעוֹר

Basalt
בַּזֶּלֶת (בַּזָּלוֹת) (גאו׳) סֶלַע כֵּהֶה שֶׁנּוֹצַר מִלַּבָּה שֶׁנִּפְלְטָה מַהֵר גַּעַשׁ וְנִקְרְשָׁה

Basalzellenkrebs ---> Basaliom

Basedow-Krankheit
גַּחֶצֶת (רפו׳) מַחֲלַת בָּזֶדוֹב

Basilikum *{Ocimum basilicum}*
רֵיחָן מָצוּי (בוט׳) צֶמַח מִמִּשְׁפַּחַת הַשְּׂפָתָנִיִּים

Basis
בָּסִיס (בְּסִיסִים) [ק/ב/169]. מוֹשָׁב, יְסוֹד (יְסוֹדוֹת). מְכוֹנָה [ק/ב/198]. מַסָּד, מָכוֹן, כֵּן. תּוֹשֶׁבֶת [ק/ד/187]

Basis, ökonomische
בָּסִיס כַּלְכָּלִי (כלכ׳, מ״ח) הַמִּבְנֶה הַכַּלְכָּלִי שֶׁל הַחֶבְרָה

Basisform ---> Stammform

Basisgerade *{Polbahn}*
קַו בָּסִיס (מתמ׳)

Basiskomma
נְקֻדַּת בָּסִיס (מתמ׳)

Basisvariable ---> Variable, abhängige

Basiswinkel
זָוִית הַבָּסִיס (מתמ׳)

Bassethorn
קֶרֶן בַּסִּית (מוס׳) כְּלִי נְשִׁיפָה מֵעֵץ

Baßgeige ---> Kontrabaß

Bassin
בְּרֵכָה (בְּרֵכוֹת) (אדר׳, היד׳) [א״ח/א/214]. מִקְוֵה מַיִם מְלָאכוּתִי

Basso ostinato
בַּס מַתְמִיד (מוס׳) [למ״ו/80]. בַּס הַחוֹזֵר בִּקְבִיעוּת וּמֵעָלָיו נָעִים וּמִשְׁתַּנִּים הַקּוֹלוֹת הָעֶלְיוֹנִים

Bast
גֶּמִי (טכנ׳) [א״ח/א/211]. חוּט שֶׁל גֹּמֶא

bastardieren ---> hybridisieren

Bastardmakrele ---> Stöcker

Batate ---> Süßkartoffel

Batch-Datei
קֹבֶץ אַצְוָה (מחש׳) [דמ״א/16]. תָּכְנִית מַחְשֵׁב הַמְּכִילָה פְּקֻדּוֹת שׁוֹנוֹת לְהַפְעָלָה

Bâtiniten, Sekte der
בַּעֲלֵי הַתּוֹךְ (דת, פיל׳) [ק/א/93]. אַנְשֵׁי הַנִּסְתָּר (דת, פיל׳) [ק/ג/47]. שֵׁם סִיעָה מֻסְלְמִית

Batterie, elektrische
סוֹלְלָה חַשְׁמַלִּית (פיס׳) [ל״מ/451]. מַעֲרֶכֶת תָּאִים חַשְׁמַלִּיִּים הַהוֹפְכִים מֶרֶץ (אֶנֶרְגִּיָּה) כִּימִי לְמֶרֶץ חַשְׁמַלִּי

Bau
בִּנְיָן (בִּנְיָנִים) (הנד׳) [ק/א/91]. בְּנִיּוֹת, גִּזְרָה

Bauch
בֶּטֶן (רפו׳) כֶּרֶס, גָּחוֹן

Bauch, akuter
בֶּטֶן חַדָּה (רפו׳) [מר״ח/3]. בַּטֶּנֶת

Bauch, kielförmiger
בֶּטֶן עֶקְלוֹנִית (רפו׳)

Bauch liegen, auf dem ---> einwärts drehen

Bauchaortenaneurysma
מִפְרֶצֶת בִּטְנִית (רפו׳) פֶּרֶצֶת בִּטְנִית, מִפְרֶצֶת וְתִין הַבֶּטֶן

Bauchatmung
נְשִׁימָה בִּטְנִית (רפו׳)

bauchbezüglich
בִּטְנִי (רפו׳) שֶׁל בֶּטֶן

Bauchfell *{Peritoneum}*
צֶפֶק (רפו׳) הַשִּׁכְבָה הַקְּרוּמִית הַחוֹפָה אֶת חֲלַל הַבֶּטֶן

bauchfellbezüglich *{peritoneal}*
צִפְקִי (רפו׳)

Bauchfellblähung

אֲוֶרֶת הַצֶּפֶק (רפו')

Bauchfellduplikatur *{Omentum}*
פֶּדֶר (פְּדָרִים) (רפו') קְרוּם הַבָּא מִן הַצֶּפֶק וְהַמְכַסֶּה אֶת הַמֵּעַיִם

Bauchfellentzündung *{Peritonitis}*
צַפֶּקֶת (רפו') דַּלֶּקֶת הַצֶּפֶק

Bauchhöhlenschwangerschaft *{Extrauteringravidität}*
הֵרָיוֹן בִּטְנִי (רפו')

Bauchknurren
הֶמְיַת מֵעַיִם (רפו') [י"א/130]. הֶמְיַת בֶּטֶן, בַּעְבּוּעַ מֵעַיִם, קִרְקוּר מֵעַיִם

Bauchredner
פִּיתוֹם (תאט') בַּעַל אוֹב

Bauchspeicheldrüse *{Pankreas}*
לַבְלָב (רפו') אֵבֶר הַמַּפְרִישׁ נוֹזֵל הַמְסַיֵּעַ לְעִכּוּל

Bauchspeicheldrüse betreffend, die
לַבְלַבִּי (רפו') שֶׁל הַלַּבְלָב

Bauchspeicheldrüsenentzündung *{Pankreatitis}*
דַּלֶּקֶת הַלַּבְלָב (רפו')

Bauchtyphus, epidemischer *{Typhus abdominalis}*
עַטֶּפֶת הַבֶּטֶן (רפו') טִיפוּס הַבֶּטֶן

bauchwärts ---> bäuchlings

Bauchwassersucht
חֲבִיּוֹנֶת (רפו') [מר"ח/74]. מַיֶּמֶת הַבֶּטֶן

Bauelement, aktives
הֶתְקֵן פָּעִיל (אלק') הֶתְקֵן אַקְטִיבִי

Bauelement, passives
הֶתְקֵן סָבִיל (אלק') הֶתְקֵן פַּסִיבִי

bauen, eine Maschine ---> Maschine bauen, eine

Bauer, höriger
צָמִית (צְמִיתִים) (כלכ', מ"ח)

Bauer, leibeigener
אִכָּר מְשֻׁעְבָּד (כלכ', מ"ח)

Bauernklasse
מַעֲמַד הָאִכָּרִים (כלכ', מ"ח)

Bauernschaft
אִכָּרוּת (כלכ', מ"ח)

Bauerntabak *{Nicotiana rustica}*
טַבַּק גַּס (בוט') צֶמַח מִמִּשְׁפַּחַת הַסּוֹלָנִיִּים

baufällige Wand ---> Wand, baufällige

Bauform
מִבְנֶה (מִבְנִים) (אדר')

Baugenehmigung
הֶתֵּר בְּנִיָּה (משפ')

Baugrube
חֲפִירָה (טכנ') חֲצִיבָה

Baugrund
שָׁתִית (אדר') הַקַּרְקַע הַטִּבְעִית שֶׁמְּקִימִים עָלֶיהָ אֶת הַבִּנְיָן

Baukunst
אָמָּנוּת הַבִּנְיָן (אדר')

Baum
עֵץ (עֵצִים) (בוט') אִילָן (אִילָנוֹת)

Baum, maximaler
אִילָן פּוֹרֵשׂ (מתמ')

Baum, Schoß vom ---> Schoß vom Baum

Baum ohne eßbare Frucht
אִילַן סְרָק (אִילָנֵי סְרָק) (בוט') [א"ח/ב/201]. עֵץ שֶׁאֵינוֹ עוֹשֶׂה פְּרִי מַאֲכָל

Baumdiagramm *{Stemma}*
אִילַן גְּזִירָה (בלש') [מ"ב/60]. עֵץ גְּזִירָה, אִיּוּר הַמְתָאֵר מִבְנֶה דִּקְדּוּקִי

Baumfalke *{Falco subbuteo}*
בַּז עֵצִים (זוא') עוֹף מִמִּשְׁפַּחַת הַבַּזִּיִּים

Baumfrevler
קוֹצֵץ (קוֹצְצִים) (משפ', חקל') [א"ח/ב/205]. קוֹצֵץ בֶּן קוֹצֵץ, מִי שֶׁמְּקַצֵּץ בִּנְטִיעוֹת

Baumfrucht
תְּנוּבַת עֵצִים (חקל') יְבוּל עֵצִים

Baumgarten [---> Obstgarten; Plantage]
גַּן עֵצִים (חקל') [א"ח/ב/202]. שְׂדֵה אִילָן

Baumläufer
טַפָּס (זוא') שֵׁם שֶׁל עוֹף

Baumpieper *{Anthus trivialis}*
פִּיפִּיוֹן עֵצִים (זוא') עוֹף מִמִּשְׁפַּחַת הַנַּחְלִיאֵלִיִּים

Baumschläfer *{Dryomys nitedula}*
נַמְנְמָן הָעֵצִים (זוא') יוֹנֵק מִמִּשְׁפַּחַת הַנַּמְנְמָנִיִּים

Baumstamm
כֹּרֶת (כְּרָתִים) (בוט', חקל') [א"ח/ב/267]. גֶּזַע הָעֵץ

Baumtomate *{Cyphomandra betacea}*
גַּבְנֶנֶת סִלְקִית (בוט') צֶמַח מִמִּשְׁפַּחַת הַסּוֹלָנִיִּים

Baumwacholder *{Juniperus oxycedrus}*
עַרְעָר אַרְזִי (בוט') צֶמַח מִמִּשְׁפַּחַת הַבְּרוֹשִׁיִּים

Baumwanzen *{Pentatomidae}*
תְּרִיסִיתִיִּים (זוא') מִשְׁפָּחָה שֶׁל פִּשְׁפְּשִׁים יַבַּשְׁתִּיִּים

Baumwolle *{Gossypium}*
כֻּתְנָה (בוט') צֶמַח מִמִּשְׁפַּחַת הַחֶלְמִיתִיִּים

Baumwollsaatöl
שֶׁמֶן כֻּתְנָה (תזו') [דח"ט/166]. שֶׁמֶן צִמְחִי

הַמּוּפָק מִזַּרְעֵי כֻּתְנָה

Bauopfer
מִנְחַת יְסוֹד (אנת', ארכ') קָרְבָּן שֶׁהֻטְמַן בִּיסוֹדוֹת מִבְנֶה כָּלְשֶׁהוּ

Bauplatz
אֲתַר (אֲתָרִים) (אדר') אֲתַר בְּנִיָּה

Baustelle ---> Bauplatz

Bauunternehmer
קַבְּלָן (קַבְּלָנִים) (כלכ') [א״ח/א/18]

Bauwerk
מַעְבָּד (מַעְבָּדִים) (אדר') עֲבוֹדוֹת

Be ---> B

beabsichtigen
הִתְכַּוֵּן (מִתְכַּוֵּן) (פסי') [ק/ג/131]. עִיֵּן (מְעַיֵּן), כִּוֵּן (מְכַוֵּן), חָשַׁב, הָיָה בְּדַעְתּוֹ, הָיְתָה כַּוָּנָתוֹ

beachten
הִתְחַשֵּׁב בְּ.../עִם... [ק/ד/23]. הִרְגִּישׁ, חָשַׁשׁ, דָּאַג לְ..., חָרַד לְ.../עַל..., הִשְׁגִּיחַ בְּ.../עַל..., הִתְעַנְיֵן בְּ..., הֵבִיא בְּחֶשְׁבּוֹן אֶת... . רָעָה (רוֹעֶה) [ק/ד/46]. חָלַק תְּשׂוּמֶת לֵב לְ..., שָׂם לֵב לְ...

Beachtung ---> Aufmerksamkeit

Beam-Suche ---> Trägersuche

Beamtentum
פְּקִידוּת (כלכ', מ״ח) מַעֲמַד הַפְּקִידִים

Beamter im öffentlichen Dienst ---> Staatsbeamter

bearbeiten
שִׁפְרֵט (מְשַׁפְרֵט) (פסי') [ר/ב/666]. עִבֵּד זִכָּרוֹן מְסֻיָּם שֶׁל גֵּרוּי בְּכֹחַ הַמַּחֲשָׁבָה, שִׁפֵּר, עִבֵּד, שִׁכְלֵל

Bearbeitung
שִׁפְרוּט (פסי') [ר/ב/666]. תַּהֲלִיךְ עִבּוּדוֹ שֶׁל זִכָּרוֹן מְסֻיָּם בְּכֹחַ הַמַּחֲשָׁבָה, שִׁפּוּר, שִׁכְלוּל, עִבּוּד

Bearbeitung, sekundäre
שִׁפְרוּט שְׁנִיּוֹנִי (פסי') [ד״מח/22]. פִּתּוּחַ שְׁנִיּוֹנִי, עִבּוּד שֶׁל תַּהֲלִיךְ הַחֲלוֹם הָרִאשׁוֹנִי

beauen
חָצַב (חוֹצֵב) (טכנ')

Beaufortgrad
דַּרְגַּת בּוֹפוֹרְט לְחֹזֶק הָרוּחַ (מטא') [יל״ט/137]. מִסְפָּר בּוֹפוֹרְט, דַּרְגָּה מִסְפָּרִית הַמְּצַיֶּנֶת אֶת חֹזֶק הָרוּחַ

Beaufortskala für Windstärken
סֻלַּם בּוֹפוֹרְט לְחֹזֶק הָרוּחַ (מטא') [יל״ט/137]. סִדְרַת דְּרָגוֹת מִסְפָּרִיּוֹת לְצִיּוּן חֹזֶק הָרוּחַ

beaufsichtigen
הִשְׁגִּיחַ (מַשְׁגִּיחַ), פִּקֵּחַ (מְפַקֵּחַ), שָׂם עַיִן עַל..., שָׁמַר

beaufsichtigt
מֻשְׁגָּח, נָתוּן לְהַשְׁגָּחָה, - לְפִקּוּחַ, שָׁמוּר

beben ---> tremolieren; schwingen

beblättert
מְעֻלְוֶה (בוט') בַּעַל עָלִים

bécarre ---> Auflösungszeichen

Becher *{Rhyton}*
בָּזִיךְ (בְּזִיכִים) (טכנ', ארכ')

Becher auf Fuß
גָּבִיעַ (גְּבִיעִים) (טכנ', ארכ')

Becherprimel *{Primula obconica}*
בְּכוֹר אָבִיב חֲרוּטִי (בוט') צֶמַח מִמִּשְׁפַּחַת הָרַקֶּפְתִּיִּים

Becken
אַגָּן (אַגָּנִים) (טכנ') [א״ח/א/101]. קְעָרָה. בִּקְעָה (בְּקָעוֹת) (י״א) עֵמֶק

Becken *{Pelvis}* **[---> Schallbecken]**
אַגַּן הַיְּרֵכַיִם (רפו') [מר״ח/519]. כַּפְלָה, אַגַּן הַחֲלָצַיִם

beckenbezüglich *{pelvinus}*
אַגָּנִי (רפו') שֶׁל אַגַּן הַיְּרֵכַיִם

Bedachung
סְכָכָה (סְכָכוֹת) (אדר') [א״ח/ב/77]. מַחְסֶה דְּמוּי סֻכָּה, שֶׁטַח מְקֹרֶה

Bedächtigkeit
מְתִינוּת [ק/ב/53]. יִשּׁוּב, מְתִינָה, אֹמֶד הַדַּעַת, יִשּׁוּב הַדַּעַת

Bedarf
צְרִיכוּת, צֹרֶךְ, דְּרִישָׁה, בִּקּוּשׁ, נְחִיצוּת, זְקִיקוּת

Bedauern
נֹחַם, חֲרָטָה, צַעַר עַל...

bedecken
סָכַךְ (סוֹכֵךְ), סִכֵּךְ (מְסַכֵּךְ), סוֹכֵךְ (מְסוֹכֵךְ), חִפָּה, כִּסָּה (מְכַסֶּה), הִסְתּוֹכֵךְ, הִתְכַּסָּה

Bedecken
סִכּוּךְ, כִּסּוּי, מִכְסֶה

bedeckt
מְעֻנָּן (מטא') מוּעָב

bedeckter Himmel ---> Himmel, bedeckter

bedeckter Himmel, teilweise ---> Himmel, teilweise bedeckter

Bedecktsamer *{Angiospermae}*
מַעֲרֶכֶת מְכֻסֵּי הַזֶּרַע (בוט')

Bedeckung ---> Bedachung

Bedenken
חֲשָׁשׁ (חֲשָׁשׁוֹת) [ק/ג/107]. סָפֵק, סִפּוּק, פִּקְפּוּק

Bedenken haben
פִּקְפֵּק (מְפַקְפֵּק), הִרְהֵר (מְהַרְהֵר) עַל.../אַחַר..., הִשְׁתַּגֵּשׁ בִּסְפֵקוֹת, סִפֵּק (מְסַפֵּק) בְּ.../עַל..., חִכֵּךְ בְּדַעְתּוֹ, חָשַׁשׁ (חוֹשֵׁשׁ) לְ..., נָפַל בּוֹ סָפֵק. דִּנֵּק (מְדַנֵּק) [מר״ח/606]. בֵּרֵר מַצְפּוּנוֹ, הִכְרִיעַ עַל פִּי צַו מַצְפּוּנוֹ

bedeuten
הוֹרָה (מוֹרֶה) [ק/ב/50]. הֶרְאָה, רָמַז, נִתְכַּוֵּן, אָמַר וְהִסְבִּיר מַה לַעֲשׂוֹת. גָּזַר (גּוֹזֵר) [ק/א/110]. עָמַד עַל מַשְׁמָעוּת יְדוּעָה. הוֹעִיל [ק/ב/44; 164]. הִצְבִּיעַ עַל עִנְיַן-מָה

bedeutsam [---> signifikant]
חָשׁוּב, מַשְׁמָעוּתִי, נִכָּר, בּוֹלֵט

Bedeutsamkeit [---> Signifikanz]
חֲשִׁיבוּת [ק/ג/159]. עֹצֶם, מַשְׁמָעוּתִיּוּת, הַבְלָטָה, גְּדֻלָּה. בּוֹלְטוּת (פסי') [ר/א/107]. תְּכוּנַת הֶבֵּט מְסֻיָּם שֶׁל גֵּרוּי לִהְיוֹת נִכָּר יוֹתֵר מֵהֶבֵּטִים אֲחֵרִים

Bedeutung

מַשְׁמָעוּת [ק/א/164]. הוֹרָאָה, מַשְׁמָע. הַנָּחָה (בלש') [ק/א/183]. מוּבָן (פיל') [ק/ב/158]. טַעַם (פיל', אסת') [ק/ב/19]. חֲשִׁיבוּת. כַּוָּנָה [ק/ב/70]. כֹּחַ [ק/ב/83]. הִשְׁתַּמְּעוּת, תַּכְלִית. לָמָּה (פיל') [ק/ב/120]. עִנְיַן הַלָּמָּה שֶׁל הָעֶצֶם, שְׁאֵלַת הַלָּמָּה. לָמוּת (פיל') [ק/ב/122]. לָשׁוֹן (פיל') [ק/ב/125]. מַאֲמָר (פיל') [ק/ב/133]. פֵּרוּשׁ. עִנְיָן (פיל') [ק/ג/147]

Bedeutung, figürliche ---> Bedeutung, übertragene

Bedeutung, geheime
מַשְׁמָעוּת כְּמוּסָה (ספר') [ק/ג/47]. נִסְתָּר, הַכַּוָּנָה הַנֶּעֱלֶמֶת הַפְּנִימִית. שִׁעוּר (פיל') [ק/ד/145]. מַשְׁמָעוּת חֲבוּיָה, הוֹרָאָה שֶׁבְּכֹחַ

Bedeutung, innere ---> Bedeutung, geheime

Bedeutung, Offenheit der
פְּתִיחוּת הַמַּשְׁמָעוּת (פיל') [ד"מח/62]. בִּטּוּי הַמְּצַיֵּן כָּל צַד שֶׁל אִי וַדָּאוּת לְגַבֵּי דְּפוּס הַשִּׁמּוּשׁ שֶׁל מֻנָּח כְּפִי שֶׁהוּא מִשְׁתַּמֵּעַ מֵהַגְדָּרַת מַשְׁמָעוּת הַמֻּנָּח

Bedeutung, Spezifizierung der
פֵּרוּט הַמַּשְׁמָעוּת (פיל') [ד"מח/69]. הַפְרָטַת הַמַּשְׁמָעוּת

Bedeutung, übertragene
הַשְׁאָלָה (ספר', בלש') [ק/א/215]. הַעֲבָרָה (ספר', בלש') [ק/א/188]. שִׁמּוּשׁ בְּמִלָּה לֹא בְּמוּבָנָהּ הַמְּקֻבָּל אֶלָּא בְּמוּבָנָהּ הַמֻּשְׁאָל

Bedeutung, ursprüngliche
הֲנָחַת מָקוֹר (פיל') [ק/א/183]. הֲנָחָה רִאשׁוֹנָה

Bedeutung, virtuelle ---> Bedeutung, geheime

Bedeutung, wahre
מַשְׁמָעוּת אֲמִתִּית (פיל') [ק/א/60]. אֲמִתָּה, אֲמִתּוּת, עֶצֶם הַדָּבָר וּמַהוּתוֹ הָאֲמִתִּית, תְּכוּנַת הָאֱמֶת

Bedeutung eines Zeichens ---> Zeichen(s), Bedeutung eines

Bedeutung überhaupt
מַשְׁמָעוּת בִּכְלָל (פיל') [ת"ה/134]

Bedeutungsfeld ---> Feld, semantisches

Bedeutungslehre ---> Semantik

Bedeutungsverbesserung *{Melioration}*
הַעֲלָאָה (בלש') [מ"ב/132]. עֲלִיָּה בְּמַשְׁמָעוּת, עִלּוּי, הִתְגַּוְּנוּתָהּ שֶׁל מִלָּה כִּלְשֶׁהִי לְשֶׁבַח, לְמָשָׁל: "נוֹרָא" (= מְאֹד)

Bedeutungsverengung *{Spezialisierung}*
צִמְצוּם מַשְׁמָעוּת (בלש') [מ"ב/141]. הַגְבָּלַת הֶקֵּף מַשְׁמָעוּתָהּ שֶׁל מִלָּה, לְמָשָׁל: מַשְׁמָעוּת הַמִּלָּה "עוֹף" הִצְטַמְצְמָה מִבַּעַל חַיִּים שֶׁיֵּשׁ לוֹ כְּנָפַיִם לִבְשַׂר תַּרְנְגֹלֶת

Bedeutungsverschlechterung *{Pejoration}*
יְרִידָה בְּמַשְׁמָעוּת (בלש') [מ"ב/57]. פְּחוּת עֶרֶךְ, הַפְחָתָה בְּעֶרֶךְ, חִלּוּן, יִרוּד, שִׁנּוּי שְׁלִילִי בְּמַשְׁמָעוּתָהּ הָרִאשׁוֹנִית שֶׁל מִלָּה הַמִּתְגַּוֶּנֶת לִגְנַאי, לְמָשָׁל: "תַּקְרִית" הִיא "דָּבָר שֶׁקָּרָה", אֲבָל הוֹרָאָתָהּ עַל פִּי רֹב לְרָעָה; "גְּזֵרָה" הִיא "פְּקֻדָּה" אוֹ "תַּקָּנָה" אֲבָל קִבְּלָה אֶת הַמַּשְׁמָעוּת שֶׁל "רְדִיפָה"

Bedeutungswahn ---> Beziehungswahn

Bedeutungswandel
מַעֲבָק מַשְׁמָעוּת (בלש') [מ"ב/68]. שִׁנּוּי בְּמַשְׁמָעוּתָהּ שֶׁל מִלָּה בְּמַהֲלַךְ הַזְּמַן, לְמָשָׁל: הַפֹּעַל "נִהֵל" עִקַּר הוֹרָאָתוֹ בַּמִּקְרָא: 'הוֹלִיךְ לִמְקוֹם מַיִם, - לִמְקוֹם מְנוּחָה', וְאִלּוּ הַיּוֹם מַשְׁמָעוּתוֹ: 'אִרְגֵּן פְּעֻלּוֹת וּפִקֵּחַ עֲלֵיהֶן'

Bedienungsplatz *{Konsole}*
לוּחַ בַּקָּרָה (מחש') [דמ"א/28]. עֶמְדַּת מַפְעִיל, מִקְלֶדֶת

bedingen
הִתְנָה (מַתְנֶה), קָבַע תְּנַאי

Bedingen
הַתְנָיָה, סְגִילָה, קְבִיעַת תְּנַאי לִפְעֻלָּה כָּלְשֶׁהִי

Bedingen, instrumentelles
הַתְנָיָה אֶמְצָעוּתִית (מ"ח, פסי') [ר/א/234]. הַתְנָיָה אִינְסְטְרוּמֶנְטָלִית, שִׁיטַת נִסּוּי שֶׁבָּהּ הַנִּבְדָּק מְקַבֵּל גְּמוּל (חִזּוּק) רַק לְאַחַר שֶׁהֵגִיב בְּצוּרָה נְכוֹנָה

bedingend
מַתְנֶה, סוֹגֵל, מַכְפִּיף לִתְנָאִים

bedingt
מֻתְנֶה, מִתְנָה [ק/ד/211]. תְּנָאִי, תָּלוּי בִּתְנַאי

bedingte Freilassung ---> Freilassung zur Bewährung

bedingte Instabilität ---> Instabilität, bedingte

bedingte Klausel ---> Klausel, bedingte

bedingte Verbindlichkeit ---> Verbindlichkeit, bedingte

bedingte Verpflichtung ---> Verpflichtung, bedingte

bedingter Reflex ---> Reflex, bedingter

bedingter Satz ---> Satz, bedingter

bedingtes Endurteil ---> Endurteil, bedingtes

bedingtes Urteil ---> Urteil, bedingtes

Bedingtheit
תְּנוּת [ק/ד/213]. הֱיוֹת מֻתְנֶה בְּ..., מַצָּב שֶׁבּוֹ מַשֶּׁהוּ אוֹ מִישֶׁהוּ מֻכְרָח לִגְרֹם אוֹ לְחוֹלֵל דְּבַר-מָה. מֻגְבָּלוּת [ק/א/232]. הִתְחַיְּבוּת, הֶכְרֵחַ, תּוֹלָדָה מֻכְרַחַת. תְּלוּת בְּגוֹרְמִים אֲחֵרִים. תְּנָאִיּוּת [ק/ג/302]. קֶשֶׁר, בְּנִגּוּד לְשִׁלּוּחַ, הֱיוֹת קָבוּעַ כִּתְנַאי, תְּלִיּוּת, הֱיוֹת תָּלוּי בְּ..., יַחֲסִיּוּת, קֶשֶׁר שֶׁאֵינוֹ מֻחְלָט, זִקָּה מֻתְנֵית, אִי הֶחְלֵטִיּוּת

Bedingung *{Conditio}*
תְּנַאי (תְּנָאִים) [ק/ד/211]. גּוֹרֵם שֶׁבִּלְעָדָיו לֹא יֵעָשֶׂה הַדָּבָר אוֹ לֹא יוּכַל לְהִתְקַיֵּם

Bedingung, auflösende
תְּנַאי שֶׁלְּאַחַר מַעֲשֶׂה (משפ')

Bedingung, aufschiebende
תְּנַאי מֻקְדָּמִי (משפ')

Bedingung, das Festsetzen einer ---> Bedingen

Bedingung, daß..., unter der

בִּתְנַאי שֶׁ... עַל מְנַת שֶׁ...

Bedingung, stillschweigende

תְּנַאי מִכְּלָלָא (משפ׳) תְּנַאי מִשְׁתַּמֵּעַ

Bedingung, unerläßliche *{Conditio sine qua non}*

תְּנַאי בַּל יַעֲבֹר, - וְלֹא יַעֲבֹר, - שֶׁבִּלְעָדָיו לֹא יֵעָשֶׂה הַדָּבָר, - שֶׁבְּהֶכְרֵחַ, - שֶׁאִי אֶפְשָׁר בִּלְעָדָיו

Bedingungsgleichung

מִשְׁוָאַת תְּנַאי (מתמ׳)

Bedingungssatz *{Konditionalsatz}*

פְּסוּקִית תְּנַאי (בלש׳, פיל׳) [ק/ב/130; ק/ד/205; מ״ב/44]. מַאֲמָר תָּלוּי, מִשְׁפַּט תְּנַאי, **פְּסוּקִית** הַמְּצַיֶּנֶת אֶת הַתְּנַאי לְקִיּוּם הַפְּעֻלָּה שֶׁבַּמִּשְׁפָּט הָעִקָּרִי, לְמָשָׁל: ״**דְּבַשׁ מָצָאתָ** - אֱכֹל דַּיֶּךָ״

Bedingungssatz, irrealer *{Konditionalsatz, irrealer}*

פְּסוּקִית תְּנַאי בָּטֵל (בלש׳) [מ״ב/99]. **פְּסוּקִית** תְּנַאי מְדֻמֶּה, מִשְׁפָּט טָפֵל הַמְּצַיֵּן תְּנַאי שֶׁלֹּא הִתְקַיֵּם אוֹ שֶׁאֵינוֹ עָשׂוּי לְהִתְקַיֵּם, לְמָשָׁל: ״**לוּ יֵשׁ חֶרֶב בְּיָדִי**, כִּי עַתָּה הֲרַגְתִּיךְ״. מִשְׁפַּט תְּנַאי שֶׁלֹּא נִתְקַיֵּם (פיל׳) [ד״מח/29]. מִשְׁפָּט מִן הַסּוּג: אִלּוּ הָיָה מְאֹרָע א׳ מִתְרַחֵשׁ, כִּי אָז הָיָה מְאֹרָע ב׳ בָּא בְּעִקְבוֹתָיו

Bedingungssatz, realer *{Konditionalsatz, realer}*

פְּסוּקִית תְּנַאי קַיָּם (בלש׳) [מ״ב/188]. **פְּסוּקִית** תְּנַאי מַמָּשִׁי, מִשְׁפָּט טָפֵל הַמְּצַיֵּן תְּנַאי שֶׁעָשׂוּי לְהִתְקַיֵּם, לְמָשָׁל: ״**אִם אֵין לָהֶם מַיִם לִשְׁתּוֹת**, מַתְרִיעִין עֲלֵיהֶן מִיָּד״

bedrängen

הֵעִיק (מֵעִיק), אָכַף (אוֹכֵף), הֶאֱכִיף (מַאֲכִיף), לָחַץ, הֵצִיק, דָּחַק

Bedrängnis

מוּעָקָה, הָעָקָה, אַכְפָּה (אֲכָפוֹת), לַחַץ וּדְחָק, דֹּחַק, מְצוּקָה, הִלָּחֲצוּת, הֶדְחֵק, עָקָה (עָקוֹת), צָרָה

bedrohen

אִיֵּם (מְאַיֵּם), גָּזַם, גִּזֵּם, הִפְחִיד, הִרְתִּיעַ

bedrücken

הֵצִיק (מֵצִיק), נָגַשׂ, לָחַץ, צָרַר (צוֹרֵר), הֵצַר

Bedürfnis

צֹרֶךְ (צְרָכִים) [ק/ג/255; ר/ב/582]. **צְרִיכָה**, צְרִיכוּת, מַה שֶּׁמִּישֶׁהוּ **צָרִיךְ**, נְחִיצוּת, דְּרִישָׁה, הֶעְדֵּר הַדֵּיּוּת, אִי הִסְתַּפְּקוּת עַצְמִית. סֶפֶק [ק/ג/111]. הֶכְרֵחַ, כֹּרַח

Bedürfnis, allgemeines

צֹרֶךְ כְּלָלִי (מ״ח) [ק/ב/308]. מִשְׁתַּתֵּף, עִנְיַן הַכְּלָל

Bedürfnis, dringendes

נַחַץ, צֹרֶךְ דָּחוּף

Bedürfnis beilegen, jemandem ein

הִצְרִיךְ (מַצְרִיךְ) [ק/ג/256]. הִזְקִיק, הֵבִיא לִידֵי צֹרֶךְ, יִחֵס צֹרֶךְ לִפְלוֹנִי

Bedürfnishierarchie

מִדְרַג הַצְּרָכִים (פסי׳,מ״ח)

bedürftig

נִצְרָךְ (נִצְרָכִים) [ק/ב/255]. מִצְטָרֵךְ, זָקוּק לְעֶזְרַת אֲחֵרִים. מִצְרָךְ [ק/ב/260]. זָקוּק לְסַעַד. צָרִיךְ [ק/ג/254]. בַּעַל צֹרֶךְ

bedürftig, nicht

מֵעָשָׁר (מוּעֹשָׁר) [ק/ב/244]. שֶׁיֵּשׁ לוֹ כָּל צָרְכּוֹ, שֶׁאֵינוֹ נִצְרָךְ, בִּלְתִּי מִצְטָרֵךְ, הַמִּסְתַּפֵּק בְּמַה שֶּׁיֵּשׁ לוֹ

Bedürftigkeit

נִצְרָכוּת [ק/ג/255]. צֹרֶךְ, הִצְטָרְכוּת לַזּוּלַת, הֶעְדֵּר הַדֵּיּוּת, אִי הִסְתַּפְּקוּת עַצְמִית

beeinflußbar ---> suggestibel

Beeinflußbarkeit ---> Suggestibilität

Beeinflussung, gegenseitige ---> Interaktion

beeinträchtigen [---> verschlimmern]

הִשִּׂיג גְּבוּל (משפ׳) חָדַר לְלֹא רְשׁוּת לְתוֹךְ שִׁטְחוֹ שֶׁל אַחֵר, דָּחַק רַגְלֵי אַחֵר. הִפְרִיעַ, קִפֵּחַ (מְקַפֵּחַ), עָשַׁק, גָּרַע, פָּגַם

Beeinträchtigung [---> Verschlimmerung]

הַסָּגַת גְּבוּל (משפ׳) חֲדִירָה לְלֹא רְשׁוּת לְתוֹךְ שִׁטְחוֹ שֶׁל אַחֵר, דְּחִיקַת רַגְלֵי אַחֵר, קִפּוּחַ, עֹשֶׁק. הַפְרָעָה

Beendigung ---> Abschluß

Beendigung, fehlerbedingte

נְטִישָׁה (מחש׳) [דמ״א/7]. הַפְסָקָה מֻקְדֶּמֶת וּמְכֻוֶּנֶת שֶׁל פְּעֻלַּת הַמַּחְשֵׁב מֵחֲמַת שְׁגִיאָה

beengen ---> zusammenpressen

beengt ---> zusammengepreßt

Beerdigung

קְבוּרָה [א״ח/ב/62]

Beere

עֲנָבָה (עֲנָבוֹת) (בוט׳) פְּרִי עֲסִיסִי שֶׁאֵינוֹ נִפְתָּח לְעֵת הַהַבְשָׁלָה

Beerengeschwulst *{Staphylom}*

עֵנָב (רפו׳) מֻרְסָה בְּעַפְעַף הָעַיִן

Beerenmalve *{Malvaviscus}*

דְּבוּקִית (בוט׳) צֶמַח מִמִּשְׁפַּחַת הַחֶלְמִיתִיִּים

Beerenwanze *{Dolycoris baccarum}*

תְּרִיסִית שְׂעִירָה (זוא׳) חֶרֶק מִמִּשְׁפַּחַת הַתְּרִיסִיתִיִּים (פִּשְׁפְּשִׁים יַבַּשְׁתִּיִּים)

Beet

עֲרוּגָה (עֲרוּגוֹת) (חקל׳) [א״ח/ב/178]. הַחֶלְקָה שֶׁבֵּין תֶּלֶם לְתֶלֶם

befähigt

מֻכְשָׁר (פסי׳) כָּשִׁיר

Befähigung [---> Qualifikation; Eignung]

כֹּשֶׁר, - פְּעֻלָּה (פסי׳) כְּשִׁירוּת

befangen ---> verlegen; parteiisch

Befangenheit ---> Ängstlichkeit; Verlegenheit; Parteilichkeit

befassen, sich

עָסַק (עוֹסֵק) [ק/א/113]. הִתְגַּלְגֵּל, טִפֵּל בְּדָבָר-מָה

Befehl

פְּקֻדָּה (פְּקֻדּוֹת) [ק/ג/231; דמ״א/56]. צַוָּאָה, צַו, צִוּוּי, תְּבִיעָה, הוֹרָאָה

Befehl, hypnotischer

הַשָּׁאָה נִיּוּמִית (פסי׳, רפו׳) שְׁעֻוּד (שְׁעוּוּד) אַחְזָתִי, פְּקֻדָּה הִיפְּנוֹטִית

Befehlsform ---> Imperativ

Befehlshierarchie

שַׁלְשֶׁלֶת פִּקּוּד (מנה׳, צבא) צִנּוֹר פִּקּוּד

Befehlspfad
נְתִיב פִּקּוּד (מנה', צבא)
befeinden [---> Feindschaft ansagen]
שָׂטַם (שׂוֹטֵם) (פסי', מ״ח) עָיַן (עוֹיֵן), אָיַב, צָרַר, שָׂנֵא, נִשְׂטַם
befestigen
רִבֵּק (מְרַבֵּק) [מר״ח/527]. הִדֵּק, הִצְמִיד, חִזֵּק, חִבֵּר, קָשַׁר. יִצֵּב (מְיַצֵּב) [ק/ב/52]. יִשֵּׁב, קִיֵּם, קָבַע, פֵּרֵשׁ, בֵּאֵר, תֵּרֵץ קֻשְׁיָה
Befestigung
רִבּוּק [מר״ח/526]. הִדּוּק, צִמּוּד, חִזּוּק, קִשּׁוּר, חִבּוּר
Befestigung einer Ansicht
יִשּׁוּב הַדַּעַת [ק/ב/53]. יִשּׁוּב, חִזּוּק הַדַּעַת
befinden, sich
נִמְצָא, שָׁרוּי
befindlich, in der Mitte ---> Mitte befindlich, in der
befingern
אִצְבֵּעַ (מְאַצְבֵּעַ) (רפו') [מר״ח/673]. לִמֵּשׁ (מְלַמֵּשׁ), מִשֵּׁשׁ בְּאֶצְבָּעוֹ
Befingern
אִצְבּוּעַ (רפו') [מר״ח/673]. לִמּוּשׁ, לֶמֶשׁ, מִשּׁוּשׁ בְּאֶצְבַּע
beflissen sein
שָׁקַד (שׁוֹקֵד) [ק/א/330]. חָרַץ (חוֹרֵץ), הָיָה חָרוּץ, הִתְחָרֵץ, הֶחֱרִיץ (מַחֲרִיץ), הִזְדָּרֵז. לָקַח עַצְמוֹ בְּ... [ק/ב/125]. הִתְאַמֵּץ לְהַשִּׂיג מְבֻקָּשׁוֹ. רָץ [ק/ד/48]. הִתְכַּשֵּׁר בְּ..., טָרַח (טוֹרֵחַ). הִשְׁתַּדֵּל [ק/ד/76]. עָשָׂה בַּחֲרִיצוּת וּבִזְרִיזוּת, הָיָה זָרִיז וּמָלֵא מֶרֶץ
Beflissenheit
שַׁקְדָנוּת [ק/א/330]. חֲרִיצוּת, תְּכוּנַת הֶחָרוּץ, שְׁקִידָה, הַתְמָדָה. הִשְׁתַּדְּלוּת [ק/א/221]. הִשְׁתַּדְּלָה, הִתְאַמְּצוּת יְתֵרָה, זְרִיזוּת, יְגִיעָה לְהַשִּׂיג דְּבַר-מָה. שִׁדּוּל [ק/ד/76]. מֶרֶץ, מַאֲמָץ
befördern ---> transportieren
Beförderung ---> Transport
Befolgung
הַשְׁמָעוּת לְ..., מִלּוּי הוֹרָאוֹת, שְׁמִיעָה בְּקוֹל..., הֵעָנוּת, קִיּוּם, עֲשִׂיָּה, הֲלִיכָה אַחַר הַצִּוּוּי
Befrachtung
שֶׂכֶר (כלכ') שְׂכִירוּת שֶׁל מַכְשִׁיר אוֹ כְּלִי רֶכֶב מְחוּץ לַשֵּׁרוּת הַקָּבוּעַ
befragen ---> interviewen
Befrager ---> Interviewer
Befragte(r) ---> Interviewte(r)
Befragung ---> Umfrage; Fragestellung
Befragung, einmalige ---> Querschnittsbefragung
Befragung, Modalität der
דַּרְכִּיּוּת הַשְּׁאֵלָה (בלש', רטו') [ק/ב/217]. מֵנִיעַ הַמַּאֲמָר שֶׁל הַשְּׁאֵלָה הַמַּצְרִיךְ תְּשׁוּבָה
befreit werden
נִפְטַר מִן... [ק/ג/175]. הֶעֱשִׁיר מ/מִל..., הִתְעַשֵּׁר מ..., הָיָה פָּטוּר מִן..., הָיָה חָפְשִׁי מִן..., נִשְׁתַּחְרֵר מֵחוֹבָה כָּלְשֶׁהִי
Befreiung
פְּטוֹר, שִׁחְרוּר מֵחוֹבָה, פִּטּוּר
befremdlich
מַתְמִיהַּ, תָּמוּהַּ, מַפְלִיא, מְעוֹרֵר תִּמָּהוֹן, מוּזָר, שֶׁיֵּשׁ בּוֹ כְּדֵי לְהַתְמִיהַּ
Befremdung
תְּמִיהָה, תִּמְהָה, פְּלִיאָה, תִּמָּאוֹן, הִתַּמְּהוּת
befreundete Zahlen ---> Zahlen, befreundete
befriedigen, sich selbst ---> onanieren
befriedigend
מְסַפֵּק (פסי') [ק/ב/226]. מַסְפִּיק, מַה שֶּׁיֵּשׁ בּוֹ סִפּוּק וְשְׂבִיעַת רָצוֹן
Befriedigung
סִפּוּק (פסי') [ק/ג/107; ר/ב/478]. שְׂבִיעַת רָצוֹן, מַצָּב רִגּוּשִׁי שֶׁנִּגְרָם בְּשֶׁל הַשָּׂגַת מַטָּרָה מְסֻיֶּמֶת. הַסְפָּקָה (פסי') [ק/א/186]. כַּמּוּת מְסֻפֶּקֶת, שִׁמּוּשׁ מַסְפִּיק. הִתְיַשְּׁבוּת (פסי') [ק/א/236]. קֹרַת רוּחַ
befristen
נִעֵד (מְנַעֵד, לְנַעֵד), נָעַד (נוֹעֵד, לִנְעֹד), קָבַע מוֹעֵד, הִגְבִּיל בִּזְמַן, נִנְעַד, נֻעַד (מְנֻעָד), הִנְעִיד (מַנְעִיד, לְהַנְעִיד)
befristet
מְנֻעָד, מֻגְבָּל בִּזְמַן, שֶׁנִּקְבַּע לוֹ מוֹעֵד
Befristung
נִעוּד (תַּהֲלִיךְ), הַנְעָדָה, נְעִידָה (תּוֹצָאָה), קְבִיעַת מוֹעֵד, הַגְבָּלָה בִּזְמַן
befruchten
הִפְרָה (מַפְרֶה) (ביו') רִבֵּעַ (מְרַבֵּעַ), עִבֵּר (מְעַבֵּר), גָּרַם הֵרָיוֹן, הִרְוָה, הִגְדִּיל אֶת הַפִּרְיוֹן
befruchtet
הָרָה (הָרֵה-), הָרִים (הָרֵי-), הָרַת (הָרַת-), נֹשֵׂא בְּקִרְבּוֹ
befruchtete Eizelle ---> Eizelle, befruchtete
Befruchtung
הַפְרָיָה (ביו')
befühlen
מִשֵּׁשׁ (מְמַשֵּׁשׁ) (רפו') גִּשֵּׁשׁ, מִשְׁמֵשׁ (מְמַשְׁמֵשׁ)
Befühlen
מִשּׁוּשׁ (רפו') נְגִיעָה בַּיָּד כְּדֵי לְהַרְגִּישׁ בִּדְבַר-מָה, מִשְׁמוּשׁ
Befugnis
סַמְכוּת (סַמְכֻיּוֹת) (משפ', מדי') הַרְשָׁאָה (הַרְשָׁאוֹת), הַסְמָכָה, רְשׁוּת, בָּאוּת כֹּחַ
begabt
מְחוֹנָן, מְחוֹנֶנֶת (פסי') [ר/ב/372]. בַּעַל כִּשָּׁרוֹן מְיֻחָד, מֻכְשָׁר מְאֹד, כִּשְׁרוֹנִי, בַּר אוֹרְיָן
Begabung
מְחוֹנָּנוּת (פסי') [ר/א/315]. כִּשְׁרוֹן, כִּשָּׁרוֹן, מִדָּה רַבָּה שֶׁל כֹּשֶׁר לְמִיֻמָּנוּת מְסֻיֶּמֶת
Begabung, handwerkliche
כֹּשֶׁר יָדַיִם, תְּבוּנַת כַּפַּיִם
begebbar [---> übertragbar]
סָחִיר (כלכ') שֶׁאֶפְשָׁר לְהַעֲבִירוֹ לְאַחֵר, שֶׁנִּתָּן לִסְחֹר בּוֹ, בַּר הַעֲבָרָה, שֶׁנִּתָּן לְהַעֲבָרָה
Begebbarkeit [---> Übertragbarkeit]
סְחִירוּת (כלכ') הֱיוֹת סָחִיר, הָאֶפְשָׁרוּת לִסְחֹר בּוֹ

begeben
סִחֵר (מְסַחֵר) (כלכ') [אב"מ/137]. הֶעֱבִיר מִסְמָךְ סָחִיר לְאַחֵר

begeben, Wechsel
סִחֵר שְׁטָר (כלכ') הֵסֵב שְׁטָר לְאַחֵר

Begebenheit
נְסִבָּה (נְסִבּוֹת) (פיל') [ק/א/24]. אוֹדוֹת, מִקְרֶה, מְאֹרָע, מְסִבָּה, מַאֲרָע (אֶפִּיזוֹדָה)

Begebung
סִחוּר (כלכ') [אב"מ/137]. הַעֲבָרַת מִסְמָךְ סָחִיר לְאַחֵר

begegnen
פָּגַשׁ (פּוֹגֵשׁ) אֶת/בְּ..., נִפְגַּשׁ עִם, הִפְגִּישׁ, פָּגַע בְּ.../אֶת..., נִתְקַל בְּ..., הִפְגִּיעַ אֶת/בְּ..., נִזְדַּמֵּן לוֹ. קָרָה (קוֹרֶה) [ק/ג/19; ק/ג/68]. נָגַע (נוֹגֵעַ), נִקְרָה, אֵרַע, נֶאֱרַע, אָרַע (אוֹרֵעַ), אֻנָּה (מְאֻנֶּה), עָלָה לוֹ, אֹרַע (מְאֹרָע). חָל [ק/א/300]. הִגִּיעַ לְ... . הִשִּׂיג [ק/ג/74]. עָבַר עַל פְּלוֹנִי דָּבָר [ק/ג/122]. בָּא אֶת..., נָפַל בּוֹ

begehen
חָטָא (חוֹטֵא) (משפ', מ"ח) עָשָׂה מַעֲשֶׂה רַע, פָּשַׁע (פּוֹשֵׁעַ), בִּצַּע פֶּשַׁע, עָבַר עֲבֵרָה

Begehen
עֲשִׂיַּת חֵטְא (משפ', מ"ח) פְּשִׁיעָה, עֲשִׂיַּת מַעֲשֶׂה רַע

begehren
הִשְׁתּוֹקֵק (מִשְׁתּוֹקֵק), חָמַד (חוֹמֵד), חָשַׁק בְּ..., הִתְאַוָּה (מִתְאַוֶּה), חִמֵּד (מְחַמֵּד), שָׁאַף, רָגַג (רוֹגֵג), נִכְסַף, שָׁקַק (שׁוֹקֵק)

Begehren
הִשְׁתּוֹקְקוּת [ק/ד/220]. תְּשׁוּקָה, חֶשְׁקָה שֶׁל יֵצֶר, חֶמְדָּה, חִמּוּד, אִוּוּי, הִתְאַוּוּת, כְּמִיהָה, מְשִׁיכָה, שְׁאִיפָה, מִשְׁאָלָה, רֶגֶג (רְגָגִים), כִּסּוּף, חֵשֶׁק, רִגּוּג, רְגִיגָה

begehrenswert ---> begehrt
begehrt
חָשׁוּק [ק/א/334]. נִכְסָף, מְבֻקָּשׁ. נֶחְשָׁק [ק/א/335]. אָהוּב, רָצוּי, שֶׁחוֹשְׁקִים בּוֹ. מְאֻוֶּה [ק/ב/127]. שֶׁמִּשְׁתּוֹקְקִים לוֹ, מְרֻגָּג, רָגִיג
Begehrungsvermögen
כֹּשֶׁר הַהִשְׁתּוֹקְקוּת (פסי') [ק/ב/324,232,75]. כֹּחַ הַכֹּסֶף, - מְעוֹרֵר, - מִתְעוֹרֵר. כֹּחַ מִתְאַוֶּה (פסי') [ק/ב/309,76]. כֹּחַ הַתַּאֲוָה, - תַּאֲוִי, - תַּאֲוָנִי (פסי') [ק/ב/77; ק/ד/170]. יֵצֶר. הַכֹּחַ הַמִּתְנוֹעֵעַ (פסי') [ק/ב/322]
Begehrungsvermögen bezüglich, auf das
תַּאֲוִי, תַּאֲוָנִי (פסי') [ק/ד/171]. שֶׁל תַּאֲוָה, מְעוֹרֵר תַּאֲוָה

begeisten
נִפֵּשׁ (מְנַפֵּשׁ) (דת, פסי') הִכְנִיס נְשָׁמָה בַּגּוּף. רִחֵן (מְרַחֵן) (פיל') [פ"ר/114]. הֶעֱנִיק רוּחָנִיּוּת
Begeisterung [---> Elan]
הִתְלַהֲבוּת (פסי') [ק/א/237]. הִתְרַגְּשׁוּת גְּדוֹלָה, הִתְפַּעֲלוּת רוּחָנִית
begeistet
מְנֻפָּשׁ (דת, פסי') בַּעַל נְשָׁמָה

Begierde
תַּאֲוָה (תַּאֲווֹת) (פסי') [ק/ד/170]. תְּשׁוּקָה, חֵשֶׁק, שְׁקִיקוּת, חֶמְדָּה, חִמּוּד, כִּלְיוֹן נֶפֶשׁ, לְהִיטוּת. הִתְלוּת (פסי') [ק/א/238]. הִשְׁתּוֹקְקוּת
Begierde, habituelle
תְּשׁוּקָה שֶׁבְּהֶרְגֵּל (פסי') נְטִיָּה
Begierde bezähmen ---> bezähmen, Begierde
Begierde unterdrücken ---> Begierde bezähmen
Begierden, Bezähmung der ---> Bezähmung der Begierden
Beginn
תְּחִלָּה [ק/ד/190]. מוֹצָא, הַתְחָלָה, רֵאשִׁית, הֶתְחֵל
beginnen
הִתְחִיל (מַתְחִיל) [ק/ב/98]. הִכְנִיס, פָּתַח בְּדָבָר לַעֲשׂוֹת אוֹתוֹ
Beglaubigen *{Zertifizierung}* **[---> Beglaubigung]**
הַתְעָדָה (משפ', כלכ') נֹהַל שֶׁלְּפִיו צַד שְׁלִישִׁי מַבְטִיחַ שֶׁמּוּצָר אוֹ שֵׁרוּת תּוֹאֲמִים דְּרִישׁוֹת מֻגְדָּרוֹת
beglaubigen, die Echtheit einer Unterschrift ---> Unterschrift beglaubigen, die Echtheit einer
Beglaubigung [---> Beglaubigen]
אִמּוּת (משפ') קְבִיעַת אֲמִתּוּתוֹ שֶׁל דָּבָר, אִשּׁוּר, אִשּׁוּשׁ. הָאֲמָנָה (מדי') הַעֲנָקַת הַכָּרָה רִשְׁמִית לְנְצִיג מְדִינָה זָרָה
Beglaubigungsschreiben *{Kreditiv}*
כְּתַב הָאֲמָנָה (מדי') תְּעוּדַת נְצִיג שֶׁדַּרְגָּתוֹ (דִּיפְּלוֹמָטִי) הַנִּמְסֶרֶת עַל יָדָיו לְרֹאשׁ הַמְּדִינָה שֶׁבָּהּ הוּא מְכַהֵן, מִסְמָךְ מְהֵימָנוּת
Beglaubigungszeuge
עֵד קִיּוּם (משפ')

begleichen
סִלֵּק (מְסַלֵּק) (כלכ') שִׁלֵּם אֶת חוֹבוֹ, קִזֵּז, אִזֵּן
begleiten
לִוָּה (מְלַוֶּה) [ק/ד/24]. רָדַף, הָלַךְ בְּעִקְּבוֹת..., נִמְשַׁךְ אַחַר..., נִלְוָה אֶל..., הִצְטָרֵף לְ...
begleitend ---> zusammengehörig, eng
begleitendes Lernen ---> Lernen, begleitendes
Begleiter(in)
מְלַוֶּה, מְלַוָּה (מוס') לַוַּאי, לַוָּאִית
Begleiterscheinung ---> Nebenerscheinung
Begleitperson
בֶּן לְוָיָה, בַּת לְוָיָה [א"ח/ב/319]. מְלַוֶּה, מְלַוָּה, הַהוֹלֵךְ עִם מִישֶׁהוּ בַּדֶּרֶךְ
Begleitreflexe
עֲכָסִים מִצְטָרְפִים (רפו', פסי') רֶפְלֶקְסִים מִצְטָרְפִים, תַּעֲכִיסִים מִצְטָרְפִים
Begleitumstand
מִקְרֶה מִתְלַוֶּה (פיל') [ק/ב/271]
Begleitung
לִוּוּי, הִתְלַוּוּת
begnadigen, jemanden

חָנַן (חוֹנֵן) (משפ׳) חַן, הֶעֱנִיק חֲנִינָה

begrannt ---> grannentragend

begreifen

תָּפַס (תּוֹפֵס) (פיל׳, פסי׳) [ק/ג/74; פ״ר/47]. הִשִּׂיג (מַשִּׂיג), תָּפַס בְּשִׂכְלוֹ, אָמַת (אוֹמֵת), הֵבִין. אִמֵּת (מְאַמֵּת) [ק/א/59]. בֵּרֵר וְהוֹכִיחַ אֶת הָאֱמֶת, הִכִּיר דְּבַר-מָה עַל אֲמִתּוֹ, הֶחְלִיט וְקִיֵּם דְּבַר-מָה. דִּמָּה (פסי׳) [ק/א/138]. צִיֵּר בְּדִמְיוֹנוֹ, חָשַׁב

Begreifen

תְּפִיסָה (פסי׳, פיל׳) [ק/ד/214]. תְּפִישָׂה, קְלִיטַת תֹּכֶן הַדְּבָרִים בְּשֵׂכֶל, הֲבָנָה. נְגִיעָה (פסי׳, פיל׳) [ק/ג/18]. הַשָּׂגָה שִׂכְלִית

begreifendes Denken ---> Denken, begreifendes

begrenzen

תָּחַם (תּוֹחֵם) [ק/ג/248; א״ת/ב/179]. הִצְלִיעַ, הִגְבִּיל בִּצְלָעוֹת, מִצֵּר, תִּחֵם (מְתַחֵם), קָבַע גְּבוּל, הִגְבִּיל, צִמְצֵם

begrenzt

תָּחוּם [ק/א/100]. גְּבוּלִי, מֻגְבָּל, מְצֻמְצָם. אָסוּף [ק/א/63]. כָּלוּל, מֻקָּף

begrenztes Ding ---> Ding, begrenztes

Begrenzung

תְּחִימָה [ק/א/153]. הַגְבָּלָה, צִמְצוּם, קְבִיעַת גְּבוּל

Begrenzungseffekt

תּוֹצָא תִּקְרָה (פסי׳, מ״ח) [ר/ב/703; מ״מ/209]. אֶפֶקְט תִּקְרָה, אִי רְגִישׁוּת לְהֶבְדֵּלִים זְעִירִים בַּגְּבוּל הָעֶלְיוֹן שֶׁל בִּצּוּעַ מַטָּלָה כָּלְשֶׁהִי

Begriff

מֻשָּׂג (מֻשָּׂגִים) (פיל׳) [ק/ב/283; ר/ב/368; רו׳/402]. דָּבָר הַמֻּשָּׂג בְּשֵׂכֶל אוֹ בְּחוּשׁ, שִׁעְיוּן (הִשְׁתַּקְּפוּת מַחְשַׁבְתִּית) שֶׁל סוּג פְּרָטִים מְסֻיָּמִים אוֹ שֶׁל סוּגִים שׁוֹנִים עַל בְּסִיס סִימָנֵיהֶם הַבִּלְתִּי מִשְׁתַּנִּים, כְּלוֹמַר: תְּכוּנוֹתֵיהֶם אוֹ הַיְּחָסִים שֶׁבֵּינֵיהֶם, קְבוּצַת הַשָּׂגוֹת (קוֹנְצֶפְּצְיוֹת) הַדּוֹמוֹת מְאֹד זוֹ לָזוֹ וְהַמִּצְטָרְפוֹת יַחְדָּיו, הַמִּכְלוֹל הַמֻּרְכָּב שֶׁל מַחֲשָׁבוֹת אוֹדוֹת בְּחָנָיו (קְרִיטֶרְיוֹנִים) שֶׁל מַשָּׂא נִבְדָּק הַמִּבְטָאוֹת בְּמִשְׁפָּטִים וְהָאֲמוּרוֹת לְשַׁקֵּף אֶת הַסּוּגְלִים הַכְּלָלִיִּים וְהַמַּהוּתִיִּים בְּיוֹתֵר שֶׁל הַמַּשָּׂא הנ״ל, יְדִיעָה, הֲבָנָה. מֻנָּח (פיל׳) [ק/ב/214]. מִלָּה הַמְּכַנָּה דְּבַר-מָה בְּדִיּוּק. גֶּדֶר, גֶּדֶר (פיל׳) [ק/א/105]. אֶחָד מֵחֶלְקֵי הַהֶקֵּשׁ, וּבִיחוּד הַחֵלֶק הַמְּשֻׁתָּף לִשְׁנֵי הַקְּצָווֹת. מִקְצוֹעַ, גְּבוּל, מַצָּב, תְּכוּנָה, מְחִצָּה. דִּבְרִית (פיל׳) [ק/א/131]. מַשְׂכֶּלֶת. הַשָּׂגָה (פיל׳, פסי׳) [ק/א/216]. יָדוּעַ (פיל׳) [ק/ב/25]. מֻשְׂכָּל. עִנְיָן (פיל׳) [ק/ג/147]. צִיּוּר (פיל׳) [ק/ג/241]. רַעְיוֹן, אִידֵאָה

Begriff, abstrakt allgemeiner

מֻשָּׂג מֻפְשָׁט כְּלָלִי (פיל׳) מֻשָּׂג הַמִּבְטֵא סוּגֵל מְשֻׁתָּף שֶׁל הַרְבֵּה עֲצָמִים אוֹ תּוֹפָעוֹת הַמֻּפְשָׁט מִן הָעֲצָמִים אוֹ מִן הַתּוֹפָעוֹת, לְמָשָׁל: ״יֹפִי״, ״גְּאוֹנִיּוּת״

Begriff, abstrakter

מֻשָּׂג מֻפְשָׁט (פיל׳) [ק/א/217]. הַשָּׂגָה מֻפְשֶׁטֶת, מֻשָּׂג שֶׁאֵינוֹ מְבַטֵּא עֶצֶם מְסֻיָּם כְּשֶׁלְּעַצְמוֹ אֶלָּא תְּכוּנָה שֶׁל עֲצָמִים הַמֻּפְרֶדֶת מַחְשַׁבְתִּית מִן הָעֲצָמִים, כְּגוֹן: ״כְּבֵדוּת״, ״הָעָזָה״, ״לֹבֶן״. צִיּוּר מֻפְשָׁט (פיל׳, פסי׳) [ק/ג/242]

Begriff, adäquater

מֻשָּׂג שָׁלֵם (פיל׳) [ק/א/104]. מֻנָּח שָׁלֵם, גֶּדֶר שָׁלֵם, - עַצְמִי

Begriff, allgemeiner

מֻשָּׂג כְּלָלִי (פיל׳) [ק/ב/284]. מֻנָּח כְּלָלִי, מֻשָּׂג שֶׁבּוֹ מִשְׁתַּקְּפִים סוּגְלִים שֶׁל קְבוּצַת עֲצָמִים שְׁלֵמָה הַקְּרוּיִים בְּאוֹתוֹ שֵׁם, לְמָשָׁל: מֻשָּׂגִים הַמְּכֻנִּים בְּמִלִּים: ״מְנוֹרָה״, ״מְדִינָה״, ״כּוֹכְבֵי הַלֶּכֶת שֶׁל מַעֲרֶכֶת הַשֶּׁמֶשׁ״, ״מִסְפָּר״ וכד׳. הַשָּׂגָה כְּלָלִית (פיל׳, פסי׳) [ק/א/217]. הַשָּׂגָה כּוֹלֶלֶת, - כּוֹלְלִית. כְּלָל (פיל׳, מדע) [ק/ב/91]. מֻשָּׂג הַכּוֹלֵל הַרְבֵּה פְּרָטִים. צִיּוּר כּוֹלֵל (פיל׳) [ק/ג/242]. צִיּוּר כְּלָלִי

Begriff, artenverknüpfender

מְשַׁתֵּף (מְשַׁתְּפִים) (פיל׳, מ״ט) [ק/ב/307]. בְּנִגּוּד לַמַּבְדִּיל, מֻשָּׂג מַהוּתִי, מַכְלִיל מֻשְּׂגֵי מִין רַבִּים בְּמֻשַּׂג הַסּוּג הַמְּשֻׁתָּף לָהֶם, מְסַיֵּג

Begriff, bestimmender *{Definiens}*

מַגְדִּר (פיל׳, מדע) מֻנָּח מַגְדִּיר, מֻשָּׂג הַמַּגְדִּיר מֻשָּׂג בִּלְתִּי יָדוּעַ, לְמָשָׁל: בְּהַגְדָּרָה ״חִיּוּבוֹן (פְּרוֹטוֹן) הוּא **הַחֲלַקִּיק הַטָּעוּן חִיּוּבִית שֶׁל פֶּרֶד (אָטוֹם) הַמֵּימָן**״

Begriff, deutlicher

מֻשָּׂג בָּרוּר (פיל׳, פסי׳) [ק/א/217]. הַשָּׂגָה בְּרוּרָה, - בְּרוּרִית, מֻנָּח בָּרוּר

Begriff, einfacher

מֻשָּׂג פָּשׁוּט (פיל׳) [פ״ר/69]. מֻשָּׂג שֶׁהַגְדָּרָתוֹ כּוֹלֶלֶת רַק סוּגֵל מִין אֶחָד, לְמָשָׁל: הַמֻּשָּׂג ״אָדָם״, עַל פִּי הֶגֶל: מֻשָּׂג בִּלְתִּי מַמָּשִׁי

Begriff, einzuteilender *{Totum dividendum}*

מֻשָּׂג מְצֻטְמְצָם (פיל׳) מֻשָּׂג מִתְחַלֵּק, - נֶחֱלָק, - שֶׁיֵּשׁ לְצַמְצֵם אֶת הֶקֵּפוֹ, לְמָשָׁל: בְּמִשְׁפָּט: ״יֵשׁ מִלְחָמוֹת צוֹדְקוֹת וּבִלְתִּי צוֹדְקוֹת״ הַמֻּשָּׂג ׳מִלְחָמָה׳ הוּא מֻשָּׂג מְצֻטְמְצָם. הַמֻּשָּׂג שֶׁהֶקֵּפוֹ צֻמְצַם קָרוּי מֻשַּׂג סוּג, וְהַמֻּשָּׂגִים הַחֲדָשִׁים הַמִּתְקַבְּלִים עֵקֶב הַצִּמְצוּם קְרוּיִים מֻשְּׂגֵי מִין

Begriff, enger

מֻשָּׂג צַר (פיל׳) [ק/ב/285]. מֻנָּח צַר

Begriff, geistiger

מֻשָּׂג עִיּוּנִי (פיל׳, פסי׳) [ק/א/217]. הַשָּׂגָה עִיּוּנִית

Begriff, individueller

מֻשָּׂג אִישִׁי (פיל׳) [ק/ב/284]

Begriff, konkreter

מֻשָּׂג קָשִׁי (פיל׳) [ק/ב/284]. מֻשָּׂג קוֹנְקְרֶטִי, - שֶׁמִּשְׁתַּקְּפִים בּוֹ עֶצֶם נָתוּן מְסֻיָּם אוֹ קְבוּצַת עֲצָמִים, לְמָשָׁל: ״מָלוֹן״, ״יְרוּשָׁלַיִם״, ״סְבִיבָה״, ״תַּפּוּחַ״

Begriff(es), Merkmal eines ---> Merkmal eines Begriffes

Begriff, negativer

מֻשָּׂג שְׁלִילִי (פיל׳) [ק/ב/285]. מֻשָּׂג הַמְּשַׁקֵּף הֶעְדֵּר תְּכוּנָה מְסֻיֶּמֶת בְּעֶצֶם, לְמָשָׁל: ״לֹא יָפֶה״, ״חָסֵר כֹּל״, ״בִּלְתִּי מִתְחַלֵּק״

Begriff, nichtaufzählender ---> Begriff, vollständiger

Begriff, partieller

מֻשָּׂג חֶלְקִי (פיל׳) [ק/ב/284]

Begriff, positiver

מֻשָּׂג חִיּוּבִי (פיל׳) [ק/ב/284]

Begriff, realer

מֻשָּׂג יֵשִׁי (פיל') [ק/ב/284]

Begriff, relativer

מֻשָּׂג יַחֲסִי (פיל') [ק/ג/242]. צִיּוּר יַחֲסִי, - צֵרוּפִי, מֻשָּׂג הַמַּשְׁקֵף סוּגְלִים שֶׁל עֲצָמִים שֶׁקִּיּוּמָם תָּלוּי בְּקִיּוּם שֶׁל עֲצָמִים אֲחֵרִים, לְמָשָׁל: הַמֻּשָּׂגִים "בָּסִיס", "בֵּן". מֻשָּׂג כָּזֶה מְחֻבָּר עִם מֻשָּׂגִים אֲחֵרִים: "בָּסִיס" מְחֻבָּר עִם "מִבְנֶה עַל", "בֵּן" מְחֻבָּר עִם "אָב" אוֹ עִם "אֵם". שֵׁם לְוַי (פיל', בלש') [ק/ד/126]

Begriff, spezieller

מֻשָּׂג מְיֻחָד (פיל') [ק/ג/242]. צִיּוּר פְּרָטִי, מֻנָּח סְגֻלִּי

Begriff, subalterner ---> Begriff, untergeordneter

Begriff, subordinierender ---> Begriff, übergeordneter

Begriff, subordinierter ---> Begriff, untergeordneter

Begriff, synkategorematischer

מֻגְדָּר לְוַאי (פיל') מֻנָּח בִּלְתִּי עַצְמָאִי הַמּוֹפִיעַ רַק בִּלְוָיַת מִלָּה אוֹ סִימָן מַהוּתִיִּים

Begriff, übergeordneter *{Begriff, subordinierender}*

מֻשָּׂג מְשַׁעְבֵּד (פיל') [ק/ב/284; ת"ה/114]. מֻשָּׂג שַׁלִּיט, - גָּבֹהַּ, -שֶׁהֶקֵּפוֹ כּוֹלֵל הֶקֵּף שֶׁל מֻשָּׂג אַחֵר כְּמֻרְכָּב, לְמָשָׁל: הַמֻּשָּׂג "סִפְרוּת" הוּא מֻשָּׂג מְשַׁעְבֵּד בְּיַחַס לַמֻּשָּׂג "סִפְרוּת יָפָה", מֻשָּׂג שֶׁיַּחֲסוֹ לַמֻּשָּׂגִים הַנִּכְלָלִים בּוֹ כְּיַחַס סוּג מְשֻׁתָּף לְמִינִים שׁוֹנִים הַכְּפוּפִים לוֹ

Begriff, undefinierbarer

מֻשָּׂג בִּלְתִּי נִגְדָּר (פיל') מֻשָּׂג בִּלְתִּי גָּדִיר, - הַמּוֹפִיעַ בְּמַעֲרֶכֶת וַדָּאוּת (אַקְסִיּוֹמוֹת) כְּמֻשָּׂג מוֹצָא וְאֵינוֹ נִתָּן לְהַגְדָּרָה בְּאֶמְצָעוּת מֻשָּׂגִים אֲחֵרִים שֶׁל מַעֲרֶכֶת וַדָּאוּת זוֹ

Begriff, undeutlicher

מֻשָּׂג בִּלְתִּי בָּרוּר (פיל') [ק/א/217]. הַשָּׂגָה חֲשֵׁכִית

Begriff, unendlicher

מֻשָּׂג אֵינְסוֹפִי (פיל') [ק/ב/284]. מֻשָּׂג רֵיק, - שׁוֹלֵל

Begriff, untergeordneter *{Begriff, subordinierter}*

מֻשָּׂג מְשֻׁעְבָּד (פיל') [ק/ב/284; ת"ה/114]. מֻשָּׂג כָּפוּף, - נָמוּךְ, מֻשָּׂג הָעוֹמֵד תַּחַת מֻשָּׂג אַחֵר, מֻנָּח נָמוּךְ, מֻשָּׂג שֶׁהֶקֵּפוֹ נִכְלָל בְּהֶקֵּף שֶׁל מֻשָּׂג אַחֵר, לְמָשָׁל: "בֶּקַע" (סִינוּס) הוּא מֻשָּׂג מְשֻׁעְבָּד בְּיַחַס לַמֻּשָּׂג "מִתְנָה מְשֻׁלָּשִׁי" (פוּנְקְצִיָּה טְרִיגוֹנוֹמֶטְרִית), הַמֻּשָּׂגִים "פָּסוּל", "הַלְחָנָה" וּ"כְתִיבַת שִׁירָה" מְשֻׁעְבָּדִים לַמֻּשָּׂג הַשַּׁלִּיט "אֳמָנוּת"

Begriff, unterscheidender

מֻשָּׂג קוֹבֵעַ הֶבְדֵּלִים (פיל') [פ"ר/61]

Begriff, unvollständiger

מֻשָּׂג בִּלְתִּי שָׁלֵם (פיל') מֻשָּׂג הַמַּשְׁקֵף אֶת סוּגְלֶיהָ שֶׁל כַּמּוּת סוֹפִית וּסְפִירָה שֶׁל עֲצָמִים, לְמָשָׁל: "כּוֹכָב לֶכֶת בְּמַעֲרֶכֶת הַשֶּׁמֶשׁ", "מְדִינָה רְכוּשָׁנִית"

Begriff(s), Verallgemeinerung eines ---> Verallgemeinerung eines Begriffs

Begriff(e), Vervierfachung der *{Quaternio terminorum}*

אִרְבּוּעַ מֻשָּׂג (פיל') אַרְבַּעַת מֻשָּׂג, שְׁגִיאָה הֶגְיוֹנִית הַנִּגְרֶמֶת מִפְּגִיעָה בִּכְלָל הָרִאשׁוֹן שֶׁל הַהֶקֵּשׁ הַמְּצוּעַ (סִילוֹגִיזְם) הַדּוֹרֵשׁ שֶׁבְּכָל הֶקֵּשׁ מְצוּעַ יִהְיוּ לֹא פָּחוֹת וְלֹא יוֹתֵר מִשְּׁלֹשָׁה מֻשָּׂגִים. כַּאֲשֶׁר יֵשׁ לְאֶחָד הַמֻּשָּׂגִים שְׁנֵי תְּכָנִים שׁוֹנִים מִתְפַּצֵּל מֻשָּׂג זֶה לִשְׁנַיִם, לְמָשָׁל: 1) "כָּל הַמַּתָּכוֹת הֵן יְסוֹדוֹת", 2) "פְּלִיז הוּא מַתֶּכֶת", לְפִיכָךְ: 3) "פְּלִיז הוּא יְסוֹד". הַשְּׁגִיאָה נוֹבַעַת מִכָּךְ שֶׁבָּאֶקְדֵּם הָרִאשׁוֹן מְצַיֶּנֶת הַמִּלָּה "מַתֶּכֶת" אֶת מוּבָנָהּ הַכִּימִי, וְאִלּוּ בָּאֶקְדֵּם הַשֵּׁנִי מִשְׁתַּמְּשִׁים בַּמִּלָּה "מַתֶּכֶת" בְּמוּבָנָהּ הַיּוֹמְיוֹמִי, הִלְכָּךְ מוֹפִיעִים בַּהֶקֵּשׁ הנ"ל לְמַעֲשֶׂה אַרְבָּעָה מֻשָּׂגִים מִפְּנֵי שֶׁלַּמִּלָּה "מַתֶּכֶת" יֵשׁ בְּמִקְרֶה זֶה שְׁנֵי תְּכָנִים שׁוֹנִים

Begriff, vollständiger

מֻשָּׂג שָׁלֵם (פיל') מֻשָּׂג בִּלְתִּי סָפִיר, - הַמַּשְׁקֵף אֶת סוּגְלֶיהָ שֶׁל כַּמּוּת בִּלְתִּי מֻגְדֶּרֶת, אֵינְסוֹפִית וּבִלְתִּי סְפִירָה שֶׁל עֲצָמִים, לְמָשָׁל: "כּוֹכָב", "פְּרוּדָה", "סֵפֶר"

Begriff, vollziehbarer

מֻשָּׂג אֶפְשָׁרִי (פיל') [ק/ג/242]. צִיּוּר אֶפְשָׁרִי

Begriff, wahrer

מֻשָּׂג אֲמִתִּי (פיל', פסי') [ק/א/217]. הַשָּׂגָה אֲמִתִּית

Begriff, weiter

מֻשָּׂג רָחָב (פיל') [ק/ב/285]. מֻנָּח רָחָב

Begriffe, äquipollente

מֻשָּׂגִים שָׁוִים בַּכֹּל (פיל') [ק/ב/285]

Begriffe, affine ---> Begriffe, verwandte

Begriffe, disparate ---> Begriffe, nichtvergleichbare

Begriffe, Duplizität der ---> Duplizität der Begriffe

Begriffe, kontradiktorische [---> Ausschluß]

מֻשָּׂגִים מְבַלְחֲדִים (פיל') [ק/ב/284]. מֻשָּׂגִים סוֹתְרִים, - הַמּוֹנְעִים זֶה אֶת זֶה לַחֲלוּטִין וְאֵינָם נוֹתְנִים מָקוֹם לְמֻשָּׂג אֶמְצָעִי בֵּינֵיהֶם, לְמָשָׁל: אֶת הַמֻּשָּׂגִים "לָבָן" וְ-"לֹא לָבָן" אִי אֶפְשָׁר לְהַחִיל בּוֹ זְמַנִּית וּבְאוֹתוֹ יַחַס עַל אוֹתוֹ דָּבָר; דֻּגְמוֹת נוֹסָפוֹת: "שָׁוֶה" וְ-"לֹא שָׁוֶה", "אוֹלָנִי" (אוֹרְגָנִי) וְ-"אִי אוֹלָנִי" (אַנְאוֹרְגָנִי)

Begriffe, konträre

מֻשָּׂגִים מְנֻגָּדִים (פיל') [ק/ב/284]. מֻשָּׂגִים מִתְהַפְּכִים, - שֶׁאֵינָם מִתְיַשְּׁבִים זֶה עִם זֶה אַךְ נוֹתְנִים מָקוֹם לְמֻשָּׂג אֶמְצָעִי בֵּינֵיהֶם, לְמָשָׁל: הַמֻּשָּׂגִים: "לָבָן" וְ-"שָׁחֹר" הַשּׁוֹלְלִים זֶה אֶת זֶה נִכְלָלִים בְּהֶקֵּף הַמֻּשָּׂג הַמְשַׁעְבֵּד "צֶבַע" אַךְ אֵינָם מְמַלְּאִים אוֹתוֹ לַגְמָרֵי וּמוֹתִירִים מָקוֹם לְמֻשָּׂג בֵּינַיִם

Begriffe, koordinierte

מֻשָּׂגִים עוֹמְדִים זֶה אֵצֶל זֶה (פיל') [ק/ב/284]

Begriffe, nichtvergleichbare

מֻשָּׂגִים בִּלְתִּי הַשְׁוָאוּתִיִּים (פיל') מֻשָּׂגִים שֶׁאֵינָם בְּנֵי הַשְׁוָאָה, - שֶׁאֵין לָהֶם מֻשָּׂג סוּג מְשֻׁתָּף בְּסָמוּךְ, לְמָשָׁל: "אֹמֶץ לֵב" וּ-"מְשֻׁלָּשׁ"

Begriffe, reziproke ---> Wechselbegriffe

Begriffe, Reziprozitätsgesetz der [---> Wechselbegriffe]

כְּלָל הַהֲדָדִיּוּת שֶׁל הַמֻּשָּׂגִים (פיל') כְּלָל בְּתוֹרַת הַהִגָּיוֹן הַצּוּרָנִית (פוֹרְמָלִית) הָאוֹמֵר שֶׁשִּׁנּוּי בְּתֹכֶן הַמֻּשָּׂג (הַגְדָּרַת הַמֻּשָּׂג) גּוֹרֵם לְשִׁנּוּי בְּהֶקֵּפוֹ וּלְהֶפֶךְ. כַּאֲשֶׁר מַרְחִיבִים אֶת תֹּכֶן הַמֻּשָּׂג מִצְטַמְצֵם הֶקֵּפוֹ וּכְשֶׁמְּצַמְצְמִים אֶת הֶקֵּף הַמֻּשָּׂג מִתְרַחֵב תָּכְנוֹ, לְמָשָׁל: אִם מַרְחִיבִים אֶת תֹּכֶן הַמֻּשָּׂג "רִבּוּעַ" עַל יְדֵי הוֹסָפַת סוֹגֵל יוֹצֵר מִין כְּגוֹן: "שְׁתֵּי צְלָעוֹת נֶגְדִּיּוֹת מַקְבִּילוֹת זוֹ לָזוֹ" מְצַמְצְמִים אֶת הֶקֵּף הַמֻּשָּׂג, שֶׁכֵּן הַמֻּשָּׂג הֶחָדָשׁ אֵינוֹ מְשַׁקֵּף עוֹד אֶת הַסּוֹגְלִים הַמַּהוּתִיִּים שֶׁל כָּל הָרִבּוּעִים אֶלָּא רַק אֶת אֵלּוּ שֶׁל הַקְּטוּמוֹת (טְרַפֵּזִים). מַרְחִיבִים אֶת תֹּכֶן הַמֻּשָּׂג בְּסוֹגֵל נוֹסָף כְּגוֹן: "שְׁתֵּי הַצְּלָעוֹת הַנֶּגְדִּיּוֹת הָאֲחֵרוֹת מַקְבִּילוֹת זוֹ לָזוֹ", מִצְטַמְצֵם הֶקֵּף הַמֻּשָּׂג עוֹד יוֹתֵר. עַכְשָׁו מִשְׁתַּקְּפִים בַּמֻּשָּׂג הֶחָדָשׁ הַסּוֹגְלִים הַמַּהוּתִיִּים שֶׁל הַמַּקְבִּילִיּוֹת

Begriffe(n), Subordination von *{Subalternation}*

שִׁעְבּוּד מֻשָּׂגִים (פיל') [ת"ה/122]. כְּפִיפוּת מֻשָּׂגִים שׁוֹנִים לְמֻשָּׂג שַׁלִּיט מְשֻׁתָּף, קֶשֶׁר בֵּין מֻשָּׂגִים הַמִּתְקַיֵּם כַּאֲשֶׁר הֶקֵּף מֻשָּׂג אֶחָד חוֹדֵר לְהֶקֵּף שֶׁל מֻשָּׂג אַחֵר, כָּךְ מִתְקַיֵּם קֶשֶׁר שֶׁל שִׁעְבּוּד בֵּין הַמֻּשָּׂגִים "מַדָּע" וְ"כִימְיָה", שֶׁכֵּן הֶקֵּף הַמֻּשָּׂג "כִּימְיָה" נִכְנָס לְהֶקֵּף הַמֻּשָּׂג "מַדָּע"

Begriffe(n), Subsumtion von

כִּיּוּל מֻשָּׂגִים (פיל') [ת"ה/122]. כְּפִיפוּת מֻשָּׂג בַּעַל הֶקֵּף צַר לְמֻשָּׂג בַּעַל הֶקֵּף רָחָב יוֹתֵר

Begriffe, teilweise gleiche

מֻשָּׂגִים שָׁוִים בְּמִקְצָת (פיל') [ק/ב/285]

Begriffe, verwandte

מֻשָּׂגִים קְרוֹבִים (פיל') [ק/ב/285]

Begriffe bilden

הִמְשִׂיג (מַמְשִׂיג) (פיל', פסי') יָצַר מֻשָּׂגִים עַל יְדֵי הַפְשָׁטָה

begrifflich

מֻשָּׂגִי

begrifflich, nur

מֻשָּׂגִי בִּלְבַד (פיל') [ק/א/188]. בְּהַעֲבָרַת הַשֵּׂכֶל

begriffliches Abbild ---> Abbild, begriffliches

Begriffsbeschränkung

הַגְבָּלַת מֻשָּׂג (פיל') צִמְצוּם מֻשָּׂג, תִּפְעוּל הֶגְיוֹנִי שֶׁבּוֹ נִקְבָּע בִּמְקוֹם מֻשָּׂג מְסֻיָּם מֻשָּׂג הַמְצֻמְצָם מִמֶּנּוּ בְּהֶקֵּפוֹ אַךְ כָּפוּף לְהֶקֵּף מֻשָּׂג הַמּוֹצָא, לְמָשָׁל: כְּדֵי לְצַמְצֵם אֶת הַמֻּשָּׂג "כּוֹכָב" יֵשׁ לִקְבּוֹעַ מֻשָּׂג אַחֵר הַכָּפוּף לְהֶקֵּפוֹ שֶׁל הַמֻּשָּׂג "כּוֹכָב", כְּגוֹן: "כּוֹכַב שַׁבְּתַאי"

Begriffsbestimmung ---> Definition

Begriffsbildung *{Konzeptualisierung}*

מִשּׂוּג (פְּעֻלָּה) הַמְשָׂגָה (תּוֹצָאָה) (פיל', פסי') [ר/ב/368]. קוֹנְצֶפְּטוּאָלִיזַצְיָה, חֲשִׁיבָה בְּמֻשָּׂגִים, יְצִירַת מֻשָּׂגִים בְּאֶמְצָעוּת הַפְשָׁטָה, רְכִישַׁת מֻשָּׂגִים וּלְמִידָתָם, תַּהֲלִיךְ אִכְלוּלִי (מִן הַפְּרָט אֶל הַכְּלָל) שֶׁבּוֹ אָדָם מַשִּׂיג אֶת הַמֻּשָּׂג בְּאֹפֶן סִמְלִי, מִמְשָׂג

Begriffsfeld ---> Feld, semantisches

Begriffsinhalt

תֹּכֶן הַמֻּשָּׂג (פיל') [ק/ב/285]. מַשְׁמָעוּת (ספרנ') כְּלַל הַתְּכוּנוֹת הַמַּהוּתִיּוֹת גֶּדֶר

Begriffslernen *{Konzeptlernen}*

לְמִידַת מֻשָּׂג (פסי', פדג')

begriffslos

נְטוּל מֻשָּׂג (פיל') [פ"ר/46]

Begriffsstützigkeit

אֲטִימוּת (פסי') [ק/א/39]. קֹשִׁי הַהַשָּׂגָה, טִפְּשׁוּת

Begriffsumfang

הֶקֵּף הַמֻּשָּׂג (פיל') [ק/ב/285]. גְּבוּל (פיל') [ק/א/100]. תְּחוּם (ספרנ') כְּלַל הַדְּבָרִים הַכְּלוּלִים בַּגֶּדֶר

Begriffsumfang(s), Einteilung des *{Divisio}*

חֲלֻקַּת הַמֻּשָּׂג (פיל') [ת"ה/125]. חֲלֻקַּת הֶקֵּף הַמֻּשָּׂג, הַפְרָטָה שֶׁל הַמֻּשָּׂג לְמִינָיו, אוֹ מְנֻקֶּדֶת הַמַּבָּט שֶׁל הַהֶקֵּף: הַהַפְרָדָה שֶׁל קְבוּצַת הַהֶקֵּף לִבְנוֹת קְבוּצָה. בִּתּוּר (פיל', מ"ט) [ק/א/97]. חֲלֻקַּת הַסּוּג לְמִינָיו

Begriffsumfang(s), Einteilungsgrund des *{Fundamentum divisionis; Principium divisionis}* [---> Einteilungsglieder]

יְסוֹד חֲלֻקָּה (פיל') [ת"ה/125]. בְּסִיס הַחֲלֻקָּה שֶׁל הֶקֵּף הַמֻּשָּׂג, סוֹגֵל שֶׁעַל פִּיו מְחַלְּקִים אֶת הֶקֵּפוֹ שֶׁל מֻשָּׂג הַסּוּג לְמִינִים, לְמָשָׁל: יְסוֹד חֲלֻקָּה שֶׁל צְמָחִים לְמִינִים שׁוֹנִים הוּא מִסְפַּר הָאַבְקָנִים בַּפֶּרַח

Begriffsvermögen

הַשָּׂגָה (פיל', פסי') [ק/א/216]. הַכֹּחַ הַשִּׂכְלִי וְהַחוּשִׁי שֶׁל הָאָדָם לְהַשִּׂיג מֻשָּׂגִים וּלְצַיְּרָם לוֹ בְּשִׂכְלוֹ. כֹּחַ הַהַשָּׂגָה (פיל', פסי') [ק/ב/75]. צִיּוּר (פיל', פסי') [ק/ג/241]. יְכֹלֶת הַשָּׂגָה, - תְּפִיסָה

Begriffszeichen ---> Ideogramm

begründen [---> argumentieren]

טָעַן (טוֹעֵן) [ק/ב/39]. בִּסֵּס (מְבַסֵּס), יָסַד (יוֹסֵד), יִסֵּד (מְיַסֵּד), נִתְיַסֵּד, קָבַע, כּוֹנֵן, אִשֵּׁשׁ (מְאַשֵּׁשׁ), חִזֵּק, נִמֵּק (מְנַמֵּק)

begründete Annahme ---> Annahme, begründete

Begründung [---> Argumentation]

טִעוּן (פיל') הַנְמָקָה, חֵלֶק מִמִּשְׁפָּט מֻתְנֶה הַמְשַׁקֵּף אֶת הַתְּנַאי וְשֶׁבּוֹ תְּלוּיָה אֲמִתּוּת הַתּוֹצָאָה, לְמָשָׁל: הַמִּשְׁפָּט "**אִם מְחַמְּמִים מַיִם** - מַתְחִיל נִפְחוֹ לִגְדֹּל". בִּסּוּס (פיל') [המ"מ/222]. יִסּוּד, כִּנּוּן, אִשּׁוּשׁ, חִזּוּק, תִּחְזוּק

Begründungsverwaltung

תִּחְזוּק הָאֱמֶת (מחש', פיל')

Begründungszusammenhang

הֶקְשֵׁר הַהַנְמָקָה (מדע) [ד"מח/23]

Begünstigter ---> Hehler

Begünstigung, strafbare ---> Verbrechen, Beihilfe zu einem

Beguß ---> Engobe

Behaarung, angeborene starke *{Hirsuties}*

שְׂעִירוּת (רפו')

Behaarung, übermäßige

שַׂעֲרָנוּת (רפו')

behacken

עָדַר (עוֹדֵר) (חקל') [א"ת/ב/175]

Behacken

עִדּוּר (חקל')

Behälter

בֵּית קִבּוּל (טכנ') [א"ח/א/200]

Behälter für notwendige Gebrauchsgegenstände *{Necessaire}*

אִצְטַרְכִיָּה [מר"ח/475]

Behagen

הַרְחָבַת הַדַּעַת

Behaglichkeit

חֲלַקְלַקּוּת [פ"ר/147]

behalten

שָׁמַר (מְשַׁמֵּר), זָכַר (זוֹכֵר), הֶחֱזִיק בִּרְשׁוּתוֹ

Behalten [---> Erinnerung]

שִׁמּוּר (פסי') [ר/ב/655]. שְׁמִירָה, זְכִירָה, שְׁמִירַת מֵידָע מִן הַלְּמִידָה הָרִאשׁוֹנִית וְעַד שֶׁצָּרִיךְ לְהִזָּכֵר בּוֹ

Behalten, dauerndes ---> Gedächtnis, bewahrendes

Behalten, unmittelbares

זִכָּרוֹן תָּכוּף (פסי') [ר/א/250]. זִכָּרוֹן לְטוֹוַח קָצָר, - קֶצֶר, - לְמֵידָע שֶׁעָבַר עִבּוּד אוֹ פֵּרוּשׁ מִזְעָרִיִּים

Behalten, vorübergehendes

זְכִירַת עֲרַאי (פסי') [ר/א/247]. זִכָּרוֹן אִיקוֹנִי, שְׁאֵרִית זִכָּרוֹן הַנִּשְׁאֶרֶת זְמַן קָצָר לְאַחַר גֵּרוּי חֲזוּתִי קָצָר

behandeln, ausführlich

תִּכְלֵל (מְתַכְלֵל), עָסַק בְּהַרְחָבָה בְּ...

Behandlung

טִפּוּל (רפו', פסי') שְׁעוּתָה, רִפּוּי

beharren

הִתְמִיד (מַתְמִיד), דָּבַק (דּוֹבֵק), שָׁקַד, עָמַד עַל...

Beharren ---> Beharrlichkeit

beharrlich

מַתְמִיד [ק/ב/195]. מְיֻשָּׁב, קַיָּם, קָבוּעַ, מְבֻסָּס, עוֹמֵד בְּעֵינוֹ בְּלֹא שִׁנּוּי, תָּקוּעַ, יַצִּיב

Beharrlichkeit

הַתְמָדָה [ק/א/229; ק/ג/250]. צְמִידוּת, הִתְדַּבְּקוּת, דְּבֵקוּת, שְׁקִידָה, אֲחִיזָה, הֵאָחֲזוּת, קְבִיעוּת, יַצִּיבוּת

Beharrung der Aufmerksamkeit ---> Aufmerksamkeit, Beharrung der

Beharrungszustand

מַצַּב קֶבַע (פיס', טכנ') מַצַּב תְּמִידוּת

behauchter Laut ---> Laut, behauchter

Behauchung ---> Aspiration

behauen

סִתֵּת (מְסַתֵּת) (טכנ', אדר') [א"ח/א/11]. הִקְצִיעַ אֲבָנִים, סָתַת (סוֹתֵת), סִתֵּת (מְסַתֵּת), נִסְתַּת, הֻקְצַע

Behauen

סִתּוּת (טכנ', אדר') הַקְצָעַת אֲבָנִים

behaupten

טָעַן (טוֹעֵן) [ק/ב/19]. חִוָּה דַּעְתּוֹ בְּתֹקֶף, קָבַע (קוֹבֵעַ), הִצְהִיר. קִיֵּם (מְקַיֵּם) [ק/ג/285]. עָמַד עַל..., נָתַן תֹּקֶף לְ... . קָצַב [ק/ג/292]. הִבִּיעַ דֵּעָה וְנִמֵּק אוֹתָהּ. אִמֵּת (מְאַמֵּת) [ק/א/59]. בֵּרֵר וְהוֹכִיחַ אֶת הָאֱמֶת. הִכִּיר אוֹ הִשִּׂיג דְּבַר מָה עַל אֲמִתּוֹ. הֶחְלִיט וְקִיֵּם דְּבַר מָה. גָּזַר [ק/א/110]. הוֹצִיא מִשְׁפָּט, דָּן, חִיֵּב

Behauptung

טַעֲנָה [ק/ב/20]. הַצְהָרָה, קְבִיעָה, הַחְלָטָה. חִוּוּי (פיל') [ק/ב/129; פ"ר/45]. מַאֲמָר, חִוּוּי, הַמַּבָּע, הַמֻּגָּד, הַנֶּאֱמָר, אֲמִירָה, אִמְרָה, דִּבּוּר, סִפּוּר דְּבָרִים, רַעְיוֹן מֻבָּע בְּמִלִּים, הַבָּעַת סְבָרָה, הַנָּחָה אוֹ דֵּעָה. גְּזֵרָה [ק/א/111]. מִשְׁפָּט, הַקְדָּמָה

Behauptung, bestimmte ---> Urteil

Behauptung, unwahre aber nicht undenkbare

כָּזָב אֶפְשָׁרִי (פיל') [ק/ב/72]. שֶׁקֶר שֶׁאֵינוֹ בָּטֵל, כְּלוֹמַר: דְּבַר שֶׁקֶר שֶׁאֲמִתָּתוֹ אֵינָהּ נִמְנַעַת מִצַּד עַצְמוֹ

Behauptungssatz

מִשְׁפַּט חִוּוּי (בלש') [מ"ב/212;56]. מִשְׁפַּט הַגָּדָה, - מֵידָע, מִשְׁפָּט הַמּוֹסֵר עֻבְדָּה אוֹ מְצַיֵּן מַצָּב, לְמָשָׁל: "אֶתְמוֹל נִסְתַּיְּמוּ מִשְׂחֲקֵי אַלִּיפוּת הָעוֹלָם בְּכַדּוּרֶגֶל"

Behaviorismus

הִתְנַהֲגָאוּת (פסי') [ר/א/109]. בֵּיהֵבְיוֹרִיזְם, הִתְנַהֲגוּתָנוּת, תּוֹרָה פְּסִיכוֹלוֹגִית הַחוֹקֶרֶת רַק הִתְנַהֲגוּת שֶׁנִּתֶּנֶת לִצְפִיָּה וְלִמְדִידָה

behavioristisch

הִתְנַהֲגָאוּתִי (פסי') [ר/א/109]. בֵּיהֵבְיוֹרִיסְטִי, הִתְנַהֲגוּתָנִי

behend

מָהֵר, מַהִיר

beherbergen

אִכְסֵן (מְאַכְסֵן) בְּתוֹכוֹ

beherrschen

שָׁלַט (שׁוֹלֵט) בְּ.../עַל..., נִצַּח (מְנַצֵּחַ) עַל..., חָלַשׁ עַל..., מָשַׁל בְּ.../עַל...

beherrschende Kraft ---> Kraft, beherrschende

Beherrschung

שְׁלִיטָה בְּ.../עַל..., חֲלִישָׁה עַל..., נִצּוּחַ עַל...

behindert

נִזְבָּר, מָנוּעַ, מְעֻכָּב

behobeln

הִקְצִיעַ וְהֶחֱלִיק (מַקְצִיעַ וּמַחֲלִיק) (טכנ')

Behörde

רָשׁוּת צִבּוּרִית (מדי') מוֹסָד מֶמְשַׁלְתִּי, הָרְשֻׁיּוֹת, הַשִּׁלְטוֹנוֹת

Behörde, zuständige

רָשׁוּת מֻסְמֶכֶת (מדי')

Behuf, zum ---> behufs

behufs

לְשֵׁם, כְּדֵי, בִּכְדֵי, לְשׁוּם

Beibehaltung ---> Behalten

Beiblatt ---> Beilage

Beidhänder

אִשֵּׁר (אִשְּׁרִים) (רפו') [מר"ח/31]. הַשּׁוֹלֵט בִּשְׁתֵּי יָדָיו

beidseitig ---> bilateral

Beifall

קוֹלוֹת הַסְכָּמָה

Beifall, brausender ---> Ovation

Beifügung ---> Attribut

Beifügungssatz ---> Attributsatz

Beifuß *{Artemisia}*
לַעֲנָה (בוט') צֶמַח מִמִּשְׁפַּחַת הַמֻּרְכָּבִים

beigelegt
מְיֻחָס אֶל.../לְ... [ק/ב/191]. מְשֻׁיָּךְ לְ...., שַׁיָּךְ לְ... מִתְיַחֵס [ק/ב/317]. שֶׁיֵּשׁ לוֹ יַחַס לְ..., שֶׁנִּקְבְּעָה שַׁיָּכוּתוֹ לְ... . סָמוּךְ אֶל.../לְ... [ק/ג/104]

Beiheft ---> Beilage

Beihilfe ---> Unterstützung

Beihilfe zu einem Verbrechen ---> Verbrechen, Beihilfe zu einem

Beil
כֵּילָף (כֵּילַפּוֹת) (טכנ')

beiläufig
בְּלִי מֵשִׂים, שֶׁלֹּא בְּכַוָּנָה, אַגַּב גְּרָרָה, דֶּרֶךְ אַגַּב

Beilage
מוּסָף (חקש', ספרנ') תּוֹסֶפֶת

beilegen
יִחֵס (מְיַחֵס) לְ.../אֶל... [ק/ב/35]. הִשְׁאִיל לְ..., תָּלָה דְּבַר-מָה (תְּכוּנָה, תֹּאַר וכד') בְּ... . נָשָׂא [ק/ג/70]. הִשִּׂיא [ק/ג/71]. סָמַךְ לְ... [ק/ג/105]. שִׁיֵּךְ לְ... הֶאֱמִיר (מַאֲמִיר) [ק/א/58]. תֵּאֵר, אִיֵּךְ. חִיֵּב [ק/א/282]. נִיֵּחַ (מְנַיֵּחַ)

beilegen, Attribut ---> Attribut beilegen

beilegen, jemandem ein Bedürfnis ---> Bedürfnis beilegen, jemendem ein

beilegen, jemandem etwas figürlich
הִשְׁאִיל (מַשְׁאִיל) [ק/ד/64]. יִחֵס לְמִישֶׁהוּ אוֹ לְמַשֶּׁהוּ עִנְיָן כָּלְשֶׁהוּ עַל דֶּרֶךְ הַהַשְׁאָלָה

Beimessen ---> Zuschreiben

Bein [---> Knochen]
רֶגֶל (רַגְלַיִם) (רפו')

Bein eines Möbelstücks
כֶּרַע (כְּרָעַיִם) (טכנ') [א"ח/א/63]. רֶגֶל שֶׁל רָהִיט

Beiname
כִּנּוּי (כִּנּוּיִים) (בלש') [ק/ב/115]. לָווּי, שֵׁם לְוַאי, נִסְפָּח. שֵׁם מְצֹרָף (בלש') [ק/ב/261]. שֵׁם מְכַנֶּה, שֵׁם הַמְּשַׁמֵּשׁ לְתֵאוּר אִפְיוּנוֹ שֶׁל הָעֶצֶם וְיָכוֹל לָבוֹא בִּמְקוֹם שְׁמוֹ הָאֲמִתִּי

Beinprothese
רֶגֶל תּוֹתֶבֶת (רפו') [מר"ח/632]. קַבְקָב (קַבְקַבִּים)

beiordnendes Bindewort ---> Bindewort, koordinierendes

Beiordnung ---> Koordination

Beirat
וַעֲדָה מְיַעֶצֶת (משפ') גּוּף מְיַעֵץ, מוֹעָצָה מְיַעֶצֶת

Beisammensein
הִתְוַעֲדוּת (מ"ח) [ק/א/269]. חִבּוּר, הֱיוֹת בְּצַוְתָּא, הִתְחַבְּרוּת בְּנֵי אָדָם, חֲבוּרָה, הֶקְבֵּץ חֶבְרָתִי

Beisasse
תּוֹשָׁב זָר (מדי', משפ') הַיּוֹשֵׁב יְשִׁיבַת קֶבַע בְּאֶרֶץ זָרָה, גֵּר תּוֹשָׁב

Beisatz ---> Apposition

Beischlaf ---> Geschlechtsverkehr

beiseite
מִן הַצַּד, בַּצַּד

beisitzender Richter ---> Richter, beisitzender

Beisitzer ---> Richter, beisitzender

Beispiel
דֻּגְמָה (דֻּגְמוֹת) [ק/א/140]. דִּמְיוֹן, דֻּגְמָא (דֻּגְמָאוֹת), מוֹפֵת (מוֹפְתִים), תַּדְגִּים, מָשָׁל. הַמְּשָׁלָה (ספר') [ק/א/180]. הֶקֵּשׁ

Beispiellernen ---> Lernen aus Beispielen

beispielswiese
לְמָשָׁל [ק/א/47]. אִלּוּ, כְּאִלּוּ תֹּאמַר, דֶּרֶךְ מָשָׁל, לְדֻגְמָה, לְשֵׁם דֻּגְמָה, כְּגוֹן

Beißzange
מַשְׁכֵּיִם (טכנ') צְבַת לְחִתּוּךְ תַּיִל

Beistand
סִיּוּעַ, מִסְעָד, עֶזְרָה, תְּמִיכָה, עֲמִידָה לִימִין

beistimmen
מַסְכִּים וּמַתְאִים עִם...[ק/א/175]. הוֹלֵךְ עַל...

Beistimmung
הַסְכָּמָה (פיל') [פ"ר/47]

Beitel
מַפְסֶלֶת (מַפְסָלוֹת) (טכנ')

beitreten
הִצְטָרֵף (מִצְטָרֵף) (משפ', מדי') הִסְכִּים לְ..., קִבֵּל (מְקַבֵּל)

beiwohnen
גּוּר (מְגוּר) (מ"ח, משפ') חַי חַיֵּי אִישׁוּת בְּלֹא נִשּׂוּאִים, הִתְגּוֹרֵר בְּמִשְׁתָּף

Beiwohnung
גּוּר, מְגוּר (מ"ח, משפ') [מר"ח/167]. מְגוּרִים מְשֻׁתָּפִים, חַיֵּי אִישׁוּת בְּלֹא נִשּׂוּאִים

Beiwort ---> Beiname

bejahen
הֶחִיב (מְחִיב, אֶחִיב, לְהָחִיב) [ק/ג/285]. חִיֵּב (מְחַיֵּב), עָשָׂה לְחִיּוּבִי, נֶחְיַב (נֶחְיָב, אֵחָיֵב, לְהֵחָיֵב), חָיַב (חוֹיֵב, אֶחְיַב, לַחְיֹב), קִיֵּם (מְקַיֵּם), כִּנֵּן (מְכַנֵּן), נָתַן תֹּקֶף לְ..., אִשֵּׁר, הוֹכִיחַ, בִּסֵּס טַעֲנוֹתָיו, הֵבִיא רְאָיָה לִדְבָרָיו. גָּזַר (גּוֹזֵר) [ק/א/110]. הוֹצִיא מִשְׁפָּט, דָּן, הֶחְלִיט

bejahend ---> affirmativ

bejahender Satz ---> Satz, bejahender

Bejahung ---> Affirmation

bekannt
מֻכָּר מִכְּבָר (פיל') [פ"ר/109]. עַל פִּי הֶגֶל: מַה שֶּׁמֻּכָּר לַתּוֹדָעָה הַמְּשֻׁעְבֶּדֶת עֲדַיִן לְנִסְיוֹנָהּ הַיָּשִׁיר בְּשָׁלָב הַדִּמּוּי וּתְפִיסַת הַחוּשִׁים. מְיֻדָּע, מוּדָע, מֻכָּר, נוֹדָע, יָדוּעַ, מוּעָד

bekannt, allgemein
מְפֻרְסָם [ק/ב/248]. גָּלוּי וְיָדוּעַ לַכֹּל, שֶׁמַּכִּירִים אוֹתוֹ, שֶׁמַּכִּירִים בּוֹ

bekannte Wahrheiten, allgemein ---> Wahrheit(en), allgemein bekannte

Bekannte(r)
מַכִּיר (מַכִּירִים), מַכִּירָה (מַכִּירוֹת) [א"ח/ג/24; י"א/333]. מֻכָּר (מֻכָּרִים), מֻכָּרָה (מֻכָּרוֹת), מוֹדָע (מוֹדָעִים)

Bekanntheit ---> Vertrautheit

bekanntmachen, öffentlich ---> verkündigen, öffentlich

Bekanntmachung ---> Verkündigung

Bekanntschaft

הֶכֵּרוּת מִכְּבָר [פ״ר/108]

Bekassine *{Gallinago gallinago}*

חַרְטוֹמִית בִּצּוֹת (זוא׳) עוֹף מִמִּשְׁפַּחַת הַחַרְטוֹמָנִיִּים

Bekehrung zu

פְּנִיָּה אֶל.../לְ..., מַעֲבָר לְ...

bekennen

נֶאֱמַן (נֶאֱמָן) עַל..., שָׁמַר אֱמוּנִים לְ..., נָהָה אַחֲרֵי..., נִנְהָה אַחֲרֵי..., שָׁמַר אֱמָנָה עִם..., עָמַד בִּבְרִית. אִמֵּת (מְאַמֵּת) [ק/א/59]. בֵּרֵר וְהוֹכִיחַ אֶת הָאֱמֶת. הִכִּיר אוֹ הִשִּׂיג דְּבַר מָה עַל אֲמִתּוֹ. הֶחְלִיט וְקִיֵּם דְּבַר-מָה. הִצְהִיר (מַצְהִיר), הִכְרִיז (מַכְרִיז)

bekennen, die Einheit Gottes ---> Gott(es) bekennen, die Einheit

bekennen, sich nicht schuldig ---> Schuld leugnen, seine

bekennen, sich schuldig ---> schuldig bekennen, sich

Bekenner der verschiedenen Religionen, die ---> Religionen, Bekenner der verschiedenen

Bekenntnis

הָאֲמָנָה [ק/א/150]. אֱמוּנָה. הוֹדָאָה [ק/א/160]. וִדּוּי (וִדּוּיִים)

Bekenntnisse ---> Lebensbeichte

beklagen, sich

הִתְרַעֵם (מִתְרַעֵם), הִתְלוֹנֵן, טָעַן כְּנֶגֶד..., קָבַל עַל..., בָּא בִּטְעָנוֹת, הֵלִין עַל..., הִלִּין עַל..., הִתְאוֹנֵן

Bekleidung

הַלְבָּשָׁה (טכנ׳) בִּגּוּד. לְבוּשׁ (טכנ׳) מַלְבּוּשׁ (מַלְבּוּשִׁים), כְּסוּת (כְּסֻיּוֹת)

bekräftigen

נִחֵץ (מְנַחֵץ) [ק/ג/28]. אִשֵּׁשׁ (מְאַשֵּׁשׁ), הִשְׁרִיר (מַשְׁרִיר), הִדְגִּישׁ, עָשָׂה חִזּוּק וְתֹקֶף לְדָבָר, חִזֵּק, הִבְלִיט. קִיֵּם (מְקַיֵּם) [ק/ג/285]. נָתַן תֹּקֶף לְ..., אִשֵּׁר, הוֹכִיחַ, בִּסֵּס טַעֲנוֹתָיו, הֵבִיא רְאָיָה לִדְבָרָיו

Bekräftigung [---> Verstärkung]

נִחוּץ [ד״מח/42]. אִשּׁוּשׁ, הַדְגָּשָׁה, נְחִיצָה, אִשְׁרוּר. קִיּוּם [ק/ג/279]. חִזּוּק, מַתַּן יֶתֶר תֹּקֶף לְ..., קְבִיעָה, קְבִיעַת עֶמְדָּה

bekränzen ---> garnieren

bekränzt ---> garniert

Bekundung

הַרְאָיָה (פיל׳) [ד״מח/69]. דֶּרֶךְ הַפְרָטַת הַמַּשְׁמָעוּת הַבְּסִיסִית בְּיוֹתֵר שֶׁעִקָּרָהּ הַכְוָנַת הַשּׁוֹאֵל אֶל הוֹרָאַת הַמֻּנָּח אוֹ הַצָּגַת הַשִּׁמּוּשׁ בּוֹ

beladen

הֶעֱמִיס (מַעֲמִיס) [א״ח/ב/189]. טָעַן (טוֹעֵן), הִטְעִין, שָׂם מַשָּׂא, כִּתֵּף (מְכַתֵּף), נָשָׂא מַשָּׂא עַל הַכָּתֵף, כָּתַף (כּוֹתֵף), עָמַס (עוֹמֵס)

Beladen

הַעֲמָסָה, טְעִינָה, עֲמִיסָה

belästigen

הִטְרִיד (מַטְרִיד) (משפ׳) הִטְרִיחַ, גָּרַם טִרְחָה וְאִי נְעִימוּת, בָּא בְּטַרְחוּת עִם..., הֵצִיק, הִפְרִיעַ, הוֹגִיעַ, יִגֵּעַ (מְיַגֵּעַ)

Belästigung

הַטְרָדָה (משפ׳) הַטְרָחָה, מִטְרָד, הַפְרָעָה

Belag ---> Straßendecke

belangen, jemanden vor Gericht ---> gerichtlich vorgehen, gegen jemanden

belasten, jemanden ---> Verbrechen(s) beschuldigen, jemanden eines

belastet, hypothekarisch ---> hypothekarisch belastet

Belastung

עָקָה (פסי׳). הַפְלָלָה (משפ׳). עֹמֶס (פיס׳) [ל״מ/482]. כָּל כֹּחַ הַנִּתְמָךְ עַל יְדֵי גּוּף כָּלְשֶׁהוּ

Belastung, übermäßige ---> Überbelastung

Belastungsmaterial

רְאָיָה מַפְלִילָה (משפ׳)

belaubt ---> beblättert

beleben

חִיָּה (מְחַיֶּה), הֶחֱיָה (מַחֲיֶה), קוֹמֵם, הֵפִיחַ חַיִּים בְּ..., עוֹרֵר, רִעְנֵן, חִדֵּשׁ, אוֹשֵׁשׁ (מְאוֹשֵׁשׁ)

belebend

מְחַיֶּה, מְאוֹשֵׁשׁ, מְעוֹרֵר

Beleg

שׁוֹבֵר (שׁוֹבְרִים) (כלכ׳, משפ׳) כְּתַב אִשּׁוּר עַל קַבָּלָה אוֹ הוֹצָאָה שֶׁל כֶּסֶף אוֹ שֶׁל חֵפֶץ

Belegleser

קוֹרֵא מִסְמָכִים (מחש׳) [דמ״א/36]. מַקְרֵאַת מִסְמָכִים, הַתְקֵן הַקּוֹרֵא מִתְגַּבֵּית (אוֹטוֹמָטִית) נְתוּנִים לַמַּחְשֵׁב

Belegstück ---> Beleg

belehrend

מְאַלֵּף, מַאֲלִיף, מְלַמֵּד, שֶׁיֵּשׁ בּוֹ כְּדֵי לְלַמֵּד

Belehrung

הוֹרָאָה (פדג׳) לִמּוּד, הַסְבָּרָה, הַקְנָיַת מוּסַר הַשֵּׂכֶל, הוֹרָיָה

beleibt werden

סִרְבֵּל (מְסַרְבֵּל) (רפו׳) נִהְיָה מְגֻשָּׁם

belesen

בָּקִיא, יוֹדֵעַ סֵפֶר

Belesenheit

בְּקִיאוּת, יְדִיעַת סֵפֶר

beleuchten, kritisch

הֵאִיר הֶאָרָה בִּקָּרְתִּית

Beleuchtung

תְּאוּרָה (טכנ׳) הֶאָרָה, מָאוֹר

Beleuchtungsstärke

עָצְמַת הַהֶאָרָה (פיס׳) עָצְמַת הַהֶאָרָה בִּנְקֻדָּה שֶׁל מִשְׁטָח

Beleuchtungssystem

מַעֲרֶכֶת תְּאוּרָה (טכנ׳) מַעֲרֶכֶת מָאוֹר

Belieben, nach *{adlibitum}*

רְשׁוּת (מוס׳) לְפִי הָרָצוֹן, רֶמֶז לַמְּבַצֵּעַ כִּי הוּא יָכוֹל לִסְטוֹת מֵהוֹרָאוֹת מְדֻיָּקוֹת כָּלְשֶׁהֵן

Belladonna

יָפְיָפִית (יוֹפִיָּפִית) (בוט׳, רפו׳) [מר״ח/85]. צֶמַח רְפוּאָה הַמֵּכִיל אַטְרוֹפִּין

Belletristik ---> Literatur, schöne

belohnen

תִּגְמֵל (מְתַגְמֵל)

Belohnung
גְּמוּל, שָׂכָר [ר/ב/660]. כָּל דָּבָר מְהַנֶּה אוֹ מְסַפֵּק הַמֻּשָּׂג לְאַחַר בִּצּוּעַ מַטָּלָה

belügen
שִׁקֵּר (מְשַׁקֵּר) [ק/ב/72]. כָּזַב (כּוֹזֵב), הִבֵּל, כִּזֵּב

Belustigung
בְּדִיחוּת [ק/ג/240]. צְחוֹת, הִתְבַּדְּחוּת, הִתְלוֹצְצוּת, עוֹקְצָנוּת

bemasten
הִתְקִין (מַתְקִין) תֹּרֶן (ימא׳)

bemerkbar ---> wahrnehmbar

bemessen
שִׁעֵר (מְשַׁעֵר) [ק/ד/147]. חִשֵּׁב, מָדַד, אָמַד, שָׁקַל, הֶעֱרִיךְ

bemessen, genau
קָצוּב [ק/ג/294]. קָבוּעַ בְּכַמּוּתוֹ אוֹ בְּמִמַּדָּיו, מְסֻיָּם, יָדוּעַ וּמֻגְדָּר

Bemessungsgrundlage
בְּסִיס הַמַּס (כלכ׳, מדי׳) הַגְּדָלִים הַנְּחוּצִים לְחִשּׁוּב שִׁעוּר הַמַּס כְּגוֹן: הַכְנָסָה, פִּדְיוֹן וְרִצְפַּת הַמַּס

bemühen
הִתְאַמֵּץ [ק/א/338]. חָתַר, הִשְׁתַּדֵּל, דָּרַשׁ, בִּקֵּשׁ, חָקַר

Bemühung
מַאֲמָץ, הִתְעַסְּקוּת, הִשְׁתַּדְּלוּת, הִתְאַמְּצוּת

bemustern
דָּגַם (דּוֹגֵם), בָּחַר לְדֻגְמָה

benachbart
מִצְרָנִי [ק/ב/260]. מַשִּׁיק, סָמוּךְ, קָרוֹב, נִמְצָא בִּשְׁכֵנוּת, שָׁכֵן. מִתְקָרֵב [ק/ב/328]. מִצְרָן, גּוֹבֵל, נוֹגֵעַ. שָׁכוּן [ק/ד/92]

Benachrichtigung, vorherige ---> Voranmeldung

benachteiligt ---> behindert

Benchmark-Programm ---> Bewertungsprogramm

Benefizient(in)
חֲתַן הַהַצָּגָה, כַּלַּת הַהַצָּגָה (תאט׳)

Benehmen, höfliches ---> Artigkeit

Benehmen, närrisches ---> Clownerie

Benennung
מִנּוּי, הַטָּלַת תַּפְקִיד

Benetzungswärme
חֹם הַרְטָבָה (גאו׳)

Bengalrose *{Rosa chinensis}*
וֶרֶד סִינִי (בוט׳) צֶמַח מִמִּשְׁפַּחַת הַוַּרְדִּיִּים

benigner Tumor ---> Geschwulst, gutartige

benötigen
נִצְרַךְ (נִצְרָךְ) (רפו׳, פסי׳) הָיָה צָרִיךְ לְדָבָר, נִזְקַק, הִצְטָרֵךְ, הָיָה נָחוּץ לוֹ

benommen
הָמוּם (רפו׳, פסי׳) מֻכֵּה תִּמָּהוֹן, הָלוּם תִּמָּהוֹן, קְפוּא חוּשִׁים

benommen machen
הָמַם (הוֹמֵם), הִמֵּם (מְהַמֵּם) (רפו׳) בִּלֵּהַּ (מְבַלֵּהַּ), טִמְטֵם, טִשְׁטֵשׁ, הִקְהָה אֶת הַחוּשִׁים, הִפְתִּיעַ, גָּרַם בַּלָּהָה

benommen machend
הוֹמֵם (רפו׳) מְבַלֵּהַּ, מְטַשְׁטֵשׁ, מְהַמֵּם, מְעַרְפֵּל, מַקְהֶה חוּשִׁים, מְטַמְטֵם, מַפְתִּיעַ

Benommenheit
הֶמֶם (רפו׳, פסי׳) [ר/ב/465; מר״ח/640]. בִּלָּהוֹן, חֹסֶר יְכֹלֶת לְדַבֵּר, סְטוּפּוֹר, קִפָּאוֹן חוּשִׁים, קֶהָיוֹן, מַכַּת תִּמָּהוֹן, עִרְפּוּל הַכָּרָה, טִשְׁטוּשׁ

benutzen
הִשְׁתַּמֵּשׁ (מִשְׁתַּמֵּשׁ) [ק/ב/125]. לָקַח (לוֹקֵחַ). הִתִּיר [ק/ג/79]

Benutzer(in)
מִשְׁתַּמֵּשׁ (מִשְׁתַּמְּשִׁים), מִשְׁתַּמֶּשֶׁת (מִשְׁתַּמְּשׁוֹת) (טכנ׳)

benutzerfreundlich
יְדִידוּתִי לַמִּשְׁתַּמֵּשׁ (טכנ׳)

Benutzeroberfläche ---> Nutzerschnittstelle

Benutzungsform
דְּפוּס שִׁמּוּשׁ (מ״ח) [ד״מח/50]. קְבוּצַת שִׁמּוּשִׁים הַדּוֹמִים מְאֹד זֶה לָזֶה וְהַמִּצְטָרְפִים יַחְדָּיו

beobachten
צָפָה (צוֹפֶה), הִבִּיט, הִסְתַּכֵּל, הִתְבּוֹנֵן

beobachten, sich selbst
הִסְתַּכֵּל בְּתוֹכוֹ (פסי׳)

Beobachter
צוֹפֶה (צוֹפִים) (מ״ח, פסי׳) [ר/ב/581]. מִסְתַּכֵּל, אָדָם הָעוֹרֵךְ תַּצְפִּית, מַשְׁקִיף. מְעַיֵּן (פיל׳, מדע) [ק/ב/234]. מִתְבּוֹנֵן, חוֹשֵׁב, חוֹקֵר, תֵּאוֹרֶטִיקָאִי, תֵּאוֹרֶטִיקוֹן, תֵּאוֹרֶטִיקָן, קוֹבֵעַ הֲלָכָה

Beobachter, relativ zum
לְגַבֵּי הַצּוֹפֶה (פיס׳)

Beobachter, teilnehmender
צוֹפֶה מִשְׁתַּתֵּף (מ״ח, פסי׳) [ר/ב/424]. מִסְתַּכֵּל מִשְׁתַּתֵּף, צוֹפֶה שֶׁמִּשְׁתַּתֵּף בְּאֹפֶן פָּעִיל בַּנַּעֲשֶׂה בִּקְבוּצָה נֶחְקֶרֶת

Beobachtung
צְפִיָּה (צְפִיּוֹת) [ק/ג/252]. הִסְתַּכְּלוּת, שִׂימַת לֵב, תַּצְפִּית. הַשְׁגָּחָה [ק/א/217]. הִתְבּוֹנְנוּת וְעִיּוּן, אַבְחָנָה

Beobachtung, astronomische
תַּצְפִּית תְּכוּנִית (אסט׳) [ק/א/80]. בְּדִיקָה, תַּצְפִּית אַסְטְרוֹנוֹמִית, חֲקִירָה תְּכוּנִית, הִתְבּוֹנְנוּת, עִיּוּן בְּמַהֲלַךְ הַכּוֹכָבִים

Beobachtung, gewichtete
תַּצְפִּית מְשֻׁקְלֶלֶת (אסט׳)

Beobachtung, nichtteilnehmende
תַּצְפִּית בִּלְתִּי מִשְׁתַּתֶּפֶת (מ״ח, פסי׳) [מ״מ/223]. תַּצְפִּית שֶׁבָּהּ הַחוֹקֵר אֵינוֹ נוֹטֵל חֵלֶק בִּפְעִילוּת הַקְּבוּצָה הַנֶּחְקֶרֶת

Beobachtung, teilnehmende
תַּצְפִּית מִשְׁתַּתֶּפֶת (מ״ח, פסי׳) [מ״מ/223]. תַּצְפִּית שֶׁבָּהּ הַחוֹקֵר נוֹטֵל חֵלֶק בִּפְעִילוּת הַקְּבוּצָה הַנֶּחְקֶרֶת

Beobachtung außerhalb des Laboratoriums
צְפִיַּת חוּץ (מדע) צְפִיָּה מִחוּץ לְכָתְלֵי הַמַּעְבָּדָה, תַּצְפִּית חוּץ

Beobachtungen, korrelative
תַּצְפִּיּוֹת מִתְאַמְּיוֹת (אסט׳)

Beobachtungsfehler

טָעוּת צְפִיָּה (מדע)

Beobachtungsgleichung

מִשְׁוָאַת תַּצְפִּיּוֹת (אסט')

Beplankung ---> Beplattung

Beplattung

לוּחַ (טכנ', ימאָ) צִפּוּי בְּלוּחוֹת

beraten

יָעַץ (יוֹעֵץ), יֻעַץ (מְיֻעָץ), הִתְיָעֵץ, נִמְלַךְ, שָׁאַל בַּעֲצַת..., תִּדְרֵךְ (מְתַדְרֵךְ)

beratender Ausschuß ---> Beirat

Berater

יוֹעֵץ (יוֹעֲצִים), מַדְרִיךְ

Berater, juristischer ---> Rechtsberater

Beratung [---> Konsultation]

יִעוּץ, הַדְרָכָה

berauben ---> beeinträchtigen

beraubt

גָּלוּז (גְּלוּז-) [מר"ח/553]. קָפוּחַ, מְקֻפָּח, חֲסַר דְּבַר-מָה, שֶׁנִּטַּל מִמֶּנּוּ מַשֶּׁהוּ

berauschen

שִׁכֵּר (מְשַׁכֵּר) (חזו', רפו', פסי') [א"ח/ב/240]. גָּרַם שִׁכָּרוֹן, הִשְׁתַּכֵּר (מִשְׁתַּכֵּר), שָׁתָה לְשָׁכְרָה

Berberitze ---> Sauerdorn

berechenbar

בַּר חִשּׁוּב (בְּנֵי חִשּׁוּב) (מתמ') חִשּׁוּבִי (חִשּׁוּבִיִּים)

berechnen

חִשֵּׁב (מְחַשֵּׁב) [ק/ד/147]. שִׁעֵר, מָדַד, אָמַד, שָׁקַל, הֶעֱרִיךְ

berechnen, den Flächeninhalt

חִשֵּׁב שֶׁטַח (מתמ') [ק/ד/73]. שִׁבֵּר (מְשַׁבֵּר)

Berechnung

חִשּׁוּב (מתמ') [ק/א/333]. עֲרִיכַת חֶשְׁבּוֹנוֹת, עֲשִׂיַּת חֶשְׁבּוֹן. תַּחְשִׁיב (כלכ')

berechtigt ---> bevollmächtigt

Berechtigung, mangelnde

פְּסֻלוּת (משפ') אִי כְּשִׁירוּת

Beredsamkeit

דַּבְּרָנוּת (רטו') [ק/ב/207]. מְלִיצָה, כֹּשֶׁר דִּבּוּר, רְהִיטוּת הַדִּבּוּר, צַחוּת הַלָּשׁוֹן, שְׁגִירוּת הַדִּבּוּר, צַחוּת, הֲלָצָה, חֵפֶז לָשׁוֹן, כִּשְׁרוֹן בִּטּוּי, כֹּחַ הַדִּבּוּר, כֹּשֶׁר הַבָּעָה

beredt sein

הֵיטִיב לְדַבֵּר (רטו') [ק/ב/282]. הִמְרִיץ, הִמְלִיץ, דִּבֵּר בִּמְלִיצוֹת, הִנְעִים, מָרַץ, לָקַח מִלָּה

Bereich [---> Domäne]

תְּחוּם (תְּחוּמִים) [ק/א/100]. גְּבוּל, רְשׁוּת (רְשֻׁיּוֹת), מַצָּב. גָּדֵר (גְּדֵרוֹת, גְּדֵרִים) [ק/א/105]. מִקְצוֹעַ, תְּכוּנָה, מְחִצָּה. מָחוֹז (מְחוֹזוֹת) (פיל') [ק/ב/177]. מָקוֹם מֻגְבָּל

Bereich, kritischer ---> Zurückweisungsbereich

bereichern

הִתְעַשֵּׁר (מִתְעַשֵּׁר) (כלכ') נַעֲשָׂה לְעָשִׁיר, נֶעֱשַׁר, הֶעֱשִׁיר (מַעֲשִׁיר), עָשָׂה לְעָשִׁיר, עִשֵּׁר (מְעַשֵּׁר)

Bereicherung

הִתְעַשְּׁרוּת (כלכ') עֲשִׂיַּת מָמוֹן, צְבִירַת מָמוֹן

Bereicherung, ungerechtfertigte

הִתְעַשְּׁרוּת בִּלְתִּי מֻצְדֶּקֶת (משפ') הִתְעַשְּׁרוּת רְמִיָּה, עֲשִׂיַּת עֹשֶׁר וְלֹא בְּמִשְׁפָּט

Bereicherungstrieb

יֵצֶר הִתְעַשְּׁרוּת (מ"ח, כלכ') [ק"מ/א/124]. תַּאֲוַת רְדִיפָה אַחֲרֵי הָעֵרֶךְ הַמִּשְׁתַּתֵּף לְבַעַל הַהוֹן וּלְצוֹבֵר הָאוֹצָר גַּם יַחַד

Bereitschaft

מוּכָנוּת (פסי') [ר/ב/361]. עֶמְדַּת הַהֲכָנָה שֶׁל אָדָם לְשֵׁם הַפָּקַת תּוֹעֶלֶת מֵהִתְנַסּוּת מְסֻיֶּמֶת, נְכוֹנוּת

Bereitschaft, Gesetz der

חֹק הַנְּכוֹנוּת (פסי')

Bereitschaftstest

מִבְחַן נְכוֹנוּת (פסי', מ"ח)

Bereitwilligkeit ---> Bereitschaft

bereuen

הִתְחָרֵט, נִחַם (נָחַם), הִתְנַחֵם, הִתְעַשֵּׁת, הִרְהֵר חֲרָטָה

Bergahorn *{Acer pseudoplatanus}*

אֶדֶר דַּלְבָּנִי (בוט') צֶמַח מִמִּשְׁפַּחַת הָאַדְרִיִּים

Bergente *{Aythya marila}*

צוֹלֵל יַמִּי (זוא') עוֹף מִמִּשְׁפַּחַת הַבַּרְוָזִיִּים

Bergfink *{Fringilla montifringilla}*

פְּרוּשׁ הָרִים (זוא') עוֹף מִמִּשְׁפַּחַת הַפְּרוּשִׁיִּים

Bergkaffee ---> Kaffeestrauch

Bergkalanderlerche *{Melanocorypha bimaculata}*

עֶפְרוֹנִי הָרָמוֹת (זוא') צַוְארוֹנִי פְּסָגוֹת, עוֹף מִמִּשְׁפַּחַת הָעֶפְרוֹנִיִּים

Bergkiefer *{Pinus mugo}*

אֹרֶן הֶהָרִים (בוט') צֶמַח מִמִּשְׁפַּחַת הָאַרְנִיִּים

Bergotter *{Vipera palaestinae}*

צֶפַע מָצוּי (זוא') נָחָשׁ מִמִּשְׁפַּחַת הַצִּפְעוֹנִיִּים

Bergrutsch [---> Erdrutsch]

זִיחַת הָרִים (גאו', י"א)

Bergsturz

מַפֹּלֶת הָרִים (גאו', י"א)

Bergungsschiff

סְפִינַת חִלּוּץ (ימא') חַלֶּצֶת (חַלָּצוֹת)

Bergwind

רוּחַ הָרִים (מטא') [יל"ט/185]. רוּחַ הַיּוֹרֶדֶת בַּלַּיְלָה בְּמוֹרַד הָהָר

Bericht

דִּין וְחֶשְׁבּוֹן (דו"חַ), מִמְסָר

Bericht, spontaner

מִמְסָר מֵעַצְמוֹ (משפ', פסי') מִמְסָר לְפִי תֻּמּוֹ, - סְפּוֹנְטָנִי

Berichterstatter(in)

דַּוָּח, דַּוָּחִית (מדי')

berichtigen, Fehler ---> korrigieren

Berichtigung ---> Korrektur

Berieselung

הַשְׁקָיָה בַּהֲצָפָה (היד')

Berieselungsfeld

שְׂדֵה שְׁלָחִין (חקל') [א"ח/ב/164]. שְׂדֵה בֵּית הַשְּׁלָחִין, שָׂדֶה מֻשְׁקֶה

Bermudagras *{Cynodon dactylon}*

יַבְלִית מְצוּיָה (בוט') צֶמַח מִמִּשְׁפַּחַת הַדְּגָנִיִּים

berühren

נָגַע (נוֹגֵעַ) [ק/ב/211; 304; 321]. מִשֵּׁשׁ (מוֹשֵׁשׁ), מִשֵּׁשׁ (מְמַשֵּׁשׁ), מִשְׁמֵשׁ (מְמַשְׁמֵשׁ),

הִתְמַשֵּׁשׁ (מִתְמַשֵּׁשׁ). פָּגַשׁ (פּוֹגֵשׁ) [ק/ג/53; 183]. נִפְגַּשׁ הִשִּׂיק (מַשִּׂיק), נִתְקַל, הִתְדַּבֵּק

Berührung [---> Kontiguität]

נְגִיעָה [ק/ב/142]. מַגָּע (מַגָּעִים), הִתְחַבְּרוּת, יַחַס קָרוֹב, שְׁכֵנוּת. הַשָּׁקָה [ק/ג/299]. קִרְבוּת, נִשּׁוּק. מִשּׁוּשׁ [ק/ב/291]. מִשְׁמוּשׁ בַּיָּדַיִם בְּדָבָר כְּדֵי לְהַרְגִּישׁוֹ. סְמִיכוּת [ק/ג/105]. קִרְבָה בְּמָקוֹם אוֹ בִּזְמַן, מִצְרָנוּת, שְׁכֵנוּת, קֶשֶׁר. פְּגִישָׁה [ק/ג/182]. קְרִיבָה [ק/ג/301]. הַסְמָכָה. הַכְנָסָה [ק/א/172]. יַחַס. דִּבּוּק (פסי') [ק/א/124]. פְּגִיעַת כְּלֵי הַחוּשׁ בַּדָּבָר הַמּוּחָשׁ

Berührungsdruck

לְחִיצַת מַגָּע (טכנ')

Berührungslinie

מַשִּׂיק (מַשִּׂיקִים) (מתמ') [ק/ג/19]. נוֹגֵעַ, נוֹגֵעַ הַקֶּשֶׁת, קַו הַנּוֹגֵעַ בְּקַו עָקֹם בִּנְקֻדָּה אַחַת בִּלְבַד אַךְ אֵינוֹ חוֹתֵךְ אוֹתוֹ

Berührungspunkt *{Oskulationspunkt}*

נְקֻדַּת נִשּׁוּק (מתמ') [ק/ב/34]. נְקֻדַּת מַגָּע, - אוֹסְקוּלַצְיָה, יַחַס נְגִיעָה, נְקֻדַּת הַשָּׁקָה שֶׁל שְׁתֵּי עֲקֻמּוֹת

Berührungsreize zu lokalisieren, Unvermögen ---> Atopognosie

Berührungsschmerz *{Haphalgesie}*

כְּאֵב תְּמוּשָׁה (רפו')

Beruf

מִקְצוֹעַ (מִקְצוֹעוֹת). שְׁלִיחוּת, מְשִׂימָה, יִעוּד, תְּעוּדָה, מַטָּלָה, תַּפְקִיד

berufen

מְיֻעָד, מְעֻתָּד, נוֹעָד

Berufkraut *{Erigeron}*

קִיֶּצֶת (בוט') צֶמַח מִמִּשְׁפַּחַת הַמֻּרְכָּבִים

Berufspflicht

מַצְפּוּנָה מִקְצוֹעִית (אתי') אֶתִיקָה מִקְצוֹעִית

Berufung ---> Beruf

Berufung, charismatische ---> Zuschreibung

Berufung einlegen

הִגִּישׁ עִרְעוּר (משפ')

Berufungsgericht

בֵּית דִּין לְעִרְעוּרִים (משפ') בֵּית מִשְׁפָּט לְעִרְעוּרִים

beruhigen

שִׁכֵּךְ (מְשַׁכֵּךְ) [א"ח/ג/233]. הִרְגִּיעַ, נִרְגַּע, שָׁפָה (שׁוֹפֶה)

Beruhigung

הִשְׁתַּכְּכוּת, רְגִיעָה, הַרְגָּעָה, הֵרָגְעוּת, שִׁכּוּךְ

Beruhigungsmittel *{Sedativum; Tranquilizer}*

אַרְגָּעָן (רפו') [מר"ח/607]. סַם מְיַשֵּׁב, תְּרוּפַת הַרְגָּעָה, מַשְׁאֲנָן (מַשְׁאֲנַנִּים)

besänftigen

פִּיֵּס (מְפַיֵּס), חִלָּה (מְחַלֶּה), רִצָּה (מְרַצֶּה), שִׁכֵּךְ כַּעְסוֹ, שִׁדֵּל, הִרְגִּיעַ, הֵפִיס (מֵפִיס), הִתְפַּיֵּס, פֻּיַּס (מְפֻיָּס), הִתְרַצָּה, נָחָה דַּעְתּוֹ, נִרְגַּע

Besänftigung

פִּיּוּס, חִלּוּי, רִצּוּי

Besamung

הַזְרָעָה (ביו')

Besatz ---> Saum

Besatzung

כִּבּוּשׁ (צבא, מדי') הַחְזָקָה כּוֹחָנִית, - צְבָאִית

beschädigen

הִזִּיק (מַזִּיק), נִזַּק (מְנֻזָּק), גָּרַם נֶזֶק, הֻזַּק, נִזַּק (נִזּוֹק), נִגְרַם לוֹ נֶזֶק

Beschädigung

הֶזֵּק, הַזָּקָה, גְּרִימַת נֶזֶק, נֶזֶק (נְזָקִים)

beschäftigen

עָסַק (עוֹסֵק) בְּ... [ק/ד/75]. שָׁגָה, הִתְעַסֵּק בְּ..., טִפֵּל בְּ..., הוֹצִיא זְמַנּוֹ עַל... הִתְגַּלְגֵּל [ק/א/113]. הֶעֱסִיק (מַעֲסִיק) (כלכ')

beschäftigt

עָסוּק [א"ח/ב/358]. טָרוּד

Beschäftigung

עִסּוּק (עִסּוּקִים)

Beschäftigung, eitle

שְׁגִיָּה (שְׁגִיּוֹת) [ק/ד/75]. עִסּוּק שֶׁל הֶבֶל, פְּעֻלָּה חַסְרַת שַׁחַר, מַעֲשֶׂה שֶׁל כְּלוּם, עִנְיָן רֵיק

Beschäler

סוּס רְבִיעָה (זוא', חקל')

beschämen

הִכְלִים (מַכְלִים), בִּיֵּשׁ, עָלַב, הִתְבַּיֵּשׁ, נִכְלַם

beschämt

מְבֻיָּשׁ, מָכְלָם

beschaffen

כּוֹנֵן (מְכוֹנָן) (פיל') [פ"ר/94]. סִפֵּק (מְסַפֵּק), הִמְצִיא, הִשִּׂיג (מַשִּׂיג), פִּרְנֵס

Beschaffenheit

טִיב [ק/א/204]. הֲקָמָה, אֵיכוּת, מַהוּת, אֹפִי, מִדָּה, צִבְיוֹן, קִיּוּם וְהַעֲמָדָה. עִנְיָן [ק/ג/148]. עֲמִדָּה, נְסִבּוֹת, תְּנָאִים, מַצָּב. תְּכוּנָה (פיל') [ק/־/192]. נְטִיָּה

Beschaffenheit, akzidentelle

מִקְרִיּוּת [ק/ב/273]. אֵיכוּת מִקְרִית, מַצָּב שֶׁל דָּבָר שֶׁבָּא בְּמִקְרֶה

Beschaffenheit, grobe

גַּסּוּת [ק/א/119]. עֳבִיּוּת, חָמְרִיּוּת, גַּשְׁמִיּוּת, אֵיכוּת גַּסָּה, - מְגֻשֶּׁמֶת

Beschaffenheit, krumme

עִוּוּת [ק/ג/126]. עִוּוּי, עִקּוּם, עֲקַמּוּמִית

Beschaffenheit, lose

רְפִיפוּת [ק/ג/209]. פֵּרוּק, פִּזּוּר, רִפּוּף

Beschaffenheit, massive

מִקְשִׁיּוּת (פיס') [ק/ב/273]. תְּכוּנַת הַדָּבָר הַטָּמוּם

Beschaffenheit, sittliche

יִצִירָתִיּוּת (פסי', אתי') [ק/ב/47]. יְצִירָה, אֹפִי, תְּכוּנָה נַפְשִׁית, נֹהַג מוּסָרִי. מִדָּה (פסי', אתי') [ק/ב/146]. תְּכוּנָה מוּסָרִית הַמְּטֻבַּעַת בְּנֶפֶשׁ הָאָדָם, וּבְיִחוּד קִנְיַן הַמִּדּוֹת הַטּוֹבוֹת

Beschaffenheit, trübe

עֲכִירוּת [ק/ג/132]. דְּלִיחוּת, אִי בְּהִירוּת

Beschaffenheit, von bestimmter ---> augenfällig

Beschattung

הַצְלָלָה (אמנ') [ממ"ג/24]. יְצִירַת צֵל בְּצִיּוּר

Beschaulichkeit

הִתְבּוֹדְדוּת [ק/א/226]

Bescheidenheit

צְנִיעוּת [א״ת/ב/48]. עֲנִיווּת, פַּשְׁטוּת, הִסְתַּפְּקוּת בְּמוּעָט, עֲנָוָה

beschenken ---> schenken

B e s c h e n k t e (r) ---> Schenkungsempfänger

Beschichten

לְבִידָה (אלק׳) יְצִירַת שְׁכָבוֹת

beschirmend

מְחוֹפֵף [ק/ב/177]. סוֹכֵךְ, מְחַפֶּה, מְכַסֶּה, מֵגֵן

beschlagen

פִּרְזֵל (מְפַרְזֵל) (חקל׳) קָבַע פַּרְסוֹת בַּרְזֶל בְּרַגְלֵי בְּהֵמָה

Beschlagen

פִּרְזוּל (חקל׳) שִׂימַת פַּרְסוֹת בַּרְזֶל בְּרַגְלֵי בְּהֵמָה

Beschlagnagel

כַּפְתּוֹר (כַּפְתּוֹרִים) (טכנ׳)

Beschlagnahme [---> Pfändung]

הַחְרָמָה (משפ׳) הַחֲרָמָה, הַפְקָעָה, הוֹצָאַת דָּבָר מֵרְשׁוּת בְּעָלָיו

beschlagnahmen

הֶחְרִים (מַחְרִים) (משפ׳) הֶחֱרִים (מַחֲרִים), הִפְקִיעַ, הוֹצִיא מֵרְשׁוּת הַבְּעָלִים

Beschlagnahmeverfügung

צַו כִּנּוּס נְכָסִים (משפ׳, כלכ׳)

beschlagnahmt

מָחֳרָם (משפ׳) מַחְרָם, שֶׁהֻפְקַע מֵרְשׁוּת הַבְּעָלִים

Beschleuniger

מֵאִיץ (מְאִיצִים) (טכנ׳) מַגְבִּיר

beschleunigt

מוּאָץ וְהוֹלֵךְ, מְזֹרָז, מֻגְבָּר

beschleunigte Bewegung ---> Bewegung, beschleunigte

beschleunigtes Verfahren ---> Schnellverfahren

Beschleunigung [---> Akzeleration]

תְּאוּצָה (פיס׳, מוס׳) [ק/ד/213; ל״מ/651]. הָחָשָׁה, חִדּוּד הַתְּנוּעָה, תּוֹסֶפֶת מְהִירוּת, שִׁנּוּי הַמְּהִירוּת עִם הַזְּמַן, זֵרוּז, הָאָצָה

Beschleunigungsmesser

מַד תְּאוּצָה (טכנ׳)

beschließen

הֶחְלִיט (מַחְלִיט), הֶחֱלִיט (מַחֲלִיט). הִסְתַּיֵּם (מִסְתַּיֵּם), סִיֵּם

beschlußfähige Anzahl ---> Anzahl, beschlußfähige

beschmutzt

מְלֻכְלָךְ, מְטֻנָּף

beschneiden

מָל (דת, רפו׳) כָּרַת אֶת הָעָרְלָה, מָהַל (מוֹהֵל), נִמּוֹל

Beschneidung

מִילָה (מִילוֹת) (דת, רפו׳) [א״ת/ב/11]. כְּרִיתַת הָעָרְלָה

Beschneidung, Entblößen der Eichel bei der

פְּרִיעָה (דת, רפו׳) [א״ת/ב/11]. חֲשִׂיפַת הָעֲטָרָה לְאַחַר הַמִּילָה

beschnitten

גָּזוּז, גָּזוּם, נִמּוֹל

Beschnittener

נִמּוֹל (נִמּוֹלִים) (דת, רפו׳) גֶּבֶר כְּרוּת עָרְלָה, מוּל, מָהוּל

beschränken

הִתְקִין סְיָג, עָשָׂה סְיָג, סִיֵּג (מְסַיֵּג)

beschränken, sich

הִצְטַמְצֵם (מִצְטַמְצֵם) [ק/ב/255]. הִתְקַטֵּן, הִגְבִּיל אֶת עַצְמוֹ, הִתְכַּוֵּץ, הִסְתַּפֵּק בְּמֻעָט

beschränkt

מֻגְבָּל, חָסוּם, מָנוּעַ, גָּדוּר, מְעֻכָּב, מְפֻגָּר, דַּל כֹּחַ, חֲדַל אוֹנִים, נֶעְדַּר הַיְכֹלֶת

beschränkt haftender Gesellschafter ---> Kommanditist

beschränkte Haftung ---> Haftung, beschränkte

beschränktes Urteil ---> Urteil, beschränktes

Beschränktheit

מֻגְבָּלוּת [ק/ג/296]. קִצּוּר, אִי כְּשִׁירוּת, אִי סְפִיקָה, דַּלּוּת הַיְכֹלֶת, חֲסִימוּת, מֻגְבָּלָה, אָזְלַת יָד, אֵין אוֹנִים, חִסָּרוֹן, אִי שְׁלֵמוּת. קֹצֶר [ק/ג/297]

Beschränkung

הַגְבָּלָה (הַגְבָּלוֹת) [ק/א/153]. צִמְצוּם

Beschränkung des dritten Begriffs *{Determinatio tertii}*

צִמְצוּם הַמֻּשָּׂג הַשְּׁלִישִׁי (פיל׳) הֶקֵּשׁ לֹא מָצוּעַ (בִּלְתִּי אֶמְצָעִי) שֶׁהַנּוֹשֵׂא בְּמַסְקָנָתוֹ הִנּוֹ מֻשָּׂג שְׁלִישִׁי וְחָדָשׁ וְהוּא מְצֻמְצָם בְּיַחַס לְנוֹשֵׂא הַמֻּקְדָּם, לְמָשָׁל: ״סוּסִים הֵם חַיּוֹת; לָכֵן רֹאשׁ סוּס הוּא רֹאשׁ חַיָּה״ אוֹ הַנֻּסְחָה הַכְּלָלִית: ״כָּל הַ-A הֵם B; לָכֵן C שֶׁל A מְסֻיָּם הוּא גַּם C שֶׁל B מְסֻיָּם״

Beschränkung durch den dritten Begriff, Ableitung durch ---> Ableitung durch Beschränkung durch den dritten Begriff

Beschränkung eines allgemein gefaßten Satzes auf einen bestimmten Fall

אוֹקִימְתָּא (פיל׳) [ק/א/27]. בַּתַּלְמוּד: הַגְבָּלַת מַאֲמָר סְתָמִי בִּתְנַאי מְיֻחָד

beschreiben

רָשַׁם (רוֹשֵׁם) (פיל׳) [ק/ד/62]. תֵּאֵר (מְתָאֵר). חָקַק (חוֹקֵק) (פסי׳) [ק/א/327]. צִיֵּר תְּמוּנָה כָּלְשֶׁהִי בְּמַחֲשַׁבְתּוֹ

beschreiben, im einzelnen

פֵּרֵט (מְפָרֵט) [ק/ג/212]. פָּרַט (פּוֹרֵט), מָנָה אֶת הַפְּרָטִים, מָסַר דָּבָר בִּפְרוֹטְרוֹט

beschreibend *{deskriptiv}*

תֵּאוּרִי (ספר׳, בלש׳) [ק/ג/109]. סִפּוּרִי, שֶׁל סִפּוּר, מְתָאֵר, מְפָרֵט, מְאַיֵּךְ

beschreibendes Urteil ---> Urteil, beschreibendes

Beschreibung *{Deskription}*

תֵּאוּר (פיל׳) [ת״ה/96]. בִּטּוּי סְמָלִי הַמְּתָאֵר בְּאֹפֶן חַד מַשְׁמָעִי פְּרָט מְסֻיָּם בְּאֶמְצָעוּת סִימָן אוֹ תְּכוּנָה הָאָפְיָנִיִּים רַק לִפְרָט זֶה, לְמָשָׁל: ״הַמַּלְחִין שֶׁל הָאוֹפֶּרָה ׳חָלִיל הַקֶּסֶם׳״ בִּמְקוֹם: ״וּוֹלְפְגַנְג אָמָדֵאוּס מוֹצַרְט״. הַפָּרָשָׁה

[ק/א/200]. הַפְרָטָה. חֹק (פיל') [ק/א/322]. גָּדֵר, גְּבוּל,סִימָן, הַגְדָּרָה. סִפּוּר [ק/ג/107]. רִשּׁוּם (פיל', ספר') [ק/ד/59]. רֹשֶׁם (פיל') [ק/ד/60]. תֹּאַר [ק/ד/174]

Beschreibungsraum
מֶרְחַב תֵּאוּר (פסי', פדג')

beschrieben
מְכֻתָּב, מְכֻתָּב [ק/ב/201]. קָבוּעַ, מְתֹאָר, כָּתוּב, רָשׁוּם, מֻכְנָס בִּרְשִׁימָה, מִי שֶׁנִּקְבַּע לְמַטָּרָה מְסֻיֶּמֶת, נוֹעָד

beschrieben, durch ein Merkmal ---> Merkmal beschrieben, durch ein

beschriften
כָּתַב (מְכֻתָּב) (טכנ', אמנ') הוֹסִיף הֶסְבֵּר כָּתוּב לְאִיּוּר, לִתְמוּנָה וכד'

Beschriftung
כִּתּוּב (טכנ', אמנ') הֶסְבֵּר כָּתוּב הַנּוֹסָף לְאִיּוּר, לִתְמוּנָה וכד'

beschützen
גָּנַן (גּוֹנֵן), גּוֹנֵן (מְגוֹנֵן), הֵגֵן (מֵגֵן)

Beschützung *{Protektion}*
מְעוּזָּה (מ"ח) פְּרוֹטֶקְצְיָה, תְּמִיכָה, חָסוּת, חִסּוּי

Beschützung, übermäßige
חִסּוּי יֶתֶר (פסי')

beschuldigen
הֶאֱשִׁים (מַאֲשִׁים) אֶת... [ק/א/145]. דִּקְדֵּק עַל..., גִּנָּה אֶת...

beschuldigen, jemanden eines Verbrechens ---> Verbrechen(s) beschuldigen, jemanden eines

Beschuldigung ---> Anklage

Beschuldigung, falsche
עֲלִילָה (עֲלִילוֹת) (משפ') דִּבָּה, הַאֲשָׁמַת שָׁוְא

Beschwerde
קֻבְלָנָה (קֻבְלָנוֹת) (משפ') תְּלוּנָה

Beschwerdeführer
קוֹבֵל (קוֹבְלִים) (משפ') מִי שֶׁמַּגִּישׁ קֻבְלָנָה

beschwerlich
מַכְבִּיד, מְיַגֵּעַ, מַלְאֶה

Beschwören
הַמְרָצָה [ק/א/179]. הַכְבָּרָה, הַעְתָּרָה, הַפְצָרָה, תַּחֲנוּנִים רַבִּים

Beschwörer ---> Zauberer

beseelt
בַּעַל נֶפֶשׁ (פסי') [ק/א/92; ק/ג/60]. מִי שֶׁנִּכְנְסָה בּוֹ נְשָׁמָה. מִתְנַפֵּשׁ, מִתְנַשֵּׁם (פסי') [ק/ב/323]. בַּעַל נְשָׁמָה, רָגִישׁ, רַגְשָׁן, חַם לֵבָב, אָדָם גַּרִי

beseelt werden
הִתְנַפֵּשׁ (מִתְנַפֵּשׁ) (פסי', דת) [ק/ג/76]. הִתְנַשֵּׁם (מִתְנַשֵּׁם), נִכְנְסָה בּוֹ נֶפֶשׁ, נִתְּנָה לוֹ נְשָׁמָה

Beseelung
נִפּוּשׁ (פסי', דת) [ק/ג/53]. הַכְנָסַת נֶפֶשׁ לַגּוּף

besehen, sich
נָתַן אֶת דַּעְתּוֹ

beseitigen
סִלֵּק (מְסַלֵּק), חִסֵּל (מְחַסֵּל), בִּעֵר (מְבַעֵר), הֶעֱבִיר (מַעֲבִיר), בִּטֵּל, הֶעֱבַר, סַלֵּק, בַּטֵּל

Beseitigung, allmähliche ---> Beseitigung, stufenweise

Beseitigung, stufenweise
בִּעוּר מָדְרָג, - בְּהַדְרָגָה

Beseitigung der Fehler [---> Korrektur]
בִּעוּר טָעֻיּוֹת

Besen
מַטְאֲטֵא (מַטְאַטְאִים) (טכנ') [א"ח/א/77]. מַכְבֵּד (מַכְבְּדִים)

besessen
שָׁטוּף (פסי') [ק/ד/87]. שָׁקוּעַ בְּעִנְיָן כָּלְשֶׁהוּ, לָהוּט, נָתוּן לְדָבָר בְּכָל לִבּוֹ, כְּפוּתִי, אוֹבְּסֶסִיבִי, טִרְדוֹנִי

Besessener(in)
שָׁגוּעַ, שְׁגוּעָה (פסי') [מר"ח/437]. מִי שֶׁלּוֹקֶה בְּשֶׁגַע (מַנְיָה), הַמַּנְיָן, מְשֻׁגָּע לְדָבָר מְסֻיָּם, מַנְיָק

Besessenheit *{Obsession}* [---> Zwangsidee]
שְׁטִיפוּת [ק/ד/90; מר"ח/489]. שְׁטִיפָה, כְּפִיָּאָה, לְהִיטוּת, אֲדִיקוּת בִּדְבַר-מָה, הִתְלַהֲבוּת, כְּפִיָּתִיּוּת. טֵרָדוֹן (פסי') [ר/א/11]. דִּבּוּק, אוֹבְּסֶסְיָה, שִׁגָּעוֹן לְדָבָר אֶחָד, רַעֲיוֹן הַמִּשְׁתַּלֵּט עַל תּוֹדַעְתּוֹ שֶׁל אָדָם בְּנִגּוּד לִרְצוֹנוֹ, כְּפִיָּתִיּוּת

besetzen
חִלֵּק (מְחַלֵּק) תַּפְקִידִים (מוס', תאט') אִיֵּשׁ (מְאַיֵּשׁ). כָּבַשׁ (כּוֹבֵשׁ) (צבא)

Besetzstärke
מַשָּׂא (שְׂדֵה) הַמִּרְעֶה (חקל') יְכֹלֶת שְׂדֵה הַמִּרְעֶה לְכַלְכֵּל עֵדֶר

besetztes Gebeit ---> Gebiet, besetztes

Besetzung
חֲלֻקַּת תַּפְקִידִים (פְּעֻלָּה), מַעֲרָךְ (תּוֹצָאָה) (מוס', תאט') אִיּוּשׁ. כִּבּוּשׁ (צבא). אֲחִיזָה (פסי') הַשְׁקָעָה

Besetzung, affektive ---> Kathexis

Besetzungszahl eines Feldes ---> Feldhäufigkeit

Besiedlung
יִשּׁוּב, הִתְיַשְּׁבוּת

besiegt werden ---> Niederlage erleiden

Besiegter
מְנֻצָּח (מְנֻצָּחִים), נִצּוֹחַ (נִצּוֹחִים)

besinnen, sich
הִזְדַּכֵּר (מִזְדַּכֵּר) (פסי') [ק/א/261]. נִזְכַּר (נִזְכָּר), חִדֵּשׁ בְּזִכְרוֹנוֹ דָּבָר שֶׁנִּשְׁכַּח. הִרְהֵר (מְהַרְהֵר) (פסי', פיל') הִתְחַבֵּט בְּ..., הֶעֱמִיק לַחְשֹׁב, הִתְעַמֵּק, עִיֵּן בְּ..., אִמֵּץ אֶת הַמַּחֲשָׁבָה, הָפַךְ בְּמַחְשְׁבוֹתָיו, אִזֵּן וְחִקֵּר

Besinnen
חֶשְׁבּוֹן הַנֶּפֶשׁ (פסי', פיל') הִשְׁתַּקְּעוּת בְּמַחֲשָׁבוֹת, הִתְאַמְּצוּת הַמַּחֲשָׁבָה

Besinnung
כֹּחַ הַהִזְדַּכְּרוּת (פסי') [ק/ב/74]. הַכִּשָּׁרוֹן הָרוּחָנִי לְחַדֵּשׁ וּלְהַעֲלוֹת בְּזִכָּרוֹן מָה שֶׁהָיָה פַּעַם יָדוּעַ לוֹ

Besitz
קִנְיָן (כלכ') [ק/ג/289]. קְנִיָּה, רְכוּשׁ

Besitz, rechtmäßiger
חֶזְקָה חֻקִּית (כלכ')

Besitz, unabtretbarer ---> Besitz, unveräußerlicher

Besitz, unveräußerlicher

נִכְסֵי צֹאן בַּרְזֶל (משפ׳, כלכ׳) נְכָסִים שֶׁאֵינָם נִתָּנִים לְהַעֲבָרָה

Besitz(es), Vollkommenheit des ---> Vollkommenheit des Besitzes

Besitz beruhender Eigentumstitel, auf ---> Eigentumstitel, auf Besitz beruhender

Besitz erhalten

נָחַל (נוֹחֵל) (משפ׳, כלכ׳) נָכַס נְכָסִים, הֶחֱזִיק בְּנֶכֶס, קִבֵּל נַחֲלָה, נָפְלוּ לוֹ נְכָסִים

Besitz geben

הִנְחִיל (מַנְחִיל) (משפ׳, כלכ׳) נָתַן לוֹ נַחֲלָה, נִחֵל (מְנַחֵל), הֶעֱבִיר לִזְכוּתוֹ

Besitz nehmen, gewaltsam in

גָּזַל (גּוֹזֵל), עָשַׁק (עוֹשֵׁק) (משפ׳, כלכ׳) לָקַח בְּכֹחַ הַזְּרוֹעַ

besitzanzeigendes Fürwort ---> Possessivpronomen

besitzender Stand ---> Stand, besitzender

Besitzer

בְּעָלִים, בַּעַל קִנְיָן (משפ׳, כלכ׳)

Besitzer, abwesender

בְּעָלִים נֶעְדָּר (משפ׳, כלכ׳)

Besitzergreifer

מַחֲזִיק (משפ׳, כלכ׳) בַּעַל הַחֲזָקָה, תּוֹפֵס, מִי שֶׁיֵּשׁ לוֹ זְכוּת קִנְיָן עַל רְכוּשׁ שֶׁהָיָה בִּרְשׁוּתוֹ זְמַן מְסֻיָּם

Besitzergreifung ---> Besitzrecht

Besitzergreifung, gewaltsame ---> Aneignung, widerrechtliche

Besitzerschaft, unumschränkte

בַּעֲלוּת מֻחְלֶטֶת (משפ׳, כלכ׳)

Besitzklage

תְּבִיעָה לְקַבָּלַת חֲזָקָה (משפ׳, כלכ׳)

Besitzrecht

חֲזָקָה (חֲזָקוֹת) (משפ׳, כלכ׳) [א״ת/ב/87]. זְכוּת קִנְיָן שֶׁל אָדָם עַל רְכוּשׁ שֶׁהָיָה בִּרְשׁוּתוֹ זְמַן מְסֻיָּם

Besitzstörung ---> Beeinträchtigung

Besitztitel ---> Eigentumstitel

Besitztum ---> Besitz

Besitzurkunde ---> Eigentumstitel

besonder [---> idiosynkratisch; spezifisch]

מְיֻחָד בְּמִינוֹ [ק/ב/222]. מְסֻגָּל, מְסֻגָּל, שׁוֹנֶה מֵאֲחֵרִים. פְּרָט [ק/ג/211]. יוֹצֵא הַדֹּפֶן. פּוֹרֵט [ק/ג/212]. שֶׁל הַיָּחִיד, יְחִידָנִי. מְיֻחָד [ק/ב/190]. נִבְדָּל, פְּרָטִי, חֶלְקִי, בְּנִגּוּד לִכְלָלִי. מִתְבּוֹדֵד [ק/ב/311]. בְּיוֹתֵר

besonderer Art, von ---> Art, von besonderer

besonderes Individuum ---> Individuum, besonderes

Besonderheit [---> Idiosynkrasie; Spezifikation]

מְיֻחָדוּת [ק/א/235]. הִתְיַחֲדוּת, הֱיוֹת נִבְדָּל מֵאֲחֵרִים, הֱיוֹת מְיֻחָד לְ..., הֶבְדֵּל עַצְמִי. יִחוּד [ק/ב/32]. יִחוּדִיּוּת, לְחוּדִיּוּת, קְבִיעַת דָּבָר לְתַכְלִית מְסֻיֶּמֶת. פְּרָטִיּוּת [ק/ג/213]. תְּכוּנַת הַדָּבָר הַפְּרָטִי, נִבְדָּלוּת

besonders

בִּמְיֻחָד, בְּעִקָּר, בְּיִחוּד, בִּפְרָט, בְּיוֹתֵר

besonders bestimmen ---> bestimmen, besonders

Besonderung ---> Besonderheit

Besonnenheit

מְתִינוּת [ק/ב/53]. יִשּׁוּב, - דַּעַת

Besprechung *{Rezension}*

סִקֹּרֶת (סִקּוֹרוֹת) (ספר׳, אמנ׳) [פ״ר/178]. רְשִׁימַת בִּקֹּרֶת, רֶצֶנְזְיָה, מַאֲמַר בִּקֹּרֶת, חִבּוּר קָצָר לְהַעֲרָכַת יְצִירָה

besprengen

זִלֵּף (מְזַלֵּף) [א״ת/א/77]. רִבֵּץ (מְרַבֵּץ), הִרְטִיב בְּמַיִם, הִזְלִיף, זָלַף (זוֹלֵף)

Besprengen

זִלּוּף [א״ת/א/77]. הַזְלָפָה, הַרְבָּצָה, הַרְטָבָה בְּמַיִם

besser

עָדִיף, טוֹב יוֹתֵר

bessern

שִׁכְלֵל (מְשַׁכְלֵל) [ק/ד/108]. שִׁפֵּר, תִּקֵּן

beständig [---> stabil; widerstandsfähig]

תְּמִידִי [ק/ד/209]. הַנַּעֲשֶׂה תָּמִיד, מְמֻשָּׁךְ, רָצוּף. הַתְמָדִי [ק/א/239]. מִטֶּבַע הַהַתְמָדָה. מְיֻשָּׁב [ק/ב/195]. קַיָּם, קָבוּעַ, מְבֻסָּס, עוֹמֵד בְּעֵינוֹ בְּלֹא שִׁנּוּי, תָּקוּעַ, יַצִּיב, קְבִעוֹנִי, עִקְשָׁנִי. מַתְמִיד [ק/ב/320]. שֶׁאֵינוֹ פּוֹסֵק

beständige Form ---> Form, beständige

beständiger Wechsel ---> Wechsel, beständiger

Beständigkeit [---> Konsistenz; Konstanz; Stabilität]

תְּמִידוּת [ק/ד/209]. הַתְמָדָה [ק/ג/281]. קִיָּמָא, קַיָּמָא, קִיָּמָא, יַצִּיבוּת, עֲמִידוּת, קְבִיעוּת. קִימָה, קַיָּמוּת [ק/ג/282]. קִיּוּם, תְּכוּנַת הַדָּבָר הַקַּיָּם, אֶפְשָׁרוּת לְהִשָּׁאֵר קַיָּם

Beständigkeit der Verbesserung ---> Verbesserung, Beständigkeit der

bestätigen

אִשֵּׁר (מְאַשֵּׁר) [ק/א/59]. אִמֵּת (מְאַמֵּת), בֵּרֵר וְהוֹכִיחַ אֶת הָאֱמֶת, הִכִּיר אוֹ הִשִּׂיג דְּבַר מָה עַל אֲמִתּוֹ, הֶחְלִיט וְקִיֵּם דְּבַר מָה, נָתַן תֹּקֶף, אִשֵּׁשׁ (מְאַשֵּׁשׁ)

Bestätigung

אִשּׁוּר, אִמּוּת, קִיּוּם, מַתַּן תֹּקֶף, אִשּׁוּשׁ

bestäuben, sich

הִתְאַבֵּק (מִתְאַבֵּק) [א״ת/ג/10]. כֻּסָּה בְּאָבָק

Bestallungsurkunde ---> Ernennungsurkunde

Bestand

קִיּוּם [ק/ג/279]. מַמָּשׁוּת, יֵשׁוּת. קִיָּמָא, קַיָּמָא, קִיָּמָא [ק/ג/281]. הִתְקַיְּמוּת, קַיָּמוּת, עֲמִידוּת. הַעֲמָדָה [ק/א/190]. הֶשְׁאֵר [ק/א/216]. מְצִיאוּת, הַתְמָדָה. מַעֲמָד [ק/ב/237]. קְבִיעוּת, מֶשֶׁךְ. עֲמִידָה [ק/ג/143]. יֶשְׁנוּת, נִמְצָאוּת. מְצַאי (כלכ׳) כְּלַל הַדְּבָרִים הַנִּמְצָאִים בְּמָקוֹם מְסֻיָּם, מְלַאי

Bestand, eiserner ---> Gut, eisernes

Bestand haben

נִשְׁאַר [ק/ד/66]. נוֹתַר, לֹא חָדַל לְהִתְקַיֵּם,

הִתְמִיד. שֵׁרֵת [ק/ד/164]. הִתְקַיֵּם

Bestand Habende, das

יֵשׁ (פיל') [ק/ב/52]. מַאֲמַר הָעֶצֶם

Bestand verleihend

מַתְמִיד [ק/ב/320]. מְשַׁמֵּר, מְקַיֵּם, מַמְשִׁיךְ, מַשְׁאִיר

Bestandsaufnahme ---> Inventur

Bestandteil *{Komponente}*

רְכִיב (רְכִיבִים), מַרְכִּיב, חֵלֶק מְדֻבָּר מֻרְכָּב, גּוֹרֵם מַרְכִּיב, אֵבֶר (אֵבָרִים), חֵלֶק מַרְכִּיב

Bestattungsgesellschaft, religiöse

חֶבְרָה קַדִּישָׁא (דת) [א"ת/ב/63]. מוֹסָד קְבוּרָה דָּתִי

bestauben

זָרָה (זוֹרֶה), אִבֵּק (מְאַבֵּק)

Beste, das

מֵיטָב, הַטּוֹב בְּיוֹתֵר

bestechlich

שָׁחִיד, שֶׁנִּתָּן לְשַׁחֲדוֹ

Bestensuche ---> Vorzugssuche

bestehen

עָמַד (עוֹמֵד) [ק/ג/140]. נִמְצָא, הִתְקַיֵּם, הָיָה קַיָּם, הִתְמִיד לְהִתְקַיֵּם, נִשְׁאַר בְּמַצָּבוֹ לְלֹא שִׁנּוּי, הָיָה קָבוּעַ וְעוֹמֵד, תָּמַד, נִמְשַׁךְ. קָם [ק/ג/284]. עָמַד עַל מְכוֹנוֹ. הִוָּה (מְהַוֶּה), הָיָה בּוֹ

besteht

מְהַוֶּה, בְּנוּתֵן, יֵשׁ בּוֹ

Bestellung, fortlaufende

הַזְמָנַת קֶבַע (כלכ')

besteuern

מִסָּה (מְמַסֶּה) (כלכ', מדי') הֵטִיל מַס (מִסִּים)

Besteuerung

מִסּוּי (כלכ', מדי') שׁוּמָה, הֲטָלַת מַס (מִסִּים)

Besteuerungsgrundlage ---> Bemessungsgrundlage

bestimmbar [---> definierbar]

קָבִיעַ [ת"ה/140]. נִקְבָּע, נִקְבָּעִי, עָשׂוּי לְהִקָּבֵעַ, שֶׁאֶפְשָׁר לְקָבְעוֹ, בַּר קְבִיעָה

bestimmbar, quantitativ ---> quantitativ bestimmbar

Bestimmbarkeit [---> Definierbarkeit]

קְבִיעוּת, נִקְבָּעִיּוּת, הִקָּבְעוּת, תְּכוּנַת הֱיוֹת קָבִיעַ

bestimmen

קָבַע (קוֹבֵעַ) [ק/ג/292]. קָצַב, פָּסַק, טָבַע, הֶחְלִיט. אָמַד, הֶעֱרִיךְ. חִיֵּב [ק/א/283]. גָּזַר, יָעַד (יוֹעֵד), יִעֵד (מְיַעֵד), יִעֵד (מְיַעֵד)

bestimmen, besonders

יִחֵד (מְיַחֵד) [ק/ב/30]. הִקְדִּישׁ, הִבְדִּיל אוֹתוֹ מֵאֲחֵרִים מִתּוֹךְ רָצוֹן כָּלְשֶׁהוּ, הִקְצָה, קָבַע לְתַכְלִית אַחַת בִּלְבַד

bestimmen, gesetzlich ---> verordnen

bestimmen, quantitativ ---> quantifizieren

bestimmend [---> determinativ]

קוֹבֵעַ [ק/ב/208]. מְמַלֵּא, מַעֲמִיד, מְקַיֵּם, מַהוּתִי, מַה שֶּׁקּוֹבֵעַ מַהוּתוֹ שֶׁל דָּבָר, עִקָּרִי

Bestimmender planvoll

מְכַוֵּן (דת) [ק/ב/197]. כִּנּוּי לֵאלֹהִים

bestimmender Begriff ---> Begriff, bestimmender

bestimmendes Pronomen ---> Pronomen, bestimmendes

bestimmt

מְסֻיָּם [ק/ב/223]. נָתוּן, חַלְטָנִי, בְּחַלְטָנוּת. מְעֻתָּד [ק/ב/244]. מְזֻמָּן לֶעָתִיד. מֻרְשָׁם [ק/ב/282]. נִרְמָז אֶל... [ק/ג/69]. מְיֻחָד. רָמוּז אֵלָיו [ק/ד/43]. מֻגְדָּר. רָשׁוּם [ק/ד/59]. יָדוּעַ [ק/ב/26]. קָבוּעַ. מֻבָּט [ק/ב/137]. מוּחָשִׁי, מַמָּשִׁי, וַדָּאִי, שָׁרִיר וְקַיָּם, מְעֻיָּן. מוּכָן [ק/ב/160]. עָרוּךְ וּמְזֻמָּן, רָאוּי וּמֻכְשָׁר לִפְעֻלָּה אוֹ לְתַפְקִיד, מוֹעָד לְ..., נִקְבַּע מֵרֹאשׁ לְשֵׁם מַטָּרָה מְסֻיֶּמֶת, נוֹטֶה לְ..., שֶׁיֵּשׁ לוֹ נְטִיָּה לְמַשֶּׁהוּ. מְיֻחָד [ק/ב/190]. דָּבָר נִגְבָּל, קָצוּב, מֻקְצֶה. מְיֹעָד [ק/ב/194]. מֻבְטָח, שֶׁנִּתְּנָה לוֹ הַבְטָחָה, שֶׁעָתִיד לִהְיוֹת מַשֶּׁהוּ. מִכְתָּב, מְכֻתָּב [ק/ב/201]. נוֹעָד. מְסֻגָּל, מֻסְגָּל [ק/ב/222]. מְסֻמָּן, בָּרוּר, מְבֹרָר

bestimmt, genau

קָצוּב [ק/ג/294]. קָבוּעַ בְּכַמּוּתוֹ אוֹ בִּמְמַדָּיו, מְסֻיָּם, יָדוּעַ וּמֻגְדָּר

Bestimmte, das

זֶה שֶׁנִּקְבַּע כִּמְסֻיָּם (פיל') [פ"ר/96]

bestimmte Behauptung ---> Behauptung, bestimmte

bestimmte Form ---> Form, bestimmte

bestimmt aussprechend

מַתִּיר [ק/ב/318]. הָאוֹמֵר דְּבַר-מָה עַל דֶּרֶךְ מֻחְלָט

bestimmte Zahl ---> Zahl, bestimmte

bestimmter Artikel ---> Artikel, bestimmter

bestimmter Beschaffenheit, von ---> augenfällig

bestimmter Gedanke ---> Gedanke, bestimmter

bestimmtes Maß ---> Maß, bestimmtes

bestimmtes Zahlwort ---> Zahlwort, bestimmtes

Bestimmtheit [---> Entschlossenheit]

מְסֻיָּמוּת (פיל') [פ"ר/63]. תְּכוּנַת גְּבוּלוֹ הַהֶגְיוֹנִי שֶׁל עִנְיָן הָעוֹשֶׂה אוֹתוֹ לִמְסֻיָּם. קְבִיעָה מְסֻיֶּמֶת

Bestimmtheit, Aussagearten nach dem Grad der ---> Aussagearten nach dem Grad der Bestimmtheit

Bestimmung [---> Determination]

קְבִיעָה (פסי') [ר/ב/608]. קִבָּעוֹן, - רִגְשִׁי, תַּהֲלִיךְ שֶׁבּוֹ אָדָם נִקְשָׁר (מִתְקַבֵּעַ) לְמַשָּׂא שֶׁהֻלַּם שֶׁלָּב מֻקְדָּם בְּהִתְפַּתְּחוּתוֹ. גְּזֵרָה (דת, פיל') [ק/א/111]. הַהֶכְרֵחַ בְּמַעֲשֵׂי הָאָדָם וּבְמְאֹרְעוֹת חַיָּיו, מַה שֶּׁנִּגְזַר עָלָיו מִלְמַעְלָה, דִּין. הִתְיַחֲדוּת (פיל') [ק/א/235]. הִתְיַחֵד, הֻבְדַּל עַצְמִי, עִנְיָן הַמְיַחֵד לְאָדָם פְּרָטִי אוֹ לִקְבוּצַת בְּנֵי אָדָם, קְבִיעַת סְגֻלָּה וּתְכוּנָה מְיֻחֶדֶת לְנוֹשֵׂא כָּלְשֶׁהוּ, תְּכוּנַת יִחוּד. כִּוּוּן [ק/ב/67]. כַּוָּנָה, רִכּוּז הַדַּעַת לִדְבַר-מָה, מְגַמָּה, מַחֲשָׁבָה לַעֲשׂוֹת מַשֶּׁהוּ, יִעוּד, יְעָדָה, יְעִידָה

Bestimmung, adverbiale ---> Umstandsbestimmung

Bestimmung, äußerliche
יוֹצֵא חוּץ לְעַצְמוֹ (פיל') [ק/ב/45]. עִנְיָן נִפְרָד וְנִבְדָּל מֵהָעֶצֶם הַמְּתֹאָר

Bestimmung, akzessorische ---> Bestimmung, zusätzliche

Bestimmung, ausschließliche
יִחוּד [ק/ב/32]. הִתְיַחֲדוּת, מְיֻחָדוּת, הַקְצָאָה, קְבִיעַת דָּבָר לְתַכְלִית אַחַת, הַקְצָאַת סְגֻלָּה וּתְכוּנָה מְיֻחֶדֶת לְאֵיזֶה נוֹשֵׂא, תֵּאוּר מְדֻיָּק

Bestimmung, relative
קְבִיעָה יַחֲסִית (פיל')

Bestimmung, spezifische
הִתְיַחֲדוּת (פיל') [ק/א/235]. הִתְיַחֵד, הֶבְדֵּל עַצְמִי, עִנְיָן הַמְיַחֵד לְאָדָם פְּרָטִי אוֹ לִקְבוּצָה מְסֻיֶּמֶת, קְבִיעַת סְגֻלָּה וּתְכוּנָה מְיֻחֶדֶת לְנוֹשֵׂא כָּלְשֶׁהוּ

Bestimmung, zusätzliche
מוּסָפוּת [ק/ב/162]. מוּסָף, שֶׁנּוֹסָף, תְּכוּנַת הַדָּבָר שֶׁבָּא כְּתוֹסֶפֶת לְמַשֶּׁהוּ, נִסְפָּח. טְפֵלִיּוּת (פיל') [ק/ב/21]. טָפֵל, מִקְרֶה, מַשִּׂיג, תְּכוּנָה, תֹּאַר

Bestimmung des Raumes
מַשִּׂיג הַמָּקוֹם (פיל') [ק/ב/285]

Bestimmungsgesetz
חֹק הַהַגְבָּלָה (פיל') [ק/א/324]

Bestimmungsgrund
נִמּוּק קוֹבֵעַ (פיל') טַעַם קוֹבֵעַ

Bestimmungsrelation, rekursive ---> Beziehung, rekurrente

Bestimmungswort [---> Nomen rectum]
מְאַיֵּךְ (מְאַיְּכִים) (בלש') [מ״ב/186]. מַגְדִּיר, מִלָּה (שֵׁם תֹּאַר, תָּוִית יְדוּעַ, כִּנּוּי גּוּף וכו') הַמְּתָאֶרֶת אֶת שֵׁם הָעֶצֶם, לְמָשָׁל: ״מֶזֶג אֲוִיר **נָאֶה**״

bestmöglich ---> optimal

bestrafen
הֶעֱנִישׁ (מַעֲנִישׁ) (משפ', מ״ח) הִטִּיל עֹנֶשׁ, עָנַשׁ (עוֹנֵשׁ), קָנַס (קוֹנֵס), הִקְנִיס, יִסֵּר (מְיַסֵּר), עִנֵּשׁ, לָקָה (לוֹקֶה), בָּא עַל עָנְשׁוֹ, הִתְחַיֵּב בְּעֹנֶשׁ, נָתַן אֶת הַדִּין, רָצָה אֶת עָנְשׁוֹ, נֶעֱנַשׁ, נִקְנַס, הֻקְנַס, יֻסַּר (מְיֻסָּר)

Bestrahlung
הַקְרָנָה (פיס', פסי') [ר/א/220]. הִתְפַּשְּׁטוּת מֶרֶץ (אֶנֶרְגִּיָּה) מִמְּקוֹר אוֹר

Bestrahlungsstärke
עָצְמַת הַהַקְרָנָה (פיס') עָצְמַת הַקְרָנָה בִּנְקֻדָּה שֶׁל מִשְׁטָח

bestreben, sich
הִתְאַמֵּץ (מִתְאַמֵּץ) [ק/ד/76]. הִשְׁתַּדֵּל, עָשָׂה בַּחֲרִיצוּת וּבִזְרִיזוּת. הִתְחָרֵץ (מִתְחָרֵץ) [ק/א/330]. חָרַץ (חוֹרֵץ), הָיָה חָרוּץ, הִזְדָּרֵז, שָׁקַד. רָץ [ק/ד/48]. הִתְכַּשֵּׁר בְּ..., טָרַח

bestreichen [---> Mörtel bewerfen, mit]
מָרַח (מוֹרֵחַ) [א״ת/ב/237]. שִׁעֵעַ (מְשַׁעֵעַ), מָשַׁח, הֶחֱלִיק, שָׁעַע (שׁוֹעֵעַ)

bestreiten
הִכְחִישׁ (מַכְחִישׁ) [ק/ד/38]. הִרְחִיק, הִפְרִיךְ, הִתְכַּחֵשׁ, כִּחֵשׁ (מְכַחֵשׁ) בְּ..., הִטִּיל סָפֵק בְּ..., חָלַק עַל..., כָּפַר (כּוֹפֵר) בְּ... דָּחָה (דּוֹחֶה) [ק/א/133]. לֹא קִבֵּל אֶת..., הִסְתַּיֵּג מִן

bestreiten, seine Schuld ---> schuldig bekennen, sich nicht

Bestreitung der Kosten ---> Kosten, Bestreitung der

Bestreitung eines erwiesenen Satzes
מַחֲלֹקֶת מוֹפְתִית (פיל') [ק/ב/182]. הִתְנַגְּדוּת לְדָבָר שֶׁהוּכַח בִּרְאָיָה, הַכְחָשַׁת דָּבָר אֲמִתִּי וּבָרוּר

Bestseller
רַב מֶכֶר (חקש', כלכ')

besuchen
בִּקֵּר (מְבַקֵּר), סָר, בָּא, פָּקַד (פּוֹקֵד)

betäuben ---> anästhesieren; narkotisieren

betäubt ---> anästhesiert

Betäubung ---> Anästhesie; Empfindungslosigkeit

Betäubungslehre ---> Anästhesiologie

Betäubungsmittel ---> Narkotikum

betasten ---> handhaben; befühlen

Betasten ---> Befühlen

Bete *{Beta}*
סֶלֶק (בוט') צֶמַח מִמִּשְׁפַּחַת הַסֶּלְקִיִּים

beteiligen
שִׁתֵּף (מְשַׁתֵּף) [ק/ד/167]. צֵרֵף (מְצָרֵף), עָשָׂה לְשֻׁתָּף, נִמְנָה (נִמְנֶה), הִשְׁתַּתֵּף בְּ...

Beteiligter ---> Person, betreffende

Beteiligungsgesellschaft
שֻׁתָּפוּת מְיֻחֶדֶת (כלכ', משפ')

Beteuerung ---> Zusage

betören lassend, sich ---> leichtgläubig

betonen
הִטְעִים (מַטְעִים) (בלש', מוס') הִדְגִּישׁ

Betonung
הַטְעָמָה (בלש', מוס') [ק/ב/19; מ״ב/8]. טַעַם, בִּטּוּי הֲבָרָה מֻטְעֶמֶת, הַצָּבַת הַטַּעַם בְּמִלָּה אוֹ בְּמִבָּע, הַנְגָּנָה, הַדְגָּשָׁה

Betonung, logische
הַטְעָמָה הֶגְיוֹנִית (בלש', פיל') הַדְגָּשָׁה הֶגְיוֹנִית, לַחַץ יָתֵר עַל מִלָּה כָּלְשֶׁהִי בְּמִשְׁפָּט הֶעָשׂוּי לְשַׁנּוֹת אֶת הַמַּשְׁמָעוּת הַהֶגְיוֹנִית שֶׁל הַמִּשְׁפָּט, לְמָשָׁל: ״**אֲחוֹתִי** נָתְנָה לִי אֶת הַסֵּפֶר הַזֶּה״, כְּלוֹמַר: לֹא אָחִי, אִמִּי אוֹ אָבִי; ״אֲחוֹתִי נָתְנָה **לִי** אֶת הַסֵּפֶר הַזֶּה״, כְּלוֹמַר: לֹא לְמִישֶׁהוּ אַחֵר; ״אֲחוֹתִי נָתְנָה לִי אֶת הַסֵּפֶר **הַזֶּה**״, כְּלוֹמַר: לֹא סֵפֶר אַחֵר

Betracht ziehen, in
הֵבִיא בְּחֶשְׁבּוֹן אֶת.../שֶׁ... [ק/ד/23]. הִרְגִּישׁ עַל..., חָשַׁשׁ, דָּאַג לְ..., הִתְחַשֵּׁב בְּ.../עִם..., חָרַד לְ..., הִשְׁגִּיחַ בְּ.../עַל..., הִתְעַנְיֵן בְּ..., חִשֵּׁב (מְחַשֵּׁב) עִם נַפְשׁוֹ עַל..., הִשְׁעָה (מַשְׁעֶה) לִבּוֹ לְ..., שָׂם דַּעְתּוֹ עַל..., שָׂם עַל לִבּוֹ

betrachten
הִתְבּוֹנֵן (מִתְבּוֹנֵן) (פיל', פסי') [ק/ב/125]. לָקַח, תָּפַס בְּשִׂכְלוֹ, הִשִּׂיג אֶת הַדָּבָר תּוֹךְ הִסְתַּכְּלוּת, דָּן, עִיֵּן בַּדָּבָר, בָּחַן וְשָׁקַל בַּדָּבָר, הִתְעַמֵּק לְהָבִין

Betrachtung
הִתְבּוֹנְנוּת (פסי') [ק/א/187]. הִסְתַּכְּלוּת, דִּיּוּן, הִתְבּוֹנְנוּת הַשֵּׂכֶל, - פְּנִימִית, הִגָּיוֹן (הֶגְיוֹנוֹת), הִרְהוּר, הָגוּת, הֶמְיַת הַלֵּב. הַשְׁגָּחָה (פסי')

[ק/א/217]. הַשְׁקָפָה (פיל') [ק/א/221].דֵּעָה קְבוּעָה עַל עִנְיָן כָּלְשֶׁהוּ. צְפִיָּה [ק/ג/252]. שִׂימַת לֵב. בְּחִינָה (פיל') [ק/א/81]. עִיּוּן

Betrachtung, bei oberflächlicher

לִכְאוֹרָה [ק/ג/275]. לְמִשְׁמַע הַקּוֹל, לְמַרְאִית עַיִן, כְּפִי שֶׁהַדָּבָר נִרְאֶה, בְּהַשְׁקָפָה שִׁטְחִית

Betrachtung, genaue

הִתְבּוֹנְנוּת מְדֻיֶּקֶת (פיל', פסי') [ק/א/227]. הִתְבּוֹנְנוּת, הִסְתַּכְּלוּת פְּנִימִית, הִרְהוּר. דִּיּוּק (פיל') [ק/א/136]. עִיּוּן מַעֲמִיק

Betrachtung, nähere ---> Betrachtung, genaue

Betrachtung, oberflächliche

הֲצָצָה (פסי') [ק/א/202]. רְאִיָּה, הִתְבּוֹנְנוּת שִׁטְחִית

Betrachtungsart

אֹפֶן הָגוּת (פסי', פיל')

Betrachtungsweise

אֹרַח דִּיּוּן

beträchtlich

נִכָּר לְמַדַּי

Betrag, gewährter

קִצְבָּה (קְצָבוֹת) (כלכ') תַּשְׁלוּם קָבוּעַ הַנִּתָּן לְמַטָּרָה מְסֻיֶּמֶת כְּגוֹן: קִצְבַּת הַלְבָּשָׁה

betreff [---> betrifft jemanden/etwas, etwas]

בְּנוֹגֵעַ לְ... [ק/א/18]. אֲבָל, בְּנִדּוֹן..., אֲשֶׁר לְ..., בְּדְבַר..., בְּעִנְיָן (בְּעִנְיַן). אוּלָם [ק/א/25]. אַךְ [ק/א/45]. אִם [ק/א/50]. אָמְנָם [ק/א/55]

betreiben

בִּצַּע (מְבַצֵּעַ), עָשָׂה

betreuen

טִפֵּל (מְטַפֵּל) בְּ..., יִצֵּף (מְיַצֵּף), דָּאַג לְ...

Betreuung

טִפּוּל [מר"ח/559]. יִצּוּף, דְּאָגָה לְ...

Betrieb sein, im

נִמְצָא בַּעֲבוֹדָה (טכנ')

Betrieb setzen, in ---> starten

betriebsfertig

מוּכָן לְהַפְעָלָה (טכנ')

Betriebskapital

הוֹן פָּעִיל (כלכ') [אב"מ/41]. הוֹן חוֹזֵר, - שׁוֹטֵף, הַהוֹן הַנָּזִיל שֶׁל חֶבְרָה הַדָּרוּשׁ לְתִפְעוּל הָעֵסֶק

Betriebssystem

מַעֲרֶכֶת הַפְעָלָה (מחש') [דמ"א/73]. תָּכְנִית מֶרְכָּזִית הַמְפַקַּחַת עַל הַפְעָלַת הַמַּחְשֵׁב וְהַיְּחִידוֹת הַהֶקֵּפִיּוֹת

Betriebsweise, gesellschaftliche

אֹפֶן הַמִּפְעָל הַחֶבְרָתִי (מ"ח, כלכ')

betrifft jemanden/etwas, etwas [---> betreff]

מִתְיַחֵס עַל.../אֶל.../לְ... [ק/ב/324]. מִתְעָרֵב בְּ..., מְיֻחָס לְ..., נוֹגֵעַ אֶל.../לְ..., קָשׁוּר לְ..., שַׁיָּךְ לְ...

betroffen

נִפְעָם (פסי') [ק/ג/52]. נֶעְתָּק, נִפְגַּע, נָגוּעַ, נִדְהָם, מֻשְׁפָּע מִ..., גָּרוּי, מֻפְעָם, נִפְתָּע, תָּפוּס לְהִפָּעֲלוּת, מִתְפַּעֵל וּמִשְׁתַּנֶּה, נָבוֹךְ

Betroffenheit [---> Engagement]

הִפָּעֲמוּת (פסי') כְּרִיכוּת, הִפָּעֲלוּת, הִתְפַּעֲמוּת, הִפָּעֲמָה, תַּדְהֵמָה, הִדָּהֲמוּת, הֶמְיוֹן נֶפֶשׁ, מְבוּכָה

betrüben

הֶעֱצִיב (מַעֲצִיב) (פסי') [ק/ג/251]. הִצְעִיר (מַצְעִיר), הֶעֱגִים, הִמְרִיר, הִכְאִיב, הִדְאִיב, צִעֵר (מְצַעֵר), גָּרַם צַעַר, עָגַם (עוֹגֵם), נֶעְגַּם, הָיָה עָצוּב, עָכַר (עוֹכֵר)

betrübt

עָצוּב (פסי') עָגוּם

Betrübung

עַצְבוּת (פסי') [ק/א/171]. הַכְאָבָה, עָגְמָה, עֶצֶב, עֹגֶם, עֹגֶם, צַעַר, יָגוֹן

Betrug

הוֹנָאָה (משפ') אוֹנָאָה, רְמִיָּה, תַּרְמִית, גְּנֵבַת הַדַּעַת, הוֹלָכַת שׁוֹלָל

Bett

אָפִיק (אֲפִיקִים) (היד') מְקוֹם זְרִימַת מַיִם

Bettabflußvermögen

קִבּוּל הָאָפִיק (היד')

betteln

קִבֵּץ (מְקַבֵּץ) נְדָבוֹת [א"ח/ג/63]. הֶחֱזִיר (מַחֲזִיר) עַל הַפְּתָחִים, פָּשַׁט יָד, חָזַר עַל הַפְּתָחִים

bettlägerich

שְׁכִיב מְרַע (רפו') שְׁכוּב מְרַע, מְרֻתָּק לַמִּטָּה, שְׁכוּב מַחֲלָה

Bettler(in)

קַבְּצָן, קַבְּצָנִית [א"ח/ג/63]. מַחֲזִיר עַל הַפְּתָחִים, מְקַבֵּץ נְדָבוֹת, פּוֹשֵׁט יָד

Bettnässen

שְׁתִינָה שֶׁלֹּא מִדַּעַת (רפו', פסי') [ר/ב/669]. הַרְטָבָה, אִי יְכֹלֶת לְהִתְאַפֵּק, רִפְיוֹן הַשֶּׁתֶן, שַׁתְּנוּת

Bettquelle

מַעְיַן אָפִיק (היד')

Bettung

מַצָּע (אדר') הַחֹמֶר הַמּוּשָׂם עַל הַשָּׁתִית וְהַמְשַׁמֵּשׁ מִרְפָּד לַמִּבְנֶה

Bettungsfuge

מִשָּׁק אָפְקִי (אדר') הָרֶוַח הַצַּר הַמְאֻזָּן שֶׁבֵּין אֲרִיחִים, לוּחוֹת וכד', מִשָּׁק מְאֻזָּן

Bettwanze *{Cimex lectularius}*

פִּשְׁפֵּשׁ הַמִּטָּה (זוא') חֶרֶק מִמִּשְׁפַּחַת הַפִּשְׁפְּשִׁיִּים

beugen

עָקַף (עוֹקֵף)

Beugung *{Diffraktion}*

עֲקִיפָה (פיס') [ל"מ/484]. תּוֹפָעָה הַנִּמְשֶׁכֶת מֵהַפְרָעוֹת בְּדֶרֶךְ הִתְפַּשְּׁטוּתָם שֶׁל גַּלִּים הַנִּגְרָמוֹת עַל יְדֵי מִכְשׁוֹל חָמְרִי

Beugung des Verbs ---> Konjugation

Beugungsfigur

דְּגַם עֲקִיפָה (פיס')

Beugungsgitter *{Diffraktionsgitter}*

סְרִיג עֲקִיפָה (פיס') [ל"מ/485]. הֶתְקֵן תַּרְאִיָּתִי (אוֹפְּטִי) לְקַבָּלַת בָּבוּאָר (סְפֶּקְטְרוּם)

Beugungsreflex

עֶכֶס הַכְּפִיפָה (רפו', פסי') רֶפְלֶקְס הַכְּפִיפָה, תַּעֲכִיס הַכְּפִיפָה

Beule

חַבּוּרָה (חַבּוּרוֹת) (רפו') תְּפִיחָה שֶׁנִּגְרְמָה עַל יְדֵי מַכָּה, פֶּצַע

beurteilen [---> bewerten]
חָרַץ (חוֹרֵץ) מִשְׁפָּט (פיל')

Beurteilung [---> Bewertung]
חֲרִיצַת מִשְׁפָּט (פיל') [פ"ר/51]. שִׁפּוּט, הַעֲרָכָה

Beurteilungsvermögen
סְפִיקַת הַעֲרָכָה (פיל', פסי')

Beutel
נַרְתִּיק (נַרְתִּיקִים) (טכנ') [א"ח/ב/236]. חֵמֶת (חֲמָתוֹת), כִּיס (כִּיסִים), מַרְצוּף, שַׂק, אַמְתַּחַת, צְרוֹר (צְרוֹרוֹת)

Beutelmeise *{Remiz pendulinus}*
רָמִית (זוא') עוֹף מִמִּשְׁפַּחַת הָרָמִיּוֹת

Beutelmeisen *{Remizidae}*
רָמִיּוֹת (זוא') מִשְׁפָּחָה שֶׁל צִפֳּרֵי שִׁיר

Beuteltier
חַיַּת כִּיס (זוא') [מר"ח/440]. חַיַּת מַרְצוּף

Bevölkerung ---> Grundgesamtheit

Bevölkerungswachstum
רִבּוּי הָאוּכְלוֹסִין (מ"ח, ביו')

bevollmächtigen
יִפָּה (מְיַפֶּה) כֹּחַ (משפ') הִרְשָׁה, הִסְמִיךְ

bevollmächtigt
מְיֻפֶּה כֹּחַ (משפ') מֻרְשֶׁה, מֻסְמָךְ, בִּרְשׁוּת

Bevollmächtigung ---> Vollmacht

Bevorzugung
מַשּׂוֹא פָּנִים (משפ') הַפְלָיָה לְטוֹבָה. הַכְרָעָה [ק/א/174]. הַטָּיַת כַּף הַמֹּאזְנַיִם, הַחְלָטָה, בְּחִירָה בְּאַחַת מִן הַקְּצָווֹת

Bewährung
הִתְאַמְּתוּת [ק/א/225]. בֵּרוּר אֲמִתּוּתָהּ שֶׁל אֵיזוֹ הַנָּחָה

Bewährung, Freilassung zur ---> Freilassung zur Bewährung

Bewährung freigelassener Gefangene, zur ---> Gefangene, zur Bewährung freigelassener

Bewässerungsland ---> Berieselungsfeld

bewaffnen
חִמֵּשׁ (מְחַמֵּשׁ) (צבא, משפ') הִצְטַיֵּד בְּנֶשֶׁק, צִיֵּד (מְצַיֵּד) בְּנֶשֶׁק, הִתְחַמֵּשׁ, זִיֵּן

Bewaffnung
חִמּוּשׁ (צבא, משפ') הִצְטַיְּדוּת בְּנֶשֶׁק, זִיּוּן

bewahren
שָׁמַר (שׁוֹמֵר) [ק/ד/134]. הֶחֱזִיק בִּדְבַר-מָה, נָטַר (נוֹטֵר), נָהַג מִנְהָג קָבוּעַ, שִׁמֵּר (מְשַׁמֵּר), נָצַר (נוֹצֵר), קִיֵּם, הִתְמִיד

Bewahren
שְׁמִירָה, שִׁמּוּר, נְטִירָה, נְצִירָה,קִיּוּם, הַחְזָקָה בִּדְבַר-מָה

bewahren, im Gedächtnis ---> Gedächtnis bewahren, im

bewahrende Gedächtniskraft ---> Gedächtniskraft, bewahrende

bewahrende Kraft ---> Kraft, bewahrende

bewahrendes Gedächtnis ---> Gedächtnis, bewahrendes

Bewahrheitung
אִמּוּת [ק/א/53]. הָאֲמָתָה (פיל') [ק/א/151]. אִשּׁוּר דָּבָר שֶׁהוּא אֱמֶת. הַצְדָּקָה, הֶצְדֵּק [ק/א/200]. הוֹכָחַת אֲמִתּוּתוֹ שֶׁל דָּבָר. הִתְאַמְּתוּת [ק/א/225]. צִדּוּק [ק/ג/228].

Bewahrheitung betreffend, die
אִמּוּתִי [ק/א/54]. הַמִּתְיַחֵס עַל הָאִמּוּת

Bewahrung
שִׁמּוּר (פסי') [ר/ב/655]. מַצָּב שֶׁבּוֹ הַהֶבֵּטִים הַכַּמּוּתִיִּים אֵינָם מִשְׁתַּנִּים, קִיּוּם

bewandert
זָרִיז [ק/ב/156]. מָהִיר, חָרוּץ, מֻמְחֶה, שׁוֹקֵד, בָּקִי

bewegen
הֵנִיעַ (מֵנִיעַ) [ק/א/113]. גִּלְגֵּל, הִתְגַּלְגֵּל, הִתְנוֹעֵעַ (מִתְנוֹעֵעַ), הִתְנַעְנֵעַ (מִתְנַעְנֵעַ). הֵנִיד [ק/ג/20]. טִלְטֵל, הֵזִיז, הֵסִיט (מֵסִיט). נִעְנַע [ק/ג/51]. הֵבִיא לִידֵי תְּנוּעָה. סִבֵּב (מְסַבֵּב) [ק/ג/81]. גָּרַם שֶׁיִּסֹּב. הֶעְתִּיק [ק/ג/178]. הֶעֱבִיר מִמָּקוֹם לְמָקוֹם, עָתַק, נֶעְתַּק, נֶעֱקַר, זָז מִמְּקוֹמוֹ

bewegen, sich im Kreise ---> Kreis(e)

bewegen, sich im

bewegend
מְנִיעִי [ק/ב/218]. שֶׁל מֵנִיעַ, שֶׁמֵּבִיא לִידֵי פְּעֻלָּה אוֹ תְּנוּעָה, מַפְעִיל, מַתְנִיעַ. מְנַעְנֵעַ [ק/ב/220]. מִתְנוֹעֵעַ [ק/ב/322]. בַּעַל תְּנוּעָה. מִתְנַעְנֵעַ [ק/ב/323]. נָע [ק/ג/48]. נֶעְתָּק [ק/ג/52]. מוּנָע מִמָּקוֹם אֶחָד לְמָקוֹם אַחֵר

bewegende Kraft ---> Kraft, bewegende

bewegende Seelenkraft ---> Seelenkraft, bewegende

bewegende Ursache ---> Ursache, bewegende

bewegender Grund ---> Grund, bewegender

Beweger, erster
הַמֵּנִיעַ הָרִאשׁוֹן (דת) [ק/ב/216]. הַגּוֹרֵם לִתְנוּעָה, מְסַבֵּב הַתְּנוּעָה, כִּנּוּי לֵאלֹהִים. מֵכִין [ק/ב/199]. הַמּוֹצִיא נוֹשֵׂא-מָה מִן הַכֹּחַ אֶל הַפֹּעַל. מְעוֹרֵר (פיל') [ק/ב/233]. מַשְׁפִּיעַ

Beweger der ersten Sphäre
הַשֵּׂכֶל הָרִאשׁוֹן (דת) [ק/ד/104]. יְצוּר מַעְלָה הַמֵּנִיעַ אֶת הַגַּלְגַּל הָרִאשׁוֹן

Beweggrund [---> Motiv]
מֵנִיעַ (מְנִיעִים) [ק/ב/218; ר/ב/399]. גּוֹרֵם, מְסַבֵּב, טַעַם (טְעָמִים), נִמּוּק. סִבָּה מְעוֹרֶרֶת (פיל') [ק/ג/84]

Beweggrund, fördernder
מְעוֹרֵר (מְעוֹרְרִים) (פסי') [ק/ב/232]. מֵבִיא (פסי') [ק/ב/138]. הַמֵּנִיעַ לְמַעֲשֶׂה כָּלְשֶׁהוּ, מְתַקֵּף, כֹּחַ דּוֹחֵף, דַּחַף

beweglich [---> mobil]
נַיָּע [ק/א/193]. הֶעְתֵּקִי, נַיָּד, שֶׁיָּכֹל לְהִתְנוֹעֵעַ. פָּתִיק (טכנ') פָּתִיחַ

bewegliche Habe ---> Habe, bewegliche

beweglicher Akzent ---> Akzent, freier

bewegliches Vermögen ---> Habe, bewegliche

Beweglichkeit [---> Mobilität]
נִיעוּת, כְּשִׁירוּת תְּנוּעָתִית, נַיָּדוּת, קַלּוּת רַגְלַיִם, עֵרָנוּת, זְרִיזוּת

bewegt [---> mobilisiert]

מִתְנוֹעֵעַ [ק/ג/52]. נֶעְתָּק, מוּנָע מִמָּקוֹם אֶחָד לְמָקוֹם אַחֵר

bewegtes Achsensystem ---> Achsensystem, bewegtes

Bewegtwerden

הִנָּעוּת [ק/א/184]

Bewegung

תְּנוּעָה [ק/ד/212; מ״פ/580]. תְּנוּדָה, שִׁנּוּי מַצָּבוֹ שֶׁל גּוּף בְּיַחַס לְמַעֲרֶכֶת יִחוּס נְתוּנָה, אֹפֶן קִיּוּם וּתְכוּנָה דְּבוּקִית (אִינְהֶרֶנְטִית) שֶׁל הַחֹמֶר. גִּלְגּוּל [ק/א/112]. הֶעְתֵּק, הַעְתָּקָה [ק/א/192]. תְּזוּזַת דָּבָר מִמָּקוֹם לְמָקוֹם. זִיזָה, זִיזוּת [ק/א/258]. תְּזוּזָה, סִבּוּב. זַעֲזוּעַ [ק/א/266]. מַהֲלָךְ [ק/ב/157]. הֲלִיכָה מִכָּאן לְשָׁם, הֲנָעָה, טִלְטוּל לְכָאן וּלְכָאן. נִדְנוּד [ק/ג/20]. הֲזָזָה, הַזָּחָה. נוֹעַ [ק/ג/22]. נִידָה [ק/ג/31]. נִיעָה [ק/ג/33]. נִעְנוּעַ [ק/ג/51]. נְעוּעַ. עֲתִיקָה [ק/ג/178]. עֲקִירָה מִמָּקוֹם לְמָקוֹם, הַעֲבָרָה. רְחִישָׁה [ק/ד/36]. שְׁטִיטָה [ק/ד/89]

Bewegung, abnehmende

תְּנוּעָה מוּאֶטֶת (פיס׳) [ק/ד/213]. תְּנוּעָה מְחַסֶּרֶת

Bewegung, beschleunigte

תְּנוּעָה מוּאֶצֶת (פיס׳) [ק/ד/213]. תְּנוּעָה מְמַהֶרֶת

Bewegung, bildende

הַתְּנוּעָה מְעַצֶּבֶת הַתַּרְבּוּת (פיל׳) [פ״ר/106]

Bewegung, gerade

תְּנוּעָה דּוֹמָה (מוס׳)

Bewegung, gradlinige

תְּנוּעָה יְשָׁרָה (פיס׳) תְּנוּעָה יִשְׁרַת קַו, - בְּקַו יָשָׁר

Bewegung, kreisförmige

תְּנוּעָה הֶקֵּפִית, - סִבּוּבִית (פיס׳) [ק/ד/213]

Bewegung, krummlinige

תְּנוּעָה עֲקֻמָּה (פיס׳) תְּנוּעָה עֲקֻמַּת קַו, - בְּקַו עָקֹם

Bewegung, kugelförmige

תְּנוּעָה כַּדּוּרִית (פיס׳) [ק/ד/213]

Bewegung, relative

תְּנוּעָה בְּיַחַס (פיס׳) [ק/ד/213]. תְּנוּעָה יַחֲסִית

Bewegung, schräge

תְּנוּעָה מְלֻכְסֶנֶת (פיס׳)

Bewegung, stroboskopische

תְּנוּעָה תְּדִירִית (פסי׳) [ר/ב/691]. תְּנוּעָה סְטְרוֹבּוֹסְקוֹפִּית, תּוֹפָעַת תְּנוּעָה נִרְאֵית הַנּוֹצֶרֶת עַל יְדֵי גֵּרוּיִים נַיָּחִים הַמֻּצָּגִים בְּזֶה אַחַר זֶה

Bewegung, verzögerte

תְּנוּעָה מְחַסֶּרֶת (פיס׳) [ק/ד/213]. תְּנוּעָה מוּאֶטֶת

Bewegung, wellenförmige *{Undulation}*

גַּלִּיּוּת (היד׳)

Bewegung, zitternde

תְּנוּעָה רְתֵתִית (פיס׳) [ק/ד/213]

Bewegung des Kapitals ---> Kapital(s), Bewegung des

Bewegung im Kreis ---> Kreisbewegung

Bewegung in faktitiver Bedeutung

הֲנָעָה (טכנ׳, פיס׳) [ק/א/184]. פְּעֻלַּת הַמֵּנִיעַ

Bewegung in reflexiver Bedeutung

הִתְנוֹעֲעוּת (טכנ׳, פיס׳) [ק/א/241]. הִתְנוֹדְדוּת, תְּנוּעָה לְכָאן וּלְכָאן, פְּעֻלַּת הַמִּתְנוֹעֵעַ

bewegungsarm

לְאוּי תְּנוּעָה (רפו׳) חֲסַר תְּנוּעָה

Bewegungsapparat *{Motorium}*

מְנוּעָה (רפו׳) מַעֲרֶכֶת הַתְּנוּעָה

Bewegungsdrang, hysterischer *{Akathisie}*

תְּזוּזִית (רפו׳) צֹרֶךְ חוֹלָנִי לָנוּעַ בְּלִי הֶרֶף

Bewegungsebene

מִישׁוֹר הַתְּנוּעָה (פיס׳)

Bewegungsempfindung

תְּחוּשַׁת תְּנוּעָה (פסי׳, רפו׳) [ר/ב/610]. קִינֶסְתֵּזָה, חוּשׁ נִיעָה

Bewegungsgröße

תֶּנַע (קָוִי) (פיס׳) [ל״מ/661]. תֶּנַע לִינֵאָרִי, הַמַּכְפֵּלָה שֶׁל מַסַּת הַגּוּף בִּמְהִירוּת הַגּוּף. כַּמּוּת תְּנוּעָה (היד׳)

Bewegungslosigkeit *{Akinesie}*

אַל נִיעוּת (רפו׳, פסי׳) [ר/א/95]. אָבְדָן חֶלְקִי אוֹ מָלֵא שֶׁל שְׁלִיטָה בִּתְנוּעוֹת רְצוֹנִיּוֹת, הֶעְדֵּר נִיעוּת, אֲקִינֶזְיָה, לַאֲיוֹן הַתְּנוּעָה

Bewegungsmaschine

מְכוֹנַת תְּנוּעָה (טכנ׳)

Bewegungsparallaxe [---> Parallaxe]

עֶתֶק הַתְּנוּעָה (רפו׳, פסי׳) [ר/ב/691]. פָּרַלַקְס הַתְּנוּעָה

Bewegungsunruhe ---> Hyperkinese

Beweis

הוֹכָחָה (הוֹכָחוֹת) (פיל׳) [ק/א/163]. תַּפְעוּל (אוֹפֶּרַצְיָה) הֶגְיוֹנִי לְבִסּוּס הָאֱמֶת שֶׁל רַעְיוֹן מְסֻיָּם בְּעֶזְרַת רַעְיוֹנוֹת אֲחֵרִים. רְאָיָה [ק/ד/11]. הוֹרָאָה [ק/א/164]. אוֹת (אוֹתוֹת) (פיל׳) [ק/א/30]. מוֹפֵת (מוֹפְתִים) (פיל׳) [ק/ב/164]. עֵדוּת (עֵדֻיּוֹת) (משפ׳) [ק/ג/125]. עֵד. קֵנֶץ [ק/ג/289]. עֵדוּת מַכְרַעַת

Beweis, absoluter

מוֹפֵת מֻחְלָט (פיל׳) [ק/ב/166]. הוֹכָחָה חֲזָקָה וּמַכְרַעַת

Beweis, analogischer

הוֹכָחַת הֶמְשֵׁל (פיל׳) [ק/א/207]. הֶקֵּשׁ הַדִּמְיוֹן

Beweis, analytischer

הוֹכָחָה נִתְחוּנִית (מתמ׳) הוֹכָחָה דֶּרֶךְ אֲנָלִיזָה

Beweis, apagogischer ---> Beweis, indirekter

Beweis, bedingter

הוֹכָחָה מֻתְנָה (פיל׳) הוֹכָחָה שֶׁרַעְיוֹן מֻכָּר מְשַׁמֵּשׁ בָּהּ לְשֵׁם הַנְמָקָה, אֶלָּא שֶׁהַהַנְמָקָה עַצְמָהּ מֻכֶּרֶת כַּאֲמִתִּית רַק בִּתְנָאִי מְסֻיָּם, לְמָשָׁל: אִם רוֹצִים לְהוֹכִיחַ שֶׁשָּׁלֹשׁ הַזָּוִיּוֹת שֶׁל מְשֻׁלָּשׁ נָתוּן הֵן שָׁווֹת, מִשְׁתַּמְּשִׁים בְּרַעְיוֹן הַשִּׁוְיוֹן שֶׁל שָׁלֹשׁ הַצְּלָעוֹת שֶׁל מְשֻׁלָּשׁ לְשֵׁם הַנְמָקָה וְאוֹמְרִים שֶׁהָרַעְיוֹן הָעוֹמֵד לְהוֹכָחָה בְּיַחַס לַמְּשֻׁלָּשׁ הַנָּתוּן הוּא נָכוֹן רַק אִם שָׁלֹשׁ הַצְּלָעוֹת שֶׁל מְשֻׁלָּשׁ זֶה שָׁווֹת הֵן

Beweis, bestätigender

רְאָיָה לְסִיּוּעַ (משפ׳)

Beweis, deduktiver

הוֹכָחָה אַפְּרִיוֹרִית (פיל׳) [ק/ב/164]. מוֹפֵת (מוֹפְתִים), הוֹכָחָה הַמִּתְקַבֶּלֶת בְּדֶרֶךְ שֶׁל הַסָּקַת מַסְקָנָה מִן הַכְּלָל אֶל הַפְּרָט, לְמָשָׁל:

כַּאֲשֶׁר מְבַקְּשִׁים לְהוֹכִיחַ אֶת הַהַנָּחָה שֶׁ״בַּרְזֶל הוּא יָלִיךְ חַשְׁמַל״ עַל סְמַךְ הַכְּלָל: ״כָּל הַמַּתָּכוֹת הֵן יְלִיכוֹת חַשְׁמַל״, הוֹכָחָה הַמִּתְקַבֶּלֶת עַל דֶּרֶךְ הַהֶקֵּשׁ הַמְחַיֵּב בְּהֶכְרֵחַ, - דֶּדוּקְטִיבִית, - כְּלָפוּרִית, - יְלִיפָה

Beweis, demonstrativer
הוֹכָחָה יְצִיגָה (פיל׳) [ק/א/207]. הֶקֵּשׁ מוֹפְתִי

Beweis, dialektischer
הוֹכָחָה תַּנְצוּחִית (פיל׳) [ק/א/207]. הוֹכָחָה נִצּוּחִית, - דִּיאָלֶקְטִית, הֶקֵּשׁ הַנִּצּוּחַ, - נִצּוּחִי. דָּבָר (פיל׳) [ק/א/129]. מוֹפֵת, הוֹכָחָה

Beweis, direkter *{ostensiver Beweis}*
הוֹכָחָה יְשִׁירָה (פיל׳, משפ׳) [ק/א/207; ק/ב/165]. מוֹפֵת יָשָׁר, הֶקֵּשׁ יָשָׁר, הוֹכָחָה הַמְּבֻסֶּסֶת עַל עִקָּרוֹן שֶׁאֵינוֹ מֻטָּל בְּסָפֵק וְשֶׁמִּמֶּנּוּ מִתְבַּקֶּשֶׁת אֲמִתּוּת הַהַנָּחָה בְּאֹפֶן לֹא מָצוּעַ (בִּלְתִּי אֶמְצָעִי), עֵדוּת שֶׁל עֵד רְאִיָּה

Beweis, entscheidender
הוֹכָחָה חוֹתֶכֶת [ק/ב/165]. מוֹפֵת חוֹתֵךְ, - נֶחְתָּךְ, - גּוֹזֵר, - פּוֹסֵק, הוֹכָחָה בְּדוּקָה שֶׁאֵין אַחֲרֶיהָ שׁוּם טַעֲנָה, רְאָיָה חֲזָקָה וּמַכְרַעַת

Beweis, hypothetischer
הוֹכָחָה הַשְׁעַרְתִּית (פיל׳) [ק/ב/166]. מוֹפֵת תְּנַאי מְדֻבָּק

Beweis, indirekter *{apagogischer Beweis}*
הוֹכָחָה עֲקִיפָה (פיל׳) [ק/א/207; 208; ק/ד/63]. הֶקֵּשׁ הַחִלּוּף, - הֲרָתִיעָה, הוֹכָחָה לֹא יְשִׁירָה, צוּרָה מְיֻחֶדֶת שֶׁל הַהוֹכָחָה הַהֶגְיוֹנִית שֶׁבָּהּ הַטַּעֲנָה A מִתְבָּרֶרֶת מֵהַנָּחוֹת מְסֻיָּמוֹת ,A1, ..., An, עַל יְדֵי כָּךְ שֶׁמּוֹכִיחִים מִן A1, ..., An וּמִן הַסְבָּרָה שֶׁ-A הוּא שִׁקְרִי (כְּלוֹמַר: שֶׁהַשְּׁלִילָה ״לֹא A״ תְּקֵפָה) סְתִירָה, כְּגוֹן: שְׁלִילַת אַחַת הַהַנָּחוֹת

Beweis, induktiver
רְאָיָה אִכְלוּלִית (פיל׳) [ק/ב/164]. רְאָיָה, הוֹכָחָה אִינְדוּקְטִיבִית, - עַל דֶּרֶךְ הַחִפּוּשׂ, - הַמִּתְקַבֶּלֶת בְּדֶרֶךְ קְבִיעַת הַכְּלָל עַל יְסוֹד הַפְּרָטִים, רְאָיָה פְּרָטוּלִית

Beweis, konditioneller
הוֹכָחָה תְּלוּיָה (פיל׳) [ק/א/208; ק/ד/205]. הֶקֵּשׁ תָּלוּי

Beweis, konjunktiver
מוֹפֵת תְּנַאי מְדֻבָּק (פיל׳) [ק/ב/166]

Beweis, Lehre vom
תּוֹרַת הַהוֹכָחָה (פיל׳) [ק/א/297]. חָכְמַת הַמּוֹפֵת

Beweis(es), Logik des ---> Logik des Beweises

Beweis, logischer
הוֹכָחָה הֶגְיוֹנִית (פיל׳) הוֹכָחַת אֲמִתּוּתָהּ שֶׁל טַעֲנָה מְסֻיֶּמֶת בְּאֶמְצָעוּת שַׁלְשֶׁלֶת סוֹפִית שֶׁל הֶקֵּשִׁים הֶגְיוֹנִיִּים

Beweis, mündlicher
עֵדוּת בְּעַל פֶּה (משפ׳)

Beweis, negativer
הוֹכָחָה שְׁלִילִית (פיל׳) [ק/ב/166]. מוֹפֵת שׁוֹלֵל

Beweis, ostensiver ---> Beweis, direkter

Beweis, progressiver
הוֹכָחָה קַדְמָנִית (פיל׳) [ק/ב/166]. מוֹפֵת הַהוֹלֵךְ לְפָנִים, הוֹכָחָה שֶׁמַּקִּישִׁים בָּהּ מִן הַסִּבּוֹת לַתּוֹלָדָה

Beweis, regressiver
הוֹכָחָה נַסְגָּנִית (פיל׳) [ק/ב/166]. מוֹפֵת הַהוֹלֵךְ לְאָחוֹר, הוֹכָחָה שֶׁמַּקִּישִׁים בָּהּ מִן הַתּוֹלָדָה לַסִּבּוֹת

Beweis, rhetorischer
הוֹכָחָה דִּבּוּרִית (רטו׳, פיל׳) [ק/א/207]. הֶקֵּשׁ הַהֲלָצָה, - הֲלָצִי, הוֹכָחָה רֶטוֹרִית

Beweis, stringenter
הוֹכָחָה מְדַקְדֶּקֶת (פיל׳, מחמ׳) [ק/א/337; ק/ב/165]. מוֹפֵת חוֹתֵךְ, - נֶחְתָּךְ, - בָּרוּר שֶׁאֵין בּוֹ שׁוּם סָפֵק. מוֹפֵת גּוֹזֵר, - פּוֹסֵק [ק/ב/165]. הוֹכָחָה בְּדוּקָה שֶׁאֵין אַחֲרֶיהָ שׁוּם טַעֲנָה, רְאָיָה חֲזָקָה וּמַכְרַעַת

Beweis, synthetischer
מוֹפֵת מְקֻשָּׁר (פיל׳) [ק/ב/166]

Beweis, unzulässiger
עֵדוּת שֶׁאֵינָהּ קְבִילָה (משפ׳)

Beweis, zwingender
רְאָיָה חֲלוּטָה (משפ׳)

Beweis vom Hörensagen
עֵדוּת שְׁמִיעָה (משפ׳)

beweisbar
יָכִיחַ, שֶׁנִּתָּן לְהוֹכָחָה

Beweisbarkeit
יְכִיחוּת, הִנָּתְנוּת לְהוֹכָחָה

beweisen
הוֹכִיחַ (מוֹכִיחַ) [ק/א/84]. בָּחַן, הֵבִיא רְאָיָה

beweisen, anschaulich ---> demonstrieren

beweisen, zu ---> beweisbar

beweisen war, was zu (w.z.b.w.)
מַה שֶּׁצָּרִיךְ לְהוֹכִיחַ (מש״ל) (מחמ׳) מַה שֶּׁהָיָה לְהוֹכִיחַ

Beweisführer ---> Demonstrator

Beweisführung ---> Beweis

Beweisgrund
נִמּוּק הוֹכָחָה (פיל׳) [ק/א/30]. אוֹת (אוֹתוֹת), רְאָיָה, הוֹכָחָה. מוֹפֵת (פיל׳) [ק/ב/164]. הוֹכָחָה חֲזָקָה וּמַכְרַעַת

Beweisgrund(es), Erschleichung des
דְּרוּשׁ עַל הַמַּעֲרָכָה (פיל׳) [ק/א/147]. מַעֲרָכָה עַל הַדְּרוּשׁ (פיל׳) [ק/ב/241]. נֶעֱרָךְ עַל הַדְּרוּשׁ (פיל׳) [ק/ג/52]. טָעוּת הֶגְיוֹנִית, כַּאֲשֶׁר מִשְׁתַּמְּשִׁים בְּמִשְׁפָּט שֶׁעֲדַיִן לֹא הוּכַח לְשֵׁם הוֹכָחַת מִשְׁפָּט אַחֵר

Beweiskonflikt
עֵדֻיּוֹת סוֹתְרוֹת (משפ׳)

beweiskräftig [---> schlüssig]
חוֹתֵךְ [ק/ב/161]. מוֹלִיד, מַכְרִיעַ, מַשְׁכְּנֵעַ מוֹפְתִי (פיל׳) [ק/ב/166]. שֶׁהוּכַח בִּרְאָיָה, שֶׁאֻמַּת עַל דֶּרֶךְ הַמּוֹפֵת הַהֶגְיוֹנִי. נִסִּי (פיל׳) [ק/ג/45]. מוּכָח, מְאֻמָּת, יָכִיחַ

Beweiskraft
מִשְׁקַל רְאָיָתִי (משפ׳)

Beweislast
נֵטֶל הַהוֹכָחָה (משפ׳)

beweismäßig
רְאָיָתִי (פיל׳) [ק/ב/166]. מוֹפְתִי, הוֹכָחָתִי, שֶׁהוּכַח בִּרְאָיָה, שֶׁאֻמַּת עַל דֶּרֶךְ הַמּוֹפֵת הַהֶגְיוֹנִי

Beweismaterial, unterstützendes --->
Beweis, bestätigender
Beweismittel
חֹמֶר הָרְאָיוֹת (פיל׳, משפ׳) [ק/א/54]. אִמּוּת, רְאָיָה מְסַפֶּקֶת, מַצָּג מִשְׁפָּטִי
Beweismittel, fabriziertes
רְאָיָה בְּדוּיָה (משפ׳)
Beweismittel, zulässiges
רְאָיָה קְבִילָה (משפ׳)
Beweisthema
דְּרוּשׁ (דְּרוּשִׁים) [ק/א/146]. בַּקָּשָׁה, הַנָּחָה, הַקְדָּמָה, מְבֻקָּשׁ, תְּבִיעָה. שְׁאֵלָה [ק/ד/65]
bewerfen, mit Mörtel ---> Mörtel
bewerfen, mit
bewerkstelligen [---> bewirken]
הוֹצִיא לַפֹּעַל, הִפְעִיל, הִגְשִׁים, הֵבִיא לִידֵי הַגְשָׁמָה, בִּצַּע (מְבַצֵּעַ)
Bewerkstelligung
הוֹצָאָה לַפֹּעַל, בִּצּוּעַ, הַפְעָלָה
bewerten [---> beurteilen; schätzen]
הֶעֱרִיךְ (מַעֲרִיךְ) [ר/א/214]. קָבַע אֶת מִדַּת הַהַצְלָחָה שֶׁל דְּבַר-מָה בְּהַשָּׂגַת הַמַּטָּרוֹת שֶׁהֻגְדְּרוּ מֵרֹאשׁ
bewerten, neu ---> auswerten, neu
bewertend
הַעֲרָכָתִי
Bewertung [---> Evaluierung; Schätzung; Beurteilung]
הַעֲרָכָה [ר/א/214]. קְבִיעַת מִדַּת הַהַצְלָחָה שֶׁל דְּבַר-מָה בְּהַשָּׂגַת הַמַּטָּרוֹת שֶׁהֻגְדְּרוּ מֵרֹאשׁ. עֵרוּךְ (מחמ׳) חִשּׁוּב הָעֵרֶךְ
Bewertung, neue ---> Auswertung, neue
Bewertung nach Punkten ---> Punktebewertung
Bewertung, objektive
הַעֲרָכָה מֶשָּׂאִית, - אוֹבְּיֶקְטִיבִית
Bewertungsprogramm *{Benchmark-Programm}*
תָּכְנִית בֹּחַן (מחש׳) [דמ״א/16]. תָּכְנִית לְהַשְׁוָאַת בִּצּוּעֵי מַחְשֵׁב אוֹ תָּכְנִיּוֹת מְסֻיָּמוֹת
Bewertungsprozedur
תַּהֲלִיךְ הַהַעֲרָכָה (בלש׳) [מ״ב/75]
Bewertungsskala
סֻלַּם הַעֲרָכָה (מדע, טכנ׳) [ר/א/215]. כָּל מַכְשִׁיר הַעֲרָכָה שֶׁהוּא
bewiesen
מוּכָח (פיל׳) [ק/ב/166]. מוֹפְתִי, שֶׁהוּכַח בִּרְאָיָה, שֶׁאֻמַּת עַל דֶּרֶךְ הַהוֹכָחָה הַהֶגְיוֹנִית. נִסִּי (פיל׳) [ק/ג/45]. מְאֻמָּת, חוֹתֵךְ, יָכִיחַ
Bewilligung
הֶתֵּר, הַתָּרָה [ק/א/246]. הַרְשָׁאָה, נְתִינַת רְשׁוּת, וִתּוּר
bewimpert ---> wimprig
bewirken [---> bewerkstelligen]
גָּרַם (גּוֹרֵם) [ק/א/283; ק/ג/137]. חִיֵּב, גָּזַר, יָעַד. עָלַל (עוֹלֵל) [ק/ג/140]. הֵסֵב, חוֹלֵל, סִבֵּב, הֵבִיא לִידֵי..., הוֹלִיד, שִׁמֵּשׁ סִבָּה, הֵבִיא לִכְלַל...
bewirkendes Verb ---> Verb, bewirkendes

Bewirkung ---> Herbeiführen; Bewerkstelligung
bewirten
אֵרַח (מְאָרֵחַ), כִּבֵּד, הֶאֱכִיל, הִגִּישׁ כִּבּוּד, הִכְרָה (מַכְרֶה), עָרַךְ ל... סְעוּדָה, זִמֵּן לִסְעוּדָה
Bewirtungsspesen
קִצְבַּת אֵרוּחַ (כלכ׳)
Bewölkung
עֲנָנוּת (מטא׳) [יל״ט/153]
Bewölkung, Spuren von
זְעֵרִיּוֹת עֲנָנִים (מטא׳) [יל״ט/65]. עֲנָנִים הַתּוֹפְסִים פָּחוֹת מִשְּׁמִינִית הַשָּׁמַיִם
bewohnt
נוֹשָׁב, מְיֻשָּׁב, יָשׁוּב, מְשֻׁכָּן, מְאֻכְלָס
bewohntes Gebiet ---> Gebiet, bewohntes
Bewunderung
הַעֲרָצָה, הִתְפַּעֲלוּת, הַפְלָאָה
Bewunderung, Modalität der ---> Modalität der Bewunderung
Bewurf ---> Putz
bewußt
מוּדָע (פסי׳) [ר/ב/356]. מַה שֶּׁבַּתּוֹדָעָה, הַמֻּכָּר וְהַיָּדוּעַ לָאָדָם. בְּיוֹדְעִין (משפ׳) בְּיוֹדֵעַ, בִּידִיעָה, בְּכַוָּנָה
bewußte Auswahl ---> Auswahl, bewußte
bewußtes Stichprobenverfahren ---> Auswahl, bewußte
Bewußtheit [---> Bewußtsein]
מוּדָעוּת (מ״ח, פסי׳) [ר/ב/356]. אֵיכוּת כְּלָל חֶבְרָתִית שֶׁל פְּעִילוּת הַיְּחִידִים, הַקְּבוּצוֹת הַחֶבְרָתִיּוֹת וְהַמַּעֲמָדוֹת אוֹ שֶׁל הַתַּהֲלִיךְ הַחֶבְרָתִי הַנּוֹבֵעַ מִפְּעִילוּת זוֹ. הַפְּעִילוּת הַיְּחוּדָה (אִינְדִּיבִידוּאָלִית) וְהַקִּבּוּצִית (קוֹלֶקְטִיבִית) אוֹ הַתַּהֲלִיךְ הַחֶבְרָתִי הֵם מוּדָעִים כַּאֲשֶׁר הֵם מִתְרַחֲשִׁים מִתּוֹךְ יְדִיעַת עִקַּר הַהַשְׁפָּעוֹת הַחֶבְרָתִיּוֹת וְהַהִסְטוֹרִיּוֹת רְחוֹקוֹת הַטְּוָח שֶׁלָּהֶם וּמִתּוֹךְ רָצוֹן בְּקִדּוּם הַהַשְׁפָּעוֹת הַלָּלוּ. מַצָּב שֶׁל הֱיוֹת בִּגְבוּל הַהַכָּרָה וְהַתּוֹדָעָה, עֵרָנוּת לִדְבַר-מָה, יְדִיעוּת
bewußtlos
חֲסַר תּוֹדָעָה (רפו׳, פסי׳) [ר/א/263]. חֲסַר הַכָּרָה
Bewußtlosigkeit
חֹסֶר תּוֹדָעָה (רפו׳, פסי׳) [ר/א/263]. חֹסֶר הַכָּרָה, מַצָּב שֶׁל הֶעְדֵּר מוּדָעוּת
Bewußtlosigkeit, Zustand tiefer ---> Koma
Bewußtsein [---> Bewußtheit]
תּוֹדָעָה (פיל׳, פסי׳) [ק/ד/180; ר/ב/356]. יְדִיעָה, הֲבָנַת הָאָדָם אֶת יֵשׁוּתוֹ הָעַצְמִית, אֶת קִיּוּמוֹ, אֶת קְשָׁרָיו עִם הַסְּבִיבָה וְאֶת יַחֲסֵי הָעֲצָמִים שֶׁל הַסְּבִיבָה בֵּינָם לְבֵין עַצְמָם. כְּלָל הַפְּעִילוּת הַנַּפְשִׁית, כּוֹלֵל זוֹ הָאֶשְׂכְּלִית (אִינְטֶלֶקְטוּאָלִית), שֶׁל הָאָדָם. הַיְּכֹלֶת לַחְשֹׁב וּלְהַסִּיק מַסְקָנוֹת. יֶדַע (פסי׳) [ק/ב/28]. כְּלָל הַחֲוָיוֹת הַמּוּדָעוֹת שֶׁל הָאָדָם וּמַחְשְׁבוֹתָיו. מַדָּע (פיל׳, פסי׳) [ק/ב/153]. הַכָּרָה
Bewußtsein, bei
בְּהַכָּרָה (פסי׳, רפו׳, משפ׳) [א״ת/ב/54]. מִתּוֹךְ

יִשּׁוּב, בְּיִשּׁוּב הַדַּעַת, מִתּוֹךְ דֵּעָה צְלוּלָה וּבְרוּרָה

Bewußtsein(s), Standpunkt des

נְקֻדַּת הָרְאוּת שֶׁל הַתּוֹדָעָה (פיל׳) [פ״ר/100]. עַל פִּי הֶגֶל: נְקֻדַּת הַמַּבָּט שֶׁל הַשְּׁנִיּוּת שֶׁל אָדָם וְעוֹלָם, נוֹשֵׂא (סוּבְּיֶקְט) וּמַשָּׂא (אוֹבְּיֶקְט)

Bewußtsein(s), Tatsachen des

מַעֲשֵׂי הַיְּדִיעָה (פסי׳) [ק/ב/28]

Bewußtsein, sinnliches

תּוֹדָעָה חוּשִׁית (פיל׳) [פ״ר/103]

Bewußtseinsausfall, kurzzeitiger

פְּסִיק תּוֹדָעָה (פסי׳) פֶּסֶק תּוֹדָעָה

Bewußtseinsfeld

שְׂדֵה הַתּוֹדָעָה (פסי׳)

Bewußtseinsgeschehen

תַּהֲלִיכֵי הַתּוֹדָעָה (פסי׳)

Bewußtseinsinhalte

תָּכְנֵי הַתּוֹדָעָה (פסי׳)

Bewußtseinsstörung, traumhafte

עִמְעוּמֵי תּוֹדָעָה (פסי׳)

Bewußtseinstrübung ---> Desorientiertheit

Bewußtseinstrübung, kurzdauernde [---> Desorientiertheit]

לְשִׁיַּת הַדַּעַת (פסי׳, רפו׳) אָבְדַן עֶשְׁתּוֹנוֹת, חֻלְשַׁת הַדַּעַת

Bewußtseinszustände

מַצְּבֵי הַתּוֹדָעָה (פסי׳)

bezähmen

רִסֵּן (מְרַסֵּן), הִתְאַפֵּק, אִפֵּק (מְאַפֵּק), חָסַם, בָּלַם, פָּקַם (פּוֹקֵם), הִבְלִיג, עָצַר כֹּחַ, בִּלֵּם (מְבַלֵּם), אִפֵּק, הִבְלַג, גִּלָּה הִתְאַפְּקוּת, הוֹבִילוֹ בְּאַף

bezähmen, Begierde

כָּבַשׁ תַּאֲוָתוֹ (פסי׳) [ק/א/316]. הִכְנִיעַ יִצְרוֹ, אָנַס אֶת עַצְמוֹ מִ..., הִתְגַּבֵּר עַל יִצְרוֹ, חָסַם תַּאֲוָתוֹ, הֵנִיא תְּשׁוּקָתוֹ

Bezähmung

רִסּוּן, אִפּוּק, הִתְאַפְּקוּת, בִּלּוּם, בְּלִימָה, הִתְרַסְּנוּת, הֶבְלֵג, הַבְלָגָה

Bezähmung der Begierden

הַכְנָעַת הַתַּאֲווֹת (פסי׳) [ק/ב/63]. כִּבּוּשׁ הַיֵּצֶר, בְּלִימַת יְצָרִים, חֲסִימַת הַתַּאֲוָה, רִסּוּן הַחֶמְדָּה

bezeichnen

כִּנָּה (מְכַנֶּה) [ק/ג/113]. סִפֵּר, תֵּאֵר, צִיֵּן, אִפְיֵן, אִיֵּךְ, דֵּרֵג, נָתַן תֹּאַר לְ..., תִּיֵּג

bezeichnen, etwas

צִיֵּן (מְצַיֵּן) אֶת... [ק/ג/54]. נָפַל עַל..., יִחֵס אוֹתוֹ לְ..., נָתַן עִנְיָן לְ..., רָמַז עַל..., הוֹרָה עַל..., שִׁמֵּשׁ לְ..., הִשְׁתַּמֵּשׁ בְּ..., סִמֵּן (מְסַמֵּן)

bezeichnend ---> charakteristisch

bezeichnet

מְסֻמָּן [ק/ב/223]. מֻגְדָּר, מְסֻיָּם, נָתוּן, קָבוּעַ, יָדוּעַ, מְבֹרָר

bezeichnet, näher

מֻגְדָּר כַּהֲלָכָה [ק/ד/43]. רָמוּז אֵלָיו

Bezeichnung

סִמּוּן (פיל׳, בלש׳) [ק/ד/43]. רֶמֶז, בִּטּוּי לְשׁוֹנִי הַמְאַפְיֵן עֲצָמִים וּקְבוּצוֹת עֲצָמִים, לְרַבּוֹת תְּכוּנוֹתֵיהֶם וְיַחֲסֵיהֶם בֵּין אִם הֵם מִתְקַיְּמִים בַּמְּצִיאוּת הַמַּמָּשִׁית כְּגוֹן הַמֻּנָּח ״מְחִיר״ וּבֵין אִם הֵם תּוֹצַר הַפְּעִילוּת הַמַּחֲשַׁבְתִּית כְּגוֹן הַמֻּנָּח ״מֻשָּׂג״, תִּיּוּג, סִמּוּל, כִּנּוּי, צִיּוּן, הַתְוָאָה, הַתְוָיָה, מֻנָּח (מֻנָּחִים), מִלָּה הַמְּצַיֶּנֶת מַשָּׂא אוֹ מֻשָּׂג בְּדִיּוּק

Bezeichnung, genaue ---> Spezifikation

Bezeichnung, uneigentliche

כִּנּוּי (כִּנּוּיִים) [ק/ב/96]. שֵׁם לְוַאי, - מֻשְׁאָל, - נוֹסָף

Bezeichnung beilegen, eine figürliche

כִּנָּה (מְכַנֶּה) [ק/ב/96]. קָרָא לַדָּבָר בְּשֵׁם מֻשְׁאָל, נָתַן שֵׁם אַחֵר

Bezeichnung der Gattung und zugleich eines Einzelwesens

הַשֵּׁם הַנֶּאֱמָר בִּכְלָל וּבְיִחוּד (פיל׳, בלש׳) [ק/ד/127]

Bezeichnung im übertragenen Sinn

שֵׁם מֻעְתָּק, - נֶעְתָּק (פיל׳) [ק/ד/127]

Bezeichnungsrelation

יַחֲסַת מֻנָּח (פיל׳, בלש׳) הַיַּחַס בֵּין הַמֻּנָּח, הַשֵּׁם וְהַמַּשָּׂא הַמְסֻמָּן בְּמֻנָּח זֶה

bezeugen ---> Zeugnis ablegen

beziehen [---> abonnieren]

יִחֵס (מְיַחֵס), הִתְיַחֵס (מִתְיַחֵס) לְ..., תָּלָה (תּוֹלֶה) בְּ..., הִתְלָה בְּ..., שִׁיֵּךְ לְ..., יִחֵס, קָשַׁר, הִסְתַּמֵּךְ, זִיֵּק (מְזַיֵּק), יָצַר זִקָּה, זִיֵּק (מְזַיֵּק), הִזְדַּיֵּק (מִזְדַּיֵּק), נִקְשַׁר בְּזִקָּה

Bezieher(in) ---> Abonnent(in)

bezieht sich auf

מִתְיַחֵס עַל.../אֶל.../לְ... [ק/ב/324]. מִתְעָרֵב בְּ..., מְיֻחָס לְ..., נוֹגֵעַ, מְזַיֵּק, מְזֻיָּק, מִזְדַּיֵּק. נִמְשָׁךְ [ק/ג/44]. נִתְלֶה [ק/ג/78]. קָשׁוּר, נִמְצָא בְּיַחַס אֶל..., שַׁיָּךְ לְ... . שָׁב לְ.../אֶל...[ק/ד/67]. נוֹגֵעַ אֶל.../לְ..., מוּסָב לְ... תָּלוּי [ק/ד/205]. זָקוּק, מֻתְנֶה, תַּעֲרִיכִי, שֶׁל מַרְאֵה מָקוֹם

bezieht sich dies?, worauf

בְּמָה דְּבָרִים אֲמוּרִים?

Beziehung [---> Übereinstimmung, innere]

יַחַס (יְחָסִים) [ק/ב/33]. קֶשֶׁר. זִקָּה (זִקּוֹת) (פיל׳) [ק/א/235]. הִתְיַחֲסוּת. הִתָּלוּת [ק/א/238]. תְּלוּת הַדְּבָרִים וְשַׁיָּכוּתָם זֶה לָזֶה. טְפֵלִיּוּת (פיל׳) [ק/ב/21]. יַחֲסוּת. יִחוּס (פיל׳) [ק/ב/32]. קְבִיעַת שַׁיָּכוּתוֹ שֶׁל דָּבָר אֶחָד לְדָבָר אַחֵר. לְוָיָה (פיל׳) [ק/ב/115]. מָבוֹא (פיל׳) [ק/ב/135]. הַשְׁפָּעַת גּוֹמְלִין. מַדְרֵגָה (פיל׳) [ק/ב/154]. סְמִיכוּת [ק/ג/104]. עֵרֶךְ [ק/ג/170]. פֵּאָה [ק/ג/180]. צֵרוּף [ק/ג/252]. נְטִיָּה. בְּחִינָה (פיל׳) [ק/א/81]. נְקֻדַּת רְאוּת, סְגֻלָּה עַצְמִית. דְּבֵקוּת [ק/א/128]. הַכְנָסָה [ק/א/172]. שַׁיָּכוּת. הַעֲרָכָה (פיל׳) [ק/א/191]. הִצְטָרְפוּת (פיל׳) [ק/א/201]. יַחַס הֲדָדִי בֵּין שְׁנֵי דְּבָרִים. הִתְחַבְּרוּת [ק/א/232]. קִשּׁוּר

Beziehung, gesellschaftliche

יַחַס חֶבְרָתִי (מ״ח, כלכ׳) זִקָּה חֶבְרָתִית

Beziehung, in einer

מִצַּד אֶחָד [ק/ב/252]. מִצַּד, מִבְּחִינָה מְסֻיֶּמֶת, בִּבְחִינָה אַחַת

Beziehung, in jeder

מִכָּל הַבְּחִינוֹת

Beziehung, in objektiver

בִּבְחִינָה מְשָׂאִית (פיל') [ק/א/82]. בִּבְחִינָה נְשׂוּאִית, בִּבְחִינַת עַצְמוּתָם

Beziehung, intentionale

הִתְכַּוְּנוּת לִשְׁמָהּ (פיל') [ת״ה/79]. הִתְכַּוְּנוּת אִינְטֶנְצְיוֹנָלִית, יַחַס הִתְכַּוְּנוּתִי, הַיַּחַס בֵּין הַמַּשָּׂג וְהַמַּשָּׂא שֶׁלּוֹ

Beziehung, rekurrente

יַחֲסַת נְסִיגָה (מתמ')

Beziehung, scheinbare

קֶשֶׁר מְדֻמֶּה, מִתְאָם מְזֻיָּף (סטט') [ר/ב/390; מ״מ/218]. קֶשֶׁר בֵּין שְׁנֵי מִשְׁתַּנִּים שֶׁנּוֹצָר כְּתוֹצָאָה מֵהַשְׁפָּעַת מִשְׁתַּנֶּה שֶׁאֵינוֹ מְקַשֵּׁר בֵּינֵיהֶם

Beziehung auf..., in ---> Bezug auf..., in

Beziehungen, instrumentelle ---> Beziehungen, zweckdienliche

Beziehungen, zweckdienliche

יְחָסִים אֶמְצָעוּתִיִּים, - מַכְשִׁירִיִּים, - אִינְסְטְרוּמֶנְטָלִיִּים

Beziehungen, zwischenmenschliche
[---> "Human Relations"]

יַחֲסֵי אֱנוֹשׁ (מ״ח, פסי')

Beziehungsglieder

חֶלְקֵי הַזִּקָּה

Beziehungswahn

טֵרוּף מְזִמּוֹת (פסי') [ר/א/166]. דְּלוּזְיוֹת שֶׁל יַחוּס, כְּשֶׁאָדָם מְיַחֵס לְכָל דָּבָר מַשְׁמָעוּת שְׁלִילִית לְגַבָּיו

Beziehungswort ---> Antezedens

beziffern

סִפְרֵר (מְסַפְרֵר) (מתמ', מוס')

Bezirk

מָחוֹז (מְחוֹזוֹת) (י״א) [ק/ב/177]. חֶבֶל אֶרֶץ, אֵזוֹר (אֲזוֹרִים). פֶּלֶךְ (פְּלָכִים) (י״א) [ק/ג/191]. גָּלִיל, נָפָה

Bezirk betreffend, den

מְחוֹזִי (י״א) [ק/ג/191]. שֶׁל מָחוֹז, פִּלְכִּי, שֶׁל פֶּלֶךְ

bezogen, auf etwas

מְיֻחָס לְ... [ק/ג/170]. עָרוּךְ, מְשֻׁיָּךְ לְ...

Bezogener ---> Akzeptant

Bezug, laufender ---> Abonnement

Bezug auf..., in

בְּיַחַס לְ... [ק/א/206]. בְּהֶקֵּשׁ אֶל..., בְּדִמְיוֹן אֶל... בְּחֹק פְּלוֹנִי [ק/א/323]. בְּעִנְיַן פְּלוֹנִי

Bezugsebene

רוּם יִחוּס (פיס')

Bezugsgruppe

קְבוּצַת הִתְיַחֲסוּת (פסי', מ״ח) [ר/א/229]. כָּל קְבוּצָה שֶׁהַיָּחִיד רוֹאֶה בְּצוּרוֹת הִתְנַהֲגוּתָהּ, בְּעֶרְכֶּיהָ וּבְמַטְּרוֹתֶיהָ אֶבֶן בֹּחַן לְהַעֲרָכַת עַצְמוֹ וְעַל פִּיהֶם הוּא מְכַוֵּן אֶת הִתְנַהֲגוּתוֹ, אֶת עֲרָכָיו וְאֶת מַטְּרוֹתָיו לְחִיּוּב אוֹ לִשְׁלִילָה

Bezugsmarke

סִימַן תֵּאוּם (אלק')

Bezugsniveau ---> Bezugsebene

Bezugspunkt ---> Verankerung

Bezugsrahmen

מִסְגֶּרֶת הַהִתְיַחֲסוּת (פסי', מ״ח) [ר/ב/400]. הַהֶקְשֵׁר הַכְּלָלִי שֶׁבּוֹ מִתְרַחֵשׁ אֵרוּעַ מְסֻיָּם וְשֶׁלְּפִיו יֵשׁ לְפָרְשׁוֹ. דֵּעָה, תֶּקֶן, עֵרֶךְ אוֹ מַעֲרֶכֶת מֻשָּׂגִים שֶׁעַל פִּיהֶם יָחִיד אוֹ קְבוּצָה מְכַוְּנִים אֶת מַחְשְׁבוֹתָם, הַבְחָנוֹתֵיהֶם, פַּרְשָׁנוּתֵיהֶם וְשִׁיפּוּטָם

Bezugssatz ---> Relativsatz

Bezugssystem

מַעֲרֶכֶת יִחוּס (פיס')

Bi

Bias ---> Verzerrung

Bibelkundiger
בַּעַל מִקְרָא (דת) בָּקִי בְּתַנַ״ךְ, בַּעַל מָסוֹרָה, בֶּן תּוֹרָה

Bibernelle *{Pimpinella}*
כַּמְנוֹן (בוט') צֶמַח מִמִּשְׁפַּחַת הַסּוֹכְכִיִּים

Biberratten *{Myocastoridae (Capromyidae)}*
נוּטְרִיִּים (זוא') בַּעֲלֵי חַיִּים מִסִּדְרַת הַמְּכַרְסְמִים

Bibliograph(in)
רַשְׁמְרָן, רַשְׁמְרָנִית (ספרנ') בִּיבְּלִיוֹגְרָף

Bibliographie
רַשְׁמֹרֶת (רַשְׁמוֹרוֹת) (ספרנ') בִּיבְּלִיוֹגְרַפְיָה, רְשִׁימַת סְפָרִים וּמַאֲמָרִים, תּוֹרַת רִשּׁוּם הַסְּפָרִים

Bibliographie, annotierte
רַשְׁמֹרֶת מוּעֶרֶת (ספרנ') בִּיבְּלִיוֹגְרַפְיָה מוּעֶרֶת

bibliographieren
רִשְׁמֵר (מְרַשְׁמֵר) (ספרנ') עָרַךְ בִּיבְּלִיוֹגְרַפְיָה

bibliographisch
רַשְׁמָרְתִּי (רַשְׁמוֹרְתִּי) (ספרנ') בִּיבְּלִיוֹגְרָפִי, שֶׁל רַשְׁמֹרֶת

Bibliomanie
שֶׁגַע לִסְפָרִים (פסי') הֶמְיוֹן סְפָרִים, בִּיבְּלִיוֹמַנְיָה

Bibliophiler
מְשֻׁגָּע לִסְפָרִים (פסי') הַמְיָן סְפָרִים

Bibliothek
סִפְרִיָּה (סִפְרִיּוֹת) (ספרנ') בֵּית סְפָרִים

Bibliothekar(in)
סַפְרָן, סַפְרָנִית (ספרנ')

Bibliotheksdatei
קֹבֶץ סִפְרִיָּה (מחש') [דמ״א/60]

Bibliothekswesen
סַפְרָנוּת (ספרנ') תּוֹרַת נִהוּל הַסִּפְרִיּוֹת

biblisch
מִקְרָאִי (דת) [ק/ד/186]. תּוֹרִי, תָּנָכִי

bidirektionale Suche ---> Suche, Vorwärts-Rückwärts-

Biegelinie
קַו הַכֶּפֶף (טכנ')

biegsam
גָּמִישׁ (פיס') [ק/א/117]. נוֹחַ לְהִכָּפֵף, - לְהִכָּוֵץ, - לִכְפִיפוּת

Biegsamkeit
גְּמִישׁוּת (פיס') [ק/א/117]. תְּכוּנַת הַחֹמֶר הַנִּתָּן לְהִכָּפֵף

Biegung
כְּפִיפָה (פיס'). הַטָּיָה (הַטָּיוֹת), הַפְנָיָה לְכִוּוּן מְסֻיָּם. עִקּוּם (מתמ') [ק/ג/164]. קַו עָקוּם, עֲקֻמָּה

Biegung *{Flexur}*
כֶּפֶף (כְּפָפִים) (רפו')

Bienenfresser *{Merops apiaster}*
שְׁרַקְרַק מָצוּי (זוא') עוֹף מִמִּשְׁפַּחַת הַשְּׁרַקְרַקִּיִּים

bifokal
דּוּ מוֹקְדִי (פיס', רפו') דּוּ מוֹקְדִי

Bifurkation ---> Gabelung

Bijektion
מִפּוּי חַד חַד עֶרְכִּי (מתמ')

Bikonkavlinse
עֲדָשָׁה דּוּ קְעוּרָה (פיס')

Bikonvexlinse
עֲדָשָׁה דּוּ קְמוּרָה (פיס')

bikuspidat ---> zweizipfelig

Bilabial ---> Lippenlaut

Bilanz
מַאֲזָן (כלכ') רְשִׁימַת הַנְּכָסִים, הַהוֹן הָעַצְמִי וְהַהִתְחַיְּבוּיוֹת לִתְקוּפָה מְסֻיֶּמֶת

bilateral
דּוּ צְדָדִי [מר״ח/97]. דּוּ צִדָּנִי, - צְדָדִי

Bilche *{Myoxidae (Gliridae)}*
נַמְנְמָנִיִּים (זוא') מִשְׁפָּחָה שֶׁל מְכַרְסְמִים

Bild
תְּמוּנָה (תְּמוּנוֹת) [ק/ד/206]. דְּמוּת, תַּבְנִית, הוֹפָעָה חִיצוֹנִית, מַרְאִית. בָּבוּאָה (פיס', פסי') [ר/א/167]. הִשְׁתַּקְּפוּת מַשָּׂא בְּמַרְאָה, בַּעֲדָשָׁה וכד'

Bild, inverses
תְּמוּנָה הֲפוּכָה (שֶׁל יְצִיר) (מתמ')

Bildabtaster *{Scanner}*
סוֹרֵק (סוֹרְקִים) (מחש') [דמ״א/91]. מַכְשִׁיר קֶלֶט הַמְּשַׁמֵּשׁ לִקְרִיאַת תַּמְלִילִים וּתְמוּנוֹת וּלְאִחְסוּנָם בַּמַּחְשֵׁב

Bildauflösung
הַפְרָדַת תְּמוּנָה (מחש') [דמ״א/89]. הַפְרָדָה, צְפִיפוּת יְחִידוֹת הַתְּצוּגָה (פִּיקְסֶל) עַל צַג הַמַּחְשֵׁב אוֹ בְּהַדְפָּסָה

Bilddatenverarbeitung

עִבּוּד תְּמוּנוֹת (מחש') עִבּוּד בָּבוּאוֹת

Bilddurchlauf

גְּלִילַת מַצָּג (מחש') [דמ"א/93]. גְּלִילָה, הֲזָזָה שֶׁל שׁוּרוֹת הַתַּמְלִיל אוֹ הַסִּרְטוּט עַל צַג הַמַּחְשֵׁב

Bildelement

יְחִידַת תְּצוּגָה (מחש') [דמ"א/80]. פִּיקְסֶל, הַיְּחִידָה הַקְּטַנָּה בְּיוֹתֵר הַנִּתֶּנֶת לִתְצוּגָה עַל צַג הַמַּחְשֵׁב

bilden [---> formen]

עִצֵּב (מְעַצֵּב) [ק/ג/244]. צִיֵּר, שִׁוָּה צוּרָה. צָר צוּרָה [ק/ג/247]. הִצְלִים (מַצְלִים), עִבֵּד, הִרְכִּיב. חָצַב [ק/א/321]. בָּרָא, יָצַר. חָקַק [ק/א/328]. עָשָׂה

bilden, Regierung ---> Regierung bilden

bilden, sich

הִתְהַוָּה (מִתְהַוֶּה) [ק/א/161; ק/ב/255]. נֶהֱוָה (נֶהֱוֶה), נִהְיָה, יָצָא לִמְצִיאוּת, הִתְחַדֵּשׁ, לָבַשׁ (לוֹבֵשׁ) צוּרָה, הִצְטַיֵּר, הִתְמַמֵּשׁ, הִתְגַּלֵּם, קִבֵּל צוּרָה, הִתְרַשֵּׁם. הִתְיַלֵּד (מִתְיַלֵּד) [ק/ב/318]. נוֹלַד

bildend

מְעַצֵּב, מְעַבֵּד, מְשַׁוֶּה צוּרָה

bildende Bewegung ---> Bewegung, bildende

bildende Kraft ---> Kraft, bildende

bildende Literatur ---> Literatur, bildende

bildende Ursache ---> Ursache, gestaltende

Bilderdienst

פֻּלְחַן צְלָמִים (אנת', דת)

Bildfläche

שֶׁטַח הַתְּמוּנָה (אמנ') [ממ"ג/26]. שֶׁטַח הַתְּמוּנָה הַמְּצֻיֶּרֶת

bildhaft ---> pittoresk

Bildhauerei

פִּסּוּל (אמנ') [ק/א/282]. חֲטִיטָה, חֲרִיתָה. תֹּאַר וְתַבְנִית

bildlich

מְשָׁאָל (ספר', בלש') [ק/ב/231]. מַעֲבָרִי, שֶׁיֵּשׁ לוֹ מוּבָן שׁוֹנֶה מִן הַמּוּבָן הַמְּקוֹרִי, צִיּוּרִי, מֶטָפוֹרִי

bildlicher Ausdruck ---> Ausdruck, bildlicher

Bildsamkeit ---> Plastizität

Bildschirm *{Monitor}*

צַג (צַגִּים) (טכנ', מחש') מִרְקָע (מִרְקָעִים), אֶקְרָן, מָסָךְ, מִשְׁטַח בְּמַכְשִׁיר חַשְׁמַלּוֹנִי (אֶלֶקְטְרוֹנִי) שֶׁמֻּצָּג עָלָיו מֵידָע חֲזוּתִי

Bildschirm, Flüssigkristal-

צַג גְּבִישֵׁי נוֹזְלִי (מחש') [דמ"א/61]

Bildschirm, Monochrom-

צַג חַדְגּוֹנִי (מחש') [דמ"א/69]

Bildschirmanzeige

מַצָּג (מחש') מַה שֶּׁמֻּצָּג עַל הַצַּג

Bildsucher

כַּוֶּנֶת (כַּוָּנוֹת) (טכנ')

Bildsymbol *{Ikon}*

צַלְמִית (צַלְמִיּוֹת) (מחש') [דמ"א/53]. יִצּוּג תְּאִירָתִי (גְּרָפִי) עַל צַג הַמַּחְשֵׁב לְשֵׁם הַקַּלָּה בְּמַתַּן פְּקֻדּוֹת מִן הַתַּפְרִיט

Bildtafel ---> Projektionsebene

Bildung [---> Pflege]

עִצּוּב (פיל', מ"ט) [ק/א/229]. הִתְהַוּוּת, הִוָּצְרוּת, הֵעָשׂוּת. הִתְיַלְּדוּת (פיל', מ"ט) [ק/א/236]. הִתְחַדְּשׁוּת. חִנּוּךְ לְתַרְבּוּת (פיל') [פ"ר/52]. עַל פִּי הֶגֶל: תַּהֲלִיךְ עִצּוּב עַצְמִי שֶׁל הָרוּחַ לְתַרְבּוּת

Bildungselement

יְסוֹד לְהִתְהַוּוּת, - לְעִצּוּב

Bildungskraft

כֹּחַ הָעִצּוּב (אסת')

Bildungsroman ---> Erziehungsroman

Bildungstrieb

יֵצֶר הָעִצּוּב (אסת')

Bildverarbeitung

עִבּוּד דְּמִיּוֹת (מחש') [דמ"א/53]. קְלִיטַת דְּמִיּוֹת תְּאִירָתִיּוֹת (גְּרָפִיּוֹת) בְּמַחְשֵׁב וְעִבּוּדָן

Bildwerfer ---> Projektor

Bildwerke

תְּמוּנַת (אמנ', ספרנ') תְּמוּנוֹת

bildwirksam ---> photogen

Bilge

עַכּוּז הָאֳנִיָּה (ימא') שִׁיפוּלַיִם, שִׁיפוּלֵי אֳנִיָּה

Bilharziose

סַסְדֶּמֶת (רפו') בִּילְהַרְצִיָּה

biliär ---> gallenbezüglich

bilingual ---> zweisprachig

Bilingualismus ---> Zweisprachigkeit

Bilinguismus ---> Zweisprachigkeit

Bilirubin

אֶחְמָר (רפו') בִּילִירוּבִּין, חֹמֶר צֶבַע אָדֹם שֶׁל הַמָּרָה

Bilirubinämie

אֶחְמַר דָּם (רפו') בִּילִירוּבִּין בַּדָּם

billig

מְצֻדָּק (אתי') צוֹדֵק, יָאוּת

billigen ---> zustimmen; rechtfertigen

Billigkeit [---> Angemessenheit]

צֶדֶק (אתי') מִדַּת יֹשֶׁר, יִשְׁרַת דֶּרֶךְ, אֹרַח מִשְׁפָּט, קַו הַיֹּשֶׁר וְהַמִּשְׁפָּט

Billigung ---> Zustimmung

Bilsenkraut *{Hyoscyamus}*

שִׁכָּרוֹן (בוט') צֶמַח מִמִּשְׁפַּחַת הַסּוֹלָנִיִּים

binär

שְׁנִיּוֹנִי [מ"ב/27]. דּוּ חֶלְקִי, בִּינָרִי, עָשׂוּי מִשְּׁנֵי חֲלָקִים אוֹ בַּעַל תְּכוּנַת יַתִּיר (פְּלוּס) אוֹ חָסִיר (מִינוּס)

Binärdarstellung

יִצּוּג שְׁנִיּוֹנִי (מתמ') יִצּוּג בִּינָרִי

binäre Ziffer ---> Ziffer, binäre

Binärsystem

שִׁיטָה שְׁנִיּוֹנִית (מתמ') שִׁיטָה בִּינָרִית, שִׁיטַת מִסְפָּרִים שְׁנִיּוֹנִית

binar ---> binär

binarisch ---> binär

Bindebalken

מָרִישׁ (מְרִישִׁים) (אדר') קוֹרַת בִּנְיָן

Bindebogen *{Ligatur}*

קֶשֶׁת לְמִזּוּג (מוס') [למ"ו/235]. קֶשֶׁת לְקִשּׁוּר,

סִימָן בְּצוּרַת קֶשֶׁת הָרָשׁוּם מֵעַל לִשְׁנֵי תָּוִים אוֹ יוֹתֵר לְהוֹרוֹת שֶׁיֵּשׁ לְנַגֵּן אוֹ לָשִׁיר אוֹתָם בַּהֲבָרָה אַחַת

Bindegewebe *{Parenchym}*

לְחוּם (רפוי) [מר״ח/513]. רִקְמָה חִבּוּרִית, פָּרֶנְכִימָה, רִקְמַת הַיְּסוֹד

Bindegewebe betreffend

לְחוּמִי (רפוי) שֶׁל רִקְמָה חִבּוּרִית, פָּרֶנְכִימִי

Bindegewebewucherung *{Fibromatosis}*

לִיפֶּמֶת (רפוי) פִיבְּרוֹמָטוֹזָה

Bindeglied [---> Kopula]

חֻלְיַת קִשּׁוּר [ק/א/124]. דִּבּוּק, קֶשֶׁר, חֻלְיָה

Bindehaut des Auges *{Konjunktiva}*

לַחְמִית (רפוי) [מר״ח/187]

Bindehautentzündung *{Konjunktivitis}*

דַּלֶּקֶת הַלַּחְמִית (רפוי) [מר״ח/496]. גַּחֶמֶת

Bindehautschwellung *{Chemosis}*

שַׁבֶּלֶת (רפוי)

Bindekraft

לְכִידוּת (שֶׁל קְבוּצָה) (מ״ח, פסי׳) [ר/א/335]. זִקַּת הַגּוּמְלִין וְכֹחַ הַתַּאֲחִיזָה (קוֹהֶזְיָה) בֵּין חַבְרֵי קְבוּצָה מְסֻיֶּמֶת

binden [---> einbinden]

קָשַׁר (מְקַשֵּׁר), כָּפַת (כּוֹפֵת), חִבֵּר, גִּשֵּׁר

binden, Schleife ---> Schleife binden

binden, Garben ---> Garben binden

Binden

קִשּׁוּר (בלש׳) [מ״ב/28]. קְשִׁירָה (טכנ׳) [א״ח/ב/96]. כְּפִיתָה

bindend ---> verbindlich

bindender Vertrag ---> Vertrag, bindender

Bindenlerche ---> Sandlerche

Bindewort *{Konjunktion}*

מִלִּית (מִלִּיּוֹת) קִשּׁוּר (בלש׳) [ק/ג/128; מ״ב/44]. מִלַּת הָעִטּוּף, - חִבּוּר, - קִשּׁוּר, מִלָּה הַמְקַשֶּׁרֶת מִשְׁפָּט לְמִשְׁפָּט וּלְעִתִּים גַּם מִלִּים בְּתוֹךְ הַמִּשְׁפָּט, לְמָשָׁל: ״גַּם״, ״אוֹ״ ״אֲבָל״, ״שֶׁ...״, ״אִלּוּ״, ״רַק״

Bindewort, adversatives *{Konjunktion, adversative}*

חִבּוּר נִגּוּד (בלש׳) [ק/ב/205; מ״ב/13]. מִלַּת הִתְנַגְּדוּת, מִלִּית נִגּוּד, לְמָשָׁל: ״אֲבָל״, ״אוּלָם״, ״אֶלָּא״, ״בְּרַם״

Bindewort, beiordnendes ---> Bindewort, koordinierendes

Bindewort, exzeptives *{Konjunktion, exzeptive}*

מִלָּה מְבַטֶּלֶת (בלש׳) [ק/ב/205]

Bindewort, kausales *{Konjunktion, kausale}*

מִלַּת טַעַם וְסִבָּה (בלש׳) [ק/ב/205]

Bindewort, komparatives *{Konjunktion, komparative}*

מִלַּת הַשְׁוָאָה (בלש׳) [ק/ב/205]. מִלָּה מְדַמָּה

Bindewort, koordinierendes *{Konjunktion, koordinierende}*

מִלַּת אִחוּי (בלש׳) [מ״ב/51]. מִלַּת קִשּׁוּר מְאַחָה, מִלִּית הַמְצָרֶפֶת מִשְׁפָּטִים אוֹ פְּסוּקִיּוֹת, לְמָשָׁל: ״וְ...״, ״אוֹ״, ״אֲבָל״

Bindewort, kopulatives *{Konjunktion, kopulative}*

חִבּוּר הוֹסָפָה (בלש׳) [מ״ב/13]. מִלִּית צֵרוּף, לְמָשָׁל: ״גָּדוֹל וְנוֹרָא״

Bindewort, konditionales *{Konjunktion, konditionale}*

מִלַּת תְּנַאי (בלש׳) [ק/ב/205; ק/ד/211; מ״ב/99]. מִלִּית תְּנַאי, חִבּוּר תְּנַאי, מִלַּת קִשּׁוּר מְשַׁעְבֶּדֶת הַמְקַשֶּׁרֶת אֶת פְּסוּקִית הַתְּנַאי עִם הַמִּשְׁפָּט הָעִקָּרִי, לְמָשָׁל: ״אִם״, ״אִלּוּ״

Bindewort, partitives *{Konjunktion, partitive}*

מִלַּת חִלּוּק (בלש׳) [ק/ב/205]

Bindewort, Prädikatssatz einführendes

מִלַּת בֵּאוּר הַמִּשְׁפָּט (בלש׳) [ק/א/77]. מִלַּת הַטַּעַם שֶׁבְּרֹאשׁ מַאֲמַר הַמְּשַׁמֵּשׁ נָשׂוּא הַמִּשְׁפָּט

Bindewort, temporales *{Konjunktion, temporale}*

מִלַּת קִשּׁוּר זְמַן (בלש׳) [מ״ב/228]. מִלַּת קִשּׁוּר שֶׁבִּתְחִלַּת פְּסוּקִית זְמַן, כְּגוֹן: בְּעִבְרִית: ״כַּאֲשֶׁר״; ״כְּשֶׁ-״; ״בְּשָׁעָה שֶׁ-״; ״לְאַחַר שֶׁ-״. בְּגֶרְמָנִית: nachdem, als, während

Bindewort, umschreibendes

מִלַּת בֵּאוּר הַמִּשְׁפָּט (בלש׳) [ק/ב/205]

Bindewort, unterordnendes *{Subordinator}*

מִלַּת קִשּׁוּר מְשַׁעְבֶּדֶת (בלש׳) [מ״ב/217]. מִלִּית מְשַׁעְבֶּדֶת, מִלַּת שִׁעְבּוּד, צִיַּן שִׁעְבּוּד, סִימַן שִׁעְבּוּד, מִלָּה הַמְקַשֶּׁרֶת אֶת הַפְּסוּקִית (הַמִּשְׁפָּט הַטָּפֵל) לַמִּשְׁפָּט הָעִקָּרִי, כְּגוֹן: ״שֶׁ-״; ״כִּי״; ״לְמַעַן״; ״מִי״; ״אֵיפֹה״; ״לִפְנֵי שֶׁ-״; ״כְּשֶׁ-״, לְמָשָׁל: ״אֲנִי מַאֲמִין, **כִּי** מְדִינָה זוֹ אֵינָהּ יְכוֹלָה לְהִתְקַיֵּם **כְּשֶׁ**חֶצְיָהּ עֲבָדִים״

Bindfaden

מְשִׁיחָה (מְשִׁיחוֹת) (טכנ׳)

Bindung ---> Fixierung; Binden

Bindungsort

אֲתַר קְשִׁירָה (כימ׳, ביו׳)

Binnenerzählung ---> Episode, literarische

Binnenschiffahrt

שַׁיִט פְּנִימִי (ימא׳) שַׁיִט בִּתְחוּמֵי מְדִינָה אַחַת

binokular ---> zweiäugig

binokulare Parallaxe ---> Parallaxe, binokulare

Binom

דּוּ אֵיבָר (דּוּ אֵיבָרִים) (מתמ׳) בִּינוֹם

Binomialkoeffizient

מְקַדֵּם דּוּ אֵיבָרִי (מתמ׳) מְקַדֵּם בִּינוֹמִי

Binomialverteilung

הִתְפַּלְּגוּת (שְׁכִיחֻיּוֹת) דּוּ אֵיבָרִית (סטט׳) הִתְפַּלְּגוּת (שְׁכִיחֻיּוֹת) בִּינוֹמִית, פֵּרוּס (שְׁכִיחֻיּוֹת) בִּינוֹמִי

binomisch

דּוּ אֵיבָרִי (מתמ׳) בִּינוֹמִי

Binse *{Juncus}*

סָמָר (בוט׳) צֶמַח מִמִּשְׁפַּחַת הַסְּמָרִיִּים

Binsenginster *{Spartium}*

אֲחִירֹתֶם (בוט׳) צֶמַח מִמִּשְׁפַּחַת הַפַּרְפָּרָנִיִּים

Binsenwahrheit ---> Gemeinplatz
biogenes Motiv ---> Motiv, biogenes
Biographie
תּוֹלְדוֹת חַיִּים (ספר׳) [מ״ס/27]. סִפּוּר תּוֹלְדוֹת חַיִּים, - בִּיוֹגְרָפִי, תֵּאוּר חַיֵּי אָדָם מְסֻיָּם לַאֲמִתָּם, בִּיוֹגְרַפְיָה
Biologe
תַּחְיוּאָן (ביו׳) [מר״ח/98]. בִּיוֹלוֹג
Biologie
תַּחְיוּאָה (ביו׳) בִּיוֹלוֹגְיָה
biologisch
תַּחְיוּאִי (ביו׳) בִּיוֹלוֹגִי
biologischer Abbau ---> Abbau, biologischer
Biolumineszenz
אוֹרוּת תַּחְיוּאִית (בִּיוֹלוֹגִית) (ביו׳) [ל״ב/54]. יְצִירַת אוֹר עַל יְדֵי אוּלִים (מִיקְרוֹאוֹרְגָנִיזְמִים) חַיִּים
Biopsie
חֲירוּאִי (רפו׳, ביו׳) בִּיוֹפְּסִיָּה, בְּדִיקַת רִקְמָה מִן הַחַי
Biota
חַיָּאָה (ביו׳) [מר״ח/98]. כְּלַל הַיְּצוּרִים שֶׁיֵּשׁ בָּהֶם חַיִּים
biotisch
חַיָּאִי (ביו׳) בִּיוֹטִי
biphasig
דּוּ שְׁלַבִּי, - פְּרוּסִי, - פָּזִי, בַּעַל שְׁנֵי שְׁלַבֵּי הִתְפַּתְּחוּת
Bipolarität der Gefühle ---> Ambivalenz
biquadratische Gleichung ---> Gleichung, biquadratische
Birkhuhn *{Lyrurus tetrix}*
שֶׂכְוִי עֹגֶן (זוא׳) עוֹף מִמִּשְׁפַּחַת הַשֶּׂכְוִיִּים
Birnbaum *{Pyrus}*
אַגָּס (בוט׳) צֶמַח מִמִּשְׁפַּחַת הַוַּרְדִּיִּים
bis
עַד, - כְּדֵי שֶׁ..., - לְ..., - שֶׁ...
Bisamkürbis ---> Moschuskürbis
Bischof
הֶגְמוֹן (הֶגְמוֹנִים) (דת) בִּישׁוֹף
biserielle Korrelation ---> Zweireihenkorrelation
Bisexualität
דּוּ זְוִיגִיּוּת (פסי׳) [ר/א/112]. דּוּ מִינִיּוּת, בִּיסֶקְסוּאָלִיּוּת, מְשִׁיכָה מִינִית שֶׁל אָדָם לִבְנֵי מִינוֹ וְלִבְנֵי הַמִּין הַשֵּׁנִי
Bismutum ---> Wismut
Bisquitkuchen
לְבָנָן (חזו׳) עוּגָה לְבָנָה
Bissen für Gäste ---> Darbringung
bissig
נַשְׁכָנִי (זוא׳) [א״ח/ב/115]. נַשְׁכָן
Bitte
בַּקָּשָׁה (בַּקָּשׁוֹת), מִשְׁאָלָה
Bitte, Modalität der ---> Abbitte, Modalität der
bitter
מַר (פסי׳)

Bitterkraut *{Picris}*
מְרָרִית (בוט׳) [א״ח/ג/58]. מָרוֹר, צֶמַח מִמִּשְׁפַּחַת הַמֻּרְכָּבִים
Bitterstoffe
מַמְרְרִים (חזו׳, רפו׳)
Bittsteller ---> Antragsteller
bivariate Analyse ---> Analyse, bivariate
Blackboard-Architektur ---> Wandtafelarchitektur
blähend
נְפַחְפּוּחָנִי (רפו׳) פּוֹלֵט גַּזִּים
Blähsucht *{Flatulenz}* [---> **Meteorismus**]
נְפַחְפּוּחִית (רפו׳) פְּלִיטַת גַּזִּים, תְּפִיחוּת מְגַזִּים
Blähung ---> Furzen
Blähung abgehen lassen, eine ---> furzen
Bläschen *{Vesikel}*
שַׁלְחוּפִית (שַׁלְחוּפִיּוֹת) (רפו׳) שַׁלְחוּף קָטָן
Bläser
מְנַשֵּׁף (טכנ׳) הֶתְקֵן נְשִׁיפָה הַפּוֹלֵט אֲוִיר
Bläser(in)
נַשָּׁף, נַשָּׁפִית (מוס׳) נַשְׁפָן, נַשְׁפָנִית, הַמְנַגֵּן בִּכְלִי נְשִׁיפָה
Blässe
חִוָּרוֹן (רפו׳) חִוְרוּת, חִוַּרְיָנוּת, כְּסֹפֶת, חִוְרָה
Bläßgans *{Anser albifrons}*
אַוַּז לְבַן מֵצַח (זוא׳) עוֹף מִמִּשְׁפַּחַת הַבַּרְוָזִיִּים
Bläßhuhn *{Fulica atra}*
אֲגַמִּיָּה (זוא׳) אֲגַמִּית, עוֹף מִמִּשְׁפַּחַת הָרַלִּיתִיִּים
Blättchen
עַלְעָל (עַלְעָלִים) (בוט׳) חֵלֶק מֵעָלֶה מֻרְכָּב
Blätterkern
לִבָּה דְּפוּפָה (טכנ׳)
blättrig
עָלִי, דְּמוּי עָלֶה
Bläulinge *{Lycaenidae}*
כַּחְלִילִיִּים (זוא׳) מִשְׁפָּחָה שֶׁל פַּרְפָּרָאִים
Blase *{Vesica}*
שַׁלְחוּף (שַׁלְחוּפִים) (רפו׳) שַׁלְפּוּחִית (שַׁלְפּוּחִיּוֹת), בּוּעָה (בּוּעוֹת)
Blase(n) ziehen
בִּעְבֵּעַ (מְבַעְבֵּעַ) (רפו׳) הִתְבַּעְבֵּעַ, יָצַר שַׁלְחוּפִיּוֹת, הֶעֱלָה אֲבַעְבּוּעוֹת, שִׁלְחֵף, הִשְׁתַּלְחֵף, שִׁלְבֵּק (מְשַׁלְבֵּק)
Blasebalg
מַפּוּחַ (מַפּוּחִים) (טכנ׳) [א״ח/ב/300]
blasen
נָשַׁף (נוֹשֵׁף) (רפו׳, מוס׳) פָּלַט אֲוִיר מִפִּיו
Blasenbildung
בִּעְבּוּעַ, הִתְבַּעְבְּעוּת (רפו׳) יְצִירַת שַׁלְחוּפִיּוֹת, שִׁלְחוּף
Blasenentzündung *{Cystitis}*
דַּלֶּקֶת הַשַּׁלְפּוּחִית (רפו׳)
blasenförmig *{vesikulär}*
שַׁלְחוּפִי, דְּמוּי שַׁלְפּוּחִית, מְשַׁלְחָף, שֶׁיֵּשׁ לוֹ שַׁלְחוּפִיּוֹת
Blasenmakrele *{Scomber japonicus}*
קוֹלְיָס כָּל יַמִּי (זוא׳) דָּג מִמִּשְׁפַּחַת הַקּוֹלְיָסִיִּים (דְּגֵי גֶּרֶם)

Blasenschnecken *{Bullidae}*
בּוּעִיתִיִּים (זוא') מִשְׁפָּחָה שֶׁל חֶלְזוֹנוֹת
Blasenspiere *{Physocarpus}*
שַׁלְפַּחְנִית (בוט') צֶמַח מִמִּשְׁפַּחַת הַוַּרְדִּיִּים
Blasenstrauch *{Colutea}*
קַרְקָשׁ (בוט') צֶמַח מִמִּשְׁפַּחַת הַפַּרְפָּרָנִיִּים
Blasensucht *{Pemphigus}*
סַמֶּטֶת (רפו') בּוּעֶנֶת, מַחֲלַת הַבּוּעוֹת
blasenziehend
מְבַעְבֵּעַ (רפו') מְשַׁלְחֵף, יוֹצֵר שַׁלְחוּפִיּוֹת
blasenziehendes Mittel ---> Mittel, blasenziehendes
blasiert
אָדִישׁ מְשֻׁפָּע, מְשֻׁעְמָם, מֻכֵּה רֵיקוּת
Blasinstrument
כְּלִי נְשִׁיפָה (כְּלֵי נְשִׁיפָה) (מוס')
Blasorchester
תִּזְמֹרֶת כְּלֵי נְשִׁיפָה (מוס') תִּזְמֹרֶת נַשָּׁפִים
blaßbläulich
שָׁהֹם (צבע) [מר"ח/425]. כְּחַלְחַל, כְּחַלְחֹל, כַּחְלוּלִי
Blaßspötter *{Hippolais pallida}*
שִׂיחָנִית קְטַנָּה (זוא') עוֹף מִמִּשְׁפַּחַת הַסִּבְכִיִּים
Blastula ---> Keimbläschen
Blatt, fliegendes ---> Vorsatzblatt
Blatt, vom
בִּסְקִירָה רִאשׁוֹנָה (מוס') מִן הַדַּף
Blatter ---> Papel
Blattfeder
קְפִיץ עָלִים (טכנ')
Blattflöhe *{Psylloidea}*
פְּסִילוֹת (זוא') עַל מִשְׁפָּחָה שֶׁל כְּנִימוֹת (חֲרָקִים)
Blattgold
עֲלֵה זָהָב (טכנ')
Blattgrün ---> Chlorophyll
Blatthornkäfer *{Scarabaeidae}*
זִבְלִיתִיִּים (זוא') מִשְׁפָּחָה שֶׁל חִפּוּשִׁיּוֹת
Blattkäfer *{Chrysomelidae}*
עָלִיתִיִּים (זוא') מִשְׁפָּחָה שֶׁל חִפּוּשִׁיּוֹת
Blattläuse *{Aphidoidea}*
כְּנִימוֹת הֶעָלֶה (זוא') עַל מִשְׁפָּחָה שֶׁל כְּנִימוֹת (חֲרָקִים)
Blattlauslöwen *{Hemerobiidae}*
כְּנִימְאֲרִיִּים (זוא') מִשְׁפָּחָה שֶׁל חֲרָקִים
Blattstiel
פְּטוֹטֶרֶת (פְּטוֹטָרוֹת) (בוט') הַחֵלֶק הַדַּק שֶׁל הֶעָלֶה הַנּוֹשֵׂא אֶת הַטָּרָף
Blattübersicht ---> Übersichtsplan
Blattwespen, Echte *{Tenthredinidae}*
צִרְעָלִיתִיִּים (זוא') מִשְׁפָּחָה שֶׁל דְּבוֹרָאִים
Blaualgen *{Cyanobacteria (Cyanophyta)}*
אַצּוֹת כְּחָלִיּוֹת (בוט')
Blaudruck ---> Blaupause
blauer Fleck ---> Fleck, blauer
Blauhai *{Galeus glaucus (Prionace glaucus)}*
כָּרִישׁ כָּחֹל (זוא') דָּג מִמִּשְׁפַּחַת הַכְּרִישִׁיִּים (כְּרִישָׁאִים)

Blaukehlchen *{Cyanosylvia svecica (Luscinia svecica)}*
כְּחֹל חָזֶה (זוא') עוֹף מִמִּשְׁפַּחַת הַקִּיכְלִיִּים
Blaukopf *{Diloba caeruleocephala}*
שֶׁנְגֶּב תְּכֹל רֹאשׁ (זוא') חֶרֶק מִמִּשְׁפַּחַת הַשֶּׁנְגְּבִיִּים (פַּרְפָּרָאִים)
Blaumerle *{Monticola solitarius}*
צוּקִית בּוֹדֶדֶת (זוא') עוֹף מִמִּשְׁפַּחַת הַקִּיכְלִיִּים
Blaupause
הַעְתָּקַת שֶׁמֶשׁ (אמנ', דפו') [ממ"ג/27]. הֶעְתֵּק אוֹר
Blauracke *{Coracias garrulus}*
כָּחָל (זוא') עוֹף מִמִּשְׁפַּחַת הַכְּחָלִיִּים
Blausieb *{Zeuzera pyrina}*
סַסְעֶץ מְנֻמָּר (זוא') חֶרֶק מִמִּשְׁפַּחַת הַסַּסְעֶצִיִּים (פַּרְפָּרָאִים)
Blausucht ---> Zyanose
blausüchtig ---> zyanotisch
Blauwangenspint *{Merops superciliosus}*
שְׂרַקְרַק יָרֹק (זוא') עוֹף מִמִּשְׁפַּחַת הַשְּׂרַקְרַקִּיִּים
Blechbalsinstrument
כְּלִי נְשִׁיפָה שֶׁל מַתֶּכֶת (מוס')
Blechdruck
הַדְפָּסַת פַּח (אמנ', דפו') [ממ"ג/28]. הַדְפָּסָה בִּדְפוּס שֶׁטַח
Blei
עוֹפֶרֶת (כימ') [דח"ט/118]. יְסוֹד מַתַּכְתִּי כָּבֵד בַּעַל צֶבַע אָפוֹר כֵּהֶה, אָבָר
bleibend
נִשְׁאָר [ק/ג/74]. מַתְמִיד, מִשְׁתַּיֵּר, תְּמִידִי, הַתְמָדִי, מִמֻּשָּׁךְ, קָבוּעַ, קַיָּם, רָצוּף, בַּר קְיָמָא
bleibende Form ---> Form, bleibende
Bleichsucht
יֵרָקוֹן (רפו') [מר"ח/145]
Bleistiftspitzer
מְחַדֵּד (מְחַדְּדִים) (טכנ')
Bleistiftspitzmaschine
מְחַדֶּדֶת עֶפְרוֹנוֹת (טכנ')
Bleiweis
לִבְנַת עוֹפֶרֶת (אמנ') [ממ"ג/28]. צֶבַע מַצָּע
Bleiwurz *{Plumbago}*
עֶפְרִית (בוט') צֶמַח מִמִּשְׁפַּחַת הָעֶפְרִיתִיִּים
Blende *{Diaphragma}*
צַמְצָם (טכנ') צַמְצַם אוֹר, הֶתְקֵן בָּעֲצָמִית (אוֹבְּיֶקְטִיב) הַמְצַמְצֵם אוֹ מַרְחִיב אֶת מִפְתַּח הָעֲצָמִית כְּדֵי לְהַגְדִּיל אֶת שְׂדֵה הָרְאִיָּה וְלִמְנֹעַ הַפְרָעוֹת שֶׁל אוֹר מְפֻזָּר
blenden
סַמֵּא (מְסַמֵּא) (רפו') סַנְוֵר, גָּרַם לְעִוָּרוֹן
Blenden
סִמּוּי (רפו') סִנְוּוּר, עִוּוּר, גְּרִימָה לְעִוָּרוֹן
Blendwerk
אֲחִיזַת עֵינַיִם [א"ח/ג/105]. מַעֲשֵׂה תַּעְתּוּעִים
Blepharismus ---> Blinzeln, unwillkürliches
Blepharitis ---> Augenlidentzündung
Blepharoptosis ---> Lidherabfall
Blick, auf den ersten
בְּמַבָּט רִאשׁוֹן

Blick, erster
סְקִירַת עַיִן רִאשׁוֹנָה, מַבָּט רִאשׁוֹן

Blick reicht, soweit der
מְלֹא עֵינַיִם

blicken
הִבִּיט (מַבִּיט) (רפו') הֵצִיץ (מֵצִיץ), הִסְתַּכֵּל, הֵעִיף מַבָּט

Blickfeld
תְּחוּם הַמַּבָּט (רפו', פסי')

Blickpunkt *{Fokus}* **[---> Standpunkt]**
נְקֻדַּת תַּצְפִּית (ספר') [מ״ס/72]. נְקֻדַּת מַבָּט, - רְאוּת, - הַשְׁקָפָה, דַּרְכּוֹ שֶׁל הַסּוֹפֵר לִרְאוֹת אֶת הַדְּבָרִים שֶׁעֲלֵיהֶם הוּא מְסַפֵּר

Blickweite ---> Gesichtsfeld

Blickwinkel ---> Aspekt; Perspektive

Blinddarm
הַמְּעִי הָעִוֵּר (רפו') [מר״ח/136]. הַמְּעִי הַסּוּמָא, - הָאָטוּם

Blinddarmentzündung
דַּלֶּקֶת הַתּוֹסֶפְתָּן (רפו') דַּלֶּקֶת הַיּוֹתֶרֶת

Blinddarm(s), Wurmfortsatz des
תּוֹסֶפְתָּן (רפו') תּוֹסֶפְתַּן הַמְּעִי הָעִוֵּר, יוֹתֶרֶת הַסּוּמָא

Blinddruck
הַדְפָּסָה סְמוּאָה (אמנ', דפו') [ממ״ג/29]. הַדְפָּסָה בְּלֹא צֶבַע

Blinder(in)
עִוֵּר (עִוְרִים), עִוֶּרֶת (עִוְרוֹת) (רפו') סוּמָא (סוּמִים), סוּמֵאת (סוּמוֹת), סוּמָא

Blindheit
עִוָּרוֹן (רפו') סְמִיּוּת, סִמְיוֹן, סְמִיָּה, סַמָּאוֹן, סַנְוֵרִים

Blindleistung
הֶסְפֵּק הֶגֵבִי (פיס')

Blindmäuse *{Spalacidae}*
חֲלָדִיִּים (זוא') מִשְׁפָּחָה שֶׁל מְכַרְסְמִים

Blindmaus ---> Westblindmaus

Blindschlangen *{Typhlopidae}*
נַחְשִׁילִיִּים (זוא') מִשְׁפָּחָה שֶׁל נְחָשִׁים

Blinzeln, unwillkürliches
עַפְעֶפֶת (רפו') עֲוִית הָעַפְעַפַּיִם

Blitz
בָּרָק (בְּרָקִים) (מטא') [יל״ט/37]. בָּזָק (בְּזָקִים), הָאוֹר הַמְּלַוֶּה אֶת הִתְפָּרְקוּת הַחַשְׁמַל בֵּין שְׁנֵי עֲנָנִים אוֹ בֵּין הֶעָנָן לָאָרֶץ בִּשְׁעַת סוּפַת רְעָמִים

Blitz, verzweigter
בְּרַק עָנָף (מטא') [יל״ט/37]

Blitzableiter
כּוֹלֵא בָּרָק (טכנ') כְּלִיא בָּרָק, - רַעַם

blitzartig
בִּמְהִירוּת הַבָּזָק, בִּיעָף, בַּחֲטָף, בְּמַחְטָף, כְּחִזְיֵזִי אֵשׁ

Blitzen
הַבְרָקָה (פיס') [ק/א/202]. הֲצָצָה, קֵרוּן, הֶאָרָה. לַהַט (פיס') [ק/ב/114]. בָּרָק, זֹהַר. מֵרוּק (פיס') [ק/ב/278]. בְּרַק הַמַּתֶּכֶת הַמְּמֹרֶקֶת

Blitzlicht
מַבְזֵק (טכנ')

Blitzstrahl
זִיק בָּרָק (מטא') [יל״ט/37]

Block
מַחְסוֹם (לְפְעֻלָּה) (פיס') [ר/ב/374]. מַעֲצוֹר שֶׁמּוֹנֵעַ הִתְרַחֲשׁוּתוֹ שֶׁל תַּהֲלִיךְ. אֵגוֹף, מַאֲגוֹף (רפו') [מר״ח/101]. חֶסֶם (חֲסָמִים). גּוּשׁ (גּוּשִׁים), חֲטִיבָה מְלֻכֶּדֶת אַחַת. גְּרוֹר (גְּרוֹרוֹת) (גאו') גּוּשׁ אֶבֶן שֶׁנִּגְרַר בְּתַהֲלִיךְ סְחִיפָה (אֲרוֹזְיָה). סַד (סַדִּים) (משפ') גּוּשׁ עֵץ לִכְבִילַת רַגְלֵי הָאָסִיר

Block, erratischer
גְּרוֹר תּוֹעֶה (גאו') גּוּשׁ אֶבֶן שֶׁנִּגְרַר מִמְּקוֹמוֹ הַמְּקוֹרִי עַל יְדֵי קַרְחוֹן

Blockflöte
חָלִיל אָרְכִּי (מוס') חֲלִיל מָקוֹר

Blockhaus
בִּרְגָּה (בִּרְגִּין) (אדר')

blockiert
מְאֻגָּף (רפו') חָסוּם

Blockstrom
שְׂדֵה גְּרוֹרוֹת (גאו', י״א) מְקוֹם רִכּוּז שֶׁל גּוּשֵׁי אֶבֶן שֶׁנִּגְרְרוּ

blöcken
חָנַב (חוֹנֵב) (זוא') פָּעָה (כֶּבֶשׂ)

Blöcken
חֲנִיבָה (זוא') [מר״ח/21]. פְּעִיַּת הַכְּבָשִׂים, קוֹל הַצֹּאן

Blödauge *{Typhlops vermicularis}*
נַחְשִׁיל מָצוּי (זוא') נָחָשׁ שִׁלְשׁוּלִי מָצוּי, זוֹחֵל מִמִּשְׁפַּחַת הַנַּחְשִׁילִיִּים

blödsinnig ---> imbezill

blond
זָהֹב, זְהַבְהָב (צבע) בְּלוֹנְדִי, צְהַבְהַב, זַהֲבוֹנִי

bloß
רַק [ק/ב/250]. מִפְּשָׁט, בִּלְבַד, גְּרֵידָא, בְּעָלְמָא, סְתָם, בִּכְלָל, צָרוּף

bloßstellen
גִּלָּה (מְגַלֶּה), חָשַׂף, גִּלַּע (מְגַלֵּעַ)

Bloßstellung
גִּלּוּי, חִשּׂוּף, גִּלּוּעַ

blühen
הִפְרִיחַ (מַפְרִיחַ) (בוט') פָּרַח, הֵנִיץ (מֵנִיץ), הִצְמִיחַ

Blüte ---> Blütenknospe

Blütenboden *{Rezeptakulum}*
מַצָּעִית (מַצָּעִיּוֹת) (בוט') קַרְקָעִית הַקַּרְקֶפֶת שֶׁעָלֶיהָ עוֹמְדִים הַפְּרָחִים

Blütenhülle *{Perianthium}*
עֲטִיף (עֲטִיפִים) (בוט') הֶעָלִים הָעוֹטְפִים אֶת חֶלְקֵי הַפֶּרַח

Blütenkelch *{Kalyx}*
גָּבִיעַ (גְּבִיעִים) (בוט') הַחֵלֶק הַחִיצוֹנִי הַיָּרֹק שֶׁל עֲטִיף הַפֶּרַח

Blütenknospe
סְמָדַר (סְמָדָרִים) (בוט') [א״ח/ב/210]. פְּרִי בִּתְחִלַּת הִתְפַּתְּחוּתוֹ

Blütenschaft
עַמּוּד (עַמּוּדִים) (בוט') גִּבְעוֹל הַמִּסְתַּיֵּם בְּפֶרַח אוֹ בִּתִפְרַחַת

Blütenstand *{Infloreszenz}*
תִּפְרַחַת (תִּפְרָחוֹת) (בוט') קְבוּצַת פְּרָחִים

הָעֲרוּכָה עַל צִיר מְשֻׁתָּף

Blütenstaub
אָבָק (אֲבָקִים) (בוט', רפו') [מר״ח/542]. אֲבַק הַפְּרָחִים, גַּרְגֵּר (גַּרְגְּרֵי) אַבְקָה, אַבְקִיק, אֲבָקִית

Blütenstiel
עֹקֶץ הַפֶּרַח (בוט') [א״ח/ב/232]. פְּסִיגָה (פְּסִיגוֹת), הַזִּיז הַנּוֹשֵׂא אֶת הַפֶּרַח

Blumenbinse *{Butomus}*
בּוֹצִיץ (בוט') צֶמַח מִמִּשְׁפַּחַת הַבּוֹצִיצִיִּים

Blumengewinde
פַּרְכִּיל, זֵר פְּרָחִים, נֵזֶר, עִטּוּר

Blumenkrone *{Korolle}*
כּוֹתֶרֶת (כּוֹתָרוֹת) (בוט') הַדּוּר הַפְּנִימִי הַצִּבְעוֹנִי שֶׁל עֲטִיף הַפֶּרַח הַכָּפוּל

blumig
פִּרְחִי (פסי') בַּעַל רֵיחַ פְּרָחִים, מֵעֵין הַפְּרָחִים, פִּרְחוֹנִי

Blut, Sauerstoffmangel im ---> Sauerstoffmangel im Blut
Blutader ---> Ader
Blutandrang ---> Gefäßstauung
blutarm ---> anämisch
blutarm machen ---> anämisieren
Blutarmut ---> Anämie
Blutbeule ---> Hämatom
Blutblume *{Haemanthus}*
דָּמִית (בוט') צֶמַח מִמִּשְׁפַּחַת הַנַּרְקִיסִיִּים

Blutdruck, hoher ---> Hypertonie
Blutdruck, niedriger ---> Hypotonie
Blutegel
עֲלוּקָה (זוא', רפו') תּוֹלַעַת מוֹצֶצֶת דָּם

Blutegelbehandlung
עִלּוּק (רפו') [מר״ח/418]. טִפּוּל רְפוּאִי בְּאֶמְצָעוּת עֲלוּקוֹת

Blutempfänger(in)
נוֹסֵב דָּם, נוֹסֶבֶת דָּם (רפו') מְקַבֵּל הַדָּם

Bluter(in)
דַּמְמָן (דַּמְמָנִית) (רפו') [מר״ח/99]

Bluterguß ---> Hämatom
Blutgefäß
מִזְרָק (מִזְרָקִים) (רפו') כְּלִי דָּם

Blutgerinnsel
קָרִישׁ (קְרִישִׁים) (רפו') [מר״ח/162]. עֲבַטִּיט

Blutgerinnungspfropf ---> Thrombus
Blutgesetzgebung
תְּחִקַּת דָּמִים (משפ')

Bluthänfling *{Acanthis cannabina}*
תַּפּוּחִית מְצוּיָה (זוא') עוֹף מִמִּשְׁפַּחַת הַפְּרוּשִׁיִּים

Bluthochdruck ---> Hypertonie
Blutkörperchen, rotes ---> Erythrozyt
Blutkörperchen, weißes ---> Leukozyt
Blutkreislauf
מַחֲזוֹר הַדָּם (רפו') מַחְגּוֹל הַדָּם

Blutleere eines Organs ---> Ischämie
Blutrache
גְּאֻלַּת דָּם (אנת', מ״ח) חוֹבָה הַמֻּטֶּלֶת עַל בְּנֵי מִשְׁפָּחָה אוֹ עַל בְּנֵי שֵׁבֶט לִנְקֹם אֶת דַּם קְרוֹבָם שֶׁנִּרְצַח

Bluträcher
גּוֹאֵל דָּם (אנת', מ״ח) הַמְּבַצֵּעַ גְּאֻלַּת דָּם

Blutreichtum *{Hyperämie}*
גֹּדֶשׁ דָּם (רפו')

Blutschleim
לֵחָה (רפו') [ק/ב/117]. חֶלֶט, חֹמֶר נוֹזְלִי שֶׁבְּגוּף בַּעֲלֵי הַחַיִּים. לַחְלוּחִית לְבָנָה (רפו') [ק/ב/118]. לֵחָה לְבָנָה. בְּלָגָם (רפו') [ק/א/88; ק/ב/113]

Blutspecht *{Dendrocopos syriacus}*
נַקָּר סוּרִי (זוא') עוֹף מִמִּשְׁפַּחַת הַנַּקָּרִיִּים

Blutspende
תְּרוּמַת דָּם (רפו') יְהִיבַת דָּם

Blutspender(in)
תּוֹרֵם דָּם, תּוֹרֶמֶת דָּם (רפו') יוֹהֵב דָּם

Blutstauung ---> Gefäßstauung
Blutsverwandte(r)
שְׁאֵר, שְׁאֵרָה (אתנ', מ״ח, ביו') [מר״ח/188]. קְרוֹב דָּם

Blutsverwandtschaft
שְׁאֵרוּת (אתנ', מ״ח, ביו') [ל״ס/167; ד״מח/215]. שְׁאֵרוּת, קִרְבַת מִשְׁפָּחָה הַמְּבֻסֶּסֶת בְּדֶרֶךְ כְּלָל עַל שְׁלֹשֶׁת הַגּוֹרְמִים: יַחֲסֵי מִין, אַבְהוּת וְקֶשֶׁר נִשּׂוּאִים

Bluttransfusion
עֵרוּי דָּם (רפו') הַכְנָסַת דָּם לְעוֹרְקֵי אָדָם

Blutübersäuerung *{Acidemia}*
חֲמִיצוּת הַדָּם (רפו') חַמֶּצֶת הַדָּם

Blutung ---> Hämorrhagie
Blutung, subkutante ---> Fleck, blauer
Blutungszeit
זְמַן הַדִּמּוּם (רפו') זְמַן הַדְּמִימָה, - הַדֶּמֶם

Blutunterlaufung *{Suggillation}*
חַבּוּרָה (חַבּוּרוֹת) (רפו')

Blutvergiftung ---> Sepsis
Blutweiderich *{Lythrum salicaria}*
שְׁנִית גְּדוֹלָה (בוט') צֶמַח מִמִּשְׁפַּחַת הַכָּפְרִיִּים

Blutzelle, azidophile *{Azidozyt}*
חֲמוּצִית (רפו') [מר״ח/12]. תָּא בַּעַל זִקַּת חֻמְצָה

Blutzellen, Mangel an azidophilen *{Azidozytopenie}*
מִעוּט חֲמוּצִיּוֹת (רפו')

Blutzellen, Überfluß an azidophilen *{Azidozytose}*
רִבּוּי חֲמוּצִיּוֹת (רפו')

Bobaum *{Ficus religiosa}*
פִיקוּס קָדוֹשׁ (בוט') צֶמַח מִמִּשְׁפַּחַת הַתּוּתִיִּים

bockähnlich
תֵּישִׁי (זוא') מֵעֵין הַתְּיָשִׁים, דְּמוּי תַּיִשׁ, תַּיְשָׁנִי

bockig
חַתְחַתִּי (מטא') [יל״ט/79]

Bockigkeit
חַתְחַתּוּת (מטא') [יל״ט/79]. הִשְׁתַּנִּיּוֹת חַדּוֹת שֶׁל הָרְכִיב הָאֲנָכִי שֶׁל תְּנוּעַת הָאֲוִיר

Bockkäfer *{Cerambycidae}*
יַקְרוּנִיתִיִּים (זוא') מִשְׁפָּחָה שֶׁל חִפּוּשִׁיּוֹת

Bocksbart *{Tragopogon}*
זְקַן הַתַּיִשׁ (בוט') צֶמַח מִמִּשְׁפַּחַת הַמֻּרְכָּבִים

Bocksdorn ---> Teufelszwirn

Bockshornklee *{Trigonella}*
גַּרְגְּרָנִית (בוט') צֶמַח מִמִּשְׁפַּחַת הַפַּרְפְּרָנִיִּים

Bocksknöterich *{Atraphaxis}*
גְּפוּף (בוט') צֶמַח מִמִּשְׁפַּחַת הָאַרְכֻּבִיתִיִּים

Boden
בָּסִיס (בְּסִיסִים) [ק/ד/188]. תּוֹשֶׁבֶת (תּוֹשָׁבוֹת), תַּחְתִּית, קַרְקָעִית

Boden, abgelegener
אֲדָמוֹת בְּדוּלוֹת (חקל') חֶלְקוֹת אֲדָמָה בְּלֹא רְצִיפוּת אַרְצָנִית (טֶרִיטוֹרִיאָלִית) בֵּינֵיהֶן

Boden, allochtoner ---> Boden, umgelagerter

Boden, autochtoner
קַרְקַע בַּת מְקוֹמָהּ (גאו')

Boden, dürrer
גָּרִיד (גאו', חקל') [א"ח/ב/149]. קַרְקַע יְבֵשָׁה

Boden, felsiger
צוּנָם (צוּנָמִים) (גאו', חקל') [א"ח/ב/158]. צוּנְמָא, קַרְקַע סַלְעִית

Boden, gesättigter
קַרְקַע רְוָיָה (היד', גאו')

Boden, nachgiebiger
קַרְקַע רָפָה (גאו')

Boden, schlechter
זִבּוּרִית (גאו', חקל') [א"ח/ב/159]. אֲדָמָה גְּרוּעָה

Boden, umgelagerter
קַרְקַע מֻסַּעַת (גאו')

Boden, vorzüglicher
עִדִּית (עִדִּיּוֹת) (גאו', חקל') [א"ח/ב/159]. אֲדָמָה מֻשְׁבַּחַת

Boden eines Gefäßes
קַרְקֶרֶת (קַרְקָרוֹת) (טכנ') [א"ח/ב/237]. קַרְקָעִית שֶׁל כְּלִי

Bodenbeschlag
פִּרְחוּחַ (טכנ', ימא')

Bodendruck
לַחַץ בָּסִיס (פיס') [ק/ד/188]. לְחִיצָה תּוֹשַׁבְתִּית

Bodenerhaltung
שִׁמּוּר קַרְקַע (חקל') אֶמְצָעֵי הֲגַנָּה עַל הַקַּרְקַע בִּפְנֵי סְחִיפָה וַחֲשִׂיפָה

Bodenfließen *{Solifluktion}*
זְחִילַת עָפָר (גאו') זְרִימָה אִטִּית שֶׁל הַקַּרְקַע בִּמְקוֹמוֹת מְשֻׁפָּעִים הַנִּגְרֶמֶת בְּשֶׁל קְפִיאָה וְהַפְשָׁרָה לְסֵרוּגִין בָּאֲזוֹרֵי קַרְחוֹנִים

Bodenfrost
קָרַת קַרְקַע (מטא') [יל"ט/180]. יְרִידַת הַתְּמוּדָה (טֶמְפֶּרָטוּרָה) שֶׁעַל פְּנֵי הַקַּרְקַע לְאֶפֶס מַעֲלוֹת צֶלְזִיוּס אוֹ פָּחוֹת

Bodengare
עֲתֶדֶת (חקל') [י"א/461]. קַרְקַע מְעֻבֶּדֶת הֵיטֵב

Bodenkreditanstalt ---> Hypothekenbank

Bodenkunde
תּוֹרַת הַקַּרְקַע (גאו')

Bodenmelioration ---> Bodenverbesserung

Bodenprofil
חֲתָךְ קַרְקַע (גאו')

Bodensatz *{Sediment}*
מִשְׁקָע (כימ', היד') סְחֹפֶת שֶׁנִּשְׁתַּקְּעָה

Bodensatzbildung *{Sedimentation}*
שְׁקִיעָה (כימ', היד') הִתְמַשְׁקְעוּת, הִוָּצְרוּת מִרְבָּד שֶׁל חֳמָרִים מוּצָקִים

Bodenverbesserung *{Bodenmelioration}*
טִיּוּב הַקַּרְקַע (חקל') הַשְׁבָּחַת הַקַּרְקַע

Bodenwanzen *{Lygaeidae}*
פִּנְדּוּרִיִּים (זוא') מִשְׁפָּחָה שֶׁל פִּשְׁפְּשִׁים יַבַּשְׁתִּיִּים

Bodenwasser
מַיִם תַּת קַרְקָעִיִּים (היד')

Bodenwelle
תֶּפַח (תְּפָחֵי) קַרְקַע (י"א)

Bodenwetterkarte
מַפַּת פְּנֵי הָאָרֶץ (מטא') [יל"ט/122]. מַפַּת פָּנִים סִינוֹפְּטִית, - מֶזֶג אֲוִיר שֶׁמֻּצָּגִים עָלֶיהָ נְתוּנֵי תַּצְפִּיּוֹת אֲוִירְיוֹנִיּוֹת (מֶטֶאוֹרוֹלוֹגִיּוֹת) מִפְּנֵי הָאָרֶץ

Bodenwind
רוּחַ פָּנִים (מטא') [יל"ט/187]. רוּחַ פְּנֵי הָאָרֶץ

Bö
מַשָּׁב (מַשָּׁבִים) (מטא') [יל"ט/211;126]. תְּזָזִית, סְטִיָּה קְצָרָה וּמַשְׁמָעוּתִית מִמְּהִירוּת הָרוּחַ הַמְּמֻצַּעַת

Bö betreffend, die
מַשָּׁבִי (מטא') תְּזָזִי

Böenkragen
עַנְנֵי גָּלִיל (מטא') [יל"ט/154]. עֲנָנִים דְּמוּיֵי גְּלִילִים מָאֳרָכִים וּשְׁכוּבִים

Böenstoß
חַתְחַת (חַתְחַתִּים) (מטא') [יל"ט/79]. הִשְׁתַּנּוּת חַדָּה שֶׁל הָרְכִיב הָאֲנָכִי שֶׁל תְּנוּעַת הָאֲוִיר

Böenwalze ---> Böenkragen

böig ---> bockig

Böigkeit
מַשָּׁבִיּוּת (מטא') [יל"ט/127]. תְּכוּנַת הָרוּחַ שֶׁיֵּשׁ בָּהּ מַשָּׁבִים רַבִּים

Börse [---> Wertpapierbörse]
בּוּרְסָה (בּוּרְסוֹת) (כלכ') מִשְׁעָרָה (מִשְׁעֶרֶת-, מִשְׁעָרוֹת, מִשְׁעָרוֹת-), שׁוּק שֶׁקּוֹבְעִים בּוֹ אֶת שַׁעַר הַכְּסָפִים, הַסְּחוֹרוֹת וכד'

bösartig
מַמְאִיר (רפו') בִּישָׁנִי. רִשְׁעִי, רִשְׁעָנִי, זְדוֹנִי, מַרְשָׁע

bösartige Geschwulst ---> Geschwulst, bösartige

bösartiger Tumor ---> Geschwulst, bösartige

Bösartigkeit

מְמְאִירוּת (רפו׳) [מר״ח/435]. בִּישָׁנוּת. רִשְׁעוּת, זְדוֹנִיּוּת

Böschung
שְׁפִיעַ, שִׁפּוּעַ, נְטִיָּה בָּאֲלַכְסוֹן, מַתְלוּל, מִדְרוֹן

Böse
רֶשַׁע [ק/ד/45]. רַע, רָעָה, רֹעַ, הֶעְדֵּר הַטּוֹב, רִשְׁעָה, זָדוֹן

böse Nachrede ---> Nachrede, böse
böse Tat ---> Tat, böse
Bösen oder Guten, Übermaß im ---> Übermaß im Bösen oder Guten
böser Absicht, in *{mala fide}*
בְּזָדוֹן, בְּכַוָּנָה רָעָה, בְּמֵזִיד, בְּמִתְכַּוֵּן, בִּצְדִיָּה

böser Trieb ---> Trieb, böser
böswilligr ---> bösartig
Bogen [---> Kreisbogen; Bogensatz]
קֶשֶׁת (קְשָׁתוֹת) (מוס׳) קָנֶה עֵץ שֶׁשְּׂעָרוֹת סוּס מְתוּחוֹת לִקְצוֹתָיו וְהוּא מְשַׁמֵּשׁ לִנְגִינָה בִּכְלֵי מֵיתָר מְסֻיָּמִים, קַשְׁתָּנִית

Bogen(s), Frosch des
עֲקֵב הַקֶּשֶׁת (מוס׳) מַאֲחָז

Bogen(s), Pfeil eines
חֵץ (חִצִּים) (מתמ׳) [ק/א/321]. קַו נִצָּב הַיּוֹרֵד מֵאֶמְצַע הַקֶּשֶׁת אֶל הַיֶּתֶר

bogenförmig
קַשְׁתִּי, דְּמוּי קֶשֶׁת

Bogenführung
קְשִׁיתָה (מוס׳) קַשְׁתָּנוּת, שִׁיטַת הַשִּׁמּוּשׁ בְּקֶשֶׁת בִּכְלֵי מֵיתָר

Bogenminute
דַּקָּה (דַּקּוֹת) (מתמ׳) [ק/ד/15]. רִאשׁוֹן, אֶחָד מִשִּׁשִּׁים בְּמַעֲלָה מִמַּעֲלוֹת הַמַּעְגָּל אוֹ הַזָּוִית. רֶגַע (מתמ׳) [ק/ד/22]. רַהַט, רַהֲטוֹן (מתמ׳) [ק/ד/25]. שֶׁבֶר (מתמ׳) [ק/ד/72]

Bogensatz *{Lage}*
קֻנְטְרֵס (קֻנְטְרֵסִים) (דפו׳, ספרנ׳) [ממ״ג/30]. גִּלָּיוֹן (גִּלְיוֹנוֹת), גִּלְיוֹן דְּפוּס, דַּף נְיָר שֶׁאֶפְשָׁר לְקַפְּלוֹ לְעַמּוּדִים

Bogensekunde
שְׁנִיָּה (שְׁנִיּוֹת) (מתמ׳) [ק/ד/141]. אֶחָד מִשִּׁשִּׁים בְּדַקָּה. רֶגַע (רְגָעִים), רֶגַע שְׁנִיִּי (מתמ׳) [ק/ד/22]. 1/3600 שֶׁל מַעֲלָה מִמַּעֲלוֹת הַמַּעְגָּל

Bogenstange
קְנֵה הַקֶּשֶׁת (מוס׳)

Bogenstreich
מִמְשַׁךְ קֶשֶׁת (מוס׳)

Bogentertie
שְׁלִישִׁי, שְׁלִישִׁית, שְׁלִישִׁיָּה (מתמ׳) [ק/ד/114]. אֶחָד מִשִּׁשִּׁים בִּשְׁנִיָּה

bogenverknüpft
קָשׁוּר מְסִלָּתִית (מתמ׳)

Bohne *{Phaseolus}*
שְׁעוּעִית (בוט׳) צֶמַח מִמִּשְׁפַּחַת הַפַּרְפְּרָנִיִּים

Bohnenesserkrankheit *{Fabismus}*
פּוּלֶת (רפו׳) מַחֲלָה הַנִּגְרֶמֶת מֵאֲכִילַת פּוֹלִים

Bohr- und Fruchtfliegen *{Trypetidae}*
פְּרִיזְבוּבִיִּים (זוא׳) מִשְׁפָּחָה שֶׁל זְבוּבִים

bohren
קָדַח (קוֹדֵחַ) (טכנ׳)

Bohren
קְדִיחָה (טכנ׳) קִדּוּחַ

bohren, Gewinde ---> Gewinde bohren
Bohrer
מַקְדֵּחַ (מַקְדְּחִים) (טכנ׳) [א״ח/א/11]. קַשְׁטָנִית

Bohrkurbel
אַרְכֻּבַּת קְדִיחָה (טכנ׳)

Bohrloch ---> Bohrung
Bohrmaschine
מַקְדֵּחָה (מַקְדֵּחוֹת) (טכנ׳) מְכוֹנַת קְדִיחָה

Bohrung
קֶדַח (קְדָחִים) (טכנ׳) קֹטֶר הַחוֹר שֶׁנִּקְדַּח, נֶקֶב קִדּוּחַ

Boje
מָצוֹף (מְצוֹפִים) (ימא׳)

Bolle ---> Zwiebel
Boluserde ---> Natron
Bolzen
לוּלָב (לוּלָבִים) (טכנ׳) קָנֶה מַתֶּכֶת חָרוּק

bona fide ---> guten Glaubens
Bondierung
אִחוּי (אלק׳)

Bonus ---> Prämie
Bonvivant
בַּעַל הֲנָאָה, נֶהֱנְתָן

Boot
סִירָה (סִירוֹת) (ימא׳)

Bootsdeck
סִפּוּן הַסִּירוֹת (ימא׳)

Borax
בּוֹרַק (כימ׳, רפו׳) תִּרְכֹּבֶת שֶׁל בּוֹר הַמְּשַׁמֶּשֶׁת לִרְפוּאָה

Borborygmus ---> Darmkollern
Boretsch *{Borago}*
בֹּרָג (בוט׳) צֶמַח מִמִּשְׁפַּחַת הַזִּיפָנִיִּים

Borg geben, auf ---> Kredit verkaufen, unter
Borkenkäfer *{Scolytidae}*
קַמְבִּיתִיִּים (זוא׳) מִשְׁפָּחָה שֶׁל חִפּוּשִׁיּוֹת

Borsäure
חֻמְצַת בּוֹר (כימ׳) חֻמְצָה בּוֹרָנִית

Borste
זִיף (זִיפִים) (ביו׳) שַׂעֲרָה קָשָׁה

Borstenhaar ---> Borste
Borstenhaare des Naseneingangs ---> Naseneingang(s), Borstenhaare des
Borstenhirse *{Setaria italica}*
זִיפָן אִיטַלְקִי (בוט׳) צֶמַח מִמִּשְׁפַּחַת הַדְּגָנִיִּים

Borstenrabe *{Corvus rhipidurus}*
עוֹרֵב קְצַר זָנָב (זוא׳) עוֹף מִמִּשְׁפַּחַת הָעוֹרְבִיִּים

Borstenschwänze *{Thysanura}*
זַנְבְזִיפָאִים (זוא׳) סִדְרָה שֶׁל חֲרָקִים

Borte
גְּדִיל (גְּדִילִים) [א״ח/א/142]. פְּתִיל חוּטִים, פִּיף, צִיצַת חוּטִים

Bosheit
רֹעַ [ק/ד/46]. תְּכוּנַת הַדָּבָר הָרַע, בִּישׁוּת, רִשְׁעוּת, רֹעַ לֵב, בְּלִיַּעַל, רֶשַׁע, זָדוֹן, עַקְמִימוּת

Bossenquader ---> Quader mit erhöhtem Spiegel

Botanik
תַּצְמוּחָה (בוט׳) [ק/א/298]. חָכְמַת הַצְּמָחִים, בּוֹטָנִיקָה

Botaniker
תַּצְמוּחָן (בוט׳) בּוֹטָנַאי, בּוֹטָנִיקָן

botanisch
תַּצְמוּחִי (בוט׳) בּוֹטָנִי

Bote
שָׁלִיחַ (שְׁלִיחִים) [א״ח/ב/327]. שָׁלוּחַ (שְׁלוּחִים), מִי שֶׁנִּשְׁלַח לְמַלֵּא שְׁלִיחוּת, צִיר (צִירִים)

Botmäßigkeit
מָרוּת, שְׂרָרָה

Botschafter, außerordentlicher und bevollmächtigter
שַׁגְרִיר מְיֻחָד וּמֻסְמָךְ (מדי׳)

Bottich
גִּגִּית (גִּגִּיּוֹת) (טכנ׳) [א״ח/ב/189]. קְפָה (קְפוֹת), עֲבִיט עֵץ, קְעָרָה גְּדוֹלָה

Bouillon
זוֹם (ביו׳, רפו׳) [מר״ח/103]. מָרָק (מְרָקִים), קַרְקַע מָזוֹן נוֹזְלִית לְגִדּוּל אוּלִילִים (מִיקְרוֹאוֹרְגָנִיזְמִים), רֹטֶב, מִיץ

Bouillonkultur [---> Nährbouillon]
תַּרְבִּית זוֹם (ביו׳, רפו׳) קַרְקַע מָזוֹן לְחַיְדַּקִּים

Boulevard betreffend, den
חוּצָאִי, בּוּלְבָרִי

brach
בּוּר (חקל׳) לֹא מְעֻבָּד

brach liegen lassen
הוֹבִיר (מוֹבִיר) (חקל׳) [א״ח/ב/181]. הֵבִיר (מֵבִיר), בָּר, הִשְׁאִיר אֶת הַשָּׂדֶה בִּלְתִּי מְעֻבָּד

Brache ---> Brachland

Brachium ---> Oberarm

Brachland
אַדְמַת בּוּר (חקל׳) [א״ח/ב/181]. שְׂדֵה בּוּר, מוֹבָר (מוֹבָרִים), כְּרַב (כְּרָבִים), שָׂדֶה לֹא זָרוּעַ, קַרְקַע בִּלְתִּי מְעֻבֶּדֶת

brachliegend
שׁוֹבֵת וּבָטֵל

Brachpieper *{Anthus campestris}*
פִּפִּיּוֹן צָהֹב (זוא׳) עוֹף מִמִּשְׁפַּחַת הַנַּחֲלִיאֵלִיִּים

Brachschwalbe *{Glareola pratincola}*
שַׁדְמִית מְצוּיָה (זוא׳) עוֹף מִמִּשְׁפַּחַת הַשַּׁדְמִיתִיִּים

Brachvogel, Großer *{Numenius arquata}*
חֶרְמְשׁוֹן גָּדוֹל (זוא׳) עוֹף מִמִּשְׁפַּחַת הַחַרְטוֹמָנִיִּים

Brachydactylie Syndrom ---> Verkürzung von Fingern und Zehen

Bradykardie ---> Herztätigkeit, verlangsamte

Bradyphasie ---> Sprechen, verlangsamtes

Bräutigam
חָתָן (חֲתָנִים) (מ״ח, דת)

Bräutigamsbenediktion
בִּרְכַּת חֲתָנִים (דת) [א״ח/ב/35]. שֶׁבַע הַבְּרָכוֹת שֶׁמְּבָרְכִים לְאַחַר סְעֻדַּת הַנִּשּׂוּאִין

Braktee ---> Deckblatt

Brakteole ---> Vorblatt

Brand *{Gangrän}*
נֶמֶק (רפו׳) אֲכֶלֶת, מַק, נְמַקּוּת, רִקָּבוֹן, גַּנְגְּרֶנָה, מַקֶּקֶת, מָקוֹם בַּגּוּף שֶׁלָּקָה בְּרִקָּבוֹן

Brand des Getreides ---> Getreide(s), Brand des

Brand erzeugend
מְמַקֵּק (רפו׳) מֵמֵק, מַרְקִיב, גּוֹרֵם לְנֶמֶק (מַקֶּקֶת)

Brandbildung
מִקּוּק, הִתְמַקְּקוּת (רפו׳) נְמַקּוּת, הִתְפַּתְּחוּת נֶמֶק

Brandhorn *{Murex brandaris}*
אַרְגְּמוֹן חַד הַקּוֹצִים (זוא׳) בַּעַל חַיִּים מִמִּשְׁפַּחַת הָאַרְגְּמוֹנִיִּים (חִלָּזוֹנוֹת)

brandig
נִמְקִי (רפו׳) אֲכַלְתִּי, מַקִּי, מַקֶּקְתִּי, מָקוּק, מְמֻקָּק, מוּמָק, שֶׁקִּבֵּל נֶמֶק, נִרְקָב

brandig sein
נָמַק (נוֹמֵק), הִתְמַקֵּק (רפו׳) הֵמֵק, לָקָה בְּנֶמֶק (רִקָּבוֹן)

Brandkraut *{Phlomis}*
שַׁלְהָבִית (בוט׳) צֶמַח מִמִּשְׁפַּחַת הַשִּׂפְתָנִיִּים

brandmarken ---> stigmatisieren

Brandschaden ---> Angebranntes

Brandstiftung
הַצָּתָה (משפ׳) גְּרִימַת שְׂרֵפָה בְּזָדוֹן, הֶבְעֵר, הַבְעָרָה

Brandstiftungstrieb
שִׁגְעוֹן הַהַצָּתָה (פסי׳) [ר/ב/542]. פִּירוֹמַנְיָה

Brandung
דֳּכִי (דְּכָיִים) (מטא׳) דֹּכִי, דְּכִי חוֹף, מִשְׁבַּר גַּלִּים

Brandungswelle
מִשְׁבָּר (מִשְׁבָּרִים) (מטא׳) נַחְשׁוֹל שֶׁנִּשְׁבָּר עַל הַחוֹף, מִשְׁבַּר חוֹף

Brandwunde
כְּוִיָּה (כְּוִיּוֹת) (רפו׳) מַחֲרוֹךְ, מִכְוָה, מִכְוָה

braten, auf Asche ---> Asche legen, in glühende

Bratrost
אַסְכָּלָה (טכנ׳) [א״ח/א/120]. רֶשֶׁת שֶׁל מַתֶּכֶת לִצְלִיַּת בָּשָׂר

Bratsche ---> Viola

Bratschist(in)
כּוֹנַרְתָּן, כּוֹנַרְתָּנִית (מוס׳) וִיאוֹלָן, נַגַּן כּוֹנֶרֶת (וִיאוֹלָה)

Brauch einführen, als
הִנְהִיג (מַנְהִיג) (אנת׳, דת) קָבַע מִנְהָג

Braunalgen *{Phaeophycophyta}*
אַצּוֹת חוּמִיּוֹת (בוט׳)

Braunbär, Syrischer *{Urus arctos syriacus}*
דֹּב חוּם סוּרִי (זוא׳) יוֹנֵק מִמִּשְׁפַּחַת הַדֻּבִּיִּים

Braunbrustigel ---> Westigel

Braunellen *{Prunellidae}*
סִתְרִיִּים (זוא׳) מִשְׁפָּחָה שֶׁל צִפֳּרֵי שִׁיר

Braunkehlchen *{Saxicola rubetra}*

דּוּחַל חוּם גָּרוֹן (זוא') עוֹף מִמִּשְׁפַּחַת הַקִּיכְלִיִּים

Braunkohle

פֶּחָם חוּם (מינ') [דח"ט/131]. שְׁלַב בֵּינַיִם בֵּין כָּבוּל וּפֶחָם גְּבִישִׁי

Braunliest *{Halcyon smyrnensis}*

לְבֶן חָזֶה (זוא') שַׁלְדָּג לְבֶן חָזֶה, עוֹף מִמִּשְׁפַּחַת הַשַּׁלְדָּגִיִּים

Braunnackenrabe *{Corvus corax ruficollis}*

עוֹרֵב חוּם עֹרֶף (זוא') עוֹף מִמִּשְׁפַּחַת הָעוֹרְבִיִּים

Braunwurz *{Scrophularia}*

לֹעֲנִית (בוט') צֶמַח מִמִּשְׁפַּחַת הַלּוֹעֲנִיתִיִּים

Braut in Haaren *{Nigella damascena}*

קֶצַח דַּמֶּשְׂקָאִי (בוט') צֶמַח מִמִּשְׁפַּחַת הַנּוּרִיתִיִּים

Brautführer ---> Hochzeitsbeistand

Brautgemach

חֻפָּה (חֻפּוֹת) (דת) [א"ת/ב/42]

Brautmyrte *{Myrtus communis}*

הֲדַס מָצוּי (בוט') צֶמַח מִמִּשְׁפַּחַת הַהֲדַסִּיִּים

Brautpreis

מֹהַר (משפ', מ"ח) כֶּסֶף אוֹ מוּצָרִים שֶׁהֶחָתָן אוֹ מִשְׁפַּחְתּוֹ מַעֲנִיקִים לְרֹאשׁ מִשְׁפַּחְתָּהּ שֶׁל הַכַּלָּה

Brautprimel ---> Fliederprimel

Bravoruf

קְרִיאַת הֵידָד (תאט', מוס') קְרִיאַת יִישַׁר כֹּחַ

Brecher ---> Brandungswelle

Brechgut

גְּרֹסֶת (גאו')

Brechkraft

עָצְמַת עֲדָשָׁה (פיס') [ל"מ/479]. גֹּדֶל הַמְּבַטֵּא אֶת כֹּשֶׁר הָרִכּוּז שֶׁל עֲדָשָׁה וּמֻגְדָּר כָּעֵרֶךְ הַהָפְכִּי שֶׁל מֶרְחַק הַמּוֹקֵד שֶׁל הָעֲדָשָׁה

Brechmittel *{Emetikum}*

סַם מְקִיא (רפו', כימ') חֹמֶר גּוֹרֵם הֲקָאָה

Brechnuß *{Nux vomica}*

אֱגוֹז פֶּלֶץ (בוט', רפו') אֱגוֹז הֲקָאָה שֶׁמְּפִיקִים מִמֶּנּוּ אֶפְלֶץ (סְטְרִיכְנִין)

Brechnußvergiftung

אִפְלוּץ (רפו') הַרְעָלַת סְטְרִיכְנִין

Brechsee ---> Brandungswelle

Brechung *{Refraktion}*

שְׁבִירָה (פיס') [ל"מ/632]. שִׁנּוּי כִּוּוּנָם שֶׁל קֶרֶן אוֹ שֶׁל גַּל כְּשֶׁהֵם עוֹבְרִים מִתָּוֶךְ אֶחָד לְתָוֶךְ אַחֵר

Brechung des Lichts ---> Licht(s), Brechung des

Brechungsindex

מְקַדֵּם הַשְּׁבִירָה (פיס') [ל"מ/632]

Brechwert ---> Brechkraft

Brei

מֶרֶס (טכנ') תַּעֲרֹבֶת שֶׁל מַיִם עִם מֶלֶט, טִין וכד'. דַּיְסָה (תזו') תַּבְשִׁיל סָמִיךְ, מִקְפָּה

Breite

רֹחַב (מתמ') [ק/ד/34]. מִדַּת דָּבָר מִצַּד לְצַד, הַמֵּמַד הַקָּטָן בִּשְׁנֵי מְמַדֵּי הַשֶּׁטַח, שֶׁלַח. גַּג (מתמ') [ק/א/102]

Breite des Landes ---> Land(es), Breite des

Breite eines Sterns ---> Stern(s), Breite eines

breiten ---> plattschlagen

Breiten- und Längengrade

קַוֵּי רֹחַב וְאֹרֶךְ (י"א) [ק/ב/236]. מַעֲלוֹת

Breitenkreis *{Parallelkreis}*

קַו (קַוֵּי) רֹחַב (י"א) [ק/ג/124]. עֲגֻלָּה נִכְחִית, עִגּוּל נִכְחִי, מַקְבִּיל

Breitensuche

חִפּוּשׂ לָרֹחַב תְּחִלָּה (פסי', פדג') חִפּוּשׂ לָרֹחַב

Breitflügelfledermaus *{Eptesicus seronitus}*

אַפְלוּל מָצוּי (זוא') יוֹנֵק מִמִּשְׁפַּחַת הַנַּשְׁפּוֹנִיִּים (עֲטַלֵּפִים)

Bremse

בֶּלֶם (בְּלָמִים) (טכנ')

bremsen

בָּלַם (בּוֹלֵם)

Bremsen

בְּלִימָה

Bremsen *{Tabanidae}*

טַבָּנִיִּים (זוא') מִשְׁפָּחָה שֶׁל זְבוּבִים

Bremspedal

דַּוְשַׁת הַבֶּלֶם (טכנ')

brennbar

שָׂרִיף (כימ') שֶׁנִּתָּן לְהִשָּׂרֵף, בָּעִיר, שֶׁמְּסֻגָּל לִבְעֹר בָּאֲוִיר, דָּלִיק

brennbares Material ---> Material, brennbares

Brennbarkeit

שְׂרִיפוּת (כימ') בְּעִירוּת

Brennebene *{Fokalebene}*

מִישׁוֹר הַמּוֹקֵד (פיס')

brennen

צָרַב (צוֹרֵב) (רפו') כָּוָה (כּוֹוֶה), נִכְוָה (נִכְוֶה), צֹרַב (מְצֹרָב), שָׂרַף. צֹרַף (מְצֹרָף) (טכנ') צָרַף (צוֹרֵף), שָׂרַף כְּלֵי חֶרֶס

brennen, im Ofen ---> Ofen brennen, im

Brennen

צֵרוּב (רפו') צְרִיבָה, הַצְרָבָה, הִצָּרְבוּת, כְּוִיָּה (כְּוִיּוֹת), הִכָּווּת. צֵרוּף (טכנ') שְׂרֵפַת כְּלֵי חֶרֶס

brennend

צוֹרֵב

Brennende Liebe *{Lychnis chalcedonica}*

לַהֲבִית צְפוּפָה (בוט') צֶמַח מִמִּשְׁפַּחַת הַצִּפָּרְנִיִּים

Brenner

מַבְעֵר (מַבְעֲרִים) (טכנ') הֶתְקֵן שֶׁהָאֵשׁ בּוֹעֶרֶת בּוֹ

Brennerzange

מֶלְקְחֵי מַבְעֲרִים (טכנ')

Brennessel *{Urtica}*

סִרְפָּד (בוט') צֶמַח מִמִּשְׁפַּחַת הַסִּרְפָּדִיִּים

Brennessel, Kleine *{Urtica urens}*

סִרְפָּד צוֹרֵב (בוט') צֶמַח מִמִּשְׁפַּחַת הַסִּרְפָּדִיִּים

Brennfläche *{Kaustikfläche}*

מִשְׁטַח מוֹקְדִים (פיס')

Brennglas
זְכוּכִית גַּבְנוּנִית (פיס׳) [ק/א/101]

Brennlinie *{Kaustiklinie}*
עֲקֹם מוֹקְדִים (פיס׳)

Brennpunkt *{Fokus}*
מוֹקֵד (מוֹקְדִים) (פיס׳) [ר/ב/367; ל״מ/362]. הַנְּקֻדָּה שֶׁקַּרְנֵי הָאוֹר הָעוֹבְרוֹת בָּהּ מִתְלַכְּדוֹת, קֵד

Brennpunkt der Aufmerksamkeit ---> Aufmerksamkeit, Brennpunkt der

Brennpunkt vereinigen, im
מִקֵּד (מְמַקֵּד) (פיס׳) קִיֵּד (מְקַיֵּד)

Brennpunkt vereinigt, im
מְמֻקָּד (פיס׳) מְקֻיָּד

brennpunktbezüglich
מוֹקְדִי (פיס׳) מְמֻקָּד, קֵדִי

Brennpunktlosigkeit ---> Astigmatismus

Brennschmerz
צָרַבְרֶבֶת (רפו׳)

Brennweite
רֹחַק הַמּוֹקֵד (פיס׳) מֶרְחָק מוֹקְדִי, בּוֹעַד קֵדִי

Brennweiteneinstellung
מִקּוּד (פיס׳)

brenzlig
קְדָחִי (רפו׳, פסי׳) מֵעֵין הַקֶּדַח, רֵיחַ שֶׁל אֹכֶל שָׂרוּף

Bresche
פִּרְצָה (פְּרָצוֹת)

Brett
נֶסֶר (נְסָרִים) (טכנ׳) [א״ת/א/60;34]. לוּחַ עֵץ

Brettergestell
גְּשִׁישׁ (גְּשִׁישִׁים) (טכנ׳) [א״ת/א/63]. הֶתְקֵן מֵעֵץ לְחִבּוּר רָהִיטִים

Brief
מִכְתָּב (מִכְתָּבִים), אִגֶּרֶת (אִגְּרוֹת)

Briefordner
עוֹקְדָן (מנה׳) תִּיק בַּעַל קַשְׁתוֹת מַתֶּכֶת שֶׁמַּכְנִיסִים בָּהֶן נְיָרוֹת

Briefroman
תִּסְפּוֹר מִכְתָּבִים (ספר׳) [מ״ס/12]. סִפּוּר מִכְתָּבִים, תִּסְפּוֹר (רוֹמָן) בְּדוּי שֶׁבּוֹ הַמְּסַפֵּר נוֹתֵן לִיצִירָתוֹ צוּרַת מִכְתָּבִים

Briefwechsel
תִּכְתֹּבֶת, הִתְכַּתְּבוּת

Brikett
לִבְנַת דֶּלֶק (לִבְנֵי דֶּלֶק) (טכנ׳) [דח״ט/78]. לְבֵנָה כְּבוּשָׁה מֵאַבְקַת פֶּחָם הַמְשַׁמֶּשֶׁת כְּדֶלֶק לְהַסָּקָה בֵּיתִית

Brillengrasmücke *{Sylvia conspicillata}*
סִבְכִּי עֲרָבוֹת (זוא׳) עוֹף מִמִּשְׁפַּחַת הַסִּבְכִּיִּים

Brillenschote *{Biscutella}*
מִצְלְתַּיִם (בוט׳) צֶמַח מִמִּשְׁפַּחַת הַמִּצְלִיבִים

bringen, mit sich
הֵבִיא עִמּוֹ [ק/א/283]. גָּרַם בְּעֶצֶם הוֹפָעָתוֹ, חִיֵּב, נִתְחַיֵּב, הִתְחַיֵּב, הִכְרִיחַ, הֵבִיא לִידֵי... נָגַשׁ [ק/ג/20]. הֵטִיל עַל..., דָּרַשׁ מִ..., תָּבַע מִ..., הֶעֱמִיס עַל...

Brise ---> Wind

Brise, frische
רוּחַ עֵרָה (מטא׳) [יל״ט/187]. דַּרְגָּה 5 בְּסֻלָּם בּוֹפוֹרְט לְחֹזֶק הָרוּחַ שֶׁמְּהִירוּתָהּ: 21-17 קְשָׁרִים

Brise, leichte
רוּחַ חֲרִישִׁית (מטא׳) [יל״ט/185]. דַּרְגָּה 2 בְּסֻלָּם בּוֹפוֹרְט לְחֹזֶק הָרוּחַ שֶׁמְּהִירוּתָהּ: 6-4 קְשָׁרִים

Brise, mäßige
רוּחַ מְתוּנָה (מטא׳) [יל״ט/186]. דַּרְגָּה 4 בְּסֻלָּם בּוֹפוֹרְט לְחֹזֶק הָרוּחַ שֶׁמְּהִירוּתָהּ: 16-11 קְשָׁרִים

Brise, schwache
רוּחַ קַלָּה (מטא׳) [יל״ט/188]. דַּרְגָּה 3 בְּסֻלָּם בּוֹפוֹרְט לְחֹזֶק הָרוּחַ שֶׁמְּהִירוּתָהּ: 10-7 קְשָׁרִים

Brocken ---> Abziehstein

bröckelig
מְאֻזָּל (רפו׳) מְדֻלְדָּל, תָּלוּי בְּרִפְיוֹן

Brombeere ---> Himbeere

bronchial
סִמְפוֹנִי (רפו׳)

Bronchialasthma
קַצֶּרֶת הַסִּמְפוֹנוֹת (רפו׳) עֲוִית סִמְפוֹנוֹת הַבָּאָה עֵקֶב הִתְנַפְּחוּת הָרִקְמָה הָרִירִית וְהַפְרָשַׁת יֶתֶר שֶׁלָּהּ

Bronchialmuskelkrampf
עֲוִית הַסִּמְפוֹנוֹת (רפו׳)

Bronchiolitis
דַּלֶּקֶת הַסִּמְפוֹנוֹנִים (רפו׳)

Bronchitis
דַּלֶּקֶת הַסִּמְפוֹנוֹת (רפו׳) סַמֶּפֶנֶת

Bronchoskop
אַסְפַּקְלַרְיַת הַסִּמְפוֹנוֹת (רפו׳) בְּרוֹנְכוֹסְקוֹפ

Bronchoskopie
סְפִּיקְלוּר הַסִּמְפוֹנוֹת (רפו׳) חֶזְיוֹן הַסִּמְפוֹנוֹת, בְּרוֹנְכוֹסְקוֹפְּיָה

Bronchus
סִמְפּוֹן (סִמְפּוֹנוֹת) (רפו׳) [מר״ח/106]

Bronze
אָרָד (טכנ׳) [דח״ט/25]. בְּרוֹנְזָה, סַגְסֹגֶת שֶׁל נְחֹשֶׁת עִם 5% - 20% בְּדִיל

Bronzedruck
דְּפוּס אָרָד (אמנ׳, דפו׳) [ממ״ג/31]. הַזְהָבָה

Brosame
פֵּרוּר (פֵּרוּרִים) [א״ת/ג/63]

Brot, gesäuertes
חָמֵץ (חֲמֵצִים) (תזו׳) [א״ת/א/99]. לֶחֶם שֶׁנֶּאֱפָה מִבָּצֵק שֶׁטַּעְמוֹ חָמוּץ בְּשֶׁל תְּסִיסַת הַשְּׂאוֹר שֶׁבּוֹ

Brot, Laib
כִּכָּר (כִּכָּרוֹת) (תזו׳) [א״ת/א/102]. כִּכַּר לֶחֶם, לֶחֶם שָׁלֵם

Brot schneiden
פָּרַס (פּוֹרֵס) לֶחֶם, בָּצַע (בּוֹצֵעַ), חָתַךְ

Brot von dem Backofen abnehmen
רָדָה (רוֹדֶה) [א״ת/א/102]. הוֹצִיא מַאֲפֶה מִן הַתַּנּוּר

Brotschieber
מַרְדֶּה (טכנ׳) [א״ת/א/102]. כְּלִי לִרְדִיַּת מַאֲפֶה מִן הַתַּנּוּר

Bruch [---> Hernie; Bresche;

Verwerfung]
שֶׁבֶר (שְׁבָרִים) (מתמ׳) [ק/ד/71]. חֵלֶק שֶׁל יְחִידָה, מִסְפָּר בִּלְתִּי שָׁלֵם. תִּשְׁבֹּרֶת (מתמ׳) [ק/ד/218]

Bruch, gewöhnlicher
שֶׁבֶר פָּשׁוּט (מתמ׳)

Bruch achter Ordnung
שֶׁבֶר שְׁמִינִי [ק/ד/131]. שְׁמִינִי, שֶׁבֶר מְתֻמָּן

Bruch erster Ordnung
שֶׁבֶר רִאשׁוֹנִי (מתמ׳) [ק/ד/14]. רִאשׁוֹן, שֶׁבֶר רִאשׁוֹן

Bruch neunter Ordnung
שֶׁבֶר תְּשִׁיעִי (מתמ׳) [ק/ד/220]. תְּשִׁיעִי, שֶׁבֶר מְתֻשָּׁע

Bruch siebenter Ordnung
שֶׁבֶר שְׁבִיעִי (מתמ׳, אסט) [ק/ד/70]. שְׁבִיעִי, שֶׁבֶר מְשֻׁבָּע

Bruch von Brüchen
שֶׁבֶר שְׁבָרִים (מתמ׳) שֶׁבֶר שֶׁמּוֹנֵהוּ אוֹ מְכַנֵּהוּ הוּא שֶׁבֶר

Bruchfrucht
מַפְרֶקֶת (מַפְרָקוֹת) (בוט׳) פְּרִי יָבֵשׁ וּמְרֻבֵּה זְרָעִים הַמִּתְפָּרֵק עִם הַבְשָׁלָתוֹ לְרָחְבּוֹ לִפְרָקִים פְּרָקִים

Bruchgleichung
מִשְׁוָאַת שְׁבָרִים (מתמ׳)

Bruchkraut *{Herniaria}*
דַּרְכָּנִית (בוט׳) צֶמַח מִמִּשְׁפַּחַת הַצִּפָּרְנִיִּים

Bruchlast
עֹמֶס שֶׁבֶר (פיס׳, טכנ׳)

Bruchpunkt
נְקֻדַּת שְׁבִירָה (פיס׳, טכנ׳)

Bruchscholle
גּוּשׁ הָעֶתֶק (גאו׳, י״א) גּוּשׁ שֶׁל קְלִפַּת הָאֲדָמָה שֶׁזָּז אֲנָכִית אוֹ אָפְקִית כְּתוֹצָאָה מֵהַפְרָעוֹת מִבְנִיּוֹת (טֶקְטוֹנִיּוֹת)

Bruchstein
גְּוִיל (אדר׳) [א״ח/א/12]. אֶבֶן גְּוִיל, - בִּלְתִּי מְסֻתֶּתֶת

Bruchstrich
קַו שֶׁבֶר (מתמ׳) לוֹכְסַן שֶׁבֶר

Bruchstück
פִּסָּה (פִּסּוֹת), חֲתִיכָה, פַּס (פַּסִּים), קָצֶה

Bruchwasserläufer *{Tringa glareola}*
בִּצָּנִית מְנֻמֶּרֶת (זוא׳) עוֹף מִמִּשְׁפַּחַת הַחַרְטוֹמָנִיִּים

Bruchzahl
שֶׁבֶר (שְׁבָרִים) (מתמ׳) [ק/ד/71]. חֵלֶק שֶׁל יְחִידָה, מִסְפָּר בִּלְתִּי שָׁלֵם

Brüchen, Reduktion von ---> Reduktion von

brüchig ---> spröde

Brücke
גֶּשֶׁר (גְּשָׁרִים) (אדר׳) [א״ח/ב/329]

Brücke, zollpflichtige
גֶּשֶׁר חַב הֶטֵּל (כלכ׳)

Brücke leiten
הִנְחָה (מַנְחֶה) אֳנִיָּה (ימא׳)

Brücke schlagen
גִּשֵּׁר (מְגַשֵּׁר) (אדר׳) [א״ח/ב/330]. גָּשַׁר (גּוֹשֵׁר), בָּנָה גֶּשֶׁר, קִשֵּׁר

Brückenpfeiler
נְצִיב גֶּשֶׁר (אדר׳)

Brückenwiderlager
יַרְכַּת גֶּשֶׁר (אדר׳)

Brückner
גַּשָּׁר (גַּשָּׁרִים) (מלא׳) [א״ח/ב/330]. בּוֹנֵה גְּשָׁרִים

Brüder, Sekte der lauteren
הָאַחִים הַנֶּאֱמָנִים, הָאַחִים הַטְּהוֹרִים (פיל׳) [ק/א/32]. סִיעַת פִילוֹסוֹפִים עַרְבִית

Brüderlichkeit ---> Brüderschaft

Brüderschaft
אַחֲוָה (מ״ח) [א״ח/ב/94]. קִרְבַת לְבָבוֹת, יְדִידוּת

Brühe
מֵי שֶׁלֶק (תזו׳) [א״ח/א/124]. מֵי שְׁלָקוֹת, מַיִם שֶׁשָּׁלְקוּ בָּהֶם מִצְרְכֵי מָזוֹן

brühen
שָׁלַק (שׁוֹלֵק) (תזו׳) [א״ח/א/117]. חָלַט בְּרוֹתְחִים

Brühen
שְׁלִיקָה (תזו׳) חֲלִיטָה בְּמַיִם רוֹתְחִים

brünstig
מְיַחֵם (ביו׳) שׁוֹזָנִי, יְחוּמִי, מְשַׁיֵּז

brünstig sein
הִתְיַחֵם (מִתְיַחֵם) (ביו׳) שִׁיֵּז (מְשַׁיֵּז), עוֹרֵר אֶת יֵצֶר הַמִּין, יָחַם (יוֹחֵם), יִחֵם (מְיַחֵם), יֻחַם (מְיֻחָם), הִתְחַמֵּם זוּגִית

Brüste, übergroße *{Makromastie}*
דַּדָּנוּת (רפו׳) [מר״ח/433]. שַׁדְיָנוּת, שָׁדַיִם גְּדוֹלוֹת

brüsten, sich
הִתְרַבְרֵב, הִתְיַהֵר, הִשְׁתַּחֵץ, הִתְהַדֵּר, הִתְרַהֵב

Brunnen, öffentlicher
מַשְׁקִית (מַשְׁקִיּוֹת) (היד׳) בְּאֵר צִיבּוּרִית

Brunnenhaken
מַשְׁלִית (מַשְׁלִיּוֹת) (טכנ׳) [א״ח/א/81]. אַנְקוֹל קָשׁוּר לְחֶבֶל הַמְּשַׁמֵּשׁ לְשְׁלִיַּת מַיִם מִבְּאֵר

Brunnenkresse *{Nasturtium officinale}*
גַּרְגִּיר הַנְּחָלִים (בוט׳) צֶמַח מִמִּשְׁפַּחַת הַמִּצְלִיבִים

Brunnenmeister
בַּיָּר (בַּיָּרִים) (מלא׳) [א״ח/א/80]. חוֹפֵר בְּאֵרוֹת

Brunnenschwengel
קִילוֹן (קִילוֹנוֹת) (טכנ׳) [א״ח/א/81]. הֶתְקֵן לִשְׁאִיבַת מַיִם מִבְּאֵר

Brunst
יִחוּם (ביו׳) [מר״ח/288]. שׁוֹז, הִתְעוֹרְרוּת הַתְּשׁוּקָה הַזּוּגִית (מִינִית)

Brunstzeit
תְּקוּפַת הַיִּחוּם (ביו׳) תְּשׁוּזָה

Brust, weibliche [--->Busen]
שַׁד (שָׁדַיִם) (רפו׳) דַּד (דַּדִּים)

Brust bezüglich, auf die hohe ---> hochbrüstig

Brustbein *{Sternum}*
חֹשֶׁן (רפו׳) [מר״ח/634]. חֹשֶׁן הֶחָזֶה, עֶצֶם הֶחָזֶה

brustbeinbezüglich

חָשְׁנִי (חוֹשְׁנִי) (רפוּ׳) שֶׁל חֹשֶׁן הֶחָזֶה, - עֶצֶם הֶחָזֶה

Brustbohrer

מַקְדֵּחַת אַרְכֻּבָּה (טכנ׳)

Brustdrüse, Fehlen der *{Amastie}*

חֹסֶר שָׁדַיִם (רפוּ׳)

Brustdrüsenentzündung *{Mastitis}*

שַׁדֶּאֶת (רפוּ׳) [מר״ח/441]. דַּלֶּקֶת הַשַּׁד

Brustenge ---> Angina pectoris

Brustfell *{Pleura}*

צֶדֶר (רפוּ׳) [מר״ח/538]. קְרוּם הָרֵאָה, פְּלוֹירָה

brustfellbezüglich

צִדְרִי (רפוּ׳) שֶׁל הַצֶּדֶר, - קְרוּם הָרֵאָה

Brusthöhle *{Cavum thoracis}*

חֲלַל הֶחָזֶה (רפוּ׳)

brustkorbbezüglich *{thorakal}*

חָזִי (רפוּ׳) שֶׁל חָזֶה

Bruststimme

קוֹל חָזֶה (מוּס׳) צְלִיל חָזֶה

Brustton ---> Bruststimme

Brustwarze

פִּטְמַת הַשַּׁד (רפוּ׳) פִּטֹּמֶת הַשַּׁד

brustwarzenbezüglich

דַּדִּי (רפוּ׳) שֶׁל פִּטְמַת הַשַּׁד

Brustwarzenhofentzündung

דַּלֶּקֶת הַשְּׁחֹמֶת (רפוּ׳) דַּלֶּקֶת פִּטְמַת הַשַּׁד

Brustwehr

מַעֲקֶה (מַעֲקִים) (אדר׳)

Brustwirbel *{Vertebrae thoracicae}*

חֻלְיוֹת הֶחָזֶה (רפוּ׳)

Brut

מִדְגָּר (בּוֹט׳) [י״א/104]. אֶפְרוֹחִים אוֹ גּוֹזָלִים שֶׁיָּצְאוּ מִן הַבֵּיצִים

Brutblatt *{Kalanchoë pinnata}*

נִצְנִית מְנֻצָּה (בּוֹט׳) צֶמַח מִמִּשְׁפַּחַת הַטַּבּוּרִיתִיִּים

Brutkasten *{Inkubator}*

חֲמָמִית (חֲמָמִיּוֹת) (רפוּ׳) אִינְקוּבָּטוֹר, מִתְקָן מְחֻמָּם שֶׁמַּחֲזִיקִים בּוֹ פַּגִּים. מַדְגֵּרָה (חקל׳) מִתְקָן לְהַדְגָּרָה מְלָאכוּתִית

Brutknölchen ---> Brutzwiebel

Bruttoeinkommen

הַכְנָסָה כּוֹלֶלֶת (כלכ׳)

Bruttoerlös ---> Bruttoeinkommen

Bruttoertrag ---> Bruttoeinkommen

Bruttogewinn

רֶוַח גָּלְמִי (כלכ׳)

Bruttoprodukt, gesellschaftliches ---> Gesamtprodukt; Bruttosozialprodukt

Bruttosozialprodukt [---> Gesamtprodukt]

תּוֹצָר לְאֻמִּי גָּלְמִי (תל״ג) (כלכ׳) כְּלַל הַמּוּצָרִים הַחָמְרִיִּים וְהַתְּפוּקָה הַיַּצְרָנִית שֶׁל הַחֶבְרָה כֻּלָּהּ בְּמֶשֶׁךְ שָׁנָה אַחַת, מֻנָּח הַמְצַיֵּן אֶת סְכוּם הַהַכְנָסָה לְרַבּוֹת הַפְּחָתוֹת לְשָׁנָה וּמְזַהֶה עִם יְצִירַת הָעֵרֶךְ בְּפֶרֶק זְמַן זֶה

brutus

זוֹל [ק/א/254]. זוֹלֵל, בָּזוּי, חֲסַר תְּבוּנָה

Brutzeit *{Inkubationszeit}*

תְּקוּפַת דְּגִירָה (רפוּ׳, בִּיוֹ׳) תְּקוּפַת הַדְּגָרָה

Brutzwiebel *{Bulbille}*

בְּצַלְצוּל (בּוֹט׳) בָּצָל קָטָן

Bruxomanie ---> Zähneknirschen, nervöses

Buch(es), Abschnitt eines ---> Abschnitt eines Buches

Buch, geheftetes

סֵפֶר מְעֻטָּף (ספרנ׳)

Buch(es), Vertreter eines *{Attrappe}*

אִמּוּם לְסֵפֶר מֻשְׁאָל (ספרנ׳)

Buchausstellung

תַּעֲרוּכַת סְפָרִים (ספרנ׳, כלכ׳)

Buchbinder(in)

כּוֹרֵךְ סְפָרִים, כּוֹרֶכֶת סְפָרִים (מלא׳, ספרנ׳)

Buchbinderei

כְּרִיכִיָּה (מלא׳, ספרנ׳) כְּרִיכִיַּת סְפָרִים

Buchdeckel

טַבְלָה (טַבְלוֹת) (ספרנ׳) טַבְלַת סֵפֶר, מִכְסֵה צַד

Buchdrama

מַחֲזֶה לִקְרִיאָה (ספר׳, תאט׳)

Buche *{Fagus}*

אָשׁוּר (בּוֹט׳) צֶמַח מִמִּשְׁפַּחַת הָאַלּוֹנִיִּים

Buchfink *{Fringilla coelebs}*

פְּרוּשׁ מָצוּי (זוא׳) עוֹף מִמִּשְׁפַּחַת הַפְּרוּשִׁיִּים

Buchführung

רְאִיַּת חֶשְׁבּוֹן (כלכ׳) חֶשְׁבּוֹנָאוּת, עֲרִיכַת חֶשְׁבּוֹנוֹת

Buchgewinn

רֶוַח חֶשְׁבּוֹנָאִי (כלכ׳) רֶוַח לֹא אֲמִתִּי הַמּוֹפִיעַ רַק בְּסִפְרֵי הַנְהָלַת הַחֶשְׁבּוֹנוֹת

Buchhaltung ---> Buchführung

Buchhaltungsleiter

חַשָּׁב כְּלָלִי (כלכ׳)

Buchhaltungsvorstand ---> Buchhaltungsleiter

Buchprüfer

רוֹאֵה חֶשְׁבּוֹן מֻסְמָךְ (כלכ׳)

Buchrücken

גַּב הַסֵּפֶר (ספרנ׳)

Buchsachverständiger

רוֹאֵה חֶשְׁבּוֹן (כלכ׳)

Buchsbaum *{Buxus}*

אֶשְׁכְּרוֹעַ (בּוֹט׳) צֶמַח מִמִּשְׁפַּחַת הָאֶשְׁכְּרוֹעִיִּים

Buchstabe

אוֹת (אוֹתִיּוֹת) (בלש׳, דפו׳) [ק/ד/176]. תֵּבָה (תֵּבוֹת). אֶבֶן (בלש׳, דפו׳) [ק/א/18]

Buchstabe, gemeiner *{Minuskel}*

אוֹת קְטַנָּה (דפו׳)

Buchstabe, quieszierender

אוֹת נָחָה (בלש׳) [מ״ב/187]. אוֹת שֶׁאֵינָהּ מְבֻטֵּאת אַפְעַלְפִּי שֶׁהִיא מוֹפִיעָה בִּכְתִיב, לְמָשָׁל: בְּעִבְרִית: אָלֶ״ף שֶׁבְּסוֹף הֲבָרָה מְאַבֶּדֶת אֶת תְּכוּנָתָהּ הָעִצּוּרִית, כְּגוֹן: ״הוֹצִיא״; ״מָלֵא״. בְּגֶרְמָנִית הוֹפֶכֶת ה-h בַּמִּלִּים הַבָּאוֹת לְאוֹת נָחָה: roh, geh, nahte

Buchstabe mit Vokalzeichen, hebräischer

אוֹת מוּנַעַת (בלש') [ק/ג/20]. נָד, אוֹת שֶׁיֵּשׁ תַּחְתֶּיהָ תְּנוּעָה, מִלָּה דְּגוּשָׁה

Buchstaben, Ziffernbedeutung der

מִתְגָּם (מִתְגָּמִים) (אנת', דת) גִּימַטְרִיקוֹן, עֶרְכָּן שֶׁל הָאוֹתִיּוֹת בְּמִסְפָּרִים

Buchstaben betreffend, den

אוֹתְיָנִי (בלש', דפו') [ק/א/31]. אוֹתוֹיִי, שֶׁל אוֹת

Buchstaben genommen, nach dem

כִּפְשׁוּטוֹ הַמִּלּוּלִי

B u c h s t a b e n r e c h n u n g *{Buchstabenpermutation}*

תִּגּוּם (אנת', דת) גִּימַטְרִיָּה, תּוֹרַת עֶרֶךְ הָאוֹתִיּוֹת בְּמִסְפָּרִים

Buchstabensynthese, kabbalistische

חָכְמַת הַצֵּרוּף (דת, פיל') [ק/א/298; ק/ג/253]. תּוֹרַת מַשְׁמָעוּת הָאוֹתִיּוֹת בְּכִתְבֵי הַקֹּדֶשׁ

Bucht, kleine

לְשׁוֹן יָם (י"א)

Buchweizen *{Fagopyrum esculentum}* **[--> Dinkel; Emmer]**

פַּגּוֹפִירוֹן תַּרְבּוּתִי (בוט', חקל') צֶמַח מִמִּשְׁפַּחַת הָאַרְכֻּבִיתִיִּים, קָרוּי (בְּטָעוּת) גַּם כֻּסֶּמֶת (כֻּסְּמִין)

Buckel *{Gibbus}*

גַּבְנוּן (רפו') חֲטוֹטֶרֶת

Buckelnase ---> Wüstenrenner

Buckelzirpen *{Membracidae}*

גַּבְנוּנִיתִיִּים (זוא') מִשְׁפָּחָה שֶׁל חֲרָקִים

Bucklige(r)

גִּבֵּן, גִּבֶּנֶת (רפו') חִטֵּר, חִטֶּרֶת, בַּעַל חֲטוֹטֶרֶת

Buckligkeit

גִּבְנוּת (רפו') גַּבְנוּנִיּוּת

Bücher ausscheiden

נִכֵּשׁ (מְנַכֵּשׁ) סְפָרִים (ספרנ') סִלֵּק סְפָרִים בִּלְתִּי רְצוּיִים מִן הַמְּלַאי

Bücherei ---> Bibliothek

Bücherei, öffentliche

סִפְרִיָּה צִבּוּרִית (ספרנ')

Bücherfreund ---> Bibliophiler

Bücherkunde ---> Bibliographie

Bücherleidenschaft ---> Bibliomanie

Büchermagazin

מַחְסַן סְפָרִים (ספרנ')

Büchernarr ---> Bibliophiler

Bücherregal

כּוֹנָנִית (כּוֹנָנִיּוֹת) סְפָרִים (טכנ', ספרנ') אֲרוֹן מַדָּפִים פָּתוּחַ מִלְּפָנִים

Bücherschau

תְּצוּגַת סְפָרִים (ספרנ')

Bücherspeicher ---> Büchermagazin

Bücherstand

מְלַאי סְפָרִים (ספרנ')

Bücherstütze

תְּמוֹכַת סְפָרִים (תְּמוֹכוֹת סְפָרִים) (ספרנ') תּוֹמֵךְ סְפָרִים

Büchse

קֻפְסָה (קֻפְסָאוֹת, קֻפְסוֹת) (טכנ') גֻּבְתָּה (גֻּבְתּוֹת)

bücken [---> anbeten]

הִשְׁתַּחֲוָה (מִשְׁתַּחֲוֶה) [א"ח/ג/10]. שָׁחָה, הִתְכּוֹפֵף, שָׁחַח (שׁוֹחֵחַ)

Bügelkanne

כַּד אַרְכֹּב (טכנ', ארכ')

bügeln

גִּהֵץ (מְגַהֵץ) [א"ח/א/129]

Bühne

בִּימָה (בִּימוֹת) (תאט')

Bühne bringen, auf die

הֶעֱלָה (מַעֲלֶה) עַל הַבִּימָה (תאט')

Bühnenanweisung

הוֹרָאַת בִּיּוּם (תאט')

Bühnenbild

מַרְאֵה הַבִּימָה (תאט')

Bühnenmeister(in)

בִּימָר, בִּימָרִית (תאט') מִי שֶׁאַחְרַאי לְסִדּוּרֵי הָעֲשׂוּת (טֶכְנִיקָה) שֶׁל הַבִּימָה

Bülbüls *{Pycnonotidae}*

בּוּלְבּוּלִיִּים (זוא') מִשְׁפָּחָה שֶׁל צִפֳּרֵי שִׁיר

Bündel

צְרוֹר (צְרוֹרוֹת) [א"ח/ב/188]. חֲבִילָה (חֲבִילוֹת), כְּרִיכָה (כְּרִיכוֹת), אֲגֻדָּה, צֶבֶת (צְבָתִים). אָנִיץ (אֲנִיצִים) [א"ח/א/140]. אֲלֻמָּה. פְּקַעַת (פְּקָעוֹת) [א"ח/א/152]

bündelförmig

אֲלֻמָּתִי (רפו')

Bündelung

גִּיּוּשׁ (מדע)

Bündnis [---> Koalition]

בְּרִית (בְּרִיתוֹת) (מדי')

Bürette

אֶדֶק (אֲדָקִים) (כימ', רפו') [מר"ח/109]. מְכִילָה, כְּלִי כִּיּוּל, בְּיוּרֶטָה, טַפִּי (טְפָיִים), שְׁפוֹפֶרֶת זְכוּכִית מְשֻׁנֶּתֶת וּבַעֲלַת בֶּרֶז הַמְּשַׁמֶּשֶׁת לְטִפְטוּף מְבֻקָּר וּמְדֻיָּק שֶׁל נוֹזְלִים

Bürge

עָרֵב (עֲרֵבִים) (משפ') אַחְרַאי לְחוֹבוֹ שֶׁל אַחֵר

bürgerlich

בּוּרְגָּנִי (מ"ח)

b ü r g e r l i c h e   D ä m m e r u n g ---> Dämmerung, bürgerliche

bürgerliche Rechtsstreitigkeit ---> Klage, zivilgerichtliche

Bürgschaft

פִּקָּדוֹן (פִּקְדוֹנוֹת) (משפ') הַפְקָדָה. עַרְבוּת, עֲרֻבּוֹת, אַחְרָיוּת מִשְׁפָּטִית לְפֵרָעוֹן חוֹבוֹ שֶׁל אַחֵר

Bürgschaft übernehmen, für einen Wechsel

עָרַב (עוֹרֵב) לִשְׁטָר (כלכ', משפ')

Bürokrat(in)

מִשְׂרְדָן, מִשְׂרְדָנִית (מדי', מ"ח) בְּיוּרוֹקְרָט

Bürokratie

מִשְׂרְדָנוּת (מדי', מ"ח) בְּיוּרוֹקְרַטְיָה

bürokratisch

מִשְׂרְדָנִי (מדי', מ"ח) בְּיוּרוֹקְרָטִי

Bürstengras *{Polypogon}*

עַבְדְּקָן (בוט') צֶמַח מִמִּשְׁפַּחַת הַדְּגָנִיִּים

Bürzel

שֵׁת (זוא') מְקוֹם יְצִיאַת הַנּוֹצוֹת בְּגַב הָעוֹף

Büschel
אֲלֻמָּה (אֲלֻמּוֹת) (מחמ׳)

büßen
כִּפֵּר (מְכַפֵּר) (דת, משפ׳) מָחַל (מוֹחֵל), גָּרַם שֶׁיִּסָּלְחוּ לוֹ עַל עֲוֹנוֹתָיו, פִּצָּה (מְפַצֶּה) עַל נֶזֶק שֶׁגָּרַם

büßend
מְכַפֵּר (דת, משפ׳)

Büsserschnee
נְצִיב (נְצִיבֵי) קֶרַח (מטא׳, י״א) גּוּשֵׁי קֶרַח זְקוּפִים וּגְבֹהִים הַמִּתְהַוִּים בְּעֵת הַהַפְשָׁרָה בֶּהָרִים רָמִים שֶׁבָּאֲזוֹרִים חַמִּים

Büttenpapier
נְיַר שֶׁל יָד (אמנ׳, דפו׳) [ממ״ג/33]. נְיָר שֶׁנַּעֲשָׂה מַעֲשֶׂה בִּמְלֶאכֶת יָד

Bug
חַרְטֹם (ימא׳) חַרְטֹם הַסְּפִינָה

Bugfigur ---> Galionsfigur

Bugflagge
דִּגְלוֹן חַרְטֹם (ימא׳)

Bulbille ---> Brutzwiebel

Bulldoggfledermäuse *{Molossidae}*
אַשָּׁפִיִּים (זוא׳) מִשְׁפָּחָה שֶׁל עֲטַלֵּפִים

Bulldoggfledermaus *{Tadarida teniotis}*
אַשָּׁף (זוא׳) יוֹנֵק מִמִּשְׁפַּחַת הָאַשָּׁפִיִּים (עֲטַלֵּפִים)

Bulldozer
דַּחְפּוֹר (טכנ׳)

Bulletin
יְדִיעוֹן (תקש׳) עָלוֹן (עֲלוֹנִים), בּוּלֶטִין, הוֹדָעָה רִשְׁמִית

Bunge *{Samolus}*
עֲרִידָה (בוט׳) צֶמַח מִמִּשְׁפַּחַת הָרַקֶּפְתִּיִּים

Buntdruckverfahren
הַדְפָּסַת צִבְעוֹנִין (אמנ׳, דפו׳) [ממ״ג/33]. תַּהֲלִיךְ שֶׁל הֲכָנַת לוּחוֹת אֶבֶן לְהַדְפָּסָה צִבְעוֹנִית

Buntpapier
נְיַר צִבְעוֹנִי (אמנ׳, דפו׳) [ממ״ג/33]. נְיַר צִבְעוֹנִין, נְיַר סִסְגּוֹנִי הַמְּשַׁמֵּשׁ לִכְרִיכַת סְפָרִים וְנִצְבָּע בִּמְלֶאכֶת יָד

Burg
טִירָה (טִירוֹת) (אדר׳, צבא) [א״ח/א/55;7]. בּוּרְגָן, בִּירָנִית (בִּירָנִיּוֹת), בִּנְיָן גָּדוֹל וּמְבֻצָּר, מְצוּדָה

burlesk
גַּסְגָּסִי (תאט׳, ספר׳) בּוּרְלֶסְקִי, מְקִיוֹנִי, הִתּוּלִי, בַּדְּחָנִי

Burleske [---> Posse; Farce]
גַּסְגֶּסֶת (גַּסְגָּסוֹת) (תאט׳, ספר׳) בּוּרְלֶסְקָה, מַחֲזֶה בַּדְּחָנִי וְגַס

Burleske aufführen
גִּסְגֵּס (מְגַסְגֵּס) (תאט׳, ספר׳) הִצִּיג גַּסְגֶּסֶת (בּוּרְלֶסְקָה)

Bus [---> Sammelweg]
תַּסַּעַת (תַּסָּעוֹת) (טכנ׳) אוֹטוֹבּוּס

Busen [---> Brust, weibliche]
נְהוֹד (רפו׳, אסט׳) [מר״ח/110]. חָזֶה נָשִׁי

Bussard
עַקָּב (זוא׳) שֵׁם שֶׁל עוֹף

Buße [---> Geldstrafe]
פִּצּוּי עָנְשִׁי (משפ׳)

Bußfertiger
חוֹזֵר בִּתְשׁוּבָה (דת) [ק/ד/67]. שָׁב, בַּעַל תְּשׁוּבָה

Bustrophedon ---> Furchenschrift

Butte
גִּבְעַת פִּטְמָה (י״א)

Butte *{Bothidae}*
סַנְדָּלִיִּים (זוא׳) מִשְׁפָּחָה שֶׁל דְּגֵי גֶּרֶם

Butter machen, aus Milch
חִבֵּץ (מְחַבֵּץ) (תזו׳) [א״ח/ב/135]. הָפַךְ חָלָב לְחֶמְאָה

butterartig
חֶמְאָתִי

Buttermilch
חֲבֻצָּה (תזו׳)

Butternußbaum *{Juglans cinerea}*
אֱגוֹז לָבָן (בוט׳) צֶמַח מִמִּשְׁפַּחַת הָאֱגוֹזִיִּים

C

C
דוֹ (מוס') הַצְּלִיל הַיְּסוֹדִי בְּסֻלָּם דִיָאטוֹנִי

C-dur
דוֹ רַבִּיב (מוס') דוֹ מָזּ'וֹר

C-Falter, Gelber *{Polygonia egea}*
נִימְפִית מְשֻׁנֶּנֶת (זוא') חֶרֶק מִמִּשְׁפַּחַת הַנִּימְפִיתִיִּים (פַּרְפְּרֵי יוֹם)

C-moll
דוֹ זָעִיר (מוס') דוֹ מִינוֹר

Cache-Speicher
מִכְמֹנֶת (מִכְמוֹנוֹת) (מחש') [דמ"א/19]. זִכְרוֹן מִכְמוֹן, מִכְמָן, זִכְרוֹן עֵזֶר מָהִיר בַּמַּחְשֵׁב

Cäsium
תְּכֵלָן (כימ') צֶסְיוּם, יְסוֹד כִּימִי מַתַּכְתִּי

caeteris paribus
אִם שְׁאָר הַתְּנָאִים שָׁוִים

calando
שׁוֹקֵט וְהוֹלֵךְ (מוס') נִשְׁקָט, קָלַנְדוֹ

Canaliculus ---> Körperkanal, kleiner

Canalis ---> Körperkanal

Cancer ---> Sternbild des Krebses

Candida
יַעֲבוּשִׁית (רפו') [מר"ח/462]. קַנְדִידָה, פִּטְרִיָּה טַפִּילִית בָּאָדָם

Candida, Erkrankung durch [---> Soormykose]
יַעֲבֶשֶׁת (רפו') מַחֲלָה הַנִּגְרֶמֶת עַל יְדֵי הַפִּטְרִיָּה הַטַּפִּילִית יַעֲבוּשִׁית (קַנְדִידָה)

Candidiasis ---> Soormykose

cantabile
רַנִּינִית (מוס') בְּרַנִּינוּת, קַנְטַבִּילֶה

Cantus firmus
מַנְגִּינָה קְבוּעָה (מוס') [למ"ו/425]. קַנְטוּס פִירְמוּס, לַחַן קָבוּעַ הַמְּשַׁמֵּשׁ יְסוֹד לִיצִירָה רַב קוֹלִית

Capitulum ---> Gelenkköpfchen

capriccioso
צִפְרוֹנִית (מוס') שׁוֹבָבִית, בִּמְשׁוּבָה, קַפְּרִיצ'וֹזוֹ

Captatio
מְזִמָּה (מְזִמּוֹת) [ק/ג/241]. צִידָה, הֲזָדָה, תַּחְבּוּלַת אוֹנָאָה, פְּעֻלַּת הַטְעָאָה, לְכִידָה

Cardinale ---> Kardinalzahl

Cartridge
מַחְסָנִית (מַחְסָנִיּוֹת) (טכנ') [דמ"א/20]

Casus ---> Kasus

Casus obliquus stehendes Nomen, im ---> Nomen, im abhängigen Fall stehendes

Casus pendens ---> Topik

Casus rectus ---> Nominativ

Catjangbohne *{Vigna cylindrica}*
לוּבְיָה גְּלִילִית (בוט') צֶמַח מִמִּשְׁפַּחַת הַפַּרְפְּרָנִיִּים

Causa
סִבָּה (סִבּוֹת) [ק/ג/81]. גּוֹרֵם, דָּבָר שֶׁהֵבִיא לִידֵי תּוֹצָאָה, מֵנִיעַ, מְסַבֵּב, מְסִבָּה, נְסִבָּה, גֹּרֶם. עִלָּה [ק/ג/134]

Causa adaequata
סִבָּה מְכֻוֶּנֶת (פיל') [ק/ג/84]

Causa causarum
סִבַּת הַסִּבּוֹת, - כָּל הַסִּבּוֹת (פיל', דת) [ק/ג/84]. אֱלֹהִים. עִלַּת הָעִלּוֹת (פיל', דת) [ק/ג/136]

Causa conservans
סִבָּה מְקַיֶּמֶת (פיל') [ק/ג/84]

Causa corrumpens
סִבָּה מַפְסֶדֶת (פיל') [ק/ג/84]

Causa efficiens
סִבָּה פּוֹעֶלֶת (פיל') [ק/ג/84]. עִלָּה פּוֹעֶלֶת (פיל') [ק/ג/136]. פּוֹעֵל (פיל') [ק/ג/202]

Causa essendi
סִבַּת הַיֵּשׁ (פיל') [ק/ג/84]

Causa externa
סִבָּה חִיצוֹנִית (פיל') [ק/ג/83]

Causa finalis
עִלָּה מַשְׁלִימָה (פיל') [ק/ב/296; ק/ג/136]. עִלָּה מַתְמִימָה, - מַתְמֶמֶת (פיל') [ק/ב/320; ק/ג/136]. סִבָּה קְצָוִית (פיל') [ק/ג/84]. סִבָּה קִיצוֹנִית. סִבָּה תַּכְלִיתִית, - תְּמִימִית (פיל') [ק/ג/85]. סִבָּה שְׁלֵמִית. עִלָּה אַחֲרוֹנָה, - תְּמִימִית, - קְצָוִית, - שְׁלֵמִית. עִלַּת הַתַּכְלִית (פיל') [ק/ג/136]. תִּכְלָה (פיל') [ק/ד/196]. תַּכְלִית (פיל') [ק/ד/200]. מַטָּרָה, יַעַד, יִעוּד

Causa formalis
סִבָּה צוּרִית (פיל') [ק/ג/84]. סִבָּה צוּרָנִית. עִלָּה צוּרִית (פיל') [ק/ג/136]

Causa generalis
עִלָּה סוּגִית (פיל') [ק/ג/136]

Causa immanens
סִבָּה טְבוּעָה מִבִּפְנִים (פיל') [ק/ג/84]

Causa impulsiva
סִבָּה מְעוֹרֶרֶת (פיל') [ק/ג/84]

Causa inadaequata
סִבָּה אִי-מְכֻוֶּנֶת (פיל') [ק/ג/84]

Causa instrumentalis
סִבָּה כְּלִיִית (פיל׳) [ק/ג/84]
Causa intermedia
סִבָּה אֶמְצָעִית (פיל׳) [ק/ג/83]
Causa interna
סִבָּה פְּנִימִית (פיל׳) [ק/ג/84]
Causa libera
סִבָּה בְּחִירִית, - בִּבְחִירָה (פיל׳) [ק/ג/83]
Causa partialis
סִבָּה חֶלְקִית (פיל׳) [ק/ג/83]
Causa per accidens
סִבָּה מִקְרִית, - בְּמִקְרֶה (פיל׳) [ק/ג/84]
Causa per se
סִבַּת עַצְמוֹ, סִבָּה שֶׁבְּעַצְמוֹ (פיל׳) [ק/ג/84]
Causa prima
סִבָּה רִאשׁוֹנָה (פיל׳, דת) [ק/ג/85]. אֱלֹהִים. עִלָּה רִאשׁוֹנָה (פיל׳, דת) [ק/ג/136]
Causa primaria
סִבָּה רֵאשִׁית (פיל׳) [ק/ג/85]
Causa prioris
סִבָּה קוֹדֶמֶת (פיל׳) [ק/ג/267]. קוֹדֵם
Causa prius
הַקּוֹדֵם בְּסִבָּה (פיל׳) [ק/ג/268]
Causa procreans
סִבָּה מוֹלִידָה (פיל׳) [ק/ג/84]
Causa promota
סִבָּה רְחוֹקָה (פיל׳) [ק/ג/85]
Causa propinqua
סִבָּה סְמוּכָה (פיל׳) [ק/ג/84]
Causa proxima
סִבָּה קְרוֹבָה (פיל׳) [ק/ג/84]. עִלָּה קְרוֹבָה (פיל׳) [ק/ג/136]
Causa pulchra
סִבָּה נָאוֹתִית (פיל׳) [ק/ג/84]
Causa singularis
סִבָּה פְּרָטִית (פיל׳) [ק/ג/84]
Causa spiritualis
עִלָּה רוּחָנִית (פיל׳) [ק/ג/136]
Causa sui
סִבַּת עַצְמוֹ, סִבָּה שֶׁבְּעַצְמוֹ (פיל׳) [ק/ג/84]
Causa transiens
סִבָּה יוֹצֵאת חוּץ (פיל׳) [ק/ג/84]
Causatum
תּוֹלָדָה (תּוֹלָדוֹת) (פיל׳) [ק/ד/181]. תּוֹלֶדֶת, מְסֻבָּב, דָּבָר שֶׁנִּגְרָם עַל יְדֵי סִבָּה, מַסְקָנָה, פֹּעַל יוֹצֵא
Caverna ---> Kaverne
Cavitas ---> Höhle
Cayennepfeffer *{Capsicum frutescens}*
פִּלְפֶּלֶת הַגִּנָּה (בוט׳) צֶמַח מִמִּשְׁפַּחַת הַסּוֹלָנִיִּים
Cellist(in)
בַּטְנוּנִיתָן, בַּטְנוּנִיתָנִית (מוס׳) צֶ׳לִיסְט, נַגַּן צֶ׳לוֹ
Cello
בַּטְנוּנִית (מוס׳) צֶ׳לוֹ
Celsius-Skala
סֻלַּם תְּמוּדוֹת (טֶמְפֶּרָטוּרוֹת) צֶלְזִיוּס (מטא׳) [יל״ט/138]. סֻלַּם תְּמוּדוֹת שֶׁנְּקֻדַּת הַהִתּוּךְ שֶׁל הַקֶּרַח נִקְבְּעָה בּוֹ לְאֶפֶס מַעֲלוֹת, וּנְקֻדַּת הָרְתִיחָה שֶׁל הַמַּיִם נִקְבְּעָה לְמֵאָה מַעֲלוֹת
Cerebellum ---> Kleinhirn
Cerebrum ---> Großhirn
Cervix ---> Hals
Ces
דּוֹ נַחַת (מוס׳) דּוֹ בֶּמוֹל
Ces dur
דּוֹ נַחַת רַבִּיב (מוס׳) דּוֹ בֶּמוֹל מָז׳וֹר
Ces moll
דּוֹ נַחַת זָעִיר (מוס׳) דּוֹ בֶּמוֹל מִינוֹר
Ceses
דּוֹ נְחֵתַיִם (מוס׳)

Chalodermie ---> Faltenhaut

Chamäleon, Europäisches *{Chamaeleo chamaeleon}*
זִקִּית מְבֻהֶקֶת (זוא׳) זוֹחֵל מִמִּשְׁפַּחַת הַזִּקִּיתִיִּים

Chamäleons
זִקִּיתִיִּים (זוא׳) מִשְׁפָּחָה שֶׁל לְטָאוֹת

Chance ---> Gelegenheit

Chaos
תֹּהוּ, כָּאוֹס

chaotisch
תָּהֳוִי, כָּאוֹטִי, שֶׁל תֹּהוּ

Charakter
אֹפִי (פסי׳) [ק/א/26; ר/א/20]. טִיב, טֶבַע. בְּחִינָה (פיל׳) [ק/א/81]. עֶרֶךְ, יַחַס, נְקֻדַּת רְאוּת, סְגֻלָּה עַצְמִית. בְּרִיאָה (פסי׳) [ק/א/95]. טִבְעוֹ שֶׁל הָאָדָם אוֹ שֶׁל בְּרוּאִים אֲחֵרִים. דֵּעָה (פסי׳, פיל׳) [ק/א/142]. סְגֻלָּה מוּסָרִית הַמִּטְבַּעַת בָּאָדָם. יְצִירָה (פסי׳, אתי׳) [ק/ב/47]. מִדָּה, נֹהַג מוּסָרִי. מַחְשָׁבָה (פסי׳, פיל׳, אסת׳) [ק/ב/186]. סְגֻלִּיּוּת, עַצְמִיּוּת. תְּכוּנָה (פסי׳, פיל׳) [ק/ד/192]. נְטִיָּה, מֶזֶג, אִישִׁיּוּת
Charakter, extrovertierter
מַחְוָץ (פסי׳) [ר/ב/365]. מַחְוָץ, מֻפְנֶה חוּצָה, אֶקְסְטְרוֹבֶרְט, אָדָם הַמַּפְנֶה אֶת מִרְצוֹ (הָאֶנֶרְגִּיָּה שֶׁלּוֹ) הַחוּצָה וּמֵפִיק סִפּוּק מֵעִסּוּק בִּסְבִיבָתוֹ
Charakter, literarischer
דְּיוֹקָן (דְּיוֹקָנִים) (ספר׳) [מ״ס/9]. שִׂרְטוּט אֹפִי הַמְּתֹאָר בִּסְבִילוּת דְּמוּת כְּלִשְׁהִי מִבְּלִי לְשַׁלְּבָהּ בִּפְעִילוּת עֲלִילָתִית שֶׁל מַמָּשׁ
Charakterbildung
אִפּוּי (פסי׳) הִתְהַוּוּת הָאֹפִי
Charakterdarsteller(in)
שַׂחְקָן (שַׂחְקָנִית) אֹפִי (תאט׳) מְגַלֵּם טִפּוּסִים
charakterisieren
אִפְיֵן, צִיֵּן אֶת הָאֹפִי, הָיָה אָפְיָנִי לַדָּבָר
Charakterisierung
דֶּרֶךְ אִפְיוּן (ספר׳) [מ״ס/54]. אֶמְצָעִי לְשׁוֹנִי לְהַגְדָּרַת דְּמוּת סִפְרוּתִית כְּלִשְׁהִי
Charakteristik ---> Eigentümlichkeit
charakteristisch
אָפְיָנִי (פיל׳, פסי׳) [ק/א/26]. אוֹפִי, אוֹפִיִּי, הַמִּתְיַחֵס עַל הָאֹפִי, שֶׁמְּצַיֵּן אֶת הַדָּבָר וּמַבְדִּילוֹ מִדְּבָרִים אֲחֵרִים, סְגֻלִּי, עַצְמִי, מְיֻחָד

לְעַצְמוֹ

charakteristische Weise ---> Weise, charakteristische

charakteristisches Merkmal ---> Eigentümlichkeit

Charakterkomödie

בַּדְּחַת אֹפִי (ספר׳, תאט׳) קוֹמֶדְיַּת אֹפִי

Charakterkunde

תּוֹרַת הָאֹפִי (פסי׳)

Charakterologie ---> Charakterkunde

Charakterstörung

הֶפְרֵעַ אֹפִי (פסי׳) [ר/א/21]. הַפְרָעַת אֹפִי, הִתְנַהֲגוּת לֹא סְתַגְלָנִית הַמְעוֹרֶרֶת אִי נוֹחוּת שֶׁל הַסְּבִיבָה

Charakterzug

תְּכוּנָה (תְּכוּנוֹת) (פסי׳) [ר/ב/686]. קַו אֹפִי, תְּכוּנַת יְסוֹד נַפְשִׁית. סוֹגֶל (סוֹגְלִים) (בלש׳) [מ״ב/79]. תְּכוּנִית

Charge ---> Nebenrolle; Schub

charismatische Berufung ---> Zuschreibung

Charterung ---> Befrachtung

Chauvinismus

לְאֻמָּנוּת (פיל׳, מ״ח) שׁוֹבִינִיזְם, שׁוֹבִינִיּוּת, לְאֻמָּאוּת (נַצְיוֹנָלִיזְם) קַנָּאִית מְלֻוָּה שִׂנְאָה לְעַמִּים אֲחֵרִים

Chauvinist

לְאֻמָּן (פיל׳, מ״ח) שׁוֹבִינִיסְט, לְאֻמָּאָן (נַצְיוֹנָלִיסְט) קִיצוֹנִי

chauvinistisch

לְאֻמָּנִי (פיל׳, מ״ח) שׁוֹבִינִיסְטִי, לְאֻמָּאִי (נַצְיוֹנָלִיסְטִי) בְּיוֹתֵר

Chelatverbindung [---> Komplexverbindung]

תַּצְבִּית (תַּצְבִּיוֹת) (כימ׳) כֶּלָט

Chemie

כִּימְיָה (כימ׳) [ק/א/295,199]. הַפְרָדָה וְהַרְכָּבָה, חָכְמַת הַכִּימְיָה, - הַיִּחוּד וְהַפֵּרוּד

Chemie, anorganische

כִּימְיָה אִי אוֹלָנִית (כימ׳) כִּימְיָה אִי אוֹרְגָנִית

Chemie, organische

כִּימְיָה אוֹלָנִית (כימ׳) [מר״ח/497]. כִּימְיָה אוֹרְגָנִית

Chemiker(in)

כִּימַאי (כִּימָאִים), כִּימָאִית (כִּימָאִיּוֹת) (כימ׳) [ק/א/92]. בַּעַל (בַּעֲלֵי) הַכִּימְיָה

chemisch

כִּימִי (כימ׳) [ק/ב/173]. דֶּרֶךְ הַמְּזִיגָה, שֶׁל הַכִּימְיָה

chemische Affinität ---> Affinität, chemische

chemische Verbindung ---> Verbindung, chemische

chemischer Zerfall ---> Zerfall, chemischer

chemisches Element ---> Element, chemisches

Chemotaxis

נְהִירָה כִּימִית (ביו׳, כימ׳) [ל״ב/115]. כִּימוֹטַקְסִיס, תְּנוּעָה בִּתְגוּבָה עַל גֵּרוּי כִּימִי

Chemotropismus

כְּפִינוּת כִּימִית (ביו׳, כימ׳) [מר״ח/682; ל״ב/116]. כִּימוֹטְרוֹפִּיזְם, נְטִיָּה שֶׁל אוֹל (אוֹרְגָנִיזְם) לְהָגִיב בְּדֶרֶךְ כָּלְשֶׁהִי עַל גֵּרוּי כִּימִי

Chi-Quadrat Test ---> Test, Chi-Quadrat

Chiasma

תִּצְלֹבֶת (רפו׳)

Chillies ---> Cayennepfeffer

Chip

שְׁבַב (שְׁבָבִים) (אלק׳, מחש׳) [דמ״א/22]. לוּחַ צְרָן דַּקִּיק שֶׁמֻּטְבָּעִים עָלָיו מַעְגָּלִים חַשְׁמִילוֹנִיִּים (אֶלֶקְטְרוֹנִיִּים), צ׳יפּ

Chirognomik ---> Chiromantie

Chiromant

יַדַּאי (יַדָּאִים) (אנת׳) [מר״ח/144]. יוֹדֵעַ בְּחָכְמַת הַיָּד

Chiromantie

חָכְמַת הַיָּד, - הַשִּׂרְטוּט, - רְאִיַּת הַיָּדַיִם, - דִּינֵי שׁוּרוֹת הַכַּף, - שִׂרְטוּטֵי הַיָּד (אנת׳) [ק/א/296; ק/ד/11]. נִחוּשׁ לְפִי כַּף הַיָּד, כִּירוֹמַנְטִיָּה, יַדָּאוּת

Chiropraktiker(in)

מְגַבֵּר, מְגַבֶּרֶת (רפו׳) כִּירוֹפְּרַקְטִיקָן

Chirotherapie

מְגַבְּרוּת (רפו׳) כִּירוֹתֶרַפְּיָה, שִׁיטַת רִפּוּי הַמְבֻסֶּסֶת עַל הַתָּרַת חֲסָמִים הַמִּתְהַוִּים בְּחֻלְיוֹת עַמּוּד הַשִּׁדְרָה

Chirurgie

נַתָּחוּת (רפו׳) [ק/ב/104]. כְּרִיתוּת, כְּרִיתָה, נִתּוּחַ הַגּוּף עַל יְדֵי רוֹפֵא, כִּירוּרְגִיָּה. מְלֶאכֶת הַיָּד (רפו׳) [ק/ב/203]

Chirurg(in)

נַתָּח, נַתָּחִית (רפו׳) כִּירוּרְג, רוֹפֵא מְנַתֵּחַ

Chirurg, plastischer

נַתַּח עִשִּׂי (רפו׳) מְנַתֵּחַ פְּלַסְטִי, - גִּבּוּלִי

Chirurgie, plastische

נַתָּחוּת עִשִּׂית (רפו׳) [מר״ח/537]. כִּירוּרְגִיָּה פְּלַסְטִית, נַתָּחוּת גְּבִילָה, גִּבּוּל, מְגַבְּלוּת

Chlorom

יַרְקוֹמֶת (רפו׳)

Chlorophyll

וֶרֶק (בוט׳) [מר״ח/145]. כְּלוֹרוֹפִיל

Cholämie

מְרַת דָּם (רפו׳)

Cholera

חֲלִירָע (רפו׳) כּוֹלֶרָה

Choleriker ---> cholerisch

cholerisch

יַרְקִי (פסי׳) [ק/ב/51; מר״ח/148]. בַּעַל מָרָה יְרֻקָּה, אָדָם כַּעֲסָנִי, - רַתְחָנִי, מְהִיר חֵמָה, נוֹחַ לִכְעוֹס, מָרְתָן

cholerisches Temperament ---> Temperament, cholerisches

Cholesterin

אֲמֶרֶר (רפו׳) [מר״ח/148]. כּוֹלֶסְטֶרִין, כּוֹלֶסְטֶרוֹל, חֹמֶר שַׁמְנוּנִי הַמָּצוּי בַּגּוּף

Cholesterinablagerung

אֲמֶרֶרֶת (רפו׳)

Cholesterol ---> Cholesterin

Cholezystographie ---> Gallenblase, Röntgen-Kontrastdarstellung der
Choluria
מָרַת שֶׁתֶן (רפוי)
Chondrin ---> Knorpelleim
Chor
מַקְהֵלָה (מוס')
Chor, gemischter
מַקְהֵלָה מְעֹרֶבֶת (מוס') מַקְהֵלַת נָשִׁים וּגְבָרִים
chordal ---> Rückgradstab betreffend
Chordaten ---> Rückgradstab, Tierstämme mit
Chorea ---> Veitstanz
Choriodea ---> Aderhaut
Chorion ---> Zottenhaut
Chorist(in)
מַקְהֵלָן, מַקְהֵלָנִית (מוס')
Chorlied
שִׁיר מַקְהֵלָה (מוס')
Chrestomathie ---> Anthologie
Christ(in)
נוֹצְרִי, נוֹצְרִיָּה, נוֹצְרִית (דת) [ק/א/93]. בַּעַל הַשִּׁלּוּשׁ. מַאֲמִין הַשִּׁלּוּשׁ (דת) [ק/ב/129]. בְּנִגּוּד לְמְיַחֵד, הַמַּאֲמִין בֶּאֱלֹהוּת הָאָב {אֱלֹהִים}, הַבֵּן {יֵשׁוּעַ} וְרוּחַ הַקֹּדֶשׁ. מְשַׁלֵּשׁ (דת) [ק/ב/296]
Christdorn *{Paliurus spina-christi}*
שָׁמִיר קוֹצָנִי (בוט') צֶמַח מִמִּשְׁפַּחַת הָאֶשְׁחָרִיִּים
Christusdorn *{Euphorbia milii}*
חֲלַבְלוּב קוֹצָנִי (בוט') צֶמַח מִמִּשְׁפַּחַת הַחֲלַבְלוּבִיִּים
Chrom
כַּרְכְּמִישׁ (כימ') כְּרוֹם, מַתֶּכֶת קָשָׁה
Chromatin
כַּרְכְּמִישׁוֹן (רפוי)
chromatisch
צִבְעוֹנִי (פיס', פסי') צִבְעִי, כְּרוֹמָטִי
chromatisieren
אִכְרֵם (מְאַכְרֵם) (מוס')
Chromosom
מְנִיוֹן (מְנִיוֹנִים) (ביו') [מר״ח/153]. כְּרוֹמוֹזוֹם, גּוּפִיף הַנִּמְצָא בַּתָּא וְנוֹשֵׂא אֶת תְּכוּנוֹתָיו הַתּוֹרַשְׁתִּיּוֹת
chromosomal
מְנִיוֹנִי (ביו') כְּרוֹמוֹזוֹמִי
Chromsäure
חֻמְצַת כְּרוֹם (כימ') חֻמְצָה כַּרְכְּמִישִׁית
chronisch
נוֹשָׁן, נוֹשֶׁנֶת (רפוי) [ק/א/271; מר״ח/153]. ח'לִי נוֹשָׁן בְּנִגּוּד לְח'לִי חַד, זְמִינִי, כְּרוֹנִי, זָמִין, מִמֻּשָּׁךְ, מַתְמִיד
Chronist
רְשׁוּמַאי (רְשׁוּמָאִים) (הסט', ספר') כּוֹתֵב כְּרוֹנִיקָה
Chronizität
נוֹשָׁנוּת (רפוי) זְמִינִיּוּת, כְּרוֹנִיּוּת
Chronologie
זְמֹנֶת (הסט') כְּרוֹנוֹלוֹגְיָה, תּוֹרַת סֵדֶר הַדּוֹרוֹת הַמְבַקֶּשֶׁת לִקְבֹּעַ אֶת תַּאֲרִיכֵיהֶם הַמְדֻיָּקִים שֶׁל מְאֹרָעוֹת, תִּזְמָנָה, מַדָּע סֵדֶר הַזְּמַנִּים
chronologisch
זְמָנְתִּי (זִימוֹנְתִּי) (הסט') כְּרוֹנוֹלוֹגִי, תִּזְמָנִי, שֶׁלְּפִי סֵדֶר הַזְּמַנִּים
chronologisches Alter ---> Lebensalter
Chukarhuhn *{Alectoris chukar}*
חָגְלָה (זוא') חָגְלַת הַסֶּלַע, עוֹף מִמִּשְׁפַּחַת הַפַּסְיוֹנִיִּים
Chylus ---> Speisebrei in Darmlymphgefäßen, resorbierter
Chymus ---> Speisebrei in Magen und Dünndarm, halbflüssiger

Circumlocutio
אֹרֶךְ לָשׁוֹן (ספר') [ק/א/73]
Cis
דוֹ נָסֵק (מוס') דוֹ דִיאֶז
Cis dur
דוֹ נָסֵק רַבִּיב (מוס') דוֹ דִיאֶז מָזוֹ'ר
Cis moll
דוֹ נָסֵק זָעִיר (מוס') דוֹ דִיאֶז מִינוֹר
Cisis
דוֹ נְסֵקַיִם (מוס')
Cistensänger *{Cisticola juncidis}*
תַּפָּר (זוא') פְּשׁוֹשׁ בִּצָּה, עוֹף מִמִּשְׁפַּחַת הַסִּבְכִיִּים
Claquer(in)
מַחְאָן (מַחְאָנֵי) כַּפַּיִם, מַחְאָנִית (מַחְאָנִיּוֹת) כַּפַּיִם (מ״ח) מַחְאָן, מוֹחֵא כַּפַּיִם שָׂכִיר
Classificatio ---> Klassifikation
Clique
כְּנֻפְיָה (כְּנֻפְיוֹת) (מ״ח) קְלִיקָה, קְבוּצָה קְטַנָּה הַנּוֹצֶרֶת לָרֹב מֵאֵלֶיהָ וְלַחֲבֵרֶיהָ קְשָׁרִים הֲדוּקִים זֶה לָזֶה וּמַטְּרוֹתֵיהֶם מְשֻׁתָּפוֹת, חֶבְרָה סְגוּרָה
Clown
מַקְיוֹן (מַקְיוֹנִים) [א״ח/ג/120]. לֵיצָן, בַּהֲלוּלָן, לֵץ, בַּדְּחָן
Clownismus
בַּהֲלוּלָנוּת, בַּהֲלוּלִיּוּת (פסי', רפוי) מַקְיוֹנוּת
Cluster ---> Klumpen
Cluster-Bildung ---> Klumpenbildung
Coagulans ---> Gerinnungsfaktor
Cochlea ---> Ohrenschnecke
Cocktail
מִסְכָּה (מִסָכוֹת) (חזוי') תַּעֲרֹבֶת שֶׁל מַשְׁקָאוֹת חֲרִיפִים בְּתוֹסֶפֶת מִיצִים וְשִׁבְרֵי קֶרַח, קוֹקְטֵיל
Code pénal
סֵפֶר עֳנָשִׁין (משפ')
Coincidentia oppositorum
קִבּוּץ שְׁנֵי הֲפָכִים (פיל') [ק/ג/259]. אַחְדוּת הַנִּגּוּדִים
Coitus ---> Koitus
Coitus interruptus
בִּיאָה מֻפְסֶקֶת (רפוי) מִשְׁגָּל נָסוֹג, הִזְדַּוְּגוּת שֶׁבָּהּ מוֹצָא הַפִּין מִן הַנַּרְתִּיק לִפְנֵי פְּלִיטַת הַזֶּרַע
Collage
תַּדְבֵּקָה (אמנ') קוֹלָאז', צִיּוּר בְּדֶרֶךְ שֶׁל הַדְבָּקַת פִּסּוֹת שׁוֹנוֹת

collagieren
תִּדְבֵּק (מִתְדַּבֵּק) (אמנ׳) עָשָׂה קוֹלָאז׳

College
מִדְרָשָׁה, קוֹלֶג׳, בֵּית סֵפֶר תִּיכוֹן, גִּימְנַסְיָה

College(s), Student eines ---> Student eines College(s)

Comitans
מְהַלֵּךְ (פיל׳) [ק/ג/61]

communis
כּוֹלֵל [ק/ב/90]. פָּשׁוּט

compact disc (CD) [---> Schallplatte]
תַּקְלִיטוֹר (תַּקְלִיטוֹרִים) (טכנ׳, מוס׳) [דמ״א/20]. מִרְקָע עָגֹל שֶׁעַל גַּבּוֹ שִׁכְבַת חֹמֶר מַגְנֶטִי שֶׁמְּקֻלָּט בּוֹ מֵידָע כָּלְשֶׁהוּ

Comparatio
הַדָּמוּת [ק/א/158]. שִׁוּוּי וְדִמְיוֹן. עֵרֶךְ [ק/ג/170; 171]. עִמּוּת, הַשְׁוָאָה, הַשְׁוָיָה, אֶחָד מֵעַנְפֵי סֵדֶר הָעִנְיָנִים

Compiler ---> Kompilierprogramm

Complectio
כֶּפֶל כּוֹלֵל (רטו׳) [ק/ב/103]. כֶּפֶל רֵאשִׁית: חֲזָרָה עַל אוֹתָהּ מִלָּה בִּתְחִלַּת מִשְׁפָּטִים אוֹ חֶלְקֵי מִשְׁפָּט רַבִּים; כֶּפֶל אַחֲרִית: חֲזָרָה עַל אוֹתָהּ מִלָּה בְּסוֹף הַמִּשְׁפָּט

Compositio ---> Vermengung

Computer
מַחְשֵׁב (מַחְשְׁבִים) (מחש׳) [דמ״א/25]. מַכְשִׁיר חַשְׁמַלּוֹנִי (אֶלֶקְטְרוֹנִי) לְאִחְסוּן וּלְעִבּוּד נְתוּנִים

Computerisieren
מִחְשׁוּב (מחש׳) [דמ״א/27]. הַכְנָסַת עִבּוּד נְתוּנִים מְמֻחְשָׁב

Computersystem, integriertes
מַעֲרֶכֶת מַחְשֵׁב מְכֻלֶּלֶת (פסי׳, מחש׳)

computerunterstützte Unterweisung ---> Unterweisung, computerunterstützte

con abbandono
בְּהִתְפָּרְקוּת (מוס׳) קוֹן אַבָּנְדוֹנוֹ

con brio
בְּהִתְלַהֲבוּת (מוס׳) קוֹן בְּרִיוֹ

con fuoco
בְּלַהַב (מוס׳) לָהִיב, קוֹן פוּאוֹקוֹ

con moto
בִּתְנוּעָה (מוס׳) נָע, מוּנָע, קוֹן מוֹטוֹ

Conceptus datus
מֻשָּׂג נִתָּן (פיל׳) [ק/ב/284]

Concessio
הֶתֵּר, הַתָּרָה [ק/א/246]. הַרְשָׁאָה, וִתּוּר

Conclusio ---> Konklusion

Concreta
דְּבֵקוּת (בלש׳) [ק/א/128]. מִלּוֹת הַמְּצַיְּנוֹת דָּבָר מוּחָשׁ הַדָּבֵק לָעֶצֶם

Condensatio
הִתְעַבּוּת (פיס׳) [ק/א/241]. הֵהָפְכוּת לְעָבֶה אוֹ לְסָמִיךְ, קַבָּלַת הָעֹבִי

Conditio ---> Bedingung

Conditio sine qua non ---> Bedingung, unerläßliche

Conduplicatio
כֶּפֶל הַקְּצָווֹת (רטו׳) [ק/ב/103]. חֲזָרָה עַל אוֹתָהּ מִלָּה בִּתְחִלַּת הַמִּשְׁפָּט הַבָּא

Conferencier
מַנְחֶה (תאט׳) שׁוֹחֲחָן, קוֹנְפֶרַנְסְיֶה

Congelabilia
נִקְפָּאִים (פיל׳) [ק/ג/67]. אֶחָד מִשְּׁמוֹנָה עָשָׂר הֶבְדֵּלֵי הַדְּבָרִים שֶׁל אֲרִיסְטוֹ

Congeries
אַחְדּוּת (רטו׳) [ק/א/35]. הַרְחָבַת הַמְּלִיצָה. אֲסֵפָה (רטו׳) [ק/א/64]. שִׁלּוּב דְּבָרִים שׁוֹנִים בְּנוֹשֵׂא אֶחָד. קִבּוּץ (רטו׳) [ק/ג/259]

Conjunctio ---> Konjunktion

Conscientia
תּוֹדָעָה (פיל׳, פסי׳) [ק/ב/153]. מַדָּע, יָדַע, כְּלַל הַיְּדִיעוֹת וְהַחֲוָיוֹת שֶׁל הָאָדָם, הַכָּרָה

Consecutio temporum ---> Zeitenfolge

Consequens
גְּזֵרָה אַחֲרוֹנָה (פיל׳, בלש׳) [ק/א/111]

Consensus ---> Konsens

Consensus omnium
הַסְכָּמָה כְּלָלִית [ק/ג/261]. קִבּוּץ

conservare
שָׁמַר (שׁוֹמֵר) [ק/ד/134]. הֶחֱזִיק בִּדְבַר-מָה, נָהַג מִנְהָג קָבוּעַ, קִיֵּם, הִתְמִיד

constituere
הֶעֱמִיד (מַעֲמִיד) [ק/ג/140]. הֵקִים. קִיֵּם (מְקַיֵּם) [ק/ג/284]. הִצִּיב. שִׁכְלֵל (מְשַׁכְלֵל) [ק/ד/108]. סִדֵּר, עָרַךְ, גָּמַר. הִשְׁלִים [ק/ד/118]

Constitutio
הֲקָמָה [ק/א/204]. קִיּוּם וְהַעֲמָדָה

Constructio ad sensum ---> Synesis

Consuetudo
רְגִילוּת (מ״ח) [ק/ד/22]. שִׁגְרָה, נֹהַג מְקֻבָּל, מִנְהָג

Contractio
כִּוּוּץ [ק/ג/261]. קִבּוּץ, הִתְכַּוְּצוּת, הִתְקַבְּצוּת

Contradictio in adjecto ---> Widerspruch, unmittelbarer

Contradictoria
הֲפָכִים נֶגְדִּיִּים (פיל׳) [ק/ג/16]. בְּנִגּוּד לַהֲפָכִים מִתְנַגְּדִים =Contraria

Contrapositio
הַעְתָּקַת הַמִּשְׁפָּט (פיל׳) [ק/ב/302]

Contraria
מִתְהַפְּכִים (פיל׳) [ק/א/194]. מִתְהַפֵּךְ, הֲפָכִים מִתְנַגְּדִים (פיל׳) [ק/ג/16]. בְּנִגּוּד לַהֲפָכִים נֶגְדִּיִּים = Contradictoria

Contrarietas
הֵפּוּךְ, הֶפֶךְ, הֲפִיכָה [ק/א/194]. מַה שֶּׁהוּא מִתְנַגֵּד וְסוֹתֵר דָּבָר אַחֵר. נַגְדּוּת, נֶגְדִּיּוּת [ק/ג/15]. מַצָּב שֶׁל נִגּוּד

Conus ---> Kegel

Conventio ---> Konvention

Conversio ---> Konversion

Conversio propositionis
הִפּוּךְ הַמִּשְׁפָּט, - הַגְּזֵרָה (רטו׳, ספר׳) [ק/א/193]. נֵזֶר (רטו׳, ספר׳) [ק/ג/25]. הֲפִיכָה לְאָחוֹר

Conversio simplex ---> Umkehrung, einfache

Copula ---> Kopula

Copyrightvermerk ©
צִיּוּן זְכוּת יוֹצְרִים (ספרנ', משפ')

Cordeliers
כַּת הַחוֹבְלִים (דת) [ק/א/270; ק/ב/106] מִסְדַּר הַפְרַנְצִיסְקָנִים

Cornea ---> Hornhaut
Cornutus ---> Syllogismus, gehörnter

Corollarium
יִשּׁוּם [ק/ד/185]. תּוֹעֶלֶת, שִׁמּוּשׁ לְמַעֲשֶׂה, הֲבָאָה לִידֵי נִצּוּלוֹ שֶׁל דְּבַר-מָה, מוּסַר הַשֵּׂכֶל, לְמִידַת לֶקַח

Corpus delicti
גּוּף הָעֲבֵרָה (משפ')

Corpusculum ---> Körperchen
Correlata ---> Korrelat(e)
Correlatio ---> Korrelation

Corruptio
כְּלָיָה [ק/ב/89]. כִּלָּיוֹן, אֲבַדּוֹן. הֶפְסֵד [ק/א/196]. בִּטּוּל הַמְּצִיאוּת

Cotyledo ---> Plazentalappen

Couplet
פִּזְמוֹן (מוס') פִּזְמוֹנִית

Courage [---> Mut]
עָזְמָה (עוֹזְמָה), אַמְצָה, תְּעוּזָה

crescendo
מִתְגַּבֵּר (מוס') קְרֶשֶׁנְדוֹ, הָלוֹךְ וְגָבוֹר

Crista ---> Kamm

Cubus
מְעֻקָּב (מתמ') [ק/ב/240]. קֻבִּיָּה, קֻבְיָה, גּוּף הַנְדָּסִי בַּעַל שֵׁשׁ פֵּאוֹת רְבוּעוֹת שָׁווֹת זוֹ לָזוֹ. עָקָב (מתמ') [ק/ג/163]. עֶקֶב, גּוּף הַנְדָּסִי בַּעַל שְׁלֹשָׁה מְמַדִּים, שֶׁגָּבְהוֹ וְרָחְבּוֹ וְאָרְכּוֹ שָׁוִים

Cunnilingus
לִכּוּס (פסי') לִקּוּק הַפֹּת בְּעֵת מִשְׂחַק הָאַהֲבָה

Cunnilingus ausüben
לִכֵּס (מְלַכֵּס) (פסי') לְקַק אֶת אֵבֶר הַמִּין שֶׁל הָאִשָּׁה בְּעֵת מִשְׂחַק הָאַהֲבָה

Curriculum vitae ---> Lebenslauf

Cursorpfeil
סַמָּן (סַמָּנִים) (מחש') [דמ״א/30]. תָּו אוֹ חֵץ עַל הַצָּג שֶׁאֶפְשָׁר לַהֲנִיעוֹ לְעֵבֶר הַמָּקוֹם הָרָצוּי

D

D

רֶה (מוס') הַצְּלִיל הַשֵּׁנִי בְּסֻלָּם דִּיאָטוֹנִי

da

מֵאַחַר שֶׁ... [ק/א/37]. אַחַר, אַחַר שֶׁ..., הוֹאִיל, כֵּיוָן. הֱיוֹת שֶׁ..., הֱיוֹת וְ..., בִּהְיוֹת [ק/א/170]. לְהוֹרוֹת הַסִּבָּה שֶׁל הָאָמוּר אַחַר כָּךְ. לָמָּה שֶׁ... [ק/ב/109; ק/ב/155]. מִפְּנֵי שֶׁ..., עַל שֶׁ..., מִשּׁוּם שֶׁ...

da capo al fine

מֵרֹאשׁ וְעַד סוֹף (מוס')

da ja

הוֹאִיל וְ...

Dabb ---> Dornschwanz

Dach, Ablaufrinne am ---> Wasserspeier

Dach, flaches

אִגָּר (אִגָּרִים) (אדר') גַּג שָׁטוּחַ

Dachbindebalken ---> Bindebalken

Dachfenster

צֹהַר הַגַּג (אדר')

Dachgesellschaft

חֶבְרַת אֵם (כלכ') חֶבְרַת אַחְזָקוֹת

Dachrinne [---> Dachtraufe; Wasserspeier]

מַזְחִילָה (אדר') מַזְחִיל, צִנּוֹר שֶׁמִּמֶּנּוּ יוֹרְדִים הַמַּיִם מִן הַגַּג, מַרְזֵב

Dachs *{Meles meles}*

גִּירִית (זוא') יוֹנֵק מִמִּשְׁפַּחַת הַסַּמּוּרִיִּים

Dachtraufe [---> Dachrinne; Wasserspeier]

מִדְלֶפֶת גַּג (מִדְלְפוֹת גַּג) (אדר') קְצֵה הַמַּרְזֵב שֶׁל הַגַּג, דִּלְפָּה

Dachziegel

רַעַף (רְעָפִים) (אדר')

dachziegelig *{imbrikat}*

מְרֻעָף, עָרוּךְ כְּרַעֲפֵי גַּג

Dämmerschlaf

נִמְדּוּם (רפו', פסי')

Dämmerung

דִּמְדּוּמֵי חַמָּה (אסט') דִּמְדּוּמִים

Dämmerung, bürgerliche

דִּמְדּוּמִים לַכְּלָל (אסט')

Dämmerzustand

דִּמְדּוּמִים (רפו', פסי') דִּמְדּוּם הַחוּשִׁים, הַכָּרָה מְעֻרְפֶּלֶת, מָנוֹם, דֶּמֶךְ

Dämmerzustand, Verlassen der gewohnten Umgebung im

הֶפְלֵג (פסי', רפו') [ר/ב/527]. הַפְרָעָה נַפְשִׁית שֶׁבְּמַהֲלָכָהּ עוֹזְבִים בְּמַפְתִּיעַ אֶת הַבַּיִת וְאֵין נִזְכָּרִים בַּחַיִּים הַקּוֹדְמִים, שִׁגָּעוֹן לִנְדוּדִים

Dämon

שֵׁד (שֵׁדִים) (אנת', דת) שֵׁדוֹן

Dämonenwahn

שֵׁדָנִיּוּת (פסי') [ר/א/167]. אִטְלוּלַת שֵׁדִים, דֶּמוֹנִיזְם, מַחֲשֶׁבֶת שָׁוְא שֶׁל אָדָם בִּדְבַר שֵׁד שֶׁנִּכְנַס בּוֹ כְּבִיכוֹל

Dämonismus ---> Dämonenwahn

dämpfen

נִחֵת (מְנַחֵת), הוֹרִיד, הִנְמִיךְ, עִמֵּם (מְעַמֵּם), טִשְׁטֵשׁ, הִכְהָה

Dämpfer

עַמְעֶמֶת (מוס'). מַנְחֵת (טכנ')

Dämpfung

שִׁכּוּךְ, עִמְעוּם, עִמּוּם, נִחוּת, הוֹרָדָה, הַנְמָכָה

Därme bedeckendes Netz *{Epiploon}*

תֶּרֶב (רפו') [מר״ח/283]

Dagesch forte

דָּגֵשׁ חָזָק (בלש') [מ״ב/55]. כַּפְלָן, סִימָן הַמְּצַיֵּן מִכְפָּל הֶעָשׂוּי לָבוֹא בְּכָל הָאוֹתִיּוֹת מִלְּבַד: א', ה', ח', ע', ר', לְמָשָׁל: ״סִמֵּן״, ״גַּנַּי״

Dagesch lene

דָּגֵשׁ קַל (בלש') [מ״ב/55]. קַשְׁיָן, דָּגֵשׁ הַמּוֹפִיעַ רַק בָּאוֹתִיּוֹת: ב', ג', ד', כ', פ', ת' כְּשֶׁהֵן בְּרֹאשׁ הַמִּלָּה אוֹ אַחֲרֵי שְׁוָא נָח, לְמָשָׁל: ״בַּיִת״, ״מִשְׁפָּט״

Dagesch versehen, mit

דָּגוּשׁ (בלש') [ק/ג/48]. נָע, שֶׁיֵּשׁ בּוֹ דָּגֵשׁ

Daharijja, Sekte der

דַּהֲרִיִּים (דת, פיל') [ק/א/132; ק/ב/105]. אַנְשֵׁי הַקַּדְמוּת, שֵׁם סִיעָה מוּסְלְמִית שֶׁהֶאֱמִינָה בְּקַדְמוּת הָעוֹלָם

daher

עַל כֵּן [ק/ב/109]. לָזֶה, לְפִיכָךְ

Dahlie *{Dahlia}*

דַּלְיָה (בוט') צֶמַח מִמִּשְׁפַּחַת הַמֻּרְכָּבִים

Daltonismus

סוּמְגּוֹנוּת (רפו', פסי') [ר/א/167]. דַּלְטוֹנִיזְם, עִוָּרוֹן לָאָדֹם וְלַיָּרֹק

Daltonist

סוּמְגּוֹן (רפו', פסי') עִוֵּר לָאָדֹם וְלַיָּרֹק

Dame

גְּבֶרֶת (גְּבָרוֹת), מַטְרוֹנָה, מַטְרוֹנִית (מַטְרוֹנִיּוֹת), מַטְרוֹנִיתָה

Damhirsch *{Dama dama}*

יַחְמוּר (זוא') יוֹנֵק מִמִּשְׁפַּחַת הָאַיָּלִיִּים

damit nicht
פֶּן, כְּדֵי שֶׁלֹּא, שֶׁלֹּא

Damm
סֶכֶר (סְכָרִים) (טכנ')

Damm *{Perineum}*
חַיִץ (רפו') [מר״ח/522]. מִפְשָׂעָה, הַשֶּׁטַח שֶׁבֵּין אֵבֶר הַמִּין וּפִי הַטַּבַּעַת, חַיִץ הַנְּקָבִים, בֵּין הַבְּשָׂרִים

Damm(es), Krone eines
קָדְקֹד שֶׁל סֶכֶר (טכנ')

dammbezüglich
חַיְצִי (רפו') מִפְשָׂעִי, שֶׁל הַחַיִץ

Dammweg
מְסִלָּה רָמָה (טכנ')

Dampf
קִיטוֹר (פיס') [ק/ג/280]. גַּז, הֶבֶל, עֲרָפֶל. אֵד (פיס') [ק/א/20]

Dampfdruck
לַחַץ אֵדִים (פיס', מטא') [יל״ט/96]. לַחַץ שֶׁל אֵדֵי חֹמֶר (מוּצָק אוֹ נוֹזֵל) הַפּוֹעֵל עַל הַחֹמֶר כְּשֶׁהָאֵד וְהַחֹמֶר הֵם בְּמַצָּב שֶׁל שִׁוּוּי מִשְׁקָל

dampfen
קָטַר (קוֹטֵר), עָשַׁן (עוֹשֵׁן), עָלָה כְּעָשָׁן

Dampfer ---> Dampfschiff

dampfförmig
אֵדִי (פיס') קִיטוֹרִי

Dampfhammer
קֻרְנַס קִיטוֹר (טכנ') פַּטִּישׁ קִיטוֹר

Dampfquelle *{Fumarole}*
קֶטֶר גַּעַשׁ (י״א)

Dampfschiff
אֳנִיַּת (אֳנִיּוֹת) קִיטוֹר (ימא')

dankbar sein
מַחְזִיק טוֹבָה, אֲסִיר תּוֹדָה

Dankbarkeit
הַחְזָקַת טוֹבָה

Darbietung
מַצָּג [מר״ח/551]. הַעֲמָדָה, הַצָּגָה, עֶמְדָּה

Darbietungszeit ---> Expositionszeit

Darbringung
תִּקְרֹבֶת (תִּקְרוֹבוֹת) [א״ח/ג/17]. כִּבּוּד לָאוֹרֵחַ, מַתָּנָה, הַגָּשָׁה, הֶגֵּשׁ

darlegen
הִצִּיעַ (מַצִּיעַ) [ק/ב/48]. הִרְצָה (מַרְצֶה). יִשֵּׁב (מְיַשֵּׁב) [ק/ב/52]. חִזֵּק, קִיֵּם, קָבַע, יִצֵּב, פֵּרֵשׁ, בֵּאֵר, תֵּרֵץ קֻשְׁיָה

Darlegung
הַצָּעָה [ק/א/201]. בֵּרוּר עִנְיָן כָּלְשֶׁהוּ בִּפְרָטוּת. אֲמִירָה [ק/ב/129]. מַאֲמָר, דִּבּוּר, סִפּוּר דְּבָרִים, רַעְיוֹן מֻבָּע בְּמִלִּים, טַעֲנָה, הַבָּעַת סְבָרָה, - הַנָּחָה, - דֵּעָה

Darlegung, ausführliche
בֵּאוּר (רטו') [ק/א/77]. בֵּאוּר, הַצָּעַת דְּבָרִים בְּאֹרֶךְ, קִיּוּם טַעֲנָה, מִין חֲלֻקָּה הֶגְיוֹנִית

Darlegung von dem Früheren her (a priori)
הַצָּעָה מִלְּקוֹדְמִית (פיל') [ק/א/148]. דֶּרֶךְ הַסִּבָּה לְכַתְּחִלָּה

Darlehen, auf Verlangen rückzahlbares
הַלְוָאָה שֶׁפִּרְעוֹנָהּ עַל פִּי דְּרִישָׁה (כלכ', משפ')

Darlehen, kurzfristiges
הַלְוָאָה קְצָרַת מוֹעֵד (כלכ', משפ')

Darlehen auf tägliche Kündigung
הַלְוָאַת פִּדְיוֹם (כלכ', משפ')

Darm(s), Achsendrehung des *{Volvulus}*
פִּתֹּלֶת הַמֵּעַיִם (רפו')

Darmbein *{Os ilium}*
עֶצֶם הַכֶּסֶל (רפו')

Darmbesichtigung *{Koloskopie; Kolonskopie}*
סְפִּיקְלוֹר הַכְּרְכֶּשֶׁת (רפו') הִסְתַּכְּלוּת בִּמְעֵי הַגַּס, חֶזְיוֹן הַכְּרְכֶּשֶׁת, קוֹלוֹסְקוֹפְּיָה

Darmdivertikel
יְרִיט הַמֵּעַיִם (רפו')

Darmentleerung
צְאִיָּה (רפו') [מר״ח/231]. יְצִיאָה, הִלּוּךְ מֵעַיִם, הִזְדַּקְּקוּת לִצְרָכִים גְּדוֹלִים, חִרְבּוּן

Darmflora
אוּלִילֵי מֵעַיִם (רפו') מִיקְרוֹאוֹרְגָנִיזְמִים שֶׁל הַמֵּעַיִם

darmkanalbezüglich *{intestinal}* [---> **eingeweidebezüglich** *{viszeral}*]
מְעִיּוֹנִי (רפו') קְרָבַיִמִי, שֶׁל הַמֵּעַיִם וּמַעֲרֶכֶת הָעִכּוּל

Darmkollern *{Borborygmus}*
קִרְקוּר מֵעַיִם (רפו') [מר״ח/102]. בִּקְבּוּק מֵעַיִם, הֶמְיַת מֵעַיִם, הִמְהוּם מֵעַיִם

Darmlymphemangel *{Achylie}*
חֲרֵבִית הַלֵּשֶׁד (רפו') [מר״ח/11]

Darmverschluß *{Ileus}*
חֲסִימַת הַמֵּעַיִם (רפו') [מר״ח/375]. כָּרֶכֶת

Darrsucht *{Sklerodermie}*
טָרֶשֶׁת הָעוֹר (רפו') טָרֶשֶׁת רִקְמַת חִבּוּר

darstellbar
יָצִיג, שֶׁנִּתָּן לְהַצִּיג, תָּאִיר, שֶׁנִּתָּן לְתָאֵר

darstellen
יָצַג (יוֹצֵג), הִצִּיג, גִּלֵּם, הִדְגִּים, אִפְיֵן, שִׁמֵּשׁ, הִבִּיעַ, הֵבִיא לִידֵי בִּטּוּי, סִמֵּל, צִיֵּן, יִצֵּג (מְיַצֵּג), גִּלֵּם

darstellen, realistisch
פִּעֵל (מְפַעֵל) (ספר', אמנ') תֵּאֵר בְּצוּרָה מְצִיאוּתָנִית (רֵאָלִיסְטִית), הִגְשִׁים

darstellen, sich
הִתְיַצֵּג (מִתְיַצֵּג), הִצִּיג אֶת עַצְמוֹ

darstellend
תֵּאוּרִי (ספר') [ק/ג/109]. סִפּוּרִי, שֶׁל סִפּוּר, הֶצֵּגִי, מְתָאֵר

Darsteller(in) [---> Interpret(in)]
מַצִּיג, מַצִּיגָה, גַּלָּם, גַּלֶּמֶת, גַּלְמָן, מְעַצֵּב

Darstellung *{Repräsentation}* [---> **Demonstration**]
הֶצֵּג (פְּעֻלָּה), מַצָּג (תּוֹצָאָה), תֵּאוּר, שִׁמּוּשׁ, יִצּוּג, הֲבָאָה לִידֵי בִּטּוּי, יְצִיגָאוּת, אִפְיוּן, הִתְגַּלְּמוּת,

הָעֲמָדָה. הַצָּגָה (פיל') [פ"ר/52]. עַל פִּי קַנְט: גִּלּוּם שֶׁל תֹּכֶן מֻשָּׂגִי בְּתִוּוּךְ (מֶדְיוּם) שֶׁל הַסְתַּכְּלוּת. עַל פִּי הֶגֶל: הַעֲמָדָה שְׁלֵמָה שֶׁל הַשִּׁיטָה הַפִילוֹסוֹפִית בְּתוֹךְ הַהֶקְשֵׁר הַמְּפֹרָט שֶׁל הִתְפַּתְּחוּתָהּ

Darstellung, erneute

הֶצֵּג מֵחָדָשׁ (כלכ', משפ')

Darstellung, falsche

מַצַּג שָׁוְא (משפ')

Darstellung im Stellenwertsystem ---> Stellenwertsystem, Darstellung im

darum

לְפִיכָךְ [ק/ב/109]. לָזֶה, עַל כֵּן

das heißt (d.h.)

כְּלוֹמַר [ק/ד/52]. רְצוֹנִי, - לוֹמַר, כַּוָּנָתִי, זֹאת אוֹמֶרֶת, לֵאמֹר, הַיְנוּ

daseiende Wirkliche, das ---> Wirkliche, das daseiende

Dasein

מַמָּשׁוּת (פיל') [ק/א/170; ק/ב/54]. יֵשׁוּת, קִיּוּם. הֲוָיָה (פיל') [ק/א/159]. הוּא, בְּמוּבָן הַיֵּשׁ. הַמְּצָאָה (מ"ט, פיל') [ק/א/178]. יֶשְׁנוּת (פיל') [ק/ב/55]. עֶצֶם. מְצִיאוּת (פיל') [ק/ב/257; פ"ר/48]. מְצִיאָה, קַיָּמוּת, נִמְצָאוּת, עַל פִּי הֶגֶל: שָׁלָב שֶׁל הַהֲוָיָה שֶׁקִּבְּלָה אֵיכוּת אוֹ אֲפִיּוּן פְּרָטִי רִאשׁוֹנִי. נִמְצָא (פיל') [פ"ר/77]

Dasein, unmittelbares

הַמְּצִיאוּת הַבִּלְתִּי אֶמְצָעִית (פיל') [פ"ר/118]. עַל פִּי הֶגֶל: הַמְּצִיאוּת הַמּוּחָשִׁית שֶׁל הָרוּחַ, כְּלוֹמַר: גִּלּוּיָהּ כְּתוֹדָעָה

Dasein rufen, ins

הִוָּה (מְהַוֶּה) [ק/א/160]. עָשָׂה שֶׁיִּהְיֶה, גָּרַם שֶׁיִּהְיֶה, הוֹלִיד

Dasein treten, ins

הִגִּיעַ (מַגִּיעַ) לְמַמָּשׁוּת [ק/א/157; ק/ג/19]. הִגִּיעַ, בָּא לִידֵי מְצִיאוּת, יָצָא מִן הַכֹּחַ אֶל הַפֹּעַל, בָּא לִכְלַל מַעֲשֶׂה, הִתְמַמֵּשׁ, נִתְגַּשֵּׁם. שֻׁלַּם (שׁוּלָּם) [ק/ד/118]. הִתְבַּצֵּעַ, קָם וְנִהְיָה הַדָּבָר

Daseinsweise

דֶּרֶךְ קִיּוּם, אֹפֶן הֲוָיָה

Datei

קֹבֶץ (קְבָצִים) (מחש') [דמ"א/44]. אֹסֶף שֶׁל נְתוּנִים הַמְּאֻחְסָנִים בְּמַחְשֵׁב תַּחַת שֵׁם מְשֻׁתָּף

Datei(en), Sicherung von ---> Sicherung von Dateien

Datei, verborgene

קֹבֶץ נִסְתָּר (מחש') [דמ"א/52]. קֹבֶץ הַקַּיָּם בְּזִכְרוֹן הַמַּחְשֵׁב אַךְ אֵינוֹ מֻצָּג בְּמַדְרִיךְ הַקְּבָצִים

Dateiverwaltung

נִהוּל קְבָצִים (מחש') [דמ"א/45]

Dateiwartung

אַחְזָקַת קְבָצִים (מחש') [דמ"א/45]. תַּחְזוּקַת קְבָצִים

Daten

נְתוּנִים (מחש') [דמ"א/31]. מִכְלוֹל הַמֵּידָע הַמְּזֻמָּן לְעִבּוּד בַּמַּחְשֵׁב

Datenbank

מַאֲגַר מֵידָע (מחש') [דמ"א/31]. מַאֲגַר נְתוּנִים, רִכּוּז מַסְדֵי נְתוּנִים (בְּסִיסֵי נְתוּנִים) אוֹ קָבְצֵי נְתוּנִים בְּמַחְשֵׁב

Datenbank, relationale

מַסַּד נְתוּנִים טַבְלָאִי (מחש') מַסַּד נְתוּנִים יַחֲסָתִי

Datenbanksystem

מַעֲרֶכֶת נִהוּל מַסַּד נְתוּנִים (מחש')

Datenbankverarbeitung

עִבּוּד נְתוּנִים (מחש') [דמ"א/32]. מִכְלוֹל תַּהֲלִיכֵי הַמִּחְשׁוּב

Datenbankverwaltungssystem

מַעֲרֶכֶת נִהוּל נְתוּנִים (מחש') [דמ"א/31]. תָּכְנִית לְנִהוּל נְתוּנִים בְּמַסַּד נְתוּנִים (בְּסִיס נְתוּנִים) אוֹ בְּמַאֲגַר מֵידָע

Datenbasis

מַסַּד נְתוּנִים (פסי', פדג', מחש') [דמ"א/31]. בְּסִיס נְתוּנִים, רִכּוּז נְתוּנִים הַמְּיֻעָדִים לְתַכְלִית מְסֻיֶּמֶת

Datenbasis, deduktive

מַסַּד נְתוּנִים אִפְרוּטִי (פסי', פדג', מחש') מַסַּד נְתוּנִים הֶסֵּקִי, - דֶּדוּקְטִיבִי

Datenbasis betreffend, die

מִנְתָּן (פסי', פדג', מחש') שֶׁל מַסַּד נְתוּנִים

Datenendstation *{Terminal}*

מָסוֹף (מְסוֹפִים) (מחש') [דמ"א/101]. יְחִידַת קֶלֶט אוֹ פֶּלֶט הַקְּשׁוּרָה לַמַּחְשֵׁב וְכוֹלֶלֶת מִקְלֶדֶת, צַג וכד'

Datenerfassung

אִסּוּף נְתוּנִים (מחש') [דמ"א/31]

Datensatz *{Record}*

רְשׁוּמָה (רְשׁוּמוֹת) (מחש') [דמ"א/87]. יְחִידַת הַנְּתוּנִים הַיְסוֹדִית בְּקֹבֶץ שֶׁל מַחְשֵׁב

Datenverarbeitung, verteilte

עִבּוּד מְבֻזָּר (מחש')

D a t e n v e r d i c h t u n g *{Datenkomprimierung}* [---> Kompaktifizierung von Daten]

דְּחִיסַת נְתוּנִים (מחש') עֲרִיכָה חֶסְכוֹנִית שֶׁל נְתוּנִים בְּתוֹךְ זִכְרוֹן מִשְׁנִי שֶׁל מַחְשֵׁב עַל יְדֵי שִׁנּוּי מִבְנָם

Dativ

יַחֲסַת הַמֻּשָּׂא הָעָקִיף (בלש') [ק/א/100; מ"ב/55]. הַגְּבוּל שֶׁאֵלָיו, יַחֲסַת "אֶל", לְמָשָׁל: "הוּא כָּתַב **לִי** מִכְתָּב". יַחַס הַגְּבוּל, - שֶׁאֵלָיו (בלש') [ק/ב/34]. דָּטִיב

Dativ, ethischer ---> Dativ, freier

Dativ, freier

יַחֲסַת "אֶל" נוֹשְׂאִית (בלש') [מ"ב/74]. דָּטִיב נוֹשְׂאִי, דָּטִיבוּס אֶתִיקוּס, לָמֶד בְּכִנּוּיֵי הַגּוּף הַמִּצְטָרֶפֶת לִפְעָלִים שׁוֹנִים כְּדֵי לְהַטְעִים שִׁדּוּל, זֵרוּז לִפְעֻלָּה, הֲנָאָה לְעוֹשֵׂה הַפְּעֻלָּה אוֹ אַף סְתָם לְתִפְאֶרֶת הַבִּטּוּי, לְמָשָׁל: "בָּא וְיָשַׁב **לוֹ** אֵצֶל אָחִיו", "בְּרַח **לְךָ** אֶל מְקוֹמְךָ!"

Dattel, getrocknete

כּוֹתֶבֶת (כּוֹתָבוֹת) (תזו') [א"ת/ב/214]. תָּמָר מְיֻבָּשׁ

Dattelpalme *{Phoenix dactylifera}*

תָּמָר מָצוּי (בוט') צֶמַח מִמִּשְׁפַּחַת הַדִּקְלִיִּים

Dattelpflaume *{Diospyros}*

אֲפַרְסְמוֹן (בוט') צֶמַח מִמִּשְׁפַּחַת הָאֲפַרְסְמוֹנִיִּים

Datteln ernten

גָּדֵר (גּוֹדֵר) (חקל') [א"ח/ב/214]. קָטַף תְּמָרִים

Dattelnernte

גְּדִירָה (גְּדִירוֹת) (חקל') גְּדִירַת תְּמָרִים, קְטִיף הַתְּמָרִים

Dattelrispe

סַנְסָן (סַנְסִנִּים) (בוט') אֶשְׁכּוֹל הַתֹּמֶר הַנּוֹשֵׂא אֶת הַפְּרִי

Dauer

מֶשֶׁךְ [ק/א/179]. הֶמְשֵׁךְ. הַמְשָׁכוּת [ק/א/180]. הֶשְׁאֵר [ק/א/216]. מְצִיאוּת. הִתְמָדָה [ק/א/238]. תְּדִירוּת. הִתְמַשְּׁכוּת [ק/א/240]. מַעֲמָד [ק/ב/237]. קְבִיעוּת. עֲמִדָּה [ק/ג/142]. קֶבַע. עֲמִידָה [ק/ג/144]. הִשָּׁאֲרוּת, הֶתְמֵד הַקִּיּוּם, הֱיוֹת נִשְׁאָר וְקַיָּם. קִיּוּם [ק/ג/280]. קַיָּמָא, קִימָא, קְיָמָא [ק/ג/281]. יַצִּיבוּת, קִיָּם, עֲמִידוּת. קִימָה [ק/ג/282]. שְׁהוּת, שְׁהִיּוּת [ק/ד/77]. מֶשֶׁךְ זְמַן. תְּמִידוּת [ק/ד/209]. אֹרֶךְ הַזְּמַן

Dauer, ewige

נִצְחִיּוּת (פיל', דת) [ק/ג/64]. נִצְחוּת (פיל', דת) [ק/ג/63]. תְּכוּנַת הַנֶּצַח, קִיּוּם מַתְמִיד, תְּמִידוּת

Dauer, von langer [---> dauerhaft]

מַאֲרִיךְ יָמִים [ק/א/74]. אֹרֶךְ הַקִּיּוּם, בַּר קַיָּמָא, - קְיָמָא, מִתְקַיֵּם לְאֹרֶךְ זְמַן

Dauerauftrag

הוֹרָאַת קֶבַע (כלכ') הַזְמָנַת קֶבַע

Dauerbarkeit

כֹּשֶׁר הַתְמָדָה

Dauerfrost

קִפְאַת עַד (מטא')

dauerhaft [---> Dauer, von langer]

מַתְמִיד [ק/ב/320]. שֶׁאֵינוֹ פּוֹסֵק, מַתְמִיד וּמִתְקַיֵּם. נִשְׁאָר [ק/ג/74]. מְמֻשָּׁךְ, רָצוּף. קַיָּם [ק/ג/281]. מִתְקַיֵּם, עוֹמֵד, יַצִּיב. שָׁמוּר [ק/ד/129]. תְּמִידִי [ק/ד/209]. הַנַּעֲשֶׂה תָּמִיד, נִצְחִי. הַתְמָדִי [ק/א/239]. שֶׁיֵּשׁ בּוֹ מִן הַהַתְמָדָה. וָתִיק [ק/א/249]. נָח [ק/ג/26]. קָבוּעַ, מִתְקַיֵּם, תָּדִיר. נִמְשָׁךְ [ק/ג/43]. רָגִיל, שָׁכִיחַ, תָּכוּף, שֶׁיֵּשׁ לוֹ הֶמְשֵׁךְ

Dauerhaftigkeit

הַתְמָדָה [ק/ג/282]. קַיָּמוּת, תְּכוּנַת הַדָּבָר הַקַּיָּם, יַצִּיבוּת, תְּדִירוּת, הַמְשָׁכוּת זְמַן רַב

dauern

תָּמַד (תּוֹמֵד) [ק/ג/140]. עָמַד, נִמְשַׁךְ, הִתְמִיד לְהִתְקַיֵּם, - בְּמַצָּבוֹ לְלֹא שִׁנּוּי, הָיָה קַיָּם , - קָבוּעַ וְעוֹמֵד. נִשְׁאַר [ק/ד/66]. נוֹתַר, לֹא חָדַל לְהִתְקַיֵּם. שֵׁרֵת [ק/ד/164]. נִמְשַׁךְ הַזְּמַן, שָׁהָה

dauernd ---> dauerhaft

dauernder Zustand ---> Zustand, dauernder

Dauerreaktion

תְּגוּבַת קֶבַע (פסי')

Dauerspasmus *{Achalasie}*

צְפִידוּת (רפו')

Daumen *{Pollex}*

אֲגוּדָל (אֲגוּדָלִים) (רפו') [מר"ח/542]. הָאֶצְבַּע הָעָבָה שֶׁבַּיָּד, בֹּהֶן

Daumenanzieher *{Adductor pollicis}*

מְהַקְרֵב הָאֲגוּדָל (רפו') מַתְוִיךְ הָאֲגוּדָל, הַשְּׁרִיר הַמְּקָרֵב אֶת הָאֲגוּדָל לַגּוּף

daumenwärts ---> radial

Davonlaufen

מִלְעַצְמִיּוּת הַהֲלִיכָה (רפו', פסי') [מר"ח/89]. נִתְגַּבּוּת הַהֲלִיכָה, הֲלִיכָה נִתְגֶּבֶת (אוֹטוֹמָטִית) בְּלֹא הַכָּרָה צְלוּלָה וּמַטָּרָה בְּרוּרָה

dazwischenkommen

בָּא וְהִתְעָרֵב

dazwischenliegend ---> vermittelnd

de facto

לְמַעֲשֶׂה

De inesse

מְצִיאוּתִי (פיל') [ק/ב/258]. מְצִיאָיִי, מַה שֶּׁמִּתְיַחֵס אֶל הַמְּצִיאוּת, מַמָּשִׁי, מַתְאִים לַמְּצִיאוּת, הַנִּמְצָא בְּפֹעַל, קַיָּם בֶּאֱמֶת

de jure

לַהֲלָכָה

deaktivieren ---> inaktivieren

Debetsaldo ---> Sollsaldo

debil

דַּל שֵׂכֶל (פסי')

debile dictum

מִשְׁלַל עֵרֶךְ [ק/א/303]. חָלוּשׁ, בָּטֵל

Debridement ---> Wundtoilette

dechiffrieren ---> entschlüsseln

Dechsel

קַרְדֹּם (קַרְדֻּמִּים, קַרְדֻּמּוֹת) (טכנ')

dechseln

קִרְדֵּם (מְקַרְדֵּם) (טכנ')

Deckblatt *{Braktee}*

חָפָה (חָפִים) (בוט') עָלֶה קָטָן, יָרֹק אוֹ צִבְעוֹנִי, שֶׁמֵּחֵיקוֹ יוֹצֵא עֹקֶץ הַפֶּרַח

Decke

תִּקְרָה (תִּקְרוֹת, תִּקְרָאוֹת) (אדר') [א"ח/א/25]. פְּנֵי הַכְּלִי (טכנ') מִכְסֵה הַכְּלִי

Decke, grobe

מַרְדַּעַת (מַרְדָּעוֹת) (חקל') [א"ח/ב/126]. שָׁטִיחַ מִתַּחַת לָאֻכָּף

decken

חָפַף (חוֹפֵף) (מתמ') [ק/א/319]. כִּסָּה (מְכַסֶּה), הָיָה שָׁוֶה שִׁוְיוֹן גָּמוּר. כָּפָה (מתמ') [ק/ב/101]. קֵרָה (מְקָרֶה) (אדר') בָּנָה תִּקְרָה עַל יְדֵי שֶׁכִּסָּה בְּקוֹרוֹת

Decken

חֲפִיפָה, כִּסּוּי, חֲפִיָּה, עִטּוּף, סִכּוּךְ, הִתְכַּסּוּת

Deckeneffekt ---> Begrenzungseffekt

Deckfenster ---> Oberlicht

Deckhaus

בֵּית הַסִּפּוּן (ימא')

Decklage

שִׁכְבָה עֶלְיוֹנָה (אדר', ארכ')

Deckname *{Pseudonym}*

שֵׁם בָּדוּי (ספר', ספרנ') שֵׁם סִפְרוּתִי, כִּנּוּי עֵט

Deckpunkte

נְקֻדּוֹת מַתְאִימוֹת (פיס', רפו')

Deckschicht ---> Decklage

Deckstein

אֶבֶן כִּסּוּי (גאו')

Deckungsgleichheit ---> Kongruenz

Deckweiß

לֹבֶן חִפּוּי (אמנ') צֶבַע חוֹפֶה לָבָן

Deductio ad absurdum
הֶקֵּשׁ חֶלְקִי (פיל') [ק/א/207]

Deduktion
אִפְרוּט (פיל') [ק/ב/164]. כִּלְפּוּר, הַסָּקָה מִן הַכְּלָל אֶל הַפְּרָט, דֶּדוּקְצְיָה, יִלּוּף, גְּזֵרָה

Deduktion, transzendentale
אִפְרוּט עֵבֶר נִסְיוֹנִי (פיל') מֻנָּח שֶׁטָּבַע קַנְט וְשֶׁבְּאֶמְצָעוּתוֹ הוּא מְצַיֵּן אֶת הַתַּהֲלִיךְ שֶׁבּוֹ מֻשָּׂגִים מִתְיַחֲסִים מִלְּקוֹדֶם (אַ פְּרִיוֹרִי) לַעֲצָמִים הִתְנַסּוּתִיִּים

deduktiv
אִפְרוּטִי (פיל') כִּלְפּוּרִי, דֶּדוּקְטִיבִי, הֶעָשׂוּי בְּדֶרֶךְ הַהַסָּקָה מִן הַכְּלָל אֶל הַפְּרָט, הֶקֵּשִׁי, יָלִיף (יְלִיפָה)

deduktive Datenbasis ---> Datenbasis, deduktive

deduktiver Beweis ---> Beweis, deduktiver

deduktiver Schluß ---> Schluß, deduktiver

Deduzierbarkeit
אִפְרוּטִיּוּת (פיל') [ד"מח/270]. נִגְזָרִיּוּת, כִּלְפּוּרִיּוּת, הָאֶפְשָׁרוּת לִגְזֹר מִן הַכְּלָל אֶל הַפְּרָט

deduzieren
אִפְרֵט (מְאַפְרֵט) (פיל') [ק/ג/292]. קָצַב, כִּלְפֵּר (מְכַלְפֵּר), הוֹצִיא מַסְקָנָה מִן הַכְּלָל אֶל הַפְּרָט, גָּזַר מֵאֶקְדֵּמִים נְתוּנִים עַל פִּי כְּלָלֵי תּוֹרַת הַהִגָּיוֹן אֶת מִשְׁפַּט הַסֵּיפָה (הַמַּסְקָנָה), יָלֵף (מֵילֵף)

Defätismus
תְּבוּסָנוּת, דֶּפֶטִיזְם, תְּבוּסְתָנוּת

defäzieren ---> Notdurft verrichten

Defekt ---> Gebrechen

Defekt, geistiger
לִקּוּי רוּחָנִי [ק/א/304]. חֳלִי (חֳלָיִים), טָעוּת, דֵּעָה מְשֻׁבֶּשֶׁת, - מַטְעִית

Defekt, sittlicher ---> Defekt, geistiger

defektiv
לָקוּי (פסי', רפו') [ר/א/171]. דֶּפֶקְטִיבִי, פָּגוּם, לֹא מְתֻפְקָד כָּרָאוּי, בַּעַל מוּם גּוּפָנִי אוֹ נַפְשִׁי

Defektivität
לִקוּת (לְקִיּוֹת) (פסי', רפו') [ר/א/171]. לִקּוּי (לִקּוּיִים), דֶּפֶקְטִיבִיּוּת, מוּם גּוּפָנִי אוֹ נַפְשִׁי

deferierender Kreis der Epizykel ---> Kreis der Epizykel, deferierender

Defibrillation
הִפּוּךְ הַפִּרְפּוּר (רפו') הַפְסָקַת הַפִּרְפּוּר

Defibrillator
הוֹפֵךְ פִּרְפּוּר (רפו') מַפְסִיק פִּרְפּוּר

Definiendum ---> definiert wird, das was

Definiens ---> Begriff, bestimmender

definierbar [---> bestimmbar]
נִגְדָּר (פיל') שֶׁאֶפְשָׁר לְהַגְדִּירוֹ, גָּדִיר, בַּר הַגְדָּרָה, קָבוּעַ, מֻגְדָּר

Definierbarkeit [---> Bestimmbarkeit]
נִגְדָּרוּת (פיל') תְּכוּנַת הֱיוֹת נִגְדָּר, גְּדִירוּת

definieren
הִגְדִּיר (מַגְדִּיר) [ק/א/106]. קָבַע דָּבָר עַל פִּי סוּגוֹ וְהֶבְדֵּלוֹ, נִגְדַּר, הִתְגַּדֵּר. גָּדַר (פיל') [ק/א/106]. קָבַע גִּדְרוֹ שֶׁל אֵיזֶה מֻשָּׂג. גָּבַל (גּוֹבֵל) (פיל') [ק/א/101]. חָקַק [ק/א/327]. רָשַׁם (פיל') [ק/ד/62]

definiert wird, das was *{Definiendum}*
מֻגְדָּר (פיל') [ק/ב/140]. מֻגְדָּר, נִגְדָּר, שֶׁנִּקְבַּע לְפִי הַגְדָּרָה מְסֻיֶּמֶת, מְבֹאָר דֶּרֶךְ גָּדֵר, לְמָשָׁל: בַּהַגְדָּרָה: "סִדְרָה (פְּרוֹגְרֶסְיָה) הִיא טוּר שֶׁל מִסְפָּרִים הַגְּדֵלִים וְהוֹלְכִים" הַמֻּשָּׂג "סִדְרָה" הוּא הַמֻּגְדָּר. גָּדוּר (פיל') [ק/א/103]. מְרֻשָּׁם (פיל') [ק/ב/282]. מְתֹאָר בְּאֶמְצָעוּת סִימָן הֶכֵּר, מֻסְבָּר בְּדֻגְמָאוֹת

Definition
הַגְדָּרָה (הַגְדָּרוֹת) (פיל') [ק/א/155]. הֶגְדֵּר, קְבִיעַת הַשֵּׁם שֶׁל דָּבָר וְתֵאוּרוֹ הַמְדֻיָּק, מֻנּוּחַ, מִשְׁפָּט הַמְיַדֵּעַ עַל הַסּוּגְלִים הַמַּהוּתִיִּים וְהַמְצֻיָּנִים בְּיוֹתֵר שֶׁל עֶצֶם מְסֻיָּם אוֹ הַמַּסְבִּיר אֶת מַשְׁמָעוּת הַמֻּנָּח הַמַּתְאִים. לְשֵׁם כָּךְ נִדְרֶשֶׁת בְּדֶרֶךְ כְּלָל קְבִיעַת הַסּוּג הַקָּרוֹב בְּיוֹתֵר שֶׁאֵלָיו מִשְׁתַּיֵּךְ הָעֶצֶם הַנָּתוּן וְשֵׁנִי הַמִּין הַמַּבְדִּיל אֶת הַמִּין שֶׁהָעֶצֶם שַׁיָּךְ אֵלָיו מִמִּינִים אֲחֵרִים הַמְּהַוִּים אֶת הַסּוּג. גְּבוּל (פיל') [ק/א/100]. גִּדּוּר (פיל') [ק/א/103]. גֶּדֶר, גֶּדֶר (פיל') [ק/א/104]. הַגְבָּלָה (פיל') [ק/א/153]. חֲקִיקָה (פיל') [ק/א/326]. מַאֲמָר (פיל') [ק/ב/133]. מְבָרֵר (פיל') [ק/ב/139]. (פיל') [ק/ג/210]. רֹשֶׁם (פיל') [ק/ד/60]. תָּו (פיל') [ק/ד/180]. תַּכְלִית (פיל') [ק/ד/202]

Definition, analytische
הַגְדָּרָה חוֹתֶכֶת (פיל') [ק/א/338]. הַגְדָּרָה נִתְחוּנִית (אֲנָלִיטִית), גֶּדֶר חוֹתֵךְ

Definition, bezüglich auf die
הַגְדָּרָתִי (פיל') [ק/א/106]. גִּדְרִי, שֶׁל הַגְדָּרָה

Definition, induktive
הַגְדָּרַת נְסִיגָה (מחמ')

Definition, korrelative *{Reflexionsbestimmung}*
הַגְדָּרָה מִתְאַמִּית (פיל') הַגְדָּרָה שֶׁבָּהּ מַשָּׂא אֶחָד מִתְיַחֵס לְמַשָּׂא אַחֵר כְּאֶל שְׁקוּלוֹ (שְׁוֵה הָעֵרֶךְ שֶׁלּוֹ)

Definition, negative
הַגְדָּרָה שְׁלִילִית (פיל') הַגְדָּרָה הַמְיַדַּעַת רַק עַל הַסּוּגְלִים שֶׁאֵינָם מַתְאִימִים לַמַּשָּׂא הַנָּתוּן, אַךְ אֵינָהּ מַזְכִּירָה אֶת הַסּוּגְלִים הָאָפְיָנִיִּים שֶׁלּוֹ, לְמָשָׁל: "תַּחְיוּאָה (בִּיּוֹלוֹגְיָה) אֵינָהּ כַּיָּנָה (פִיזִיקָה)", "אַכּוֹן אֵינוֹ אִתּוּר"

Definition, nichtprädikative
הַגְדָּרָה לֹא נְשׂוּאִית (פיל') הַגְדָּרָה הַמְיַדַּעַת עַל הַמַּשָּׂא הַנָּתוּן בְּאֶמְצָעוּת הַקְּבוּצָה שֶׁאֵלֶיהָ הוּא שַׁיָּךְ כִּיסוֹד, לְמָשָׁל: "הַכַּדּוּרַגְלָן שֶׁהוּא הֶחָלוּץ שֶׁל קְבוּצַת 'הַפּוֹעֵל'"

Definition, nominale
הַגְדָּרָה שֵׁמִית (פיל') [ק/א/104; ק/ד/130]. גֶּדֶר שֵׁמִי

Definition, operationale
הַגְדָּרָה פְּעוּלִית (מ"ח, פסי') [ר/א/179; מ"מ/211]. הַגְדָּרָה אוֹפֶּרַצְיוֹנָלִית, - תִּפְעוּלָנִית, הַגְדָּרַת הַתִּפְעוּלִים שֶׁיֵּשׁ לְבַצֵּעַ כְּדֵי לְהַבְטִיחַ הַתְאָמָה בֵּין הַמֻּשָּׂגִים לְבֵין מַה שֶּׁמָּצוּי בְּנִסָּיוֹן

Definition, reale
הַגְדָּרָה עִנְיָנִית (פיל') [ק/א/104]. גֶּדֶר הָעִנְיָן, גֶּדֶר עִנְיָנִי

Definition, synthetische
הַגְדָּרָה מְקֻשֶּׁרֶת (פיל') [ק/א/338]. גֶּדֶר מְקֻשָּׁר
Definition, theoretische
הַגְדָּרָה עִיּוּנִית [ר/א/179; מ"מ/211]. הַגְדָּרָה נוֹמִינָלִית, הַגְדָּרַת מֻנָּח בְּאֶמְצָעוּת מֻנָּחִים אֲחֵרִים
Definition, uneigentliche
הַגְדָּרָה חֲסֵרָה (פיל') [ק/א/322]. חֹק, סִימָן. רִשּׁוּם (פיל') [ק/ד/59]. גֶּדֶר חָסֵר. רֹשֶׁם (פיל') [ק/ד/60]. תָּו (פיל') [ק/ד/180]
Definition, unhaltbare
הַגְדָּרָה פְּרוּצָה (פיל') [ק/א/104]. גֶּדֶר פָּרוּץ
Definition, wesentliche *{Definitio essentialis}*
הַגְדָּרָה מַהוּתִית (פיל') הַגְדָּרָה הַמְּפָרֶטֶת אֶת הַסּוּגְלִים הַיְסוֹדִיִּים וְהַמַּהוּתִיִּים שֶׁל עֶצֶם מְסֻיָּם אוֹ שֶׁל תּוֹפָעָה כָּלְשֶׁהִי, לְמָשָׁל: "בּוּל זַרְחוֹרִי הוּא בּוּל שֶׁכָּל פָּנָיו מְצֻפִּים חֹמֶר זַרְחוֹרִי הַמְּסַיֵּעַ לְמִיּוּן נִתְגָּב (אוֹטוֹמָטִי)"
Definition, zu enge
הַגְדָּרָה צָרָה מִדַּי (פיל') [ק/א/104]. גֶּדֶר חָסֵר, - קָצָר
Definition, zu weite
הַגְדָּרָה רְחָבָה מִדַּי (פיל') [ק/א/104]. גֶּדֶר עוֹדֵף, - רָחָב
Definition, zufällige *{Definitio attributiva vel accidentalis}*
הַגְדָּרָה מִקְרִית (פיל') הַגְדָּרַת מֻשָּׂג שֶׁמִּשְׁתַּמְּשִׁים בָּהּ כַּאֲשֶׁר סוּגְלִים מַהוּתִיִּים שֶׁל עֶצֶם מְסֻיָּם אוֹ שֶׁל תּוֹפָעָה כָּלְשֶׁהִי אֵינָם יְדוּעִים וְעַל כֵּן נִלְקָחִים סוּגְלִים שְׁרִירוּתִיִּים לְשֵׁם הַגְדָּרָה, לְמָשָׁל: "הָאָדָם הוֹלֵךְ בִּשְׁתֵּי רַגְלָיו וּמִשְׁתַּמֵּשׁ בְּאֵשׁ לְשֵׁם בִּשּׁוּל מְזוֹנוֹתָיו"
Definition über die nächste Gattung und den Artunterschied *{Definitio fit per genus proximum et differentiam specificam}*
הַגְדָּרָה בְּדֶרֶךְ קְבִיעַת הַסּוּג הַקָּרוֹב בְּיוֹתֵר וְשֹׁנִי הַמִּין (פיל') נֹהַל הֶגְיוֹנִי לְהַגְדָּרָה שֶׁבּוֹ מְחַפְּשִׂים אֶת הַסּוּג הַקָּרוֹב בְּיוֹתֵר שֶׁל הַמֻּשָּׂג הָעוֹמֵד לְהַגְדָּרָה וְאֶת הַבְּחָנִים (סוּגְלֵי הַשֹּׁנִי) הַמַּבְדִּילִים אֶת הַמִּין שֶׁהַמֻּשָּׂג שַׁיָּךְ אֵלָיו מִמִּינִים אֲחֵרִים, לְמָשָׁל: אִם רוֹצִים לְהַגְדִּיר אֶת הַמֻּשָּׂג "פְּרָד" (אָטוֹם) נִזְקָקִים לַמֻּשָּׂג "הַחֶלְקִיק הַקָּטָן בְּיוֹתֵר", לְהַגְדָּרַת הַמֻּשָּׂג "תַּחְיוּאָה" (בְּיוֹלוֹגְיָה) נִדְרָשׁ הַמֻּשָּׂג "מַדָּע". הַ"פְּרָד" שׁוֹנֶה מִשְּׁאָר הַמִּינִים הַכְּלוּלִים בַּסּוּג "הַחֶלְקִיק הַקָּטָן בְּיוֹתֵר" בְּכָךְ שֶׁהוּא הַחֶלְקִיק הַקָּטָן בְּיוֹתֵר שֶׁל יְסוֹד כִּימִי, הַ"תַּחְיוּאָה" שׁוֹנָה מִיֶּתֶר הַמַּדָּעִים בְּכָךְ שֶׁהִיא חוֹקֶרֶת אֶת חֻקִּיּוּת הַחַיִּים וְהִתְפַּתְּחוּת הַגּוּף הַחַי
Definitionen, Lehre von den
חָכְמַת הַגְּבוּלִים, - הַגְּדָרִים (פיל') [ק/א/294]
Defizit ---> Fehlbetrag
Defizitfinanzierung
מִמּוּן גֵּרָעוֹנִי (כלכ')
Deflation
סִחוּי (גאו', י"א) חֲסִיפָה הַנִּגְרֶמֶת עַל יְדֵי רוּחוֹת הַמַּפְרִיחוֹת אֶת תּוֹצְרֵי הַבְּלִיָּה
Defloration ---> Entjungferung
deflorieren ---> entjungfern
Deformation
עִוּוּג (רפו', טכנ') דֵּפוֹרְמַצְיָה, עִוּוּת, עִקּוּם, עִוּוּי, שִׁנּוּי מִדּוֹתָיו אוֹ צוּרָתוֹ שֶׁל גּוּף
deformieren
עִוֵּג (מְעַוֵּג) (רפו', טכנ') עִוֵּת, עִקֵּם, עִוָּה (מְעַוֶּה)
deformierend
מְעַוֵּג (רפו', טכנ') מְעַוֵּת, מְעַקֵּם
deformiert
מְעֻוָּג (רפו', טכנ') מְעֻוָּת, עִוֵּג, עָקוּם
Degeneration
נִוּוּן [ר/ב/536]. פְּחִיתָה, נִוֶּנֶת, הִתְנַוְּנוּת, נַוְנוּת
Degenerationszeichen
תַּג נִוּוּן (רפו') [מר"ח/635]. זִרְפַּת נִוּוּן
degenerieren
נִוֵּן (מְנַוֵּן), הִתְנַוֵּן (מִתְנַוֵּן), נִפְחַת (נִפְחָת)
degenerierter Mensch ---> Mensch, degenerierter
Deglutination ---> Aphärese
degradieren
הִגְרִיעַ (מַגְרִיעַ), יָרַד בְּדַרְגָּה, נִפְחַת, הִתְגָּרַע (מִתְגָּרֵעַ), נִגְרַע
Degradierung
הַגְרָעָה, דֶּגְרָדַצְיָה, יְרִידָה בְּדַרְגָּה, פְּחִיתָה
Degression
הַפְחָתַת שִׁעוּר הַמַּס (כלכ')
Dehnsonde ---> Sonde
Dehnung
הַאֲרָכָה, הִתְאָרְכוּת, מִתּוּחַ, מְתִיחָה, הֶאֱרֵךְ, הִתְפַּשְּׁטוּת
Dehnung, literarische
רִוּוּחַ סִפְרוּתִי (ספר') [מ"ס/78]. שִׁיטַת סֵפֶר הַמַּצִּיגָה פֶּרֶק זְמַן נָתוּן עַל מֵרַב פְּרָטָיו
Dehydratation ---> Entwässerung
dehydratisieren ---> entwässern
dehydrieren ---> Wasserstoff entziehen
Dehydrierung ---> Wasserstoffentzug
Deichsel
יָצוּל (יְצוּלִים) (טכנ', חקל') מוֹט הָעֲגָלָה אוֹ הַמַּחֲרֵשָׁה שֶׁאֵלָיו רוֹתְמִים אֶת הַבְּהֵמָה
deiktisch
רוֹמֵז (בלש') [מ"ב/57]. דֵּאִיקְטִי, יְסוֹד לְשׁוֹנִי הַמַּצְבִּיעַ עַל מַשֶּׁהוּ אוֹ הַמְּצַיֵּן דְּבַר-מָה, לְמָשָׁל: "זֶה", "שָׁם", "הִיא", "כָּךְ"
Deinceps
נִלְוִים [ק/ג/39]. נִמְשָׁכִים, בָּאִים זֶה אַחַר זֶה
Deixis
רְמִיזָה (בלש') [מ"ב/58]. אַצְבָּעָה, נְתִינַת סִימָנִים בְּהֶקְשֵׁר מְסֻיָּם לִדְבַר-מָה מוּחָשִׁי אוֹ מֻפְשָׁט עַל יְדֵי כִּנּוּיִים (כְּגוֹן: "זוֹ", "אֵלּוּ", "הַלָּה") אוֹ עַל יְדֵי תָּאֳרֵי פֹּעַל (כְּגוֹן: "כָּאן", "שָׁם", "אֶתְמוֹל", "הַיּוֹם")
déjà vu ---> Paramnesie
Dekade ---> Zehntagesperiode
Dekagon ---> Zehneck
Dekalkomanie ---> Abziehbilderdruck
Dekan
דֵּקָן (דֵּקָנִים) (דת, פדג') דֶּקָן (דֶּקָנִים)
Dekanat
מִדְקָנָה (דת, פדג') [מר"ח/228]
Dekane

פַּרְצוּפִים (אסט', דת) [ק/ג/215]. לָדַעַת בַּעֲלֵי מְלֶאכֶת הַגּוֹרָל הַקַּדְמוֹנִים: 36 אֵלִים הַמְּמֻנִּים עַל גַּלְגַּל הַמַּזָּלוֹת (3 אֵלִים לְמַזָּל)
Dekantation ---> Abgießen, vorsichtiges
dekantieren ---> abgießen, vorsichtig
Dekapsulation ---> Kapselentfernung
Deklamation
דִּקְלוּם (תאט')
deklamatorisch
דִּקְלוּמִי (תאט')
deklamieren
דִּקְלֵם (מְדַקְלֵם) (תאט')
Deklaration
הַכְרָזָה (הַכְרָזוֹת) [א"ח/ב/367]. מוֹדָעָה, הַצְהָרָה, הוֹדָעָה
deklarativ
הַכְרָזָתִי
Deklarativ
הֵא הַהַכְרָזָה (בלש') [ק/ג/215]. הֵא הַמּוֹדִיעָה וְהַמְּפַרְסֶמֶת, - הַהַצְהָרָה, חִוּוּי
deklaratives Wissen ---> Wissen, deklaratives
Deklination
נְטִיָּה (בלש') [ק/ג/30; מ"ב/56]. נְטִיַּת הַשֵּׁמוֹת, דֶּקְלִינַצְיָה, בִּטּוּי צוּרָאִי (מוֹרְפוֹלוֹגִי) שֶׁל הַמִּין, הַמִּסְפָּר, הַקִּנְיָן וְהַיַּחַס בְּשֵׁם עֶצֶם, בְּכִנּוּי, בְּשֵׁם תֹּאַר וּבְשֵׁם מִסְפָּר, לְמָשָׁל: "סֵפֶר", "סִפְרִי", "סִפְרְךָ", "סְפָרִים", "סְפָרֶיהָ" וכו'. מִשְׁקַל הַיַּחַס (בלש') [ק/ב/35]. נְטִיַּת הַכּוֹכָבִים (אסט') [ק/ג/30]. מֶרְחָקוֹ הַזָּוִיתִי שֶׁל גֶּרֶם שְׁמֵימִי מִקַּו הַמַּשְׁוֶה הַשְּׁמֵימִי. נְלִיזָה, נְלִיזוּת (אסט') [ק/ג/39]. סְטִיָּה, נְטִיָּה מִן הַמַּסְלוּל
Deklination der Magnetnadel ---> Magnetnadel, Deklination der
Dekompensation
אִי סִלּוּי (רפו', פסי') אִי סְפִיקַת פְּעִילוּת
Dekomposition
פֵּרוּק, הַפְרָקָה, פֵּרוּר
Dekomposition, lexikalische ---> Komponentenanalyse
Dekompression ---> Druckherabsetzung
dekongestiv ---> Gefäßstauung verhindernd
Dekoration
תִּפְאוּרָה (תאט') דֶּקוֹרַצְיָה
Dekorationswechsel
חִלּוּף תִּפְאוּרָה (תאט')
dekorativ
קִשּׁוּטִי (אמנ') דֶּקוֹרָטִיבִי
dekorieren ---> verzieren; schmücken
dekoriert mit Blumen ---> garniert
Dekorum ---> Anständlichkeit
Dekubitus ---> Druckgeschwür
Dekussation ---> Kreuzung
Delabialisierung
אָבְדַן הַשְּׂפָתִיּוּת (בלש') [מ"ב/58]. תַּהֲלִיךְ הִתְחַדְּלוּתָהּ שֶׁל הֲגִיַּת צְלִיל מְסֻיָּם בְּעִגּוּל הַשְּׂפָתַיִם, לְמָשָׁל: i < ü, e < ö
Delaktation ---> Milchsekretion, Aufhören der
Deletion
הַשְׁמָטָה (בלש') [מ"ב/58]. הַחְסָרָה, מְחִיקָה, סִלּוּק יְסוֹד לְשׁוֹנִי כְּלָשֶׁהוּ מִמִּבְנֶה נָתוּן מִבְּלִי לְשַׁנּוֹת אֶת מַשְׁמָעוּתוֹ, לְדֻגְמָה: "הַדָּג הַגָּדוֹל טָרַף אֶת הַדָּג הַקָּטָן" ---> "הַדָּג הַגָּדוֹל טָרַף אֶת הַקָּטָן". שְׁנוּרַת הַשֶּׁמֶט (ביו') מוּטַצְיַת הַשֶּׁמֶט
Deliberation
דֶּרֶךְ עֵצָה (רטו') [ק/א/148; ק/ג/163]. דֶּרֶךְ עֲצָתִי, - הִתְיַעֲצוּת, גִּישָׁה שֶׁל שִׁקּוּל דַּעַת
Deliberativum ---> Deliberation
delikat [---> empfindlich]
רָפִיעַ (רפו', פסי') עָדִין
Delikt ---> Straftat
Delinquenz ---> Kriminalität
delirant ---> delirös
delirös
תּוֹזֵז (פסי', רפו') טַרְפוֹנִי, הֲזָיָתִי
Delirium
תְּזָזִית (פסי', רפו') [מר"ח/233]. טֵרָפוֹן, דֶּלִירְיוּם, הֲזָיָה
Delirium verursachend
מַתְזִיז (פסי', רפו') מַטְרִיף, תּוֹזְזָן
Delle *{Hilus}*
תֶּרַע (רפו') [מר"ח/351]. שַׁעַר
Delphin, Gemeiner *{Delphinus delphis}*
דּוֹלְפִין מָצוּי (זוא') יוֹנֵק מִמִּשְׁפַּחַת הַדּוֹלְפִינִיִּים (לִוְיָתָנָאִים)
Delphine *{Delphinidae}*
דּוֹלְפִינִיִּים (זוא') מִשְׁפָּחָה שֶׁל לִוְיָתָנָאִים
Demarkation ---> Abgrenzung
Dementia praecox ---> Jugendirresein
Demenz
הֶסְתֵּר בִּינָה (פסי', רפו') שִׁטְיוֹן, דֶּמֶנְטִיָּה, לִקּוּת שִׂכְלִית בְּעֶטְיָהּ שֶׁל מַחֲלָה אוֹ זִקְנָה, הִשְׁתַּטּוּת
demgemäß
לְפִיכָךְ
Demodulation
מִצּוּי אִפְנוּן (פיס')
Demographie
תַּאַכְלוּסָה (מ"ח) דֶּמוֹגְרַפְיָה
demographisch
תַּאַכְלוּסִי (מ"ח) דֶּמוֹגְרָפִי
demonstrabel
בַּר הַדְגָּמָה, - הַצָּגָה
demonstrare
קִיֵּם (מְקַיֵּם) [ק/ג/285]. נָתַן תֹּקֶף לְ..., אִשֵּׁר, הוֹכִיחַ, בִּסֵּס טַעֲנוֹתָיו, הֵבִיא רְאָיָה לִדְבָרָיו, עָמַד עַל...
Demonstratio
מוֹפֵת (מוֹפְתִים) (פיל') [ק/ב/164]. הוֹכָחָה חֲזָקָה וּמַכְרַעַת. קִיּוּם [ק/ג/279]. חִזּוּק, מַתַּן יֶתֶר תֹּקֶף לְ..., קְבִיעָה, קְבִיעַת עֶמְדָּה. רְאָיָה [ק/ד/11]
Demonstratio a priori
דֶּרֶךְ הַסִּבָּה לְכַתְּחִלָּה (פיל') [ק/א/148]
Demonstration
הַדְגָּמָה, בִּרְהוּן, דֶּמוֹנְסְטְרַצְיָה, הַצָּגָה, הַפְגָּנָה

Demonstration, topische
מוֹפֵת נִצּוּחִי (פיל׳) [ק/ב/166]

demonstrativ
מַדְגִּים [ק/א/31]. מוֹפְתִי, בּוֹרְהָנִי, אוֹתוֹתִי, הַצָּגָתִי, מַצִּיג, הַפְגָּנָתִי, מַפְגִּין

demonstrativer Beweis ---> Beweis, demonstrativer

demonstrativer Satz ---> Satz, demonstrativer

Demonstrativpronomen
כִּנּוּי רוֹמֵז (בלש׳) [ק/ב/97; מ״ב/58]. כִּנּוּי מַצְבִּיעַ, - הַמְצַיֵּן דְּבַר-מָה מִבְּחִינַת הַמֶּרְחָק מִן הַמְּדַבֵּר, לְמָשָׁל: ״הָאָדָם **הַזֶּה**״, ״הָאָדָם **הַהוּא**״

Demonstrativum
דֶּרֶךְ לִמּוּדִי (רטו׳) [ק/א/148]

Demonstrator
דַּגְמָן, מַצִּיג, מְבַרְהֵן, מַדְגִּים, מַפְגִּין

demonstrieren
הִדְגִּים (מַדְגִּים), בִּרְהֵן (מְבַרְהֵן), הִצִּיג (מַצִּיג), הִפְגִּין

Demoralisation
סוֹרְרוּת [י״א/419]. דֶמוֹרָלִיזַצְיָה, הַשְׁחָתַת הַמִּדּוֹת, יְרִידַת הַמִּשְׁמַעַת

Demoralisator(in)
סוֹרֵר (סוֹרְרִים), סוֹרֶרֶת, סוֹרְרָה (סוֹרְרוֹת) [י״א/419]. דֶמוֹרָלִיזָטוֹר

demoralisieren
סֵרֵר (מְסָרֵר) [י״א/419]. גָּרַם לְסוֹרְרוּת (דֶמוֹרָלִיזַצְיָה), סָרַר (סוֹרֵר)

demütig
שָׁפוּל [ק/ד/150]. שְׁפַל, עָנָו, צָנוּעַ, נְמוּךְ רוּחַ, כָּנוּעַ

demütigen
הִשְׁפִּיל (מַשְׁפִּיל) [ק/ד/150]. שָׁפַל, הָיָה עָנָו, - כָּנוּעַ, בִּטֵּל עַצְמוֹ בִּפְנֵי..., נִכְנַע לִפְנֵי...

Demütigung
הַשְׁפָּלָה, הַנְמָכָה, הַכְפָּשָׁה, הֲקַלַּת עֶרְכּוֹ שֶׁל..., דִּכּוּי, הַכְנָעָה, עֶלְבּוֹן (עֶלְבּוֹנוֹת), פְּגִיעָה בְּכָבוֹד

Demut
שְׁחוּת (מ״ח) [ק/ד/85]. שַׁחוּת הַנֶּפֶשׁ, עֲנָוָה, כְּנִיעוּת. שִׁפְלוּת (מ״ח) [ק/ד/150]. הִצְטַנְּעוּת, הֶכְנֵעַ לֵב, כְּנִיעַת נֶפֶשׁ, נְמִיכוּת רוּחַ, שִׁפְלוּת רוּחַ. כְּנִיעָה (מ״ח) [ק/ב/98]. הִתְבַּטְּלוּת עַצְמִית לִפְנֵי..., צְנִיעוּת

denaturieren
פִּגֵּל (מְפַגֵּל), פָּסַד (פּוֹסֵד), צִמֵּת (מְצַמֵּת)

denaturiert
מְפֻגָּל, פָּסוּד, מְצֻמָּת, צָמוּת

denaturierter Alkohol ---> Alkohol, denaturierter

denaturiertes Protein ---> Protein, denaturiertes

Denaturierung
פִּגִּילָה (טכנ׳) הוֹסָפַת חֹמֶר מְזַהֵם לַחֳמָרִים שׁוֹנִים כְּדֵי לִמְנוֹעַ אֶת שִׁמּוּשָׁם כְּמָזוֹן. צְמִיתָה (ביו׳) [ל״ב/80]. דֶּנָטוּרַצְיָה, שִׁנּוּי מִבְנֶה שֶׁל חֶלְבּוֹנִים מְסִיסִים

Denaturierungsmittel
פֶּגֶל (פְּגָלִים) (טכנ׳) [דח״ט/121]. חֹמֶר זִהוּם הַמּוּסָף לַחֳמָרִים שׁוֹנִים כְּדֵי לִמְנוֹעַ אֶת שִׁמּוּשָׁם כְּמָזוֹן

Denkakt
פֹּעַל הַחֲשִׁיבָה (פיל׳, פסי׳)

Denkart
אֹפֶן חֲשִׁיבָה (פיל׳, פסי׳)

denkbar
חָשִׁיב (פיל׳, פסי׳) נֶחְשָׁבִי, שֶׁנִּתָּן לַחֲשִׁיבָה, שֶׁאֶפְשָׁר לְהַעֲלוֹתוֹ עַל הַדַּעַת, סָבִיר, אֶפְשָׁרִי, מִתְקַבֵּל עַל הַדַּעַת

Denkbare, das
הֶחָשִׁיב [ק/ג/303]. קֹשֶׁט, קֹשֶׁט, מַה שֶּׁמִּתְקַבֵּל עַל הַדַּעַת

Denkbarkeit
חֲשִׁיבִיּוּת (פיל׳, פסי׳) נֶחְשָׁבִיּוּת, הַיְּכֹלֶת לַחְשֹׁב עַל דְּבַר-מָה. הַעֲבָרָה (פיל׳, פסי׳) [ק/א/188]. הַכֹּשֶׁר לְהַעֲלוֹת מַשָּׂא מְסֻיָּם בַּדִּמְיוֹן. יִתָּכְנוּת [ק/ג/122]. עֲבָרָה, סִכּוּי, פָּנִים, סְבִירוּת, נוֹשֵׂא לְדִיּוּן, הֶתֵּר, יְכֹלֶת לִהְיוֹת, אֶפְשָׁרוּת

denken
חָשַׁב (חוֹשֵׁב) [ק/א/331]. הָגָה (הוֹגֶה), הִרְהֵר, עִיֵּן, הֶעֱלָה בְּמַחֲשַׁבְתּוֹ, הִתְבּוֹנֵן. הִשְׂכִּיל [ק/ד/105]. הֵבִין, הִכִּיר, שָׁקַל

Denken
חֲשִׁיבָה (פיל׳, פסי׳) [ק/ב/185; ר/א/281; ת״ה/25]. מַחֲשָׁב, תַּהֲלִיךְ פָּעִיל שֶׁל הִשְׁתַּקְּפוּת הַמְּצִיאוּת הַמַּמָּשִׁית בְּמֹחַ הָאָדָם בְּצוּרָה שֶׁל דֵּעוֹת, מֻשָּׂגִים וְהֶסֵּקִים, פְּעִילוּת רוּחָנִית וְתוֹרָאָתִית (תֵּאוֹרֶטִית) שֶׁל הָאָדָם שֶׁבָּהּ הוּא מְגַלֶּה צְדָדִים וּתְכוּנוֹת שֶׁל מַשָּׂא שֶׁאוֹתוֹ הוּא מַשְׁקִף בְּמֹחוֹ, וְאֶת תּוֹצָאוֹת גִּלּוּיוֹ הוּא מְשַׁבֵּץ בְּמַעֲרֶכֶת יְחָסִים וְקִשּׁוּרִים הֲדָדִיִּים לְשֵׁם קַבָּלַת יֶדַע חָדָשׁ, כָּל הַפְּעֻלּוֹת הַנַּפְשִׁיּוֹת שֶׁאָדָם עוֹשֶׂה בְּרַעְיוֹנוֹת, בְּדִמּוּיִים, בְּמֻשָּׂגִים, בְּהַאֲמָנוֹת וכד׳. מַחְשָׁבָה (פיל׳, פסי׳) [ק/ב/186]. סְבָרָה, סְבָרָא [ק/ג/89]. דַּעַת, הַכָּרָה, תְּבוּנָה, הִתְבּוֹנְנוּת, הִתְחַכְּמוּת, שִׁקּוּל, הַנָּחָה, הַשְׁעָרָה, דֵּעָה. דָּבָר (פיל׳) [ק/א/129]. שֵׂכֶל, הִגָּיוֹן, הֲגִיָּה, הֲגָיָה, עִיּוּן, הָגוּת

Denken, anschauliches
חֲשִׁיבָה דְּמוּתִית (פסי׳) חֲשִׁיבָה דִּמְיוֹנִית

Denken, begreifendes
חֲשִׁיבָה מַשִּׂיגָה (פיל׳) [פ״ר/161]

Denken, bruchstückhaltes
חֲשִׁיבָה לְמִקְטָעִין (פסי׳)

Denken, kreatives ---> Denken, produktives

Denken, kritisches ---> Denken, produktives

denken, logisch [---> schlußfolgern]
שָׂכַל (שׂוֹכֵל) (פסי׳, פיל׳) חָשַׁב בְּהִגָּיוֹן, שָׁפַט בִּתְבוּנָה

Denken, logisches [---> Schlußfolgerung]
שְׂכִילָה (פסי׳, פיל׳) חֲשִׁיבָה הֶגְיוֹנִית, שְׁקִילָה, הַסָּקַת מַסְקָנוֹת, שִׁקּוּל דַּעַת, שִׁפּוּט הֶגְיוֹנִי. הַקָּשָׁה (פיל׳) [ק/א/209]. חֲקִירָה שִׂכְלִית

Denken, materielles
חֲשִׁיבָה תָּכְנִית (פיל׳) [פ״ר/160]. עַל פִּי הֶגֶל: חֲשִׁיבָה הַמְּרֻתֶּקֶת לַחֹמֶר וְאֵינָהּ מְשֻׁחְרֶרֶת מִכֹּחַ הַכְּפִיָּה שֶׁלּוֹ

Denken(s), Parzellierung des

{Kompartmentalisierung}
מִדּוּר (פסי', מ"ח) הַפְרָדָה בֵּין גְּבָלָאוֹת (קָטֵגוֹרִיּוֹת) הַמַּחֲשָׁבָה וְהַהִתְנַהֲגוּת הַגּוֹרֶמֶת לְאָדָם שֶׁיִּפְעַל בְּנִגּוּד לְמַה שֶּׁהוּא חוֹשֵׁב מִבְּלִי שֶׁיִּהְיֶה מוּדָע לְכָךְ

Denken, produktives
חֲשִׁיבָה יוֹצֶרֶת (פסי', מדע) [ר/א/281]. חֲשִׁיבָה מְחַדֶּשֶׁת, - בִּקָּרְתִּית, בְּדִיקָה וּבְחִינָה רְצִיפָה שֶׁל פִּתְרוֹנוֹת אֶפְשָׁרִיִּים הַמַּנְחִים אֶת הָעֲבוֹדָה

Denken, reflektives
חֲשִׁיבָה מְעֻיֶּנֶת (פסי')

Denken, reproduktives
חֲשִׁיבָה מַעֲלָה (פסי') חֲשִׁיבָה מַעְתִּיקָה, - מְשַׁעְתֶּקֶת

Denken, übersprachliches
חֲשִׁיבָה עַל לְשׁוֹנִית (פסי')

Denken, unanschauliches
חֲשִׁיבָה לֹא דְּמוּתִית (פסי') חֲשִׁיבָה לֹא דִּמְיוֹנִית

Denken, ungefähres
שִׁקּוּל מְקֹרָב (פסי')

Denken, vorsprachliches
חֲשִׁיבָה עַד לְשׁוֹנִית (פסי')

Denken, vorstellendes
חֲשִׁיבָה מְדַמָּה (פיל')

denken an..., nicht
הִסִּיחַ דַּעְתּוֹ מִן..., לֹא חָשַׁב עוֹד עַל...

Denken betreffend, das
מַחֲשַׁבִי [ק/א/333]. חַשְׁבָנִי, חַשְׁבָּנִי, הַמִּתְיַחֵס אֶל הַמַּחֲשָׁבָה

denkender Mensch ---> Mensch, denkender

denkendes Auffassen ---> Auffassen, denkendes

Denker
הוֹגֶה דֵּעוֹת (הוֹגֵי דֵּעוֹת) (פיל') [ק/א/331]. חוֹשֵׁב (חוֹשְׁבִים), חוֹקֵר, פִילוֹסוֹף. חֲכַם הָעִיּוּן (פיל') [ק/א/290]. מְעַיֵּן (פיל', מדע) [ק/ב/234]. מִתְבּוֹנֵן, תֵּאוֹרֶטִיקַאי, תֵּאוֹרֶטִיקוֹן, תֵּאוֹרֶטִיקָן, קוֹבֵעַ הֲלָכָה. מַשְׂכִּיל (פיל') [ק/ב/286]. בַּעַל הַכָּרָה, יַדְעָן

Denker, falscher
הוֹגֶה דֵּעוֹת כּוֹזֵב (פיל', דת) [ק/א/86]. חוֹשֵׁב כּוֹזֵב, בַּטְלָן

Denker, wirklicher
הוֹגֶה דֵּעוֹת אֲמִתִּי (פיל', מדע) [ק/ב/133]. חוֹשֵׁב אֲמִתִּי, מְאַמֵּת, מַחֲזִיק בְּדֵעוֹת אֲמִתִּיּוֹת, חוֹקֵר דָּבָר לַאֲמִתּוֹ, מַאֲמִין

Denkinhalt
תֹּכֶן הַמַּחֲשָׁבָה (פסי')

Denkkraft [---> Denkvermögen]
כֹּחַ מַחֲשַׁבִי (פיל', פסי') [ק/א/131]. הַכֹּחַ הַדִּבְרִי, כֹּחַ הַשֵּׂכֶל וְהַהַכָּרָה. חַשְׁבָּנִי, חַשְׁבָּנִי [ק/א/333]. כֹּחַ הַמַּחֲשָׁבָה

Denkmal
יָד (יָדוֹת) (אדר') מַצֶּבֶת זִכָּרוֹן

Denkmethode
דֶּרֶךְ חֲשִׁיבָה (פסי', פיל') דֶּרֶךְ מַחֲשָׁב

Denkprozeß ---> Denkvorgang

Denkstil ---> Stil, kognitiver

Denktätigkeit
פְּעֻלַּת הַחֲשִׁיבָה (פיל') [ק/ד/155]. שִׁקּוּל הַדַּעַת, חֲשִׁיבָה, מַחֲשָׁבָה, פְּעֻלָּה מַחֲשַׁבְתִּית, עִיּוּן מְדַקְדֵּק, רְאִיָּה, מְלֶאכֶת הַהִרְהוּר, מֶחְקָר

Denkverlauf
מַהֲלַךְ הַחֲשִׁיבָה (פסי')

Denkvermögen [---> Denkkraft]
מַחֲשָׁב (פסי') [ק/ב/186]. כֹּחַ הַחוֹשֵׁב, כֹּשֶׁר הַחֲשִׁיבָה. דִּבּוּר (פסי') [ק/א/125]. יְכֹלֶת הַמַּחֲשָׁבָה. הִשְׁתַּכְּלוּת (פסי', פיל') [ק/א/222]. הַכֹּחַ שֶׁבָּאָדָם לְהָבִין וּלְהַשְׂכִּיל, שְׂכוֹל

Denkvorgang
תַּהֲלִיךְ הַחֲשִׁיבָה (פסי')

Denkweise
הֲלָךְ מַחֲשָׁבָה (הִלְכֵי מַחֲשָׁבָה) (פסי', פיל') אֹרַח מַחֲשָׁב

Denominativum
מִלָּה גְּזוּרַת שֵׁם (בלש') [מ"ב/59]. מִלָּה (שֵׁם עֶצֶם, פֹּעַל וכו') הַנִּגְזֶרֶת מִשֵּׁם עֶצֶם, לְמָשָׁל: "חָלַב (מֵחָלָב)", "לוּלָן (מִלּוּל)"

Denotat [---> Dasignat]
חַדְשׁוּמוֹן (בלש', פיל') דֶּנוֹטָט, מוּצָן פְּרָטִי, מַשָּׂא שֶׁאֶפְשָׁר לְכַנּוֹתוֹ בְּשֵׁם פְּרָטִי, לְמָשָׁל הַשֵּׁם הַפְּרָטִי "נֹגַהּ" מְצַיֵּן אֶת כּוֹכַב הַלֶּכֶת, וְכוֹכַב הַלֶּכֶת עַצְמוֹ מְכֻנֶּה הַחַדְשׁוּמוֹן שֶׁל הַשֵּׁם "נֹגַהּ". לַשֵּׁמוֹת הַפְּרָטִיִּים יְכוֹלוֹת לִהְיוֹת מַשְׁמָעֻיּוֹת שׁוֹנוֹת, אַךְ הֵן מִתְיַחֲסוֹת לְאוֹתוֹ חַדְשׁוּמוֹן, לְמָשָׁל: הַכּוֹכָב נֹגַהּ קָרוּי "אַיֶּלֶת הַשַּׁחַר" וְ"כּוֹכַב הַבֹּקֶר" גַּם-כֵּן. שֵׁם הַמִּתְיַחֵס לְעֶצֶם פְּרָטִי מְסֻיָּם הַשַּׁיָּךְ לְסוּג עֲצָמִים כָּלְשֶׁהוּ, לְמָשָׁל: הַחַדְשׁוּמוֹן שֶׁל הַמִּלָּה "פִילוֹסוֹף" מִתְיַחֵס לְפִילוֹסוֹף מְסֻיָּם (אֲרִיסְטוֹ, אַפְּלָטוֹן, הֶגֶל וכו')

Denotation
חַדְשׁוּמִיּוּת (בלש', פיל') [מ"ב/59]. דֶּנוֹטַצְיָה, מַשְׁמָעוּת הַכָּרָנִית, הוֹרָאָה, הַמַּשְׁמָעוּת הַבְּסִיסִית שֶׁל מִלָּה

denotativ
חַדְשׁוּמִי (בלש', פיל') [מ"ב/59]. דֶּנוֹטָטִיבִי, שֶׁל הַמַּשְׁמָעוּת הַבְּסִיסִית שֶׁל מִלָּה

denotische Aussage ---> Aussage, denotische

Dental ---> Zahnsprenglaut

Dentin ---> Zahnbein

denunzieren
הִלְשִׁין (מַלְשִׁין) (משפ', מ"ח) דִּבֵּר סָרָה בְּ..., אָכַל קָרְצָה עַל.../שֶׁל..., דָּרַשׁ בִּגְנוּתוֹ, טָפַל הָאַשְׁמוֹת עַל..., הֶעֱלִיל בִּדְבָרִים, נָתַן דֹּפִי בְּ..., דִּלְטֵר (מְדַלְטֵר), מָסַר אוֹתוֹ לַמַּלְכוּת

Deodorant
מְרֵיחַ (אסת', רפוּ') מְפִיג רֵיחַ, דֶּאוֹדוֹרַנְט

deodorieren
רֵיחַ (מְרֵיחַ) (אסת', רפוּ') הֵפִיג רֵיחַ

Dependenz
הִתָּלוּת [ק/א/238]. יַחַס הַדְּבָרִים וְשַׁיָּכוּתָם זֶה לָזֶה. תְּלוּת, תְּלִיָּה [ק/ד/205]. יַחַס שֶׁל דָּבָר הַתָּלוּי בְּדָבָר אַחֵר, זִקָּה, יַחַס הַדָּבָר הַמֻּתְנֶה עַל-יְדֵי מַשֶּׁהוּ

Dependenzanalyse ---> Pfadanalyse

Depersonalisation ---> Entfremdungsgefühl

Depesche
אֶשְׁגָּר (מדי') דּוּחַ שֶׁדְּרִירִי (דִּיפְּלוֹמָטִי) מְפֹרָט בִּכְתָב

Depolarisation
נְטִילַת הַקִּטּוּב (פיס')

Depolarisator
נוֹטֵל קִטּוּב (פיס')

depolitisieren
אִפְלֵג (מְאַפְלֵג) (מדי') בִּטֵּל הַשְׁפָּעָה פּוֹלִיטִית, עָשָׂה דֶּפּוֹלִיטִיזַצְיָה

Depolitisierung
אִפְלוּג (מדי') דֶּפּוֹלִיטִיזַצְיָה, בִּטּוּל הַשְׁפָּעָה פּוֹלִיטִית

Deponent ---> Hinterleger

Depositar ---> Treuhänder

Depositum, zinstragendes
פִּקָּדוֹן נוֹשֵׂא רְוָחִים (כלכ')

Deprecatio
דַּרְכִּיּוּת (מוֹדָלִיּוּת) הַבַּקָּשָׁה (בלש', רטו') [ק/ב/218]. מְנִיעַ הַמַּאֲמָר שֶׁל הַבַּקָּשָׁה לְהַבָּעַת תְּחִנָּה וְהַפְגָּעָה. בַּקָּשָׁה (רטו') [ק/א/94]

Depression ---> Niedergeschlagenheit; Einsenkung

depressiv ---> niedergeschlagen; melancholisch

depressive Willenlosigkeit ---> Willensschwäche

Depressor ---> Hemmungsnerv

Deprivation ---> Entzug

Derealisation ---> Wirklichkeitsverlust

Derivat
נוֹצָא, דְּבַר-מָה הַנִּגְזָר אוֹ הַמִּתְקַבֵּל מִמַּשֶּׁהוּ אַחֵר

Derivation [---> Ableitung]
נוֹצָאוּת, תְּכוּנַת הֱיוֹת נוֹצָא

Derivativ ---> Wortbildungsmorphem

Dermatologe
רוֹפֵא עוֹר (רפו') דֶּרְמָטוֹלוֹג, תַּגְלוּדָן

Dermatologie
רְפוּאַת עוֹר (רפו') דֶּרְמָטוֹלוֹגְיָה, תַּגְלוּדָה

dermatologisch
תַּגְלוּדִי (רפו') דֶּרְמָטוֹלוֹגִי, שֶׁל רְפוּאַת עוֹר

Dermatose ---> Hautkrankheit

Des
רֶה נָחֵת (מוס') רֶה בֶּמוֹל

Descriptio
רִשּׁוּם (פיל', ספר') [ק/ד/59]. תֵּאוּר, תְּכוּנָה, סִימָן. רֹשֶׁם (פיל') [ק/ד/60]. תָּו (פיל') [ק/ד/180]. אוֹת, צִיּוּן

desensibilisieren
הִקְהָה (מַקְהֶה) רְגִישׁוּת (פסי', רפו') [מר"ח/239]. קֵהָה (מַקְהֶה) רְגִישׁוּת, לִרְגֹּשׁ (מְלַרְגֵּשׁ), בִּטֵּל רְגִישׁוּת

desensibilisiert
קֵהֶה רְגִישׁוּת (פסי', רפו') מְלֻרְגָּשׁ, מְבֻטָּל רְגִישׁוּת

Desensibilisierung
קִהוּי הָרְגִישׁוּת (פסי', רפו') [ר/א/169]. דֶּסֶנְסִיטִיזַצְיָה, דֶּסֶנְסִיבִּילִיזַצְיָה, הִתְקַהוּת הָרְגִישׁוּת, הַקְהָיַת הָרְגִישׁוּת, פְּחִיתָה בִּתְגוּבָתִיּוּת אוֹ בָּרְגִישׁוּת, הֲפָגַת הָרְגִישׁוּת, לִרְגּוּשׁ, בִּטּוּל רְגִישׁוּת, נְטִילַת הָרְגִישׁוּת

Desensitivierung ---> Desensibilisierung

desertieren
עָרַק (עוֹרֵק) (צבא) עָזַב אֶת הַצָּבָא עַל דַּעַת עַצְמוֹ

deshalb
לָכֵן, לְפִיכָךְ, הֵילְכָךְ, הִלְכָּךְ

Desideratum
נָחוּץ (נְחוּצוֹת) (ספרנ') סֵפֶר שֶׁיֵּשׁ בּוֹ צֹרֶךְ

Design ---> Entwurf

Designat [---> Denotat]
מוּצָן כְּלָלִי (פיל', בלש') דֶּסִיגְנָט, שֵׁם שֶׁמְּצִיֵּן בְּאֶמְצָעוּת צִיּוּן וּמִתְיַחֵס לְכָל הָעֲצָמִים הַשַּׁיָּכִים לְסוּגוֹ, לְמָשָׁל: הַמּוּצָן הַכְּלָלִי שֶׁל הַמִּלָּה "פִילוֹסוֹף" מִתְיַחֵס לַסּוּג "פִילוֹסוֹף" בִּכְלָלוֹ

Designation
צִיּוּן (פיל', ספר') [ק/ד/59]. רִשּׁוּם, סִמּוּן, תֵּאוּר, תְּכוּנָה. חֹק (פיל') [ק/א/322]. גָּדֵר, גְּבוּל. רֹשֶׁם (פיל') [ק/ד/60]

Designer(in) ---> Entwerfer(in)

Desinfektion
חִטּוּי (חִטּוּיִים) (רפו') סִכּוּל זִהוּם, מְנִיעַת אֶלַח דָּם

Desinfektionsmittel
מְחַטֵּא (מְחַטְּאִים) (רפו') חֹמֶר חִטּוּי

Desinformation
שַׁלְדֶּעַת (מדי', תקש') שַׁלְדֶּע, דֶּזְאִינְפוֹרְמַצְיָה, מֵידָע כּוֹזֵב, הַטְעָיָה מְכֻוֶּנֶת

desinformieren
שִׁלְדֵּעַ (מְשַׁלְדֵּעַ) (מדי', תקש') מָסַר מֵידָע כּוֹזֵב, הוֹלִיךְ שׁוֹלָל, שִׁלְדֵּעַ (מְשַׁלְדֵּעַ), תִּעְתֵּעַ בְּתַעֲמוּלַת סֶלֶף

Desinformieren
שִׁלְדּוּעַ (מדי', תקש') הֲפָצַת מֵידָע כּוֹזֵב, הוֹלָכַת שׁוֹלָל

desinformiert
מְשֻׁלְדָּע (מדי', תקש') שֶׁקִּבֵּל מֵידָע כּוֹזֵב, שֶׁהוּלַךְ שׁוֹלָל

Desintegration
תִּפְרוּד (פסי') [ר/א/237]. הִתְפָּרְדוּת, דֶּסְאִינְטֶגְרַצְיָה, הִתְפָּרְקוּת לְגוֹרְמִים, אָבְדָן אוֹ שִׁבּוּשׁ בְּאִרְגּוּן שֶׁל מַעֲרֶכֶת כְּלְשֶׁהִי

Desintegration, soziale ---> Anomie

desintegrieren
תִּפְרֵד (מְתַפְרֵד), עָשָׂה דֶּסְאִינְטֶגְרַצְיָה, פֵּרַק לְגוֹרְמִים, הִפְרִיד

desintegrierte Persönlichkeit ---> Persönlichkeit, desintegrierte

desintegrierter Typus ---> Typus, desintegrierter

Desinteresse ---> Apathie

Desirabilität, soziale ---> Erwünschtheit, soziale

Deskription ---> Beschreibung

deskriptiv ---> beschreibend

deskriptive Funktion ---> Funktion, deskriptive

deskriptiver Satz ---> Satz, deskriptiver

Desorganisation
הִתְפּוֹרְרוּת
Desorientiertheit
עֲכִירוּת הַתּוֹדָעָה (פסי׳) [ר/א/162; ר/ב/518]. עִרְפּוּל הַתּוֹדָעָה, - הַמּוּדָעוּת, דִּיסְאוֹרְיֶנְטַצְיָה, מְבוּכָה, אִי הִתְמַצְּאוּת, מַצַּב תְּפִיסָתִי מְבֻלְבָּל, הֶעְדֵּר כִּשְׁרוֹן הַהִתְמַצְּאוּת, חֹסֶר יְכֹלֶת לְכַוֵּן אֶת עַצְמוֹ בְּיַחַס לְהֶבֵּטֵי הַמֶּרְחָב וְהַזְּמַן
Desorption ---> Gas, Austreiben von
Destillat
תַּזְקִיק (כימ׳) דָּבָר מְזֻקָּק, תּוֹצָאַת זִקּוּק
Destillation
זִקּוּק (כימ׳) תַּהֲלִיךְ שֶׁל טִהוּר נוֹזְלִים אוֹ מוּצָקִים מִתַּעֲרוֹבוֹת בִּלְתִּי רְצוּיוֹת
Destillieranlage
מַזְקֵק (כימ׳) מַעֲרֶכֶת זִקּוּק
Destillierkolben
אַבִּיק (כימ׳) כְּלִי לְזִקּוּק נוֹזְלִים
Destruktion ---> Zerstörung
Destruktionsformen
צוּרוֹת שְׁמֵהֶרֶס (גאו׳)
destruktiv ---> zerstörend
Destruktivität
הַרְסָנוּת (פסי׳) [ר/א/222]. דֶּסְטְרוּקְטִיבִיּוּת
Deszendent, Aszendent und ---> Aszendent und Deszendent
detaillieren
פָּרֵט (פּוֹרֵט) [ק/ג/212]. מָנָה אֶת הַפְּרָטִים, מָסַר דָּבָר בִּפְרוֹטְרוֹט
Detektiv
בַּלָּשׁ (בַּלָּשִׁים) (משפ׳) [א״ח/ב/374]. שׁוֹטֵר חֶרֶשׁ
Detektivroman ---> Kriminalroman
Detergens
נַקְצִיף (נַקְצִיפִים) (כימ׳) חֹמֶר מַקְצִיף לְסִלּוּק שׁוּמָנִים, דֶּטֶרְגֶּנְט
deterioratives Suffix ---> Suffix, pejoratives
Determinante ---> Variable, unabhängige
Determinatio tertii ---> Beschränkung des dritten Begriffs
Determination [---> Begriffsbestimmung; Bestimmung]
עִזּוּם (פְּעֻלָּה), עֲזִימָה (תּוֹצָאָה) [ק/א/173]. גְּזֵרָה, בְּנִגּוּד לְמֻשַּׂג הַבְּחִירָה הַחָפְשִׁית, הֶכְרֵחַ, דֶּטֶרְמִינַצְיָה, יִעוּד, קְבִיעָה
determinativ [---> bestimmend]
עוֹזֵם, עוֹזֶמֶת [מר״ח/240]. קוֹבֵעַ, דֶּטֶרְמִינָטִיבִי, גּוֹבֵר, מַכְרִיעַ
Determinativpronomen
שֵׁם גּוּף מַגְבִּיל (בלש׳) [ק/ב/140; ק/ד/126]. מִלָּה מַגְדִּירָה, מְיַדֵּעַ, מִלָּה הַמְּצַמְצֶמֶת אֶת הַמַּשְׁמָע שֶׁל הַשֵּׁם, לְמָשָׁל: בִּגֶרְמָנִית: derjenige, welcher, der, wer, בְּעִבְרִית: ״הַסּוּסָה **הַזֹּאת**״, ״הַסֵּפֶר **הַהוּא**״, ״שִׁירֵנוּ (= הַשִּׁיר **שֶׁלָּנוּ**)״, ״הַבֹּטְחִים״, ״**בַּ**תְּהוֹמוֹת
determinieren
עִזֵּם (מְעַזֵּם), קָבַע מֵרֹאשׁ, גָּזַר, הִכְרִיחַ, יִעֵד
determinierend ---> determinativ

determinierende Tendenz ---> Tendenz, determinierende
determiniert
מְעֻזָּם [ק/ב/174]. מְזֻמָּן, שֶׁנִּקְבַּע מִלְּכַתְּחִלָּה. מֻכְרָח [ק/ב/200]. אָנוּס בְּמַעֲשָׂיו, בְּנִגּוּד לְבַעַל בְּחִירָה. נִגְזָר [ק/ג/18]. קָצוּב מֵרֹאשׁ, קָבוּעַ מֵרֹאשׁ, מֻטְבָּע מִתְּחִלָּה לְ..., שֶׁהוֹעִידוֹ הַגּוֹרָל לְ..., מֻחְלָט וְאֵין לְשַׁנּוֹתוֹ, בִּלְתִּי נִמְנָע. מְיֻחָד [ק/ב/190]. דָּבָר נִגְבָּל, קָבוּעַ וּמְסֻיָּם, מֻקְצֶה, קָבוּעַ לְתַכְלִית מְסֻיֶּמֶת
determinierter Wille ---> Wille, determinierter
Determinismus
עַזְמָנוּת (פיל׳) דֶּטֶרְמִינִיזְם, תּוֹרַת הַסִּבָּתִיּוּת הַמַּכְרַעַת, הַתּוֹרָה בִּדְבַר הַתְּנוּת הַתִּסְבָּתִית (קָאוּזָלִית) הַכְּלָלִית וּבִדְבַר הַקֶּשֶׁר הַהֲדָדִי שֶׁל כָּל תּוֹפָעוֹת הַטֶּבַע, הַחֶבְרָה וְהַחֲשִׁיבָה עַל בְּסִיס חֻקִּים מַשָּׂאִיִּים
Determinist(en)
כַּת הַמְּגַבְּרִים, סִיעַת הַמְּגַבְּרִיִּים (דת, פיל׳) [ק/ב/106;140] סִיעָה פִילוֹסוֹפִית הַמַּכְחֶשֶׁת בְּחִירָתוֹ הַחָפְשִׁית שֶׁל הָאָדָם
detonieren
סִלֵּף (מְסַלֵּף) אֶת הַצְּלִיל (מוס׳)
deutbar
בָּאוּר [ק/ג/87]. סוֹבֵל, פָּרִישׁ, מִתְפָּרֵשׁ, נִתָּן לְהִתְפָּרֵשׁ
deutlich
בָּרוּר [ק/ב/222]. מְסֻגָּל, מְסֻגָּל, מוּבָן, בָּהִיר, מְסֻמָּן, מְסֻיָּם, יָדוּעַ וּמֻגְדָּר, מְבֹרָר, חַד מַשְׁמָעִי
deutlich aussprechen ---> aussprechen, deutlich
deutlich werden
הִתְבָּאֵר (מִתְבָּאֵר) [ק/א/78]. נַעֲשָׂה מְבֹאָר
deutlicher Begriff ---> Begriff, deutlicher
Deutlichkeit
בְּהִירוּת [ק/א/94]. בֵּרוּר, בְּרִירוּת, מוּבָנוּת, דִּיּוּק, צַחוּת. צְלִילוּת [ר/ב/586]
Deutung
בֵּאוּר (בֵּאוּרִים) [ק/א/77]. הֶסְבֵּר, סִבּוּר, חִוּוּר, הִתְפָּרְשׁוּת, הַסְבָּרָה, הֶבְהֵר, הֶאָרָה, מַתַּן טַעַם וּרְאָיָה, הַחְוָרָה, הַבְהָרָה, רִמּוּז, הַרְמָזָה
Deutung, allegorische
בֵּאוּר מְשָׁלִי [ק/ג/210]. פֵּרוּשׁ
deverbativ
גְּזוּר פֹּעַל (בלש׳) [מ״ב/62]. שֵׁם עֶצֶם אוֹ שֵׁם תֹּאַר הַנִּגְזָר מִפֹּעַל
Devisenkontrolle
פִּקּוּחַ עַל הַמַּטְבֵּעַ (כלכ׳, מדי׳)
Devisenkurs
שַׁעַר חֲלִיפִין (כלכ׳) שַׁעַר הַמָּרָה, עֵרֶךְ מַטְבֵּעַ מְסֻיָּם בְּיַחַס לְעֵרֶךְ מַטְבֵּעַ אַחֵר
Dexel ---> Dechsel
Dezennium ---> Zehnjahresperiode
dezentralisieren
בִּזֵּר (מְבַזֵּר), לִרְכֵּז (מְלַרְכֵּז)
dezentralisiert
מְבֻזָּר [מר״ח/228]. מְלֻרְכָּז

dezentralisierte Verwaltung ---> Ortsverwaltung
Dezentralisierung
בִּזּוּר, לִרְכּוּז, דֶּצֶנְטְרָלִיזַצְיָה

Dezimalbruch
שֶׁבֶר עֶשְׂרוֹנִי (מתמ') [ק/ב/244]. שֶׁבֶר הַמַּעֲשֵׂר

Dezimalklassifikation
מִיּוּן עֶשְׂרוֹנִי (ספרנ')

Dezimalkomma
נְקֻדָּה עֶשְׂרוֹנִית (מתמ')

Dezimalstelle *{Dezimale}*
עִשָּׂרוֹן (מתמ') מְקוֹם עֶשְׂרוֹנִי

Dezimalsystem
שִׁיטָה עֶשְׂרוֹנִית (מתמ') שִׁיטַת מִסְפָּרִים עֶשְׂרוֹנִית

Dezimalzahl
מִסְפָּר עֶשְׂרוֹנִי (מתמ')

Dezime
עֲשִׂירִי (מתמ') [ק/ג/174]

Diabetes insipidus ---> Wasserharnruhr
Diabetes melitus ---> Zuckerkrankheit

diabetisch ---> zuckerkrank
Diabetiker(in) ---> Zuckerkranke(r)
Diadem ---> Krone
Diademnatter *{Spalerosophis cliffordi}*
מַטְבְּעוֹן מִדְבָּר (זוא') נָחָשׁ מִמִּשְׁפַּחַת הַזַּעֲמָנִיִּים

Diademseeigel *{Centrostephanus longispinus}*
דּוּקְרַן חַד קוֹצִים (זוא') בַּעַל חַיִּים מִמִּשְׁפַּחַת הַנְּזֵרִיתִיִּים (קִפּוֹדֵי יָם)

Diät
בָּרוּת (בָּרוּיוֹת) (רפו') דִּיאֶטָה

Diätetik
בָּרוּתָאוּת (רפו') דִּיאֶטֶטִיקָה, תּוֹרַת הַתְּזוּנָה

Diätetiker(in)
בָּרוּתַאי, בָּרוּתָאִית (רפו') דִּיאֶטֶטִיקָן, מֻמְחֶה לִתְזוּנָה

diätetisch
בָּרוּתִי (רפו') דִּיאֶטֶטִי, תְּזוּנָתִי

Diagnose
אַבְחָנָה (רפו', פסי') [ר/א/2; מר"ח/242]. דִּיאַגְנוֹזָה, תּוֹצָאַת הָאִבְחוּן, זִהוּי מַצָּב אוֹ תּוֹפָעָה כָּלְשֶׁהֶם, תִּפְשָׂרָה

Diagnose, klinische
אַבְחָנָה רְפוּאִית (רפו', פסי') דִּיאַגְנוֹזָה קְלִינִית, תִּפְשָׂרָה אֲסוּתִית

Diagnostik
תַּבְחוּנָה (רפו', פסי') תּוֹרַת הָאִבְחוּן, תַּפְשׁוּרָה

Diagnostiker(in)
מְאַבְחֵן, מְאַבְחֶנֶת (רפו', פסי') תַּפְשׁוּרָן, מֻמְחֶה לְאִבְחוּן

diagnostisch
אַבְחָנָתִי (רפו', פסי') [ר/א/2]. שֶׁל אַבְחָנָה, דִּיאַגְנוֹסְטִי, אִבְחוּנִי, מְאַבְחֵן, תִּפְשָׂרִי, תַּפְשׁוּרִי

diagnostischer Test ---> Test, diagnostischer

diagnostizieren
אִבְחֵן (מְאַבְחֵן) (רפו', פסי') תִּפְשֵׂר (מְתַפְשֵׂר), קָבַע דִּיאַגְנוֹזָה

Diagnostizieren
אִבְחוּן (רפו', פסי') [ר/א/2; מר"ח/242]. זִהוּי מַחֲלָה, תִּסְמֹנֶת וכד' עַל יְדֵי סִוּוּג וּמִיּוּן, עֲרִיכַת דִּיאַגְנוֹזָה, תִּפְשׁוּר

diagonal
אֲלַכְסוֹנִי (מתמ') דִּיאָגוֹנָלִי, בְּכִוּוּן הָאֲלַכְסוֹן שֶׁל מְצֻלָּע וכיו"ב

Diagonale
אֲלַכְסוֹן (אֲלַכְסוֹנִים) (מתמ') [ק/א/48].
אֲלַכְסוֹן הַמְּרֻבָּע. קֹטֶר (מתמ') [ק/ג/278].
קַרְנָזוֹל, קַו אֲלַכְסוֹנִי

Diagonalfuge
מִשְׁק מְלֻכְסָן (אדר') הָרֶוַח הַצַּר שֶׁבֵּין אֲרִיחִים, לוּחוֹת וכד' הַמְּתֻקָּן בַּאֲלַכְסוֹן

diagonalisierbar
לִכְסוּנִי (מתמ') שֶׁיָּכוֹל לִהְיוֹת אֲלַכְסוֹנִי

Diagonalisierbarkeit
לִכְסוּנִיּוּת (מתמ') הַיְכֹלֶת לִהְיוֹת אֲלַכְסוֹנִי

diagonalisieren
לִכְסֵן (מְלַכְסֵן) (מתמ') הִטָּה בַּאֲלַכְסוֹן

Diagonalisierung
לִכְסוּן (מתמ') הַטָּיָה בַּאֲלַכְסוֹן

Diagramm
תַּרְשִׁים (גרפ') [מר"ח/243]. תַּסְכִּיל, דִּיאַגְרָמָה

diagrammbezüglich
תַּרְשִׁימִי (גרפ') תַּסְכִּילִי, דִּיאַגְרָמִי

diakritisches Zeichen ---> Zeichen, diakritisches
Dialekt [---> Jargon; Slang]
מִלְשָׁן (מִלְשָׁנִים) (בלש') [מ"ב/63]. דִּיאָלֶקְט, לַהַג, נִיב, עָגָה, בַּת לָשׁוֹן, תַּת לָשׁוֹן הַמְּיֻחֶדֶת לִקְבוּצָה חֶבְרָתִית מְסֻיֶּמֶת אוֹ לְאֵזוֹר מְסֻיָּם

Dialektik
תַּנְצָחָה (פיל') [ק/א/101]. גִּבּוּר, דִּיאָלֶקְטִיקָה, אֻמָּנוּת הַוִּכּוּחַ, חֲקִירָה בִּקָּרְתִּית שֶׁל דֵּעוֹת וַאֲמִתּוֹת בְּאֶמְצָעוּת שְׁאֵלוֹת וּתְשׁוּבוֹת, מַדָּע פִילוֹסוֹפִי הָעוֹסֵק בַּחֻקִּים הַכְּלָלִיִּים שֶׁל הַתְּנוּעָה וְהַהִתְפַּתְּחוּת בַּטֶּבַע, בַּחֶבְרָה וּבַחֲשִׁיבָה. חָכְמַת הַנִּצּוּחַ (פיל') [ק/א/298]. נִצּוּחַ (פיל') [ק/ג/62]. נִצָּחוֹן (פיל') [ק/ג/63]. גִּדּוּל (פיל') [ק/א/102]. דָּבָר (פיל') [ק/א/129]. חָכְמַת הַדָּבָר, - הַדְּבָרִים. הֲלָצָה (פיל') [ק/א/175]. חָכְמַת הַמּוֹפֵת. וִכּוּחַ (פיל') [ק/א/248]. חָכְמַת הַדִּבּוּר, - הַהִגָּיוֹן, - הַמִּבְטָא, - הַשֵּׂכֶל (פיל') [ק/א/294; ק/ב/137]

Dialektiker
תַּנְצְחָן (פיל') [ק/ב/220]. מְנַצֵּחַ, דִּיאָלֶקְטִיקוֹן, דִּיאָלֶקְטִיקָן, וַכְּחָן מֻמְחֶה. נִצּוּחִי (פיל') [ק/ג/62]. חֲכַם הַמּוֹפֵת (פיל') [ק/א/290]. מְדַבֵּר

(פיל') [ק/ב/145]. בַּעַל חָכְמַת הַנִּצּוּחַ

dialektisch

תַּנְצוּחִי (פיל') [ק/ג/62]. נִצּוּחִי, דִּיאָלֶקְטִי. נִצְחוֹנִי (פיל') [ק/ג/63]. גְּדְלִי (פיל') [ק/א/103]. דְּבָרִי, דִּבְרִי (פיל') [ק/א/130]. הֶגְיוֹנִי. עַל דֶּרֶךְ הַנִּצּוּחַ (פיל') [ק/א/148]. הוֹרָאִי (פיל') [ק/א/164]. מִטֶּבַע הַהוֹרָאָה (הוֹכָחָה). הֶקֵּשִׁי (פיל') [ק/א/210]. עַל דֶּרֶךְ הַוִּכּוּחַ (פיל') [ק/א/248]. וִכּוּחִי (פיל') [ק/א/248]

dialektische Argumentation ---> Argumentation, dialektische

dialektische Diskussion ---> diskussion, dialektische

dialektischer Beweis ---> Beweis, dialektischer

dialektischer Widerspruch ---> Widerspruch, dialektischer

Dialog

דּוּ שִׂיחַ (דּוּ שִׂיחִים) (פיל', ספר', תאט') [ק/א/248; מ״ס/103] וִכּוּחַ, דִּיאָלוֹג, שִׂיחַת שְׁנַיִם, שִׂיחַ, שִׂיחָה, חִלּוּף דֵּעוֹת

dialogfähig ---> interaktiv

Dialogform, in

שִׂיחָתִי (פיל', ספר', תאט') [ק/א/248]. וִכּוּחִי, עַל דֶּרֶךְ הַוִּכּוּחַ, שִׂיחִי, דּוּ שִׂיחִי, דִּיאָלוֹגִי

Dialogführung

סִדּוּר הַשִּׂיחָה (תאט')

Dialogsystem ---> System, dialogfähiges

Dialyse

הִפְרוּד (רפו') דִּיאָלִיזָה

Diameter ---> Durchmesser

dianoetisch

דְּבָרִי, דִּבְרִי (פיל') [ק/א/130]. שִׂכְלִי, מַחֲשַׁבְתִּי, עִיּוּנִי

dianoetische Tugenden ---> Tugend(en), intellektuelle

Diapason ---> Stimmumfang

Diaphora in der Definition

הֶבְדֵּל הַמִּינִים (פיל') [ק/א/151]. הֶבְדֵּל, הַצּוּרָה שֶׁבָּהּ נִבְדָּל מִין מְסֻיָּם מִזּוּלָתוֹ. הַבְדָּלָה (פיל') [ק/א/152]

Diaphorese ---> Schwitzen

Diaphragma [---> Blende]

סַרְעֶפֶת (סַרְעָפוֹת) (רפו') [ק/ג/301]. הַקְּרוּם הַחוֹלֵק, הַסֶּתֶר הַמַּבְדִּיל, טַרְפֵּשׁ, חָצִיץ, מְחִצַּת שְׁרִירִים בֵּין חֲלַל הֶחָזֶה לַחֲלַל הַבֶּטֶן

Diapositiv

שְׁקוּפִית (שְׁקוּפִיּוֹת) (טכנ') תְּמוּנָה מָעְתֶּקֶת עַל גַּבֵּי חֹמֶר שָׁקוּף

Diarrhö ---> Durchfall

Diastole

נֶבֶץ (רפו') תַּרְוִיחַ, דִּיאַסְטוֹלָה

diastolisch

נִבְצִי (רפו') תַּרְוִיחִי, דִּיאַסְטוֹלִי

Diathermie ---> Heilwärme

diathermisch ---> Heilwärme betreffend

Diathese

עִלּוּל (רפו') [מר״ח/246]. נְטִיָּה לָחֳלִי, עֲלִילוּת

diathetisch

עָלוּל (רפו') נוֹטֶה לָחֳלִי, עֲלִילוּתִי

Diauxie ---> Wachstum, zweiphasiges

Diazokopie ---> Lichtpause

Dichasium

דּוּ בַּדִּית (בוט') תִּפְרַחַת סִיּוּמִית בַּעֲלַת שְׁנֵי עֲנָפִים נֶגְדִּיִּים

dichotom

דּוּ פַּלְגִּי (פיל') דִּיכוֹטוֹמִי

dichotome Variable ---> Variable, dichotome

Dichotomie

דּוּ פַּלְגוּת (פיל') [ק/א/308]. חֲלֻקָּה, דּוּ חֶלְקִיּוּת, הִתְחַלְּקוּת לִשְׁנַיִם, דּוּ פַּלְגִּיּוּת, חֲלוּפָה, בְּרֵרָה, בְּחִירָה, פְּלִיגָה, דִּיכוֹטוֹמְיָה, חֲלֻקָּה דּוּ אֵבָרִית

dichotomisches Urteil ---> Urteil, dichotomisches

dicht ---> solide

dicht gedrängt ---> kompakt

dicht werden

נִצְפַּף (נִצְפָּף) [ק/ג/132]. הִתְעַבָּה (מִתְעַבֶּה), נִדְחַס, צֻפַּף (מְצֻפָּף), הִצְטַפֵּף (מִצְטַפֵּף), הִצְפִּיף, נִהְיָה צָפוּף, הִתְעַכֵּר, הִתְגַּסֵּס, נַעֲשָׂה גַּס, נִדְלַח, נַעֲשָׂה לֹא צָלוּל, - לֹא זַךְ

Dichte [---> Solidität; Masse, spezifische]

צְפִיפוּת (פיס') [ק/ב/273]. מִקְשִׁיּוּת, תְּכוּנַת הַדָּבָר הַטָּמוּס, דְּחִיסוּת. עֹבִי (פיס') [ק/ג/120]. נֶפַח, שִׁעוּרוֹ שֶׁל הַדָּבָר הֶעָבֶה, רֹחַב

Dichtemittel ---> Modalwert

dichten

פִּיֵּט (מְפַיֵּט) (ספר') חִבֵּר פִּיּוּט, - שִׁיר

Dichter(in)

פַּיְטָן, פַּיְטָנִית (ספר') מְשׁוֹרֵר, פַּיָּט

dichterische Freiheit ---> Freiheit, dichterische

dichterisches Mittel ---> Mittel, dichterisches

Dichternarzisse *{Narcissus poeticus}*

נַרְקִיס פַּיְטָנִי (בוט') צֶמַח מִמִּשְׁפַּחַת הַנַּרְקִיסִיִּים

dichtes Ding ---> Ding, dichtes

Dichtigkeit

אֲטִימוּת (טכנ') מַצָּב שֶׁל דְּבַר-מָה שֶׁבּוֹ אֵין נוֹזְלִים אוֹ גָּזִים חוֹדְרִים בְּתוֹכוֹ

Dichtkunst

אֳמָנוּת הַפִּיּוּט (ספר') אֳמָנוּת הַשִּׁירָה

Dichtung ---> Erzählungsliteratur; Poesie

Dichtung, epische *{Epik}*

סִפֹּרֶת (ספר') [מ״ס/1]. אֶפִּיקָה, יְצִירָה אֶפִּית, סוּג סִפְרוּתִי הַכּוֹלֵל יְצִירוֹת הַכְּתוּבוֹת בְּדֶרֶךְ כְּלָל לְלֹא חֲרוּזִים (פְּרוֹזָה) כְּגוֹן: תַּסְפּוּר (רוֹמָן), סִפּוּר קָצָר וכד'

Dichtungsring

טַבַּעַת אֲטִימָה (טכנ')

dick

עָבֶה, עָב

dick machen ---> dickflüssig machen

dick werden

עָבָה (עָבֶה), הִתְעַבָּה (מִתְעַבֶּה), עֻבָּה (מְעֻבֶּה), נַעֲשָׂה עָבֶה, - סָמִיךְ

dickbärtig
עַבְדְּקָנִי [א״ת/א/194]

Dickbärtiger
עַבְדְּקָן [א״ת/א/194]. בַּעַל זָקָן סָמִיךְ

dickbauchig
כַּרְסְתָן (כַּרְסְתָנִים), כַּרְסָנִי, בַּעַל כֶּרֶס גְּדוֹלָה

Dickdarm
כַּרְכֶּשֶׁת (רפו׳) [מר״ח/173]. מְעִי גַּס

Dickdarmspiegelung ---> Darmbesichtigung

dickflüssig
מְעֻבֶּה, סָמִיךְ, מְדֻיָּס, קָרוּשׁ, דַּיְסָתִי

dickflüssig machen
עִבָּה (מְעַבֶּה), סִמֵּךְ (מְסַמֵּךְ), סָמַךְ, דִּיֵּס, הִקְרִישׁ, עִבֵּב (מְעַבֵּב), הֶעֱבָה (מַעֲבֶה), עָשָׂה שֶׁיִּהְיֶה עָבֶה, - סָמִיךְ

dickflüssige Lösung ---> Lösung, dickflüssige

Dickflüssigkeit
עֳבִיוּת, סְמִיכוּת, הִתְעַבּוּת, דְּחִיסוּת, קְרִישׁוּת, דַּיְסָתִיּוּת

Dickflüssigwerden
עִבּוּי, סִמּוּךְ, דְּחִיסָה, הַדְחָסָה, דִּיּוּס, הַקְרָשָׁה

Dickkopffalter *{Hesperiidae}*
הֶסְפֶּרִיתִיִּים (זוא׳) מִשְׁפָּחָה שֶׁל פַּרְפָּרָאִים

Dictum de omni et de nullo ---> Aussage über alles und über nichts

Didaktik
לִקְחָאוּת (פרג׳, פיל׳) דִּידַקְטִיּוּת, הַקְנָיַת יֶדַע אוֹ מוּסַר הַשֵּׂכֶל

didaktisch
לִקְחָאִי (פרג׳, פיל׳) דִּידַקְטִי, לִמּוּדִי, מַחְכִּים, מְאַלֵּף, מַדְרִיךְ

Diebesgut
רְכוּשׁ גָּנוּב (משפ׳)

Diederecke
זָוִית דּוּ מִישׁוֹר (זָוִיּוֹת דּוּ מִישׁוֹר) (מתמ׳)

dienen
שֵׁרֵת (מְשָׁרֵת) (כלכ׳) [ק/ד/165]. עָבַד בִּשְׁבִיל אֲחֵרִים, שִׁמֵּשׁ (מְשַׁמֵּשׁ), הָיָה נְחוּת דַּרְגָּה

dienend
מְשַׁמֵּשׁ [ק/ד/135]. שַׁמָּשׁ, בְּשַׁמָּשׁוּת, מְשָׁרֵת, בְּשַׁרְתָנוּת

Diener(in)
מְשָׁרֵת, מְשָׁרֶתֶת (מלא׳) [א״ת/ב/101]. שַׁמָּשׁ, שַׁמֶּשֶׁת, שָׁרַת, שָׁרָתִית

Dienerschaft
חֶבֶר אַנְשֵׁי שָׁרֵת (מלא׳)

Dienst
שֵׁרוּת [ק/ד/159; ק״מ/א/155]. מִלּוּי תַּפְקִיד, שִׁמּוּשׁ, פְּעֻלָּה מוֹעִילָה שֶׁל עֵרֶךְ שִׁמּוּשׁ - אִם שֶׁל סְחוֹרָה וְאִם שֶׁל עֲבוֹדָה

Dienst, öffentlicher
הַשֵּׁרוּת הַצִּבּוּרִי (מדי׳) שֵׁרוּת הַמְּדִינָה, - מַמְלַכְתִּי

Dienstanweisung
כְּלַל עֲבוֹדָה (כְּלָלֵי עֲבוֹדָה) (משפ׳, כלכ׳)

Dienstbarkeit
זִקַּת הֲנָאָה (משפ׳, כלכ׳) זְכֻיּוֹת מְסֻיָּמוֹת שֶׁל בַּעֲלֵי הַקַּרְקַע בְּמְקַרְקְעִים שֶׁל הָאִכָּרִים וְהַקְּהִלּוֹת הַכַּפְרִיּוֹת, זְכוּת שִׁמּוּשׁ בְּנֶכֶס זָר

Dienstbarkeit, negative
זִקַּת הֲנָאָה שְׁלִילִית (משפ׳, כלכ׳) הַזְּכוּת לְהִמָּנַע מֵחוֹבָה מְסֻיֶּמֶת

Dienstbarkeit, positive
זִקַּת הֲנָאָה חִיּוּבִית (משפ׳, כלכ׳) זְכוּת שִׁמּוּשׁ בְּשֵׁרוּתֵי אֲחֵרִים

Dienstprogramm *{Serviceprogramm}*
תָּכְנִית שֵׁרוּת (מחש׳) [דמ״א/106]. תָּכְנִית לְבִצּוּעַ פְּעֻלּוֹת עֵזֶר

Dienstvertrag ---> Anstellungsvertrag

diese
אֵלֶּה, אֵלּוּ, הַלָּלוּ

Dieselbigkeit
חַד סוּגִיּוּת

Diesheit
הוּאוּת (פיל׳) [ק/א/159]. סְגֻלַּת הַהוּא, זֶהוּת

diesig
אָבִיךְ (מטא׳) לֹא צָלוּל

Diesigkeit ---> Dunst, trockener

Diesseits und Jenseits
שְׁנֵי הַמְּעוֹנִים (דת) [ק/ב/232]. הָעוֹלָם הַזֶּה וְהָעוֹלָם הַבָּא

Differentia ---> Differenz

Differentia, essentialis
רֶבְדֵּל עַצְמִי [ק/א/151]

Differentia per accidentia
הֶבְדֵּל מִקְרִי [ק/א/152]

Differentia specifica ---> Unterschied, kennzeichnender

Differential
פִּשְׁיוֹן (מתמ׳) [ק/ג/220]. דִּיפֶרֶנְצִיאָל, שִׁעוּר הַמִּשְׁתַּנֶּה עַד אֵין סוֹף

Differential, semantisches
פִּשְׁיוֹן תָּכְנִי (מ״ח) [מ״מ/211]. דִּיפֶרֶנְצִיאָל סֶמַנְטִי, שִׁיטַת נִתּוּחַ כַּמּוּתִית לִמְדִידַת הַמּוּבָן שֶׁל מֻשָּׂגִים וְדֵעוֹת

Differentialdiagnose (DD)
אַבְחָנָה מְבַדֶּלֶת (רפו׳, פסי׳) אִבְחוּן אִבְדּוּלִי, תִּפְשָׂרָה אַבְדָּלִית, אִבְחוּן דִּיפֶרֶנְצִיאָלִי, הַבְדָּלָה (הַבְחָנָה) בֵּין חֲזָיֵי (חוֹזָיֵי) מַחֲלָה דּוֹמִים (תְּמוּנוֹת קְלִינִיּוֹת דּוֹמוֹת)

Differentialgleichung, adjungierte
מִשְׁוָאָה נִגְזֶרֶת מְצֹרֶפֶת (מתמ׳) מִשְׁוָאָה דִּיפֶרֶנְצִיאָלִית מְצֹרֶפֶת

Differentialkalkül
גִּזְרוֹן (מתמ׳) חֶשְׁבּוֹן דִּיפֶרֶנְצִיאָלִי

Differentialpsychologie
נַפְשׁוּת מְבַדֶּלֶת (פסי׳) פְּסִיכוֹלוֹגְיָה הֶבְדֵּלִית

Differentialquotient
נִגְזֶרֶת שְׁנִיָּה (מתמ׳)

Differentiation ---> Differenzierung

differentiell
מְבַדֵּל, בִּדּוּלִי, הִתְבּוֹדְלוּתִי, דִּיפֶרֶנְצִיאָלִי, שֶׁיֵּשׁ בּוֹ הֶבְדֵּל, אַבְדָּלִי, אִבְדּוּלִי, חִלּוּקִי, הֶבְדֵּלִי

Differenz
הֶפְרֵשׁ (מתמ׳) [ק/א/301; ק/ב/170]. מוֹתָר, חִלּוּף, הֶבְדֵּל, הִתְחַלְּפוּת, שִׁנּוּי, עֹדֶף. שִׁנְיוֹן [ק/ד/142]. שֵׁנִי. תּוֹסֶפֶת (מתמ׳) [ק/ד/184]. חִלּוּק [ק/א/302]

Differenz, absteigende

הֶפְרֵשׁ קְדוֹמָנִי (מתמ')

Differenz, aufsteigende

הֶפְרֵשׁ אֲחוֹרָנִי (מתמ')

Differenz zwischen dem scheinbaren und dem wirklichen Standort

חִלּוּף הַהַבָּטָה (אסט', פיס') [ק/א/302]. הַהֶפְרֵשׁ שֶׁבֵּין הַמָּקוֹם הַמְדֻמֶּה שֶׁל הַגּוּף הַנִּרְאֶה וּבֵין מְקוֹמוֹ הָאֲמִתִּי

Differenzengleichung

מִשְׁוָאַת הֶפְרֵשִׁים (מתמ')

Differenzenquotient, zentraler

הֶפְרֵשׁ מֶרְכָּזִי (מתמ')

Differenzenrechnung

חֶשְׁבּוֹן הֶפְרֵשִׁים (מתמ')

differenzieren

בִּדֵּל (מְבַדֵּל) (פיל') [ק/א/80]. הִבְדִּיל, בִּדֵּל (מְבֻדָּל), הִתְבַּדֵּל (מִתְבַּדֵּל), הִתְפָּרֵד, הִתְחַלֵּק. בּוֹדֵל (מְבוֹדָל), עָשָׂה דִּיפֶרֶנְצִיאַצְיָה, הִפְרִיד, מִיֵּן, הִבְדִּיל, קָבַע הֶבְדֵּל, אִבְדֵּל (מְאַבְדֵּל), גָּזַר, הִפְרִיט (מַפְרִיט)

Differenziertheit ---> Differenzierung

Differenzierung

בִּדּוּל (מדע) [ר/א/165; מר״ח/248; מ״ב/64]. דִּיפֶרֶנְצִיאַצְיָה, הַבְחָנָה, הִתְהַוּוּת הֶבְדֵּלִים וְיִחוּדִים, הִתְבּוֹדְלוּת, הַפְרָדָה, הַפְרָטָה עֲשִׂיַּת הֶבְדֵּלִים, רַבְנִימִיּוּת, קְבִיעַת הֶבְדֵּל, תַּהֲלִיךְ הִתְפַּתְּחוּת שֶׁל שְׁכָבוֹת וּמַעֲמָדוֹת בְּחֶבְרָה, הַבְדָּלָה, אִבְדּוּל, פִּלּוּג, הִסְתַּעֲפוּת לְהֶבְדֵּלִים. הִבָּדְלוּת (פיל') [ק/א/152]. גְּזִירָה (מתמ')

Difformität [---> Dysplasie]

עִוּוּת (רפו') הִתְעַוְּתוּת, הַשְׁחָתַת צוּרָה, לִקּוּי בְּדֶפוֹרְמַצְיָה

Diffraktion ---> Beugung

Diffraktionsgitter ---> Beugungsgitter

diffundieren

פִּעְפַּע (מְפַעְפֵּעַ) (פיס', ביו')

diffuse Reflexion ---> Reflexion, diffuse

diffuses Licht ---> Licht, diffuses

Diffusion

פִּעְפּוּעַ (פיס', ביו') [ל״מ/185; ל״ב/78]. נְפֹצֶת, דִּיפוּזְיָה, פִּזּוּר, חֲדִירָה שֶׁל חֹמֶר אֶחָד לְתוֹךְ חֹמֶר אַחֵר וְהִתְעַרְבְּבוּתָם זֶה בָּזֶה, חִלְחוּל, פִּשְׁיוֹן

digital

סִפְרָתִי (מתמ') דִּיגִיטָלִי

Digitalanzeige

מַצָּג סִפְרָתִי (טכנ')

digitalisieren

סִפְרֵת (מְסַפְרֵת) (מתמ')

Digitalistinktur

תַּשְׁרִית הָאֶצְבְּעוֹנִית (רפו')

Diglossie

כְּפוּלְשׁוֹנָה (בלש') [מ״ב/64]. דִּיגְלוֹסְיָה, שִׁמּוּשׁ בִּשְׁתֵּי לְשׁוֹנוֹת אוֹ בִּשְׁתֵּי עָגוֹת לְמַטָּרוֹת שׁוֹנוֹת בְּחֶבְרָה אַחַת

Digraph

הֶרְכֵּב אוֹתִיּוֹת (בלש') [מ״ב/64]. קְבוּצָה בַּת שְׁתֵּי אוֹתִיּוֹת הַמְבַטֵּאת הֶגֶה (פוֹנֵמָה) אֶחָד, לְמָשָׁל: בְּגֶרְמָנִית ch בַּמִּלִּים ich, ach

Digressio

יְצִיאָה (רטו') [ק/ב/46]. נְטִיָּה אֶל עִנְיָן אַחֵר

Diktion

מִמְלָל (בלש') דִּיקְצִיָּה, אֹפֶן הַבָּעָה

dilatant

בַּר תְּפוּחַ (טכנ')

Dilatanz

תְּפוּחַ (טכנ') הַגְדָּלַת הַנֶּפַח עַל יְדֵי זִיחָה

Dilemma

מִסְפָּק (מִסְפָּקִים) [מר״ח/249]. סְבָרַיִם, דִּילֶמָּה. מָה נַפְשָׁךְ, מִמָּה נַפְשָׁךְ [ק/ב/155]. בְּעָיָה, בְּרֵרָה בֵּין שְׁתֵּי אֶפְשָׁרֻיּוֹת לֹא רְצוּיוֹת, עִנְיָן קָשֶׁה וּמְסֻבָּךְ

Dilettant(in)

חוֹבְבָן, חוֹבְבָנִית (אמנ') חוֹבֵב, חוֹבֶבֶת

Dilettantismus

חוֹבְבָנוּת (אמנ')

Dill *{Anethum}*

שֶׁבֶת (בוט') צֶמַח מִמִּשְׁפַּחַת הַסּוֹכְכִיִּים

Dimension(en)

מֵמַד (מְמַדִּים) (מתמ', פיל') [ק/א/98; ק/ב/208]. כָּל אֶחָד מִשְּׁלֹשֶׁת הַכִּוּוּנִים בִּמְדִידַת הַהִתְפַּשְּׁטוּת: אֹרֶךְ, רֹחַב וְגֹבַהּ. רֹחַק, מֶרְחָק, שִׁעוּר הַנִּתָּן לִמְדִידָה, גְּבוּל הַיֵּשׁוּת הַגַּשְׁמִית. מֶרְחָק (מתמ') [ק/ב/278]. שִׁעוּר שֶׁל הִתְפַּשְּׁטוּת בְּכִוּוּן מְסֻיָּם. מְשִׁיכָה (מתמ') [ק/ב/292]. מְמַדִּיּוּת. מֶשֶׁךְ (מתמ') [ק/ב/293]. פֵּאָה (מתמ') [ק/ג/181]. צַד (מתמ') [ק/ג/225]. קֹטֶר (מתמ') [ק/ג/279]. רֹחַק (מתמ') [ק/ד/37]. שִׁלּוּחַ (מתמ') [ק/ד/110]. גֶּדֶר, גֶּדֶר (פיל') [ק/א/105]. הֶמְשֵׁךְ (מתמ', מ״ט) [ק/א/179]. הַמְתָּחָה, הִתְרַקְּעוּת. הִתְמוֹדְדוּת (מתמ') [ק/א/239]. הִתְפַּשְּׁטוּת (מתמ') [ק/א/245]. גְּדִילַת הַשֶּׁטַח אוֹ הַנֶּפַח, הִתְרַחֲבוּת. מִדָּה (מתמ') [ק/ב/147]

Diminuendo

הָלוֹךְ וְרָפֹה (מוס')

Diminutio

הֶפְסֵד [ק/א/231]. הַקְטָנָה, הִתּוּךְ, חֶסְרוֹן. הֲתִיכָה [ק/א/236]. הֲתָכָה [ק/א/236]. הִתְפָּרְדוּת

Diminutivum ---> Verkleinerungsform

Ding

דָּבָר (דְּבָרִים) (פיל') [ק/א/130]. נִמְצָא. יֵשׁ (פיל') [ק/ב/51]. עֶצֶם שֶׁבְּנִמְצָא, הֲוָיָה, מְצִיאוּת, דָּבָר קַיָּם, חֵלֶק יַצִּיב יַחֲסִית שֶׁל הָעוֹלָם הַחָמְרִי הַמִּתְקַיֵּם מִשֶּׁאֵית וְהַמִּשְׁתַּקֵּף בְּתוֹדָעַת הָאָדָם כְּגוֹן: "שֻׁלְחָן", "סֵפֶר". כְּלוּם (פיל') [ק/ב/87]. מְקוֹמָם (פיל', פיס') [ק/ב/267]. גּוּף אוֹ חֵפֶץ הַתּוֹפֵס מָקוֹם. עִנְיָן (פיל') [ק/ג/149]. נוֹשֵׂא, סוּגְיָה, עֵסֶק, פָּרָשָׁה, שְׁאֵלָה. עֶצֶם (פיל') [ק/ג/155]

Ding, begrenztes

נִקְצָב [ק/ג/67]. קָצוּב, קָבוּעַ בְּכַמּוּתוֹ, דָּבָר שֶׁיֵּשׁ לוֹ גְּבוּל וְקִצְבָּה, גְּבוּלִי, מֻגְבָּל בֶּחָלָל אוֹ בִּזְמַן. מִקְצָה [ק/ב/269]. דָּבָר שֶׁיֵּשׁ לוֹ קָצֶה

Ding(es), Allgemeines eines ---> Allgemeines eines Dinges

Ding, durch ein Merkmal beschriebenes

דָּבָר מֻרְשָׁם [ק/ב/222]. מְסֻגָּל, דָּבָר הַמֻּגְדָּר בִּסְגֻלָּתוֹ, מְתֹאָר בְּדִיּוּק לְפִי סִימָנָיו וּתְכוּנוֹתָיו

Ding, in Aktualität überführendes --->

Aktualität überführendes Ding, in
Ding, in Aktualität übergeführtes --->
Aktualität übergeführtes Ding, in

Ding, dichtes
מִקְשָׁה (פיס') [ק/ב/273]. דָּבָר שֶׁאֵינוֹ נָבוּב בַּתָּוֶךְ, עֶצֶם טָמוּם וְלֹא חָלוּל

Ding, bestimmtes
דָּבָר מְסֻיָּם [ק/א/256]. דָּבָר זוּלַת דָּבָר, - קָבוּעַ וְנִבְדָּל מִדָּבָר אַחֵר

Ding, endliches ---> Ding, begrenztes

Ding, erkennbares
דָּבָר שֶׁבְּהַכָּרָה (פיל')

Ding, kompaktes ---> Ding, dichtes

Ding, letztes
סוֹף פָּסוּק (פיל') [פ״ר/176]. גְּמַר עִנְיָן בְּאֹפֶן חַד מַשְׁמָעִי

Ding, sichtbares
נִרְאֶה (נִרְאִים) [ק/ג/68]. הַדָּבָר הַמֻּשָּׂג בְּחוּשׁ הָרְאִיָּה

Ding, triviales
דְּבַר חֹל, חֻלֵּי חֻלִּין, דָּבָר נָדוֹשׁ, עִנְיָן שֶׁל מַה בְּכָךְ, מַשֶּׁהוּ שִׁגְרָתִי

Ding an sich
דָּבָר כְּשֶׁהוּא לְעַצְמוֹ (פיל') מֻנָּח שֶׁנִּטְבַּע עַל יְדֵי פִילוֹסוֹפִים בַּמֵּאוֹת הַ-י״ז וְהַ-י״ח לְצִיּוּן מַה שֶּׁמִּתְקַיֵּם לְדַעְתָּם בְּלֹא תְּלוּת בַּתּוֹדָעָה אַךְ אֵינוֹ נִכָּר עַל יָדֶיהָ לַחֲלוּטִין

Dingel *{Limodorum}*
שַׁנָּק (בוט') צֶמַח מִמִּשְׁפַּחַת הַסַּחְלָבִיִּים

Dingkonstanz
קְבִיעוּת שֶׁל עֶצֶם (פסי') [ר/ב/594]. נְטִיָּה שֶׁל עֲצָמִים נִתְפָּסִים לְעוֹרֵר חֲוָיוֹת תְּפִיסָתִיּוֹת זֵהוֹת

dinglich
דְּבָרִי (פיל', פיס') [ק/א/243]. הִתְעַצְמִי, עַל דֶּרֶךְ הַהִתְעַצְּמוּת

Dinglichkeit
דְּבָרִיּוּת (פיל') [המ״מ/222]. דְּבָרוּת

Dinkel *{Triticum spelta}* **[---> Buchweizen; Emmer]**
חִטַּת הַכֻּסֶּמֶת (בוט', חקל') צֶמַח מִמִּשְׁפַּחַת הַדְּגָנִיִּים, כֻּסֶּמֶת (כֻּסְּמִין)

diözisch ---> zweihäusig

Dioptrik
מַדַּע הָעֲדָשׁוֹת (פיס') [ק/א/297]. חָכְמַת הַמַּרְאָה הַמְעֻקֶּלֶת, דִּיוֹפְּטְרִיקָה

Diphtherie
אַסְכָּרָה (רפו') קָרֶמֶת, דִּיפְטֶרְיָה

Diphthong
דּוּ תְּנוּעָה (בלש') [מ״ב/65]. דִּיפְתּוֹנְג, צֵרוּף שֶׁל שְׁתֵּי תְּנוּעוֹת לְאַחַת, לְמָשָׁל: au, eu, ei

Diplokokke *{Diplococcus}*
צִירָה (צִרִים) (ביו', רפו') חַיְדַּק הַדּוֹמֶה לְצִירָה

Diplomat
שַׁדְרִיר (שַׁדְרִירִים) (מדי') דִּיפְּלוֹמָט

Diplomatie
שַׁדְרִירוּת (מדי') דִּיפְּלוֹמַטְיָה

diplomatisch
שַׁדְרִירִי (מדי') דִּיפְּלוֹמָטִי

Diplopie ---> Doppeltsehen

Dipol
דּוּ קֹטֶב (דּוּ קְטָבִים) (פיס')

Diptychon
לוּחוֹתַיִם (אמנ', דת) דִּיפְטִיכוֹן, צִיּוּר עַל גַּבֵּי מִזְבֵּחַ דּוּ אֲגַפִּי בִּכְנֵסִיָּה

direkt
יָשִׁיר [ק/ב/70]. כֵּיוָן, מִיָּד, לְלֹא עִכּוּב

direkte Rede ---> Rede, direkte
direkter Beweis ---> Beweis, direkter
direkter Reiz ---> Reiz, direkter
direkter Schluß ---> Schluß, direkter
direktes Objekt ---> Akkusativobjekt

Direktion
הַנְהָלָה (מנה', כלכ') הַנְהָגָה

Direktiv
מְכֻוָּן (בלש') [מ״ב/65]. מַבָּע שֶׁל תְּבִיעָה, בַּקָּשָׁה, פְּקֻדָּה, הוֹרָאָה וכד'

Direktive ---> Richtlinie

Direktor(in) [---> Vorstandsmitglied]
מְנַהֵל (מְנַהֲלִים), מְנַהֶלֶת (מְנַהֲלוֹת) (מנה', כלכ')

Direktrix ---> Leitlinie

Dirigent
מְנַצֵּחַ, מְנַצַּחַת (מוס') נַצָּח

dirigieren
נִצֵּחַ (מְנַצֵּחַ) (מוס')

Dirigieren
נִצּוּחַ (מוס')

Dis
רֶה נָסֵק (מוס') רֶה דִּיאֶז

Disengagement
הִתְנַתְּקוּת (מ״ח, פסי') אִי מְחֻיָּבוּת, אַל מְקֻשָּׁרוּת

Disharmonie
אִי תֹּאַם, אִי הַרְמוֹנְיָה

Disis
רֶה נְסֵקִים (מוס')

disjunkte Menge ---> Menge, disjunkte

Disjunktion [---> Satz, disjunktiver; Urteil, disjunktives]
אַלְקֶשֶׁר (בלש', פיל') [מ״ב/66]. נִתְקֶשֶׁר, דִּיסְיוּנְקְצִיָּה, אִחוּד הֶגְיוֹנִי (לוגי), בְּרֵרָה, קֶשֶׁר בְּרֵרָה, הִתְחַלְּפוּת, מַבָּע הַמֵּכִיל שְׁנֵי אֲבָרִים שֶׁלְּפָחוֹת אֶחָד מֵהֶם נָכוֹן וּבֵין שְׁנֵיהֶם מוּסֶפֶת מִלַּת הַקִּשּׁוּר "אוֹ" אוֹ "אִם... וְאִם" הַמְּבַטֵּאת אֶת הַבְּרֵרָה בֵּין שְׁתֵּי הַטְּעָנוֹת, לְמָשָׁל: "שִׁמְעוֹן סָר הַצִּדָּה **אוֹ** שֶׁהוּא נִפְגַּע מִמְּכוֹנִית", "**אִם** טָמֵא הָיִיתִי... **וְאִם** טָהוֹר הָיִיתִי..."

Disjunktion, ausschließende
אַלְקֶשֶׁר מְבַלְעֵד (בלש', פיל') (קמ״ל/250) נִתְקֶשֶׁר מְבַלְעֵד, דִּיסְיוּנְקְצִיָּה מוֹצִיאָה, בְּרֵרָה חֲזָקָה, מַאֲמָר מְחַלֵּק מוֹצִיא, פְּעֻלַּת "אוֹ מוֹצִיא", כַּאֲשֶׁר מַשְׁמָעוּת הָ"אוֹ" שֶׁבֵּין שְׁתֵּי טְעָנוֹת חִלּוּפִיּוֹת הִיא: "לְפָחוֹת אַחַת וּלְכָל הַיּוֹתֵר אַחַת", כְּלוֹמַר: "א' אוֹ ב', אַךְ לֹא שְׁתֵּיהֶן, לְמָשָׁל: "הַאִם חֶבְרָה זוֹ סַנְגֶּדִית (אַנְטָגוֹנִיסְטִית) הִיא **אוֹ** אֵינָהּ סַנְגֶּדִית?"

Disjunktion, einschließende --->
Disjunktion, nichtausschließende
Disjunktion, nichtausschließende

אַלְקֶשֶׁר בִּלְתִּי מְבַלְחֵד (בלש׳, פיל׳) נִתְקֶשֶׁר בִּלְתִּי מְבַלְחֵד, דִּיסְיוּנְקְצְיָה לֹא מוֹצִיאָה, בְּרֵרָה חַלָּשָׁה, מַאֲמָר מְחַלֵּק בִּלְתִּי מוֹצִיא, מַבָּע בַּעַל שְׁתֵּי טְעָנוֹת הַמְּקֻשָּׁרוֹת בֵּינֵיהֶן בְּמִלָּה ״אוֹ״ (בְּמַשְׁמָעוּת שֶׁל ״וְ/אוֹ״) שֶׁאַחַת מֵהֶן מִתְקַיֶּמֶת וְאֶפְשָׁר שֶׁשְּׁתֵּיהֶן יִתְקַיְּמוּ, לְמָשָׁל: ״הַשָּׁנָה הַשֶּׂגֶג יְבוּל שִׂיא מִפְּנֵי שֶׁהַשָּׂדֶה זֻבַּל הֵיטֵב **אוֹ** מִפְּנֵי שֶׁיָּרְדוּ מַסְפִּיק גְּשָׁמִים״

Disjunktion, trennende

מִשְׁפָּט מְחַלֵּק מַפְרִיד (בלש׳, פיל׳) [ח״ה/225]

disjunktiv

אַלְקְשָׁרִי, מִתְחַלֵּק, מְחַלֵּק

disjunktiv-hypothetischer Schluß ---> Schluß, disjunktiv-hypothetischer

disjunktiv-hypothetisches Urteil ---> Urteil, disjunktiv-hypothetisches

disjunktive Frage ---> Alternativfrage

disjunktiver Satz ---> Satz, disjunktiver

Diskette

תַּקְלִיטוֹן (תַּקְלִיטוֹנִים) (מחש׳) [דמ״א/46]. דִּיסְקֶטָה, תַּקְלִיט קָטָן מְצֻפֶּה בְּחֹמֶר מַגְנֶטִי הַמְּשַׁמֵּשׁ לְאִחְסוּן נְתוּנִים לְמַחְשֵׁב

Diskettenlaufwerk

כּוֹנַן תַּקְלִיטוֹנִים (כּוֹנְנֵי תַּקְלִיטוֹנִים) (מחש׳) [דמ״א/46]. הֶתְקֵן לְהַפְעָלַת תַּקְלִיטוֹנִים בְּמַחְשֵׁב

diskontinuierlich

מְקֻטָּע [ק/ב/230]. מְסֹרָג, לֹא בִּרְצִיפוּת, לֹא קָשׁוּר לְהֶמְשֵׁךְ, בִּלְתִּי דָּבֵק, בִּלְתִּי רָצוּף. מֻפְסָק [ק/ב/311,247]. מְסֻדָּר בְּהַפְסָקוֹת, עָשׂוּי לְמַפְסְקִין, - לְסֵרוּגִין, בְּהֶפְסֵק. מְפֹרָד [ק/ב/247]. מְפֹרָד. מְפֹרָק [ק/ב/249]. בְּנִגּוּד לִמְדֻבָּק, בִּלְתִּי תָּכוּף. מִתְחַלֵּק [ק/ב/316]. נִפְסָק, מֻרְכָּב מֵחֲלָקִים נִבְדָּלִים. מִתְפָּרֵד [ק/ב/326]. שֶׁאֵינוֹ בִּרְצִיפוּת, מִתְפָּרֵק, מֻפְסָק. פֵּרוּדִי [ק/ג/209]. נִפְסָק

diskontinuierliche Größe ---> Größe, diskontinuierliche

diskontinuierliche Konstituente ---> Konstituente, diskontinuierliche

Diskrepanz

מֶחְרָג, פַּעַר, חִלּוּק, מִבְדָּל, אִי הַתְאָמָה

diskret

בָּדִיד [ק/ב/247]. מֻפְסָק, מְסֻדָּר בְּהַפְסָקוֹת, עָשׂוּי לְמַפְסְקִין, - לְסֵרוּגִין, לֹא רָצִיף, בִּלְתִּי רָצוּף. מְפֹרָד [ק/ב/247]. מְפֹרָד. מְפֹרָק [ק/ב/249]. בְּנִגּוּד לִמְדֻבָּק, בִּלְתִּי תָּכוּף. מִתְחַלֵּק [ק/ב/316]. נִפְסָק, מֻרְכָּב מֵחֲלָקִים נִבְדָּלִים. מִתְפָּרֵד [ק/ב/326]. שֶׁאֵינוֹ בִּרְצִיפוּת, מִתְפָּרֵק, מֻפְסָק, מְקֻטָּע. פֵּרוּדִי [ק/ג/209]. נִפְסָק

diskrete Größe ---> Größe, diskrete

diskrete Variable ---> Variable, diskrete

diskriminante Gültigkeit ---> Gültigkeit, diskriminante

Diskriminanzanalyse

נִתּוּחַ מַבְחִין (סטט׳) [מ״מ/218]. שִׁיטַת נִתּוּחַ סְטָטִיסְטִי רַב מִשְׁתַּנִּי לְהַבְחָנָה בֵּין קְבוּצוֹת עַל פִּי מַעֲרֶכֶת שֶׁל מִשְׁתַּנִּים תְּלוּיִים

Diskriminanzvalidität ---> Gültigkeit, diskriminante

Diskrimination ---> Unterscheidungsvermögen

Diskriminationsbaum ---> Unterscheidungsbaum

Diskurs [---> Gespräch]

שִׁקּוּל דַּעַת (פיל׳) עִיּוּן וְחִשּׁוּב

Diskursanalyse ---> Gesprächsanalyse

diskursiv

שִׁקּוּלִי (פיל׳) הֶקֵּשִׁי, מִתְקַדֵּם מֵרַעְיוֹן אֶחָד לְרַעְיוֹן שֵׁנִי מִתּוֹךְ הֶכְרֵחַ הֶגְיוֹנִי

diskursive Erkenntnis ---> Erkenntnis, diskursive

Diskussion

וִכּוּחַ (וִכּוּחִים) [ק/א/248]. דִּיּוּן, פּוּלְמוּס, חִלּוּק, הִתְדַּיְּנוּת. הִתְוַכְּחוּת [ק/א/231]. מַשָּׂא וּמַתָּן עִיּוּנִי

Diskussion, dialektische

וִכּוּחַ תַּנְצוּחִי (פיל׳) [ק/ג/63]. וִכּוּחַ דִּיאָלֶקְטִי, מַחֲלֹקֶת הַנִּצָּחוֹן, וִכּוּחַ הַנִּצּוּחַ

diskutieren

הִתְוַכֵּחַ (מִתְוַכֵּחַ), הִתְפַּלְמֵס, דִּיֵּן (מְדַיֵּן), דִּקְדֵּק (מְדַקְדֵּק) עִם...., נֶחְלַק עַל.../עִם...., פִּלְפֵּל (מְפַלְפֵּל), הִתְפַּלְפֵּל, דָּן, הִתְדַּיֵּן, הִתְנַצֵּחַ, הִדַּיֵּן עִם...., הִשִּׂיג עַל...., חָלַק (חוֹלֵק) עַל...

Dislokation ---> Verrenkung

disloziert ---> verrenkt

disparat

הֲפַכִּי (פיל׳) [ק/ג/14]. נִבְחָן, מֻשָּׂג הֲפַכִּי, - לֹא אָחִיד

Disparation

הֲפַכִּיּוּת (פסי׳, רפו׳) [ר/א/35]. אִי הֶתְאֵם, מַצָּב שֶׁבּוֹ נוֹצֶרֶת בָּבוּאָה כְּפוּלָה וּמְטֻשְׁטֶשֶׁת כְּשֶׁמַּשָּׂא נִמְצָא רָחוֹק יוֹתֵר אוֹ קָרוֹב יוֹתֵר מִנְּקֻדַּת הַנְּעִיצָה הַזְּמַנִּית שֶׁל שְׁתֵּי הָעֵינַיִם, כֶּפֶל רְאִיָּה, אִי הֲלִימָה

Disparation, gekreuzte

הֲפַכִּיּוּת צְלוּבִית (פסי׳, רפו׳) [ר/א/35]. אִי הֶתְאֵם צְלוּבִי

Disparation, gleichseitige

הֲפַכִּיּוּת לֹא צְלוּבִית (פסי׳, רפו׳) [ר/א/35]. אִי הֶתְאֵם לֹא צְלוּבִי

Dispenser

מַנְפֵּק (מַנְפְּקִים) (טכנ׳) הֶתְקֵן לְהַסְפָּקַת חֹמֶר בְּכַמֻּיּוֹת קְבוּעוֹת

dispergieren

תִּפְזֵר (מְתַפְזֵר) (טכנ׳)

dispergiert

מְתֻפְזָר (טכנ׳)

Dispersion [---> Streuung]

נְפִיצָה (פיס׳) [ל״מ/442]. דִּיסְפֶּרְסְיָה, הַפְרָדַת קְרִינָה לִרְכִיבֶיהָ בְּהֶתְאֵם לִתְכוּנָה כַּמּוּתִית (פִיזִיקָלִית) מְסֻיֶּמֶת, כְּגוֹן: אֹרֶךְ גַּל, תְּדִירוּת אוֹ מֶרֶץ (אֶנֶרְגְּיָה). תִּפְזוּר (פְּעֻלָּה), תַּפְזִיר (תּוֹצָאָה), זֵרוּי, תַּזְרִית, פִּזּוּר, בִּזּוּר

Dispersion, fest-flüssige ---> Streichmasse, breiige

Dispersionsgrad

דַּרְגַּת הַפִּזּוּר (גאו׳)

disponibel ---> disponiert; verfügbar

disponiert [---> verfügbar]

מְזֻמָּן [ק/ב/174]. עָלוּל [ק/ג/138]. עָשׂוּי, מְסֻגָּל, יָכוֹל, צָפוּי, מֻכְשָׁר, עוֹמֵד לְשִׁמּוּשׁ, פָּנוּי לְשִׁמּוּשׁ, עוֹמֵד לִרְשׁוּת. מוּכָן [ק/ב/160]. עָרוּךְ, רָאוּי וּמֻכְשָׁר לַפְעֻלָּה אוֹ לַתַּפְקִיד, מוּעָד לְ..., נִקְבַּע מֵרֹאשׁ לְשֵׁם מַטָּרָה מְסֻיֶּמֶת, נוֹטֶה לְ..., שֶׁיֵּשׁ לוֹ נְטִיָּה לְמַשֶּׁהוּ

Disposition

הֲכָנָה (פסי') [ק/א/172]. הַכְשָׁרָה טִבְעִית לְקַבֵּל תְּכוּנָה מְסֻיֶּמֶת. כֹּחַ הַהֲכָנָה (פסי') [ק/ב/74]. הֲכָנָה מִזְגִּית, - טִבְעִית (פסי', רפו') [ק/ב/172; המ"מ/222; ר/ב/433-434]. נְטִיָּה (נְטִיּוֹת), דִּיסְפּוֹזִיצְיָה, טֶבַע מְלֵדָה, כֹּשֶׁר תּוֹרַשְׁתִּי. תְּכוּנָה (פסי') [ק/ד/193]. כִּשְׁרוֹן, מְסֻגָּלוּת, כֹּחַ נַפְשִׁי, יְכֹלֶת רוּחָנִית, סְגֻלַּת כִּשְׁרוֹן טִבְעִית, מְנַת הַבִּינָה, זִקָּה נַפְשִׁית. זִמּוּן [ק/א/263]. הַעֲמָדָה. עִתּוּד (פיל') [ק/ג/177]. הִתְכּוֹנְנוּת לִקְרַאת הַבָּאוֹת. דְּרִיכָה [ק/א/147]. סִדּוּר (רטו') [ק/ג/94]. הַרְצָאָה בְּסֵדֶר נָכוֹן

Dispositionsbegriff

מֻשָּׂג תְּכוּנָתִי (פיל') מֻשָּׂג הַמְּבַטֵּא אֶת תְּכוּנָתוֹ שֶׁל מַשָּׂא כָּלְשֶׁהוּ לְהָגִיב בְּאֹפֶן מְסֻיָּם עַל הַשְׁפָּעוֹת שֶׁל מַשָּׂאֵי הַסְּבִיבָה, לְמָשָׁל: "גָּמִישׁ", "דָּלִיק"

Disput

פֻּלְמוּס (פֻּלְמוּסִים) [ק/א/248]. וִכּוּחַ (וִכּוּחִים), פֻּלְמוּס. הִתְוַכְּחוּת [ק/א/231]. מַשָּׂא וּמַתָּן עִיּוּנִי

disputieren

הִתְפַּלְמֵס (מִתְפַּלְמֵס) [ק/ב/98]. הִתְוַכֵּחַ (מִתְוַכֵּחַ), נִכְנַס עִם פְּלוֹנִי, נֶחֱלַק עִם..., הִתְנַצֵּחַ (מִתְנַצֵּחַ), פִּלְמֵס (מְפַלְמֵס)

Dissemination ---> Verbreitung

Dissens ---> Meinungsverschiedenheit

Dissertation

תַּאֲלִיף (מדע) דִּיסֶרְטַצְיָה, חִבּוּר מַדָּעִי לְשֵׁם קַבָּלַת תֹּאַר אֲקָדֵמִי, עֲבוֹדַת גְּמָר

Dissimilation

בִּדּוּל (בלש') [מ"ב/67]. דִּיסִימִילַצְיָה, הִבָּדְלוּת, הִתְבַּדְּלוּת, שִׁנּוּי אֶחָד מִשְּׁנֵי הֲגָאִים דּוֹמִים אוֹ שָׁוִים הַסְּמוּכִים זֶה לָזֶה בִּגְלַל הַקֹּשִׁי לְבַטְּאָם בְּמַצָּב כָּזֶה, לְמָשָׁל: הַמִּלָּה "תִּיכוֹן" (הַגְּזוּרָה מִ-"תּוֹךְ") וְלֹא *תּוֹכוֹן. הַמִּלָּה "חִיצוֹן" (הַגְּזוּרָה מִ-"חוּץ") וְלֹא *חוּצוֹן

Dissimulant

מִתְבָּרֵא (מִתְבָּרְאִים) (פסי', רפו') מִי שֶׁמִּתְחַזֶּה לְבָרִיא, דִּיסִימוּלַנְט

Dissimulation

הִתְבָּרְאוּת (פסי', רפו') הִתְחַזּוּת לְבָרִיא, דִּיסִימוּלַצְיָה

Dissipation

תְּעוּרָה (פיס') [ק/ד/214]. מַעֲבָר שֶׁל צוּרַת אֶנֶרְגְּיָה הֲפִיכָה לְאֶנֶרְגִּיַּת חֹם, בִּזְבּוּז, פִּזּוּר, הֲפָצָה, הִתְפָּרְקוּת

dissipative Kräfte ---> Kräfte, dissipative

dissonant

צְרִירִי (מוס', פסי') מִתְפָּרֵד (קוֹל), צוֹרֵם

Dissonanz [---> Kakophonie]

צְרִיר (מוס', פסי') [מר"ח/253]. פֵּרוּד קוֹלוֹת, צְרִימָה, תַּצְרִיר, צְרִירוּת, דִּיסוֹנַנְס, צָרְמָה

dissonieren

צָרַר (צוֹרֵר) אֶת... (מוס', פסי') הִצְטָרֵר, הָוָה צְרִיר (דִּיסוֹנַנְס)

Dissonanz, kognitive

צְרִיר הַכָּרָתִי (פסי')

Dissoziation

נֶתֶק (פסי', רפו') [ר/ב/542; מר"ח/253]. הִתְפָּרְדְּדוּת, פִּרְדּוּד, הַפְרָדוּת שֶׁבְּמַחֲשָׁבָה, תַּהֲלִיךְ הַפְרָדוּת שֶׁל מַעֲרָךְ פְּעִילֻיּוֹת, מַחֲשָׁבוֹת אוֹ רְגָשׁוֹת מִשְּׁאָר אִישִׁיּוּתוֹ שֶׁל אָדָם אוֹ תּוֹצָאַת תַּהֲלִיךְ כָּזֶה, פֵּרוּד, הַפְרָדָה, הַתָּרָה, הִתְפָּרְדוּת, דִּיסוֹצְיָאצְיָה, נִתּוּק, פִּלּוּג

dissoziierbar [---> trennbar]

נָתִיק (פסי', רפו') מִתְפָּרְדֵּד, נִתָּן לְהַפְרָדָה

dissoziieren [---> trennen]

נִתֵּק (מְנַתֵּק) (פסי', רפו') [ר/ב/542]. פִּרְדֵּד (מְפָרְדֵּד), הִתְפָּרְדֵּד, הִפְרִיד, הִתִּיר, פֵּרֵד (מְפָרֵד), הִתְפָּרֵד (מִתְפָּרֵד), הִפְרִיד מַעֲרָךְ מֻתְאָם שֶׁל פְּעִילֻיּוֹת, מַחֲשָׁבוֹת, עֲמָדוֹת אוֹ רְגָשׁוֹת מִשְּׁאָר אִישִׁיּוּתוֹ שֶׁל אָדָם, נִתֵּק

dissoziiert

מְנֻתָּק (פסי', רפו') מְפֹרְדָּד, מֻפְרָד

distal ---> körperfern

distaler Reiz ---> Reiz, distaler

Distanz

רֹחַק (פיס') [ק/ד/37]. רַחַק. דֶּרֶךְ (פיס') [ק/א/147]. מֶרְחָק (פיס') [ק/ב/279]. שִׁעוּר הָרֹחַק, הָרֶוַח בֵּין שְׁתֵּי נְקֻדּוֹת, אֹרֶךְ הַדֶּרֶךְ. בּוֹעַד (פיס') [מר"ח/253]

Distanz, soziale

רֹחַק חֶבְרָתִי (מ"ח) [ל"ס/92]. מֶרְחָק חֶבְרָתִי, שִׁעוּר הַבִּדּוּל (דִּיפֶרֶנְצְיָאצְיָה) הַנּוֹשְׂאִי (סוּבְּיֶקְטִיבִי) וְהַמַּשָּׂאִי (אוֹבְּיֶקְטִיבִי) בֵּין פְּרָטִים שׁוֹנִים אוֹ קְבוּצוֹת חֶבְרָתִיּוֹת שׁוֹנוֹת

Distel *{Carduus}*

קַרְדָּה (בוט') צֶמַח מִמִּשְׁפַּחַת הַמֻּרְכָּבִים

Distelfalter *{Cynthia cardui}*

נִימְפִית הַחַרְשָׁף (זוא') חֶרֶק מִמִּשְׁפַּחַת הַנִּימְפִיתִיִּים (פַּרְפָּרֵי יוֹם)

Distorsion ---> Verstauchung

distribuieren

רִלֵּק (מְחַלֵּק), תִּפְזֵר (מְתַפְזֵר), הֵפִיץ, פִּלֵּג

distribuierend

מְחַלֵּק, מְפַלֵּג, מֵפִיץ

distribuierendes Urteil ---> Urteil, disjunktives

Distribution

חֲלֻקָּה (מ"ח, כלכ') תִּפְזוּר, דִּיסְטְרִיבּוּצְיָה, מִכְלוֹל מַהֲלָכֵי הַשִּׁצּוּר (רֶפְּרוֹדוּקְצְיָה) הַחֶבְרָתִי שֶׁבְּאֶמְצָעוּתוֹ מִתְחַלֶּקֶת הָעֲבוֹדָה הַחֶבְרָתִית וְהַתְּפוּקָה הַכּוֹלֶלֶת בֵּין מַעַמְדוֹת הַחֶבְרָה וְשִׁכְבוֹתֶיהָ בְּהֶתְאֵם לְיַחֲסֵי הַחֲלֻקָּה הַהִסְטוֹרִיִּים. תְּפוּצָה (בלש') [מ"ב/67]. תִּפְרֹסֶת, סַךְ כָּל הַסְּבִיבוֹת שֶׁיְּסוֹד לְשׁוֹנִי מוֹפִיעַ בָּהֶן בְּנִגּוּד לִסְבִיבוֹת שֶׁבָּהֶן הוּא מָנוּעַ מִלְּהוֹפִיעַ, לְמָשָׁל: הַפֹּעַל "בִּקֵּר" יָכוֹל לְהוֹפִיעַ רַק בִּסְבִיבָה: 'צֵרוּף שֵׁמָנִי 1 (אָדָם אוֹ יְצוּר מְאֻנָּשׁ) + בִּקֵּר + צֵרוּף שֵׁמָנִי 2', כְּגוֹן: "הַסַּבְתָּא בִּקְּרָה אֶת נֶכְדָּתָהּ" (כְּנֶגֶד: *בֵּית הַקּוֹלְנוֹעַ בִּקֵּר אֶת הַתַּלְמִידָה). הִתְפַּלְּגוּת (סטט') פְּרוּס

distributiv

מְחַלָּק [מ״ב/67]. מְפֻלָּג, דִּיסְטְרִיבּוּטִיבִי, מְתֻפָּץ

distributive Aufmerksamkeit ---> Aufmerksamkeit, distributive

distributive Einheit ---> Einheit, distributive

distributives Urteil ---> Urteil, ausschließend-disjunktives

Distributivgesetz ---> Verteilungsprinzip

Distrikt

גָּלִיל (גְּלִילוֹת) (מדי׳, מנה׳) חֶבֶל אֶרֶץ, יְחִידָה מִנְהָלִית אַרְצָנִית (טֶרִיטוֹרְיָאלִית)

Disziplin [---> Zucht]

מִשְׁמַעַת (מ״ח, פסי׳) [ר/ב/420]. שְׁלִיטָה בְּהִתְנַהֲגוּת. תּוֹרָה מַזְהִירָה (פיל׳) תּוֹרַת אַזְהָרָה. מִקְצוֹעַ (מִקְצוֹעוֹת) (מדע)

disziplinär

מִשְׁמַעְתִּי (מ״ח, פסי׳) שֶׁל מִשְׁמַעַת, דִּיסְצִיפְּלִינָרִי

Disziplinarhof

בֵּית דִּין מִשְׁמַעְתִּי (משפ׳)

disziplinieren

מִשְׁמֵעַ (מְמַשְׁמֵעַ) אֶת... (מ״ח, פסי׳) הֵטִיל מִשְׁמַעַת, הִכְנִיס מִשְׁמַעַת, הִשְׁלִיט מִשְׁמַעַת

diszipliniert

מְמֻשְׁמָע (מ״ח, פסי׳)

Diurese ---> Harnausscheidung

diuretisch ---> Harnen betreffend

divergent [---> entgegengesetzt]

מִתְבַּדֵּר (פסי׳, רפו׳) מִזְדַּוֵּר, מִסְתָּעֵף

Divergenz

הִתְבַּדְּרוּת (פסי׳, רפו׳, מטא׳) [ר/א/228; יל״ט/55]. פְּנִיָּה הַחוּצָה שֶׁל הָעֵינַיִם כְּשֶׁנְּקֻדַּת הַמּוֹקֵד מִתְרַחֶקֶת מִן הָרוֹאֶה, דִּיוֶרְגֶּנְצְיָה, הִזְדַּוְּרוּת, הִסְתָּעֲפוּת

Diversa et opposita

מַאֲמָרִים מְשֻׁנִּים וְהֲפַכִּיִּים (רטו׳, פיל׳) [ק/ב/298]

Diversifikation ---> Vielfältigkeit

Diversitas

חִלּוּף [ק/א/301]. הֶבְדֵּל, הִתְחַלְּפוּת, שִׁנּוּי

Divertikel

יָרִיט (רפו׳) [מר״ח/255]. סָעִיף

divertikelbezüglich

יְרִיטִי (רפו׳) סְעִיפִי

Divertikulose

יָרֶטֶת (רפו׳) מַחֲלַת יָרִיט, - סָעִיף

Dividend

הַמְּחֻלָּק מִמֶּנּוּ (מתמ׳) [ק/ב/181]. הַמִּסְפָּר שֶׁאוֹתוֹ מְחַלְּקִים לְמִסְפָּרִים קְטַנִּים שָׁוִים

Dividende

גְּזִירֶוַח (גְּזִירְוָחִים, גְּזִירְוְחֵי-) (כלכ׳) דִּיבִידֶנְדָה, חֵלֶק מֵהָרֶוַח שֶׁל חֶבְרַת מְנָיוֹת הַנּוֹעָד לַחֲלֻקָּה בֵּין בַּעֲלֵי הַמְּנָיוֹת

dividierbar

מִתְחַלֵּק (מתמ׳) שֶׁנִּתָּן לְחַלְּקוֹ

Dividierbarkeit

מִתְחַלְּקוּת (מתמ׳)

dividieren

חִלֵּק (מְחַלֵּק) (מתמ׳) [ק/א/307]. חִלֵּק מִסְפָּר בְּמִסְפָּר. הִשְׁלִיךְ (מתמ׳) [ק/ד/115]. עָשָׂה פְּעֻלַּת חִלּוּק

Divinationsvermögen

כֹּחַ מְשַׁעֵר (פסי׳, פיל׳) [ק/ב/76]. מְשַׁעֵר (פסי׳, פיל׳) [ק/ב/298]. כֹּחַ בְּנֶפֶשׁ הָאָדָם לְשַׁעֵר וּלְדַמּוֹת אֶת אֲשֶׁר יִקְרֶה בֶּעָתִיד, בּוֹנְנוּת. הַכֹּחַ הַשִּׁמְאִי (פסי׳, פיל׳) [ק/ד/130]. כֹּשֶׁר רְאִיַּת הַנּוֹלָד, כֹּחַ נְבוּאִי. שִׁעוּר (פסי׳) [ק/ד/145]. רְאִיַּת דְּבָרִים מִתּוֹךְ הַרְגָּשָׁה פְּנִימִית, תְּבוּנַת לֵב

Divisio ---> Begriffsumfang(s), Einteilung des

Division

חִלּוּק (מתמ׳) [ק/א/303]. פְּעֻלָּה שֶׁל חֲלֻקַּת שְׁנֵי מִסְפָּרִים זֶה בָּזֶה. חֲלֻקָּה (מתמ׳) [ק/א/308]

Divisor

מְחַלֵּק (מְחַלְּקִים) (מתמ׳) [ק/ב/181]. הַמְּחַלֵּק עָלָיו, הַמִּסְפָּר הַמְּחַלֵּק מִסְפָּר גָּדוֹל לְמִסְפָּרִים קְטַנִּים שָׁוִים

Docht

פְּתִילָה (פְּתִילוֹת) (טכנ׳) [א״ח/א/69]. חוּט הַנָּתוּן בְּנוֹזֵל דָּלִיק אוֹ בְּנֵר

docken [---> anlegen]

מִסְפֵּן (מְמַסְפֵּן) (ימא׳, טכנ׳) הִכְנִיס לְמִסְפָּנָה

Docken

מִסְפּוּן (ימא׳, טכנ׳) הַכְנָסָה לְמִסְפָּנָה

Dodekaeder ---> Zwölfflach

Dodekagon ---> Zwölfeck

Dogma

עִקָּר אֱמוּנָה (עִקְּרֵי אֱמוּנָה) (דת) [ק/א/141]. עִקָּר, דּוֹגְמָה, עִקַּר הַדָּת

Dogmatik

תּוֹרַת עִקְּרֵי הָאֱמוּנָה (דת) [ק/א/298]. חָכְמַת הָעִקָּרִים, - הַשָּׁרָשִׁים, דּוֹגְמָטִיקָה, נֶאֱמָנוּת מֻחְלֶטֶת לְעִקְּרֵי אֱמוּנָה כָּלְשֶׁהִי, אֲדִיקוּת

Dogmatiker

בַּעַל (בַּעֲלֵי) הָעִקָּרִים (דת) [ק/א/93]. דּוֹגְמָטִיקוֹן, אָדוּק בְּעִקְּרֵי הָאֱמוּנָה. חֲכַם הַתּוֹרָה, חֲכַם תּוֹרִי, חֲכַם הַתּוּשִׁיָּה (דת) [ק/א/290]. מְדַבֵּר (דת) [ק/ב/145]. חוֹקֵר דָּתִי. הַשָּׁרְשִׁיִּים (דת) [ק/ד/164]. חַכְמֵי שָׁרְשֵׁי הַדָּת. תּוֹרִי (דת) [ק/ד/186]

dogmatisch

אָדוּק (דת) [ק/ד/186]. תּוֹרִי, דּוֹגְמָתִי, נֶאֱמָן בְּאֹפֶן מֻחְלָט לֶאֱמוּנָה כָּלְשֶׁהִי

Dohle *{Corvus monedula}*

קָאָק (זוא׳) עוֹף מִמִּשְׁפַּחַת הָעוֹרְבִיִּים

Dohlen ---> Durchlaß

dolce

בִּמְתִיקוּת (מוס׳)

Dolde

סוֹכֵךְ (סוֹכְכִים) (בוט׳) תִּפְרַחַת שֶׁעֻקְצֵי פִּרְחֶיהָ יוֹצְאִים מִנְּקֻדָּה אַחַת שֶׁל הַגִּבְעוֹל וְהַפְּרָחִים מִסְתַּיְּמִים בְּמִישׁוֹר אֶחָד

Doldentraube

אֶשְׁכּוֹל סוֹכֵךְ (בוט׳) תִּפְרַחַת דְּמוּיַת סוֹכֵךְ שֶׁעֻקְצֵי פִּרְחֶיהָ מִסְתַּיְּמִים בְּמִישׁוֹר אֶחָד

Doldrums ---> Kalmen

Dolmetscher

מְתַרְגֵּם (ספר') [ק/ג/115]. סַרְסוּר, תֻּרְגְּמָן, מְתֻרְגְּמָן, מֵלִיץ, מְתַוֵּךְ

Doloroso

דָּווּי (מוס') בִּדְוַי, דּוֹלוֹרוֹסוֹ

Doktorprüfung, mündliche *{Rigorosum}*

קְפִדָה (פדג') [מר"ח/589]. בְּחִינָה בְּעַל פֶּה לְקַבָּלַת תֹּאַר דּוֹקְטוֹר

Doktrin

תּוֹרָאָה (תּוֹרָאוֹת) (פיל', מדע) [ק/ב/121]. לִמּוּד, דּוֹקְטְרִינָה, תּוֹרָה, מִשְׁנָה, שִׁיטָה, עִקָּרוֹן, מֵילְפָה, תּוֹרָה מְלֻמֶּדֶת

doktrinär

תּוֹרָאִי (פיל', מדע) דּוֹקְטְרִינָרִי, לִמּוּדִי, מֵילְפָתִי, מֵילְפָתָן

Dokument ---> Urkunde

Dokumentar(in)

תְּעוּדָן, תְּעוּדָנִית (ספרנ')

dokumentarisch

תְּעוּדִי (ספרנ', מנה') דּוֹקוּמֶנְטָרִי

Dokumentation

תִּעוּד (ספרנ', מנה') דּוֹקוּמֶנְטַצְיָה

Domäne [---> Bereich; Gebiet]

מִתְחָם, שֶׁטַח תָּחוּם

dominant

שַׁלֶּט (פסי', ביו') [ר/א/151]. דּוֹמִינַנְטִי, שַׁלְטָנִי, שַׁלְטָן, מִבְטָא, כַּאֲשֶׁר אֵלֶל אֶחָד בְּצֶמֶד לֵידִים (גֵּנִים) מְדַכֵּא אֶת בִּטּוּיוֹ שֶׁל הָאֵלֶל הַשֵּׁנִי וּבָא בְּעַצְמוֹ לְבִטּוּי בַּתּוֹרַשְׁחוּץ (פֵנוֹטִיפ), שַׁלִּיט, רָאשִׁי, עִקָּרִי, גּוֹבֵר, מַכְרִיעַ, שׁוֹלְטָנִי

Dominantakkord

תַּצְלִיל הַגָּבֵר (מוס')

Dominante

גָּבֵר (גְּבָרִים) (מוס') דּוֹמִינַנְטָה, תַּצְלִיל (אַקּוֹרְד) הַבָּנוּי עַל הַדַּרְגָּה הַחֲמִישִׁית שֶׁל הַסֻּלָּם הַמָּז'וֹרִי אוֹ הַמִּינוֹרִי

dominante Idee ---> Idee, dominante

dominantes Gen ---> Gen, dominantes

Dominanz

שַׁלְטָנוּת (פסי', מ"ח) [ר/ב/661]. נְטִיָּה לְהַנְהִיג וְלִשְׁלֹט, שָׁלְטָה, דּוֹמִינַנְטִיּוּת, שְׁלִיטָה, הִשְׁתַּלְּטוּת, שׁוֹלְטָנוּת, פִּקּוּחַ

Dominikaner, Orden der ---> Orden der Dominikaner

Dominikanermönch

נָזִיר דּוֹמִינִיקָנִי (דת) [ק/א/148]. הָאָח הַדּוֹרֵשׁ

Dompfaff ---> Gimpel

Dompteur

מְאַלֵּף חַיּוֹת (תאט') מַדְבִּיר, מִי שֶׁמּוֹפִיעַ עִם חַיּוֹת מְאֻלָּפוֹת בַּקִּרְקָס

Doppelbewußtsein

דּוּ תּוֹדָעָה (פסי') [ר/ב/413]. תּוֹצָאַת הַפְרָעָה נַפְשִׁית שֶׁבָּהּ הַכָּלוּל בְּאִישִׁיּוּתוֹ שֶׁל אָדָם מִתְפּוֹרֵר עַד כְּדֵי הִתְפַּצְּלוּת הָאִישִׁיּוּת לִשְׁתֵּי תַּת אִישִׁיּוֹת

Doppelbild(er)

בָּבוּאָה כְּפוּלָה (רפו', פסי') כֶּפֶל דְּמוּת, - בָּבוּאָה

Doppelbilder, gekreuzte

בָּבוּאוֹת מִצְטַלְּבוֹת (רפו', פסי') צְלוּב דְּמוּת, - בָּבוּאָה

Doppelbrechung

שְׁבִירָה כְּפוּלָה (פיס') [ל"מ/633]. פְּצוּלָהּ שֶׁל קֶרֶן אוֹר לִשְׁתֵּי קְרָנַיִם בְּתוֹךְ חָמְרִי

Doppelbruch

שֶׁבֶר הַשֶּׁבֶר (מתמ') [ק/ד/72]. שֶׁבֶר שְׁבָרִים

Doppelexistenz

הֲוָיָה כְּפוּלָה

Doppelform [---> Dublette]

דְּפוּסַיִם (טכנ')

Doppelfüßer *{Diplopoda}*

רַבֵּי הָרַגְלַיִם (זוא') מַחְלָקָה שֶׁל מַרְבֵּי רֶגֶל

Doppelgänger(in)

כָּפִיל, כְּפִילָה (תאט')

Doppelgriff

תֶּפֶס כָּפוּל (מוס')

doppelhändig

דּוּ יָדִי (רפו', פסי') שֶׁיָּכוֹל לְהִשְׁתַּמֵּשׁ בִּשְׁתֵּי יָדָיו בְּאוֹתָהּ מְיֻמָּנוּת

Doppelhändigkeit

דּוּ יָדִיּוּת (רפו', פסי') כֹּשֶׁר שִׁמּוּשׁ בִּשְׁתֵּי הַיָּדַיִם בְּאוֹתָהּ מְיֻמָּנוּת

Doppelhelix

סְלִיל כָּפוּל (ביו') [ל"ב/174]. סְלִיל דּוּ פְּתִילִי

Doppelintegral

אַסְכֶּמֶת כְּפוּלָה (מתמ') אִינְטֶגְרַל כָּפוּל

Doppelkanne

כַּד תְּאוֹמִים (טכנ', ארכ') צֶמֶד כַּדִּים, - פַּכִּים

Doppelkinn

סַנְטוֹטַר (רפו') סַנְטֵרַיִם, סַנְטֵר כָּפוּל

Doppelkreuz

נְסֵקַיִם (מוס')

Doppellaut ---> Diphthong

Doppelname

שֵׁם מֻרְכָּב (משפ', ספרנ') שֵׁם כָּפוּל

Doppelschlag

כְּפַלְפַּל (מוס')

Doppelschlag, umgekehrter

כְּפַלְפַּל הָפוּךְ (מוס')

Doppelschlußmotor

מָנוֹעַ מֻרְכָּב (טכנ')

Doppelschwänze *{Diplura}*

דּוּזְנָבָאִים (זוא') סִדְרָה שֶׁל חֲרָקִים

Doppelsinn ---> Zweideutigkeit

doppelsinnig ---> zweideutig

Doppelspirale ---> Doppelhelix

Doppelständer

דֶּגֶל שָׁסוּעַ (ימא', צבא)

Doppelstrich

קַו (תֵּבָה) כָּפוּל (מוס')

Doppelstück [---> Dublette]

כֶּפֶל (כְּפָלִים) (ספרנ') עֹתֶק שֵׁנִי

doppeltes Geschlecht ---> Geschlecht, doppeltes

doppeltes Titelblatt ---> Titelblatt, doppeltes

Doppeltsehen

כֶּפֶל רְאִיָּה (רפו', פסי') [ר/א/164]. כִּפְלוֹן הָרְאִיָּה, דִּיפְּלוֹפְּיָה, לִקּוּי בָּעֵינַיִם הַגּוֹרֵם לִרְאִיַּת בָּבוּאוֹת כְּפוּלוֹת

doppelzüngig
כְּפוּל לָשׁוֹן [שק״י/29]. בַּעַל שְׂפָתַיִם, מִי שֶׁמְּדַבֵּר אַחַת בַּפֶּה וְאַחַת בַּלֵּב

Doppelzunge
לְשׁוֹן כָּפוּל (מוס׳)

doppen ---> aufputschen, mit Rauschgift

Dopping ---> Aufputschung mit Drogen

Dopplung ---> Verdopplung

Dorfgemeinde ---> Dorfgemeinschaft

Dorfgemeinschaft
עֵדָה כַּפְרִית (מ״ח, כלכ׳) קְהִלַּת כְּפָר, צוּרָה הִיסְטוֹרִית רִאשׁוֹנִית שֶׁל הַקְּבוּצָה חֶבְרָתִית שֶׁל בְּנֵי אָדָם חָפְשִׁיִּים שֶׁאֵינָהּ מֻגְבֶּלֶת בְּגִדְרֵי יִחוּסִין וּבְקִרְבַת דָּם

Dorn *{Spina}* **[---> Stachel]**
סֵךְ (סִכִּים) (רפו׳) [מר״ח/624]. שַׂךְ, קוֹץ

Dornfortsatz *{Processus spinosus}*
סַנְסָן (סַנְסִנִּים) (רפו׳) [מר״ח/624]. הַזִּיז הַיּוֹצֵא מֵעַצְמוֹת הַשִּׁדְרָה

Dorngrasmücke *{Sylvia communis}*
סִבְכִּי קוֹצִים (זוא׳) עוֹף מִמִּשְׁפַּחַת הַסִּבְכִּיִּים

Dornhai *{Acanthias acanthias (Squalus acanthias)}*
קוֹצָן נָקֹד (זוא׳) דָּג מִמִּשְׁפַּחַת הַקּוֹצָנִיִּים (כְּרִישָׁאִים)

Dornschwanz *{Uromastix aegyptius}*
חַרְדּוֹן צָב מָצוּי (זוא׳) זוֹחֵל מִמִּשְׁפַּחַת הַחַרְדּוֹנִיִּים

Dornspötter *{Hippolais languida}*
שִׁיחָנִית גְּדוֹלָה (זוא׳) עוֹף מִמִּשְׁפַּחַת הַסִּבְכִּיִּים

dorsal ---> rücklings

Dorsalflexion
כִּיפוּף גַּב הַגַּפַּיִם (רפו׳)

Dorsallaut
הֶגֶה אֲחוֹרִי (בלש׳) [מ״ב/68]. נֶהְגֶּה בְּחֶלְקוֹ הָאֲחוֹרִי שֶׁל גַּב הַלָּשׁוֹן, לְמָשָׁל: x, k

Dorsche *{Gadidae}*
שִׁבּוּטִיִּים (זוא׳) מִשְׁפָּחָה שֶׁל דְּגֵי גֶּרֶם

Dorsum ---> Rücken

dort
שָׁם, הָתָם

Dory
דּוּגִית (דּוּגִיּוֹת) (ימא׳) בֻּצִּית, בִּצִּית

dosenweise
בְּמָנָה אַחַר מָנָה

dosieren
מִנֵּן (מְמַנֵּן) (רפו׳) מִנֵּת (מְמַנֵּת), קָבַע אֶת מְנַת הַתְּרוּפָה

dosiert
מְמֻנָּן (רפו׳) מְמֻנָּת

Dosierung
מִנּוּן (רפו׳) מִנּוּת, קְבִיעַת הַמָּנָה בְּקַבָּלַת תְּרוּפוֹת

Dosis
מָנָה (מָנוֹת) (רפו׳) [מר״ח/258]. מְנָת (מְנָתוֹת), מְנַת תְּרוּפָה

Dosis, tödliche
מָנָה מְמִיתָה (רפו׳) מְנָת מְמִיתָה

Dosis, wirksame
מָנָה יְעִילָה (רפו׳) מְנָת יְעִילָה

Dost *{Origanum}*
אֲזוֹבִית (בוט׳) צֶמַח מִמִּשְׁפַּחַת הַשִּׂפְתָנִיִּים

dotieren
הִסְמִים (מַסְמִים) (פיס׳) שִׁנָּה אֶת הַיְּלִיכוּת (מוֹלִיכוּת) הַחַשְׁמַלִּית שֶׁל חֳמָרִים מְיַלְּכִים לְמֶחֱצָה עַל יְדֵי הוֹסָפַת פְּרָדִים (אֲטוֹמִים) זָרִים לְתוֹכָם

Dotieren
הַסְמָמָה (פיס׳) הוֹסָפָה שֶׁל פְּרָדִים (אֲטוֹמִים) זָרִים לְתוֹךְ חֳמָרִים מְיַלְּכִים לְמֶחֱצָה לְשֵׁם הַשָּׂגַת שִׁנּוּי מְכֻוָּן שֶׁל הַיְּלִיכוּת (מוֹלִיכוּת) הַחַשְׁמַלִּית

Dotiermittel *{Dotand}*
סַמָּם (סַמָּמִים) (פיס׳)

Dozent(in)
מַלְפָן, מַלְפָנִית (מדע) [מר״ח/256]. דּוֹצֶנְט, מַרְצֶה בְּבֵית סֵפֶר גָּבֹהַּ

Dozentur
מַלְפָנוּת (מדע) דּוֹצֶנְטוּרָה, מִשְׂרַת הַמַּלְפָן (דּוֹצֶנְט)

Drachen
עֲפִיפוֹן (מטא׳) [יל״ט/154]. כַּדּוּר פּוֹרֵחַ (בַּלּוֹן) הַכָּבוּל אֶל כַּן שִׁלּוּחוֹ

Drachenfische *{Trachinidae}*
דְּרָקוֹנִיִּים (זוא׳) מִשְׁפָּחָה שֶׁל דְּגֵי גֶּרֶם

Drachenköpfe *{Scorpaenidae}*
עַקְרַבְנוּנִיִּים (זוא׳) מִשְׁפָּחָה שֶׁל דְּגֵי גֶּרֶם

Drachenkopf *{Dracocephalum}*
דְּרָקִית (בוט׳) צֶמַח מִמִּשְׁפַּחַת הַשִּׂפְתָנִיִּים

Drachenkopf, kleiner *{Scorpaena porcus}*
עַקְרַבְנוּן קָטָן קַשְׂקְשִׂים (זוא׳) דָּג מִמִּשְׁפַּחַת הָעַקְרַבְנוּנִיִּים (דְּגֵי גֶּרֶם)

Drachenlinie
נָחָשׁ בָּרִיחַ (אסט׳) [ק/ג/28]. הַקַּו הַמְחַבֵּר אֶת רֹאשׁ הַתְּלִי (נְקֻדַּת חֲצִיַּת הָאֶקְלִיפְּטִיק [קַו הַלִּקּוּת]) עִם זְנָבוֹ

Dränage ---> Drainage; Trockenlegung

drängen
הִפְצִיר (מַפְצִיר) [א״ת/ג/18]. סִרְהֵב (מְסַרְהֵב) בְּ.../לְ..., הִפְגִּיעַ בְּ..., הֶעְתִּיר לְ..., דָּחַק (דּוֹחֵק), עָתַר (עוֹתֵר) לְ..., הֵאִיץ (מֵאִיץ), הִמְרִיץ בְּכֹחַ, לָחַץ, נָגַשׁ (נוֹגֵשׂ), נִחֵץ (מְנַחֵץ), נָחַץ (נוֹחֵץ)

Drängen
הַפְצָרָה [ק/א/179]. הַמְרָצָה, הַכְבָּרָה, הַעְתָּרָה, סִרְהוּב, הִתְחַנְּנוּת, נְחִיצָה, הַחְפָּזָה, הַבְהָלָה, זֵרוּז, מְהוֹר, נְחִיצוּת, הָאָצָה

Dränrohr
נֶקֶז (נְקָזִים) (היד׳) צִנּוֹר נִקּוּז

Dragée
תַּרְגִּימָה (תַּרְגִּימוֹת) (רפו׳) [מר״ח/258]

Draht
תַּיִל (תַּיִלִים) (טכנ׳) חוּט מַתֶּכֶת

Draht, elektrischer
תַּיִל חַשְׁמַל (טכנ׳) תַּיִל חַשְׁמַלִּי (תַּיִלִים חַשְׁמַלִּיִּים), חוּט חַשְׁמַל

Drahtbürste
מִבְרֶשֶׁת (מִבְרָשׁוֹת) תַּיִל (טכנ׳)

Drahtseil

כֶּבֶל תַּיִל (כַּבְלֵי תַּיִל) (ימא')

Drahtzange

מֶלְקַחַת (מֶלְקָחוֹת) (טכנ')

Drainage

נִקּוּז (רפו') [מר"ח/259]. פִּצּוּד, תַּפְצִיד

drainieren

נִקֵּז (מְנַקֵּז) (רפו') פָּצַד, פִּצֵּד

Drall ---> Drehung *{Drall}*; **Verdrehung**

Drama

מַחֲזֶה (מַחֲזוֹת) (ספר', תאט') דְּרָמָה, הַצָּגָה

Dramatiker(in)

מַחֲזַאי, מַחֲזָאִית (תאט') כּוֹתֵב מַחֲזוֹת, דְּרָמָטִיקָן, דְּרָמָטוּרְג

dramatisieren

הִמְחִיז (מַמְחִיז) (תאט') הָפַךְ לִדְרָמָה. תְּאֲדֵר (מְתַאֲדֵר) (אמנ', ספר', מוס') עָרַךְ דְּרָמָטִיזַצְיָה

Dramatisierung

הַמְחָזָה (תאט') הֲפִיכָה לִדְרָמָה, עִבּוּד דְּרָמָתִי. תְּאֲדוּר (אמנ', ספר', מוס') דְּרָמָטִיזַצְיָה, הַגְבָּרַת הַמְּתִיחוּת, הַכְנָסַת יְסוֹד מְזַעְזֵעַ וּמַסְעִיר לְעִנְיָן כָּלְשֶׁהוּ

Dramaturgie

מַחֲזָאוּת (ספר', תאט') דְּרָמָטוּרְגְיָה, תּוֹרַת הַדְּרָמָה

Dramolett ---> Sketch

Drang ---> Trieb

Drang, unwiderstehlicher ---> Zwang

Drangsal

מְצוּקָה

Draufgabe

דְּמֵי קְדִימָה (משפ')

Draufsicht [---> Abriß]

מַרְאֶה מִלְמַעְלָה (טכנ', אמנ')

draußen

בַּחוּץ

Drehachse *{Rotationsachse}*

צִיר סִיבּוּב (פיס', טכנ')

Drehachse, momentane

צִיר סִיבּוּב רִגְעִי (פיס')

Drehbewegung

תְּנוּעָה סִיבּוּבִית (פיס')

Drehbohrer

קַדְחֲדַח (קַדַחְדַּחִים) (טכנ')

Drehbuch

תַּסְרִיט (תאט') תַּמְלִיל לְסֶרֶט

Drehbühne

בִּימָה מִסְתּוֹבֶבֶת (תאט')

Drehellipsoid

פַּחְסְדוּר סִיבּוּב (מתמ') אֶלִיפְּסוֹאִיד סִיבּוּב, - סִיבּוּבִי

Drehellipsoid, abgeplattetes

פַּחְסְדוּר פָּחוּס (מתמ') אֶלִיפְּסוֹאִיד פָּחוּס

Drehellipsoid, verlängertes

פַּחְסְדוּר מָאֳרָךְ (מתמ') אֶלִיפְּסוֹאִיד מָאֳרָךְ

drehen

סוֹבֵב (מְסוֹבֵב), חָג, הִסְתּוֹבֵב, שִׁנָּה כִּוּוּנוֹ, הֵסֵב (מֵסֵב), סָבַב (סוֹבֵב)

Drehen

סִבּוּב (פיס') [ק/ג/86]. גִּלְגּוּל, טִלְטוּל, הִסְתּוֹבְבוּת

drehen, einwärts ---> einwärts drehen

drehen und wenden

הִתְפַּתֵּל וּפִרְכֵּס

Drehfrucht *{Streptocarpus}*

שְׁזָרִית (בוט') צֶמַח מִמִּשְׁפַּחַת הַגֶּסְנֶרִיִּים

Drehimpuls *{Impulsmoment}*

תְּנַע זָוִיתִי (פיס') מוֹמֶנְט הַתְּנַע

Drehkörper

גּוּף סִיבּוּב (מתמ') גּוּף סִיבּוּבִי

Drehorgel

תֵּבַת נְגִינָה (מוס')

Drehpol, momentaner

מֶרְכַּז סִיבּוּב רִגְעִי (פיס') מֶרְכָּז רִגְעִי

Drehscheibe

גְּשִׁישׁ יוֹצְרִים (טכנ') מַכְשִׁיר עֵץ לִמְשִׁיכַת הַטִּין לְמַעְלָה כְּדֵי לַעֲשׂוֹתוֹ כְּלִי וּלְהַחֲלִיקוֹ

Drehung *{Drall}*

סִרְרוּר (פיס')

Drehung *{Rotation}* **[---> Außendrehung; Innendrehung]**

סִיבּוּב (סְבִיב צִיר) (פיס') [ק/א/304]. חֲלִילָה. סִבּוּב (פיס') [ק/ג/85]. תְּנוּעָה מִסָּבִיב, הַקָּפָה, מַחֲזוֹר. הִתְעַקְּלוּת (רפו') תַּסְבִּיב. שְׁטִיטָה [ק/ד/89]. מַחֲזוֹר

Drehung des Koordinatensystems ---> Koordinatensystem(s), Drehung des

Drehung des Windes ---> Wind(es), Drehung des

Drehwirbel

חֲלִיּוֹת הָרֵחַיִם (רפו') [מר"ח/82]. חֻלְיוֹת הַצַּוָּאר הַסּוֹבְבוֹת

dreidimensional

תְּלַת מְמַדִּי (פיס', מתמ') [ק/ב/293]. גּוּף בַּעַל שְׁלֹשָׁה מְשָׂכִים

dreidimensionale Wahrnehmung ---> Wahrnehmung, dreidimensionale

Dreieck *{Triangulum}*

מְשֻׁלָּשׁ (מְשֻׁלָּשִׁים) (מתמ') [ק/ב/296]. מְצֻלָּע בַּעַל שָׁלֹשׁ צְלָעוֹת

Dreieck, gleichseitiges

מְשֻׁלָּשׁ שְׁוֵה צְלָעוֹת (מתמ') [ק/ג/248]

Dreieck, sphärisches

מְשֻׁלָּשׁ כַּדּוּרִי (מתמ') [ק/ב/297]

Dreieck, spitzwinkliges

מְשֻׁלָּשׁ חַד זָוִיּוֹת (מתמ')

Dreieck, umschriebenes

מְשֻׁלָּשׁ מַקִּיף מַעְגָּל (מתמ')

Dreieck, verschiedenseitiges

מְשֻׁלָּשׁ שׁוֹנֶה מִקְצוֹעוֹת (מתמ') [ק/ג/248]. מְשֻׁלָּשׁ מִתְחַלֵּף הַצְּלָעוֹת

dreieckige Form ---> Form, dreieckige

Dreiecksmessung ---> Triangulation

Dreiecksmuscheln ---> Koffermuscheln

Dreieinigkeit ---> Dreifaltigkeit

dreifach

שָׁלוּשׁ, מְשֻׁלָּשׁ

Dreifaltigkeit *{Trinität}*

שִׁלּוּשׁ (דת) [ק/ד/111]. אֱמוּנַת הַנּוֹצְרִים בָּאָב (אֱלֹהִים), בַּבֵּן (יֵשׁוּעַ) וּבְרוּחַ הַקֹּדֶשׁ

Dreifuß
חֲצוּבָה (חֲצוּבוֹת) (טכנ׳) הֶתְקֵן בַּעַל שָׁלֹשׁ רַגְלַיִם
dreigliedriger Satz ---> Satz, dreigliedriger
Dreikant
פִּנָּה מְשֻׁלֶּשֶׁת (מתמ׳)
Dreiklang *{Triade}*
תְּלַת צְלִיל (מוס׳)
Dreiklauer, afrikanischer ---> Weichschildkröte
Dreimasterblume *{Tradescantia}*
יְהוּדִי נוֹדֵד (בוט׳) צֶמַח מִמִּשְׁפַּחַת הַקּוֹמֶלִינִיִּים
Dreisatz *{Regeldetri}*
עֵרֶךְ מְשֻׁלָּשׁ (מתמ׳) שִׁיטָה לְחִשּׁוּב מִסְפָּר מְסֻיָּם עַל פִּי יַחַס שְׁלֹשָׁה מִסְפָּרִים אֲחֵרִים זֶה לָזֶה
Dreisatz, zusammengesetzter
עֵרֶךְ מְשֻׁלָּשׁ מֻרְכָּב (מתמ׳)
dreistellig
תְּלַת סִפְרָתִי (מתמ׳) בַּעַל שָׁלֹשׁ סְפָרוֹת
dreistimmig
תְּלַת קוֹלִי (מוס׳)
dreiteilig
שְׁלָשִׁי, בַּעַל שְׁלֹשָׁה חֲלָקִים
Dreiteilung
שִׁלּוּשׁ [ק/ד/111]. חֲלֻקָּה לִשְׁלֹשָׁה חֲלָקִים
Drepanozytose ---> Sichelzellenanämie
dreschen
דָּשׁ (חקל׳) [א״ת/ב/190]. חָבַט שִׁבֳּלִים כְּדֵי לְהוֹצִיא אֶת גַּרְעִינֵיהֶן
Dreschen
דַּיִשׁ (דְּיָשִׁים) (חקל׳) [א״ת/ב/190]. דִּישָׁה, חֲבִיטַת הַשִּׁבֳּלִים לְשֵׁם הוֹצָאַת גַּרְעִינֵיהֶן
Dreschlein ---> Flachs
Dreschwalze
מוֹרַג (מוֹרִגִּים) (חקל׳) [א״ת/ב/191]. כְּלִי דַּיִשׁ
Dressur
אִלּוּף (פסי׳, התנ׳) הַקְנָיַת הֶרְגֵּלִים בְּיִחוּד לְבַעֲלֵי חַיִּים, תִּרְגּוּל
Driftbeweglichkeit
נִיעוּת טְרִידָה (פיס׳)
dringen
חָתַר לִקְרַאת
dringend
דָּחוּף [ק/ג/26]. נָחוּץ, הֶכְרֵחִי, נִצְרָךְ, צָרִיךְ, דָּרוּשׁ, זָקוּק, חִיּוּנִי
Drill
דִּוּוּשׁ, תִּרְגּוּל, אִמּוּן, הִתְאַמְּנוּת, שִׁמּוּשׁ בִּדְוָשׁוֹת
Drillbohrer ---> Drehbohrer
drillen
דִּוֵּשׁ (מְדַוֵּשׁ), אִמֵּן, הִתְאַמֵּן, יִמֵּן, הִתְיַמֵּן, תִּרְגֵּל, דָּרַךְ בְּרַגְלָיו עַל דַּוְשָׁה
dritte Person ---> Person, dritte
Drittelung ---> Dreiteilung
Dritten, Satz vom ausgeschlossenen ---> Satz vom ausgeschlossenen Dritten
dritten Begriffs, Beschränkung des ---> Beschränkung des dritten Begriffs
Dritter, Haftung für das Verhalten ---> Haftung für fremdes Verschulden
drittgradig ---> tertiär
dröhnen
רָעַם (רוֹעֵם), הִרְעִים (מַרְעִים), הֶחֱרִישׁ (מַחֲרִישׁ) אָזְנַיִם
Drogen aufpeitschen, mit ---> aufputschen, mit Rauschgift
Drogist(in) [---> Spezereibereiter; Parfümbereiter]
תַּמְרוּקָן, תַּמְרוּקָנִית [א״ת/א/242]. רוֹקֵחַ, מַרְכִּיב בְּשָׂמִים, סוֹחֵר תַּמְרוּקִים
Drogerie
תַּמְרוּקִיָּה [א״ת/א/242]. בֵּית מִרְקָחִים, חֲנוּת לְמִמְכַּר תַּמְרוּקִים
Drohung
הֶפְחֵד, הַפְחָדָה [ק/א/193]. אִיּוּם, גִּזּוּם
Drosometer ---> Taumesser
Drossel
קִיכְלִי (זוא׳) שֵׁם שֶׁל עוֹף
Drosselklappe ---> Drosselspule
drosseln
שִׁנֵּק (מְשַׁנֵּק) (טכנ׳) סָתַם, חָסַם, חָנַק
Drosselspule
מַשְׁנֵק (טכנ׳) [ל״מ/418]. הֶתְקֵן בְּמַעְגָּל חַשְׁמַלִּי שֶׁתַּפְקִידוֹ לְסַנֵּן תְּדִירֻיּוֹת גְּבוֹהוֹת מִדַּי הַנּוֹצָרוֹת בַּמַּעְגָּל; הֶתְקֵן לַעֲצִירָה אוֹ לְוִסּוּת שֶׁל מְכוֹנָה
Drosselrohrsänger *{Acrocephalus arundinaceus}*
קָנִית אֵירוֹפִּית (זוא׳) עוֹף מִמִּשְׁפַּחַת הַסִּבְכִיִּים
Drosselung
שִׁנּוּק (טכנ׳) סְתִימָה, חֲסִימָה, חֲנִיקָה(דְּגֵי גֶּרֶם)
Druck [---> Kompression]
לַחַץ (פיס׳, פסי׳) [ל״מ/331; ר/א/333]. פְּעֻלַּת כֹּחַ עַל יְחִידַת שֶׁטַח. הַתְּחוּשָׁה הַנִּהְיֵית כְּשֶׁכֹּחַ פִיזִי מֻפְעָל עַל הַגּוּף, צוּרַת כְּפִיָּה הַמְאַלֶּצֶת אֶת הָאָדָם לְהִתְנַהֵג לְפִיהָ. לְחִיצָה (פיס׳) [ק/א/135]. דְּחִיקָה, לְחִיצַת הַגּוּפִים, דְּחִיסָה, לְחִיצָה מִכָּל הַצְּדָדִים לְגַבֵּי נוֹזֵל אוֹ גַּז הַגּוֹרֶמֶת לְהַקְטָנַת הַנֶּפַח. מִשּׁוּשׁ (פיס׳) [ק/ב/291]
Druck, Stoß und ---> Stoß und Druck
Druck entlasten
פּוֹגֵג (מְפוֹגֵג) לְחִיצָה (פיס׳)
Druckelement
אֵיבָר נִלְחָץ (טכנ׳)
Druckentlastung
פִּיגַת לְחִיצָה (פיס׳)
Drucker
מַדְפֶּסֶת (מַדְפָּסוֹת) (מחש׳) [דמ״א/81]. הֶתְקֵן לְהַדְפָּסַת חֹמֶר שֶׁעֻבַּד בְּמַחְשֵׁב
Druckerlaubnis *{Imprimatur}*
הֶתֵּר הַדְפָּסָה (מדי׳, דפו׳)
Druckfarbe
חַרְתָּה (חֲרָתוֹת) (דפו׳) [ממ״ג/49] צֶבַע דְּפוּס סָמִיךְ
Druckgeschwür

נְקִפָה (נְקִפוֹת) (רפו׳) [מר״ח/230] **פֶּצַע לַחַץ**, נֶקֶף, כִּיב הָעוֹר

Druckhebel

נוֹשֵׂא הַלְּחִיצָה (פיס׳) [ק/ג/73]

Druckherabsetzung

אִלְחוּץ (פיס׳, רפו׳) הוֹרָדַת הַלַּחַץ

Druckhöhe

עֹמֶד לַחַץ (פיס׳) הַלַּחַץ הַיַּחֲסִי הַמְּבֻטָּא בִּיחִידוֹת אֹרֶךְ

Druckkraft

כֹּחַ לוֹחֵץ (פיס׳) כֹּחַ לְחִיצָה

Druckmesser *{Manometer}*

מַד לַחַץ (פיס׳)

Druckrohr

צִנּוֹר סְנִיקָה (היד׳)

Druckspannung

מַאֲמַץ לְחִיצָה (פיס׳)

D r u c k v e r m e r k ---> **Erscheinungsvermerk**

Druckwalze

גְּלִיל הַדְפָּסָה (דפו׳, אמנ׳) [ממ״ג/49]. **גְּלִיל לַחַץ**, הַגָּלִיל בְּמַכְבֵּשׁ הַדְּפוּס הַלּוֹחֵץ אֶת הַנְּיָר אֶל הַלּוּחַ אוֹ אֶל הַסְּדָר

Druckwasser

מֵי הַדּוּק (היד׳)

Druckwirkung

סְנִיקָה (פיס׳) שְׁאִיבַת נוֹזְלִים בְּאֶמְצָעוּת לַחַץ

Druckzentrum

מֶרְכַּז הַלְּחִיצָה (טכנ׳)

Druckzwiebel

פְּקַעַת מַאֲמַצִּים (אדר׳, טכנ׳)

drücken

לָחַץ (לוֹחֵץ), הִדְחִיס, דָּחַס, דָּפַן, דִּפֵּן (מְדַפֵּן), כִּבֵּשׁ (מְכַבֵּשׁ), הִדֵּק (מְהַדֵּק), קָמַז (קוֹמֵז), נִלְחַץ, לָחַץ, נִתְכַּבֵּשׁ, נִדְחַס, מָעַךְ, מִעֵךְ (מְמַעֵךְ), נִמְעַךְ, רָצַם (רוֹצֵם), נִרְצַם

drücken, den Mastdarm ---> **Mastdarm**

drücken, den

Drückerfisch *{Balistes capriscus (Balistes carolinensis)}*

נִצְרָן יָם תִּיכוֹנִי (זוא׳) דָּג מִמִּשְׁפַּחַת הַנִּצְרָנִיִּים

Drüse *{Glandula}*

בַּלּוּטָה (בַּלּוּטוֹת) (רפו׳) אֵבֶר הַמְיַצֵּר וּמַפְרִישׁ נוֹזֵל כָּלְשֶׁהוּ

D r ü s e n - M u s k e l g e s c h w u l s t ---> **Adenomyom**

Drüsenentzündung ---> **Adenitis**

Drüsenepithelgeschwulst ---> **Adenom**

Drüsenfettgeschwulst ---> **Adenolipom**

drüsengeschwülstig ---> **adenomatös**

Drüsenhyperplasie ---> **Adenomatose**

Drüsenkrebs ---> **Adenokarzinom**

drüsig *{glandulär}* [---> **adenomatös**]

בַּלּוּטִי (רפו׳) בַּלּוּטָנִי

Dual

זוּגִי (בלש׳) [ק/א/253]. רִבּוּי זוּגִי, צוּרָה לְצִיּוּן הַזּוּגִיּוּת, לְמָשָׁל: ״**שְׁנָתַיִם**״, ״**מֹאזְנַיִם**״. **שֵׁם זוּגִי** (בלש׳) [ק/ד/126].

Dual-in-Line-Gehäuse

זוּג מַקְבִּילִים (זמ״ק) (אלק׳)

Dualismus

שְׁנִיּוּת (פיל׳) [ק/ד/142]. **דּוּאָלִיזְם**, **הַתּוֹרָה** בְּדְבַר הַכְּפִילוּת הַנִּגּוּדִית שֶׁל עֶקְרוֹנוֹת הָעוֹלָם אוֹ שֶׁל עֶקְרוֹנוֹת הַהַכָּרָה

Dualist

שְׁנִיּוּתָן (פיל׳, דת) [ק/א/93]. **בַּעַל הַשְּׁנִיּוּת**, - הַשְּׁנַיִם, מַשְׁנִים, דּוּאָלִיסְטָן. **מַאֲמִין הַשְּׁנִיּוּת** (פיל׳, דת) [ק/ב/129]. **הַמַּאֲמִין בַּתּוֹרָה** הַפִילוֹסוֹפִית הָרוֹאָה בָּעוֹלָם קִיּוּם שְׁנֵי יְסוֹדוֹת עַצְמָאִיִּים: חֹמֶר וְהַכָּרָה, הֲוָיָה וּמַחֲשָׁבָה, טֶבַע וְרוּחַ. **מַשְׁנֶה** (פיל׳, דת) [ק/ב/297]. מִי שֶׁמַּאֲמִין בִּשְׁתֵּי רְשֻׁיּוֹת בָּאֱלֹהוּת, הַמַּאֲמִין בְּדֵעָה שֶׁהָרוּחַ וְהַחֹמֶר בָּאָדָם אֵינָם תְּלוּיִים זֶה בָּזֶה

dualistisch

שְׁנִיּוּתִי (פיל׳) דּוּאָלִיסְטִי

Dualziffer ---> **Ziffer, binäre**

Dubitatio

מְבוּכָה (פסי׳) [ק/ב/135]. **אָבְדַן עֵצוֹת**, **טִלְטוּל** הַדַּעַת, מְצוּקַת הַנֶּפֶשׁ. **דַּרְכֵּיוּת הַסָּפֵק** (בלש׳, רטו׳) [ק/ב/218]. **מְנִיעַ הַמַּאֲמָר** (מוֹדָלִיּוּת) שֶׁל הַסָּפֵק הַמְּשַׁמֵּשׁ לְהַבָּעַת סְפֵקוֹת וְאִי וַדָּאוּת. **סָפֵק** (רטו׳) [ק/ג/111]

Dublette [---> **Doppelstück**]

כָּפִיל (כְּפִילִים) (בלש׳) [מ״ב/68]. **בֶּן זוּג**, **זוּגָן**, **דּוּבְלֶטָה**, זוּג מִלִּים שֶׁמּוֹצָאָן מְשֻׁתָּף, לְמָשָׁל: ״שָׁמַר״ (בִּלְשׁוֹן הַמִּקְרָא) וְ-״שִׁמֵּר״ (בִּלְשׁוֹן חֲכָמִים) שֶׁמַּשְׁמָעוּתָן שׁוֹנָה בְּעִבְרִית בַּת זְמַנֵּנוּ

ducken, sich ---> **zusammenrollen, sich**

Ductulus ---> **Gang, kleiner**

Ductus ---> **Gang**

Dudelsack

חֵמֶת חֲלִילִים (חֵמְתוֹת חֲלִילִים) (מוס׳)

Düne

חוֹלִית (חוֹלִיּוֹת) (גאו׳, י״א) **דְּיוּנָה** (דְּיוּנוֹת), מִרְבַּד חוֹל שֶׁנִּצְבַּר וְזָח עַל יְדֵי הָרוּחַ

Dünenagame

חַרְדּוֹן חוֹלוֹת (זוא׳) זוֹחֵל מִמִּשְׁפַּחַת הַחַרְדּוֹנִיִּים

Dünenmassiv

גּוּשׁ חוֹלִיּוֹת (גאו׳, י״א) גּוּשׁ דְּיוּנוֹת

düngen

זִבֵּל (מְזַבֵּל) (חקל׳) [א״ח/ב/167]

Duenja ---> **Anstandsdame**

dünnbärtig

זַלְדְּקָנִי [א״ח/א/194]

Dünnbärtiger

זַלְדְּקָן [א״ח/א/194]. **בַּעַל זָקָן קָלוּשׁ**

Dünndarmentzündung *{Enteritis}*

דַּלֶּקֶת מֵעַיִם (רפו׳)

Dünnerwerden

הִדַּלְּלוּת, הַדְלָלָה, דִּלּוּל, הַקְלָשָׁה, הִקָּלְשׁוּת, קָלוּשׁ, הִתְקַלְּשׁוּת

Dünnfinger, Petries *{Stenodactylus petrii}*

יְשִׁימוֹנִית רְבִיבִים (זוא׳) **שְׁמָמִית רְבִיבִים**, זוֹחֵל מִמִּשְׁפַּחַת הַשְּׁמָמִיתִיִּים

Dünnfinger, Zierlicher *{Stenodactylus stenodactylus}*

יְשִׁימוֹנִית מְצוּיָה (זוא׳) **שְׁמָמִית מִדְבָּר**, **זוֹחֵל**

מִמִּשְׁפַּחַת הַשְּׂמָמִיתִיִּים

dünnflüssig

דָּלִיל, דָּלוּל

dünnflüssige Lösung ---> Lösung, dünnflüssige

Dünnflüssigkeit

דְּלִילוּת, תְּכוּנַת הַנּוֹזֵל הַדָּלִיל

Dünnschnabelmöwe *{Larus genei}*

שַׁחַף צַר מַקּוֹר (זוא׳) עוֹף מִמִּשְׁפַּחַת הַשְּׁחָפִיִּים

dünsten

שָׁלַק (שׁוֹלֵק) (חזו׳) [א״ח/א/117]. בִּשֵּׁל בְּאֵדִים

Dünung

גִּבּוּעַ (מטא׳) [יל״ט/41]. מַעֲרֶכֶת גַּלִּים שֶׁהִגִּיעָה לְמָקוֹם מְסֻיָּם בְּשֶׁל תְּנוּעָה בַּמַּיִם

dürr ---> entwässert

Dürre

בַּצֹּרֶת (בַּצָּרוֹת) (מטא׳, חקל׳) [א״ח/ב/150]. יֹבֶשׁ, זְמַן לְלֹא גֶּשֶׁם, צְחִיָּה, חֹרֶב, צִחָיוֹן, צְחִי, צִחָיוֹן (צִחְיוֹנוֹת), יָבֵשׁ

dürrer Boden ---> Boden, dürrer

Düse [---> Mundstück]

נְחִיר (נְחִירִים) (טכנ׳) קָצֶה שֶׁל צִנּוֹר

Düseneffekt

זְרִימַת מַשְׁפֵּךְ (מטא׳) [יל״ט/65]. זְרִימַת אֲוִיר בְּעָרוּץ צַר שֶׁמְּהִירוּתָהּ גּוֹבֶרֶת וְהוֹלֶכֶת

düster sein

קָדַר (קוֹדֵר) (פסי׳) [ק/ג/270]. נַעֲשָׂה עָכוּר, הֶעֱכִיר (מַעֲכִיר), נֶעְכַּר, הִדַּכְדֵּךְ, הָלַךְ קְדוֹרַנִּית, חָשַׁךְ עוֹלָם בַּעֲדוֹ

Duett

דּוּאִית (דּוּאִיּוֹת) (מוס׳) דּוּאֶט, יְצִירָה הַמְּבֻצַּעַת בִּשְׁנַיִם

Duft ---> Aroma

duften

נָדַף (נוֹדֵף) [א״ח/א/242]. נִדֵּף (מְנַדֵּף), הִתְפַּשֵּׁט הָרֵיחַ

duftend ---> aromatisch

Duftsteinrich *{Lobularia maritima}*

מְלַלָנִית רֵיחָנִית (בוט׳) צֶמַח מִמִּשְׁפַּחַת הַמִּצְלִיבִים

Duftveilchen *{Viola odorata}*

סֶגֶל רֵיחָנִי (בוט׳) צֶמַח מִמִּשְׁפַּחַת הַסִּגְלִיִּים

Duktilität ---> Ziehbarkeit

Dumpalme *{Hyphaene}*

דּוֹם (בוט׳) צֶמַח מִמִּשְׁפַּחַת הַדִּקְלִיִּים

dumpf

עָמוּם, קֵהֶה, מְעֻרְפָּל

Dumpfheit

עֲמִימוּת, קֵהוּת, עִרְפּוּל

Dumping

יִצּוּף (כלכ׳) הֵצֵף (הֲצָפִים), יְצוּא סְחוֹרוֹת בִּמְחִירִים מוּזָלִים

dunkel

אַפְלוּלִי (פיס׳) [ק/א/333]. חָשׁוּךְ, אָפֵל, חֲסַר אוֹר. מְעֻנָּן (פיס׳) [ק/ב/240]. מְעֻמְעָם, בִּלְתִּי מֵאִיר

Dunkelanpassung

הִסְתַּגְּלוּת לַחֹשֶׁךְ (רפו׳, פסי׳) [ר/א/213]

Dunkelheit

אַפְלוּלִית [ק/ג/115]. סִתּוּם, אִי בְּהִירוּת, עִרְפּוּל, טִשְׁטוּשׁ, עִמְעוּם, הַקְדָּרָה, דְּלִיחוּת, עֲכִירוּת, אֲפֵלוּת

Dunst

אֵד (פיס׳) [ק/א/20]. קִיטוֹר (פיס׳) [ק/ג/280]. גַּז, הֶבֶל, עֲרָפֶל

Dunst, feuchter [---> Nebel]

עֲרָפֶל קַל (מטא׳) [יל״ט/156]. עֲרָפֶל בַּעַל טִפּוֹת מַיִם זְעִירוֹת מְאֹד

Dunst, trockener

אֹבֶךְ (מטא׳) [יל״ט/8]. תַּרְחִיף שֶׁל גּוּפִיפִים יְבֵשִׁים זְעִירִים בָּאֲוִירָה (אַטְמוֹסְפֵרָה)

dunstförmig

אֵדִי (פיס׳) [ק/א/21]. מִטֶּבַע הָאֵד

dunstförmiger Körper ---> Körper, dunstförmiger

dunstig

עַרְפִּלִּי בְּמִקְצָת (מטא׳)

duodenal ---> zwölffingerdarmbezüglich

Duodenum ---> Zwölffingerdarm

Duodezimalsystem ---> Zwölfersystem

Duplikat

אֶכְפֵּל, כְּפָל, הֶעְתֵּק

duplizieren

אִכְפֵּל (מְאַכְפֵּל), הִתְקִין מַשֶּׁהוּ בְּדִיּוּק כְּמַתְכֻּנְתּוֹ שֶׁל דָּבָר

Duplizität der Begriffe

כְּפִילוּת הַמֻּשָּׂגִים (פיל׳) [ק/ד/142]. שְׁנִיּוּת הַמֻּשָּׂגִים

Duplizität der Ereignisse

כְּפִילוּת הַמִּקְרִים (פיל׳) [ק/ד/142]. שְׁנִיּוּת הַמִּקְרִים

dur

רַבִּיב (מוס׳) מָזוֹר

Durakkord

תַּצְלִיל רַבִּיב (מוס׳) תְּלַת צְלִיל רַבִּיב

Duratio

הַתְמָדָה [ק/א/238]. תְּדִירוּת, הִמָּשְׁכוּת זְמַן רַב. קִיּוּם [ק/ג/280]. הִתְמַשְּׁכוּת רְצוּפָה בְּלֹא הֶרֶף, מֶשֶׁךְ, הִשָּׁאֲרוּת

durativ

הֶבֵּט הֶמְשֵׁכִי (בלש׳) [מ״ב/69]. אַסְפֶּקְט הַהִתְמַשְּׁכוּת, צוּרַת פֹּעַל הַמְּצַיֶּנֶת פְּעֻלָּה מִתְמַשֶּׁכֶת, לְמָשָׁל: ״הָיָה רָכוּב עַל הַחֲמוֹר״, ״שֶׁלֹּא יְהֵא אָדָם עוֹמֵד עַל דְּבָרוֹ״

duratives Verb ---> Verb, duratives

durch

בְּמִצּוּעַ [ק/ב/254]. בְּאֶמְצָעוּת, עַל יְדֵי, בְּתִוּוּךְ, בְּעֶזְרַת

durch Vermittlung von... ---> Vermittlung von..., durch

Durcharbeiten

עִבּוּד (פסי׳, רפו׳) [ר/ב/499]. הַתַּהֲלִיךְ הַטִּפּוּלִי שֶׁבְּאֶמְצָעוּתוֹ מֵבִין הַמְּטֻפָּל אֶת בְּעָיוֹתָיו

Durchbiegung

נְסִיטָה (טכנ׳) כֶּפֶף, תּוֹצָאָה שֶׁל כְּפִיפָה

durchblättern

דִּפְדֵּף (מְדַפְדֵּף) בִּסְפָרִים (ספרנ׳) עִלְעֵל בִּסְפָרִים

durchbohren

נִקֵּב (מְנַקֵּב), חָרַר (חוֹרֵר), חֵרֵר (מְחָרֵר), קָדַח

(קוֹדֵחַ), רַצָּע (רוֹצֵעַ)

durchbohrend

נוֹקֵב, מְנַקֵּב, חוֹרֵר, מְחָרֵר, קוֹדֵחַ, רוֹצֵעַ

durchbohrt

נָקוּב, מְנֻקָּב, חָרוּר, מְחֹרָר, קָדוּחַ, רָצוּעַ, נִרְצָע

Durchbohrung

נִקּוּב, הִתְנַקְּבוּת, חֲרִירָה, חֵרוּר, נִקְבּוּב, קְדוּחַ, רְצִיעָה

durchbrechen

בִּקַּע (מְבַקֵּעַ), פָּרַץ, פָּלַח (פּוֹלֵחַ)

Durchbruch [---> Richtungswechsel]

הַבְקָעָה, מִבְקָע (מִבְקָעִים), פֵּרוּץ, פְּרִיצָה, פְּלוּחַ

Durchbruchstal

מִפְעָר (מִפְעָרִים) (גאו', י״א) עֵמֶק נָהָר צַר הַמְּבַתֵּר שַׁלְשֶׁלֶת הָרִים

durchdringen ---> eindringen

durchdringend ---> eindringend

Durchdringung ---> Eindringen

Durchdringung, gegenseitige

הִתְפַּכְּרוּת, פְּלוּשׁ הֲדָדִי, חֲדִירָה הֲדָדִית

Durchfahrtsrecht ---> Durchgangsrecht

Durchfall

שִׁלְשׁוּל (רפו')

Durchfall mit unverdauten Speiseresten *{Lienterie}*

חֲלַקְלֶקֶת (רפו') [מר״ח/422]. שִׁלְשׁוּל הַמֵּכִיל שְׂרִידֵי מָזוֹן בִּלְתִּי מְעֻכָּלִים

durchfaxen

הֶחֱפִּיז (מַחְפִּיז) (טכנ') שָׁלַח מִכְתָּב בְּמִכְפָּזוֹר (מַכְשִׁיר פַּקְס)

Durchfiltriertes ---> Filtrat

Durchfluß

סְפִיקָה (היד') כַּמּוּת הַחֹמֶר הַמְּסֻפֶּקֶת בִּיחִידַת זְמַן, כֹּשֶׁר הַהַסְפָּקָה

Durchflußmenge ---> Abflußmenge

durchführbar

בַּר בִּצּוּעַ, בָּצִיעַ, בֶּן בִּצּוּעַ

Durchführbarkeit

בְּצִיעוּת, כֹּשֶׁר בִּצּוּעַ, הִתָּכְנוּת

Durchführbarkeitsstudie

חֵקֶר בְּצִיעוּת (מדע, טכנ') חֵקֶר הִתָּכְנוּת

durchführen ---> erzwingen

Durchführung ---> Exposition

Durchfuhrerlaubnis

רִשְׁיוֹן מַעֲבָר (משפ')

Durchgang [---> Ladenstraße, überdachte; Versuch]

מַעֲבָר [ק/ב/230]. מָקוֹם שֶׁאֶפְשָׁר לַעֲבֹר בּוֹ, צִנּוֹר, חָלָל, נֶקֶב שֶׁעוֹבֵר בּוֹ דְּבַר-מָה

Durchgangsnote

תַּו מַעֲבָר (מוס')

Durchgangsrecht

זְכוּת מַעֲבָר (משפ')

Durchgangsstadium

שְׁלַב מַעֲבָר

durchkomponiert

רְצוּף הֶצְלֵל (מוס') רָצוּף

Durchlässigkeit *{Permeabilität}*

חֲדִירוּת (ביו', כימ') יְכֹלֶת הַעֲבָרַת נוֹזְלִים אוֹ גַּזִּים דֶּרֶךְ קְרוּם

Durchlässigkeit *{Transmission}*

הַעֲבָרָה (פיס'). חֲלוּלִיּוּת (פיס') [ק/א/300]. נַקְבּוּבִיּוּת

Durchlässigkeitsfaktor *{Transmissionsgrad}*

הַעֲבָרוּת (פיס') [ל״מ/216]. כֹּשֶׁר הַעֲבָרָה, הַיַּחַס בֵּין כַּמּוּת הַקְּרִינָה הָעוֹבֶרֶת דֶּרֶךְ גּוּף לְבֵין כַּמּוּת הַקְּרִינָה הַנּוֹפֶלֶת עָלָיו

Durchlässigkeitskraft

כֹּחַ הַעֲבָרָה (פיס') [ק/ב/76]. כֹּחַ סְפוֹגִי

Durchlässigkeitsmesser *{Permeameter}*

מַד חֲדִירוּת (ביו', כימ')

Durchlaß

מִפְלָשׁ (היד') מַעֲבָר תַּת קַרְקָעִי לְזֶרֶם מַיִם

Durchlaßgrad ---> Durchlässigkeitsfaktor

Durchlaufungssinn

פְּנוּת (מתמ')

durchlöchern

נִקֵּב (מְנַקֵּב), נָקַב (נוֹקֵב), חָרַר (חוֹרֵר), חֵרֵר (מְחָרֵר), חֹרַר (מְחֹרָר), קִדֵּד (מְקַדֵּד)

durchlöchert

נָקוּב, חָרוּר, מְחֹרָר, מְנֻקָּב, קָדוּד, מְכֻבָּרִי

Durchmesser *{Diameter}*

קֹטֶר (קְטָרִים) (מתמ') [ק/ג/277,124]. קֹטֶר הָעִגּוּל, מֵיתָר הָעוֹבֵר דֶּרֶךְ מֶרְכַּז הַמַּעְגָּל אוֹ הַכַּדּוּר, דִּיאָמֶטֶר. אֲלַכְסוֹן (מתמ') [ק/א/48; ק/ג/124]. אֲלַכְסוֹן הָעִגּוּל. בְּרִיחַ (י״א) [ק/א/95]. קֹטֶר הָאָרֶץ אוֹ הָעוֹלָם

Durchnagen *{Diabrosis}*

חֲלִידָה (רפו') [מר״ח/242]. חֲלֶדֶת

durchölen ---> schmieren

durchpausen

הֶעֱקִיב (מַעֲקִיב) (טכנ', אמנ')

Durchsacken

הִתְקַעֲרוּת (ימא') הֵעָשׂוּת קַעֲרוּרִי

durchschauen

חָדַר לִרְאוֹת, חָשַׂף, גִּלָּה, עָמַד עַל (סוֹדוֹ שֶׁל...), רָאָה לְלִבּוֹ שֶׁל..., קָרַע אֶת הַמַּסְוֶה מֵעַל...

durchscheinend

שָׁקוּף (פיס') [ק/ג/110]. סַפִּירִי, בָּהִיר, זָגִיג, זָכִיךְ, זָקִיק, זַךְ

durchschimmernd

מַשְׁקָף (פיס') [ק/ב/304]. מִשְׁקָף, נִרְאֶה קְצָת כְּמִבַּעַד לְמָסָךְ

Durchschlag

מַקֵּב (מַקָּבִים) (טכנ') מַכְשִׁיר חַד לַעֲשִׂיַּת נְקָבִים בְּחֹמֶר

durchschnittlich

מְמֻצָּע, בֵּינוֹנִי, תַּקִּין, נוֹרְמָלִי

Durchschnittsarbeit, gesellschaftliche

עֲבוֹדָה חֶבְרָתִית מְמֻצַּעַת (מ״ח, כלכ')

Durchschnittsgesetz

חֹק מְמֻצָּע

durchschossen

מְסֹרָג, עָשׂוּי לְסֵרוּגִין, לֹא רָצוּף

durchschweißen

רִתֵּךְ (מְרַתֵּךְ) בְּמִפְלָשׁ (טכנ') רִתּוּךְ מִפְלָשׁוֹת

Durchsetzungsvermögen

דַּעְתָּנוּת (פסי') תַּקִּיפוּת, עֲמִידָה עַל הַדַּעַת

durchsichtig

שָׁקוּף (פיס') [ק/א/80]. בָּהִיר. בְּהִירִי [ק/א/81]. זָהִיר (פיס') [ק/א/251]. זַךְ (פיס') [ק/א/259]. זָקִיק (פיס') [ק/א/266]. סַפִּירִי (פיס') [ק/ג/110]. זָגִיג, זָכִיךְ

durchsichtig, nicht ganz ---> lichtdurchlässig

Durchsichtigkeit *{Transparenz}*

שְׁקִיפוּת (מטא') [יל"ט/204]. מַצַּב הָאֲוִירָה (אַטְמוֹסְפֵרָה) הַמְאַפְשֵׁר אֶת הָרְאוּת דַּרְכָּהּ. בְּהִירוּת, בְּהִירִיּוּת (פיס') [ק/א/80]. תְּכוּנַת הַגּוּף הַבָּהִיר. זֹהַר, זָהֳרָה (פיס') [ק/א/252]. סַפִּירִיּוּת, סַפִּירוּת (פיס') [ק/ג/110]. צְלִילוּת, זַכּוּת

durchsickern ---> durchdringen

durchsieben [---> seihen]

נָפָה (מְנֻפֶּה) (חקל', סטט') [א"ת/ב/192; ר/ב/439]. כָּבַר (כּוֹבֵר), הִשְׁתַּמֵּשׁ בְּנָפָה כְּדֵי לְהַפְרִיד אֶת הַפְּסֹלֶת מִן הַקֶּמַח, בֵּרֵר (מְבָרֵר), בָּחַר בְּתַת קְבוּצָה שֶׁל מַשָּׂאִים מְסֻיָּמִים מֵאֻכְלוּסִיָּה גְּדוֹלָה יוֹתֵר

durchstechen ---> punktieren

Durchstechen ---> Punktierung

Durchstich

קֶצֶר (קְצָרִים) (היד', י"א)

Durchstöbern

חִטּוּט

durchstoßen ---> wurmstichig

Durchstoßpunkt

נְקֻדַּת חֲדִירָה (מתמ')

Durchsuchung

חִפּוּשׂ (חִפּוּשִׂים) (משפ')

durchtränken

שָׁרָה (שׁוֹרֶה), הִכְנִיס דְּבַר-מָה לְנוֹזֵל כְּדֵי לְהַרְטִיבוֹ וּלְרַכְּכוֹ

durchwandern ---> überwandern

Durchwanderung ---> Überwanderung

durchzeichnen ---> durchpausen

Duritas

קֹשִׁי (פיס') [ק/ג/303]. אַחַת מִן הָאֵיכֻיּוֹת הַשְּׁנִיּוֹת

Durra *{Sorghum durra}*

דּוּרָה מְצוּיָה (בוט') צֶמַח מִמִּשְׁפַּחַת הַדְּגָנִיִּים

Durst, krankhafter *{Polydipsie}*

צַמֶּאֶת (רפו') [מר"ח/543]. מַחֲלַת צָמָא, צִמָּאוֹן יֶתֶר

Durtonart

סֻלָּם רַבִּיב (מוס') סֻלָּם מָזוֹרִי

Dusche

מִקְלַחַת, מִזְלַחַת

duschen

הִתְקַלֵּחַ (מִתְקַלֵּחַ), הִזְדַּלַּח

Dux

דֻּכָּס (מוס') נוֹשֵׂא בְּפוּגָה

Dvandva ---> Kopulativkompositum

Dyade

טַנְדּוּ (טַנְדּוּאוֹת) (מ"ח, פסי') [ר/א/156]. דִּיאָדָה חֶבְרָתִית, קְבוּצָה שֶׁל שְׁנֵי בְּנֵי אָדָם

dyadische Interaktion ---> Interaktion, dyadische

Dyn

עוּזִית (פיס') דִּין, יְחִידַת כֹּחַ

Dynamik

תַּעֲזוּזָה (פיס') [ק/א/299; ק/ד/213]. חָכְמַת הַתְּנוּעָה, תּוֹרַת הַכֹּחַ וְהַתְּנוּעָה, חֵקֶר תְּנוּעַת הַגּוּפִים, דִּינָמִיקָה. דִּינָמִיּוּת, עֵרָנוּת, פְּעַלְתָּנוּת

Dynamik, exogene ---> Kräfte, außenbürtige

dynamisch

תַּעֲזוּזִי, תְּנָעִי (תְּנָעִת), דִּינָמִי, עֵירָנִי, בַּעַל תְּנוּעָה, פָּעִיל, שֶׁנָּתוּן לִתְמוּרוֹת

dynamische Kategorie ---> Kategorie, dynamische

dynamisches Modell ---> Modell, dynamisches

dynamisieren

עִזֵּז (מְעַזֵּז), תִּנֵּעַ (מְתַנֵּעַ), עוֹרֵר, הִמְרִיץ, הֵנִיעַ

Dysarthrie ---> Sprechstörung

Dysenterie ---> Ruhr

dysfunktionell

מְשֻׁבָּשׁ, לֹא מְתַפְקֵד, דִּיסְפוּנְקְצִיּוֹנָלִי

Dysgraphie ---> Schreibstörung

Dyskinesia ---> Fehlfunktion, motorische

Dyslexie ---> Lesestörung

Dysmenorrhö ---> Menstruationskolik

Dyspareunie ---> Koitus, Schmerz beim

Dyspepsie ---> Verdauungsstörung

Dysphagia ---> Schlingvermögen(s), schmerzhafte Störung des

Dysphonie ---> Heiserkeit

Dysplasie

לְקוּת עִצּוּב (רפו') דִּבָּלוֹן, פְּרוֹעַ עִצּוּב

dysplastisch

לְקוּי עִצּוּב (רפו') דִּבְלוֹנִי

dysplastischer Typus ---> Typus, dysplastischer

Dyspnoe ---> Kurzatmigkeit

dysponisch ---> kurzatmig

Dystonie

פְּרוֹעַ יְתִינוּת (רפו') לְקוּת מֶתַח שְׁרִירִים

Dysurie

הַפְרָעַת שְׁתִינָה (רפו', פסי') פְּרוֹעַ שְׁתִינָה, כְּאֵב הַשְׁתָּנָה, מִתְנוּת, אִי יְכֹלֶת לְהַשְׁתִּין בְּנוֹכְחוּת אֲחֵרִים

E

E
מִי (מוס') הַצְּלִיל הַשְּׁלִישִׁי בְּסֻלָּם דִּיאָטוֹנִי

E-Mail
חִשְׁתֵּב (חִשְׁתָּבִים, חִשְׁתְּבֵי-) (אלק', תקש') דֹּאַר חַשְׁמִילוֹנִי (אֶלֶקְטְרוֹנִי) הַנִּשְׁלָח בְּאֶמְצָעוּת מַחְשֵׁב וכד'

E-Mail senden
חִשְׁתֵּב (מְחַשְׁתֵּב) (אלק', תקש') שִׁגֵּר דֹּאַר חַשְׁמִילוֹנִי (אֶלֶקְטְרוֹנִי) בְּאֶמְצָעוּת מַחְשֵׁב וכד'

Ebbe
שֵׁפֶל (י״א) [ק/א/318]. חֶסְרוֹן הַיַּמִּים, יְרִידַת הַמַּיִם בַּיָּם וּמִעוּטָם בִּזְמַן שׁוּבָם לְאָחוֹר

ebben ---> fallen

eben
שָׁטוּחַ (מתמ') [ק/ד/87]. מִשְׁתָּרֵעַ, רָקוּעַ, בְּצוּרַת שֶׁטַח. מִישׁוֹרִי (מתמ') [ק/ב/196]. מְיֻשָּׁר, בַּעַל שֶׁטַח מְאֻזָּן וְרָחָב, פָּרוּשׂ. מִשְׁטָח, מֻשְׁטָח (מתמ') [ק/ב/292]

ebenbürtig
שָׁוֶה

Ebene
מִישׁוֹר (מִישׁוֹרִים) (י״א) [א״ת/ב/73]. בִּקְעָה (בְּקָעוֹת). מִשְׁטָח (מִשְׁטָחִים) (מתמ') [ק/ב/292]. שֶׁטַח יָשָׁר, מָקוֹם שָׁטוּחַ

Ebene, projizierende
מִישׁוֹר מֵטִיל (טכנ', אמנ')

Ebene, rektifizierende
מִישׁוֹר יָשׁוּר (מתמ')

Ebene, schiefe
מִישׁוֹר מְשֻׁפָּע

ebene Kräfte ---> Kräfte, ebene

Ebenenbündel
אֲלֻמַּת מִישׁוֹרִים (מתמ')

Ebenheit
מִישׁוֹרִיּוּת (מתמ')

ebenmäßig [---> harmonisch]
מְאֻזָּן [ק/ב/127]. מְמֻזָּג, מְעֻיָּן, מְתֹאָם, בְּשִׁוּוּי מִשְׁקָל, מְעֹרָב. נֶעֱרָךְ [ק/ג/52]. בַּעַל עֵרֶךְ שָׁוֶה, עָרוּךְ בְּסֵדֶר אֶחָד, פְּרוֹפּוֹרְצְיוֹנָלִי, מַתְכֻּנְתִּי, שְׁוֵה יַחַס, מְחֻלָּק לְפִי מַתְכֹּנֶת

Ebenmaß [---> Harmonie; Proportion]
מִצּוּעַ [ק/ב/254]. מְמֻצָּע, מֶזֶג שָׁוֶה, שִׁוּוּי מִשְׁקָל, שִׁוּוּי הַחֲלָקִים

Ebenschnitt
חֲתָךְ מִישׁוֹרִי (מתמ')

Eberesche *{Sorbus}*
בֶּן חֻזְרָר (בוט') צֶמַח מִמִּשְׁפַּחַת הַוַּרְדִּיִּים

Eberwurz *{Carlina}*
קֵיצָנִית (בוט') צֶמַח מִמִּשְׁפַּחַת הַמֻּרְכָּבִים

Ebulliometer
מַד רְתִיחָה (פיס', כימ')

Echinococcus
קוֹקָן (זוא', רפו') תּוֹלַעַת טְפִילָה

Echinokokkose
קוֹקֶנֶת (רפו') מַחֲלַת תּוֹלְעֵי קוֹקָן

Echo
הֵד (פיס') [ק/א/153]. הֲבָרָה. קוֹל חוֹזֵר, - מִתְחַזֵּר (פיס') [ק/ג/275]. צְלִיל, צְלִילָה (פיס') [ק/ג/246]. בַּת קוֹל, תְּהוּדָה. צִלְצוּל (פיס') [ק/ג/248]

echohaftes Nachsprechen ---> Echolalie

Echolalie
הֲדִיּוּת (פסי') הַדָּדוּת, דִּבּוּר חוֹזֵר וְחָסֵר מַשְׁמָעוּת שֶׁל מִלִּים וּמִשְׁפָּטִים, מִלְּלֵי הַדְּהוּד, גִּבּוּב דְּבָרִים חַסְרֵי תֹּכֶן, זִרְמַת לָשׁוֹן, חֲזָרָה עַל דִּבְרֵי קוֹדְמָיו

Echolot
גַּשּׁוֹשׁ הֵד (טכנ') סוֹנָר, מַכְשִׁיר לִמְדִידַת עֹמֶק הַמַּיִם

Echopraxie
פְּעֻלַּת הַדְּהוּד (פסי') חַקְיָנוּת חוֹלָנִית

Echsen *{Sauria}*
לְטָאוֹת (זוא') תַּת סִדְרָה שֶׁל זוֹחֲלִים

echt [---> authentisch]
כֵּן [ק/א/60]. אֲמִתִּי, בֶּאֱמֶת, עַל דֶּרֶךְ הָאֱמֶת, הַמִּתְיַחֵס עַל הָאֱמֶת

Echtheit ---> Authentizität

Echtzeit ---> Istzeit

Eckensteher ---> Müßiggänger

Eckstein
אֶבֶן פִּנָּה (אדר') [א״ת/א/13]

Edeldistel *{Eryngium}*
חַרְחֲבִינָה (בוט') צֶמַח מִמִּשְׁפַּחַת הַסּוֹכְכִיִּים

Edeldistel *{Onopordum}*
חוֹחָן (בוט') צֶמַח מִמִּשְׁפַּחַת הַמֻּרְכָּבִים

Edelfalter *{Nymphalidae}*
נִימְפִיתִיִּים (זוא') מִשְׁפָּחָה שֶׁל פַּרְפָּרִים

Edelmetall

מַתֶּכֶת אֲצִילָה (כימ') [דח״ט/92]. מַתֶּכֶת הָעֲמִידָה בִּפְנֵי חִמְצוּן וּבִפְנֵי הַשְׁפָּעַת מַרְבִּית הַחֲמָצוֹת

Edelmut
נְדִיבוּת, נַעֲלוּת, שׁוֹעוּת, גֹּדֶל רוּחַ, יִקְרַת נֶפֶשׁ, - לֵב

Edelreis
רוֹכֵב (רוֹכְבִים) (בוט', חקל') חֵלֶק מִצֶּמַח בַּעַל תְּכוּנוֹת רְצוּיוֹת שֶׁמַּרְכִּיבִים אוֹתוֹ עַל גַּבֵּי כַּנָּה שֶׁל צֶמַח אַחֵר

Edelsteinrose *{Bunodactis verrucosa (Bunodactis gemmacea}*
פְּנִינִית הַסְּדָקִים (זוא') מִין בְּמִשְׁפַּחַת שׁוֹשַׁנִּיִּים (אַלְמְגִים)

edles Streben ---> Streben, edles
Efa-Schlange *{Echis}*
אֶפְעֶה (זוא') סוּג נְחָשִׁים מִמִּשְׁפַּחַת הַצִּפְעוֹנִיִּים
Efeu *{Hedera}*
קִיסוֹס (בוט') צֶמַח מִמִּשְׁפַּחַת הַקִּיסוֹסִיִּים
Effekt
תּוֹצָא (תּוֹצָאִים) [ר/א/89]. אֶפֶקְט, תּוֹצָאַת לְוַי, מַשֶּׁהוּ שֶׁבָּא מִכֹּחַ מַשֶּׁהוּ אַחֵר. יַעַל (יְעָלִים), מַשֶּׁהוּ שֶׁמֵּבִיא לִידֵי תּוֹצָאוֹת רְצוּיוֹת, תַּפְעִיל. סִבָּה (פיל') [ק/ג/85]. נִגְרָם, הַשְׁפָּעָה, מַסְקָנָה, תּוֹצָאָה שֶׁל דָּבָר. תּוֹלָדָה, תּוֹלֶדֶת (פיל') [ק/ד/181]. מְסֻבָּב, תּוֹצָאַת סִבָּה, סִבָּה, פֹּעַל יוֹצֵא. פְּעָלוּל (פְּעָלוּלִים) (תאט') שִׁמּוּשׁ בְּאֶמְצָעֵי עֲשׂוּתִי (טֶכְנִי) לְשֵׁם יְצִירַת רֹשֶׁם שֶׁל מְצִיאוּת מְסֻיֶּמֶת
Effekten-Holding-Syndikat
חֶבְרַת הַשְׁקָעוֹת (כלכ', משפ') חֶבְרָה הָרוֹכֶשֶׁת מְנָיוֹת שֶׁל חֲבָרוֹת אֲחֵרוֹת כְּדֵי לִשְׁלֹט בְּהַנְהָלָתָן
effektiv [---> wirksam]
תַּפְעִילִי, יָעֵל (יְעֵלָה), אֶפֶקְטִיבִי, שִׁמּוּשִׁי, תָּקֵף
effektiver Wert ---> Wert, tatsächlicher
effektiver Wirkungsgrad ---> Wirkungsgrad, effektiver
effektives Element ---> Element, effektives
Effektivität [---> Wirksamkeit]
תַּפְעִילוּת, אֶפֶקְטִיבִיּוּת, יַעַל, שִׁעוּר הַשָּׂגַת דְּבָרִים שֶׁהֻצְּבוּ כְּמַטָּרָה
Effektor
מְבַצֵּעַ, מַפְעִיל (פסי', ביו') [ר/א/90]. גּוֹרֵם מַפְעִיל, שְׁרִיר אוֹ בְּלוּטָה שֶׁיּוֹצְרִים תְּגוּבָה, אֶפֶקְטוֹר
Effektstück
מַחֲזֶה רַשְׁמָנִי (ספר', תאט')
Effemination ---> Verweiblichung
efferent ---> herausführend
Effizienz ---> Nutzleistung
Effusion ---> Erguß

Egge
מַשְׂדֵּדָה (חקל') מַכְשִׁיר לְפֵרוּר רִגְבֵי עָפָר

eggen
שִׂדֵּד (מְשַׂדֵּד) (חקל') פּוֹרֵר רִגְבֵי עָפָר

Eggen
שִׂדּוּד (חקל') פֵּרוּר רִגְבֵי עָפָר

Ego ---> «Ich»

Ego-Ideal ---> Ich-Ideal
Egozentrik
מֶרְכַּזְאָנִיּוּת (מ״ח, פסי') [ר/א/5]. אֶגוֹצֶנְטְרִיּוּת, נְטִיָּתוֹ שֶׁל הַיָּחִיד לִרְאוֹת אֶת עַצְמוֹ בְּמֶרְכַּז הַהֲוָיָה, שְׁקִיעָה וְרִכּוּז בְּעַצְמוֹ, מֶרְכַּזְנֹכִיּוּת

egozentrisch
מֶרְכַּזְאָנִי (מ״ח, פסי') [ר/א/5]. אֶגוֹצֶנְטְרִי, הָרוֹאֶה אֶת עַצְמוֹ כְּמֶרְכַּז הַכֹּל, מֶרְכַּזְנֹכִי
Egozentrismus ---> Egozentrik

ehe
קֹדֶם שֶׁ..., בְּטֶרֶם, עַד שֶׁלֹּא...

Ehe, gemischte ---> Mischehe

Ehe, Ungültigkeitserklärung einer
הַפְקָעַת נִשּׂוּאִים (נִשּׂוּאִין) מֵעִקָּרָם (משפ')

Eheauflösung
פְּקִיעַת נִשּׂוּאִים (נִשּׂוּאִין) (משפ')

Ehebrecher(in)
נוֹאֵף (נוֹאֲפִים), נוֹאֶפֶת (נוֹאֲפוֹת) (מ״ח, דת, משפ') בּוֹגֵד, בּוֹגְדָה, בּוֹגֶדֶת, גַּיָּף, סוֹטָה

ehebrechen
נָאַף (נוֹאֵף) (מ״ח, דת, משפ') בָּגַד, גִּיֵּף (מְגַיֵּף)

Ehebruch
נִאוּף (מ״ח, דת, משפ') בְּגִידָה, גִּיּוּף, נַאֲפוּפִים

Ehebruchskomödie
בַּדְּחַת נַאֲפוּפִים (ספר', תאט')

ehelich
זוּגִי, שֶׁל זוּג

ehemals
לְשֶׁעָבַר

Eheverschreibung ---> Ehevertrag

Eheversprechen ---> Heiratsversprechen

Ehevertrag
חוֹזֵה נִשּׂוּאִים (נִשּׂוּאִין) (משפ', דת) [א״ח/ב/46]. כְּתֻבָּה (כְּתֻבּוֹת), הֶסְדֵּר נִשּׂוּאִין

Ehevertrag, vor der Eheschließung abgeschlossener
חוֹזֵה טְרוֹם נִשּׂוּאִים (נִשּׂוּאִין) (משפ')

Ehre [---> Würde]
כָּבוֹד (מ״ח) [ק/ב/62]. כִּבּוּד, יְקָר, הַעֲרָצָה
ehren
כִּבֵּד (מְכַבֵּד) (מ״ח) הִדֵּר (מְהַדֵּר), נָהַג בְּמִישֶׁהוּ מִנְהָג שֶׁל כָּבוֹד, חָלַק כָּבוֹד, שִׁבַּח, סִלְסֵל
Ehrenbezeugung ---> Ehre
Ehrenkränkung
הַשְׁמָצָה (משפ') הוֹצָאַת דִּבָּה, לְשׁוֹן הָרָע
Ehrenpreis *{Veronica}*
בֶּרוֹנִיקָה (בוט') צֶמַח מִמִּשְׁפַּחַת הַלּוֹעֲנִיתִיִּים

ehrenrührig ---> verleumderisch
Ehrenwahn
שִׁגָּיוֹן כָּבוֹד (מ״ח, פסי׳)
ehrenwert
נִכְבָּד [ק/ב/63]. כְּבוֹדִי, חָשׁוּב
Ehrerbietung
מַתַּן כָּבוֹד (מ״ח) הִדּוּר, חֲלֻקַּת כָּבוֹד, כִּבּוּד, סִלְסוּל
ehrgeizig ---> ambitiös
ehrlich ---> aufrichtig
Ehrlichkeit ---> Aufrichtigkeit
Ehrsucht
הִתְגַּבְּרוּת [ק/א/227]. הִתְנַשְּׂאוּת, תַּקִּיפוּת, הִתְגַּדְּלוּת, רְדִיפַת כָּבוֹד
ehrwürdig
אֲדֹנִי (אסת׳) [ק/א/23]. מְסֻגּוֹלַת הָאָדוֹן, הָדוּר, מְכֻבָּד
Ei, eingeschlagenes
בֵּיצָה טְרוּפָה (תזו׳) [א״ח/א/126]. בֵּיצָה מְעֻרְבֶּבֶת
Ei, faules
בֵּיצָה סְרוּחָה (תזו׳) בֵּיצָה מְקֻלְקֶלֶת, - מוּזֶרֶת
Ei, gedünstetes
בֵּיצָה שְׁלוּקָה (תזו׳) [א״ח/א/125]. בֵּיצָה מְבֻשֶּׁלֶת הֵיטֵב
Ei, geronnenes
בֵּיצָה מְגֻלְגֶּלֶת (תזו׳) [א״ח/א/125]. בֵּיצָה מְבֻשֶּׁלֶת קְצָת
Ei, hart gesottenes
בֵּיצָה קָשָׁה (תזו׳) [א״ח/א/125]. בֵּיצָה מְצֻמֶּקֶת
Eibisch *{Althaea officinalis}*
נְטוּפִית רְפוּאִית (בוט׳) צֶמַח מִמִּשְׁפַּחַת הַחֶלְמִיתִיִּים
Eiche *{Quercus}*
אַלּוֹן (בוט׳) צֶמַח מִמִּשְׁפַּחַת הָאַלּוֹנִיִּים
Eichel *{Glans penis}*
עֲטָרָה (רפו׳) עֲטֶרֶת הַשָּׁפְכָה, רֹאשׁ אֵבֶר הַמִּין שֶׁל הַזָּכָר
Eichelhäher *{Garrulus glandarius}*
עוֹרְבָנִי (זוא׳) עוֹף מִמִּשְׁפַּחַת הָעוֹרְבִיִּים
eichen
כַּיֵּל (מְכַיֵּל) (מדע, טכנ׳) אַמֵּם (מְאַמֵּם)
Eichenbock
יַקְרוּנִית הָאַלּוֹן (זוא׳) חֶרֶק מִמִּשְׁפַּחַת הַיַּקְרוּנִיתִיִּים (חִפּוּשִׁיּוֹת)
Eichung *{Kalibrierung}*
כִּיּוּל (מדע, טכנ׳) [ד״מח/153]. קָלִיבְּרַצְיָה, הַתְאָמַת הַמִּדָּה, - לוּחַ הַחֲלֻקָּה בְּמַכְשִׁירֵי מְדִידָה, קְבִיעַת שִׁוְיוֹן סִימוּנֵי הַמִּסְפָּרִים בְּמִקְרֶה מְסֻיָּם לְסִימוּנֵי הַמִּסְפָּרִים שֶׁיִּנָּתְנוּ לְאוֹתָם דְּבָרִים בְּכָל מִקְרֶה דּוֹמֶה לְפִי אוֹתָן הוֹרָאוֹת
Eid, Erklärung unter ---> Erklärung unter Eid
Eid aussagen, unter ---> erklären, eidlich
Eidechse, Glatte *{Lacerta laevis}*
לְטָאָה זְרִיזָה (זוא׳) זוֹחֵל מִמִּשְׁפַּחַת הַלְּטָאִיִּים
Eidechsen, Echte *{Lacertidae}*
לְטָאִיִּים (זוא׳) מִשְׁפָּחָה שֶׁל לְטָאוֹת
Eidechsennatter, Europäische *{Malpolon monspessulanus}*
תְּלוּם קַשְׂקַשִּׂים מָצוּי (זוא׳) זוֹחֵל מִמִּשְׁפַּחַת הַזַּעֲמָנִיִּים
Eiderente *{Somateria mollissima}*
אַדְרִית שְׁחֹרַת כִּפָּה (זוא׳) עוֹף מִמִּשְׁפַּחַת הַבַּרְוָזִיִּים
eidesstattliche Erklärung ---> Erklärung, eidesstattliche
Eidesverletzung ---> Falscheid
Eidetik
נִדְמִיּוּת (פסי׳) [ר/ב/674]. אֵידֶטִיקָה, יְכֹלֶת ״לִרְאוֹת״ מַשָּׂא גֵּרוּי חֲזוּתִי גַּם לְאַחַר הֲסָרַת הַגֵּרוּי
eidetische Vorstellung ---> Vorstellungsbild, eidetisches
eidetisches Vorstellungsbild ---> Vorstellungsbild, eidetisches
eidlich entsagen ---> abschwören
eidliche Entsagung ---> Abschwörung
Eidotter
חֶלְמוֹן (ביו׳, תזו׳) [א״ח/א/125]. הַצָּהֹב שֶׁבַּבֵּיצָה
Eierstocküberfunktion
יֶתֶר שַׁחֲלָתִיּוּת (רפו׳)
Eifer
רְשִׁתַּדְּלוּת [ק/א/221]. הִשְׁתַּדְּלָה, הִתְאַמְּצוּת יְתֵרָה לְהַשִּׂיג דְּבַר-מָה. חֲרִיצוּת [ק/א/330]. רַתְמָדָה, שַׁקְדָנוּת. שִׁדּוּל [ק/ד/76]. שְׁקִידָה יְתֵרָה, מֶרֶץ, מַאֲמָץ. קַנָּאוּת, גְּזֵמָה, הַפְרָזָה
Eifersucht
קִנּוּי (פסי׳) [ר/ב/613]. צוֹרַת חֲרָדָה הַנּוֹבַעַת מֵחֹסֶר בִּטָּחוֹן בְּחִבָּתוֹ שֶׁל הָאָדָם הָאָהוּב, קִנְאָה לְ...
eifersüchtig sein
קִנֵּא לְ... (מְקַנֵּא לְ...) (פסי׳) נִמְלָא קִנּוּי, חָשַׁד שֶׁהָאָדָם הָאָהוּב עָלָיו אֵינוֹ נֶאֱמָן לוֹ
eifrig sein
הִשְׁתַּדֵּל (מִשְׁתַּדֵּל) [ק/ד/76]. עָשָׂה בַּחֲרִיצוּת וּבִזְרִיזוּת, הָיָה זָרִיז וּמָלֵא מֶרֶץ, הִתְאַמֵּץ לְהַשִּׂיג מְבֻקָּשׁוֹ, שָׁקַד
Eigenart [---> Idiosynkrasie]
טֶבַע (פסי׳) [ק/ב/11]. תְּכוּנָה קְבוּעָה וְעַצְמִית, אֹפִי, מַהוּת, צִבְיוֹן, סְגֻלָּה מְיֻחֶדֶת. בְּרִיאָה (פסי׳) [ק/א/95]
eigenartig ---> idiosynkratisch
Eigenbild ---> Selbstbild
Eigendünkel
הַחְשָׁבָה עַצְמִית, אָנֹכִיּוּת, הַחְשָׁבַת עַצְמוֹ, הִתְיַמְּרוּת, יוֹמְרָנוּת
eigene Gestaltung ---> Gestaltung, eigene
Eigenfunktion
מַתְנָה אָפְיָנִי (מתמ׳) פוּנְקְצְיָה עַצְמִית
Eigengruppe
קְבוּצַת פָּנִים (פסי׳, מ״ח) [ר/ב/594]. קְבוּצַת ״אֲנַחְנוּ״, כָּל קְבוּצָה הַנִּרְאֵית לַיָּחִיד כִּקְבוּצָתוֹ
Eigenheit
יִחוּד, יְחוּדִיּוּת

Eigenideal ---> Ich-Ideal; Selbst, idealisiertes

Eigenlast

עֹמֶס קֶבַע (פיס׳, טכנ׳)

Eigenliebe

אַהֲבָה אָנֹכִית (פסי׳) אַהֲבָה עַצְמִית

Eigenname

שֵׁם עֶצֶם פְּרָטִי (בלש׳) [ק/ד/128; מ״ב/183]. שֵׁם, כִּנּוּי שֶׁנִּתָּן בְּאֹפֶן שְׁרִירוּתִי לְשֵׁם עֶצֶם מְסֻיָּם כְּדֵי לְהַבְדִּילוֹ מִבְּנֵי סוּגוֹ, לְמָשָׁל: ״אַיְנְשְׁטַיְן״, ״יִשְׂרָאֵל״, ״בַּרְזֶל״. שֵׁם אִישִׁי (בלש׳) [ק/ד/126]. שֵׁם נוֹדָע (בלש׳) [ק/ד/127]

eigennützig

אָנֹכִיִּי, אָנוֹכִי, תּוֹעַלְתִּי, הַמַּחֲזִיק טוֹבָה לְעַצְמוֹ, הָעוֹשֶׂה רַק לְבֵיתוֹ

Eigenschaft

תְּכוּנָה (תְּכוּנוֹת) (פיל׳, פסי׳) [ק/ד/192; ר/ב/686]. נְטִיָּה, אָפְיָן, אֵיכוּת, טִיב, מַהוּת, סְגֻלָּה, חֵלֶק מֵעַצְמִיּוּתוֹ שֶׁל מֻשָּׂא הַמַּבְדִּיל אוֹתוֹ מִמֻּשָּׂאִים אֲחֵרִים אוֹ הַמְּדַמֶּה אוֹתוֹ לְמֻשָּׂאִים אֲחֵרִים, לְמָשָׁל: ״יַצִּיבוּת״, ״גְּמִישׁוּת״, ״יְלִיכוּת חֹם״. סִפּוּר (פיל׳) [ק/ג/107]. עִנְיָן [ק/ג/147]. סִימָן. תֹּאַר (פיל׳) [ק/ד/174]. תַּבְנִית (פיל׳) [ק/ד/178]. מִדָּה

Eigenschaft, angeborene

תְּכוּנָה מוֹרֶשֶׁת (ביו׳) [ר/ב/687]. תְּכוּנָה שֶׁעוֹבֶרֶת מֵהוֹרֶה לְצֶאֱצָאָיו וְאֵינָהּ תְּלוּיָה בְּלִמּוּד אוֹ בְּנִסָּיוֹן

Eigenschaft, erworbene

תְּכוּנָה נִקְנֵית (פסי׳, מ״ח) [ר/ב/687]. תְּכוּנָה נִרְכֶּשֶׁת, - שֶׁאֶפְשָׁר לִלְמֹד אוֹתָהּ

Eigenschaft, invariante

תְּכוּנָה מִשְׁתַּמֶּרֶת (מחמ׳) תְּכוּנָה אִינְוַרְיַנְטִית

Eigenschaft, positive

תְּכוּנָה חִיּוּבִית [ק/ג/286]. קְנִיָּה, סְגֻלַּת חֶמְדָּה. קִנְיָן [ק/ג/287]. אֵיכוּת חִיּוּבִית

Eigenschaft, sachliche

סְגֻלַּת חֵפֶץ

Eigenschaft, unwesentliche ---> Akzidens

Eigenschaft, vererbte ---> Eigenschaft, angeborene

Eigenschaft annehmen, eine ---> Einwirkung erleiden

Eigenschaftswort ---> Adjektiv

Eigenschatten

צֵל עַצְמִי (טכנ׳, אמנ׳)

Eigensinn ---> Hartnäckigkeit

Eigenständigkeit

כְּלֵלוּת עַצְמִית (מ״ח, פסי׳) עֲמִידָה בִּרְשׁוּת עַצְמוֹ

eigentlich

מַמָּשִׁי [ק/ג/162]. עַצְמִי, אֲמִתִּי, רָאשִׁי, שָׁרְשִׁי, מֶרְכָּזִי. עִקָּרִי [ק/ג/167]. בְּסִיסִי, יְסוֹדִי. בְּפֹעַל, בְּעֶצֶם, לְמַעֲשֶׂה, אָכֵן. מְדֻקְדָּק [ק/ב/153]. מְכֻוָּן, מְדֻיָּק

Eigentümer

בְּעָלִים (כלכ׳, משפ׳) מִי שֶׁהַקִּנְיָן שַׁיָּךְ לוֹ, בַּעַל בַּיִת (בַּעֲלֵי בָּתִּים)

Eigentümer, eingetragener

בְּעָלִים רְשׁוּמִים (כלכ׳, משפ׳)

Eigentümer, freier

בֶּן חוֹרִין בְּקִנְיָנוֹ (מ״ח, כלכ׳)

eigentümlich

סְגֻלִּי [ק/ב/191]. אֶחָד הַמְּיֻחָד בְּתַכְלִית, שׁוֹנֶה מִכָּל הָאֲחֵרִים, מְיֻחָד בְּמִינוֹ. מְסֻגָּל [ק/ב/221]. מְיֻחָד לְדָבָר מְסֻיָּם

Eigentümliches beschreibend ---> idiographisch

Eigentümlichkeit *{Charakteristik}* **[---> Kennzeichen]**

סְגֻלִּיּוּת (פיל׳) [ק/ג/91]. סְגוּל, יִחוּד, מְיֻחָדוּת, תְּכוּנַת יִחוּד. יְחִידִיּוּת (פיל׳) [פ״ר/106]

Eigentum [---> Privateigentum]

קִנְיָן (מ״ח, כלכ׳, משפ׳) [מ״פ/528]. רְכוּשׁ, בַּעֲלוּת עַל רְכוּשׁ, בִּטּוּי לְיַחֲסֵי רְכוּשׁ בַּחֶבְרָה, גְּבָלָה (קָטֶגוֹרְיָה) כְּלָלִית הַמַּקִּיפָה אֶת מִכְלוֹל הַתַּהֲלִיכִים הָעִקָּרִיִּים בַּחֶבְרָה הָאֱנוֹשִׁית וְאֶת חֲשׁוּבֵי הַיְּחָסִים הַחֶבְרָתִיִּים בֵּין בְּנֵי הָאָדָם בְּתַהֲלִיךְ הַשִּׁצּוּר (רֶפְּרוֹדוּקְצִיָּה) הַחֶבְרָתִי בְּעֵת הַהִשְׁתַּלְּטוּת עַל הַטֶּבַע לְשֵׁם סִפּוּק הַצְּרִיכָה הַיַּצְרָנִית וְהָאִישִׁית

Eigentumsrecht

בַּעֲלוּת (כלכ׳, משפ׳) זְכוּת קִנְיָנִית, - הַקִּנְיָן

Eigentumstitel [---> Auflassungsurkunde]

שְׁטַר קִנְיָן (כלכ׳, משפ׳) נֹסַח, זְכוּת בַּעֲלוּת, תֹּאַר הַבַּעֲלוּת, נֹסַח רִשּׁוּם, קוּשָׁן, תְּעוּדַת רִשּׁוּם בְּסִפְרֵי הָאֲחֻזָּה

Eigentumstitel, auf Besitz beruhender

בַּעֲלוּת מִכֹּחַ חֲזָקָה (כלכ׳, משפ׳)

Eigenvergiftung

הִתְמַרְעֲלוּת (רפו׳) הַרְעָלָה עַצְמִית

Eigenwahrnehmung ---> Propriozeption

Eigenwechsel ---> Solawechsel

Eigenwert

עֵרֶךְ עַצְמִי (מחמ׳) שֹׁרֶשׁ אָפְיָנִי, עֵרֶךְ אָפְיָנִי

Eigenwesen

מַהוּת עַצְמִית (פיל׳)

eigenwillig

גַּחְמָנִי [י״א/206] חֶפְצוֹנִי, שְׁרִירוּתִי, שֶׁל רָצוֹן עַצְמִי, קַפְּרִיזִי, גַּחְמָן

Eignung [---> Qualifikation; Kompetenz; Fähigkeit; Anwendbarkeit]

רְאוּיוּת [ק/ד/12]. רֵאָיוֹן, תְּכוּנַת מִי שֶׁהוּא רָאוּי, הַתְאָמָה, נָאוֹתוּת, הוֹלְמוּת, מְסֻגָּלוּת, הֲגִינוּת. כֹּשֶׁר פְּעֻלָּה (פסי׳)

Eile

דְּחִיפוּת [ק/ג/27]. נָחוּץ, נְחִיצָה, נַחַץ, מְהִירוּת, בְּהִילוּת, חִפָּזוֹן, זְרִיזוּת

Eimer

דְּלִי (דְּלָיִים) (טכנ׳)

ein für allemal ---> allemal, ein für

Ein-Segment Test ---> Test, einseitiger

einäugig

חַד עֵינִי (רפו׳) עִוֵּר עֵינוֹ הָאַחַת

Einakter

מַעַרְכוֹן (מַעַרְכוֹנִים) (תאט׳) מַחֲזֶה בַּעַל מַעֲרָכָה אַחַת

einander
זֶה אֶת זֶה [ק/ג/298]. קְצָתָם אֶל קְצָתָם, - אֶל קְצָת, קְצָתוֹ בִּקְצָת, קְצָתָם עִם קְצָתָם, זֶה עִם זֶה. זֶה בָּזֶה, זֶה אֶל זֶה, זֶה לָזֶה

einander ausschließend ---> **ausschließend, einander**

einatmen
שָׁאַף (שׁוֹאֵף) אֲוִיר (רפוּ') [ק/ד/66]. נָשַׁם, שָׁאַב אֲוִיר לְתוֹכוֹ, שָׁאַף רוּחַ

Einatmung
שְׁאִיפָה, שְׁאִיפַת אֲוִיר (רפוּ') [ק/ד/64]. נְשִׁימָה, שְׁאִיבַת אֲוִיר פְּנִימָה

Einband
כְּרִיכָה (ספרנ') כְּרִיכַת סֵפֶר

Einband gegangen, aus dem
נִשְׁמַט מִכְּרִיכָתוֹ (ספרנ')

Einbanddecke ---> Buchdeckel

Einbau *{Installation}*
הַתְקָנָה (טכנ')

Einbaum
סִירַת כֹּרֶת (ימא')

einbegriffen
כָּלוּל [ק/ב/141; ק/ג/70]. נָשׂוּא, שֶׁנּוֹשְׂאִים אוֹתוֹ, מְגֻלָּל, מוּכָל, נִכְלָל, נָתוּן בְּתוֹךְ..., גָּנוּז בְּ... מְגֻמֶּה, מְטֻלְטָל

einbetten
שִׁבֵּץ (מְשַׁבֵּץ), נִרְתֵּק, שִׁכֵּן (מְשַׁכֵּן), נָטַע (נוֹטֵעַ), הִתְוִיךְ (מַתְוִיךְ), שָׂם בְּתָוֶךְ

Einbettung
שִׁבּוּץ (בלש') [מ״ב/71]. נְטִיעָה, שִׁעְבּוּד, נִרְתּוּק, הַכְנָסַת מִשְׁפָּט כִּפְסוּקִית לְתוֹךְ מִשְׁפָּט אַחֵר. תִּיכּוּךְ (ביו'). שִׁכּוּן (מחמ') הַשְׁכָּנָה

Einbeziehung ---> Integration

einbilden, sich [---> phantasieren]
דִּמָּה (מְדַמֶּה) (פסי') [ק/א/138]. צִיֵּר בְּדִמְיוֹנוֹ, חָשַׁב

Einbildung [---> Phantasie]
דִּמּוּי (פסי') [ק/א/138]. כֹּחַ הַדִּמְיוֹן. דִּמְיוֹן (פסי') [ק/א/139]. פְּעֻלַּת הַכֹּחַ הַמְּדַמֶּה, צִיּוּר. זָמַם (פיל', פסי') [ק/א/263]. הַשְׁעָרָה. יִצְרִי (פסי') [ק/ב/48]. הַכֹּחַ הַמְּדַמֶּה. יָהֳרַת שָׁוְא [פ״ר/147]

Einbildungskraft
כֹּשֶׁר הַדִּמּוּי (פסי') [ק/ב/75]. כֹּחַ מְצַיֵּר, כֹּשֶׁר הָאָדָם לְדַמּוֹת לְעַצְמוֹ דְּבָרִים שֶׁאֵינָם בַּמְּצִיאוּת. דִּמְיוֹנוּת (פסי') [ק/א/141]. חִזָּיוֹן (פסי') [ק/א/280]. כֹּחַ מְדַמֶּה. כֹּחַ הַדִּמְיוֹן, - דִּמְיוֹנִי (פסי') [ק/ב/74]. כֹּחַ יִצְרִי (פסי') [ק/ב/75]. מְדַמֶּה (פסי') [ק/ב/150]. מַחֲשָׁב (פסי') [ק/ב/186]. [כֹּחַ] מַחֲשָׁבִי (פסי') [ק/ב/187]. מְצַיֵּר (פסי') [ק/ב/258]. פַנְטַסְיָה. רַעְיוֹן (פסי') [ק/ד/47,46]. הִצְטַיְּרוּת (פסי') [ק/א/201]

Einbildungskraft, produktive
כֹּחַ הַמַּמְצִיא (פסי') [ק/ב/75]

Einbildungskraft, reproduktive
כֹּחַ הַמֵּשִׁיב (פסי') [ק/ב/75]. כֹּחַ מְדַמֶּה מַחֲזִיר

einbinden
כָּרַךְ (כּוֹרֵךְ) (מלא', ספרנ') כָּרַךְ סֵפֶר

Einbuchtung *{Recessus}*
שְׁקַעֲרוּרִית (שְׁקַעֲרוּרִיּוֹת) (רפוּ') [מר״ח/576].

שְׁקַעֲרוּרָה, גֻּמְחָה, מֶחְרָץ

einbürgern
אִזְרַח (מְאַזְרֵחַ) (מדי') הֶעֱנִיק לְמִישֶׁהוּ אֶת אֶזְרָחוּת הַמְּדִינָה

Einbürgerung
הִתְאַזְרְחוּת (מדי') קַבָּלַת אֶזְרָחוּת שֶׁל מְדִינָה מְסֻיֶּמֶת

Eindellung *{Impressio}*
מִטְבָּע (רפוּ') סִימַן הַטְבָּעָה

eindeutig
חַד מַשְׁמָעִי

eindeutiges Nomen ---> Nomen, eindeutiges

Eindimensionalität
חַד מְמַדִּיּוּת [מ״מ/212]. תְּכוּנָתוֹ שֶׁל בַּעַל מֵמַד אֶחָד

Eindocken ---> Docken

eindringen [---> infiltrieren]
חָדַר (חוֹדֵר) [ק/ג/191]. פָּלַשׁ, פִּלֵּשׁ, הִתְפַּלֵּשׁ, פָּרַץ וְנִכְנַס. שָׁקַע (שׁוֹקֵעַ) [ק/ד/157]. חִלְחֵל לְתוֹךְ..., יָרַד בָּעֹמֶק פְּנִימָה, אִסְפֵּג. נָפַל בְּ... [ק/ג/54]. חָל, קָרָה בִּזְמַן מְסֻיָּם, הִזְדַּמֵּן, נִכְנַס, אֵרַע, פִּעְפַּע

Eindringen [---> Infiltration]
חֲדִירָה [ק/ד/157]. שְׁקִיעָה, פִּעְפּוּעַ, יְרִידָה לְתוֹךְ דָּבָר, אִסְפּוּג. פְּלוּשׁ [ק/ג/190]. כְּנִיסָה, עִיּוּל, הִסָּפְגוּת בְּ..., חִלְחוּל. הִכָּנְסוּת [ק/א/173; ק/ב/98]. הִכָּנֵס, חֲדִירוּת, פִּעְפּוּעַ

eindringend
חוֹדֵר [ק/ב/246]. בּוֹקֵעַ, מְפַלֵּשׁ, נִכְנָס, מְאַסְפֵּג

eindringfähig
פּוֹלְשָׁנִי (ביו')

Eindringfähigkeit
פּוֹלְשָׁנוּת (ביו')

Eindruck
רֹשֶׁם (רְשָׁמִים) (פסי') [ק/ד/60]. הִפָּעֲלוּת, הַרְשָׁמָה, פְּעֻלָּה עַל נַפְשׁוֹ אוֹ מַחֲשַׁבְתּוֹ שֶׁל אָדָם. רִשּׁוּם (פסי') [ק/ד/58]. תּוֹצָאַת הַהַשְׁפָּעָה. הֶפְעֵל, הַפְעָלָה (פסי') [ק/א/197]. הַשְׁפָּעָה מִפְּעֻלַּת אֲחֵרִים. הַפְעָלִיָּה (פסי') [ק/א/198]. טְבִיעוּת עַיִן, טְבִיעַת עַיִן, תְּפִיסַת דָּבָר בִּרְאִיָּה. חִקּוּי (פסי') [ק/א/325]. צִיּוּר. חֲקוּקָה (פסי') [ק/א/326]. פִּתּוּחַ (פסי') [ק/ג/221]. טְבִיעָה (טכנ', אמנ') חֲקִיקָה, חֲרִיתָה

Eindruck hervorrufen, einen ---> einprägen

Eine, das
הָאֶחָד (פיל', מחמ') [ק/ב/309]. מִתְאַחֵד, הַדָּבָר הָאֶחָד

eine/einer/eines der.../von...
אַחַד/אַחַת הַ... [ק/ג/297]. קְצָת הַ..., חֵלֶק מִן...

Einengung ---> Konstriktion

Einerleiheit ---> Identität

Einermenge ---> Menge, einelementige

einfach
פָּשׁוּט [ק/ג/217]. בִּלְתִּי מֻרְכָּב, - מְסֻבָּךְ. נִפְרָד [ק/ג/57]

einfache Form ---> Form, einfache

einfache Reproduktion ---> Reproduktion, einfache

einfache Substanz ---> Substanz,

einfache
einfache Ursache ---> Ursache, einfache
einfache Zufallsauswahl ---> Zufallsauswahl, einfache
einfacher Begriff ---> Begriff, einfacher
einfacher Satz ---> Satz, einfacher
einfacher Sinn ---> Sinn, einfacher
einfacher Wortsinn ---> Wortsinn, einfacher
Einfachheit
פַּשְׁטוּת [ק/ב/33]. יְחִידוּת, פַּשְׁטוּת, פְּשִׁיטָה [ק/ג/220]. תְּכוּנַת הַדָּבָר הַפָּשׁוּט, הֶעְדֵּר סִבּוּךְ, אִי מֻרְכָּבוּת
einfädeln
הִשְׁחִיל (מַשְׁחִיל), הִכְנִיס דֶּרֶךְ חֹר, שָׁחַל (שׁוֹחֵל)
Einfall
הֶבְזֵק רַעְיוֹן (פיל') [פ"ר/95]. נִצְנוּץ (שֶׁל רַעְיוֹן), מַעֲלַת רוּחַ
einfallen
הִבְזִיק רַעְיוֹן, נִצְנֵץ (בְּמֹחַ פְּלוֹנִי), עָלָה בְּרוּחַ (פְּלוֹנִי)
Einfallswinkel
זָוִית הַפְּגִיעָה (פיס') [ל"מ/493]. הַזָּוִית שֶׁבֵּין קֶרֶן אוֹר הַנּוֹפֶלֶת עַל מִשְׁטָח לְבֵין הַנִּצָּב לַמִּשְׁטָח בִּנְקֻדַּת הַפְּגִיעָה
Einfalt
פְּתַיּוּת [ק/ג/223]. טִפְּשׁוּת, קַלּוּת דַּעַת, תְּמִימוּת, חֹסֶר בַּגְרוּת
Einfalt, heilige
כְּסִילוּת קְדוֹשָׁה [ק/ב/99]. כִּנּוּי לְטִפְּשׁוּת הַבָּאָה מִתּוֹךְ כַּוָּנָה רְצוּיָה
einfarbig *{monochrom}* **[---> monochromatisch]**
חַד צִבְעִי (צבע) חַד צִבְעוֹנִי, בַּעַל צֶבַע אֶחָד בִּלְבַד, חַד גּוֹנִי
Einfassung
מַעֲטֶה (מַעֲטִים) (אלק')
einfetten ---> schmieren
Einflechtung
שִׁבּוּץ (ספר') [ק/ד/68]. קְבִיעַת בִּטּוּי מְסֻיָּם בְּתוֹךְ עִנְיָן אַחֵר
einfließend
מַשְׁפִּיעַ
Einfluß
הַשְׁפָּעָה [ק/א/220]. גְּרִימָה שֶׁהַזּוּלַת יַטֶּה לִרְצוֹן הַגּוֹרֵם, הַאֲצָלָה, הֲבָאַת שֶׁפַע. מָבוֹא [ק/ב/135]. פֹּעַל (פסי') [ק/ג/198]
einfühlend
נַעֲנֶה (פסי', מ"ח) מַבִּיעַ אַהֲדָה, בַּעַל רֶגֶשׁ
Einfühlung
חֲדִירָה רִגְשִׁית (פיל', פסי') [המ"מ/223]
Einfühlungsvermögen *{Empathie}*
כְּמִירָה (פסי') [ר/א/66]. אֶמְפַּתְיָה, תְּחוּשַׁת מַצַּב הַזּוּלַת, הַכֹּשֶׁר לִהְיוֹת מוּדָע לְרִגְשֵׁי אֲחֵרִים וּלְהָבִינָם אֲפִילוּ כְּשֶׁאֵין מַסְכִּימִים עִמָּהֶם
Einführung
מָבוֹא (מְבוֹאוֹת) [ק/א/203]. הַקְדָּמָה, הַתְחָלָה לְגוּף הָעִנְיָן, הֲכָנָה. הַצָּעָה [ק/א/202]. רֵאשִׁית דָּבָר
Einführungsstab *{Mandrin}*
שְׁחִיל (רפוי')
Einfuhr ---> Import
Eingabe ---> Input
Eingang *{Aditus}*
מָבוֹא (מְבוֹאִים) (רפוי')
Eingangsvariable ---> Input
eingebetteter Satz ---> Satz, eingebetteter
eingebettetet in...
מְשֻׁבָּץ, מֻנְרְתָּק, מְשֻׁכָּן, מְתֻוָּךְ, נָתוּן בְּתָוֶךְ, נָטוּעַ
eingebildet [---> hochmütig]
מְדֻמֶּה [ק/ב/151]. דִּמְיוֹנִי [ק/א/140]
eingebildete Krankheit ---> Krankheit, eingebildete
Eingebildetes
הַמְדֻמֶּה (פסי', פיל') [ק/ג/133]. הַמְדֻמְיָן, הָעוֹלֶה עַל הָרוּחַ, הַדִּמְיוֹן, הָעוֹלֶה עַל הַלֵּב, מַרְאִית לֵב, חֲזוֹן בַּדִּים
eingebuchtet
שָׁחוּי [ק/ד/84]. נָמוּךְ, שָׁפָל, שַׁח קוֹמָה, כָּפוּף, שָׁחוּחַ, שָׁפוּף
eingebürgert
מְעֻגָּן [ק/ד/187]. תּוֹשָׁב, קָבוּעַ, מֻשְׁרָשׁ, תָּקוּעַ
eingebunden
מְכֹרָךְ (מלא', ספרנ')
Eingebung
הֶאָרַת פִּתְאֹם (פסי') [ק/א/241]. הִתְעוֹרְרוּת, הִתְאַמְּצוּת הַמַּחֲשָׁבָה וְהָרָצוֹן, הֶאָרַת הַדַּעַת, הִתְלַהֲבוּת הַנֶּפֶשׁ, הַשְׁרָאָה, הֶאָרָה פְּנִימִית, הַבְזָקַת יֶדַע, הַבְרָקָה, הִתְבַּהֲקוּת הַנֶּפֶשׁ, הִתְבָּרְקוּת הַמֹּחַ
eingegliedert ---> integriert
eingehen
נִכְנַס, מָצָא (מוֹצֵא) אֶת מְקוֹמוֹ בְּ..., הִגִּיעַ (מַגִּיעַ), בָּא, נִקְלַט (נִקְלָט), נִכְלַל (נִכְלָל), הִכָּנֵס לְתוֹךְ הַכְּלָל, הֻכְלַל (מֻכְלָל), כָּלַל (כּוֹלֵל), הִכְלִיל, הִשְׁתַּבֵּץ בְּ..., עָבַר (עוֹבֵר) לְ..., הִשְׁתַּלֵּב, הִתְגַּלְגֵּל בְּ.../לְ...
eingeklammert
מוּשָׂם בְּסוֹגְרַיִם
eingeklemmt
מְצֻנָּק (רפוי') כָּלוּא, מְכֻוָּץ, מֵצַר, מְקֻמָּץ, מְצֻמְצָם
eingelegt
מְשֻׁבָּץ (טכנ', אמנ')
eingenommen
שָׁטוּף [ק/ד/87]. שָׁקוּעַ בְּעִנְיָן כָּלְשֶׁהוּ, לָהוּט, נָתוּן לְדָבָר בְּכָל לִבּוֹ
eingeprägt
מֻטְבָּע [ק/ב/184]. מְחֻקָּק, חָקוּק, חָרוּת, טָבוּעַ, מְחֻקָּה
eingeschlechtig
חַד מִינִי (ביו') חַד זוּגִי, מֵכִיל רַק תָּאֵי מִין זְכָרִיִּים אוֹ נְקֵבִיִּים
eingeschlossen
מֻכְתָּר [ק/ג/153]. כָּלוּא, עָצוּר, סָגוּר, חָבוּשׁ, תָּפוּס, מְסֻגָּר

eingeschlossen, mit
מְכֻלָּל, נִמְצָא בְּתוֹךְ הַכְּלָל
eingeschränkt
מֻגְבָּל
eingeschränkter Raum ---> Raum, eingeschränkter
eingeschrumpft
מְצֻמָּק (רפו׳) מְגֻיָּל, מְנֻוָּן, צָמוּק
eingesenkt
שָׁקוּעַ [ק/ג/77]. נִשְׁקָע, נָתוּן בְּתוֹךְ דָּבָר הַמַּקִּיפוֹ, מֻכְנָס פְּנִימָה, תָּקוּעַ, שֶׁאֵינוֹ בּוֹלֵט
eingespannt
רָתוּם, מְכֻדָּן, מָעֳמָס בְּעֹל עֲבוֹדָה כָּלְשֶׁהִי, אָסוּר
eingespanntes Auflager ---> Auflager, eingespanntes
eingestellt, scharf ---> Brennpunkt vereinigt, im
eingestochen ---> gestichelt
eingetaucht ---> gewässert
eingeteilt
מְשֻׁנָּת (מדע, טכנ׳) מְסֻמָּן בִּשְׁנָתוֹת
eingetragene Gesellschaft ---> Gesellschaft, eingetragene
eingetragener Eigentümer ---> Eigentümer, eingetragener
eingetragenes Warenzeichen ---> Warenzeichen, eingetragenes
Eingeweide *{Viszera}*
קְרָבַיִם (רפו׳) אֵבְרֵי הַגּוּף הַפְּנִימִיִּים
eingeweidebezüglich *{viszeral}* **[---> darmkanalbezüglich** *{intestinal}***]**
קִרְבִּי (רפו׳) שֶׁל הַקְּרָבַיִם, - הָאֵיבָרִים הַפְּנִימִיִּים שֶׁבַּגּוּף
eingliedern, in ein Ganzes ---> integrieren
Eingliederung ---> Integration
eingliedriger Satz ---> Satz, eingliedriger
eingraben
חָקַק (חוֹקֵק) (טכנ׳, אמנ׳, פסי׳) [ק/א/327]. חָרַת (חוֹרֵת), רָשַׁם, צִיֵּר, פִּתַּח (מְפַתֵּחַ). נִטְבַּע, הֻטְבַּע, הָטְבַּע, הִתְטַבֵּעַ (טכנ׳, אמנ׳, פסי׳) [ק/ב/14,13]. נִתְּנָה לוֹ צוּרָה
eingravieren ---> eingraben
eingreifen
הִשְׁתַּלֵּב (מִשְׁתַּלֵּב) (טכנ׳) שִׁלֵּב (מְשַׁלֵּב)
Eingriff [---> Übergriff]
הִשְׁתַּלְּבוּת (טכנ׳)
Eingriff bringen, außer
הִפְרִיד (מַפְרִיד) (טכנ׳)
Eingriff bringen, in
שִׁלֵּב (מְשַׁלֵּב) (טכנ׳)
Eingriffslinie
קַו הַהִשְׁתַּלְּבוּת (טכנ׳)
Einhändigung
מְסִירָה (מְסִירוֹת) [א״ח/ג/189]. נְתִינָה לִידֵי...
einhäusig *{monözisch}*
חַד בֵּיתִי (בוט׳) [ל״ב/104]. צֶמַח שֶׁפְּרָחָיו חַד מִינִיִּים, זְכָרִיִּים אוֹ נְקֵבִיִּים, וְהֵם נִמְצָאִים עַל אוֹתוֹ צֶמַח
Einhaut, äußere ---> Zottenhaut
Einheit [---> Einigkeit]
אַחְדוּת [ק/א/34]. הִתְחַבְּרוּת. אִחוּד [ק/א/36]. יִחוּד. יְחִידוּת [ק/ב/33]
Einheit, absolute
הִתְאַחֲדוּת [ק/א/225]. אַחְדוּת גְּמוּרָה, זֶהוּת, הִתְקַשְּׁרוּת, הִתְדַּבְּקוּת
Einheit, akzidentelle ---> Einheit, erworbene
Einheit, distributive
אַחְדוּת מְחֻלֶּקֶת (פיל׳)
Einheit, erworbene
הָאֶחָד הַקָּנוּי (פיל׳) [ק/ג/286]. מַשֶּׁהוּ שֶׁנִּזְדַּמֵּן בְּאַקְרַאי לְ..., דְּבַר-מָה שֶׁנִּתְגַּלְגֵּל לְיָדוֹ בְּמִקְרֶה
Einheit, kollektive
אַחְדוּת קְבוּצִית (פיל׳)
Einheit des Geistes ---> Geisteseinheit
Einheit Gottes ---> Gott(es), Einheit
einheitlich
אָחִיד [ק/א/36]. אָחוּד, שֶׁדּוֹמֶה בְּכָל פְּרָטָיו לְאַחֵר. אַחְדוּתִי (פיל׳) [ק/א/35]. מְדֻבָּק [ק/ב/144]. מְחֻבָּר, מְצֻמָּד. מִתְאַחֵד [ק/ב/309]. מִתְדַּבֵּק [ק/ב/311]. מְאֻחָד, רָצוּף. שָׁוֶה [ק/ד/79]. נוֹהֵג עַל סֵדֶר אֶחָד, בַּעַל מְגַמָּה אַחַת
einheitlich sein
הִתְאַחֵד (מִתְאַחֵד) [ק/א/33]. הָיָה לְאֶחָד, אִחֵד (מְאַחֵד), הָאֱחַד (מָאֳחָד), נֶאֱחַד, נִהְיָה אָחִיד, - אֶחָדִי
einheitliche Form ---> Form, einheitliche
Einheitlichkeit
אֲחִידוּת (פיל׳) תְּכוּנַת הַדָּבָר הַמֻּרְכָּב מִסּוּג אוֹ מִמִּין אֶחָד
Einheitsbekenner
מְיַחֵד (מְיַחֲדִים) (דת) [ק/ב/189]. הַמַּאֲמִין בְּאַחְדוּתוֹ שֶׁל הָאֱלֹהִים
Einheitsbekenntnis
יִחוּד (דת) [ק/ב/31]. הָאֱמוּנָה בְּאֵל אֶחָד
Einhelligkeit
הַסְכָּמָה, אַחְדוּת דֵּעוֹת, תְּמִימוּת דֵּעִים, אִחוּד לְבָבוֹת, עֶמְדָּה מְשֻׁתֶּפֶת, שֻׁתָּפוּת דֵּעוֹת, דֵּעָה מֻסְכֶּמֶת
einherziehen
הִלֵּךְ (מְהַלֵּךְ) [א״ח/ב/318]. הִתְמִיד לָלֶכֶת
einiges
מִקְצָת, מְעַט, חֵלֶק
Einigkeit [---> Einheit]
אֲחָדָה, מַצָּב שֶׁל הֱיוֹת אֶחָד
Einigung
אֲחִידָה, תַּהֲלִיךְ הַהֲפִיכָה לְאֶחָד
einjährig
חַד שְׁנָתִי (בוט׳) צֶמַח שֶׁאֵינוֹ חַי יוֹתֵר מִשָּׁנָה אַחַת
einklammern
סִגֵּר (מְסַגֵּר) (מתמ׳) שָׂם בְּסוֹגְרַיִם
Einklang ---> Konsonanz
Einklemmung *{Inkarzeration}*

צִנּוּק, הִצְטַנְּקוּת (רפוי) כְּלִיאָה, הִתְכַּוְּצוּת, הֲצָרוּת
Einkommen, steuerpflichtiges
הַכְנָסָה טְעוּנַת שׁוּמָה (כלכ', משפ') הַכְנָסָה חַיֶּבֶת
Einkommen aus Kapitalbesitz ---> Kapitaleinkommen
Einkommensteuer
מַס הַכְנָסָה (כלכ', מדי')
Einkommensteuergruppe
מַדְרֵגַת מַס הַכְנָסָה (כלכ', מדי')
Einkoten ---> Enkopresis
Einkristall
חַד גָּבִישׁ (כימ', אלק')
einladen
זִמֵּן (מְזַמֵּן), הִזְמִין
Einladung
זִמּוּן [ק/א/263]. הַזְמָנָה
Einlage
תַּשְׁבֵּץ (תַּשְׁבְּצִים) (טכנ', אמנ')
Einlagekonto ---> Anlagekonto
einlegen
שִׁבֵּץ (מְשַׁבֵּץ) (טכנ', אמנ'). כָּבַשׁ (כּוֹבֵשׁ) (תזו') [א"ח/א/114]. שָׁמַר מָזוֹן בְּנוֹזֵל מְשַׁמֵּר
einlegen, Berufung ---> Berufung einlegen
Einlegewasser
מֵי כְּבָשִׁים (תזו') [א"ח/א/124]. מַיִם שֶׁכָּבְשׁוּ בָּהֶם מִצְרְכֵי מָזוֹן
einleiten [---> initiieren]
הִקְדִּים (מַקְדִּים), הִכְנִיס, הֵבִיא
einleitend
הַקְדָּמִי [ק/א/204]. שֶׁל הַקְדָּמָה
Einleitung [---> Initiation]
הַקְדָּמָה [ק/א/203]. מָבוֹא, אַקְדָּם
Einleitung, privative
הַקְדָּמָה מוּסָרִית (פיל') [ק/א/204]
Einleitungsspiel
נְגִינַת מָבוֹא (מוס')
einleuchtend
מְחֻוָּר [ק/ב/134]. מְבֹאָר, גָּלוּי וְיָדוּעַ לַכֹּל, מְסֻלָּק מִן הַסָּפֵק, בָּרוּר. קָרוֹב [ק/ג/300]. מִתְקַבֵּל עַל הַדַּעַת, סָבִיר, נִרְאֶה, מוּבָן, קָרוֹב לְוַדַּאי, מִסְתַּבֵּר, נִסְבָּר
einleuchtend, nicht
דָּחוּק [ק/א/134]. בִּלְתִּי מִתְקַבֵּל עַל הַדַּעַת, בִּלְתִּי מַתְאִים לְסֵדֶר הַמַּאֲמָר
einlösbar ---> tilgbar
einlösen
פָּרַע (פּוֹרֵעַ) (כלכ') סִלֵּק חוֹב, שִׁלֵּם
einlösen, Wechsel ---> Wechsel einlösen
Einlösung
פֵּרָעוֹן (פֵּרְעוֹנוֹת) (כלכ') תַּשְׁלוּם חוֹב, פְּרִיעָה
einmal
אֵי מָתַי, בְּאַחַד הַיָּמִים, אֵי פַּעַם
einmal, auf
בְּבַת אַחַת, בְּהֶגֶּעַ אֶחָד
einmalig
חַד פַּעֲמִי [ק/ב/191]. אֶחָד הַמְיֻחָד בְּתַכְלִית, שׁוֹנֶה מִכָּל הָאֲחֵרִים, מְיֻחָד בְּמִינוֹ
einmalige Befragung ---> Querschnittsbefragung
einmütig ---> einstimmig
einnässend
שַׁתְּנָן, שַׁתֶּנֶת (רפוי) מַרְטִיב
Einnehmer von Geldern
גַּבַּאי (גַּבָּאִים) (מ"ח) [א"ח/ג/67]. גּוֹבֶה מִסִּים אוֹ צְדָקָה
Einnehmeramt
גַּבָּאוּת (מ"ח) מִשְׂרַת הַגַּבַּאי
Einnistung
קִנּוּן (בלש') [מ"ב/144]
Einödgimpel *{Carpodacus synoicus}*
וַרְדִּית סִינַי (זוא') עוֹף מִמִּשְׁפַּחַת הַפְּרוּשִׁיִּים
einpassen
אִפֵּץ (מְאַפֵּץ) (טכנ') הִתְאִים בְּדִיּוּק, הִדֵּק
Einpassung [---> Passung]
אִפּוּץ (טכנ') תְּאִימָה מְדֻקְדֶּקֶת, הַצְמָדָה
Einpendler(in)
יוֹמֵם פְּנִימָה, יוֹמֶמֶת פְּנִימָה (כלכ') אָדָם הַגָּר מִחוּץ לָעִיר וְהַנּוֹסֵעַ יוֹם יוֹם לִמְקוֹם עֲבוֹדָתוֹ בָּעִיר
einpflanzen
נָטַע (נוֹטֵעַ) בְּ... (פסי') [ק/ד/216]. תָּקַע (תּוֹקֵעַ) בְּ..., נָטַע בְּלִבּוֹ, הִטְבִּיעַ אֶת חוֹתָמוֹ בְּ..., חָקַק בְּלִבּוֹ, חָרַת עַל לִבּוֹ
einprägen [---> einpressen]
הִרְשִׁים (מַרְשִׁים) (פסי') [ק/ד/62]. רָשַׁם, הִשְׁאִיר רֹשֶׁם, טָבַע אֶת רִשּׁוּמוֹ עַל..., הִשְׁפִּיעַ, הִטְבִּיעַ אֶת חוֹתָמוֹ בְּ.../עַל..., נֶחְקַק רִשּׁוּמוֹ בְּלֵב..., חָרַת בְּדִמְיוֹנוֹ. תָּקַע (פסי') [ק/ד/216]. נָטַע בּוֹ, - בְּלִבּוֹ. חִקָּה, הִתְחַקָּה (פסי') [ק/א/324]. צִיֵּר, חָרַט. חָקַק (חוֹקֵק) (פסי') [ק/א/327]. חָקַק בְּלִבּוֹ, חָרַת עַל לִבּוֹ. נִטְבַּע, הָטְבַּע, הִטְבִּיעַ, הִתְטַבַּע (פסי') [ק/ב/14,13]. נִתְּנָה לוֹ צוּרָה. יִשֵּׁב [ק/ב/52]. חִזֵּק, קִיֵּם, קָבַע, יִצֵּב, פֵּרֵשׁ, בֵּאֵר, תֵּרֵץ קֻשְׁיָה. דָּחַק [ק/א/135]. עָשָׂה רֹשֶׁם בְּדָבָר
einprägend, sich
מִתְרַשֵּׁם (פסי') [ק/ב/328]. נֶחֱרַת, נִשְׁאַר רִשּׁוּמוֹ, מְקַבֵּל רֹשֶׁם, מֻשְׁפָּע, מִצְטַיֵּר, מִתְחַקֶּה
Einprägung
חֲקִיקָה (פסי') [ק/א/326]. רֹשֶׁם, צִיּוּר, חֲרִיתָה
einpressen [---> einprägen]
טָבַע (טוֹבֵעַ) (טכנ', אמנ')
Einräumen
הֶתֵּר, הַתָּרָה [ק/א/246]. הַרְשָׁאָה, וִתּוּר
Einräumung einer Tatsache ---> Tatsache, Einräumung einer
Einräumungssatz *{Konzessivsatz}*
מִשְׁפַּט וִתּוּר (בלש') [ק/ב/130; מ"ב/43]. מַאֲמָר מַבְדִּיל, פְּסוּקִית וִתּוּר, מִשְׁפָּט טָפֵל הַמְצַיֵּן תְּנַאי שֶׁהוּא בְּנִגּוּד לַפְּעֻלָּה שֶׁבַּמִּשְׁפָּט הָעִקָּרִי, לְמָשָׁל: "**אֲפִלּוּ הַמֶּלֶךְ שׁוֹאֵל בִּשְׁלוֹמוֹ**, לֹא יְשִׁיבֶנּוּ"
einrammen
תִּקֵּעַ (מְתַקֵּעַ) (טכנ') תָּקַע בַּהֲלִימָה, נָעַץ בְּכֹחַ
Einrammen
תִּקּוּעַ (טכנ') תְּקִיעָה עַל יְדֵי הֲלִימוֹת פַּטִּישׁ, נְעִיצָה בְּכֹחַ

Einrede, prozeßhindernde

הֶשְׁתֵּק (משפ׳) טַעֲנָה חוֹסֶמֶת, טַעֲנַת מָגֵן, מְנִיעַת אָדָם מִלְּהַגִּישׁ תְּבִיעָה אִם הִיא נוֹגֶדֶת עֶמְדָּה קוֹדֶמֶת שֶׁלּוֹ

Einreisevisum

אַשְׁרַת כְּנִיסָה (משפ׳, מדי׳) וִיזָה

einrenken, Glieder

שִׁנְזֵר (מְשַׁנְזֵר) (רפו׳) [א״ת/א/266]. עִצֵּב (מְעַצֵּב), שִׁנְזֵר (מְשַׁנְזֵר), הֵשִׁיב אֵבֶר נָקוּעַ לִמְקוֹמוֹ, יִשֵּׁר, מָתַח

Einrichtung ---> Anordnung; Vorrichtug

einritzen

חָרַת (חוֹרֵת) (טכנ׳, אמנ׳)

Einritzung

חֲרִיתָה (טכנ׳, אמנ׳)

eins

אֶחָד (פיל׳, מחמ׳) [ק/א/33; ק/ב/309]. הַמִּסְפָּר הָרִאשׁוֹן, מִתְאַחֵד, הַדָּבָר הָאֶחָד

Eins, das

הַיְּחִידָה (פיל׳) [פ״ר/132]

Eins, die ---> eins

eins werden

הִתְאַחֵד (מִתְאַחֵד) (פיל׳, מחמ׳) [ק/א/33]. הָיָה לְאֶחָד, נִהְיָה אֲחָדִי

einsacken

חָמַט (חוֹמֵט) (רפו׳, גאו׳) הִתְמוֹטֵט

Einsackung

חֲמִיטָה (רפו׳, גאו׳) הִתְמוֹטְטוּת

einsam

בּוֹדֵד [ק/ג/18]. נִגְזָר, בָּדוּל, מִתְבַּדֵּל, מִתְבּוֹדֵד, מְצַמְצֵם בְּתוֹךְ עַצְמוֹ, מְרֻחָק מִן הַבְּרִיּוֹת

Einsamkeit

בְּדִידוּת [ק/א/79]. בְּדִילָה. הִתְבַּדְּדוּת [ק/א/226]. הִתְרַחֲקוּת מִן הַחֶבְרָה. הִתְבּוֹדְדוּת [ק/א/226]. פְּרִישָׁה מִן הַצִּבּוּר. הִתְפָּרְדוּת [ק/א/244]. יְחִידוּת [ק/ב/33]. הֱיוֹת לְבַד בְּאֵין שֵׁנִי עִמּוֹ

einsammeln, dürre Pflanzen

קוֹשֵׁשׁ (מְקוֹשֵׁשׁ) (חקל׳) אָסַף קַשׁ אוֹ צְמָחִים יְבֵשִׁים אֲחֵרִים, קָשַׁשׁ (קוֹשֵׁשׁ)

Einsammlung von Almosen *{Kollekte}*

מַגְבִּית (מַגְבִּיּוֹת) (מ״ח) [א״ת/ג/69]. מִגְבָּה (מִגְבּוֹת), גְּבִיַּת צְדָקָה, אִסּוּף כְּסָפִים

Einsatz [---> Plazierung]

מִפְצָה (מוס׳) כְּנִיסַת קוֹל מְסֻיָּם לְתוֹךְ קֶטַע תַּנְעִימִי (מוּזִיקָלִי) רַב קוֹלוֹת, כְּנִיסָה

einschachteln

קִפֵּס (מְקַפֵּס), סִדֵּר וְדָחַס בְּשֶׁטַח מְצֻמְצָם דְּבָרִים כָּלְשֶׁהֵם זֶה בְּתוֹךְ זֶה אוֹ זֶה לְיַד זֶה

Einschachtelung

קִפּוּס, סִדּוּר דְּבָרִים כָּלְשֶׁהֵם וּצְפוּפִם בְּשֶׁטַח מְצֻמְצָם זֶה בְּתוֹךְ זֶה אוֹ זֶה לְיַד זֶה

einschalten ---> anschalten; interkalieren

Einschalten ---> Interkalation

Einschaltung ---> Anschaltung

Einschaltung in einen Text

הַשְׁלָבָה (ספר׳) הַבְלָעָה בְּתוֹךְ נוּסַח כָּתוּב

Einschiebung

הִתְמַצְּעוּת (ספר׳, רטו׳) [ק/א/240]. הֶפְסֵק בֵּין שְׁנֵי חֶלְקֵי מַאֲמָר עַל יְדֵי מַאֲמָר אַחֵר

einschlämmen *{kolmatieren}*

טִיֵּן (מְטַיֵּן), הִטִּין (מְטִין) (היד׳, טכנ׳) עָשָׂה טִין, נַעֲשָׂה טִין

einschlagen

פָּנָה לָלֶכֶת

Einschlagfaden

עֵרֶב (טכנ׳) [א״ת/א/150]. חוּט הָרֹחַב שֶׁל הָאֲרִיגָה

einschließen

כָּלַל (כּוֹלֵל), הִכְלִיל (מַכְלִיל), הִכְנִיס אֶל הַכְּלָל

einschließend

מַכְלִיל, מַכְנִיס לְתוֹךְ הַכְּלָל

einschließendes Urteil ---> Urteil, einschließendes

einschließlich

כּוֹלֵל, שֶׁיֵּשׁ בּוֹ, נִכְנָס אֶל הַכְּלָל

Einschluß [---> Einbettung]

כִּלּוּל, כְּלִילָה, הַכְלָלָה, הִכָּלְלוּת, הַכְנָסָה אֶל הַכְּלָל

Einschmeichelung

חֲנֻפָּה, הִתְחַנְּפוּת, חִנּוּף, חֲלִיקוּת

einschneiden ---> gravieren; eingravieren

Einschnitt *{Zäsur}*

מִפְסָק (מוס׳). מִבְתָּר (טכנ׳)

Einschnürung ---> Konstriktion

einschränken

סִיֵּג (מְסַיֵּג), הִגְבִּיל, גִּדֵּר, צִמְצֵם (מְצַמְצֵם), הִצְטַמְצֵם, הִקְטִין, חָסַךְ, הִצְמִים (מַצְמִים), צִמֵּם (מְצַמֵּם)

einschränkender Relativsatz ---> Relativsatz, einschränkender

einschränkender Satz ---> Satz, einschränkender

Einschränkung

סִיּוּג, סְיָג, הַגְבָּלָה, הֶגְבֵּל, גִּדּוּר, גָּדֵר, מִגְבָּלָה

Einschränkungssatz

מִשְׁפָּט מְצַמְצֵם (פיל׳, בלש׳) [ק/ב/259]. מַאֲמָר מַגְבָּל (פיל׳, בלש׳) [ק/ב/140]

einschreiben

חָרַת (חוֹרֵת)

einsehen

הִבְחִין (מַבְחִין), הִכִּיר בִּבְרִירוּת

einseitiger Test ---> Test, einseitiger

Einselement

אֵיבַר יְחִידָה (מחמ׳)

einsenken, sich

שָׁקַע (שׁוֹקֵעַ) [ק/ד/157]. חִלְחֵל לְתוֹךְ..., יָרַד בְּעֹמֶק פְּנִימָה, חָדַר

Einsenkung

דֶּכֶה (דְּכָאִים) (רפו׳) שֶׁקַע (שְׁקָעִים), שְׁקַעֲרוּרִית (שְׁקַעֲרוּרִיּוֹת)

einsetzen [---> pflanzen]

הִצִּיב (מַצִּיב) (מחמ׳). פָּצָה (פּוֹצֶה) (מוס׳) הִתְחִיל, נִכְנַס, הִצְטָרֵף, הִתְלַוָּה. מִנָּה (מְמַנֶּה) (מנה׳) הִפְקִיד, הִסְמִיךְ, מֻנָּה (מְמֻנֶּה), הִתְמַנָּה (מִתְמַנֶּה), הָפְקַד

Einsetzung *{Substitution}*
הֲצָבָה (מתמ׳)

Einsicht
בּוֹנְנוּת (פיל׳, פסי׳) [ק/א/87; פ״ר/61; המ״מ/223]. בִּינָה, תְּבוּנָה, הַשֵּׂכֶל הָאֱנוֹשִׁי הַטִּבְעִי, הֲבָנָה אוֹ תְּחוּשָׁה אִינְטוּאִיטִיבִית לְאֹפִי הַפְּנִימִי שֶׁל דְּבַר-מָה, מוּדָעוּת עַצְמִית, הֲבָנָה עַצְמִית, סְכוּת, מְבִינוּת, רְאִיָּה פְּנִימִית

Einsicht, unmittelbare ---> Intuition

Einsicht haben
בָּנַן (בּוֹנֵן) (פיל׳, פסי׳) הֵבִין אוֹ חָשׁ בְּאֹפֶן אִינְטוּאִיטִיבִי אֶת הָאֹפִי הַפְּנִימִי שֶׁל דְּבַר-מָה, הֵבִין אֶת עַצְמוֹ, רָחַשׁ (רוֹחֵשׁ)

einsichtig
נִלְבָּב [ק/ג/38]. נָבוֹן, בַּעַל הֲבָנָה, בֶּן דַּעַת, מֵבִין, מַשְׂכִּיל, בַּעַל עַיִן חַדָּה, מָהִיר תְּפִיסָה

einsickern ---> infiltrieren

Einsickerung ---> Infiltration

Einsiedler
פָּרוּשׁ (פְּרוּשִׁים) [ק/ב/190]. מְיַחֵד, פּוֹרֵשׁ מִן הַחֶבְרָה, יוֹשֵׁב בָּדָד, בָּדוּד (בְּדוּדִים), פָּזִיחַ, גַּלְמוּד. מִתְבּוֹדֵד [ק/ב/310]. שׁוֹכֵן לְבָדָד וְאֵינוֹ מִתְעָרֵב בְּחֶבְרַת בְּנֵי אָדָם. מִתְיַחֵד [ק/ב/317]

Einsiedler, Anemonen- *{Pagurus prideauxi}*
נָזִיר שַׁתְּפָן (זוא׳) סַרְטָן מִמִּשְׁפַּחַת הַדִּיוֹגֶנִיִּים (סַרְטָנִים מַעֲשִׂירֵי רֶגֶל)

Einsiedler, Augenfleck- *{Paguristes oculatus}*
נְזִירוֹן עֵינוֹנִי (זוא׳) סַרְטָן מִמִּשְׁפַּחַת הַדִּיוֹגֶנִיִּים (סַרְטָנִים מַעֲשִׂירֵי רֶגֶל)

Einsiedler, Felsküsten- *{Clibanarius erythropus}*
נְזִירוֹן אֲדֹם רֶגֶל (זוא׳) סַרְטָן מִמִּשְׁפַּחַת הַדִּיוֹגֶנִיִּים (סַרְטָנִים מַעֲשִׂירֵי רֶגֶל)

Einsiedlerkrebse *{Paguridea}*
סַרְטָנֵי הַנָּזִיר (זוא׳) קְבוּצַת מִשְׁפָּחוֹת בְּסִדְרַת סַרְטָנִים מַעֲשִׂירֵי רֶגֶל

einsilbig *{monosyllabisch}*
חַד הֲבָרָתִי (בלש׳) [מ״ב/137]

einspannen
רָתַם (רוֹתֵם), כָּדַן (כּוֹדֵן), קָשַׁר, הֶעֱמִיס בְּעֹל עֲבוֹדָה כָּלְשֶׁהִי, אָסַר, כִּדֵּן (מְכַדֵּן)

einsperren
כָּלָא (כּוֹלֵא) (משפ׳) אָסַר (אוֹסֵר), נֶאֱסַר, חָבַשׁ בְּבֵית סֹהַר, נִכְלָא, עָצַר, נֶעֱצַר, הוֹשִׂים בְּמַעְצָר

Einsperrung
כְּלִיאָה (משפ׳) חֲבִישָׁה, מַאֲסָר, מַעְצָר

einspielen, sich
הִתְרַגֵּל, הִסְתַּגֵּל, הִסְכִּין עִם

Einsprengsel
חָצָץ (טכנ׳)

Einspruch *{Protest}* **[---> Einwand]**
מְחָאָה (מְחָאוֹת), הִתְנַגְּדוּת, הַבָּעַת אִי הַסְכָּמָה, הֶעָדָה, עִרְעוּר

Einspruch erheben *{protestieren}*
מָחָה (מוֹחֶה), הִתְנַגֵּד, עִרְעֵר (מְעַרְעֵר), מִחָה (מְמַחֶה), הִבִּיעַ מְחָאָה, מָחָה בְּיַד..., הִתְרִיס (מַתְרִיס), טָעַן נֶגֶד

einstellen [---> magazinieren; eichen]
כִּוֵּן (מְכַוֵּן), סִגֵּל (מְסַגֵּל), הִתְאִים בְּדִיּוּק, מִקֵּד (מְמַקֵּד), כִּוֵּן (מְכַוֵּן)

einstellen, scharf ---> Brennpunkt vereinigen, im

Einstellung [---> Haltung; Magazinierung; Eichung]
כִּוּנוּן (טכנ׳) סִגּוּל, תֵּאוּם מְדֻיָּק, הַכְוָנָה. נְתִינַת הַדַּעַת לְ... (פסי׳, פיל׳) [המ״מ/223]. עֶמְדָּה, הַפְנָיַת הַכַּוָּנָה לְ..., גִּישָׁה, כִּוּוּן, הִתְכַּוְּנוּת, יַחַס

Einstellung, autoritäre ---> Autoritarismus

einstimmen
הִצְטָרֵף (מוס׳) הִתְלַוָּה

einstimmig
פֶּה אֶחָד (מ״ח) בְּדֵעָה אַחַת, מִתּוֹךְ הַסְכָּמָה, מַתְאִים. חַדְקוֹלִי (מוס׳) קוֹל אֶחָד

Einstreuung
שִׁבּוּץ (ספר׳) [ק/ד/68]. קְבִיעַת בִּטּוּי מְסֻיָּם בְּתוֹךְ עִנְיָן אַחֵר

einstudieren [---> einüben]
שִׁנֵּן (מְשַׁנֵּן), בִּיֵּם (מְבַיֵּם)

einstudieren, eine Rolle
שָׁנָה (שׁוֹנֶה) תַּפְקִיד (תאט׳) לָמַד תַּפְקִיד, שִׁנֵּן (מְשַׁנֵּן) תַּפְקִיד

Einstülpung *{Invagination}*
נִרְתּוּק, הִתְנַרְתְּקוּת (רפו׳) הִתְקַפְּלוּת פְּנִימָה

einstürzen ---> zusammenbrechen

Einsturz
מַפֹּלֶת (מַפּוֹלוֹת), הִתְמוֹטְטוּת

Einsturztrichter *{Doline}*
בַּלּוּעָה (י״א) שֶׁקַע דְּמוּי מַשְׁפֵּךְ בַּקַּרְקַע

einstweilige Verfügung ---> Verfügung, einstweilige

Einswerden ---> Einigung

Eintagsfliegen *{Ephemeroptera}*
בִּרְיוֹמָאִים (זוא׳) סִדְרָה שֶׁל חֲרָקִים

eintauchen
טָבַל (טוֹבֵל) [א״ת/א/114]. הִטְבִּיל (מַטְבִּיל), טִבֵּל

Eintauchen
טְבוּל (טְבוּלִים) [א״ת/ג/58]. טְבִילָה, הַטְבָּלָה

Eintauchung ---> Baden, rituelles

einteilen
הִשְׁנִית (מַשְׁנִית) (טכנ׳) חִשֵּׁב חֶלְקַת הַסֻּלָּם לְשִׁנְתוֹת. שִׁנֵּת (מְשַׁנֵּת) (טכנ׳) סִמֵּן אֶת הַשְּׁנָתוֹת בַּסֻּלָּם

Einteilen
הַשְׁנָתָה (טכנ׳) חִשּׁוּב חֶלְקַת הַסֻּלָּם לִשְׁנָתוֹת

Einteilung
חֲלֻקָּה (פיל׳). שִׁנּוּת (טכנ׳) סִמּוּן הַשְּׁנָתוֹת בַּסֻּלָּם

Einteilung, Sprung in der
חֲלֻקָּה בִּקְפִיצָה (פיל׳) [ת״ה/127]. חֲלֻקָּה שְׁגוּיָה שֶׁבָּהּ מְדַלֵּג הַמְחַלֵּק עַל דַּרְגוֹת מְמֻצָּעוֹת

Einteilung, überlappende
חֲלֻקָּה חוֹפָה (פיל׳) [ת״ה/126]. חֲלֻקָּה שֶׁבָּהּ מִצְטַלְּבִים מִינֵי הַחֲלֻקָּה, וּמִין אֶחָד חוֹפֵף בְּחֶלְקוֹ מִין אַחֵר

Einteilung des Begriffsumfangs --->

Begriffsumfang(s), Einteilung des
Einteilungsglieder *{Membra divisionis}*
[---> Principium divisionis]
אֶבְרֵי הַחֲלֻקָּה (פיל׳) [ק/א/20] אֵיבְרֵי חֲלֻקָּה, מֻשָּׂגֵי מִין הַמִּתְקַבְּלִים כַּאֲשֶׁר מְחַלְּקִים אֶת הֶקֵּף מֻשַּׂג הַסּוּג, לְמָשָׁל: כְּשֶׁמְּחַלְּקִים אֶת הֶקֵּף מֻשַּׂג הַסּוּג ״מְשֻׁלָּשִׁים״ מִתְקַבְּלִים מֻשָּׂגֵי מִין כְּגוֹן: ״מְשֻׁלָּשׁ חַד זָוִית״, ״מְשֻׁלָּשׁ קְהֵה זָוִית״, ״מְשֻׁלָּשׁ יְשַׁר זָוִית״

Einteilungsgrund
יְסוֹד חֲלֻקָּה (פיל׳) בְּסִיס חֲלֻקָּה

Einteilungsgrund des Begriffsumfangs --> Begriffsumfang(s), Einteilungsgrund des

Eintracht [---> Harmonie]
אַחְדוּת [ק/א/35]. הַסְכָּמָה בְּדֵעוֹת וּבִרְגָשׁוֹת. הִתְאַחֲדוּת [ק/א/225]. אַחְדוּת גְּמוּרָה, זֶהוּת, הִתְקַשְּׁרוּת, הִתְדַּבְּקוּת

einträchtig ---> harmonisch

eintragen [---> katalogisieren]
רָשַׁם (רוֹשֵׁם), עִיֵּל (מְעַיֵּל)

Eintragsnummer ---> Akzessionsnummer

Eintragung [---> Katalogisieren]
רְשׁוּמָה, רִשּׁוּם, עִיּוּל

eintreffen
הִתְקַיֵּם (מִתְקַיֵּם) [ק/ג/54]. נָפַל, נִהְיָה, נַעֲשָׂה, קָרָה, מַמָּשׁ, נִתְגַּשֵּׁם, הֻגְשַׁם, בֻּצַּע, הִתְמַמֵּשׁ, בָּא לִכְלַל מַעֲשֶׂה

Eintreffen
הִתְקַיְּמוּת [ק/ג/53]. נְפִילָה, בִּיאַת דָּבָר, הַגָּעָה, הֵעָשׂוּת, בִּצּוּעַ

Eintreffen, späteres
הִתְקַיְּמוּת דְּחוּיָה [ק/א/36]. אִחוּר, עִכּוּב, מִתּוּן, מִמּוּשׁ מְאֻחָר, הַגָּעָה מְעֻכֶּבֶת, הֵעָשׂוּת שֶׁהֻוְיָה

eintreten
קָרָה (קוֹרֶה), אֵרַע, נֶאֱרַע, הִתְגַּלָּה וּבָא

Eintreten
הִקָּרוּת (הִקָּרְיוּת), הִתְאָרְעוּת, הִתְרַחֲשׁוּת

Eintrittspreis
דְּמֵי כְּנִיסָה

eintunken ---> eintauchen

einüben [---> einstudieren]
אִמֵּן (מְאַמֵּן), הִתְאַמֵּן (מִתְאַמֵּן)

Einübung
אִמּוּן (פסי׳, פדג׳) [ר/א/39]. חֲזָרָה עַל פְּעֻלָּה לְשֵׁם לִמּוּד

Einverleibung *{Inkorporation}*
הַבְלָעָה (ביו׳) בְּלִיעָה

einwärts drehen
שִׁלְטֵחַ (מְשַׁלְטֵחַ), הִשְׁתַּלְטֵחַ (מִשְׁתַּלְטֵחַ) (רפו׳) [מר״ח/556]. כִּפֵּן (מְכַפֵּן), סִבֵּב לְפָנִים, הֵטַל עַל כְּרֵסוֹ, הִשְׁתַּטַּח עַל פָּנָיו

Einwärtsdrehung *{Pronation}*
שִׁלְטוּחַ, הִשְׁתַּלְטְחוּת (רפו׳) [מר״ח/556]. כִּפּוּן, סִבּוּב לְפָנִים

Einwand
הַשָּׂגָה [ק/א/217; ק/ב/18]. הִתְנַגְּדוּת לְדַעַת אַחֵר, קֻשְׁיָה, סְתִירָה. טַעֲנָה [ק/ב/20]. נִמּוּק סוֹתֵר אוֹ מְאַשֵּׁר. מִדְחֶה [ק/ב/148]. סְפוּק [ק/ג/107]. טְרוּנְיָה. סָפֵק [ק/ג/111]. עֲצוּמָה, טַעֲנָה סוֹתֶרֶת. עִצּוּם [ק/ג/153]. תְּבִיעָה, בַּקָּשַׁת רַבִּים, פֶּטִיצְיָה, עַרְעָר. עִרְעוּר [ק/ג/172]. עֲרָר, מְחָאָה שֶׁל הִתְנַגְּדוּת. פִּרְכָה [ק/ג/214]. פִּרְכָא, פֶּרֶךְ. דִּבָּה [ק/א/124]

Einwanderung
הֲגִירָה אֶל... (מ״ח, מדי׳)

Einwegscheibe
מְחִצָּה שְׁקוּפָה-אֲטוּמָה (טכנ׳)

Einweichung ---> Mazeration

einweihen
חָנַךְ (חוֹנֵךְ), הִתְחִיל לְהִשְׁתַּמֵּשׁ בִּדְבַר-מָה, נֶחֱנַךְ

Einweihung
חֲנֻכָּה, הַתְחָלַת הַשִּׁמּוּשׁ בִּדְבַר-מָה

einwenden
הִשִּׂיג (מַשִּׂיג) עַל... [ק/ב/285; ק/ג/74]. עִרְעֵר עַל דַּעְתּוֹ שֶׁל מִישֶׁהוּ, הִקְשָׁה עַל דִּבְרֵי פְּלוֹנִי, עָתַר. טָעַן עַל.../כְּנֶגֶד... [ק/ב/19]. הֵשִׁיב, תָּפַס עַל דִּבְרֵי פְּלוֹנִי. סִפֵּק בְּ.../עַל... [ק/ג/112]. בָּא עָלָיו בְּטַעֲנָה, הֵטִיל סָפֵק בְּ..., פִּקְפֵּק. פָּרַךְ [ק/ג/214]

Einwendung ---> Einwand; Einspruch

einwickeln ---> zusammenbinden

einwilligen
נֵאוֹת, הִתְרַצָּה (מִתְרַצֶּה), הִסְכִּים

einwirken
פָּעַל (פּוֹעֵל) (פסי׳) [ק/ג/204]. רָשַׁם (פסי׳) [ק/ד/62]. טָבַע אֶת רִשּׁוּמוֹ עַל..., הִטְבִּיעַ אֶת חוֹתָמוֹ בְּ.../עַל..., נֶחְקַק רִשּׁוּמוֹ בַּלֵּב..., חָרַת בְּדִמְיוֹנוֹ. הִשְׁפִּיעַ (מַשְׁפִּיעַ) (פסי׳) [ק/ב/107]. הִכְתִּים, הִרְשִׁים (מַרְשִׁים), הִשְׁאִיר רֹשֶׁם

einwirkend
פּוֹעֵל (פסי׳) [ק/ג/203]. רַב רֹשֶׁם, שֶׁרִשּׁוּמוֹ נִכָּר. מַשְׁפִּיעַ (פסי׳) [ק/ב/201]. מַכְתִּים, מַרְשִׁים, מַשְׁאִיר רֹשֶׁם

Einwirkung
פְּעֻלָּה (פסי׳) [ק/ג/205] פְּעֻלָּה מַשְׁפִּיעָה. הַשְׁפָּעָה (פסי׳) [ק/א/220]. רֹשֶׁם (פסי׳) [ק/ד/60]. הִפָּעֲלוּת, הַרְשָׁמָה. הִתְרַשְּׁמוּת (פסי׳) [ק/א/247]. הִתְפַּעֲלוּת וְקַבָּלַת רֹשֶׁם. רִשּׁוּם (פסי׳) [ק/ד/58]. תּוֹצָאַת הַשְׁפָּעָה עַל אָדָם. הִטַּבְּעוּת, הִתְטַבְּעוּת (פסי׳) [ק/א/235,168]. הֶפְעֵל, הַפְעָלָה (פסי׳) [ק/א/197]. הַפְעָלִיָּה (פסי׳) [ק/א/198]. הִתְעוֹרְרוּת (פסי׳) [ק/א/241]. הִתְאַמְּצוּת הַמַּחְשָׁבָה וְהָרָצוֹן. הֶעָרַת הַדַּעַת, הִתְלַהֲבוּת הַנֶּפֶשׁ. כִּתּוּם, כְּתִימָה (פסי׳) [ק/ב/107]. מַעֲשֶׂה (פסי׳) [ק/ב/243]. פֹּעַל (פסי׳) [ק/ג/198]

Einwirkung, planvolle
פְּעֻלָּה מְכֻוֶּנֶת [ק/ד/49]. רָצוּי, פְּעִילוּת מְחֻשֶּׁבֶת

Einwirkung erleiden
נִפְעַל (נִפְעָל) [ק/ג/261]. הִסְבַּל (מְסֻבָּל), קִבֵּל (מְקַבֵּל) הַשְׁפָּעָה, הֻשְׁפַּע (מֻשְׁפָּע), הָיָה מַשָּׂא הַפְּעֻלָּה, חָלָה בּוֹ הַפְּעֻלָּה, נָפְלוּ בְּחֶלְקוֹ פְּעֻלָּה, מִקְרֶה אוֹ תְּכוּנָה, בָּא לְיָדוֹ, אֵרַע לְ...

Einwortsatz
מִשְׁפָּט בֶּן מִלָּה (בלש׳)

Einwurf
מִדְחֶה [ק/ב/148]. טַעֲנָה, הַשָּׂגָה, סְתִירָה.

עִרְעוּר [ק/ג/172]. עֲרָר, מְחָאָה שֶׁל הִתְנַגְּדוּת, תְּבִיעָה, טְרוּנְיָה
Einzahl ---> Singular
einzeilig
בְּשׁוּרָה אַחַת
Einzelding ---> Geschöpf
Einzelfallmethode ---> Einzelfalluntersuchungsmethode
Einzelfallstudie ---> Fallstudie
Einzelfalluntersuchungsmethode
דֶּרֶךְ חֵקֶר הַמִּקְרֶה (מדע) [ר/ב/412]. דֶּרֶךְ חֲקִירַת הַיָּחִיד, תּוֹלְדוֹת הַמִּקְרֶה, שִׁיטַת דִּוּוּחַ מְפֹרָט עַל פְּרָט מְסֻיָּם לְשֵׁם פִּתּוּחַ עֶקְרוֹנוֹת כְּלָלִיִּים
Einzelheit
יָחִיד (יְחִידִים) [ק/ג/211]. פְּרָט, אֶחָד מִפְּרָטֵי הַמִּין, אִינְדִּיבִידוּאוּם. פְּרָטִי [ק/ג/212]. חֵלֶק [ק/א/306]. אֶחָד מִן הָרַבִּים. פְּרָטִיּוּת [ק/ג/213]. תְּכוּנַת הַדָּבָר הַפְּרָטִי, נִבְדָּלוּת, יִחוּדוֹ שֶׁל הַדָּבָר הַמְסֻיָּם, מְיֻחָדוּת
Einzellerkopulation *{Zygose}*
זֶוֶג (זְוָגִים) (ביו') זְוִיגָה, הִזְדַּוְּגוּת בֵּין יְצוּרִים חַדְתָּאִיִּים
einzeln
אֲחָדִי [ק/א/35]. הַמִּתְיַחֵס עַל הָאֶחָד אוֹ עַל הָאֲחָדִים. אָחוּד, שָׁוֶה. בָּדוּל [ק/א/79]. נִפְרָד. מִתְבּוֹדֵד [ק/ב/311]. בְּנִגּוּד לְכּוֹלֵל , - לִמְחֻבָּר, פְּרָטִי, מְיֻחָד, נִבְדָּל
einzelnen beschreiben, im ---> beschreiben, im einzelnen
einzelner Gegenstand ---> Item
Einzelnes
יְחִידָנִי [ק/ג/212]. פּוֹרֵט, שֶׁל הַיָּחִיד. חֶלְקִי [ק/א/308]. פְּרָט מִן הַכְּלָל.
Einzelverkauf ---> Kleinverkauf
Einzelwesen
פְּרָט (פְּרָטִים) (פיל') [ק/ג/211]. אִינְדִּיבִידוּאוּם, חַי בִּפְנֵי עַצְמוֹ, הַחֶלְקִיק הַקָּטָן בְּיוֹתֵר בְּכָל מִין הַמְקַיֵּם אֶת סְגֻלּוֹת הַמִּין כֻּלּוֹ. אִישׁ (פיל') [ק/א/43]. יְחִידָה מִיחִידוֹת הַמִּין. גּוּף [ק/א/108]. חֵלֶק (פיל') [ק/א/306]. אֶחָד מִן הָרַבִּים. חֶלְקִי (פיל') [ק/א/308]. מַשֶּׁהוּ מִן הַכְּלָל. פְּרָטִי [ק/ג/212]
Einzelwesen(s), Bezeichnung der Gattung und zugleich eines ---> Bezeichnung der Gattung und zugleich eines Einzelwesens
einziehen ---> kassieren
einzig, hervorheben als ---> hervorheben als einzig
einzigartig
יְחִידָאִי, יָחִיד בְּמִינוֹ, שֶׁנִּמְצָא פַּעַם אַחַת בִּלְבַד
Einzigkeit
יְחִידוּת [ק/ב/33]. הֱיוֹת יָחִיד, מְיֻחָדוּת
Einzugsgebiet
גְּלִיל הַנָּהָר (היד') תְּחוּם הִתְנַקְּזוּת שֶׁל נָהָר
Einzugswechsel
שְׁטַר לְגוּבַיְנָא (כלכ') [אב״מ/172]. שְׁטָר לִגְבִיָּה, - שֶׁנִּמְסָר לַבַּנְק לִגְבִיָּה בְּמוֹעֵד פִּרְעוֹנוֹ
eirund *{oval}*
סְגַלְגַּל, דְּמוּי בֵּיצָה, עָגֹל מָאֳרָךְ
Eis
מֵי נֶסֶק (מוס') מֵי דִּיאֶז
Eis
קֶרַח (מטא') [יל״ט/177; א״ח/ב/154]. מַיִם בְּצוּרַת מוּצָק, גְּלִיד (גְּלִידִים)
Eisansatz
מִשְׁקַט קֶרַח (מטא') מִשְׁקַע קֶרַח
Eisberg
הַר (הָרֵי) קֶרַח (גאו') מִצְבּוֹר קֶרַח גָּדוֹל שֶׁנִּתַּק מִקַּרְחוֹן וְשָׁט בְּמֵי הַיָּם
Eisbrecher
בּוֹקַעַת קֶרַח (ימא') כְּלִי שַׁיִט לִבְקוֹעַ קֶרַח
Eisdecke
מִכְסֵה קֶרַח (מטא')
Eisdruck
דַּחַף הַקֶּרַח (מטא')
Eisen, schmiedbares ---> Schmiedeeisen
Eisenbahndamm
סוֹלְלָה לִמְסִלַּת בַּרְזֶל (טכנ')
Eisenholzbaum *{Metrosideros}*
בַּרְזִלִּי (בוט') צֶמַח מִמִּשְׁפַּחַת הַהֲדַסִּיִּים
Eisenradierung
תַּחֲרִיט בַּרְזֶל (אמנ') [ממ״ג/57]. תַּצְרִיב בַּרְזֶל
Eisenstich
פִּתּוּחַ בַּרְזֶל (אמנ')
Eisente *{Clangula hyemalis}*
בַּרְוָז קֶרַח (זוא') עוֹף מִמִּשְׁפַּחַת הַבַּרְוָזִיִּים
Eisenüberschuß im Gewebe *{Siderose}*
בַּרְזֶלֶת (רפו') עֹדֶף בַּרְזֶל בָּרְקָמוֹת
eisernes Gut ---> Gut, eisernes
Eisgang
רִסּוּק הַקֶּרַח (מטא', גאו')
Eisis
מֵי נְסֵקִים (מוס')
Eiskraut *{Mesembryanthemum crystallinum}*
אֲהַל הַגְּבִישִׁים (בוט') צֶמַח מִמִּשְׁפַּחַת הַחַיְעָדִיִּים
Eismatsch
שְׁלוּגִית (מטא') [יל״ט/202]. בִּצַּת שֶׁלֶג אוֹ קֶרַח שֶׁנָּמַסּוּ
Eisnadeln
סִכּוֹת קֶרַח (מטא') [יל״ט/145]. גְּבִישֵׁי קֶרַח מָאֳרָכִים
Eisregen
גֶּשֶׁם קוֹפֵא (מטא') [יל״ט/46]. גֶּשֶׁם שֶׁטִּפּוֹתָיו קוֹפְאוֹת בְּנָפְלָן עַל גּוּפִים מוּצָקִים
Eisschmelzkegel
שִׁפּוּד (שִׁפּוּדֵי) קֶרַח (מטא', י״א)
Eisscholle
צֵן (צִנִּים) (מטא') [א״ח/ב/153]. גּוּשׁ קֶרַח, רֶגֶב (רִגְבֵי) קֶרַח
Eisstau
מַחְסוֹם קֶרַח (מטא')
Eissturmvogel *{Fulmarus glacialis}*
יַסְעוּר שַׁחְפִּי (זוא') עוֹף מִמִּשְׁפַּחַת הַיַּסְעוּרִיִּים
Eistaucher *{Gavia immer}*
צוֹלְלָן צְפוֹנִי (זוא') עוֹף מִמִּשְׁפַּחַת הַצּוֹלְלָנִיִּים

Eisvögel *{Alcedinidae}*
שַׁלְדָּגִיִּים (זוא׳) מִשְׁפָּחָה שֶׁל עוֹפוֹת מִסְדֶּרֶת הַכַּחְלָאִים

Eisvogel *{Alcedo atthis}*
שַׁלְדָּג גַּמָּדִי (זוא׳) עוֹף מִמִּשְׁפַּחַת הַשַּׁלְדָּגִיִּים

Eisvogel, Blauschwarzer *{Limenitis reducta}*
נִימְפִית הַיַּעֲרָה (זוא׳) חֶרֶק מִמִּשְׁפַּחַת הַנִּימְפִיתִיִּים (פַּרְפָּרֵי יוֹם)

Eiszapfen
נְטִיף (נְטִיפֵי) קֶרַח (מטא׳) [יל״ט/132]. קְנֵה קֶרַח חֲרוּטִי הַמִּתְהַוֶּה מִטִּפּוֹת מַיִם הַנּוֹטְפוֹת וְקוֹפְאוֹת

eitel
יָהִיר, גַּאַוְתָן, נֶהְבָּל, שַׁחְוָץ

Eitelkeit
יְהִירוּת, גַּאֲוַת שָׁוְא, הֲבִילוּת, הַבְלוּת, שַׁחְוָצָה

Eiter *{Pus}*
מֻגְלָה (רפו׳)

Eiterausschläge *{Pyodermie}*
מַגֶּלֶת הָעוֹר (רפו׳) מִגּוּל הָעוֹר

eiterbildend *{pyogen}*
מְמַגֵּל (רפו׳)

Eiterbläßchen *{Pustula}*
מֻגְלִית (מֻגְלִיּוֹת) (רפו׳) [מר״ח/567]. סֶמֶט (סְמָטִים), פּוּסְטוּלָה, אֲבַעְבּוּעַת מֻגְלָה, נִמְלָה (נִמְלוֹת), שַׁלְפּוּק, שַׁלְבּוּק

eiterbläßchenbezüglich *{pustulös}*
שַׁלְבּוּקִי (רפו׳) מֻגְלִיתִי, סִמְטִי, נִמְלִי, שַׁלְפּוּקִי, גּוֹרֵם לְהִתְהַוּוּת מֻגְלִיּוֹת

Eiterbläßchenbildung *{Pustulation}*
שִׁלְבּוּק (רפו׳) [מר״ח/567]. מִגּוּל, הִתְמַגְּלוּת, סִמּוּט, הִסְתַּמְּטוּת, הִתְהַוּוּת מֻגְלִיּוֹת, הִתְנַמְּלוּת, שִׁלְפּוּק

eiterbläßchenerzeugend *{postulant}*
מְשַׁלְבֵּק (רפו׳) מְמַגֵּל, מְסַמֵּט, מְשַׁלְפֵּק, מְנַמֵּל, מַעֲלֶה נִמְלוֹת

Eiterbläßchen im Mund *{Aphthe}*
פּוּהִית (פּוּהִיּוֹת) (רפו׳) [מר״ח/61]. כִּיב הַפֶּה

Eiterfluß *{Pyorrhoe}*
דֶּרֶדֶת (רפו׳) [מר״ח/569]. נְזִילַת מֻגְלָה, זִיבַת חֲנִיכַיִם מֻגְלָתִית

eitern
מִגֵּל (מְמַגֵּל), הִתְמַגֵּל (רפו׳)

Eiterung *{Suppuration}*
מִגּוּל, הִתְמַגְּלוּת (רפו׳)

eitle Beschäftigung ---> Beschäftigung, eitle

Eiweiß
חֶלְבּוֹן (חֶלְבּוֹנִים) (ביו׳, כימ׳) תִּרְכֹּבֶת אוֹלָנִית (אוֹרְגָנִית) הַמֻּרְכֶּבֶת מֵחֻמְצוֹת אָמִינוֹ רַבּוֹת. חֶלְבּוֹן הַבֵּיצָה (חזו׳) [א״ח/א/125]. לֹבֶן בֵּיצָה

Eiweiß, natives
חֶלְבּוֹן תָּם (ביו׳, כימ׳)

Eizelle, befruchtete *{Zygote}*
זוּגִיתָה (ביו׳) בֵּיצִית מֻפְרָה, תָּא מִין מֻפְרֶה

Ejakulation ---> Samenerguß

ejakulieren ---> Samenflüssigkeit ausspritzen

Ejektor ---> Strahlsauger

Ekchymose ---> Fleck, blauer

Ekel [---> Aversion]
בְּחִילָה (פסי׳) בְּסִירָה, בִּסָּרוֹן, קֶבֶס

ekelhaft
מְעוֹרֵר בְּחִילָה (פסי׳) מַבְחִיל

ekeln, sich
בָּחַל (בּוֹחֵל) (פסי׳) מָאַס, נָקַט

Eklektik
לַקְּטָנוּת (פיל׳, ספר׳) אֶקְלֶקְטִיקָה, שִׁמּוּשׁ בִּקְטָעִים מִתּוֹרוֹת וּמִשִּׁיטוֹת שׁוֹנוֹת, מִצְרָף (קוֹמְבִּינַצְיָה) חֲסַר עֶקְרוֹנוֹת וְעִרְבּוּב מְכֻוָּנְתִּי (מֶכָנִי) שֶׁל דֵּעוֹת וְהַשְׁקָפוֹת הַסּוֹתְרוֹת וּמְבַטְּלוֹת זוֹ אֶת זוֹ

eklektisch
לַקְּטָנִי (פיל׳, ספר׳) אֶקְלֶקְטִי

Eklipse, scheinbare
דְּמוּת לִקּוּתָהּ (אסט׳) [ק/א/139]

Ekliptik
גַּלְגַּל הַמַּזָּלוֹת (אסט׳) [ק/ב/174]. מַעְגָּל בַּשָּׁמַיִם שֶׁלְּדַעַת הַתּוֹכְנִים הַקַּדְמוֹנִים חוֹפֵף לְכָאוֹרָה אֶת מַסְלוּל תְּנוּעָתָהּ שֶׁל הַשֶּׁמֶשׁ מִסָּבִיב לְכַדּוּר הָאָרֶץ. לְפִי שְׁנֵים עָשָׂר חָדְשֵׁי הַשָּׁנָה חִלְּקוּ אֶת הַמַּעְגָּל לִשְׁנֵים עָשָׂר חֲלָקִים שֶׁכָּל אֶחָד מֵהֶם קָרוּי מַזָּל (קְבוּצַת כּוֹכָבִים), וְהוּא נִמְצָא בְּאוֹתוֹ חֹדֶשׁ מֵאֲחוֹרֵי מַסְלוּלָהּ שֶׁל הַשֶּׁמֶשׁ. מִלְקָה (אסט׳) [ק/ג/124]. עֻגֶּלֶת הַמַּזָּלוֹת, קַו הַלִּקּוּת, אֶקְלִיפְּטִיק. הַקַּו הַלִּקּוּתִי (אסט׳) [ק/ג/274]

Ekliptik, Schiefe der
לִכְסוּן הַמִּלְקָה (אסט׳) [ק/ג/39; 305]. קֶשֶׁת הַנְּמִיכוּת

Ekstase
נְשׁוֹאָה (פסי׳) [מר״ח/268]. אֶקְסְטָזָה, הִתְלַהֲבוּת עַזָּה

ekstatisch
נְשׁוֹאִי (פסי׳) שֶׁל אֶקְסְטָזָה

Ektasie ---> Hohlorganerweiterung

Ektopie ---> Hinausverlegung eines Organs

Ekzem
גָּרָב (רפו׳) אֶקְזֶמָה

ekzematös
גֵּרֵב, גְּרָבִי (רפו׳) אֶקְזֶמִי

Elan
שׁוֹא, הִתְלַהֲבוּת, כֹּחַ נַפְשִׁי, מָעוֹף

elastisch
גָּמִישׁ (פיס׳) [ק/א/117]. נוֹחַ לְהִכָּפֵף, - לְהִכָּוֵץ. נוֹצִי (פיס׳) [ק/ג/23]. קָמִיז, קָפִיז, סְפוֹגָנִי, קְפִיצִי, כָּפִיף. נִמְתָּח (פיס׳) [ק/ג/44]. נִתָּן לְהִתְמַתֵּחַ, מָתִיחַ. סְפוֹגִי (פיס׳) [ק/ג/106]

Elastizität
גְּמִישׁוּת (פיס׳) [ק/א/117]. תְּכוּנַת הָעֶצֶם הַנִּתָּן לְהִכָּפֵף. הִתְפַּשְּׁטוּת (פיס׳) [ק/א/245]. נוֹצִיּוּת (פיס׳) [ק/ג/23]. קְפִיצִיּוּת, צְמִיגוּת, כְּפִיפוּת, קְמִיזוּת. סְפוֹגִיּוּת, סְפוֹגוּת (פיס׳) [ק/ג/106]. קְפִיצוּת (פיס׳) [ק/ג/292]. קְפִיזוּת

Electiones
מִבְחָר (אסט׳) [ק/ב/136]. בְּאַצְטַגְנִינוּת (אַסְטְרוֹלוֹגְיָה): בְּחִירַת פְּעֻלָּה לְפִי הוֹרָאַת הַכּוֹכָבִים

Elefantenohr *{Haemanthus albiflos}*
דָּמִית לִבְנַת פְּרָחִים (בוט') צֶמַח מִמִּשְׁפַּחַת הַנַּרְקִיסִיִּים

Eleganz
הִדּוּר (אסת') [ק/ג/241]. צִחְצוּחַ, צַחוּת, טַרְזָנוּת, אֶלֶגַנְטִיּוּת

elektrifizieren
חִשְׁמֵל (מְחַשְׁמֵל) (טכנ') הִפְעִיל בְּחַשְׁמַל, הָפַךְ צִיּוּד לְחַשְׁמַלִּי, הִזְרִים חַשְׁמַל, נָתַן מִטְעָן חַשְׁמַלִּי

Elektrifizierung
חִשְׁמוּל (טכנ') הַפְעָלָה בְּחַשְׁמַל, הֲפִיכָה לְחַשְׁמַלִּי, הַזְרָמַת חַשְׁמַל, מַתַּן מִטְעָן חַשְׁמַלִּי

elektrisch
חַשְׁמַלִּי (פיס', טכנ')

elektrische Anziehung ---> Anziehung, elektrische
elektrische Batterie ---> Batterie, elektrische
elektrische Empfindlichkeit ---> Empfindlichkeit, elektrische
elektrische Entladung im Gas ---> Entladung im Gas, elektrische
elektrische Sicherung ---> Sicherung, elektrische
elektrische Spannung ---> Spannung, elektrische
elektrischer Draht ---> Draht, elektrischer
elektrischer Fluß ---> Fluß, elektrischer
elektrischer Leiter ---> Leiter, elektrischer
elektrischer Lichtbogen ---> Lichtbogen, elektrischer
elektrischer Strom ---> Strom, elektrischer
elektrischer Widerstand ---> Widerstand, elektrischer
elektrischer Widerstandskörper ---> Widerstandskörper, elektrischer
elektrisches Element ---> Element, elektrisches
elektrisches Feld ---> Feld, elektrisches
elektrisches Kabel ---> Kabel, elektrisches
elektrisieren ---> elektrifizieren
Elektrisierung ---> Elektrifizierung

Elektrizität
חַשְׁמַל (פיס', טכנ')

Elektrizitätswerk ---> Kraftwerk
Elektrizitätszähler ---> Wattstundenmesser
Elektroaffinität ---> Empfindlichkeit, elektrische

elektrochemisch
גַּלְוָנִי (כימ', טכנ')

Elektrode
חַשְׁמוֹלִיךְ (פיס') אֶלֶקְטְרוֹדָה

Elektroenzephalogramm (EEG)
רִשְׁמַת מֹחַ חַשְׁמַלִּית (רֶמַ"ח) (רפו') תְּאִירַת הַמֹּחַ, תַּרְשִׁים חַשְׁמַלִּי שֶׁל הַמֹּחַ

Elektrokardiogramm (EKG)
רִשְׁמַת לֵב חַשְׁמַלִּית (רֶלַ"ח) (רפו') תְּאִירַת הַלֵּב, תַּרְשִׁים זְרָמֵי חַשְׁמַל הַלֵּב

Elektrolyt
פְּרִיד חַשְׁמַל (פיס', כימ') אֶלֶקְטְרוֹלִיט

Elektromotor
מָנוֹעַ חַשְׁמַלִּי (פיס', טכנ')

elektromotorisch
חַשְׁמַלְנֹעִי (רפו', טכנ') אֶלֶקְטְרוֹמוֹטוֹרִי

Elektromyogramm (EMG)
רִשְׁמַת שְׁרִיר חַשְׁמַלִּית (רֶשַׁ"ח) (רפו') תְּאִירַת הַשְּׁרִיר, תַּרְשִׁים זְרָמֵי חַשְׁמַל הַשְּׁרִיר

Elektron
חַשְׁמִילוֹן (חַשְׁמִילוֹנִים) (פיס') [מר"ח/272]. אֶלֶקְטְרוֹן

Elektronik
חַשְׁמִילוֹנָאוּת (פיס', טכנ') אֶלֶקְטְרוֹנִיקָה

elektronisch
חַשְׁמִילוֹנִי (פיס') אֶלֶקְטְרוֹנִי

Elektroschock
הֶלֶם חַשְׁמַלִּי (רפו') נֶזַע חַשְׁמַלִּי

Elektrum *{Elektron}*
כֶּסֶף פָּז (גאו') סַגְסֹגֶת זָהָב וְכֶסֶף הַנִּמְצֵאת בַּטֶּבַע

Element
יְסוֹד (יְסוֹדוֹת) (פיל') [ק/ב/40]. עִקָּר, אֶלֶמֶנְט, אֶחָד מֵאַרְבַּעַת הַטְּבָעִים: עָפָר, רוּחַ, אֵשׁ וּמַיִם, שֶׁלְּפִי הַפִּילוֹסוֹפִים הַקַּדְמוֹנִים נִבְרָא מֵהֶם הָעוֹלָם, חֹמֶר שֶׁאֵינוֹ יָכוֹל לְהִתְפָּרֵק לְחֹמֶר פָּשׁוּט יוֹתֵר. מוֹסָד (פיל') [ק/ב/162]. עֶצֶם (פיל') [ק/ג/157]. פִּנָּה (פיל') [ק/ג/193]. חֹמֶר יְסוֹד. פָּשׁוּט (פיל') [ק/ג/218]. קָצֶה (פיל') [ק/ג/293]. חֹמֶר רִאשׁוֹנִי. שֹׁרֶשׁ (פיל') [ק/ד/162]. תּוֹלָדָה, תּוֹלֶדֶת (פיל') [ק/ד/182]. אָב (פיל') [ק/א/17]. אֵם (פיל') [ק/א/49]. גּוּף (פיל') [ק/א/108]. טֶבַע (פסי', רפו') [ק/ב/12]. יְסוֹד הַגּוּף אוֹ מִזְגוֹ. אֵיבָר (אֵיבָרִים) (מתמ', מחש') יְחִידָה בִּקְבוּצָה

Element, chemisches
יְסוֹד כִּימִי (כימ') הַיּוּל (הַיּוּלִים), חֹמֶר הַמֻּרְכָּב מִפְּרָדִים (אֲטוֹמִים) בַּעֲלֵי אוֹתוֹ מִסְפָּר סִדּוּרִי שֶׁאִי אֶפְשָׁר לְהַפְרִידוֹ לַחֲמָרִים שׁוֹנִים בְּשִׁיטוֹת כִּימִיּוֹת

Element, effektives
יְסוֹד שֶׁבְּפֹעַל

Element, elektrisches
תָּא חַשְׁמַל (פיס') [ל"מ/651]. תָּא גַּלְוָנִי, הֶתְקֵן כִּימִי הַמְשַׁמֵּשׁ כְּמָקוֹר שֶׁל כֹּחַ חַשְׁמַלְנֹעִי (אֶלֶקְטְרוֹמוֹטוֹרִי)

Element, Erde als
עָפָר (פיל') [ק/ג/151]. עַפְרוּרִית, יְסוֹד הָאָרֶץ, - הֶעָפָר

Element, konstituierendes
יְסוֹד מַרְכִּיב

Element, Luft als
רוּחַ (פיל') [ק/ד/28]. יְסוֹד הָאֲוִיר

Element, mögliches
יְסוֹד שֶׁבְּכֹחַ

Element einer Wissenschaft
יסוד מדע (פיל') [ק/א/233]. התחלה, הסבה הראשונית, - העקרית, שרש החכמה

Element in der Kombinationslehre
נושא (נושאים) (מתמ') [ק/ג/73]. איבר בחכמת הצרוף (קומבינטוריקה), איבר בכלל

elementar
יסודי [ק/ב/41]. של יסוד, היולי

Elementarsphären
גלגלים (פיל') [ק/א/115]. עגולי ארבעת היסודות

Elemente
ארבע מטבעות (פיל') [ק/ב/189]. ארבעת היסודות: עפר, רוח, אש ומים, שלפי דעת הקדמונים נברא מהם העולם. ממש (פיל') [ק/ב/210]. חמר, גוף ובחוד: החמר הקדמון והיסודות

Elemente, Mischungsverhältnis der
---> Mischungsverhältnis der Elemnte

Elemente, psychische
יסודות נפשיים (פסי') יסודות פסיכיים

Elend ---> Not

Elendsviertel
רבע עני (רבעי עני) (מ"ח, כלכ') משכנות עני

Elephantiasis
פילנות (רפו') [מר"ח/272]. פילת

Eleve
חניך, חניכה, מתלמד, מתחנך

Elimination [---> Deletion]
סנוק, הסתנקות (פיל') [ח"ה/116; מר"ח/272]. חלוץ, סלוק, החסרה, הסרה, הרקה, אלימינציה, הרחקת התכונות שאינן משתתפות למשגים משעבדים שונים כדי לקבל את המשג השליט שלהם

eliminierbar
סניק, שנתן לחלוץ, בר הסרה

eliminieren [---> beseitigen]
סנק (מסנק), הסתנק (מסתנק), חלץ (מחלץ), החסיר, הסיר, הריק

eliminierend
מסנק, מחלץ, מחסר, מסיר, מריק

eliminiert
מסנק, מחלץ, מחסר, מוסר, מורק

Eliminierung ---> Elimination

Elision
השמטה (בלש') [מ"ב/71]. החסרה, חסור הגה ממלה או מצרוף מלים, למשל: "פתח ת'פה!" (במקום: "פתח את הפה!")

Elixier
מציון (רפו', חזו') אליקסיר, תמסת כהל של חמרים שונים

Elle
אמה (אמות) [א"ח/ב/388]. מדת ארך, 450 מילימטר בערך

Elle *{Ulna}*
עצם הגמד (רפו') [מר"ח/688]. גרמיד

ellenbezüglich
גמדי (רפו') של עצם הגמד

Ellipse [---> Satz, elliptischer; Aussparung, literarische]
חסור (בלש') [ק/א/188; מ"ב/71]. הסתר, השמט, קצור בלשון, משפט שאפעלפי שהחסירו ממנו מלה או כמה מלים הנחוצות לשלמותו הדקדוקית נתן להבינו מתוך ההקשר, למשל: "אתה יכול לבוא אלי היום?" - "יכול" (כלומר: "אני יכול לבוא אליך היום"). פחסגל (פחסגלים) (מתמ') [ק/ג/165]. עקמה, אליפסה, עגול מארך

Ellipsoid
פחסדור (מתמ') אליפסואיד

elliptisch
חסורי (בלש') של חסור. פחסגלי (מתמ') אליפטי, סגלגל, מארך עגל

elliptische Funktion ---> Funktion, elliptische

elliptische Konstruktion ---> Konstruktion, elliptische

elliptischer Satz ---> Satz, elliptischer

elliptisches Integral ---> Integral, elliptisches

Elliptizität ---> Abplattung

Eloquenz
הגעה (רטו') [ק/א/157]. חכמת ההלצה (רטוריקה) והדבור

Elster *{Pica pica}*
עקעק (זוא') עוף ממשפחת העורביים

Eltern
הורים (ביו', מ"ח)

Elterninstinkt
יצרון ההורות (פסי') חיש ההורות, אינסטינקט ההורות

Elternknoten
צמת הורה (פיל', מחש')

Elternschaft
הורות (ביו', מ"ח)

Elternteil
הורה (ביו', מ"ח)

Eluant
חמר משטיף (כימ') ממס המשמש להרחקת חמר מסים (משטף) מתערבת

Eluat
חמר משטף (כימ') חמר מסים שסלק מתערבת באמצעות ממס (משטיף)

eluieren
השטיף (משטיף) (כימ') סלק חמרים ספוחים מתכשירי ספיחה יציבים

Eluierung ---> Elution

Elution
השטפה (כימ') סלוק חמרים ספוחים מתכשירי ספיחה יציבים באמצעות ממס (משטיף)

Elutriator
מפרד שטיפה (כימ')

Email ---> Glasur

Emanation

הָאֲצָלָה (דת) [ק/א/151]. הַשְׁרָאָה מִמַּעַל. אֲצִילוּת, אֲצִילָה (דת) [ק/א/71]. כֹּחַ אֱלֹהִי נֶאֱצָל. הַמְשָׁכָה (פיל', דת) [ק/א/180]. הִשְׁתַּלְשְׁלוּת. הַשְׁפָּעָה (דת) [ק/א/220]. הִתְאַצְּלוּת (דת) [ק/א/226]. הִתְפַּשְּׁטוּת [ק/א/245]. הִתְמַשְּׁכוּת. סִדּוּר (דת) [ק/ג/93]. שִׁלּוּחַ (דת) [ק/ד/110]. שֶׁפַע (דת) [ק/ד/150]

Emanation, Objekt der

מָאֳצָל (מוּאֹצָל) [ק/ב/259]. מֻצָּל, נֶאֱצָל, מָקְרָן. מֻשְׁפָּע (פסי', דת) [ק/ב/303]. מְקַבֵּל הַהַשְׁפָּעָה. מְשֻׁלָּח [ק/ב/295]. שׁוֹפֵעַ, מָשְׁרֶה, שֶׁנִּשְׁלָח לְטוֹב אוֹ לְרַע

Emanation bewirkendes Wesen

מַאֲצִיל (דת) [ק/ב/303]. מַשְׁפִּיעַ, הַמַּשְׁרֶה דְּבַר-מָה עַל מִישֶׁהוּ, כִּנּוּי לֵאלֹהִים

emanieren

הֶאֱצִיל (מַאֲצִיל) (דת) [ק/ד/153]. הִשְׁפִּיעַ (מַשְׁפִּיעַ), שָׁפַע (שׁוֹפֵעַ), נָבַע, זָרַם. אָצַל (אוֹצֵל) [ק/א/72]. הִמְשִׁיךְ, הִפְרִישׁ. סִדֵּר (דת) [ק/ג/96]. נֶאֱצַל, הָאֱצַל, הֻשְׁפַּע, נִשְׁתַּלְשֵׁל. הֵפִיץ (דת) [ק/ג/207]. צָף (דת) [ק/ג/252]. הִשְׁרָה (מַשְׁרֶה), הֻשְׁרָה. שָׁלַח (דת) [ק/ד/112]. הִקְרִין, הֶעֱבִיר לְ...

Embargo

הֶעְגֵּן (מדי') אֶמְבַּרְגוֹ, הֶסְגֵּר, אִסּוּר מִשְׁלוֹחַ סְחוֹרוֹת מְסֻיָּמוֹת לִמְדִינוֹת אֲחֵרוֹת

Embolie

תַּסְחִיף (רפו') הַגְּרָפוּת סְחִיף בְּזֶרֶם הַדָּם וְהִתָּקְעוּתוֹ בִּכְלִי דָּם

embolisch

סְחִיפִי (רפו')

Embolus

סְחִיף (סְחִיפִים) (רפו') חֶלְקִיק גֶּרֶף הַנִּסְחָף בְּזֶרֶם הַדָּם

Embryo

שְׁלִיל (שְׁלִילִים) (רפו') יְצוּר אֱנוֹשִׁי בְּרֶחֶם אִמּוֹ מֵרֶגַע הָעִבּוּר וְעַד הַחֹדֶשׁ הַשְּׁלִישִׁי לְהֵרָיוֹן

Emetikum ---> Brechmittel

Eminentia ---> Erhöhung

Emission

הַנְפָּקָה (כלכ')

Emissionsgarantie

חִתּוּם (כלכ') [אב״נ/78]. מַתַּן עֲרֵבוּת לִמְכִירָה שֶׁל נִיָּרוֹת עֵרֶךְ חֲדָשִׁים

Emissionsgrad

פְּלִיטוּת (פיס')

Emissionssyndikat(s), Mitglied eines

חַתָּם, חַתֶּמֶת (כלכ') מַרְשֶׁה, מַרְשָׁה, מַרְשֵׁה (מַרְשַׁת) חֲתִימָה

Emmer *{Triticum dicoccum (T. dicoccoides)}* **[---> Buchweizen; Dinkel]**

חִטָּה דּוּ-גַּרְגְּרִית (בוט', חקל') [א״ח/א/100]. חִטַּת הַבָּר, צֶמַח מִמִּשְׁפַּחַת הַדְּגָנִיִּים, לְפִי דֵּעָה אַחֶרֶת: כֻּסֶּמֶת (כֻּסְמִין)

Emotion

רְגָשָׁה (רְגָשׁוֹת) (פסי') [ר/ב/632]. רִגּוּשׁ, אֲמוֹצְיָה, הִתְרַגְּשׁוּת עֲמֻקָּה, מַצָּב טָעוּן הִפָּעֲלוּת שֶׁאָדָם חוֹוֶה. טְרִיבָה (פסי') [מר״ח/274]. הֲמִיָּה (פסי') [ק/א/177]. הִתְרַגְּשׁוּת (פסי') [ק/א/246]. הִתְפַּעֲלוּת פְּנִימִית

emotional

רִגּוּשִׁי (פסי') [ר/א/90; ר/ב/632]. אֲמוֹצְיוֹנָלִי, רִגְשִׁי, טְרִיבָתִי, טְרִיבָנִי, נִרְגָּשׁ, רַגְשָׁנִי, טָרוּב, מְטֹרָב

Emotionalität [---> Affektivität]

רִגּוּשִׁיּוּת (פסי') [ר/ב/633]. חַיֵּי הָרֶגֶשׁ, מִכְלוֹל הַהִתְרַחֲשֻׁיּוֹת הָרִגְשִׁיּוֹת

Empathie ---> Einfühlungsvermögen

Empedokles, Schule des

כַּת חֲסִידֵי אֶמְפֶּדוֹקְלֶס (פיל') [ק/ב/105]

Empfänger(in) *{Kollektor}*

קוֹלֵט, קוֹלֶטֶת (חקש') מִתְקַשֵּׁר, מִי שֶׁמְּקַבֵּל מֵידָע אוֹ יְדִיעוֹת בְּתַהֲלִיךְ הַתִּקְשֹׁרֶת. נִמְעָן. נוֹסֵב, נוֹסֶבֶת. מִתְפַּנֶּה (כלש') [מ״ב/11]. הָאָדָם שֶׁפּוֹנִים אֵלָיו

empfänglich

קְלִיטִי (פסי') [ק/ג/258]. קִבּוּלִי, נוֹחַ לְהִתְרַשֵּׁם, הִפָּעֲלוּתִי, רָגִישׁ, עֵרָנִי, פָּתוּחַ, מֻכְשָׁר קְלִיטָה, עָלֵל. הֵכָנִי [ק/א/172]

empfänglicher Mensch ---> Mensch, empfänglicher

Empfänglichkeit

קְלִיטוּת (פסי') [ק/ג/257]. קִבּוּל, נְכוֹנוּת קְלִיטָה, פְּתִיחוּת, הִפָּעֲלוּת, הִתְרַשְּׁמוּת, קַבָּלַת הַשְׁפָּעָה, - פְּעִלָּה, רְגִישׁוּת, עֵרָנוּת, עֲלֵלוּת, נוֹחוּת לְהִתְרַשֵּׁם, עֵרוּת. הֲכָנָה (פסי') [ק/א/172]. כֹּשֶׁר טִבְעִי לְקַבָּלַת תְּכוּנָה מְסֻיֶּמֶת

Empfänglichkeit der Materie ---> Materie, Empfänglichkeit der

Empfang

קְלִיטָה, קִבּוּל, קַבָּלָה, הַסְכָּמָה

empfangen

הִקְבִּיל פָּנִים [א״ח/ג/16]. יָצָא לִקְרַאת מִישֶׁהוּ

empfangend

מְקַבֵּל, מַקְבִּיל [ק/ב/262]. מִי שֶׁנּוֹתְנִים לוֹ, סָבִיל, מִי שֶׁחָלָה עָלָיו פְּעֻלָּה שֶׁאַחֵר עוֹשֶׂה אוֹתָהּ, נִפְעָל. מֻשְׁפָּע [ק/ב/303]. מְקַבֵּל פְּעֻלָּה

אוֹ רֹשֶׁם, שֶׁאֵינוֹ פָּעִיל. מִתְפָּעֵל [ק/ב/326].
קְבוּלִי [ק/ג/258]. סוֹפֵג, קוֹלֵט

empfangende Kraft ---> Kraft, empfangende

Empfangsbestätigung ---> Quittung

empfehlen

הִמְלִיץ (מַמְלִיץ) [ק/ב/116]. הֵלִיץ, דִּבֵּר בִּזְכוּת מִישֶׁהוּ

Empfehlung

הַמְלָצָה [ק/ג/231]. צַוָּאָה, עֵצָה, הַנְחָיָה

Empfindelei

רַגְשָׁנוּת (פסי') רִגְשִׁיּוּת, פְּגִיעוּת

empfinden

חָשׁ (פסי') [ק/א/330]. הִרְגִּישׁ. חָשַׁשׁ (פסי') [ק/א/336]. רָגַשׁ (פסי') [ק/ד/23]

Empfinden

חִישָׁה (פסי') [ר/א/274]. תַּהֲלִיךְ הַכָּרַת גֵּרוּי שֶׁפָּגַע בְּאֵבְרֵי הַחוּשׁ

empfindend

מַרְגִּישׁ (פסי') [ק/ב/275]. בַּעַל הַרְגָּשָׁה, מִי שֶׁמַּכִּיר בְּאֶמְצָעוּת אַחַד הַחוּשִׁים

empfindende Kraft ---> Kraft, empfindende

empfindlich [---> delikat]

רָגִישׁ (פסי') [ק/ב/160; ר/ב/626]. מוּחָשִׁי, גָּרוּי, בַּר חִישָׁה, שֶׁאֶפְשָׁר לָחוּשׁ אוֹתוֹ, חִישׁוֹנִי, עָלֵל, נוֹחַ לְהִתְרַשֵּׁם, רָגֵשׁ, נַעֲנֶה לִגְרִיָּה, מִתְרַגֵּשׁ בְּנָקֵל, בַּעַל סַף נָמוּךְ לִקְלִיטַת גֵּרוּיִים חַלָּשִׁים, מִי שֶׁנּוֹטֶה לְהֵעָלֵב אוֹ לְהִפָּגַע בְּנָקֵל, אָנִין

Empfindlichkeit

רְגִישׁוּת (פסי') [ר/ב/626]. נַעֲנוּת לִגְרִיָּה חַלָּשָׁה יַחֲסִית, עֲלָלוּת, נוֹחוּת לְהִתְרַשֵּׁם, עֵרוּת, רְגָשׁוּת, פְּגִיעוּת, נְטִיָּה לְהֵעָלֵב אוֹ לְהִפָּגַע בְּקַלּוּת, חַיְשָׁנוּת, אֲנִינוּת, תִּרְגֹּשֶׁת. כֹּשֶׁר הַחִישָׁה, חִישׁוֹנוּת (פסי') כֹּשֶׁר הַתְּפִיסָה בְּאַחַד הַחוּשִׁים

Empfindlichkeit, elektrische

נְסִיבוּת חַשְׁמַלִּית (פסי', רפו') רְגִישׁוּת לְזֶרֶם חַשְׁמַלִּי

empfindsam ---> empfindlich

Empfindsamkeit ---> Empfindlichkeit

Empfindung [---> Sinnesempfindung]

חִישָׁה {תַּהֲלִיךְ} (פסי') [ק/א/289]. תְּחוּשָׁה {תּוֹצָאָה} (פסי') [ק/ד/190]. תְּחוּשַׁת רֶגֶשׁ, הַרְגָּשָׁה בְּאַחַד הַחוּשִׁים, תַּהֲלִיךְ נַפְשִׁי שֶׁל הִשְׁתַּקְּפוּת תְּכוּנוֹת אֲחָדוֹת שֶׁל מַשָּׂאִים וְתוֹפָעוֹת מִן הַמְּצִיאוּת הַמַּשָּׂאִית בַּמֹּחַ. הֶחְשָׁה (פסי') [ק/א/167]. הֶרְגֵּשׁ (פסי') [ק/א/211]. כֹּחַ הַהַרְגָּשָׁה שֶׁל בַּעֲלֵי חַיִּים. הַרְגָּשָׁה (פסי') [ק/א/212]. כֹּחַ הַמַּרְגִּישׁ, - הַהַכָּרָה. הַשָּׂגָה (פיל', פסי') [ק/א/216]. הַכֹּחַ הַשִּׂכְלִי וְהַחוּשִׁי שֶׁל הָאָדָם לְהַשִּׂיג מֻשָּׂגִים וּלְצַיְּרָם לוֹ בְּשִׂכְלוֹ. הִתְפָּעֲלוּת (פסי') [ק/א/243]. הִפָּעֲלוּת, קַבָּלַת שִׁנּוּי וְרֹשֶׁם עַל יְדֵי פְּעֻלַּת אֲחֵרִים. טַעַם (פסי') [ק/ב/18]. נְטִיַּת הַלֵּב בְּנִגּוּד לְמַחֲשָׁבָה. כֹּחַ הֶרְגֵּשׁ (פסי') [ק/ב/74]. מֵחוּשׁ (פסי') [ק/ב/178]. הַבְחָנָה

Empfindung, statische

תְּחוּשַׁת מַצָּב (פסי', רפו') תְּחוּשָׁה סְטָטִית

Empfindung betreffend, die

תְּחוּשָׁתִי (פסי') שֶׁל תְּחוּשָׁה

Empfindungsfähigkeit ---> Empfindlichkeit

Empfindungshalluzination

תְּחוּשַׁת שָׁוְא (רפו', פסי') הַלּוּצִינַצְיָה שֶׁל מַגָּע

Empfindungskreise

מַעְגְּלֵי הַתְּחוּשׁוֹת (פסי')

empfindungslos ---> abgestumpft

Empfindungslosigkeit [---> Stumpfheit]

אַלְחוּשׁ (רפו', פסי') [ר/א/58]. אָנֶסְתֶּזְיָה, אָבְדָן מָלֵא אוֹ חֶלְקִי שֶׁל רְגִישׁוּת, קֵהוּת לְמַגָּע

Empfindungsschwelle ---> Reizschwelle

Emphase

הַדְגָּשָׁה (בלש') [מ״ב/72]. מִקּוּד, הַבְלָטַת מַרְכִּיב מְסֻיָּם בְּמִשְׁפָּט עַל יְדֵי שִׁנּוּי סֵדֶר הַחֲלָקִים בּוֹ, הַטְעָמָה יְתֵרָה שֶׁל מִלָּה מְסֻיֶּמֶת וכיו״ב, לְמָשָׁל: ״הַיֶּלֶד הוּא שֶׁלִּי״ (מִשְׁפָּט רָגִיל), כְּנֶגֶד: ״שֶׁלִּי (הוּא) הַיֶּלֶד!״ (מִשְׁפָּט מֻדְגָּשׁ, - אֶמְפָטִי)

emphatischer Modus ---> Energikus

emphatisches Pronomen ---> Pronomen, emphatisches

Emphysem ---> Aufblähung

empirisch

נִסּוּתִי (פיל', מדע) [ק/ג/46]. נִסּוּתָאִי, נִסְיוֹנִי, שֶׁל נִסָּיוֹן, אֶמְפִּירִי, נִסּוּיִי

Empirismus

נִסּוּת (פיל', מדע) נִסּוּתָאוּת, אֶמְפִּירִיזְם, הַשְׁקָפָה הָרוֹאָה בַּנִּסָּיוֹן אֶת הַמָּקוֹר הַיָּחִיד שֶׁל הַיֶּדַע הָאֱנוֹשִׁי

empören

הִתְמַרְמֵר, הִתְרַעֵם, הִתְרַגֵּז, מִרְמֵר, רָגַז, הִתְכַּעֵס, הִתְקַנֵּט, קָנַט (קוֹנֵט), כָּעַס, הִתְלוֹנֵן

Emporkömmling

צַלְחָן, מִי שֶׁעָלָה לִגְדֻלָּה, - שֶׁקָּנָה לוֹ עֶמְדָּה

Emporkommen ---> Auftauchen

emporkommend ---> auftauchend

emporsprießen

נָבַט (נוֹבֵט) (בוט') [א״ח/ב/152]. בִּצְבֵּץ, הִתְחִיל לִצְמֹחַ

emporsteigen

הִתַּמֵּר (מִתַּמֵּר), הִתְרוֹמֵם, עָלָה (עוֹלֶה) לְמַעְלָה, נִשָּׂא, תִּמֵּר (מְתַמֵּר), הֹעֲלָה, הֶעֱלָה, רוֹמֵם

Emporsteigen

הִתַּמְּרוּת, הִתְרוֹמְמוּת, עֲלִיָּה לְמַעְלָה, הִנָּשְׂאוּת, תִּמּוּר

Empyem

מַמְגֶּלֶת (רפו') [מר״ח/276]. מִמְגֶּלֶת, הִצְטַבְּרוּת מֻגְלָה בְּחַלְלֵי הַגּוּף

Empyreum

גַּלְגַּל הָרָקִיעַ הָעֶלְיוֹן (פיל', דת) [פ״ר/178]. לְפִי הַפִּילוֹסוֹפְיָה שֶׁל יְמֵי הַבֵּינַיִם: מִשְׁכַּן הָאֵל

Emsigkeit

חֲרִיצוּת [ק/א/330]. תְּכוּנַת הֶחָרוּץ, הַתְמָדָה, שַׁקְדָנוּת, זְרִיזוּת, הִשְׁתַּדְּלוּת

emulgieren

תִּחְלֵב (מְתַחְלֵב) (כימ') תִּטְרֵף, עָשָׂה תַּחֲלִיב (אֶמוּלְסִיָּה)

Emulgierung

תִּחְלוּב (כימ') תִּטְרוּף, עֲשִׂיַּת תַּחֲלִיב

(אֱמוּלְסִיָּה)

Emulsion

תַּחֲלִיב (תַּחֲלִיבִים) (כימ') [דח"ט/174]. תַּטְרִיף, אֱמוּלְסִיָּה, תַּרְחִיף שֶׁל שְׁנֵי נוֹזְלִים שֶׁאֵינָם מְסִיסִים זֶה בָּזֶה, כְּגוֹן: שֶׁמֶן וּמַיִם

Emulsionsbildung

תִּחְלוּב (כימ') יְצִירַת תַּחֲלִיב

en bloc

בִּכְלָלוּת, כְּגוּשׁ אֶחָד, כְּמִקְשָׁה אַחַת, בִּשְׁלֵמוּת

en miniature ---> Maßstab, in kleinem

Enamelum ---> Zahnschmelz

End-

סוֹפִי

Endbedingung

תְּנַאי קָצֶה (טכנ')

Endbenutzer

מִשְׁתַּמֵּשׁ קָצֶה (תקש', מחש') [דמ"א/39]. מִשְׁתַּמֵּשׁ סוֹפִי

Ende

קָצֶה (קְצָווֹת) (מתמ') [ק/ג/293]. גְּבוּל הַקַּו. תִּכְלָה [ק/ד/196]. סוֹף, אַחֲרִית, סִיּוּם. תַּכְלִית [ק/ד/197]

Ende, hervorragendes

דַּבְלוּל (דַּבְלוּלִים) (רפו') קָצֶה בּוֹלֵט

Ende nehmen, ein

סָף, נִשְׁלַם, בָּא הַסּוֹף, הִסְתַּיֵּם, אָבַד

Endemie

מַחֲלָה אַתְרָנִית (רפו') אֶנְדֶּמְיָה, מַחֲלָה הַמֻּגְבֶּלֶת בְּאֵזוֹר מְסֻיָּם

endemisch

אַתְרָנִי (רפו') אֶנְדֶּמִי, מֻגְבָּל בְּאֵזוֹר מְסֻיָּם

Endgeschwindigkeit

מְהִירוּת סוֹפִית (פיס') הַמְּהִירוּת בְּסוֹף תְּקוּפַת הַתַּצְפִּית

Endglieder eines Syllogismus

קְצָווֹת (פיל') [ק/ג/293]. שְׁנֵי הַחֲלָקִים הַבִּלְתִּי מִשְׁתַּתְּפִים שֶׁל הַהֶקֵּשׁ

endgültige Anordnung ---> Verfügung, endgültige

Endhirn *{Telencephalon}*

הַמֹּחַ הַקִּיצוֹן (רפו') הַמֹּחָה הַקִּיצוֹנָה

Endhirnhalbkugel ---> Hemisphäre

Endknoten *{Terminalknoten}*

צֹמֶת סִיּוּם (פיל', מחש')

endlich

סוֹפִי (פיל') [ק/ג/99]. מֻגְבָּל בֶּחָלָל אוֹ בַּזְּמַן. תַּכְלִי (פיל') [ק/ד/197]. בַּעַל תִּכְלָה, תְּסוּפִי, אַחֲרוֹן. בַּעַל תַּכְלִית (פיל') [ק/א/97]. מְכֻלֶּה (פיל') [ק/ב/199]. שֶׁיֵּשׁ לוֹ סוֹף. סוֹף דָּבָר, סוֹף סוֹף, אַחֲרֵי כְּכְלוֹת הַכֹּל, בְּסוֹפוֹ שֶׁל דָּבָר

endlich-erzeugbar

נוֹצָר סוֹפִית (מתמ')

endlichdimensional

סוֹפִי בִּמְמַדָּיו (מתמ') בַּעַל מְמַדִּים סוֹפִיִּים כְּגוֹן: מֶרְחָב

endliches Ding ---> Ding, begrenztes

Endlichkeit *{Finitheit}*

סוֹפִיּוּת (פיל', מתמ') [ק/ד/196]. תִּכְלָה, סוֹף, אַחֲרִית, גְּבוּל, סִיּוּם. תַּכְלִית (פיל') [ק/ד/197]. תְּסוּפִיּוּת, תְּכוּנַת מַה שֶּׁיֵּשׁ לוֹ סוֹף

endogen

מִלְּגַוִּי (ביו') אֶנְדּוֹגֶנִי, לוּד פְּנִים, לוּדַת פְּנִים, שֶׁמְּקוֹרוֹ בְּתוֹךְ הָאוּל (אוֹרְגָנִיזְם), יְצִיר פְּנִים

Endokard

חֲפִית הַלֵּב (רפו') [מר"ח/277]. פְּנִים הַלֵּב

Endokarditis

דַּלֶּקֶת חֲפִית הַלֵּב (רפו') דַּלֶּקֶת פְּנִים הַלֵּב

Endokrinologie

תַּפְרוּשָׁה פְּנִימִית (רפו') אֶנְדּוֹקְרִינוֹלוֹגְיָה, תּוֹרַת הַבַּלּוּטוֹת וְהַמְּרִיצוֹנִים (הוֹרְמוֹנִים)

Endoskopie

הִסְתַּכְּלוּת בְּתוֹךְ... (רפו') סְפִיקְלוּר

Endospore

נֶבֶג תּוֹךְ תָּאִי (נְבָגִים תּוֹךְ תָּאִיִּים) (ביו')

Endothel

חֶפֶה (רפו') [מר"ח/277]

Endotoxinen, Vergiftung mit ---> Vergiftung mit Endotoxinen

Endpunkt [---> Ziel]

מָסוֹף, סוֹף, קָצֶה, מַטָּרָה

endsilbenbetont ---> ultimabetont

endständig

סוֹפָנִי [מר"ח/662]

Endursache

סִבָּה תַּכְלִיתִית (פיל') [ק/ב/296; ק/ג/136]. עִלָּה מַשְׁלִימָה. עִלָּה מַתְמִימָה, - מַתְמֶמֶת (פיל') [ק/ב/320; ק/ג/136]. עִלַּת הַתַּכְלִית (פיל') [ק/ג/136]. עִלָּה אַחֲרוֹנָה, - תְּמִימִית, - קְצָוִית, - שְׁלֵמִית, - תַּכְלִית. תִּכְלָה (פיל') [ק/ד/196]. תַּכְלִית (פיל') [ק/ד/200]. מַטָּרָה, יַעַד, יִעוּד

Endurteil

צו מֻחְלָט (משפ') צו הֶחְלֵטִי

Endurteil, bedingtes

צו עַל תְּנַאי (משפ')

Endzweck

תַּכְלִית גְּמַר [ק/ב/139]. מְבֻקָּשׁ אַחֲרוֹן, תַּכְלִית אַחֲרוֹנָה. קֵץ (קִצִּים) [ק/ג/289]. מַטָּרָה

energico

נִמְרָץ (מוס') נִמְרָצוֹת

Energie

מֶרֶץ (פיס', רפו') [ק/ב/282]. אֶנֶרְגִּיָּה, עִזּוּז, גֹּדֶל כַּמּוּתִי הַקּוֹבֵעַ אֶת כֹּשֶׁר הָעֲבוֹדָה שֶׁל מַעֲרֶכֶת נְתוּנָה. פְּעִילוּת, עֵרָנוּת, כֹּחַ, עָצְמָה

Energie, Prinzip der Erhaltung der

עֶקְרוֹן שִׁמּוּר הַמֶּרֶץ (אֶנֶרְגִּיָּה) (פיס') [ל"מ/642]. חֹק הַקּוֹבֵעַ שֶׁבְּמַעֲרֶכֶת סְגוּרָה נִשְׁמָר הַמֶּרֶץ (אֶנֶרְגִּיָּה) הַכְּלָלִי כְּמִתְנָה (פוּנְקְצִיָּה) שֶׁל הַזְּמַן

Energie, sexuelle ---> Libido, sexualis

Energikus

עָתִיד מְחֻזָּק (בלש') [מ"ב/136]. צוּרַת עָתִיד הַמִּתְאָרֵךְ עַל יְדֵי נוּ"ן סוֹפִית לְהַבְלָטַת עֹז וּמֶרֶץ בַּפְּעֻלָּה, לְמָשָׁל: "וְלֹא **יִשְׁמְעוּן** לְקֹלֶךָ", "מִן קוֹל רַעַמְךָ **יֵחָפֵזוּן**"

eng

צַר [ק/ב/255]. מָצוּק, בִּלְתִּי רָחָב, דָּחוּק, שֶׁאֵין בּוֹ מָקוֹם מַסְפִּיק, צָפוּף, לָחוּץ, מְדֻחָק, מוּצָר, מְצֻמְצָם, מְכֻוָּץ. דִּיּוּקִי [ק/א/136]. מְדַקְדֵּק, אָדוּק

eng zusammengehörig ---> zusammengehörig, eng
Engagement [---> Betroffenheit]
מְחֻיָּבוּת (מ״ח, פסי׳) מְעֹרָבוּת, לְקִיחַת חֵלֶק בְּ..., הִשְׁתַּתְּפוּת בְּ..., מְקֻשָּׁרוּת. מִשְׂכָּר (כלכ׳) הַעֲסָקַת שָׂכִיר לִזְמַן קָצוּב, מִנּוּי לְתַפְקִיד זְמַנִּי
engagementlos
מְחֻסַּר מִשְׂכָּר (כלכ׳)
Engagementvertrag
חוֹזֶה מִשְׂכָּר (כלכ׳) חוֹזֶה הַעֲסָקַת שָׂכִיר לְמַטָּרָה מְסֻיֶּמֶת לִזְמַן מֻגְבָּל, חוֹזֶה הַזְמָנָה
engagieren
לָקַחַת (לוֹקֵחַ) חֵלֶק בְּ..., הִשְׁתַּתֵּף. שָׂכַר (שׂוֹכֵר) (כלכ׳) לָקַחַת בְּמִשְׂכָּר, בָּא בְּמִשְׂכָּר, קִבֵּל שָׂכִיר לִזְמַן מֻגְבָּל לַעֲבוֹדָה, מִנָּה (מְמַנֶּה) לְתַפְקִיד זְמַנִּי
Enge
מֵצַר (מְצָרִים) (י״א, רפו׳) מָקוֹם צַר
enge Aufeinanderfolge ---> Kontiguität
enge Auslegung ---> Auslegung, enge
enge Definition, zu ---> Definition, zu enge
Enge der Aufmerksamkeit ---> Aufmerksamkeit, Enge der
Engel
מַלְאָךְ (מַלְאָכִים) (דת) [ק/א/87]. בֵּינוֹנִי, מְתַוֵּךְ בֵּין אֱלֹהִים וּבֵין הָעוֹלָם, כְּרוּב, שָׂרָף. עִלָּה שְׁנִיָּה (דת) [ק/ג/136]. רוּחַ (דת) [ק/ד/27]. מֻשְׂכָּל מֻבְדָּל (פיל׳, פסי׳) [ק/ב/135]. עִנְיָן נִבְדָּל (פיל׳, דת) [ק/ג/149]. יְצוּר עֶלְיוֹן הַנִּבְדָּל מִן הַחֹמֶר הָעָכוּר. דֵּעָה פְּרוּדָה (פיל׳, דת) [ק/ג/208]. שֵׂכֶל נִבְדָּל, - נִפְרָד, - מֻפְשָׁט, - נִפְשָׁט (פיל׳, דת) [ק/ד/104]. עֶצֶם רוּחָנִי. שְׁנִיִּים (פיל׳, דת) [ק/ד/140]. טְהוֹרֵי עֶצֶם. אִישִׁים (דת) [ק/א/43]. כִּנּוּי לְמַלְאָכִים, עֶלְיוֹנִים
Engelaut ---> Spirant
engelhaft
מַלְאָכִי (דת) [ק/ב/203]. מִטֶּבַע הַמַּלְאָךְ. מַלְאָכוּתִי (דת) [ק/ב/204]
Engelhaftigkeit
מַלְאָכוּת (דת) [ק/ב/203]. טִבְעוֹ שֶׁל הַמַּלְאָךְ
Engelsüß *{Polypodium vulgare}*
רַב רֶגֶל פָּשׁוּט (בוט׳) צֶמַח מִמִּשְׁפַּחַת הָרַב רַגְלִיִּים
enger Begriff ---> Begriff, enger
enger Vokal ---> Vokal, enger
Engführung *{Stretta}*
חֶפֶז (מוס׳)
engherzig
צַר לֵב [א״ת/ג/60]. קַפְּדָן, צַר מֹחַ, קַטְנוּנִי
englisches Horn ---> Horn, englisches
Englischrot ---> Polierrot
Engobe
חִפּוּי (אמנ׳, טכנ׳) צִפּוּי חַרְסִי (קֶרָמִי)
engobieren
חִפָּה (מְחַפֶּה) (אמנ׳, טכנ׳) צִפָּה בְּחֹמֶר חַרְסִי (קֶרָמִי)
Engpaß
מַחֲנַק הַתְּזָרִים, צַוַּאר בַּקְבּוּק, מַה שֶּׁמְּעַכֵּב פְּעֻלָּה תְּקִינָה. גֵּיא מַעֲבָר (י״א)

Engrospreis ---> Großhandelpreis
Enigma
חִידָה [ק/א/284]. מַאֲמָר סָתוּם, דָּבָר שֶׁקָּשֶׁה לַהֲבִינוֹ
Enklave [---> Exklave]
מֻבְלַעַת (מֻבְלָעוֹת) (מדי׳) מֻבְלָעָה, שֶׁטַח שֶׁל מְדִינָה מְסֻיֶּמֶת הַמֻּקָּף כֻּלּוֹ בְּשֶׁטַח שֶׁל מְדִינָה אַחֶרֶת
Enklitikon ---> Enklise
Enklise
סִיֹּמֶת סֶפַח (בלש׳, ספר׳) [מ״ב/72]. צוּרָה נִתְמֶכֶת, מִלָּה עוֹדֶפֶת, צוּרָה חֲסֵרַת הַטְעָמָה הַתְּלוּיָה בְּמִלָּה שֶׁלְּפָנֶיהָ, לְמָשָׁל: ״מְצָאתִיו״. בְּגֶרְמָנִית: géhste בְּמָקוֹם gehst du
Enkopresis
הִצְטָאוּת (רפו׳, פסי׳) [ר/א/78]. פְּלִיטָה לֹא רְצוֹנִית שֶׁל צוֹאָה, הִתְלַכְלְכוּת בְּצוֹאָה
Ens
יֵשׁ (פיל׳) [ק/ב/51]. דָּבָר שֶׁבְּנִמְצָא, הֲוָיָה, מְצִיאוּת, דָּבָר קַיָּם. כְּלוּם (פיל׳) [ק/ב/87]. דָּבָר. מָצוּא, מָצוּי, מְצוּאִי (פיל׳) [ק/ב/253]. קַיָּם, שֶׁיֶּשְׁנוֹ בַּמְּצִיאוּת. נִמְצָא (פיל׳) [ק/ג/41]. כָּל דָּבָר הַתּוֹפֵס מָקוֹם בֶּחָלָל. עֶצֶם (פיל׳) [ק/ג/155]
Ens intelligens
מַשְׂכִּיל (פיל׳) [ק/ב/286]. הוֹגֶה דֵעוֹת, חוֹשֵׁב, בַּעַל הַכָּרָה, יַדְעָן
Ens per se subsistens
עֶצֶם (פיל׳) [ק/ג/154]. דָּבָר כְּמוֹת שֶׁהוּא, מַמָּשׁ
Ens perfectum
מָצוּי שָׁלֵם (פיל׳) [ק/ב/253]. יְצִיר מֻשְׁלָם
Ensemble
חֶבֶר (חֲבָרִים) (מוס׳) אַנְסַמְבֶּל, חֲבוּרָה, לַהֲקָה
Entähnlichung ---> Dissimilation
entäußerte Gestalt ---> Gestalt, entäußerte
entarten ---> degenerieren
entarteter Mensch ---> degenerierter Mensch
Entartung ---> Degeneration
entbehrlich machen
יִתֵּר (מְיַתֵּר) [ק/ב/226]. הִסְפִּיק (מַסְפִּיק) מִן..., נָתַן יוֹתֵר מִן הַדָּרוּשׁ, עָשָׂה לִמְיֻתָּר
Entbehrung
קִפּוּחַ, דַּחֲקוּת, מַחְסוֹר, מְצוּקָה
Entbindungsklinik
בֵּית יוֹלְדוֹת (רפו׳) מוֹלָדָה
entblößen
הִתְעַרְטֵל (מִתְעַרְטֵל) [ק/ג/169]. הִתְעָרָה, עִרְטֵל (מְעַרְטֵל), חָשַׂף, פֵּרַע (מְפָרֵעַ), פָּרַע (פּוֹרֵעַ), נִפְרַע, הָיָה חָפְשִׁי וְרֵיק מִ..., הִתְחַשֵּׂף, הָיָה מְשֻׁלָּל מִדְּבַר-מָה, פָּשַׁט (פּוֹשֵׁט), הִתְפַּשֵּׁט, גִּלָּה מַעֲרֻמָּיו, עִרְטֵל, נֶחְשַׂף, הִפְשִׁיט, הֶחֱשִׂיף
entblößt
מְעֻרְטָל [ק/ג/172]. עָרֹם, חָשׂוּף, עֵירֹם, מְגֻלֶּה, מְפֹרָע, חָשׂוּף בִּבְגָדִים. חָפְשִׁי מִ..., מְנֹעָר מִ..., פָּנוּי מִ..., חָסוּךְ. רֵיק מִ... [ק/ד/54]. נֶעְדָּר, בְּלֹא. שׁוֹלָל [ק/ד/82]. מְחֻסָּר. מְשֻׁלָּל [ק/ב/296]. נָטוּל..., חָסֵר..., שֶׁאֵין בּוֹ
Entblößung
הִתְעַרְטְלוּת, עִרְטוּל, חִשּׂוּף, הִתְחַשְּׂפוּת,

הַפְשָׁטָה, הִתְפַּשְּׁטוּת, חֲשִׂיפָה, הִתְגַּלּוּת הַגּוּף, פְּרִיעָה, גִּלּוּי

entdecken

גִּלָּה (מְגַלֶּה), מָצָא דָּבָר חָדָשׁ שֶׁלֹּא הָיָה יָדוּעַ קֹדֶם

Entdecken

גִּלּוּי, פְּעֻלַּת הַמְגַלֶּה

Entdeckung

תַּגְלִית, דָּבָר חָדָשׁ שֶׁנִּתְגַּלָּה

Entdeckung, Logik der ---> Logik der Entdeckung

Entdeckungszusammenhang

הֶקְשֵׁר הַגִּלּוּי (מדע) [ד״מח/23]. כָּל מַה שֶּׁמִּתְרַחֵשׁ בְּפֹעַל בְּמַהֲלַךְ הַחֲקִירָה הַמַּדָּעִית

Ente

בַּרְוָז (זוא׳) שֵׁם שֶׁל עוֹף

enteignen

הִפְקִיעַ (משפ׳) הֶחֱרִים רְכוּשׁ

Enteignung

הַפְקָעָה (משפ׳) הַחֲרָמַת רְכוּשׁ, הַפְקָעָה לְצָרְכֵי צִבּוּר, הַפְקָעַת נְכָסִים, נִשּׁוּל, הַפְקָעַת בַּעֲלוּת, אֶקְסְפְּרוֹפְּרִיאַצְיָה

Entelechie

הַגָּעָה (פיל׳) [ק/א/157]. הֲכָנָה (פסי׳) [ק/א/172]. הַזְמָנָה וְהַכְשָׁרָה טִבְעִית לְקַבֵּל אֵיזוֹ תְּכוּנָה. שְׁלֵמוּת (פיל׳) [ק/ד/121]. הַיְסוֹד הַפּוֹעֵל הַמּוֹצִיא כָּל מַה שֶּׁבְּכֹחַ אֶל הַפֹּעַל וּמְבִיאוֹ לְתַכְלִית הֱוָיָתוֹ, כַּאֲשֶׁר הַחֹמֶר לְהִתְלַבֵּשׁ בְּצוּרָה קְבוּעָה, הַכֹּחַ הַמֵּבִיא לִידֵי הִתְמַמְּשׁוּת עַצְמִית שֶׁל הַמַּהוּת בִּתְוֹפָעָה, אֶנְטֶלֶכְיָה, הַגְשָׁמָה, הוֹצָאָה לַפֹּעַל, הִתְגַּשְּׁמוּת

Entenmuscheln *{Lepadomorpha}*

בַּרְוְזוֹנֵי יָם (זוא׳) סַרְטָנִים יַמִּיִּים

Entenvögel *{Anatidae}*

בַּרְוָזִיִּים (זוא׳) מִשְׁפָּחָה שֶׁל עוֹפוֹת מִסְדֶּרֶת הָאַוָּזָאִים

Enteritis ---> Dünndarmentzündung

Enterotoxin

רַעֲלַן הַמְּעִי (רפו׳)

Enterovirus

נְגִיף הַמְּעִי (רפו׳)

entfachen, sich

הִתְלַהֵב, הִתְלַהֵט (פיס׳) [ק/ב/114]. הִתְלַקֵּחַ, הֻצַּת, נִצַּת

entfärben

דָּהָה, דִּהָה, כִּמֵּד, הִכְמִיד

entfärbt

דֵּהֶה, דָּהוּי, כָּמוּד, מְכֻמָּד

Entfärbung

דִּהוּי, דְּהִיָּה, הִדַּהוּת, כְּמִידוּת

Entfallen

הֶשְׁמֵט [ק/א/219]. אָבְדָן, הֶפְסֵד וְהֶעְלֵם

Entfaltung der Persönlichkeit ---> Individualisierung

entfernen

הֵסִיר (מֵסִיר), סִלֵּק (מְסַלֵּק), הִרְחִיק, הוֹרִיד, הוּסַר, סֻלַּק, הוּרַד, סָלַק (סוֹלֵק), סַלֵּק, הֻרְחַק, הָעֳבַר, הִסְתַּלֵּק, הִתְרַחֵק, פֵּרַשׁ (פּוֹרֵשׁ)

Entfernen

הֲסָרָה, סִלּוּק, הַרְחָקָה, הוֹרָדָה, פְּרִישָׁה

entfernt

רָחוֹק, בָּעוֹד

Entfernung [---> Distanz]

מֶרְחָק (פיס׳) [ק/ב/279]. שִׁעוּר הָרֹחַק, הָרֶוַח בֵּין שְׁתֵּי נְקֻדּוֹת, אֹרֶךְ הַדֶּרֶךְ. רֹחַק (פיס׳) [ק/ד/37]

entfesseln

פָּתַק (פּוֹתֵק) [א״ח/ב/165]. פִּתֵּק (מְפַתֵּק), נָתַן לְמַשֶּׁהוּ לָצֵאת, הֵנִיחַ לַמַּיִם לִזְרֹם בְּשֶׁטֶף

Entflammung

הִתְלַהֲבוּת (פיס׳) [ק/א/237]. הִתְלַהֲטוּת הָאֵשׁ

entfremdet

מִתְנַכֵּר, מְנֻכָּר (פסי׳) חָשׁ זָרוּת אוֹ נִתּוּק מֵאֲחֵרִים, מִתְרַחֵק

Entfremdung [---> Warenfetischismus]

נִכּוּר (מ״ח, פיל׳, פסי׳) [ר/ב/437; ל״ח/152]. תְּחוּשָׁה שֶׁל נִתּוּק אוֹ שֶׁל זָרוּת מֵאֲחֵרִים אוֹ מֵעַצְמוֹ, שְׁנִיּוּת, הִזְדָּרוּת, הֵעָשׂוּת לְזָר, תּוֹפָעָה חֶבְרָתִית שֶׁבָּהּ הַיְּחָסִים בֵּין בְּנֵי הָאָדָם נִרְאִים לָהֶם כִּיחָסִים בֵּין חֲפָצִים, וְתוֹצְרֵי פְּעִילוּתָם הַחָמְרִית וְהָרוּחָנִית נֶחְשָׁבִים בְּעֵינֵיהֶם כְּכֹחוֹת זָרִים וְעוֹיְנִים הַשּׁוֹלְטִים בָּהֶם. הִתְנַכְּרוּת (פיל׳) [פ״ר/85]. עַל פִּי הֶגֶל: אֹפֶן קִיצוֹנִי שֶׁל הֱיוֹת לְאַחֵר שֶׁבּוֹ צוּרַת הַקִּיּוּם מְנֻגֶּדֶת לַמַּהוּת וּמְסַלֶּפֶת אוֹתָהּ

Entfremdungsgefühl

נֶתֶק מִן הָעַצְמִי (פסי׳) [ר/א/171]. דֶּפֶּרְסוֹנָלִיזַצְיָה, הַרְגָּשָׁה שֶׁל אָבְדַן הַזֶּהוּת הָאִישִׁית, הַפְרָעָה רִגְשִׁית שֶׁל אָבְדַן מַגָּע עִם הַמְּצִיאוּת הָאִישִׁית וְטִשְׁטוּשׁ תּוֹדַעַת עַצְמוֹ

Entführung

חֲטִיפַת אָדָם (משפ׳)

entgegenarbeitend

מַפְסִיד (פיל׳, מדע) [ק/ב/246]. הַדָּבָר הַמְּבַטֵּל וּמְקַלְקֵל פְּעֻלַּת כֹּחַ מִן הַכֹּחוֹת

entgegengesetzt

הַפְכִּי, הָפְכִּי [ק/א/195]. מִסְגֹּלֶת הַהֶפֶךְ, הַמִּתְנַגֵּד לְדָבָר זוּלָתוֹ, הַסּוֹתֵר אוֹתוֹ. נֶגְדִּי [ק/ג/16]. הָפוּךְ, מְנֻגָּד, נוֹגֵד, קָטְבִּי. נֹכַח [ק/ג/34]. מוּל, בִּפְנֵי..., כְּלַפֵּי..., כְּנֶגֶד, לְעֻמַּת, מִנֶּגֶד, נֶגֶד. תְּמוּרָה, תְּמוּר [ק/ד/209]. בְּנִגּוּד לְ..., הִפּוּכוֹ שֶׁל דָּבָר, מַחְשִׁיר

Entgegengesetzte, das

נִגּוּד [ק/א/194; פ״ר/134]. הֵפֶךְ, הֶפֶךְ, הֲפִיכָה, מַה שֶּׁהוּא מִתְנַגֵּד וְסוֹתֵר דָּבָר אַחֵר

entgegengesetzte Sätze ---> Sätze, entgegengesetzte

Entgegengesetzten, Zusammenfall der ---> Zusammenfall der Entgegengesetzten

entgegengesetzten Fall, im ---> Fall, im entgegengesetzten

entgegenhalten

הִשִּׂיג (מַשִּׂיג) עַל... [ק/ג/270]. הִכָּה עַל קָדְקֹד אֵיזוֹ דֵּעָה שֶׁהִיא, בִּטֵּל דֵּעָה כָּלְשֶׁהִי, הִקְשָׁה (מַקְשֶׁה) עַל דִּבְרֵי...

entgegenkommen

בָּא לִקְרַאת [ק/ג/262]. הִקְבִּיל (מַקְבִּיל), נֶעְתַּר לְ..., נֵאוֹת לְ..., הִקְבִּיל פְּנֵי..., נַעֲנָה (נַעֲנֶה) לְ..., הִתְרַצָּה (מִתְרַצֶּה), הִסְבִּיר פָּנִים

Entgegenkommen

הֶעָנוּת, הֲלִיכָה לִקְרַאת, הֵאוֹתוּת, הֵעָתְרוּת, הִתְפַּשְּׁרוּת, הִתְאוֹתוּת, הִתְרַצּוּת לְ..., נְכוֹנוּת, מַתִּירָנוּת

Entgegennahme --->Empfang

entgegensetzen

הִנְגִּיד (מַנְגִּיד) (פיל') [ק/ג/263]. הִקְבִּיל הִתְנַגֵּד, סָתַר, הִשִּׂיג עַל..., הֶעֱמִיד נֶגֶד

Entgegensetzung

הַנְגָּדָה (פיל') [פ"ר/132]. הַעֲמָדַת נֶגֶד. הַקְבָּלָה (פיל') [ק/א/202]. עֲרִיכַת שְׁנֵי דְּבָרִים אוֹ שְׁנֵי מֻשָּׂגִים זֶה לְעֻמַּת זֶה. קִבּוּל [ק/ג/258]

entgegenstehen ---> entgegenwirken

entgegenwirken

נָגַד (נוֹגֵד) [ק/ג/14]. הָיָה נֶגֶד, הִתְנַגֵּד, הִתְיַצֵּב בִּפְנֵי..., לָחַם נֶגֶד, עָמַד בַּפֶּרֶץ לִפְנֵי...

entgegenwirkend

מַנְגִּיד (פיל', מדע) [ק/ב/246]. מַפְסִיד, הַדָּבָר הַמְּבַטֵּל וּמְקַלְקֵל פְּעֻלַּת כֹּחַ כָּלְשֶׁהוּ

Entgegnung auf einen selbstgemachten Einwand

מַעֲנֶה לְעַצְמוֹ (רטו') [ק/ב/239]

Entgehen

הֶשְׁמֵט [ק/א/219]. אָבְדָן, הֶפְסֵד וְהֶעְלֵם

Entgelt

תַּשְׁלוּם (כלכ') תַּשְׁלֹמֶת

entgiften

רֵעֵל (מְרַעֵל) (רפו') סִלֵּק רַעַל, גָּמַל מֵרַעַל, רֹעַל (מְרֹעָל)

entgiftet

מְרֹעָל (רפו') נְטוּל רַעַל, גָּמוּל, נִגְמָל

Entgiftung

רִעוּל (רפו') סִלּוּק רַעַל, גְּמִילָה מִסַּמִּים, טִפּוּל נֶגֶד הַרְעָלָה

entglänzen ---> mattieren

Entgleisung

הַמְעָדָה [ק/א/178]. מְעִידָה, הַכְשָׁלָה, הוֹרָדָה מִן הַדֶּרֶךְ, יְרִידָה מִן הַמַּסְלוּל

Entgletscherung

הֵעָלְמוּת קַרְחוֹנִים (מטא', גאו') תַּהֲלִיךְ הַפְשָׁרַת קַרְחוֹנִים עֵקֶב עֲלִיַּת הַתְּמוּרָה (טֶמְפֶּרָטוּרָה)

Enthalsung ---> Enthauptung

enthalten [---> einbegriffen]

הֵכִיל (מֵכִיל) [ק/ג/87]. סָבַל. נִכְלַל (נִכְלָל) [ק/א/113]. הִתְגַּלְגֵּל, כָּלוּל, הוּכַל (מוּכָל), נִכְנַס, נִשְׁתַּרְבֵּב, נִסְתַּבֵּב. כָּלַל (כּוֹלֵל) [ק/ג/264]. קִבֵּץ. נִטְרַד (פיל') [ק/ב/22]

enthalten, echt

מוּכָל מַמָּשׁ (מחמ')

enthalten, sich

נִמְנַע מִן... [ק/ג/141]. עָמַד, הִסְתַּיֵּג מִן..., נִרְתַּע מִן..., חָדַל. פָּרַשׁ (פּוֹרֵשׁ) [ק/ג/217]. הִתְנַזֵּר מִתַּעֲנוּגוֹת, הִתְרַחֵק מִן הַדָּבָר, נָזַר (נוֹזֵר), נִזַּר, מָנַע אֶת עַצְמוֹ מִדְּבַר-מָה, הִתְנַזֵּר, הִזִּיר (מַזִּיר)

enthalten, sich der Stimmabgabe ---> Stimmabgabe enthalten, sich der

Enthaltensein *{Inzidenz}*

חִילָה (מחמ')

Enthaltsame, der

פָּרוּשׁ (פְּרוּשִׁים) (מ"ח, דת) [ק/ג/210]. מִי שֶׁפָּרַשׁ מִן הַחֶבְרָה וּמִתְנַזֵּר מִתַּעֲנוּגוֹתֶיהָ, נָזִיר (נְזִירִים)

Enthaltsamkeit

הִתְאַפְּקוּת [ק/א/226]. סַבְלָנוּת, הַעֲבָרָה עַל מִדּוֹתָיו. כִּבּוּשׁ, כְּבִישׁוּת (פסי') [ק/ב/63]. שִׁלְטוֹן בְּתַאֲווֹתָיו, הַכְנָעַת הַיֵּצֶר. פְּרִישׁוּת (דת) [ק/ג/213]. נְזִירוּת, הִנָּזְרוּת מִתַּעֲנוּגוֹת, הִבָּדְלוּת. נְקִיטוּת (רפו', פסי') [מר"ח/191]. יְכֹלֶת עֲצִירַת הַשֶּׁתֶן אוֹ הַצּוֹאָה

Enthaltung vom Urteil

נִמְנָעוּת [ק/ב/218]. מְנִיעָה, מְנִיעוּת, זְהִירוּת שֶׁלֹּא לְהַחְלִיט דָּבָר, הִסּוּס, פְּסִיחָה עַל שְׁתֵּי הַסְּעִפִּים, הַמְּנָעוּת מִלַּעֲשׂוֹת דָּבָר. עֲמִידָה [ק/ג/144]. חִדָּלוֹן, זְהִירוּת שֶׁלֹּא לְהַחְלִיט דָּבָר בָּרוּר, חֻלְשַׁת כֹּחַ הַהַכְרָעָה

enthaupten

עָרַף (עוֹרֵף) (משפ', רפו') כָּרַת אֶת הָרֹאשׁ, הִתִּיז רֹאשׁ

Enthauptung

עֲרִיפָה (משפ', רפו') כְּרִיתַת הָרֹאשׁ, הַתָּזַת רֹאשׁ

Enthemmung

בִּטּוּל עַכָּבָה (פסי') [ר/א/111]. הֲסָרָה שֶׁל עַכָּבָה בְּהַשְׁפָּעַת גּוֹרֵם מְסֻיָּם

enthüllen

גִּלֵּג (מְגַלֵּג), גִּלָּה, פִּטְפֵּט, פִּרְסֵם, הֶחֱשִׂיף (מַחֲשִׂיף), הִתִּיר לְשׁוֹנוֹ, חָשַׂף סוֹד

Enthüllung

גִּלּוּג, גִּלּוּי, פִּרְסוּם, חִשּׂוּף, הִתְגַּלּוּת מַרְעִישָׁה, חֲשִׂיפָה

Enthusiasmus

הִתְפַּעֲמוּת, הִתְלַהֲבוּת, הִשְׁתַּלְהֲבוּת

Enthymem ---> Syllogismus, verkürzter

Entität ---> Wesen

entjungfern *{deflorieren}*

פֵּרַע (מְפָרֵעַ) בְּתוּלִים (רפו') בִּתֵּק אֶת קְרוּם הַבְּתוּלִים

entjungferte Frau

מְפֹרַעַת (רפו') אִשָּׁה שֶׁבֻּתְּקוּ בְּתוּלֶיהָ

Entjungferung *{Defloration}*

פֵּרוּעַ הַבְּתוּלִים (רפו') [מר"ח/231]. פְּרִיעַת בְּתוּלִים, בִּתּוּק קְרוּם הַבְּתוּלִים

entkeimen [---> sterilisieren]

הִטְהִיר (מַטְהִיר) (רפו') [מר"ח/74]. שִׁחְרֵר מִזִּהוּם שֶׁל מְחוֹלְלֵי מַחֲלוֹת מִדַּבְּקוֹת, חִטֵּא מֵאוֹלִילִים (מִיקְרוֹאוֹרְגָנִיזְמִים)

entkeimend [---> sterilisierend]

מַטְהִיר (רפו') מְחַטֵּא מֵאוֹלִילִים (מִיקְרוֹאוֹרְגָנִיזְמִים), מְטַהֵר

Entkeimung [---> Sterilisation]

טִהוּר, הַטְהָרוּת (רפו') חִטּוּי מֵאוֹלִילִים (מִיקְרוֹאוֹרְגָנִיזְמִים)

entkleiden, einer Form ---> Form

entkleiden, einer

entkommen

נִצַּל, נֶחֱלַץ, הִתְמַלֵּט, הִתְפַּלֵּט, נוֹשַׁע, נִמְלַט עַל נַפְשׁוֹ, הָיָה לִפְלֵטָה, יָצָא בְּשָׁלוֹם מִן...

Entkommen ---> Flucht

entkräftend

מְבַטֵּל [ק/ב/137]. מַכְחִישׁ, סוֹתֵר, שׁוֹלֵל,

מַחְלִישׁ

entkräftender Satz ---> Satz, entkräftender

Entkräftung

בִּטּוּל [ק/א/167]. הַחְלָשָׁה, סְתִירָה

entkuppeln ---> Kupplung ausrücken

entladen

פָּרַק (פּוֹרֵק), נִפְרַק, הִתְפָּרֵק (מִתְפָּרֵק)

entladen, seelische Spannungen ---> abreagieren

Entladung

פְּרִיקָה, הִתְפָּרְקוּת

Entladung im Gas, elektrische

הִתְפָּרְקוּת חַשְׁמַל בְּגַז (פיס׳) זְרִימַת חַשְׁמַל בְּגַז כְּתוֹצָאָה מִיִּאוּן (יוֹנִיזַצְיָה) שֶׁחָל בּוֹ

entlassen

פִּטֵּר (מְפַטֵּר) (כלכ׳, משפ׳) סִלֵּק מֵעֲבוֹדָה, שִׁלַּח (מְשַׁלֵּחַ)

Entlassung

פִּטּוּרִים (כלכ׳, משפ׳) סִלּוּק מֵעֲבוֹדָה, שִׁלּוּחַ

entlasten

זִכָּה (מְזַכֶּה) מֵאַשְׁמָה (משפ׳)

entlasten, Druck ---> Druck entlasten

Entlastung

זִכּוּי מֵאַשְׁמָה (משפ׳)

Entlastungsbrunnen

קִדּוּחַ פּוֹרֵק (היד׳)

entlausen

פִּלָּה (פּוֹלֶה) כִּנִּים (רפו׳) סִלֵּק כִּנִּים, פִּלָּה (מְפַלֶּה)

entledigen, sich einer Pflicht ---> Pflicht

entledigen, sich einer

entlehnen

שָׁאַל (שׁוֹאֵל) (בלש׳) [ק/ד/64]. הֶעֱבִיר בִּטּוּי מִלָּשׁוֹן לְלָשׁוֹן אַחֶרֶת

entlehnt

שָׁאוּל (בלש׳) [ק/ד/64]. לָקוּחַ בְּהַשְׁאָלָה, נִגְזַר מִלָּשׁוֹן אַחֶרֶת

entlehnter Satz ---> Satz, entlehnter

entmagnetisieren

נָטַל (נוֹטֵל) מִגְנוּט (פיס׳)

Entmagnetisierung

נְטִילַת מִגְנוּט (פיס׳)

entmannen ---> kastrieren

Entmannung ---> Kastration

entmutigen

יִאֵשׁ (מְיַאֵשׁ), רִפָּה אֶת יָדָיו, הִפִּיל רוּחוֹ, דִּכְדֵּךְ (מְדַכְדֵּךְ)

Entnahmegrube

מַחְפֶּרֶת (מַחְפָּרוֹת) (טכנ׳)

entnieten ---> Nieten losschlagen

Entomologe

חֲרוּקַאי (חֲרוּקָאִים) (זוא׳) אֶנְטוֹמוֹלוֹג, חוֹקֵר חֲרָקִים

Entomologie

חֲרוּקָאוּת (זוא׳) [מר״ח/279]. אֶנְטוֹמוֹלוֹגְיָה, חֵקֶר הַחֲרָקִים

Entpersönlichung ---> Entfremdungsgefühl

entpuppen, sich

הִתְגַּלֵּם (מִתְגַּלֵּם)

enträtselbar ---> entzifferbar

entreißen

חָמַס (חוֹמֵס), גָּזַל, לָקַח דָּבָר בְּכֹחַ

entrinnen ---> entkommen

Entrinnen ---> Flucht

entrückt ---> ekstatisch; verzückt

Entrücktheit ---> Ekstase; Verzückung

Entrüstung

הִתְמַרְמְרוּת, תַּרְעֹמֶת

entsagen, eidlich ---> abschwören

Entsagung ---> Frustration

Entsagung, eidliche ---> Abschwörung

Entsalzung

הַתְפָּלָה (כימ׳) תַּהֲלִיךְ שֶׁל סִלּוּק מְלָחִים מִמַּיִם

Entsalzungsapparat

מַתְפֵּל (מַתְפְּלִים) (כימ׳) מִתְקַן הַתְפָּלָה

entschädigen ---> kompensieren

Entschädigung

קִזּוּזִית, מִפְצֶה, פִּצּוּי, תְּמוּרָה, תַּחֲלִיף, שִׁפּוּי, גְּמוּל, מַתַּן שִׁפּוּי

Entscheid, definitiver

הֶחְלֵט (הֶחְלֵטִים), הַכְרָעָה מֻחְלֶטֶת

entscheiden

הֶחְלִיט (מַחְלִיט) [ק/א/338]. חָתַם, גָּזַר, הִכְרִיעַ, פָּסַק, קָבַע סוֹפִית, גָּמַר בְּדַעְתּוֹ

entscheidend ---> schlüssig

entscheidender Beweis ---> Beweis, entscheidender

Entscheidung

הַחְלָטָה (הַחְלָטוֹת) [ק/א/118]. גְּמַר. הַכְרָעָה (הַכְרָעוֹת) [ק/א/174]. הַטָּיַת כַּף הַמֹּאזְנַיִם. בְּחִירָה בְּאַחַת מִן הַקְּצָווֹת, הֶכְרֵעַ (הֶכְרֵעִים)

Entscheidungen, voneinander abhängige

הַחְלָטוֹת תְּלוּיוֹת הֲדָדִית (פסי׳, פדג׳)

Entscheidungsbaum

עֵץ הַחְלָטָה (פסי׳, פדג׳)

Entscheidungsexperiment

{Experimentum crucis}

נִסּוּי מַכְרִיעַ (מדע) [ד״מח/128]. נִסּוּי שֶׁנּוֹעַד לָתֵת תּוֹצָאוֹת שֶׁתִּהְיֶינָה תּוֹאֲמוֹת רַק אַחַת מִן הַחֲלוּפוֹת כַּאֲשֶׁר לְתוֹפָעָה מְסֻיֶּמֶת יֵשׁ הֶסְבֵּרִים חֲלוּפִיִּים

Entscheidungsunterstützungssystem

מַעֲרֶכֶת תּוֹמֶכֶת הַחְלָטָה (מחש׳) [דמ״א/32]. מַאֲגַר מֵידָע הָעוֹזֵר בְּקַבָּלַת הַחְלָטוֹת

Entscheidungsverfahren

תַּהֲלִיךְ הַהַחְלָטָה [מ״ב/56]. עֲשׂוּת (טֶכְנִיקָה) הַבּוֹחֶרֶת אֶת הַטּוֹב בְּיוֹתֵר מִבֵּין אֶפְשָׁרֻיּוֹת רַבּוֹת

entschieden aussprechend ---> bestimmt aussprechend

Entschließung annehmen

קִבֵּל (מְקַבֵּל) הַחְלָטָה (מדי׳, משפ׳) הִכִּיר (מַכִּיר) בְּתֹקֶף מְחַיֵּב שֶׁל הַחְלָטָה, אִמֵּץ הַחְלָטָה

entschlossen

הֶחְלֵטִי [ק/ב/224]. מַסְכִּים, נְחוּשׁ רָצוֹן, חָלוּט,

נֵצַח, הַמַּחְלִיט דָּבָר וְגוֹמְרוֹ בְּלִבּוֹ, הַגּוֹמֵר אֹמֶר, מָנוּי וְגָמוּר, פַּסְקָנִי

Entschlossenheit

הֶחְלֵטִיּוּת [ר/ב/433]. נְחִישׁוּת רָצוֹן, פַּסְקָנוּת, דֶּטֶרְמִינַצְיָה, נְטִיָּה לְהִתְקַדֵּם לִקְרַאת הַמַּטָּרָה עַל אַף הַקְּשָׁיִים וְהַמִּכְשׁוֹלִים. קְבִיעָה [פ״ר/104]

entschlüpfen

נִשְׁמַט בִּבְלִי דַּעַת, שָׁמַט (שׁוֹמֵט) מִבְּלִי מֵשִׂים, פָּלַט (פּוֹלֵט) בְּהֶסֵּחַ הַדַּעַת, נִפְלַט, הִפְלִיט, הִשְׁמִיט, הֻפְלַט. הִסְתַּלֵּק בַּחֲשַׁאי, הֵגִיחַ בְּהֶצְנֵעַ, נָטַשׁ בְּהֶסְתֵּר, הִתְחַמֵּק, חָמַק (חוֹמֵק)

entschlüsseln

פִּעְנֵחַ (מְפַעְנֵחַ), קָלַט וְהֵבִין מַשְׁמָעוּת שֶׁל סִדְרַת אוֹתוֹת מְקוּדָּדִים

Entschluß

הַחְלָטָה (הַחְלָטוֹת) [ק/א/118]. גְּמָר. עֵצָה [ק/ג/152]. הִתְכַּוְּנוּת, שְׁאִיפָה, גְּמִירַת אֹמֶר

Entschlußkraft

כֹּחַ הַחְלָטָה (פסי') [ק/ב/74]. כֹּחַ הַהַסְכָּמָה

Entschuldigung

הִתְנַצְּלוּת [ק/א/242]. הִתְעַצְּמוּת, הִצְטַדְּקוּת

Entschuldigung, Modalität der Bitte um
---> **Abbitte, Modalität der**

entschwänzt ---> schwanzlos

entschwinden

נֶחְדַּל (נֶחְדָּל) (פיל') [ק/א/274]. נִפְסַק, חָדַל מִלִּהְיוֹת, נֶעְלַם, הָיָה וְאֵינֶנּוּ

entschwunden

נֶעְדָּר [ק/ג/49]. שֶׁעָבַר מִן הָעוֹלָם, אָפוּס, בָּטֵל, שֶׁנֶּעְלַם, נֶעְלָם

entsehnen

עִקֵּר (מְעַקֵּר) (חקל') [א״ח/ב/119]. חָתַךְ גִּידִים בְּרַגְלֵי בְּהֵמָה

Entsetzen

זְוָעָה (פיל') פַּלָּצוּת

entspannen

הִרְפָּה (מַרְפֶּה), רִפָּה (מְרַפֶּה) (פסי') [ר/א/222; מר״ח/581]. פֵּרֵג (מְפַרֵג), הִתְפָּרֵג, הִתְפַּרְקֵן, שָׁלֵו, פָּשׁ, נָפַשׁ, שִׁכֵּךְ, רָגַע

Entspannung *{Relaxation}*

הַרְפָּיָה (פסי') [ר/א/222; מר״ח/581]. מַצָּב שֶׁל מֶתַח נָמוּךְ וִירִידַת הָרָמָה הָרִגְשִׁית, תְּפוּגָה, הֲקַלָּה, הִתְפַּרְקְנוּת, רְגִיעָה, פֵּרוּג, הִתְפָּרְגוּת, פְּרָגָה, שִׁכּוּךְ, פֻּרְקָן, הִתְפַּרְקְנוּת, נְפִישָׁה, נֹפֶשׁ. הַשְׁכָּנָה [ק/א/219]. מְנוּחָה וְהַשְׁקֵט

entspinnen, sich ---> entstehen

entsprechen

הִתְאִים (מַתְאִים), נִמְצָא בְּהַתְאָמָה, הִתְאִים עַצְמוֹ לְ..., מִלֵּא אַחֲרֵי, הִתְאִים לְ..., תָּאַם (תּוֹאֵם), נִתְאַם (נִתְאָם) לְ...

entsprechend ---> angemessen

Entsprechungsnorm ---> Norm, semantische

entspringen

נָבַע (נוֹבֵעַ) מִן... [ק/ד/112]. שָׁלַח (שׁוֹלֵחַ), הוֹצִיא, נִבְקַע, יָצָא מִ..., נִמְשַׁךְ מִ...

Entspringen

נְבִיעָה [ק/א/179]. הֶמְשֵׁךְ, תּוֹלָדָה וְהִשְׁתַּלְשְׁלוּת

entstehen

הִתְהַוָּה (מִתְהַוֶּה) (פיל') [ק/א/161]. נִהְיָה, יָצָא לַמְּצִיאוּת. הִתְחַדֵּשׁ (מִתְחַדֵּשׁ) (פיל') [ק/א/275]. נִתְחַדֵּשׁ, הוֹפִיעַ דָּבָר חָדָשׁ שֶׁלֹּא הָיָה קֹדֶם. חִדֵּשׁ (מְחַדֵּשׁ) (פיל') [ק/א/274]. בָּרָא, הוֹלִיד, הוֹצִיא אֶל הַפֹּעַל. נֶהֱוָה (נֶהֱוֶה) [ק/ג/21]. נַעֲשָׂה לַהֲוָיָה, - לִמְצִיאוּת, קָם וְהוֹוֶה, נוֹלַד

entstehend

מִתְהַוֶּה (פיל') [ק/ב/312]. שֶׁנַּעֲשָׂה וְהוֹלֵךְ, שֶׁבָּא לִידֵי הֲוָיָה. מִתְחַדֵּשׁ [ק/ב/314]. נוֹצָר, נִבְרָא, מְחֻדָּשׁ. מִתְיַלֵּד [ק/ב/318]. נוֹלָד

Entstehung

הִתְהַוּוּת (פיל', מ״ט) [ק/א/229]. הִוָּצְרוּת, הֵעָשׂוּת. הִתְיַלְּדוּת (פיל', מ״ט) [ק/א/236]. הִתְחַדְּשׁוּת. הִתְפַּתְּחוּת (פיל', מ״ט) [ק/א/245]. חִדּוּשׁ (מ״ט, פיל') [ק/א/272]. חִדּוּשׁ הָעוֹלָם. עֲמִידָה (פיל', מ״ט) [ק/ג/145]. צְמִיחָה, רְקִימָה, גְּדִילָה. הַגָּעָה (פיל') [ק/א/157]. הַיְצִיאָה אֶל הַפֹּעַל, הַהַגָּעָה אֶל הַמְּצִיאוּת. הֲוָיָה (פיל') [ק/א/161]. הֱיוֹת

Entstehung, spätere

הִתְהַוּוּת אֲחוֹרָה [ק/א/225]. הִתְאַחֲרוּת, הוֹפָעָה בְּאִחוּר, הִתְמַהְמְהוּת

Entstehungsgesetz

חֹק הִתְהַוּוּת (מדע) [ד״מח/98]. חֹק הַקָּשׁוּר בְּמֶרְחָקוֹ בַּזְּמַן מִנְּקֻדַּת אֶפֶס מַתְאִימָה

entsteinen

סִקֵּל (מְסַקֵּל) (חקל') [א״ח/ב/163]. סִלֵּק אֲבָנִים

entstellen ---> deformieren

entstellen, die Wahrheit

עִוֵּת (מְעַוֵּת) אֶת הָאֱמֶת (אתי', משפ')

entstellend ---> deformierend

entstellt ---> deformiert

Entstellung ---> Verdrehung; Deformation

Entstören

נִפּוּי (מחש') [דמ״א/32]. חִפּוּשׂ וְתִקּוּן שְׁגִיאוֹת בְּמַחְשֵׁב

Entsündigung

מְחִילַת עֲוֹנוֹת (דת) וְתִרוּן עָווֹן, סְלִיחוּת חֵטְא

Entsündigungsmittel

אֶמְצָעֵי מְחִילָה (דת)

Enttäuschung

אַכְזָבָה (פסי') מַפַּח נֶפֶשׁ

Entvölkerung

הִתְמַעֲטוּת אֻכְלוּסִין (מ״ח, כלכ') אֲפִיסַת אֻכְלוּסִין

entwässern *{dehydratisieren}* [---> **trockenlegen]**

צִחָה (מְצַחֶה), צָחָה (צוֹחֶה), הִצְטַחָה (מִצְטַחֶה), צִהָה (מְצַהֶה), צָהָה (צוֹהֶה), אִלְמֵם (מְאַלְמֵם), יִבֵּשׁ, הִתְיַבֵּשׁ, צִנֵּם

entwässert [---> trockengelegt]

צְחוּחַ, צָחוּי, צְחוּחַ, צָהוּי, מְצֻהֶה, מְצֻחֶה, צֶהֶה, מְאֻלְמָם, יָבֵשׁ, מְיֻבָּשׁ, חָרֵב, נְטוּל לַחוּת

Entwässerung *{Dehydratation}* [---> **Trockenlegung]**

הַצְחָיָה (תַּהֲלִיךְ), צְחִיחוּת (מַצָּב) [מר״ח/232]. צִהוּי, צִהָיוֹן, אִלְמוּם, צִחָיוֹן, דֶּהִידְרַצְיָה, אַלְמִיּוּם, צִנּוּם, יִבּוּשׁ, הִתְיַבְּשׁוּת, נְטִילַת

הַמַּיִם

entweder ... oder

אוֹ... אוֹ [ק/א/50]. אִם ... אִם, אִם... אוֹ. יָכֹל... יָכֹל [ק/ב/37]

entweihen

חִלֵּל (מְחַלֵּל) (דת) [א״ח/ב/32]. בִּזָּה, טִמֵּא, הָפַךְ קֹדֶשׁ לְחֹל

entwerfen

תִּכֵּן (תּוֹכֵן) [ק/ג/304]. (ספר׳, טכנ׳) טִיֵּט (מְטַיֵּט), הֵכִין טְיוּטָה, נִתְכַּן (נִתְכָּן), תִּוָּה (מְתַוֶּה), תָּוָה (תּוֹוֶה), נִקְשַׁר, הִתְקַשֵּׁר, הֻרְכַּב, חֻבַּר חֵלֶק לְחֵלֶק, נוֹצַר, נִבְנָה, הִתְקִין, נִתְקַן

entwerfen, einen Plan ---> planen

Entwerfen

תִּוּוּי (ספר׳) טִיּוּט, עֲרִיכַת טְיוּטָה. תְּכִינָה (טכנ׳) הֲכָנַת תָּכְנִית תְּאוּרָתִית (גְּרָפִית) מְפֹרֶטֶת

Entwerfer(in)

תַּכָּן, תַּכֶּנֶת (מלא׳)

entwickeln

פִּתֵּחַ (מְפַתֵּחַ) (טכנ׳) פִּתַּח, עִבֵּד סֶרֶט שֶׁל צִלּוּם

entwickelt, frühzeitig

בַּכִּיר (פסי׳, ביו׳) [ר/א/114]. מַקְדִּים, מִי שֶׁמַּקְדִּים בְּהִתְפַּתְּחוּתוֹ

Entwicklung

הִתְפַּתְּחוּת (הִתְפַּתְּחֻיּוֹת) [ק/א/245; ר/א/237]. פִּתּוּחַ, הִתְקַדְּמוּת מְדֹרֶגֶת, סִדְרַת הַשִּׁנּוּיִים בְּמַהֲלַךְ חַיָּיו שֶׁל יְצוּר, מְאַפְיֵן חָשׁוּב וּבִלְתִּי נִפְרָד שֶׁל הַחֹמֶר, שֶׁל תַּהֲלִיךְ הַתְּנוּעָה וְהַשִּׁנּוּי, שֶׁל הָעֲלִיָּה מִן הַנָּמוּךְ אֶל הַגָּבֹהַּ וּמִן הַפָּשׁוּט אֶל הַמֻּרְכָּב

Entwicklung, natürliche

הִתְפַּתְּחוּת טִבְעִית [ק/א/242]. הִתְעַשְּׁקוּת

Entwicklungsabschnitt ---> Phase

entwicklungslos

מִתְנַוֵּן [ק/ג/21]. זוּלַת נֶהֱוָה, חֲסַר הִתְפַּתְּחוּת, בְּלֹא הִתְהַוּוּת, בְּקִפְאוֹן עַל שְׁמָרִים, בְּנִוּוּן

Entwicklungspsychologie

נַפְשׁוּת הִתְפַּתְּחוּתִית (פסי׳, ביו׳) [ר/ב/553]. פְּסִיכוֹלוֹגְיָה גֶּנֶטִית, - הִתְפַּתְּחוּתִית, פְּסִיכוֹלוֹגְיַת הַהִתְפַּתְּחוּת, תּוֹרָה הַחוֹקֶרֶת אֶת הִתְפַּתְּחוּת הַנֶּפֶשׁ לְאֹרֶךְ חַיֵּי הָאָדָם

Entwicklungspsychose, paranoide *{Paraphrenie}*

הֲמֶמֶת (פסי׳) [ר/ב/481; מר״ח/511]. פָּרָפְרֶנְיָה, סְכִיזוֹפְרֶנְיָה פָּרָנוֹאִידִית, מַחֲלַת נֶפֶשׁ הַמְּאֻפְיֶנֶת בְּהֲזָיוֹת שֶׁל רְדִיפָה אוֹ שֶׁל גְּדֻלָּה

Entwicklungsroman

תִּסְפּוֹר הִתְפַּתְּחוּת (ספר׳) [מ״ס/29]. רוֹמָן הַמְּתָאֵר אֶת הִתְפַּתְּחוּתוֹ שֶׁל גִּבּוֹר מֶרְכָּזִי

Entwicklungsrückschlag ---> Atavismus

Entwicklungsstufe ---> Phase

Entwirrung ---> Explikation; Auflösung

entwöhnen

נִגְמַל (נִגְמָל), גָּמַל (גּוֹמֵל), הִסְתַּלֵּק מֵהֶרְגֵּלוֹ

Entwurf *{Skizze; Projekt-Kladde; Design}*

מִתְוָה (מִתְווֹת), סְקִיצָה, תָּכְנִית כְּלָלִית שֶׁאֵינָהּ מְפֹרֶטֶת. רְשֹׁמֶת (רְשׁוּמוֹת) (אמנ׳, טכנ׳) תֵּאוּר תְּאוּרָתִי (גְּרָפִי) כְּלָלִי בִּלְתִּי מֻשְׁלָם שֶׁל עִקְּרֵי הַדְּבָרִים. טְיוּטָה (טְיוּטוֹת) (ספר׳) נֹסַח רִאשׁוֹנִי שֶׁל חִבּוּר. תֶּכֶן (תְּכָנִים) (טכנ׳) דִּיזַיְן, תָּכְנִית תְּאוּרָתִית (גְּרָפִית) מְפֹרֶטֶת, רֶשֶׁם (רְשָׁמִים)

Entwurf, vereinbarter

תִּרְשֹׁמֶת מֻסְכֶּמֶת (מדי׳)

Entwurfskizze

רְשֹׁמֶת גְּלוּמָה (אמנ׳, טכנ׳) תֵּאוּר תְּאוּרָתִי (גְּרָפִי) שֶׁל תֶּכֶן בְּקַוָּיו הַכְּלָלִיִּים

entziehen

קָפַח (מְקַפֵּחַ) (פסי׳) קִפַּח, נָטַל מִמִּישֶׁהוּ מַשָּׂא רָצוּי

entzifferbar

פָּעְנִיחַ, שֶׁנִּתָּן לְפַעְנֵחַ אוֹתוֹ

entziffern ---> entschlüsseln

entzogen ---> beraubt

entzünden

הִתְלַקֵּחַ (מִתְלַקֵּחַ) (פיס׳) [ק/ב/114]. הִתְלַהֵב, הִדְלִיק, נִדְלַק, הִתְלַהֵט, הֵצַת, נִצַּת. זָרַף (זוֹרֵף) (רפו׳) גָּרַם לְדַלֶּקֶת, זֵרֵף (מְזָרֵף)

Entzündung

דַּלֶּקֶת (דַּלָּקוֹת) (רפו׳) זְרֵפָה (זְרֵפוֹת), מַחֲלָה הַנִּגְרֶמֶת עַל יְדֵי פֶּצַע, זֶרֶף (זְרָפִים)

Entzug

הַגְּמָלוּת (פסי׳, מ״ח) הִנָּתְקוּת מֵהִתְמַכְּרוּת, הִמָּנְעוּת מֵהֶרְגֵּל. קִפּוּחַ (פסי׳) [ר/ב/610; מר״ח/237]. חֶסֶךְ, אָבְדָן שֶׁל מַשָּׂא נֶחְשָׁק, הֶפְסֵד דָּבָר שֶׁרוֹצִים בּוֹ, גְּלִיזָה, גְּלִיזוֹת

entzweien

פִּצֵּל (מְפַצֵּל) לִשְׁנַיִם

Entzweiung

הִתְפַּצְּלוּת לִשְׁנַיִם

Enumeration, vollständige ---> Aufzählung, vollständige

Enunciatio modificata vel modalis

מִשְׁפָּט צְדָדִי (פיל׳) [ק/ב/301]

Enuresis ---> Bettnässen

enuretisch ---> einnässend

Enzephalitis ---> Gehirnentzündung, infektiöstoxische

Enzephalopathie

חֹלִי מֹחַ (רפו׳) כָּל מַחֲלַת מֹחַ שֶׁהִיא

Enzephalozele ---> Hirnbruch

Enzyklopädie

מִכְלָל (מִכְלָלִים) (מדע) [ק/ב/199]. חִבּוּר שֶׁכְּלוּלִים בּוֹ עֲרָכִים מִכָּל הַמַּדָּעִים, אֶנְצִיקְלוֹפֶּדְיָה

Enzym

אֶתְסָס (אֶתְסָסִים) (ביו׳) [ל״ב/35]. אֶנְזִים, תַּסָּס (תַּסָּסִים), חֶלְבּוֹן הַנּוֹצָר בָּאוֹרְגָנִיזְם (אוֹרְגָנִיזְם) וּמְשַׁמֵּשׁ זָרָז לִתְגוּבוֹת שׁוֹנוֹת

Enzym, adaptives

אֶתְסָס שָׁרִי (ביו׳) [ל״ב/36]. אֶנְזִים שָׁרִי, - אֲדַפְּטִיבִי, תַּסָּס שָׁרִי, אֶתְסָס הַנּוֹצָר בָּאוֹרְגָנִיזְם (אוֹרְגָנִיזְם) בְּכַמֻּיּוֹת גְּדוֹלוֹת רַק בְּנוֹכְחוּת הַמּוֹסָב (סוּבְּסְטְרָט) שֶׁעָלָיו הוּא פּוֹעֵל

Enzym, induzierbares ---> Enzym, adaptives

Epenthese ---> Lauteinschaltung

Ephektiker

בַּעֲלֵי הָעֲמִידָה (פיל׳) [ק/א/92; ק/ג/145]. חֲסִידֵי תּוֹרַת הַסְּפֵקָנוּת מִיסוֹדוֹ שֶׁל הַפִּילוֹסוֹף פִּירוֹ

ephemeres Material ---> Material, ephemeres

Epicherem

הֶקֵּשׁ לְקוּי כָּפוּל (פיל׳) [ק/א/54]. אִמּוּת, הֶקֵּשׁ מְצוּעַ (סִילוֹגִיזְם) שֶׁבּוֹ כָּל אֶקְדֵּם מְהַוֶּה הֶקֵּשׁ לָקוּי, כְּלוֹמַר: הֶקֵּשׁ מְצוּעַ מְקֻצָּר, לְמָשָׁל: ״שֶׁקֶר מְעוֹרֵר אִי אֵמוּן מִפְּנֵי שֶׁהוּא טַעֲנָה שֶׁאֵינָהּ מַתְאִימָה לָאֱמֶת״, ״חֲנֻפָּה הִיא שֶׁקֶר מִפְּנֵי שֶׁהִיא סִלּוּף מוּדָע שֶׁל הָאֱמֶת״ לְפִיכָךְ ״חֲנֻפָּה מְעוֹרֶרֶת אִי אֵמוּן״; אֶת הָאֶקְדֵּם הָרִאשׁוֹן אֶפְשָׁר לְפַתֵּחַ לְהֶקֵּשׁ מְצוּעַ שָׁלֵם בַּצּוּרָה הַבָּאָה: ״כָּל טַעֲנָה שֶׁאֵינָהּ מַתְאִימָה לָאֱמֶת מְעוֹרֶרֶת אִי אֵמוּן״, ״שֶׁקֶר הוּא טַעֲנָה שֶׁאֵינָהּ מַתְאִימָה לָאֱמֶת״ לְפִיכָךְ ״שֶׁקֶר מְעוֹרֵר אִי אֵמוּן״

Epidemie

מַגֵּפָה (מַגֵּפוֹת) (רפו׳) נֶגֶף (נְגָפִים)

Epidemieartigkeit

מַגֵּפִיּוּת (רפו׳)

Epidemiologe

מַגֵּפַאי (מַגֵּפָאִים) (רפו׳) תַּנְגּוּפָן, אֶפִּידֶמְיוֹלוֹג, חוֹקֵר מַגֵּפוֹת

Epidemiologie

מַגֵּפָאוּת (רפו׳) תַּנְגּוּפָה, אֶפִּידֶמְיוֹלוֹגְיָה, חֵקֶר הַמַּגֵּפוֹת

epidemisch

מַגֵּפִי (רפו׳) תַּנְגּוּפִי, אֶפִּידֶמִי

Epidemizität ---> Epidemieartigkeit

Epidermis

בַּשְׂרָה (רפו׳) [מר״ח/281]. עִלִּית הָעוֹר, אֶפִּידֶרְמִיס

Epigenese

שִׁיטַת הַהוֹלָדָה מֵחָדָשׁ (פיל׳, ביו׳) הוֹלָדָה חֲדָשָׁה, תּוֹרָאָה (תֵּאוֹרְיָה) שֶׁל הַפִּילוֹסוֹףווֹלְף הָאוֹמֶרֶת שֶׁהָאוּל (אוֹרְגָנִיזְם) הַחַי עוֹבֵר אֶת תַּהֲלִיךְ הַהִתְפַּתְּחוּת (אֵבוֹלוּצְיָה) בְּשָׁלָב הַנֶּבֶט שֶׁלּוֹ

Epik ---> Dichtung, epische

epikritisch

רְגוּשׁ יֶתֶר (פסי׳, רפו׳) [ר/א/88]. אֶפִּיקְרִיטִי, רָגִישׁ מְאֹד בְּעוֹר גּוּפוֹ

Epikuräer

כַּת תַּלְמִידֵי אֶפִּיקוּרוֹס (פיל׳) [ק/ב/105]

Epilepsie

כִּפְיוֹן (רפו׳) מַחֲלַת הַנְּפִילָה, אֶפִּילֶפְּסְיָה

Epileptiker(in)

נִכְפֶּה, נִכְפָּה (רפו׳) חוֹלֶה בְּמַחֲלַת הַנְּפִילָה

epileptisch

כִּפְיוֹנִי (רפו׳) אֶפִּילֶפְּטִי

Epilog

אַחֲרִית דָּבָר (ספר׳) [ק/א/337]. חִתּוּם, סוֹף, סִיּוּם, סוֹף הַדְּרוּשׁ, - דָּבָר, אֶפִּילוֹג, חֲתִימָה, דִּבְרֵי סִיּוּם

Epiphänomen ---> Nebenerscheinung

Epiphora ---> Tränenträufeln

Epiploon ---> Därme bedeckendes Netz

episch

סִפְרָתִי (סִיפּוּרְתִּי) (ספר׳) אֶפִּי

epische Situation ---> Situation, epische

Episode

מַאֲרָע (מַאֲרָעִים), אֶפִּיזוֹדָה, מְאֹרָע בּוֹדֵד וְלֹא חָשׁוּב, מִקְרֶה צְדָדִי

Episode, literarische

מַאֲרָע סִפְרוּתִי (ספר׳) [מ״ס/62]. אֶפִּיזוֹדָה סִפְרוּתִית, מַעֲשֶׂה אוֹ אֵרוּעַ צְדָדִי שֶׁאֵינוֹ מְקֻשָּׁר יְשִׁירוֹת לַמַּסְלוּל הָרָאשִׁי שֶׁל הָעֲלִילָה הַסִּפְרוּתִית

Epistaxis ---> Nasenbluten

Epistel ---> Brief

Epistemologie ---> Erkenntnistheorie

epistemologisch ---> erkenntnistheoretisch

Episyllogismus [---> Syllogismus, zusammengesetzter]

הֶקֵּשׁ מְצוּעַ בַּתְרִי (פיל׳) הֶקֵּשׁ מַתְנֶה, הַהֶקֵּשׁ הַמְּצוּעַ (סִילוֹגִיזְם) הַשֵּׁנִי בְּשַׁרְשֶׁרֶת הַהֶקֵּשִׁים מְצוּעִים שֶׁמַּסְקָנַת הַהֶקֵּשׁ הַמְּצוּעַ הַבָּא לְפָנָיו מְשַׁמֶּשֶׁת לוֹ אֶקְדֵּם

Epithel

צִפָּה (רפו׳) [מר״ח/284]. אֶפִּיתֶל

Epitheton

שֵׁם מְכַנֶּה (בלש׳) [מ״ב/74]. כִּנּוּי הַיָּכוֹל לָבוֹא בִּמְקוֹם שֵׁם הָעֶצֶם הַמְּכֻנֶּה, לְמָשָׁל: ״קֹרַח״ (בִּמְקוֹם: עָשִׁיר), ״נָחָשׁ״ (בִּמְקוֹם: תַּכְכָן)

Epitome

קִצּוּר (ספר׳) [ק/ג/297]. תַּקְצִיר, תַּמְצִית שֶׁל דָּבָר כָּתוּב, סֵפֶר מְקֻצָּר

Epitome, Kommentar und

בְּאֹרֶךְ וּבְקֹצֶר (ספר׳) [ק/א/73; ק/ג/297]. פֵּרוּשׁ וְתַקְצִיר

Epizentrum

מֶרְכָּז עִלִּי (גאו׳) הָאֵזוֹר עַל פְּנֵי הָאֲדָמָה הַנִּמְצָא אֲנָכִית מֵעַל לְמֶרְכַּז הָרַעַשׁ וְשֶׁבּוֹ חָלָה הָרְעִידָה הַחֲזָקָה בְּיוֹתֵר

Epizykel

גַּלְגַּל הַקֵּף (אסט׳) [ק/א/114; ק/ג/86]. גַּלְגַּל הַקָּפָה, - סְבוּב

Epizykel, deferierender Kreis der ---> Kreis der Epizykel, deferierender

epochemachend

פּוֹתֵחַ תְּקוּפָה

Eponym

עַלְשֵׁם (בלש׳) [מ״ב/74]. אֶפּוֹנִים, מִלָּה הַנִּגְזֶרֶת מִשְּׁמוֹ שֶׁל אָדָם מְסֻיָּם לְשֵׁם כִּנּוּי שֵׁם עֶצֶם יָחִיד אוֹ קִבּוּצִי, לְמָשָׁל: ״צֶפֶּלִין״ בִּשְׁבִיל ״סְפִינַת אֲוִיר״; הָעִיר ״אֲלֶכְּסַנְדְּרִיָּה״ עַל שְׁמוֹ שֶׁל אֲלֶכְּסַנְדֶּר מוּקְדוֹן

Epos ---> Heldengedicht

Eppich *{Apium}*

כַּרְפַּס (בוט׳) צֶמַח מִמִּשְׁפַּחַת הַסּוֹכְכִיִּים

Er-Form, Erzählung in

סִפּוּר בְּגוּף שְׁלִישִׁי (ספר׳) [מ״ס/10]. סִפּוּר בָּדוּי שֶׁבּוֹ הַמְסַפֵּר מְדַבֵּר עַל גִּבּוֹרָיו הַסִּפּוּרִיִּים בְּגוּף שְׁלִישִׁי

erbaulich

מְרוֹמֵם רוּחַ (פסי׳) מְרוֹמֵם נֶפֶשׁ

Erbaulichkeit

רִמּוּם רוּחַ (פסי׳) [פ״ר/85]

Erbauung
רוֹמְמוּת רוּחַ (פסי') [פ"ר/61]. הַרְגָּשַׁת הִתְפַּעֲלוּת וְזַחוּת הַנֶּפֶשׁ, רִמּוּם הַנֶּפֶשׁ

Erbauungsbedürfnis
צֹרֶךְ הַלֵּב

erben
יָרַשׁ (יוֹרֵשׁ) (משפ', ביו') קִבֵּל דְּבַר-מָה שֶׁהִשְׁאִיר לוֹ מִישֶׁהוּ בִּירֻשָּׁה, נָחַל, קִבֵּל תְּכוּנַת הוֹרָיו בְּתוֹרָשָׁה

erblassen
הֶחֱוִיר (מַחֲוִיר) [א"ת/ב/419]. הִכְסִיף (מַכְסִיף), קִבֵּל צֶבַע כֶּסֶף

Erblasser ---> Testator

erblich
תּוֹרַשְׁתִּי (ביו') שֶׁעוֹבֵר בְּתוֹרָשָׁה, מוֹרַשְׁתִּי, מוֹרָשׁ

Erblichkeit [---> Vererbung]
תּוֹרַשְׁתִּיּוּת (ביו') [ר/ב/680]. הַיַּחַס שֶׁל שׁוֹנוּת תְּכוּנָה מְסֻיֶּמֶת בָּאֻכְלוּסִיָּה שֶׁאֶפְשָׁר לְיַחֲסוֹ לְגוֹרְמִים תּוֹרַשְׁתִּיִּים

erblinden
הִתְעַוֵּר (מִתְעַוֵּר) (רפו') הִסְתַּמֵּא, נִסְמָא, סָמָא, סִמֵּא (מְסַמֵּא), נִסּוֹם

Erblindung
הִתְעַוְּרוּת (רפו') [מר"ח/31]. הִסְתַּמְּאוּת, עִוָּרוֹן, סִמְיוֹן, סְמִיָּה, סִמָּאוֹן

Erblindung, hysterische
עִוָּרוֹן יַפַּחְתִּי (רפו') סִמְיוֹן יַפַּחְתִּי, - הִיסְטֵרִי

Erblindung, urämische
עִוָּרוֹן אֶשְׁתָּנִי (רפו') סִמְיוֹן אֶשְׁתָּנִי

Erblühen
פְּרִיחָה (בוט') מִצְמָח, צְמִיחָה, לִבְלוּב, נְבִיטָה

erbrechen
הֵקִיא (מֵקִיא) (רפו') קָבַס (קוֹבֵס)

Erbrechen
הֲקָאָה (רפו')

Erbrechen, azetonämisches
הֲקָאָה אַחְמְצִתִּית (רפו')

Erbrechen erregen
יִקֵּא (מְיַקֵּא) (רפו') הִקְבִּיס (מַקְבִּיס), גָּרַם לַהֲקָאָה, עוֹרֵר גֹּעַל, קִבֵּס (מְקַבֵּס)

Erbschaft
יְרֻשָּׁה (ביו') תְּכוּנוֹת שֶׁעָבְרוּ מֵהוֹרֶה לְצֶאֱצָאָיו

Erbschaft, herrenlose
יְרֻשָּׁה לְלֹא תּוֹבְעִים (משפ')

Erbschaftssteuer
מַס עִזָּבוֹן (כלכ', מדי')

Erbschein(s), Testamenteröffnung und Erteilung eines ---> Testamenteröffnung und Erteilung eines Erbscheins

Erbse *{Pisum}*
אֲפוּן (בוט') צֶמַח מִמִּשְׁפַּחַת הַפַּרְפָּרָנִיִּים

Erbsenkäfer *{Bruchus pisorum}*
זַרְעוֹנִית הָאֲפוּן (זוא') חֶרֶק מִמִּשְׁפַּחַת הַזַּרְעוֹנִיתִיִּים (חִפּוּשִׁיּוֹת)

Erbsenkrabbe *{Pinnotheres pisum}*
אֲפוּנִית הַצְּדָפוֹת (זוא') סַרְטָן מִמִּשְׁפַּחַת הָאֲפוּנִיתִיִּים (סַרְטָנִים מַעֲשִׂירֵי רֶגֶל)

Erbsünde
הַחֵטְא הַקַּדְמוֹן (דת) נְפִילַת חֵטְא, חֵטְא הָאֲכִילָה מֵעֵץ הַדַּעַת, שֹׁרֶשׁ הָרַע

Erbunfähigkeit
פְּסֻלּוּת לָרֶשֶׁת (משפ')

Erdachse
קֹטֶר הָאָרֶץ (מתמ') [ק/א/95]. בְּרִיחַ, קֹטֶר הָעוֹלָם

Erdbeben
רַעַשׁ (רְעָשֵׁי) אֲדָמָה (גאו') רְעִידַת אֲדָמָה

Erdbeben, leichtes
רַעַד אֲדָמָה (גאו')

Erdbebenstoß
זַעֲזוּעַ אֲדָמָה (גאו')

Erdbebenwelle
גַּל רַעַשׁ (גאו') גַּל סֵיסְמִי

Erdbeerbaum *{Arbutus}*
קֶטֶלֶב (בוט') צֶמַח מִמִּשְׁפַּחַת הָאַבְרָשִׁיִּים

Erdbeerbaumfalter *{Charaxes jasius}*
נִימְפִית הַקֶּטֶלֶב (זוא') חֶרֶק מִמִּשְׁפַּחַת הַנִּימְפִיתִיִּים (פַּרְפְּרֵי יוֹם)

Erdbeere *{Fragaria}*
תּוּת שָׂדֶה (בוט') צֶמַח מִמִּשְׁפַּחַת הַוְּרָדִיִּים

Erdbeerklee *{Trifolium fragiferum}*
תִּלְתָּן הַבִּצּוֹת (בוט') צֶמַח מִמִּשְׁפַּחַת הַפַּרְפָּרָנִיִּים

Erdbeerspinat *{Chenopodium foliosum}*
כַּף אַוָּז רַבַּת עָלִים (בוט') צֶמַח מִמִּשְׁפַּחַת הַסַּלְקִיִּים

Erdbirne *{Helianthus tuberosus}*
חַמָּנִית הַפְּקָעוֹת (בוט') צֶמַח מִמִּשְׁפַּחַת הַמֻּרְכָּבִים

Erddamm, kleiner
סוֹלְלָה (סוֹלְלוֹת) (טכנ')

Erde
אֲדָמָה (י"א, פיס') אֶרֶץ, חֹמֶר הָאָרֶץ, יַבָּשָׁה, קַרְקַע, אַרְקָה. עָפָר (גאו') הַחֹמֶר הַמְּהַוֶּה אֶת הַקַּרְקַע

Erde, lockere
עֲפַר תִּחוּחַ (חקל') [א"ת/ב/159]

Erde als Element ---> Element, Erde als

erden
הֶאֱרִיק (מַאֲרִיק) (פיס') חִבֵּר לָאֲדָמָה, הִתְקִין הָאֲרָקָה

Erden, auf
עֲלֵי אֲדָמוֹת

Erdferne
גֹּבַהּ רוּם (אסט') [ק/א/98]. גֹּבַהּ, הַמֶּרְחָק הַגָּדוֹל בְּיוֹתֵר שֶׁל כּוֹכְבֵי הַלֶּכֶת מִן הָאָרֶץ

Erdfließen *{Solifluktion}*
זְחִילַת עָפָר (גאו') שִׁנּוּיִים תְּכוּפִים שֶׁל פְּנֵי הַקַּרְקַע בְּאֶזוֹרֵי קְפִיאָה כְּתוֹצָאָה מֵהַפְשָׁרָה וּמִקִּפָּאוֹן יוֹמִיִּים אוֹ עוֹנָתִיִּים הַחוֹזְרִים שׁוּב וָשׁוּב

Erdgeschoß *{Parterre}*
קוֹמַת קַרְקַע (אדר')

Erdhummel *{Bombus terrestris}*
בּוֹמְבּוּס הָאֲדָמָה (זוא') חֶרֶק מִמִּשְׁפַּחַת הַדְּבוֹרִיִּים

erdichten
בָּדָה (בּוֹדֶה)

erdichtet

בָּדוּי [ק/א/79]. מְחֻדָּשׁ מִלֵּב, דִּמְיוֹנִי, שֶׁקֶר, דִּמְנָתִי

Erdichtetes

בְּדוּת [ק/א/79]. דָּבָר בָּדוּי, שֶׁקֶר. בְּדִיאָה, בְּדִיָּה, בְּדִיאוּת [ק/א/79]. סִפּוּר בָּדוּי

Erdichtung

בִּדּוּי, בִּדּוּעַ, בְּדִיָּה

Erdpol

קֹטֶב (קְטָבֵי) הָאָרֶץ (י״א)

Erdpol, magnetischer

קֹטֶב שׁוֹאַבְנִי (גאו׳, פיס׳) [ל״מ/346]. קֹטֶב מַגְנֶטִי

Erdpyramide

עֲלֶמֶת (עֲלָמוֹת) (גאו׳, י״א) צוּרַת חֲסִיפָה דְּמוּיַת חָרוּט

Erdrauch *{Fumaria}*

עַשְׁנָן (בוט׳) צֶמַח מִמִּשְׁפַּחַת הָעַשְׁנָנִיִּים

Erdrutsch [---> Bergrutsch]

מַפֹּלֶת עָפָר (גאו׳, י״א) זְחִילַת עָפָר

Erdscholle

רֶגֶב (רְגָבִים) (חקל׳) [א״ת/ב/159]. גּוּשׁ עָפָר, קְזוּזָה, קְסָסָה (קְסָסוֹת)

Erdspalte

מְחִלָּה (מְחִלּוֹת) (גאו׳) [א״ת/ב/73]. חָלָל בָּאֲדָמָה

Erdung

הַאֲרָקָה (פיס׳) [ל״מ/197]. חִבּוּר חַשְׁמַלִּי לָאֲדָמָה

ereignen, sich

קָרָה (קוֹרֶה) [ק/ג/299]. אֵרַע, נִזְדַּמֵּן, אֻנָּה, אָרַע (אוֹרֵעַ), הִתְרַחֵשׁ, נֶאֱרַע (נֶאֱרָע), אֹרַע (מְאֹרָע)

Ereignis

מְאֹרָע (מְאֹרָעוֹת) [ק/א/263]. זִמְיוֹן, אֵרוּעַ (אֵרוּעִים), הִתְאָרְעוּת, הִקָּרוּת דָּבָר, מִקְרֶה. מִתְחַדֵּשׁ [ק/ב/314]. חִדּוּשׁ [ק/א/273]. עִנְיָן. הִתְרַחֲשׁוּת (הִתְרַחֲשֻׁיּוֹת) (ספר׳) [מ״ס/61]. אֵרוּעַ חִיּוּבִי אוֹ שְׁלִילִי הַנִּגְרָם עַל יְדֵי מִישֶׁהוּ אוֹ מַשֶּׁהוּ שֶׁיֵּשׁ לוֹ נְגִיעָה אֶל הַגִּבּוֹר הַסִּפְרוּתִי

Ereignis, äußerliches

אֵרוּעַ חִיצוֹנִי (ספר׳) [מ״ס/59]. חֻלְיָה בְּשַׁרְשֶׁרֶת הָעֲלִילָה הַסִּפְרוּתִית הַמִּתְרַחֶשֶׁת בַּהֲוָיָה הַחִיצוֹנִית

Ereignis, inneres

אֵרוּעַ פְּנִימִי (ספר׳) [מ״ס/59]. חֻלְיָה בְּשַׁרְשֶׁרֶת הָעֲלִילָה הַסִּפְרוּתִית הַמִּתְרַחֶשֶׁת בְּנַפְשָׁהּ אוֹ בְּתוֹדָעָתָהּ שֶׁל דְּמוּת כָּלְשֶׁהִי

ereignisgesteuert

כִּוּוּן מְאֹרָעוֹת (פסי׳, פדג׳, מחש׳)

Ereignisse, Duplizität der ---> Duplizität der Ereignisse

Ereignisse, unvereinbare

מְאֹרָעוֹת זָרִים זֶה לָזֶה (מתמ׳)

erektil ---> erigibel

Erektion

זְקִפָּה (פסי׳, רפו׳) אֶרֶקְצְיָה, הִתְקַשּׁוּת אֵבֶר הַמִּין, קִשּׁוּי הָאֵבֶר, קִשָּׁאִי

Eremit

מִתְבּוֹדֵד (מִתְבּוֹדְדִים) (דת, מ״ח) מִתְיַחֵד, מִתְבַּדֵּל, הַפּוֹרֵשׁ מִן הַחֶבְרָה

Erethismus

שִׁרְגּוּז (פסי׳) [מר״ח/285]

erfahren

הִתְנַסָּה (מִתְנַסֶּה) בְּ... (פסי׳) חָוָה (חוֹוֶה) אֶת...

Erfahrung

הִתְנַסּוּת (פסי׳) חֲוָיָה. נִסָּיוֹן (פיל׳) [ק/ג/45]. בְּחִינַת הָאֱמֶת וְהַכָּרָתָהּ עַל יְדֵי מַעֲשֶׂה, מִכְלוֹל הַיֶּדַע הָאֱנוֹשִׁי הַמִּצְטַבֵּר וְהַיִּשּׂוּם (פְּרַקְטִיקָה) הַחֶבְרָתִי שֶׁל הָאָדָם הַמְזֻקָּקִים (קְשׁוּרִים בְּזִקָּה) לְטֶבַע הַמַּשָּׁאִי וְהַמְסַיְּעִים לְשִׁצּוּבוֹ (עִצּוּבוֹ מֵחָדָשׁ) בְּאֶמְצָעוּת מַכְשִׁירֵי עֲבוֹדָה. בְּחִינָה (פיל׳) [ק/א/82]. מְחִישָׁה [ק/ב/180]

Erfahrung, bezüglich der

הִתְנַסּוּתִי (פיל׳) [ק/א/82]. בְּחִינִי, מָה שֶׁמִּתְיַחֵס עַל הַנִּסָּיוֹן

Erfahrung, praktische

הִתְנַסּוּת מַעֲשִׂית [ק/ג/152]. עֵצָה, נִסָּיוֹן מַעֲשִׂי, חָכְמָה מַעֲשִׂית, נִסְיוֹן הַחַיִּים, יֶדַע נִסְיוֹנִי

Erfahrung, sinnliche

הִתְנַסּוּת חוּשִׁית (פסי׳, רפו׳) [ק/ב/153]. מַדָּע חוּשִׁי

Erfahrung, tägliche

הַהִתְנַסּוּת הַיּוֹמִית [ק/ב/160]. הַמּוּחָשׁ הַיּוֹמִי, הַנִּסָּיוֹן הַיּוֹמִי

Erfahrungserkenntnis

הַכָּרָה הִתְנַסּוּתִית (פיל׳) [ק/א/82]. הַכָּרָה בְּחִינִית, - נִסְיוֹנִית

erfahrungsgemäß

הִתְנַסּוּתִי (פיל׳, מדע) [ק/ג/46]. נִסְיוֹנִי, שֶׁל נִסָּיוֹן, בְּדֶרֶךְ פְּעֻלָּה כְּדֵי לְהִוָּכַח אִם הַמַּעֲשֶׂה אֶפְשָׁרִי וּמַה תּוֹצְאוֹתָיו, נִסּוּיִי

Erfahrungssatz

מִשְׁפָּט נִבְחָן (פיל׳) [ק/ב/301]

Erfahrungswissen

יֶדַע הִתְנַסּוּתִי (פסי׳, פדג׳) יֶדַע נִסְיוֹנִי

Erfassen, geistiges [---> Auffassen]

תְּפִיסָה, תְּפִישָׂה (פסי׳, פיל׳) [ק/ד/214]. קְלִיטָה בְּחוּשׁ אוֹ בְּשֵׂכֶל. הַשָּׂגָה (פסי׳, פיל׳) [ר/א/223; ר/ב/696]. הֲבָנַת דְּבַר-מָה, תְּפִיסַת טִבְעוֹ שֶׁל גֵּרוּי אוֹ שֶׁל אֵרוּעַ מִבְּחִינָה שִׂכְלִית וְהַכָּרָתִית. עֲמִידָה עַל... (פיל׳, פסי׳) [ק/ג/145]. הַבְחָנָה. אֲחִיזָה (פסי׳) [ר/א/30]. מַגָּע (פסי׳, פיל׳) [ק/ב/142]. הֲבָנָה. מִשּׁוּשׁ (פסי׳, פיל׳) [ק/ב/291]. נְגִיעָה (פסי׳, פיל׳) [ק/ג/18]

erfassen

תָּפַס (תּוֹפֵס) (פסי׳, פיל׳) [ק/ג/141]. עָמַד עַל..., עָמַד בְּ..., הִשִּׂיג בְּשִׂכְלוֹ, הֵבִין, יָדַע, הִכִּיר. הִשְׂכִּיל (פסי׳, פיל׳) [ק/ד/105]. חָשַׁב, הִתְבּוֹנֵן

Erfassen durch Vorstellung ---> Vorstellung, Erfassen durch

erfinden

הִמְצִיא (מַמְצִיא), הִתְקִין דָּבָר חָדָשׁ שֶׁלֹּא נוֹדַע קֹדֶם

Erfindung

בְּדָאוּת, בִּדּוּי [ק/א/78]. שֶׁקֶר, כָּזָב. בְּדִיאָה, בְּדִיָּה, בְּדִיאוּת, בִּדְיוֹן [ק/א/79]. דָּבָר בָּדוּי, סִפּוּר בָּדוּי. הַמְצָאָה (מ״ט, פיל׳) [ק/א/178] דָּבָר חָדָשׁ שֶׁאָדָם מַמְצִיא, הַתְקָנַת דָּבָר חָדָשׁ

Erfindungsgabe

כִּשְׁרוֹן הַמְצָאָה (מ״ט, פיל׳) [ק/א/178] הַמְצָאָה, הַכֹּחַ לְחַדֵּשׁ דְּבָרִים

Erfolg(s), Gesetz des

חֹק הַתּוֹצָאָה (פסי') [ר/א/90] חֹק הַתּוֹצָא (אֶפֶקְט) שֶׁעַל פִּיו בּוֹחֲרִים אֶת הַהִתְנַהֲגֻיּוֹת הַמְּתֻכְנָנוֹת הֵיטֵב וְאִלּוּ אֶת הַהִתְנַהֲגֻיּוֹת הָאֲחֵרוֹת מַזְנִיחִים

erfolgen

קָרָה (קוֹרֶה) [ק/ג/299]. אֵרַע, נִזְדַּמֵּן, אֻנָּה, אֵרַע דָּבָר שֶׁלֹּא הָיָה צָפוּי מֵרֹאשׁ

Erfolgshonorar

שְׂכַר טִרְחָה מַתְנֶה (משפ')

erforderlich

נָחוּץ, דָּרוּשׁ, צָרִיךְ, זָקוּק

erfordern

הִצְרִיךְ (מַצְרִיךְ) [ק/א/283]. חִיֵּב (מְחַיֵּב), נִתְחַיֵּב, הִתְחַיֵּב, הִכְרִיחַ, אִלֵּץ (מְאַלֵּץ), הֵבִיא לִידֵי..., דָּרַשׁ (דּוֹרֵשׁ), הָיָה דָּרוּשׁ, נִצְרַךְ, הֻצְרַךְ. נָגַשׁ [ק/ג/20]. הִטִּיל עַל..., תָּבַע, הֶעֱמִיס. גָּזַר [ק/א/110]. הוֹצִיא מִשְׁפָּט, דָּן, קִיֵּם, הֶחֱלִיט

Erfordernis

צֹרֶךְ (צְרָכִים) [ק/ג/255]. צְרִיכָה, צְרִיכוּת, מַה שֶּׁמִּישֶׁהוּ צָרִיךְ, דְּרִישָׁה. שְׁפִיטָה [ק/ד/149]. נְחִיצוּת. חִיּוּב [ק/א/285]. הֶכְרֵחַ, תּוֹלָדָה מֻכְרַחַת, תְּנַאי מֻכְרָח

Erforschung

חֵקֶר (מדע) [ק/ד/36]. רְחִישָׁה, חֲקִירָה, מֶחְקָר. רַחַשׁ (מדע) [ק/ד/39]

erfreuen, sich

שָׂמַח (שָׂמֵחַ) [ק/ג/51]. הִתְעַנֵּג, הִתְנַעֵם, הִתְרוֹנֵן (מִתְרוֹנֵן)

erfreulich

מְשַׂמֵּחַ, מְרַנֵּן, נָעִים

erfüllen

מִלֵּא (מְמַלֵּא), קִיֵּם (מְקַיֵּם), הִשְׁלִים (מַשְׁלִים)

Erfüllende, der seine Pflicht restlos

מְמַלֵּא חוֹבָתוֹ [ק/ד/117]. שָׁלֵם, מַשְׁלִים, מִי שֶׁעוֹשֶׂה אֶת הַמֻּטָּל עָלָיו בִּשְׁלֵמוּת וּכְפִי הָרָאוּי, הַמְּקַיֵּם אֶת חוֹבָתוֹ, הָעוֹשֶׂה אֶת שֶׁלּוֹ, מִי שֶׁיּוֹצֵא יְדֵי חוֹבָתוֹ

erfüllt, von etwas ganz

שָׁטוּף [ק/ד/87]. שָׁקוּעַ בְּעִנְיָן כָּלְשֶׁהוּ, לָהוּט, נָתוּן לְדָבָר בְּכָל לִבּוֹ, מָכוּר לְ...

Erfüllung *{Implementation}* [---> Befriedigung]

מִלּוּי, קִיּוּם, מִמּוּשׁ

Erfüllungsbewußtsein

תּוֹדַעַת הֶשֵּׂג (פסי')

erfunden

בָּדוּי [ק/א/79]. מְחֻדָּשׁ מִלֵּב, דִּמְיוֹנִי

ergänzend

מַשְׁלִים [ק/ב/296]. מְמַלֵּא אֶת הֶחָסֵר לִשְׁלֵמוּתוֹ, מוֹסִיף מַה שֶּׁדָּרוּשׁ, מֵבִיא לִידֵי שְׁלֵמוּת

Ergänzung [---> Komplement]

הַשְׁלָמָה [ק/א/219]. גְּמָר, תַּשְׁלוּם, מִלּוּי הֶחָסֵר, הִשְׁתַּלְּמוּת. שְׁלֵמוּת [ק/ד/122]. תּוֹסֶפֶת מַשְׁלִימָה

Ergänzungsstück ---> Komplement

Ergänzungswinkel

זָוִית מַמְלְאָה (מתמ')

Ergativ

גּוֹרֵם (בלש') [מ"ב/74]. אֶרְגָטִיב, פֹּעַל גְּרִימָה שֶׁל מַצָּב אוֹ שֶׁל פְּעֻלָּה עוֹמֶדֶת, לְמָשָׁל: "שׁוּבָה, ה', רִבְבוֹת אַלְפֵי יִשְׂרָאֵל" (= גְּרֹם נָא, ה', לְכָךְ שֶׁיָּשׁוּבוּ...)

ergattern

חָטַף וְכָבַשׁ

Ergatterung

חֲטִיפָה כּוֹבְשָׁנִית

ergeben, sich

הִתְבַּקֵּשׁ (מִתְבַּקֵּשׁ) מִן... [ק/א/113]. הִתְגַּלְגֵּל, נִמְצָא, נִכְנַס, נִכְלַל, נִשְׁתַּרְבֵּב, נִסְתַּבֵּב, נִהְיָה, נִתְאָרַע, נָבַע מִן..., נִסְתַּכֵּם, בָּא בְּעִקְבוֹת...

Ergebenheit

הִתְמַסְּרוּת [ק/א/178]. הֶמְסֵר, מְסִירַת הַנֶּפֶשׁ, נֶאֱמָנוּת, הִשְׁתַּעְבְּדוּת

Ergebnis

תּוֹצָאָה (תּוֹצָאוֹת) [ק/א/180]. הֶמְשֵׁכוּת, תּוֹלָדָה, הִשְׁתַּלְשְׁלוּת. כֹּחַ [ק/ב/83]. מַסְקָנָה (פיל') [ק/ב/229]. מַה שֶּׁיּוֹצֵא מִתּוֹךְ חֲקִירָה אוֹ עִיּוּן

Ergebung [---> Ergebenheit; Geduld]

ergibt sich, es

יוֹצֵא מִכָּאן [ק/ג/43]. נִמְשָׁךְ מִזֶּה, יוֹצֵא מִזֶּה

ergießen

קָלַח (קוֹלֵחַ) [ק/ד/153]. שָׁפַע (שׁוֹפֵעַ), נָבַע, זָרַם, הִשְׁפִּיעַ, הִשְׁרָה, נֶאֱצַל, קִלֵּחַ (מְקַלֵּחַ)

Erglühen

הִתְלַהֲבוּת (פיס') [ק/א/237]. הִתְלַהֲטוּת. הִתְנוֹצְצוּת (פיס', דת) [ק/א/241]. הִתְלַקְּחוּת נִיצוֹץ

ergötzen

הִתְעַנֵּג (מִתְעַנֵּג)

Ergötzen

עִנּוּג (עִנּוּגִים), הִתְעַנְּגוּת

ergreifen

נָקַט (נוֹקֵט), אָחַז, תָּפַס

ergreifen, mit den Klauen

דָּרַס (דּוֹרֵס) (זוא') דָּרַךְ, רָמַס, נָעַץ צִפָּרְנַיִם בְּטַרְפּוֹ, טָרַף

ergreifend

הַפְּעָלוּתִי (פסי') [ק/א/198]. שֶׁל הַפְּעָלוּת. הִתְפַּעֲלִי, הִתְפַּעֲלוּתִי (פסי') [ק/א/244]

ergründen

חָקַר וְדָרַשׁ [ק/ד/38]. רָחַשׁ (רוֹחֵשׁ), דָּרַשׁ אַחֲרֵי...

Ergründung

חֲקִירָה וּדְרִישָׁה (מדע) [ק/ד/36]. רְחִישָׁה, דְּרִישָׁה. רַחַשׁ (מדע) [ק/ד/39]

Erguß *{Effusion}*

תַּפְלִיט [ק/ב/293]. הִשְׁתַּפְּכוּת, מֶשֶׁךְ, שְׁפִיעָה, נְתִינָה בְּשֶׁפַע, נְבִיעָה, זְרִימָה, שְׁפִיכָה, מִשְׁפָּךְ, הַשְׁפָּכָה

erhaben

מְרוֹמָם [ק/ב/277]. נַעֲלֶה, נִשְׂגָּב, גָּבֹהַּ, נִשָּׂא, חֲגִיגִי. קָבוּב (מתמ') [ק/ג/257]. קָמוּר, מְקֻמָּר, גַּבְנוּנִי, עָשׂוּי בְּצוּרַת כִּפָּה

Erhabenheit

רוֹמְמוּת [ק/ג/133]. עִלּוּי, שֶׂגֶב, הִתְעַלּוּת, גְּדֻלָּה, גְּאוֹנוּת. עַצְמוּת [ק/ג/161]. חֲשִׁיבוּת. קְבוּב (פיס') [ק/ג/257]. קִמָּרוֹן, גַּבְנוּנִית,

גַּבְנוּנִיּוּת. {לְדַעַת י' קלצ'קין: קִבּוּב = קַעֲרִירוּת}

erhältlich ---> verfügbar

Erhärtung

אִשּׁוּשׁ, חִשּׁוּל, חִזּוּק, יִצּוּב, בִּצּוּר, בִּסּוּס

erhalten werden

נִכְלַל [ק/א/106]. נִגְדַּר

erhaltend

מְשַׁמֵּר [ק/ב/211; 320]. מַתְמִיד, מַמְשִׁיךְ, מַשְׁאִיר, מְקַיֵּם, מַעֲמִיד

Erhaltung [---> Behalten; Unterstützung]

הִשְׁתַּמְּרוּת [ק/ד/132]. שְׁמִירָה, שִׁמּוּר, הִתְקַיְּמוּת, הַעֲמָדָה. הֶשְׁאֵר [ק/א/216]. מְצִיאוּת, קִיּוּם, הַתְמָדָה

Erhaltung der Energie, Prinzip der ---> Energie, Prinzip der Erhaltung der

erheben

גָּבַהּ (גּוֹבֵהַּ) (משפ', כלכ') תָּבַע וְקִבֵּל תַּשְׁלוּם כָּלְשֶׁהוּ.

erheben, Zwischenfeststellungsklage ---> Zwischenfeststellungsklage erheben

Erhebung

הִתְעַלּוּת [פ״ר/113]. הִתְרוֹמְמוּת, הִתְנַשְּׂאוּת, הִתַּמְּרוּת, נְסִיקָה, הִנָּשְׂאוּת, הֲעָלוּת

Erhebung, abwechselnde

דְּגִימַת סֵרוּגִין (סטט', פסי')

Erhebung an der Quelle ---> Quelle, Erhebung an der

Erhebung einer Verhaltensstichprobe

דְּגִימַת הִתְנַהֲגוּת (פסי', התנ') [ר/א/149]. רִשּׁוּם הַהִתְנַהֲגוּת בְּפֶרֶק זְמַן מְסֻיָּם, דְּגִימָה בְּהִתְנַהֲגוּת

erheitern

בִּדַּח (מְבַדֵּחַ) [א״ח/ג/104]. שִׂמַּח, בָּדַח (בּוֹדֵחַ), שָׂמַח, עָלַז

erheuchelt

עָשׂוּי, מְעֻשֶּׂה, לֹא טִבְעִי, צָבוּעַ

erhitzen

חִמֵּם (מְחַמֵּם), שִׁחֵן (מְשַׁחֵן), הִשְׁחִין, הִשְׁתַּחֵן, הִתְחַמֵּם, הוּחַם, חָמַם

erhöhen

הִנְסִיק (מַנְסִיק) (מוס') הִגְבִּיהַּ עַל יְדֵי נֶסֶק (דִּיאֶז). הֵרִים (מֵרִים), רוֹמֵם (מְרוֹמֵם), הִגְבִּיהַּ (מַגְבִּיהַּ), רִמֵּם (מְרַמֵּם), רָמַם (רוֹמֵם), הִתְרוֹמֵם, הִתְנַשֵּׂא, הִתְגַּבֵּהַּ (מִתְגַּבֵּהַּ)

erhöht

מְנֻסָּק (מוס') מֻגְבָּהּ עַל יְדֵי נֶסֶק (דִּיאֶז)

erhöhte Stelle ---> Stelle, erhöhte

Erhöhung

קִמּוּר (פיס') [ק/ג/257]. קִבּוּב {לְדַעַת י' קלצ'קין: קִבּוּב = קַעֲרִירוּת}, קֶשֶׁת, קִמָּרוֹן, גַּבְנוּנִית, גַּבְנוּנִיּוּת. רוּם (אסט') [ק/ד/33]. רוּם גֹּבַהּ, - רוּמִים, מָקוֹם מְסֻיָּם בְּגַלְגַּל הַמַּזָּלוֹת הַמְיֻחָד לְכוֹכָב כָּלְשֶׁהוּ שֶׁבּוֹ מַגִּיעַ הַכּוֹכָב לְשִׂיא הַשְׁפָּעָתוֹ

Erhöhung *{Eminentia}*

בְּלִיטָה (בְּלִיטוֹת) (רפו')

Erhöhungszeichen

סִימָנִית הַגְבָּהָה (מוס')

erhofft

מְחֻכֶּה [ק/ב/180]. שֶׁמְּחַכִּים לוֹ, מְקֻוֶּה, מְצֻפֶּה, שֶׁמְּקַוִּים לוֹ

erholen, sich

נָפַשׁ (נוֹפֵשׁ) [ק/ג/60]. נָח מֵעֲמָלוֹ, שָׁקַט, נִרְגַּע, מָצָא לוֹ מָנוֹחַ, נִשְׁקַט, שָׁלַו

Erholung

תְּפוּגָה [ק/א/219; מר״ח/578]. הַשְׁכָּנָה, מְנוּחָה וְהַשְׁקֵט, הֲקַלָּה, רְגִיעָה, הִתְפָּרְקוּת, הַחֲלָפַת כֹּחַ, הִתְאוֹשְׁשׁוּת, שִׁקּוּם

Erholung, spontane

הִתְאוֹשְׁשׁוּת מֵאֵלֶיהָ (פסי') [ר/א/227]. הוֹפָעָה מֵחָדָשׁ שֶׁל תְּגוּבָה מֻתְנֵית שֶׁהֻכְחֲדָה

Erholungsheim

בֵּית הַבְרָאָה (רפו') [מר״ח/552]. מַעֲקִיָּה

Erholungszyklus

מַחֲזוֹר הַשִּׁיּוּב (היד')

erigibel

קָשִׁי (רפו') זָקִיף, עָשׂוּי לָבוֹא לִידֵי קִשּׁוּי, זָקִיר

erigiert

קָשׁוּי (רפו') מְקֻשֶּׁה, זָקוּף, עוֹמֵד, מִזְדַּקֵּר

erinnern, sich

נִזְכַּר (פסי') הִפְנִים וְזָכַר

Erinnerung [---> Memento]

זְכִירָה (פסי') [ק/א/260; ר/א/251; פ״ר/107]. כֹּחַ הַזִּכָּרוֹן, שְׁמִירָה בַּזִּכָּרוֹן, הַפְנָמָה בַּזִּכָּרוֹן, פְּעֻלַּת הַהִזָּכְרוּת אוֹ תּוֹצָאָתָהּ, מַאֲמָץ מוּדָע לִשְׁלֹף מֵידָע מֵהַזִּכָּרוֹן. זֵכֶר (פסי') [ק/א/261]. דָּבָר שָׁמוּר בַּלֵּב, פְּנִימִיּוּת הַזִּכָּרוֹן. זִכָּרוֹן (פסי') [ר/א/261]

Erinnerung, Zurückrufen in die

הִזָּדַכְּרוּת (פסי') [ק/א/165]. הִתְאַמְּצוּת לִזְכֹּר, לְהִזָּכֵר

Erinnerungsbild ---> Phantasie, reproduktive

Erinnerungsentstellung ---> Paramnesie

Erinnerungshilfe ---> Gedächtnisstütze

Erinnerungstäuschung ---> Paramnesie

Erinnerungstreue

דִּיּוּק הַזְּכִירָה (פסי') דִּיּוּק הַזֵּכֶר

eristisch

וִכּוּחִי (פיל') [ק/א/248]. עַל דֶּרֶךְ הַוִּכּוּחַ

Erkältung

צִנֶּנֶת (רפו') הִצְטַנְּנוּת

erkannt, werden

הֻכַּר, הֻשַּׂג. אֻמַּת [ק/א/60]. הִתְבָּרֵר שֶׁהַדָּבָר אֱמֶת

Erkannte, das

מֻכָּר (פיל', פסי') [ק/ב/159]. מוּדָע, מֻשְׂכָּל, דָּבָר הַמֻּשָּׂג בְּשֵׂכֶל, יְדִיעָה, יֶדַע

erkennbar

נִכָּ־ (פסי', פיל') [ק/ב/283]. שֶׁנִּתָּן לְהַכָּרָה, מֻשָּׂג, נָשִׂיג, נִתָּן לְהַשָּׂגָה, נִתְפָּס, מַה שֶׁאֶפְשָׁר לְהַשִּׂיג בְּחוּשׁ אוֹ בְּשֵׂכֶל. מֻכָּר (פסי', פיל') [ק/א/336; ק/ב/199]. חֲשָׁשָׁא, שֶׁהֻשַּׂג בְּהַכָּרָה וְנִכָּר לְחוּשׁ

erkennbares Ding ---> Ding, erkennbares

erkennen

הִכִּיר (מַכִּיר) [ק/ג/141]. עָמַד עַל.../בְּ..., הִשִּׂיג בְּכֹחַ הַשֵּׂכֶל. אִמֵּת (מְאַמֵּת) [ק/א/59]. בֵּרֵר וְהוֹכִיחַ אֶת הָאֱמֶת. הִכִּיר דְּבַר-מָה עַל אֲמִתּוֹ.

הֶחְלִיט וְקִיֵּם דָּבָר מָה. דִּקְדֵּק [ק/א/145]. יָדַע בְּדִיּוּק. הִשִּׂיג (פסי׳) [ק/ג/74]. תָּפַס בְּשֵׂכֶל, - בְּחוּשִׁים, הֵבִין. הִשְׂכִּיל [ק/ד/105]

Erkennen [---> Erkenntnis]

הֻכַּר (פסי׳) [ר/א/205; ת״ה/25]. הַכָּרָה, הַיְכֹלֶת לְהַכִּיר מַשָּׂא (אוֹבְּיֶקְט) מְסֻיָּם בֵּין אִם עַל פִּי הַנִּסָּיוֹן וּבֵין אִם עַל יְדֵי הַתְּבוּנָה. יְדִיעָה (פיל׳) [פ״ר/50]

erkennen, sich selbst ---> Einsicht haben

Erkennen, wirkliches

יְדִיעָה בְּפֹעַל (פיל׳) [פ״ר/50]

Erkennende, der

יוֹדֵעַ (מדע) [ק/ב/29]. מַשְׂכִּיל, מַשִּׂיג

erkennende Intelligenz ---> Intelligenz, erkennende

Erkenntnis [---> Erkennen]

הַכָּרָה (פיל׳, פסי׳) [ק/א/173; ר/א/205]. הֶכֵּר, מִכְלוֹל הַתַּהֲלִיכִים הַנַּפְשִׁיִּים שֶׁבְּאֶמְצָעוּתָם רוֹכֵשׁ הָאָדָם יֶדַע עַל סְבִיבָתוֹ וְעַל עַצְמוֹ וְתוֹצָאַת הַתַּהֲלִיכִים הַלָּלוּ, כֹּחַ הַתְּבוּנָה וְהַדַּעַת. הַשָּׂגָה (פיל׳, פסי׳) [ק/א/216]. הַכֹּחַ הַשִּׂכְלִי וְהַחוּשִׁי שֶׁל הָאָדָם לְהַשִּׂיג מֻשָּׂגִים וּלְצַיְּרָם לוֹ בְּשִׂכְלוֹ. הַשְׂכָּלָה (פסי, פיל׳) [ק/א/219]. יְדִיעָה (פיל׳) [ק/ב/26]. דַּעַת. מַדָּע (פיל׳, פסי׳) [ק/ב/152]. שֵׂכֶל. מֻשָּׂג (פיל׳) [ק/ב/283]. הֲבָנָה. נְבִינוּת (פיל׳, פסי׳) [ק/ג/14]. מְבִינוּת. סְבָרָה, סְבָרָא [ק/ג/89]. הִתְבּוֹנְנוּת, הִתְחַכְּמוּת, שִׁקּוּל, הַנָּחָה, הַשְׁעָרָה, דֵּעָה, מַחֲשָׁבָה. סַרְעַף (סַרְעַפִּים) (פיל׳, פסי׳) [ק/ג/115]. שַׂרְעַף. עֲמִידָה עַל... (פיל׳, פסי׳) [ק/ג/145]. תְּפִיסָה, הַבְחָנָה, קְלִיטָה

Erkenntnis, das Erwerben von ---> Wissen, das Erwerben von

Erkenntnis, diskursive

הַשָּׂגָה הַדְרָגִית (פיל׳, פסי׳) [ק/א/159]

Erkenntnis, Gegenstand der

מַשָּׂא הַהַכָּרָה (פיל׳, פסי׳) [ק/ג/73]. נוֹשֵׂא הַהַכָּרָה. מֻכָּר (פסי׳, פיל׳) [ק/ב/199]. שֶׁהֻשַּׂג בַּהַכָּרָה. מֻשְׂכָּל (פיל׳, פסי׳) [ק/ב/286]. דָּבָר הַמֻּשָּׂג בְּשֵׂכֶל, בְּנִגּוּד לְמוּחָשׁ הַמֻּשָּׂג בְּחוּשׁ. נִשְׂכָּל (פיל׳, פסי׳) [ק/ג/76]. מֻשָּׂג שִׂכְלִי. יָדוּעַ (פיל׳) [ק/ב/25]. יְדִיעָה. מוּדָע (פיל׳, פסי׳) [ק/ב/159]. יֶדַע

Erkenntnis, Grenze der

גְּבוּל הַהַכָּרָה הָאֱנוֹשִׁית (פיל׳, פסי׳) [ק/ב/238]. מַעֲמָד שִׂכְלִי, מַעֲמַד שֵׂכֶל

Erkenntnis, klare

הַכָּרָה בְּרוּרָה [ק/ב/53]. יִשּׁוּב, חִזּוּק הַדַּעַת וַהֲנָחַתָהּ, הַשָּׂגָה בְּהִירָה, דֵּעָה צְלוּלָה וּשְׁקוּלָה

Erkenntnis, rationale

הַכָּרָה שִׂכְלָנִית (פיל׳) [ק/ב/153]. מַדָּע שִׂכְלִי

Erkenntnis, umfassende

הַכָּרָה מַקֶּפֶת (פיל׳, פסי׳) [ק/א/205]. הַקָּפָה

Erkenntnis, unklare

זְמִימוּת (פסי׳) [ק/א/263]. הַכָּרָה בִּלְתִּי בְּרוּרָה, הַכָּרָה אִינְסְטִינְקְטִיבִית

Erkenntnis, wahre

הַכָּרָה אֲמִתִּית (פיל׳) [ק/ד/188]. תּוּשִׁיָּה, הַכָּרָה עֶלְיוֹנָה

erkenntnisbezüglich

הַכָּרָתִי (פיל׳, פסי׳) [ק/ב/28]. יְדִיעִי

E r k e n n t n i s k r a f t ---> Erkenntnisvermögen

Erkenntnisquelle

מְקוֹר הַהַכָּרָה (פיל׳, פסי׳)

erkenntnistheoretisch *{gnoseologisch; epistemologisch}*

הַכָּרָתִי (פיל׳) שֶׁל תּוֹרַאת הַכָּרָה

Erkenntnistheorie *{Gnoseologie; Epistemologie}*

תּוֹרַאת הַכָּרָה (פיל׳) מַרְכִּיב שֶׁל הַפִילוֹסוֹפְיָה הָעוֹסֵק בְּחֵקֶר כִּשּׁוּרָיו שֶׁל הָאָדָם לְהַכִּיר אֶת הַמְּצִיאוּת, בְּלִמּוּד מְקוֹרוֹת הַהַכָּרָה, צוּרוֹתֶיהָ וּדְרָכֶיהָ, בְּהֶסְבֵּר מַה שֶּׁנֶּחְשָׁב לֶאֱמֶת וּבְחִפּוּשׂ אַחַר דְּרָכִים לַחֲשִׂיפָתָהּ

Erkenntnisvermögen

כֹּחַ הַהַכָּרָה (פיל׳, פסי׳) [ק/ב/74]. סְפִיקַת הַכָּרָה, כֹּשֶׁר הַכָּרָה. כֹּחַ הַהַכָּרָה וְהַשֵּׂכֶל, - הַמַּדָּע, - מַדָּעִי (פיל׳, פסי׳) [ק/ב/75]. הֶכֵּר, הַכָּרָה (פיל׳, פסי׳) [ק/א/173]. כֹּחַ הַתְּבוּנָה וְהַדַּעַת

Erker

גַּבְלִית (גַּבְלִיּוֹת) (אדר׳) [א״ת/א/54]. בְּלִיטָה קְמוּרָה בְּקִיר

erklärbar

נִסְבָּר [ק/א/77;78]. נִבְאָר, שֶׁנִּתָּן לְהַסְבִּיר, שֶׁאֶפְשָׁר לְבָאֵר אוֹתוֹ

erklären

הִסְבִּיר (מַסְבִּיר) [ק/ג/88]. סָבַר, פֵּרַשׁ, בֵּאֵר (מְבָאֵר), חִוֵּר (מְחַוֵּר), הִתְחַוֵּר, חָוַר (מְחֻוָּר), הִבְהֵר, הִבְהִיר. פִּרְסֵם [ק/ג/215]. בֵּרֵר, הִבְרִר

erklären, als etwas

הִכְרִיז (מַכְרִיז) עַל... [ק/ד/122]. שָׂם, מִנָּה

erklären, eidlich

הִצְהִיר בִּשְׁבוּעָה (משפ׳) הִצְהִיר בְּהֵן צֶדֶק

erklärend

מַסְבִּיר [ק/א/77]. בֵּאוּרִי, מְפָרֵשׁ, מְבָאֵר

Erklärung

הֶסְבֵּר (הֶסְבֵּרִים) (פיל׳) [פ״ר/50]. הַבְהָרָה

Erklärung, eidesstattliche

תַּצְהִיר (תַּצְהִירִים) (משפ׳)

Erklärung, eidliche ---> Erklärung unter Eid

Erklärung, falsche

הַצְהָרָה שִׁקְרִית (משפ׳) הַצְהָרַת שָׁוְא

Erklärung, gezwungene

הֶסְבֵּר דָּחוּק [ק/א/135]. דֹּחַק, דַּחַק, הֶסְבֵּר בִּלְתִּי מִתְיַשֵּׁב. פֵּרוּשׁ דָּחוּק [ק/א/134]. דְּחוּק. לְחִיצָה [ק/ב/118]. פֵּרוּשׁ שֶׁאֵינוֹ מִתְקַבֵּל עַל הַדַּעַת. לַחַץ [ק/ב/119]

Erklärung, probabilistische

הֶסְבֵּר הִסְתַּבְּרוּתִי (מדע) [ד״מח/270]. הֶסְבֵּר שֶׁבּוֹ מִשְׁתַּמְּשִׁים רַק בְּחֻקִּים וּבִנְתוּנִים סְטָטִיסְטִיִּים

Erklärung geben, gezwungene

פֵּרֵשׁ (מְפָרֵשׁ) בְּדֹחַק [ק/א/135]. דָּחַק (דּוֹחֵק)

Erklärung unter Eid

הַצְהָרָה בִּשְׁבוּעָה (משפ׳) הַצְהָרָה בְּהֵן צֶדֶק

Erklärungsgrund

נִמּוּק הַסְבָּרָה

Erkranken

הֶחָלוּת (רפו׳, פסי׳) הִתְקָפוּת בְּמַחֲלָה, נְפִילָה

לְמִשְׁכָּב

Erkrankungen, psychogene

תַּחֲלוּאִים יְצִירֵי נֶפֶשׁ (פסי', רפו') [ר/ב/549]. מַחֲלוֹת שֶׁמְּקוֹרָן בַּנֶּפֶשׁ, - פְּסִיכוֹגֶנִיּוֹת

Erkrankungen, somatogene

תַּחֲלוּאִים יְצִירֵי גּוּף (פסי', רפו') מַחֲלוֹת שֶׁמְּקוֹרָן בַּגּוּף, - סוֹמָטוֹגֶנִיּוֹת

Erkundung

הִתְחַקּוּת (מדע) חֲקִירָה וּדְרִישָׁה, גִּשּׁוּשׁ

Erkundungsstudie ---> Teststudie

Erkundungsverhalten

הִתְנַהֲגוּת שֶׁל הִתְחַקּוּת (פסי', זוא') [ר/א/228]. הִתְנַהֲגוּת חַקְרָנִית שֶׁל יְצוּר בִּסְבִיבָה שֶׁאֵינָהּ מֻכֶּרֶת לוֹ

erläutern

בֵּאֵר (מְבָאֵר) [ק/ג/221]. פָּשַׁר, פֵּרֵשׁ, פָּתַר, הִסְבִּיר. נִבְאַר [ק/א/78]. הֻסְבַּר, נִתְפָּרֵשׁ

erläuternd

בֵּאוּרִי [ק/א/77]. שֶׁל בֵּאוּר. בָּאוּר [ק/א/78]. מְבֹאָר, מְפֹרָשׁ

Erläuterung

בֵּאוּר (בֵּאוּרִים) [ק/ג/221]. פִּשְׁרוֹן, פֵּרוּשׁ, הֶסְבֵּר

Erlaß ---> Verkündigung

erlassen

שָׁמֵט (מְשַׁמֵּט) (כלכ') וִתֵּר עַל חוֹב, עָשָׂה שְׁמִטַּת חוֹבוֹת

Erlassen

שְׁמִטָּה (כלכ') נְתִינַת פְּטוֹר, שְׁמִטַּת חוֹבוֹת, מְחִילָה, הַשְׁמֵט, וִתּוּר עַל חוֹב, הַשְׁמָטָה

erlauben

הִתִּיר (מַתִּיר) [ק/ג/283]. הֵקֵל, הִנִּיחַ לַעֲשׂוֹת, הִרְשָׁה (מַרְשֶׁה), נִרְשָׁה (נִרְשֶׁה), קִבֵּל רְשׁוּת

Erlaubnis

הֶתֵּר (הֶתֵּרִים), רְשׁוּת, הַתָּרָה

erleben

חָוָה (חוֹוֶה) (פסי') עָבְרָה עָלָיו חֲוָיָה, הִתְרַשֵּׁם הִתְרַשְּׁמוּת חֲזָקָה, הִתְנַסָּה בְּ..., חָיָה דָּבָר

Erlebnis

חֲוָיָה (חֲוָיוֹת) (פסי', פיל') [המ״מ/223]. נִסָּיוֹן חַי, הִתְרַשְּׁמוּת חֲזָקָה, מְאֹרָע שֶׁעוֹשֶׂה רֹשֶׁם רַב עַל הָאָדָם, הִתְנַסּוּת

erleichtern

הֵקֵל (מֵקֵל) (פסי') הֵבִיא לִידֵי הֲקָלָה, הִתְרַפָּה (מִתְרַפֶּה), רָוַח (רוֹוֵחַ), הוּנַח לְ..., הוּקַל לְ..., הִתְפַּגֵּעַ, הָיְתָה לוֹ רְוָחָה

Erleichterung

הֲקָלָה (פסי') הִתְרַפּוּת, הַרְפָּיָה, רְוָחָה, תְּפוּגָה, הִתְפָּרְקוּת, רְגִיעָה, הַסְלָלָה

Erlernte, das in der Jugend

גִּרְסָא דְּיַנְקוּתָא (פדג') [א״ח/ג/219]. מַה שֶּׁנִּלְמַד בִּימֵי הַנְּעוּרִים

Erlernungsmethode

דֶּרֶךְ הַלְּמִידָה הַגְּמוּרָה (פסי', פדג') שִׁיטָה לְשִׁפּוּר הַזִּכָּרוֹן

Erleuchtung

הֶאָרָה (דת, פסי') הִתְחַוְּרוּת פִּתְאֹמִית שֶׁל בְּעָיָה רְצִינִית

Erlös ---> Ertrag

erlöschen

דָּעַךְ (דּוֹעֵךְ), נִדְעַךְ, כָּבָה (כּוֹבֶה), פָּג, גָּוַע

erlösen

גָּאַל (גּוֹאֵל), פָּדָה (פּוֹדֶה), הִצִּיל, הוֹשִׁיעַ, הִפְדָּה (מַפְדֶּה), נוֹשַׁע, נִגְאַל, נִפְדָּה (נִפְדֶּה)

Erlöser

גּוֹאֵל (גּוֹאֲלִים) (דת) מָשִׁיחַ, מוֹשִׁיעַ

Erlösung [---> Erleichterung]

גְּאֻלָּה, יְשׁוּעָה, פְּדוּת, פְּדִיָּה

erloschen [---> abgelaufen]

נִבְלַע וְנֶעְלַם

ermächtigen ---> bevollmächtigen

ermächtigt ---> bevollmächtigt

ermächtigt, nicht ---> unbefugt

Ermächtigung ---> Vollmacht

Ermächtigungsklausel

סְעִיף הַסְמָכָה (משפ')

Ermahnung

הַתְרָאָה [ק/ג/231]. צַוָּאָה, תּוֹכֵחָה, אַזְהָרָה. הֶעָרָה [ק/א/191]. הֶעָרָה, זֵרוּז הַשֵּׂכֶל וְהַדַּעַת, רֶמֶז, כַּוָּנָה, הַיְשָׁרָה

Ermessen

אֹמֶד דַּעַת (פיל') [ק/א/51]

ermöglichen

אִפְשֵׁר (מְאַפְשֵׁר) [ק/א/69]. הִתְאַפְשֵׁר [ק/ג/120]. עָבַר, הָיָה אֶפְשָׁר, אִפְשֵׁר, נִתַּן, נִתְכַּן. נִתַּן הָיָה לַעֲשׂוֹת [ק/ד/203]. יִתָּכֵן, לֹא מִן הַנִּמְנָע, יוּכַל לִהְיוֹת

ermüdbar

מִתְעַיֵּף (רפו', פסי') נוֹחַ לְהִתְעַיֵּף

Ermüdbarkeit

נְטִיָּה לְהִתְעַיֵּף (רפו', פסי')

ermüden

עָיֵף (רפו', פסי') עִיֵּף (מְעַיֵּף), הִתְעַיֵּף, לָאָה (לוֹאֶה), יָגַע, נִלְאָה (נִלְאֶה)

Ermüdung

עֲיֵפוּת (רפו', פסי') תְּשִׁישׁוּת, הִתְעַיְּפוּת, לֵאוּת

Ermüdung, geistige

עֲיֵפוּת רוּחָנִית (מַצָּב), הִתְעַיְּפוּת רוּחָנִית (תַּהֲלִיךְ) (פסי')

Ermüdungsgrad

דַּרְגַּת הַהִתְעַיְּפוּת (רפו', פסי') מִדַּת הַהִתְעַיְּפוּת, שִׁעוּר הַהִתְעַיְּפוּת

Ermüdungsgrenze

סַף הַהִתְעַיְּפוּת (רפו', פסי')

ernähren

הֵזִין (מֵזִין) (רפו', כלכ') זָן, פִּרְנֵס (מְפַרְנֵס), כִּלְכֵּל (מְכַלְכֵּל), נִזּוֹן, הִתְפַּרְנֵס, הִתְכַּלְכֵּל

Ernährung

הַזָּנָה (רפו', כלכ') [ק/א/257]. פַּרְנוּס, כִּלְכּוּל. הֶזֵּן (רפו') [ק/א/166]. הַכֹּחַ הַזָּן

Ernährung, künstliche

הַזָּנָה מְלָאכוּתִית (רפו')

Ernährungsvermögen

הֶזֵּן (רפו') [ק/א/166]. כֹּחַ הַהֲזָנָה. זָן (רפו') [ק/א/265; ק/ב/75]. הַכֹּחַ הַזָּן. הַזּוֹן (רפו') [ק/א/166]. הַזּוֹנְנוּת, הֲזָנָה. הַנֶּפֶשׁ הַטִּבְעִית, - הַצּוֹמַחַת, - הַמִּתְאַוָּה, נֶפֶשׁ הַצּוֹמֵחַ, - הַזָּן (מ״ט, רפו') [ק/ג/59]

Ernennung

מִנּוּי (מִנּוּיִים) (מנה') הַטָּלַת תַּפְקִיד

Ernennungsrecht

סַמְכוּת מִנּוּי (משפ׳)

Ernennungsurkunde

כְּתַב מִנּוּי (משפ׳) כְּתַב הִתְמַנּוּת

Erneuerung

הִתְחַדְּשׁוּת (מֵעַצְמָהּ), חִדּוּשׁ (עַל יְדֵי אַחֵר), הַהֲדָרָה, שִׁקְבּוּעַ, עֲרִיכַת מַהֲדוּרָה

erniedrigen

הִנְמִיךְ, הִשְׁפִּיל, הִנְחִית, נִחֵת (מְנַחֵת), הֵמַךְ, הֵמִיךְ, הֵשַׁח

erniedrigt

מֻנְחָת (מוס׳) מֻנְמָךְ עַל יְדֵי נַחַת (בְּמוֹל)

Erniedrigungszeichen

סִימָנִית הַנְמָכָה (מוס׳)

ernste Warnung ---> Warnung, ernste

Ernte, mehrfache

שִׁיטַת רִבּוּי יְבוּלִים (חקל׳)

Ernte, Zeit der

עוֹנַת הַקָּצִיר (מטא׳, חקל׳) [א״ח/ב/149]. קָצִיר, חֲצִי נִיסָן אִיָּר וַחֲצִי סִיוָן

ernten ---> mähen

ernten, Datteln ---> Datteln ernten

ernüchtern

הִתְפַּכַּח (מִתְפַּכֵּחַ) (רפו׳, פסי׳) פִּכַּח (מְפַכֵּחַ), הוּפַג שִׁכְרוֹנוֹ, נִצְטַלְּלָה דַּעְתּוֹ, הִשְׁתַּפָּה (מִשְׁתַּפֶּה), נַעֲשָׂה שְׁפוּי בְּדַעְתּוֹ, שָׁפָה (שׁוֹפֶה)

erodieren

סָחַף (מְסַחֵף) (גאו׳, היד׳, כימ׳) חָמַס (מְחַמֵּס), סָחַף (סוֹחֵף), הָרַס, הֶחֱרִיב, חָתַר (חוֹתֵר), שָׁחַק (שׁוֹחֵק)

erodierend

מְסַחֵף (גאו׳, היד׳, כימ׳) מְחַמֵּס, חִמּוּסִי, סוֹחֵף, מְכַרְסֵם, חוֹתֵר, שׁוֹחֵק

erodiert

מְסֻחָף (גאו׳, היד׳, כימ׳) סָחוּף, מְחֻמָּס, חָתוּר, שָׁחוּק

erörtern

דָּן, בָּחַן וְשָׁקַל, עִיֵּן, נָשָׂא וְנָתַן בְּעִנְיָן מְסֻיָּם, בֵּרֵר (מְבָרֵר)

erörtern, gründlich

מִצָּה (מְמַצֶּה), חָקַר דָּבָר עַד תַּכְלִיתוֹ, הִתְמַצָּה (מִתְמַצֶּה), סִכֵּם, נִסְתַּכֵּם סוֹפִית

Erörtern, gründliches

מִצּוּי, דִּיּוּן מַעֲמִיק, סִכּוּם, תִּמְצוּת

Erörterung

דִּיּוּן (דִּיּוּנִים) [ק/ב/129]. מַאֲמָר, אֲמִירָה, בֵּרוּר, דִּבּוּר, סִפּוּר דְּבָרִים, רַעְיוֹן מֻבָּע בְּמִלִּים, טַעֲנָה, הַבָּעַת סְבָרָה, הַנָּחָה אוֹ דֵּעָה

Erörterung, scharfsinnige *{Disputation}*

פִּלְפּוּל (פִּלְפּוּלִים) [א״ח/ג/233]. וְכוֹחַ מְפַלְפֵּל, דִּיּוּן מִתְחַכֵּם, פּוּלְמוּס מְחֻדָּד

Eros

אוֹהַר (פסי׳, מ״ח) אֶרוֹס

Erosion

סְחִיפָה (גאו׳, היד׳, כימ׳, רפו׳) חֶמֶס, חַמֶּסֶת, סַחַף, אֶרוֹזְיָה, כִּרְסוּם, חֲתִירָה, חֶתֶר, נְסִיגָה, שְׁחִיקָה, חֶשֶׁף

Erosion, rückschreitende

סְחִיפָה אֲחוֹרָנִית (גאו׳, היד׳) סְחִיפָה לְאָחוֹר, סְחִיפַת עֹמֶק, סְחִיפָה הַמִּתְקַדֶּמֶת בְּמַעֲלֵה הַנָּהָר וְהַגּוֹרֶמֶת לְאִזּוּן חֲתָךְ הָאֹרֶךְ שֶׁלּוֹ עַל יְדֵי הַעְתָּקָה לְאָחוֹר שֶׁל מַדְרֵגוֹת הַשִּׁפּוּעַ

Erosion durch Stromschnelle

נְסִיגָה אַשְׁדִּית (היד׳)

Erosionsbasis

בְּסִיס סְחִיפָה (גאו׳, היד׳) הַמִּפְלָס שֶׁעַד אֵלָיו יְכוֹלָה הַסְּחִיפָה לִפְעֹל

erosiv

סוֹחֲפָנִי (גאו׳, היד׳, כימ׳) כַּרְסְמָנִי, חוֹתֵר, שׁוֹחֵק

Erotik

אַהֲרָה (פסי׳, מ״ח) [מר״ח/286]. אֶרוֹטִיקָה, חֶמְדָּה (חוּמְדָּה), אַהֲבָה מִינִית, תְּשׁוּקָה, חִמּוּד

Erotika ---> Literatur, erotische

erotisch

אַהֲרָתִי (פסי׳, מ״ח) [ק/א/335]. אֶרוֹטִי, חֶמְדִּי (חוּמְדִּי), חִשְׁקִי, חֶשְׁקִי, שֶׁל חֵשֶׁק, שֶׁל תְּשׁוּקָה מִינִית, חִמּוּדִי

erotisieren

אִהֵר, אֶהֱר (מְאַהֵר) (פסי׳, מ״ח) חִמֵּד (מְחַמֵּד)

Erotismus

אַהֲרָנוּת (פסי׳, מ״ח) אֶרוֹטִיזְם, חֶמְדָּנוּת, עַגְבָנוּת

Erotomanie

שִׁגְעוֹן אַהֲרָה (פסי׳) הֶמְיוֹן אַהֲרָה, שֶׁגַע אַהֲבָה, אֶרוֹטוֹמַנְיָה, טֵרוּף חֶמְדָּה

Erotophobie

בַּעַת אַהֲרָה (פסי׳) דְּחִילַת אַהֲרָה, בַּעַת אַהֲבָה, - חֶמְדָּה

Erprobung

נִסּוּי (פסי׳) יְחִידָה בְּנִסּוּי מֶחְקָר הַכּוֹלֶלֶת הַצָּגַת גֵּרוּי וּתְגוּבָה כָּלְשֶׁהִי

Erquickung ---> Zufriedenheit

erregbar [---> irritabel]

גָּרִי (פסי׳) רָגִישׁ לְגֵרוּי, נֹחַ לְגֵרוּי, - לְהִתְרַגֵּשׁ, בַּר עֵרוּר. נֹחַ לִכְעוֹס (פסי׳) [ר/א/141]. חֲסַר סַבְלָנוּת וּבַעַל רְגִישׁוּת יֶתֶר, עַצְבָּנִי

erregbar, leicht ---> impulsiv

Erregbarkeit [---> Erethismus; Irritabilität]

גְּרִיוּת (פסי׳) [ר/א/141]. נוֹחוּת לְקַבֵּל גֵּרוּי, נְטִיָּה לְרֹגֶז, הַתְּכוּנָה שֶׁל הַגָּבָה לִגְרִיָּה, יְכֹלֶת עֵרוּר, רְגִישׁוּת יֶתֶר, עַצְבָּנוּת, רַגְזָנוּת, רְגִיזוּת, הַגָּבָה מֻפְרֶזֶת

erregen

עוֹרֵר (מְעוֹרֵר), גֵּרָה (מְגָרֶה), רִגֵּשׁ (מְרַגֵּשׁ), שִׁפְעֵל (מְשַׁפְעֵל)

erregen, einen Nerv

גֵּרָה עָצָב (פסי׳, רפו׳) [ר/א/132]

erregt

גָּרוּי (פסי׳) [ק/ג/52]. נֶעְתָּק, נִפְגָּע, נָגוּעַ, נִדְהָם, מֻשְׁפָּע מ..., נִפְעָם, נִפְתָּע, תָּפוּס לְהִפָּעֲלוּת, מִתְפַּעֵל וּמִשְׁתַּנֶּה, נִסְעָר, בָּהוּל, חֲסַר מְנוּחָה

Erregung [---> Aktivation; Affekt; Reizung]

גְּרִיָּה (פסי׳) [ר/א/142]. גְּרִימַת גֵּרוּי. הִתְרַגְּשׁוּת, הִתְעוֹרְרוּת רְגָשׁוֹת עַזִּים, זַעֲזָעוּת, זַעְזוּעַ, הִזְדַּעְזְעוּת, רִגּוּשׁ גָּדוֹל, עִצְבּוּב

erreichbar ---> zugänglich

Erreichbarkeit ---> Zugänglichkeit

erreichen, seinen Höhepunkt ---> kulminieren

Erreichung des Höhepunktes ---> Höhepunkt(es), Erreichung des
errichtet ---> konstituiert
Errungenschaft
הֶשֵּׂג (הֶשֵּׂגִים) (פסי'). דָּבָר שֶׁהֻשַּׂג, מַה שֶּׁנִּתְפַּס בְּשֵׂכֶל
Errungenschaftstest ---> Leistungstest
Ersatz
תַּחֲלִיף [ק/א/302]. חִלּוּף קְצָת בִּקְצָת, - קְצָתָם בִּקְצָתָם, קִזּוּזִית, חִלּוּף, מִפְצָה, פִּצּוּי, תְּמוּרָה, הַחֲלָפָה
Ersatzdehnung ---> Vokaldehnung
Ersatzexemplar
עֹתֶק חָלִיף (עָתְקֵי חֲלִיפִין) (ספרנ')
Ersatzrad
גַּלְגַּל חִלּוּף (טכנ') אוֹפַן חִלּוּף
erschaffen
בָּרָא (בּוֹרֵא) [ק/א/275;274]. חִדֵּשׁ (מְחַדֵּשׁ), עָשָׂה דָּבָר חָדָשׁ שֶׁלֹּא הָיָה לִפְנֵי כֵן, הוֹלִיד, הוֹצִיא אֶל הַפֹּעַל. מוּחָל [ק/ב/159]. שֶׁיֵּשׁ לוֹ הַתְחָלָה, נִבְרָא. חֻדַּשׁ (מְחֻדָּשׁ) [ק/ב/176]. מִתְחַדֵּשׁ [ק/ב/314]. נוֹצַר. עָשׂוּי [ק/ג/173]
erschaffen, aus dem Nichts
נִבְרָא (דת, פיל') [ק/ב/315]. מֻתְחָל, שֶׁהִתְחִילוּ אוֹתוֹ, מַה שֶּׁיֵּשׁ הַתְחָלָה לִמְצִיאוּתוֹ
Erschaffenheit
הִבָּרְאוּת [ק/א/153]. בְּרִיאָה, הֱיוֹת נִבְרָא
Erschaffer
בּוֹרֵא [ק/ב/194]. מְיַסֵּד, יוֹצֵר, מְכוֹנֵן
erschallen
נִשְׁמַע (נִשְׁמָע)
erschaudern ---> erschauern
erschauern
הִצְטַמְרֵר (רפו', פסי') קִבֵּל צְמַרְמֹרֶת, צָמַר (צוֹמֵר), צִמְרֵר, נִצְמַר, הִצְמִיר, צִמְרֵר (מְצַמְרֵר), עוֹרֵר צְמַרְמֹרֶת
erscheinen als
הוֹפִיעַ לִהְיוֹת...
Erscheinung
תּוֹפָעָה (תּוֹפָעוֹת) [ק/ד/185]. דְּמוּת (דְּמֻיּוֹת) [ק/א/140]. דִּמְיוֹן, צוּרָה מוּחֶשֶׁת. הוֹפָעָה (פיל') [ק/א/163; המ"מ/223]. הַדֶּרֶךְ שֶׁבָּהּ מוֹפִיעַ מַשָּׂא הַנִּסָּיוֹן. חֶזְיוֹן טֶבַע (מ"ט) [ק/א/280]. תּוֹפַעַת טֶבַע. מַרְאֶה (פסי') [ק/ב/273]. מַה שֶּׁהָעַיִן רוֹאָה, חִזָּיוֹן, מַחֲזֶה, הַשְׁקָפָה, רְאִיָּה בְּעֵינֵי רוּחַ. תֹּאַר (פיל') [ק/ד/175]. מַרְאִית
Erscheinung, äußere *{Habitus}* **[---> Erscheinungsbild]**
חָזוּת (רפו', פסי') הַמַּרְאֶה הַחִיצוֹנִי שֶׁל אָדָם
Erscheinung, meteorologische
אוֹת (אוֹתוֹת) (מטא') [ק/א/30]. אוֹתוֹת הַשָּׁמַיִם, - עֶלְיוֹנִים, - עֶלְיוֹנוֹת, חֶזְיוֹנוֹת הָאֲוִיר וְהָרָקִיעַ
Erscheinung, vorübergehende
תּוֹפָעָה חוֹלֶפֶת [ק/א/273]. חִדּוּשׁ, מִקְרֶה הַמִּתְחַדֵּשׁ, עִנְיָן עוֹבֵר וְכָלֶה
Erscheinung betreffend, die
תּוֹפָעָתִי [ק/ב/274]. מַרְאִי, מַה שֶּׁמִּתְיַחֵס אֶל הַמַּרְאֶה
Erscheinungsbild [---> Erscheinung, äußere]
חֲזִי, חִזְיוֹ שֶׁל אָדָם (רפו', פסי') מַרְאֶה, חָזוּת
Erscheinungsform
צוּרַת גִּלּוּי, - תּוֹפָעָה, - הוֹפָעָה
Erscheinungsvermerk *{Impressum}*
דְּפֹסֶת (ספרנ') פְּרָטִים עַל הַמָּקוֹם, הַמּוֹ"ל אוֹ הַמַּדְפִּיס וְהַתַּאֲרִיךְ שֶׁל הַסֵּפֶר
Erscheinungsvermerk, Zusätze zum
תְּאֹרֶת (ספרנ') תֵּאוּר גּוּפִי (פִיזִי) שֶׁל הַסֵּפֶר
Erscheinungsweisen der Farben ---> Farben, Erscheinungsweisen der
erschleichen
הֵצִיד (מֵצִיד), הִשִּׂיג בְּטַעֲנוֹת שָׁוְא, - בְּמִרְמָה
Erschleichung [---> Subreption]
צִידָה [ק/ג/241]. הַשָּׂגָה בְּטַעֲנוֹת שָׁוְא, - בְּמִרְמָה, הֲזָדָה, מְזִמָּה, הַגְנָבָה, תַּחְבּוּלַת אוֹנָאָה, פְּעֻלַּת הַטְעָאָה, לְכִידָה
Erschleichung des Beweisgrundes ---> Beweisgrund(es), Erschleichung des
erschöpfen
מִצָּה (מְמַצֶּה), הֵבִיא לִידֵי סִכּוּם, בֵּרֵר בְּדִיּוּק
erschöpflich
אָזִיל
erschöpft
תָּשׁוּשׁ (רפו', פסי') נָהוּךְ, מְנֻהָךְ, יָגֵעַ, רָצוּץ, אֶפֶס כֹּחַ, סָחוּט. מְמֻצֶּה (מדע) מְחֻקָּר עַד הַסּוֹף
erschöpft, sehr
נָשִׁישׁ, מְנֻשָּׁשׁ (רפו', פסי') תָּשׁוּשׁ עַד מָוֶת
Erschöpfung ---> [Schwund; Verminderung]
תְּשִׁישׁוּת (רפו', פסי') [מר"ח/291]. נְהוּךְ, הִתְנַהֲכוּת, כְּלוֹת הַכֹּחוֹת, אֲפִיסַת כֹּחוֹת
Erschöpfung, hochgradige *{Prostration}*
נְשִׁישׁוּת (רפו', פסי') [מר"ח/558]. תְּשִׁישׁוּת כְּבֵדָה, יְגִעוּת, אֲפִיסַת כֹּחוֹת קָשָׁה
erschrecken
הִפְחִיד (פסי') הִבְעִית (מַבְעִית), בִּעֵת, הִבְהִיל, נִבְעַת
erschüttern
זִעְזַע (מְזַעְזֵעַ) [ק/ב/158; ק/ג/183]. הִפְגִּים, הִתְמוֹגֵג, עִרְעֵר, רוֹעֵעַ, רוֹפֵף, הִזְדַּעְזֵעַ, הִתְגָּעֵשׁ, הִתְפַּלֵּץ, קִלְקֵל, גָּרַם לִפְגַם
Erschütterung
זַעֲזוּעַ, הִזְדַּעְזְעוּת, הִתְפַּלְּצוּת
Erschütterung des Organismus
הִזְדַּעְזְעוּת הָאוּל (אוֹרְגָנִיזְם) (פסי') [ק/א/177]. הֲמִיַּת הַטֶּבַע
erschweren ---> verschlimmern
ersehnt
חָשׁוּק [ק/א/334]. נִכְסָף, מְבֻקָּשׁ. נֶחְשָׁק [ק/א/335]. אָהוּב, רָצוּי, מִי שֶׁחוֹשְׁקִים בּוֹ. מְחֻכֶּה [ק/ב/180]. שֶׁמְּחַכִּים לוֹ, מְקֻוֶּה, מְצֻפֶּה, שֶׁמְּקַוִּים לוֹ
Ersetzung ---> Wiederherstellung
ersinnen
תִּחְבֵּל (מְתַחְבֵּל) [ק/ג/175]. הִתְעַשֵּׁת (מִתְעַשֵּׁת), חִפֵּשׂ תַּחְבּוּלָה, הִתְחַכֵּם, נִמְלַךְ בְּדַעְתּוֹ, שָׁקַל בְּדַעְתּוֹ וְהֶחְלִיט, הֶעֱרִים. צִדֵּד [ק/ג/227]. זָמַם, חָרַשׁ מְזִמּוֹת
Ersparnismethode

שִׁיטַת שִׁמּוּר (פסי') [ר/ב/425]. דֶּרֶךְ הַחִסָּכוֹן, מְתוֹדַת הַחֶסְכוֹנוֹת, שִׁיטָה לְשִׁפּוּר הַזִּכָּרוֹן

erst recht ---> um so mehr

erstarren

הִקְרִישׁ, הִתְקָרֵשׁ, נִקְרַשׁ, קָפָא, הִתְקַפָּא, עָמַד בְּעֵינוֹ, צָפַד (צוֹפֵד), נִצְפַּד

Erstarrung ---> Benommenheit; Festwerden

Erstaunen

הִשְׁתּוֹמְמוּת [ק/ב/136]. מְבוּכָה, פְּלִיאָה, תִּמָּהוֹן, הִתַּמְּהוּת, תְּמִיהָה, הִתְפַּלְּאוּת, תִּמְהָה

erste Intelligenz ---> Intelligenz, erste

erste Konjugation ---> Konjugation, erste

erste Triebkraft ---> Triebkraft, erste

erstens... zweitens...

רֵאשִׁית... שֵׁנִית... [ק/ב/157]. מֵהֶם... וּמֵהֶם. מִמֶּנּוּ... וּמִמֶּנּוּ [ק/ב/209]

erster Blick ---> Blick, erster

ersterbend

גּוֹוֵעַ, כָּלֵה

erstere Ursache ---> Ursache, erstere

Erstgebärende *{Primiparia}*

מַבְכִּירָה (רפו', זוא') [מר"ח/552]. יוֹלֶדֶת בָּרִאשׁוֹנָה

Erstgeborene werfen

בִּכְּרָה (מְבַכֶּרֶת) (זוא', חקל') [א"ת/ב/213]. הִמְלִיטָה בַּפַּעַם הָרִאשׁוֹנָה

Erstgeborener

בְּכוֹר (בְּכוֹרִים) (רפו', זוא') הַנּוֹלָד רִאשׁוֹן

Erstgeburtsrecht

בְּכוֹרָה (בְּכוֹרוֹת) (משפ') זְכוּת הַנּוֹלָד רִאשׁוֹן לְהוֹרָיו

Erstickung, drohende *{Asphyxie}*

תַּשְׁנִיק (רפו') [מר"ח/75]. שֶׁנֶק, חֶנֶק, תַּשְׁנוּק

erstickungsnah

שָׁנוּק, מְשֻׁנָּק (רפו') חָנוּק, מְחֻנָּק, שֶׁחִנְּקוּ אוֹתוֹ

erstmaliges Gebären ---> Gebären, erstmaliges

erstreckend, sich

מִסְתַּבֵּךְ [ק/ב/230]. מִסְתָּעֵף, מִתְפַּשֵּׁט

Erstschwangere *{Primigravida}*

מַפְטִירָה (רפו', זוא') [מר"ח/552]. הָרָה בָּרִאשׁוֹנָה

Ertrag

תְּשׁוּאָה (כלכ') הַכְנָסוֹת, תְּמוּרָה כַּסְפִּית לְתוֹצְרֵי עֲבוֹדָה, שִׁעוּר הַהַכְנָסָה מֵהַשְׁקָעָה הַמְּחֻשָּׁב בַּאֲחוּזִים, תְּפוּקָה

Ertrag, verminderter ---> Minderertrag

ertrunken

מְשֻׁקָּע, שָׁקוּעַ, טָבוּעַ, טָבוּל, טוֹבֵעַ, מְטֻבָּע

Eruption ---> Ausbruch

Erve ---> Linsenwicke

erwachen

נֵעוֹר (רפו', פסי') הִתְעוֹרֵר, הֵקִיץ מִשְּׁנָתוֹ, עָר (עֵר)

Erwachen

הִתְעוֹרְרוּת מִשֵּׁנָה (רפו', פסי') [ק/ב/49]. יְקִיצָה, הָקִיץ, חֹסֶר שֵׁנָה, עֵרוּת. קִיצָה [ק/ג/282]

Erwachsenenalter

בַּגְרוּת (רפו', פסי') [ר/א/106]. מַצָּב שֶׁל גְּדִילָה שֶׁהֻשְׁלְמָה, סִיּוּמוֹ שֶׁל תַּהֲלִיךְ הַהִתְבַּגְּרוּת

Erwägung

שִׁקּוּל דַּעַת (פיל') [ק/ד/155]. סְבָרָה, מַחְשָׁבָה, פְּעֻלָּה מַחְשַׁבְתִּית. הִתְבּוֹנְנוּת (פיל', פסי') [ק/א/227]. הִסְתַּכְּלוּת פְּנִימִית, הִרְהוּר. אִזּוּן (פיל') [ק/א/31]. בְּחִינָה. הֶכְרֵעַ (פיל') [ק/א/174]. עִיּוּן

erwähnen

אִזְכֵּר (מְאַזְכֵּר), הִזְכִּיר (מַזְכִּיר)

Erwähnung

אִזְכּוּר, אַזְכָּרָה, הַזְכָּרָה

erwärmen, sich

הִתְלַהֵב (פסי') [ק/ב/114]. הִתְחַמֵּם

Erwartung [---> Vorausschau]

תּוֹחֶלֶת [ר/ב/676]. עֵרֶךְ מְיֻחָל, סִכּוּי מְשֹׁעָר שֶׁל דָּבָר-מָה. צִפִּיָּה, תִּקְוָה מְמֻשֶּׁכֶת, תּוֹחֵלָה

Erwartungsverzerrung des Versuchsleiters

הַשְׁפָּעַת צִפִּיּוֹת הַנַּסְיָן (מ"ח, פסי') [מ"מ/212]. הַשְׁפָּעָה עַל הִתְנַהֲגוּת הַנִּבְדָּק הַנּוֹבַעַת מִצִּפִּיּוֹת הַנַּסְיָן לְגַבֵּי תּוֹצָאוֹת הַנִּסּוּי

Erweckung

תְּעוּרָה [ק/א/191]. הֶעָרָה, הֲעָרָה, הִתְעוֹרְרוּת, זֵרוּז הַשֵּׂכֶל וְהַדַּעַת, רֶמֶז, כַּוָּנָה, הַיְשָׁרָה

erweichen

רִכֵּךְ (מְרַכֵּךְ), הִמְרִיךְ, נִמְרַךְ

Erweichen

רִכּוּךְ [ק/ד/42]. הֲפִיכַת דָּבָר קָשֶׁה לְרַךְ, הַמְרָכָה

Erweichung *{Malazie}*

מָרֶכֶת (רפו') [מר"ח/434]. הִתְרַכְּכוּת רְקָמוֹת

erweisbar

יָכִיחַ, נִתָּן לְהוֹכָחָה

erweisen

הוֹכִיחַ (מוֹכִיחַ) [ק/א/59]. אִמֵּת, בֵּרֵר אֶת הָאֱמֶת, הִכִּיר אוֹ הִשִּׂיג דְּבַר מָה עַל אֲמִתּוֹ

erweisen, sich als wahr ---> wahr

erweisen, sich als

erweislich ---> erweisbar

erweislicher Satz ---> Satz, erweislicher

erweitert

מֻרְחָב, רַחֲבוּתִי, מִתְפַּשֵּׁט, מִשְׂתָּרֵעַ, שׂוֹרֵעַ, נִשְׂרָע

erweiterte Geltung ---> Geltung, erweiterte

erweiterte Reproduktion ---> Reproduktion, erweiterte

erweiterter Sinn ---> Sinn, erweiterter

Erwerb

רְכִישָׁה (פסי', פדג', כלכ') [ר/ב/636]. לְמִידָה, קִנְיָן

Erwerb, zum

לִרְכִישָׁה (כלכ') לְתַכְלִית שֶׁל רֶוַח

erwerben

רָכַשׁ (רוֹכֵשׁ) [ק/ג/91]. סִגֵּל, אָסַף, הִשִּׂיג לְעַצְמוֹ קִנְיָנִים גַּשְׁמִיִּים אוֹ רוּחָנִיִּים, זָכָה בְּ...., קָנָה

Erwerben von Erkenntnis, das ---> Wissen, das Erwerben von

Erwerber [---> Übernehmer]
מְקַבֵּל הָרְכוּשׁ (משפ') הָרוֹכֵשׁ
Erwerbskosten ---> Anschaffungskosten
Erwerbsunfähigkeit, zeitweilige
נְכוּת זְמַנִּית (רפו', משפ')
erwiesenen Satzes, Bestreitung eines
---> Bestreitung eines erwiesenen Satzes
erworben
נִקְנֶה (פדג', פסי') [ק/ב/121; מר"ח/13]. לְמוּדִי, שֶׁנִּרְכָּשׁ עַל יְדֵי לִמּוּד, קָנוּי, מֻקְנֶה, שֶׁאֵינוֹ טִבְעִי מִלֵּדָה
erworbene Eigenschaft ---> Eigenschaft, erworbene
erworbene Einheit ---> Einheit, erworbene
erworbene Immunität ---> Immunität, erworbene
erworbene Vernunft ---> Vernunft, erworbene
erworbene Wesensart ---> Wesensart, erworbene
erworbener Intellekt ---> Intelekt, erworbener
erworbenes Verhalten ---> Verhalten, erworbenes
Erwünschtheit *{Desirabilität}*
רְצִיּוּת, הֱיוֹת רָצוּי, נֶחְפָּצִיּוּת
Erwünschtheit, Fehler der sozialen
---> Fehler der sozialen Erwünschtheit
Erwünschtheit, soziale
רְצִיּוּת חֶבְרָתִית (מ"ח, פסי')
erwürgen
חָנַק (חוֹנֵק) (רפו', משפ') נֶחֱנַק, חִנֵּק (מְחַנֵּק), הֶחֱנִיק, חֻנַּק, שִׁנֵּק (מְשַׁנֵּק), הִשְׁתַּנֵּק, נִשְׁנַק
Erysipel ---> Wundrose
Erythem ---> Hautröte
Erythrozyt
אַדְמוּמִית (אַדְמוּמִיּוֹת) (רפו') אֶרִיטְרוֹצִיט, כַּדּוּרִית דָּם אֲדֻמָּה, תָּא דָּם אָדֹם
Erz
מַחְצָב (מַחְצָבִים) (גאו') [ק/ב/183]. בֶּצֶר (בְּצָרִים), מִינֶרָל. מָקוֹר (גאו') [ק/ב/267]. עֲפָרָה, דּוֹמֵם. מַתֶּכֶת (גאו') [ק/ב/318]. חֹמֶר שֶׁאֶפְשָׁר לְהַתִּיכוֹ וּלְרַקְּעוֹ. מוֹצָא (גאו') [ק/ב/166]. כִּנּוּי לְחֹמֶר שֶׁחוֹצְבִים וּמוֹצִיאִים מִן הָאֲדָמָה
Erzählen
סִפֵּר (מְסַפֵּר) (ספר') [מ"ס/72]. תַּהֲלִיךְ הַשְׁמָעַת הַסִּפּוּר אוֹ הַעֲלָאָתוֹ עַל הַכְּתָב
Erzählen(s), Modalität des
דַּרְכִּיּוּת הַסִּפֵּר (בלש', רטו') [ק/ב/218]. מוֹדָלִיּוּת הַסִּפֵּר, מְנִיעַ הַמַּאֲמָר שֶׁל הַהֲכָנָה הַמְּשַׁמֵּשׁ לְהַרְצָאַת דְּבָרִים
erzählend
סִפּוּרִי (ספר')
Erzähler(in)
מְסַפֵּר, מְסַפֶּרֶת (ספר') [מ"ס/37]. הַדְּמוּת הַמְּסַפֶּרֶת אֶת הַסִּפּוּר
Erzähler, allwissender *{Erzähler, auktorialer}*
הַמְּסַפֵּר כְּבוֹדָה (ספר') [מ"ס/65]. הַמְּחַבֵּר הַכֹּל יוֹדֵעַ, מְסַפֵּר הַנִּמְצָא מִחוּץ לְסִפּוּרוֹ וְעָשׂוּי לָדַעַת כָּל דָּבָר בְּכָל תְּחוּם שֶׁבּוֹ
Erzähler, beteiligter
הַמְּסַפֵּר הַמִּתְעָרֵב (ספר') [מ"ס/69]. סוֹפֵר הַמַּבְלִיט אֶת מְעֹרָבוּתוֹ בַּיְּצִירָה עַל יְדֵי פְּנִיָּה יְשִׁירָה אֶל הַקּוֹרֵא
Erzähler, Rahmenerzählung mit ---> Rahmenerzählung mit Erzähler
Erzähler, unbeteiligter
הַמְּסַפֵּר הַבִּלְתִּי מִתְעָרֵב (ספר') [מ"ס/69]. סוֹפֵר שֶׁאֵינוֹ פּוֹנֶה יְשִׁירוֹת אֶל הַקּוֹרֵא בִּיצִירָתוֹ
Erzähler, unzuverlässiger
מְסַפֵּר בִּלְתִּי מְהֵימָן (ספר') [מ"ס/70]. סוֹפֵר שֶׁדְּבָרָיו בֵּין הַיְּשִׁירִים וּבֵין הָעֲקִיפִים סוֹתְרִים אֵלּוּ אֶת אֵלּוּ
Erzähler, zuverlässiger
מְסַפֵּר מְהֵימָן (ספר') [מ"ס/70]. סוֹפֵר שֶׁדְּבָרָיו הַיְּשִׁירִים וְהָעֲקִיפִים יַצִּיבִים וַעֲקֵבִיִּים לְאֹרֶךְ כָּל הַיְּצִירָה
Erzähler als Protagonist, der
הַמְּסַפֵּר הַגִּבּוֹר (ספר') [מ"ס/67]. מְסַפֵּר עֵד הַמְּגַלֵּם אֶת דְּמוּתוֹ כַּגִּבּוֹר הָרָאשִׁי בִּיצִירָתוֹ
Erzähler als Zeuge, der
הַמְּסַפֵּר כְּעֵד (ספר') [מ"ס/66]. סוֹפֵר הַמְּסַפֵּר עַל דְּמֻיּוֹת וְעַל אֵרוּעִים בִּיצִירָתוֹ כְּעֵד רְאִיָּה אוֹ כְּעֵד שְׁמִיעָה
Erzählliteratur *{Fiction}*
דִּמְיֹנֶת (ספר') [מ"ס/2]. סִפֹּרֶת, סִפְרוּת סִפּוּרִית, מְבֻדָּה, יְצִירָה סִפְרוּתִית שֶׁעֲלִילָתָהּ וּדְמֻיּוֹתֶיהָ נוֹצְרוּ מִדִּמְיוֹנוֹ שֶׁל הַסּוֹפֵר
Erzählliteratur betreffend, die
דִּמְיָנְתִּי (דִּימוֹנְתִּי) (ספר') סִפָּרְתִּי (סִיפּוֹרְתִּי)
erzählte Zeit ---> Zeit, erzählte
Erzählung
סִפּוּר (סִפּוּרִים) (ספר') [מ"ס/2]. סוּג סִפְרוּתִי הַכּוֹלֵל אֶת רֹב סוּגֵי הַסִּפֹּרֶת, סִפּוּר מַעֲשֶׂה, מַעֲשִׂיָּה (מַעֲשִׂיּוֹת)
Erzählung, allegorische
סִפּוּר מְשָׁלִי (ספר') [מ"ס/16]. סִפּוּר אַלֶּגוֹרִי, - שֶׁבּוֹ רוֹמֵז הַמְּחַבֵּר בְּאֶמְצָעוּת רֹבֶד מוּחָשִׁי וּמְצִיאוּתִי עַל רֹבֶד רַעְיוֹנִי וּמֻפְשָׁט
Erzählung, parodistische
סִפּוּר סִלּוּגִי (ספר') [מ"ס/21]. סִפּוּר פָּרוֹדִיסְטִי, - הַמְּחַקֶּה סִגְנוֹן מְסֻיָּם לְשֵׁם הִתּוּל
Erzählung, satirische
סִפּוּר עוֹקְצָנִי (ספר') [מ"ס/18]. סִפּוּר סָטִירִי, סוּג סִפְרוּתִי הַמְּגַחֵךְ פְּגָמִים וּלְקוּיִים עַל יְדֵי עִוּוּת, הַגְזָמָה וכד'
Erzählung in Er-Form ---> Er-Form, Erzählung in
Erzählung in Ich-Form ---> Ich-Form, Erzählung in
Erzählungsliteratur ---> Erzählliteratur
Erzählzeit
זְמַן הַסִּפֵּר (ספר') [מ"ס/146]. פֶּרֶק הַזְּמַן הַדָּרוּשׁ כְּדֵי לִקְרֹא אוֹ לְהַקְרִיא סִפּוּר מְסֻיָּם
Erzbischof
אַרְכִיהֶגְמוֹן (דת) אַרְכִיבִּישׁוֹף
Erzdiakon

אַרְכִידֶקָן (דת)

erzeugen
יִצֵּר (מְיַצֵּר) [ק/א/274]. חִדֵּשׁ, בָּרָא, הוֹלִיד, הוֹצִיא אֶל הַפֹּעַל, יָצַר, הֶעֱמִיד, הִתְקִין, חוֹלֵל (מְחוֹלֵל)

erzeugen und prüfen
חוֹלֵל וּבָדַק (מְחוֹלֵל וּבוֹדֵק) (מחש׳) חוֹלֵל וּבָחַן

Erzeugen
יִצּוּר, חִדּוּשׁ, בְּרִיאָה, יְצִירָה, הַתְקָנָה, הוֹצָאָה אֶל הַפֹּעַל, הַעֲמָדָה. הוֹלָדָה [פ״ר/114]. חִילּוּל (פסי׳, פדג׳, מחש׳) גֶּנֶרַצְיָה

Erzeuger *{Generator}*
מְחוֹלֵל (מְחוֹלְלִים) (מחש׳) גֶּנֶרָטוֹר, תָּכְנָה הַדּוּדִית (אִינְטֶרַאקְטִיבִית)

Erzeugnis [---> Produkt]
תּוֹצָר (תּוֹצָרִים) [ק/ג/197]. פָּעוּל, מוּצָר, תּוֹצֶרֶת, מִפְעָל, פֹּעַל

Erzherzog
אַרְכִידֻּכָּס (מדי׳)

Erziehungsalter (EA)
גִּיל הַחִנּוּךְ (פסי׳) [ר/א/131]. גִּיל הַיֶּדַע, - הַדַּעַת, - לִמּוּד, רָמַת הֶשֵּׂגָיו הַלִּמּוּדִיִּים שֶׁל תַּלְמִיד הַנִּמְדֶּדֶת בְּמִבְחָנִים מְתֻקְנָנִים

Erziehungsquotient (EQ)
מְנַת הַחִנּוּךְ (פסי׳) מְנַת הַיֶּדַע, מַדַּד רָמַת הַיֶּדַע

Erziehungsroman
תַּסְפּוּר הִתְחַנְּכוּת (ספר׳) [מ״ס/29]. רוֹמָן הַמְּתָאֵר אֶת הִתְפַּתְּחוּתוֹ הָרוּחָנִית שֶׁל גִּבּוֹר מֶרְכָּזִי הַמּוֹצֵא אֶת דַּרְכּוֹ בְּתַהֲלִיךְ לִמּוּד וְהִשְׁתַּלְּמוּת עַצְמִית

Erzschiff
מוֹבֶלֶת עֲפָרוֹת (מוֹבָלוֹת עֲפָרוֹת) (ימא׳)

erzürnen
הִרְגִּיז (מַרְגִּיז) (פסי׳) הִתְרַגֵּז, הִקְצִיף, הִתְרַתֵּחַ, הִתְקַצֵּף, הֵעִיר חֲמָתוֹ, הֶעֱלָה (מַעֲלֶה) חֵמָה, הִתְמַלֵּא חֵמָה שְׁפוּכָה, נִבְעֲרָה חֲמָתוֹ, נִתְעוֹרֵר רָגְזוֹ

erzwingbar
אָכִיף (משפ׳) בַּר אֲכִיפָה, שֶׁנִּתָּן לַאֲכִיפָה

erzwingbar, nicht ---> vollstreckbar, nicht

erzwingen
אָכַף (אוֹכֵף) (משפ׳) הִכְרִיחַ בְּכֹחַ הַחֹק אוֹ בְּכֹחַ פְּסַק דִּין

Erzwingung
אֲכִיפָה (משפ׳) הַכְרָחָה מִכֹּחַ חֹק אוֹ פְּסַק דִּין

erzwungen ---> gezwungen

Es
מִי נַחַת (מוס׳) מִי בְּמוֹל

«Es»
יִצְרָה (פסי׳) [ר/א/33]. אִיד, ״הַסְּתָם״, הַהִיּוּלִי, ״אֲנִי״ הִיּוּלִי, הַיְסוֹד הַיִּצְרִי הַדּוֹרֵשׁ סִפּוּק מִיָּדִי, אַחַד הַמַּרְכִּיבִים בַּדֶּגֶם הַתְּלַת חֶלְקִי שֶׁל הַמַּנְגָּנוֹן הַנַּפְשִׁי (לְצַד ״הָאֲנִי״ וְ״הָאֲנִי הָעֶלְיוֹן״) שֶׁבּוֹ שׁוֹלְטִים הַיְּצָרִים בִּלְבַד וְהוּא אֵינוֹ מוּדָע לָ״אֲנִי״

es gibt
יֵשׁ [ק/ד/122]. שָׁם, נִמְצָא

es gibt hier
כָּאן יֵשׁ [ק/ב/60]. בְּכָאן, כָּאן נִמְצָא

es sei denn, daß...
אֶלָּא אִם כֵּן... [ק/א/47]. הָאֱלֹהִים אִם לֹא...

Esche *{Fraxinus}*
מֵילָה (בוט׳) צֶמַח מִמִּשְׁפַּחַת הַזֵּיתִיִּים

Eschenahorn *{Acer negundo}*
אֶדֶר מֵילָנִי (בוט׳) צֶמַח מִמִּשְׁפַּחַת הָאַדְרִיִּים

Esel, junger
עַיִר (עֲיָרִים) (זוא׳, חקל׳) חֲמוֹר צָעִיר

Esel(n), Zug von
חַמֶּרֶת, שַׁיֶּרֶת חֲמוֹרִים

Eselfeige ---> Sykomore

Eselsmühle
רֵחַיִם שֶׁל חֲמוֹר (טכנ׳) [א״ח/א/97]. רֵחַיִם שֶׁחֲמוֹר מְסוֹבְבָם

Eselsohren ---> Wollziest

Eselsohren, mit
מְקֻפַּל קְצָווֹת (ספרנ׳)

Eseltreiber
חַמָּר (חַמָּרִים) (חקל׳) [א״ח/ב/128]. מוֹלִיךְ הַחֲמוֹרִים

Eses
מִי נְחֻתַּיִם (מוס׳)

Eskalation
הֶסְלֵם, אֶסְקָלַצְיָה, עֲלִיָּה לְשָׁלָב גָּבוֹהַּ יוֹתֵר, הַחְמָר

eskalieren
הִסְלִים (מַסְלִים), הֶעֱלָה לְשָׁלָב גָּבוֹהַּ יוֹתֵר, הֶחְמִיר

Eskalieren
הַסְלָמָה, הַחְרָפָה, הַחְמָרָה

espressivo
רַב מַבָּע (מוס׳) בְּרֹב מַבָּע, בַּאֲרֶשֶׁת

Essay ---> Aufsatz

Esse ---> Sein

Esse formale ---> Sein, geistiges

Essen, hastiges *{Tachyphagie}*
רְהִיטוּת הָאֲכִילָה (רפו׳) אֲכִילָה חֲפוּזָה

Essentia ---> Essenz

essentiell --->wesentlich

Essenz ---> Wesen

Essig, aromatischer
חֹמֶץ בְּשָׂמִי (כימ׳)

Essig, glazialer
חֹמֶץ קַרְחִי (כימ׳)

Essigbaum ---> Hirschkolbensumach

Essigrose *{Rosa gallica}*
וֶרֶד צָרְפָתִי (בוט׳) צֶמַח מִמִּשְׁפַּחַת הַוַּרְדִּיִּים

Essigsäure
חֻמְצַת חֹמֶץ (כימ׳) חֻמְצָה חָמְצִית

Eßkastanie *{Castanea sativa}*
עַרְמוֹן תַּרְבּוּתִי (בוט׳) צֶמַח מִמִּשְׁפַּחַת הָאַלּוֹנִיִּים

Establishment
מִמְסָד (מ״ח) כְּלַל מוֹסְדוֹת הַחֶבְרָה, אֶסְטַבְּלִישְׁמֶנְט

Estrich
מַעֲזִיבָה (אדר׳) [א״ח/א/31]. רִצְפָּה, עֲלִיַּת גַּג

etablieren
הִתְבַּסֵּס, הִשְׁתָּרֵשׁ, הִכָּה שָׁרָשִׁים, הִתְבַּצֵּר

Ethik

תּוֹרַת הַמּוּסָר (אתי') [ק/ב/163]. תּוֹרַת הַמִּדּוֹת, הַתּוֹרָה הַמְלַמֶּדֶת מַעֲשִׂים טוֹבִים, אֶתִּיקָה, מוּסָרִיּוּת. פִילוֹסוֹפְיָה מַעֲשִׂית (אתי') [ק/ג/189]. מִדּוֹתִיּוּת. הַנְהָגַת הַנֶּפֶשׁ (אתי') [ק/א/182]. חָכְמַת הַהַנְהָגָה, - הַנְהָגַת אָדָם נַפְשׁוֹ, - נְהִילַת הָאִישׁ לְנַפְשׁוֹ (אתי') [ק/א/295]. חָכְמַת הַמִּדּוֹת, - הַמּוּסָר (אתי') [ק/א/296; ק/ב/147]. חָכְמַת הַמַּצְפּוּן, - מִצְוַת הַלֵּב, הַחָכְמָה הַצְּפוּנָה (אתי') [ק/א/297]

Ethiker

אֶתִּיקָן (פיל', אתי') [ק/ב/163]. מוּסָרִי, בַּעַל חָכְמַת הַמּוּסָר

ethisch

מוּסָרִי (אתי') [ק/ב/163]. מְבֻסָּס עַל יְסוֹדוֹת הַמּוּסָר. מַעֲלוֹתִי (אתי') [ק/ב/237]. אַחְרָאִי, נֶאֱמָן, אֶתִּי. נִימוּסִי (אתי') [ק/ג/32]. תַּבְנִיתִי (אתי') [ק/ד/179]הַנְהָגִי, הַנְהָגָתִי (התנ') [ק/א/182]. מַעֲשִׂי. יְצִירִי (אתי') [ק/ב/48]. שֶׁל מִדָּה מוּסָרִית, שֶׁיֵּשׁ בּוֹ נְטִיָּה מוּסָרִית, בַּעַל מִדּוֹת טוֹבוֹת. מִדּוֹתִי, מִדִּי (אתי') [ק/ב/148]. שֶׁל הָעֲרָכִים הַמּוּסָרִיִּים, מַה שֶּׁמִּתְיַחֵס לְמַעֲלוֹת הַמִּדּוֹת

ethische Anlage ---> Anlage, ethische

ethische Tugenden ---> Tugend(en), ethische

ethische Vollkommenheit ---> Vollkommenheit, ethische

ethischer Dativ ---> Dativ, freier

ethnisch

אֶמִּי (אנת', הסט') אֶתְנִי, שֶׁל קְבוּצַת בְּנֵי אָדָם בַּעֲלֵי תַּרְבּוּת מְשֻׁתֶּפֶת

Ethnozentrik ---> Ethnozentrismus

ethnozentrisch

אֻמְּנֹכִי (מ"ח, פסי') אֻמְּנֹכִיִּי, אֶתְנוֹצֶנְטְרִי

Ethnozentrismus

אֻמְּנֹכִיּוּת (מ"ח, פסי') [ר/א/103; ל"ס/28]. אֶתְנוֹצֶנְטְרִיּוּת, נְטִיַּת בְּנֵי אָדָם מְסֻיָּמִים לִרְאוֹת בְּעַמָּם אֶת מֶרְכַּז הָעוֹלָם וּלְהַעֲרִיךְ כָּל דָּבָר עַל פִּי זִיקָתוֹ לְעַמָּם

Etikett [---> Kennsatz]

תָּג (תָּגִים), תָּוִית (תָּוִיּוֹת), פֶּתֶק מֵידָע הַמֻּצְמָד לְדָבָר-מָה

Etikette ---> Sitte(n), gute

etikettieren

תִּיֵּג (מְתַיֵּג), הִצְמִיד תַּג מֵידָע

Etikettierung

תִּיּוּג, הַצְמָדַת תַּג מֵידָע לְדָבָר-מָה

Etruskerspitzmaus *{Suncus etruscus}*

חַדַּף זָעִיר (זוא') יוֹנֵק מִמִּשְׁפַּחַת הַחַדָּפִיִּים

etwas für etwas *{quid pro quo}*

חִלּוּף קְצָת בִּקְצָת, - קְצָתָם בִּקְצָתָם [ק/א/302]

Etymologie

גִּזָּרוֹן (בלש') [ק/א/112; מ"ב/75]. גִּזְרָה, גִּזָּרוֹן, מַחְצַב הַמִּלָּה, שֹׁרֶשׁ הַמִּלָּה, גְּזֵרָה, אֶטִימוֹלוֹגְיָה, מְקוֹר הַמִּלִּים וְיַחֲסֵי הַקִּרְבָה בֵּינֵיהֶן

etymologisch

גִּזְרוֹנִי (בלש') אֶטִימוֹלוֹגִי

Etymon

בְּסִיס הַגִּזָּרוֹן (בלש') [מ"ב/75]. מִלַּת הַיְסוֹד לִקְבִיעַת הַגִּזָּרוֹן שֶׁל מִלָּה מְסֻיֶּמֶת

Eulen *{Noctuidae}*

תִּנְשְׁמִיתִיִּים (זוא') מִשְׁפָּחָה שֶׁל פַּרְפָּרָאִים

Eulen *{Strigidae}*

יַנְשׁוּפִיִּים (זוא') מִשְׁפָּחָה שֶׁל עוֹפוֹת מִסִּדְרַת דּוֹרְסֵי לַיְלָה (יַנְשׁוּפָאִים)

Eunuchoidismus

סָרִיסָנוּת (רפו') הִתְפַּתְּחוּת זְוִיגִית לְקוּיָה אֵצֶל הַגֶּבֶר

Euphemie ---> Euphemismus

Euphemismus

לָשׁוֹן נְקִיָּה (בלש') [מ"ב/75]. לְשׁוֹן סַגִּי נְהוֹר, הֲמָרַת מִלָּה אֲסוּרָה בְּמִלָּה אַחֶרֶת, לְמָשָׁל: "נִתְבַּקֵּשׁ לִישִׁיבָה שֶׁל מַעְלָה" (בִּמְקוֹם: "הוּא מֵת"); "מִילָה" (בִּמְקוֹם: "אֵבֶר הַזַּכְרוּת")

Euphonie [---> Wohlklang]

צַאֲלָלָה (מוס', ספר') אֵיפוֹנְיָה, תַּנְעוּמָה, נֹעַם הַצְּלִיל

Euphorie

זְחִיחוּת (פסי') [ר/א/49]. אוֹפוֹרְיָה, הִתְרוֹמְמוּת רוּחַ הַמְּלֻוָּה בִּתְחוּשַׁת רְוָחָה וְסִפּוּק, עִלָּזוֹן, הִתְרַעֲשׁוּת מִשִּׂמְחָה, חֲמִירָה שֶׁבַּלֵּב, יְקוֹד נֶפֶשׁ

Euphorikum

חֹמֶר מַזְחִיחַ (פסי', רפו') חֹמֶר הַגּוֹרֵם לִזְחִיחוּת (אוֹפוֹרְיָה), מְעַלֵּז

euphorisch

זָחוּחַ, זְחוּחָה (פסי') אוֹפוֹרִי, זָחִיחַ, עִלִּיזוֹנִי

Eustachio-Röhre ---> Ohrtrompete

Euthanasie

הֲמָתַת חֶסֶד (רפו', משפ') אוֹיתָנַזְיָה, מִיתָה בִּנְשִׁיקָה, הֲמָתָה לְלֹא כְּאֵבִים בְּמִקְרֶה שֶׁל מַחֲלָה סוֹפָנִית הַמְּלֻוָּה בְּיִסּוּרִים

evakuieren

פִּנָּה (מְפַנֶּה) (צבא, מדי') [י"א/4]. בִּקֵּק (מְבַקֵּק), בָּקַק, עָשָׂה אֵוַקוּאַצְיָה שֶׁל אוּכְלוּסִיָּה אוֹ צָבָא

Evakuierung

פִּנּוּי (צבא, מדי') [י"א/4]. בִּקּוּק, אֵוַקוּאַצְיָה שֶׁל אוּכְלוּסִיָּה אוֹ צָבָא

evaluativ

הַעֲרָכָתִי

Evaluierung

הַעֲרָכָה (פסי', מ"ח) נִתּוּחַ עֶרְכִּי, הַכָּרַת עֵרֶךְ, הָעֵרֶךְ שֶׁאָדָם מְיַחֵס לְמַשָּׂאִים מְסֻיָּמִים בְּעֵת שֶׁהוּא בּוֹחֵר דַּרְכֵי פְּעֻלָּה

Evapotranspiration

אִדּוּי דִּיּוּת (מטא') [יל"ט/16]. אֵוַפּוֹטְרַנְסְפִּירַצְיָה, סִכּוּם הִתְאַדּוּת הַמַּיִם מִן הָאֲדָמָה וּמִן הַצִּמְחִיָּה

Eventualplan

תָּכְנִית עַל תְּנַאי

evident

נִרְאֶה בְּעָלִיל [ק/ב/134]. מְבֹאָר, גָּלוּי וְיָדוּעַ לַכֹּל, מְסֻלָּק מִן הַסָּפֵק, מְחֻוָּר, בָּרוּר, בְּעָלִיל, בְּפֹעַל, בְּאֹפֶן מַמָּשִׁי

Evidenz

הֵרָאוּת [ק/א/210]. מַה שֶּׁנִּרְאֶה וּמִתְקַבֵּל עַל הַדַּעַת, הַשְׁעָרָה הַקְּרוֹבָה אֶל הָאֱמֶת, עֲלִיל (עֲלִילִים), רְאָיָה, הוֹכָחָה, וַדָּאוּת, בְּרִירוּת

Evolute

לָפוּף (לְפוּפִים) (מתמ') קַו לָפוּף

Evolution

הִתְפּוֹתְחוּת (פיל', מ"ט) [ק/א/168; ר/א/1]. הַטְמָנָה, הִתְפַּתְּחוּת מְדֻרֶגֶת, - מְסֻדֶּרֶת, אֵבוֹלוּצְיָה, הִשְׁתַּלְשְׁלוּת

evolutionär ---> evolutionistisch

Evolutionisten

בַּעֲלֵי הַהַטְמָנָה (פיל') [ק/א/92; 162]. בְּנִגּוּד לְבַעֲלֵי הַחִדּוּשׁ, אֵבוֹלוּצְיוֹנִיסְטִים, חֲסִידֵי תּוֹרַת הַהִתְפַּתְּחוּת הַמְּדֻרֶגֶת

evolutionistisch

הִתְפּוֹתְחוּתִי (פיל', מ"ט) [ק/א/168; ר/א/1]. אֵבוֹלוּצְיוֹנִי, הַמִּתְפַּתֵּחַ בְּהַדְרָגָה

Evolvente

לוֹפֵף (לוֹפְפִים) (מתמ') קַו לוֹפֵף

evolvieren, sich

הִתְפּוֹתֵחַ (מִתְפּוֹתֵחַ) (פיל', מ"ט) הִתְפַּתֵּחַ בְּהַדְרָגָה בְּמֶשֶׁךְ הַדּוֹרוֹת

ewig

נִצְחִי [ק/ג/63]. קַיָּם וְנִשְׁאָר לָעַד, הֹוֶה לְעוֹלָם, תְּמִידִי. עַתִּיק (דת) [ק/ג/177]. כִּנּוּי לֵאלֹהִים. יָשָׁן [ק/ב/55]. קַדְמוֹן, בִּלְתִּי מְחֻדָּשׁ.

Ewige, der

קַדְמוֹנוֹ שֶׁל עוֹלָם (דת) [ק/ג/177]. עַתִּיק, כִּנּוּי לֵאלֹהִים, הַקַּיָּם וְנִשְׁאָר לָעַד, הַקּוֹדֵם לָעוֹלָם. רִאשׁוֹן (דת) [ק/ד/13]

ewige Dauer ---> Dauer, ewige

ewige Ursache ---> Ursache, ewige

ewiger Wechsel ---> Wechsel, ewiger

Ewigkeit

נִצְחִיּוּת (פיל', דת) [ק/ג/64]. נֵצַח, קִיּוּם לָעַד. דַּהַר (פיל', דת) [ק/א/132]. הַתְמָדָה (פיל', דת) [ק/א/238]

Ex-post-facto Experiment ---> Versuchsanalge, Ex-post-facto

exakte Wissenschaften ---> Wissenschaft(en), exakte

exaltiert ---> verzückt

Exaltiertheit ---> Verzückung

Examen ---> Prüfung

examinieren ---> prüfen

Exanthem

אֲבַעְבּוּעוֹת (רפו') תִּפְרַחַת, פְּרִיחָה

Exaration

שִׁבּוּב קַרְחוֹנִי (גאו') סְחִיפָה (אֶרוֹזְיָה) הַנִּגְרֶמֶת עַל יְדֵי קַרְחוֹן

Exazerbation ---> Verschlimmerung

Excisio

נְשִׁירָה [ק/ג/76]. הֶפְסֵד, כְּלָיָה, אֲבַדּוֹן

Exclamatio

דַּרְכִּיּוּת הַצְּעָקָה (בלש', רטו') [ק/ב/217]. מוֹדָלִיּוּת הַקְּרִיאָה הַקּוֹלָנִית, מְנִיעַ הַמַּאֲמָר שֶׁל הַקְּרִיאָה הַמְּשַׁמֵּשׁ לְהַבָּעַת רְגָשׁוֹת עַזִּים

Exemplar

עֹתֶק (עֲתָקִים) [ק/א/43]. אִישׁ, פְּרָט אֶחָד מִכְּלַל פְּרָטֵי הַמִּין

Exemplar, ausgeschiedenes

עֹתֶק מְסֻלָּק מִסִּפְרִיָּה (ספרנ') עֹתֶק שֶׁהוּצָא מִמְּלַאי הַסְּפָרִים

Exemplum

הַמְּדַמֶּה (פיל') [ק/ב/151]. אֶחָד מִמִּינֵי הַהֶקֵּשׁ

Exfoliation ---> Abblättern

Exhibitionismus

הִתְרָאֲווּת (פסי') [ר/א/95]. עַרְטִילָנוּת, אֶקְסְהִיבִּיצְיוֹנִיזְם, עַרְיָנוּת, הִתְעַרְטְלוּת, נְטִיָּה כְּפִיָּתִית שֶׁל אָדָם לְהִתְעַרְטֵל בִּנְסִיבּוֹת שֶׁאֵינָן מְקֻבָּלוֹת, צֹרֶךְ כְּפִיָּתִי שֶׁל אָדָם לַעֲמֹד בְּמוֹקֵד תְּשׂוּמַת הַלֵּב

Exhibitionist

מִתְרָאֵו (פסי') עַרְטִילָן, אֶקְסְהִיבִּיצְיוֹנִיסְט, עַרְיָן

Exhumation

נִבּוּשׁ (רפו', משפ') נְבוּשָׁה, הוֹצָאַת גְּוִיָּה מִן הַקֶּבֶר

exhumieren

נִבֵּשׁ (מְנַבֵּשׁ) (רפו', משפ') הוֹצִיא גְּוִיָּה מִן הַקֶּבֶר

existent

קִיּוּמִי (פיל') [פ"ר/99]. בַּעַל קִיּוּם, עַל פִּי הֶגֶל: שֶׁל צַד הַקִּיּוּם שֶׁבָּרוּחַ

Existentialquantor ---> Partikularisator

Existentialtheorem

מִשְׁפַּט קִיּוּם (מתמ')

Existenz

קִיּוּם (פיל') [ק/ג/279; פ"ר/48]. עַל פִּי הֶגֶל: שְׁלַב הֲוָיָה שֶׁתּוֹפְסִים בּוֹ אֶת הַנִּמְצָא הַפְּרָטִי וְהַנִּסְיוֹנִי כְּבִטּוּי לְמַהוּת שִׂכְלִית הַחֲבוּיָה בּוֹ. מְצִיאוּת (מ"ט, פיל') [ק/א/178]. הַמְצָאָה. מְצִיאָה (פיל') [ק/ב/257]. קַיָּמוּת, נִמְצָאוּת, הֲוָיָה, יֵשׁוּת. עֲמִידָה (מ"ט, פיל') [ק/ג/143]. יֶשְׁנוּת. קַיָּמָא, קִימָא, קְיָמָא (מ"ט, פיל') [ק/ג/281]. מַמָּשׁוּת, הִתְקַיְּמוּת

Existenz, hohe Stufe der

חֹזֶק מְצִיאוּת (פיל') [ק/א/280]. מְצִיאוּת חֲזָקָה, - מַמָּשִׁית, מַדְרֵגָה חֲזָקָה בִּמְצִיאוּת

Existenz, idealische

מְצִיאוּת צוּרִית (פיל') [ק/ג/239]

Existenz, selbständige

קִיּוּם עַצְמָאִי [ק/ג/282]. הַקִּימָה בְּעֶצֶם, עֲמִידָה בְּנַפְשׁוֹ, מְצִיאוּת בִּלְתִּי תְּלוּיָה בְּזוּלָתוֹ

Existenzbewußtsein

תּוֹדַעַת הַהֲוָיָה (פסי') תּוֹדַעַת הַהֲוָיָה

Existenzform

צוּרַת הֲוָיָה

existenzial

קִיּוּמִי (פיל') יֵשׁוּתִי, מְצִיאוּתִי, הֲוָיָתִי, מַמָּשִׁי

Existenzoperator ---> Partikularisator

Existenzquantor ---> Partikularisator

Existenzweise

אֹפֶן קִיּוּם

existieren

הִתְקַיֵּם (מִתְקַיֵּם) [ק/ג/140]. עָמַד, נִמְצָא, הָיָה קַיָּם

existierend

קַיָּם (פיל') [ק/ג/41]. נִמְצָא, שֶׁיֶּשְׁנוֹ בִּמְצִיאוּת, מָצוּי, מִתְקַיֵּם

Exklave [---> Enklave]

מֻפְרֶדָה (מֻפְרָדוֹת) (מדי') חֶבֶל אֶרֶץ הַשַּׁיָּךְ לִמְדִינָה מְסֻיֶּמֶת אַךְ אֵינוֹ נָגִישׁ מִשִּׁטְחָהּ

exklusiver Satz ---> Satz, exklusiver

Exklusivmeldung ---> Alleinmeldung

Exkrement ---> Kot
Exkret ---> Ausscheidung
Exlibris
תַּו סֵפֶר (ספרנ') פִּתְקָה הַמֻּדְבֶּקֶת בְּסֵפֶר וּבָהּ שֵׁם בַּעַל הַסֵּפֶר
Exogamie
נִשּׂוּאֵי חוּץ (מ"ח) אֶקְסוֹגַמְיָה, צוּרַת נִשּׂוּאִים שֶׁעַל פִּיהָ רַשָּׁאִים בְּנֵי קְבוּצָה חֶבְרָתִית וּבְנוֹתֶיהָ (כְּגוֹן: מִשְׁפָּחָה, שֵׁבֶט וכד') לְהִנָּשֵׂא רַק מִחוּץ לִקְבוּצָתָם
exogen
מִלְּבַר (ביו', גאו') אֶקְסוֹגֶנִי, לוּד חוּץ, לוּדַת חוּץ, שֶׁמְּקוֹרוֹ מִחוּץ לָאוּל (אוֹרְגָנִיזְם), חִיצוֹן, יְצִיר חוּץ
exogene Dynamik ---> Kräfte, außenbürtige
Exophthalamus ---> Augapfelvordrängung
Exospore
נֶבֶג חִיצוֹן (ביו')
Exostose ---> Knochenauswuchs
exoterisch
חוּצִי [ק/א/276]. חִיצוֹנִי, נִגְלֶה, גָּלוּי
Exotoxin
רַעֲלָן חוּץ תָּאִי (ביו')
Exotoxinen, Vergiftung mit ---> Vergiftung mit Exotoxinen
Expansio ---> Extensio
Expansion
הִתְפַּשְּׁטוּת, הִתְפָּרְסוּת, הַסָּגַת גְּבוּלוֹת, יְצִיאָה לַמֶּרְחָב. הַרְחָבָה (כלש') [מ"ב/76]
Expeditionsstreitkräfte
תִּשְׁלַחַת (צבא, מדי') חֵיל מִשְׁלוֹחַ
expektorieren ---> aushusten, Auswurf
Experiment
נִסּוּי (נִסּוּיִים) (מדע)
Experiment, manipulatives
נִסּוּי טִפּוּלִי (מדע) [ד"מח/135]. נִסּוּי טִפּוּלִי, צוּרַת נִסּוּי שֶׁבָּהּ הַנַּסְיָן גּוֹרֵם לְשִׁנּוּיִים בְּמִשְׁתַּנִּים הַבִּלְתִּי תְּלוּיִים שֶׁאוֹתָם הוּא חוֹקֵר
Experiment, nachträgliches ---> Versuchsanlage, Ex-post-facto
Experiment, veranschaulichendes
נִסּוּי מַדְגִּים (מדע) [ד"מח/129]. נִסּוּי שֶׁנּוֹעַד לְהַדְגִּים לְצִבּוּר מְסֻיָּם דְּבַר-מָה
Experiment, verbales
נִסּוּי דִּבּוּרִי (מדע)
Experiment in der Zeitfolge ---> Versuchsanlage in der Zeitfolge
experimental
נִסּוּיִי (מדע) [ק/א/82]. בְּחִינִי, שֶׁל נִסּוּי, - בְּחִינָה
Experimentalhandlung
טִפּוּל (טִפּוּלִים) (מ"ח, פסי') [ר/ב/423; מ"מ/213]. תַּמְרִיץ הַנִּתָּן עַל יְדֵי הַנַּסְיָן בְּעֵת נִסּוּי, אוֹ שִׁנּוּי נֹהַל שֶׁהוּא עוֹרֵךְ כְּדֵי לִבְחֹן אֶת הַשְׁפָּעָתָם וְהֵם בְּגֶדֶר מִשְׁתַּנִּים בִּלְתִּי תְּלוּיִים וּמְבֻקָּרִים
Experimentation
נַסְיָנוּת (מדע)

Experimentator(in) ---> Versuchsleiter(in)
experimentell
נִסְיוֹנִי (פיל', מדע) [ק/ג/46]. שֶׁל נִסָּיוֹן, בְּדֶרֶךְ פְּעֻלָּה כְּדֵי לְהִוָּכַח אִם הַמַּעֲשֶׂה אֶפְשָׁרִי וּמַה תּוֹצְאוֹתָיו, נִסּוּיִי, שֶׁל נִסּוּי, שֶׁבְּנִסּוּי
experimentelle Versuchsanlage ---> Versuchsanlage, experimentelle
experimentieren
עָרַךְ נִסּוּיִים, עָשָׂה נִסּוּיִים (מדע)
Experimentieren
עֲרִיכַת נִסּוּיִים (מדע)
Expertensystem (ES)
מַעֲרֶכֶת מֻמְחֶה (מחש')
Expertenwissen ---> Sachkenntnis
Explicatio ---> Explikation
Explikand
מֻשָּׂג הַנָּתוּן לְהַבְהָרָה (פיל', מדע) [ת"ה/396]. מֻשָּׂג טְרוֹם מַדָּעִי וּבִלְתִּי מְדֻיָּק
Explikat
מֻשָּׂג מֻבְהָר (פיל', מדע) [ת"ה/396]. מֻשָּׂג מְדֻיָּק וּמוֹעִיל לְהֶסְבֵּרִים מַדָּעִיִּים
Explikation
הַבְהָרָה (פיל', מדע) [ת"ה/396]. אֶקְסְפְּלִיקַצְיָה, תַּהֲלִיךְ שֶׁל הַעֲבָרַת מֻשָּׂג טְרוֹם מַדָּעִי הַנָּתוּן לְהַבְהָרָה לִידֵי מֻשָּׂג מֻבְהָר. בֵּאוּר [ק/א/77]. הַנְהָרָה
explizit
מְפֹרָשׁ [ק/ג/50]. מֻסְבָּר, בָּרוּר הֵיטֵב
Exploitation
הִתְפּוֹצְצוּת (הִתְפּוֹצְצֻיּוֹת)
Exploitationsgrad ---> Ausbeutungsgrad
Exploration ---> Erkundung
exploratives Verhalten ---> Erkundungsverhalten
exploratorische Studie ---> Erkundungsstudie
Explosionsdarstellung
מַרְאֶה מְפֹרָק (טכנ')
Exponent
נְצִיג (נְצִיגִים). מַעֲרִיךְ (מַעֲרִיכִים) (מחמ')
Exponentialfunktion
מִתְנָה מַעֲרִיכִי (מחמ') פוּנְקְצִיָּה מַעֲרִיכִית
Exponentialkurve
עֲקֻמָּה מַעֲרִיכִית (מחמ')
Exponentialwachstum
גְּדִילָה מַעֲרִיכִית (ביו') [ל"ב/65]. גִּדּוּל אֶקְסְפּוֹנֶנְצְיוֹנָלִי, דֶּגֶם שֶׁעַל פִּיו קֶצֶב גְּדִילַת אֻכְלוּסִיָּה הוּא יַחֲסִי לְמִסְפַּר הַפְּרָטִים בָּהּ
exponentiell
מַעֲרִיכִי (מחמ')
Exportlizenz
רִשְׁיוֹן יְצוּא (כלכ', משפ')
Expositio ---> Explicatio
Exposition
מֶצֶג (מְצָגִים) (אמנ', ספר', מוס') [מ"ס/87; ל"מו/489]. פְּרִישָׂה, אֶקְסְפּוֹזִיצְיָה, מֻצָּג, הַחֵלֶק בִּיצִירָה הַמַּצִּיג אֶת עִקַּר הַנּוֹשֵׂא אוֹ אֶת הַנּוֹשְׂאִים הָעִקָּרִיִּים, הֶצֵּג, תְּצוּגָה, הֶסְבֵּר, הֶעָבֵר, תַּעְבּוּד. הַצָּגַת עִנְיָנִים (פיל') [פ"ר/158]

Expositionszeit

זְמַן הַחֲשִׂיפָה (פסי')

Expressibilia

נִסְחָטִים, נִשְׁחָטִים (פיל') [ק/ג/45]. אֶחָד מִשְּׁמוֹנָה עָשָׂר הֶבְדֵּלֵי הַדְּבָרִים שֶׁל אַרִיסְטוֹ

expressiv

אָרֵשׁ, אֶקְסְפְּרֶסִּיבִי

Expressivität

אֲרֵשׁוּת, אֶקְסְפְּרֶסִּיבִיּוּת

expressus

מְפֹרָשׁ [ק/ג/50]. מְסֻבָּר, בָּרוּר הֵיטֵב

Expropriation ---> Enteignung

Exspiration ---> Ausatmung

exspiratorisch

נְשִׁיפָתִי (רפו')

Extensibilia

נִמְתָּחִים (פיל') [ק/ג/44]. אֶחָד מִשְּׁמוֹנָה עָשָׂר הֶבְדֵּלֵי הַדְּבָרִים שֶׁל אַרִיסְטוֹ. נִרְקָעִים (פיל') [ק/ג/70]

Extension

הִתְפַּשְּׁטוּת [ק/א/245]. גְּדִילַת הַשֶּׁטַח אוֹ הַנֶּפַח, הִתְרַחֲבוּת. הִתְמוֹדְדוּת [ק/א/239]. הֶמְשֵׁכִיּוּת [ק/ג/219]. פְּשׁוּט, הִתְפָּרְשׂוּת, הִתְמַתְּחוּת

extensiv

פַּשִּׁיט, פָּשִׁיט, לֹא מְרֻכָּז, הַמִּתְפַּשֵּׁט בַּשֶּׁטַח וּבַזְּמַן, אֶקְסְטֶנְסִיבִי

extensive Ausdehnung ---> Ausdehnung, extensive

extensive Größe ---> Größe, extensive

Extensivität

פַּשִּׁיטוּת, פְּשִׁיטוּת, אִי רִכּוּז, הִתְפַּשְּׁטוּת בַּשֶּׁטַח וּבַזְּמַן, אֶקְסְטֶנְסִיבִיּוּת

externalisieren

חִצֵּן (מְחַצֵּן) (פסי') הִפְנָה מִמְּטְעָנוֹ הַנַּפְשִׁי אֶל הַחוּץ

Externalisierung

הַחְצֵן (פסי') [ר/א/190]. אֶקְסְטֶרְנָלִיזַצְיָה, הַחְצָנָה, קַבָּלַת גֵּרוּיִים חִיצוֹנִיִּים בְּלֹא שֶׁיֵּעָשׂוּ חֵלֶק בִּלְתִּי נִפְרָד מִתּוֹדַעְתּוֹ שֶׁל אָדָם, תְּלִיַּת הִתְרַחֲשֻׁיּוֹת נַפְשִׁיּוֹת בִּמְקוֹרוֹת חִיצוֹנִיִּים, הַטָּלָה אֶל הַחוּץ

externe Gültigkeit ---> Gültigkeit, externe

externe Validität ---> Gültigkeit, externe

externe Wissenschaft ---> Wissenschaft, externe

Exterozeptor

קוֹלֵט מִלְּבַר (פסי', ביו') [ר/א/96; ר/ב/643]. אֶקְסְטֶרוֹצֶפְטוֹר, קוֹלְטָן חוּשִׁי שֶׁמְּקוֹר גְּרִיָּתוֹ בְּשִׁנּוּיִים בָּעוֹלָם הַחִיצוֹנִי

exterritorial

עַל אַרְצָנִי (מדי') חוּצָנִי, אֶקְסְטֶרִיטוֹרִיאָלִי

Exterritorialität

עַל אַרְצָנוּת (מדי') חוּצָנִיּוּת, אֶקְסְטֶרִיטוֹרִיאָלִיּוּת

Extrakt

תַּרְכִּיז (כימ', רפו') תַּמְצִית, חֹמֶר שֶׁהֻפְרַד מִתּוֹךְ תַּעֲרֹבֶת נוֹזְלִית אוֹ מוּצֶקֶת בְּעֶזְרַת מֵמִיס מַתְאִים

Extraktion

הֲפָקָה, אֶקְסְטְרַקְצְיָה, הוֹצָאַת רְכִיבִים בּוֹדְדִים מִתּוֹךְ מַעֲרֶכֶת מְסֻיֶּמֶת

Extraktionsanlage

מַמְצֶה (כימ') מַכְשִׁיר מִצּוּי הַמַּפְרִיד חֲמָרִים בּוֹדְדִים מִתּוֹךְ תַּעֲרֹבֶת נוֹזְלִית אוֹ מוּצֶקֶת בְּעֶזְרַת מְמִיסִים מַתְאִימִים

extraktive Industrie ---> Industrie, extraktive

extralinguistisch ---> außersprachlich

Extrapolation

חִיּוּץ (מתמ') [יל"ט/74; ל"מ/259]. אֶקְסְטְרַפּוֹלַצְיָה, אֻמְדָּנָה מִלְּבַר, חִלּוּץ מִלְּבַר, הֶמְשֵׁכָה, אֻמְדַּן עֶרְכּוֹ שֶׁל מְתִנֶּה (פוּנְקְצִיָּה) בִּנְקֻדָּה מְסֻיֶּמֶת מִחוּץ לַתְּחוּם עַל סָמַךְ יְדִיעַת עֲרָכָיו בַּתְּחוּם

extrapolieren

חִיֵּץ (מְחַיֵּץ) (מתמ') עָשָׂה אֶקְסְטְרַפּוֹלַצְיָה

Extraposition

בִּדּוּד הַנּוֹשֵׂא הַטִּבְעִי (בלש') [מ"ב/78]. אֶקְסְטְרַפּוֹזִיצְיָה, הַעֲבָרַת פְּסוּקִית אוֹ צֵרוּף מִמְּקוֹמָם לִתְחִלַּת הַמִּשְׁפָּט אוֹ לְסוֹפוֹ, לְמָשָׁל: "**זֶה** לֹא יַרְתִּיעַ אוֹתָנוּ **שֶׁיּוֹרֵד גֶּשֶׁם**" (בִּמְקוֹם: "**זֶה שֶׁיּוֹרֵד גֶּשֶׁם** לֹא יַרְתִּיעַ אוֹתָנוּ")

extrapunitiv ---> streitsüchtig

extrapunitive Haltung ---> Haltung, extrapunitive

Extrasystole

בַּרְחֶבֶץ (בְּנֵי חֶבֶץ) (רפו') פְּעִימַת לֵב מֻקְדֶּמֶת, פְּעִימָה יְתֵרָה

extrasystolisch

בַּרְחַבְצִי (רפו') שֶׁל בַּרְחֶבֶץ

extrauterin

חוּץ רַחְמִי (רפו')

extravaginal

חוּץ נַרְתִּיקִי (רפו') חוּץ לְדָנִי

Extravasat

שֶׁפֶךְ (רפו') תַּבְרִיץ

Extravasation

הִשְׁתַּפְּכוּת (רפו') הַבְרָצָה, הִתְבָּרְצוּת

extravaskulär

חוּץ מִזְרָקִי (רפו') חוּץ כְּלִי דָּם

Extraversion

הַחְצָנָה (פסי') [ר/א/96; ר/ב/365] פְּנִיָּה חוּצָה, מִפְנוּת חוּצָה, אֶקְסְטְרוֹבֶרְטִיּוּת, נְטִיָּתוֹ שֶׁל אָדָם לַעֲסֹק בִּסְבִיבָתוֹ הַחִיצוֹנִית

extravertiert

מְחֻצָּן (פסי', רפו') מְחֻצָּן

extravertierter Typus ---> Typus, extravertierter

extrazellulär

חוּץ תָּאִי (ביו')

Extrem(e)

קִיצוֹן (קִיצוֹנִים) [ק/ג/294]. קָצֶה, הַנִּמְצָא בַּקָּצֶה, מִדָּה אוֹ מַעֲשֶׂה הָרְחוֹקִים מִן הַדֶּרֶךְ הַבֵּינוֹנִית. הַגָּעָה [ק/א/157]. הַקָּצֶה הָאַחֲרוֹן. הֵפֶךְ, הֶפֶךְ, הֲפִיכָה [ק/א/194]. מַה שֶּׁהוּא מִתְנַגֵּד וְסוֹתֵר דָּבָר אַחֵר. הַפְלָגָה [ק/א/196]. מַה שֶּׁהוּא עוֹדֵף עַל הַמִּדָּה הָרְגִילָה. שִׁעוּר

גָּדוֹל, רִבּוּי, חֹזֶק, גֻּזְמָה, קִיצוֹנִיּוּת, הִתְאַמְּצוּת יְתֵרָה. שְׁתֵּי קְצָווֹת הַסּוֹתֵר [ק/ג/293,117]. שְׁנֵי קְצוֹת הַסּוֹתֵר, שְׁנֵי קְטָבִים מְנֻגָּדִים, שְׁנֵי הֲפָכִים, הִפּוּכוֹ שֶׁל דָּבָר, שְׁנֵי קִיצוֹנִים. תִּכְלָה [ק/ד/196]. תַּכְלִית [ק/ד/197]

Extrema realia
הַקְּצָווֹת הָעִנְיָנִיּוֹת (פיל') [ק/ג/150]

Extrembedingung ---> Grenzbedingung

Extremität ---> Gliedmaße

Extremitätenblausucht *{Akrozyanose}*
כַּחֲלוֹן הַקְּצָווֹת (רפו') כִּחָלוֹן בַּגַּפַּיִם

Extremitätenneurose, vasomotorische *{Akroparästhesie}*
רְחִישׁוּת הַקְּצָווֹת (רפו')

Extrempunkt
נְקֻדַּת (עֵרֶךְ) קִיצוֹן (מתמ')

Extroversion ---> Extraversion

extrovertierter Charakter ---> Charakter, extrovertierter

exzentrisch [---> idiosynkratisch]
יוֹצֵא חוּץ לַמֶּרְכָּז (מתמ') [ק/א/276; ק/ב/281,45]. יוֹצֵא מֶרְכָּז. יוֹצֵא [ק/ב/45]

Exzentrität ---> Idiosynkrasie

exzeptiver Satz ---> Satz, exzeptiver

exzeptives Bindewort ---> Bindewort, exzeptives

exzeptives Urteil ---> Urteil, exzeptives
מִשְׁפָּט מוֹצִיא, - מְמַעֵט (פיל') [ק/ב/300]

F

F
פָּה (מוס׳) הַצְּלִיל הָרְבִיעִי בְּסֻלָּם דִיאָטוֹנִי

F-Löcher
זַרְקָתַיִם (מוס׳) [שא״מ/443]. שְׁנֵי פִּתְחֵי תְהוּדָה בְּמִכְסֵה הַכִּנּוֹר

Fabel *{Allegorie; Fabula}* [---> Handlung]
מָשָׁל (מְשָׁלִים) (ספר׳) אַלֶּגוֹרְיָה, סִפּוּר קָצָר שֶׁיֵּשׁ בּוֹ רַעְיוֹן שֶׁאֵינוֹ נֶאֱמָר בִּמְפֹרָשׁ (הַנִּמְשָׁל). סִפּוּר הַמַּעֲשֶׂה (ספר׳) [ק/א/79]. מַאֲמָר בָּדוּי, פַּבּוּלָה. בְּדִיאָה, בְּדִיָּה, בְּדִיאוּת [ק/א/79]. דָּבָר בָּדוּי, סִפּוּר בָּדוּי

Fabel, Moral der
נִמְשָׁל (ספר׳) [ק/ג/44]. הָעִנְיָן הַמְּבֹאָר עַל יְדֵי מָשָׁל, הָרַעְיוֹן הַמְּכֻוָּן בְּמָשָׁל

fabelhaft
מוּזָר, תָּמוּהַּ, מְשֻׁנֶּה, מַתְמִיהַּ

Fabeltest
מִבְחַן מָשָׁל (פסי׳)

Fabrik
בֵּית חֲרֹשֶׁת (בָּתֵּי חֲרֹשֶׁת) (כלכ׳)

Fabrikant
חֲרַשְׁתָּן (חֲרַשְׁתָּנִים) (כלכ׳) בַּעַל בֵּית חֲרֹשֶׁת

Fabrikation
חֲרֹשֶׁת (כלכ׳)

Fabrikbetrieb
יִצּוּר חֲרַשְׁתִּי (כלכ׳)

Fabrikwesen
מַעֲרֶכֶת חֲרַשְׁתִּית (כלכ׳)

fabriziertes Beweismittel ---> **Beweismittel, fabriziertes**

Fabulieren ---> Erdichtung

Facere [---> Tun]
פּוֹעֵל (פיל׳) [ק/ג/202]. מַאֲמָר שֶׁיִּפְעַל (פיל׳) [ק/ב/132; ק/ג/173]. אֶחָד מֵעֲשֶׂרֶת הַיְסוֹדוֹת הָעֶלְיוֹנִים שֶׁל אֲרִיסְטוֹ: מַאֲמָר פּוֹעֵל, - עוֹשֶׂה, מַאֲמָר מִפְעָל. מִפְעָל (פיל׳) [ק/ב/247]

Facette
שְׁטִיחָה (שְׁטִיחוֹת) (מדע, טכנ׳). פַּן (פָּנִים) (ספרנ׳). כָּל תַּת הַחֲלֻקּוֹת הַמִּתְקַבְּלוֹת מֵחֲלֻקָּה לְפִי תְּכוּנָה אַחַת

Facettenklassifikation
מִיּוּן רַב פָּנִים (ספרנ׳)

Fachausdruck ---> Terminus

Fachexperte
מֻמְחֶה תְּחוּמִי

Fachkenntnis
מֻמְחִיוּת (פיל׳, פסי׳) [ק/א/290]. חָכְמָה, יְדִיעָה

Fachleute
מֻמְחִים [ק/א/93]. בַּעֲלֵי הָעִנְיָן, - מִקְצוֹעַ

Fachwerk
מִסְבָּךְ (אדר׳) מִבְנֶה מְסֹרָג קוֹרוֹת

Fackel
לַפִּיד (לַפִּידִים) (טכנ׳) [א״ת/א/68]. אֲבוּקָה, לַפִּיד אֵשׁ

Faden [---> Strich]
חוּט (חוּטִים) (טכנ׳, רפו׳)

Fadenkreuz
צְלַב נִימוֹת (טכנ׳)

Fadenwürmer, Erkrankung durch *{Filariose}*
נִימֶנֶת (זוא׳, רפו׳) הִטַּפְּלוּת הַנִּימָנִיּוֹת (חוּטוֹנִים)

Fadenwurm
נִימָנִית (נִימָנִיּוֹת) (זוא׳, רפו׳) חוּטוֹן, תּוֹלַעַת טַפִּילָה

Fadheit
טִפְלוּת, חֹסֶר טַעַם

Fächerfinger *{Ptyodactylus hasselquistii}*
מְנִיפָנִית (זוא׳) שְׂמָמִית סְלָעִים, זוֹחֵל מִמִּשְׁפַּחַת הַשְּׂמָמִיתִיִּים

Fächerflügler *{Strepsiptera}*
מְנִיפָאִים (זוא׳) סִדְרָה שֶׁל חֲרָקִים

Fächerzeher ---> Fächerfinger

fähig
מְסֻגָּל [ק/ג/138]. עָלוּל, עָשׂוּי, יָכוֹל, צָפוּי, מֻכְשָׁר, מְזֻמָּן, כָּשִׁיר. כֹּחִי, כֹּחָנִי [ק/ב/84]. בַּעַל כֹּחַ וִיכֹלֶת

Fähigkeit [---> Eignung; Begabung; Kompetenz]
כֹּשֶׁר (בְּדֶרֶךְ כְּלָל בְּפֹעַל) (פסי׳) [ר/א/314]. יְכֹלֶת, יְכָלְתּוֹ שֶׁל אָדָם לְבַצֵּעַ מְטָלָה לְלֹא צֹרֶךְ בְּאִמּוּן נוֹסָף

Fähigkeit des Ohres, analytische
יְכֹלֶת הַנִּתּוּחַ שֶׁל הָאֹזֶן (רפו׳, פסי׳)

Fähre
מַעְבֹּרֶת (מַעְבּוֹרוֹת) (ימא׳) [א״ת/ב/328]. עֲבָרָה (עֲבָרוֹת), סְפִינָה שֶׁעוֹבְרִים בָּהּ מֵחוֹף אֶל חוֹף

Fäkalien, Interesse an ---> Koprophilie

Fällen
כְּרִיתָה [א״ת/ב/202]. קְצִיצָה, קִצּוּץ

fällig ---> zahlbar

Fälligkeitstag
יוֹם הַפֵּרָעוֹן (כלכ׳, משפ׳)

Färberdistel *{Carthamus tinctorius}*
קֻרְטָם הַצַּבָּעִים, חָרִיעַ (בוט׳) צֶמַח מִמִּשְׁפַּחַת

הַמְּרֻכָּבִים

Färberginster *{Genista tinctoria}*
רְתֶמֶת הַצַּבָּעִים (בוט') צֶמַח מִמִּשְׁפַּחַת הַפַּרְפְּרָנִיִּים

Färberkamille *{Anthemis tinctoria}*
קַחְוָן הַצַּבָּעִים (בוט') צֶמַח מִמִּשְׁפַּחַת הַמְּרֻכָּבִים

Färberkroton *{Chrozophora tinctoria}*
לְשִׁישִׁית הַצַּבָּעִים (בוט') צֶמַח מִמִּשְׁפַּחַת הַחַלַבְלוּבִיִּים

Fäßchen
חֲבִיוֹנָה (חֲבִיוֹנוֹת) (טכנ') [א״ח/ב/290]. חָבִית קְטַנָּה

Fäulnis *{Putreszenz}*
הֶרְקֵבוּת (ביו', רפו') רִקָּבוֹן, רַקְבוּבִית, רָקָב, עִפּוּשׁוּת

Fagott
בַּסּוֹן (מוס')

Fagottist(in)
בַּסּוֹנַאי, בַּסּוֹנָאִית (מוס')

fahl ---> blaßbläulich

Fahlkauz *{Strix butleri}*
לִילִית מִדְבָּר (זוא') עוֹף מִמִּשְׁפַּחַת הַיַּנְשׁוּפִיִּים

Fahnenbarsch, Roter *{Anthias anthias}*
פְּזִית יָם תִּיכוֹנִית (זוא') דָּג מִמִּשְׁפַּחַת הַפְּזִיתִיִּים (דְּגֵי גֶּרֶם)

Fahrenheit-Skala
סֻלַּם תְּמוּדוֹת (טֶמְפֶּרָטוּרוֹת) פָרֶנְהַיְט (מטא') [יל״ט/138]. סֻלַּם תְּמוּדוֹת שֶׁבּוֹ נְקֻדַּת הַקִּפָּאוֹן שֶׁל הַמַּיִם הִיא 32 מַעֲלוֹת, וּנְקֻדַּת רְתִיחָתָם הִיא 212 מַעֲלוֹת

Fahrlässigkeit, strafbare
רַשְׁלָנוּת פּוֹשַׁעַת (משפ') הַזְנָחָה פּוֹשַׁעַת

Fahrrine
נְתִיבָה (נְתִיבוֹת) (ימא') נְתִיב שַׁיִט, - מַיִם, - יָם, קַו תַּחְבּוּרָה יַמִּי

Faktor
גּוֹרֵם (גּוֹרְמִים) (מדע) [ר/א/126]. כָּל מַה שֶּׁיֵּשׁ לוֹ הַשְׁפָּעָה סִבָּתִית עַל תּוֹפָעָה, מִשְׁתַּנֶּה בִּלְתִּי תָּלוּי, פַּקְטוֹר. יָד (יָדוֹת) (מתמ') [ק/ב/25]. צֵלָע (מתמ') [ק/ג/248]

Faktor, allgemeiner
גּוֹרֵם כְּלָלִי (מ״ח, פסי') [ר/א/126]

Faktor, gegenständlicher
גּוֹרֵם חֵפֶץ (כלכ')

Faktor, integrierender
כּוֹפֵל מְאַסְּכֵם (מתמ')

Faktor, invarianter
גּוֹרֵם שָׁמוּר (מתמ')

Faktor, psychosomatischer
גּוֹרֵם גּוּפְנַפְשִׁי (פסי', רפו') [ר/ב/557] גּוֹרֵם נַפְשִׁי-גּוּפָנִי, - פְּסִיכוֹסוֹמָטִי

Faktor, spezifischer
גּוֹרֵם סְגֻלִּי (מ״ח, פסי') [ר/א/126]

Faktor(s), Theorie des vielartigen
תּוֹרַת רִבּוּי הָאָפְנִיּוֹת (מ״ח, פסי')

Faktor zweiter Ordnung ---> Ordnung, Faktor zweiter

Faktorenanalyse
נִתּוּחַ גּוֹרְמִים (מ״ח, סטט') [ר/א/127; מ״מ/218]. שֵׁם כּוֹלֵל שֶׁל שִׁיטוֹת סְטָטִיסְטִיּוֹת לְגִלּוּי מִסְפָּר קָטָן יוֹתֵר שֶׁל מִבְנִים סְמוּיִים בְּמַעֲרֶכֶת רְחָבָה שֶׁל מִשְׁתַּנִּים בִּלְתִּי תְּלוּיִים

Faktorenladung ---> Sättigung

Faktorentheorie
תּוֹרַת גּוֹרְמִים (פסי' מ״ח) [ר/א/127-128]. תּוֹרָה הָאוֹמֶרֶת שֶׁנִּתָּן לִקְבֹּעַ אֶת מִבְנֵה הַמִּשְׂכָּל וְהַהֶשֵּׂגִים שֶׁל קְבוּצָה בְּאֶמְצָעוּת גּוֹרְמִים מְסֻיָּמִים שֶׁמִּסְפָּרָם קָטָן מִן הַהֲלִיכִים הַמְּיֻשָּׂמִים

Faktorenzerlegung
פֵּרוּק לְגוֹרְמִים (מתמ')

faktorielle Varianzanalyse ---> Varianzanalyse, faktorielle

faktorieller Versuchsplan ---> Versuchsanlage, faktorielle

faktorisierbar
פָּרִיק לְגוֹרְמִים (מתמ') מִתְפָּרֵק לְגוֹרְמִים

Faktura ---> Rechnung

Fakultät
מִכְלָלָה (פדג') פָּקוּלְטָה. עֲצֶרֶת (מתמ')

fakultativ
בְּרָרַנִי, בְּרֵרִי, פָּקוּלְטָטִיבִי, נִתָּן לִבְחִירָה, רַשַּׁאי וְלֹא חַיָּב, בָּרִיר, בָּחִיר

Falbkatze *{Felis libyca}*
חָתוּל בָּר (זוא') יוֹנֵק מִמִּשְׁפַּחַת הַחֲתוּלִיִּים

Falken *{Falconidae}*
בַּזִּיִּים (זוא') מִשְׁפָּחָה שֶׁל עוֹפוֹת מִסְדֶּרֶת דּוֹרְסֵי יוֹם

Falkenraubmöwe *{Stercorarius longicaudus}*
חַמְסָן זְנַבְתָּן (זוא') עוֹף מִמִּשְׁפַּחַת הַחַמְסָנִיִּים

Falkner
בַּיָּז (מלא') בַּזָּר, צַיַּד צִפֳּרִים וְחַיּוֹת בְּעֶזְרַת בַּזִּים מְאֻלָּפִים, נַיָּץ, צַיַּד בְּעֶזְרַת נִצִּים מְאֻלָּפִים

Fall ---> Kasus

Fall, freier
נְפִילָה חָפְשִׁית (פיס')

Fall, gerader ---> Nominativ

Fall, im entgegengesetzten
בְּהֶפּוּכוֹ שֶׁל דָּבָר

Fall, möglicher
אֶפְשָׁר [ק/א/69]. מִקְרֶה אֶפְשָׁרִי

Fall, strittiger ---> Fall, unentschiedener

Fall, unentschiedener
מִקְרֶה עַרְטִילָאִי (משפ')

Fall stehendes Nomen, ein im abhängigen ---> Nomen, ein im abhängigen Fall stehendes

Fallbeil
מַעֲרֶפֶת (משפ') מַעֲרֶפֶת, מַעֲרָפָה, גִּלְיוֹטִינָה

Fallbeschleunigung
תְּאוּצַת הַכֹּבֶד (פיס')

Falle
מַלְכֹּדֶת (מַלְכּוֹדוֹת) (חקל') פַּח (פַּחִים), מַכְמוֹר, מִכְמָר, רֶשֶׁת (רְשָׁתוֹת), מְצוֹדָה

fallen

נָפַל (נוֹפֵל), שָׁפַל (שׁוֹפֵל), יָרַד (יוֹרֵד)

Fallen der Tide ---> Tide, Fallen der

fallen, unter etwas

נָפַל תַּחַת... [ק/ג/54]. הִכְרַע עַל יְדֵי..., נִכְפַּף לְ..., נִכְנַע לְ..., נִקְלַע תַּחַת יָדוֹ שֶׁל..., שֻׁעְבַּד לְ..., נֶהֱדַף, הֻפַּל, הֻכְנַע, נִשְׁלַט

Fallstreifen *{Virga}*

גֶּשֶׁם תָּלוּי (מטא׳) [יל״ט/61]. וִירְגָה, מִשְׁקָעִים הַמִּתְאַדִּים לִפְנֵי שֶׁהִגִּיעוּ לָאָרֶץ

Fallstudie

חֵקֶר מִקְרֶה (מדע) [מ״מ/212]. מֶחְקָר עֻצָּם (אִינְטֶנְסִיבִי) שֶׁל נִבְדָּק מְסֻיָּם בְּמֶשֶׁךְ זְמַן רַב

Fallsucht ---> Epilepsie

falsch

שִׁקְרִי [ק/ד/159]. כִּזְבִי, בָּדוּי, בָּטֵל, חֲסַר יְסוֹד, שֶׁיֵּשׁ בּוֹ מִן הַשֶּׁקֶר, לֹא נָכוֹן, זִיּוּפִי. כּוֹזֵב [ק/א/78]. בְּדָאִי. הַטְעָאִי, הֲטָעִי (פיל׳) [ק/א/168]. מַתְעֶה. כְּזָבִי, כְּזָבִי, כַּזְבָנִי [ק/ב/73,72]. מַטְעֶה, מְשֻׁבָּשׁ. מְזֻיָּף [ק/ב/173]. מְסֻלָּף, סָלוּף. מַטְעֶה, מֻטְעֶה [ק/ב/189]. שָׁגוּי. מֻפְסָד [ק/ב/246]. שֶׁיֵּשׁ בּוֹ טָעוּת. נִפְסָד [ק/ג/55]. מְשֻׁגֶּה

falsch erweisen, als

הִתְבַּדָּה (מִתְבַּדֶּה), הוּכַח שֶׁאֵין הַדָּבָר כָּךְ, נִתְפַּס בְּשֶׁקֶר

falsch schwören ---> Meineid leisten, einen

Falschbericht ---> Darstellung, falsche

falsche Beschuldigung ---> Beschuldigung, falsche

falsche Darstellung ---> Darstellung, falsche

falsche Erklärung ---> Erklärung, falsche

falsche Folie ---> Folie, falsche

falsche Meinung ---> Meinung, falsche

Falscheid ---> Meineid

Falschheit

שִׁקְרוּת [ק/א/257]. זִיּוּף (זִיּוּפִים), שֶׁקֶר, בִּטּוּל, בְּטֵלוּת, שִׁבּוּשׁ. כָּזָב (כְּזָבִים) [ק/ב/71]. הוֹלֶכֶת שׁוֹלָל, לְשׁוֹן מִרְמָה. פְּסֻלּוּת [ק/ג/197]. נִכְלוּת, רְמִיָּה, אִי כֵּנוּת

falscher Denker --->Denker, falscher

falscher Schein ---> Schein, falscher

falscher Zeuge ---> Zeuge, falscher

Falsifikation ---> Widerlegung

Falsifizierung ---> Widerlegung

Falte

קֶמֶט (קְמָטִים), כֶּפֶל (כְּפָלִים), קִפּוּל, קֹמֶט

falten, die Hände ---> Hände falten, die

Faltengebirge

הָרֵי קְמָטִים (גאו׳, י״א) הָרִים הַנּוֹצָרִים מֵהִתְקַמְּטוּת פְּנִים אוֹ חוּץ שֶׁל שִׁכְבוֹת סְלָעִים הַנִּהְיֵית כְּתוֹצָאָה מִלַּחַץ צְדָדֵי הַמְּלַוֶּה בְּהֵצָרוּת

Faltenhaut

עוֹר קָמוּט (רפו׳) [מר״ח/140]. שִׁרְשׁוּל הָעוֹר, עוֹר מְקֻמָּט

Faltenwespen, Soziale *{Vespidae}*

צִרְעִיִּים (זוא׳) מִשְׁפָּחָה שֶׁל דְּבוֹרָאִים

Faltlippenfledermaus *{Tadarida teniotis}*

אַשָּׁף (זוא׳) יוֹנֵק מִמִּשְׁפַּחַת הָאַשָּׁפִיִּים (עֲטַלֵּפִים)

Faltung

קִמּוּט, קִפּוּל, הִתְקַפְּלוּת, הַקְמָטָה, הִתְקַמְּטוּת, קְמִיטוּת

Familie

מִשְׁפָּחָה (ביו׳) יְחִידַת מִיּוּן תַּחְיוּאִית (בִּיּוֹלוֹגִית) מִתַּחַת לְסִדְרָה וּמֵעַל לְסוּג

famos

מֻפְלָא

Famulus ---> Medizinstudent

Fanfare

תְּרוּעַת חֲצוֹצְרָה (מוס׳)

Fang

מַלְקוֹחַ, שָׁלָל, צַיִד, שְׁלִי (דָּגִים)

Fangen

לְכִידָה [ק/ג/241]. צִידָה, תְּפִיסָה, כְּלִיאָה, מַאֲסָר

Fanghaft *{Mantispa}*

טְרַפְרֶגֶל (זוא׳) סוּג שֶׁל חֲרָקִים מִמִּשְׁפַּחַת הַטְּרַפְרַגְלִיִּים

Fangheuschrecken *{Matodea}*

גְּמַלֵּי שְׁלֹמֹה (זוא׳) תַּת סִדְרָה שֶׁל חֲרָקִים

Faradisierung

פְּרָעוּד (פיס׳, רפו׳) שִׁמּוּשׁ בְּזֶרֶם חִלּוּפִים חַלָּשׁ

Farbänderung ---> Wechselfarbigkeit

Farbart ---> Farbmaßzahl

Farbbildschirm

צַג רַבְגּוֹנִי (מחש׳) [דמ״א/23]. מִרְקַע רַבְגּוֹנִי

Farbe

צֶבַע (צְבָעִים) (אסת׳) [ק/א/107]. גּוֹן, גָּוֶן. מַרְאֶה (אסת׳) [ק/ב/274]. עַיִן (אסת׳) [ק/ג/130]

Farbe, bezüglich auf die

צִבְעִי (אסת׳) [ק/א/107]. גַּוְנִי, שֶׁל צֶבַע, מְעֻנְיָן הַגָּוֶן

Farbe, induzierte

צֶבַע הַשְׁרָאִי (פיס׳, פסי׳)

Farben, gebrochene

צְבָעִים פְּתוּכִים (אמנ׳) [ממ״ג/84]. צִבְעֵי מַעֲבָר, צְבָעִים שֶׁעֻרְבְּבוּ בְּצֶבַע אָפֹר וְנַעֲשׂוּ בִּלְתִּי בְּרוּרִים

Farben, Erscheinungsweisen der

מַרְאוֹת צְבָעִים (פיס׳, פסי׳)

farbenblind

עִוֵּר צְבָעִים (רפו׳, פסי׳)

Farbenblindheit

עִוָּרוֹן צְבָעִים (רפו׳, פסי׳) [ר/ב/496]

Farbenblindheit, partielle

לְקוּת בְּרְאִיַּת צְבָעִים (רפו׳, פסי׳) [ר/ב/496]

Farbeninduktion

הַשְׁרָאַת צְבָעִים (פיס׳, פסי׳)

Farbenkonstanz

קְבִיעוּת שֶׁל צֶבַע (פסי׳) [ר/ב/594]. נְטִיָּה שֶׁל צְבָעִים נִתְפָּסִים לְעוֹרֵר חֲוָיוֹת תְּפִיסָתִיּוֹת זֵהוֹת

Farbenmischung

פִּתּוּךְ צְבָעִים (פיס׳, פסי׳) [ר/ב/579]

Farbenscheu

בַּעַת צְבָעִים (פסי') דְּחִילַת צְבָעִים
Farbentrübheit
עֲכִירוּת צְבָעִים (פיס', פסי')
farbig
צִבְעוֹנִי (פיס', אמנ') [ק/א/107]. גַּוְנִי, בַּעַל צֶבַע, רַב צְבָעִים
Farbigkeit
צִבְעוֹנִיּוּת (פיס', אמנ') [ק/א/107]. גַּוְנִינוּת, תְּכוּנַת מַה שֶׁיֵּשׁ לוֹ צֶבַע, רִבּוּי צְבָעִים

farblos ---> achromatisch
Farbmaßzahl
צִבְעִיּוּת (פיס') כְּרוֹמָטִיּוּת
Farbton
גָּוֶן (גְּוָנִים) (פיס', אסת') הֶבְדֵּל דַּק בִּצְבָעִים, גַּוָּן, גּוֹן (גּוֹנִים)
farbveränderlich
בָּרֹד, מְנֻמָּר
Farbverlust ---> Entfärbung
Farbwalze
גְּלִיל חַרְתָּה (אמנ', דפו') [ממ"ג/71]. גְּלִיל מוֹשֵׁחַ, הַגְּלִיל בְּמַכְבֵּשׁ הַמַּעֲלֶה אֶת הַחַרְתָּה עַל פְּנֵי הַלּוּחַ אוֹ הַסֶּדֶר
Farce [---> Burleske; Posse]
גַּחְכִּית (גַּחְכִּיּוֹת) (תאט') מַחֲזֶה תַּעְתּוּעִים, פַּרְסָה, מַשֶּׁהוּ מְגֻחָךְ
Farnpflanzen *{Pteridophyta}*
מַעֲרֶכֶת הַשָּׁרָכָנִיִּים (בוט')
Fasan *{Phasianus colchicus}*
פַּסְיוֹן מָצוּי (זוא') עוֹף מִמִּשְׁפַּחַת הַפַּסְיוֹנִיִּים
Faser
סִיב (סִיבִים), לִיף (לִיפִים)
Faserbündel
צְרוֹר סִיבִים, - לִיפִים
faserförmig
סִיבִי, לִיפִי
Faserkrebs *{Scirrhus}*
טִנָּר (רפו') גִּדּוּל קָשֶׁה, טִינָר
Faserplatte ---> Holzfasserplatte
Faserschreiber
פְּתִילוֹן (טכנ', אמנ')
Faserwurzel
צִיצַת שָׁרָשִׁים (בוט') אֲגֻדַּת שָׁרָשִׁים שְׁוֵי עֹבִי וּשְׁוֵי אֹרֶךְ
Faß
חָבִית (חָבִיּוֹת) (טכנ') [א"ח/ב/233]
Fassade
חֲזִית (חֲזִיתוֹת) (אדר') הַצַּד הַקִּדְמִי שֶׁל מִבְנֶה
fassend, in sich
הַרְכָּבִי, הֶרְכֵּבִי [ק/א/215]. שֶׁל הֶרְכֵּב, מֻרְכָּב
Faßschnecke *{Tonna galea}*
חֶבְיוֹנָה גְּדוֹלָה (זוא') בַּעַל חַיִּים מִמִּשְׁפַּחַת הַחֶבְיוֹנִיִּים (חֶלְזוֹנוֹת)
Faßschnecken *{Tonnidae}*
חֶבְיוֹנִיִּים (זוא') מִשְׁפָּחָה שֶׁל חֶלְזוֹנוֹת
Fassung
נֹסַח (נְסָחִים), גִּרְסָה (גִּרְסוֹת)
Fassungskraft
הַשָּׂגָה (פיל', פסי') [ק/א/216]. הַכֹּחַ הַשִּׂכְלִי וְהַחוּשִׁי שֶׁל הָאָדָם לְהַשִּׂיג מֻשָּׂגִים וּלְצַיְּרָם לוֹ בְּשִׂכְלוֹ
Fassungsvermögen
יְכִילוּת (רפו') [מר"ח/120]. תְּכוּלָה, קִבּוּל. קִבּוּל הַחְסָנָה (טכנ', ימא')
Fasten
צוֹם (צוֹמוֹת) (דת, רפו') [א"ח/ב/150]. תַּעֲנִית (תַּעֲנִיּוֹת), הִמָּנְעוּת מֵאֲכִילָה וּמִשְּׁתִיָּה
Fasten, Schlußmahl vor dem ---> Schlußmahl vor dem Fasten
Fastnachtsspiel
הִלּוּלָא דְעֶרֶב תַּעֲנִית (דת, תאט') מַחֲזֵה הַקַּרְנֵבָל
Faszikel *{Fasciculus}*
אֲלֻמָּה (אֲלֻמּוֹת) (רפו')
fatal
גּוֹרָלִי, מְנִיתִי, פָּטָלִי
Fatalist(in)
גּוֹרָלָן, גּוֹרָלָנִית (פיל', דת) [ק/ב/129]. מַאֲמִין הַהֶכְרֵחַ, פָּטָלִיסְט, מִי שֶׁמַּאֲמִין בַּגּוֹרָל, הַמַּאֲמִין שֶׁאֵין אָדָם יָכוֹל לְהִמָּלֵט מִמַּזָּלוֹ וּמִמַּה שֶּׁנִּגְזַר עָלָיו הַגּוֹרָל הַסָּמוּי
Fatalität
גּוֹרָלִיּוּת, פָּטָלִיּוּת
Fatum
גְּזֵרָה (דת, פיל') [ק/א/111]. הַהֶכְרֵחַ בְּמַעֲשֵׂי הָאָדָם וּבְמְאֹרְעוֹת חַיָּיו, מַה שֶּׁנִּגְזַר עָלָיו מִלְמַעְלָה
faul ---> verdorben
faul werden ---> verderben
Faulbrand des Getreides ---> Getreide(s), Faulbrand des
faules Ei ---> Ei, faules
faulig [---> verdorben]
בָּאוּשׁ (פסי') מֵעֵין הָרָקָב, מַסְרִיחַ, מַבְאִישׁ, מַצְחִין, סָרוּחַ
Fauna ---> Tierreich
Faust
אֶגְרוֹף (אֶגְרוֹפִים) (רפו', מ"ח) כַּף יָד קְמוּצָה, כֹּחַ הַזְּרוֹעַ, שִׁלְטוֹן
Faust schlagen, mit geballter
תָּקַע (תּוֹקֵעַ) אֶגְרוֹף [א"ח/ג/11]. הִכָּה בְּאֶגְרוֹף קָמוּץ
Faustleier ---> Brustbohrer
Faustpfand ---> Pfand
Faustpfand, gesellschaftliches
עֲרֻבָּה חֶבְרָתִית (מ"ח)
Faustschlag
סְנוֹקֶרֶת (סְנוֹקָרוֹת), מַרְתֵּק (מַרְתְּקִים), מַהֲלֻמָּה, מַכַּת אֶגְרוֹף, מַרְתִּיק
Faustschlag versetzen, jemandem einen
סָנַק (סוֹנֵק), סִנֵּק (מְסַנֵּק), סַנֵּק (מְסַנֵּק), סִנְקֵר (מְסַנְקֵר), סִנְקֵר (מְסַנְקֵר), רָתַק (רוֹתֵק), הִכָּה בְּאֶגְרוֹף
faux frais
הוֹצָאוֹת לְבַטָּלָה (כלכ')
Favorit ---> Günstling
faxen ---> durchfaxen
Faxgerät
מִכְפָּזוֹר (טכנ') מֶחְפָּזוֹר, פַּקְסִימִילְיָה, מַכְשִׁיר פַּקְס

Faxschreiben

מִכְפָּז (מִכְפָּזִים, מִכְפְּזֵי-) (טכנ') מִכְתָּב שֶׁנִּשְׁלַח בְּמִכְפָּזוֹר (מַכְשִׁיר פַּקְס), מֻחְפָּז (מֻחְפָּזִים, מֻחְפְּזֵי-)

Fazilität ---> Tunlichkeit

Feder

קְפִיץ (קְפִיצִים) (טכנ')

Feder, Zusammendrückung der

הִתְכַּוְּצוּת הַקְּפִיץ (טכנ') כִּוּוּץ הַקְּפִיץ

Feder spannen

מִתֵּחַ (מְמַתֵּחַ) קְפִיץ (טכנ')

Feder zusammendrücken

כִּוֵּץ (מְכַוֵּץ) קְפִיץ (טכנ')

Federborstengras *{Pennisetum}*

זִיפְנוֹצָה (בוט') צֶמַח מִמִּשְׁפַּחַת הַדְּגָנִיִּים

Federgeistchen *{Pterophoridae}*

עַשְׁנוֹצִיתִיִּים (זוא') מִשְׁפָּחָה שֶׁל פַּרְפָּרָאִים

Fedgergras *{Stipa}*

מַלְעֲנִיאֵל (בוט') צֶמַח מִמִּשְׁפַּחַת הַדְּגָנִיִּים

Federkelch *{Pappus}*

צִיצִית (צִיצִיּוֹת) (בוט') קְבוּצַת שְׂעָרוֹת אוֹ מוֹצִים אֲרֻכִּים

federn

הִקְפִּיץ (מַקְפִּיץ)

Federnelke *{Dianthus plumarius}*

צִפֹּרֶן מְצֻיָּץ (בוט') צֶמַח מִמִּשְׁפַּחַת הַצִּפָּרְנִיִּים

Federwindung

כְּרִיכַת הַקְּפִיץ (טכנ') צְפִירַת הַקְּפִיץ

Federwolke *{Zirrus}*

עֲנַן נוֹצוֹת (מטא') [יל"ט/166]. צִירוּס, עֲנָנִים גְּבֹהִים דְּמוּיֵי רְצוּעוֹת צָרוֹת הַמֻּרְכָּבִים מִגְּבִישֵׁי קֶרַח

Federzeichnung

רִשּׁוּם עֵט (אמנ') [ממ"ג/72]

Feedback ---> Rückkopplung

fegen

טֵאטֵא (מְטַאטֵא) [א"ח/א/77]. כִּבֵּד (מְכַבֵּד), נִקָּה בְּמַטְאֲטֵא, כָּנַשׁ

Fegen

טִאטוּא [א"ח/א/77]. כִּבּוּד, נִקּוּי בְּמַטְאֲטֵא

Fehlanpassung

הִסְתַּגְּלוּת לְקוּיָה [ר/א/213]

Fehlbetrag *{Defizit}*

חֶסֶר (כלכ') גֵּרָעוֹן, עֹדֶף הַהוֹצָאָה עַל הַהַכְנָסָה, דֶּפִיצִיט

Fehlbildung ---> Mißbildung

Fehlen der Brustdrüse ---> Brustdrüse, Fehlen der

Fehlen der Menses ---> Amenorrhö

Fehlen des Hungergefühls ---> Anorexie

Fehlen erotischer Gefühle ---> Anerotismus

fehlend

נֶעְדָּר (פיל') [ק/א/64]. אָפוּס, מְחֻסָּר, נָטוּל, חָסֵר, פָּנוּי מִ..., חָסוּךְ

fehlende Übereinstimmung ---> Anpassung, mangelnde

fehlender Samenerguß ---> Aspermie

Fehler

טָעוּת (טָעֻיּוֹת), שְׁגִיאָה (שֶׁמֵּאִי יְדִיעָה), סְטִיָּה מֵהַנָּכוֹן, שִׁבֶּשֶׁת (שִׁבָּשׁוֹת), שִׁבּוּשׁ, סֶלֶף (סְלָפִים). מִגְרַעַת (מִגְרָעוֹת) [ק/ב/142; ר/א/293]. חֶסְרוֹן, פְּחִיתוּת, פְּגָם, דָּבָר שֶׁל דֹּפִי

Fehler, Beseitigung der ---> Beseitigung der Fehler

Fehler, konstanter

נְטַאי (מדע) [ר/א/190]. הַטָּיָה , כָּל גּוֹרֵם שִׁיטָתִי שֶׁמֵּבִיא לְטָעוּת

Fehler, Methode der mittleren

מַדְרוּךְ הַטָּעוּת הַמְּמֻצַּעַת (פסי') [ר/א/294]. מַדְרוּךְ (מְתוֹדָה) שֶׁל הַטָּעוּת הַמְּמֻצַּעַת הַמְבֻסָּס עַל הַטָּעוּת הַמְּמֻצַּעַת בְּסִדְרָה שֶׁל תַּצְפִּיּוֹת אוֹ שֶׁל שִׁפּוּטִים

Fehler, mittlerer quadratischer ---> Standardfehler

Fehler, systematischer

טָעוּת שִׁיטָתִית (סטט')

Fehler, übrigbleibender

טָעוּת שִׁיּוּרִית (אסט')

Fehler, wahrscheinlicher

טָעוּת מִסְתַּבֶּרֶת (סטט')

Fehler, zufälliger ---> Zufallsfehler

Fehler berichtigen ---> korrigieren

Fehler der sozialen Erwünschtheit

נְטַאי הַעֲמָדַת פָּנִים (מ"ח, פסי') [מ"מ/211]. הַטָּיָה כְּתוֹצָאָה מֵרְצִיָּה חֶבְרָתִית, נְטִיָּה שֶׁל נִבְדָּקִים לְכַזֵּב בִּלְשׁוֹנָם מִטַּעֲמֵי רָאֻוָּה וִיקָרָה

Fehler erster Art

טָעוּת מִסּוּג אֶחָד (מ"ח, סטט') [מ"מ/212]. דְּחִיַּת הַשְׁעָרָה נְכוֹנָה

Fehler zweiter Art

טָעוּת מִסּוּג שֵׁנִי (מ"ח, סטט') [מ"מ/212]. קַבָּלַת הַשְׁעָרָה בִּלְתִּי נְכוֹנָה

Fehlerempfindlichkeit, Herabsetzung der

הַגְרָעָה מֻדְרֶגֶת (פסי', פדג', מחש')

Fehlerfigur

יְצִיר הַטָּעֻיּוֹת (אסט')

Fehlerfortpflanzung

הִתְקַדְּמוּת הַטָּעֻיּוֹת (אסט') הִתְמַשְּׁכוּת הַטָּעֻיּוֹת

Fehlerfunktion

מִתְנֵה הַטָּעוּת (מתמ') פוּנְקְצִיַּת הַטָּעוּת

Fehlergrenze ---> Fehlertoleranz

Fehlerlehre

תּוֹרַת הַטָּעֻיּוֹת (סטט')

Fehlern, Anhäufung von
הִצְטַבְּרוּת טָעֻיּוֹת (אסט')
fehlertolerant
סוֹבֵל תַּקָּלוֹת (מדע, טכנ')
Fehlertoleranz
סַבֹּלֶת תַּקָּלוֹת (מדע, טכנ') סַבֹּלֶת, מִרְוַח סְטִיּוֹת אוֹ טָעֻיּוֹת
Fehlervarianz
שׁוֹנוּת הַטָּעֻיּוֹת (סטט') [מ"מ/221]. שׁוֹנוּת שֶׁמְּקוֹרָהּ בְּמִשְׁתַּנִּים בִּלְתִּי מְבֻקָּרִים וּבְטָעֻיּוֹת מְדִידָה
Fehlerverteilung
פֵּרוּס הַטָּעֻיּוֹת (אסט')
fehlerzeigende Figur ---> Fehlerfigur
Fehletymologie ---> Volksetymologie
Fehlfunktion, motorische *{Dyskinesia}*
הַפְרָעַת תְּנוּעָה (רפו', פסי') [ר/א/164]. פֶּרַע תְּנוּעָה, לִקּוּי בִּתְנוּעָה רְצוֹנִית, דִּיסְקִינֶזְיָה
fehlgebildet ---> mißgebildet
Fehlgriff
צָרְמָה (צוֹרְמָה), חֹסֶר הַתְאָמָה, חֲרִיגָה
Fehlhandlung ---> Parapraxie
Fehlleistung ---> Parapraxie
Fehlreaktion
תְּגוּבַת טָעוּת (פסי') [ר/ב/674]. תְּגוּבַת שָׁוְא, כָּל תְּגוּבָה לְגֵרוּי הַלֹּא מַתְאִים
Fehlschlag
כִּשָּׁלוֹן (כִּשְׁלוֹנוֹת), כֶּשֶׁל (כְּשָׁלִים)
Fehlsinnmutation
שְׁנוּרַת סֶלֶף (ביו') מוּטָצִיַּת סֶלֶף
Fehlspruch
עִוּוּת דִּין (משפ')
Fehlurteil
שִׁפּוּט מֻטְעֶה (משפ')
Fehlverweisung
רְמִיזַת שָׁוְא (ספרנ') אַפְנָיַת שָׁוְא
Fehlverwendung ---> Mißbrauch
Feier
חֲגִיגָה (חֲגִיגוֹת) (מ"ח) [א"ת/ג/58]. שִׂמְחַת מֵרֵעוּת, הִלּוּלָה (הִלּוּלוֹת)
feierlich
חֲגִיגִי, בַּחֲגִיגִיּוּת, חֲגִיגִית
feierliche Anrede ---> Anrede, feierliche
feiern
חָגַג (חוֹגֵג) [א"ת/ג/102]. חִגֵּג (מְחַגֵּג), חָנַג (חוֹנֵג)
Feiertag
חַג (חַגִּים) (דת) [א"ת/ג/35]. יוֹם טוֹב (יָמִים טוֹבִים), מוֹעֵד (מוֹעֲדִים), עִיד (עֵידִים)
Feiertag, heidnischer
אֵיד (אֵידִים) (דת, אנת') [א"ת/ב/356]. חַג שֶׁל עוֹבְדֵי עֲבוֹדָה זָרָה
Feiertage, Festsetzung der Monatsanfänge und der ---> Festsetzung der Monatsanfänge und der Feiertage
Feige, frühreifende
פַּגָּה (פַּגּוֹת) (חקל') [א"ת/ב/213]. פַּג (פַּגִּים), תְּאֵנַת בֹּסֶר
Feige, getrocknete
גְּרוֹגֶרֶת (גְּרוֹגָרוֹת) (תזו') [א"ת/ב/246]. תְּאֵנָה מְיֻבֶּשֶׁת
Feige, reifende
בֹּחַל (בְּחָלִים) (חקל') [א"ת/ב/213]. תְּאֵנָה קְרוֹבָה לְהַבְשָׁלָתָהּ אַחַר הֱיוֹתָהּ פַּגָּה, פְּרִי בָּשֵׁל וְהוֹלֵךְ
Feigen, die letzten
סוֹפֵי תְּאֵנִים (חקל')
Feigen, Kuchen aus gepreßten
דְּבֵלָה (דְּבֵלוֹת) (תזו') [א"ת/א/114]. גּוּשׁ תְּאֵנִים מְיֻבָּשׁוֹת
Feigen pflücken
אָרָה (אוֹרֶה) (חקל') [א"ת/ב/214]. קָטַף תְּאֵנִים, קָצַע (קוֹצֵעַ) תְּאֵנִים
Feigenbaum *{Ficus carica}*
תְּאֵנָה (בוט') צֶמַח מִמִּשְׁפַּחַת הַתּוּתִיִּים
Feigenernte
אֲרִיָּה (אֲרִיּוֹת) (חקל') אֲרִיַּת תְּאֵנִים, קְטִיף הַתְּאֵנִים, קְצִיעַת תְּאֵנִים
Feigenkaktus *{Opuntia}*
צַבָּר (בוט') צֶמַח מִמִּשְׁפַּחַת הַצַּבָּרִיִּים
Feigenopuntie *{Opuntia ficus-indica}*
צַבָּר מָצוּי (בוט') צֶמַח מִמִּשְׁפַּחַת הַצַּבָּרִיִּים
Feigheit
מֹרֶךְ (פסי') [ק/ב/279]. פַּחַד, רֹךְ לֵב
Feigwurz ---> Scharbockskraut
Feile
שׁוֹפִין (שׁוֹפִינִים) (טכנ') פְּצִירָה (פְּצִירוֹת)
feilen
שִׁיֵּף (מְשַׁיֵּף) (טכנ') שָׁף, פָּצַר (פּוֹצֵר), חָרַץ
Feilenhieb
מַחֲרֹקֶת הַשּׁוֹפִין (טכנ') פְּנֵי הַפְּצִירָה הַמְּחֹרָקִים
Feilicht ---> Feilspäne
Feilkloben ---> Kloben
feilschen
הִתְמַקֵּחַ (מִתְמַקֵּחַ) (כלכ', מ"ח) מִקַּח (מְמַקֵּחַ), עָמַד עַל הַמִּקָּח
Feilschen
מִקּוּחַ (כלכ', מ"ח) מִתְגָּר, עֲמִידָה עַל הַמִּקָּח, מַשָּׂא וּמַתָּן מִסְחָרִי
Feilspäne
גֹּרֶדֶת שׁוֹפִינִים (טכנ')
Feilstaub
נְשֹׁפֶת שׁוֹפִינִים (טכנ')
fein ---> subtil
fein werden ---> subtil werden
Feind
אוֹיֵב (אוֹיְבִים), בַּעַל דְּבָב, שׂוֹנֵא, צוֹרֵר
feindlich
עוֹיֵן, דָּבוּב
feindliche Handlung ---> Handlung, feindliche
Feindschaft ---> Feindseligkeit
Feindschaft ansagen [---> befeinden]
הִשְׂטִין (מַשְׂטִין), הִסְטִין, קִטְרֵג (מְקַטְרֵג)
Feindseligkeit
עוֹיְנוּת [ר/ב/496]. אֵיבָה, צְהִיבָה
Feineinsteller
כַּוֶּנֶת (כַּוָּנוֹת) (טכנ') הֶתְקֵן הַמְּשַׁמֵּשׁ לְכִוְנוּן מְכוֹנָה אוֹ כְּלִי

Feinheit [---> Vornehmheit]
עֲדִינוּת [ק/א/145]. דַּקּוּת, דַּקִּיקוּת, דַּקִּיקִיּוּת [ק/א/146]. רְקִיקוּת [ק/ד/57]

feinkörnig
דַּק גַּרְגְּרִים

Feinmechanik
יִצּוּר כְּלֵי דַּיִק (טכנ׳)

Feinmechaniker(in)
חָרָשׁ דַּיָּק, חָרֶשֶׁת דַּיֶּקֶת (מלא׳) חָרַשׁ כְּלֵי דַּיִק

Feinmehl ---> Semmelmehl

Feinmühle
מְאַבְקֵק (מְאַבְקְקִים) (טכנ׳) מַכְשִׁיר אִבְקוּק, מַטְחֵנָה עֲדִינָה בְּיוֹתֵר

Feinstahl ---> Gerbstahl

Feld ---> Rubrik

Feld(es), Besetzungszahl eines ---> Feldhäufigkeit

Feld, elektrisches
שָׂדֶה חַשְׁמַלִּי (פיס׳) [ל״מ/275]. הַתְּחוּם בִּסְבִיבַת מִטְעָן חַשְׁמַלִּי שֶׁבּוֹ פּוֹעֵל כֹּחַ עַל חֶלְקִיק טָעוּן

Feld, interferierendes
שְׂדֵה שׁוּלַיִם (פיס׳)

Feld, semantisches
שְׂדֵה מַשְׁמָעוּת (בלש׳) [מ״ב/202]. שָׂדֶה סִימָנְתִּי (סֶמַנְטִי), תְּחוּם סִמָּנְתִּי, אֹסֶף שֶׁל מִלִּים קְרוֹבוֹת בְּמַשְׁמָעֵיהֶן הַמְּכַסּוֹת בְּיַחַד קֶטַע רָצוּף וְשָׁלֵם שֶׁל הַמְּצִיאוּת, לְמָשָׁל: לִשְׂדֵה הַמַּשְׁמָעוּת ״דִּמּוּי״ שַׁיָּכִים צֵרוּפִים כְּגוֹן: ״דָּמָה אֶל-״; ״הִתְמַשֵּׁל בְּ-״; ״נִרְאָה כְּ-״

Feld, unbewässertes
שְׂדֵה בַּעַל (חקל׳) [א״ח/ב/164]. שְׂדֵה בֵּית הַבַּעַל, שָׂדֶה שֶׁאֵינוֹ מֻשְׁקֶה הַשְׁקָיָה מְלָאכוּתִית

Feldabhängigkeit
תְּלוּת בַּשָּׂדֶה (פסי׳) [ר/ב/648]. תְּלוּת תְּפִיסוֹתָיו שֶׁל אָדָם בִּרְמָזִים סְבִיבָתִיִּים

Feldahorn *{Acer campestre}*
אֶדֶר מָצוּי (בוט׳) צֶמַח מִמִּשְׁפַּחַת הָאַדְרִיִּים

Feldflasche
מֵימִיָּה (טכנ׳, ארכ׳) צַפַּחַת (צַפָּחוֹת)

Feldgans *{Anser}*
אַוָּז (זוא׳) עוֹף מִמִּשְׁפַּחַת הַבַּרְוָזִיִּים

Feldhäufigkeit
שְׁכִיחוּת בַּתָּאִים (סטט׳) [מ״מ/222]. מִסְפַּר הַמִּקְרִים בְּכָל תָּא שֶׁל לוּחַ צוֹלֵב

Feldhase, Europäischer *{Lepus capensis}*
אַרְנֶבֶת (זוא׳) יוֹנֵק מִמִּשְׁפַּחַת הָאַרְנָבִיִּים

Feldheuschrecken *{Acrididae}*
חֲגָבִיִּים (זוא׳) מִשְׁפָּחָה שֶׁל חֲרָקִים

Feldhüterhäuschen ---> Wächterhütte

Feldlerche *{Alauda arvensis}*
זַרְעִית הַשָּׂדֶה (זוא׳) עֶפְרוֹנִי שָׂדֶה, עוֹף מִמִּשְׁפַּחַת הָעֶפְרוֹנִיִּים

Feldmaus, Mittelmeer- *{Microtus guentheri (Microtus socialis guentheri)}*
נַבְרַן הַשָּׂדֶה (זוא׳) יוֹנֵק מִמִּשְׁפַּחַת הַנַּבְרָנִיִּים

Feldmesser
מוֹדֵד (מוֹדְדִים) (הנד׳) [ק/ב/291]. מוֹדֵד הָאָרֶץ

Feldperspektive
נְקֻדַּת עֲמִידָה (אמנ׳) [ממ״ג/74]. תִּשְׁקֹפֶת (פֶּרְסְפֶּקְטִיבָה) מִנְּקֻדַּת מַבָּטוֹ שֶׁל אָדָם עוֹמֵד

Feldrand
גֹּבֶל (גְּבָלִים) (חקל׳) גְּבוּל הַשָּׂדֶה

Feldsperling *{Passer montanus}*
דְּרוֹר הָרִים (זוא׳) עוֹף מִמִּשְׁפַּחַת הַדְּרוֹרִיִּים

Feldspitzmaus *{Corcidura leucodon}*
חַדַּף לְבַן שִׁנַּיִם (זוא׳) יוֹנֵק מִמִּשְׁפַּחַת הַחַדָּפִיִּים

Feldstecher ---> Fernglas

Feldstudie
מֶחְקַר שָׂדֶה (מדע) [ר/ב/374; מ״מ/214]. מֶחְקַר תּוֹפָעָה מְסֻיֶּמֶת בִּסְבִיבָתָהּ הַטִּבְעִית

Feldtheorie
תּוֹרַת הַשָּׂדֶה (פסי׳) [ר/ב/648]. תּוֹרָה הַטּוֹעֶנֶת שֶׁהִתְנַהֲגוּת הַיָּחִיד מֻשְׁפַּעַת מִכֹּחוֹת שָׂדֶה הַטְּמוּנִים בְּמֶרְחַב חַיִּים הַנִּתָּן לְשִׁחְזוּר מַתְּמָטִי

Feldthymian *{Thymus serpyllum}*
קוֹרָנִית זוֹחֶלֶת (בוט׳) צֶמַח מִמִּשְׁפַּחַת הַשְּׂפָתָנִיִּים

Felduntersuchung ---> Feldstudie

Fell, abgezogenes
שֶׁלַח (שְׁלָחִים) [א״ח/ב/261]. עוֹר חַיָּה שֶׁהוּסַר מִמֶּנּוּ הַשֵּׂעָר

Fellatio
פִּזְיוּן (פסי׳) מְצִיצַת אֵבֶר הַמִּין שֶׁל הַגֶּבֶר בְּעֵת מִשְׂחַק הָאַהֲבָה, פִּזּוּן, פְּזִינָה

Fellatio ausüben
פִּזְיֵן (מְפַזְיֵן), פִּזְיְנָה (מְפַזְיֶנֶת, לְפַזְיֵן) (פסי׳) מָצַץ אֶת הַפִּין, פָּזַן (פּוֹזֵן), פָּזְנָה (פּוֹזֶנֶת, לִפְזֹן), פִּזֵּן (מְפַזֵּן, לְפַזֵּן), פִּזְּנָה (מְפַזֶּנֶת)

Fels, gewachsener
סֶלַע אֵיתָן (גאו׳)

Felsengrab
קֶבֶר חָצוּב (ארכ׳)

Felsenkrabbe *{Pachygrapsus marmoratus}*
שִׁישָׁן תְּלַת שֵׁן (זוא׳) סַרְטָן מִמִּשְׁפַּחַת הַשִּׁישָׁנִיִּים (סַרְטָנִים מֵעֲשִׂירֵי רֶגֶל)

Felsenmaus *{Apodemus mystacinus}*
יַעֲרוֹן גָּדוֹל (זוא׳) יוֹנֵק מִמִּשְׁפַּחַת הָעַכְבָּרִיִּים

Felsenschwalbe *{Ptyonoprogne rupestris (Hirundo rupestris)}*
סְנוּנִית הַסְּלָעִים (זוא׳) עוֹף מִמִּשְׁפַּחַת הַסְּנוּנִיתִיִּים

Felsenspalt
נָקִיק (נְקִיקִים) (י״א) חָגוּ, סֶדֶק

Felsentaube *{Columba livia}*
יוֹנַת סְלָעִים (זוא׳) עוֹף מִמִּשְׁפַּחַת הַיּוֹנִיִּים

Felsentor
קֶשֶׁת סְלָעִים (גאו׳, י״א)

Felsenvorsprung
שָׁקִיף (שְׁקִיפִים) [א"ח/א/4]. זִיז סֶלַע, נְקִיק סֶלַע

Felsfußfläche
אֶדֶן סֶלַע (אַדְנֵי סְלָעִים) (י"א)

Felsgarnele, Große *{Palaemon elegans}*
קַפְצָן מָצוּי (זוא') סַרְטָן מִמִּשְׁפַּחַת הַקַּפְצָנִיִּים (סַרְטָנִים מַעֲשִׂירֵי רֶגֶל)

Felsgarnelen *{Palaemonidae}*
קַפְצָנִיִּים (זוא') מִשְׁפָּחָה בְּסִדְרַת סַרְטָנִים מַעֲשִׂירֵי רֶגֶל

Felsgestein
סֶלַע (סְלָעִים) (גאו') [א"ח/ב/73]. טֶרֶשׁ (טְרָשִׁים), אַדְמַת אֲבָנִים

felsiger Boden ---> Boden, felsiger

Felsuntergrund
סֶלַע שְׁתִית (גאו')

Felswüste *{Hammada}*
מִדְבַּר אֲבָנִים (גאו', י"א) חַמָּדָה, מִדְבָּר סַלְעִי

Femininum
נְקֵבָה (בלש') [ק/ג/64; מ"ב/80]. נְקֵבָתִי, נְקֵבִי, נַקְבוּתִי, הַמִּין הַדִּקְדּוּקִי שֶׁל נְקֵבָה, שֵׁם בִּלְשׁוֹן נְקֵבָה, תַּת גִּבְלָה (תַּת קָטֵגוֹרְיָה) שֶׁל הַמִּין הַדִּקְדּוּקִי, לְמָשָׁל: "עִיר", "אִשָּׁה", "עֲבֹדָה", "אָתוֹן"

Feminismus
נַשְׁיָנוּת (מ"ח) פֶמִינִיזְם, תְּנוּעָה לְשִׁוּוּי זְכֻיּוֹת הָאִשָּׁה

Fenchel *{Foeniculum}*
שֶׁמֶר (בוט') צֶמַח מִמִּשְׁפַּחַת הַסּוֹכְכִיִּים

Fensterlehne
סַף הַחַלּוֹן (אדר')

Fensterladen
תְּרִיס (תְּרִיסִים) (טכנ')

Ferien
פַּגְרָה, חֻפְשָׁה מֵעֲבוֹדָה אוֹ מִלִּמּוּדִים

Fermate ---> Ruhepunkt

Ferment
תַּסָּס (תַּסָּסִים) (ביו') פֶרְמֶנְט, תְּסִיס (תְּסִיסִים), חֹמֶר מַתְסִיס

Fermentation
תְּסִיסָה (ביו') פֶרְמֶנְטַצְיָה

Fermentation, alkoholische
תְּסִיסָה כֹּהֱלִית (ביו')

fermentativ
תּוֹסֵס (ביו')

fermentbezüglich
תַּסָּסִי (ביו') פֶרְמֶנְטִי, תְּסִיסִי

fermentieren ---> gären

Fernbleiben, unerlaubtes
נִפְקָדוּת (משפ') נֶעְדָּרוּת לְלֹא רְשׁוּת

Fernbleiben vom Arbeitsplatz *{Absentismus}*
עִדָּרוֹן (מ"ח) נִפְקָדוּת, הֵעָדְרוּת מִמְּקוֹם הָעֲבוֹדָה

ferner
נוֹסָף לְכָךְ [ק/ב/173]. מִזֶּה... וּמִזֶּה, מִכָּאן וּמִכָּאן, לְהַלָּן, הָלְאָה, בְּהֶמְשֵׁךְ הַדְּבָרִים

Fernere, das ---> Weitere, das

Fernerkundung
חִישַׁת רַחַק (טכנ')

Fernglas
מִשְׁקֶפֶת (מִשְׁקָפוֹת) (פיס', טכנ') [ל"מ/419]. מִשְׁקֶפֶת זוּגִית, מִשְׁקָף

fernhalten
הִרְחִיק (מַרְחִיק) [ק/ד/38]. מָשַׁךְ יָדָיו מִ..., טֵרַד אֶת... מִ..., שִׁלַּח, סִלֵּק, גֵּרֵשׁ. שָׁלַל [ק/ד/115]. לֹא נָתַן, מָנַע

Fernhaltung
הַרְחָקָה [ק/א/213]. סִלּוּק. רִחוּק [ק/ד/35]. דְּחִיָּה. רֹחַק [ק/ד/36]. הֲסָרָה (פיל') [ק/א/186]. הֶעְדֵּר, שְׁלִילָה

Fernkopierer ---> Faxgerät

fernliegend
מְרֻחָק [ק/ב/278]. רָחוֹק, מְסֻלָּק, בִּלְתִּי רָאוּי, חָרִיג

Fernrohr
מִשְׁקֶפֶת חַד קָנִית (פיס', טכנ') שְׁפוֹפֶרֶת רְאִיָּה, קְנֵה חָזוּת, מְצוֹפִית

Fernrohr, gebrochenes
מִשְׁקֶפֶת זָוִיתִית (פיס', טכנ')

Fernsehen
תַּבֶּטֶת (תַּבָּטוֹת) (טכנ') טֶלֶבִיזְיָה

Fernzugriff
גִּישַׁת רַחַק (מחש') [דמ"א/88]. שִׁמּוּשׁ בְּמַחְשֵׁב שֶׁפּוֹעֵל אוֹ מַפְעִיל מֵרָחוֹק

Fersenbein *{Calcaneus}*
עֶצֶם הֶעָקֵב (רפו')

Fertigbearbeitung [---> Vollendung]
גִּמּוּר (טכנ') הַשְׁלָמַת הָעִצּוּב

Fertigkeit ---> Gewandtheit

Fertigstellung
גְּמַר עֲשִׂיָּה

Fertigungstechnologie, rechnergestützte
יִצּוּר בְּעֶזְרַת מַחְשֵׁב (מחש', טכנ')

Fertigungsteuerung
בַּקָּרַת תַּהֲלִיכִים (מחש') [דמ"א/82]. בַּקָּרָה נִתְגֶּבֶת (אוֹטוֹמָטִית) שֶׁל תַּהֲלִיכִים תַּעֲשִׂיָּתִיִּים בְּאֶמְצָעוּת מַחְשֵׁב

Fertilität ---> Fruchtbarkeit

Fes
פָה נָחֵת (מוס') פָה בֶּמוֹל

Feses
פָה נְחֵתַיִם (מוס')

fesseln, jemanden
כָּבַל (כּוֹבֵל) בַּאֲזִקִּים (משפ') [א"ח/ב/96]. כָּפַת (כּוֹפֵת), אָסַר בַּאֲזִקִּים, עָקַד (עוֹקֵד), רָגַל (רוֹגֵל), קָשַׁר אוֹתוֹ בְּרַגְלָיו

fest
מוּצָק (פיס') [ק/ג/67]. נִקְפָּא, מוּצָקִי, סָמִיךְ, צָפוּף, קָרוּשׁ, גּוּשִׁי, מְעֻבֶּה, גַּלְדָּנִי, גָּלוּד. קָשִׁיחַ [ק/א/249]. וָתִיק, קַיָּם, תְּמִידִי

Fest ---> Feiertag

Fest(es), Wochentag des ---> Halbfeiertag

fest sein ---> verfestigen

festgehalten
עָצוּר [ק/ג/153]. כָּלוּא, סָגוּר, חָבוּשׁ, תָּפוּס

festgelegt ---> beständig

festgelegt, nicht
פָּרוּץ [ק/ג/209]. פָּרוּז, בִּלְתִּי נִגְדָּר בְּהֶקֵּף, חָפְשִׁי, בִּלְתִּי תָּלוּי, סְתָמִי, בִּלְתִּי מֻגְדָּר

festgestellt
נִתְכּוֹנֵן [ק/ב/71]. נִתְבָּאֵר, נַעֲשָׂה בָּרוּר וְיָדוּעַ

festhalten
הֶחֱזִיק (מַחֲזִיק), אָחַז, תָּפַס, לָפַת, הֶאֱחִיז, עָזַק (עוֹזֵק), הֶעֱזִיק. חָקַק בְּלִבּוֹ (פסי׳) [ק/ד/134]. שָׁמַר, זָכַר

Festhalten
הַחְזָקָה [ק/ג/250]. צְמִידוּת, דְּבֵקוּת, שְׁקִידָה, הַתְמָדָה, אֲחִיזָה, הֵאָחֲזוּת, שְׁמִירָה

festigen ---> konsolidieren

festigend ---> konsolidierend

Festigkeit [---> Stabilität]
חֹזֶק (טכנ׳)

Festigkeitsgrenze
גְּבוּל הַחֹזֶק (טכנ׳) חֹזֶק קִיצוֹן

Festigkeitslehre
חֹזֶק חֳמָרִים (טכנ׳)

Festigung ---> Konsolidierung; Verstärkung; Fixation

Festival
מַחְגָּג (מַחְגָּגִים, מַחְגְּגֵי-) [י״א/171]. חַגְאֹם (חַגְאֻמִּים, חַגְאֻמֵּי-), פֶסְטִיבַל, תְּחִיגָה

festivo
חֲגִיגִי (מוס׳)

Festkörper
מוּצָק (פיס׳) [ל״מ/361]. חֹמֶר הַנִּמְצָא בְּמַצָּב שֶׁבּוֹ נִשְׁמָרִים נִפְחוֹ וְצוּרָתוֹ

festländisch *{kontinental}*
יַבַּשְׁתִּי (י״א, מטא) [ק/א/74]. אַרְצִי, מִתְיַחֵס עַל הָאָרֶץ אוֹ עַל הַחֹמֶר, קוֹנְטִינֶנְטָלִי

Festlandsockel ---> Kontinentalschelf

festmachen
רָתַק (רוֹתֵק) (ימא׳) קָשַׁר אֳנִיָּה לָרָצִיף

Festmachen
רְתִיקָה (ימא׳) רִתּוּק, קְשִׁירַת אֳנִיָּה לָרָצִיף

Festpunktschreibweise
יִצּוּג נְקֻדָּה קְבוּעָה (מחש׳) [דמ״א/45]. דֶּרֶךְ יִצּוּג מִסְפָּרִים עֶשְׂרוֹנִיִּים בַּמַּחְשֵׁב

Festschrift
סֵפֶר יוֹבֵל (ספרנ׳) סֵפֶר הַמֵּכִיל מַאֲמָרִים שֶׁל מְחַבְּרִים שׁוֹנִים הַמְקֻדָּשׁ לְאָדָם בִּמְלֹאת לוֹ מִסְפָּר מְסֻיָּם שֶׁל שָׁנִים

festsetzen
קָבַע (קוֹבֵעַ) [ק/ב/39]. יָסַד, יִסֵּד, נִתְיַסֵּד, כּוֹנֵן. קִיֵּם [ק/ג/285]. פָּסַק, גָּזַר

festsetzen, etwas als Prinzip
הִשְׁרִישׁ (מַשְׁרִישׁ) [ק/ד/163]. קָבַע דְּבַר-מָה כְּעִקָּרוֹן, שָׂם מַשֶּׁהוּ יְסוֹד וְשֹׁרֶשׁ

Festsetzung ---> Spezifikation; Bestimmung

Festsetzung der Monatsanfänge und der Feiertage
קִבּוּעַ תַּאֲרִיכִים (דת) [ק/ג/258]. קְבִיעַת רָאשֵׁי הֶחֳדָשִׁים וְהַמּוֹעֲדִים

festsitzend
מְעֻגָּן [ק/ד/187]. תּוֹשָׁב, קָבוּעַ, מֻשְׁרָשׁ, תָּקוּעַ

Festspiel
מַחֲזֵה חַג (דת, תאט׳) הַצָּגַת חַג

feststehend
יַצִּיב [ק/ב/46]. נָכוֹן. מְיֻשָּׁב [ק/ב/195]. קַיָּם, קָבוּעַ, מְבֻסָּס, עוֹמֵד בְּעֵינוֹ בְּלֹא שִׁנּוּי, תָּקוּעַ, מַתְמִיד. שָׁמוּר [ק/ד/129]. מִתְקַיֵּם, בִּלְתִּי מִשְׁתַּנֶּה

feststellen
קָבַע (קוֹבֵעַ), יִשֵּׁב (מְיַשֵּׁב), הִבְהִיר, חִוָּה אֶת דַּעְתּוֹ, בֵּאֵר, פֵּרֵשׁ (מְפָרֵשׁ)

feststellend *{assertorisch}*
הֶגֵּדִי (פיל׳) [ק/ב/141]. מַגִּידִי, שֶׁל פָּסוּק חִיּוּבִי, שֶׁמִּתְיַחֵס לַהֶגֵּד, אַסֶּרְטוֹרִי

Feststellschraube
בֹּרֶג הִדּוּק (טכנ׳)

Feststellung
קְבִיעָה [ק/ג/279]. קִיּוּם, יִשּׁוּב, יִצּוּב, חִזּוּק, מַתַּן יֶתֶר תֹּקֶף לְ..., קְבִיעַת עֶמְדָּה, חִוּוּי דַּעַת, הֶגֵּד (הֶגֵּדִים), הַבְהָרָה

Feststellung der Vaterschaft ---> Vaterschaft, Feststellung der

Feststellungsbescheid ---> Veranlagungsbescheid

Feststellungsurteil
פְּסַק דִּין הַצְהָרָתִי (משפ׳)

Festung
מִבְצָר (מִבְצָרִים) (אדר׳, צבא) מְצוּדָה

Festungswall
חֵיל (חֵילִים) (אדר׳, צבא) חוֹמָה חִיצוֹנִית

Festwerden ---> Verfestigung

Fetisch
גִּלּוּל (גִּלּוּלִים) (דת, אנת׳, פסי׳) [מר״ח/299]. פֶטִישׁ, נוֹשֵׂא לְהַעֲרָצָה

Fetischismus
גִּלּוּלִיּוּת (דת, אנת׳, פסי׳) [ר/ב/536; רו/561]. פֶטִישִׁיזְם, הַעֲרָצָה שֶׁל עֲצָמִים שֶׁמְּיַחֲסִים לָהֶם נְשָׁמָה וְכֹחוֹת כְּשָׁפִים

Fetischist(in)
גִּלּוּלָן, גִּלּוּלָנִית (דת, אנת׳, פסי׳) פֶטִישִׁיסְט, הַסּוֹגֵד לְמַשָּׂא כָּלְשֶׁהוּ בְּהַעֲרָצָה עִוֶּרֶת

Fett
שֶׁמֶן (שְׁמָנִים) (כימ׳, תזו׳) [דח״ט/164]. שֵׁם כּוֹלֵל לְתִרְכּוֹבוֹת אוֹלָנִיּוֹת (אוֹרְגָנִיּוֹת) מוּצָקוֹת אוֹ מוּצָקוֹת לְמֶחֱצָה הַמְּצוּיוֹת בִּמְזוֹנוֹת שׁוֹנִים, דֶּשֶׁן (דְּשָׁנִים)

fettfleckig
מְרֻבָּב (ספרנ׳) מֻכְתָּם

Fettgeschwulst *{Lipoma}*
שַׁמֶּנֶת (רפו׳) לִיפוֹמָה, שְׂאֵת לִיפִיד, גִּדּוּל שַׁמְנִי שָׁפִיר

Fetthenne *{Sedum}*
צוּרִית (בוט׳) צֶמַח מִמִּשְׁפַּחַת הַטַּבּוּרִיתִיִּים

fettig
דָּהִין (דְּהִינָה), דָּשֵׁן, שַׁמְנוּנִי

Fettspinne *{Steatodea paykulliana}*
כַּדּוּרִית אֲדֻמָּה (זוא׳) עַכָּבִישׁ מִמִּשְׁפַּחַת הַכַּדּוּרָנִיִּים

fettsüchtig
דָּשֵׁם (רפו׳) דָּשׁוּם, מְדֻשָּׁם

Fettsüchtige(r)
דָּשֵׁם (דְּשֵׁמִים), דְּשֶׁמֶת (דְּשֵׁמוֹת) (רפו׳)

[מר״ח/19]

Fettsucht

דַּשֶּׁמֶת (רפו׳) [מר״ח/18]. הַשְׁמָנָה

Fetus ---> Fötus

feucht

לַח (מטא׳) שֶׁמְּרֻבִּים בּוֹ מַיִם בְּמַצָּב נוֹזְלִי

feucht, sehr

טָחוּב, לַח מְאֹד

feuchter Dunst ---> Dunst, feuchter

feuchtes Thermometer ---> Thermometer, feuchtes

Feuchtigkeit

לַחוּת (פיס׳, מטא׳) [ק/ד/39; יל״ט/95]. רָטֹב, רָטוּב, רְטִיבוּת, לַחְלוּחִית, אֵדֵי הַמַּיִם שֶׁבָּאֲוִיר

Feuchtigkeit, absolute

לַחוּת מֻחְלֶטֶת (מטא׳) [יל״ט/96]. לַחוּת מֻחְלֶטֶת, כַּמּוּת אֵדֵי הַמַּיִם בְּנֶפַח נָתוּן, מִשְׁקַל אֵדֵי הַמַּיִם בִּגְרָמִים בְּכָל סֶנְטִימֶטֶר מְעֻקָּב שֶׁל אֲוִיר

Feuchtigkeit, relative

לַחוּת יַחֲסִית (מטא׳) [יל״ט/96]. הַיַּחַס בְּאַחוּזִים בֵּין לַחַץ אֵדֵי הַמַּיִם הַמְּצוּיִים בָּאֲוִיר לְבֵין לַחַץ הָרְוָיָה שֶׁל אֵדֵי הַמַּיִם בַּתְּמוּדָה (טֶמְפֶּרָטוּרָה) הַנְּתוּנָה שֶׁל הָאֲוִיר

Feuchtigkeit, spezifische

לַחוּת סְגֻלִּית (מטא׳) [יל״ט/96]. מִשְׁקַל אֵדֵי הַמַּיִם בִּגְרָמִים בְּכָל קִילוֹגְרַם שֶׁל אֲוִיר לַח

Feuchttemperatur

תְּמוּדַת הָרָטֹב (מטא׳) [יל״ט/84]. תְּמוּדַת (טֶמְפֶּרָטוּרַת) הַמַּדְחֹם (תֶּרְמוֹמֶטֶר) רְטֹב הַגֻּלָּה

Feuer

אֵשׁ (אִשִּׁים) (מ״ט) אוּר (אוּרִים), נוּר

Feuer betreffend, das

אִשִּׁי (מ״ט) [ק/א/75]. שֶׁל אֵשׁ, מִטֶּבַע הָאֵשׁ

Feuerahorn *{Acer ginnala}*

אֶדֶר כְּפוּל שִׁנַּיִם (בוט׳) צֶמַח מִמִּשְׁפַּחַת הָאַדְרִיִּים

Feuerbohne *{Phaseolus coccineus}*

שְׁעוּעִית אֲדֻמָּה (בוט׳) צֶמַח מִמִּשְׁפַּחַת הַפַּרְפְּרָנִיִּים

Feuerfalter *{Lycaena phlaeas}*

כַּחְלִיל הָאַרְכֻּבִית (זוא׳) חֶרֶק מִמִּשְׁפַּחַת הַכַּחְלִילִיִּים (פַּרְפָּרֵי יוֹם)

feuerfest

חֲסִין אֵשׁ (טכנ׳) עָמִיד בִּפְנֵי אֵשׁ

Feuerform

אֵשׁוּת, אִשִּׁיּוּת (מ״ט) [ק/א/75]. צוּרַת הָאֵשׁ

Feuerlöschboot

סְפִינַת כִּבּוּי (ימא׳) כַּבָּאִית (כַּבָּאִיּוֹת)

Feuerlöschgerät

מַטְפֶּה (מַטְפִּים) (טכנ׳) מַטָּף (מַטָּפִים), מַכְשִׁיר לְכִבּוּי אֵשׁ

Feuersalamander *{Salamandra salamandra}*

סָלָמַנְדְּרָה מְצוּיָה (זוא׳) דּוּחִי מִמִּשְׁפַּחַת הַסָּלָמַנְדְּרִיִּים

Feuersignal

מַשּׂוּאָה (מַשּׂוּאוֹת), מְדוּרַת אֵשׁ לְסִימָן כָּלְשֶׁהוּ

Feuerstein *{Chert}*

חַלָּמִישׁ (גאו׳) אֶבֶן צֹר, - אֵשׁ

Feuerung

מְדוּרָה (מְדוּרוֹת) [א״ח/א/85]. עֲרֵמַת עֵצִים בּוֹעֲרִים

Feuerwanze *{Pyrrhocoris apterus}*

אַדְמוֹן מְצֻיָּר (זוא׳) חֶרֶק מִמִּשְׁפַּחַת הָאַדְמוֹנִיִּים (פִּשְׁפְּשִׁים יַבַּשְׁתִּיִּים)

Fibel

אַלְפוֹן (ספרנ׳) סֵפֶר לְלִמּוּד קְרִיאָה

Fibrin

לִיפוֹן (ביו׳) פִיבְּרִין, סִיבִין, חֹמֶר סִיבִי בִּלְתִּי מָסִיס הַגּוֹרֵם לִקְרִישַׁת דָּם

Fibrom

לִיפֹמֶת (רפו׳) פִיבְּרוֹמָה, שְׂאֵת לִיפִית, גִּדּוּל שַׁפִּיר שֶׁל רִקְמַת חִבּוּר

Fibromatosis ---> Bindegewebewucherung

Fibrose

לַיֶּפֶת (רפו׳) פִיבְּרוֹזָה

Fibrose, zystische ---> Mukoviszidose

Fichtenkreuzschnabel *{Loxia curvirostra}*

צְלוּב מַקּוֹר (זוא׳) עוֹף מִמִּשְׁפַּחַת הַפְּרוּשִׁיִּים

Fictio

צִיּוּר דִּמְיוֹנִי (פסי׳, פיל׳) [ק/ג/242]

Fiction ---> Erzählliteratur

Fieber, adynamisches

קַדַּחַת מִתְשִׁישָׁה (רפו׳)

Fieber, leichtes

קַדַּחְדַּחַת (רפו׳) קַדַּחַת קַלָּה

Fieber, rheumatisches

קַדַּחַת שִׁגְרוֹנִית (רפו׳) קַדַּחַת הַשִּׁגָּרוֹן

Fieberbläschen *{Herpes simplex}*

שַׁלְבֶּקֶת פְּשׁוּטָה (רפו׳) בֶּרֶץ פָּשׁוּט, מַחֲלַת אֲבַעְבּוּעוֹת עַל הָעוֹר

fieberlos

לְלֹא חֹם (רפו׳) אִי נִקְדָּח

Fieberschauer

אֲבָבִית (אֲבָבִיּוֹת) (רפו׳) צְמַרְמֹרֶת מֵחֹם

Fiederspiere *{Sorbaria}*

חֲזְרָרִית (בוט׳) צֶמַח מִמִּשְׁפַּחַת הַוְּרָדִיִּים

fieri

הֱוָיָה (פיל׳) [ק/א/161]. הִתְהַוּוּת וֶהֱיוֹת

figürlich

מְשָׁאָל (ספר׳) [ק/ב/289]. עַל דֶּרֶךְ הַהַשְׁאָלָה, שֶׁיֵּשׁ לוֹ מוּבָן אַחֵר מִן הַהוֹרָאָה הַמְּקוֹרִית. מְשָׁלִי (ספר׳) [ק/ב/295]. עוֹבֵר (ספר׳, בלש׳) [ק/ג/122]. עַל דֶּרֶךְ הַהַעֲבָרָה. הֲלָצִי (ספר׳) [ק/א/176]. דִּמְיוֹנִי. מְלִיצִי (ספר׳, אסת׳) [ק/ב/207]. פִּיּוּטִי, שִׁירִי, נִמְלָץ. תַּבְנִיתִי, צוּרָתִי

figürlich beilegen, jemandem etwas ---> beilegen, jemandem etwas figürlich

figürliche Bedeutung ---> Bedeutung, übertragene

figürliche Bezeichnung beilegen ---> Bezeichnung beilegen, figürliche
figürliche Redeweise ---> Redeweise, figürliche
figürlichen Sinn gebrauchen, einen Ausdruck im ---> übertragenen Sinn gebrauchen, einen Ausdruck im
figürlicher Ausdruck ---> Ausdruck, figürlicher
figürlicher Bedeutung, Rede in ---> Rede in figürlicher Bedeutung
figürlicher Sinn ---> Sinn, figürlicher
figürlicher Trick ---> Trick, figürlicher
Figur
יְצִיר (יְצִירִים) [ק/ג/238]. דְּמוּת (דְּמֻיּוֹת), צוּרָה. תַּבְנִית (תַּבְנִיּוֹת) [ק/ד/178]. צוּרָה חִיצוֹנִית. תְּכוּנָה [ק/ד/194]. גּוּף. תְּמוּנָה [ק/ד/206]. מַרְאִית, הוֹפָעָה חִיצוֹנִית, גֶּשֶׁד. תְּאָרִית (תְּאָרִיּוֹת) (מוס׳) [למ״ו/362]. פִיגוּרָה, הָרַעְיוֹן הַתַּנְעִימִי (מוּזִיקָלִי) הַקָּצָר בְּיוֹתֵר
Figur, eingebettete ---> Vexierbild
Figur, fehlerzeigende ---> Fehlerfigur
Figur, geomantische
שְׁפַל רֹאשׁ (אנת׳) [ק/ד/150]. אַחַת הַתְּמוּנוֹת בְּחָכְמַת הַחוֹל (גֵאוֹמַנְטִיָּה)
Figur, geometrische
יְצִיר הַנְדָּסִי (מתמ׳) [ק/ב/142]. מֻגָּשׁ, יְצִיר גֵאוֹמֶטְרִי, צוּרָה הַנְדָּסִית. תְּכוּנָה (מתמ׳) [ק/ד/194]. תְּמוּנָה (מתמ׳) [ק/ד/207]
Figur, kubische
יְצִיר מְעֻקָּב (מתמ׳) [ק/ב/143]. תְּמוּנָה מֻגְשֶׁמֶת, יְצִיר בַּעַל שְׁלֹשָׁה מְמַדִּים
Figur, rednerische
נֹסַח דִּבּוּר (בלש׳, ספר׳) צוּרַת דִּבּוּר
Figur des Syllogismus
תַּבְנִית הַהֶקֵּשׁ (פיל׳) [ק/ד/179]
Figur-Grund-Verhältnis
צוּרָה וָרֶקַע (פסי׳) [ר/ב/581]. הַיַּחַס הַתְּפִיסָתִי בֵּין מֻשָּׂא הַהִתְמַקְּדוּת (הַצּוּרָה) לְבֵין שְׁאָר הַשָּׂדֶה הַתְּפִיסָתִי (הָרֶקַע)
Figura sector
הַצּוּרָה הַפּוֹסֶקֶת (מתמ׳) [ק/ג/197]. צוּרַת הַחֵצֶב (מתמ׳) [ק/ג/238]
Figura sententiarum
סֵדֶר הָעִנְיָנִים (ספר׳, רטו׳) [ק/ג/95]
Figura verborum
סֵדֶר הַמִּלּוֹת (ספר׳, רטו׳) [ק/ג/95]
Figurae
סֵדֶר (רטו׳) [ק/ג/95]. אֶחָד מִיִּפּוּיֵי הַמְּלִיצָה
Figuralgesang
זִמְרָה תְּאִירָה (מוס׳)
Figuration
הַתְאָרָה (מוס׳)
figurativ
צַלְמִי (אמנ׳, ספר׳, מוס׳) פִיגוּרָטִיבִי, הַמִּתְבַּטֵּא בִּסְמָלִים אוֹ בִּמְשָׁלִים, עִטּוּרִי, צִיּוּרִי
figurieren
שִׁמֵּשׁ (מְשַׁמֵּשׁ), הִתְאִיר (מַתְאִיר)
figuriert
תָּאִיר, מֻתְאָר

Figurine
צַלְמִית (צַלְמִיּוֹת) (אמנ׳, תאט׳) תַּרְשִׁים לְתִלְבּוֹשׁוֹת תֵּאַטְרוֹן
Fiktion
מִבְדֶּה [ק/א/139]. דְּמוּת, צִיּוּר דִּמְיוֹנִי, תַּדְמִית, פִיקְצְיָה
Fiktionsspiel
מִצְחַק כְּאִלּוּ, מִשְׂחַק כְּאִלּוּ
Filament ---> Staubfaden
Filariose ---> Fadenwürmer, Erkrankung durch
Filler
מַלְאָן (מַלְאָנִים) (מחש׳) יְסוֹד נְתוּנִים הַמְּמַלֵּא חָרִיץ בְּמִסְגֶּרֶת
Filter
מַסְנֵן (מַסְנְנִים) (פיס׳, טכנ׳) [ל״מ/398]. הֶתְקֵן לְהַפְרָדָה אוֹ לְהַחְלָשָׁה שֶׁל רְכִיבֵי גֹּדֶל כַּיָּנִי (פִיזִיקָלִי) מֶרְכָּב, מִסְנוֹן, מִסְנֶנֶת
Filterbelag
מִשְׁקַע סִנּוּן (כימ׳, טכנ׳) עוּגַת סִנּוּן, הַמּוּצָק שֶׁנִּשְׁאָר עַל הַמַּסְנֵן
Filterpresse
מַכְבֵּשׁ סִנּוּן (טכנ׳)
Filtrat
תַּסְנִין (כימ׳, טכנ׳) הַנּוֹזֵל שֶׁעָבַר דֶּרֶךְ הַמַּסְנֵן
filtrierbar
סָנִין (כימ׳, טכנ׳) שֶׁנִּתָּן לְסִנּוּן
Filtrierpapier
נְיַר סִנּוּן (כימ׳, טכנ׳)
Filum ---> Faden
Filz
לֶבֶד (טכנ׳) [א״ת/א/138]. צֶמֶר דָּחוּס
Filzlaus ---> Schamlaus
Filzschlegel
אוּבָּל עָטוּף (מוס׳) מַקּוֹשׁ תֹּף עָטוּף
Fimbria ---> Franse
Final motum
מִתְנוֹעֵעַ אַחֲרוֹן (פיל׳) [ק/ב/322]. לְפִי אֲרִיסְטוֹ: חֹמֶר הִיּוּלִי גָּמוּר וּנְטוּל צוּרָה שֶׁכֻּלּוֹ סָבִיל
finalis
קְצָוִי [ק/ג/295]. תַּכְלִיתִי, קִיצוֹנִי, מִתְיַחֵס עַל הַקָּצֶה. שִׁלְמִי [ק/ד/122]
Finalsatz
פְּסוּקִית תַּכְלִית (בלש׳) [מ״ב/81]. מִשְׁפַּט (תֵּאוּר) תַּכְלִית, מִשְׁפָּט טָפֵל הַמְצַיֵּן אֶת תַּכְלִיתָהּ שֶׁל הַפְּעֻלָּה שֶׁבַּמִּשְׁפָּט הָעִקָּרִי, לְמָשָׁל: ״הַתְקֵן עַצְמְךָ בַּפְּרוֹזְדוֹר **כְּדֵי שֶׁתִּכָּנֵס לַטְּרַקְלִין**״
finanziell
כַּסְפִּי (כלכ׳) מָמוֹנִי, פִינַנְסִי
Finanzjahr ---> Haushaltsjahr
Finden-des-Gemeinsamen-Test ---> Test, Finden-des-Gemeinsamen-
Finden-des-Wesentlichen-Test ---> Test, Finden-des-Wesentlichen-
Findigkeit
תּוּשִׁיָּה [ק/ג/227]. צַד, תַּחְבּוּלָנוּת, תַּחְבְּלָנוּת, תּוּשִׁיּוּת, תַּחְכּוּם, הִתְחַכְּמוּת, שְׁנִינוּת, כֹּשֶׁר כִּשְׁרוֹן תַּכְסִיסָנוּת, חֲרִיפוּת, כֹּשֶׁר הַמְצָאָה,

תַּחְבּוּלָה

Findling
אֲסוּפִי [א״ח/ב/9]. יֶלֶד עָזוּב שֶׁאֻמַּץ

Finger, der dritte
אַמָּה (אַמּוֹת) (רפו׳) הָאֶצְבַּע הָאֶמְצָעִית וְהָאֲרֻכָּה

Finger, der kleine
זֶרֶת (זְרָתוֹת) (רפו׳) הָאֶצְבַּע הַקְּטַנָּה

Finger, der vierte
קְמִיצָה (קְמִיצוֹת) (רפו׳) הָאֶצְבַּע הַסְּמוּכָה לַזֶּרֶת

Finger, der zweite
אֶצְבַּע (אֶצְבָּעוֹת) (רפו׳) הָאֶצְבַּע הַסְּמוּכָה לַאֲגוּדָל

Finger, Lage der
מַנָּח שֶׁל אֶצְבָּעוֹת (מוס׳)

Finger zeigen, mit dem
הִצְבִּיעַ (מַצְבִּיעַ) עַל... [א״ח/ג/6]. הֶרְאָה (מַרְאֶה) בְּאֶצְבַּע, הוֹרָה (מוֹרֶה)

Fingerabdruck
טְבִיעַת אֶצְבַּע (טְבִיעוֹת אֶצְבָּעוֹת) (משפ׳)

Fingeraralie *{Dizygotheca}*
זוּגַיִם (בוט׳) צֶמַח מִמִּשְׁפַּחַת הַקִּיסוֹסִיִּים

Fingerbeere
אַלְיוֹן הָאֶצְבַּע (רפו׳) [מר״ח/565]. בְּשַׂר הָאֶצְבַּע שֶׁמִּמּוּל הַצִּפֹּרֶן

Fingerfertigkeit
זְרִיזוּת אֶצְבָּעוֹת

Fingerhut *{Digitalis}*
אֶצְבְּעוֹנִית (בוט׳) צֶמַח מִמִּשְׁפַּחַת הַלּוֹעֲנִיתִיִּים

Fingerhut, Roter *{Digitalis}*
אֶצְבְּעוֹנִית אַרְגְּמָנִית (בוט׳) צֶמַח מִמִּשְׁפַּחַת הַלּוֹעֲנִיתִיִּים

Fingerkraut *{Potentilla}*
חַמְשָׁן (בוט׳) צֶמַח מִמִּשְׁפַּחַת הַוְּרָדִיִּים

Fingern, mit fehlenden
קִטֵּם, קִטֶּמֶת (רפו׳) כְּרוּת אֶצְבָּעוֹת, קְצוּץ קְצוֹת הָאֶצְבָּעוֹת

Fingern und Zehen, Verkürzung von ---> Verkürzung von Fingern und Zehen

Fingersatz
אִצְבּוּעַ (מוס׳)

Fingerverlust
קִטְמוּת (רפו׳) חֹסֶר קְצוֹת הָאֶצְבָּעוֹת

Fingervoll
מְלֹא אֶצְבָּעוֹת [א״ח/ב/386]. אֶצְבָּעוֹת מְלֵאוֹת

fingiert
הָרוּי (פסי׳, פיל׳) [ק/ג/32]. נִימוּסִי, שֶׁעָלָה בְּמַחֲשָׁבָה, מַחֲשַׁבְתִּי, הַנָּחִי

finite Verbform --->Verbform, finite

Finitheit ---> Endlichkeit

Finken *{Fringillidae}*
פְּרוּשִׁיִּים (זוא׳) מִשְׁפָּחָה שֶׁל צִפֳּרֵי שִׁיר

Finsterblicken
פָּנִים חֲשֵׁכוֹת (פסי׳)

Finsternis
חֹשֶׁךְ, אֹפֶל, חֲשֵׁכָה, אֲפֵלָה, חַשְׁכוּת, עֲלָטָה, צַלְמָוֶת

Finsternis, Mächte der ---> Mächte der Finsternis

Finsternis betreffend, die
לִקּוּתִי (אסט׳) [ק/ב/125]. שֶׁל לִקּוּי חַמָּה אוֹ לִקּוּי יָרֵחַ

Finnwal *{Balaenoptera physalus}*
רוֹרְקָל (לִוְיָתָן עֲנָק) (זוא׳) יוֹנֵק מִמִּשְׁפַּחַת לִוְיָתָנֵי הַמְּזִיפוֹת

Fioringras *{Agrostis gigantea}*
נַחְלִית גְּבֹהָה (בוט׳) צֶמַח מִמִּשְׁפַּחַת הַדְּגָנִיִּים

Firma
חֶבְרָה מִסְחָרִית (כלכ׳) מַאֲשָׁרָה, פִּירְמָה, בֵּית עֵסֶק

Firma, pharmazeutische
חֶבְרָה לְיִצּוּר תְּרוּפוֹת (כלכ׳, רפו׳) חֶבְרָה רְקוּחִית, מַאֲשָׁרָה רְקוּחִית

Firmus
פֹּעַל שָׁלֵם (בלש׳) [ק/ג/201]. פֹּעַל הַשַּׁיָּךְ לִגְזֶרֶת הַשְּׁלֵמִים

Firmware
קָשְׁחָה (קָשְׁחוֹת) (מחש׳) [דמ״א/45]. תָּכְנִית הַנִּצְרֶבֶת בְּזִכָּרוֹן שֶׁל מַחְשֵׁב וְהִיא לִקְרִיאָה בִּלְבַד (רוֹם)

Firn
מִקְפָּא שֶׁלֶג (מטא׳, י״א) שֶׁלֶג שֶׁקָּפָא וְהִפְשִׁיר חֲלִיפוֹת בְּרוּם הָרִים

Firnis
לוֹט (לוֹטִים) (טכנ׳, אמנ׳) [ממ״ג/76]. זוֹמָה, זוֹמַת מָגֵן, חֹמֶר שַׁמְנוּנִי (לַכָּה) הָעוֹמֵד בִּפְנֵי חֲמִצָה

Fis
פָּה נָסֵק (מוס׳) פָּה דִּיאֶז

Fischadler *{Pandion haliaetus}*
שָׁלָךְ (זוא׳) עוֹף מִמִּשְׁפַּחַת הַשְּׁלָכִיִּים

Fischadler *{Pandionidae}*
שְׁלָכִיִּים (זוא׳) מִשְׁפָּחָה שֶׁל עוֹפוֹת מִסִּדְרַת דּוֹרְסֵי יוֹם

Fische, Sternbild der ---> Sternbild der Fische

Fischerbarke
דּוּגִית (דּוּגִיּוֹת) (ימא׳) [א״ח/ב/339]. סִירַת דַּיָּגִים קְטַנָּה

Fischerboot
סְפִינַת דַּיִג (ימא׳)

Fischerei
דַּיִג (כלכ׳) דִּיּוּג, צֵיד דָּגִים, שְׁלִי דָּגִים, גִּדּוּל דָּגִים לְמַאֲכָל

Fischernetz
רֶשֶׁת (רְשָׁתוֹת) דַּיָּגִים (טכנ׳) [א״ח/א/187]. חֵרֶם (חֲרָמִים), רֶשֶׁל לְצֵיד דָּגִים

Fischfang ---> Fischerei

Fischgräte
אִדְרָה (אֲדָרוֹת) (זוא׳) עֶצֶם שֶׁל דָּג

Fischlaich ---> Kaviar

Fischlake
צִיר דָּגִים (חזו׳) [א״ח/א/113]. רֹטֶב דָּגִים

Fischmöwe *{Larus ichthyaetus}*
שַׁחַף עִיטִי (זוא׳) עוֹף מִמִּשְׁפַּחַת הַשְּׁחָפִיִּים

Fischotter *{Lutra lutra}*
כֶּלֶב הַנָּהָר (זוא׳) לוּטְרָה, יוֹנֵק מִמִּשְׁפַּחַת הַסַּמּוּרִיִּים

Fischreiher *{Ardea cinerea}*

אֲנָפָה אֲפֹרָה (זוא') עוֹף מִמִּשְׁפַּחַת הָאֲנָפָתִיִּים

Fisis

פֶּה נְסֵקַיִם (מוס')

fiskalisch

אוֹצָרִי (כלכ') כַּסְפִּי, פִיסְקָלִי

Fisole ---> Gartenbohne

Fissur ---> Furche

Fistel *{Fistula}*

נָצוּר (נְצוּרִים) (רפו') [מר"ח/302]. נְצוּר, פִיסְטוּלָה, נֶקֶב מְפֻלָּשׁ הַמּוֹבִיל מִמֻּרְסָה

Fistel, Anlegen einer

פִּיּוּם (רפו') [מר"ח/637]. הַתְקָנַת פֶּתַח בְּאֵבֶר סָגוּר

Fistel anlegen, eine

פִּיֵּם (מְפַיֵּם) (רפו') [מר"ח/637]. הִתְקִין פֶּתַח בְּאֵבֶר סָגוּר

Fitis *{Phylloscopus trochilus}*

עֲלְוִית אֲפֹרָה (זוא') עוֹף מִמִּשְׁפַּחַת הַסִּבְכִּיִּים

fix ---> fixiert

Fixation ---> Fixierung

Fixationspunkt

נְקֻדַּת הַנְּעִיצָה (רפו', פסי') [ר/ב/445]. הַמַּשָּׂא בְּמֶרְחָב הַנִּמְצָא עַל קַו הַנְּעִיצָה שֶׁנִּמְשָׁךְ מִגֻּמַּת הָעַיִן דֶּרֶךְ הָאִישׁוֹן וְעַד לַמַּשָּׂא

Fixativ

תַּקְבּוּעוֹן (טכנ', אמנ') [מ"ג/77]. תַּכְשִׁיר קְבוּעַ, תַּחְסִין, חֹמֶר קִבּוּעַ

Fixe, das

קְבוּעַ (פיל') [פ"ר/116]

fixe Idee ---> Zwangsidee

fixes Kapital ---> Kapital, fixes

fixieren

קִבֵּעַ, קִבֵּעַ (מְקַבֵּעַ), יִצֵּב (מְיַצֵּב)

fixiert [---> unveränderlich]

מְקֻבָּע [ק/ב/195]. מְיֻשָּׁב, מְקֻבָּע, קַיָּם, קָבוּעַ, יַצִּיב, מְיֻצָּב, מְבֻסָּס, עוֹמֵד בְּעֵינוֹ בְּלֹא שִׁנּוּי, תָּקוּעַ, מַתְמִיד

Fixierung

קִבָּעוֹן (פסי') [ר/ב/608]. הַקְבָּעָה, קִבָּעוֹן רִגְשִׁי, - אַפֶּקְטִיבִי, תַּהֲלִיךְ קְשִׁירָתוֹ שֶׁל אָדָם לְמַשָּׂא שֶׁהָלַם שֶׁלָּב מֻקְדָּם יוֹתֵר בְּהִתְפַּתְּחוּתוֹ, קְבִיעָה. קִבּוּעַ, פִיקְסַצְיָה

Fixität

יִצּוּב, קִבּוּעַ

Fixpunkt

נְקֻדַּת שֶׁבֶת (מתמ')

Fixstern

כּוֹכָב שֶׁבֶת (כּוֹכְבֵי שֶׁבֶת) (אסט') [ק/ב/68; ק/ג/281]. כּוֹכָב מְיֻשָּׁב, - נָח, - עוֹמֵד, - קַיָּם, - הַנִּרְאֶה כְּקָבוּעַ בִּמְקוֹמוֹ בַּשָּׁמַיִם

Fixsternsphäre

גַּלְגַּל הַכּוֹכָבִים הָעוֹמְדִים (אסט') [ק/א/114]. גַּלְגַּל הַכּוֹכָבִים הַקַּיָּמִים

flach

שָׁטוּחַ (מתמ') [ק/ד/87]. מִשְׁתָּרֵעַ, רָקוּעַ. מְיֻשָּׁר (מתמ') [ק/ב/196]. בַּעַל שֶׁטַח מְאֻזָּן וְרָחָב. מִשְׁטָח, מִשְׁטָח (מתמ') [ק/ב/292]. פָּרוּשׂ (מתמ') [ק/ג/210]

Flach [---> Untiefe]

רְדֵדָה (היד') מָקוֹם בַּיָּם אוֹ בַּנָּהָר שֶׁהַמַּיִם שָׁם אֵינָם עֲמֻקִּים כְּדֵי שַׁיִט

Flachdruck

דְּפוּס שֶׁטַח (אמנ', דפו') [מ"ג/77]. שִׁיטַת הַדְּפָסָה הַמְּבֻסֶּסֶת עַל תַּהֲלִיךְ כִּימִי הַמִּתְרַחֵשׁ עַל פְּנֵי לוּחַ הַדְּפָסָה שָׁטוּחַ

flacher Winkel ---> Winkel, flacher

Flachhang

גַּב הָרְבֵדָה (גאו', י"א)

Flachheit

שְׁטִיחוּת (מתמ')

Flachrelief

תַּבְלִיט שָׁטוּחַ (אמנ')

Flachs *{Linum usitatissimum}*

פִּשְׁתָּה תַּרְבּוּתִית (בוט') צֶמַח מִמִּשְׁפַּחַת הַפִּשְׁתִּיִּים. פִּשְׁתָּן (חקל') [א"ח/א/69]. אֲרִיג הַפִּשְׁתָּה

Flachswerg

נְעֹרֶת (חקל') [א"ח/א/69]. פְּסֹלֶת הַפִּשְׁתָּן

flachwellig

גַּלִּי (י"א) גַּבְנוּנִי

Flachzange ---> Greifzange

flackern

הִבְהֵב (מְהַבְהֵב) (טכנ') נִדְלַק וְכָבָה לְסֵרוּגִין

Fläche

מִשְׁטָח (מִשְׁטָחִים) (מתמ') [ק/ב/292]. מָקוֹם יָשָׁר וְשָׁטוּחַ. שֶׁטַח (שְׁטָחִים) (מתמ') [ק/ד/87]. גֹּדֶל שֶׁיֵּשׁ לוֹ אֹרֶךְ וְרֹחַב בִּלְבַד. פָּרוּשׂ (פְּרוּשִׂים) (מתמ') [ק/ג/210]. קָצֶה (קְצוֹת) (מתמ') [ק/ג/293]

Fläche, äußere

חִיצוֹן (מתמ') [ק/א/288, 289]. חִיצוֹנִיּוּת, הַשֶּׁטַח הַחִיצוֹן, הַצַּד הַחִיצוֹנִי. נִגְלֶה (מתמ') [ק/ג/19]. הַשֶּׁטַח הַגָּלוּי, - הָעֶלְיוֹן הַנִּרְאֶה לָעַיִן, פָּנִים

Fläche, aufrollbare

מִשְׁטָח פָּרִיס (מתמ')

Fläche, einseitige

מִשְׁטָח חַד צִדִּי (מתמ')

Fläche, gepflasterte

מִרְצָף (אדר') שֶׁטַח מְרֻצָּף

Fläche, kubische

מִשְׁטָח קֻבִּי (מתמ') מִשְׁטָח מִמַּעֲלָה שְׁלִישִׁית

Fläche, obere ---> Fläche, äußere

Fläche dritter Ordnung ---> Fläche, kubische

Flächenabspülung

סְחִיפָה שִׁטְחִית (גאו', י"א)

Flächenblitz

בְּרִיקָה בְּעָנָן (מטא') [יל"ט/37]. הָאוֹר הַמְּפֻזָּר שֶׁל בָּרָק כְּשֶׁהַזִּיק אֵינוֹ נִרְאֶה

Flächenfarbe

צֶבַע קָרוּם (פיס', פסי') [ר/ב/580]. צֶבַע הַנִּרְאֶה לֹא מוּצָק, חֲסַר מִתְאָר וּמְקוֹמוֹ לֹא בָּרוּר

Flächeninhalt ---> Flächenmaß

Flächeninhalt berechnen, den ---> berechnen den Flächeninhalt

Flächeninhalt des Kreises ---> Kreis(es), Flächeninhalt des

Flächenintegral

אַסְכֶּמֶת פָּנִית (מתמ') אַסְכֶּמֶת מִשְׁטָחִית,

אִינְטֶגְרַל פָּנִי, - מִשְׁטָחִי

Flächenmaß

מִדַּת הַשֶּׁטַח (מחמ') [ק/ד/217]. תִּשְׁבֹּרֶת. רִבּוּעַ (מחמ') [ק/ד/19]. שֶׁטַח

Flächenschale

יְרִיעָה (מחמ')

Flächenzahl

מִסְפָּר מִשְׁטָח, - שָׁטוּחַ, - מִשְׁטָח (מחמ') [ק/ב/228; ק/ד/87]

Flächenzahlprodukt

מַכְפֵּלָה (מחמ') [ק/ד/89]. שֶׁטַח, תּוֹצָאַת פְּעֻלַּת הַכֶּפֶל

flächenzentriert

מְרֻכָּז פֵּאָה (כימ')

Fläschchen

בַּקְבּוּקוֹן (בַּקְבּוּקוֹנִים) (טכנ') [א"ח/א/234]. צְלוֹחִית (צְלוֹחִיּוֹת), צִנְצֶנֶת

Flagellaten *{Mastigophora}*

שׁוֹטָן (שׁוֹטָנִים) (ביו') [ל"ב/196]. חַדְתָּאִי בַּעַל שׁוֹטוֹן אֶחָד אוֹ יוֹתֵר, פְּלָגֶלָט

Flagelle *{Flagellum}*

שׁוֹטוֹן (שׁוֹטוֹנִים) (ביו') [ל"ב/238]. חוּט גַּבְלִילִי (פְּרוֹטוֹפְּלַזְמִי) דַּק הַבּוֹלֵט מִתּוֹךְ תָּא

Flagge

דֶּגֶל (דְּגָלִים) (ימא', מדי')

Flagge dippen (zu Halbmast)

הִרְכִּין (מַרְכִּין) דֶּגֶל (לַחֲצִי הַתֹּרֶן) (ימא', מדי')

Flakon

צְלוֹחִית (צְלוֹחִיּוֹת) (טכנ', ארכ')

Flamme bezüglich, auf die

לַהֲבִי (פיס') [ק/ב/114]. מִתְיַחֵס עַל הַלַּהַב

Flammen ausbrechen, in

הִתְלַהֵב, הִתְלַהֵט (פיס') [ק/ב/114]. הִתְלַקַּח, הֻצַּת, נִצַּת

Flammenblume *{Phlox drummondii}*

שַׁלְהֶבֶת דְּרוּמוֹנְד (בוט') צֶמַח מִמִּשְׁפַּחַת הַפּוֹלֶמוֹנִיִּים

Flammendes Käthchen *{Kalanchoë blossfeldiana}*

נִצָּנִית אֲדֻמָּה (בוט') צֶמַח מִמִּשְׁפַּחַת הַטַּבּוּרִיתִיִּים

Flammpunkt

נְקֻדַּת הַבְזָקָה (טכנ') מָקוֹם מוּעָד לְהִתְלַקְּחוּת

Flammruß ---> Lampenruß

Flanke

כֶּסֶל (כְּסָלִים) (זוא', חקל') הַשְּׁרִירִים הַפְּנִימִיִּים שֶׁל יֶרֶךְ הַבְּהֵמָה, אַטְמָה

Flankenatmung ---> Bauchatmung

Flansch

אֹגֶן (אֳגָנִים) (טכנ') שָׂפָה מְסַבִּיב לְדָבָר-מָה

Flasche

בַּקְבּוּק (טכנ') כְּלִי זְכוּכִית לְנוֹזְלִים שֶׁצַּוָּארוֹ צַר. צַפַּחַת (צַפָּחוֹת) (ארכ') כְּלִי חֶרֶס פָּחוּס לְנוֹזְלִים, מֵימִיָּה

Flaschenfrucht *{Lagenaria}*

קָרָא (בוט') צֶמַח מִמִּשְׁפַּחַת הַדְּלוּעִיִּים

Flaschenkürbis *{Lagenaria siceraria}*

קָרָא מָצוּי (בוט') צֶמַח מִמִּשְׁפַּחַת הַדְּלוּעִיִּים

Flaschenzug

גַּלְגֶּלֶת (גַּלְגָּלוֹת) (טכנ') [ל"מ/152]. גַּלְגִּלָּה (גַלְגִּלּוֹת), מָנוֹף עָשׂוּי מַעֲרֶכֶת גַּלְגַּלִּים הַמְחֻבָּרִים בַּחֲבָלִים

Flattergras *{Milium}*

רַפְרַף (בוט') צֶמַח מִמִּשְׁפַּחַת הַדְּגָנִיִּים

flattern

רִפְרֵף (מְרַפְרֵף), נָגַע בְּקַלּוּת, נוֹפֵף, נִפְנֵף, עוֹפֵף (מְעוֹפֵף), פִּרְפֵּר (מְפַרְפֵּר), רִחֵף

Flatterzunge

לְשׁוֹנוֹן שְׁבָרִים (מוס')

flatulent ---> blähend

Flatulenz ---> Blähsucht

Flatus ---> Blähung

Flaum

כְּשׁוּת (ביו') שְׂעָרוֹת דַּקּוֹת וְרַכּוֹת

Flaute

פּוּגַת רוּחַ (מטא') [יל"ט/158]. יְרִידָה מַשְׁמָעוּתִית בִּמְהִירוּת הָרוּחַ

Flechte ---> Lichen

flechten

קָלַע חוּטִים (טכנ') [א"ח/א/143]. גָּדַל (גּוֹדֵל), אָגַד יַחַד, עָשָׂה גְּדִילִים, גִּדֵּל, סָרַג

Flechten

קְלִיעַת חוּטִים (טכנ') סֵרוּג, שְׁלִיבַת חוּט בְּחוּט

Flechten *{Lichenes}*

חֲזָזִיּוֹת (בוט')

Fleck, blauer

פֶּכֶה (פְּכָאִים) (רפו') שֶׁטֶף דָּם תַּת עוֹרִי

Fleckenschierling *{Conium maculatum}*

רוֹשׁ עָקֹד (בוט') צֶמַח מִמִּשְׁפַּחַת הַסּוֹכְכִיִּים

fleckig machen

נִמֵּר (מְנַמֵּר) [א"ח/ב/187]. גִּוֵּן, עָשָׂה מַשֶּׁהוּ כְּמוֹ עוֹר הַנָּמֵר

Flecktyphus

עַטֶּפֶת הַבֶּהָרוֹת (רפו') טִיפוּס הַבֶּהָרוֹת

Fledermäuse *{Chiroptera}*

עֲטַלֵּפִים (זוא') סִדְרָה שֶׁל יוֹנְקִים

Fledermaus, Gefranste *{Myotis nattereri}*

נִשְׁפּוֹן דַּק אֹזֶן (זוא') יוֹנֵק מִמִּשְׁפַּחַת הַנִּשְׁפּוֹנִיִּים (עֲטַלֵּפִים)

Fledermaus, Gewimperte *{Myotis emarginatus}*

נִשְׁפּוֹן פְּגוּם אֹזֶן (זוא') יוֹנֵק מִמִּשְׁפַּחַת הַנִּשְׁפּוֹנִיִּים (עֲטַלֵּפִים)

Fledermaus, Spätfliegende ---> Breitflügelfledermaus

Flegel

פִּרְחָח (פִּרְחָחִים), פּוֹחֵז (פּוֹחֲזִים), שׁוֹבָב, קֻנְדָּס (קֻנְדָּסִים), קֻנְדֵּס, בְּכוֹר שָׂטָן, פּוֹחֵחַ (פּוֹחֲחִים)

Fleisch(es), Abtötung des

פְּשִׁיטַת הַנְּשָׁמָה (דת) [ק/ג/221]. הַפְשָׁטַת הַנְּשָׁמָה וְהַרְחָקָתָהּ מֵעִנְיְנֵי הַגּוּף וְהַחָמְרִיּוּת

Fleischfliege, Graue *{Sarcophaga carnaria}*

שַׁחְמְטַן הַבָּשָׂר (זוא') חֶרֶק מִמִּשְׁפַּחַת הַשַּׁחְמְטָנִיִּים (זְבוּבִים)

fleischig

בַּשְׂרָנִי (רפו') בַּעַל בָּשָׂר, דָּשֵׁן, מְעֻבֶּה, מָלֵא גּוּף,

מְדֻשָּׁן, עַב בָּשָׂר

fleischlich

בְּשָׂרִי (רפוי, פסי') [ק/א/96]. מֵעִנְיַן הַבָּשָׂר, - הַחֹמֶר, - הַגּוּף, זְוִיגִי, מִינִי, יִצְרִי

Fleischvieh

בָּקָר לְבָשָׂר (חקל')

flektierende Sprache ---> Sprache, flektierende

flexibel ---> anpassungsfähig

Flexion

נְטִיָּה דִּקְדּוּקִית (בלש') [ק/ג/253; מ״ב/106]. צֵרוּף, הוֹסָפַת צוּרָנִים (מוֹרְפֵמוֹת) לְשֹׁרֶשׁ אוֹ לְגֶזַע שֶׁל שֵׁמוֹת אוֹ שֶׁל פְּעָלִים עַל פִּי חֻקִּים קְבוּעִים לְשֵׁם צִיּוּן הַזְּמַן הַדִּקְדּוּקִי, הַמִּין, הַגּוּף, הַמִּסְפָּר, דֶּרֶךְ הַפֹּעַל (מוֹדוּס), הַהֶבֵּט (אַסְפֶּקְט), הַקִּנְיָן וְהַיַּחֲסוּת, לְמָשָׁל: ״רֶגֶל - רַגְלוֹ״, ״עֵץ - עֵצִים״, ״פָּקַד - אֶפְקֹד״, ״מָצָא - מְצָאתִיךָ״

Flexionsmorphem ---> Flexiv

Flexiv

צוּרַן נְטִיָּה (בלש') [מ״ב/107]. מוֹרְפֵמָה שֶׁל נְטִיָּה, צוּרָן הַנּוֹסָף לְגֶזַע לְצִיּוּן הַגּוּף, הַמִּין, הַמִּסְפָּר, הַזְּמַן הַדִּקְדּוּקִי, הַשַּׁיָּכוּת וכו', לְמָשָׁל: ״תִּפְרֹתְ״, ״אֲסַפֵּר״, ״מַפְתְּחוֹ״

Flexur *{Monokline}* **[---> Biegung]**

כְּפִיפָה (גאו', י״א) מוֹנוֹקְלִינָה, הִתְקַמְּטוּת דְּמוּיַת S שֶׁל שִׁכְבוֹת סְלָעִים הַנּוֹצֶרֶת כְּתוֹצָאָה מֵהֲזָזָה יַחֲסִית שֶׁל שְׁנֵי גּוּשֵׁי קְלִפַּת אֲדָמָה בְּלֹא הִתְהַוּוּת מִשְׁקֵי הָעֶתֶק גְּדוֹלִים

Flickarbeit

עֲבוֹדַת טְלַאי (מלא')

flicken

הִטְלִיא (מַטְלִיא) (טכנ') [א״ח/א/157]. טָלָא (טוֹלֵא), שָׂם טְלַאי, רִקַּע

Flieder *{Syringa}*

לִילָךְ (בוט') צֶמַח מִמִּשְׁפַּחַת הַזֵּיתִיִּים

Flieder ---> Holunder, Schwarzer

Fliederprimel *{Primula malacoides}*

בְּכוֹר אָבִיב שָׂסוּעַ (בוט') צֶמַח מִמִּשְׁפַּחַת הָרַקֶּפֶתִיִּים

Fliege, Spanische *{Cantharide}*

זַרְזִיחַ (זַרְזִיחִים) (זוא', רפוי) זְבוּב אַסְפַּמְיָה, זְבוּב הַמְּשַׁמֵּשׁ לִרְפוּאָה

fliegen

עָף (ביו', טכנ') [א״ח/ג/112]. הִתְעוֹפֵף, פָּרַח (פּוֹרֵחַ), עוֹפֵף (מְעוֹפֵף), טָס, נִשָּׂא בָּאֲוִיר, הֵעִיף, הִפְרִיחַ (מַפְרִיחַ)

Fliegen

עוֹפְפוּת (ביו', טכנ') [ק/ג/127]. עֲפִיפָה, טִיסָה, תְּעוּפָה, פְּרִיחָה בָּאֲוִיר, מָעוֹף

Fliegen, Echte *{Muscidae}*

זְבוּבִיִּים (זוא') מִשְׁפָּחָה שֶׁל זְבוּבִים

Fliegenblume *{Caralluma}*

אֶצְבּוֹעַ (בוט') צֶמַח מִמִּשְׁפַּחַת הָאַסְקְלֶפִּיִּים

fliehen

בָּרַח (בּוֹרֵחַ) [א״ח/ב/255]. עָרַק (עוֹרֵק), נִמְלַט, נָס

Fliese

אָרִיחַ (אֲרִיחִים) (אדר') רֶצֶף (רְצָפִים)

Fliesen legen ---> pflastern

Fließband

מַסּוֹעַ (מַסּוֹעִים) (טכנ') סֶרֶט נָע, מִתְקָן לְהוֹבָלָה מִמְּנַעַת

fließen

זָרַם (זוֹרֵם), נָזַל, נִגַּר (נִגָּר), נִשְׁפַּךְ, שָׁתַת (שׁוֹתֵת)

Fließen ---> Wechsel, beständiger

Fließen, stoßweises ---> Strömung, pulsierende

fließend

נָזִיל, זָרִים

Fließfähigkeit

זוֹרְמִיּוּת (היד') יְכֹלֶת לִזְרֹם

Fließgleichgewicht

מַצָּב מַתְמִיד (מדע)

Fließgrenze

גְּבוּל הַכְּנִיעָה (פיס')

Fließspannung

מַאֲמַץ הַכְּנִיעָה (פיס')

Flimmerfortsatz

רִיסוֹן (רִיסוֹנִים) (זוא') רִיס, סִיב גַּבְלִילִי (פְּרוֹטוֹפְּלַזְמָטִי) חִיצוֹנִי שֶׁל רִיסָנִית (חַדְתָּא) הַמְּשַׁמֵּשׁ לְהִשְׁטָתָהּ

Flimmerhärchen ---> Flimmerfortsatz

Flimmern

נִצְנוּץ (פיס', פסי') הִתְנוֹצְצוּת, הִתְנַצְנְצוּת, הִבְהוּב, בְּהוּק, הַבְהָקָה

Flirt

חִזְרוּר (התנ') פְלִירְט, חִזּוּר קַל, יַחֲסֵי אֲהָבִים קַלִּילִים

flirten

חִזְרֵר (מְחַזְרֵר) (התנ') חִזֵּר בְּקַלִּילוּת אַחַר אִשָּׁה

Flockenblume *{Centaurea}*

דַּרְדַּר (בוט') צֶמַח מִמִּשְׁפַּחַת הַמֻּרְכָּבִים

Flockenlesen

מְלִילָה (רפוי) [מר״ח/126]. תְּנוּעָה לְכָאן וּלְכָאן בְּרָאשֵׁי הָאֶצְבָּעוֹת אֵצֶל חוֹלִים קוֹדְחִים

Flocke

פְּתִית (פְּתִיתִים), פְּתוֹת (פְּתוֹתִים), פֵּרוּר

Flockung

פִּתּוּת, עֲשִׂיַּת פְּתוֹתִים

Flöhe *{Siphonaptera}*

פַּרְעוֹשָׁאִים (זוא') סִדְרָה שֶׁל חֲרָקִים

Flöte

חָלִיל (חֲלִילִים) (מוס')

Flötist(in)

חֲלִילָן, חֲלִילָנִית (מוס')

Flora ---> Pflanzenreich

Flora, bakterielle

אֻכְלוּסִיַּת חַיְדַּקִּים (ביו')

Floß

רַפְסוֹדָה (רַפְסוֹדוֹת) (ימא') דּוֹבְרָה

Flotation ---> Schwimmen

Flotte [---> Marine]

סְפִינָה (ימא') אֳנִי

Fluch

קְלָלָה, אָלָה, מְאֵרָה

Flucht

הִמָּלְטוּת, מִמְלָט, מִלּוּט, מְנוּסָה, מָנוֹס (מְנוֹסִים), בְּרִיחָה, נִיסָה

Flucht, in

בְּשִׁוּוּר (הנד׳) בְּשׁוּרָה

Flucht bringen, in

שִׁוֵּר (מְשַׁוֵּר) (הנד׳) עָרַךְ בְּשׁוּרָה

Fluchten

שִׁוּוּר (הנד׳) עֲרִיכָה בְּשׁוּרָה

Fluchtinstinkt

יִצְרוֹן הַמְּנוּסָה (פסי׳) חוּשׁ הַהִמָּלְטוּת, אִינְסְטִינְקְט הַבְּרִיחָה

Fluchtlinie

קַו מַבָּט (אמנ׳) [ממ״ג/79]. קַו הֶתְמֵמִי (אִידֵאָלִי) בְּתַשְׁקִיפֶת (פֶּרְסְפֶּקְטִיבָה) הַנִּפְגָּשׁ מוּל נְקֻדַּת הָרְאוּת בִּנְקֻדַּת הַמֶּרְחָק

Fluchtpunkt

נְקֻדַּת מָגוֹז (טכנ׳, אמנ׳) נְקֻדַּת הֶעָלְמוּת

Fluctuatio animi

מְבוּכָה (פסי׳) [ק/ב/135]. אָבְדַן עֵצוֹת, טִלְטוּל הַדַּעַת, מְצוּקַת הַנֶּפֶשׁ, סָפֵק

flüchten ---> fliehen

Flüchtigkeit der Vorstellung ---> Vorstellung, Flüchtigkeit der

Flügel [---> Seitenbau]

פְּסַנְתֵּר כָּנָף (מוס׳) פְּסַנְתֵּר כָּנוּף

Flügelbinde

פַּס כָּנָף (זוא׳)

Flügelmuscheln *{Pteriidae}*

פְּנִינִיתִיִּים (זוא׳) מִשְׁפָּחָה שֶׁל צְדָפוֹת

Flügeltür

דֶּלֶת דַּפִּים (אדר׳) דְּלָתַיִם

flüssig

נוֹזְלִי (פיס׳) [ק/ג/19]. נִגָּר, נִשְׁפָּךְ, נָטוּף, מְטַפְטֵף, שָׁפִיךְ. לַחִי (פיס׳) [ק/ב/118]. שֶׁל לַח, מְטֶבַע הַלֵּחוּת. זוֹרְמִי (היד׳)

Flüssige, das ---> Flüssigkeit

flüssige Natur ---> Natur, flüssige

flüssige Salbe ---> Salbe, flüssige

flüssiges Kapital ---> Kapital, flüssiges

flüssiges Medium ---> Medium, flüssiges

Flüssiggas (LPG)

גַּז פַּחְמֵימָנִי מְעֻבֶּה (גפ״מ) (פיס׳)

Flüssigkeit

נוֹזֵל (נוֹזְלִים) (פיס׳) [ק/ב/116; 117]. מַצַּב צְבִירָה שֶׁבֵּין מוּצָק לְגַז, לַח, לַחוּת. לַחוּת (פיס׳) [ק/ב/117]. רְטִיבוּת (פיס׳) [ק/ד/39]. רָטֹב, רָטוּב. זוֹרֵם (זוֹרְמִים) (היד׳) פְלוּאִיד

Flüssigkeit, ideale

זוֹרֵם מֻשְׁלָם (היד׳)

Flüssigkeitsmaß

מִדַּת הַלַּח [א״ח/ב/396]. מִדָּה שֶׁל לַח, יְחִידַת מְדִידָה שֶׁל נֶפַח נוֹזְלִים

Flüssigkeitsstrahl

קִלּוּחַ (קִלּוּחִים), זְרִימָה, זֶרֶם נוֹזְלִים

flüstern

לָחַשׁ (לוֹחֵשׁ), לִחֵשׁ (מְלַחֵשׁ)

Flüstern

לְחִישָׁה (לְחִישׁוֹת)

Flug

תְּעוּפָה (טכנ׳, ביו׳) [ק/ג/127]. עוֹפְפוּת, עֲפִיפָה, טִיסָה, פְּרִיחָה בָּאֲוִיר, מָעוֹף

Flughafer *{Avena fatua}*

שִׁבֹּלֶת שׁוּעָל שׁוֹטָה (בוט׳) צֶמַח מִמִּשְׁפַּחַת הַדְּגָנִיִּים

Flughühner *{Pteroclidae}*

קַטִּיִּים (זוא׳) מִשְׁפָּחָה שֶׁל עוֹפוֹת מִסִּדְרַת הַיּוֹנָאִים

Flughund *{Rousettus aegyptiacus}*

עֲטַלֵּף פֵּרוֹת (זוא׳) יוֹנֵק מִמִּשְׁפַּחַת עֲטַלְּפֵי הַפֵּרוֹת

Flugsand ---> Treibsand

fluid

זוֹרְמִי (פיס׳)

Fluidum

זוֹרֵם (זוֹרְמִים) (פיס׳) [דח״ט/184]. פְלוּאִיד, חֹמֶר חֲסַר צוּרָה קְבוּעָה, כְּגוֹן: גַּז אוֹ נוֹזֵל

Fluktuation ---> Schwankung

fluktuieren ---> schwanken

fluktuierend ---> schwankend

Fluor

פְלוֹרָן (כימ׳) פְלוּאוֹר, גַּז רְעִיל

Fluoreszenz

זְהִירָה (פיס׳) [ל״מ/522]. פְלוֹרָנוּת, פְלוּאוֹרָנוּת, פְלוּאוֹרֶסְצֶנְצִיָּה, פְּלִיטַת מֶרֶץ (אֶנֶרְגִּיָּה) אֶלֶקְטְרוֹמַגְנֶטִי עַל יְדֵי חֹמֶר

Fluoreszenzmikroskop

רְאִידָק זְהִירָה (טכנ׳) מִיקְרוֹסְקוֹפּ זְהִירָה

Flur [---> Grundstück, das weder Privat- noch Gemeinbesitz ist]

מָבוֹי (מְבוֹאוֹת) (אדר׳) [א״ח/א/45]. מָבוֹא, מְבוֹאָה, מְקוֹם כְּנִיסָה. שָׂדֶה (שָׂדוֹת) (כלכ׳, חקל׳) אֲדָמוֹת, חֶלְקַת אֲדָמָה כִּיחִידָה כַּלְכָּלִית, תָּו קַרְקַע, צִיּוּן גְּבוּל

Flurbereinigung

תִּקּוּן חֶלְקַת קַרְקָעוֹת (מדי׳, חקל׳) תַּקָּנָה חֻקִּית שֶׁבָּאָה לְבַטֵּל אֶת תּוֹפָעַת פִּצּוּל הַקַּרְקַע הַחַקְלָאִית לַחֲלָקוֹת קְטַנּוֹת וּבִלְתִּי יְעִילוֹת עַל יְדֵי אִחוּדָן לַחֲלָקוֹת יוֹתֵר גְּדוֹלוֹת וּבַעֲלוֹת רְצִיפוּת אַרְצָנִית (טֶרִיטוֹרְיָאלִית)

Flurbuch ---> Katasterplan

Fluß ---> Wechsel, beständiger

Fluß, elektrischer

שֶׁטֶף חַשְׁמַלִּי (פיס׳)

Fluß, ganzjähriger

נָהָר אֵיתָן (היד׳)

Fluß, verästelter

נְהַר פְּזָרוֹת (היד׳) מְרוֹץ פְּזָרוֹת

Fluß, vereister

נָהָר עָצוּר קֶרַח (היד׳, מטא׳) נָהָר מְקֻרְחָן

Fluß, verwilderter ---> Fluß, verästelter

Flußbett

אֲפִיק הַנָּהָר (היד׳) אָפִיק

Flußbettriffelung

סַלְסַלֵּי אָפִיק (היד׳)

Flußbettspeicherung

אֹגֶר אָפִיק (היד׳)

Flußbettwellung

גַּלֵּי אָפִיק (היד׳)

Flußbiegung

בֶּרֶךְ הַנָּהָר (היד׳)

Flußboot [---> Kahn]
אַרְבָּה (אֲרָבוֹת) (ימא') [א"ת/ב/339]. סִירַת נְהָרוֹת שְׁטוּחָה לְהוֹבָלַת מַשָּׂאוֹת

Flußeisen
בַּרְזֶל הִתּוּךְ (טכנ')

Flußerosion
סְחִיפַת נָהָר (היד') סַחַף נָהָר

Flußgabelung
מִפְרָד (מִפְרָדִים) (היד') מִסְעַף נְהָרוֹת

Flußmittel ---> Schmelzmittel

Flußmündung
שֶׁפֶךְ נָהָר (היד')

Flußmündung, ertrunkene
שֶׁפֶךְ מְשֻׁקָּע (היד')

Flußquelle ---> Bettquelle

Flußregenpfeifer *{Charadrius dubius}*
חוֹפָמִי גְּדוֹת (זוא') עוֹף מִמִּשְׁפַּחַת הַחוֹפָמִיִּים

Flußsand ---> Schleifsand; Ufersand

Flußschiff
סְפִינַת נָהָר (ימא')

Flußschleife ---> Mäander

Flußschwinde *{Ponor}*
בַּלּוּעָה (היד', גאו') הַמָּקוֹם שֶׁבּוֹ נַחַל אוֹ נָהָר נִבְלָע בָּאֲדָמָה וְהוֹפֵךְ לְתַת קַרְקָעִי

Flußsedimente
סְחֹפֶת (היד', גאו') שִׁכְבַת סַחַף הַבָּאָה מִשֶּׁטֶף מַיִם

Flußseeschwalbe *{Sterna hirundo}*
שַׁחֲפִית יָם (זוא') עוֹף מִמִּשְׁפַּחַת הַשַּׁחֲפִיתִיִּים

Flußsohle
קַרְקָעִית הָאָפִיק (היד')

Flußstahl
פְּלָדַת הִתּוּךְ (טכנ')

Flußuferläufer *{Actitis hypoleucos (Tringa hypoleucos)}*
בִּצָּנִית לִבְנַת בֶּטֶן (זוא') עוֹף מִמִּשְׁפַּחַת הַחַרְטוֹמָנִיִּים

Flut
גֵּאוּת (י"א) [ק/ב/293]. מֶשֶׁךְ, גֵּאוּת הַיָּם, תִּגְבֹּרֶת מֵי הַיָּם

fluten
הֵצִיף (מֵצִיף) (היד', ימא')

Fluten
הֲצָפָה (היד', ימא')

fluvial
נַהֲרִי (היד', גאו') פְלוּוִיאָלִי, שֶׁנִּסְחַף אוֹ שֶׁרֻבַּץ עַל יְדֵי מַיִם זוֹרְמִים

focoso
פִּרְאִי (מוס') בְּפִרְאוּת

Föderation
מַאֲחָד (מדי') פֶדֶרַצְיָה, מְדִינָה הַמֻּרְכֶּבֶת מִבְּרִית שֶׁל מְדִינוֹת

föderativ
מַאֲחָדִי (מדי') פֶדֶרָלִי

Föhre *{Pinus sylvestris}*
אֹרֶן הַיְּעָרוֹת (בוט') צֶמַח מִמִּשְׁפַּחַת הָאָרְנִיִּים

Förderanlage
מַסּוֹעַ (מַסּוֹעִים) (טכנ') הֶתְקֵן לְהַעֲבָרַת חֳמָרִים אוֹ חֲפָצִים בְּאֶמְצָעוּת סֶרֶט סָגוּר הַנָּע בְּמַסְלוּל קָבוּעַ

Förderer *{Promotor}*
קַדָּם, מַדְרִיךְ, מְאַמֵּן, חוֹנֵךְ, תַּקְדּוּמָן

fördern, Wasser ---> Wasser fördern

fördernder Beweggrund ---> Beweggrund, fördernder

Förderung
תַּקְדּוּמָה, הַמְרָצָה, חִזּוּק יָדַיִם, קִדּוּם

förmlich ---> formal

Förmlichkeit ---> Formalität

Fötus
עֻבָּר (עֻבָּרִים) (רפו', פסי') [ר/ב/495]. יְצוּר אֱנוֹשִׁי בְּרֶחֶם אִמּוֹ מֵהַחֹדֶשׁ הַשְּׁלִישִׁי לַהֵרָיוֹן וְעַד לַלֵּדָה

Fohlen
סְיָח (סְיָחִים) (זוא', חקל') [א"ת/ב/126]. סוּס צָעִיר

fokal ---> brennpunktbezüglich

Fokaldistanz ---> Brennweite

Fokalebene ---> Brennebene

Fokalpunkte
נְקֻדּוֹת הַמּוֹקֵד (פיס', רפו')

Fokus ---> Brennpunkt

fokussieren ---> Brennpunkt vereinigen, im

fokussiert ---> Brennpunkt vereinigt, im

Fokussierung ---> Brennweiteneinstellung

Folge
תּוֹצָאָה (תּוֹצָאוֹת) (פיל') [ק/ד/185]. תּוֹלָדָה, תּוֹלֶדֶת (פיל') [ק/ד/181]. פֹּעַל יוֹצֵא. מְסוֹבָב, מְסֻבָּב [ק/ב/221]. דָּבָר שֶׁנּוֹלַד מִן הַסִּבָּה, מַסְקָנָה. עָלוּל [ק/ג/137]. מַה שֶּׁיּוֹצֵא מֵעִלָּה. מְעוֹלָל (פיל') [ק/ב/231]. מְעֻתָּל (פיל') [ק/ב/245]. מְאֻנֶּה (פיל') [ק/ב/134]. הֶמְשֵׁךְ [ק/א/179]. הִשְׁתַּלְשְׁלוּת, רֶצֶף, סִדְרָה, מִמְשָׁךְ, עֲקִיבָה (עֲקִיבוֹת). הַמְשָׁכוּת [ק/א/180]. הִתְמַשְׁכוּת [ק/א/240]. מְשִׁיכָה [ק/ב/292]

Folge, alternierende
סִדְרָה מִתְחַלֶּפֶת (מחמ')

Folge, Grund und ---> Grund und Folge

Folge, notwendige
תּוֹלָדָה מֻכְרַחַת [ק/א/285]. חִיּוּב, תְּנַאי מֻכְרָח. הִתְחַיְּבוּת [ק/א/232]. הֶכְרֵחַ, תְּלוּת, מֻגְבָּלוּת.

Folge, unmittelbare
תּוֹלָדָה בִּלְתִּי מְצוּעָה (פיל') [ק/א/286]. חִיּוּב רִאשׁוֹן, - בִּלְתִּי אֶמְצָעִי

folgen
יָצָא (יוֹצֵא) מִן... [ק/ב/45]. בָּא מ..., צָמַח מ..., נִמְשַׁךְ מ..., בָּא מִכֹּחַ..., גָּרַר (גּוֹרֵר) אֶת..., נִגְרַר (נִגְרָר) אַחַר.../מִן. סָמַךְ, הִסְמִיךְ [ק/ג/106]. הוֹסִיף, הִמְשִׁיךְ. רָדַף [ק/ד/24]. הָלַךְ בְּעִקְּבוֹת..., עָקַב אַחַר..., נִמְשַׁךְ אַחַר...

folgend
נִמְשָׁךְ אַחַר... [ק/ג/43]. הוֹלֵךְ בְּעִקְּבוֹת..., נִגְרָר אַחַר...

folgend, logisch
מִתְחַיֵּב [ק/ב/314]. מְחֻיָּב, מְחֻיַּב הַמְּצִיאוּת, דָּבֵק בְּהֶכְרֵחַ, יוֹצֵא וְנִמְשָׁךְ בְּהֶכְרֵחַ, נוֹבֵעַ מִשִּׁקּוּל הֶגְיוֹנִי

folgend, nacheinander
נִמְשָׁכִים [ק/ג/39]. נִלְוִים, בָּאִים זֶה אַחַר זֶה
folgenschwer ---> fatal
Folgerichtigkeit ---> Konsequenz
folgern [---> schlußfolgern]
הִסִּיק (מַסִּיק) (פיל') [ק/ב/38]. יִלֵּד (מְיַלֵּד), הוֹצִיא מַסְקָנָה, - תּוֹלָדָה הֶגְיוֹנִית מֵאֶקְדֵּמֵי הַהֶקֵּשׁ
Folgern [---> Denken, logisches]
הַסָּקָה (פיל') הוֹצָאַת מַסְקָנָה, נְבִיעָה, הִמָּשְׁכוּת, תַּהֲלִיךְ חֲשִׁיבָה הֶגְיוֹנִי הַמֵּבִיא לְהוֹסָפוֹת יֶדַע חָדָשׁ לְלֹא הִסְתַּיְּעוּת בְּנִסָּיוֹן הַמּוּפָק מִיֶּדַע קוֹדֵם, לְמָשָׁל: אִם יָדוּעַ שֶׁבְּאֵר שֶׁבַע מְמֻקֶּמֶת דְּרוֹמִית לְתֵל אָבִיב וְתֵל אָבִיב דְּרוֹמִית לְחֵיפָה, אֶפְשָׁר לְהַסִּיק מִן הַטְּעָנוֹת הַלָּלוּ שֶׁבְּאֵר שֶׁבַע מְמֻקֶּמֶת דְּרוֹמִית לְחֵיפָה
folgern aus dem Wortlaut ---> Wortlaut, folgern aus dem
Folgerung [---> Implikation; Konsequens]
מַסְקָנָה (מַסְקָנוֹת) (פיל') [ק/ד/185]. תּוֹצָאָה, הוֹצָאַת דָּבָר מִתּוֹךְ דָּבָר, מִשְׁפָּט יוֹצֵא, הַבָּא מִן הַדִּין
Folgerung aus dem Wortlaut ---> Wortlaut, Folgerun aus dem
Folgesatz ---> Konsekutivsatz
folgt, hieraus
יוֹצֵא מִזֶּה [ק/ג/43]. נִמְשָׁךְ מִזֶּה
Folie
רְדִיד (רְדִידִים) (טכנ') רְצוּעָה דַּקָּה שֶׁל חֹמֶר כָּלְשֶׁהוּ, דַּק (דַּקִּים)
Folie, falsche
בָּסִיס שִׁקְרִי (פיל')
Folio
תַּבְנִית אֹרֶךְ הַיְרִיעָה (דפו') [ק/ד/179]. פוֹלְיוֹ, כִּנּוּי לְגִלָּיוֹן נְיָר בַּעַל צוּרָה מַלְבֵּנִית שֶׁמִּדּוֹתָיו בְּעֵרֶךְ 21x33 סֶנְטִימֶטְרִים
Folklore
יִדְעָם (אנת') [י״א/225]. פוֹלְקְלוֹר, יֶדַע עַם
folkloristisch
יִדְעָמִי (אנת') [י״א/225]. פוֹלְקְלוֹרִיסְטִי
Follikel ---> Balg
Folter
עִנּוּי (עִנּוּיִים) (משפ') גְּרִימַת יִסּוּרִים לְשֵׁם סְחִיטַת הוֹדָאָה מִפִּי נֶאֱשָׁם, עֹנֶשׁ גּוּף, יִסּוּר
Foltergerät
אַרְכּוֹף (אַרְכּוֹפִים) (משפ') כְּלִי עִנּוּי, סַד
Fonds
קֶרֶן (קְרָנוֹת) (כלכ') מִצְבּוֹר הוֹן שֶׁנּוֹעַד לְמַטָּרָה מְסֻיֶּמֶת, מַאֲגָר
Font ---> Schriftart
Fontanelle
מַרְפֵּס (רפו') אֲפִיק, רֶוַח רוֹפֵס בֵּין עַצְמוֹת הַגֻּלְגֹּלֶת שֶׁל תִּינוֹקוֹת
fordern, jemanden in die Schranken ---> Schranken fordern, jemanden in die
Forderung, uneintreibbare
חוֹב אָבוּד (משפ')
Forderungsberechtigter ---> Gläubiger
Forderungsklage
תַּבְעָנָה אִישִׁית (משפ')
Form
צוּרָה (צוּרוֹת) (פיל') [ק/ג/231]. מִכְלוֹל הַתּוֹפָעוֹת הַנִּרְאוֹת עַל פְּנֵי שֶׁטַח הַדְּבָרִים, הַתַּהֲלִיכִים וכד' שֶׁל הַמְּצִיאוּת הַמַּמָּשִׁית (אוֹבְּיֶקְטִיבִית). מִבְנֶה (פיל') [ק/ב/138].בֹּהוּ (פיל') [ק/א/80]. דְּמוּת [ק/א/139]. מְחֻקָּק [ק/ב/184]. דְּפוּס, דְּמוּת חֲקוּקָה. תֹּרֶף (פיל') [ק/ד/217]. צוּרָה חִיצוֹנִית (פיל') [ק/ג/238]. תְּמוּנָה חִיצוֹנִית, צִיּוּר, מַרְאֶה. תֹּאַר (פיל') [ק/ד/175]. מַרְאִית. תַּבְנִית (פיל') [ק/ד/178]. תְּמוּנַת הַדָּבָר. אוֹר (פיל') [ק/א/28]. כִּנּוּי לְצוּרָה
Form, abstrakte
צוּרָה מֻפְשֶׁטֶת (פיל') [ק/ג/237]
Form, akzidentelle
צוּרָה מִקְרִית (פיל') [ק/ג/237]
Form, allgemeine
צוּרָה כְּלָלִית (פיל') [ק/ג/237]
Form, angeborene
צוּרָה תּוֹרַשְׁתִּית (פיל') [ק/ג/237]. צוּרָה מִזְגִית
Form, Annahme einer
לְבִישַׁת צוּרָה [ק/ב/112]. קַבָּלַת צוּרָה
Form, aristotelische
תַּבְנִית אַרִיסְטוֹטֶלִית (פיל') [ק/ד/179]. צוּרָה אַרִיסְטוֹטֶלִית. תָּכְנִית (פיל') [ק/ד/204]
Form, beständige
צוּרָה עוֹמֶדֶת (פיל') [ק/ג/237]. צוּרָה קַיֶּמֶת
Form, bestimmte
צוּרָה מְסֻיֶּמֶת (פיל') [ק/ג/237]. צוּרָה מְסֻגֶּלֶת, - מְיֻחֶדֶת
Form, bleibende ---> Form, beständige
Form, dreieckige
שִׁלּוּשׁ (מתמ') [ק/ד/111]. צוּרָה מְשֻׁלֶּשֶׁת. שְׁלִישׁוּת (מתמ') [ק/ד/114]
Form, einheitliche
צוּרָה אַחְדוּתִית (פיל') [ק/ג/236]
Form, geistige
צוּרָה רוּחָנִית (פיל') [ק/ג/238]. צוּרָה שִׂכְלִית
Form, geschlossene
צוּרָה סְתוּמָה (פיל') [ק/ג/237]. צוּרָה חֲתוּמָה
Form, gesellschaftlich gültige
צוּרָה בַּעֲלַת תֹּקֶף חֶבְרָתִי (מ״ח, כלכ')
Form, göttliche [---> Form, überirdische]
צוּרָה אֱלֹהִית (דת, פיל') [ק/ג/236]
Form, grammatische
צוּרָה דִּקְדּוּקִית (בלש') [ק/ד/179; מ״ב/93]. תַּבְנִית דִּקְדּוּקִית
Form, höchste
צוּרָה אַחֲרוֹנָה (פיל') [ק/ג/236]. צוּרָה עֶלְיוֹנָה
Form, hylische ---> Form, materielle
Form, immaterielle [---> Form, geschlossene]
צוּרָה לֹא חָמְרִית (חוֹמְרִית) (פיל') [ק/ג/237]. צוּרָה לֹא בְּחֹמֶר
Form, individuelle
צוּרָה פְּרָטִית (פיל') [ק/ג/237]
Form, innere
צוּרָה פְּנִימִית (פיל') [ק/ג/237]
Form, intellektuelle ---> Form, geistige

Form, intelligible
צוּרָה מַשְׂכֶּלֶת (פיל') [ק/ג/237]
Form, irdische
צוּרָה תַּחְתּוֹנָה (פיל') [ק/ג/238]. צוּרָה אַרְצִית
Form, körperliche
צוּרָה גַּשְׁמִית (פיל') [ק/ג/237]
Form, künstliche
צוּרָה אֻמָּנוּתִית (פיל') [ק/ג/237]. צוּרָה מְלָאכִית, - מְלָאכוּתִית, - אֻמָּנִית
Form, letzte
צוּרָה אַחֲרוֹנָה (פיל') [ק/ג/236]
Form, materielle
צוּרָה חָמְרִית (חוֹמְרִית) (פיל') [ק/ג/237]. צוּרָה הִיוּלָנִית
Form, menschliche
צוּרָה אֱנוֹשִׁית (פיל') [ק/ג/237]
Form, mittelbare
צוּרָה מְצוּעָה (פיל') [ק/ג/237]. צוּרָה אֶמְצָעִית
Form, natürliche
צוּרָה טִבְעִית (פיל') [ק/ג/237]
Form, naturgemäße
צוּרָה מִזְגִית (פיל') [ק/ג/237]
Form, offene
צוּרָה פְּתוּחָה, - חֲלוּלָה (פיל') [ק/ג/237]
Form, partikuläre
צוּרָה פְּרָטִית (פיל') [ק/ג/237]
Form, sinnliche
צוּרָה מוּחֶשֶׁת (פיל') [ק/ג/237]. צוּרָה מוּחָשָׁה
Form, stoffliche
צוּרָה תַּחְתּוֹנָה (פיל') [ק/ג/238]
Form, transzendentale
צוּרָה עֵבֶר נִסְיוֹנִית (פיל') [ק/ג/237]. צוּרָה נִבְדֶּלֶת, - נִפְרֶדֶת, - טְרַנְסְצֶנְדֶנְטִית
Form, überirdische [---> Form, göttliche]
צוּרָה עַל אַרְצִית (פיל') [ק/ג/237]. צוּרָה עֶלְיוֹנָה, - עֶלְיוֹנִית, - אֱלֹהִית
Form, unkörperliche ---> Form, transzendentale
Form, unregelmäßige
צוּרָה חֲרִיגָה (בלש') [מ"ב/113]. צוּרָה יוֹצֵאת מִן הַכְּלָל, - דִּקְדּוּקִית הַחוֹרֶגֶת מִן הַכְּלָל הַקָּבוּעַ, לְמָשָׁל: הָרַבִּים שֶׁל "בֵּיצָה" הוּא "בֵּיצִים" (וְלֹא *בֵּיצוֹת)
Form, verhüllende
צוּרַת חִפּוּי
Form, viereckige
רִבּוּעַ (מתמ') [ק/ד/19]. צוּרַת הַמְּרֻבָּע, מַלְבֵּן שֶׁצַּלְעוֹתָיו שָׁווֹת
Form, vitale
צוּרָה חִיּוּנִית (פיל') [ק/ג/237]
Form, wesentliche
צוּרָה מַהוּתִית (פיל') [ק/ג/237]. צוּרָה עַצְמִית
Form ablegen, eine
פָּשַׁט/הִפְשִׁיט צוּרָה וְלָבַשׁ צוּרָה [ק/ג/220]. שִׁנָּה אֶת צוּרָתוֹ, נִשְׁתַּנָּה
Form annehmen, eine neue
לָבַשׁ (לוֹבֵשׁ) צוּרָה [ק/ב/113]. לָבַשׁ, קִבֵּל צוּרָה אַחֶרֶת מִזּוֹ הָרְגִילָה, לָבַשׁ מַרְאֶה
Form besitzen, eine
הָיָה לָבוּשׁ צוּרָה
Form bezüglich, auf die
צוּרָתִי [ק/ג/239]. צוּרִי, שֶׁל צוּרָה, שֶׁיֵּשׁ לוֹ צוּרָה, צוּרָנִי
Form bezüglich, auf die äußere
תָּאֳרִי (תּוֹאֳרִי) (פיל') [ק/ד/176]. מִתְיַחֵס עַל הַצּוּרָה הַחִיצוֹנִית, שֶׁיֵּשׁ בּוֹ תֹּאַר
Form entkleiden, einer ---> Form ablegen, eine
Form erwerben, eine neue ---> Form annehmen, eine neue
Form wegen, der
לְמַעַן הַסֵּדֶר
Forma corporeitatis
צוּרַת הַגַּשְׁמוּת (פיל') [ק/ג/237]. צוּרַת הַגַּשְׁמִיּוּת
Forma elementorum
צוּרָה יְסוֹדִית (פיל') [ק/ג/237]. צוּרַת הַיְסוֹדוֹת
Forma essentialis
צוּרָה עַצְמִית (פיל') [ק/ג/237]
Forma formarum
צוּרַת הַצּוּרוֹת (פיל') [ק/ג/237]
Forma proxima
צוּרָה קְרוֹבָה (פיל') [ק/ג/237]
Forma remota
צוּרָה רְחוֹקָה (פיל') [ק/ג/237]. צוּרָה רִאשׁוֹנָה
Forma specifica
צוּרַת מִין (פיל') [ק/ג/237]. צוּרָה מִינִית
formal
צוּרָנִי [ק/ג/239]. צוּרִי, פוֹרְמָלִי, שֶׁל הַצּוּרָה, מַרְאִיתִי
formales Wesen ---> Wesen, formales
formales System ---> System, formales
formalisieren
הִצְרִין (מַצְרִין) (מדע)
formalisiert
מֻצְרָן (מדע)
Formalisierung
הַצְרָנָה (מדע) [ת"ה/131]. שִׁמּוּשׁ בִּסְמָלִים לְסִמּוּן הַמִּשְׁתַּנִּים
Formalismus
צוּרָנִיּוּת (פיל', אמנ') מַרְאִיתָנוּת, פוֹרְמָלִיזְם
Formalist(in)
צוּרָנִיּוּתָן, צוּרָנִיּוּתָנִית (פיל', אמנ') מַרְאִיתָן, פוֹרְמָלִיסְט
formalistisch
צוּרָנִיּוּתִי (פיל', אמנ') מַרְאִיתָנִי, פוֹרְמָלִיסְטִי
Formalität
צוּרָנוּת, מַרְאִית, מַרְאִיתִיּוּת, פוֹרְמָלִיּוּת, חִיצוֹנִיּוּת, רִשְׁמִיּוּת, גִּנּוּן צוּרָה, טֶקֶס
Formalwert
חֲשִׁיבוּת צוּרָנִית (פסי', אמנ')
Formans
צוּרָן צוּרָאִי (מוֹרְפוֹלוֹגִי) (בלש') [מ"ב/83]. מוּסֶפֶת הַמְּצַיֶּנֶת גִּבְלָה (קָטֵגוֹרְיָה) מְסֻיֶּמֶת, לְמָשָׁל: הַתְּחִלִּית "א" בּ-"אֶתְפֹּר" מְצַיֶּנֶת פֹּעַל בֶּעָתִיד
Format
מִדָּה (מִדּוֹת) [ק/ד/179]. תַּבְנִית, גֹּדֶל, פוֹרְמָט

Formatierung
אִרְגּוּן תַּקְלִיטוֹן (מחש') [דמ"א/47]. הֲכָנַת תַּקְלִיטוֹן לִקְלִיטַת נְתוּנִים לְשֵׁם עֲבוֹדָה בְּמַחְשֵׁב

Formation
תְּצוּרָה (תְּצוּרוֹת) [ק/ד/215]. מִבְנֶה הַצּוּרָה, צוּרַת בִּנְיָנוֹ שֶׁל דָּבָר, פוֹרְמַצְיָה, מִבְנֶה

Formativ ---> Formans

Formbarkeit ---> Plastizität

formbegabt
בַּעַל צוּרָה [ק/ב/259]. מְצַיֵּר, מְשַׁוֶּה צוּרָה

Formbestimmung
עִצּוּב (פיל', אמנ') [ק/ג/243]. צִיּוּר, פְּעֻלַּת הַצַּר צוּרָה

formell ---> formal

formelles Modell ---> Modell, formelles

formen
עִצֵּב (מְעַצֵּב) [ק/ג/244]. צִיֵּר, שִׁוָּה צוּרָה. הִצְלִים [ק/ג/247]. יָצַר (יוֹצֵר), בָּנָה כְּלִי, צָר צוּרָה, עִבֵּד, הִגְשִׁיד (מַגְשִׁיד), הִתְגַּשֵּׁד, כִּיֵּר (מְכַיֵּר)

formen, neu ---> umgestalten

Formenbrett-Test
מִבְחַן לוּחַ צוּרוֹת (פסי') [ר/ב/348]. מִבְחָן בְּצוּעַ שֶׁבּוֹ עַל הַנִּבְחָן לְהַתְאִים קְבוּצַת גְּזָרֵי עֵצִים בְּצוּרוֹת שׁוֹנוֹת לַחֲרִיצִים בְּצוּרוֹת שׁוֹנוֹת, מִבְחָן בְּצוּרַת לוּחַ

formend, sich
מְקַבֵּל צוּרָה (פיל') [ק/ב/255]. מִצְטַיֵּר, מִתְמַמֵּשׁ, מִתְגַּלֵּם, לוֹבֵשׁ צוּרָה

Formenklasse
קְבוּצַת צוּרָה (בלש') [מ"ב/83]. חֵלֶק דִּבֵּר, קְבוּצַת מִלִּים בַּעֲלוֹת תַּפְקִיד זֵהֶה בַּמִּשְׁפָּט, לְמָשָׁל: שְׁמוֹת עֶצֶם, פְּעָלִים, שְׁמוֹת תֹּאַר וְתָאֳרֵי פֹּעַל

Formenschatz ---> Relief

Formicatio ---> Kribbelgefühl

Formklasse ---> Formenklasse

Formkonstanz
קְבִיעוּת צוּרָה (פסי', רפו') [ר/ב/582]. תְּפִיסַת צוּרָתָם שֶׁל עֲצָמִים כִּקְבוּעָה לַמְרוֹת הַשִּׁנּוּיִים בְּתְנָאֵי הָרְאִיָּה

Formlehre
תּוֹרַת הַתַּבְנִית (בלש') [ק/ד/179]. תּוֹרַת הַצּוּרוֹת

formlos *{amorph}*
נְטוּל צוּרָה, אַמוֹרְפִי, אִי צוּרָתִי, חֲסַר צוּרָה, גָּלְמִי

Formular
טֹפֶס (טְפָסִים) [ק/ד/217]. תֹּרֶף (תְּרָפִים), גִּלָּיוֹן רִשְׁמִי הַמְּיֻעָד לְמִלּוּי פְּרָטִים עַל יְדֵי הַכּוֹתֵב

Formulierung
תִּמְלוּל (ספר') [מ"ס/44]. נְתִינַת בִּטּוּי מִלּוּלִי לְאֵרוּעִים, מְקוֹמוֹת וּתְכוּנוֹת אֱנוֹשִׁיּוֹת

Formung
תַּגְשִׁיד, הִשְׁתַּלְּבוּת גּוֹרְמִים,עִצּוּב

Formverschiedenheit
שֹׁנִי צוּרָה

Formverwandlung
הֲפִיכַת צוּרָה

Formwechsel
חִלּוּף צוּרָה, תְּמוּרָה שֶׁבְּצוּרָה, שִׁנּוּי צוּרָה

Formwiderstand
הִתְנַגְּדוּת צוּרָה (פיס')

forschen
חִקֵּר (מְחַקֵּר) (מדע) [ק/א/328]. חָקַר (חוֹקֵר), עָשָׂה מֶחְקָר, הִתְבּוֹנֵן בְּעִנְיְנֵי חָכְמָה. עִיֵּן (מְעַיֵּן) [ק/ג/131]. רָחַשׁ [ק/ד/38]. דָּרַשׁ אַחֲרֵי...

Forschen
חִקּוּר [ק/א/191]. הַעֲמָקָה, עִיּוּן עָמֹק, חֲקִירָה, מֶחְקָר

forschen, genau ---> verfahren, sorgfältig

forschend
חַקְרָנִי [ק/א/329]. שֶׁיֵּשׁ בּוֹ מִתְכוּנַת הַחַקְרָן, הַמַּרְבֶּה בַּחֲקִירוֹת

Forscher
חוֹקֵר (חוֹקְרִים) (פיל', מדע) [ק/א/328]. דּוֹרֵשׁ בְּעִנְיְנֵי מַדָּע. בַּעֲלֵי הַמֶּחְקָר [ק/א/92]. בַּעֲלֵי הָעִיּוּן. חֲכַם הָעִיּוּן [ק/א/290]. חַפְשָׂן [ק/א/321]. חַקְרָן, תּוֹהֶה עַל בְּעָיוֹת. מְאַמֵּת (פיל', מדע) [ק/ב/133]. מַחֲזִיק בְּדֵעוֹת אֲמִתִּיּוֹת, חוֹקֵר דָּבָר לַאֲמִתּוֹ, מְאַמֵּין. מְבַקֵּשׁ (פדג') [ק/ב/139]. תַּלְמִיד. מְעַיֵּן (פיל', מדע) [ק/ב/234]. מִתְבּוֹנֵן, תֵּאוֹרֶטִיקָאִי, תֵּאוֹרֶטִיקוֹן, תֵּאוֹרֶטִיקָן, קוֹבֵעַ הֲלָכָה, חוֹשֵׁב. מִתְחַכֵּם (פיל', מדע) [ק/ב/315]

Forschung
מֶחְקָר (מֶחְקָרִים) (פיל', מדע) [ק/ב/184]. חֲקִירָה (פיל') [ק/א/326]. דִּיּוּק (פיל') [ק/א/136]. הִתְבּוֹנְנוּתבְּשֵׂכֶל. דְּרִישָׁה (פיל') [ק/א/147]. מַחֲשָׁבָה (פיל', פסי') [ק/ב/186]. הָגוּת, הִרְהוּר. עִיּוּן (פיל', מדע) [ק/ג/128]. דִּיּוּן פִילוֹסוֹפִי, לִבּוּן בְּעָיוֹת. שִׁקּוּל הַדַּעַת (פיל', מדע) [ק/ד/155]. פְּעֻלָּה מַחֲשַׁבְתִּית, רְאִיָּה, מְלֶאכֶת הַהִרְהוּר

Forschung betreffend, die
מֶחְקָרִי (פיל', מדע) [ק/ב/185]. מֵעִנְיַן הַמֶּחְקָר וּמִטִּבְעוֹ

Forschungsanlage
מַעֲרַךְ מֶחְקָר (מדע) [מ"מ/215]. תִּכְנוּן אִסּוּף נְתוּנִים וְנִתּוּחָם לְשֵׁם בְּחִינַת הַשְׁעָרוֹת מַדָּעִיּוֹת

Forschungseifer
חַקְרָנוּת [ק/א/329]. אַהֲבַת הַחֲקִירָה וְהָעִיּוּן

Forschungsgegenstand
נוֹשֵׂא הַמֶּחְקָר (מדע) נוֹשֵׂא הַחֲקִירָה

Forschungshypothese
הַשְׁעָרַת מֶחְקָר (מדע) [מ"מ/211]. הַשְׁעָרָה הַמִּתְיַחֶסֶת לַקֶּשֶׁר הַצָּפוּי בֵּין שְׁנֵי מִשְׁתַּנִּים אוֹ יוֹתֵר

Forstwirtschaft
יַעֲרָנוּת (חקל')

Fort
מִצָּד (מְצָדוֹת) (אדר') מְצוּדָה

Fortbestand
הִתְקַיְּמוּת [ק/ג/280]. קִיּוּם, הֶמְשֵׁךְ קִיּוּם. הֶתְמֵד [ק/ג/144]. עֲמִידָה, הֱיוֹת נִשְׁאָר וְקַיָּם, הַתְמָדָה, קֶבַע, קְבִיעוּת, מֶשֶׁךְ, תְּמִידוּת, הֶשְׁאֵר. הִשָּׁאֲרוּת (דת, פיל') [ק/א/216]. הַשְׁאָרַת הַנֶּפֶשׁ

Fortbestimmung
הִתְפַּתְּחוּת יַעַד

fortbewegend, sich
מִתְנוֹעֵעַ [ק/ג/52]. נֶעְתָּק, מוּנָע מִמָּקוֹם אֶחָד לְמָקוֹם אַחֵר

Fortbewegung
הִתְנוֹעֲעוּת [ק/ג/178]. עֲתִיקָה, עֲקִירָה מִמָּקוֹם לְמָקוֹם, הַעֲבָרָה, תְּנוּעָה, תְּנוּעַת הַהַעְתָּקָה, הֶעְתֵּק, הֲזָזָה

Fortdauer
הִמָּשְׁכוּת [ק/א/179]. הֶתְמֵד, הַתְמָדָה, תְּמִידָה, הֶמְשֵׁכָה. הֶשְׁאֵר [ק/א/216]. מְצִיאוּת, קִיּוּם. הִתְדַּבְּקוּת [ק/א/229]. הֶמְשֵׁךְ

Fortdauer, individuelle
הִמָּצְאוּת בַּחַיִּים (פיל', דת) [ק/ג/280]. קִיּוּם בְּאִישׁ, אֹרֶךְ יָמִים, חַיֵּי נֶצַח, אַלְמָוֶת

Fortdauer der Art ---> Art, Fortdauer der

fortdauern
הִתְמִיד לְהִתְקַיֵּם [ק/ג/140]. עָמַד, נִשְׁאַר בְּמַצָּבוֹ לְלֹא שִׁנּוּי, הָיָה קַיָּם וְנִשְׁאַר, - קָבוּעַ וְעוֹמֵד, תָּמַד, נִמְשַׁךְ, הִמְשִׁיךְ לְהִתְקַיֵּם

fortdauernd
בֶּן/בַּת קַיָּם, תּוֹמֵד, מַתְמִיד

forte
חָזָק (מוס') פוֹרְטֶה

forte, mezzo
חָזָק לְמֶחֱצָה (מוס') מֶצוֹ פוֹרְטֶה

Fortentwicklung
הִתְפַּתְּחוּת נִמְשֶׁכֶת [ק/א/180]. הִמָּשְׁכוּת, תּוֹלָדָה וְהִשְׁתַּלְשְׁלוּת

forterhalten
הִמְשִׁיךְ לְקַיֵּם

Fortezug
דַּוְשַׁת חִזּוּק (מוס')

Fortgang
מַהֲלַךְ הִתְקַדְּמוּת [פ"ר/95;67]. הִתְקַדְּמוּת, מַהֲלָךְ

fortgeschritten
נִקְדָּם (רפו') [מר"ח/20]. מִתְקַדֵּם

fortissimo
חָזָק מְאֹד (מוס') פוֹרְטִסִּימוֹ

fortissimo, forte
חָזָק מְאֹד מְאֹד (מוס') פוֹרְטֶה פוֹרְטִסִּימוֹ

fortlaufend *{sequentiell}*
רָצוּף [ק/ב/144]. מְדֻבָּק,קָבוּעַ , בִּלְתִּי נִפְסָק, סִדְרָתִי, אוֹחֵר

fortlaufende Bestellung ---> Bestellung, fortlaufende

Fortpflanzung *{Propagation}*
הוֹלָדָה (בוט', זוא', רפו') [ק/א/163]. הַכֹּחַ הַמּוֹלִיד שֶׁבַּצְּמָחִים וּבְבַעֲלֵי הַחַיִּים. הַזְרָעָה (בוט', זוא', רפו') [ק/א/167]. מוֹלִיד (בוט', זוא', רפו') [ק/ב/162]. הַנְחָלָה

Fortpflanzung im Raum
הִתְפַּשְּׁטוּת (פיס', מ"ט) [ק/א/179]. הֶמְשֵׁךְ, הַמְתָּחָה, הִתְרַקְּעוּת, הִתְקַדְּמוּת

Fortpflanzungsinstinkt ---> Paarungsinstinkt

Fortpflanzungsvermögen [---> Fortpflanzung]
כֹּחַ הַמּוֹלִיד (מ"ט) [ק/ב/75]. תּוֹלָדָה, תּוֹלֶדֶת (מ"ט) [ק/ד/183]. פְּרִיָּה וּרְבִיָּה, כֹּחַ הוֹלָדָה

fortschreiten
הִתְקַדֵּם (מִתְקַדֵּם) [ק/ג/251]. צָעַד (צוֹעֵד) קָדִימָה, הָלַךְ לְפָנִים

fortschreiten, stufenweise ---> stufenweise anleiten

Fortschreiten einer Krankheit ---> Krankheit, Fortschreiten einer

fortschrittlich ---> progressiv

Fortschreitung
הִתְקַדְּמוּת, צְעִידָה קָדִימָה, הֲלִיכָה לְפָנִים

fortsetzen
הִמְשִׁיךְ (מַמְשִׁיךְ) [ק/ג/106]. סָמַךְ, הִסְמִיךְ, הוֹסִיף

Fortsetzungsroman
סִפּוּר בְּהֶמְשֵׁכִים (ספר') רוֹמָן בְּהֶמְשֵׁכִים

Fortsetzungswerk ---> Lieferungswerk

fortspielen
נִמְשַׁךְ וְהוֹלֵךְ

forttragen
טִלְטֵל (מְטַלְטֵל), הֶעֱבִיר מִמָּקוֹם לְמָקוֹם

Fortuna adversa
מַעֲרָכָה הַפְּכִּית (אסט') [ק/ב/241]. מַעֲרָכָה רָעָה, לְפִי תּוֹרַת הָאַסְטְרוֹלוֹגְיָה: סֵדֶר שֶׁל כּוֹכָבִים הַמַּשְׁפִּיעַ לְרָעָה עַל גּוֹרַל בְּנֵי הָאָדָם

fortwährend
תָּדִיר, בִּתְכִיפוּת, כָּל הַזְּמַן

Fossa ---> Grube

Fossil
אֶבֶן (אֲבָנִים) (גאו') מְאֻבָּן, צוּרַת בַּעֲלֵי חַיִּים אוֹ צְמָחִים מְאֻבָּנִים, דָּבָר שֶׁהָפַךְ לְקָשֶׁה כְּמוֹ אֶבֶן

fossilisiert
מְאֻבָּן (גאו') שֶׁהָפַךְ לְאֶבֶן

Fossula ---> Grübchen

Fotoabdeckung
רְגִישׁוּר מִסּוּךְ (אלק')

Fotomaske
תַּדְמִית מִסּוּךְ (אלק')

Fotomontage
תְּמוּנָה מְשֻׁבֶּצֶת (טכנ', אמנ') פוֹטוֹמוֹנְטָז', צֵרוּף שֶׁל קְטָעֵי תַּצְלוּמִים שׁוֹנִים לִתְמוּנָה אַחַת

Fotze ---> Vulva

Foveola ---> Vertiefung, kleine

Foyer
טְרַקְלִין הַתֵּאַטְרוֹן (תאט', מוס')

Frachtbehälter *{Kontainer}*
מְכוּלָה (מְכוּלוֹת) (ימא')

Frachtschiff
אֳנִיַּת מַשָּׂא (ימא')

Frachtstück *{Kolli}*
חֲפִיס (חֲפִיסִים) (ימא') יְחִידַת מִטְעָן כָּלְשֶׁהִי

Fräse
מַתְחֵחָה (חקל') מְכוֹנָה הַמְּפוֹרֶרֶת אֶת רִגְבֵי הֶעָפָר

fräsen
גִּיֵּץ (מְגַיֵּץ) (טכנ') כִּרְסֵם (מְכַרְסֵם)

Fräsen
גִּיּוּץ (טכנ׳) כִּרְסוּם

fräsen, Nuten ---> Nuten fräsen

Fräser
כַּרְסֹם (כַּרְסֻמִּים) (טכנ׳) גַּיֶּצֶת (גַּיָּצוֹת), מְכוֹנָה לְכִרְסוּם מַתֶּכֶת וכד׳

Fräserzahn
שֵׁן הַכַּרְסֹם (טכנ׳) שֵׁן הַגַּיֶּצֶת

Frage, bekräftigender Nachhang zur
שְׁאֵלַת אִשּׁוּר (בלש׳) [מ״ב/227]. תּוֹסֶפֶת שְׁאֵלִית לְמַבָּע חִיּוּבִי אוֹ שְׁלִילִי, כְּגוֹן: בְּעִבְרִית: ״נָכוֹן?״; ״כֵּן?״; ״לֹא?״. בְּגֶרְמָנִית: nicht wahr? (= לֹא כֵּן?)

Frage, disjunktive ---> Alternativfrage

Frage, gebundene
שְׁאֵלָה תּוֹחֶמֶת (מ״ח, פסי׳) שְׁאֵלָה כּוֹבֶלֶת, שְׁאֵלַת רֵאָיוֹן שֶׁתְּשׁוּבוֹתֶיהָ הַחֲלוּפִיּוֹת מֻצָּגוֹת בִּפְנֵי הַמְּרֻאְיָן

Frage, geschlossene ---> Frage, gebundene

Frage, Lösung einer ---> Lösung einer Frage

Frage, Modalität der
דַּרְכִּיּוּת הַשְּׁאֵלָה (בלש׳, רטו׳) [ק/ב/217]. מוֹדָלִיּוּת הַשְּׁאֵלָה, מְנִיעַ הַמַּאֲמָר שֶׁל הַשְּׁאֵלָה הַמַּבִּיעַ אִי יְדִיעָה וּמַצְרִיךְ תְּשׁוּבָה

Frage, offene
שְׁאֵלָה לֹא תּוֹחֶמֶת (מ״ח, פסי׳) שְׁאֵלָה לֹא כּוֹבֶלֶת, - פְּתוּחָה, - לְהַשְׁלָמָה, שְׁאֵלַת רֵאָיוֹן בְּלֹא שֶׁתְּשׁוּבוֹת חֲלוּפִיּוֹת מֻצָּגוֹת בִּפְנֵי הַמְּרֻאְיָן וְהוּא מְנַסֵּחַ אֶת תְּשׁוּבָתוֹ בְּחָפְשִׁיּוּת

Frage, schwierige
קֻשְׁיָה (קֻשְׁיוֹת) [ק/ג/303]. קַשְׁיָא, בְּעָיָה חֲמוּרָה, שְׁאֵלָה קָשָׁה

Frage, ungebundene ---> Frage, offene

Frage aufwerfen
הִצִּיג (מַצִּיג) שְׁאֵלָה [ק/ג/304]. קֻשַּׁר, הִקְשָׁה (מַקְשֶׁה), טָעַן, שָׁאַל, הֵטִיחַ שְׁאֵלוֹת, קָשַׁר סְפֵקוֹת, הִטִּיל סָפֵק בְּ...

Frage mit festen Antwortvorgaben ---> Frage, gebundene

Frage nach dem ob, die ---> ob, die Frage nach dem

Fragebogen
שְׁאֵלוֹן (שְׁאֵלוֹנִים)

Fragepronomen ---> Interrogativpronomen

Frager(in)
מַקְשֶׁה, מַקְשָׁה, מִי שֶׁמַּרְבֶּה לִשְׁאֹל שְׁאֵלוֹת, בַּעַל דְּבָרִים, שׁוֹאֵל, שׁוֹאֶלֶת

Fragesatz ---> Interrogativsatz

Fragestellung
תִּשְׁאוּל (משפ׳). נִסּוּחַ בְּעָיָה (מדע)

Fragewort
מִלַּת שְׁאֵלָה (בלש׳) [מ״ב/187]. מִלָּה אוֹ מִלִּית הַמַּבִּיעוֹת שְׁאֵלָה, לְמָשָׁל: ״מִי״; ״מָה״; ״אֵיזֶה״; ״הֵיכָן״; ״מָתַי״

Fragilität ---> Zerbrechlichkeit

Fragment
רְסִיס (רְסִיסִים), פְּרַגְמֶנְט, חֶלְקִיק, חֲתִיכָה קְטַנָּה, פֵּרוּר. שָׁקִיעַ (שְׁקִיעִים) (ספר׳) יְצִירָה סִפְרוּתִית בִּלְתִּי גְּמוּרָה

fragmentieren
רוֹסֵס (מְרוֹסֵס), פֵּרֵק לִרְסִיסִים, הִתְרוֹסֵס, הִתְפָּרֵק לִשְׁבָרִים קְטַנִּים

Fragmentierung
רְסִיסָה, פְּרַגְמֶנְטַצְיָה, פֵּרוּק לִרְסִיסִים, הִתְרוֹסְסוּת

fragwürdig
מְסֻפָּק [ק/ב/227]. מַה שֶּׁיֵּשׁ בּוֹ סָפֵק, לֹא וַדָּאִי, מְפֻקְפָּק, מֻטָּל בְּסָפֵק

Fraktion
סִיעָה (סִיעוֹת) (מדי׳, מ״ח) [א״ח/ג/61]. פֶּלֶג, קְבוּצָה בְּמִפְלָגָה אוֹ בְּבֵית נִבְחָרִים, חֲבוּרָה. מִקְטָע (מִקְטָעִים) (מ״ט) פְּרִיד (פְּרִידִים)

fraktionieren
הִקְטִיעַ (מַקְטִיעַ) (כימ׳) הִפְרִיד תַּעֲרֹבֶת שֶׁל נוֹזְלִים בַּעֲלֵי נְקֻדּוֹת רְתִיחָה שׁוֹנוֹת עַל יְדֵי אִסּוּף נִפְרָד שֶׁל כָּל מִקְטָע הָרוֹתֵחַ בִּתְמוּרָה (טֶמְפֶּרָטוּרָה) שׁוֹנָה

Fraktionierung
הַקְטָעָה (כימ׳) זִקּוּק לְמִקְטָעִין, הַפְרָדָה הַדְרָגָתִית שֶׁל תַּעֲרֹבֶת נוֹזְלִית לְמִקְטָעִים בַּעֲלֵי נְקֻדּוֹת רְתִיחָה שׁוֹנוֹת

Fraktionskollektor
אַסְפָן מִקְטָעִים (ביו׳)

Frakto-Wolke *{Fraktus}*
קִרְעֵי עָנָן (מטא׳) [יל״ט/163]. קְרָעִים, פְּרַקְטוּס, חֶלְקֵי עָנָן קְרוּעִים

Fraktus ---> Frakto-Wolke

Frame ---> Strukturrahmen

Frame-Problem ---> Strukturrahmenproblem

Frankierung
בִּיּוּל (כלכ׳) הַדְבָּקַת בּוּלִים

Franse *{Fimbria}*
פִּיף (פִּיפִים) (רפו׳) צִיצָה, צִיצִית

Fransenfinger *{Acanthodactylus sp.}*
שְׁנוּנִית (זוא׳) זוֹחֵל מִמִּשְׁפַּחַת הַלְּטָאִיִּים

Fransenfledermaus ---> Fledermaus, Gefranste

Fransenflügler *{Thysanoptera}*
תְּרִיפְּסָאִים (זוא׳) סִדְרָה שֶׁל חֲרָקִים

Franziskanerorden
כַּת הַחוֹבְלִים (דת) [ק/א/270; ק/ב/106] מִסְדַּר הַפְרַנְצִיסְקָנִים

fraternisieren ---> verbrüdern, sich

Frau, entjungferte ---> entjungferte Frau

Frau, geschiedene
גְּרוּשָׁה (גְּרוּשׁוֹת) (דת, משפ׳) [א״ח/ב/53]. מְשֻׁלַּחַת (מְשֻׁלָּחוֹת)

Frau, hypogenitale
אַיְלוֹנִית (אַיְלוֹנִיּוֹת) (רפו׳) [א״ח/א/247]. אִשָּׁה שֶׁאֵבְרֵי הַמִּין שֶׁלָּהּ מְנֻוָּנִים

Frau, in einem eheähnlichen Verhältnis lebende
יְדוּעָה בַּצִּבּוּר (משפ׳)

Frau, ledige
רַוָּקָה (רַוָּקוֹת) [א״ח/ב/25]. פְּנוּיָה (פְּנוּיוֹת),

אִשָּׁה שֶׁאֵינָהּ נְשׂוּאָה

Frau, menstruierende

נִדָּה (נִדּוֹת) (רפו׳, דת) אִשָּׁה בִּימֵי הַוֶּסֶת

Frau, ohne Scheidung verlassene

עֲגוּנָה (דת, משפ׳) אִשָּׁה שֶׁבַּעְלָהּ עָזַב אוֹתָהּ בְּלִי גֵּט

Frau, verheiratete

אִשָּׁה נְשׂוּאָה (נָשִׁים נְשׂוּאוֹת) (משפ׳) [א״ח/ב/23]. אֵשֶׁת אִישׁ

Frau, vermännlichte

גַּבְרָנִית (פסי׳, רפו׳) אִשָּׁה גַּבְרִית

Frauenarzt ---> Gynäkologe

Frauengemach

בֵּית הַנָּשִׁים (מ״ח, אדר׳) הַרְמוֹן

Frauenhaarfarn *{Adiantum}*

שַׂעֲרוֹת שׁוּלַמִּית (בוט׳) צֶמַח מִמִּשְׁפַּחַת שַׂעֲרוֹת שׁוּלַמִּית

Frauenhaß *{Misogynie}*

שְׂנִיאַת נָשִׁים (פסי׳) שִׂנְאָה לְנָשִׁים

Frauenheilkunde ---> Gynäkologie

frech

חָצוּף, מְחֻצָּף, חֲסַר בּוּשָׁה, עַז פָּנִים, - מֵצַח, שָׁחוּץ

frech werden

הִתְחַצֵּף (מִתְחַצֵּף), הֵעֵז (מֵעֵז) מֵצַח, - פָּנִים, הֶחֱצִיף (מַחֲצִיף), - פָּנִים

Frechheit

חֻצְפָּה, הֲגַסַּת דַּעַת, שַׁחֲצָנוּת, עַזּוּת מֵצַח, גִּלּוּי פָּנִים, עַזּוּת פָּנִים

frei

חָפְשִׁי [ק/א/321]. בִּלְתִּי מֻכְרָח בְּמַעֲשָׂיו אוֹ בְּדֵעוֹתָיו, רַשַּׁאי לַעֲשׂוֹת מַה שֶּׁהוּא רוֹצֶה, בֶּן חוֹרִין, שֶׁאֵינוֹ עֶבֶד. עָרֵם [ק/ג/172]. רֵיק מ..., מְנֹעָר מ..., פָּנוּי מ..., חָסֵר, נָטוּל, חָסוּךְ, מְשֻׁלָּל

frei sein

חָפַשׁ (חוֹפֵשׁ) [ק/ג/169]. הִתְעָרָה (מִתְעָרֶה), נִהְיָה חָפְשִׁי, שֻׁלַּח לַחָפְשִׁי, שֻׁחְרַר, הָיָה חָפְשִׁי וְרֵיק מ..., הִתְחַשֵּׁף, הִתְעַרְטֵל, נֶחְפַּשׂ, הָיָה מְשֻׁלָּל מִדָּבָר-מָה

Freibrief ---> Privileg

freidrehen

קִדֵּר (מְקַדֵּר) (טכנ׳) יָצַר עַל אָבְנַיִם

freie Assoziation ---> Assoziation, freie

freie Willkür ---> Willkür, freie

freien Lauf lassen ---> entfesseln

freier Akzent ---> Akzent, freier

freier Dativ ---> Dativ, freier

freier Eigentümer ---> Eigentümer, freier

freier Fall ---> Fall, freier

freier Wille ---> Wille, freier

freigebig

וַתְּרָנִי [ק/א/249]. וַתְּרָן, נָדִיב, חָנִין, עוֹבֵר עַל מִדּוֹתָיו, סוֹלְחָן, נְדִיב לֵב, שֶׁמּוֹחֵל עַל זְכוּתוֹ

Freigebigkeit

וַתְּרָנוּת [ק/א/249]. נְדִיבוּת, סוֹלְחָנוּת. צְדָקָה [ק/ג/230]. מַעֲשֶׂה טוֹב, נְדָבָה לְעָנִי, רֹחַב לֵב, טוֹבַת עַיִן. שׁוֹעוּת [ק/ד/83]. תְּכוּנַת הַשּׁוֹעַ. הֲטָבָה [ק/א/168]. הַשְׁפָּעַת טוֹבָה

Freigebigkeit, Ursprung der

מְקוֹר הַהֲטָבָה (דת, פיל׳) [ק/א/168]

freigedreht

מַעֲשֵׂה אָבְנַיִם (טכנ׳)

freigesetztes Kapital ---> Kapital, freigesetztes

freigestellt ---> fakultativ

Freihandel

סַחַר חָפְשִׁי (כלכ׳, מדי׳) סַחַר חוּץ לְלֹא מִכְסֵי מָגֵן, לְלֹא הַגְבָּלוֹת עַל מַטְבֵּעַ חוּץ, לְלֹא מִכְסוֹת יְבוּא וּלְלֹא אִסּוּר גָּמוּר לְיַבֵּא סְחוֹרוֹת מְסֻיָּמוֹת

Freihandelsgebiet

תְּחוּם סַחַר חָפְשִׁי (כלכ׳, מדי׳) אֵזוֹר שֶׁשּׁוֹלֵט בּוֹ סַחַר חָפְשִׁי

Freihandzeichnung

רִשּׁוּם חָפְשִׁי (אמנ׳) רִשּׁוּם בְּיָד חָפְשִׁית

Freiheit

חָפְשִׁיּוּת [ק/א/321]. חֹפֶשׁ, מַעֲמָדוֹ שֶׁל הֶחָפְשִׁי הָרַשַּׁאי לַעֲשׂוֹת כִּרְצוֹנוֹ

Freiheit, dichterische

חֵרוּת פִּיּוּטִית (ספר׳) [ק/א/246]. הֶתֵּר, הַתָּרָה. חֵרוּת הַפַּיְטָן (ספר׳) [ק/ב/179]. מְחִילָה, זְכוּת הַמְּשׁוֹרֵר לִנְטוֹת מִן הַמְּקֻבָּל בַּלָּשׁוֹן, בְּדִקְדּוּק וּבַסִּפְרוּת, לִיצֶנְטְיָה פּוֹאֶטִיקָה

Freiheit, selbstbewußte

הַחֵרוּת הַמּוּדַעַת אֶת עַצְמָהּ (פיל׳) [פ״ר/90]

Freiheit von...

נְקִיּוּת מ... [ק/ג/67]. חָפְשִׁיּוּת, הִסְתַּלְּקוּת, הִתְחַסְּרוּת, הֱיוֹת נֶחְסָר, הֵעָשׂוֹת חָסֵר, הִתְפַּנּוּת, הֱיוֹת בִּלְתִּי תָּפוּס עַל יְדֵי מִישֶׁהוּ אוֹ מַשֶּׁהוּ, הִתְרוֹקְנוּת מ...

Freiheitsbegriff

מֻשַּׂג הַחֵרוּת (פיל׳)

Freiheitsgrad

דַּרְגַּת חֹפֶשׁ (סטט׳) [ר/א/174]. מִסְפַּר הַמִּשְׁתַּנִּים הַנִּתָּנִים לִבְחִירָה חָפְשִׁית בְּמַעֲרֶכֶת חֶשְׁבּוֹנִית וְהַיְּכוֹלִים לְהִשְׁתַּנּוֹת מִבְּלִי לַהֲרֹס אֶת תְּנָאֶיהָ. כְּשֶׁנְּתוּנִים לְמָשָׁל (x) תַּצְפִּיּוֹת יִהְיֶה מִסְפַּר הָעֲרָכִים הַנִּתָּנִים לִבְחִירָה חָפְשִׁית (x-1)

Freikörperkultur ---> Nudismus

Freilassung, bedingte ---> Freilassung zur Bewährung

Freilassung gegen Kaution

שִׁחְרוּר בַּעֲרֵבוּת (משפ׳)

Freilassung zur Bewährung

שִׁחְרוּר עַל תְּנַאי (משפ׳)

Freimachung ---> Frankierung

Freimütigkeit

גִּלּוּי לֵב, כֵּנוּת

Freisetzung von Geldkapital ---> Geldkapital, Freisetzung

freisprechen

זִכָּה מֵאַשְׁמָה (משפ׳) פָּטַר מֵחִיּוּב, דָּן לְכַף זְכוּת

Freisprechung ---> Freispruch

Freispruch

זִכּוּי מֵאַשְׁמָה (משפ׳)

Freistaat

מְדִינַת חֵרוּת (מדי׳, הסט׳) כִּנּוּי עַצְמִי שֶׁל כַּמָּה

מְדִינוֹת מְחוֹזִיּוֹת בְּגֶרְמַנְיָה הַמְּאֻחֶדֶת (פֶדֶרָלִית)

freisteigend
עוֹלֶה מֵאֵלָיו (עוֹלָה מֵאֵלֶיהָ)

Freitag
יוֹם שִׁשִּׁי [א״ח/ב/419; 423]. עֶרֶב שַׁבָּת

freiwillig
רְצוֹנִי [ק/ד/53]. חָפְשִׁי. חֶפְצִי [ק/א/320]. שֶׁמֵּרְצוֹן עַצְמוֹ, נַעֲשֶׂה מִתּוֹךְ רָצוֹן עַצְמִי. מִבְחָרִי [ק/ב/136]. בַּעַל בְּחִירָה חָפְשִׁית, הִתְנַדְּבוּתִי, בְּחִירִי

freiwillige Handlung ---> Handlung, freiwillige

Freizügigkeit ---> Permissivität

Fremdgruppe
קְבוּצַת חוּץ (פסי׳, מ״ח) קְבוּצַת ״הֵם״, כָּל בְּנֵי הָאָדָם שֶׁאֵינָם נֶחְשָׁבִים עַל יְדֵי הַיָּחִיד כַּחֲבֵרִים בִּקְבוּצָה הַנִּרְאֵית לוֹ כִּקְבוּצָתוֹ

Fremdheit
זָרוּת

Fremdkapital
הוֹן חִיצוֹנִי (כלכ׳)

Frenulum ---> Gewebsfalte

frequentativ
הֶבֵּט תָּדִיר (בלש׳) [מ״ב/85]. אַסְפֶּקְט תָּדִיר, גִּבְלָה (קָטֵגוֹרְיָה) פָּעֳלִית הַמְּצַיֶּנֶת פְּעֻלָּה תְּכוּפָה, לְמָשָׁל: ״חוֹזֵר וּמַתִּיר״

Frequenz
תֶּדֶר (תְּדָרִים) (פיס׳) תְּדִירוּת שֶׁל הַתְּנוּדָה

Fresko
תַּמְשִׁיחַ (אמנ׳) פְרֶסְקוֹ, צִיּוּר בְּצֶבַע עַל גַּבֵּי טִיחַ-סִיד לַח

Fresser(in)
אַכְלָן, אַכְלָנִית (רפו׳) [א״ח/ג/33]. מִי שֶׁאוֹכֵל הַרְבֵּה

Freßzelle ---> Phagozyt

Freude
שִׂמְחָה (שְׂמָחוֹת), דִּיצָה, חֶדְוָה (חֶדְווֹת), גִּיל

Freudengeschrei [---> Jauchzen]
צָהֳלַת שִׂמְחָה [א״ח/ג/78]. צָהֳלַת שִׂמְחָה, הִצְטַוְּחוּת שֶׁל שִׂמְחָה, צַהֲלַת חֶדְוָה, תְּרוּעַת גִּיל

freundlich
חָבִיב, אוֹהֵד, נוֹחַ לַבְּרִיּוֹת, לְבָבִי, נָעִים, מַסְבִּיר פָּנִים, בַּחֲבִיבוּת, בְּסֵבֶר פָּנִים יָפוֹת, בְּאַהֲדָה

freundlich sein
הֶעֱלָה חֵן, הִתְיַחֵס בִּידִידוּת לְ..., נָהַג בּוֹ אַחֲוָה, נָשָׂא פְּנֵי פְלוֹנִי, סָבַר פָּנִים, הִסְבִּיר פָּנִים, הִשְׁפִּיעַ חִבָּה עַל..., נִתְחַבֵּב (מִתְחַבֵּב) עַל..., חִבֵּב (מְחַבֵּב), אָהַד (אוֹהֵד), הָגָה חִבָּה לְ...

Freundlichkeit
חֲבִיבוּת, אַהֲדָה, חִבָּה, יַחַס לְבָבִי, נְטִיַּת חֶסֶד, חַבְרוּתִיּוּת, הִתְהַלְּכוּת בִּידִידוּת עִם..., רֹחַב לֵב

Freundschaft [---> Soziabilität]
חֲבֵרוּת (מ״ח, פסי׳) [א״ח/ג/23]. רֵעוּת, יְדִידוּת, מֵרֵעוּת

freundschaftlich [---> sozial]
חֲבֵרִי (מ״ח, פסי׳) רֵעוּתִי, יְדִידוּתִי, רֵעִי

Frevel
זָדוֹן, רִשְׁעוּת, רָעָה שֶׁנַּעֲשְׂתָה בְּכַוָּנָה

Frieden stiften
הִשְׁכִּין שָׁלוֹם (מ״ח, מדי׳) הֵטִיל (מֵטִיל) שָׁלוֹם, הִשְׁלִים (מַשְׁלִים), עָשָׂה שָׁלוֹם

Friedensrichter
שׁוֹפֵט שָׁלוֹם (משפ׳)

Fries
אַפְרִיז (אדר׳) אַפְרִיזָה, חֵלֶק קִיר הַבּוֹלֵט לַחוּץ

Frieselausschlag *{Miliaria}*
חֲרֶרֶת (רפו׳) [מר״ח/340]. חֲרֶרֶת, מַחֲלַת עוֹר הַמִּתְבַּטֵּאת בִּגְרִיבָה מַטְרִידָה וּבְשַׁלְפּוּחִיּוֹת קְטַנּוֹת

Frigidität ---> Gefühlskälte

Frikativlaut ---> Spirant

frisch
טָרִי, רַעֲנָן

Frische
טְרִיּוּת, רַעֲנַנּוּת, חִיּוּת, הִתְחַיּוּת

frische Brise ---> Brise, frische

Friseur ---> Haarschneider(in)

Fristung
הַמְשָׁכָה [ק/א/179]. הַתְמָדָה

Fristverlängerung
אַרְכָּה (אֲרָכוֹת) (משפ׳, כלכ׳) הַאֲרָכַת מוֹעֲדִים, הַאֲרָכָה שֶׁל זְמַן

Frisur [---> Rasieren]
תִּסְפֹּרֶת (תִּסְפּוֹרוֹת) [א״ח/א/196]. גְּזִיזַת שֵׂעָר

Fritte
גֶּלֶם זְכוּכִית (טכנ׳) זְכוּכָן, שַׁחַק

frivolo
פָּחוּז (מוס׳) בְּפַחֲזוּת

Fröhlichkeit
עַלִּיזוּת

Frömmelei
הִתְחַסְּדוּת, הֲשָׂמַת פָּנִים כְּחָסִיד, צִדְקָנוּת, הִתְנַהֲגוּת מְעֻשָּׂה, צְבִיעוּת צִדְקָנִית

Frömmigkeit
אֲדִיקוּת (דת, פסי׳) [ק/א/229]. הִתְדַּבְּקוּת, דְּבֵקוּת בְּרַעְיוֹן אוֹ בְּדָת, יִרְאַת שָׁמַיִם. עֲבוֹדָה (דת) [ק/ג/119]. עֲבוֹדַת אֱלֹהִים, מוֹרָא שָׁמַיִם

Frösche, Echte *{Ranidae}*
צְפַרְדְּעִיִּים (זוא׳) מִשְׁפָּחָה שֶׁל דּוּחַיִּים

Frohlocken
עֲלִצָה (עֲלָצוֹת), עֶלֶץ (עֲלָצִים), שִׂמְחָה (שְׂמָחוֹת)

Fromme, der
אָדוּק (אֲדוּקִים) (דת) [ק/ב/255]. מִצְטַדֵּק, הַמִּשְׁתַּדֵּל לִהְיוֹת צַדִּיק, חוֹזֵר בִּתְשׁוּבָה, חָרֵד, יְרֵא שָׁמַיִם, חָסוּד

fromme Stiftung ---> Stiftung, fromme

Fronarbeit
אַנְגַּרְיָה (אַנְגַּרְיוֹת) (מ״ח, כלכ׳) [א״ח/ב/327]. עֲבוֹדַת צְמִיתוּת, - הַמַּלְכוּת, מַס עוֹבֵד, עֲבוֹדַת חוֹבָה לְלֹא תְּמוּרָה, - צְמִיתִים, עָמָל, עֲבוֹדַת שָׁוְא

Frondienst ---> Fronarbeit

Front ---> Vordergrund

frontal
מִצְחִי (רפו׳) קִדְמִי, חֲזִיתִי

Frontogenese

הִתְפַּתְּחוּת חֲזִית (מטא׳) [יל״ט/58]

Frontolyse

הִתְמוֹגְגוּת חֲזִית (מטא׳) [יל״ט/57]

Frosch des Bogens ---> Bogen(s), Frosch des

Froschlöffel *{Alisma}*

כַּף הַצְּפַרְדֵּעַ (בוט׳) צֶמַח מִמִּשְׁפַּחַת כַּף הַצְּפַרְדֵּעַ

Froschperspektive

תִּשְׁקֹפֶת צְפַרְדֵּעַ (אמנ׳) [ממ״ג/81]. תִּשְׁקֹפֶת (פֶּרְסְפֶּקְטִיבָה) מִשְׁכִיבָה בְּמָקוֹם נָמוּךְ שֶׁמִּמֶּנּוּ רוֹאִים אֶת הָעֶצֶם הַמְּתֹאָר

Frost

קָרָה (מטא׳) [יל״ט/177]. יְרִידַת הַתְּמוּדָה (טֶמְפֶּרָטוּרָה) לְאֶפֶס מַעֲלוֹת צֶלְזְיוּס אוֹ פָּחוֹת. קְפִאָה (מטא׳) מַצַּב הָאֲדָמָה הַקְּפוּאָה

Frostbeständigkeit

עֲמִידוּת בִּקְפִיאָה (מטא׳, טכנ׳, רפו׳)

Frostbeule *{Pernio}*

צְנִית (צְנִיּוֹת) (רפו׳) [מר״ח/524]. אֲבַעְבּוּעַת קֹר, - חֹרֶף, חַבּוּרַת צִנָּה, פֶּצַע קֹר

Frostgraupeln

בָּרָד רַךְ (מטא׳) [יל״ט/34]. מִשְׁקָעִים בְּצוּרַת כַּדּוּרִים קְפוּאִים שֶׁקָּטְרָם בֵּין 2 לְ-5 מִילִימֶטֶר

Frostschutz

הֲגַנָּה מִקָּרָה (מטא׳) [יל״ט/50]

Frostverwitterung

בְּלִיַּת קָרָה (י״א) הִתְפּוֹרְרוּת שֶׁל סְלָעִים וּמַחְצָבִים עַל פְּנֵי הָאֲדָמָה עַל יְדֵי קָרָה

Frucht, köstliche

מֶגֶד (מְגָדִים) (חקל׳) [א״ח/ב/204]. פְּרִי מָתוֹק

Frucht, Stein einer ---> Stein einer Frucht

Frucht ansetzen

חָנַט (חוֹנֵט) (בוט׳) [א״ח/ב/212]. נוֹצַר פְּרִי מִן הַפֶּרַח

Fruchtbarkeit

פּוֹרִיּוּת (ביו׳) פִּרְיָה, פִּרְיוֹן, פֵּרוּי

Fruchtblatt *{Karpell}*

שַׁחְלִיל (שַׁחְלִילִים) (בוט׳) עֲלֵה שַׁחֲלָה

Fruchtfleisch

צִיפָּה (בוט׳) הַחֵלֶק הַבְּשָׂרָנִי שֶׁל הַפְּרִי

Fruchtfliege, Mittelmeer- *{Ceratitis capitata}*

פְּרִיזְבוּב יָם תִּיכוֹנִי (זוא׳) חֶרֶק מִמִּשְׁפַּחַת הַפְּרִיזְבוּבִיִּים (זְבוּבִים)

Fruchtfliegen, Bohr- und ---> Bohr- und Fruchtfliegen

fruchtig

פֵּרוֹתִי (פסי׳) מֵעֵין הַפֵּרוֹת, בַּעַל טַעַם וְרֵיחַ שֶׁל פֵּרוֹת

Fruchtkern

גַּרְעִין (גַּרְעִינִים) (בוט׳) [א״ח/א/114]. חַרְצָן, הַזֶּרַע שֶׁבְּתוֹךְ הַפְּרִי

Fruchtknoten

שַׁחֲלָה (שְׁחָלוֹת) (בוט׳) חֶלְקוֹ הַתַּחְתּוֹן שֶׁל הֶעֱלִי הַמֵּכִיל אֶת הַבֵּיצִיּוֹת הַמִּתְפַּתְּחוֹת לִזְרָעִים, וְהַשַּׁחֲלָה כֻּלָּהּ הוֹפֶכֶת לִפְרִי

Fruchtkörper

גּוּף פְּרִי (ביו׳)

Fruchtwasser

מֵי שָׁפִיר (רפו׳) מוֹהַט, מֵי הַטַּרְפַּחַת

Fruchtwasserabfluß

זִיבַת מֵי שָׁפִיר (רפו׳) זִיבַת הַמּוֹהַט, שֶׁפֶךְ מֵי הַטַּרְפַּחַת

Fruchtwechsel ---> Wechselwirtschaft

Früchte abschlagen

נִקֵּף (מְנַקֵּף) (חקל׳) [א״ח/ב/214]. חָבַט פֵּרוֹת מֵעֵץ

frühe Kindheit ---> Kindheit, frühe

früher

נִקְדָּם [ק/ג/66]. קוֹדֵם, מִי שֶׁהוֹפִיעַ לִפְנֵי חֲבֵרוֹ, הַמִּתְרַחֵשׁ לִפְנֵי כֵן, שֶׁכְּבָר הָיָה. קָדוּם [ק/ג/265]. עַתִּיק, מִן הַזְּמַן שֶׁעָבַר, קַדְמוֹנִי, יָשָׁן

Frühfrucht

בִּכּוּרָה (בִּכּוּרוֹת) (בוט׳, חקל׳) [א״ח/ב/212]. פְּרִי שֶׁהִקְדִּים לְהַבְשִׁיל

Frühfrucht zeitigen

בִּכֵּר (מְבַכֵּר) (בוט׳, חקל׳) [א״ח/ב/213]. הִקְדִּים לְהַבְשִׁיל פְּרִי

Frühgeburt

פַּג (פַּגִּים) (רפו׳, פסי׳) [ר/ב/525]. וָלָד שֶׁנּוֹלַד טֶרֶם זְמַנּוֹ

Frühlingspunkt

נְקֻדַּת שִׁוּוּי הָאָבִיב (אסט׳) נְקֻדַּת הַטָּלֶה

Frühregen

יוֹרֶה (מטא׳) [א״ח/ב/149]. רְבִיעָה, הַגֶּשֶׁם הָרִאשׁוֹן בַּסְּתָיו

frühreif [---> vorzeitig]

בַּכִּיר [א״ח/ב/150]. בֹּסֶר, שֶׁמַּקְדִּים לְהַבְשִׁיל אוֹ לָבוֹא

Frühreife

בְּגִירָה מֻקְדֶּמֶת (ביו׳, פסי׳) [ר/א/106; 114]. בַּגְרוּת זְוִיגִית (מִינִית) מֻקְדֶּמֶת, בַּכִּירוּת, הִתְפַּתְּחוּת מֻקְדֶּמֶת וּמְהִירָה, בַּסְרוּת, אֲבִיבוּת, בְּשִׁילָה לִפְנֵי זְמַנָּהּ

Frühstück

אֲרוּחַת בֹּקֶר [א״ח/ג/28]. פַּת שַׁחֲרִית

frühzeitig entwickelt ---> entwickelt, frühzeitig

frühzeitige Pubertät ---> Frühreife

Frustration

תִּסְכּוּל (פסי׳) [ר/ב/694]. מְבוּכָה, מַפָּח, סִכּוּל, פְּרוּסְטְרַצְיָה, מַצָּב בִּלְתִּי נָעִים הַנּוֹבֵעַ מֵהַפְרָעָה לְהִתְנַהֲגוּת שֶׁיֵּשׁ לָהּ מַטָּרָה מְסֻיֶּמֶת אוֹ מִמְּנִיעָתָהּ, אַכְזָבָה חֲרִיפָה שֶׁל מִי שֶׁמָּנְעוּ מִמֶּנּוּ סִפּוּק בִּלְתִּי מָצוּעַ (אֶמְצָעִי) שֶׁל צֹרֶךְ אוֹ מִשְׁאָלָה כָּלְשֶׁהֵם

frustrieren

תִּסְכֵּל (מְתַסְכֵּל) (פסי׳) [ר/ב/694]. גָּרַם לְתִסְכּוּל, אִכְזֵב, גָּרַם מַפָּח

frustriert

מְתֻסְכָּל (פסי׳) מֻפָּח, מִי שֶׁנִּגְרַם לוֹ תִּסְכּוּל

Frustum

פִּירָמִידָה קְטוּמָה (מתמ׳) [ק/ג/30]. מַצֶּבָה נוֹטָה, יְצִיר הַנְדָּסִי שֶׁאֵין רֹאשׁוֹ מִתְמַעֵט עַד שִׁעוּר נְקֻדָּה, חָרוּט קָטוּם. מַצֶּבָה קְטוּמָה (מתמ׳) [ק/ג/277]. מַצֶּבָה קְצוּצָה (מתמ׳) [ק/ג/296]

Fuchs *{Vulpes}*
שׁוּעָל (זוא') יוֹנֵק מִמִּשְׁפַּחַת הַכְּלָבִיִּים. סוּס אָדֹם (זוא', חקל')

Fuchsschwanzgras *{Alopecurus}*
זְנַב הַשּׁוּעָל (בוט') צֶמַח מִמִּשְׁפַּחַת הַדְּגָנִיִּים

fügsam [---> unterwürfig]
צַיְּתָנִי (מ״ח, פסי') נִתְלָם, הוֹלֵךְ בַּתֶּלֶם, נוֹחַ לְצַיְּתָנוּת, מְצַיֵּת, מְמַשְׁמֵעַ, קָשׁוּב, נִשְׁמָע לְ..., מְקַבֵּל מָרוּת, מַתְאִים עַצְמוֹ לְ...

Fügsamkeit [---> Unterwürfigkeit]
צִיּוּת, הִשָּׁמְעוּת לְ..., צַיְּתָנוּת, קַבָּלַת מָרוּת, הֲלִיכָה בַּתֶּלֶם, הִתָּלְמוּת, הַתְלָמָה

Fügung, göttliche
הַשְׁגָּחָה עֶלְיוֹנָה (דת, פיל') [ק/ג/83]. סִבָּה אֱלֹהִית, רָשׁוּת שֶׁבַּשָּׁמַיִם, הַשְׁגָּחָה אֱלֹהִית

fühlbar ---> tastbar

fühlen
חָשׁ (פסי') [ק/א/330; ר/א/221]. הִרְגִּישׁ. רָגַשׁ (פסי') [ק/ד/23]

Fühlen ---> Empfinden

fühlen, im voraus
הֵגִישׁ (מֵגִישׁ) (פסי') [מר״ח/551]. הִרְגִּישׁ תְּחִלָּה, הִטְרִים בִּתְחוּשָׁתוֹ

fühlend
מַרְגִּישׁ (פסי') [ק/ב/275]. בַּעַל הַרְגָּשָׁה, מִי שֶׁמַּכִּיר בְּאֶמְצָעוּת אַחַד הַחוּשִׁים

Fühler ---> Antenne

Fühlung aufnehmen, mit jemandem
מִגַּע (מְמַגֵּעַ) בְּ.../עִם..., בָּא בְּמַגָּע עִם..., יָצַר וְקִיֵּם מַגָּע עִם..., הִתְמַגֵּעַ, הִתְמַגֵּעַ (מִתְמַגֵּעַ) בְּ.../עִם...

führen
הוֹלִיךְ (מוֹלִיךְ) [א״ח/ב/128]. דִּדָּה (מְדַדֶּה), הוֹבִיל, נָהַג (נוֹהֵג), נִהֵל (מְנַהֵל)

führen, notwendig zu etwas
הֵבִיא לִידֵי... [ק/א/283]. חִיֵּב, נִתְחַיֵּב, הִתְחַיֵּב, הִכְרִיחַ

führende Stimme ---> Stimme, führende

Führer
מַנְהִיג (מַנְהִיגִים) (פסי', מ״ח) [ר/ב/397]. מִי שֶׁהֶגֶּה בִּקְבוּצָתוֹ מִיקְרָה רַבָּה וְיָכוֹל לִקְבֹּעַ אֶת הִתְנַהֲגוּת הַקְּבוּצָה וּלְהַנְחוֹת אֶת פְּעֻלּוֹתֶיהָ. מְיַשֵּׁר [ק/ב/195]. מַדְרִיךְ, מוֹרֵה דֶּרֶךְ

Führerschaft
מַנְהִיגוּת, הַנְהָגָה

Füllbleistift ---> Minenstift

Fülle
מְלֵאוּת [המ״מ/223]. שֶׁפַע, סַגִּיאוּת, גֹּדֶשׁ, שֶׁפַע, רִבּוּי

Füllen
מִלּוּא (טכנ'). סְיָחָה (סְיָחוֹת) (זוא', חקל') סוּסָה צְעִירָה

Füllstimme ---> Hilfsstimme

Füllstoff
מַלְאָן (מַלְאָנִים) (טכנ') [דח״ט/88]. חֹמֶר הַמּוּסָף לַחֲמָרִים שׁוֹנִים כְּדֵי לְהַגְדִּיל אֶת נִפְחָם

Füllung
מִמְלָא (טכנ')

Fünf-Liniensystem
חֲמִשָּׁה (מוס') [שא״מ/288]. מַעֲרֶכֶת קַוִּים מְאֻזָּנִים וּמַקְבִּילִים שֶׁעֲלֵיהֶם וּבְרָוְחִים שֶׁבֵּינֵיהֶם רוֹשְׁמִים אֶת הַתָּוִים

Fünfeck *{Pentagon}*
מְחֻמָּשׁ (מתמ') [ק/ב/182]. מְצֻלָּע בֶּן חָמֵשׁ צְלָעוֹת

Fünfjahresperiode
חָמוּשׁ (חֲמוּשִׁים), חָמֵשׁ שָׁנִים

fünfseitiges Prisma ---> Prisma, fünfseitiges

fünfstufige Tonleiter ---> Tonleiter, fünfstufige

Fünftagesperiode *{Pentade}*
חֲמֵשֶׁת יָמִים, חֲמִשָּׁה יָמִים

fünfte Substanz ---> fünftes Wesen

fünftes Wesen ---> Wesen, fünftes

für sich ---> sich, für

für sich selbst ---> selbst, für sich

fürchten
הִתְיָרֵא (מִתְיָרֵא) [ק/ד/25]. יָרֵא, הִרְהִיב, פָּחַד (פּוֹחֵד)

füreinanderlebend ---> symbiotisch

Fürsichbestehende, das
יֵשׁ (פיל') [ק/ב/52]. מַאֲמַר הָעֶצֶם

Fürsichsein, das
הֱיוֹת בִּשְׁבִיל עַצְמוֹ (פיל') [פ״ר/91]. הַהֹוֶה בִּשְׁבִיל עַצְמוֹ

Fürsorge
גּוֹנְנוּת, פִּקּוּחַ, טִפּוּל, הַשְׁגָּחָה, מַתַּן עֶזְרָה

Fürsorgebeamter
קְצִין מִבְחָן (משפ')

Fürwahrhalten
הַאֲמָנָה, מַתַּן אֵמוּן

Fürwort ---> Pronomen

Füße zerreiben, sich die
כִּתֵּת (מְכַתֵּת) רַגְלָיו [א״ח/ב/323]. הִתְיַגֵּעַ בַּהֲלִיכָה מְרֻבָּה

Füßen, Unruhe in Unterschenkeln und ---> Unruhe in Unterschenkeln und Füßen

Füßen treten, mit ---> treten, mit Füßen

füttern
אָבַס (אוֹבֵס) (חקל') אִבֵּס (מְאַבֵּס), הֶאֱכִיל בְּהֵמוֹת מִתּוֹךְ אֵבוּס

Fuge [---> Junktur]
מִשָּׁק (מִשָּׁקִים) (אדר') רֶוַח צַר שֶׁבֵּין אֲרִיחִים, לוּחוֹת וכד', פוּגָה

Fuge, schiefe ---> Diagonalfuge

Fugue ---> Verlassen der gewohnten Umgebung im Dämmerzustand

Fumarole
קֶטֶר גַּעַשׁ (גאו', י״א) פֶּתַח טִבְעִי שֶׁל מַעְיָן קִיטוֹר שֶׁמְּקוֹרוֹ בְּעִקַּר בְּמֵי תְּהוֹם

Fundament
יְסוֹד (יְסוֹדוֹת) (אדר') חֵלֶק הַבִּנְיָן הַמּוּנָח עַל הַיְסוּדָה

fundamental

יְסוֹדִי [ק/ד/163]. שָׁרְשִׁי, עֶקְרוֹנִי, עִקָּרִי, רָאשִׁי, בְּסִיסִי, פוּנְדָמֶנְטָלִי

Fundamentalbaß

בַּס יְסוֹדִי (מוס׳)

Fundamentalsatz

מִשְׁפָּט מַפְתֵּחַ [ק/ב/139]. מִבְקָשׁ, עִקָּר וְשֹׁרֶשׁ, מוֹקֵד הַבְּעָיָה. קֹטֶב [ק/ג/276]. יְסוֹד, הַצִּיר שֶׁיִּסֹּב עָלָיו דָּבָר, עֹמֶק הָעִנְיָן. מִשְׁפָּט יְסוֹדִי (מחמ׳) מִשְׁפָּט אָב

Fundamentalton ---> Grundton

Fundamentum divisionis ---> Begriffsumfang(s), Einteilungsgrund des

Fundation

יְסוּדָה (יְסוּדוֹת) (אדר׳) הַתְּצוּרָה הַטִּבְעִית אוֹ הַמְּלָאכוּתִית שֶׁהַבִּנְיָן מוּקָם עָלֶיהָ וְהִיא כּוֹלֶלֶת שְׁתִית וּמַצָּע

fundieren [---> gründen]

יִסֵּד (מְיַסֵּד) (אדר׳) בִּסֵּס (מְבַסֵּס)

Fundierung

יִסּוּד (אדר׳) בִּסּוּס

Fundstein

אֶבֶן הַטּוֹעִים (הסט׳) [א״ח/ב/362]. אֶבֶן הַטֹּעַן, מָקוֹם בַּשּׁוּק שֶׁהָיוּ מַנִּיחִים עָלָיו מְצִיאוֹת

Fundus

קַרְקָעִית (קַרְקָעִיּוֹת)

fungieren

קִיֵּם (מְקַיֵּם) אֶת תַּפְקִידוֹ, שִׁמֵּשׁ (מְשַׁמֵּשׁ) בְּתַפְקִיד

fungizid ---> pilzabtötend

Funkeln

הַבְרָקָה (פיס׳) [ק/א/202]. הֲצָצָה, קֵרוּן, הֶאָרָה. לְהִיטוּת, לַהֲטוּת (פיס׳) [ק/ב/115]. הִתְבָּרְקוּת, לַהַט

Funken

נִיצוֹץ (נִיצוֹצוֹת), זִיק (זִיקִים)

Funken(s), Überschlag eines ---> Überschlag eines Funkens

Funktion

מִתְנֶה (מִתְנִים) [ק/ג/205]. פְּעֻלָּה, פוּנְקְצִיָּה, יְכָלְתָּהּ שֶׁל מַעֲרֶכֶת תַּעֲזוּזִית (דִּינָמִית) לְהַצְמִיחַ צוּרוֹת הִתְנַהֲגוּת מְסֻיָּמוֹת, עִסּוּק, תְּלִיּוּת בְּדָבָר אַחֵר. תַּפְקִיד [ק/ד/159]. מִלּוּי תַּפְקִיד, פְּעִילוּת תַּקִּינָה אוֹ הִתְנַהֲגוּת הוֹלֶמֶת שֶׁל מִישֶׁהוּ אוֹ שֶׁל מַשֶּׁהוּ. שֵׁרוּת [ר/ב/532]. עֲלִילָה [ק/ג/139]. מַעֲשֶׂה, פְּעִילוּת. פֹּעַל [ק/ג/198]. מְשִׂימָה. שִׁמּוּשׁ [ק/ד/129]. הִשְׁתַּמְּשׁוּת, עֲשִׂיָּה

Funktion, abzählbar additive

מִתְנֶה חִבּוּרִי (מחמ׳) פוּנְקְצִיָּה אֲדִיטִיבִית

Funktion, beschränkte

מִתְנֶה חָסוּם (מחמ׳) פוּנְקְצִיָּה חֲסוּמָה

Funktion, deskriptive

מִתְנֶה תֵּאוּרִי (מחמ׳) פוּנְקְצִיָּה דֶּסְקְרִיפְּטִיבִית, מֻנָּח הַמְּבַטֵּא אֶת הַתֵּאוּר הַבִּלְתִּי שָׁלֵם שֶׁל מַשָּׂא מְסֻיָּם אוֹ שֶׁל קְבוּצַת עֲצָמִים (מַשָּׂאִים); מֻנָּח כָּזֶה מֵכִיל מִשְׁתַּנֶּה אֶחָד לְפָחוֹת, לְמָשָׁל: ״מְנַהֵל ה-x״

Funktion, eigentlich fallende

מִתְנֶה יוֹרֵד מַמָּשׁ (מחמ׳) פוּנְקְצִיָּה יוֹרֶדֶת מַמָּשׁ

Funktion, eigentlich wachsende

מִתְנֶה עוֹלֶה מַמָּשׁ (מחמ׳) פוּנְקְצִיָּה עוֹלָה מַמָּשׁ

Funktion, eindeutige

מִתְנֶה חַד עֶרְכִּי (מחמ׳) פוּנְקְצִיָּה חַד עֶרְכִּית

Funktion, elliptische

מִתְנֶה פְּחַסְגַּלִּי (מחמ׳) פוּנְקְצִיָּה אֶלִיפְּטִית

Funktion, erzeugende *{Substitutionsfunktion}*

מִתְנֶה יוֹצֵר (מחמ׳) פוּנְקְצִיָּה יוֹצֶרֶת

Funktion, explizite

מִתְנֶה מְפֹרָשׁ (מחמ׳) פוּנְקְצִיָּה מְפֹרֶשֶׁת

Funktion, fallende

מִתְנֶה יוֹרֵד (מחמ׳) פוּנְקְצִיָּה יוֹרֶדֶת

Funktion, fastperiodische

מִתְנֶה כִּמְעַט מַחֲזוֹרִי (מחמ׳) פוּנְקְצִיָּה כִּמְעַט מַחֲזוֹרִית

Funktion, implizite

מִתְנֶה לֹא מְפֹרָשׁ (מחמ׳) פוּנְקְצִיָּה לֹא מְפֹרֶשֶׁת

Funktion, inverse

מִתְנֶה הָפוּךְ (מחמ׳) פוּנְקְצִיָּה הֲפוּכָה

Funktion, inverse hyperbolische

מִתְנֶה הִיפֶּרְבּוֹלִי הָפוּךְ (מחמ׳) פוּנְקְצִיָּה הִיפֶּרְבּוֹלִית הֲפוּכָה

Funktion, mehrdeutige

מִתְנֶה רַב עֶרְכִּי (מחמ׳) פוּנְקְצִיָּה רַב עֶרְכִּית

Funktion, unbeschränkte

מִתְנֶה לֹא חָסוּם (מחמ׳) פוּנְקְצִיָּה לֹא חֲסוּמָה

Funktion, unstetige

מִתְנֶה לֹא רָצִיף (מחמ׳) פוּנְקְצִיָּה לֹא רְצִיפָה

Funktion, unteradditive

מִתְנֶה תַּת חִבּוּרִי (מחמ׳) פוּנְקְצִיָּה תַּת אֲדִיטִיבִית

Funktion, vektorwertige

מִתְנֶה גְּרַמְגָּמִי (מחמ׳) פוּנְקְצִיָּה וֶקְטוֹרִית

Funktion, verallgemeinerte *{Distribution}*

מִתְנֶה מְכֻלָּל (מחמ׳) פוּנְקְצִיָּה מְכֻלֶּלֶת

Funktion, wachsende

מִתְנֶה עוֹלֶה (מחמ׳) פוּנְקְצִיָּה עוֹלָה

Funktion, wesentlich beschränkte

מִתְנֶה חָסוּם מֵעִקָּרוֹ (מחמ׳) פוּנְקְצִיָּה חֲסוּמָה מֵעִקָּרָהּ

funktional

מִתְנִי (מחמ׳) פוּנְקְצִיָּתִי, שֶׁל מִתְנֶה (פוּנְקְצִיָּה)

funktionale Mehrdeutigkeit ---> Mehrdeutigkeit, funktionale

Funktionalismus

תִּפְקוּדָנוּת (מדע, פסי׳) [ר/ב/533]. פוּנְקְצִיוֹנָלִיזְם, דֶּרֶךְ לַהֲבָנַת מְמַדֵּי הַהַשְׁפָּעָה שֶׁל יְסוֹדוֹת מַעֲרֶכֶת כָּלְשֶׁהִי בְּשִׂים לֵב לְמַטְּרוֹת הַמַּעֲרֶכֶת, הַשְׁקָפָה בִּפְסִיכוֹלוֹגְיָה הַמַּדְגִּישָׁה אֶת נִתּוּחַ הַשֵּׂכֶל וְהַהִתְנַהֲגוּת מִבְּחִינַת תִּפְקוּדֵיהֶם וְלֹא מִבְּחִינַת תָּכְנֵיהֶם

funktionalistisch

תִּפְקוּדָנִי, פוּנְקְצִיוֹנָלִיסְטִי

funktionell

תִּפְקוּדִי [ר/ב/699]. שֶׁל תִּפְקוּד, פוּנְקְצִיוֹנָלִי, יָעִיל, בַּר פֹּעַל, תּוֹעַלְתִּי, שִׁמּוּשִׁי

funktionelle Psychose ---> Psychose,

funktionelle

funktionieren

תִּפְקֵד (מְתַפְקֵד), מִלֵּא תַּפְקִיד, פָּעַל בְּתַפְקִיד

Funktionsdauer

מֶשֶׁךְ הַתִּפְקוּד, הֶתְמֵד תִּפְקוּד

Funktionsform

צוּרַת תִּפְקוּד

funktionslustig

שׁוֹחֵר תִּפְקוּד

Funktionsspiel

מִצְחַק תִּפְקוּד, מִשְׂחַק תִּפְקוּד

Furche

תֶּלֶם (תְּלָמִים) (חקל׳) חָרִיץ בָּאֲדָמָה שֶׁנֶּחְרְשָׁה. מַעֲנִית (מַעֲנִיּוֹת) (אמנ׳, דפו׳) [ממ״ג/82]. הַקַּו הַשָּׁקוּעַ בְּפִתּוּחַ הַנְּחֹשֶׁת וּבְתַחְרִיט הַנַּעֲשֶׂה בְּאֶמְצָעוּת נֶקֶר, חֶרֶט אוֹ צְרִיבָה

Furche *{Fissur}*

חֶרֶץ (חֲרָצִים) (רפו׳)

Furchen ziehen

תָּלַם (תּוֹלֵם) (חקל׳) עָשָׂה תְּלָמִים, תִּלֵּם (מְתַלֵּם), הִתְלִים

Furchenschrift *{Bustrophedon}*

כְּתִיבָה כַּחֲרִישַׁת הַשּׁוֹר (בלש׳) [מ״ב/29]. כְּתִיבָה שֶׁכִּוּוּנָהּ בְּשׁוּרָה אַחַת מִיָּמִין לִשְׂמֹאל וּבְשׁוּרָה שְׁנִיָּה מִשְּׂמֹאל לְיָמִין וְחוֹזֵר חֲלִילָה

Furchenwale *{Balaenopteridae}*

לִוְיְתָנֵי הַמְּזִיפוֹת (זוא׳) מִשְׁפָּחָה שֶׁל לִוְיְתָנָאִים

Furcht

פַּחַד [ק/ד/24]. רַהַב, יִרְאָה, אֵימָה. רְהוּת [ק/ד/25]

furchtbar

מַפְחִיד, אֵימְתָנִי, מַטִּיל אֵימָה, אָיֹם, זַוְעָתִי, נוֹרָא, מַחֲרִיד

Furnierholz

עֵץ לָבוּד (טכנ׳) לָבִיד, דִּיקְט

Furor ---> Wutanfall

Furt

מַעְבָּרָה (מַעְבָּרוֹת) (י״א) [א״ת/ב/328]. מָקוֹם שֶׁאֶפְשָׁר לַעֲבֹר בּוֹ אֶת הַמַּיִם בָּרֶגֶל

Furunkel

סֶמֶט (סְמָטִים) (רפו׳) [מר״ח/311]. דֶּמֶל (דְּמָלִים), מֻרְסָה מֻגְלָתִית שֶׁל זְקִיק הַשַּׂעֲרָה, סִמְטָה, פּוּרוּנְקֶל

Furunkulose

סַמֶּטֶת (רפו׳) דַּמֶּלֶת, פּוּרוּנְקוּלוֹזָה

Furz

נְפִיחַ (נְפִיחִים) (רפו׳) עֶרְטָה (עֲרָטוֹת, עֶרְטוֹת-), עִטּוּשׁ (עִטּוּשִׁים), - שֶׁל מַטָּה, גָּז הַנִּפְלָט דֶּרֶךְ פִּי הַטַּבַּעַת, נֹאד (נֹאדוֹת)

furzen

נָפַח (נוֹפֵחַ) (רפו׳) [מר״ח/518]. עָרַט (עוֹרֵט), עָטַשׁ (עוֹטֵשׁ), הִפִּיחַ, הוֹצִיא נְפִיחָה, נָפַח נְפִיחַ, עִטֵּשׁ (מְעַטֵּשׁ), פָּלַט גָּזִים מִפִּי הַטַּבַּעַת, תָּקַע נֹאד

Furzen

נְפִיחָה (רפו׳) [מר״ח/518]. פִּיחַת מֵעַיִם, עֲרִיטָה, פִּיחָה, נְפִיחַת נְפִיחַ, פְּלִיטַת גָּזִים דֶּרֶךְ פִּי הַטַּבַּעַת, תְּקִיעַת נֹאד

Fusion

הֶבְלֵעַ (הֶבְלֵעִים), מִזּוּג, אִחוּד

fusionieren

הִבְלִיעַ (מַבְלִיעַ), מִזֵּג (מְמַזֵּג), אִחֵד

Fuß, mit fehlendem

קִטֵּעַ (קִטְּעִים), קִטַּעַת (קִטְּעוֹת) (רפו׳) [א״ת/א/246]. כְּרוּת רֶגֶל

Fußboden

מִדְרֶכֶת (אדר׳, טכנ׳)

Fußende

מַרְגְּלוֹת [א״ת/א/64]. צַד רַגְלֵי הַשּׁוֹכֵב בַּמִּטָּה

Fußfall

הִשְׁתַּחֲווּת (מ״ח, דת) הִשְׁתַּחֲוָיָה (הִשְׁתַּחֲוָיוֹת)

Fußnote

הֶעָרַת שׁוּלַיִם (ספרנ׳)

Fußsohle

שַׁעַל (שַׁעֲלַיִם) (רפו׳) [מר״ח/535]. פְּנִים כַּף הָרֶגֶל

fußsohlenbezüglich *{plantar}*

שַׁעֲלִי (רפו׳) שֶׁל פְּנִים כַּף הָרֶגֶל, כַּפְרַגְלִי

Fußwaschbecken

עֲרֵבַת הָרַגְלַיִם (טכנ׳) גִּגִּית לִרְחִיצַת רַגְלַיִם

Fußwurzel *{Tarsus}*

רֶסֶג (רְסָגַּיִם) (רפו׳) [מר״ח/659]. שֹׁרֶשׁ הָרֶגֶל

Fußwurzel, Sprungbein der *{Talus}*

עַרְקוּם (רפו׳)

Fußwurzelknochen *{Os naviculare pedis}*

עֶצֶם הַסִּירָה שֶׁל הָרֶגֶל (רפו׳)

Futterbau

גִּדּוּלֵי מִסְפּוֹא (חקל׳)

Futtersack

שְׁלִיף (שְׁלִיפִים) (חקל׳) [א״ת/ב/125]. שַׂק הַמֵּכִיל אֹכֶל לִבְהֵמָה, שָׁלִיף

Futur

עָתִיד (בלש׳) [מ״ב/87]. צוּרַת הַזְּמַן הַדִּקְדּוּקִי שֶׁל הַפֹּעַל הַמּוֹרָה עַל מַה שֶּׁיִּהְיֶה לְהַבָּא, לְמָשָׁל: ״נְסַפֵּר״, בְּגֶרְמָנִית: wir werden erzählen

Futur zwei (=II) ---> Futurum perfectum

Futurum perfectum

עָבָר הֶעָתִיד (בלש׳) [מ״ב/87]. עָתִיד מֻקְדָּם, - מֻשְׁלָם, - מְאֻחָר, זְמַן דִּקְדּוּקִי שֶׁל הַפֹּעַל הַמְּאַפְיֵן: (1) פְּעֻלָּה שֶׁתָּחוּל בֶּעָתִיד לִפְנֵי שֶׁתַּתְחִיל פְּעֻלָּה אַחֶרֶת בֶּעָתִיד (עָתִיד מֻקְדָּם), לְמָשָׁל: בְּגֶרְמָנִית: Wenn wir alle Akten **sortiert haben werden**, wird der Ausschuß die Schlußfolgerungen ziehen (״לִכְשֶׁנְּמַיֵּן אֶת כָּל הַתִּיקִים, תּוֹצִיא הַוַּעֲדָה אֶת מַסְקָנוֹתֶיהָ״), (2) מַצָּב בֶּעָתִיד שֶׁיִּתְקַיֵּם לְאַחַר שֶׁתֵּעָשֶׂה פְּעֻלָּה אַחֶרֶת בֶּעָתִיד (עָתִיד מֻשְׁלָם), לְמָשָׁל: ״יִשְׁתּוּ הַתַּלְמִידִים הַבָּאִים אַחֲרֵיכֶם וְיָמוּתוּ, **וְנִמְצָא** שֵׁם שָׁמַיִם מִתְחַלֵּל״, (3) פְּעֻלָּה שֶׁתָּבוֹא בֶּעָתִיד אַחַר פְּעֻלָּה אַחֶרֶת בֶּעָתִיד (עָתִיד מְאֻחָר)

Fuzzy-Logik ---> Logik, unscharfe

G

G
סוֹל (מוס') הַצְּלִיל הַחֲמִישִׁי בְּסֻלָּם דִּיאָטוֹנִי

Gabe
מַתָּת, מַתָּנָה, תְּשׁוּרָה, שַׁי, מַתָּן

Gabeldorsch *{Phycis blennioides}*
דּוּ נִים הַמְּכֻמְּרֶת (זוא') דָּג מִמִּשְׁפַּחַת הַשִּׁבּוּטִיִּים (דְּגֵי גֶּרֶם)

Gabelmücke *{Anopheles}*
נָמוּשׁ (זוא', רפו') יַתּוּשׁ הַקַּדַּחַת

Gabelstapler
מַלְגֵּזָה (טכנ') כְּלִי רֶכֶב בַּעַל מִתְקַן הֲרָמָה דְּמוּי מַזְלֵג

Gabelung
לִגּוּז [מר"ח/97]. הִתְלַגְּזוּת, הִתְפָּרְדוּת לִשְׁנֵי סְעִיפִים, הִתְפַּלְּגוּת

gackern
קִרְקֵר (מְקַרְקֵר) (זוא') הִשְׁמִיעַ קוֹל קִרְקוּר

gähnen
פִּהֵק (מְפַהֵק) (רפו') פָּהַק (פּוֹהֵק), הִתְפַּהֵק

Gähnen
פִּהוּק (רפו') פְּהִיקָה

Gähnkrampf
פַּהֶקֶת (רפו')

Gängelband
אַפְסַר אִלּוּף (פדג') מוֹשְׁכוֹת תִּרְגּוּל

Gänseblümchen *{Bellis perennis}*
חִנָּנִית רַב שְׁנָתִית (בוט') צֶמַח מִמִּשְׁפַּחַת הַמֻּרְכָּבִים

Gänsedistel ---> Saudistel

Gänsefuß *{Chenopodium}*
כַּף אַוָּז (בוט') צֶמַח מִמִּשְׁפַּחַת הַסַּלְקִיִּים

Gänsefuß, Weißer *{Chenopodium album}*
כַּף אַוָּז לְבָנָה (בוט') צֶמַח מִמִּשְׁפַּחַת הַסַּלְקִיִּים

Gänsegeier *{Gyps fulvus}*
נֶשֶׁר (זוא') עוֹף מִמִּשְׁפַּחַת הַנִּצִּיִּים

Gänsehaut
עוֹר אַוָּזִי (רפו') [מר"ח/221]. עוֹר סָמָר

Gänsesäger *{Mergus merganser}*
מֶרְגּוֹן גָּדוֹל (זוא') עוֹף מִמִּשְׁפַּחַת הַבַּרְוָזִיִּים

gänzlich
כָּלִיל, כָּלִיל, מֻשְׁלָם, שָׁלֵם, תָּמִים, בִּמְלוֹאוֹ, בִּשְׁלֵמוּת, בִּמְלוֹאוֹ, עַל מְלִיאָתוֹ, לַחֲלוּטִין, לִגְמְרֵי

gären [---> sprudeln]
תָּסַס (תּוֹסֵס) (ביו') [א"ח/ב/236]. פֶּרֶק חֳמָרִים אוֹרְגָנִיִּים (אוֹרְגָנִיִּים)

gärend ---> fermentativ

Gärung ---> Fermentation

Gärung, alkoholische ---> Fermentation, alkoholische

Galeere
אֳנִיַּת אֲסִירִים (משפ')

Galerie
יְצִיעַ הַגַּג (תאט', מוס') גְּזוּזְטְרָה עֶלְיוֹנָה בְּאוּלָם תֵּאַטְרוֹן

Galeriewald
יַעַר גְּדוֹתַיִם (י"א) רְצוּעַת יַעַר לְאֹרֶךְ נְחָלִים וּנְהָרוֹת

Galgen
גַּרְדּוֹם (משפ') עַמּוּד הַתְּלִיָּה

Galionsfigur
גְּלִיף הַחַרְטֹם (ימא') פְּרוֹטוֹמָה חֲקוּקָה בְּחַרְטֹם הָאֳנִיָּה, אַנְדַּרְטַת חָזֶה

Gallapfel-Tinktur
מִשְׁרַת עֲפָצִים (אמנ', דפו') [ממ"ג/83]. מִשְׁרָה הַמְשַׁמֶּשֶׁת בִּדְפוּס אֶבֶן אֶמְצָעֵי חֲפִיָּה לַהֲגַנַּת הָאֶבֶן מִפְּנֵי הַשַּׁמְנוּנִיּוּת

Galle
מָרָה (רפו') נוֹזֵל הַנֶּאֱגָר בְּכִיס הַמָּרָה וּמְסַיֵּעַ לְעִכּוּל

Galle, gelbe
יְרֻקָּה (רפו', פסי') [ק/ב/50]. מָרָה יְרֻקָּה, מֶזֶג כַּעְסָנִי, - רַתְחָנִי

Galle, schwarze
מָרָה שְׁחוֹרָה (פסי', רפו') [ק/ד/84]. מְרִירָה שְׁחוֹרָה, כִּנּוּי לְמַצַּב רוּחַ מְדֻכְדָּךְ, אַחַת הַלֵּחוֹת הַנִּמְצֵאת לְדַעַת הַקַּדְמוֹנִים בְּגוּף הָאָדָם וְהַגּוֹרֶמֶת לַעֲכִירוּת רוּחַ וּלְדִכָּאוֹן, מֶזֶג מֶלַנְכּוֹלִי

Gallemangel
נְשִׁיתַת הַמָּרָה (רפו') חֹסֶר צִבְעָנֵי מָרָה

gallenbezüglich *{biliär}*
מָרָתִי (רפו') שֶׁל כִּיס הַמָּרָה

gallenableitender Kanal *{Choledochus}*
צִנּוֹר הַמָּרָה (רפו׳) [מר״ח/147]. מַרְזֵב
Gallenblase
כִּיס הַמָּרָה (רפו׳) [מר״ח/146]. מְרִירָה, מְרֵירָה
Gallenblase, Röntgen-Kontrastdarstellung der
תְּאִירַת כִּיס הַמָּרָה (רפו׳) תְּאִירַת הַמְּרִירָה, רִשּׁוּם הַמְּרִירָה
Gallenblasenentzündung
דַּלֶּקֶת כִּיס הַמָּרָה (רפו׳) דַּלֶּקֶת הַמְּרִירָה
Gallenblasenkolik
עֲוִית דַּרְכֵי הַמָּרָה (רפו׳) כְּאֵב כִּיס הַמָּרָה, - הַמְּרִירָה
Gallenfarbstoff im Harn *{Urobilin}*
מְרַר שֶׁתֶן (רפו׳)
Gallenfett ---> Cholesterin
Gallengangentzündung
דַּלֶּקֶת צִנּוֹרוֹת הַמָּרָה (רפו׳) דַּלֶּקֶת דַּרְכֵי הַמְּרִירָה
Gallenkolik ---> Gallenblasenkolik
Gallert
מִקְרָשׁ (תזו׳) [א״ח/א/112]. מִקְפָּה, מִקְפָּא, מִקְרֶשֶׁת, רֹטֶב קָפוּא
Gallerte ---> Gallert
gallertig ---> gelatinös
gallig ---> cholerisch; jähzornig
Gallwespen *{Cynipidae}*
צִרְעֲפָצִיתִיִּים (זוא׳) מִשְׁפָּחָה שֶׁל דְּבוֹרָאִים
Galopp
דְּהָרָה (ספו׳) דְּהִירָה, דַּהַר
Galopprhytmus
קֶצֶב דְּהָרָה (רפו׳)
Galvanisation ---> Galvanotherapie
Galvanotherapie
גִּלְוּוּן (רפו׳) שִׁמּוּשׁ בְּזֶרֶם חַשְׁמַלִּי יָשָׁר לְצָרְכֵי רְפוּאָה
Gamander *{Teucrium}*
גַּעְדָה (בוט׳) צֶמַח מִמִּשְׁפַּחַת הַשִּׂפְתָנִיִּים
Gamasche
מוּק (מוּקַיִם) (לבו׳) חוֹתֶלֶת עוֹר, בֵּית שׁוֹק מֵעוֹר
Gamet
פְּרִיבִיָּה (ביו׳) תָּא רְבִיָּה, - מִין
Gammaeule *{Autographa gamma}*
פְּלוּסִית גַּמָּה (זוא׳) חֶרֶק מִמִּשְׁפַּחַת הַתִּנְשְׁמִיתִיִּים (פַּרְפָּרָאִים)
Gammazismus ---> Kehlstammeln
Gang
הִלּוּךְ (הִלּוּכִים) (טכנ׳) מַצָּב מִמַּצְּבֵי מַנְגְּנוֹן גַּלְגַּלֵּי הַשִּׁנַּיִם בִּכְלִי רֶכֶב הַמַּעֲבִירִים אֶת הַכֹּחַ מִן הַמָּנוֹעַ לַגַּלְגַּלִּים, מַהֲלָךְ. מִפְקָם (טכנ׳) נְטִיָּה שֶׁל אֲנִיָּה, שִׁנּוּי כִּוּוּן
Gang *{Ductus}*
צִנּוֹר (צִנּוֹרוֹת) (רפו׳)
Gang, kleiner *{Ductulus}*
צִנּוֹרִית (צִנּוֹרִיּוֹת) (רפו׳)
Gang sein, im ---> Betrieb sein, im
Gang setzen, in ---> initiieren
gangbare Münze ---> Münze, gangbare

Ganglion ---> Nervenknoten
Gangplanke
כֶּבֶשׁ (כְּבָשִׁים) (ימא׳) גַּמְלָה, קֶרֶשׁ מְשֻׁפָּע בֵּין הַחוֹף וְהָאֳנִיָּה
Gangrän ---> Brand
gangränoid ---> brandig
Gans
אַוָּז (זוא׳) שֵׁם שֶׁל עוֹף
ganz und gar
הֶחְלֵטִי [ק/א/167]. בְּהֶחְלֵט, מֻחְלָט
Ganze, das ---> Ganzheit
Ganze, das organische
שָׁלֵם אוֹלָנִי (אוֹרְגָנִי) (פיל׳) [פ״ר/117]. עַל פִּי הֶגֶל: הַשִּׁיטָה הַשְּׁלֵמָה שֶׁל הַמַּדָּע
ganzer Seele, von ---> Seele, von ganzer
Ganzheit *{Totalität}* **[---> Vollständigkeit; Integrität]**
כְּלוּת (פיל׳) [ק/ב/88]. כְּלִיּוּת, שְׁלֵמוּת, תְּכוּנַת הַכֹּל, כְּלָלוּתוֹ שֶׁל דָּבָר. הַכֹּל (פיל׳) [ק/ב/86]. כְּלָלוּת (פיל׳) [ק/ב/92]. תְּכוּנַת הַכְּלָל, הֶקֵּף כּוֹלֵל בְּלֹא טִפּוּל בִּפְרָטִים, חֲטִיבָה שְׁלֵמָה, טוֹטָלִיּוּת. תַּמּוּת [ק/ד/209]. מְלוֹא, מַצָּבוֹ שֶׁל הַשָּׁלֵם
ganzheitlich ---> holistisch
Ganzheitsauffassung ---> Holismus
ganzjähriger Wasserlauf ---> Wasserlauf, ganzjähriger
Ganzlernverfahren
דֶּרֶךְ הַשְּׁלֵמוּת (פסי׳, פדג׳) שִׁיטָה לְשִׁפּוּר הַזִּכָּרוֹן
ganzrandig
תְּמִים, תְּמִים שָׂפָה, שֶׁשּׁוּלָיו אֵינָם מְשֻׁנָּנִים אוֹ פְּגוּמִים בְּצוּרָה אַחֶרֶת
gar
מַעֲלֶה נִירוּת (גאו׳, חקל׳) מַתְאִים לְעִבּוּד חַקְלָאִי (תְּכוּנַת קַרְקַע)
Garant ---> Bürge
Garbe [---> Ähre, geschnittene]
עֹמֶר (עֳמָרִים) (חקל׳) [א״ח/ב/188]. אֲלֻמָּה, צְרוֹר שִׁבֳּלִים
Garbe, vergessene
שִׁכְחָה (דת, חקל׳) [א״ח/ב/189]. עֹמֶר שֶׁנִּשְׁכַּח בַּשָּׂדֶה וּמְיֻעָד לַעֲנִיִּים
Garben binden
עִמֵּר (מְעַמֵּר) (חקל׳) [א״ח/ב/188]. קָשַׁר שִׁבֳּלִים קְצוּרוֹת לָעֳמָרִים
Garbenbinden
עִמּוּר (חקל׳) [א״ח/ב/188]. קְשִׁירַת שִׁבֳּלִים קְצוּרוֹת לָעֳמָרִים
Garbenbinder
מְעַמֵּר (מְעַמְּרִים) (חקל׳) [א״ח/ב/187]. הַקּוֹשֵׁר כְּרִיכוֹת שֶׁל שִׁבֳּלִים לָעֳמָרִים
Garbenhaufen
גָּדִישׁ (גְּדִישִׁים) (חקל׳) [א״ח/ב/188]. עֲרֵמָה שֶׁל אֲלֻמּוֹת תְּבוּאָה
Garderobe
מֶלְתָּחָה (מֶלְתָּחוֹת), מָקוֹם לִשְׁמִירַת בְּגָדִים
Garderobier(e)

מֶלְתָּחָן, מֶלְתָּחָנִית, מֶלְתָּחַאי, מֶלְתָּחָאִית, מְמֻנֶּה עַל הַמֶּלְתָּחָה

Gare

נִירוּת מְעֻלָּה (גאו', חקל') תְּכוּנָה שֶׁל קַרְקַע מְשֻׁבַּחַת הַמַּתְאִימָה לְעִבּוּד חַקְלָאִי

Garezustand

נִירוּת (גאו', חקל') אֵיכוּת הַקַּרְקַע מִצַּד הַתְאָמָתָהּ לְעִבּוּד חַקְלָאִי

Garnele, Langrüsselige *{Parapenaeus longirostris}*

חֲסִילִית חַטְמָנִית (זוא') סַרְטָן מִמִּשְׁפַּחַת הַחֲסִילוֹנִיִּים (סַרְטָנִים מַעֲשִׂירֵי רֶגֶל)

garnieren

פִּרְכֵּל (מְפַרְכֵּל), הִתְפַּרְכֵּל (מִתְפַּרְכֵּל) [מר"ח/321]. קָלַע זֵר, קִשֵּׁט בִּפְרָחִים

garniert

מְפֻרְכָּל, מְפֻרְכֶּלֶת, מְקֻשָּׁט בִּפְרָחִים, מְעֻטָּר בְּזֵרִים

Garnierung [---> Schmückung]

פִּרְכּוּל, הִתְפַּרְכְּלוּת, עִטּוּר, קִשּׁוּט בִּפְרָחִים

Garten

גַּן (גַּנִּים, גַּנּוֹת) (חקל') [א"ח/ב/202]

Gartenanemone *{Anemone coronaria}*

כַּלָּנִית מְצוּיָה (בוט') צֶמַח מִמִּשְׁפַּחַת הַנּוּרִיתִיִּים

Gartenbalsamine *{Impatiens balsamina}*

בְּשָׂמַת הַגִּנָּה (בוט') צֶמַח מִמִּשְׁפַּחַת הַבְּשָׂמָתִיִּים

Gartenbau

בְּסְתָּנָאוּת (חקל') גִּדּוּל עֲצֵי פְּרִי

Gartenbohne *{Phaseolus vulgaris}*

שְׁעוּעִית הַגִּנָּה (בוט') צֶמַח מִמִּשְׁפַּחַת הַפַּרְפְּרָנִיִּים

Gartencinerarie *{Senecio cruentus}*

סַבְיוֹן אָדֹם (בוט') צֶמַח מִמִּשְׁפַּחַת הַמֻּרְכָּבִים

Gartenfuchsschwanz *{Amaranthus caudatus}*

יַרְבּוּז מַזְנִיב (בוט') צֶמַח מִמִּשְׁפַּחַת הַיַּרְבּוּזִיִּים

Gartengrasmücke *{Sylvia borin}*

סִבְּכִי אָפֹר (זוא') עוֹף מִמִּשְׁפַּחַת הַסִּבְּכִיִּים

Gartenkresse *{Lepidium sativum}*

שַׁחֲלַיִם תַּרְבּוּתִיִּים (בוט') צֶמַח מִמִּשְׁפַּחַת הַמִּצְלִיבִים

Gartenkürbis *{Cucurbita pepo}*

דְּלַעַת הַשָּׂדֶה (בוט') צֶמַח מִמִּשְׁפַּחַת הַדִּלּוּעִיִּים

Gartenlöwenmaul *{Antirrhinum majus}*

לֹעַ אֲרִי גָּדוֹל (בוט') צֶמַח מִמִּשְׁפַּחַת הַלּוֹעָנִיתִיִּים

Gartenmöhre ---> Mohrrübe

Gartennelke *{Dianthus caryophyllus}*

צִפֹּרֶן הַקַּרְנְפוֹל (בוט') צֶמַח מִמִּשְׁפַּחַת הַצִּפָּרְנִיִּים

Gartenreseda *{Reseda odorata}*

רִכְפָּה רֵיחָנִית (בוט') צֶמַח מִמִּשְׁפַּחַת הָרִכְפָּתִיִּים

Gartenringelblume *{Calendula officinalis}*

צִפָּרְנֵי חָתוּל תַּרְבּוּתִיּוֹת (בוט') צֶמַח מִמִּשְׁפַּחַת הַמֻּרְכָּבִים

Gartenrittersporn *{Delphinium ajacis}*

דָּרְבָנִית אֶשְׁכּוֹלִית (בוט') צֶמַח מִמִּשְׁפַּחַת הַנּוּרִיתִיִּים

Gartenrotschwanz *{Phoenicurus phoenicurus}*

חַכְלִילִית עֵצִים (זוא') עוֹף מִמִּשְׁפַּחַת הַקִּיכְלִיִּים

Gartensalbei *{Salvia officinallis}*

מַרְוָה רְפוּאִית (בוט') צֶמַח מִמִּשְׁפַּחַת הַשִּׂפְתָנִיִּים

Gartensauerampfer *{Rumex acetosa}*

חֻמְעַת הַגִּנָּה (בוט') צֶמַח מִמִּשְׁפַּחַת הָאַרְכֻּבִּיתִיִּים

Gartenschläfer *{Eliomys melanurus}*

נַמְנְמָן סְלָעִים (זוא') יוֹנֵק מִמִּשְׁפַּחַת הַנַּמְנְמָנִיִּים (מְכַרְסְמִים)

Gartenspitzmaus *{Corcidura suaveolens}*

חַדַּף קָטָן (זוא') יוֹנֵק מִמִּשְׁפַּחַת הַחַדָּפִיִּים

Gartenstrohblume *{Helichrysum bracteatum}*

דַּם הַמַּכַּבִּים הַמְּחֻפֶּה (בוט') צֶמַח מִמִּשְׁפַּחַת הַמֻּרְכָּבִים

Gas

גָּז (גָּזִים) (פיס') [ק/א/20]. אֵד, אֶחָד מִמַּצְּבֵי הַצְּבִירָה שֶׁל הַחֹמֶר שֶׁבּוֹ נָעוֹת הַפְּרֻדּוֹת בְּחָפְשִׁיּוּת. קִיטוֹר (פיס') [ק/ג/280]. הֶבֶל, עֲרָפֶל

Gas, Austreiben von *{Desorption}*

אִפְרוּשׁ (כימ', פיס') יְצִיאַת גָּז מְנוּזָלִים וּמְמוּצָקִים

Gas austreiben

אִפְרֵשׁ (מְאַפְרֵשׁ) (כימ', פיס') הוֹצִיא גָּז מְנוּזָלִים וּמְמוּצָקִים

gasförmig

גָּזִי (פיס') אֵדִי

Gasschwellungen im Gewebe *{Pneumatose}*

נַפַּחַת (רפו') אֲוֶרֶת, הִתְרַכְּזוּת חוֹלָנִית שֶׁל גָּז בִּרְקָמוֹת

Gastfreundschaft

הַכְנָסַת אוֹרְחִים [א"ח/ג/25]

Gasthaus

פֻּנְדָּק (פֻּנְדָּקִים) [א"ח/ב/327]. אַכְסַנְיָה (אַכְסַנְיוֹת), מָלוֹן, מְלוֹן אוֹרְחִים, אוּשְׁפִּיז (אוּשְׁפִּיזִים)

Gastmahl

כֵּרָה (כֵּרוֹת) (תזו') סְעֻדָּה, מִשְׁתֶּה

Gastritis ---> Magenschleimhautentzündung

Gastroskopie ---> Magenspiegelung

Gastwirt(in)

פֻּנְדְּקַאי (פֻּנְדְּקָאִים), פֻּנְדְּקָאִית (פֻּנְדְּקָאִיּוֹת) [א"ח/ב/327]. בַּעַל אַכְסַנְיָה, פֻּנְדְּקִי, אוּשְׁפִּיזְכָן, מְלוֹנַאי, בַּעַל מָלוֹן, מְאָרֵחַ

Gaswaschflasche

בַּקְבּוּק נִקּוּי גָּז (כימ') מַכְשִׁיר מַעְבָּדָה

Gattlägel
עָזֵק (עֲזָקִים) (ימא׳) עֲנִיבָה בְּחֶבֶל הַכְּרוּכָה עַל טַבַּעַת

Gattung *{Genus}* **[---> Geschlecht, grammatisches; Oberbegriff]**
סוּג (סוּגִים) (פיל׳, מ״ט) [ק/ג/96]. קְבוּצַת עֲצָמִים הַכּוֹלֶלֶת מִינִים שׁוֹנִים בַּעֲלֵי תְּכוּנוֹת מְשֻׁתָּפוֹת, לְמָשָׁל: הַסּוּג ״מְשֻׁלָּשִׁים״ מֵכִיל שְׁלֹשָׁה מִינִים: ״מְשֻׁלָּשִׁים חַדֵּי זָוִית״, ״מְשֻׁלָּשִׁים קֵהֵי זָוִית״, וּ״מְשֻׁלָּשִׁים יִשְׁרֵי זָוִית״. אוֹן (פיל׳) [ק/א/26]. גֶּנֶס (פיל׳, מ״ט) [ק/א/118]. כְּלָל (פיל׳, מ״ט) [ק/ב/91]. פַּן (מ״ט, פיל׳) [ק/ג/192]

Gattung, nächsthöhere *{Genus proximum}*
סוּג קָרוֹב בְּיוֹתֵר (פיל׳) [ת״ה/125]. קְבוּצַת הַמֻּשָּׂגִים שֶׁעָלֶיהָ מִתְיַחֲסִים הַמֻּשָּׂגִים הַנְּתוּנִים כְּמִינִים, לְמָשָׁל: עֲבוּר הַמִּין ״מַתֶּכֶת קַלָּה״ תִּהְיֶה ״מַתֶּכֶת״ סוּג קָרוֹב בְּיוֹתֵר

Gattung und zugleich eines Einzelwesens, Bezeichnung der ---> Bezeichnung der Gattung und zugleich eines Einzelwesens

Gattungsbegriff
מֻשַּׂג הַסּוּג (פיל׳) מֻשָּׂג הַמְּבַטֵּא אֶת הַסְּגֻלִּים הַמַּהוּתִיִּים שֶׁל קְבוּצַת עֲצָמִים שֶׁהִיא הַסּוּג שֶׁל מִינִים כְּלָשְׁהֵם. מֻשַּׂג הַסּוּג הוּא מֻשָּׂג הַמְשַׁעְבֵּד מֻשְּׂגֵי מִין הַקְּטַנִּים מִמֶּנּוּ, לְמָשָׁל: הַמֻּשָּׂג ״יְסוֹד כִּימִי״ הוּא מֻשַּׂג סוּג בְּיַחַס לַמֻּשָּׂג ״מַתֶּכֶת״ שֶׁהוּא מִצִּדּוֹ מֻשַּׂג מִין בְּיַחַס לַמֻּשָּׂג ״יְסוֹד כִּימִי״ וּמֻשַּׂג סוּג בְּיַחַס לַמֻּשָּׂג ״מַתֶּכֶת אֲצִילָה״. מִחוּץ לַמֻּשָּׂגִים הַיִּחוּדִים (אִינְדִּיבִידוּאָלִיִּים) וְהַגְּבָלָאוֹת (קָטֵגוֹרִיּוֹת) יָכוֹל אוֹתוֹ מֻשָּׂג לִהְיוֹת בְּעֵת וּבְעוֹנָה אַחַת הֵן מֻשַּׂג מִין וְהֵן מֻשַּׂג סוּג לְפִי יַחֲסוֹ לְמֻשָּׂגִים אֲחֵרִים

Gattungsbegriffe *{Universalia}*
עִנְיָנִים כְּלָלִיִּים (פיל׳) [ק/ג/149]. הַמֻּשָּׂגִים הַכְּלָלִיִּים שֶׁל הַסּוּג וְהַמִּין, דְּבָרִים כְּלַל עוֹלָמִיִּים

Gattungsbezeichnung ---> Appellativ

Gattungsform
צוּרָה מִינִית (פיל׳) [ק/ג/237]. צוּרַת הַמִּין

Gattungsmerkmal
מְשַׁתֵּף (פיל׳, מ״ט) [ק/ב/307]. בְּנִגּוּד לַמַּבְדִּיל, מֻשָּׂג מַהוּתִי הַמְשַׁתֵּף אֶת טֶבַע הַמִּינִים בְּאֹפֶן שֶׁשּׁוּם תְּכוּנָה מִן הַתְּכוּנוֹת הַיְסוֹדִיּוֹת שֶׁל מִין מְסֻיָּם אִי אֶפְשָׁר לָהּ שֶׁתַּפְקִיעַ אֶת עַצְמָהּ מִן הַשִּׁלְטוֹן הַמַּכְרִיעַ שֶׁל תְּכוּנוֹת הַסּוּג עָלֶיהָ, מַכְלִיל מֻשְּׂגֵי מִין רַבִּים בְּמֻשַּׂג הַסּוּג הַמְשַׁתֵּף לָהֶם, מְסַיֵּג. סִבָּה קוֹדֶמֶת, - קְדוּמָה (פיל׳) [ק/ג/84]. סִבָּה מַקְדִּימָה

Gattungsname ---> Appellativ

Gauchheil *{Anagallis}*
מַרְגָּנִית (בוט׳) צֶמַח מִמִּשְׁפַּחַת הָרַקַּפְתִּיִּים

Gaukelei ---> Hokuspokus

Gauklerblume *{Mimulus}*
מִימוּל (בוט׳) צֶמַח מִמִּשְׁפַּחַת הַלּוֹעֲנִיתִיִּים

Gaumen *{Palatum}*
חֵךְ (רפו׳) תִּקְרַת חֲלַל הַפֶּה מֵעַל לַלָּשׁוֹן

Gaumenbein *{Os palatinum}*
עֶצֶם הַחֵךְ (רפו׳)

gaumenbezüglich *{palatinal}*
חִכִּי (רפו׳) שֶׁל הַחֵךְ

Gaumenlaut *{Palatal}*
הֶגֶה חִכִּי (בלש׳) [מ״ב/158]. נֶהֱגֶה בִּסְבִיבַת הַחֵךְ הַקָּשֶׁה, לְמָשָׁל: sch בְּמִלָּה הַגֶּרְמָנִית schon

Gaumenzäpfchen *{Uvula}*
עִנְבָּל (רפו׳) [מר״ח/694]. טוֹטֶלֶת, עָרְלַת הַגָּרוֹן, לְהָאָה

Gauß-Kurve
עֲקֻמָּה פַּעֲמוֹנִית (מתמ׳) (קַו) עֲקֹם פַּעֲמוֹנִי

Gaze
מַלְמָלָה (רפו׳) כַּרְפַּס, גַּזָּה, אָרִיג דַּק וְרִשְׁתִּי לְתַחְבּוֹשׁוֹת

Gazelle *{Gazella dorcas}*
צְבִי הַנֶּגֶב (זוא׳) יוֹנֵק מִמִּשְׁפַּחַת הַפָּרִיִּים

Gazelle, Arabische *{Gazella gazella}*
צְבִי יִשְׂרְאֵלִי (זוא׳) יוֹנֵק מִמִּשְׁפַּחַת הַפָּרִיִּים

geahnt
מְשֹׁעָר, מְשֻׁעָר, מְנֻחָשׁ, מִתְנַחֵשׁ, רָמוּז, מוּבָן דֶּרֶךְ רֶמֶז

geartet
מְאֻפְיָן (פיל׳) [ק/ב/140]. מְגֻוָּן, מְאֻיָּד, בַּעַל תְּכוּנָה מְסֻיֶּמֶת, עָשׂוּי בְּצוּרָה כָּלְשֶׁהִי, מְדֹרָג, דָּרוּג, מְגֻדָּר

Gebälk ---> Decke

Gebärde
מָעוֹג (מְעוֹגִים) (פסי׳, תאט׳) מֶחֱוָה (מֶחֱווֹת), ז׳ֶסְטָה, תְּנוּעַת אֵבְרֵי הַגּוּף לְהַבָּעַת רְגָשׁוֹת וְרַעְיוֹנוֹת

gebärden
עוֹג (מְעוֹג) (פסי׳, תאט׳) הֶחֱוָה (מַחֲוֶה), הִבִּיעַ רְגָשׁוֹת וְרַעְיוֹנוֹת עַל יְדֵי תְּנוּעַת אֵבְרֵי הַגּוּף, עָשָׂה ז׳ֶסְטָה

Gebären, erstmaliges
מַבְכִּירוּת (רפו׳, זוא׳)

Gebärende, schwer
מִתְקַשָּׁה לָלֶדֶת (רפו׳) [א״ח/ב/6]. מַקְשָׁה לֵילֵד

Gebärmutteranhängsel *{Adnexe}*
טְפוּל (טְפוּלִים) (רפו׳) טְפוּלָה, טְפוּל הָרֶחֶם

Gebärmutterhals *{Cervix uteri}*
צַוַּאר הָרֶחֶם (רפו׳) [מר״ח/139]. הַמָּקוֹר

Gebärmutterschutzvorrichtung *{Pessar}*
כּוּמָז (רפו׳) [מר״ח/525]. טַבַּעַת לִפְרִיפַת פִּי הָרֶחֶם

Gebärstuhl
אָבְנַיִם (רפו׳) [א״ח/ב/6]. מַשְׁבֵּר, כִּסֵּא לְיוֹלֶדֶת

Gebannter [---> Verstoßener]
מֻחְרָם (מֻחְרָמִים) (דת) [א״ח/ג/218] מִי שֶׁהֻכְרַז עָלָיו חֵרֶם

Gebein ---> Knochengerüst

geben
נָתַן (נוֹתֵן) [א״ח/ג/16]. יָהַב (יוֹהֵב)

gebessert
מְשֻׁפָּר (רפו׳) [מר״ח/432]. מְנֻדָּרִי, חוֹזֵר לְתִקְנוֹ

gebeugt
עָקוּף

Gebiet [---> Domäne; Bereich]

שֶׁטַח (שְׁטָחִים), חֶבֶל (חֲבָלִים)

Gebiet, besetztes

שֶׁטַח כָּבוּשׁ (משפ', צבא)

Gebiet, bewohntes

יִשּׁוּב (יִשּׁוּבִים) (י״א) [ק/ב/53]. מָקוֹם מְאֻכְלָס. מָקוֹם נוֹשָׁב (י״א) [ק/ג/24]

Gebiet, einfach-zusammenhängendes

תְּחוּם פָּשׁוּט קֶשֶׁר (מתמ')

Gebiet, mehrfach-zusammenhängendes

תְּחוּם רַב קֶשֶׁר (מתמ')

Gebiet, schneefreies

מַעַר שֶׁלֶג (מטא')

gebieterisch ---> autoritativ

Gebietsseuche ---> Endemie

Gebilde *{Entität}* **[---> Konfiguration; Formung; Wesen]**

יֵשׁוּת (יֵשֻׁיּוֹת) (פיל'). מוּצָר (מוּצָרִים) (פיל') [המ״מ/224]

Gebilde, psychische

תְּצוּרוֹת נַפְשִׁיּוֹת (פסי') תְּצוּרוֹת פְּסִיכִיּוֹת

gebildet

מְעֻצָּב, מְתֻרְבָּת

gebildete Vernunft ---> Vernunft, gebildete

Gebirgsknoten

צֹמֶת הָרִים (י״א)

Gebirgsstelze *{Motacilla cinerea}*

נַחֲלִיאֵלִי זַנְבְתָּן (זוא') נַחֲלִיאֵלִי אָפֹר, עוֹף מִמִּשְׁפַּחַת הַנַּחֲלִיאֵלִיִּים

Gebirgsvorland

הֲדוֹם הָרִים (גאו', י״א)

Gebirgszug

טוּר הָרִים (גאו', י״א)

Gebiß

מֶתֶג (מְתָגִים) (חקל')

gebogen

מֻטֶּה [ק/א/96]. נִבְרָךְ, עָקוּם

Gebot

מִצְוָה (מִצְוֹת), צַו (צַוִּים), פְּקֻדָּה

geboten

מְצֻוֶּה

gebräuchlich

שִׁמּוּשִׁי [ק/ב/248]. מְפֻרְסָם

gebräuchlich sein

הָיָה שִׁמּוּשִׁי [ק/ד/49]. רָץ, הָיָה נוֹהֵג, - רָגִיל

gebrannt

מְצֹרָף (לְגַבֵּי כְּלֵי חֶרֶס) (טכנ') שָׂרוּף (לְגַבֵּי לְבֵנִים)

Gebrauch

הִשְׁתַּמְּשׁוּת [ק/א/223]. שִׁמּוּשׁ [ק/ד/129]. שֵׁרוּת, עֲשִׂיָּה

Gebrauch, außer

לֹא שָׁמִישׁ, שֶׁאֵינוֹ בְּשִׁמּוּשׁ, מֻקְצֶה, מְפֹרָשׁ מִשִּׁמּוּשׁ

Gebrauch, richtiger

שִׁמּוּשׁ הוֹלֵם [ק/א/186]. הַסְפָּקָה, כַּמּוּת מַסְפֶּקֶת, שִׁמּוּשׁ מַסְפִּיק, - נָכוֹן

Gebrauch eines Ausdrucks in einem bestimmten Sinn

לְקִיחָה [ק/ב/125]. הִשְׁתַּמְּשׁוּת בְּבִטּוּי מְסֻיָּם בְּהוֹרָאָה מְיֻחֶדֶת

Gebrauch(s) und Nichtgebrauch(s), Gesetz des

חֹק הַשִּׁמּוּשׁ וְהַלֹּא שִׁמּוּשׁ (פסי') [ר/ב/655]. עֶקְרוֹן הַשִּׁמּוּשׁ שֶׁעַל פִּיו תְּגוּבוֹת וְתִפְקוּדִים שֶׁמִּשְׁתַּמְּשִׁים בָּהֶם חֲזָקִים מֵאֵלֶּה שֶׁאֵינָם בְּשִׁמּוּשׁ

gebrauchen, ein Wort in einem bestimmten Sinn ---> benutzen, ein Wort in einem bestimmten Sinn

Gebrauchsdefinition

הַגְדָּרָה שֶׁבְּשִׁמּוּשׁ (פיל') [ת״ה/148]

Gebrauchsform

צוּרַת שִׁמּוּשׁ (מ״ח, כלכ')

Gebrauchsgegenstand

חֵפֶץ שִׁמּוּשׁ (מ״ח, כלכ')

Gebrauchsgestalt

דְּמוּת הַשִּׁמּוּשׁ (מ״ח, כלכ')

Gebrauchswert

עֵרֶךְ שִׁמּוּשׁ (מ״ח, כלכ') סַךְ תְּכוּנוֹתָיו הַמּוֹעִילוֹת שֶׁל דְּבַר-מָה הַמַּכְשִׁירוֹת אוֹתוֹ לְסַפֵּק צְרָכִים אֱנוֹשִׁיִּים

Gebrechen [---> Mangel]

פְּגָם (פְּגָמִים) [ק/ג/183]. מוּם, חֶסְרוֹן, חִסָּרוֹן, אִי שְׁלֵמוּת, לִקּוּי, מִגְרַעַת, שִׁבּוּשׁ, לִקָּיוֹן, לְקוּת, לִקָּיוֹן, פְּסוּל

gebrechlich

חָלוּשׁ (פסי', רפו') [ק/א/303]. חֲסַר כֹּחַ, חוֹלָנִי, שַׁבְרִירִי

Gebrechlichkeit

חֻלְשָׁה (פסי', רפו') רִפְיוֹן כֹּחַ, חוֹלָנִיּוּת, חֲלִישׁוּת, שִׁבְרוֹן מָתְנַיִם, אָזְלַת יָד, תְּשׁוּת כֹּחַ, אֲפִיסַת כֹּחוֹת, דִּלְדּוּל אֵיבָרִים, שַׁבְרִירוּת

Gebresten ---> Gebrechen

Gebrüder ---> Geschwister

gebuchtet

מְפֹרָץ

Gebühr

הֶטֵּל (הֶטֵּלִים) (כלכ', מדי') אַגְרָה, תַּשְׁלוּם בְּעַד שֵׁרוּת כָּלְשֶׁהוּ

Gebüsch ---> Hain

gebunden [---> eingebunden]

מְקֻשָּׁר

gebundene Assoziation ---> Assoziation, gebundene

gebundene Frage ---> Frage, gebundene

gebundene Rede ---> Rede, gebundene

gebundenes Morphem ---> Morphem, gebundenes

Geburt an, von ---> angeboren

Geburtenrate

שִׁעוּר יְלֵדָה (מ״ח)

Geburtshelfer(in)

מְיַלֵּד, מְיַלֶּדֶת (רפו')

Geburtshilfe

מְיַלְּדוּת (רפו')

geburtshilflich

מְיַלְּדָנִי (רפו') שֶׁל מְיַלֵּד, - תַּהֲלִיךְ הַלֵּדָה

Geburtsordnung

סֵדֶר הַהוֹלָדוֹת (רפו׳, פסי׳) [ר/א/194]. מִסְפַּר הַלֵּדָה

Geburtstagskind
בַּר הֻלֶּדֶת, בַּת הֻלֶּדֶת [י״א/92]. מִי שֶׁיֵּשׁ לוֹ יוֹם הֻלֶּדֶת

Geburtswehen
חֶבְלֵי לֵדָה (רפו׳) חֶבְלֵי יוֹלֵדָה, צִירֵי לֵדָה, כְּאֵב הַיּוֹלֶדֶת

Geckos *{Geckonidae}*
שְׁמָמִיתִיִּים (זוא׳) מִשְׁפָּחָה שֶׁל לְטָאוֹת

gedacht
נֶחְשָׁב (פיל׳, פסי׳) [ק/א/331;ק/ג/28]. מְחֻשָּׁב, מַחֲשָׁבִי, שֶׁעוֹלֶה בְּמַחֲשָׁבָה, שֶׁחוֹשְׁבִים עָלָיו, דִּמְיוֹנִי, מְדֻמֶּה

Gedachtes, ein
מַשֶּׁהוּ נֶחְשָׁב (פיל׳) [פ״ר/107]. עַל פִּי הֶגֶל: מַחֲשָׁבָה בַּמּוּבָן הָרָחָב בְּיוֹתֵר הַכּוֹלֶלֶת גַּם תְּפִיסַת חוּשִׁים, דִּמּוּי וּסְבָרָה

Gedächtnis
זִכָּרוֹן (פסי׳) [ק/א/261; ק/ד/47]. הַיְכֹלֶת לֶאֱגֹר וּלְיַצֵּב מֵידָע שֶׁנִּקְלַט וּלְפָלְטוֹ בְּעֵת הַצֹּרֶךְ. זְכֵרוּת (פסי׳) [ק/א/262]. זְכִירָה (פסי׳) [ק/א/260]. כֹּחַ הַזִּכָּרוֹן, שְׁמִירָה בַּזִּכָּרוֹן. זֹכֶר (פסי׳) [ק/א/261]. כֹּחַ שׁוֹמֵר, - שְׁמִירָה (פסי׳) [ק/ב/76]. שִׁמּוּר (פסי׳) [ק/ד/128]

Gedächtnis, bewahrendes
זִכָּרוֹן מְשַׁמֵּר (פסי׳) [ר/א/248]. זִכָּרוֹן אָרֹךְ, - לְטָוַח אָרֹךְ, - אָרֹךְ טְוָח הַמְאַחְסֵן מֵידָע קֶלֶט שֶׁעָבַר עִבּוּד אוֹ פֵּרוּשׁ

Gedächtnis, ingeniöses ---> Gedächtnis, mnemotechnisches

Gedächtnis, logisches
זִכָּרוֹן הֶגְיוֹנִי (פסי׳) זִכָּרוֹן לוֹגִי

Gedächtnis, mechanisches
זִכָּרוֹן מְכוֹנָתִי (מֵכָנִי) (פסי׳)

Gedächtnis, mnemotechnisches
זִכָּרוֹן תַּחְבּוּלָנִי (פסי׳) [ר/ב/399]. זִכָּרוֹן שֶׁשֻּׁפַּר בְּאֶמְצָעִים שׁוֹנִים הָעֲשׂוּיִים לַדָּבָר

Gedächtnis, reproduktives
זִכָּרוֹן מַעְתִּיק (פסי׳) [ר/א/249]. זִכָּרוֹן מְשַׁעְתֵּק, - מְשֻׁעְתָּק, - מַעֲלֶה, סוּג זִכָּרוֹן הַפּוֹעֵל עַל יְדֵי שִׁעְתּוּק קֶלֶט הַגֵּרוּי הַמְּקוֹרִי

Gedächtnis, ungewöhnlich gutes---> Hypermnesie

Gedächtnis, unmittelbares ---> Behalten, unmittelbares

Gedächtnis, vorübergehendes ---> Behalten, vorübergehendes

Gedächtnis begabt, mit gutem
זַכְרָן [ק/א/262]. בַּעַל זִכָּרוֹן

Gedächtnis betreffend, das
זִכְרוֹנִי (פסי׳) [ק/א/262]. מֵעִנְיַן הַזִּכָּרוֹן. זַכְרָנִי (פסי׳) [ק/א/263]

Gedächtnis bewahren, im
חָקַק בְּזִכְרוֹנוֹ (פסי׳) [ק/ד/134]. שָׁמַר, זָכַר, חָקַק בְּלִבּוֹ

Gedächtnis festgehalten, im
חָקוּק בַּזִּכָּרוֹן (פסי׳) [ק/א/327]. חָקוּק, חָרוּת, זָכוּר, רָשׁוּם בַּלֵּב, - בַּזִּכָּרוֹן

Gedächtnis verankert, im ---> Gedächtnis festgehalten, im

Gedächtnis zurückrufen, ins ---> erinnern

Gedächtnisinhalt
זֵכֶר (פסי׳) תֹּכֶן הַזְּכִירָה

Gedächtniskraft
זַכְרָנוּת (פסי׳) [ק/א/262]. תְּכוּנַת הַזַּכְרָן, סְגֻלַּת הַזְּכִירָה הַמְצֻיֶּנֶת

Gedächtniskraft, bewahrende
כֹּחַ הַשְּׁמִירָה (פסי׳) [ק/ד/131]. כֹּחַ הַזִּכָּרוֹן, הַכֹּחַ הַשּׁוֹמֵר

Gedächtnislücke
פִּרְצָה בַּזִּכָּרוֹן (פסי׳)

Gedächtnisschwäche ---> Hypomnesie

Gedächtnisspanne, unmittelbare
טְוַח הַזְּכִירָה הַמִּיָּדִי (פסי׳)

Gedächtnisspannetest
מִבְחַן מֶשֶׁךְ הַזְּכִירָה (פסי׳)

Gedächtnisspur, Konsolidierung der ---> Konsolidierung der Gedächtnisspur

Gedächtnisstütze
הַזְכָּרוּת מְסַיַּעַת

Gedächtnisvermögen
כֹּחַ הַזִּכָּרוֹן (פסי׳) [ק/ב/75]. כֹּחַ הַזּוֹכֵר, הַכֹּחַ הַזַּכְרָנִי, כִּשְׁרוֹן הָאָדָם לִזְכּוֹר דָּבָר

Gedächtnisvorstellung
מֻצָּג הַזִּכָּרוֹן (פסי׳)

Gedanke
מַחֲשָׁבָה (מַחֲשָׁבוֹת) (פסי׳, פיל׳) [ק/ב/186]. מַה שֶּׁהָאָדָם חוֹשֵׁב, תּוֹצָר שֶׁל תַּהֲלִיךְ הַחֲשִׁיבָה בְּצוּרַת מִשְׁפָּט אוֹ מֻשָּׂג הַמַּשְׁקִף אֶת הַכְּלָלִי שֶׁבְּהָמוֹן הַדְּבָרִים שֶׁבַּמְּצִיאוּת וְהַמְקַבֵּעַ אֶת הַמַּהוּתִי וְהַחֻקִּי שֶׁבְּמִגְוַן הַתּוֹפָעוֹת. מַעֲרָךְ, מַעֲרוֹךְ (פסי׳, פיל׳) [ק/ב/241]. הֶגְיוֹן לֵב. סְרָעַף, סַרְעַף (פסי׳, פיל׳) [ק/ג/115]. שַׂרְעַף, הִרְהוּר. רַעְיוֹן (פסי׳, פיל׳) [ק/ד/47]. מַחֲשָׁב (פסי׳, פיל׳) [ק/ב/185]. חֲשִׁיבָה

Gedanke, bestimmter
מַחֲשָׁבָה קְבוּעָה וּמְגֻמֶּרֶת (פיל׳) [פ״ר/117]. עַל פִּי הֶגֶל: אַקְסְיוֹמָה אוֹ הַנָּחַת יְסוֹד

Gedanke, fester
מַחֲשָׁבָה קְשִׁיחָה (פיל׳) [פ״ר/118]. עַל פִּי הֶגֶל: מַחֲשָׁבָה אֲדוּקָה (דוֹגְמָטִית)

Gedanken schweifen lassen, die ---> schweifen lassen, die Gedanken

Gedanken- und Gefühlswelt
מַצְפּוּן (אתי׳, פסי׳) [ק/ב/260]. פְּנִימִיּוּתוֹ שֶׁל אָדָם, מַחֲשֶׁבֶת הַלֵּב, עוֹלַם הַמַּחֲשָׁבָה וְהָרֶגֶשׁ

Gedankenabbild
בָּבוּאָה שֶׁבַּמַּחֲשָׁבָה (פסי׳, פיל׳)

Gedankenbestimmung
קְבִיעוּת מַחֲשָׁבָה (פיל׳) [פ״ר/107]

Gedankending
יֵשׁ שֶׁבַּמַּחֲשָׁבָה (פיל׳) יֵשׁ שֶׁבִּתְבוּנָה

Gedankenexperiment
נִסּוּי מַחֲשָׁבוֹת (מדע)

Gedankenstrich (-)
רְסִיק (רְסִיקִים) (בלש׳) מַפְרִיד (-)

gedanklich
מַחֲשַׁבְתִּי (פיל׳) [ק/ב/153]. מַדָּעִי, שֶׁל מַדָּע, שֶׁל הַכָּרָה, עִיּוּנִי. לִבִּי [ק/ב/112]. מִתְיַחֵס עַל

הַלֵּב, שֶׁל הַמַּחֲשָׁבָה

gedankliche Tugenden ---> Tugenden, intellektuelle

gedeckt

כָּסוּי, מְכֻסֶּה

Gedeihstörung *{Marasmus}*

כִּחָשׁוֹן (רפו')

gedenken

זָכַר (זוֹכֵר)

Gedicht

שִׁיר (שִׁירִים) (ספר')

Gedicht, metrisches

שִׁיר מְאֻזָּן (ספר') [ק/ד/90]. שִׁיר מְחֻבָּר, - מְסֻדָּר, - שָׁקוּל

Gedichtzeile ---> Vers

Gediegenheit

מֻבְהָקוּת, בְּרִירוּת

Gedränge

דֹּחַק, תִּדְחֹקֶת, תַּדְחֵפָה, הִדָּחֲקוּת, הִלָּחֲצוּת, הִצְטוֹפְפוּת, לַחַץ, צְפִיפוּת

gedrängt [---> kompendiös]

דָּחוּק [א"ח/ב/358]. מְצֻמְצָם, מְדֻחָק, צָפוּף, מְכֻוָּץ, דָּחוּס, מְצֻפָּף

gedrängt, dicht ---> kompakt

gedrungen ---> untersetzt

Geduld

סַבְלָנוּת [ק/ג/88]. סֵבֶל, אֹרֶךְ רוּחַ, הַבְלָגָה

geeichter Test ---> Test, geeichter

geeignet

מַתְאִים [ק/ג/138]. עָשׂוּי, עָלוּל, מְסֻגָּל, יָכוֹל, צָפוּי, מֻכְשָׁר, מְזֻמָּן

Gefährdung

סִכּוּן, הִסְתַּכְּנוּת

gefährlich

מְסֻכָּן [ק/א/74]. אַרְסִי, מַשְׁחִית, מַזִּיק

Gefährte

חָבֵר (חֲבֵרִים) [א"ח/ג/3]

Gefährtengruppe

קְבוּצַת שָׁוִים (פסי', מ"ח)

Gefälle ---> Inklination

gefällig

עָנִיג, בַּעֲנִיגוּת

Gefängnisstrafe

עֹנֶשׁ מַאֲסָר (משפ')

Gefängnisstrafe verbüßen

נָשָׂא עֹנֶשׁ מַאֲסָר (משפ')

Gefäß(es), Boden eines ---> Boden eines Gefäßes

Gefäß aus ungebranntem Ton ---> Ton, Gefäß aus ungebranntem

Gefäß mit Hohlmündung

פַּעֲרוּר (טכנ')

Gefäße, kommunizierende ---> Röhren, kommunizierende

Gefäße, zuleitende *{Vasa afferentia}*

מִזְרָקִים מַעֲלִים (רפו') [מר"ח/22]. כְּלֵי דָּם מוֹבִילִים

Gefäße(n), Röntgen-Darstellung von

תְּאִירַת הַמִּזְרָקִים (רפו')

Gefäßerweiterung

רַחֲבוּת הַמִּזְרָקִים (רפו') הִתְרַחֲבוּת כְּלֵי הַדָּם

Gefäßgewebegeschwulst ---> Angiom

Gefäßlage, anomale

עֲתִיקַת הַמִּזְרָקִים (רפו') סְטִיַּת כְּלֵי הַדָּם מִמְּקוֹמָם

Gefäßstauung

חַשְׁרַת דָּם (רפו') [מר"ח/186]. חַשְׁרָה, גֹּדֶשׁ

Gefäßstauung hervorrufend

חַשְׁרָתִי (רפו') מְגַדֵּשׁ

Gefäßstauung verhindernd

אַל חַשְׁרָתִי (רפו') נֶגֶד גֹּדֶשׁ

Gefäßwandaneurysma

פֶּרֶצֶת בּוֹתֶרֶת (רפו') מִפְרֶצֶת דֹּפֶן כְּלֵי דָּם

Gefäßwandschicht, äußere *{Tunica externa}*

חִיצוֹנֶת (רפו') הָעֲטִיפָה הַחִיצוֹנִית שֶׁל הָעוֹרֵק

gefallen

נִתְחַבֵּב (מִתְחַבֵּב) עַל..., מָצָא (מוֹצֵא) חֵן בְּעֵינֵי..., הֶעֱלָה (מַעֲלֶה) חֵן לִפְנֵי..., נֵאוֹת מִן.../בְּ..., דַּעְתּוֹ נוֹחָה מִן..., עָלָה רָצוֹן מִלִּפְנֵי

gefallen lassen, sich etwas

נֵאוֹת לְ... [פ"ר/110]. הִתְרַצָּה לְ..., הֵפִיס (מֵפִיס) אֶת דַּעְתּוֹ, הִשְׁלִים עִם..., צִדֵּק עָלָיו אֶת הַדִּין, נַעֲנָה לְ...

Gefangener, zur Bewährung freigelassener

מְשֻׁחְרָר עַל תְּנַאי (משפ')

Gefangennahme

שְׁבִיָּה [ק/ג/241]. צִידָה, לְכִידָה, כְּלִיאָה, מַאֲסָר, לְקִיחָה בַּשֶּׁבִי

gefestigt ---> konsolidiert

gefiedert

מְנֻצֶּה, בַּעַל נוֹצוֹת, דְּמוּי נוֹצָה

gefingert

מְאֻצְבָּע, מִתְפַּשֵּׂק כְּאֶצְבְּעוֹת הַיָּד, דְּמוּי אֶצְבַּע

Geflecht *{Plexus}* **[---> Korb, flacher; Netzwerk]**

מִקְלַעַת (מִקְלָעוֹת) (רפו') [מר"ח/539]. צֹמֶת (צְמָתִים), פְּקוּקֶלֶת (פְּקוּקָלוֹת)

Geflügel, gemäßtetes

פְּטוּמָה (פְּטוּמוֹת) (חקל') [א"ח/א/109]. עוֹף מְפֻטָּם

geflügeltes Wesen ---> Wesen, geflügeltes

Gefolgsmann ---> Anhänger

geformt

מְשֻׁוֶּה צוּרָה [ק/ב/259]. מְצֻיָּר, בַּעַל צוּרָה, מְעֻצָּב

gefräßig ---> heißhungrig

Gefrierätztechnik

חֲרִיצָה בְּהַקְפָּאָה (ביו')

Gefrieren

קְפִיאָה (מטא') קִפָּאוֹן

Gefriertrocknung ---> Lyophilisierung

Gefrierzone

אֵזוֹר הַקְּפִיאָה (מטא')

Gefrornis *{Permafrost}*

קְפָאַת עַד (גאו') [יל"ט/163]. פֶּרְמָפְרוֹסְט, שִׁכְבַת אֲדָמָה אוֹ סֶלַע שֶׁהִתְמוֹדְדָה

(טֶמְפֶּרָטוּרָה) נִשְׁאֶרֶת בָּהֶם בְּאֶפֶס מַעֲלוֹת צֶלְסִיוּס אוֹ בִּפְחוֹת מִכָּךְ

Gefüge

דֶּגֶם, דְּפוּס, מִרְקָם, צוּרַת הֵעָרְכוּתָם שֶׁל הַחֲלָקִים בְּחֹמֶר מֻרְכָּב

Gefühl

הַרְגָּשָׁה (הַרְגָּשׁוֹת) (פסי') [ק/א/212]. כֹּחַ הַמַּרְגִּישׁ, כֹּחַ הַהַכָּרָה, חוּשׁ מֵחֲמֵשֶׁת הַחוּשִׁים, טֶבַע. הִתְפַּעֲלוּת (פסי') [ק/א/243]. הִפָּעֲלוּת, הִתְרַשְּׁמוּת מִפְּעֻלַּת אֲחֵרִים. טַעַם [ק/ב/18]. נְטִיַּת הַלֵּב. רֶגֶשׁ (רְגָשׁוֹת) (פסי') [ר/א/221; ר/ב/487]

Gefühl, Wir- ---> Wir-Gefühl

Gefühl bezüglich, auf das

הַרְגָּשִׁי (פסי') [ק/א/213]. מִסְגֶּלֶת הַהֶרְגֵּשׁ וּמַה שֶּׁמִּתְיַחֵס אֵלָיו

Gefühle, Bipolarität der ---> Ambivalenz

Gefühle, Grundformen der

רִגְשׁוֹת יְסוֹד (פסי') אֲבוֹת רְגָשׁוֹת

Gefühle, niedere und höhere

רְגָשׁוֹת תַּחְתּוֹנִים וְעֶלְיוֹנִים (פסי')

gefühllos ---> anästhesiert

Gefühls- und Gedankenwelt ---> Gedanken- und Gefühlswelt

Gefühlsabschwächung

רְפִיַּת הַהַרְגָּשָׁה (פסי')

Gefühlsabstumpfung

קֵהוּת הָרֶגֶשׁ (פסי')

gefühlsbedingte Haltung ---> Haltung, gefühlsbedingte

gefühlsbetont

מְלֻוֶּה רֶגֶשׁ (פסי')

Gefühlskälte

קְרִירוּת הָרֶגֶשׁ (פסי') קְרִירוּת הַהַרְגָּשָׁה, צִנְּנוּת

Gefühlsleere

רִיק הַהַרְגָּשָׁה (פסי')

Gefühlsmäßige Veranlagung ---> Emotionalität

Gefühlssteigerung

עִצּוּם הַהַרְגָּשָׁה (פסי')

Gefühlston

גּוֹן הָרֶגֶשׁ (פסי')

Gefühlsüberschwang ---> Pathos

Gefühlsverkehrung ---> Reaktionsbildung

gegabelt

לָגוּז [מר"ח/97]. מִלְגָּז, מְמֻזְלָג, עָשׂוּי כְּמַזְלֵג, מְפֻלָּג לִשְׁנַיִם

gegeben

נָתוּן

gegebene Zahl ---> Zahl, gegebene

Gegebenheit

הַמָּצוּי, מַמָּשׁוּת, מַה שֶּׁנִּתָּן, הִנָּתְנוּת, נָתוּן קַיָּם, הַנִּמְצָא, נִמְצָאוּת, הַמַּצָּב לַאֲשׁוּרוֹ, מְצִיאוּת

Gegenanzeige

הוֹרָיַת נֶגֶד (רפו') הוֹרָאָה מְנֻגֶּדֶת, הַתְוָיָה נֶגְדִּית

Gegenbehauptung

טַעֲנַת נֶגֶד (פיל', משפ') טַעֲנָה לִסְתֹּר, - נֶגְדִּית, - סוֹתֶרֶת, פִּרְכָה (פִּרְכוֹת)

Gegenbesetzung

הֶטְעֵן שֶׁכְּנֶגֶד (פסי') [ר/א/74]. קָתֶקְסִיס שֶׁכְּנֶגֶד, אַנְטִיקָתֶקְסִיס, פְּעֻלָּה הַמּוֹנַעַת הַשְׁקָעָה שֶׁל מֶרֶץ (אֶנֶרְגִּיָּה) נַפְשִׁי אוֹ הַשּׁוֹמֶרֶת עַל הַדְחָקָתוֹ שֶׁל הַהֶטְעֵן (קָתֶקְסִיס)

Gegenbewegung

תְּנוּעָה נֶגְדִּית (מוס')

Gegend

סְבִיבָה (סְבִיבוֹת) (י"א) [ק/ב/177]. מָחוֹז, חֶבֶל אֶרֶץ, פֶּלֶךְ, אֵזוֹר

Gegendruck ---> Umdruck

Gegengrund ---> Gegenmeinung

Gegenklage

תְּבִיעָה שֶׁכְּנֶגֶד (משפ')

Gegenlichtblende ---> Sonnenblende

Gegenliebe

אַהֲבָה שֶׁכְּנֶגֶד, אַהֲבַת גּוֹמְלִין, אַהֲבָה דּוּ צְדָדִית, - הֲדָדִית

Gegenmeinung

פִּרְכָה (פִּרְכוֹת) [ק/א/217]. הַשָּׂגָה, עִרְעוּר עַל דַּעַת אַחֵר, קֻשְׁיָה, פִּרְכָא, דֵּעָה מְנֻגֶּדֶת, טַעֲנָה סוֹתֶרֶת

Gegenmittel *{Antidot}*

סוֹתְרָן (סוֹתְרָנִים) (רפו')

Gegensätzen, einer von zwei

נֶגֶד (נְגָדִים) [ק/ג/15]. הִפּוּכוֹ שֶׁל דָּבָר, דָּבָר וְנִגּוּדוֹ, אֶחָד מִזּוּג הֲפָכִים

gegensätzlich

נֶגְדִּי [ק/ג/16]. הָפוּךְ, מְנֻגָּד, נוֹגֵד, קָטְבִּי, מְסֻקְבָּל. הַפְּכִּי [ק/א/195]. מְסֻגֶּלֶת הַהֵפֶךְ, הַמִּתְנַגֵּד לְדָבָר זוּלָתוֹ, הַסּוֹתֵר אוֹתוֹ

Gegensätzlichkeit

נֶגְדִּיּוּת [ק/ג/15; מר"ח/497]. נַגְדּוּת, מַצַּב שֶׁל נִגּוּד, סְקַבֹּלֶת. הַפְּכִּיּוּת [ק/א/195]. סְגֻלַּת מַה שֶּׁהוּא הַפְּכִּי

Gegensätzlichkeit fallend, was unter die

תַּחַת הַמִּתְהַפֵּךְ (פיל') [ק/א/194]

Gegensatz [---> Antagonismus; Widerstreit]

נִגּוּד (נִגּוּדִים) [ק/א/193]. הִפּוּךְ, סְתִירָה. הֵפֶךְ, הֶפֶךְ, הֲפִיכָה [ק/א/194]. מַה שֶּׁהוּא מִתְנַגֵּד וְסוֹתֵר דָּבָר אַחֵר. הִתְנַגְּדוּת [ק/א/240]. כְּחִישׁוּת [ק/ב/85]. כְּחוּשׁ, נִגּוּדוֹ שֶׁל דָּבָר הַנִּמְצָא בְּפֹעַל. מַכְחִישׁ [ק/ב/198]. מַקְבִּיל [ק/ב/262]. כִּוּוּן נֶגְדִּי, מַצַּב הָפוּךְ, הַצַּד שֶׁכְּנֶגֶד, דָּבָר מְנֻגָּד לַשֵּׁנִי, מְכֻוָּן כְּנֶגֶד... נֶגֶד [ק/ג/15]. הִפּוּכוֹ שֶׁל דָּבָר. נֶגְדִּי [ק/ג/16]. חִלּוּף. סוֹתֵר [ק/ג/116]. הַפְרָכָה, פִּרְכָה

Gegensatz zu einer Eigenschaft von realer Existenz

כִּחוּשׁ (פיל') [ק/ב/83]. נִגּוּדוֹ שֶׁל דָּבָר הַנִּמְצָא בְּפֹעַל

Gegensatzpaar

דָּבָר וְהִפּוּכוֹ [ק/ג/116]. סוֹתֵר, שְׁנֵי הֲפָכִים

Gegensatzpaar(es), die beiden Glieder eines

שְׁנֵי קְצוֹת הַסּוֹתֵר [ק/ג/293]

gegenseitig [---> wechselseitig]

הֲדָדִי [ק/ג/298]. קְצָתוֹ בִּקְצָת, זֶה אֶל זֶה, זֶה

עִם זֶה, זֶה בָּזֶה, דּוּ צְדָדִי, מַצָּב קְצָת אֶל/עִם קְצָת. חִבּוּרִי [ק/א/270]. מֵעִנְיַן הַחִבּוּר

gegenseitige Aufhebung ---> Aufhebung, gegenseitige

gegenseitige Beeinflussung ---> Interaktion

gegenseitige Durchdringung ---> Durchdringung, gegenseitige

gegenseitige Hemmung ---> Hemmung, gegenseitige

gegenseitiges Verhältnis ---> Verhältnis, gegenseitiges

Gegenseitigkeit

הֲדָדִיּוּת [ק/א/228]. הִתְגַּמְּלוּת

Gegenspieler(in) ---> Partner(in)

gegenständlich

גַּשְׁמִי (פיל׳, פיס׳) [ק/א/243]. דּוֹמֵם, הִתְעַצְמִי, חָמְרִי, עָצֵם, מְעֻצָּם, גּוּפִי, יֵשׁוּתִי, מוּחָשִׁי

gegenständliche fixe Selbst, das ---> Selbst, das gegenständliche fixe

gegenständlicher Faktor ---> Faktor, gegenständlicher

Gegenständlichkeit

גַּשְׁמִיּוּת (פיל׳, פיס׳) יֵשׁוּת, גּוּפִיּוּת, מוּחָשִׁיּוּת

Gegenstand

חֵפֶץ (חֲפָצִים) (פיל׳) [ק/א/130]. יֵשׁ (יֵשִׁים), דָּבָר (דְּבָרִים), עֶצֶם (עֲצָמִים), נִמְצָא, עִנְיָן. מַשָּׂא (אוֹבְּיֶקְט) (פיל׳) [ק/ב/137; פ״ר/97]. מַבָּט, עֶצֶם הַנִּמְצָא מִחוּצָה לָנוּ, הַנִּמְצָא מִנֶּגֶד, נָשׂוּא. נָכְחִי, נוֹכְחִי (פיל׳) [ק/ג/37]. הָעֶצֶם שֶׁהַפְּעֻלָּה הַמֻּבַּעַת בַּנָּשׂוּא עוֹבֶרֶת עָלָיו. נוֹשֵׂא (פיל׳) [ק/ג/73]

Gegenstand, einzelner ---> Item

Gegenstand, räumlicher

מְקוֹמִם (פיל׳, פיס׳) [ק/ב/267]. גּוּף הַתּוֹפֵס מָקוֹם. מִתְקוֹמֵם (פיל׳, פיס׳) [ק/ב/327]

Gegenstand, strittiger

נֶחְלָק [ק/א/307]. הָעִנְיָן הַנֶּחֱלָק עָלָיו, הַדָּבָר שֶׁחוֹלְקִים בּוֹ

Gegenstand der Erkenntnis ---> Erkenntnis, Gegenstand der

Gegenstand der Vergleichung ---> Vergleichung, Gegenstand der

Gegenstand der Vorstellung ---> Erkenntnis, Gegenstand der

Gegenstand der Wahrnehmung ---> Wahrnehmung, Gegenstand der

Gegenstand des Wissens ---> Wissen(s), Gegenstand des

Gegenstandstheorie

תּוֹרַת הַמַּשָּׂאִים (פיל׳) [ת״ה/31]. הַמַּדָּע שֶׁל הַמַּשָּׂאִים (אוֹבְּיֶקְטִים) בִּכְלָל, כְּלוֹמַר: שֶׁל מַשָּׂאִים מְצִיאוּתִיִּים וְשֶׁל כָּאֵלּוּ שֶׁמְּצִיאוּתָם אֵינָהּ בְּאֶפְשָׁר

Gegenstoß

מַכַּת נֶגֶד

Gegenstück ---> Komplement

Gegenteil

הֵפֶךְ (הֲפָכִים) [ק/א/194]. הֵפֶךְ, מַה שֶּׁהוּא מִתְנַגֵּד לְדָבָר אַחֵר, הֲפִיכָה. הָפוּךְ (הֲפוּכִים) [ק/א/193]. נִגּוּד, סְתִירָה. מַכְחִישׁ [ק/ב/198]. סוֹתֵר [ק/ג/116]. הַפְּרָכָה, פִּרְכָּה

Gegenteil, im

אִפְכָּא מִסְתַּבְּרָא (פיל׳) [ק/א/23]. אַדְּרַבָּא, מִסְתַּבֵּר חִלּוּף, הַהֶפֶךְ מִסְתַּבֵּר, לְהֵפֶךְ, יוֹתֵר מִזֶּה

Gegenteiltest

מִבְחַן הַפּוֹכִים (סטט׳)

gegenüber

נֹכַח [ק/ג/34]. מוּל, בִּפְנֵי..., כְּלַפֵּי..., כְּנֶגֶד, לְעֻמַּת, מִנֶּגֶד, נֶגֶד. נָכְחִי, נוֹכְחִי [ק/ג/36]. הַנִּמְצָא מִנֶּגֶד, - מִמּוּל

Gegenüber, das

נֹכְחוּת [ק/ג/36]. נָכְחוּת (נוֹכְחוּת), נָכְחִיּוּת (נוֹכְחִיּוּת), מַה שֶּׁמִּמּוּל, הֱיוֹת נֹכַח, - מִנֶּגֶד

gegenüber, gerade

עַיִן בְּעַיִן, פָּנִים אֶל פָּנִים

gegenüberstehend

מְעֻמָּת [ק/ב/239]. מָעֳמָד לְעֻמַּת אַחֵר לְשֵׁם הַשְׁוָאָה, נֹכַח דְּבַר-מָה

Gegenüberstellung

הַקְבָּלָה (פיל׳) [ק/א/202]. עֲרִיכַת שְׁנֵי דְּבָרִים אוֹ שְׁנֵי מֻשָּׂגִים וּבִפְרָט מִתְנַגְּדִים זֶה לְעֻמַּת זֶה. עִמּוּת [ק/ג/143; מר״ח/185]. מַקְבִּילוּת, נָכְחִיּוּת, קוֹנְפְרוֹנְטַצְיָה

Gegenübertragung

הַעֲבָרָה שֶׁכְּנֶגֶד (פסי׳, רפו׳) מִכְלוֹל תְּגוּבוֹתָיו הַבִּלְתִּי מוּדָעוֹת שֶׁל הַמְּטַפֵּל עַל אִישִׁיּוּת הַמְּטֻפָּל וּתְגוּבוֹת הַהַעֲבָרָה שֶׁלּוֹ

Gegenuhrzeigerrichtung

נֶגֶד (מְגַמַּת) הַשָּׁעוֹן (מתמ׳) בִּמְגַמָּה חִיּוּבִית

gegenwärtig [---> vorhanden]

נוֹכְחִי [ק/ג/37]. נִמְצָא בְּמָקוֹם אוֹ בִּזְמַן מְסֻיָּם, הֹוֶה, מָצוּי, שֶׁיֶּשְׁנוֹ, קַיָּם. עַכְשָׁוִי [ק/ג/132]. שֶׁל עַכְשָׁו, הֹוֶה

gegenwärtiger Zeitpunkt ---> Zeitpunkt, gegenwärtiger

Gegenwärtiges

הַנֹּכַח (פיל׳) הַנּוֹכְחִי

Gegenwärtigkeit

עַכְשָׁוִיּוּת [ק/ג/132]. תְּכוּנַת הָעַכְשָׁו, הַזְּמַן הַנּוֹכְחִי, הַמְּצִיאוּת בַּזְּמַן הָעוֹמֵד

Gegenwart

הֹוֶה [ק/א/160]. הַזְּמַן הַנּוֹכְחִי. בֵּינוֹנִי (בלש׳) [ק/ג/62]. נִצָּב. הָעוֹמֵד [ק/ג/141]. הַזְּמַן שֶׁבֵּין הֶעָבָר וּבֵין הֶעָתִיד. נְכִיחָה [ק/ג/36]. נוֹכְחוּת, נוֹכְחִיּוּת, נֹכְחוּת, הֱיוֹת נוֹכֵחַ, - נִמְצָא בְּמָקוֹם אוֹ בִּזְמַן. הֲוַי, אֹרַח חַיִּים, מַצָּב שָׁכִיחַ

Gegenwind

רוּחַ פָּנִים (ימא׳)

Gegenwirkung [---> Reaktion]

כֹּחַ מִתְנַגֵּד [ק/ב/76]

Gegenwort *{Antonym}*

נִגֶּדֶת (נִגָּדוֹת) (בלש׳) [מ״ב/19]. נִגּוּד, הֵפֶךְ, מִלָּה בַּעֲלַת מַשְׁמָעוּת הֲפוּכָה לְמִלָּה אַחֶרֶת

Gegenwurf

הַשְׁלָכָה שֶׁכְּנֶגֶד (פיל׳)

geglättet

מְמֹרָק [ק/ג/284]. קָלָלִי, מְשֻׁפֶּה, חָלָק, מְהֻקְצָע, מְשֻׁיָּף

gehämmert

נקוש

Gehängegletscher
קרחון כרכוב (גאו', י"א)

gehäuft ---> haufenförmig

Gehäuse
מארז (מארזים) (טכנ') [דמ"א/19]. זוד (זודים)

Gehalt [---> Lohn]
תכן (תכנים)

gehalten
עצור, מרסן, מתוג, מעצר

Gehaltsempfänger ---> Lohnempfänger

geheim
סודי [ק/ג/99]. חסוי, חשאי, עלום, חתום בפני אחרים, מסתר, מסתר, מסתר. פנימי [ק/ג/195]. נסתר, נעלם

geheime Bedeutung ---> Bedeutung, geheime

geheimer Sinn ---> Sinn, geheimer

Geheimlehre
חכמת הנסתר (ח"ן) (דת, פיל') [ק/א/298; 315]. חכמה נסתרה. מיסטיקה. סוד (דת, פיל') [ק/ג/98]. תורת הנסתר

Geheimmittel ---> Arkanum

Geheimnis
סוד (סודות) [ק/ג/98]. דבר בלתי ידוע, תעלומה, דבר סתר

Geheimpolizei
בולשת (בולשות) (מדי') [א"ח/ב/374]. משטרה חשאית

Geheimstufe, Aufhebung der
הסרת סווג (מדי')

geheimtun
סוד (מסוד), היה אפוף סוד, התנהג בסודיות, הסתוד (מסתוד)

Geheimwissenschaft ---> Geheimlehre

gehemmt
מעכב (פסי') [ר/ב/503]. מדכא, מגבל, לקוי בכשרונותיו, שידיעותיו ויכלתו מצמצמים, עצור, מי שלוקה בעכבה, מעצר, שגרמו לו שלא יעשה או שיעשה באחור

Gehen, rasches
פסיעה גסה [א"ח/א/252]. הליכה חפוזה

geheuchelt
מתחסד, מופיע במסכה של..., מתהפך לכמה פנים, מכזב בלשונו

gehgestört
לאוי הליכה (רפו')

Gehilfe ---> Helfershelfer

Gehirn *{Enzephalon}*
מח (מחות) (רפו') מחה

Gehirn schärfen, das ---> schärfen, das Gehirn

Gehirnentzündung, infektiöstoxische
דלקת המח (רפו')

Gehirnerschütterung
זעזוע מח (רפו')

gehirngefäßbezüglich
מחי מזרקי (רפו')

Gehirnkammer
חדר מח (חדרי מח) (רפו') [ק/א/86]. בטן המח

Gehirnschlag
שבץ מחי (רפו')

Gehirnwäsche
שטיפת מח (פסי') [ר/ב/359]. נסיון לשנות את דעותיו של אדם באמצעים פסולים

gehoben
נעלה, עלוי, מרומם, נשא, נסוק, שגיא, נבחר, מבורר

gehobene Redeweise ---> Redeweise, gehobene

Gehöft
קרפיף (קרפיפות) (חקל') [א"ח/א/51]. שטח גדור, חוה (חוות)

Gehör
שמיעה (רפו') [ק/ד/131]. חוש השמע, כשר השמיעה. שמע (רפו') [ק/ד/132]

Gehör, absolutes
שמע תנעימי (מוזיקלי) מחלט (מוס') שמיעה תנעימית מחלטת

Gehör, musikalisches
שמע תנעימי (מוזיקלי) (מוס') שמיעה תנעימית

Gehör, relatives
שמע תנעימי (מוזיקלי) יחסי (מוס') שמיעה תנעימית יחסית

Gehör bezüglich, auf das
שמיעתי (רפו', מוס')

Gehörabnahme
פרוע שמע (רפו')

gehörbezüglich
שמעי (רפו') [ק/ד/133]. מתיחס על שמיעת האזן. של שמע, שמיעתי (רפו', פיס'). אקוסטי, של שמיעה

Gehörgangverwachsung
צממות (רפו') [מר"ח/48]

gehörig
שיך, שיך, שיש לו שיכות לדבר. כשר [ק/ג/9]. נאות, הוגן, מתאם, תואם, הגון, מתאים, ראוי ל..., נאה. שוה [ק/ד/78]. רחוק מן הקצוות, ממצע, ממזג, מעין, מאזן, שקול, מישב, מתון. כתקנו [א"ח/ב/151]

gehörig sein
השתיך, שיך (משיך). כשר (כושר) [ק/ב/104]. היה ראוי, - הגון, - נאות, - צודק, התאים, הלם, היה טוב ל...

Gehörigkeit
השתיכות, שיכות. נאותות [ק/ב/57,56]. ישר, ישרה, התאמה, הגינות, אפן נאות וראוי

Gehörknöchelchen ("Amboß")
סדן (רפו') [מר"ח/32]. סדדן

gehörnt
מקרין, בעל קרנים

Gehörshalluzination
משמע שוא (פסי', רפו') [ר/א/206]. הלוצינציה שמעית

gehorchen
נשמע ל... (מ"ח) ציית (מציית), שמע (שומע) בקול מישהו, סר למשמעתו, קבל מרות, מלא (ממלא) אחרי..., קים פקדות

Gehorsam

מִשְׁמַעַת (מ״ח) צִיּוּת, צַיְּתָנוּת, הִשָּׁמְעוּת לְ...,
כְּפִיַּת מָרוּת

Gehorsam gegen Gott ---> Gott, Gehorsam gegen

Geier

נֶשֶׁר (זוא׳) שֵׁם שֶׁל עוֹף

Geige ---> Violine

Geiger ---> Violinist

Geißblatt ---> Heckenkirsche

Geißel ---> Flimmerfortsatz; Flagelle

Geißelgarnelen *{Penaeidae}*

חֲסִילוֹנִיִּים (זוא׳) מִשְׁפָּחָה בְּסִדְרַת סַרְטָנִים
מַעֲשִׂירֵי רֶגֶל

Geist

רוּחַ (פסי׳, פיל׳) [ק/ד/97]. שֵׂכֶל, רוּחַ הָאָדָם,
תְּכוּנָה נַפְשִׁית, אֹפִי, כַּוָּנָה, רָצוֹן, נְטִיָּה נַפְשִׁית.
לִבּוּב (פסי׳, פיל׳) [ק/ב/112]. מַעֲלוֹת הָרוּחַ, -
הַשֵּׂכֶל, בִּינָה, מַחֲשָׁבָה שֶׁבַּלֵּב

Geist, absoluter

הַשֵּׂכֶל הַגָּמוּר (פיל׳) [ק/ד/104]

Geist, böser

מַזִּיק (מַזִּיקִים) (דת, אנת׳) שֵׁד

Geist(es), Einheit des ---> Geisteseinheit

Geist, göttlicher

רוּחַ אֱלֹהִים (דת) [ק/ד/27]. רוּחַ, - הַקֹּדֶשׁ

Geist, reiner ---> Geist, absoluter

Geist, selbstbewußter

הָרוּחַ הַמּוּדָע אֶת עַצְמוֹ (פיל׳) [פ״ר/59]

Geist, wirkender

הַשֵּׂכֶל הַפּוֹעֵל (פיל׳, דת) [ק/ד/104,100]. הַכֹּחַ
הָעֶלְיוֹן הַמּוֹצִיא אֶת שֵׂכֶל הָאָדָם מִן הַכֹּחַ אֶל
הַפֹּעַל. הַשֵּׂכֶל הָעֲשִׂירִי, - הַכְּלָלִי (פיל׳)
[ק/ד/104]

Geist schärfen, den ---> Schärfen, das

Gehirn

Geisterlehre *{Spiritismus}*

רוּחָאִיּוּת (אנת׳, דת) רוּחִיּוּת, סְפִּירִיטִיזְם,
אֱמוּנָה בְּרוּחוֹת הַמֵּתִים

Geisterlehre, Anhänger der

רוּחָאִי (אנת׳, דת) סְפִּירִיטִיסְט, מַאֲמִין
בְּרוּחוֹת הַמֵּתִים

Geisterwelt ---> Jenseits

geistesabwesend

פְּזוּר דַּעַת (פסי׳, רפו׳) [מר״ח/7]. לְשׁוּי דַּעַת,
אֲבוּד עֶשְׁתּוֹנוֹת, פְּזוּר נֶפֶשׁ, שָׁמֵם

Geistesabwesenheit

פִּזּוּר הַדַּעַת (פסי׳) סִלּוּק הַדַּעַת

Geisteseinheit

אַחְדוּת הָרוּחַ (פסי׳)

Geistesgegenwart

יְשִׁיבַת הָרוּחַ (פסי׳) [מר״ח/550]. כֹּשֶׁר תּוּשִׁיָּה,
צְלִילוּת הַדַּעַת, פִּכְחוֹן

Geisteskrankheit ---> Psychose

Geistesschärfe

חֲרִיפוּת (פסי׳) [א״ת/א/250]. שְׁנִינוּת, חַדּוּת
הַשֵּׂכֶל

geistesschwach ---> schwachsinnig

Geistesschwäche ---> Schwachsinn

Geistesstörung ---> Wahnsinn

Geistesverfassung, normale ---> Gesundheit, geistige

Geisteszerrüttung ---> Entfremdung

geistig

רוּחָנִי (פיל׳) [ק/ד/29]. בִּלְתִּי חָמְרִי, נֶאֱצָל.
שִׂכְלִי (פיל׳) [ק/ד/106]. שֶׁל שֵׂכֶל, בִּינָתִי,
מַחֲשַׁבְתִּי. נְקִי מִן הַחֹמֶר (פיל׳, דת) [ק/ג/66].
עֵבֶר נִסְיוֹנִי, כִּנּוּי לְדָבָר שֶׁנִּבְדָּל וְנִפְרָד מִן
הַחֹמֶר הַגַּשְׁמִי. צוּרִי (פיל׳) [ק/ג/239]

geistig gesund ---> gesund, geistig

geistige Anschauung ---> Anschauung, geistige

geistige Arbeit ---> Arbeit, geistige

geistige Ermüdung ---> Ermüdung, geistige

geistige Form ---> Form, geistige

geistige Gesundheit ---> Gesundheit, geistige

geistige Kraft ---> Kraft, geistige

geistige Präsenz ---> Geistesgegenwart

geistige Substanz ---> Substanz, geistige

geistige Verfassung ---> Verfassung, geistige

geistige Verirrung ---> Verirrung, geistige

geistige Verwandtschaft ---> Affinität

geistige Vorstellung ---> Vorstellung, geistige

geistige Wesenheit ---> Wesenheit, geistige

geistiger Begriff ---> Begriff, geistiger

geistiger Defekt ---> Defekt, geistiger

geistiger Kräfte, Herabziehen ---> Herabziehen geistiger Kräfte

geistiger Mangel ---> Mangel, geistiger

geistiges Alter ---> Alter, geistiges

geistiges Erfassen ---> Erfassen, geistiges

geistiges Sein ---> Sein, geistiges

geistiges Wesen ---> Wesen, geistiges

Geistigkeit

רוּחָנִיּוּת (פיל׳) [ק/ד/32]. רוּחָנוּת, הֶעְדֵּר
גַּשְׁמִיּוּת, תְּכוּנַת הַדָּבָר הָרוּחָנִי

geistreich

עֲשִׁיר רוּחַ

Geiz

קַמְצָנוּת [ק/ב/85]. כִּילָאוּת, כִּילוּת, כִּלְיוּת, עַיִן
רָעָה. עַצְרָנוּת [ק/ג/163]. צָרוּת עַיִן. צַיְקָנוּת
[ק/ג/244]

Geizhals

קַמְצָן (קַמְצָנִים) [ק/ב/86]. כִּילַי (כִּילָיִים), רַע
עַיִן. צַיְקָן [ק/ג/243]. עַצְרָן

gejagt

מְדֻרְבָּן (מוס׳) בִּמְדֻרְבָּן

gekämmt

סָרוּק (טכנ׳, אמנ׳)

gekerbt

חָרוּק, מְשֻׁנָּן, בַּעַל שִׁנַּיִם מְעֻגָּלוֹת, עָשׂוּי
חֲרִיצִים וְזִיזִים

gekochtes Gericht ---> Gericht, gekochtes
gekräuselt
מסלסל, מקרזל, סלסלי
Gekreische ---> Schrillton
Gekreuzigtwerden, das
הצלבות (משפ', דת)
gekreuzt
צלוב [ק/א/48]. אלכסוני, מצלב, משכל
gekreuzte Doppelbilder ---> Doppelbilder, gekreuzte
gekünstelt
משכלל, מעדן, לא טבעי, מתחכם
gekuppelt
מצמד (טכנ')
geladen
טעון, מכיל, עמוס
geladenes Teilchen ---> Teilchen, geladenes
Gelächter
צחוק
Gelände übertragen, ins ---> abstecken
Geländeabtragung
ירידת רום הקרקעית (היד', י״א)
Geländeauftragung
עלית רום הקרקעית (היד', י״א)
Geländer
מעקה (מעקים) (אדר') [א״ח/א/34]. גדר מסביב לגג או למרפסת
geläufig werden
נשגר (נשגר) [ק/ד/49]. רץ, היה נוהג, - רגיל, נעשה שגור, השתגר, הרגל (מרגל), השגיר, הרגיל, התרגל
Geläufigkeit
השגרה, אשגרה, הרגלה
geläutert
צרוף (כימ', דת) [ק/ג/254]. מזקק, זך, טהור
geläutert werden
נצרף [ק/א/260]. הזדכך, נזדכך, נעשה זך, נטהר, הטהר (מטהר), צרף (מצרף), זקק, טהר
Gelage
משתה (משתאות, משתים), מרזח (מרזחים), מרזח
Gelasma ---> Lachkrampf
Gelassenheit
שליון (פסי') [מר״ח/78]. שלות נפש, שאננות
Gelatine
גלידינה (ביו') [מר״ח/316]. ג'לטינה
gelatinös
גלידיני (ביו')
gelbe Galle ---> Galle, gelbe
gelbglühen
צהב (מצהב) (טכנ')
Gelbguß ---> Messing
Gelbhalsmaus *{Apodemus flavicollis}*
יערון צהב צואר (זוא') יונק ממשפחת העכבריים
Gelbkiefer *{Pinus ponderosa}*
ארן הזפת (בוט') צמח ממשפחת הארניים
Gelbklee ---> Hopfenklee
Gelbpflaume *{Spondias mombin}*
מומבין צהב (בוט') צמח ממשפחת האלתיים
Gelbstern *{Gagea}*
זהבית (בוט') צמח ממשפחת השושניים
Gelbsucht *{Ikterus}*
צהבת (רפו')
gelbwärmen ---> gelbglühen
Geld
ממון (מ״ח, כלכ') כסף, סחורה שערך השמוש הסגלי שלה מהוה שקול כללי של כל הסחורות, דמים, מעות
Geld, bares ---> Bargeld
Geld, gelöstes
ממון פדיון
Geld, gutes ---> Münze, gangbare
Geld(es), Kreislauf des
תנועת מעגלו של הממון (מ״ח, כלכ') סבשב הכסף
Geld, potentielles
ממון שבכח (מ״ח, כלכ') [ק״מ/ב/367]. המתכות זהב וכסף המקימות תפקיד חשוב כחמר לממון
Geld, prozessierendes
ממון של תהליך (מ״ח, כלכ')
Geld, umlaufendes
ממון עובר ושב (מ״ח, כלכ') כסף עובר ושב, - סובב, - שבמחזור, - הנמצא בתנועה שנגרמת על ידי מחזור הסחורות ופעילות התשלומים והבא לידי בטוי כאמצעי מחזוריות, תשלום וצבירה
Geldanhäufung
אגירת ממון (כלכ')
Geldanweisung
הוראת תשלום (כלכ')
Geldabwertung
פחות (מ״ח, כלכ') פחות המטבע, הקטנת ערך המטבע של מדינה מסימת בהשואה למטבע של מדינות אחרות או בהשואה לזהב
Geldakkumulation
הצבר ממון (כלכ')
Geldausdruck
בטוי הממון (מ״ח, כלכ')
Geldbesitzer
בעל ממון (כלכ')
Geldform
צורת ממון (מ״ח, כלכ')
Geldgestalt
דמות ממון (מ״ח, כלכ')
Geldkapital
הון ממוני (מ״ח, כלכ') הון שבממון, חלק מן ההון החברתי העומד כממון. בראשית המשטר הרכושני הוא נתהוה מן הנשך ומן המסחר
Geldkapital, latentes
הון ממוני גנוז (מ״ח, כלכ') הון ממון שבכח
Geldkapital, Freisetzung von
התפנות של הון ממוני (כלכ')
Geldkrise

מַשְׁבֵּר מָמוֹנִי (מ״ח, כלכ׳) מַשְׁבֵּר כַּסְפִּי, תּוֹפָעַת לְוַאי שֶׁל תְּחִילַּת מַשְׁבֵּר עֹדֶף יִצּוּר מַחֲזוֹרִי הַמְּאֻפְיֶנֶת בִּדְרִישָׁה כְּלָלִית לְתַשְׁלוּם בִּמְזֻמָּנִים עַל אַף מַחְסוֹר בָּהֶם וּמוֹלִיכָה לְהַפְסָקַת תַּשְׁלוּמִים וּלְהַגְבָּלַת הָאַשְׁרַאי

geldlich ---> finanziell

Geldmachen ---> Bereicherung

Geldmaßstab

אַמַּת מִדָּה מָמוֹנִית (מ״ח, כלכ׳)

Geldmaterial

חֹמֶר הַמָּמוֹן (מ״ח, כלכ׳) חֹמֶר מָמוֹנִי, מַתָּכוֹת אֲצִילוֹת כְּגוֹן: זָהָב וְכֶסֶף הַמְּשַׁמְּשׁוֹת כְּחֹמֶר לְמָמוֹן

Geldname

כִּנּוּי מָמוֹן (מ״ח, כלכ׳)

Geldstrafe

קְנָס (קְנָסוֹת) (משפ׳) [א״ח/ב/374]. עֹנֶשׁ כַּסְפִּי

Geldumlauf ---> Geldzirkulation

Geldvermögen

נִכְסֵי מָמוֹן (כלכ׳)

Geldwechsler ---> Wechsler

Geldwirtschaft

מֶשֶׁק מָמוֹן (מ״ח, כלכ׳)

Geldzeichen

סִימָן לְמָמוֹן (כלכ׳) סִימַן מָמוֹן

Geldzirkulation

סִבּוּב הַמָּמוֹן (מ״ח, כלכ׳) מַחֲזוֹר הַכְּסָפִים, תְּנוּעַת מָמוֹן הַנִּגְרֶמֶת עַל יְדֵי מַחֲזוֹר הַסְּחוֹרוֹת וְהַתַּשְׁלוּמִים וְהַמִּתְפַּקֶּדֶת כְּאֶמְצָעִי מַחֲזוֹר, אֶמְצָעִי תַּשְׁלוּם וְאֶמְצָעִי הֶצְבֵּר

Geldzustand

מַצָּב שֶׁל מָמוֹן (כלכ׳)

Gelege

דְּגָר (זוא׳) [י״א/104]. תְּטוּלָה, דִּגּוּר, דֶּגֶר, מִסְפַּר הַבֵּיצִים שֶׁהֻטְּלוּ בְּקֵן לְשֵׁם דְּגִירָה

Gelegenheit *{Chance}*

הִזְדַּמְּנוּת (הִזְדַּמְּנֻיּוֹת) [ק/א/165]. הִזְדַּמֵּן, שְׁעַת הַכֹּשֶׁר, סִבְרוֹן (סִבְרוֹנוֹת), שַׁנְסָה

Gelegenheitsauswahlverfahren

דְּגִימָה מִזְדַּמֶּנֶת (מ״ח, סטט׳) [מ״מ/210]. תַּהֲלִיךְ דְּגִימָה לֹא הִסְתַּבְּרוּתִית שֶׁבּוֹ נִבְחָרִים מְשָׂאִים לַמִּדְגָּם עַל פִּי רְאוּת עֵינֵי הַחוֹקֵר

Gelegenheitsursache

סִבָּה שֶׁבְּמִזְדַּמֵּן (פיל׳)

gelegentlich [---> sporadisch; nebenbei]

לְעֵת מְצוֹא, בְּהִזְדַּמְּנוּת, לִפְעָמִים, לִפְרָקִים, לְעִתִּים, בְּהִזְדַּמֵּן

gelehrig

לָמִיד (פסי׳, פדג׳) שֶׁנָּקֵל לְלַמְּדוֹ. בַּעַל תְּפִיסָה לְלִמּוּדִים

Gelehrigkeit

לְמִידוּת (פסי׳, פדג׳) הַכֹּשֶׁר לִלְמֹד

Gelehrsamkeit

לַמְדָנוּת (מדע) יַדְּעָנוּת, מְלֻמָּדִיּוּת

gelehrte Abhandlung ---> Dissertation

Gelehrter

לַמְדָן (לַמְדָנִים) (מדע) [ק/א/271]. חָבֵר, מְלֻמָּד, תַּלְמִיד חָכָם, יַדְעָן. חָכָם (חֲכָמִים) (מדע) [ק/א/289]. בָּקִי בְּמַדָּע מִן הַמַּדָּעִים. יָדוּעַ (מדע) [ק/ב/25]. אִישׁ מַדָּע, מַדְּעָן, מַדָּעָן

Geleit, freies

עֲרֻבָּה לְמַעֲבָר בָּטוּחַ (מדי׳, משפ׳)

geleitet, richtig ---> richtig geleitet

Geleitwort ---> Einleitung

Gelenk

מִפְרָק (מִפְרָקִים) (רפו׳) [ק/ג/216; מר״ח/72]. פֶּרֶק (פְּרָקִים), מְקוֹם הַחִבּוּר שֶׁל חֶלְקֵי אֵבָרִים

Gelenkblume *{Physostegia}*

עַב גְּבִיעַ (בוט׳) צֶמַח מִמִּשְׁפַּחַת הַשְּׂפָתָנִיִּים

Gelenkentzündung ---> Arthritis

gelenkig

מִפְרָקִי (רפו׳)

Gelenkknorren *{Kondylus}*

עֱלִי הַמִּפְרָק (רפו׳)

gelenkknorrenbezüglich *{kondylär}*

עֱלִיִּי (רפו׳) שֶׁל עֱלִי הַמִּפְרָק

Gelenkköpfchen *{Capitulum}*

רֹאשִׁישׁ הַמִּפְרָק (רפו׳)

Gelenkleidende(r) ---> Athritiker(in)

Gelenkpfanne *{Acetabulum}*

אֲסִית (רפו׳) [מר״ח/10]. מַרְחֶשֶׁת, מַכְתֶּשֶׁת, מַעֲמָק בָּעֶצֶם לְקַבָּלַת עֶצֶם אַחֶרֶת

gelenkpfannebezüglich *{acetabularis}*

אֲסִיתִי (רפו׳) שֶׁל מַרְחֶשֶׁת

Gelenkpflüssigkeit *{Synovia}*

חֶלְמָה (רפו׳) [מר״ח/652]. נוֹזֵל הַמִּפְרָק

Gelenkrheumatismus *{Polyarthritis}*

דַּלֶּקֶת רַב מִפְרָקִית (רפו׳) רַב שִׁגָּרוֹן

Gelenkschmiere ---> Gelenkpflüssigkeit

Gelenkversteifung

קַשַּׁחַת (רפו׳) [מר״ח/48]. קִשְׁיוֹן מִפְרָק, טָרֶשֶׁת הַמִּפְרָק, אִחוּי עֲצָמוֹת

geliebt

אָהוּב [ק/א/334]. חָשׁוּק, רָצוּי

gelingen

הִצְלִיחַ (מַצְלִיחַ), צָלַח (צָלֵחַ, צוֹלֵחַ), עָלָה יָפֶה

gellend ---> schrill

geloben

נָדַר (נוֹדֵר) [ק/ב/42]. יָעַד, יִעֵד, הִבְטִיחַ, יָעַד אֶת פְּלוֹנִי בְּ..., הִתְחַיֵּב בְּנֶדֶר, נִדֵּר, הִדִּיר (מַדִּיר)

gelten [---> zählen]

חָל [ק/א/300]. הִגִּיעַ אֶל מִישֶׁהוּ, הִתְיַחֵס לְמַשֶּׁהוּ, נֶחְשַׁב

geltend

תָּקֵף, בַּעַל תֹּקֶף, מְקֻבָּל

geltendmachen [---> einwenden]

טָעַן (טוֹעֵן) (משפ׳) נִמֵּק אֶת דְּבָרָיו

Geltung [---> Prestige]

תְּחוּלָה [ק/ב/83]. כֹּחַ, תֹּקֶף, חָלוּת, הִשְׁתַּמְּעוּת, תַּכְלִית, מַשְׁמָעוּת, תַּכְלִית

Geltung, erweiterte

תְּחוּלָה מֻרְחֶבֶת [ק/ד/34]. רֹחַב, הַרְחָבָה, מֶרְחָב, תֹּקֶף מֻרְחָב, חָלוּת מֻרְחֶבֶת

Geltung, gleiche

תְּחוּלָה אַחַת (משפ׳, פיל׳) [ק/ב/302]. מִשְׁפָּט, דִּין אֶחָד, גְּזֵרָה שָׁוָה, שְׁוֵי עֵרֶךְ, תֹּקֶף אָחִיד, חָלוּת שָׁוָה

Geltung bringen, zur ---> erzwingen

Geltungsbereich ---> Anwendbarkeit, Bereich der

Gelübde

נֶדֶר (נְדָרִים) (משפ', דת) הִתְחַיְּבוּת

Gelüste

תְּשׁוּקָה (פסי') [ק/ד/170]. תַּאֲוָה, חֵשֶׁק, שְׁקִיקוּת, חֲמִידָה, חִמּוּד, כִּלְיוֹן נֶפֶשׁ, לְהִיטוּת

gelüsten

הִשְׁתּוֹקֵק (מִשְׁתּוֹקֵק) (פסי') [ק/א/176]. הָמָה (הוֹמֶה) לְ.../ עַל.../ אַחֲרֵי..., כָּמַהּ (כָּמֵהַּ) אַחַר, הִתְאַוָּה (מִתְאַוֶּה), חָמַד, חָשַׁק, נִכְסַף, תָּאַב

gemäß

לְפִי, עַל פִּי, בְּהֶתְאֵם לְ..., בִּכְפִיפוּת, בְּכָפוּף לְ..., לְגַבֵּי, בְּמֻתְאָם עִם, בְּהַתְאָמָה עִם

gemäßigt ---> mild

gemäßigte Zone ---> Zone, gemäßigte

Gemarkung, außerhalb der

חוּץ לַתְּחוּם (דת) [א"ח/ב/140]. מִחוּץ לִתְחוּם שַׁבָּת

gemein

פָּשׁוּט [ק/א/254]. זוֹל, זוֹלֵל, הֲמוֹנִי, מָצוּי, שָׁכִיחַ, בָּזוּי, חֲסַר תְּבוּנָה

Gemeinbesitz, Wohnhaus im ---> Wohnhaus im Gemeinbesitz

Gemeinde betreffend, eine ---> kommunal

Gemeinde-Selbstanalyse

סֶקֶר עַצְמִי קְהִלָּתִי (מ"ח) מִשְׁאַל אֻכְלוּסִיַּת קְהִלָּה עַל יְדֵי חַבְרֵי הַקְּהִלָּה עַצְמָם בְּמַטָּרָה לְעוֹרֵר אֶת תּוֹדָעָתָם וְלִגְרֹם שִׁנּוּי בְּהִתְנַהֲגוּתָם

Gemeinderat ---> Stadtrat

Gemeindeumlage ---> Steuer, städtische

gemeiner Verstand ---> Verstand, gemeiner

Gemeingefühl

הַרְגָּשָׁה הַמִּשְׁתַּתֶּפֶת (פסי', פיל') [ק/א/212; ק/ב/308]. כְּלַל הַהַשָּׂגוֹת הַחוּשִׁיּוֹת וְהִתְאַחֲדוּתָן בְּנֶפֶשׁ הָאָדָם. הַחוּשׁ הַמְּשֻׁתָּף, - הַמִּשְׁתַּתֵּף (פסי', פיל') [ק/א/278; ק/ב/308] הַמַּרְגִּישׁ הַכְּלָלִי

Gemeingut

רְשׁוּת הָרַבִּים (משפ')

gemeiniglich

בְּרָגִיל, בְּדֶרֶךְ כְּלָל, כְּנָהוּג

Gemeinjahr

שָׁנָה פְּשׁוּטָה [ק/ג/219]. שָׁנָה בִּלְתִּי מְעֻבֶּרֶת

Gemeinjahr betreffend, das

פְּשׁוּטִי [ק/ג/219]. פָּשׁוּט, פְּשׁוּטָה, תְּכוּנַת הַשָּׁנָה הַפְּשׁוּטָה, - הַשָּׁנָה הַבִּלְתִּי מְעֻבֶּרֶת

Gemeinlot ---> Lot, gemeinsames

gemeinplätzlich

נָדוֹשׁ, בַּעַל שִׁגְרָה שְׁדוּפָה, תָּפֵל, בָּנָלִי

Gemeinplätzlichkeit

נְדִישׁוּת, שִׁגְרָתִיּוּת שְׁדוּפָה, תְּפֵלוּת, טְחִינָה בְּקֶמַח טָחוּן, בָּנָלִיּוּת

Gemeinplatz

שְׁגוּרָה (שְׁגוּרוֹת), אֲמִתָּה שְׁדוּפָה, דָּבָר נָדוֹשׁ, אֱמֶת מֻסְכֶּמֶת. סְבָרָה קַלָּה (פיל') [ק/ב/265]. מָקוֹם, נְקֻדַּת מַבָּט כְּלָלִית, - צוּרִית, לָשׁוֹן כּוֹלְלָנִית, סְבָרַת הַלֵּב, דֵּעָה פַּשְׁטָנִית. סֵדֶר (סְדָרִים) (פיל') [ק/ג/95]

Gemeinsamkeit

שֻׁתָּפוּת [ק/ד/169]. הִצְטָרְפוּת בְּעִנְיָן כָּלְשֶׁהוּ עִם אֲחֵרִים, הִשְׁתַּתְּפוּת, מִשְׁתַּפּוּת. שָׁווּת [ק/ד/81]. תְּלוּת הֲדָדִית, הֲדָדִיּוּת, זִקַּת גּוֹמְלִין. שִׁתּוּף [ק/ד/165]. שִׁוּוּי שֶׁל דְּבָרִים שׁוֹנִים, צַד שָׁוֶה שֶׁבִּדְבָרִים שׁוֹנִים, דַּמְיוּת, הִדָּמוּת

Gemeinschaft

שֻׁתָּפוּת גּוֹמְלִין (פיל') [פ"ר/123]. הִשְׁתַּתְּפוּת [ק/א/224]. בְּמוּבָן יַחַס וְדִמְיוֹן. כַּת (דת, פיל') [ק/ב/105]. כִּתָּה, מִפְלָגָה. סִיעָה [ק/ג/100]. חֲבוּרָה, חֶבֶר, אִחוּד, שִׁתּוּף, אֲגֻדָּה. קָהָל, קְהִלָּה (מ"ח) [ק/ג/271]. צִבּוּר, הֲמוֹן עַם, קִבּוּץ בְּנֵי אָדָם, קְבוּצָה

gemeinschaftliche Substanz ---> Substanz, gemeinschaftliche

gemeinschaftsbildend

מְתַקְבֵּץ (מ"ח) [ק/ב/327]. מְחַבֶּרֶת, חֶבְרָתִי, מְעֹרָב עִם הַבְּרִיּוֹת, חַבְרוּתִי

Gemeinschuldner ---> Konkursschuldner

Gemeinsinn

חוּשׁ מְשֻׁתָּף (פסי')

Gemeinwesen

צִבּוּר (מ"ח) [ק/ג/260]. קִבּוּץ, אִרְגּוּן חֶבְרָתִי, חֶבְרָה, קְהִלָּה, קְהִלִיָּה

Gemeinwohl

טוֹבַת הָרַבִּים (משפ')

Gemenge ---> Mischung

Gemerktes

שָׁמוּר, מִסְפָּר שָׁמוּר (מתמ') [ק/ד/128]. תּוֹצָאַת בֵּינַיִם

Gemini

תְּאוֹמִים (אסט') [ק/ד/172]. כִּנּוּי אֶחָד מִשְּׁנֵים עָשָׂר הַמַּזָּלוֹת

gemischte Ehe ---> Mischehe

Gemshorn *{Proboscidea}*

חִדְקִית (בוט') צֶמַח מִמִּשְׁפַּחַת הַמַּרְטִינִיִּים

Gemüt ---> Seele

Gemütsanlage

סְפִיקַת נֶפֶשׁ (פסי')

Gemütsart ---> Temperament

Gemütsbewegung ---> Emotion

Gemütsbewegung, starke ---> Affekt

Gemütseigenschaft

סְגֻלַּת נֶפֶשׁ (פסי')

Gemütserregbarkeit

הֶפְעֵלִיּוּת (פסי', רפו')

Gemütsstörung

נְלִיזַת הַדַּעַת (פסי', רפו')

Gemurmel

מִלְמוּל [מר"ח/470]. לְמְלוּם

Gen *{DNS-Sequenz}*

לֵד (לֵדִים) (ביו') [מר"ח/318]. גֵּן, יְחִידָה שֶׁל חֹמֶר תּוֹרַשְׁתִּי הַמְּצוּיָה עַל גַּבֵּי מְנִיּוֹן (כְּרוֹמוֹזוֹם)

Gen, dominantes

לֵד שׁוֹלְטָנִי (ביו') גֵּן דּוֹמִינַנְטִי

genau

מְדֻיָּק [ק/א/94]. בָּרוּר, מְבֹאָר, צָרוּף. דִּיּוּקִי

[ק/א/136]. אָדוּק. מְדֻקְדָּק [ק/ב/153]. מְכֻוָּן. מְתֻקָּן [ק/ב/328]

genau bemessen ---> bemessen, genau

genau bestimmt ---> bestimmt, genau

genau forschen ---> verfahren, sorgfältig

genau genommen ---> genommen, genau

genau nehmen ---> verfahren, sorgfältig

genaue Beschreibung ---> Beschreibung, genaue

genaue Betrachtung ---> Betrachtung, genaue

genauer Wortsinn ---> Wortsinn, gnauer

Genauigkeit

דִּיּוּק [ק/א/94]. בֵּרוּר, הַקְפָּדָה עַל כָּל פְּרָט וּפְרָט, צַחוּת. דַּיְּקָנוּת [ק/א/138]. דִּיּוּקוֹת [ק/א/136]. צִמְצוּם. דַּיָּקוּת [ק/א/137]. דִּקְדּוּק [ק/א/144]. כִּוּוּן [ק/ב/67]

Genauigkeit, peinliche

דְּנוּק (פסי׳) [מר״ח/606]. דִּיּוּק קַפְּדָנִי, דַּיְּקָנוּת קִיצוֹנִית, מַצְפּוּנִיּוּת יֶתֶר

Genauigkeit eines Instruments ---> Genauigkeitsgrad

Genauigkeitsgrad

דַּיָּק (טכנ׳) דַּרְגַּת הַדִּיּוּק שֶׁל כְּלִי אוֹ שֶׁל מַכְשִׁיר

Genealogie

תּוֹחֶסֶה (הסט׳, רפו׳) גֶּנֶאָלוֹגְיָה, מַדַּע סֵדֶר הַדּוֹרוֹת

genealogisch

תּוֹחֲסִי (הסט׳, רפו׳) גֶּנֶאָלוֹגִי

Genehmigung, stillschweigende

הַסְכָּמָה שֶׁבִּשְׁתִיקָה (משפ׳) הַסְכָּמָה

geneigt

מְשֻׁפָּע, לֹא אֲנָכִי וְלֹא אָפְקִי, נוֹטֶה, נָטוּי

geneigter Horizont ---> Horizont, geneigter

Generalbaß

בַּס מְסֻפְרָר (מוס׳) [שא״מ/188]. בַּס כּוֹלֵל, בַּסּוֹ קוֹנְטִינוּאוֹ, שִׁיטַת תַּקְצִיר לְצִיּוּן תַּפְקִיד הַלִּוּוּי בִּמְנְגִּינָה מְסֻיֶּמֶת

Generaldirektor

מְנַהֵל כְּלָלִי (מַנְכָּ״ל) (כלכ׳, משפ׳)

Generalisator *{Alloperator; Allquantor}*

כַּמַּאי כְּלָלִי (פיל׳) [ת״ה/74; קמ״ל/313]. כַּמַּת כְּלָלִי, - כּוֹלֵל, הַבִּטּוּי: ״ כָּל x שֶׁבִּתְחוּם הַ- x הַנָּתוּן״ הַמְּסֻמָּל כַּנָּהוּג בְּאֶמְצָעוּת x

Generalisierung ---> Verallgemeinerung

Generalpause

הֶפְסֵק כְּלָלִי (מוס׳) דְּמִימָה כְּלָלִית

Generalstaatsanwalt

תּוֹבֵעַ כְּלָלִי (משפ׳)

Generalstreik

שְׁבִיתָה כְּלָלִית (מ״ח, כלכ׳)

Generalversammlung, außerordentliche

אֲסֵפָה כְּלָלִית שֶׁלֹּא מִן הַמִּנְיָן (משפ׳, כלכ׳)

Generalversammlung, ordentliche

אֲסֵפָה כְּלָלִית (משפ׳, כלכ׳) אֲסֵפָה רְגִילָה

Generatio

הִוּוּי (פיל׳) [ק/א/161]. הֲוָיָה. מוֹלָד (פיל׳) [ק/ב/161]

Generationsdauer

מֶשֶׁךְ דּוֹר (ביו׳)

generative Grammatik ---> Grammatik, generative

Generator ---> Stromerzeuger

generell

כְּלָלִי [ק/ג/98]. סוּגִי, שֶׁל סוּג. מְשֻׁלָּח [ק/ב/295]. מַקִּיף, כּוֹלֵל

generieren und testen ---> erzeugen und prüfen

Generierung ---> Erzeugung

Generositas

שׁוֹעוּת [ק/ד/83]. תְּכוּנַת הַשּׁוֹעַ, נְדִיבוּת יְתֵרָה, רֹחַב לֵב

genesen

הִבְרִיא (מַבְרִיא) (רפו׳) הֶחֱלִים (מַחֲלִים), נִרְפָּא, שָׁפָה (שׁוֹפֶה)

Genesis

הִתְהַוּוּת

Genetik

תּוֹרַת הַתּוֹרָשָׁה (ביו׳) גֶּנֶטִיקָה

Genetiker(in)

תּוֹרְשָׁן, תּוֹרְשָׁנִית (ביו׳) גֶּנֶטִיקַאי, מַדְּעָן הָעוֹסֵק בְּתוֹרַת הַתּוֹרָשָׁה

genetisch

תּוֹרַשְׁתִּי (ביו׳) תּוֹלָדִי, גֶּנֶטִי, שֶׁל גֶּנֶטִיקָה, תּוֹרָשִׁי, הִתְהַוּוּתִי, מוֹרַשְׁתִּי, מוֹצָאִי

genetische Methode ---> Methode, genetische

genetische Theorie der Raumwahrnehmung ---> Raumwahrnehmung, genetische Theorie der

Genette, Europäische ---> Ginsterkatze, Kleinfleck-

Genialität

גְּאוֹנִיּוּת [ר/א/121]. גְּאוֹנוּת, סְגֻלַּת כִּשְׁרוֹנוֹ הַמֻּפְלָג שֶׁל הַגָּאוֹן

Genidentität

זֶהוּת שֶׁבְּהִתְהַוּוּת (פיל׳) [ת״ה/110]

Genie [---> Genialität]

גָּאוֹן (גְּאוֹנִים) [ר/א/121]. אָדָם בַּעַל יְכֹלֶת שִׂכְלִית וִיצִירָתִית מֻפְלֶגֶת

Genieren

כְּזִיזָה [מר״ח/318]. בּוּשָׁה מִפְּנֵי הַכָּבוֹד

genieren, sich

כָּזַז (כּוֹזֵז), כְּזַז (מְכַזֵּז), הִתְבַּיֵּשׁ מִפְּנֵי הַכָּבוֹד

genießen

הִתְעַנֵּג [ק/ג/51]. הִתְנַעֵם, נֶהֱנָה (נֶהֱנֶה), קִבֵּל הֲנָאָה, נֵאוֹת. רָוָה (רוֹוֶה), הִתְרַוָּה, שָׂבַע, אָכַל וְשָׁתָה דֵּי צָרְכּוֹ

Genießen

הִתְעַנְּגוּת, הֲפָקַת הֲנָאָה. הִתְרַוּוּת, שְׂבִיעָה, רְוָיָה

genital

אֵבְרְמִינִי (רפו׳) מְלוֹדִי, גֶּנִיטָלִי, שֶׁל אֵבֶר הַמִּין

Genitalien

אֶבְרֵי הַמִּין (רפו׳) [מר״ח/319]. מָלוֹד, עֶרְוָה

Genitalkuß ---> Fellatio

Genitiv

יַחֲסַת הַקִּנְיָן (בלש') [ק/ב/34; מ״ב/90]. יַחַס הַהִצְטָרְפוּת, - הַקִּנְיָן, יַחֲסַת ״שֶׁל״, - הַשַּׁיָּכוּת, גֶּנִיטִיב, סְמִיכוּת, יַחֲסָה הַמְּצַיֶּנֶת לָרֹב שַׁיָּכוּת וְקִנְיָן, לְמָשָׁל: ״כּוֹבַע **הַנָּזִיר**״, ״כּוֹבָעוֹ **שֶׁל הַנָּזִיר**״

Genitiv, Attribut im ---> Attribut im Genitiv

Genitiv, partitiver *{Genitivus patitivus}*

שֵׁם חֶלְקִי (בלש') [מ״ב/161]. מְצַיֵּן חֵלֶק, סִמּוּן הַחֵלֶק, צוּרָה הַמְּצַיֶּנֶת פְּרָט מִתּוֹךְ כְּלָל, לְמָשָׁל: בְּעִבְרִית: ״מִזִּקְנֵי יִשְׂרָאֵל״, ״אַחַד הָעָם״. בְּגֶרְמָנִית: jedes der fünf Stockwerke (= כָּל אַחַת מֵחֲמֵשׁ הַקּוֹמוֹת)

Genitivobjekt *{Genitivus objektivus}*

סוֹמֵךְ מֻשָּׂאִי (בלש') [מ״ב/151]. לְוַאי מֻשָּׂאִי, סוֹמֵךְ הַמְּשַׁמֵּשׁ מֻשָּׂא שֶׁל שֵׁם הַפְּעֻלָּה הַקּוֹדֵם לוֹ וְהַנִּמְצָא עִמּוֹ בְּיַחֲסֵי שַׁיָּכוּת, לְמָשָׁל: ״אֵימַת **הַמֶּלֶךְ**״ (= {הֵם} פּוֹחֲדִים מִן הַמֶּלֶךְ)

genitum

נֶהֱוֶה [ק/ג/21]. מִתְהַוֶּה, נַעֲשֶׂה לַהֲוָיָה, - לִמְצִיאוּת, קָם וְהוֹוֶה, הֹוֶה, נוֹלָד

genommen, genau

לַאֲמִתּוֹ שֶׁל דָּבָר [ק/ג/167]. עַל הָעִקָּר, - הָאֱמֶת וְהָעִקָּר, בֶּאֱמֶת, לְפִי הָאֱמֶת, עַל צַד הָאֱמֶת, בְּדִיּוּק, לְמַעֲשֶׂה

Genosse

חָבֵר (חֲבֵרִים) (מ״ח) [א״ח/ג/3]

Genossenschaft

אֲגֻדָּה שִׁתּוּפִית (משפ', כלכ') קוֹאוֹפֶּרָטִיב

Genotyp

תּוֹרַשְׁתּוֹךְ (ביו', פסי', רפו') [ר/א/139]. גֶּנוֹטִיפּ, הַמַּעֲרָךְ הַתּוֹרַשְׁתִּי שֶׁל יְצוּר הַמֵּכִיל גּוֹרְמִים תּוֹרַשְׁתִּיִּים הָעֲשׂוּיִים לַעֲבֹר לַדּוֹרוֹת הַבָּאִים אֲפִלּוּ אֵינָם נִרְאִים בַּתּוֹרַשְׁחוּץ (פֶנוֹטִיפּ) שֶׁל הַיָּחִיד

Genre

סוּגָה (סוּגוֹת) (ספר') [מ״ב/90]. זָ'נְר, סִגְנוֹן סִפְרוּתִי, סוּג שֶׁל יְצִירָה סִפְרוּתִית, כְּגוֹן: סִפּוּר, מַאֲמָר, שִׁיר

Genre definieren, als

סוּגֵג (מְסוּגָג) (ספר') הִגְדִּיר כְּסוּגָה (זָ'נְר)

Gentechnik

הַנְדָּסָה תּוֹרַשְׁתִּית (ביו') הַנְדָּסָה גֶּנֶטִית, מַדָּע הָעוֹסֵק בְּשִׁנּוּיִים מְלָאכוּתִיִּים בַּמַּעֲרָךְ הַתּוֹרַשְׁתִּי שֶׁל יְצוּרִים חַיִּים

Gentianaviolett

סָגֹל עַרְבָּזִי (צבע) סָגֹל גֶּנְצְיָאנִי

Genüge

דַּיּוּת [ק/א/136; ק/ג/175]. עֹשֶׁר, מַה שֶּׁיֵּשׁ בּוֹ דַּי, מַה שֶּׁהוּא מַסְפִּיק לְעַצְמוֹ, כַּמּוּת מַסְפֶּקֶת, שִׁמּוּשׁ מַסְפִּיק. הִסְתַּפְּקוּת עַצְמִית [ק/א/186]. הַסְּפָקָה, הֶעְדֵּר הַצֹּרֶךְ, אִי תְּלוּת כַּלְכָּלִית. סִפּוּק [ק/ג/107]. מִלּוּי צְרָכִים שׁוֹנִים, הִסְתַּפְּקוּת בְּמַה שֶּׁיֵּשׁ

genügen

הִסְתַּפֵּק בְּ.../מִ... [ק/ג/112]. הָיָה דַּי, הָיָה לוֹ מַסְפִּיק מִ..., מָצָא סִפּוּק, סִפֵּק (סוֹפֵק), הִסְפִּיק, קִיֵּם (מְקֻיָּם), מִלֵּא (מְמֻלָּא), עָשָׂה, בִּצַּע (מְבֻצָּע), עָרַךְ, הוֹצִיא לַפֹּעַל

genügend

מַסְפִּיק [ק/ב/226]. מַה שֶּׁיֵּשׁ בּוֹ דַּי וְאֵין צָרִיךְ לְזוּלָתוֹ

Genügsamkeit

הִסְתַּפְּקוּת [ק/א/188]. מִדַּת הַמִּסְתַּפֵּק בְּמַה שֶּׁיֵּשׁ לוֹ. סֶפֶק [ק/ג/111]. מִלּוּי הַצְּרָכִים. **שֹׂבַע נֶפֶשׁ** [ק/ד/71]. הִסְתַּפְּקוּת בִּמְעַט. דַּיּוּת [ק/א/136]. סִפּוּק [ק/ג/107]

genug

דַּי, בְּמִדָּה מַסְפֶּקֶת, סַגִּי, מַסְפִּיק

genug sein, sich selbst ---> selbst genug sein, sich

genug haben von... ---> genügen

Genugtuung

שְׂבִיעוּת רָצוֹן (פסי', מ״ח) מְרַצּוּת, תְּחוּשַׁת סִפּוּק, נַחַת, שְׂבִיעַת רָצוֹן, הֲנָחַת הַדַּעַת, בְּסִימוּת הַדַּעַת, רִצּוּי, קֹרַת רוּחַ, הֲפָקַת רָצוֹן, כִּפּוּר

Genus ---> Gattung

Genus proximum ---> Gattung, nächsthöhere

Genuß

הֲנָאָה, הֲנָיָה

Genuß bereiten

הֶהֱנָה (מַהֲנֶה), הִנָּה (מְהַנֶּה), גָּרַם הֲנָאָה

Genußaktie

מְנָיָה נוֹשֵׂאת גְּזִירֶוַח (כלכ') מְנָיָה נוֹשֵׂאת דִּיבִידֶנְדָּה

Genußmittel

אֶמְצָעֵי הֲנָאָה

Genußsucht

זוֹלְלוּת [ק/א/254]. מִדַּת הַזּוֹלֵל, הַלָּהוּט אַחַר רִבּוּי הָאֲכִילָה. פְּרִיצוּת וּשְׁטִיפָה בְּתַאֲווֹת

geodätisches Instrument ---> Instrument, geodätisches

Geographie

תַּאֲרָצָה (י״א) [מר״ח/319]. גֵּאוֹגְרַפְיָה, יְדִיעַת הָאָרֶץ

Geograph(in)

תַּאֲרָצָן, תַּאֲרָצָנִית (י״א) גֵּאוֹגְרָף

geographisch

תַּאֲרָצִי (י״א) גֵּאוֹגְרָפִי

Geologe

תַּאֲדָמָן (גאו') גֵּאוֹלוֹג

Geologie

תַּאֲדָמָה (גאו') [מר״ח/319]. גֵּאוֹלוֹגְיָה

geologisch

תַּאֲדָמִי (גאו') גֵּאוֹלוֹגִי

Geomantie

חָכְמַת הֶעָפָר (אנת', דת) [ק/א/298; ק/ב/302]. חָכְמַת הַחוֹל, - גּוֹרָלוֹת בֶּעָפָר, - גּוֹרַל הַחוֹל, מְלֶאכֶת מִשְׁפְּטֵי הַגּוֹרָל, - הַקַּו, - הַנְּקֻדּוֹת

geomantische Figur ---> Figur, geomantische

Geometer

מוֹדֵד (מוֹדְדִים) (הנד', מתמ') [ק/א/181; ק/ב/158]. מְהַנְדֵּס (מְהַנְדְּסִים), בַּעַל חָכְמַת הַהַנְדָּסָה, מְהַנְדֵּס מְדִידָה. בַּעַל הַמְּדִידָה (מתמ') [ק/א/92]. הַנְדָּסִי (מתמ') [ק/א/181]. חָכָם בְּהַנְדָּסָה. מְהַנְדְּסִי (מתמ') [ק/ב/158].

מְשָׁעֵר (מחמ') [ק/ב/298]. בַּעַל חָכְמַת הַשִּׁעוּר. תִּשְׁבָּרִי (מחמ') [ק/ד/219]. חָכָם בְּחָכְמַת הַתִּשְׁבֹּרֶת

Geometrie
הַנְדָּסָה (מחמ') [ק/א/295,181]. גֵּאוֹמֶטְרִיָּה, חָכְמַת מִדַּת הַשִּׁעוּרִים שֶׁל הַקַּו, הַשֶּׁטַח וְהַגּוּף. הֶנְדֵּס (מחמ') [ק/א/181]. חָכְמַת הַתִּשְׁבֹּרֶת (מחמ') [ק/א/295; ק/ב/147; ק/ד/219]. חָכְמַת הַמִּדּוֹת, - הַמִּדָּה וְהַמִּשְׁקָל, - הַשִּׁעוּרִים, - (דַּעַת) הַטְּפָחוֹת. חָכְמַת הַשִּׁעוּר (מחמ') [ק/א/299; ק/ד/144]. יְדִיעַת הַמֶּרְחַקִּים [ק/ב/28]. חָכְמַת הַמְּדִידָה, מְלֶאכֶת הַמְּדִידָה (מחמ') [ק/ב/149]. מְשִׁיחָה (מחמ') [ק/ב/292]. מְדִידַת הָאָרֶץ. חָכְמַת הַתְּכוּנָה (מחמ') [ק/ד/195]. תִּשְׁבֹּרֶת (מחמ') [ק/ד/218]. תַּמְשׁוּחָה (מחמ') [מר"ח/320]

geometrisch
הַנְדָּסִי (מחמ') [ק/א/181]. גֵּאוֹמֶטְרִי. מְדִידִי (מחמ') [ק/ב/149]. שֶׁל מְדִידָה. תִּשְׁבָּרִי (מחמ') [ק/ד/219], תַּמְשׁוּחִי

geometrische Figur ---> Figur, geometrische
geometrische Progression ---> Progression, geometrische
geometrische Proportion ---> Proportion, geometrische
geometrischer Körper ---> Körper, geometrischer
geometrisches Mittel ---> Mittel, geometrisches
geometrisches Verhältnis ---> Proportion, geometrische
geordnet
מְסֻדָּר [ק/ב/222]. עָרוּךְ בְּסֵדֶר, מְתֻקָּן, סָדוּר
Georgine ---> Dahlie

Geotechnik
הַנְדָּסַת קַרְקַע (גאו', טכנ') גֵּאוֹטֶכְנִיקָה
gepaart
עֲמוּת [ק/ג/143]. חָבוּר, זָווּג, מְזֻוָּג, מְחֻבָּר, מְקֻשָּׁר, קָשׁוּר, מְצֹרָף
Gepäck
מִזְוָד, מִטְעָן חֲפָצִים שֶׁלּוֹקְחִים לַדֶּרֶךְ
Gepard *{Acinonyx jubatus}*
בַּרְדְּלָס (זוא') יוֹנֵק מִמִּשְׁפַּחַת הַחֲתוּלִיִּים
gepeinigt
סָגוּף, מְסֻגָּף, סָכוּף, מְעֻנֶּה
gepflasterte Fläche ---> Fläche, gepflasterte
Gepräge
הִתְרַשְּׁמוּת (פסי', פיל') [ק/א/247]. קִבּוּל צוּרָה קְבוּעָה. פִּתּוּחַ (פסי', פיל') [ק/ג/221]. גִּלּוּף, חֲרִיתָה, חֲקִיקָה
gepriesen
מְהֻלָּל, מְקֻלָּס, בָּרוּךְ
gerade ---> geradlinig
Gerade, ideale
יָשָׁר בָּאֵינְסוֹף (מחמ') יְשַׁר אֵינְסוֹף
Gerade, unendlich ferne ---> Gerade, ideale

gerade Bewegung ---> Bewegung, gerade
gerade Linie ---> Linie, gerade
gerade Richtung ---> Richtung, gerade
gerade und ungerade Zahl ---> Zahl, gerade und ungerade
gerade Zahl ---> Zahl, gerade
gerade(n) Zahl, Eigenschaft der ---> Zahl, Eigenschaft der geraden
gerader Fall ---> Nominativ
Geradheit
יַשְׁרוּת (מחמ')
geradlinig [---> linear]
יָשָׁר (מחמ') [ק/ב/57]. יְשָׁרִי, יָשִׁיר, בִּלְתִּי עָקוֹם. נָכֹחַ [ק/ג/35]. נָכוֹן
Geräusch
רַעַשׁ (רְעָשִׁים) (פיס') [ק/ג/290]. קַעְקוּעַ, שָׁאוֹן, קַרְקוּר, הֲמֻלָּה, אִוְשָׁה, רִשְׁרוּשׁ קַל
Geräusch, systolisches
אִוְשַׁת חֶבֶץ (רפו') אִוְשָׁה סִיסְטוֹלִית, - חַבְצִית
Geräuschkonsonant ---> Geräuschlaut
Geräuschlaut *{Obstruent}*
הֶגֶה חוֹסֵם (בלש') [מ"ב/152]. עִצּוּר הַמֵּפָק בַּעֲצִירָה חֶלְקִית אוֹ מְלֵאָה שֶׁל הָאֲוִיר הַנִּנְשָׁף, כְּגוֹן: j, c, s, f
geraubtes Gut ---> Gut, geraubtes
gerben
בֵּרֵס (מְבָרֵס) (טכנ') [מר"ח/658]. דִּבֵּעַ (מְדַבֵּעַ), בִּרְסֵק (מְבַרְסֵק), עִבֵּד עוֹרוֹת בְּבֶרֶס (טָנִין), עִפֵּץ
Gerber
בּוּרְסִי (בּוּרְסִים) (מלא') [א"ח/ב/259]. בּוּרְסְקָאִי (בּוּרְסְקָאִים), מְעַבֵּד עוֹרוֹת
Gerberei
בֻּרְסְקִיָּה (מלא') [מר"ח/658]. מִדְבָּעָה, בֻּרְסְקִי, בֵּית מְלָאכָה לְעִבּוּד עוֹרוֹת
Gerbersumach *{Rhus coriaria}*
אוֹג הַבּוּרְסְקָאִים (בוט') צֶמַח מִמִּשְׁפַּחַת הָאַלָּתִיִּים
Gerbsäure *{Tannin}*
בֶּרֶס (טכנ') [מר"ח/658]. דֶּבַע, דִּבְעוֹן, חֹמֶר לְעִבּוּד עוֹרוֹת, טָנִין
Gerbstahl
פְּלָדָה צְרוּפָה (טכנ')
Gerbung
בֵּרוּס (טכנ') [מר"ח/658]. דִּבּוּעַ, עִבּוּד עוֹרוֹת בְּבֶרֶס (טָנִין), עִפּוּץ, בִּרְסוּק
Gerechte(r)
צַדִּיק (צַדִּיקִים) (אתי', דת) [ק/ב/57]. יַשְׁרָן, אָדָם הַנּוֹהֵג בְּמִדַּת הַיֹּשֶׁר, מִי שֶׁעוֹשֶׂה צֶדֶק
gerechterweise ---> verdientermaßen
Gerechtigkeit
צֶדֶק (אתי') [ק/ג/228]. דִּין, שׁוּרַת הַדִּין, אִי מַשּׂוֹא פָּנִים, מִדַּת הַדִּין, טֹהַר הַמִּדּוֹת, דִּין אֱמֶת. יֹשֶׁר (אתי') [ק/ב/57,56]. יְשָׁרָה, כֵּנוּת. יַשְׁרוּת, יַשְׁרָנוּת (אתי') [ק/ב/57]
Geriatrie
זִקְנָאוּת (רפו') [מר"ח/320]. גֶּרִיאַטְרִיקָה, רְפוּאַת הַזִּקְנָה
Gericht
חֶבֶר הַשּׁוֹפְטִים (משפ') בֵּית מִשְׁפָּט, - דִּין.

תַּבְשִׁיל (תַּבְשִׁילִים) (חזו׳) [א״ח/א/122]
Gericht(s), Anordnung des ---> Verfügung, gerichtliche
Gericht, gekochtes
מַעֲשֵׂה קְדֵרָה (חזו׳) [א״ח/א/106]. מַאֲכָל מְבֻשָּׁל
Gericht(s), Mißachtung des
בִּזָּיוֹן בֵּית הַמִּשְׁפָּט (משפ׳)
Gericht, Verweisung an ein anderes
שִׁנּוּי מְקוֹם הַשִּׁפּוּט (משפ׳)
Gericht belangen, jemanden vor ---> gerichtlich vorgehen, gegen jemanden
Gericht erster Instanz
עַרְכָּאָה רִאשׁוֹנָה (משפ׳) בֵּית מִשְׁפַּט הַשָּׁלוֹם
Gericht streitend, vor ---> prozeßführend
Gericht sitzen, zu
יָשַׁב (יוֹשֵׁב) בְּדִין (משפ׳)
Gericht zweiter Instanz
עַרְכָּאָה שְׁנִיָּה (משפ׳) בֵּית מִשְׁפָּט מְחוֹזִי
gerichtet
מְכֻוָּן
gerichtete Aufmerksamkeit ---> Aufmerksamkeit, gerichtete
gerichtlich vorgehen, gegen jemanden
הִתְדַּיֵּן נֶגֶד (משפ׳) הִגִּישׁ תְּבִיעָה נֶגֶד, תָּבַע (תּוֹבֵעַ) לְדִין אֶת...
gerichtliche Todeserklärung ---> Todeserklärung, gerichtliche
gerichtliche Verfügung ---> Verfügung, gerichtliche
gerichtlicher Zwangsverwalter ---> Konkursverwalter
gerichtliches Verfahren ---> Gerichtsverfahren
Gerichtsbarkeit
סַמְכוּת שִׁפּוּטִית (משפ׳)
Gerichtsbefehl
צַו בֵּית הַמִּשְׁפָּט (משפ׳)
Gerichtsbeschluß auf Einsetzung eines Zwangsverwalters ---> Beschlagnahmeverfügung
Gerichtsdiener ---> Gerichtsvollzieher
Gerichtsentscheidung
פְּסִיקָה (משפ׳)
Gerichtsferien
פַּגְרַת בָּתֵּי הַמִּשְׁפָּט (משפ׳)
Gerichtshof, oberster
בֵּית הַמִּשְׁפָּט הָעֶלְיוֹן (משפ׳)
Gerichtsinstanz ---> Instanz
Gerichtsmedizin
רְפוּאָה מִשְׁפָּטִית (משפ׳, רפו׳)
Gerichtsstand
מְקוֹם הַשִּׁפּוּט (משפ׳)
Gerichtsurteil ---> Gerichtsentscheidung
Gerichtsverfahren
הֲלִיךְ שִׁפּוּטִי (משפ׳) הֲלִיךְ מִשְׁפָּטִי, פְּרוֹצֶדוּרָה מִשְׁפָּטִית
Gerichtsverhandlung, in öffentlicher
בִּדְלָתַיִם פְּתוּחוֹת (משפ׳)
Gerichtsvollzieher
שְׁלִיחַ בֵּית דִּין (משפ׳)
Gerichtsvorsitzender
אַב בֵּית דִּין (משפ׳)
geriefelt [---> gerippt]
מְחֹרָץ
gering [---> minor]
מְעַט [ק/ב/233]. מְעַטִּי, מִזְעָרִי, קְצָת, מְבֻטָּל, מוּעָט, קַל, מָעוּט, מִצְעָר
geringfügig
זָעוּם [א״ח/א/202]. בָּזוּי, נְטוּל עֵרֶךְ, קַל וּמוּעָט
Geringfügigkeit
זְעִימוּת [ק/א/266]. זְעִירוּת, קַטְנוּת, שִׁפְלוּת, זִלּוּת, נִקְלוּת, הִתְפַּעֲטוּת, נִפְסָדוּת
geringschätzen
זִלְזֵל בְּ... [ק/ג/185]. פִּחֵת (מְפַחֵת), הֵקֵל בִּכְבוֹדוֹ שֶׁל..., הִגְדִּיל עַל...
gerinnbar
קָרִישׁ, נִקְרָשׁ (רפו׳)
Gerinnbarkeit
קְרִישׁוּת (רפו׳)
Gerinne
מִתְעָל (היד׳)
gerinnen *{koagulieren}*
הִקְרִישׁ (מַקְרִישׁ) (רפו׳) הִתְקָרֵשׁ, עִבְטֵט, הִתְעַבְטֵט, נִקְרַשׁ (נִקְרָשׁ), קָרַשׁ
Gerinnung *{Koagulation}*
קְרוּשׁ (רפו׳) קוֹאָגוּלַצְיָה, קְרִישָׁה
Gerinnungsfaktor *{Koagulans}*
מַקְרֵשׁ (מַקְרְשִׁים) (רפו׳)
Gerinnungshemmer *{Antikoagulans}*
נוֹגֵד קְרִישָׁה (נוֹגְדֵי קְרִישָׁה) (רפו׳)
gerippt [---> geriefelt]
צַלְעוֹנִי [י״א/364]. מָרוּג, מְרוּגָה, מְחֻסְפָּס, שֶׁיֵּשׁ עָלָיו בְּלִיטוֹת אֲרֻכּוֹת כְּעֵין קְשָׁתוֹת
gern(e)
בְּחֵפֶץ לֵב, בְּרָצוֹן
gern haben
חִבֵּב (מְחַבֵּב), אָהַד (אוֹהֵד), הָגָה חִבָּה לְ...
Geröllablagerung
שְׁפֹכֶת (היד׳, גאו׳) חֹמֶר שְׁפִיעַ, - שֶׁאֵינוֹ מֵסֵעַ מַיִם
geröstete Getreidekörner ---> Getreidekörner, geröstete
Gerste *{Hordeum}*
שְׂעוֹרָה (שְׂעוֹרִים) (בוט׳, חקל׳) [א״ח/א/100]. צֶמַח מִמִּשְׁפַּחַת הַדְּגָנִיִּים
Gerstengrütze
דַּיְסַת שְׂעוֹרִים (חזו׳) [א״ח/א/95]. עֲרִסָן, תַּבְשִׁיל שֶׁל גְּרִיסֵי שְׂעוֹרָה
Gerstenkorn
שְׂעוֹרָה (רפו׳) מֻרְסָה עַל שְׂפַת הָעַפְעַף
Geruch
רֵיחַ (רֵיחוֹת) (רפו׳)
Geruch betreffend, den
רֵיחִי (רפו׳) שֶׁל הָרֵיחַ
Geruchssinn

חוּשׁ הָרֵיחַ (רפוּ׳) [ק/ד/39]. רֵיחַ, חוּשׁ הַהֲרָחָה, אֶחָד מֵחֲמֵשֶׁת הַחוּשִׁים

Geruchssinn, ohne

תִּתֵּר, תִּתֶּרֶת (רפוּ׳) תַּתְרָנִי, תַּתְרָן, חֲסַר חוּשׁ הָרֵיחַ

Geruchssinnmangel ---> Geruchssinn(s), Verlust des

Geruchssinn(s), Verlust des

תִּתְרוּת (רפוּ׳) [ק/ד/221; מר״ח/51]. תַּתְּרוּת, תַּתְרָנוּת, חֹסֶר חוּשׁ הָרֵיחַ, סִתּוּם הַנְּחִירַיִם

geruchtilgendes Mittel ---> Deodorant

Gerüst

צַלְעָה (צַלְעוֹת), מִסְגֶּרֶת (מִסְגָּרוֹת)

Gerundium *{Verbalsubstantiv}*

שֵׁם פְּעֻלָּה (בלשׁ׳) [מ״ב/91]. שֵׁם עֶצֶם שֶׁנִּגְזַר מִן הַפֹּעַל, לְמָשָׁל: ״קְרִיאָה״, ״שְׁמִיעָה״. בְּגֶרְמָנִית: Lesen, Hören

Gerundivum *{Verbaladjektiv}*

שֵׁם פֹּעַל (בלשׁ׳) [ק/ד/128; מ״ב/91]. שֵׁם תּוֹפֵשׂ, בְּעִבְרִית: צוּרַת מָקוֹר נִסְמָךְ, כְּגוֹן: ״לְתִפְאֶר״, ״לְהַקְלֵט״. בְּגֶרְמָנִית: ein lobenswerter Mann (= ein Mann, der zu loben ist). שֵׁם הַמָּקוֹר (בלשׁ׳) [ק/ד/127]

Ges

סוֹל נָחֵת (מוּס׳) סוֹל בֶּמוֹל

Gesäß ---> Hinterbacke(n); Sitzbein

gesättigt

רָווּי, מְרֻוֶּה, רָוֶה

gesäuertes Brot ---> Brot, gesäuertes

gesalzen

מָלוּחַ , מַאֲכָל מְתֻבָּל בְּהַרְבֵּה מֶלַח

gesammelt

מִתְקַבֵּץ [ק/ב/327]. מִתְכַּנֵּס, נֶאֱסָף

gesammelte Werke ---> Werke, gesammelte

Gesamtarbeiter

פּוֹעֵל כּוֹלֵל (מ״ח, כלכ׳) עוֹבֵד כּוֹלֵל

Gesamtes

מִקְבָּץ [ק/ב/264]. כְּלַל הָעִנְיָנִים

Gesamteffekt ---> Gesamtwirkung

Gesamtheit

כְּלָל (פיל׳) [ק/ב/91]. כָּל הַפְּרָטִים יַחַד, סַךְ הַכֹּל, צִבּוּר, חֶבְרָה שְׁלֵמָה. כְּלָלוּת (פיל׳) [ק/ב/92]. חִבּוּר [ק/א/269]. קִבּוּץ דְּבָרִים רַבִּים

Gesamtkapital

הַהוֹן הַכּוֹלֵל, כְּלַל הַהוֹן (מ״ח, כלכ׳)

Gesamtmaß

מִדָּה כּוֹלֶלֶת

Gesamtmasse

כַּמּוּת כּוֹלֶלֶת

Gesamtprodukt

תְּפוּקָה (חֶבְרָתִית) כּוֹלֶלֶת (מ״ח, כלכ׳) סְכוּם כָּל הַנְּכָסִים הַחָמְרִיִּים וְהַשֵּׁרוּתִים הַנּוֹצָרִים עַל יְדֵי הַחֶבְרָה בְּפֶרֶק זְמַן מְסֻיָּם (בְּדֶרֶךְ כְּלָל שָׁנָה)

Gesamtprozeß

תַּהֲלִיךְ כּוֹלֵל

Gesamtquantum ---> Gesamtmasse

Gesamtsumme

סְכוּם כּוֹלֵל (מחמ׳) סְכוּם הַכּוֹלֵל

Gesamtumschlag

מַחֲלוּף כּוֹלֵל (מ״ח, כלכ׳) מַחֲזוֹר כּוֹלֵל

Gesamtwerk *{Oeuvre}*

יְצוּרָה (יְצוּרוֹת) (אמנ׳, ספר׳) [ממ״ג/169]. מִכְלוֹל הַיְּצִירוֹת שֶׁל אָדָם בְּשֶׁטַח הָאָמָּנוּת, הַסִּפְרוּת וכד׳

Gesamtwirkung

הַשְׁפָּעָה כּוֹלֶלֶת (מ״ח) [מ״מ/212]. הַהַשְׁפָּעָה הַיְּשִׁירָה וְהַבִּלְתִּי יְשִׁירָה שֶׁל מִשְׁתַּנֶּה אֶחָד עַל מִשְׁתַּנִּים אֲחֵרִים בְּדֶגֶם סִבָּתִי

Gesandter ---> Bote

Gesandter, päpstlicher *{Legat}*

שְׁלִיחַ הָאַפִּיפְיוֹר (מדי׳, דת)

Gesang

זֶמֶר (זְמָרִים) (מוּס׳) מִזְמוֹר, זְמִירָה, שִׁיר, זִמְרָה, רִנּוּן

Geschäft [---> Geschäfte]

עִסְקָה (עִסְקוֹת) (כלכ׳) טְרַנְסַאקְצְיָה, עֵסֶק

Geschäftchen

עִסְקֹנֶת (עִסְקוֹנוֹת) (כלכ׳) עִסְקָה קְטַנָּה

Geschäftchenmachen

עֲשִׂיַּת עִסְקוֹנוֹת (כלכ׳)

Geschäfte [---> Geschäft]

עֲסָקִים (כלכ׳) עִסְקֵי מַמָּשׁ, פְּעִילוּת כַּלְכָּלִית

Geschäftsgang, im gewöhnlichen

בְּמַהֲלַךְ הָעֲסָקִים הָרָגִיל (כלכ׳)

Geschäftskapital ---> Betriebskapital

Geschäftslokal ---> Geschäftsräume

geschäftsmäßig

מִקְצוֹעִי, בְּדֶרֶךְ שֶׁל מִקְצוֹעַ

Geschäftsräume

מְקוֹם הָעֲסָקִים (כלכ׳, משפ׳)

Geschäftsumsatz

הֶקֵּף הַסַּחַר (כלכ׳) מַחֲזוֹר הָעֲסָקִים, סִכּוּם הַפְּעִילוּת הַמִּסְחָרִית שֶׁל עֵסֶק בְּמֶשֶׁךְ זְמַן מְסֻיָּם, חִלּוּף

Geschäftsvertrag

שְׁטַר עִסְקָה (כלכ׳, משפ׳) [א״ח/ג/189]

Geschäftszeit

זְמַן עִסּוּק (כלכ׳)

Geschäftszentrum

מֶרְכַּז עֲסָקִים (כלכ׳)

Geschäftszyklus

מַעְגַּל עִסְקִי (כלכ׳)

Geschaffenes

נוֹצָר [ק/ג/174]. עָשׂוּי, שֶׁנַּעֲשָׂה, פְּעֻלָּה, יְצִירָה, בְּרִיאָה, עֲשִׂיַּת דָּבָר חָדָשׁ, מִפְעָל. פָּעוּל [ק/ג/197]. תּוֹצָר, מוּצָר, תּוֹצֶרֶת, פֹּעַל

geschaffene Natur ---> Natur, geschaffene

geschaffene Ursache ---> Ursache, geschaffene

Geschehen

הִתְרַחֲשׁוּת, הַמִּתְרַחֵשׁ

Geschichte ---> Erzählung

geschichtet [---> stratiform]

רָבוּד (גאו׳) נִרְבָּד, מְרֻבָּד, עָרוּךְ רֹבֶד עַל גַּבֵּי רֹבֶד

geschichtete Stichprobe ---> Stichprobe, geschichtete

geschichtete Stichprobe, proportional
---> Stichprobe, proportional geschichtete
geschichtete Zufallsauswahl ---> Zufallsauswahl, geschichtete
Geschick
מַזָּל (אסט', אנת') [ק/ב/174]. כֹּחוֹת הַגַּלְגַּלִּים וְהַכּוֹכָבִים הַמַּשְׁפִּיעִים לְדַעַת הַקַּדְמוֹנִים עַל הָאָרֶץ וְיוֹשְׁבֶיהָ. גּוֹרַל הָאָדָם וּמְאֹרְעוֹת חַיָּיו. הִתְמַחוּת, הִתְאַמְּנוּת (אמנ', מלא')
Geschicklichkeit ---> Gewandtheit
geschickt ---> gewandt
Geschiebe ---> Schwebestoffe
Geschiebeführung ---> Geschiebmenge
Geschiebmenge
סְפִיקַת הַסַּחֹפֶת (היד') סְפִיקַת הַטְּעֹנֶת
geschiedene Frau ---> Frau, geschiedene
Geschirr
רִתְמָה (חקל', ספו')
Geschirr(s), Kopfstück des
בֵּיר'אשׁ (חקל', ספו')
Geschlecht [---> Geschlecht, grammatisches]
זְוִיג (זְוִיגִים) (ביו') מִין (מִינִים), מְצַיֵּן אֶת הַהֶבְדֵּלִים הַתַּחְיוּאִיִּים (בִּיּוֹלוֹגִיִּים) שֶׁבֵּין זָכָר לִנְקֵבָה בְּעוֹלָם הַחַי וְהַצּוֹמֵחַ. מִגְדָּר (מ"ח) מְצַיֵּן אֶת הַהֶבְדֵּלִים הַחֶבְרָתִיִּים וְהַתַּרְבּוּתִיִּים שֶׁבֵּין נָשִׁים לִגְבָרִים
Geschlecht, doppeltes
שֵׁם עֶצֶם מִמִּין מְשֻׁתָּף (בלש') [מ"ב/73]. שֵׁם עֶצֶם שֶׁמִּינוֹ הַדִּקְדּוּקִי יָכוֹל לִהְיוֹת הֵן זָכָר וְהֵן נְקֵבָה, לְמָשָׁל: "רוּחַ", "אֵשׁ"
Geschlecht, grammatisches *{Genus}*
מִין (בלש') [ק/א/108; מ"ב/93;88]. גּוּף, מִין דִּקְדּוּקִי, גִּבְלָה (קָטֵגוֹרְיָה) דִּקְדּוּקִית הַמְּחַלֶּקֶת לְזָכָר וּנְקֵבָה בְּעִבְרִית. בִּלְשׁוֹנוֹת אֲחֵרוֹת וְגֶרְמָנִית בִּכְלָלָן יֵשׁ מִין דִּקְדּוּקִי אָדִישׁ (נֵיטְרָלִי). הַמִּין הַדִּקְדּוּקִי אֵינוֹ מַתְנֶה בַּמִּין הַטִּבְעִי, לְמָשָׁל: "אֶרֶץ" (נְקֵבָה), "עוֹלָם" (זָכָר)
Geschlecht, sächliches ---> Neutrum
Geschlecht, schwankendes
טִשְׁטוּשׁ הַהֶבְדֵּל בַּמִּין (בלש') [מ"ב/72]. בִּטּוּל הַהֶבְדֵּל הַצּוּרָאִי (מוֹרְפוֹלוֹגִי) בֵּין הַמִּינִים, לְמָשָׁל: "הַנָּשִׁים יִפְעֲלוּ" (בִּמְקוֹם: "הַנָּשִׁים תִּפְעַלְנָה")
Geschlecht, weibliches ---> Femininum
Geschlechterkunde ---> Genealogie
Geschlechtsakt ---> Geschlechtsverkehr
Geschlechtschromosom
מִנְיוֹן הַזְּוִיג (ביו') מִנְיוֹן הַמִּין, כְּרוֹמוֹזוֹם הַמִּין
Geschlechtslust ---> Erotik

Geschlechtslust, Störung der
צִנְּנוּת (פסי', רפו') הַפְרָעָה זְוִיגִית, - מִינִית, הִתְקָרְרוּת יֵצֶר הַמִּין
Geschlechtslust verlieren
צָנַן (צוֹנֵן) (פסי', רפו') צַן, נִצּוֹן, נִתְקָרְרָה תַּאֲוָתוֹ הַזְּוִיגִית (מִינִית), הוּצַן (מוּצָן)
Geschlechtslust hemmendes Mittel
מְיַצֵּן (פסי', רפו') [מר"ח/39]. חֹמֶר הַמְּצַנֵּן אֶת הַתַּאֲוָה הַזְּוִיגִית (מִינִית)

Geschlechtsmerkmalunterentwicklung
---> Hypogenitalismus
geschlechtsmerkmalunterentwickelt
---> hypogenital
Geschlechtsorgane ---> Genitalien
Geschlechtsregister
סֵפֶר יוּחֲסִין (משפ', הסט') [א"ח/ב/9]. מְגִלַּת יוּחֲסִין שֶׁרְשׁוּמִים בָּהּ דּוֹרוֹת הַמִּשְׁפָּחָה
geschlechtsreif
בָּגִיר (רפו') כְּשַׁר מִשְׁגָּל, בַּר חִתּוּן, בּוֹגֵר
Geschlechtsteile, äußere weibliche
---> Vulva
Geschlechtstrieb ---> Libido sexualis
Geschlechtstrieb, übermäßiger ---> Aphrodisie
Geschlechtstrieb anregendes Mittel, den
---> Aphrodisiakum
Geschlechtsverkehr
יַחֲסֵי מִין (פסי', רפו') [א"ח/ב/35]. בִּיאָה, מַגָּע מִינִי, - זְוִיגִי, בְּעִילָה, מִשְׁגָּל, הִזְדַּוְּגוּת, תַּשְׁמִישׁ, - הַמִּטָּה, הִשְׁתַּגְּלוּת, מִשְׁכָּב (מִשְׁכָּבִים), זִיּוּן, הִזְדַּיְּנוּת
Geschlechtsverkehr, häufig wechselnder
---> Promiskuität
Geschlechtsverkehr haben
קִיֵּם יַחֲסֵי מִין (פסי', רפו') קִיֵּם מַגָּע זְוִיגִי, שִׁגֵּל (מְשַׁגֵּל), בָּעַל (בּוֹעֵל), הִזְדַּוֵּג, בָּא בְּמַגָּע מִינִי, רָבַע (רוֹבֵעַ), זִיֵּן, הִזְדַּיֵּן, שִׁמֵּשׁ (מְשַׁמֵּשׁ) מִטָּתוֹ
Geschlechtsverkehr mit Tieren
בְּעוֹרִיּוּת (פסי') [מר"ח/96]. מִשְׁכַּב בְּהֵמָה
Geschlechtswechsel ---> Geschlecht, schwankendes
Geschlechtswort ---> Artikel
Geschlechtswünsche, präpubertäre ---> Paradoxia sexualis
geschlossene Form ---> Form, geschlossene
geschlossene Frage ---> Frage, geschlossene
geschlossene Klasse ---> Klasse, geschlossene
geschlossene Silbe ---> Silbe, geschlossene
Geschlossene-Welt-Annahme ---> Annahme, Geschlossene-Welt-
geschlossener Vokal ---> Vokal, gespannter; Vokal, enger
Geschlossenheit
סְגִירוּת (פסי') סִגּוּר
Geschlossenheit, Gesetz der
חֹק הַסִּגּוּר (פסי') [ר/ב/454]. חֹק הַסְּגִירָה הַמַּנִּיחַ נְטִיָּה מִלֵּדָה לִתְפֹּס מַשָּׂאִים לֹא מֻשְׁלָמִים כִּמְשֻׁלָּמִים
Geschmack
טַעַם (פסי', רפו') [ק/ב/18]. מַה שֶּׁאָדָם טוֹעֵם בְּחִכּוֹ. הַרְגָּשָׁה, נְטִיַּת הַלֵּב
Geschmack, perverser ---> Appetit, absonderlicher
Geschmack, zusammenziehender

קְבִיצוּת (רפו') [ק/ג/261]. כְּוִיצוּת, חֲמַצְמְרוּת, חֲמַצְמַצּוּת מְרִירָה

Geschmack betreffend, den

שֶׁל טַעַם, טַעֲמִי

Geschmack der Sinne

טַעַם הַחוּשִׁים (אסת', פסי')

Geschmackssinn

טְעֹמֶת (פסי', רפו') [ק/ב/18]. טְעִימָה, חוּשׁ הַטַּעַם. טַעַם (פסי', רפו') [ק/ב/18]. מַה שֶּׁאָדָם טוֹעֵם בְּחִכּוֹ

Geschmackstörung *{Dysgeusia}*

הַפְרָעַת טַעַם (רפו', פסי') [ר/א/162]. פֶּרַע טַעַם, לִקּוּי בְּחוּשׁ הַטַּעַם

Geschmacksurteil

מִשְׁפַּט הַטַּעַם (אסת')

Geschmacksverlust

אַלְטַעַם (רפו', פסי') [ר/א/58]. חֹסֶר חֶלְקִי אוֹ מָלֵא שֶׁל חוּשׁ הַטַּעַם, עִוָּעוֹן הַטַּעַם

Geschmatze ---> Kauen, geräuschvolles

Geschmeidigkeit

גְּמִישׁוּת [ק/ד/48]. רִפְיוֹן, קְפִיצִיּוּת

Geschmeiß

שֶׁרֶץ (שְׁרָצִים) (זוא', אנת') [א"ח/ב/235]. בַּעַל חַיִּים קָטָן הַמִּתְנוֹעֵעַ וְזוֹחֵל בַּיַּבָּשָׁה אוֹ בַּמַּיִם

Geschmetter ---> Schmettern

Geschnatter

גִּעוּג (זוא')

geschockt

הָלוּם (רפו', פסי') מְנֻזָּע, מֻכֵּה הֶלֶם, הָמוּם

Geschöpf

יְצִיר (יְצִירִים) (פיל', מ"ט) [ק/ב/46]. יְצִירָה, יְצוּר, בְּרִיָּה. הֲוָיָה, הֲוָיוֹת (פיל', מ"ט) [ק/א/162]. נִמְצָא וּבָרוּא

geschöpftes Papier ---> Büttenpapier

Geschoß

קָלִיעַ (קְלִיעִים) (פיס', צבא) קֶלַע (קְלָעִים), טִיל, אֶבֶן בָּלִיסְטְרָה

geschraubt

מְעֻשֶּׂה, מְלָאכוּתִי, בִּלְתִּי טִבְעִי

geschwänzt

מְזֻנָּב, שׁוֹלֵחַ זָנָב

Geschwätz

פִּטְפּוּט, לַהַג, גְּלָג

geschwind

נֶחְפָּז [ק/ג/27]. נָחוּץ, בָּהוּל, רָהוּט, מָהִיר, זָרִיז

Geschwindigkeit

מְהִירוּת (פיס') [ק/ב/156]. שִׁעוּר הַמֶּרְחָק שֶׁעוֹבְרִים אוֹתוֹ בְּמֶשֶׁךְ זְמַן קָצוּב, קֶצֶב. מְרוֹץ (פיס') [ק/ב/277]. שִׁעוּר הַתְּנוּעָה בְּכִוּוּן מְסֻיָּם הַמֻּגְדָּר כְּשִׁנּוּי מְקוֹמוֹ שֶׁל גּוּף עִם הַזְּמַן. רְהִיטָה (פיס') [ק/ד/25]

Geschwindigkeit, mittlere

מְהִירוּת מְמֻצַּעַת (אסט') [ק/א/57]. מַהֲלָךְ אֶמְצָעִי, הַמְּהִירוּת הַמְּמֻצַּעַת שֶׁל סִבּוּב הַשֶּׁמֶשׁ אוֹ הַיָּרֵחַ בְּמַסְלוּלָם. מַהֲלָךְ שָׁוֶה (אסט') [ק/ד/78]

Geschwindigkeitshöhe

עֹמֶד הַמְּהִירוּת (פיס')

Geschwister

אַחַאי (אַחָאִים) (מ"ח, פסי') [ר/א/30]. אֶחָד מִשְּׁנֵי צֶאֱצָאִים אוֹ יוֹתֵר בְּמִשְׁפָּחָה (אָח, אָחוֹת). אַחְאָח (אַחְאַחִים) (מ"ח, פסי') [מר"ח/614]. יוֹאָח (יוֹאַחִים), יוֹאָחוֹת (יוֹאָחִיּוֹת)

Geschwollensein *{Turgesenz}* **[---> Anschwellung]**

יְרִימוּת (רפו') [מר"ח/685]. תְּפִיחַת רְקָמוֹת עֵקֶב קְלִיטַת נוֹזְלִים

Geschworene(r)

מֻשְׁבָּע, מֻשְׁבַּעַת (משפ') מִי שֶׁנִּבְחַר לְחָבֵר מֻשְׁבָּעִים

Geschworenen

חֶבֶר הַמֻּשְׁבָּעִים (משפ')

Geschworenen, Spruch der ---> Wahrspruch

Geschwür *{Ulkus}*

כִּיב (כִּיבִים) (רפו') [מר"ח/687]. גָּרַח (גְּרָחִים), אוּלְקוּס

Geschwür, venerischer ---> Schanker

Geschwürbildung *{Ulzeration}*

כִּיּוּב, הִתְכַּיְּבוּת (רפו') [מר"ח/687]. גֵּרוּחַ, הִתְגָּרְחוּת, תַּהֲלִיךְ הִתְפַּתְּחוּת כִּיב, הִוָּצְרוּת כִּיב (אוּלְקוּס)

geschwürig werden *{ulzerieren}*

כִּיֵּב (מְכַיֵּב), הִתְכַּיֵּב (רפו') גֵּרַח (מְגָרֵחַ), הִתְגָּרֵחַ (מִתְגָּרֵחַ)

Geschwulst *{Neoplasma; Tumor}*

גִּדּוּל (גִּדּוּלִים) (רפו') [מר"ח/477]. נוֹמִי (נָמִים), שְׂאֵת

Geschwulst, bösartige

גִּדּוּל מַמְאִיר (רפו') שְׂאֵת בִּישָׁנִית, - מַמְאִירָה

Geschwulst, gutartige

גִּדּוּל שַׁפִּיר (רפו') שְׂאֵת טוֹבָנִית, - טָבָה

Geschwulst betreffend, die *{neoplasmatisch}*

גִּדּוּלִי (רפו') נוֹמִיִּי, מִטֶּבַע הַשְּׂאֵת

Geschwulstbildung *{Neoplasia}*

גִּדּוּלִיּוּת (רפו') [מר"ח/477]. נוֹמִיּוּת, הִוָּצְרוּת גִּדּוּל

gesellen

צָוַת (צוֹוֶת) לְ.../בְּ.../עִם... (מ"ח) נִתְחַבֵּר, הָיָה בְּחֶבְרַת מִישֶׁהוּ, הִתְחַבֵּר אֶל..., הִצְטַוֵּת

gesellig ---> sozial; freundschaftlich

Geselligkeit ---> Soziabilität; Freundschaft

Geselligkeitsbedürfnis

צֹרֶךְ הִצְטַוְּתוּת (מ"ח, פסי') [ר/ב/583]. הַצֹּרֶךְ בְּהִסְתַּפְּחוּת, רָצוֹן לְהִמָּצֵא בְּצַוְתָּה, מֵנִיעַ הַהִסְתַּפְּחוּת, צֹרֶךְ לִהְיוֹת בְּחֶבְרַת בְּנֵי אָדָם וּלְהִתְיַדֵּד אִתָּם, נְחִיצוּת לָצֵאת אֶל בֵּין הַבְּרִיּוֹת וּלְשַׁתֵּף פְּעֻלָּה עִמָּהֶם

Gesellschaft

חֶבְרָה (מ"ח,כלכ') [ק/ג/239]. צֶוֶת, צְוָת, הִתְחַבְּרוּת, הִקָּשְׁרוּת, מִכְלוֹל שֶׁל יְחָסִים בֵּינְאֱנוֹשִׁיִּים הַמֻּשְׁפָּעִים עַל יְדֵי מַעֲרֶכֶת הִיסְטוֹרִית קְשִׁיָּה (קוֹנְקְרֶטִית) שֶׁל יַחֲסֵי הַיִּצּוּר הַחָמְרִיִּים הַמַּתְאִימִים לְדַרְגַּת הִתְפַּתְּחוּת מְסֻיֶּמֶת שֶׁל כֹּחוֹת הַיִּצּוּר. צִבּוּר (מ"ח) [ק/ג/260]. קִבּוּץ, אִרְגּוּן חֶבְרָתִי

Gesellschaft, Auflösung einer

פֵּרוּק חֶבְרָה (משפ', כלכ')

Gesellschaft, eingetragene
חֶבְרָה רְשׁוּמָה (משפ׳, כלכ׳) תַּאֲגִיד, חֶבֶר בְּנֵי אָדָם הַמְּאֻגָּדִים יַחַד לְגוּף מִשְׁפָּטִי הָרָשׁוּם לְפִי הַחֹק

Gesellschaft, multinationale
חֶבְרָה רַב לְאֻמִּית (כלכ׳, מדי׳)

Gesellschaft abwickeln, eine
פֵּרֵק (מְפָרֵק) חֶבְרָה (משפ׳, כלכ׳)

Gesellschaft mit beschränkter Haftung (GmbH)
חֶבְרָה בְּעֵרָבוֹן מֻגְבָּל (בע״מ) (משפ׳, כלכ׳) חֶבְרַת הוֹן מִסְחָרִית שֶׁבַּעֲלֶיהָ אֵינָם אַחֲרָאִים אִישִׁית לְהִתְחַיְּבֻיּוֹתֶיהָ

Gesellschafter, beschränkt haftender
---> Kommanditist

Gesellschafter, stiller
שֻׁתָּף לֹא פָּעִיל (משפ׳, כלכ׳)

gesellschaftlich
חֶבְרָתִי (מ״ח) [ק/ב/327]. שֶׁל חֶבְרָה, מִתְקַבֵּץ, מְחַבֶּרֶת, מְעֹרָב עִם הַבְּרִיּוֹת, חַבְרוּתִי

gesellschaftlich gültige Form ---> Form, gesellschaftlich gültige

gesellschaftliche Betriebsweise ---> Betriebsweise, gesellschaftliche

gesellschaftliche Beziehung ---> Beziehung, gesellschaftliche

gesellschaftliche Durchschnittsarbeit ---> Durchschnittsarbeit, gesellschaftliche

gesellschaftliche Gültigkeit ---> Gültigkeit, gesellschaftliche

gesellschaftliche Kombination ---> Kombination, gesellschaftliche

gesellschaftliche Ordnung ---> Ordnung, gesellschaftliche

gesellschaftlicher Stoffwechsel ---> Stoffwechsel, gesellschaftlicher

gesellschaftliches Bruttoprudukt ---> Gesamtprodukt; Bruttosozialprodukt

gesellschaftliches Faustpfand ---> Faustpfand, gesellschaftliches

gesellschaftliches Klima ---> Sozialklima

gesellschaftsfeindlich
נֶגֶדְחֶבְרָתִי (פסי׳, מ״ח) [ר/ב/464]. סוֹצְיוֹפָּת, נוֹגֵד חֶבְרָה, שֶׁהִתְנַהֲגוּתוֹ נֶגֶד חֶבְרָתִית בְּרוּרָה

Gesellschaftsmahl
סְבֹלֶת (סְבֹלוֹת) [א״ח/ג/17]. סְעוּדָה בְּשֻׁתָּפוּת

Gesellschaftsordnung
סֵדֶר חֶבְרָתִי (מ״ח) [ק/ב/212]. מִנְהָג (מִנְהָגִים), הַנְהָגָה, נֹהַג, דְּפוּס חֶבְרָתִי, נִימוּס, אֹפֶן הַהִתְנַהֲגוּת, מִשְׁטָר חֶבְרָתִי מְסֻיָּם

Gesellschaftssatzung ---> Gesellschaftsvertrag

Gesellschaftsstück
מַחֲזֶה טְרַקְלִין (ספר׳, תאט׳)

Gesellschaftsvertrag
תְּעוּדַת הִתְאַגְּדוּת (משפ׳, כלכ׳)

Gesellschaftszimmer
חֲדַר אוֹרְחִים (אדר׳) טְרַקְלִין (טְרַקְלִינִים)

gesellt
עֲמוּת [ק/ג/143]. חָבוּר, זָווּג, מְזֻוָּג, מְחֻבָּר, מְקֻשָּׁר, קָשׁוּר, מְצֹרָף

Gesenk
מַטְבַּעַת (מַטְבָּעוֹת) (טכנ׳) מַכְשִׁיר לְהַטְבָּעַת צוּרוֹת בְּמַתֶּכֶת

Geses
סוֹל נְחֵתִים (מוס׳)

Gesetz
חֹק (חֻקִּים) (פיל׳) [ק/א/324]. קֶשֶׁר מַשָּׂאִי (אוֹבְּיֶקְטִיבִי) וְהֶכְרֵחִי, כְּלָלִי וּמַהוּתִי בֵּין עֲצָמִים אוֹ בֵּין תַּהֲלִיכִים שֶׁבַּטֶּבַע, בַּחֶבְרָה אוֹ בַּחֲשִׁיבָה, קֶשֶׁר כָּזֶה מִצְטַיֵּן בְּיַצִּיבוּת גְּבוֹהָה יַחֲסִית וְהוּא חוֹזֵר וְנִשְׁנֶה בִּתְנָאִים דּוֹמִים. מִנְהָג (מ״ח) [ק/ב/212]. הַנְהָגָה, נֹהַג, דְּפוּס חֶבְרָתִי, נִימוּס, כְּלָל מְקֻבָּל שֶׁל אֹפֶן הִתְנַהֲגוּת בַּחֶבְרָה

Gesetz(es), die Strenge des
חֻמְרַת הַדִּין (משפ׳)

Gesetz, juristisches
חֹק מִשְׁפָּטִי (משפ׳) צַו אוֹ אִסּוּר הַמּוּצָא עַל יְדֵי מְחוֹקֵק שִׁלְטוֹנִי וְשֶׁלִּשְׁמִירָתוֹ מְמֻנֶּה כֹּחַ מִשְׁטַרְתִּי

Gesetz(es), Kraft des
מִכֹּחַ הַחֹק (משפ׳)

Gesetz, moralisches
חֹק מוּסָרִי (מוֹרָלִי) (פיל׳) [ק/ב/148]. חֹק מִדּוֹתִי

Gesetz(es), Unkenntnis des
אִי יְדִיעַת הַחֹק (משפ׳)

Gesetz der assoziativen Verschiebung ---> Verschiebung, Gesetz der assoziativen

Gesetz der Bereitschaft ---> Bereitschaft, Gesetz der

Gesetz der Geschlossenheit ---> Geschlossenheit, Gesetz der

Gesetz der Kontinuität ---> Kontinuität, Gesetz der

Gesetz der Negation der Negation ---> Negation der Negation, Gesetz der

Gesetz der Neuheit ---> Neuheit, Gesetz der

Gesetz der stückweisen Wirksamkeit ---> Teilwirksamkeit, Gesetz der

Gesetz der Teilwirksamkeit ---> Teilwirksamkeit, Gesetz der

Gesetz der veränderten Reaktion ---> Reaktion, Gesetz der veränderten

Gesetz der Wirkung ---> Erfolg(s), Gesetz des

Gesetz des Erfolgs ---> Erfolg(s), Gesetz des

Gesetz des Gebrauchs und Nichtgebrauchs ---> Gerbauch(s) und Nichtgebrauch(s), Gesetz des

Gesetz des vielfachen Reagierens ---> Reaktion, Gesetz der veränderten

Gesetz übertreten, das ---> verstoßen,

gegen das Gesetz
Gesetz verstoßen, gegen das ---> verstoßen, gegen das Gesetz
Gesetzbestimmung
הוֹרָאַת חֹק (משפ')
gesetzestreu
שׁוֹמֵר חֹק (משפ')
Gesetzesübertretung
עֲבֵרָה (עֲבֵרוֹת) (משפ')
gesetzgebend
תְּחִקָּתִי (משפ') חֲקִיקָתִי
gesetzgebende Körperschaft ---> Körperschaft, gesetzgebende
gesetzgebende Versammlung ---> Versammlung, gesetzgebende
Gesetzgeber
מְחוֹקֵק (מְחוֹקְקִים) (משפ') [ק/ב/178]. קוֹבֵעַ הַחֻקִּים. מְיַסֵּד (משפ') [ק/ב/194]. מַנְהִיג (מדי', משפ') [ק/ב/213]. מַנִּיחַ, מֵנִיחַ (מדי', משפ') [ק/ב/215]. מֵשִׂים (משפ') [ק/ב/285]. מְיַסֵּד הַנִּימוּס, מֵנִיחַ הַנִּימוּס (מדי', משפ') [ק/ג/32]. בַּעַל הַנִּימוּס (משפ') [ק/א/92]
gesetzgeberisch ---> gesetzgebend
Gesetzgebung
תְּחִקָּה (משפ') תְּחִקָּה, קְבִיעַת חֻקִּים
Gesetzgebungsakt
מַעֲשֵׂה הַמְחוֹקֵק (משפ') מַעֲשֵׂה חֲקִיקָה
gesetzlich
חֻקִּי [ק/א/326]. שֶׁל חֹק, הֶעָשׂוּי אוֹ קַיָּם לְפִי הַכְּלָלִים וְהַמִּנְהָגִים. נִימוּסִי (מ"ח, משפ') [ק/ג/32]. בְּגֶדֶר הַחֹק, תָּקֵף. הַנָּחִי (פיל') [ק/א/184]. הֶסְכֵּמִי
gesetzlich bestimmen ---> verordnen
gesetzlicher Anspruch ---> Rechtsanspruch
gesetzlicher Grund ---> Grund, gesetzlicher
Gesetzlosigkeit ---> Anomie
gesetzmäßig ---> gesetzlich
Gesetzmäßigkeit
חֻקִּיּוּת, תְּקֵפוּת
gesetzt den Fall
אִם הָיָה שֶׁ... [ק/א/169]. בְּמִקְרֶה שֶׁ..., אִם תִּמְצָא לוֹמַר, נַנִּיחַ שֶׁ..., וְהָיָה אִם...
gesetzwidrig
שֶׁלֹּא כַּדִּין (משפ')
Gesetzwidrigkeit
אִי חֻקִּיּוּת (משפ')
gesicherter Gläubiger ---> Gläubiger, gesicherter
Gesicht [---> Antlitz]
פָּנִים (רפו') פַּרְצוּף. רְאוּת (רפו') [ק/ד/10]. חוּשׁ הָרְאוּת, כֹּחַ הָרְאִיָּה, חוּשׁ הָרְאִיָּה. רְאִיָּה (רפו') [ק/ד/11]. מַרְאֶה (פסי', דת) [ק/ב/273]. חִזָּיוֹן, מַחֲזֶה, רְאִיָּה בְּעֵינֵי רוּחַ
Gesicht betreffend, das
פַּרְצוּפִי. רְאוּתִי
Gesichtsausdruck
מַבָּע פָּנִים (רפו') [מר"ח/295]. גֵּהָה, פָּנִים, מַרְאֵה פָּנִים

Gesichtsfeld
תַּרְאִית (רפו', פסי') [ר/ב/623]. שְׂדֵה הָרְאִיָּה, כָּל הַנְּקֻדּוֹת שֶׁעַיִן יַצִּיבָה יְכוֹלָה לִתְפֹּס בְּרֶגַע נָתוּן, מֶרְחַב הָרְאִיָּה, מַרְאֶה, תְּחוּם הָרְאִיָּה
Gesichtsfeldausfall *{Skotom}*
עֲתוֹמֶת (רפו') [מר"ח/604]. מַחְשַׁךְ הָעַיִן
Gesichtshalluzination ---> Vision
Gesichtskreis ---> Gesichtsumfang
Gesichtslähmung
שִׁתּוּק הַפָּנִים (רפו') [מר"ח/296]. לַקְוָה
Gesichtslähmung betreffend, die
לַקְוָתִי (רפו') מְלֻקֶּה, שֶׁל לַקְוָה (שִׁתּוּק הַפָּנִים), מְשֻׁתָּק פָּנִים
Gesichtslinie
קַו רְאִיָּה (רפו', פיס')
Gesichtspunkt
נְקֻדַּת רְאוּת (פיל') [ק/א/81]. בְּחִינָה, עֵרֶךְ, יַחַס, סְגֻלָּה עַצְמִית. פֵּאָה [ק/ג/180]. פָּן, הֶבֵּט, מוּבָן, פָּנֶה. צַד [ק/ג/226]
Gesichtspunkt, von einem
מִצַּד [ק/ב/252; ק/ג/226]. מִנְּקֻדַּת רְאוּת, מִבְּחִינָה מְסֻיֶּמֶת, בִּבְחִינָה אַחַת, מִבְּחִינַת...
Gesichtspunkt der Notwendigkeit ---> Notwendigkeit, Gesichtspunkt der
Gesichtspunkt der Pflicht ---> Pflicht, Gesichtspunkt der
Gesichtssinn
רְאוּת (רפו') [ק/ד/10]. חוּשׁ הָרְאוּת, כֹּחַ הָרְאִיָּה, חוּשׁ הָרְאִיָּה. רְאִיָּה (רפו') [ק/ד/11]
Gesichtsumfang
מְלֹא הָעַיִן [ק/א/68]. (רפו', פסי') אֹפֶק, גְּבוּל רְאוּת עֵינֵינוּ, הַמֶּרְחָק שֶׁאָדָם יָכוֹל לִרְאוֹת וּלְהַקִּיף בְּעֵינָיו
Gesichtswinkel
זָוִית הָרְאִיָּה (רפו', פסי') [ר/ב/622]. מַדַּד לְגֹדֶל הַהֲטָלָה שֶׁל מַשָּׂא (אוֹבְּיֶקְט) עַל רִשְׁתִּית הָעַיִן
Gesichtszucken
עֲוִית פַּרְפּוּרִית (רפו')
Gesims *{Karnies}*
כַּרְכֹּב (כַּרְכֻּבִּים) (אדר') [א"ח/א/54]. זִיז (זִיזִים), בְּלִיטָה מִסָּבִיב לְבִנְיָן
Gesinnung
הַשְׁקָפָה (הַשְׁקָפוֹת) (פסי', מ"ח) מַעֲרַךְ לֵב, דֵּעָה, רַחֲשֵׁי לֵב
Gesinnungswechsel
שִׁנּוּי הַשְׁקָפָה (פסי', מ"ח) [ק/א/193]. הִפּוּךְ הֶרְגֵּלִים, שִׁנּוּי בְּדַעְתּוֹ שֶׁל אָדָם
gesintert
מְדֻבְקָק (טכנ')
gesittet [---> zivilisatorisch; zivilisiert]
מְנֻמָּס (מ"ח) מְתֻרְבָּת, תַּרְבּוּתִי, נִימוּסִי, יִשּׁוּבִי, מְעֻדָּן, נְעִים הֲלִיכוֹת, בָּקִי בַּהֲוָיוֹת הָעוֹלָם, בַּעַל מִדּוֹת מוּסָר
Gesittung [---> Zivilisation]
דֶּרֶךְ אֶרֶץ (מ"ח) [ק/א/181; א"ח/ב/54]. הַנְהָגָה, יִשּׁוּב, חֻקִּים וְנִימוּסִים קְבוּעִים שֶׁל קִבּוּץ בְּנֵי אָדָם בַּעֲלֵי תַּרְבּוּת, נְתִיבוֹת עוֹלָם
gesotten
שָׁלוּק (חזו') חָלוּט בְּרוֹתְחִים
gespaltene Aufmerksamkeit --->

Aufmerksamkeit, gespaltene
gespaltene Persönlichkeit ---> **Persönlichkeit, gespaltene**
gespannt
מְאֻמָּץ, מְאֻמָּץ, מָתוּחַ, דָּרוּךְ
gespannter Vokal ---> **Vokal, gespannter**
Gespanntheit *{Tension}*
מֶתַח (פסי׳) [ר/ב/426]. מְתִיחוּת, שִׁעוּר הַלַּחַץ אוֹ הַהִתְפַּשְּׁטוּת, חֹסֶר מְנוּחָה נַפְשִׁי, מְתִיחוּת, מַצָּב נַפְשִׁי הַמְאֻפְיָן בְּחֹסֶר מְנוּחָה, חֲרָדָה וְהִתְרַגְּשׁוּת
gespeichert
אָסוּם, מְאֻסָּם (כלכ׳, רפו׳,פסי׳) אָגוּר, מְאֻחְסָן, צָבוּר
Gespenstschrecken *{Phasmida}*
מַקְלוֹנָאִים (זוא׳) סִדְרָה שֶׁל חֲרָקִים
Gesperre
מַחְגֵּר (מַחְגְּרִים) (טכנ׳) מַנְגָּנוֹן בִּמְכוֹנָה שֶׁבּוֹ גַּלְגַּל בַּעַל שִׁנַּיִם מִסְתּוֹבֵב עַל יְדֵי דְּחִיפוֹת שֶׁל זְרוֹעַ הַנִּכְנֶסֶת בֵּין בְּלִיטוֹתָיו
gespielt *{affektiert}*
מְעֻשֶּׂה, לֹא טִבְעִי, מְלָאכוּתִי
Gespräch *{Diskurs}* [---> **Konversation**]
שִׂיחַ (בלש׳) [מ״ב/66]. מַחֲזֹרֶת, שִׂיחָה, דִּבּוּר, חִלּוּף דֵּעוֹת, הַחְלָפַת דְּבָרִים. שִׂיג וָשִׂיחַ (פיל׳) [פ״ר/54]. דִּין וּדְבָרִים
Gespräch, wissenschaftliches ---> **Kolloquium**
Gesprächsanalyse *{Diskursanalyse}*
חֵקֶר הַשִּׂיחַ (בלש׳) [מ״ב/66]. נִתּוּחַ הַשִּׂיחַ
Gesprächsverlauf
מַהֲלַךְ הַשִּׂיחָה [ק/א/113]. גִּלְגּוּל, הֶמְשֵׁךְ הַדִּבּוּר, מֵרוֹץ הַדְּבָרִים. דְּבֵקוּת [ק/א/129]
gesprenkelt
נָקֹד, מְכֻסֶּה נְקֻדּוֹת, נָקוּד, מְנֻקָּד
gesprungen
סָדוּק
geständig werden ---> **schuldig bekennen, sich**
Geständnis erpressen, von jemandem ein
סָחַט הוֹדָאָה (משפ׳)
gestärkt
מְעֻמְלָן [מר״ח/631]. מְנֻשָּׂא
gestaffelte Steuer ---> **Steuer, gestaffelte**
Gestalt
דְּמוּת (דְּמֻיּוֹת) [ק/א/139]. צוּרָה, צֶלֶם (צְלָמִים). תַּבְנִית [ק/ד/178]. צוּרָה חִיצוֹנִית, תְּמוּנַת הַדָּבָר. דִּמְיוֹן [ק/א/140]. צוּרָה מוּחֶשֶׁת. חֲטִיטָה (אמנ׳) [ק/א/282]. תֹּאַר (פיל׳) [ק/ד/175]. מַרְאִית. תְּכוּנָה (פיל׳) [ק/ד/194]. גּוּף
Gestalt, äußere
צוּרָה תָּאֳרִית (פיל׳) [ק/ג/238]. צוּרָה (פיל׳) [ק/ג/238]. צִיּוּר, דְּמוּת, הוֹפָעָה חִיצוֹנִית, מַרְאֶה, תֹּאַר. תְּמוּנָה (פיל׳) [ק/ד/206]. תַּבְנִית, מַרְאִית
Gestalt, entäußerte
דְּמוּת מְחֻלֶּפֶת, חִלּוּף צוּרָה

Gestalt, Prägnanz der
מֻבְהָקוּת הַתַּבְנִית (פסי׳) [ר/ב/564]. בְּלִיטוּת הַתַּבְנִית, נְטִיָּה שֶׁל צוּרוֹת נִתְפָּסוֹת אוֹ נֶחְווֹת לְמִבְנֶה לָכִיד יוֹתֵר
Gestalt, spitze
עֹקֶץ (עֳקָצִים, עֻקְצִים) [ק/א/272]. חִדּוּד, חֹד, בְּלִיטָה חַדָּה
Gestalt, Transponierbarkeit der
הֶעֳבֵרוּת הַתַּבְנִית (פסי׳). הַעֲבָרַת הַתַּבְנִית
Gestalt, verwandelte
דְּמוּת חִלּוּף
Gestalt, Vollständigkeit der
שְׁלֵמוּת הַתַּבְנִית (פסי׳)
Gestalt annehmen, körperliche
נִגְלַם, הֻגְלַם, הִתְגַּלֵּם [ק/א/117]. נִתְלַבֵּשׁ בְּגוּף, נִתְגַּשֵּׁם, נִתְעַצֵּם, נַעֲשָׂה גּוּף
Gestalt bezüglich, auf die äußere
דְּמוּתִי (פיל׳) [ק/ג/247]. צַלְמָנִי, שֶׁל הַצֶּלֶם הַחִיצוֹנִי, גּוּפָנִי
gestalten [---> **formen**]
עִצֵּב (מְעַצֵּב) [ק/ג/244]. צִיֵּר, שִׁוָּה צוּרָה. הִצְלִים (מַצְלִים) [ק/ג/247]. צָר צוּרָה, עִבֵּד, גִּבֵּשׁ
gestalten, sich zu einer Substanz ---> **Substanz gestalten, sich zu einer**
gestaltende Kraft ---> **Kraft, bildende**
gestaltende Ursache ---> **Ursache, gestaltende**
Gestaltentäußerung
חִלּוּף דְּמוּת
gestalterisch
עִצּוּבִי, גִּבּוּשִׁי, תְּצוּרָתִי
Gestaltkonstanz [---> **Formkonstanz**]
קְבִיעוּת שֶׁל תַּבְנִית (פסי׳) [ר/ב/594]. נְטִיָּה שֶׁל תַּבְנִיּוֹת נִתְפָּסוֹת לְעוֹרֵר חֲוָיוֹת תְּפִיסָתִיּוֹת זֵהוֹת
gestaltlos
נְטוּל צוּרָה, - דְּמוּת
Gestaltung [---> **Formung**]
עִצּוּב (פסי׳) [ק/א/235,168]. הִטַּבְּעוּת, הִתְטַבְּעוּת. הִתְרַשְּׁמוּת (פסי׳, פיל׳) [ק/א/247]. קַבָּלַת צוּרָה קְבוּעָה. תְּצוּרָה (פיל׳) [המ״מ/224]
Gestaltung, eigene
עִצּוּב סְגֻלִּי (פיל׳) [פ״ר/104]
Gestank
סִרְחוֹן, צַחֲנָה, רֵיחַ רַע, צַחַן
gestaut
חָשׁוּר, חֲשׁוּרָה, גָּדוּשׁ
gestaute Nässe ---> **Nässe, gestaute**
Geste ---> **Gebärde**
Gestein
אֶבֶן (אֲבָנִים) (גאו׳) [ק/א/19]. סֶלַע (סְלָעִים). דּוֹמֵם (דּוֹמְמִים) (גאו) [ק/א/133]. מוֹצָא (מינ׳) [ק/ב/166]. כִּנּוּי לְחֹמֶר שֶׁחוֹצְבִים וּמוֹצִיאִים מִן הָאֲדָמָה. מוּצָק (פיס׳, גאו׳) [ק/ב/167]. חֹמֶר שֶׁאֵינוֹ לֹא חַי וְלֹא צוֹמֵחַ. מַחְצָב (מינ׳) [ק/ב/183]. מִינֶרָל. מַתֶּכֶת (מינ׳) [ק/ב/318]. נִקְפָּא (גאו׳) [ק/ג/67]. קִפֵּא, קִפָּאוֹן, קִפּוּא (גאו׳) [ק/ג/291]

Gestein, intrusives
סֶלַע מֻחְדָּר (גאו') סֶלַע שֶׁמְּקוֹרוֹ בְּמַגְמָה נוֹזְלִית וְלוֹהֶטֶת שֶׁחָדְרָה לִסְלָעִים מוּצָקִים שֶׁל קְלִפַּת הָאֲדָמָה וְנִקְרְשָׁה בָּהֶם

Gestein, vulkanisches
סֶלַע גַּעֲשִׁי (גאו') סֶלַע שֶׁמְּקוֹרוֹ בְּלַבָּה שֶׁנִּפְלְטָה מִמַּעֲמַקֵּי הָאֲדָמָה וְנִקְרְשָׁה

Gesteinsmehl
שַׁחַק (גאו') אַבְקַת סְלָעִים שֶׁנִּשְׁחֲקוּ

Gesteinsverwitterung
בְּלָיַת סֶלַע (גאו')

Gesteinswolle
צֶמֶר סְלָעִים (טכנ') [דח"ט/154]. חֹמֶר בִּדּוּד סִיבִי הַמְּיֻצָּר עַל יְדֵי הַתָּכַת שִׁבְרֵי סְלָעִים עִם סִיגִים שׁוֹנִים

Gestell ---> Gerüst
gestempelt
מְחֻתָּם (טכנ')

gestern Nacht ---> Nacht, gestern
gestichelt
מְדֻקָּר (טכנ')

gestimmt
מְכֻוָּן

Gestirn [---> Himmelskörper]
כּוֹכָב (כּוֹכָבִים) (אסט') [ק/ג/239]. צוּרָה

Gestirn(s), Größe eines
מִדַּת גּוּף הַכּוֹכָב (אסט') [ק/ב/62]. כָּבוֹד, כְּבוֹד כּוֹכָב

Gestirn(s), Untergang eines
שְׁקִיעַת כּוֹכָב (אסט') [ק/ג/170]. עֲרִיבָה, שְׁקִיעַת הַשֶּׁמֶשׁ

Gestirne, Konjunktionen der
הִתְקַבְּצוּת כּוֹכְבֵי לֶכֶת (אסט') [ק/ג/259]. קִבּוּץ, הִתְמַקְּמוּת שְׁנֵי כּוֹכְבֵי לֶכֶת בְּאוֹתוֹ קַו אֹרֶךְ. דִּבּוּק (אסט') [ק/א/125]. חִבּוּרֵי הַכּוֹכָבִים, מַחְבְּרוֹת כּוֹכְבֵי הַלֶּכֶת. דְּבֵקוּת (אסט') [ק/א/129]. דְּבִיקָה. חִבּוּר (אסט') [ק/א/270]. דִּבּוּק שְׁנֵי כּוֹכָבִים, בְּיִחוּד: דִּבּוּק שַׁבְּתַאי וְצֶדֶק

Gestirne, Kreisen der ---> Gestirne, Lauf der
Gestirne, Lauf der
תְּנוּעַת גַּרְמֵי הַשָּׁמַיִם (אסט') [ק/א/258]. זִיזָה, זִיזוּת, תְּזוּזָה, סִבּוּב. מְסִבָּה (אסט') [ק/ב/220]. הַקָּפַת גַּרְמֵי הַשָּׁמַיִם. מַהֲלָךְ (אסט') [ק/ב/157]. מְרוּצָה (אסט') [ק/ב/277]. מְרוּצַת הַגַּלְגַּלִּים, - הַכּוֹכָבִים

Gestirne, Stellung der
עֶמְדַּת הַכּוֹכָבִים (אסט') [ק/ב/251]. מַצְּבֵי הַכּוֹכָבִים, עֶרְכֵי הַכּוֹכָבִים. עֲמִידַת הַכּוֹכָבִים (אסט') [ק/ג/145]

Gestirne betreffend, die
כּוֹכָבִי (אסט') [ק/ב/70]. מִתְיַחֵס עַל הַכּוֹכָבִים, דִּמּוּי כּוֹכָב

gestirnt
מְכֻכָּב (אסט') [ק/ב/197]. מְכוֹכָב, מְשֻׁבָּץ כּוֹכָבִים, בַּעַל כּוֹכָבִים, מְכֻכָּב

gestirnte Sphäre ---> Sphäre, gestirnte
gestochen ---> gestichelt
gestört [---> mangelhaft]
לָקוּי, לִקּוּיִי

gestohlenes Gut ---> Diebsgut
gestreckte Pubertät ---> Pubertät, gestreckte
gestreckter Winkel ---> Winkel, gestreckter
Gesuch entsprechen, einem ---> Antrag stattgeben, einem
Gesuchsteller ---> Antragsteller
gestundete Zahlung ---> Zahlung, gestundete
gestutzt *{trunkiert}*
קָטוּם (מתמ')

gesund, geistig
שָׁפוּי, שְׁפוּיָה (פסי') [ר/ב/666]. שֶׁדַּעְתּוֹ שְׁפוּיָה עָלָיו, בָּרִיא בְּרוּחוֹ, בְּדַעְתּוֹ, בְּרִיא נֶפֶשׁ

gesunder Menschenverstand ---> Menschenverstand, gesunder
gesundes Urteil ---> Urteil, gesundes
Gesundheit
בְּרִיאוּת (רפו', פסי') שָׁלוֹם (כְּגוֹן: שְׁלוֹמוֹ)

Gesundheit, geistige
שְׁפִיּוּת (פסי') [ר/ב/666]. בְּרִיאוּת הַנֶּפֶשׁ

gesundheitliche Krise ---> Krise, gesundheitliche
getarnt
מְטֻשְׁטָשׁ, מְסֻוֶּה

Getauftwerden, das
הִטַּבְּלוּת (דת) הַטְבָּלָה, הִתְנַצְּרוּת, קַבָּלַת הַדָּת הַנּוֹצְרִית עַל יְדֵי טְבִילָה בְּמַיִם מְקֻדָּשִׁים

getestet
נִבְחַן (מדע, טכנ')

getragen
נִשָּׂא [ק/ג/70]. נָשׂוּא, שֶׁנּוֹשְׂאִים אוֹתוֹ, מְטֻלְטָל, מֵכִיל

Getreide
דָּגָן (דְּגָנִים) (חקל') [א"ח/ב/194]. כָּל סוּגֵי הַתְּבוּאָה

Getreide(s), Anfeuchten des ---> Anfeuchten des Getreides
Getreide, auf dem Feld stehendes
קָמָה (חקל') [א"ח/ב/183]. תְּבוּאָה שֶׁלִּפְנֵי הַקָּצִיר

Getreide(s), Brand des
שִׁדָּפוֹן (חקל') [א"ח/ב/185]. שֶׁדֶף, מַכַּת חֹם הַמַּשְׁחִירָה אֶת הַשִּׁבֳּלִים

Getreide(s), Faulbrand des
יֵרָקוֹן (חקל') [א"ח/ב/185]. מַחֲלָה הַמַּחְוִירָה אֶת הַשִּׁבֳּלִים

Getreide anfeuchten ---> anfeuchten, Getreide
Getreidehaufen ---> Garbenhaufen
Getreideinhalt
קִבּוּל בְּנִשְׁפָּךְ (ימא')

Getreidekörner, geröstete
קָלִי (קְלִיּוֹת, קָלָיוֹת) (חזו') [א"ח/א/95]. גַּרְגְּרֵי תְּבוּאָה קְלוּיִים בָּאֵשׁ

Getreidesieb
כְּבָרָה (כְּבָרוֹת) (טכנ') [א״ח/א/98]. נָפָה גַּסָּה, כְּלִי רֶשֶׁל לְנִפּוּי

getrennt [---> dissoziiert]
מְפֹרָד [ק/ב/247]. מְפֹרָד, מְחֻלָּק לַחֲלָקָיו, מִתְפָּרֵד, מִתְחַלֵּק. מְפֹרָק [ק/ב/249]. מְפֹרָשׁ [ק/ב/249]. מֻבְדָּל, מְרֻחָק, נִבְדָּל, קַיָּם לְחוּד, עוֹמֵד בִּרְשׁוּת עַצְמוֹ, עַצְמָאִי

getrennt halten
בָּדַל (בּוֹדֵל), הֶחֱזִיק בְּנִפְרָד

getrieben
מוּנָע (טכנ')

getriebene Scheibe ---> Scheibe, getriebene
getriebenes Rad ---> Turbinenrad
gewachsener Fels ---> Fels, gewachsener
gewählte Ausdrucksweise ---> Ausdrucksweise, gewählte
Gewährenlassen ---> Permissivität
Gewährsmann ---> Bürge; Informant
gewährter Betrag ---> Betrag, gewährter
gewässert
טָמוּשׁ, מְטֻמָּשׁ (רפו', היד') טָבוּל

gewagt
נוֹהָב, נוֹעָז כְּדֵי סַכָּנָה, הַזַּרְדִּי

gewahr ---> unterrichtet
Gewahrsam
מִשְׁמֹרֶת (משפ') שְׁמִירָה, חָסוּת, פִּקּוּחַ, הַשְׁגָּחָה

Gewalt
כְּפִיָּה [ק/ב/200]. מַכְרִיחַ, הֶכְרֵחַ, אֹנֶס, אַלִּימוּת

Gewalt, höhere
כֹּחַ עֶלְיוֹן (משפ')

Gewalt, öffentliche ---> Behörde
Gewalt haben über ---> beherrschen
Gewalt üben
אִלֵּם (מְאַלֵּם) אֶת..., נָהַג בְּאַלִּימוּת, תָּקַף, הִתְבָּרֵיוֹן, חָמַס (חוֹמֵס), נֶחְמַס

Gewaltenteilung
הַפְרָדַת רָשֻׁיּוֹת (מדי', משפ') הַתּוֹרָה בִּדְבַר קִיּוּמָן שֶׁל שָׁלֹשׁ רָשֻׁיּוֹת הַנִּפְרָדוֹת זוֹ מִזּוֹ בְּאֹפֶן רִשְׁמִי: הָרָשׁוּת הַמְחוֹקֶקֶת, הָרָשׁוּת הַמְבַצַּעַת וְהָרָשׁוּת הַשּׁוֹפֶטֶת

gewaltig
מֻפְלָג, אַדִּיר, כַּבִּיר, עָצוּם, עָתֵק

gewaltsam
כָּפוּי [ק/ד/73]. שִׁבְרִי, בְּאֹנֶס, מֵאֹנֶס, בִּכְפִיָּה

gewaltsam in Besitz nehmen ---> Besitz nehmen, gewaltsam in
gewaltsam öffnen ---> aufspreizen
gewaltsame Besitzergreifung ---> Aneignung, widerrechtliche
Gewalttätigkeit
אַלִּימוּת [ק/א/227]. הִתְגַּבְּרוּת, אַלָּמוּת, תּוֹקְפָנוּת, שִׁמּוּשׁ נִמְהָר בְּכֹחַ הַזְּרוֹעַ, הִתְחַזְּקוּת, הִתְנַשְּׂאוּת, תַּקִּיפוּת, הִתְגַּדְּלוּת, חַמְסָנוּת, חוֹמְסָנוּת

Gewalttätigkeit, schwere
תְּקִיפָה בִּנְסִיבּוֹת מַחְמִירוֹת (משפ')

Gewalttat
מַאֲלָם (מַאֲלָמִים) (משפ') פְּעֻלָּה אַלִּימָה, מַעֲשֵׂה אַלִּים, חָמָס (חֲמָסִים), תְּקִיפָה

gewalztes Rohr ---> Rohr, gewalztes
Gewand
בֶּגֶד (בְּגָדִים) (לבו') לְבוּשׁ, מַלְבּוּשׁ, תִּלְבֹּשֶׁת

gewandt
מְיֻמָּן [ק/ב/156]. מָהִיר, זָרִיז, שֶׁפּוֹעֵל אוֹ שֶׁנִּפְעָל מַהֵר, חָרוּץ, מְמֻחֶה, שׁוֹקֵד, בָּקִי. מְחֻדָּד [ק/ב/176]. חֲרִיף שֵׂכֶל, מֻפְלָג בְּחָכְמָה אוֹ בִּמְלָאכָה מְסֻיֶּמֶת, מֻכְשָׁר וּמְנֻסֶּה בִּפְעֻלָּה מְסֻיֶּמֶת, בַּעַל יְכֹלֶת, שָׁנוּן

gewandt handhaben ---> manövrieren
Gewandtheit [---> Fertigkeit]
יְמְנָה [ק/ב/155; ר/ב/380]. מְהוּר, תְּכוּנַת הַמָּהִיר, כֹּשֶׁר לְבַצֵּעַ פְּעֻלָּה כָּרָאוּי וּבְקַלּוּת, מְהִירוּת, זְרִיזוּת, חֲרִיצוּת, שְׁקִידָה, מְיֻמָּנוּת, יְמְנָה, שְׁנִינוּת

Gewandtheit im Ausdruck
צַחוּת דִּבּוּר (בלש') [ק/ג/240]. צַחוּת, בִּטּוּי נָקִי מִשְּׁגִיאוֹת, נֹעַם הַדִּבּוּר, חִתּוּךְ דִּבּוּר צָלוּל, טֹהַר הַלָּשׁוֹן, לָשׁוֹן צַחָה, דִּבּוּר בָּהִיר, - מְיֻמָּן

Gewandtheitsfaktor
גּוֹרֵם הַשְּׁנִינוּת (פסי')

Gewebe
מִרְקָם (טכנ') אֹפֶן הִתְחַבְּרוּת הַדְּבָרִים הָרְקוּמִים יַחַד, טֶקְסְטוּרָה. אָרִיג (אֲרִיגִים) (טכנ'). רִקְמָה (רְקָמוֹת) (ביו') קְבוּצַת תָּאִים בְּגוּף הַחַי אוֹ הַצּוֹמֵחַ

Gewebeforschung ---> Histologie
Gewebekultur
תַּרְבִּית רִקְמָה (תַּרְבִּיּוֹת רִקְמָה) (ביו') [ל״ב/250]. גִּדּוּל מְבֻקָּר שֶׁל תָּאִים אוֹ שֶׁל רְקָמוֹת מִגּוּף הַחַי אוֹ הַצּוֹמֵחַ עַל גַּבֵּי מַצָּע מָזוֹן מַתְאִים

Gewebespannung *{Turgor}*
יֹרֶם, יָרְמָה (יוֹרְמָה) (ביו') [מר״ח/685]. טוּרְגוֹר, מְלִיאוּת הַתָּא לְאַחַר קְלִיטַת נוֹזְלִים, תְּפִיחוּת הָרְקָמוֹת, גְּמִישׁוּת הָרְקָמוֹת

Gewebeübersäuerung *{Azidose}*
חַמֶּצֶת (רפו')

Gewebeübersäuerung betreffend, die
חַמַּצְתִּי (רפו') חֲמָצִי

Gewebevergrößerung ---> Hypertrophie
Gewebezerstörung durch Ätzmittel ---> Kauterisation
Gewebezüchtung ---> Gewebekultur
Gewebezusammenwuchs *{Accrecio}*
סֵרוּךְ (רפו')

Gewebseinschmelzung
הִתְמַיְּסוּת (רפו') [מר״ח/172]

Gewebsfalte *{Frenulum}*
רִסְנִית (רִסְנִיּוֹת) (רפו')

Gewerbepsychologie
נַפְשׁוּת שֶׁל מִקְצוֹעוֹת (פסי', מ״ח) פְּסִיכוֹלוֹגְיָה שֶׁל מִקְצוֹעוֹת

Gewerbetreibender ---> Handwerker
Gewerbezwecke, Verein ohne ---> Verein ohne Gewerbezwecke
Gewerkschaft

אִגּוּד מִקְצוֹעִי (משפ', כלכ') אִרְגּוּן עוֹבְדִים

Gewerkschaftsfreiheit

חֹפֶשׁ הַהִתְאַגְּדוּת (משפ', מדי')

Gewicht, spezifisches *{Wichte}*

מִשְׁקָל סְגֻלִּי (פיס') [ל״מ/419]. גֹּבֶד לְחוּדִי, הַיַּחַס בֵּין צְפִיפוּתוֹ שֶׁל חֹמֶר בִּתְמוּדָה (טֶמְפֶּרָטוּרָה) נְתוּנָה לְבֵין צְפִיפוּת הַמַּיִם בְּ-4 מַעֲלוֹת צֶלְסִיוּס, הַמִּשְׁקָל שֶׁל יְחִידַת נֶפַח

Gewicht, totes

נֵטֶל שָׁוְא

gewichten

שִׁקְלֵל (מִשְׁקְלֵל) [ר/ב/667]. נָתַן עֵרֶךְ יַחֲסִי לְגוֹרְמִים שׁוֹנִים

gewichtet

מְשֻׁקְלָל, מְחֻשָּׁב וּמְאֻזָּן עַל יְדֵי כָּל הַגּוֹרְמִים הָאֶפְשָׁרִיִּים, שֶׁהוּבָא לִידֵי שִׁוְיוֹן מִשְׁקָל

gewichtete Beobachtung ---> Beobachtung, gewichtete

gewichtig [---> wuchtig]

חָשׁוּב (אחי', התנ') [ק/ב/237]. מַעֲלוֹתִי, מִדּוֹתִי, בַּעַל מַעֲלָה, נִכָּר, בַּעַל חֲשִׁיבוּת, כָּבֵד, נִכְבָּד, הֲרֵה מַשְׁמָעוּת, כְּבַד חֲשִׁיבוּת, מְכֻבָּד, כָּבוּד, רַב חֲשִׁיבוּת, מְרוֹמָם

Gewichtseinheit

יְחִידַת מִשְׁקָל (פיס') מִשְׁקַל יְחִידָה

Gewichtsreziproke

הֹפֶךְ מִשְׁקָל (אסט') מִשְׁקָל הָפוּךְ

Gewichtsverlust

הֶפְסֵד מִשְׁקָל (רפו')

Gewichtung

שִׁקְלוּל [ר/ב/667]. מַתַּן עֵרֶךְ יַחֲסִי לְגוֹרְמִים שׁוֹנִים

Gewinde bohren

בָּרַז (בּוֹרֵז) (טכנ') קָדַח תַּבְרֹגֶת בְּצִנּוֹר

Gewinde schneiden ---> Schrauben schneiden

Gewindebohrer

מַבְרֵז (מַבְרְזִים) (טכנ') מַקְדֵּחַ מְחֹרָץ לַחֲרִיצַת תַּבְרֹגֶת

Gewindeeisen ---> Schneideisen

Gewindelehre

מַדִּיד תַּבְרִיגִים (טכנ')

Gewinn

רֶוַח (רְוָחִים) (מ״ח, כלכ') צוּרָה מִשְׁתַּנָּה שֶׁל עֹדֶף הָעֵרֶךְ (הָעֵרֶךְ הָעוֹדֵף) שֶׁהוּא יִתְרַת הָעֵרֶךְ שֶׁמְּקַבֵּל בַּעַל הַהוֹן בִּשְׁבִיל הַמּוּצָר שֶׁהוּא מוֹכֵר, עַל פְּנֵי הָעֵרֶךְ הַנָּמוּךְ יוֹתֵר שֶׁהוּא מְשַׁלֵּם לָעוֹבֵד שֶׁמְּיַצֵּר אֶת הַמּוּצָר. תְּשׁוּאָה (כלכ') הַכְנָסָה מֵהַשְׁקָעָה, שֶׁבַח

Gewinnaktivierung ---> Kapitalisierung von Gewinnen

Gewinne, Verwendung der

הַקְצָאַת רְוָחִים (כלכ')

Gewinnen, Kapitalisierung von ---> Kapitalisierung von Gewinnen

gewirkte Natur ---> Natur, geschaffene

gewiß

וַדַּאי [ק/א/248]. בְּלֹא סָפֵק

Gewissen

מַצְפּוּן (אחי') יַדְעוּת, יִדָּעוֹן, מוּסַר כְּלָיוֹת, חוּשׁ הַמּוּסָר, מִצְוָה שֶׁבַּלֵּב

gewissenhaft

מַצְפּוּנִי (אחי') [ק/ב/237]. מַעֲלוֹתִי, אַחֲרָאִי, נֶאֱמָן, אֲתִּי, מוּסָרִי

Gewissenhaftigkeit

מַצְפּוּנִיּוּת (אחי') רְגִישׁוּת בְּעִנְיְנֵי מוּסָר

Gewissenhaftigkeit, religiöse

מַצְפּוּנִיּוּת דָּתִית (דת) [ק/ר/186]. הִשְׁתַּדְּלָה תּוֹרִיָּה, הִשְׁתַּדְּלוּת דָּתִית

Gewissenhaftigkeit, übertriebene ---> Genauigkeit, peinliche

gewisse(r/s)..., ein(e)

יָדוּעַ [ק/ב/26]. מְסֻיָּם, מְיֻחָד, קָבוּעַ. ...-מָה [ק/ב/155]. אֵיזֶה שֶׁהוּא, מַשֶּׁהוּ, כָּלְשֶׁהוּ, מִקְצָת

Gewißheit

וַדָּאוּת (פסי') [ק/א/248]. יְדִיעָה בְּרוּרָה שֶׁאֵין בָּהּ סָפֵק, בִּטָּחוֹן גָּמוּר, תְּכוּנָה הַמְּיַצֶּגֶת אֶת דַּרְגַּת הַהַכָּרָה הַנּוֹשְׂאִית (סוּבְּיֶקְטִיבִית). אֲמִתּוּת (פיל') [ק/א/54]. אֲמִתַּת עִנְיָן-מָה. בִּטָּחוֹן [ק/א/85]. בֵּרוּר [ק/א/94]

Gewißheit, unmittelbare

וַדָּאוּת בִּלְתִּי אֶמְצָעִית (פיל') [פ״ר/100]

Gewißheitsfaktor *{Konfidenzfaktor}*

גּוֹרֵם וַדָּאוּת (פסי', פדג') גּוֹרֵם סֶמֶךְ

Gewitter

סוּפַת רְעָמִים (מטא') [יל״ט/142]. הִתְפָּרְקוּת חַשְׁמַל בָּאֲוִירָה (אַטְמוֹסְפֶרָה) הַמְּלֻוָּה בִּבְרָקִים וּבִרְעָמִים

gewitterig

רָעוּם (מטא') שֶׁל סוּפַת רְעָמִים

Gewitterwolke

עֲנַן רְעָמִים (מטא') [יל״ט/153]. עָנָן שֶׁמִּתְחוֹלֶלֶת בּוֹ סוּפַת רְעָמִים

gewöhnlich

רָגִיל, נָהוּג, נִרְגָּל, נִרְגֶּלֶת, הֶרְגֵּלִי, בְּרָגִיל. כּוֹלֵל [ק/ב/90]. פָּשׁוּט

Gewöhnung [---> Adaptation; Sucht]

הִתְרַגְּלוּת (פסי') [ר/א/239]. הַרְגָּלָה, בִּטּוּל הַדְרָגָתִי שֶׁל פְּעִילוּת יֶתֶר בִּלְמִידָה, הִסְתַּגְּלוּת

Gewölbe *{Fornix}*

כִּפָּה (כִּפּוֹת) (רפו'). קִמְרוֹן (קִמְרוֹנוֹת) (אדר') קִמְרוֹן (קִמְרוֹנִים), קִמְרוֹן, קִמּוּר

gewölbt, nach außen

קָמוּר (מתמ') [ק/ג/257]. קָבוּב (לָדַעַת י' קלצ'קין: קָבוּב = קְעָרוּרִי), מְקֻמָּר, גִּבְנוּנִי, כַּדּוּרִי, מְכֻדָּד, עָשׂוּי בְּצוּרַת כִּפָּה

gewölbte Wand ---> Wand, vorspringende

Gewohnheit

הֶרְגֵּל (הֶרְגֵּלִים) (פסי', מ״ח) [ק/א/211; ר/א/220; מר״ח/337]. מִרְגָּל, פְּעֻלָּה נִלְמֶדֶת. מִנְהָג (מ״ח) [ק/ב/212]. דֶּרֶךְ וְסֵדֶר קְבוּעִים, טֶבַע, מַעֲשֶׂה נָהוּג וּמְקֻבָּל, תֶּקֶן, חֹק כּוֹלֵל שֶׁעַל פִּיו נוֹהֲגִים, כְּלָל. רְגִילוּת (מ״ח) [ק/ד/22]. שִׁגְרָה, נֹהַג מְקֻבָּל

Gewohnheit, schlechte

סֵאוֹר (פסי', מ״ח) הֶרְגֵּל רַע

gewohnheitsmäßig

הֶרְגֵּלִי (מ״ח) [ק/א/211; מר״ח/337]. מִטֶּבַע הַהֶרְגֵּל, נִרְגָּל, נִרְגֶּלֶת, נָהוּג, כְּמִנְהָג שֶׁל קֶבַע

Gewohnheitsrecht

הַמִּשְׁפָּט הַמְּקֻבָּל (משפ׳) חֹק בִּלְתִּי כָּתוּב

Gewohnheitstäter

עֲבַרְיָן מוּעָד (משפ׳) פּוֹשֵׁעַ מוּעָד

gewohnt

מֻרְגָּל (פסי׳) [ק/ב/276]. דָּבָר שֶׁרְגִילִים בּוֹ, שֶׁהִרְגִּילוּ אוֹתוֹ, מְאֻמָּן

gewordene Natur ---> Natur, geschaffene

Gewürm

שֶׁרֶץ (שְׁרָצִים) (זוא׳) בַּעַל חַיִּים קָטָן הַמִּתְנוֹעֵעַ וְזוֹחֵל, רַחַשׁ (רְחָשִׁים)

Gewürzbeutel

רִבְצָל (רִבְצָלִים) [א״ח/ב/266]. כִּיס עוֹר קָטָן לִבְשָׂמִים וְלִתְבָלִים

gewürzt, gut ---> pikant

gewunden

לוּלָבִי (טכנ׳) [ק/ב/116]. מְעֻקָּם, בְּצוּרַת סְלִיל בֹּרֶג

gezählt

סָפוּר (מתמ׳) [ק/ג/109]. שֶׁסָּפְרוּ אֶת כַּמּוּתוֹ. מָנוּי (מתמ׳) [ק/ב/214]

gezahnt

מְשֻׁנָּן, בַּעַל שִׁנַּיִם

Gezeiten

מוֹעֲדֵי יָם (מטא׳) גֵּאוּת וָשֵׁפֶל

Gezeiten betreffend, die

מוֹעֲדִי (מטא׳) שֶׁל גֵּאוּת וָשֵׁפֶל

Gezeitenablagerung *{Schlick}*

זוּטוֹ שֶׁל יָם (היד׳, גאו׳) מִרְבַּץ גֵּאוּת וָשֵׁפֶל

Gezeitenstrom

נְהַר מוֹעֲדִי (היד׳) נָהָר שֶׁיֵּשׁ בּוֹ שֵׁפֶל וְגֵאוּת

geziemen

נֵאוֹת [ק/א/31]. הִתְאִים, הָיָה נָאוֹת

geziemend

נָאוֹת [ק/א/155; ק/ב/24; ק/ג/9]. נָאֶה, יָאוּת, יָאֶה, רָאוּי, מַתְאִים, הָגוּן. מְהֻגָּן [ק/ב/155]. הוֹגֵן, מַתְאָם, תּוֹאֵם, נָכֹחַ (נְכֹחִים), יָשָׁר, נָכוֹן, נֵאוֹתִי

geziert *{preziös}*

מְסַלְסָל, מְצֻעְצָע, מְיֻפֶּה, מְלִיצִי, נִמְלָץ, בִּלְתִּי טִבְעִי, מְקֻשָּׁט

gezwungen

דָּחוּק [ק/א/134]. בִּלְתִּי מִתְקַבֵּל עַל הַדַּעַת. מְאֻלָּץ [ק/ד/73]. שִׁבְרִי, מֻכְרָח, אָנוּס, כָּפוּי. בְּעַל כָּרְחוֹ, עַל כָּרְחוֹ, בְּהֶכְרֵחַ, בִּכְפִיָּה, בְּאֹנֶס, לַמְרוֹת רְצוֹנוֹ, מִתּוֹךְ אִלּוּץ, שֶׁלֹּא בְּרָצוֹן

gezwungene Erklärung ---> Erklärung, gezwungene

gezwungene Erklärung geben, eine ---> geben, eine gezwungene Erklärung

Gi

Gicht *{Arthritis urica}*
שִׁגָּדוֹן (רפו׳) [מר״ח/72]. פּוֹדַגְרָה, צִנִּית, מַחֲלָה הַנִּגְרֶמֶת מֵעֹדֶף שֵׁינָן (אוּרֶאָה) בַּדָּם

gichtig
שִׁגְּדוֹנִי (רפו׳) מְשֻׁגָּד, פּוֹדַגְרִי, צִנִּיתִי

Giebel
גַּמְלוֹן (גַּמְלוֹנִים) (אדר׳) דֹּפֶן שֶׁל גַּג מְשֻׁפָּע שֶׁיֵּשׁ לָהּ צוּרַת מְשֻׁלָּשׁ

giebelständig
נִצָּב לָרְחוֹב (אדר׳)

Gier
שְׁקִיקָה (פסי׳) [ק/א/219]. הֶשְׁטֵף, בֻּלְמוּס, בּוּלְמוּס, שְׁקִיקוּת, עֶרְגָּה. לְהִיטָה (פסי׳) [ק/ב/114]. לְהִיטוּת, שְׁטִיפוּת בְּתַאֲווֹת, תְּשׁוּקָה עַזָּה, רַעַבְתָנוּת

gieren
שָׁקַק (שׁוֹקֵק) לְ.../עַל... (פסי׳) הִשְׁתּוֹקֵק (מִשְׁתּוֹקֵק) לְ.../עַל..., הִתְבַּלְמֵס (מִתְבַּלְמֵס), בָּא לִידֵי בֻּלְמוּס, חָשַׁק (חוֹשֵׁק) אֶת.../בְּ.../לְ..., הָמָה (הוֹמֶה) לְ.../אַחֲרֵי.../עַל..., נִכְסַף. סִבְסֵב (מְסַבְסֵב) (ימא׳) הִסְתּוֹבֵב לִצְדָדִים שׁוֹנִים וְסָטָה בְּשֶׁל כָּךְ מִן הַמַּסְלוּל

Gieren
סִבְסוּב (ימא׳) הִסְתּוֹבְבוּת לִצְדָדִים שׁוֹנִים הַגּוֹרֶמֶת לִסְטִיָּה מִן הַמַּסְלוּל

gierig
שׁוֹקֵק לְ.../עַל... (פסי׳) שָׁטוּף אַחַר.../בְּ..., לָהוּט, מְבֻלְמָס, נִכְסָף, חוֹשֵׁק, חַשְׁקָנִי

Gießbach, reißender
חַרְדְּלִית (חַרְדְּלִיּוֹת) (היד׳) [א״ח/ב/151]. חַרְדְּלִית, זֶרֶם שֶׁל מַיִם הַיּוֹרֵד מִן הָהָר

gießen
מָזַג (מוֹזֵג) [א״ח/א/81; א״ח/ב/236]. עֵרָה (מְעָרֶה), שָׁפָה (מְשַׁפֶּה), יָצַק (יוֹצֵק), שָׁפַךְ נוֹזֵל מִמָּקוֹם אֶחָד לְמָקוֹם שֵׁנִי, הֶעֱרָה (מַעֲרֶה), שָׁפָה (שׁוֹפֶה)

Gießform *{Matrize}*
דֹּפֶס (דְּפָסִים) (טכנ׳) אִמָּה (אִמָּהוֹת), מַטְרִיצָה, דְּפוּס חִיצוֹן

Gießlöffel
מַצֶּקֶת (מַצָּקוֹת) (טכנ׳) כַּף יְצִיקָה

Gifthauch ---> Ausdünstung, krankmachende

Giftigkeit *{Toxizität}*
רְעִילוּת (רפו׳, כימ׳) [ל״ב/236]. רַעֲלָנוּת, רַעֲלִיּוּת, מִדַּת רְעִילוּתוֹ שֶׁל חֹמֶר

Giftigkeit, selektive
רְעִילוּת בּוֹרֶרֶת (רפו׳, כימ׳) רַעֲלָנוּת בּוֹרֶרֶת

Gigantismus ---> Riesenwuchs

Gimpel *{Pyrrhula pyrrhula}*
אַדְמוֹן (זוא׳) עוֹף מִמִּשְׁפַּחַת הַפְּרוּשִׁיִּים

Ginster *{Genistra}*
רֹתֶמָה (בוט׳) צֶמַח מִמִּשְׁפַּחַת הַפַּרְפָּרָנִיִּים

Ginsterkatze, Kleinfleck- *{Genetta genetta}*
גֶּחֶן (זוא׳) יוֹנֵק מִמִּשְׁפַּחַת הַגְּחָנִיִּים

giocoso
עָלִיז (מוס׳) בַּעֲלִיזוּת, ג׳וֹקוֹסוֹ

Gipfel
שִׂיא (שִׂיאִים) (י״א) רֹאשׁ הָהָר, פִּסְגָּה (פְּסָגוֹת)

Gips
גֶּבֶס (כימ׳) [דח״ט/37]. גָּפְרַת סִידָן מְמֻיֶּמֶת וּגְבִישִׁית הַמּוֹפִיעָה בַּטֶּבַע בְּצוּרוֹת שׁוֹנוֹת

Girlande ---> Blumengewinde

Girlande(n), geschmückt mit ---> garniert

Girlande winden, zu einer ---> garnieren

Girlitz *{Serinus serinus}*
בַּזְבּוּז אֵירוֹפִּי (זוא׳) עוֹף מִמִּשְׁפַּחַת הַפְּרוּשִׁיִּים

Girokonto
חֶשְׁבּוֹן עוֹבֵר וָשָׁב (עו״ש) (כלכ׳) חֶשְׁבּוֹן שְׁקָלִים

girren
נָהַם (נוֹהֵם) (זוא׳) הָמָה (הוֹמֶה), הִשְׁמִיעַ קוֹל (הַיּוֹנָה)

Gis
סוֹל נָסֵק (מוס׳) סוֹל דִּיאֶז

Gisis
סוֹל נְסֵקַיִם (מוס׳)

Gitter
סָרִיג (סְרִיגִים) (פיס׳, טכנ׳) [ל״מ/474]. רֶשֶׁת מַתַּכְתִּית הַמְּאַפְשֶׁרֶת מַעֲבַר חַשְׁמִילוֹנִים

(אלקטרונים) דרכה. רפפה (רפפות) (אדר׳) [א״ח/א/42]. שבכה, סורג, קנקל

Gitterdeckel
סרידה , סריד (טכנ׳) [א״ח/א/102]. כסוי בצורת שבכה

Gitterfenster
חלון מסרג (אדר׳) קנקל, קנקול

Gitterpapier
ניר מרשת (גרפ׳)

Gitterstruktur
מבנה סריגי (טכנ׳)

Gitterwerk ---> Kreuzschraffierung

giusto, tempo ---> Zeitmaß, in angemessenem

Gladiator
לודר (לודרים) (הסט׳) מתגושש בזירה ברומי העתיקה

Gladiole *{Gladiolus}*
סיפן (בוט׳) צמח ממשפחת האירוסיים

glänzen
נצץ (נוצץ), הבריק, הזהיר, התנוצץ, צלהב (מצלהב)

glänzend
נוצץ, מבריק, מזהיר, מתנוצץ, מצלהב

Glätte
חלקות, חלקיות [ק/א/308]. סגלת הדבר החלק. חלקלקות [ק/א/309]

Glättmaschine ---> Poliermaschine

Glättung ---> Nivellierung

Glätzchen *{Glabella}*
גבח (רפו׳) פדחת, קרחת מצח שבין הגבות

Gläubiger
נושה (נושים) (כלכ׳, משפ׳) מלוה, מי שנותן כסף בהלואה

Gläubiger, gesicherter
נושה מבטח (כלכ׳, משפ׳) מלוה מבטח

Glandula ---> Drüse

Glandula pinealis
שקד האצטרבל (בוט׳) [ק/ד/155]. הפרי של עצי המחט

Glanz
זהר (פיס׳) [ק/א/252]. זהרה, אור מבריק. זיו (פיס׳) [ק/א/257]. נגה. להט (פיס׳) [ק/ב/114]. ברק. להיטות, לחטות (פיס׳) [ק/ב/115]. הברקה, התברקות. לטישה, לטישות [ק/ב/119]. בהירות, זכות. מרוק (פיס׳) [ק/ב/278]. ברק המתכת הממרקת. בהיקות (פיס׳) מבריקות

Glanzgras *{Phalaris}*
חפורית (בוט׳) צמח ממשפחת הדגניים

glanzlos ---> matt

Glanzstar *{Onychognathus tristrami}*
טריסטרמית (זוא׳) זרזיר ים המלח, עוף ממשפחת הזרזיריים

Glas
זכוכית (טכנ׳) [דח״ט/52]. חמר קשיח ושביר, שקוף או שקוף למחצה המיצר בעקר מתחמוצות צרן

Glaser
זגג (זגגים) (מלא׳) [א״ח/ב/285]

Glasflügler *{Sesiidae}*
זכוכעשיים (זוא׳) משפחה של פרפראים

Glashärte
חסום קשה (טכנ׳) חסום זגוגי

glasieren
זיג (מזיג) (טכנ׳, אמנ׳) זגג (מזגג), צפה צפוי זגוגי, זגג (מזגג)

glasiert
מזיג (טכנ׳, אמנ׳) מזגג, מזגג

Glaskörper
זגוגית העין (רפו׳) [ק/ב/101]. לחה כפורית, לחות כפורית, החמר השקוף הנמצא בין הרשתית ובין העדשה של העין

Glaskraut *{Parietaria}*
כתלית (בוט׳) צמח ממשפחת הסרפדיים

Glaspassivierung
הזגה מאדשת (אלק׳)

Glasradierung
תחריט זכוכית (אמנ׳, דפו׳) תהליך שבו מציירים על לוח צלום המצפה קרום שקוף ומעתיקים את הציור על ניר צלומים על ידי הצגתו לאור

Glasschmalz *{Salicornia}*
פרקן (בוט׳) צמח ממשפחת הסלקיים

Glasschneider
מחתך זכוכית (טכנ׳)

Glasur
זיג (טכנ׳, אמנ׳) זגוג, צפוי זגוגי, זגוגית

Glasurbrand ---> Glattbrand

Glasurüberguß überziehen, mit ---> glasieren

Glasvlies
לבד זכוכית (טכנ׳) [דח״ט/77]. שכבה של סיבי זכוכית הספוגים בחמר חבור

Glasweizen ---> Hartweizen

glatt
חלק [ק/א/309]. חלקלק, שעיע. ממרק [ק/ג/284]. קללי, משפה, מהקצע, משיף

Glattbrand
צרוף זגוג (טכנ׳)

glattbrennen
צרף לזגוג (טכנ׳)

Glattdeckschiff
אניה משות ספון (ימא׳)

Glatteis
קרח זגוגי (מטא׳) [יל״ט/177]. משקע קרח שגבישיו צפופים

Glatthafer *{Arrhenatherum}*
בלבסן (בוט׳) צמח ממשפחת הדגניים

Glatthai *{Mustelus vulgaris (Mustelus asterias}*
כרישון כוכבני (זוא׳) דג ממשפחת הכרישוניים (כרישאים)

Glattnasen *{Vespertilionidae}*
נשפוניים (זוא׳) משפחה של עטלפים

Glatze am Hinterkopf
קרחת (קרחות) (רפו׳) מקום נטול שערות

בַּחֵלֶק הָאֲחוֹרִי שֶׁל הָרֹאשׁ

Glatze am Vorderkopf

גַּבַּחַת (גַּבָּחוֹת) (רפו׳) מָקוֹם נְטוּל שְׂעָרוֹת בַּחֵלֶק הַקִּדְמִי שֶׁל הָרֹאשׁ

Glatze scheren, eine

גִּבֵּחַ (מְגַבֵּחַ), עָשָׂה קָרַחַת

Glaube

אֱמוּנָה [ק/א/52; 150; ר/א/176]. הָאֱמָנָה, סְבָרָה, בִּטָּחוֹן. הוֹדָאָה [ק/א/160]. מַאֲמָר בְּ... [ק/ב/133]. נֶאֱמָנוּת [ק/ג/10]

glauben

הֶאֱמִין (מַאֲמִין) [ק/א/57; ק/ד/9]. רָאָה, אָמַר בְּ..., סָבַר, דִּמָּה בְּנַפְשׁוֹ, הֶחֱזִיק בְּדֵעָה, הָיָה בְּדַעְתּוֹ, שִׁעֵר בְּלִבּוֹ

Glauben, in gutem

בְּתֹם לֵב (משפ׳)

Glauben betreffend, den

אֱמוּנִי (דת) [ק/א/53]. מְעֻנְיָן הָאֱמוּנָה, הַמִּתְיַחֵס עַל הָאֱמוּנָה

Glaubensbekenntnis

הוֹדָאַת אֱמוּנָה (דת)

Glaubensgenosse

בֶּן אֱמוּנָה (אנת׳) [ק/א/270]. חָבֵר, בֶּן דֵּעָה אַחַת עִם מִישֶׁהוּ, אֶחָד מִן הָאֻמָּה

Glaubensinbrunst

אַהֲבַת אֱלֹהִים (דת, פיל׳) [ק/א/335]. חֵשֶׁק, אַהֲבָה רוּחָנִית עַזָּה

Glaubenslehre

אֱמוּנָה תּוֹרָנִית (דת) [ק/ד/187]. לִמּוּד הָאֱמוּנָה

Glaubenssache

דָּבָר שֶׁבֶּאֱמוּנָה (דת)

Glaubwürdigkeit

מְהֵימָנוּת, נֶאֱמָנוּת, אֲמִתּוּת, אֲמִינוּת

Glaukom ---> Star, grüner

glaukombezüglich ---> Star bezüglich, auf den grünen

glazial

קַרְחוֹנִי (גאו׳) גְּלַצְיָלִי

glazialer Essig ---> Essig, glazialer

Glazialerosion

סְחִיפָה קַרְחוֹנִית (גאו׳, י״א) סְחִיפָה (אֶרוֹזְיָה) הַנִּגְרֶמֶת עַל יְדֵי קַרְחוֹנִים

gleich [---> gleichartig]

שָׁוֶה [ק/ד/79]. דּוֹמֶה בְּכָל פְּרָטָיו לְאַחֵר. נִשְׁוֶה [ק/ג/75]. זֵהֶה, מְאֻזָּן, מְעֻיָּן, שָׁקוּל. אֲחָדִים בְּ- [ק/א/34]. מְסֻכָּמִים. מִשְׁתַּוֶּה [ק/ב/305]. מִשְׁתַּתֵּף [ק/ב/308]. מִתְמַשֵּׁל [ק/ב/321]. מִתְדַּמֶּה [ק/ב/311]. נִשְׁוֶה [ק/ג/75]

Gleichaltrigengruppe

קְבוּצַת שָׁוִים (פסי׳, מ״ח) קְבוּצָה שֶׁחֲבֵרֶיהָ בְּנֵי גִּיל אֶחָד בְּעֵרֶךְ וְהֵם בַּעֲלֵי אוֹתוֹ מַצָּב (סְטָטוּס) חֶבְרָתִי

gleichartig [---> gleich; gleichmäßig]

זֵהֶה מִין [ק/א/36]. אָחוּד, אָחִיד, חַדְמִינִי, מִמִּין אֶחָד, חַדְסוּגִי, חַדְגּוֹנִי

Gleichartigkeit [---> Gleichmäßigkeit]

זֵהוּת מִין [ק/ד/81]. שִׁוּוּי, שָׁווּת, חַדְמִינִיּוּת, זֵהוּת, הוֹאוּת, מִקְשָׁה אַחַת, חַדְגּוֹנִיּוּת. שִׁוְיוֹן [ק/ד/82]. הֱיוֹת שָׁוֶה לְאַחֵר, חַדְסוּגִיּוּת. אֲחִידוּת (פיל׳, מ״ט) [ק/א/118]. גְּנֵסוּת, דִּמְיוֹן, קִרְבָה. הִשְׁתַּוּוּת [ק/א/222]. סְגֻלַּת הַדִּמְיוֹן. הִשְׁתַּוּוּת [ק/א/224]. יַחַס. מְצוּעַ [ק/ב/254]. מֶזֶג שָׁוֶה. שְׁתָפוּת [ק/ד/169]

gleichbleibend [---> konstant]

קָבוּעַ [ק/ד/129]. שָׁמוּר, מְתֻקָּיָם, בִּלְתִּי מִשְׁתַּנֶּה, קַיָּם, עוֹמֵד, מַתְמִיד, עוֹמֵד בְּעֵינוֹ, נִשְׁאַר כְּשֶׁהָיָה

gleiche Begriffe, teilweise ---> Begriffe, teilweise gleiche

gleiche Geltung ---> Geltung, gleiche

gleiche Notwendigkeit ---> Notwendigkeit, gleiche

gleichem Ausmaß, von ---> Ausmaß, von gleichem

gleichen

שָׁוָה (שׁוֹוֶה) לְ.../אֶל... [ק/ד/80]. הָיָה שָׁוֶה, דָּמָה, הָיָה דּוֹמֶה לְ..., הָיָה בְּדִיּוּק כְּמוֹ..., תָּאַם, הָיָה זֵהֶה לְ.../עִם..., נִשְׁוָה (נִשְׁוֶה), הִשְׁתַּוָּה (מִשְׁתַּוֶּה) עִם...

gleiches Wesen ---> Wesen, gleiches

gleichförmig

שְׁוֵה צוּרָה, שָׁוּוּי, דּוֹמֶה, חַד אֹפִי, קָצוּב, אָחִיד, חַדְגּוֹנִי

gleichförmig werden ---> gleichen

Gleichförmigkeit

שִׁוְיוֹן צוּרָה [ק/ד/155]. שִׁקּוּל, תְּכוּנַת הַדָּבָר הַשָּׁקוּל, תֹּאַם, דִּמְיוּת, שִׁוְיוֹן, יַחַס שֶׁל הַתְאָמָה נָאָה שֶׁל הַפְּרָטִים, אֲחִידוּת, חַדְגּוֹנִיּוּת

gleichgeltend

שְׁוֵה תֹּקֶף

Gleichgestellter, Gruppe ---> Gefährtengruppe

Gleichgewicht [---> Gleichmäßigkeit]

שִׁוּוּי מִשְׁקָל [ק/א/31; ר/ב/652]. אִזּוּן, תַּאֲזוּן. מְצוּעַ [ק/ב/254]. מְמֻצָּע, מֶזֶג שָׁוֶה. שִׁוּוּי [ק/ד/80]. הִשְׁתַּוּוּת, אֶמְצָעִיּוּת, מְתִינוּת, עֵרוּב מִמְּזָג

Gleichgewicht, physiologisches

אִזּוּן גּוּפָנִי (רפו׳, פסי׳) מַצַּב אִזּוּן, אִזּוּן כִּיּוּנִי

Gleichgewicht, relatives

שִׁוּוּי מִשְׁקָל יַחֲסִי (פיס׳)

Gleichgewichts-Hörnerv *{Nervus stato-acusticus}*

הָעָצָב הַשְּׁמִיעָנִי (רפו׳) [מר״ח/16]

Gleichgewichtsempfindung

תְּחוּשַׁת שִׁוּוּי מִשְׁקָל (פסי׳, רפו׳)

Gleichgewichtsstörung

אִי שִׁוּוּי מִשְׁקָל (פסי׳, רפו׳)

gleichgültig [---> apathisch]

אָדִישׁ [ק/ג/184; ק/ד/82]. שִׁוְיוֹנִי, פְּחוּת הַנֶּפֶשׁ, לֹא אִכְפַּתִּי, מִי שֶׁאֵינוֹ רָגִישׁ. שְׁוֵה תֹּקֶף

Gleichgültigkeit [---> Apathie]

אֲדִישׁוּת (פסי׳) [ר/א/7]. מַצָּב שֶׁאֵין מַעֲדִיפִים בּוֹ אֶפְשָׁרוּת מְסֻיֶּמֶת מֵאֶפְשָׁרֻיּוֹת אֲחֵרוֹת

Gleichheit

שִׁוְיוֹן [ק/ד/82]. הֱיוֹת שָׁוֶה לְאַחֵר. שָׁווּת [פ״ר/85]. הִשְׁתַּוּוּת [ק/א/222]. סְגֻלַּת הַדִּמְיוֹן, דִּמְיוּת. שִׁוּוּי [ק/ד/81]. זֵהוּת, הוֹאוּת, מִקְשָׁה אַחַת. שִׁתּוּף [ק/ד/165]. שִׁוּוּי שֶׁל דְּבָרִים שׁוֹנִים, צַד שָׁוֶה שֶׁבִּדְבָרִים שׁוֹנִים, הִדָּמוּת

Gleichheitsstreben

הִתְדַּמּוּת [ק/א/229]. הִדָּמוּת, דִּמְיוֹן וְשִׁוּוּי

Gleichmachen ---> Nivellierung

gleichmäßig [---> gleichartig]

מְאֻזָּן [ק/ב/234]. מְעֻיָּן, שָׁקוּל בְּדַעְתּוֹ, מְיֻשָּׁב, מָדוּד. שָׁקוּל [ק/ד/155]. נִמְצָא בְּשִׁוּוּי מִשְׁקָל. שָׁוֶה [ק/ד/78]. שָׁוֶה, רָחוֹק מִן הַקְּצָווֹת, מְמֻצָּע, מָתוּן, מְמֻזָּג [ק/ב/208]. מְעֹרָב בְּמֶזֶג הַשָּׁוֶה, תּוֹאֵם, מְשֹׁעָר, קָצוּב. מְמֻסָּךְ [ק/ב/209]. מִתְמַצֵּעַ [ק/ב/321]. שְׁוֵה עֵרֶךְ, לְלֹא הַכְרָעָה, מִשְׁוְאָתִי

Gleichmäßigkeit [---> Gleichartigkeit]

מְאֻזָּנוּת [ק/ד/155]. שִׁקּוּל, תֹּאַם, יַחַס שֶׁל הַתְאָמָה נָאָה שֶׁל הַפְּרָטִים, תְּכוּנַת הַדָּבָר הַשָּׁקוּל, שִׁוְיוֹן, דַּמְיוּת, שִׁוְיוֹן צוּרָה. שִׁוּוּי [ק/ד/80]. הִשְׁתַּוּוּת, אִזּוּן, מִצּוּעַ, אֶמְצָעִיּוּת, מְתִינוּת, עֵרוּב מְמֻזָּג

Gleichmaß ---> Gleichmäßigkeit

gleichnamig ---> homonym

Gleichnis

מָשָׁל (מְשָׁלִים) (ספר׳) [ק/ב/294]. אֲמִירָה בִּסְמָלִים הַמְכֻוָּנִים לְמַה שֶּׁלֹּא נֶאֱמַר בִּמְפֹרָשׁ, דָּבָר בְּהוֹרָאָה מֻשְׁאֶלֶת, - הַבָּא לְשֵׁם דֻּגְמָה אוֹ הַדְגָּמָה. הֶמְשֵׁל (ספר׳) [ק/א/180]. חִקּוּי [ק/א/325]. הֶקֵּשׁ

Gleichnis(ses), Moral des ---> Fabel, Moral der

Gleichnis anwenden, ein

מָשַׁל (מוֹשֵׁל) מָשָׁל (ספר׳) הִמְשִׁיל (מַמְשִׁיל)

gleichordnen ---> zuordnen

Gleichordnung ---> Koordination

gleichrangig sein

בְּמַעֲמָד שָׁוֶה (משפ׳, כלכ׳) חֵלֶק כְּחֵלֶק

Gleichrichter

מְיַשֵּׁר (פיס׳, טכנ׳) הֶתְקֵן הַהוֹפֵךְ זֶרֶם חִלּוּפִים לְזֶרֶם יָשָׁר

Gleichrichtung

יִשּׁוּר (פיס׳) [ל״מ/304]. תַּהֲלִיךְ חַשְׁמַלִּי הַהוֹפֵךְ זֶרֶם חִלּוּפִים לְזֶרֶם יָשָׁר

gleichschenkliges Trapez ---> Trapez, gleichschenkliges

gleichseitig ---> kollateral

gleichseitiges Dreieck ---> Dreieck, gleichseitiges

gleichsetzen

תִּשְׁוָה (מִתַשְׁוֶה), שִׁוָּה (מְשַׁוֶּה, לְשַׁוּוֹת), רָאָה אֶת... שָׁוֶה לְ..., זָהֶה עִם..., הִשְׁוָה לְ..., הִשְׁוָה הֲדָדִי, קָבַע כְּשָׁוֶה מִבְּחִינַת הָאֵיכוּת

Gleichsetzung [---> Parallelisierung]

תִּשְׁוּוּי, שִׁוּוּי, הַעֲמָדַת דְּבָרִים עַל דַּרְגָּה אַחַת

Gleichsetzungsverb ---> Kopula

Gleichstrom

זֶרֶם יָשָׁר (פיס׳) [ל״מ/254]. זֶרֶם חַשְׁמַלִּי הַזּוֹרֵם רַק בְּכִוּוּן אֶחָד בְּתוֹךְ הַמַּעְגָּל

Gleichstromanwendung ---> Galvanotherapie

Gleichung

מִשְׁוָאָה (מִשְׁוָאוֹת) (מתמ׳) [ק/ב/290]. מִשְׁוָיָה, תַּשְׁוִית, שִׁוְיוֹן בֵּין בִּטּוּיִים אַלְגֶּבְּרִיִּים הַמִּתְקַיֵּם רַק לְגַבֵּי עֵרֶךְ מִסְפָּרִי אֶחָד אוֹ מִסְפָּר מְסֻיָּם שֶׁל עֲרָכִים מִסְפָּרִיִּים שֶׁל הָאוֹתִיּוֹת הַנִּקְרָאוֹת נֶעְלָמִים

Gleichung, abgeleitete

מִשְׁוָאָה גְּזוּרָה (מתמ׳)

Gleichung, äquivalente

מִשְׁוָאָה שְׁקִילָה (מתמ׳)

Gleichung, biquadratische

מִשְׁוָאָה דּוּ רִבּוּעִית (מתמ׳) מִשְׁוָאָה מִמַּעֲלָה רְבִיעִית

Gleichung, kubische

מִשְׁוָאָה קֻבִּית (מתמ׳) מִשְׁוָאָה מִמַּעֲלָה שְׁלִישִׁית, - מְעֻקֶּבֶת

Gleichung, quadratische

מִשְׁוָאָה רִבּוּעִית (מתמ׳) מִשְׁוָאָה מִמַּעֲלָה שְׁנִיָּה

Gleichung, reziproke

מִשְׁוָאָה הֲפוּכִית (מתמ׳)

Gleichung dritten Grades ---> Gleichung, kubische

Gleichung zweiten Grades ---> Gleichung, quadratische

Gleichung zweiten Grades mit zwei Unbekannten

מִשְׁוָאָה רִבּוּעִית עִם שְׁנֵי נֶעְלָמִים (מתמ׳) [ק/ג/50]. מִשְׁוָיָה מִמַּדְרֵגָה שְׁנִיָּה עִם שְׁנֵי נֶעְלָמִים

Gleichungen, simultane ---> Gleichungssystem

Gleichungssystem

מִשְׁוָאוֹת בּוֹ זְמַנִּיּוֹת (מתמ׳)

Gleichwert

שִׁוְיוֹן הָעֵרֶךְ

gleichwertig ---> äquivalent

gleichwertig ansehen, als ---> gleichsetzen

Gleichwertigkeit ---> Äquivalenz

gleichzeitig *{simultan}* **[---> synchron]**

בּוֹזְמַנִּי [ק/ד/81; מר״ח/615]. יַחְדָּוִי, עַל הַשִּׁוּוּי, בִּזְמַן אֶחָד, בּוֹ בַּזְּמַן, בְּעֵת וּבְעוֹנָה אַחַת, עוֹנָתִי, סִימוּלְטָנִי, מִתְרַחֵשׁ בְּאוֹתוֹ זְמַן, חַד זְמַנִּי, יַחְדּוֹנִי. הֶגֵּעַ [ק/א/156]. בְּהֶגֵּעַ אֶחָד, בְּבַת אַחַת

gleichzeitige Konditionierung ---> Simultankonditionierung

gleichzeitiges Vorhandensein ---> Vorhandensein, gleichzeitiges

Gleichzeitigkeit *{Simultanität}* **[---> Synchronismus]**

בּוֹזְמַנִּיּוּת [ק/ב/31; מר״ח/615]. יַחְדָּוִיּוּת, יַחְדָּנִיּוּת, פְּעֻלָּה הַחֵלָּה בְּעֵת וּבְעוֹנָה אַחַת, עֻנָתָה, סִימוּלְטָנִיּוּת, הִתְרַחֲשׁוּת בְּאוֹתוֹ זְמַן, חַד זְמַנִּיּוּת, יַחְדִּיּוּת

Gleitbakterien

חַיְדַּקִּים מַחֲלִיקִים (ביו׳)

Gleitbruch

שֶׁבֶר זִיחָה (טכנ׳)

gleiten

הֶחֱלִיק (מַחֲלִיק), הִטָּה (מַטֶּה)

Gleiten

הַחֲלָקָה, חֲלִיקָה, הִטּוּי, הַטָּאָה

Gleithang

גָּדָה שְׁפוּעָה (היד׳, י״א) גְּדַת נָהָר שְׁפוּעִית בְּמִקְצַת בְּצַד הַפְּנִימִי שֶׁל נַפְתּוּל

Gleitlaut ---> Vokal, anaptyktischer
Gleitpunktschreibweise
יִצּוּג נְקֻדָּה צָפָה (מחש׳) [דמ״א/46]. דֶּרֶךְ יִצּוּג מִסְפָּרִים עֶשְׂרוֹנִיִּים בְּמַחְשֵׁב
Gleitreibung
חִכּוּךְ הַחֲלָקָה (פיס׳)
Gleitwinkel
זָוִית הַחֲלָקָה (פיס׳)
Gletscher
קַרְחוֹן (קַרְחוֹנִים) (גאו׳, י״א) הַר קֶרַח שֶׁנּוֹצַר כְּתוֹצָאָה מִדְּחִיסַת שֶׁלֶג לְקֶרַח
Gletschermühle
מַכְתֶּשֶׁת קַרְחוֹן (גאו׳, י״א) נִקְבָּה דְּמוּיַת צִנּוֹר בְּסֶלַע הַנּוֹצֶרֶת עַל יְדֵי מֵי הַפְשָׁרָה שֶׁל הַקַּרְחוֹן
Gletscherschliff
מֶרֶט קַרְחוֹנִי (גאו׳, י״א) הַשֶּׁטַח שֶׁנִּפְחַס עַל יְדֵי קַרְחוֹן
Gletscherschutt
שְׁפֹכֶת קַרְחוֹנִית (גאו׳, י״א)
Gletschersturz
מַפַּל קֶרַח (גאו׳, י״א)
Gletschertisch
פִּטְרִיַּת קַרְחוֹן (גאו׳, י״א) גּוּשׁ סֶלַע רָחָב הַנִּמְצָא בְּרֹאשׁ קַרְחוֹן
Gletschertopf ---> Gletschermühle
Gletschertor
זַרְבּוּבִית הַקַּרְחוֹן (גאו׳, י״א) מְקוֹם נְבִיעָתוֹ שֶׁל יוּבַל תַּת קַרְחוֹנִי (סוּבְּגְלַצְיָלִי) מִן הַקַּרְחוֹן
Glia
דְּבוּק (רפו׳) דִּבְקִית עֲצַבִּים
Glied
אֵבֶר (אֲבָרִים) [ק/ג/216]. פֶּרֶק, חֵלֶק, אֵיבָר (אֵיבָרִים)
Glied(es), Abnahme eines ---> Amputation
Glied, allgemeines
אֵיבָר כְּלָלִי (מתמ׳)
Glied, männliches ---> Penis
Glied(es), Wegführen eines
הִרְחוּק, רִחוּק (רפו׳) הַצְדָּדָה, הַתְנָכָה, פִּשּׂוּק אֵבֶר, הֲנָעַת אֵבֶר מְסֻיָּם מִקַּו הָאֶמְצַע שֶׁל הַגּוּף לַחוּץ
Glieder, Methode der behaltenen
מַדְרוּךְ (מֶתוֹדַת) הַפְּרָקִים הַשְּׁמוּרִים (פסי׳) דֶּרֶךְ הַפְּרָקִים הַשְּׁמוּרִים, אֶמְצָעֵי לְשִׁפּוּר הַזִּכָּרוֹן
Glieder, Zusammenfassen ähnlicher
כִּנּוּס אֵיבָרִים (מתמ׳)
Glieder eines Gegensatzpaares, beide ---> Gegensatzpaar(es), beide Glieder eines
Gliederfrucht ---> Bruchfrucht
gliedern ---> strukturieren
Gliederung ---> Strukturierung
Gliederung der Rede ---> Rede, Gliederung der
Gliederung des Satzes ---> Satz(es), Gliederung des
Gliedkraut *{Sideritis}*
בַּרְזִלוֹן (בוט׳) צֶמַח מִמִּשְׁפַּחַת הַשְּׂפָתָנִיִּים
Gliedmaße *{Extremität}*
גַּף (גַּפַּיִם) (רפו׳) קַצְוָה (קְצָווֹת), קָצֶו (קְצָוִים), יָד וְ/אוֹ רֶגֶל
Gliedmaßenzuckungen, rhytmische ---> Klonus
Gliedsatz ---> Nebensatz
Gliedteil ---> Attribut
Gliedteilsatz ---> Attributsatz; Inhaltssatz
Gliedtiere
פְּרוּקֵי רַגְלַיִם (זוא׳)
Glimmentladung
הִתְפָּרְקוּת עוֹמֶמֶת (פיס׳) [ל״מ/232]. הִתְפָּרְקוּת זוֹהֶרֶת, - חַשְׁמַלִּית מְלֻוָּה פְּלִיטַת אוֹר בִּשְׁפוֹפֶרֶת גָּז
Glimmer *{Mika}*
נָצִיץ (נְצִיצִים) (מינ׳) [דח״ט/102]. שֵׁם כּוֹלֵל לִקְבוּצַת מַחְצָבִים שְׁקוּפִים וּבַעֲלֵי בָּרָק מַתַּכְתִּי הַמִּתְפַּצְּלִים לְעָלִים דַּקִּים וּמְשַׁמְּשִׁים כְּחֹמֶר בִּדּוּד
Gliom
דְּבוּקוֹמֶת (רפו׳) גְלִיוֹמָה, גִּדּוּל שֶׁל רִקְמַת הַדִּבּוּק
global
כַּדּוּרִי (י״א, מדי׳) גְּלוֹבָּלִי, שֶׁל כָּל כַּדּוּר הָאָרֶץ
Globalismus
כַּדּוּרִיּוּת (י״א, מדי׳, כלכ׳) גְּלוֹבָּלִיּוּת
Globus
כַּדָּרֶץ (י״א) [ק/ב/64; מר״ח/323]. כַּדּוּר, כַּדּוּר, תַּבְנִית כַּדּוּר הָאָרֶץ, גּוֹגָל, גְּלוֹבּוּס
Glocke
פַּעֲמוֹן (מוס׳) מְצִלָּה, כְּלִי הַמַּשְׁמִיעַ צִלְצוּל
Glockenblume *{Campanula}*
פַּעֲמוֹנִית (בוט׳) צֶמַח מִמִּשְׁפַּחַת הַפַּעֲמוֹנִיתִיִּים
Glockenspiel
פַּעֲמוֹנָה (מוס׳) פַּעֲמוֹנִיָּה
Glöckchen ---> Schelle
Glomerulus ---> Knäuelchen
glomiformis ---> knäuelig
Glomus ---> Knäuel
Glorie
הִלַּת הַצֵּל (מטא׳) [יל״ט/53]. הִלָּה הַמּוֹפִיעָה בָּאֲוִירָה (אַטְמוֹסְפֵרָה) סְבִיב הַצֵּל הָעַצְמִי הַנּוֹפֵל עַל עָנָן כְּשֶׁהַצּוֹפֶה נִמְצָא מֵעָלָיו
Glossar
סַבּוּרוֹן (ספר׳, ספרנ׳) [מ״ב/91]. גְּלוֹסַרְיוֹן, מִלּוֹן מְפָרֵשׁ לְגוּף סִפְרוּתִי מְסֻיָּם, מְנָחוֹן, רְשִׁימַת מֻנָּחִים, - בֵּאוּרֵי מִלִּים
Glosse
סַבּוּר (סַבּוּרִים) (בלש׳, ספר׳) [מ״ב/91]. גְּלוֹסָה, הֶעָרָה מְפָרֶשֶׁת בְּשׁוּלֵי כְּתוּבִים
Glossem
מַשְׁמָעָן (בלש׳) [מ״ב/91]. גְּלוֹסֵימָה, הַיְּחִידָה הַבַּלְשָׁנִית הַקְּטַנָּה בְּיוֹתֵר שֶׁיֵּשׁ לָהּ מַשְׁמָעוּת
Glossina ---> Tsetsefliege
Glossitis ---> Zungenentzündung
Glossoptose
צְנִחַת הַלָּשׁוֹן (רפו׳) שְׁמוּט הַלָּשׁוֹן בְּמַצָּב שֶׁל חֹסֶר הַכָּרָה, גְלוֹסוֹפְּטוֹזָה
Glottal ---> Kehlkopflaut

Glottis ---> Stimmapparat
Glucken *{Lasiocampidae}*
טַוָּאִיִּים (זוא') מִשְׁפָּחָה שֶׁל פַּרְפָּרָאִים
Glück [---> Glückseligkeit]
אֹשֶׁר [ק/א/75]. תַּכְלִית הַטּוֹבָה וְהַהַצְלָחָה. מַזָּל [ק/ב/174]
Glückseligkeit [---> Glück]
נְעִימוּת [ק/ג/50]. עֲרֵבוּת, עֹנֶג, נֹעַם, הֲנָאָה, נַחַת, הַצְלָחָה. נֹעַם [ק/ג/51]
Glücksfall, unerwarteter
מַתַּת שָׁמַיִם (כלכ') רֶוַח בִּלְתִּי צָפוּי
Glücksgefühl ---> Euphorie
Glückslinie
קַו הַמַּזָּל (אנת') [ק/ג/275]
Glücksspieler ---> Hasardeur
glühen
לַהֵט (מְלַהֵט) (פיס') [א"ח/ב/276]. לִבֵּן (מְלַבֵּן), לָהַט, בָּעַר
glühende Asche ---> Asche, glühende
glühende Kohle ---> Kohle, glühende
Glühfaden
נִימַת לַהַט (טכנ')
Glühlampe
נוּרַת לַהַט (טכנ') נוּרַת לִבּוּן
Glühröhrchen
מַבְחֵנַת לַהַט (כימ', טכנ')
Glühwürmchen *{Lampyridae}*
גַּחְלִילִיתִיִּים (זוא') מִשְׁפָּחָה שֶׁל חִפּוּשִׁיּוֹת
Glukose
אֶמְתָּק (כימ', תזו') גְּלוּקוֹזָה, סֻכַּר עֲנָבִים
Glukosetoleranztest
מִבְחַן הַעֲמָסַת סֻכָּר (רפו')
Glukosurie
סֻכָּר בַּשֶּׁתֶן (רפו') סֻכַּר שֶׁתֶן
Gluten
אֶלֶזְק (כימ', תזו') גְּלוּטֶן, חֶלְבּוֹן חִטָּה
Glykämie
סֻכָּר בַּדָּם (רפו') סֻכַּר דָּם
Glykosurie ---> Glukosurie
Glyzerin
דֶּשֶׁף (כימ') [מר"ח/325]. גְּלִיצֶרִין, גְּלִיצֶרוֹל
Gnade
חֶסֶד (חֲסָדִים) [ק/א/315]. חִנּוּת, חֲנִינָה, רַחֲמִים
Gnade, Modalität der Bitte um ---> Abbitte, Modalität der
Gnadenbezeigung
עֲשִׂיַּת חֶסֶד [ק/א/168]. הֲטָבָה, הַשְׁפָּעַת טוֹבָה, גְּמִילַת חֶסֶד
Gnadenfrist
יְמֵי חֶסֶד (משפ') אַרְכַּת תַּשְׁלוּם, תְּקוּפַת חֶסֶד, אַרְכָּה בְּפִרְעוֹן הַלְוָאָה
Gnadengesuch stattgeben, seinem ---> begnadigen, jemanden
Gnadenwirkung
פְּעֻלַּת חֶסֶד
gnädig
חַנּוּן, רַב חֶסֶד, גְּדָל חֶסֶד, מֵטִיב, מָלֵא רַחֲמִים
Gnitzen *{Ceratopogonidae}*
יַבְחוּשִׁיִּים (זוא') מִשְׁפָּחָה שֶׁל יַתּוּשִׁים
gnomisch
הֹוֶה מַצָּבִי (פיל') [מ"ב/92]. הֹוֶה הַתְּמִידִי, הֶבֵּט שֶׁל הַפֹּעַל הַמַּבִּיעַ אֲמִתָּה מְקֻבֶּלֶת כְּמַצָּב קָבוּעַ, לְמָשָׁל: "כָּל טַבָּח מְהַלֵּל אֶת תַּבְשִׁילוֹ"
Gnoseologie ---> Erkenntnistheorie
gnoseologisch ---> erkenntnistheoretisch
gnoseologisches Abbild ---> Abbild, gnoseologisches
Gnostiker
יַדְעוּתָן (פיל') [ק/ב/29]. יוֹדֵעַ, יַדְעָן, גְּנוֹסְטִיקָן
gnostische Intelligenz ---> Intelligenz, theoretische
Gnostizismus
יַדְעוּת (פיל') [ק/ב/29; 206]. תּוֹרַת הַיַּדְעוּת, גְּנוֹסְטִיצִיזְם

Gönnerschaft ---> Beschützung

göttlich
אֱלֹהִי (דת, פיל') [ק/א/46]. שֶׁיֵּשׁ בּוֹ מֵעִנְיַן הָאֱלֹהוּת. רִבּוֹנִי (דת, פיל') [ק/ד/18]. רַבָּנִי (דת, פיל') [ק/ד/20]
Göttliche, das
הָעִנְיָן הָאֱלֹהִי (דת) [ק/ג/149]. דַּעַת אֱלֹהִים (דת) [ק/א/28]. אוֹר, הַשְּׁכִינָה, נְבוּאָה
göttliche Form ---> Form, göttliche
göttliche Fügung ---> Fügung, göttliche
göttliche Handlung ---> Handlung, göttliche
göttliche Leitung ---> Leitung, göttliche
göttliches Wesen ---> Wesen, göttliches
göttlicher Geist ---> Geist, göttlicher
göttlicher Wille ---> Wille, göttliche
Göttlichkeit
אֱלֹהוּת, אֱלָהוּת (דת, פיל') [ק/א/45]. מִדַּת הָאֵל וּמַהוּתוֹ. רַבָּנוּת (דת, פיל') [ק/ד/20]
Götzenbild
אֱלִיל (אֱלִילִים) (דת) גִּלּוּל (גִּלּוּלִים), צֶלֶם (צְלָמִים)
Götzendiener
עוֹבֵד אֱלִילִים (דת) [ק/א/51]. אַמְגּוּשִׁי
Goldäsche *{Mugil auratus}*
קִיפוֹן זָהֹב (זוא') דָּג מִמִּשְׁפַּחַת הַקִּיפוֹנִיִּים (דְּגֵי גֶּרֶם)
Goldammer *{Emberiza citrinella}*
גִּבְתּוֹן צָהֹב (זוא') עוֹף מִמִּשְׁפַּחַת הַגִּבְתּוֹנִיִּים
Goldaugen *{Chrysopidae}*
עֵינְפָזִיִּים (זוא') מִשְׁפָּחָה שֶׁל חֲרָקִים
Goldblech
רִקּוּעַ זָהָב (טכנ')
Goldbrasse *{Sparus auratus}*
סְפָרוּס זָהֹב (זוא') דָּג מִמִּשְׁפַּחַת הַסְּפָרוּסִיִּים (דְּגֵי גֶּרֶם)
Golddistel, Spanische *{Scolymus hispanicus}*
חוֹחַ סְפָרַדִּי (בוט') צֶמַח מִמִּשְׁפַּחַת הַמֻּרְכָּבִים
goldener Schnitt ---> Schnitt, goldener
Goldhamster *{Mesocricetus auratus}*
אוֹגֵר זָהֹב (זוא') יוֹנֵק מִמִּשְׁפַּחַת הָעַכְבָּרִיִּים
Goldlack *{Cheiranthus}*

יַזְהוּב (בוט') צֶמַח מִמִּשְׁפַּחַת הַמַּצְלִיבִים

Goldleib

גּוּף הַזָּהָב (מ"ח, כלכ')

Goldmünze

זָהוּב (זְהוּבִים) (כלכ') [א"ח/ב/412]. מַטְבֵּעַ זָהָב

Goldregenpfeifer *{Pluvialis apricaria}*

חוֹפְזִי זָהֹב (זוא') חוֹפְמִי זָהֹב, עוֹף מִמִּשְׁפַּחַת הַחוֹפְמִיִּים

Goldschakal *{Canis aureus}*

תַּן (זוא') יוֹנֵק מִמִּשְׁפַּחַת הַכַּלְבִּיִּים

Goldschein

כְּסוּת שֶׁל זָהָב (מ"ח, כלכ')

Goldschmied

צוֹרֵף (צוֹרְפִים) (מלא') זְהָבִי (זְהָבִים), צוֹרֵף זָהָב

Goldstift

זְהָבוֹן (אמנ') [ממ"ג/95]. עֵט זָהָב הַמְּשַׁמֵּשׁ לְרִשּׁוּם

Goldstück ---> Goldmünze

Goldtitel

תֹּאַר הַזָּהָב (מ"ח, כלכ')

Goldtropfen *{Onosma}*

סַמְקָן (בוט') צֶמַח מִמִּשְׁפַּחַת הַזִּיפָנִיִּים

Goldwespen *{Chrysididae}*

זְהָבִיתִיִּים (זוא') מִשְׁפָּחָה שֶׁל דְּבוֹרָאִים

Goldwurzel ---> Golddistel, Spanische

Gonade ---> Keimdrüse

Gonorrhoe

זִיבָה (רפו') [מר"ח/327]. זִרְבָה, מַחֲלַת מִין

gonorrhoisch

זִיבָתִי (רפו') זִרְבָתִי

Gott

אֱלֹהִים (דת) [ק/ב/288]. הַמַּשְׂכִּל הָרִאשׁוֹן. סִבַּת הַסִּבּוֹת, - כָּל הַסִּבּוֹת (פיל', דת) [ק/ג/84]. כִּנּוּי לֵאלֹהִים. סִבָּה רִאשׁוֹנָה (פיל', דת) [ק/ג/85]. עִלַּת הָעִלּוֹת (פיל', דת) [ק/ג/136]. עִלָּה רִאשׁוֹנָה (פיל', דת) [ק/ג/136]. הַהֹוֶה הַקַּדְמוֹן (דת) [ק/א/160]. מָעוֹן, מְעוֹנָה (דת) [ק/ב/232]. הַמָּקוֹם. אֵין סוֹף (דת) [ק/א/42]. אֱמֶת (דת) [ק/א/59]

Gott(es), Attribut

וַדַּאי, וַדַּי, וָדִי (דת) [ק/א/248]. תֹּאַר לֵאלֹהִים

Gott(es), das Wort ---> Wort, göttliches

Gott(es), Einheit

יִחוּד (דת) [ק/ב/31]. הָאֱמוּנָה שֶׁהָאֵל הוּא אֶחָד וְאֵין שֵׁנִי לוֹ

Gott behüte!

אֱלֹהִים יִשְׁמֹר!, חַס וְשָׁלוֹם!, חַס וְחָלִילָה!

Gott(es) bekennen, die Einheit

יִחֵד (מְיַחֵד) (דת) [ק/ב/30]. הֶאֱמִין וְהוֹדָה כִּי אֱלֹהִים הוּא אֶחָד וְיָחִיד

Gott(es) Verkörperlichung

הַגְשָׁמָה (פיל', דת) [ק/א/158]. הַגְשָׁמַת אֱלֹהִים

Gottesanbeterin *{Mantis religiosa}*

גְּמַל שְׁלֹמֹה מִתְפַּלֵּל (זוא') חֶרֶק מִתַּת סִדְרַת גְּמַלֵּי שְׁלֹמֹה

Gottesausstrahlung

הֶאָרָה אֱלֹהִית (דת) [ק/א/151]. בַּקַּבָּלָה: הָאֲצָלוּת אוֹר מִן הָאֱלֹהוּת

Gottesdiener

מְשָׁרֵת אֱלֹהִים (דת) [ק/ב/317]. מִתְיַחֵד, הַמִּתְדַּבֵּק בֵּאלֹהִים, עֶבֶד אֱלֹהִים

Gotteserkenntnis

דַּעַת אֱלֹהִים (פיל') [ק/א/28]. אוֹר, הָעִנְיָן הָאֱלֹהִי, הַשְּׁכִינָה, נְבוּאָה

Gottesverehrung

יִרְאַת אֱלֹהִים (דת) [ק/ג/119]. עֲבוֹדַת אֱלֹהִים, עֲבוֹדָה, מוֹרָא שָׁמַיִם, כְּנִיעָה לֵאלֹהִים

Gottheit körperliches Wesen zuschreiben, der

גִּשֵּׁם (גּוֹשֵׁם) (דת) [ק/א/121]. הִגְשִׁים, הֶאֱמִין שֶׁהָאֵל הוּא עֶצֶם (גֶּשֶׁם)

Gottseligkeit

מְבֹרָכוּת אֵל (דת)

Gouverneur

מוֹשֵׁל (מוֹשְׁלִים) (מדי') נְצִיב

graben

חָפַר (חוֹפֵר), כָּרָה (כּוֹרֶה)

Graben

חֲפִירָה (חֲפִירוֹת) (טכנ', צבא) חֲפִיר (חֲפִירִים), פִּיר (פִּירִים). בֶּקַע (בְּקָעִים) (גאו', י"א) שֶׁקַע יַחֲסִי שֶׁל גּוּשׁ מִקְּלִפַּת הָאֲדָמָה הַנִּמְצָא בֵּין גּוּשִׁים שֶׁנִּשְׁאֲרוּ בִּמְקוֹמָם אוֹ בֵּין גּוּשִׁים נְסוּקִים

Grabenbagger

מַתְעֵל (טכנ') מַחְפֵּר תְּעָלוֹת

Grabflatterer, Nacktbäuchiger *{Taphozous nudiventris}*

אַשְׁמָן (זוא') יוֹנֵק מִמִּשְׁפַּחַת הָאַשְׁמַנִּיִּים (עֲטַלֵּפִים)

Grabnische

כּוּךְ (כּוּכִים) [א"ח/ב/73]. מְחִלָּה חֲצוּבָה בְּסֶלַע אוֹ חֲפוּרָה בָּאֲדָמָה

Grabverschlußstein

גּוֹלֵל (גּוֹלְלִים) [א"ח/ב/77]. אֶבֶן לִסְתִימַת קֶבֶר

Grabwespen *{Sphecidae}*

צִרְעוֹלִיתִיִּים (זוא') מִשְׁפָּחָה שֶׁל דְּבוֹרָאִים

Grad

מַעֲלָה (מַעֲלוֹת) (מ"ח, התנ', מטא') [ק/ב/236; יל"ט/115]. דַּרְגָּה, מַדְרֵגָה, גֹּבַהּ, גְּדֻלָּה, עֵרֶךְ, שָׁלָב, יְחִידַת מִדָּה שֶׁל תְּמוּדָה (טֶמְפֶּרָטוּרָה) שֶׁעֶרְכָּהּ שׁוֹנֶה בְּסֻלָּמוֹת תְּמוּדָה שׁוֹנִים

Grad(es), der sechzigste Teil eines

דַּקָּה (דַּקּוֹת) (מתמ') [ק/ד/72]. שֶׁבֶר (שְׁבָרִים), אֶחָד מִשִּׁשִּׁים בְּמַעֲלָה מִמַּעֲלוֹת הַמַּעְגָּל אוֹ הַזָּוִית

Grad(es), Umstandssatz des ---> Umstandssatz des Grades

Grad der Himmelskreise ---> Himmelskreise

Grad der Realität ---> Realität, Grad der

Grad eines Kreises ---> Kreis(es), Grad eines

Gradation ---> Abstufung

Gradgröße

גֹּדֶל דַּרְגָּתִי

gradlinige Bewegung ---> Bewegung, gradlinige
Gradu prius
הַקּוֹדֵם בְּמַדְרֵגָה, - בְּסֵדֶר (פיל') [ק/ג/268]
graduieren ---> einteilen
Graduieren ---> Einteilen
graduiert ---> eingeteilt
Gräfin
רוֹזֶנֶת (רוֹזְנוֹת) (מדי') תֹּאַר אֲצֻלָּה
Grätenmuster
דְּגַם אִדְּרָה (אמנ')
Gräupner
גָּרוֹס (גָּרוֹסִים) (מלא') [א"ח/א/95]. הָעוֹשֶׂה גְּרִיסִים מִגַּרְעִינֵי תְּבוּאָה
Graf
רוֹזֵן (רוֹזְנִים) (מדי') תֹּאַר אֲצֻלָּה
Graffito
חֲרֹתֶת (חֲרוֹתוֹת) (ארכ') כְּתָב חָרוּת
Grammatik
דִּקְדּוּק (בלש') [ק/א/145; מ"ב/92]. חָכְמַת הַלָּשׁוֹן (בלש') [ק/א/295]. חָכְמַת הַמִּבְטָא (בלש') [ק/ב/137]. דִּיּוּק (בלש') [ק/א/136]. דַּיְּקוּת (בלש') [ק/א/137]. דַּיְקָנוּת (בלש') [ק/א/138]
Grammatik, generative
דִּקְדּוּק יוֹצֵר (בלש') [מ"ב/89]. דִּקְדּוּק גֶּנֶרָטִיבִי, - תִּצְרֹנִי
Grammatiker(in)
בַּלְשָׁן, בַּלְשָׁנִית (בלש') [ק/ב/153]. מְדַקְדֵּק, בַּעַל חָכְמַת הַלָּשׁוֹן. דַּיָּק (בלש') [ק/א/137]. דַּיְקָן, דַּיְקָנִי (בלש') [ק/א/137]. דִּקְדּוּקִי (בלש') [ק/א/145]
grammatisch
דִּקְדּוּקִי (בלש') [ק/א/145; מ"ב/93]. מִתְיַחֵס עַל חָכְמַת הַדִּקְדּוּק
grammatische Form ---> Form, grammatische
grammatische Kategorie ---> Kategorie, grammatische
grammatische Zahl ---> Zahl, grammatische
grammatisches Geschlecht ---> Geschlecht, grammatisches
Grammophon
מָקוֹל (מְקוֹלִים) (טכנ', מוס') גְּרָמוֹפוֹן
Granadilla *{Passiflora lingularis}*
שְׁעוֹנִית לְשׁוֹנָה (בוט') צֶמַח מִמִּשְׁפַּחַת הַשְּׁעוֹנִיתִיִּים
Granatapfelbaum *{Punica granatum}*
רִמּוֹן מָצוּי (בוט') צֶמַח מִמִּשְׁפַּחַת הָרִמּוֹנִיִּים
Granit
שַׁחַם (גאו') גַּרְעֶנִית, אֶבֶן קָשָׁה, גְּרָנִיט
Granne
מַלְעָן (מַלְעָנִים) (בוט') שֵׂעָר בְּצוּרַת זִיף אָרֹךְ שֶׁבְּרֹאשׁ הַשִּׁבֹּלֶת שֶׁל הַדְּגָנִיִּים, מֶלַע, מַלְעִין
Grannenhirse *{Oryzopsis miliacea}*
נִשְׁרָן הַדֹּחַן (בוט') צֶמַח מִמִּשְׁפַּחַת הַדְּגָנִיִּים
grannentragend
מְמֻלְעָן (בוט') צֶמַח בַּעַל מַלְעָן
Granula
גַּרְעִין (ביו')
Granularität
גַּרְגְּרִיּוּת (פסי', פדג', מחש') רָמַת תֵּאוּר נְאוֹתָה
Granulation
גִּרְעוּן, הִתְגַּרְעֲנוּת (ביו') גְּרָנוּלַצְיָה, חֲלֻקָּה לְגַרְגִּירִים
Granulationsgeschwulst, syphilitische *{Gumma}*
צִמְגָּה עַגַּבְתִּית (רפו') [מר"ח/334]. שְׂאֵת עַגֶּבֶת
Graph
תְּאָר (תְּאָרִים, תְּאַר-) (מדע, טכנ', אמנ') תַּרְשִׁים, גְּרָף, מִרְשָׁם
Graph(en), Endknoten eines *{Blatt}*
צֹמֶת עָלֶה (מחמ', מחש')
Graphie
תְּאִירָה (מדע, טכנ', אמנ') [מר"ח/328]
graphisch
תְּאִירָתִי (מדע, טכנ', אמנ') תְּאִירָנִי
Graphit
אֲבָר (כימ') גְּרָפִיט, פַּחְמָן גְּבִישִׁי רַךְ
Graphologe
כְּתַבְיָדָן (פסי') גְּרָפוֹלוֹג, חוֹקֵר כְּתַב יָד
Graphologie
כְּתַבְיָדָנוּת (פסי') [ר/א/144]. גְּרָפוֹלוֹגְיָה, תּוֹרַת הַכְּתָב, חֵקֶר תְּכוּנוֹתָיו וּמַצָּבוֹ הַנַּפְשִׁי שֶׁל אָדָם לְפִי כְּתַב יָדוֹ
graphologisch
כְּתַבְיָדָנִי (פסי') גְּרָפוֹלוֹגִי
Gras ---> Heu
Grasfrucht ---> Schalfrucht
Grasmücken *{Sylviidae}*
סִבְכִּיִּים (זוא') מִשְׁפָּחָה שֶׁל צִפֳּרֵי שִׁיר
Grat
גַּב חַדִּיד (י"א)
Gratifikation ---> Prämie
gratis
חִנָּם, לְחִנָּם, לָרִיק, לְרִיק
Gratisaktie
מְנָיַת הֲטָבָה (כלכ')
Gratschaber
מַגְרֵד (מַגְרְדִים) (טכנ', אמנ') [ממ"ג/98]
Grauammer *{Emberiza calandra (Miliaria calandra)}*
גִּבְתּוֹן עֶפְרוֹנִי (זוא') עוֹף מִמִּשְׁפַּחַת הַגִּבְתּוֹנִיִּים
Graubülbül *{Pycnonotus barbatus (Pycnonotus xanthopygos)}*
בּוּלְבּוּל (זוא') עוֹף מִמִּשְׁפַּחַת הַבּוּלְבּוּלִיִּים
Graudrossling *{Turdoides squamiceps}*
זַנְבָן (זוא') עוֹף מִמִּשְׁפַּחַת הַטִּימָלִיִּים
graue Farbe
אֲפֹר (צבע) [ק/א/19]. אַבְקוּת, צֶבַע הָאָבָק, - הָאֵפֶר
Grauen
אֵימָה (פסי')
grauer Star ---> Star, grauer
Graufischer *{Ceryle rudis}*
פַּרְפּוּר עָקֹד (זוא') עוֹף מִמִּשְׁפַּחַת הַשַּׁלְדָּגִיִּים
Graugans *{Anser anser}*
אַוָּז אָפֹר (זוא') עוֹף מִמִּשְׁפַּחַת הַבַּרְוָזִיִּים

Grauhaarigkeit ---> Achromotrichia

Grauhai *{Hexanchus griseus}*

שֶׁשְׁזִים אָפֹר (זוא') דָּג מִמִּשְׁפַּחַת הָרַבְזִימִיִּים (כְּרִישָׁאִים)

Grauhaie *{Hexanchidae}*

רַבְזִימִיִּים (זוא') מִשְׁפָּחָה שֶׁל כְּרִישָׁאִים (דְּגֵי סְחוּס)

Grauhamster *{Cricetulus migratorius}*

בְּרָאוּגֶר (זוא') יוֹנֵק מִמִּשְׁפַּחַת הָעַכְבָּרִיִּים

Grauortolan *{Emberiza caesia}*

גִּבְתּוֹן אֲדֹם מַקּוֹר (זוא') עוֹף מִמִּשְׁפַּחַת הַגִּבְתּוֹנִיִּים

Graupappel *{Populus canescens}*

צַפְצָפָה מַאֲפִירָה (בוט') צֶמַח מִמִּשְׁפַּחַת הָעֲרָבָתִיִּים

Graupe

גָּרִיס (גְּרִיסִים) (חקל', חזו') [א"ח/א/95]. גַּרְעִין תְּבוּאָה גָּרוּס

Graupenmühle

רֵחַיִם שֶׁל גְּרוֹסוֹת (טכנ') [א"ח/א/95]. רֵחַיִם לִטְחִינַת גְּרִיסִים

Grausamkeit

אַכְזְרִיּוּת, אַכְזָרוּת, קַשְׁיוּת לֵב, קְשִׁיחוּת לֵב, חֹסֶר רַחֲמִים

Grauschnäpper *{Muscicapa striata}*

חֲטַפִית אֲפֹרָה (זוא') עוֹף מִמִּשְׁפַּחַת הַחֲטַפִיּוֹת

Grausen ---> Grauen

Grauwerden, vorzeitiges

סֵיבֶת (רפו') [מר"ח/541]. שֵׂיבָה מֻקְדֶּמֶת

Grauwürger ---> Raubwürger

grave

כָּבֵד (מוס') בִּכְבֵדוּת, גְּרָוֶה

gravieren

חִטֵּב (מְחַטֵּב) (טכנ') גִּלֵּף (מְגַלֵּף), גָּזַר, גָּלַף (גּוֹלֵף)

Gravieren

חִטּוּב (טכנ') גִּלּוּף, גְּזִירָה

gravierend ---> verschlimmert

Gravitation [---> Schwerkraft]

גְּבִידָה (פיס') [מר"ח/330; ל"מ/158]. כְּבִידָה, גְּרָבִיטַצְיָה, כֹּחַ הַכֹּבֶד, גֹּבֶד, סְגֻלַּת הַחֹמֶר הַמִּתְבַּטֵּאת בִּמְשִׁיכָה בֵּין גּוּף לְמִשְׁנֵהוּ, כֹּחַ הַמְּשִׁיכָה (כֹּחַ הַכֹּבֶד) הַפּוֹעֵל בֵּין גּוּפִים חָמְרִיִּים

Gravitation, Intensität der

עָצְמַת הַגְּבִידָה (פיס') עָצְמַת הַכְּבִידָה, - הַגְּרָבִיטַצְיָה

gravitationelle Anziehung ---> Anziehung, gravitationelle

Gravitationsfeld

שְׂדֵה גְּבִידָה (פיס') שְׂדֵה כְּבִידָה, - גְּרָבִיטַצְיָה

Gravitationskonstante

קְבוּעַ גְּבִידָה (פיס') קְבוּעַ כְּבִידָה, - גְּרָבִיטַצְיָה

Gravitationskraft

כֹּחַ גְּבִידָה (פיס') כֹּחַ כְּבִידָה, - גְּרָבִיטַצְיָה

Gravitationswasser

מֵי כֹּבֶד (היד')

gravitieren

גָּבַד (גּוֹבֵד), נִגְבַּד (נִגְבָּד) (פיס') נִמְשַׁךְ בְּכֹחַ הַמְּשִׁיכָה

Grazie

יַעֲלַת חֵן (אסת') יְפֵהפִיָּה, בַּת חֵן

grazioso

חִנָּנִי (מוס') בְּחֵן

Greifbagger

מַחְפֵּר חָפְנַיִם (טכנ')

greifbar

מָשִׁישׁ [ק/ב/211]. מְמֻשָּׁשׁ, שֶׁנִּתָּן לְמִשּׁוּשׁ, נִכָּר בַּחוּשִׁים, תָּפִיס, שֶׁנִּתָּן לְהִתָּפֵס. מָמִישׁ [ק/ב/210]. מַמָּשׁ, שֶׁנִּתָּן לְמִמּוּשׁ, בַּר בִּצּוּעַ

Greifbarkeit

מְשִׁישׁוּת [ק/ב/210]. מַמָּשׁ, תְּכוּנַת הַדָּבָר הַנִּתָּן לְמִשּׁוּשׁ, מְמִישׁוּת, מוּחָשִׁיּוּת, תְּכוּנַת הַדָּבָר הַנִּתָּן לְמִמּוּשׁ, תְּפִיסוּת

Greife *{Accipitridae}*

נְצִיִּים (זוא') מִשְׁפָּחָה שֶׁל עוֹפוֹת מִסִּדְרַת דּוֹרְסֵי יוֹם

greifen

לָפַת (לוֹפֵת), תָּפַס (תּוֹפֵס), אָחַז, הֶחֱזִיק

Greifen ---> Erfassen, geistiges

Greifreflex

עֶכֶס הַלְּפִיתָה (רפו') הֶחְזֵר הַלְּפִיתָה, רֶפְלֶקְס הַלְּפִיתָה

Greifzange

מֶלְקַחַת (מֶלְקָחוֹת) (טכנ') צְבָת שְׁטוּחָה, פְּלַיֶּר

Greisenalter

זִקְנָה (רפו', מ"ח) [ק/ב/55]. יְשִׁישׁוּת, זְקֵנוּת

Grenz- ---> Schwellen-

Grenzbedingung

תְּנַאי גְּבוּל (מדע, טכנ') [ד"מח/88]. תְּנַאי הַמַּגְבִּיל אֶת תְּחוּמוֹ שֶׁל חֹק מַדָּעִי בִּנְסִיבּוֹת קִיצוֹנִיּוֹת

Grenze

גְּבוּל (גְּבוּלוֹת) [ק/ב/142]. מַגָּע, מֶצֶר (מְצָרִים), סְפָר, הַקָּצֶה הָאַחֲרוֹן, הַגָּעָה. מִחְצָה [ק/ב/180]. מַעֲמָד [ק/ב/238]. תְּחוּם. פִּנָּה [ק/ג/193]. תִּכְלָה [ק/ד/196]. תַּכְלִית [ק/ד/197]

Grenze, abstecken einer [---> Abgrenzung]

הַתְוָיַת גְּבוּלוֹת (מדי') סִמּוּן גְּבוּלוֹת, תִּחוּם

Grenze, äußerste

גְּבוּל אַחֲרוֹן [ק/א/157]. הַגָּעָה, קָצֶה אַחֲרוֹן, תַּכְלִית קִיצוֹנִית

Grenze, obere

גְּבוּל עֶלְיוֹן (מתמ') [ק/ג/294]. קָצֶה אַחֲרוֹן, חֶסֶם עֶלְיוֹן, - מִלְּרַע

Grenze, unter der

תַּת שׁוּלִי

Grenze, untere

גְּבוּל תַּחְתּוֹן (מתמ') [ק/ג/294]. קָצֶה רִאשׁוֹן, חֶסֶם תַּחְתּוֹן, - מִלְּעֵיל

Grenze der Erkenntnis ---> Erkenntnis, Grenze der

grenzenlos

לְלֹא שִׁעוּר

Grenzexperiment

נִסּוּי גְּבוּל (מדע) [ד"מח/127]. נִסּוּי שֶׁנּוֹעַד לְגַלּוֹת עֻבְדּוֹת לְשֵׁם קְבִיעַת תְּחוּם הֶחָלָתָם שֶׁל חֻקִּים

Grenzgeschwindigkeit

מְהִירוּת גְּבוּלִית (פיס') הַגְּבוּל הַמַּתְּמָטִי שֶׁל הַמְּהִירוּת הַמִּתְקָרֶבֶת לְעֵרֶךְ זֶה מִבְּלִי לְהַשִּׂיגוֹ, מְהִירוּת קְבוּעָה שֶׁאֵלֶיהָ מַגִּיעַ גּוּף שֶׁתְּנוּעָתוֹ מֻפְרַעַת עַל יְדֵי חִכּוּךְ וכיו"ב

Grenzmethode
מַדְרוּךְ (מֶתוֹדָה) שֶׁל הַגְּבוּלוֹת (פסי') [ר/א/177]. דֶּרֶךְ הַגְּבוּלוֹת הַמְּבֻסֶּסֶת עַל הֶבְדֵּלִים בְּנֵי הַבְחָנָה בֵּין גֵּרוּיִים

Grenzschicht
מִצְמֶת (פיס', טכנ')

Grenzsiedlung
יִשּׁוּב סְפָר (י"א) יִשּׁוּב גְּבוּל

Grenzwert nähern, sich dem
שָׁאַף (שׁוֹאֵף) לִגְבוּל (מחמ')

Grenzzustand betreffend, den
גְּבוּלִי, שֶׁעַל הַגְּבוּל

Greuelstück
מַחֲזֶה בְּעוּתִים (ספר', תאט')

griechische Philosophie ---> Philosophie, griechische

Griff
יָדִית (יָדִיּוֹת) (טכנ') אֹזֶן, בֵּית אֲחִיזָה, קַת (קַתּוֹת), קֶנֶת (קְנָתוֹת)

Griff behalten, im
אֲחִיזָה

Griffbrett
שְׁחִיף (מוס') שְׁחִיף, לוּחַ עֵץ בִּכְלִי מֵיתָר שֶׁעָלָיו מְתוּחִים הַמֵּיתָרִים

Griffel
עַמּוּד עֱלִי (בוט') חֶלְקוֹ הַדַּק שֶׁל הָעֱלִי הַנִּמְצָא בֵּין הַשַּׁחֲלָה וְהַצַּלֶּקֶת

Griffelpolster *{Stylopodium}*
כַּנִּית (כַּנִּיּוֹת) (בוט') הַבָּסִיס הֶעָבֶה שֶׁל שְׁנֵי עַמּוּדֵי הָעֱלִי בְּפֶרַח שֶׁל מִשְׁפַּחַת הַסּוֹכְכִיִּים

Grille
תַּעְתּוּעַ מַחֲשָׁבָה

Grillen *{Grylloidea}*
צְרָצָרִים (זוא') עַל מִשְׁפָּחָה שֶׁל חֲרָקִים

Grimasse
הַעֲוָיָה (הַעֲוָיוֹת) (פסי', תאט') מָעוֹג (מְעוֹגִים), גְּרִימָסָה

grimassieren
עִוָּה (מְעַוֶּה) פָּנָיו (פסי', תאט') עָשָׂה הַעֲוָיוֹת בְּפָנָיו, עִוֵּג (מְעַוֵּג) אֶת הַפָּנִים

Grimassieren
עִוּוּי פָּנִים (פסי', תאט')

Grimm
זַעַם (פסי')

Grippe
שַׁפַּעַת (רפו') [מר"ח/331]. צַנֶּנֶת

grob [---> Makro-]
גַּס [ק/א/118]. חָמְרִי, גַּשְׁמִי. עָב, עָבֶה [ק/ג/118]. רָחָב, שָׁמֵן, שֶׁנִּפְחוֹ גָּדוֹל, גּוּשָׁנִי, מְגֻשָּׁם, נָפוּחַ, תָּפוּחַ, לֹא דַּק

grob werden
הִתְגַּסָּה (מִתְגַּסֶּה) [ק/ג/132]. הִתְעַכֵּר, הִתְגַּסֵּס, גַּסָּה (מְגַסֶּה), נַעֲשָׂה גַּס, נִדְלַח, נַעֲשָׂה לֹא צָלוּל, - לֹא זַךְ. הִתְעַבָּה (מִתְעַבֶּה) [ק/ג/118]. נַעֲשָׂה עָבֶה, - סָמִיךְ, הִשְׁמִין, הִתְגַּשֵּׁם, קִבֵּל צוּרַת גּוּף גַּשְׁמִי

grobe Beschaffenheit ---> Beschaffenheit, grobe

Grobheit
גַּסּוּת [ק/א/81]. בַּהֲמוּת, בַּהֲמִיּוּת, חֹסֶר נִימוּס, חָמְרִיּוּת, גַּשְׁמִיּוּת

grobkörnig
גַּס גַּרְגְּרִים

grobschlächtig ---> grobsinnlich

grobsinnlich
גַּס [ק/א/118]. עָב, חָמְרִי, גַּשְׁמִי. מְגֻשָּׁם [ק/ב/143]. בּוּר, סָכָל

Grobsinnliche, das ---> Grobheit

Größe
גֹּדֶל (גְּדָלִים) (פיס') [ק/א/103]. שִׁעוּרוֹ שֶׁל דָּבָר מִבְּחִינַת מִדָּתוֹ, מִסְפָּרוֹ, גָּדְלוֹ אוֹ מִשְׁקָלוֹ וכד'. שִׁעוּר (פיס') [ק/ד/143]. גַּדְלוּת [ק/א/104]. כַּמּוּת (פיל', מ"ט) [ק/ב/95]. מַאֲמַר הַכַּמָּה, יֵשׁוּת כַּמּוּתִית. כַּמִּיָּה (פיל') [ק/ב/96]. מִתְפַּשֵּׁט (פיס') [ק/ב/326]. הֶקֵּף, הִתְפַּשְּׁטוּת, גְּדִילַת הַשֶּׁטַח אוֹ הַנֶּפַח. עַצְמוּת (פיל') [ק/ג/161]. חֲשִׁיבוּת, גְּדֻלָּה. עֵרֶךְ (פיל') [ק/ג/172]. קֶצֶב, קֹצֶב (פיס') [ק/ג/292]

Größe, absolute
גֹּדֶל מֻחְלָט (אַבְּסוֹלוּטִי) (פיל', פיס') שִׁעוּר מֻחְלָט

Größe, diskontinuierliche ---> Größe, diskrete

Größe, diskrete
גֹּדֶל בָּדִיד (פיל', פיס') [ק/ב/95]. כַּמָּה מִתְחַלֵּק, - מִתְפָּרֵד, - מִתְפָּרֵק, - נִפְרָד, - נִבְדָּל, גֹּדֶל לֹא רָצִיף. כַּמּוּת נִפְרֶדֶת [ק/ב/96]. , כַּמּוּת מִתְפָּרֶקֶת

Größe, extensive
גֹּדֶל פָּשִׁיט (פיל', פיס') [ק/א/104]. גַּדְלוּת חִיצוֹנִית, גֹּדֶל אֶקְסְטֶנְסִיבִי. כַּמּוּת הֶקֵּפִית (פיל', פיס') [ק/ב/96]. מִתְפַּשֵּׁט חִיצוֹנִי (פיס') [ק/ב/327]. הֶקֵּף פָּשִׁיט

Größe, immaterielle
גֹּדֶל בִּלְתִּי חָמְרִי (פיל') [ק/ג/13]. גֹּדֶל נִבְדָּל, שִׁעוּר נִבְדָּל

Größe, intensive
גֹּדֶל עָצִים (פיל', פיס') [ק/א/104]. גַּדְלוּת פְּנִימִית, גֹּדֶל אִינְטֶנְסִיבִי, כַּמּוּת חֶלְקִית, - פְּנִימִית (פיל', פיס') [ק/ב/96]. מִתְפַּשֵּׁט פְּנִימִי (פיס') [ק/ב/327]. הֶקֵּף עָצִים

Größe, kontinuierliche
גֹּדֶל רָצִיף (פיל', פיס') [ק/ב/95]. כַּמָּה דָּבֵק, - מִתְדַּבֵּק, - נִמְשָׁךְ. כַּמּוּת דְּבֵקָה, - מִתְדַּבֶּקֶת (פיל', פיס') [ק/ב/96]

Größe, scheinbare
גֹּדֶל מְדֻמֶּה (פסי')

Größe, stetige ---> Größe, kontinuierliche

Größe, unbestimmte
גֹּדֶל בִּלְתִּי מְסֻיָּם (פיל') [ק/ג/115]. סָתוּר (סְתוּרִים)

Größe, unkörperliche ---> Größe, immaterielle

Größe, verhältnismäßige
שִׁעוּר יַחֲסִי

Größe, verschwindende

גֹּדֶל מְבֻטָּל מֵחֲמַת קַטְנוּת

Größe eines Gestirns ---> Gestirn(s), Größe eines

Größen, kommensurable

שִׁעוּרִים מְשֻׁתְּפֵי מִדָּה (כלכ')

Größenausdehnung

גְּדוֹל כַּמּוּת

Größenkonstanz

קְבִיעוּת גֹּדֶל (רפו', פסי') [ר/ב/594]. קְבִיעוּת מִדָּה, הַיְכֹלֶת לִתְפֹּס אֶת הַמִּדָּה הָאֲמִתִּית שֶׁל דְּבָרִים מֻכָּרִים עַל אַף הַשִּׁנּוּיִים שֶׁחָלִים בְּמִדַּת הַבְּבוּאָה הָרִשְׁתִּית כְּתוֹצָאָה מִן הַמֶּרְחָק הַמִּשְׁתַּנֶּה שֶׁל הַדָּבָר מִן הַצּוֹפֶה

Größenordnung

סֵדֶר גֹּדֶל (מחמ')

Größenumfang, relativer

הֶקֵּף הַשִּׁעוּרִים הַיַּחֲסִי (כלכ')

Größenwahn *{Megalomanie}*

שִׁגְעוֹן גַּדְלוּת (פסי') [ר/ב/648]. מֶגָלוֹמַנְיָה, הַעֲרָכָה עַצְמִית מֻפְרֶזֶת. רַעְיוֹן שָׁוְא שֶׁל גַּדְלוּת (פסי') [ר/א/166]. דְּלוּזְיוֹת שֶׁל גַּדְלוּת, הֲמִיּוֹן הַגַּדְלוּת

Größenwahnsinnige(r)

מְשֻׁגַּע גַּדְלוּת, מְשֻׁגַּעַת גַּדְלוּת (פסי') הֲמִין גַּדְלוּת

Größenwechsel

שִׁנּוּי גֹּדֶל, תְּמוּרָה שֶׁבְּשִׁעוּר

größer werden als...

גָּדַל (גּוֹדֵל) [ק/ג/125]. הֶעְדִּיף עַל.../מִ...הִרְבָּה (מַרְבֶּה), הִגְדִּיל, רָבָה (רָבֶה), רִבָּה (מְרַבֶּה), רָבָּה (מְרַבֶּה), נִהְיָה יָתֵר עַל..., נִהְיָה עוֹדֵף

groß [---> Makro-]

גָּדוֹל, שַׂגִּיא, סַגִּיא, כַּבִּיר, אַדִּיר, עָצוּם, רַב, שַׂגִּיב

Großbuchstabe *{Versalbuchstabe; Majuskel}*

אוֹת רֵישִׁית (אוֹתִיּוֹת רֵישִׁיּוֹת) (דפו')

Großen, im

בְּמֶרְחָב (מחמ')

Großhändler

סִיטוֹנַאי (סִיטוֹנָאִים) (כלכ') [א"ח/ב/352]. סוֹחֵר הַמּוֹכֵר לְקִמְעוֹנָאִים, סִיטוֹן

Großhandelpreis

מְחִיר לְסִיטוֹנַאי (כלכ') מְחִיר סִיטוֹנָאִי

Großhirn *{Cerebrum}*

הַמֹּחַ הַגָּדוֹל (רפו') מֹחַ

großhirnbezüglich *{zerebral}*

מֹחִי (רפו') שֶׁל הַמֹּחַ הַגָּדוֹל

Großhufeisennase *{Rhinolophus ferrumequinum}*

פַּרְסָף גָּדוֹל (זוא') יוֹנֵק מִמִּשְׁפַּחַת הַפַּרְסָפִיִּים (עֲטַלֵּפִים)

Großlibellen *{Anisoptera}*

שַׁפִּירִיּוֹת (זוא') תַּת סִדְרָה שֶׁל חֲרָקִים

großmütig

נְדִיב לֵב (אתי') רְחַב יָד, נוֹתֵן צְדָקָה

Großmut

נְדִיבוּת לֵב (אתי') [ק/ג/230]. צְדָקָה, מַעֲשֶׂה טוֹב, נְדָבָה לֶעָנִי, נְדִיבוּת, רֹחַב לֵב

Großohrigel *{Hemiechinus auritus}*

קִפּוֹד חוּלוֹת (זוא') יוֹנֵק מִמִּשְׁפַּחַת הַקִּפּוֹדִיִּים

Großohrschlitznase *{Nycteris thebaica}*

לֵילָן (זוא') יוֹנֵק מִמִּשְׁפַּחַת הַלֵּילָנִיִּים (עֲטַלֵּפִים)

Großpedal ---> Fortezug

großphallisch

גֶּבֶר (גְּבָרִים) (רפו') [מר"ח/433]. בַּעַל אֵבֶר זַכְרוּת גָּדוֹל

Großstadt

כְּרָךְ (כְּרַכִּים) (כלכ', י"א) [א"ח/ב/356]. עִיר גְּדוֹלָה

Großstadtballung

אֶגֶד עָרִים (כלכ', י"א) שֶׁטַח מְעֻיָּר נִרְחָב הַכּוֹלֵל עָרִים אֲחָדוֹת שֶׁנִּתְמַזְּגוּ

Großtrappe *{Otis tarda}*

חֻבָּה גְּדוֹלָה (זוא') עוֹף מִמִּשְׁפַּחַת הַחֻבָּתִיִּים

Großtuerei

רַבְרְבָנוּת, גַּדְלָנוּת, גַּבְהָנוּת, הִתְגַּדְּלוּת, יְהִירָה

großtun, sich

הִתְרַבְרֵב (מִתְרַבְרֵב), הֶעֱלָה עַצְמוֹ, הִתְגַּדֵּל, הִתְגַּבֵּהַּ, הִתְיַהֵר

Großversuch

מִבְחָן בְּגָדוֹל (מדע, טכנ')

Großvieh

בָּקָר (זוא', חקל') [א"ח/ב/112]. בְּהֵמָה גַּסָּה, - גְּדוֹלָה

Großzehenanzieher *{Adductor hallucis}*

מְהַקְרֵב הַבֹּהֶן (רפו') מְתוֹךְ הַבֹּהֶן, הַשְּׁרִיר הַמְּקָרֵב אֶת הַבֹּהֶן לַגּוּף

grotesk

עִקֵּם, גְּרוֹטֶסְקִי, מְגֻחָךְ

Groteske

סִפּוּר עִקֵּם (ספר') [מ"ס/21]. סִפּוּר גְּרוֹטֶסְקִי, - שֶׁבּוֹ הַמְּסַפֵּר מְבַקֵּשׁ לְהַגְחִיךְ דְּבַר-מָה וּלְנַכְּרוֹ עַל יְדֵי שִׁמּוּשׁ בְּסַמָּנֵי מוּזָרוּת וְהֶפְרֵז

Grube

בּוֹר (בּוֹרוֹת) (חקל') [א"ח/א/46; 47; א"ח/ב/73]. מַהֲמוֹרָה (מַהֲמוֹרוֹת), מַחְפֹּרֶת (מַחְפּוֹרוֹת), עוּקָה (עוּקוֹת). כּוּךְ (כּוּכִים) [מר"ח/214]. מַטְמוֹרִית, שׁוּחָה (שׁוּחוֹת), מַהֲמֹרֶת (מַהֲמוֹרוֹת), חֲפִירָה. גּוּמָה (גּוּמוֹת) (חקל') [א"ח/ב/164]. מְאוּרָה (זוא') גֹּב

Grube *{Fossa}*

גּוּמָץ (גּוּמָצִים) (רפו')

Grube, gebaute *{Zisterne}*

דּוּת (דּוּתוֹת) (חקל') [א"ח/א/46]. חֲדוּת (חֲדוּתוֹת), בּוֹר בָּנוּי אֲבָנִים

Grübchen

גֻּמָּמִית (גֻּמָּמִיּוֹת), גּוּמָצִית, גּוּמָה

Grübchen *{Fossula}*

גֻּמְצִיץ (גֻּמְצִיצִים) (רפו')

Grübelei

חִטּוּט מַחְשַׁבְתִּי [ק/א/329]. חַקְרָנוּת, אַהֲבַת הַחֲקִירָה וְהָעִיּוּן, חִטּוּט מַחְשַׁבְתִּי, חִקּוּר, הִרְהוּר (הִרְהוּרִים)

Grübeln

חַטְטָנוּת מַחְשַׁבְתִּית [ק/א/191]. הַעֲמָקָה, עִיּוּן עָמֹק, חַטְטָנוּת מַחְשָׁבִית, הִרְהֹרֶת, הַרְהֲרָנוּת

grübeln

חִטֵּט (מְחַטֵּט) בְּמַחְשַׁבְתּוֹ [ק/א/328]. חָקַר,

עִיֵּן וְהִתְבּוֹנֵן, הִרְהֵר (מְהַרְהֵר), הָפַךְ בְּמַחְשְׁבוֹתָיו, הוֹגִיעַ אֶת מֹחוֹ, הִטְרִיחַ אֶת שִׂכְלוֹ, הֶעֱמִיק לַחְשֹׁב, הָפַךְ וְהָפַךְ בְּ...

Grübelzwang

פִּשְׁפְּשָׁנוּת (פסי׳) [מר״ח/332]. חַטְטָנוּת חוֹלָנִית, דַּחַף כְּפִיָּתִי לַחְשֹׁב מַחֲשָׁבוֹת מְסֻיָּמוֹת בְּלֹא הֶרֶף

Grübler(in)

חַטְטָן, חַטְטָנִית [ק/א/321]. חַפְשָׂן, נַקְרָן, חוֹקֵר וְדוֹרֵשׁ, תּוֹהֶה עַל בְּעָיוֹת. חַקְרָן [ק/א/328]. הָאוֹהֵב לַחְקֹר, מַעֲמִיק בְּעִיּוּן וַחֲקִירָה. מִתְחַכֵּם [ק/ב/315]. מְעַיֵּן

grüblerisch

חַטְטָנִי [ק/א/329]. חַקְרָנִי, שֶׁיֵּשׁ בּוֹ מִתְכּוֹנַת הַחַקְרָן הַמַּרְבֶּה בַּחֲקִירוֹת

Grünalgen *{Chlorophycophyta}*

אַצּוֹת יְרַקִּיּוֹת (בוט׳)

gründen [---> fundieren]

כּוֹנֵן (מְכוֹנֵן), יִסֵּד

Gründen, aus mehreren

מִסִּבּוֹת רַבּוֹת [ק/ב/246]. מִפָּנִים, מִפָּנִים רַבִּים, מִבְּחִינוֹת שׁוֹנוֹת

Gründer

מְיַסֵּד (מְיַסְּדִים) [ק/ב/194]. יוֹצֵר, מְכוֹנֵן

Gründeraktien

מְנָיוֹת מְיַסְּדִים (כלכ׳) [אב״נ/123]

Gründlichkeit

יְסוֹדִיּוּת [ק/א/144]. דִּקְדּוּק, כִּוּוּן, דִּיּוּק, צִמְצוּם, עַמְקוּת

Grünel *{Seriola dumerili}*

סֶרְיוֹל אַטְלַנְטִי (זוא׳) דָּג מִמִּשְׁפַּחַת הַצְּנִינִיתִיִּים (דְּגֵי גֶּרֶם)

grüner Star ---> Star, grüner

Grünfutter

שַׁחַת (חקל׳) [א״ח/ב/130]. תְּבוּאָה יְרֻקָּה הַמְשַׁמֶּשֶׁת לְמִסְפּוֹא

Grünland

אֶרֶץ עֵשֶׂב (י״א, חקל׳) אֵזוֹר שֶׁיֵּשׁ בּוֹ הַרְבֵּה כָּרֵי דֶּשֶׁא וּשְׂדוֹת מִרְעֶה

Grünling *{Carduelis chloris (Chloris chloris)}*

יַרְקוֹן (זוא׳) עוֹף מִמִּשְׁפַּחַת הַפְּרוּשִׁיִּים

Grünschenkel *{Tringa nebularia}*

בִּצָּנִית יְרֻקַּת רֶגֶל (זוא׳) עוֹף מִמִּשְׁפַּחַת הַחַרְטוֹמָנִיִּים

Grünspan ---> Kupferrost

Grünspan überzogen, mit ---> Kupferrost voller

Grünzeuggebund

אֲגֻדַּת יָרָק (חקל׳) [א״ח/ב/199]

grüßen

דָּרַשׁ בִּשְׁלוֹמוֹ (מ״ח) שָׁאַל בִּשְׁלוֹמוֹ, בֵּרֵךְ אוֹתוֹ בְּבִרְכַּת ״שָׁלוֹם״

Grüßen

דְּרִישַׁת שָׁלוֹם (מ״ח) שְׁאִילַת שָׁלוֹם, אֲמִירַת ״שָׁלוֹם״, בִּרְכַּת ״שָׁלוֹם״

Grund [---> Fundus]

גּוֹרֵם (גּוֹרְמִים) [ק/ג/81]. עִלָּה (עִלּוֹת), סִבָּה (סִבּוֹת), דָּבָר שֶׁהֵבִיא לִידֵי תּוֹצָאָה, מֵנִיעַ, מְסַבֵּב, מְסִבָּה, נְסִבָּה, גֹּרֶם. טַעַם (טְעָמִים) [ק/ב/18]. טַעֲנָה, נִמּוּק לְדָבָר. פֵּאָה [ק/ג/180]. פָּן, צַד, פָּנֶה. פָּנִים [ק/ג/194]

Grund, bewegender

מֵנִיעַ (מְנִיעִים) (פיל׳) [ק/ב/216]. הַגּוֹרֵם לִתְנוּעָה, מְסַבֵּב הַתְּנוּעָה, סִבַּת הַיְצִיאָה מִן הַכֹּחַ אֶל הַפֹּעַל, הַכֹּחַ הַפּוֹעֵל בַּחֹמֶר לְקַבֵּל צוּרָה יְדוּעָה. מְנַעְנֵעַ (פיל׳) [ק/ב/220]. מֵבִיא לִידֵי פְּעֻלָּה אוֹ תְּנוּעָה. מְעוֹרֵר (פיל׳) [ק/ב/233]. מַשְׁפִּיעַ

Grund, gesetzlicher

עִלָּה שֶׁבְּדִין (משפ׳)

Grund, hoher ---> Untiefe

Grund, Satz vom zureichenden ---> Satz vom zureichenden Grund

Grund(es), Umstandssatz des ---> Umstandssatz des Grundes

Grund, zureichender

סִבָּה מַסְפֶּקֶת (פיל׳) [ק/ג/84]. עִלָּה מַסְפֶּקֶת (פיל׳) [ק/ג/136]. שֹׁרֶשׁ מַסְפִּיק (פיל׳) [ק/ד/162]. טַעַם מַסְפִּיק (פיל׳) [ק/ב/18]

Grund, zwingender

סִבָּה מַכְרַעַת [ק/א/135]. דֹּחַק, דַּחַק

Grund und Boden

מְקַרְקְעִים (מ״ח, כלכ׳) מְקַרְקְעִין, נִכְסֵי אֲדָמָה

Grund und Folge

גּוֹרֵם וְתוֹלָדָה (פיל׳) [ק/ג/136]. עִלָּה וְעָלוּל, סִבָּה וְתוֹצָאָה, גִּבְלָאוֹת (קָטֵגוֹרְיוֹת) הַמְשַׁקְּפוֹת אֶת צוּרַת הַקֶּשֶׁר הַכְּלָלִית בְּיוֹתֵר בֵּין עֲצָמִים אוֹ בֵּין תּוֹפָעוֹת; קֶשֶׁר זֶה בָּא לִידֵי בִּטּוּי כַּאֲשֶׁר עֶצֶם אוֹ תּוֹפָעָה הַקְּרוּיִים בְּמִקְרֶה הַנָּתוּן ״גּוֹרֵם״ מְבִיאִים בְּהֶכְרֵחַ לְהוֹפָעַת עֶצֶם אוֹ תּוֹפָעָה אֲחֵרִים הַקְּרוּיִים ״תּוֹלָדָה״; הַגִּבְלָאוֹת ״גּוֹרֵם״ וְ״תוֹלָדָה״ הֵן גִּבְלָאוֹת יַחֲסִיּוֹת, שֶׁכֵּן בִּתְנָאִים מְסֻיָּמִים יְכוֹלָה תּוֹלָדָה בַּת רֶגַע זֶה לְהֵהָפֵךְ לְגוֹרֵם שֶׁל תּוֹלָדָה חֲדָשָׁה בְּרֶגַע הַבָּא

Grundalter

גִּיל מַסָּד (פדג׳, פסי׳) רָמַת הַגִּיל הַגְּבֹהָה בְּיוֹתֵר שֶׁנִּבְחָן מַצְלִיחַ לַעֲבֹר בָּהּ אֶת כָּל פְּרִיטֵי הַמִּבְחָן

Grundaristokrat

אֲצִיל קַרְקַע (אֲצִילֵי מְקַרְקְעִין) (מ״ח, כלכ׳)

Grundbau

בִּנְיַן שְׁתִין (אדר׳, ארכ׳)

Grundbedeutung

עִקַּר הַהֲנָחָה (פיל׳) [ק/א/183]. עִקַּר הֲנָחָה רִאשׁוֹנָה (פיל׳) [ק/א/183]. מָשָׁל רִאשׁוֹן (פיל׳, בלש׳) [ק/ב/294]. מַשְׁמָעוּת בְּסִיסִית, הַמַּשְׁמָעוּת הָעִקָּרִית וְהַפְּשׁוּטָה שֶׁל אֵיזוֹ מִלָּה

Grundbegriff

אַב מֻשָּׂג (פיל׳) [ק/א/183; ק/ג/147]. עִנְיָן רִאשׁוֹן, מַשְׁמָעוּת בְּסִיסִית, מֻשָּׂג יְסוֹד. הַצָּעָה [ק/א/202]. יְסוֹד עִקָּרִי שֶׁל אֵיזוֹ חָכְמָה שֶׁהִיא

Grundbesitz ---> Grundvermögen

Grundbesitz, Wertzuwachssteuer auf ---> Wertzuwachssteuer auf Grundbesitz

Grundbesitzer

בַּעַל קַרְקַע (כלכ׳, חקל׳) בְּעָלִים

Grundbuch

סֵפֶר (סִפְרֵי) הָאֲחֻזָּה (משפ׳, כלכ׳) פִּנְקָס (פִּנְקְסֵי) הַמְּקַרְקְעִים, פִּנְקָס רִשְׁמִי שֶׁבּוֹ

נִרְשָׁמִים כָּל פְּרָטֵי הַבַּעֲלוּת עַל חֶלְקוֹת קַרְקַע, בִּנְיָנִים וכד'

Grundbuchamt

לִשְׁכַּת רִשּׁוּם הַמְּקַרְקְעִים (משפ')

Grundeigentümer, abwesender

בְּעָלִים נֶעְדָּר (משפ')

Grundeis

קֶרַח קַרְקָעִית (מטא')

Grundfarbe

צֶבַע יְסוֹד (פיס', פסי', אמנ') [ר/ב/577; ממ"ג/100]. צֶבַע יְסוֹדִי, - שֶׁאֵינוֹ נוֹצָר עַל יְדֵי הֶרְכֵּב, אֶחָד מִשְּׁלֹשֶׁת הַצְּבָעִים: צָהֹב, אָדֹם וְכָחֹל הָעֲשׂוּיִים לְהִתְמַזֵּג לְכָל צֶבַע שֶׁהוּא

Grundfläche

מַסָּד [ק/ב/198]. מְכוּנָה, מָכוֹן, כֵּן, יְסוֹד, בָּסִיס

Grundform [---> Infinitiv]

צוּרָה שָׁרְשִׁית (פיל') [ק/ג/238]

Grundform der Nominalbildung ---> Nominalbildung, Grundform der

Grundform der Verba ---> Verba, Grundform der

Grundformen der Gefühle ---> Gefühle, Grundformen der

Grundformsatz ---> Infinitivsatz

Grundfrage der Philosophie ---> Philosophie, Grundfrage der

Grundgeräusch

רַעַשׁ רֶקַע (פיס')

Grundgesamtheit

אֻכְלוּסִיָּה (מ"ח) [ר/א/17]. סַךְ כָּל הַמִּקְרִים, הַמְּשָׁאִים וכיו"ב בִּקְבוּצָה מֻגְדֶּרֶת

grundieren

יָצַע (מִיצֵּעַ) (אמנ') [ממ"ג/101]. שָׂם מַצָּע יְסוֹד לְרֹשֶׁם עָלָיו

Grundkapital

הוֹן רָשׁוּם (כלכ') הוֹן שֶׁל חֶבְרַת מְנָיוֹת הַשָּׁקוּל כְּנֶגֶד הָעֵרֶךְ הַנָּקוּב שֶׁל כָּל הַמְּנָיוֹת שֶׁהֻנְפְּקוּ

Grundlage

יְסוֹד (יְסוֹדוֹת) (פיל') [ק/א/49]. אֵם, עִקָּר, בָּסִיס, תַּשְׁתִּית, כְּלָל. סִבָּה. הַצָּעָה [ק/א/202]. יְסוֹד עִקָּרִי שֶׁל אֵיזוֹ חָכְמָה שֶׁהִיא. הַקְדָּמָה [ק/א/203]. הֶעָרָה וְהַצָּעָה לְגוּף הָעִנְיָן. שֹׁרֶשׁ [ק/ד/160]. אַב מֻשָּׂג, הַנָּחַת יְסוֹד

Grundlage, logische ---> Grundprinzip

Grundlawine

גַּלְשׁוֹן בָּלוּל (מטא') מַפֹּלֶת שְׁלָגִים בְּלוּלָה

grundlegend

יְסוֹדִי [ק/ב/41]. עִקָּרִי. מְמַלֵּא [ק/ב/208]. מַעֲמִיד, מְקַיֵּם, קוֹבֵעַ, מַהוּתִי, מַה שֶּׁקּוֹבֵעַ מַהוּתוֹ שֶׁל דָּבָר

Grundlehre

אָשְׁיָה (אָשְׁיוֹת) [ק/ב/40]. יְסוֹד, בָּסִיס שֶׁעָלָיו נִבְנָה בִּנְיָן רוּחָנִי. עִקָּר [ק/ג/166]. תַּשְׁתִּית, עַמּוּד הַתָּוֶךְ. שֹׁרֶשׁ [ק/ד/160]. אַב מֻשָּׂג, הַנָּחַת יְסוֹד

Grundlinie

קַו הַיְּסוֹד [ק/ב/198]. מְכוּנָה, מַסָּד, מָכוֹן, כֵּן, יְסוֹד, בָּסִיס. תּוֹשֶׁבֶת [ק/ד/187]

Grundlosigkeit

חֹסֶר שַׁחַר [ק/ג/53]. נְפִילָה, שְׁטוּת, הַבְלוּת, חֹסֶר הִגָּיוֹן, רְעוּת רוּחַ, תִּפְלוּת, בִּטּוּל, אַפְסוּת הַדָּבָר

Grundperiode

מַחֲזוֹר יְסוֹדִי (מתמ')

Grundpersönlichkeitsstruktur

מִבְנֶה אִישִׁיּוּת בְּסִיסִי (מ"ח, פסי') מִכְלוֹל תְּכוּנוֹת הָאֹפִי וְהַגִּישׁוֹת הָאָפְיָנִיּוֹת לְרֹב הַמִּשְׁתַּיְּכִים לְחֶבְרָה אַחַת

Grundpfeiler ---> Grundlage

Grundplatine

לוּחַ אֵם (מחש') [דמ"א/69]. לוּחַ הַמַּסָּד הַחַשְׁמַלּוֹנִי (אֶלֶקְטְרוֹנִי) שֶׁל הַמַּחְשֵׁב

Grundpreis

מְחִיר יְסוֹד (כלכ')

Grundprinzip

עֶקְרוֹן יְסוֹד (פיל') [ק/א/17]. אַב יְסוֹדִי, עִקָּרוֹן בְּסִיסִי, עִקָּרוֹ שֶׁל דָּבָר, שָׁכְלָה, שְׁכוּלָה

Grundrecht

זְכוּת יְסוֹד (משפ', מדי')

Grundreiz

גֵּרוּי עִקָּרִי (פסי')

Grundrente ---> Rente

Grundriß ---> Kompendium; Abriß; Draufsicht

Grundrißebene ---> Horizontalebene

grundsätzlich

עֶקְרוֹנִי [ק/ד/163]. שָׁרְשִׁי, עִקָּרִי, רָאשִׁי, יְסוֹדִי, בְּסִיסִי

Grundsatz

עֶקְרוֹן יְסוֹד (פיל') [ק/ג/192; פ"ר/86]. פִּנָּה, הַנָּחַת יְסוֹד, כְּלָל יְסוֹדִי. אֶקְדֵּם (אֶקְדֵּמִים) (פיל') [ק/ב/264]. עִקָּרוֹן, מֻקְדָּמָה, מִקְדָּמָה, טִעוּן, הַצָּעָה, הַנָּחָה, הַקְדָּמָה, הַמִּשְׁפָּט הַקְּדָמִי שֶׁל הַהֶקֵּשׁ

Grundsatz(es), Erschleichung des

נֶעֱרָךְ עַל הַדָּרוּשׁ (פיל') [ק/ג/52]. טָעוּת הֶגְיוֹנִית, כַּאֲשֶׁר מִשְׁתַּמְּשִׁים בְּמִשְׁפָּט שֶׁעֲדַיִן לֹא הוּכַח לְשֵׁם הוֹכָחַת מִשְׁפָּט אַחֵר

Grundsteuer

מַס רְכוּשׁ (כלכ', מדי')

Grundstimme

קוֹל יְסוֹדִי (מוס') פַּרְטִית יְסוֹדִית

Grundstoff

חֹמֶר הִיּוּלִי (פיל') [ק/א/312]. חֹמֶר רִאשׁוֹן, - קַדְמוֹן, - קָדוּם, - מְשֻׁתָּף, - מִשְׁתַּתֵּף, - תַּחְתּוֹן, - תַּחְתּוֹנִי, - שָׁפָל. פִּנָּה (פיל') [ק/ג/193]. חֹמֶר יְסוֹד, יְסוֹד. קָצֶה (פיל') [ק/ג/293]. חֹמֶר רִאשׁוֹנִי

Grundstück(es), unbefugtes Betreten eines fremden ---> Beeinträchtigung

Grundstück, das weder Privat- noch Gemeinbesitz ist

כַּרְמְלִית (כַּרְמְלִיּוֹת) (דת, מ"ח) [א"ת/ב/326]. מָקוֹם שֶׁאֵינוֹ לֹא רְשׁוּת הַיָּחִיד וְלֹא רְשׁוּת הָרַבִּים, מִגְרָשׁ רֵיק, מִדְשָׁאָה

Grundstufe ---> Positiv; Äquativ

Grundton

צְלִיל יְסוֹדִי (מוס') תָּו יְסוֹדִי

Grundursache

סִבָּה רִאשׁוֹנִית (פיל') [ק/א/233]. הַתְחָלָה, יְסוֹד, הַסִּבָּה הָעִקָּרִית, שֹׁרֶשׁ הַחָכְמָה. רֵאשִׁית [ק/ד/16]. סִבַּת יְסוֹד

Grundvermögen
נִכְסֵי מְקַרְקְעִים (כלכ', משפ') נִכְסֵי דְלָא נָיְדֵי (נדל"ן)

Grundwasser
מֵי תְּהוֹם (היד')

Grundwasser, gehobenes
מֵי תְּהוֹם נִשָּׂאִים (היד')

Grundwasser, gespanntes
מֵי תְּהוֹם כְּלוּאִים (היד')

Grundwasser, stehendes
מֵי תְּהוֹם רְתוּקִים (היד')

Grundwasserabnahme
מִפְחַת מֵי תְּהוֹם (היד')

Grundwasserabsenkung
הַשְׁפָּלַת מֵי תְּהוֹם (היד') שְׁפִילַת מֵי תְּהוֹם

Grundwasserader
עוֹרֵק מֵי תְּהוֹם (היד') עוֹרֵק תְּהוֹם

Grundwasserreservoir
אַקְוָה (אַקְווֹת) (היד') מַאֲגַר מֵי תְּהוֹם

Grundwasserspiegel
פְּנֵי מֵי תְּהוֹם (היד') מִפְלַס מֵי תְּהוֹם

Grundwesen
יְסוֹדוֹ שֶׁל דָּבָר (פיל') [ק/ד/160]. שֹׁרֶשׁ, עֶצֶם, עִקָּרוֹ שֶׁל דָּבָר, דָּבָר כְּמוֹת שֶׁהוּא

Grundwort ---> Nomen regens
Grundzahl ---> Kardinalzahl
Grundzug, innewohnender
תְּכוּנָה שֶׁמִּטֶּבַע

Gruppe
קְבוּצָה (קְבוּצוֹת) (מ"ח) [ק/ג/271]. קָהָל, קְהִלָּה, צִבּוּר, חֲבוּרָה, קִבּוּץ בְּנֵי אָדָם

Gruppe, alternierende
חֲבוּרָה מִתְחַלֶּפֶת (מתמ')

Gruppe, kommutative
חֲבוּרָה חִלּוּפִית (מתמ')

Gruppe, konjugierte
חֲבוּרָה צְמוּדָה (מתמ')

Gruppe, Zerrissenheit innerhalb der ---> Spaltung, gruppeninterne
Gruppe Gleichgestellter ---> Gefährtengruppe
Gruppen, Zerrissenheit zwischen den ---> Inter-Gruppenspaltung
Gruppenbeziehungen, Inter- ---> Inter-Gruppenbeziehungen

Gruppenbildung
הַקְבָּצָה (פסי', מ"ח) [ר/א/219]. מִקְבָּץ, תַּהֲלִיךְ מִיּוּן נְתוּנִים לִקְבוּצוֹת עַל פִּי אַמּוֹת מִדָּה מְסֻיָּמוֹת אוֹ תּוֹצָאַת תַּהֲלִיךְ כָּזֶה, סִוּוּג וְאִרְגּוּן לִקְבוּצוֹת

Gruppendynamik
תַּעֲזוּזָה קְבוּצָתִית (פסי', מ"ח) [ר/ב/593; ל"ס/37]. דִּינָמִיקָה קְבוּצָתִית, חֵקֶר הַצּוּרוֹת, הַסּוּגִים, הַהִתְהַוּוּת, הַמִּבְנֶה וּתְנָאֵי הַתִּפְקוּד שֶׁל קְבוּצוֹת הֵן בְּתוֹכָן וְהֵן בְּיַחֲסֵיהֶן עִם קְבוּצוֹת אֲחֵרוֹת, כְּלָל יַחֲסֵי הַגּוֹמְלִין הַקִּבּוּצִיִּים הַמִּתְרַחֲשִׁים בִּקְבוּצָה

Gruppenfaktor
גּוֹרֵם מְקֻבָּץ (פסי', מ"ח) [ר/א/127]. גּוֹרֵם קְבוּצָתִי

Gruppengeschwindigkeit
מְהִירוּת הַחֲבוּרָה (פיס') [ל"מ/352]. מְהִירוּת הַהִתְפַּשְּׁטוּת שֶׁל הַמֶּרֶץ (אֶנֶרְגִּיָּה) אוֹתוֹ נוֹשֵׂא הַגַּל

gruppeninterne Spaltung ---> Spaltung, gruppeninterne

Gruppenklage
תְּבִיעָה קְבוּצָתִית (משפ')

Gruppenpsychologie
נַפְשׁוּת שֶׁל חֲבוּרוֹת (פסי', מ"ח) פְּסִיכוֹלוֹגְיָה שֶׁל חֲבוּרוֹת

Gruppensiedlung
יִשּׁוּב כְּנוּסוֹת (י"א) צוּרַת יִשּׁוּב שֶׁל כְּפָרִים הַסְּמוּכִים זֶה לָזֶה

Gruppenspaltung, Inter- ---> Inter-Gruppenspaltung
gruppenspezifische Sterblichkeit ---> Sterblichkeit, gruppenspezifische

Gruppenspiel
מִצְחַק צֶוֶת, מִשְׂחַק צֶוֶת

gruppieren
הִקְבִּיץ (מַקְבִּיץ) (פסי', מ"ח) [ר/א/219]. סִוֵּג וְאִרְגֵּן לִקְבוּצוֹת. הִתְקַבֵּץ (מִתְקַבֵּץ) [ק/א/117]. הִתְגַּמֵּל, הִתְאַסֵּף, הִתְכַּנֵּס יַחַד, הִתְמַזֵּג

Gruppierung ---> Gruppenbildung

gucken
סִקֵּר (מְסַקֵּר) עִיֵּן, הֵצִיץ בְּ..., שָׁלַח מַבָּט אֶל...

Gucken
סִקּוּר עִיּוּן, הַבָּטָה, הֲצָצָה

gültig *{valid}*
תָּקֵף (משפ', מדע) בֶּן תֹּקֶף, שֶׁכֹּחוֹ יָפֶה, חֻקִּי, שֶׁיֵּשׁ לוֹ תֹּקֶף, בַּר תֹּקֶף, שָׁרִיר, קַיָּם, עוֹמֵד בְּתָקְפּוֹ

gültig machen
נָתַן תֹּקֶף (משפ', מדע)

Gültigkeit
תְּקֵפוּת (מדע) [ר/ב/701]. הַתְאָמָה לְעֶקְרוֹנוֹת הֶגְיוֹנִיִּים, דִּיּוּק הַמְּדִידָה שֶׁל מִבְחָן אוֹ שֶׁל דֶּרֶךְ אַחֶרֶת בְּיַחַס לְאַמַּת מִדָּה מְסֻיֶּמֶת, תְּכוּנַת הַמְּדִידָה הַמּוֹדֶדֶת מַה שֶּׁהִתְכַּוְּנָה לִמְדֹּד וְהַכְּרוּכָה בְּשִׁקּוּלִים שֶׁל הַגְדָּרָה וְשֶׁל חִזּוּי כְּאַחַת, תֹּקֶף

Gültigkeit, augenscheinliche
תְּקֵפוּת נִרְאֵית (מדע, סטט') [ר/ב/702; מ"מ/222]. תְּקֵפוּת פָּנִים, - הַנִּבְדֶּקֶת עַל יְדֵי מֻמְחִים הַמְבַקְשִׁים לָדַעַת אִם תָּכְנֵי מִבְחָן הוֹלְמִים אֶת הַמֻּשָּׂג שֶׁאוֹתוֹ הֵם אֲמוּרִים לִמְדֹּד

Gültigkeit, diskriminante
תְּקֵפוּת מַבְחִינָה (סטט') [ר/ב/702; מ"מ/222]. תֹּקֶף מַבְחִין, תְּקֵפוּת הַנִּמְשֶׁכֶת מִמִּתְאָם נָמוּךְ בֵּין נִקְדֵּי הַמִּבְחָן לְבֵין גּוֹרְמִים שֶׁאֲמוּרִים לִהְיוֹת עִמָּהֶם בְּמִתְאָם נָמוּךְ

Gültigkeit, externe

תְּקֵפוּת חִיצוֹנִית (סטט') [מ"מ/222]. הַמִּדָּה בָּהּ מִמְצְאֵי מֶחְקָר מְסֻיָּם נִתָּנִים לְהַכְלָלָה עַל אֻכְלוּסִיַּת נִבְדָּקִים אַחֶרֶת

Gültigkeit, Feststellung der
מַתַּן תֹּקֶף (משפ', מדע)

Gültigkeit, gesellschaftliche
תֹּקֶף חֶבְרָתִי (מ"ח, כלכ')

Gültigkeit, inhaltliche
תְּקֵפוּת תֹּכֶן (מדע, סטט') [ר/ב/703; מ"מ/222]. תְּקֵפוּת שֶׁקְּנֵה הַמִּדָּה הַטּוֹב בְּיוֹתֵר בִּשְׁבִילָהּ הוּא תֹּכֶן הַמִּבְחָן עַצְמוֹ

Gültigkeit, interne
תְּקֵפוּת פְּנִימִית (סטט') [ר/ב/703; מ"מ/222]. תְּקֵפוּת מִבְחָן הַנִּקְבַּעַת רַק אִם הַמִּשְׁתַּנִּים הַבִּלְתִּי תְּלוּיִים הַמֻּפְעָלִים אַחְרָאִים לַתּוֹצָאוֹת הַנִּצְפּוֹת

Gültigkeit, konvergente ---> Konvergenzvalidität

Gültigkeit, kriteriumsbezogene
תְּקֵפוּת הַקְּשׁוּרָה לִקְנֵה מִדָּה (סטט') [ר/ב/703; מ"מ/222]. תְּקֵפוּתוֹ שֶׁל מַכְשִׁיר מְדִידָה מְסֻיָּם הַמֻּעֲרֶכֶת בְּאֶמְצָעוּת דַּרְגַּת הַקֶּשֶׁר בֵּין נִקּוּדֵי הַמִּבְחָן לְבֵין קְנֵה מִדָּה חִיצוֹנִי

Gültigkeitsdauer
מֶשֶׁךְ הַתְּחוּלָּה

Gültigkeitsdauer, Verlängerung der
הַאֲרָכַת תֹּקֶף (משפ') הַאֲרָכַת תְּחוּלָּה

Gültigkeitserklärung *{Validation}*
תַּשְׁרִיר (תַּשְׁרִירִים) (משפ') מַתַּן תֹּקֶף, נְתִינַת אִשּׁוּר חֻקִּי, הַשְׁרָרָה, וָלִידַצְיָה

Gültigkeitsnorm
תְּקוּנַת תְּקֵפוּת (מדע) [ד"מח/246]. נוֹרְמַת תְּקֵפוּת

Günsel *{Ajuga}*
חַד שָׂפָה (בוט') צֶמַח מִמִּשְׁפַּחַת הַשְּׂפָתָנִיִּים

günstige Wende ---> Wende, günstige

Günstling *{Favorit}*
חָבִיב (חֲבִיבִים), הַמֻּעֲדָף, מִי שֶׁרָצוּי וּמְקֻבָּל

Günstlingswirtschaft ---> Vetternwirtschaft

Guerilla
לוֹחִימָה (צבא) גֵּרִילָה, לְחִמָה זְעִירָה, לוֹחִימָה

Gürtel
חֲגוֹרָה (חֲגוֹרוֹת) (לבו') אֵזוֹר (אֲזוֹרִים)

Gürtel, breiter
אַבְנֵט (אַבְנֵטִים) (לבו') חֲגוֹרָה רְחָבָה

Gürtelrose *{Actinia cari (Actinia zonata)}*
שׁוֹשַׁנָּה רַב גּוֹנִית (זוא') מִין בְּמִשְׁפַּחַת שׁוֹשַׁנִּיִּים (אַלְמֻגִּים)

Gürtelrose *{Herpes zoster}*
שַׁלְבֶּקֶת חוֹגֶרֶת (רפו') בֶּרֶץ חוֹגֵר

Güte
טוֹבִיּוּת [ק/ב/17]. תְּכוּנַת מִי שֶׁהוּא טוֹב, מִדָּה טוֹבָה, חֲבִיבוּת, טוּב

Güte der Anpassung ---> Anpassung, Güte der

Güte eines Tests ---> Trennschärfe eines Tests

Güterumschlag
נִטּוּל מִטְעָן (ימא') טִפּוּל בִּסְחוֹרוֹת שֶׁל אֳנִיָּה

Gütigkeit ---> Güte

Guillotine ---> Fallbeil

gummiartig ---> gummös

gummös
צִמְגִּתִי, צִמְגָּנִי

Gunst
חֶסֶד [ק/א/168; א"ח/ב/50]. הֲטָבָה, הַשְׁפָּעַת טוֹבָה, חֵן, הַסְבָּרַת פָּנִים

Gunst erweisen
הִטָּה (מַטֶּה) חֶסֶד, חָנַן (חוֹנֵן), נָהַג עַיִן יָפָה בְּ..., הִשְׁפִּיעַ טוֹבָה לְ.../עַל...

Gunstbeweis
נְטִיַּת חֶסֶד, אוֹת חִבָּה, מַחֲוֶה שֶׁל רָצוֹן טוֹב

Gunstbewerbung
בַּקָּשַׁת חֵן, - חֶסֶד

Gunstbezeigung ---> Gunstbeweis

Gurke *{Cucumis sativus}*
מְלָפְפוֹן הַגִּנָּה (בוט') צֶמַח מִמִּשְׁפַּחַת הַדְּלוּעִיִּים

Gurkenfeld ---> Melonenfeld

Guß, schmiedbarer
יַצֶּקֶת חֲשִׁילָה (טכנ')

Gußeisen
יַצֶּקֶת (יַצָּקוֹת) (טכנ') [דח"ט/70]. בַּרְזֶל יָצוּק, - יְצִיקָה, מַתֶּכֶת בַּרְזִלִית הַמְּכִילָה מֵעַל 2% פַּחְמָן

Gußform
דֶּפֶס (דְּפָסִים) (טכנ') תַּבְנִית לִיצִיקָה

Gußstahl ---> Stahlguß

Gut, bewegliches
מִטַּלְטְלִים (מִטַּלְטְלִין) (כלכ', משפ') נִכְסֵי דְּנַיְדֵי, רְכוּשׁ שֶׁאֶפְשָׁר לְטַלְטְלוֹ מִמָּקוֹם לְמָקוֹם

Gut, eisernes
נִכְסֵי צֹאן בַּרְזֶל (כלכ', משפ') [א"ח/ב/44]. נְכָסִים שֶׁהַמְקַבֵּל אוֹתָם מִידֵי אַחֵר רַשַּׁאי לֵיהָנוֹת מִן הָרְוָחִים שֶׁהֵם מַכְנִיסִים אַךְ מִתְחַיֵּב לְהַחֲזִירָם לְבַעֲלֵיהֶם בִּשְׁלֵמוּתָם בְּתֹם הַחוֹזֶה

Gut, geraubtes
גְּזֵלָה (גְּזֵלוֹת) (משפ') דָּבָר גָּזוּל

Gut, gestohlenes ---> Diebesgut

Gut, herrenloses
רְכוּשׁ נָטוּשׁ (משפ') הֶפְקֵר, דָּבָר שֶׁאֵין לוֹ בְּעָלִים

Gut, höchstes
טוֹב גָּבֹהַּ בְּיוֹתֵר (פיל')

Gut, oberstes
טוֹב עֶלְיוֹן (פיל')

gutartig

שַׁפִּיר (רפו׳) [מר״ח/96]. טוֹבָנִי, טָב, חַפִּיף

gutartiger Tumor ---> Geschwulst, gutartige

Gutartigkeit

שַׁפִּירוּת (רפו׳) טוֹבָנוּת, טוֹבָנִיּוּת, חַפִּיפוּת

Gutdünken

אֹמֶד דַּעַת (פיל׳) [ק/א/51]. אֻמְדַּן הַדַּעַת, רְאוּת הָעַיִן

Gute betreffend, das

טוֹבִי [ק/ב/17]. שֶׁהוּא מִטֶּבַע הַטּוֹב, מֵעִנְיַן הַטּוֹב, טוֹב

Guten, Übermaß im Bösen oder ---> Übermaß im Bösen oder Guten

guten Glaubens *{bona fide}*

בְּתֹם לֵב, בְּכַוָּנָה טוֹבָה, לְלֹא כַּוָּנוֹת נִסְתָּרוֹת

guter Trieb ---> Trieb, guter

Gutes

הַטּוֹב [ק/ב/16]. טוֹב, אֹשֶׁר, הַצְלָחָה. טוֹבָה, טוֹבוֹת [ק/ב/17]. נָאֶה [ק/ג/9]. רָאוּי, מְשֻׁבָּח, מְעֻלֶּה, מְצֻיָּן, מַשְׂבִּיעַ רָצוֹן

gutes Geld ---> Münze, gangbare

Guthaben

זְכוּת שֶׁבְּחֶשְׁבּוֹן (כלכ׳)

gutheißen ---> rechtfertigen

Gutkammer ---> Verschlag

gutmütig

מַסְבִּיר פָּנִים, טוֹב לֵב, רְחַב לֵב, נוֹחַ לַבְּרִיּוֹת

Gymnastik ---> Turnen

Gymnastik treiben ---> turnen

gymnastisch ---> turnerisch

Gymnophobie

בַּעַת עֵירֹם (פסי׳) דְּחִילַת עֵירֹם

Gynäkologe

נָשׁוּתַאי, נָשׁוּתָאִית (רפו׳) רוֹפֵא נָשִׁים, רוֹפֵאת נָשִׁים, גִּינֶקוֹלוֹג

Gynäkologie

נָשׁוּת (רפו׳) [מר״ח/335]. גִּינֶקוֹלוֹגְיָה, מַדַּע מַחֲלוֹת הַנָּשִׁים, רְפוּאַת נָשִׁים

gynäkologisch

נָשׁוּתִי (רפו׳) גִּינֶקוֹלוֹגִי, שֶׁל רְפוּאַת נָשִׁים

Gynäkomastie

שַׁדְנוּת (רפו׳) [מר״ח/336]. שִׁידְנוּת, הַגְדָּלַת הַשַּׁד אֵצֶל הַזָּכָר

Gynophor

נוֹשֵׂא פְּרִי (בוט׳) [ל״ב/65]. גִּינוֹפוֹר, הָעֹקֶץ שֶׁבֵּין קַרְקָעִית הַפֶּרַח וְהַפְּרִי

Gyroskop ---> Kreisel

H

H

סִי (מוס') הַצְּלִיל הַשְּׁבִיעִי בְּסֻלָּם דִּיאַטוֹנִי

Haar der Achselgrube

צְפִירִיּוֹת (רפו') שַׂעֲרוֹת בֵּית הַשֶּׁחִי

Haarausfall, kreisrunder *{Alopecia areata}*

מְלֶשֶׁת (רפו') [מר״ח/29]. קָרַחַת אֲזוֹרִית, מַחֲלַת קָרַחַת שֶׁל מְלִישׁוֹת (קָרְחוֹת קְטַנּוֹת וַעֲגַלְגַּלּוֹת)

Haarbalg

זְקִיק הַשַּׂעֲרָה (רפו') גּוּמִית בָּעוֹר שֶׁבְּתוֹכָהּ שֹׁרֶשׁ שֶׁל שַׂעֲרָה

Haarbalgentzündung, eitrige ---> Furunkel

Haarblume *{Trichosanthes}*

צִיֶּצֶת (בוט') צֶמַח מִמִּשְׁפַּחַת הַדְּלוּעִיִּים

Haare waschen

חָפַף (חוֹפֵף) [א״ח/א/129]. חָפַף אֶת הָרֹאשׁ, שִׁפְשֵׁף, קִרְצֵף, רָחַץ

Haarfett ---> Pomade

Haarflechte

קְוֻצָּה (קְוֻצּוֹת) [א״ח/א/191]. צִיצַת שֵׂעָר, מַחְלָפָה

Haarflechterin

גַּדֶּלֶת (גַּדָּלוֹת) (מלא') גּוֹדֶלֶת, סַפָּרִית הָעוֹסֶקֶת בְּסִלְסוּל שְׂעָרוֹת

Haarkrone ---> Federkelch

Haarnetz

שְׂבָכַת שֵׂעָר [א״ח/א/187]. סְבָכָה, רֶשֶׁת קְלוּעָה לָרֹאשׁ

Haarriß

סֶדֶק נִימִי (טכנ')

Haarröhrchenanziehung ---> Kapillarität

Haarrohr ---> Kapillare

Haarschneider(in)

סַפָּר (סַפָּרִים), סַפָּרִית (סַפָּרִיּוֹת) (מלא') [א״ח/א/196]. גַּלָּב, מְגַלֵּחַ

Haarschopf

בְּלוֹרִית (בְּלוֹרִיּוֹת) [א״ח/א/193]

Haarschwund

קָרְחוּת (רפו') קָרְחָה, נַשֶּׁרֶת, נְשִׁירַת שְׂעָרוֹת חוֹלָנִית

Haarsterne *{Crinoidea}*

חֲבַצְּלוֹת יָם (זוא') מַחְלָקָה בְּמַעֲרֶכֶת קְווּצֵי הָעוֹר

Haarwaschmittel *{Shampoo}*

חֲפִיפוֹן רֹאשׁ [מר״ח/613]. חֲפָפָה

Habe, bewegliche

מִטַּלְטְלִין (כלכ') נִכְסֵי דְנָיְדֵי, טוּבִים

Haben(s), Kategorie des ---> Kategorie des Habens

Habicht *{Accipiter gentilis}*

נֵץ גָּדוֹל (זוא') עוֹף מִמִּשְׁפַּחַת הַנִּצִּיִּים

Habichtsadler *{Hieraaetus fasciatus}*

עֵיט נִצִּי (זוא') עוֹף מִמִּשְׁפַּחַת הַנִּצִּיִּים

Habit ---> Gewohnheit; Gewöhnung

habituell ---> gewöhnlich; gewohnheitsmäßig

habituelle Begierde ---> Begierde, habituelle

Habitus ---> Konstitution; Erscheinung, äußere; Gewohnheit

Habitus, asthenischer ---> Aussehen, schwächliches

Habitus, adenoider *{Habitus adenoideus}*

חָזוּת לוּזָנִית (רפו')

Hacke

מַגְרֵף (מַגְרְפִים) (טכנ', חקל') [א״ח/ב/169]. מַכְשִׁיר הַמְּשַׁמֵּשׁ לִגְרִיפָה

hacken [---> behacken]

קָצַץ (קוֹצֵץ), חָתַךְ, קִצֵּב (מְקַצֵּב)

Hackmesser

קוֹפִיץ (קוֹפִיצִים) (טכנ') סַכִּין לִקְצוֹץ בָּשָׂר

Haecceïtas

הוּאוּת (פיל') [ק/א/159]. סְגֻלַּת הַהוּא, זֶהוּת

Häcksel ---> Stroh, gehacktes

Häherkuckuck *{Clamator glandarius}*

קוּקִיָּה מְצֻיֶּצֶת (זוא') עוֹף מִמִּשְׁפַּחַת הַקּוּקִיתִיִּים

Hämagglutinin

צַמְתָּן דָּם (צַמְתָּנֵי דָּם) (רפו')

Hämatom

צְרוֹר דָּם (רפו') דַּמּוֹמֶת, שֶׁטֶף דָּם פְּנִימִי, גִּבְשׁוּשׁ דָּם, צְרִירַת דָּם

hämmern [---> schmieden]

הִקִּישׁ (מַקִּישׁ) (טכנ׳)

hämmern, kalt

הִקִּישׁ (מַקִּישׁ) בְּצִנּוּן (טכנ׳) הִקִּישׁ בְּקֹר

Hämoglobin

סֶמֶק (רפו׳) הֶמוֹגְלוֹבִּין

Hämolyse

תֶּמֶס דָּם (רפו׳) [מר״ח/431]. יְמוּס דָּם, הִפָּרְדוּת הַסֶּמֶק (הֶמוֹגְלוֹבִּין) מִן הָאַדְמוּמִיּוֹת (כַּדּוּרִיּוֹת הַדָּם הָאֲדֻמּוֹת), הֶמוֹלִיזָה, יֶמֶס דָּם

hämophil

דַּמַּמְתִּי (רפו׳) הֶמוֹפִילִי

Hämophiler(in)

דַּמַּמְתָּן, דַּמַּמְתָּנִית (רפו׳) חוֹלֵה דַּמֶּמֶת (הֶמוֹפִילְיָה)

Hämophilie

דַּמֶּמֶת (רפו׳) הֶמוֹפִילְיָה, חֹסֶר כֹּשֶׁר שֶׁל הַדָּם לְהִקָּרֵשׁ

Hämorrhagie

דִּמּוּם (רפו׳) [מר״ח/346]. נְזִיבָה, שֶׁתֶת דָּם, הֶמוֹרַגְיָה, דְּמִימָה, דֶּמֶם, זוֹב דָּם

hämorrhagisch

דִּמּוּמִי (רפו׳) נְזִיבָתִי, נְזִיבִי, הֶמוֹרָגִי, מְדַמֵּם, שֶׁל דִּמּוּם, - שֶׁתֶת דָּם

hämorrhoidal

טְחוֹרִי, טְחוֹרָנִי (רפו׳)

Hämorrhoide

טְחוֹר (טְחוֹרִים) (רפו׳)

Hämorrhoidleiden

תַּחְתּוֹנִיּוֹת (רפו׳) מַחֲלוֹת טְחוֹרִים

Hände, gleiche Geschicklichkeit beider - --> Ambidextrie

Hände falten, die

פָּכַר (פּוֹכֵר) יָדָיו [א״ח/ג/10]. שִׁלֵּב אֶת אֶצְבְּעוֹת יָדָיו בְּחָזְקָה

Hände zusammenschlagen, die

סָפַק (סוֹפֵק) כַּף, מָחָא כַּפַּיִם, הִכָּה כַּף אֶל כַּף

Händel ---> Handel; Konflikt; Streitigkeit

Händewaschen

נְטִילַת יָדַיִם [א״ח/א/211]. רְחִיצַת יָדַיִם

Händewechsel

חִלּוּף רְשֻׁיּוֹת (משפ׳, כלכ׳)

Händigkeit

יָדִיּוּת (פסי׳, רפו׳) [ר/א/301]. יָדוּת, כֹּשֶׁר הַשִּׁמּוּשׁ בַּיָּדַיִם

Händler(in)

סוֹחֵר (סוֹחֲרִים), סוֹחֶרֶת (סוֹחֲרוֹת) (כלכ׳) [א״ח/ב/351]. תַּגָּר (תַּגָּרִים)

Hänfling ---> Bluthänfling

Hängebauchsymptom

שְׁוָלוּת (רפו׳) מַצָּב שֶׁל בֶּטֶן תְּלוּיָה

Hängematte

עַרְסָל (עַרְסָלִים) (טכנ׳) [א״ח/א/66]

hängenbleiben

נֶאֱחַז (נֶאֱחָז), נִתְקַע

Hängetal

עֵמֶק תָּלוּי (י״א) עֵמֶק מִשְׁנִי הַמְּמֻקָּם מֵעַל לָעֵמֶק הָעִקָּרִי

Hängezustand

תְּלִיַּת הַמַּשָּׂא (פיס׳) [ק/ד/206]

Häresie

הִתְפַּקְּרוּת (דת, פיל׳) [ק/א/244]. כְּפִירָה בְּעִקְּרֵי הַדָּת, אֶפִּיקוֹרְסוּת

Härte

קַשְׁיוּת (פיס׳) [ק/ג/302]. קַשְׁוּת. קֹשִׁי (פיס׳) [ק/ג/303]. אַחַת מִן הָאֵיכֻיּוֹת הַשְּׁנִיּוֹת

Härtegrad

דַּרְגַּת הַקַּשְׁיוּת (טכנ׳)

härten

חִסֵּם (מְחַסֵּם) (טכנ׳) הִקְשָׁה (מַקְשֶׁה), קִשָּׁה (מְקַשֶּׁה)

Härten

חִסּוּם (טכנ׳) הַקְשָׁיָה

Härteskala

סֻלַּם הַקַּשְׁיוּת (טכנ׳)

Härtling

הַר קָשֶׁה (גאו׳, י״א) סוּג שֶׁל הַר מִשְׁאָר שֶׁהוּא הַר שֶׁהִתְרוֹמֵם וּבְשֶׁל קַשְׁיוּתוֹ הַגְּבֹהָה מִזּוֹ שֶׁל סַלְעֵי סְבִיבָתוֹ הוּא בּוֹלֵט מֵעֲלֵיהֶם

Härtung durch Abkühlung

חִסּוּם בְּצִנּוּן (טכנ׳) חִסּוּם עַל יְדֵי צִנּוּן

Härtung durch Hämmern

חִסּוּם בְּהַקָּשָׁה (טכנ׳) חִסּוּם עַל יְדֵי הַקָּשָׁה

Härtung in Öl

חִסּוּם בְּשֶׁמֶן (טכנ׳)

Härtung in Wasser

חִסּוּם בְּמַיִם (טכנ׳)

häßlich werden

הִתְכַּעֵר, הִתְנַוֵּל, נָוַל (נוֹוֵל)

häufig

שָׁכִיחַ [ק/ב/253]. מָצוּי, מָצוּא, מְצוּאִי, תָּדִיר. מֻרְגָּל [ק/ב/276]. שָׁגִיחַ [מר״ח/177]. מְאֹדִי [ק/ב/127]. שֶׁל מְאֹד, יוֹתֵר וְיוֹתֵר, רַבִּי, עַל דֶּרֶךְ הָרֹב, מַה שֶּׁנִּמְצָא לָרֹב אוֹ שֶׁחוֹזֵר וְנִשְׁנֶה לְעִתִּים קְרוֹבוֹת

häufig vorkommend ---> vorkommend, häufig

Häufigkeit

שְׁכִיחוּת (שְׁכִיחֻיּוֹת) (סטט׳) [ר/ב/658]. מִסְפַּר הַהִתְרַחֲשֻׁיּוֹת שֶׁל הָעֲרָכִים הַשּׁוֹנִים שֶׁל מִשְׁתַּנֶּה כָּלְשֶׁהוּ

Häufigkeitskurve

עֲקֻמַּת שְׁכִיחוּת (סטט׳) עֲקֻמַּת שְׁכִיחֻיּוֹת

Häufigkeitskurve, kumulative

עֲקֻמַּת הַשְּׁכִיחֻיּוֹת הַמִּצְטַבְּרוֹת (סטט׳)

Häufigkeitspolygon

מְצֻלַּע שְׁכִיחוּת (מחמ׳)

Häufigkeitsverteilung

הִתְפַּלְּגוּת שְׁכִיחֻיּוֹת (סטט׳) [ר/א/236; מ״מ/212]. הִתְפַּלְּגוּת הַשְּׁכִיחוּת, פְּרוּס הַשְּׁכִיחוּת, הִתְפַּלְּגוּת הַמְּבֻסֶּסֶת עַל שְׁכִיחוּת הוֹפָעָתָם שֶׁל נְקֻדִּים בְּכָל אַחַת מִקַּטֵּיגוֹרִיּוֹת הַמִּשְׁתַּנֶּה

häufigster Wert ---> Modalwert

Häufung ---> Anhäufung

Häufungspunkt

נְקֻדַּת הִצְטַבְּרוּת (מחמ׳)

Hafenbarkasse

אִלְפָּה (אִלְפָּאוֹת) (ימא׳) סְפִינַת נָמֵל קְטַנָּה

Hafer *{Avena}*

שִׁבֹּלֶת שׁוּעָל (בוט', חקל') [א"ח/א/100]. צֶמַח מִמִּשְׁפַּחַת הַדְּגָנִיִּים

Hafersack ---> Futtersack

Haft

מַעֲצָר (משפ') מַאֲסָר

Haft, lebenslange

מַאֲסַר עוֹלָם (משפ')

Haftbarkeit ---> Verbindlichkeit

Haften

נִמְצָאוּת [ק/א/315]. חִנּוּי, חֲנָיָה, הִמָּצְאוּת, קַיָּמוּת, הִשְׁתַּכְּנוּת, הִתְרַחֲשׁוּת. קִימָה (פיל') [ק/ג/281]. קִיּוּם, מְצִיאוּת, יֶשְׁנוּת, עֲמִידָה, הֲוָיוּת. שְׁכִינָה [ק/ד/92]. הִכָּלְלוּת, קְבִיעָה בְּמָקוֹם, הִסָּפְחוּת, הֱיוֹת טָבוּעַ

haften

נִמְצָא [ק/א/315]. חָנָה, חָל, הִתְקַיֵּם, עָמַד, הִתְקַיֵּם, נָח. שָׁכַן [ק/ד/108]. נִמְצָא, נִכְלַל, הָיָה קָבוּעַ בְּ..., הָיָה מְעֻגָּן בְּ...

Haftpflicht ---> Verbindlichkeit

Haftung, beschränkte

אַחֲרָיוּת מֻגְבֶּלֶת (משפ')

Haftung für das Verhalten Dritter --->

Haftung für fremdes Verschulden

Haftung für fremdes Verschulden

אַחֲרָיוּת שִׁלּוּחִית (משפ')

Haftwasser

מֵי הִדַּבְּקוּת (היד') מֵי סְפִיחָה

Hagel

בָּרָד (מטא') [יל"ט/34]. מִשְׁקָעִים בְּצוּרַת כַּדּוּרֵי קֶרַח קְטַנִּים שֶׁקָּטְרָם 5 מִילִימֶטֶר לְפָחוֹת

Hagelkorn

אֶבֶן בָּרָד (מטא') [יל"ט/6]. אֶלְגָּבִישׁ (אֶלְגָּבִישִׁים), כַּדּוּר קֶרַח שֶׁל בָּרָד שֶׁקָּטְרוֹ 5 מִילִימֶטֶר לְפָחוֹת

Hagestolz

שֶׁחָץ (שֶׁחָצִים) [א"ח/ב/25]. רַוָּק זָקֵן

Hahn

בֶּרֶז (בְּרָזִים) (טכנ'). תַּרְנְגוֹל (זוא') שֶׂכְוִי

Hahn aufdrehen, den

פָּתַח (פּוֹתֵחַ) בֶּרֶז (טכנ')

Hahn zudrehen, den

סָגַר (סוֹגֵר) בֶּרֶז (טכנ')

Hahnenfuß *{Ranunculus}*

נוּרִית (בוט') צֶמַח מִמִּשְׁפַּחַת הַנּוּרִיתִיִּים

Hahnenkamm

כַּרְבֹּלֶת (כַּרְבּוֹלוֹת) (זוא') אֵבֶר בְּשָׂרִי דְּמוּי מַסְרֵק עַל רֹאשׁ תַּרְנְגוֹלִים

Hahnenkammkrabbe *{Calappa granulata}*

בַּיְשָׁן מִתְחַפֵּר (זוא') סַרְטָן מִמִּשְׁפַּחַת הַבַּיְשָׁנִיִּים (סַרְטָנִים מַעֲשִׂירֵי רֶגֶל)

Hahnenkopf, Italienischer *{Hedysarum coronarium}*

מִשְׂנֶצֶת עֲטוּרָה (בוט') צֶמַח מִמִּשְׁפַּחַת הַפַּרְפְּרָנִיִּים

Hahnenschrei

קְרִיאַת הַתַּרְנְגוֹל (זוא') קְרִיאַת הַגֶּבֶר, קוֹל הַתַּרְנְגוֹל

Hahnentritt

זִרְכּוּל, הִזְדַּרְכְּלוּת [מר"ח/633]. הִלּוּךְ זִרְכּוּלִי, צְעִידַת תַּרְנְגוֹל, הֲלִיכָה בְּגַאֲוָה

Hain

חֹרֶשׁ (חֳרָשִׁים) (בוט') [א"ח/ב/201]. חֻרְשָׁה (חֻרְשׁוֹת), חֹרְשָׁה, יַעַר קָטָן

Hake

אַנְקוֹל (אַנְקוֹלִים) (טכנ') [א"ח/א/7]

hakenförmig

מְאֻנְקָל, דְּמוּי אַנְקוֹל

Hakengimpel *{Pinicola enucleator}*

פְּתִיאֵלִי (זוא') עוֹף מִמִּשְׁפַּחַת הַפְּרוּשִׁיִּים

Hakenkreuz *{Swastika}*

צְלַב הַקֶּרֶס (דת, אמנ', מדי')

Hakenwurm *{Ankylostoma}*

אַנְקוֹלִית (זוא', רפו')

Hakenwurmkrankheit

אַנְקֶלֶת (רפו')

Halbachse, große

חֲצִי צִיר גָּדוֹל (מתמ')

Halbachse, kleine

חֲצִי צִיר קָטָן (מתמ')

Halbaffe ---> Primat(en)

halbakut ---> subakut

halbe Lage ---> Sattellage

Halbfabrikat ---> Stufenfabrikat

Halbfeiertag

חֹל הַמּוֹעֵד (דת) מוֹעֵד קָטָן

Halbfertigkeit ---> Dilettantismus

halbfeucht

לַח לְמֶחֱצָה (מטא') גָּשׁוּם לְמֶחֱצָה

Halbfinger, Europäischer *{Hemidactylus turcicus}*

שְׂמָמִית בָּתִּים (זוא') זוֹחֵל מִמִּשְׁפַּחַת הַשְּׂמָמִיתִיִּים

halbhäutig

חֲצִיקְרוּמִי (ביו')

Halbheit

חֲצָאִיּוּת, אִי שְׁלֵמוּת

Halbierung

חֲצִיָּה, חֲצָיָה, חֲלֻקָּה לִשְׁנַיִם

Halbierungsmethode

דֶּרֶךְ טוּרַיִם (סטט') [ר/ב/354]. טֶכְנִיקַת טוּרַיִם, חֲלֻקַּת מִבְחָן אוֹ סֻלָּם לִשְׁנַיִם כְּדֵי לִקְבֹּעַ אֶת מְהֵימָנוּתָם בְּאֶמְצָעוּת הַמִּתְאָם שֶׁבֵּין שְׁנֵי הַחֲלָקִים

Halbierungspunkt

נְקֻדַּת אֶמְצַע (מתמ')

Halbierungsreliabilität ---> Halbierungszuverlässigkeit

Halbierungszuverlässigkeit

מְהֵימָנוּת שֶׁל נְסָחִים מַקְבִּילִים (מ"ח, סטט') [ר/ב/354; מ"מ/214]. מְהֵימָנוּת מִבְחָנִים שְׁקוּלִים, שִׁיטָה לִקְבִיעַת מְהֵימָנוּת מִבְחָן

Halbkanal ---> Rinne

Halbkreis

חֲצִיגוֹל (מתמ') [ק/ג/124]. חֲצִי עִגּוּל, - עִגֻּלָּה, מַחֲצִית עִגֻּלָּה. קֶשֶׁת (מתמ') [ק/ג/305]

halbkreisförmig

חֲצִיגוֹלִי (מתמ')

Halbleiter

מְיַלֵּךְ לְמֶחֱצָה (פיס') [דח"ט/84] מוֹלִיךְ לְמֶחֱצָה, חֹמֶר גְּבִישִׁי, מְבוֹדֵד חַשְׁמַלִּי בְּמַצָּבוֹ הָרָגִיל הַהוֹפֵךְ לִמְיַלֵּךְ בְּהַשְׁפָּעַת חִמּוּם אוֹ מֶרֶץ (אֶנֶרְגִּיָּה) חַשְׁמַלִּי

Halbmesser
מָחוֹג (מְחוֹגִים) (מתמ') [ק/א/322; ק/ג/278,124]. חֲצִי קֹטֶר, קַו יָשָׁר מִמֶּרְכַּז הַמַּעְגָּל אֶל כָּל נְקֻדָּה שֶׁהִיא בְּהֶקֵּפוֹ, רַדְיוּס. חֲצִי אֲלַכְסוֹן (מתמ') [ק/א/48]

halbmondförmig
סַהֲרוֹנִי [מר"ח/208]. סַהֲרוֹן, דְּמוּי חֲצִי סַהַר

Halbpacht
אֲרִיסוּת (כלכ') חֲכִירַת אֲדָמָה זְמַנִּית בְּלֹא זְכֻיּוֹת חֲקִיּוֹת תְּמוּרַת חֵלֶק מְסֻיָּם מִן הַיְּבוּל

Halbpächter
אָרִיס (אֲרִיסִים) (כלכ') אִכָּר הַחוֹכֵר זְמַנִּית חֶלְקַת אֲדָמָה בְּלֹא זְכֻיּוֹת חֲקִיּוֹת מִבַּעַל הַקַּרְקַע וְהַחַיָּב לְשַׁלֵּם לוֹ חֵלֶק מְסֻיָּם מִן הַיְּבוּל

Halbreim ---> Assonanz

Halbrund
אַכְסַדְרָה (אַכְסַדְרָאוֹת) (אדר') אֶכְּסֶדְרָה, יָצִיעַ עָגֹל לְמֶחֱצָה לִפְנֵי הַבַּיִת, מִסְדְּרוֹן פָּתוּחַ

halbseitengelähmt
פִּלְגּוֹנִי (רפו') פִּלֵּג, מְשֻׁתָּק בְּצַד אֶחָד שֶׁל הַגּוּף

Halbseitenlähmung *{Hemiplegie}*
שִׁתּוּק פִּלְגּוֹנִי (רפו') [מר"ח/344]. פִּלְגּוֹן, שִׁתּוּק בְּצַד אֶחָד שֶׁל הַגּוּף

Halbton
חֲצִי טוֹן (מוס')

halbtrocken
צָחִיחַ לְמֶחֱצָה (מטא')

Halbwisser
בּוּר לְמֶחֱצָה [ק/ב/269]. מְקַצֵּר

Halfter
אַפְסָר (אַפְסָרִים) (חקל') [א"ת/ב/124]. רְצוּעָה הַקְּשׁוּרָה לְצַוַּאר בְּהֵמָה כְּדֵי לְהוֹבִילָהּ

hallen ---> schallen

Halluzination
חֶזְיוֹן שָׁוְא (פסי') [ר/א/206]. הַלּוּצִינַצְיָה, הִזָּרוֹן, הֲזָיָה, תְּחוּשַׁת שָׁוְא, חֲזוֹן תַּעְתּוּעִים, הֲזָיָה, חִישַׁת דְּבָרִים שֶׁאֵינָם בַּמְּצִיאוּת, מַחֲזֵה שָׁוְא, חֲוָיָה תְּפִיסָתִית לְלֹא גֵּרוּי פִיזִי, טָעוּת הַחוּשִׁים, תַּעְתּוּעַ, דִּמְיוֹן שָׁוְא, מַחֲזֵה שָׁוְא, הִזָּיוֹן, מַהֲזֶה, הִזּוֹן, הֲזוּת

halluzinatorisch
הֲזָיָתִי (פסי') חוֹזֶה שָׁוְא, הַזָּרְנִי, הַזָּרָן, הִזָּרוֹנִי, תַּעְתּוּעִי, הַזְּיָן, הַזָּיָנִי, הֶזְיוֹנִי, הֲזָיוּתִי, הֲזָיִי

halluzinieren
הָזָה (הוֹזֶה) (פסי') [מר"ח/338]. הָזַר (הוֹזֵר), חָזָה (חוֹזֶה) שָׁוְא

Halluzinose
הַזָּיָתִיּוּת (פסי') הַזֶּרֶת, מַחֲלַת הֲזָיוֹת

Halm
קָנֶה (קָנִים) (בוט') הַגִּבְעוֹל שֶׁל צְמָחִים חַד פְּסִיגִיִּים רַבִּים

Halo-Effekt
תּוֹצָא הִלָּה (פסי') [ר/א/195]. נְטִיָּה לִהְיוֹת מֻשְׁפָּע מִתְּכוּנָה מְסֻיֶּמֶת שֶׁל אָדָם אוֹ מִן הָרֹשֶׁם שֶׁהוּא מְעוֹרֵר כְּשֶׁעוֹשִׂים הַעֲרָכָה כְּלָלִית שֶׁלּוֹ

Hals *{Cervix}*
צַוָּאר (רפו')

Halsband
חֲבָק (חֲבָקִים) (טכנ', אמנ') [א"ת/א/203]. תַּכְשִׁיט מִסָּבִיב לַצַּוָּאר

Halsbandschnäpper *{Ficedula albicollis}*
חֲטָפִית לְבֶנֶת עֹרֶף (זוא') עוֹף מִמִּשְׁפַּחַת הַחֲטָפִיּוֹת

Halsbandsittich *{Pasittacula krameri}*
דְּרָרָה (זוא') עוֹף מִסִּדְרַת הַתֻּכִּיִּים

halsbezüglich *{zervikal}*
צַוָּארִי (רפו')

Halseisen
קוֹלָר (קוֹלָרִים) (משפ') [א"ת/ב/96]. שַׁלְשֶׁלֶת בַּרְזֶל בְּצַוַּאר אָסִיר, סוּגַר (סוּגָרִים), מַחְסוֹם

Halsentzündung *{Pharyngitis}*
דַּלֶּקֶת גָּרוֹן (רפו') [מר"ח/528]

Halskette
עֲנָק (עֲנָקִים) (טכנ', אמנ') [א"ת/א/203]. תַּכְשִׁיט לַצַּוָּאר

Halsöffnung
בֵּית הַצַּוָּאר (טכנ') [א"ת/א/159]

Halsseil
מַחְגֵּר (מַחְגְּרִים) (חקל') [א"ת/ב/123]. רְצוּעַת הָרְתָמָה

Halswirbel *{Vertebrae cervicales}*
חֻלְיוֹת הַצַּוָּאר (רפו')

Halt
מִשְׁעָן, מַשְׁעֵן

Haltbarkeit
קַיָּמוּת, יְכֹלֶת הַהִתְמַדָּה בְּמַצָּב מְסֻיָּם, קִיּוּם רָצוּף, הִשָּׁאֲרוּת בִּשְׁלֵמוּת

halten, für richtig ---> richtig halten, für

halten, für unwahrscheinlich ---> unwahrscheinlich halten, für

halten, getrennt ---> getrennt halten

halten, sich für klug ---> klug halten, sich für

Halter
מַחְזֵק (מַחְזְקִים) (טכנ') הֶתְקֵן הָאוֹחֵז עֲצָמִים אוֹ מַחֲזִיקָם בְּתוֹכוֹ

haltlos
לֹא יַצִּיב (פסי') [ר/א/324]. רְפֵה נֶפֶשׁ. דָּחוּי [ק/א/134]. רָעוּעַ, נוֹפֵל וּבָטֵל

Haltlosigkeit
אִי יַצִּיבוּת (פסי') [ר/א/324]. רִפְיוֹת נַפְשִׁית

Haltung [---> Einstellung]
עֶמְדָּה (פסי', רפו', פיל') [ר/ב/505; מר"ח/86]. עֲמִידָה, דֵּעָה קְבוּעָה, גִּישָׁה, יַחַס, צֶגַע (צְגָעִים), צְגִיעָה, מַצָּב מְסֻיָּם שֶׁל הַגּוּף אוֹ שֶׁל הַנֶּפֶשׁ, מַצָּג, יְצִיגָה, תְּנוּחָה, יְצִיבָה, אֲחִיזָה

Haltung, extrapunitive
עַנְשָׁנוּת לַזּוּלַת (פסי') [ר/ב/498]. נְטִיָּה לְהָגִיב עַל תִּסְכּוּל בְּכַעַס עַל הַזּוּלַת

Haltung, gefühlsbedingte
צֶגַע רִגְשׁוֹנִי (פסי׳) מַצָּג רִגְשׁוֹנִי, גִּישָׁה הַנִּקְבַּעַת עַל יְדֵי הָרְגָשׁוֹת

Haltung, intrapunitive
עַנְשָׁנוּת לְעַצְמוֹ (פסי׳) [ר/ב/498]. נְטִיָּה לְהָגִיב עַל תִּסְכּוּל בְּכַעַס עַל עַצְמוֹ

Haltung einnehmen
צָגַע (צוֹגֵעַ), הִצְגִּיעַ (מַצְגִּיעַ), נָקַט עֶמְדָּה, הִתְיַצֵּב בִּתְנוּחָה מְסֻיֶּמֶת

Hammada ---> Felswüste

Hammer
פַּטִּישׁ (פַּטִּישִׁים) (טכנ׳) [א״ח/א/11]. מַקֶּבֶת (מַקָּבוֹת)

Hammerhai *{Sphyrna zygaena}*
פַּטִּישָׁן תְּמִים חַרְטֹם (זוא׳) דָּג מִמִּשְׁפַּחַת הַפַּטִּישָׁנִיִּים (כְּרִישָׁאִים)

Hammerhaie *{Sphyrnidae}*
פַּטִּישָׁנִיִּים (זוא׳) מִשְׁפָּחָה שֶׁל כְּרִישָׁאִים (דְּגֵי סְחוּס)

Hamster *{Cricetidae}*
אוֹגְרִיִּים (זוא׳) מִשְׁפָּחָה שֶׁל מְכַרְסְמִים

Hand, mit fehlender
גִּדֵּם (גִּדְּמִים), גִּדֶּמֶת (גִּדְּמוֹת) (רפו׳) [א״ח/א/246]. כְּרוּת יָד

Hand schlagen, mit der flachen
סָטַר (סוֹטֵר) [א״ח/ג/11]. הִכָּה בְּכַף יָד שְׁטוּחָה

Handbreite
טֶפַח (טְפָחִים) [א״ח/ב/388]. מִדַּת אֹרֶךְ, 70 מִילִימֶטֶר בְּעֵרֶךְ

Handbremse
בֶּלֶם יָד (בַּלְמֵי יָד) (טכנ׳)

Handbuch
סֵפֶר עֵזֶר (סִפְרֵי עֵזֶר) (ספרנ׳)

Handel
מִסְחָר (כלכ׳) סַחַר, עִסְקֵי סְחוֹרוֹת, - פְּרַקְמַטְיָה, תַּגָּרוּת

Handel treiben
סָחַר (סוֹחֵר) (כלכ׳) תָּגַר (תּוֹגֵר), תִּגֵּר (מְתַגֵּר)

handeln
פָּעַל (פּוֹעֵל) [ק/ג/204]. עָשָׂה, עָבַד

Handeln *{Agere}*
פְּעֻלָּה (פְּעֻלּוֹת), נְקִיטַת פְּעֻלָּה, עֲלִילָה, פְּעִילוּת

handeln, mutwillig
הֵזִיד (מֵזִיד) (משפ׳) זָד, זָדָה (זוֹדֶה), פָּעַל בְּזָדוֹן

Handeln, mutwilliges
הֲזָדָה (משפ׳) עֲשִׂיָּה בְּמֵזִיד

handeln, vernünftig
שָׂכַל (שׂוֹכֵל), עָשָׂה בְּשֵׂכֶל

Handelnder ---> Akteur

Handelsartikel
פְּרִיט מִסְחָרִי (כלכ׳) סוּג סְחוֹרָה, פְּרִיט פְּרַקְמַטוּטִי

Handelsbilanz
מַאֲזָן מִסְחָרִי (כלכ׳) מַאֲזַן הַסַּחַר, - הַמִּסְחָר, סִכּוּם הָעִסְקוֹת הַכַּלְכָּלִיּוֹת שֶׁנַּעֲשׂוּ בֵּין מְדִינָה כְּלָשְׁהִי לְבֵין אַרְצוֹת חוּץ בִּתְקוּפָה מְסֻיֶּמֶת

Handelskammer
לִשְׁכַּת הַמִּסְחָר (כלכ׳)

Handelskapital
הוֹן הַמִּסְחָר (מ״ח, כלכ׳) הוֹן מִסְחָרִי, - סוֹחֲרִים, צוּרָה עַצְמָאִית שֶׁל הוֹן הַסְּחוֹרוֹת שֶׁל בַּעֲלֵי הַהוֹן הַתַּעֲשִׂיָּתִיִּים

Handelskrieg
מִלְחֶמֶת סַחַר (מדי׳, כלכ׳)

Handelskrise
מַשְׁבֵּר מִסְחָר (מ״ח, כלכ׳)

Handelsmarine
צִי סַחַר (ימא׳)

Handelsmarke ---> Warenzeichen, eingetragenes

Handelspreis
מְחִיר שׁוּק (כלכ׳)

Handelsschiff
אֳנִיַּת סַחַר (אֳנִיּוֹת סַחַר) (ימא׳)

Handelswechsel ---> Akzept

Handfertigkeitstest
מִבְחַן זְרִיזוּת יָדַיִם (פסי׳)

Handfesseln
אֲזִקִּים (משפ׳) כְּבְלֵי בַּרְזֶל, בַּרְזִלִּים, נְחֻשְׁתַּיִם

Handfesseln anlegen, jemandem ---> fesseln, jemanden

Handgeld ---> Draufgabe

handgemacht
מַעֲשֵׂה יָד, עֲבוֹדַת יָד

handgreiflich
בַּר חִישָׁה, אָחִיז, מֻבְהָק, וַדַּאי, בָּרוּר בְּתַכְלִית, נִרְאֶה בַּעֲלִיל, בַּר מִשּׁוּשׁ, מָשִׁישׁ, מְמֻשָּׁשׁ

Handgriff ---> Handhabung

handhaben
מָשַׁשׁ (מוֹשֵׁשׁ), יִדֵּן (מְיַדֵּן), יִדֵּל (מְיַדֵּל), הִשְׁתַּמֵּשׁ בְּיָדַיִם, טִפֵּל בְּדָבָר-מָה, הִפְעִיל מַשֶּׁהוּ בְּיָדָיו, מִשְׁמֵשׁ בְּיָדַיִם

handhaben, gewandt ---> manövrieren

Handhabung
מְשִׁישָׁה [מר״ח/438]. יִדּוּן, יִדּוּל, שִׁמּוּשׁ בְּיָדַיִם, שְׁעוּתָה, טִפּוּל, מִשְׁמוּשׁ

Handlesegerät
מַשְׁקֵף (טכנ׳)

Handliniendeuter ---> Chiromant

Handliniendeutung ---> Chiromantie

Handlung [---> Experimentalhandlung; Fabel; Operation]
עֲלִילָה (עֲלִילוֹת) (ספר׳, תאט׳) [מ״ס/34]. מִכְלוֹל הָאֵרוּעִים וְהַהִתְרַחֲשֻׁיּוֹת שֶׁעֲלֵיהֶם נִבְנֵית הַיְּצִירָה. מַעֲשֶׂה (מַעֲשִׂים) (מדע, אמנ׳) [ק/ב/242]. עֲשִׂיָּה, אִמּוּן, תִּרְגּוּל, מְלָאכָה, בְּנִגּוּד לְעִיּוּן. פֹּעַל (פְּעָלִים) [ק/ג/198]. מִפְעָל, מַעַשׂ, עִסּוּק. פְּעֻלָּה (פְּעֻלּוֹת) [ק/ג/205]

Handlung(en), Aneignung der menschlichen ---> Aneignung der menschlichen Handlungen

Handlung, anfallsartige *{Raptus}*
מִתְקוֹף (פסי׳, רפו׳) [מר״ח/574]. תְּקִיפָה, הֶתְקֵף

Handlung, feindliche
מַעֲשֵׂה אֵיבָה (מדי׳, צבא) מַעֲשֶׂה עוֹיֵן

Handlung, freiwillige
פְּעֻלָּה רְצוֹנִית [ק/ג/199]. פֹּעַל רְצוֹנִי, - בְּחִירִי,

פְּעֻלָּה בִּרְצוֹן חָפְשִׁי

Handlung, göttliche

פְּעֻלַּת הַמַּעְלָה (דת) [ק/ג/205]

Handlung, strafbare ---> Straftat

Handlung, willensunabhängige ---> Automatismus

Handlungsart ---> Aktionsart

Handlungsforschung ---> Aktionsforschung

Handlungsrahmen *{Skript}*

תַּסְרִיט (מחש׳) תַּמְלִיל-עַל הַמְּיַצֵּג אֹסֶף שֶׁל פְּעֻלּוֹת

Handlungsverwicklung

סִבּוּךְ סִפּוּרִי (ספר׳) [מ״ס/84]. גְּרִימַת מַצָּב בְּעָיָתִי הַמֵּפֵר אֶת הַמַּצָּב הַמְּאֻזָּן שֶׁשָּׂרַר בַּסִּפּוּר לִפְנֵי שֶׁהִתְרַחֵשׁ הַסִּבּוּךְ

Handmühle

רֵחַיִם שֶׁל יָד (טכנ׳) [א״ח/א/96]

Handpapier ---> Büttenpapier

Handpflege ---> Maniküre

Handpfleger(in) ---> Nagelpfleger(in)

Handpresse

מַכְבֵּשׁ יָד (אמנ׳, דפו׳)

Handschellen ---> Handfesseln

Handschlag

תְּקִיעַת כַּף (משפ׳, מ״ח) [א״ח/ג/8]. נְתִינַת יָד כְּאוֹת שֶׁל הִתְחַיְּבוּת

Handschlag bestätigen, durch

תָּקַע כַּף (משפ׳, מ״ח) [א״ח/ג/8]. נָתַן יָד כְּאוֹת שֶׁל אִשּׁוּר

Handschraubstock ---> Kloben

Handschrift

כְּתַב יָד (כִּתְבֵי יָד) (ספרנ׳) כְּתִיבַת יָד (כְּתִיבוֹת יָד)

Handteller *{Palmaa manus}*

שֹׁעַל (שְׁעָלִים{שׁוֹעוֹלִים}) (רפו׳) [מר״ח/505]. פְּנִים כַּף הַיָּד, פִּסַּת הַיָּד

handtellerbezüglich

שָׁעֳלִי (שׁוֹעוֹלִי) (רפו׳) שֶׁל פְּנִים כַּף הַיָּד, - פִּסַּת הַיָּד

Handvoll [---> Prise]

חֹפֶן (חֳפָנַיִם{חוֹפְנַיִם}) [ק/ד/146]. שַׁעַל (שְׁעָלִים), יְחִידַת מִדָּה, מְלֹא כַּף הַיָּד

Handvoll nehmen

חָפַן (חוֹפֵן), לָקַח מְלֹא הַחֹפֶן, נֶחְפַּן

Handvollnehmen

חֲפִינָה, נְטִילָה בַּחֹפֶן

Handwerk

אוּמָנוּת (מלא׳) מְלָאכָה, מְלֶאכֶת יָד

Handwerker

אוּמָן (אוּמָנִים) (מלא׳) [א״ח/א/137; א״ח/ב/251]. בַּעַל מְלָאכָה (בַּעֲלֵי מְלָאכָה), בַּעַל אוּמָנוּת (בַּעֲלֵי אוּמָנֻיּוֹת)

handwerkliche Begabung ---> Begabung, handwerkliche

Handwerksbetrieb

מִפְעַל מְלָאכָה (טכנ׳) מִפְעַל אוּמָנוּתִי

Handwurzel *{Carpus}*

זֶנֶד (זְנָדִים, זְנָדַיִם) (רפו׳) [מר״ח/126]. שֹׁרֶשׁ כַּף הַיָּד, שֹׁרֶשׁ הַיָּד

handwurzelbezüglich

זַנְדִּי (רפו׳) שֶׁל שֹׁרֶשׁ הַיָּד

Handzeichen

סִימַן יָד [א״ח/ג/159]. הֶכֵּר יָד

Handzeichnung

רִשּׁוּם (רִשּׁוּמִים) (אמנ׳) [ממ״ג/106]

Hanf *{Cannabis}*

קַנַּבּוֹס (בוט׳) קַנְבּוֹס, צֶמַח מִמִּשְׁפַּחַת הַתּוּתִיִּים

Hanf-Stockmalve *{Althaea cannabina}*

נְטוֹפִית קַנְבּוּסִית (בוט׳) צֶמַח מִמִּשְׁפַּחַת הַחֶלְמִיתִיִּים

Hanfweide ---> Korbweide

Hang ---> Neigung

Hangschutt

שְׁפִיעַ (גאו׳) עֲרֵמָה שֶׁל שִׁבְרֵי סְלָעִים

Hanswurst ---> Clown

Hapaxlegomenon

מִלָּה יְחִידָאִית (בלש׳) [ק/א/78; מ״ב/95]. בָּדָד, מִלָּה בּוֹדֶדֶת, - שֶׁנִּמְצֵאת בְּגוּף סִפְרוּתִי מְסֻיָּם פַּעַם אַחַת בִּלְבַד, לְמָשָׁל: ״אֱגוֹז״, ״אַפִּרְיוֹן״ בַּתַּנַ״ךְ

Haphalgesie ---> Berührungsschmerz

Haplographie

הַעְתָּקַת חָסֵר (בלש׳) [מ״ב/95]. הַפְּלוֹגְרַפְיָה, כְּתִיבָה חֲסֵרָה, הַשְׁמָטָה שְׁגוּיָה שֶׁל אוֹתִיּוֹת אוֹ מִלִּים הַנַּעֲשֵׂית עַל יְדֵי הַמַּעְתִּיק אוֹ סַדַּר הַדְּפוּס

Haplologie

הַשְׁמָטַת הֲבָרָה (בלש׳) [מ״ב/95]. הַחְסָרָה שְׁגוּיָה שֶׁל הֲבָרָה

Harabe

מַאֲגוּרָה (הִיד׳) בּוֹר מְלָאכוּתִי הֶחָצוּב בְּמִדְרוֹן לְשֵׁם אֲגִירַת מֵי גְּשָׁמִים

Hardun *{Agama stellio}*

חַרְדּוֹן מָצוּי (זוא׳) זוֹחֵל מִמִּשְׁפַּחַת הַחַרְדּוֹנִיִּים

Hardware

חֻמְרָה (חוּמְרָה) (מחש׳) [דמ״א/51]. גּוּף הַמַּחְשֵׁב וּכְלַל רְכִיבָיו הַחַשְׁמַלִּיִּים (אֶלֶקְטְרוֹנִיִּים)

Harem ---> Frauengemach

Harlekinbär *{Utetheisa pulchella}*

דֻּבּוֹן יְפֵהפֶה (זוא׳) חֶרֶק מִמִּשְׁפַּחַת הַדֻּבּוֹנִיִּים (פַּרְפָּרָאִים)

Harmonia praestabilita ---> Harmonie, prästabilierte

Harmonie [---> Ebenmaß; Übereinstimmung]

תֵּימֹת (תֵּיוֹמֹת) (פיל׳, מוס׳) [מר״ח/340]. הַרְמוֹנְיָה, תַּיָּמָה, תּוֹאֲמוּת. שִׁוּוּי [ק/ד/80]. הִשְׁתַּוּוּת, אֶמְצָעִיּוּת, מְתִינוּת, עֵרוּב מְמֻזָּג, אִזּוּן, מִצּוּעַ, יִשּׁוּב הַדַּעַת, חֹסֶר קִיצוֹנִיּוּת, רֹחַק מִן הַקְּצָווֹת, שְׁבִיל הַזָּהָב. תֹּאַם [ק/א/218]. הַשְׁוָאָה, הַשְׁוָיָה. הַסְכָּמָה, הֶסְכֵּם [ק/א/185]. הַתְאָמָה. הִתְיַחֲסוּת קוֹלִית (מוס׳) [ק/א/236]. עֵרֶךְ נִגּוּנִי (מוס׳) [ק/ג/171]

Harmonie, prästabilierte [---> Prästabilismus]

הַסְכָּמָה קְדוּמָה (פיל׳) [ק/א/185]. הַסְכָּמָה זוּגִית מְיֻסֶּדֶת מֵרֹאשׁ

Harmoniegang *{Progression}*
מַעְקֹבֶת (מוס') פְּרוֹגְרֶסְיָה הַרְמוֹנִית

harmonieren ---> harmonisieren; übereinstimmen; zusammenpassen

harmoniert ---> harmonisiert

Harmoniker
בַּעֲלֵי הַהַסְכָּמָה (הסט') [ק/א/92]

Harmonisation ---> Harmonisierung

harmonisch [---> ebenmäßig]
תִּיּוּמִי (פיל', מוס') [ק/ב/196]. מְיֻשָּׁר, תַּיָּם, מָתוּן, מְתֹאָם, תָּאִים, הַרְמוֹנִי, מַתְאִים יָפֶה, מִתְמַזֵּג הֵיטֵב, מְמֻזָּג, מְתֹאָם. שָׁוֶה [ק/ד/78]. רָחוֹק מִן הַקְּצָווֹת, מְמֻצָּע, מְעֻיָּן, מְאֻזָּן, שָׁקוּל, נִתְאָם, תּוֹאֵם

harmonisch gestalten ---> proportioniert gestalten

harmonisch zusammenklingend ---> konsonant

harmonisches Mischungsverhältnis der Elemente ---> Mischungsverhältnis der Elemente, harmonisches

harmonisieren
תִּיֵּם (מְתַיֵּם) (פיל', מוס') הִרְמֵן (מְהַרְמֵן), הִתְתַּיֵּם (מִתְתַּיֵּם), הִתְאִים, תֹּאַם, נִתְאַם

harmonisiert
מְתֻיָּם (פיל', מוס') מְהֻרְמָן, מְתֻיֶּמֶת, מְתֹאָם, תָּאוּם, תּוֹאֵם

Harmonisierung
תִּיּוּם (פיל', מוס') [ק/א/218]. הִרְמוּן, הַשְׁוָאַת הַדֵּעוֹת, הַרְמוֹנִיזַצְיָה, הִתְתַּיְּמוּת, תֵּאוּם

Harn *{Urin}*
שֶׁתֶן (רפו') מֵי רַגְלַיִם

Harn, Gallenfarbstoff im ---> Gallenfarbstoff im Harn

Harn- und Geschlechtsapparat
הַמִּשְׁתָּן וְהַמָּלוֹד (רפו') כְּלֵי הַשֶּׁתֶן וְהַלֵּדָה, מַעֲרֶכֶת הַשֶּׁתֶן וְאֶבְרֵי הַמִּין

Harnabsonderung, verminderte
נְשִׁיתַת הַשֶּׁתֶן (רפו')

Harnausscheidung *{Miktion}*
הַשְׁתָּנָה (רפו') [מר"ח/255]. שְׁתִינָה, שִׁתּוּן, תַּשְׁתִּינָה, הַפְרָשַׁת שֶׁתֶן

Harnbeschwerden ---> Dysurie

Harnen betreffend, das
מַשְׁתֵּן (רפו')

Harngrieß
אַבְנִית שֶׁתֶן (רפו') חֲצַץ שֶׁתֶן

Harnlassen ---> Harnausscheidung

Harnleiter *{Ureter}*
שָׁפְכָן (שׁוֹפְכָן) (רפו') [מר"ח/691]. יוּבָל, מוֹבִיל הַשֶּׁתֶן, צִנּוֹר הַשֶּׁתֶן מִן הַכְּלָיוֹת לַשַּׁלְפּוּחִית

Harnröhre *{Urethra}*
שָׁפְכָה (שׁוֹפְכָה) (רפו') [מר"ח/691]. סִילוֹן, צִנּוֹר הַשֶּׁתֶן מִן הַשַּׁלְפּוּחִית לַחוּץ

Harnröhrenentzündung *{Urethritis}*
דַּלֶּקֶת הַשָּׁפְכָה (רפו') דַּלֶּקֶת הַסִּילוֹן

Harnröhrenöffnung an Penisoberseite
שַׁלְפּוּת עַל (רפו') [מר"ח/39]. מוּם שֶׁל נֶקֶב הַשֶּׁתֶן הַנִּמְצָא עַל גַּב הַפִּין

Harnsäure
חֻמְצַת שֶׁתֶן (כימ') חֻמְצָה שִׁתְנִית

Harnstoff *{Urea}*
שֶׁינָן (כיו') [מר"ח/690; ל"ב/243]. שִׁתְנָן, אֶשְׁתָּן, אוּרֵאָה, תּוֹצַר הַפֵּרוּק שֶׁל חֶלְבּוֹנִים הַמָּצוּי בַּשֶּׁתֶן

Harnvergiftung *{Urämie}*
אַשְׁתֶּנֶת (רפו') שַׁיֶּנֶת הַדָּם, הִצְטַבְּרוּת חָמְרֵי שֶׁתֶן בַּדָּם, רַעֶלֶת שֶׁינָן

Harnverhaltung *{Anurie}*
אַלְשֶׁתֶן (רפו') [מר"ח/57]. עֲצִירַת הַשֶּׁתֶן, אִי הַשְׁתָּנָה, נְשִׁיתָה

Harnverhaltung betreffend, die
אַלְשִׁתְנִי (רפו') שֶׁל עֲצִירַת הַשֶּׁתֶן

Harnvermehrung *{Polyurie}*
רֹב שֶׁתֶן (רפו') הַשְׁתָּנַת יֶתֶר

Hartnäckigkeit
עַקְשָׁנוּת, קְשִׁי עֹרֶף, הִתְעַקְּשׁוּת, הַקְשָׁאַת עֹרֶף

Hartriegel *{Cornus}*
קַרְנִית (בוט') צֶמַח מִמִּשְׁפַּחַת הַקַּרְנִיתִיִּים

Hartweizen *{Triticum durum}*
חִטָּה קָשָׁה (בוט') צֶמַח מִמִּשְׁפַּחַת הַדְּגָנִיִּים

Harz
שְׂרָף (שְׂרָפִים) (בוט') [א"ח/ב/202]. נוֹזֵל דָּבִיק הַמֻּפְרָשׁ מִצְּמָחִים

harzig
מַשְׂרִיף (פסי'). מֵעֵין הַשְּׂרָף, רֵיחָנִי, בַּעַל רֵיחַ נָעִים

Hasardeur
מְהַמֵּר, הַרְפַּתְקָן, הַנּוֹתֵן כָּל מָמוֹנוֹ בְּזָוִית אַחַת

Hasardeur riskiert, was der
יַהַב, מָה שֶׁהַמְּהַמֵּר מְסַכֵּן

hasardieren ---> Spiel setzen, aufs

Haschisch
קַנְבּוֹן (בוט', רפו') [מר"ח/118]. חֲשִׁישׁ

Haschischvergiftung
קַנְבּוּת (רפו') הַרְעָלַת חֲשִׁישׁ

Haselhuhn *{Tetrastes bonasia}*
שֶׂכְוִי יְעָרוֹת (זוא') עוֹף מִמִּשְׁפַּחַת הַשֶּׂכְוִיִּים

Hasenartige *{Leporidae}*
אַרְנָבִיִּים (זוא') מִשְׁפָּחָה שֶׁל אַרְנָבָאִים (יוֹנְקִים)

Hasenklee *{Trifolium arvense}*
תִּלְתַּן הַשָּׂדֶה (בוט') צֶמַח מִמִּשְׁפַּחַת הַפַּרְפָּרָנִיִּים

Hasenlattich *{Prenanthes}*
בֶּן מָרוֹר (בוט') צֶמַח מִמִּשְׁפַּחַת הַמֻּרְכָּבִים

Hasenohr *{Bupleurum}*
צֶלַע הַשּׁוֹר (בוט') צֶמַח מִמִּשְׁפַּחַת הַסּוֹכְכִיִּים

Hasenpest *{Tularämie}*
כַּרְסֶמֶת (זוא', רפו') מַחֲלַת חַיְדַּקִּים הַתּוֹקֶפֶת אַרְנָבוֹת וִיכוֹלָה לַעֲבֹר לָאָדָם

Hasenschwanzgras *{Lagurus}*
זְנַב הָאַרְנֶבֶת (בוט') צֶמַח מִמִּשְׁפַּחַת הַדְּגָנִיִּים

Hasentiere *{Lagomorpha}*
אַרְנָבָאִים (זוא') סִדְרָה שֶׁל יוֹנְקִים

Haspel
כַּנֶּנֶת (כַּנָּנוֹת) (טכנ') מַכְשִׁיר לַהֲרָמַת מַשָּׂאוֹת בְּאֶמְצָעוּת חֶבֶל

Haß

שִׂנְאָה (פסי') [ר/ב/664]

hastiges Essen ---> Essen, hastiges

Haube ---> Öhr

Haubenlerche *{Galerida cristata}*
עֶפְרוֹנִי מְצֻיָּץ (זוא') עוֹף מִמִּשְׁפַּחַת הָעֶפְרוֹנִיִּים

Haubenschleimfisch *{Cristiceps argentatus}*
קְלִינוּס כָּסִיף (זוא') דָּג מִמִּשְׁפַּחַת הַקְּלִינוּסִיִּים (דְּגֵי גֶּרֶם)

Haubentaucher *{Podiceps cristatus}*
טַבְלָן מְצֻיָּץ (זוא') עוֹף מִמִּשְׁפַּחַת הַטַּבְלָנִיִּים

hauchdünn werden
הִתְדַּקֵּק (מִתְדַּקֵּק) [ק/ד/57]. הִתְרַקֵּק (מִתְרַקֵּק), נַעֲשָׂה דַּק מְאֹד, הִדַּקֵּק (מִדַּקֵּק), נָדַק, דִּקֵּק

Haufen
צְבִיר (צְבִירִים), תֵּל (תִּלִּים), צֶבֶר (צְבָרִים), עֲרֵמָה

Haufen, geschichteter
סְוָאר (סְוָארִים), עֲרֵמָה מְסֻדֶּרֶת

Haufendorf
כְּפַר צָבוּר (י״א) יִשּׁוּב הַמִּתְרַכֵּז סְבִיב מֶרְכָּז אֶחָד

haufenförmig *{kumuliform}*
עָבִי (מטא') [יל״ט/148]. דְּמוּי קוּמוּלוּס, תָּפוּחַ, גּוּשְׁנִי

Haufenwolke *{Kumulus}*
עָב (עָבִים) (מטא') [יל״ט/174]. קוּמוּלוּס, עָנָן דְּמוּי רֹאשׁ כְּרוּבִית

Haufenwolken
עַנְנֵי עָבִים (מטא') [יל״ט/154]

Hauhechel *{Ononis}*
שַׁבְרָק (בוט') צֶמַח מִמִּשְׁפַּחַת הַפַּרְפָּרָנִיִּים

Hauhechelbläuling *{Polyommatus icarus}*
כַּחְלִיל הַשַּׁבְרָק (זוא') חֶרֶק מִמִּשְׁפַּחַת הַכַּחְלִילִיִּים (פַּרְפָּרֵי יוֹם)

Hauptachse
צִיר גָּדוֹל (מתמ')

Hauptassoziation
הֶחְבֵּר עִקָּרִי (פסי') סְמִיכוּת עִקָּרִית

Haupteffekt
תּוֹצָא עִקָּרִי (מ״ח, סטט') [ר/א/91; מ״מ/209]. אֶפֶקְט עִקָּרִי, קֶשֶׁר הַהַשְׁפָּעָה הָרָאשִׁי בֵּין מִשְׁתַּנֶּה בִּלְתִּי תָּלוּי לְבֵין מִשְׁתַּנֶּה תָּלוּי

Hauptfarbe
צֶבַע יְסוֹד (צִבְעֵי יְסוֹד) (פיס', פסי') [ר/ב/577]. צֶבַע יְסוֹדִי (כְּגוֹן: אָדֹם, צָהֹב, כָּחֹל), צֶבַע שֶׁאֵינוֹ נוֹצָר עַל יְדֵי הֶרְכֵּב

Hauptnenner ---> Nenner, kleinster gemeinsamer

Hauptpartie
תַּפְקִיד רָאשִׁי (תאט', מוס')

Hauptpunkt des Horizonts
יְתֵד אֹפֶק (יְתֵדוֹת אֹפֶק) (אסט') [ק/ב/57]. יָתֵד (יְתֵדוֹת), אַחַת מֵאַרְבַּע הַנְּקֻדּוֹת הָרָאשִׁיּוֹת שֶׁל הָאֹפֶק

Hauptrolle ---> Hauptpartie

Hauptsache
עִקָּר (עִקָּרִים), הַדָּבָר הֶחָשׁוּב בְּיוֹתֵר, מַהוּתוֹ שֶׁל דָּבָר, עִקֶּרֶת (עִקָּרוֹת)

hauptsächlich
עִקָּרִי [ק/ג/167]. מֶרְכָּזִי, בְּסִיסִי, יְסוֹדִי, בְּעִקָּר, בְּיִחוּד, בִּפְרָט, לָרֹב. רָאשִׁי [ק/ד/16]. שָׁרְשִׁי [ק/ד/163]

hauptsächliche Wirkung ---> Haupteffekt

Hauptsatz(es), Umkehrung des ---> Umkehrung des Hauptsatzes

Hauptschiff
אוּלָם תָּוֶךְ (אדר', דת) הָאוּלָם הַמֶּרְכָּזִי בִּכְנֵסִיָּה

Hauptschuldner
חַיָּב רָאשִׁי (כלכ', משפ')

Hauptstadt
בִּירָה (בִּירוֹת) (מדי') עִיר הַמַּלְכוּת, עִיר בִּירָה

Hauptstimme
קוֹל רָאשִׁי (מוס') פַּרְטִית רָאשִׁית

Hauptstück
פָּרָשָׁה (פָּרָשׁוֹת) (ספר')

Hauptsumme
סְכוּם רָאשִׁי (מתמ') סְכוּם עִקָּרִי

Hauptthema
נוֹשֵׂא רֹאשׁ (מוס')

Haupttitel
כּוֹתֶר רָאשִׁי (ספרנ')

Hauptton
צְלִיל רָאשִׁי (מוס') תָּו רָאשִׁי

Hauptwort ---> Nomen

Hauptzeitmaß
מִפְעָם רָאשִׁי (מוס')

Hauptzweck
מְבֻקָּשׁ רָאשִׁי [ק/ב/139]

Haus(es), Räumung eines ---> Räumung eines Hauses

Haus aus, von
מֵעֶצֶם לֵדָתוֹ, בִּמְקוֹרוֹ

Hausammer *{Emberiza striolata}*
גִּבְתּוֹן מִדְבָּר (זוא') עוֹף מִמִּשְׁפַּחַת הַגִּבְתּוֹנִיִּים

Hausarbeit
עֲבוֹדָה בֵּיתִית (מ״ח, כלכ')

Hausarrest
מַעֲצַר בַּיִת (משפ')

Hauseigentum
קִנְיַן בַּיִת (כלכ')

Haushalt
מֶשֶׁק בַּיִת (כלכ') [ק/א/182]. הַנְהָגַת הַבַּיִת; תַּקְצִיב

haushalten
כִּלְכֵּל (מְכַלְכֵּל) (כלכ') פִּרְנֵס

Haushaltsjahr
שְׁנַת הַכְּסָפִים (כלכ', מדי')

Hausindustrie
תַּעֲשִׂיָּה בֵּיתִית (מ״ח, כלכ')

Hausmaus *{Mus musculus}*
עַכְבַּר מָצוּי (זוא') יוֹנֵק מִמִּשְׁפַּחַת הָעַכְבָּרִיִּים

Hausmücke ---> Stechmücke

Hausratte *{Rattus rattus}*
חֻלְדָּה מְצוּיָה (זוא') יוֹנֵק מִמִּשְׁפַּחַת הָעַכְבָּרִיִּים

Hausrotschwanz *{Phoenicurus ochruros}*
חַכְלִילִית סְלָעִים (זוא׳) עוֹף מִמִּשְׁפַּחַת הַקִּיכְלִיִּים

Haussegler *{Apus affinis}*
סִיס הַגָּלִיל (זוא׳) עוֹף מִמִּשְׁפַּחַת הַסִּיסִיִּים

Haussperling *{Passer domesticus}*
דְּרוֹר הַבַּיִת (זוא׳) עוֹף מִמִּשְׁפַּחַת הַדְּרוֹרִיִּים

Hausspitzmaus *{Corcidura russula}*
חֲדַף מָצוּי (זוא׳) יוֹנֵק מִמִּשְׁפַּחַת הַחֲדַפִּיִּים

Hauswurz *{Sempervivum}*
חַי עוֹלָם (בוט׳) צֶמַח מִמִּשְׁפַּחַת הַטַּבּוּרִיתִיִּים

Haut bilden
קָרַם (קוֹרֵם) (רפו׳) הֶעֱלָה קְרוּם, הִקְרִים

Haut hindurch, durch die *{perkutan}*
מִלְּעוֹרִי (רפו׳) דֶּרֶךְ הָעוֹר

Hautausschlag
תִּפְרַחַת (רפו׳) [מר״ח/287]. פְּרִיחָה, הִתְפָּרְצוּת, תִּפְרַחַת

Hautfleck, brauner *{Chloasma}*
טַחְלָב (רפו׳) כֶּתֶם עוֹר

Hautfleck, weißer
בַּהֶרֶת (בֶּהָרוֹת) (רפו׳) נֶגַע לָבָן בְּעוֹר הַגּוּף

Hautflügler *{Hymenoptera}*
דְּבוֹרָאִים (זוא׳) סִדְרָה שֶׁל חֲרָקִים

Hautkrankheit
גַּלֶּדֶת (רפו׳) דֶּרְמָטוֹזָה, כָּל מַחֲלַת עוֹר

Hautkribbeln *{Parästhesie}*
נִמְלוּל (רפו׳, פסי׳) [ר/ב/444; מר״ח/513]. רְחִישׁוּת, נִמּוּל, תְּחוּשׁוֹת דִּגְדּוּג וְגֵרוּד בָּעוֹר, חִישָׁה מְדֻמָּה, תְּחוּשַׁת רַחַשׁ נְמָלִים

hautkribbelnbezüglich *{parästhetisch}*
נִמְלוּלִי (רפו׳, פסי׳) נִמּוּלִי, רְחִישׁוּתִי, רָחוּשׁ, שֶׁל תְּחוּשַׁת נִמְלוּל

Hautröte *{Erythem}*
אַדְמֶמֶת (רפו׳) הַאֲדָמָה, אֹדֶם

Hautsinne
חוּשֵׁי הָעוֹר (רפו׳, פסי׳)

Hauttranspiration
דִּיּוּת קְרוּמִי (ביו׳) אִדּוּי מַיִם דֶּרֶךְ קְרוּם חָדִיר לְמֶחֱצָה

hebbar
סָלִיק, שֶׁנִּתָּן לְסַלְּקוֹ

Hebel
מָנוֹף (מְנוֹפִים) (טכנ׳) [פ״ר/135]. מֹאזְנַיִם

heben, sich
הִתְרוֹמֵם (מִתְרוֹמֵם)

Hebephrenie
בַּלֶּקֶת עֲלוּמִים (רפו׳, פסי׳) [ר/א/179]. הֶבֶּפְרֶנְיָה

Heber
גִּשְׁתָּה (גִּשְׁתּוֹת) (טכנ׳) צִנּוֹר כָּפוּף בַּעַל שְׁתֵּי בְּרָכַיִם לְהַעֲבָרַת נוֹזְלִים, סִיפוֹן

Heber(s), die Benutzung eines
גִּשׁוּת (טכנ׳) שִׁמּוּשׁ בְּגִשְׁתָּה (סִיפוֹן) לְהַעֲבָרַת נוֹזְלִים

Heber benutzen, einen
גִּשֵּׁת (מְגַשֵּׁת) (טכנ׳) הִשְׁתַּמֵּשׁ בְּגִשְׁתָּה (סִיפוֹן) לְהַעֲבָרַת נוֹזְלִים

hebräischer Buchstabe mit Vokalzeichen ---> Buchstabe mit Vokalzeichen, hebräischer

Hebung
הִתְרוֹמְמוּת

Hechtsbauch
בֶּטֶן זַרְזִירִית (זוא׳, רפו׳)

Heck
יַרְכָתַיִם (ימא׳) יַרְכְּתֵי הַסְּפִינָה, הַחֵלֶק הָאֲחוֹרִי שֶׁבַּסְּפִינָה

hecken
הִמְלִיטָה (מַמְלִיטָה) (זוא׳) הוֹלִיד (מוֹלִיד). הִתְרַבָּה (מִתְרַבָּה), הָלַךְ וְרָב, פָּרַץ לָרֹב

Heckenbraunelle *{Prunella modularis}*
סִתְרִי מָצוּי (זוא׳) עוֹף מִמִּשְׁפַּחַת הַסִּתְרִיִּים

Heckenkirsche *{Lonicera}*
יַעֲרָה (בוט׳) צֶמַח מִמִּשְׁפַּחַת הַיַּעֲרָתִיִּים

Heckenlandschaft
נוֹף מְשׂוּכוֹת (חקל׳) אֵזוֹר שֶׁבּוֹ חֶלְקוֹת הָאֲדָמָה הַמְעֻבָּדוֹת מְגֻדָּרוֹת בִּמְשׂוּכוֹת

Heckensänger *{Cercotrichas galactotes}*
חִמְרִיָּה (זוא׳) עוֹף מִמִּשְׁפַּחַת הַקִּיכְלִיִּים

Hederich *{Raphanus raphanistrum}*
צְנוֹן מָצוּי (בוט׳) צֶמַח מִמִּשְׁפַּחַת הַמִּצְלִיבִים

Hedoniker(in)
הֶנְאָתָן, הֶנְאָתָנִית (פיל׳) [ק/א/92]. בַּעַל הֲנָאָה, הֵדוֹנִיסְט, הֶנְאָתָן, נֶהֱנְתָן, נֶהֱנְתָנִי, עַדְנִי

hedonisch ---> hedonistisch

Hedonismus
הֶנְאָתָנוּת (פיל׳) [רו/208]. הֶנְאָתָנוּת, הֵדוֹנִיזְם, עַדְנִיּוּת, נֶהֱנְתָנוּת, תּוֹרָה הָרוֹאָה בַּהֲנָאָה יְסוֹד וְתַכְלִית כָּל מַעֲשֵׂי הָאָדָם וְהִתְנַהֲגוּתוֹ, רְדִיפַת תַּעֲנוּגוֹת כְּאֹרַח חַיִּים

Hedonist ---> Hedoniker

hedonistisch
הֶנְאָתָנִי (פיל׳) [רו/208]. נֶהֱנְתָנִי, הֵדוֹנִי, הֶנְאָתָנִי, הֵדוֹנִיסְטִי

Heeresdienst ---> Militärdienst

Heerling
בֹּסֶר (בוט׳) [א״ת/ב/214]. פְּרִי שֶׁטֶּרֶם הִבְשִׁיל כָּל צָרְכּוֹ

Hefe
שְׁמָרִים (בוט׳, תזו׳) [א״ת/ב/236]. פִּטְרִיּוֹת זְעִירוֹת הַמַּחְמִיצוֹת בָּצֵק וּמַתְסִיסוֹת יַיִן

Hefe betreffend, die
שִׁמְרִי (בוט׳, תזו׳) שֶׁל שְׁמָרִים

heften
הִכְלִיב (מַכְלִיב) (טכנ׳) [א״ת/א/158]. חִבֵּר בְּמַכְלֵב, תָּפַר תְּפָרִים גַּסִּים, כִּלֵּב (מְכַלֵּב)

Hefter
כּוֹרְכָן (כּוֹרְכָנִים) (מנה׳) תִּיק לְהִדּוּק נְיָרוֹת בְּאֶמְצָעוּת שְׂרוֹךְ אוֹ פַּסֵּי מַתֶּכֶת

Hehler
שֻׁתָּף לְאַחַר מַעֲשֶׂה (משפ׳)

Heidelerche *{Lullula arborea}*
חוֹגַת הָעֵצִים (זוא׳) עֶפְרוֹנִי עֵצִים, עוֹף מִמִּשְׁפַּחַת הָעֶפְרוֹנִיִּים

Heideröschen *{Fumana}*
לָטְמִית (בוט') צֶמַח מִמִּשְׁפַּחַת הַלָּטְמִיִּים

heidnisch
עַכּוּמִי (דת, אנת') [ק/ג/225]. שֶׁל עוֹבְדֵי כּוֹכָבִים וּמַזָּלוֹת (עכּו"ם), - עוֹבְדֵי עֲבוֹדָה זָרָה, אֱלִילִי, אֱלִילָנִי, צַבִּי, צַבָּאִי, מַאֲמִין בְּתוֹרַת הַצָּאבָּה

Heil- und Pflegeanstalt, psychiatrische
מוֹסָד לִבְרִיאוּת הַנֶּפֶשׁ (רפו') [מר"ח/78]. מוֹסָד מַרְפֵּא נַפְשָׁאִי, מִשְׁפָּיָה, מוֹסָד לְבִלְתִּי שְׁפוּיִים

Heilanzeige ---> Indikation

heilbar
רָפִיא (רפו') שֶׁנִּתָּן לְרִפּוּי

Heilbarkeit
רְפִיאוּת (רפו') הָאֶפְשָׁרוּת לְרַפֵּא אוֹ לְהֵרָפֵא

heilen
רִפֵּא (מְרַפֵּא) (רפו') גָּהָה (גּוֹהֶה), הִגְהָה (מַגְהֶה)

Heilen
רִפּוּי (רפו') גֵּהָה, מַרְפֵּא, רְפוּאָה

heilige Einfalt ---> Einfalt, heilige

heilige Wissenschaft ---> Wissenschaft, heilige

heiligen
קִדֵּשׁ (קוֹדֵשׁ) (דת, מ"ח) נִקְדַּשׁ, נַעֲשָׂה קָדוֹשׁ, קִדֵּשׁ (מְקַדֵּשׁ), עָשָׂה אוֹתוֹ קָדוֹשׁ, טִהֵר, הִתְקַדֵּשׁ

Heiligkeit
קְדֻשָּׁה (דת, מ"ח) קֹדֶשׁ (קֳדָשִׁים)

Heilkunst
מְלֶאכֶת הָרִפּוּי (רפו') [ק/ד/190]. תַּחְבּוּלוֹת הָרְפוּאָה, - הַבְּרִיאוּת, מַדַּע הָרְפוּאָה

Heilmittel, sympathetisches
תְּרוּפַת פֶּלֶא (רפו') [ק/ג/93]. סְגֻלַּת מַרְפֵּא, סְגֻלָּה, תְּרוּפָה, סַם חַיִּים

heilsam
מַרְפְּאִי (רפו') מְרַפֵּא

Heilslehre
תּוֹרַת יֶשַׁע (פיל') [ק/ד/188]. תּוּשִׁיָּה, פִילוֹסוֹפְיָה אֲמִתִּית, הַכָּרָה עֶלְיוֹנָה, - אֲמִתִּית

Heilwärme
חִיּוּם (רפו') [מר"ח/246]. טִפּוּל בְּחִמּוּם

Heilwärme betreffend, die
חִיּוּמִי (רפו') שֶׁל טִפּוּל בְּחִמּוּם

Heimchen *{Acheta domestica}*
צְרָצַר הַבָּתִּים (זוא') חֶרֶק מִמִּשְׁפַּחַת הַצְּרָצָרִיִּים

heimlich
בְּסֵתֶר [א"ת/ג/64]. בִּצְנְעָה, בַּחֲשַׁאי

Heimweh
גַּעְגּוּעִים לַבַּיִת

Heirat [---> Verschwägerung]
נִשּׂוּאִים (משפ', דת) חִתּוּן, הִתְחַתְּנוּת, נִשּׂוּאִין

Heirats- oder Erbgut der Frau
נִכְסֵי מְלוֹג (משפ', דת) [א"ת/ב/43]. נְכָסִים שֶׁהָאִשָּׁה מַכְנִיסָה לְבַעְלָהּ עִם נִשּׂוּאֶיהָ מִתּוֹךְ כַּוָּנָה שֶׁתִּשָּׁאֵר הַקֶּרֶן שֶׁלָּהּ וְהַבַּעַל זַכַּאי לֵיהָנוֹת מִן הָרְוָחִים בִּלְבַד

Heiratsantrag
הַצָּעַת נִשּׂוּאִים (נִשּׂוּאִין) (משפ', דת) [א"ת/ב/25]. שִׁדּוּךְ (שִׁדּוּכִים), הֶסְכֵּם נִשּׂוּאִין

heiratsfähiges Mädchen ---> Mädchen, heiratsfähiges

Heiratsgut ---> Mitgift

Heiratsregister
מִרְשַׁם הַנִּשּׂוּאִים (נִשּׂוּאִין) (משפ')

Heiratsversprechen
הַבְטָחַת נִשּׂוּאִים (נִשּׂוּאִין) (משפ')

Heiserkeit
נִחֲרוּת (רפו') פְּרוּעַ קוֹל, לְקוּת הוֹצָאַת קוֹל, צְרִידוּת, צָרֶדֶת

Heißdraht
תַּיִל מְלֻבָּן (טכנ')

heiße Mineralquelle ---> Mineralquelle, heiße

Heißhunger *{Bulimie}*
רַעַבְתָּנוּת (פסי', רפו') [ר/א/107]. בֻּלְמוּס, בֻּלְמוּס, אֲכִילָה גַּרְגְּרָנִית וַהֲקָאָה לְאַחֲרֶיהָ, בּוּלִימְיָה, רָעֶבֶת, נַהֲמֶת, מַחֲלַת אִי שֹׂבַע

heißhungrig
רַעַבְתָּנִי (פסי', רפו') [א"ת/ג/33]. בֻּלְמוּסִי, בֻּלְמוּסִי, גַּרְגְּרָנִי, זַלְלָנִי, רָעֵב תָּמִיד

Heißhungrige(r) [---> Schlemmer; Fresser(in)]
רַעַבְתָּן, רַעַבְתָּנִית (פסי', רפו') [א"ת/ג/33]. בֻּלְמוּסָן, בֻּלְמוּסָנִית, בֻּלְמוּסָן

heiter
בָּהִיר. בָּדֵחַ, נָהִיר

Heiterkeit
בְּהִירוּת [ק/ב/119]. לְטִישָׁה, לְטִישׁוּת, נְהִירוּת, זַכּוּת. בְּדִיחוּת הַדַּעַת (פסי') עַלִּיזוּת

Heiterkeit, krankhafte
עַלִּיזָנוּת (פסי', רפו') עַלִּיזוּת יֶתֶר חוֹלָנִית

heizen
הִסִּיק (מַסִּיק) (טכנ') [א"ת/ב/275]. הִבְעִיר אֵשׁ

Heizraum
מַסָּקָה (ימא') חֲדַר הַסָּקָה

Held(in), literarische(r) *{Protagonist(in)}*
גִּבּוֹר, גִּבּוֹרָה (ספר') [מ"ס/46]. דְּמוּת רָאשִׁית, - מֶרְכָּזִית בִּיצִירָה סִפְרוּתִית, פְּרוֹטָגוֹנִיסְט

Held, negativer ---> Antiheld

Heldengedicht *{Epos}*
שִׁיר עֲלִילָה (ספר') אֶפּוֹס

helfen
עָזַר (עוֹזֵר) [ק/ג/106]. סָעַד, סִיַּע (מְסַיֵּעַ), סָמַךְ, תָּמַךְ, הִסְתַּיֵּעַ (מִסְתַּיֵּעַ), נֶעֱזַר, נִתְמַךְ

Helfershelfer [---> Mittäter]
שֻׁתָּף בִּשְׁעַת מַעֲשֶׂה (משפ')

Helikoid ---> Schraubenregelfläche

Heliographie
פִּתּוּחַ אוֹר-קַו (אמנ', דפו') [ממ"ג/108]. כָּל מְלֶאכֶת פִּתּוּחַ מֶכָנִית שֶׁאֵינָהּ נַעֲשֵׂית בַּיָּד אֶלָּא בְּעֶזְרַת הָאוֹר

Heliogravüre
פִּתּוּחַ אוֹר (אמנ', דפו') [ממ"ג/108]. פִּתּוּחַ נְחֹשֶׁת בְּאֶמְצָעוּת הָאוֹר עַל יְדֵי שֶׁמְּבִיאִים לוּחַ נְחֹשֶׁת לִידֵי רְגִישׁוּת וְצוֹרְבִים אוֹתוֹ בִּכְלוֹרִיד הַבַּרְזֶל

Heliophobie ---> Lichtscheu

Heliotrop *{Heliotropium}*
עֹקֶץ הָעַקְרָב (בוט') צֶמַח מִמִּשְׁפַּחַת הַזִּיפָנִיִּים

helldunkel
אוֹרְצֵל (אמנ׳)

Helldunkelholzschnitt
חִתּוּךְ אוֹרְצֵל (אמנ׳) [ממ״ג/108]

Helldunkelzeichnung
רִשּׁוּם אוֹרְצֵל (אמנ׳) [ממ״ג/109]. רִשּׁוּם בְּשָׁחֹר וּבְלָבָן עַל גַּבֵּי נְיָר בַּעַל גָּוֶן

Hellerkraut ---> Täschelkraut

Helligkeit
בְּהִירוּת (פסי׳, פיס׳) [ר/א/107]. בְּהִיקוּת, לַבְנוּת, אוֹרוּת, אוֹרִיּוּת

Helligkeitsregler
וַסַּת בְּהִירוּת (טכנ׳) הֶתְקֵן לְוִסּוּת בְּהִירוּת הַתְּמוּנָה בְּתֵבֶת (טֶלֶבִיזְיָה)

Helmbohne *{Dolichos}*
לַבְלָב (בוט׳) צֶמַח מִמִּשְׁפַּחַת הַפַּרְפְּרָנִיִּים

Helmgras *{Ammophila}*
יְדִיד הַחוֹלוֹת (בוט׳) צֶמַח מִמִּשְׁפַּחַת הַדְּגָנִיִּים

Helmkraut *{Scutellaria}*
קַעֲרוּרִית (בוט׳) צֶמַח מִמִּשְׁפַּחַת הַשִּׂפְתָנִיִּים

Helmperlhuhn *{Numida melegaris}*
פְּנִינִית (זוא׳) עוֹף מִמִּשְׁפַּחַת הַפַּסְיוֹנִיִּים

Helmschnecke *{Galeodea echinophora (Cassidaria echinophora)}*
קַסְדָּה קִפּוֹדִית (זוא׳) בַּעַל חַיִּים מִמִּשְׁפַּחַת הַקַּסְדָּתִיִּים (חֶלְזוֹנוֹת)

Hemeralopie
עִוְרוֹן לַיְלָה (רפו׳)

Hemiplegie ---> Halbseitenlähmung

Hemiplegie, alternierende
פִּלְגּוֹן חִלּוּפִי (רפו׳)

Hemisphärenhirn ---> Endhirn

Hemisphäre [---> Endhirn]
חֲצִידוּר (חֲצִידוּרִים) (רפו׳) [מר״ח/344]. חֲצִי הַכַּדּוּר שֶׁל הַמֹּחַ הַקִּיצוֹן, הֶמִיסְפֶרָה

hemisphärisch
חֲצִידוּרִי (רפו׳) הֶמִיסְפֶרִי

hemmen
עִכֵּב (מְעַכֵּב) (פסי׳, רפו׳) [ר/ב/503]. רִסֵּן תַּהֲלִיךְ מְסֻיָּם אוֹ מְנָעוֹ, עָצַר (מְעַצֵּר), בָּלַם (בּוֹלֵם), הִשְׁהָה. טָרַד, הִטְרִיד [ק/ב/22]. מָנַע, הֵעִיק, הִפְרִיעַ, עָצַר, זָגַר (זוֹגֵר), חָסַם (חוֹסֵם)

Hemmen
עִכּוּב (פסי׳, רפו׳) בְּלִימָה, מְנִיעָה, חֲסִימָה, רִסּוּן

hemmend
מְעַכֵּב (פסי׳, רפו׳) בּוֹלֵם, זוֹגֵר, עִכּוּבִי, חוֹסֵם

Hemmung
עַכָּבָה (פסי׳, רפו׳) [ר/ב/503; מר״ח/392]. חֲסִימָה מֻחְלֶטֶת אוֹ עִכּוּב חֶלְקִי שֶׁל תַּהֲלִיךְ אוֹ שֶׁל תְּגוּבָה כְּלַשֶּׁהֶם, מַעֲצוֹר, רִסּוּן, זְגִירָה

Hemmung, gegenseitige
עַכָּבָה הֲדָדִית [ק/א/177]. דֶּרֶךְ הַהֶמְנַע, הִמָּנְעוּת, עַכֶּבֶת גּוֹמְלִין, חֲסִימָה הֲדָדִית

Hemmung, prokative
עַכָּבָה לֶחָדָשׁ (פסי׳) [ר/א/217]. הַפְרָעָה לִמְאֻחָר, הִתְעָרְבוּת שֶׁל מֵידָע שֶׁנִּרְכַּשׁ בֶּעָבָר בְּחֹמֶר שֶׁנִּלְמָד בַּהֹוֶה, חֲסִימָה לֶחָדָשׁ

Hemmung, retroaktive
עַכָּבָה לַיָּשָׁן (פסי׳) [ר/א/217; ר/ב/504]. הַפְרָעָה לַמֻּקְדָּם, הִתְעָרְבוּת שֶׁל לְמִידַת חֹמֶר חָדָשׁ בְּהַעֲלָאַת חֹמֶר יָשָׁן, חֲסִימָה לַיָּשָׁן

Hemmung, rückwirkende ---> Hemmung, retroaktive

Hemmungslosigeit
אִי הִתְאַפְּקוּת (פסי׳) אַלְעַכָּבָה

Hemmungsnerv
דַּכְיָן (רפו׳)

Hendiadyoin ---> Hendiadys

Hendiadys
שְׁנַיִם-שֶׁהֵם-אֶחָד (ספר׳, בלש׳) [ק/א/125; ק/ד/126;176; מ״ב/96]. שֵׁמוֹת דְּבוּקִים בְּתֵבוֹת, שִׁמּוּשׁ בְּשֵׁמוֹת נִרְדָּפִים לְהַגְבָּרַת עָצְמַת הַבִּטּוּי, צֶמֶד מִלִּים לְהַבָּעַת רַעְיוֹן אֶחָד, לְמָשָׁל: ״נָע וָנָד״ (= נוֹדֵד)

Hengst ---> Beschäler

Henkel ---> Griff

Henkelkrüglein
פַּכִּית (פַּכִּיּוֹת) (טכנ׳, ארכ׳) כְּלִי חֶרֶס קָטָן בַּעַל יָדִית אַחַת הַמְשַׁמֵּשׁ לְהַחְזָקַת בְּשָׂמִים

Henkelkrug
פַּךְ (פַּכִּים) (טכנ׳, ארכ׳) כְּלִי חֶרֶס בַּעַל יָדִית אַחַת הַמְשַׁמֵּשׁ לְהַחְזָקַת נוֹזְלִים (שֶׁמֶן אוֹ יַיִן), צַרְצוּר

Henker
תַּלְיָן (משפ׳)

Hennastrauch *{Lawsonia inermis}*
כֹּפֶר לָבָן (בוט׳) צֶמַח מִמִּשְׁפַּחַת הַכָּפְרִיִּים

Heparin
אֶכְבָּד (ביו׳) הֶפָּרִין

Hepatitis ---> Leberentzündung

Heptagon ---> Siebeneck

herabgesetzt ---> reduziert

Herabhängen der Augenlider ---> Augenlider, Herabhängen der

herabhängen lassen ---> hinunterziehen

Herabhängen von Körperteilen *{Ptosis}*
צְנַחַת, צְנִיחָה (רפו׳) צְנִיחַת אֵבָרִים שׁוֹנִים

herabhängend
צָנוּחַ, נִסְרָךְ, סָרוּחַ, סָרוּךְ, נִגְרָר, נִסְחָב, מְדַלְדָּל, נוֹפֵל כְּלַפֵּי מַטָּה

Herabkommen ---> Herabsteigen

herabsetzen ---> reduzieren

Herabsetzung ---> Reduktion

Herabsteigen
יְרִידָה, הִדַּרְדְּרוּת, הִשְׁתּוֹחֲחוּת, נְחִיתָה

Herabwürdigung
הִתְגַּנּוּת (פסי׳) [ק/א/228]. הִתְבַּזּוּת, הַכָּרַת הַמְגֻנֶּה

Herabziehen geistiger Kräfte
הוֹרָדַת הָרוּחָנִיּוּת (אסט׳, דת) [ק/א/164]. פְּעֻלָּה דִּמְיוֹנִית שֶׁל אִצְטַגְנִינִים (אַסְטְרוֹלוֹגִים)

Heranführen
הִקְרִיב, קֵרוּב, תִּוּוּךְ

Herannahen
קְרִיבָה [ק/ג/301]. הִתְקָרְבוּת, הַגָּעָה

heranreifen ---> reifen

heranwachsen
גָּדַל וְהָלַךְ

Heranwachsender ---> Jugendlicher

heraufbeschwören
הִתְהִיד (מַתְהִיד), עוֹרֵר, הֶעֱלָה רוּחוֹת מֵתִים
Herausbildung
הִתְעַצְּבוּת (פיל׳) [פ״ר/149]. הִוָּצְרוּת, הִתְגַּבְּשׁוּת צוּרוֹת
herausbringen
הוֹצִיא, עָקַר (עוֹקֵר)
herausfallen ---> abfallen
herausfordern ---> provozieren
herausfordernd ---> provozierend
Herausforderung ---> Provokation
herausführen
פִּיֵּק (מְפַיֵּק) (רפו׳) [מר״ח/270]. הוֹלִיךְ, הוֹצִיא, הֶחְצִין (מַחְצִין), הֶחֱצִין, הִפְנָה הַחוּצָה, חִצֵּן (מְחַצֵּן)
herausführend *{efferent}*
מְפַיֵּק (רפו׳) [מר״ח/270]. מוֹלִיךְ, מוֹצִיא, מַחְצִין, מוֹצִיא מִן הָאוּל (אוֹרְגָנִיזְם) לַחוּץ
herausgeben ---> verlegen
Herausgeber, fiktiver
הַמַּהְדִּיר הַבָּדוּי (ספר׳) [מ״ס/68]. דְּמוּת שׁוּלִית בְּסִפּוּר הַמַּצִּיגָה עַצְמָהּ כְּעוֹרֵךְ אוֹ כְּמַהְדִּיר שֶׁל כִּתְבֵי הַמְחַבֵּר
herausgefordert ---> provoziert
herausklügeln
הִסִּיק עַל דֶּרֶךְ הִתְפַּלְפְּלוּת
herauskommen
בָּא וְעָלָה, יָצָא (יוֹצֵא), יָצָא לָאוֹר
herausputzen
הִתְפַּרְכֵּס (מִתְפַּרְכֵּס) [א״ח/א/239]. הִתְגַּנְדֵּר, גִּנְדֵּר, פִּרְכֵּס (מְפַרְכֵּס)
Herausruf
קְרִיאָה אֶל הַבִּימָה (תאט׳, מוס׳)
herausrufen
קָרָא אֶל הַבִּימָה (תאט׳, מוס׳)
Herausstellung ---> Extraposition
Heraustreten innerer Organe *{Prolapsus}*
שֶׁמֶט (רפו׳) [מר״ח/555]. צְנִיחָה, שְׁקִיעָה שֶׁל אֵבָרִים פְּנִימִיִּים
herausziehen
שָׁלָה (שׁוֹלֶה) [א״ח/ב/192]. מָשָׁה, הוֹצִיא
herb
קוֹבֶץ (רפו׳) [ק/ג/264]. כּוֹוֵץ, חֲמַצְמַר, חָמוּץ מָרִיר
Herbeiführen
גְּרִימָה, הֲבָאָה לִידֵי..., הַגְרָמָה, גִּלְגּוּל דְּבָרִים, הִגָּרְמוּת
herbeizaubern
חוֹלֵל (מְחוֹלֵל) בִּקְסָמִים (דת, אנת׳) מָשַׁךְ (מוֹשֵׁךְ) בְּכִשּׁוּף, גָּרַם לְהִתְהַוּוּת דְּבַר-מָה בְּאֶמְצָעוּת כְּשָׁפִים
Herberge ---> Gasthaus
Herbheit
קְבִיצוּת (רפו׳) [ק/ג/261]. כְּוִיצוּת, חֲמַצְמַרוּת, חֲמַצְמַצּוּת מְרִירָה
Herbstregen ---> Frühregen
Herbstfeuerröschen *{Adonis annua}*
דְּמוּמִית הַשָּׂדֶה (בוט׳) צֶמַח מִמִּשְׁפַּחַת הַנּוּרִיתִיִּים

Herd
כִּירָה (כִּירוֹת) (טכנ׳) [א״ח/א/90]. תַּנּוּר לְבִשּׁוּל, כִּירַיִם
Herd, ansetzen auf den
שָׁפַת (שׁוֹפֵת) [א״ח/א/122;91]. הֶעֱמִיד סִיר עַל הַכִּירָה
Herd, Ansetzen auf den
שְׁפִיתָה [א״ח/א/91]. הַעֲמָדַת סִיר עַל הַכִּירָה
Herdeninstinkt
יִצְרוֹן הָעֶדְרִיּוּת (פסי׳) חוּשׁ הָעֵדֶר, אִינְסְטִינְקְט הַהִתְעַדְּרוּת
Herdhaken
מַגְרוֹפִית (מַגְרוֹפִיּוֹת) (טכנ׳) כְּלִי מַתֶּכֶת לִגְרִיפַת גֶּחָלִים מֵהָאֵשׁ
hereditär ---> vererbt
herfallen, schreiend
עָט, הִתְנַפֵּל בְּקוֹל רָם
Heringshai *{Lamna cornubica (Lamna nasus)}*
לַמְנָה חַטְמָנִית (זוא׳) דָּג מִמִּשְׁפַּחַת הָעַמְלֵצִיִּים (כְּרִישָׁאִים)
Heringsmöwe *{Larus fuscus}*
שַׁחַף שָׁחֹר (זוא׳) עוֹף מִמִּשְׁפַּחַת הַשַּׁחְפִּיִּים
herkömmlich
רוֹוֵחַ (מ״ח) [ק/ב/224]. מֻסְכָּם, מְקֻבָּל, שִׁגְרָתִי, נָהוּג. הֶסְכֵּמִי, (מ״ח) [ק/א/185]. הַסְכָּמִי. רָגִיל [ק/ב/248]. מְפֻרְסָם, מָצוּי, שָׁכִיחַ. נִימוּסִי (מ״ח) [ק/ג/32]. מִנְהָגִי, בְּהֶתְאֵם לַנֹּהַג
herkommen ---> herstammen
Herkotypie
דְּפוּסְפּוֹג (אמנ׳, דפו׳) [ממ״ג/109]. דְּפוּס סְפוֹגִי, תַּהֲלִיךְ שֶׁל צִיּוּר עַל גַּבֵּי לוּחַ כֶּסֶף אוֹ לוּחַ נְחֹשֶׁת מְכֻסָּף
Herkunftsname
שֵׁם יִחוּס (בלש׳) [מ״ב/90]. שֵׁם עִם הַסִּיּוּם ״י״ שֶׁהוּא תֹּאַר יַחַס הַמְצַיֵּן לָרֹב אֶת הַשַּׁיָּכוּת הַלְּאֻמִּית, הַדָּתִית אוֹ הַמְּקוֹמִית, לְמָשָׁל: ״עִבְרִי״, ״מִצְרִי״, אוֹ שֶׁהוּא נִגְזָר מִשֵּׁם עֶצֶם כְּלָלִי, כְּגוֹן: ״חָפְשִׁי״, ״פְּלִילִי״
herleiten ---> herstammen
Hermaphrodit
אַנְדְּרוֹגִינוֹס (רפו׳) בַּעַל אֶבְרֵי זַכְרוּת וְנַקְבוּת גַּם יַחַד
Hermaphroditismus
אַנְדְּרוֹגִינוּת (רפו׳) תְּכוּנַת הָאַנְדְּרוֹגִינוֹס
Hermeneutik
תּוֹרַת הַפַּרְשָׁנוּת (דת, פיל׳) [ק/א/297]. חָכְמַת הַמְּלִיצָה, הֶרְמֶנֶאוּטִיקָה, פֵּרוּשׁ כִּתְבֵי הַקֹּדֶשׁ
hermetisch ---> luftdicht
Hernie
בֶּקַע (בְּקָעִים) (רפו׳) [מר״ח/348]. בֶּדֶק, שֶׁבֶר
herniederstechen [---> schlagen]
קָפַח (קוֹפֵחַ) [א״ח/ב/186]
Herold ---> Ausrufer
Herpes
שַׁלְבֶּקֶת (רפו׳) [מר״ח/349]. בֶּרֶץ, מַחֲלָה הַתּוֹקֶפֶת אֶת הָעוֹר אוֹ אֶת הָרְקָמוֹת הָרִירִיּוֹת וְהַנִּגְרֶמֶת עַל יְדֵי נְגִיפִים
Herpes simplex ---> Fieberbläschen
Herpes zoster ---> Gürtelrose

Herr

אָדוֹן (אֲדוֹנִים) (מ״ח)

herrenlose Erbschaft ---> Erbschaft, herrenlose

herrenloses Gut ---> Gut, herrenloses

Herrentum

אֲדוֹנוּת (מ״ח) [ק/א/21]. שִׁלְטוֹן אֲדוֹנִים

Herrin

אֲדוֹנָה (אֲדוֹנוֹת) (מ״ח) אֲדוֹנִית (אֲדוֹנִיּוֹת), בַּעֲלָה (בְּעָלוֹת), גְּבִירָה

herrisch ---> autoritär

herrlich

אַדְּנִי [ק/א/23]. מְסֻגֹּלֶת הָאָדוֹן, הָדוּר, מְכֻבָּד

Herrschaft [---> Herrentum]

שְׂרָרָה (מדי׳) [ק/ד/59]. רָשׁוּת, סַמְכוּת רִשְׁמִית, שְׁלִיטָה, מְלוּכָה, מַלְכוּת, מָרוּת. אַדְנוּת (מדי׳) [ק/א/23]. שִׁלְטוֹן (מדי׳) [ק/א/102]. גֹּבֶר, הִתְגַּבְּרוּת, גְּבִרוּת, מֶמְשָׁלָה

Herrscher machen, zum

הִשְׁלִיט (מַשְׁלִיט) (מדי׳) הִמְשִׁיל (מַמְשִׁיל), הִשְׂתָּרֵר (מִשְׂתָּרֵר), הִשְׂתּוֹרֵר, הֶשְׂרֵר

Herrscherstern

כּוֹכָב שַׁלִּיט (אסט׳) [ק/ב/68]. כּוֹכָב מוֹשֵׁל

Herrschsucht

רְדִיפַת שִׁלְטוֹן [ק/א/227]. הִתְגַּבְּרוּת, תַּאֲוַת הִשְׂתָּרְרוּת, תְּאִיבַת הִשְׁתַּלְּטוּת, הִתְנַשְּׂאוּת, תַּקִּיפוּת, הִתְגַּדְּלוּת

herrühren ---> herstammen

herstammen --->hervorgehen

Herstellungsmethode

מַדְרוּךְ (מְתוֹדַת) הַטָּעוּת הַמְּמֻצַּעַת (פסי׳) [ר/א/294]. דֶּרֶךְ הַמְּבֻסֶּסֶת עַל הַטָּעוּת הַמְּמֻצַּעַת בְּסִדְרָה שֶׁל תַּצְפִּיּוֹת אוֹ שֶׁל שִׁפּוּטִים

Herstellungspreis [---> Kostpreis]

מְחִיר הָעֲלוּת (כלכ׳) מְחִיר הַמְּכַסֶּה אֶת כָּל הוֹצָאוֹת הַיִּצּוּר שֶׁל תּוֹצָר מְסֻיָּם לְלֹא הִתְחַשְּׁבוּת בְּתְנָאֵי הַשּׁוּק

herumirren

תָּעָה (תּוֹעֶה) כֹּה וָכֹה

Herumläuferin

שׁוֹטְטָנִית (שׁוֹטְטָנִיּוֹת) [א״ת/ב/47]. יוֹצְאָנִית (יוֹצְאָנִיּוֹת), פַּרְסָנִית, אִשָּׁה שֶׁמְּשׁוֹטֶטֶת הַרְבֵּה, שׁוֹטֶטֶת

herumschweifen ---> herumstreifen

herumstreifen

שׁוֹטֵט (מְשׁוֹטֵט) [א״ת/ב/318]. שָׁט, הִתְהַלֵּךְ לְכָאן וּלְשָׁם, טִיֵּל, תָּר

herunterstimmen, Saite ---> Saite

herunterstimmen

hervorbrechen

בִּצְבֵּץ (מְבַצְבֵּץ), בָּקַע, יָצָא, הוֹפִיעַ, גָּח, פָּרַץ, הֵגִיחַ

hervorbringen [---> aussenden]

חוֹלֵל (מְחוֹלֵל) [ק/ג/204]. פָּעַל, הֵבִיא לִידֵי..., הֵפִיק (מֵפִיק), הִתְקִין, עוֹרֵר פְּעִילוּת, הִפְעִיל. הִוָּה (מְהַוֶּה) [ק/א/160; 161]. עָשָׂה שֶׁיִּהְיֶה, הוֹלִיד, הִתְהַוָּה, נִתְהַוָּה, נֶהֱוָה, נִהְיָה, יָצָא לִמְצִיאוּת, הֲוָה (מְהַוֶּה). חִדֵּשׁ (מְחַדֵּשׁ) [ק/א/274]. בָּרָא, נִתְחַדֵּשׁ, הוֹצִיא אֶל הַפֹּעַל. חָצַב [ק/א/321]. יָצַר, הִצְמִיחַ. חָקַק [ק/א/328]

hervorbringen, einen Eindruck ---> Eindruck hervorrufen, einen

Hervorbringung

הִוּוּי (מ״ט, פיל׳) [ק/א/178]. הַמְצָאָה, חִדּוּשׁ, גְּרִימָה לְהִתְהַוּוּת, הַפְעָלָה, בְּרִיאָה, הוֹצָאַת יֵשׁ מֵאַיִן

Hervorgebrachtes

פָּעוּל [ק/ג/197]. תּוֹצָר, מוּצָר, תּוֹצֶרֶת, מִפְעָל, מְהֻוֶּה, פֹּעַל

hervorgehen

נָבַע (נוֹבֵעַ) מִ... [ק/ב/45]. יוֹצֵא מִזֶּה, הַיּוֹצֵא מִדְּבָרֵינוּ, בָּא מִ..., צָמַח מִ..., נִמְשַׁךְ (נִמְשָׁךְ) מִ..., נוֹצָא (נוֹצָא) מִ..., מַשֶּׁהוּ בָּא מִכֹּחַ..., נִגְזַר מִ... . שָׁלַח [ק/ד/112]. הוֹצִיא, נִבְקַע, יָצָא מִ... אָצַל [ק/א/72]. הִשְׁפִּיעַ, הִמְשִׁיךְ, הִפְרִישׁ

Hervorgehen

נְבִיעָה [ק/א/179]. הַמְשָׁכוּת, הֶמְשֵׁךְ, תּוֹלָדָה וְהִשְׁתַּלְשְׁלוּת. פְּתּוּחַ [פ״ר/114]

Hervorgehen, unmittelbares

כֹּרַח בִּלְתִּי מְצוּעַ (פיל׳) [ק/א/286]. חִיּוּב רִאשׁוֹן, - בִּלְתִּי אֶמְצָעִי

hervorheben, nachdrücklich

הִבְלִיט (מַבְלִיט) [ק/ג/28]. נִחֵץ (מְנַחֵץ), הִדְגִּישׁ, עָשָׂה חִזּוּק וְתֹקֶף לְדָבָר, חִזֵּק

hervorheben, als einzig

יִחֵד (מְיַחֵד) [ק/א/137]. דִּיֵּק, פֵּרֵט

hervorgehend, aus kausaler Verkettung

מִשְׁתַּלְשֵׁל [ק/ב/305]. נִמְשָׁךְ מִסִּבָּתוֹ, שֶׁנִּמְשָׁךְ וְהוֹלֵךְ, מִתְפַּתֵּחַ מִדָּבָר אַחֵר בְּהַדְרָגָה, נֶאֱצָל, מֻשְׁפָּע

hervorkommend

תּוֹפָעִי

hervorlocken ---> hervorrufen

Hervorlocken ---> Hervorrufen

hervorrurfen [---> suggerieren]

דָּלָה (דּוֹלֶה) [ר/א/181]. הִגְרִים, עוֹרֵר, הוֹצִיא, הִתְהִיד (מַתְהִיד), הֶעֱלָה

Hervorrurfen [---> Suggestion]

דְּלִיָּה [ר/א/181]. הַגְרָמָה, גְּרִימָה, עוֹרְרוּת, הַעֲלָאָה

hervorrurfen, einen Eindruck ---> Eindruck hervorrufen, einen

hervorrurfend ---> suggestiv

hervorspringend ---> hervortretend

Hervortreiben

דְּחִיקָה [פ״ר/114]

hervortretend

בּוֹלֵט [ר/א/107]. נִכָּר וְנִרְאֶה הֵיטֵב, מוֹשֵׁךְ תְּשׂוּמֶת לֵב, מְזֻדְקָר, מֻבְחָן בְּנָקֵל

Herz bezüglich, auf das

לִבִּי [ק/ב/112]. מִתְיַחֵס עַל הַלֵּב, - - הַמַּחְשָׁבָה

herz-gefäßbezüglich ---> kardiovaskulär

H e r z - K r e i s l a u f   S y s t e m *{kardiovaskuläres System}*

מַעֲרֶכֶת הַלֵּב וּכְלֵי הַדָּם (רפו׳)

Herzbeschleuniger *{Accelerans cordis}*

מְמַהִיר הַלֵּב (רפו׳) עֶצֶב הַמֵּאִיץ אֶת פְּעִילוּת הַלֵּב

Herzbeutel *{Perikard}*
כַּפֹּרֶת (רפו׳) [מר״ח/522]. כַּפֹּרֶת הַלֵּב, כִּיס הַלֵּב

herzbeutel-lungenfellbezüglich
כַּפָּרְתִּי צִדְרִי (רפו׳)

herzbewegend
מַרְחִישׁ לֵב (פסי׳) [ק/א/198]. הַפָּעֲלוּתִי, שֶׁל הִפָּעֲלוּת, מַרְטִיט לֵב. הִתְפַּעֲלִי, הִתְפָּעֲלוּתִי (פסי׳) [ק/א/244]

Herzblock
חֶסֶם לֵב (רפו׳) מַאֲגוֹף הַלֵּב, חֲסִימַת לֵב

Herzbräume ---> Angina pectoris

Herzdämpfung
עֲמִימוּת הַלֵּב (רפו׳) קֵהוּת הַלֵּב

Herzensänderung
תְּמוּרָה שֶׁבַּלֵּב

Herzenskündiger
בּוֹחֵן לְבָבוֹת (פסי׳)

Herzenspflichten, Lehre von den
חָכְמַת הַמַּצְפּוּן (פיל׳) [ק/א/297]. חָכְמַת מִצְוַת הַלֵּב, הַחָכְמָה הַצְּפוּנָה

Herzensvereinigung
אַחְדוּת לְבָבוֹת (מ״ח) הִתְאַחֲדוּת לְבָבוֹת, אַחְדוּת דֵּעוֹת

Herzentzündung, rheumatische
דַּלֶּקֶת לֵב שִׁגְרוֹנִית (רפו׳)

Herzgespann *{Leonurus}*
זְנַב אֲרִי (בוט׳) צֶמַח מִמִּשְׁפַּחַת הַשִּׂפְתָנִיִּים

herziehen, über einen ---> intrigieren

Herzigel, Kleiner *{Echinocardium cordatum}*
לְבָב מִתְחַפֵּר (זוא׳) בַּעַל חַיִּים מִמִּשְׁפַּחַת הַלּוֹבְנִיִּים (קִפּוֹדֵי יָם)

Herzinnenschicht ---> Endokard

Herzkammer
חֲדַר הַלֵּב (רפו׳) [ק/א/86; מר״ח/701]. בֶּטֶן הַלֵּב, אִדְרוֹן הַלֵּב

Herzkurve *{Kardioide}*
לְבָבוֹן (מתמ׳) עֲקֻמָּה דְּמוּיַת לֵב

Herzmuschel, Warzige *{Rudicardium tuberculatum}*
לְבִיָּה חֲלוּדָה (זוא׳) בַּעַל חַיִּים מִמִּשְׁפַּחַת הַלְּבִיִּים (צְדָפוֹת)

Herzmuscheln *{Cardiidae}*
לְבִיִּים (זוא׳) מִשְׁפָּחָה שֶׁל צְדָפוֹת

Herzmuskelentzündung *{Myokarditis}*
דַּלֶּקֶת שְׁרִיר הַלֵּב (רפו׳)

Herzmuskelerweichung
מָרֶכֶת הַלֵּב (רפו׳)

Herzsame *{Cardiospermum halicacabum}*
לְבַן מְשֻׁלָּשׁ (בוט׳) צֶמַח מִמִּשְׁפַּחַת הַסַּבּוֹנָנִיִּים

Herzsschlagunregelmäßigkeit ---> Arrhytmie

Herzstillstand
דֹּם לֵב (רפו׳)

Herztätigkeit, verlangsamte
לְאִיטוּת הַלֵּב (רפו׳) [מר״ח/104]. אִטִּיּוּת הַלֵּב

herztätigkeithemmend
זוֹעֵר לֵב (רפו׳)

Heterogenität
אִי אֲחִידוּת (פיל׳) [ק/א/152]. הַבְדָּלָה, הֶטֶרוֹגֶנִיּוּת, שׁוֹנוּת

heteronom
תְּלוּתִי (פיל׳) [ק/ד/205]. תָּלוּי מֵהַזּוּלַת, - בְּאַחֵר, הֶטֶרוֹנוֹמִי, בַּעַל תְּלוּת, נִתְלֶה בְּ...

Heteronym [---> Heteronymie]
מִלָּה שְׁנָהִית (בלש׳) [ק/ג/12; מר״ח/350]. שֵׁם נִבְדָּל, תֵּבָה שְׁנָהִית, הֶטֶרוֹנִים

heteronym
שְׁנָהִי (בלש׳) הֶטֶרוֹנִימִי

Heteronymie
שְׁנָהִיּוּת (בלש׳) [מר״ח/350]. הֶטֶרוֹנִימִיּוּת, כִּנּוּי בְּאֶמְצָעוּת שְׁתֵּי מִלִּים שׁוֹנוֹת (מִלִּים שְׁנָהִיּוֹת) לְזוּגוֹת מֻשָּׂגִים טִבְעִיִּים הַשּׁוֹנִים סִימָנְתִית (סֵמַנְטִית) זֶה מִזֶּה רַק בְּסוּגֵל אֶחָד, לְמָשָׁל: ״אָח״, ״אָחוֹת״; ״בֵּן״, ״בַּת״

Heterotaxie ---> Organlageumkehrung

Heu
חָצִיר (חֲצִירִים) (חקל׳) [א״ח/ב/131]. עֵשֶׂב הַמְּשַׁמֵּשׁ לְמִסְפּוֹא

Heu, Griechisch *{Trigonella foenum-graecum}*
גַּרְגְּרָנִית יְוָנִית (חִלְבָּה) (בוט׳) צֶמַח מִמִּשְׁפַּחַת הַפַּרְפְּרָנִיִּים

heulen
יְלֵל (מְיַלֵּל) (פסי׳, רפו׳) יַבֵּב (מְיַבֵּב), יִלְיֵל (מְיַלְיֵל), צָרַח (צוֹרֵחַ)

Heulen
יִלּוּל, יִבּוּב (פסי׳, רפו׳) יִלְיוּל, יַלְלָה, צְרִיחָה

Heuristik
תַּנְסוּת (מדע) [ד״מח/126]. הָאוּרִיסְטִיקָה, מַדָּע הַחוֹקֵר אֶת הַחֲקִירוֹת וְהַמִּדְרָכוֹת (מְתוֹדִיקָה) שֶׁל תַּהֲלִיכֵי חֲקִירַת בְּעָיָה מְסֻיֶּמֶת וְהַמַּצִּיעַ דְּרָכִים לְצִמְצוּם מִסְפַּר הַפִּתְרוֹנוֹת הָאֶפְשָׁרִיִּים שֶׁלָּהּ עַד לְמִזְעָר (מִינִימוּם) כְּדֵי לְקַצֵּר אֶת זְמַן הַחֲקִירָה

heuristisch
תַּנְסוּתִי (מדע) הָאוּרִיסְטִי, לְצֹרֶךְ מְצִיאָה

heuristische Annahme ---> Konstrukt, hypothetisches

Heuschnupfen *{Pollinose}*
אֲבָבִית (רפו׳) [מר״ח/542]. קַדַּחַת אֲבָבִית, - אֲבָבִים, - הַשַּׁחַת

Hexagon ---> Sechseck

Hexenschuß ---> Lumbago

Hexerei
כִּשּׁוּף (אנת׳) כַּשָּׁפוּת, כַּשְּׁפָנוּת, מְכַשְּׁפוּת

Hi-Fi ---> Wiedergabetreue, hohe

Hi-Fi-Qualität, von ---> wiedergabetreu

Hiatus ---> Spalt

hier
פֹּה, כָּאן, הָכָא

hier, es gibt ---> es gibt hier

Hierarchie
תַּדְרוּגָה, מִדְרָג, תִּדְרוּג, מִדְרָגִיּוּת, סֻלַּם דְּרָגוֹת, הִיֶּרַרְכְיָה

hierarchisch

תִּדְרוּגִי, מִדְרָגִי, הִיֶּרַרְכִי, שֶׁל מַעֲרֶכֶת דְּרָגוֹת
hieraus ergibt sich ---> ergibt sich, es
hieraus folgt ---> folgt, hieraus
Hieve
אֲצָוָה (אֲצָווֹת) (ימא') כַּמּוּת הַמִּטְעָן שֶׁבְּהֲנָפָה אַחַת
H i g h - F i d e l i t y (H i - F i) ---> Wiedergabetreue, hohe
Hilfe
עֶזְרָה, סִיּוּעַ, עֵזֶר, תְּמִיכָה, מִסְעָד, מִשְׁעָן, סְמִיכָה, סַעַד, סִעוּד
Hilfe von..., mit ---> mittels
Hilfsbuchstabe
אוֹת הַשִּׁמּוּשׁ (בלש') [ק/ב/21]. טָפֵל, אוֹת עֵזֶר
Hilfslinie
קַו עֵזֶר (מוס')
Hilfsmittel
עֵזֶר (עֲזָרִים), אֶמְצָעֵי עֵזֶר (אֶמְצְעֵי עֵזֶר)
Hilfsnote ---> Nebennote
Hilfsregisseur(in)
בַּמַּאי עוֹזֵר, בַּמָּאִית עוֹזֶרֶת (תאט') בַּיָּם עוֹזֵר, בַּיֶּמֶת עוֹזֶרֶת
Hilfssatz *{Lemma}*
מִשְׁפָּט עֵזֶר (מתמ', פיל') [ק/ב/301; ק/ד/187]. מִשְׁפָּט תּוֹשָׁב
Hilfsstimme
קוֹל עֵזֶר (מוס') קוֹל מִלּוּי, פַּרְטִית עֵזֶר
Hilfssubstanz ---> Adjuvans
Hilfsvariable ---> Scheinvariable
Hilfsverb
פֹּעַל עֵזֶר (פָּעֳלֵי עֵזֶר) (בלש') [מ״ב/25]. פֹּעַל הַנּוֹסָף לְפֹעַל אַחֵר כְּדֵי לְהַבִּיעַ אֶת אֹפִי הַפְּעֻלָּה, מֶשֶׁךְ זְמַנָּהּ, אֶפְשָׁרוּתָהּ, סְבִירוּתָהּ, רְצִיּוּתָהּ וכד', לְמָשָׁל: ״אִם מְעַכֵּב אַתָּה אֶת הָרַבִּים **נִמְצֵאתָ** מַכְשִׁילָן לֶעָתִיד לָבוֹא״, ״אִלּוּ הָיוּ מַנִּיחִים אוֹתִי - **הָיִיתִי** מֵבִיא״, ״הָאִישׁ **הוֹסִיף** לְדַבֵּר״. דִּבּוּר הַמְּצִיאוּת (בלש') [ק/א/126]. מִלַּת צְדָדִין (בלש') [ק/ב/205; ק/ג/226]. מִלַּת הַצְּדָדִים
Hilfsverb, Satz mit einem ---> Satz mit einem Hilfsverb
Hilfswort ---> Hilfsverb
Hilus ---> Delle
Himalajazeder *{Cedrus deodara}*
אֶרֶז הִימָלָאִי (בוט') צֶמַח מִמִּשְׁפַּחַת הָאָרְנִיִּים
Himbeere *{Rubus}*
פֶּטֶל (בוט') צֶמַח מִמִּשְׁפַּחַת הַוְּרָדִיִּים
Himmel, bedeckter
שָׁמַיִם מוּעָבִים (מטא') [יל״ט/202]. שָׁמַיִם הַמְּכֻסִּים בַּעֲנָנִים הַתּוֹפְסִים שְׁמוֹנֶה שְׁמִינִיּוֹת מִשְׁטְחָם
Himmel, teilweise bedeckter
שָׁמַיִם מְעֻנָּנִים (מטא') [יל״ט/202]. שָׁמַיִם הַמְּכֻסִּים בַּעֲנָנִים הַתּוֹפְסִים מֵחָמֵשׁ וְעַד שֶׁבַע שְׁמִינִיּוֹת מִשְׁטְחָם
Himmel, wolkenloser
שָׁמַיִם בְּהִירִים (מטא') [יל״ט/202]. שָׁמַיִם הַמְּכֻסִּים בַּעֲנָנִים הַתּוֹפְסִים פָּחוֹת מִשְּׁמִינִית מִשְׁטְחָם
Himmel bezüglich, auf den
רְקִיעִי (אסט') [ק/ד/56]. שֶׁל רָקִיעַ, גַּלְגַּלִּי, מִתְיַחֵס עַל גַּלְגַּל הָרָקִיעַ, שֶׁל הָעוֹלָם שֶׁמִּסָּבִיב לְכַדּוּר הָאָרֶץ
Himmelbett
כִּלָּה (כִּלּוֹת) (טכנ') [א״ח/א/65]
Himmelsäquator
מַשְׁוֵה הַשָּׁמַיִם (אסט'). אוֹפַן הַמִּישׁוֹר (אסט') [ק/א/26]. גַּלְגַּל הַמִּישׁוֹר, - הַשָּׁוֶה, - מַשְׁוֵה הַיּוֹם (אסט') [ק/א/115; ק/ב/195]. עֲגֻלַּת מַשְׁוֵה הַיּוֹם. הָאוֹפַן הַשָּׁוֶה, עֲגֻלַּת הַשָּׁוֶה (אסט') [ק/ד/79]
Himmelsansicht
חֲזוּת הַשָּׁמַיִם (מטא') [יל״ט/69]
Himmelsbedeckung ---> Bewölkung
Himmelsgrad ---> Sternbild
Himmelsgucker *{Uranoscopus scaber}*
אִצְטַגְנוּן יָם תִּיכוֹנִי (זוא') דָּג מִמִּשְׁפַּחַת הָאִצְטַגְנוּנִיִּים (דְּגֵי גֶּרֶם)
Himmelsgünstling
חֲבִיב שָׁמַיִם (דת)
Himmelskörper [---> Gestirn]
גֶּרֶם שְׁמֵימִי (גְּרָמִים שְׁמֵימִיִּים) (אסט')
Himmelskörper,Bahn der ---> Bahn der Himmelskörper
Himmelskörper, das System der
מַעֲרֶכֶת הַגְּרָמִים הַשְּׁמֵימִיִּים (אסט') [ק/א/116]. גָּלִיל
Himmelskörper, Kreislauf der ---> Kreislauf der Himmelskörper
Himmelskreis ---> Himmelssphäre
Himmelskreise, Grad der
מַעֲלָה (מַעֲלוֹת) (אסט') [ק/ב/236]. חֵלֶק מֵחֶלְקֵי גַּלְגַּל הַמַּזָּלוֹת
Himmelspol
קֹטֶב שְׁמֵימִי (אסט')
Himmelssphäre
כִּפַּת הַשָּׁמַיִם (אסט') [ק/ד/55]. רָקִיעַ, שַׁחַק (שְׁחָקִים), גַּלְגַּל הָרָקִיעַ שֶׁבּוֹ קְבוּעִים הַכּוֹכָבִים וְהַמַּזָּלוֹת לְפִי דַּעַת הַקַּדְמוֹנִים. תְּכוּנָה (אסט') [ק/ד/196]. גַּלְגַּל הַשָּׁמַיִם. סְפֵרַת הַשָּׁמַיִם (אסט'). אוֹפָן [ק/א/26]. עִגּוּל, כַּדּוּר, גַּלְגַּל, אֹפֶק
Himmelssphäre, oberste
כִּפַּת הַשָּׁמַיִם הָעֶלְיוֹנָה (אסט') [ק/ב/29]. הַגַּלְגַּל הַיּוֹמִי, הָעִגּוּל הָעֶלְיוֹן בַּשָּׁמַיִם, הָרָקִיעַ הָעֶלְיוֹן
Himmelsstimme
בַּת קוֹל (בְּנוֹת קוֹל) (דת) [א״ח/ג/228]. קוֹל אֱלֹהִי מִשָּׁמַיִם
Himmelsstrich
אֵזוֹר הָאָרֶץ (אֲזוֹרֵי הָאָרֶץ) (י״א) [ק/א/32]. אֵזוֹר. אֹפֶק (מטא') [ק/א/68]. אַקְלִים (מטא') [ק/א/73]. מָחוֹז. נוֹף (מטא', י״א) [ק/ג/23]. סְבִיבָה, אֵזוֹר אַקְלִימִי, מַרְאֵה טֶבַע
himmlisch
שְׁמֵימִי (אסט', דת) [ק/ד/131]. שֶׁל הַשָּׁמַיִם. שַׁחְקִי (אסט', דת) [ק/ד/86]
hin und her
לְכָאן וּלְשָׁם, לְכָאן וּלְכָאן
hin- und herbewegen
נִפְנֵף (מְנַפְנֵף), הֵנִיעַ לְכָאן וּלְכָאן, הִתְנַפְנֵף, נִפְנֵף (מְנַפְנֵף)

hin- und hergehen
הָלַךְ (הוֹלֵךְ) רָצוֹא וָשׁוֹב

Hin- und Herrollen
דּוֹצְצוּת (רפוי) [מר״ח/93]. נִדְנוּד, תְּנוּעוֹת הַוָּלָד בְּבֶטֶן אִמּוֹ

hinaufziehen
הִדְלָה (מַדְלֶה) (חקל') הֵרִים עֲנָפִים עַל עֶצֶם כָּלְשֶׁהוּ כְּדֵי שֶׁיִּטַּפְּסוּ עָלָיו, הֶדְלָה (מֻדְלֶה), הוּרַם עַל עֶצֶם גָּבֹהַּ

hinaus sein, über etwas
חָרַג מִתּוֹךְ מַשֶּׁהוּ הַחוּצָה (פיל') [פ״ר/51]

hinausgehen
חָרַג (חוֹרֵג), יָצָא, גָּח, הֵגִיחַ (מֵגִיחַ), הֶחְרִיג (מַחְרִיג), הוֹצִיא, הוּצָא

hinausgehend, über die Vollmachten
---> Vollmachten hinausgehend, über die

hinaussehen
הִשְׁקִיף (מַשְׁקִיף) בְּעַד.../מִן..., נָשָׂא עֵינָיו וְרָאָה, הוֹלִיךְ עֵינָיו, זָרַק מַבָּט, הֵעִיף עַיִן בְּ...

Hinausverlegung eines Organs *{Ektopie}*
עֲתִיקָה (רפוי) הַתָּקַת אֵבֶר מוֹלֶדֶת

Hinblick ---> Rücksicht

hinderlich
מוֹנֵעַ, בּוֹלֵם, מְעַכֵּב, מַפְרִיעַ, מַטְרִיד, זָקוּר, מִזְדַּקֵּר וְחוֹסֵם, מַכְשִׁיל

hindern
מָנַע (מוֹנֵעַ) [ק/ב/22]. טָרַד, הִטְרִיד, הֵעִיק, הִפְרִיעַ, עָצַר, בָּלַם, הִכְשִׁיל

Hindernis
מִכְשׁוֹל [ק/ב/218]. מְנִיעָה, מְנִיעוּת, בְּלִימָה, עֲצִירָה. מוֹנֵעַ [ק/ב/219]. מַסְטִין [ק/ב/222]. מַחְסוֹם. מֵעִיק [ק/ב/235]. מִפְגָּע, נֶגֶף (נְגָפִים), סֵרוּב. מַעְצוֹר [ק/ב/240]. מַעְצָר, עַכָּבָה, עִכּוּב [ק/ג/131]. סַחֶבֶת, הַשְׁהָיָה, הַמְשָׁכָה, הִתְמַהְמְהוּת. חוֹשֵׁךְ [ק/א/335]. עוֹצֵר. מַטְרִיד [ק/ב/189]. מְעַכֵּב, מַפְרִיעַ, תַּקָּלָה

Hindin [---> Hirsch]
אַיָּלָה (אַיָּלוֹת) (זוא') אַיֶּלֶת, נְקֵבַת הָאַיָּל

hindurcharbeiten, sich
עָמַל וּפִלֵּס לְעַצְמוֹ דֶּרֶךְ

Hineinschauen, unbefugtes
הֶזֵּק רְאִיָּה (משפ') [א״ח/א/45]. נֶזֶק שֶׁנִּגְרָם לְאָדָם שֶׁזָּר רוֹאֶה דֶּרֶךְ חַלּוֹן אוֹ דֶּלֶת אֶת הַנַּעֲשֶׂה בְּבֵיתוֹ

hineinstecken
נָעַץ (נוֹעֵץ) [א״ח/ג/8]. תָּחַב

hinfällig [---> abgelebt]
רָעוּעַ [ק/א/134]. דָּחוּי, נוֹפֵל וּבָטֵל, תָּשׁוּשׁ. עָלוּל [ק/ג/138]. חַלָּשׁ, חוֹלָנִי, חָסֵר. נָשִׁיר (בוט') צֶמַח הַמַּשִּׁיר אֶת עָלָיו בְּעוֹנָה מְסֻיֶּמֶת

Hinfälligkeit [---> Abgelebtheit]
רְעִיעוּת [ק/ג/53]. הֲבָלוּת, בִּטּוּל, נְפִילָה, תְּכוּנַת הַדָּבָר שֶׁאֵין לוֹ שַׁחַר, אַפְסוּת דָּבָר, שְׁטוּת, חֹסֶר הִגָּיוֹן, רְעוּת רוּחַ, תִּפְלוּת, תְּשִׁישׁוּת

hinführen
הִפְנִים (מַפְנִים), הִכְנִיס לְתוֹךְ..., הוֹבִיל פְּנִימָה, פָּנַם (פּוֹנֵם)

hinführend *{afferent}*
מַפְנִים (ביו', פסי') מוֹבִיל מִן הַחוּץ לִפְנִים הָאוּל (אוֹרְגָנִיזְם), פּוֹנֵם

Hingabe
הִתְמַסְּרוּת [ק/א/178]. הֶמְסֵר, מְסִירַת הַנֶּפֶשׁ, הִשְׁתַּעְבְּדוּת, מְסִירוּת נֶפֶשׁ

hingeben, sich
הִתְמַסֵּר לְ..., הִקְדִּישׁ אֶת עַצְמוֹ לְדָבָר-מָה

hingehen lassen, jemandem etwas
הֵקֵל (מֵקֵל) [ק/ג/283]. בִּקֵּשׁ צַד שֶׁל הֶתֵּר בְּדָבָר, וִתֵּר, הֶעֱבִיר עַל מִדּוֹתָיו, הִסְכִּים, הִתִּיר, הִנִּיחַ לַעֲשׂוֹת, הִרְשָׁה

hinken
צָלַע (צוֹלֵעַ) (רפוי) הִצְלִיעַ (מַצְלִיעַ), צֻלַּע (מְצֻלָּע)

Hinken
צַלַּעַת (רפוי) [מר״ח/158]. מַחֲלַת צְלִיעָה

Hinken, intermittierendes *{Claucadio intermittens}*
צְלִיעָה לְסֵרוּגִין (רפוי) הַפְרָעַת הֲלִיכָה הַנִּגְרֶמֶת מֵהַסְפָּקַת דָּם לְקוּיָה

hinkend
צוֹלֵעַ (רפוי) [א״ח/א/246]. פִּסֵּחַ

Hinlegen
שִׂימָה, הִנּוּחַ

hinreichend
מַסְפִּיק, דַּי

Hinsicht
בְּחִינָה (פיל') [ק/א/81]. עֵרֶךְ, יַחַס, נְקֻדַּת רְאוּת, סְגֻלָּה עַצְמִית

hinsichtlich
מִבְּחִינַת..., מִצַּד..., בְּיַחַס לְ..., בְּקֶשֶׁר לְ..., בְּנוֹגֵעַ לְ..., בְּעִנְיַן, עַל, עַל אוֹדוֹת, בִּדְבַר, עַל דְּבַר, לְגַבֵּי, בְּשַׁיָּכוּת לְ..., בַּאֲשֶׁר לְ..., אֲשֶׁר לְ..., בְּנִדּוֹן, לְעִנְיַן, מִפְּאַת, כְּלַפֵּי

hinstellen
הִצִּיב (מַצִּיב) [ק/ג/284]. קִיֵּם, הֵקִים, הֶעֱמִיד (מַעֲמִיד). שִׁכְלֵל [ק/ד/108]. סִדֵּר, עָרַךְ (עוֹרֵךְ). הִשְׁלִים [ק/ד/118]

hinstellen, als etwas
מִנָּה (מְמַנֶּה) [ק/ד/122]. שָׂם, הִכְרִיז עַל..., הִפְקִיד, הִשְׁלִיט, הִסְמִיךְ, קָבַע (קוֹבֵעַ)

Hinstellung
הַצָּבָה (הַצָּבוֹת) [ק/א/204]. הֲקָמָה, הַעֲמָדָה, הֲשָׂמָה, שִׂימָה

hinten
אֲחוֹרֵי [ק/ב/128]. מֵאָחוֹר

hinter
אַחַר, אַחֲרֵי, בָּתַר

Hinterbacke(n)
עֲגָבָה (עֲגָבוֹת) (רפוי) [מר״ח/475]. חֵלֶק אֶחָד שֶׁל הָאֲחוֹרַיִם, עַכּוּז, אֲחוֹרַיִם, תַּחַת

Hinterbühne
יַרְכְּתֵי הַבִּימָה (תאט')

hintere Seite ---> Hinterfront

hinterer Teil ---> Teil, hinterer

Hinterfront
יַרְכָה, הַחֵלֶק הָאֲחוֹרִי, יַרְכָה

hintergehen
רִמָּה (מְרַמֶּה), בָּא בַּעֲקִיפִין עַל..., הֶעֱקִיף (מַעֲקִיף), הוֹלִיךְ שׁוֹלָל, גָּנַב דַּעַת פְּלוֹנִי, הוֹנָה

(מוֹנֶה)

Hinterglied ---> Konklusion

Hinterglied einer Proportion ---> Proportion, Hinterglied einer

Hintergrund

רֶקַע (פסי', ספר') [ר/ב/644; מ״ס/36]. גֵּרוּי חוּשִׁי מִשְׁנִי. מֶרְחָב, הַתְּחוּם שֶׁבְּתוֹכוֹ חַיָּה וּפוֹעֶלֶת הַדְּמוּת הַסִּפְרוּתִית, רֶקַע אֲחוֹרִי, מַצָּע, יְסוֹד, מִרְקָע, מַעֲרַךְ הַתְּנָאִים וְהַנְּסִבּוֹת שֶׁל הַדָּבָר, יֶצַע

Hintergrundgeräusch ---> Grundgeräusch

Hintergrundprogramm

תָּכְנִית רֶקַע (מחש') [דמ״א/14]. תָּכְנִית בַּעֲלַת קְדִימוּת נְמוּכָה בַּמַּחְשֵׁב

Hinterhalt

מַאֲרָב (מַאֲרָבִים) (צבא, משפ') [א״ח/ב/324]. כְּמָנָה (כְּמָנוֹת), מְקוֹם סֵתֶר לִתְקִיפָה

Hinterhauptbein *{Os occipitale}*

עֶצֶם הָעֹרֶף (רפו')

Hinterland

עָרְפָּה (עוֹרְפָּה) (י״א) פְּנִים הָאָרֶץ, מֶרְחַב עֹרֶף, הַמֶּרְחָב שֶׁיִּשּׁוּב כָּלְשֶׁהוּ קָשׁוּר אֵלָיו מִבְּחִינָה כַּלְכָּלִית

Hinterland betreffend, das

עָרְפָּתִי (עוֹרְפָּתִי) (י״א) שֶׁל פְּנִים הָאָרֶץ

Hinterleger

מַפְקִיד (משפ')

hinterlistige Absicht ---> Absicht, hinterlistige

Hintersatz ---> Konklusion

Hinterschiff

אַחֲרַת הַגּוּף (ימא') אַחֲרָה, הַחֵלֶק הָאֲחוֹרִי שֶׁל סְפִינָה

Hinterseite

אָחוֹר [א״ח/ב/278]. אֲחוֹרַיִם, אַחֲרָה (אֲחָרוֹת), הַצַּד הָאֲחוֹרִי, גַּב, הַצַּד הַחִיצוֹנִי שֶׁל כְּלִי

Hintersinn

הַמּוּבָן שֶׁבִּרְמִיזָה (פיל')

Hinterteil

עַכּוּז (עַכּוּזִים) (רפו') אֲחוֹרַיִם

Hintertür

פִּשְׁפָּשׁ (פִּשְׁפָּשִׁים) (אדר') פֶּתַח אֲחוֹרִי קָטָן

Hinterzungenlaut *{Postlingual}*

הֶגֶה אֲחוֹרִי (בלש') [מ״ב/26]. נֶהְגֶּה בֵּין הַחֵלֶק הָאֲחוֹרִי שֶׁל הַלָּשׁוֹן לְבֵין הַחֵךְ הָרַךְ אוֹ הַוִּילוֹן, לְמָשָׁל: הַתְּנוּעוֹת o, u ; הָעִצּוּרִים k, g

hinüberheften ---> säumen

hinunterziehen

שִׁרְבֵּב (מְשַׁרְבֵּב) [א״ח/א/169]. מָשַׁךְ וְהוֹרִיד לְמַטָּה

Hinweis [---> Verweis]

רֶמֶז (רְמָזִים) [ק/ד/43]. סִימָן הַנִּתָּן בִּתְנוּעַת יָד, בִּקְרִיצַת עַיִן וכד'. רְמִיזָה [ק/ד/44]. הוֹרָיָה, הַנְחָיָה שֶׁבְּאַגַּב. הַיְשָׁרָה [ק/א/170]. הוֹרָאָה, הַדְרָכָה, הוֹלָכָה בְּדֶרֶךְ הַיָּשָׁר. הֶעָרָה [ק/א/191]

hinweisen

רָמַז (רוֹמֵז) [ק/ד/44]. הֵעִיר בִּרְמִיזָה. הוֹרָה (מוֹרֶה) [ק/ב/50]. הֶרְאָה, נִתְכַּוֵּן, אָמַר וְהִסְבִּיר

מָה לַעֲשׂוֹת

hinweisend ---> deiktisch

hinweisendes Pronomen ---> Demonstrativpronomen

Hinweiszeichen

סִימַן הַפְנָיָה (ספרנ')

hinwirkend

פּוֹעֵל לְמַעַן

Hinz und Kunz

חִילֵק וּבִילֵק, פְּלוֹנִי אַלְמוֹנִי, מַפִּים וְחֻפִּים, סְתָם מִישֶׁהוּ

Hinzeichnen

תְּוִתּוּו

hinzu kommt...

נוֹסָף לְכָךְ [ק/ב/175]. מְחֻבָּר לְ..., - אֶל..., עוֹד זֹאת, מִלְּבַד אֲשֶׁר..., נוֹסָף עַל, לֹא זוֹ אַף זוֹ, חוּץ מִזֶּה שֶׁ... מְצֹרָף לְ... [ק/ב/261]. חוּץ מִמַּה..., וְנִלְוֶה אֵלָיו גַּם-כֵּן...

hinzufügen

הוֹסִיף (מוֹסִיף) [ק/ג/256]. צֵרֵף (מְצָרֵף), חִבֵּר (מְחַבֵּר), סִפֵּחַ. הִתְקַבֵּץ (מתמ') [ק/ג/265]. נוֹסַף, נִתְכַּנֵּס מִסְפָּר עִם מִסְפָּר, סִכֵּם, חִבֵּר, נִתְחַבֵּר, צֵרַף מִסְפָּר אֶל מִסְפָּר

Hinzufügung [---> Addition]

הוֹסָפָה [ק/ד/183]. תּוֹסֶפֶת, יִתּוּר, עֹדֶף, יוֹתֶרֶת, יַתִּירוּת, מוֹתָר, רִבּוּי, צֵרוּף

Hinzukommendes

מוּסָף [ק/ב/162]. שֶׁנּוֹסַף, שֶׁבָּא כְּתוֹסֶפֶת לְמַשֶּׁהוּ, נִסְפָּח, מְצֹרָף. מוֹתָר [ק/ב/169]. הָעִנְיָן הַמִּקְרִי הַנּוֹסָף עַל הָעִנְיָן הַטִּבְעִי

Hiobsträne *{Coix lacryma-jobi}*

דִּמְעַת אִיּוֹב (בוט') צֶמַח מִמִּשְׁפַּחַת הַדְּגָנִיִּים

Hippokrates, Schule des

כַּת חֲסִידֵי אִיפּוֹקְרָאט (פיל') [ק/ב/105]. סִיעַת תַּלְמִידֵי אַבּוּקְרַט

Hirnanhangsdrüse ---> Hypophyse

Hirnbruch *{Enzephalozele}*

בּוּעַת מֹחַ (רפו') שַׂק בַּמֹּחַ

Hirnfläche ---> Hirnholz

Hirnholz

גֶּזֶר עֶרֶב (אמנ', טכנ') [ממ״ג/110]. שֶׁטַח גֶּדַע, לוּחַ עֵץ שֶׁנִּגְזַר מִן הַגֶּזַע לְרָחְבּוֹ

Hirnkammer

חֲדַר הַמֹּחַ (רפו') לֶשֶׁךְ הַמֹּחַ

Hirnsand *{Acervulus}*

רֶמֶל הַמֹּחַ (רפו') [מר״ח/10]

Hirnsandgeschwulst *{Acervulom}*

רַמְלֹמֶת (רפו')

Hirnwindung *{Gyrus}*

פִּתּוּל מֹחַ (פִּתּוּלֵי מֹחַ) (רפו') [מר״ח/336]. הָדוּר (הֲדוּרִים)

Hirsch [---> Hindin]

אַיִל (אַיָּלִים) (זוא') בַּעַל חַיִּים מִמִּשְׁפַּחַת הָאַיָּלִיִּים

Hirsche *{Cervidae}*

אַיָּלִיִּים (זוא') מִשְׁפָּחָה שֶׁל שְׁסוּעֵי פַּרְסָה

Hirschkolbensumach *{Rhus typhina}*

אוֹג קְטִיפָנִי (בוט') צֶמַח מִמִּשְׁפַּחַת הָאַלָּתִיִּים

Hirschzunge *{Phyllitis}*

גְּרִיזִית (בוט') צֶמַח מִמִּשְׁפַּחַת הָאַסְפְּלֵנִיִּים

Hirse *{Panicum}*
דֹּחַן (בוט׳) צֶמַח מִמִּשְׁפַּחַת הַדְּגָנִיִּים
Hirse, Japanische ---> Weizenhirse
Hirtenbrief
אִגֶּרֶת (אִגְּרוֹת) רוֹעִים (דת) כְּתָב רִשְׁמִי שֶׁל אִישׁ כְּמוּרָה נוֹצְרִי בָּכִיר לִבְנֵי עֲדָתוֹ
Hirtenlied ---> Schäferlied
Hirtentäschel *{Capsella bursa-pastoris}*
יַלְקוּט הָרוֹעִים (בוט׳) צֶמַח מִמִּשְׁפַּחַת הַמִּצְלִיבִים
His
סִי נָסֵק (מוס׳) סִי דִּיאֵז
Hisis
סִי נְסֵקִים (מוס׳)
Histologe
תַּרְקוּמָן (ביו׳) הִיסְטוֹלוֹג
Histologie
תַּרְקוּמָה (ביו׳) הִיסְטוֹלוֹגְיָה, תּוֹרַת מִבְנֶה הָרְקָמוֹת
histologisch
תַּרְקוּמִי (ביו׳) הִיסְטוֹלוֹגִי
historisches Präsens ---> Präsens, historisches
Hitze
שָׁרָב (שְׁרָבִים) (מטא׳) [א״ת/ב/149]. חֹם כָּבֵד
Hitzezeit
עוֹנַת הַחֹם (מטא׳, חקל׳) [א״ת/ב/149]. חֲצִי אָב, אֱלוּל וַחֲצִי תִּשְׁרֵי
Hobby
תַּחְבִּיב (תַּחְבִּיבִים) (מ״ח, פסי׳) הוֹבִּי, עִסּוּק מִתּוֹךְ חִבָּה בִּלְבַד
Hobel
מַקְצוּעָה (מַקְצוּעוֹת) (טכנ׳) מַעֲצָד (מַעֲצָדִים)
hobeln
הִקְצִיעַ (מַקְצִיעַ) (טכנ׳)
Hobeln
הַקְצָעָה (טכנ׳)
Hobelspäne
שְׁפָאִים (טכנ׳) קִיסְמִים, שְׁבָבִים
hoch
גָּבוֹהַּ [ק/ג/139]. עֶלְיוֹן, עֶלְיוֹנִי
Hoch ---> Hochdruckgebiet
Hochachtung
הוֹקָרָה, מַתַּן כָּבוֹד
hochakut
חֲדַחַד, חַד מְאֹד, חָמוּר בְּיוֹתֵר
hochbrüstig
נָהוּד, נְהוּדָה (רפו׳) [מר״ח/110]. מְנֹהָד, מְנֹהֶדֶת, בַּעַל חָזֶה בּוֹלֵט, בַּעֲלַת שָׁדַיִם בּוֹלְטוֹת
Hochdruck
דְּפוּס בֶּלֶט (דפו׳, אמנ׳) [ממ״ג/110]. שִׁיטַת הַדְפָּסָה שֶׁבָּהּ הַצּוּרוֹת הַבּוֹלְטוֹת נִמְרָחוֹת בְּצֶבַע וּמִטְבָּעוֹת עַל הַחֹמֶר שֶׁעָלָיו מַדְפִּיסִים
Hochdruckgebiet *{Antizyklon}*
רָמָה (רָמוֹת) (מטא׳) [יל״ט/192]. רָמָה בָּרוֹמֶטְרִית, אֵזוֹר בְּמִפְלָס מְסֻיָּם שֶׁהַלַּחַץ הָאַטְמוֹסְפֵרִי בְּמֶרְכָּזוֹ גָּבֹהַּ מִן הַלְּחָצִים הַמַּקִּיפִים אוֹתוֹ
Hochdruckrücken
טְרִיז (מטא׳) [יל״ט/87]. רֶכֶס שֶׁל רָמָה בָּרוֹמֶטְרִית שֶׁצּוּרָתוֹ צָרָה וְחַדָּה
Hochdrucksattel
רֶכֶס (שֶׁל רָמָה בָּרוֹמֶטְרִית) (מטא׳) [יל״ט/192]. אֵזוֹר הַנִּמְשָׁךְ מֵעֶבְרָהּ שֶׁל רָמָה בָּרוֹמֶטְרִית
hochfahrend ---> hochmütig
Hochgebirge
הָרִים רָמִים (י״א) הַרְרֵי עַד
Hochherzigkeit
רֹחַב לֵב [ק/ד/83]. שׁוֹעוּת, תְּכוּנַת הַשּׁוֹעַ, נְדִיבוּת יְתֵרָה
Hochland
אֶרֶץ הָרִים (י״א)
Hochlicht
מִבְהָק (טכנ׳) אוֹר מְרֻכָּז מֻחְזָר
hochmütig
יָהִיר (פסי׳) [ק/א/251; א״ת/ב/47]. זָחוּחַ, גֵּא, שַׁחְצָן, זָחוֹחַ, שַׁחְצָנִי, בַּעַל גַּאֲוָה, גַּס רוּחַ, גַּאַוְתָן
Hochmut
יְהִירוּת (פסי׳) [ק/א/251]. זְחוּת, גַּאֲוָה, שַׁחַץ, שַׁחְצָנוּת
hochpreisen
קִלֵּס (מְקַלֵּס), דִּבֵּר בְּשִׁבְחוֹ שֶׁל, פֵּאֵר (מְפָאֵר), רוֹמֵם, שִׁבַּח (מְשַׁבֵּחַ)
Hochpreisung
קִלּוּס, שִׁבּוּחַ, שִׂגּוּב, פֵּאוּר
Hochpunkt
רוּם (אסט׳) [ק/ד/33]. גֹּבַהּ רוּם, אַפּוֹגֵאוֹן, נְקֻדַּת מַסְלוּל הַיָּרֵחַ וְיֶתֶר כּוֹכְבֵי הַלֶּכֶת הָרְחוֹקָה בְּיוֹתֵר מִכַּדּוּר הָאָרֶץ
hochragend
נִשָּׂא [ק/ג/77]. נִשְׁקָף, גָּבֹהַּ, רָם
Hochrelief
תַּבְלִיט נִשָּׂא (אמנ׳)
hochschätzen
הוֹקִיר (מוֹקִיר), הֶחֱשִׁיב (מַחֲשִׁיב), סִפֵּן (סוֹפֵן)
Hochüberlegene(r)
עִלּוּי גָּדוֹל [ר/ב/501]. אָדָם בַּעַל כִּשְׁרוֹן יוֹצֵא מִן הַכְּלָל
Hochvakuumröhre
שְׁפוֹפֶרֶת רִיק (פיס׳, טכנ׳)
Hochwasser
שִׂיא הַגֵּאוּת (מטא׳)
Hochwasserablagerung
מִרְבַּץ נְהָרוֹת (היד׳, גאו׳) מִרְבָּץ אַלּוּבִי
Hochwasserbett
פֶּשֶׁט רִאשׁוֹן (היד׳) הֲצָפָה רִאשׁוֹנָה
Hochwasserlinie
קַו הַגְּאִיָּה (מטא׳)
Hochwassermenge
נֶפַח הַגֵּאוּת (מטא׳)
Hochwasserstand
מִפְלַס הַגֵּאוּת (מטא׳)
Hochwasserwelle
גַּל גֵּאוּת (מטא׳)

Hochzeit
חֲתֻנָּה (חֲתֻנּוֹת) (מ״ח, דת) טֶקֶס נְשׂוּאִים
Hochzeitsbeistand
שׁוּשְׁבִין (שׁוּשְׁבִינִים) (דת) [א״ח/ב/25]. שׁוֹשְׁבִין, יְדִיד שֶׁל הֶחָתָן אוֹ שֶׁל הַכַּלָּה הַמְלַוֶּה אוֹתָם לַחֻפָּה
Hochzeitsmahl
סְעֻדַּת נִשּׂוּאִין (דת, מ״ח) [א״ח/ב/40]. סְעֻדַּת חָתָן, - חֲתֻנָּה
Hoden *{Testis}*
אֶשֶׁךְ (אֲשָׁכִים, אֲשָׁכִים, אַשְׁכִּים) (רפו׳) בֵּיצָה (בֵּיצִים)
Hoden, mit zerquetschten
פְּצוּעַ דַּכָּה (רפו׳) מִי שֶׁנִּמְעֲכוּ אֲשָׁכָיו
Hodenentzündung *{Orchitis}*
דַּלֶּקֶת הָאֶשֶׁךְ (רפו׳)
Hodengeschwulst
זַרְעֹמֶת (רפו׳) סֶמִינוֹמָה, שְׂאֵת אֶשֶׁךְ
Hodenlage, fehlerhafte
נְלִיזַת הָאֶשֶׁךְ (רפו׳)
Hodensack *{Skrotum}*
שַׂק הָאֲשָׁכִּים (רפו׳) [מר״ח/605]. כִּיס הָאֲשָׁכִים, צָפְנָה (צוֹפְנָה), מַאֲשָׁכָה, שַׂקִּית הַבֵּיצִים
hodensackhautähnlich
מוֹשְׁכִי (רפו׳) דְּמוּי עוֹר שַׂקִּיק הָאֲשָׁכִים
höchste Form ---> Form, höchste
höchste Vollkommenheit ---> Vollkommenheit, höchste
höchstes Strafmaß ---> Höchststrafe
Höchststrafe
עֹנֶשׁ מֵרַבִּי (משפ׳)
Höchststufe ---> Superlativ
Höchsttragfähigkeit
עֹמֶס מֵרַבִּי (טכנ׳)
Höcker
גַּבְנוּן, גַּבְנֹן, בְּלִיטָה, חֲטוֹטֶרֶת
Höcker *{Tuber}*
גַּבְשׁוּשׁ (גַּבְשׁוּשִׁים) (רפו׳) גַּבְשִׁישׁ
Höcker mit rauher Oberfläche *{Tuberositas}*
גַּבְשֶׁשֶׁת (גַּבְשָׁשׁוֹת) (רפו׳) גַּבְשׁוּשׁ מְחֻסְפָּס
Höckerchen *{Tuberkel}*
גַּבְשׁוּשִׁית (גַּבְשׁוּשִׁיּוֹת) (רפו׳)
Höckerschwan *{Cygnus olor}*
בַּרְבּוּר מָצוּי (זוא׳) עוֹף מִמִּשְׁפַּחַת הַבַּרְוָזִיִּים
höckrig *{tuberös}*
גַּבְשׁוּשִׁי (רפו׳) גַּבְשׁוּשִׁיתִי
höfliches Benehmen ---> Artigkeit
Höflichkeitsform
צוּרַת כָּבוֹד (בלש׳) [מ״ב/98]. פְּנִיַּת כָּבוֹד וְנִימוּס לַמִּתְפַּנֶּה (הָאָדָם שֶׁפּוֹנִים אֵלָיו) אוֹ בִּטּוּי שֶׁל עֲנָוָה שֶׁהַפּוֹנֶה מְכַנֶּה בּוֹ אֶת עַצְמוֹ, לְמָשָׁל: בְּעִבְרִית: ״כְּבוֹד מַעֲלָתוֹ״, ״אָנֹכִי הַקָּטָן״. בְּגֶרְמָנִית: פְּנִיָּה לְאָדָם בְּגוּף שְׁלִישִׁי/רַבִּים (= הֵם) Sie (= Du בִּמְקוֹם אַתָּה)
Höhe
גֹּבַהּ (גְּבָהִים) [ק/ג/139]. עֶלְיוֹנוּת. רוּם (מטא׳) [יל״ט/189]. הַמֶּרְחָק הָאֲנָכִי שֶׁל נְקֻדָּה אוֹ שֶׁל מִפְלַס מֵרוּם הַיָּם הַמְּמֻצָּע
Höhenangst
בַּעַת גְּבָהִים (פסי׳)
Höhenkreis
מַאֲנִיךְ (אסט׳)
Höhenlinie
קַו רוּם (מתמ׳)
Höhenlinienkarte
מַפָּה אֲחִידַת לַחַץ (מטא׳) [יל״ט/118]. מַפַּת מֶזֶג אֲוִיר שֶׁמֻּצָּגִים עָלֶיהָ נְתוּנִים שֶׁנִּמְדְּדוּ בְּאוֹתוֹ מִפְלַס לַחַץ, מַפַּת אִיזוֹהִיפְּסִים, - אִיזוֹתֶרְמִים
Höhenmesser *{Altimeter}*
מַד רוּם (מטא׳) [יל״ט/100]. אַלְטִימֶטֶר, מַד לַחַץ (בָּרוֹמֶטֶר) לִמְדִידַת רוּמִים (גְּבָהִים)
Höhenwetterkarte
מַפַּת רוּם (מטא׳) [יל״ט/123]. מַפַּת מֶזֶג אֲוִיר שֶׁמֻּצָּגִים עָלֶיהָ נְתוּנֵי תַּצְפִּיּוֹת אֲוִירְיוֹנִיּוֹת (מֶטֶאוֹרוֹלוֹגִיּוֹת) מֵרוּם אֲוִירָתִי (אַטְמוֹסְפֶרִי) מְסֻיָּם
Höhenwind
רוּחַ רוּם (מטא׳) [יל״ט/188]. רוּחַ אָפְקִית הַנּוֹשֶׁבֶת בַּשְּׁכָבוֹת הַשּׁוֹנוֹת שֶׁל הָאֲוִירָה (אַטְמוֹסְפֵרָה)
Höhenwinkel
זָוִית רוּם (מטא׳) [יל״ט/63]. זָוִית שֶׁמֵּעַל לָאֹפֶק
Höhepunkt
שִׂיא [מר״ח/159]. צֶמֶל
Höhepunkt(es), Erreichung des ---> Kulmination
Höhepunkt der Aufmerksamkeit ---> Aufmerksamkeit, Niveau der
Höhepunkt einer Krankheit ---> Krankheit, Höhepunkt einer
Höhepunkt erreichen, seinen ---> kulminieren
höher
גָּבוֹהַּ יוֹתֵר [ק/ג/139]. עֶלְיוֹן, עֶלְיוֹנִי, נִשָּׂא, נִשְׂגָּב, רָם, נַעֲלֶה
höhere Gewalt ---> Gewalt, höhere
höhere Kraft ---> Kraft, höhere
höhere Stufe ---> Stufe, höhere
Höherstufe ---> Komparativ
Höhle *{Cavitas}*
חָלָל (חֲלָלִים) (רפו׳) בֵּית הֶחָלָל
Höhle, natürliche
מְעָרָה (מְעָרוֹת) (גאו׳, י״א) [א״ח/ב/73]
Höhlung ---> Höhle; Erdspalte; Grabnische
Hölle
גֵּיהִנֹּם (דת) שְׁאוֹל, תֹּפֶת, שַׁחַת, צַלְמָוֶת, עוֹלַם הַמֵּתִים
Höllenwerk
כֹּחוֹת הַטֻּמְאָה (דת) [ק/א/289]. חִיצוֹנִים, קְלִפּוֹת, כֹּחוֹת חִיצוֹנִיִּים
hörbar
שָׁמִיעַ (רפו׳, מוס׳) שֶׁאֶפְשָׁר לִשְׁמֹעַ אוֹתוֹ
Hörbarkeit
שְׁמִיעוּת (רפו׳, מוס׳) הָאֶפְשָׁרוּת לִשְׁמֹעַ

Hören
שֵׁמַע (רפו׳, פסי׳) [ר/ב/663]. שְׁמִיעָה
hörend
פִּקֵּחַ (פִּקְחִים), פִּקַּחַת (פִּקְחוֹת) (רפו׳) שׁוֹמֵעַ בְּאָזְנָיו, שֶׁאֵינוֹ חֵרֵשׁ
Hörensagen, Beweis vom ---> Beweis vom Hörensagen
Hörgerät
אֶשְׁתְּמוֹעַ (אֶשְׁתְּמוֹעִים) (טכנ׳, רפו׳) מַכְשִׁיר שְׁמִיעָה
hörig
כָּנוּעַ, כָּפוּף, מְשֻׁעְבָּד
höriger Bauer ---> Bauer, höriger
Hörkraft ---> Hören
Hörnchen *{Sciuridae}*
סְנָאִיִּים (זוא׳) מִשְׁפָּחָה שֶׁל מְכַרְסְמִים
Hörsaal
מִשְׁמָעָה (אדר׳, פדג׳) [מר״ח/87] אוּלָם הַשּׁוֹמְעִים, אוֹדִיטוֹרְיוּם
Hörschwelle
סַף הַשְּׁמִיעוּת (פיס׳, רפו׳)
Hörvermögen ---> Hören
Hof, offener
חָצֵר קְטוּרָה (אדר׳)
Hofbeamter
פְּקִיד הֶחָצֵר (מדי׳, מנה׳) טַפְסָר (טַפְסְרִים), פָּקִיד רָם מַעֲלָה, טִפְסָר, מוֹשֵׁל
Hofdienst
עֲבוֹדַת חָצֵר (מדי׳, כלכ׳) שֵׁרוּת לַמַּלְכוּת
Hofeffekt ---> Ausstrahlungseffekt
hoffen
קִוָּה (מְקַוֶּה), סִכָּה (מְסַכֶּה), צִפָּה (מְצַפֶּה), יִחֵל
Hoffnung
תִּקְוָה (תִּקְווֹת), יִחוּל, צִפִּיָּה, סִכּוּי (סִכּוּיִים), סֵבֶר, שֵׂבֶר, סִבְרוֹן, קִוּוּי (קִוּוּיִים)
Hofschauspieler(in)
שַׂחְקַן (שַׂחְקָנִית) הֶחָצֵר (תאט׳)
Hoftheater
תֵּאַטְרוֹן הֶחָצֵר (תאט׳)
hohe Stufe ---> Stufe, hohe
hohe Stufe der Existenz ---> Existenz, hohe Stufe der
Hoheitsgewässer [---> Küstengewässer]
מַיִם אַרְצָנִיִּים (טֶרִיטוֹרְיָאלִיִּים) (מדי׳)
hoher Rang ---> Rang, hoher
hoher Wert ---> Wert, hoher
hohl
חָלוּל [ק/א/305]. חֲלַלִי, נָבוּב
Hohlbeitel ---> Ausheber
hohlhandbezüglich *{volar}*
כַּפִּי (רפו׳) שֶׁל כַּף הַיָּד
Hohlheit
חֲלוּלִיּוּת [ק/א/300]. נְבִיבוּת
Hohlmaß, ein (2,020 Liter)
קַב (קַבִּים) [א״ח/ב/386]. מִדַּת הַיָּבֵשׁ, שִׁשִּׁית הַסְּאָה, שְׁנֵי לִיטְרִים בְּעֵרֶךְ
Hohlnadel
אַנְבּוּב (רפו׳) צִנּוֹרִית

Hohlorgane, Vereinigung zweier ---> Anastomose
Hohlorgane vereinigen, zweier ---> vereinigen, zweier Hohlorgane
Hohlorganerweiterung
רַחֲבוּת (רפו׳) הִתְרַחֲבוּת חוֹלָנִית שֶׁל אֵבָרִים צִנּוֹרִיִּים בַּגּוּף
Hohlraum *{Antrum}* **[Hohlrundung; Kaverne]**
מְעָרָה (מְעָרוֹת) (רפו׳)
Hohlrelief
תַּבְלִיט מְשֻׁקָּע (אמנ׳)
hohlrund ---> konkav
Hohlrundung ---> Konkavität
Hohltaube *{Columba oenas}*
יוֹנַת עֵצִים (זוא׳) עוֹף מִמִּשְׁפַּחַת הַיּוֹנִיִּים
Hohltiere *{Coelenterata}*
נְבוּבִים (זוא׳)
Hohnlachen ---> Spott
Hokuspokus
אַשְׁכֵּי בִּשְׁכֵּי (אנת׳) מַעֲשֵׂה לְהָטִים, הוֹקוּס פּוֹקוּס, לַחַשׁ נַחַשׁ
hold
נַעֲלֶה
Holdinggesellschaft ---> Dachgesellschaft
Holismus
כְּלִיּוּת (פיל׳, פסי׳) [ר/א/184; ל״ס/43]. הוֹלִיזְם, שְׁלֵמוּתָנוּת, תּוֹרָה הַמִּתְבַּסֶּסֶת עַל הַשָּׁלֵם וְלֹא עַל מַרְכִּיבָיו
holistisch
כְּלִי [ר/ב/361]. הוֹלִיסְטִי, שְׁלֵמִי, שְׁלֵמוּתָנִי, מוֹלָרִי, מַה שֶּׁמִּתְיַחֵס לִיחִידוֹת הִתְנַהֲגוּת גְּדוֹלוֹת שֶׁחֶלְקָתָן לִיחִידוֹת קְטַנּוֹת כְּרוּכָה בְּאָבְדַן אָפְיָן הַיִּחוּדִי
Holunder *{Sambucus}*
סַמְבּוּק (בוט׳) צֶמַח מִמִּשְׁפַּחַת הַיַּעֲרָתִיִּים
Holunder, Schwarzer *{Sambucus nigra}*
סַמְבּוּק שָׁחוֹר (בוט׳) צֶמַח מִמִּשְׁפַּחַת הַיַּעֲרָתִיִּים
Holzbein ---> Beinprothese
Holzbiene *{Xylocopa violacea}*
דְּבוֹרַת עֵץ סְגֻלָּה (זוא׳) חֶרֶק מִתַּת מִשְׁפַּחַת דְּבוֹרֵי הָעֵץ
Holzbienen *{Xylocopinae}*
דְּבוֹרֵי הָעֵץ (זוא׳) תַּת מִשְׁפָּחָה שֶׁל דְּבוֹרָאִים
Holzblasinstrument
כְּלִי נְשִׁיפָה שֶׁל עֵץ (מוס׳)
Holzfäller
חוֹטֵב עֵצִים (חוֹטְבֵי עֵצִים) (מלא׳) [א״ח/ב/202]. קַצָּץ (קַצָּצִים)
Holzfaserplatte
סִיבִית (סִיבִיּוֹת) (טכנ׳) [דח״ט/114]. שְׁבָבֵי עֵץ, נְסֹרֶת, כְּתֹשֶׁת וּפְסֹלֶת שֶׁל עִבּוּד עֵץ שֶׁנִּדְחָסִים בְּלַחַץ לְלוּחוֹת
Holzkohle
פֶּחָם עֵץ (טכנ׳) [דח״ט/131]. צוּרָה שֶׁל פֶּחָם הַמּוּפֶקֶת מִשְּׂרֵפַת עֵץ
Holzölbaum ---> Tungölbaum
Holzscheit, angebranntes

אוּד (אוּדִים) [א״ח/א/86]. גֶּזֶר עֵץ שָׂרוּף לְמֶחֱצָה

Holzschnitt

חִתּוּךְ עֵץ (חִתּוּכֵי עֵץ) (אמנ׳, דפו׳) [ממ״ג/112]. דְּפוּס בֶּלֶט בְּאֶמְצָעוּת לוּחַ עֵץ חָתוּךְ

Holzstoff ---> Holzwolle

Holztransportschiff

מוֹבֶלֶת עֵצִים (מוֹבְלוֹת עֵצִים) (ימא׳)

Holzwolle *{Lignin}*

צֶמֶר עֵץ (בוט׳, טכנ׳) לִיגְנִין

Homöopath(in)

סַאסְוָן, סַאסְוָנִית (רפו׳) הוֹמֵאוֹפָּת, מִי שֶׁמְּרַפֵּא בְּשִׁיטוֹת הַסַּאסְוָה (הוֹמֵאוֹפַּתְיָה)

Homöopathie

סַאסְוָה, סַאסְוָנוּת (רפו׳) [מר״ח/353]. הוֹמֵאוֹפַּתְיָה, שִׁיטַת רִפּוּי הַמִּשְׁתַּמֶּשֶׁת בְּמָנוֹת זְעִירוֹת שֶׁל תְּרוּפוֹת שֶׁכַּמֻּיּוֹת גְּדוֹלוֹת שֶׁלָּהֶן עֲלוּלוֹת לְעוֹרֵר אֶת הַמַּחֲלָה

homöopathisch

סַאסְוָנִי (רפו׳) הוֹמֵאוֹפָּתִי

homöopathisieren

סֵאסֵא (מְסָאסֵא) (רפו׳) סִאסֵא (מְסַאסֵא), רִפֵּא בְּשִׁיטוֹת הַסַּאסְוָה (הוֹמֵאוֹפַּתְיָה)

Homöostase ---> Gleichgewicht, physiologisches

homogen

אָחִיד [ק/ב/311]. מִתְדַּמֶּה, הוֹמוֹגֶנִי, זֵהֶה, אָחוּד, חַדְסוּגִי

Homogenität

אֲחִידוּת [ק/א/118]. גְּנֶסוּת, הוֹמוֹגֶנִיּוּת, חַדְסוּגִיּוּת, דִּמְיוֹן, קִרְבָה

Homogramm ---> Homograph

Homograph

שְׁוֵה כְּתִיב (בלש׳) [מ״ב/97]. מִלָּה הַשָּׁוָה לַחֲבֶרְתָּהּ בִּכְתִיב בִּלְבַד אַךְ לֹא בַּהֲגִיָּה וּבְמַשְׁמָעוּת, לְמָשָׁל: ״שָׁבוּ״ מִשֹּׁרֶשׁ ׳שׁוּב׳ בְּהַטְעָמַת מִלְעֵיל = ״חָזְרוּ״; ״שָׁבוּ״ מִשֹּׁרֶשׁ ׳שׁבה׳ בְּהַטְעָמַת מִלְּרַע = ״לָקְחוּ בַּשֶּׁבִי״

Homonym

שֵׁם מְשֻׁתָּף (בלש׳) [ק/ב/307; ק/ד/127; מר״ח/354]. שֵׁם מִשְׁתַּתֵּף, שְׁמָהִי, שְׁוֵה שֵׁם, הוֹמוֹנִים. לָשׁוֹן מְשֻׁתָּף (בלש׳) [ק/ב/126]. מִלָּה זֵהַת כְּתִיב אוֹ הֶגּוּי אַךְ שׁוֹנַת מַשְׁמָעוּת, צֶמֶד. נִקְרֶה, נִקְרָא (בלש׳) [ק/ג/68]. שֵׁם נִקְרֶה, - נִקְרָא, נִרְדָּף צוּרָה. אָחוּד [ק/א/36]. מַה שֶּׁהוּא שָׁוֶה מַמָּשׁ לַחֲבֵרוֹ. שֵׁם נִרְדָּף

homonyme Tonleiter ---> Tonleiter, homonyme

Homonymie

שִׁתּוּף הַשֵּׁם (בלש׳) [ק/א/224]. הִשְׁתַּתְּפוּת, הוֹמוֹנִימִיּוּת. שִׁתּוּף (בלש׳) [ק/ד/165]. שִׁוְיוֹן צְלִיל. שְׁתָפוּת (בלש׳) [ק/ד/169]. שְׁמָהִיּוּת (בלש׳, פיל׳) [מר״ח/354; ק/ג/107]. סִפּוּק, תְּכוּנַת הַמִּלִּים שָׁווֹת הַצְּלִיל וְשׁוֹנוֹת הַמַּשְׁמָעוּת, דּוּ מַשְׁמָעוּת שְׁמָנִית, טָעוּת הֶגְיוֹנִית הַנּוֹפֶלֶת כַּאֲשֶׁר מִלָּה שְׁוַת צְלִיל מְשַׁמֶּשֶׁת בְּאוֹתוֹ הֶקְשֵׁר לְצִיּוּן מֻשָּׂגִים שׁוֹנִים, לְמָשָׁל: ״סַם הַמְרַפֵּא שֶׁנּוֹטֵל הַחוֹלֶה הוּא **טוֹב**״, ״כְּכָל שֶׁמַּרְבִּים בַּעֲשִׂיַּת **טוֹב** כֵּן גְּדֵלָה הַתּוֹעֶלֶת״, לְפִיכָךְ: ״בִּנְטִילַת סַם מְרַפֵּא יֵשׁ לְהַרְבּוֹת כְּכָל הָאֶפְשָׁר״; בְּשִׁפְשׁוּט (סוֹפִיזְם) קַדְמוֹן זֶה מְנֻצֶּלֶת עֲמִימוּתָהּ שֶׁל הַמִּלָּה ״טוֹב״

Homophon

שְׁוֵה צְלִיל (בלש׳) [מ״ב/98]. הוֹמוֹפוֹן, דּוֹמֵה צְלִיל, מִלָּה הַשָּׁוָה לַחֲבֶרְתָּהּ אוֹ הַדּוֹמָה לָהּ מְאֹד אַךְ שׁוֹנָה מִמֶּנָּה בְּמַשְׁמָעוּתָהּ וּבִכְתִיבָתָהּ, לְמָשָׁל: ״טֶבַע״ כְּנֶגֶד ״תֶּבַע״, ״הִתְכַּהָה״ כְּנֶגֶד ״הִתְקַהָה״

Homosexualität

שְׁוֵה זְוִיגִיּוּת (פסי׳) [ר/א/186]. הוֹמוֹסֶקְסוּאָלִיּוּת, נְטִיָּה לְקֶשֶׁר מִינִי בֵּין גֶּבֶר לְגֶבֶר אוֹ בֵּין אִשָּׁה לְאִשָּׁה

homosexuell

שְׁוֵה זְוִיגִי (פסי׳) [ר/א/186]. הוֹמוֹסֶקְסוּאָלִי

Homothetie, Zentrum der ---> Ähnlichkeitspunkt

Homunkulus ---> Menschlein

honestus

מְהֻגָּן [ק/ב/155]. הָגוּן, רָאוּי, נָאֶה

Honig aus dem Bienenkorb nehmen

רָדָה (רוֹדֶה) (חקל׳) [א״ח/א/102]. הוֹצִיא דְּבַשׁ מִן הַכַּוֶּרֶת

Honig machen, zu

דִּבֵּשׁ (מְדַבֵּשׁ) (חקל׳) [א״ח/ב/247]. הֵכִין דְּבַשׁ מִפֵּרוֹת

Honig schleudern ---> Honig aus dem Bienenkorb nehmen

Honigbiene *{Apis mellifica}*

דְּבוֹרַת הַדְּבַשׁ (זוא׳) [מר״ח/61]. דַּבָּשִׁית, חֶרֶק מִמִּשְׁפַּחַת הַדְּבוֹרִיִּים

Honigdachs *{Mellivora capensis}*

גִּירִית דְּבַשׁ (זוא׳) יוֹנֵק מִמִּשְׁפַּחַת הַסַּמּוּרִיִּים

Honigdrüse *{Nektarium}*

צוּפָן (בוט׳) בַּלּוּטָה אוֹ רִקְמָה בַּפֶּרַח הַמַּפְרִישָׁה צוּף

Honigfladen

צַפִּיחִית (צַפִּיחִיּוֹת) (תזו׳) [א״ח/א/106]. רָקִיק דְּבַשׁ, צַפִּיחַ

Honiggras *{Holcus}*

עֶדֶן (בוט׳) צֶמַח מִמִּשְׁפַּחַת הַדְּגָנִיִּים

Honigkuchen

דֻּבְשָׁן (דֻּבְשָׁנִים) (תזו׳) עוּגַת דְּבַשׁ, דֻּבְשָׁנִית (דֻּבְשָׁנִיּוֹת)

Honigstrauch *{Melianthus}*

דְּבוּשִׁי (בוט׳) צֶמַח מִמִּשְׁפַּחַת הַדְּבוּשִׁיִּים

Honorar

שִׁלְמוֹן (שִׁלְמוֹנִים) (רפו׳, כלכ׳) [מר״ח/355]. שְׂכַר עֲבוּר שֵׁרוּתָיו שֶׁל רוֹפֵא

Hopfen *{Humulus}*

כְּשׁוּתָנִית (בוט׳) צֶמַח מִמִּשְׁפַּחַת הַתּוּתִיִּים

Hopfenklee *{Medicago lupulina}*

אַסְפֶּסֶת זְעִירָה (בוט׳) צֶמַח מִמִּשְׁפַּחַת הַפַּרְפָּרָנִיִּים

Horchen ---> Lauschen

Horizont

אֹפֶק (אֳפָקִים) (אסט׳, י״א) [ק/א/68]. עֻגֶּלֶת גְּבוּל רְאוּת עֵינֵינוּ. עִגּוּל הָאֹפֶק (י״א) [ק/ג/124]. סְפֵרַת הַשָּׁמַיִם (אסט׳) [ק/א/26]. אוֹפַן, עִגּוּל, כַּדּוּר, גַּלְגַּל

Horizont, astronomischer

אֹפֶק תְּכוּנִי (אַסְטְרוֹנוֹמִי) (אסט׳) [ק/א/26].

אוֹפֶן הַמְּפֹרָשׁ, - הַמְּפָרֵשׁ

Horizont, geneigter

אֹפֶק נוֹטֶה (אסט') [ק/ג/29]. בְּנִגּוּד לְאֹפֶק יָשָׁר. אוֹפֶן מִתְמוֹטֵט (אסט') [ק/א/26]

Horizont(es), Hauptpunkt des ---> Hauptpunkt des Horizontes

Horizont(es), Kardinalpunkt des ---> Kardinalpunkt des Horizontes

Horizont, scheinbarer *{Kimm}*

אֹפֶק נִדְמֶה (אסט')

Horizont, wahrer

אֹפֶק עִיּוּנִי (אסט')

horizontal ---> waagerecht

Horizontalebene

מִישׁוֹר אָפְקִי (מתמ') לוּחַ אָפְקִי

Horizontalsystem

מַעֲרֶכֶת הָאֹפֶק (י"א, אסט')

Horizontdepression

נְחִיתַת הָאֹפֶק (אסט')

Horizontebene

מִישׁוֹר הָאֹפֶק (י"א, אסט')

Hormon

מְרִיצוֹן (מְרִיצוֹנִים) (רפו') [מר"ח/355]. הוֹרְמוֹן, חֹמֶר הַמֻּפְרָשׁ מִבַּלּוּטוֹת וּמַשְׁפִּיעַ עַל פְּעֻלּוֹת הַגּוּף

hormonal

מְרִיצוֹנִי (רפו') הוֹרְמוֹנָלִי

hormonell ---> hormonal

Horn [---> Waldhorn]

קֶרֶן (קְרָנַיִם) (זוא') בְּלִיטָה קָשָׁה הָעֲשׂוּיָה קֶרָטִין עַל רֹאשׁ בַּעֲלֵי חַיִּים שׁוֹנִים

Horn, englisches

קֶרֶן אַנְגְּלִית (קְרָנוֹת אַנְגְּלִיּוֹת) (מוס') כְּלִי נְשִׁיפָה מֵעֵץ

Hornblatt *{Ceratophyllum}*

קַרְנָן (בוט') צֶמַח מִמִּשְׁפַּחַת הַקַּרְנָנִיִּים

Hornhaut *{Cornea}*

קַרְנִית (רפו') [ק/ג/302; מר"ח/197]. קְרוּם שָׁקוּף בְּלֹבֶן הָעַיִן. שְׁחוֹר הָעַיִן (רפו') [ק/ד/85]. הַקְּרוּם הַקַּרְנִי

Hornhautnarbe, weiße *{Leukom}*

חֲוַרְוַר (רפו') כֶּתֶם לָבָן עַל קַרְנִית הָעַיִן

hornig

קַרְנוֹנִי (זוא', רפו') קַרְנִי

Hornist(in)

קַרְנַאי, קַרְנָאִית (מוס') קָרָן, נַגַּן קֶרֶן

Hornkraut *{Cerastium}*

קַרְנוּנִית (בוט') צֶמַח מִמִּשְׁפַּחַת הַצִּפָּרְנִיִּים

Hornlerche *{Eremophila bilopha}*

צְחִיחָנִית הַמִּדְבָּר (בוט') עוֹף מִמִּשְׁפַּחַת הָעֶפְרוֹנִיִּים

Hornmohn *{Glaucium}*

פְּרָגָה (בוט') צֶמַח מִמִּשְׁפַּחַת הַפְּרָגִיִּים

Hornsauerklee *{Oxalis corniculata}*

חַמְצִיץ קָטָן (בוט') צֶמַח מִמִּשְׁפַּחַת הַחַמְצִיצִיִּים

Hornschnecken *{Buccinidae}*

כִּישׁוֹרִיִּים (זוא') מִשְׁפָּחָה שֶׁל חֶלְזוֹנוֹת

Hornstein ---> Feuerstein

Hornträger *{Bovidae}*

פָּרִיִּים (נְבוּבֵי הַקְּרָנַיִם) (בוט') מִשְׁפָּחָה שֶׁל מַכְפִּילֵי פַּרְסָה

Hornveilchen *{Viola cornuta}*

סֶגֶל מַקְרִין (בוט') צֶמַח מִמִּשְׁפַּחַת הַסִּגְלִיִּים

Hornvieh ---> Großvieh

Hornviper *{Aspis cerastes}*

עֶכֶן גָּדוֹל (זוא') שְׁפִיפוֹן בֵּינוֹנִי, נָחָשׁ מִמִּשְׁפַּחַת הַצִּפְעוֹנִיִּים

Hornzellenvermehrung *{Callositas}*

יַבֶּלֶת (רפו') [מר"ח/114]. הִתְקַשּׁוּת הָעוֹר

Horoskopie

חִזּוּי מַזָּל (אסט') [ק/א/299]. חָכְמַת הַשָּׁעוֹת, הוֹרוֹסְקוֹפְּיָה, בְּאִצְטַגְנִינוּת (אַסְטְרוֹלוֹגְיָה): נִחוּשׁ גּוֹרָלוֹ שֶׁל אָדָם עַל פִּי מַצַּב הַכּוֹכָבִים בִּשְׁעַת לֵדָתוֹ

Hospitalismus

אַשְׁפָּזֶת (רפו', פסי') שִׁנּוּיִים נַפְשִׁיִּים וְגוּפָנִיִּים עֵקֶב אִשְׁפּוּז בְּבָתֵּי חוֹלִים אוֹ בְּמוֹסְדוֹת טִפּוּל אֲחֵרִים

Hospiz

אוּשְׁפִּיז, מָלוֹן, אַכְסַנְיָה

Hüftbein *{Os coxae}*

עֶצֶם הַחֲלָצַיִם (רפו') קְלִבֹּסֶת (קְלִבּוּסוֹת), עֶצֶם הַיָּרֵךְ, קוּלִית

Hüfte *{Coxa}*

מֹתֶן (מָתְנַיִם) (רפו') [מר"ח/205]

Hüftgelenk

קַטְלִית (קַטְלִיּוֹת) (רפו') רֹאשׁ עֶצֶם הַיָּרֵךְ הַסָּמוּךְ לְאַגַּן הַיְּרֵכַיִם

Hüftgelenkpfanne ---> Oberschenkelkopfgelenkpfanne

Hüftgelenkschmerz

מַכְאוֹב הַמֹּתֶן (רפו') מַכְאוֹב הַקַּטְלִית

Hüftweh, neuralgisches

מַעֲצוֹב הַנָּשֶׁה (רפו')

Hügel

גִּבְעָה (גְּבָעוֹת) (י"א) [א"ח/ב/162]. תֵּל (תִּלִּים)

Hügelchen *{Colliculus}*

תְּלִיל (תְּלִילִים) (רפו') [מר"ח/171]. תְּלוּלִית (תְּלוּלִיּוֹת)

Hügellandschaft

אֶרֶץ שְׁפֵלוֹת (י"א) נוֹף גְּבָעוֹת

Hühnerhirse *{Echinochloa}*

דַּחְנִית (בוט') צֶמַח מִמִּשְׁפַּחַת הַדְּגָנִיִּים

Hühnervögel *{Phasianidae}*

פַּסְיוֹנִיִּים (זוא') מִשְׁפָּחָה שֶׁל עוֹפוֹת מִסִּדְרַת הַתַּרְנְגוֹלָאִים

Hüllchen

מַעֲטָפִית (בוט') מַעֲטֶפֶת קְטַנָּה הָעוֹטֶפֶת רַק חֵלֶק שֶׁל הַתִּפְרַחַת

Hülle [---> Kapsel]

כְּסוּת [ק/ב/99]. כִּסּוּי, מַעֲטֶה הֲגַנָּה

Hülle *{Tunica}*

גְּלִימָה (רפו') מַעֲטֶה

Hülle, konvexe

קָמוּר (מתמ')

Hülle, sachliche

מַעֲטֶה שֶׁל חֵפֶץ

Hüllkelch

מַעֲטֶפֶת (בוט') דּוּר אֶחָד לְפָחוֹת שֶׁל חָפִים הַמַּקִּיפִים תִּפְרַחַת

Hüllwort ---> Euphemismus

Hülse ---> Hülsenfrucht; Balg

Hülsenfrucht *{Legumen}*

קִטְנִית (קִטְנִיּוֹת) (בוט', חקל') [א"ח/א/115]. תַּרְמִיל מָאֳרָךְ

hündisch

כַּלְבִּי [ק/ב/87]. בַּהֲמִי, שֶׁיֵּשׁ בּוֹ מֶטֶבַע הַכֶּלֶב, גַּס וּמְטֻמְטָם מֹחַ

hüpfen

נִתֵּר (מְנַתֵּר) [א"ח/ג/101]. טָפַז (טוֹפֵז), דָּלַג, קָפַץ, טִפֵּז (מְטַפֵּז), שָׁוַר (שׁוֹוֵר), שִׁוֵּר (מְשַׁוֵּר), קִרְטַע (מְקַרְטֵעַ)

hüsteln

שִׁעֲלֵל (מְשַׁעֲלֵל), הִשְׁתַּעֲלֵל (רפו') [א"ח/ג/12]. כִּחְכֵּחַ (מְכַחְכֵּחַ), הִשְׁתַּעֵל שִׁעוּל קָצָר, חִכְחֵךְ, כִּעְכַּע, הִתְכַּעְכַּע, חִכֵּךְ בִּגְרוֹנוֹ

Hüsteln

שִׁעֲלוּל (שִׁעֲלוּלִים) (רפו') שַׁעֲלוּל, שִׁעוּל קָצָר

Hütte

בִּקְתָּה (בִּקְתוֹת) (אדר') צְרִיף (צְרִיפִים)

Hufeisen

פַּרְזִיל (פַּרְזִילִים) (זוא', חקל') פַּרְסַת בַּרְזֶל, נַעַל בַּרְזֶל שֶׁשָּׂמִים עַל פַּרְסַת הַסּוּס, סַנְדַּל בַּרְזֶל

hufeisenförmig

פַּרְזִילָנִי, פַּרְסָתִי, בִּדְמוּת פַּרְזִיל (פַּרְסַת בַּרְזֶל)

Hufeisenklee *{Hippocrepis}*

פַּרְסַת הַסּוּס (בוט') צֶמַח מִמִּשְׁפַּחַת הַפַּרְפְּרָנִיִּים

Hufeisenkrümmung

נַפְתּוּל פַּרְסָה (היד')

Hufeisennase, Blasius- *{Rhinolophus blasii}*

פַּרְסָף מָצוּי (זוא') יוֹנֵק מִמִּשְׁפַּחַת הַפַּרְסָפִיִּים (עֲטַלֵּפִים)

Hufeisennase, Mehely- *{Rhinolophus mehelyi}*

פַּרְסָף חִוֵּר (זוא') יוֹנֵק מִמִּשְׁפַּחַת הַפַּרְסָפִיִּים (עֲטַלֵּפִים)

Hufeisennase, Mittelmeer- *{Rhinolophus euryale}*

פַּרְסָף בָּהִיר (זוא') יוֹנֵק מִמִּשְׁפַּחַת הַפַּרְסָפִיִּים (עֲטַלֵּפִים)

Hufeisennasen *{Rhinolophidae}*

פַּרְסָפִיִּים (זוא') מִשְׁפָּחָה שֶׁל עֲטַלֵּפִים

Hufschmied

פַּרְזַל סוּסִים (מלא')

Huhn

תַּרְנְגוֹל (תַּרְנְגוֹלִים) (זוא') שֶׂכְוִי (שֶׂכְוִים), שֵׁם שֶׁל עוֹף

Huld

עֲשִׂיַּת חֶסֶד [ק/א/168]. הֲטָבָה, הַשְׁפָּעַת טוֹבָה, גְּמִילַת חֶסֶד, גְּמִילוּת חֲסָדִים, טוֹבָה

Hulk

גּוּנָה (ימא') סִירָה, אַרְבָּה

"Human Relations"

יַחֲסֵי אֱנוֹשׁ (כלכ', מ"ח) שִׁיטָה לְהַגְבָּרַת פִּרְיוֹן הָעֲבוֹדָה עַל יְדֵי שִׁפּוּר הָאֲוִירָה הַחֶבְרָתִית בְּמִפְעָל כָּלְשֶׁהוּ

Humanität

אֱנוֹשִׁיּוּת (מ"ח) הוּמָנִיּוּת

Humbug

אֶפֶס וָרִיק, קַשׁ וּגְבָבָה, דְּבַר הֲבַאי, כְּלוּמַאי, נוֹכֵל

Hummelschweber *{Bombyliidae}*

בּוֹמְבִּילִיִּים (זוא') מִשְׁפָּחָה שֶׁל זְבוּבִים

Humoreske

סִפּוּר בְּדִיחוּת (ספר') [מ"ס/20]. הוּמוֹרֶסְקָה, סִפּוּר הוּמוֹרִיסְטִי, - הַמְּבַקֵּשׁ לְשַׁעֲשֵׁעַ בְּאֶמְצָעוּת דְּמֻיּוֹת, מַצָּבִים וְשִׁמּוּשֵׁי לָשׁוֹן מְבַדְּחִים

Humus [---> Ackerkrume]

בֶּשֶׁן (חקל') [מר"ח/358]. הוּמוּס, אֲדָמָה שְׁחוֹרָה הַמְּכִילָה הַרְבֵּה חֳמָרִים אוֹרְגָנִיִּים (אוֹרְגָנִיִּים)

Humusschicht ---> Ackerkrume

Hund(es), Sternbild des Großen ---> Sternbild des Großen Hundes

Hund(es), Sternbild des Kleinen ---> Sternbild des Kleinen Hundes

Hund, toller

כֶּלֶב שׁוֹטֶה (זוא', רפו') [א"ח/א/254]. כֶּלֶב שֶׁחָלָה בְּכַלֶּבֶת

Hundeartige *{Canidae}*

כַּלְבִּיִּים (זוא') מִשְׁפָּחָה שֶׁל טוֹרְפִים יַבַּשְׁתִּיִּים

Hundefloh *{Ctenocephalides canis}*

פַּרְעֹשׁ הַכֶּלֶב (זוא') חֶרֶק מִסִּדְרַת הַפַּרְעֹשָׁאִים

hundert beruhend, auf der Zahl *{zentesimal}*

מֵאָנִי (מתמ') מְבֻסָּס עַל הַמִּסְפָּר מֵאָה

Hundertfüßer *{Chilopoda}*

נְדָלִים (זוא') מַחְלָקָה שֶׁל מַרְבֵּי רֶגֶל

hundertjährig

בֶּן מֵאָה

Hundestaupe

כּוּרְהַן כְּלָבִים (זוא', רפו') מַחֲלַת עֲוִיתוֹת שֶׁל כְּלָבִים

Hundsfieber *{Papatacifieber}*

קַדַּחַת אַחִילוּ (רפו') [מר"ח/507]. מַחֲלַת פָּפָטָצִ'י

Hundskamille *{Anthemis}*

קַחְוָן (בוט') צֶמַח מִמִּשְׁפַּחַת הַמֻּרְכָּבִים

Hundsrobben *{Phocidae}*

כַּלְבֵי יָם (זוא') מִשְׁפָּחָה שֶׁל טוֹרְפִים יַמִּיִּים

Hundsrose *{Rosa canina}*

וֶרֶד הַכֶּלֶב (בוט') צֶמַח מִמִּשְׁפַּחַת הַוְּרָדִיִּים

Hundswurz *{Anacamptis}*

בֶּן סַחְלָב (בוט') צֶמַח מִמִּשְׁפַּחַת הַסַּחְלָבִיִּים

Hundszahngras ---> Bermudagras

Hundszunge *{Cynoglossum}*

לְשׁוֹן הַכֶּלֶב (בוט') צֶמַח מִמִּשְׁפַּחַת הַזִּיפָנִיִּים
Hunger, beständiger [---> Heißhunger]
נַהֲמֶת (רפו') [מר״ח/13]. אִי שֹׂבַע
Hungergefühl(s), Fehlen des ---> Anorexie
hungern lassen
הִרְעִיב (מַרְעִיב) [א״ח/ב/130]
Hure
זוֹנָה (זוֹנוֹת) (מ״ח, משפ') פְּרוּצָה, יַצְאָנִית, יוֹצְאָנִית, נַפְקָנִית, אֵשֶׁת זְנוּנִים, קְדֵשָׁה
huren
זָנְתָה (זוֹנָה), זָנָה (זוֹנֶה) (מ״ח, משפ') זִנְּתָה (מְזַנָּה), זִנָּה (מְזַנֶּה)
Hurenlohn
אֶתְנָן (אֶתְנַנִּים) (מ״ח, כלכ') שְׂכַר זוֹנָה
Hurerei ---> Prostitution
Hussiten
כַּת הַהוּסִיטִים (דת) [ק/א/24]. כַּת הָאַוָּזִים, סִיעָה נוֹצְרִית הַקְּרוּיָה עַל שֵׁם מְתַקֵּן הַדָּת יָאן הוּס שֶׁהֻעֲלָה עַל הַמּוֹקֵד בִּשְׁנַת 1415
Husten
שִׁעוּל (רפו')
Hyäne, Gestreifte *{Hyaena hyaena}*
צָבוּעַ מְפֻסְפָּס (זוא') יוֹנֵק מִמִּשְׁפַּחַת הַצְּבוֹעִיִּים
Hyalotypie
תַּחֲרִיט זְכוּכִית (דפו', אמנ') [ממ״ג/113]. דְּפוּס זְכוּכִית, שִׁיטַת הַדְפָּסָה מִלּוּחַ זְכוּכִית
Hyazinthe *{Hyacinthus}*
יָקִינְטוֹן (בוט') צֶמַח מִמִּשְׁפַּחַת הַשּׁוֹשַׁנִּיִּים
Hybrid
בֶּן כִּלְאַיִם, בַּת כִּלְאַיִם (ביו') [מר״ח/358]. הִיבְּרִיד, הִיבְּרִידִי, פְּרוּטִי, בֶּן מִכְלוֹא, צֶאֱצָא שֶׁל אוּלִים (אוֹרְגָנִיזְמִים) הַשַּׁיָּכִים לְסוּגִים, מִינִים אוֹ זַנִּים שׁוֹנִים שֶׁהֻכְלְאוּ זֶה בָּזֶה
hybrides Wort ---> Wort, hybrides
Hybridisation ---> Hybridisierung
hybridisieren
הִכְלִיא (מַכְלִיא) (ביו') [ל״ב/91]. גָּרַם לְזִוּוּג אוּל (אוֹרְגָנִיזְם) עִם אוּל מִמִּין, מִתַּת מִין, מִזַּן אוֹ מִגֶּזַע אַחֵר
Hybridisierung
הַכְלָאָה (הַכְלָאוֹת) (ביו') [ל״ב/91]. זִוּוּג, הִיבְּרִידִיזַצְיָה, פְּרוּטִיּוּת, הִתְלַכְּדוּת, הַפְרָיַת אוּל (אוֹרְגָנִיזְם) עַל יְדֵי אוּל מִמִּין, מִתַּת מִין, מִזַּן אוֹ מִגֶּזַע אַחֵר
hydratisieren
מִיֵּם (מְמַיֵּם) (כימ') מָהַל תִּרְכֹּבֶת בַּת תְּגוּבָה בְּמַיִם
hydratisiert
מְמֻיָּם (כימ') מָהוּל בְּמַיִם
Hydratisierung
מִיּוּם (כימ') [מר״ח/359]. מִהוּי, הִידְרַטִיזַצְיָה, מִהוּל תִּרְכֹּבֶת בַּת תְּגוּבָה בְּמַיִם, הוֹסָפַת מַיִם
hydrieren
מִמֵּן (מְמַמֵּן) (כימ') הִכְנִיס פְּרָד (אָטוֹם) שֶׁל מֵימָן לְתוֹךְ תִּרְכֹּבֶת
Hydrierung
מִמּוּן (כימ') הַכְנָסַת פְּרָד (אָטוֹם) שֶׁל מֵימָן לְתוֹךְ תִּרְכֹּבֶת
Hydrodynamik
תַּעֲזוּזַת נוֹזְלִים (פיס') [ק/ד/213]. דִּינָמִיקָה שֶׁל נוֹזְלִים, חָכְמַת תְּנוּעַת הַנּוֹזְלִים, הִידְרוֹדִינָמִיקָה
hydrodynamisch ---> stromlinienförmig
hydroelektrisch
חַשְׁמַלְמֵימִי (פיס')
Hydrolyse
מִיּוּס (כימ') [מר״ח/360]. הִידְרוֹלִיזָה, פֵּרוּק חִבּוּרִים כִּימִיִּים מֻרְכָּבִים לִפְשׁוּטִים עַל יְדֵי הוֹסָפַת מַיִם
hydrolysieren
מִיֵּס (מְמַיֵּס) (כימ') עָרַךְ מִיּוּס (הִידְרוֹלִיזָה)
hydrolytisch
מִיּוּסִי (כימ') הִידְרוֹלִיטִי
Hydrophobie ---> Tollwut
Hydrophobiermittel ---> Imprägniermittel
Hydropisis
מַיֶּמֶת (רפו') [ק/ד/155]. שִׁקּוּי, בַּצֶּקֶת, הִצְטַבְּרוּת נוֹזְלִים יְתֵרִים בְּרִקְמוֹת הַגּוּף
Hydrozele ---> Wasserbruch
Hydrozephalus ---> Wasserkopf
Hyetograph ---> Regenschreiber
Hygiene
גֵּהוּת (רפו') [מר״ח/361]. יַצְחוּת, יְצִיחָה, הִיגְיֵנָה
hygienisch
גֵּהוּתִי (רפו') יַצְחוּתִי, הִיגְיֵנִי
Hygrogramm
רִשְׁמַת הַלַּחוּת (מטא') [יל״ט/195]. הִיגְרוֹגְרַם, הָרְשָׁמָה שֶׁרוֹשֵׁם הַהִיגְרוֹגְרָף (רוֹשֵׁם הַלַּחוּת) כְּמַעֲקָב רָצוּף שֶׁל הָעֲרָכִים הַמִּשְׁתַּנִּים
Hygrograph
רוֹשֵׁם לַחוּת (מטא') [יל״ט/191]. הִיגְרוֹגְרָף, מַכְשִׁיר הַמּוֹדֵד אֶת הַלַּחוּת בָּאֲוִירָה (אַטְמוֹסְפֶרָה) וְרוֹשֵׁם מַעֲקָב רָצוּף שֶׁל הָעֲרָכִים הַמִּשְׁתַּנִּים
Hygrometer
מַד לַחוּת (מטא') [יל״ט/100]. הִיגְרוֹמֶטֶר, מַכְשִׁיר לִמְדִידַת הַלַּחוּת שֶׁבָּאֲוִירָה (אַטְמוֹסְפֶרָה)
hygroskopisch
לַחִיחַ (כימ') הִיגְרוֹסְקוֹפִּי, סוֹפֵג לַחוּת מִן הָאֲוִיר
Hygroskopizität
לְחִיחוּת (כימ') הִיגְרוֹסְקוֹפִּיּוּת, סְגֻלָּה שֶׁל חֳמָרִים לִסְפֹּג לַחוּת מִן הָאֲוִיר
hylische Form ---> Form, hylische
hylische Vernunft ---> Vernunft, hylische
Hymne
הִמְנוֹן (הִמְנוֹנִים, הִמְנוֹנוֹת) (מוס') שִׁיר תְּהִלָּה
hypazid ---> säurearm
Hypazidität ---> Säuremangel im Magensaft
Hyper-
עַל-, מֵעַל-, הִיפֶּר-
Hyperämie ---> Blutreichtum
hyperazid ---> säureüberschüssig
Hyperazidität ---> Übersäuerung

Hyperbel
מִפְרָז (מִפְרָזִים) [ק/א/157; מ״ב/98]. הַגָּעָה, גְּזָמָה, הַפְלָגָה, הִיפֶּרְבּוֹלָה, לְשׁוֹן הֲבַאי, נֹסּוּחַ הַדְּבָרִים בְּהַגְזָמָה, לְמָשָׁל: הַפֹּעַל ״שָׁאַג״ = ״הִשְׁמִיעַ שְׁאָגָה״ (קוֹל חָזָק שֶׁל חַיַּת טֶרֶף) הַמְּשַׁמֵּשׁ כָּרָגִיל כַּאֲשֶׁר הַנּוֹשֵׂא הוּא הָאַרְיֵה, מִתְיַחֵס בְּדֶרֶךְ מִפְרָז גַּם לִבְנֵי אָדָם
hyperbolisch
מִפְרָז [ק/א/196]. עַל דֶּרֶךְ הַהַפְלָגָה, מֻגְזָם, מֻפְלָג, גָּדוּשׁ, יָתֵר, יַתִּיר
hyperbolische Kurve ---> Kurve, hyperbolische
Hyperkinese
נִיעוּת יֶתֶר (רפוי, פסי׳) [ר/ב/438]. הִיפֶּרְקִינֶזְיָה, חֹסֶר מְנוּחָה קִיצוֹנִי, תְּנוּעוֹת גּוּף מֻגְזָמוֹת, יֶתֶר תְּנוּעָה
Hyperkinese an Fingern und Zehen
{Athetose}
קַרְטַעַת (רפוי) [מר״ח/81]. עֲוִית הָאֶצְבָּעוֹת, נִיעוּת יֶתֶר שֶׁל אֶצְבְּעוֹת הַיָּדַיִם וְהָרַגְלַיִם
hyperkomplex
עַל מֻרְכָּב (מתמ׳)
Hyperkorrektheit
תִּקּוּן יֶתֶר (בלש׳, פיל׳) [מ״ב/98]. טָעוּת הַנּוֹבַעַת מֵהֶקֵּשׁ מֻטְעֶה וּמִקֹּצֶר יְדִיעָה שֶׁל כְּלָלֵי הַלָּשׁוֹן
Hypermnesie
זְכִירָה יְתֵרָה (פסי׳) [ר/א/250]. זְכִירַת יֶתֶר, זִכָּרוֹן מִפְרָז, זִכָּרוֹן יֶתֶר
Hyperonym
שֵׁם מַכְלִיל (בלש׳) [מ״ב/98]. הִיפֶּרוֹנִים, מֻנָּח-עַל סִימָנְתִּי (סֶמַנְטִי), כְּגוֹן: ״כְּלִי רֶכֶב״, הַכּוֹלֵל בְּתוֹכוֹ שֵׁמוֹת מֻכְלָלִים (הִיפוֹנִים) רַבִּים, כְּגוֹן: ״אוֹפַנַּיִם״, ״אוֹפַנּוֹעַ״, ״מְכוֹנִית״
hyperoxid
מַעַל חַמְצָנִי (כימ׳)
hyperphysisch
עַל טִבְעִי (פיל׳)
Hypersexualität
זִוּוּגִיּוּת יֶתֶר (פסי׳) מִינִיּוּת יֶתֶר
Hypertonie
יְתִינוּת (רפוי) יֶתֶר לַחַץ דָּם, יַתֶּנֶת, לַחַץ דָּם גָּבֹהַּ, הִיפֶּרְטוֹנְיָה
hypertonisch
יָתוּן (רפוי) מְיֻתָּן, בַּעַל לַחַץ דָּם גָּבֹהַּ, הִיפֶּרְטוֹנִי
Hypertrophie
רַבֶּלֶת (רפוי) הִיפֶּרְטְרוֹפְיָה, הִתְרַבְּלוּת, רִבּוּל, רְבִילוּת, גְּדִילַת יֶתֶר, יֶתֶר גְּדִילָה שֶׁל אֵבֶר
Hyperurikämie
שַׁיֶּנֶת (רפוי) יֶתֶר שֵׁינָן (אוּרְאָה) בַּדָּם
Hyphe
קוּר (קוּרִים) (ביו׳)
Hypnose
אֲחִזָה (פסי׳) [ר/א/199]. הִיפְּנוֹזָה, מַצָּב שֶׁל הֵעָנוּת בְּקַלּוּת לְהַשְׁפָּעוֹת שֶׁל אֲחֵרִים, מַשָּׁאוּת קִיצוֹנִית
hypnotisch
אֲחִזָתִי (פסי׳) הִיפְּנוֹטִי, מְאַחֵז
hypnotischer Befehl ---> Befehl, hypnotischer

Hypnotiseur
מְאַחֵז (פסי׳) [מר״ח/365]. מְהַפְּנֵט, מְהַפְּנְטָן, הִיפְּנוֹטִיזוֹר
hypnotisierbar
אָחִיז (פסי׳) נִתָּן לְהִיפְּנוּט
hypnotisieren
אִחֵז (מְאַחֵז) (פסי׳) הִפְנֵט (מְהַפְּנֵט)
Hypnotisieren
אִחוּז (פסי׳) הִיפְּנוּט
Hypo-
תַּת-, הִיפּוֹ-
Hypochonder(in)
שְׁמֵם, שְׁמֶמֶת (פסי׳, רפוי) הִיפּוֹכוֹנְדֶר
Hypochondrie
שִׁמְמוּת (פסי׳, רפוי) [ר/א/198]. הִיפּוֹכוֹנְדְּרִיָּה, דְּאָגָה מֻפְרֶזֶת שֶׁל אָדָם לִבְרִיאוּתוֹ הַגּוּפָנִית, פַּחַד חוֹלָנִי מִפְּנֵי מַחֲלוֹת, דִּכְדּוּךְ הַנֶּפֶשׁ
hypochondrisch
שִׁמְמוּתִי (פסי׳, רפוי) הִיפּוֹכוֹנְדְּרִי
Hypogastrium ---> Unterbauchgegend
hypogenital
אַיְלוֹנִי, אַיְלוֹנִית (רפוי) אִילֵן, אִילֶנֶת, לוֹקֶה בְּדִלְדּוּל סִימָנֵי הַמִּין
hypogenitale Frau ---> Frau, hypogenitale
hypogenitaler Mann ---> Mann, hypogenitaler
Hypogenitalismus
אַיְלוֹנִיּוּת (רפוי) אַיְלוֹנוּת, תַּת הִתְפַּתְּחוּת שֶׁל סִימָנֵי הַמִּין, דַּלּוּת כְּלֵי הַמִּין
Hypomnesie
זְכִירָה חֲסֵרָה (פסי׳) [ר/א/250]. זִכָּרוֹן תָּשׁוּשׁ, חֻלְשַׁת הַזִּכָּרוֹן, זְכִירַת חֶסֶר, זִכָּרוֹן חָסֵר, כֹּשֶׁר זִכָּרוֹן לָקוּי
Hyponym
שֵׁם מֻכְלָל (בלש׳) [מ״ב/99]. הִיפוֹנִים, תַּת מֻנָּח סִימָנְתִּי (סֶמַנְטִי), כְּגוֹן: ״שַׁחַף״, ״יוֹנָה״, ״תַּרְנְגוֹל״, הַנִּכְלָל בִּתְחוּם הַמַּשְׁמָעוּת שֶׁל שֵׁם מַכְלִיל (הִיפֶּרוֹנִים) מְסֻיָּם, כְּגוֹן: ״עוֹף״
Hypophyse
יוֹתֶרֶת הַמֹּחַ (רפוי) סְפִיחַ
Hypophysenausfall
חֹסֶר סְפִיחִיּוּת (רפוי) חֹסֶר פְּעִילוּת שֶׁל יוֹתֶרֶת הַמֹּחַ
Hypostase ---> Hypostasierung
hypostatisch ---> vergegenständlichend
hypostatisieren ---> vergegenständlichen
Hypostasierung ---> Vergegenständlichung
Hyposthenie
חֹלֶשׁ (רפוי) אֲפִיסַת כֹּחוֹת
Hypotenuse
תּוֹשֶׁבֶת (מתמ׳) [ק/ד/188]. יֶתֶר, הַצֵּלָע שֶׁמִּמּוּל הַזָּוִית הַיְשָׁרָה בִּמְשֻׁלָּשׁ יְשַׁר זָוִית
Hypothek
מַשְׁכַּנְתָּה (מַשְׁכַּנְתָּאוֹת) (משפ׳, כלכ׳) מַשְׁכַּנְתָּא, הִיפּוֹתֶקָה, עֲרֵבוּת, שִׁעְבּוּד מְקַרְקְעִים כְּעֵרָבוֹן לְהַבְטָחַת הִתְחַיְּבוּת כַּסְפִּית
Hypothek belasten, mit einer
מִשְׁכֵּן (מְמַשְׁכֵּן) (משפ׳, כלכ׳) נָתַן בְּמַשְׁכּוֹן, נָטַל

הַלְוָאָה בְּמִשְׁכּוֹן נְכָסָיו

Hypothek tilgen, eine

פָּדָה (פּוֹדֶה) מַשְׁכַּנְתָּה (משפ', כלכ')

Hypothekar ---> Hypothekengläubiger

hypothekarisch belastet

מְמֻשְׁכָּן (משפ', כלכ') מְשֻׁעְבָּד, שֶׁנִּתַּן כְּעֵרָבוֹן לְהַבְטָחַת פֵּרָעוֹן חוֹב

Hypothekenbank

בַּנְק לְמַשְׁכַּנְתָּאוֹת (כלכ')

Hypothekenbestellung

מִשְׁכּוֹן (משפ', כלכ') הַפְקָדַת נֶכֶס בְּמִשְׁכּוֹן לְהַבְטָחַת פֵּרָעוֹן הַחוֹב

Hypothekenbrief

שְׁטַר מַשְׁכַּנְתָּה (משפ', כלכ')

hypothekenfrei

חָפְשִׁי מִשִּׁעְבּוּד (משפ', כלכ')

Hypothekengläubiger

בַּעַל מַשְׁכַּנְתָּה (משפ', כלכ') נוֹשֶׁה, מִי שֶׁהִלְוָה כְּסָפִים וְקִבֵּל מַשְׁכַּנְתָּה לְהַבְטָחַת הַחְזָרָתָם

Hypothekenpfand ---> Hypothek

Hypothekentitel ---> Hypothekenbrief

Hypothese

הַשְׁעָרָה (הַשְׁעָרוֹת) (פיל', מדע) [ק/א/220]. הִיפּוֹתֶזָה, הַנָּחָה סְבִירָה אוֹדוֹת סִבָּה שֶׁל תּוֹפָעָה מְסֻיֶּמֶת שֶׁוַּדָּאוּתָהּ עֲדַיִן אֵינָהּ יְכִיחָה (נִתֶּנֶת לְהוֹכָחָה) אַךְ מַסְבִּירָה אֶת הַתּוֹפָעָה הַנְּתוּנָה בְּאֹפֶן הַמִּתְיַשֵּׁב עַל הַדַּעַת וּבִלְעָדֶיהָ אֵין לַתּוֹפָעָה הָאֲמוּרָה כָּל הֶסְבֵּר, אֹמֶד הַדַּעַת, הַנָּחָה הַזְּקוּקָה לְאִשּׁוּר בְּאֶמְצָעוּת נִסָּיוֹן מַדָּעִי וְעֻבְדּוֹת. מִשְׁפָּט מְשֹׁעָר (פיל', מדע) [ק/ב/301,299]. נִחוּשׁ. אֹמֶד (פיל', מדע) [ק/א/51]. אֹמֶד, הַעֲרָכָה. שֹׁרֶשׁ מֻנָּח (פיל', מדע) [ק/ד/162]. סְבָרָה

hypothetisch

הַשְׁעָרָתִי (פיל') [ק/ב/215]. מֻנָּח, אָמוּד, מְשֹׁעָר, הִיפּוֹתֶטִי, מֻתְנֶה. אֻמְדָּנִי (פיל') [ק/א/52]. מְיֻסָּד עַל אֻמְדַּן הַדַּעַת. עַל דֶּרֶךְ הַהַנָּחָה, עַל צַד הַהַנָּחָה (פיל') [ק/א/183]. הַנָּחִי (פיל') [ק/א/183]

hypothetische Vorstellung ---> Konstrukt, hypothetisches

hypothetischer Beweis ---> Beweis, hypothetischer

hypothetisches Argument ---> Argument, hypothetisches

hypothetisches Konstrukt ---> Konstrukt, hypothetisches

hypothetisches Urteil ---> Urteil, hypothetisches

Hypotonie

יְהִינוּת (רפו') חֶסֶר לַחַץ דָּם, יַהֶנֶת, חֶסֶר יַתְנוּת, - יֶתֶן, תַּת לַחַץ דָּם, הִיפּוֹטוֹנְיָה

hypotonisch

יָהוּן (רפו') מִיהָן, בַּעַל לַחַץ דָּם נָמוּךְ, חֲסַר יַתְנוּת

Hypozentrum

מֶרְכָּז עָמֹק (גאו') מוֹקֵד הָרַעַשׁ בְּמַעֲמַקֵּי הָאֲדָמָה

Hysterese

חֶשֶׁל (פיס') [ל"מ/271]. תּוֹפָעָה שֶׁבָּהּ כֹּחַ הַפּוֹעֵל עַל גּוּף גּוֹרֵם בּוֹ עִוּוּת שֶׁגָּדְלוֹ מִתְכַּנְּתִי (פְּרוֹפּוֹרְצְיוֹנָלִי) לַכֹּחַ

Hystereseschleife

לוּלְאַת חֶשֶׁל (פיס')

Hysterie

יַפַּחַת (פסי') הִיסְטֶרְיָה

Hysteriker(in)

יַפַּחְתָּן, יַפַּחְתָּנִית (פסי') הִיסְטֶרִיקָן, הִיסְטֶרִיקוֹן

hysterisch

יַפַּחְתִּי (פסי') הִיסְטֶרִי

hysterische Erblindung ---> Erblindung, hysterische

hysterische Körperverdrehungen ---> Clownismus

hysterische Veranlagung ---> Veranlagung, hysterische

hysterischer Anfall ---> Anfall, hysterischer

Hysteroskopie

סְפִּיקְלוֹר הָרֶחֶם (רפו') הִסְתַּכְּלוּת בָּרֶחֶם

I

iatrogen
מַחֲמַת טִפּוּל (רפו׳) שֶׁנּוֹצַר עֵקֶב טִפּוּל רְפוּאִי

Ibisse *{Threskiornithidae}*
כַּפָנִיִּים (זוא׳) מִשְׁפָּחָה שֶׁל עוֹפוֹת מִסִּדְרַת הַחֲסִידָאִים

«Ich» *{Ego}*
״הָאֲנִי״ (פסי׳) [ר/א/3; ו׳מ/ב/202]. אֶגוֹ, הָעַצְמִי, מַרְכִּיב הָעוֹמֵד בְּקֶשֶׁר עִם הָעוֹלָם הַסּוֹבֵב בְּעֶזְרַת הַתְּפִיסָה הַחוּשִׁית וְהַתְּנוּעָה וְהַמִּצְטַיֵּן בִּנְטִיָּה לְצֵרוּף הַתַּהֲלִיכִים הַנַּפְשִׁיִּים וּלְחִבּוּרָם, אֶחָד הַמַּרְכִּיבִים בַּדֶּגֶם הַתְּלַת חֶלְקִי שֶׁל הַמַּנְגָּנוֹן הַנַּפְשִׁי (לְצַד הַיִּצְרָה וְ״הָאֲנִי הָעֶלְיוֹן״)

«Ich», das reine
הָ״אֲנִי״ הַטָּהוֹר (פיל׳) [פ״ר/71]. עַל פִּי קַנְט: יְסוֹד הַפְּעֻלָּה הַשִּׂכְלִית, הַנּוֹשֵׂא (סוּבְּיֶקְט) הַמְּיַחֵס אֶת רִבּוּי הַדִּמּוּיִים אֶל עַצְמוֹ בְּתוֹדָעָה אַחַת

«Ich»-Abwehr
הִתְגּוֹנְנוּת הָ״אֲנִי״ (פסי׳) [ר/א/4, 181]. תְּגוּבָה נַפְשִׁית לֹא מוּדַעַת הַמְּגִנָּה עַל הָ״אֲנִי״ מִפְּנֵי מַצָּבִים בִּלְתִּי נְעִימִים הַנִּמְשָׁכִים מִסִּכְסוּכִים בֵּין הָ״אֲנִי הָעֶלְיוֹן״ לְבֵין הַמְּצִיאוּת

«Ich»-Beteiligung
מְעֹרָבוּת הָ״אֲנִי״ (פסי׳) [ר/א/76]. מִכְלוֹל הַמְּנִיעִים, הָרְגָשׁוֹת וְהַגִּישׁוֹת שֶׁבְּאֶמְצָעוּתָם מְיַצֵּב הַפְּרָט אֶת תַּפְקִידוֹ וְאֶת מַצָּבוֹ בְּיַחַס לַאֲחֵרִים

«Ich»-Bezogenheit ---> Egozentrik

«Ich»-Form, Erzählung in
סִפּוּר בְּגוּף רִאשׁוֹן (ספר׳) [מ״ס/10]. סִפּוּר בָּדוּי שֶׁבּוֹ הַמְּסַפֵּר, בֵּין כְּעֵד וּבֵין כְּגִבּוֹר, מְדַבֵּר עַל עַצְמוֹ בְּגוּף רִאשׁוֹן, וְעַל שְׁאָר הַגִּבּוֹרִים - בְּגוּף שְׁלִישִׁי

«Ich»-Ideal [---> Selbst, idealisiertes]
חֶזְוַת הָ״אֲנִי״ (פסי׳) [ר/א/75]. אִידֵאַל הָ״אֲנִי״, הַחֶזְווֹת (הָאִידֵאָלִים) הַנַּעֲלוֹת שֶׁהָאָדָם הָיָה רוֹצֶה לְמַמֵּשׁ אוֹ לְהַשִּׂיג

«Ich»-Identität
זֶהוּת הָ״אֲנִי״ (פסי׳) [ר/א/246]. הִתְפַּתְּחוּת כְּלוּל כָּל הַזִּקּוֹת וְהַהִזְדַּהֲיוֹת הַמֻּקְדָּמוֹת הַמְּהַוּוֹת אֶת הַיְּסוֹד הַמֶּרְכָּזִי בְּהִתְגַּבְּשׁוּת הָאִישִׁיּוּת עִם תְּחִלַּת גִּיל הַבַּגְרוּת

«Ich»-Stärke
חֹזֶק הָ״אֲנִי״ (פסי׳)

ichbezogen ---> egozentrisch

ichfremd
זָר לָ״אֲנִי״ (פסי׳)

Ichliebe ---> Narzißmus

Ichneumon ---> Schleichkatze

Ichthyosis
קַסְקֶסֶת הָעוֹר (רפו׳) [מר״ח/371]. חַרְסָפִית, מַחֲלַת עוֹר קַשְׂקַשִּׂית

Ideae innatae
דֵּעוֹת מִתְּחִלַּת בְּרִיָּתָן (פיל׳) [ק/א/143]

Ideal
חֶזְוָה (חֶזְווֹת) [מר״ח/372]. אִידֵאָל, חָזוֹן, מַטָּרָה נִכְסֶפֶת, תְּעוּדַת חַיָּיו, תַּכְלִית נַעֲלָה

ideal
הֶתְמֵמִי, אִידֵאָלִי, מֻשְׁלָם, הַטּוֹב בְּיוֹתֵר

Ideal-«Ich»
הָ״אֲנִי״ הַמְּתֻמָּם (פסי׳) הָ״אֲנִי״ הָאִידֵאָלִי

ideale Flüssigkeit ---> Flüssigkeit, ideale

idealer Wirkungsgrad ---> Wirkungsgrad, idealer

idealisieren
הִתְמִים (מְתַמִּים) (פיל׳) עָרַךְ אִידֵאָלִיזַצְיָה, רָאָה דָּבָר לֹא כְּפִי שֶׁהוּא בַּמְּצִיאוּת אֶלָּא כְּפִי שֶׁרָצוּי שֶׁיִּהְיֶה

idealisierend
מַתְמִים (פיל׳) שֶׁגּוֹרֵם לְהַתְמֵם (אִידֵאָלִיזַצְיָה)

idealisiert
מְתֻמָּם (פיל׳) שֶׁהִתְמִימוּ אוֹתוֹ, אִידֵאָלִי

Idealisierung
הֶתְמֵם (פיל׳) אִידֵאָלִיזַצְיָה, הַעֲלָאָה, הַעֲרָכַת דְּבַר-מָה כְּטוֹב וְנַעֲלֶה יוֹתֵר מִכְּפִי שֶׁהוּא בַּמְּצִיאוּת, רְאִיַּת הַמָּצוּי כָּרָצוּי, דֶּרֶךְ הַפְשָׁטָה שֶׁבְּאֶמְצָעוּתָהּ נוֹצָרִים רַק מֻשָּׂגִים מְדֻמְיָנִים בַּעֲלֵי תְּכוּנוֹת מְיֻחָדוֹת, כְּגוֹן: ״קַו הַנְדָּסִי (גֵאוֹמֶטְרִי)״, ״גַּז מְתֻמָּם (אִידֵאָלִי)״, ״גּוּף שָׁחֹר לַחֲלוּטִין״; מֻשָּׂגִים אֵלּוּ נִבְדָּלִים מִמֻּשָּׂגִים אֲחֵרִים בְּכָךְ שֶׁמְּיַחֲסִים לָהֶם בְּנוֹסָף לַסּוּגְלִים הַמַּתְאִימִים לַמְּשָׂאִים מְצִיאוּתִיִּים גַּם סוּגְלִים הַסּוֹטִים מִן הַתְּכוּנוֹת הַמְּצִיאוּתִיּוֹת אוֹ שֶׁאֵינָם מוֹפִיעִים כְּלָל בְּצוּרָה טְהוֹרָה בַּמְּשָׂאִים הַנִּבְדָּקִים

Idealismus
חֶזְנוּת (אתי׳) אִידֵאָלִיּוּת, שְׁאִיפָה נִכְסֶפֶת שֶׁמְּבַקְשִׁים לְהַגְשִׁימָהּ בְּלֹא טְעָמִים שֶׁל כְּדָאִיּוּת. חֲשִׁבָנוּת (פיל׳) [מ״פ/29]. אִידֵאָלִיזְם, הַשְׁקָפָה פִילוֹסוֹפִית הָרוֹאָה אֶת הַהֲוָיָה כְּהִתְגַּלְּמוּת הַתּוֹדָעָה (הָרוּחַ) וְהַדּוֹחָה אֶת

הַדֵּעָה שֶׁהַתּוֹדָעָה הִנָּהּ פְּרִי הַחֹמֶר

Idealist(in)

חֶזְוָתָן, חֶזְוָתָנִית (אתי׳) אִידֵאָלִיסְט, חֶזְוָן (חֶזְוָנִים), בַּעַל חָזוֹן, מִי שֶׁיֵּשׁ לוֹ מַטָּרָה נִכְסֶפֶת וְהוּא שׁוֹאֵף לְמַמְּשָׁהּ שֶׁלֹּא עַל מְנָת לְקַבֵּל הֲנָאָה חָמְרִית. חַשְׁבָּן, חַשְׁבָּנִית (פיל׳) מִי שֶׁקּוֹבֵעַ אֶת רִאשׁוֹנִיּוּתָהּ שֶׁל הַתּוֹדָעָה (הָרוּחַ) לְגַבֵּי הַחֹמֶר

idealistisch

חֶזְוָנִי (אתי׳) שֶׁל חֶזְוָה, אִידֵאָלִיסְטִי. חַשְׁבָּנִי (פיל׳) [מ״פ/29]. שֶׁל חַשְׁבָּנוּת

Idealität

הֶתְמֵמִיּוּת, אִידֵאָלִיּוּת, שְׁלֵמוּת

Idee

חֲשִׁבָה (חֲשִׁבוֹת) (פיל׳) [מ״פ/25]. אִידֵאָה, בָּבוּאַת הַהֲוָיָה בַּתּוֹדָעָה. דִּבּוּר (פיל׳) [ק/א/125]. הָעִנְיָן הַמֻּשְׂכָּל. דִּבְרִית (פיל׳) [ק/א/131]. מֻשְׂכֶּלֶת. יָדוּעַ (פיל׳) [ק/ב/25]. מֻשְׂכָּל, דָּבָר הַמֻּשָּׂג בַּשֵּׂכֶל בְּנִגּוּד לְמוּחָשׁ הַמֻּשָּׂג בְּחוּשׁ, יְדִיעָה. מַחֲשֶׁבֶת בִּינָה (פיל׳) [ק/ב/186]. מַחֲשָׁבָה, דֵּעָה, מֻשָּׂג מֻפְשָׁט, הַיְסוֹד אוֹ הָעִקָּר בְּדָבָר, בְּיִצִירָה וכד׳. סַרְעַף (סַרְעַפִּים) (פיל׳) [ק/ג/115]. שַׂרְעַף. רַעְיוֹן (רַעְיוֹנוֹת) (פיל׳) [ק/ד/47]

Idee, absolute

חֲשִׁבָה מֻחְלֶטֶת (פיל׳) עַל פִּי תּוֹרַת הַחַשְׁבָּנוּת (אִידֵאָלִיזְם): יְסוֹד רוּחָנִי נִצְחִי דֻּגְמַת ״הָרוּחַ הַמֻּחְלָט״, ״הָ׳אֲנִי׳ הַמֻּחְלָט״ הַיּוֹצֵר אֶת הַטֶּבַע, אֶת הָאָדָם וְאֶת הַחֲשִׁיבָה

Idee(n), platonische

חֲשִׁבָה אַפְּלָטוֹנִית (פיל׳) [ק/ג/238]. צוּרָה אַפְּלָטוֹנִית, אִידֵאָה אַפְּלָטוֹנִית. צִיּוּר הַבִּינָה, - תְּבוּנִי (פיל׳) [ק/ג/243]. דֻּגְמָא, דֻּגְמָה (פיל׳) [ק/א/132]. יְדִיעוֹת (פיל׳) [ק/ב/28]. יְעָדָה (יְעָדוֹת) (פיל׳) [ק/ב/43]. מִין (מִינִים) (פיל׳) [ק/ב/193]

Idee, dominante

חֲשִׁבָה שׁוֹלְטָנִית (פסי׳, פיל׳) רַעְיוֹן דּוֹמִינַנְטִי

Idee, fixe ---> Zwangsidee

Idee, überwertige

רַעְיוֹן מֻפְרָז (פסי׳) רַעְיוֹן מֻגְזָם

Idee des Schönen ---> Schönen, Idee des

ideell

חֲשִׁבִי (פיל׳) אִידֵאִי, שֶׁל חֲשִׁבָה (אִידֵאָה), רַעְיוֹנִי, מַחֲשַׁבְתִּי, רוּחָנִי

Ideen, angeborene

חֲשִׁבוֹת מוּלָדוֹת (פיל׳) עַל פִּי תּוֹרַת הַחַשְׁבָּנוּת (אִידֵאָלִיזְם): חֲשִׁבוֹת (אִידֵאוֹת) מִלֵּדָה הַשַּׁיָּכוֹת לְתוֹדַעַת הָאָדָם בְּלֹא כָּל הִתְנַסּוּת שֶׁהִיא

Ideenassoziation

חֲשִׁיבָה מְשֻׁתֶּפֶת (פסי׳, פיל׳) [ק/א/37]. אֲחִיזַת הָרַעְיוֹנוֹת, הֶחְבֵּר חֲשִׁבוֹת, תַּסְמִיךְ יוֹצֵר. רֵעוּת הָרַעְיוֹנוֹת (פסי׳, פיל׳) [ק/ד/46]. סְמִיכוּת הַמֻּצָּגִים, שִׁתּוּף רַעְיוֹנוֹת, סַעֲרַת מֹחוֹת

Ideenflucht

מְנוּסַת רַעְיוֹנוֹת (פסי׳) [ר/ב/402]. מְעוֹף רַעְיוֹנוֹת, הַבָּעָה קְטוּעָה שֶׁל רַעְיוֹנוֹת לְלֹא כָּל מוֹקֵד אוֹ דְּפוּס לָכִיד

Idem per idem

מוֹפֵת עַל יְדֵי עַצְמוֹ (פיל׳) [ק/ב/166]. שְׁגִיאָה הֶגְיוֹנִית שֶׁבָּהּ הַמַּשָּׂא (אוֹבְּיֶקְט) הָעוֹמֵד לְהַגְדָּרָה מַגְדִּיר אֶת עַצְמוֹ

Identifikation

הִזְדַּהוּת (פסי׳) [ר/א/188]. תַּהֲלִיךְ שֶׁבּוֹ אָדָם מְיַחֵס לְעַצְמוֹ מְאַפְיְנִים שֶׁל אָדָם אַחֵר אוֹ שֶׁל קְבוּצָה אַחֶרֶת

identifizieren

הִזְדַּהָה (מִזְדַּהֶה)

Identifizierung ---> Identifikation; Introjektion

Identifizierungsabstraktion

הַפְשָׁטַת זֶהוּת (פיל׳) דֶּרֶךְ הַפְשָׁטָה שֶׁבָּהּ מִתְעַלְּמִים בְּמִתְכַּוֵּן מִתְּכוּנוֹת שֶׁל הָעֲצָמִים הַנְּתוּנִים הַמַּבְדִּילוֹת אוֹתָם זֶה מִזֶּה, וּבְאוֹתָהּ עֵת מַבְלִיטִים אֶת הַתְּכוּנוֹת הַמְּשֻׁתָּפוֹת שֶׁלָּהֶם, דָּבָר הַמְאַפְשֵׁר לִרְאוֹת אֶת הָעֲצָמִים זֶהֵי הַמִּין כְּעֶצֶם אֶחָד

identisch

זֶהֶה, זֵהָה [ק/ד/80]. שָׁוֶה לְעַצְמוֹ, דּוֹמֶה לְגַמְרֵי לְ..., אִידֶנְטִי. אָחוּד [ק/א/36]. מַה שֶּׁהוּא שָׁוֶה מַמָּשׁ לַחֲבֵרוֹ. אֲחָדִים בְּ... [ק/א/34]. שָׁוִים, מַסְכִּימִים

identischer Satz ---> Satz, identischer

Identität

זֶהוּת (פיל׳) [ק/א/252; ת״ה/110; ר/א/246]. שִׁוְיוֹן גָּמוּר שֶׁל דְּבָרִים בְּכָל פְּרָטֵיהֶם, הַיַּחַס בֵּין שְׁנֵי יְסוֹדוֹת אוֹ יוֹתֵר שֶׁאֶפְשָׁר לְהַחֲלִיף בֵּינֵיהֶם בְּהֶקְשֵׁר מִבְּלִי לְשַׁנּוֹת אֶת עֵרֶךְ הָאֱמֶת שֶׁלּוֹ, שִׁוְיוֹן שֶׁל עֶצֶם אוֹ שֶׁל תּוֹפָעָה עִם עַצְמָם, שְׁמִירָה יַצִּיבָה יַחֲסִית עַל אוֹתָם קַוֵּי אֹפִי שֶׁל עֶצֶם אוֹ שֶׁל תּוֹפָעָה בְּמֶשֶׁךְ כָּל זְמַן קִיּוּמָם. שָׁווּי [ק/ד/81]. הוּאוּת, אִידֶנְטִיּוּת. הִתְאַחֲדוּת [ק/א/225]. אַחְדוּת גְּמוּרָה, הִתְקַשְּׁרוּת, הִתְדַּבְּקוּת

Identität, Satz der unbedingten ---> Satz der unbedingten Identität

Identität, uneigentliche

זֶהוּת בִּלְתִּי אֲמִתִּית (פיל׳) [ת״ה/110]

Identitas indiscernibilium

חֹק הֶעְדֵּר עִלַּת הַהַבְדָּלָה (פיל׳) [ק/א/324]

Ideogramm

סִמְלוּלָה (סִמְלוּלוֹת) (בלש׳) [מ״ב/100]. סִימָן מֻשָּׂג, אִידֵאוֹגְרַמָּה, מֻשָּׂגוֹן, סִימָן כְּתִיב שֶׁל כְּתַב תְּמוּנוֹת, כְּגוֹן: כְּתַב הַחַרְטֻמִּים הַמִּצְרִי, הַכְּתָב שֶׁל סִין וְיַפָּן בְּיָמֵינוּ

Ideographie

סִמְלוּל [מר״ח/373]. אִידֵאוֹגְרַפְיָה, סִמּוּל מִלִּים, הַבָּעַת דְּבָרִים בְּאֶמְצָעוּת סְמָלִים, צִיּוּרִים וְסִימָנִים

ideographisch

סִמְלוּלִי, אִידֵאוֹגְרָפִי

Ideokinese

רַעְיוֹנוּעַ (פסי׳) אִידֵאוֹקִינֵזָה

ideokinetisch

רַעְיוֹנוּעִי (פסי׳) אִידֵאוֹקִינֵטִי, אִידֵאוֹמוֹטוֹרִי, שֶׁהֻפְעַל עַל יְדֵי רַעְיוֹנוֹת, שֶׁל רַעְיוֹן מֵנִיעַ,

נֶפֶשְׁנוּעִי, פְּסִיכוֹמוֹטוֹרִי

Ideologe

תּוֹשְׁקָפָן (מ״ח, פיל׳) תַּחְזוּאָן, אִידֵאוֹלוֹג

Ideologie

תּוֹשְׁקָפָה (מ״ח, פיל׳) [מ״פ/26]. אִידֵאוֹלוֹגְיָה, תַּחְזוּאָה, תְּפִיסַת עוֹלָם, שֶׁקֶף יֵשׁוּת, שִׁיטָה שֶׁל דֵּעוֹת, מֻשָּׂגִים וְדִמּוּיִים הַמְּשַׁקְּפִים אֶת הַהֲוָיָה הַחֶבְרָתִית, מִכְלוֹל הַהַשְׁקָפוֹת הַחֶבְרָתִיּוֹת (הַמְּדִינִיּוֹת, הַכַּלְכָּלִיּוֹת, הַחֻקִּיּוֹת, הָאָמָּנוּתִיּוֹת, הַפִילוֹסוֹפִיּוֹת, הַמּוּסָרָנִיּוֹת וכד׳) הַמְּבִיאוֹת לִידֵי בִּטּוּי תְּעָלִים (אִינְטֶרֶסִים) מַעֲמָדִיִּים מְסֻיָּמִים וְהַכּוֹלְלוֹת כְּלֵי הִתְנַהֲגוּת, גִּישׁוֹת וְהַעֲרָכוֹת מַתְאִימוֹת

ideologisch

תּוֹשְׁקָפְתִּי (מ״ח, פיל׳) אִידֵאוֹלוֹגִי, תַּחְזוּאִי

ideomotorisch ---> ideokinetisch

ideoplastisches Zeichnen ---> Zeichnen, ideoplastisches

idiographisch

יָחֵד (פסי׳) [ר/א/34]. אִידְיוֹגְרָפִי, מִתְיַחֵס לִפְרָטִי וּלְיִחוּדִי

Idiom ---> Redensart; Dialekt

Idiopathie

עַצְמוֹנִיּוּת (רפו׳) [מר״ח/373]. אִידְיוֹפָּטִיּוּת, זֹאתִיּוּת, תְּכוּנַת הַמַּחֲלָה שֶׁמְּקוֹרָהּ בִּלְתִּי יָדוּעַ

idiopathisch

עַצְמוֹנִי (רפו׳) אִידְיוֹפָּטִי, זֹאתִי, בִּלְתִּי תָּלוּי, שֶׁמֵּעַצְמוֹ, מִמָּקוֹר בִּלְתִּי יָדוּעַ

Idiosynkrasie [---> Eigenart]

שִׂגְיוֹן (פסי׳) [מר״ח/374]. נִגְדּוֹן, יִחוּד, אִידְיוֹסִינְקְרַסְיָה, צִבְיוֹן מְיֻחָד, יְצִיאַת דֹּפֶן, סָרוּת, הִתְנַהֲגוּת בִּלְתִּי הֶגְיוֹנִית הַנּוֹבַעַת מִנְּטִיּוֹת אֹפִי אִישִׁיּוֹת, מִסְטָה, קַו אָפְיָנִי

idiosynkratisch

שִׂגְיוֹנִי (פסי׳, בלש׳) [מ״ב/101]. יִחוּדִי, אִידְיוֹסִינְקְרָטִי, נִגְדּוֹנִי, יָחִיד בְּמִינוֹ, יוֹצֵא דֹּפֶן, בִּלְתִּי הֶגְיוֹנִי, מְשֻׁנֶּה בְּהִתְנַהֲגוּתוֹ, סָרוּתִי, אָפְיָנִי, שֶׁל תְּכוּנָה הַמְּיַחֶדֶת לְאָדָם מְסֻיָּם

Idiot ---> imbezill; Schwachsinnige(r)

Idiot-Savant

אֱוִיל מְלֻמָּד (פסי׳) [מר״ח/374]. אִידְיוֹט חָכָם, אֱוִיל הַבָּקִי בִּתְחוּם מְסֻיָּם

Idiotie

אִוְּלוּת (פסי׳) אֱוָלוֹן, אִידְיוֹטִיּוּת

Idiotismus ---> Idiotie

Idol

אֱלִיל (אֱלִילִים) (דת, מ״ח) הַנֶּעֱרָץ עַל יְדֵי רַבִּים, מִי שֶׁסּוֹגְדִים לוֹ

Idolatrie

עֲבוֹדַת אֱלִילִים (דת, מ״ח) פֻּלְחַן הָעֲרָצָה, סְגִידָה

Igel *{Erinaceidae}*

קִפּוֹדִיִּים (זוא׳) מִשְׁפָּחָה שֶׁל אוֹכְלֵי חֲרָקִים

Igelkolben *{Sparganium}*

כַּדּוּרָן (בוט׳) צֶמַח מִמִּשְׁפַּחַת הַכַּדּוּרָנִיִּים

Igelpolster *{Acantholimon}*

חַדְעָד (בוט׳) צֶמַח מִמִּשְׁפַּחַת הָעַפְרִיתִיִּים

Igelsame *{Lappula}*

לַפִּית (בוט׳) צֶמַח מִמִּשְׁפַּחַת הַזִּיפָנִיִּים

Ignorare

דַּרְכִּיּוּת הַבּוּרוּת (בלש׳, רטו׳) [ק/ב/218]. מְנִיעַ הַמַּאֲמָר שֶׁל לֹא דַּעַת הַמִּשְׁתַּמֵּשׁ לְהַבָּעַת אִי יְדִיעָה וְחֹסֶר דַּעַת, מוּדָלִיּוּת הַהִתְעַלְּמוּת

ignorieren

סִכֵּל (סוֹכֵל) [ק/ג/101]. הָיָה סָכָל, נִסְכַּל (נִסְכָּל), הִתְעַלֵּם, הִתְנַכֵּר, עָשָׂה אֶת עַצְמוֹ כְּלֹא יוֹדֵעַ

Ignotum per Ignotum

הַנִּסְכָּל בַּנִּסְכָּל [ק/ג/46]

Ikon ---> Bildsymbol

ikonisieren

צִלֵּם (צוֹלֵם), הָפַךְ מַשֶּׁהוּ לְצֶלֶם, הִצְלִים (מַצְלִים)

Ileum ---> Krummdarm

Ileus ---> Darmverschluß

Illumination ---> Beleuchtung

Illusion

אַשְׁלָיָה (אַשְׁלָיוֹת) (פסי׳) [ר/א/224; מר״ח/376]. תַּעְתּוּעַ, אִילוּזְיָה, הַשְׁלָיָה, טְעוּשָׁה, אִי אֶפְשָׁרוּת לֶחֱזוֹת אֶת מָה שֶׁנִּתְפָּס בְּאֶמְצָעוּת נִתּוּחַ פָּשׁוּט שֶׁל הַגֵּרוּי הַגּוּפָנִי

illusionär

אַשְׁלָיָתִי (פסי׳) תַּעְתּוּעִי, אִילוּזְיוֹנִי, טְעוּשָׁתִי

illusionieren [---> irreführen; tarnen]

הִשְׁלָה (מַשְׁלֶה) (פסי׳) גָּרַם לְאַשְׁלָיוֹת, טָעַשׁ (טוֹעֵשׁ)

illusionierend

מַשְׁלֶה (פסי׳) טָעוּשׁ, מְטַעֵשׁ, שֶׁגּוֹרֵם לְאַשְׁלָיוֹת

Illusionist(in)

בַּעַל אַשְׁלָיוֹת, בַּעֲלַת אַשְׁלָיוֹת (פסי׳) טַעְשָׁן

Illusionsspiel ---> Fiktionsspiel

Illustration

אִיּוּר (אִיּוּרִים) (אמנ׳, ספרנ׳) הַנְהָרָה, אִילוּסְטְרַצְיָה, תְּמוּנָה

Illustrator(in)

אַיָּר, אַיֶּרֶת (אמנ׳, ספרנ׳) צַיַּר אִיּוּרִים, מְעַטֵּר סְפָרִים

illustrieren

אִיֵּר (מְאַיֵּר) (אמנ׳, ספרנ׳) הִנְהִיר (מַנְהִיר)

illustriert

מְאֻיָּר (אמנ׳, ספרנ׳)

Illustrierung ---> Illustration

Iltis *{Mustela putorius}*

חָמוֹס (זוא׳) יוֹנֵק מִמִּשְׁפַּחַת הַסַּמּוּרִיִּים

Image ---> Vorstellungsbild

imaginär

דִּמְיוֹנִי [ק/א/140]. מָה שֶׁאֵין לוֹ מְצִיאוּת אֶלָּא בַּדִּמְיוֹן בִּלְבַד. נֶחְשָׁב [ק/א/331;ק/ג/28]. מְחֻשָּׁב. מְדֻמֶּה [ק/ב/151]. מַחְשַׁבִי [ק/ב/187]. הֲזוּי. נִמְנָע (מתמ׳) [ק/ג/41]. רַעְיוֹנִי [ק/ד/47]

Imaginäre, das

הַמְּדֻמְיָן (פסי׳, פיל׳) [ק/ג/133]. הָעוֹלֶה עַל רוּחַ, - עַל הַלֵּב, הַדִּמְיוֹן, מַרְאִית לֵב, חֲזוֹן בַּדִּים

imaginäre Vorstellung ---> Vorstellung,

imaginäre
imaginäre Wissenschaft(en) ---> Wissenschaft(en), imaginäre
Imaginatio
דִּמּוּי [ק/א/138]. כֹּחַ הַדִּמְיוֹן. דִּמְיוֹן [ק/א/139]. פְּעֻלַּת הַכֹּחַ הַמְדַמֶּה. מְדַמֶּה (פסי׳) [ק/ב/150]. הַכֹּחַ הַמַּחְשָׁבִי. מְצַיֵּר (פסי׳) [ק/ב/258]. הַכֹּחַ שֶׁבָּאָדָם לְצַיֵּר בְּמַחְשַׁבְתּוֹ דְּבָרִים שֶׁאֵינָם בַּמְּצִיאוּת, פַנְטַסְיָה. צִיּוּר (פסי׳) [ק/ג/241]. דִּמּוּי מַחְשַׁבְתִּי. כֹּחַ מְצַיֵּר (פסי׳) [ק/ב/75]. רַעְיוֹן (פסי׳) [ק/ד/46]. הַכֹּחַ הַיִּצְרִי
Imago
דְּיוֹקָן (פסי׳) [ר/א/38; ו״מ/ב/292]. אִימָגוֹ, דְּמוּת הַנֶּפֶשׁ, צֶלֶם הַתְּפִיסָה הַפְּנִימִית שֶׁל אָדָם הַמּוּטֶלֶת עַל מַשָּׂא מְסֻיָּם, תַּדְמִית מְתֻמֶּמֶת (אִידֵאָלִית) שֶׁל אִישִׁיּוּת זְקֻקָה הַנּוֹצֶרֶת בְּאֹפֶן בִּלְתִּי מוּדָע בִּתְקוּפַת הַיַּלְדוּת הַמֻּקְדֶּמֶת. צִיּוּר דִּמּוּי (פסי׳, פיל׳) [ק/ג/242]. צִיּוּר שֶׁל דִּמּוּי
imbezill
רְפֵה שֵׂכֶל (פסי׳) [ר/א/38; ר/ב/538]. אִימְבֶּצִילִי, חֲלוּשׁ הַשֵּׂכֶל, בַּעַל פִּגּוּר שִׂכְלִי בֵּינוֹנִי, אִדְיוֹט, מְטֻמְטָם
imbrikat ---> dachziegelig
Imbroglio
עִרְבּוּבְיָה (מוס׳, תאט׳) אִי סֵדֶר מְאֻרְגָּן וּמְכֻוָּן
Imitation ---> Nachahmung
Imitator(in) ---> Nachahmer(in)
imitieren ---> nachahmen
immanent
טִבְעִי, טָבוּעַ בְּתוֹךְ, אִימָּנֶנְטִי, כָּלוּל בְּתוֹךְ, מַהוּתִי, פְּנִימִי, תּוֹכִי, מֻלְגָּוִי
immanente Notwendigkeit ---> Notwendigkeit, innere
Immanenz
טִבְעִיּוּת, אִימָּנֶנְטִיּוּת, מַהוּתִיּוּת, פְּנִימִיּוּת
Immaterialität
אִי חָמְרִיּוּת (פיל׳) אֶפֶס חָמְרִיּוּת
immaterielle Form ---> Form, immaterielle
immaterielle Größe ---> Größe, immaterielle
immaterieller Wert ---> Wert, immaterieller
Immediata
לֹא מִתְמַצְּעִים (פיל׳) [ק/ב/321]. הֲפָכִים שֶׁאֵין בֵּינֵיהֶם אֶמְצָעִי
immer, für
לְעוֹלָם, לָנֶצַח, לְתָמִיד, לְדוֹרוֹת, לְעוֹלָמִים, לָעַד
immergrün
יְרֹק עַד (בוט׳) צֶמַח שֶׁאֵינוֹ מַשִּׁיר אֶת עָלָיו
Immersion ---> Wässerung
Immobilienvermögen ---> Grundvermögen
Immobilien ---> Grundvermögen
immobilisieren ---> ruhigstellen
Immobilisierung ---> Ruhigstellung
Immortalität
אַלְמָוֶת (דת, מ״ט)

Immunisierung
חִסּוּן (רפו׳) [ל״ב/110]. הַתַּהֲלִיךְ הַמֵּבִיא אוֹל (אוֹרְגָנִיזְם) לִידֵי עֲמִידוּת בִּפְנֵי זִהוּם מַחְלִיא
Immunisierung, aktive
חִסּוּן פָּעִיל (רפו׳) [ל״ב/110]. חִסּוּן נִרְכָּשׁ הַגּוֹרֵם שֶׁהַגּוּף יְיַצֵּר בְּעַצְמוֹ נוֹגְדָנִים
Immunisierung, passive
חִסּוּן סָבִיל (רפו׳) [ל״ב/110]. חִסּוּן שֶׁבּוֹ מְקַבֵּל אָדָם אוֹ בַּעַל חַיִּים נוֹגְדָנִים מִדָּמוֹ שֶׁל אָדָם אוֹ שֶׁל בַּעַל חַיִּים אַחֵר
Immunität, erworbene
חֲסִינוּת נִקְנֵית (רפו׳) [ל״ב/110]. חִסּוּן נִרְכָּשׁ, חֲסִינוּת הַמִּתְפַּתַּחַת בְּגוּפוֹ שֶׁל יְצוּר חַי אַחֲרֵי לֵדָתוֹ
Immunologe
תַּחְסוּנַאי (תַּחְסוּנָאִים) (רפו׳) אִימוּנוֹלוֹג
Immunologie
תַּחְסוּנָה (רפו׳) אִימוּנוֹלוֹגְיָה
immunologisch
תַּחְסוּנִי (רפו׳) אִימוּנוֹלוֹגִי
Imparia et dissimilia
חֲלוּקִים וּמֻבְדָּלִים [ק/א/302]
Impedanz ---> Scheinwiderstand
Imperativ
צִוּוּי (בלש׳) [ק/ג/231; מ״ב/101]. דֶּרֶךְ פֹּעַל הַמְשַׁמֶּשֶׁת לְהַבָּעַת פְּקֻדָּה וְזֵרוּז, בַּקָּשָׁה וְעֵצָה, בְּרָכָה וּקְלָלָה, אַזְהָרָה וּגְעָרָה, לְמָשָׁל: ״**קוּם וַעֲשֵׂה**!״, ״**אֱהֹב** אֶת הַמְּלָאכָה **וּשְׂנָא** אֶת הָרַבָּנוּת!״. צַו (פיל׳)
Imperativ, kategorischer
צִוּוּי מֻחְלָט (פיל׳) [ד״מח/309]. עֶמְדָּה שֶׁאֵין בָּהּ שׁוּם ״אִם״ אוֹ ״אֲבָל״ אֶלָּא רַק ״עֲשֵׂה!״ וְ״לֹא תַעֲשֶׂה!״
Imperfekt ---> Präteritum
imperfektiv
בִּלְתִּי מֻשְׁלָם (בלש׳) [מ״ב/102]. בִּלְתִּי מֻגְמָר, הֶבֵּט שֶׁל הַפֹּעַל הַמַּבִּיעַ פְּעֻלָּה הַהוֹלֶכֶת וְנַעֲשֵׂית, אוֹ מַצָּב הַהוֹלֵךְ וּמִתְהַוֶּה, לְמָשָׁל: ״מִתּוֹךְ שֶׁמִּתְחַכֵּם - מִתְעַשֵּׁר״ (= ״נַעֲשֶׂה עָשִׁיר״)
Imperialismus
אִמְפֶּרָאוּת (מ״ח, מדי׳) אִימְפֶּרְיָאלִיזְם
Imperialist
אִמְפֶּרַאי (אִמְפֶּרָאִים) (מ״ח, מדי׳) אִימְפֶּרְיָאלִיסְט
imperialistisch
אִמְפֶּרָאִי (מ״ח, מדי׳) אִימְפֶּרְיָאלִיסְטִי
Impetus ---> Impuls
impfen [---> vakzinieren]
חִסֵּן (מְחַסֵּן) (רפו׳)
Impfkultur *{Inokulum}*
מִזְרָע (רפו׳)
Impfstoff [---> Vakzine]
חֹמֶר חִסּוּן (רפו׳)
Impfung [---> Vakzination]
חִסּוּן (רפו׳)
Implicatio
סִבּוּךְ [ק/ד/68]. עִנְיָן מְסֻבָּךְ, גְּרִימַת בִּלְבּוּל
Implikation [---> Konsequens]
הֶשְׁמֵעַ (הֶשְׁמֵעִים) (פיל׳) [ח״ה/287;

קמ״ל/257]. אִימְפְּלִיקַצְיָה, גְּרִירָה, רְמִיזָה, הֶשְׁמֵעַ, מַה שֶּׁנּוֹבֵעַ בְּמֻרְמָז, הַיַּחַס הַהֶגְיוֹנִי ״אִם A, אָז B״, פְּעֻלַּת ״אִם... הֲרֵי...״. רָמוּז (בלש׳) [מ״ב/102]. הִשְׁתַּמְּעוּת, מַשְׁמָעוּת הַנִּרְמֶזֶת מִמֻּנָּח כָּלְשֶׁהוּ, לְמָשָׁל: מִן הַמִּלָּה ״אָב״ מִשְׁתַּמֵּעַ שֶׁלְּאָדָם יֵשׁ יְלָדִים

implikativ
הֶשְׁמֵעִי (פיל׳) אִימְפְּלִיקָטִיבִי, שֶׁל הֶשְׁמֵעַ (אִימְפְּלִיקַצְיָה)

implizieren
הִשְׁמִיעַ (מַשְׁמִיעַ), הִבִּיעַ בְּאֶמְצָעוּת הֶשְׁמֵעַ (אִימְפְּלִיקַצְיָה), רָמַז, רִמֵּז, גָּרַר (גּוֹרֵר)

implizit
מֻשְׁמָע [ק/ג/50]. נֶעְלָם, רָמוּז, מֻרְמָז, מִשְׁתַּמֵּעַ מִן הַהֶקְשֵׁר, כָּלוּל, בְּצוּרָה גְּנוּזָה, גָּרוּר, בְּמִשְׁתַּמֵּעַ, מִכְּלָלָא

imponieren
הִרְשִׁים (מַרְשִׁים), עָשָׂה רֹשֶׁם

Import
יְבוּא (כלכ׳)

Impositio prima
הַסְכָּמָה רִאשׁוֹנָה (פיל׳) [ק/א/185]

Impositio secunda
הַסְכָּמָה שְׁנִיָּה (פיל׳) [ק/א/185]

impossibile
אִי אֶפְשָׁר [ק/ג/40]. נִמְנָע, בִּלְתִּי אֶפְשָׁרִי

impotent
אֵינְאוֹנִי (רפו׳, פסי׳) חֲסַר אוֹנִים, אִימְפּוֹטֶנְט, חָדֵל, נְטוּל כֹּחַ גַּבְרָא

Impotenz
אֵינְאוֹנוּת (רפו׳, פסי׳) [ר/א/40]. אִימְפּוֹטֶנְטִיּוּת, אִימְפּוֹטֶנְצְיָה, חִדְלוּת, תְּשִׁישׁוּת כֹּחַ גַּבְרָא, אִי יְכֹלֶת הַזָּכָר לְהִזְדַּוֵּג

Imprägniermittel
דּוֹחֶה מַיִם (טכנ׳) [דח״ט/45]. חֹמֶר שֶׁמּוֹנֵעַ הַרְטָבָה בְּמַיִם

Imprägnierung ---> Tränkung

Imprecatio ---> Verfluchung, Modalität der

Impressio ---> Eindellung

Impressum ---> Erscheinungsvermerk

Imprimatur ---> Druckerlaubnis

Improvisation
אִלְתּוּר, מִנֵּהּ וּבֵהּ, אִימְפְּרוֹבִיזַצְיָה

Improvisator(in)
אַלְתְּרָן, אַלְתְּרָנִית, אִימְפְּרוֹבִיזָטוֹר

improvisieren
אִלְתֵּר (מְאַלְתֵּר)

Impuls
פֶּרֶץ (פְּרָצִים) (פסי׳) [ר/א/40; מר״ח/380]. דַּחַף (דְּחָפִים), אִימְפּוּלְס, הִתְעוֹרְרוּת פִּתְאֹמִית לִפְעֻלָּה, חֵפֶז, דְּחִיף, יֵצֶר. הִתְעוֹרְרוּת (פסי׳) [ק/א/241]. הִתְאַמְּצוּת הַמַּחְשָׁבָה וְהָרָצוֹן, הֶעָרַת הַדַּעַת, הִתְלַהֲבוּת הַנֶּפֶשׁ. מֵבִיא (פסי׳) [ק/ב/138]. הַמִּקְרֶה הַמְּעוֹרֵר וְהַמֵּבִיא לִידֵי מַעֲשֶׂה, מַתְקֵף, כֹּחַ דּוֹחֵף. מְעוֹרֵר (פסי׳) [ק/ב/232]. עוֹרְרוּת [ק/ג/128]. זֵרוּז, הַפְעָלָה, דְּחִיפָה לְמַשֶּׁהוּ, שְׁאִיפָה, תְּעוּרָה

impulsiv [---> emotional]
פִּרְצָנִי (פסי׳) [ר/א/40]. שֶׁנּוֹטֶה לְהִתְפָּרְצוּת פִּתְאֹמִית, דַּחְפוֹנִי, שֶׁל דַּחַף, חָפִיז, יִצְרִי, פָּזִיז.

דַּחְפִי (פסי׳) [ק/א/139]. אֲדָמִי, אִימְפּוּלְסִיבִי

Impulsivität
פִּרְצָנוּת (פסי׳) [ר/א/40]. אִימְפּוּלְסִיבִיּוּת, נְטִיָּה לִפְעֻלָּה הַנַּעֲשֵׂית לְלֹא הִרְהוּר, חֲפִיזוּת

Impulsmoment ---> Drehimpuls

impunitiv
לֹא עוֹנְשָׁנִי (פסי׳) [ר/א/328]. נְטִיָּה לְהָגִיב לְתִסְכּוּל בְּלִי לְהַפְנוֹת אֶת הַכַּעַס אוֹ אֶת הָאַשְׁמָה פְּנִימָה אוֹ הַחוּצָה

imputabel
בֶּן/בַּת יִחוּס

imstande
כֹּחִי, כֹּחָנִי [ק/ב/84]. בַּעַל כֹּחַ וִיכֹלֶת

in actu
בְּפֹעַל [ק/ג/199]. לְמַעֲשֶׂה, בַּעֲלִיל, בַּעֲלִילוּת, בֶּאֱמֶת, בִּמְצִיאוּת. בְּשִׁלּוּחַ [ק/ד/110]

in extenso
בִּשְׁלֵמוּת, כָּלִיל, לְגַמְרֵי, בְּהַרְחָבָה, בְּרַחֲבוּת, לְרֹחַב, בִּמְלֹא הֶקֵּפוֹ

in situ
בְּאַתַר, בְּאַתְרָא, בַּמָּקוֹם בּוֹ אֵרַע

in spe ---> zukünftig

inadäquater Reiz ---> Reiz, unadäquater

inaktivieren
אִבְטֵל (מְאַבְטֵל), הִפְסִיק פְּעִילוּת, בִּטֵּל פְּעִילוּת

inaktivierend
מְאַבְטֵל, מַפְסִיק פְּעִילוּת

inaktiviert
מְאֻבְטָל

Inaktivierung
אִבְטוּל, הַפְסָקַת פְּעִילוּת, בִּטּוּל פְּעִילוּת, הַשְׁבָּתָה, אִי הַפְעָלָה

Inbegriff
מִכְלָל, מִכְלוֹל [ק/ב/199]. שְׁלֵמוּת הַכּוֹלֶלֶת דְּבָרִים רַבִּים, דָּבָר מְשֻׁכְלָל

inbegriffen
כָּלוּל [ק/ב/141]. מְגֻמֶּה, נָתוּן בְּתוֹךְ..., נִכְלָל. מֻכְלָל [ק/ב/199]. נִמְצָא בְּתוֹךְ הַכְּלָל

Inbetriebnahme ---> Starten

inchoativ
הַתְחָלִי (בלש׳) [מ״ב/102]. הֶבֵּט שֶׁל הַפֹּעַל הַמַּבִּיעַ תְּחִלָּתָהּ שֶׁל פְּעֻלָּה וּמַעֲבָר הַדְרָגָתִי מִמַּצָּב זֶה לְמַצָּב אַחֵר, לְמָשָׁל: ״הִסְמִיק״, ״נָבַל״, ״הִתְחִיל״

Inconstantia
הֲפַכִּיּוּת, הַפְכָּנוּת [ק/א/195]. סְגֻלַּת מַה שֶּׁהוּא הֲפַכִּי

Indefinitpronomen ---> Pronomen, unbestimmtes

indes
אֶלָּא, וְאִלּוּ

indeterminiert ---> unbestimmt

indeterminierter Satz ---> Satz, indeterminierter

Indeterminismus
חֵרוּתָנוּת (פיל׳) תּוֹרָה הַשּׁוֹלֶלֶת קְשָׁרִים סִבָּתִיִּים בֵּין אֵרוּעִים וְהָרוֹאָה אֶת פְּעִילוּת הָאָדָם כְּתוֹצָאָה בִּלְעָדִית שֶׁל רְצוֹנוֹ הַחָפְשִׁי

indeterministisch

חֵרוּתָנִי (פיל')

Index

מַדָּד (מַדָּדִים) (סטט') [ר/ב/351; מ"מ/213]. צִיּוּן מִסְפָּרֵי הַמַּרְאֶה שִׁנּוּיִים שֶׁחָלוּ בְּמֶשֶׁךְ הַזְּמַן בְּתוֹפָעָה מְסֻיֶּמֶת, מַעֲרִיךְ, אִינְדֶּקְס. מַפְתֵּחַ (מַפְתְּחוֹת) (ספרנ') רְשִׁימַת עִנְיָנִים אָלֶפְבֵּיתִית

Index, oberer

צִיּוּן עִלִּי (מחמ')

Index, unterer

צִיּוּן תַּחְתִּי (מחמ')

Indicia contraria

מִשְׁפָּטִים מִתְהַפְּכִים (פיל') [ק/ב/313,301]

Indicia opposita

מִשְׁפָּטִים מִתְנַגְּדִים (פיל') [ק/ב/301]

Indicia subcontraria

מִשְׁפָּטִים תַּחַת מִתְהַפְּכִים (פיל') [ק/ב/313,301]

Indicium ---> Indiz

Indicium cum copula

מִשְׁפָּט שְׁלִישׁוֹנִי (פיל') [ק/ב/301; ק/ד/114]. מִשְׁפָּט שְׁלִישִׁיִּי, - עִם פֹּעַל עֵזֶר

Indicium cum verbo

מִשְׁפָּט שְׁנִיּוֹנִי (פיל') [ק/ב/301]. מִשְׁפָּט שְׁנִיִּי, - תְּנָיָנִי

Indicium definitum

מִשְׁפָּט מֻגְדָּר (פיל') [ק/ב/299]. מִשְׁפָּט גָּלוּי, - מְפֹרָשׁ

Indicium indeterminatum

מִשְׁפָּט סְתָמִי (פיל') [ק/ג/209]. פָּרוּז, מִשְׁפָּט שֶׁאֵינוֹ מֻגְדָּר, - בִּלְתִּי נִגְדָּר בְּהֶקֵּף

indifferent

קֵהֶה רֶגֶשׁ [ק/ד/82]. שִׁוְיוֹנִי, אָדִישׁ, אֲדֵשׁ, בִּלְתִּי רָגִישׁ, אִינְדִּיפֶרֶנְטִי, שַׁאֲנָן, שְׁוֵה נֶפֶשׁ, חֲסַר עִנְיָן

Indifferenzbereich ---> Indifferenzzone

Indifferenzzone

אֵזוֹר לֹא רָגִישׁ (פסי', רפו') אֵזוֹר אָדִישׁ, - נֵיטְרָלִי, - אֲדֵשׁ

Indigostrauch *{Indigofera}*

נִיל (בוט') צֶמַח מִמִּשְׁפַּחַת הַפַּרְפְּרָנִיִּים

Indikation

חִוּוּי (פיל') תַּהֲלִיךְ הַרְאָיַת מְגַמָּה מְסֻיֶּמֶת. הוֹרָיָה (רפו') אִינְדִּיקַצְיָה, הַתְוָיָה

Indikativ

דֶּרֶךְ הַחִוּוּי (בלש') [ק/א/94; מ"ב/105]. דֶּרֶךְ עֲשִׂיָּה (מוֹדוּס) שֶׁל הַפֹּעַל הַמְּבַטֵּאת מַצָּב אוֹ פְּעֻלָּה מַמָּשִׁיִּים, לְמָשָׁל: "הוּא **לוֹמֵד** בִּירוּשָׁלַיִם", דֶּרֶךְ הַבֵּרוּר. אֹפֶן הַגּוֹזֵר (פיל', בלש') [ק/א/110]. דֶּרֶךְ הַחְלָטָה. דֶּרֶךְ הַמַּגְבִּיל (בלש') [ק/ב/140]

Indikator

מְצַיֵּן (מְצַיְּנִים) (מ"ח, פסי') [מ"מ/209]. מַחְוָן (מַחְוָנִים), מַחֲוָן, אִינְדִּיקָטוֹר, תּוֹפָעָה שֶׁהַבְחָנָה בְּאֹרַח נִסּוּיִי (אֶמְפִּירִי) וּמְשַׁמֶּשֶׁת כְּהוֹכָחָה לַאֲמִתּוּת הַשְׁעָרָה אוֹ הַנָּחָה כְּלָשֶׁהִי

Indikatorenanalyse

נִתּוּחַ פְּרִיטִים (מ"ח, פסי') [ר/ב/443]. נִתּוּחַ פְּרִיטִים, - שֶׁל פְּרִיטִים בִּשְׁאֵלוֹן מִבְחָן כְּדֵי לֶאֱמֹד אֶת מְהֵימָנוּתָם וּתְקֵפוּתָם, נִתּוּחַ פְּרִיט

indirekt

עָקִיף [ק/ב/233]. מְעֻוָּת, שֶׁלֹּא בְּאֹפֶן יָשִׁיר, לֹא בְּמֵישָׁרִין, סְחוֹר סְחוֹר, בַּעֲקִיפִין

indirekte Kernteilung ---> Kernteilung, indirekte

indirekte Rede ---> Rede, indirekte

indirekte Steuer ---> Steuer, indirekte

indirekte Wirkung ---> Wirkung, indirekte

indirekter Beweis ---> Beweis, indirekter

indirekter Reiz ---> Reiz, indirekter

indirekter Schluß ---> Schluß, indirekter

indirektes Akzidens ---> Akzidens, indirektes

indirektes Objekt ---> Objekt, indirektes

Individualbegriff

מֻשַּׂג הַיָּחִיד (פיל') מֻשָּׂג הַמְּשַׁקֵּף יָחִיד מְסֻיָּם וּמַתְאִים רַק לוֹ, לְמָשָׁל: "תֵּל-אָבִיב", "גְּאוֹנִיּוּתוֹ שֶׁל ש"י עַגְנוֹן"

individualisieren

יִחֵד (מְיַחֵד) (פיל', פסי') קִבֵּל/נָתַן צִבְיוֹן יָחוּד (אִינְדִּיבִידוּאָלִי), הִתְיַחֵד (מִתְיַחֵד)

individualisiert ---> individuell

Individualisierung

יִחוּד (פיל', פסי') [ק/א/225; ר/א/42; המ"מ/224]. הִתְאַיְּשׁוּת, יִחוּד, גִּבּוּשׁ הַיִּחוּדִיּוּת, קַבָּלַת צִבְיוֹן אִישִׁי, אִינְדִּיבִידוּאָלִיזַצְיָה, תַּהֲלִיךְ הַהֵעָשׂוּת לְיָחִיד הַמּוּדָע לְיִחוּדִיּוּתוֹ, הִתְפַּתְּחוּת מִן הַכְּלָלִי אֶל הַפְּרָטִי, הִתְיַחֲדוּת

Individualismus

יְחִידָנוּת (פיל') אִינְדִּיבִידוּאָלִיזְם, הַשְׁקָפָה הַמַּצִּיבָה אֶת הַיָּחִיד וְאֶת הַתְּעָלִים (אִינְטֶרֶסִים) הַיִּחוּדִים (אִינְדִּיבִידוּאָלִיִּים) בְּנִגּוּד מֻפְשָׁט לַחֶבְרָה וְלַתְּעָלִים הַחֶבְרָתִיִּים

individualistisch

יְחִידָנִי (פיל') אִינְדִּיבִידוּאָלִיסְטִי

Individualität

יְחִידָה (יוֹחְדָה) (פיל', פסי') [ק/א/44]. אִישִׁיּוּת, אִישׁוּת, אִינְדִּיבִידוּאָלִיּוּת, כְּלַל הַתְּכוּנוֹת הַפְּרָטִיּוֹת הַמְּיֻחָדוֹת לְאָדָם מְסֻיָּם, יִחוּד. הוּאוּת (פיל', פסי') [ק/א/159]. סְגֻלַּת הַהוּא, זֵהוּת. רְמִיזוּת (פיל', פסי') [ק/ד/44]. עַצְמִיּוּת, יִחוּדִיּוּת

Individualpsychologie

נַפְשׁוּת (פְּסִיכוֹלוֹגְיָה) שֶׁל הַיָּחִיד (פסי') [ר/א/7]. נַפְשׁוּת יְחוּדָה, - נוֹחֶדֶת, תּוֹרָה הָרוֹאָה בַּמַּאֲבָק בִּרְגָשֵׁי הַנְּחִיתוּת אֶת הַמֵּנִיעַ לַמַּצָּב הָאֱנוֹשִׁי

Individualroman ---> Entwicklungsroman

Individualurteil

מִשְׁפַּט הַיָּחִיד (פיל') מִשְׁפָּט שֶׁבּוֹ מְחֻיָּב אוֹ נִשְׁלָל מַשֶּׁהוּ אוֹדוֹת עֶצֶם יָחִיד, קְבוּצָה אוֹ אֹסֶף שֶׁל יְחִידִים, לְמָשָׁל: "תֵּל-אָבִיב הִיא הָעִיר הָעִבְרִית הָרִאשׁוֹנָה", "טְשֶׁרְנִיחוֹבְסְקִי אֵינוֹ מְחַבְּרוֹ שֶׁל 'אַרְיֵה בַּעַל גּוּף'"

Individuation ---> Individualisierung

individuell

יְחוּד (יְחוּדִים), יְחוּדָה (יְחוּדוֹת) (פיל', פסי')

[ק/א/45]. אִישִׁי, נוֹחָד (נוֹחֶדֶת), אִינְדִּיבִידוּאָלִי, מְיֻחָד לְאָדָם מְסֻיָּם, יִחוּדִי, מַה שֶּׁמִּתְיַחֵס עַל הַפְּרָט הַיָּחִיד, פְּרָטָנִי, בַּעַל צִבְיוֹן אִישִׁי

individuelle Form ---> Form, individuelle

individuelle Fortdauer ---> Fortdauer, individuelle

individuelle Vorstellung ---> Vorstellung, individuelle

individueller Begriff ---> Begriff, individueller

individueller Satz ---> Satz, individueller

Individuum

יָחִיד (יְחִידִים) (פיל') [ק/ג/211]. פְּרָט (פְּרָטִים), אִינְדִּיבִידוּאוּם, הַחֶלְקִיק הַקָּטָן בְּיוֹתֵר בְּכָל מִין הַמְּקַיֵּם אֶת סְגֻלּוֹת הַמִּין כֻּלּוֹ, יְצוּר אֶחָד, עַצְמָאִי וּבִלְתִּי נֶחְלָק שֶׁמּוּצָא מִכְּלַל הַיְּצוּרִים בְּנֵי מִינוֹ לְצֹרֶךְ בְּדִיקָה. פְּרָטִי [ק/ג/212]. אִישׁ (פיל') [ק/א/43]. יְחִידָה מִיחִידוֹת הַמִּין

Individuum, allgemeines

הַיָּחִיד הַכְּלָלִי (פיל') [פ"ר/103]. עַל פִּי הֶגֶל: הַמִּין הָאֱנוֹשִׁי כֻּלּוֹ

Individuum, besonderes

הַיָּחִיד הַפְּרָטִי (פיל') [פ"ר/104]

indivisibile et individuum

בִּלְתִּי מִתְחַלֵּק וּבִלְתִּי נֶחְלָק (פיל') [ק/א/90]

Indiz

רְאָיָה (רְאָיוֹת) (פיל', משפ') [ק/א/30]. אוֹת (אוֹתוֹת), אֻמְדָּן, רַגְלַיִם לְדָבָר, הוֹכָחָה, אֲחִיזָה, סֶמֶךְ (סְמָכִים), אַסְמַכְתָּה (אַסְמַכְתּוֹת). אֲמַתְלָא [ק/א/61]. אֻמְדָּן. מוֹפֵת הוֹרָאָה (פיל') [ק/ב/165]. מוֹפֵת רְאָיָה. מִשְׁפָּט (פיל') [ק/ב/299]

Indizienbeweis

רְאָיָה נְסִבָּתִית (משפ')

Indizierung

מִפְתּוּחַ (ספרנ') הַתְקָנַת מַפְתֵּחַ (אִינְדֶּקְס) לְפִרְסוּם כָּלְשֶׁהוּ

Indoles

צִבְיוֹן (פסי', פיל', אסת') [ק/ב/186]. מַחֲשָׁבָה, אֹפִי רוּחָנִי, סְגֻלִּיּוּת, עַצְמִיּוּת, תְּכוּנָה מְטֻבַּעַת בְּעִקַּר הַיְּצִירָה

Indolenz ---> Trägheit

Indolenz gegenüber eigener Krankheit ---> Anosognosie

Indossament

הֵסֵב (משפ', כלכ') הֲסָבָה, הַעֲבָרַת הַבַּעֲלוּת שֶׁל שְׁטָר עַל יְדֵי חֲתִימַת הַמֵּסֵב עַל גַּב הַשְּׁטָר

Indossament, uneingeschränktes

הַעֲבָרָה מֻחְלֶטֶת שֶׁאֵינָהּ מֻתְנֵית (משפ', כלכ') הֵסֵב בְּלֹא תְּנַאי שֶׁל שְׁטָר אוֹ שֶׁל נְיַר עֵרֶךְ אַחֵר

indossieren, Wechsel ---> Wechsel indossieren

Induktion [---> Syllogismus der Induktion]

אִכְלוּל (פיל') [ק/ב/274]. מִרְבֶּה, פִּרְטוּל, אִינְדּוּקְצְיָה, הֶקֵּשׁ מִן הַפְּרָט עַל הַכְּלָל, לְמָשָׁל: "חַנְקַת הַנַּתְרָן מְסִיסָה בְּמַיִם", "חַנְקַת הָאַשְׁלְגָן מְסִיסָה בְּמַיִם", "חַנְקַת הַחַמְרָן מְסִיסָה בְּמַיִם", "חַנְקַת הַסִּידָן מְסִיסָה בְּמַיִם", לְפִיכָךְ "כָּל הַחַנְקוֹת מְסִיסוֹת בְּמַיִם". הֲבָאָה (פיל') [ק/א/151]. חִפּוּשׂ (פיל') [ק/א/318]. הַשְׁרָאוּת (פיס') [ל"מ/225]. הַשְׁרָאָה, מִדַּת הַשִּׁנּוּי בַּשֶּׁטֶף הַמַּגְנֶטִי עִם הַגְדָּלַת הַזֶּרֶם בַּמּוֹלִיךְ (מוֹלִיךְ) שֶׁהוּא בְּדֶרֶךְ כְּלָל סְלִיל

Induktion erhältlich, durch

שָׁרִי (פיס')

Induktionsspule

סְלִיל הַשְׁרָאָה (פיס', טכנ')

Induktionssyllogismus ---> Syllogismus der Induktion

induktiv

אִכְלוּלִי (פיל') [ק/א/318]. חִפּוּשִׂי, פִּרְטוּלִי, הַסָּקָתִי, הֶעָשׂוּי בְּדֶרֶךְ הַהֶקֵּשׁ מִן הַפְּרָט עַל הַכְּלָל. הַשְׁרָאִי (פיס')

induktive Logik ---> Logik, induktive

induktiver Beweis ---> Beweis, induktiver

induktiver Schluß ---> Schluß, induktiver

induktives Lernen ---> Lernen, induktives

Induktor

מַשְׁרָן (טכנ') [ל"מ/48]. אִינְדּוּקְטוֹר, מַכְשִׁיר חַשְׁמַלִּי הַהוֹפֵךְ זֶרֶם יָשָׁר בְּמֶתַח נָמוּךְ וּבְעָצְמָה גְּבֹהָה לְזֶרֶם בְּמֶתַח גָּבֹהַּ וּבְעָצְמָה נְמוּכָה

Induratio penis ---> Penis, Sklerose des

Induration ---> Verhärtung

Industrialisierung

תִּעוּשׁ (כלכ') פִּתּוּחַ הַתַּעֲשִׂיָּה

Industrie, extraktive

תַּעֲשִׂיַּת תְּפוּקָה (כלכ') תַּעֲשִׂיָּה לְהַפָּקָה וּלְעִבּוּד שֶׁל חֳמָרִים מוֹעִילִים הַנִּמְצָאִים בַּטֶּבַע (מַחְצָבִים, צַיִד, דַּיִג וכו')

industrieller Zyklus ---> Zyklus, industrieller

industrielles Kapital ---> Kapital, industrielles

induzierbares Enzym ---> Enzym, adaptives

induzieren

אִכְלֵל (מְאַכְלֵל) (פיל') פִּרְטֵל (מְפַרְטֵל), הוֹצִיא מַסְקָנָה מִן הַפְּרָט עַל הַכְּלָל. הִשְׁרָה (מַשְׁרֶה) (פיס') עוֹרֵר זֶרֶם

induziert

מְאֻכְלָל (פיל') מְפֻרְטָל. מֻשְׁרֶה (פיס')

induzierte Farbe ---> Farbe, induzierte

ineinanderschachteln ---> verschachteln

Inerementum

תּוֹסֶפֶת (רטו') [ק/ד/184]. הַגְבָּרָה, הַעֲצָמָה

Inertia ---> Trägheit

Inertialsystem

מַעֲרֶכֶת הַתְמָדִית (פיס') מַעֲרֶכֶת אִינֶרְצְיָלִית

infantil

יַלְדָּנִי (פסי') [ר/א/48]. אִינְפַנְטִילִי, תִּינוֹקִי,

יַנְקוּתִי, מְפַגֵּר בְּהִתְפַּתְּחוּתוֹ הַשִּׂכְלִית, יַלְדִּי

Infantilismus

יַלְדּוּת (פסי') [ר/א/48; מר"ח/387]. אִינְפַנְטִילִיּוּת, תִּינוֹקִיּוּת, הִתְנַהֲגוּת תִּינוֹקִית אֵצֶל מְבֻגָּרִים, תִּינוֹקוּת, יְנוּקוּת, יַנְקוּתִיּוּת, יַלְדִּיּוּת

Infarkt

אֹטֶם (רפו') סְתִימָה בִּכְלִי דָּם

infektiös ---> ansteckend

Infektiosität

כֹּשֶׁר הַדְּבָקָה (רפו')

Inferenz ---> Schlußfolgerung

Inferenz, statistische

הַסָּקָה סְטָטִיסְטִית (סטט) [מ"מ/211]. הַכְלָלָה הָעוֹלָה מִנְּתוּנֵי מִדְגָּם, כְּלוֹמַר: הַעֲרָכַת מְצַדִּים (פָּרָמֶטְרִים) וּבְחִינַת הַנָּחוֹת סְטָטִיסְטִיּוֹת אוֹדוֹת אֻכְלוּסִיּוֹת עַל סְמַךְ מִדְגָּמִים הַנֶּחְשָׁבִים כִּמְיַצְּגִים אֶת הָאֻכְלוּסִיָּה כֻּלָּהּ

Inferenzbaum

עֵץ הֶסֵּק (פיל', מחש')

Inferenzmaschine

מַנְגְּנוֹן הַסָּקָה (פיל', מחש')

Inferenzschema

מַעֲרֶכֶת הֶסֵּקִים (פיל',מדע)

inferieren ---> schlußfolgern

Infiltrat

תַּסְנִין (ביו') תַּרְשִׁיחַ

Infiltration

הַסְנָנָה [מר"ח/388]. הִסְתַּנְּנוּת, סִנּוּן, רְשִׁיחָה, רִשּׁוּחַ, הַרְשָׁחָה, הִתְרַשְּׁחוּת, רֶשַׁח, רַשַּׁחַת, חִדּוּר

infiltrieren

הִסְנִין (מַסְנִין), סִנֵּן (מְסַנֵּן), הִסְתַּנֵּן, הִסְנֵן, נִסְנַן, רִשֵּׁחַ (מְרַשֵּׁחַ), הִתְרַשֵּׁחַ (מִתְרַשֵּׁחַ), חִדֵּר

infiltrierend

מַסְנִין, מְרַשֵּׁחַ, מִסְתַּנֵּן, מְחַדֵּר

infiltriert

מֻסְנָן, שֶׁהִסְתַּנְּנוּ לְתוֹכוֹ, מְרֻשָּׁח, מְחֻדָּר

Infima species ---> Art, niedrigste

infinitesimal

אֵינְסוֹפִי (פיל') [ק/א/42]. אֵין סוֹף, קָטָן אוֹ גָּדוֹל לְאֵין סוֹף

Infinitiv

מָקוֹר (בלש') [ק/א/42; מ"ב/105]. אֵין סוֹף, מְקוֹר הַפֹּעַל, שֵׁם הַפֹּעַל, תְּמוּנַת הַמָּקוֹר, צוּרָה שֶׁל הַפֹּעַל הַבָּאָה בְּלֹא הַגְבָּלָאוֹת (קָטֵגוֹרִיּוֹת) הַפָּעֳלִיּוֹת: גּוּף, מִסְפָּר, דֶּרֶךְ הַפֹּעַל (מוֹדוּס) וּזְמַן דִּקְדּוּקִי, לְמָשָׁל: בְּגֶרְמָנִית: schneidern, erzählen בְּעִבְרִית: "(לְ)תְפֹּר", "(לְ)סַפֵּר". פֹּעַל בְּדֶרֶךְ בִּלְתִּי מֻגְבָּל (בלש') [ק/ב/140]. סִבּוּב (בלש') [ק/ג/86]

Infinitiv absolutus

מָקוֹר מֻחְלָט (בלש') [מ"ב/105]. מָקוֹר פָּרוּד, - מַכְרֶת, צוּרָה שֶׁל הַפֹּעַל שֶׁאֵינָהּ קְשׁוּרָה לְגוּף, לִזְמַן דִּקְדּוּקִי וּלְדֶרֶךְ הַפֹּעַל וְשֶׁאֵינָהּ בָּאָה בִּנְטִיָּה וּבִנְסַמָּךְ, כְּגוֹן: "תָּפֹר", "סַפֵּר"

Infinitiv constructus

מָקוֹר נָטוּי (בלש') [מ"ב/106]. מָקוֹר נִסְמָךְ, - חִבּוּר, צוּרַת מָקוֹר שֶׁסּוֹפִיּוֹת גֶּנִיטִיב (יַחֲסַת שַׁיָּכוּת) וְאָקוּסָטִיב (יַחֲסַת "אֶת") יְכוֹלוֹת לְהִתְחַבֵּר אֵלָיו בְּתוֹסֶפֶת תְּחִלִּיּוֹת בכל"ם, לְמָשָׁל: "**בְּאָכְלֵנוּ** לֶחֶם לָשֹׂבַע", "כָּל יְמֵי **הֱיוֹת** דָּוִד בַּמְּצוּדָה"

Infinitivkonstruktion ---> Infinitiv constructus

Infinitivsatz

פְּסוּקִית מְצֻמְצֶמֶת (בלש') [מ"ב/106]. **מִשְׁפָּט** מְצֻמְצָם, פְּסוּקִית שֶׁגַּרְעִינָהּ הוּא מָקוֹר בַּעַל תַּפְקִיד נָשׂוּאִי, לְמָשָׁל: "**בִּרְאוֹתוֹ** אֶת חֲבֵרָיו, הִתְעוֹדֵד" (= "כְּשֶׁהוּא רָאָה אֶת חֲבֵרָיו, הוּא הִתְעוֹדֵד")

Infirmus

פֹּעַל חָסֵר, - נָח (בלש') [ק/ג/201]. **פֹּעַל מַחְלָה** (בלש') [ק/ב/181; ק/ג/201]. **פֹּעַל הַשַּׁיָּךְ** לְאַחַת מִגְּזָרוֹת הַפֹּעַל שֶׁאֵינָן שְׁלֵמִים. **עָלוּל** (בלש') [ק/ג/201,138]. **פֹּעַל עָלוּל**

Infix

תּוֹכִית (תּוֹכִיּוֹת) (בלש') [מ"ב/106]. **צוּרָן** (מוֹרְפֵמָה) הַנּוֹסָף לַגֶּזַע אוֹ לַשֹּׁרֶשׁ

Inflation

תְּנַפַּחַת (כלכ') אִינְפְלַצְיָה, הַגְדָּלַת אֶמְצָעֵי הַתַּשְׁלוּם

Inflexion ---> Tonfall

Infloreszenz ---> Blütenstand

Influxionisten

בַּעֲלֵי הַהַשְׁפָּעָה (הסט') [ק/א/92]

Informant

מוֹדִיעַ (משפ') מַלְשִׁין, מוֹסֵר

Information

מֵידָע (תקש', פסי', מדע) [ר/ב/379]. מִכְלוֹל יְדִיעוֹת הַנִּרְכָּשׁוֹת בְּאֶמְצָעוּת הַבְחָנָה אוֹ תִּקְשֹׁרֶת, כָּל חֹמֶר עִם תֹּכֶן, אִינְפוֹרְמַצְיָה

Informationsbrocken

גּוּשׁ מֵידָע (פסי', פדג', מחש')

Informationswiedergewinnung

אִחְזוּר מֵידָע (תקש', ספרנ', מחש') [דמ"א/54]. דְּלִיַּת מֵידָע, תְּחוּם בְּמַדְּעֵי הַמַּחְשֵׁב הָעוֹסֵק בְּשִׁיטוֹת שֶׁל הַחְסָנַת מֵידָע וְאִתּוּרוֹ

informieren

יִדֵּעַ (מְיַדֵּעַ) (תקש', פסי', מדע) מָסַר מֵידָע, וִדֵּעַ (מְוַדֵּעַ), יֻדַּע (מְיֻדָּע), וֻדַּע

infraakustisch

תַּת שִׁמְעִי (פיס', רפו') [ל"מ/655]. שֶׁמִּתַּחַת לִתְחוּם הַתְּדִירִיּוֹת הַנִּקְלָטוֹת עַל יְדֵי אֹזֶן הָאָדָם

Infrarotstrahlung

קְרִינָה תַּת אֲדֻמָּה (פיס')

Infudibulum ---> Trichter

Infusion

עֵרוּי (עֵרוּיִים) (רפו') [מר"ח/390]. מְסִיכָה, אִינְפוּזְיָה. מִשְׁרָה (מִשְׁרִים)

Ingenieur(in)

מְהַנְדֵּס, מְהַנְדֶּסֶת (הנד') [ק/ב/158]. מְהַנְדְּסִי, בַּעַל חָכְמַת הַהַנְדָּסָה. מְשַׁעֵר (הנד') [ק/ב/298]

ingeniöses Gedächtnis ---> Gedächtnis, mnemotechnisches

ingleichen

וְאֵין הֶבְדֵּל, - חִלּוּק, - נַפְקָא מִנַּהּ

Ingredienz ---> Bestandteil

ingressives Verb ---> Verb, ingressives

Ingwer

זַנְגְּבִיל (תזו')

Inhaber ---> Eigentümer

Inhaber, nutzender ---> Besitzergreifer

Inhaberpapier ---> Verkehrspapier

Inhaberschuldverschreibung [---> Solawechsel]

אִגֶּרֶת חוֹב לְמוֹסֵר כְּתָב זֶה (אג"ח למוכ"ז) (כלכ')

inhärent

דְּבוּקִי [ק/א/21]. אָדוּק, אָחוּז וְדָבוּק, קָשׁוּר, שֶׁמֻּטְבָּע בְּרִיָּתוֹ, אִינְהֶרֶנְטִי, מִטִּבְעוֹ, בִּלְתִּי נִפְרָד. דָּבֵק [ק/א/127]. מֻרְכָּב עִם דְּבַר-מָה. מְחֻבָּר [ק/ב/175]. מְצֹרָף. נִמְשָׁךְ [ק/ג/44]. נֶאֱחָז. תּוֹכִי [ק/ד/181]. פְּנִימִי, שֶׁבְּתוֹךְ

Inhärenz

דְּבוּקִיּוּת [ק/א/22]. אֲדִיקוּת, הַצְמָדָה, דְּבֵקוּת חֲזָקָה. הִתְחַבְּרוּת [ק/א/232]. קֶשֶׁר וְיַחַס. חִיּוּב (פיל') [ק/א/286]. דְּבֵקוּת. מַשָּׂא (פיל', בלש') [ק/ב/282]. חִבּוּר הַתְּכוּנוֹת לַגּוּף שֶׁאֵלָיו הֵן שַׁיָּכוֹת, טִבְעִיּוּת. נְשִׂיאָה, נְשִׂיאוּת (פיל', בלש') [ק/ג/75]. תְּכוּנַת הַנּוֹשֵׂא וְיַחֲסוֹ אֶל הַנָּשׂוּא (מַשָּׂא). סְמִיכוּת [ק/ג/105]. עַצְמִיּוּת, קֶשֶׁר שֶׁל קִיָּמָא

Inhärenz, unmittelbare

דְּבוּקִיּוּת בִּלְתִּי מְצוּעָה (פיל') [ק/ג/76]. נְשִׂיאוּת רִאשׁוֹנִית, טִבְעִיּוּת בִּלְתִּי אֶמְצָעִית, מַשָּׂא רִאשׁוֹן

Inhalation

שְׁאִיפָה (רפו') אִינְהָלַצְיָה, הַכְנָסַת אֲוִיר אוֹ גַּז אַחֵר לָאַף אוֹ לַפֶּה

Inhalator

מַשְׁאֵף (רפו')

inhalieren

שָׁאַף (שׁוֹאֵף) (רפו') [מר"ח/391]. שָׁאַב אֲוִיר אוֹ גַּז אַחֵר לִכְלֵי הַנְּשִׁימָה

Inhalt

תֹּכֶן (תְּכָנִים) [ק/ד/203]. גּוּף הַדָּבָר, - הַמַּעֲשֶׂה, מַהוּת פְּנִימִית, מַה שֶּׁנִּמְצָא בִּפְנִים, תְּכוּלָה. תֹּרֶף [ק/ד/217]. עִקַּר הַדְּבָרִים. חֹמֶר [ק/א/314]. נוֹשֵׂא (נוֹשְׂאִים) (Sujet) (ספר') [ק/ג/73; מ"ס/38]. רַעְיוֹן מֶרְכָּזִי, הַנִּדּוֹן, הַמֶּרְכָּז הָרַעְיוֹנִי וְהַחֲוָיָתִי שֶׁל הַסִּפּוּר שֶׁסְּבִיבוֹ נִרְקֶמֶת הָעֲלִילָה, הַגָּלֶם

Inhalt(s), Objekt des ---> Objekt, sinnverwandtes

Inhalt einer Aussage ---> Aussage, Inhalt einer

inhaltliche Gültigkeit ---> Gültigkeit, inhaltliche

Inhaltsanalyse

נִתּוּחַ תֹּכֶן (מ"ח, פסי') [ר/ב/676; מ"מ/219]. דֶּרֶךְ מֶחְקָר לְתֵאוּר מַשָּׂאִי (אוֹבְּיֶקְטִיבִי), שִׁיטָתִי וְכַמּוּתִי שֶׁל תֹּכֶן תִּקְשֹׁרֶת גָּלוּי כְּדֵי לַחְשֹׂף כַּוָּנוֹת וּמְנִיעִים בִּלְתִּי גְּלוּיִים

inhaltslos

נְטוּל תֹּכֶן

Inhaltssatz [---> Attributsatz]

פְּסוּקִית תֹּכֶן (בלש') [מ"ב/47]. מִשְׁפַּט לְוַאי תֹּכֶן, מִשְׁפָּט טְפֵל הַמְּפָרֵט אֶת תָּכְנוֹ שֶׁל הַשֵּׁם הַזּוֹקֵק, לְמָשָׁל: "הָרַעְיוֹן, **שֶׁאֲנִי אֶפָּגֵשׁ עִם הַמְּנַהֵל**, מְקֻבָּל עָלַי"

Inhaltsvalidität ---> Gültigkeit, inhaltliche

Inhaltsverzeichnis

תֹּכֶן הָעִנְיָנִים (ספר') רְשִׁימַת הַנּוֹשְׂאִים אוֹ הַפְּרָקִים בְּסֵפֶר. מַדְרִיךְ (מַדְרִיכִים) (מחש') [דמ"א/35]. רְשִׁימַת קְבָצִים בְּמָדוֹר אוֹ בְּתַת מָדוֹר

inhibieren ---> hemmen

Inhibition ---> Hemmung

initialisieren

אִתְחֵל (מְאַתְחֵל)

Initialisierung

אִתְחוּל

Initialwort ---> Akronym

Initiative

יָזְמָה (יוֹזְמָה), הָעֵזָה לַעֲשׂוֹת דְּבָרִים חֲדָשִׁים, אִינִיצְיָאטִיבָה

initiieren

יָזַם (יוֹזֵם), תִּחֵל (מְתַחֵל)

initives Verb ---> Verb, ingressives

Inkarnation

הִתְגַּשְּׁמוּת (פיל', פיס') [ק/א/228]. קַבָּלַת צוּרָה גַּשְׁמִית, הֱיוֹת לְגוּף. הִתְלַבְּשׁוּת (פיל', פיס') [ק/א/237]. הִתְגַּלְּמוּת. בְּשָׂרִיּוּת [ק/א/97]

Inkarzeration ---> Einklemmung

Inkassowechsel ---> Einzugswechsel

Inklination

מִיּוּל, הִתְמַיְּלוּת, מַיִל, רְכִינָה, אִינְקְלִינַצְיָה, נְטִיָּה, שִׁפּוּעַ

Inklination, magnetische

רְכִינָה שׁוֹאֶבְנִית (פיס', אסט') רְכִינָה מַגְנֶטִית

inkogruent

בִּלְתִּי מַתְאִים [ק/ב/141]. מְגֻנֶּה, צְרִירִי, שׁוֹנֶה, לֹא בִּמְקוֹמוֹ, - בִּזְמַנּוֹ

inkohärent ---> zusammenhanglos

Inkohärenz ---> Zusammenhanglosigkeit; Denken, bruchstückhaltes

inkommensurabel

חֲסַר מְדִידוּת (מתמ') נְטוּל מִדָּה מְשֻׁתֶּפֶת

Inkommensurabilität

חֹסֶר מְדִידוּת (מתמ') [פ"ר/134]. הֶעְדֵּר הַשְׁוָאָה, חֹסֶר מִדָּה מְשֻׁתֶּפֶת. נִבְדָּלוּת (מתמ') [ק/א/224,152]. הֶבְדֵּל, בְּנִגּוּד לְהִשְׁתַּתְּפוּת אוֹ לְשִׁתּוּף. הֶפְרֵשִׁיּוּת (מתמ') [ק/א/200]. הֶפְרֵשׁ

inkommensurable Linien ---> Linien, inkommensurable

inkompatibel

בִּלְתִּי מִתְיַשֵּׁב [פ"ר/48]. בִּלְתִּי מַתְאִים, - מִתְמַזֵּג, לֹא תּוֹאֵם

Inkompatibilität

אִי מִתְיַשְּׁבוּת (מדע, טכנ') [מר"ח/178]. אִי הַתְאָמָה, - הִתְמַזְּגוּת, כָּל יַחַס סוֹתֵר בֵּין גּוֹרְמִים שׁוֹנִים, חֹסֶר הֶתְאֵם, - תְּאִימוּת

Inkongruenz

אִי חֲפִיפוּת, - חֲפִיפָה, אִינְקוֹנְגְרוּאֶנְצְיָה

Inkonsistenz ---> Unstetigkeit

inkontinent

לֹא נָקִיט (רפו', פסי') לֹא שׁוֹלֵט

Inkontinenz

אִי נְקִיטוּת (רפו׳, פסי׳) [מר״ח/382]. אִי נְקִיטָה, - הִתְאַפְּקוּת, חֹסֶר שְׁלִיטָה בִּשְׁרִירֵי אֶבְרֵי הַהַפְרָשָׁה

Inkorporation ---> Einverleibung

Inkorruptibilität

אֶפֶס הֶפְסֵד (פיל׳)

Inkreis

מַעְגָּל מֻשָּׁק (מתמ׳)

Inkrement

גִּדּוּל, תּוֹסֶפֶת גִּדּוּל

Inkrustation

צְמִידָה (טכנ׳)

Inkubationszeit ---> Brutzeit

Inkubator ---> Brutkasten

Inkubus

חֲלוֹם מוּעָקָה (פסי׳) [מר״ח/280]. כְּבוּשׁ, סִיּוּט לַיְלָה עִם הַרְגָּשַׁת לַחַץ עַל הֶחָזֶה

Inlandeis

קַרְחוֹן יַבַּשְׁתִּי (גאו׳, י״א)

innen

פְּנִימִי (רפו׳)

innen befindlich

פְּנִימוֹנִי [ק/ג/195]. שֶׁל הַחֵלֶק הַפְּנִימִי בְּיוֹתֵר, שֶׁבְּתוֹךְ. פְּנִינִי [ק/ג/196]. הַנִּמְצָא בִּפְנִים, סָגוּר וְחָבוּי כְּמוֹ פְּנִינָה

innen entstanden, von ---> endogen

innen gewölbt, nach *{valgus}*

קָלוּב, קְלוּבָה [מר״ח/696]. פּוֹנֶה פְּנִימָה

Innendrehung *{Innenrotation}*

סִיבּוּב פְּנִימִי (רפו׳)

Innenohrentzündung *{Otitis interna}*

דַּלֶּקֶת הָאֹזֶן הַפְּנִימִית (רפו׳)

Innenspiegel

דַּף הַבִּטְנָה (ספרנ׳)

Innenwinkel

זָוִית פְּנִימִית (לִמְצֻלָּע) (מתמ׳)

Inneres

פְּנִים [ק/ג/47]. נִסְתָּר, פְּנִימָה, הַחֵלֶק הֶחָבוּי בְּיוֹתֵר, הַתֹּכֶן הַפְּנִימִי. פְּנִימִיּוּת [ק/ג/196]. הָעִנְיָן הַפְּנִימִי. לֵב [ק/ב/111]. גַּרְעִין, תּוֹכוֹ שֶׁל דָּבָר, אֶמְצַע, מֶרְכָּז

innere Bedeutung ---> Bedeutung, innere

Innere des Menschen, das

פְּנִימִיּוּתוֹ שֶׁל אָדָם (אתי׳, פסי׳) [ק/ב/260]. מַצְפּוּן, מַחְשֶׁבֶת הַלֵּב, עוֹלַם הַמַּחֲשָׁבָה וְהָרֶגֶשׁ

innere Form ---> Form, innere

innere Konsistenz ---> Zuverlässigkeit; Übereinstimmung, innere

innere Notwendigkeit ---> Notwendigkeit, innere

innere Übereinstimmung ---> Übereinstimmung, innere

innere Verpflichtung ---> Engagement

innere Wahrnehmung ---> Selbstbeobachtung

innerer Sinn ---> Sinn, innerer

innerer Umstand ---> Umstand, innerer

Inneres ---> Innere, das

inneres Auge ---> Auge, inneres

innerhalb

מִלְּגוֹ, מִלְּגַו, מִבִּפְנִים, לִפְנִים מִן, בִּפְנִים

innerlich [---> Natur aus, von]

מִלְּגָוִי, פְּנִימִי

innewohnen

יָשָׁה (יוֹשֶׁה, לִישׁוֹת) (פיל׳) [ק/ג/284]. קָם, עָמַד עַל מְכוֹנוֹ, נִמְצָא, הָיָה בּוֹ, הָיָה קַיָּם, הִתְקַיֵּם, עָמַד. שָׁכַן [ק/ד/108]. נִכְלַל, הָיָה קָבוּעַ בְּ..., הָיָה מְעֻגָּן בְּ...

Innewohnen

יְשִׁיָּה (פיל׳) [ק/ג/281]. קִימָה, קִיּוּם, מְצִיאוּת, יֶשְׁנוּת, נִמְצָאוּת, טְבִיעוּת בְּ..., עֲמִידָה, הֲוָיוֹת. שְׁכִינָה [ק/ד/92]. הִכָּלְלוּת, קְבִיעָה בְּמָקוֹם. שְׁכִינוּת [ק/ד/93]. שְׁכֵנוּת, מְנוּחָה, מַצַּב הַחֲנִיָּה. חִנּוּי, חֲנָיָה [ק/א/315]. הִמָּצְאוּת, הִשְׁתַּכְּנוּת, הִתְרַחֲשׁוּת

innewohnend

יוֹשֶׁה [ק/ד/181]. תּוֹכִי, פְּנִימִי, שֶׁבְּתוֹךְ, טָבוּעַ בְּ..., אִימָנֶנְטִי, שֶׁמִּטֶּבַע

innewohnender Grundzug ---> Grundzug, innewohnender

innig [---> Nautr aus, von]

בְּרֶגֶשׁ רַב (פסי׳) בְּכָל לְבָבוֹ, מִקֶּרֶב לֵב, בְּדַחְילוּ וּרְחִימוּ, בְּכָל רִגְשׁוֹתָיו, נִרְגָּשׁ וְנִסְעָר. בִּמְצֻמָּד, קָרוֹב בְּיוֹתֵר, דָּבוּק, דָּבֵק בְּ..., צָמוּד, מְאֻחֶה, כְּאֶחָד, כְּמִקְשָׁה אַחַת, עַד אֵין הַפְרֵד, לְאֵין הַפְרֵד

Innovation

תַּחְדִּישׁ (תַּחְדִּישִׁים)

Inokulum ---> Impfkultur

Input

קֶלֶט (פסי׳, מחש׳) [ר/ב/611; דמ״א/55]. תְּשׂוּמָה, כָּל הַנְּתוּנִים הַנִּקְלָטִים

insbesondere

בְּיִחוּד [ק/ב/112]. וּבִלְבַד, בִּמְיֻחָד, בִּפְרָט, וְכָל שֶׁכֵּן, בְּעִקָּר, וּבְיוֹתֵר

Insektenblume, Dalmatinische *{Chrysanthemum cinerariifolium}*

חַרְצִית הַפִּירֶתְרוֹן (בוט׳) צֶמַח מִמִּשְׁפַּחַת הַמֻּרְכָּבִים

Insektenfresser *{Insectivora}*

אוֹכְלֵי חֲרָקִים (זוא׳) סִדְרָה שֶׁל יוֹנְקִים

Inselberg

הַר בָּדָד (גאו׳, י״א) סוּג שֶׁל הַר מִשְׁאָר שֶׁהוּא הַר תָּלוּל הַבּוֹלֵט מֵעַל סְבִיבָתוֹ

Insertion ---> Addition

insgeheim

בַּסֵּתֶר, בַּחֲשַׁאי, בְּסוֹד, בְּהֶחָבֵא, בְּהֶסְתֵּר, בְּאֵין רוֹאִים

insichdicht

צָפוּף בְּתוֹךְ עַצְמוֹ (מתמ׳)

insichdichte Menge ---> Menge, insichdichte

insofern

מִבְּחִינָה זוֹ [ק/א/75]. מֵאֲשֶׁר, בְּמִקְרֶה כָּזֶה, בְּנְסִבּוֹת כָּאֵלֶּה, מִפְּאַת..., מִצַּד..., מִבְּחִינַת...,בְּמִדָּה שֶׁ..., עַד כַּמָּה שֶׁ..., אִם..., בְּמִקְרֶה שֶׁ...

Insolation ---> Sonnenbestrahlung

insolvent ---> zahlungsunfähig

Insolvenz ---> Zahlungsunfähigkeit

Insolvenzverfahren ---> Konkurs

Inspiration

הַשְׁרָאָה (פסי') [ר/א/46]. אִינְסְפִּירַצְיָה, יְדִיעָה הַנִּקְנֵית עַל יְדֵי הֶאָרָה פְּנִימִית, הֲבָנָה פִּתְאֹמִית לְטִבְעוֹ שֶׁל דְּבַר-מָה. הִתְעוֹרְרוּת (פסי') [ק/א/241]. הִתְאַמְּצוּת הַמַּחֲשָׁבָה וְהָרָצוֹן, הֶעָרַת הַדַּעַת, הִתְלַהֲבוּת הַנֶּפֶשׁ

Inspiration, prophetische

הַשְׁרָאָה נְבוּאִית (דת) [ק/ד/27]. רוּחַ

inspiriert

הַשְׁרָאִי, הַשְׁרָאָתִי, שֶׁיֵּשׁ בּוֹ הַשְׁרָאָה, בַּעַל הַשְׁרָאָה

Inspizient(in)

מְפַקֵּחַ, מְפַקַּחַת

instabil ---> labil

Instabilität ---> Labilität

Instabilität, bedingte

אִי יַצִּיבוּת מֻתְנֵית, - עַל תְּנַאי

Instabilität, latente

אִי יַצִּיבוּת כְּמוּסָה

Installation ---> Einbau

instantiieren

הִדְגִּים (מַדְגִּים) (מחש') יָצַר מֶשָּׂא מְיֻחָד בְּתוֹךְ קְבוּצָה

Instantiierung

הַדְגָּמָה (מחש') יְצִירַת מֶשָּׂא מְיֻחָד בְּתוֹךְ קְבוּצָה

Instanz

עַרְכָּאָה (עַרְכָּאוֹת) (משפ', מדי') [א"ח/ב/367]. עַרְכָּה, רָשׁוּת, דַּרְגָּה בְּמַעֲרֶכֶת בָּתֵּי הַמִּשְׁפָּט, אִינְסְטַנְצְיָה. הֶדְגֵּם (הֶדְגֵּמִים) (מחש') מֶשָּׂא מְיֻחָד בְּתוֹךְ קְבוּצָה

Instanz, Gericht erster ---> Gericht erster Instanz

Instanz, Gericht zweiter ---> Gericht zweiter Instanz

Instanz, in letzter

בְּסוֹפוֹ שֶׁל דָּבָר

Instanzenraum

מֶרְחַב הֶדְגֵּמִים (מחש')

Instinkt

יִצָּרוֹן (יִצָּרוֹנִים) [ר/א/46]. יִצְרוֹן, אִינְסְטִינְקְט, יֵצֶר (יְצָרִים), תְּגוּבָה לֹא נִלְמֶדֶת הָאָפְיָנִית לְכָל מִי שֶׁשַּׁיָּךְ לְמִין מְסֻיָּם, חִישׁ. זְמִימוּת (פסי') [ק/א/263]. הַכָּרָה בִּלְתִּי בְּרוּרָה. כֹּחַ רַעְיוֹנִי (פסי') [ק/ב/76; ק/ד/47]

Instinkthandlungen beruhende Ursache, auf ---> Ursache, auf Instinkthandlungen beruhende

instinktiv

בְּיִצָּרוֹן (פסי') אִינְסְטִינְקְטִיבִית, מִתּוֹךְ יֵצֶר טִבְעִי, לְלֹא חִשּׁוּב, בְּחִישׁ, בְּאֹפֶן יִצְרוֹנִי, יִצְרוֹנִית, בְּאֹפֶן אִינְסְטִינְקְטִיבִי

instinktmäßig

יִצְרוֹנִי (פסי') אִינְסְטִינְקְטִיבִי, חִישָׁנִי, יִצְרִי

Institution

מוֹסָד (מוֹסָדוֹת) (מ"ח, פסי') [ל"ס/79]. מִפְעָל חֶבְרָתִי, מַה שֶּׁנִּקְבַּע אוֹ הוּקַם בַּחֶבְרָה, גּוּף הַמּוֹצִיא לַפֹּעַל אֶת תַּפְקוּדֵי הַחֶבְרָה, גִּבּוּשׁ סִדְרָה שֶׁל מִדּוֹת, דֶּרֶךְ הִתְנַהֲגוּת מְקֻבֶּלֶת וּמְבֻסֶּסֶת שֶׁל הַהֶסְדֵּר הַמְאַפְיֵן פְּעִילוּת שֶׁל קְבוּצָה

institutionalisiert

מְמֻסָּד (מ"ח, פסי') עָרוּךְ וּמְאֻרְגָּן בְּמוֹסָד

Institutionalisierung

מִסּוּד (מ"ח, פסי') [ר/ב/387]. תַּהֲלִיךְ הִתְבַּסְּסוּתָם שֶׁל דְּפוּסֵי הִתְנַהֲגוּת מְסֻיָּמִים לִכְלָל מוֹסָד

institutionell

מוֹסָדִי (מ"ח, פסי') שֶׁל מוֹסָד

instruieren

תִּדְרֵךְ (מְתַדְרֵךְ), נָתַן תַּדְרִיךְ, הִדְרִיךְ

Instruieren

תִּדְרוּךְ, נְתִינַת תַּדְרִיךְ, הַדְרָכָה

Instrukteur(in)

תַּדְרִיכָן, תַּדְרִיכָנִית

Instruktion

תַּדְרִיךְ, הַדְרָכָה מְפֹרֶטֶת

Instrument

כְּלִי (כֵּלִים) (טכנ') [ק/ב/88]. חֵפֶץ לִפְעֻלָּה כָּלְשֶׁהִי, אֶמְצָעִי. מַכְשִׁיר (טכנ') [ק/ב/201]. כְּלִי פְּעֻלָּה, - מְלָאכָה, דָּבָר הַמְשַׁמֵּשׁ לְתַכְלִית מְסֻיֶּמֶת

Instrument, geodätisches

מַכְשִׁיר מְדִידָה (י"א, הנד') [ק/ד/21]. טַבְלַת הָרֹבַע, כְּלִי הָרֹבַע, מַכְשִׁיר לִמְדִידַת שִׁטְחֵי קַרְקָעוֹת

Instrument, transponierendes

כְּלִי מַשִּׂיא (מוס') [למ"ו/219]. כְּלִי מַעְתֵּק, - מַעֲבִיר, - נְגִינָה שֶׁתַּפְקִידָיו אֵינָם נִכְתָּבִים בְּגָבְהָהּ הַנָּכוֹן אֶלָּא בְּסֻלָּם גָּבֹהַּ יוֹתֵר אוֹ נָמוּךְ יוֹתֵר

Instrumentablesung

תַּצְפִּית מַכְשִׁירִים (מטא') [יל"ט/218]. תַּצְפִּית מֵטֵאוֹרוֹלוֹגִית הַנַּעֲשֵׂית לְפִי מְדִידָה בְּמַכְשִׁירִים

instrumental

מַכְשִׁירִי (מדע, טכנ') [ק/ב/90]. כְּלִיִי, כְּלִיִּית, שֶׁל כְּלִי, שֶׁיֵּשׁ בּוֹ מִתְכוּנַת הַכְּלִי, שֶׁל מַכְשִׁיר. אֶמְצָעוּתִי (מדע, פסי') [ר/א/47]. אִינְסְטְרוּמֶנְטָלִי, שֶׁבְּאֶמְצָעוּת מַכְשִׁיר כָּלְשֶׁהוּ, הַמְשַׁמֵּשׁ כְּאֶמְצָעִי, מַה שֶּׁמְּכֻוָּן לְמַטָּרָה

Instrumental

יַחֲסַת מַכְשִׁיר (בלש') [מ"ב/109]. יַחֲסָה בְּכַמָּה לְשׁוֹנוֹת הַדּוּ-אֵירוֹפִּיּוֹת הַמְצַיֶּנֶת אֶת הַמַּכְשִׁיר אוֹ אֶת הָאֶמְצָעִי שֶׁבְּאֶמְצָעוּתָם הַפְּעֻלָּה מִתְבַּצַּעַת, לְמָשָׁל: בְּרוּסִית: он работал пилой (= "הוּא עָבַד עִם הַמַּסּוֹר")

instrumentalisieren

חִפֵּץ (מְחַפֵּץ), הִשְׁתַּמֵּשׁ בִּדְבַר-מָה כְּבְמַכְשִׁיר לְמַטְּרוֹתָיו

Instrumentalisierung

חִפּוּץ, שִׁמּוּשׁ בִּדְבַר-מָה כְּבְמַכְשִׁיר לְהַפָּקַת תּוֹעֶלֶת

Instrumentalismus

מַכְשִׁירָנוּת (מ"ח, פיל') [ד"מח/49]. אִינְסְטְרוּמֶנְטָלִיזְם, הַשְׁקָפָה הָרוֹאָה בְּחַשְׁבּוֹת (אִידֵאוֹת), בְּמֻשָּׂגִים, בְּתוֹרָאוֹת (תֵּאוֹרִיּוֹת) וּבְחֻקֵּי הַמַּדָּע מַכְשִׁירִים לְהַפָּקַת תּוֹעֶלֶת בִּלְבַד

Instrumentalist(in)

מַכְשִׁירָן, מַכְשִׁירָנִית (מ"ח, פיל')

Instrumentalursache
סִבָּה מַכְשִׁירִית [ק/ב/90] סִבָּה כְּלִיִּית, - אִינְסְטְרוּמֶנְטָלִית, - אֶמְצָעוּתִית

Instrumentarium, ärztliches
תַּשְׁמִישִׁיָּה (רפו') [מר"ח/68]. תַּשְׁמִישֵׁי רְפוּאָה

Instrumentation ---> Instrumentierung

Instrumentator(in)
מְתַנְגֵּן, מְתַנְגֶּנֶת (מוס')

instrumentell ---> instrumental

instrumentelle Beziehungen ---> Beziehungen, zweckdienliche

instrumentelles Bedingen ---> Bedingen, instrumentelles

Instrumentfehler
טָעוּת הַמַּכְשִׁיר (טכנ')

instrumentieren [---> orchestrieren]
מִכְשֵׁר (מְמַכְשֵׁר) (מדע). תִּנְגֵּן (מְתַנְגֵּן) (מוס')

Instrumentierung [---> Orchestrierung]
מִכְשׁוּר (מדע, טכנ') [מ"מ/214]. הַתְקָנַת מַכְשִׁירִים, שִׁנּוּי בִּלְתִּי רָצוּי בְּמְאַפְיְנֵי מַכְשִׁירֵי הַמְּדִידָה אוֹ הֲלִיכֵיהָ. תִּנְגּוּן (פְּעֻלָּה), תַּנְגּוּן (תּוֹצָאָה) (מוס')

Insubordination ---> Unbotmäßigkeit

Insuffizienz ---> Leistung, ungenügende

integer
מְתֻמִּי, שָׁלֵם, לֹא נִפְרָד, גָּמוּר, מְבֻנֶּה מִכָּל מוּם, בְּלֹא דֹּפִי, תָּמִים

Integral
אַסְכֶּמֶת (אַסְכָּמוֹת, אַסְכְּמָתָאוֹת) (מתמ', טכנ') אִינְטֶגְרָל, כּוֹלָל, גֹּדֶל הַמִּתְקַבֵּל כְּתוֹצָאָה מִפְּעֻלָּה שֶׁהִיא, הַהֶפֶךְ מִגְּזִירָה (דִּיפֶרֶנְצִיאַצְיָה)

Integral, elliptisches
אַסְכֶּמֶת פְּחַסְגַּלִּית (מתמ', טכנ') אִינְטֶגְרַל אֶלִיפְּטִי

Integral, iteriertes
אַסְכֶּמֶת מְחֻזֶּרֶת (מתמ', טכנ') אִינְטֶגְרַל מְחֻזָּר

Integral, mehrfaches
אַסְכֶּמֶת מְרֻבֶּבֶת (מתמ') אִינְטֶגְרַל מְרֻבָּב

Integral, unbestimmtes
אַסְכֶּמֶת לֹא מְסֻיֶּמֶת (מתמ') אִינְטֶגְרַל לֹא מְסֻיָּם, מִתְנֶה (פּוּנְקְצִיָּה) קָדוּם

Integral, uneigentliches
אַסְכֶּמֶת מְכֻלֶּלֶת (מתמ') אִינְטֶגְרַל מְכֻלָּל

integrale Kraft ---> Kraft, integrale

Integralkern
גַּרְעִין (מתמ')

Integralkurve
עֲקֻמַּת אִסְכּוּם (מתמ') עֲקֻמַּת אִינְטֶגְרַצְיָה

Integralrechnung
חֶשְׁבּוֹן אִסְכּוּם (מתמ') חֶשְׁבּוֹן אִינְטֶגְרָלִי, - מְתֻמִּי, - כְּלוּלִי

Integration
כִּלּוּל (מדע, טכנ') [ר/א/42]. אִינְטֶגְרַצְיָה, חִבּוּר כָּל הַחֲלָקִים לַאֲחָדוּת אַחַת, הִתְכּוֹלְלוּת, הַכְלָלָה, מִזּוּג, קְלִיטָה, הִתְכַּלְּלוּת, הַאֲחָדָה, הֲבָאָה לִידֵי שְׁלֵמוּת אַחַת, מִתּוּם, שִׁלּוּב, תִּכְלוּל. אִסְכּוּם (מתמ')

Integration, partielle
אִסְכּוּם לְפִי חֲלָקִים (מתמ') אִינְטֶגְרַצְיָה לְפִי חֲלָקִים

Integration durch Substitution
אִסְכּוּם בְּהַצָּבָה (מתמ') אִינְטֶגְרַצְיָה בְּהַצָּבָה

Integrationsinterval
רֶוַח אִסְכּוּם (מתמ')

integrierbar
אִסְכּוּמִי (מתמ') בַּר אִסְכּוּם

Integrierbarkeit
אִסְכּוּמִיּוּת (מתמ')

integrieren
כִּלֵּל (מְכַלֵּל), הִתְכּוֹלֵל (מִתְכּוֹלֵל), הִתְכַּלֵּל (מִתְכַּלֵּל), כּוֹלֵל (מְכוֹלֵל), עָשָׂה אִינְטֶגְרַצְיָה, נִכְלַל, הִכְנַס, הִכְנִיס עַצְמוֹ לְתוֹךְ הַכְּלָל, נִקְלַט, עָשָׂה (נַעֲשָׂה) לְחֵלֶק בִּלְתִּי נִפְרָד מִן הַשָּׁלֵם, מִתֵּם (מְמַתֵּם), שִׁלֵּב, הִשְׁלִים

integriert
כְּלוּלִי, מְכֻלָּל, מְכוֹלָל, כּוֹלְלִי, כָּלוּל, אִינְטֶגְרָלִי, שָׁלֵם, אָחִיד, בִּלְתִּי נִפְרָד, מַהוּתִי, שֶׁלֹּא נִזּוֹק

integrierte Persönlichkeit ---> Persönlichkeit, integrierte

integrierter Typus ---> Typus, integrierter

Integrität [---> Vollständigkeit; Ganzheit]
תֻּמָּה, תַּמּוּת, שְׁלֵמוּת, הֶעְדֵּר מוּם, יֹשֶׁר

Intellectio ---> Intellekt

Intellekt
אֶשְׂכֵּל (פיל', פסי') [ק/ב/286; ק/ד/93; ר/א/44]. שֵׂכֶל, כֹּשֶׁר הַחֲשִׁיבָה, יְכֹלֶת הַהֲבָנָה, בִּינָה, אֶשְׂכֵּל, אִינְטֶלֶקְט, תִּפְקוּדֵי הַחֲשִׁיבָה שֶׁל הַשֵּׂכֶל הָאֱנוֹשִׁי, תְּבוּנָה. שֹׂכֶל (שׂוֹכֶל) (פיל') [מר"ח/396]. נִשְׂכָּל (פיל') [ק/ב/286; ק/ג/76]. מֻשְׂכָּל, מַשָּׂא הַהַכָּרָה, מַה שֶּׁמֻּשָּׂג בַּשֵּׂכֶל, מֻשָּׂג שִׂכְלִי. אוֹר (פיל') [ק/א/28]. הַכָּרָה. הֲבָנָה (פיל') [ק/א/152]

Intellekt, aktiver
הָאֶשְׂכֵּל הַפּוֹעֵל (פיל') [ק/ד/100]. הַשֵּׂכֶל הַפּוֹעֵל, הַכֹּחַ הָעֶלְיוֹן הַמּוֹצִיא אֶת שֵׂכֶל הָאָדָם מִן הַכֹּחַ אֶל הַפֹּעַל. הַשֵּׂכֶל הָעֲשִׂירִי, - הַכְּלָלִי (פיל') [ק/ד/104]

Intellekt, erworbener
הָאֶשְׂכֵּל הַקָּנוּי (פדג', פיל') [ק/ג/286]. הַשֵּׂכֶל הַקָּנוּי, הַהַכָּרָה הַשִּׂכְלִית הַנִּרְכֶּשֶׁת עַל יְדֵי לִמּוּד, הַשֵּׂכֶל הַנִּקְנֶה

Intellekt, positiver ---> Intellekt, erworbener

intellektualisieren
אִשְׂכֵּל (מְאַשְׂכֵּל) (פיל', פסי') הָפַךְ אֶת מִישֶׁהוּ אוֹ אֶת מַשֶּׁהוּ לְאִינְטֶלֶקְטוּאָלִי

intellektualisiert
מְאֻשְׂכָּל (פיל', פסי') שֶׁעָבַר אִשְׂכּוּל (אִינְטֶלֶקְטוּאָלִיזַצְיָה)

Intellektualisierung
אִשְׂכּוּל (פיל', פסי') אִינְטֶלֶקְטוּאָלִיזַצְיָה, שִׂכְלוּן

Intellektualismus ---> Intellektualität

Intellektualität
אֶשְׂכֵּלִיּוּת (פיל', פסי') אִינְטֶלֶקְטוּאָלִיּוּת. שִׂכְלִיּוּת (פיל', פסי') [ק/ד/108]. שִׂכְלָנוּת

(שׂוֹכְלָנוּת), תִּחְכּוּם

intellektuell
אֶשְׂכְּלִי (פיל׳, פסי׳) [ק/ד/177]. תְּבוּנִי, שֶׁל תְּבוּנָה, עִיּוּנִי, מַאֲשְׂכָּל, אִינְטֶלֶקְטוּאָלִי, שִׂכְלָנִי (שׂוֹכְלָנִי), מַשְׂכָּל. דַּבְּרָן, דַּבְּרָנִי (פיל׳, פסי׳) [ק/א/131]. מְדַבֵּר, דִּבְּרִי. שִׂכְלִי (פיל׳, פסי׳) [ק/ד/106]. שֶׁל שֵׂכֶל, בִּינָתִי, מַחֲשַׁבְתִּי, הַכָּרָתִי, הֶגְיוֹנִי, תְּבוּנָתִי, רוּחָנִי

Intellektuelle(r)
מַאֲשְׂכִּיל, מַאֲשְׂכִּילָה (פיל׳, פסי׳) אִינְטֶלֶקְטוּאָל, בַּעַל אִינְטֶלֶקְט, אִישׁ רוּחַ

intellektuelle Anschauung ---> Anschauung, intellektuelle

intellektuelle Form ---> Form, intellektuelle

intellektuelle Tugenden ---> Tugenden, intellektuelle

intellektuelle Vollkommenheit ---> Vollkommenheit, intellektuelle

intelligent
מַשְׂכִּלִי (פסי׳, פיל׳) בַּעַל מַשְׂכָּל, אִינְטֶלִיגֶנְטִי, בִּינָתִי, שִׂכְלְתָן (שׂוֹכְלְתָן), שִׂכְלְתָנִי (שׂוֹכְלְתָנִי), נָבוֹן

intelligenter rechnergestützter Unterricht (ICAI) ---> Unterricht (ICAI), intelligenter rechnergestützter

Intelligenz
מַשְׂכָּל (פסי׳) [ר/א/43; מר״ח/396]. אִינְטֶלִיגֶנְצְיָה, בִּינָה, כֹּשֶׁר הַתְּפִיסָה הַשִּׂכְלִית, שִׂכְלְתָנוּת (שׂוֹכְלְתָנוּת). דֵּעָה (פסי׳, פיל׳) [ק/א/141]. שֵׂכֶל נִבְדָּל, שֵׂכֶל מֻפְשָׁט. לִבּוּב (פסי׳, פיל׳) [ק/ב/112]. מַעֲלוֹת הָרוּחַ, - הַשֵּׂכֶל, מַחֲשָׁבָה שֶׁבַּלֵּב. שֵׂכֶל (פיל׳, דת) [ק/ד/98]. מַלְאָךְ, עֶצֶם רוּחָנִי

Intelligenz, analytische
מַשְׂכָּל נִתְחוּנִי (פסי׳, פיל׳) מַשְׂכָּל נַתְּחָנִי, אִינְטֶלִיגֶנְצְיָה אָנָלִיטִית, בִּינָה נִתְחוּנִית

Intelligenz, erkennende
הַשָּׂגַת הַשֵּׂכֶל (פיל׳, פסי׳) [ק/ב/286]. מַשְׂכִּיל, כֹּשֶׁר הַחֲשִׁיבָה, הַכֹּחַ הַחוֹשֵׁב

Intelligenz, erste
הַשֵּׂכֶל הָרִאשׁוֹן (פיל׳, אסט׳, דת) [ק/ד/104]. יְצוּר מַעֲלָה הַמֵּנִיעַ אֶת הַגַּלְגַּל הָרִאשׁוֹן, כִּנּוּי לֵאלֹהִים

Intelligenz, gnostische ---> Intelligenz, theoretische

Intelligenz, Konstanz der
קְבִיעוּת הַמַּשְׂכָּל (פסי׳)

Intelligenz, künstliche
בִּינָה מְלָאכוּתִית (פסי׳, פדג׳) אִינְטֶלִיגֶנְצְיָה מְלָאכוּתִית

Intelligenz, praktische ---> Intelligenz, technische

Intelligenz, separate
עִנְיָן נִבְדָּל (פיל׳, דת) [ק/ג/149]. כִּנּוּי לְמַלְאָךְ הַנִּבְדָּל מִן הַחֹמֶר הֶעָכוּר. דֵּעָה פְּרוּדָה (פיל׳, דת) [ק/ג/208]. שֵׂכֶל נִבְדָּל, - נִפְרָד, - מֻפְשָׁט, - נִפְשָׁט (פיל׳, דת) [ק/ד/104]. עֶצֶם רוּחָנִי. שְׁנַיִם (פיל׳, דת) [ק/ד/140]. טְהוֹרֵי עֶצֶם. שֵׂכֶל מֻבְדָּל (פיל׳, פסי׳) [ק/ב/135]. מַשְׂכָּל מֻבְדָּל

Intelligenz, Sphäre der
גַּלְגַּל הַשֵּׂכֶל (אסט׳) [ק/א/115]

Intelligenz, synthetische
מַשְׂכָּל אַצְרָפִי (פסי׳, פיל׳) אִינְטֶלִיגֶנְצְיָה סִינְטֶטִית, מַשְׂכָּל מַזְגָּנִי, בִּינָה אַצְרָפִית

Intelligenz, technische
מַשְׂכָּל עֲשׂוּתִי (פסי׳, פיל׳) אִינְטֶלִיגֶנְצְיָה טֶכְנִית, - מְכָנִית, - מַעֲשִׂית

Intelligenz, theoretische
מַשְׂכָּל עִיּוּנִי (פסי׳, פיל׳) אִינְטֶלִיגֶנְצְיָה עִיּוּנִית, מַשְׂכָּל תּוֹרָאִי (תֵּאוֹרֶטִי)

Intelligenz, universelle
הַשֵּׂכֶל הַכְּלָלִי (פיל׳) [ק/ד/98]

Intelligenzalter ---> Alter, geistiges

Intelligenzija
שִׂכְלוּתִיָּה (שׂוֹכְלוּתִיָּה) (מ״ח) [מר״ח/397]. אִינְטֶלִיגֶנְצְיָה, כְּלַל הַמַּשְׂכִּילִים בַּחֶבְרָה, שִׁכְבַת הַמַּשְׂכִּילִים

Intelligenzniveau ---> Intelligenzstufe

Intelligenzprüfung
מִבְחַן מַשְׂכָּל (פסי׳) מִבְחַן הַשֵּׂכֶל

Intelligenzquotient (IQ)
מְנַת הַמַּשְׂכָּל (פסי׳) [ר/ב/400]. מַדַּד רָמַת הַמַּשְׂכָּל בְּיַחַס לַגִּיל, כַּמּוּת הַשׂוֹכְלְתָנוּת

Intelligenzquotienten, Verteilung der
חֲלֻקַּת הַמַּשְׂכָּל (פסי׳, סטט׳) הִתְפַּלְּגוּת (מְנוֹת) הַמַּשְׂכָּל, פְּרוּס (מְנוֹת) הַמַּשְׂכָּל

Intelligenzstufe
רָמַת הַמַּשְׂכָּל (פסי׳)

Intelligibilia
מַשְׂכָּל (פיל׳, פסי׳) [ק/ב/286]. דָּבָר הַמֻּשָּׂג בַּשֵּׂכֶל, בְּנִגּוּד לַמּוּחָשׁ הַמֻּשָּׂג בְּחוּשׁ

Intelligibilia prima ---> Axiom

intelligible Form ---> Form, intelligible

Intendant(in)
מְפַקֵּחַ, מְפַקַּחַת (תאט׳, מוס׳) מְפַקֵּחַ מֶמְשַׁלְתִּי. אַפְסְנַאי, אַפְסְנָאִית (צבא)

Intendanz
מִפְקָחָה (תאט׳, מוס׳) מִפְקָחוֹת מֶמְשַׁלְתִּית. אַפְסְנָאוּת (צבא)

Intendens
מְכַוֵּן (דת) [ק/ב/197]. כִּנּוּי לֵאלֹהִים

Intensifikation
הִגְבּוּר, אִינְטֶנְסִיפִיקַצְיָה, הַמְרָצָה, הַגְבָּרָה, חִזּוּק

Intensifikation der Arbeit ---> Arbeit, Intensifikation der

Intensimeter
מַד עָצְמָה (עוֹצְמָה) (פיס׳) מַד שַׁדִּידוּת

Intension [---> Aussage, Inhalt einer]
חֹזֶק הַפְּעֻלָּה [ק/א/157]. הַגָּעָה, הִשְׁתַּדְּלוּת

Intensität
עָצְמָה (עוֹצְמָה), עֲצִימוּת, זֵרוּז, רִכּוּז, אִינְטֶנְסִיבִיּוּת, נִמְרָצוּת, שַׁדִּידוּת

Intensitätsminimum
מִזְעַר הָעֲצִימוּת [ק/ד/200]. תַּכְלִית הַחֹלֶשׁ

intensiv
עַצִּים, שֶׁנַּעֲשָׂה בְּמֶרֶץ, מְרֻכָּז, מְזֹרָז, אִינְטֶנְסִיבִי, מְאֻמָּץ, נִמְרָץ, מֻגְבָּר, שַׁדִּי, שָׁדִּיד

intensive Ausdehnung ---> Ausdehnung, intensive

intensive Größe ---> Größe, intensive
intensivieren
הֶעֱצִים (מַעֲצִים)
intensivierend
מַעֲצֵם (מַעֲצְמִים)
Intensivierung
הַעֲצָמָה, שִׁדּוּד, הַגְבָּרָה
Intention ---> Absicht
intentional ---> absichtlich
intentionale Beziehung ---> Beziehung, intentionale
Intentionalität
הִתְכַּוְּנוּתִיּוּת (פיל') [המ"מ/224]. אִינְטֶנְצְיוֹנָלִיּוּת
Intentionstremor
רֶטֶט כִּוּוּן (פסי', רפו') רֶטֶט הַחְטָאָה
Inter-Gruppenbeziehungen
יְחָסִים בֵּין קְבוּצָתִיִּים (מ"ח, פסי') יַחֲסֵי הַגּוֹמְלִין בֵּין קְבוּצוֹת חֶבְרָתִיּוֹת שׁוֹנוֹת
Inter-Gruppenspaltung
בְּקִיעִים בֵּין קְבוּצָתִיִּים (מ"ח, פסי')
Interaktion
הֲדָדוּ (מ"ח, פסי', סטט', מחש') [ק/ג/205; ר/א/45; מ"מ/209; דמ"א/56]. הִשְׁתַּפְּעֲלוּת, אִינְטֶרְאַקְצְיָה, - סְטָטִיסְטִית, הֶגְבֵּיוֹת, גּוֹמְלָנוּת, יַחֲסֵי גּוֹמְלִין, פְּעֻלַּת גּוֹמְלִין, הַשְׁפָּעַת גּוֹמְלִין, הִתְנַהֲגוּת שֶׁל אָדָם הַפּוֹעֶלֶת כְּגֵרוּי לְהִתְנַהֲגוּת זוּלָתוֹ, אִזּוּן בֵּין שְׁנֵי גּוֹרְמִים הַנִּמְצָאִים בְּמַצָּב שֶׁל קֶשֶׁר נְסִבָּתִי, מַצָּב שֶׁבּוֹ הַשְׁפָּעַת שִׁנּוּי שֶׁחָל בְּמִשְׁתַּנֶּה בִּלְתִּי תָּלוּי אֶחָד תְּלוּיָה בְּשִׁנּוּיִים שֶׁחָלִים בְּמִשְׁתַּנִּים בִּלְתִּי תְּלוּיִים אֲחֵרִים, פְּעֻלַּת בֵּינַיִם, פְּעֻלָּה חוֹזֶרֶת, הִדַּבְּרוּת, כְּשִׁירוּת לְדוּ שִׂיחַ
Interaktion, dyadische
פְּעִילוּת גּוֹמְלִין בְּטַנְדּוּ (מ"ח, פסי') זִקָּה בֵּין שְׁנֵי בְּנֵי אָדָם אוֹ בֵּין שְׁתֵּי קְבוּצוֹת
Interaktionsanalyse
נִתּוּחוֹן שֶׁל תַּהֲלִיךְ הֲדָדוּ (מ"ח, פסי') נִתּוּחַ שֶׁל תַּהֲלִיךְ פְּעֻלַּת גּוֹמְלִין, שִׁיטָה לַחֲקִירַת הִתְנַהֲגוּתוֹ הַחֶבְרָתִית וְהַנַּפְשִׁית שֶׁל יָחִיד בִּקְבוּצָה
interaktiv
הֲדָדִי (מ"ח, פסי', סטט', מחש') הִשְׁתַּפְּעֲלוּתִי, אִינְטֶרְאַקְטִיבִי, הִדַּבְּרוּתִי, כָּשִׁיר לְדוּ שִׂיחַ
interdependent ---> abhängend, voneinander
Interdependenz ---> Abhängigkeit, wechselseitige
Interesse
תֹּעַל (תְּעָלִים, תָּעֳלֵי-), אִינְטֶרֶס, תּוֹעֶלֶת, נְגִיעָה בְּדָבָר, עִנְיוּן (עִנְיוּנִים), חֵפֶץ עִנְיָן, הִתְעַנְיְנוּת
Interesse, nach außen gerichtetes ---> Extraversion
Interesse, öffentliches
טוֹבַת הַצִּבּוּר (משפ', מדי')
Interesse(s), Vielseitigkeit des
רִבּוּי הַצְּדָדִים שֶׁל הַהִתְעַנְיְנוּת (מ"ח, פסי')
Interesse betreffend, das
תָּעֳלִי (תּוֹעוֹלִי), שֶׁל אִינְטֶרֶס, אִינְטֶרֶסֶנְטִי, נוֹגֵעַ בְּדָבָר

Interesse für...
תֹּעַל בְּ..., שְׁעוּת, נְתִינַת דַּעַת לְ..., עִנְיָן בְּ..., הִתְעַנְיְנוּת בְּ...
Interessen, öffentliche
תָּעֳלֵי צִבּוּר (תּוֹעוֹלֵי צִבּוּר) (משפ', מדי') [א"ת/ג/117]. עִסְקֵי רַבִּים
Interessenkonflikt
נִגּוּד עִנְיָנִים (משפ')
Interessent [---> Person, die betreffende]
תָּעֳלָן (תּוֹעוֹלָן), אִינְטֶרֶסֶנְט, נוֹגֵעַ בְּדָבָר, בַּעַל עִנְיָן, צַד מְעֻנְיָן
interessieren
הִתְעַנְיֵן בְּ..., מָצָא עִנְיָן בְּ..., הִתַּעֵל (מִתַּעֵל) בְּ...
Interessieren ---> Interessiertheit
Interessiertheit
הִתְעַנְיְנוּת, יִחוּד הַכַּוָּנָה לְ..., הֲשָׂמַת עַיִן. תָּעֳלִיּוּת (תּוֹעוֹלִיּוּת), אִינְטֶרֶסֶנְטִיּוּת, נְגִיעָה בְּדָבָר
Interface ---> Schnittstelle
Interferenz
הִתְאַבְּכוּת (מ"ט, פיס') [ר/א/226; מר"ח/398; ל"מ/225]. הַפְרָעָה, תַּהֲלִיךְ שֶׁנֶּגֶשׁ כָּלְשֶׁהוּ בֵּין פְּעֻלּוֹתָיו גּוֹרֵם לְהַפְחָתַת הַיְּעִילוּת שֶׁל תּוֹצְאוֹתָיו, חוֹפְפוּת, הִתְחוֹפְפוּת, חֲפִיפָה, אִינְטֶרְפֶרֶנְצְיָה. תּוֹפָעָה הַנּוֹצֶרֶת עַל יְדֵי שְׁתֵּי סִדְרוֹת גַּלִּים אוֹ יוֹתֵר הַנָּעוֹת בְּמֶרְחָב כָּלְשֶׁהוּ בְּאוֹתוֹ זְמַן
Interferenzfigur
דֶּגֶם הִתְאַבְּכוּת (פיס')
interferieren
הִתְאַבֵּךְ (מִתְאַבֵּךְ) (מ"ט, פיס') חָלָה בּוֹ הִתְאַבְּכוּת
interferierendes Feld ---> Feld, interferierendes
Interferometer
מַד הִתְאַבְּכוּת (פיס') אִינְטֶרְפֶרוֹמֶטֶר
Interia
עַצְלוּת [ק/ג/154]. רַשְׁלָנוּת, נִרְפּוּת, בַּטְלָנוּת, חִבּוּק יָדַיִם, אִי רָצוֹן לַעֲבֹד
interimistisch
אֲרָעִי, עֲרָאִי, זְמַנִּי, אֶפִּיזוֹדִי, קְצַר קִיּוּם, אַרְעִי
Interimsdividende ---> Abschlagsdividende
Interjektion ---> Ausrufewort
Interkalation
עִבּוּר (אסט') [ק/ב/63]. עִבּוּר שָׁנָה, כִּבּוּשׁ שָׁנָה, קְבִיעַת שָׁנָה מְעֻבֶּרֶת אוֹ חֹדֶשׁ מְעֻבָּר
interkalieren
עִבֵּר (מְעַבֵּר) (אסט') הוֹסִיף חֹדֶשׁ לַשָּׁנָה אוֹ יוֹם אֶחָד לַחֹדֶשׁ
interkontinental
בֵּינְיַבַּשְׁתִּי (י"א) אִינְטֶרְקוֹנְטִינֶנְטָלִי
Interkorrelation ---> Korrelation, wechselseitige
interkulturelle Untersuchung ---> Untersuchung, interkulturelle
Interludium ---> Zwischenspiel
intermediär ---> vermittelnd
Intermittenz ---> Unterbrechung

intermittieren ---> unterbrechen
intermittierend ---> unterbrechend
internalisieren ---> verinnerlichen
Internalisieren ---> Verinnerlichung
Internationale
בֵּינְלְאֻמּוֹן (מדי') [י״א/76]. אִינְטֶרְנָצְיוֹנָל, בֵּינְאוֹם, בֵּינְלְאוֹם
internationaler Vertrag ---> Abkommen
internationales öffentliches Recht ---> Recht, internationales öffentliches
internationales Privatrecht ---> Privatrecht, internationales
internationalisieren
בִּנְאֵם (מְבַנְאֵם) (מדי') הֶעֱבִיר אֶת הַשְּׁלִיטָה בְּמָקוֹם מְסֻיָּם לִידֵי מוֹסָד בֵּינְלְאֻמִּי
internationalisiert
מְבֻנְאָם (מדי') שֶׁשּׁוּרַר בּוֹ מִשְׁטָר בֵּינְלְאֻמִּי
Internationalisierung
בִּנְאוּם (מדי') בֵּינְאוּם, אִינְטֶרְנָצְיוֹנָלִיזַצְיָה, מְסִירַת הַשְּׁלִיטָה בְּמָקוֹם מְסֻיָּם לִידֵי מוֹסָד בֵּינְלְאֻמִּי
interne Gültigkeit ---> Gültigkeit, interne
interne Validität ---> Gültigkeit, interne
Internodium ---> Stengelglied
Interozeptor
קוֹלֵט מִלְּגוֹ (פסי', ביו') [ר/א/45]. אִינְטֶרוֹצֶפְּטוֹר, קוֹלְטָן, אֵבֶר חוּשׁ פְּנִימִי
interpersonal
בֵּינְאִישִׁי (פסי', מ״ח) [ר/א/112]. בֵּין אִישִׁי, מְאַפְיֵן יַחֲסִים בֵּין שְׁנֵי בְּנֵי אָדָם אוֹ יוֹתֵר
Interpolation
בִּיּוּן (מחמ') [יל״ט/32]. אִינְטֶרְפּוֹלַצְיָה, אֻמְדָּן שֶׁל עֵרֶךְ בִּלְתִּי יָדוּעַ עַל סָמֶךְ עֲרָכִים יְדוּעִים הַנִּמְצָאִים מִשְּׁנֵי צְדָדָיו
interpolieren
בִּיֵּן (מְבַיֵּן) (מחמ') עָשָׂה אִינְטֶרְפּוֹלַצְיָה
Interpret(in) [---> Darsteller(in)]
סַבָּר, סַבֶּרֶת, פַּרְשָׁן, מְפָרֵשׁ
Interpretation
סִבּוּר [ק/א/77]. בֵּאוּר, פֵּרוּשׁ, פֵּשֶׁר, פְּשִׁירָה, אִינְטֶרְפְּרֶטַצְיָה, הֶסְבֵּר, פִּשּׁוּר
Interpretationsurteil
מִשְׁפַּט סִבּוּר (פיל') מִשְׁפָּט הַכּוֹלֵל טַעֲנָה גְּלוּיָה וּשְׁלִילָה סְמוּיָה, לְמָשָׁל: מִן הַמִּשְׁפָּט "אֲנָשִׁים אֲחָדִים הֵם מְלַמְּדִים" אֶפְשָׁר לְהָבִין שֶׁ"אֲנָשִׁים רַבִּים אֵינָם מְלַמְּדִים" (שְׁלִילָה סְמוּיָה) אוֹ שֶׁ"אֲנָשִׁים אֲחָדִים הֵם מְלַמְּדִים" (טַעֲנָה גְּלוּיָה); זֶהוּ מִשְׁפָּט הַמַּצְרִיךְ סִבּוּר (הֶסְבֵּר וּפֵרוּשׁ) נוֹסָף
interpretatives Modell ---> Modell, interpretatives
interpretieren
סִבֵּר (מְסַבֵּר), פֵּרֵשׁ (מְפָרֵשׁ), בֵּאֵר (מְבָאֵר), פָּשַׁר (פּוֹשֵׁר), הִסְבִּיר, פֵּרֵשׁ, תֵּאֵר
Interrogatio ---> Interrogativ
Interrogativ
שְׁאֵלָה (בלש') [ק/ב/217; מ״ב/111]. מֵנִיעַ הַמַּאֲמָר שֶׁל הַשְּׁאֵלָה, דַּרְכֵּיוּת הַשְּׁאֵלָה, דֶּרֶךְ עֲשִׂיָּה (מוֹדוּס) שֶׁל הַפֹּעַל הַמַּבִּיעָה אִי יְדִיעָה וּמַצְרִיכָה תְּשׁוּבָה, לְמָשָׁל: "הַאִם תַּמְנוּ לְגוֹעַ?", "כְּלוּם אַתֶּם עוֹשִׂים אֶת הַמְּלָאכָה?"
Interrogativpronomen
כִּנּוּי שְׁאֵלָה (בלש') [ק/ב/97; מ״ב/111]. כִּנּוּי הַמַּבִּיעַ רָצוֹן לְקַבֵּל תְּשׁוּבָה, כְּגוֹן: בְּגֶרְמָנִית: wer, was, welcher בְּעִבְרִית: "מִי?", "אֵיזֶה?", "אֵילוּ?"
Interrogativsatz
מִשְׁפַּט שְׁאֵלָה (בלש') [מ״ב/187]. מִשְׁפָּט הַמַּבִּיעַ שְׁאֵלָה שֶׁעָלֶיהָ רוֹצִים לְקַבֵּל תְּשׁוּבָה, לְמָשָׁל: "לָמָּה אֵינְךָ קוֹרֵא אֶת הַסֵּפֶר?"; "הַאִם נֶהֱנֵית מִן הַהַצָּגָה?"
Intersubjektivität
נוֹשְׂאִיּוּת הֲדָדִית (מדע) [ד״מח/111]. אִינְטֶרְסוּבְּיֶקְטִיבִיּוּת, הָאֶפְשָׁרוּת שֶׁכָּל צוֹפֶה מַדָּעִי מְסֻגָּל לַחֲזֹר וְלַעֲשׂוֹת אוֹתָהּ תַּצְפִּית בְּאוֹתָן נְסִיבּוֹת
Intertrigo
חַכֶּכֶת (רפו') מַצָּב שֶׁבּוֹ שְׁנֵי מִשְׁטְחֵי עוֹר מִתְחַכְּכִים זֶה בָּזֶה, כְּגוֹן: בְּבֵית הַשֶּׁחִי, בָּעֲגָבוֹת
interurban
בֵּינְעִירוֹנִי (מדי') בֵּין עִירוֹנִי
Intervall
רֶוַח (רְוָחִים) [ק/א/200]. זְמַן בֵּינַיִם, הֶפְרֵשׁ, מִרְוָח, מֶרְחָק בִּזְמַן בֵּין שְׁנֵי מַעֲשִׂים, מַצַּב בֵּינַיִם
Intervall, erfülltes
זְמַן בֵּינַיִם מָלֵא, רֶוַח זְמַן מָלֵא
Intervall, leeres
זְמַן בֵּינַיִם רֵיק, רֶוַח זְמַן רֵיק
Intervall, verschachteltes
רֶוַח מְתוֹכָךְ (מחמ')
Intervallgesetz
חֹק רֶוַח (מדע) [ד״מח/97]. חֹק הַקּוֹבֵעַ אֶת הַיַּחַס בֵּין אֵרוּעִים שֶׁרֶוַח זְמַן בָּרוּר מַבְדִּיל בֵּינֵיהֶם
Intervallskala
סֻלָּם מִרְוָחִי (סטט') [מ״מ/219; ר/ב/460; ד״מח/159]. סֻלָּם מַחְלַקְתִּי, סֻלָּם רְוָחִים, קְנֵה מִדָּה שֶׁמּוֹצָאוֹ מִנְּקֻדָּה שְׁרִירוּתִית וְהוּא שָׂם רְוָחִים שָׁוִים
intervenierende Variable ---> Variable, intervenierende
Interversion *{Metathese}* **[---> Umstellung]**
שִׂכּוּל הֲגָאִים (בלש') [מ״ב/133]. מֶטָתֶזָה, הִפּוּךְ סֵדֶר הַהֲגָאִים אוֹ הַהֲבָרוֹת בְּמִלָּה, לְמָשָׁל: "שַׂלְמָה - שִׂמְלָה", חִלּוּף מְקוֹם הַתָּ"ו שֶׁל בִּנְיַן הִתְפַּעֵל: "הִשְׁתַּמֵּר" בִּמְקוֹם הַצּוּרָה הַמְּקוֹרִית: *הִתְשַׁמֵּר
Interview
רֵאָיוֹן (רַאֲיוֹנוֹת), דֶּבֶב (דְּבָבִים)
interviewen
רִאְיֵן (מְרַאְיֵן), דִּבֵּב (מְדַבֵּב), עוֹרֵר לְדִבּוּר
Interviewen
רִאְיוּן, דִּבּוּב
Interviewer(in)
מְרַאְיֵן, מְרַאְיֶנֶת, מְדַבֵּב, מְדַבֶּבֶת
Interviewte(r)
מְרֻאְיָן, מְרֻאְיֶנֶת, מְדֻבָּב, מְדֻבֶּבֶת
intestinal ---> darmkanalbezüglich

intim [---> vertraulich]
קִרְבִּי, אִינְטִימִי, לְבָבִי, יְדִידוּתִי, שֶׁבִּצְנְעָה, לִפְנִימִי

Intimität [---> Vertraulichkeit]
קִרְבִיּוּת, אִינְטִימִיּוּת, לְבָבִיּוּת, יְדִידוּת, קִרְבַת יֶתֶר, לִפְנִימִיּוּת

Intoleranz
אִי סוֹבְלָנוּת, - תִּסְבֹּלֶת, - סְבִילוּת, - סֻבֹּלֶת

Intoleranz gegenüber Mehrdeutigkeit
אִי סוֹבְלָנוּת לַעֲמִימוּת (פסי') [ר/ב/506]. אִי סוֹבְלָנוּת לְדוּ מַשְׁמָעוּת, אִי יְכֹלֶת לָשֵׂאת מַצָּב שֶׁל חֹסֶר בְּהִירוּת וְאִי וַדָּאוּת

Intonation
הַנְגָּנָה (בלש', מוס') [מ"ב/112]. אִינְטוֹנַצְיָה, שִׁנּוּיִים בְּגֹבַהּ הַקּוֹל בִּשְׁעַת הַדִּבּוּר, הוֹלָכַת קוֹלוֹת, כִּוּוּן

Intoxikation
מַרְעוּל (רפו') [מר"ח/401]. מַרְעוּל, הַרְעָלָה עַל יְדֵי רַעֲלָנִים (טוֹקְסִינִים)

intraindividuell
תּוֹךְ אִישִׁי (פסי')

intrakontinental
תּוֹךְ יַבַּשְׁתִּי (י"א) אִינְטְרָקוֹנְטִינֶנְטָלִי

intransitiv
עוֹמֵד, שֶׁפְּעֻלָּתוֹ אֵינָהּ עוֹבֶרֶת לְאַחֵר, בִּלְתִּי יוֹצֵא, לֹא עוֹבְרָנִי, אִינְטְרַנְזִיטִיבִי

intransitive Relation ---> Relation, intransitive

intransitives Verb ---> Verb, intransitives

Intransitivität
עוֹמְדָנִיּוּת, אִי עוֹבְרָנִיּוּת, אִינְטְרַנְזִיטִיבִיּוּת

intraperinal
תּוֹךְ צִפְקִי (רפו')

intraperitonäal ---> intraperinal

intrapunitiv
עוֹנְשָׁנִי לְעַצְמוֹ (פסי') [ר/ב/498]. מִי שֶׁמֵּגִיב עַל תִּסְכּוּל בְּהַאֲשָׁמַת עַצְמוֹ

intrapunitive Haltung ---> Haltung, intrapunitive

intravenös
תּוֹךְ וְרִידִי (רפו')

intrazellular
תּוֹךְ תָּאִי (ביו')

Intrigant(in)
תַּכְכָן, תַּכְכָנִית, נוֹכֵל, נוֹכֶלֶת, רוֹגֵן, רוֹגֶנֶת, רַגְנָן, מְרַגֵּן, חַרְחֲרָן, קַנְטְרָן, שׁוֹחֵר מָדוֹן

Intrige
מִתְכָּךְ (מִתְכָּכִים) [מר"ח/401]. רְגִינָה, אִינְטְרִיגָה, תִּכְסִיס זָדוֹן, קְנוּנְיָה שְׁפָלָה, חַרְחוּרֵי לָשׁוֹן, הַשְׂטָנָה, הֲפָחַת רִיב, הַטָּלַת שִׂטְנָה. נֵכֶל (נְכָלִים) (ספר', תאט') תִּסְבֹּכֶת, סִבּוּךְ בִּיצִירָה סִפְרוּתִית

intrigieren
תָּכַךְ (תּוֹכֵךְ), גָּרַם לְתְכָכִים, רִגֵּן (מְרַגֵּן), הִרְגִּין (מַרְגִּין), הִשְׂטִין, חִרְחֵר רִיב עִם..., גֵּרָה מָדוֹן

intrinsisch
תּוֹכִי, עַצְמוּתִי

Introjektion
הַטָּלָה פְּנִימָה (פסי') [ר/א/191]. הַטְבָּעַת חוֹתָם, אִינְטְרוֹיֶקְצְיָה, הַתַּהֲלִיךְ שֶׁבּוֹ מְטַמְעִים בְּתוֹךְ הָעַצְמִי הֶבֵּטִים שֶׁל הָעוֹלָם הַחִיצוֹנִי

Introspektion ---> Selbstbeobachtung

Introversion
מִפְנוּת פְּנִימָה (פסי') [ר/ב/365]. פְּנִיָּה פְּנִימָה, אִינְטְרוֹבֶרְסְיָה, נְטִיָּתוֹ שֶׁל אָדָם לְהֵרָתַע מִסְּבִיבָתוֹ הַחִיצוֹנִית וְלִשְׁקֹעַ בְּמַחְשְׁבוֹתָיו

introvertierter Typus ---> Typus, introvertierter

Intrusion, vulkanische
מֶחְדָּר גַּעֲשִׁי (גאו', י"א) חֲדִירַת מַגְמָה נוֹזְלִית וְלוֹהֶטֶת לִסְלָעִים מוּצָקִים שֶׁל קְלִפַּת הָאֲדָמָה וְהִקָּרְשׁוּתָהּ בָּהֶם

Intubation
צִנְרוּר (רפו')

Intuition ---> Einsicht
מִשְׁעָר (פסי', פיל') [ק/ב/298]. מִשְׁעָר, אִינְטוּאִיצְיָה, בִּינַת לֵב, כֹּחַ בְּנֶפֶשׁ הָאָדָם לְשַׁעֵר וּלְדַמּוֹת אֶת אֲשֶׁר יִקְרֶה בֶּעָתִיד. הַכֹּחַ הַשְּׁמָאִי (פסי', פיל') [ק/ד/130; ר/א/42]. רְאִיַּת דְּבָרִים מִתּוֹךְ הַרְגָּשָׁה פְּנִימִית, תְּבוּנַת לֵב, צוּרַת הֲבָנָה יְשִׁירָה וּמִיָּדִית הַמִּתְרַחֶשֶׁת לְלֹא חֲשִׁיבָה אוֹ שִׁפּוּט מוּדָעִים. שִׁעוּר (פסי') [ק/ד/145]. רַחֲשָׁה (פסי', פיל') [מר"ח/402]. הַשְׁקָפָה (פיל') [ק/א/221]. הִתְבּוֹנְנוּת הַשֵּׂכֶל. כֹּחַ מְשַׁעֵר (פסי', פיל') [ק/ב/76]

intuitiv
מִשְׁעָרִי (פסי', פיל') אִינְטוּאִיטִיבִי, רַחֲשָׁתִי, בּוֹנֵן

intuitiv wissen ---> Einsicht haben

Intuitus derivativus
הִסְתַּכְּלוּת נִגְזֶרֶת (פיל')

Intuitus orginarius
הִסְתַּכְּלוּת מְקוֹרִית (פיל')

Invagination ---> Einstülpung

Invalidation ---> Ungültigsprechung

invalidieren ---> ungültig machen

Invariante
שְׁמוּרָה (שְׁמוּרוֹת) (מתמ') אִינְוָרְיַנְט

invariante Eigenschaft ---> Eigenschaft, invariante

invarianter Unterraum ---> Unterraum, invarianter

Invarianz ---> Konstanz

Inventar
מְצַאי (כלכ') אִינְוֶנְטָר, כְּלַל הַדְּבָרִים הַנִּמְצָאִים בְּמָקוֹם מְסֻיָּם

Invention
הַמְצָאָה (הַמְצָאוֹת) (פיל', פסי') [ק/א/178]. הַכֹּחַ לְחַדֵּשׁ דְּבָרִים, דָּבָר חָדָשׁ שֶׁאָדָם מַמְצִיא

Inventur
מִפְקַד מְצַאי (כלכ')

Inventur machen
פָּקַד (פוֹקֵד) מְצַאי (כלכ') עָשָׂה מִפְקַד מְצַאי

invers
הִפּוּכִי (מתמ') אִינְבֶרְטִי

Inversio propositionis
הֶפֶךְ הַמִּשְׁפָּט (רטו', ספר') [ק/א/194]. הֶפֶךְ הַגְּזֵרָה

Inversion ---> Umkehrung;

Temperaturumkehr

invertiert

מְהֻפָּךְ זְוִיג (רפו׳, פסי׳) מְהֻפַּךְ מִין

investieren

הִשְׁקִיעַ (מַשְׁקִיעַ) (כלכ׳) הִכְנִיס הוֹן בְּעֵסֶק

Investierung

הַשְׁקָעָה (כלכ׳) הַכְנָסַת הוֹן בְּעֵסֶק

Investitions-Treuhandgesellschaft

חֶבְרַת הַשְׁקָעוֹת (כלכ׳)

Investitionsaufwand ---> Kapitalaufwand

Involution ---> Schrumpfung; Regression

involutionär ---> Schrumpfung betreffend, die

inwendig

פְּנִימִי, לְגֵו, לִפְנִים

Inzest ---> Inzucht

Inzidenz ---> Enthaltensein

Inzucht

גִּלּוּי עֲרָיוֹת (מ״ח, פסי׳) [ר/א/131]. יַחֲסֵי מִין בֵּין שְׁאֵרִים קְרוֹבִים

iodieren

יִדֵּן (מְיַדֵּן) (כימ׳) הוֹסִיף יוֹדָן (יוֹד)

Iodierung

יִדּוּן (כימ׳) הוֹסָפַת יוֹדָן (יוֹד)

Iodismus ---> Iodvergiftung

Iodvergiftung

יוֹדָנִיּוּת (כימ׳) הַרְעָלַת יוֹדָן (יוֹד)

Ion

יְאוֹן (יְאוֹנִים) (פיס׳) יוֹן (יוֹנִים), אָטוֹם אוֹ קְבוּצַת אֲטוֹמִים בַּעֲלֵי מִטְעָן חַשְׁמַלִּי חִיּוּבִי אוֹ שְׁלִילִי

Ionisation

יִאוּן (פיס׳) יִנּוּן, יוֹנִיזַצְיָה, הִוּוּי יְאוֹנִים (יוֹנִים), תַּהֲלִיךְ שֶׁנּוֹצָרִים בּוֹ יְאוֹנִים (יוֹנִים)

ionisieren

יִאֵן (מְיַאֵן) (פיס׳) הִתְיָאֵן, יוֹנֵן (מְיוֹנֵן), יִנֵּן (מְיַנֵּן), גָּרַם לְהִוָּצְרוּת יְאוֹנִים טְעוּנֵי חַשְׁמַל

Ionisierung ---> Ionisation

ipsativ

עַל פִּי עַצְמוֹ (פסי׳) [ר/א/49]. אִיפְּסָטִיבִי, נִמְדָּד בְּיַחַס לְעַצְמוֹ

irdisch

אַרְצִי (מ״ט) [ק/א/74]. מִתְיַחֵס עַל הָאָרֶץ אוֹ עַל הַחֹמֶר. גַּשְׁמִי [ק/א/81]. בַּהֲמִי, חָמְרִי. עֲפָרִי (מ״ט) [ק/ג/151]. אַדְמִי (מ״ט) [ק/א/22]. מִטֶּבַע הָאֲדָמָה

irdische Form ---> Form, irdische

irdische Kraft ---> Kraft, irdische

Irdisches

אַרְצִיּוּת [ק/א/74]. סְגֻלַּת מַה שֶּׁהוּא אַרְצִי. זְמַנִּיּוּת [ק/א/265]. זְמַן, בְּמַשְׁמָעוּת חַיֵּי הָעוֹלָם הַזֶּה

irdisches Wesen ---> Wesen, irdisches

irgendein

...-מָה [ק/ב/155]. אֵיזֶה שֶׁהוּא, מַשֶּׁהוּ, כָּלְשֶׁהוּ, מִקְצָת

Iris ---> Regenbogenhaut

Iris, Spaltdefekt der ---> Regenbogenhaut, Spaltdefekt der

Iris, Verwachsung der *{Synechie}*

דִּבּוּק הַקַּשְׁתִּית (רפו׳) הִצָּמְדוּת הַקַּשְׁתִּית, סִרְכַת הַקַּשְׁתִּית

Iritis ---> Regenbogenhautentzündung

Ironie

לִגְלוּג (ספר׳) [ק/ב/140]. מַאֲמָר מְגֻזָּם, אִירוֹנְיָה, הִתְלוּלָה. הֵפֶךְ, הֶפֶךְ, הֲפִיכָה (רטו׳, ספר׳) [ק/א/194]. דֶּרֶךְ הַהִתּוּל וְהַלַּעַג

ironisch

לִגְלוּגִי (ספר׳) אִירוֹנִי, הִתּוּלִי

ironisieren

לִגְלֵג (מְלַגְלֵג) (ספר׳) הִשְׁתַּמֵּשׁ בְּאִירוֹנְיָה, הִתֵּל (מְהַתֵּל)

Irradiation

קְרִינָה (פסי׳, פיס׳) הִתְפַּשְּׁטוּת מֶרֶץ (אֶנֶרְגְּיָה) מִמָּקוֹר מְסֻיָּם

irrational [---> unlogisch; unvernünftig]

אִי שִׂכְלָנִי (פיל׳, מתמ׳) [ק/א/49]. אִלֵּם, אִירַצְיוֹנָלִי, בִּלְתִּי רַצְיוֹנָלִי, לֹא הֶגְיוֹנִי

irrationale Linie ---> Linie, irrationale

irrationale Zahl ---> Zahl, irrationale

irre redend ---> delirös

irrealer Bedingungssatz ---> Bedingungssatz, irrealer

irreduktibel ---> irreponibel

irreduzibel

בִּלְתִּי מִצְטַמְצֵם (מתמ׳)

Irreduzibilität

אִי הִצְטַמְצְמוּת (מתמ׳)

irreführen [---> tarnen; illusionieren]

הִתְעָה (מַתְעֶה) [ק/ד/74]. שִׁבֵּשׁ (מְשַׁבֵּשׁ), הִטְעָה (מַטְעֶה), הֵבִיא לִידֵי טָעוּת, הוֹלִיךְ שׁוֹלָל, אָחַז עֵינַיִם, הֵבִיךְ, בִּלְבֵּל, הִדִּיחַ (מַדִּיחַ), זָרַע מְבוּכָה. שִׁפְשֵׁט (מְשַׁפְשֵׁט), הִשְׁתַּפְשֵׁט [מר״ח/619]. הִתְחַכֵּם, הֶעֱמִיד פָּנִים, סִלֵּף. כָּזַב (כּוֹזֵב) [ק/ב/72]. שִׁקֵּר, הִבֵּל

irreführend

מַתְעֶה [ק/ב/323; מר״ח/619]. שִׁפְשׁוּטִי, מְחֻכָּם, גּוֹרֵם טָעוּת, בָּא בַּעֲקִיפִין עַל פְּלוֹנִי, מַעֲבִיר בִּדְבָרִים אֶת פְּלוֹנִי, סוֹפִיסְטִי, מִתְחַכֵּם בְּפִלְפְּלָנוּת כּוֹזֶבֶת, מְשֻׁפְשָׁט. הַטְעָאִי, הֶטְעֵי (פיל׳) [ק/א/168]. כּוֹזֵב, בִּלְתִּי צוֹדֵק. זִיּוּפִי (פיל׳) [ק/א/257]. מַהְבִּיל (פיל׳) [ק/ב/155]. מְשַׁבֵּשׁ, הַטְעָאִי. מַטְעֶה, מֻטְעֶה [ק/ב/189]. שָׁגוּי

Irreführung ---> Tarnung; Illusion

Irregularität

פְּתִילוּת (אסט׳) [ק/ג/223]. נְטִיַּת גֹּבַהּ הָרוּם שֶׁל הַיָּרֵחַ בְּגַלְגַּל הַהַקָּפָה מִמַּהֲלָךְ מֶרְכַּז הַהַקָּפָה, סְטִיָּה שֶׁל כּוֹכָב לָלֶכֶת מִמַּסְלוּלוֹ

irrelevant

בִּלְתִּי נָגֵעַ, לֹא רֶלֶבַנְטִי, בִּלְתִּי שַׁיָּכָנִי, - שַׁיְּכוּנִי

irren

טָעָה (טוֹעֶה) [ק/א/282]. חָטָא, שָׁגָה (שׁוֹגֶה), שָׁגַג (שׁוֹגֵג), הִשְׁתּוֹגֵג, נִכְשַׁל בְּ...

Irren

טְעִיָּה [ק/ד/75]. שְׁגִיגָה, הַטְעָיָה, עֲשִׂיַּת מִשְׁגֶּה, הַחְטָאָה. תְּעִיָּה [ק/ד/214]

irreponibel

בִּלְתִּי נֶחְזָר (רפו׳) בִּלְתִּי נָקִיץ, שֶׁלֹּא נִתָּן

לְהַחְזָרָה, -- לְצִמְצוּם

Irresein ---> Psychose

irreversibel

אִי הָפִיךְ (מתמ׳) בִּלְתִּי הָפִיךְ, שֶׁאִי אֶפְשָׁר לְהָפְכוֹ

Irreversibilität

אִי הֲפִיכוּת (מתמ׳)

Irrgläubiger

תּוֹעֶה בְּדַרְכֵי הָאֱמוּנָה (דת)

Irrglaube

דַּעַת שָׁוְא [ק/א/259]. **זִיּוּפוֹת**, זִיּוּפְנוּת, דֵּעָה בְּטֵלָה וּמְשֻׁבֶּשֶׁת, הַטְעָיָה, תּוֹרַת כֶּשֶׁל, סְבָרָה רְחוֹקָה, סְבָרַת כְּרֵס, שִׁיטָה בְּעַלְמָא

irrig

מַטְעֶה [ק/ב/189]. שָׁגוּי, הַטְעָאִי, מַתְעֶה, מַטְעֶה. כּוֹזֵב [ק/א/78]. בְּדָאִי, כָּזְבִי, כְּזָבִי, כַּזְּבָנִי [ק/ב/73,72]. בִּלְתִּי נָכוֹן, מְשֻׁבָּשׁ, בִּלְתִּי צוֹדֵק, שֶׁל כָּזָב. מְזֻיָּף [ק/ב/173]. מְסֻלָּף

Irrigation ---> Ausspülung

Irrigator

מַכְשִׁיר שְׁטִיפָה (רפו׳) מַרְסֵל

irritabel [---> erregbar]

רַגָּז (פסי׳, רפו׳) בַּעַל סַף רְגִישׁוּת נָמוּךְ, מֵגִיב נִמְרָצוֹת עַל גֵּרוּיִים חַלָּשִׁים

Irritabilität [---> Erregbarkeit]

רַגְּזוּת (פסי׳, רפו׳) תְּגוּבָתִיּוּת יְתֵרָה לְגֵרוּיִים חַלָּשִׁים

Irrlehre

תּוֹרַת סָרָק [ק/א/259]. **זִיּוּפוֹת**, זִיּוּפְנוּת, תּוֹרַת כָּזָב, דֵּעָה בְּטֵלָה, הַטְעָיָה, דֵּעָה מַטְעֵית, סְבָרָה רְחוֹקָה. כִּשָּׁלוֹן (כִּשְׁלוֹנוֹת) [ק/ב/104]. דֵּעָה בְּטֵלָה. מַדְוֶה [ק/ב/148]. דֵּעָה נִפְסֶדֶת, אֱמוּנָה מַזִּיקָה. דֵּעָה מְשֻׁבֶּשֶׁת [ק/ב/181]. מַחֲלָה

irrsinnig werden

הִשְׁתַּטָּה (מִשְׁתַּטֶּה) (פסי׳) הִשְׁתַּגֵּעַ, נִשְׁטָה (נִשְׁטֶה), נַעֲשָׂה שׁוֹטֶה

Irrtum

שְׁגִיאָה (שְׁגִיאוֹת) [ק/ג/114]. סָרָה. שִׁבּוּשׁ (שִׁבּוּשִׁים) [ק/ד/68; א״ח/ג/209]. הֶסֵּק שָׁוְא, בִּלְבּוּל, דֵּעָה מַטְעֵית, מִשְׁגֶּה (מִשְׁגִּים). טָעוּת (טָעֻיּוֹת) [ק/א/304]. חֲלִי (חֲלָאִים). הֲזָיָה (פסי׳) [ק/א/166]. דִּמְיוֹן כּוֹזֵב. **זִיּוּף** [ק/א/257]. שֶׁקֶר, בִּטּוּל

Irrweg

שְׁגִיגָה [ק/ד/75]. עֲשִׂיַּת מִשְׁגֶּה

Isallobarenkarte

מַפַּת שִׁנּוּיֵי הַלַּחַץ (מטא׳) [יל״ט/123]. מַפַּת אִיזַלוֹבָּרִים, - מֶזֶג אֲוִיר שֶׁמֻּצָּגִים עָלֶיהָ עֶרְכֵּי שִׁנּוּיֵי הַלַּחַץ בְּפֶרֶק זְמַן מְסֻיָּם

Ischämie

נֶדֶם (רפו׳) חֹסֶר דָּם אֲזוֹרִי

ischämisch

נָדוּם (רפו׳) [מר״ח/405]. נְדוּמִי, מְנֻדָּם, שֶׁל חֹסֶר דָּם אֲזוֹרִי

Ischias

גַּנֶּשֶׁת (רפו׳) [מר״ח/405]. נָשִׁית, אִישִׁיאָס, כְּאֵבִים בְּגִיד הַנָּשֶׁה (עֶצֶב הַנָּשֶׁה)

Islandmohn *{Papaver nudicaule}*

פֶּרֶג חָשׂוּף (בוט׳) צֶמַח מִמִּשְׁפַּחַת הַפִּרְגִּיִּים

Isobarenkarte

מַפָּה אֲחִידַת רוּם (מטא׳) [יל״ט/118]. מַפַּת אִיזוֹבָּרִים, - מֶזֶג אֲוִיר שֶׁמֻּצָּגִים עָלֶיהָ נְתוּנִים שֶׁנִּמְדְּדוּ בְּאוֹתוֹ רוּם

Isobarenkreuz

אֻכָּף (מטא׳) [יל״ט/9]. אֵזוֹר הַנִּמְצָא בֵּין שְׁתֵּי רָמוֹת וּבֵין שְׁנֵי שְׁקָעִים

Isoglosse

קַו תְּחוּם (בלש׳) [מ״ב/113]. אִיזוֹגְלוֹסָּה, קַו עַל מַפָּה לְשׁוֹנִית הַמַּקִּיף אֵזוֹר שֶׁבּוֹ בְּנֵי הָאָדָם הֵם בַּעֲלֵי תְּכוּנָה לְשׁוֹנִית מְשֻׁתֶּפֶת

Isolat

בָּדִיד (בְּדִידִים) (פיס׳)

Isolation [---> Isolierung]

בִּדּוּד (פסי׳) [ר/א/109]. אִיזוֹלַצְיָה, בִּדּוּל, מַנְגָּנוֹן הֲגַנָּה הַפּוֹעֵל בְּאֹפֶן לֹא מוּדָע וּמְנַתֵּק אֶת הַקְּשָׁרִים הַנַּפְשִׁיִּים הַמּוּדָעִים בֵּין רָצוֹן אוֹ פְּעֻלָּה אֲסוּרִים לְבֵין מוֹצָאָם הַמְּקוֹרִי בַּזִּכָּרוֹן

Isolator

חֹמֶר מְבַדֵּד (פיס׳) חֹמֶר הַמּוֹנֵעַ מַעֲבַר חֹם אוֹ חַשְׁמַל

Isolatorium ---> Isolierstation

isolieren

בִּדֵּד (מְבַדֵּד) (פיס׳) מָנַע מַעֲבַר חֹם אוֹ חַשְׁמַל. בּוֹדֵד (מְבוֹדֵד) (ביו׳)

isolierend

מְבַדֵּד (פיס׳). מְבוֹדֵד (ביו׳)

Isolierstation

מִבְדָּדָה (רפו׳) מִבְדָּלָה, מַחְלֶקֶת בִּדּוּד

isoliert

מְבֻדָּד, בָּדִיד, בָּדֵל

isolierte Person ---> Person, isolierte

Isoliertheit

בְּדֵלוּת (פיל׳) [ק/א/80]

Isolierung [---> Isolation]

בִּדּוּד (פיס׳) מְנִיעַת מַעֲבַר חֹם אוֹ חַשְׁמַל

isomorph

שְׁוֵה צוּרָה, אִיזוֹמוֹרְפִי

isotonisch

שְׁוֵה יֶתֶן (ביו׳) אִיזוֹטוֹנִי, שְׁוֵה לַחַץ חִלְחוּלִי (אוֹסְמוֹטִי)

Isotop

שֻׁדּוּף (שֻׁדּוּכִים) (כימ׳, פיס׳) [ל״מ/44]. אִיזוֹטוֹפ, פְּרָד (אָטוֹם) הַשּׁוֹנֶה מִפְּרָד אַחֵר שֶׁל אוֹתוֹ יְסוֹד כִּימִי רַק בְּמִשְׁקָלוֹ (כְּלוֹמַר: בְּמִסְפַּר הַמַּסָּה שֶׁלּוֹ), אַךְ נִמְצָא בְּאוֹתוֹ מָקוֹם בַּמַּעֲרֶכֶת הַמַּחֲזוֹרִית שֶׁל הַיְסוֹדוֹת

Istmaß

מִדָּה לְמַעֲשֶׂה (טכנ׳)

Istzeit

זְמַן מַמָּשִׁי (מחש׳) זְמַן אֱמֶת

Item

פְּרִיט (פְּרִיטִים)

Itemanalyse ---> Indikatorenanalyse

Iteration

חֲזָרְנוּת (פסי׳) [ר/א/267]. חֲזָרָה כְּפִיָּתִית, דַּחַף כְּפִיָּתִי לַחֲזֹר עַל הִתְנַהֲגוּת מְסֻיֶּמֶת. אִקְרוּב הַדְרָגָתִי (אסט׳) קֵרוּב צַעַד צַעַד. חִזּוּר (מתמ׳, מחש׳) אִיטֶרַצְיָה

iterativ

הֶבֵּט הֶרְגֵּלִי (בלש׳) [מ״ב/115]. הֶבֵּט

(אַסְפֶּקְט) פָּעֳלֵי הַמְשַׁמֵּשׁ לְצִיּוּן פְּעֻלָּה הֶרְגֵּלִית, פְּעֻלָּה חוֹזֶרֶת וְנִשְׁנֵית, - מִתְמַשֶּׁכֶת ועוֹד, לְמָשָׁל: "וְחוֹזֵר וְשׁוֹקְלָהּ רֵיקָנִית", "הָיָה יוֹשֵׁב וְדוֹרֵשׁ בְּהַגָּדוֹת". חִזְרוּרִי (מתמ', מחש') אִיטֶרָטִיבִי

iterieren

חִזֵּרֵר (מְחַזְּרֵר) (מתמ', מחש')

J

"ja-nein"-Test ---> Test, "ja-nein"-

Ja-Sage-Tendenz ---> Tendenz, Ja-Sage-

Jachthafen
מַעֲגָנָה (אדר׳) מְקוֹם עֲגִינָה לִכְלֵי שַׁיִט קְטַנִּים, נְמַל יַכְטוֹת

Jähzorn
רַגְזָנוּת (פסי׳) כַּעֲסָנוּת, רַתְחָנוּת

jähzornig [---> cholerisch]
רַגְזָנִי (פסי׳) נוֹחַ לִכְעֹס, מְהִיר חֵמָה, כַּעֲסָנִי, רַתְחָן, בַּעַל אַף

jähzorniger Mensch ---> Mensch, jähzorniger

jäten
נִכֵּשׁ (מְנַכֵּשׁ) (חקל׳) [א״ת/ב/185]. עָקַר עֲשָׂבִים רָעִים

Jäten
נִכּוּשׁ (חקל׳) [א״ת/ב/185]. עֲקִירַת עֲשָׂבִים רָעִים

Jagdhorn
קֶרֶן צַיָּדִים (קַרְנוֹת צַיָּדִים) (מוס׳) כְּלִי נְשִׁיפָה מִמַּתֶּכֶת בְּלִי שַׁסְתּוֹמִים

Jagdinstinkt
יִצְרוֹן הַצַּיִד (פסי׳) חוּשׁ הַצַּיִדָה, אִינְסְטִינְקְט הַצַּיָּדוּת, יֵצֶר הַצַּיִד

Jahr, letztes
אֶשְׁתָּקַד, הַשָּׁנָה הַקּוֹדֶמֶת, הַשָּׁנָה שֶׁעָבְרָה

Jahr, siderisches ---> Sternjahr

Jahrbuch ---> Jahresschrift

Jahresbericht
דּוּחַ שְׁנָתִי

Jahresprodukt
תּוֹצֶרֶת הַשָּׁנָה (כלכ׳) תּוֹצֶרֶת שְׁנָתִית

Jahresrente
אֲנוֹנָה (אֲנוֹנוֹת) (כלכ׳, משפ׳) קִצְבָּה שְׁנָתִית, תַּשְׁלוּם שְׁנָתִי קָצוּב

Jahresschrift
שְׁנָתוֹן (שְׁנָתוֹנִים) (ספרנ׳) כְּתַב עֵת הַיּוֹצֵא אַחַת לְשָׁנָה

Jahresumsatz
מַחְזוֹר שְׁנָתִי (כלכ׳) סְכוּם הַפְּעִילוּת הַמִּסְחָרִית שֶׁל עֵסֶק בְּמֶשֶׁךְ שָׁנָה

jahreszeitlich
עוֹנָתִי

Jahrmarkt
יָרִיד (יְרִידִים) (כלכ׳) [א״ת/ב/356]. שׁוּק גָּדוֹל הַמִּתְכַּנֵּס בִּזְמַנִּים קְבוּעִים

Jammer
יְלָלָה, יְבָבָה, יְלֵל, יֶלֶל, נְהִי, קִינָה

jammern
יִלֵּל (מְיַלֵּל), יִבֵּב

Jargon [---> Dialekt; Slang]
עָגָה (עָגוֹת) (בלש׳) [מ״ב/116;31]. זַ׳רְגוֹן, אוֹצַר מִלִּים מְיֻחָד לְשִׁכְבָה חֶבְרָתִית מְסֻיֶּמֶת אוֹ לַחֲבוּרַת בַּעֲלֵי מִקְצוֹעַ מְסֻיָּם

Jasmin *{Jasminum}*
יַסְמִין (בוט׳) צֶמַח מִמִּשְׁפַּחַת הַזֵּיתִיִּים

Jauche
מֵי זְבָלִים (חקל׳) [א״ת/ב/168]. נוֹזֵל הַמְּטַפְטֵף מִזֶּבֶל הַבְּהֵמוֹת

jauchzen
צָהַל (צוֹהֵל), הִשְׁמִיעַ קוֹל שִׂמְחָה

Jauchzen [---> Freudengeschrei]
צָהֳלָה (צָהֳלוֹת) [א״ת/ג/78]. צָהֳלָה (צָהֳלוֹת), קוֹל שִׂמְחָה

Jazzkapelle
לַהֲקַת גֶ׳ז (לַהֲקוֹת גֶ׳ז) (מוס׳) תִּזְמֹרֶת גֶ׳ז

jene
הַהִיא, הַלֵּזוּ

jener
הַהוּא, הַלָּז

jenseits
מֵעֵבֶר לְ...

Jenseits
הָעוֹלָם הַבָּא (דת) [ק/ג/127]. עוֹלָם הַמְּתֻקָּן, הָעוֹלָם הָרוּחָנִי, עוֹלַם הָרוּחוֹת, עוֹלַם הַנְּשָׁמוֹת

Jenseits und Diesseits
שְׁנֵי הַמְּעוֹנִים (דת) [ק/ב/232]. הָעוֹלָם הַזֶּה וְהָעוֹלָם הַבָּא

Jeremiade
תַּאֲנִיָּה וַאֲנִיָּה

Jerichonektarvogel *{Nectarinia osea}*
צוּפִית (זוא׳) יוֹנֵק דְּבַשׁ, עוֹף מִמִּשְׁפַּחַת הַצּוּפִיתִיִּים

jetzt
כָּעֵת, עַכְשָׁו, עַתָּה, כְּעַן

Jochbein *{Os zygomaticum}*
עֶצֶם הָעֹל (רפו׳) [מר״ח/543]. רִמּוֹן הַפָּנִים (רִמּוֹנִים), עֶצֶם הַלְּחִי

Jod
יוֹדָן (כימ׳) יוֹד, יְסוֹד כִּימִי אַלְמַתַּכְתִּי

jodeln
יִדְלֵל (מְיַדְלֵל) (מוס׳) שָׁר יִדְלוּל (יוֹדֶל)

Jodeln
יִדְלוּל (יִדְלוּלִים) (מוס׳) זִמְרַת יוֹדֶל

Johannisbeere *{Ribes}*

דְּמְדְמָנִית (בוט') צֶמַח מִמִּשְׁפַּחַת הַבְּקַעֲצוּרִיִּים

Johannisbrot
חָרוּב (חֲרוּבִים) (בוט', חזו') [א"ח/א/115]. פְּרִי עֵץ הֶחָרוּב

Johannisbrotbaum *{Ceratonia siliqua}*
חָרוּב מָצוּי (בוט') צֶמַח מִמִּשְׁפַּחַת הַקֶּסַלְפִּינִיִּים

Johannisechse *{Ablepharus kitaibelii}*
חֹמֶט גַּמָּד (זוא') חֹמֶט נַנָּסִי, זוֹחֵל מִמִּשְׁפַּחַת הַחֲמָטִיִּים

Johanniskraut *{Hypericum}*
פֶּרַע (בוט') צֶמַח מִמִּשְׁפַּחַת הַפִּרְעִיִּים

Jongleur
לַהֲטוּטָן (תאט')

Jonquille *{Narcissus jonquilla}*
נַרְקִיס סְמָרִי (בוט') צֶמַח מִמִּשְׁפַּחַת הַנַּרְקִיסִיִּים

Journalismus
עִתּוֹנָאוּת

Journalist(in)
עִתּוֹנַאי (עִתּוֹנָאִים), עִתּוֹנָאִית (עִתּוֹנָאִיּוֹת)

Jubel
תְּרוּעָה (תְּרוּעוֹת) (מוס') [א"ח/ג/97]. פְּצָחָה (פְּצָחוֹת), שִׁירָה בְּקוֹל, פֶּצַח, פְּצִיחָה, רִנָּה

Jucken *{Pruritus}*
עִקְצוּץ (פסי', רפו') [מר"ח/559]. גֵּרוּד, גָּרֶדֶת, תְּחוּשַׁת עֲקִיצוֹת קַלּוֹת הַמְעוֹרְרוֹת רָצוֹן לְהִתְגָּרֵד

juckend
מְעַקְצֵץ (רפו') מְגָרֵד, מְחָרֵל, מְעוֹרֵר פְּרִיחַת אֲבַעְבּוּעוֹת עַל הָעוֹר

Juckflechte ---> Ekzem; Neurodermitis
Juckreiz ---> Jucken

Judasbaum *{Cercis siliquastrum}*
כְּלִיל הַחֹרֶשׁ (בוט') צֶמַח מִמִּשְׁפַּחַת הַקֶּסַלְפִּינִיִּים

Judenbart *{Saxifraga sarmentosa (Saxifraga stolonifera)}*
בְּקַעֲצוּר הַשְּׁלוּחוֹת (בוט') צֶמַח מִמִּשְׁפַּחַת הַבְּקַעֲצוּרִיִּים

Judghaniten, Sekte der
יְדְעָנִים (דת) [ק/ב/29, 106]. יְהוּדָאִים, שֵׁם כַּת דָּתִית

Judiciale
דֶּרֶךְ מִשְׁפָּטִי (רטו') [ק/א/148]

Judicium cum verbo
מִשְׁפָּט שְׁנִיּוֹנִי (בלש', פיל') [ק/ד/142]. מִשְׁפָּט שְׁנִיִּי, - שֶׁנְּשׂוּאוֹ פֹּעַל

Jüngling ---> Jugendlicher
Jüngsten Tag, bis zum ---> Tag, bis zum Jüngsten
Jugend ---> Jugendalter

Jugendalter
נְעוּרִים (רפו', פסי') הִתְבַּגְּרוּת, עֲלוּמִים, בַּחֲרוּת, בְּחוּרוֹת

Jugendirresein *{Dementia praecox}*
[---> Schizophrenie]

הִשְׁתַּטּוּת בֹּסֶר (רפו', פסי') הִשְׁתַּטּוּת נְעוּרִים

Jugendliche(r)
נַעַר (נְעָרִים), נַעֲרָה (נְעָרוֹת) (רפו', פסי') עֶלֶם (עֲלָמִים), עַלְמָה (עֲלָמוֹת), מִתְבַּגֵּר, בָּחוּר (בַּחוּרִים), בַּחוּרָה

Jugendschutzkammer
בֵּית מִשְׁפָּט לְנֹעַר (משפ')

Jujube *{Ziziphus jujuba}*
שֵׁיזָף תַּרְבּוּתִי (בוט') צֶמַח מִמִּשְׁפַּחַת הָאַשְׁחָרִיִּים

Jungfer im Grünen ---> Braut in Haaren

Jungfernkranich *{Anthropoides virgo}*
עֲגוּר חֵן (זוא') עוֹף מִמִּשְׁפַּחַת הָעֲגוּרִיִּים

Jungfernrebe *{Parthenocissus}*
גַּפְנִית (בוט') צֶמַח מִמִּשְׁפַּחַת הַגַּפְנִיִּים

Jungfrau, Sternbild der ---> Sternbild der Jungfrau

Junggeselle
רַוָּק (רַוָּקִים) [א"ח/ב/25]. לֹא נָשׂוּי

Junggeselle, alter ---> Hagestolz

Junkerlilie *{Asphodeline}*
עִירְיוֹנִי (בוט') צֶמַח מִמִּשְׁפַּחַת הַשּׁוֹשַׁנִּיִּים

Junktim
עִסְקַת חֲבִילָה (משפ')

Junktur
מַחְבָּר (בלש') [מ"ב/116]. הֶגֶן (פוֹנֵמָה) הֶפְסֵק, הַגְּבוּל שֶׁבֵּין שְׁנֵי צוֹרָנִים (מוֹרְפֵמוֹת) הַבָּאִים זֶה אַחַר זֶה הַמְצַיֵּן אֶת מַשְׁמָעוֹ שֶׁל מַבָּע מְסֻיָּם, לְמָשָׁל: הַהֶבְדֵּל שֶׁבֵּין שְׁנֵי הַמַּבָּעִים שֶׁלְּהַלָּן: "Sie holte **Spargel, der** gekocht werden sollte" (="הִיא לָקְחָה אַסְפָּרָגוֹס לְשֵׁם בִּשּׁוּל") כְּנֶגֶד: "Sie holte **Spar-geld-er** von der Bank" (="הִיא נָטְלָה חֶסְכוֹנוֹת מִן הַבַּנְק")

Jurisprudenz ---> Rechtswissenschaft

Juristerei
תּוֹרַת הַמִּשְׁפְּטָנוּת (משפ')

juristische Person ---> Körperschaft

juristischer Berater ---> Rechtsberater

Jussivus
דֶּרֶךְ הַפִּקּוּד (בלש') [מ"ב/116]. יוֹשֵׁב, עָתִיד מְקֻצָּר, דֶּרֶךְ עֲשִׂיָּה (מוֹדוּס) שֶׁל הַפֹּעַל הַמַּבִּיעָה מַאֲוַיֵּי כָּלְשֶׁהוּ שֶׁל הַדּוֹבֵר (כַּוָּנָה, פִּקּוּד, בַּקָּשָׁה, רָצוֹן וְעוֹד) בְּצוּרַת הֶעָתִיד הַמְּקֻצָּר, לְמָשָׁל: "אַל **תַּעַן** כְּסִיל כְּאִוַּלְתּוֹ", "**יְהִי** בֵיתְךָ בֵּית וַעַד לַחֲכָמִים"

justieren ---> einstellen; eichen

Justierung ---> Einstellung; Eichung

Justizirrtum ---> Fehlspruch

Jute *{Corchorus capsularis}*
מַלּוּכִיַּת הַהֶלְקֵטִים (בוט') צֶמַח מִמִּשְׁפַּחַת הַטִּלְיָתִיִּים

Juxtaposition
הַצְמָדָה (בלש') [מ״ב/116]. ז'וּקְסְטָפּוֹזִיצְיָה, הֲשָׂמַת צוּרָנִים (מוֹרְפֵמוֹת) זֶה לְיַד זֶה לְשֵׁם יְצִירַת מִלָּה אַחַת, לְמָשָׁל: בְּעִבְרִית: ״אַפְעַלְפִּי״ (=אַף+עַל+פִּי), בְּגֶרְמָנִית: Meerenge (מֵצַר)

K

Kabbala
קַבָּלָה (דת) [ק/ג/264]. חָכְמַת הַנִּסְתָּר (דת) [ק/א/298; ק/ג/47]. חָכְמָה נִסְתָּרָה, תּוֹרַת הַסּוֹד, סִפְרוּת הַסּוֹדוֹת הָאֱלֹהִיִּים. חָכְמַת הָאֱמֶת (דת) [ק/א/294]

Kabbala, praktische
חָכְמַת הַקַּבָּלָה הַמַּעֲשִׂית (דת) [ק/א/298]

Kabbala, theoretische
חָכְמַת הַקַּבָּלָה הָעִיּוּנִית (דת) [ק/א/298]

Kabbalist
מְקֻבָּל (מְקֻבָּלִים) (דת) [ק/ב/263]. בַּעַל חָכְמַת הַקַּבָּלָה. חֲכַם הָאֱמֶת (דת) [ק/א/289]

kabbalistische Buchstabensynthese
---> Buchstabensynthese, kabbalistische

Kabel
כֶּבֶל (כְּבָלִים) (ימא׳)

Kabel, elektrisches
כֶּבֶל חַשְׁמַל (טכנ׳) כֶּבֶל חַשְׁמַלִּי (כְּבָלִים חַשְׁמַלִּיִּים)

Kabelschiff
אֳנִיַּת כֶּבֶל (ימא׳) כַּבְלָרִית

Kabeltau ---> Trosse

Kachexie ---> Kräfteverfall

Kadenz
תֶּנַח (תְּנָחִים) (מוס׳) קָדֶנְצָה

Kadenz, unterbrochene
תֶּנַח מֻפְסָק (מוס׳) קָדֶנְצָה מֻפְסֶקֶת

Kader
סֶגֶל (סְגָלִים) (מנה׳, מ״ח) חֶבֶר אֲנָשִׁים הָעוֹסְקִים בִּפְעִילוּת מְסֻיֶּמֶת

Käfer *{Coleoptera}*
חִפּוּשִׁיּוֹת (זוא׳) סִדְרָה שֶׁל חֲרָקִים

Kälte
קֹר (פיס׳, רפו׳) [ר/ב/604; א״ח/א/263]. תְּכוּנַת הַדָּבָר הַקַּר, חֲוָיָה חוּשִׁית בִּתְגוּבָה לְגֵרוּי שֶׁמִּדַּת הַחֹם שֶׁלּוֹ נְמוּכָה מֵחֹם הַגּוּף, קְרִירוּת, צִנָּה

Kälte, Bewirken von
קֵרוּר (פיס׳) [ק/ג/301]. צִנּוּן

Kälte, Zeit der
עוֹנַת הַקֹּר (מטא׳, חקל׳) [א״ח/ב/149]. קֹר, צִנָּה, יְמֵי הַצִּנָּה, חֲצִי שְׁבָט, אֲדָר וַחֲצִי נִיסָן

Kältewelle
גַּל קֹר (מטא׳)

kämmen
שָׁלֵב (מְשַׁלֵּב) (טכנ׳). הִסְתָּרֵק [א״ח/א/197]. סֵרֵק (מְסָרֵק), סִדֵּר שְׂעָרוֹת בְּמַסְרֵק, סָרַק (סוֹרֵק)

Kännchen
פַּכִּית (פַּכִּיּוֹת) (טכנ׳, ארכ׳)

Känguruhdorn *{Acacia armata}*
שִׁטָּה דוֹקְרָנִית (בוט׳) צֶמַח מִמִּשְׁפַּחַת הַמִּימוֹסִיִּים

Käse bereiten
גִּבֵּן (מְגַבֵּן) (חזו׳) [א״ח/ב/135]. עָשָׂה גְּבִינָה מֵחָלָב

Kästchen-Denken ---> Denken(s), Parzellierung des

Käufer
קוֹנֶה (קוֹנִים) (כלכ׳) לָקוֹחַ (לָקוֹחוֹת)

Kaffee *{Coffea}*
קָפֶה (בוט׳) צֶמַח מִמִּשְׁפַּחַת הַפּוּאָתִיִּים

Kaffee, Schwedischer ---> Kaffeewicke

Kaffeestrauch *{Coffea arabica}*
קָפֶה עֲרָבִי (בוט׳) צֶמַח מִמִּשְׁפַּחַת הַפּוּאָתִיִּים

Kaffeewicke *{Astragalus boeticus}*
קֶדֶד סְפָרַדִּי (בוט׳) צֶמַח מִמִּשְׁפַּחַת הַפַּרְפְּרָנִיִּים

kahl werden
הִקְרִיחַ (מַקְרִיחַ) (רפו׳) נִקְרַח, נַעֲשָׂה קֵרֵחַ

Kahlheit ---> Haarschwund

Kahlheit an der Stirn
גַּבַּחַת (רפו׳) [מר״ח/29]. קָרַחַת מִצַּד הַמֵּצַח

Kahlköpfiger
קֵרֵחַ (קֵרְחִים) (רפו׳) בַּעַל קָרַחַת

Kahn [---> Flußboot]
בֻּצִּית (בֻּצִּיּוֹת) (ימא׳) סִירָה קְטַנָּה

Kahnbein ---> Fußwurzelknochen

Kaiplatz
מִרְצָף (ימא׳) מְקוֹם חֲנָיָה לְיַד הָרָצִיף

Kaiseradler *{Aquila heliaca}*
עֵיט שֶׁמֶשׁ (זוא׳) עוֹף מִמִּשְׁפַּחַת הַנְּצִיִּים

Kajüte
תָּא (תָּאִים) (ימא׳) תָּא סְפִינָה (תָּאֵי סְפִינָה)

Kajütentreppe ---> Niedergangstreppe

Kakipflaume *{Diospyros kaki}*
אֲפַרְסְמוֹן יַפָּנִי (בוט׳) צֶמַח מִמִּשְׁפַּחַת

הָאֲפַרְסְמוֹנִיִּים

Kakophonie [---> Dissonanz]
תַּצְרוּם (מוס') [למ"ו/55]. קָקוֹפוֹנְיָה, צֵרוּף צְלִילִים הַצּוֹרְמִים אֶת אֹזֶן הַשּׁוֹמֵעַ

Kalâm, Sekte der
כַּת הַמְדַבְּרִים (פיל') [ק/א/126]

Kalâm, Lehre der
חָכְמַת הַדִּבֵּרִים (פיל') [ק/א/129; 294]. חָכְמַת הַדִּבּוּר, - הַהִגָּיוֹן, - הַמִּבְטָא, - הַשֵּׂכֶל, - הַדָּבָר. חָכְמַת הַמְדַבְּרִים (פיל') [ק/א/296]

kalamistisch
דִּבְרִי (פיל') [ק/א/131]. עַל דֶּרֶךְ הַמְדַבְּרִים, מִתְיַחֵס עַל שִׁיטַת הַמְדַבְּרִים

Kalanderlerche *{Melanocorypha calandra}*
עֶפְרוֹנִי עֲנָק (זוא') צַוְארוֹנִי עֲרָבוֹת, עוֹף מִמִּשְׁפַּחַת הָעֶפְרוֹנִיִּים

Kaldera *{Caldera}*
קַלַּחַת (קְלָחוֹת) (גאו', י"א) קַלְדֵּרָה, חָלָל גָּדוֹל דְּמוּי בִּקְעָה שֶׁנּוֹצַר כְּתוֹצָאָה מֵהִתְפּוֹצְצוּת פִּסְגָּתוֹ שֶׁל הַר גַּעַשׁ אוֹ מִפְּחִיתָה גּוֹבֶרֶת וְהוֹלֶכֶת שֶׁלּוֹ

Kalebasse ---> Flaschenkürbis

Kalenderkunde
חִשּׁוּב הָעִתִּים (אסט', מחמ') [ק/א/298]. חָכְמַת הָעִבּוּר, חִשּׁוּב עִתּוֹת הַשָּׁנָה, הַתּוֹרָה הָעוֹסֶקֶת בְּהוֹסָפַת יוֹם לְחֹדֶשׁ אוֹ בְּהוֹסָפַת חֹדֶשׁ לְשָׁנָה וכד'

Kaliber
קֹטֶר (קְטָרִים) (מדע, טכנ') [מר"ח/113]. אִמּוּם

kalibrieren ---> eichen

Kalibrierung ---> Eichung

Kalium
אַשְׁלְגָן (כימ') [דח"ט/27]. יְסוֹד מַתַּכְתִּי לָבָן

Kaliumkarbonat ---> Pottasche

Kalk, gebrannter
סִיד חַי (כימ') [דח"ט/115]. סִיד שָׂרוּף, סִידָן חַמְצָנִי, תַּחְמֹצֶת סִידָן לְבָנָה הַמּוּפֶקֶת עַל יְדֵי קְלִיַּת אֶבֶן גִּיר בִּתְמוּדָה (טֶמְפֶּרָטוּרָה) גְּבֹהָה

Kalk, gelöschter
סִיד כָּבוּי (כימ') [דח"ט/115]. תְּמִיסָה מֵימִית הַמִּתְקַבֶּלֶת עַל יְדֵי הוֹסָפַת מַיִם לְסִיד חַי

kalken ---> weißen

kalkhaltiger Ton ---> Ton, kalkhaltiger

Kalkstein
אֶבֶן גִּיר (גאו') [דח"ט/9]. אֶבֶן סִיד, - הַמּוֹפִיעָה בְּשֶׁפַע בַּטֶּבַע

Kalkül
תַּחְשִׁיב (פיל', בלש') [ת"ה/57]. מִכְלוֹל סִימָנִים וּכְלָלֵי שִׁמּוּשׁ בָּהֶם הַמִּתְיַחֲסִים רַק לְצוּרַת הַסִּימָנִים וְלֹא לְתָכְנָם

Kalkulation ---> Berechnung

Kalmen
אֵזוֹר הַשֶּׁקֶט הַמַּשְׁוָנִי (מטא') [יל"ט/12]. אֵזוֹר מִשְּׁנֵי עֶבְרֵי קַו הַמַּשְׁוֶה הַתֶּרְמִי שֶׁאֵין בּוֹ רוּחוֹת חֲזָקוֹת

Kalorie
חֲמִיָּה (חֲמִיּוֹת) (תזו', רפו') קָלוֹרְיָה, יְחִידַת מֶרֶץ (אֶנֶרְגִּיָּה) וְכַמּוּת הַחֹם

kalt hämmern ---> hämmern, kalt

kalt schmieden ---> schmieden, kalt

kalt werden
הִתְקָרֵר (פיס') נַעֲשָׂה קַר, יָרְדָה הַתְּמוּדָה (טֶמְפֶּרָטוּרָה), נִקְרַר, הִקְרִיר, קָרַר (מְקָרֵר), קָרַר, צַן, נִצּוֹן, צָנַן, הִצְטַנֵּן, הָפַג חֻמּוֹ, הוּצַן (מוּצָן), צֻנַּן (מְצֻנָּן), הֵצַן

Kalte, das
קֹר, קְרִירוּת (פיל', מטא') [ק/ג/299]. אַחַת מֵאַרְבַּע הָאֵיכֻיּוֹת הָרִאשׁוֹנוֹת

Kalthämmerung ---> Härtung durch Hämmern

Kalthärtung
חִסּוּם בְּעִבּוּר (טכנ')

Kaltluftsee
מִקְוַת אֲוִיר קַר (מטא') [יל"ט/125]. אֲוִיר קַר הַיּוֹרֵד בְּמַדְרוֹנוֹת הֶהָרִים

Kaltlufttropfen
בּוּעַת אֲוִיר קַר (מטא') [יל"ט/31]

Kaltnadelradierung
תַּחֲרִיט יָבֵשׁ (אמנ') [ממ"ג/113]. תַּחֲרִיט שֶׁנַּעֲשָׂה בְּאֶמְצָעוּת חֶרֶט עַל גַּבֵּי לוּחַ מַתֶּכֶת מִבְּלִי שֶׁהִשְׁתַּמְּשׁוּ בְּצֶרֶב

Kalyx ---> Blütenkelch

Kalzium
סִידָן (כימ') [דח"ט/115]. יְסוֹד מַתַּכְתִּי בַּעַל צֶבַע כֶּסֶף הַמּוֹפִיעַ בַּטֶּבַע בְּמֻחְצָבִים שׁוֹנִים

Kamelhalsfliegen *{Raphidiidae}*
אֲרִינְחָשִׁיִּים (זוא') מִשְׁפָּחָה שֶׁל חֲרָקִים

Kamelkarawane
גַּמֶּלֶת (גַּמָּלוֹת), שַׁיֶּרֶת גְּמַלִּים, אוֹרְחַת גְּמַלִּים

Kameltreiber
גַּמָּל (גַּמָּלִים) (חקל') [א"ח/ב/128]. נוֹהֵג גְּמַלִּים

Kamille *{Chamomilla}*
בַּבּוֹנָג (בוט') צֶמַח מִמִּשְׁפַּחַת הַמֻּרְכָּבִים

Kamille, Echte *{Chamomilla recutita}*
בַּבּוֹנָג דּוּ גּוֹנִי (בוט') צֶמַח מִמִּשְׁפַּחַת הַמֻּרְכָּבִים

Kamille, Römische *{Chamaemelum nobile}*
קַחְוָן אָצִיל (בוט') צֶמַח מִמִּשְׁפַּחַת הַמֻּרְכָּבִים

Kamillentee
תֵּה בַּבּוֹנָג (תזו', רפו') מֵי סִיסִין

Kamm
רֶכֶס (רְכָסִים) (י"א) שַׁרְשֶׁרֶת הָרִים

Kammer
לִשְׁכָּה (לְשָׁכוֹת) (רפו') לֶשֶׁךְ (לְשָׁכִים), חֶדֶר (חֲדָרִים)

Kammerspiel
מַחֲזֶה לִשְׁכָּה (תאט') מַחֲזֶה קַמֶּרִי

Kammerton ---> Normalstimmung

Kammgras *{Cynosurus}*
זְנַב הַכֶּלֶב (בוט') צֶמַח מִמִּשְׁפַּחַת הַדְּגָנִיִּים

Kammlinie
קַו רֶכֶס (י"א)

Kammuschel, Bunte *{Chlamys varia}*
מַסְרֵק מְגֻוָּן (זוא') בַּעַל חַיִּים מִמִּשְׁפַּחַת הַמַּסְרְקִיִּים (צְדָפוֹת)

Kammuscheln *{Pectinidae}*
מַסְרְקִיִּים (זוא') מִשְׁפָּחָה שֶׁל צְדָפוֹת

Kampf
מַאֲבָק (מַאֲבָקִים) [ק/ב/169]. מָוֶת, מִלְחָמָה,

הקצה או הראש החד

Kantor

חזן (חזנים) (מוס׳, דת)

Kanüle ---> Hohlnadel

Kanzel

בימה (בימות) (אדר׳, דת) דוכן הדרשות בבית תפלה

Kapazität

קבול (פיס׳) [ל״מ/559]. כשר נשיאה, מסגלות, היחס בין המטען החשמלי לבין האזר (פוטנציאל) של הגוף

Kapelle ---> Orchester

Kapellmeister ---> Dirigent

Kapernstrauch *{Capparis}*

צלף (בוט׳) צמח ממשפחת הצלפיים

Kapernstrauch, Echter *{Capparis spinosa}*

צלף קוצני (בוט׳) צמח ממשפחת הצלפיים

kapillar

נימי (פיס׳) קפילרי

Kapillare

נימה (נימות) (פיס׳, ביו׳) [מר״ח/120]. קנוקנת (קנוקנות)

Kapillargefäß ---> Kapillare

Kapillarität

נימיות (פיס׳, ביו׳) [ל״מ/439]. גדיבה קנוקנית, משיכה נימית, קפילריות, עלית נוזלים בצנור דקיק

Kapillarwasser

מים נימיים (הידר׳) מים קפילריים

Kapital

הון (מ״ח, כלכ׳) סכום ערך המתממש בתנאי יחס יצור חברתי סגלי (ספציפי), ערך המניב עדף ערך באמצעות נצול עבודה שכירה

Kapital(s), Akkumulationsprozeß des

תהליך הצבר ההון (מ״ח, כלכ׳)

Kapital, akkumuliertes

הון מצבר (מ״ח, כלכ׳)

Kapital, angewandtes

הון משמש (מ״ח, כלכ׳)

Kapital(s), Bewegung des

תנועת ההון (מ״ח, כלכ׳)

Kapital, fixes

הון יציב (מ״ח, כלכ׳) חלק מן ההון היצרני המרכב מאמצעי העבודה (מכונות, ציוד, כלים וכד׳) וממבני היצור

Kapital, flüssiges

הון חוזר (מ״ח, כלכ׳) הון זורם, חלק מן ההון המרכב ממשאי העבודה (חמרי גלם, - עזר וכד׳) ומן ההון הדרוש לקנית כחות עבודה

Kapital, freigesetztes

הון מתפנה (מ״ח, כלכ׳)

Kapital, industrielles

הון תעשיתי (מ״ח, כלכ׳)

Kapital, kommerzielles

הון מסחרי (מ״ח, כלכ׳)

Kapital, konstantes

הון קבוע (מ״ח, כלכ׳) [ק״מ/א/168]. חלק ההון המשקע באמצעי היצור (חמר גלם, חמרי

לחימה

Kampfer

כפר (בוט׳, רפו׳) קמפור

Kampferbaum *{Cinnamomum camphora}*

קנמון קמפורי (בוט׳) צמח ממשפחת הערים

Kampfgeist

רוח קרב (צבא, פסי׳) מורל, כח עמידה נפשית, רוח מאבק

Kampfinstinkt

יצרון הלוחמנות (פסי׳) חיש המאבק, אינסטינקט הלחימה, יצר הלחימה

Kampfläufer *{Philomachus pugnax}*

לוחם (זוא׳) עוף ממשפחת החרטומניים

Kanälchen *{Canaliculus}*

צנורית (צנוריות) (רפו׳)

Kanal

מעבר (מעברים) [ק/ב/230]. מקום שאפשר לעבר בו, צנור, חלל, נקב שעובר בו דבר-מה. אפיק (אפיקים) (פסי׳, מחש׳) [ר/א/88; דמ״א/21]. ערוץ (ערוצים), מערכת לשדור אות משלב הקלט ועד שלב הפלט הסופי

Kanalisation

צנור נקוז (רפו׳) מפצד. תעול (הידר׳) התקנת תעלות או העברה בתעלות

Kanalisierung

ערוץ (פסי׳) [ר/ב/686]. תעול, תהליך שבאמצעותו מכונים צרך כלשהו לערוץ התנהגות מסים, מקוד צרכים בלתי סגליים במשאים סגליים

Kanalumschaltung

בורר אפיקים (טכנ׳) התקן לברירת האפיק (גל השדור) הרצוי בתבטת (טלביזיה)

Kanariengras *{Phalaris canariensis}*

חפורית קנרית (בוט׳) צמח ממשפחת הדגניים

Kandare

פרמביה (חקל׳) רסן של ברזל

Kaninchen *{Oryctolagus cuniculus}*

ארנבון (זוא׳) יונק ממשפחת הארנביים

Kanne

כד (כדים) (טכנ׳, ארכ׳) [א״ת/א/81]. קיתון (קיתונות), כלי חרס המשמש לשמירת נוזלים

kanneliert

מחרץ

Kannibale

אוכל אדם (אנת׳) לודאי, קניבל

Kannibalismus

אכילת אדם (אנת׳) [מר״ח/118]. לודאיות, קניבליות

Kanon

תקנון, חקה, מכלול של תקנות, כללים וכד׳

Kanonierblume *{Pilea}*

פילית (בוט׳) צמח ממשפחת הסרפדיים

Kanonisation

קדישה (דת) קנוניזציה, הכתרה לקדוש

Kanonisieren ---> Kanonisation

Kante [---> Diederecke]

מקצוע (מקצועות) (מתמ׳) פנה, זוית, צלע הנדסית, הישר הנוצר במקום שבו נפגשות שתי פאות של גוף הנדסי. חד [ק/א/271].

עֵזֶר וְאֶמְצְעֵי עֲבוֹדָה) וְאֵינוֹ מְשַׁנֶּה אֶת שִׁעוּר
עֶרְכּוֹ בְּתוֹךְ תַּהֲלִיךְ הָעֲבוֹדָה

Kapital, konsumiertes

הוֹן שֶׁנִּצְרַךְ (מ״ח, כלכ׳)

Kapital(s), Konzentration des [--->
Kapital(s), Zentralisation des

רִכּוּז הַהוֹן (מ״ח, כלכ׳) גִּדּוּל הֶקֵּף הַהוֹן בִּידֵי בַּעֲלֵי הוֹן בּוֹדְדִים אוֹ בִּידֵי קְבוּצוֹת בַּעֲלֵי הוֹן כְּתוֹצָאָה מִצְבִירַת (אֲקוּמוּלַצְיָה) הוֹן בְּאֶמְצָעוּת הִפּוּךְ חוֹזֵר שֶׁל עֹדֶף עֵרֶךְ לְהוֹן

Kapital(s), organischen Zusammensetzung des

הַהֶרְכֵּב הָאוֹלְנִי (אוֹרְגָנִי) שֶׁל הַהוֹן (מ״ח, כלכ׳) יַחַס עֶרְכִּי מְסֻיָּם בֵּין הַהוֹן הַקָּבוּעַ לְבֵין הַהוֹן הַמִּשְׁתַּנֶּה הַנִּקְבָּע עַל יְדֵי הַהֶרְכֵּב הָעֲשׂוּתִי (טֶכְנִי) שֶׁל הַהוֹן

Kapital, personifiziertes

הוֹן מְאֻנָּשׁ (מ״ח, כלכ׳) הוֹן בְּצוּרַת אָדָם

Kapital, produktives

הוֹן יַצְרָנִי (מ״ח, כלכ׳) חֵלֶק מִן הַהוֹן הַתַּעֲשִׂיָּתִי הַנִּמְצָא בְּצוּרָה פְּעִילָה אוֹ סְמוּיָה בִּתְחוּם הַיִּצּוּר, כְּלוֹמַר: בְּצוּרַת אֶמְצְעֵי יִצּוּר וְכֹחַ עֲבוֹדָה לְרַבּוֹת הַמְּלַאי הַנָּחוּץ לַיִּצּוּר

Kapital, suspendiertes

הוֹן מֻשְׁבָּת (מ״ח, כלכ׳)

Kapital(s), technischen Zusammensetzung des

הַהֶרְכֵּב הָעֲשׂוּתִי (טֶכְנִי) שֶׁל הַהוֹן (מ״ח, כלכ׳) הַיַּחַס בֵּין כַּמּוּת אֶמְצְעֵי הַיִּצּוּר לְבֵין כֹּחוֹת הָעֲבוֹדָה הָאֱנוֹשִׁיִּים הַנִּדְרָשִׁים בְּתַהֲלִיךְ יִצּוּר יָחִיד אוֹ בְּתַהֲלִיךְ הַיִּצּוּר הָרְכוּשָׁנִי כֻּלּוֹ

Kapital(s), Umschlag des

מַחֲלוֹף הַהוֹן (מ״ח, כלכ׳) מַחֲזוֹר הַהוֹן, סַבְשַׁב (מַחֲזוֹר) הַהוֹן כְּתַהֲלִיךְ עִדָּנִי (פֶּרְיוֹדִי) שֶׁבּוֹ הֶבְדֵּלֵי הַצּוּרָה בֵּין הוֹן יַצְרָנִי יַצִּיב וּבֵין הוֹן יַצְרָנִי חוֹזֵר בָּאִים לִכְלַל בִּטּוּי

Kapital, variables

הוֹן מִשְׁתַּנֶּה (מ״ח, כלכ׳) [ק״מ/א/168]. חֵלֶק הַהוֹן הַמֻּשְׁקָע בְּכֹחַ הָעֲבוֹדָה וְהַמְּשַׁנֶּה אֶת עֶרְכּוֹ בְּתוֹךְ תַּהֲלִיךְ הָעֲבוֹדָה. הוּא חוֹזֵר וּמְיַצֵּר אֶת הַשָּׁקוּל (אֶקְוִיוָלֶנְט) שֶׁלּוֹ וְתוֹסֶפֶת לְמַעְלָה מִזֶּה הַקְּרוּיָה עֹדֶף הָעֵרֶךְ

Kapital, vorgeschossenes

הוֹן מֻשְׁדָּם (מ״ח, כלכ׳) הוֹן שֶׁנִּתָּן כִּמְקַדְּמָה

Kapital(s), Wertzusammensetzung des

הֶרְכֵּב עֶרְכֵּי הַהוֹן (מ״ח, כלכ׳) הַיַּחַס בֵּין חֶלְקֵי הַהוֹן הַמְּגֻלְמִים בְּקִרְבָּם אֶת עֵרֶךְ אֶמְצְעֵי הַיִּצּוּר (הוֹן קָבוּעַ) לְבֵין אֵלּוּ הַמְּגַלְמִים אֶת עֵרֶךְ כֹּחַ הָעֲבוֹדָה הָאֱנוֹשִׁי (הוֹן מִשְׁתַּנֶּה)

Kapital(s), Zentralisation des [--->
Kapital(s), Konzentration]

הֶרְכֵּז הַהוֹן (מ״ח, כלכ׳) אִחוּד הוֹנוֹת שֶׁנִּתְהַוּוּ מִכְּבָר אִם עַל יְדֵי נִשּׁוּל בַּעֲלֵי הוֹן חַלָּשִׁים שֶׁהוֹנָם נוֹפֵל בִּידֵי בַּעֲלֵי הוֹן חֲזָקִים יוֹתֵר אוֹ בְּאֶמְצָעוּת מִזּוּג הַרְבֵּה הוֹנוֹת קְטַנִּים לִמְעַט הוֹנוֹת גְּדוֹלִים

Kapital, zinstragendes

הוֹן מַעֲלֶה רִבִּית (מ״ח, כלכ׳) צוּרַת הוֹן הַהוֹפֶכֶת לִסְחוֹרָה וּמְמַמֶּשֶׁת מְחִיר מְסֻיָּם שֶׁהוּא הָרִבִּית

Kapital, zirkulierendes ---> Kapital, flüssiges

Kapital machen, zu ---> kapitalisieren

Kapitalabgabe

הֶטֵּל הוֹנִי (כלכ׳)

Kapitalakkumulation

הֶצְבֵּר הַהוֹן (מ״ח, כלכ׳) [ק״מ/א/476]. תַּקְבִּיץ, צְבִירָה, תַּהֲלִיךְ הֲפִיכָתוֹ שֶׁל חֵלֶק מִן הָעֵרֶךְ הָעֹדֶף הַחֶבְרָתִי לְאֶמְצְעֵי יִצּוּר חֲדָשִׁים

Kapitalaufstockung

צְמִיחָה הוֹנִית (כלכ׳) גִּדּוּל בְּהוֹן, הַעֲלָאַת הוֹן הַיְסוֹד בְּחֶבְרַת מְנָיוֹת

Kapitalaufwand

הוֹצָאוֹת הוֹן (כלכ׳) הוֹצָאָה הוֹנִית

Kapitalaufwendung --->
Kapitalaufwand

Kapitalauslage

הַשְׁקָעַת הוֹן (מ״ח, כלכ׳)

Kapitalbesitz, Einkommen aus --->
Kapitaleinkommen

Kapitaleinkommen

הַכְנָסָה שֶׁלֹּא מִיגִיעָה (כלכ׳) הַכְנָסָה שֶׁמְּקוֹרָהּ בִּגְזִירְוָחִים (דִּיבִידֶנְדוֹת), רִבִּית מִנְּיָרוֹת עֵרֶךְ, דְּמֵי שִׁמּוּשׁ בְּנֶכֶס וכד׳

Kapitalerhöhung --->
Kapitalaufstockung

Kapitalgewinnsteuer

מִסּוּי רִוְחֵי הוֹן (כלכ׳)

Kapitalherabsetzung

הַפְחָתַת הוֹן (כלכ׳) [אב״נ/58]. הַקְטָנַת הַהוֹן הַנִּפְרָע שֶׁל חֶבְרָה מִסְחָרִית

Kapitalisation ---> Kapitalisierung

kapitalisieren

הִוֵּן (מְהַוֵּן) (כלכ׳)

kapitalisierter Mehrwert ---> Mehrwert, kapitalisierter

Kapitalisierung

הִוּוּן (כלכ׳) קַפִּיטָלִיזַצְיָה, הֲפִיכַת הָעֹשֶׁר לְהוֹן

Kapitalisierung, unechte

הִוּוּן מְדֻמֶּה (כלכ׳) [אב״מ/43]. יְצִירַת הוֹן מְדֻמֶּה וְחִשּׁוּב מְחִירוֹ, לָרֹב בְּאֶמְצָעוּת נְיָרוֹת עֵרֶךְ

Kapitalisierung von Gewinnen

הִוּוּן רְוָחִים (כלכ׳)

Kapitalist

בַּעַל הוֹן (בַּעֲלֵי הוֹן) (מ״ח, כלכ׳) רְכוּשָׁן, קַפִּיטָלִיסְט

Kapitalistenklasse

מַעֲמַד בַּעֲלֵי הַהוֹן (מ״ח, כלכ׳) מַעֲמַד הָרְכוּשָׁנִים

kapitalistisch

רְכוּשָׁנִי (מ״ח, כלכ׳) קַפִּיטָלִיסְטִי

kapitalistische Akkumulation --->
Akkumulation, kapitalistische

Kapitalkonto ---> Anlagekonto

Kapitalmarkt

שׁוּק הַהוֹן (כלכ׳)

Kapitalpacht

חֲכוּרַת הוֹן (כלכ׳)

Kapitalverhältnis

יַחַס הַהוֹן (כלכ׳)

Kapitalverlust

הֶפְסֵד הוֹנִי (כלכ')

Kapitalvorschuß

מִקְדֶּמֶת הוֹן (כלכ') מִפְרַעַת מָמוֹן

Kapitalwert

עֵרֶךְ הוֹן (מ"ח, כלכ')

Kapitel

פֶּרֶק (פְּרָקִים) (דפו', ספרנ')

Kapitell

כּוֹתֶרֶת (כּוֹתָרוֹת) (אדר', ארכ') [א"ח/א/53]. רֹאשׁ עַמּוּד אֶבֶן

Kapitulation

כְּנִיעָה (צבא, מדי') קַפִּיטוּלַצְיָה

Kapkörbchen *{Dimorphotheca}*

דּוּ זֶרְעוֹנִית (בוט') צֶמַח מִמִּשְׁפַּחַת הַמֻּרְכָּבִים

Kappe, platt anliegende

כֻּמְתָּה (כֻּמְתּוֹת) [א"ח/א/189]. כּוֹבַע עָגֹל, בֶּרֶט

Kappensteinschmätzer *{Oenanthe monacha}*

סַלְעִית נְזִירָה (זוא') עוֹף מִמִּשְׁפַּחַת הַקִּיכְלִיִּים

Kaprice

גַּחְמָה (גְּחָמוֹת, גַּחֲמוֹת-) (פסי') [י"א/206]. חֶפְצִית (חֶפְצִיּוֹת), קַפְּרִיזָה

Kaprifikation

גִּמּוּז (חקל') [א"ח/ב/209]. קַפְּרִיפִיקַצְיָה, שִׁיטָה לְשִׁפּוּר תְּנָאֵי הַהַפְרָיָה בִּתְאֵנִים

kaprifizieren

גִּמֵּז (מְגַמֵּז) (חקל') [א"ח/ב/209]. עָשָׂה קַפְּרִיפִיקַצְיָה, שִׁפֵּר אֶת תְּנָאֵי הַהַפְרָיָה בִּתְאֵנִים

kapriziös ---> eigenwillig

Kapsel *{Kapsula}* **[---> Kapselfrucht]**

כְּמוּסָה (כְּמוּסוֹת) (כימ', רפו') [מר"ח/122]. קוּטִית, קַפְּסוּלָה, תְּרוּפָה הַנְּתוּנָה בְּתוֹךְ בָּתֵּי גְּלָדִין (גֶ'לָטִין). קַפְסִית (קַפְסִיּוֹת) (רפו')

Kapselentfernung

קִפּוּס (רפו')

Kapselfrucht

הֶלְקֵט (הֶלְקֵטִים) (בוט') פְּרִי יָבֵשׁ הַמֵּכִיל אֶת הַזְּרָעִים וְהַנִּפְתָּח עִם הַהַבְשָׁלָה

Kapstachelbeere *{Physalis peruviana}*

בּוֹעַן נֶאֱכָל (בוט') צֶמַח מִמִּשְׁפַּחַת הַסּוֹלָנִיִּים

kapsulär

קַפְסִיתִי (רפו')

Kaptäubchen *{Oena capensis}*

תּוֹרִית זַנְבָנִית (זוא') עוֹף מִמִּשְׁפַּחַת הַיּוֹנִיִּים

Kapuze

בַּרְדָּס (בַּרְדָּסִים), כִּסּוּי רֹאשׁ הַמְּחֻבָּר לִמְעִיל

Kapuzennatter *{Macroprotodon cucullatus}*

נְחַשׁ כִּפָּה (זוא') זוֹחֵל מִמִּשְׁפַּחַת הַזַּעֲמָנִיִּים

Kapuzinerkresse *{Tropaeolum}*

כּוֹבַע הַנָּזִיר (בוט') צֶמַח מִמִּשְׁפַּחַת הַטְּרוֹפֵּיאוֹלִיִּים

Karaffe

לָגִין (לְגִינִים) (טכנ', ארכ') כְּלִי קִבּוּל לְנוֹזְלִים

Karamel

כַּרְמֶלָה (תזו')

Karawane

שַׁיָּרָה (שַׁיָּרוֹת) [א"ח/ב/319]. אוֹרְחָה (אוֹרְחוֹת)

Karbonarschlange *{Coluber jugularis}*

זַעֲמָן שָׁחֹר (זוא') נָחָשׁ מִמִּשְׁפַּחַת הַזַּעֲמָנִיִּים

Karbunkel

גַּחְלִית (גַּחְלִיּוֹת) (רפו') גַּחֶלֶת, קַרְבּוּנְקֶל

Karbunkulose

גַּחְלְתִיּוּת (רפו')

Kardeel ---> Litze

Kardinalfische *{Apogonidae}*

חַשְׁמְנוּנִיִּים (זוא') מִשְׁפָּחָה שֶׁל דְּגֵי גֶּרֶם

Kardinalpunkt des Horizonts

נְקֻדַּת הַיְתֵרָה (אסט') [ק/ג/65]

Kardinalpunkte ---> Punkte, konjugierte

Kardinalzahl

מִסְפָּר מוֹנֶה (בלש', מתמ') [ק/ב/228; מ"ב/31]. מִסְפָּר יְסוֹדִי, מְצַיֵּן אֶת הַכַּמּוּת שֶׁל הָעֲצָמִים כְּמוֹ אֶחָד, שְׁנַיִם. מִסְפָּר הָעוֹנֶה עַל הַשְּׁאֵלָה: "כַּמָּה?", לְמָשָׁל: "חֲמִשָּׁה סְפָרִים"

Kardioide ---> Herzkurve

Kardiologe

לִבַּאי (לִבָּאִים) (רפו') רוֹפֵא לֵב, קַרְדְּיוֹלוֹג

Kardiologie

לִבָּאוּת (רפו') רְפוּאַת לֵב, קַרְדְּיוֹלוֹגְיָה

kardiovaskulär

לִבִּי-מִזְרָקִי (רפו') שֶׁל הַלֵּב וּכְלֵי הַדָּם

kardiovaskuläres System ---> Herz-Kreislauf System

Karettschildkröte, Echte *{Eretmochelys imbricata}*

צַב יָם קַרְנִי (זוא') צַב הַקֶּרֶן, קְרוֹקָה רַעֲפָנִית, זוֹחֵל מִמִּשְׁפַּחַת הַצַּבִּים הַיַּמִּיִּים

Karettschildkröte, Unechte *{Caretta caretta}*

צַב יָם חוּם (זוא') קְרוֹקַת הַיָּם הַמְּצוּיָה, זוֹחֵל מִמִּשְׁפַּחַת הַצַּבִּים הַיַּמִּיִּים

Karies

עַשֶּׁשֶׁת (רפו') [מר"ח/125]. עַשֶּׁשֶׁת הַשִּׁנַּיִם

kariös

עָשֵׁשׁ (רפו') [מר"ח/125]. מְעֻשָּׁשׁ, נָגוּעַ בְּעַשֶּׁשֶׁת, עַשַּׁשְׁתִּי

Karmingimpel *{Carpodacus erythrinus}*

וַרְדִּית אֵירוֹפִּית (זוא') עוֹף מִמִּשְׁפַּחַת הַפְּרוּשִׁיִּים

Karnies ---> Gesims

Karotin

אֶגְזָר (כימ', רפו') קָרוֹטִין

Karotte ---> Mohrrübe

Karpell ---> Fruchtblatt

Karpfen *{Cyprinus carpio}*

קַרְפִּיוֹן מָצוּי (זוא') דָּג מִמִּשְׁפַּחַת הַקַּרְפִּיוֹנִיִּים

Karpfenfische *{Cyprinidae}*

קַרְפִּיוֹנִיִּים (זוא') מִשְׁפָּחָה שֶׁל דְּגֵי גֶּרֶם

Karriere ---> Laufbahn

Karriere, Änderung der ---> Laufbahnwechsel

Karst

מַעְדֵּר (מַעְדְּרִים) (טכנ', חקל') [א"ח/ב/175]

Karte, synoptische ---> Wetterkarte

Kartenschrank
שִׁדַּת מַפּוֹת (ספרנ')

Kartoffelrose *{Rosa rugosa}*
וֶרֶד קְמוּט עָלִים (בוט') צֶמַח מִמִּשְׁפַּחַת הַוְּרָדִיִּים

Kartographie
מַפָּאוּת (י״א) קַרְטוֹגְרַפְיָה, מַדַּע הַמִּפּוּי

Karunkel
תְּלַתּוּל (רפו') [מר״ח/128]. בְּשַׂרְשׁוּר, דִּלְדּוּל בָּשָׂר קָטָן

Karyokinese ---> Kernteilung, indirekte
karyokinetisch ---> mitotisch
Karyopse ---> Schalfrucht
Kasb ---> Aneignung der menschlichen Handlungen

Kaskade
אֶשֶׁדֶת (אֲשָׁדוֹת) (היד') מַפַּל מַיִם מְלָאכוּתִי הַבָּנוּי מַדְרֵגוֹת מַדְרֵגוֹת

Kassenwart ---> Schatzmeister(in)
Kasserolle ---> Pfanne
Kassette [---> Cartridge]
קַלֶּטֶת (קַלָּטוֹת) (טכנ') [דמ״א/20]. קָסֶטָה, קֻפְסָה שֶׁבְּתוֹכָהּ סֶרֶט מַגְנֵטִי לְהַקְלָטַת קוֹלוֹת אוֹ מַרְאוֹת שֶׁנִּתָּן לְהַפִּיקָם שׁוּב בְּרַשַּׁמְקוֹל אוֹ בְּצַג

Kassier ---> Schalterbeamter

kassieren
גָּבָה (גּוֹבֶה) (כלכ') [א״ח/ב/371]. תָּבַע וְקִבֵּל תַּשְׁלוּם הַמַּגִּיעַ לוֹ

Kassieren
גְּבִיָּה (כלכ') גְּבִיָּנָה, גּוּבַיְנָא

Kassierer(in)
גִּזְבָּר, גִּזְבָּרִית (כלכ')

Kastagnetten
עַרְמוֹנִיּוֹת (מוס') [למ״ו/427]. כְּלֵי הַקָּשָׁה מֵעֵץ, קַסְטַנְיֶטוֹת

Kastanie *{Castanea}*
עַרְמוֹן (בוט') צֶמַח מִמִּשְׁפַּחַת הָאַלּוֹנִיִּים

Kaste
סְגָרָה (סְגָרוֹת) (מ״ח, אנת') [ל״ס/161]. קַסְטָה (קַסְטָאוֹת), קְבוּצַת בְּנֵי אָדָם הַמִּשְׁתַּיְּכִים לִקְבוּצָה זוֹ בְּתֹקֶף מַדְרָג (הִיֶּרַרְכְיָה) שֶׁל קְבוּצוֹת תּוֹרַשְׁתִּיּוֹת, אֶנְדּוֹגַמִיּוֹת (הַנּוֹהֲגוֹת לְפִי חֻקֵּי נִשּׂוּאֵי פְּנִים) וְעִסּוּקִיּוֹת שֶׁמִּקּוּמָן נִקְבָּע וְנִיעוּתָן נִמְנַעַת עַל יְדֵי רִחוּק טֶקְסִי בֵּין סְגָרָה (קַסְטָה) אַחַת לְזוּלָתָהּ

Kasteiung
סִגּוּף (דת) [ק/ג/221]. פְּשִׁיטַת הַנְּשָׁמָה, הַפְשָׁטַת הַנְּשָׁמָה, הִסְתַּגְּפוּת, סַגְּפָנוּת, הַלְקָאָה עַצְמִית

Kasten
תֵּבָה (תֵּבוֹת) (טכנ') [א״ח/א/66]. קֻפְסָה

Kastrat
סָרִיס (סָרִיסִים) (רפו', מוס') [א״ח/א/247]. זַמָּר סָרִיס, כְּרוּת אֲשָׁכִים

Kastrat von Geburt
סְרִיס חַמָּה (רפו', מוס') [א״ח/א/247]. סָרִיס מִלֵּדָה

Kastration
סֵרוּס (רפו') כְּרִיתַת הָאֲשָׁכִים אוֹ הַשְׁחָתָתָם

kastrieren
סֵרַס, סֵרֵס (מְסָרֵס) (רפו') כָּרַת אֶת הָאֲשָׁכִים אוֹ הִשְׁחִיתָם

Kastrierter, ein künstlich
סְרִיס אָדָם (רפו', מוס') [א״ח/א/247]. מִי שֶׁסֹּרַס בִּידֵי אָדָם

Kasualität
אַקְרָאִיּוּת (פיל') מִקְרִיּוּת

Kasuisten
בַּעֲלֵי הַדְּבָרִים (פיל') [ק/א/129]

Kasuistik
מְלֶאכֶת הַדְּבָרִים (פיל') [ק/א/129]. הֲלָכָה מַמַּעֲשֶׂה, קָזוּאִיסְטִיקָה, יִשּׂוּם עֶקְרוֹנוֹת כְּלָלִיִּים לִפְרָטֵי הַמִּקְרִים. תְּקוּרָה (רפו') רִשּׁוּם וְלִמּוּד הַמִּקְרִים

Kasus
יַחֲסָה (יְחָסוֹת) (בלש') [ק/ב/34; מ״ב/32]. יַחַס הַשֵּׁם, נְטִיָּה שֶׁל שֵׁם עֶצֶם אוֹ שֵׁם תֹּאַר וכד' הַמּוֹרָה עַל יַחֲסָם לְמִלִּים אֲחֵרוֹת בַּמִּשְׁפָּט. זִמְיוֹן [ק/א/263]. מִקְרֶה. מִקְרֵה הַמִּקְרֶה (בלש') [ק/ב/272]. גְּבוּל (בלש') [ק/א/100]

Kasus obliquer
שֵׁם נוֹטֶה (בלש') [ק/ג/29; ק/ד/127]. שֵׁם עֶצֶם שֶׁאֵינוֹ לֹא נוֹשֵׂא וְלֹא נָשׂוּא, בְּנִגּוּד לְשֵׁם יָשָׁר, שֵׁם עֶצֶם בְּיַחֲסָה עֲקִיפָה (שֵׁם כּוֹלֵל לְכָל הַיְּחָסוֹת שֶׁאֵינָן יַחֲסַת הַנּוֹשֵׂא {נוֹמִינָטִיב} אוֹ יַחֲסַת הַפְּנִיָּה {ווֹקָטִיב})

Katabase ---> Krankheit, Abklingen einer
Katachrese [---> Metapher]
מַשְׁאֶלֶת סִלּוּף (פיל', בלש') קָטָכְרֵיסִיס, הַשְׁאָלַת סִלּוּף, עִרְבּוּב סִימָנְתִּי (סֵמַנְטִי) סוּטֶה שֶׁל מִלִּים, בִּטּוּיִים אוֹ מַשְׁאָלוֹת (מֶטָפוֹרוֹת) בִּלְתִּי מַתְאִימוֹת, לְמָשָׁל: ״הַפְּרָחִים בָּכוּ בְּקוֹל״, ״הַזֶּמֶר הַזֶּה עָשָׂה לִי פַּרְפָּרִים בַּבֶּטֶן״, ״צְרָחָה חַדָּה הִקְפִּיאָה אֶת דָּמִי״

Katakombe
מַעֲרֶכֶת קְבָרִים (ארכ') קָטָקוֹמְבָּה

Katalepsie ---> Starrkrampf
kataleptisch ---> starrkrampfbezüglich

Katalog
רַשְׁמוֹן (רַשְׁמוֹנִים) (כלכ', ספרנ') קָטָלוֹג

Katalog, alphabetischer
רַשְׁמוֹן אָלֶפְבֵּיתִי (כלכ', ספרנ') קָטָלוֹג אָלֶפְבֵּיתִי

Katalog, systematischer
רַשְׁמוֹן מְמֻיָּן (ספרנ') קָטָלוֹג סִיסְטֶמָטִי

katalogisieren [---> eintragen]
רִשְׁמֵן (מְרַשְׁמֵן) (כלכ', ספרנ') קִטְלֵג (מְקַטְלֵג)

Katalogisieren [---> Eintragung]
רִשְׁמוּן (כלכ', ספרנ') קִטְלוּג

Katalogisierer(in)
רַשְׁמוֹנַאי (רַשְׁמוֹנָאִים), רַשְׁמוֹנָאִית (רַשְׁמוֹנָאִיּוֹת) (ספרנ') סַפְרָן הָעוֹבֵד בְּרִשְׁמוּן (קִטְלוּג)

Katalysator
זָרָז (זָרָזִים) (כימ', ביו') [מר״ח/130]. יוֹחַאי, קָטָלִיזָטוֹר

Katalyse

זֵרוּז (כימ', ביו') [מר״ח/130]. תּוּחְאָה, קָטָלִיזָה

Katamnese ---> Nachuntersuchung; Krankenbericht

Kataphore

רְמִיזָה מֻקְדֶּמֶת (בלש') [מ״ב/32]. קָטָפוֹרָה, אִזְכּוּר דָּבָר שֶׁיֵּאָמֵר אַחַר כָּךְ עַל יְדֵי שִׁמּוּשׁ בְּכִנּוּי גּוּף, בְּכִנּוּי קִנְיָן, בְּכִנּוּי רֶמֶז, בְּתָוִית יִדּוּעַ וכד', לְמָשָׁל: ״**אוֹתוֹ** אֲנִי מַכִּיר כְּבָר זְמַן רַב, אֶת **הַמְּנַוֵּל הַזֶּה**״

kataphorisches Pronomen ---> Pronomen, vorausweisendes

Katarakt ---> Star, grauer

Katarrh [---> Schleimfluß]

שַׁחֶלֶת (רפו') פְּלִיטַת לֵחָה

Katasterplan

מַפַּת רִשּׁוּם קַרְקָעוֹת (משפ', י״א)

katastrophal

נִשְׁאֶה, קָטַסְטְרוֹפָלִי

Katastrophe

מְשׁוֹאָה (מְשׁוֹאוֹת), קָטַסְטְרוֹפָה, שׁוֹאָה, פֻּרְעָנוּת, אָסוֹן כָּבֵד, פִּיד

Katastrophenhochwasser

גֵּאוּת הֶרֶת אָסוֹן (מטא')

kataton

בְּלֹם (רפו', פסי') קָטָטוֹנִי, בְּלֹא שְׁלִיטָה עַל מַעֲרֶכֶת הַשְּׁרִירִים הָרְצוֹנִית

Katatonie

בַּלֶּמֶת (רפו', פסי') [מר״ח/132]

Katechismus

שִׁנּוּן עִקְּרֵי הַדָּת (דת) [פ״ר/176]. קָטֶכִיזְם

Kategorie(n)

גִּבְלָה (גִּבְלָאוֹת) (פיל') [ק/א/101]. קָטֵגוֹרְיָה, מַאֲמָרָה, מֻשָּׂג מַקִּיף בְּיוֹתֵר הַמְּבַטֵּא תְּכוּנוֹת וְסוּגִים כְּלָלִיִּים וּמַהוּתִיִּים, קְשָׁרִים הֲדָדִיִּים וְיַחֲסִים שֶׁל עַצְמֵי הַמְּצִיאוּת הַמַּמָּשִׁית (אוֹבְּיֶקְטִיבִית) וְתוֹפָעוֹתֶיהָ, לְמָשָׁל: הַגִּבְלָאוֹת הַפִילוֹסוֹפִיּוֹת ״חֹמֶר״, ״תְּנוּעָה״, ״מֶרְחָב״, ״כַּמּוּת״, אֵיכוּת״, ״נִגּוּד״. גֶּנֶס (פיל', מ״ט) [ק/א/118]. דִּבּוּר (פיל') [ק/א/127]. נֶאֱמָר. כַּת (פיל') [ק/ב/106]. מַאֲמָר (מַאֲמָרוֹת) (פיל') [ק/ב/132]. אֶחָד מֵעֲשֶׂרֶת הַיְּסוֹדוֹת הָעֶלְיוֹנִים שֶׁל אֲרִיסְטוֹ, בְּהוֹרָאָה שֶׁל קְבִיעָה רִאשׁוֹנִית הַמְּבַטֵּאת אֶת הַיְּחָסִים וְהַחֻקִּים הַיְּסוֹדִיִּים בְּיוֹתֵר שֶׁל הַמְּצִיאוּת הַמַּמָּשִׁית. מִין (פיל', מ״ט) [ק/ב/193]. קְבוּצַת עֲצָמִים בַּעֲלֵי מַהוּת מְשֻׁתֶּפֶת, הַקְּרוֹבִים זֶה לָזֶה בִּתְכוּנוֹתֵיהֶם. מִלָּה נִפְרֶדֶת (פיל') [ק/ב/205]. מֻשָּׂג יְסוֹדִי. נֶאֱמָרָה (נֶאֱמָרוֹת) (פיל') [ק/ג/10]. סוּג עֶלְיוֹן, - הַסּוּגִים (פיל') [ק/ג/97]. סוּג (פיל') [ק/ג/98]. פַּן (פיל') [ק/ג/192]. רָאשִׁים כְּלָלִיִּים (פיל') [ק/ד/13]. שַׁעַר (פיל') [ק/ד/146]

Kategorie, dynamische

גִּבְלָה תְּעֻזּוּזִית (פיס') [ק/ב/133]. מַאֲמָר כֹּחִי, קָטֵגוֹרְיָה דִּינָמִית

Kategorie, grammatische

קְבוּצָה דִּקְדּוּקִית (בלש') [מ״ב/93]. גִּבְלָה דִּקְדּוּקִית שֶׁנִּכְלָלוֹת בָּהּ מִלִּים עַל פִּי צוּרָתָן אוֹ תַּפְקוּדֵיהֶן, לְמָשָׁל: שְׁמוֹת עֶצֶם, פְּעָלִים, תָּאֳרֵי פֹּעַל וכו'

Kategorie, mathematische

גִּבְלָה מַתֶּמָטִית (מתמ') [ק/ב/133]. מַאֲמָר הַנְדָּסִי, קָטֵגוֹרְיָה מַתֶּמָטִית

Kategorie, Prädikat der ---> Prädikat der Kategorie

Kategorie der Lage

גִּבְלַת הַמַּצָּב (פיל') [ק/ב/12]. טֶבַע הַהֶצֵּעַ. מַאֲמַר הַמַּצָּב (פיל') [ק/ב/250,132]. אַחַת מֵעֶשֶׂר הַגִּבְלָאוֹת שֶׁל אֲרִיסְטוֹ, מַאֲמַר יְשִׁיבָה, - יוֹשֵׁב, - תְּשׂוּמָה, - נָצִיב. מוּסָב, מֵסַב (פיל') [ק/ב/220,162]. **יוֹשֵׁב** (פיל') [ק/ב/52]. **יְשִׁיבָה** (פיל') [ק/ב/54]. טֶבַע הַהֶצֵּעַ (פיל') [ק/ב/12]. תְּכוּנָה (פיל') [ק/ד/194]. מַעֲמָד, עֲמִידָה, מַצָּב, תְּנָאִים, נְסִבּוֹת, דַּרְגָּה, מַדְרֵגָה, שָׁלָב. תְּשׂוּמָה (פיל') [ק/ד/219]. מַצָּב וְאֹפֶן שֶׁבּוֹ הַדָּבָר מֻנָּח, תְּנוּחָה

Kategorie der Ortsbestimmung

גִּבְלַת הַמָּקוֹם (פיל') [ק/א/41]. אַיִן, לְאָן. אָנָה (פיל') [ק/א/61]. מַאֲמַר הָאָנָה (פיל') [ק/ב/132]. מָקוֹם (פיל') [ק/ב/265]. אַחַת מֵעֶשֶׂר הַגִּבְלָאוֹת שֶׁל אֲרִיסְטוֹ, קָטֵגוֹרְיָה שֶׁל הַמָּקוֹם, מַאֲמַר אַיִן, - מָקוֹם

Kategorie der Qualität

גִּבְלַת הָאֵיכוּת (פיל') [ק/א/39]. אֵיךְ, מַאֲמַר הָאֵיכוּת. אֵיכוּת (פיל') [ק/א/40]. סְגֻלַּת הָאֵיךְ. מַאֲמַר הָאֵיךְ (פיל') [ק/ב/132]. אַחַת מֵעֶשֶׂר הַגִּבְלָאוֹת שֶׁל אֲרִיסְטוֹ, מַאֲמַר אֵיכָה, - תֹּאַר, - כֵּיצַד

Kategorie der Quantität

גִּבְלַת הַכַּמּוּת (פיל') [ק/ב/93]. כַּמָּה, כַּמֶּה, כַּמּוּת, גֹּדֶל הַדָּבָר בְּמִדָּה בְּמִסְפָּר אוֹ בְּמִשְׁקָל, שִׁעוּר הַמִּסְפָּר, הַגֹּדֶל אוֹ הַמִּשְׁקָל. מַאֲמַר הַכַּמָּה (פיל') [ק/ב/132]. אַחַת מֵעֶשֶׂר הַגִּבְלָאוֹת שֶׁל אֲרִיסְטוֹ, מַאֲמַר כַּמִּיָּה. סְפִירָה (פיל') [ק/ג/110]. מַאֲמַר הַכַּמּוּת

Kategorie der Relation

גִּבְלַת הַיַּחַס (פיל') [ק/ב/20]. טִפּוּל. טָפֵל, טְפֵלָה (פיל') [ק/ב/21]. הַמַּאֲמָר בְּיַחַד (פיל') [ק/ב/30]. מַאֲמַר הַיַּחַס (פיל') [ק/ב/34]. מַאֲמַר הַמִּצְטָרֵף (פיל') [ק/ב/256,132]. אַחַת מֵעֶשֶׂר הַגִּבְלָאוֹת שֶׁל אֲרִיסְטוֹ, מַאֲמַר חָבֵר, - חִבּוּר, - טִפּוּל, - טְפֵלָה, - מִסְמָךְ, - סְמִיכוּת, - צֵרוּף, - הִצְטָרְפוּת. מִסְמָךְ, מִסְמַךְ (פיל') [ק/ב/225]. מַעֲרָךְ (פיל') [ק/ב/241]. מְצֹרָף (פיל') [ק/ב/261]

Kategorie der Substanz

גִּבְלַת הָעֶצֶם (פיל') [ק/ב/132; ק/ג/154,129]. מַאֲמַר הָעֶצֶם, אַחַת מֵעֶשֶׂר הַגִּבְלָאוֹת שֶׁל אֲרִיסְטוֹ, מַאֲמַר יֵשׁ, - מַמָּשׁ, - מַהוּת, - נִצָּב, - עִקָּר, - עִיּוּן, - יְסוֹד. נִצָּב (פיל') [ק/ג/61]

Kategorie der Zeitbestimmung

גִּבְלַת הַזְּמַן (פיל') [ק/ב/317,132]. מַאֲמַר הַמָּתַי, אַחַת מֵעֶשֶׂר הַגִּבְלָאוֹת שֶׁל אֲרִיסְטוֹ, מַאֲמַר זְמַן. עֵת (פיל') [ק/ג/175]. מַאֲמַר עֵת הַדָּן עַל עִנְיְנֵי הַמָּתַי. הַמַּאֲמָר בְּקוֹדֵם וּבִמְאֻחָר (פיל') [ק/ג/268]

Kategorie des Habens

גִּבְלַת הַקִּנְיָן (פיל') [ק/ב/52]. יֵשׁ. מַאֲמַר לוֹ (פיל') [ק/ב/132;115]. אַחַת מֵעֶשֶׂר הַגִּבְלָאוֹת שֶׁל אֲרִיסְטוֹ, מַאֲמַר הַיֵּשׁ. קְנִיָּה (פיל') [ק/ג/287]. קִנְיָן (פיל') [ק/ג/289]

Kategorie des Leidens

גִּבְלַת הַסְּבִילוּת (פיל') [ק/ב/132; ק/ד/91]. מַאֲמַר שֶׁיִּתְפָּעֵל, אַחַת מֵעֶשֶׂר הַגִּבְלָאוֹת שֶׁל אֲרִיסְטוֹ, מַאֲמַר נַעֲשָׂה. מֻפְעָל (פיל')

[ק/ב/247]. נַעֲשֶׂה (פיל') [ק/ג/52]. נִפְעָל (פיל') [ק/ג/56]. פָּעוּל (פיל') [ק/ג/197]

Kategorie des Tuns
גִּבְלַת הַפְּעִילוּת (פיל') [ק/ב/132; ק/ג/173; ק/ד/90]. מַאֲמַר שֶׁיִּפְעַל, אַחַת מֵעֶשֶׂר הַגִּבְלָאוֹת שֶׁל אֲרִיסְטוֹ, מַאֲמַר פּוֹעֵל, - עוֹשֶׂה, מַאֲמַר מִפְעָל. מִפְעָל (פיל') [ק/ב/247]. פּוֹעֵל (פיל') [ק/ג/202]

kategorisch
מַכְרִיעַ [ק/ג/75]. נְשׂוּאִי, מַשָּׂאִי, הֶחְלֵטִי, פּוֹסֵק, גּוֹזֵר, מֻחְלָט, שֶׁאֵינוֹ תָּלוּי בְּגוֹרְמִים וּבְמְסִבּוֹת, לֹא יַחֲסִי, לְלֹא תְּנַאי, שֶׁאֵין לְשַׁנּוֹתוֹ, גִּבְלִי, קָטֵגוֹרִי

kategorischer Imperativ ---> Imperativ, kategorischer

kategorischer Satz ---> Satz, kategorisch

kategorischer Schluß ---> Schluß, kategorischer

kategorisches Urteil ---> Urteil, kategorisches

kategorisieren
גִּבֵּל (מְגַבֵּל), חִלֵּק לְגִבְלָאוֹת, סִוֵּג (מְסַוֵּג), חִלֵּק לְסוּגִים

Kategorisierung
גִּבּוּל, חֲלֻקָּה לְגִבְלָאוֹת, סִוּוּג, חֲלֻקָּה לְסוּגִים

Katgut
גִּידְגִּיד (רפו') [מר"ח/132]. גִּיד תְּפִירָה

Katharsis
הִזְדַּכְּכוּת (פסי') [ר/ב/621]. קָתַרְזִיס, טְהִירָה, הִתְפָּרְקוּת מִמֶּתַח וּמֵחֲרָדָה עַל יְדֵי הֲבָאָתָם לִכְלָל הַכָּרָה וְלִכְלָל בִּטּוּי, זִכּוּךְ

Katheter
צַנְתָּר (רפו') [מר"ח/132]. בַּזִּיךְ

Katheterisierung
צִנְתּוּר (רפו') בִּזּוּךְ

Kathexis
הֶטְעֵן (פסי') [ר/ב/621]. קָתֶקְסִיס, אֲחִיזָה, רִכּוּז מֶרֶץ (אֶנֶרְגִּיָּה) נַפְשִׁי וְהַטְעָנָתוֹ בְּמַשָּׂא (אוֹבְּיֶקְט) כָּלְשֶׁהוּ, הָעֵרֶךְ הָרִגְשִׁי (חִיּוּבִי אוֹ שְׁלִילִי) שֶׁאָדָם מְיַחֵס לְמַשָּׂא מְסֻיָּם

Kathode
חַשְׁמוֹלִיךְ יוֹרֵד (פיס') קָטוֹדָה, קָתוֹד, הָאֶלֶקְטְרוֹד הַטָּעוּן חַשְׁמַל שְׁלִילִי

Kathstrauch *{Catha}*
קָת (בוט') צֶמַח מִמִּשְׁפַּחַת הַקֶּלַסְטְרִיִּים

Katoptrik
חָכְמַת הַמַּרְאָה הַיְשָׁרָה (פיס') [ק/א/297]

Katzen *{Felidae}*
חֲתוּלִיִּים (זוא') מִשְׁפָּחָה שֶׁל טוֹרְפִים יַבַּשְׁתִּיִּים

Katzen, Schnurrhaar von ---> Schnurrhaar von Katzen

Katzenfloh *{Ctenocephalides felis}*
פַּרְעֹשׁ הֶחָתוּל (זוא') חֶרֶק מִסִּדְרַת הַפַּרְעֹשָׁאִים

Katzenhai, Kleingefleckter *{Scyliorhinus canicula}*
גִּלְדָּן כַּלְבִּי (זוא') דָּג מִמִּשְׁפַּחַת הַגִּלְדָּנִיִּים (כְּרִישָׁאִים)

Katzenhaie *{Scyliorhinidae}*
גִּלְדָּנִיִּים (זוא') מִשְׁפָּחָה שֶׁל כְּרִישָׁאִים (דְּגֵי סְחוּס)

Katzenmelisse *{Nepeta cataria}*
נֶפִּית הַחֲתוּלִים (בוט') צֶמַח מִמִּשְׁפַּחַת הַשְּׂפָתָנִיִּים

Katzenminze *{Nepeta}*
נֶפִּית (בוט') צֶמַח מִמִּשְׁפַּחַת הַשְּׂפָתָנִיִּים

Katzennatter, Europäische *{Telescopus fallax}*
עֵין חָתוּל חֲבַרְבַּר (זוא') נָחָשׁ עֵין הֶחָתוּל, זוֹחֵל מִמִּשְׁפַּחַת הַזַּעֲמָנִיִּים

kaudal ---> schwanzbezüglich

kauen
לָעַס (לוֹעֵס) [א"ח/א/240;94]. כָּסַס (כּוֹסֵס), כִּרְסֵם (מְכַרְסֵם), גָּרַס בְּשִׁנָּיו

Kauen, geräuschvolles
לִסְלוּס [מר"ח/466]. לְעִיסָה בְּקוֹל רָם

Kauern ---> Zusammenrollen

Kauf
קְנִיָּה (קְנִיּוֹת) (כלכ') [א"ח/ב/353]. מִקָּח (מִקָּחִים), לְקוּחַ, רְכִישָׁה

kaufbare Ware ---> Ware, kaufbare

Kaufbrief
שְׁטַר מֶכֶר (שְׁטָרוֹת מֶכֶר) (כלכ', משפ') [א"ח/ג/188]. שְׁטַר מִקָּח וּמִמְכָּר

kaufen
קָנָה (קוֹנֶה) (כלכ') זָבַן (זוֹבֵן), רָכַשׁ

Kaufmannskapital ---> Handelskapital

Kaufmannspacht
חֲכוֹרַת סוֹחֵר (כלכ')

Kaufmittel
אֶמְצָעֵי לִקְנִיָּה (כלכ')

Kaufvertrag
חוֹזֶה קְנִיָּה (כלכ') חוֹזֶה מִקָּח

Kaumuskeln, Krampf der ---> Kiefersperre

Kauri, Birnen- *{Zonaria pyrum}*
פִּי הַכּוּשִׁי הָאַגָּסִי (זוא') בַּעַל חַיִּים מִמִּשְׁפַּחַת הַפִּי כּוּשִׁיִּים (חִלָּזוֹנוֹת)

Kaurischnecken *{Cypraeidae}*
פִּי כּוּשִׁיִּים (זוא') מִשְׁפָּחָה שֶׁל חִלָּזוֹנוֹת

kausal
תִּסְבָּתִי [ק/ג/87]. סִבִּי, קָאוּזָלִי. סִבָּתִי [ק/ג/81]. סוּבְבִי, שֶׁל סִבָּה, נִסְבָּתִי, שֶׁיֵּשׁ בּוֹ נִסְבָּה, הַתָּלוּי בְּנִסְבָּה, שֶׁיֵּשׁ לוֹ סִבָּה

Kausalbeziehung ---> Kausalzusammenhang

kausaler Verkettung hervorgehend, aus ---> hervorgehend, aus kausaler Verkettung

kausales Bindewort ---> Bindewort, kausales

Kausalgie ---> Brennschmerz

Kausalität
תִּסְבָּה (פיל', מדע) קָאוּזָלִיּוּת, סִבָּתִיּוּת, יַחַס בֵּין סִבָּה לְתוֹצָאָה, צוּרָה שֶׁל קֶשֶׁר גּוֹמְלִין כְּלָלִי מְאֹד שֶׁל תּוֹפָעוֹת הַמְּצִיאוּת הַמַּמָּשִׁית (אוֹבְּיֶקְטִיבִית) שֶׁבּוֹ תּוֹפָעָה כָּלְשֶׁהִי הַקְּרוּיָה "סִבָּה" מְחוֹלֶלֶת בִּתְנָאִים מְסֻיָּמִים בְּהֶכְרֵחַ תּוֹפָעָה מְסֻיֶּמֶת אַחֶרֶת הַקְּרוּיָה "תּוֹלָדָה" אוֹ "תּוֹצָאָה"

Kausalität, Prinzip der ---> Prinzip der Kausalität
Kausalnexus ---> Kausalzusammenhang
Kausalreihe, endlose ---> Kausalzusammenhang
Kausalsatz ---> Umstandssatz des Grundes
Kausalzusammenhang
קֶשֶׁר תְּסִבָּתִי (פיל') [ק/א/223]. הִשְׁתַּלְשְׁלוּת, יְצִיאַת דָּבָר מִדָּבָר וַאֲחִיזָתָם זֶה בָּזֶה כְּעֵין חֻלְיוֹת שַׁלְשֶׁלֶת, קֶשֶׁר קָאוּזָלִי. קֶשֶׁר סִבָּתִי יָשִׁיר (פיל') [מ"מ/221]
Kausativ ---> Verb, bewirkendes
Kaustikfläche ---> Brennfläche
Kaustiklinie ---> Brennlinie
kaustisch ---> brennend
Kauterisation
הַצְרָבָה (רפו') [מר"ח/134]. הַכְוָאָה, כִּוּוּי, הֶרֶס רְקָמוֹת בְּסַמִּים מַצְרִיבִים אוֹ בְּמַכְשִׁירִים מַכְוִים
Kaution, Freilassung gegen ---> Freilassung gegen Kaution
Kautionsleistung ---> Bürgschaft
Kauz
כּוֹס (זוא') שֵׁם שֶׁל עוֹף
Kavalierperspektive
תִּשְׁקֹפֶת רְכִיבָה (אמנ') [ממ"ג/122]. תִּשְׁקֹפֶת (פֶּרְסְפֶּקְטִיבָה) מִנְּקֻדַּת מַבָּטוֹ שֶׁל הָרוֹכֵב עַל סוּס
Kaverne *{Caverna}*
מְחִלָּה (מְחִלּוֹת) (רפו') [מר"ח/135]. חָלָל שֶׁנּוֹצָר בַּגּוּף מִמַּחֲלָה
kavernös
מְחִלָּתִי (רפו')
Kaviar
עֲבֶרֶת (זוא', תזו', רפו') [מר"ח/135;589]. קַוְיָאר, בֵּיצֵי דָּגִים
Kavität ---> Höhle
Kavitation
מִעוּר (פיס') [ל"מ/566]. קָוִיטַצְיָה, הִוָּצְרוּת בּוּעוֹת גָּז בְּתוֹךְ נוֹזֵל כְּתוֹצָאָה מִירִידַת לַחַץ פִּתְאֹמִית
kavitieren
מִעֵר (מְמַעֵר) (פיס') גָּרַם לְהִוָּצְרוּת בּוּעוֹת גָּז בְּתוֹךְ נוֹזֵל

Kegel *{Konus}*
חָרוּט (חֲרוּטִים) (מתמ׳) [ק/א/71; ק/ב/176]. קוֹנוּס, מְחֻדָּד הָאִצְטְוָנָה, גּוּף הַנְדָּסִי עָגֹל בָּסִיס הַהוֹלֵךְ וְצַר כְּלַפֵּי מַעְלָה וּמִסְתַּיֵּם בְּקָדְקֹד חַד. גָּדִישׁ (מתמ׳) [ק/א/103]. צוּרַת הַגָּדִישׁ. גֹּלֶם אַלוֹנִי (מתמ׳) [ק/א/117]. גֹּלֶם הֶחָרוּט. מוּצָק (מתמ׳) [ק/ב/168]. חֲדוּדִית. מוּצֶקֶת (מתמ׳) [ק/ב/168]. מְחֻדָּד. מַחֲרוּטָה (מתמ׳) [ק/ב/185]. מַצֵּבָה מוּצֶקֶת (מתמ׳) [ק/ב/252]. מָצוּק (מתמ׳) [ק/ב/255]. מַחֲרוּט [מר״ח/193]

kegelförmig
חֲרוּטִי (מתמ׳) [ק/א/48]. אַלוֹנִי, דְּמוּי חָרוּט, קוֹנִי. חָדוּד (מתמ׳) [ק/א/272]. חֲדוּדִי

kegelförmiger Körper ---> Körper, kegelförmiger

Kegelprojektion
הֲטָלָה מֶרְכָּזִית (מתמ׳)

Kegelschnecke, Mittelländische *{Conus mediterraneus (Conus ventricosus)}*
חָרוּט יָם תִּיכוֹנִי (זוא׳) בַּעַל חַיִּים מִמִּשְׁפַּחַת הַחֲרוּטִיִּים (חֶלְזוֹנוֹת)

Kegelschnecken *{Conidae}*
חֲרוּטִיִּים (זוא׳) מִשְׁפָּחָה שֶׁל חֶלְזוֹנוֹת

Kegelschnitt
חֲתַךְ חָרוּט (מתמ׳) [ק/א/329]. חָרוּט, קַו רִבּוּעִי, חֲתַךְ קוֹנוּס, חֲתַךְ מְחֻדַּד הָאִצְטְוָנָה. חִתּוּךְ מַצֵּבָה (מתמ׳) [ק/א/336; ק/ב/185]. מָצוּק חָרוּת (מתמ׳) [ק/ב/255]

Kegelstumpf
חָרוּט קָטוּם (מתמ׳) [ק/ב/319]. מַצֵּבָה מִתְמוֹטֶטֶת, קוֹנוּס קָצוּץ חֹד, מוּצָק קָצוּץ, - קָטוּם. מַצֵּבָה קְטוּמָה (מתמ׳) [ק/ג/277]. מַצֵּבָה קְצוּצָה (מתמ׳) [ק/ג/296]

Kehlkopf *{Larynx}*
גַּרְגֶּרֶת (רפו׳, בלש׳) [מר״ח/416; מ״ב/120]. בֵּית הַקּוֹל, פִּיקָה שֶׁל גַּרְגֶּרֶת

kehlkopfbezüglich
גַּרְגַּרְתִּי (רפו׳) שֶׁל בֵּית הַקּוֹל

Kehlkopfentzündung *{Laryngitis}*
דַּלֶּקֶת הַגַּרְגֶּרֶת (רפו׳)

Kehlkopflaut *{Laryngal}*
הֶגֶה סְדָקִי (בלש׳) [מ״ב/91;120]. הֶגֶה גְּרוֹנִי, נֶהֱגֶה כְּשֶׁמִּזְרַם אֲוִיר דֶּרֶךְ סֶדֶק הַקּוֹל הַמּוּצָר אוֹ הַסָּגוּר, לְמָשָׁל: h

Kehlschleiche *{Chalcides sepsoides}*
נְחוּשִׁית חוֹלוֹת (זוא׳) חֹמֶט חוֹלוֹת, זוֹחֵל מִמִּשְׁפַּחַת הַחֲמָטִיִּים

Kehlstammeln *{Gammazismus}*
גִּחְכוּת (רפו׳) [מר״ח/313]. עִלְּגוּת בְּאוֹתִיּוֹת הַחֵךְ (גכ״ק)

Kehlstammler(in)
גִּחֵךְ, גִּחֶכֶת (רפו׳) מִי שֶׁאֵינוֹ יוֹדֵעַ לַהֲגוֹת כָּרָאוּי אֶת אוֹתִיּוֹת הַחֵךְ (גכ״ק)

kehren ---> fegen

Kehrreim ---> Refrain

Keil
טְרִיז (טְרִיזִים) (טכנ׳) יָתֵד שֶׁקָּצֶה הָאֶחָד רָחָב וְהַשֵּׁנִי מְחֻדָּד

Keilbein *{Os sphenoidale}*
עֶצֶם הַיָּתֵד (רפו׳)

Keilnut
חָרִיץ לְיָתֵד (טכנ׳)

Keilnute
נָעִיץ (נְעִיצִים) (טכנ׳)

Keilrad
גַּלְגַּל נְעִיצִים (טכנ׳)

Keilrille ---> Keilnute

Keim, pathogener ---> Krankheitserreger

Keimbläschen
נְבוּטֶטֶת (נְבוּטָטוֹת) (ביו׳) [מר״ח/99]. בְּלַסְטוּלָה

Keimblatt *{Kotyledone}*
פְּסִיג (פְּסִיגִים) (בוט׳) הֶעָלֶה הָרִאשׁוֹן שֶׁל הַנֶּבֶט

Keimdrüse *{Gonade}*
מִפְרִיוֹן (מִפְרִיוֹנִים) (ביו׳, רפו׳) [מר״ח/327]. בַּלּוּטַת הַמִּין הַמַּפְרָה שֶׁבַּזָּכָר וְהַשַּׁחֲלָה שֶׁבַּנְּקֵבָה

Keimdrüse bezüglich, auf die
מִפְרִיוֹנִי (ביו׳, רפו׳) שֶׁל בַּלּוּטַת הַמִּין

Keimform
צוּרַת עֻבָּר

keimfrei *{aseptisch}* **[---> steril]**
טָהִיר (ביו׳, רפו׳) [מר״ח/74]. אַלְאִלְחִי, אָסֶפְּטִי, לֹא מְזֹהָם, מְחֻטָּא מֵאוּלִילִים (מִיקְרוֹאוֹרְגָנִיזְמִים) מְעוֹרְרֵי מַחֲלוֹת

keimfrei machen ---> entkeimen

Keimfreiheit *{Asepsis}* **[---> Sterilität]**
טְהִירוּת (ביו׳, רפו׳) [מר״ח/74]. אַלְאֶלַח, אָסֶפְּטִיּוּת, מַצָּב לְלֹא זִהוּם, מַצָּב שֶׁל הֶעְדֵּר אוּלִילִים (מִיקְרוֹאוֹרְגָנִיזְמִים) הַגּוֹרְמִים לְמַחֲלוֹת

Keimplasmamischung
מִשּׁוּג (ביו׳) [מר״ח/35]. מִזּוּג תָּאֵי הַזֶּרַע שֶׁל הַזָּכָר וְהַנְּקֵבָה

Keimträger
נוֹשֵׂא חֹלִי (רפו׳)

Keimung
נְבִיטָה (בוט') [ל״ב/159]. הַתְחָלַת הַצְּמִיחָה בְּזֶרַע אוֹ בְּנֶבֶג

Kelch
קֻבַּעַת (קֻבָּעוֹת) (אמנ', ארכ') קְעָרָה הָעוֹמֶדֶת עַל רֶגֶל גְּבֹהָה

Kelle [---> Spachtel]
כַּף (כַּפּוֹת) (טכנ') [א״ח/א/18] תַּרְוָד

Kellergeschoß *{Souterrain}*
קוֹמַת מַרְתֵּף (אדר')

Kelter
יֶקֶב (יְקָבִים) (חקל') [א״ח/ב/160] מְקוֹם דְּרִיכַת הָעֲנָבִים לְיַיִן

keltern
עָצַר (עוֹצֵר) (חקל') [א״ח/ב/235] סָחַט וְהוֹצִיא אֶת הַמִּיץ

Kennsatz *{Etikett}*
תָּוִית (תָּוִיּוֹת) (מחש') [דמ״א/59]. שֵׁם אוֹ צֵרוּף תָּוִים הַמְּסַמְּנִים קֹבֶץ, מָדוֹר, רְשׁוּמָה וכד' לְצֹרֶךְ זִהוּיָם

kenntlich machen
סִמֵּן (מְסַמֵּן), צִיֵּן (מְצַיֵּן)

Kenntnis
יֶדַע [ק/א/290]. חָכְמָה, יְדִיעָה, מֻמְחִיּוּת

Kenntnis, allgemeine
יֶדַע כְּלָלִי [ק/ג/214]. פִּרְסוּם, יְדִיעָה כְּלָלִית, הַכָּרָה רְחָבָה, יֶדַע רָחָב

kenntnisreich
גְּדוּשׁ יֶדַע [ק/א/299]. חָכְמִי, חַכְמָנִי, חַכְמוֹנִי, מֵבִין, מֻמְחֶה, בָּקִי, סְפוּג יְדִיעוֹת, בַּר הָכֵי, יוֹדֵעַ דָּבָר, מָלֵא וְגָדוּשׁ

Kennwort
סִיסְמַת אַבְטָחָה (מחש') [דמ״א/77]. סִימָן סוֹדִי הַמְּשַׁמֵּשׁ אוֹת מֻסְכָּם לִטְעֹן תָּכְנִית אוֹ לִקְרֹא נְתוּנִים בְּמַחְשֵׁב

Kennzeichen [---> Eigentümlichkeit]
אָפְיָן (אָפְיָנִים) [ק/ג/91]. סְגֻלָּה (סְגֻלּוֹת), מְאַפְיֵן (מְאַפְיְנִים), תְּכוּנָה מְיֻחֶדֶת, סִימָן אָפְיִי, טִיב, סְגֻלַּת יִחוּד

kennzeichnen ---> charakterisieren
kennzeichnend ---> charakteristisch
keramisch
חַרְסִי (טכנ', אמנ') קֶרָמִי

Keratin
אֶקְרָן (ביו') קֶרָטִין, חֶלְבּוֹן קַרְנִי חָזָק

Kerbe
שֶׁנֶת (שְׁנָתוֹת) (מ״ט) [א״ח/ב/386]. חָרִיץ בִּכְלִי לְסִמּוּן מִדּוֹת

Kerbel *{Anthriscus}*
סְיָגִית (בוט') צֶמַח מִמִּשְׁפַּחַת הַסּוֹכְכִיִּים

Kerfstendel *{Ophrys}*
דְּבוֹרָנִית (בוט') צֶמַח מִמִּשְׁפַּחַת הַסַּחְלָבִיִּים

Kern [---> Stein einer Frucht]
גַּרְעִין (גַּרְעִינִים) [ק/ב/111]. לֵב, תּוֹכוֹ שֶׁל דָּבָר, אֶמְצַע, פְּנִימִיּוּת, מֶרְכָּז, לִבָּה (לִבּוֹת)

Kern, lösender *{Resolvente}*
גַּרְעִין הַפּוֹתֶרֶת (מתמ')

Kern, zusammengesetzter
גַּרְעִין מֻרְכָּב (בלש') [מ״ב/41]. הֲבָרָה הַמְּכִילָה דּוּ תְּנוּעָה (דִּיפְתוֹנְג), לְמָשָׁל: "גַּיְא", "נוֹי"

Kernbeißer *{Coccothraustes coccothraustes}*
פַּצְחָן (זוא') עוֹף מִמִּשְׁפַּחַת הַפְּרוּשִׁיִּים

Kernsäure ---> Nukleinsäure
Kernteilung, indirekte *{Mitose; Karyokinese}*
פִּרְכּוּל (ביו') [ל״ב/146]. הִתְפַּרְכְּלוּת הַגַּרְעִין, מִיטוֹזָה, תַּהֲלִיךְ הַהִתְחַלְּקוּת הָרָגִיל שֶׁל גַּרְעִין הַתָּא לִשְׁנַיִם

Kessel
יוֹרָה (יוֹרוֹת) (טכנ') [א״ח/א/147]. דּוּד גָּדוֹל, קַלַּחַת (קַלָּחוֹת), דּוּד בִּשּׁוּל

Kesselpauke ---> Pauke
Kette und Einschlag ---> kreuz und quer
Kettenbedingung, aufsteigende
תְּנַאי שַׁרְשֶׁרֶת עוֹלָה (מתמ')

Kettenbruch
שֶׁבֶר מְשֻׁלָּב (מתמ')

Ketteneisen
חֻלְיָה (חֻלְיוֹת) (טכנ')

Kettenfaden
שְׁתִי (טכנ') [א״ח/א/150]. חוּט הָאֹרֶךְ שֶׁל הָאֲרִיגָה

Kettenglied ---> Schake
Kettenlinie
קַו שַׁרְשֶׁרֶת (מתמ')

Kettenreflex
שַׁלְשֶׁלֶת עֲכָסִים (רפו', פסי') [ר/ב/657]. שַׁלְשֶׁלֶת תַּעֲכִיסִים, - רֶפְלֶקְסִים, תְּגוּבוֹת שַׁרְשֶׁרֶת, שִׁרְשׁוּר, קִשּׁוּר שֶׁל רֶצֶף הִתְנַהֲגֻיּוֹת

Kettentrieb
מְמֹסֶרֶת שַׁרְשְׁרוֹת (טכנ')

Ketzer [---> Atheist]
כּוֹפֵר (כּוֹפְרִים) (דת, פיל') [ק/ב/103]. כַּפְרָן, הַמַּכְחִישׁ בְּעִנְיְנֵי דָּת וֶאֱמוּנָה, אַתֵּאִיסְט, אֶפִּיקוֹרוֹס, מִין (מִינִים)

Ketzerei [---> Atheismus]
כְּפִירָה (דת, פיל') [ק/ב/102]. הַכְחָשַׁת עֶקְרוֹנוֹת הַדָּת, מִינוּת, אֶפִּיקוֹרְסוּת. כַּפְרָנוּת (דת, פיל') [ק/ב/103]. כּוֹפְרוּת, כּוֹפְרָנוּת, הַכְחָשַׁת מְצִיאוּתוֹ שֶׁל אֱלֹהִים, אַתֵּאִיזְם. הִתְפַּקְּרוּת (דת, פיל') [ק/א/244]

ketzerisch
כּוֹפְרָנִי (דת, מ״ח) כַּפְרָנִי, בּוֹעֵט בְּמֻסְכָּמוֹת, מַהְפְּכָנִי, סוֹטֶה מִן הַדֶּרֶךְ הַכְּבוּשָׁה, פּוֹרֵק עֹל

ketzerische Meinungen äußern ---> Meinung(en) äußern, ketzerische
Ketzerrichter
שׁוֹפֵט עַל דְּבַר כְּפִירָה (דת, משפ')

keuchen ---> ringen, nach Luft
Keuchen
הִתְנַשְּׁמוּת (רפו', ימא')

Keuchhusten *{Pertussis}*
שַׁעֶלֶת (רפו')

Keulenrochen *{Raja clavata}*
תְּרִיסָנִית קוֹצָנִית (זוא') דָּג מִמִּשְׁפַּחַת הַתְּרִיסָנִיתִיִּים (בַּטָּאִים)

keusch
פָּרוּשׁ (דת, פסי') בְּתוּלִי, צָנוּעַ, תָּם, צְנוּעֲתָנִי,

רֵיק מִן הָעֻבָּרָה

Keuschheit
פְּרִישׁוּת (דת, פסי') [ר/ב/571]. הִנָּזְרוּת מֵהֲנָאוֹת הַחוּשִׁים, בְּתוּלִיּוּת, צְנִיעוּת, תֹּם

Khaki
כָּהֹב (צבע) צָהֹב כֵּהֶה, חָקִי

Kichererbse *{Cicer arietinum}*
חִמְצָה תַּרְבּוּתִית (בוט') צֶמַח מִמִּשְׁפַּחַת הַפַּרְפְּרָנִיִּים

Kichererbse, Deutsche ---> Saatplatterbse

Kickser
קַעֲקוּעַ (קַעֲקוּעִים) (מוס') קוֹל חַד וְצוֹרֵם, קִרְקוּר

Kiebitz *{Vanellus vanellus}*
קִיוִית מְצֻיֶּצֶת (זוא') עוֹף מִמִּשְׁפַּחַת הַחוֹפְמִיִּים

Kiebitzregenpfeifer *{Pluvialis squatarola}*
חוֹפְזִי מְנֻמָּר (זוא') חוֹפְמִי מְנֻמָּר, עוֹף מִמִּשְׁפַּחַת הַחוֹפְמִיִּים

Kiefer *{Pinus}*
אֹרֶן (בוט') צֶמַח מִמִּשְׁפַּחַת הָאָרְנִיִּים

Kiefer, Gemeine ---> Föhre

Kieferhöhle, obere *{Sinus maxillaris}*
כַּהַף (כְּהָפִים) (רפו') [מר"ח/351]. מְעָרַת הַלֶּסֶת הָעֶלְיוֹנָה

Kieferspalte
שַׁסַּעַת הַלֶּסֶת (רפו')

Kiefersperre *{Trismus}*
צְרִיר לְסָתוֹת (רפו') [מר"ח/680]. צְבִיתַת לְסָתוֹת, הִתְכַּוְּצוּת שְׁרִירֵי הַלְּסָתוֹת

Kiel
שִׁדְרִית הָאֳנִיָּה (ימא') הַקּוֹרָה הָרָאשִׁית לְאֹרֶךְ תַּחְתִּית הָאֳנִיָּה

kielen [---> knicken]
זִוָּה (מְזַוֶּה) (טכנ') עָשָׂה דְּבַר-מָה בְּצוּרַת זָוִית

Kielwasser
שֹׁבֶל (ימא') קֶצֶף מֵאֲחוֹרֵי אֳנִיָּה

Kies
חָלוּק (חֲלוּקֵי) אֲבָנִים (גאו', היד') חֲלוּק נַחַל, חֲלוּק חוֹף

Kiesel
חָצָץ (גאו', אדר') [א"ח/א/13]. צְרוֹר (צְרוֹרוֹת), שִׁבְרֵי אֲבָנִים

Kieselsäuregestein ---> Feuerstein

Kiesgrube
מַחְפֶּרֶת חָצָץ (טכנ') מַחְפֶּרֶת צְרוֹרוֹת

Kieswüste *{Serir}*
מִדְבַּר חָצָץ (גאו', י"א) צָרִיר, מִדְבַּר צְרוֹרוֹת, מִדְבָּר שֶׁקַּרְקָעִיתוֹ מֻרְכֶּבֶת מֵחָצָץ וּמִשְׁפֹּכֶת

killend
מִתְנַפְנֵף (ימא')

Kimm ---> Horizont, scheinbarer

Kimmtiefe ---> Horizontdepression

Kinästhesie
חוּשְׁנוּעַ (פסי', רפו') [ר/ב/610]. תְּחוּשַׁת תְּנוּעָה, חוּשׁ נִיעָה, קִינֶסְתֶּזְיָה

kinästhetisch
חוּשְׁנוּעִי (פסי', רפו') [ר/ב/610]. שֶׁל תְּחוּשַׁת תְּנוּעָה, קִינֶסְתֶּטִי

Kind
יֶלֶד (יְלָדִים) (פסי', רפו') [ר/א/306]. אָדָם הַנִּמְצָא בֵּין לֵדָה לְבַגְרוּת

Kind, ausgestoßenes
יֶלֶד מֻדְחֶה (פסי')

Kind, außergewöhnliches
יֶלֶד חָרִיג (פסי', רפו') [ר/א/280]. יֶלֶד בַּעַל מְנַת מִשְׂכָּל גְּבֹהָה אוֹ נְמוּכָה מִן הַמְּמֻצָּע

Kind, dessen Herkunft zu untersuchen ist
בְּדוּקִי (בְּדוּקִים) (דת, משפ') יֶלֶד שֶׁיֵּשׁ לִבְדֹּק מִי אָבִיו

Kind, verwahrlostes
יֶלֶד עָזוּב (משפ')

Kind-Knoten
צֹמֶת בֵּן (פסי', פדג')

Kind mit unbekanntem Vater
שְׁתוּקִי (משפ', דת) [א"ח/ב/31]. יֶלֶד שֶׁאֵינוֹ מַכִּיר אֶת אָבִיו

Kindbett ---> Wochenbett

Kindererziehung
חִנּוּךְ יְלָדִים (פדג') [א"ח/ב/19]. גִּדּוּל בָּנִים

Kinderinstinkt
יִצְרוֹן הַבְּנִיּוּת (פסי') חֵישׁ הַצֶּאֱצָאוּת, אִינְסְטִינְקְט הַבְּנִיּוּת

Kinderpsychologie
נַפְשׁוּת שֶׁל הַיַּלְדוּת (פסי') פְּסִיכוֹלוֹגְיָה שֶׁל יְלָדִים

Kinderroller *{Torttinette}*
אוֹפַנִּית (אוֹפַנִּיּוֹת) (ספו') [י"א/8]. קוֹרְקִינֶט, טְפִפִית (טְפִפִיּוֹת), גַּלְגַּלַּיִם

Kindheit
יַלְדוּת (פסי', רפו') [ר/א/306]. הַתְּקוּפָה שֶׁבֵּין הַיַּנְקוּת לְהִתְבַּגְּרוּת

Kindheit, frühe
רֵאשִׁית הַיַּלְדוּת (פסי', רפו')

Kindheit, späte
אַחֲרִית הַיַּלְדוּת (פסי', רפו')

kindisch
יַלְדוּתִי (פסי', רפו') דַּרְדְּקָאִי, תִּינוֹקִי, דַּרְדְּקָנִי

kindisches Verhalten ---> Verhalten, kindisches

Kindschaft
בְּנִיּוּת (אנת׳) [ק/א/91]. יַחַס הַיְלָדִים אֶל הוֹרֵיהֶם

Kinnhalter
סַנְטֵרִית (מוס׳) בֵּי סַנְטֵר, חֵלֶק הַכִּנּוֹר שֶׁעָלָיו מַשְׁעִין הַנַּגָּן אֶת סַנְטֵרוֹ

Kipper
מוֹזֵג (מוֹזְגִים) (מלא׳) [א״ח/ב/236]. שַׁפַּאי (שַׁפָּאִים), מַגִּישׁ מַשְׁקָאוֹת

Kippwagen
שׁוֹפְכָנִית (שׁוֹפְכָנִיּוֹת) (טכנ׳) מַשָּׂאִית רְכִינָה

Kirchentöne
אֳרָחִים כְּנֵסִיָּתִיִּים (מוס׳)

Kirsche *{Cerasus (Prunus)}*
דֻּבְדְּבָן (בוט׳) צֶמַח מִמִּשְׁפַּחַת הַוְּרָדִיִּים

Kirschlorbeer *{Prunus laurocerasus (Laurocerasus officinals)}*
כְּרַזָנִית רְפוּאִית (בוט׳) צֶמַח מִמִּשְׁפַּחַת הַוְּרָדִיִּים

Kirschpflaume *{Prunus cerasifera}*
שְׁזִיף הַדֻּבְדְּבָן (בוט׳) צֶמַח מִמִּשְׁפַּחַת הַוְּרָדִיִּים

Kissen
כַּר (כָּרִים) [א״ח/ג/44]. כֶּסֶת (כְּסָתוֹת)

Kiste
שִׁדָּה (שִׁדּוֹת) (טכנ׳) אָרוֹן, תֵּבָה

Kitharöde
קִתְרוֹסָן, קִתְרוֹסָנִית (מוס׳) נַגַּן קִתְרוֹס

Kitt
מֶרֶק (מְרָקִים) (טכנ׳) [דח״ט/91]. תַּעֲרֹבֶת צְמִיגָה וּדְבִיקָה הַמְּשַׁמֶּשֶׁת לִסְתִימַת סְדָקִים

Kitzel
דִּגְדּוּג (פסי׳, רפו׳) [ר/א/147]. תְּחוּשָׁה הַמִּתְעוֹרֶרֶת בִּתְגוּבָה לְלִטּוּף קַל שֶׁל הָעוֹר

Kitzler ---> **Klitoris**

Kläger ---> **Beschwerdeführer**

klären
הִבְהִיר (מַבְהִיר) [א״ח/ב/225]. נִצְלַל (נִצְלָל), נַעֲשָׂה צָלוּל וְזַךְ, צָלַל, הִצְטַלֵּל, לִבֵּן (מְלַבֵּן)

Klärung
הַבְהָרָה [ק/ב/112]. לִבּוּן, בֵּרוּר, הַסְבָּרָה מַעֲמִיקָה וּמְפֹרֶטֶת, הַחְוָרַת דָּבָר

Klage [---> **Beschwerde; Klagesache; Jammer**]
עֲצוּמָה (עֲצוּמוֹת) [ק/ג/153]. עִצּוּם, טְרוּנְיָה, הַאֲשָׁמָה, טַעֲנָה, תְּבִיעָה

Klage, possessorische ---> **Besitzklage**

Klage, Rücknahme einer ---> **Klagezurücknahme**

Klage, schuldrechtliche ---> **Forderungsklage**

Klage, zivilgerichtliche
תְּבִיעָה אֶזְרָחִית (משפ׳)

Klage auf Wiedereinräumung des Besitzes
תְּבִיעַת פִּנּוּי (משפ׳)

Klage einbringen, gegen jemanden eine ---> **verklagen, jemanden**

Klagefeier abhalten
סָפַד (סוֹפֵד) לְ... (דת, מ״ח) [א״ח/ב/68]. הִסְפִּיד אֶת... קָשַׁר הֶסְפֵּד

Klagelied [---> **Trauergesang**]
קִינָה (קִינוֹת) (דת, אנת׳, מוס׳) [א״ח/ב/67]. הֶסְפֵּד, בְּכִי, שִׁיר הַסְפָּדָה

Klagesache
תְּבִעָנָה (תְּבִעָנוֹת) (משפ׳) קְבִלָנָה

Klageunfähigkeit
פְּסָלוּת לִתְבֹּעַ (משפ׳)

Klageweib
מְקוֹנֶנֶת (מְקוֹנְנוֹת) (דת, אנת׳) אִשָּׁה הַסּוֹפֶדֶת לְמֵת תְּמוּרַת שָׂכָר

Klagezurücknahme
הִסְתַּלְּקוּת מִתְּבִעָנָה (משפ׳)

Klamm
מָעוֹק (מְעוֹקִים) (גאו׳, י״א) גַּיְא צַר וְתָלוּל הַמֻּקָּף מִשְּׁנֵי עֲבָרָיו חוֹמַת הָרִים זְקוּפָה

Klammer(n)
צוֹמֵד (צוֹמְדִים), אֶטֶב (אֲטָבִים), מְהַדֵּק. סוֹגֵר (סוֹגְרַיִם) (מתמ׳)

Klammerausdruck
סִימָן לְכוּד (מתמ׳)

Klammern, eckige
סוֹגְרַיִם מְרֻבָּעִים (מתמ׳)

Klammern, geschweifte
סוֹגְרַיִם צוֹמְדִים (מתמ׳)

Klammern, runde
סוֹגְרַיִם עֲגֻלִּים (מתמ׳)

Klang [---> **Ton**]
צְלִיל (צְלִילִים) (מוס׳) [ק/ג/246]. צְלִילוּת, יְחִידַת הַקּוֹל, קוֹל הַמֻּרְכָּב מִטּוֹן יְסוֹדִי וְהַהַרְמוֹנִיּוֹת שֶׁלּוֹ. צִלְצוּל (מוס׳) [ק/ג/248]. צִלְצֵל, צִלְצְלוּת, קִשְׁקוּשׁ, קַרְקוּשׁ. טַעַם (בלש׳) [ק/ב/19]. הַדְגָּשָׁה בַּהֲגִיַּת הַהֲבָרָה בַּמִּלָּה. נְעִימָה (מוס׳) [ק/ג/49]. הֲבָרָה. נְעִימוּת (מוס׳) [ק/ג/50]. תְּנוּעָה (מוס׳) [ק/ד/213]

Klanganalysator
נַתַּח קוֹל (פיס׳, טכנ׳)

Klangfarbe *{Timbre}*
גּוֹן הַצְּלִיל (מוס׳, רפו׳) [מר״ח/667]. גָּוֶן, רְנִין, הֶצְלֵל, גּוֹן הַקּוֹל, טֶמְבֶּר

Klangfülle ---> **Wohlklang**

klanglos
חֲדַל מִצְלוֹל (מוס׳) דַּל מִצְלוֹל, סַר מִצְלוֹל, אָטוּם

Klangqualität
מִצְלוֹל (מוס׳) אֵיכוּת הַצְּלִיל

klangvoll ---> **resonatorisch; wohlklingend**

Klappe [---> **Umschlagklappe**]
קַשְׂוָה (קְשָׂווֹת) (בוט׳) חֵלֶק מִדֹּפֶן הַפְּרִי. הַקְּשָׂווֹת נִפְרָדוֹת אוֹ נִתָּקוֹת זוֹ מִזּוֹ עִם הִפָּתַח הַפְּרִי

Klappe *{Valvula}*
מַסְתֵּם (מַסְתְּמִים) (רפו׳) [מר״ח/696]. סְגוֹר (סְגוֹרִים), שַׁסְתּוֹם

Klappe betreffend *{valvulär}*
מַסְתְּמִי (רפו׳) שֶׁל מַסְתֵּם

Klapper
קַרְקָשׁ (קַרְקָשִׁים), קוֹל צִלְצוּל

Klappergrasmücke *{Sylvia curruca}*

סִבְּכֵי טוֹחֲנִים (זוא') עוֹף מִמִּשְׁפַּחַת הַסִּבְּכִיִּים

klappern

קִרְקֵשׁ (מְקַרְקֵשׁ), קִשְׁקֵשׁ, הִשְׁמִיעַ קוֹל צִלְצוּל

Klappmuscheln *{Spondylidae}*

שִׂדְרָנִיתִיִּים (זוא') מִשְׁפָּחָה שֶׁל צְדָפוֹת

Klappnase *{Rhinopoma microphyllum}*

יַזְנוּב גָּדוֹל (זוא') יוֹנֵק מִמִּשְׁפַּחַת הַיַּזְנוּבִיִּים (עֲטַלֵּפִים)

klar

בָּרוּר [ק/א/94]. מְדֻיָּק, צָרוּף. גָּלוּי [ק/א/116]. מְפֹרָשׁ. זַךְ [ק/א/259]. נָקִי, טָהוֹר, שֶׁחַף מִפֶּשַׁע. זָקִיק (פיס') [ק/א/266]. בָּהִיר, סַפִּירִי. מְבֹאָר [ק/ב/134]. יָדוּעַ לַכֹּל, מְסֻלָּק מִן הַסָּפֵק, מְחֻוָּר. צַח [ק/ג/240]. מוּבָן, נָאֶה. צָלוּל [ק/ג/246]

klar werden

הִתְבָּרֵר (מִתְבָּרֵר) [ק/א/96]. נִתְבָּרֵר, נַעֲשָׂה בָּרוּר. הִתְבָּאֵר (מִתְבָּאֵר) [ק/א/78]. נַעֲשָׂה מְבֹאָר

klare Erkenntnis ---> Erkenntnis, klare

Klareis ---> Glatteis

Klarheit

בְּרִירוּת [ק/ב/119]. לְטִישׁוּת, בְּהִירוּת, לְטִישָׁה, זַכּוּת. בֵּרוּר [ק/א/94]. דִּיּוּק, צַחוּת. צִחְצוּחַ (בלש', ספר') [ק/ג/241]. תְּכוּנַת הַדָּבָר הַבָּרוּר, תְּקִינוּת, מוּבָנוּת, נְכוֹנוּת. צְלִילוּת [ק/ג/246; ר/ב/586]. זֹךְ

Klasse

מַעֲמָד (מַעֲמָדוֹת) (מ"ח, כלכ') [מ"פ/360]. קְבוּצוֹת גְּדוֹלוֹת שֶׁל בְּנֵי אָדָם הַנִּבְדָּלוֹת זוֹ מִזּוֹ עַל פִּי: מְקוֹמָן בְּשִׁיטַת יִצּוּר חֶבְרָתִית הִסְטוֹרִית מְסֻיֶּמֶת, יַחֲסָן לְאֶמְצָעֵי הַיִּצּוּר וְתַפְקִידָן בְּאִרְגּוּן הַחֶבְרָתִי שֶׁל הָעֲבוֹדָה. כַּת (כִּתּוֹת) (פיל') [ק/ב/106]. מַחְלָקָה (מַחְלָקוֹת) (ביו') יְחִידַת מִיּוּן תַּחְיוּאִית (בִּיּוֹלוֹגִית) מִתַּחַת לְמַעֲרָכָה וּמֵעַל לְסִדְרָה. מִין (מִינִים) (פיל', מ"ט) [ק/ב/193]. קְבוּצַת עֲצָמִים בַּעֲלֵי מַהוּת מְשֻׁתֶּפֶת הַקְּרוֹבִים זֶה לָזֶה בִּתְכוּנוֹתֵיהֶם. סוּג (סוּגִים) (פיל', מ"ט) [ק/ג/98]. סִדְרָה, כִּתָּה, מִגְזָר. פַּן (מ"ט, פיל') [ק/ג/192]. שַׁעַר (פיל', מ"ט) [ק/ד/146]

Klasse, geschlossene

מַעֲרֶכֶת סְגוּרָה (בלש') [מ"ב/36]. מַעֲרֶכֶת יְסוֹדוֹת דִּקְדּוּקִיִּים שֶׁמִּסְפָּרָם קָטָן יַחֲסִית וְאֵינוֹ מִשְׁתַּנֶּה, כְּגוֹן: כִּנּוּיֵי גּוּף, מִלּוֹת יַחַס, - חִבּוּר וכו'

Klassenkampf

מַאֲבָק מַעֲמָדוֹת (מ"ח, כלכ') [מ"פ/355]. מִלְחֶמֶת מַעֲמָדוֹת, מַאֲבָק בֵּין מַעֲמָדוֹת חֶבְרָתִיִּים מְנֻגָּדִים שֶׁתַּעֲלֵיהֶם (הָאִינְטֶרֶסִים שֶׁלָּהֶם) בִּלְתִּי מִתְפַּשְּׁרִים

Klassifikation *{Classificatio}*

מִיּוּן (פיל') קְלַסִּיפִיקַצְיָה, סִוּוּג, הַגְדָּרַת מִינִים שֶׁל דְּבָרִים, חֲלֻקַּת עֲצָמִים אוֹ תּוֹפָעוֹת לִקְבוּצוֹת עַל פִּי סוֹגְלִים מַהוּתִיִּים הַהוֹלְמִים עֲצָמִים אוֹ תּוֹפָעוֹת מִסּוּג נָתוּן וְהַמַּבְדִּילִים אוֹתָם מֵעֲצָמִים אוֹ מִתּוֹפָעוֹת מִסּוּגִים אֲחֵרִים; בְּמַעֲרֶכֶת הַמִּתְקַבֶּלֶת תּוֹפֶסֶת כָּל קְבוּצָה מָקוֹם קָבוּעַ כְּלַשֶּׁהוּ וּמַחְלֶקֶת לְתַת קְבוּצוֹת. סִוּוּג (פיל') [ח"ה/125]. הַכְלָלָה שֶׁל מֻשָּׂגֵי מִין רַבִּים בְּמֻשָּׂג הַסּוּג הַמְשֻׁתָּף לָהֶם

Klassifikationsurteil

מִשְׁפַּט מִיּוּן (פיל') מִשְׁפָּט מְחַלֵּק שֶׁנּוֹצָרִים בּוֹ מִינִים שׁוֹנִים עַל סֶמֶךְ גּוֹרֵם אֶחָד, לְמָשָׁל: "יֵשׁ מִשְׁפְּטֵי חִוּוּי, שְׁאֵלָה וְאִוּוּי", "אֶת כָּל הַחֲמָרִים מְחַלְּקִים לַחֲמָרִים פְּשׁוּטִים וּמֻרְכָּבִים"

Klassifikator

מְמַיֵּן (מְמַיְּנִים) (בלש') [מ"ב/35]. סִדְרַת הֶגֶיִּים (פוֹנֵמוֹת) אוֹ צוּרָנִים (מוֹרְפֵמוֹת) שֶׁבְּאֶמְצָעוּתָם אֶפְשָׁר לְמַיֵּן צוּרוֹת לִקְבוּצוֹת, לְמָשָׁל: הַסִּיֹּמֶת et- מְמַיֶּנֶת בְּדֶרֶךְ כְּלָל אֶת הַמִּלָּה לִקְבוּצַת "בֵּינוֹנִי שֶׁל פֹּעַל בִּנְקֵבָה", כְּגוֹן: "אוֹכֶלֶת", "מְחַבֶּקֶת"

klassifizieren

מִיֵּן (מְמַיֵּן) (פיל') סִוֵּג (מְסַוֵּג), סִדֵּר דְּבָרִים לְמִינֵיהֶם וּלְפִי עִנְיָנָם

Klassifizierung ---> Klassifikation

Klassifizierungseigenschaft

תְּכוּנַת מִיּוּן (פיל') תְּכוּנַת סִוּוּג

Klassifizierungsgesetz

חֹק מִיּוּן (פיל') [ד"מח/99]. חֹק טַקְסוֹנוֹמִי, - סִוּוּג, קוֹבֵעַ קִיּוּם סוּגִים מְסֻיָּמִים, יַצִּיבִים וְטִבְעִיִּים

klassisches Werk ---> Werk, klassisches

Klatschmohn *{Papaver rhoeas}*

פֶּרֶג מָצוּי (בוט') צֶמַח מִמִּשְׁפַּחַת הַפַּרְגִּיִּים

Klaue

טֶלֶף (טְלָפַיִם) (זוא') פַּרְסָה, טֹפֶר (טְפָרִים), טִפֹּרֶן, צִפֹּרֶן חַדָּה בְּאֶצְבְּעוֹתֵיהֶם שֶׁל בַּעֲלֵי חַיִּים. שֵׁן (שִׁנַּיִם) (טכנ') בְּלִיטָה חַדָּה בְּכֵלִים

Klausel *{Clause}*

פְּסוּקִית (פְּסוּקִיּוֹת), סְעִיף (סְעִיפִים), פִּסְקָה (פִּסְקָאוֹת, פְּסָקוֹת)

Klausel, bedingte [---> Vorbehalt]

סְיָג (סְיָגִים) (משפ') סְעִיף חֹק מַגְבִּיל

Klaustrophobie

בַּעַת סֶגֶר (פסי') קְלוֹסְטְרוֹפוֹבְּיָה

Klaviatur ---> Tastatur

Klavier

פְּסַנְתֵּר (פְּסַנְתֵּרִים) (מוס')

Klavierauszug

נֹסַח פְּסַנְתֵּר (מוס')

Klavierquartett

רְבִיעִיַּת פְּסַנְתֵּר (רְבִיעִיּוֹת פְּסַנְתֵּר) (מוס') רַבְעִית פְּסַנְתֵּר, יְצִירָה לְאַרְבָּעָה כֵּלִים שֶׁאֶחָד מֵהֶם הוּא פְּסַנְתֵּר

Klebkraut ---> Klettenlabkraut

klebrig ---> zähflüssig

Klebrigkeit ---> Zähflüssigkeit

Klecks

תַּסְפִּיג, כֶּתֶם, רְבָב

Klecksen

תִּסְפּוּג, הַכְתָּמָה

Klecksographie ---> Tintenflecktest

Klee *{Trifolium}*

תִּלְתָּן (בוט') צֶמַח מִמִּשְׁפַּחַת הַפַּרְפָּרָנִיִּים

Klee, Alexandriner *{Trifolium alexandrinum}*

תִּלְתָּן אֲלֶכְּסַנְדְּרוֹנִי (בוט') צֶמַח מִמִּשְׁפַּחַת הַפַּרְפָּרָנִיִּים

Klee, Persischer *{Trifolium resupinatum}*

תִּלְתָּן הָפוּךְ (בוט') צֶמַח מִמִּשְׁפַּחַת הַפַּרְפַּרְנִיִּים

Kleeblatt

עָלֶה תִּלְתָּן (בוט') עָלֶה מְשֻׁלָּשׁ

Kleidermotte *{Tineola bisselliella}*

עָשׁ הַבְּגָדִים (זוא') חֶרֶק מִמִּשְׁפַּחַת הָעֲשִׁיִּים, אַבְזֶקֶת, אַבְזָקָה

Kleiderschrank

קַמְטָר (קַמְטָרִים) (טכנ') [א"ח/א/67]. אֲרוֹן בְּגָדִים

Kleie

סֻבִּין (חזו') [א"ח/א/97]. סֻבִּים, קְלִפּוֹת גַּרְגְּרֵי הַתְּבוּאָה

Kleienmehl

קֵיבָר (חזו') [א"ח/א/99]. קִבָּר, קֶמַח עָבֶה וְגַס

Kleinbus

תַּסָּעִית (תַּסָּעִיּוֹת) (טכנ') תַּסַּעַת קְטַנָּה, אוֹטוֹבּוּס קָטָן, זוּטוֹבּוּס, מִינִיבּוּס

kleinem Maßstab, in ---> Maßstab, in kleinem

kleinen, im

בְּמִצְמְצָם (מתמ')

Kleinformat ---> Miniatur

Kleinhirn *{Cerebellum}*

מֹחוֹן (רפו') [מר"ח/138]. מֹחַח, הַמֹּחַ הַקָּטָן

kleinhirnbezüglich *{zerebellar}*

מֹחוֹנִי (רפו') שֶׁל הַמֹּחַ הַקָּטָן

Kleinhirnmedianschnittzeichnung *{Arbor vitae}*

עֵץ הַחַיִּים (רפו')

Kleinhufeisennase *{Rhinolophus hipposideros}*

פַּרְסָף גַּמָּדִי (זוא') יוֹנֵק מִמִּשְׁפַּחַת הַפַּרְסָפִיִּים (עֲטַלֵּפִים)

Kleinkind [---> Baby]

פָּעוֹט (פְּעוֹטוֹת) (רפו', פסי')

Kleinkrieg ---> Guerilla

Kleinlibellen *{Zygoptera}*

שַׁפִּרִירִיּוֹת (זוא') תַּת סִדְרָה שֶׁל חֲרָקִים

Kleinmausohr *{Myotis blythi}*

נִשְׁפּוֹן מָצוּי (זוא') יוֹנֵק מִמִּשְׁפַּחַת הַנִּשְׁפּוֹנִיִּים (עֲטַלֵּפִים)

Kleinmütigkeit

נְמִיכוּת רוּחַ (פסי')

Kleinstädter(in) ---> Provinzler(in)

Kleinverkauf

מֶכֶר קִמְעוֹנִי (כלכ')

Kleinvieh

צֹאן (זוא', חקל') [א"ח/ב/112]. בְּהֵמָה דַּקָּה

Kleinviehstall [---> Pferch]

דִּיר (דִּירִים) (חקל') מִכְלָאָה לַצֹּאן

Klemme

מַלְחֵץ (מַלְחֲצִים) (טכנ') הֶתְקֵן לַאֲחִיזָה אוֹ לַאֲטִימָה שֶׁל צִנּוֹרוֹת הָעֲשׂוּיִים מֵחֹמֶר גָּמִישׁ

klemmen, sich

נִלְחַץ (נִלְחָץ)

Klenglein ---> Flachs

Kleptomane

גַּנָּב (גַּנָּבִים) (פסי') קְלֶפְּטוֹמָן, מִי שֶׁלּוֹקֶה בְּשֶׁגַע גְּנֵבָה

Kleptomanie

גַּנָּבוּת (פסי') [ר/ב/612]. בֻּלְמוּס הַגְּנֵבָה, קְלֶפְּטוֹמַנְיָה, גַּנֶּבֶת, שֶׁגַע גְּנֵבָה, דַּחַף כְּפִיָּתִי לִגְנֹב, הֶמְיוֹן גְּנֵבָה

Kleptomanin

גַּנֶּבֶת (גַּנָּבוֹת) (פסי') קְלֶפְּטוֹמָנִית, אִשָּׁה הַסּוֹבֶלֶת מִדַּחַף כְּפִיָּתִי לִגְנֹב

Klette *{Arctium}*

לַפָּה (בוט') צֶמַח מִמִּשְׁפַּחַת הַמֻּרְכָּבִים

Klettenlabkraut *{Galium aparine}*

דְּבֵקָה זִיפָנִית (בוט') צֶמַח מִמִּשְׁפַּחַת הַפּוּאָתִיִּים

kletternd

מְטַפֵּס, נִלְפָּת, נִדְבָּק, נִתְפָּס בְּחָזְקָה

Kliffküste

חוֹף צוּקִי (י"א)

Klima

אַקְלִים (מטא') [ק/א/32]. אֵזוֹר. מֶזֶג הָאֲוִיר (מטא') [ק/ב/172]

Klima, gesellschaftliches ---> Sozialklima

Klimaanlage

מַזְגַּן אֲוִיר (טכנ')

klimakterisch

צִמְלִי (רפו') צִמְלוּתִי, בָּלֶה, קָמֵל

Klimakterium [---> Wechseljahre]

צִמְלוּת (רפו') [מר"ח/159]. בְּלוֹת, קְמִילוּת

Klimaschwankung

שִׁנּוּי אַקְלִים (מטא')

Klimatisierung

מִזּוּג אֲוִיר (טכנ')

Klimax [---> Orgasmus]

שִׂיא, נְקֻדַּת מִפְנֶה, פִּסְגָּה

Klimme *{Cissus}*

קִיסוֹסָן (בוט') צֶמַח מִמִּשְׁפַּחַת הַגַּפְנִיִּים

Klingel ---> Schelle

klingen

צוֹלֵל (מְצוֹלֵל), הִצְטוֹלֵל (מִצְטוֹלֵל) (מוס') הִשְׁמִיעַ צְלִיל, צִלְצֵל (מְצַלְצֵל)

Klingen

צִלְצְלוּת (מוס') [ק/ג/248]. הִצְטַלְצְלוּת, צִלְצוּל, הַפָּקַת צְלִילִים, צִלְצֵלָה, צִלְצָל, הַשְׁמָעַת הַקּוֹל, נִסּוּר הַקּוֹל לְמֶרְחָק, הֲקָמַת רַעַשׁ

Klinik

מִרְפָּאָה (מִרְפָּאוֹת) (רפו'), תַּחֲנָה (תַּחֲנוֹת) (פסי') [ר/ב/612; מר"ח/356;160]. קְלִינִיקָה, אֲסוּתָה, בֵּית חוֹלִים, אוּשְׁפִּיזָה

klinisch

רְפָאִי (רפו', פסי') [ר/ב/611; מר"ח/160]. קְלִינִי, מִרְפָּאָתִי, רְפוּאִי, אֲסוּתִי

klinische Diagnose ---> Diagnose, klinische

Klinometer ---> Neigungsmesser

Klippschliefer *{Procavia capensis syriaca}*

שָׁפָן (זוא׳) שְׁפַן סְלָעִים, יוֹנֵק מִמִּשְׁפַּחַת הַשְּׁפָנִיִּים

klisterisieren

חָקַן (חוֹקֵן) (רפו׳) עָשָׂה חֹקֶן

Klistier

חֹקֶן (חֲקָנִים) (רפו׳) [מר״ח/163]. מַחְקֶנֶת

Klitoris

דַּגְדְּגָן (רפו׳, פסי׳) [מר״ח/160]. עִנְבָּל, בָּטָר (בְּטָרִים)

klitorisbezüglich

דַּגְדְּגָנִי (רפו׳, פסי׳) עִנְבָּלִי, בְּטָרִי, קְלִיטוֹרָלִי

Klitorishypertrophie

דַּגְדְּגָנוּת (רפו׳) עִנְבָּלִיּוּת, בְּטָרִיּוּת, קְלִיטוֹרִיזְם, גְּדִילַת יֶתֶר שֶׁל הַדַּגְדְּגָן

Klitorismus ---> Klitorishypertrophie

Klix ---> Schnalzlaut

Kloake

שְׁרִימָה (זוא׳) [מר״ח/161]. בִּיב, מוֹצָא מְשֻׁתָּף לְצוֹאָה וּלְשֶׁתֶן, קְלוֹאָקָה

Kloben

מֶלְחֲצֵי יָד (טכנ׳)

Klon

שֶׁבֶט (שְׁבָטִים) (ביו׳) [ל״ב/222]. קְלוֹן, אֻכְלוֹסִיַּת תָּאִים שֶׁנּוֹצְרוּ מִתָּא אֵם יָחִיד בְּדֶרֶךְ הִתְחַלְּקוּת (פִּרְכּוּל)

Klonierung ---> Klonung

klonisch

רְתֵתִי (רפו׳) רְגָפִי, רְגִיפִי

Klonizität

רְתֵתוּת (רפו׳) רְגָפִיּוּת

Klonung

שִׁבּוּט (ביו׳) [ל״ב/222]. תַּהֲלִיךְ יְצִירַת אֻכְלוֹסִיָּה שֶׁל תָּאִים מִתָּא אֵם יָחִיד

Klonus

רֶתֶת, רְתִיתָה (רפו׳) [מר״ח/162]. רֶגֶף, רְגִיפָה

klopfen

הִקִּישׁ (מַקִּישׁ), נָקַשׁ (נוֹקֵשׁ), דָּפַק, חָבַט, נִקֵּשׁ (מְנַקֵּשׁ)

Klopfer

מַקּוֹשׁ (מַקּוֹשִׁים) (מוס׳) פַּטִּישׁ לְהַשְׁמָעַת קוֹל

Klopfmassage

לִטְפּוּחַ (רפו׳) טְפִיחַת לִטּוּף, עִסּוּי בִּטְפִיחוֹת

Klosettbecken

אַסְלָה (אֲסָלוֹת) (טכנ׳) [א״ח/א/62]. הַמּוֹשָׁב שֶׁבְּבֵית הַשִּׁמּוּשׁ

Kloß

בּוּל, חֲתִיכָה, גּוּשׁ

Klügelei

הִתְחַכְּמוּת [ק/א/232]. עָרְמָה יְתֵרָה, עַרְמוּמִית, עַרְמוּמִיּוּת

Klügler

מִתְחַכֵּם (מִתְחַכְּמִים) [ק/ב/315]. שֶׁמַּעֲמִיד פְּנֵי חָכָם, סוֹפִיסְט, מִתְעַקֵּשׁ, כִּנּוּי לְאָדָם הַמּוֹכִיחַ דְּבָרִים מִתּוֹךְ הֲנָחוֹת כּוֹזְבוֹת

Klüngel ---> Clique

Kluftwasser

מֵי סְדָקִים (היד׳)

klug

פִּקֵּחַ, פִּקְחִי, חָכָם, מְחֻכָּם, מְפֻקָּח, בְּהִיר שֵׂכֶל, מְהִיר עֵצָה, טוֹב שֵׂכֶל, חַכְמָנִי, מְאֻזָּר בְּחָכְמָה, צְלוּל דֵּעָה, מְפֻלְפָּל, מְחֻדָּד, רַב תְּבוּנָה

klug halten, sich für

הִתְחַכֵּם (מִתְחַכֵּם) [ק/א/290]. הֶעֱמִיד עַצְמוֹ חָכָם, הִשְׁתַּבֵּחַ בְּחָכְמָתוֹ

Klugheit

פִּקְחוּת, חָכְמָה, חֲרִיפוּת, הִתְחַכְּמוּת, הִתְפַּקְּחוּת, חַכְמָנוּת, נְבוֹנוּת

Klumpen *{Cluster}* **[---> Barre]**

צְבִיר (צְבִירִים) (מ״ח, סטט׳) [ר/א/102]. אֶשְׁכּוֹל (אֶשְׁכּוֹלוֹת), קְבוּצָה "טִבְעִית" שֶׁל מַשָּׂאִים כְּלְשֶׁהֵם הַנִּרְאִים כְּאִלּוּ הֵם שַׁיָּכִים אֵלּוּ לְאֵלּוּ, קְבוּצַת מִשְׁתַּנִּים שֶׁמִּתְאָמֵיהֶם (קוֹרֶלַצְיוֹת) זֶה עִם זֶה גְּבֹהִים מִמִּתְאָמֵיהֶם עִם מִשְׁתַּנִּים אֲחֵרִים. צְרוֹר (צְרוֹרוֹת) (בלש׳) [מ״ב/36]. דֶּבֶק, הַגָּאִים הַבָּאִים בָּזֶה אַחַר זֶה בְּלֹא תְּנוּעָה בֵּינֵיהֶם, לְמָשָׁל: "שְׁחוֹר", "סַנְדְּלָר"

Klumpenanalyse

נִתּוּחַ צְבִירִים (מ״ח, סטט׳) [ר/א/102; מ״מ/218]. נִתּוּחַ אֶשְׁכּוֹלוֹת, שִׁיטָה לַחֲלֻקַּת נְתוּנִים מְרֻכָּבִים לִקְבוּצוֹת אֲחִידוֹת עַל פִּי מַדְדֵי דִּמְיוֹן בֵּין הַפְּרִיטִים

Klumpenauswahl

דְּגִימַת צְבִירִים (מ״ח, סטט׳) [מ״מ/210]. דְּגִימַת אֶשְׁכּוֹלוֹת, תַּהֲלִיךְ דְּגִימָה הִסְתַּבְּרוּתִית שֶׁמַּרְכִּיבֶיהָ הֵם קְבוּצוֹת (אֶשְׁכּוֹלוֹת)

Klumpenbildung

אִצְבּוּר (מ״ח, סטט׳) [ר/א/55]. אִשְׁכּוּל, הַנְּטִיָּה לְקַבֵּץ מַשָּׂאִים כְּלְשֶׁהֵם לְאֶשְׁכּוֹלוֹת הַשַּׁיָּכִים זֶה לָזֶה. קְרִישָׁה (רפו׳) [מר״ח/163]. הִתְקָרְשׁוּת, עִבְטוּט, הִתְעַבְּטְטוּת

Klumpfuß

רֶגֶל מְבֻלֶּמֶת (רפו׳) [מר״ח/163]. רֶגֶל מְבֻלָּמָה, - מְשֻׁתֶּקֶת, - קְלוּטָה

Knabe

נַעַר (נְעָרִים), עֶלֶם (עֲלָמִים), בָּחוּר

Knabenkraut *{Orchis}*

סַחְלָב (בוט׳) צֶמַח מִמִּשְׁפַּחַת הַסַּחְלָבִיִּים

Knackweide *{Salix fragilis}*

עֲרָבָה שְׁבִירָה (בוט׳) צֶמַח מִמִּשְׁפַּחַת הָעַרְבָתִיִּים

Knäkente *{Anas querquedula}*

קַרְקִיר (זוא׳) עוֹף מִמִּשְׁפַּחַת הַבַּרְוָזִיִּים

Knäuel *{Glomus}* **[---> Strähn]**

פְּקַעַת (פְּקָעוֹת) (רפו׳)

Knäuelchen *{Glomerulus}*

פְּקָעִית (פְּקָעִיּוֹת) (רפו׳) פְּקוֹקַעַת, פַּקְעִית (פַּקְעִיּוֹת)

Knäuelgras *{Dactylis}*

צִבֹּרֶת (בוט׳) צֶמַח מִמִּשְׁפַּחַת הַדְּגָנִיִּים

knäuelig *{glomiformis}*

פְּקַעְתִּי (רפו׳) דְּמוּי פְּקַעַת

Knallgas

גַּז נֶפֶץ (כימ׳) גַּז רוֹעֵם, - מַרְעִים

Knallkrebs *{Alpheus glaber}*

נַקְשָׁן חָלָק (זוא׳) סַרְטָן מִמִּשְׁפַּחַת הַנַּקְשָׁנִיִּים (סַרְטָנִים מַעֲשִׂירֵי רֶגֶל)

Knauf

פִּיקָה (פִּיקוֹת) (טכנ׳) כַּפְתּוֹר

Knauser

צִיקָן (צִיקָנִים) [ק/ג/243]. עַצְרָן, קַמְצָן, כִּילַי

Knebel

רוֹכֵס (רוֹכְסִים) (ימא') פִּין הַמַּשְׁחֵל בַּעֲנִיבָה שֶׁל חֶבֶל כְּדֵי לִמְנֹעַ אֶת שְׁמִיטַת הַחֶבֶל

kneifen

צָבַט (צוֹבֵט) [א"ח/ב/266]. קָנַב (מְקַנֵּב), לָחַץ בֵּין הָאֶצְבָּעוֹת, קָנַב (קוֹנֵב)

Kneifzange

מִצְבָּטַיִם (טכנ')

kneten

גִּבֵּל (מְגַבֵּל) [א"ח/א/100;15]. גָּבַל (גּוֹבֵל), לָשׁ, כִּיֵּר (מְכַיֵּר), לָשׁ, נָלוֹשׁ

Kneter(in)

גַּבָּל (גַּבָּלִים), גַּבֶּלֶת (גַּבָּלוֹת) (מלא') לַיָּשׁ, מִי שֶׁלָּשׁ וְגוֹבֵל

knicken [---> kielen]

קִפֵּל (מְקַפֵּל), קִמֵּט

Knicklast

עֹמֶס קְרִיסָה (טכנ')

Knickung

קְרִיסָה (טכנ')

Knieband

בִּירִית (בִּירִיּוֹת) (לבו') קְשׁוֹר לְגַרְבַּיִם

kniebezüglich

בִּרְכִּיתִי (רפו') שֶׁל בֶּרֶךְ

Kniegelenk

אַרְכּוּבָה (אַרְכּוּבוֹת) (רפו') מִפְרַק הַבֶּרֶךְ

Kniekehle *{Poples}*

חֲבָק (רפו') [מר"ח/544]. חֶבֶק, מְקוֹם הַחִבּוּר שֶׁל הַיָּרֵךְ וְהַשּׁוֹק

Kniekehle betreffend, die

חֲבָקִי (רפו')

Knierohr

זָוִיתוֹן שֶׁל צִנּוֹר (טכנ')

Kniescheibe *{Patella}*

פִּיקַת הַבֶּרֶךְ (רפו') [מר"ח/516]. רַעַף (רְעָפִים), פִּיקָה

kniescheibenbezüglich

פִּיקָתִי (רפו') רַעֲפִי, שֶׁל פִּיקַת הַבֶּרֶךְ

Knipsen

לְחוֹץ (טכנ')

Knirps

גּוּץ (גּוּצִים) (רפו') [א"ח/א/250]. קְצַר קוֹמָה

knistern

חִרְקֵשׁ (מְחַרְקֵשׁ), רִשְׁרֵשׁ (מְרַשְׁרֵשׁ)

Knistern

חִרְקוּשׁ [מר"ח/208]. רִשְׁרוּשׁ

Knoblauch *{Allium sativum}*

שׁוּם הַגִּנָּה (בוט') צֶמַח מִמִּשְׁפַּחַת הַשּׁוֹשַׁנִּיִּים

Knoblauchkröte *{Pelobates syriacus}*

חֲפַרְית מְצוּיָה (זוא') דּוּחַי מִמִּשְׁפַּחַת הַחֲפַרְיתִיִּים

Knochen

עֶצֶם (עֲצָמוֹת) (ביו') רִקְמַת חִבּוּר מְכִילַת סִידָן הַמְּהַוָּה אֶת הַשֶּׁלֶד שֶׁל הַחֻלְיָתָנִים (בַּעֲלֵי הַחֻלְיוֹת)

Knochen, kurzer *{Os breve}*

עֶצֶם קְצָרָה (רפו')

Knochen, langer *{Os longum}*

עֶצֶם אֲרֻכָּה (רפו')

Knochen, platter *{Os planum}*

עֶצֶם שְׁטוּחָה (רפו')

Knochenauswuchs *{Exostose}*

עֲצוֹמֶת (רפו') גִּדּוּל שַׁפִּיר בָּעֶצֶם

knochenbezüglich *{ossär}*

גַּרְמִי (רפו') שֶׁל עֶצֶם

Knochenbildung *{Ossifikation}*

הִתְגַּרְמוּת (רפו') הֵהָפְכוּת לְגֶרֶם, הִוָּצְרוּת הָעֶצֶם

Knochenentzündung *{Osteitis}*

דַּלֶּקֶת הָעֶצֶם (רפו')

Knochenerweichung *{Osteomalazie}*

מָרֶכֶת הָעֲצָמוֹת (רפו') רַכֶּכֶת הָעֶצֶם

Knochenfortsatz *{Apophysis}*

זִיז עֶצֶם (רפו') זִיז

Knochengerüst

תַּגְרֹמֶת (רפו') [מר"ח/501]. כְּלָל הָעֲצָמוֹת בַּגּוּף, שֶׁלֶד

Knochenhaut *{Periost}*

קְרוּם הָעֶצֶם (רפו') מֵסַב הָעֶצֶם

Knochenlehre ---> Osteologie

Knochenmark *{Medulla}*

לְשַׁד הָעֶצֶם (רפו') [מר"ח/440]. מוֹקֶר, מֹחַ הָעֶצֶם, לֵחַ הָעֲצָמוֹת

knochenmarkbezüglich

לְשַׁדִּי (רפו') שֶׁל לְשַׁד הָעֶצֶם

Knochenmarkentzündung *{Osteomyelitis}*

דַּלֶּקֶת לְשַׁד הָעֶצֶם (רפו') [מר"ח/502]. חַרְחוּר

Knochenverbindung, unbewegliche *{Synarthrose}*

מִצְמָד (רפו') חִבּוּר בִּלְתִּי נָע

Knochenverbindung durch Knochengewebe *{Synostosis}*

מַעֲצֵם (רפו') חִבּוּר עֶצֶם

Knochenverbindung durch Knorpelgewebe *{Synchondrose}*

מִסְחָס (רפו') חִבּוּר סְחוּסִי

Knötchen *{Nodulus}*

חַרְצֶבֶת (חַרְצָבוֹת) (רפו', ביו') קַשְׁרִיר, קֶשֶׁר קָטָן, פִּקְעִית (פְּקָעִיּוֹת), חַרְצֹב

Knöterich *{Polygonum}*

אַרְכֻּבִּית (בוט') צֶמַח מִמִּשְׁפַּחַת הָאַרְכֻּבִּיתִיִּים

Knollen

כִּפָּה (כִּפּוֹת) (י"א)

Knollennase *{Rhinophym}*

אַנֶּפֶת (רפו') [מר"ח/588]

Knorpel *{Cartilago}*

סְחוּס (רפו') [מר"ח/127]. חַסְחוּס, עֶצֶם רַכָּה

Knorpelhaut *{Perichondrium}*

קְרוּם הַסְּחוּס (רפו') מֵסַב הַסְּחוּס, - הַחַסְחוּס, קְרוּם הַחַסְחוּס

knorpelig

סְחוּסִי (רפו') חַסְחוּסִי

knorpelleidend

אִזֵּל, אִזֶּלֶת (רפו')

Knorpelleim

אֶסְחָס (רפו')

Knorpelmöhre *{Ammi}*

אֲמִיתָה (בוט') צֶמַח מִמִּשְׁפַּחַת הַסּוֹכְכִיִּים

Knorpelwachstumsstörung *{Achondroplasie}*

אִי עִצּוּב הַסְּחוּס (רפו') אִזְּלוּת, אִזְּלוֹן הַסְּחוּסִים, אִי עִצּוּב הַחַסְחוּס, אָכוֹנְדְרוֹפְּלַזְיָה

knospen

הֵנֵץ (מֵנֵץ) (ביו') הִצְמִיחַ נִצָּנִים

Knospung

הֲנָצָה (ביו') צְמִיחַת נִצָּנִים

Knoten

מִשְׁלֶבֶת (מִשְׁלָבוֹת) (מחמ')

Knoten *{Nodus}*

חַרְצֹב (חַרְצֻבִּים) (רפו') [מר"ח/483]. קֶשֶׁר (קְשָׁרִים), אֶגֶד, כַּמּוּת קְטַנָּה שֶׁל רְקָמוֹת

Knoten *{Tophus}*

כֶּנֶד (כְּנָדִים) (רפו') [מר"ח/671]. גּוּשִׁישׁ, בּוּעָה, בּוּעִית

knotenförmig *{nodulär}*

חַרְצֻבִּי (רפו') [מר"ח/483]. קִשְׁרִי, אֶגְדִּי

Knotenort

מְקוֹם הַצְּמָתִים (מחמ')

Knotenpunkt

צֹמֶת (צְמָתִים), פָּרָשַׁת דְּרָכִים, מְקוֹם חִבּוּר, מֶחְלָף (מֶחְלָפִים), מִצְמָת, נְקֻדַּת צֹמֶת

Knotenpunkt zweiter Art

חֹד כָּפוּל (מחמ')

knurren

נָהַם (נוֹהֵם) (זוא') שָׁאַג (שׁוֹאֵג), נִהֵם (מְנַהֵם), הִשְׁמִיעַ קוֹל (הָאַרְיֵה), הָמָה (הוֹמֶה)

Ko-Repressor

מַשְׁלִים הַדִּכְּאָן (ביו')

Koagulation ---> Gerinnung

koagulieren ---> gerinnen

Koalition

שֻׁתְּפָה (שׁוּתְפָּה) (מדי') [י"א/304]. מַאֲחָד, מַאֲחָדָה, קוֹאָלִיצְיָה, בְּרִית זְמַנִּית לְשִׁתּוּף פְּעֻלָּה. מְזִיגָה (פיל') [ח"ה/126; בת"ט/119]. תִּצְרֹפֶת (תִּצְרוֹפוֹת)

Koalitionssystem

שִׁיטַת הֶסְכֵּם (פיל')

Kochanweisung

מַתְכּוֹן (מַתְכּוֹנִים) (תזו') הוֹרָאָה לְבִשּׁוּל וְלַאֲפִיָּה, רֶצֶפְּט

Kochflasche

בַּקְבּוּק חִמּוּם (בַּקְבּוּקֵי חִמּוּם) (כימ')

Kochkessel

קֻמְקוּם (קֻמְקוּמִים) (טכנ') [א"ח/א/210]. מֵחַם (מְחַמִּים), כְּלִי לְהַרְתָּחַת מַיִם

Kochsalz

מֶלַח בִּשּׁוּל (כימ') [דח"ט/88]. חֹמֶר הַמֻּרְכָּב מִנַּתְרָן וּכְלוֹר וּמְשַׁמֵּשׁ לְתִבּוּל מַאֲכָלִים

Kochsalzlösung

מְלוּחִית (רפו') תְּמִיסָה מְלוּחָה, תְּמִיסַת מֶלַח כִּיּוּנִית (פִיזְיוֹלוֹגִית)

Kochsalzwasser

מוֹרְיָס (רפו') [מר"ח/467]. מֵי מֶלַח

kochsalzwasserbezüglich

מוֹרְיָסִי (רפו') מִלְחִי, שֶׁל מֵי מֶלַח

Kochtopf

קְדֵרָה (קְדֵרוֹת) (טכנ') [א"ח/א/92]. פָּרוּר, סִיר בִּשּׁוּל, - חֶרֶס

Koda

יֶסֶף (יְסָפִים) (מוס') [שא"מ/769]. קוֹדָה, פִּסְקָה הַבָּאָה בְּסוֹף הַחִבּוּר אוֹ בְּסוֹף הַפֶּרֶק

Kode

קוֹד [ר/ב/597]. סִדְרַת סִימָנִים הַמֻּסְכָּמִים עַל כָּל הַנִּזְקָקִים לָהֶם

Kodex

מַחְקוֹק (משפ') סֵפֶר חֻקִּים, קוֹדֶקְס, מִצְחָף

kodieren

קוֹדֵד (מְקוֹדֵד), הֵסֵב בְּצוּרָה מְבֻקֶּרֶת נְתוּנִים כַּמּוּתִיִּים וְאֵיכוּתִיִּים לְסִימָנִים הַמֻּסְכָּמִים עַל כָּל הַנִּזְקָקִים לָהֶם

Kodieren ---> Kodierung

Kodierung

קִידּוּד [ר/ב/608]. הֲסַבָּה מְבֻקֶּרֶת שֶׁל נְתוּנִים מְסֻיָּמִים מִצּוּרָה אַחַת לְצוּרָה אַחֶרֶת. הַצְפָּנָה (מחש') [דמ"א/23]. תִּרְגּוּם נְתוּנִים לִשְׂפַת מַחְשֵׁב

Kodifizierung

הֶחֵק (משפ') קוֹדִיפִיקַצְיָה, כִּנּוּס וַעֲרִיכָה שֶׁל הַחֻקִּים בְּצוּרָה שִׁיטָתִית. הַסְמָלָה

Köcherblümchen *{Cuphea}*

גַּבְנוּן (בוט') צֶמַח מִמִּשְׁפַּחַת הַכְּפָרִיִּים

Köcherfliegen *{Trichoptera}*

שְׂעִירֵי כָּנָף (זוא') סִדְרָה שֶׁל חֲרָקִים

Koeffizient

מְקַדֵּם (מְקַדְּמִים) (מחמ') קוֹאֶפִיצְיֶנְט, גּוֹרֵם מִסְפָּרִי אוֹ כָּל גּוֹרֵם מַכְפִּיל אַחֵר הַמּוֹפִיעַ בְּתַבְנִיּוֹת מָתֵמָטִיּוֹת, לְמָשָׁל: בְּבִטּוּי 7x, 7 הוּא הַמְּקַדֵּם

Köhler

פֶּחָמִי (מלא') [א"ח/ב/300]. פַּחָם, עוֹשֶׂה פֶּחָמִים

Kölle *{Satureja}*

צַתְרָה (בוט') צֶמַח מִמִּשְׁפַּחַת הַשִּׂפְתָנִיִּים

König machen, zum

הִמְלִיךְ (מַמְלִיךְ) (מדי') עָשָׂה אוֹתוֹ לְמֶלֶךְ

Königskerze *{Verbascum}*

בּוּצִין (בוט') צֶמַח מִמִּשְׁפַּחַת הַלּוֹעֲנִיתִיִּים

Königslibelle, Große *{Anax imperator}*

שַׂפִּירִית קֵיסָרִית (זוא') חֶרֶק מִמִּשְׁפַּחַת הָאֶשְׁנִיִּים

Königslilie *{Lilium regale}*

שׁוֹשַׁן הַמְּלָכִים (בוט') צֶמַח מִמִּשְׁפַּחַת הַשּׁוֹשַׁנִּיִּים

Königswasser *{Aqua regia}*

מֵי מֶלֶךְ (כימ') [דח"ט/85]. תַּעֲרֹבֶת שֶׁל חֻמְצָה

חַנְקָתִית עִם חֻמְצַת מֶלַח הַמְּמַסָּה מַתָּכוֹת אֲצִילוֹת כְּגוֹן זָהָב וּפְּלַטִינָה

Köpfchen
קַרְקֶפֶת (קַרְקָפוֹת) (בוט') תִּפְרַחַת בַּעֲלַת פְּרָחִים מְרֻבִּים הַיּוֹשְׁבִים עַל גַּבֵּי מַצָּעִית מֻרְחֶבֶת

köpfen
הִתִּיז (מַתִּיז) רֹאשׁ, מָלַק (מוֹלֵק)

Körnchen ---> Granula
Körnelung ---> Granulation
Körner
מַקּוֹד (מַקּוֹדִים) (טכנ') מַדְגֵּשׁ (מַדְגְּשִׁים), מַכְשִׁיר חַד לְסִמּוּן נְקֻדּוֹת

Körnerhaufen
כְּרִי (כְּרָיִים) (חקל') [א"ת/ב/192]. עֲרֵמַת גַּרְגְּרֵי תְּבוּאָה

körnig
גַּרְגְּרִי, מְגֻרְעָן, גַּרְעִינִי

Körnigkeit
מִרְגָּב (טכנ') מַאֲרָג (טֶקְסְטוּרָה) סִיבִי אוֹ מְגֻרְעָן

Körnung
גִּרְעוּן (טכנ') הִתְהַוּוּת גַּרְעִינִים

Körper
גּוּף (גּוּפִים) (פיס', רפו') [ק/א/108; מר"ח/618]. שְׁאֵר, בָּשָׂר, סוֹמָה, יְצִיר (יְצִירִים). גֵּו (פיס') [ק/א/107]. עֶצֶם מוּחָשׁ. גְּוִיָּה (גְּוִיּוֹת) (רפו') [ק/א/107]. גֹּלֶם (גְּלָמִים) (פיס', פיל') [ק/א/116]. גֶּרֶם (גְּרָמִים) (פיס') [ק/א/119]. גֶּשֶׁם (גְּשָׁמִים) (פיס') [ק/א/122,120]. עֶצֶם בֶּן שְׁלֹשָׁה מְמַדִּים. חֹמֶר (פיל', פיס') [ק/א/313]. הָעֶצֶם הַחָמְרִי בְּנִגּוּד לָרוּחַ. מַמָּשׁ (פיל') [ק/ב/210]

Körper(n), Angst vor nackten ---> Gymnophobie
Körper, geometrischer
יְצִיר הַנְדָּסִי (מתמ') [ק/ב/122]. גֶּשֶׁם לְמוּדִי, גּוּף הַנְדָּסִי, - גֵּאוֹמֶטְרִי. מְגֻשָּׁם (מתמ') [ק/ב/143]. מָגְשָׁם, מְגֻשָּׁם, גּוּף תְּלַת מְמַדִּי, - בַּעַל שְׁלֹשָׁה רְחָקִים

Körper, rauschender
עֶצֶם מַרְעִישׁ (פיס') [ק/א/120]. גֶּשֶׁם שְׁאוֹנִי

Körper, ringförmiger
גּוּף טַבַּעְתִּי (מתמ') גּוּף הַנּוֹצָר עַל יְדֵי סִבּוּב עֲקֻמָּה סְגוּרָה עַל צִיר שֶׁאֵינוֹ חוֹתֵךְ אוֹתָהּ

Körper, starrer
גּוּף קָשִׁיחַ (פיס')

Körperbau ---> Konstitution
Körperbautyp ---> Somatotyp
Körperchen *{Corpusculum}*
גּוּפִיף (גּוּפִיפִים) (רפו')

körperfern *{distal}*
רְחִיקָנִי (רפו') [מר"ח/253]. מְרֻחָק מִמֶּרְכַּז הַגּוּף, דִּיסְטָלִי

Körperform
צוּרַת גּוּף [ק/ג/238]. צוּרָה גּוּפָנִית

körperhaft
מֶרְחָבִי (מתמ') [ק/ב/143]. מְגֻשָּׁם, מָגְשָׁם, גּוּפָנִי, מְגֻשָּׁם, שֶׁל גּוּף תְּלַת מְמַדִּי

Körperhaltung
יְצִיבָה (רפו') עֹמֶד הַגּוּף, תְּנוּחַת הַגּוּף, מַצַּב הַגּוּף בַּעֲמִידָה זְקוּפָה

Körperkanal *{Canalis}*
תְּעָלָה (תְּעָלוֹת) (רפו')

körperlich
גּוּפָנִי (פיס', רפו') [ק/א/109; מר"ח/618]. גּוּפִי, סוֹמָטִי, שְׁאֵרִי, שְׁאֶרָנִי. בְּשָׂרִי [ק/א/96]. (רפו') שֶׁל הַגּוּף. גָּלוּם [ק/א/116]. גַּרְמִי [ק/א/119]. גַּשְׁמִי [ק/א/122]. גַּשְׁמָנִי, גֻּשְׁמָנִי. מִתְעָרֵב בַּגּוּף [ק/ב/324]. עָב [ק/ג/118]. עָבֶה, חָמְרִי. צַלְמָנִי (פיל') [ק/ג/247]. מִתְיַחֵס עַל הַצֶּלֶם הַחִיצוֹנִי, דְּמוּתִי

körperlich werden
נִגְשַׁם, נִתְגַּשֵּׁם (פיס') [ק/א/121]. נִהְיָה לְגֶשֶׁם, - לְגוּף

körperliche Form ---> Form, körperliche
körperliche Gestalt annehmen ---> Gestalt annehman, körperliche
körperliche Kraft ---> Kraft, körperliche
körperliche Strafe ---> Leibesstrafe
körperliche Ursache ---> Ursache, körperliche
körperliches Wesen ---> Wesen, körperliches
körperliches Wesen zuschreiben, der Gottheit ---> Gottheit körperliches Wesen zuschreiben, der
Körperlichkeit
גּוּפָנִיּוּת [ק/א/109]. תְּכוּנַת הַגּוּף אוֹ הַדָּבָר הַגּוּפָנִי. גּוּפִיּוּת [ק/א/109]. חָמְרִיּוּת [ק/א/313]. חֹמֶר. בְּשָׂרִיּוּת [ק/א/97]. טֶבַע הַבָּשָׂר. גַּשְׁמִיּוּת [ק/א/119]. גַּסּוּת, עָבְיוּת. גַּרְמִיּוּת [ק/א/119]. גַּשְׁמוּת [ק/א/121]. גַּשְׁמָנִיּוּת [ק/א/123]. גֻּשְׁמָנִיָּה. עֹבִי [ק/ג/120]

körpernah *{proximal}*
קְרִיבָנִי (רפו') מְקֹרָב לַגּוּף, פְּרוֹקְסִימָלִי

Körperoberflächenbeklopfung *{Perkussion}*
נִקּוּשׁ (רפו') הַקָּשָׁה עַל הַגּוּף לְשֵׁם קְבִיעַת אַבְחָנָה רְפוּאִית

Körpersäfte
חֶלֶט (חֲלָטִים) (רפו') [ק/א/304]. לַחוּת שֶׁבְּגוּף הַחַי. לֵחָה (רפו') [ק/ב/117]

Körperschaft
יֵשׁוּת מִשְׁפָּטִית (יֵשׁוּיוֹת מִשְׁפָּטִיּוֹת) (משפ') תַּאֲגִיד, גּוּף מִשְׁפָּטִי, חֶבֶר בְּנֵי אָדָם הַמְּאֻגָּדִים עַל פִּי הַחֹק וְנוֹשְׂאִים יַחַד זְכֻיּוֹת וְחוֹבוֹת מִשְׁפָּטִיּוֹת, הִתְאַגְּדוּת

Körperschaft, gesetzgebende
רָשׁוּת מְחוֹקֶקֶת (מדי', משפ')

Körperschema
תַּדְמִית הַגּוּף (פסי') [ר/א/125]. דְּמוּת הַגּוּף, מֻשָּׂג הַגּוּף, דִּמּוּי שֶׁל אָדָם עַל גּוּפוֹ

Körperstrafe ---> Leibesstrafe
Körperverdrehungen, hysterische ---> Clownismus

Körperverletzung
נֶזֶק גּוּף (נִזְקֵי גּוּף) (משפ', רפו')

Körpervorstellungsbild ---> Körperschema

Körperwahrnehmung
תְּפִיסַת מְצָקִים (פסי') [ר/ב/469]. תְּפִיסָה שֶׁל גֹּדֶל, מִשְׁקָל וְצוּרָה שֶׁל עֲצָמִים עַל יְדֵי מַגָּע, סְטֶרֵאוֹגְנוֹזָה

Körperwelt
הָעוֹלָם הַזֶּה (פיל') [ק/ג/127]. עוֹלַם הַבְּרִיאָה, הָעוֹלָם הַגַּשְׁמִי, עוֹלַם הַגּוּף

Koerzitivität
כַּפִּיָּנוּת (פיס') כָּשְׁרוֹ שֶׁל חֹמֶר מְסֻיָּם לְהִתְנַגֵּד לְמִגְנוּט אוֹ לִשְׁמֹר אֶת מִגְנוּטוֹ

Koexistenz
קִיּוּם יַחַד (פיל', מדי') [המ"מ/224]. דּוּ קִיּוּם, קוֹאֶקְזִיסְטֶנְצְיָה, קִיּוּם בְּצַוְתָּא, הֱיוֹת בְּיַחַד

Kofferdeckschiff
אֳנִיַּת תֵּבָה (ימא')

Koffermuscheln *{Donacidae}*
סִירָתִיִּים (זוא') מִשְׁפָּחָה שֶׁל צְדָפוֹת

Kofferung ---> Unterbau

Kognat
מִשְׁתַּתֵּף מוֹצָא (בלש') [מ"ב/37]. בַּעַל מוֹצָא מְשֻׁתָּף, בֶּן מוֹצָא אֶחָד, מִלָּה מִלָּשׁוֹן מְסֻיֶּמֶת שֶׁיֵּשׁ לָהּ מוֹצָא מְשֻׁתָּף עִם מִלָּה מִלָּשׁוֹן אַחֶרֶת, לְמָשָׁל: ל"זָקָן" בְּעִבְרִית וּל"דָקָן" בְּאוּגָרִיתִית מָקוֹר אֶחָד

Kognition
הַכָּרָנוּת (פסי', פיל') [ר/א/205]. קוֹגְנִיטִיבִיּוּת, הַכָּרָה

kognitiv
הַכָּרָנִי (פסי', פיל') קוֹגְנִיטִיבִי, יִדְעִי, שֶׁיֵּשׁ בּוֹ יְדִיעָה

kognitive Dissonanz ---> Dissonanz, kognitive

kognitive Struktur ---> Struktur, kognitive

kognitiver Stil ---> Stil, kognitiver

kognitives Landkartenlernen ---> Landkartenlernen, kognitives

kohärent [---> zusammenhängend]
לָכִיד [ק/ב/311]. מִתְדַּבֵּק, נֶאֱחָד, קוֹהֶרֶנְטִי, מְחֻבָּר, מְקֻשָּׁר, מֻתְאָם

Kohärenz [---> Zusammenhang]
לְכִידוּת [ק/א/228; מ"ב/37]. הִתְדַּבְּקוּת, הִתְלַכְּדוּת, לִזּוּב, נֶאֱחָדוּת, קוֹהֶרֶנְצִיָּה, קְשׁוּרִיּוּת, קְשִׁירוּת, הֲדִיקוּת, דְּבֵקוּת, הִדָּבְקוּת, דִּבּוּק חֶלְקֵי הַחֹמֶר זֶה בָּזֶה, מַצָּב שֶׁאֵין בּוֹ סְתִירוֹת בֵּין הַשָּׁלֵם לַחֲלָקָיו

Kohärenznorm
תְּקוּנַת לְכִידוּת (מדע) [ד"מח/248]. תְּקוּנַת הִתְלַכְּדוּת, נוֹרְמָה תַּחְבִּירִית לְהַשְׁרָרָתָהּ שֶׁל תּוֹרָאָה (תֵּאוֹרְיָה) עַל פִּי הִתְיַשְּׁבוּתָהּ עִם תּוֹרָאוֹת שֶׁכְּבָר נִתְבַּסְּסוּ

kohärieren
לְכֵּד (מְלַכֵּד) (פיס') לָזַב (לוֹזֵב)

Kohäsion
לִכּוּד (פיס') לְזִיבָה, קְשִׁירוּת, קוֹהֶזְיָה, הֱיוֹת קָשִׁיר, תַּאֲחִיזָה

kohäsiv
מְלַכֵּד (פיס') לָזִיב, קָשִׁיר

Kohl *{Brassica}*
כְּרוּב (בוט') צֶמַח מִמִּשְׁפַּחַת הַמִּצְלִיבִים

Kohle, glühende
גַּחַל (גֶּחָלִים) [א"ת/א/86]. גַּחֶלֶת, פֶּחָם בּוֹעֵר, אוּד שֶׁנִּשְׂרַף

Kohlenbecken
אָח (טכנ') מִתְקָן שֶׁמַּבְעִירִים בּוֹ פֶּחָם אוֹ עֵץ לְחִמּוּם

Kohlendioxid
פַּחְמָן דּוּ חַמְצָנִי (כימ') [דח"ט/45]. דּוּ תַּחְמֹצֶת הַפַּחְמָן, גַּז הַמָּצוּי בָּאֲוִיר בְּשִׁעוּר 0.3% בְּקֵרוּב וְהוּא חֲסַר צֶבַע וָרֵיחַ, מָסִיס בְּמַיִם וְיוֹצֵר אִתָּם חֻמְצָה פַּחְמָתִית

Kohlenhydrat
פַּחְמִימָה (פַּחְמִימוֹת) (כימ', תזו') [דח"ט/132]. תִּרְכֹּבֶת אוֹלָנִית (אוֹרְגָנִית) הַבְּנוּיָה מִפַּחְמָן, מֵימָן וְחַמְצָן וְהַמְּהַוָּה אֶת אֶחָד מִשְּׁלֹשֶׁת אֲבוֹת הַמָּזוֹן

Kohlenmonoxid ---> Kohlenoxid

Kohlenoxid
פַּחְמָן חַד חַמְצָנִי (כימ') [דח"ט/133]. חַד תַּחְמֹצֶת הַפַּחְמָן, גַּז רָעִיל מְאֹד וְדָלִיק הַנּוֹצָר בִּשְׂרֵפָה לֹא מֻשְׁלֶמֶת שֶׁל פֶּחָם וַחֲמָרִים אוֹלָנִיִּים (אוֹרְגָנִיִּים) בִּתְנָאֵי שְׁנִיקָה (חֹסֶר חַמְצָן)

Kohlenschiff
מוֹבֶלֶת פֶּחָם (מוֹבָלוֹת פֶּחָם) (ימא')

Kohlenstaublunge
פַּחֶמֶת (רפו') רְאֵה סְפוּגַת אֲבַק פֶּחָם

Kohlenstoff
פַּחְמָן (כימ') [דח"ט/132]. יְסוֹד אַלְמַתַּכְתִּי הַמּוֹפִיעַ בַּטֶּבַע כְּמֻחְצָב בְּצוּרוֹת שׁוֹנוֹת

Kohlenstoff, aktiver
פֶּחָם פָּעִיל (כימ') [דח"ט/134]. פַּחְמָן טָהוֹר הַמּוּפָק עַל יְדֵי פִּחוּם עֵץ וּמְשַׁמֵּשׁ כְּחֹמֶר סוֹפֵג

Kohlenwasserstoff
פַּחְמֵימָן (פַּחְמֵימָנִים) (כימ') [דח"ט/132]. כִּנּוּי לִקְבוּצָה שֶׁל תִּרְכּוֹבוֹת אוֹלָנִיּוֹת (אוֹרְגָנִיּוֹת) הַמְּכִילוֹת פַּחְמָן וּמֵימָן בִּלְבַד

Kohlmeise *{Parus major}*
יַרְגָּזִי מָצוּי (זוא') עוֹף מִמִּשְׁפַּחַת הַיַּרְגָּזִיִּים

Kohlrabe *{Corvus corax laurencei}*
עוֹרֵב שָׁחֹר (זוא') עוֹף מִמִּשְׁפַּחַת הָעוֹרְבִיִּים

Kohlschabe *{Plutella maculipennis}*
עֲשִׁית הַמִּצְלִיבִים (זוא') חֶרֶק מִמִּשְׁפַּחַת הָעֲשִׁיתִיִּים

Kohlweißling *{Pieris brassicae}*
לַבְנִין הַכְּרוּב (זוא') חֶרֶק מִמִּשְׁפַּחַת הַלַּבְנִינִיִּים (פַּרְפְּרֵי יוֹם)

Kohlweißling, Kleiner *{Artogeia rapae}*
לַבְנִין הַצְּנוֹן (זוא') חֶרֶק מִמִּשְׁפַּחַת הַלַּבְנִינִיִּים (פַּרְפְּרֵי יוֹם)

Kohortativ
דֶּרֶךְ הַזֵּרוּז (בלש') [מ"ב/38]. קוֹהוֹרְטָטִיב, עָתִיד מָאֳרָךְ, דֶּרֶךְ פֹּעַל (מוֹדוּס) שֶׁל תְּבִיעָה, בַּקָּשָׁה וכד' שֶׁל אָדָם מֵעַצְמוֹ, לְמָשָׁל: "**הָבָה** וְנֵלְכָה!", "**בּוֹא** וְנִפָּשֵׁשׁ בַּהֲלָכוֹת!"

koinzident
אֶזְמַנִּי, שֶׁקּוֹרֶה יַחַד, זְמִינִי, תַּפְגִּישִׁי

Koinzidenz

אִזְמוּן [י״א/165]. זְמִינָה, הִתְרַחֲשׁוּת בּוֹ זְמַנִּית, תְּחוּלָה, קוֹאִינְצִידֶנְצְיָה, הִתְלַכְּדוּת, תַּפְגִּישׁ, זִמּוּן, הִתְרַחֲשׁוּת מִקְרִית שֶׁל שְׁנֵי עִנְיָנִים בִּזְמַן אֶחָד

koinzidieren

אִזְמֵן (מְאַזְמֵן), הִתְרַחֵשׁ בּוֹ זְמַנִּית, גָּרַם לִשְׁנֵי דְּבָרִים אוֹ יוֹתֵר לְהִקָּרוֹת בִּזְמַן וְ/אוֹ בְּמָקוֹם אֶחָד, הִתְלַכֵּד, אֻזְמַן (מְאֻזְמָן), תִּפְגֵּשׁ

Koinzidieren ---> Koinzidenz

koinzidierend

אֶזְמֵנִית, בְּאֹפֶן אֶזְמֵנִי

Koitus, Schmerz beim

כְּאֵב הִזְדַּוְּגוּת (רפו׳) פְּרוֹעַ הִזְדַּוְּגוּת, קֹשִׁי בִּיאָה

Koitus interruptus ---> Coitus interruptus

Koitus von hinten

מִשְׁגָּל שִׁפּוּד (רפו׳) [מר״ח/585]. הִזְדַּוְּגוּת מֵאָחוֹר

Kokette

עַגְבָנִית, גַּנְדְּרָנִית, מִתְחַנְחֶנֶת

Kokke ---> Kugelbakterie

Kokkelstrauch *{Cocculus}*

סַהֲרוֹן (בוט׳) צֶמַח מִמִּשְׁפַּחַת הָעַרְטָנִיתִיִּים

Kolben

בֻּכְנָה (בֻּכְנוֹת) (טכנ׳) גָּלִיל הַנָּע בְּתוֹךְ גָּלִיל

Kolben *{Spadix}*

אֶשְׁבּוֹל (אֶשְׁבּוֹלוֹת) (בוט׳) תִּפְרַחַת שֶׁפִּרְחֶיהָ יוֹשְׁבִים עַל צִיר מְעֻבֶּה

Kolbenhingang

הֲלִיכַת הַבֻּכְנָה (טכנ׳)

Kolbenhub

מַהֲלַךְ הַבֻּכְנָה (טכנ׳)

Kolbenrückgang

חֲזָרַת הַבֻּכְנָה (טכנ׳)

Kolbenspiel

מַחֲזוֹר הַבֻּכְנָה (טכנ׳) מַהֲלָךְ כָּפוּל שֶׁל הַבֻּכְנָה

Kolbenwasserkäfer *{Hydrous piceus}*

סִירָן שָׁחוֹר (זוא׳) חֶרֶק מִמִּשְׁפַּחַת חוֹבְבֵי מַיִם (חִפּוּשִׁיּוֹת)

Kolbenweg ---> Kolbenhub

Kolibakterium

כַּרְכַּשְׁתּוֹן (ביו׳, רפו׳) מֶתֶג הַכַּרְכֶּשֶׁת, חַיְדַּק קוֹלִי

Kolik

קַדֶּדֶת (קַדָּדוֹת, קַדְּדוֹת-) (רפו׳) [מר״ח/170]. כְּאֵב חַד בַּבֶּטֶן

Kolk ---> Strudelloch

Kolkrabe *{Corvus corax}*

עוֹרֵב שָׁחֹר (זוא׳) עוֹף מִמִּשְׁפַּחַת הָעוֹרְבִיִּים

kollabieren ---> zusammenbrechen

Kollaps ---> Zusammenbruch

kollateral

צְדָדִי [מר״ח/171]. צִידוֹנִי, קוֹלָטֶרָלִי, אֲגַבִּי, נִלְוֶה, שׁוּלִי, חוֹרֵג, טָפֵל, טְפֵלִי, מִשְׁנִי

Kollation [---> Vergleichung]

עִמּוּת (תקש׳) הַעֲמָדַת נֹסַח אֶחָד מוּל נֹסַח אַחֵר וְהַשְׁוָאָתָם

kollationieren [---> vergleichen]

עִמֵּת (מְעַמֵּת) ((תקש׳) הֶעֱמִיד זֶה מוּל זֶה וְהִשְׁוָה בֵּינֵיהֶם

Kollege

עָמִית (עֲמִיתִים) [מר״ח/169]. כֶּנֶת (כְּנָווֹת), קוֹלֶגָה, חֲבֵר עֲבוֹדָה, רֵעַ

kollegial

עֲמִיתִי, כְּנָתִי, קוֹלֶגִיאָלִי

Kollegialität

עֲמִיתוּת, כְּנָתִיּוּת, עֲמִיתָה, חֲבֵרוּת, קוֹלֶגִיאָלִיּוּת

Kollegin

עֲמִיתָה (עֲמִיתוֹת), קוֹלֶגִית, חֲבֶרֶת עֲבוֹדָה

Kollekte ---> Einsammlung von Almosen

kollektiv

קִבּוּצִי, שִׁתּוּפִי, קוֹלֶקְטִיבִי, מְקֻבָּץ

Kollektiv, soziales

תַּאֲסִיף חֶבְרָתִי (מ״ח) קוֹלֶקְטִיב חֶבְרָתִי, גּוּף חֶבְרָתִי שֶׁבֵּין אֶסֶף (אַגְרֶגָט) לִקְבוּצָה, צִבּוּר בְּנֵי אָדָם בַּעֲלֵי מַטָּרוֹת וַעֲרָכִים מְשֻׁתָּפִים וּתְחוּשַׁת עַמְדִּיּוּת (סוֹלִידָרִיּוּת) מְסֻיֶּמֶת, אַךְ יַחֲסֵי הַגּוֹמְלִין שֶׁבֵּינֵיהֶם רוֹפְפִים וְדַרְגַּת אִרְגּוּנָם הַחֶבְרָתִי נְמוּכָה מִכְּדֵי שֶׁיֵּרָאוּ כִּקְבוּצָה

Kollektivbegriff

מֻשָּׂג קִבּוּצִי (פיל׳) מֻשָּׂג הַמְּשַׁקֵּף אֶת סוּגְלֶיהָ שֶׁל קְבוּצָה בַּעֲלַת עֲצָמִים וכד׳ זֵהֵי מִין, לְמָשָׁל: ״סִפְרִיָּה״, ״תִּזְמֹרֶת״, ״שְׁבִיל הֶחָלָב״; מַה שֶּׁנֶּאֱמַר בְּמֻשָּׂג קִבּוּצִי מִתְיַחֵס לְמִכְלוֹל הָעֲצָמִים וכד׳ אַךְ לֹא לָעֲצָמִים הַיְּחִידִים הַשַּׁיָּכִים לַמִּכְלוֹל הָאָמוּר, לְמָשָׁל: בַּיְּדִיעָה ״אֲסֵפַת תַּלְמִידֵי כִּתָּה י״א חָלְפָה בַּעֲרָנוּת רַבָּה״ מִשְׁתַּמְּשִׁים בַּמֻּשָּׂג ״אֲסֵפַת תַּלְמִידֵי כִּתָּה י״א״ בְּמוּבָן קִבּוּצִי, אַךְ אִי אֶפְשָׁר לְהַחִילוֹ עַל כָּל הַתַּלְמִידִים, לְפִי שֶׁאֵין לָדַעַת אִם כָּל תַּלְמִיד וְתַלְמִיד אָכֵן הָיָה עֵרָנִי

Kollektivbewußtsein

תּוֹדָעָה קִבּוּצִית (פסי׳, מ״ח) תּוֹדַעַת הַקִּבּוּץ, תּוֹדָעָה דּוֹמָה אֵצֶל קִבּוּץ בְּנֵי אָדָם גָּדוֹל

Kollektivbezogenheit

מְכֻוָּנוּת כְּלַפֵּי הַכְּלָל (פסי׳, מ״ח)

kollektive Einheit ---> Einheit, kollektive

kollektive Repräsentation ---> Kollektivsymbol

kollektives Unbewußtes ---> Unbewußtes, kollektives

kollektivieren

תִּקְבֵּץ (מְתַקְבֵּץ), אִרְגֵּן בְּאֹרַח קִבּוּצִי

kollektiviert

מְתֻקְבָּץ, מְאֻרְגָּן בְּאֹרַח קִבּוּצִי

Kollektivismus

קִבּוּצָנִיּוּת (מ״ח) תּוֹרַת הַשִּׁתּוּף

Kollektivität

קִבּוּצִיּוּת (מ״ח) שִׁתּוּפִיּוּת, קוֹלֶקְטִיבִיּוּת

Kollektivorientierung ---> Kollektivbezogenheit

Kollektivsymbol

מֻצָּג קִבּוּצִי (פסי׳, מ״ח) עֲרָכִים וּסְמָלִים בַּעֲלֵי חֲשִׁיבוּת רִגְשִׁית וְשִׂכְלִית לְצִבּוּר מְסֻיָּם

Kollektivum ---> Sammelbezeichnung

Kollektivvereinbarung

הֶסְכֵּם קִבּוּצִי (משפ')

Kollektor ---> Empfänger

Kollimator

מַקְבֵּל (פיס') הֶתְקֵן תַּרְאִיָּתִי (אוֹפְּטִי) לִיצִירַת אֲלֻמָּה שֶׁל קַרְנַיִם מַקְבִּילוֹת

Kolliquation ---> Gewebseinschmelzung

Kollision ---> Zusammenstoß

Kollodium

לִצְקָה (רפו') [מר״ח/172]

Kolloid

לֶצֶק (כימ', רפו') קוֹלוֹאִיד

Kollokation

שְׁכֵנוּת (בלש') [מ״ב/38]. קוֹלוֹקַצְיָה, צֵרוּף, תּוֹפָעָה שֶׁמִּלִּים עֲשׂוּיוֹת לְהִתְקַשֵּׁר זוֹ בָּזוֹ כָּךְ שֶׁבִּסְבִיבָהּ שֶׁל מִלָּה מְסֻיֶּמֶת צָפוּי מֵרֹאשׁ שֶׁתָּבוֹא מִלָּה מְסֻיֶּמֶת אַחֶרֶת, לְמָשָׁל: ״בָּצַר עֲנָבִים״, ״מָסַק זֵיתִים״

Kolloquium

תְּשִׂיחָה [מר״ח/173]. קוֹלוֹקְוִיּוּם

kolmatieren ---> einschlämmen

Kolon ---> Dickdarm

Kolonialismus

מוֹשְׁבָנוּת (מדי') קוֹלוֹנְיָאלִיזְם

kolonialistisch

מוֹשְׁבָנִי (מדי') קוֹלוֹנְיָאלִיסְטִי

Kolonie

מוֹשָׁבָה (מוֹשָׁבוֹת) (מדי') קוֹלוֹנְיָה

Kolonisation

יִשּׁוּבִיּוּת (מדי', כלכ') יַשְׁבָנוּת, קוֹלוֹנִיזַצְיָה

Kolonisationstheorie

תּוֹרַאַת הַיִּשּׁוּבִיּוּת (מדי', כלכ') תֵּאוֹרִיַּת הַקּוֹלוֹנִיזַצְיָה

Kolonne ---> Spalte

Koloquinthe *{Citrullus colocynthis}*

אֲבַטִּיחַ הַפַּקּוּעָה (בוט') צֶמַח מִמִּשְׁפַּחַת הַדְּלוּעִיִּים

Koloratur

סִלְסוּל (מוס') קוֹלוֹרָטוּרָה

Koloskopie ---> Darmbesichtigung

kolossal

עֲנָקִי, קוֹלוֹסָּלִי

Kolostrum ---> Vormilch

Kolzaöl

שֶׁמֶן נָפוּס (חזו') [דח״ט/166]. שֶׁמֶן צִמְחִי הַמּוּפָק מִזַּרְעֵי נָפוּס שֶׁהוּא סוּג שֶׁל לֶפֶת

Koma

תַּרְדֵּמֶת (פסי', רפו') [ר/ב/706; מר״ח/175]. נְסִיסָה, מַצָּב שֶׁל קִפָּאוֹן חוּשִׁים וְחֹסֶר הַכָּרָה מֻחְלָט, תַּרְדֵּמֶת

komatös

תַּרְדֵּמְתִּי (פסי', רפו') נְסִיסָתִי, נוֹסֵס, חֲסַר הַכָּרָה וּתְגוּבָה

Kombination

מִצְרָף (מִצְרָפִים) [ק/ב/175]. מַחְבֶּרֶת מִתְחַלֶּפֶת בְּנוֹשְׂאָהּ, צֵרוּף (צֵרוּפִים), קוֹמְבִּינַצְיָה, צְוּוּת, תִּשְׁלֹבֶת, קִשּׁוּר

Kombination, gesellschaftliche

צְוּוּת חֶבְרָתִי (מ״ח)

Kombinationslehre, Element in der

---> Element in der Kombinationslehre

Kombinationston

צְלִיל הַרְכָּבָה (מוס', פסי')

Kombinationsvermögen

תִּחְכּוּם [ק/ג/227]. צַד, תַּחְבּוּלָה, הִתְחַכְּמוּת, שְׁנִינוּת, כֹּשֶׁר תּוּשִׁיָּה, כִּשְׁרוֹן תַּכְסִיסָנוּת

kombinatorisch

מִצְרָפִי, צֵרוּפִי, קוֹמְבִּינָטוֹרִי

kombinierte Arbeitskraft ---> Arbeitskraft, kombinierte

kombinierte Produktion ---> Produktion, kombinierte

kombinierte Vorstellung ---> Vorstellung, kombinierte

Komedo ---> Mitesser

Komet

כּוֹכַב שָׁבִיט (אסט') [ק/ב/68]. כּוֹכַב זָנָב, כּוֹכַב בַּעַל זָנָב, - זָנוּב, - זְנָבִי, כּוֹכַב שֵׁבֶט, כּוֹכַב מְזֻנָּב, - שִׁבְטִי, - בַּעַל שַׁרְשֶׁרֶת, - תַּלְתַּלִּי, כּוֹכַב שַׁרְבִיט

komisch

בַּדְּחִי (בַּדְּחִית), מְבַדֵּחַ, קוֹמִי

komische Oper ---> Oper, komische

Komitativ

הֶבֵּט בְּיַחַד (בלש') [מ״ב/39]. הֶבֵּט פָּעֳלִי הַמְּצַיֵּן עֲשִׂיָּה אוֹ הֲוָיָה בְּיַחַד עִם מִישֶׁהוּ אַחֵר

Kommanditgesellschaft

שֻׁתָּפוּת מֻגְבֶּלֶת (משפ', כלכ') חֶבְרָה מִסְחָרִית הַמֻּרְכֶּבֶת מִבְּעָלִים הָעֲרֵבִים בְּאֹפֶן בִּלְתִּי מֻגְבָּל וּמִבְּעָלִים שֶׁעֲרֵבוּתָם מֻגְבֶּלֶת לְהַשְׁקָעָתָם הַכַּסְפִּית בְּהוֹן הַחֶבְרָה

Kommanditist

שֻׁתָּף מֻגְבָּל (משפ', כלכ')

Kommando über Arbeit

פִּקּוּד עַל עֲבוֹדָה (כלכ')

Kommandodatei

קֹבֶץ פְּקֻדּוֹת (מחש') [דמ״א/24]

Kommandohierarchie ---> Befehlshierarchie

Kommandopfad ---> Befehlspfad

kommensal

רָשִׁינִי (ביו', מ״ח) קוֹמֶנְסָלִי

Kommensale

רָשִׁין (ביו', מ״ח) חָבֵר לַשֻּׁלְחָן

Kommensalismus

רְשִׁינִיּוּת (ביו') קוֹמֶנְסָלִיזְם, יַחֲסֵי קִרְבָה רוֹפְפִים בֵּין יְצוּרִים שׁוֹנִים

kommensurabel

מְשַׁתֵּף מִדָּה (מתמ', ביו', כלכ')

kommensurable Größen ---> Größen, kommensurable

kommensurable Linien ---> Linien, kommensurable

Kommensurabilität

שִׁתּוּף מִדָּה (מתמ', כלכ') [ק/א/224]. הִשְׁתַּתְּפוּת, מְדִידוּת מְשֻׁתֶּפֶת

Kommentar

בֵּאוּר [ק/ג/221]. פִּשְׁרוֹן, פֵּרוּשׁ, הֶסְבֵּר. תַּפְסִיר [ק/ד/214]

Kommentar und Epitome

פֵּרוּשׁ וְתַקְצִיר (ספר') [ק/א/73; ק/ג/297].
בְּאֹרֶךְ וּבְקֹצֶר

kommentieren
בֵּאֵר (מְבָאֵר) [ק/ג/221]. פָּשַׁר, פֵּרֵשׁ (מְפָרֵשׁ), פָּתַר, הִסְבִּיר

kommentiert
מְבֹאָר [ק/א/78]. בָּאוּר, מְפֹרָשׁ

kommerzielle Übertragbarkeit ---> Begebbarkeit

kommerzielles Kapital ---> Kapital, kommerzielles

Kommissar
נְצִיב (נְצִיבִים) (מדי') קוֹמִיסָר, מְמֻנֶּה מִטַּעַם הָרָשׁוּת

Kommissionsgebühr ---> Provision

Kommissiv
הִתְחַיְּבוּת (בלש') [מ״ב/39]. פְּעֻלַּת דִּבּוּר הַמְּבַטֵּאת הִתְחַיְּבוּת, הוֹדָעָה, אַזְהָרָה

Kommissur
שְׁלִיבָה (רפו') תִּשְׁלֹבֶת

kommunal
קְהִלָּתִי (מדי') יַחְדִּי, קוֹמוּנָלִי, עִירוֹנִי

Kommunikation
תִּקְשֹׁרֶת (תקש', פסי') [ר/ב/703]. תִּמְסוֹר, תַּעֲבִיר, קוֹמוּנִיקַצְיָה, מִשְׁלוֹחַ דְּבַר-מָה מִמָּקוֹם לְמָקוֹם, הִתְחַבְּרוּת. הָאֶמְצָעִים, הַתַּהֲלִיךְ וְהַתּוֹצָאוֹת שֶׁל מִשְׁלוֹחַ מֵידָע וִידִיעוֹת מְשׁוֹלֵחַ לְקוֹלֵט

Kommuniqé
תַּמְסִיר (תַּמְסִירִים), הוֹדָעָה לְפִרְסוּם

kommunizieren [---> mitteilen]
תִּקְשֵׁר (מְתַקְשֵׁר) (תקש')

kommunizierend
הִתְחַבְּרוּתִי (תקש') [ק/א/232]. מִטֶּבַע הַהִתְחַבְּרוּת, תִּקְשָׁרְתִּי, שֶׁל תִּקְשֹׁרֶת

kommunizierende Röhren ---> Röhren, kommunizierende

kommutativ
חִלּוּפִי (מתמ') קוֹמוּטָטִיבִי

kommutative Gruppe ---> Gruppe, kommutative

Kommutativität
חִלּוּפִיּוּת (מתמ') קוֹמוּטָטִיבִיּוּת

Kommutieren
חִלּוּף (מתמ')

Komödiant(in)
בַּדְּחָן, בַּדְּחָנִית (תאט') גַּחְכָן, גַּחְכָנִית, גַּחֲכָן

Komödie
בַּדְּחָה (בַּדְּחוֹת) (ספר', תאט') מַחֲזֶה מְבַדֵּחַ, קוֹמֶדְיָה

Kompagnon ---> Teilhaber

kompakt
דָּחוּס (פיס') [מר״ח/177]. אָצוּץ, מְאֻצָּץ. גּוּשִׁי (פיס') [ק/א/109]. עָבֶה, מְקֻשֶּׁה, מְצֻמְּק. מִקְשִׁי (פיס') [ק/ב/273]. עָשׂוּי מִקְשָׁה אַחַת וְאֵינוֹ נָבוּב בְּתוֹכוֹ, טָמוּם, עָשׂוּי גּוּשׁ אֶחָד, לֹא חָלוּל. נִקְפָּא (פיס') [ק/ג/67]. סָמִיךְ, צָפוּף, קָרוּשׁ, מְעֻבֶּה, גַּלְדָּנִי, גָּלוּד

kompaktes Ding ---> Ding, dichtes

Kompaktheit
דְּחִיסוּת (פיס') אִצּוּץ

Kompaktifizierung von Daten [---> Datenverdichtung]
צִפּוּף נְתוּנִים (מחש') [דמ״א/31]. עֲרִיכָה חֶסְכוֹנִית שֶׁל נְתוּנִים בְּתוֹךְ זִכְרוֹן מִשְׁנִי שֶׁל מַחְשֵׁב

Komparation
דֵּרוּג (בלש') [מ״ב/40]. הַשְׁוָאָה, הַתַּהֲלִיךְ שֶׁבּוֹ מְדַמִּים דָּבָר לְדָבָר וְקוֹבְעִים שֶׁדָּבָר אֶחָד עוֹלֶה עַל הָאַחֵר בִּתְכוּנָה מְסֻיֶּמֶת, לְמָשָׁל: ״מַעֲשָׂיו מְרֻבִּים עַל חָכְמָתוֹ״, ״חָכָם עָדִיף מִנָּבִיא״

Komparativ
דַּרְגַּת הַיִּתְרוֹן (בלש') [ק/ג/171; מ״ב/40]. עֵרֶךְ הַיִּתְרוֹן, דַּרְגַּת הַיּוֹתֵר, כַּאֲשֶׁר דָּבָר אֶחָד עוֹלֶה בִּתְכוּנוֹתָיו עַל דָּבָר אַחֵר, לְמָשָׁל: ״מָתוֹק מִדְּבַשׁ״, ״חָשׁוּב מִמֶּנּוּ״

komparativer Satz ---> Vergleichssatz

komparatives Bindewort ---> Bindewort, komparatives

Komparativsatz ---> Vergleichssatz

Komparse ---> Statist(in)

Kompartmentalisierung ---> Denken(s), Parzellierung des

Kompaß
מַצְפֵּן (מַצְפְּנִים) (פיס', י״א) [יל״ט/124]. מַכְשִׁיר לִמְצִיאַת הַצָּפוֹן הַמַּגְנֶטִי

Kompaßpflanze ---> Stachelsalat

kompatibel
תּוֹאֵם (מדע, טכנ') מִתְיַשֵּׁב, מַתְאִים, מִתְמַזֵּג

Kompatibilität
תְּאִימוּת (מדע, טכנ') [ר/ב/426]. מִתְיַשְּׁבוּת, הַתְאָמָה, כָּל יַחַס לֹא סוֹתֵר בֵּין גּוֹרְמִים שׁוֹנִים. הִתְמַזְּגוּת (מדע, טכנ') [מר״ח/178]

kompendiös [---> gedrängt]
קַפֶּנְדְּרִי, קָצָר, מְצֻמְצָם, מְקֻצָּר, תַּמְצִיתִי

Kompendium
תַּקְצִיר (תַּקְצִירִים) [מר״ח/178]. קַפֶּנְדְּרְיוֹן, קוֹמְפֶּנְדְּיוּם, יַלְקוּט. קִבּוּץ [ק/ג/260]. תַּמְצִית, דָּבָר מְקֻצָּר. קִצּוּר (ספר') [ק/ג/297]. קַו מַדְרִיךְ

Kompensation
פִּצּוּי (פסי') [ר/ב/541]. פִּיּוּס, גְּמוּל, תַּגְמוּל, קִזּוּז, מַנְגְּנוֹן הֲגַנָּה נַפְשִׁי הַמְּחַפֶּה עַל מִגְבָּלָה מְסֻיֶּמֶת אוֹ מְאַזְּנָהּ, קוֹמְפֶּנְסַצְיָה, שִׁוּוּי מִשְׁקָל. סִלּוּי (רפו', פסי') [מר״ח/178]

Kompensationsverhalten
הִתְנַהֲגוּת קִזּוּז (פסי') הִתְנַהֲגוּת פִּצּוּי, - סִלּוּי

kompensatorisch
מְסַלֵּא, מְסַלְּאָ (רפו', פסי') מְפַצֶּה, מְפַצָּה

kompensierbar
סָלִיא (רפו', פסי') נִתָּן לְפִצּוּי

kompensieren
קִזֵּז (מְקַזֵּז) (כלכ') הוֹסִיף סְכוּם כְּנֶגֶד סְכוּם שֶׁפָּחַת. סִלֵּא (מְסַלֵּא), הִסְתַּלֵּא (מִסְתַּלֵּא) (רפו', פסי') פִּצָּה (מְפַצֶּה), הִתְפַּצָּה

kompensieren, sich wechselseitig
הִשְׁלִימוּ הֲדָדִי, - אַהֲדָדֵי

Kompetenz [---> Fähigkeit]
כְּשִׁירוּת [ר/א/321]. הַכֹּשֶׁר לְבַצֵּעַ מַטָּלָה כָּלְשֶׁהִי אוֹ לְהַגְשִׁים דְּבַר-מָה, יְמְנָה, יְכֹלֶת, קוֹמְפֶּטֶנְצְיָה

Kompilation
הִדּוּר (מחש') [דמ"א/24]. תִּרְגּוּם שְׂפַת תִּכְנוּת עִלִּית לִשְׂפַת מְכוֹנָה

Kompilator(in)
מְלַקֵּט, מְלַקֶּטֶת (ספר', ספרנ')

Kompilierprogramm *{Compiler}*
מְהַדֵּר (מְהַדְּרִים) (מחש') [דמ"א/25]. תָּכְנִית לְתִרְגּוּם שְׂפַת תִּכְנוּת עִלִּית לִשְׂפַת מְכוֹנָה

Komplement
מַשְׁלִים (מתמ', ביו', בלש') [ק/ד/220; מר"ח/179; מ"ב/41]. תַּשְׁלוּם, עָמִית, אֶחָד מִשְּׁנֵי חֲלָקִים הַתּוֹאֲמִים זֶה לָזֶה, מַקְבִּיל, אֶשְׁלָם, מַשָּׂא, הַשְׁלָמָה, כְּגוֹן: "הַמְּנַהֵל קִבֵּל **מִכְתָּב**", "הַיֶּלֶד דּוֹמֶה **לְאָבִיו**"

Komplement, verbales
מַשְׁלִים פָּעֳלִי (בלש') [מ"ב/242]. מַשָּׂא שֶׁהוּא מַשְׁלִים מֻצְרָךְ בְּדֶרֶךְ כְּלָל (כְּגוֹן: "הָרוֹפֵא טִפֵּל **בַּחוֹלֶה**") אוֹ תֵּאוּר (מַרְחִיב פָּעֳלִי) שֶׁהוּא מַשְׁלִים בִּלְתִּי מֻצְרָךְ בְּדֶרֶךְ כְּלָל (כְּגוֹן: "הָרוֹפֵא טִפֵּל בַּחוֹלֶה **בְּבֵית הַחוֹלִים**")

Komplementärfarben
צְבָעִים מַשְׁלִימִים (פיס', פסי') [ר/ב/578; ממ"ג/128]. כָּל שְׁנֵי צְבָעִים שֶׁבְּהִתְמַזְּגוּתָם נוֹתְנִים צֶבַע לָבָן עַד אָפֹר

Komplementärform ---> Suppletivform

Komplementarität
מַשְׁלִימוּת

Komplementbildung
קִבּוּעַ הַמַּשְׁלִים, - הָאֶשְׁלָם

Komplementhemmung
בְּלִימַת הַמַּשְׁלִים, - הָאֶשְׁלָם, זְגִירַת הָאֶשְׁלָם

Komplementierung
הַשְׁלָמָה (בלש') [מ"ב/41]. הִתְקַשְּׁרוּת שֶׁל הַפֹּעַל אוֹ שֶׁל נִגְזָרָיו עִם הַשֵּׁם מְקַבֵּל הַפְּעֻלָּה בְּאֶמְצָעוּת מִלִּית יַחַס מֻצְרֶכֶת, לְמָשָׁל: "הוּא אוֹהֵב **אֶת** אִשְׁתּוֹ", "הַיֶּלֶד פּוֹחֵד **מִ**כְּלָבִים"

Komplementwinkel
זָוִיּוֹת מַשְׁלִימוֹת (מתמ') [ק/ד/221]. זָוִיּוֹת שֶׁסִּכּוּמָן 90 מַעֲלוֹת

komplett
מֻשְׁלָם [י"א/367]. בִּשְׁלֵמוּת

Komplex
תַּצְמִיד (תַּצְמִידִים) [ק/א/269]. חִבּוּר, קִבּוּץ, סִדְרַת תּוֹפָעוֹת אוֹ תְּכוּנוֹת בְּשֶׁטַח כָּלְשֶׁהוּ, מַעֲרֶכֶת גּוֹרְמִים, מִכְלוֹל, מֻרְכָּב, קוֹמְפְּלֶכְּס, מִכְלָל. תַּרְכִּיב (תַּרְכִּיבִים) (פסי') [ק/ד/217]. לִקּוּי נַפְשִׁי שֶׁנּוֹבֵעַ מֵחֲוָיוֹת וּמַאֲוַיִּים חֲבוּיִים מִתְּקוּפַת הַיַּלְדוּת. תַּסְבִּיךְ (תַּסְבִּיכִים) (פסי') [ר/ב/692]. מַעֲרֶכֶת נְטִיּוֹת בַּעֲלוֹת מִטְעָן רִגְשִׁי

komplex
מֻרְכָּב, סָבוּךְ

Komplexion
הַרְכָּבָה (מתמ') [ק/ב/175]. מַחְבֶּרֶת, צִמּוּד

Komplexität
מֻרְכָּבוּת, סְבִיכוּת

Komplexverbindung [---> Chelatverbindung]
תִּרְכֹּבֶת הַצְטַמְּדוּת (כימ') תִּרְכֹּבֶת שֶׁבָּהּ פְּרָד (אָטוֹם) מֶרְכָּזִי אוֹ יָאוֹן (יוֹן) מֶרְכָּזִי מוּקָף בְּמִסְפָּר רַב שֶׁל פְּרָדִים (אָטוֹמִים), יָאוֹנִים (יוֹנִים) אוֹ פְּרָדוֹת (מוֹלֶקוּלוֹת) אֲחֵרִים בְּסֵדֶר מֶרְחָבִי קָבוּעַ

Komplikation
סִבּוּךְ (סִבּוּכִים) [ק/א/187]. הִסְתַּבְּכוּת (הִסְתַּבְּכֻיּוֹת), תִּסְבֹּכֶת (תִּסְבּוֹכוֹת)

Komplize ---> Mittäter

kompliziert
מְסֻבָּךְ, מִתְכְּלָל

Kompliziertheit ---> Komplexität

Komponente ---> Bestandteil

Komponentenanalyse
נִתּוּחַ מַרְכִּיבִים (בלש') [מ"ב/42]. פֵּרוּק הַמַּשְׁמָעוּת שֶׁל הָעֲרָכִים הַמִּלּוֹנִיִּים לִיחִידוֹתֶיהָ הַקְּטַנּוֹת בְּיוֹתֵר, לְמָשָׁל: 'נַעֲרָה הִיא: יְצוּר חַי, יְצוּר אֱנוֹשׁ, נְקֵבָה וְאֵינָהּ מְבֻגֶּרֶת'

komponieren [---> vertonen]
הִלְחִין (מַלְחִין) (מוס') הֶחְבִּיר (מַחְבִּיר), חִבֵּר תַּנְעִימָה (מוּזִיקָה)

Komponieren
הַלְחָנָה (מוס') חִבּוּר תַּנְעִימָה (מוּזִיקָה)

Komponist(in)
מַלְחִין, מַלְחִינָה (מוס') [י"א/328]. מַחְבִּיר, מַחְבִּירָה, מְחַבֵּר תַּנְעִימָה (מוּזִיקָה), קוֹמְפּוֹזִיטוֹר, מְלַחֵן, חַבְּרָן

Komposition [---> Vermengung]
מֶחְבָּר (מֶחְבָּרִים) (אמנ', מוס') חִבּוּר, מִלְחָן, קוֹמְפּוֹזִיצְיָה, הֶרְכֵּב, הֶחְבֵּר

Kompositionslehre
אֱמָנוּת הַהַלְחָנָה (מוס') [ק/א/295,269]. חָכְמַת הַחִבּוּר, - הַנִּגּוּן, - חִבּוּר הַנִּגּוּנִים. חָכְמַת דַּעַת הַחִבּוּר (מוס') [ק/א/295]. קוֹמְפּוֹזִיצְיָה

Kompositum [---> Zusammensetzung]
הֶרְכֵּב (בלש') [מ"ב/43]. הֶלְחֵם, מִצְמָד, צֵרוּף מִלִּים הַיּוֹצֵר עֶרֶךְ מִלּוֹנִי חָדָשׁ, לְמָשָׁל: "חַיְדַּק", "מַדְחֹם", "עַרְפִּיחַ"

Kompositum, verdunkeltes ---> Mischwort

Kompresse ---> Umschlag

kompressibel ---> zusammendrückbar

Kompression [---> Druck]
לְחִיצָה (פיס') פְּעֻלַּת כֹּחוֹת בְּכִוּוּן אֶחָד הַגּוֹרֶמֶת לְהִתְקַצְּרוּת הַגּוּף הַנִּלְחָץ, דְּחִיסָה

komprimieren ---> Umschlag machen

komprimiert ---> kompakt

Konation ---> Streben, zielgerichtetes

Konchoide des Kreises *{Pascalsche Schnecke}*
שַׁבְּלוּל (מתמ')

Kondensation
צִיפוּף (פיס', טכנ') דְּחִיסָה, צִפּוּף, עֲלִיַּת הַצְּפִיפוּת שֶׁל הַתָּוֶךְ הַגַּזִּי. עִבּוּי (פיס', מטא') [יל"ט/57]. הִתְעַבּוּת, שִׁנּוּי מַצַּב הַצְּבִירָה שֶׁל חֹמֶר מֵאֵד לְנוֹזֵל

Kondensationskern
גַּרְעִין עִבּוּי (מטא') [יל"ט/45]. גַּרְעִין הִתְעַבּוּת, גַּרְגִּיר אָבָק אוֹ חֶלְקִיק זָעִיר כָּלְשֶׁהוּ שֶׁעָלָיו מִתְעַבִּים אַדֵּי הַמַּיִם לְטִפַּת מַיִם

Kondensat
תַּעֲבִית (כימ', פיס') תַּעֲבִית, תּוֹצָאַת הָעִבּוּי

Kondensator

מְעֻבֶּה (מְעֻבִּים) (פיס', טכנ') מַכְשִׁיר הַהוֹפֵךְ גָּז לְנוֹזֵל, קוֹנְדֶנְסָטוֹר. קַבָּל (פיס') [ל״מ/560]. יְסוֹד שֶׁל הַמַּעְגָּל הַחַשְׁמַלִּי הַמַּקְנֶה לוֹ קִבּוּל חַשְׁמַלִּי קָבוּעַ

Kondensfahne

שֹׁבֶל עִבּוּי (מטא') [יל״ט/197]. שֹׁבֶל הִתְעַבּוּת, כְּעֵין עָנָן הַמִּתְהַוֶּה בְּעִקְבוֹת מָטוֹס הַטָּס בַּאֲוִיר קַר וְלַח

kondensieren

צוֹפֵף (מְצוֹפֵף) (פיס', טכנ') דָּחַס, עִבָּה (מְעַבֶּה), הִתְעַבָּה (מִתְעַבֶּה), הָפַךְ מִגָּז לְנוֹזֵל

kondensiert

צָפוּף (פיס') [ק/א/109]. גּוּשִׁי, מְצֻפָּף, דָּחוּס, עָבֶה, מְעֻבֶּה, מֻקְשֶׁה, מְצֻמְצָם

Kondensor

רַכָּז אוֹר (פיס', טכנ') קוֹנְדֶנְסוֹר

Kondenswasser

מֵי הִתְעַבּוּת (הידי')

konditionales Bindewort ---> Bindewort, konditionales

Konditionalis

דֶּרֶךְ הַתְּנַאי (בלש') [מ״ב/44]. מוֹדוּס הַתְּנַאי, מַצַּב הַפֹּעַל הַמַּתְנֶה אֶת הַפְּעֻלָּה בִּתְנַאי כָּלְשֶׁהוּ, לְמָשָׁל: בְּגֶרְמָנִית Er würde arbeiten, wenn wir es ihm ermöglichten (״הוּא עָשׂוּי לַעֲבֹד אִם נְאַפְשֵׁר לוֹ זֹאת״)

Konditionalsatz ---> Bedingungssatz

Konditionalsatz, irrealer ---> Bedingungssatz, irrealer

Konditionalsatz, realer ---> Bedingungssatz, realer

konditionell

תְּנָאִי [ק/ד/211]. מֵעִנְיַן הַתְּנַאי, קוֹנְדִיצְיוֹנָלִי, עַל תְּנַאי, מֻתְנֶה

konditioneller Beweis ---> Beweis, konditioneller

konditioneller Satz ---> Bedingungssatz

konditioneller Umstand ---> Umstand, konditioneller

Konditionierung, gleichzeitige ---> Simultankonditionierung

Konditor

חֲלִיטָר (חֲלִיטָרִים) (מלא') [א״ח/ב/363]. קוֹנְדִיטוֹר, מִי שֶׁאוֹפֶה עוּגוֹת וּמִגְדָּנִים

Kondom

כּוּבָעוֹן (כּוּבָעוֹנִים) (רפו') [מר״ח/183]. זְמוֹם (זְמוֹמִים), קוֹנְדוֹם, מַעֲטוֹף

kondylär ---> gelenkknorrenbezüglich

Kondylom ---> Warzengeschwulst

Kondylomatose

עַפֶּלֶת (רפו')

Kondylus ---> Gelenkknorren

Konfabulation ---> Phantasieren

konfabulieren ---> phantasieren

Konfidenzfaktor ---> Gewißheitsfaktor

Konfidenzintervall

מִרְוַח בִּטָּחוֹן (סטט') [ר/ב/628; מ״מ/216]. רֶוַח בַּר סֶמֶךְ, מִרְוָח סְבִיב הַמֵּדָד שֶׁהִתְקַבֵּל בַּמִּדְגָּם שֶׁבִּתְחוּמוֹ נִמְצָא הָעֵרֶךְ בָּאֻכְלוּסִיָּה

Konfiguration

תְּצוּרָה (תְּצוּרוֹת) (פסי', מדע) [ק/א/214; דמ״א/27]. צֵרוּף תַּבְנִית, צֵרוּף תַּבְנִיתִי, מַעֲרֶכֶת תַּבְנִיּוֹת, קוֹנְפִיגוּרַצְיָה, הִתְחַזּוּת תַּבְנִית, מִבְנֶה הַצּוּרָה, צוּרַת פְּנֵי הַשֶּׁטַח, סִדּוּר מְסֻיָּם שֶׁל דְּבָרִים הַקְּשׁוּרִים בֵּינֵיהֶם, מַעֲרַךְ חֲלָקָיו שֶׁל דְּבַר-מָה וּכְלַל צוּרָתוֹ עֵקֶב כָּךְ

Konfiskation

הַפְקָעָה (משפ') הַחְרָמַת נְכָסִים

konfiszieren

הִפְקִיעַ (מַפְקִיעַ) (משפ') הֶחְרִים נֶכֶס

Konflikt

נֶגֶשׁ (נְגָשִׁים) [ק/ג/153; ר/ב/603]. עִצּוּם, קוֹנְפְלִיקְט, סִכְסוּךְ, פּוּלְמוּס, הִתְנַגְּשׁוּת, פְּלָמוּס, פְּלֻגְתָּה (פְּלֻגְתּוֹת), מַחְלֹקֶת (מַחְלֹקֶת)

Konflikt, konstruktiver

נֶגֶשׁ יוֹצֵר, סִכְסוּךְ בּוֹנֶה

Konflikt, kriegerischer

עִמּוּת צְבָאִי (מדי', צבא)

Konflikt, unbewußter

נֶגֶשׁ בִּלְתִּי מוּדָע (פסי') הִתְנַגְּשׁוּת לֹא מוּדַעַת

konfliktär

נַגְשׁוּתִי [ק/ג/153]. עִצּוּמִי, סִכְסוּכִי, טְרוּנְיָתִי, פָּלְמוּסִי, קִטְטָנִי, נַגְשִׁי

Konfliktlösung

יִשּׁוּב מַחְלוֹקוֹת (מ״ח, מדי') יִשּׁוּב נִגּוּדִים, שִׁכּוּךְ נֶגֶשׁ, יִשּׁוּב סִכְסוּךְ, יִשּׁוּר הַדּוּרִים

Konföderation

הִתְאַחֲדוּת (הִתְאַחֲדֻיּוֹת) (מדי') קוֹנְפֶדֶרַצְיָה, בְּרִית רוֹפֶפֶת שֶׁל מְדִינוֹת עַצְמָאִיּוֹת

Konformismus ---> Konformität

Konformist

תּוֹאֲמָן (פסי', מ״ח) [ר/ב/603]. הוֹלֵךְ בַּתֶּלֶם, מִי שֶׁנּוֹטֶה לִשְׂחוֹת עִם הַזֶּרֶם וּמִשְׁתַּדֵּל לְהִתְנַהֵג בְּאֹפֶן הַמְּקֻבָּל עַל הָרֹב

konformistisch

תּוֹאֲמָנִי (פסי', מ״ח) תּוֹאֲמְתָנִי, קוֹנְפוֹרְמִי

Konformität

תּוֹאֲמָנוּת (פסי', מ״ח) [ר/ב/603]. קוֹנְפוֹרְמִיּוּת, תּוֹאַמְתָנוּת, הֲלִיכָה בַּתֶּלֶם, צִיּוּת לְנֹהַג קַיָּם, מָרוּת מֵרָצוֹן, צַיְּתָנוּת, הִתָּלְמוּת, סְתַגְּלָנוּת, הַנְּטִיָּה לְהַתְאִים אֶת הַשְׁקָפוֹתָיו וְאֶת דַּרְכֵי הִתְנַהֲגוּתוֹ לַמֻּסְכָּמוֹת הָרוֹוְחוֹת בַּחֶבְרָה

Konfrontation ---> Gegenüberstellung

kongestiv ---> Gefäßstauung hervorrufend

kongruent

חוֹפֵף (מתמ') מַתְאִים בְּדִיּוּק, מֻתְאָם, הוֹלֵם

Kongruenz

חֲפִיפוּת (מתמ') [ק/א/319]. חֲפִיפָה, הַתְאָמָה, שִׁוְיוֹן גָּמוּר שֶׁל צוּרוֹת הַנְּדָסִיּוֹת. הֲלִימָה (פסי') הֲלִימוּת. הַרְכָּבָה [ק/א/214]. חִבּוּר חֲלָקִים אוֹ יְסוֹדוֹת שׁוֹנִים וְעֵרוּבָם. הֶתְאֵם צוּרָה (בלש') [מ״ב/14]. הַתְאָמָה צוּרָאִית (מוֹרְפוֹלוֹגִית) בֵּין חֶלְקֵי הַמִּשְׁפָּט בְּעִנְיַן הַגּוּף, הַמִּסְפָּר, הַיַּחַס וְהַמִּין, לְמָשָׁל: ״הַקָּהָל יוֹדֵעַ״ (וְלֹא: ״הַקָּהָל יוֹדְעִים״)

konisch

חֲרוּטִי [ק/א/48]. אַלּוֹנִי, קוֹנִי, מְחֻדָּד, דְּמוּי חָרוּט. אִצְטְרוּבְלִי [ק/א/71]. בְּצוּרַת שְׁקֵד הָאִצְטְרֻבָּל

konjugal ---> ehelich

Konjugation
בִּנְיָן, נְטִיָּה (בלש׳) [ק/ג/30; מ״ב/44]. נְטִיַּת הַפְּעָלִים, דֶּגֶם צוּרָאִי (מוֹרְפוֹלוֹגִי) לְשִׁנּוּי צוּרַת הַפֹּעַל לְפִי הַזְּמַן, הַמִּין, הַגּוּף, הַמִּסְפָּר, וְהַכִּנּוּיִים

Konjugation, erste
בִּנְיָן קַל (בלש׳) [ק/ג/283]. כִּנּוּי לְבִנְיַן פָּעַל, הַבִּנְיָן הָרִאשׁוֹן בִּנְטִיַּת הַפֹּעַל

Konjugationen, aktive
אֲבוֹת הַבִּנְיָנִים (בלש׳) [ק/א/17]

konjugierte Punkte ---> Punkte, konjugierte

Konjunktion *{Conjunctio}* [---> Bindewort]
פְּעֻלַּת ״גַּם״ (פיל׳) [קמ״ל/248]. קוֹנְיוּנְקְצְיָה, חִתּוּךְ הֶגְיוֹנִי (לוֹגִי), טַעֲנָה מֻרְכֶּבֶת הַנּוֹצֶרֶת כְּשֶׁשְּׁתֵּי טְעָנוֹת מְחֻבָּרוֹת בְּאֶמְצָעוּת וָו הַחִבּוּר, לְמָשָׁל: ״2 הוּא מִסְפָּר חִיּוּבִי שָׁלֵם וְגַם קָטָן מִ-3״, ״הַשֶּׁמֶשׁ זוֹרַחַת וְהַשָּׁמַיִם לְלֹא עֲנָנִים״. קִשּׁוּר (פיל׳) [ת״ה/126; בת״ט/119]. דִּבּוּק (פסי׳) [ק/א/124]. הִתְדַּבְּקוּת, הִתְקַשְּׁרוּת. דְּבֵקוּת (פסי׳) [ק/א/128]. הַדְבָּקָה, הִדָּבְקוּת [ק/א/158]. מַבַּט הַחִבּוּר (אסט׳) [ק/ב/136]. הִתְקַבְּצוּת (אסט׳) [ק/ב/176]. מַחְבֶּרֶת, חִבּוּר הַמַּזָּלוֹת

Konjunktion, adversative ---> Bindewort, adversatives

Konjunktion, ekliptische
מוֹלַד הַיָּרֵחַ (אסט׳) [ק/א/127]. דְּבִיקָה, מוֹלַד הַלְּבָנָה

Konjunktion, konditionale ---> Bindewort, konditionales

Konjunktion, koordinierende ---> Bindewort, koordinierendes

Konjunktion, kopulative ---> Bindewort, kopulatives

Konjunktion, temporale ---> Bindewort, temporales

Konjunktion, unterordnende ---> Bindewort, unterordnendes

Konjunktion, Verbindung zweier Wörter durch ---> Verbindung zweier Wörter durch Konjunktion

Konjunktionen der Gestirne ---> Gestirne, Konjunktionen der

konjunktionslos ---> asyndetisch

Konjunktiv
דֶּרֶךְ הַתִּלּוּי (בלש׳) [מ״ב/217]. קוֹנְיוּנְקְטִיב, דֶּרֶךְ הַשֶּׁמָּא, מוֹדוּס הַתִּלּוּי, שִׁמּוּשׁ סוּבְּיוּנְקְטִיבִי, דֶּרֶךְ פְּעֻלִּית הַמַּבִּיעָה נְכוֹנוּת מֻתְנֵית אוֹ הַטָּלַת סָפֵק בְּעֻבְדָּה שֶׁתִּתָּכֵן לִהְיוֹת, לְמָשָׁל: בְּעִבְרִית: ״**הָיִיתִי** עוֹשֶׂה אֶת הַטּוֹבָה הַזֹּאת לְכָל אָדָם אַחֵר, אַךְ לֹא לְמַעֲנוֹ״; ״**אִלּוּ הָיִיתִי** יוֹדֵעַ שֶׁכֵּן, **לֹא הָיִיתִי** נוֹדֵר״. בְּגֶרְמָנִית: **Hätte** ich gewußt, daß dem so ist, so **hätte** ich das Gelübde nicht getan

konjunktiv-hypothetischer Schluß ---> Schluß, konjunktiv-hypothetischer

konjunktiv-hypothetisches Urteil ---> Urteil, konjunktiv-hypothetisches

Konjunktiva ---> Bindehaut des Auges

konjunktiver Beweis ---> Beweis, konjunktiver

konjunktivisch
תִּלּוּיִי [ק/ד/211]. תְּנָאִי, שֶׁל דֶּרֶךְ הַתִּלּוּי (קוֹנְיוּנְקְטִיב)

Konjunktivitis ---> Bindehautentzündung

Konjunktur
זַמְנָה (זוֹמְנָה) (כלכ׳) קוֹנְיוּנְקְטוּרָה, שְׁעַת כֹּשֶׁר, מַצַּב הַכַּלְכָּלָה בִּזְמַן מְסֻיָּם, הִזְדַּמְּנָה

konjunkturell
זַמְנָתִי (זוֹמְנָתִי) (כלכ׳) קוֹנְיוּנְקְטוּרָלִי, שֶׁל זַמְנָה, הַזְדַּמְּנִי, קוֹנְיוּנְקְטוּרִי

konkav
קָעוּר [ק/ג/290]. קַעֲרוּרִי. שְׁקַעֲרוּרִי [ק/ד/158]. אָטוּם [ק/א/38]. שָׁקוּעַ. מְקֻבָּב [ק/ב/261]. (לְדַעַת י׳ קלצ׳קין: מְקֻבָּב וְקָבוּב = חָלוּל, נָבוּב, קָעוּר. לְפִי דֵּעָה אַחֶרֶת: מְקֻבָּב וְקָבוּב = קָמוּר, גַּבְנוּנִי). מְקֹעָר [ק/ב/268]. קָבוּב [ק/ג/257]

konkav-konvexe Linse ---> Linse, konkav-konvexe

Konkavität
קַעֲרוּרִית [ק/ג/290]. שֶׁטַח קָעוּר. קְעוּר [ק/ג/290]. שְׁקַעֲרוּרִיּוּת, שֶׁקַע בְּצוּרַת קְעָרָה. קַעֲרִירוּת [ק/ג/291]. שְׁקַעֲרִירוּת [ק/ד/158]. דָּבָר שָׁקוּעַ כְּלַפֵּי פְּנִים. קִבּוּב [ק/ג/257]. (לְדַעַת י׳ קלצ׳קין קִבּוּב = קַעֲרִירוּת. לְפִי דֵּעָה אַחֶרֶת: קִבּוּב = קִמָּרוֹן, קִמּוּר, גַּבְנוּנִית)

Konklusion *{Conclusio}*
סִיפָה (מתמ׳, פיל׳) מִשְׁפַּט סִיפָה, הַחֵלֶק הָאַחֲרוֹן שֶׁל טִעוּן, קוֹנְקְלוּזְיָה. מַסְקָנָה (פיל׳) [ק/ב/229; ת״ה/291; קמ״ל/22]. תּוֹצָאָה שֶׁל טִעוּן הֶגְיוֹנִי. תּוֹלָדָה (פיל׳) [ק/א/183; ק/ד/181]. תּוֹלֶדֶת, מַה שֶּׁמִּתְחַיֵּב מֵהַקְדָּמַת הַהֶקֵּשׁ. יְצִיאָה (פיל׳) [ק/ב/46]. דִּיּוּק (פיל׳) [ק/א/136]. הוֹלָדָה (פיל׳) [ק/א/163]. הַרְדָּפָה (פיל׳) [ק/א/213]. נִמְשָׁךְ (פיל׳) [ק/ג/42]. הֶסֵּק. רְדִיפָה (פיל׳) [ק/ד/24]. תּוֹצָאַת הַהֶקֵּשׁ

konkret
קָשִׁי, קְשִׁיָּה [מר״ח/182]. קוֹנְקְרֶטִי, קַיָּם, בִּמְסֻיָּם. מַבָּט [ק/ב/137]. מוּחָשִׁי, מְמֻחָשׁ, מַמָּשִׁי, וַדָּאִי, שָׁרִיר וְקַיָּם. מְעֻיָּן [ק/ב/234]. מוּחָשׁ, מֻרְגָּשׁ בְּחוּשׁ, נִרְאֶה בְּעֶלִיל, בְּנִגּוּד לְמֻפְשָׁט. נִרְמָז אֶל... [ק/ג/69]. יָדוּעַ וּמֻגְדָּר, מְיֻחָד בְּתָאֳרוֹ. רָמוּז אֵלָיו [ק/ד/43]. נִמְצָא בְּפֹעַל

konkrete Arbeit ---> Arbeit, konkrete

konkreter Begriff ---> Begriff, konkreter

konkretes Nomen ---> Nomen, konkretes

Konkretion
הַקְשָׁאָה, עֲשִׂיָּה לְקָשִׁי (קוֹנְקְרֶטִי), הַמְחָשָׁה. תַּצְבִּיר (גאו׳) גּוּשׁ מַחְצָבִי הַמִּתְהַוֶּה בְּשִׁכְבוֹת אֶבֶן ח׳ל

Konkretum
מוּחָשׁ (בלש׳) [מ״ב/43]. הַמּוּחָשִׁי, תַּת גִּבְלָה (תַּת קָטֵגוֹרְיָה) סֵמָנְתִּית (סֶמַנְטִית) שֶׁל שְׁמוֹת

הָעֶצֶם הַכּוֹלֶלֶת אֶת הָעֲצָמִים הַמֻּשָּׂגִים בַּחוּשִׁים, לְמָשָׁל: "מַיִם", "שִׂיחַ", "אֶבֶן"

Konkurrenz ---> Wettstreit

Konkurrenzkampf

מַאֲבַק הִתְחָרוּת (כלכ') מִלְחֶמֶת הִתְחָרוּת

Konkurs [---> Bankrott]

כִּנּוּס נְכָסִים (כלכ', משפ') צַעַד כְּפִיָּה רִשְׁמִי לְרִכּוּז נְכָסִים שֶׁל פּוֹשֵׁט רֶגֶל לְשֵׁם פְּרִיעַת חוֹבוֹתָיו

Konkursschuldner [---> Bankrotteur]

כְּנוּס נְכָסִים (כלכ', משפ') בַּעַל חוֹב שֶׁפָּשַׁט רֶגֶל וְנִכְפָּה עָלָיו כִּנּוּס נְכָסִים רִשְׁמִי

Konkursverwalter

כּוֹנֵס נְכָסִים רִשְׁמִי (כלכ', משפ')

Konkursverwaltung

נִהוּל כִּנּוּס נְכָסִים (כלכ', משפ')

Konnektionismus

קַשְׁרָנוּת (פסי', פדג') [ר/ב/620]. מַדַּע קִשּׁוּרִיּוּת, תּוֹרָאָה (תְּאוֹרִיָּה) הַטּוֹעֶנֶת שֶׁהַלְּמִידָה תְּלוּיָה בְּעָצְמַת הַקֶּשֶׁר שֶׁבֵּין גֵּרוּיִים לִתְגוּבוֹת

Konnektor

קַשָּׁר (קַשָּׁרִים) (בלש') [מ"ב/45]. מִלַּת קִשּׁוּר, יְסוֹד חִבּוּר לְשׁוֹנִי הַיָּכוֹל לִהְיוֹת מִלַּת חִבּוּר, - יַחַס אוֹ תֹּאַר פֹּעַל הַמְשַׁמְּשִׁים לְקִשּׁוּר, לְמָשָׁל: "וְ...", "עִם"

Konnexion ---> Verknüpfung

Konnotation

רַבְשׁוּמִית (רַבְשׁוּמִיּוֹת) (פסי', בלש', פיל') [ר/ב/420; מ"ב/45]. מַשְׁמָע לְוַאי, רַבְשׁוּמִיּוּת, קוֹנוֹטַצְיָה, מִרְמָז, מַשְׁמָעוּת נִלְוֵית, הוֹרָאַת לְוַאי הַמּוֹסֶרֶת יְסוֹדוֹת נוֹסָפִים עַל מַשְׁמָעוּתוֹ הַטְּהוֹרָה שֶׁל מֻשָּׂג, כְּגוֹן: עֶרְכֵּי הַבָּעָה, - הִתְרַשְּׁמוּת וַעֲרָכִים סִגְנוֹנִיִּים וְחֶבְרָתִיִּים, לְמָשָׁל: לַמִּלָּה "סַרְסוּר" מַשְׁמָעוּת מִלּוֹנִית שֶׁל "מְתַוֵּךְ בֵּין קוֹנֶה לְמוֹכֵר" וְרַבְשׁוּמִיּוּת שֶׁל גְּנַאי (כְּגוֹן: סַרְסוּר לִדְבַר עֲבֵרָה)

konnotativ

רַבְשׁוּמִי (פסי', בלש', פיל') [ר/ב/420]. קוֹנוֹטָטִיבִי, שֶׁיֵּשׁ בּוֹ מַשְׁמָעוּת לְוַאי

Konsekutivsatz

פְּסוּקִית תּוֹצָאָה (בלש') [מ"ב/46]. מִשְׁפַּט (תֵּאוּר) תּוֹצָאָה, מִשְׁפָּט טָפֵל הַמְּתָאֵר אֶת אָפְיָהּ שֶׁל הַפְּעֻלָּה, אֶת מְמַדֶּיהָ וכד' בְּאֶמְצָעוּת תּוֹצְאָתָהּ, לְמָשָׁל: "וַיִּבְכּוּ **עַד אֲשֶׁר אֵין בָּהֶם כֹּחַ לִבְכּוֹת**"

Konsens

תִּסְכּוּם [ק/א/185]. הַסְכָּמָה, הֶסְכֵּם, תְּמִימוּת דֵּעִים, דֵּעָה כְּלָלִית, הַחְלָטָה מְשֻׁתֶּפֶת, קוֹנְצֶנְזוּס, מִנְהָג וְחֹק קָבוּעַ שֶׁהֶחֱזִיקוּ בּוֹ רַבִּים מִזְּמַן קָדוּם. רֵעוּת הַמֻּשָּׂגִים [ק/ד/46]. תֵּאוּם דֵּעוֹת

Konsequens [---> Implikation; Antezedens]

אוֹחְרָן (פיל) הָאֵבָר הָאֲחוֹרִי (B) שֶׁל הֶשְׁמֵעַ (אִימְפְּלִיקַצְיָה): "אִם A אָז B", שֶׁהָאֵבָר הַקִּדְמִי (A) שֶׁבּוֹ קָרוּי קוֹדְמָן

konsequent

עִקְבִי, עָקִיב, מַסְקָנִי, נָחוּשׁ בְּדַעְתּוֹ

Konsequenz

מַסְקָנָה (מַסְקָנוֹת) (פיל') הַתּוֹלָדָה הַמְחַיֶּבֶת, הַכְּלָל הָעוֹלֶה, תּוֹצָאָה הֶגְיוֹנִית, מַסְקָנִיּוּת, עִקְבִיּוּת, עֲקִיבוּת, קוֹנְסֶקְוֶנְטִיּוּת, הַמְשָׁכִיּוּת, סְגֻלַּת חֲשִׁיבָה הֶגְיוֹנִית תְּקִינָה הַמְּעִידָה עַל הֶקֵּשׁ פְּנוּי מִסְּתִירוֹת פְּנִימִיּוֹת בְּיַחַס לְאוֹתָהּ שְׁאֵלָה בְּאוֹתוֹ זְמַן

konservativ

שַׁמְרָנִי, מִשְׁתַּמֵּר, נַסְגָנִי, קוֹנְזֶרְבָטִיבִי, טַהֲרָנִי, שְׁבוּי הֶעָבָר, נָסוֹג אָחוֹר

konservative Kräfte ---> Kräfte, konservative

konservatives System ---> System, konservatives

Konsilium

יַעֲצָה רְפוּאִית (יַעֲצוֹת רְפוּאִיּוֹת) (רפו') [ק/ג/153; ר/א/308]. עֵצָה, מוֹעֶצֶת רוֹפְאִים, הִתְיַעֲצוּת שֶׁל שְׁנֵי רוֹפְאִים וְיוֹתֵר לְשֵׁם אַבְחָנַת מַחֲלָה וּקְבִיעַת דַּרְכֵי רְפוּאָה, קוֹנְסִילְיוּם, הַוְעָצוֹת רְפוּאִית

konsistent --->widerspruchsfrei

Konsistenz

סֹמֶךְ (פיס') [ק/א/110]. גּוֹשִׁיּוּת, קוֹנְסִיסְטֶנְצְיָה, סֹמֶךְ, צְפִיפוּת, הֶרְכֵּב, יַצִּיבוּת, מִבְנֶה. עֲקִיבוּת (מדע) [ר/ב/516]. מְהֵימָנוּת, הֶעְדֵּר סְתִירוֹת הַגְּיוֹנִיּוֹת בְּתֵאוֹרִיּוֹת, נְתוּנִים, דְּגָמִים וכד', אִי סְטִיָּה מִשִּׁיטָה אוֹ מֵעִקָּרוֹן

Konsistenz, innere ---> Zuverlässigkeit; Übereinstimmung, innere

Konsole ---> Bedienungsplatz

konsolidieren

יִצֵּב (מְיַצֵּב), חִזֵּק, הִתְחַזֵּק, בִּסֵּס, הִתְבַּסֵּס, מִצֵּב, צִלֵּד, גִּבֵּשׁ, אִשֵּׁשׁ (מְאַשֵּׁשׁ), הִתְאַשֵּׁשׁ (מִתְאַשֵּׁשׁ)

konsolidierend

מְיַצֵּב, מְגַבֵּשׁ, מְמַצֵּב, מְצַלֵּד, מְאַשֵּׁשׁ

konsolidiert

מְיֻצָּב, מְמֻצָּב, מְצֻלָּד, מְגֻבָּשׁ

Konsolidierung

הִתְגַּבְּשׁוּת (פסי', רפו') [ר/א/228; מר"ח/188]. הִתְיַצְּבוּת, תַּהֲלִיךְ הַמְאַפְשֵׁר אֶת שְׁמִירָהּ שֶׁל הִתְנַהֲגוּת נִלְמֶדֶת, יִצּוּב, חִזּוּק, בִּסּוּס, מִצּוּב, הִתְמַצְּבוּת, צִלּוּד, הִצְטַלְּדוּת, אִשּׁוּשׁ, הִתְבַּסְּסוּת

Konsolidierung der Gedächtnisspur

הִתְגַּבְּשׁוּת עִקְּבוֹת הַזִּכָּרוֹן (פסי') [ר/ב/515]. הִתְגַּבְּשׁוּת עִקְבַת זִכָּרוֹן

Konsonant

עִצּוּר (עִצּוּרִים) (בלש') [ק/א/49; מ"ב/46]. אוֹת אִלֶּמֶת, קוֹנְסוֹנַנְט, הֶגֶה שֶׁבְּעֵת מִבְטָאוֹ נֶעְצָר זֶרֶם הָאֲוִיר חֶלְקִית אוֹ בִּשְׁלֵמוּת, לְמָשָׁל: פ', ת', ל', מ'

konsonant

מְזִיגִי (מוס') [למ"ו/409]. מִתְלַכֵּד (קוֹל), נִמְזָג, מַתְאִים, הַרְמוֹנִי, נָעִים לָאֹזֶן

Konsonantenklumpen

צְרוֹר עִצּוּרִים (בלש') [מ"ב/46;36]. דֶּבֶק עִצּוּרִים, עִצּוּרִים הַבָּאִים בָּזֶה אַחַר זֶה בְּלֹא תְּנוּעָה בֵּינֵיהֶם, לְמָשָׁל: "**שְׂר**וֹךְ"

konsonantisch

עִצּוּרִי (בלש') קוֹנְסוֹנַנְטִי

Konsonantisierung

הֲפִיכָה לְעִצּוּר (בלש') [מ"ב/46]. הֲפִיכָתָהּ שֶׁל תְּנוּעָה לְעִצּוּר

Konsonanz
מְזִיג (מוס') [למ"ו/409]. לִכּוּד קוֹלוֹת, מִרְוָח שֶׁצְּלִילָיו נְעִימִים לָאֹזֶן, קוֹנְסוֹנַנְס
konsonieren
נִמְזַג (מוס') הָוָה מְזִיג
Konsortium ---> Syndikat
Konspiration
זְמָּה, קוֹנְסְפִּירַצְיָה, הַזְמָמָה, קֶשֶׁר חֲשָׁאִי, סוֹדִיּוּת
konspirativ
זְמִּי (שֵׁם תֹּאַר), זוֹמֵם (תֹּאַר פֹּעַל), קוֹנְסְפִּירָטִיבִי, חֲשָׁאִי, מַחְתַּרְתִּי, הַזְמָמִי
konspirieren
זוֹמֵם (מְזוֹמֵם), הִזְמִים (מַזְמִים), קָשַׁר קֶשֶׁר חֲשָׁאִי
konstant
מְקֻבָּע [ק/א/249]. קָבוּעַ, וָתִיק, תְּמִידִי. קַיָּם [ק/ג/281]. יַצִּיב, נִצְחִי, מִתְקַיֵּם, עוֹמֵד, מַתְמִיד. קְיָמָנִי [מר"ח/188]
Konstante
קָבוּעַ (קְבוּעִים) (פיל', מתמ') קוֹנְסְטַנְטָה, סִימָן הַמְשַׁמֵּשׁ כְּסֵמֶל (סִימְבּוֹל) שֶׁל מַשָּׂא כָּלְשֶׁהוּ בְּהֶקְשֵׁר מְסֻיָּם, כְּגוֹן: מְנַח, בִּטּוּי, מִשְׁפָּט חִוּוּי אוֹ נֻסְחָה, לְמָשָׁל: מוּבָנוֹ שֶׁל הַסֵּמֶל 0 הוּא בְּדֶרֶךְ כְּלָל הַמִּסְפָּר אֶפֶס, מוּבָנוֹ שֶׁל הַסֵּמֶל 1 הוּא הַמִּסְפָּר אֶחָד וּמוּבָנוֹ שֶׁל מִצְרַף הַסְּפָרוֹת 10 הוּא הַמִּסְפָּר עֶשֶׂר
Konstante, willkürliche
סְתָם קָבוּעַ (מתמ') קָבוּעַ סְתָמִי
konstanter Fehler ---> Fehler, konstanter
konstantes Kapital ---> Kapital, konstantes
Konstanz
קְבִיעוּת (פסי') [ר/ב/594]. נְטִיָּה שֶׁל מְשָׂאִים (אוֹבְּיֶקְטִים) נִתְפָּסִים לְעוֹרֵר חֲוָיוֹת תְּפִיסָתִיּוֹת דּוֹמוֹת לְמַדַּי אֲפִלּוּ יָחוּלוּ שִׁנּוּיִים בִּתְנָאֵי הַתַּצְפִּית
Konstanz der Intelligenz ---> Intelligenz, Konstanz der
Konstanzmethode
מִדְרוּג הַקָּבוּעַ (פסי') דֶּרֶךְ (מְתוֹדָה) שֶׁל גֵּרוּיִים קְבוּעִים (מִקְרִים נְכוֹנִים וְלֹא נְכוֹנִים)
Konstellation [---> Sternbild]
מַעֲרָכָה (אסט') [ק/ב/241]. מַעֲרֶכֶת, קוֹנְסְטֶלַצְיָה, עֶמְדַּת הַכּוֹכָבִים וְסִדְרָם בָּרָקִיעַ הַמַּשְׁפִּיעִים לְדַעַת הַקַּדְמוֹנִים עַל גּוֹרַל בְּנֵי הָאָדָם. מַצְּבֵי הַכּוֹכָבִים (אסט') [ק/ב/251]. עֶרְכֵּי הַכּוֹכָבִים וְהַנָּחוֹתֵיהֶם. עֶרֶךְ (אסט') [ק/ג/172]. צוּרָה (אסט') [ק/ג/239]
Konstellation betreffend, die
מַעַרְכִּי (אסט') [ק/ב/242]. מַה שֶּׁמִּתְיַחֵס עַל מַעֲרֶכֶת הַכּוֹכָבִים
Konstituente, diskontinuierliche
רְכִיב לֹא רָצִיף (בלש') [מ"ב/65]. רְכִיבִים בִּלְתִּי אֶמְצָעִיִּים שֶׁאֵינָם בָּאִים בָּזֶה אַחַר זֶה אֶלָּא מְפֹרָדִים עַל יְדֵי רְכִיבִים אֲחֵרִים, לְמָשָׁל: בְּגֶרְמָנִית: Er **rief** das Mädchen **an** ("הוּא טִלְפֵּן לַנַּעֲרָה")
konstituierend
מַרְכִּיב

konstituierendes Element ---> Element, konstituierendes
konstituiert
נִתְקָם
Konstitution
מַעֲרֹכֶת (מַעֲרוֹכוֹת) (ביו', פסי',רפו') [ר/ב/404; מר"ח/189; המ"מ/224]. מִתְקָם, כּוֹנֶנָה, כִּנּוּן, קוֹנְסְטִיטוּצְיָה, כְּלָל תְּכוּנוֹת הַיְּצוּר וּמִבְנֵהוּ, הַכְּשָׁרִים הַתּוֹרַשְׁתּוֹכִיִּים (גֶנוֹטִיפִּיִּים) שֶׁל אָדָם כְּפִי שֶׁהֵם בָּאִים לִידֵי בִּטּוּי בְּתוֹרַשְׁחוּץ (פֶנוֹטִיפּ). חֻקָּה (חֻקּוֹת) (מדי') מַעֲרֶכֶת חֻקֵּי הַיְּסוֹד
Konstitution, asthenische
מַעֲרֹכֶת תְּשׁוּשָׁה (רפו') כּוֹנֶנָה חֲלוּשָׁה
konstitutionell
מַעֲרֹכְתִּי (ביו', פסי', רפו') מַעַרְכְתִּי, מַעֲרַכְתִּי, שֶׁל מַעֲרֹכֶת, קוֹנְסְטִיטוּצְיוֹנִי, כּוֹנַנְתִּי, כּוֹנְנִי, שֶׁל מִבְנֵה הַגּוּף. חֻקָּתִי (מדי')
konstitutiv
מְכוֹנֵן [ק/ב/238]. מַעֲמִיד, גּוֹרֵם מַכְרִיעַ, הַצִּיר שֶׁעָלָיו יִסֹּב דָּבָר, הָעִנְיָן הַמְקַיֵּם עַצְמוּת דְּבַר-מָה, גּוֹרֵם הַקּוֹבֵעַ אֶת יִחוּדוֹ אוֹ צוּרָתוֹ שֶׁל מַשֶּׁהוּ. מְמַלֵּא [ק/ב/208]. קוֹבֵעַ, מַהוּתִי. מְקַיֵּם [ק/ב/267]. חָשׁוּב, חִיּוּנִי, בַּעַל חֲשִׁיבוּת מֶרְכָּזִית. מַשְׁלִים [ק/ב/295]. עִקָּרִי, בְּסִיסִי, נִכָּר. מְתַקֵּן [ק/ב/327]. מֶרְכָּזִי
Konstriktion
הֵצֵר, הֲצָרָה, כִּוּוּץ, צֵרוּר
Konstriktor ---> Schließmuskel
konstruierbar
בַּר בְּנִיָּה (אדר') בֶּן בְּנִיָּה, שֶׁאֶפְשָׁר לִבְנוֹת אוֹתוֹ
Konstruierbarkeit
בְּנִיּוּת (אדר')
Konstruieren, rechnergestütztes
תִּכְנוּן בְּעֶזְרַת מַחְשֵׁב (מחש', טכנ') [דמ"א/25]
Konstrukt
צֶרֶף (צְרָפִים)
Konstrukt, hypothetisches
צֶרֶף מְשֹׁעָר (סטט', פסי', מ"ח) [ר/ב/589]. צֶרֶף, מִבְנֶה, תַּהֲלִיךְ שֶׁאַפְעַלְפִּי שֶׁאֵינוֹ נִתָּן לִמְדִידָה מַשָּׂאִית (אוֹבְּיֶקְטִיבִית) בְּהֹוֶה אֶפְשָׁר לְשַׁעֵר אֶת קִיּוּמוֹ מִפְּנֵי שֶׁהוּא גּוֹרֵם (הִיפּוֹתֶטִית) לְתוֹפָעוֹת מְדִידוֹת, דֶּגֶם בַּעַל דַּרְגַּת הַפְשָׁטָה נְמוּכָה שֶׁאֵינוֹ מְבֻסָּס עַל נִסָּיוֹן וּמְיֻעָד לְמַטָּרוֹת נִתּוּחוֹנִיּוֹת (אֲנָלִיטִיּוֹת) בִּלְבַד
Konstrukt, persönliches ---> Vorstellung, individuelle
Konstrukteur(in) ---> Entwerfer(in)
konstruktive Phantasie ---> Phantasie, konstruktive
konstruktiver Konflikt ---> Konflikt, konstruktiver
Konstruktion [---> Entwurf]
מִבְנֶה (מִבְנִים) (בלש') [מ"ב/47]. בְּנִיָּה, כִּנּוּן, צֵרוּף, סֵדֶר הַהִתְחַבְּרוּת שֶׁל הַיְּסוֹדוֹת הַלְּשׁוֹנִיִּים, לְמָשָׁל: "אֱכֹל+תִּי" (וְלֹא: *תִּי+אֱכֹל), "הָאִישׁ הַשָּׁחֹר" (וְלֹא: *הַשָּׁחֹר הָאִישׁ). בִּנְיָן, קוֹנְסְטְרוּקְצְיָה
Konstruktion, elliptische
מִבְנֶה חָסֵר (בלש') [מ"ב/71]. מִבְנֶה שֶׁחֵלֶק מִמַּרְכִּיבָיו הַדִּקְדּוּקִיִּים חָסֵר, לְמָשָׁל: מִשְׁפָּט

הַהִתְחַבְּרוּת, בַּר הִתְחַבְּרוּת, - קֶשֶׁר

Kontaktspannung

מַאֲמַץ דְּחִיקָה (פיס, טכנ') מַאֲמַץ מַגָּע

Kontamination

מִזּוּג (בלש') [מ״ב/47]. תַּעֲרֹבֶת, הֶלְחֵם, יְצִירַת מִלָּה חֲדָשָׁה עַל יְדֵי שִׁלּוּב שְׁתֵּי מִלִּים אוֹ חֶלְקֵיהֶן, כְּגוֹן: ״סַמָּל״ (סֶגֶן מִחוּץ לַמִּנְיָן), ״רַמְזוֹר״ (רֶמֶז+אוֹר). נְגוּעַ (מ״ט) [מר״ח/190]. זִהוּם, הִתְנַגְּעוּת, סִאוּב, רִבּוּב, הַדְבָּקָה, הִזְדַּהֲמוּת בְּגוֹרְמֵי מַחֲלָה אוֹ בְּחָמְרִים מְסֻכָּנִים. לִכְלוּךְ (פסי') [מר״ח/190]. לְכִכּוּת, לְשׁוֹן עִרְבּוּב, חִבּוּר צוּרוֹת לָשׁוֹן (מִלִּים, חֶלְקֵי מִלִּים אוֹ חֶלְקֵי מִשְׁפָּטִים) לְמִלָּה אַחַת חַסְרַת מַשְׁמָעוּת אֵצֶל יְלָדִים, אֵצֶל חוֹלֵי נֶפֶשׁ וְאֵצֶל בְּרִיאִים בִּתְנָאֵי עֲיֵפוּת כְּבֵדָה

Kontemplation

צְפִיָּה סְבִילָה (פיל') קוֹנְטֶמְפְּלַצְיָה, מֻנָּח שֶׁטָּבְעוּ פִילוֹסוֹפִים חוֹקְרֵי תּוֹרַאַת הַהַכָּרָה בְּנֵי הַמֵּאוֹת הַ-י״ח וְהַ-י״ט לְצִיּוּן כֹּשֶׁר הַהַבְחָנָה הַבִּלְתִּי מָצוּעַ שֶׁל הָאָדָם לְהַכָּרַת הָעֲצָמִים וְהַתּוֹפָעוֹת שֶׁל הַמְּצִיאוּת הַמַּמָּשִׁית (אוֹבְּיֶקְטִיבִית); לְדַעְתָּם נִבְדֶּלֶת הַצְּפִיָּה הַסְּבִילָה מִן הַהִתְבּוֹנְנוּת בְּדַרְגַּת סְבִילוּת גְּבוֹהָה יוֹתֵר

Konterbande ---> Schmuggelware

Kontext

הֶקְשֵׁר (בלש') [מ״ב/48]. הַדְּבָרִים הַקְּשׁוּרִים לְעִנְיָן הַנִּדּוֹן, סְבִיבָה לְשׁוֹנִית וְחוּץ לְשׁוֹנִית שֶׁל מַבָּע כָּלְשֶׁהוּ (כְּגוֹן מִלָּה אוֹ מִשְׁפָּט) הַמַּשְׁפִּיעָה עַל צוּרָתוֹ, תָּכְנוֹ וּקְשָׁרָיו עִם מַבָּעִים לְשׁוֹנִיִּים אֲחֵרִים, מִקְטָע מֻגְמָר וּתְבוּנִי שֶׁל כְּתוּבִים אוֹ שֶׁל הַבָּעָה דִּבּוּרִית שֶׁבּוֹ נִקְבַּעַת בְּדִיּוּק מַשְׁמָעוּתָם שֶׁל כָּל מִלָּה אוֹ שֶׁל כָּל מִשְׁפָּט

Kontext, aus dem

מִכְּלָלָא, מִכְּלַל, מִתּוֹךְ..., מִן הַהֶקְשֵׁר

Kontext, sozialer

תְּחוּם חֶבְרָתִי (מ״ח, פסי') הֶקְשֵׁר חֶבְרָתִי

kontextabhängig

תָּלוּי הֶקְשֵׁר (בלש') [מ״ב/48]. בַּעַל זִקָּה לִסְבִיבָה מְסֻיֶּמֶת וּמֻגְבָּל אֵלֶיהָ

Kontextform

צוּרַת הֶקְשֵׁר (בלש') [מ״ב/48]. הַצּוּרָה הַדִּקְדּוּקִית הָרְגִילָה בְּתוֹךְ מַבָּע לְשׁוֹנִי

kontextfrei

מְשֻׁחְרַר הֶקְשֵׁר (בלש') [מ״ב/48]. מְבֻטַּל הֶקְשֵׁר, בְּלֹא זִקָּה לִסְבִיבָה מְסֻיֶּמֶת

kontextgebunden ---> kontextabhängig

kontextual

תְּלוּי הֶקְשֵׁר

Kontiguität

מַצְרָנוּת (פסי') קִרְבַת מָקוֹם וּזְמַן שֶׁל גֵּרוּיִים וּתְגוּבוֹת, קְרִיבוּת

Kontiguität betreffend, die

מַצְרָנִי (פסי') קָרִיב

Kontingent

מִכְסָה (מִכְסוֹת)

Kontingenzwinkel

זָוִית הַמַּשִּׁיקִים (מתמ')

kontinental ---> festländisch

Kontinentalabhang

מִדְרוֹן הַיַּבָּשָׁה (י״א) הַשִּׁפּוּעַ הַתָּלוּל שֶׁל אֶדֶן

חָסֵר, חִסּוּר (אֱלִיפְּסָה)

Konstruktion, sukzessive

מִבְנֶה עוֹקֵב (ספר') [מ״ס/92]. מִבְנֶה שֶׁל סִפּוּר שֶׁבּוֹ מִתְרַחֶשֶׁת הָעֲלִילָה עַל פִּי הַסֵּדֶר הַטִּבְעִי וְהַחַד סִטְרִי שֶׁל הַזְּמַן

Konstruktion, umgekehrte

מִבְנֶה מְהֻפָּךְ (ספר') [מ״ס/92]. מִבְנֶה שֶׁל סִפּוּר שֶׁבּוֹ הָאֵרוּעַ הַסּוֹפִי מְתֹאָר כְּבָר בַּהַתְחָלָה

Konstruktionsformen

צוּרוֹת שֶׁמִּבְנֶין (גאו')

Konstruktionsspiel

מִצְחַק בְּנִיָּה, מִשְׂחַק בְּנִיָּה

konstruktiv

כִּנּוּנִי, בּוֹנֶה, קוֹנְסְטְרוּקְטִיבִי, יוֹצֵר, חִיּוּבִי

Konstruktvalidität

תְּקֵפוּת צֶרֶף (סטט') [ר/ב/703; מ״מ/222]. תְּקֵפוּת מִבְנֶה, הַתְאָמָה מַסְפֶּקֶת בֵּין תְּכוּנוֹת שֶׁנֶּאֶסְפוּ בְּאֶמְצָעוּת מִבְחָן לַצֶּרֶף הַמְּשֹׁעָר לְבֵין הַמִּבְנֶה הָעִיּוּנִי שֶׁל קְנֵה הַמִּדָּה שֶׁיֵּשׁ לִקְבֹּעַ אֶת מִדָּתוֹ

Konsularvertreter

סוֹכֵן שַׁדְרִירִי (מדי') סוֹכֵן קוֹנְסוּלָרִי, אִישׁ סֶגֶל, נְצִיג שַׁדְרִירִי (דִּיפְּלוֹמָטִי), עוֹבֵד

Konsultation [---> Konsilium]

יַעֲצָה (יַעֲצוֹת), הִוָּעֲצוּת, הִתְיַעֲצוּת, מוֹעֵצָה

Konsultierung

יִעוּץ, מַתַּן עֵצוֹת

Konsument(in)

צַרְכָן, צַרְכָנִית (כלכ')

Konsument, zahlungsfähiger

צַרְכָן בַּן יְכֹלֶת תַּשְׁלוּם (כלכ')

konsumierbar

בַּר צְרִיכָה (כלכ') נִתָּן לִצְרִיכָה, שֶׁיָּכוֹל לָבוֹא עַל צְרִיכָתוֹ

konsumieren

צָרַךְ (צוֹרֵךְ (כלכ') נִבְרָה (נִבְרֶה, לְהִבָּרוֹת), נֶאֱכַל

konsumiertes Kapital ---> Kapital, konsumiertes

Konsumtion

תִּצְרֹכֶת (כלכ') שִׁעוּר הַצְּרִיכָה שֶׁל דְּבַר-מָה

Konsumtion, produktive

צְרִיכָה יַצְרָנִית (כלכ') [ק״מ/ב/21]. תִּצְרֹכֶת יַצְרָנִית, צְרִיכַת יְסוֹדוֹת מְסֻיָּמִים שֶׁל כֹּחוֹת הַיִּצּוּר בְּתַהֲלִיךְ יִצּוּר נְכָסִים חָמְרִיִּים

Konsumtion, zahlungsfähige

צְרִיכָה שֶׁיְּכֹלֶת תַּשְׁלוּם בְּצִדָּהּ (כלכ')

Konsumtionsfonds

קֶרֶן לִצְרִיכָה (כלכ') קֶרֶן צְרִיכָה

kontagiös ---> ansteckend

Kontagionsstoff ---> Ansteckungsstoff

Kontainer ---> Frachtbehälter

Kontakt ---> Berührung; Verbindung

Kontakt aufnehmen, mit jemandem ---> Fühlung aufnehmen, mit jemandem

Kontaktabzug

הַדְפָּסַת מַגָּע (אלק')

Kontaktdruck ---> Berührungsdruck

kontaktfähig

קָשִׁיר [ק/א/232]. הִתְחַבְּרוּתִי, מִטֶּבַע

הַיַּבָּשָׁה הַיּוֹרֵד לְמַעֲמַקֵּי הַיָּם מֵעֹמֶק שֶׁל 200 מֶטֶר עַד לְעֹמֶק שֶׁל 2400 מֶטֶר בְּעֵרֶךְ

Kontinentalität

יַבַּשְׁתִּיּוּת (י״א, מטא׳) קוֹנְטִינֶנְטָלִיּוּת

Kontinentalschelf

אֶדֶן הַיַּבָּשָׁה (י״א) אֵזוֹר שׁוּלֵי הַיַּבָּשָׁה הַמִּשְׁתָּרֵעַ לְמֶרְחָק שֶׁל 200 מֶטֶר בְּעֵרֶךְ מִן הַחוֹף עַד לִתְחִילַּת מִדְרוֹן הַיַּבָּשָׁה מִתַּחַת לְמִפְלַס הַיָּם

kontinuativer Relativsatz ---> **Relativsatz, kontinuativer**

kontinuierlich

רָצִיף [ק/א/127]. דָּבֵק, בִּלְתִּי נִפְסָק. רָצוּף [ק/א/125]. דָּבוּק. מְדֻבָּק [ק/ב/144]. מִתְדַּבֵּק [ק/ב/311]. הַדְרָגָתִי, הֶמְשֵׁכִי. נִכְרָךְ [ק/ג/38]. תָּדִיר, תְּדִירִי, נִמְשָׁךְ, מַתְמִיד, קָבוּעַ. נִפְגָּשׁ [ק/ג/53]. תָּכוּף בָּזֶה אַחַר זֶה, עָרוּךְ זֶה עַל יַד זֶה, סָדִיר. צֵרוּפִי [ק/ג/254]. תֵּכֶף [ק/ד/204]

kontinuierlich, absolut

רָצִיף בְּהֶחְלֵט (מחמ׳)

kontinuierliche Größe ---> **Größe, kontinuierliche**

kontinuierliche Variable ---> **Variable, stetige**

Kontinuität

רְצִיפוּת [ק/ד/54]. רְצִיפָה, תְּכִיפוּת, תְּכִיפָה [ק/ד/196]. תְּמִידִיּוּת [ק/ד/210]. תְּכוּנַת הַדָּבָר שֶׁנַּעֲשֶׂה תָּמִיד, סְמִיכוּת, עֲרִיכַת דְּבָרִים בָּזֶה אַחַר זֶה לְלֹא הֶפְסֵק. הִתְמָדָה [ק/א/128]. דְּבֵקוּת, תְּדִירוּת, תְּמִידִיּוּת. הִתְדַּבְּקוּת [ק/א/229]. הֶמְשֵׁךְ

Kontinuität, Gesetz der

חֹק הַתְּמִידִיּוּת (פיס׳, פיל׳) [ק/ד/210]. חֹק הַהַתְמָדָה, חֹק הַקּוֹבֵעַ כִּי כָּל גּוּף יַתְמִיד בְּמַצָּבוֹ אֶלָּא אִם יִפְעַל עָלָיו כֹּחַ חִיצוֹנִי שֶׁיַּאֲלִצֵהוּ לְשַׁנּוֹת אֶת מַצָּבוֹ

Kontinuum

רֶצֶף (פיס׳)

Konto, auf

עַל חֶשְׁבּוֹן (כלכ׳)

Kontoüberziehung

מְשִׁיכַת יֶתֶר (כלכ׳)

Kontrabaß

בַּטְנוֹן (מוס׳) קוֹנְטְרַבַּס

Kontrabassist(in)

בַּטְנוֹנַאי, בַּטְנוֹנָאִית (מוס׳) כַּנַּר בַּס, נַגַּן קוֹנְטְרַבַּס

kontradiktorische Begriffe ---> **Begriffe, kontradiktorische**

kontradiktorische Sätze ---> **Sätze, kontradiktorische**

konträr

הַפְּכִּי, הָפְכִּי [ק/א/195]. מְסֻגֶּלֶת הַהֵפֶךְ, הַמִּתְנַגֵּד לְדָבָר זוּלָתוֹ, הַסּוֹתֵר אוֹתוֹ

konträre Begriffe ---> **Begriffe, konträre**

konträre Sätze ---> **Sätze, konträre**

Kontrafagott

תַּת בַּסּוֹן (מוס׳) כְּלִי נְשִׁיפָה מֵעֵץ

kontrafaktisch

אַלְעֻבְדָּתִי (פיל׳, בלש׳) שֶׁבְּנִגּוּד לָעֻבְדּוֹת, לֹא מְצִיאוּתִי

kontrafaktischer Satz ---> **Satz, kontrafaktischer**

Kontrahent

צַד בְּחוֹזֶה (משפ׳) הַצַּד שֶׁכְּנֶגֶד

Kontraindikation ---> **Gegenanzeige**

Kontraktibilität

הִתְכַּוְּצוּת [ק/א/245]. הִתְקַבְּצוּת, כְּוִיצוּת

Kontraktion [---> Kontraktibilität]

כִּוּוּץ, הִתּוּךְ (בלש׳) [מ״ב/49-50]. הִתְכַּוְּצוּת שֶׁל שְׁנֵי הַגָּאִים, לָרֹב תְּנוּעָה מְלֵאָה וַחֲצִי תְּנוּעָה הַהוֹפְכִים לִתְנוּעָה אַחַת, אוֹ הַשְׁמָטַת הַגָּאִים בְּדִבּוּר, לְמָשָׁל: ״קַפֵּל תַּ׳מַפָּה!״ (בִּמְקוֹם: ״קַפֵּל אֶת הַמַּפָּה!״)

Kontraktionswelle ---> **Peristole**

kontraktlich

חוֹזִי (משפ׳) שֶׁל חוֹזֶה, עַל יְסוֹד שֶׁל חוֹזֶה

Kontraposition

הֶנְגֵּד (פיל׳) עֶמְדַּת נֶגֶד, הַנְגָּדָה, הַעֲמָדַת נֶגֶד, תִּפְעוּל טַעֲנָה חֶלְקֵי הַמַּצְמִיד לְכָל טַעֲנָה הֶשְׁמֵעִית (אִימְפְּלִיקָטִיבִית) מֻרְכֶּבֶת: ״אִם A, אָז B״ אֶת הַטַּעֲנָה: ״אִם לֹא B, אָז לֹא A״, שֶׁהִיא הַטַּעֲנָה הַהֶנְגֵּדִית וְהִיא שְׁקִילָה (שְׁוַת עֵרֶךְ) מִבְּחִינָה הֶגְיוֹנִית לַטַּעֲנָה: ״אִם A, אָז B״, כְּלוֹמַר: הִיא אֲמִתִּית אוֹ שִׁקְרִית אִם טַעֲנַת הַמּוֹצָא אֲמִתִּית אוֹ שִׁקְרִית הִיא

Kontraposition, konträre

הֶנְגֵּד הַפְּכִּי (פיל׳) צוּרָה שֶׁל הֶנְגֵּד שֶׁבּוֹ נִצָּב מִשְׁפָּט חִיּוּבִי כְּלָלִי A לְעֻמַּת מִשְׁפָּט שְׁלִילִי כְּלָלִי E וְהֵם מִתְיַחֲסִים לְאוֹתָהּ קְבוּצָה שֶׁל עֲצָמִים בַּעֲלֵי אוֹתָן סְגֻלּוֹת, לְמָשָׁל: ״כָּל תַּלְמִידֵי כִּתָּה י״א הֵם מְחוֹנָנִים״ וְ״אַף תַּלְמִיד אֶחָד מִכִּתָּה י״א אֵינוֹ מְחוֹנָן״; מִשְׁפָּטִים כָּאֵלּוּ אֵינָם עֲשׂוּיִים לִהְיוֹת אֲמִתִּיִּים בְּעֵת וּבְעוֹנָה אַחַת, אֲבָל שְׁנֵיהֶם עֲלוּלִים לִהְיוֹת שִׁקְרִיִּים מִפְּנֵי שֶׁקַּיֶּמֶת אֶפְשָׁרוּת שְׁלִישִׁית: ״תַּלְמִידִים אֲחָדִים מִכִּתָּה י״א הֵם מְחוֹנָנִים״

Kontraposition, Schluß der ---> **Schluß der Kontraposition**

Kontraposition, subkonträre

הֶנְגֵּד תַּת הַפְּכִּי (פיל׳) צוּרָה שֶׁל הֶנְגֵּד שֶׁבּוֹ נִצָּב מִשְׁפָּט חִיּוּבִי חֶלְקִי I לְעֻמַּת מִשְׁפָּט שְׁלִילִי חֶלְקִי O וְהֵם מִתְיַחֲסִים לַעֲצָמִים מֵאוֹתָהּ קְבוּצָה, לְמָשָׁל: ״לְבָתֵּי סֵפֶר אֲחָדִים בָּעִיר יֵשׁ מַעְבָּדָה כִּימִית״ וּ״לְבָתֵּי סֵפֶר אֲחָדִים בָּעִיר אֵין מַעְבָּדָה כִּימִית״; שְׁנֵי מִשְׁפָּטִים אֵלּוּ אֵינָם יְכוֹלִים לִהְיוֹת שִׁקְרִיִּים בּוֹזְמַנִּית, אַךְ יְכוֹלִים לִהְיוֹת אֲמִתִּיִּים בּוֹ בִּזְמַן

Kontrapunkt

עֲמַתָּה (מוס׳) [ל״מו/407]. קוֹנְטְרָפּוּנְקְט, צֵרוּף שֶׁל שְׁתֵּי מַנְגִּינוֹת (מֶלוֹדִיּוֹת) אוֹ יוֹתֵר שֶׁאֵינָן תְּלוּיוֹת זוֹ בָּזוֹ וְיוֹצְרוֹת מִרְקָם הַרְמוֹנִי

Kontrast

נִגּוּד (פסי׳) [ר/ב/602]. מוּדָעוּת לְהֶבְדֵּלִים בֵּין שְׁנֵי אֵרוּעִים אוֹ גֵּרוּיִים. יֶפֶךְ (רפו׳) [מר״ח/192]. יִפּוּךְ

Kontrast, sukzessiver

נִגּוּד גְּרָר (פסי׳) [ר/ב/602]. נִגּוּד רָצִיף, מוּדָעוּת לְהֶבְדֵּלִים בֵּין שְׁנֵי אֵרוּעִים אוֹ גֵּרוּיִים הַבָּאִים זֶה אַחַר זֶה בְּרֶצֶף קָרוֹב

kontrastieren

נִגֵּד (מְנַגֵּד), יִפֵּךְ (מְיַפֵּךְ)

kontrastierend

מְנַגֵּד, מְיַפֵּךְ

kontrastiert

מְנֻגָּד, מְיֻפָּךְ

Kontrastregler

וַסַּת נִגּוּד (טכנ') הֶתְקֵן הַמַּגְבִּיר אוֹ מְמַתֵּן אֶת נִגּוּדֵי הַצְּבָעִים בְּתֵבַת (טֶלֶבִיזְיָה)

Kontravalenz ---> Disjunktion

Kontribution

אֶשְׁכַּר מִלְחָמָה (אֶשְׁכְּרֵי מִלְחָמָה) (צבא, מדי') קוֹנְטְרִיבּוּצְיָה, פִּצּוּיִים שֶׁמְּשַׁלֵּם הַצַּד הַמְּנֻצָּח בְּמִלְחָמָה לַצַּד הַמְּנַצֵּחַ

Kontrolle

בַּקָּרָה (פסי', מ״ח) [ר/א/117; מ״מ/210]. שִׁיטָה הַמּוֹנַעַת הַשְׁפָּעָה שֶׁל מִשְׁתַּנִּים בִּלְתִּי רְצוּיִים עַל נִסּוּי, מִשְׁלוֹחַ מֶסֶר הַמְּשַׁנֶּה אֶת הִתְנַהֲגוּת הַקּוֹלֵט, פִּקּוּחַ. נִטּוּר (רפו') הַשְׁגָּחָה, שְׁמִירָה

Kontrolle, soziale

שְׁלִיטָה חֶבְרָתִית (מ״ח) [ל״ס/174]. מִכְלוֹל הַדְּרָכִים וְהַמּוֹסָדוֹת שֶׁבְּאֶמְצָעוּתָם נִשְׁלָטִים חַבְרֵי קְבוּצָה אוֹ חֶבְרָה

Kontrollgruppe

קְבוּצַת בַּקָּרָה (מדע) [ר/א/113]. קְבוּצַת בִּקֹּרֶת, קְבוּצָה בַּנִּסּוּי הַתּוֹאֶמֶת כְּכָל הָאֶפְשָׁר אֶת קְבוּצַת הַנִּסּוּי אַךְ אֵינָהּ נֶחְשֶׁפֶת לַמִּשְׁתַּנֶּה הַבִּלְתִּי תָּלוּי שֶׁנֶּחְקָר

Kontrolliste ---> Prüfliste

Kontrollkommission

וַעֲדַת בִּקֹּרֶת (משפ', מדי')

Kontrollspanne

הֶקֵּף פִּקּוּחַ (מנה', מדי') טְוַח פִּקּוּד

Kontroverse

פְּלֻגְתָּה (פְּלֻגְתּוֹת) [ק/א/199]. פְּלֻגְתָּא (פְּלֻגְתָּאוֹת), פֵּרוּד בְּדֵעוֹת, מַחֲלֹקֶת

Kontur ---> Umrißlinie

Kontusion ---> Quetschung

Konus ---> Kegel

Konvention *{Conventio}* [---> Abkommen]

תַּשְׁגִּיר [ק/א/185]. הַסְכָּמָה, הֶסְכֵּם, מֻסְכָּמוֹת, נֹהַג (נְהָגִים), קוֹנְבֶנְצְיָה, דָּבָר מְקֻבָּל וְנָהוּג, מִנְהָג וְחֹק קָבוּעַ שֶׁמַּחֲזִיקִים בּוֹ רַבִּים מִזְּמַן קָדוּם. קִבּוּץ [ק/ג/261]. הַסְכָּמָה כְּלָלִית, שִׁגְרָה

Konvention, erzählerische

תַּשְׁגִּיר סִפּוּרִי (ספר') [מ״ס/42]. קוֹנְבֶנְצְיָה סִפּוּרִית, שִׁמּוּשׁ בִּדְפוּסִים מֻסְכָּמִים וּבְדַרְכֵי בִּטּוּי שֶׁנִּשְׁתַּגְּרוּ בְּמֶשֶׁךְ הַדּוֹרוֹת

konventionalisieren

תִּשְׁגֵּר (מְתַשְׁגֵּר) (מ״ח) עָשָׂה לְקוֹנְבֶנְצְיוֹנָלִי, - לְתַשְׁגִּירִי

konventionalisiert

מְתֻשְׁגָּר (מ״ח) שֶׁהָיָה לְקוֹנְבֶנְצְיוֹנָלִי, - לְתַשְׁגִּירִי

konventionell

תַּשְׁגִּירִי (מ״ח) [ק/א/184]. הַנְּהִי, נָהֳגִי, נָהוּג, מֻסְכָּמִי, קוֹנְבֶנְצְיוֹנָלִי. הֶסְכֵּמִי, הַסְכָּמִי (מ״ח) [ק/א/185]. (דָּבָר) שֶׁבְּמֻסְכָּמוֹת. מֻסְכָּם (מ״ח) [ק/ב/224]. מַה שֶׁיְּסוֹדוֹ בְּהַסְכָּמָה כְּלָלִית שֶׁל בְּנֵי הָאָדָם, רוֹוֵחַ, שִׁגְרָתִי. מוּשָׂם (מ״ח) [ק/ב/169]. דָּבָר עָשׂוּי וּמְתֻקָּן בִּידֵי אָדָם, בְּרוּחַ הַהַנָּחָה הַמִּתְקַבֶּלֶת עַל הַדַּעַת, מְקֻבָּל. מִנְהָגִי (מ״ח) [ק/ב/213]. כְּדֶרֶךְ הַמִּנְהָג, עָשׂוּי לְפִי תֶּקֶן מְסֻיָּם. מֻנָּח (מ״ח) [ק/ב/214]. מְפֻרְסָם (מ״ח) [ק/ב/248]. רָגִיל, מָצוּי, שָׁכִיחַ. נִימוּסִי (מ״ח) [ק/ג/32]

konventionelle Wahrheit(en) ---> Wahrheit(en), konventionelle

konventionelle Wissenschaft(en) ---> Wissenschaft(en), konventionelle

konvergent

נֶחְשָׁר, קוֹנְוֶרְגֶנְטִי, מִתְלַכֵּד, מִתְחַבֵּר, מְקוֹבֵל, מִתְקוֹבֵל, מִתְכַּנֵּס

konvergent, absolut

מִתְכַּנֵּס בְּהֶחְלֵט (מתמ')

konvergente Gültigkeit ---> Konvergenzvalidität

Konvergenz

הִתְחַשְּׁרוּת, הַחְשָׁרוּת, הִתְקָרְבוּת, קֵרוּב, הִתְחַבְּרוּת, הִתְלַכְּדוּת. הִתְכַּנְּסוּת (פסי', רפו', מטא') [ר/א/229; יל״ט/56]. פְּנִיָּה פְּנִימָה שֶׁל הָעֵינַיִם כְּדֵי לְהִתְמַקֵּד בָּעֶצֶם הַנִּצְפֶּה בִּשְׁתֵּיהֶן, קוֹנְוֶרְגֶנְצְיָה. נֶחְשָׁרוּת (מ״ח) הִתְפַּתְּחוּת מַקְבִּילָה שֶׁל תּוֹפָעוֹת חֶבְרָתִיּוֹת דּוֹמוֹת, הַשְׁפָּעַת גּוֹמְלִין בֵּין הַסְּבִיבָה וְאִישִׁיּוּת הָאָדָם, פְּנִיָּה כְּלַפֵּי נְקֻדָּה מְסֻיֶּמֶת. הִתְקוֹבְלוּת [מר״ח/194]

Konvergenz, absolute

הִתְכַּנְּסוּת מֻחְלֶטֶת (מתמ')

Konvergenzkreis

מַעְגַּל הִתְכַּנְּסוּת (מתמ') עִגּוּל הִתְכַּנְּסוּת

Konvergenzradius, assoziierter

מְחוֹג הִתְכַּנְּסוּת מְסַמֵּךְ (מתמ') רַדְיוּס הִתְכַּנְּסוּת מְסַמֵּךְ

Konvergenztheorie

תּוֹרַת הַהִדָּמוּת (מ״ח) תּוֹרַת הַהִתְקָרְבוּת, דֵּעָה הַגּוֹרֶסֶת שֶׁהַקִּדְמָה הָעֲשׂוּתָנִית (טֶכְנוֹלוֹגִית) מְבַטֶּלֶת אֶת הַהֶבְדֵּלִים שֶׁבֵּין הַמִּשְׁטָר הָרְכוּשָׁנִי (קַפִּיטָלִיסְטִי) לְבֵין הַמִּשְׁטָר הַחֶבְרָנִי (סוֹצְיָאלִיסְטִי)

Konvergenzvalidität

תְּקֵפוּת מִתְכַּנֶּסֶת (סטט') [ר/ב/702; מ״מ/222]. תֹּקֶף מִתְכַּנֵּס, תְּקֵפוּת הַנִּמְשֶׁכֶת מִמִּתְאָם גָּבֹהַּ בֵּין נִקּוּדֵי הַמִּבְחָן לְבֵין גּוֹרְמִים שֶׁאֲמוּרִים לִהְיוֹת עִמָּהֶם בְּמִתְאָם גָּבֹהַּ

konvergieren

הִתְקַבֵּץ (אסט') [ק/ג/265]. הִתְחַבֵּר, הִתְקָרֵב, נִדְבַּק כּוֹכָב בַּחֲבֵרוֹ, נִזְדַּמֵּן זֶה לְיַד זֶה, הֶחְשִׁיר (מַחְשִׁיר)

Konversation [---> Gespräch; Dialog]

שִׂיחָה סְתָמִית [פ״ר/46]. שִׂיחָה בְּעָלְמָא

Konversationsstück ---> Gesellschaftsstück

Konversion *{Conversio}*

הֲמָרָה [ר/א/208]. חִלּוּף, הִפּוּךְ, הַחְלָפָה. הִפּוּךְ הַמִּשְׁפָּט (בלש', פיל') [ק/א/302]. חִלּוּף הַמַּאֲמָר. כֶּפֶל אַחֲרִית (רטו') [ק/ב/103]. חֲזָרָה עַל אוֹתָהּ מִלָּה בְּסוֹף הַמִּשְׁפָּט. שְׁטִיטָה [ק/ד/89]. תְּנוּעָה סְבִיבִית, הַקָּפָה, מַחֲזוֹר, סִבּוּב

Konversion, logische

הֲמָרָה הֶגְיוֹנִית (פיל') תִּפְעוּל טַעֲנָה חֶלְקִי

הַמַּצְמִיד לְכָל טַעֲנָה הֶשְׁמֵעִית (אִימְפְּלִיקָטִיבִית) מֻרְכֶּבֶת: ״אִם A, אָז B״ אֶת הַטַּעֲנָה: ״אִם B, אָז A״, שֶׁהִיא טַעֲנַת הֲמָרָה לְטַעֲנוֹת הַמּוֹצָא אוֹ הַפּוֹכָן; הַטַּעֲנוֹת הנ״ל בְּדֶרֶךְ כְּלָל אֵינָן שְׁקִילוֹת (שְׁווֹת עֵרֶךְ) מִבְּחִינָה הֶגְיוֹנִית מִפְּנֵי שֶׁהַהֶשְׁמֵעַ (אִימְפְּלִיקַצְיָה) אֵינוֹ חִלּוּפִי (קוֹמוּטָטִיבִי); אִם A הוּא שְׁקָרִי וְ- B אֲמִתִּי הוּא, הֲרֵי שֶׁ״אִם A, אָז B״ הוּא אֲמִתִּי, אֲבָל ״אִם B, אָז A״ הוּא שְׁקָרִי, אוּלָם הַהֲמָרָה הַהֶגְיוֹנִית ״אִם B, אָז A״ וְהַהִפּוּךְ הַהֶגְיוֹנִי ״אִם לֹא A, אָז לֹא B״ שֶׁל ״אִם A, אָז B״ הֵם תָּמִיד שְׁקִילִים (שְׁוֵי עֵרֶךְ) מִבְּחִינָה הֶגְיוֹנִית

Konversion des Satzes
הִפּוּךְ הַמִּשְׁפָּט (פיל׳) [ק/ב/249]. מִפְרַע הַגְּזֵרָה, מַפְרֵעַ הַגְּזֵרָה

Konversionsfonds
קֶרֶן הֲמָרָה (כלכ׳)

konvertierbar ---> umwadelbar

konvex
קָמוּר (מתמ׳) [ק/א/101]. גַּבְנוּנִי. מְקֻבָּב (מתמ׳) [ק/ב/261]. בּוֹלֵט בְּצוּרַת כַּדּוּר (לְפִי דֵּעָה אַחֶרֶת: מְקֻבָּב = חָלוּל, נָבוּב, קָעוּר, מְקֹעָר, קַעֲרוּרִי). עַקְמוּמִי [ק/ג/165]. קָבוּב (מתמ׳) [ק/ג/257]. מְקֻמָּר (לְפִי דֵּעָה אַחֶרֶת: קָבוּב = חָלוּל, נָבוּב, קָעוּר, מְקֹעָר, קַעֲרוּרִי)

konvex-konkave Linse ---> Linse, konvex-konkave

konvexe Hülle ---> Hülle, konvexe

Konvexität
קְמִירוּת (מתמ׳) [ק/א/101]. גַּבְנוּנִית, גַּבְנִינוּת, צוּרַת דָּבָר גַּבְנוּנִי, הַשֶּׁטַח הַגַּבְנוּנִי. עִקּוּם [ק/ג/164]. בְּלִיטָה בְּצוּרַת קֶשֶׁת. עַקְמוּמִית, עַקְמוּמִיּוּת [ק/ג/165]. עַקְמִימוּת [ק/ג/166]. קְבוּב (מתמ׳) [ק/ג/257]. קִמּוּר, קִמָּרוֹן (לְפִי דֵּעָה אַחֶרֶת: קִבּוּב = קַעֲרִירוּת)

Konvulsion
פִּרְכּוּס (רפו׳)

Konzentration
הִתְרַכְּזוּת (מדע, פסי׳) [ק/א/247; ר/ב/635]. הִתְכַּנְּסוּת בִּנְקֻדָּה אַחַת, רִכּוּז הַמַּחֲשָׁבָה, תִּרְכּוּז, קוֹנְצֶנְטְרַצְיָה, עִבּוּי, הִתְמַקְּדוּת בְּהֶבֵּט מְסֻיָּם שֶׁל גֵּרוּי, יִחוּד הַקֶּשֶׁב לְמַרְכִּיב מְסֻיָּם שֶׁל דְּבַר-מָה

Konzentration, geistige
רִכּוּז רוּחָנִי (מדע, פסי׳) [ק/א/226]. הִתְבּוֹדְדוּת

Konzentration des Kapitals ---> Kapita(s), Konzentration des

konzentrieren
רִכֵּז (מְרַכֵּז), תִּרְכֵּז (מְתַרְכֵּז), עָשָׂה קוֹנְצֶנְטְרַצְיָה, עִבָּה

konzentriert
מְרֻכָּז (מדע, פסי׳) [ק/ב/282]. תַּמְצִיתִי, רָוֶה, מְתֻרְכָּז. מְקֻבָּץ (מדע, פסי׳) [ק/ב/264]. מְכֻנָּס לִנְקֻדָּה אַחַת, מְכֻוָּן לְתַכְלִית אַחַת, מִי שֶׁדַּעְתּוֹ מְרֻכֶּזֶת

konzentrisch
מִתְרַכֵּז, קוֹנְצֶנְטְרִי, רִכּוּזִי

Konzept ---> Begriff

Konzeption
הַשָּׂגָה (פסי׳, פיל׳) [ד״מח/51]. קוֹנְצֶפְּצִיָּה, גִּישָׁה, הָאֹפֶן שֶׁבּוֹ נִתְפֶּסֶת הַמַּשְׁמָעוּת בְּשִׁמּוּשׁ מְסֻיָּם, מַעֲרֶכֶת דֵּעוֹת הַמִּתְיַחֲסוֹת לִתְופָעוֹת אוֹ לְתַהֲלִיכִים מְסֻיָּמִים, דֶּרֶךְ הַסְּבּוּר (אִינְטֶרְפְּרֶטַצְיָה) וְהַטִּפּוּל בִּתְופָעוֹת אוֹ בְּהִתְרַחֲשֻׁיּוֹת כָּלְשֶׁהֵן, חֲשִׁבָּה (אִידֵאָה) יְסוֹדִית שֶׁל תּוֹרָאָה (תֵּאוֹרְיָה) מְסֻיֶּמֶת

konzeptualisieren ---> Begriffe bilden

Konzeptualisierung ---> Begriffsbildung

Konzern
תִּשְׁלֹבֶת (תִּשְׁלוֹבוֹת) (כלכ׳) קוֹנְצֶרְן

Konzert
מִנְגָּן (מִנְגָּנִים) (מוס׳) קוֹנְצֶרְט

Konzertmeister
נַגָּן רָאשִׁי (מוס׳)

Konzession
זִכָּיוֹן (זִכְיוֹנוֹת) (משפ׳) מַתַּן זְכוּת חֻקִּית לְהִשְׁתַּמֵּשׁ בְּדָבָר

konzessioniert
מֻרְשֶׁה (משפ׳) שֶׁיֵּשׁ לוֹ רִשָּׁיוֹן, בַּעַל זִכָּיוֹן

konzessionierter Verkaufsvertreter ---> Verkaufsvertreter, konzessionierter

Konzessionierung
רִשּׁוּי (משפ׳) מַתַּן רִשָּׁיוֹן, - זִכָּיוֹן

Konzessivsatz ---> Einräumungssatz

Konzil
וְעוּד כְּנֵסִיָּתִי (דת) קוֹנְצִיל

Kooperation ---> Zusammenarbeit

kooperativ ---> zusammenarbeitend

Kooperativ
שִׁתֶּפֶלֶת (שִׁתְּפָלוֹת, שִׁתְּפְלוֹת-) (מ״ח, כלכ׳) קוֹאוֹפֶּרָטִיב, מִפְעָל שִׁתּוּפִי

kooperieren ---> zusammenarbeiten

Kooptation ---> Zuwahl

Koordinate
רְתוּפָה (רְתוּפוֹת), קוֹאוֹרְדִינָטָה

Koordinatensystem
מַעֲרֶכֶת יִחוּס (מתמ׳) מַעֲרֶכֶת קוֹאוֹרְדִינָטוֹת

Koordinatensystem(s), Drehung des
סִיבּוּב צִירִים (מתמ׳)

Koordination [---> Koordinierung]
חִבּוּר, אִחוּי (בלש׳) [מ״ב/51]. צֵרוּף מִלִּים, קְבוּצוֹת מִלִּים אוֹ מִשְׁפָּטִים כְּחֶלְקֵי דִּבּוּר שְׁוֵי עֵרֶךְ תַּחְבִּירִי. תֵּאוּם (תֵּאוּמִים) (רפו׳) רִתּוּף, שִׁלּוּב, הִצְטַמְּדוּת, הֶתְאֵם

Koordination, manuelle
הֶתְאֵם יָדָנִי (רפו׳)

koordinationsgestört
לְקוּי תֵּאוּם (פסי׳, רפו׳) אִי סְפָעוּלִי, לֹא מְסֻפְעָל, אָסִינֶרְגִי, לְלֹא תֵּאוּם, שַׁגְשְׁתִּי, שִׁגּוּשִׁי, שִׁגְשׁוֹנִי

Koordinationsstörung *{Ataxie}*
לְקוּת הַתֵּאוּם (פסי׳, רפו׳) [מר״ח/79]. לִקּוּי הֶתְאֵם שֶׁל פְּעֻלּוֹת, אִי סְפִעוּל, אָסִינֶרְגִיָּה, אִי תֵּאוּם, שַׁגֶּשֶׁת, שִׁגְשׁוֹן, שִׁגּוּשׁ, הִשְׁתַּגְּשׁוּת, אָטַקְסִיָּה, אִי סְדִירוּת בִּפְעִילוּת הַהֲדָדִית שֶׁל שְׁרִירִים

Koordinationsverbindung ---> Komplexverbindung

koordinieren
תֵּאֵם (מְתָאֵם), רִתֵּף (מְרַתֵּף), סִדֵּר (מְסַדֵּר)

koordinierend

מְתֻאָם [מר״ח/195]. מְרֻתָּף, מְסֻדָּר

koordinierendes Bindewort ---> Bindewort, koordinierendes

koordiniert

מְתֹאָם, מְרֻתָּף, עָרוּךְ זֶה בְּצִדּוֹ שֶׁל זֶה, מְסֻדָּר

koordinierte Begriffe ---> Begriffe, koordinierte

Koordinierung [---> Koordination]

עֵרוּךְ (פיל׳) קֶשֶׁר גּוֹמְלִין בֵּי מֻשָּׂגִים רַבִּים הַכְּפוּפִים בְּאוֹתָהּ מִדָּה לְאוֹתוֹ מֻשַּׂג סוּג, לְמָשָׁל: הַמֻּשָּׂגִים מִתְּחוּם הַתִּצְמוֹחָה (בּוֹטָנִיקָה): ״דִּבְשָׁה לְבָנָה״, ״דִּבְשָׁה סִיצִילִית״, ״דִּבְשָׁה חֲרוּצָה״ הֵם מֻשְּׂגֵי עֵרוּךְ מִפְּנֵי שֶׁהֵם כְּפוּפִים לְמֻשַּׂג הַסּוּג ״דִּבְשָׁה״

Kopfaufschlagen ---> Kopfstoßen

Kopfbund ---> Kopfputz der Frauen

Kopfende

מְרַאֲשׁוֹת [א״ח/א/64]. צַד רֹאשׁ הַשּׁוֹכֵב בַּמִּטָּה

Kopffüßer *{Cephalopoda}*

רֹאשׁ רַגְלָאִים (זוא׳) דְּיוֹנוּנָאִים, מַחְלָקָה בְּמַעֲרֶכֶת הָרַכִּיכוֹת

Kopfgebühr ---> Kopfsteuer

Kopfhaar

שְׂעַר הָרֹאשׁ (רפו׳) שַׂעֲרוֹת הָרֹאשׁ

kopflastig

(אֳנִיָּה) שְׁפוּעַת חַרְטֹם (ימא׳)

Kopflinie

קַו הַחָכְמָה (אנח׳) [ק/ג/275]

Kopfputz der Frauen

שָׁבִיס (שְׁבִיסִים) [א״ח/א/187]. צְנִיף רֹאשׁ לְנָשִׁים

Kopfreinigung

חֲפִיפַת רֹאשׁ [א״ח/א/229]

Kopfsalat *{Lactuca sativa}*

חַסָּה תַּרְבּוּתִית (בוט׳) צֶמַח מִמִּשְׁפַּחַת הַמֻּרְכָּבִים

Kopfschmerz

כְּאֵב רֹאשׁ (רפו׳) מֵחוּשׁ רֹאשׁ

Kopfsteuer

מַס גֻּלְגֹּלֶת (כלכ׳, מדי׳) [א״ח/ב/373]. מִסּוּי זֵהֶה שֶׁל כָּל הַחַיָּבִים בְּמַס בְּלֹא הִתְחַשְּׁבוּת בְּגֹבַהּ הַכְנָסוֹתֵיהֶם

Kopfstimme

קוֹל רֹאשׁ (מוס׳)

Kopfstoßen

הֲטָחַת הָרֹאשׁ

Kopftitel

כּוֹתֶר הֶתְחֵל (ספרנ׳)

Kopie ---> Nachbild

kopieren

הֶעְתִּיק (מַעְתִּיק) (טכנ׳, אמנ׳)

Koppelwort ---> Bindewort

Koprolalie

רִפְשׁוּת (פסי׳) [מר״ח/195]. נִבּוּל פֶּה חוֹלָנִי

Koprophagie

אֲכִילַת צוֹאָה (פסי׳)

Koprophilie

תַּאֲוַת צוֹאָה (פסי׳)

Kopula *{Copula}*

אוֹגֵד (אוֹגְדִים) (בלש׳, פיל׳) [ק/ב/205; ק/ג/128; 302; מ״ב/51]. מִלַּת חִבּוּר, - עִטּוּף, - קֶשֶׁר, קוֹפוּלָה, מִלָּה הַמְחַבֶּרֶת אֶת הַנּוֹשֵׂא לְנָשׂוּא שֵׁמָנִי. בְּעִבְרִית מְשַׁמְּשִׁים כְּאוֹגֵד בְּדֶרֶךְ כְּלָל כִּנּוּיֵי הַגּוּף (כְּגוֹן: ״הוּא״, ״הִיא״, ״הֵם״, ״הֲרֵיהוּ״), כִּנּוּיֵי רֶמֶז (כְּגוֹן: ״זֶה״, ״אֵלֶּה״), פָּעֳלֵי עֵזֶר (כְּגוֹן: ״הָיָה״, ״הָפַךְ לְ...״) וְתָאֳרֵי פֹּעַל (״יֵשׁ״, ״אֵין״). קֶשֶׁר הַמִּשְׁפָּט (בלש׳) [ק/ג/302]. קֶשֶׁר (בלש׳) [ק/ג/304]

kopulativ

אוֹגְדִי (בלש׳, פיל׳) קוֹפּוּלָטִיבִי, שֶׁל אוֹגֵד

kopulative Konjunktion ---> Bindewort, kopulatives

kopulatives Urteil ---> Urteil, kopulatives

kopulatives Verb ---> Verb, kopulatives

Kopulativkompositum *{Dvandva}*

צֶמֶד צֵרוּף (בלש׳) [מ״ב/69]. דְּבַנְדְּבָה, הֶרְכֵּב שֶׁנּוֹצַר מֵחִבּוּר זוּג מִלִּים מַקְבִּילוֹת, לָרֹב נִרְדָּפוֹת, לְמָשָׁל: ״לַעַג וָקֶלֶס״, ״נָע וָנָד״, ״אָיֹם וְנוֹרָא״, ״בָּשָׂר וָדָם״, ״מַשָּׂא וּמַתָּן״

Korallenbeerstrauch *{Symphoricarpos orbiculatus}*

גְּבוּב פְּרִי עָגֹל (בוט׳) צֶמַח מִמִּשְׁפַּחַת הַיַּעֲרָתִיִּים

Korallenstrauch *{Erythrina}*

אַלְמֻגָּן (בוט׳) צֶמַח מִמִּשְׁפַּחַת הַפַּרְפְּרָנִיִּים

Korallentiere *{Anthozoa}*

אַלְמֻגִּים (זוא׳) מַחְלָקָה בְּמַעֲרֶכֶת הַצּוֹרְבִים

Korb

סַל (סַלִּים) (טכנ׳) [א״ח/א/102; א״ח/ב/189]. טֶנֶא (טְנָאִים)

Korb, flacher

כְּפִישָׁה (כְּפִישׁוֹת) (טכנ׳) [א״ח/א/101; א״ח/ב/126]. סַל שָׁטוּחַ עָשׂוּי מִנְצָרִים, כְּפִיפָה (כְּפִיפוֹת)

Korbweide *{Salix viminalis}*

עֲרָבָה רַתְמִית (בוט׳) צֶמַח מִמִּשְׁפַּחַת הָעַרְבָתִיִּים

Koriander *{Coriandrum}*

גַּד (בוט׳) צֶמַח מִמִּשְׁפַּחַת הַסּוֹכְכִיִּים

Korkeiche *{Quercus suber}*

אַלּוֹן הַשַּׁעַם (בוט׳) צֶמַח מִמִּשְׁפַּחַת הָאַלּוֹנִיִּים

korkig

שַׁעְמִי, דְּמוּי שַׁעַם

Kormoran *{Phalacrocorax carbo}*

קוֹרְמוֹרָן גָּדוֹל (זוא׳) עוֹף מִמִּשְׁפַּחַת הַקּוֹרְמוֹרָנִיִּים

Kormorane *{Phalacrocoracidae}*

קוֹרְמוֹרָנִיִּים (זוא׳) מִשְׁפָּחָה שֶׁל עוֹפוֹת מִסִּדְרַת הַשַּׁקְנָאִים

Kormus

פְּקַעַת (פְּקָעוֹת) (בוט׳) גִּבְעוֹל צְמִחִי עָבֶה שֶׁנִּמְצָא בְּתוֹךְ הָאֲדָמָה

Korn ---> Wissenseinheit

Kornblume *{Centaurea cyanus}*

דַּרְדַּר הַדְּגָנִיָּה (בוט׳) צֶמַח מִמִּשְׁפַּחַת הַמֻּרְכָּבִים

Kornelkirsche *{Cornus mas}*

קְרָנִית נֶאֱכֶלֶת (בוט׳) צֶמַח מִמִּשְׁפַּחַת הַקְּרָנִיתִיִּים

Kornfrucht ---> Schalfrucht
Korngrube ---> Grube, gebaute
Kornweihe *{Circus cyaneus}*
זַרוֹן תְּכֹל (זוא') עוֹף מִמִּשְׁפַּחַת הַנִּצִּיִּים
Korolle ---> Blumenkrone
Korona ---> Aureole
Koronaentladung
הִתְפָּרְקוּת עֲטָרָה (פיס')
Koronallaut
הֶגֶה ח"ד לְשׁוֹנִי (בלש') [מ"ב/52]. הֶגֶה כִּתְרִי, נֶהֱגֶה בְּחֹד הַלָּשׁוֹן מֵאֲחוֹרֵי הַשִּׁנַּיִם, לְמָשָׁל: d, t
koronar ---> kranzartig
Korporation ---> Körperschaft
Korps
גַּיִס (גְּיָסוֹת) (צבא) [א"ח/ב/318]. חַיִל (חֲילוֹת), יְחִידָה צְבָאִית
korpulent
בַּשְׂרָנִי (רפו') [א"ח/א/250]. עָבֶה, רַב בָּשָׂר, קוֹרְפּוּלֶנְטִי
Korpusdelikti ---> Corpus delicti
Korrektheit der Sprache ---> Sprache, Korrektheit der
Korrektor
מַגִּיהַּ (מַגִּיהִים) [א"ח/ג/170]. מְתַקֵּן שְׁגִיאוֹת
Korrektur [---> Beseitigung der Fehler]
הַגָּהָה (הַגָּהוֹת) [א"ח/ג/170]. הֶעָרָה וְתוֹסֶפֶת לְדָבָר, תִּקּוּן שְׁגִיאוֹת, קִזּוּז טָעוּת
Korrektur wegen Korrelationsverminderung
תִּקּוּן עֲבוּר הַפְחָתַת עָצְמָה (סטט') [מ"מ/223]. שִׁיטָה לְתִקּוּן הַמְּתָאָם בֵּין חִזּוּי לְקָנֶה מִדָּה
Korrelat(e)
מִצְטָרֵף (מִצְטָרְפִים) [ק/א/127; ק/ב/256; 284]. דָּבֵק (דְּבֵקִים), שְׁנֵי גְּדָלִים מִשְׁתַּנִּים הַקְּשׁוּרִים בֵּינֵיהֶם הֶגְיוֹנִית. מִתְהַפְּכִים בְּשָׁוֶה [ק/ב/313]. מִתְהַפְּכִים חֵלֶק כְּחֵלֶק, מֻשָּׂגִים שֶׁיֵּשׁ בֵּינֵיהֶם מִשּׁוּם יַחַס שֶׁל הֲדָדִיּוּת, שְׁנֵי מֻשָּׂגִים הַתְּלוּיִים זֶה בָּזֶה בְּיַחֲסֵי גּוֹמְלִין
Korrelation *{Correlatio}*
מִתְאָם (מִתְאָמִים) [ק/א/201; 269; ק/ב/256]. חִבּוּר, קוֹרֶלַצְיָה, זִקָּה. צֵרוּף [ק/ג/252]. קֶשֶׁר וּתְלוּת בֵּין שְׁנֵי דְּבָרִים, יַחַס הֲדָדִי. חִיּוּס, חִיּוּס, הִתְחַיְּסוּת [מר"ח/201]. הַתְאָמָה. הִצְטָרְפוּת [המ"מ/225]
Korrelation, biserielle ---> Zweireihenkorrelation
Korrelation, multiple
מִתְאָם מֻרְבָּב (סטט') [מ"מ/218; ר/ב/391]. מִתְאָם רַב גּוֹרְמִים, הַקֶּשֶׁר בֵּין מִשְׁתַּנֶּה (תָּלוּי) אֶחָד לְבֵין שְׁנֵי מִשְׁתַּנִּים (לֹא תְּלוּיִים) אוֹ יוֹתֵר
Korrelation, partielle
מִתְאָם חֶלְקִי (סטט') [מ"מ/218]. מִתְאָם בֵּין שְׁנֵי מִשְׁתַּנִּים בְּהֶעְדֵּר מִשְׁנֵיהֶם הַקֶּשֶׁר שֶׁל מִשְׁתַּנֶּה נוֹסָף
Korrelation, punktbiserielle
מִתְאָם דּוּ סִדְרָתִי נְקֻדָּתִי (סטט') [ר/ב/389; מ"מ/217]. מִתְאָם בֵּין מִשְׁתַּנֶּה רָצִיף לְבֵין מִשְׁתַּנֶּה דּוּ פַּלְגִּי (דִּיכוֹטוֹמִי) אֲמִתִּי
Korrelation, reale
צֵרוּף עִנְיָנִי (פיל') [ק/ג/253]
Korrelation, tetrachorische
מִתְאָם אַרְבַּע טוּר (סטט') [ר/ב/390; מ"מ/218]. מִתְאָם טֶטְרָכוֹרִי, - מְרֻבָּע, - בֵּין שְׁנֵי מִשְׁתַּנִּים רְצִיפִים הַמִּבְטָאִים כְּדוּ פַּלְגִּיִּים (דִּיכוֹטוֹמִיִּים)
Korrelation, wechselseitige *{Interkorrelation}*
מִתְאָם גּוֹמְלִין (סטט') הַשְׁפָּעָה הֲדָדִית שֶׁל כָּל הַמִּשְׁתַּנִּים
Korrelationsanalyse
נִתּוּחַ מִתְאָם (סטט') [מ"מ/218]. שִׁיטַת נִתּוּחַ (אֲנָלִיזָה) סְטָטִיסְטִי רַב מִשְׁתַּנִּי לִבְחִינַת הַמְּשֻׁתָּף לִשְׁתֵּי מַעֲרָכוֹת מִשְׁתַּנִּים, נִתּוּחַ שֶׁמַּטְּרָתוֹ אֵינָהּ קְבִיעַת הַתְּלוּת הַתִּפְקוּדִית הַמִּתְבַּטֵּאת הַתְאָמָה חַד מַשְׁמָעִית, אֶלָּא קְבִיעַת תְּלוּת הַשִּׁנּוּיִים שֶׁל שְׁנֵי סוּגְלִים אוֹ יוֹתֵר בְּשִׁנּוּי שֶׁל סוּגֵל אֶחָד הַנִּמְצָא אִתָּם בְּקֶשֶׁר גּוֹמְלִין; הַמִּסְפָּר הַמְּבַטֵּא אֶת דַּרְגַּת הַצְּפִיפוּת שֶׁל קֶשֶׁר גּוֹמְלִין בֵּין סוּגְלִים קָרוּי 'מְקַדֵּם הַמִּתְאָם' וְהוּא נָע בֵּין 1- לְבֵין 1+; עָלָה הַחֶשְׁבּוֹן לְסִכּוּם שֶׁל 0, מַשְׁמָע שֶׁאֵין כָּל קֶשֶׁר מִתְאָמִי (קוֹרֶלָטִיבִי) בֵּין הַסּוּגְלִים הַנִּבְדָּקִים
Korrelationskoeffizient, Pearsonscher Produkt-Moment-
מְקַדֵּם הַמִּתְאָם שֶׁל פִּירְסוֹן {r} (סטט') [ר/ב/390; מ"מ/216]. מִתְאָם מַכְפֵּלָה-מוֹמֶנְט, מַדָּד שֶׁל קֶשֶׁר בֵּין מִשְׁתַּנִּים
Korrelationsverminderung, Korrektur wegen ---> Korrektur wegen Korrelationsverminderung
korrelativ
מִתְאָמִי [ק/א/270]. חִבּוּרִי, קוֹרֶלָטִיבִי, מְעֻנְיָן הַחִבּוּר, שֶׁל מִתְאָם, מִתְחַיֵּס, מְחַיֵּס, שֶׁיֵּשׁ לוֹ יַחַס הֲדָדִי, קָשׁוּר זֶה בָּזֶה, צִיּוּן מֻשָּׂגִים שֶׁבָּהֶם תֹּכֶן שֶׁל מֻשָּׂג אֶחָד מֻגְדָּר עַל יְדֵי תֹּכֶן שֶׁל מֻשָּׂג אַחֵר, לְמָשָׁל: "סִבָּה" וְ"תוֹצָאָה", "מַטָּרָה" וְ"אֶמְצָעִי"
korrelative Beobachtungen ---> Beobachtungen, korrelative
korrelatives Pronomen ---> Pronomen, korrelatives
korrelieren
תֵּאֵם (מְתָאֵם), חִיֵּס (מְחַיֵּס)
Korrepetitor(in)
מְשַׁנֵּן, מְשַׁנֶּנֶת (מוס') מִי שֶׁמְּאַמֵּן זַמָּר עַל יְדֵי לִוּוּי זִמְרָתוֹ בִּנְגִינָה בְּפְסַנְתֵּר
Korrespondenz ---> Zuordnung
Korrespondenzbank
בַּנְק כַּתָּב (כלכ')
korrigieren
הִגִּיהַּ (מַגִּיהַּ) [א"ח/ג/163]. תִּקֵּן שְׁגִיאוֹת, קִזֵּז (מְקַזֵּז) טָעוּת
korrodierbar
שָׁתִיךְ (כימ') מִשְׁתַּתֵּךְ, שֶׁעָלוּל לְהִתְבַּלּוֹת כְּתוֹצָאָה מִמַּגָּע עִם חִמְצָן
Korrodierbarkeit
שְׁתִיכוּת (כימ') תְּכוּנַת הַחֹמֶר לְהִתְבַּלּוֹת בְּבוֹאוֹ בְּמַגָּע עִם חִמְצָן אוֹ עִם גּוֹרְמִים אֲחֵרִים

Korrosion
שִׁתּוּךְ (כימ') קוֹרוֹזְיָה, בְּלִיַּת מַתֶּכֶת כְּתוֹצָאָה מִמַּגָּע עִם חַמְצָן, הִוָּצְרוּת חֲלוּדָה
Korrosionsermüdung
הִתְעַיְּפוּת שִׁתּוּךְ (טכנ') שִׁנּוּיֵי הַתְּכוּנוֹת הַיְסוֹדִיּוֹת שֶׁל מַתֶּכֶת הַנּוֹבֵעַ מִשִּׁתּוּךְ גּוֹבֵר וְהוֹלֵךְ
Korrosionsmittel
חֹמֶר מְשַׁתֵּךְ (כימ') חֹמֶר הַגּוֹרֵם לְשִׁתּוּךְ, - קוֹרוֹזִיבִי
korrupt ---> mißbräuchlich
Korsett
מָחוֹךְ (מְחוֹכִים) (רפו') [מר"ח/202]. מָעוֹךְ
Kortex ---> Rinde
kortikal ---> rindenbezüglich
Kosekans
חוֹתֵךְ תַּשְׁלוּם (מתמ') [ק/ד/221]. קוֹסֶקַנְס
Kosinus
בֶּקַע תַּשְׁלוּם (מתמ') [ק/ד/221]. קוֹסִינוּס
Kosmee ---> Schmuckkörbchen
Kosmetik
תִּשְׁפֹּרֶת (אסת') [ק/ג/302; מר"ח/204]. מְלֶאכֶת הַקִּשּׁוּט, קוֹסְמֶטִיקָה, תִּשְׁפָּרָה, עִדּוּן הַגּוּף
Kosmetiker(in)
שַׁפָּר, שַׁפָּרִית (אסת') [מר"ח/204]. קוֹסְמֶטִיקַאי, קוֹסְמֶטִיקָאִית
kosmetisch
תִּשְׁפָּרְתִּי (אסת') תִּשְׁפָּרִי, קוֹסְמֶטִי
kosmetisches Mittel
תַּשְׁפּוּר (תַּשְׁפּוּרִים) (אסת') אֶמְצָעִי קוֹסְמֶטִי
kosmetisches Wasser ---> Lotion
Kostbarkeit
מַחְמָד (מַחֲמַדִּים), חֶמְדָּה (חֲמָדוֹת), דָּבָר יְקַר עֵרֶךְ, אוֹצָר (אוֹצָרוֹת), מַרְגָּלִית
Kosten, Bestreitung der
סִלּוּק חֶשְׁבּוֹן (כלכ') פְּרִיעַת הַחֶשְׁבּוֹן, פִּרְעוֹן חֶשְׁבּוֹן
Kosten, falsche
הוֹצָאוֹת לְבַטָּלָה
Kosten, Tragung der ---> Kosten, Bestreitung der
Kosten, Zubilligung von
פְּסִיקַת הוֹצָאוֹת (משפ')
Kostenberechnung ---> Selbstkostenberechnung
Kostpreis [---> Herstellungspreis]
עֲלוּת הַיִּצּוּר (כלכ') מְחִיר הַקֶּרֶן, חֵלֶק מֵעֶרֶךְ הַסְּחוֹרָה הַמֻּרְכָּב מִן הַהוֹצָאוֹת הַכְּרוּכוֹת בְּיִצּוּרָהּ
Kostümier
מְאַפֵּד (מלא') עוֹשֶׂה תִּלְבּוֹשׁוֹת, חַיָּט תֵּאַטְרוֹן
Kostümstück
מַחֲזֵה תִּלְבֹּשׁוֹת (תאט')
Kot *{Exkrement}*
צוֹאָה (רפו') חֶרְיוֹן (חֶרְיוֹנִים), רְעִי
Kot-Urinschleuse ---> Kloake
Kotangens
נוֹגֵעַ תַּשְׁלוּם (מתמ') [ק/ד/221]. קוֹטַנְגֶּנְס
Kotballen, harter *{Skybalum}*
גֶּלֶל (גְּלָלִים) (זוא', רפו') [מר"ח/606]. גָּלָל, רֶגֶב שֶׁל צוֹאָה
Kotessen ---> Koprophagie
Kotyledone ---> Keimblatt
Kovarianz
שׁוֹנוּת מְשֻׁתֶּפֶת (סטט') [ר/ב/650; מ"מ/221]. הַשּׁוֹנוּת הַמְשֻׁתֶּפֶת לְזוּג מִשְׁתַּנִּים מֶטְרִיִּים, שִׁנּוּי צָמוּד
Kovarianzanalyse (ANCOVA)
נִתּוּחַ שׁוֹנוּת מְשֻׁתֶּפֶת (סטט') [ר/ב/443; מ"מ/219]. הַרְחָבָה שֶׁל נִתּוּחַ שׁוֹנוּת גּוֹרְמִי לְהַפְחָתַת טָעֻיּוֹת נִסּוּי
Kräfte, außenbürtige *{Dynamik, exogene}*
כֹּחוֹת חוּץ (גאו', י"א) כֹּחוֹת הַפּוֹעֲלִים עַל פְּנֵי הָאֲדָמָה מִבַּחוּץ, כְּגוֹן: מַיִם, אֲוִיר, חֹם, אוֹלִים (אוֹרְגָנִיזְמִים)
Kräfte, Herabziehen geistiger ---> Herabziehen geistiger Kräfte
Kräfte, dissipative
כֹּחוֹת מְבַזְבְּזִים (פיס')
Kräfte, ebene
כֹּחוֹת מִישׁוֹרִיִּים (פיס') כֹּחוֹת שֶׁבְּמִישׁוֹר אֶחָד
Kräfte, konservative
כֹּחוֹת מְשַׁמְּרִים (פיס')
Kräfte, Nachlassen der ---> Hyposthenie
Kräfte, sphärische
רוּחָנִיּוֹת (דת, אסט') [ק/ד/31]. כֹּחוֹת הַגַּלְגַּלִּים אוֹ הַכּוֹכָבִים שֶׁלְּפִי אֱמוּנַת עוֹבְדֵי הַכּוֹכָבִים הֵם שׁוֹרִים עַל הַצְּלָמִים הָעֲשׂוּיִים לְשִׁמָּם
Kräfte, zusammenlaufende
כֹּחוֹת מִשְׁתַּפְּפֵי נְקֻדָּה (פיס')
Kräftedreieck
מְשֻׁלַּשׁ הַכֹּחוֹת (פיס')
Kräftepaar
זוּג כֹּחוֹת (פיס')
Kräftepolygon
מְצֻלַּע הַכֹּחוֹת (פיס')
Kräfteverfall
כַּחֶשֶׁת (רפו') כִּחָשׁוֹן, תְּשִׁישׁוּת
Krähenscharbe *{Phalacrocorax aristotelis}*
קוֹרְמוֹרָן יַמִּי (זוא') עוֹף מִמִּשְׁפַּחַת הַקּוֹרְמוֹרָנִיִּים
Krämer(in)
חֶנְוָנִי (חֶנְוָנִים), חֶנְוָנִית (חֶנְוָנִיּוֹת) (כלכ') [א"ח/ב/352]. בַּעַל חֲנוּת הַמּוֹכֵר בְּקִמְעוֹנוּת
Krätzemilbe *{Acarus scabiei}*
קַרְצִית הַחַכֶּכֶת (זוא', רפו')
krätzig ---> skabiesbezüglich
kräuseln
סִלְסֵל (מְסַלְסֵל) [א"ח/א/193]. עָשָׂה תַּלְתַּלִּים
Kräuseln
סִלְסוּל [א"ח/א/193]
Kräuselung ---> Riffel
Krabbenspinnen *{Thomisidae}*
סַרְטְבִישִׂיִּים (זוא') מִשְׁפָּחָה שֶׁל עַכְבִישָׁאִים
Kraft
כֹּחַ (כֹּחוֹת) [ק/ג/147]. עִנְיָן. עָצְמָה [ק/ג/160]. עֹז, אוֹן (אוֹנִים), יְכֹלֶת, תֹּקֶף, חֹזֶק
Kraft, abbildende ---> Kraft, bildende

Kraft, absondernde
כֹּחַ הַדּוֹחֶה (רפו׳) [ק/א/133; ק/ב/74]. כֹּחַ הַמּוֹצִיא אֶת פְּסֹלֶת הַמָּזוֹן מִתּוֹךְ הַגּוּף
Kraft, animalische
כֹּחַ חַיָּתִי (מ״ט) [ק/ב/74]. כֹּחַ בַּהֲמִי, - אָנִימָלִי. כֹּחַ חִיּוּנִי (מ״ט) [ק/ב/75]. נֶפֶשׁ חַיָּה (זוא׳) [ק/א/282]. הַכֹּחַ בְּבַעֲלֵי הַחַיִּים
Kraft, assimilierende
כֹּחַ מְשַׁנֶּה [ק/ב/76]
Kraft, attraktive
כֹּחַ מוֹשֵׁךְ (אסט׳) [ק/ב/76]
Kraft, beherrschende ---> Kraft, leitende
Kraft, bewahrende ---> Gedächtnis
Kraft, bewegende
כֹּחַ מֵנִיעַ [ק/ב/75]
Kraft, bildende
כֹּחַ הַדִּמְיוֹן (פיל׳, פסי׳) [ק/ג/243]. כֹּחַ הַצִּיּוּר, הַכֹּחַ הַנַּפְשִׁי שֶׁבָּאָדָם לְדַמּוֹת לְעַצְמוֹ וּלְצַיֵּר בְּדִמְיוֹנוֹ דְּבָרִים שֶׁאֵינָם בִּמְצִיאוּת. כֹּחַ מְצַיֵּר (פיל׳, פסי׳) [ק/ב/45; 75]. הַכֹּחַ הַיִּצּוּרִי. יִצְרִי (פסי׳, פיל׳) [ק/ב/49]
Kraft, empfangende
כֹּחַ מְקַבֵּל [ק/ב/76]. כֹּחַ נִפְעָל
Kraft, empfindende
כֹּחַ מַשִּׂיג (פסי׳, פיל׳) [ק/ב/285]. יְכֹלֶת הָאָדָם לְהַשִּׂיג דְּבַר-מָה בְּחוּשָׁיו אוֹ בְּשִׂכְלוֹ
Kraft, geistige
כֹּחַ רוּחָנִי (פיל׳) [ק/ב/76]
Kraft, gestaltende ---> Kraft, bildende
Kraft, höhere
כֹּחַ עֶלְיוֹן (דת) [ק/ב/76]. כֹּחַ עֶלְיוֹנִי
Kraft, integrale
כֹּחַ מִתְפַּשֵּׁט [ק/ב/76]
Kraft, irdische
כֹּחַ אַרְצִי (מ״ט) [ק/ב/77]. כֹּחַ תַּחְתּוֹן
Kraft, körperliche
כֹּחַ גּוּפָנִי (רפו׳) [ק/ב/74]. כֹּחַ גַּשְׁמִי
Kraft, latente ---> Potential
Kraft, leidende
כֹּחַ מִתְפַּעֵל (פסי׳) [ק/ב/76]
Kraft, leitende
כֹּחַ פּוֹעֵל (פיל׳, פסי׳) [ק/ב/75; ק/ג/202]. פּוֹעֵל, מוֹשֵׁל, מְצַוֶּה, גּוֹרֵם קוֹבֵעַ, מַפְעִיל
Kraft, positive
כֹּחַ שֶׁל קַיָּמָה (פיל׳) [ק/ב/76]
Kraft, retentive
כֹּחַ הַמַּחֲזִיק [ק/ב/75]
Kraft, rezeptive ---> Kraft, empfangene
Kraft, seelische
כֹּחַ נַפְשִׁי (פסי׳) [ק/ב/76]. כֹּחַ הַנֶּפֶשׁ
Kraft, sondernde ---> Kraft, trennende
Kraft, spontane
כֹּחַ פּוֹעֵל בְּחֵרוּת (פיל׳) [ק/ב/76]
Kraft, tätige ---> Kraft, leitende
Kraft, trennende
כֹּחַ מַבְדִּיל (פיל׳, פסי׳) [ק/ב/75]
Kraft, übertragene
כֹּחַ נִמְסָר (טכנ׳)

Kraft, vegetative
כֹּחַ צוֹמְחָנִי (מ״ט, בוט׳) [ק/ב/76]. כֹּחַ צוֹמֵחַ, - צִמְחִי, - וֶגֶטָטִיבִי. טֶבַע (פיל׳, בוט׳) [ק/ב/12]. עוֹלַם הַצְּמָחִים, הַנֶּפֶשׁ הַצּוֹמַחַת. טִבְעָה (מ״ט, פיל׳) [ק/ב/14]. כֹּחַ טִבְעִי (מ״ט, פיל׳) [ק/ב/75]
Kraft, verborgene
כֹּחַ כָּמוּס [ק/ב/75]. כֹּחַ מֻפְלָא
Kraft, verdauende
כֹּחַ מְעַכֵּל (רפו׳) [ק/ב/75]. כֹּחַ מְבַשֵּׁל
Kraft, vereinheitlichende
כֹּחַ מְאַחֵד (פיל׳) [ק/ב/75]. כֹּחַ מַנְהִיג
Kraft, vitale ---> Kraft, animalische
Kraft, vorstellende ---> Kraft, bildende
Kraft, wahrnehmende ---> Kraft, empfindende
Kraft, wirkende ---> Kraft, leitende
Kraft der Wut
כֹּחַ הַחֵמָה (פסי׳) [ק/ב/100]. כַּעְסִי, כַּעֲסָנִי, כֹּחַ הַכַּעַס
Kraft des Gesetzes ---> Gesetz(es), Kraft des
Kraftäußerung
גִּלּוּי כֹּחַ
Kraftarm
זְרוֹעַ שֶׁל כֹּחַ (פיס׳)
Krafteinheit ---> Dyn
Kraftempfindung
תְּחוּשַׁת כֹּחַ (פסי׳, רפו׳)
kraftlos ---> asthenisch; ohnmächtig; zusammengebrochen
Kraftpotenz
אֹזֶר הַכֹּחַ, עָצְמַת הַכֹּחַ
Kraftwerk
תַּחֲנַת כֹּחַ (טכנ׳) תַּחֲנַת חַשְׁמַל
Kragentrappe *{Chlamydotis undulata}*
חֲבָרָה (זוא׳) עוֹף מִמִּשְׁפַּחַת הַחֲבָרְתִּיִּים
Krake, Gewöhnlicher *{Octopus vulgaris}*
תְּמָנוּן הַחוֹף (זוא׳) בַּעַל חַיִּים מִמִּשְׁפַּחַת הַתְּמַנְרַגְלִיִּים (רֹאשׁ רַגְלָאִים)
Kraken *{Octopodidae}*
תְּמַנְרַגְלִיִּים (זוא׳) מִשְׁפָּחָה שֶׁל רֹאשׁ רַגְלָאִים
Krammetsvogel ---> Wacholderdrossel
Krampf *{Spasmus}*
עֲוִית (עֲוִיתוֹת) (פסי׳, רפו׳) [ר/ב/495; מר״ח/194; 205]. תְּנוּעַת שְׁרִיר פִּתְאֹמִית, הִתְכַּוְּצוּת, מַעַץ
Krampf der Kaumuskeln ---> Kiefersperre
Krampfader *{Varix}*
דַּלִּית (דַּלִּיּוֹת) (רפו׳) [מר״ח/697]. הִתְרַחֲבוּת וְרִיד
Krampfaderbildung
הִתְדַּלְּיוּת (רפו׳)
Krampfaderleiden *{Varikose}*
דַּלִּיּוּת (רפו׳)
krampfadrig *{varikös}*
דַּלִּיתִי (רפו׳)
krampfhaft *{spasmisch}*
עֲוִיתִי, עֲוִיתָנִי (פסי׳, רפו׳)

krampflösendes Mittel ---> Antikonvulsivum

Krampfzustand

עֲוִיתָנוּת (פסי', רפו')

Kran

עֲגוּרָן (עֲגוּרָנִים) (טכנ') מָנוֹף

Kranführer

עֲגוּרָנַאי (עֲגוּרָנָאִים) (טכנ')

kranial ---> schädelbezüglich

Kranich *{Grus grus}*

עֲגוּר אָפֹר (זוא') עוֹף מִמִּשְׁפַּחַת הָעֲגוּרִיִּים

Kraniche *{Gruidae}*

עֲגוּרִיִּים (זוא') מִשְׁפָּחָה שֶׁל עוֹפוֹת מִסִּדְרַת הָעֲגוּרָאִים

Krank stellen, sich ---> simulieren

Kranke, lebensgefährliche

שְׁכִיב מְרַע (רפו') חוֹלֶה אָנוּשׁ, מְרַע (מַרְעִין)

Krankenbericht

מִזְכֹּר (מִזְכֹּרִים) (רפו') דּוּחַ רְפוּאִי (דּוּחוֹת רְפוּאִיִּים)

Krankenbesuch

בִּקּוּר חוֹלִים (רפו', דת) [א"ח/ג/24]

Krankengeld

דְּמֵי מַחֲלָה (כלכ')

Krankengeschichte ---> Anamnese

Krankenwagen

רֶכֶב הַצָּלָה (רפו') [מר"ח/32]. מְנַקְלָה, אַמְבּוּלַנְס, מְכוֹנִית אוֹ עֲגָלָה לְהַעֲבָרַת פְּצוּעִים וְחוֹלִים

Krankheit, Abklingen einer

תּוֹרָדָה (רפו') תְּמוּגָה, יְרִידַת הַמַּחֲלָה

Krankheit, akute *{Morbus acutus}*

מַחֲלָה חַדָּה (רפו') מַחֲלָה חֲרִיפָה

Krankheit, eine durch Lebensmittel übertragene

מַחֲלָה נִשֵּׂאת בְּמָזוֹן (רפו')

Krankheit, eingebildete *{Nosomanie}*

חַלַּאַת (רפו') מַחֲלָה מְדֻמָּה

Krankheit, Fortschreiten einer

תַּעֲלִיָּה (רפו') הִתְחָרְפוּת הַמַּחֲלָה

Krankheit, Höhepunkt einer

שִׂיאוֹן (רפו') שִׂיא הַמַּחֲלָה

Krankheit, lebensgefährliche

מַחֲלָה אֲנוּשָׁה (רפו') מְרַע בִּישׁ (מַרְעִין בִּישִׁין)

Krankheit, subakute *{Morbus subacutus}*

מַחֲלָה חֲדִידָה (רפו')

Krankheit, Vorstufe einer

סִימָן רְפָאִי (קְלִינִי) טָרוֹם (רפו') [מר"ח/549]. פְּרוֹנֶק, סִימָן מְבַשֵּׂר מַחֲלָה, פְּרוֹנְקָא, שָׁלָב מֻקְדָּם שֶׁל הַמַּחֲלָה, סִימָן חֹלִי רִאשׁוֹנִי

Krankheit vortäuschen, eine ---> simulieren

Krankheitsbereitschaft ---> Diathese

Krankheitsbild [---> Syndrom; Erscheinungsbild]

חֲזִי {חוֹזִי} מַחֲלָה {חֲזָיֵי {חוֹזָיֵי} מַחֲלָה} (רפו', פסי') תְּמוּנָה רְפָאִית, - קְלִינִית

Krankheitsdisposition betreffend, die ---> diathetisch

Krankheitseinbildung ---> Hypochondrie

krankheitserregend [---> ansteckend]

מַרְעָנִי (רפו')

Krankheitserreger

מַרְעָן (רפו') מְחוֹלֵל מַחֲלָה

Krankheitserreger, abgeschwächter

מַרְעָן מְמֻתָּן (רפו') מְחוֹלֵל מַחֲלָה שֶׁהֶחְלַשׁ

Krankheitserscheinungen, Übertreibung subjektiver *{Aggravatio}*

עִזּוּז (פסי', רפו') הִתְעַזְּזוּת, הַחֲרָפָה נוֹשְׂאִית (סוּבְּיֶקְטִיבִית) שֶׁל מַחֲלָה

Krankheitsgewinn, sekundärer

רֶוַח מִשְׁנִי (מִמַּחֲלָה) (פסי', רפו') [ר/ב/628]. רֶוַח שְׁנִיּוֹנִי, כָּל רֶוַח מִתְמַשֵּׁךְ הַמֻּפָּק מִמַּצַּב מַחֲלָה

Krankheitsträger *{Vektor}*

נַשָּׂא (נַשָּׂאִים) (רפו') [מר"ח/699; ל"ב/100]. נוֹשֵׂא מַחֲלָה, גֶּרֶר (גְּרָרִים), גְּרַמְגָּם (וֶקְטוֹר), מַעֲבִיר מַחֲלָה, אוּל (אוֹרְגָנִיזְם) הַנּוֹשֵׂא עִמּוֹ טַפִּיל וּמְסֻגָּל לְהַעֲבִירוֹ, פֻּנְדְּקַאי חֹלִי

Krankheitsurlaub

חֻפְשַׁת מַחֲלָה (כלכ', רפו')

Krankheitswahn ---> Krankheit, eingebildete

krankmachend ---> pathogen

krankmachende Ausdünstung ---> Ausdünstung, krankmachende

Kranz *{Corona}* **[---> Blumengewinde; Krone]**

כְּלִיל (רפו') עֲטָרָה, כּוֹתֶרֶת

kranzartig *{koronar}*

כְּלִילִי (רפו')

Kranzgesims

כַּרְכֹּב (כַּרְכֻּבִּים) (אדר') בְּלִיטָה מְקֻשֶּׁטֶת לְאֹרֶךְ בִּנְיָן

Krapp *{Rubia}*

פּוּאָה (בוט') צֶמַח מִמִּשְׁפַּחַת הַפּוּאָתִיִּים

Krater [---> Mischkrug]

לֹעַ (לֹעוֹת) (גאו', י"א) פֶּתַח שֶׁל הַר גַּעַשׁ

Kratersee

יַמַּת לֹעַ (י"א) יַמָּה שֶׁהִתְהַוְּתָה בְּלֹעַ שֶׁל הַר גַּעַשׁ

Kratzdistel *{Cirsium}*

קוֹצָן (בוט') צֶמַח מִמִּשְׁפַּחַת הַמָּרְכָּבִים

kratzen

גֵּרֵד (מְגָרֵד) [א"ח/א/230]. גָּרַד (גּוֹרֵד), הִתְגָּרֵד, שִׁפְשֵׁף בְּחָזְקָה

Kratzreflex

עֶכֶס הַגֵּרוּד (פסי', רפו') רֶפְלֶקְס הַגֵּרוּד, תַּעֲכִיס הַגֵּרוּד

Krauskopf ---> Versenker

Krauskopfpelikan *{Pelecanus crispus}*

שַׂקְנַאי מְסֻלְסָל (זוא') עוֹף מִמִּשְׁפַּחַת הַשַּׂקְנָאִיִּים

krautig

עִשְׂבּוֹנִי (בוט') יָרֹק כְּעֵשֶׂב וּבִלְתִּי מְעֻצֶּה

Kreatin

אֶבְשָׂר (ביו') קְרֵאָטִין

Kreatinin

אֶבְשׁוֹשֶׂר (ביו') קְרֶאַטִינִין

kreativ

יוֹצֵר, קְרֵיאַטִיבִי, בּוֹנֶה, מְחַדֵּשׁ, יוֹצְרִי, יוֹצְרָנִי

Kreativität

יוֹצְרָנוּת, יְצִירָתִיּוּת, קְרֵיאַטִיבִיּוּת, יוֹצְרָנִיּוּת

Krebs(es), Sternbild des ---> Sternbild des Krebses

Krebs(es), Wendekreis des ---> Wendekreis des Krebses

Krebse *{Crustacea}*

סַרְטָנִים (זוא') מַחְלָקָה שֶׁל פְּרוּקֵי רַגְלַיִם

Krebse, Zehnfüßige *{Decapoda}*

סַרְטָנִים מַעֲשִׂירֵי רֶגֶל (זוא') סִדְרָה בְּמַחְלֶקֶת הַסַּרְטָנִים

krebsgängig

נָסוֹג (מוס') מִפְּרֵעִי

Kredit verkaufen, unter

מָכַר בְּהַקָּפָה (כלכ') [א"ת/ב/371]. הִקִּיף (מַקִּיף), נָתַן סְחוֹרָה בְּאַשְׁרַאי

Kreditgeld

מָמוֹן אַשְׁרַאי (כלכ') כֶּסֶף אַשְׁרַאי

Kreditgeschäft

הַקָּפָה (כלכ') מְכִירָה וּקְנִיָּה בְּאַשְׁרַאי

Kreditiv ---> Beglaubigungsschreiben

Kreditwesen

מַעֲרֶכֶת הָאַשְׁרַאי (כלכ') שִׁיטַת הָאַשְׁרַאי

Kreditwirtschaft

מֶשֶׁק אַשְׁרַאי (מ"ח, כלכ')

Kreidezeichnungsmanier

תַּחֲרִיט גִּיר (אמנ', דפו') [ממ"ג/133]

Kreis

מַעְגָּל (מַעְגָּלִים) (מתמ') [ק/ג/123]. עִגּוּל (עִגּוּלִים), עֲגֻלָּה. גַּלְגַּל (גַּלְגַּלִּים) (מתמ') [ק/א/115]. חוּג (מתמ') [ק/א/275]. מְסִבָּה (מתמ') [ק/ב/221]. שֶׁטַח עִגֹּל

Kreis, deferierender

גַּלְגַּל נוֹטֶה (אסט') [ק/ג/29]

Kreis, einbeschriebener ---> Inkreis

Kreis, exzentrischer

אוֹפַן יוֹצֵא (אסט') [ק/א/26]. אוֹפַן יוֹצֵא הַמֶּרְכָּז

Kreis(es), Flächeninhalt des

שֶׁטַח הַמַּעְגָּל (מתמ') [ק/ג/124]. תִּשְׁבֹּרֶת הָעִגּוּל, מִדַּת שֶׁטַח הָעִגּוּל

Kreis(es), Grad eines

מַעֲלָה (מַעֲלוֹת) (מתמ') [ק/ב/237]. יְחִידַת הַמִּדָּה שֶׁל זָוִיּוֹת וּקְשָׁתוֹת הַשָּׁוָה לְאֶחָד מִ-360 בְּמַעְגָּל

Kreis(es), Mittelpunkt des

מֶרְכַּז הַמַּעְגָּל (מתמ') [ק/ג/244,124]. מֶרְכַּז הָעִגּוּל, - הָעֲגֻלָּה, צִיר הָעִגּוּל, נְקֻדָּה אֶמְצָעִית בַּמַּעְגָּל, מֶרְכָּז

Kreis(es), Quadratur des

רִבּוּעַ הַמַּעְגָּל (מתמ') [ק/ד/19]. רִבּוּעַ הָעִגּוּל, תַּרְבּוּעַ הָעִגּוּל, הֲפִיכַת שֶׁטַח מַעְגָּל לְשֶׁטַח מְרֻבָּע

Kreis, umschriebener ---> Umkreis

Kreis(e) bewegen, sich im

חָג (פיס') הִסְתּוֹבֵב בְּמַעְגָּל

Kreis der Epizykel, deferierender

אוֹפַן סוֹבֵל (אסט') [ק/ג/88; ק/ד/56]. גַּלְגַּל הַסּוֹבֵל, רְקִיעַ הַסּוֹבֵל

Kreis ziehen, mit dem Zirkel, einen ---> ziehen, eine Kreislinie

Kreisabschnitt

פֶּלַח (פְּלָחִים) (מתמ') [ק/א/337]. חֲתִיכַת הָעֲגֻלָּה, צוּרָה שֶׁגְּבוּלָהּ הָאֶחָד הוּא קֶשֶׁת וּגְבוּלָהּ הַשֵּׁנִי יֶתֶר הַקֶּשֶׁת. שֶׁבֶר הָעִגּוּל, עִגּוּל פָּגוּם (מתמ') [ק/ג/182,124]. מִקְטַע הַמַּעְגָּל, קֶטַע עִגּוּל. קֶשֶׁת (מתמ') [ק/ג/305]. עִקּוּם (מתמ') [ק/ג/164]. עֲקַמְמִימוּת (מתמ') [ק/ג/166]. שֶׁבֶר הָעֲגֻלָּה (מתמ') [ק/ד/72]

Kreisbewegung

תְּנוּעָה מַעְגָּלִית [ק/ג/86]. תְּנוּעָה סְבוּבִית, - בְּסִבּוּב. סִבּוּב [ק/ג/85]. תְּנוּעָה מִסָּבִיב, הַקָּפָה. שְׁטִיטָה [ק/ד/89]. מַחֲזוֹר

Kreisbewegungen verursachen

סִבֵּב (מְסַבֵּב) [ק/ג/81]. הֵנִיעַ, גָּרַם שֶׁיִּסֹּב, הֵבִיא לִידֵי תְּנוּעָה מַעְגָּלִית, טִלְטֵל, הֵזִיז

Kreisbogen

קֶשֶׁת שֶׁל מַעְגָּל (מתמ') [ק/ג/305; ל"מ/606]. חֵלֶק מֵהֶקֵּף הַמַּעְגָּל. קַו עָקֹם (מתמ') [ק/ג/274]. קַו מְעֻקָּם, - מְעֻוָּת

Kreisbogen(s), Länge eines

אֹרֶךְ הַקֶּשֶׁת (מתמ') [ק/ג/164]. עִקּוּם

Kreisbogen(s), Sehne des

יֶתֶר (יְתָרִים) (מתמ') [ק/ב/58]. קַו הַמְחַבֵּר אֶת קְצוֹת הַקֶּשֶׁת בַּמַּעְגָּל. מֵיתָר (מתמ') [ק/ב/196]

Kreisdiagramm ---> Kuchendiagramm

Kreise, offizielle

חוּגִים רִשְׁמִיִּים (מדי')

Kreise, politische

חוּגִים מְדִינִיִּים (מדי')

Kreise, wohlunterichtete

חוּגִים יוֹדְעֵי דָּבָר (מדי')

Kreisel *{Gyroskop}*

סְבִיבוֹן (סְבִיבוֹנִים) (פיס')

Kreiselschnecken *{Trochidae}*

גַּלְגִּילָנִיִּים (זוא') מִשְׁפָּחָה שֶׁל חֶלְזוֹנוֹת

kreisen [---> zirkulieren]

סָבַב (סוֹבֵב) [ק/ג/80]. הִתְנוֹעֵעַ תְּנוּעָה סְבוּבִית, הִקִּיף, הִסְתּוֹבֵב (מִסְתּוֹבֵב). סִבֵּב (מְסַבֵּב) [ק/ג/81]. חָזַר וְהָלַךְ, סוֹבֵב (מְסוֹבֵב), כִּתֵּר, הָלַךְ אוֹ עָמַד מִסָּבִיב לְ... סִבְגֵּל (מְסַבְגֵּל), הִסְתַּבְגֵּל (מִסְתַּבְגֵּל), סִבְגֵּל (מְסַבְגֵּל), סִבְשֵׁב (מְסַבְשֵׁב), סִבְשֵׁב (מְסַבְשֵׁב), הִסְתַּבְשֵׁב (מִסְתַּבְשֵׁב)

Kreisen [---> Zirkulieren]

סִבּוּב [ק/א/281]. חֲזָרָה, סִבְגּוּל, הַקָּפָה, תְּנוּעָה סְבוּבִית, סִבְשׁוּב

Kreisen der Gestirne ---> Gestirne, Kreisen der

kreisend

מְסוֹבֵב [ק/ב/221]. מַקִּיף, סוֹבֵב

Kreisfläche

שֶׁטַח הָעִגּוּל (מתמ') [ק/ג/124]

kreisförmige Bewegung ---> Bewegung, kreisförmige

Kreisform

עִגּוּלִיּוּת (מתמ') [ק/א/115]. גַּלְגַּלּוּת, צוּרַת הָעִגּוּל

Kreiskegel
חָרוּט סִיבוּבִי (מחמ') קוֹנוּס סִיבוּבִי

Kreislauf [---> Zirkulation; Zyklus]
סַבְשָׁב [ק/ד/89]. שְׁטִיטָה, תְּנוּעָה סְבוּבִית. הַקָּפָה (אסט') [ק/א/205]. הֶקֵּף, בְּמוּבָן סִבּוּב הַגַּלְגַּלִּים. תְּנוּעַת מַעְגָּל (מחמ', פיס') [ק/א/304]. חֲלִילָה, תְּנוּעַת סִבּוּב, מַחֲזוֹר. סְבִיבָה (אסט') [ק/ג/87]. תְּנוּעָה הוֹלֶכֶת וְחוֹזֶרֶת, תְּקוּפַת סִבּוּבוֹ שֶׁל גֶּרֶם שְׁמֵימִי

Kreislauf der Himmelskörper
סִבּוּב שְׁמֵימִי (אסט') [ק/ג/85]. מַחֲזוֹר, פֶּרֶק הַזְּמַן שֶׁאֶחָד מִגַּרְמֵי הַשָּׁמַיִם מַשְׁלִים מַעְגָּל שָׁלֵם בְּמַסְלוּלוֹ

Kreislauf des Geldes ---> Geld(es), Kreislauf des

Kreislinie
קַו עָגֹל (מחמ') [ק/ג/274]. הַקָּפַת הָעִגּוּל, קַו הָעֲגֻלָּה, עִגּוּל מַקִּיף (מחמ') [ק/ג/124]. מַעְגָּל

Kreislinie ziehen, eine
חוּג (מְחוּג) (מחמ') [ק/א/271]. חָג, שִׂרְטֵט עִגּוּל בִּמְחוּגָה, - קַו סְבִיב עִגּוּל, עָג

Kreispermutation ---> Permutation, zyklische

Kreisquerschnitt
חֲתָךְ עִגּוּלִי (טכנ')

Kreisring
טַבַּעַת (מחמ')

kreisrund
מְעֻגָּל (מחמ') [ק/ב/231]. עָגֹל, בְּתַבְנִית מַעְגָּל, בִּתְמוּנַת עֲגֻלָּה

Kreißsaal
חֲדַר יוֹלְדוֹת (רפו') מִשְׁבָּרָה

Kreisstandlinie
מַעְגַּל אֵיוּת (אסט')

Kreisumfang
הֶקֵּף הַמַּעְגָּל (מחמ') [ק/ב/268; ק/ג/274]. מַקִּיף, קַו עָגֹל מְסַבֵּיב לְמֶרְכָּז. סוֹבֵב (מחמ') [ק/ג/274,80]. אֹרֶךְ הַקַּו הַמַּקִּיף אֶת הַמַּעְגָּל. הַקָּפַת הָעִגּוּל, קַו הָעֲגֻלָּה, עִגּוּל מַקִּיף (מחמ') [ק/ג/124]. מַעְגָּל

Kreiszylinder
גָּלִיל (גְּלִילִים) (מחמ') צִילִינְדֶר סִיבוּבִי

Kremnophobie
בַּעַת מַעֲמַקִּים (פסי') דְּחִילַת תְּהוֹמוֹת

Kresse *{Lepidium}*
שַׁחֲלַיִם (בוט') צֶמַח מִמִּשְׁפַּחַת הַמְּצְלִיבִים

Kretin
תּוּנְבָּל (פסי', רפו') [מר"ח/208]. קְרֶטִין, מִי שֶׁסּוֹבֵל מִפִּגּוּר שִׂכְלִי וְגוּפָנִי חָמוּר

Kretinismus
תּוּנְבָּלִיּוּת (פסי', רפו') [ר/ב/616]. קְרֶטִינִיּוּת, פִּגּוּר שִׂכְלִי וְגוּפָנִי חָמוּר

kretinisch
תּוּנְבָּלָן (פסי', רפו') קְרֶטִינִי

kretinoid ---> kretinisch

Kreuz
צְלָב (צְלָבִים) (מחמ', דת) קַו אָפְקִי עִם קַו רָחְבִּי הַחוֹתֵךְ אוֹתוֹ. סֵמֶל הַדָּת הַנּוֹצְרִית. נֶסֶק (מוס') דִּיאֵז, סִימָן לְהַגְבָּהַת צְלִיל מְסֻיָּם בַּחֲצִי טוֹן מִגָּבְהוֹ הַיְּסוֹדִי

kreuz und quer
שְׁתִי וָעֵרֶב, לְאֹרֶךְ וּלְרֹחַב

Kreuzbein *{Os sacrum}*
עֶצֶם הָעָצֶה (רפו')

Kreuzblume *{Polygala}*
מַרְבֵּה חָלָב (בוט') צֶמַח מִמִּשְׁפַּחַת מַרְבֵּה הֶחָלָב

Kreuzdorn *{Rhamnus}*
אֶשְׁחָר (בוט') צֶמַח מִמִּשְׁפַּחַת הָאֶשְׁחָרִיִּים

Kreuzdruck
לְחָצִים צוֹלְבִים (פיס', מ"ח) הַשְׁפָּעוֹת מְנֻגָּדוֹת

kreuzen ---> hybridisieren

kreuzigen
צָלַב (צוֹלֵב) (משפ') תָּלָה עַל צְלָב, נִצְלַב

Kreuzigung
צְלִיבָה (משפ') עֹנֶשׁ מָוֶת בִּתְלִיָּה עַל צְלָב

Kreuzkatalog
רַשְׁמוֹן מִלּוֹנִי (ספרנ') קָטָלוֹג מִלּוֹנִי

Kreuzkraut *{Senecio}*
סַבְיוֹן (בוט') צֶמַח מִמִּשְׁפַּחַת הַמֻּרְכָּבִים

Kreuzkümmel *{Cuminum cyminum}*
כַּמּוֹן תַּרְבּוּתִי (בוט') צֶמַח מִמִּשְׁפַּחַת הַסּוֹכְכִיִּים

Kreuzkurve
עֲקֻמָּה צְלָבִית (מחמ') (קַו) עָקֹם צְלָבִי

Kreuzotter *{Vipera berus}*
צֶפַע אֵירוֹפִּי (זוא') זוֹחֵל מִמִּשְׁפַּחַת הַצִּפְעוֹנִיִּים

Kreuzreaktion
תְּגוּבָה צוֹלֶבֶת (מ"ט) הֲגָבָה צוֹלֶבֶת

Kreuzrebe *{Doxantha}*
יַפְאוּרָה (בוט') צֶמַח מִמִּשְׁפַּחַת הַבִּיגְנוֹנִיִּים

kreuzschraffieren
קוֹקֵו (מְקַוְקֵו) שְׁתִי וָעֵרֶב (טכנ', אמנ')

Kreuzschraffierung
שְׁתִי וָעֵרֶב (אמנ') [ממ"ג/134]. קַוֵּי שְׁתִי וָעֵרֶב שֶׁמִּשְׁתַּמְּשִׁים בָּהֶם בְּפִתּוּחַ הַנְּחֹשֶׁת כְּדֵי לְהַשִּׂיג שֶׁטַח אָפֵל, קוֹקוּו בִּשְׁתִי וָעֵרֶב

Kreuzstutzen
צְלָבִית (צְלָבִיּוֹת) (טכנ') מִפְרָק שֶׁל שְׁתִי וָעֵרֶב

Kreuztabulierung
לוּחַ חוֹצֶה (מדע, טכנ') שִׁיטַת נִתּוּחַ מִתְאָמִים בְּאֶמְצָעוּת מִיּוּן מִצְטַלֵּב

Kreuzung *{Decussatio}* [---> Hybridisierung; Mischbildung]
מִצְלֶבֶת (מִצְלוֹבוֹת) (רפו') צֹמֶת (צְמָתִים)

Kreuzung, x-förmige ---> Chiasma

Kreuzungspunkt
מִפְסָח (אלק')

Kreuzverweis
רְמִיזָה הֲדָדִית (פיל', ספרנ') אַפְנָיָה הֲדָדִית, רְמִיזָה מִצְטַלֶּבֶת, סָמָךְ כָּפוּל

Kreuzwirbel *{Vertebrae sacrales}*
חֻלְיוֹת הָעָצֶה (רפו')

Kribbelgefühl *{Formicatio}*
הִתְנַמְּלוּת, נְמַלְמֹלֶת (רפו') נַמֶּלֶת, תְּחוּשָׁה שֶׁל רִיצַת נְמָלִים בַּגּוּף

Krickente *{Anas crecca}*
שַׁרְשִׁיר (זוא') עוֹף מִמִּשְׁפַּחַת הַבַּרְוָזִיִּים

Kriebelmücken *{Simuliidae}*

יַשְׁחוּרִיִּים (זוא') מִשְׁפָּחָה שֶׁל יַתּוּשִׁים
Kriechen
זְחִילָה, הִתְקַדְּמוּת אִטִּית, זְרִימָה מְתוּנָה, הִתְרַפְּסוּת
Kriechtiere *{Reptilia}*
זוֹחֲלִים (זוא') מַחְלָקָה שֶׁל בַּעֲלֵי חַיִּים
Krieg
מִלְחָמָה (מִלְחָמוֹת) (צבא) [ק/ב/169]. מָוֶת
kriegführend
בְּמַצַּב לְחִימָה (מדי', צבא) בְּמַצַּב מִלְחָמָה
kriegführende Macht ---> Macht, kriegführende
Kriegführendenrecht
זְכוּת צַד לוֹחֵם (מדי', משפ')
Kriegführender
צַד לוֹחֵם (מדי', משפ', צבא)
Kriegführung [---> Kriegszustand]
לוֹחֲמָה (צבא) לָחְמָה
Kriegserklärung
הַכְרָזַת מִלְחָמָה (מדי', משפ', צבא) הַצְהָרַת מִלְחָמָה
Kriegsflotte ---> Kriegsmarine
Kriegsgewinnler
רַוְחַן מִלְחָמָה (רַוְחָנֵי מִלְחָמָה) (מדי', כלכ') [י"א/526]. מִי שֶׁעָשָׂה עֹשֶׁר בִּימֵי מִלְחָמָה וּבִגְלָלָהּ
Kriegshandlung
צַעַד מִלְחַמְתִּי (מדי', צבא)
Kriegsmarine
יַמִּיָּה (ימא', צבא) צִי מִלְחָמָה, חֵיל הַיָּם
Kriegsmarine betreffend, die
יַמִּיָּתִי (ימא', צבא) שֶׁל חֵיל הַיָּם
Kriegsneurose
תְּשִׁישׁוּת קְרָב (רפו', פסי', צבא) [ר/ב/616]. לֵאוּת קְרָב, הֶלֶם קְרָב
Kriegsschaden
נֶזֶק מִלְחָמָה (נִזְקֵי מִלְחָמָה) (מדי', משפ', צבא)
Kriegsschiff
אֳנִיַּת מִלְחָמָה (אֳנִיּוֹת מִלְחָמָה) (ימא', צבא)
Kriegsverbrecher
פּוֹשֵׁעַ מִלְחָמָה (פּוֹשְׁעֵי מִלְחָמָה) (מדי', משפ', צבא)
Kriegszustand [---> Kriegführung]
לָחְמוּת (לוֹחֲמוּת) (מדי', צבא) מַצַּב מִלְחָמָה
Krimi ---> Kriminalroman
Kriminalität
עֲבַרְיָנוּת (מ"ח, משפ') הֲפָרַת חֹק, עֲשִׂיַּת עֲבֵרוֹת, פְּשִׁיעָה
Kriminalroman
סִפּוּר בַּלָּשִׁים (ספר')
krimineller Typ ---> Typus, krimineller
Kriminologie
תַּפְשׁוּעָה (מ"ח, משפ') קְרִימִינוֹלוֹגְיָה
kriminologisch
תַּפְשׁוּעִי (מ"ח, משפ') קְרִימִינוֹלוֹגִי
Krippe
אֵבוּס (אֲבוּסִים) (חקל')
Krise
מַשְׁבֵּר (מַשְׁבְּרִים) [ר/ב/416; מר"ח/209]. נְקֻדַּת מִפְנֶה לְרָעָה אוֹ לְטוֹבָה, הַפְרָעָה פִּתְאֹמִית בְּמַהֲלַךְ הַחַיִּים שֶׁל אָדָם אוֹ שֶׁל חֶבְרָה, מַשְׁבֵּר
Krise, gesundheitliche
מַשְׁבֵּר בְּרִיאוּתִי (רפו') [ק/א/84]. בַּחְרָן, בַּחְרָאן, מִפְנֶה קִיצוֹנִי בְּמַצַּב הַחוֹלֶה. גְּבוּל (רפו') [ק/א/100]. גְּבוּל הַחֹלִי. נִקָּיוֹן (רפו') [ק/ג/66]. נִקּוּי וְטַהֲרַת הַגּוּף מִן הַמַּחֲלָה
krisenhaft
מַשְׁבְּרִי [ק/ג/67]. נִקְיוֹנִי, מְסֻכָּן, הֲרֵה סַכָּנוֹת, כָּרוּךְ בְּסַכָּנָה, מַשְׁבְּרִי. בַּחְרָנִי (רפו') [ק/א/84]. גְּבוּלִי (רפו') [ק/א/100]. מֵעִנְיַן גְּבוּל הַמַּחֲלָה
Kristall
גָּבִישׁ (גְּבִישִׁים) (כימ', פיס') [דח"ט/184]. מוּצָק בַּעַל צוּרָה הַנְדָּסִית מְשֻׁכְלֶלֶת
Kristallinse des Auges ---> Auge(s), Kristallinse des
Kristallwasser
מֵי גֶּבֶשׁ (כימ') פְּרֵדוֹת מַיִם שֶׁהֵן חֵלֶק מַשְׂרִיג הַגָּבִישׁ
Kriterium
בֹּחַן (בְּחָנִים) (פיל', מדע) [ק/ב/136]. מִבְחָן, אַמַּת מִדָּה, קְנֵה מִדָּה, עֵרֶךְ מְסֻיָּם שֶׁבְּאֶמְצָעוּתוֹ מוֹדְדִים וּמַעֲרִיכִים עֲצָמִים אוֹ תּוֹפָעוֹת, קְרִיטֶרְיוֹן, סוֹגֵל שֹׁנִי (סוֹגְלֵי שֹׁנִי). מַצְרֵף (פיל', מדע) [ק/ב/261]. אֶבֶן בֹּחַן. מַצְדֵּק (פיל', מדע) [מר"ח/211]. בְּחִינָה (פיל', מדע) [ק/א/82]
Kriterium der Wahrheit
בֹּחַן הָאֱמֶת (פיל') מִדָּה לִקְבִיעַת הַהַתְאָמָה הַוַּדָּאִית בֵּין הַיֶּדַע שֶׁל הָאָדָם לְבֵין הָעֲצָמִים וְהַתּוֹפָעוֹת שֶׁל הַמְּצִיאוּת הַמַּמָּשִׁית (אוֹבְּיֶקְטִיבִית); אַמַּת מִדָּה זוֹ הוּא הַיַּעַשׂ (פְּרַקְטִיקָה) הָאֱנוֹשִׁי הַמְּשַׁנֶּה (מְעַצֵּב מֵחָדָשׁ) אֶת הַטֶּבַע
kriteriumsbezogene Gültigkeit ---> Gültigkeit, kriteriumsbezogene
Kritik
בִּקֹּרֶת [ק/א/93]
Kritik, historische
בִּקֹּרֶת הִסְטוֹרִית (הסט') [ק/א/94]. בִּקֹּרֶת תּוֹלָדִית
Kritiker(in)
מְבַקֵּר, מְבַקֶּרֶת (אמנ') בִּקָּרְתָּן, בִּקָּרְתָנִית
kritisch
בִּקָּרְתִּי (בִּיקוֹרְתִּי) (פיל', אמנ') בִּקָּרְנִי. מַשְׁבְּרִי (רפו') [ק/ג/67]. נִקְיוֹנִי, שֶׁל מַשְׁבֵּר, מַשְׁבְּרִי, מִתְיַחֵס עַל הַמַּשְׁבֵּר בְּמַחֲלָה, מְסֻכָּן, הֲרֵה סַכָּנוֹת, כָּרוּךְ בְּסַכָּנָה, גְּבוּלִי
kritisch beleuchten ---> beleuchten, kritisch
kritische Tiefe ---> Tiefe, kritische
kritischer Bereich ---> Zurückweisungsbereich
kritischer Wert ---> Wert, kritischer
kritisches Denken ---> Denken, produktives
kritisieren
בִּקֵּר (מְבַקֵּר) [ק/א/145; ק/ב/285]. דִּקְדֵּק עַל..., הִשִּׂיג עַל..., הֶאֱשִׁים, גִּנָּה, עִרְעֵר עַל דַּעְתּוֹ שֶׁל..., טָעַן וְהִקְשָׁה עַל דְּבָרָיו שֶׁל..., מָתַח בִּקֹּרֶת עַל...

kritzeln
שִׂרְבֵּט (מְשַׂרְבֵּט) [מר״ח/604]. חִרְטֵשׁ, קִשְׁקֵשׁ, כָּתַב בְּלֹא צוּרָה
Kritzeln
שִׂרְבּוּט, חִרְטוּשׁ, כְּתִיבָה בְּלֹא צוּרָה, קִשְׁקוּשׁ
Kröte, Grüne *{Bufo viridis}*
קַרְפָּדָה יְרֻקָּה (זוא׳) צְפַרְדֵּעַ הַסַּם הַיָּרֹק, דּוֹחַי מִמִּשְׁפַּחַת הַקַּרְפָּדִיִּים
Kröten, Echte *{Bufonidae}*
קַרְפָּדִיִּים (זוא׳) מִשְׁפָּחָה שֶׁל דּוֹחַיִּים
Krötenfrösche *{Pelobatidae}*
חֲפָרִיתִיִּים (זוא׳) מִשְׁפָּחָה שֶׁל דּוֹחַיִּים
Krokus *{Crocus}*
כַּרְכֹּם (בוט׳) צֶמַח מִמִּשְׁפַּחַת הָאִירוּסִיִּים
Krone
כֶּתֶר (כְּתָרִים) [א״ח/א/185]. עֲטָרָה (עֲטָרוֹת), זֵר, כְּלִיל (כְּלִילִים), נֵזֶר
Kronenanemone ---> Gartenanemone
Kronenflughuhn *{Pterocles coronatus (Nyctiperdix coronata)}*
קַטַּת כֶּתֶר (זוא׳) עוֹף מִמִּשְׁפַּחַת הַקַּטִּיִּים
Kronwicke *{Coronilla}*
כִּתְרוֹן (בוט׳) צֶמַח מִמִּשְׁפַּחַת הַפַּרְפָּרָנִיִּים
Kropf *{Struma}*
זֶפֶק (זְפָקִים) (רפו׳) [מר״ח/639;326]. מֻרְאָה, הִתְנַפְּחוּת בַּלּוּטַת הַתְּרִיס
kropfig
זַפַּקְתִּי (רפו׳) [מר״ח/639]. זַפָּקִי, מֻרְאָתִי
Krotonöl
שֶׁמֶן אֶכְרוֹעַ (רפו׳) [מר״ח/211]. שֶׁמֶן הַמּוּפָק מִזַּרְעוֹנֵי אֶכְרוֹעַ וְהַמְּשַׁמֵּשׁ לִרְפוּאָה
Krücke
קַב (קַבַּיִם) (רפו׳) [מר״ח/214]
Krümel
פֵּרוּר (פֵּרוּרִים) (גאו׳) גַּרְגֵּר
krümmen
עִקֵּם (מְעַקֵּם), הִתְעַקֵּם, עִוֵּת, הִתְעַוֵּת
Krümmung
עִקּוּם (מתמ׳) [ק/ג/164]. קַו עָקוֹם, עֲקֻמָּה. עֲקִימָה, עֹקֶם (מתמ׳) [ק/ג/165]. מַצַּב הַדָּבָר הֶעָקוּם, הִתְעַקְּמוּת. עַקְמוּמִית, עַקְמוּמִיּוּת [ק/ג/165]. גַּבְנוּנִית. עַקְמִימָה, עַקְמִימוּת [ק/ג/166]
Krümmungskreis *{Oskulationskreis}*
מַעְגַּל נָשׁוּק (מתמ׳) מַעְגַּל אוֹסְקוּלַצְיָה
Krug *{Amphora}*
קַנְקַן (קַנְקַנִּים) (טכנ׳, ארכ׳) [א״ח/א/81; א״ח/ב/233]. בַּקְבּוּק, כַּד (כַּדִּים)
Krughändler
כַּדָּד (כַּדָּדִים) (מלא׳) [א״ח/ב/288]. סוֹחֵר כַּדִּים
krumm
עָקֹם [ק/ג/166]. עַקְמִימִי, גַּבְנוּנִי, מְעֻקָּם
Krummdarm *{Ileum}*
הַמְּעִי הַכָּרוּךְ (רפו׳) [מר״ח/374]. הַכָּרוּךְ, הַמְּעִי הֶעָקוֹם
krumme Beschaffenheit ---> Beschaffenheit, krumme
Krummholzkiefer ---> Bergkiefer
krummlinig
עֲקַמִּי [ק/ג/166]. עַקְמִימִי, עָקֹם, גַּבְנוּנִי, מְעֻקָּם
krummlinige Bewegung ---> Bewegung, krummlinige
Krupp
דַּלֶּקֶת בֵּית הַקּוֹל (רפו׳) [מר״ח/212]. אַסְכָּרָה
Kruste
גֶּלֶד (גְּלָדִים) (רפו׳) [מר״ח/213]. קְרוּם, עוֹר, קְלִפָּה
Krustenbildung
הַגְלָדָה (רפו׳) קְרִימָה, הִתְהַוּוּת קְרוּם
Krypte ---> Grube
Kryptorchismus
טְמִירוּת הָאֲשָׁכִים (רפו׳) [מר״ח/215]. כְּמִסוּת, טְמִירוּת הָאֲשָׁכִים, אֶשֶׁךְ סָמוּי
Kubatur, numerische
תַּעֲקוּב מִסְפָּרִי (מתמ׳) חִשּׁוּב נֶפַח, - מִדָּה תְּלַת מְמַדִּית אוֹ n מְמַדִּית
Kubikwurzel
שֹׁרֶשׁ מְעֻקָּב (מתמ׳) [ק/ד/163]. שֹׁרֶשׁ עָקוּב
Kubikzahl
מִסְפָּר מְעֻקָּב (מתמ׳) [ק/ב/228; 240]. מְעֻקָּב, הַחֶזְקָה הַשְּׁלִישִׁית שֶׁל מִסְפָּר, מִסְפָּר שֶׁנִּכְפַּל שָׁלֹשׁ פְּעָמִים בְּעַצְמוֹ, מִסְפָּר בְּחֶזְקָה שְׁלִישִׁית
kubisch
מְעֻקָּב (מתמ׳) [ק/ב/240]. בַּעַל נֶפַח, תְּלַת מְמַדִּי. קֻבִּיָּתִי (מתמ׳) [ק/ג/164]. עֲקָבִי, עֶקְבִּי, בְּצוּרַת קֻבִּיָּה, קֻבִּי. מְגֻשָּׁם (מתמ׳) [ק/ב/143]. מְגֻשָּׁם
kubische Fläche ---> Fläche, kubische
kubische Gleichung ---> Gleichung, kubische
kubische Kurve ---> Kurve, kubische
kubische Figur ---> Figur, kubische
kubischer Winkel ---> Winkel, kubischer
Kubuszahl ---> Kubikzahl
Kuchendiagramm
תַּרְשִׁים עוּגָה (מתמ׳) [דמ״א/79]. תַּרְשִׁים פְּלָחִים
Kuckuck *{Cuculus canorus}*
קוּקִיָּה אֵירוֹפִּית (זוא׳) עוֹף מִמִּשְׁפַּחַת הַקּוּקִיתִיִּים
Kuckucke *{Cuculidae}*
קוּקִיתִיִּים (זוא׳) מִשְׁפָּחָה שֶׁל עוֹפוֹת מִסִּדְרַת הַקּוּקִיתָאִים
Kübel [---> Schaufel]
חָצָב (חֲצָבִים) (טכנ׳, ארכ׳) [א״ח/א/99]. כַּד חֶרֶס גָּדוֹל
Küchenschabe *{Blatta orientalis}*
תִּיקָן מִזְרָחִי (זוא׳) חֶרֶק מִמִּשְׁפַּחַת הַתִּיקָנִיִּים
kühl
קָרִיר (מטא׳)
kühlen ---> abkühlen
Kühnheit
הֶעָזָה, נוֹעָזוּת, אֹמֶץ, הַרְהָבַת עֹז
Kümmel *{Carum}*
כְּרַוְיָה (בוט׳) צֶמַח מִמִּשְׁפַּחַת הַסּוֹכְכִיִּים
Kümmerbrust *{Mikromastie}*
כְּמֶשֶׁת (רפו׳) [מר״ח/454]. כְּמִשׁוּת, קַטְנוּת

שָׁדַיִם

Kümmerfluß

נְהַר תָּשׁוּשׁ (הידי)

Künstler(in)

אָמָּן (אוּמָן), אָמָּנִית (אוּמָנִית) (אמנ׳)

künstlerisch

אָמָנוּתִי (אוּמָנוּתִי) (אמנ׳, טכנ׳, מדע) [ק/ב/243]. מַעֲשִׂי, עֲשׂוּתִי, מְלַאכְתִּי, שִׁמּוּשִׁי, בְּנִגּוּד לְעִיּוּנִי

künstlich

מְלָאכוּתִי (אמנ׳, טכנ׳) [ק/ב/203]. מְלָאכִי, עָשׂוּי בִּידֵי אָדָם, מְעֻשֶּׂה, בִּלְתִּי טִבְעִי. מְלַאכְתִּי (אמנ׳, טכנ׳) [ק/ב/204]. מַעֲשִׂי (אמנ׳, טכנ׳) [ק/ב/244]. נַעֲשֶׂה (טכנ׳, אמנ׳) [ק/ג/32; 52]. נִימוּסִי. אָמָּנִי (אמנ׳, טכנ׳) [ק/א/55]

künstliche Ernährung ---> Ernährung, künstliche

künstliche Form ---> Form, künstliche

künstliche Niederschläge ---> Niederschläge, künstliche

Kürbisfeld

מִדְלָעָה (מִדְלָעוֹת) (חקל׳) מִדְלָע, שְׂדֵה דְלוּעִים

kürzlich

חָדֵשׁ, שֶׁמִּקָּרוֹב, חָדָשׁ

Kürzung

קִצּוּר, צִמְצוּם

Küstengewässer [---> Hoheitsgewässer]

מֵימֵי חוֹפִים (מדי׳) מֵי הַחוֹפִים

Küstenschiffahrt

סַפָּנוּת חוֹפִים (ימא׳)

Kufe

גַּת (גִּתּוֹת) (טכנ׳) [א״ח/ב/221]. אַגָּן לִכְתִישַׁת פֵּרוֹת

Kugel

כַּדּוּר (כַּדּוּרִים) (מתמ׳) [ק/ב/64]. כַּדּוּר, גּוּף עָגֹל מִכָּל צְדָדָיו. עִגּוּל, עֲגֻלָּה (מתמ׳) [ק/ג/124]. גַּלְגַּל

Kugelausschnitt

גִּזְרַת כַּדּוּר (מתמ׳)

Kugelbakterie *{Coccus}*

נֶקֶד (נְקָדִים) (ביו׳, רפו׳) חַיְדַּקִּים בַּעֲלֵי צוּרָה כַּדּוּרִית אוֹ נְקֻדָּתִית

Kugelblume *{Globularia}*

גְּלָנִית (בוט׳) צֶמַח מִמִּשְׁפַּחַת הַגְּלָנִיתִיִּים

Kugeldistel *{Echinops}*

קִפּוֹדָן (בוט׳) צֶמַח מִמִּשְׁפַּחַת הַמֻּרְכָּבִים

kugelförmig

כַּדּוּרִי (מתמ׳) [ק/ב/65]. כִּידוּרִי, שֶׁיֵּשׁ לוֹ צוּרַת כַּדּוּר

kugelförmige Bewegung ---> Bewegung, kugelförmige

Kugelgestalt

כַּדּוּרִיּוּת (מתמ׳) [ק/ב/66]. כַּדְרִיּוּת, צוּרַת כַּדּוּר. כַּדּוּרוּת (מתמ׳) [ק/ב/65]

Kugelgelenk

מִפְרָק כַּדּוּרִי (טכנ׳)

Kugelkeil

פֶּלַח כַּדּוּרִי (מתמ׳)

Kugellager

מֵסַב כַּדּוּרִי (טכנ׳)

Kugelmalve *{Sphaeralcea}*

אַחְלָמִית (בוט׳) צֶמַח מִמִּשְׁפַּחַת הַחֶלְמִיתִיִּים

Kugelzweieck ---> Zweieck, sphärisches

Kuhblume *{Taraxacum}*

שִׁנָּן (בוט׳) צֶמַח מִמִּשְׁפַּחַת הַמֻּרְכָּבִים

Kuhkraut *{Vaccaria}*

סַבּוֹנִית (בוט׳) צֶמַח מִמִּשְׁפַּחַת הַצִּפָּרְנִיִּים

Kuhreiher *{Bubulcus ibis}*

אַנְפִית בָּקָר (זוא׳) עוֹף מִמִּשְׁפַּחַת הָאַנְפָתִיִּים

Kulan *{Equus hemionus}*

פֶּרֶא (זוא׳) יוֹנֵק מִסִּדְרַת מַפְרִיטֵי הַפַּרְסָה

Kulisse

קְלָעִים (תאט׳) מָסָךְ הַבִּימָה בְּתֵאַטְרוֹן, דָּפְנִית

Kulisse, in der

בֵּין הַקְּלָעִים (תאט׳)

Kulmination

הִתְנַשְּׂאוּת, הַשָּׂגַת הַשִּׂיא, קוּלְמִינַצְיָה. מַעֲבָר (מַעֲבָרִים) (אסט׳)

Kulminationspunkt

גֹּבַהּ (אסט׳) [ק/א/98]. שִׁעוּר הַמֶּרְחָק מִמַּעַל לָאֹפֶק

kulminieren

הִתְנַשֵּׂא (מִתְנַשֵּׂא), הִשִּׂיג שִׂיא

kultisches Schlachten ---> Schlachten, kultisches

kultivieren ---> züchten

Kultivierung

תִּרְבּוּת (מ״ח) הַקְנָיַת תַּרְבּוּת

Kultur

תַּרְבִּית (תַּרְבִּיּוֹת) (ביו׳) [ל״ב/250]. גִּדּוּל מְבֻקָּר שֶׁל בַּעֲלֵי חַיִּים אוֹ צְמָחִים

kulturelle Verspätung ---> Kulturgefälle

Kulturfläche

שֶׁטַח מְעֻבָּד (חקל׳)

Kulturflüchtling

פְּלִיט תַּרְבּוּת (בוט׳) אוּל (אוֹרְגָנִיזְם) תַּרְבּוּתִי שֶׁגָּדֵל בַּר

Kulturgefälle

אִחוּר בְּתַרְבּוּת (מ״ח, פסי׳) [ר/ב/705]. פִּגּוּר תַּרְבּוּתִי, פַּעַר הַנּוֹצָר בַּחֲבָרוֹת מֻרְכָּבוֹת בֵּין שִׁטְחֵי חַיִּים שׁוֹנִים הַמִּשְׁתַּנִּים בְּקֶצֶב שׁוֹנֶה

Kulturgestaltung

תְּצוּרַת תַּרְבּוּת (מ״ח, אמנ׳) עִצּוּב תַּרְבּוּת

Kulturland

יִשּׁוּב (יִשּׁוּבִים) (י״א) [א״ח/ב/121]. מָקוֹם תַּרְבּוּתִי וּמְתֻקָּן

Kulturlandschaft

נוֹף עָשׂוּי (י״א)

Kulturmedium

מַצָּע הַתַּרְבִּית (ביו׳, רפו׳)

Kulturwert

חֲשִׁיבוּת תַּרְבּוּתִית (מ״ח, פסי׳)

Kultus

פֻּלְחָן (פֻּלְחָנִים) (דת, מ״ח) מַעֲרֶכֶת כְּלָלִים וְסֵדֶר מִנְהָגִים בְּמִקְרֶה מְסֻיָּם, עֲרִיכַת טְקָסִים, עֲבוֹדַת הַקֹּדֶשׁ

Kummer

יָגוֹן (פסי׳) [ר/א/301]. צַעַר כָּבֵד וּמֵעִיק הַנִּמְשָׁךְ מִמּוֹתוֹ שֶׁל אָדָם אָהוּב, דָּוֹן, דְּוִי, דְּאָבוֹן

Kummet

עֹל עוֹר (חקל׳) קוֹלָר, חֵלֶק מֵרִתְמַת הָעֲגָלָה

kumulativ
מִצְטַבֵּר [מר״ח/218]. נִגְדָּשׁ, מִתְגַּדֵּשׁ, מִתְקַבֵּץ
kumulative Aufzeichnung ---> Aufzeichnung, additive
kumulative Häufigkeitskurve ---> Häufigkeitskurve, kumulative
Kumulierung
הִצְטַבְּרוּת [מר״ח/218]. גִּדּוּשׁ, הִתְגַּדְּשׁוּת, הִתְקַבְּצוּת, תַּקְבִּיץ
kumuliform ---> haufenförmig
Kumulonimbus
עָב חַשְׁרָה (מטא) [יל״ט/172]. קוּמוּלוֹנִימְבּוּס, עָנָן כָּבֵד שֶׁפִּסְגָּתוֹ בַּעֲלַת הַכִּיפּוֹת נִשֵּׂאת לְגֹבַהּ רַב
Kumulus ---> Haufenwolke
Kumulus mit sackartigen Ausbuchtungen *{Mammatokumulus}*
עָב דַּדִּים (מטא) [יל״ט/148]. מַמָּה, תְּפִיחוֹת דְּמוּיוֹת דַּדִּים הַתְּלוּיוֹת מִבְּסִיס הֶעָנָן
Kundschaft
לָקוֹחִיָּה (כלכ׳) מַעֲרוּפְיָה, לְקוּחָה, קְלִיֶנְטוּרָה, צִבּוּר הַלָּקוֹחוֹת
Kunst
אֻמָּנוּת (אוּמָנוּת) (אמנ׳, מדע) [ק/א/55]. אֻמָּנוּת, מַעֲשֶׂה, חָכְמָה, מַדָּע. מְלָאכָה (אמנ׳, מדע) [ק/ב/202]. תּוֹרָה. רְבוּתָא, רְבוּת, גְּדֻלָּה
Kunstausdruck ---> Term
Kunstbauten
מִפְעֲלֵי מַחֲשֶׁבֶת (אדר׳)
Kunstgriff [---> Manöver]
תִּחְכּוּם [ק/ג/227]. צַד, הִתְחַכְּמוּת, שְׁנִינוּת, כֹּשֶׁר תּוּשִׁיָּה, כִּשְׁרוֹן תַּכְסִיסָנוּת. תַּחְבּוּלָה [ק/ד/189]. תַּכְסִיס, הַמְצָאָה, עֵצָה מְחֻכֶּמֶת
Kunstlehre
תּוֹרַת אֻמָּנוּת (אוּמָנוּת) (אמנ׳, טכנ׳) תּוֹרַת מַעֲשֶׂה
kunstlos
לְלֹא מְלָאכוּתִיּוּת
Kunsttrieb
יֵצֶר אֻמָּנוּת (פסי׳, אמנ׳)
kunstvoll Erdachtes ---> List
Kupfer
נְחֹשֶׁת (כימ׳) [דח״ט/96]. יְסוֹד מַתַּכְתִּי בְּצֶבַע אֲדַמְדַּם שֶׁאֵינוֹ מָסִיס בְּמַיִם אַךְ מֻתְקָף עַל יְדֵי חֻמְצוֹת
Kupferfinnen *{Rosacea}*
סְמוֹקֶרֶת (רפו׳) [מר״ח/591]. חֲזָזִית וְרֻדָּה
Kupfermarke
סִימַן הַנְּחֹשֶׁת (טכנ׳, כלכ׳)
Kupfermünze, die kleinste
פְּרוּטָה (פְּרוּטוֹת) (טכנ׳, כלכ׳) [א״ח/ב/408]. מַטְבֵּעַ קָטָן בְּיוֹתֵר
Kupferrost
זִנְגָּר (כימ׳, צבע) [מר״ח/22]. חֲלֻדַּת הַנְּחֹשֶׁת הַיְּרַקָּה
kupferrostbezüglich
זִנְגָּרִי, מְזֻנְגָּר (כימ׳, צבע) [מר״ח/22]. חָלוּד בַּחֲלֻדַּת הַנְּחֹשֶׁת הַיְּרַקָּה, מְצֻבָּע הַזִּנְגָּר
Kupferstich
פִּתּוּחַ נְחֹשֶׁת (אמנ׳, דפו׳) [ממ״ג/137]. תַּהֲלִיךְ שֶׁבּוֹ מְצַפִּים אֶת לוּחַ הַנְּחֹשֶׁת בְּשִׁכְבַת רֶקַע חֲסִינַת חֻמְצוֹת; הָאָמָן מְסָרֵט בְּנֶקֶר אֶת שִׁכְבַת הָרֶקַע וּמְגַלֶּה אֶת הַנְּחֹשֶׁת שֶׁמִּתַּחְתֶּיהָ; אַחַר כָּךְ מַטְבִּילִים אֶת הַלּוּחַ בְּאַמְבַּט שֶׁל חֻמְצָה, וְרַק הַמְּקוֹמוֹת שֶׁנִּסְרְטוּ נִצְרָבִים; מוֹרְחִים אֶת הַלּוּחַ בְּחַרְתָּה (צֶבַע מַדְפִּיסִים) וּמַדְפִּיסִים עַל נְיָר
Kuppe
גַּבְשׁוּשִׁית (גַּבְשׁוּשִׁיּוֹת)
Kuppel
כִּפָּה (כִּפּוֹת)
Kuppelhorizont
כִּפַּת הָאֹפֶק (תאט׳)
kuppeln
צִמֵּד (מְצַמֵּד) (טכנ׳)
Kupplung
מַצְמֵד (מַצְמְדִים) (טכנ׳) מַזְוֵג, הַתְקֵן בִּמְכוֹנִית הַמְּחַבֵּר אֶת הַמָּנוֹעַ לַגַּלְגַּלִּים
Kupplung ausrücken, die
שִׁמֵּט (מְשַׁמֵּט) מַצְמֵד (טכנ׳) הִתִּיר (מַתִּיר) מַצְמֵד, בִּטֵּל אֶת הַקֶּשֶׁר בֵּין הַמָּנוֹעַ לְבֵין הַגַּלְגַּלִּים בִּמְכוֹנִית
Kupplung einrücken, die
צִמֵּד (מְצַמֵּד) בְּמַצְמֵד (טכנ׳)
Kupplung lösen, die ---> Kupplung ausrücken, die
Kupplungsgestänge
מוֹטֶטֶת הַמַּצְמֵד (טכנ׳) מַעֲרֶכֶת מוֹטוֹת הַמַּזְוֵג
Kupplungspedal
דַּוְשַׁת הַמַּצְמֵד (טכנ׳) דַּוְשַׁת הַמַּזְוֵג
Kurbel
אַרְכֻּבָּה (אַרְכֻּבּוֹת) (טכנ׳) אַרְכּוּבָּה
Kurbelgetriebe ---> Kurbeltrieb
kurbeln
סוֹבֵב (מְסוֹבֵב) אֶת הָאַרְכֻּבָּה (טכנ׳) סִבֵּב (מְסַבֵּב) אֶת הָאַרְכֻּבָּה
Kurbeltrieb
מִמְסֶרֶת אַרְכֻּבָּה (טכנ׳)
Kurier
בַּלְדָּר (בַּלְדָּרִים) (מלא׳) [א״ח/ג/185]. רָץ, דַּוָּר, שָׁלִיחַ
kurierbar ---> heilbar
Kurierbarkeit ---> Heilbarkeit
Kurieren ---> Heilen
Kuriosa
מוּזָרוֹת (ספרנ׳)
Kurort
מְקוֹם מַרְפֵּא (י״א) מְקוֹם נֹפֶשׁ
Kurs halten, ein Schiff auf
הֵישִׁיר (מֵישִׁיר) אֳנִיָּה (ימא׳)
kursiv ---> durativ
Kursivschrift ---> Schrägschrift
Kursversetzung ---> Abtrift
Kurtosis
מַדַּד הַגַּבְנוּנִיּוּת (סטט׳) [מ״מ/213]. מַדָּד הַמְּצַיֵּן אֶת מִדַּת הַחַדּוּת שֶׁל רִכּוּז הַשְּׁכִיחֻיּוֹת בְּהִתְפַּלְּגוּת הַמִּשְׁתַּנֶּה בְּהַשְׁוָאָה לְהִתְפַּלְּגוּת נוֹרְמָלִית
Kurve
עֲקֻמָּה (עֲקֻמּוֹת) (מתמ׳) [ק/ג/164]. עָקֹם,

עִקּוּם, קַו עָקֹם הַמְּתָאֵר אֶת הַיַּחַס בֵּין שְׁנֵי מִשְׁתַּנִּים. עֲקִימָה, עֹקֶם (מתמ') [ק/ג/165]. הַקַּו הֶעָקֹם (מתמ') [ק/ג/274,165]. עֲקָמִימָה, עֲקָמִימוּת (מתמ') [ק/ג/166]. קַו מְעֻקָּם, - מְעֻוָּת (מתמ') [ק/ג/274]

Kurve, geschlossene

עֲקֻמָּה סְגוּרָה (מתמ') (קַו) עָקֹם סָגוּר

Kurve, hyperbolische

עֲקֻמָּה הִיפֶּרְבּוֹלִית (מתמ') [ק/ג/165]

Kurve, kubische

עֲקֻמָּה מִמַּעֲלָה שְׁלִישִׁית (מתמ') עֲקֻמָּה קֻבִּית

Kurvenzweig

סְעִיף (שֶׁל עֲקֻמָּה) (מתמ')

kurz ---> kompendiös

kurzatmig

נַשְׁמְתִּי, נַשַּׁמְתָּן (רפו') מְנֻשָּׁם, קְצַר נְשִׁימָה, כְּבַד נְשִׁימָה, מִתְנַשֵּׁם, לְקוּי נְשִׁימָה

Kurzatmigkeit *{Dyspnoe}*

נַשֶּׁמֶת (רפו') [מר״ח/264]. קֹצֶר נְשִׁימָה, פְּרוֹעַ נְשִׁימָה

kurzer Vokal ---> Vokal, kurzer

Kurzfassung

תַּקְצִיר (תַּקְצִירִים) (ספר', ספרנ') גִּרְסָה מְקֻצֶּרֶת שֶׁל יְצִירָה

Kurzflügler *{Staphylinidae}*

קְצַרְחֲפִיתִיִּים (זוא') מִשְׁפָּחָה שֶׁל חִפּוּשִׁיּוֹת

kurzfristiges Darlehen ---> Darlehen, kurzfristiges

Kurzgeschichte

סִפּוּר קָצָר (סִפּוּרִים קְצָרִים) (ספר') [מ״ס/3]. דֹּמֶנֶת (סִפֹּרֶת) בַּעֲלַת הֶקֵּף מְצֻמְצָם

kurzgeschlossen

מִקְצָר (טכנ') שֶׁנּוֹצַר בּוֹ קֶצֶר

kurzlebig

בֶּן־יוֹמִי, חֲדִיוֹמִי, שֶׁחַיָּיו קְצָרִים

kurzschließen

הִקְצִיר (מַקְצִיר) (טכנ') גָּרַם לְקֶצֶר

Kurzschließen

הַקְצָרָה (טכנ') גְּרִימַת קֶצֶר

Kurzschluß

קֶצֶר (קְצָרִים) (טכנ') [ל״מ/594]. מַגָּע אָסוּר הַנּוֹצָר בֵּין שְׁתֵּי נְקֻדּוֹת בְּמַעְגָּל חַשְׁמַלִּי כְּתוֹצָאָה מִבִּדּוּד לָקוּי בֵּינֵיהֶן

Kurzschlußreaktion ---> Abreagieren

Kurzschwanzrabe *{Corvus rhipidurus}*

עוֹרֵב קְצַר זָנָב (זוא') עוֹף מִמִּשְׁפַּחַת הָעוֹרְבִיִּים

kurzsichtig

קְצַר רְאִיָּה, קִצְרַת רְאִיָּה (רפו', פסי') חִפֵּשׁ, חִפֶּשֶׁת, קְצַר רְאוּת

Kurzsichtigkeit *{Myopie}*

קֹצֶר רְאִיָּה (רפו', פסי') [ר/ב/380; מר״ח/472]. חִפְּשׁוּת, חֹסֶר יְכֹלֶת לְהִתְמַקֵּד בִּבְהִירוּת בִּדְבָרִים רְחוֹקִים, קֹצֶר רְאוּת

Kurzwort

מִלָּה מְקֻצֶּרֶת (בלש') [מ״ב/53]. מִלָּה שֶׁנִּשְׁמַט חֵלֶק מִמֶּנָּה וְנוֹתַר חֵלֶק אַחֵר שֶׁנָּקֵל לַהֲבִינוֹ, לְמָשָׁל: בְּגֶרְמָנִית: Platte בִּמְקוֹם Schallplatte (תַּקְלִיט)

Kurzzehenlerche *{Calandrella cinerea (Calandrella brachydactyla)}*

עֶפְרוֹנָן קְצַר אֶצְבָּעוֹת (זוא') עוֹף מִמִּשְׁפַּחַת הָעֶפְרוֹנִיִּים

Kurzzeitgedächtnis

זִכָּרוֹן קָצָר (פסי') [ר/א/248]. זִכָּרוֹן לְמֵידָע שֶׁעֻבַּד אוֹ פֹּרַשׁ בִּקְצָרָה

Kutisnabel

טַבּוּר עוֹרִי (רפו')

kybernetische Linguistik ---> Linguistik, kybernetische

L

Labiallaut ---> Lippenlaut

labil [---> unbeständig]
רָפִיף (פסי׳, רפו׳) [מר״ח/411]. רוֹפֵף, מָעִיד, מְעִידִי, לֹא יַצִּיב, לַבִּילִי

Labilität [---> Unbeständigkeit; Launenhaftigkeit]
רְפִיפוּת (רפו׳) [מר״ח/411]. אִי יַצִּיבוּת, מְעִידִיּוּת, מְעִידוּת, לַבִּילִיּוּת

Labilität, psychische
רְפִיפוּת נַפְשִׁית (פסי׳, רפו׳) [ר/א/324]. מְעִידִיּוּת נַפְשִׁית, אִי יַצִּיבוּת נַפְשִׁית, מַצָּב שֶׁבּוֹ הַהִתְנַהֲגוּת וְהַהַרְגָּשׁוֹת נְתוּנִים לְטַלְטֵלוֹת וּלְשִׁנּוּיִים קִיצוֹנִיִּים

Labkraut *{Galium}*
דְּבֵקָה (בוט׳) צֶמַח מִמִּשְׁפַּחַת הַפּוּאָתִיִּים

Laborant ---> Assistent(in), technische(r)

Laboratorium(s), Beobachtung außerhalb des ---> Beobachtung außerhalb des

Labyrinthtest
מִבְחַן מָבוֹךְ (פסי׳)

Lachkrampf *{Gelasma}*
צַחֶקֶת (פסי׳, רפו׳) מַחֲלַת צְחוֹק, עֲוִיתוֹת צְחוֹק

Lachmöwe *{Larus ridibundus}*
שַׁחַף אֲגַמִּים (זוא׳) עוֹף מִמִּשְׁפַּחַת הַשְּׁחָפִיִּים

Lachse *{Salmonidae}*
סַלְמוֹנִיִּים (זוא׳) מִשְׁפָּחָה שֶׁל דְּגֵי גֶּרֶם

Lack
מִקְרָם, לַכָּה

Lackmuskraut ---> Färberkroton

Ladeeinrichtung
מַטְעֵנָה (טכנ׳) מִתְקַן טְעִינָה

laden
טָעַן (טוֹעֵן), הֶעֱמִיס, מִלֵּא

Laden
טְעִינָה, הַעֲמָסָה, מִלּוּי. חֲנוּת (חֲנֻיּוֹת) (אדר׳, כלכ׳) [א״ת/ב/301]. מָקוֹם שֶׁמּוֹכְרִים בּוֹ סְחוֹרוֹת

Ladenhüter
מוּצָר בִּלְתִּי מָכִיר (כלכ׳)

Ladenstraße, überdachte *{Passage}*
מִפְלָשׁ (מִפְלָשִׁים) (אדר׳, כלכ׳) פַּסָּז׳, מַעֲבָר מְקֹרֶה בֵּין שְׁנֵי רְחוֹבוֹת

Laderaum
סְפָנָה (סְפָנוֹת) (ימא׳)

Ladung, elektrische
מִטְעָן חַשְׁמַל (פיס׳) מִטְעָן חַשְׁמַלִּי

Ladung, lose
מִטְעָן בְּצֹבֶר (ימא׳)

Ladung, verderbliche
מִטְעָן פָּסֵד (ימא׳)

Ladungsdichte
צְפִיפוּת הַמִּטְעָן (פיס׳) [ל״מ/369]. כַּמּוּת הַמִּטְעָן הַחַשְׁמַלִּי בְּכָל נְקֻדָּה עַל הַגּוּף

Ladungsträger
נוֹשֵׂא מִטְעָן (פיס׳)

Lächeln
חִיּוּךְ (חִיּוּכִים)

Lägel ---> Gattlägel

lägerig
רַבְצָן (זוא׳) [א״ת/ב/115]. שֶׁדַּרְכּוֹ לִרְבֹּץ

Lähmung, motorische *{Paralyse}*
שִׁתּוּק נוֹעִי (רפו׳) [מר״ח/510]. שִׁתָּקוֹן, אָבְדַן הַתְּנוּעָה

ländlich
כַּפְרִי (י״א) כַּפְרִי, חַקְלָאִי

Länge
אֹרֶךְ (מתמ׳) [ק/א/73]. מִדַּת דָּבָר מֵרֵאשִׁיתוֹ לְאַחֲרִיתוֹ. מֶשֶׁךְ (מתמ׳) [ק/ב/293]. שׁוּרָה (מתמ׳) [ק/ד/84]

Länge, astronomische
אֹרֶךְ הָרָקִיעַ (אסט׳) [ק/א/74]

Länge, geographische
אֹרֶךְ (י״א) [ק/א/73]. אֹרֶךְ הָאָרֶץ

Länge eines Kreisbogens ---> Kreisbogen(s), Länge eines

Längen- und Breitengrade ---> Breiten- und Längengrade

Längenkreis ---> Meridian

längsgerichtet
אָרְכִּי

Längsprofil
חֲתַךְ אֹרֶךְ, חֲתָךְ אָרְכִּי, - לָאֹרֶךְ

Längsschnittuntersuchung --->

Langzeitstudie

Lärm

רַעַשׁ (רְעָשִׁים) (פיס׳) [ק/ג/290]. קִעְקוּעַ, שָׁאוֹן, קַרְקוּר, הֲמֻלָּה

lärmblasen

הִתְרִיעַ (מַתְרִיעַ) (צבא, דת) הִשְׁמִיעַ קוֹל תְּרוּעָה, תָּרַע (תּוֹרֵעַ)

Lärmblasen

הַתְרָעָה (צבא, דת) הַשְׁמָעַת תְּרוּעָה

Lässigkeit

רִשּׁוּל [ק/ד/58]. עַצְלוּת, הִתְעַצְּלוּת, הִתְרַשְּׁלוּת, הַזְנָחָה, הִתְרַפּוּת

Lästerer ---> Intrigant

lästern ---> intrigieren

Läufer

זַחִית (זַחִיּוֹת) (טכנ׳) הֶתְקֵן מַחְלִיק

Läusebefall ---> Lausbefall

läutern

זִכֵּךְ (מְזַכֵּךְ) (טכנ׳, כימ׳, דת) [ק/ג/256]. צֵרֵף (מְצָרֵף), זִקֵּק (מְזַקֵּק), נִקָּה חֹמֶר מִפְּסָלְתּוֹ, זַקֵּק, סִנֵּן (סוֹנֵן), טִהֵר מִן הָרַע

Läuterung [---> Katharsis]

זִכּוּךְ [ק/א/259]. זִקּוּק (כימ׳, דת) [ק/א/266]. הוֹצָאַת הַפְּסֹלֶת. צֵרוּף (כימ׳, דת) [ק/ג/253]. טִהוּר, נִקּוּי. הִזְדַּכְּכוּת (דת) [ק/א/165]. קַבָּלַת הַזֹּךְ וְהַטֹּהַר. לִבּוּן [ק/ב/112]. בֵּרוּר, הַסְבָּרָה מַעֲמִיקָה וּמְפֹרֶטֶת, הַחְזָרַת דָּבָר וַהֲבָהָרָתוֹ

Lag-Phase

שְׁלַב הַשְּׁהִיָּה (ביו׳)

Lage [---> Position; Stellung; Bogensatz; Schicht]

מַצָּב (מַצָּבִים) [ק/ג/225]. צַד, עֶמְדָּה, מַעֲמָד, תְּנוּחָה, מַצָּג. מַנָּח [ק/ד/219]. תְּשׂוּמָה, אֹפֶן שֶׁבּוֹ הַדָּבָר מֻנָּח. תְּכוּנָה [ק/ד/194]. תְּנָאִים, נְסִבּוֹת. אֵיוּת (פיס׳). גְּבוּל [ק/א/99]. מָקוֹם. הֲנָחָה (פיל׳) [ק/א/182]. אֹפֶן הַמְּצָאוּת. הַנָּחוּת (פיל׳) [ק/א/183]. יוֹשֵׁב [ק/ב/52]. מַאֲמַר הַמַּצָּב. יְשִׁיבָה [ק/ב/54]. מָחוֹז [ק/ב/177]. מָקוֹם מֻגְבָּל, שֶׁטַח תָּחוּם. נְצִיב [ק/ג/64]. נֵצֶב

Lage, aktuelle

הַמַּצָּב הָעַכְשָׁוִי, - הַכְּעֶנִי, - הַנּוֹכְחִי

Lage, Kategorie der ---> Kategorie der Lage

Lage, zweifelhafte

מִסְפָּק, מַצָּב מְפֻקְפָּק

Lage der Finger ---> Finger, Lage der

Lager

מֵסַב (מְסַבִּים) (טכנ׳) חֵלֶק בִּמְכוֹנָה הַתּוֹמֵךְ בְּצִיר מִסְתּוֹבֵב. מִשְׁכָּב (מִשְׁכָּבוֹת) (אדר׳) מָקוֹם לִשְׁכַּב עָלָיו

Lagerfähigkeit

קִיָּם בְּהַחְסָנָה (טכנ׳) יַצִּיבוּת בִּתְנָאֵי הַחְזָקָה בְּמַחְסָן, קִיּוּם

Lagerfuge ---> Bettungsfuge

Lagerschale

קַסְוַת הַמֵּסַב (טכנ׳) קַסְוָה (קְסָווֹת), שֶׁקַע שֶׁבּוֹ נָתוּן הַמֵּסַב

Lagerungsdichte

הֲדִיקוּת (גאו׳)

lahm

חִגֵּר (רפו׳) [א״ח/א/246]. מְשֻׁתָּק בְּרַגְלוֹ אוֹ בְּיָדוֹ

Laib Brot ---> Brot, Laib

Laichkraut *{Potamogeton}*

נַהֲרוֹנִית (בוט׳) צֶמַח מִמִּשְׁפַּחַת הַנַּהֲרוֹנִיתִיִּים

Laientheater

תֵּאַטְרוֹן חוֹבְבִים (תאט׳)

laissez faire

שֵׁב וְהַנַּח (כלכ׳, מ״ח) [ר/א/339]. לֶסֶ-פֶר, יָזְמָה חָפְשִׁית, כַּלְכָּלָה רְכוּשָׁנִית (קַפִּיטָלִיסְטִית) בְּלֹא פִּקּוּחַ הַמְּדִינָה, מַעֲרֶכֶת מַנְהִיגוּת שֶׁמַּפְעִילָה פִּקּוּחַ מִזְעָרִי

Lake ---> Fischlake

Lakritze *{Glycyrrhiza glabra}*

שׁוּשׁ קֵרֵחַ (בוט׳) צֶמַח מִמִּשְׁפַּחַת הַפַּרְפְּרָנִיִּים

Laktose ---> Milchzucker

Lallen

מִלְמוּל

Lamelle

שְׁחִיפִית (שְׁחִיפִיּוֹת), עַלְעָל, שִׁכְבָה דַּקָּה

Lamina

שְׁחִיף (שְׁחִיפִים) [מר״ח/414]. לוּחִית, רֹבֶד דַּק

Lampenfieber

אֵימַת צִבּוּר (פסי׳, תאט׳)

Lampenruß

פִּיחַ (כימ׳, טכנ׳) [דח״ט/134]. פַּחְמָן טָהוֹר אוֹ מְעֹרָב עִם שֶׁמֶן

Lampionblume *{Physalis}*

בּוֹעָן (בוט׳) צֶמַח מִמִּשְׁפַּחַת הַסּוֹלָנִיִּים

Land

חוּץ לָעִיר (י״א) אֵזוֹר כַּפְרִי

Land(es), Breite des

רֹחַב הָאָרֶץ (י״א) [ק/ד/34]. הַמֶּרְחָק שֶׁבֵּין צְפוֹן הָאָרֶץ וּדְרוֹמָהּ

Land, steiniges

זִבּוּרִית (חקל׳) אֲדָמָה גְּרוּעָה לְחַקְלָאוּת

Landbesitz

הַחְזָקַת אֲדָמוֹת (כלכ׳, חקל׳)

Landbrise ---> Landwind

Landenge *{Isthmus}*

מֵצַר (מְצָרִי) יַבָּשָׁה (י״א) גֶּשֶׁר יַבַּשְׁתִּי טִבְעִי וְצַר הַמְּגַשֵּׁר שְׁטָחִים גְּדוֹלִים וּבַעֲלֵי חֲשִׁיבוּת

Landeswährung

הֵילָךְ חֻקִּי (כלכ׳, מדי׳) כֶּסֶף בְּצוּרַת שְׁטָר אוֹ מַטְבֵּעַ הַמֻּנְפָּקִים עַל יְדֵי הַבַּנְק הַמֶּרְכָּזִי שֶׁל מְדִינָה מְסֻיֶּמֶת

Landgang ---> Gangplanke

Landgericht ---> Gericht zweiter Instanz

Landkartenlernen, kognitives

מִפּוּי הַכָּרָתִי (פסי׳) [ר/ב/597]. מִפּוּי הַכָּרָתִי, תַּהֲלִיךְ לְמִידָה מֻרְכָּב שֶׁבּוֹ נִלְמָדִים דַּרְכֵי הִתְנַהֲגוּת בּוֹדְדִים כְּמִכְלוֹל אֶחָד כְּדֵי לְהַשִּׂיג מַטָּרָה מְסֻיֶּמֶת

landläufige Wahrheiten ---> Wahrheit(en), landläufige

Landlord

רוֹזֵן קַרְקַע (מ״ח, כלכ׳, מדי׳) אֲדוֹנֵי הַקַּרְקַע, בַּעַל קַרְקָעוֹת רְכוּשָׁנִי

Landpachtvertrag ---> Pachtvertrag

Landschaft
נוֹף (נוֹפִים) (מטא', י״א) [ק/ג/23]. סְבִיבָה, אֵזוֹר אַקְלִימִי, מַרְאֵה טֶבַע, מָחוֹז, חֶבֶל אֶרֶץ

Landschaftsgärtnerei
גַּנָּנוּת נוֹי (חקל')

Landschildkröte, Maurische *{Testudo graeca}*
צַב יַבָּשָׁה מָצוּי (זוא') שַׁלְחוּפִית מְצוּיָה, זוֹחֵל מִמִּשְׁפַּחַת הַצַּבִּים הַיַּבַּשְׁתִּיִּים

Landschildkröten *{Testudinidae}*
צַבִּים יַבַּשְׁתִּיִּים (זוא') מִשְׁפָּחָה שֶׁל צַבִּים

Landstreicher
מְשׁוֹטֵט (מְשׁוֹטְטִים) (מ״ח, משפ') אוֹרֵחַ פּוֹרֵחַ, בֶּן בְּלִי בַּיִת, נוֹדֵד

Landstreicherei
שׁוֹטְטוּת (מ״ח, משפ')

Landstrich
אֵזוֹר (אֲזוֹרִים) (י״א) [ק/ד/53].רְצוּעָה, אַקְלִים, מָחוֹז

Landstufe ---> Steilabfall

Landtiere
בַּעֲלֵי חַיִּים יַבַּשְׁתִּיִּים (זוא') [ק/א/74]. הַחַיִּים הָאַרְצִיִּים

Landungssteg
כֶּבֶשׁ (כְּבָשִׁים) (טכנ') [א״ח/ב/341]

Landvolk
עַם הָאָרֶץ (מ״ח) הָאֻכְלוּסִיָּה הַכַּפְרִית

Landwanzen, Wasserliebende *{Amphibicorisae}*
פִּשְׁפְּשִׁים הַחַיִּים עַל פְּנֵי הַמַּיִם (זוא')

Landwind
רוּחַ יַבָּשָׁה (מטא') [יל״ט/185]. רוּחַ הַנּוֹשֶׁבֶת בַּלַּיְלָה מִן הַיַּבָּשָׁה לְעֵבֶר הַיָּם

Landwirtschaft
חַקְלָאוּת (חקל')

Landzunge
לְשׁוֹן חוֹף (י״א) לְשׁוֹן יַבָּשָׁה, שֶׁטַח צַר שֶׁל אֲדָמָה הַחוֹדֵר לְתוֹךְ מַיִם

lang [---> Makro-]
אָרֹךְ, גַּמְלוֹנִי, גַּמְלוֹן

Langeweile
שִׁעֲמוּם, הִשְׁתַּעַמְמוּת, שִׁמָּמוֹן, שְׁמָמוּת

Langflügelfledermaus *{Miniopterus schreibersi}*
כְּנָפוֹן (זוא') כַּנְפָן, יוֹנֵק מִמִּשְׁפַּחַת הַנִּשְׁפּוֹנִיִּים (עֲטַלֵּפִים)

Langfußfledermaus *{Myotis capaccinii}*
נִשְׁפּוֹן הַגְּדוֹת (זוא') יוֹנֵק מִמִּשְׁפַּחַת הַנִּשְׁפּוֹנִיִּים (עֲטַלֵּפִים)

Langholzplatte
גֶּזֶר שְׁתִי (אמנ', טכנ') [ממ״ג/140]. שֶׁטַח סִיבִים, לוּחַ עֵץ שֶׁנִּגְזַר מִן הַגֶּזַע לְאָרְכּוֹ

Langkapseljute *{Corchorus olitorius}*
מְלוּכִיָּה נֶאֱכֶלֶת (בוט') צֶמַח מִמִּשְׁפַּחַת הַטִּלְיָתִיִּים

Langohr, graues *{Plecotus austriacus}*
אָזְנָן (זוא') יוֹנֵק מִמִּשְׁפַּחַת הַנִּשְׁפּוֹנִיִּים (עֲטַלֵּפִים)

langsam
אִטִּי [ק/ב/128]. מְאַחֵר, מַה שֶּׁנִּמְשָׁךְ זְמַן רַב. מָתוּן [ק/ב/313]. מְתוּנִי, לֹא מָהִיר. מִתְאַחֵר [ק/ב/310]. בְּנִגּוּד לִמְמַהֵר, מְאַחֵר הַתְּנוּעָה, שָׁהוּי, עוֹשֶׂה אוֹ נַעֲשֶׂה לְאַט

Langsamkeit
אִטִּיּוּת [ק/א/36]. אִחוּר, מִתּוּן, עִכּוּב, תְּכוּנַת הַדָּבָר הַמִּמְשָׁךְ אוֹ הַדָּבָר הַבָּא בָּאַחֲרוֹנָה. מְתִינוּת [ק/ב/318]. אִחוּר הַתְּנוּעָה, אִי מְהִירוּת, מְתִינָה

Langschnabelpieper *{Anthus similis}*
פִּפְיוֹן הָרִים (זוא') עוֹף מִמִּשְׁפַּחַת הַנַּחֲלִיאֵלִיִּים

Langue ---> Sprache

Langzeitanlage, experimentelle ---> Langzeitstudie

Langzeitgedächtnis (LTM)
זִכָּרוֹן אָרֹךְ (פסי') [ר/א/248]. זִכָּרוֹן לְמֵידָע שֶׁעָבַר עִבּוּד אוֹ פֵּרוּשׁ מַעֲמִיק וּמְאֻחְסָן בְּמַעֲרֶכֶת אֲרֻכַּת טְוָח כְּהַפְשָׁטָה מִתְמַצֶּתֶת

Langzeitstudie
מַעֲרַךְ מֶחְקָר אָרֹךְ (מדע) [ר/א/174, 274; מ״מ/215]. דֶּרֶךְ הַחֲתָךְ לָאֹרֶךְ, אִסּוּף נְתוּנִים עַל מִשְׁתַּנֶּה אֶחָד לְפָחוֹת בְּמֶשֶׁךְ זְמַן רַב, דֶּרֶךְ הַחֲתָךְ הָאָרְכִּי

Lanner *{Falco biarmicus}*
בַּז צוּקִים (זוא') עוֹף מִמִּשְׁפַּחַת הַבַּזִּיִּים

Lanze
רֹמַח (רְמָחִים) (צבא) [א״ח/ב/315]. כְּלִי נֶשֶׁק שֶׁבְּקָצֵהוּ חֹד שֶׁל מַתֶּכֶת

Lanzenseeigel *{Stylocidaris affinis}*
צִדְּר קְהֵה קוֹצִים (זוא') בַּעַל חַיִּים מִמִּשְׁפַּחַת הַצִּדָּרִיִּים (קִפּוֹדֵי יָם)

Lappen
אוּנָה (אוּנוֹת) (בוט') חֵלֶק שֶׁל הֶעָלֶה הַמֻּבְדָּל עַל יְדֵי שְׁסָעִים אוֹ מִפְרָצִים. מַטְלִית (מַטְלִיּוֹת) [א״ח/א/157]. סְמַרְטוּט, מַטְלוֹנִית, חֲתִיכַת בַּד, סְחָבָה

Lappenblume *{Hypecoum}*
מַגְלִית (בוט') צֶמַח מִמִּשְׁפַּחַת הַפְּרָגִיִּים

Lappentaucher *{Podicipedidae}*
טַבְלָנִיִּים (זוא') מִשְׁפָּחָה שֶׁל עוֹפוֹת מִסִּדְרַת הַטַּבְלָנָאִים

Lapsus linguae ---> Versprecher

Laptop
מַחְשֵׁב נִשָּׂא (מחש') [דמ״א/59]. מַחְשֵׁב אִישִׁי קָטָן וְנַיָּד

larghetto
רָחָב מְעַט (מוס') בְּרַחֲבוּת מְעַט, לַרְגֶטוֹ

Largitas
וַתְּרָנוּת [ק/א/249]. נְדִיבוּת, הֲטָבָה

largo
רָחָב (מוס') בְּרַחֲבוּת, לַרְגוֹ

Laryngal ---> Kehlkopflaut

laryngeal ---> kehlkopfbezüglich

Laryngismus stridulus --->

Stimmritzenkrampf
Laryngitis ---> Kehlkopfentzündung
Larynx ---> Kehlkopf
Laschblech
מַטְלָה (מַטְלוֹת) (טכנ', ימא')
laschen ---> zurren, seefest
Laschenverbindung
מַחְבֵּר מַטְלָה (טכנ', ימא')
Last [---> Belastung]
כֹּבֶד (כְּבָדִים) (פיס') [ק/ב/61]. מִשְׁקָל, הַכֹּחַ שֶׁבּוֹ גּוּף נִמְשָׁךְ אֶל הָאֲדָמָה, סְגֻלַּת הַדָּבָר הַכָּבֵד, עֹמֶס. טֹרַח (טְרָחִים), טַרְחוּת, טִרְחָה (טְרָחוֹת), מַעֲמָסָה, נֵטֶל מַכְבִּיד, טִרְדָּה, יְגִיעָה
Laster
מַעֲשֶׂה תּוֹעֵבָה [ק/ג/185]. פְּחִיתוּת, פְּחוּתוּת, פְּחִיתָה, נִוּוּל, נַוְלוּת, נֹהַג בִּלְתִּי מוּסָרִי, גְּנַאי, דָּבָר נִפְסָד וּפָסוּל, מַחֲשֶׁבֶת פִּגּוּל, נֶגַע רוּחָנִי. גְּנוּת [ק/א/118]. מִדָּה רָעָה, כִּעוּר. מִגְרַעַת [ק/ב/142]. חִסָּרוֹן, פְּגָם, דָּבָר שֶׁל דֹּפִי. מִדָּה פְּחוּתָה [ק/ג/184]. חֵטְא, עַוְלָה (עַוְלוֹת), מַעֲשֶׂה רַע
Lastsattel
קַנְתֹּל (קַנְתָּלִים) (חקל') קַנְתֵּל, אֻכָּף שֶׁבִּשְׁנֵי צְדָדָיו תְּלוּיִים שַׂקֵּי מַשָּׂא
Lastträger
סַבָּל (סַבָּלִים) (מלא') [א"ת/א/21; א"ת/ב/106]. כַּתָּף
Lastwagen
מַשָּׂאִית (מַשָּׂאִיּוֹת) (טכנ')
Lastwagen, kleiner
תֶּסַע (תְּסָעִים) (טכנ') מַשָּׂאִית קַלָּה, טֶנְדֶּר
latent
חָבוּי (חֲבוּיָה) [ר/א/254]. לָטֶנְטִי, קַיָּם בְּצוּרָה נִסְתֶּרֶת אַךְ עָשׂוּי לְהִתְגַּלּוֹת בִּתְנָאִים מְסֻיָּמִים, כָּמוּן, כָּמוּס, סָמוּי, פּוֹעֵל בַּחֲשַׁאי, בְּגָנוּז, מֻצְנָע. הַיּוּלָאנִי, הִיּוּלָנִי (פיל') [ק/א/169]. מַה שֶּׁהוּא בְּכֹחַ
latente Instabilität ---> Instabilität, latente
latente Kraft ---> Potential
latente Strukturanalyse ---> Strukturanalyse, latente
latente Wärme ---> Wärme, latente
latenter Verstand ---> Verstand, latenter
latentes Geldkapital ---> Geldkapital, latentes
latentes Lernen ---> Lernen, latentes
Latenz
חֶבְיוֹן [ר/א/254]. לָטֶנְטִיּוּת, תְּקוּפָה שֶׁל חֹסֶר פְּעִילוּת, כְּמִינוּת, כְּמִיסוּת
Latenz der Reaktion ---> Reaktion, Latzenz der
Latenzperiode
תְּקוּפַת הַחֶבְיוֹן (רפו', פסי')
lateral ---> seitlich
Laterne
פָּנָס (פָּנָסִים) (טכנ') [א"ת/א/72]. עֲשָׁשִׁית (עֲשָׁשִׁיּוֹת), מְנוֹרָה
Latte
נֶסֶר (נְסָרִים) (אדר') [א"ת/א/8]. פְּסִיס (פְּסִיסִים), לוּחַ עֵץ מָאֳרָךְ וְצַר
Lattich *{Lactuca}*
חַסָּה (בוט') צֶמַח מִמִּשְׁפַּחַת הַמֻּרְכָּבִים
lau
פּוֹשֵׁר [א"ת/א/210]. לֹא חַם וְלֹא קַר
lau werden
פָּשַׁר (פּוֹשֵׁר), נִפְשַׁר, הִפְשִׁיר, נַעֲשָׂה לֹא חַם וְלֹא קַר
laubabwerfend
נָשִׁיר (בוט') הַנּוֹשֵׁר בְּעוֹנָתוֹ
Laubfrösche *{Hylidae}*
אִילָנִיתִיִּים (זוא') מִשְׁפָּחָה שֶׁל דּוּחִיִּים
Laubfrosch, Europäischer *{Hyla arborea}*
אִילָנִית מְצוּיָה (זוא') אַקְרוּר, דּוּחִי מִמִּשְׁפַּחַת הָאִילָנִיתִיִּים
Laubheuschrecken *{Tettigonioidea}*
חַרְגּוֹלִים (זוא') עַל מִשְׁפָּחָה מִסְדֶּרֶת הַחַגָּבָאִים
Laubhütte
סֻכָּה (סֻכּוֹת) (אדר', דת) [א"ת/א/5]
Laubmoose *{Musci}*
טְחָבֵי עָלִים (בוט') מַחְלָקָה שֶׁל טְחָבִים
Lauch *{Allium}*
שׁוּם (בוט') צֶמַח מִמִּשְׁפַּחַת הַשּׁוֹשַׁנִּיִּים
lauchartig
מֵעֵין הַשּׁוּם (רפו', פסי') בַּעַל טַעַם וְרֵיחַ שֶׁל שׁוּם, שׁוּמִי
lauern
אָרַב (אוֹרֵב) לְ..., צָדָה (צוֹדֶה), הִצִּיב מַאֲרָב, הִכְמִין, צָפַן לְ..., שָׂם מַאֲרָבִים
Lauf
תְּרוּצָה [ק/א/258]. זִיזָה, זִיזוּת, תְּזוּזָה, תְּנוּעָה, סִבּוּב. שְׂרַשְׁכַּף (זוא') עֶצֶם אֲרֻכָּה הַסְּמוּכָה לָאֶצְבָּעוֹת בְּרֶגֶל הָעוֹף
Lauf der Gestirne ---> Gestirne, Lauf der
Laufbahn
נְתִיבָה מִקְצוֹעִית (מ"ח) קַרְיֶרָה
Laufbahnwechsel
הֲסָבַת נְתִיבָה (מ"ח)
Laufbrücke
גֶּשֶׁר עִלִּי (תאט')
Laufbrunnen
מִזְרָמָה (מִזְרָמוֹת) (היד')
Laufen
מְרוּצָה, מֵרוֹץ, רִיצָה
Laufindex
צִיּוּן רָץ (מתמ')
Laufkäfer *{Carabidae}*
רָצָנִיתִיִּים (זוא') מִשְׁפָּחָה שֶׁל חִפּוּשִׁיּוֹת
Laufplanke ---> Gangplanke
Laufwagen
מַדְחִית (מַדְחִיּוֹת) (רפו') [מר"ח/326]
Laufwerk
כּוֹנָן (כּוֹנָנִים) (מחש') [דמ"א/36]. הֶנַע, חֵלֶק מֵחֻמְרַת הַמַּחְשֵׁב הַמְּשַׁמֵּשׁ לְהַפְעָלַת זִכָּרוֹן מִשְׁנִי כְּגוֹן: תַּקְלִיטוֹן, תַּקְלִיטוֹר אוֹ סֶרֶט מַגְנֵטִי

Lauge
בֹּרִית (כימ׳) [דח״ט/32]. סַבּוֹן
Laugensalz ---> Alkali
Laune
דָּצוֹן (פסי׳) מַצַּב רוּחַ, מַרְגָּשׁ
launenhaft ---> launisch
Launenhaftigkeit [---> Unbeständigkeit; Labilität]
דְּצוֹנִיּוּת (פסי׳) הֲפַכְפְּכָנוּת, גַּחְמָנוּת, גַּמְחָנוּת, שׁוֹטְטוּת נֶפֶשׁ, מַצְּבֵי רוּחַ מִתְחַלְּפִים
launisch [---> unbeständig; eigenwillig]
דֵּיצָן, דֵּיצָנִי (פסי׳) שֶׁל מַצַּב רוּחַ
Lausbefall *{Pedikulose}*
כִּנֶּמֶת (רפו׳) כִּנֶּמֶת, מַכַּת כִּנִּים
lauschen
צוֹתֵת (מְצוֹתֵת) (משפ׳) הֶאֱזִין בַּחֲשַׁאי
Lauschen
צִתּוּת (משפ׳) הַאֲזָנַת סֵתֶר
Lausfliegen *{Hippoboscidae}*
שְׁרַצְגַּלְמִיִּים (זוא׳) מִשְׁפָּחָה שֶׁל זְבוּבִים
laut
רָם (מוס׳) בְּרָמָה
Laut
הֶגֶה (הֲגָיִים, הֲגָאִים) (מוס׳, בלש׳) [ק/ג/49]. נְעִימָה, קוֹל, צְלִיל, הֲבָרָה
Laut, alveolar-palataler
הֶגֶה חִכִּי-מַכְתֵּשִׁי (בלש׳) [מ״ב/15]. נֶהֱגֶה בְּמַגַּע הַלָּשׁוֹן בֵּין הַמַּכְתֵּשׁ לַחֵךְ, לְמָשָׁל: ch בַּמִּלָּה mich בְּגֶרְמָנִית
Laut, alveolarer
הֶגֶה מַכְתֵּשִׁי (בלש׳) [מ״ב/15]. הֶגֶה אֲחוֹרֵי-שִׁנִּי, נֶהֱגֶה בְּמַגַּע הַלָּשׁוֹן עִם הַחֵלֶק שֶׁאַחֲרֵי הַשִּׁנַּיִם, לְמָשָׁל: t, d
Laut, behauchter *{Aspirata}*
מְנֻשָּׁף (בלש׳) [מ״ב/22]. צְלִיל מְנֻשָּׁף, - עִם תּוֹסֶפֶת נְשִׁיפָה כְּגוֹן h בְּעֵת הַהֲגִיָּה
Laut bilden, einen ---> artikulieren
lautbar
בַּר הֲגִיָּה (בלש׳) [ק/ג/48]. נָע, הָגוּי בְּמִבְטָא, בַּעַל תְּנוּעָה, דָּגוּשׁ
Lautbildung ---> Artikulation
Laute
עוּד (מוס׳) כְּלִי מֵיתָרִים שֶׁמְּנַגְּנִים בּוֹ בִּפְרִיטָה
Lauteinschaltung *{Epenthese}*
תּוֹסֶפֶת הֶגֶה (בלש׳) [מ״ב/73]. הַכְנָסַת אוֹת (צְלִיל) לְמִלָּה לְלֹא תְּלוּת בִּגְזָרוֹנָהּ, לְמָשָׁל: בְּגֶרְמָנִית: hoffentlich (=הַלְוַאי!)
lauter
זַךְ [ק/א/259]. נָקִי, טָהוֹר, שֶׁחַף מִפֶּשַׁע. צָלוּל [ק/ג/246]. צַח, בָּרוּר. צָרוּף (כימ׳, דת) [ק/ג/254]. מְזֻקָּק
Lauterkeit
זֹךְ [ק/א/259]. זַכּוּת, טֹהַר רוּחָנִי. זִכּוּךְ [ק/א/259]. הִזְדַּכְּכוּת. זַכּוּת [ק/א/260]. טָהֳרָה. צְלִילוּת [ק/ג/246]. צַחוּת
Lautheit
רוּם הַקּוֹל (פיס׳, פסי׳) [ר/ב/629]. עָצְמַת הַקּוֹל, - הַצְּלִיל, רוּם הָרַעַשׁ, קוֹלָנִיּוּת
Lautmalerei ---> Onomatopöie
lautnachahmend ---> onomatopoetisch

Lautstärke ---> Lautheit
Lautstärkepegel
דַּרְגַּת רוּם הַקּוֹל (פיס׳) דַּרְגַּת רוּם הָרַעַשׁ
Lautstärkeregler
וַסַּת עָצְמָה (טכנ׳) וַסַּת צְלִיל, הֶתְקֵן הַמַּגְבִּיר אוֹ מַחֲלִישׁ אֶת עָצְמַת הַקּוֹל
Lautverschiebung
מַעְתַּק הֲגָאִים (בלש׳) [מ״ב/205]. תְּזוּזַת הֲגָאִים, שִׁנּוּי הֲגָאִים
Lautverwechslung *{Paralalie}*
לִגְוּוּת (פסי׳, רפו׳) הַחֲלָפַת אוֹתִיּוֹת שׁוֹנוֹת בְּדִבּוּר
Lava
לָבָה (גאו׳, י״א) לָבָה, חֹמֶר מֻתָּךְ וְלוֹהֵט הַנִּפְלָט מִמַּעֲמַקֵּי הָאֲדָמָה
Lavastrom
הֶלֶךְ לָבָה (גאו׳, י״א) זֶרֶם לָבָה
Lavendel *{Lavandula}*
אֲזוֹבְיוֹן (בוט׳) צֶמַח מִמִּשְׁפַּחַת הַשִּׂפְתָנִיִּים
lavieren [---> manövrieren]
פָּקַם (פּוֹקֵם) (ימא׳) נִוֵּט, כִּוֵּן, הִטָּה, הִפְשִׁיל (מַפְשִׁיל), הִפְנָה, פָּנָה, נָטָה לְצַד כְּלַשֶּׁהוּ
Lavieren [---> Manövrieren]
פְּקִימָה (ימא׳) פִּקּוּם, נִוּוּט, הַטָּיָה
Lawine
גַּלְשׁוֹן (גַּלְשׁוֹנִים) (מטא׳) מַפֹּלֶת שְׁלָגִים
Lazarettschiff
אֳנִיַּת חוֹלִים (ימא׳, צבא)
Lazarusschicht
שִׁכְבַת הָעֲנִיִּים (מ״ח)

Leben
חַיִּים (מ״ט, פיל׳) [ק/א/287]. חִיּוּת, חַיּוּת, רוּחַ חַיִּים, יְכֹלֶת לִחְיוֹת, עִנְיַן הַחַיִּים
Leben, substantielles
הַחַיִּים הָעַצְמוּתִיִּים (פיל׳) [פ״ר/53]. עַל פִּי הֶגֶל: הַחַיִּים שֶׁבְּנֵי הָאָדָם שְׁקוּעִים בָּהֶם לְלֹא הִתְבּוֹנְנוּת עַצְמִית
lebendige Arbeit ---> Arbeit, lebendige
Lebendtierversuch ---> Vivisektion
Lebensabschnitt
פָּרָשַׁת חַיִּים
Lebensalter (CA)
גִּיל טִבְעִי (רפו׳, פסי׳) [ר/א/131]. גִּיל הַחַיִּים, הַזְּמַן מֵאָז הַלֵּדָה, גִּיל כְּרוֹנוֹלוֹגִי, - תִּזְמֻנִּי
Lebensart [---> Sitte(n), gute; Weltbrauch]
אֹרַח חַיִּים (אָרְחוֹת חַיִּים) (אנת׳, מ״ח) [א״ת/ג/2]. דֶּרֶךְ אֶרֶץ, צוּרַת חַיָּיו וּמִנְהָגָיו שֶׁל הָאָדָם
Lebensart, traditionelle
הֲלִיכוֹת עָם (אנת׳)
Lebensaufgabe
מְשִׂימַת חַיִּים, תְּעוּדַת חַיִּים
Lebensbahn
מַעְגַּל הַחַיִּים
Lebensbeichte *{Autobiographie}*
סִפּוּר וִדּוּי (ספר׳) [מ״ס/31]. סִפּוּר אוֹטוֹבִּיּוֹגְרָפִי בְּדוּי אוֹ אֲמִתִּי
lebensbezüglich ---> biotisch

Lebensende
תִּכְלַת חַיִּים (רפו׳) קֵץ הַחַיִּים

lebensfähig
חִיּוּתִי (רפו׳, פסי׳) [מר״ח/704]. יָחִי, מֻכְשָׁר לְחִיּוּת, בַּר חַיּוּת

Lebensfähigkeit
חִיּוּת (רפו׳, פסי׳) [מר״ח/704]. יְחִיּוּת

Lebensgeist
רוּחַ חִיּוּנִית (מ״ט) [ק/א/287]. רוּחַ (מ״ט) [ק/ד/25]. כֹּחַ הַחַיִּים, הַנֶּפֶשׁ הַחִיּוּנִית, סִבַּת הַהַרְגָּשָׁה וְהַתְּנוּעָה שֶׁבְּבַעֲלֵי הַחַיִּים

Lebenshaltungsindex
מַדַּד יֹקֶר הַמִּחְיָה (כלכ׳, מדי׳)

lebenskräftiger Mensch ---> Mensch, lebenskräftiger

Lebenskraft
הַכֹּחַ הַחִיּוּנִי (מ״ט, פיל׳) [ק/א/287; ק/ב/75]. חִיּוּנִיּוּת (מ״ט, פיל׳) [ק/א/287]. כֹּחַ הַחַיִּים. נֶפֶשׁ (מ״ט, פסי׳) [ק/ג/57]. בְּנִגּוּד לַשֵּׂכֶל שֶׁהוּא הַכֹּחַ הַדִּבְרִי אוֹ הַכֹּחַ הָרוּחָנִי. הַנֶּפֶשׁ הַחִיּוּנִית (מ״ט, פסי׳) [ק/ג/59]. נֶפֶשׁ חַיָּה, - הַחַי, הַנֶּפֶשׁ הַבַּהֲמִית, - הַיִּצְרִית, - הַמַּרְגֶּשֶׁת

lebenslange Haft ---> Haft, lebenslange

Lebenslauf *{Curriculum vitae}*
תּוֹלְדוֹת חַיִּים [מר״ח/220]. מַהֲלַךְ חַיִּים, תַּאֲרִיכִים

Lebenslinie
קַו הַחַיִּים (אנת׳) [ק/ג/275]

Lebensmittel
אֶמְצְעֵי מִחְיָה (כלכ׳, תזו׳) מִצְרְכֵי מָזוֹן

Lebensmittel übertragene Krankheit, eine durch ---> Krankheit, eine durch

Lebensmittel übertragene

Lebensmittel verfälschen
נִכֵּל (מְנַכֵּל) (תזו׳) [מר״ח/20]. זִיֵּף מָזוֹן

Lebensmittelverfälschung
נִכּוּל (תזו׳) זִיּוּף מָזוֹן

Lebensmittelvergiftung
הַרְעָלַת מָזוֹן (רפו׳)

Lebensmüdigkeit ---> Lebensüberdruß

Lebensnotwendigkeit ---> Lebenskraft

Lebensprinzip
עֶקְרוֹן הַחַיִּים (פיל׳) [ק/ב/75]. כֹּחַ מְאַחֵד, - מַנְהִיג

Lebensraum
מֶרְחַב חַיִּים (מ״ט, מ״ח, פסי׳) הַמֶּרְחָב שֶׁמִּתְרַחֲשִׁים בּוֹ פְּעִילוּת הַיָּחִיד וְהִתְנַהֲגוּתוֹ, מְדוֹרִים, מֶרְחַב הַהִמָּצְאוּת

Lebensrettung
פִּקּוּחַ נֶפֶשׁ, הַצָּלַת אָדָם מִמָּוֶת

Lebenstrieb [---> Eros; Libido]
דַּחַף חִיּוּת (מ״ט, פסי׳) [ק/ג/57]. נֶפֶשׁ, הַכֹּחַ הַחִיּוּנִי

Lebensüberdruß *{Taedium vitae}*
מְאִיסָה בַּחַיִּים (פסי׳) קִיצָה בַּחַיִּים

lebensunfähig
לֹא חִיּוּתִי (רפו׳, פסי׳) בִּלְתִּי יָחִי, חֲסַר חִיּוּת

Lebensunfähigkeit
אִי חִיּוּת (רפו׳, פסי׳) [מר״ח/704]. אִי יְחִיּוּת

Lebensunterhalt
פַּרְנָסָה (כלכ׳) [א״ח/ב/26; 318]. מְזוֹנוֹת

Lebensverneinung
שְׁלִילַת הַחַיִּים (פסי׳) אִיּוּן הַחַיִּים

Lebenswandel
דֶּרֶךְ חַיִּים (מ״ח) אֹרַח חַיִּים

Lebenswelt
עוֹלַם הַחַיִּים (פיל׳) [המ״מ/225]

Lebenswurzel
שֹׁרֶשׁ הַקִּיּוּם

Lebenszeit, Mietgenuß auf ---> Mietgenuß auf Lebenszeit

leberbezüglich
כְּבֵדִי (רפו׳) כְּבֵדָנִי, שֶׁל הַכָּבֵד

Leberentzündung *{Hepatitis}*
דַּלֶּקֶת הַכָּבֵד (רפו׳)

Leberfleck *{Naevus pigmentosus}*
שׁוּמָה צִבְעָנִית (רפו׳) שׁוּמָה מְלַיֶּנֶת, בְּלִיטַת צִבְעָן (פִּיגְמֶנְט) קְטַנָּה בְּעוֹר הַגּוּף, נְקֻדַּת חֵן

Lebermoose *{Hepaticae}*
טְחָבֵי כָּבֵד (בוט׳) מַחְלָקָה שֶׁל טְחָבִים

Lebewesen
בַּעַל חַיִּים (בַּעֲלֵי חַיִּים) (זוא׳) [ק/א/282]. חַי. חִיּוּנִי (זוא׳) [ק/א/287]. רוּחָנִי (מ״ט) [ק/ד/32]. בַּעַל נֶפֶשׁ

lebhaft
חַפְזָנִי (פסי׳) [ק/א/139]. דָּמִי, אֲדַמִּי, חֲמוּם מֶזֶג, מְחֻמָּם, חִיּוּנִי

Lebhaftigkeit ---> Vitalität

Leblosigkeit
מָוֶת (רפו׳) הֶעְדֵּר חַיִּים

Leblosigkeit betreffend, die
מוֹתָנִי (רפו׳) שֶׁל הֶעְדֵּר חַיִּים

lecken
לִקֵּק (מְלַקֵּק) [א״ח/ג/10]. לָחַךְ (לוֹחֵךְ), לִחֵךְ (מְלַחֵךְ), לָקַק

Leckerbissen
מַטְעָם (מַטְעַמִּים) (תזו׳) [א״ח/ג/41]. מַאֲכָל טָעִים

Lederflasche ---> Schlauch, kleiner

Lederhändler
גִּלְדַּאי (גִּלְדָּאִים) (מלא׳) [א״ח/ב/259]. סוֹחֵר עוֹרוֹת

lederhart
קָשֶׁה כָּעוֹר

Lederhaut *{Corium}*
אַדְמָה (רפו׳) [מר״ח/196]. עוֹר קַרְנִי

Lederschildkröte *{Dermochelys coriacea}*
צַב גִּלְדִּי (זוא׳) זוֹחֵל מִמִּשְׁפַּחַת הַצַּבִּים הַגִּלְדִּיִּים

Lederschildkröten *{Dermochelyidae}*
צַבִּים גִּלְדִּיִּים (זוא׳) מִשְׁפָּחָה שֶׁל צַבִּים

ledig
מְשֻׁלָּל [ק/ב/296]. נָטוּל..., חָסֵר..., נֶעְדַּר..., שֶׁאֵין בּוֹ. עָרֹם [ק/ג/172]. חָפְשִׁי מִ..., מְנֹעָר מִ..., פָּנוּי מִ..., חָסוּךְ, מְשֻׁלָּל. רֵיק מִ... [ק/ד/54]. בְּלֹא. שׁוֹלָל [ק/ד/82]. מְחֻסָּר

ledig sein
שֻׁלַּל (מְשֻׁלָּל) [ק/ג/169]. הִתְעָרָה (מִתְעָרֶה),

הָיָה/נִהְיָה חָפְשִׁי וְרֵיק מ..., שׁוֹלַל (מְשׁוֹלָל), הִתְחַשֵּׁף, הִתְעַרְטֵל, הָיָה מְשֻׁלָּל מִדָּבָר-מָה. נִתְרוֹקֵן [ק/ד/57]. נַעֲשָׂה רֵיק, הוּרַק

Lee

חֶסִי (מטא', ימא') [יל״ט/77]. מָקוֹם חָסוּי רוּחַ

leer

רֵיק, הָרוּק, מוּרָק, מְרוֹקָן, חָלָק, קָרוּחַ, רֵיקָם, מְפֻנֶּה, בּוֹקֵק, מְבֻקָּק, מְנֹעָר מִן...

leer weggehen

יָצָא חָלָק (כלכ') הִפְסִיד אֶת כָּל נְכָסָיו, יָצָא נָקִי

Leere ---> Vakuum

leerer Raum ---> Raum, leerer

Leerstelle *{Slot}*

חָרִיץ (חֲרִיצִים) (מחש') חָרָךְ (חֲרַכִּים)

Leeseite

צַד הֶחָסִי (מטא', ימא') הַצַּד הַמּוּגָן מִפְּנֵי הָרוּחַ

leewärts

בְּצַד הֶחָסִי (מטא', ימא') בְּצַד הַמַּחְסֶה מִפְּנֵי הָרוּחַ

Leeweg

טְרִידַת רוּחַ (ימא') סְטִיָּה מִן הַמַּסְלוּל בְּשֶׁל הָרוּחַ

Leewellenwolke ---> Wolke, linsenförmige

Legalität

חֻקִּיּוּת (משפ') לֶגָלִיּוּת

Legat ---> Vermächtnis; Gesandter, päpstlicher

Legel ---> Gattlägel

Legende [---> Märchen; Zeichenerklärung]

הַגָּדָה (ספר') [ק/א/154]. אַגָּדָה, סִפּוּר פָּחוֹת אוֹ יוֹתֵר בָּדוּי, דִּמְיוֹנִי

legieren

סִגְסֵג (מְסַגְסֵג) (טכנ') עִרְבֵּב סִיגִים בְּתוֹךְ מַתֶּכֶת

Legierung

סַגְסֹגֶת (סַגְסוֹגוֹת) (טכנ') תַּעֲרֹבֶת שֶׁל מַתָּכוֹת שׁוֹנוֹת

Legierungsübergang

מִצְמַת סִגְסוּג (אלק')

legitim

צָדֵק (צְדֵקָה) (משפ', מ״ח) לֶגִיטִימִי, חֻקִּי, מֻכָּר לְפִי הַחֹק

Legitimierung

צִדּוּק (משפ') הֶכְשֵׁר חֻקִּי, לֶגִיטִימַצְיָה

Legitimität

צְדֵקוּת (משפ', מ״ח) לֶגִיטִימִיּוּת, חֻקִּיּוּת

Legumen ---> Hülse

Lehm

טִין (גאו') [א״ת/א/18]. טִיט, סָיָן, חַרְסִית

Lehmflechtwerk

סֶרֶג טוּחַ (אדר') מְלִיטָה, מַעֲשֵׂה רֶשֶׁת מְטֻיָּח בְּמֶלֶט

Lehmschlag

טִין גְּבָל (גאו') חַרְסִית גְּבָל

Lehmwespen, Pillen- und ---> Pillen- und Lehmwespen

Lehmziegel

לִבְנַת טִיט (לִבְנֵי טִיט) (אדר')

Lehn

הֶפְקֵד (מ״ח, כלכ') קַבָּלַת קַרְקַע מִן הָאָדוֹן הַפֵּאוֹדָלִי בְּעֶמְדָּה (סְטָטוּס) חֻקִּית שֶׁל ״חֲזָקָה״ תְּמוּרַת שֵׁרוּתִים מִנְהָלִיִּים וּצְבָאִיִּים שׁוֹנִים

Lehnbedeutung

שְׁאִילַת מַשְׁמָעוּת (בלש') [מ״ב/126]. קַבָּלַת מַשְׁמָעוּת חֲדָשָׁה הַלְּקוּחָה מִמִּלָּה זָרָה עַל יְדֵי מִלָּה מְסֻיֶּמֶת שֶׁל הַלָּשׁוֹן, לְמָשָׁל: ״מַטְבֵּעַ״ בְּהוֹרָאַת ׳מִנְהָג׳ בָּאָה מִן הַשֵּׁם nomisma הַיְּוָנִי שֶׁהוֹרָאָתוֹ ׳מָסֹרֶת׳, ׳נֹהַג׳ וְגַם ׳כֶּסֶף הַמְּדִינָה׳

Lehnbildung

שְׁאִילָה (בלש') [מ״ב/28]. נְטִילַת מִלִּים מִשָּׂפָה אַחֶרֶת, לְמָשָׁל: ״גְּלוּף״, ״גְּלֶף״, ״קַבַּרְנִיט״, ״טוּאָלֶט״

Lehnübersetzung

תִּרְגּוּם שְׁאִילָה (בלש') [מ״ב/126]. בָּבוּאָה, יְצִירַת מִלָּה חֲדָשָׁה עַל פִּי דֻּגְמָה מִלָּשׁוֹן זָרָה, לְמָשָׁל: ״מִגְדַּל שְׁחָקִים״ עַל פִּי skyscraper בְּאַנְגְּלִית

Lehnwort

מִלָּה שְׁאוּלָה (בלש') [מ״ב/28]. מִלָּה שֶׁמּוֹצָאָהּ מִשָּׂפָה מְסֻיֶּמֶת וְשֶׁנִּקְלְטָה בְּשָׂפָה אַחֶרֶת, לְמָשָׁל: ״אוֹרְלוֹגִין״ (מִיּוֹנִית), ״אַבְזָם״ (מֵעֲרָבִית)

Lehranalyse

אַבְחָנָה מַכְשִׁירָה (פסי') [ר/א/302]. אַנָלִיזָה מַכְשִׁירָה, - דִּידַקְטִית, נִפְשׁוּר (פְּסִיכוֹאָנָלִיזָה) לְצוֹעֲרֵי נַפְשׁוּת (פְּסִיכוֹלוֹגְיָה)

Lehre

תּוֹרָה (תּוֹרוֹת) [ק/א/290]. חָכְמָה, מַדָּע, מִשְׁנָה.
מַדִּיד (מַדִּידִים) (טכנ') מַכְשִׁיר מְדִידָה

lehren

לִמֵּד (מְלַמֵּד) (פדג') [ק/ב/43]. הוֹעִיל

Lehren

לִמּוּד (פדג') [ק/ב/120]. הוֹרָאָה, הוֹרָאַת הַחָכְמָה לַאֲחֵרִים, הַקְנָיַת יְדִיעוֹת

Lehrhaus

בֵּית מִדְרָשׁ (בָּתֵּי מִדְרָשׁוֹת) (דת) [א״ת/ג/204]. בֵּית לִמּוּד

Lehrling

שׁוּלְיָה (שׁוּלְיוֹת) (מלא', פדג') שְׁוָל, מִתְלַמֵּד, נוֹשֵׂא כֵּלִים, עוֹזֵר לְאֻמָּן

Lehrlingsschaft

שְׁוָלוּת (מלא', פדג') שׁוּלָאוּת, שׁוּלִיאוּת, מַעֲמַד הַשּׁוּלְיוֹת, תְּקוּפַת לִמּוּד מִקְצוֹעַ כָּלְשֶׁהוּ

Lehrmeinung

שִׁיטָה (שִׁיטוֹת) [ק/ד/87]. אֹפֶן עֲשִׂיָּה, דֶּרֶךְ לִמּוּד, דְּפוּס מַחֲשָׁבָה, מַעֲרֶכֶת אֶמְצָעִים קְבוּעִים לְהַשָּׂגַת מַטָּרָה

Lehrsatz

סְבָרַת יַכַּח (פיל') [ק/א/183]. הַנָּחָה, סְבָרָה יְכִיחָה (נִתֶּנֶת לְהוֹכָחָה). טַעַם (פיל') [ק/ב/19]. הַצָּעָה, הַקְדָּמָה. הַנָּחָה זוֹקֶקֶת אִמּוּת (פיל') [ק/ב/139]. מְבֻקָּשׁ, בַּקָּשָׁה, דֵּעָה שֶׁיֵּשׁ לְהָבִיא עָלֶיהָ רְאָיָה

Lehrstuhl

קָתֶדְרָה (קָתֶדְרָאוֹת) (פדג') [א״ת/א/62]

Leib

גּוּף (גּוּפִים) (רפו') [ק/א/108]. גְּוִיָּה, גֵּו

Leib-Seele-Beziehung

זִקַּת גּוּף-נֶפֶשׁ (פסי') [ר/א/116]

leibeigener Bauer ---> Bauer, leibeigener

Leibeigenschaft

צְמִיתוּת (מ״ח, כלכ') שִׁעְבּוּד הַגּוּף, יַחַס תְּלוּת אִישִׁית וְחֻקִּית מֻחְלֶטֶת שֶׁל הַמְיַצְּרִים הַבִּלְתִּי אֶמְצָעִיִּים שֶׁהֵם הָאִכָּרִים וְהַמְשָׁרְתִים בָּאָדוֹן הַפֵּאוֹדָלִי

Leibesstrafe

עֹנֶשׁ גּוּף (עָנְשֵׁי גּוּף) (משפ') מַכַּת מַרְדּוּת

leiblich

גּוּפִי [ק/א/109]. מִתְיַחֵס עַל הַגּוּף, גַּשְׁמִי, חָמְרִי, גּוּפָנִי

Leibrock

כְּתֹנֶת (כֻּתָּנוֹת) [א״ח/א/152]

Leiche

גְּוִיָּה (גְּוִיּוֹת) (רפו') גּוּפָה, גּוּף הַמֵּת

Leichenbahre

נַרְוָד (אנת') מִטַּת הַמֵּת, אֲלוּנְקָה לִנְשִׂיאַת מֵתִים

Leichenbeschauer

בּוֹדֵק (משפ', רפו') [מר״ח/199]. חוֹקֵר מִקְרֵי מָוֶת

leichenblaß ---> blaßbläulich

Leichenkleid ---> Sterbekleid

Leichenrede ---> Trauerrede

Leichenschau

שְׂרִיחָה (משפ', רפו') [מר״ח/487;90]. נִתּוּחַ שֶׁלְּאַחַר הַמָּוֶת, נְתִיחַת גּוּפָה, נְתִיחָה אַחֲרֵי הַמָּוֶת, שְׂרְתּוּחַ

Leichenschändung

נִבּוּל הַמֵּת (משפ', דת)

Leichenverbrennung

שְׂרֵיפַת גּוּפוֹת (דת, אנת') [מר״ח/207]. סֵרוּף מֵתִים

Leichenzug

הַלְוָיָה (הַלְוָיוֹת) (דת, אנת') [א״ח/ב/64]

leicht, sehr

קַלִּיל, קַל מְאֹד

Leichter

פּוֹרֶקֶת (פּוֹרְקוֹת) (ימא') אֳנִיָּה פּוֹרֶקֶת

leichtfertig sein

פָּחַז (פּוֹחֵז), הִפְחִיז, הֵקֵל רֹאשׁוֹ בְּ..., הִתְפַּחֵז, פִּחֵז (מְפַחֵז), הִפְחִיז, הִתְנַהֵג בְּקַלּוּת דַּעַת, נִפְזַז, נָהַג קַלּוּת רֹאשׁ בְּ..., עָמַד בְּפַחֲזוּתוֹ, דַּעְתּוֹ קַלָּה עָלָיו

Leichtfertigkeit

פַּחֲזָנוּת [ק/ג/284]. קַלּוּת, קַלּוּת דַּעַת, הֲקַלַּת רֹאשׁ, פְּזִיזוּת, פַּחֲזוּת, קַלּוּת רֹאשׁ, הֲקַלַּת רֹאשׁ, פְּחִיזוּת, הִתְנַהֲגוּת חוֹפְזָנִית

leichtgläubig

נִפְתֶּה (פסי') [ק/ג/61]. נֹחַ לְהִתְפַּתּוֹת, קַל בְּדַעְתּוֹ לְהַאֲמִין לְכָל דָּבָר, קַל אֱמוּנָה

Leichtgläubigkeit

פְּתַיּוּת (פסי') [ק/ג/222]. פִּתּוּי, אֵמוּן, קַלּוּת אֱמוּנָה, קַלּוּת דַּעַת, תְּמִימוּת

Leichtigkeit

קַלּוּת (פיס') [ק/ג/283]. קְלִילוּת, הֱיוֹת קַל, שְׂפִי, נַחַת, אַחַת מֵעֶשֶׂר הָאֵיכֻיּוֹת

Leichtigkeit der Anwendung ---> Anwendung, Leichtigkeit der

Leichtsinn ---> Leichtfertigkeit

Leichtsinniger

פַּחֲזָן [א״ח/ג/99]. לֵץ (לֵצִים), קַל דַּעַת, פּוֹחֵז, הַרְפַּתְקָן, רֵיק

leichtverderbliche Waren ---> Waren, leichtverderbliche

Leid

סֵבֶל [ק/ג/256]. צָרָרָה, צַעַר, צָרָה, יִסּוּרִים, דַּאֲבוֹן לֵב, עָגְמַת נֶפֶשׁ, אָסוֹן, פֻּרְעָנוּת. רָעָה [ק/ד/45]. אֵיד, רַע, מְרוֹרָה, מַתְלָאָה, תְּלָאָה. הַפְעָלָה [ק/א/197]. מִקְרֶה רַע. מֵחוֹשׁ (מְחוֹשִׁים) (רפו') הַרְגָּשַׁת כְּאֵב, מַכְאוֹב, מְחוֹשׁ

leiden

סָבַל (סוֹבֵל), חָשַׁשׁ בְּ..., חָשׁ אֶת.../בְּ..., נָשָׂא מַכְאוֹב, חָשׁ כְּאֵב, בָּא לִידֵי יִסּוּרִים, הִרְגִּישׁ כְּאֵב, הִצְטַעֵר

Leiden ---> Leid

Leiden(s), Kategorie des ---> Kategorie des Leidens

Leiden bereiten

הִסְבִּיל (מַסְבִּיל), גָּרַם לְסֵבֶל, מֵרַר (מְמָרֵר), עָשָׂה שֶׁיִּהְיֶה מַר, הִרְגִּיז, הִכְעִיס, הֵמַר (מֵמֵר), הִמְרִיר (מַמְרִיר), צִעֵר (מְצַעֵר)

leidend

סָבִיל [ק/ב/262]. מְקַבֵּל, מַקְבִּיל, מִי שֶׁחָלָה עָלָיו פְּעֻלָּה שֶׁאַחֵר עוֹשֶׂה אוֹתָהּ. מֻשְׁפָּע [ק/ב/303]. מְקַבֵּל פְּעֻלָּה אוֹ רֹשֶׁם, שֶׁאֵינוֹ פָּעִיל. מִתְפָּעֵל [ק/ב/326]. נִפְעָל [ק/ג/56]. נִפְגָּע. חוֹלָנִי (רפו') חָלוּשׁ, לֹא בָּרִיא, סוֹבֵל, לָקוּי, מַלְקֶה

leidende Kraft ---> Kraft, leidende

Leidenschaft

רִגְשׁוֹן (רִגְשׁוֹנוֹת) (פסי') [ק/א/18]. אֲבִיּוֹנָה, רִגָּשׁוֹן, הִתְלַהֲבוּת, תְּשׁוּקָה, תַּאֲוַת בְּשָׂרִים. תַּאֲוָה (פסי') [ק/ד/170]. חֵשֶׁק, שְׁקִיקוּת, חֲמִידָה, חִמּוּד, כִּלְיוֹן נֶפֶשׁ, לְהִיטוּת (לְהִיטֻיּוֹת), לְהִיטָה, עֶבְרָה, רֶגֶשׁ חָזָק, בֻּלְמוּס, תַּאֲוָה, הִתְמַכְּרוּת, תְּשׁוּקָה עַזָּה

leidenschaftlich [---> pathetisch]

רִגְשׁוֹנִי (פסי') שֶׁיֵּשׁ בּוֹ מֶזֶג חַם, נִלְהָב, בַּעַל אַפִּי רוֹגֵשׁ

leidenschaftlicher Mensch ---> Mensch, jähzorniger

Leierfische *{Callionymidae}*

שַׁפְרִירִיִּים (זוא') מִשְׁפָּחָה שֶׁל דְּגֵי גֶּרֶם

Leierkasten ---> Drehorgel

leiern

דִּשְׁדֵּשׁ (מְדַשְׁדֵּשׁ) (חאט') נִתְדַּשְׁדֵּשׁ, הִשְׂתָּרֵךְ בְּדִבּוּרוֹ, דִּבֵּר בְּאֹרַח חַדְגּוֹנִי

Leihpacht

הַחְכֵּר וְהַשְׁאֵל (מדי')

Leim

קוֹלָן (טכנ') [ממ״ג/142]. דֶּבֶק הֶעָשׂוּי מִקֶּמַח

leimen

קִלֵּן (מְקַלֵּן) (טכנ') [ממ״ג/142]. מָרַח קוֹלָן

(דֶּבֶק הֶעָשׂוּי מִקֶּמַח)

Leimknecht ---> Schraubzwinge

Leimkraut *{Silene}*
צִפָּרְנִית (בוט') צֶמַח מִמִּשְׁפַּחַת הַצִּפָּרְנִיִּים

Lein *{Linum}*
פִּשְׁתָּה (בוט') צֶמַח מִמִּשְׁפַּחַת הַפִּשְׁתִּיִּים

Leine
חֶבֶל (חֲבָלִים) (ימא')

Leinenband
כְּרִיכַת בַּד (מלא', ספרנ')

Leinkraut *{Linaria}*
פִּשְׁתָּנִית (בוט') צֶמַח מִמִּשְׁפַּחַת הַלּוֹעֲנִיתִיִּים

Leinöl
שֶׁמֶן פִּשְׁתָּן (טכנ') [דח"ט/167]. שֶׁמֶן צִמְחִי הַמּוּפָק מִזַּרְעֵי פִּשְׁתָּן

Leintuch
אֲלוּנְטִית (אֲלוּנְטִיּוֹת) [א"ח/א/196]. מַגֶּבֶת (מַגָּבוֹת)

leiser Zug ---> Zug, leiser

Leiste [---> Streifen]
מִפְסָעָה (רפו') [מר"ח/392;331]. מִפְשָׂעָה, אַרְבָּה (אוֹרְבָּה), הַגְּבוּל שֶׁבֵּין שִׁפּוּלֵי הַבֶּטֶן וְהַיָּרֵךְ. מַדָּף (מַדָּפִים) (גאו', י"א)

Leisten
אִמּוּם (אִמּוּמִים) (טכנ') [א"ח/א/177]. תַּבְנִית לְנַעַל

Leistenbeuge ---> Leiste

leistenbezüglich
מִפְסָעָתִי (רפו') מִפְשָׂעָתִי, מִפְסָעִי, אַרְבָּתִי (אוֹרְבָּתִי), אַרְבִּי

Leistenbruch
בֶּקַע הַמִּפְסָעָה (רפו') בֶּקַע הַמִּפְשָׂעָה, בֶּדֶק הָאַרְבָּה, שֶׁבֶר, קִילָה

Leistenschnecke, Rotmund- *{Thais haemastoma}*
אַרְגְּמָנִית אֲדֻמַּת הַפֶּה (זוא') בַּעַל חַיִּים מִמִּשְׁפַּחַת הָאַרְגְּמוֹנִיִּים (חִלָּזוֹנוֹת)

Leistenschnecken *{Muricidae}*
אַרְגְּמוֹנִיִּים (זוא') מִשְׁפָּחָה שֶׁל חִלָּזוֹנוֹת

Leistung
הֶסְפֵּק (פיס') [ל"מ/214]. כַּמּוּת הָעֲבוֹדָה הַמְּבֻצַּעַת בִּיחִידַת הַזְּמַן. הֶשֵּׂג, זְכִיָּה אַחַר מַאֲמָץ

Leistung, Abnahme der
יְרִידַת הַהֶסְפֵּק

Leistung, ungenügende *{Insuffizienz}*
אִי סְפִיקָה (רפו') רִפְיוֹן

Leistungsalter
גִּיל הֶשֵּׂגִים (פדג', פסי') [ר/א/130]. מַדַּד הַהֶשֵּׂג הַנִּקְבָּע כַּגִּיל הַמְּמֻצָּע שֶׁמַּשִּׂיגֶת בּוֹ רָמַת בִּצּוּעַ מְסֻיֶּמֶת

Leistungsbedürfnis
צֹרֶךְ בְּהֶשֵּׂג

Leistungsfähigkeit
יְעִילוּת [ר/א/308]. אֶפֶקְטִיבִיּוּת, כֹּשֶׁר הַהֶסְפֵּק

Leistungsfaktor
מְקַדֵּם הַהֶסְפֵּק (פיס') [ל"מ/215]

Leistungshonorar ---> Erfolgshonorar

Leistungsmesser *{Wattmeter}*
מַד הֶסְפֵּק (פיס', טכנ') [ל"מ/235]. וַטְמֶטֶר, מַכְשִׁיר לִמְדִידַת הֶסְפֵּק חַשְׁמַלִּי

Leistungssteigerung
יִעוּל, הַגְבָּרַת הַיְּעִילוּת, הַשְׁבָּחָה, שִׁפּוּר

Leistungstest
בְּחִינַת הֶסְפֵּק (פסי', מ"ח) [ר/א/203]. מִבְחַן הֶשֵּׂגִים, מִבְחָן לְהַעֲרָכַת מַצַּב הַיֶּדַע אוֹ הַמְּיֻמָּנוּת שֶׁל אָדָם

Leistungsvermögen ---> Kompetenz; Kapazität

Leistungsvermögen, psychisches
כֹּשֶׁר שִׂכְלִי (פסי')

leiten
הִנְהִיג (מַנְהִיג) [א"ח/ב/318]. נָהַג (מְנַהֵג), הִנְחָה (מַנְחֶה), נָחָה (נוֹחֶה). הֵישִׁיר (אתי') [ק/ב/55]. הִדְרִיךְ בְּדֶרֶךְ יְשָׁרָה וְהֲגוּנָה. יִלֵּךְ (מְיַלֵּךְ) (פיס', ביו') הִתְיַלֵּךְ (מִתְיַלֵּךְ), הוֹלִיךְ, מָסַר מֶרֶץ (אֶנֶרְגִּיָּה) חֹם מֵאָטוֹם לְאָטוֹם, הֶעֱבִיר מִטְעָן חַשְׁמַלִּי

leiten, die Brücke ---> Brücke leiten, die

leitend
מְיַלֵּךְ (פיס', ביו') מוֹלִיךְ

leitende Kraft ---> Kraft, leitende

Leiter, elektrischer
מְיַלֵּךְ חַשְׁמַלִּי (פיס') מוֹלִיךְ חַשְׁמַלִּי

Leiter, Sprosse einer ---> Sprosse einer Leiter

Leiterbild
מַעֲרַךְ מְיַלְּכִים (אלק') מַעֲרַךְ מוֹלִיכִים

Leitfaden ---> Kompendium

leitfähig
יָלִיךְ (פיס', ביו') מוֹלִיךְ

Leitfähigkeit
יְלִיכוּת (פיס', ביו') [ר/ב/361; מר"ח/183]. מוֹלִיכוּת, כֹּשֶׁר הַהוֹלָכָה הַחַשְׁמַלִּית שֶׁל הַחֹמֶר אוֹ הָעָצָב

Leithammel ---> Leitziege

Leitlinie *{Direktrix}*
מַדְרִיךְ (מתמ')קַו מַדְרִיךְ, - מַנְחָה

Leitmittel
אֶמְצָעֵי מַדְרִיךְ

Leitmotiv
מְלִיל מַנְחֶה (מוס') תְּנַע תּוֹאַר, מוֹטִיב תּוֹאַר

Leitstudie ---> Teststudie

Leitton
צְלִיל מוֹבִיל (מוס')

Leitung [---> Reizleitung]

נְהוּג [ק/ג/21]. נְהוּל, הַנְהָגָה, הוֹבָלָה, הוֹרָאַת דֶּרֶךְ, נְהִיגָה, נְהִילָה. יְלוּךְ (פיס', ביו') [ל"מ/200; יל"ט/51]. הוֹלָכָה חַשְׁמַלִּית, הַעֲבָרַת מֶרֶץ (אֶנֶרְגִּיָּה) בְּאֶמְצָעוּת תַּוֶּךְ חָמְרִי. אֵט (אִטִּים) (דת) [ק/א/38]. הַיְשָׁרָה וְהַדְרָכָה אֶל הַשְּׁלֵמוּת. מוּבָל (מוּבָלִים) (הִיד') מוֹבִיל, מַעֲבִיר מַיִם מִמָּקוֹם לְמָקוֹם

Leitung, göttliche
הַנְהָגָה אֱלֹהִית (דת) [ק/ב/110]. לְאוּט, הַדְרָכָה שֶׁנַּעֲשֵׂית לְאַט לְאַט, הֲכָנָה

Leitung, oberste
רָאשׁוּת, עֲמִידָה בָּרֹאשׁ

Leitung, sphärische
הַנְהָגָה גַּלְגַּלִּית (אסט') [ק/א/115]

Leitungssonde ---> Katheter

Leitungsvermögen ---> Leitfähigkeit

Leitwertmesser
מַד יְלִיכוּת (פיס') מַד מוֹלִיכוּת

Leitziege
מַשְׁכּוּכִית (מַשְׁכּוּכִיּוֹת) (זוא', חקל') [א"ת/ב/113]. עֵז אוֹ תַּיִשׁ הַהוֹלְכִים בְּרֹאשׁ הָעֵדֶר

Lemma ---> Hilfssatz

Lende
מֹתֶן (מָתְנַיִם) (רפו') חֶלֶץ (חֲלָצַיִם), כֶּסֶל (כְּסָלִים), שְׁרִירֵי הַיָּרֵךְ

Lendenweh ---> Hexenschuß

Lendenwirbel *{Vertebrae lumbales}*
חֻלְיוֹת הַמָּתְנַיִם (רפו')

Lenkfeder
קְפִיץ נְהִיגָה (פיס')

Lenkung
הַכְוָנָה, הַדְרָכָה, נְהִיגָה

Lentikulariswolke ---> Wolke, linsenförmige

Lento
אִטִּי-אִטִּי (מוס') לְאַט-לְאַט, לֶנְטוֹ

Leopard *{Panthera pardus}*
נָמֵר (זוא') יוֹנֵק מִמִּשְׁפַּחַת הַחֲתוּלִיִּים

Lepra ---> Aussatz

Leptosom ---> Typus, asthenischer

Lerchen *{Alaudidae}*
עֶפְרוֹנִיִּים (זוא') מִשְׁפָּחָה שֶׁל צִפֳּרֵי שִׁיר

Lernalter
גִּיל הַיֶּדַע (פדג', פסי') [ר/א/131]. גִּיל חִנּוּכִי, - הַדַּעַת, - לִמּוּד

Lernen [---> Erwerb]
לְמִידָה (פסי', פדג') [ק/א/238]. הִתְלַמְּדוּת, לִמּוּד וְקִנְיַן יְדִיעוֹת. הֶרְגֵּל

Lernen, ähnlichkeitsbasiertes
לְמִידָה מְבֻסֶּסֶת דִּמְיוּת (פסי', פדג')

lernen, auswendig ---> memorieren

Lernen, begleitendes
לְמִידַת לְוַאי (פסי', פדג')

Lernen, erklärungsbasiertes (EBL)
לְמִידָה מְבֻסֶּסֶת הֶסְבֵּרִים (פסי', פדג')

Lernen, erstes ---> Primärlernen

Lernen, induktives
לְמִידָה לְפִי אִכְלוּל (פסי', פדג') לְמִידָה לְפִי אִינְדּוּקְצִיָּה

Lernen, latentes
לְמִידָה חֲבוּיָה (פסי', פדג') [ר/א/336]. תּוֹפָעָה הַמּוֹכִיחָה שֶׁלְּמִידָה וּבִצּוּעַ יִהְיוּ מְהִירִים יוֹתֵר אִם יֵשׁ לָהֶם חִזּוּק וּגְמוּל

Lernen, maschinelles
לְמִידַת מְכוֹנָה (מחש', פסי', פדג')

Lernen, massiertes
לְמִידַת גֹּדֶשׁ (פסי', פדג')

Lernen(s), Methode des verteilten
מַדְרוּךְ הַחֲלָקִים (פסי', פדג') דֶּרֶךְ הַחֲלָקִים, אֶמְצָעֵי לְשִׁפּוּר הַזִּכָּרוֹן

Lernen, unvollständiges
לְמִידַת חֶסֶר (פסי', פדג')

Lernen, Versuchs-Irrtum- ---> Versuchs-Irrtum Lernen

Lernen, zufälliges ---> Lernen, begleitendes

Lernen(s), Zusammenhangstheorie des ---> Konnektionismus

Lernen aus Beispielen
לְמִידָה לְפִי דֻּגְמוֹת (פסי', פדג')

Lernen durch Analogiebildung
לְמִידָה לְפִי הֶקֵּשׁ (פסי', פדג') לְמִידָה לְפִי אָנָלוֹגִיָּה

Lernen durch Beobachtung
לְמִידָה לְפִי צְפִיָּה (פסי', פדג')

Lernen durch Entdecken
לְמִידָה לְפִי תַּגְלִית (פסי', פדג')

Lernen nach Anweisung
לְמִידָה לְפִי הַנְחָיָה (פסי', פדג')

Lernende(r)
מִתְלַמֵּד (מִתְלַמְּדִים), מִתְלַמֶּדֶת (מִתְלַמְּדוֹת) (פדג') [ק/ב/319]. תַּלְמִיד, לוֹמֵד

Lernhilfe ---> Souffliermethode

Lesart
נֹסַח (נְסָחִים) (ספר') נוּסָח (נוּסָחִים), גִּרְסָה (גִּרְסוֹת), חֹמֶר כָּתוּב בְּצוּרָה מְסֻיֶּמֶת

lesbar ---> leserlich

lesen, Weintrauben ---> Weintrauben lesen

Lesepult
כַּן קְרִיאָה (כַּנֵּי קְרִיאָה) (ספרנ')

Leser(in)
קוֹרֵא (קוֹרְאִים), קוֹרֵאת (קוֹרְאוֹת) (פדג', ספר') [ק/ב/138]. מַבִּיט, מְעַיֵּן, לוֹמֵד

leserlich
קָרִיא, נֹחַ לִקְרִיאָה

Lesesaal
אוּלַם קְרִיאָה (אוּלַמּוֹת קְרִיאָה) (ספרנ')

Lesestörung *{Paralexie; Dyslexie}*
לַעֲוּוֹת הַקְּרִיאָה (פסי', רפו') קְשָׁיִים בִּקְרִיאָה, הַפְרָעַת קְרִיאָה

Leseunfähigkeit
לְקוּת הַקְּרִיאָה (פסי', רפו') [ר/ב/617]. לִקּוּי קְרִיאָה, אִי יְכֹלֶת לִקְרֹא

letal
קוֹטֵל (רפו') מֵמִית, קַטְלָנִי, לֶטָלִי

Letaldosis
מָנָה קַטְלָנִית (רפו')

Letalität
קְטִילוּת (רפו') קַטְלָנוּת, לֶטָלִיּוּת

Letalmutation
שְׁנוּרָה קַטְלָנִית (רפו') מוּטַצְיָה קַטְלָנִית

Lethargie
רַדֶּמֶת (פסי', רפו') תַּרְדֵּמָה חוֹלָנִית, לֶתַרְגְיָה

letzt
קְצָוִי [ק/ג/295]. קִיצוֹנִי, מִתְיַחֵס עַל הַקָּצֶה, תַּכְלִיתִי, אַחֲרוֹן, סוֹפִי

letzte Form ---> Form, letzte

letztes Ding ---> Ding, letztes

Leuchtbakterien *{Photobakterien}*
חַיְדַּקִּים מְאִירִים (ביו') חַיְדַּקִּים יוֹצְרֵי אוֹר שֶׁמְּקוֹרוֹ בִּתְגוּבָה כִּימִית הַמְּלֻוָּה בִּפְלִיטַת חֹם מְעַטָּה מְאֹד

leuchten
זָהַר (זוֹהֵר) (פיס') [ק/א/252]. הֵאִיר (מֵאִיר), הִבְרִיק, הֵפִיץ אוֹר, עָטָה אוֹר, בָּהַק (בּוֹהֵק), הִבְהִיק

Leuchten
זְהִירָה (פיס') אוֹרוּת, זְרִיחָה, מָאוֹר

leuchtend
זוֹהֵר (פיס') [ק/א/30]. אוֹרְנִי. זָהִיר (פיס') [ק/א/251]. מַזְהִיר. נוּרְנִי (פיס') [ק/ג/23]. אוֹרִי, שׁוֹפֵעַ אוֹר, בּוֹהֵק, שֶׁל אוֹר, זוֹרֵחַ

Leuchter ---> Armleuchter

Leuchterblume *{Ceropegia}*
שַׁעֲוָן (בוט') צֶמַח מִמִּשְׁפַּחַת הָאַסְקְלֶפִּיִּים

Leuchtqualle *{Pelagia noctiluca}*
פְּלַגְיָה זוֹהֶרֶת (זוא') מֵדוּזָה מִסִּדְרַת פְּתוּחֵי הַפֶּה

Leuchtstoffröhre
נוּרָה פְלוּרָנִית (טכנ') נוּרָה פְלוּאוֹרָנִית

leugnen
הִכְחִישׁ (מַכְחִישׁ) [ק/ב/83]. כִּחֵד (מְכַחֵד) דָּבָר, טָעַן שֶׁאֵין זֶה כָּךְ, כָּפַר בְּ...

leugnen, seine Schuld ---> Schuld

leugnen, seine

Leugner
מַכְחִישׁ (דת) [ק/ב/198]. מְכַחֵד, בִּלְתִּי מַאֲמִין

Leugnung
הַכְחָשָׁה [ק/א/171]. כִּחוּד, הֶכְחֵשׁ, כְּפִירָה, טַעֲנָה שֶׁאֵין זֶה כָּךְ. הַכְזָבָה [ק/א/171]. סְתִירָה

Leukämie
לַבְנֶנֶת (רפו') לוּיקֶמְיָה, לֹבֶן הַדָּם, סַרְטַן הַדָּם

leukämisch
לַבְנֶנְתִּי (רפו') לוּיקֶמִי, שֶׁל סַרְטַן הַדָּם

Leukoderm ---> Scheckhaut

Leukom ---> Hornhautnarbe, weiße

Leukoplakie ---> Weißschwielenkrankheit

Leukozyt
לַבְנוּנִית (לַבְנוּנִיּוֹת) (רפו') לוּיקוֹצִיט, כַּדּוּרִית דָּם לְבָנָה, תָּא דָּם לָבָן (תָּאֵי דָּם לְבָנִים)

Leveller
מַשְׁוֶה הַכֹּל

Levitas
קַלּוּת (פיל') [ק/ג/283]. תְּכוּנַת הַדָּבָר הַקַּל, אַחַת מֵעֶשֶׂר הָאֵיכֻיּוֹת

Levkoje *{Matthiola}*
מַנְתּוּר (בוט') צֶמַח מִמִּשְׁפַּחַת הַמַּצְלִיבִים

Lex civilis
חֹק אֶזְרָחִי (משפ') [ק/א/149]. דָּת נִימוּסִית, חֹק פְּרָטִי

Lex dei
חֹק אֱלֹהִי (משפ') [ק/א/149]. דָּת אֱלֹהִית

Lex naturae
חֹק טִבְעִי (משפ') [ק/א/149]. דָּת טִבְעִית

Lexem [---> Lexikoneintrag]
מִלָּן (מִלָּנִים) (בלש') [מ"ב/122]. לֶקְסֶמָה, עֵרֶךְ מִלּוֹנִי, מִלָּה אוֹ שֹׁרֶשׁ הַמּוֹפִיעִים כִּיחִידָה מִלּוֹנִית

lexikalische Dekomposition ---> Komponentenanalyse

Lexikographie
מִלּוֹנָאוּת (בלש') [מ"ב/123]. לֶקְסִיקוֹגְרַפְיָה, תּוֹרַת כְּתִיבַת הַמִּלּוֹנִים

Lexikologie
מִלּוֹנוּת (בלש') [מ"ב/123]. לֶקְסִיקוֹלוֹגְיָה, תּוֹרַת הִתְפַּתְּחוּת אוֹצַר הַמִּלִּים בְּלָשׁוֹן מְסֻיֶּמֶת

Lexikon
מִלּוֹן (מִלּוֹנִים) (בלש') [ק/א/20]. אֶגְרוֹן, אַגְרוֹן, מִלְּתוֹן, מְאַסֵּף, יַלְקוּט, עָרוּךְ

Lexikoneintrag [---> Lexem]
עֵרֶךְ מִלּוֹנִי (בלש') [מ"ב/73]. הַמִּלָּה כְּפִי שֶׁהִיא מוֹפִיעָה בַּמִּלּוֹן

Lezithine
אַחְלָמוֹן (ביו') לֶצִיטִין, חֹמֶר שֻׁמְנִי הַמָּצוּי בַּתָּאִים

Libanoneiche *{Quercus libani}*
אַלּוֹן הַלְּבָנוֹן (בוט') צֶמַח מִמִּשְׁפַּחַת הָאַלּוֹנִיִּים

Libanonzeder *{Cedrus libani}*
אֶרֶז הַלְּבָנוֹן (בוט') צֶמַח מִמִּשְׁפַּחַת הָאַרְנִיִּים

Libationswein
יֵין נֶסֶךְ (דת) [א"ח/ב/235]. יַיִן שֶׁשִּׁמֵּשׁ עוֹבְדֵי אֱלִילִים בְּפֻלְחָנָם

Libelle
פֶּלֶס מַיִם (טכנ')

Libellen *{Odonata}*
שַׂפִּירָאִים (זוא') סִדְרָה שֶׁל חֲרָקִים

Libellenblase
בּוּעַת אֲוִיר (טכנ') בּוּעַת אֲוִיר בְּפֶלֶס מַיִם

liberal
חֻפְשָׁנִי (מדי', מ"ח) לִיבֶּרָלִי

Liberalismus
חֻפְשָׁנוּת (מדי', מ"ח) לִיבֶּרָלִיּוּת, לִיבֶּרָלִיזְם

Libido sexualis [---> Eros]
תְּשׁוּקָה זְוִיגִית (פסי') [ק/א/334; ר/א/334]. חֵשֶׁק, לִיבִּידוֹ, אַהֲבָה, תְּשׁוּקָה מִינִית, מֶרֶץ (אֶנֶרְגְיָה) נַפְשִׁי בַּעַל אֹפִי מִינִי, חִמּוּד. אֲבִיּוֹנָה (פסי') [ק/א/18]. תַּאֲוַת בְּשָׂרִים

Libretto
תַּמְלִיל (תַּמְלִילִים) (מוס') לִבְרִית

Licentia poetica

חֵרוּת פִּיּוּטִית (ספר׳) [ק/א/246]. הֶתֵּר, הַתָּרָה, זְכוּת הַמְּשׁוֹרֵר לִנְטוֹת מִן הַמְּקֻבָּל בַּלָּשׁוֹן, בַּדִּקְדּוּק וּבַסִּפְרוּת. מְחִילָה (ספר׳) [ק/ב/179]. חֵרוּת הַפַּיִט, לִיצֶנְטְיָה פּוֹאֶטִיקָה

Lichen
יַלֶּפֶת (רפו׳) מַחֲלַת עוֹר

Lichenifikation
יִלּוּף (רפו׳) הִתְיַלְּפוּת, הִתְפַּתְּחוּת מַחֲלַת הַיַּלֶּפֶת

Licht
אוֹר (פיס׳) [ק/א/27]. אוֹרָה. זֹהַר, זָהֳרָה (פיס׳) [ק/א/252]. אוֹר מַבְרִיק. זִיו (פיס׳) [ק/א/257]. נֹגַהּ

Licht(s), Brechung des
שְׁבִירַת הָאוֹר (פיס׳)

Licht, diffuses
אוֹר מְפֻזָּר (פיס׳) אוֹר דִּיפוּזִי

Licht, durchsichtiges
אוֹר נוֹקֵב (פיס׳) [ק/א/27]

Licht(s), Lehre von der Brechung des
תּוֹרַת שְׁבִירַת הָאוֹר (פיס׳) [ק/א/297]. חָכְמַת הַמַּרְאָה הַמְעֻקֶּלֶת

Licht(s), Reflexion des ---> Reflexion des Lichts

Licht, sichtbares
אוֹר נִרְאֶה (פיס׳) [ק/א/27]

Licht, zerlegtes
אוֹר נָפוּץ (פיס׳)

Licht, zerstreutes ---> Licht, diffuses

Licht, zurückstrahlendes
אוֹר מֻחְזָר (פיס׳) [ק/א/27]. אוֹר בָּהִיר

lichtartig
אוֹרִי (פיס׳) [ק/א/30]. אוֹרָנִי. נוּרָנִי (פיס׳) [ק/ג/23]. שׁוֹפֵעַ אוֹר, בּוֹהֵק, שֶׁל אוֹר

Lichtausstrahlung, spezifische
פֶּלֶט אוֹר (פיס׳) פֶּלֶט אוֹר בִּנְקֻדָּה שֶׁל מִשְׁטָח

Lichtbild
תַּצְלוּם (תַּצְלוּם) (טכנ׳)

Lichtbildwerfer ---> Projektor

Lichtbogen, elektrischer
קֶשֶׁת חַשְׁמַלִּית (פיס׳)

Lichtbogenschweißen
רִתּוּךְ בְּקֶשֶׁת חַשְׁמַלִּית (טכנ׳)

Lichtbündel
אֲלֻמַּת אוֹר (פיס׳)

Lichtdichte
בְּהִיקוּת (פיס׳) צְפִיפוּת הָאוֹר בְּכִוּוּן מְסֻיָּם, בִּנְקֻדָּה עַל מִשְׁטָח שֶׁל מָקוֹר אוֹ שֶׁל קוֹלֵט אוֹ בִּנְקֻדָּה שֶׁל אֲלֻמָּה

Lichtdruck *{Albertotypie}*
דְּפוּסוֹר (דפו׳, אמנ׳) [ממ״ג/8]. דְּפוּס אוֹר, הַדְפָּסַת שֶׁטַח בְּאֶמְצָעוּת לוּחַ זְכוּכִית

lichtdurchlässig
לָשׁוּם (לְשׁוּמָה) (פיס׳) שָׁקוּף לְמֶחֱצָה, מַעֲבִיר אוֹר פָּזוּר

lichten
דִּלֵּל (מְדֻלָּל) [א״ח/א/229]. פִּסְפֵּס (מְפֻסְפָּס), הִקְטִין אֶת הַצְּפִיפוּת, פִּזֵּר, הִפְרִיד

Lichtfleckensehen
שְׂרַגְרוּגִית (רפו׳, פסי׳) רְאִיַּת נִיצוֹצוֹת בָּעֵינַיִם

Lichtgriffel
עֵט אוֹר (מחש׳) [דמ״א/60]. הֶתְקֵן בְּצוּרַת מוֹט קָטָן הַמְּקַשֵּׁר בֵּין הַמִּשְׁתַּמֵּשׁ לְבֵין צַג הַמַּחְשֵׁב

Lichtnelke *{Lychnis}*
לַהֲבִית (בוט׳) צֶמַח מִמִּשְׁפַּחַת הַצִּפָּרְנִיִּים

Lichtnußbaum *{Aleurites moluccana}*
קִמְחִית מוֹלוּקָנִית (בוט׳) צֶמַח מִמִּשְׁפַּחַת הַחֲלַבְלוּבִיִּים

Lichtpause *{Diazokopie}* [---> Zeichnungskopie]
הֶעְתֵּק קַו צִלּוּם (טכנ׳, דפו׳) הַעְתָּקַת אוֹר, - שֶׁמֶשׁ

Lichtpausmaschine
מַעְתֵּקַת אוֹר (טכנ׳, דפו׳)

Lichtquelle, punktförmige
מָקוֹר נְקֻדָּתִי (פיס׳) מְקוֹר אוֹר נְקֻדִּי

Lichtreflexion, Lehre von der
חָכְמַת הַמַּרְאָה הַיְשָׁרָה (פיס׳) [ק/א/297]

Lichtscheu *{Photophobie; Heliophobie}*
גְּהָרוּת (פסי׳, רפו׳) [מר״ח/531]. בַּעַת אוֹר, אִי יְכֹלֶת לְהַבִּיט בָּאוֹר

Lichtstärke
נְהִירוּת (פיס׳, פסי׳) עָצְמַת הָאוֹר שֶׁל מָקוֹר בְּכִוּוּן מְסֻיָּם

Lichtstrahl
קֶרֶן אוֹר (קַרְנֵי אוֹר) (פיס׳) [ק/ג/33]. נִיצוֹץ. קַו נִיצוֹצִי (פיס׳) [ק/ג/275]. שְׁבִיב (פיס׳) [ק/ד/69]

lichtstrahlbezüglich
נִיצוֹצִי (פיס׳) [ק/ג/34]. מִתְיַחֵס עַל הַנִּיצוֹץ, שֶׁל קֶרֶן אוֹר

Lichtstrom
שֶׁטֶף אוֹר (פיס׳) הֶסְפֵּק אוֹר

Lichtstromdichte
צְפִיפוּת שֶׁטֶף אוֹר (פיס׳) הֶסְפֵּק הָאוֹר בִּנְקֻדָּה שֶׁל מִשְׁטָח

Lichtsucht
תְּאִיבַת שֶׁמֶשׁ (ביו׳)

Lichtung
מַעַר (חקל׳) מַעֲרָה (מַעֲרִים), מַעֲרֵה יַעַר, קָרַחַת יַעַר, מָקוֹם גָּלוּי לְלֹא עֵצִים

Lidherabfall *{Blepharoptosis}*
צְנַחַת הָעַפְעַפַּיִם (רפו׳) צְנִיחַת הָעַפְעַף

Lidkrampf
עֲוִית הָעַפְעַפַּיִם (רפו׳)

lieb
חָבִיב, חָבוּב, נָעִים, יָקָר

Liebe
אַהֲבָה (פסי׳) [ק/א/334; ר/א/8]. חֵשֶׁק, תְּשׁוּקָה זוּגִית, - מִינִית

liebenswürdig
אָהִיב, אֲהִיבָה (פסי׳) רָאוּי לְאַהֲבָה

Liebesgeige ---> Viola d'amore

Liebesgras *{Eragrostis}*
בֶּן חִילָף (בוט׳) צֶמַח מִמִּשְׁפַּחַת הַדְּגָנִיִּים

Liebesspiel
מִשְׂחַק אַהֲבָה (מ״ח, פסי׳) מִצְחַק אַהֲבָה, אֲהַבְהָבִים, הַתְנָיַת אֲהָבִים, מַזְמוּטֵי אַהֲבָה, מִזְמוּז

Liebessucht ---> Erotomanie

Liebestat ---> Liebeswerk
Liebeswahn ---> Erotomanie
Liebeswerk
גְּמִילוּת חֲסָדִים (דת, מ״ח) [א״ח/ב/66]. גְּמִילוּת חֶסֶד, עֲשִׂיַּת חֶסֶד
Liebhaberei ---> Hobby
lieblich
נָעִים, מְלַבֵּב, בָּסִים, בַּשִּׂים, בָּשׂוּם, בִּנְעִימוּת, נָעֵם, בְּנֹעַם
lieblich machen
הִנְעִים (מַנְעִים) [א״ח/ג/76; 80]. בִּשֵּׂם (מְבַשֵּׂם), עִנֵּג, עִדֵּן, בָּשַׂם לְ..., נִעֵם (מְנַעֵם), גָּרַם נְעִימוּת
Lied
שִׁיר (שִׁירִים) (מוס׳) [למ״ו/472; שא״מ/867]. זֶמֶר
Lied ohne Worte
שִׁיר בְּלִי מִלִּים (מוס׳)
Liederbuch
שִׁירוֹן (מוס׳) סֵפֶר שִׁירִים, קֹבֶץ שִׁירִים
Liederkreis ---> Liederzyklus
Liedersammlung ---> Liederbuch
Liederzyklus
כְּלִיל שִׁירִים (מוס׳)
lieferbar ---> verfügbar
Lieferungswerk
סֵפֶר הַמּוֹפִיעַ קֻנְטְרֵסִים קֻנְטְרֵסִים (ספרנ׳) סֵפֶר הַמּוֹפִיעַ חוֹבָרוֹת חוֹבָרוֹת
liegen, auf dem Bauch ---> einwärts drehen
Liegen
הֵסֵב [א״ח/ג/43]. יְשִׁיבָה בְּהִשָּׁעֲנוּת
Liegenschaften ---> Grundvermögen
Liegeplatz [---> Ankerplatz]
מִרְתָּק (ימא׳) מְקוֹם רְתִיקַת הָאֳנִיָּה
Lienterie ---> Durchfall mit unverdauten Speiseresten
Lieschen, Fleißiges *{Impatiens walleriana (Impatiens sultani)}*
בְּשֹׂמֶת הַשִּׁלְטָן (בוט׳) צֶמַח מִמִּשְׁפַּחַת הַבְּשָׂמְתִּיִּים
Lieschgras *{Phleum}*
אִיטָן (בוט׳) צֶמַח מִמִּשְׁפַּחַת הַדְּגָנִיִּים
ligamentös ---> bandbezüglich
Ligamentum ---> Band
Ligand
קְשִׁיר (קְשִׁירִים) (ביו׳)
Ligatur [---> Abbindungsschnur; Bindebogen]
צֵרוּף אוֹתִיּוֹת (דפו׳, אמנ׳) לִיגָטוּרָה
Lignin ---> Holzwolle
Lilie *{Lilium}*
שׁוֹשָׁן (בוט׳) צֶמַח מִמִּשְׁפַּחַת הַשּׁוֹשַׁנִּיִּים
Limabohne ---> Mondbohne
Limbus ---> Saum
Limen ---> Schwelle; Grenze
Limes, unterer
גְּבוּל תַּחְתּוֹן (מתמ׳)
Linderungsmittel *{Palliativum}*
תַּשְׁכִּיךְ כְּאֵבִים (רפו׳, פסי׳) [מר״ח/505]. תַּחְפִּיף, תְּרוּפָה מְשַׁכֶּכֶת כְּאֵבִים
Linea exiens
סַף יוֹצֵא (אנת׳) [ק/ג/106]
Linea intrans
סַף נִכְנָס (אנת׳) [ק/ג/106]
linear [---> geradlinig]
קַוִּי, לִינֶאָרִי
Linearisierung
קִוְקוּו, קִוּוּי, עֲשִׂיַּת קַוִּים
Linearperspektive
תִּשְׁקֹפֶת (פֶּרְסְפֶּקְטִיבָה) קַוִּית (אמנ׳, פסי׳) [ר/ב/598]. אֶמְצָעִי לִיצִירַת תְּחוּשַׁת עֹמֶק עַל מִישׁוֹר הַמְּבֻסָּס עַל הָעֻבְדָּה הַגֵּאוֹמֶטְרִית שֶׁכְּכָל שֶׁעוֹלֶה מֶרְחַק הָעֶצֶם כָּךְ קְטֵנָה זָוִית הָרְאִיָּה שֶׁהוּא תּוֹפֵס בְּעֵין הַצּוֹפֶה
Lingua franca
לְשׁוֹן תַּעֲרֹבֶת (בלש׳) [מ״ב/124]. לִינְגוּאָה פְרַנְקָה, לְשׁוֹן דִּבּוּר הַמְּכִילָה אוֹצַר מִלִּים וּמִבְנִים לְשׁוֹנִיִּים שֶׁל לְשׁוֹנוֹת שׁוֹנוֹת
Linguistik, kybernetische
בַּלְשָׁנוּת חִשּׁוּבִית (בלש׳) [מ״ב/43]
Linguistik, mathematische ---> Linguistik, kybernetische
Linie
קַו (קַוִּים) (מתמ׳) [ק/ג/272]. גֹּדֶל שֶׁיֵּשׁ לוֹ רַק מֵמַד הָאֹרֶךְ
Linie, ausgerutschte
קַו נִדָּח (אמנ׳) [ממ״ג/18]. קַו שֶׁלֹּא הָלַךְ בַּמַּסְלוּל שֶׁנִּקְבַּע לוֹ עַל יְדֵי הָאָמָן
Linie, gerade
קַו יָשָׁר (מתמ׳) [ק/ג/274]
Linie, irrationale
קַו אִלֵּם (מתמ׳) [ק/ג/274]. קַו לֹא רַצְיוֹנָלִי. קַו בִּלְתִּי מְדֻבָּר (מְדַבֵּר) (מתמ׳) [ק/א/90]. קַו חֵרֵשׁ (מתמ׳) [ק/א/330; ק/ג/274]
Linie, punktierte
קַו נְקֻדּוֹת (אמנ׳, טכנ׳)
Linie, rationale
קַו מְאֻזָּר (מתמ׳) [ק/ב/127; ק/ג/274]. קַו רַצְיוֹנָלִי. קַו מְדֻבָּר - מְדַבֵּר (מתמ׳) [ק/א/90; ק/ב/146; ק/ג/274]
Linie ziehen, eine
מָשַׁךְ (מוֹשֵׁךְ) קַו (מתמ׳) [ק/ג/275]. קִוָּה (מְקַוֶּה), קָוָה (קוֹוֶה), רָשַׁם קַו, הֶעֱבִיר קַו
Linien, inkommensurable
קַוִּים נִבְדָּלִים (מתמ׳) [ק/ג/274]. קַוִּים חַסְרֵי מִדָּה מְשֻׁתֶּפֶת
Linien, kommensurable
קַוִּים מִשְׁתַּתְּפִים (מתמ׳) [ק/ג/274]. קַוִּים בַּעֲלֵי מִדָּה מְשֻׁתֶּפֶת
Linien, parallele
קַוִּים נְכֹחִיִּים (מתמ׳) [ק/ג/274]. קַוִּים מַקְבִּילִים
Linienblitz
בָּרָק יָשָׁר (מטא׳) [יל״ט/37]
Linienschiff
אֳנִיַּת קַו (ימא׳) קַוִּית (קַוִּיּוֹת)
Linienschwärmer *{Hyles lineata livornica}*

רַפְרַף מְסֻרְטָט (זוא׳) חֶרֶק מִמִּשְׁפַּחַת הָרַפְרָפִים (פַּרְפָּרָאִים)
linieren
קוּקֵו (מְקֻוְקָו) (אמנ׳, מתמ׳) עָשָׂה קַוִּים, הִתְקַוְקֵו (מִתְקַוְקֵו), קִבֵּל צוּרָה שֶׁל קַו, קֻוָּה (מְקֻוֶּה), סִרְגֵּל (מְסַרְגֵּל), סִרְטֵט קַוִּים בְּסַרְגֵּל
Linieren
קִוְקוּו (אמנ׳, מתמ׳) עֲשִׂיַּת קַוִּים, קִוּוּי, סִרְגּוּל, סִרְטוּט קַוִּים בְּסַרְגֵּל
Linimentum ---> Salbe, flüssige
linkisch ---> ungeschickt
links setzen
הִשְׂמְאִל (מַשְׂמְאִל), הִשְׂמְאִיל (מַשְׂמְאִיל), פָּנָה לְצַד שְׂמֹאל
Linksdrehen ---> Rückdrehen
linksdrehend ---> linksgängig
linksgängig
מַשְׂמְאִיל, פּוֹנֶה לִשְׂמֹאל, מַשְׂמִיל, מַשְׂמְאִיל
Linksgewinde
תַּבְרִיג מַשְׂמְאִיל (טכנ׳) תַּבְרִיג מַשְׂמִיל, - מַשְׂמְאִיל
linkshändig
אִטֵּר, אִטֶּרֶת (רפו׳, פסי׳) מִי שֶׁאֵינוֹ שׁוֹלֵט בְּיַד יָמִין כְּמוֹ שֶׁהוּא שׁוֹלֵט בְּיַד שְׂמֹאל
Linkshändigkeit
אִטְּרוּת (רפו׳, פסי׳) תְּכוּנַת מִי שֶׁאֵינוֹ שׁוֹלֵט בְּיַד יָמִין כְּמוֹ שֶׁהוּא שׁוֹלֵט בְּיַד שְׂמֹאל
linkswendig ---> linksgängig
Linnentuch ---> Leintuch
Linnenzeug
כְּלֵי לָבָן [א״ח/א/133]. בִּגְדֵי לָבָן, בְּגָדִים לְבָנִים, כְּסוּת נְקִיָּה
Linoleum
שַׁעֲמָנִית (שַׁעֲמָנִיּוֹת) (טכנ׳, אמנ׳) [ממ״ג/145]. לִינוֹל, חֹמֶר עָשׂוּי תַּעֲרֹבֶת שֶׁל שַׁעַם וְשֶׁמֶן עַל גַּבֵּי אֲרִיג פִּשְׁתָּן
Linolschnitt
חִתּוּךְ שַׁעֲמָנִית (אמנ׳) [ממ״ג/145]. חִתּוּךְ לִינוֹל
Linse
עֲדָשָׁה (עֲדָשׁוֹת) (פיס׳) [ל״מ/478]. גּוּף שָׁקוּף הַמֻּגְבָּל עַל יְדֵי שְׁנֵי מִישׁוֹרִים עֲקוּמִים
Linse *{Lens}*
עֲדָשָׁה (בוט׳) צֶמַח מִמִּשְׁפַּחַת הַפַּרְפְּרָנִיִּים
Linse, konkav-konvexe
עֲדָשָׁה קְעוּרָה קְמוּרָה (פיס׳) מֶנִיסְקוּס מְכַנֵּס
Linse, konvex-konkave
עֲדָשָׁה קְמוּרָה קְעוּרָה (פיס׳) מֶנִיסְקוּס מְבַדֵּר
Linse, plankonkave
עֲדָשָׁה מִישׁוֹרִית קְעוּרָה (פיס׳)
Linse, plankonvexe
עֲדָשָׁה מִישׁוֹרִית קְמוּרָה (פיס׳)
Linse, zusammengesetzte
עֲדָשָׁה מֻרְכֶּבֶת (פיס׳)
Linsenfernrohr *{Refraktor}*
מִשְׁקֶפֶת עֲדָשׁוֹת (פיס׳, טכנ׳)
linsenförmig
עֲדָשִׁי (פיס׳) [ק/ג/126]. דְּמוּי עֲדָשָׁה
Linsentrübung ---> Star, grauer
Linsenwicke *{Vicia ervilia}*
בִּקְיַת הַכַּרְשִׁינָה (בוט׳) צֶמַח מִמִּשְׁפַּחַת הַפַּרְפְּרָנִיִּים
Lipoma ---> Fettgeschwulst
Lippen, übergroße *{Makrocheilie}*
זִלְעוּת (רפו׳) [מר״ח/433]. שְׂפָתַיִם גְּדוֹלוֹת
Lippenbart ---> Schnurrbart
Lippenlaut *{Bilabiallaut; Labiallaut}*
הֶגֶה דּוּ שְׂפָתִי (בלש׳) [מ״ב/118;27]. הֶגֶה שְׂפָתִי, צְלִיל הַנֶּהְגֶּה בְּמַגָּע הַשְּׂפָתַיִם, לְמָשָׁל: w, m, b, p
Lippenschleimhautentzündung *{Cheilosis}*
רַפֶּטֶת הַשְּׂפָתַיִם (רפו׳) הִסְתַּדְּקוּת הַשְּׂפָתַיִם
Lippenschürzen
שִׁרְבּוּב שָׂפָה (פסי׳, רפו׳) שִׁרְבּוּט שְׂפָתַיִם מֵרֹגֶז
Lippenspalte
פֶּרֶטֶת הַשָּׂפָה (רפו׳) [מר״ח/143]. פֵּרְטוּת, קֶרַע בַּשָּׂפָה
Lippfische *{Labridae}*
שְׂפְתָנִיִּים (זוא׳) מִשְׁפָּחָה שֶׁל דְּגֵי גֶּרֶם
Liquidator ---> Abwickler
Liquidität
נְזִילוּת (כלכ׳) זְמִינוּת, אֶפְשָׁרוּת הַהֲפִיכָה לִמְזֻמָּנִים, לִיקְבִידִיּוּת
lispeln
שִׂפְתֵּת (מְשַׂפְתֶּת) (רפו׳, פסי׳) דִּבֵּר בְּעִלְּגֵי לָשׁוֹן
Lispeln *{Sigmatismus}*
שִׂפְתּוּת (רפו׳, פסי׳) [מר״ח/614]. סִבְלוּת, עִלְּגוּת לָשׁוֹן, שִׁמּוּשׁ בִּצְלִיל S שֶׁלֹּא בִּמְקוֹמוֹ
List
מִתְכָּן (מִתְכָּנִים), תַּחְבּוּלָה, תַּכְסִיס, אַמְצָאָה
Listenauswahl ---> Auswahl, systematische
Litanei
קִינָה (קִינוֹת) (דת, מוס׳) קִינַת תַּמְרוּרִים
Literal
סְמִין (סְמִינִים) (מחש׳) לִיטֶרָל
literarische Aussparung ---> Aussparung, literarische
literarische Dehnung ---> Dehnung, literarische
literarische Raffung ---> Raffung, literarische
literarische Verzögerung ---> Verzögerung, literarische
Literatur, bildende
לֹא דִּמְנַת (ספר׳) לֹא סִפֹּרֶת
Literatur, erotische *{Erotika}*
סִפְרוּת עֲגָבִים (ספר׳) סִפְרוּת אַהֲבָתִית (אֶרוֹטִית)
Literatur, pornographische
סִפְרוּת נְבוּלִית (ספר׳) סִפְרוּת זִמָּה, - פּוֹרְנוֹגְרָפִית
Literatur, schöne *{Belletristik}*
סִפְרוּת יָפָה (ספר׳) בֶּלֶטְרִיסְטִיקָה
Literatur, unzüchtige ---> Literatur, pornographische
Literaturangabe
מַרְאֵה מָקוֹם (ספרנ׳) מַרְאֵה מְקוֹמוֹת
Literaturverzeichnis ---> Bibliographie

Lithiasis ---> Steinleiden
Lithium
אַבְנָן (כימ') לִיתְיוּם, יְסוֹד כִּימִי, מַתֶּכֶת קַלָּה
Lithographie ---> Steindruck
Lithographie-Blatt ---> Steindruckblatt
lithographische Tusche ---> Tusche, lithographische
Lithotypographie
דְּפוּס אֶבֶן בּוֹלֵט (אמנ', דפו') [ממ"ג/147]
Litota ---> Untertreibung
Litotes ---> Untertreibung
Liturgie
עֲבוֹדַת הַקֹּדֶשׁ (מוס', דת) לִיטוּרְגְיָה
Litze
גְּדִיל (גְּדִילִים) (ימא')
livid ---> blaßbläulich
lizenziert ---> konzessioniert
Lizenzerteilung ---> Konzessionierung
L i z e n z z a h l u n g ---> Urheberrechtslizenzgebühr
Lobby
שְׁדָּלָה (מדי') קְבוּצַת הַשְׁפָּעָה מְדִינִית הַפּוֹעֶלֶת לְמַעַן עִנְיָן מְסֻיָּם
Lobbyist(in)
שְׁתַּדְּלָן, שְׁתַּדְּלָנִית (מדי') שַׁדְלָן, שַׁדְלָנִית, חָבֵר (חֲבֵרַת) שְׁדָּלָה
loben
שִׁבֵּחַ, שִׁבַּח (מְשַׁבֵּחַ), הִלֵּל (מְהַלֵּל), דִּבֵּר בְּשִׁבְחוֹ, דָּרַשׁ לְשֶׁבַח אֶת..., קִלֵּס, הִתְקַלֵּס, הִשְׁתַּבַּח, הִתְהַלֵּל
lobenswert
רָאוּי לְשֶׁבַח [ק/ג/9]. נָאֶה, רָאוּי, מְשֻׁבָּח, מְעֻלֶּה, מְצֻיָּן, מַשְׂבִּיעַ רָצוֹן, מְקֻלָּס, מְהֻלָּל, דָּגוּל, מָלֵא תִּשְׁבָּחוֹת
Lobgesang
שִׁיר תְּהִלָּה (מוס') שִׁיר תִּשְׁבָּחָה, מַהֲלָל, הִלּוּל (הִלּוּלִים)
Loch *{Foramen}*
נִקְבָּה (נְקָבוֹת) (רפו') [מר"ח/306]. נֶקֶב (נְקָבִים), חוֹר (חוֹרִים), פֶּתַח
Locheisen
מַקָּב חָלוּל (טכנ') מַכְשִׁיר חָלוּל וְחַד לַעֲשִׂיַּת נְקָבִים בְּחֹמֶר
lochen
נִקֵּב (מְנַקֵּב) (טכנ')
Locher
מַקֵּב (מַקְּבִים) (טכנ') מַכְשִׁיר לְנִקּוּב חוֹרִים
Lochhammer
מַקּוֹב (מַקּוֹבִים) (טכנ') פַּטִּישׁ בַּעַל רֹאשׁ מְחֻדָּד
Lochien, Ausbleiben der ---> Alochie
Lochkarte
כַּרְטִיס מְנֻקָּב (מחש', ספרנ')
Lochschnecke *{Fissurella nubecula}*
יַסְדּוּק הַכְּרִית (זוא') בַּעַל חַיִּים מִמִּשְׁפַּחַת הַיַּסְדּוּקִיִּים (חֶלְזוֹנוֹת)
Lochschnecken *{Fissurellidae}*
יַסְדּוּקִיִּים (זוא') מִשְׁפָּחָה שֶׁל חֶלְזוֹנוֹת
Lochungsmaschine
מְנַקֶּבֶת (טכנ')
Lochzange
מַקָּבִים (טכנ')
locker
רָפוּי [ק/ג/106]. סְפוֹגִי, לֹא מָתוּחַ, תָּחוּחַ, מְפוֹרָר, שָׁמוּט
locker werden
הִתְרַפָּה (מִתְרַפֶּה), הִרְפָּה, רָפָה (מַרְפֶּה), שָׁמֵט (מְשַׁמֵּט)
Lockerheit
רַפְיוּת (פיס') [ק/ג/106]. סְפוֹגִיּוּת, סְפוֹגוּת, הַרְפָּיָה. רִפְיוֹן [ק/ד/48]. רְגִיעָה, הִתְפָּרְקְנוּת
lockern, eine Schraube ---> Schraube
lockern, eine
Lockspitzel ---> Agent provocateur
Lockstoff
מוֹשְׁכָן (מוֹשְׁכָנִים) (ביו', כימ')
Locus communis
דֵּעָה פַּשְׁטָנִית (פיל') [ק/ב/265]. מָקוֹם, נְקֻדַּת מַבָּט כְּלָלִית, לָשׁוֹן כּוֹלְלָנִית, נְקֻדַּת מַבָּט צוּרִית, סְבָרָה קַלָּה, סְבָרַת הַלֵּב. סֵדֶר (סְדָרִים) (פיל') [ק/ג/95]
löchrig ---> porös
Löchrigkeit ---> Porosität
Löffel ---> Lummel
Löffelbagger
יָעוֹן (יְעוֹנִים) (טכנ') מַחְפֵּר יָעָה
Löffelente *{Anas clypeata}*
מָרִית (זוא') בַּרְוָז רְחַב מַקּוֹר, עוֹף מִמִּשְׁפַּחַת הַבַּרְוָזִיִּים
Löffelstruktur
מִבְנֶה קַעֲרוּרִים (גאו', י"א)
Löffler *{Platalea leucorodia}*
כַּפָּן (זוא') אֲבִי הַכַּף, עוֹף מִמִּשְׁפַּחַת הַכַּפָּנִיִּים
lösbar
פָּתִיר (מחמ') שֶׁנִּתָּן לְפִתְרוֹן
Lösbarkeit
פְּתִירוּת (מחמ') הֱיוֹת פָּתִיר
löschen
פָּרַק (פּוֹרֵק) (ימא') [א"ח/ב/348]. הוֹרִיד מַשָּׂא, פֵּרֵק (מְפָרֵק)
Löschen
פְּרִיקָה (ימא') הוֹרָדַת מַשָּׂא
Löschpapier
נְיַר סוֹפֵג
Löschspieß
שְׁפוּד תְּחוּחַ (טכנ') מוֹט מַתֶּכֶת חַד בְּקָצֵהוּ לְתִחוּחַ גֶּחָלִים בָּאֵשׁ
Lösegeld
דְּמֵי כֹּפֶר (משפ') פִּדְיוֹן, תַּשְׁלוּם לְשֵׁם שִׁחְרוּר, כֹּפֶר
lösen
פָּתַר (פּוֹתֵר) [א"ח/ג/106]. מָצָא פִּתְרוֹן. פָּשַׁר (פּוֹשֵׁר), הִתִּיר, יִשֵּׁב, מָצָא
Lösen
פְּתִירָה (מחמ') מְצִיאַת פִּתְרוֹן
l ö s e n , S c h w i e r i g k e i t e n ---> Schwierigkeiten lösen
lösen, Zweifel ---> Zweifel lösen
Lösen durch Probieren

פְּתִירָה דֶּרֶךְ נִחוּשׁ וּבְדִיקָה (מתמ')

löslich

מָסִיס (כימ') תָּמִיס

Löslichkeit

מְסִיסוּת (כימ') תְּמִיסוּת, כַּמּוּת שֶׁל חֹמֶר מְסֻיָּם הַמְּסֻגֶּלֶת לְהִתְמוֹסֵס בְּמֵמֵס מְסֻיָּם בִּתְמוּדָה (טֶמְפֶּרָטוּרָה) יְדוּעָה

Lösung

תְּמִסָּה (תְּמִסּוֹת) (כימ') תְּמוּס, תַּעֲרֹבֶת נוֹזְלִית אֲחִידָה הַנּוֹצֶרֶת עַל יְדֵי הֲמַסָּה שֶׁל גַּז, נוֹזֵל אוֹ מוּצָק בְּתוֹךְ מֵמֵס נוֹזְלִי וַחֲלֻקָּתָם הַשָּׁוָה בּוֹ. פִּתְרוֹן (פִּתְרוֹנוֹת, פִּתְרוֹנִים) [א״ת/ג/106]. פֵּשֶׁר (פְּשָׁרִים), הַתָּרָה, הֶתֵּר, פִּשְׁרוֹן

Lösung, dickflüssige

תַּסְמִיךְ (תַּסְמִיכִים) (כימ') תּוֹצָאַת הַסִּמּוּךְ, תְּמִסָּה סְמִיכָה

Lösung, dünnflüssige

תַּדְלִיל (תַּדְלִילִים) (כימ') תּוֹצָאַת הַדִּלּוּל, תְּמִסָּה דְּלִילָה

Lösung, hypertonische

תְּמִסָּה יְתוּנָה (רפו') תְּמִסָּה הִיפֶּרְטוֹנִית, - בַּעֲלַת לַחַץ חִלְחוּלִי (אוֹסְמוֹטִי) גָּבֹהַּ מִזֶּה שֶׁל הַדָּם

Lösung, hypotonische

תְּמִסָּה יְהוּנָה (רפו') תְּמִסָּה הִיפּוֹטוֹנִית, - בַּעֲלַת לַחַץ חִלְחוּלִי (אוֹסְמוֹטִי) נָמוּךְ מִזֶּה שֶׁל הַדָּם

Lösung, partikuläre

פִּתְרוֹן פְּרָטִי (מתמ')

Lösung, verdünnte

תַּמְהִיל (תַּמְהִילִים) (כימ') תְּמִיסָה מְהוּלָה, תּוֹצָאַת הַמְּהִילָה

Lösung einer Frage

הַתָּרָה [ק/א/246]. הֶתֵּר, מְצִיאַת פִּתְרוֹן לִשְׁאֵלָה קָשָׁה וַחֲמוּרָה. יִשּׁוּב [ק/ב/53]. בֵּאוּר, פֵּרוּשׁ, תֵּרוּץ שֶׁל קֻשְׁיָה. פֵּרוּק [ק/ג/210]. הַתָּרַת סָפֵק, - סְתִירָה

Lösung eines Widerspruchs ---> Lösung einer Frage

Lösungshilfe ---> Anhaltspunkt

Lösungskurve ---> Integralkurve

Lösungsmittel ---> Solvens

Lösungsprodukt *{Lysat}*

תַּמְסִיס (תַּמְסִיסִים) (כימ')

Lötbrenner

מַבְעֵר הַלְחָמָה (טכנ')

Löte

לַחַם (טכנ') [דח״ט/78]. חֹמֶר הַלְחָמָה, סַגְסֹגֶת הַמְּשַׁמֶּשֶׁת כְּחֹמֶר הַלְחָמָה

Löteisen ---> Lötkolben

löten

הִלְחִים (מַלְחִים) (טכנ') [א״ת/ב/304]. רִתֵּךְ (מְרַתֵּךְ)

Löten

הַלְחָמָה (טכנ') רִתּוּךְ

Lötkolben

מַלְחֵם (מַלְחֲמִים) (טכנ')

Lötmetall ---> Löte

Lötofen

כִּירַת הַלְחָמָה (טכנ')

Lötpastille ---> Vorform

Lötring

טַבַּעַת מַלְחֶמֶת (טכנ')

Lötrohr

מֵי הַלְחָמָה (טכנ')

Lötsäure

חֻמְצַת הַלְחָמָה (טכנ')

Lötstelle

מַחְבֵּר הַלְחָמָה (טכנ')

Lötung

הֶלְחֵם (טכנ') תּוֹצָאַת הַהַלְחָמָה

Lötverbindung ---> Lötstelle

Lötzange

מֶלְקְחֵי הַלְחָמָה (טכנ')

Löwe

אַרְיֵה (אֲרָיוֹת) (זוא') אֲרִי, כְּפִיר, לָבִיא, לַיִשׁ, שַׁחַל, יוֹנֵק מִמִּשְׁפַּחַת הַחֲתוּלִיִּים

Löwenmaul *{Antirrhinum}*

לֹעַ אֲרִי (בוט') צֶמַח מִמִּשְׁפַּחַת הַלּוֹעֲנִיתִיִּים

Löwenohr *{Leonotis}*

אֹזֶן אֲרִי (בוט') צֶמַח מִמִּשְׁפַּחַת הַשִּׂפְתָנִיִּים

Löwentrapp *{Leontice leontopetalum}*

עַרְטָנִית הַשָּׂדוֹת (בוט') צֶמַח מִמִּשְׁפַּחַת הָעַרְטָנִיתִיִּים

Logarithmentafeln

לוּחוֹת מַגְבִּילִים (מתמ') [ק/ב/115]. לוּחוֹת לוֹגָרִיתְמִיִּים

logarithmisches Wachstum ---> Exponentialwachstum

Logica artificialis

הִגָּיוֹן לִמּוּדִי (פיל') [ק/א/156]

Logica naturalis

הִגָּיוֹן טִבְעִי (פיל') [ק/א/156]

Logik

הִגָּיוֹן (פיל') [ק/א/155]. תּוֹרַת הַהִגָּיוֹן, חָכְמַת הַהִגָּיוֹן, לוֹגִיקָה. חָכְמַת הַדִּבּוּר (פיל') [ק/א/126]. חָכְמַת הַדָּבָר (פיל') [ק/א/129]. דָּבָר, חָכְמַת הַדְּבָרִים, נִצּוּחַ. חָכְמַת הַפָּנִים (פיל') [ק/א/173]. חָכְמַת הַשֵּׂכֶל (פיל') [ק/א/294; ק/ב/137]. חָכְמַת הַמִּבְטָא. חָכְמַת הַהֶקֵּשׁ (פיל') [ק/א/295]. חָכְמַת הַכָּרַת הַפָּנִים. חָכְמַת הַמּוֹפֵת (פיל') [ק/א/297]. חָכְמַת הַמְּדַבֵּר (פיל') [ק/ב/146]

Logik, induktive

הִגָּיוֹן אִכְלוּלִי (פיל', מחש') לוֹגִיקָה אִכְלוּלִית, - אִינְדוּקְטִיבִית

Logik, mathematische ---> Logik, symbolische

Logik, rekonstruierte

הִגָּיוֹן מִבְנֶה (פיל', מ״ח) [ד״מח/19]. הִגָּיוֹן שֶׁלְּאַחַר מַעֲשֶׂה, - הַמְנֻסָּח בִּמְפֹרָשׁ

Logik, symbolische

הִגָּיוֹן סִמְלִי (מתמ', פיל') לוֹגִיקָה סִמְלִית, - מָתֶמָטִית

Logik, unscharfe *{Fuzzy-Logik}*

הִגָּיוֹן מְטֻשְׁטָשׁ (פיל', מחש') לוֹגִיקָה מְטֻשְׁטֶשֶׁת

Logik der Entdeckung

הֶגְיוֹן הַגִּלּוּי (פיל', מדע) [ד״מח/26]. חֵקֶר הַטְּעָמִים לְטִפּוּל בְּהַשְׁעָרָה (הִיפּוֹתֶזָה) מְסֻיֶּמֶת

Logik des Beweises
הֶגְיוֹן הַהוֹכָחָה (פיל׳, מדע) [ד״מח/26]. חֵקֶר הַטְּעָמִים לְקַבָּלַת הַשְׁעָרָה (הִיפּוֹתֶזָה) מְסֻיֶּמֶת כִּנְכוֹנָה

Logik in der Anwendung
הִגָּיוֹן מְשַׁמֵּשׁ (פיל׳, מ״ח) [ד״מח/19]. הִגָּיוֹן הַמְּשַׁמֵּשׁ בִּשְׁעַת מַעֲשֶׂה, סִגְנוֹן הַכָּרָנִי (קוֹגְנִיטִיבִי) שֶׁהוּא הֶגְיוֹנִי בְּרֹב אוֹ בִּמְעַט

Logiker
בַּעַל הַהִגָּיוֹן (בַּעֲלֵי הַהִגָּיוֹן) (פיל׳) [ק/א/92]. בַּעַל הַהֶקֵּשׁ, לוֹגִיקָן. בַּעַל (בַּעֲלֵי) הַדִּבּוּר (פיל׳) [ק/א/92]. בַּעַל (בַּעֲלֵי) חָכְמַת הַדִּבּוּר, - חָכְמַת הַדָּבָר, - הַדְּבָרִים. הֶגְיוֹנִי (פיל׳) [ק/א/156]. בַּעַל חָכְמַת הַהִגָּיוֹן. חֲכַם הַהִגָּיוֹן (פיל׳) [ק/א/289]. חֲכַם שִׁקּוּל הַדַּעַת. חֲכַם הַשֵּׂכֶל (פיל׳) [ק/א/290]

logisch
הֶגְיוֹנִי (פיל׳) [ק/א/156]. לוֹגִי. דִּבּוּרִי (פיל׳) [ק/א/127]. מִתְיַחֵס עַל חָכְמַת הַדִּבּוּר. דְּבָרִי, דִּבְרִי (פיל׳) [ק/א/130]. נִצּוּחִי. הֶכְרֵחִי [ק/א/174]. מַחֲשַׁבְתִּי (פיל׳) [ק/ב/187]. שִׁיטָתִי, תְּבוּנָתִי

logisch denken ---> denken, logisch
logisch folgend ---> folgend, logisch
logische Addition ---> Addition, logische
logische Grundlage ---> Grundprinzip
logische Konversion ---> Konversion, logische
logische Schlüsse je Sekunde (LIPS) ---> Schlüsse je Sekunde (LIPS), logische
logische Umkehrung ---> Umkehrung, logische
logische Wahrheit ---> Wahrheit, logische
logischer Beweis ---> Beweis, logischer
logischer Spielraum ---> Spielraum, logischer
logischer Umfang ---> Anwendbarkeit, Bereich der
logisches Denken ---> Denken, logisches
logisches Gedächtnis ---> Gedächtnis, logisches
logisches Objekt ---> Objekt, logisches
logisches Programmieren ---> Programmieren, logisches

Logistik
נַצָּאוּת (מנה׳, צבא) לוֹגִיסְטִיקָה, תִּכְנוּן וּבִצּוּעַ שֶׁל תְּנוּעָה וְהַסְפָּקָה

logistisch
נַצָּאִי (מנה׳, צבא) לוֹגִיסְטִי

Logogramm ---> Ideogramm

Logomachie
הִתְנַצּוּת דְּבָרִים (פיל׳) וְכוֹחַ עָקָר, קְרַב מִלִּים נְטוּל עֵרֶךְ, תִּגְרַת שְׂפָתַיִם בְּעָלְמָא, לוֹגוֹמַכְיָה

Logorrhoe ---> Redezwang

Logos
מַלְאַךְ אֱלֹהִים (דת) [ק/א/87]. בֵּינוֹנִי, מַלְאָךְ, לוֹגוֹס, מְתַוֵּךְ בֵּין אֱלֹהִים וּבֵין הָעוֹלָם. מַאֲמָר (פיל׳, דת) [ק/ב/133]. רַעְיוֹן, מֻשָּׂג, תְּבוּנָה, תְּבוּנַת הָעוֹלָם שֶׁהִיא גַּם הַחֻקִּיּוּת שֶׁל הַיְקוּם, הַגּוֹרָל הַבִּלְתִּי נִמְנָע, כֹּחַ הַתְּבוּנָה הַנִּצְחִי שֶׁל הָאֱלֹהִים, הַמָּצוּי כְּשֶׁהוּא לְעַצְמוֹ. בַּנַּצְרוּת: יֵשׁוּ כִּבְנוֹ הַיִּלּוּד שֶׁל הָאֱלֹהִים. מִלָּה (דת, פיל׳) [ק/ב/205]

Lohn [---> Arbeitslohn]
תְּמוּרָה (כלכ׳) [ק/ד/208]. תְּמוּר, גְּמוּל, עֵרֶךְ דָּבָר בְּכֶסֶף

Lohnempfänger(in)
שָׂכִיר, שְׂכִירָה (כלכ׳)

lokal ---> örtlich

Lokalisation
מִקּוּם, קְבִיעַת מָקוֹם, אִכּוּן

lokalisieren
מִקֵּם (מְמַקֵּם), קָבַע מָקוֹם, אִכֵּן (מְאַכֵּן), אִתֵּר (מְאַתֵּר)

Lokalisierung
אִתּוּר [ק/א/219]. הַשְׁכָּנָה, צִמְצוּם בְּמָקוֹם מְיֻחָד, מַאֲתָר

Lokalisierung, zerebrale
אִתּוּר בַּמֹּחַ (רפו׳, פסי׳) אִכּוּן בַּמֹּחַ

Lokalisierungsvermögen
כֹּשֶׁר אִתּוּר (פסי׳) [ק/ב/76]. כֹּחַ מִקּוּמִם

Lokalkolorit
גּוֹן הַמָּקוֹם, גָּוֶן מְקוֹמִי

Lokalposse
בְּדִיחִית מְקוֹמִית (תאט׳)

Lokalsatz ---> Umstandssatz des Ortes

Lokalzeichen
סִימַן הַמָּקוֹם (פסי׳) [ר/ב/475]. עַצְמָה חֲוָיָתִית יְחוּדִית שֶׁל כָּל תְּחוּשַׁת מַגָּע וּרְאִיָּה לַנְּקֻדָּה שֶׁגְּרָמָתָה

Lokativ
יַחֲסַת הַמָּקוֹם (בלש׳) [ק/א/100; מ״ב/127]. הַגְּבוּל שֶׁבּוֹ, לוֹקָטִיב, יַחֲסָה הַקַּיֶּמֶת בִּלְשׁוֹנוֹת הַהֹדּוּ-אֵירוֹפִּיּוֹת אֲחָדוֹת, לְמָשָׁל: בְּרוּסִית: B chery (= בַּשֶּׁלֶג)

Lokomotion ---> Ortsveränderung

Lolch *{Lolium}*
זוּן (בוט׳) צֶמַח מִמִּשְׁפַּחַת הַדְּגָנִיִּים

Loop ---> Quasigruppe mit neutralem Element
Loquate ---> Mispel, Japanische

Lorbeerbaum *{Laurus nobilis}*
עַר אָצִיל (בוט׳) צֶמַח מִמִּשְׁפַּחַת הָעֲרִיִּים

Lorbeerkirsche ---> Kirschlorbeer
lose Beschaffenheit ---> Beschaffenheit, lose

Loseblattbuch
דַּפְדֶּפֶת (דַּפְדָּפוֹת) (ספרנ׳) סֵפֶר הַמֻּרְכָּב מִדַּפִּים לֹא מְחֻבָּרִים

Losen
הַגְרָלָה (הַגְרָלוֹת), הֶגְרֵל, הֲטָלַת גּוֹרָל

loskaufen
פָּדָה (פּוֹדֶה) (כלכ׳) גָּאַל בְּכֶסֶף, נִפְדָּה (נִפְדֶּה), נִגְאַל

loskeilen
חִלֵּץ (מְחַלֵּץ) יָתֵד (טכנ׳) חָלַץ (חוֹלֵץ) יָתֵד

loskuppeln ---> Kupplung ausrücken, die

Loslösung
הִתְפָּרְדוּת [ק/א/244]. פֵּרוּד, נִתּוּק

loslöten
הִפְרִיד (מַפְרִיד) הַלְחָמָה (טכנ')
losreißen
עָקַר (עוֹקֵר) (חקל') [א״ח/ב/186]. תָּלַשׁ צֶמַח עִם שָׁרָשָׁיו
Losscheidung
תְּלִישׁוּת
losschlagen, Nieten ---> Nieten
losschlagen
losschrauben ---> abschrauben
Losungswort
מִלַּת סִיסְמָה
Lot
אֲנָךְ (אֲנָכִים) (מתמ') [ק/ג/142]. עַמּוּד, קַו נִצָּב, קַו הַיּוֹצֵר עִם קַו אַחֵר זָוִית יְשָׁרָה
Lot, gemeinsames
נִצָּב מְשֻׁתָּף (מתמ')
Lotabweichung
סְטִיַּת הָאֲנָךְ (מתמ')
Lotion
תַּרְחִיץ (כימ') תַּרְחִיף, תַּחֲלִיב
Lotlinie
קַו הָאֲנָךְ (מתמ')
lotrecht *{vertikal}*
אֲנָכִי (מתמ')
Lotse
נַתָּב (נַתָּבִים) (ימא') מִי שֶׁמַּתְוֶה נָתִיב, הַמּוֹרֶה כִּוּוּן
lotsen
נִתֵּב (מְנַתֵּב) (ימא') נָתַב (נוֹתֵב), הוֹרָה כִּוּוּן, הִכְוִין (מַכְוִין)
Lotsen
נִתּוּב (ימא') הַתְוָיַת נָתִיב, הַכְוָנָה
Lottiefe
עֹמֶק מָדוּד (היד')
Lotung
מְדִידַת עֹמֶק (היד')
Lotuspflaume *{Diospyros lotus}*
אֲפַרְסְמוֹן קְטַן פֵּרוֹת (בוט') צֶמַח מִמִּשְׁפַּחַת הָאֲפַרְסְמוֹנִיִּים
Lotwurz ---> Goldtropfen
loyal
חֻקִּיקִי, נֶאֱמָן, לוֹיָלִי, מְהֵימָן
Loyalität
חֻקִּיקִיּוּת, נֶאֱמָנוּת, לוֹיָלִיּוּת, מְהֵימָנוּת
Lücke [---> Spalt]
חֶסֶר, הֶעְדֵּר, חֹסֶר, חָלָל רֵיק, מָקוֹם רֵיק, חֹר
Lückenbildung ---> Porose
Lückenhaftigkeit der Vorstellung ---> Vorstellung, Lückenhaftigkeit der
Lüftungsöffnung
אַוָּר (אַוָּרִים) (טכנ') פֶּתַח אִוְרוּר
Lüge
שֶׁקֶר (שְׁקָרִים) [ק/א/78]. בְּדָאוּת, בִּדּוּי. כָּזָב (כְּזָבִים) [ק/ב/71]. לְשׁוֹן מִרְמָה. בְּדָיָה (בְּדָיוֹת) [ק/א/79]. בְּדִיאָה, בְּדִיָּה, בְּדִיאוּת, בִּדָּיוֹן, בְּדוּת, סִפּוּר בָּדוּי, בְּדוּתָה
lügen
שִׁקֵּר (מְשַׁקֵּר) [ק/ב/72]. כִּזֵּב (כּוֹזֵב), הִבֵּל, בָּדָה (בּוֹדֶה), נִבְדָּה (נִבְדֶּה), בִּדָּה (מְבַדֶּה)
lügenhaft
שִׁקְרִי [ק/ב/73,72]. כּוֹזֵב, כָּזְבִי, כְּזָבִי, כַּזְּבָנִי, שַׁקְרָנִי, בִּלְתִּי נָכוֹן, מְטְעֶה, מְשֻׁבָּשׁ, בִּלְתִּי צוֹדֵק, מִטֶּבַע הַכָּזָב, רָצוּף שְׁקָרִים, בָּדוּי
Lügensucht, krankhafte *{Pseudologia phantastica}*
גַּלְגָּנוּת (פסי') [מר״ח/560]. נְטִיָּה חוֹלָנִית לְסַפֵּר סִפּוּרֵי בַּדִּים, כַּזָּבוּת, בַּדָּיוּת
Lügensüchtiger(in)
גַּלְגָּן, גַּלְגָּנִית (פסי') [מר״ח/560]. בַּעַל נְטִיָּה חוֹלָנִית לְסַפֵּר סִפּוּרֵי בַּדִּים
Lügner(in)
שַׁקְרָן, שַׁקְרָנִית, בַּדַּאי, בַּדָּאִית, רַמַּאי, רַמָּאִית
Lüster
הֶבְרֵק (טכנ')
lüstrieren
הִבְרִיק (מַבְרִיק) (טכנ')
lüstriert
בָּרִיק (טכנ')
Luft
אֲוִיר (פיס') [ק/א/24]. רוּחַ
Luft als Element ---> Element, Luft als
Luft ringen, nach ---> ringen, nach Luft
Luft, Ringen nach ---> Ringen nach Luft
Luft, stehende
אֲוִיר עוֹמֵד (מטא') [יל״ט/8]. אֲוִיר שֶׁכִּמְעַט אֵינוֹ נָע
luftartig
אֲוִירִי (פיס') [ק/א/25]. מִטֶּבַע הָאֲוִיר, דְּמוּי אֲוִיר
Luftballon
כַּדּוּר פּוֹרֵחַ (כַּדּוּרִים פּוֹרְחִים) (טכנ') כַּדּוּר פּוֹרֵחַ
Luftbeimengung
סְחִיפַת אֲוִיר (פיס', מטא') [יל״ט/143]
Luftbildung in Organgeweben ---> Aerosis
luftdicht *{hermetisch}*
אֲטִים אֲוִיר (טכנ') אָטִים, שֶׁאֵין אֲוִיר חוֹדֵר בּוֹ, הֶרְמֶטִי
Luftdichtenhöhe
רוּם צְפִיפוּת תִּקְנִי (מטא') [יל״ט/191]
Luftdruckkarte ---> Höhenlinienkarte
Luftfeuchtigkeit, absolute ---> Feuchtigkeit, absolute
Luftfeuchtigkeit, relative ---> Feuchtigkeit, relative
luftförmig ---> luftartig
Luftkissenfahrzeug
מֶרְחָפָה (מֶרְחָפוֹת) (ימא')
Luftkondensator ---> Luftverflüssiger
Luftleitung
יְלוּךְ אֲוִירִי (פיס', פסי', ביו') הוֹלָכָה אֲוִירִית
Luftloch

שׁוּחַת אֲוִיר (שׁוּחוֹת אֲוִיר) (מטא') [יל"ט/197]

Luftmasse

גּוּשׁ אֲוִיר (מטא') [יל"ט/40]. גּוּף אֲוִיר גָּדוֹל

Luftperspektive

תִּשְׁקֹפֶת (פֶּרְסְפֶּקְטִיבָה) אֲוִירִית (פסי', מטא') [ר/ב/573]. הִטַּשְׁטְשׁוּתָם שֶׁל מַשָּׂאִים רְחוֹקִים בְּגַלַל הָאֲוִירָה (אַטְמוֹסְפֵרָה). תִּשְׁקֹפֶת אֲוִיר (אמנ') [ממ"ג/148]. תִּשְׁקֹפֶת צִבְעוֹנִית, שִׁיטָה לְתֵאוּר הַמֶּרְחָב הַמְּחַקָּה אֶת הַתְּמוּרָה בְּגֹדֶל הַגּוּפִים הַמְּרֻחָקִים וּבְצִבְעֵיהֶם

Luftraum

תְּחוּם הָאֲוִיר (שֶׁל מְדִינָה) (מדי')

Luftröhre *{Trachea}*

קָנֶה (רפו') צִנּוֹר הַנְּשִׁימָה

Luftröhre, Hineingelangen von Fremdkörpern in die

הִשְׁתַּנְּקוּת (רפו') [מר"ח/648]. בִּלְעוּם, הַקְדָּמַת קָנֶה לְוֶשֶׁט

Luftröhrenast ---> Bronchus

Luftröhrenentzündung *{Tracheitis}*

דַּלֶּקֶת הַקָּנֶה (רפו')

Luftscheu

דְּחִילַת אֲוִיר (רפו') [מר"ח/22]. בַּעַת אֲוִיר

Luftschlucken

זְלִיעַת אֲוִיר (רפו') בְּלִיעַת אֲוִיר חוֹלָנִית

Luftspiegelung *{Mirage}*

מַרְאֵה תַּעְתּוּעִים (מטא') [יל"ט/126]. רְאִיַּת עֲצָמִים מְרֻחָקִים שֶׁלֹּא בִּמְקוֹמָם הַנָּכוֹן כְּתוֹצָאָה מִשְּׁבִירַת קַרְנֵי הָאוֹר בִּתְנָאִים אַטְמוֹסְפֵרִיִּים מְסֻיָּמִים

luftrocken

מְיֻבָּשׁ בָּאֲוִיר

Luftverflüssiger *{Luftkondensator}*

מְעַבֵּה אֲוִיר (טכנ') מַכְשִׁיר הַהוֹפֵךְ אֶת הָאֲוִיר לְנוֹזֵל

Luftverschmutzung

זִהוּם הָאֲוִיר (מטא', אקו') [יל"ט/63]

Luke

כַּוָּה (כַּוּוֹת) (ימא') אֶשְׁנָב, פֶּתַח בִּסְפוּן הָאֳנִיָּה

Lumbago

מַתֶּנֶת (רפו') [מר"ח/428]. חַלֶּצֶת, כְּאֵב חֲלָצַיִם

Lumen

נְהוֹר (רפו') [מר"ח/428]. הֶחָלָל שֶׁל גּוּף צִנּוֹרִי

luminal

נְהוֹרִי (רפו') לוּמִינָלִי

Lumineszenz

נְהוֹרָנוּת (פיס') [ל"מ/328]. לוּמִינֶסֶנְצִיָּה, פְּלִיטַת אוֹר בְּהַשְׁפָּעַת גּוֹרֵם חִיצוֹנִי

Lummel

כַּף יוֹצְרִים (טכנ') מַכְשִׁיר לְעִגּוּל פְּנִים הַקְּעָרוֹת

Lumpen

בְּלָאָה (בְּלָאִים, בְּלָאוֹת) [א"ח/א/135]. בֶּגֶד מְשֻׁמָּשׁ וּמְרֻפָּט, סְחָבוֹת, סְמַרְטוּטִים

Lumpenproletariat

עוֹבְדַּלְיוֹן (מ"ח) עַבְדַּלְיוֹן, עֵרֶב רִישׁ, פְּרוֹלֶטַרְיוֹן שֶׁל אֲסַפְסוּף

Lumpenproletarier(in)

עוֹבְדַּל (עוֹבְדַּלֵי-), עוֹבְדַּלָּה (מ"ח) עַבְדַּל (עַבְדַּלֵי-), מִי שֶׁנִּמְנֶה עִם פְּרוֹלֶטַרְיוֹן הָאֲסַפְסוּף

Lungenazinus

אוֹנִית הָרֵאָה (אוֹנִיּוֹת הָרֵאָה) (רפו') אוֹבִית הָרֵאָה, בּוּעִית הָרֵאָה, נֹאדִית הָרֵאָה

Lungenbläschen ---> Lungenazinus

Lungenentzündung *{Pneumonia}*

דַּלֶּקֶת רֵאוֹת (רפו')

Lungenschwindsucht

שַׁחֶפֶת רֵאוֹת (רפו')

Lupe ---> Vergrößerungsglas

Lupine *{Lupinus}*

תּוּרְמוּס (בוט') צֶמַח מִמִּשְׁפַּחַת הַפַּרְפְּרָנִיִּים

Lupine, Gelbe *{Lupinus luteus}*

תּוּרְמוּס צָהֹב (בוט') צֶמַח מִמִּשְׁפַּחַת הַפַּרְפְּרָנִיִּים

Lupus

זָאֶבֶת (רפו') זְאֵבֹנֶת, מַחֲלַת עוֹר

Lurche *{Amphibia}* **[---> Amphibium]**

דּוּחַיִּים (זוא') מַחְלָקָה שֶׁל בַּעֲלֵי חֻלְיוֹת

Lust

חֶמְדָּה (פסי', פיל') [ג"פ/63]. הִשְׁתַּקְּפוּתוֹ שֶׁל סִפּוּק הַצֹּרֶךְ בַּתּוֹדָעָה. חֲפִיצָה (פסי') [ק/א/319]. חֵפֶץ, נְטִיָּה לִדְבַר-מָה, רָצוֹן, תְּשׁוּקָה, עִנְיָן שֶׁהַלֵּב נוֹטֶה אַחֲרָיו. עֲרֵבוּת (פסי') [ק/ג/168; ר/ב/496]. נְעִימוּת, הֲנָאָה, עֹנֶג, תַּעֲנוּג, חֲוָיָה רִגְשִׁית שֶׁאֵיכֻיּוֹתֶיהָ חִיּוּבִיּוֹת אוֹ מוֹשְׁכוֹת

Lust des Genusses

תַּעֲנוּג שֶׁבַּהֲנָאָה (פסי', פיל')

Lustbarkeitssteuer ---> Vergnügungssteuer

lusterregend

תַּאֲוִי, תַּאֲוָנִי (פסי') [ק/ד/171]. שֶׁל תַּאֲוָה, מְעוֹרֵר תַּאֲוָה

Lustigmacher(in)

בַּדְחָן, בַּדְּחָנִית

lustlos

נְטוּל חֵשֶׁק (פסי') אָדִישׁ, חֲסַר חֵפֶץ

Lustprinzip

עֶקְרוֹן הַהֲנָאָה (פסי') [ר/ב/497]. יְסוֹד הַהֲנָאָה, עֶקְרוֹן עֹנֶג-כְּאֵב, - נְעִימוּת-אִי נְעִימוּת, בַּקָּשַׁת עֹנֶג וְהִמָּנְעוּת מִכְּאֵב, נְטִיָּה שֶׁמְּקוֹרָהּ בַּשֶּׁטַח הַנַּפְשִׁי הַקָּרוּי "יֵצֶר" לְבִטּוּל מִיָּדִי שֶׁל מְתָחִים (אִי נְעִימוּת) הֶכְרֵחִיִּים עַל יְדֵי פְּעִילוּת כָּלְשֶׁהִי

lustvoll ---> hedonisch

Lutein

אַכְתָּם (רפו') צִבְעָן (פִּיגְמֶנְט) כָּתֹם

Luv

גְּלִי (מטא', ימא') [יל"ט/44]. מְקוֹם גָּלוּי לָרוּחַ, גְּלוּי רוּחַ, חָשׂוּף לָרוּחַ

Luvseite

צַד הַגְּלִי (מטא', ימא') הַצַּד הֶחָשׂוּף לָרוּחַ

luvwärts

בְּצַד הַגְּלִי (מטא', ימא') בְּצַד הֶחָשׂוּף לָרוּחַ

Luxation ---> Verrenkung

luxuriös

מוֹתָרוֹנִי, רָעִישׁ, שׁוֹפֵעַ, לוּקְסוּסִי

Luxus

מוֹתָר (מוֹתָרוֹת) [ק/ב/59]. יִתְרוֹן, צֹרֶךְ יָתֵר עַל

הַהֶכְרֵחַ, דָּבָר מְיֻתָּר. מוֹתְרֵי הָעוֹלָם [ק/ב/169]. דִּבְרֵי תַּעֲנוּגוֹת יְתֵרִים, צְרָכִים שֶׁאֵינָם הֶכְרֵחִיִּים, לוּקְסוּס, שֶׁפַע. רְעִישׁוּת, רֹעַשׁ [מר״ח/429]

Luxusmittel

אֶמְצָעֵי מוֹתָרוֹת (כלכ׳)

Luzerne *{Medicago sativa}*

אַסְפֶּסֶת תַּרְבּוּתִית (בוט׳) צֶמַח מִמִּשְׁפַּחַת הַפַּרְפָּרָנִיִּים

lymphatisch

נִצְלִי (רפו׳) לִימְפָתִי

Lymphdrüsenschwellung in der Leistenbeuge, entzündliche *{Bubo}*

טְעוֹן (טְעוֹנִים) (רפו׳) [מר״ח/107]

Lymphe

נֶצֶל (רפו׳) [מר״ח/430]. לִימְפָה

Lymphozyt

נִצְלִית (נִצְלִיּוֹת) (רפו׳) סוּג שֶׁל כַּדּוּרִית דָּם לְבָנָה, לִימְפוֹצִיט

lyophilisieren

סִרְטֵב (מְסַרְטֵב) (ביו׳) שִׁמֵּר חֳמָרִים אוֹלָנִיִּים (אוֹרְגָנִיִּים) בְּהַקְפָּאָה מְהִירָה וּבִיבּוּשׁ בְּרִיק (וָקוּאוּם)

Lyophilisierung

סִרְטוּב (ביו׳) שִׁיטַת שִׁמּוּר חֳמָרִים אוֹלָנִיִּים (אוֹרְגָנִיִּים) בְּהַקְפָּאָה מְהִירָה וּבִיבּוּשׁ בְּרִיק (וָקוּאוּם)

Lysat ---> Lösungsprodukt

Lysis

יִמּוּס, הִתְיַמְּסוּת, יַמֶּסֶת (רפו׳) תֶּמֶס, הִמַּסּוּת, הֲמַסָּה

lytisch ---> gebessert

M

machen, zu etwas
עָשָׂה לְ... [ק/ד/122]. שָׂם, גָּרַם שֶׁיִּהְיֶה

Machenschaft ---> Intrige

Macht
שִׁלְטוֹן (מדי׳) [ק/א/21]. אֲדוֹנוּת, שְׁלִיטָה, רִדּוּי, שְׂרָרָה. אַדְנוּת (מדי׳) [ק/א/23]. מֶמְשָׁלָה, מִמְשָׁל, הִשְׂתָּרְרוּת, רְדִיָּה. יְכֹלֶת (מדי׳, דת) [ק/ב/37]. כֹּחַ, תֹּקֶף, עָצְמָה

Macht, kriegführende
מְדִינָה בְּמַצַּב לָחֳמוּת (מדי׳) מְדִינָה בְּמַצַּב לוֹחֲמוּת, - מִלְחָמָה

macht (jemandem) nichts aus, etwas
אֵין (לְ...) כָּל הֶבְדֵּל בַּדָּבָר, אַחַת הִיא (לְ...), אֵין זֶה מְשַׁנֶּה (לְ...), לֹא אִכְפַּת (לְ...)

Machtgefühl
רֶגֶשׁ אוֹן (פסי׳) רֶגֶשׁ אוֹנִים, תְּחוּשַׁת כֹּחַ

machthabend
בַּעַל עָצְמָה, רַב עָצְמָה, גְּדָל כֹּחַ

machtlos
חַלָּשׁ [ק/א/309]. נִלְאֶה, רְפֵה כֹּחַ

Madonnenlilie *{Lilium candidum}*
שׁוֹשַׁן צָחוֹר (בוט׳) צֶמַח מִמִּשְׁפַּחַת הַשּׁוֹשַׁנִּיִּים

Mäander
נַפְתּוּל (נַפְתּוּלִים) (היד׳) פִּתּוּל בְּנָהָר

Mäander, abgeschnittener
נַפְתּוּל קָטוּעַ (היד׳)

Mäander, eingesenkter
נַפְתּוּל חָרוּת (היד׳)

Mäander, freier
נַפְתּוּל חָפְשִׁי (היד׳)

Mäandern
הִתְפַּתְּלוּת (היד׳) הִוָּצְרוּת שֶׁל פִּתּוּלִים בְּנָהָר

Mächte der Finsternis
כֹּחוֹת הָאֹפֶל (דת) [ק/א/289]. חִיצוֹנִים, כֹּחַ הַטֻּמְאָה, קְלִפּוֹת, כֹּחוֹת חִיצוֹנִיִּים, - הַחֲשֵׁכָה

mächtig
חָזָק [ק/ב/36]. יָכוֹל, גְּדָל כֹּחַ, בַּעַל יְכֹלֶת, אַבִּיר, רַב כֹּחַ, אָבִיר, אַדִּיר, גִּבּוֹר כֹּחַ, שַׁלִּיט, בְּעָצְמָה, בְּכֹחַ. כָּהֵל [ק/ב/67]

Mädchen
נַעֲרָה (נְעָרוֹת), בַּחוּרָה (בַּחוּרוֹת), עַלְמָה (עֲלָמוֹת), רִיבָה (רִיבוֹת)

Mädchen, heiratsfähiges
בְּגִירָה (בְּגִירוֹת) (רפו׳, משפ׳) נַעֲרָה שֶׁהִגִּיעָה לְפִרְקָהּ, אִשָּׁה בַּת חִתּוּן

Mädchen, verlobtes
נַעֲרָה מְאֹרָסָה (משפ׳, דת) [א״ח/ב/29]. נַעֲרָה שֶׁנִּתְאָרְסָה

Mähdrescher
קְצַרְדָּשׁ (קְצַרְדָּשִׁים) (טכנ׳, חקל׳) קוֹמְבַּיְן

mähen [---> abmähen]
קָצַר (קוֹצֵר) (חקל׳) [א״ח/ב/185]. כָּרַת שִׁבֳּלִים אוֹ עֵשֶׂב, חָצַד (חוֹצֵד)

Mähne
רַעְמָה (זוא׳) שְׂעָרוֹת אֲרֻכּוֹת עַל עָרְפּוֹ שֶׁל בַּעַל חַיִּים

Männerhaß *{Misandrie}*
שְׂנִיאַת גְּבָרִים (פסי׳) שִׂנְאָה לִגְבָרִים

Männerscheu *{Androphobie}*
בַּעַת גְּבָרִים (פסי׳) דְּחִילַת גְּבָרִים, פַּחַד חוֹלָנִי מִגְּבָרִים

männlich ---> Maskulinum

Märchen [---> Legende]
מַעֲשִׂיָּה (מַעֲשִׂיּוֹת) (ספר׳) [ק/א/79]. בְּדִיאָה (בְּדִיאוֹת), אַגָּדָה, בְּדִיָּה, בְּדִיאוּת, דָּבָר בָּדוּי, סִפּוּר בָּדוּי

Märchenstück
מַחֲזֵה אַגָּדוֹת (ספר׳, תאט׳)

mäßig
מָתוּן [ק/ד/78]. שָׁוֶה, רָחוֹק מִן הַקְּצָווֹת, מְמֻזָּג, מְמֻצָּע, מְעֻיָּן, מְאֻזָּן, שָׁקוּל, מְיֻשָּׁב

mäßigen
מִתֵּן (מְמַתֵּן) [ק/ב/170]. מָזַג, שִׁכֵּךְ, הֵפִיג, הֶחֱלִישׁ, הִפְשִׁיר

Mäßigkeit
מְתִינוּת [ק/ד/80]. שִׁוּוּי, הִשְׁתַּוּוּת, אֶמְצָעִיּוּת, עֵרוּב מְמֻזָּג, אִזּוּן, מִצּוּעַ, יִשּׁוּב הַדַּעַת, חֹסֶר קִיצוֹנִיּוּת, רֹחַק מִן הַקְּצָווֹת, שְׁבִיל הַזָּהָב. הִסְתַּפְּקוּת [ק/א/188]. מִדַּת הַמִּסְתַּפֵּק בְּמַה שֶּׁיֵּשׁ לוֹ וְאֵינוֹ מְבַקֵּשׁ מוֹתָרוֹת. שֹׂבַע נֶפֶשׁ [ק/ד/71]. דֵּיּוּת, הִסְתַּפְּקוּת עַצְמִית, - בְּמִעוּט, הַגְבָּלָה

Mäßigung der Reaktion ---> Reaktion, Mäßigung der

mästen [---> verschlucken lassen]
פִּטֵּם (מְפַטֵּם) (חקל׳) [א״ח/ב/132]. אָבַס (אוֹבֵס), הֶאֱבִיס (מַאֲבִיס), אִבֵּס (מְאַבֵּס)

Mästen
פִּטּוּם (חקל׳) אֲבִיסָה, הַלְעָטָה, לְעִיטָה, אִבּוּס

maestoso
רוֹמָם (מוס׳) בְּרוֹמְמוּת

Mäuse, Echte *{Muridae}*
עַכְבָּרִיִּים (זוא׳) מִשְׁפָּחָה שֶׁל מְכַרְסְמִים

Mäusebussard *{Buteo buteo}*
עַקַּב חֹרֶף (זוא׳) עוֹף מִמִּשְׁפַּחַת הַנְּצִיִּים

Mäusedorn *{Ruscus}*

עֶצְבּוֹנִית (בוט') צֶמַח מִמִּשְׁפַּחַת הַשּׁוֹשַׁנִּיִּים

Mäuseschwänzchen *{Myosurus}*

זְנַב עַכְבָּר (בוט') צֶמַח מִמִּשְׁפַּחַת הַנּוּרִיתִיִּים

Mäzen

חַסְדַּי (חַסְדָּאִים) (אמנ') נָדִיב, מֶצֶנָט, מִי שֶׁתּוֹמֵךְ בְּסוֹפְרִים וּבְאָמָּנִים

Magazin

מַחְסָן (מַחְסָנִים) [א״ת/ב/194]. מְגוּרָה (מְגוּרוֹת), אָסָם, מַמְגוּרָה, מַטְמוֹרָה, מִצְבּוֹר

magazinieren

הֶחְסִין (מַחְסִין), אִחְסֵן, אָגַר, אָסַם, הֶאֱסִים

Magazinierung

הַחְסָנָה, אִחְסוּן, אֲגִירָה, אִסּוּם

Magd

אָמָה (אֲמָהוֹת) (מלא') [א״ת/ב/83]. שִׁפְחָה (שְׁפָחוֹת)

Magen der Wiederkäuer, dritter

הֶמְסֵס (זוא') הַקֵּבָה הַשְּׁלִישִׁית שֶׁל מַעֲלֵי הַגֵּרָה

Magen der Wiederkäuer, erster *{Pansen}*

כֶּרֶס (זוא') כֶּרֶס, הַקֵּבָה הָרִאשׁוֹנָה שֶׁל מַעֲלֵי הַגֵּרָה, כֶּרֶס הַפְּנִימִית

Magen der Wiederkäuer, zweiter

בֵּית הַכּוֹסוֹת (זוא') הַקֵּבָה הַשְּׁנִיָּה שֶׁל מַעֲלֵי הַגֵּרָה

Mageneingang

פִּי הַקֵּבָה (רפו') [מר״ח/124]. אִסְטוֹמְכָה

Magenkatarrh ---> Magenschleimhautentzündung

Magenpförtner *{Pylorus}*

הַשּׁוֹעֵר (רפו')

Magensaft, Säuremangel im ---> Säuremangel im Magensaft

Magensaft, Säureüberschuß im ---> Übersäuerung

Magensaftmangel *{Achylia gastrica}*

חֲרֵבוּת הַקֵּבָה (רפו')

Magensalzsäuremangel *{Achlorhydrie}*

חֹסֶר חֻמְצַת מֶלַח (רפו') חֹסֶר חֻמְצָה מֵימַן כְּלוֹרִית

Magenschleimhautentzündung *{Gastritis}*

דַּלֶּקֶת הַקֵּבָה (רפו') גַּסְטְרִיטִיס

Magenspiegelung

סְפִּיקְלוּר הַקֵּבָה (רפו') גַּסְטְרוֹסְקוֹפְּיָה, חֶזְיוֹן הַקֵּבָה

mager

כָּחוּשׁ, רָזֶה

magerer Ton ---> Ton, magerer

Magersucht *{Anorexia nervosa}*

קַהֶמֶת עַצְבָּנִית (פסי', רפו') חֹסֶר תֵּאָבוֹן עַצְבָּנִי

Magerungsmittel

מְלַכֵּד (טכנ') טִין חוּלִי הַמְּשַׁמֵּשׁ לְהַפְחָתַת כִּיּוּרִיּוּתוֹ שֶׁל הַטִּין

Magier ---> Götzendiener

Magistrat ---> Stadtrat

Magnat

נָגִיד (נְגִידִים) (מ״ח, כלכ')

Magnesium

גַּלְזֶרֶד (כימ') מַגְנֶזְיוּם, יְסוֹד כִּימִי מַתַּכְתִּי

Magnet

שׁוֹאֶבֶן (שׁוֹאֲבָנִים, שׁוֹאַבְנֵי-) (גאו') [ק/א/19]. מַגְנֵט, אֶבֶן שׁוֹאֶבֶת, - מוֹשֶׁכֶת

Magnetband

סֶרֶט שׁוֹאַבְנִי (טכנ') סֶרֶט מַגְנֶטִי

Magnetdraht

תַּיִל שׁוֹאַבְנִי (טכנ') תַּיִל מַגְנֶטִי, חוּט מַגְנֶטִי

magnetisch

שׁוֹאַבְנִי, שׁוֹאַבְנוּנִי (פיס') מַגְנֶטִי

magnetische Inklination ---> Inklination, magnetische

magnetischer Erdpol ---> Erdpol, magnetischer

magnetischer Sturm ---> Sturm, magnetischer

magnetisieren

שִׁאְבֵּן (מְשַׁאְבֵּן) (פיס') מִגְנֵט (מְמַגְנֵט), עָשָׂה לְמַגְנֶטִי

Magnetisierung

שִׁאְבּוּן (פיס') מִגְנוּט, עֲשִׂיַּת דְּבַר-מָה לְמַגְנֶטִי

Magnetisierung, zurückbleibende *{Remanenz}*

שִׁאְבּוּן שִׁיּוּרִי (פיס') מִגְנוּט שִׁיּוּרִי

Magnetkern

לִבָּה שׁוֹאַבְנִית (פיס') לִבָּה מַגְנֶטִית

Magnetnadel, Deklination der

נְטִיָּה שׁוֹאַבְנִית (פיס', י״א) [ק/ג/39]. נְטִיָּה מַגְנֶטִית, סְטִיַּת הַמַּחַט הַשּׁוֹאַבְנִית (מַגְנֶטִית), נְלִיזַת מַחַט הָאֶבֶן הַשּׁוֹאֶבֶת, הַזָּוִית שֶׁבֵּין הַצָּפוֹן הַשּׁוֹאַבְנִי (מַגְנֶטִי) לְבֵין הַצָּפוֹן הַגֵּאוֹגְרָפִי

magnitudo ---> Größe

Mahagonibaum *{Swietenia}*

מַהֲגוֹנִי (בוט') צֶמַח מִמִּשְׁפַּחַת הָאִזְדָּרַכְתִּיִּים

Mahl ---> Trinkgelage

mahlen

טָחַן (טוֹחֵן) [א״ת/א/96]

Mahlzeit

אֲרוּחָה (אֲרוּחוֹת) [א״ת/ב/27]. סְעוּדָה (סְעוּדוֹת)

Mahlzeit, rituelle

סְעוּדַת מִצְוָה (דת) [א״ת/ג/35]. אֲרוּחָה חֲגִיגִית לְאַחַר קִיּוּם מִצְוָה מְסֻיֶּמֶת

Mais *{Zea}*

תִּירָס (בוט') צֶמַח מִמִּשְׁפַּחַת הַדְּגָנִיִּים

Majoran *{Majorana}*

אֵזוֹב (בוט') צֶמַח מִמִּשְׁפַּחַת הַשְּׂפָתָנִיִּים

majorisieren ---> überstimmen

Majorisieren ---> Überstimmung

Majorität ---> Stimmenmehrheit

Majuskel ---> Großbuchstabe

Makel, ohne ---> integer

Makler(in)
מְתַוֵּךְ (מְתַוְּכִים), מְתַוֶּכֶת (מְתַוְּכוֹת) (כלכ') [א״ת/ב/351]. סַרְסוּר (סַרְסוּרִים)

Makrele *{Scomber scomber}*
קוֹלְיָס צְפוֹנִי (זוא') דָּג מִמִּשְׁפַּחַת הַקּוֹלְיָסִיִּים (דְּגֵי גֶּרֶם)

Makrelen *{Scombridae}*
קוֹלְיָסִיִּים (זוא') מִשְׁפָּחָה שֶׁל דְּגֵי גֶּרֶם

Makro-, makro-
גַּמְלָנִי [מר״ח/431]. גְּמַלְנִי, גָּדוֹל, אָרֹךְ, גַּס, גַּמְלוֹנִי

Makrocheilie ---> Lippen, übergroße

Makrogamet
פְּרִיבִיָּה גְּדוֹלָה (ביו') פְּרִיבִיָּה נְקֵבִית, תָּא רְבִיָּה נְקֵבִי

Makrokosmos
עוֹלָם גָּדוֹל (פיל') [ק/ג/126]. כִּנּוּי לְתֵבֵל, מַקְרוֹקוֹסְמוֹס. אָדָם, אָדָם גָּדוֹל (פיל') [ק/א/22]. כְּלַל הַמְּצִיאוּת

Makromastie ---> Brüste, übergroße

Makropsie
רְאִיָּה בְּמֻגְדָּל (רפו', פסי')

makroskopisch
מִבְּהָרִי (רפו', פסי') מַקְרוֹסְקוֹפִּי, הַנִּרְאֶה לָעַיִן

Mal ---> Naevus

mala fide ---> böser Absicht, in

Malabsorptionssyndrom
תִּסְמֹנֶת תַּת סְפִיגָה (רפו') הַפְרָעוֹת חוֹלָנִיּוֹת בִּסְפִיגַת אַבּוֹת הַמָּזוֹן, מִחְיוֹנִים (וִיטָמִינִים) וכד' בַּמֵּעַיִם

Malaise ---> Unbehagen

Malaria
קַדַּחַת הַבִּצּוֹת (רפו') [מר״ח/434]. מָלַרְיָה, צַמַּרְמֶרֶת

Malaria tropica
קַדַּחַת הַפּוֹכִית (רפו') קַדַּחַת טְרוֹפִּית, צַמַּרְמֶרֶת הַפּוֹכִית, - הַפּוֹכִית

Malazie ---> Erweichung

Malen
צִיּוּר בְּמַצְבּוֹעַ (אמנ') צִיּוּר בְּמִכְחוֹל

malerisch ---> pittoresk

Malformation ---> Mißbildung

maligne ---> bösartig

maligner Tumor ---> Geschwulst, bösartige

Malignität ---> Bösartigkeit

Mallungen ---> Kalmen

Maltose ---> Malzzucker

Malve *{Malva}*
חֶלְמִית (בוט') צֶמַח מִמִּשְׁפַּחַת הַחֶלְמִיתִיִּים

Malz
לֶתֶת (בוט', חזו') גַּרְגְּרֵי שְׂעוֹרָה שֶׁהֻנְבְּטוּ בְּמַיִם

Malzer
לַתָּת (לַתָּתִים) (מלא') מֻמְחֶה לְהַתְקָנַת לֶתֶת

Malzzucker *{Maltose}*
אֶלְתַּת (כימ', חזו') סֻכַּר לֶתֶת, מַלְטוֹזָה

Mammatokumulus ---> Kumulus mit sackartigen Ausbuchtungen

man sieht ---> sieht, man

Manager
מְנַהֵל, מְנַהֶלֶת (מנה')

Mandant [---> Auftragnehmer]
שׁוֹלֵחַ (שׁוֹלְחִים) (משפ') אָדָם הַמְּמַנֶּה עוֹרֵךְ דִּין לְיַצֵּג אֶת עִנְיָנָיו

Mandarine *{Citrus reticulata}*
מַנְדָּרִין (בוט') צֶמַח מִמִּשְׁפַּחַת הַפֵּיגָמִיִּים

Mandat
מְמַנּוּת (משפ', מדי') הֱיוֹת מְמֻנֶּה, מִנּוּי לְתַפְקִיד כָּלְשֶׁהוּ, מַנְדָט, יִפּוּי כֹּחַ, כְּתַב מִנּוּי

Mandelbaum *{Amygdalus communis (Prunus Dulcis)}*
שָׁקֵד מָצוּי (בוט') צֶמַח מִמִּשְׁפַּחַת הַוְּרָדִיִּים

Mandibula ---> Unterkiefer

mandibular ---> unterkieferbezüglich

Manege ---> Arena

Mangel [---> Gebrechen]
פְּגָם (פְּגָמִים) [ק/ג/183]. שִׁבּוּשׁ. חִסָּרוֹן (חֶסְרוֹנוֹת) [ק/א/317; פ״ר/120]. חֹסֶר, לִקּוּי, מִגְרַעַת. קִצּוּר [ק/ג/296]. אִי כְּשִׁירוּת, מֻגְבָּלוּת, אִי סְפִיקָה, דַּלּוּת הַיְּכֹלֶת, מִגְבָּלָה, אָזְלַת יָד, אֵין אוֹנִים. אִי שְׁלֵמוּת [ק/א/282]. חֵטְא

Mangel, geistiger
פְּחִיתוּת רוּחָנִית [ק/ג/185]. פְּחוּתוּת, פְּחִיתָה, חֹסֶר דַּעַת, דַּלּוּת רוּחָנִית, חֶסְרוֹן שִׂכְלִי

Mangel, ohne
בְּלֹא פְּגָם [ק/ד/117]. שָׁלֵם, מֻשְׁלָם, שֶׁאֵינוֹ חָסֵר כְּלוּם, מֻבְנֶה מִכָּל מוּם

mangelhaft [---> gestört]
פָּגוּם [ק/א/317]. חָסֵר, בִּלְתִּי שָׁלֵם, שֶׁאֵין לוֹ מַה שֶּׁדָּרוּשׁ, קָטוּעַ. קָצָר [ק/ג/297]. לֹא כַּשּׁוּרָה, מֻגְבָּל, בִּלְתִּי מֻשְׁלָם, פָּחוּת, חֲסַר עֵרֶךְ

Mangelhaftigkeit [---> Unvollkommenheit; Unvollständigkeit]
פְּגִימוּת, חַסְרוּת, חֶסְרוֹן

mangeln
חָסַר (חוֹסֵר), פָּחַת

mangelnde Aktivlegitimation ---> Klageunfähigkeit

mangelnde Anpassung ---> Anpassung, mangelnde

mangelnde Berechtigung ---> Berechtigung, mangelnde

mangelnde Zuneigung ---> Zuneigung, mangelnde

mangels
מֵחֹסֶר [ק/ב/138]. מִבְּלִי, מִבִּלְתִּי, מִבִּלְעֲדֵי, מֵאֵין

Mangobaum *{Mangifera indica}*
מַנְגּוֹ הֹדִּי (בוט') צֶמַח מִמִּשְׁפַּחַת הָאַלָּתִיִּים

Manguste ---> Schleichkatze

Manichäer
בַּעֲלֵי הַחֹשֶׁךְ וְהָאוֹר (דת, פיל') [ק/א/92,27; ק/ב/105]. כַּת הַמָּנִיכָאִים

Manie [---> Sucht]
שֶׁגַע (פסי') [ר/ב/344]. הֶמְיוֹן, מַנְיָה, שִׁגָּעוֹן, תְּשׁוּקָה חוֹלָנִית לְדְבַר-מָה, טֵרוּף דַּעַת, מַחֲלַת רוּחַ

Manier
גִּנּוּן (גִּנּוּנִים) (מ״ח) דֶּרֶךְ (דְּרָכִים), צוּרַת

הִתְנַהֲגוּת, אֹרַח (אֳרָחוֹת), מַנְיֶרָה

Manierismus

גְּנוּנָאוּת (אמנ׳, ספר׳) מַנְיֶרִיזְם, דַּקְדְּקָנוּת וְהַגְדָּשָׁה בִּפְרָטִים, רִבּוּי גִּנּוּנִים

manifest

גָּלוּי, מָנִיפֶסְטִי

Manifesta

מְפֻרְסָמָה (מְפֻרְסָמוֹת) (פיל׳) [ק/ב/248]. בְּנִגּוּד לְמֻשְׂכָּל (מֻשְׂכָּלוֹת): דֵּעָה מֻסְכֶּמֶת, שֶׁאֵינָהּ מְיֻסֶּדֶת עַל הַהֶקֵּשׁ הַהֶגְיוֹנִי אֶלָּא עַל דַּעַת הַקָּהָל

Maniküre

צִמּוּי (אסת׳, רפו׳) מָנִיקוּר, עֲשִׂיַּת הַצִּפָּרְנַיִם, טִפּוּל בַּיָּדַיִם

maniküren

צִמָּה (מְצַמֶּה) (אסת׳, רפו׳) עָשָׂה מָנִיקוּר, טִפֵּל בַּיָּדַיִם וּבַצִּפָּרְנַיִם

Manipulation [---> Handhabung]

טִפְלוּל (תקש׳) מָנִיפּוּלַצְיָה, תִּחְבּוּל, זִיּוּף מְכֻוָּן שֶׁל מֵידָע עַל יְדֵי הוֹסָפַת שְׁקָרִים, הַבְלָטַת פְּרָטִים מְסֻיָּמִים אוֹ הַשְׁמָטָתָם. עִיּוּל, עִסּוּק בְּדָבָר מְסֻבָּךְ, טִפּוּל בִּבְעָיָה מֻרְכֶּבֶת

manipulatives Experiment ---> Experiment, manipulatives

Manipulator(in)

טַפְלְלָן, טַפְלְלָנִית (תקש׳) מְטַפְלֵל, מְטַפְלֶלֶת, גַּנָּב דַּעַת, מִי שֶׁמְּזַיֵּף מֵידָע וּבָקִי בְּהַטָּיָה. יַדְלָן, יַדְלָנִית [מר״ח/438]. מְיַדֵּל, מְטַפֵּל, מְפַעִיל, מְמַשְׁמֵשׁ. מִידָן (מִידָנִים) (טכנ׳) מָנִיפּוּלָטוֹר, הֶתְקֵן לְיִדּוּן עֲצָמִים מְסֻכָּנִים בְּלִי לָגַעַת בָּהֶם בַּיָּדַיִם

manipulieren [---> handhaben]

טִפְלֵל (מְטַפְלֵל), חִבֵּל תַּחְבּוּלַת עָרְמָה, סֵרֵס מֵידָע וְזִיְּפוֹ, עִיֵּל (מְעַיֵּל), עָשָׂה מָנִיפּוּלַצְיָה, עָסַק בְּדָבָר מֻרְכָּב וּמְסֻבָּךְ

manisch

שִׁגְעִי (פסי׳) מָנִי, הֶמְיוֹנִי, שִׁגְעוֹנִי

manischer Stupor ---> Stupor, manischer

Manko ---> Fehlbetrag

Mann, hypogenitaler

טֻמְטוּם (רפו׳) [א״ח/א/247]. אִישׁ אַיְלוֹנִי, מִי שֶׁאֶבְרֵי הַמִּין שֶׁלּוֹ מְנֻוָּנִים

Mann, potenter

אַבָּר (אַבָּרִים) (רפו׳, פסי׳) [מר״ח/547]. בַּעַל כֹּחַ גַּבְרָא

Mann, schöngeformter

אָדָם שֶׁל צוּרָה (אסת׳) [א״ח/א/248]. אִישׁ נָאֶה

Mannabaum *{Alhagi maurorum}*

הָגָה מָצוּי (בוט׳) צֶמַח מִמִּשְׁפַּחַת הַפַּרְפְּרָנִיִּים

Mannbarkeit

גַּבְרוּת (רפו׳) [ק/א/157]. הַגָּעָה, שְׁלֵמוּת, גְּמַר גְּדוֹל, בַּגְרוּת, גַּבְרִיּוּת

Mannequin ---> Schaufensterpuppe

Mannesalter

אִישׁוּת [ק/א/45]. תְּקוּפַת שְׁנוֹת הָאִישׁ, גִּיל בַּגְרוּת

Mannigfaltigkeitslehre

תּוֹרַת הָרִבּוּי (פיל׳) [ת״ה/56]. מַדָּע הַחוֹקֵר אֶת הַצּוּרָה שֶׁל כָּל הַמַּדָּעִים

Mannstollheit ---> Nymphomanie

Manntau

חֶבֶל מִבְטָח (ימא׳) חֶבֶל הַנִּמְתָּח בָּאֳנִיָּה לְבִטְחוֹן אֲנָשֶׁיהָ

Manöver

תִּמְרוֹן (תִּמְרוֹנִים) (צבא) תַּרְגִּיל אִמּוּן צְבָאִי. לֶבֶךְ (לְבָכִים) [מר״ח/438]. תְּבוּנַת כַּפַּיִם, זְרִיזוּת יָדַיִם

manövrierbar

בַּר תִּמְרוֹן, תַּמְרִין

manövrieren [---> lavieren]

תִּמְרֵן (מְתַמְרֵן) (צבא, טכנ׳) עָשָׂה תִּמְרוֹן, חִלֵּץ כְּלִי רֶכֶב בְּמְיֻמָּנוּת. לָבַךְ (לוֹבֵךְ) [מר״ח/438]. עָשָׂה בְּיָד מְהִירָה וּבוֹטַחַת, הִזְרִיז יָדָיו

Manövrieren [---> Lavieren]

תִּמְרוּן (תִּמְרוּנִים) (צבא, טכנ׳) עֲשִׂיַּת תִּמְרוֹן, חִלּוּץ כְּלִי רֶכֶב בְּמְיֻמָּנוּת. לִבּוּךְ, עֲשִׂיַּת דְּבַר-מָה בִּזְרִיזוּת יָדַיִם

Manövrierfähigkeit

כֹּשֶׁר תִּמְרוֹן, תַּמְרִינוּת

Manometer ---> Druckmesser

Mantel

מְעִיל (מְעִילִים) (לבו׳) אַדֶּרֶת (אֲדָּרוֹת)

Mantel, dicker

סַרְבָּל (סַרְבָּלִים) (לבו׳) מְעִיל עָבֶה

Manteltiere *{Tunicata}*

אִצְטְלָנִים (זוא׳) מַחְלָקָה שֶׁל בַּעֲלֵי חַיִּים בְּמַעֲרֶכֶת הַמֵּיתָרָנִים

Mantik

כִּהוּן (אנת׳, דת) [ק/ב/67]. קֶסֶם, כִּשּׁוּף

Mappe ---> Aktenumschlag

Marasmus ---> Gedeihstörung

marcato

בְּנַחַץ (מוס׳) מֻנְחָץ

marcatissimo

בְּנַחַץ יֶתֶר (מוס׳) מֻנְחָץ בְּיוֹתֵר

Marder *{Mustelidae}*

סַמּוּרִיִּים (זוא׳) מִשְׁפָּחָה שֶׁל טוֹרְפִים יַבַּשְׁתִּיִּים

marginal

שׁוּלִי (מדע) [ר/ב/650]. מְאַפְיֵן מִקְרֶה שֶׁסִּוּוּגוֹ אֵינוֹ בָּרוּר אוֹ זֶה הַנִּמְצָא עַל הַגְּבוּל בֵּין שְׁתֵּי גִּבְלָאוֹת (קַטֵּיגוֹרְיוֹת)

Marginalexistenz

אִישׁ שׁוּלַיִם (אַנְשֵׁי שׁוּלַיִם) (מ״ח, אנת׳) מִי שֶׁנִּצָּב בִּגְבוּל תַּרְבֻּיּוֹת שׁוֹנוֹת וּמְטַמֵּעַ חֶלְקִית בְּכָל אַחַת מֵהֶן

Marginalität

שׁוּלִיּוּת (מ״ח, אנת׳) תְּכוּנַת מַה שֶּׁנִּצָּב בִּגְבוּל תַּרְבֻּיּוֹת שׁוֹנוֹת וּמְטַמֵּעַ חֶלְקִית בְּכָל אַחַת מֵהֶן

Mariendistel *{Silybum}*

גְּדִילָן (בוט׳) צֶמַח מִמִּשְׁפַּחַת הַמֻּרְכָּבִים

Marienglockenblume *{Campanula medium}*

פַּעֲמוֹנִית בֵּינוֹנִית (בוט׳) צֶמַח מִמִּשְׁפַּחַת הַפַּעֲמוֹנִיתִיִּים

Marienkäfer *{Coccinellidae}*

מוֹשִׁיתִיִּים (זוא׳) מִשְׁפָּחָה שֶׁל חִפּוּשִׁיּוֹת

Marienkraut *{Teucrium polium}*

גַּעֲדָה מְצוּיָה (בוט׳) צֶמַח מִמִּשְׁפַּחַת הַשִּׂפְתָנִיִּים

Marine [---> Flotte]

צִי (צִיִּים) (ימא׳)

Mariskensänger *{Acrocephalus melanopogon}*
זְמִירוֹן (זוא׳) עוֹף מִמִּשְׁפַּחַת הַסִּבְכִּיִּים

maritim
יַמִּי (מטא׳, ימא׳, י״א)

Mark [---> Knochenmark]
מֹחַ [ק/ב/111]. לֵב, גַּרְעִין, תּוֹכוֹ שֶׁל דָּבָר, אֶמְצַע, פְּנִימִיּוּת, מֶרְכָּז

Marke
אֲסִימוֹן (אֲסִימוֹנִים) [א״ת/א/225]. מַטְבֵּעַ בְּלֹא צוּרוֹת הַטְבָּעָה, מַטְבֵּעַ שֶׁנִּשְׁתַּחֲקָה צוּרָתוֹ

Marker
סַמָּן (סַמָּנִים)

markieren
תִּיֵּג (מְתַיֵּג), סִמֵּן (מְסַמֵּן)

Markieren
תִּיּוּג, סִמּוּן

Markierung
תָּגִית (תָּגִיּוֹת), סִימָן

Marknuß ---> Acajounnuß

Markt
שׁוּק (שְׁוָקִים) (כלכ׳) [א״ת/ב/356]. בֵּית הַשְּׁוָקִים

Markt verderben, den
הִפְחִיד אֶת הַשּׁוּק (כלכ׳) [א״ת/ב/360]

markten
תִּגֵּר (מְתַגֵּר) (כלכ׳)

Marktpreis ---> Handelspreis

Marktsiedlung
יִשּׁוּב שׁוּק (י״א, כלכ׳) מָקוֹם שֶׁמִּתְקַיֵּם בּוֹ שׁוּק

Marktstadt
עִיר שׁוּק (י״א, כלכ׳) עִיר שֶׁיֵּשׁ בָּהּ שׁוּק

Marmelente *{Marmaronetta angustirostris}*
בַּרְוָז מְשֻׁיָּשׁ (זוא׳) עוֹף מִמִּשְׁפַּחַת הַבַּרְוָזִיִּים

Marmorbrasse *{Pagellus mormyrus (Lithognathus mormyrus)}*
וַרְדִּית שַׁיִשְׁנִית (זוא׳) דָּג מִמִּשְׁפַּחַת הַסְּפָּרוּסִיִּים (דְּגֵי גֶּרֶם)

Marmorzitterrochen *{Torpedo marmorata}*
חַשְׁמַלָּן מְשֻׁיָּשׁ (זוא׳) דָּג מִמִּשְׁפַּחַת הַחַשְׁמַלָּנִיִּים (בַּטָּאִים)

Marsch
צְעוּדָה (צְעוּדוֹת) (מוס׳) שִׁיר לֶכֶת, מַרְשׁ

marschmäßig
צְעוּדָתִית (מוס׳) כְּעֵין מַרְשׁ

Marsupialisation
שִׁקּוּק (רפו׳) תִּפּוּר כִּיסְתוֹת (צִיסְטוֹת) שֶׁאִי אֶפְשָׁר לְהַרְחִיקָן

Martyrologie
מְגִלַּת יִסּוּרִים (ספר׳) מַרְטִירוֹלוֹגְיָה

marziale
צְבָאִי (מוס׳) צְבָאִית (תה״פ)

Masche
עֵינָה (עֵינוֹת) (טכנ׳) עַיִן (עֵינַיִם), לוּלָאָה בִּסְרִיגָה, עֵינִית (עֵינִיּוֹת), הַנֶּקֶב בִּנְפָה אוֹ בִּכְבָרָה

Maschine
מְכוֹנָה (מְכוֹנוֹת) (טכנ׳) [ק/ב/198]. מִתְקָן לְבִצּוּעַ עֲבוֹדָה

Maschine abstellen
הִתְנִיחַ (מַתְנִיחַ) מְכוֹנָה (טכנ׳) הֵבִיא מְכוֹנָה לִידֵי תְּנוּחָה, הִדְמִים (מַדְמִים) מְכוֹנָה

Maschine bauen
בָּנָה (בּוֹנֶה) מְכוֹנָה (טכנ׳)

Maschinenaufsteller ---> Monteur

Maschinenbau
בְּנִיַּת מְכוֹנוֹת (טכנ׳)

Maschinenbauer
מַסְגֵּר מְכוֹנֵן (מַסְגְּרִים מְכוֹנְנִים) (מלא׳)

Maschinenbetrieb
מִפְעַל מְכוֹנוֹת (טכנ׳) מִפְעָל מְכוֹנָתִי

Maschinenkode
צֹפֶן מְכוֹנָה (מחש׳) [דמ״א/63]

maschinenmäßig
עַל דֶּרֶךְ הַמְּכוֹנָה (טכנ׳)

Maschinenschlosser ---> Maschinenbauer

Maschinensprache
שְׂפַת מְכוֹנָה (מחש׳) [דמ״א/63]. שְׂפַת תָּכְנוּת הַכְּתוּבָה בְּצֹפֶן מְכוֹנָה

Maschinenwesen
מַעֲרֶכֶת הַמְּכוֹנוֹת (טכנ׳)

Maschinerie
מַנְגְּנוֹן הַמְּכוֹנוֹת (טכנ׳)

Maschinist(in)
מְכוֹנַאי (מְכוֹנָאִים), מְכוֹנָאִית (מְכוֹנָאִיּוֹת) (מלא׳)

Masern *{Morbilli}*
חַצֶּבֶת (רפו׳)

Maske
מַסֵּכָה (מַסֵּכוֹת) (תאט׳) מַסְוֶה

Maskenwürger *{Lanius nubicus}*
חַנְקָן נוּבִּי (זוא׳) עוֹף מִמִּשְׁפַּחַת הַחַנְקָנִיִּים

Maskerade
מַסֵּכִיָּה (מ״ח) נֶשֶׁף מַסֵּכוֹת, מַסְקָרָדָה

maskieren
הִסְוָה (מַסְוֶה), הִתְחַפֵּשׂ, הֶחְפִּישׂ (מַחְפִּישׂ), נָתַן מַסְוֶה עַל פָּנָיו

maskiert
מְסֻוֶּה, סָווּי, מְסֻוֶּה, שֶׁהוּשַׂם מַסְוֶה עַל פָּנָיו, מְחֻפָּשׂ

Maskierung
הַסְוָאָה, מַסְוֶה, הִסְתַּוּוּת, הִתְחַפְּשׂוּת, הַחְפָּשָׁה, תַּחְפֹּשֶׂת. מִסּוּךְ (אלק׳)

Maskulinum
זָכָר (בלש׳) [ק/ג/25; מ״ב/130]. נִזְכָּרִי, שֵׁם בִּלְשׁוֹן זָכָר, שֵׁם זַכְרוּתִי, - זְכָרִי, תַּת גִּבְלָה (קָטֵגוֹרְיָה) שֶׁל הַמִּין הַדִּקְדּוּקִי, לְמָשָׁל: ״אַרְיֵה״, ״בַּיִת״

maskulinisieren ---> vermännlichen

Masochismus
חֲמִידַת כְּאֵב (פסי׳, רפו׳) [ר/א/57]. מָזוֹכִיזְם, חֶפְצָר, אַלְגוֹלַגְנִיָּה, הֲפָקַת תַּעֲנוּג זִוּוּגִי מִתְּחוּשַׁת כְּאֵב, תְּשׁוּקַת כְּאֵב

Maß
מִדָּה (מִדּוֹת) (פיס׳) [ק/ב/208]. מֵמַד, הִתְפַּשְּׁטוּת, גֹּדֶל הַנִּתָּן לִמְדִידָה. שִׁעוּר (פיס׳) [ק/ד/143]

Maß, bestimmtes
קִצְבָּה (פיס׳) [ק/ג/292]. קִצְבָה. קִצָּבוֹן (פיס׳) [ק/ג/293]. קֹצֶב (פיס׳) [ק/ג/292]. קֶצֶב, שִׁעוּר קָבוּעַ, מִדָּה מְסֻיֶּמֶת

Maß, rechtes ---> Proportion; Ebenmaß

Maß eines Dinges bestimmen, das ---> quantifizieren

Maß über alles ---> Gesamtmaß

Massage
עִסּוּי (רפו׳) [מר״ח/441]. מֶשֶׁד, מָסָז׳

Maßband
מַגְלוּל (טכנ׳) סֶרֶט מִדָּה נִגְלָל

Maßberechnung
חֶשְׁבּוֹן מְדִידָה (מחמ׳) [ק/ד/217]. תִּשְׁבֹּרֶת

Maßbestimmung
שִׁעוּר (מחמ׳, מ״ט) [ק/ד/144]. מְדִידָה, חִשּׁוּב, הַעֲרָכָה, הַשְׁעָרָה, הָאֳמָדָה

Masse [---> Quantum]
מַסָּה (פיס׳, טכנ׳) [ק/ב/96; ל״מ/394]. כַּמּוּת הַחֹמֶר בְּגוּף מְסֻיָּם, צוּרָה שֶׁל מֶרֶץ (אֶנֶרְגִּיָּה). כַּמִּיָּה (כַּמִּיּוֹת) (טכנ׳) [ק/ב/96] גּוּשׁ חֹמֶר גָּלְמִי חֲסַר צוּרָה. כַּמּוּת (כַּמֻּיּוֹת) (מ״ט) [ק/ב/95]. שִׁעוּרוֹ שֶׁל דָּבָר, מַאֲמַר הַכַּמָּה. עֹבִי (פיס׳) [ק/ג/120]. נֶפַח, רֹחַב. הָמוֹן (מ״ח) [ר/א/207]. שִׁפְעָה, מִסְפָּר רַב וּזְמַנִּי שֶׁל בְּנֵי אָדָם הַשּׁוֹנִים זֶה מִזֶּה וְהַחֲסֵרִים אִרְגּוּן חֶבְרָתִי, צִבּוּר גָּדוֹל שֶׁל בְּנֵי אָדָם הַפּוֹעֲלִים בְּמִשְׁתָּף

Masse, schwere
מַסַּת כְּבִידָה (פיס׳)

Masse, spezifische *{Dichte}*
מַסָּה סְגֻלִּית (פיס׳) הַמַּסָּה שֶׁל יְחִידַת נֶפַח

Masse, träge
מַסַּת הֶתְמֵד (פיס׳) מַסַּת אִינֶרְצְיָה

Maßeinheit
יְחִידַת מִדָּה

Massenanziehung ---> Gravitation

Massenkommunikation
תִּקְשֹׁרֶת הֲמוֹנִים (תקש׳) הַעֲבָרָה מְאֻרְגֶּנֶת וּבוֹ זְמַנִּית שֶׁל מֶסֶר זֵהֶה בְּאֶמְצָעוּת כְּלֵי תִּקְשֹׁרֶת הֲמוֹנִים

Massenkommunikationsmittel ---> Massenmedien

Massenmedien
כְּלֵי תִּקְשֹׁרֶת הֲמוֹנִים (תקש׳) אֶמְצָעֵי תִּקְשֹׁרֶת הֲמוֹנִים

Massenmensch
הֲמוֹנִי [ק/א/176]. אָדָם הֲמוֹנִי

Massenmittelpunkt
מֶרְכַּז הַמַּסָּה (פיס׳) מֶרְכַּז הַמַּסּוֹת

Massenproduktion
יִצּוּר הֲמוֹנִי (כלכ׳) יִצּוּר בַּהֲמוֹנוֹת

Massenpsychologie
נַפְשׁוּת שֶׁל הֶהָמוֹן (פסי׳, מ״ח) פְּסִיכוֹלוֹגְיָה שֶׁל הֶהָמוֹן

Massenpunkt
מַסַּת נְקֻדָּה (פיס׳)

Massenpunkt, freier
חֶלְקִיק חָפְשִׁי (פיס׳)

Massenpunkt, unfreier
חֶלְקִיק מְאֻלָּץ (פיס׳)

Massensystem
מַעֲרֶכֶת חֹמֶר (פיס׳)

Masseur (Masseuse)
מְעַסֶּה, מְעַסָּה (מְעַסִּית) (רפו׳) מַשָּׁד, מַשָּׁדִית, עַסְיָן, מַסָּזִ׳יסְט

Masseverwalter ---> Konkursverwalter

maßgebend
בַּעַל מִשְׁקָל, קוֹבֵעַ, מַכְרִיעַ

Massgüterladung
מִטְעַן נֶפַח (ימא׳) מִטְעָן לְפִי הַנֶּפַח

Maßholder ---> Feldahorn

massieren
עִסָּה (מְעַסֶּה) (רפו׳) מִשֵּׁד (מְמַשֵּׁד), עָשָׂה מָסָז׳

massiertes Lernen ---> Lernen, massiertes

Massierung
הִתְלַכְּדוּת (ביו׳) חִבּוּר שֶׁל חֶלְקִיקִים

massiv
עַשְׁתִּי (פיס׳) עָשׁוֹת, גַּרְמִי, מַסִּיבִי, יַצִּיב, מְגֻבָּשׁ, מוּצָק. אָטוּם (פיס׳) [ק/א/38]. מָלֵא, שֶׁאֵינוֹ חָלוּל. מִקְשִׁי (פיס׳) [ק/ב/273]. עָשׂוּי מִקְשָׁה אַחַת וְאֵינוֹ נָבוּב בַּתָּוֶךְ, טָמוּם, עָשׂוּי גּוּשׁ אֶחָד

massive Beschaffenheit ---> Beschaffenheit, massive

massives Ding ---> Ding, dichtes

Massivität
עַשְׁתִּיּוּת (פיס׳) [מר״ח/441]. מַסִּיבִיּוּת, מוּצָקוּת

Maßliebchen *{Bellis}*
חִנָּנִית (בוט׳) צֶמַח מִמִּשְׁפַּחַת הַמֻּרְכָּבִים

maßlos
בְּלֹא תִּכְלָה, שֶׁאֵין לוֹ גְּבוּל, אֵינְסוֹפִי, שֶׁאֵינוֹ מֻגְבָּל

Maßnahme, vorbereitende
אַקְדָּם (אַקְדָּמִים), צַעַד מַקְדִּים, - הֲכָנִי, - הֲכָנָתִי

Maßregel
גְּזֵרָה (גְּזֵרוֹת) (מדי׳, משפ׳) הוֹרָאָה, צַו (צַוִּים), תַּקָּנָה, כְּלָל (כְּלָלִים)

Maßschrägstrich
לוֹכְסַן מִדָּה (טכנ׳)

Maßstab ---> Skala; Meßrute

Maßstab, in kleinem
בִּזְעֵיר מִדָּה, בְּמִינְיָאטוּרָה, בְּתַבְנִית מִקְטֶנֶת, בִּזְעֵיר אַנְפִּין

Maßsystem
שִׁיטַת מִדּוֹת (טכנ׳)

Maßverhältnisse
יַחֲסֵי הַמִּדָּה

Mast
תֹּרֶן (תְּרָנִים) (ימא׳)

Mastdarm *{Rektum}*
חַלְחֹלֶת (רפו׳) מְעִי יָשָׁר

Mastdarm drücken, den
טָחַר (טוֹחֵר) (רפו׳) [מר״ח/661]. אִמֵּץ מֵעָיו לַעֲשׂוֹת אֶת צְרָכָיו

Mastdarm(es), Drücken des
טְחִירָה (רפו׳) [מר״ח/661]. אִמּוּץ הַחַלְחֹלֶת לְשֵׁם עֲשִׂיַּת הַצְּרָכִים

Mastitis ---> Brustdrüsenentzündung

Mastixstrauch *{Pistacia lentiscus}*
אֵלַת הַמַּסְטִיק (בוט׳) צֶמַח מִמִּשְׁפַּחַת הָאֵלָתִיִּים

Masturbation ---> Onanie

Mastwerk
תְּרֶנָה (ימא׳) כְּלַל הַתְּרָנִים בָּאֳנִיָּה

Mastzelle
תָּא פֶּטֶם (ביו׳) [ל״ב/245]. תָּאִים הַמְּצוּיִּים בְּכַמֻּיּוֹת גְּדוֹלוֹת בִּרְקְמַת חִבּוּר וְהֵם מְגִיבִים עַל חֲדִירַת אֶנְכָּרִים (אַלֶרְגֶנִים) לַגּוּף בְּהַפְרָשַׁת הִיסְטָמִין

Materia prima
חֹמֶר רִאשׁוֹן (פיל׳) [ק/א/312]. חֹמֶר קַדְמוֹן, - הִיּוּלִי, - קָדוּם, - מִשְׁתַּתֵּף, - תַּחְתּוֹן, - תַּחְתּוֹנִי, - שָׁפָל. חֹמֶר מְשֻׁתָּף (פיל׳) [ק/ב/308]. הַחֹמֶר הָרִאשׁוֹן, הַמְּשֻׁתָּף לְכָל הַגּוּפִים שֶׁבְּעוֹלַם הַהֲוָיָה וְהַהֶפְסֵד

Material, brennbares
צִתִּית (כימ׳) חֹמֶר שָׂרִיף, - קַל לְהִתְלַקֵּחַ

Material, ephemeres
חוֹלֵף (חוֹלְפוֹת) (ספרנ׳) חֹמֶר עַרְאִי, - אֲרָעִי

Material, transportiertes
טְעֹנֶת, מִטְעָן מָעֳבָר

Materialismus
חָמְרָנוּת (חוֹמְרָנוּת) (פיל׳) [ק/א/314; רו/417]. חָמְרִיּוּת (חוֹמְרִיּוּת), מָטֶרְיָאלִיזְם, חֲמַרְתָּנוּת, הַתּוֹרָה הָרוֹאָה אֶת הַחֹמֶר כְּעֶצֶם יָחִיד בְּתֵבֵל כֻּלָּהּ וְהַמַּסְבִּירָה אֶת הַתּוֹפָעוֹת הָרוּחָנִיּוֹת כְּמִתְנִים (פוּנְקְצִיּוֹת) שֶׁלּוֹ

Materialist(in)
חָמְרָתָן (חוֹמְרְתָן), חָמְרְתָנִית (חוֹמְרְתָנִית) (פיל׳) [ק/א/314]. חָמְרִי, הַמַּחֲזִיק בְּשִׁיטַת הֶחָמְרָנוּת

materialistisch
חָמְרָנִי (חוֹמְרָנִי) (פיל׳) מָטֶרְיָאלִיסְטִי, חֲמַרְתָּנִי

Materialität
חָמְרִיּוּת (חוֹמְרִיּוּת) (פיל׳, פיס׳) [ק/א/314]. גַּשְׁמִיּוּת, לְהַבְדִּיל מִן רוּחָנִיּוּת

Materiatur
גְּלוּם חָמְרִי (חוֹמְרִי)

Materie
חֹמֶר (פיל׳) [ק/א/310; פ״ר/131]. הַדָּבָר מִמֶּנּוּ עֲשׂוּיִים כָּל הָעֲצָמִים הַמּוּחָשִׁים בְּתֵבֵל, חֹמֶר גֹּלֶם, גֶּשֶׁם, בְּנִגּוּד לָרוּחַ וּבְנִגּוּד לַצּוּרָה. מֶשֶׁךְ (פיל׳) [ק/ב/293]. עֶצֶם הַדָּבָר שֶׁמִּמֶּנּוּ עָשׂוּי מַשֶּׁהוּ. גֹּלֶם (פיל׳) [ק/א/116]. הִיּוּלֵי, הִיּוּלִי (פיל׳) [ק/א/169]. הַחֹמֶר הַקַּדְמוֹן, - בִּכְלָל. יְסוֹד (פיל׳) [ק/ב/41]. מַמָּשׁ (פיל׳) [ק/ב/210]. גּוּף, מוּחָשִׁיּוּת, דָּבָר הַנִּתָּן לְמִמּוּשׁ

Materie, abstrakte
חֹמֶר מֻפְשָׁט (פיל׳) [ק/א/169;ק/ב/288]. הִיּוּלִי הַמֻּשְׂכָּל, בְּנִגּוּד לַהִיּוּלִי הַמּוּחָשׁ

Materie, Empfänglichkeit der
הֲכָנַת הַחֹמֶר (פיל׳) [ק/א/172]

Materie, sinnliche
חֹמֶר מוּחָשׁ (פיל׳, פסי׳) [ק/א/169; ק/ב/288]. הִיּוּלִי הַמּוּחָשׁ, בְּנִגּוּד לַהִיּוּלִי הַמֻּשְׂכָּל

Materie, träge
חֹמֶר מֵת (פיל׳) [ק/א/313]

Materie, wahrnehmbare ---> Materie, sinnliche

Materie des Schlusses
תֹּכֶן הַהֶקֵּשׁ (פיל׳) [ק/א/206]. חֹמֶר הַהֶקֵּשׁ, תֹּכֶן הַמַּסְקָנָה

Materie eines Körpers, unmittelbare
חֹמֶר אַחֲרוֹן (פיל׳) [ק/א/312]. חֹמֶר קָרוֹב, הַחֹמֶר שֶׁמִּמֶּנּוּ הִתְהַוָּה גּוּף כָּלְשֶׁהוּ בְּאֹפֶן בִּלְתִּי אֶמְצָעִי

materiell
חָמְרִי (חוֹמְרִי) [ק/א/314]. שֶׁל חֹמֶר, לֹא רוּחָנִי. עָב, עָבֶה [ק/ג/118]. גּוּשָׁנִי, מְגֻשָּׁם. גַּשְׁמִי [ק/א/122]. חֶפְצִי. עֲפָרִי [ק/ג/151]. בְּשָׂרִי [ק/א/96]. גּוּפִי [ק/א/109]. מִתְיַחֵס עַל הַגּוּף. גּוּפָנִי [ק/א/109]. גַּס [ק/א/118]. גַּשְׁמָנִי, גֶּשֶׁמָנִי

materielle Form ---> Form, materielle

materielle Ursache ---> Ursache, materielle

materielles Denken ---> Denken, materielles

materielles Substrat ---> Substrat, materielles

Mathematik
מַתֵּמָטִיקָה (מתמ׳) [ק/א/294]. חָכְמָה אֶמְצָעִית. חָכְמַת הַחֶשְׁבּוֹן (מתמ׳) [ק/א/296]. חָכְמַת הַמִּסְפָּר, - הַמִּנְיָן. חָכְמָה שָׁרְשִׁית (מתמ׳) [ק/א/295; ק/ב/23; ק/ד/ 144,129] חָכְמָה הֶרְגֵּלִית, חָכְמַת הַהֶרְגֵּל, - הַטֹּרַח, חָכְמָה מוּסָרִית, חָכְמַת הַשִּׁמּוּשׁ, - הַשִּׁעוּר, - הַשִּׁעוּרִים, מְלֶאכֶת הַשִּׁעוּרִים. חָכְמַת הַלִּמּוּדִים (מתמ׳) [ק/ב/120]. הַחָכְמָה הַלִּמּוּדִית (מתמ׳) [ק/ב/121]. דַּעַת הַמּוּסָר (מתמ׳) [ק/ב/163]. חָכְמַת הַמּוּסָר. הַחָכְמָה הַשִּׁמּוּשִׁית (מתמ׳) [ק/ד/130]

Mathematik, angewandte
מַתֵּמָטִיקָה מְיֻשֶּׁמֶת (מתמ׳) [פ״ר/135]. מַתֵּמָטִיקָה שִׁמּוּשִׁית, - הַפּוֹעֶלֶת בְּמַדָּעֵי הַטֶּבַע

Mathematiker(in)
מַתֵּמָטִיקַאי, מַתֵּמָטִיקָאִית (מתמ׳) [ק/א/92]. מַתֵּמָטִיקָן, בַּעַל חָכְמַת הַלִּמּוּדִים, מַתֵּמָטִיקוֹן. חֲכַם הַלִּמּוּדִיּוֹת (מתמ׳) [ק/א/289]. לִמּוּדִי (מתמ׳) [ק/ב/122]. חֲכַם הַמִּסְפָּר (מתמ׳) [ק/ב/228]. פִילוֹסוֹף (מתמ׳) [ק/ג/187]. תִּשְׁבָּרִי (מתמ׳) [ק/ד/219]. חָכָם בְּחָכְמַת הַתִּשְׁבֹּרֶת

mathematisch
מַתֵּמָטִי (מתמ׳) [ק/ב/164]. מוּסָרִי, מַה שֶּׁמִּתְיַחֵס עַל הַחָכְמָה הַלִּמּוּדִית, - הַשִּׁמּוּשִׁית. תִּשְׁבָּרִי (מתמ׳) [ק/ד/219]

mathematische Astronomie ---> Astronomie, mathematische

mathematische Kategorie ---> Kategorie, mathematische

mathematische Linguistik ---> Linguistik, kybernetische

mathematische Wissenschaft ---> Wissenschaft, mathematische

Matinée
הַצָּגַת שַׁחֲרִית (תאט׳, מוס׳) מִנְגָּן (קוֹנְצֶרְט)

שַׁחֲרִית

Matres lectionis ---> Vokalbuchstaben

Matrix

אִמָּה (אִמָּהוֹת) [ר/ב/378]. מַטְרִיצָה, מַעֲרָךְ שֶׁל מִסְפָּרִים אוֹ סִימָנִים הַמְּסֻדָּרִים בְּשׁוּרוֹת וּבְעַמּוּדוֹת

Matrix, erweiterte

אִמָּה מֻרְחֶבֶת (מתמ׳) מַטְרִיצָה מֻרְחֶבֶת

Matrix, geänderte

אִמָּה מְגֻבֶּלֶת (מתמ׳) מַטְרִיצָה מְגֻבֶּלֶת

Matrix, konjugiert transponierte

אִמָּה צְמוּדָה מְשֻׁחְלֶפֶת (מתמ׳) מַטְרִיצָה צְמוּדָה מְשֻׁחְלֶפֶת

Matrix, transponierte

אִמָּה מְשֻׁחְלֶפֶת (מתמ׳) מַטְרִיצָה מְשֻׁחְלֶפֶת

Matrize ---> Gießform

Matrose

מַלָּח (מַלָּחִים) (ימא׳) סַפָּן

matt

מָהוּק [מר״ח/442]. קָהוּי, מָהוּק, חֲסַר בָּרָק, לֹא שָׁקוּף, מָאט, אָטוּם, עָמוּם

Matte

מַחְצֶלֶת (מַחְצָלוֹת) (טכנ׳) [א״ת/ב/201]. שְׁטִיחַ קָלוּעַ

mattieren

מִהֵק (מְמַהֵק), הִתְמַהֵק, קָהָה (קוֹהֶה), קֵהָה (מְקַהֶה), הָפַךְ לְעָמוּם, סִלֵּק בֹּהַק, עִמֵּם

Mattinata ---> Morgenlied

Mattpapier

נְיַר מָהוּק (טכנ׳, אמנ׳) [ממ״ק/153]. נְיָר דֵּהֶה, - חָלָק וּמְגֻיָּר שֶׁאֵינוֹ מַבְרִיק

Mauer, verborgene

חוֹמָה טְמוּנָה (ארכ׳)

Mauerbrecher

אֵיל בַּרְזֶל (צבא) כְּלִי לִנְגוֹחַ חוֹמָה

Mauerläufer *{Tichodroma muraria}*

כָּתְלִי (זוא׳) עוֹף מִמִּשְׁפַּחַת הַכָּתְלִיִּים

Mauerläufer *{Tichodromidae}*

כָּתְלִיִּים (זוא׳) מִשְׁפָּחָה שֶׁל צִפֳּרֵי שִׁיר

Mauermiere *{Paronychia}*

אַלְמֻגִית (בוט׳) צֶמַח מִמִּשְׁפַּחַת הַצִּפָּרְנִיִּים

Mauersegler *{Apus apus}*

סִיס חוֹמוֹת (זוא׳) עוֹף מִמִּשְׁפַּחַת הַסִּיסִיִּים

Maul- und Klauenseuche

פּוּהִיּוֹת הַבָּקָר (רפו׳) מַחֲלַת הַפֶּה וְהַטְּלָפַיִם

Maulbeerbaum *{Morus}*

תּוּת (בוט׳) צֶמַח מִמִּשְׁפַּחַת הַתּוּתִיִּים

Maulkorb

זְמָם (זְמָמִים) (זוא׳, חקל׳) [א״ת/ב/126]. חֹסֶם, חֲסוֹם, מַחְסוֹם לְפֶה שֶׁל חַיָּה

Maultier

פֶּרֶד (פְּרָדִים) (זוא׳, חקל׳) [א״ת/ב/119]. צֶאֱצָא כִּלְאַיִם עָקוּר שֶׁל חֲמוֹר וְסוּסָה

Maulwurfsgrille *{Gryllotalpa gryllotalpa}*

עַרְצַב הַגִּנָּה (זוא׳) חֶרֶק מִמִּשְׁפַּחַת הָעַרְצָבִיִּים

Maurer

בַּנַּאי (בַּנָּאִים) (מלא׳) [א״ת/א/20]

Maus

עַכְבָּר (מחש׳) [דמ״א/69]. הֶתְקֵן חִיצוֹנִי לְמַחְשֵׁב הַמְּאַפְשֵׁר הֲזָזַת הַסַּמָּן עַל הַצָּג וְעוֹד

Mausohr *{Myotis myotis}*

נַשְׁפּוֹן גָּדוֹל (זוא׳) יוֹנֵק מִמִּשְׁפַּחַת הַנַּשְׁפּוֹנִיִּים (עֲטַלֵּפִים)

Mausoleum

בֵּית מַצֶּבֶת (בָּתֵּי מַצָּבוֹת) (אדר׳) מָאוּזוֹלֵאוֹן, נֶפֶשׁ (נְפָשׁוֹת), הֵיכַל קֶבֶר

Maxilla ---> Oberkiefer

maximal

מְרַבִּי, מֵרַבִּי, מַקְסִימָלִי

Maximaltemperatur

תְּמוּדַּת מֵרַב (מטא׳) [יל״ט/85]. טֶמְפֶּרָטוּרַת מַקְסִימוּם, הַתְּמוּדָה הַגְּבֹהָה בְּיוֹתֵר שֶׁנִּמְדְּדָה בְּפֶרֶק זְמַן מְסֻיָּם

Maxime

הַנָּחַת אָב (פיל׳) [ק/ד/164]. יְסוֹד שָׁרְשִׁי, כְּלָל יְסוֹדִי, - מַדְרִיךְ, - מַעֲשִׂי

maximieren

מֵרֵב (מְמָרֵב), הִגְדִּיל דְּבַר-מָה עַד לְגָדְלוֹ הַמְּרַבִּי (מַקְסִימָלִי)

Maximierung

מֵרוּב, הַגְדָּלַת דְּבַר-מָה עַד לְגָדְלוֹ הַמְּרַבִּי (מַקְסִימָלִי)

Maximum

מֵרַב (מְרַבִּים) [ק/ד/200]. תַּכְלִית, - גֹּדֶל, פִּסְגָּה, שִׂיא, מַדְרֵגָה עֶלְיוֹנָה, הַכַּמּוּת הַגְּדוֹלָה בְּיוֹתֵר, מַקְסִימוּם

Mazerat

תַּמְרִיס (רפו׳) תַּשְׁרִית הַמִּסְמוּס

Mazeration

מֵרוּס (רפו׳) מִסְמוּס, הֲמַקָּה, רִכּוּךְ

mazerieren

מֵרֵס (מְמָרֵס), הִתְמָרֵס (רפו׳) [מר״ח/431]. מִסְמֵס, רִכֵּךְ

Mechanik

מְכוֹנָתִיּוּת (פיס׳) [ק/ב/304]. מַדַּע הַכֹּחוֹת, חָכְמַת הַמִּשְׁקָלִים, - הַמִּשְׁקָלוֹת, מְכוֹנִיּוּת, מוּכָנִיּוּת, תּוֹרַת הַמִּשְׁקוֹלוֹת, תְּנוּעָה וְשִׁוְיוֹן הַמִּשְׁקָל, מֶכָנִיקָה. חָכְמַת תַּחְבּוּלוֹת (פיס׳) [ק/ד/189]. תּוֹרַת חֻקֵּי הַתְּנוּעָה וְשִׁוּוּי הַמִּשְׁקָל. חָכְמַת תְּנוּעַת הַמּוּצָקִים (פיס׳) [ק/ד/213]. חָכְמַת הַכְּבֵדִים (פיס׳) [ק/א/296]

mechanisch

מְכוֹנָתִי (טכנ׳, מדע, אמנ׳) [ק/ב/243]. מַעֲשִׂי, מְכוֹנִי, מֶכָנִי, עֲשׂוּתִי, אֻמָּנוּתִי, מְלַאכְתִּי, שִׁמּוּשִׁי, בְּנִגּוּד לְעִיּוּנִי. נַעֲשֶׂה (טכנ׳, מדע, אמנ׳) [ק/ג/52]. עָשׂוּי בִּידֵי אָדָם, מְלָאכוּתִי, לֹא טִבְעִי

mechanische Verbindung ---> Verbindung, äußere

mechanischer Zerfall ---> Zerfall, mechanischer

mechanisches Gedächtnis ---> Gedächtnis, mechanisches

meckern

חָנַב (חוֹנֵב) (זוא׳) פָּעָה (עֵז)

Meckern

חֲנִיבָה (זוא') [מר"ח/21]. פְּעִיַּת הָעִזִּים, קוֹל הַצֹּאן

medial

אֶמְצָעִי (רפו') תִּיכוֹן, שֶׁל הַתָּוֶךְ

Median

חֶצְיוֹן (סטט) [ר/א/277; מ"מ/212]. מַדָּד נְטִיָּה מֶרְכָּזִית שֶׁכַּמּוּת הָעֲרָכִים שֶׁלְּמַטָּה מִמֶּנּוּ שָׁוָה לְזוֹ שֶׁלְּמַעְלָה מִמֶּנּוּ

Mediastinum ---> Mittelfellraum

Mediata

מִתְמַצְּעִים (פיל') [ק/ב/321]. הֲפָכִים שֶׁיֵּשׁ בֵּינֵיהֶם אֶמְצָעִי

Mediator ---> Schlagfeder

Mediocris

הַדִּבּוּר הַבֵּינוֹנִי (רטו') [ק/א/88]. הַמְּמֻצָּע שֶׁבִּשְׁלֹשֶׁת אָפְנֵי הַדִּבּוּר

Meditation

בִּנּוּן (דת, פסי', פיל') [ק/א/218; ק/ד/82]. שׁוֹטְטוּת, הִשְׁוֹטְטוּת, הִתְשׁוֹטְטוּת, הִתְשׁוֹטְטוּת, הִסְתַּכְּלוּת רוּחָנִית, שְׁקִיעָה בְּמַחֲשָׁבוֹת, מְעוּף הַמַּחֲשָׁבָה, מֶדִיטַצְיָה. הִשְׁתַּכְּלוּת (פסי', פיל') [ק/א/222]. עִיּוּן וְהִתְבּוֹנְנוּת שִׂכְלִית וּמַדָּעִית, הִתְאַמְּצוּת הַשֵּׂכֶל, בַּקָּשַׁת הַמַּשְׂכָּלוֹת

Meditation, theosophische

בִּנּוּן דָּתִי (דת) [ק/א/218]. הַשׁוֹטְטוּת הָרַבָּנִית, שׁוֹטְטוּת רַבָּנִית, מֶדִיטַצְיָה דָּתִית

meditieren

בִּנֵּן (מְבֻנָּן) [ק/ד/81]. שׁוֹטֵט, תָּר, עָסַק בְּבִנּוּן (מֶדִיטַצְיָה), הִתְבּוֹנֵן, הָפַךְ בְּמַחְשְׁבוֹתָיו, הִפְלִיג בְּהִרְהוּרִים, צִיֵּר בְּמַחֲשַׁבְתּוֹ, הָגָה בְּ..., עִיֵּן, נִתְפַּס לְמַחֲשָׁבוֹת

medium

אֶמְצַע [ק/א/56]. אֶמְצָעִי

Medium

תְּוִיךְ (תְּוִיכִים), מִמְצָע, מֶדְיוּם, מְמַצֵּעַ, תָּוֶךְ, תַּוְכָן, מֶצַע (מְצָעִים)

Medium, festes

מַצָּע קָרוּשׁ (ביו')

Medium, flüssiges

מַצָּע נוֹזְלִי (ביו')

Medizin

רְפוּאָה (רפו') [ק/א/296]. חָכְמַת הַטְּבָעִים, - הָרְפוּאוֹת. חָכְמַת הָרְפוּאָה (רפו') [ק/א/299]. חָכְמַת הָרוֹפְאִים

Medizin, vorbeugende ---> Präventivmedizin

Medizinstudent(in)

רְפוּאָן, רְפוּאָנִית (רפו') צוֹעֵר רְפוּאָה, סוֹעֵד

Medulla ---> Knochenmark

Meduse ---> Qualle

Meeräsche, Gewöhnliche *{Mugil cephalus}*

קִיפוֹן בּוּרִי (זוא') דָּג מִמִּשְׁפַּחַת הַקִּיפוֹנִיִּים (דְּגֵי גֶּרֶם)

Meeräschen *{Mugilidae}*

קִיפוֹנִיִּים (זוא') מִשְׁפָּחָה שֶׁל דְּגֵי גֶּרֶם

Meerbarbe *{Mullus barbatus}*

מוּלִית אֲדֻמָּה (זוא') דָּג מִמִּשְׁפַּחַת הַמּוּלִיתִיִּים (דְּגֵי גֶּרֶם)

Meerbarben *{Mullidae}*

מוּלִיתִיִּים (זוא') מִשְׁפָּחָה שֶׁל דְּגֵי גֶּרֶם

Meerbarbenkönig *{Apogon imberbis}*

חַשְׁמַנּוּן יָם תִּיכוֹנִי (זוא') דָּג מִמִּשְׁפַּחַת הַחַשְׁמַנּוּנִיִּים (דְּגֵי גֶּרֶם)

Meerbarsche *{Serranidae}*

דַּקָּרִיִּים (זוא') מִשְׁפָּחָה שֶׁל דְּגֵי גֶּרֶם

Meerbrassen *{Sparidae}*

סְפָּרוּסִיִּים (זוא') מִשְׁפָּחָה שֶׁל דְּגֵי גֶּרֶם

Meereis

קֶרַח יַמִּים (מטא', גאו')

Meerenge

מֵצַר יָם (מְצָרֵי יָם) (י"א)

Meerengel *{Squatina squatina}*

מַלְאַךְ יָם כָּנוּף (זוא') דָּג מִמִּשְׁפַּחַת מַלְאַךְ יַמִּים (כְּרִישָׁאִים)

Meerengel *{Squatinidae}*

מַלְאַךְ יַמִּים (זוא') מִשְׁפָּחָה שֶׁל כְּרִישָׁאִים (דְּגֵי סְחוּס)

Meeresnebel

עֲרָפֶל קִיטוֹר (מטא') [יל"ט/156]. עֲרָפֶל הַנּוֹצָר מֵאֵדֵי מַיִם חַמִּים הָעוֹלִים לָאֲוִיר קַר וּמִתְעַבִּים בּוֹ

Meeresschildkröten *{Cheloniidae}*

צַבִּים יַמִּיִּים (זוא') מִשְׁפָּחָה שֶׁל צַבִּים

Meeresspiegel

מִפְלַס יָם (מטא', י"א)

Meeresspiegel, mittlerer

רוּם הַיָּם הַמְּמֻצָּע (מטא') [יל"ט/190]

Meergrundeln *{Gobiidae}*

קַבַּרְנוּנִיִּים (זוא') מִשְׁפָּחָה שֶׁל דְּגֵי גֶּרֶם

Meerhand *{Alcyonium palmatum}*

רִפְיוֹנִית הָאֶצְבָּעוֹת (זוא') בַּעַל חַיִּים הַשַּׁיָּךְ לָרִפְיוֹנִיתָאִים (אַלְמֻגִּים)

Meerjunker *{Coris julis}*

יוֹלִית יָם תִּיכוֹנִית (זוא') דָּג מִמִּשְׁפַּחַת הַשְּׂפָתָנִיִּים (דְּגֵי גֶּרֶם)

Meerkohl *{Crambe}*

כְּרַבָּה (בוט') צֶמַח מִמִּשְׁפַּחַת הַמִּצְלִיבִים

Meerlavendel *{Limonium}*

עַדְעָד (בוט') צֶמַח מִמִּשְׁפַּחַת הָעַפְרִיתִיִּים

Meermühle

בְּלוּעָה יַמִּית (היד', גאו') נִקְרָה עֲמֻקָּה בְּשׁוּלֵי הַיַּבָּשָׁה הַנּוֹצֶרֶת כְּתוֹצָאָה מֵחֲתִירַת מֵי הַיָּם

Meerohren *{Haliotidae}*

אֹזֶן יַמִּיִּים (זוא') מִשְׁפָּחָה שֶׁל חֶלְזוֹנוֹת

Meerpfau *{Thalassoma pavo}*

טַוָּסוֹן יָם תִּיכוֹנִי (זוא') דָּג מִמִּשְׁפַּחַת הַשְּׂפָתָנִיִּים (דְּגֵי גֶּרֶם)

Meerrettich *{Armoracia}*

חֲזֶרֶת (בוט') צֶמַח מִמִּשְׁפַּחַת הַמִּצְלִיבִים

Meerschweinchen *{Cavia porcellus [Cavia cobaya]}*

חֲזַרְזִיר יָם (חֲזַרְזִירֵי יָם) (זוא') [מר"ח/135]. חֲזִיר יָם (חֲזִירֵי יָם), קַבְיָה, קַבְיָּה, שַׂרְקָן, חֲזַרְזִיר גִּינֵיאָה, יוֹנֵק מִמִּשְׁפַּחַת הַקַּבְיָתִיִּים (מְכַרְסְמִים)

Meerschweincheneffekt

הַשְׁפָּעַת מְדִידָה תְּגוּבָתִית (מ"ח) [מ"מ/212]. הַשְׁפָּעָה שֶׁל תַּהֲלִיךְ הַמְּדִידָה עַל הַנִּבְדָּקִים הַיּוֹדְעִים שֶׁבּוֹחֲנִים אוֹתָם הַגּוֹרֶמֶת לְשִׁנּוּיִים

בַּתְּכוּנָה הַנִּמְדֶּדֶת

Meerzwiebel *{Urginea maritima}*

חָצָב מָצוּי (בוט') צֶמַח מִמִּשְׁפַּחַת הַשּׁוֹשַׁנִּיִּים

M e g a l o m a n e r (i n) ---> Größenwahnsinnige(r)

Megalomanie ---> Größenwahn

Mehl, grobes ---> Kleienmehl

Mehlbrei

סֹלֶת (סְלָתוֹת) (חזו') [א"ח/א/106]. דַּיְסַת גְּרִיסִים

Mehlschwalbe *{Delichon urbica}*

טְסִית (זוא') סְנוּנִית עָרִים, עוֹף מִמִּשְׁפַּחַת הַסְּנוּנִיתִיִּים

mehr sein als...

הֶעְדִּיף עַל.../מִ... [ק/ג/125]. הִרְבָּה, הָיָה יָתֵר עַל..., הָיָה עוֹדֵף

Mehrarbeit

יִתּוּר עֲבוֹדָה (מ"ח, כלכ') עֹדֶף עֲבוֹדָה, עֲבוֹדָה יְתֵרָה עַל הָעֲבוֹדָה הַהֶכְרֵחִית הַנַּעֲשֵׂית בְּתוֹסֶפֶת זְמַן הָעֲבוֹדָה וּמִתְגַּלֶּמֶת בְּעֹדֶף הַתּוֹצֶרֶת

Mehrarbeitszeit

תּוֹסֶפֶת זְמַן עֲבוֹדָה (מ"ח, כלכ') זְמַן עֲבוֹדָה יָתֵר עַל הַזְּמַן הַהֶכְרֵחִי לְשִׁצּוּר (רֶפְּרוֹדוּקְצְיָה) כֹּחַ הָעֲבוֹדָה

mehrdeutig

עָמוּם, רַב מַשְׁמָעִי

mehrdeutigen Situationen zu leben, Fähigkeit mit

סוֹבְלָנוּת לַעֲמִימוּת (פסי')

mehrdeutiges Nomen ---> Nomen, mehrdeutiges

Mehrdeutigkeit

עֲמִימוּת, רַב מַשְׁמָעוּת

Mehrdeutigkeit, funktionale

עֲמִימוּת הַתִּפְקוּד (פיל') [ד"מח/50]. מַצָּב שֶׁבּוֹ הַהֶבְדֵּלִים מִצַּד הַהֶקְשֵׁר אוֹ מִצַּד הַתַּפְקִיד אֵינָם נִכָּרִים בַּמִּלִּים הַמְּצַיְּנוֹת אֶת הַמֻּשָּׂגִים הַמַּתְאִימִים

Mehrdeutigkeit, Intoleranz gegenüber ---> I n t o l e r a n z g e g e n ü b e r Mehrdeutigkeit

mehrdimensionale Analyse ---> Analyse, multivariate

mehrfach ---> multipel

mehrfache Regression ---> Regression, multiple

mehrfache Wahl ---> Wahl, mehrfache

Mehrfachform ---> Dublette

Mehrfachkorrelation ---> Korrelation, multiple

Mehrfachvergleiche, post-hoc

הַשְׁוָאוֹת מְרֻבּוֹת בְּדִיעֲבַד (מ"ח, סטט') [מ"מ/211]. הַשְׁוָאוֹת מְרֻבּוֹת לְאַחַר מַעֲשֶׂה, הַשְׁוָאַת מְמֻצָּעִים הַנַּעֲשֵׂית לְאַחַר נִתּוּחַ שׁוֹנוּת

Mehrfachwahl

בְּחִירָה מְרֻבִּים (פסי')

mehrformig

רַבְצוּרָתִי

M e h r g e b ä r e n d e *{M u l t i g r a v i d a ; Pluripara}*

וַלְדָנִית (רפו') הַרְיָנִית, רַבַּת הֵרָיוֹנוֹת, אִשָּׁה הַמַּרְבָּה לָלֶדֶת

Mehrheit, absolute

רֹב מֻחְלָט

mehrjährig

רַב שְׁנָתִי (בוט') צֶמַח הַמִּתְקַיֵּם שָׁנִים אֲחָדוֹת

mehrlagig

רַב שִׁכְבוֹת, רַב שִׁכְבָתִי

Mehrprodukt

יִתּוּר הַתּוֹצֶרֶת (מ"ח, כלכ') עֹדֶף הַתּוֹצֶרֶת, חֵלֶק מִכְּלַל הַתּוֹצֶרֶת שֶׁנּוֹצְרָה עַל יְדֵי הָעוֹבְדִים הַיַּצְרָנִיִּים הַיָּתֵר עַל צְרִיכָתָם הָאִישִׁית הַהֶכְרֵחִית וְעַל הַצֹּרֶךְ בַּחֲלִיפִים לְאֶמְצָעֵי יִצּוּר שֶׁנִּתְבַּלּוּ

mehrschichtig ---> mehrlagig

mehrsprachig ---> vielsprachig

mehrstimmig

רַבְקוֹלִי (מוס')

Mehrstimmigkeit

רַבְקוֹלִיּוּת (מוס')

Mehrstufe ---> Komparativ

Mehrstufenauswahl

דְּגִימָה רַב שְׁלַבִּית (מ"ח, סטט') [מ"מ/210]. דְּגִימָה הַמְּסַפֶּקֶת מִדְגַּם בֵּינַיִם וְאַחַר כָּךְ מוּסֶבֶת עָלָיו אוֹתָהּ תָּכְנִית דְּגִימָה אוֹ תָּכְנִית אַחֶרֶת

Mehrsumme

סְכוּם יִתּוּר (מחמ')

Mehrvariablenmethode ---> Analyse, multivariate

Mehrweg-

-בַּר (בַּת) הֲשָׁבָה

Mehrwert

עֹדֶף הָעֵרֶךְ (מ"ח, כלכ') [ל"ח/184]. יִתְרַת הָעֵרֶךְ שֶׁמְּיַצֵּר הָעוֹבֵד הַשָּׂכִיר עֲבוּר הַהוֹן מֵעַל לְעֵרֶךְ כֹּחַ עֲבוֹדָתוֹ הַמְשֻׁלָּם לוֹ עַל יְדֵי בַּעַל הַהוֹן

Mehrwert, absoluter

עֹדֶף עֵרֶךְ מֻחְלָט (מ"ח, כלכ') צוּרָה שֶׁל עֹדֶף עֵרֶךְ הַמְּבַטֵּאת אֶת הַמְּגַמָּה הַטְּבוּעָה בַּהוֹן לְהַאֲרָכַת יוֹם הָעֲבוֹדָה וּלְהַעֲצָמַת הָעֲבוֹדָה הַמְּבִיאִים לְהַעֲלָאַת דַּרְגַּת הַנִּצּוּל שֶׁל הָעוֹבְדִים הַשְּׂכִירִים וּלְרִבּוּי עֹדֶף הָעֵרֶךְ

Mehrwert, kapitalisierter

עֹדֶף עֵרֶךְ מְהֻוָּן (מ"ח, כלכ') עֹדֶף עֵרֶךְ מְהֻפָּךְ לְהוֹן

Mehrwert, relativer

עֹדֶף עֵרֶךְ יַחֲסִי (מ"ח, כלכ') צוּרָה שֶׁל עֹדֶף עֵרֶךְ הַמְּבַטֵּאת אֶת הַמְּגַמָּה הַטְּבוּעָה בַּהוֹן לְהַגְבָּרַת פִּרְיוֹן הָעֲבוֹדָה שֶׁפֵּרוּשָׁהּ הַעֲלָאַת דַּרְגַּת הַנִּצּוּל אוֹ הַגְדָּלַת יִצּוּר עֹדֶף הָעֵרֶךְ בְּאֶמְצָעוּת קִצּוּר זְמַן הָעֲבוֹדָה הַהֶכְרֵחִי לְשִׁצּוּר (רֶפְּרוֹדוּקְצְיָה) כֹּחַ הָעֲבוֹדָה שֶׁל הָעוֹבְדִים

mehrwertig

רַב עֶרְכִּי

Mehrwertmasse

כַּמּוּת עֹדֶף הָעֵרֶךְ (מ"ח, כלכ') הַהֶקֵּף הַמֻּחְלָט שֶׁל עֹדֶף הָעֵרֶךְ הַמְיֻצָּר בְּהֶבְדֵּל מִשַּׁעַר עֹדֶף הָעֵרֶךְ

Mehrwertrate
הַשַּׁעַר שֶׁל עֹדֶף הָעֵרֶךְ (מ״ח, כלכ׳) יַחַס עֹדֶף הָעֵרֶךְ לַהוֹן הַמִּשְׁתַּנֶּה הַנִּתָּן כְּמִקְדָּמָה אוֹ יַחַס עֹדֶף הָעֲבוֹדָה לַעֲבוֹדָה הַהֶכְרֵחִית הַמִּבְטָא בַּאֲחוּזִים

Mehrwertsteuer ---> Umsatzsteuer

Mehrzahl ---> Plural

Mehrzahlwort ---> Pluraletantum

Meidung ---> Vermeidung

Meile, persische
פַּרְסָה (פַּרְסָאוֹת) [א״ת/ב/391]. מִדַּת אֹרֶךְ, חֲמִשָּׁה קִילוֹמֶטְרִים בְּעֵרֶךְ

Meineid
שְׁבוּעַת שֶׁקֶר (משפ׳) שְׁבוּעַת שָׁוְא

Meineid, Verleitung zum
הֲדָחָה לִשְׁבוּעַת שֶׁקֶר (משפ׳)

Meineid leisten, einen
נִשְׁבַּע לַשֶּׁקֶר (משפ׳)

Meineidiger
עֵד שֶׁקֶר (עֵדֵי שֶׁקֶר) (משפ׳)

meinen
סָבַר (סוֹבֵר) [ק/ד/49]. רָצָה (רוֹצֶה), תֵּאֵר (מְתָאֵר) לוֹ/לְעַצְמוֹ, הָיָה בְּדֵעָה שֶׁ.../כִּי..., גָּרַס, חָשַׁב (חוֹשֵׁב), נִתְכַּוֵּן, הָיָה בְּדַעְתּוֹ, עָלָה עַל לִבּוֹ, חָשַׁב לוֹמַר

meinend
סָבוּר, חוֹשֵׁב, גּוֹרֵס

Meinung [---> Ansicht; Überzeugung]
דֵּעָה (דֵּעוֹת) (פיל׳) [ק/א/142; ר/א/170]. בִּטּוּי לְשׁוֹנִי לִנְקֻדַּת הַשְׁקָפָה מְסֻיֶּמֶת. סְבָרָה (סְבָרוֹת) (פיל׳) [ק/ג/89; פ״ר/47]. סְבָרָא. דַּעַת (פיל׳) [ק/א/142]. מַחֲשָׁבָה (פיל׳) [ק/ב/186]. הַשְׁקָפָה, הַעֲרָכָה. נִרְצֶה (פיל׳) [ק/ג/69]

Meinung, falsche
דֵּעָה מֻטְעֵית (דֵּעוֹת מֻטְעוֹת) [ק/ד/68]. שִׁבּוּשׁ (שִׁבּוּשִׁים), סְבָרָה רְחוֹקָה, הֶסֵּק שָׁוְא

Meinung, nach der
עַל דַּעַת..., לְפִי..., אַלִּבָּא דְּ...

Meinung, öffentliche
דַּעַת קָהָל (מ״ח, תקש׳) [ר/א/170]. נְקֻדַּת הַהַשְׁקָפָה הַכְּלָלִית וְהַשְּׁכִיחָה שֶׁמְּבַטֵּאת קְבוּצָה אוֹ חֶבְרָה

Meinung, Sache der
דָּבָר שֶׁבִּסְבָרָה (פיל׳)

Meinung, vorgefaßte
דֵּעָה קְדוּמָה (מ״ח, פסי׳) [ק/ג/266]

Meinung, vorherrschende
הַדֵּעָה הָרוֹוַחַת (מ״ח)

Meinung, vorwiegende
מַחֲשָׁבָה גּוֹבֶרֶת (פיל׳) [ק/א/102; ק/ב/186]. מַחֲשָׁבָה שַׁלֶּטֶת, - בַּעֲלַת חֲשִׁיבוּת מֶרְכָּזִית. דַּעַת גּוֹבֶרֶת [ק/א/143]. הַגְבָּרַת הַדַּעַת. סְבָרָה גּוֹבֶרֶת [ק/ג/90]

Meinung(en) äußern, ketzerische
פָּקַר (פּוֹקֵר) (דת, פיל׳) [ק/ג/207]. דִּבֵּר סָרָה עַל הַדָּת, הִתְרִיס נֶגֶד הָאֱמוּנָה

Meinungsänderung
חֲזָרָה בְּדַעַת... [ק/א/281]. חֲזָרָה, שִׁנּוּי דֵּעָה, חֲרָטָה, תְּשׁוּבָה

Meinungsverschiedenheit *{Dissens}*
חִלּוּק דֵּעוֹת (חִלּוּקֵי דֵּעוֹת) [ק/א/199]. פֵּרוּד בְּדֵעוֹת, פְּלוּגְּתוֹת

Meisen *{Paridae}*
יַרְגָּזִיִּים (זוא׳) מִשְׁפָּחָה שֶׁל צִפֳּרֵי שִׁיר

Meißel
אִזְמֵל (אִזְמֵלִים) (טכנ׳) מַפְסֶלֶת (מַפְסְלוֹת)

meißeln
חָצַב (מְחַצֵּב) (טכנ׳) חָקַק (חוֹקֵק) בְּאִזְמֵל, חִטֵּט (מְחַטֵּט) בְּאִזְמֵל

Meißeln
חִצּוּב (טכנ׳) חֲקִיקָה, חֲרִיתָה, חִטּוּט

Meister(in)
רַב אָמָן, רַבַּת אָמָנִית (מוס׳, מלא׳) אָמָן, אָמָנִית, רַב אָמָן (רַבֵּי אָמָנִים), בַּעַל מְלָאכָה מִקְצוֹעִי

Meister *{Asperula}*
חַסְפְּסָנִית (בוט׳) צֶמַח מִמִּשְׁפַּחַת הַפּוּאָתִיִּים

meisterhaft ---> virtuos

Meistersänger(in)
זַמָּר אָמָן, זַמֶּרֶת אָמָנִית (מוס׳)

Melancholie
דִּכָּאוֹן (פסי׳) [ק/א/243]. הִתְפַּחֲדוּת, דִּכְאוּת, מָרָה שְׁחוֹרָה, קַצְרִית, מֶלַנְכּוֹלְיָה

Melancholiker(in)
דַּכָּא (דַּכָּאִים), דַּכָּאָה (דַּכָּאוֹת) (פסי׳) שְׁחוֹרָתָן, שְׁחוֹרָתָנִית, בַּעַל מָרָה שְׁחוֹרָה, אָדָם מְדֻכָּא

melancholisch
דִּכְאוּתִי (פסי׳) [ק/ד/85; מר״ח/446]. שְׁחוֹרִי, שֶׁל מָרָה שְׁחוֹרָה, שְׁחוֹרָנִי, מֶלַנְכּוֹלִי, שְׁחוֹרָתִי, שְׁחוֹרָתָנִי, מְדֻכָּא

melancholisches Temperament ---> Temperament, melancholisches

Melandermie
שַׁחֲרוֹן עוֹר (רפו׳)

Melanin
אֶשְׁחָר (רפו׳) צִבְעָן (פִּיגְמֶנְט) חוּם-שָׁחֹר, מֶלָנִין

Melanom
שַׁחְרֹמֶת (רפו׳) מֶלָנוֹמָה, סַרְטַן אֶשְׁחָר (מֶלָנִין) הַמּוֹפִיעַ לָרֹב עַל הָעוֹר, שַׁחֲרוֹמֶת

Melde *{Atriplex}*
מַלּוּחַ (בוט׳) צֶמַח מִמִּשְׁפַּחַת הַסַּלְקִיִּים

M e l i o r a t i o n ---> B e d e u t u n g s v e r b e s s e r u n g ; Bodenverbesserung

melken
חָלַב (חוֹלֵב) (חקל׳) [א״ת/ב/134]

Melodie
לַחַן (לְחָנִים) (מוס׳) [ק/ב/118]. מַנְגִּינָה, נִגּוּן, מֶלוֹדְיָה. נְעִימָה (מוס׳) [ק/ג/49]. נְעִימוּת (מוס׳) [ק/ג/50]. נֹעַם (מוס׳) [ק/ג/50]. נֶגֶן

melodisch
לַחִין (מוס׳) [ק/ב/119]. לַחֲנִי, נִגּוּנִי, מֶלוֹדִי, מִטֶּבַע הַמַּנְגִּינָה

Melone ---> Zuckermelone

Melonenbaum *{Carica papaya}*
פַּפָּיָה (בוט׳) צֶמַח מִמִּשְׁפַּחַת הַפַּפָּאיִּים

Melonenfeld
מִקְשָׁאָה (מִקְשָׁאוֹת) (חקל׳) [א״ת/ב/185]. שְׂדֵה אֲבַטִּיחִים, - קִשּׁוּאִים, מִקְשָׁה

Membra divisionis ---> Einteilungsglieder

Membrane *{Diaphragma}*
תְּפִית (תְּפִיּוֹת) (פיס׳, טכנ׳) מֶמְבְּרָנָה, לוּחִית דְּקִיקָה הַמִּתְנוֹדֶדֶת כְּשֶׁגַּלֵּי הַקּוֹל פּוֹגְעִים בָּהּ. קְרוּם (קְרוּמִים), רְדִיד (רְדִידִים)

Membranspannung
מַאֲמָץ קְרוּמִי (פיס׳, טכנ׳)

Memento
מִזְכָּר, מַזְכֶּרֶת, דָּבָר הַמְּשַׁמֵּשׁ לְהַזְכִּיר

Memoria
כֹּחַ הַזִּכָּרוֹן (פסי׳) [ק/ב/75]. כֹּחַ הַזּוֹכֵר, כִּשְׁרוֹן הָאָדָם לִזְכּוֹר דָּבָר, הַכֹּחַ הַזִּכְרָנִי

memorieren
שִׁנֵּן (מְשַׁנֵּן) לְעַצְמוֹ (פסי׳) לָמַד עַל פֶּה, שִׁקֵּעַ בְּאָזְנָיו, הִקְבִּיעַ בְּלִבּוֹ, חָזַר בְּעַל פֶּה, הִקְבִּיעַ בְּזִכְרוֹנוֹ

Memorieren
שִׁנּוּן (פסי׳) חֲזָרָה לְשֵׁם זְכִירָה

Menagerie
בִּיבָר, בֵּיבָר, גַּן חַיּוֹת

Menge
קְבוּצָה (קְבוּצוֹת) (מתמ׳, פיל׳) אֹסֶף שֶׁל מְשָׂאִים מְסֻיָּמִים וּבְדוּלִים הַקְּרוּיִים אֵיבָרִים לִכְלָל אֶחָד. הָמוֹן [ק/ב/201]. מְלֹא, צְבָא שֶׁל..., עֵדָה שֶׁל...

Menge, disjunkte
קְבוּצָה זָרָה (מתמ׳)

Menge, einelementige
יְחִידָן (יְחִידָנִים) (מתמ׳) קְבוּצָה בַּת אֵיבָר אֶחָד

Mengen, getrennte
קְבוּצוֹת מְפֻרָדוֹת (מתמ׳)

Menge, insichdichte
קְבוּצָה צְפוּפָה (מתמ׳)

Mengen, nichtdisjunkte
קְבוּצוֹת חוֹפוֹת (מתמ׳)

Mengen, trennbare
מִשְׁתַּנִּים פְּרִידִים (מתמ׳)

Mengenlehre
תּוֹרַת הַקְּבוּצוֹת (מתמ׳)

Mengenprodukt ---> Produkt, äußeres

Meniskus, sammelnder ---> Linse, konkav-konvexe

Meniskus, streuender ---> Linse, konvex-konkave

meno
פָּחוֹת (מוס׳) מֶנוֹ

Mensch(en)
אָדָם (בְּנֵי אָדָם) (ביו׳, אנת׳, מ״ח) בֶּן אָדָם, - אֱנוֹשׁ, בָּשָׂר וָדָם, אִישׁ (אֲנָשִׁים), יְלוּד אִשָּׁה, אֱנוֹשׁ, בְּרִיּוֹת. מְדַבֵּר (פיל׳, אנת׳) [ק/ב/144]. כִּנּוּי לְאָדָם. צֶמַח מִן הַשָּׁמַיִם (פיל׳, אנת׳) [ק/ג/249]. מֻרְכָּב אַחֲרוֹן (דת, אנת׳) [ק/ב/280]. אֲדוֹן הַיְּצִירָה

Mensch(en), Abstammung des
מוֹצָא הָאָדָם (ביו׳, אנת׳, מ״ח)

Mensch, armer
עָנִי (עֲנִיִּים) (מ״ח) אֶבְיוֹן (אֶבְיוֹנִים)

Mensch(en), das Innere des ---> Innere des Menschen, das

Mensch, degenerierter
מָנוֹן (ביו׳, אנת׳, מ״ח) אָדָם מְנֻוָּן

Mensch, denkender
אָדָם חוֹשֵׁב (פיל׳, פסי׳) [ק/ב/185]. מְחַשֵּׁב, חוֹשֵׁב

Mensch, empfänglicher
אָדָם קְלִיטִי (פסי׳) [ק/א/280]. חֲזַק הַהֲכָנָה, אָדָם הֲכָנִי, בַּעַל הַכְשָׁרָה טִבְעִית חֲזָקָה לְקַבֵּל אֵיזוֹ תְּכוּנָה, אָדָם עָלֵל, - הַנּוֹחַ לְהִתְרַשֵּׁם

Mensch, jähzorniger
רַתְחָן, רַתְחָנִית (פסי׳) [ק/ב/51]. יְרָקִי, בַּעַל מָרָה יְרֻקָּה, אָדָם כַּעֲסָנִי, - רַתְחָנִי, מְהִיר חֵמָה, נוֹחַ לִכְעוֹס

Mensch, lebenskräftiger
חֲזַק הַמְּצִיאָה (פסי׳) [ק/א/280]. שֶׁמְּצִיאוּתוֹ וַדָּאִית, מוּחָשִׁית

Mensch, nachsichtiger
מַתִּירָן, סוֹבְלָן, נוֹחַ לַבְּרִיּוֹת, בַּעַל גִּישָׁה סוֹבְלָנִית לִסְטִיּוֹת מִן הַמְּקֻבָּל

Mensch, reizbarer ---> Mensch, jähzorniger

Mensch, selbstbewußter
דַּעְתָּן, עוֹמֵד עַל שֶׁלּוֹ

Mensch(en), Sonderart des
צוּרָה אֱנוֹשִׁית (פיל׳) [ק/ג/237]

Mensch, tätiger
אָדָם פָּעִיל (פסי׳) [ק/א/280]. חֲזַק הַפֹּעַל, בַּעַל פְּעִילוּת חֲזָקָה

Mensch, unvollkommener
אָדָם בִּלְתִּי מֻשְׁלָם [ק/ב/269]. מְקַצֵּר, אָדָם הַמְּמַעֵט בְּמַעֲשָׂיו מִכְּפִי הָרָאוּי

Mensch, vollkommener
אָדָם מֻשְׁלָם [ק/ד/116]. שָׁלֵם, אָדָם שָׁלֵם בְּמַעֲלוֹתָיו

Mensch, vornehmer
אָדָם חָשׁוּב [ק/ב/191; א״ח/ב/31]. מְיֻחָד, בֶּן טוֹבִים, אִישׁ נִכְבָּד, אָדָם מִמִּשְׁפָּחָה הֲגוּנָה

Mensch, wirklicher
אָדָם מַמָּשִׁי (פסי׳) [ק/א/280]. חֲזַק הַמְּצִיאָה, שֶׁמְּצִיאוּתוֹ וַדָּאִית וּמוּחָשִׁית

Mensch-Land Faktor
יַחַס נְפָשׁוֹת-קַרְקַע (מ״ח, כלכ׳)

Menschenaffe
נַשְׁנָשׁ (נַשְׁנָשִׁים) (זוא׳) [מר״ח/55]. אַנְתְּרוֹפּוֹאִיד, קוֹף אָדָם, אַדְנֵי הַשָּׂדֶה

Menschenfloh *{Pulex irritans}*
פַּרְעֹשׁ הָאָדָם (זוא׳) חֶרֶק מִסִּדְרַת הַפַּרְעֹשָׁאִים

Menschenfresser ---> Kannibale

Menschenfresserei ---> Kannibalismus

Menschenfreundlichkeit ---> Soziabilität

Menschenhai *{Carcharodon carcharias}*
קַרְחָה לְבָנָה (זוא׳) דָּג מִמִּשְׁפַּחַת הָעַמְלְצִיִּים (כְּרִישָׁאִים)

Menschenhaß *{Misanthropie}*
שְׂנִיאַת בְּנֵי אָדָם (פסי׳, מ״ח) שִׂנְאַת הַבְּרִיּוֹת, שְׂנִיאַת אֲנָשִׁים, שִׂנְאָה לִבְנֵי אָדָם, מִיזַנְתְּרוֹפְּיָה

Menschenkenntnis

הַכָּרַת הַבְּרִיּוֹת (פסי', מ"ח)

Menschenkörpermessung ---> Anthropometrie

Menschenlaus *{Pediculus humanus}*

כִּנַּת הָאָדָם (זוא') חֶרֶק מִמִּשְׁפַּחַת הַפֶּדִיקוּלִיִּים (כִּנִּים מוֹצְצוֹת)

Menschenscheu *{Anthropophobie}*

פַּחַד הַבְּרִיּוֹת (פסי', מ"ח) אֵימַת בְּנֵי אָדָם, פַּחַד מִפְּנֵי בְּנֵי אָדָם

Menschenverstand, gemeiner

הַשֵּׂכֶל הָרָגִיל [פ"ר/177]

Menschenverstand, gesunder

הַשֵּׂכֶל הַבָּרִיא [פ"ר/178]. הַשֵּׂכֶל הַיָּשָׁר בָּאָדָם

Menschentum ---> Menschlichkeit

Menschheit [---> Menschlichkeit]

אֱנוֹשׁוּת [ק/א/62]. כְּלַל בְּנֵי הָאָדָם

Menschlein *{Homunkulus}*

גַּבְרוּר (רפו') [מר"ח/354]. גַּבְרוֹן, גַּמָּד בַּעַל אֵבָרִים קְטַנִּים אַךְ קְצוּמִים (פְּרוֹפּוֹרְצְיוֹנִיִּים)

menschlich

אֱנוֹשִׁי (פיל', מ"ט) [ק/א/62]. מִטֶּבַע הָאָדָם, הַמִּתְיַחֵס עַל מִין הָאָדָם

menschliche Form ---> Form, menschliche

menschlichen Handlungen, Aneignung der ---> Aneignung der menschlichen Handlungen

Menschlichkeit [---> Menschheit]

אֱנוֹשִׁיּוּת (פיל') [ק/א/62]. תְּכוּנַת הָאָדָם וְאָפְיוֹ, הוּמָנִיּוּת

Menschwerdung

אִנּוּשׁ (פיל', פיס') [ק/א/228]. הִתְגַּשְּׁמוּת, קַבָּלַת צוּרָה גַּשְׁמִית שֶׁל אָדָם, הֱיוֹת לְגוּף

Mensur

מִדָּה (מוס')

Mensurationskolik

מִדְוַאת (רפו') [מר"ח/263]. כְּאֵב וֶסֶת, פְּרוֹעַ וֶסֶת

mentale Aberration ---> Gemütsstörung

Mentalität

מִנְפָּשׁ (מ"ח, פסי') מֶנְטָלִיּוּת, הֲלָךְ הַמַּחְשָׁבָה, מַעֲרָךְ נַפְשִׁי

Menses, Fehlen der ---> Amenorrhoe

Menses, verminderte ---> Menstruationsschwund

Menstruationsschwund

נְשִׁיתַת הַוֶּסֶת (רפו')

menstruieren

הִוְסִיתָה (מִוְסִיתָה) (רפו') הָיָה לָהּ וֶסֶת, רָאֲתָה נִדָּה, - דָּם

menstruierende Frau ---> Frau, menstruierende

Menü

תַּפְרִיט (מחש') [דמ"א/67]. רְשִׁימַת אֶפְשָׁרֻיּוֹת הַמֻּצֶּגֶת עַל צַג הַמַּחְשֵׁב

Mergel

חַוָּר (גאו') קַרְקַע הַמְּכִילָה טִין וְסִיד

Meridian

קַו אֹרֶךְ (קַוֵּי אֹרֶךְ) (י"א) [ק/א/26]. אוֹפַן חֲצִי הַיּוֹם, מֶרִידְיָן. עִגֻּלַת חֲצִי הַיּוֹם (י"א) [ק/ג/124]. קַו הָאֶמְצָעִי (י"א) [ק/ג/274]. קֹטֶר (י"א) [ק/ג/278]. קַו הַצָּהֳרַיִם, מִצְהָר

Meridian, astronomischer

קַו אֹרֶךְ אַסְטְרוֹנוֹמִי (אסט') [ק/ג/305]. קֶשֶׁת חֲצִי הַיּוֹם

meridionale Zirkulation ---> Zirkulation, meridionale

Merikarp ---> Teilfrucht

merken

דָּק, עַיֵּן יָפֶה בְּדָבָר, הִתְבּוֹנֵן הֵיטֵב

Merkmal

סוֹגֵל (סוֹגְלִים) [ק/ד/180]. תָּו (תָּוִים), סִימָן (סִימָנִים), אוֹת (אוֹתוֹת), צִיּוּן, כָּל מַה שֶּׁמְּדַמֶּה עֲצָמִים אוֹ תּוֹפָעוֹת זֶה לָזֶה אוֹ מַבְדִּילָם זֶה מִזֶּה. תְּכוּנָה (תְּכוּנוֹת) [ר/ב/686]. אָפְיָן (אָפְיָנִים) [ק/א/235]. מְאַפְיֵן (מְאַפְיְנִים), הִתְיַחֲדוּת, הִתְיַחֵד, הֶבְדֵּל עַצְמִי, עִנְיָן מְיֻחָד, תְּכוּנָה יְחוּדִית. חֹק [ק/א/322]. גֶּדֶר, גְּבוּל. רִשּׁוּם [ק/ד/59]. תֹּאַר. רֹשֶׁם [ק/ד/60]

Merkmal, abtrennbares *{Accidens separabile}*

סוֹגֵל נָתִיק (פיל') [ק/ג/91; ת"ה/135]. סְגֻלָּה, תְּכוּנָה בִּלְתִּי מַשְׁמָעִית, מִקְרֶה, תְּכוּנָה מִקְרִית, סוֹגֵל בִּלְתִּי מַהוּתִי וּבַר הַפְרָדָה הַהוֹלֵם רַק פְּרָטִים אֲחָדִים שֶׁל קְבוּצָה מְסֻיֶּמֶת, לְמָשָׁל: "שֵׂעָר שָׁחֹר" הוּא סוֹגֵל נָתִיק עֲבוּר הָאָדָם, מִפְּנֵי שֶׁיֵּשׁ בְּנֵי אָדָם שֶׁאֵין לָהֶם שֵׂעָר שָׁחֹר. פְּרָט [ק/ג/211]. מִקְרֶה נִפְרָד (פיל') [ק/ב/271]

Merkmal, allgemeines

סוֹגֵל כְּלָלִי (פיל') סוֹגֵל הַמְּאַפְיֵן עֲצָמִים שׁוֹנִים, לְמָשָׁל: "יְלִיכוּת חַשְׁמַלִּית" הִיא סוֹגֵל כְּלָלִי שֶׁל מַתָּכוֹת

Merkmal, charakteristisches ---> Eigentümlichkeit

Merkmal, disparates ---> Merkmal, nichtvergleichbares

Merkmal, eigenes

סוֹגֵל עַצְמִי (פיל') סוֹגֵל הַמּוֹפִיעַ בְּכָל אֵיבְרֵי קְבוּצָה נְתוּנָה אַךְ אֵינוֹ נִמְנֶה עִם הַסּוֹגְלִים הַמַּהוּתִיִּים שֶׁמֵּהֶם הוּא עָשׂוּי לְהִגָּזֵר (לִהְיוֹת מוּצָא כְּמַסְקָנָה), לְמָשָׁל: "תְּמוּשָׁה" (חוּשׁ הַמִּשּׁוּשׁ) הִיא סוֹגֵל הַמּוֹפִיעַ אֵצֶל כָּל בְּנֵי הָאָדָם אַךְ אֵינוֹ מַהוּתִי לָאָדָם לְפִי שֶׁלְּכָל הַיְצוּרִים הַחַיִּים יֵשׁ חוּשׁ מִשּׁוּשׁ

Merkmal, nichtspezifisches

סוֹגֵל לֹא יְחוּדִי (פיל') סוֹגֵל שֶׁאֵינוֹ מוֹפִיעַ רַק בְּעֶצֶם נָתוּן אֶלָּא גַּם בַּעֲצָמִים אֲחֵרִים, לְמָשָׁל: "יְלִיכוּת חֹם" הִיא סוֹגֵל לֹא יְחוּדִי שֶׁל מַתָּכוֹת, לְפִי שֶׁהוּא מוֹפִיעַ בַּחֲמָרִים אֲחֵרִים גַּם-כֵּן

Merkmal, nichtvergleichbares

סוֹגֵל לֹא הַשְׁוָאוּתִי (פיל') סוֹגֵל שֶׁאֵינוֹ בַּר הַשְׁוָאָה, - הַפְּכִּי, - לֹא אָחִיד, - שֶׁבְּאֶמְצָעוּתוֹ אֶפְשָׁר לְהַגְדִּיר עֶצֶם בְּהִתְיַחֵס לְהֶבֵּט מְסֻיָּם שֶׁלּוֹ, כָּךְ לְמָשָׁל נִתָּן לְהַגְדִּיר מְשֻׁלָּשׁ בְּהִתְיַחֵס לִצְלָעוֹתָיו בְּאֶמְצָעוּת הַסּוֹגֵל הַלֹּא הַשְׁוָאוּתִי "שִׁוְיוֹן צְלָעוֹת", וּבְהִתְיַחֵס לְזָוִיּוֹתָיו אֶפְשָׁר לְהַגְדִּיר מְשֻׁלָּשׁ בְּאֶמְצָעוּת הַסּוֹגֵל "שִׁוְיוֹן זָוִיּוֹת"

Merkmal, semantisches

סוֹגֵל סִימָנְתִּי (סֵמַנְטִי) (בלש') [מ״ב/202]. סוֹגֵל מַשְׁמָעִי, קַו סִימָנְתִּי, תְּכוּנָה סִימָנְתִּית הַכְּלוּלָה בַּמִּלִּים, לְמָשָׁל: לַמִּלָּה ״גֶּבֶר״ יִהְיוּ הַסּוֹגְלִים הַמַּשְׁמָעִיִּים הַבָּאִים: {+ בַּעַל רוּחַ חַיִּים}, {+ אֱנוֹשִׁי}, {+ זְכָרִי}, {+ מְבֻגָּר}

Merkmal, unabdingbar individuelles
סְגֻלָּה (סְגֻלּוֹת) (פיל', מ״ט) [ת״ה/135]. סוֹגֵל יִחוּדִי, תְּכוּנָה הָאָפְיָנִית לַעֲצָמִים הַמִּשְׁתַּיְּכִים לְסוּג מְסֻיָּם בִּלְבַד

Merkmal, untrennbar nichteigenes *{Accidens inseparabile}*
סוֹגֵל בִּלְתִּי נָתִיק (פיל') [ק/ב/272]. מִקְרֶה קַיָּם, סוֹגֵל דָּבֵק שֶׁאֵינוֹ מַהוּתִי, - שֶׁאִי אֶפְשָׁר לְגָזְרוֹ מִסּוֹגֵל מַהוּתִי, אַךְ הוּא מְאַפְיֵן אֶת כָּל הָעֲצָמִים שֶׁל הַקְּבוּצָה הַנְּתוּנָה, כָּךְ לְמָשָׁל ״הַצֶּבַע הַשָּׁחֹר״ הוּא סוֹגֵל בִּלְתִּי נָתִיק עֲבוּר הָעוֹרֵב

Merkmal, unwesentliches ---> Merkmal, abtrennbares

Merkmal beschrieben, durch ein
מְסֻגָּל [ק/ב/282]. מְרֻשָּׁם, מְסֻמָּן, מְתֹאָר בְּאֶמְצָעוּת סִימַן הֶכֵּר, מְסֻבָּר בְּדֻגְמָאוֹת, מְבֹאָר בְּהַגְדָּרָה מְדֻיֶּקֶת, מֻגְדָּר

Merkmal beschriebene Ding, das durch ein ---> Ding, das durch ein Merkmal beschriebene

Merkmal eines Begriffes
סוֹגֵל שֶׁל מֻשָּׂג (פיל') [ק/ב/285]. מַשִּׂיג הַמֻּשָּׂג, סְגֻלַּת הַמֻּשָּׂג, סוֹגֵל שֶׁל עֶצֶם אוֹ שֶׁל תּוֹפָעָה הַמִּשְׁתַּקֵּף בְּתוֹדַעַת הָאָדָם; לְמֻשָּׂג אֶחָד אָפְיָנֵי מִכְלוֹל הַסּוֹגְלִים הַמַּהוּתִיִּים שֶׁלּוֹ

Merkmalsraum
מֶרְחַב מְאַפְיְנִים (פסי', פדג', מחש') מֶרְחַב סוֹגְלִים

Merkur
כּוֹכַב חַמָּה (אסט') [ק/א/310; ק/ב/67]. כּוֹכָב, כּוֹכַב הַלֶּכֶת הַקָּרוֹב בְּיוֹתֵר לַשֶּׁמֶשׁ, מֶרְקוּר. כָּתָב, כֹּתֵב (אסט') [ק/ב/107]

merkwürdig
רָאוּי לְצִיּוּן [פ״ר/136]. עַד לְהַפְלִיא

merkwürdiger Ausspruch ---> Ausspruch, merkwürdiger

Merlin *{Falco columbarius}*
בַּז גַּמָּדִי (זוא') עוֹף מִמִּשְׁפַּחַת הַבַּזִּיִּים

Mesecephalon ---> Mittelhirn

Mesquitebaum *{Prosopis juliflora}*
יַנְבּוּט הַמֶּסְקִיטוֹ (בוט') צֶמַח מִמִּשְׁפַּחַת הַמִּימוֹסִיִּים

meßbar
מָדִיד (מתמ', פיס') [ק/ב/299]. מְשֹׁעָר, שֶׁנִּתָּן לִמְדִידָה, בַּר מְדִידָה, בַּר כִּמּוּי, מִתְכַּמֶּה, כַּמִּית, נִמְדָּדִי

Meßbarkeit
מְדִידוּת (מתמ')

Meßdraht
תַּיִל מְדִידָה (טכנ')

Messe ---> Jahrmarkt

messen
מָדַד (מוֹדֵד) (מתמ', טכנ') [ק/א/181]. הִנְדֵּס (מְהַנְדֵּס), מִדֵּד (מְמַדֵּד), קָבַע גֹּדֶל אוֹ כַּמּוּת שֶׁל דָּבָר. מָשַׁח (מוֹשֵׁחַ) (מתמ', טכנ') [ק/ב/291]. שִׁעֵר [ק/ד/147]. חִשֵּׁב, אָמַד, שָׁקַל, הֶעֱרִיךְ

Messen
מְדִידָה (מתמ', טכנ') מִדּוּד, קְבִיעָה שֶׁל גֹּדֶל אוֹ כַּמּוּת

Messen(s), Theorie des
תּוֹרַת מְדִידָה (מתמ') [מ״מ/223]. תֵּאוֹרִיַּת מְדִידָה, תּוֹרַת תֵּאוּר, סִווּג אֵיכוּת כְּלֵי הַמְּדִידָה וְהַעֲרָכָתָם

Meßfehler, systematischer
טָעוּת מְדִידָה שִׁיטָתִית (סטט') [ר/א/294; מ״מ/212]. טָעוּת קְבוּעָה, - הַנִּמְשֶׁכֶת מִגּוֹרֵם הַמַּשְׁפִּיעַ עַל תַּהֲלִיךְ הַמְּדִידָה אוֹ עַל הַתְּכוּנָה הַנִּמְדֶּדֶת

Meßfläche
פַּן מַגָּע (טכנ')

Meßfühler *{Sensor}*
חִישָׁן (חִישָׁנִים) (טכנ') הֶתְקֵן רָגִישׁ הַמֵּגִיב עַל שִׁנּוּיִים כַּיָּנִיִּים (פִיזִיקָלִיִּים), סֶנְסוֹר

Meßgerät ---> Meßinstrument

Meßglas
מְשׂוּרָה (מְשׂוּרוֹת) (טכנ') [א״ח/א/83]. כְּלִי לִמְדִידַת נוֹזְלִים, מָשׂוֹר

Messing
פְּלִיז (טכנ') [דח״ט/146]. נֶתֶךְ בַּעַל צֶבַע צָהֹב שֶׁל נְחֹשֶׁת עִם אָבָץ

Meßinstrument
מַמְדֵּד (מַמְדְּדִים) (טכנ') מַכְשִׁיר מְדִידָה, כְּלִי מְדִידָה

Meßkunde
תּוֹרַת הַמְּדִידָה (הנד') [ק/ב/149]. חָכְמַת הַמְּדִידָה, מְלֶאכֶת הַמְּדִידָה, מֶטְרוֹלוֹגְיָה, הַנְדָּסָה, תִּשְׁבֹּרֶת. מְשִׁיחָה (הנד') [ק/ב/292]. מְדִידַת שְׁטָחִים, - הָאָרֶץ

Meßkunst ---> Meßkunde

Meßpunkte auftragen
צִיֵּן (מְצַיֵּן) מְדִידוֹת (טכנ', ארכ')

Meßrute
אַמַּת מִדָּה (טכנ') [א״ח/א/21]. קְנֵה מִדָּה

Meßuhr
חוּגָן (חוּגָנִים) (טכנ')

Messung
מְדִידָה (מתמ') [ר/ב/352; מ״מ/213; ד״מח/146]. מַתַּן עֲרָכִים מִסְפָּרִיִּים לְמַשָּׂאִים, לְאֵרוּעִים אוֹ לְמַצָּבִים עַל פִּי כְּלָלִים מְסֻיָּמִים

Messung, nichtreaktive
מַדָּד לֹא תְּגוּבָתִי (סטט') [מ״מ/213]. מַדָּד שֶׁאֵינוֹ גּוֹרֵם שִׁנּוּיִים בְּהִתְנַהֲגוּת הַנִּבְדָּקִים

Meßvorrichtung
הֶתְקֵן מְדִידָה (טכנ')

Meßwerkzeug ---> Meßinstrument

mesto
עָצוּב, נוּגֶה (מוס') בְּעֶצֶב, בְּתוּגָה, מֶסְטוֹ

Meta-
עִלּוּי (עִלּוּי-), מֶטָא, מֵעַל..., מֵעֵבֶר לְ..., עַל-...

Metaaussage
טַעֲנָה עִלּוּיָה (פיל') מֶטָא טַעֲנָה, טַעֲנָה עַל אוֹדוֹת טַעֲנוֹת אוֹ עַל כְּלָלִים וְחֻקִּים שֶׁל תַּחְשִׁיב צוּרָנִי (פוֹרְמָלִי) וכד', לְמָשָׁל: ״הַגְדָּרַת טַעֲנָה מְסֻיֶּמֶת בְּאֶמְצָעוּת הַמַּבָּעִים 'מַשְׁמָעוּת', 'תֹּכֶן', 'שְׁלִילָה', 'חִוּוּי' וכיו״ב אֵינָהּ מִתְקַבֶּלֶת עַל הַדַּעַת״, ״נוֹחַ יוֹתֵר לְהִשְׁתַּמֵּשׁ בְּסִימָן &

מְאֻשָּׁר בְּסִימָן K לְצִיּוּן פְּעֻלַּת «גַּם» (קוֹנְיוּנְקְצִיָּה)״

metabolisch ---> stoffwechselbezüglich

metabolisieren ---> verstoffwechseln

Metabolismus ---> Stoffwechsel

M e t a c h r o m o t y p i e ---> Abziehbilderdruck

Metakritik

בִּקֹּרֶת עֶלְיוֹנָה, מֶטָא בִּקֹּרֶת, בִּקֹּרֶת הַבִּקֹּרֶת

Metall

מַתֶּכֶת (מַתָּכוֹת) (כימ', גאו') [ק/ב/318]. מַחְצָב שֶׁאֶפְשָׁר לְהַתִּיכוֹ וּלְרַקְּעוֹ

Metallgehalt

תֹּכֶן הַמַּתֶּכֶת (כימ')

metallisch

מַתַּכְתִּי (כימ', גאו') [ק/ב/319]. מַתָּכוּתִי, מְטֻבָּע הַמַּתֶּכֶת

metallisieren

מִתֵּךְ (מְמַתֵּךְ) (כימ') [מר״ח/451]. הִתְמַתֵּךְ, הָפַךְ לְמַתֶּכֶת אוֹ עֵרֶב בְּמַתֶּכֶת

metallisiert

מְמֻתָּךְ (כימ')

Metallisierung

מִתּוּךְ (כימ') הֲפִיכָה לְמַתֶּכֶת אוֹ עֵרוּב בְּמַתֶּכֶת

Metalogik

תּוֹרַת הַהִגָּיוֹן עֶלְיוֹנָה (פיל') מֶטָא לוֹגִיקָה, מַדָּע הַחוֹקֵר אֶת הַמִּבְנֶה וְאֶת הַתְּכוּנוֹת שֶׁל תּוֹרָאוֹת (תֵּאוֹרִיּוֹת) צוּרָנִיּוֹת (פוֹרְמָלִיּוֹת) שֶׁל תּוֹרַת הַהִגָּיוֹן, תּוֹרָאָה שֶׁל תּוֹרָאוֹת הֶגְיוֹנִיּוֹת

metalogisch

הֶגְיוֹנִי עִלּוּי (פיל') מֶטָאלוֹגִי, מֵעֵבֶר לְגִדְרֵי תּוֹרַת הַהִגָּיוֹן

Metamorphose ---> Umgestaltung

Metamorphosenreihe

שַׁרְשֶׁרֶת גִּלְגּוּלִים

Metamorphosenverschlingung

הִשְׁתַּלְּבוּת גִּלְגּוּלִים

Metamorphosie

רְאִיָּה מְסֻלֶּפֶת (רפו', פסי')

metanoetisch ---> nichtdenkbar

Metapher [---> Katachrese]

מַשְׁאָלָה (מַשְׁאָלוֹת) (ספר', פיל') [ק/א/188]. הַעֲבָרָה, הַעְתֵּק לָשׁוֹן, מֶטָפוֹרָה, מִלָּה שֶׁהֻשְׁאֲלָה לָהּ מַשְׁמָעוּת אַחֶרֶת וְנִרְחֶבֶת יוֹתֵר מִמַּשְׁמָעָהּ הַמִּלּוֹנִי. הַעֲבָרַת שֵׁם מִמְּסֻמָּן לִמְסֻמָּן בְּשֶׁל דִּמְיוֹן שֶׁבֵּינֵיהֶם, לְמָשָׁל: ״רֹאשׁ״ (= אֵבֶר בְּגוּף הָאָדָם אוֹ בְּגוּף בַּעֲלֵי הַחַיִּים) > ״פִּסְגָּה״ (= רֹאשׁ הָהָר). הַרְחָבָה (בלש', ספר', פיל') [ק/א/213]. הַרְחָבַת מֻשָּׂג. שֵׁם מֻשְׁאָל (ספר', בלש') [ק/ד/127]. הַשְׁאָלָה (ספר', בלש') הֶשְׁאֵל. שֵׁם מָעְתָּק (בלש', ספר') [ק/ב/307]. מַעֲבָר (ספר', בלש') [ק/ב/230]. סְמִיכוּת (בלש', ספר') [ק/ג/105]

Metapher, anthropomorphische

מַשְׁאָלָה מְאֻנֶּשֶׁת (ספר', בלש') [מ״ב/18]. מֶטָפוֹרָה אַנְתְּרוֹפּוֹמוֹרְפִית, מַעֲבִירָה שְׁמוֹת שֶׁל אֵבָרִים אֱנוֹשִׁיִּים לְדוֹמְמִים, לְמָשָׁל: ״**רֶגֶל** הַשֻּׁלְחָן״, ״**רֹאשׁ** שֶׁל שׁוּם״

Metapher bilden

שָׁאַל (מַשְׁאִל) (ספר', בלש') יָצַר מַשְׁאָלָה (מֶטָפוֹרָה), הִשְׁתַּמֵּשׁ בְּהוֹרָאָה שְׁאוּלָה. הִרְחִיב (מַרְחִיב) (ספר') [ק/ד/35]. דִּבֵּר עַל דֶּרֶךְ הַהַרְחָבָה וְהַהַשְׁאָלָה, הִשְׁתַּמֵּשׁ בְּבִטּוּיִים לֹא בְּהוֹרָאָתָם הָרְגִילָה אֶלָּא בְּדֶרֶךְ מַשְׁאֶלֶת. שָׁאַל (שׁוֹאֵל) (ספר') [ק/ד/64]

Metaphoricus ---> Metapher

metaphorisch

מֻשְׁאָל (ספר') [ק/ב/245]. מָעְתָּק, צִיּוּרִי, בַּעַל הוֹרָאָה שְׁאוּלָה, הַשְׁאָלִי, מֶטָפוֹרִי

Metaphysik

עֶלְכַּיָּנָה (פיל' דת) [ק/א/46; ק/ב/155]. חָכְמַת הָאֱלֹהוּת, כַּיָּנַת עַל, מֶטָפִיזִיקָה. חָכְמַת מַה שֶּׁאַחַר הַטֶּבַע, - מַה שֶּׁאַחַר (פיל', דת) [ק/א/297; ק/ב/11]. חָכְמָה עֶלְיוֹנָה, חָכְמַת הַפִּילוֹסוֹפְיָה הָרִאשׁוֹנָה (פיל') [ק/א/298]. חָכְמָה רִאשׁוֹנָה (פיל') [ק/א/299]. תּוּשִׁיָּה (פיל') [ק/ד/188]. דֶּרֶךְ תּוּשִׁיָּה. בַּעַד טֶבַע (פיל') [מר״ח/450]. חָכְמָה אֱלֹהִית, חָכְמַת הַיִּחוּד, - הַחָכְמוֹת, - הַחָכְמָה, הַחָכְמָה הָרַבָּנִית, - הָרַבּוֹנִית (פיל', דת) [ק/א/294]

Metaphysik der Sitten

עֶלְכַּיָּנָה שֶׁל הַמִּדּוֹת (אתי', דת) [ק/ב/147]. חָכְמַת הַמִּדּוֹת מַה שֶּׁאַחַר הַטֶּבַע, מֶטָפִיזִיקָה שֶׁל הַמִּדּוֹת

Metaphysiker

עֶלְכַּיָּנַאי (עֶלְכַּיָּנָאִים) (דת, פיל') [ק/א/46]. אֱלֹהִי, חָכָם בְּחָכְמַת הָאֱלֹהוּת, מֶטָפִיזִיקָן, מֶטָפִיזִיקַאי. פִּילוֹסוֹף אֱלֹהִי (פיל', דת) [ק/ג/187]. מִי שֶׁחוֹקֵר אֶת שֶׁמִּחוּץ לַטֶּבַע וְלַמּוּחָשׁ. רַבָּנִי (דת, פיל') [ק/ד/20]

metaphysisch

עֶלְכַּיָּנִי (דת, פיל') [ק/א/46]. אֱלֹהִי, מֶטָפִיזִי, מִחוּץ לַטֶּבַע. רַבָּנִי (דת, פיל') [ק/ד/20]

Metaregel

כְּלָל עִלּוּי (מחש') מֶטָא כְּלָל

Metasprache

עַל לָשׁוֹן (בלש') [מ״ב/132]. לָשׁוֹן עֶלְיוֹנָה, מֶטָא לָשׁוֹן, - שָׂפָה, לָשׁוֹן מְלָאכוּתִית אוֹ טִבְעִית הַמְשַׁמֶּשֶׁת לְתֵאוּר וּלְנִתּוּחַ לָשׁוֹן אַחֶרֶת הַקְּרוּיָה בְּמִקְרֶה הָאָמוּר ״לָשׁוֹן מֻשָּׂא״, לְמָשָׁל: כַּאֲשֶׁר דּוֹבְרֵי עִבְרִית (עַל לָשׁוֹן) חוֹקְרִים אֶת הַלָּשׁוֹן הָעֲרָבִית (לְשׁוֹן מֻשָּׂא), שָׂפָה שֶׁל מַדָּע שֶׁאֵינָהּ עוֹסֶקֶת בְּמֻשָּׂא הַמַּדָּע הַנִּדּוֹן אֶלָּא בְּמֻשָּׂגִים, בְּמַדְרוּכִים (מֶתוֹדוֹת), בְּשִׁיטוֹת וּבַהֲלִיכִים שֶׁל מַדָּע זֶה

metastabil

סְפֵק יַצִּיב (מ״ט) נִמְצָא בְּשִׁוּוּי מִשְׁקָל יַצִּיב יַחֲסִית

Metastabilität

סְפֵק יַצִּיבוּת (מ״ט) מַצָּב שֶׁל הַמְּצָאוּת בְּשִׁוּוּי מִשְׁקָל יַצִּיב פָּחוֹת אוֹ יוֹתֵר

Metastase

גְּרוֹרָה (גְּרוֹרוֹת) (רפו') פִּסְיוֹן, שְׂאֵת פְּזוּרָה, מֶטַסְטָזָה

metastasieren

הִגְרִיר (מַגְרִיר), הֻגְרַר (מֻגְרָר), הִתְגָּרֵר (מִתְגָּרֵר) (רפו') פָּסָה, הִתְפַּסָּה, נָגַע בִּגְרוֹרוֹת, פִּזֵּר גְּרוֹרוֹת

metastasiert

מֻגְרָר (רפו') פָּסוּי, נָגוּעַ בִּגְרוֹרוֹת

Metastasierung

גְּרוּר, הִתְגָּרְרוּת (רפו') [מר״ח/452]. פְּסִיָּה, פִּסּוּי, הִתְפַּסּוּת, הִתְפַּשְּׁטוּת גְּרוֹרוֹת

metastatisch

גְּרוּרָתִי (רפו׳) [מר״ח/452]. פְּסִיוֹנִי, שֶׁל גְּרוּרָה, מֶטַסְטָתִי

Metathese ---> Interversion; Umstellung

Metawissen

יֶדַע עִלּוּי (פסי׳, מחש׳) מֶטָא יֶדַע, יֶדַע עַל אוֹדוֹת יֶדַע וְעִבּוּדוֹ

Metempsychose

גִּלְגּוּל (דת) [ק/א/113]. גִּלְגּוּל הַנְּפָשׁוֹת. הֶעְתֵּק, הַעְתָּקָה (דת) [ק/א/192]. נְסִיחָה (דת) [ק/ג/46]. נְסִיחַת הַנְּפָשׁוֹת, גִּלְגּוּל נְשָׁמוֹת מִגּוּף אֶל גּוּף. סוֹד הָעִבּוּר (דת) [ק/ג/119]

Meteor

כּוֹכָב נוֹפֵל (אסט׳, מינ׳) [ק/ג/280]. קִיטוֹר, מֶטֶאוֹר, גּוּף מִן הַשָּׁמַיִם

Meteorismus [---> Blähsucht]

נְפַחְפַּחַת (רפו׳) [מר״ח/452]. תְּפִיחַת מֵעַיִם עַל יְדֵי גַּזִּים, נְפַחְפָּחוּת

Meteorologe

אֲוִירְיוֹנַאי (אֲוִירְיוֹנָאִים) (מטא׳) מֶטֶאוֹרוֹלוֹג

Meteorologie

אֲוִירְיוֹנוּת (מטא׳) [ק/א/294]. חָכְמַת הָאוֹתוֹת הָעֶלְיוֹנִים, מֶטֶאוֹרוֹלוֹגְיָה

meteorologisch

אֲוִירְיוֹנִי (מטא׳) מֶטֶאוֹרוֹלוֹגִי

meteorologische Erscheinung ---> Erscheinung, meteorologische

Methoda definitiva

סֵדֶר גִּדְרִי (פיל׳) [ק/א/106]

Methode

מַדְרוּךְ (מַדְרוּכִים) (מדע, טכנ׳) [ק/א/147]. דֶּרֶךְ (דְּרָכִים), שִׁיטָה, דֶּרֶךְ חֲקִירָה. סֵדֶר [ק/ג/95]. אֹפֶן עֲשִׂיָּה קָבוּעַ, מְתוֹדָה, מִדְרָךְ

Methode, genetische

מַדְרוּךְ תּוֹלְדִי (מדע, טכנ׳) דֶּרֶךְ תּוֹרָשְׁתִּית, שִׁיטָה לַחֲקִירַת תּוֹפָעָה כָּלְשֶׁהִי אוֹ עֶצֶם מְסֻיָּם הַמְּבֻסֶּסֶת עַל נִתּוּחַ (אֲנָלִיזָה) הִתְהַוּוּתָם אוֹ הִוָּצְרוּתָם

Methode der Ähnlichkeit

מַדְרוּךְ הַדִּמְיוּת (מדע, טכנ׳) מַדְרוּךְ (מְתוֹדָה) לִקְבִיעַת הַקֶּשֶׁר הַתְּסַבָּתִי (קָאוּזָלִי) בֵּין תּוֹפָעוֹת עַל פִּי הַכְּלָל הַבָּא: כַּאֲשֶׁר בִּשְׁנֵי מִקְרִים אוֹ יוֹתֵר שֶׁל תּוֹפָעָה נֶחְקֶרֶת יֵשׁ רַק עֲבָדָה מְשֻׁתֶּפֶת אַחַת, הֲרֵי שֶׁעֲבָדָה זוֹ הִיא הַסִּבָּה לַתּוֹפָעָה הַנֶּחְקֶרֶת אוֹ תּוֹצָאָה שֶׁלָּהּ, לְמָשָׁל: מִשְּׁלֹשֶׁת הַמִּקְרִים: AFG, ADE, ABC שֶׁל תּוֹפָעָה נֶחְקֶרֶת a הַמִּתְחוֹלֶלֶת בִּשְׁלֹשֶׁת הַמִּקְרִים, נִתָּן לְהַסִּיק שֶׁהָעֲבָדָה A הִיא סִבַּת הַתּוֹפָעָה a

Methode der Ähnlichkeit und des Unterschieds, vereinigte

מַדְרוּךְ הַדִּמְיוּת וְהַהֶבְדֵּל (מדע, טכנ׳) מַדְרוּךְ לִקְבִיעַת קֶשֶׁר תְּסַבָּתִי (קָאוּזָלִי) בֵּין תּוֹפָעוֹת עַל פִּי הַכְּלָל הַבָּא: אִם בְּשׁוּרַת מִקְרִים אַחַת (לְמָשָׁל: מִקְרֶה ABC וּמִקְרֶה ADE שֶׁבָּהֶם נְסִבָּה A מְשֻׁתֶּפֶת) מִתְחוֹלֶלֶת תּוֹפָעָה מְסֻיֶּמֶת (לְמָשָׁל a) וּבְשׁוּרַת מִקְרִים אַחֶרֶת (לְמָשָׁל: מִקְרֶה BC וּמִקְרֶה DE שֶׁבָּהֶם אֵין כָּל נְסִבָּה מְשֻׁתֶּפֶת זוּלַת הֶעְדֵּרָהּ שֶׁל נְסִבָּה A) תּוֹפָעָה זוֹ (a) אֵינָהּ מִתְחוֹלֶלֶת, נִתָּן לְהַסִּיק שֶׁהַנְּסִבָּה שֶׁקִּיּוּמָהּ אוֹ הֶעְדֵּרָהּ עוֹשִׂים אֶת הַשֹּׁנִי שֶׁבֵּין שְׁתֵּי שׁוּרוֹת הַמִּקְרִים (לְמָשָׁל: נְסִבָּה A) הִיא הַסִּבָּה (אוֹ חֵלֶק מִמֶּנָּה) שֶׁל תּוֹפָעָה a אוֹ תּוֹצָאָתָהּ

Methode der begleitenden Veränderungen

מַדְרוּךְ הַשִּׁנּוּיִים הַמְלַוִּים (מדע, טכנ׳) מַדְרוּךְ (מְתוֹדָה) לִקְבִיעַת הַקֶּשֶׁר הַתְּסַבָּתִי (קָאוּזָלִי) שֶׁל תּוֹפָעוֹת עַל פִּי הַכְּלָל הַבָּא: כָּל תּוֹפָעָה הַמִּשְׁתַּנִּית בְּאֹפֶן כָּלְשֶׁהוּ כָּל פַּעַם כַּאֲשֶׁר תּוֹפָעָה אַחֶרֶת מִשְׁתַּנִּית, הִיא הַסִּבָּה אוֹ הַתּוֹצָאָה שֶׁל תּוֹפָעָה זוֹ אוֹ שֶׁהִיא קְשׁוּרָה אִתָּהּ בְּאֶמְצָעוּת סִבָּה מְשֻׁתֶּפֶת; מַדְרוּךְ זֶה נֶעֱרָךְ כָּךְ: ״הָעֲבָדוֹת ABC הֵן הָעֲבָדוֹת הַיְחִידוֹת הַמַּקְדִּימוֹת אֶת תּוֹפָעָה a״, ״הָעֲבָדוֹת A1BC הֵן הָעֲבָדוֹת הַיְחִידוֹת הַמַּקְדִּימוֹת אֶת תּוֹפָעָה a1״, לְפִיכָךְ: ״עֲבָדָה A נִמְצֵאת בְּקֶשֶׁר תְּסַבָּתִי עִם תּוֹפָעָה a״

Methode der behaltenen Glieder ---> Glieder, Methode der behaltenen

Methode der ebenmerklichen Unterschiede ---> Unterschiede, Methode der ebenmerklichen

Methode der mittleren Fehler ---> Fehler, Methode der mittleren

Methode der Reste

מַדְרוּךְ הַשְּׁאֵרִיּוֹת (מדע, טכנ׳) מַדְרוּךְ (מְתוֹדָה) לִקְבִיעַת קְשָׁרִים תְּסַבָּתִיִּים (קָאוּזָלִיִּים) שֶׁל תּוֹפָעוֹת הַנֶּעֱרָךְ עַל פִּי הַמִּתְוֶה (סְכֵמָה) הַבָּאָה: ״הָעֲבָדוֹת a, b, c הֵן הָעֲבָדוֹת הַיְחִידוֹת הָעֲשׂוּיוֹת לִהְיוֹת סִבָּה שֶׁל הַתּוֹפָעָה הַמֻּרְכֶּבֶת ABC״, ״הָעֲבָדָה a הִיא הַסִּבָּה לְחֵלֶק A שֶׁל הַתּוֹפָעָה ABC״, ״הָעֲבָדָה b הִיא הַסִּבָּה לְחֵלֶק B שֶׁל הַתּוֹפָעָה ABC״, לְפִיכָךְ ״עֲבָדָה c הִיא הַסִּבָּה לְחֵלֶק C שֶׁל הַתּוֹפָעָה ABC אוֹ שֶׁהִיא נִמְצֵאת לְכָל הַפָּחוֹת בְּקֶשֶׁר נְסִבָּתִי עִם C״; מִתְוֶה זוֹ מַדְגִּימָה אֶת הַכְּלָל הַבָּא: אִם מְחַסְּרִים מִתּוֹפָעָה נְתוּנָה חֵלֶק שֶׁיּוֹדְעִים בּוֹ שֶׁהוּא תּוֹצָאָה שֶׁל עֲבָדוֹת מְסֻיָּמוֹת וּמֻכָּרוֹת, יִהְיֶה הַחֵלֶק הַנּוֹתָר אוֹ שְׁאֵרִית הַתּוֹפָעָה תּוֹצָאָה שֶׁל הָעֲבָדוֹת הַקּוֹדְמוֹת שֶׁנּוֹתְרוּ

Methode des Anbietens von Lernhilfen ---> Soufffliermethode

Methode des Unterschieds

מַדְרוּךְ הַהֶבְדֵּל (מדע, טכנ׳) מַדְרוּךְ (מְתוֹדָה) לִקְבִיעַת קֶשֶׁר תְּסַבָּתִי (קָאוּזָלִי) שֶׁל תּוֹפָעוֹת עַל פִּי הַכְּלָל הַבָּא: אִם בְּמִקְרֶה אֶחָד שֶׁבּוֹ מִתְחוֹלֶלֶת תּוֹפָעָה מְסֻיֶּמֶת, וּבְמִקְרֶה שֵׁנִי שֶׁבּוֹ תּוֹפָעָה זוֹ אֵינָהּ מִתְחוֹלֶלֶת, כָּל הָעֲבָדוֹת חוּץ מֵאַחַת מְשֻׁתָּפוֹת, וַעֲבָדָה יְחִידָה זוֹ נִמְצֵאת רַק בַּמִּקְרֶה הָרִאשׁוֹן, הֲרֵי שֶׁהָעֲבָדָה הַמַּבְדִּילָה בֵּין שְׁנֵי הַמִּקְרִים הִיא הַסִּבָּה אוֹ חֵלֶק הֶכְרֵחִי שֶׁל הַסִּבָּה לַתּוֹפָעָה הַנֶּחְקֶרֶת, לְמָשָׁל: מִשְּׁנֵי הַמִּקְרִים ABCDE וְ-BCDE שֶׁל תּוֹפָעָה נֶחְקֶרֶת a, הַמִּתְחוֹלֶלֶת רַק בַּמִּקְרֶה ABCDE, נִתָּן לְהַסִּיק שֶׁהָעֲבָדָה A הִיא סִבַּת הַתּוֹפָעָה a

Methode des verteilten Lernens ---> Lernen(s), Methode des verteilten

Methodenlehre ---> Methodologie

Methodik

מַדְרוּכָאוּת (מדע, טכנ') מֶתוֹדִיקָה, מִדְרְכָאוּת
Methodiker(in)
מַדְרוּכָאִי, מַדְרוּכָאִית (מדע, טכנ') מֶתוֹדִיקָאִי, מֶתוֹדִיקָן, מִדְרְכָאִי, מִדְרְכָאִית
methodisch
מַדְרוּכִי (פיל') [ק/א/148]. מֶתוֹדִי, דַּרְכִּי, מִדְרָכִי, שִׁיטָתִי
methodisch verfahren ---> methodisieren
methodisieren
מִדְרֵךְ (מְמַדְרֵךְ) (מדע, טכנ') שִׁוֵּט (מְשַׁוֵּט), עָשָׂה בְּשִׁיטָתִיּוּת, הִכְנִיס שִׁיטָה
Methodologie
תַּדְרוּכָה (מדע, טכנ') [ד"מח/31]. דַּרְכּוּת, מֶתוֹדוֹלוֹגְיָה, תּוֹרַת הַשִּׁיטוֹת, עִסּוּק בְּשִׁיטוֹת עֲבוֹדָה מַדָּעִיּוֹת וּבְעֶקְרוֹנוֹת בֵּינוֹנֵי טְוָח, שִׁיטָתָנוּת
methodologisch
תַּדְרוּכִי (מדע, טכנ') מֶתוֹדוֹלוֹגִי, דַּרְכּוּתִי, שִׁיטָתָנִי
Metonymie [---> Synekdoche]
בֵּינְשֵׁמוּת (בלש', ספר') [ק/א/302; מ"ב/133]. חִלּוּף שֵׁם, סְמִיכוּת מַשְׁמָעִיּוֹת, תְּמוּרָה, מֶטוֹנִימְיָה, שִׁמּוּשׁ בְּמִלָּה נִרְדֶּפֶת, הַחְלָפַת מִלָּה אַחַת בְּאַחֶרֶת מִתּוֹךְ סְמִיכוּת הַמֻּשָּׂגִים אוֹ לְשֵׁם קִצּוּר, לְמָשָׁל: "שָׁתָה כּוֹס" בִּמְקוֹם: "שָׁתָה אֶת הַיַּיִן שֶׁבַּכּוֹס"; "בַּמּוּזֵיאוֹן יֵשׁ שְׁנֵי מֶרוֹז" בִּמְקוֹם: "בַּמּוּזֵיאוֹן יֵשׁ שְׁתֵּי תְּמוּנוֹת שֶׁצִּיֵּר יוֹרָם מֶרוֹז". כִּנּוּי [ק/ב/96]
Metrisation ---> Metrisierung
metrisch
מֶטְרִי (מחמ')
metrisch geformt
מְאֻזָּן (ספר') [ק/ב/127]. עָרוּךְ בְּמִשְׁקָל וְקֶצֶב. נֶחֱרָז, נִכְתָּב בַּחֲרוּזִים. מְחֻבָּר (ספר') [ק/ב/175]. בְּנִגּוּד לִמְפֹרָד. מְמֻלָּא (ספר') [ק/ב/208]. שִׁירִי. מְסֻדָּר (ספר') [ק/ב/222]. שָׁקוּל (ספר') [ק/ד/156]
metrische Skala ---> Ordinalskala, metrische
metrisches Gedicht ---> Gedicht, metrisches
metrisierbar
מִטְרוּרִי (מחמ')
Metrisierbarkeit
מִטְרוּרִיּוּת (מחמ')
Metrisierung
מִטְרוּר (מחמ')
Metronom
פַּעֲמָן (מוס') מֶטְרוֹנוֹם
Metrum [---> Versmaß]
מִשְׁקָל (מוס') מֶטְרוּם, אִרְגּוּן הַפְּעָמוֹת בִּקְבוּצוֹת שָׁווֹת מִסְפָּר לְפִי מַחֲזוֹרִיּוּת קְבוּעָה שֶׁל פְּעָמוֹת מֻטְעָמוֹת וְלֹא מֻטְעָמוֹת
Metze ---> Metzen
Metzen
סְאָה (סְאוֹת) (כלכ') [א"ת/א/99]. מִדַּת נֶפַח קְדוּמָה, שְׁלֹשָׁה עָשָׂר לִיטֶר בְּעֵרֶךְ
Mezzanin ---> Zwischengeschoß
Mezzotint
גּוֹנֵי בֵּינַיִם (אמנ') [ממ"ג/156]. גְּוָנִים שׁוֹנִים הַמַּקִּיפִים אֶת הַקַּו בְּרִשּׁוּם

Miasma ---> Ausdünstung, krankmachende

miasmatisch ---> ansteckend

Mienenspielverlust
לְאָיוֹן עֲוָיוֹת (רפו')

Miere *{Minuartia}*
צִלְלִית (בוט') צֶמַח מִמִּשְׁפַּחַת הַצִּפָּרְנִיִּים

Miete
דְּמֵי שְׂכִירוּת (כלכ')

Mieter(in)
שׂוֹכֵר (שׂוֹכְרִים), שׂוֹכֶרֶת (שׂוֹכְרוֹת) (כלכ') [א"ת/א/58; א"ת/ב/110]

Mietgenuß auf Lebenszeit
דַּיָּרוּת לְחַיִּים (משפ') זְכוּתוֹ שֶׁל דַּיָּר לָגוּר בְּדִירָה שְׂכוּרָה כָּל יְמֵי חַיָּיו

Mietshaus
בֵּית דִּירוֹת לְהַשְׂכָּרָה (כלכ')

Mietsverhältnis
שְׂכִירוּת (משפ', כלכ') [א"ת/א/58]. חֲכִירָה, חֲכִירוּת, שְׂכִירַת מֻשָּׂא כָּלְשֶׁהוּ לִזְמַן קָבוּעַ

Migräne
צִלְחָה (רפו') צַדַּעַת, מִיגְרֶנָה, כְּאֵב מַחֲצִית הָרֹאשׁ

Mika ---> Glimmer

Mikro-, mikro-
קְט, נִמְלְנִי, מִיקְרוֹ-

Mikrobe [---> Mikroorganismus]
חַיְקֶט (חַיְקָטִים) (ביו', רפו') מִיקְרוֹב, יְצוּר חַי אוֹ צוֹמֵחַ הַנִּרְאֶה לָעַיִן רַק בְּהַגְדָּלָה

mikrobiell ---> mikrobisch

Mikrobiologe
חַיְקְטַאי (חַיְקָטָאִים) (ביו', רפו') מִיקְרוֹבִּיּוֹלוֹג

Mikrobiologie
חַיְקְטָאוּת (ביו', רפו') מִיקְרוֹבִּיּוֹלוֹגְיָה

mikrobiologisch
חַיְקְטָאִי (ביו', רפו') מִיקְרוֹבִּיּוֹלוֹגִי

mikrobisch
חַיְקְטִי (ביו', רפו') מִיקְרוֹבִּי

Mikrocomputer
מַחְשֵׁב זָעִיר (מחש')

Mikroelektronik
חַשְׁמִילוֹנָאוּת זְעוּר (אלק') מִיקְרוֹאֶלֶקְטְרוֹנִיקָה

Mikrofiche
דַּף זְעוּר (דַּפֵּי זְעוּר) (טכנ') מִיקְרוֹפִישׁ

Mikrofilm
סֶרֶט זְעוּר (סִרְטֵי זְעוּר) (טכנ') מִיקְרוֹפִילְם

Mikrofilmlesegerät
מַקְרֵאָה לְסִרְטֵי זְעוּר (טכנ')

Mikrofilmsammlung
אֹסֶף סִרְטֵי זְעוּר (ספרנ') אֹסֶף זְעוּרִים

Mikrogamet
פְּרִיבִיָּה קְטַנָּה (ביו') פְּרִיבִיָּה זְכָרִית, תָּא רְבִיָּה זְכָרִי

mikrokopieren
זְעֵר (מְזַעֵר) (טכנ')

Mikrokosmos
עוֹלָם קָטָן (פיל') [ק/ג/126]. כִּנּוּי לְאָדָם, מִיקְרוֹקוֹסְמוֹס

Mikromanipulator
מַזְעֵר תְּנוּעָה (אלק')

Mikromastie ---> Kümmerbrust

Mikrominiaturisierung
זְעוּר קַט (אלק') זְעוּר מִיקְרוֹ, - זָעִיר

Mikroorganismus [---> Mikrobe]
אוּלִיל (אוּלִילִים) (ביו') [מר"ח/455]. מִיקְרוֹאוֹרְגָנִיזְם, יְצוּרוֹן (יְצוּרוֹנִים)

Mikrophon
שְׁמוּעַ (שְׁמוּעִים) (טכנ') מִיקְרוֹפוֹן

Mikrophotographie
צִלּוּם זְעוּר (טכנ')

Mikropsie
רְאִיָּה בְּמִקְטָן (רפו', פסי')

Mikroskop
רְאִידָק (רְאִידָקִים) (ביו', טכנ') [מר"ח/455]. מִיקְרוֹסְקוֹפּ, מַצְהֵר, שְׁקַפְדָּק

Mikroskopie
רְאִדּוּק (ביו', טכנ') מִיקְרוֹסְקוֹפִּיָּה, מִצְהוּר

mikroskopieren
רְאִדֵּק (מְרַאְדֵּק) (ביו', טכנ') מִצְהֵר (מְמַצְהֵר)

mikroskopisch
רְאִידָקִי (ביו', טכנ') מִיקְרוֹסְקוֹפִּי, מִצְהָרִי

Mikrotom
דַּהֲדָקָה (ביו', טכנ') [מר"ח/456]. מְדַהֲדֵק, מִיקְרוֹטוֹם, מַכְשִׁיר לְחִתּוּךְ רְקָמוֹת

Mikrotomie
דִּהֲדּוּק (ביו', טכנ') מִיקְרוֹטוֹמִיָּה

mikrotomieren
דִּהֲדֵק (מְדַהֲדֵק) (ביו', טכנ') חָתַךְ רְקָמוֹת בְּאֶמְצָעוּת מְדַהֲדֵק (מִיקְרוֹטוֹם)

Miktion ---> Harnausscheidung

Milan
דַּיָּה (זוא') שֵׁם שֶׁל עוֹף

Milbe *{Acarus}*
אֲקָרִית (זוא', רפו') קַרְדִּית, אַקְרִית, פְּרוּק רַגְלַיִם מִסִּדְרַת הָאֲקָרִיּוֹת

Milbenbefall *{Acariasis}*
מַכַּת אֲקָרִיּוֹת (זוא', רפו')

milchentwöhnter Säugling ---> Säugling, milchentwöhnter

Milchentwöhnung
גְּמִילָה, הַגְמָלָה (רפו') הַפְסָקַת הֲנָקַת הַוָּלָד

Milchentwöhnung, bedingte
פְּטִימָה (רפו') [מר"ח/4]. גְּמִילָה יַחֲסִית וְהַדְרָגָתִית

Milchentwöhnung, unbedingte
חֲסִילָה (רפו') [מר"ח/4]. גְּמִילָה מֻחְלֶטֶת

Milchfluß
זִיבַת הֶחָלָב (רפו') נְזִילַת חֲלֵב אֵם

Milchfluß, kein ---> Stillunfähigkeit

Milchschorf
קַסְקֶסֶת הָרֹאשׁ (רפו') [מר"ח/213]. חֲלָבִית

Milchstauung
עֲצִירַת חָלָב (רפו') עִמְדּוֹן הֶחָלָב

Milchstern *{Ornithogalum}*
נֵץ הֶחָלָב (בוט') צֶמַח מִמִּשְׁפַּחַת הַשּׁוֹשַׁנִּיִּים

Milchstraße
שְׁבִיל הֶחָלָב (אסט') [ק/א/300; ק/ג/124]. הָעִגּוּל הַחֲלָבִי, הַדֶּרֶךְ הַחֲלָבִי, נְתִיב הֶחָלָב. מְגֹרָה (אסט') [ק/ב/142]

Milchvieh
בָּקָר לְחָלָב (חקל')

Milchwirtschaft
מֶשֶׁק חָלָב (חקל')

Milchzucker *{Laktose}*
אֶחְלָב (ביו') סֻכַּר חָלָב, לַקְטוֹזָה

mild(e)
מְמֻזָּג [ק/ב/208]. בְּנִגּוּד לְקִיצוֹנִי, מָתוּן, מְמֻצָּע, שָׁקוּל, מְאֻזָּן, תָּמוּד, מִתְמַד. בְּנַחַת [א"ח/ב/151]. בְּמְתִינוּת

Milde, mit
בְּמִדַּת הָרַחֲמִים (משפ')

mildern
מִתֵּן (מְמַתֵּן) [ק/ב/170]. מָזַג, שִׁכֵּךְ (מְשַׁכֵּךְ), הֵפִיג, הֶחֱלִישׁ, הִפְשִׁיר

Mildtätigkeit
צְדָקָה (אתי') [ק/ג/230]. מַעֲשֶׂה טוֹב, נְדָבָה לְעָנִי, נְדִיבוּת, רֹחַב לֵב

Miliaria ---> Frieselausschlag

Milieu
מֶצַע (מ"ח) [ר/ב/453]. רֶקַע, סְבִיבָה חֶבְרָתִית, הֲוָי

Milieuforschung
חֵקֶר הַמֶּצַע (מ"ח) חֵקֶר הַסְּבִיבָה הַחֶבְרָתִית

Militärbehörden [---> Militärregierung]
רָשֻׁיּוֹת הַצָּבָא (מדי', צבא) שִׁלְטוֹנוֹת הַצָּבָא

Militärdienst
שֵׁרוּת צְבָאִי (צבא)

Militärgericht
בֵּית דִּין צְבָאִי (משפ', צבא)

Militärregierung [---> Militärbehörden]
מִנְהָל צְבָאִי (משפ', צבא) מִמְשָׁל צְבָאִי

Militärtrommel *{Tambour}*
טַנְבּוּר (מוס') תּוֹף צְבָאִי קָטָן

Milz
טְחוֹל (רפו')

milzbezüglich
טְחוֹלִי (רפו') טְחוֹלָנִי

Milzbrand *{Anthrax}*
גַּחֶלֶת (רפו') [מר"ח/55]. גַּמֶּרֶת

Mime

מוּמוּס, מוּמוּסִית (תאט׳) שַׂחְקָן הַמְּגַלֵּם תַּפְקִידִים מְבַדְּחִים, בַּדְחָן

Mimik

תַּעֲוָיָה (פסי׳, תאט׳) [ק/א/176]. הֲלָצַת הַגּוּף, עֲשִׂיַּת הַעֲוָיוֹת, מִימוּס, מִימִיקָה, אָמָנוּת הַבָּעַת רַעְיוֹנוֹת עַל יְדֵי שְׁרִירֵי הַפָּנִים. דִּבּוּר טִבְעִי (פסי׳, תאט׳) [ק/א/126]

mimisch

תַּעֲוָיָתִי (פסי׳, תאט׳) מִימִי, הַעֲוָיָתִי

Mindererträg

תְּפוּקָה פּוֹחֶתֶת (כלכ׳)

minderjährig

קָטִין, קְטִינָה (משפ׳) צוֹעֵר, מִי שֶׁעֲדַיִן אֵינוֹ בּוֹגֵר עַל פִּי הַחֹק

Minderjährigkeit

קְטִינוּת (משפ׳) [מר״ח/458]. צוֹעֲרוּת, מַעֲמָדוֹ הַחֻקִּי שֶׁל מִי שֶׁלֹּא הִגִּיעַ לְבַגְרוּת

Minderwertige (r)

פְּחוּת עֵרֶךְ, פְּחוּתַת עֵרֶךְ [ק/ג/184]. פְּחוּת הַנֶּפֶשׁ, שֶׁיָּרוּד בְּעֶרְכּוֹ, נָחוּת, יָרוּד, בַּעַל דַּרְגָּה פְּחוּתָה

Minderwertigkeitsgefühl

רֶגֶשׁ נְחִיתוּת (רִגְשֵׁי נְחִיתוּת) (פסי׳) [ר/ב/433]. אֱמוּנָתוֹ שֶׁל אָדָם שֶׁהוּא נָחוּת מֵאֲחֵרִים

Mindeste, das ---> Minimum

Mindestlohn

שְׂכַר מִזְעָר (כלכ׳) שְׂכַר מִינִימוּם, סְכוּם שֶׁנִּקְבַּע עַל יְדֵי הָרָשׁוּת כִּשְׂכַר עֲבוֹדָה הַנָּמוּךְ בְּיוֹתֵר שֶׁאֶפְשָׁר לְשַׁלְּמוֹ לַשְּׂכִירִים

Mine

עוֹפֶרֶת לְעִפָּרוֹן (עוֹפָרוֹת לְעֶפְרוֹן) (טכנ׳, אמנ׳)

Minenstift

עֶפְרוֹן מִלּוּי (עֶפְרוֹנוֹת מִלּוּי) (טכנ׳, אמנ׳)

Mineral

מַחְצָב (מַחְצָבִים) (מינ׳) [ק/ב/183]. מִינֶרָל. אֶבֶן (אֲבָנִים) (מינ׳) [ק/א/19]. דּוֹמֵם (דּוֹמְמִים) (מינ׳) [ק/א/133]. מוֹצָא (מינ׳) [ק/ב/166]. כִּנּוּי לְחֹמֶר שֶׁחוֹצְבִים וּמוֹצִיאִים מִן הָאֲדָמָה. מוּצָק (פיס׳, מינ׳) [ק/ב/167]. חֹמֶר שֶׁאֵינוֹ לֹא חַי וְלֹא צוֹמֵחַ. מָקוֹר (מְקוֹרוֹת) (מינ׳) [ק/ב/267]. עַפְרָה. מַתֶּכֶת (מינ׳) [ק/ב/318]. נִקְפָּא (מינ׳) [ק/ג/67]. קֶפֶא, קִפָּאוֹן, קָפוּא (מינ׳) [ק/ג/291]

mineralisch

מַחְצָבִי (מינ׳) [ק/ב/183]. מִינֶרָלִי, שֶׁל מַחְצָב. אַבְנִי (מינ׳) [ק/א/19]. דּוֹמְמִי (מינ׳) [ק/א/133]. מַתַּכְתִּי (מינ׳) [ק/ב/319]. מַתַּכְתִּי, מִטֶּבַע הַמַּתֶּכֶת

Mineralogie

תּוֹרַת הַמַּחְצָבִים (מינ׳) [ק/א/297]. חָכְמַת הַמַּחְצָבִים, - הַמַּתָּכוֹת, - הַדּוֹמֵם, - הַמּוֹצָאִים, מִינֶרוֹלוֹגְיָה

Mineralquelle, heiße

חַמָּה (חַמּוֹת) (גאו׳, רפו׳) מַעְיַן רְפוּאָה חַם

Miniatur

מִזְעֶרֶת (מִזְעָרוֹת) (אמנ׳, טכנ׳) [מר״ח/457]. מִינִיאָטוּרָה, זְעִירָה

miniature, en ---> Maßstab, in kleinem

Miniaturisierung

זִעוּר (טכנ׳) מִינִיאָטוּרִיזַצְיָה

Minierfliegen *{Agromyzidae}*

מִנְהָרָנִיִּים (זוא׳) מִשְׁפָּחָה שֶׁל זְבוּבִים

minimal

מִזְעָרִי, מִינִימָלִי, מֻקְטִי

Minimallohn ---> Mindestlohn

Minimaltemperatur

תְּמוּדַת מִזְעָר (מטא׳) [יל״ט/84]. טֶמְפֶּרָטוּרַת מִינִימוּם, הַתְּמוּדָה הַנְּמוּכָה בְּיוֹתֵר שֶׁנִּמְדְּדָה בְּפֶרֶק זְמַן מְסֻיָּם

minimieren

מִזְעֵר (מְמַזְעֵר), הֵבִיא לְמִינִימוּם

Minimierung

מִזְעוּר, צִמְצוּם הַמִּדּוֹת, מִינִימָצְיָה

Minimum

מִזְעָר (מִזְעָרִים) [מר״ח/457]. מִינִימוּם, מֻקְט

Minimum, globales

קְטַן הָעֲרָכִים (מתמ׳)

minor

זָעִיר, זְעִירָה [מר״ח/458]. קָטֹן, קְטַנָּה, מִינוֹרִי, זוּטָה

Minoritätsträger

נוֹשֵׂא מִעוּט (אלק׳) [ל״מ/435]. נוֹשְׂאֵי מִטְעֲנֵי מִעוּט, - מִטְעָן מִסּוּג מְסֻיָּם שֶׁמִּסְפָּרָם מְעַט מִמַּחֲצִית כָּל נוֹשְׂאֵי הַמִּטְעָן בְּמוֹלִיךְ (מוֹלִיךְ) לְמֶחֱצָה

Minoriten, Orden der

הַדּוֹרְשִׁים הַצְּעִירִים (דת) [ק/א/148]. כַּת הַקְּטַנִּים, - הַצְּעִירִים (דת) [ק/ב/106; ק/ג/251]

minus

חָסִיר (מתמ׳) מִינוּס, פָּחוֹת

Minuskel ---> Buchstabe, gemeiner

Minute

דַּקָּה (דַּקּוֹת) (מתמ׳) [ק/א/144]. דַּק, חֵלֶק הַשִּׁשִּׁים מֵהַמַּעֲלָה וּמֵהַשָּׁעָה, יְחִידָה בַּת שִׁשִּׁים שְׁנִיּוֹת. רִאשׁוֹן, שֶׁבֶר רִאשׁוֹן (מתמ׳) [ק/ד/14]. שֶׁבֶר רִאשׁוֹנִי

Minze *{Mentha}*

נַעֲנָה (בוט׳) צֶמַח מִמִּשְׁפַּחַת הַשִּׂפְתָנִיִּים

Mirage ---> Luftspiegelung

Mirakelspiel

מַחֲזֶה מִסְתּוֹרִין (תאט׳)

Misandrie ---> Männerhaß

Misanthropie ---> Menschenhaß

Mischanlage

מִתְקֶנֶת עִרְבּוּב (טכנ׳)

mischbar

מָזִיג (כימ׳) תְּכוּנָתוֹ שֶׁל נוֹזֵל לְהִתְמַזֵּג בְּנוֹזֵל אַחֵר

Mischbarkeit

מְזִיגוּת (כימ׳) תְּכוּנַת נוֹזְלִים לְהִתְעָרְבֵב זֶה בָּזֶה

Mischbildung ---> Mischwort

Mischehe

נִשּׂוּאֵי תַּעֲרֹבֶת (משפ׳, מדי׳) נִשּׂוּאִים מְעֹרָבִים, מֻנָּח לְאָמְנֵי וְ/אוֹ גִּזְעָנֵי לְצִיּוּן נִשּׂוּאִים שֶׁל בְּנֵי זוּג שֶׁמּוֹצָאָם מֵעַמִּים שׁוֹנִים אוֹ מִדָּתוֹת שׁוֹנוֹת

mischen

עֵרֵב (מְעָרֵב) (כימ׳, מ״ט) [ק/ב/170]. מָזַג (מוֹזֵג), עִרְבֵּב (מְעַרְבֵּב), מִזֵּג, הִרְכִּיב חֹמֶר עִם חֹמֶר, מָסַךְ (מוֹסֵךְ), הִתְמַזֵּג, הִתְעָרְבֵב,

japonica}
שֶׁסֶק יַפָּנִי (בוט') צֶמַח מִמִּשְׁפַּחַת הַוְּרָדִיִּים

Mispel, Welsche ---> Azaroldorn

Mißachtung [---> Verachtung]
זִלְזוּל, בִּטּוּל, הֲגַסַּת דַּעַת, - לֵב, הִתְנַכְּרוּת לְ..., הִתְעַלְּמוּת מִ...

Mißachtung des Gerichts ---> Gericht(s), Mißachtung des

Mißbildung
נְפוּל (רפו') [מר"ח/435]. מוּם, עִוּוּת מְלֵדָה, מוּם בִּילּוּד, - מְלֵדָה. גְּנִין (רפו') [מר"ח/662]. וְלַד מְפֻלֶּצֶת

Mißbildung betreffend, die
נְפוּלִי (רפו') מוּמִי. גְּנִינִי (רפו') מְפַלַּצְתִּי

mißbräuchlich
מְפֻרְצָם, פִּרְצוּמִי, מֻשְׁחָת, פָּרוּץ, הַמִּשְׁתַּמֵּשׁ לְרָעָה בִּדְבַר-מָה

Mißbrauch
פִּרְצוּם, שִׁמּוּשׁ לְרָעָה בִּדְבַר-מָה, הִתְעַלְּלוּת, עִנּוּי, הַפְרָזָה, הַשְׁחָתָה, נִבּוּל

mißbrauchen
פִּרְצֵם (מְפַרְצֵם), הִתְפַּרְצֵם, פֻּרְצַם, הִשְׁחִית, קִלְקֵל, נִשְׁחַת, נִתְקַלְקֵל, הִשְׁתַּמֵּשׁ שֶׁלֹּא כַּהֲלָכָה, נִבֵּל (מְנַבֵּל)

Mißdeutung
סִלּוּף הֲבָנָה, פֵּרוּשׁ שֶׁלֹּא כַּהֲלָכָה

Mißerfolg
כִּשָּׁלוֹן, אִי הַצְלָחָה

Missetäter
עֲבַרְיָן (עֲבַרְיָנִים) (משפ')

Mißfallen
מֹרַת רוּחַ (פסי')

mißgebildet
מְנֻפָּל (רפו') בַּעַל מוּם

Mißgestalt ---> Difformität; Dysplasie

mißgestaltet ---> dysplastisch

mißgünstig
צַר עַיִן, חֲסַר לֵב, עֲרַל לֵב, קַטְנוּנִי, קַנַּאי, עִקֵּשׁ, מַרְשִׁיעַ, רִשְׁעוּנִי, רַע לֵב, - עַיִן, אֲטוּם לֵב

Mißgunst
צָרוּת עַיִן, עָרְלַת לֵבָב, קְשִׁיחוּת לֵב, רִשְׁעוּת, רֹעַ לֵב, שְׁרִירוּת לֵב, עַיִן צָרָה, קַטְנוּנִיּוּת

mißhandeln
הִתְעַלֵּל (מִתְעַלֵּל), הֵזִיד, עִנָּה (מְעַנֶּה), הִתְאַכְזֵר, הִתְעַמֵּר

Mißhandlung
הִתְעַלְּלוּת [ק/א/164]. הֲזָדָה, עֲשִׂיַּת דָּבָר בְּמֵזִיד, מַעֲשֵׂה זָדוֹן, הִתְעַמְּרוּת, הִתְעוֹלְלוּת

mißkannt
מֻכָּר שֶׁלֹּא כַּהֲלָכָה [פ"ר/90]

Mißklang ---> Dissonanz

Mißkredit bringen, jemanden/etwas in
הוֹצִיא שֵׁם רַע לְ..., הִבְאִישׁ אֶת..., הִכְפִּישׁ אֶת

Mißlingen ---> Mißerfolg

mißtönend ---> dissonant

Mißverhältnis
עִוּוּי יַחַס, חֹסֶר יַחַס, יַחַס עָלוּב

Mißverständnis
טָעוּת הֲבָנָה, אִי הֲבָנָה

Mißverstand

הִתְעָרֵב, תָּמַד (תּוֹמֵד), נִתְמַד

Mischfarben
צְבָעִים פְּתִיכִים (פיס', פסי') צְבָעִים הַיּוֹצְרִים עַל-יְדֵי פִּתּוּךְ צֶבַע חָדָשׁ

Mischgewebe, verbotenes
שַׁעַטְנֵז (טכנ', דת) אָרִיג שֶׁל חוּטֵי צֶמֶר וּפִשְׁתָּן הָאָסוּר עַל פִּי הַדָּת הַיְּהוּדִית

Mischhahn
בֶּרֶז מְעָרֵב (טכנ')

Mischkrug *{Krater}*
אֲגַרְטֵל (אֲגַרְטְלִים) (טכנ', ארכ')

Mischkultur
תַּרְבִּית מְעֹרֶבֶת (ביו')

Mischling ---> Hybrid

Mischmasch
בְּלִיל, תִּרְבֹּכֶת, קַלַּחַת, עַרְבֹּלֶת, תִּרְבֹּכֶת, עִרְבּוּב

Mischung
עֵרוּב (כימ', מ"ט) [ק/ג/169]. מֶזֶג (כימ', מ"ט) [ק/ב/170]. עֵרוּב נוֹזְלִים. הַמְזָגָה (כימ', מ"ט) [ק/א/176]. מִזּוּג הַיְסוֹדוֹת. הַרְכָּבָה [ק/א/214]. חִבּוּר חֲלָקִים אוֹ יְסוֹדוֹת שׁוֹנִים וְעֵרוּבָם; גַּם בְּנִגּוּד לִפְשִׁיטוּת וְאַחְדוּת. הִתְגַּמְּלוּת (כימ', מ"ט) [ק/א/227]. הִתְאַחֲדוּת. הִתְמַזְּגוּת (כימ', מ"ט) [ק/א/239]. מִמְסָךְ (כימ', מ"ט) [ק/ב/209]. מְזִיגָה, תַּעֲרֹבֶת, עִרְבּוּב נוֹזֵל בְּנוֹזֵל. מְסִיכָה (כימ', מ"ט) [ק/ב/223]. מֶסֶךְ (מְסָכִים). פִּתּוּךְ (כימ', מ"ט) [ק/ג/222]. בְּלִילָה, תִּצְרֹפֶת (כימ', מ"ט) אַמַלְגָּמָה, נֶתֶךְ, מֶסֶג שֶׁל יְסוֹדוֹת שׁוֹנִים. תַּעֲרִיב

Mischung einzelner Elemente, vorübergehende
מֶסֶךְ (מְסָכִים) (כימ', מ"ט) [ק/ב/223]. בְּנִגּוּד לְמֶזֶג, עֵרוּב יְסוֹדוֹת אֲחָדִים עַל דֶּרֶךְ אֲרָעִי, תַּעֲרֹבֶת

Mischungsverhältnis
יַחַס הָעֵרוּב (מטא') [יל"ט/89]. הַיַּחַס שֶׁבֵּין כַּמּוּת אֵדֵי הַמַּיִם לְבֵין כַּמּוּת הָאֲוִיר הַיָּבֵשׁ

Mischungsverhältnis, richtiges
עֵרוּב מְמֻזָּג [ק/ד/80]. שִׁוּוּי, אִזּוּן, מְצוּעָע, הִשְׁתַּווּת, אֶמְצָעִיּוּת

Mischungsverhältnis der Elemente
מֶזֶג (כימ', פיל') [ק/ב/170]. תַּעֲרֹבֶת הַיְסוֹדוֹת הַשּׁוֹנִים בְּעֶצֶם אֶחָד בְּשִׁעוּר מְסֻיָּם

Mischungsverhältnis der Elemente, harmonisches
מֶזֶג שָׁוֶה (פיל', מ"ט) [ק/ב/171]. מְאֻזָּן גָּמוּר שֶׁל הַיְסוֹדוֹת הַמַּרְכִּיבִים, שִׁוּוּי הַמִּשְׁקָל וְהָעֵרֶךְ שֶׁבֵּין הַיְסוֹדוֹת וְהַלֵּחוֹת שֶׁמֻּרְכָּב מֵהֶם גּוּף מִן הַגּוּפִים

Mischwirtschaft
מֶשֶׁק מְעֹרָב (כלכ')

Mischwort
הֶלְחֵם (בלש') [מ"ב/28]. מִמְזָג, הַלְחָמָה, צֵרוּף מִלִּים לְמִלָּה אַחַת עַל יְדֵי הַשְׁמָטַת חֵלֶק אֶחָד מִתּוֹךְ שְׁנַיִם זֵהִים הַמְּצוּיִים לָרֹב בְּסוֹף הַמִּלָּה הָאַחַת וּבִתְחִלַּת הַמִּלָּה הַשְּׁנִיָּה, לְמָשָׁל: "מַחֲזֶמֶר" (מַחֲזֶה+זֶמֶר), "חַרְסִינָה" (חֶרֶס+סִינָה), "כַּדּוּרֶגֶל" (כַּדּוּר+רֶגֶל)

Misogynie ---> Frauenhaß

Mispel, Japanische *{Eriobotrya*

דַּלּוּת הַדַּעַת, בּוּרוּת, חֹסֶר דַּעַת, קִצְרוֹן דֵּעָה

Mißweisung ---> Magnetnadel, Deklination der

Mistbehälter ---> Mistsack

Mistel *{Viscum}*

דַּבְקוֹן (בּוֹט') צֶמַח מִמִּשְׁפַּחַת הַהַרְנוּגִיִּים

Mistkäfer ---> Pillendreher, heiliger

Mistsack

מַלְקוֹט (חקל') [א"ח/ב/126]. מַלְקוּט, שַׂק הַנִּקְשָׁר לַאֲחוֹרֵי הַבְּהֵמָה לִלְקֹט בּוֹ אֶת הַגְּלָלִים

Miteigentümer

בְּעָלִים בְּמֻשְׁתָּף (כלכ', משפ')

Miteigentumsrecht

בַּעֲלוּת בְּמֻשְׁתָּף (כלכ', משפ')

Miteinatmung ---> Aspiration

Mitempfindung *{Synästhesie}*

הֶרְגֵּשׁ לְוַאי (פסי')

Mitenthaltensein

הִתְכַּלְּלוּת [ק/א/237]. הִתְאַחֲדוּת, הִתְמַזְּגוּת, הֱיוֹת פְּרָט מֻכְנָס לְתוֹךְ כְּלָל

mitessend ---> kommensal

Mitesser

רַשּׁוֹן (רַשּׁוֹנִים) (רפו') [מר"ח/176]. חֲטִיט, אַכְמוּמִית, פִּצְעוֹן בַּפָּנִים

Mitfällung

נְפוֹל יַחַד

mitfühlend ---> einfühlend

mitgefangen - mitgehangen

אַחִים לִשְׁבִיָּה — אַחִים לִתְלִיָּה, עִמּוֹ נִכְלָא — עִמּוֹ נִתְלָה, שֻׁתָּף לַפֶּשַׁע — שֻׁתָּף לִתְלִיָּה

Mitgefühl ---> Sympathie

mitgemeint ---> implizit

Mitgift

נְדוּנְיָה (נְדוּנְיוֹת) (משפ' , מ"ח) נְדֻנְיָה, כֶּסֶף אוֹ מוּצָרִים שֶׁמִּשְׁפַּחַת הַכַּלָּה מַעֲנִיקָה לֶחָתָן אוֹ לְמִשְׁפַּחְתּוֹ עִם הַנִּשּׂוּאִים

Mitglied

חֲבֵר אֲגֻדָּה (חַבְרֵי אֲגֻדָּה) (משפ') שֻׁתָּף (שֻׁתָּפִים)

Mitgliedschaft [---> Zugehörigkeit]

חֲבֵרוּת בְּ... (משפ') הִשְׁתַּיְּכוּת לְ..., שֻׁתָּפוּת בְּ...

Mitgliedschaft, Mehrgruppen-

הִשְׁתַּיְּכוּת רַב קְבוּצָתִית (פסי', מ"ח)

Mitgliedsgruppe

קְבוּצַת הִשְׁתַּיְּכוּת (פסי', מ"ח) קְבוּצָה שֶׁהַיָּחִיד מְיַחֵס אֶת עַצְמוֹ אֵלֶיהָ כְּחָבֵר

Mitinhaber ---> Miteigentümer

Mitklingen ---> Resonanz

Mitläufer ---> Konformist

Mitleid

רַחֲמָנוּת (פסי')

Mitose ---> Kernteilung, indirekte

mitotisch

פִּרְכּוּלִי (ביו') מִיטוֹזִי

mitral

דּוּ סְגוֹרִי (רפו') דּוּ צְנִיפִי

mitreißen

לָקַח אֶת הַלֵּב, שָׁבָה אֶת הַלֵּב

Mitsetzung

שִׂימַת לְוַאי (פיל') [המ"מ/225]

Mittäter

שֻׁתָּף לִדְבַר עֲבֵרָה (משפ')

Mittag

צָהֳרַיִם (צָהֳרַיִם) [א"ח/ב/420]. אֶמְצַע הַיּוֹם

Mittagsblume *{Mesembryanthemum}*

אֲהָל (בּוֹט') צֶמַח מִמִּשְׁפַּחַת הַחַיְעָדִיִּים

Mitte befindlich, in der

מְמֻצָּע [ק/ב/210]. מְמֻצָּע, מְמַצֵּעַ, הַנִּמְצָא בָּאֶמְצַע. מְתִיךְ [ק/ב/317]. עוֹמֵד בַּתָּוֶךְ, נָתוּן בְּתוֹךְ... מְמֻסָּךְ [ק/ב/209]. בֵּינוֹנִי

Mitte einhaltend, richtige

מְמֻצָּע [ק/ד/78]. שָׁוֶה, רָחוֹק מִן הַקְּצָווֹת, מְמֻזָּג, מְעֻיָּן, מְאֻזָּן, שָׁקוּל, מְיֻשָּׁב, מָתוּן

Mitte einnehmen

מִצַּע (מְמַצֵּעַ), שָׂם בָּאֶמְצַע, נִמְצָא בָּאֶמְצַע, מֻצַּע (מְמֻצָּע), הֻמְצַע (מֻמְצָע), הִתְמַצֵּעַ (מִתְמַצֵּעַ)

mitteilbar

בַּר חִוּוּי (תקש') שֶׁאֶפְשָׁר לְחַוּוֹת אוֹתוֹ, מָסִיר, בַּר מְסִירָה, שֶׁאֶפְשָׁר לִמְסֹר אוֹתוֹ

Mitteilbarkeit

אֶפְשָׁרוּת חִוּוּי (תקש') אֶפְשָׁרוּת מְסִירָה

mitteilen [---> kommunizieren]

חִוָּה (מְחַוֶּה) [א"ח/ג/7]. גִּלָּה דֵּעָה, הִבִּיעַ, הוֹדִיעַ, חִוָּה דַּעְתּוֹ, מָסַר (מוֹסֵר)

Mitteilung

חִוּוּי (תקש') הוֹדָעָה, גִּלּוּי דַּעַת, מְסִירָה, תִּמְסֹרֶת, תִּקְשֹׁרֶת

Mittel

אֶמְצָעִי (אֶמְצָעִים) [ק/א/56]. אֶמְצָע, מַכְשִׁיר, דָּבָר אוֹ פְּעֻלָּה לְהַשָּׂגַת מַטָּרָה. בֵּינוֹנִי [ק/א/87]. מִצּוּעִי [ק/ב/254]. מִצּוּעַ

Mittel, arithmetisches

מְמֻצָּע חֶשְׁבּוֹנִי (מתמ') [ר/ב/395; מ"מ/214]. מְמֻצָּע אֲרִיתְמֶטִי, - מַדָּד שֶׁל נְטִיָּה מֶרְכָּזִית, סִכּוּם כָּל הָעֲרָכִים הַמְּחֻלָּק בְּמִסְפַּר הָעֲרָכִים שֶׁחֻבְּרוּ יַחַד

Mittel, blasenziehendes

חֹמֶר מְבַעְבֵּעַ (רפו') חֹמֶר מְשַׁלְחֵף

Mittel, dichterisches

תַּחְבּוּלָה סִפּוּרִית (ספר') [מ"ס/41]. דֶּרֶךְ מְחֻכֶּמֶת בִּתְחוּם הַצּוּרָה אוֹ הַלָּשׁוֹן לְהַגָּשַׁת מַרְכִּיב סִפּוּרִי

Mittel, geometrisches

מְמֻצָּע הַנְדָּסִי (מתמ') [ר/ב/395; מ"מ/214]. מְמֻצָּע גֵּאוֹמֶטְרִי, מַדָּד שֶׁל נְטִיָּה מֶרְכָּזִית, שֹׁרֶשׁ הַ- n שֶׁל מַכְפֵּלוֹת כָּל הָעֲרָכִים הַבּוֹדְדִים שֶׁמִּסְפָּרָם הוּא n

Mittel, gewogenes

מְמֻצָּע מְשֻׁקְלָל (מתמ')

Mittel, harmonisches

מְמֻצָּע מֻתְאָם (מתמ') מְמֻצָּע הַרְמוֹנִי

Mittel, schlafvertreibendes

סַם מְנַדֵּד (רפו', כימ') חֹמֶר מַדִּיר שֵׁנָה, סַם מְעוֹרֵר

Mittel, verfälschendes

נֶכֶל (נְכָלִים) (תזו') [מר"ח/20]. חֹמֶר מְזַיֵּף מָזוֹן

Mittel-Ziel-Analyse

נִתְחוֹן אֶמְצָעִים-יַעַד (פסי', פדג') נִתּוּחַ אֶמְצָעִים-יַעַד, דֶּרֶךְ לְהַתָּרַת בְּעָיָה

Mittel zum Zweck

אֶמְצָעִי [ק/ב/304]. מְשָׁרֵת, מַכְשִׁיר, כְּלִי שָׁרֵת לְהַשָּׂגַת הַמַּטָּרָה

mittelbar

מָצוּעַ [ק/א/88]. בֵּינוֹנִי, אֶמְצָעִי, בְּמִצּוּעַ

mittelbare Assoziation ---> Assoziation, mittelbare

mittelbare Form ---> Form, mittelbare

Mittelbegriff des Syllogismus *{Terminus medius}*

מֻשָּׂג אֶמְצָעִי (פיל') [ק/א/99; ח"ה/291]. הַגְּבוּל הָאֶמְצָעִי, מֻשָּׂג שֶׁל הֶקֵּשׁ מָצוּעַ (סִילוֹגִיזְם), הַנִּמְצָא בִּשְׁנֵי הָאַקְדָּמִים וּמְקַשֵּׁר בֵּינֵיהֶם אַךְ אֵינוֹ מוֹפִיעַ בְּמִשְׁפַּט הַסֵּיפָה, לְמָשָׁל: בְּהֶקֵּשׁ הַמָּצוּעַ הַבָּא הַמֻּשָּׂג הָאֶמְצָעִי הוּא "סֵפֶר לִמּוּד": (1) "כָּל **סֵפֶר לִמּוּד** צָרִיךְ לְהִכָּתֵב בְּשָׂפָה בְּרוּרָה", (2) "סֵפֶר עֵזֶר הוּא **סֵפֶר לִמּוּד**", לְפִיכָךְ: (3) "סֵפֶר עֵזֶר צָרִיךְ לְהִכָּתֵב בְּשָׂפָה בְּרוּרָה". מֻשַּׂג בֵּינַיִם (פיל') [ק/ב/284]. מֻשָּׂג מְמֻצָּע. הֶקֵּשׁ הָעֶלֶה, - הָרְאָיָה (פיל') [ק/א/208]

Mittelding

חֲלִיַּת בֵּינַיִם (חֲלִיּוֹת בֵּינַיִם) [ק/א/56]. אֶמְצָעִי, עוֹמֵד בָּאֶמְצַע

Mittelfellraum *{Mediastinum}*

מֵצַר (רפו') [מר"ח/444]. מֵצַר, בֵּינוֹתָן, קְרוּם הַבֵּינַיִם, הַגְּבוּל בֵּין הַלֵּב וּבֵין שְׁתֵּי הָרֵאוֹת

Mittelglied ---> Mittelding

Mittelgliedschluß

הֶקֵּשׁ אֶפְשָׁרִי (פיל') [ק/א/207; ק/ג/75]. הֶקֵּשׁ חִבּוּרִי, - נְשׂוּאִי

Mittelgrund

רֶקַע תִּיכוֹן

Mittelhirn *{Mesecephalon}*

הַמֹּחַ הַתִּיכוֹן (רפו') הַמֹּחָה הַתִּיכוֹנָה

mittelmäßig

בֵּינוֹנִי [ק/ב/210]. מְמֻצָּע, דָּבָר הָעוֹמֵד בַּתָּוֶךְ, אֶמְצָעִי, רָחוֹק מִשְּׁנֵי הַקְּצָווֹת

Mittelmeersteinschmätzer *{Oenanthe hispanica}*

סַלְעִית קַיִץ (זוא') עוֹף מִמִּשְׁפַּחַת הַקִּיכְלִיִּים

Mittelmeerstöcker *{Trachurus mediterraneus}*

טְרַכוֹן יָם תִּיכוֹנִי (זוא') דָּג מִמִּשְׁפַּחַת הַצְּנִינִיתִיִּים (דְּגֵי גֶּרֶם)

Mittelohrentzündung *{Otitis media}*

דַּלֶּקֶת הָאֹזֶן הַתִּיכוֹנָה (רפו')

Mittelpunkt

מֶרְכָּז (מתמ') [ק/ב/281]. נְקֻדָּה אֶמְצָעִית (מתמ') [ק/ג/65]. נְקֻדָּה, אֶמְצַע, צִיר הָעִגּוּל. עַמּוּד [ק/ג/143]. מוּצָק [ק/ב/168]. יְסוֹד. מַסְלוּל [ק/ב/225]

Mittelpunkt des Kreises ---> Kreis(es), Mittelpunkt des

Mittelpunktswinkel

זָוִית מֶרְכָּזִית (בְּמַעְגָּל) (מתמ')

mittels

בְּאֶמְצָעוּת [ק/א/56; ק/ב/254]. אֶמְצָעוּת, בְּמִצּוּעַ, עַל יְדֵי, בְּתִוּוּךְ, בְּעֶזְרַת, בְּאֶמְצָעִיּוּת

Mittelsäger *{Mergus serrator}*

מֶרְגּוֹן בֵּינוֹנִי (זוא') עוֹף מִמִּשְׁפַּחַת הַבַּרְוָזִיִּים

Mittelsatz

מַאֲמַר בֵּינַיִם (מוס')

Mittelschiff [---> Hauptschiff]

מִצְעַת הַגּוּף (ימא') מִצְעָה

mittelst ---> mittels

Mittelstimme

קוֹל תִּיכוֹן (מוס') פַּרְטִית תִּיכוֹנָה

Mittelton

גּוֹן בֵּינַיִם (גּוֹנֵי בֵּינַיִם) ((אמנ')

Mitteltransversale ---> Seitenhalbierende

Mittelursache

סִבָּה מְצוּעָה (פיל') [ק/א/57; ק/ג/83]. סִבָּה אֶמְצָעִית. מִצּוּעַ (פיל') [ק/ב/254]. סִבָּה עֲקִיפָה, - לֹא יְשִׁירָה

Mittelung

מִצּוּעַ (מתמ') יְצִירַת מְמֻצָּעִים

Mittelweg

הַדֶּרֶךְ הַמְּמֻצַּעַת [ק/ב/254]. מִצּוּעַ. הַמְּמֻצָּע [ק/ב/210]. הָרָחוֹק מִשְּׁנֵי הַקְּצָווֹת

Mittelwert, quadratischer

מְמֻצָּע רִבּוּעִי (מתמ') שֹׁרֶשׁ סְכוּם הָרִבּוּעִים

Mittelwertfunktion

עֵרֶךְ מְמֻצָּע שֶׁל מִתְנֶה (פוּנְקְצִיָּה) (מתמ')

Mittelwort ---> Partizip

mittenflüchtig ---> zentrifugal

Mitternacht

חֲצוֹת [א"ח/ב/420]. אֶמְצַע הַלַּיְלָה

Mittler

מְתַוֵּךְ (מְתַוְּכִים) [ק/א/56]. אֶמְצָעִי, שָׁלִיחַ, אִישׁ בֵּינַיִם (אַנְשֵׁי בֵּינַיִם). מְמֻצָּע [ק/ב/210]. סַרְסוּר [ק/ג/115]. מֵלִיץ

Mittler, zwischen Gott und Welt

מְתַוֵּךְ שְׁמֵימִי (דת) [ק/א/87]. בֵּינוֹנִי, מְתַוֵּךְ בֵּין אֱלֹהִים וּבֵין הָעוֹלָם, מַלְאָךְ

Mitverfasser

מְחַבֵּר שֻׁתָּף (ספרנ')

Mitverschulden

אָשָׁם תּוֹרֵם (משפ')

Mitwirkung ---> Partizipation

Mitzweck

מְבֻקָּשׁ מְשֻׁתָּף [ק/ב/139]. מְבֻקָּשׁ מִצְטָרֵף

Mixibilia

נִבְלָלִים (פיל') [ק/ג/14]. אֶחָד מִשְּׁמוֹנָה עָשָׂר הֶבְדֵּלֵי הַדְּבָרִים שֶׁל אֲרִיסְטוֹ

Mixoskopie ---> Voyeurismus

Mixture ---> Mischung

mnemotechnisches Gedächtnis ---> Gedächtnis, mnemotechnisches

Moabsperling *{Passer moabiticus}*

דְּרוֹר הַיַּרְדֵּן (זוא') דְּרוֹר יָם הַמֶּלַח, עוֹף מִמִּשְׁפַּחַת הַדְּרוֹרִיִּים

Mob ---> Pöbel

mobil [---> beweglich]

נָעִיעַ, נָזִיז, נַיָּד, לֹא קָבוּעַ, נָע, מוֹבִּילִי

mobile ---> con moto

Mobiliarvermögen ---> Habe, bewegliche

Mobilien ---> Habe, bewegliche

Mobilisierung
יְנוּעַ, נִיּוּד, תִּפְעוּל, מוֹבִּילִיזַצְיָה

mobilisiert [---> bewegt]
מְיֻנָּע [מר״ח/460]

Mobilität
נִיעוּת [ר/ב/438]. נַיָּדוּת, מוֹבִּילִיּוּת, כֹּשֶׁר תְּנוּעָה, תְּנוּעָתִיּוּת, נְעִיעוּת, נְזִיזוּת

Mobilität, soziale
נִיעוּת חֶבְרָתִית (מ״ח) [ל״ס/101]. מַעֲבַר בְּנֵי אָדָם מִקְּבוּצָה חֶבְרָתִית אַחַת לְאַחֶרֶת

modal
דַּרְכִּיּוּתִי (פיל׳) שֶׁל דַּרְכִּיּוּת, אָפְנוּתִי, שֶׁל אֹפֶן, אוֹפְנִי, אוֹרְחִי, מוֹדָלִי. צוּרָתִי. שָׁכִיחַ [ר/ב/658]

modale Persönlichkeit ---> Persönlichkeit, modale

modaler Syllogismus ---> Syllogismus, modaler

modales Urteil ---> Urteil, modales

Modalität
דַּרְכִּיּוּת (בלש׳, פיל׳) [ק/א/66; מ״ב/135]. אָפְנִיּוּת, אָפְנוּת, מוֹדָלִיּוּת, גִּבְלָה (קָטֵיגוֹרְיָה) סִימָנְתִּית (סֵמַנְטִית) הַמְּבַטֵּאת אֶת גִּישַׁת הַמְּדַבֵּר לְתֹכֶן דְּבָרָיו וּלְיַחֲסָם לַמְּצִיאוּת. מֻשָּׂג הַמְּצַיֵּן אֶת הַסְּבִירוּת, הָאֶפְשָׁרוּת, הַצֹּרֶךְ, הָרָצוֹן, הַיְכֹלֶת אוֹ הַהֶכְרֵחַ בְּמַבָּע מְסֻיָּם. הוֹדָעָה (פיל׳) [ק/א/160]. מִדָּה (פיל׳) [ק/ב/147]. צוּרָה, דֶּרֶךְ, שִׁיטָה, אֹפֶן הַבִּצּוּעַ, - הַהֲוָיָה, - הַהִתְרַחֲשׁוּת, - הַמַּחֲשָׁבָה וכד׳. מְנִיעַ הַמַּאֲמָר (בלש׳, רטו׳) [ק/ב/217]. מַאֲמָרָה, מַאֲמַר יְסוֹד

Modalität, absolute
דַּרְכִּיּוּת מֻחְלֶטֶת (בלש׳, פיל׳) דַּרְכִּיּוּת (מוֹדָלִיּוּת) שֶׁבָּהּ הַמַּפְעֲלִים (אוֹפֶּרָטוֹרִים) הַדַּרְכִּיִּים (מוֹדָלִיִּים) כְּגוֹן: ״הֶכְרֵחִי״, ״אֶפְשָׁרִי״ וכד׳ אֵינָם מֻתְנִים בִּתְנַאי כָּלְשֶׁהוּ, לְמָשָׁל: ״הַמְּצִאוּת חַנְקָן עַל מַאְדִּים הִיא אֶפְשָׁרִית״

Modalität, relative
דַּרְכִּיּוּת יַחֲסִית (בלש׳, פיל׳) דַּרְכִּיּוּת (מוֹדָלִיּוּת) שֶׁבָּהּ הַמַּפְעֲלִים (אוֹפֶּרָטוֹרִים) הַדַּרְכִּיִּים (מוֹדָלִיִּים) כְּגוֹן: ״הֶכְרֵחִי״, ״אֶפְשָׁרִי״ וכד׳ מֻתְנִים בִּתְנַאי כָּלְשֶׁהוּ, לְמָשָׁל: ״שִׁוְיוֹן צְלָעוֹת בִּמְשֻׁלָּשׁ הוּא הֶכְרֵחִי אִם כָּל זָוִיּוֹתָיו שָׁווֹת זוֹ לְזוֹ״

Modalität der Abbitte ---> Abbitte, Modalität der

Modalität der Befragung ---> Befragung, Modalität der

Modalität der Bewunderung ---> Modalität des Anstaunens

Modalität der Bitte ---> Modalität der Abbitte

Modalität der Frage ---> Frage, Modalität der

Modalität der Ungewißheit ---> Ungewißheit, Modalität der

Modalität der Unkenntnis ---> Unkenntnis, Modalität der

Modalität der Verfluchung ---> Verfluchung, Modalität der

Modalität des Anstaunens ---> Anstaunen(s), Modalität des

Modalität des Ausrufs ---> Ausruf(s), Modalität des

Modalität des Erzählens ---> Erzählen(s), Modalität des

Modalität des Urteils ---> Urteil(s), Modalität des

Modalität des Wünschens ---> Wünschen(s), Modalität des

Modalitätsoperatoren
מִפְעֲלֵי דַּרְכִּיּוּת (פיל׳) קְבוּעִים הֶגְיוֹנִיִּים הַמְּבַטְּאִים עֶרְכֵי אֱמֶת כְּגוֹן: ״הֶכְרֵחִי״, ״אֶפְשָׁרִי״, ״בִּלְתִּי אֶפְשָׁרִי״, לְמָשָׁל: הַטַּעֲנָה: ״זֶה אֶפְשָׁרִי שֶׁמִּסְפָּר 16401 יִזְכֶּה בַּהַגְרָלָה״

Modalpersönlichkeit
אִישִׁיּוּת שְׁכִיחָה (מ״ח, פסי׳) קַוֵּי הָאֹפִי הַטִּפּוּסִיִּים שֶׁל מַרְבִּית אֻכְלוּסִיָּה מְסֻיֶּמֶת

Modalsatz ---> Umstandssatz der Art und Weise

Modalverb
פֹּעַל דַּרְכִּי (בלש׳) [מ״ב/135]. פֹּעַל מוֹדָלִי, - הַמַּבִּיעַ דַּרְכִּיּוּת (מוֹדָלִיּוּת), כְּגוֹן: ״יָכוֹל״, ״רַשַּׁאי״, ״צָרִיךְ״, ״רוֹצֶה״, ״מֻכְרָח״

Modalwert
שָׁכִיחַ (שְׁכִיחִים) (סטט׳) [ר/ב/658; מ״מ/221]. נְקֻדַּת הַשִּׂיא שֶׁל הִתְפַּלְּגוּת הַשְּׁכִיחֻיּוֹת, הַשִּׁעוּר אוֹ הַטִּפּוּס הַנָּפוֹץ בְּיוֹתֵר בְּתוֹפָעָה נֶחְקֶרֶת

Modell
דֶּגֶם (דְּגָמִים) [ל״ח/118; מר״ח/460]. דּוּמִיָּה, תַּבְנִית, מוֹדֶל, יִצּוּג תּוֹפָעָה אוֹ תַּהֲלִיךְ עַל יְדֵי הַצָּגַת קַוֵּי הַמִּתְאָר הָעִקָּרִיִּים שֶׁלָּהֶם וּמַעֲרֶכֶת הַיְּחָסִים הַהֶגְיוֹנִיִּים הַמְּאַפְיְנִים אוֹתָם

Modell, dynamisches
דֶּגֶם תַּעֲזוּזִי (מדע) מוֹדֶל דִּינָמִי

Modell, formelles
דֶּגֶם צוּרָתִי (מדע) [ד״מח/213]. דֶּגֶם צוּרָנִי, מוֹדֶל פוֹרְמָלִי, דֶּגֶם שֶׁל תּוֹרָאָה (תֵּאוֹרְיָה) הַמַּצִּיג אוֹתָהּ רַק כְּמִבְנֶה שֶׁל סְמָלִים בְּלֹא פֵּרוּשׁ

Modell, interpretatives
דֶּגֶם מְפָרֵשׁ (מדע) [ד״מח/213]. דֶּגֶם הַנּוֹתֵן פֵּרוּשׁ לְתוֹרָאָה (תֵּאוֹרְיָה) צוּרָתִית (פוֹרְמָלִית)

Modell, physisches
דֶּגֶם גַּשְׁמִי (מדע) [ד״מח/213]. מוֹדֶל פִּיזִי, מַעֲרֶכֶת לֹא לְשׁוֹנִית הַדּוֹמָה לְמַעֲרֶכֶת אַחֶרֶת הַנֶּחְקֶרֶת

Modell, semantisches
דֶּגֶם סִימָנְתִּי (מדע) [ד״מח/213]. דֶּגֶם מַשְׁמָעִי, מוֹדֶל סֵמַנְטִי, דֶּגֶם הַמְּהַוֶּה מַקְבִּיל (אֲנָלוֹג) מֻשָּׂגִי בְּיַחַס לְנוֹשֵׂא דִּיּוּן כָּלְשֶׁהוּ

Modellierung

תִּדְגּוּם (מדע) פִּתּוּחַ דְּגָמִים (מוֹדֶלִים) וְשִׁמּוּשׁ בָּהֶם

Modellversuch

מִבְחָן בְּדֶגֶם (מדע) מִבְחָן בְּתַבְנִית, - בְּמוֹדֶל

Modelung ---> Modulation

Moder

רָקָב (ביו', חקל')

moderato

מָתוּן (מוס') בְּמְתִינוּת, בְּנִיחוּתָא, מוֹדֶרָטוֹ

Moderatovariable

מִשְׁתַּנֶּה מְמַתֵּן, - מְתַוֵּךְ (סטט') [ר/ב/423; מ״מ/217]. מִשְׁתַּנֶּה בִּלְתִּי תָּלוּי הַמַּשְׁפִּיעַ עַל הַקֶּשֶׁר בֵּין שְׁנֵי מִשְׁתַּנִּים אוֹ יוֹתֵר

Modifikation

אִיּוּךְ [ק/א/66]. אַפְנָיָה, אָפְנִיּוּת, מוֹדִיפִיקַצְיָה, גִּבּוּל, סִגּוּל. נִמְשָׁךְ [ק/ג/44]. הַסְגָּלָה, שִׁנּוּי צוּרָתוֹ שֶׁל דְּבַר-מָה כְּדֵי לְהַתְאִימוֹ לְתַכְלִית חֲדָשָׁה, הִשְׁתַּנּוּת

Modifikator

מְאַיֵּךְ (מְאַיְּכִים) (בלש') [מ״ב/136]. מוֹדֵד, מַגְדִּיר, לְוַאי, יְחִידָה לְשׁוֹנִית ('מִלָּה', 'תַּחְבִּירָן' [סִינְטַגְמָה], 'מִשְׁפָּט') הַקּוֹבַעַת אֶת אֵיכוּתָהּ שֶׁל יְחִידָה לְשׁוֹנִית אַחֶרֶת, לְמָשָׁל: "כֶּלֶב **זָקֵן**", "כְּלַבְ**לַב**"

modifizieren

אִיֵּךְ (מְאַיֵּךְ), גִּבֵּל (מְגַבֵּל), הִסְגִּיל, שִׁנָּה צוּרָתוֹ שֶׁל דְּבַר-מָה כְּדֵי לְהַתְאִימוֹ לְתַכְלִית חֲדָשָׁה, תִּקֵּן

modifizierend

מְאַיֵּךְ, מְגַבֵּל, מְשַׁנֶּה אֶת פְּנֵי הַדְּבָרִים

modifiziert

מְאֻיָּךְ, מְסֻגָּל

Modulation

סִלּוּם (מוס') [למ״ו/249]. מוֹדוּלַצְיָה, מַעֲבָר מִסֻּלָּם לְסֻלָּם בְּמַהֲלַךְ הַנְּגִינָה. אִפְנוּן (פיס') הַתְאָמַת הַתְּדִירוּת שֶׁל גַּלֵּי הַקּוֹל לְגַלֵּי הַיְּסוֹד הַמְּשֻׁדָּרִים עַל יְדֵי תַּחֲנַת רַדְיוֹ מְסֻיֶּמֶת

Modulator

אַפְנָן (פיס', טכנ') מוֹדוּלָטוֹר

modulieren

סִלֵּם (מְסַלֵּם) (מוס') עָבַר מִסֻּלָּם תַּנְעִימִי (מוּזִיקָלִי) אֶחָד לְסֻלָּם תַּנְעִימִי אַחֵר. אִפְנֵן (מְאַפְנֵן) (פיס') הִתְאִים אֶת תְּדִירוּת גַּלֵּי הַקּוֹל לְגַלֵּי הַיְּסוֹד שֶׁתַּחֲנַת הָרַדְיוֹ מְשַׁדֶּרֶת בָּהֶם

moduliert

מְסֻלָּם (מוס'). מְאֻפְנָן (פיס')

Modus [---> Modalwert]

דֶּרֶךְ עֲשִׂיָּה [ק/ג/194]. פָּנִים, אֹפֶן, צוּרָה, טַעַם, שִׁעוּר. צַד [ק/ג/226]. דֶּרֶךְ הַפֹּעַל (בלש') [מ״ב/137]. מוֹדוּס, גִּבְלָה (קָטֵגוֹרְיָה) דִּקְדּוּקִית שֶׁל הַפֹּעַל הַמַּבִּיעָה אֶת גִּישַׁת הַדּוֹבֵר לַפְּעֻלָּה. אֹרַח (אֳרָחוֹת) (מוס')

Modus, emphatischer ---> Energikus

Modus ponens

כְּלָל נִתּוּק הָרֵישָׁה (פיל') [קמ״ל/285]. מוֹדוּס פּוֹנֶנְס, כְּלָל הֶסֵּק שֶׁעַל פִּיו מוֹצִיאִים מִגְּרִירָה וּמִן הָרֵישָׁה שֶׁל גְּרִירָה זוֹ אֶת מַסְקָנַת הַגְּרִירָה: אִם הַמִּשְׁפָּט "א' גּוֹרֵר ב'" אֲמִתִּי הוּא, וְאִם יָדוּעַ שֶׁא' אֲמִתִּי - אָז ב' אֲמִתִּי גַּם-כֵּן, לְמָשָׁל: "אִם יוֹרִים בְּרוֹבֶה נִשְׁמָע קוֹל נֶפֶץ", "יָרוּ בְּרוֹבֶה" לְפִיכָךְ: "נִשְׁמַע קוֹל נֶפֶץ"

Möbelstück(s), Beine eines ---> Bein eines Möbelstücks

möglich

אֶפְשָׁרִי [ק/א/70]. יָכֹל [ק/ב/37]. אֶפְשָׁר, מִן הָאֶפְשָׁר

Mögliche, das

אֶפְשָׁר [ק/א/68]. עוֹבֵר, מַה שֶּׁיָּכוֹל לְהִמָּצֵא

möglicher Fall ---> Fall, möglicher

mögliches Element ---> Element, mögliches

Möglichkeit

אֶפְשָׁרוּת (אֶפְשָׁרֻיּוֹת) [ק/א/69]. אֶפְשָׁרִיּוּת. עֲבָרָה [ק/ג/122]. סִכּוּי, פָּנִים, נוֹשֵׂא לְדִיּוּן, הֶתֵּר, יִתָּכְנוּת, יְכֹלֶת לִהְיוֹת. יְכֹלֶת צְפוּנָה [ר/ב/528]. אֶפְשָׁר [ק/א/69]. מִקְרֶה אֶפְשָׁרִי

Möglichkeitsprinzip

עֶקְרוֹן הָאֶפְשָׁרוּת (פיל', פסי') [ק/א/188]. הָעֲבָרָה, מַה שֶּׁאֶפְשָׁר בַּדִּמְיוֹן אַפְעַלְפִּי שֶׁאֵינוֹ בַּמְּצִיאוּת

Möhre *{Daucus}*

גֶּזֶר (בוט') צֶמַח מִמִּשְׁפַּחַת הַסּוֹכְכִיִּים

Mönch ---> Verbindungsziegel

Mönchfisch *{Chromis chromis}*

כְּרוֹמִית יָם תִּיכוֹנִית (זוא') דָּג מִמִּשְׁפַּחַת הַשְּׁנִיתִיִּים (דְּגֵי גֶּרֶם)

Mönchsgeier *{Aegypius monachus}*

עָזְנִיָּה שְׁחֹרָה (זוא') עוֹף מִמִּשְׁפַּחַת הַנְּצִיִּים

Mönchsgrasmücke *{Sylvia atricapilla}*

סִבְכִּי שְׁחֹר כִּפָּה (זוא') עוֹף מִמִּשְׁפַּחַת הַסִּבְכִיִּים

Mönchspfeffer *{Vitex agnus-castus}*

שִׂיחַ אַבְרָהָם מָצוּי (בוט') צֶמַח מִמִּשְׁפַּחַת הַוֶּרְבֵּנִיִּים

Mönchsrobbe, Mittelmeer- *{Monachus monachus}*

כֶּלֶב יָם נְזִירִי (זוא') יוֹנֵק מִמִּשְׁפַּחַת כַּלְבֵי הַיָּם

Möndchen

סַהֲרוֹן (מתמ') סִימָן בִּדְמוּת סַהַר קָטָן

Mörser

מַכְתֵּשׁ (מַכְתְּשִׁים) (טכנ') [א״ח/א/94]. מַכְתֶּשֶׁת (מַכְתָּשׁוֹת), מְדוֹכָה, כְּלִי לִשְׁחִיקָה

Mörtel

מֶלֶט (אדר') חֹמֶר בְּנִיָּה הַמֻּרְכָּב מִסִּיד עִם חוֹל וּמַיִם

Mörtel, dünner

דַּיִס (אדר') מֶלֶט דָּלִיל

Mörtel ausgießen, mit

דִּיֵּס (מְדַיֵּס) (אדר') הִזְרִיק דַּיִס

Mörtel bewerfen, mit [---> bestreichen]

טָח (אדר') [א״ח/א/25]. צִפָּה בְּטִיט, מָרַח

Möwen *{Laridae}*

שְׁחָפִיִּים (זוא') מִשְׁפָּחָה שֶׁל עוֹפוֹת מִסִּדְרַת הַחוֹפָמָאִים

Mohn *{Papaver}*

פֶּרֶג (בוט') צֶמַח מִמִּשְׁפַּחַת הַפְּרָגִיִּים

Mohrenhirse *{Sorghum}*

דּוּרָה (בוט') צֶמַח מִמִּשְׁפַּחַת הַדְּגָנִיִּים

Mohrrübe *{Daucus carota}*

גֶּזֶר הַגִּנָּה (בוט') צֶמַח מִמִּשְׁפַּחַת הַסּוֹכְכִיִּים

molar ---> holistisch

Molekül

פְּרֻדָּה (פְּרֻדּוֹת) (מ״ט) [ק/ג/208; מר״ח/461]. פְּרֻתָּה (פְּרֻתּוֹת), הַחֵלֶק הַקָּטָן בְּיוֹתֵר שֶׁל הַחֹמֶר הַמְקַיֵּם אֶת סְגֻלּוֹת הַחֹמֶר כֻּלּוֹ, מוֹלֶקוּלָה

molekular

פְּרֻדָּתִי [ר/ב/362]. חֶלְקִיקִי, מוֹלֶקוּלָרִי, שֶׁאֶפְשָׁר לְחַלְּקוֹ לִיחִידוֹת קְטַנּוֹת מִבְּלִי שֶׁיֹּאבַד אֲפִילוּ הַיִּחוּדִי, פְּרֻתָּתִי

moll

זָעִיר (מוס׳) מִינוֹר

Mollakkord

תַּצְלִיל זָעִיר (מוס׳) תְּלַת צְלִיל זָעִיר

Molltonart

סֻלָּם זָעִיר (מוס׳) סֻלָּם מִינוֹרִי

molto

מְאֹד (מוס׳) בְּיוֹתֵר, מוֹלְטוֹ

Mombinpflaume, Rote *{Spondias purpurea}*

מוֹמְבִּין אַרְגְּמָנִי (בוט׳) צֶמַח מִמִּשְׁפַּחַת הָאֵלָתִיִּים

Moment

תֶּנַע (תְּנָעִים) (פיל׳, פיס׳) [ק/ב/50; פ״ר/49; ל״מ/359]. שָׁלָב, מוֹמֶנְטוּם, מְסַבֵּב, מֵנִיעַ רָאשִׁי, גּוֹרֵם מַכְרִיעַ; גֹּדֶל גּוֹרְמַנְּמִי (וֶקְטוֹרְיָאלִי) הַמּוֹדֵד אֶת כֹּשֶׁר הַכֹּחַ לְסוֹבֵב אֶת הַגּוּף שֶׁעָלָיו הוּא פּוֹעֵל; עַל פִּי הֶגֶל: גּוֹרֵם אוֹ רְכִיב שֶׁאֵין לוֹ מַשְׁמָעוּת עַצְמָאִית מִשֶּׁלּוֹ וְהַפּוֹעֵל אֶת פְּעֻלָּתוֹ רַק בְּשִׁתּוּף עִם רְכִיבִים אֲחֵרִים הַנִּבְדָּלִים מִמֶּנּוּ וְאַף שׁוֹלְלִים אוֹתוֹ

momentan

בֶּן רֶגַע, רִגְעִי

momentane Drehachse ---> Drehachse, momentane

momentaner Drehpol ---> Drehpol, momentaner

Momentanreaktion ---> Reaktion, temporäre

Monatsanfänge und der Feiertage, Festsetzung der ---> Festsetzung der Monatsanfänge und der Feiertage

Mond(es), Erscheinen des

הִתְחַדְּשׁוּת הַיָּרֵחַ (אסט׳) מוֹלַד לְבָנָה

mondbezüglich

יַרְחִי, יַרְחִי (אסט׳) [ק/ב/50]. מִתְיַחֵס עַל הַיָּרֵחַ

Mondbohne *{Phaseolus lunatus}*

שְׁעוּעִית לִימָה (בוט׳) צֶמַח מִמִּשְׁפַּחַת הַפַּרְפְּרָנִיִּים

Mondekliptik

קַו הַלִּקּוּת שֶׁל הַיָּרֵחַ (אסט׳) [ק/א/26;ק/ג/29]. אוֹפֶן נוֹטֶה, אֶקְלִיפְּטִיק הַיָּרֵחַ, קַו הַלִּקּוּת שֶׁל הַלְּבָנָה

Mondfinsternis

לִקּוּי יָרֵחַ (אסט׳) [ק/ב/124]. לִקּוּי לְבָנָה, לְקוּת הַלְּבָנָה. קַדְרוּת (אסט׳) [ק/ג/271]

Mondfinsternis betreffend, die

קַדְרִי (אסט׳) [ק/ג/271]. שֶׁל קַדְרוּת, - לִקּוּי יָרֵחַ

Mondhof

הִלָּה שֶׁל הַיָּרֵחַ (מטא׳) [יל״ט/52]. הוֹפָעַת טַבַּעַת לְבַנְבֶּנֶת סְבִיב הַיָּרֵחַ הַנִּגְרֶמֶת מִשְּׁבִירַת קַרְנֵי הָאוֹר הַחוֹזְרוֹת מִמֶּנּוּ בְּהִתָּקְלָן בְּגְבִישֵׁי קֶרַח שֶׁבָּאַטְמוֹסְפֵרָה

Mondphase

מוֹפַע הַיָּרֵחַ (מוֹפְעֵי הַיָּרֵחַ) (אסט׳)

Mondwinde *{Calonyction}*

יְפֵה לַיִל (בוט׳) צֶמַח מִמִּשְׁפַּחַת הַחֲבַלְבַּלִּיִּים

Mondzyklus

מַחֲזוֹר שֶׁל לְבָנָה (אסט׳) [ק/ב/178]. פֶּרֶק זְמַן שֶׁהַיָּרֵחַ מַשְׁלִים אֶת מַסְלוּלוֹ וְחוֹזֵר לִמְקוֹמוֹ הָרִאשׁוֹן

Monetarsystem

שִׁיטַת הַמַּטְבְּעוֹת (מ״ח, כלכ׳) מַעֲרָךְ מַטְבְּעוֹת, מַעֲרֶכֶת מוֹנִיטָרִית

Monisten

מִתְאַחֲדִים (פיל׳) [ק/ב/309]. מוֹנִיסְטִים, כִּנּוּי לְפִילוֹסוֹפִים הַמַּחֲזִיקִים בְּשִׁיטַת אַחְדוּת הַטֶּבַע

Monitor ---> Bildschirm

monochrom ---> einfarbig

monochromatisch [---> einfarbig]

חַד צִבְעוֹנִי (רפו׳, פסי׳, אסת׳) [ר/ב/363]. חַד צִבְעִי, הַלּוֹקֶה בְּעִוָּרוֹן צְבָעִים מֻחְלָט

monochromatische Strahlung ---> Strahlung, monochromatische

Monodrama

מַחֲזֶה יָחִיד (ספר׳, תאט׳)

monözisch ---> einhäusig

Monogramm

מִשְׁלֶבֶת (מִשְׁלָבוֹת) (אמנ׳) מוֹנוֹגְרַמָּה, שִׁלּוּב אוֹתִיּוֹת

Monokline ---> Flexur

Monokultur

חַד גִּדּוּל (כלכ׳, חקל׳) חַקְלָאוּת שֶׁל גִּדּוּל יָחִיד, מוֹנוֹקוּלְטוּרָה

Monolog

חַד שִׂיחַ (ספר׳, תאט׳) מוֹנוֹלוֹג

Monolog, innerer

חַד שִׂיחַ פְּנִימִי (ספר׳) [מ״ס/102; 108]. שִׂיחַ פְּנִימִי, מוֹנוֹלוֹג פְּנִימִי, שִׂיחָה שֶׁל גִּבּוֹר סִפְרוּתִי עִם עַצְמוֹ, דִּבּוּר סָמוּי

Monom

חַד אֵיבָר (מתמ׳) מוֹנוֹם

monomial

חַד אֵיבָרִי (מתמ׳) מוֹנוֹמִי

Monopol

סְחַרְדִּיָּה (סְחַרְדִּיּוֹת) (כלכ׳) מוֹנוֹפּוֹל, מוֹנוֹפּוֹלְיָה, עֶמְדַּת כֹּחַ כַּלְכָּלִית הַמְבֻסֶּסֶת עַל הַקִּנְיָן הַפְּרָטִי יוֹצֵר הַסְּחוֹרוֹת שֶׁתַּפְקִידָהּ הַבְטָחַת זְכוּת יְחִידָה עַל הַמִּסְחָר

monosyllabisch ---> einsilbig

Monotheismus

חַדְאֵלִיּוּת (דת) אֱמוּנָה בְּאֵל אֶחָד, מוֹנוֹתֵאִיזְם

Monotheist

חַדְאֵלִי (דת) [ק/א/289]. חֲכַם הָאֱמֶת, הַמַּאֲמִין בְּאֵל אֶחָד, מוֹנוֹתֵאִיסְט

Montage

הַתְקָנָה (טכנ׳) [י״א/168]. הַרְכָּבָה, זְקִיפָה, זְקִיפַת מְכוֹנָה

Monteur

תַּקָּן (תַּקָּנִים) (מלא', טכנ') [ק/ב/163; י"א/168]. מְכוֹנֵן מַרְכִּיב, זַקָּף, מַרְכִּיב

montieren

הִתְקִין (מַתְקִין) (טכנ') [י"א/168]. הִרְכִּיב, זִקֵּף (מְזַקֵּף)

Monument

מִנְצָב (מִנְצָבִים) (אדר', אמנ') מוֹנוּמֶנְט, מַצֶּבֶת זִכָּרוֹן

monumental

מִנְצָבִי, מוֹנוּמֶנְטָלִי, נִצְחִי, אַדִּיר, סַגִּיא

Moor

אַדְמַת רְקָק (גאו') אַדְמַת בִּצָּה, קַרְקַע כָּבוּל, אַדְמַת כָּבוּל

Moorboden ---> Moor

Moorente *{Aythya nyroca}*

צוֹלֵל בִּצּוֹת (זוא') עוֹף מִמִּשְׁפַּחַת הַבַּרְוָזִיִּים

Moorschneehuhn *{Lagopus lagopus}*

שְׂכְוִי אַבְרֵשׁ אֵירוֹפִּי (זוא') עוֹף מִמִּשְׁפַּחַת הַשֶּׂכְוִיִּים

Moose *{Bryophyta}*

טְחָבִים (בוט')

Moostiere *{Bryozoa}*

חַיְטְחָבִים (זוא') מַעֲרָכָה שֶׁל חַסְרֵי חֻלְיוֹת

Moral [---> Tugendhaftigkeit]

מוּסָרְנוּת (אתי', מ"ח) [ק/ב/163]. מוּסָר, אַזְהָרָה לִבְנֵי הָאָדָם שֶׁיֵּיטִיבוּ אֶת מַעֲשֵׂיהֶם, תּוֹכָחָה, הַהִתְנַהֲגוּת הָרְאוּיָה וְהַמִּדּוֹת הַנְּכוֹנוֹת, מוּסַר הַשֵּׂכֶל

Moral der Fabel ---> Fabel, Moral der

moralisch [---> tugendhaft]

מוּסָרְנִי (אתי', מ"ח) [ק/ב/237]. גָּדוּר בַּעֲרָיוֹת, צַדִּיק, שָׁלֵם בְּמִדּוֹת הַחֲסִידוּת, מוּרָלִי, מוּסָרִי

moralische Wahrheit ---> Wahrheit, moralische

moralischer Schwachsinn ---> Schwachsinn, moralischer

moralisches Gesetz ---> Gesetz, moralisches

Moratorium

תַּדְחִית (תַּדְחִיּוֹת) (כלכ') מוֹרָטוֹרְיוּם, שְׁמִטַּת חוֹבוֹת שֶׁל שְׁעַת חֵרוּם

Morbidität

תַּחֲלוּאָה (רפו') מוֹרְבִּידִיּוּת, הַיַּחַס בֵּין מִסְפַּר הַחוֹלִים לְבֵין מִסְפַּר הַבְּרִיאִים בְּאֻכְלוּסִיָּה מְסֻיֶּמֶת

Morbilli ---> Masern

Mordent

צְבִיט תַּחְתִּי (מוס') [למ"ו/260]. מוֹרְדֶנְט, קִשּׁוּט הַמְּצֻיָּן בְּסִימָן עַל הַתָּו

morendo

גּוֹוֵעַ (מוס') כָּלֵה, מוֹרֶנְדוֹ

Morgen

בֹּקֶר (בְּקָרִים) [א"ת/ב/420]. שַׁחֲרִית

Morgenlied *{Mattinata}*

צַפְרִית (צַפְרִיּוֹת) (מוס') מָטִינָטָה, שִׁיר בֹּקֶר

Morgenständchen ---> Morgenlied

Morgenstern

אַיֶּלֶת הַשַּׁחַר (אסט') [א"ת/ב/420]. כּוֹכַב הַבֹּקֶר, בַּרְקַאי

Morgenwind

צַפְרִיר (צַפְרִירִים) (מטא') רוּחַ בֹּקֶר

moribundus ---> sterbend

mormorando

בְּפֶה סָגוּר (מוס') מוֹרְמוֹרַנְדוֹ

Mornellregenpfeifer *{Charadrius morinellus (Eudromias morinellus)}*

חוֹפְמִי עֲרָבָה (זוא') עוֹף מִמִּשְׁפַּחַת הַחוֹפְמִיִּים

Morphem

צוֹרָן (צוֹרָנִים) (בלש') [מ"ב/137]. מוֹרְפֶמָה, יְחִידַת הַלָּשׁוֹן הַקְּטַנָּה בְּיוֹתֵר הַנּוֹשֵׂאת מוּבָן, לְמָשָׁל: בַּמִּלָּה "שָׁמַרְתָּ" הַצּוֹרָנִים הֵם: שָׁמַר+תָּ

Morphem, gebundenes

צוֹרָן כָּבוּל (בלש') [מ"ב/29]. צוֹרָן כָּפוּף, - בִּלְתִּי עַצְמָאִי, מוֹפִיעַ בַּשָּׂפָה כְּשֶׁהוּא מְחֻבָּר רַק לְצוֹרָן בְּסִיסִי אוֹ לְצוֹרָן אַחֵר, לְמָשָׁל: "אַכְזָרִי", "נִקְלַט", "תִּפְרַחְתִּי"

Morphin ---> Morphium

Morphium

מוֹרְפְּיוֹן (רפו') מוֹרְפְיוּם, מוֹרְפִין

Morphologie

צוּרָאוּת (מדע) [מ"ב/138]. מוֹרְפוֹלוֹגְיָה, מַדַּע הַצּוּרוֹת וְהַמִּבְנֶה

morphologisch

צוּרָאִי (מדע) מוֹרְפוֹלוֹגִי

Mortalitätsrate ---> Sterblichkeitsrate

Mosaikstil

סִגְנוֹן שִׁבּוּצִי (ספר') [ק/ד/68]. סִגְנוֹן מְלִיצִי שֶׁנִּשְׁתַּבְּצוּ בּוֹ פְּסוּקִים מִן הַמִּקְרָא

Moschee

מִסְגָּד (מִסְגָּדִים) (דת, אדר') בֵּית תְּפִלָּה מֻסְלְמִי

Moschus

מוּשְׁק (זוא', אסת') בֹּשֶׂם הַמּוּפָק מֵאַיַּל הַמּוּשְׁק

Moschusbock *{Aromia moschata}*

יַקְרוּנִית הָעֲרָבָה (זוא') חֶרֶק מִמִּשְׁפַּחַת הַיַּקְרוּנִיתִיִּים (חִפּוּשִׁיּוֹת)

Moschuskrake ---> Moschuspolyp

Moschuskürbis *{Cucurbita moschata}*

דְּלַעַת הַגִּנָּה, קִשּׁוּת (בוט') צֶמַח מִמִּשְׁפַּחַת הַדְּלוּעִיִּים

Moschuspolyp *{Ozaena moschata (Eledone moschata)}*

תְּמָנוּן הַמּוּשְׁק (זוא') בַּעַל חַיִּים מִמִּשְׁפַּחַת הַתְּמַנְרַגְלִיִּים (רֹאשׁ רַגְלָאִים)

mosso, più

מַהֵר יוֹתֵר (מוס') פְּיוּ מוֹסוֹ

Most

תִּירוֹשׁ (תזו') [א"ת/ב/236]. יַיִן חָדָשׁ שֶׁטֶּרֶם תָּסַס

Motilität ---> Beweglichkeit

Motiv

מֵנִיעַ (מְנִיעִים) (פסי', משפ') [ק/ב/218; ר/ב/399]. גּוֹרֵם, מְסַבֵּב, נִמּוּק, מַצָּב עֵרוּר הַדּוֹחֵף לִפְעֻלָּה. מְלִיל (מְלִילִים) (ספר', מוס') [מ"ס/93]. תְּנַע (תְּנָעִים), מוֹטִיב, מַעֲרֶכֶת עֲלִילָתִית פְּשׁוּטָה שֶׁמּוֹפִיעָה בִּיצִירוֹת שׁוֹנוֹת, תּוֹפָעָה כָּלְשֶׁהִי הַחוֹזֶרֶת בִּיצִירָה אַחַת כַּמָּה פְּעָמִים

Motiv, biogenes

מֵנִיעַ שֶׁמִּטֶּבַע (ביו', פסי') מֵנִיעַ תַּחְיוּאִי

(בִּיּוֹלוֹגִי) טָהוֹר

Motiv, ichintegrierendes

מֵנִיעַ כְּלוּל הָאֲנִי (פסי')

Motiv, soziogenetisches

מֵנִיעַ שֶׁמֶּחֶבְרָה (מ"ח, פסי') [ר/ב/463]. מֵנִיעַ לְהִתְנַהֲגֻיּוֹת שׁוֹנוֹת שֶׁמְּקוֹרוֹ חֶבְרָתִי

Motiv, treibendes

הַכֹּחַ הַדּוֹחֵף, גּוֹרֵם הַדַּחַף

Motivation

הֲנִיעָה (פסי', מ"ח) [ר/א/209]. הֶנֵּעַ, מַה שֶּׁמֵּבִיא לִידֵי תְּנוּעָה אוֹ פְּעֻלָּה, הַכֹּחַ הַמֵּנִיעַ, הַתַּכְלִית הַגּוֹרֶמֶת, הֲנָעָה, מוֹטִיבַצְיָה, תַּהֲלִיךְ מְשַׁעֵר הַקּוֹבֵעַ אֶת כִּוּוּן הַפְּעִלֻיּוֹת הָאִישִׁיּוֹת וְהַחֶבְרָתִיּוֹת וְאֶת עָצְמָתָן כְּדַחַף מוּדָע אוֹ לֹא מוּדָע שֶׁאֵינוֹ נִמְשָׁךְ בְּאֹפֶן בִּלְתִּי אֶמְצָעִי מִגֵּרוּיִים חִיצוֹנִיִּים

Motivation bezüglich, auf die

הֲנִיעָתִי (פסי', מ"ח) שֶׁל הֲנִיעָה, הֲנָעָתִי, שֶׁל הֲנָעָה

Motive, Widerstreit der

סִכְסוּךְ הַמְּנִיעִים (פסי')

Motor

מָנוֹעַ (מְנוֹעִים) (טכנ') [ק/ב/218]. מֵנִיעַ, מְכוֹנָה הַהוֹפֶכֶת כָּל אֶנֶרְגִּיָּה שֶׁהִיא לְמֶרֶץ (אֶנֶרְגִּיָּה) מֶכָנִי

motorisch

מְנִיעִי [ק/ב/218]. שֶׁל מֵנִיעַ, שֶׁמֵּבִיא לִידֵי פְּעֻלָּה אוֹ תְּנוּעָה, מְנוֹעִי, מְנוּעָתִי, נוֹעִי, מוֹטוֹרִי, תְּנוּעָתִי

motorischer Sinn ---> Sinn, motorischer

Motorium ---> Bewegungsapparat

Motorschiff

אֳנִיַּת מָנוֹעַ (ימא')

Motten *{Tineidae}*

עֲשִׁיִּים (זוא') מִשְׁפָּחָה שֶׁל פַּרְפָּרָאִים

Mottenschildläuse *{Aleyrodidea}*

כְּנִימוֹת עָשׁ (זוא') עַל מִשְׁפָּחָה שֶׁל כְּנִימוֹת (חֲרָקִים)

Motto ---> Sinnspruch

Motum non movens

מִתְנוֹעֵעַ לֹא מֵנִיעַ (פיל') [ק/ב/322]. לְפִי אֲרִיסְטוֹ וְסִיעָתוֹ: חֹמֶר הִיּוּלִי גָּמוּר וּנְטוּל צוּרָה שֶׁכֻּלּוֹ סָבִיל

Movens non motum

מֵנִיעַ לֹא יִתְנוֹעֵעַ (דת) [ק/ב/217]. כִּנּוּי לֵאלֹהִים. מֵנִיעַ (דת) [ק/ב/216]. הַגּוֹרֵם לִתְנוּעָה, מְסַבֵּב הַתְּנוּעָה, הַמֵּנִיעַ הָרִאשׁוֹן. מְנַעֲנֵעַ (פיל') [ק/ב/220]. מֵבִיא לִידֵי פְּעֻלָּה אוֹ תְּנוּעָה. מְעוֹרֵר (פיל') [ק/ב/233]. מַשְׁפִּיעַ. מֵכִין (פיל') [ק/ב/199]. הַמּוֹצִיא נוֹשֵׂא כָּלְשֶׁהוּ מִן הַכֹּחַ אֶל הַפֹּעַל

Muattila, Sekte der

מַאֲמִינֵי הַשְּׁלִילוֹת (פיל', דת) [ק/ב/129]. סִיעָה פִילוֹסוֹפִית מֻסְלְמִית הַשּׁוֹלֶלֶת מְצִיאוּת תְּאָרִים עַצְמִיִּים מֵהָאֱלֹהִים

Mucken

נַקְרָנוּת, חַטְטָנוּת

Mucus ---> Schleim

Mudde

כָּבוּל טִינִי (גאו') כָּבוּל חַרְסִיתִי

Mücken *{Nematocera}*

יַתּוּשִׁים (זוא') תַּת סִדְרָה שֶׁל חֲרָקִים

Mückennetz ---> Himmelbett

müde werden

הִתְעַיֵּף, הִתְיַגֵּעַ (מִתְיַגֵּעַ)

Müdigkeit

עֲיֵפוּת, תְּשִׁישׁוּת, הִתְיַגְּעוּת

Mühe

הֶטְרֵחַ, טֹרַח, טִרְחָה, יְגִיעָה, יָגִיעַ, עָמָל, מַאֲמָץ

mühen mit, sich

טִפֵּל (מְטַפֵּל) בְּ..., טָרַח (טוֹרֵחַ), הִתְעַסֵּק, גִּלְגֵּל (מְגַלְגֵּל) עִם..., יָגַע (יָגֵעַ), הִתְיַגֵּעַ (מִתְיַגֵּעַ), עָמַל

Mühlstein, oberer

רֶכֶב (רְכָבִים) (טכנ') [א"ת/א/96]. הָאֶבֶן הָעֶלְיוֹנָה שֶׁל הָרֵחַיִם

Mühlstein, unterer

שֶׁכֶב (שְׁכָבִים) (טכנ') [א"ת/א/96]. הָאֶבֶן הַתַּחְתּוֹנָה שֶׁל הָרֵחַיִם

mühsam

מְיַגֵּעַ, בִּיגִיעָה

Müller(in)

טוֹחֵן (טוֹחֲנִים), טוֹחֶנֶת (טוֹחֲנוֹת) (מלא') [א"ת/א/96]

Müllwerker

אַשְׁפַּתַּאי (אַשְׁפַּתָּאִים) (מלא') מְנַקֵּה אַשְׁפַּתּוֹת, אַשְׁפָּתָן, זַבָּל

Mündigkeitsalter

גִּיל הַהַסְכָּמָה (משפ')

mündlicher Beweis ---> Beweis, mündlicher

mündlicher Vertrag ---> Vertrag, mündlicher

mündliches Testament vor Zeugen ---> Testament vor Zeugen, mündliches

Mündung

לֹעַ (לֹעוֹת), פֶּה (פִּיּוֹת), פֶּתַח (פְּתָחִים), מִפְתָּח, שֶׁפֶךְ (שְׁפָכִים)

Mündungsgeschwindigkeit

מְהִירוּת הַלֹּעַ (פיס')

Münzbild

פְּנֵי הַמַּטְבֵּעַ (טכנ') [א"ת/ב/409]. צִדּוֹ הַקִּדְמִי שֶׁל מַטְבֵּעַ

Münzdasein

יֵשׁוּת הַמַּטְבֵּעַ (מ"ח, כלכ')

Münzfunktion

תִּפְקוּד כְּמַטְבֵּעַ (מ"ח, כלכ')

Münze

מַטְבֵּעַ (מַטְבְּעוֹת) (מ"ח, כלכ') [ק"מ/ב/271]. מְצַיֵּן אֶת הַמָּמוֹן בְּתִפְקוּדוֹ כְּאֶמְצָעִי סִבּוּב סְתָם בְּנִגּוּד לִשְׁאָר תִּפְקוּדָיו

Münze, gangbare

כֶּסֶף עוֹבֵר לַסּוֹחֵר (כלכ') כֶּסֶף בְּצוּרַת שְׁטָר אוֹ מַטְבֵּעַ הַמְּשַׁמֵּשׁ אֶמְצָעִי תַּשְׁלוּם

Münze, ungeprägte ---> Marke

münzenförmig

מַטְבְּעָנִי, מַטְבְּעִי, בְּצוּרַת מַטְבֵּעַ, מְדֻנָּר

Münzgestalt

דְּמוּת הַמַּטְבֵּעַ (מ"ח, כלכ')

Münzverstärkung
כִּלְכָּלַת אֲסִימוֹנִים (מ״ח, פסי׳) [ר/א/316]. שִׁיטָה בְּרִפּוּי הִתְנַהֲגוּתִי שֶׁבָּהּ נִתָּנִים אֲסִימוֹנִים כִּגְמוּל (חִזּוּק) לְהִתְנַהֲגוּת מַתְאִימָה

Müßiggänger
בַּטְלָן (בַּטְלָנִים) [א״ח/ב/365]. מִי שֶׁאֵינוֹ עוֹבֵד, יוֹשֵׁב קְרָנוֹת, הוֹלֵךְ בָּטֵל, מְבַטֵּל

Müßiggang
בַּטָּלָה [א״ח/ב/365]. הִבָּטְלוּת, אַבְטָלָה, אִי מַעַשׂ

Muffe
מַצְמֶדֶת (מַצְמֵדוֹת) (טכנ׳) טַבַּעַת רְחָבָה לְחִבּוּר שְׁנֵי צִנּוֹרוֹת

Muffenhülse ---> Muffe

Muğebbire, Schule der
כַּת הַמְּגַבְּרִים (דת, פיל׳) [ק/ב/140;106] סִיעַת הַמְּגַבְּרִיִּים, סִיעָה פִילוֹסוֹפִית הַמַּכְחֶשֶׁת אֶת בְּחִירָתוֹ הַחָפְשִׁית שֶׁל הָאָדָם

mukös ---> schleimbezüglich

mukopurulent ---> schleimig eitrig

Mukoviszidose
צַמֶּגֶת הָרִיר (רפו׳) הִתְרַבּוּת חוֹלָנִית שֶׁל בַּלּוּטוֹת הָרִיר וְהִתְעַבּוּת הָרִקְמָה הָרִירִית

Mulde
עָבִיט (עֲבִיטִים) (טכנ׳) [א״ח/ב/234] עֲרֵבָה, בֵּית קִבּוּל לְמֵי שׁוֹפְכִין אוֹ לְשֶׁתֶן, כְּלִי לְהַחְזָקַת פֵּרוֹת, נוֹזְלִים וכד׳

multidimensionale Skalierung ---> Skalierung, multidimensionale (MDS)

Multimeter ---> Vielfachmeßinstrument

multinational
רַב לְאֻמִּי (מדי׳, כלכ׳)

multinationale Gesellschaft ---> Gesellschaft, multinationale

multipel [---> vielfältig; multiplex]
מְרֻבָּב, מְרֻבֶּבֶת, מִתְעַף, מְרֻבֶּה, רַב מוֹקְדִי

multiple Korrelation ---> Korrelation, multiple

multiple Persönlichkeit ---> Persönlichkeit, gespaltene

multiple Regression ---> Regression, multiple

multiple Zeitreihe ---> Zeitreihe, multiple

multiples Urteil ---> Urteil, multiples

multiplex [---> vielfältig; multipel]
רַב תִּפְעוּלִי

Multiplexbetrieb
רִבּוּב (מחש׳) [דמ״א/70]. רִבּוּב אֲפִיקִים, דֶּרֶךְ לְהַעֲבָרַת מֵידָע בּוֹ זְמַנִּית

Multiplikand
נִכְפָּל (מתמ׳) [ק/א/171; ק/ג/37]. מֻכֶּה, מְכֻפָּל, מִסְפָּר שֶׁמַּכְפִּילִים בּוֹ מִסְפָּר אַחֵר. נִמְנֶה (מתמ׳) [ק/ג/40]. מָנוּי (מתמ׳) [ק/ב/214]. מִסְפָּר מֻכֶּה

Multiplikation
כֶּפֶל (מתמ׳) [ק/ב/102]. הַכְפָּלַת מִסְפָּר בְּמִסְפָּר. הַכְפָּלָה (מתמ׳) [ק/ד/19]. רִבּוּעַ. הַכָּאָה (מתמ׳) [ק/א/171]. כְּפִילָה (מתמ׳) [ק/ב/101]. פְּעֻלַּת חֶשְׁבּוֹן שֶׁל הַגְדָּלַת מִסְפָּר פִּי כַּמָּה וְכַמָּה

Multiplikation, abgekürzte
כֶּפֶל מְקֻצָּר (מתמ׳)

Multiplikationsprodukt
מַכְפֵּלָה (מתמ׳) [ק/ג/64]. נִקְבָּץ, תּוֹצַאַת פְּעֻלַּת הַכֶּפֶל, סְכוּם הַמִּסְפָּרִים הַמֻּכִּים. רִבּוּעַ (מתמ׳) [ק/ד/19]

multiplikativ
כִּפְלִי (מתמ׳)

Multiplikativzahl
מִסְפָּר כּוֹפֵל (בלש׳) [מ״ב/139]. כַּמּוּת, מִסְפָּר כִּפְלִי, צוּרָה הַמַּרְאָה עַל הַכְפָּלַת מִסְפָּר, לְמָשָׁל: בְּעִבְרִית: ״אַרְבַּעְתַּיִם״ (= אַרְבַּע פְּעָמִים אַרְבָּעָה), בְּגֶרְמָנִית: vierfach

Multiplikator
כּוֹפֵל (כּוֹפְלִים) (מתמ׳) [ק/א/171]. מַכֶּה, מִסְפָּר שֶׁמַּכְפִּיל מִסְפָּר אַחֵר, מְכַפֵּל

multiplizieren
כָּפַל (כּוֹפֵל) (מתמ׳) [ק/ב/102]. הִכְפִּיל, הִגְדִּיל מִסְפָּר, פִּי כַּמָּה וְכַמָּה. מָנָה (מתמ׳) [ק/ב/212]. עָרַךְ (מתמ׳) [ק/ג/172]. עָשָׂה חֶשְׁבּוֹן שֶׁל כֶּפֶל. רִבַּע (מתמ׳) [ק/ד/21]. שָׁנָה (מתמ׳) [ק/ד/136]. הִכָּה (מַכֶּה) (מתמ׳) [ק/א/171]

multipliziertes Verhältnis, ein mit sich selbst ---> Verhältnis, ein mit sich selbst multipliziertes

Multiplizität [---> Vielfältigkeit]
רִבּוּבִיּוּת [מר״ח/466]. רִבּוּב, תְּעִיפוּת, רִבּוּי

multisyllabisch ---> vielsilbig

multivariate Analyse ---> Analyse, multivariate

multivariate Varianzanalyse ---> Varianzanalyse, multivariate

Mumifikation
חִנּוּט, חֲנִיטָה (רפו׳, דת) שִׁמּוּר גְּוִיּוֹת

Mumps
חַזֶּרֶת (רפו׳) דַּלֶּקֶת חַזּוּר (בַּלּוּטַת מְצַד הָאֹזֶן) מַגֵּפָתִית, חֲזִירִית

Mund, Eiterbläßchen im ---> Eiterbläßchen im Mund

Mund öffnen, den
פָּצָה (פּוֹצֶה) אֶת הַפֶּה (רפו׳) פָּתַח (פּוֹתֵחַ) אֶת פִּיו

Mund riechen, übel aus dem
בָּאַשׁ (מְבָאֵשׁ) (רפו׳) הֶעֱלָה רֵיחַ רַע מִפִּיו

Mund-zu-Mund-Beatmung
הַנְשָׁמָה מִפֶּה אֶל פֶּה (רפו׳)

Mundart ---> Dialekt

mundbezüglich ---> oral

Mundentzündung *{Stomatitis}*
דַּלֶּקֶת הַפֶּה (רפו׳)

Mundgeruch, übler
בָּאֶשֶׁת (רפו׳) בְּאֻשׁוֹת הַפֶּה

Mundharmonika
מַפּוּחִית פֶּה (מוס׳)

Mundhöhle
חֲלַל הַפֶּה (רפו׳)

Mundöffner
כַּלְבּוּשׁ (רפו׳) [מר״ח/311]. כַּלְבֵּשׁ, מַכְשִׁיר מְנַתְּחִים הַמַּחְזִיק אֶת הַפֶּה פָּתוּחַ, כַּלְבּוּס

Mundöffner den Mund offenhalten, mit einem
כִּלְבֵּשׁ (מְכַלְבֵּשׁ) (רפו') פָּתַח אֶת הַפֶּה בְּכַלְבּוֹשׁ
Mundschutz
פֶּדֶם (פְּדָמִים) (רפו') [מר"ח/440]. מַסְוֶה פָּנִים לַהֲגַנָּה מִזִּהוּם
Mundspatel ---> Spatel
Mundstück [---> Düse]
פֻּמִּית (פֻּמִּיּוֹת), פִּיָּה (פִּיּוֹת), מְצוּפִית (מְצוּפִיּוֹת)
Mundvoll
מְלֹא לֻגְמוֹ [א"ח/ב/386]. כַּמּוּת מַרְבִּית שֶׁל נוֹזְלִים שֶׁאָדָם יָכוֹל לְהַחֲזִיק בְּפִיו, מְלֹא לֻגְמָיו
Murgang
הֶלֶךְ בֹּץ (י"א) זְרִימַת בֹּץ
muriatisch ---> kochsalzwasserbezüglich
muriatisches Wasser ---> Kochsalzwasser
Murmellauts, Zeichen des ---> Schwa mobile
murmeln
מִלְמֵל (מְמַלְמֵל), לִמְלֵם (מְלַמְלֵם)
murren
רָטַן (רוֹטֵן), רָגַן, רִגֵּן (מְרַגֵּן), הִתְלוֹנֵן, נִרְגַּן
Muschel
קוֹנְכִיָּה (קוֹנְכִיּוֹת) (זוא') קוֹנְכָה (קוֹנְכוֹת), קְלִיפָּה הַמְכַסָּה רַכִּיכוֹת
Muschelblume *{Moluccella}*
בַּר גָּבִיעַ (בוט') צֶמַח מִמִּשְׁפַּחַת הַשִּׂפְתָנִיִּים
Muscheln *{Bivalvia}*
צְדָפוֹת (זוא') מַחְלָקָה בְּמַעֲרֶכֶת הָרַכִּיכוֹת
Muschelwächter *{Pinnotheridae}*
אֶפּוּנִיתִיִּים (זוא') מִשְׁפָּחָה בְּסִדְרַת סַרְטָנִים מַעֲשִׂירֵי רֶגֶל
Musculus depressor
שְׁרִיר דַּכְּיָן (רפו') שְׁרִיר מַשְׁפִּיל
Musik
תַּנְעִימָה (תַּנְעִימוֹת) (מוס') [ק/א/297,295,269]. חָכְמַת הַחִבּוּר, מוּזִיקָה, נוֹגְנָה, חָכְמַת הַנִּגּוּן, - חִבּוּר הַנִּגּוּנִים. חָכְמַת דַּעַת הַחִבּוּר (מוס') [ק/א/297,295]. חָכְמַת הַנְּגִינוֹת, - הַנְּעִימוֹת, - הַלְּחָנִים, - הַקּוֹלוֹת (מוס') [ק/א/297]
musikalisch
תַּנְעִימִי (מוס') [ק/ג/17]. נִגּוּנִי, מוּזִיקָלִי
musikalisches Gehör ---> Gehör, musikalisches
Musiker(in)
תַּנְעִימָן, תַּנְעִימָנִית (מוס') [ק/ג/17]. נִגּוּנִי, נַגָּן, נַגֶּנֶת, נוֹגֵן, נוֹגֶנֶת, מְנַגֵּן, מוּזִיקַאי, מוּזִיקָאִית, חָכָם בְּחָכְמַת הַנִּגּוּן
Musikfest
תְּחִגַּת תַּנְעִימָה (מוס') חֲגִיגָה מוּזִיקָלִית
Musikgelehrter ---> Musiker
Musikistrument
כְּלִי נְגִינָה (כְּלֵי נְגִינָה) (מוס')
Musikkassette ---> Kassette
Musikkenner(in)
מֵבִין תַּנְעִימָה, מְבִינַת תַּנְעִימָה (מוס') מֵבִין מוּזִיקָה, מְבִינַת מוּזִיקָה

Musivstil
סִגְנוֹן שִׁבּוּצִי (ספר') [ק/ד/68]. סִגְנוֹן מְלִיצִי שֶׁנִּשְׁתַּבְּצוּ בּוֹ פְּסוּקִים מִן הַמִּקְרָא
musizieren
מִנְגֵּן (מְמַנְגֵּן) (מוס') תִּנְעֵם (מְתַנְעֵם)
Muskatellersalbei *{Salvia sclarea}*
מַרְוָה מְרֻשֶּׁתֶת (בוט') צֶמַח מִמִּשְׁפַּחַת הַשִּׂפְתָנִיִּים
Muskatnuß *{Semen myristicae}*
שַׁרְגּוּז (בוט') [מר"ח/486]. אֱגוֹז מוּסְקָט
Muskel
שְׁרִיר (שְׁרִירִים) (רפו') [ק/ב/58]. יֶתֶר. עָצִיל (עֲצִילִים) (רפו') [ק/ג/128]. עוֹרֵק, שָׁרִיר, גִּיד גָּמִישׁ הַמֵּנִיעַ אֶת אֵבְרֵי הַגּוּף. עָצָל (עֲצָלִים) (רפו') [ק/ג/153]. מֵיתָר (רפו') [ק/ב/196]. קָפִיץ (קְפִיצִים) (רפו') [ק/ג/291]
Muskel, dreiköpfiger *{Trizeps}*
יַשְׁלוּשׁ (רפו') שְׁרִיר בַּעַל שְׁלֹשָׁה רָאשִׁים, - תְּלַת רָאשִׁי
Muskelerschlaffung *{Amyotonie}*
רוֹפְסוּת שְׁרִירִים (רפו') יְהִינוּת הַשְּׁרִירִים
Muskelschmerz *{Myalgie}*
מַכְאוֹב שְׁרִירִים (רפו') כְּאֵב שְׁרִירִים
Muskelschwäche *{Myasthenia}*
חֲלִישׁוּת הַשְּׁרִירִים (רפו') חֻלְשַׁת שְׁרִירִים
Muskelwogen *{Myokymie}*
אַדְוַת שְׁרִירִים (רפו')
Muskulatur
מִשְׁרָר (רפו') תִּשְׁרֹרֶת, כְּלַל הַשְּׁרִירִים בַּגּוּף
Muße
רְגִיעָה, מַרְגּוֹעַ, הַרְגָּעָה, שַׁלְוָה
Musselinstoff
מַלְמָלָה (טכנ') [א"ח/א/132]. אָרִיג דַּק, סַלְסָלָה
Muster
דֶּגֶם (דְּגָמִים), דְּפוּס, תַּגְשִׁיד, מִרְקָם, מַאֲרָג, תַּבְנִית (תַּבְנִיּוֹת)
Mustererkennung, verbale
זִהוּי תַּבְנִית (מִלּוּלִי) (פסי', מחש')
Mustererkennung, visuelle
זִהוּי דֶּגֶם (חֲזוּתִי) (פסי', מחש')
Musterklassifizierung
סִוּוּג דְּגָמִים (פסי', מחש')
Mustermodell
דֶּגֶם דְּפוּסִי (מדע) [ד"מח/258]
Mustervariable
מִשְׁתַּנֶּה הַדֶּגֶם (מדע) [ל"ס/95]. מִשְׁתַּנֶּה דְּפוּסִי, מַעֲרָךְ כְּלָלִי בַּעַל חֲמִשָּׁה דְּגָמִים מִשְׁתַּנִּים וְדוּ חֶלְקִיִּים (כָּל חֵלֶק חִלּוּפִי לְמִשְׁנֵהוּ) שֶׁבְּאֶמְצָעוּתוֹ נִתָּן לְנַתֵּחַ כָּל יַחֲסֵי גּוֹמְלִין שֶׁהֵם
Mustervergleich
הַתְאָמַת תַּבְנִיּוֹת (מחש', פיל')
Mut [---> Courage]
אֹמֶץ, גְּבוּרָה, אַמִּיצוּת לֵב
Mutakallimûn, Sekte der
בַּעֲלֵי הַדִּבּוּר (פיל', דת) [ק/א/92]. בַּעֲלֵי חָכְמַת הַדִּבּוּר, - חָכְמַת הַדָּבָר, - הַדְּבָרִים, - הַמֶּחְקָר, - הָעִיּוּן. בַּעֲלֵי הָעִקָּרִים (פיל' דת) [ק/א/93]. חֲכַם הַמֶּחְקָר, - שָׁרְשֵׁי הָאֱמוּנָה (פיל', דת) [ק/א/290]. כַּת הַמְדַבְּרִים (פיל', דת) [ק/ב/106;

ק/ד/164]. כַּת הַשָּׁרְשִׁיִּים, חַכְמֵי שָׁרְשֵׁי הַדָּת. מְדַבֵּר (פִּיל', דת) [ק/ב/145]. כִּנּוּי לְחוֹקֵר מֻסְלְמִי הַמַּחֲזִיק אֶת עִקְּרֵי דָּתוֹ עַל יְדֵי רְאָיוֹת עִיּוּנִיּוֹת

Mutante

תַּשְׁנוּר (תַּשְׁנוּרִים) (ביו') מוּטַנְט, מִי שֶׁחָלָה בּוֹ שְׁנוּרָה (מוּטַצְיָה)

Mutatio

חִלּוּף [ק/א/301]. הֶבְדֵּל, הִתְחַלְּפוּת, שִׁנּוּי

Mutation

שְׁנוּרָה (שְׁנוּרוֹת) (ביו') מוּטַצְיָה, תַּשְׁנוּי

Mutation, bedingte

שְׁנוּרָה מֻתְנֵית (ביו') מוּטַצְיָה מֻתְנֵית

Mutaziliten, Sekte der

הַכַּת הַנִּבְדֶּלֶת (דת, פיל') [ק/ב/106;ק/ג/12]. סִיעַת הַנִּבְדָּלִים, בַּעֲלֵי הַצֶּדֶק וְהַיִּחוּד, כַּת מֻסְלְמִית

mutieren

הִשְׁתַּנֵּר (מִשְׁתַּנֵּר) (ביו') שִׁנֵּר (מְשַׁנֵּר), עָבַר שְׁנוּרָה (מוּטַצְיָה) אוֹ גָּרַם לָהּ

Mutieren

שִׁנּוּר (ביו') הִתְחוֹלְלוּת הַשְּׁנוּרָה (מוּטַצְיָה)

mutiert

שְׁנוּרִי (ביו')

Mutismus

סַכְּתוּת (רפו', פסי') אִלְּמוּת נַפְשִׁית, חֹסֶר יְכֹלֶת לְדַבֵּר אַפְעַלְפִּי שֶׁאֵבְרֵי הַדִּבּוּר בְּלֹא מוּם

Mutist(in)

סַכֵּת, סַכֶּתֶת (רפו', פסי') אִלֵּם מִסִּבּוֹת נַפְשִׁיּוֹת

Mutlosigkeit

דִּכְדּוּךְ (פסי') דִּכְדּוּךְ נֶפֶשׁ, דִּכָּאוֹן קָשֶׁה. מֹרֶךְ לֵב

Mutmaßlichkeit, maximale *{Maximum-Likelihood}*

נִרְאוּת מֵרַבִּית (מ"ח)

Mutmaßung

סְבָרָה (סְבָרוֹת) (פיל') [ק/ב/186]. מַחְשָׁבָה, דָּבָר שֶׁנִּדְמֶה לְאָדָם אֲבָל לֹא הוּכַח. אֹמֶד, אֻמְדָּן (פיל') [ק/א/51]. הַעֲרָכָה, הַשְׁעָרָה

Muttergestein

סֶלַע אָב (גאו')

Mutterinstinkt

יִצְרוֹן הָאִמָּהוּת (פסי') חוּשׁ הָאֵם, אִינְסְטִינְקְט הָאִמָּהוּת, יֵצֶר אֵם

Mutterkraut *{Matricaria}*

בַּבּוֹנָג (בוט') צֶמַח מִמִּשְׁפַּחַת הַמֻּרְכָּבִים

Mutterkuchen *{Plazenta}*

שִׁלְיָה (רפו') קְרוּם שֶׁהָעֻבָּר עָטוּף בּוֹ

Mutterkultur

תַּרְבִּית אֵם (ביו')

Muttermal *{Naevus}*

שׁוּמָה (שׁוּמוֹת) (רפו') [א"ח/א/244]. יַבֶּלֶת קְטַנָּה בְּעוֹר הַגּוּף, סִימַן שׁוּמָה

Muttersöhnchen

גְּבַרְנָשׁ (גְּבַרְנָשִׁים) (פסי', רפו') [מר"ח/41]. גְּבַרְנָשִׁי, גֶּבֶר נָשִׁי, טִיפּוּס נַשְׁיָנִי

Muttersprache

לָשׁוֹן יְלִידִית (בלש') [מ"ב/142]. לְשׁוֹן אֵם, הַלָּשׁוֹן הָרִאשׁוֹנָה הַמְּדֻבֶּרֶת בְּפִי אָדָם מִיַּלְדוּתוֹ

Mutungsbereich ---> Konfidenzintervall

mutwilliges Handeln ---> Handeln, mutwilliges

Myalgie ---> Muskelschmerz

Myasthenia ---> Muskelschwäche

Myelom, multiples

מוֹקְרוֹמֶת רַב מוֹקְדִית (רפו') [מר"ח/471]. מִיֵּלוֹמָה רַב מוֹקְדִית, - מְרֻבֶּבֶת

Mykologie

פִּטְרָאוּת (ביו', רפו') מִיקוֹלוֹגְיָה, חֵקֶר הַפִּטְרִיּוֹת

Mykose

פַּטֶּרֶת (רפו') מַחֲלַת עוֹר הַנִּגְרֶמֶת עַל יְדֵי פִּטְרִיּוֹת, מִיקוֹזָה

mykotisch

פַּטַּרְתִּי (רפו') שֶׁל מַחֲלָה הַנִּגְרֶמֶת עַל יְדֵי פִּטְרִיּוֹת, מִיקוֹטִי

M y o k a r d i t i s ---> Herzmuskelentzündung

Myoklonus

רִטּוּט שְׁרִירִי (רפו')

Myokymie ---> Muskelwogen

Myom

שְׁרִירֹמֶת (רפו') מִיאוֹמָה, גִּדּוּל שַׁפִּיר

Myomatose

שְׁרִירֶמֶת (רפו') מִיאוֹמָה מְרֻבֶּבֶת

Myombildung, multiple ---> Myomatose

Myopie ---> Kurzsichtigkeit

Myrobalane ---> Kirschpflaume

Myrte *{Myrtus}*

הֲדַס (בוט') צֶמַח מִמִּשְׁפַּחַת הַהֲדַסִּיִּים

Mysterium ---> Mirakelspiel

Mystik

חָכְמַת הַנִּסְתָּר (דת, פיל') [ק/א/298; ק/ג/47]. חָכְמַת הַקַּבָּלָה, מִיסְטִיקָה, חָכְמָה נִסְתָּרָה, תּוֹרַת הַסּוֹד, סִפְרוּת הַסּוֹדוֹת הָאֱלֹהִיִּים. סוֹד (דת, פיל') [ק/ג/98]. תּוֹרַת הַנִּסְתָּר. חָכְמַת הָאֱמֶת (דת, פיל') [ק/א/294]. קַבָּלָה

Mystiker, kabbalistische

בַּעֲלֵי הַנִּסְתָּר (דת, פיל') [ק/א/92]. בַּעֲלֵי הַנִּסְתָּרוֹת, - הַסּוֹד, - חֵ"ן, מְקֻבָּלִים

mystisch

נִסְתָּר [ק/ג/99]. סוֹדִי, חָסוּי, חֲשָׁאִי, עָלוּם, חָתוּם בִּפְנֵי אֲחֵרִים, מֻסְתָּר, מִיסְטִי

Mythe

הַגָּדָה (ספר') [ק/א/154]. סִפּוּר פָּחוֹת אוֹ יוֹתֵר בָּדוּי, דִּמְיוֹנִי

Myxom

רִירֹמֶת (רפו') גִּדּוּל שַׁפִּיר שֶׁל הָרִקְמָה הָרִירִית

Myxom, malignes ---> Myxosarkom

Myxosarkom

בְּשָׂרֹמֶת רִירִית (רפו') גִּדּוּל מַמְאִיר שֶׁל הָרִקְמָה הָרִירִית

Myzetom

פִּטְרִיּוֹמֶת (רפו')

N

Nabel
טַבּוּר (רפו') [מר״ח/688]

nabelförmig
מְטֻבָּר, טַבּוּרִי, דְּמוּי טַבּוּר

Nabelkraut *{Umbilicus}*
טַבּוּרִית (בוט') צֶמַח מִמִּשְׁפַּחַת הַטַּבּוּרִיתִיִּים

Nabelpunkt
נְקֻדַּת טַבּוּר (מתמ')

Nabelschnecke, Gepunktete *{Naticarius millepunctatus}*
טַבּוּרִית מְנֻקֶּדֶת (זוא') בַּעַל חַיִּים מִמִּשְׁפַּחַת הַטַּבּוּרִיתִיִּים (חֶלְזוֹנוֹת)

Nabelschnecken *{Naticidae}*
טַבּוּרִיתִיִּים (זוא') מִשְׁפָּחָה שֶׁל חֶלְזוֹנוֹת

Nabelschnur
חֶבֶל הַטַּבּוּר (רפו') חֶבֶל הַשֹּׁרֶר

nach..., unmittelbar
תֵּכֶף לְ...

nach und nach
קִמְעָה קִמְעָה [ק/ד/15]. רִאשׁוֹן רִאשׁוֹן, מְעַט מְעַט, לֹא בְּבַת אַחַת, בְּהַדְרָגָה

Nachäffung
מַעֲשֵׂה קוֹף, חִקּוּי קוֹפִים

nachahmen
חִקָּה (מְחַקֶּה) [ק/א/325]. עָשָׂה כְּמַעֲשֵׂי אֲחֵרִים, הֶעְתִּיק

Nachahmen von Bewegungen, sinnloses
---> Echopraxie

Nachahmer(in) *{Imitator(in)}*
חַקְיָן, חַקְיָנִית [ק/ב/183]. מְחַקֶּה, הָעוֹשֶׂה מַעֲשֶׂה בִּדְמוּת מַעֲשֵׂה זוּלָתוֹ, חַקַּאי

Nachahmung *{Imitation}*
חִקּוּי (חִקּוּיִים) [ק/א/325]. עֲשִׂיָּה כְּמַעֲשֵׂי אֲחֵרִים, מָשָׁל, הֶקֵּשׁ, הַעְתָּקָה

Nachahmungsspiel
מִצְחַק חִקּוּי, מִשְׂחַק חִקּוּי

Nachbarschaft
שְׁכֵנוּת [ק/ד/92]. שְׁכוּנָה, קִרְבָה, מִצְרָנוּת

Nachbeben
זַעֲזוּעַ מְסַיֵּם (גאו') רַעַד אֲדָמָה הַבָּא לְאַחַר הָרַעַשׁ

nachbehandeln
אִשְׁפֵּר (מְאַשְׁפֵּר) (טכנ') גָּמַר לְעַבֵּד, שִׁפֵּר סוֹפִית

Nachbehandlung
אַשְׁפָּרָה (טכנ') עִבּוּד סוֹפִי, גְּמַר עִבּוּד, שִׁפּוּר אַחֲרוֹן

Nachbild
דְּמוּת גֵּרֶר (פיס', פסי') [ר/א/106]. בְּבוֹאַת גֵּרֶר, דְּמוּת הַנִּרְאֵית לְאַחַר הַפְסָקַת גֵּרוּי חֲזוּתִי, תְּמוּנָה עוֹקֶבֶת, רְאוּת עֵקֶב. דְּיוֹקָן שֶׁבְּהֶעְתֵּק (פיל')

nachdem
לְאַחַר שֶׁ..., כֵּיוָן שֶׁ...

nachdenken
הָגָה (הוֹגֶה) [ק/א/331]. הִתְחַשֵּׁב, עִיֵּן (מְעַיֵּן), הִתְבּוֹנֵן פְּנִימָה, שָׁקַל בְּדַעְתּוֹ, חִשְׁבֵּן, אִזֵּן וְחִקֵּר, אָמַד בְּדַעְתּוֹ, הִרְהֵר, הוֹגִיעַ אֶת מֹחוֹ, הָפַךְ בְּמַחְשְׁבוֹתָיו

Nachdenklichkeit
הָגוּת (פסי', פיל') [ק/א/222]. הִשְׂתַּכְּלוּת, הִתְבּוֹנְנוּת שִׂכְלִית, הִתְאַמְּצוּת הַמַּחֲשָׁבָה, הִרְהוּר, עִיּוּן, יְגִיעָה מַחֲשַׁבְתִּית, חִבּוּט מֹחִין

Nachdruck
הַדְגָּשָׁה [ק/ג/27]. נַחַץ, חֹזֶק הַפְּעֻלָּה, הַטְעָמָה, תֹּקֶף, הַבְלָטָה, חִזּוּק. הַפְלָגָה [ק/א/196]. מַה שֶּׁהוּא עוֹדֵף עַל הַמִּדָּה הָרְגִילָה, שִׁעוּר גָּדוֹל, רִבּוּי, חֹזֶק, גֻּזְמָה, קִיצוֹנִיּוּת, הִתְאַמְּצוּת יְתֵרָה

nacheinander
זֶה אַחַר זֶה

nacheinander folgend ---> folgend, nacheinander

Nachempfindung
תְּחוּשַׁת גֵּרֶר (פסי') תְּחוּשָׁה עוֹקֶבֶת

Nachfolge
מוֹרָשׁ (מוֹרָשִׁים) [ק/ג/164]. עֵקֶב, הַבָּא אַחֲרֵי..., יְרֻשָּׁה, מוֹרָשָׁה, הִשְׁתַּלְשְׁלוּת, תּוֹלָדָה, הֶמְשֵׁךְ, רְצִיפוּת, רֶצֶף, תְּכִיפוּת, הַמְשָׁכוּת, הַמְשָׁכָה, מַמְשִׁיךְ דַּרְכּוֹ שֶׁל..., הַיּוֹרֵשׁ

Nachfrist ---> Gnadenfrist

nachgeordnet
טָפֵל [ק/ב/304]. מְשָׁרֵת, שׁוּלִי, מִשְׁנִי. שַׁמָּשׁ [ק/ד/135]. נְחוּת דַּרְגָּה

Nachgeschmack
טַעַם גֵּרֶר (פסי') טַעַם עוֹקֵב

Nachgestaltung
עִצּוּב הֶעְתֵּק (פיל')

Nachgiebigkeit
הֲעָנוּת, הֵעָתְרוּת, הַסְכָּמָה לְהַפְצָרָה, - לְמַלֵּא בַּקָּשָׁה

Nachhall
הִדְהוּד (פיס') קוֹל חוֹזֵר

Nachklang
צְלִיל גְּרָר (מוס', רפו') צְלִיל עוֹקֵב

Nachkomme, Vorfahr und
אָבוֹת וּבָנִים [ק/ג/150]. שֹׁרֶשׁ וְעָנָף, שַׁלְשֶׁלֶת הַדּוֹרוֹת, דּוֹר הוֹלֵךְ וְדוֹר בָּא

Nachlassen *{Remission}* **[---> Verblassen; Anlassen]**
תְּפוּגָה (רפו', פסי') [ר/ב/527; מר"ח/581]. פּוּגָה, הֲפוּגָה, הֲפָגַת הַמַּחֲלָה, רֶמִיסְיָה, הַחֲלָשָׁה, הַחְלָשׁוּת, דְּעִיכָה, יְרִידָה, שִׁכּוּךְ, הַרְפָּיָה

Nachlassen der Kräfte ---> Hyposthenie

nachlassend
מֵפִיג (רפו', פסי') מְפַיֵּג, מַחֲלִישׁ

Nachlaßgericht
בֵּית מִשְׁפָּט לְעִנְיְנֵי צַוָּאוֹת (משפ')

Nachlaßverwalter
מְנַהֵל עִזָּבוֹן (משפ')

Nachlese
עוֹלֶלֶת (עוֹלְלוֹת) (חקל') [א"ח/ב/232]. עוֹלֵלָה (עוֹלֵלוֹת), פְּרִי שֶׁנִּשְׁאַר עַל הָעֵץ לְאַחַר עוֹנָתוֹ

nachprüfen ---> überprüfen

nachprüfbar ---> verifizierbar

Nachrede, böse
הֲלָזָה (הֲלָזוֹת) (מ"ח, משפ') הַשְׁמָצָה, הַלְעָזָה, לְזוּת שְׂפָתַיִם, לְשׁוֹן הָרַע

Nachricht
יְדִיעָה (יְדִיעוֹת) (חקש') דָּבָר שֶׁמּוֹדִיעִים אוֹתוֹ, הַיְחִידָה הַקְּטַנָּה בְּיוֹתֵר בְּתַהֲלִיכֵי תִּקְשֹׁרֶת, חֲדָשָׁה (חֲדָשׁוֹת)

Nachruf *{Nekrolog}*
צִיּוּן לְנִפְטָר (ספר', דת) דִּבְרֵי הֶסְפֵּד, דִּבְרֵי אַזְכָּרָה

Nachsatz [---> Apodosis]
תּוֹלֶדָה (פיל', בלש') [ק/א/111]. גְּזֵרָה אַחֲרוֹנָה. נִמְשָׁךְ (פיל') [ק/ג/42]. תּוֹצָאָה. מַאֲמַר סוֹף (מוס') סוֹפָה (סוֹפוֹת)

Nachschlag
גְּרִיר (גְּרִירִים) (מוס')

Nachschlagewerk
סֵפֶר יַעַץ (ספרנ') סֵפֶר שִׁמּוּשׁ

Nachschleifer ---> Nachschlag

Nachsicht
וַתְּרָנוּת, סַלְחָנוּת, אֲרִיכוּת רוּחַ

Nachsicht üben [---> vergönnen]
הֶאֱרִיךְ (מַאֲרִיךְ) רוּחַ, - פָּנִים, לֹא עָמַד עַל מִדּוֹתָיו, הָיָה סוֹבְלָנִי

nachsichtig
וַתְּרָנִי [ק/א/249]. וַתְּרָן, נָדִיב, חָנִין, עוֹבֵר עַל מִדּוֹתָיו, סוֹלְחָן, רַתּוּי, נוֹחַ

Nachsichtigkeit ---> Permissivität

Nachsilbe ---> Suffix

nachspannen
הוֹסִיף וּמָתַח (מוֹסִיף וּמוֹתֵחַ) (טכנ')

Nachspiel
הֶפְטֵר (מוס')

Nachsprechen, echohaftes ---> Echolalie

Nacht
לַיְלָה (לֵילוֹת) [א"ח/ב/420]. לַיִל, לֵיל

Nacht, Aufschub über ---> Aufschub über Nacht

Nacht, gestern
אֶמֶשׁ, בַּלַּיְלָה שֶׁעָבַר

Nacht aufschieben, über ---> aufschieben, über Nacht

Nacht dauernd, eine
בֶּן לַיְלָה, בַּת לַיְלָה (ביו')

Nacht schießen, über
צָץ וְעָלָה בִּן לַיְלָה

Nachtangst
בִּעוּתֵי לַיְלָה (פסי') אִימֵי לַיְלָה, סִיּוּט (סִיּוּטִים), בַּלָּהָה, בִּעוּת, בְּעָתָה

Nachtblindheit
עִוְרוֹן לַיְלָה (רפו')

Nachtdienst ---> Nachtschicht

Nachtdiensttuende(r)
שָׁהִיר, שְׁהִירָה [מר"ח/706]. עוֹבֵד בְּמִשְׁמֶרֶת לַיְלָה

nachteilig
הֶפְסֵדִי, גּוֹרֵם הֶפְסֵד, מֶפְסֵד, מַפְסִיד, בִּלְתִּי כְּדַאי, כּוֹשֵׁל, קָשֶׁה לְ..., שְׁלִילִי, אֵינוֹ רָאוּי לְ...

Nachtigall *{Luscinia megarhynochos}*
זְמִיר הַיַּרְדֵּן (זוא') זָמִיר רוֹנֵן, עוֹף מִמִּשְׁפַּחַת הַקִּיכְלִיִּים

Nachtisch
תַּקְנִיחַ (תַּקְנִיחִים) (תזו') [א"ח/ג/38]. פַּרְפֶּרֶת (פַּרְפְּרָאוֹת), קִנּוּחַ סְעוּדָה, - פֶּה, מַאֲכָל קַל הַבָּא אַחֲרֵי הָאֲרוּחָה

Nachtkerze *{Oenothera}*
נֵר הַלַּיְלָה (בוט') צֶמַח מִמִּשְׁפַּחַת נֵר הַלַּיְלָה

Nachtkleider
כְּסוּת לַיְלָה (לבו') [א"ח/א/159]

Nachtpfauenauge, Großes *{Saturnia pyri}*
שַׁבְּתַאי הַשָּׁקֵד (זוא') חֶרֶק מִמִּשְׁפַּחַת הַשַּׁבְּתָאִיִּים (פַּרְפָּרָאִים)

nachtragen
נָטַר (נוֹטֵר) (פסי') שָׁמַר שִׂנְאָה בְּלִבּוֹ, נָטַר אֵיבָה

Nachtragen
נְטִירָה (פסי') שְׁמִירַת שִׂנְאָה בַּלֵּב, נְטִירַת אֵיבָה

Nachtreiher *{Nycticorax nycticorax}*
אַנְפַת לַיְלָה (זוא') עוֹף מִמִּשְׁפַּחַת הָאַנְפָתִיִּים

Nachtschicht
מִשְׁהֶרֶת (מִשְׁהָרוֹת) [מר"ח/706]. מִשְׁמֶרֶת לַיְלָה

Nachtschwalben *{Caprimulgidae}*
תַּחְמָסִיִּים (זוא') מִשְׁפָּחָה שֶׁל עוֹפוֹת מִסִּדְרַת הַתַּחְמְסָאִים

Nachttopf
סִיר לַיְלָה, עֲבִיט לַיְלָה, עֲבִיט שֶׁל מֵי רַגְלַיִם, גְּרַף שֶׁל רְעִי, כְּלִי שֶׁפְּכִין

Nachtviole *{Hesperis}*
מַעֲרִיב (בוט') צֶמַח מִמִּשְׁפַּחַת הַמִּצְלִיבִים

Nachtwache
אַשְׁמֹרֶת (אַשְׁמוּרוֹת) [א"ח/ב/420]. אַשְׁמוּר, אַשְׁמוּרָה, שְׁלִישׁ הַלַּיְלָה

Nachuntersuchung

מַעֲקָב (מדע) בְּדִיקַת מַעֲקָב
Nachvornlaufen, unwillkürliches ---> Vorwärtsbewegung
Nachweis [---> Beleg]
הוֹכָחָה (הוֹכָחוֹת) [ק/א/163]. הַאֲמָתָה, רְאָיָה, מוֹפֵת, אַסְמַכְתָּה. הִתְוַכְּחוּת [ק/א/231]. נְחִישָׁה [ק/ג/27]. מְצִיאַת דָּבָר בְּדֶרֶךְ הַשְׁעָרָה
nachweisbar
יָכִיחַ, יְכִיחָה, בַּר הוֹכָחָה, נִתָּן לְהוֹכָחָה, בַּר אִמּוּת
Nachwelt
הָעוֹלָם שֶׁלְּאַחֲרֵינוּ, הֶעָתִיד לָבוֹא, הַזְּמַן שֶׁלְּפָנֵינוּ
Nachwirkung
תּוֹצָא גֹּרֶר (תּוֹצָאֵי גֹּרֶר) (פסי׳) [ר/ב/678]. אֶפֶקְט שֶׁל גֵּרוּי הַמִּתְרַחֵשׁ לְאַחַר שֶׁהַגֵּרוּי נִפְסָק
Nachwort ---> Epilog
Nacken *{Nucha}*
עֹרֶף (רפו׳) מַפְרֶקֶת, חֻלְיוֹת עַמּוּד הַשִּׁדְרָה בָּעֹרֶף
nackenbezüglich *{nuchal}*
עָרְפִּי (עוֹרְפִּי) (רפו׳) מַפְרַקְתִּי
Nackensteife
קִשְׁיוֹן עֹרֶף (רפו׳)
nackten Körpern, Angst vor ---> Gymnophobie
Nacktfinger, Ägäischer *{Cyrtodactylus kotschyi}*
שְׂמָמִית עֵצִים (זוא׳) זוֹחֵל מִמִּשְׁפַּחַת הַשְּׂמָמִיתִיִּים
Nacktsamer *{Gymnospermae}*
מַעֲרֶכֶת חֲשׂוּפֵי הַזֶּרַע (בוט׳)
Nadel des Astrolab ---> Astrolab, Nadel des
Nadelfisch *{Fierasfer acus (Carapus acus)}*
דַּיָּר יָם תִּיכוֹנִי (זוא׳) דָּג מִמִּשְׁפַּחַת הַדַּיָּרִיִּים (דְּגֵי גֶּרֶם)
Nadelöhr ---> Öhr
nächtliches Aufschrecken ---> Nachtangst
Nägelbeißen ---> Nägelkauen
Nägelkauen *{Onychophagie}*
כְּסִיסַת צִפָּרְנַיִם (פסי׳) זְלִיעַת צִפָּרְנַיִם, כִּרְסוּם צִפָּרְנַיִם
Nähe
קִרְבָה [ק/ד/92]. שְׁכוּנָה, שְׁכֵנוּת, מִצְרָנוּת, קִרְבַת מָקוֹם
nähen
תָּפַר (תּוֹפֵר) (טכנ׳) [א״ח/א/158]
näheren, sich ---> konvergieren
Näherungswert ---> Approximation
Nährbouillon [---> Bouillonkultur]
מְרַק מָזוֹן (מְרָקִים מְזִינִים) (ביו׳, רפו׳) קַרְקַע מָזוֹן נוֹזְלִית וּמְעֻשֶּׁרֶת לְגִדּוּל אוּלִילִים (מִיקְרוֹאוֹרְגָנִיזְמִים)
nähren, sich
הִתְקָרֵב (מִתְקָרֵב), שָׁאַף (שׁוֹאֵף) לְ...
Nährkraft
הַזָּנָה (רפו׳) [ק/א/257]
Nährungsbruch
קֵרוּבָן (מתמ׳)
Nährungswert
עֵרֶךְ מְקֹרָב (מתמ׳)
nämlich
כְּלוֹמַר [ק/ד/52]. רְצוֹנִי, - לוֹמַר, כַּוָּנָתִי, זֹאת אוֹמֶרֶת, לֵאמֹר, הַיְנוּ
närrisches Benehmen ---> Clownerie
näselnd
מְאַנְפֵּף (בלש׳) חוֹטֵם, אַנְפְּפָנִי, מִי שֶׁמְּדַבֵּר דֶּרֶךְ הָאַף
Nässe, gestaute
הִתְנַקְּזוּת מְפֻרַעַת (היד׳)
Naevus ---> Muttermal
Naevus pigmentosus ---> Leberfleck
Nagekäfer, Gemeiner *{Anobium punctatum}*
אֲנוֹבִּית נְקֻדָּה (זוא׳) חֶרֶק מִמִּשְׁפַּחַת הָאֲנוֹבִּיתִיִּים (חִפּוּשִׁיּוֹת)
nageln
סִמֵּר (מְסַמֵּר) (טכנ׳) חִבֵּר בְּמַסְמְרִים
Nagelpflege ---> Maniküre
Nagelpfleger(in)
צַמַּאי, צַמָּאִית (אסת׳, רפו׳) [מר״ח/437]. מָנִיקוּרִיסְט, שַׁפָּר (קוֹסְמֶטִיקַאי) הַמְּטַפֵּל בְּיָדַיִם וּבְצִפָּרְנַיִם
Nagetiere *{Rodentia}*
מְכַרְסְמִים (זוא׳) סִדְרָה שֶׁל יוֹנְקִים
nahelegen ---> suggerieren
naheliegend
קָרוֹב לְוַדַּאי [ק/ג/300]. קָרוֹב, מִתְקַבֵּל עַל הַדַּעַת, סָבִיר, נִרְאֶה, מוּבָן, מִסְתַּבֵּר, בָּרוּר
Nahen
הִתְקָרְבוּת, גִּישָׁה
Nahrungssuchinstinkt
יִצְרוֹן בִּקּוּשׁ הַמָּזוֹן (פסי׳) חוּשׁ הַפַּרְנוּס, אִינְסְטִינְקְט הַתְּזוּנָה, יֵצֶר הַהִזּוּן
Naht
תֶּפֶר (תְּפָרִים) (טכנ׳) [א״ח/א/158]. מִשָּׁק (מִשָּׁקִים) (טכנ׳)
Naht *{Sutura}*
טֶרֶס (טְרָסִים) (רפו׳) [מר״ח/647]. תֶּפֶר, אִחוּי
Naht, grobe
שְׁלָל (שְׁלָלִים) (טכנ׳) [א״ח/א/158]. תֶּפֶר אֲרָעִי וְגַס
Naltajute ---> Langkapseljute
Name, der [---> Eigenname]
הַשֵּׁם (פיל׳) [פ״ר/172]. עַל פִּי הֶגֶל: שֵׁם רֵיק כְּנוֹשֵׂא שֶׁל מִשְׁפָּט הַמְּקַבִּיל לָ״אֲנִי״ הַחוּשִׁי וְהָרֵיק שֶׁל וַדָּאוּת הַחוּשִׁים
Namengebung
קְרִיאַת שֵׁם
Namensaphasie
שַׁתֶּקֶת שֵׁמוֹת (פסי׳, רפו׳) פְּגִיעָה חֲמוּרָה בַּיְּכֹלֶת לִקְרֹא לַדְּבָרִים בִּשְׁמָם
Namenschlüssel
רְשִׁימַת זִהוּי (ספרנ׳) מַפְתֵּחַ שֵׁמוֹת
Namenspfandbrief
אִגֶּרֶת חוֹב עַל שֵׁם (כלכ׳, משפ׳) [אב״נ/16].

אִגֶּרֶת חוֹב שֶׁשֵּׁם בַּעֲלֶיהָ רָשׁוּם עָלֶיהָ

Namensvertauschung
חִלּוּף הַשֵּׁם (בלש׳, ספר׳) [ק/א/302]. מֶטוֹנִימְיָה, שִׁמּוּשׁ בְּמִלָּה נִרְדֶּפֶת , הַחְלָפַת מִלָּה אַחַת בְּאַחֶרֶת לְשֵׁם קִצּוּר

Napfkuchen
חֲרָרָה (חֲרָרוֹת) (תזו׳) [א״ח/ב/188]. מַאֲפֶה דַּק וְעָגֹל

Napfschnecke, Gewöhnliche *{Patella caerulea}*
צַלַּחִית מַכְחִילָה (זוא׳) בַּעַל חַיִּים מִמִּשְׁפַּחַת הַצַּלַּחִיתִיִּים (חֶלְזוֹנוֹת)

Napfschnecken *{Patellidae}*
צַלַּחִיתִיִּים (זוא׳) מִשְׁפָּחָה שֶׁל חֶלְזוֹנוֹת

Narbe
צַלֶּקֶת (צַלָּקוֹת) (רפו׳, בוט׳) פֶּצַע שֶׁהִגְלִיד; חֶלְקוֹ הָעֶלְיוֹן שֶׁל הָעֱלִי הַקּוֹלֵט אֶת הָאַבְקָה הַנּוֹבֶטֶת עָלָיו

Narbe, bindegewebige
צַלֶּקֶת רַבַּלְתִּית (רפו׳)

Narbe zufügen
צַלֵּק (צוֹלֵק) (רפו׳) גָּרַם לְצַלֶּקֶת, פָּצַע, צִלֵּק (מְצַלֵּק), חָרַץ

Narkolepsie
נִרְדָּמוּת (פסי׳, רפו׳) [ר/ב/449]. נַרְקוֹלֶפְּסְיָה, רַדֶּמֶת, הֶתְקֵפֵי שֵׁנָה קְצָרִים וּבִלְתִּי נִשְׁלָטִים, דַּמֶּכֶת

Narkomane [---> Rauschgiftnehmer(in)]
דַּמֵּךְ (דַּמְּכִים) (פסי׳, רפו׳) נַרְקוֹמָן

Narkomanie
דַּמְּכוּת (פסי׳, רפו׳) [מר״ח/473]. נַרְקוֹמָנִיּוּת, נַרְקוֹמַנְיָה

Narkose
דֶּמֶךְ (דְּמָכִים) (רפו׳) דְּמִיכָה, נַרְקוֹזָה

Narkotikum
חֹמֶר מְדַמֵּךְ (פסי׳, רפו׳) מַדְמִיךְ, חֹמֶר נַרְקוֹטִי, סַם מַרְדִּים, - אַלְחוּשׁ, - הַרְדָּמָה

narkotisieren [---> anästhesieren]
דַּמֵּךְ (מְדַמֵּךְ) (פסי׳, רפו׳) [מר״ח/474]. הִדְמִיךְ, שִׁכֵּךְ, הֵשִׁיךְ, אִלְחֵשׁ (מְאַלְחֵשׁ), הִרְדִּים

Narr
לֵיצָן (לֵיצָנִים) (תאט׳) לֵץ (לֵצִים), שׁוֹטֶה (שׁוֹטִים)

Narratio
מֵנִיעַ הַמַּאֲמָר שֶׁל הַהֲכָנָה (בלש׳, רטו׳) [ק/ב/218]. מְשַׁמֵּשׁ לְהַרְצָאַת דְּבָרִים וְלַאֲמִירַת מִלּוֹת פְּתִיחָה בִּנְאוּם

Narration
סִפֵּר (ספר׳) נָרַצְיָה, חֹמֶר סִפּוּרִי, - תֵּאוּרִי

Narren haben, einen zum
שִׁטָּה (מְשַׁטֶּה) בְּ..., לִגְלֵג (מְלַגְלֵג) עַל.../בְּ..., הִלְעִיג בְּ..., חָמַד לָצוֹן לְ...

Narrenkappe
כִּפַּת הַלֵּיצָן (תאט׳) מִצְנֶפֶת שׁוֹטִים

Narzisse *{Narcissus}*
נַרְקִיס (בוט׳) צֶמַח מִמִּשְׁפַּחַת הַנַּרְקִיסִיִּים

Narzißmus
נַרְקִיסִיּוּת (פסי׳) [ר/ב/450]. מְאֹהָבוּת בְּעַצְמוֹ, נַרְצִיזְם, אַהֲבָה עַצְמִית מֻפְרֶזֶת, קַבָּלַת סִפּוּק מִינִי מֵאַהֲבַת גּוּפוֹ שֶׁלּוֹ, אַהֲדָה עַצְמִית, אֶרוֹטִיקָה עַצְמִית

Nasalierung
אִנְפּוּף (בלש׳) [מ״ב/141]. אַפִּיּוּת, נְשִׁיפָה מִן הָאַף תּוֹךְ כְּדֵי חִתּוּכוֹ שֶׁל הֶגֶה מְסֻיָּם בַּפֶּה

Nasallaut ---> Nasenlaut

Naschwerk ---> Süßigkeit

Nase schnäuzen, die
קִנַּח (מְקַנֵּחַ) אֶת אַפּוֹ [א״ח/ג/12]. גָּרַף (גּוֹרֵף) מֵחָטְמוֹ, מָחַט אַפּוֹ

Nasenbein *{Os nasale}*
עֶצֶם הָאַף (רפו׳)

nasenbezüglich
אַפִּי (רפו׳) חָטְמִי (חוֹטְמִי)

Nasenbluten *{Epistaxis}*
רַעֶפֶת (רפו׳) [מר״ח/283]. דִּמּוּם הָאַף

Nasenbohren
חִטּוּט בָּאַף

Naseneingang(s), Borstenhaare des *{Vibrissae}*
זֵף (זִיפִים) (רפו׳) [מר״ח/705]. זִיף (זִיפִים), שְׂעַר הַנְּחִירַיִם, זִיפֵי הָאַף

Nasenflügel
חֲנִיב (חֲנִיבַיִם) (רפו׳) [מר״ח/26]. כְּנַף הָאַף

Nasenflügelatmung
נְשִׁימַת חֲנִיבַיִם (רפו׳)

Nasenhöhlenöffnung, hintere *{Choana}*
חָרָךְ (חֲרַכִּים) (רפו׳) [מר״ח/145]. נָחִיר פְּנִימִי, הַפֶּתַח הָאֲחוֹרִי שֶׁל הָאַף לְצַד הַגָּרוֹן

Nasenkatarrh ---> Schnupfen

Nasenlaut *{Nasallaut}*
הֶגֶה אַפִּי (בלש׳) [מ״ב/141]. הֶגֶה אַנְפִּי, - הַנֶּחְתָּךְ בַּפֶּה תּוֹךְ כְּדֵי נְשִׁיפָה מִן הָאַף, לְמָשָׁל: m, n

Nasenmuschel, untere *{Concha nasalis inferior}*
קוֹנְכִית הָאַף הַתַּחְתּוֹנָה (רפו׳)

Nasenrachenraum *{Nasopharynx}*
בֵּית הַנְּשִׁימָה (רפו׳) [מר״ח/474]. לוֹעַ עֶלְיוֹן, הַחֵלֶק הָאַפִּי שֶׁל הַגָּרוֹן

Nasenring
נֶזֶם (נְזָמִים) (טכנ׳, אמנ׳) [א״ח/א/204]. טַבַּעַת לָאַף

Nasenschleimhautwulst *{Agger nasi}*
שׁוּנִית הָאַף (רפו׳) מְשׁוּנִית הָאַף

Nasenspitze
אַרְנֶפֶת (רפו׳) חֹד הָאַף, קְצֵה הָאַף

Nasopharynx ---> Nasenrachenraum

naß
רָטֹב, מְרֻטָּב, מְרֻטָּב

Naßelement
תָּא לַח (פיס׳) סוֹלְלָה חַשְׁמַלִּית הַמְּכִילָה נוֹזֵל

national
לְאֻמִּי (הסט׳, מדי׳) שֶׁל אֻמָּה מְסֻיֶּמֶת

nationalisieren ---> verstaatlichen

Nationalisierung ---> Verstaatlichung

Nationalismus
לְאֻמָּנוּת (פיל׳, מ״ח) נַצְיוֹנָלִיזְם, הַשְׁקָפַת עוֹלָם הַמְּבִיאָה לִידֵי בִּטּוּי אֶת שְׁאִיפוֹת הַחוּגִים הַשַּׁלִּיטִים לְבִסּוּס שְׁלִיטָתָם בִּמְדִינָה לְאֻמִּית וּלְדִכּוּי אֻמּוֹת אֲחֵרוֹת וּלְנִצּוּלָן, לְאֻמָּנוּת

Nationalist
לְאֻמָּן (לְאֻמָּנִים) (פיל׳, מ״ח) נַצְיוֹנָלִיסְט, לְאֻמָּן

nationalistisch
לְאֻמִּי (פיל׳, מ״ח) נַצְיוֹנָלִיסְטִי, לְאֻמָּנִי

Nationalität
לְאֻמִּיּוּת (הסט׳, מדי׳) הִשְׁתַּיְּכוּת לְאֻמָּה מְסֻיֶּמֶת

Nativismus
יְלִידָאוּת (פסי׳, פיל׳) [ר/ב/437]. נֵיטִיבִיזְם, הַשְׁקָפָה שֶׁעַל פִּיהָ הַיְכֹלֶת לִתְפֹּס זְמַן וּמֶרְחָב טְבוּעָה מִלֵּדָה

Nativität
מוֹלָד (אסט׳, פסי׳) [ק/ב/161]. מַצַּב הַכּוֹכָבִים בִּשְׁעַת הִוָּלְדוֹ שֶׁל אָדָם וְהַשְׁפָּעַת הַמַּצָּב הַהוּא עַל גּוֹרַל הַנּוֹלָד, טִבְעוֹ שֶׁל אָדָם מִלֵּדָה

nativitas
דֶּרֶךְ הַהוֹלָדָה (בוט׳, זוא׳) [ק/א/163]

Natrium
נַתְרָן (כימ׳) [דח״ט/102]. יְסוֹד מַתַּכְתִּי רַךְ וּבַעַל גֶּוֶן כָּסוּף הַמִּתְחַמְצֵן מַהֵר בָּאֲוִיר

Natriumhydrogenkarbonat
נַתְרָן דּוּ פַּחְמָתִי (כימ׳) [דח״ט/103]. סוֹדָה לִשְׁתִיָּה, אַבְקָה לְבָנָה גְּבִישִׁית הַמְשַׁמֶּשֶׁת לִרְפוּאָה, בִּשּׁוּל, כְּבִיסָה וכד׳

Natron *{Boluserde}*
נֶתֶר (כימ׳) [א״ח/א/154]. מֶלַח שֶׁל נַתְרָן הַמְשַׁמֵּשׁ כְּחֹמֶר נִקּוּי

Nattern *{Colubridae}*
זַעֲמָנִיִּים (זוא׳) מִשְׁפָּחָה שֶׁל נְחָשִׁים

Natternfarn ---> Natternzunge

Natternkopf *{Echium}*
עַכְנַאי (בוט׳) צֶמַח מִמִּשְׁפַּחַת הַזִּיפָנִיִּים

Natternzunge *{Ophioglossum}*
לְשׁוֹן הָאֶפְעֶה (בוט׳) צֶמַח מִמִּשְׁפַּחַת לְשׁוֹן הָאֶפְעֶה

natürlich
טִבְעִי (מ״ט, פיל׳) [ק/ב/14]. מַה שֶּׁמִּתְיַחֵס עַל הַטֶּבַע, כְּמוֹ שֶׁהוּא מִטִּבְעוֹ, אֲמִתִּי, בְּנִגּוּד לַמְּלָאכוּתִי. טִבְעָנִי (מ״ט, פיל׳) [ק/ב/16]. יְצִירִי (אתי׳) [ק/ב/48]. מְטֻבָּע (מ״ט) [ק/ב/188]. תּוֹרַשְׁתִּי, מוֹלָד. פְּתוֹכִי (מ״ט, פיל׳) [ק/ג/222]

natürliche Entwicklung ---> Entwicklung, natürliche

natürliche Form ---> Form, natürliche

natürliche Sprache ---> Sprache, natürliche

natürliche Ursache ---> Ursache, natürliche

natürliche Zahl ---> Zahl, natürliche

natürliche Zahlenreihe ---> Zahlenreihe, natürliche

natürliche Zahlenreihe, nicht ---> Zahlenreihe, nicht natürliche

natürliche Zuchtwahl ---> Zuchtwahl, natürliche

natürlicher Reflex ---> Reflex, unbedingter

natürlicherweise
מִדֶּרֶךְ הַטֶּבַע

natürliches Vermögen ---> Vermögen, natürliches

Natur
טֶבַע (מ״ט, פיל׳) [ק/ב/9]. הַסֵּדֶר הַקָּבוּעַ בָּעוֹלָם. אֹפִי (פסי׳) [ק/א/26]. תְּכוּנָה, טִיב. בְּנִיָּה [ק/א/90]. בְּרִיאָה (מ״ט, פיל׳) [ק/א/95]. כְּלַל הַנִּבְרָאִים. טִבְעָה (מ״ט, פיל׳) [ק/ב/14]. יְצִירָה (פיל׳, מ״ט) [ק/ב/46]. יְקוּם, עוֹלָם וּמְלוֹאוֹ. יֵצֶר (פסי׳) [ק/ב/48]. חוּשׁ טִבְעִי, נְטִיָּה. מוֹלָד (פיל׳, מ״ט) [ק/ב/161]. הַבְּרִיאָה כֻּלָּהּ. מַחֲשָׁבָה (פסי׳, פיל׳, אסת׳) [ק/ב/186]. אוֹפִי רוּחָנִי, סְגֻלִּיּוּת, עַצְמִיּוּת, תְּכוּנָה מְטֻבַּעַת בְּעִקַּר הַיְּצִירָה. תּוֹלָדָה, תּוֹלֶדֶת (פיל׳, מ״ט) [ק/ד/182]

Natur, Erschütterung der menschlichen ---> Erschütterung des Organismus

Natur, flüssige
טֶבַע נָזִיל (פיל׳) [פ״ר/48]. עַל פִּי הֶגֶל: טֶבַע בַּעַל גְּמִישׁוּת תַּעֲזוּזִית (דִּינָמִית) שֶׁיֵּשׁ לָהּ מִבְנֶה

Natur, geschaffene *{Natura naturata}*
טֶבַע טָבוּעַ (פיל׳) [ק/ב/11]. מִכְלוֹל כָּל הָעֲצָמִים שֶׁנּוֹצְרוּ

Natur, schaffende *{Natura naturans}*
טֶבַע טוֹבֵעַ (פיל׳) [ק/ב/11]. כֹּחַ הַיְּצִירָה כִּיסוֹד בְּרֵאשִׁית שֶׁל כָּל הָעֲצָמִים

Natur, tierische
טֶבַע חַיָּתִי [ק/א/81]. בַּהֲמוּת, בַּהֲמִיּוּת, בְּהֵמִיּוּת, תְּכוּנַת הַבְּהֵמָה, חָמְרִיּוּת, גַּשְׁמִיּוּת

Natur, viehische ---> Natur, tierische

Natur, werdende ---> Natur, schaffende

Natur aus, von
בְּטָבוּעַ, שֶׁמִּטֶּבַע, בְּאֹפֶן פְּנִימִי, מָצוּי בְּמַשֶּׁהוּ בִּתְכוּנַת קֶבַע שֶׁאֵינָהּ בַּת הֶפְרֵד

Natur des Urteils ---> Urteil(s), Natur des

Natur eines Dinges
טִבְעוֹ שֶׁל דָּבָר [ק/ב/11]. טֶבַע, תְּכוּנָה קְבוּעָה וְעַצְמִית, אֹפִי, מַהוּת, צִבְיוֹן

natura, in
מִגּוּפוֹ, בְּעַיִן, בִּמְצִיאוּת, כְּמוֹת שֶׁהוּא

Natura naturans ---> Natur, schaffende

Natura naturata ---> Natur, geschaffene

Natura prius
הַקּוֹדֵם בְּטֶבַע (פיל׳) [ק/ג/268]

Naturalabgabe
מַס מִגּוּף (מ״ח, כלכ׳)

Naturalform
צוּרָה טִבְעִית (מ״ח, כלכ׳) צוּרַת הַסְּחוֹרָה כְּעֵרֶךְ שִׁמּוּשׁ אוֹ כְּגוּפָהּ הַכַּנָּנִי (פִיזִי) בְּנִגּוּד לְצוּרַת הָעֵרֶךְ שֶׁלָּהּ

naturalisieren ---> einbürgern

Naturalisierung ---> Einbürgerung

Naturalismus
טִבְעָנוּת (אמנ׳, ספר׳) נָטוּרָלִיזְם, טִבְעוֹנוּת

Naturalist
טִבְעָן (אמנ׳, ספר׳) נָטוּרָלִיסְט, טִבְעוֹנִי

naturalistisch
טִבְעָנִי (אמנ׳, ספר׳) נָטוּרָלִיסְטִי, טִבְעוֹנִיִּי

Naturallieferung
אַרְנוֹנָה שֶׁבְּעַיִן (כלכ׳)

Naturalwirtschaft
מֶשֶׁק טִבְעִי (מ״ח, כלכ׳)

Naturanlage
צִבְיוֹן (פסי׳) [ק/ב/11]. טֶבַע, תְּכוּנָה קְבוּעָה וְעַצְמִית, אֹפִי, מַהוּת. כֹּחַ הַהֲכָנָה (פסי׳) [ק/ב/74]. הֲכָנָה טִבְעִית (פסי׳, רפו׳) [ק/ב/172]. הֲכָנָה מִזְגִית, טֶבַע מִלֵּדָה, כֹּשֶׁר וּנְטִיָּה הַבָּאִים לְאָדָם בִּירֻשָּׁה, תְּכוּנָה תּוֹרַשְׁתִּית. מִזְגִיּוּת (פסי׳, רפו׳) [ק/ב/172]. תְּכוּנַת הַמֶּזֶג, טִבְעִיּוּת. פִּתּוּחַ (פסי׳, רפו׳) [ק/ג/222]. בְּנִיָּה [ק/א/90]. יְצִירָה. הַרְגָּשָׁה (פסי׳) [ק/א/212]. כֹּחַ הַמַּרְגִּישׁ, כֹּחַ הַהַכָּרָה, חוּשׁ

naturbegabt
כִּשְׁרוֹנִי מִלֵּדָה (מ״ט) [ק/ב/188]. מְטֻבָּע

Naturbegriff
מֻשַּׂג הַטֶּבַע (פיל׳)

Natureigenschaft
תְּכוּנַת טֶבַע (מ״ט) תְּכוּנָה מְטֻבַּעַת

Natureinfalt
פַּשְׁטוּת הַטֶּבַע (אסת׳, פיל׳)

Natureinrichtungen
סִדְרֵי טֶבַע (מ״ט)

Naturell, von bestimmtem
מִזְגִּי (פסי׳) [ק/ב/172]. שֶׁל הַמֶּזֶג, טִבְעִי, בַּעַל מֶזֶג יָדוּעַ מִתְּחִלַּת בְּרִיָּתוֹ, מִלֵּדָה

Naturfehler
שְׁגָגַת טֶבַע

Naturforscher
חוֹקֵר טֶבַע (חוֹקְרֵי טֶבַע) (מ״ט) [ק/א/289]. חֲכַם הַטֶּבַע, - הַמֶּחְקָר (מ״ט, פיל׳) [ק/א/290]. טִבְעִי (מ״ט, פיל׳) [ק/ב/15]

Naturgabe
מַתַּת טֶבַע (פסי׳) כִּשְׁרוֹן מוּלָד, כֹּשֶׁר מִלֵּדָה, כִּשְׁרוֹן מְטֻבָּע

naturgemäße Form ---> Form, naturgemäße

Naturgesetz
חֹק טֶבַע (חֻקֵּי טֶבַע) (מדע) [ק/א/324; מ״פ/217]. חֹק, תּוֹפָעָה קְבוּעָה בַּטֶּבַע, בִּטּוּי לַקֶּשֶׁר הַמַּשָּׂאִי, הַהֶכְרֵחִי וְהַכְּלָלִי שֶׁבֵּין עַצְמֵי הַטֶּבַע, נְסִבּוֹתָיו, תַּהֲלִיכָיו וכד׳, כְּלָל, עִקָּרוֹן

Naturhorn
קֶרֶן טִבְעִית (מוס׳) קֶרֶן יַעַר בְּלִי שַׁסְתּוֹמִים

Naturkraft
כֹּחַ הַטֶּבַע (מ״ט, פיל׳) [ק/ב/75]. כֹּחַ (מ״ט, פיל׳) [ק/ב/74]. גּוֹרֵם הַפּוֹעֵל בַּטֶּבַע, עָצְמַת הַטֶּבַע

Naturlauf
מִנְהָג (מִנְהָגִים) (מ״ח) [ק/ב/212]. דֶּרֶךְ וְסֵדֶר קְבוּעִים, טֶבַע, הֶרְגֵּל מְקֻבָּל עַל רַבִּים, מַעֲשֶׂה נָהוּג וּמְקֻבָּל, תֶּקֶן, חֹק כּוֹלֵל שֶׁעַל פִּיו נוֹהֲגִים, כְּלָל

Naturnotwendigkeit
הֶכְרֵחַ טִבְעִי

Naturordnung
סִדְרֵי הַטֶּבַע (מ״ט) [ק/ג/94]. סֵדֶר, סִדְרֵי בְּרֵאשִׁית, סֵדֶר הַבְּרִיאָה וְהַנִּמְצָאִים, חֻקֵּי הַטֶּבַע. חֹק טִבְעִי (מדי׳, מ״ח) [ק/ג/31]. נִימוּס

Naturphilosoph ---> Naturforscher

Naturphilosophie
פִילוֹסוֹפְיָה שֶׁל הַטֶּבַע (מ״ט, פיל׳) [ק/ג/190]

Naturrecht
הַצֶּדֶק הַטִּבְעִי (אתי׳) [ק/ג/229]. הַצֶּדֶק הַנָּכוֹן לְכָל הַדֵּעוֹת

Naturreiche
מַמְלְכוֹת הַטֶּבַע (פיל׳, מ״ט) [ק/ג/22]. הָעוֹלָם הַטִּבְעִי, הַנּוֹלָדִים, שְׁלֹשֶׁת מִינֵי הַנִּמְצָאִים: דּוֹמֵם, חַי וְצוֹמֵחַ

Naturschönheit
יְפִי הַטֶּבַע (אסת׳)

Naturselbstdruck *{Physiotypie}*
דְּפוּס טִבְעִי (אמנ׳, דפו׳) פִיסִיוֹטִיפְּיָה, שִׁיטַת הַדְפָּסָה מִן הָעֶצֶם הַמְּקוֹרִי עַצְמוֹ בְּדֶרֶךְ שֶׁל לְחִיצַת הָעֶצֶם (עָלִים, צְמָחִים, רְקָמוֹת וכד׳) אֶל לוּחַ עוֹפֶרֶת רַכָּה וְהַטְבָּעָתוֹ בָּהּ

Naturskala
סֻלָּם טִבְעִי (מוס׳)

Naturton
צְלִיל טִבְעִי (מוס׳)

Naturtrieb
יֵצֶר טִבְעִי (יְצָרִים טִבְעִיִּים) (פסי׳) [ק/ב/48]. יֵצֶר, אוֹפִי, חוּשׁ טִבְעִי, נְטִיָּה, טֶבַע

Naturwein ---> Wein, roher

Naturwissenschaft(en)
מַדָּעֵי הַטֶּבַע (מ״ט, פיס׳) [ק/א/296]. חָכְמָה הַטִּבְעִית, חָכְמַת הַטֶּבַע, - הַיְּצִירוֹת, - הַתּוֹלָדוֹת, - תּוֹלְדוֹת הַשָּׁמַיִם וְהָאָרֶץ. חָכְמָה הַתַּחְתּוֹנָה, (מ״ט) [ק/א/299]. תְּבוּנָה (פיל׳, מ״ט) [ק/ד/177]. מַדָּע

naturwüchsig
טִבְעִי-מְקוֹרִי, פִּרְאִי, רֵאשִׁיתִי, תָּם

nautisch ---> maritim

Navigation
נַוָּטוּת (ימא׳) נִוּוּט

Navigator
נַוָּט (נַוָּטִים) (ימא׳)

navigatorisch
נַוָּטִי (ימא׳)

navigieren
נִוֵּט (מְנַוֵּט) (ימא׳)

Nebel [---> Dunst, feuchter]
עֲרָפֶל (עֲרָפִלִּים) (מטא׳) [יל״ט/155]. תַּרְחִיף שֶׁל טִפּוֹת מַיִם זְעִירוֹת בָּאֲוִיר

Nebelbank
נֵד עֲרָפֶל (נֵדֵי עֲרָפֶל) (מטא׳) [יל״ט/131]. עֲרָפֶל מְקוֹמִי דְּמוּי סוֹלְלָה

Nebelkrähe *{Corvus corone sardonius}*
עוֹרֵב אָפֹר (זוא׳) עוֹף מִמִּשְׁפַּחַת הָעוֹרְבִיִּים

Nebelnester
קִרְעֵי עֲרָפֶל (מטא׳) [יל״ט/180]. עֲרָפֶל בִּלְתִּי רָצִיף

Nebelstern
כּוֹכָב עָנוּן (אסט׳) [ק/ב/68]. כּוֹכָב מְאַפִּיל

neben
לְיַד, עַל יַד, לְצַד, אֵצֶל, בְּקִרְבַת, בִּגְבוּל, מִשְׁנֶה, מִשְׁנִי

Nebenachse
צִיר קָטָן (מתמ׳)

Nebenakkord

תַּצְלִיל מִשְׁנֶה (פסי')

Nebenassoziation

הֶחְבֵּר לְוַאי (הֶחְבֵּרֵי לְוַאי) (פסי') סְמִיכוּת לְוַאי

nebenbei [---> gelegentlich]

אַגַּב אֹרַח, דֶּרֶךְ אַגַּב, אַגַּב אוֹרְחָא

Nebenberuf

מִקְצוֹעַ טָפֵל, - לְוַאי

Nebenbestimmung ---> Bestimmung, zusätzliche

Nebenbuhlerei ---> Wetteifer

nebeneinander

זֶה בְּצַד זֶה [ק/ב/251]. מִצַּד קְצָת אֶל קְצָת, זֶה עַל יַד זֶה, זֶה אֵצֶל זֶה

Nebeneinanderstellung

הַקְבָּלָה

Nebenerscheinung *{Epiphänomen}*

תּוֹפָעַת לְוַאי (פיל',מדע) תּוֹפָעָה מִשְׁנִית הַנִּלְוֵית לַתּוֹפָעָה הָעִקָּרִית וְאֵינָהּ מַשְׁפִּיעָה עַל תּוֹפָעוֹת אֲחֵרוֹת

Nebenfluß

יוּבַל (יוּבָלִים) (היד') פֶּלֶג מַיִם

Nebenfrau

צָרָה (צָרוֹת) (משפ') [א״ח/ב/27]. אִשָּׁה נוֹסֶפֶת הַנְּשׂוּאָה לְאוֹתוֹ אִישׁ מִנְּקֻדַּת רְאוּתָהּ שֶׁל אִשָּׁה אַחֶרֶת שֶׁלּוֹ

Nebenfront

חֲזִית מִשְׁנֶה (מטא')

nebenherlaufend ---> kollateral

Nebenkarte

מַפָּה צְדָדִית (י״א)

Nebenkelch ---> Außenkelch

Nebenlinie ---> Hilfslinie

Nebenmensch

זוּלַת, זוּלָתִי [ק/א/254]. רֵעַ, עָמִית, הָאַחֵר

Nebenniere *{Adernal}*

טוּחָה (טוּחוֹת) (רפו') יוֹתֶרֶת הַכִּלְיָה

Nebennierenapoplexie

שֶׁבֶץ טוּחָתִי (רפו') שֶׁבֶץ שֶׁל יוֹתֶרֶת הַכִּלְיָה

Nebennieren-Dysfunktion

טוּחָתִיּוּת (רפו')

nebennierenbezüglich

טוּחָתִי (רפו') שֶׁל יוֹתֶרֶת הַכִּלְיָה

Nebennote

תַּו לְוַאי (מוס')

Nebenordnung ---> Koordination

Nebenperson

דְּמוּת מִשְׁנִית (ספר') [מ״ס/49]

Nebenprodukt

מוּצַר לְוַאי (מוּצְרֵי לְוַאי) (כלכ')

Nebenreiz

גֵּרוּי לְוַאי (גֵּרוּיֵי לְוַאי) (פסי')

Nebenrolle *{Charge}*

תַּפְקִיד טָפֵל (תאט')

Nebensache

טְפֵלָה (טְפֵלוֹת), טְפִילָה, תּוֹסֶפֶת, נוֹסָף לָעִקָּר, טָפֵל (טְפֵלִים)

nebensächlich

טָפֵל [ק/ב/304]. מְשָׁרֵת, בְּנִגּוּד לְרָאשִׁי, שׁוּלִי, מִשְׁנִי

Nebensatz

פְּסוּקִית טְפֵלָה (בלש') [מ״ב/59]. אֶטְפָּל, מִשְׁפָּט טָפֵל, - כָּפוּף, -. הַמִּשְׁתַּעְבֵּד לַמִּשְׁפָּט הָעִקָּרִי וְהַבָּא לְהַשְׁלִימוֹ, לְמָשָׁל: ״הַאִם נְכוֹנָה הַשְּׁמוּעָה **שֶׁהִגִּיעָה לְאָזְנַי**?״

Nebensatz einer Satzreihe

פְּסוּקִית מְאֻחָה, - מְאַחִית (בלש') [מ״ב/50]. מִשְׁפָּט מְאֻחֶה, - מְחֻבָּר, פְּסוּקִית כִּלְשֶׁהִי שֶׁל מִשְׁפָּט אִחוּי שֶׁכָּל אַחַת מִפְּסוּקִיּוֹתָיו עַצְמָאִית בְּתָכְנָהּ וּבְצוּרָתָהּ וְעִם זֹאת נִתְחַבְּרוּ כְּדֵי לְהַבִּיעַ רַעְיוֹן מַקִּיף, לְמָשָׁל: ״נָתַתִּי אֶת הַסֵּפֶר לְאֶסְתֵּר, אֲבָל הִיא מָסְרָה אוֹתוֹ לַמּוֹרָה״

Nebenschilddrüse *{Glandula parathyreoidea}*

יַתְרִיס (רפו') [מר״ח/512]. יוֹתֶרֶת בַּלּוּטַת הַתְּרִיס

nebenschilddrüsenbezüglich *{parathyreoid}*

יַתְרִיסִי (רפו') שֶׁל יוֹתֶרֶת בַּלּוּטַת הַתְּרִיס

nebenschließen *{shunten}*

הֵצַד (מֵצַד) (פיס') הִפְעִיל מֵצַד

Nebenschließen *{Shunten}*

הֲצָדָה (פיס') הַפְעָלַת מֵצַד

Nebenschluß *{Shunt}*

מֵצַד (מְצַדִּים) (פיס') [ל״מ/406]. מִתּוּג חַשְׁמַלִּי הַמְּפַלֵּג זֶרֶם לְחֵלֶק הַזּוֹרֵם דַּרְכּוֹ וּלְחֵלֶק הַזּוֹרֵם דֶּרֶךְ מַכְשִׁיר מְדִידָה

Nebenschlußmotor

מָנוֹעַ מֵצַד (טכנ')

Nebenstimme

קוֹל לְוַאי (קוֹלוֹת לְוַאי) (מוס') פַּרְטִית לְוַאי

Nebentitel

כּוֹתֵר חֵלֶף (כּוֹתְרֵי חֵלֶף) (ספרנ') כּוֹתֵר מִשְׁנֶה שֶׁלְּפָנָיו בָּאָה בְּכוֹתֵר הַשָּׁלֵם הַמִּלָּה ״אוֹ״

Nebenverdienst

הַכְנָסָה צְדָדִית (כלכ', משפ')

Nebenvertrag ---> Zusatzvertrag

Nebenwiderstand ---> Nebenschluß

Nebenwinkel

זָוִיּוֹת גּוֹבְלוֹת (מתמ') זָוִיּוֹת מִצְרָנִיּוֹת, - בַּעֲלוֹת שׁוֹק מְשֻׁתֶּפֶת

Nebenzweck

תַּכְלִית מִשְׁנִית [ק/ב/139]. מְבֻקָּשׁ טָפֵל

neblig

עַרְפִּלִּי (מטא')

Necessaire ---> Behälter für notwendige Gebrauchsgegenstände

Necessarium

הֶכְרֵחַ [ק/ד/9]. רָאוּי, חוֹבָה, כֹּרַח, נְחִיצוּת, צֹרֶךְ

necessarius

בְּהֶכְרֵחַ [ק/א/173]. הֶכְרֵחִי, נָחוּץ, מְחַיֵּב הַמְּצִיאוּת, מֻצְרָךְ, נִצְרָךְ

necessitas ---> necessarius

necken

סָנֵט (סוֹנֵט) [א״ח/ג/102]. הִקְנִיט, קִנְטֵר, לִגְלֵג, סִנֵּט (מְסַנֵּט)

Neckerei

סְנִיטָה, הַקְנָטָה, קִנְטוּר

Negatio particularis

מִשְׁפָּט שׁוֹלֵל פְּרָטִי (פיל׳, בלש׳) [ק/ב/301]. מִשְׁפָּט שׁוֹלֵל חֶלְקִי

Negatio universalis

מִשְׁפָּט שׁוֹלֵל כְּלָלִי (פיל׳, בלש׳) [ק/ב/301]

Negation [---> Privation]

שְׁלִילָה (פיל׳, בלש׳) [ק/ד/113; מ״ב/143]. הִתְנַגְּדוּת, מְנִיעָה, חִסּוּר, גְּרִיעָה, סְתִירָה. בִּטּוּי לְאִי הַסְכָּמָה, סֵרוּב אוֹ אִסּוּר בְּאֶמְצָעוּת מִלִּים הַמְיֻעָדוֹת לַדָּבָר, כְּגוֹן: ״אֵין״, ״לֹא״, ״בִּלְתִּי״ בְּעִבְרִית, וּבְגֶרְמָנִית: nein, nicht, kein, nichts אִיּוּן (פיל׳) [ק/א/39]. אֲפִיסָה (פיל׳) [ק/א/65]. חֶסְרוֹן הַהֲוָיָה, אִי הֱיוֹת, אֲפִיסוּת. בְּטִילָה (פיל׳) [ק/א/85]. בִּעוּר (פיל׳, דת) [ק/א/91]. הַכְחָדָה (פיל׳) [ק/א/171]. בִּטּוּל. הֲסָרָה (פיל׳) [ק/א/186]. {וְיֵשׁ מַבְחִינִים בֵּין הֲסָרָה (הֶעְדֵּרָה) = privatio, וּבֵין שְׁלִילָה = negatio}. הֶעְדֵּר (פיל׳) [ק/א/189]. שְׁלִילַת הַמְּצִיאוּת. הֶפְקֵד (פיל׳) [ק/א/198]. חִדָּלוֹן, הֶפְסֵד. מְנִיעוּת (פיל׳) [ק/ב/219]. שׁוֹלְלוּת [ק/ד/82]. אֲמִירַת ״לָאו״. הַרְחָקָה [ק/א/213]

Negation der Negation, Gesetz der [---> Aufhebung]

חֹק שְׁלִילַת הַשְּׁלִילָה (פיל׳) חֹק יְסוֹד תְּנָצוּחִי (דִּיאָלֶקְטִי) שֶׁעַל פִּיו הַהִתְפַּתְּחוּת הִיא תַּהֲלִיךְ שְׁלִילָה מַתְמֶדֶת שֶׁל אֵיכֻיּוֹת קַיָּמוֹת הַמִּתְרַחֵשׁ כַּאֲשֶׁר אֵיכוּת שֶׁנִּשְׁלְלָה נִשְׁלֶלֶת מֵחָדָשׁ אַךְ שׁוֹמֶרֶת עַל צְדָדִים מַהוּתִיִּים שֶׁל הָאֵיכוּת הַמְּקוֹרִית בְּרָמָה גְּבֹהָה יוֹתֵר

Negationspartikel

מִלַּת הַהֲסָרָה (בלש׳) [ק/א/186]

Negationswort

מִלַּת שְׁלִילָה (בלש׳) [ק/ב/205]

negativ [---> privativ]

שְׁלִילִי (פיל׳) [ק/ד/114]. שֶׁל שְׁלִילָה, בִּלְתִּי חִיּוּבִי. עַל דֶּרֶךְ הַהֶעְדֵּר (פיל׳, ספר׳) [ק/א/190]. הֶעְדֵּרִי. מְאַיֵּן (פיל׳) [ק/ב/128]. נֶעְדָּר הַמְּצִיאוּת, בְּנִגּוּד לִמְקֻיָּם. מְבַעֵר (פיל׳) [ק/ב/139]. עַל דֶּרֶךְ הַשְּׁלִילָה. מוֹנֵעַ (פיל׳) [ק/ב/219]. שׁוֹלֵל. שׁוֹלְלִי (פיל׳) [ק/ד/83]. שְׁלָלִי (פיל׳) [ק/ד/116]

Negative, das bestimmt

הַשְּׁלִילִי הַקָּבוּעַ וְהַמְסֻיָּם (פיל׳) [פ״ר/162]

negative Dienstbarkeit ---> Dienstbarkeit, negative

negative Übertragung ---> Übertragung, negative

negativer Begriff ---> Begriff, negativer

negativer Beweis ---> Beweis, negativer

negativer Transfer ---> Übertragung, negative

negatives Attribut ---> Attribut, negatives

Negativismus

שְׁלִילָנוּת (פסי׳, מ״ח) [ר/ב/429]. דַּוְקָאוּת, מֵאֲנוּת, אִפְכוּת, סַרְבָנוּת, נֶגָטִיבִיזְם, עֶמְדַּת הִתְנַגְּדוּת לְהַצָּעוֹת אֲחֵרִים וּנְטִיָּה לִפְעֹל בְּנִגּוּד לְהוֹרָאוֹת, אִיּוּנִיּוּת, סֵרוּב

Negativist(in)

שְׁלִילָן, שְׁלִילָנִית (פסי׳, מ״ח) דַּוְקַאי, דַּוְקָאִית, סַרְבָן, סַרְבָנִית, אִפֵּךְ (אִפְּכִים), מָאֵן (מֵאֲנִים), מִי שֶׁמְּמָאֵן, מֵאֵן

negativistisch

שְׁלִילָנִי (פסי׳, מ״ח) דַּוְקָאִי, סַרְבָנִי

negativistische Phase ---> Phase, negativistische

negieren

שָׁלַל (שׁוֹלֵל) [ק/ד/115]. אִיֵּן, בִּטֵּל, הִתְנַגֵּד, לֹא הִסְכִּים, מָנַע, אִפֵּס, הִכְחִישׁ, לֹא נָתַן, סָתַר, כָּפַר בְּ..., הִרְחִיק, סִלֵּק, כִּחֵשׁ בְּ..., נָגַד, פָּסַל

negierendes Urteil ---> Urteil, negierendes

negiertes Urteil ---> Urteil, negatives

Negierung ---> Negation

Nehmen

לְקִיחָה, נְטִילָה

nehmen, ein Wort in einem bestimmten Sinn ---> benutzen, ein Wort in einem bestimmten Sinn

nehmen, Rücksicht ---> Rücksicht nehmen

Neid

קִנְאָה [ר/ב/613]. צָרוּת עַיִן

neidisch werden

הִתְקַנֵּא (מִתְקַנֵּא) [א״ח/ב/257]. נִמְלָא קִנְאָה

neigen [---> niederbeugen]

נָטָה (נוֹטֶה) [א״ח/ג/8]. רָכַן (רוֹכֵן), כָּפַף, רִכֵּן (מְרַכֵּן)

Neigung [---> Veranlagung; Anlage]

נְטִיָּה (נְטִיּוֹת) [ק/ג/31; ר/ב/433-434]. מְגַמָּה, זִקָּה נַפְשִׁית, רָצוֹן בִּדְבַר-מָה, תְּשׁוּקַת הַלֵּב, זִקָּה נַפְשִׁית, חֵפֶץ, נְכוֹנוּת נַפְשִׁית לְמַשֶּׁהוּ, כַּוָּנַת הַלֵּב, כֹּשֶׁר נַפְשִׁי, דִּיסְפּוֹזִיצְיָה, מַעֲרַךְ יְסוֹדוֹת הַנִּמְצָאִים בְּיַחַס מְסֻיָּם זֶה לָזֶה כְּדֵי שֶׁתִּפְקוּדִים מְסֻיָּמִים יוּכְלוּ לְהִתְבַּצֵּעַ בְּנָקֵל, דַּחַף. הָאוֹתוּת [ק/א/150]. הָאֲתָוּת [ק/א/151]

Neigungsmesser *{Klinometer}*

מַד שִׁפּוּעַ (טכנ׳)

Nekrolog ---> Nachruf

Nekrologie ---> Todesstatistik

Nekrose ---> Brand

nekrotisch ---> brandig

nekrotisierend ---> Brand erzeugend

Nekrotisierung ---> Brandbildung

Nektar

צוּף (בוט׳) נוֹזֵל הַמֻּפְרָשׁ מִפְּרָחִים

Nektarium ---> Honigdrüse

Nelke *{Dianthus}*

צִפֹּרֶן (בוט׳) צֶמַח מִמִּשְׁפַּחַת הַצִּפָּרְנִיִּים

Nenner

מְכַנֶּה (מְכַנִּים) (מתמ׳) [ק/ב/168]. מוֹרֶה, הַמִּסְפָּר שֶׁמִּתַּחַת לְקַו הַשֶּׁבֶר הַמּוֹרֶה לְכַמָּה חֲלָקִים נִתְחַלְּקָה הַיְּחִידָה. אֵיכָה (מתמ׳) [ק/א/40]. כִּנּוּי הַשֶּׁבֶר (מתמ׳) [ק/ב/97]. קוֹרֵא (מתמ׳) [ק/ג/299]

Nenner, kleinster gemeinsamer

מְכַנֶּה מְשֻׁתָּף (מתמ׳)

Nennmaß

מִדָּה נְקוּבָה (טכנ׳) מִדָּה נוֹמִינָלִית

Nennwert
עֵרֶךְ נָקוּב (כלכ') [אב״נ/157]. הָעֵרֶךְ בְּכֶסֶף הַמֻּדְפָּס עַל נְיַר עֵרֶךְ

Nennwert, unter dem
מִתַּחַת לַשָּׁוִי (כלכ') הַסְּכוּם שֶׁמְּחִיר אוֹ שַׁעַר שֶׁל נְיַר עֵרֶךְ אוֹ שֶׁל מַטְבֵּעַ מְסֻיָּם נָמוּךְ מֵעֶרְכָּם הַנָּקוּב

Nennwert, zum *{al pari}*
בְּשָׁוִי נָקוּב (כלכ') לְפִי הַשָּׁוִי, כְּשֶׁשַּׁעַר שֶׁל נְיַר עֵרֶךְ אוֹ שֶׁל מַטְבֵּעַ מְסֻיָּם שָׁוֶה לְעֶרְכָּם הַנָּקוּב

Neologismus ---> Neuwort

neonatal ---> neugeboren

Neoplasia ---> Geschwulstbildung

Neoplasma ---> Geschwulst

neoplasmatisch ---> Geschwulst betreffend, die

Nephritis ---> Nierenentzündung

Nephrose
כַּלַּאַת (רפו') [מר״ח/477]. נֶפְרוֹזִיס, מַחֲלַת כְּלָיוֹת נִוְונִית

Nephrokalzinose
סִידֶנֶת הַכְּלָיוֹת (רפו') הִתְרַבְּצוּת סִידָן בַּכְּלָיוֹת

Nephrolithiasis ---> Nierensteinleiden

nephrotisch
כַּלַּאְתִּי (רפו') שֶׁל נֶפְרוֹזִיס

Nerv
עָצָב (עֲצַבִּים) (רפו') [ק/ג/152]. תָּא תְּחוּשָׁה חוּטִי בַּגּוּף. יֶתֶר (רפו') [ק/ב/58]

Nerv erregen, einen ---> erregen, einen Nerv

Nervenenergie, spezifische
מֶרֶץ סְגֻלִּי שֶׁל עֲצַבִּים (רפו', פסי') אֶנֶרְגִּיָּה סְפֶּצִיפִית שֶׁל עֲצַבִּים

Nervengift *{Neurotoxin}*
רַעֲלַן עֲצַבִּים (רפו')

Nervenknoten *{Ganglion}*
חַרְצֹב (רפו') [מר״ח/313]. גַּנְגְּלִיוֹן, פְּקוּקֶלֶת, צֶבֶר תָּאֵי עֲצַבִּים

Nervenkranke(r)
עַצְבָּן, עַצְבָּנִית (רפו') חוֹלֵה עֲצַבִּים, נוֹירוֹפָּת, נֶבְרוֹפָּת

Nervennetz
רֶשֶׁת עֲצַבִּית (רפו')

nervenschwach *{neurasthenisch}*
עִצְבוּתִי (רפו') חֲלַשׁ עֲצַבִּים, עַצְבָּנִי

Nervenschwäche *{Neurasthenie}*
עִצְבוּת (רפו') [מר״ח/480]. חֻלְשַׁת עֲצַבִּים, עַצְבָּנוּת, מַחֲלַת עֲצַבִּים, מֵרַע עֲצַבִּים

Nervensystem, vegetatives
מַעֲרֶכֶת הָעֲצַבִּים הַצּוֹמְחָנִית (רפו') [מר״ח/700]. מַעֲרֶכֶת הָעֲצַבִּים הַוֶּגֶטָטִיבִית

Nervenzelle *{Neuron}*
עֲצוֹצָב (עֲצוֹצָבִים) (רפו') תָּא שֶׁל עָצָב, נֶבְרוֹן, נוֹירוֹן

Nervenzelle betreffend, die
עֲצוֹצָבִי (רפו') נֶבְרוֹנִי, נוֹירוֹנִי

Nervenzusammenbruch
הִתְמוֹטְטוּת עֲצַבִּים (פסי', רפו') שִׁבְרוֹן הָעֲצַבִּים, מַשְׁבֵּר נַפְשִׁי, הִתְמוֹטְטוּת נַפְשִׁית, נִהוּךְ הָעֲצַבִּים

nervös ---> erregbar

Nervosität
עַצְבָּנוּת (פסי', רפו') הִתְרַגְּשׁוּת יְתֵרָה, הִתְעַצְבְּנוּת, מְתִיחוּת, אִי סַבְלָנוּת, הִתְרוֹפְפוּת עֲצַבִּים, מֶתַח נַפְשִׁי יָתֵר, מִתְחוֹן נֶפֶשׁ, קֹצֶר רוּחַ

Nervus hypoglossus
הֶעָצָב הַתַּת לְשׁוֹנִי (רפו') עֲצַב תַּת הַלָּשׁוֹן

Nervus rerum
עֶצֶב הַדְּבָרִים, עִקַּר הָעִקָּרִים, צִפּוֹר הַנֶּפֶשׁ

Nervus trigeminus
הֶעָצָב הַשְּׁלוֹשׁ (רפו') הֶעָצָב הַמְשֻׁלָּשׁ

Nervus vagus
הֶעָצָב הַתּוֹעֶה (רפו') [ר/ב/510]. עֲצַב הָרֵאוֹת וְהַקֵּבָה

Nesselsucht ---> Quaddelsucht

Nesseltiere *{Cnidaria}*
צוֹרְבִים (זוא')

Nesting ---> Einnistung

Nettoeinkommen ---> Reineinkommen

Nettoprodukt
תּוֹצָר נָקִי (כלכ') תּוֹצֶרֶת נֶטוֹ, הָעֵרֶךְ הַנָּקִי שֶׁל הַסְּחוֹרוֹת וְהַשֵּׁרוּתִים שֶׁיֻּצְּרוּ בְּמֶשֶׁךְ זְמַן מְסֻיָּם

Nettowert
עֵרֶךְ נָקִי (כלכ') עֵרֶךְ הַמִּתְקַבֵּל לְאַחַר נִכּוּי הַהַפְחָתוֹת וְ/אוֹ חִבּוּר הַהִתּוֹסְפוּיוֹת

netzartig ---> netzförmig

Netzflügler *{Neuroptera}*
אֲרִינִמְלָאִים (זוא') סִדְרָה שֶׁל חֲרָקִים

netzförmig
מְרֻשָּׁת, בַּעַל צוּרָה שֶׁל רֶשֶׁת

Netzhaut *{Retina}*
רִשְׁתִּית (רפו') [ק/ד/63]. רֶשֶׁת, עוֹר הָרֶשֶׁת שֶׁל גַּלְגַּל הָעַיִן. שְׂבָכִית (רפו') [ק/ד/71]

Netzhautablösung
פְּרִישַׁת הָרִשְׁתִּית (רפו') [מר״ח/5]. הִפָּרְדוּת הָרִשְׁתִּית

Netzmuster ---> Kreuzschraffierung

Netzwerk [---> Geflecht]
רִקְמָה, רֶשֶׁת

Netzwerk, assoziatives
רֶשֶׁת הַחֲבֵרִית (פסי') רֶשֶׁת סְמוּכִית

neu entstehendes Ereignis --->Ereignis, neu entstehendes

neu formen ---> umgestalten

Neubildung ---> Neuwort

Neubruch
שְׂדֵה נִיר (חקל') שָׂדֶה שֶׁנֶּחֱרַשׁ וְהוּכַן לִזְרִיעָה, נִיר

Neudiskontierung
נִכְיוֹן מִשְׁנֶה (כלכ') נִכָּיוֹן חוֹזֵר

Neueinstudierung
בִּמּוּי חָדָשׁ (תאט') בִּיּוּם חָדָשׁ

Neuentstehung
הִתְחַדְּשׁוּת [ק/א/232]. הִתְהַוּוּת

Neueren, die
הָאַחֲרוֹנִים (דת, הסט') [ק/א/37]. חַכְמֵי דָּת שֶׁחָיוּ בַּדּוֹרוֹת הָאַחֲרוֹנִים

neugeboren *{neonatal}*

יְלוֹד, יְלוֹדֶת (רפו') [מר״ח/476]

Neugeborenensterblichkeit

תְּמוּתַת יְלוֹדִים (רפו', מ״ח)

neugestalten [---> umstellen]

שִׁסְדֵּר (מְשַׁסְדֵּר), סִדֵּר מֵחָדָשׁ

Neugestaltung [---> Umstellung]

שִׁסְדּוּר [ק/א/232]. הִתְחַדְּשׁוּת, הִתְהַוּוּת, סִדּוּר מֵחָדָשׁ

Neugier

סַקְרָנוּת, סְתַכְּלָנוּת, תְּאֶבְדֵּעוּת, הִסְתַּקְרְנוּת, הִתְעַנְיְנוּת

Neugierde ---> Neugier

neugierig

סַקְרָנִי, סַקְרָן, סְתַכְּלָן, צְמֵא דַּעַת, תְּאֶבְדֵּעַ

Neugierinstinkt

יִצְרוֹן הַסַּקְרָנוּת (פסי') חוּשׁ הַסַּקְרָנוּת, אִינְסְטִינְקְט הַסַּקְרָנוּת

Neuheit

אַחֲרוֹנוּת, חִדּוּשׁ

Neuheit, Gesetz der

חֹק הָאַחֲרוֹנוּת (מ״ח, פסי') [ר/ב/440]. חֹק ״אַחֲרוֹן אַחֲרוֹן זָכוּר״, הַסְּבִירוּת שֶׁאָדָם יִזְכֹּר בִּשְׁעַת נִסּוּי הַזְּכָרוּת חָפְשִׁית בִּפְרִיטִים הַמּוֹפִיעִים בְּסוֹף הָרְשִׁימָה מֵאֲשֶׁר בְּאֵלּוּ שֶׁבְּאֶמְצָעִיתָהּ, תּוֹצָא (אֶפֶקְט) הָאַחֲרוֹנוּת

Neujahr

רֹאשׁ הַשָּׁנָה (דת) [א״ח/ב/417]

Neuklassifizierung

שִׁסּוּג, סִוּוּג מֵחָדָשׁ

Neuneck *{Nonagon}*

מְתֻשָּׁע (מחמ') מְצֻלָּע בַּעַל תֵּשַׁע צְלָעוֹת

neunte alles umfassende Sphäre, die

---> Sphäre, die neunte alles umfassende

neunter Ordnung, Bruch

תְּשִׁיעִי (מחמ') [ק/ד/220]

Neuntöter *{Lanius collurio}*

חַנְקָן אֲדֹם גַּב (זוא') עוֹף מִמִּשְׁפַּחַת הַחַנְקָנִיִּים

Neuralgie

מְעֻצּוֹב (רפו') [מר״ח/479]. כְּאֵב עֲצַבִּים, נֶבְרַלְגִּיָּה

neuralgisch

מְעֻצּוֹבִי (רפו') שֶׁל מַעֲצוֹב, נֶבְרַלְגִּי

neuralgisches Hüftweh ---> Hüftweh, neuralgisches

Neurasthenie ---> Nervenschwäche

neurasthenisch ---> nervenschwach

Neurodermitis

עִצְבּוֹרֶת (פסי', רפו') דַּלֶּקֶת עוֹר עֲצַבִּית

Neuroglia ---> Glia

Neurologe

תַּעֲצוּבָן (רפו') רוֹפֵא עֲצַבִּים, נֶבְרוֹלוֹג

Neurologie

תַּעֲצוּבָה (רפו') נֶבְרוֹלוֹגְיָה, מַדַּע הָעֲצַבִּים

neurologisch

תַּעֲצוּבִי (רפו') נֶבְרוֹלוֹגִי

Neuron ---> Nervenzelle

Neuropath ---> Nervenkranke(r)

Neuropathie ---> Nervenschwäche

neuropathisch ---> nervenschwach

Neuropathologie

תַּמְרוּעַת עֲצַבִּים (רפו') נֶבְרוֹפַּתּוֹלוֹגְיָה, נוֹירוֹפַּתּוֹלוֹגְיָה

Neurose

עַצֶּבֶת (עַצָּבוֹת) (פסי', רפו') [ר/ב/440; מר״ח/481]. נֵירוֹזָה, הַפְרָעָה נַפְשִׁית מִתְמַשֶּׁכֶת הַגּוֹרֶמֶת מְצוּקָה לָאָדָם אַךְ אֵינָהּ מְנַתֶּקֶת אֶת קִשְׁרוֹ עִם הַמְּצִיאוּת

Neurotiker(in)

עַצַּבְתָּן, עַצַּבְתָּנִית (פסי', רפו') אָדָם הַסּוֹבֵל מֵעַצֶּבֶת (נֵירוֹזָה)

neurotisch

עַצַּבְתִּי (פסי', רפו') נֵירוֹטִי

Neurotoxin ---> Nervengift

Neurotransmitter

מַסְרֵן עָצָב (רפו') חֹמֶר כִּימִי הַמַּעֲבִיר פְּרָצִים (אִימְפּוּלְסִים) מֵעָצָב לְעָצָב

Neuseelandspinat *{Tetragonia tetragonioides (Tetragonia expansa)}*

רְבוּעָה שְׂרוּעָה (תֶּרֶד נְיוּ זֶלַנְדִּי) (בוט') צֶמַח מִמִּשְׁפַּחַת הַחִיעַדִּיִּים

Neusilber *{Argentan}*

כֶּסֶף חָדָשׁ (כימ') [דח״ט/75]. סַגְסֹגֶת דְּמוּיַת כֶּסֶף בְּצוּרָתָהּ וְהַמֻּרְכֶּבֶת מִנְּחֹשֶׁת, נִיקֶל וְאָבָץ, אַךְ לְלֹא כֶּסֶף כְּלָל

Neustart ---> Wiederanlauf

neutral

אָדֵשׁ [מר״ח/481]. נֵיטְרָלִי, נָטוּם

neutralisieren

אִדֵּשׁ (מְאַדֵּשׁ), הִתְאַדֵּשׁ, נִטֵּם, הִתְנַטֵּם, נִטְרֵל, הִתְנַטְרֵל, עָשָׂה לְנֵיטְרָלִי

neutralisierend

מְאַדֵּשׁ [ק/ב/246]. מַפְסִיד,מְנַטְרֵל, מְנַטֵּם

neutralisiert

מְאֻדָּשׁ, מְנֻטְרָל, מְנֻטָּם

Neutralisierung

אִדּוּשׁ, הִתְאַדְּשׁוּת, נִטְרוּל, נִטּוּם, הִתְנַטְּמוּת, נֵיטְרָלִיזַצְיָה, עֲשִׂיָּה לְנֵיטְרָלִי

Neutralität

אֲדֵשׁוּת, נֵיטְרָלִיּוּת, נְטִימוּת

Neutrum

סְתָמִי (בלש') [ק/א/78; מ״ב/145]. לָשׁוֹן בּוֹדֵד, שֵׁם בַּעַל מִין סְתָמִי, לֹא זָכָר וְלֹא נְקֵבָה, בִּלְשׁוֹנוֹת מְסֻיָּמוֹת: תַּת גִּבְלָה (קָטֵגוֹרְיָה) שֶׁל הַמִּין הַדִּקְדּוּקִי הַכּוֹלֶלֶת שְׁמוֹת עֶצֶם שֶׁעַל פִּי רֹב אֵינָם יְצוּרִים חַיִּים, לְמָשָׁל: בְּגֶרְמָנִית: das Metall, das Bett, das Haus (= ״הַמַּתֶּכֶת״, ״הַמִּטָּה״, ״הַבַּיִת״)

Neuveranlagung

שִׁעֲרוּךְ (כלכ') הַעֲרָכָה מֵחָדָשׁ

Neuwort *{Neologismus}*

תַּחְדִּישׁ (תַּחְדִּישִׁים) (בלש') [מ״ב/144]. מִלָּה חֲדָשָׁה, חִדּוּשׁ, נִיב חָדָשׁ

Nexus ---> Vereinigung

Nexus harmonicus

קֶשֶׁר זוּגִי (פיל') [ק/ג/304]

Nexus effectivus

הֶקְשֵׁר תּוֹלָדִי (פיל')

nicht...

בִּלְתִּי (בלש') [ק/א/89]. אֵין, מִלָּה שׁוֹלֶלֶת.

זוּלַת, זוּלָתִי (בלש׳) [ק/א/254; 255]. לֹא זֶה, אַחֵר, מַה שֶׁאֵינוֹ הוּא, בְּלִי, בְּלֹא. מִבְּלִי, מִבִּלְתִּי (בלש׳) [ק/ב/138]

nicht-direktive Psychotherapie ---> Psychotherapie, nicht-direktive

nicht nur, sondern auch

וְלֹא עוֹד אֶלָּא...

nicht sein ---> sein, nicht

nicht vorhanden ---> vorhanden, nicht

Nicht-Wahrscheinlichkeitsauswahl

דְּגִימָה לֹא הִסְתַּבְּרוּתִית (מ״ח, סטט׳) [ר/א/148; מ״מ/210]. תַּהֲלִיךְ שֶׁבּוֹ אֵין לְכָל מַרְכִּיב בָּאֻכְלוּסִיָּה הִסְתַּבְּרוּת יְדוּעָה לְהִכָּלֵל בַּמִּדְגָּם

Nichtangriffspakt

הֶסְכֵּם אִי הַתְקָפָה (מדי׳)

Nichtannahme

מֵאוּן, אִי קִבּוּל

Nichtausbildung ---> Aplasie

Nichtausführung ---> Nichterfüllung

nichtausgebildet ---> aplastisch

Nichtbeachtung

הִתְעַלְּמוּת [ק/א/190]. הֶעְלֵם, הַעֲלָמָה, הִתְרַשְּׁלוּת, שִׁכְחָה, הִתְנַכְּרוּת, אִי נְתִינַת דַּעַת

Nichtbeantwortung, Verzerrung durch - --> Ausfallfehler

Nichtbestreiten einer Tatsache ---> Tatsache, Einräumung einer

Nichtdecken

אִי כִּסּוּי, - חֲפִיפָה

nichtdenkbar *{metanoetisch}*

עֵבֶר חֲשִׁיבָתִי (פיל׳) עֵבֶר מַחֲשַׁבְתִּי, מֵטָא מַחֲשַׁבְתִּי, מֵעֵבֶר לִגְבוּלוֹת הַחֲשִׁיבָה, נִשְׂגָּב מִבִּינָה

Nichterfüllung

אִי מִלּוּי הִתְחַיְּבוּת, חֹסֶר בִּצּוּעַ

Nichterscheinen ---> Ausbleiben

Nichtexistenz

אִי קִיּוּם (פיל׳) [ק/א/190]. הֵעָלוּת, הִסְתַּלְּקוּת, הֶעְדֵּר

nichtexistierend

לֹא קַיָּם (פיל׳) נֶעְדַּר הַמְּצִיאוּת. נֶעְדָּר [ק/ג/49]. שֶׁאֵינוֹ בִּמְצִיאוּת, חָסֵר, בִּלְתִּי מַמָּשִׁי, לֹא נִמְצָא

nichtig

אַפְסִי (פיל׳) [ק/א/64; 67]. אָפוּס, אַפְסוּתִי, אֶפֶס. בָּטֵל [ק/א/86]. הֶבֶל, כּוֹזֵב, שָׁוְא, מִן הַנִּמְנָע, לֹא יִתָּכֵן, נִשְׁחָת, נְטוּל יְסוֹד. דִּמְיוֹנִי [ק/א/140]. כָּלֶה, מַה שֶּׁאֵין לוֹ מְצִיאוּת אֶלָּא בַּדִּמְיוֹן. חָלוּשׁ [ק/א/303]. מְשֻׁלַּל עֵרֶךְ

nichtig erklären, für ---> annullieren

Nichtigkeit [---> Ungültigkeit]

אַפְסוּת (פיל׳) [ק/א/85]. אַפְסִיּוּת, בְּטֵלוּת, בִּטּוּל, תְּכוּנַת הַדָּבָר הַבָּטֵל

Nichtigkeitswahn

תַּסְבִּיךְ אַפְסוּת (פסי׳) רַעְיוֹן שָׁוְא שֶׁל אַפְסִיּוּת

Nichtkennen(s), Modalität des ---> Unkenntnis, Modalität der

Nichtkosten

בְּאֶפֶס תַּשְׁלוּם (כלכ׳) בְּאֶפֶס דָּמִים

nichtkommutativ ---> nichtvertauschbar

nichtleuchtend

חָשׁוּךְ (פיס׳) [ק/א/333]. אָפֵל, חֲסַר אוֹר

Nichtmetall

אַל מַתֶּכֶת (כימ׳) [דח״ט/15]. קְבוּצַת יְסוֹדוֹת כִּימִיִּים בַּעֲלֵי מוֹלִיכוּת חֹם וְחַשְׁמַל נְמוּכָה, אַנְתֶּכֶת

nichtorientierbar

לֹא כָּוִין (מחמ׳)

nichtreaktive Messung ---> Messung, nichtreaktive

Nichtrest

אִי שְׁאֵרִית (מחמ׳)

Nichts

אַיִן (פיל׳) [ק/א/41]. הֶפֶךְ הַיֵּשׁ, לֹא דָּבָר. אֲפִיסָה (פיל׳) [ק/א/65; 66]. אֶפֶס, הֶעְדֵּר, שְׁלִילָה, בִּטּוּל, חֶסְרוֹן הַהֲוָיָה, אִי הֱיוֹת, אֲפִיסוּת. הֵעָלוּת (פיל׳) [ק/א/190]. הִסְתַּלְּקוּת. חִדָּלוֹן (פיל׳) [ק/א/274]. הֶחְדֵּל, הַפְסָקוּת הַהֲוָיָה. כִּחוּד (פיל׳) [ק/ב/83]. בְּלִימָה (פיל׳) [ק/א/89]. לֹא דָּבָר (פיל׳) [ק/ב/109]

Nichts, absolutes

הֶעְדֵּר מֻחְלָט (פיל׳) אַיִן מֻחְלָט, הֶפֶךְ הַיֵּשׁ

Nichts, relatives

הֶעְדֵּר יַחֲסִי (פיל׳) אַיִן יַחֲסִי, הֶעְדֵּר מְיֻחָד

Nichts, sukzessives

הֶעְדֵּר תָּכוּף (פיל׳)

Nichts erschaffen, aus dem ---> erschaffen, aus dem Nichts

nichtsdestoweniger ---> trotzdem

nichtssagend

חֲסַר מַשְׁמָעוּת [ת״ה/19]. רֵיק, סְתָמִי, סְתָם בְּעַלְמָא, נְטוּל חֲשִׁיבוּת

Nichtstoffliches

לֹא חֹמֶר (פיל׳) [ק/ב/109]

Nichtstuerei

אֶפֶס מַעֲשֶׂה

Nichtswürdiger

חֲסַר הֲגִינוּת, אִישׁ בְּלִיַּעַל, בֶּן עַוְלָה, בְּזוּי אָדָם, פְּחוּת מַעֲלָה, חֲדַל אִישִׁים

Nichtswürdigkeit

חֹסֶר הֲגִינוּת, אֶפֶס רְאוּיוּת, נִבְזוּת, נִקְלוּת, נַוְלוּת, שִׁפְלוּת, שֵׁפֶל מִדּוֹת

nichtteilnehmende Beobachtung ---> Beobachtung, nichtteilnehmende

nichtvertauschbar

לֹא חִלּוּפִי (מחמ׳) לֹא קוֹמוּטָטִיבִי

Nichtvertauschbarkeit

אִי חִלּוּפִיּוּת (מחמ׳) אִי קוֹמוּטָטִיבִיּוּת

Nichtvorhandensein

הֶעְדֵּר (פיל׳) [ק/א/189]. שְׁלִילַת הַמְּצִיאוּת, חֶסְרוֹן הַהֲוָיָה. הֶפְקֵד (פיל׳) [ק/א/198]. חִדָּלוֹן, הֶפְסֵד, אִי הֱיוֹת. לֹא מְצִיאָה (פיל׳) [ק/ב/109]. סִלּוּק (פיל׳) [ק/ג/102]. אִי הִמָּצְאוּת, אִי נוֹכְחוּת, הֵעָדְרוּת, נִפְקָדוּת, בִּטּוּל, שְׁלִילָה

Nichtzahlung

אִי פֵּרָעוֹן (כלכ׳, משפ׳)

nichtzellig

לֹא תָּאִי (ביו׳)

nicken ---> schütteln

niederbeugen [---> neigen]
הִרְכִּין (מַרְכִּין) [א״ת/ג/8]. כָּפַף כְּלַפֵּי מַטָּה, הֵמִיךְ (מֵמִיךְ), הִשְׁפִּיל, הִתְכּוֹפֵף, הֵמַךְ (מֵמַךְ)
Niederbeugen
רִכּוּן, כִּפּוּף
niedere und höhere Gefühle ---> Gefühle, niedere und höhere
Niedergang
יְרִדָה (יְרִדוֹת) (ימא׳)
Niedergangstreppe
סֻלַּם הַיְרִדָה (ימא׳)
niedergeschlagen
דִּכְאוֹנִי (פסי׳) מְדֻכְדָּךְ, דֶּפְּרֶסִיבִי
Niedergeschlagenheit
דִּכָּאוֹן (פסי׳) [ר/א/159]. דֶּפְּרֶסְיָה, דִּכְדּוּךְ נֶפֶשׁ, הֵלֶךְ רוּחַ עָגוּם, אָבְדַן עִנְיָן בְּתַעֲנוּגוֹת הַחַיִּים
niederhocken ---> zusammenrollen, sich
niederknien
כָּרַע (כּוֹרֵעַ) [א״ת/ב/6]. נָפַל עַל בִּרְכָּיו, בָּרַךְ (בּוֹרֵךְ)
Niederknien
כְּרִיעָה, בְּרִיכָה, נְפִילָה עַל הַבִּרְכַּיִם
Niederlage
מַפָּלָה, תְּבוּסָה, נְגִיפָה, תְּמוּטָה, מְבוּסָה
Niederlage erleiden
נֻצַּח (מְנֻצָּח), הוּבַס, נִגַּף לִפְנֵי..., הֻגַּף, הֻכְרַע, מֻגַּר (מְמֻגָּר), נָחַל תְּבוּסָה, סָפַג מַפָּלָה
niederlassen
הִתְיַשֵּׁב, שָׁכַן (שׁוֹכֵן), הִשְׁתַּכֵּן, גָּר, דָּר, הִתְדַּיֵּר, יָשַׁב, נִשְׁכַּן, הֻשְׁכַּן
niederreißen
נָתַץ (נוֹתֵץ), נִתֵּץ (מְנַתֵּץ), הָרַס, נִתַּץ, נֶהֱרַס, נֻתַּץ, קִרְקֵר (מְקַרְקֵר)
Niederreißen
נְתִיצָה, הֲרִיסָה
Niederschläge
מִשְׁקָעִים (מטא׳) [יל״ט/129]. חֶלְקִיקֵי מַיִם נוֹזְלִיִּים אוֹ מוּצָקִים הַיּוֹרְדִים מִן הָעֲנָנִים
Niederschläge, künstliche
מִשְׁקָעִים מְלָאכוּתִיִּים (מטא׳) [יל״ט/45]. גֶּשֶׁם מְלָאכוּתִי
Niederschlag, Spuren von
זַעֲרִיּוֹת גֶּשֶׁם (מטא׳) [יל״ט/64]. כַּמּוּת גֶּשֶׁם זְעִירָה שֶׁאִי אֶפְשָׁר לִמְדֹּד אוֹתָהּ
niederschlagen
הִדְבִּיר (מַדְבִּיר) (צבא) הִכְנִיעַ
Niederschlagshöhe
כַּמּוּת הַמִּשְׁקָעִים (מטא׳) [יל״ט/92]. כַּמּוּת הַגֶּשֶׁם, גֹּבַהּ פְּנֵי הַמַּיִם שֶׁהִצְטַבְּרוּ מִירִידַת מִשְׁקָעִים בְּפֶרֶק זְמַן מְסֻיָּם
Niederschlagsregime
מִשְׁטַר הַמִּשְׁקָעִים (מטא׳) [יל״ט/128]. מִשְׁטַר הַגְּשָׁמִים, אֹפִי יְרִידַת הַמִּשְׁקָעִים בִּזְמַן וּבְמָקוֹם מְסֻיָּמִים
Niederschrift ---> Protokoll
niedertropfen
נִגַּר וְהָלַךְ
niederwerfen, sich ---> anbeten; bücken, sich
niedrig
נָמוּךְ [ק/ד/84]. שָׁחוּי, שָׁפָל, שַׁח קוֹמָה, כָּפוּף, שָׁחוּחַ, שָׁפוּף. נָבָל [ק/ג/14]. פָּחוּת, נָחוּת, יָרוּד, פָּגוּם, נִפְסָד, שְׁפַל עֵרֶךְ
niedrigst ---> minimal
Niedrigwasser
תַּחְתִּית הַשֵּׁפֶל (מטא׳)
Nierenbecken *{Pelvis renalis}*
אַגַּן הַכִּלְיָה (רפו׳) מִכְלָה, מִכְלַת הַכִּלְיָה
Nierenentzündung *{Nephritis}*
דַּלֶּקֶת כְּלָיוֹת (רפו׳)
Nierenkelch
מִכְלִיָּה (מִכְלִיּוֹת) (רפו׳) [מר״ח/115]. גְּבִיעַ הַכִּלְיָה
Nierenkolik
עֲוִית כִּלְיָתִית (רפו׳)
Nierenleiden
מְרַע הַכְּלָיוֹת (רפו׳) מַחֲלַת כִּלְיָה, נֶפְרוֹפַּתְיָה
Niersteinleiden *{Nephrolithiasis}*
חַצֶּצֶת הַכְּלָיוֹת (רפו׳) הִתְהַוּוּת תַּמְרוּעִית (פָּתוֹלוֹגִית) שֶׁל אֲבָנִים בַּכְּלָיוֹת
Nieseln
רֶסֶס (מטא׳) [יל״ט/194; א״ת/ב/155]. רְבִיב (רְבִיבִים), מִשְׁקָעִים בְּצוּרַת טִפּוֹת מַיִם זְעִירוֹת וּצְפוּפוֹת שֶׁקָּטְרָן פָּחוֹת מֵחֲצִי מִילִימֶטֶר
niesen
הִתְעַטֵּשׁ (מִתְעַטֵּשׁ) (רפו׳) זוֹרֵר (מְזוֹרֵר), עָטַשׁ, עִטֵּשׁ (מְעַטֵּשׁ)
Niesen
עֲטִישָׁה (רפו׳) [א״ת/א/266]. עֲטוּשׁ, זְרִירָה, הִתְעַטְּשׁוּת
Niesen reizend, zum
מְעַטִּישׁ (רפו׳) גּוֹרֵם לַעֲטִישָׁה
Nießbrauch, lebenslänglicher
זְכוּת הֲנָאָה לְחַיִּים (משפ׳)
Nießbrauchsrecht
זְכוּת שִׁמּוּשׁ בְּנֶכֶס הַזּוּלַת (משפ׳) זְכוּת הֲנָאָה מַמָּשִׁית
Niete
מַסְמֶרֶת (מַסְמָרוֹת) (טכנ׳) מַסְמֵר הַמְּחַבֵּר חֶלְקֵי מַתֶּכֶת זֶה לָזֶה
Niete eintreiben, eine
תָּקַע (תּוֹקֵעַ) מַסְמֶרֶת (טכנ׳)
nieten
סִמְרֵר (מְסַמְרֵר) (טכנ׳) חִבֵּר בְּמַסְמָרוֹת
Nieten losschlagen
פֵּרֵק (מְפָרֵק) סִמְרוּר (טכנ׳)
Nietloch
נֶקֶב הַמַּסְמֶרֶת (טכנ׳)
Nietung
סִמְרוּר (טכנ׳) חִבּוּר בְּמַסְמָרוֹת
nihilistischer Standpunkt ---> Standpunkt, nihilistischer
Nilgans *{Alopochen aegyptiacus}*
יְאוֹרִית (זוא׳) אַוָּזָה מִצְרִיָּה, עוֹף מִמִּשְׁפַּחַת הַבַּרְוָזִיִּים
Nimbostratus ---> Regenwolke
Nische
גֻּמְחָה (גֻּמְחוֹת) (אדר׳) שֶׁקַע בַּקִּיר, תָּא קָטָן, קִיטוֹן, נִישָׁה

nisten
קִנֵּן (מְקַנֵּן) (ווא') נִמְצָא בְּקֵן, עָשָׂה קֵן

Nitrifikanten ---> Bakterien, nitrifizierende

Nitrifikation
חִנְקוּן (בוט', כימ') [ל״ב/163]. נִיטְרִיפִיקַצְיָה, הֲפִיכַת תִּרְכֹּבֶת חַנְקָנִית אוֹלָנִית (אוֹרְגָנִית) בִּלְתִּי קְלִיטָה לַצֶּמַח לְתִרְכֹּבֶת קְלִיטָה לַצֶּמַח עַל יְדֵי חַיְדַּקִּים שׁוֹנִים

nitrifizierende Bakterien ---> Bakterien, nitrifizierende

Niveau
מִפְלָס (מִפְלָסִים) (מטא') [יל״ט/120]. מִשְׁטָח רָצוּף שֶׁכָּל הַנְּקֻדּוֹת עָלָיו שָׁווֹת בְּעֶרֶךְ מֻגְדָּר שֶׁל תְּכוּנָה מְסֻיֶּמֶת. רָמָה (רָמוֹת), דַּרְגַּת גֹּבַהּ

Niveau der Aufmerksamkeit ---> Aufmerksamkeit, Niveau der

Niveaufläche
מִשְׁטָח שָׁוֶה מִפְלָס (היד')

Nivellement
אִזּוּן (היד', גאו')

Nivellementflock
אַמַּת אִזּוּן (היד', גאו')

Nivellierlatte ---> Nivellementflock

Nivellierung
שִׁטּוּחַ (פסי') [ר/ב/653]. הַחְלָקַת הֶבֵּטִים לֹא רְגִילִים שֶׁל מַצָּב אוֹ שֶׁל אֵרוּעַ וְחִפּוּי פְּרָטֵיהֶם בַּזִּכָּרוֹן

Nivellierungseffekt ---> Begrenzungseffekt

NNR-Insuffienz ---> Adrenocorticoiden, Mangel an

noch immer
עֲדַיִן, עַד עַכְשָׁו, לְפִי שָׁעָה

noch nicht
עֲדַיִן לֹא, טֶרֶם, עַד שֶׁלֹּא, קֹדֶם שֶׁ...

noch nicht vorhanden sein ---> vorhanden sein, noch nicht

Nocturno
לֵילִית (לֵילִיּוֹת) (מוס') נוֹקְטוּרְן

nodular ---> knotenförmig

Nodulus ---> Knötchen

Nodus ---> Knoten; Stengelknoten

nötig haben, nicht
אֵין צֹרֶךְ בְּ... [ק/ג/112]. הִסְתַּפֵּק בְּ.../מִ..., הָיָה לוֹ מַסְפִּיק מִ..., מָצָא סִפּוּק

nötigen
אִלֵּץ (מְאַלֵּץ) (מ״ח) הִכְרִיחַ, אָכַף עַל..., לָחַץ עַל..., הֶאֱלִיץ (מַאֲלִיץ), אָנַס, אִנֵּס (מְאַנֵּס)

Nötigung
אִלּוּץ (מ״ח) הַכְרָחָה, הַאֲכָפָה, אֲנִיסָה, אִנּוּס

Nomade
נַוָּד (נַוָּדִים) (מ״ח) נוֹדֵד, הוֹלֵךְ מִדְבָּרוֹת, צוֹעֵן, צוֹעֲנִי, נוֹסֵעַ בָּעֵדֶר, שָׁכוּן בְּאֹהֶל

Nomadentum
נַוָּדוּת (מ״ח) צוּרַת חַיִּים כַּלְכָּלִית הַמְּיֻסֶּדֶת בְּעִקָּרָהּ עַל גִּדּוּל עֲדָרִים שֶׁבַּעֲלֵיהֶם נוֹדְדִים אִתָּם לְצָרְכֵי מִרְעֶה מִמָּקוֹם לְמָקוֹם

nomadisch
נַוָּדִי (מ״ח) שֶׁל נַוָּדִים

Nomen *{Substantiv}*
שֵׁם (שֵׁמוֹת) (בלש') [ק/ד/123; מ״ב/145]. שֵׁם עֶצֶם

Nomen, abgeleitetes
שֵׁם חָצוּב (בלש') [ק/א/322]. שֵׁם נִגְזָר (בלש') [ק/ג/17]. שֵׁם שֶׁנּוֹצָר מִשֵּׁם אַחֵר כְּתוֹצָאָה מִשִּׁנּוּי תְּנוּעוֹת אוֹ תּוֹסֶפֶת צוּרָנִים (מוֹרְפֵמוֹת), שֵׁם נֶחְצָב, - מִסְתָּעֵף מִשֵּׁם אַחֵר. שֵׁם גָּזוּר (בלש') [ק/ד/126]

Nomen, abstraktes
שֵׁם עֶצֶם מֻפְשָׁט (בלש') [ק/ד/128]. שֵׁם הֶגְיוֹנִי. שֵׁם הַמִּקְרֶה (בלש') [ק/ב/272; ק/ד/127].

Nomen, amphibolisches ---> Nomen ambiguum

Nomen, eindeutiges
שֵׁם חַד מַשְׁמָעִי (פיל', בלש') [ק/ב/191; ק/ד/126]. שֵׁם מְיֻחָד. שֵׁם מְסֻגָּל (פיל', בלש') [ק/ד/127]. שֵׁם מֻפְשָׁט, - מְפֹרָשׁ, - נִבְדָּל

Nomen, im abhängigen Fall stehendes
שֵׁם נוֹטֶה (בלש') [ק/ג/29]. שֵׁם עֶצֶם שֶׁאֵינוֹ לֹא נוֹשֵׂא וְלֹא נָשׂוּא, בְּנִגּוּד לְשֵׁם יָשָׁר, שֵׁם עֶצֶם בְּיַחֲסָה עֲקִיפָה (שֵׁם כּוֹלֵל לְכָל הַיְּחָסוֹת שֶׁאֵינָן יַחֲסַת הַנּוֹשֵׂא {נוֹמִינָטִיב} אוֹ יַחֲסַת הַפְּנִיָּה {ווֹקָטִיב})

Nomen, im Casus obliquus stehendes ---> Nomen, im abhängigen Fall stehendes

Nomen, im Status absolutus stehendes
שֵׁם מֻכְרָת (בלש') [ק/ד/127]. שֵׁם נִפְרָד שֶׁאֵינוֹ לֹא בִּסְמִיכוּת וְלֹא בְּתוֹסֶפֶת כִּנּוּיִים

Nomen, im Status constructus stehendes ---> Nomen regens

Nomen, konkretes
שֵׁם עֶצֶם גַּשְׁמִי (פיל', בלש') [ק/ג/156; ק/ד/127]. שֵׁם הָעֶצֶם

Nomen, mehrdeutiges
שֵׁם רַב מַשְׁמָעִי (בלש') [ק/ד/127]. שֵׁם מְשֻׁתָּף, - מִשְׁתַּתֵּף, - עֶצֶם שָׁוֶה כְּתִיב וְשׁוֹנֶה מַשְׁמָעוּת

Nomen, privatives
שֵׁם מְשֻׁלָּל (בלש') [ק/ב/163; ק/ד/126]. שֵׁם מוּסָר, - עֶצֶם הַמְּצַיֵּן הֶעְדֵּר, פְּחִיתוּת וכד', שֵׁם בִּלְתִּי מַגִּיעַ

Nomen, unbestimmtes
שֵׁם בִּלְתִּי מְסֻיָּם (בלש') [ק/ד/127]. שֵׁם מְנֻכָּר

Nomen, verkürztes
שֵׁם חָסֵר אוֹתִיּוֹת (בלש') [ק/ג/12]. שֵׁם נִבְדָּל קָצָר, - זָר

Nomen, verlängertes
שֵׁם יָתֵר אוֹתִיּוֹת (בלש') [ק/ג/12]. שֵׁם נִבְדָּל אָרֹךְ, - זָר, - עוֹדֵף אוֹתִיּוֹת

Nomen aequivocum
נִקְרֶה (נִקְרִים) (בלש') [ק/ג/68]. נִקְרָא, שֵׁם נִקְרֶה, - נִקְרָא

Nomen affirmativum
שֵׁם עֶצֶם חִיּוּבִי (בלש') [ק/ד/126]. שֵׁם מַגִּיעַ. שֵׁם פָּשׁוּט (בלש') [ק/ד/128]

Nomen ambiguum
שֵׁם דּוּ מַשְׁמָעִי (בלש', פיל') [ק/ב/227; ק/ד/127]. שֵׁם מְסֻפָּק, שֵׁם אֶחָד לָעִנְיָנִים

רַבִּים הַדּוֹמִים זֶה לָזֶה רַק בִּתְכוּנוֹת מִקְרִיּוֹת. הִסְתַּפֵּק (בלש׳, פיל׳) [ק/א/187].

Nomen appellativum ---> Appellativ

Nomen derivativum ---> Nomen, abgeleitetes

Nomen gentilicium

שֵׁם הַיַּחַס (בלש׳) [ק/ב/34; ק/ד/126]. נִסְבָּה, שֵׁם יִחוּס, שֵׁם שֶׁנּוֹצַר בְּעִקָּר מִשְּׁמוֹת עֶצֶם פְּרָטִיִּים הַמַּבִּיעַ שַׁיָּכוּת לְדָבָר-מָה

Nomen in seiner Grundbedeutung

שֵׁם רִאשׁוֹן (פיל׳, בלש׳) [ק/ד/128]

Nomen mit bestimmtem Artikel

שֵׁם מְיֻדָּע (בלש׳) [ק/ד/126]. שֵׁם עֶצֶם עִם תָּוִית יִדּוּעַ, - נוֹדָע, - מְפֻרְסָם. לָשׁוֹן מְיֻדַּע, - מֻכָּר (בלש׳) [ק/ב/126]. שֵׁם בְּהֵ״א הַיְדִיעָה

Nomen mit Suffix

שֵׁם מְכֻנֶּה (בלש׳) [ק/ב/96]. שֵׁם שֶׁנּוֹסַף עָלָיו כִּנּוּי

Nomen proprium

שֵׁם אִישִׁי (בלש׳) [ק/ד/126]. שֵׁם נוֹדָע (בלש׳) [ק/ד/127]. שֵׁם עֶצֶם פְּרָטִי (בלש׳) [ק/ד/128]

Nomen privativum ---> Nomen, privatives

Nomen rectum

סוֹמֵךְ (סוֹמְכִים) (בלש׳) [ק/ב/140; ק/ד/126; מ״ב/42]. שֵׁם מַגְבִּיל, צוֹרָן סְמִיכָה, הַמִּלָּה הַקִּדְמִית בְּמִבְנֶה הַסְּמִיכוּת, לְמָשָׁל: ״קוֹמַת **קַרְקַע**״

Nomen regens

נִסְמָךְ (נִסְמָכִים) (בלש׳) [ק/ב/140; ק/ד/126] שֵׁם מֻגְבָּל, - נִסְמָךְ, בִּסְמִיכוּת, שֵׁם עֶצֶם אוֹ תֹּאַר הַדָּבוּק אֶל שֵׁם סוֹמֵךְ שֶׁבָּא לְפָנָיו לְהַסְבִּירוֹ, לְמָשָׁל: ״**פִּנַּת** חֶמֶד״. שֵׁם סָמוּךְ (בלש׳) [ק/ג/104; ק/ד/127]. דָּבוּק (בלש׳) [ק/א/125; ק/ד/126]. שֵׁם דָּבֵק, - דָּבוּק. דָּבֵק (בלש׳) [ק/א/128]. תֵּבַת הַדְּבִיקָה (בלש׳) [ק/א/127]. מְיַחֵס, שֵׁם מְיַחֵס - מִצְטָרֵף (בלש׳) [ק/ב/191; ק/ד/127]. מִצְטָרֵף (בלש׳) [ק/ב/256]. שֵׁם מְחֻבָּר

Nomen unitatis

שֵׁם הָאַחְדוּת (בלש׳) [ק/א/35]. שֵׁם הַמּוֹרֶה עַל עֶצֶם אֶחָד

Nomenklatur

תַּשְׁמִית (מדע, טכנ׳) [מ״ב/146]. כִּנּוּיוֹן (כִּנּוּיוֹנִים), מִנּוּחַ, נוֹמֶנְקְלָטוּרָה, רְשִׁימַת שֵׁמוֹת אוֹ מֻנָּחִים בִּתְחוּם מְסֻיָּם, שִׁיטַת כִּנּוּי

Nominalbildung, Grundform der

מִשְׁקַל שֵׁם (בלש׳) [מ״ב/146]. מִשְׁקָל שֶׁמָנִי, דְּפוּס לְשׁוֹנִי בַּעַל מִבְנֶה דִּקְדּוּקִי מְסֻיָּם, לְמָשָׁל: ״מִשְׁטָר״, ״מִשְׁפָּט״, ״מִשְׁקָל״; לַשֵּׁמוֹת אֵלּוּ אוֹתָהּ תְּחִילִית ״מ״, שְׁתֵּי הֲבָרוֹת בַּעֲלוֹת אוֹתָן הַתְּנוּעוֹת וְאוֹתָהּ הַנְּטִיָּה: ״מִשְׁטָרֵי״, ״מִשְׁפְּטֵי״, ״מִשְׁקְלֵי״ וכו׳

Nominaldefinition ---> nominale Definition

Nominalform(en)

מִשְׁקְלֵי הַשֵּׁמוֹת (בלש׳) [ק/ב/303]. מַעֲרֶכֶת נְטִיַּת הַשֵּׁמוֹת, דֶּגֶם הַקִּנְיָן שֶׁל הַשֵּׁמוֹת, מִשְׁקַל הַשֵּׁמוֹת. שֶׁקֶל (בלש׳) [ק/ד/157]

Nominalgruppe ---> Nominalphrase

nominalis

שְׁמִי (בלש׳) [ק/ד/130]. מִתְיַחֵס עַל הַשֵּׁם

Nominalisierung

שִׁמּוּי (בלש׳) [מ״ב/146]. הַעֲצָמָה, נוֹמִינָלִיזַצְיָה, הֲפִיכָה שֶׁל צֵרוּף פָּעֳלִי לְצֵרוּף שֶׁמָנִי, לְמָשָׁל: ״אֲנִי חוֹשֵׁשׁ **מִכִּשְׁלוֹנֵנוּ**״ בִּמְקוֹם: ״אֲנִי חוֹשֵׁשׁ **שֶׁנִּכָּשֵׁל**״

Nominalisten

בַּעֲלֵי הַשֵּׁמוֹת [ק/א/93]

Nominallohn ---> Arbeitslohn, nomineller

Nominalphrase (NP)

צֵרוּף שֶׁמָנִי (בלש׳) [מ״ב/149]. צֵרוּף שֵׁם, שֵׁם עִם מַשְׁלִימָיו הַמִּתְלַוִּים אֵלָיו כְּדֵי לְהַגְדִּירוֹ, לְמָשָׁל: ״הַבַּיִת הֶחָדָשׁ״, ״נִסְיוֹנוֹ לְהִמָּלֵט״

Nominalpreis

מְחִיר נָקוּב (כלכ׳)

Nominalsatz

מִשְׁפָּט שֶׁמָנִי (בלש׳) [מ״ב/146]. מִשְׁפָּט שֶׁנּוֹשְׂאוֹ הוּא שֵׁם (שֵׁם עֶצֶם, שֵׁם תֹּאַר, שֵׁם מִסְפָּר), לְמָשָׁל: ״הַבַּרְזֶל הוּא **מַתֶּכֶת**״, ״הָאִשָּׁה **נָאָה**״

Nominalskala

סֻלָּם שֶׁמָנִי (סטט׳) [מ״מ/219; ר/ב/459; ד״מח/156]. סֻלָּם שְׁמִי, - מְכֻנֶּה, - נוֹמִינָלִי שֶׁבְּאֶמְצָעוּתוֹ מְסֻוָּגִים נְתוּנִים עַל פִּי קְנֵה הַמִּדָּה שֶׁל קִיּוּם אוֹ אִי קִיּוּם תְּכוּנָה אֵיכוּתִית כָּלְשֶׁהִי, קְנֵה מִדָּה שֶׁבּוֹ הַמִּסְפָּרִים הֵם רַק בִּבְחִינַת תָּוִיּוֹת אוֹ שֵׁמוֹת

Nominalwert ---> Nennwert

Nominat ---> Denotat

Nominativ *{Casus rectus}*

יַחֲסַת הַנּוֹשֵׂא (בלש׳) [ק/ב/56; ק/ד/126; מ״ב/147]. נוֹמִינָטִיב, שֵׁם יָשָׁר בְּנִגּוּד לְשֵׁם נוֹטֶה, הַיַּחֲסָה הַיְּשָׁרָה, יַחֲסָה אֲדִישָׁה (נֵיטְרָלִית) וּבִלְתִּי תְּלוּיָה הַמְּצַיֶּנֶת אֶת הַנּוֹשֵׂא וְאֶת הַנָּשׂוּא הַשֶּׁמָנִי, לְמָשָׁל: ״מֹשֶׁה מְדַבֵּר״

nomineller Arbeitslohn ---> Arbeitslohn, nomineller

nomineller Preis ---> Nominalpreis

non troppo

לֹא בְּיוֹתֵר (מוס׳) נוֹן טְרוֹפּוֹ

Nonagon ---> Neuneck

nonchalant

רַשְׁיל, רַשְׁילָה, מְרֻשָּׁל, מְרֻשֶּׁלֶת, רָשׁוּל, רְשׁוּלָה

None

תְּשִׁיעִי (מתמ׳) [ק/ד/220]

Nonett

תְּשִׁיעִיָּה (מוס׳) תַּשְׁעִית, יְצִירָה הַמְיֻעֶדֶת לְתִשְׁעָה כְּלֵי נְגִינָה, קְבוּצָה שֶׁל תִּשְׁעָה מְנַגְּנִים אוֹ זַמָּרִים

Nonkonformist

לֹא תּוֹאֲמָן (פסי׳, מ״ח) שֶׁאֵינוֹ הוֹלֵךְ בַּתֶּלֶם

Nordlicht

זֹהַר הַצָּפוֹן (מטא׳) [יל״ט/63]. זֹהַר הַקֹּטֶב הַצְּפוֹנִי

Nordpol

הַקֹּטֶב הַצְּפוֹנִי (י״א) [ק/ג/276]. הַקֹּטֶב הַשְּׂמָאלִי

Nordrichtung, wahre

צָפוֹן גֵּאוֹגְרָפִי (י״א)

nordwärts wenden, sich

הִצְפִּין (מַצְפִּין), פָּנָה לְכִוּוּן צָפוֹן

Norm [---> Standard]

תְּקוּנָה (תְּקוּנוֹת) (פסי׳) [ר/ב/432]. נוֹרְמָה, מַתְכֹּנֶת, כָּל דְּפוּס שֶׁל הִתְנַהֲגוּת אוֹ שֶׁל פְּעִילוּת הַטִּפּוּסִי לִקְבוּצָה אוֹ לְאֻכְלוּסִיָּה כָּלְשֶׁהֶן. כּוֹנְנוּת (מ״ח) [ק/ב/71]. סֵדֶר, תִּקּוּן. מִנְהָג (מ״ח) [ק/ב/212]. טֶבַע, הֶרְגֵּל מְקֻבָּל עַל רַבִּים, מַעֲשֶׂה נָהוּג וּמְקֻבָּל, כְּלָל, חֹק כּוֹלֵל שֶׁעַל פִּיו נוֹהֲגִים. מְרוּצָה [ק/ב/277]. אֹרַח, דֶּרֶךְ

Norm, pragmatische

תְּקוּנָה עֲשְׂוָאִית (מדע) [ד״מח/252]. תְּקוּנַת עֲשְׂוָאוּת, נוֹרְמָה פְּרַגְמָטִית לְהַשְׁרָרָתָהּ שֶׁל תּוֹרָאָה (תְּאוֹרִיָּה) עַל פִּי מִדַּת יְעִילוּתָהּ בְּבִצּוּעַ תִּפְקוּדֶיהָ

Norm, semantische

תְּקוּנָה סִימָנְתִּית (מדע) [ד״מח/246]. תְּקוּנַת הַתְאָמָה, תְּקוּנָה מַשְׁמָעִית, נוֹרְמָה סֶמַנְטִית לְהַשְׁרָרָתָהּ שֶׁל תּוֹרָאָה (תְּאוֹרִיָּה) עַל פִּי הַתְאָמָתָהּ לַעֲבָדוֹת

normal

תַּקִּין [ר/ב/432]. נוֹרְמָלִי, כְּתִקְנוֹ, שֶׁאֵינוֹ סוֹטֶה בְּמִדָּה נִכֶּרֶת מִן הַמְּמֻצָּע אוֹ הַטִּפּוּסִי

Normaldruckhöhe

רוּם לַחַץ תִּקְנִי (מטא׳) [יל״ט/190]

normale Geistesverfassung ---> Gesundheit, geistige

Normalform, pränexe

צוּרָה קְדוּמִית תְּקִינָה (מחש׳) צוּרָה קְדוּמִית נוֹרְמָלִית

normalisieren

אִתְקֵן (מְאַתְקֵן), הָפַךְ לְתַקִּין (נוֹרְמָלִי)

normalisiert

אֻתְקָנִי, שֶׁעָבַר אִתְקוּן (נוֹרְמָלִיזַצְיָה)

Normalisierung

אִתְקוּן (פְּעֻלָּה), אֻתְקָן (תּוֹצָאָה), נוֹרְמָלִיזַצְיָה, הֲפִיכַת דָּבָר לְתַקִּין (נוֹרְמָלִי)

Normalität

תִּקְנוּת [ר/ב/433]. נוֹרְמָלִיּוּת, תַּקִּינוּת, מַצָּב שֶׁל הֶעְדֵּר סְטִיָּה נִכֶּרֶת מִן הַמְּמֻצָּע אוֹ הַטִּפּוּסִי

Normalkraft

כֹּחַ נִצָּבִי (פיס׳)

Normalschnitt

חֲתָךְ נִצָּבִי (מתמ׳)

Normalstimmung *{Kammerton}*

צְלִיל תִּקְנִי (מוס׳) כִּוְנוּן תִּקְנִי, קָמֶרְטוֹן, הַתֶּקֶן הַמְּקֻבָּל בְּאֵירוֹפָּה: 435 רְטִיטוֹת בִּשְׁנִיָּה לַצְּלִיל לָה

Normalversuch

מִבְחָן שִׁגְרָה (מדע, טכנ׳)

Normalverteilungskurve ---> Gauß-Kurve

normativ

תִּקְנִי [מ״ב/148]. תּוֹכֵן, נוֹרְמָטִיבִי, פּוֹסְקָנִי, פּוֹסֵק, קוֹבְעָנִי

Normativismus

תִּקְנִיּוּת (בלש׳) [מ״ב/148]. פּוֹסְקָנוּת, נוֹרְמָטִיבִיּוּת, קוֹבְעָנוּת

normiert ---> standardisiert

Normierung ---> Standardisierung

Normung ---> Standardisierung

Nosomanie ---> Krankheit, eingebildete

Not

מְצוּקָה [ק/ג/256]. צָרָרָה, צָרָה, מִקְרֶה רַע, אָסוֹן, פֻּרְעָנוּת, יִסּוּרִים, מָצוֹק (מְצוּקִים), עֱנוּת. דֹּחַק, דַּחַק [ק/א/135]. אֹנֶס, הֶכְרֵחַ

Nota notae

מֻשַּׂג הַמֻּשָּׂג (פיל׳) [ק/ב/284]. צִיּוּן הַצִּיּוּן (פיל׳) [ק/ג/241]

Notar

נוֹטַרְיוֹן (משפ׳) מִשְׁפְּטָן שֶׁתַּפְקִידוֹ לְאַשֵּׁר תְּעוּדוֹת וּמִסְמָכִים

Notar, öffentlicher

נוֹטַרְיוֹן צִבּוּרִי (משפ׳)

notariell

נוֹטַרְיוֹנִי (משפ׳)

Notation [---> Notenschrift]

סִמּוּן (ספרנ׳) שִׁיטַת מִיּוּן שֶׁמְּשַׁמְּשִׁים בָּהּ סְפָרוֹת ו/אוֹ אוֹתִיּוֹת. הַסִּמּוּן הוּא חֵלֶק מִסִּימַן הַסֵּפֶר (סִיגְנָטוּרָה) בְּדֶרֶךְ כְּלָל

Notation, gemischte

סִמּוּן מְעֹרָב (ספרנ׳) שִׁיטַת סִמּוּן שֶׁסְּפָרוֹת וְאוֹתִיּוֹת מְשַׁמְּשִׁים בָּהּ

Notation, reine

סִמּוּן אֲחִידִי (ספרנ׳) שִׁיטַת סִמּוּן שֶׁרַק סוּג אֶחָד שֶׁל סְמָלִים מְשַׁמֵּשׁ בָּהּ

Notbehelf

עֶזְרָה בְּצַר (כלכ׳) אֶמְצָעִי לִשְׁעַת חֵרוּם, עֵזֶר עֲרַאִי

Notdurft verrichten

צָאָה (צוֹאָה) (רפו׳) טִהֵר, הֵרִיק מֵעָיו, נִזְקַק לִנְקָבָיו הַגְּדוֹלִים, הִתְרִיז (מַתְרִיז), הֶחֱרִיא (מַחֲרִיא), הִלֵּךְ אֶת בְּנֵי הַמֵּעַיִם, חִרְבֵּן, הִצְטָרֵךְ (צָרִיךְ) לִנְקָבָיו, עָשָׂה צְרָכָיו, הֵסֵךְ (מֵסֵךְ) אֶת רַגְלָיו, נִפְנָה (נִפְנֶה)

Note

צִיּוּן (צִיּוּנִים) (פדג׳) עֵרֶךְ מִסְפָּרִי לִידִיעוֹתֵיהֶם שֶׁל הַתַּלְמִידִים. תָּו (תָּוִים) (מוס׳) [שא״מ/877]. סִימָן שֶׁבְּאֶמְצָעוּתוֹ רוֹשְׁמִים אֶת צְלִילֵי הַנְּעִימָה (מוּזִיקָה)

Note, doppelseitige

תָּו דּוּ רַגְלִי (מוס׳)

Note, doppelt ganze

תָּו (שָׁלֵם) כָּפוּל (מוס׳)

Note, ganze

תָּו שָׁלֵם (מוס׳)

Note, halbe

חֲצִי תָּו (מוס׳)

Note, Stiel der

רֶגֶל הַתָּו (מוס׳)

Noten geben

נָתַן צִיּוּן (פדג׳)

Noten-Geben

נְתִינַת צִיּוּן (פדג׳) מַתַּן צִיּוּנִים

Notenheft

מַחְבֶּרֶת תָּוִים (מוס׳)

Notenpapier

נְיַר תָּוִים (מוס׳)

Notenpult ---> Notenständer

Notenschlüssel
מַפְתֵּחַ תָּוִים (מוס')

Notenschreiber(in)
תַּוָּן, תַּוָּנִית (מוס') כּוֹתֵב תָּוִים

Notenschrift *{Notation}*
תִּוּוּי (מוס') כְּתָב תָּוִים

Notenständer
אַנְלוֹג (מוס') עַמּוּד תָּוִים, כַּן לְתָוִים

Notensystem ---> Fünf-Liniensystem

Notgesetzgebung
חֲקִיקָה לִשְׁעַת חֵרוּם (משפ')

Notio
הַשָּׂגָה (פיל', פסי') [ק/א/216]. מֻשָּׂג

Notio apprehensio intellectualis
הַשָּׂגָה עִיּוּנִית (פיל', פסי') [ק/א/217]

Notio completa
הַשָּׂגָה מֻשְׁלֶמֶת (פיל', פסי') [ק/א/217]

Notio distincta
הַשָּׂגָה בְּרוּרָה, - בְּרוּרִית (פיל', פסי') [ק/א/217]

Notio obscura
הַשָּׂגָה חֲשֵׁכִית (פיל', פסי') [ק/א/217]

Notio universalis
הַשָּׂגָה כְּלָלִית, - כּוֹלֶלֶת, - כּוֹלְלִית (פיל', פסי') [ק/א/217]

Notio vera
הַשָּׂגָה אֲמִתִּית (פיל', פסי') [ק/א/217]

Notiz von jemandem/etwas nehmen
נָתַן דַּעְתּוֹ עַל..., שָׂם לִבּוֹ אֶל...

Notverordnung
תַּקָּנָה לִשְׁעַת חֵרוּם (משפ')

notwendig
הֶכְרֵחִי [ק/א/174]. מְחֻיָּב [ק/ב/179]. חִיּוּנִי. מֻכְרָח [ק/ב/200]. נָחוּץ [ק/ג/26]. נִצְרָךְ, צָרִיךְ, דָּרוּשׁ, זָקוּק, חִיּוּנִי, דָּחוּף. רָאוּי [ק/ד/9]. מְחֻיַּב הַמְּצִיאוּת

notwendig anhaftend
מִתְחַיֵּב [ק/ב/314]. מְחֻיָּב, מְחֻיַּב הַמְּצִיאוּת, דָּבֵק בְּהֶכְרֵחַ, יוֹצֵא וְנִמְשָׁךְ בְּהֶכְרֵחַ, נוֹבֵעַ מִשִּׁקּוּל הֶגְיוֹנִי

notwendig zu etwas führen ---> führen, notwendig zu etwas

Notwendige, das ---> Notwendigkeit

notwendige Arbeit ---> Arbeit, notwendige

notwendige Arbeitszeit ---> Arbeitszeit, notwendige

notwendige Folge ---> Folge, notwendige

notwendiges Produkt ---> Produkt, notwendiges

notwendiges Übel ---> Übel, notwendiges

Notwendigkeit
הֶכְרֵחַ [ק/א/173]. הֶכְרֵחִיּוּת [ק/א/174]. סְגֻלַּת מַה שֶּׁהוּא הֶכְרֵחִי. חִיּוּב [ק/א/285]. תּוֹלָדָה מֻכְרַחַת, תְּנַאי מֻכְרָח. סָפֵק [ק/ג/111]. צֹרֶךְ חִיּוּנִי, כֹּרַח. צְרִיכָה, צְרִיכוּת [ק/ג/255]. רָאוּי [ק/ד/9]. נְחִיצוּת, חוֹבָה

Notwendigkeit, absolute
הֶכְרֵחַ מֻחְלָט (פיל') [ק/א/286]. חִיּוּב בִּלְתִּי תְּנָאִי, - מְזוּלַת תְּנַאי

Notwendigkeit, äußere
חִיּוּב חִיצוֹנִי (פיל') [ק/א/286]. הֶכְרֵחַ הַבָּא מִן הַחוּץ

Notwendigkeit, Gesichtspunkt der
פְּאַת חִיּוּב (פיל') [ק/ג/181]. נְקֻדַּת רְאוּת שֶׁל הַהֶכְרֵחַ

Notwendigkeit, gleiche
שִׁוְיוֹן הֶכְרֵחִיּוּת (פיל') [פ״ר/49]

Notwendigkeit, immanente ---> Notwendigkeit, innere

Notwendigkeit, innere
חִיּוּב פְּנִימִי (פיל') [ק/א/286]. הֶכְרֵחַ פְּנִימִי

Notzucht ---> Vergewaltigung

Noumenon
דָּבָר בְּעַצְמוֹ (פיל') [ק/א/130]

Nuance
גּוֹנִית (גּוֹנִיּוֹת), נְיוּאַנְס, שִׁנּוּי קַל, מַעֲבָר אוֹ הֶבְדֵּל דַּק בֵּין דְּבָרִים

nuancieren
גּוֹנֵן (מְגַוְנֵן), שִׁנָּה קַלּוֹת

nuchal ---> nackenbezüglich

Nudelholz
מַעֲרוֹךְ (מַעֲרוֹכִים) (טכנ') [א״ח/א/101]. מוֹט גְּלִילִי לְרִקּוּעַ הַבָּצֵק

Nudismus
עַרְטִילָנוּת (אסת', ספו') נוּדִיזְם, עַרְטְלָנוּת

Nudist(in)
עַרְטִילָן, עַרְטִילָנִית (אסת', ספו') נוּדִיסְט

nüchtern
מְפֻכָּח (רפו', פסי') מִי שֶׁפָּג שִׁכְרוֹנוֹ, צְלוּל דַּעַת, שֶׁיֵּשׁ לוֹ צְלִילוּת דַּעַת

nüchtern werden
הִתְפַּכֵּחַ (מִתְפַּכֵּחַ) (רפו', פסי') נִתְפַּכֵּחַ, הִתְפּוֹגֵג (מִתְפּוֹגֵג) מִן הַשִּׁכְרוּת, פָּג שִׁכְרוֹנוֹ, הִצְטַלְּלָה עָלָיו דַּעְתּוֹ, קִבֵּל צְלִילוּת דַּעַת

Nüßchen
אֱגוֹזִית (אֱגוֹזִיּוֹת) (בוט') פְּרִי בֶּן זֶרַע אֶחָד

nützen ---> nutzen

Nützlichkeit ---> Zweckdienlichkeit

Nützlichkeitswert
חֲשִׁיבוּת תּוֹעַלְתִּית (פסי')

Nukleinsäure
חֻמְצַת גַּרְעִין (ביו') [ל״ב/107]. חֻמְצָה נוּקְלֵאָתִית, תִּרְכּוֹבוֹת אֲרֻכּוֹת שַׁרְשֶׁרֶת הַמְּצוּיוֹת אֵצֶל כָּל הָאוּלִים (אוֹרְגָנִיזְמִים) הַחַיִּים

Null
אֶפֶס (אֲפָסִים) (מתמ') [ק/א/67; מי״ב/149]. גַּלְגַּל (מתמ') [ק/א/115]. צִיּוּן הָאֶפֶס

Null stellen, auf
אִפֵּס (מְאַפֵּס) (טכנ')

null und nichtig ---> ungültig
Null werden
הִתְאַפֵּס (מִתְאַפֵּס) (מתמ׳) נִהְיָה אֶפֶס
Nullelement
אֵיבָר אֲדִישׁ חִבּוּר (מתמ׳) אֶפֶס
Nullfall ---> Nominativ
Nullhypothese
הַשְׁעָרַת הָאֶפֶס (מ״ח, סטט׳) [ר/א/225; מ״מ/211]. הַשְׁעָרָה שֶׁעַל פִּיהָ קַיָּם רַק קֶשֶׁר מִקְרִי בֵּין הַמִּשְׁתַּנִּים הַנִּבְדָּקִים. דְּחִיָּתָהּ מְבִיאָה לְאִשּׁוּר אֲרָעִי שֶׁל הַהַשְׁעָרָה הַחֲלוּפִית הַגּוֹרֶסֶת קִיּוּם קֶשֶׁר מְסֻיָּם בֵּין הַמִּשְׁתַּנִּים הַנִּבְדָּקִים
Nullkreis
מַעְגַּל אֶפֶס (מתמ׳)
Nullmaß
מִדַּת אֶפֶס (מתמ׳)
Nullmenge
קְבוּצָה רֵיקָה (מתמ׳)
Nullstellung
אִפּוּס (טכנ׳)
Nullsummenspiel
מִשְׂחַק סַךְ אֶפֶס (סטט׳) [ר/ב/418]. מִשְׂחַק סְכוּם אֶפֶס, כָּל מִשְׂחָק שֶׁתּוֹחֶלֶת הַהֶפְסֵד שְׁקוּלָה בּוֹ לְתוֹחֶלֶת הַזְּכִיָּה
Nullwerden
הִתְאַפְּסוּת (מתמ׳) הֵהָפְכוּת לְאֶפֶס
Nullwert
עֵרֶךְ רֵיק (פיל׳, מתמ׳)
Numerale ---> Zahlwort
Numerator ---> Numerierungsapparat
numerieren *{paginieren}*
מִסְפֵּר (מְמַסְפֵּר) (דפו׳, ספרנ׳) סִפְרֵר, נָתַן מִסְפָּרִים
Numerierung
מִסְפּוּר
Numerierungsapparat *{Numerator}*
מְמַסְפֶּרֶת (טכנ׳) מְמַסְפֵּר, חוֹתֶמֶת נִתְגֶּבֶת (אוֹטוֹמָטִית) הַמַּטְבִּיעָה מִסְפָּרִים סוֹדְרִים, נוּמֶרָטוֹר
numerische Verarbeitung ---> Verarbeitung, numerische
Numerus
מִסְפָּר (בלש׳) [ק/ב/228; מ״ב/149]. מִסְפַּר הַשֵּׁם, גִּבְלָה (קָטֵגוֹרְיָה) דִּקְדּוּקִית הַמְּצַיֶּנֶת יָחִיד, רַבִּים אוֹ זוּגִי בַּשֵּׁם וּבַפֹּעַל
nummulär ---> münzenförmig
nur
רַק [ק/ב/250]. מֻפְשָׁט, בִּלְבַד, גְּרֵדָא
nur begrifflich ---> begrifflich, nur
nur daß...
אֶלָּא שֶׁ... [ק/א/256]. זוּלַת שֶׁ..., בִּלְבַד שֶׁ...
Nußgras *{Cyperus rotundus}*
גֹּמֶא הַפְּקָעִים (בוט׳) צֶמַח מִמִּשְׁפַּחַת הַגֻּמְאִיִּים
Nuteisen
חֵט (חֵטִים) (טכנ׳) מַכְשִׁיר לַעֲשִׂיַּת חֲרִיצִים
Nuten fräsen
גֵּיֵּץ (מְגַיֵּץ) חֲרִיצִים (טכנ׳) כִּרְסֵם (מְכַרְסֵם)
חֲרִיצִים
Nuten stoßen
חָטַט (חוֹטֵט) חֲרִיצִים (טכנ׳) חָקַק (חוֹקֵק), חָרַץ (חוֹרֵץ)
Nutzanwendung
שִׁמּוּשׁ תּוֹעֶלֶת [ק/ד/185]. תּוֹעֶלֶת, יִשּׂוּם, שִׁמּוּשׁ לְמַעֲשֶׂה, הֲבָאָה לִידֵי נִצּוּל דָּבָר, מוּסַר הַשֵּׂכֶל, לְמִידַת לֶקַח
nutzbar
נָצִיל, בַּר נִצּוּל
nutzbringend
נוֹעַל, מֵפִיק תּוֹעֶלֶת
Nutzeffekt
תּוֹצָא תּוֹעֶלֶת, תְּפוּקַת תּוֹעֶלֶת תּוֹצָא מוֹעִיל, תּוֹצָאָה מוֹעִילָה
nutzen
הוֹעִיל (מוֹעִיל), הֵבִיא תּוֹעֶלֶת
Nutzen
תּוֹעֶלֶת [ק/ד/184]. הוֹעָלָה [ק/א/163]. יִתְרוֹן, הֲנָאָה
nutzender Inhaber ---> Besitzergreifer
Nutzerschnittstelle *{Nutzer-Interface}*
מִנְשֶׁק אֱנוֹשִׁי (מחש׳) מִשְׁק אֱנוֹשִׁי, מִנְשַׁק הַמִּשְׁתַּמֵּשׁ, מִשַּׁק הַמִּשְׁתַּמֵּשׁ, יְחִידַת קִשּׁוּר בֵּין מַעֲרֶכֶת מַחְשֵׁב לְבֵין הַמִּשְׁתַּמֵּשׁ
Nutzlast
עֹמֶס שִׁמּוּשִׁי (פיס׳, טכנ׳)
Nutzleistung *{Effizienz}*
נְצִילוּת, הַיַּחַס בֵּין הַתְּפוּקָה לַהַשְׁקָעָה
Nutznießungsrecht ---> Nießbrauchsrecht
Nymphae ---> Schamlippen, kleine
Nymphomanie
יַחֶמֶת (פסי׳, רפו׳) [ר/ב/437]. נִימְפוֹמַנְיָה, תְּשׁוּקָה מִינִית מֻפְרֶזֶת אֵצֶל נָשִׁים, הֶמְיוֹן לִגְבָרִים, שֶׁגַע לִגְבָרִים
Nymphomanin
יַחְמָנִית (פסי׳, רפו׳) [ר/ב/437]. נִימְפוֹמָנִית, אִשָּׁה בַּעֲלַת תְּשׁוּקָה מִינִית מֻפְרֶזֶת
Nystagmus ---> Augenzittern

O

ob, die Frage nach dem
אִמּוּת (פיל׳) [ק/א/53]. שְׁאֵלַת אִם, אִם דָּבָר מָה נִמְצָא אוֹ לֹא. הַלּוֹת [ק/א/175]

Obdach
קוֹרַת גַּג, דִּירָה

Obduktion ---> Leichenschau

Obelisk
חִירָה (חִירוֹת) (אדר׳) אוֹבֶּלִיסְק, מַצֵּבָה דְּמוּיַת מַחַט

Obenerwähntes
הַנִּזְכָּר לְעֵיל (הנ״ל) [ק/ג/267]. מַה שֶּׁקָּדַם זִכְרוֹ, - שֶׁהִקְדַּמְנוּ זִכְרוֹ, הַנִּזְכָּר לְמַעְלָה, שֶׁכְּבָר הֻזְכַּר קֹדֶם, הָאָמוּר לְעֵיל, דִּלְעֵיל

Oberarm *{Brachium}*
זְרוֹעַ (זְרוֹעוֹת) (רפו׳)

Oberarmbein *{Humerus}*
עֶצֶד (עֲצָדִים) (רפו׳) [מר״ח/357]. עֶצֶם הַזְּרוֹעַ

oberarmbeinbezüglich
עֶצְדִּי (רפו׳) שֶׁל עֶצֶם הַזְּרוֹעַ

oberarmbezüglich
זְרוֹעִי (רפו׳) שֶׁל הַזְּרוֹעַ

Oberarmmuskel
קִבֹּרֶת (קִבּוֹרוֹת) (רפו׳) שְׁרִיר הַזְּרוֹעַ

Oberbauch
מֵרַק (רפו׳) רוּם הַבֶּטֶן

Oberbauchgegend, seitliche
חֹמֶשׁ (רפו׳) מְקוֹם הַמָּתְנַיִם

Oberbegriff des Syllogismus *{Terminus major}* **[---> Genus]**
מֻשָּׂג כּוֹלֵל (פיל׳) [ק/א/99]. גְּבוּל גָּדוֹל, מֻשָּׂג עֶלְיוֹן, נָשׂוּא (פְּרֶדִיקָט) שֶׁל הָאֶקְדֵּם הָרִאשׁוֹן וְשֶׁל מִשְׁפַּט הַסֵּיפָה בְּהֶקֵּשׁ מָצוּעַ (סִילוֹגִיזְם), לְמָשָׁל: בְּהֶקֵּשׁ הַמָּצוּעַ הַבָּא יִהְיֶה ״מֶילֶךְ/מִילְכוֹת חֹם״ מֻשָּׂג כּוֹלֵל: (1) ״כָּל הַמַּתָּכוֹת **מִילְכוֹת חֹם**״, (2) ״בַּרְזֶל הוּא מַתֶּכֶת״, לְפִיכָךְ: (3) ״בַּרְזֶל **מֶילֶךְ חֹם**״. הַקָּצֶה הָרִאשׁוֹן (פיל׳) [ק/ג/293]. הַקָּצֶה הַגָּדוֹל, הַגְּדָרָה כּוֹלֶלֶת

Oberbühne
בִּימָה עִלִּית (תאט׳)

obere Fläche ---> Fläche, äußere

obere Grenze ---> Grenze, obere

Oberfläche
פָּנִית (פָּנִיּוֹת) (מתמ׳, י״א) [ק/ג/220]. פָּשׁוּט, פְּנֵי הַשֶּׁטַח, שֶׁלַח, רֹחַב. מִשְׁטָח (מִשְׁטָחִים) (מתמ׳) [ק/ד/87]. שֶׁטַח

Oberflächenabfluß
נֶגֶר עַל קַרְקָעִי (היד׳) מְקוֹר מַיִם עַל קַרְקָעִי הַזּוֹרֵם לַיָּם

Oberflächenbehandlung ---> Polieren

Oberflächenbelag
חִפּוּי (חִפּוּיִים) (אדר׳)

Oberflächenendnerv ---> Exterozeptor

Oberflächenerscheinung
תּוֹפַעַת פָּנִים (פיס׳) תּוֹפָעָה פָּנִית

Oberflächenfarbe
צֶבַע הַפָּנִית (פיס׳, פסי׳) [ר/ב/579]. צֶבַע הַשֶּׁטַח, - מִשְׁטָח, - הַנִּרְאֶה כְּשַׁיָּךְ לְעֶצֶם אוֹ מוּנָח עָלָיו

Oberflächenfilm
קְרוּם פָּנִי (פיס׳)

Oberflächenkraft
כֹּחַ פָּנִי (פיס׳)

Oberflächenspannung
מֶתַח פָּנִים (פיס׳) [ל״מ/422]. מֶתַח פָּנִי, כַּמּוּת הָעֲבוֹדָה הַדְּרוּשָׁה לְהַגְדָּלַת שֶׁטַח פְּנֵי הַנּוֹזֵל בִּיחִידַת שֶׁטַח

Oberflächenströmung
זְרִימָה פָּנִית (היד׳) זְרִימָה שִׁטְחִית

Oberflächenstruktur
מִבְנֶה עִלִּי

oberflächlich
שִׁטְחִי [ק/ד/89]. מְלֻשְׁטָחִי, פָּנִי, חִיצוֹנִי, שֶׁאֵינוֹ מַעֲמִיק, קָלוּשׁ

oberflächliche Auffassung ---> Auffassung, oberflächliche

oberflächliche Betrachtung ---> Betrachtung, oberflächliche

Oberflächlichkeit
שִׁטְחִיּוּת [ק/ד/89]. מְלֻשְׁטְחִיּוּת, חִיצוֹנִיּוּת, חֹסֶר עֲמִקוּת, שִׁטּוּחַ הַמַּחְשָׁבָה, קְלִישׁוּת

Obergemach
עֲלִיַּת קִיר (אדר׳)

Obergeschoß
קוֹמָה עֶלְיוֹנָה (אדר׳) [א״ח/א/23]. עֲלִיָּה

Obergesenk
רֶכֶב הַמַּטְבַּעַת (טכנ׳) הַחֵלֶק הָעֶלְיוֹן שֶׁל מַכְשִׁיר לְהַטְבָּעַת צוּרוֹת בְּמַתֶּכֶת

Obergewand
אִצְטְלָה (אִצְטְלוֹת) (לבו׳) גְּלִימָה

Oberhaut ---> Epidermis

Oberkiefer *{Maxilla}*
לֶסֶת עֶלְיוֹנָה (רפו׳)

Oberkiefer(s), Vorlage des *{Prognathie}*
פִּקְמוּת (רפו׳) [מר״ח/554]. מוּם בְּלִיטַת הַלֶּסֶת הָעֶלְיוֹנָה

Oberlicht
צֹהַר (צָהֳרִים) (ימא׳) אֶשְׁנָב

Oberlippe, kurze mittlere *{Brachycheilie}*

גִּלְעוּת (רפו') [מר"ח/104]. מוּם שֶׁהַשָּׂפָה הָעֶלְיוֹנָה אֵינָהּ מְכַסָּה אֶת הַשִּׁנַּיִם

Obermenge

קְבוּצַת עָל (מחמ')

Obersatz ---> Prämisse major; Vordersatz

Oberschenkel, mit verrenktem

שָׁחוּל (שְׁחוּלִים) (זוא', רפו') שֶׁיְּרֵכוֹ נְקוּעָה

Oberschenkelknochen *{Femur}*

עֶצֶם הַיָּרֵךְ (רפו')

Oberschenkelkopfgelenkpfanne

אֲסִית הָעַטְמָה (רפו') אֲסִית הַיָּרֵךְ

Oberschwelle ---> Türsturz

oberste Leitung ---> Leitung, oberste

Oberstimme

קוֹל עֶלְיוֹן (מוס') פַּרְטִית עֶלְיוֹנָה

Obertonika

עַל יָסֵד (מוס') [למ"ו/315]. סוּפֶּרְטוֹנִיקָה, הַדַּרְגָּה הַשְּׁנִיָּה שֶׁל הַסֻּלָּם הַתַּנְעִימִי (מוּזִיקָלִי)

Obhut ---> Gewahrsam

Objekt

מֻשָּׂא (מֻשָּׂאִים) (פיל', בלש') [ק/ב/137; מ"ב/151]. מֻבָּט, מַה שֶּׁנִּמְצָא מְחוּצָה לָנוּ וּמִתְקַיֵּם בְּלֹא תְּלוּת בְּתוֹדַעְתֵּנוּ, הַנִּמְצָא מִנֶּגֶד; צֵרוּף שֵׁמָנִי הַמַּשְׁלִים אֶת הַפֹּעַל. נָכְחִי, נוֹכְחִי (פיל') [ק/ג/37]. הָעֶצֶם שֶׁהַפְּעֻלָּה הַמֻּבַּעַת בַּנָּשׂוּא עוֹבֶרֶת עָלָיו. נוֹשֵׂא (בלש', פיל') [ק/ג/73]. נָשׂוּא (בלש', פיל') [ק/ג/74]. פָּעוּל (פיל', בלש') [ק/ג/197]. קוֹנֶם [מר"ח/487]

Objekt, direktes ---> Akkusativobjekt

Objekt, indirektes

מֻשָּׂא עָקִיף (בלש') [מ"ב/105]. מֻשָּׂא לֹא יָשִׁיר, צֵרוּף שֵׁמָנִי מֻצְרָךְ הַנִּמְצָא בְּיַחֲסַת "אֶל" (דָּטִיב) וְהַמִּתְקַשֵּׁר לַפֹּעַל (הַנָּשׂוּא) בְּאֶמְצָעוּת מִלּוֹת הַיַּחַס: אֶל; לְ...; בְּ...; מִ... וכיו"ב, לְמָשָׁל: "הַתַּלְמִיד הִקְשִׁיב **לַשִּׁעוּר**"

Objekt, logisches

מֻשָּׂא הֶגְיוֹנִי (בלש') [ק/ג/75]. נָשׂוּא הֶגְיוֹנִי

Objekt, Pronomen als ---> Pronomen als Objekt

Objekt, sinnverwandtes

מֻשָּׂא פְּנִימִי (בלש') [מ"ב/37]. מַשְׁלִים הַפֹּעַל הַמִּתְבַּטֵּא בְּדֶרֶךְ כְּלָל עַל יְדֵי מִלָּה הַנּוֹצֶרֶת מִן הַשֹּׁרֶשׁ שֶׁל פֹּעַל הַנָּשׂוּא אוֹ מִשֹּׁרֶשׁ נִרְדָּף לְפֹעַל הַנָּשׂוּא, לְמָשָׁל: "הַיֶּלֶד צָחַק **צְחוֹק** גָּדוֹל", "הִיא הָלְכָה **צְעָדִים** אֲחָדִים"

Objekt der Erkenntnis ---> Erkenntnis, Gegenstand der

Objekt der Sinneswahrnehmung ---> Sinneswahrnehmung, Objekt der

Objekt der Vorstellung ---> Vorstellung, Objekt der

Objekt des Inhalts ---> Objekt, sinnverwandtes

Objekterkennung

זִהוּי עֶצֶם (פסי', מחש') זִהוּי מֻשָּׂא

Objektidentifikation --->

Objekterkennung

objektiv

מֻשָּׂאִי (פיל') [ק/א/82; ק/ג/75,73]. בִּבְחִינָה מֻשָּׂאִית, - נְשׂוּאִית, בִּבְחִינַת עַצְמוּתָם, אוֹבְּיֶקְטִיבִי. בְּמֻשָּׂג חִיצוֹנִי (פיל') [ק/א/140; ק/ג/73]. בִּבְחִינַת הַמֻּשָּׂג (פיל') [ק/ב/285; ק/ג/73]. עִנְיָנִי, מַמָּשִׁי, מַה שֶּׁקַּיָּם בַּטֶּבַע בְּלֹא תְּלוּת בְּמִי שֶׁמַּכִּיר וּמַרְגִּישׁ אוֹתוֹ. בִּבְחִינַת הָעֶצֶם, - עַצְמוֹ, - עַצְמוּתָם (פיל') [ק/ג/73]. שֶׁאֵינוֹ נוֹגֵעַ בַּדָּבָר, לְלֹא נְגִיעָה פְּרָטִית. נְשׂוּאִי (פיל', בלש') [ק/ג/75]. בְּלֹא מַשּׂוֹא פָּנִים

Objektiv

עַצְמִית (עַצְמִיּוֹת) (פיס') [מר"ח/487]. עֲדָשַׁת הָעֶצֶם, קוֹנָמִית, עֲדָשָׁה אוֹ מַעֲרֶכֶת עֲדָשׁוֹת הַקְּרוֹבָה אֶל הָעֶצֶם הַנִּצְפֶּה בְּמַכְשִׁיר הִסְתַּכְּלוּת אוֹ בְּמַצְלֵמָה

objektive Bewertung ---> Bewertung, objektive

objektive Vorstellung ---> Vorstellung, objektive

objektivieren [-->vergegenständlichen]

מִשֵּׂא (מְמַשֵּׂא) (פיל', מ"ח) הִתְמַשֵּׂא, מֻשָּׂא (מוּשָׂא), הָפַךְ דָּבָר לְמֻשָּׂא, יָצַר מַצָּב נְטוּל נְטִיָּה פְּרָטִית, קִנֵּם (מְקַנֵּם), הִתְקַנֵּם

Objektivierung [--->Verdinglichung; Vergegenständlichung]

הַמְשָׂאָה (פיל', מ"ח) [המ"מ/225]. מִשּׂוּא, הִתְמַשְּׂאוּת, קִנּוּם, הִתְקַנְּמוּת, גִּשּׁוּם הַכֹּחוֹת הָאֱנוֹשִׁיִּים בְּתַהֲלִיךְ הָעֲבוֹדָה, מַעֲבַר הַמַּחֲשָׁבוֹת, הָרַעְיוֹנוֹת וְהַכְּשָׁרִים הַנּוֹשְׂאִיִּים (סוּבְּיֶקְטִיבִיִּים) לְצוּרָה שֶׁל תּוֹצְרֵי הָעֲבוֹדָה, אֶמְצָעֶיהָ וַהֲלִיכֶיהָ לְרַבּוֹת מִמּוּשׁ מַחְשְׁבוֹת הָאָדָם וְרַעְיוֹנוֹתָיו הַבָּא לִידֵי בִּטּוּי בִּיצִירַת הָאֳמָנוּת וּבִפְעִילוּת הַמַּדָּעִית וְהַחֶבְרָתִית

Objektivität

מֻשָּׂאִיּוּת [ר/א/10]. אוֹבְּיֶקְטִיבִיּוּת, עִנְיָנִיּוּת, חֹסֶר מַשּׂוֹא פָּנִים, גִּישָׁה נְטוּלַת מִשְׁפָּט קָדוּם לִדְבָרִים כִּלְשֶׁהֵם, קוֹנָמִיּוּת

objektorientiert

מֻנְחֵה עֶצֶם (מחש') מֻנְחֵה מֻשָּׂא, יְעוּד עֶצֶם, - מֻשָּׂא, כִּוּוּן עֶצֶם, - מֻשָּׂא

objektorientierte Programmierung ---> Programmierung, objektorientierte

Objektsatz

פְּסוּקִית מֻשָּׂא (בלש') [מ"ב/151]. מִשְׁפַּט מֻשָּׂא, מִשְׁפָּט טָפֵל הַמְשַׁמֵּשׁ מֻשָּׂא לְנָשׂוּא-פֹּעַל שֶׁבְּמִשְׁפָּט הָעִקָּרִי, לְמָשָׁל: "הֶחְלַטְתִּי **שֶׁכְּדַאי לִי לִנְהֹג עַל פִּי מַצְפּוּנִי**", "שָׁאַלְתִּי אוֹתוֹ, **מָתַי הִגִּיעַ**"

Objektträger

זְכוּכִית נוֹשֵׂאת (ביו') [מר"ח/487]. זְכוּכִית הַמֻּשָּׂא, - הַקּוֹנֶם, - פְּשׁוּטָה הַנּוֹשֵׂאת אֶת הַמֻּשָּׂא הַנָּתוּן לִבְדִיקָה

obgleich

אַף־עַל־פִּי שֶׁ... [ק/א/50]. וְאִם, אֲפִילוּ, . עִם הֱיוֹת [ק/א/170]

Obliegenheit [---> Verpflichtung]

חוֹבָה (חוֹבוֹת) (מ"ח, אתי') [ק/א/275]. הַמֻּטָּל עַל הָאָדָם לַעֲשׂוֹת, הִתְחַיְּבוּת, חָבוּת, מַצָּב אוֹ תְּכוּנָה שֶׁל הֱיוֹת חַיָּב מִבְּחִינָה מוּסָרִית

Obligat

מְחַיֵּב (מוס') חוֹבָה, אוֹבְּלִיגָטוֹ

Obligation

הִתְחַיְּבוּת (הִתְחַיְּבֻיּוֹת) (כלכ', משפ') אוֹבְּלִיגַצְיָה, אִגֶּרֶת חוֹב בַּנְקָאִית אוֹ מֶמְשַׁלְתִּית

Obliteration ---> Verödung

obliterieren ---> veröden

Oboe

אַבּוּב (אַבּוּבִים) (מוס')

Oboe d'amore

אַבּוּב אַהַב (מוס')

Oboist(in)

אַבּוּבָן, אַבּוּבָנִית (מוס')

Observanz

שְׁמִירַת מִנְהָגִים (דת, מ"ח) דִּקְדּוּק שְׁמִירָה, קִיּוּם מִצְווֹת

Observatio

הִתְבּוֹנְנוּת (פיל', פסי') [ק/א/227]. עִיּוּן וְהִסְתַּכְּלוּת פְּנִימִית, הִרְהוּר

Observatorium [---> Sternwarte]

מִצְפֶּה (מִצְפִּים) (מטא') [יל"ט/124]. מָקוֹם לַעֲרִיכַת תַּצְפִּיּוֹת מֶטֶאוֹרוֹלוֹגִיּוֹת

Obsession ---> Besessenheit

obsessiv ---> besessen

Obsoleszenz

כְּלִיחָה, הִכָּלְחוּת, הִתְיַשְּׁנוּת, יְצִיאָה מִכְּלַל שִׁמּוּשׁ

obsoleszieren

נִכְלַח (נִכְלָח), נִתְיַשֵּׁן, יָצָא מִכְּלַל שִׁמּוּשׁ, עָבַר זְמַנּוֹ, יָצָא מִן הָאָפְנָה

obsolet

כָּלוּחַ, נִכְלָח, מְיֻשָּׁן, מְשֻׁלְשָׁם, אֲכוּל זְמַן, שֶׁעָבַר זְמַנּוֹ, שֶׁיָּצָא מִכְּלַל שִׁמּוּשׁ

Obstbaum

עֵץ פְּרִי (עֲצֵי פְּרִי) (בוט', חקל') [א"ח/ב/201]. אִילַן מַאֲכָל (אִילָנֵי מַאֲכָל)

Obstgarten [---> Baumgarten; Plantage]

בּוּסְתָּן (בּוּסְתָּנִים) (חקל') [א"ח/ב/203]. גַּן עֲצֵי פְּרִי

Obstinaten, Schule der

בַּעֲלֵי הָעִקְשׁוּת (פיל') [ק/א/93; ק/ג/168]. אַנְשֵׁי הָעִקְשׁוּת, בַּעֲלֵי הַהַטְעָאָה, סוֹפִיסְטִים

Obstruent ---> Geräuschlaut

Obstruktion ---> Verschluß

obstruktiv ---> verschließend

obszönen Worten, Reden in ---> Koprolalie

Obszönität ---> Schandtat

obwohl

אַף שֶׁ.../כִּי... [ק/א/170]. עִם הֱיוֹת, לַמְרוֹת, אַפְעַלְפִּי, אִם כִּי...

Occasio

הִזְדַּמְּנוּת (הִזְדַּמְּנֻיּוֹת) [ק/א/165]. הִזְדַּמֵּן, שְׁעַת הַכֹּשֶׁר

Occasionalisten ---> Okkasionalisten

Occupatio

קְדִימָה (רטו') [ק/ג/267]. מֶנַע, מְנִיעָה

Ochronosis

צַחֶמֶת (רפו') הַצְהָבַת הָרִקְמָה

Ochsenzunge *{Anchusa}*

לְשׁוֹן הַפָּר (בוט') צֶמַח מִמִּשְׁפַּחַת הַזִּיפָנִיִּים

ockergelb

צָחֹם (צבע) [מר"ח/490]. צְהַב-חוּם, צֶבַע הָאוֹכְרָה

Octogon

מְשֻׁמָּן (מתמ') [ק/ב/297]. מְתֻמָּן, מְצֻלָּע בַּעַל שְׁמוֹנֶה צְלָעוֹת

Ödem ---> Wassersucht

ödematös ---> wassersüchtig

Ödipuskomplex

תַּסְבִּיךְ אֶדִיפּוּס (פסי') [ר/א/7]. מַעֲרַךְ יְחָסִים בֵּין יְלָדִים לְהוֹרֵיהֶם בַּשָּׁלָב הָעֶרְיָתִי (גֶּנִיטָלִי) שֶׁל הַהִתְפַּתְּחוּת הַזְּוִיגְנַפְשִׁית (פְּסִיכוֹסֶקְסוּאָלִית) שֶׁבְּמַהֲלָכוֹ מִשְׁתּוֹקֵק הַיֶּלֶד "לִכְבֹּשׁ" אֶת הַהוֹרֶה מִן הַמִּין הַנֶּגְדִּי וּ"לְסַלֵּק" אֶת הַהוֹרֶה בֶּן אוֹתוֹ מִין

Ödland ---> Brachland

öffentlich

בָּרַבִּים [א"ח/ג/69]. בְּפֻמְבֵּי, בְּגָלוּי, קָבָל עַם וְעֵדָה, בְּפַרְהֶסְיָה, בְּרֹאשׁ חוּצוֹת, לְעֵינֵי הַצִּבּוּר, בְּרֵישׁ גְּלֵי, בַּקָּהָל

öffentlich bekanntmachen ---> verkündigen, öffentlich

öffentliche Anklage ---> Strafklage

öffentliche Bücherei ---> Bücherei, öffentliche

öffentliche Gewalt ---> Behörde

öffentliche Interessen ---> Interessen, öffentliche

öffentliche Meinung ---> Meinung, öffentliche

öffentliche Schuld ---> Staatsschuld

öffentliche Tugend ---> Tugend, öffentliche

öffentliche Verwaltung ---> Verwaltung, öffentliche

öffentliche Wohlfahrt ---> Wohlfahrt, öffentliche

öffentlicher Dienst ---> Dienst, öffentlicher

öffentlicher Gerichtsverhandlung, in ---> Gerichtsverhandlung, in öffentlicher

öffentlicher Platz ---> Platz, öffentlicher

öffentliches Ärgernis ---> Ärgernis, öffentliches

öffentliches Interesse ---> Interesse, öffentliches

öffentliches Wohl ---> Gemeinwohl

Öffentlichkeit, unter Ausschluß der ---> Ausschluß der Öffentlichkeit, unter

Öffentlichkeit bestimmt, für die

גָּלוּי לַצִּבּוּר [ק/א/276]. חוּצִי, חִיצוֹנִי, נִגְלֶה, צִבּוּרִי

öffnen, gewaltsam ---> aufspreizen

Öffnung *{Apertur}*

מִפְתָּח (רפו', טכנ') פֶּתַח (פְּתָחִים), פֶּה

Öffnung einschneiden, eine ---> Fistel anlegen, eine

Öhr

קוֹף (קוֹפִים) (טכנ') חֹר הַמַּחַט, - בְּגַרְזֶן שֶׁהַקַּת נִמְצֵאת בּוֹ, חָרִיר (חֲרִירִים)

Ökologe

סְבִיבָתָן (סְבִיבְתָנִים) (מ"ט) אֶקוֹלוֹג

Ökologie

סְבִיבָתִיּוּת (מ"ט) אֶקוֹלוֹגְיָה

Ökonomie

כַּלְכָּלָה (כלכ') [ק/ג/214]. פַּרְנָסָה, חָכְמַת הַפַּרְנָסָה, הַכַּלְכָּלָה הַצִּבּוּרִית. כַּלְכָּלַת הַבַּיִת (כלכ') [ק/א/182; 295]. נְהִילַת הַבַּיִת, הַנְהָגַת הַבַּיִת

Ökonomie, politische

כַּלְכָּלָה מְדִינִית (מ"ח, כלכ') מַדַּע הַחֻקִּים הַשּׁוֹלְטִים בַּיִּצּוּר וּבַחֲלִיפִין שֶׁל אֶמְצָעֵי הַמִּחְיָה הַחָמְרִיִּים בַּחֶבְרָה הָאֱנוֹשִׁית

Ökonomieprinzip

עֶקְרוֹן הַחִסָּכוֹן (בלש') [מ"ב/70]. חִסָּכוֹן, נְטִיָּתוֹ שֶׁל דּוֹבֵר הַלָּשׁוֹן לְהַפְחִית כְּכָל הָאֶפְשָׁר אֶת מַאֲמַצָּיו לְצָרְכֵי תִּקְשֹׁרֶת

ökonomische Basis ---> Basis, ökonomische

Ökumene

הַנּוֹשָׁב (י"א, כלכ') אֶרֶץ נוֹשֶׁבֶת, אֲזוֹרִים מְיֻשָּׁבִים

Ölbaum *{Olea}*

זַיִת (בוט') צֶמַח מִמִּשְׁפַּחַת הַזֵּיתִיִּים

Ölbehälter

מְגוּרַת שֶׁמֶן (טכנ')

ölen ---> schmieren

Öler

אָסוּךְ (אֲסוּכִים) (טכנ') אֲסוּךְ שֶׁמֶן

ölig ---> fettig

Ölkäfer *{Meloidae}*

רְפוּאָנִיתִיִּים (זוא') מִשְׁפָּחָה שֶׁל חִפּוּשִׁיּוֹת

Ölkanne ---> Schmierkanne

Ölkelter

בֵּית הַבַּד (חקל', טכנ') [א"ח/ב/221]. מָקוֹם לִכְבִישַׁת הַזֵּיתִים

Ölmühle

רֵחַיִם שֶׁל זֵיתִים (טכנ', חקל') [א"ח/ב/219]

Ölolive

זֵית שֶׁמֶן (זֵיתֵי שֶׁמֶן) (חקל') [א"ח/ב/217]. זֵיתִים שֶׁמְּפִיקִים מֵהֶם שֶׁמֶן

Ölpumpe

מַשְׁאֵבַת שֶׁמֶן (טכנ')

Ölrauke *{Eruca sativa}*

בֶּן חַרְדָּל מָצוּי (בוט') צֶמַח מִמִּשְׁפַּחַת הַמִּצְלִיבִים

Ölring

טַבַּעַת סִיכָה (טכנ')

Ölschaum

מֹהַל זֵיתִים (בוט') [א"ח/ב/225]. מֹחַל זֵיתִים, נוֹזֵל צְמִיגִי הַיּוֹצֵא מִן הַזֵּיתִים

Ölspritzkanne

מִזָּה (מִזּוֹת) (טכנ') כְּלִי לְהַתָּזַת שֶׁמֶן

Ölstein

מַשְׁחֶזֶת שֶׁמֶן (טכנ')

Ölweide *{Elaeagnus}*

עֵץ הַשֶּׁמֶן (בוט') צֶמַח מִמִּשְׁפַּחַת עֵץ הַשֶּׁמֶן

örtlich *{lokal}*

מְקוֹמָנִי, מְקוֹמִי, לוֹקָלִי

Öse

לוּלָאָה (לוּלָאוֹת) (טכנ')

Oesophagoskop

סְפַּקְלַרְיַת הַוֶּשֶׁט (רפו') רְאִי פָּנִים הַמְּשַׁמֵּשׁ לִבְדִיקַת הַוֶּשֶׁט

Oesophagoskopie ---> Speiseröhrenbetrachtung

Oesophagus ---> Speiseröhre

Oesophagusachalasie ---> Speiseröhre, Dauerspasmus der

oesophageal ---> Speiseröhre betreffend, die

Östrus ---> Brunst

Oeuvre ---> Gesamtwerk

Ofen brennen, im

צָרַף בְּכִבְשָׁן (צוֹרֵף בְּכִבְשָׁן) (טכנ') שָׂרַף כְּלֵי חֶרֶס בְּכִבְשָׁן

off-line ---> rechnerunabhängig

offen

פָּתוּחַ (טכנ') פָּתוּק

offenbar ---> offenkundig

offenbaren

פִּרְסֵם (מְפַרְסֵם) [ק/ג/215]. הוֹדִיעַ דָּבָר בָּרַבִּים, גִּלָּה דַּעְתּוֹ בְּפַרְהֶסְיָה, עָשָׂה פֻּמְבֵּי לְ...

Offenbarung

הִגָּלוּת (דת) [ק/א/156]. הוֹפָעָה [ק/א/163]. הִתְגַּלּוּת [ק/א/227]. הִתְוַדְּעוּת (דת) [ק/א/231]. הוֹפָעָה אֱלֹהִית. מִשְׁמָע (דת) [ק/ב/297]. שֵׁמַע (דת) [ק/ד/133]

Offenbarung bezüglich, auf die

הִגָּלוּתִי (דת) [ק/ד/133]. שִׁמְעִי, מִתְיַחֵס עַל מַה שֶּׁנִּשְׁמָע בְּהִתְגַּלּוּת אֱלֹהִית

Offenbarungsakt

מַעֲמַד הִגָּלוּת (דת) [ק/ב/237]. מַעֲמָד, הִתְגַּלּוּת אֱלֹהִים לִבְנֵי אָדָם

Offenbarungsgebot

מִצְוָה שִׁמְעִית (מִצְווֹת שִׁמְעִיּוֹת) (דת) [ק/ב/253]. מִצְוַת שֵׁמַע, מִצְוָה מַעֲשִׂית שֶׁחַיָּבִים לְקַיְּמָהּ אַף שֶׁאֵין יוֹדְעִים טַעְמָהּ וְנִמּוּקָהּ לְפִי שֶׁהִיא גְּזֵרַת הַתּוֹרָה. מִשְׁמָע (דת) [ק/ב/297]

Offendunst

עָתָן [מר"ח/146]. רֵיחַ עָשָׁן הָעוֹלֶה מִתַּנּוּר

offene Form ---> Form, offene

offene Silbe ---> Silbe, offene

Offene-Welt-Annahme ---> Annahme, Offene-Welt-

Offenheit

פְּתִיחוּת, גִּלּוּי לֵב

offenkundig

בָּרוּר [ק/ג/18]. נִגְלֶה, מִסְתַּבֵּר, מִתְקַבֵּל עַל הַדַּעַת, נִרְאֶה, מוּבָן. פָּרוּס [ק/ג/209]. מְפֻרְסָם, יָדוּעַ. גָּלוּי [ק/א/116]. מְפֹרָשׁ, מְבֹאָר

Offenkundigkeit

מוּבָנוּת [ק/א/156]. הִגָּלוּת, בְּהִירוּת, הֱיוֹת בָּרוּר, הִבָּהֲרוּת

offensichtliche Validität ---> Gültigkeit, augenscheinliche

Offerte ---> Preisangebot

Offsetdruck

דְּפוּס שֶׁטַח (דפו׳) [ממ״ג/169]. דְּפוּס צִלּוּם, - גּוּמִי, - אוֹפְסֶט, תַּהֲלִיךְ שֶׁל דְּפוּס אֶבֶן שֶׁהַסֵּדֶר אוֹ הַתֵּאוּר נִדְפָּס עַל גַּבֵּי לוּחַ גּוּמִי הַמַּקִּיף גָּלִיל וּמִמֶּנּוּ נַעֲשָׂה הַהֶדְפֵּס

Ohmmeter ---> Widerstandsmesser

ohne

בְּלִי (בלש׳) [ק/א/255]. זוּלַת, זוּלָתִי, בְּלֹא, בְּאֵין, לְלֹא, פְּנוּי מִ..., חָסֵר..., נֶעְדַּר..., נְטוּל..., בִּלְתִּי. מִבְּלִי, מִבִּלְתִּי (בלש׳) [ק/ב/138]. מֵאֵין, מְחֻסָּר

Ohnmacht

לֵאוּת (רפו׳, פסי׳) [ק/ב/111]. חֹסֶר יְכֹלֶת, עֲיֵפוּת, חֹסֶר כֹּחַ, חֻלְשָׁה, אִי שְׁלֵמוּת, עִלָּפוֹן, חֹסֶר הַכָּרָה

Ohnmachtsgefühl

רֶגֶשׁ אֵין אוֹנִים (רפו׳, פסי׳)

ohnmächtig [---> zusammengebrochen]

לוֹאֶה (רפו׳, פסי׳) [ק/ב/110]. בִּלְתִּי יָכוֹל, חֲסַר כֹּחַ, בִּלְתִּי מֻשְׁלָם, חֲסַר הַכָּרָה

ohnmächtig werden

לָאָה (לֵאֶה) (רפו׳, פסי׳) [ק/ב/110]. לֹא הָיָה יָכוֹל, הִתְעַלֵּף, אִבֵּד אֶת הַכָּרָתוֹ

Ohr(es), analytische Fähigkeit des ---> Fähigkeit des Ohres, analytische

Ohr betreffend, das *{aural}*

אָזְנִי (רפו׳)

Ohrenentzündung *{Otitis}*

דַּלֶּקֶת אָזְנַיִם (רפו׳)

Ohrenfledermaus ---> Langohr, graues

Ohrengeier *{Torgos tracheliotus}*

עָזְנִיַּת הַנֶּגֶב (זוא׳) עוֹף מִמִּשְׁפַּחַת הַנְּצִיִּים

Ohrenklingen ---> Ohrenrauschen

Ohrenlerche *{Eremophila alpestris}*

צְחִיחָנִית הַחֶרְמוֹן (זוא׳) עוֹף מִמִּשְׁפַּחַת הָעֶפְרוֹנִיִּים

ohrenlos

חֲסוּךְ אָזְנַיִם (רפו׳)

Ohrenrauschen *{Tinnitus}*

צִלְצֵל הָאָזְנַיִם (רפו׳) [ק/ג/248; מר״ח/668]. טִנְטוּן, הֶמְיָה בָּאֹזֶן, זִמְזוּם בָּאָזְנַיִם

Ohrenschmalz

שַׁמְעָה (רפו׳) [מר״ח/139]. שַׁעֲוַת הָאֹזֶן

Ohrenschnecke *{Cochlea}*

שַׁבְּלוּלַב הָאֹזֶן (רפו׳) [מר״ח/166]. שַׁבְּלוּלָב, שַׁבְּלוּל הָאֹזֶן

Ohrenverwachsung

לִזְקוּת (רפו׳) [מר״ח/652]. הִדַּבְּקוּת הָאָזְנַיִם

Ohrfeige

סְטִירַת לֶחִי, סְטִירָה, מִסְטָר, מִסְטוֹר

Ohrlosigkeit

חֹסֶךְ אָזְנַיִם (רפו׳)

Ohrring

עָגִיל (עֲגִילִים) (טכנ׳, אמנ׳) טַבַּעַת לָאֹזֶן

Ohrspeicheldrüse *{Parotis}*

חָזוֹר (חֲזוֹרִים) (רפו׳) [מר״ח/514]. בַּלּוּטַת מִצַּד הָאֹזֶן

Ohrspeicheldrüsenentzündung *{Parotitis}*

דַּלֶּקֶת הֶחָזוֹר (רפו׳) דַּלֶּקֶת בַּלּוּטַת מִצַּד הָאֹזֶן

Ohrtrompete *{Tuba auditiva Eustachii}*

חֲצוֹצֶרֶת הַשֵּׁמַע (רפו׳) חֲצוֹצֶרֶת אֶבְסְטַכְיוּס

Ohrwürmer *{Dermaptera}*

צִבְתְּנָאִים (זוא׳) סִדְרָה שֶׁל חֲרָקִים

Ohrwurm, Gemeiner *{Forficula auricularia}*

צִבְתָּן אֵירוֹפִּי (זוא׳) חֶרֶק מִסִּדְרַת הַצִּבְתְּנָאִים

Ohrwurm, Kleiner *{Labia minor}*

צִבְתָּן מְעוֹפֵף (זוא׳) חֶרֶק מִסִּדְרַת הַצִּבְתְּנָאִים

Okkasionalismus

שִׁיטַת הַהִזְדַּמְּנוּת (פיל׳) [ק/א/119]. תּוֹרַת הַגְּרָמִים, תּוֹרַת הַסִּבּוֹת לְעֵת מְצֹא, תּוֹרָה הַשּׁוֹלֶלֶת אֶת הַשְׁפָּעַת הַגּוֹמְלִין בֵּין גּוּף וָנֶפֶשׁ וְהַמְחַיֶּבֶת הִמָּצְאוּת אֱלֹהִים הַמְתַוֵּךְ לְדַעְתָּהּ בֵּינֵיהֶם

Okkasionalisten

בַּעֲלֵי הַהִזְדַּמְּנוּת (פיל׳) [ק/א/165]. אוֹקָצְיוֹנָלִיסְטִים, הַמַּחֲזִיקִים בְּתוֹרַת הַסִּבּוֹת לְעֵת מְצֹא. בַּעֲלֵי הַגְּרָם (פיל׳) [ק/א/119,92]

okkludieren

הִתְלַכֵּד (מִתְלַכֵּד)

Okklusion [---> Zahnreihenschluß]

חֲזִית מְלֻכֶּדֶת (מטא׳) [יל״ט/10]. אוֹקְלוּזְיָה

Oktaeder ---> Achtflach

Oktagon ---> Achteck

Oktant ---> Achtelkreis

Oktave

שְׁמִינִי, שְׁמִינִיָּה (מוס׳) [ק/ד/131]. הָרֶוַח שֶׁבֵּין שְׁמוֹנָה צְלִילִים בְּסֻלָּם מוּסִיקָלִי, אוֹקְטָבָה

Oktavengattungen

אָרְחֵי שְׁמִינִיּוֹת (מוס׳) אָרְחֵי אוֹקְטָבוֹת, סֻלָּמוֹת יְוָנִיִּים

Oktavflöte ---> Piccolo

Oktavformat

תַּבְנִית שְׁמִינִית (דפו׳) [ק/ד/179]. כִּנּוּי לְגִלְיוֹן נְיָר שֶׁמִּדּוֹתָיו בְּעֵרֶךְ 18.5x22.5 סֶנְטִימֶטְרִים

Oktett

שְׁמִינִיָּה (מוס׳) [למ״ו/477]. תַּמְנִית, יְצִירָה הַמְיֻעֶדֶת לִשְׁמוֹנָה כְּלֵי נְגִינָה, קְבוּצָה שֶׁל שְׁמוֹנָה מְנַגְּנִים אוֹ זַמָּרִים

Okular

עֵינִית (עֵינִיּוֹת) (פיס׳) גְּהָרִית, אוֹקוּלָר, עֲדָשָׁה אוֹ מַעֲרֶכֶת עֲדָשׁוֹת הַקְּרוֹבָה לְעֵין הַמִּסְתַּכֵּל וּשֶׁבָּהּ נוֹצֶרֶת הַתְּמוּנָה הַסּוֹפִית

Okular, gebrochenes

עֵינִית זָוִיתִית (פיס׳)

Oleander *{Nerium}*

הַרְדּוּף (בוט׳) צֶמַח מִמִּשְׁפַּחַת הַהַרְדּוּפִיִּים, וַרְדַּפְנָה

Oleanderschwärmer *{Daphnis nerii}*

רַפְרַף הַהַרְדּוּף (זוא׳) חֶרֶק מִמִּשְׁפַּחַת הָרַפְרָפִיִּים (פַּרְפָּרָאִים)

Olein

אֶשְׁמָן (ביו׳) אוֹלֶאִין

oligophren ---> schwachsinnig

Oligophrenie ---> Schwachsinn

Olive ---> Speiseolive; Ölbaum

Oliven, eingemachte
זֵיתִים כְּבוּשִׁים (חזו') [א"ח/ב/226]

Oliven, Preßkorb für ---> Preßkorb für Oliven

Oliven abstreifen
מָסַק (מוֹסֵק) (חקל') [א"ח/ב/214]. קָטַף זֵיתִים

Oliven aufhäufen
עָטַן (עוֹטֵן) (חקל', חזו') [א"ח/ב/219]. שָׂם זֵיתִים בְּגִגִּית לְשֵׁם רִכּוּךְ

Olivenbehälter
מַעֲטָן (טכנ', חזו') [א"ח/ב/219]. גִּגִּית לִשְׁמוֹר זֵיתִים

Olivenlese
מָסִיק (מְסִיקִים) (חקל') [א"ח/ב/214]. קְטִיף הַזֵּיתִים, מְסִיקָה, לְקִיטַת זֵיתִים

Olivenöl
שֶׁמֶן זַיִת (חזו') [דח"ט/166]. שֶׁמֶן צִמְחִי הַמּוּפָק בִּכְבִישָׁה מִצֶּפֶת פְּרִי הַזַּיִת

Omentum ---> Bauchfellduplikatur

Omnibustest
מִבְחָן מַקִּיף (סטט') [ר/ב/348]. מִבְחָן הַמֻּרְכָּב מִכַּמָּה תַּתֵּי מִבְחָנִים יְחוּדִיִּים, מִבְחַן לֶקֶט

Omnimodo determinatum
אֶחָד הַמְּיֻחָד בְּתַכְלִית (פיל') [ק/ב/191]. שׁוֹנֶה מִכָּל הָאֲחֵרִים, מְיֻחָד בְּמִינוֹ

omnimös
זוֹדֵד, מְבַשֵּׂר רָע, מְאַיֵּם

Omnipotenz
יְכֹלֶת כֹּל (פסי') [ר/א/17]. אוֹמְנִיפּוֹטֶנְטִיּוּת הַמַּחְשָׁבָה, הָאֱמוּנָה שֶׁמַּחְשְׁבוֹתָיו אוֹ מִשְׁאֲלוֹתָיו שֶׁל אָדָם יְכוֹלוֹת לְהַשְׁפִּיעַ עַל הַמְּצִיאוּת הַחִיצוֹנִית

on-line ---> rechnerabhängig

Onanie
אוֹנָנוּת (פסי') [ר/א/19; מר"ח/442]. סִפּוּק עַצְמִי, גֵּרִיָּה עַצְמִית וְקַבָּלַת סִפּוּק זְוִיגִי (מִינִי), סְחִיטְחוּט, סְחַטְחֹטֶת

onanieren
אוֹנֵן (מְאוֹנֵן) (פסי') גֵּרָה אֶת עַצְמוֹ כְּדֵי לְקַבֵּל סִפּוּק זְוִיגִי (מִינִי) שֶׁלֹּא בְּמִשְׁגָּל

Onaninst(in)
אוֹנָן, אוֹנָנִית (פסי') מִי שֶׁמְּגָרֶה אֶת אֵבֶר הַמִּין שֶׁל עַצְמוֹ לְשֵׁם קַבָּלַת סִפּוּק זְוִיגִי (מִינִי), סַחְטְחְטָן

Oneiromantie
תּוֹרַת פֶּשֶׁר הַחֲלוֹמוֹת (פסי', אנת') [ק/א/298; ק/ג/224]. חָכְמַת הַפִּתְרוֹן

Onomatopöie
חִקְחוּק (בלש') [ק/ג/100; מר"ח/495; מ"ב/153]. סִימָן, חִקּוּי קוֹלוֹת הַטֶּבַע, אוֹנוֹמָטוֹפֵּאָה, יְצִירַת מִלָּה עַל יְדֵי חִקּוּי הַצְּלִיל הַטִּבְעִי שֶׁל הַמְּכֻנֶּה עַצְמוֹ, כְּגוֹן: "רִשְׁרוּשׁ", "שְׁרִיקָה" אוֹ הַצְּלִיל שֶׁהַמְּכֻנֶּה מַשְׁמִיעַ אוֹתוֹ, כְּגוֹן: "קוּקִיָּה"

onomatopoetisch
חִקְחוּקִי (בלש') אוֹנוֹמָטוֹפֵּאִי

Oper, komische
אוֹפֶּרָה בְּדֵחָה (מוס') אוֹפֶּרָה בּוּפָה

Operant
מִפְעָל (מִפְעָלִים) (פיל', מדע) יֵשׁוּת חָמְרִית אוֹ חֲשָׁבִית (אִידֵאִית) הַמִּשְׁתַּנֵּית עַל יְדֵי מַפְעֵל (אוֹפֶּרָטוֹר)

Operation [---> Handlung]
תִּפְעוּל (תִּפְעוּלִים) (מדע) נֹהַל מַדָּעִי בֶּן בַּקָּרָה. נִתּוּחַ (נִתּוּחִים) (רפו') חִתּוּךְ בַּגּוּף לְשֵׁם רִפּוּי

Operation, inverse
פְּעֻלָּה הֲפוּכָה (מחמ') אוֹפֶּרַצְיָה הֲפוּכָה, תִּפְעוּל הָפוּךְ

Operation, syllogistische
תִּפְעוּל הֶקֵּשִׁי (פיל') [ק/א/210; ק/ב/202]. מְלָאכָה הֶקֵּשִׁית

operational
פְּעֻלָּנִי, שֶׁל פְּעֻלָּה, מִבְצָעִי, תִּפְעוּלִי

operationale Definition ---> Definition, operationale

Operationalisierung
פִּעוּל (מדע) [ר/א/23; מ"מ/209]. אוֹפֶּרַצְיוֹנָלִיזַצְיָה, הַמְחָשַׁת מֻשָּׂג עִיּוּנִי וַהֲפִיכָתוֹ לְמִשְׁתַּנֶּה מָדִיד

Operationalist(in)
תִּפְעוּלָן, תִּפְעוּלָנִית (מדע)

operationalistisch
תִּפְעוּלָנִי (מדע) אוֹפֶּרַצְיוֹנִיסְטִי

Operationismus
תִּפְעוּלָנוּת (מדע) [ד"מח/44]. אוֹפֶּרַצְיוֹנִיזְם, תּוֹרָה הַמַּבְטִיחָה הַתְאָמָה בֵּין הַמֻּשָּׂגִים לְבֵין מַה שֶּׁמָּצוּי בַּנִּסָּיוֹן בְּאֶמְצָעוּת בִּצּוּעַ תִּפְעוּלִים עַל הָעֲצָמִים הַמַּמָּשִׁיִּים

Operationsforschung
חֵקֶר בִּצּוּעִים (מדע) נִתּוּחַ פְּעִילֻיּוֹת

Operativismus ---> Operationismus

Operator
מַפְעֵל (מַפְעֲלִים) (פיל', מדע) כָּל מַה שֶּׁפּוֹעֵל בְּאֹפֶן חָמְרִי אוֹ חֲשָׁבִי (אִידֵאִי) עַל יֵשׁוּת חָמְרִית אוֹ חֲשָׁבִית הַקְּרוּיָה מִפְעָל (אוֹפֶּרַנְט) וְהַגּוֹרֵם בָּהּ שִׁנּוּיִים

Operette
אוֹפֶּרִית (אוֹפֶּרִיּוֹת) (תאט', מוס') אוֹפֶּרֶטָה

operierbar
נָתִיחַ (רפו') נִתָּן לְנִתּוּחַ

Operierbarkeit
נְתִיחוּת (רפו')

Opfer
קָרְבָּן (קָרְבָּנוֹת) (דת) מַתָּנָה לֵאלֹהִים הַמֻּגֶּשֶׁת עַל הַמִּזְבֵּחַ

Opium
אוֹפְיוֹן (רפו') אוֹפְיוּם

Opportunismus
זוֹמְנָנוּת (מ"ח) אוֹפּוֹרְטוּנִיזְם, סְתַגְלָנוּת, הִתְנַהֲגוּת חַסְרַת עֶקְרוֹנוֹת, וִתּוּר עַל הַשְׁקָפַת עוֹלָם יְסוֹדִית לְטוֹבַת הֶשֵּׂגֵי רֶגַע חֶלְקִיִּים

Opportunist(in)
זוֹמְנָן, זוֹמְנָנִית (מ"ח) אוֹפּוֹרְטוּנִיסְט, סְתַגְלָן, מִי שֶׁמְּוַתֵּר עַל עֶקְרוֹנוֹתָיו לְטוֹבַת הֶשֵּׂגֵי רֶגַע חֶלְקִיִּים

opportunistisch
זוֹמְנָנִי (מ״ח) אוֹפּוֹרְטוּנִיסְטִי, סְתַגְּלָנִי

Opposita
מִשְׁפָּטִים מְעֻמָּתִים (פיל') [ק/ב/239]. מִשְׁפָּטִים סוֹתְרִים, - מִתְנַגְּדִים. מִתְנַגֵּד [ק/א/194]

Oppositio ---> Opposition

Oppositio contradictionis
נֶגְדִּיּוּת מַחְלֶקֶת (פיל') [ק/ג/15]

Opposition
נֶגְדָּה (נוֹגְדָה) [ק/א/125;ק/ג/17]. אוֹפּוֹזִיצְיָה, אִי הַסְכָּמָה, סְקֻבֹּלֶת. הִתְנַגְּדוּת [ק/א/194; 240] נִגּוּד, הֵפֶךְ, הֶפֶךְ, הֲפִיכָה, סְתִירָה. נִגְדּוּת, נֶגְדִּיּוּת [ק/ג/15]. מַצָּב שֶׁל נִגּוּד. הַקְבָּלָה (פיל') [ק/א/202]. עֲרִיכַת שְׁנֵי דְּבָרִים אוֹ שְׁנֵי מֻשָּׂגִים, וּבִפְרָט מִתְנַגְּדִים, זֶה לְעֻמַּת זֶה. הַפּוּךְ [ק/ב/262; ק/ג/146]. עֻמַּת, מַקְבִּיל, הַפּוּכוֹ שֶׁל דָּבָר, כִּוּוּן נֶגְדִּי, מַצָּב הָפוּךְ, הַצַּד שֶׁכְּנֶגֶד, דָּבָר מְנֻגָּד לַשֵּׁנִי, מְכֻוָּן כְּנֶגֶד..., סוֹתֵר. נִכְחוּת (אסט') [ק/ג/36]. נִכְחוּת, נִכְחִיּוּת. מַבָּט נֹכַח (אסט') [ק/ב/136; ק/ג/35]. מַבָּט נֹכַח. קִבּוּל [ק/ג/258]. הִפּוּךְ

oppositum
מִתְנַגֵּד [ק/ג/146]. עֻמָּתִי. תְּמוּרָה, תְּמוּר [ק/ד/209]. נִגּוּד, הֶפֶךְ, הַפּוּכוֹ שֶׁל דָּבָר

Oppositum antecedentis
מַקְבִּיל הַקּוֹדֵם (פיל') [ק/ג/268]

Optativ ---> Wunschform

Optik
תַּרְאִיָּה (פיס') [ק/א/295,152]. חָכְמַת הַהַבָּטוּת, מַדַּע הָאוֹר וְהָרְאִיָּה, אוֹפְּטִיקָה. חָכְמַת הֶחָזוֹן (פיס') [ק/א/295,279]. חָכְמַת הַמַּבָּטִים, - הַהַבָּטָה, - הַמַּרְאִים, - הַמַּרְאוֹת, - הָרְאוּת, - הָרְאִיָּה (פיס') [ק/א/295;ק/ב/274]. חָכְמַת הַמַּבָּט (פיס') [ק/ב/136]. חָכְמַת הַמַּרְאֶה (פיס') [ק/ד/207]. חָכְמַת הַמִּשְׁקָף

optimal
מֵיטָבִי, אוֹפְּטִימָלִי, שֶׁל הַטּוֹב וְהָרָצוּי בְּיוֹתֵר

Optimalisierung ---> Optimierung

optimieren
מִטֵּב (מְמַטֵּב), הֵבִיא דְּבַר-מָה לַמַּצָּב הַטּוֹב וְהָרָצוּי בְּיוֹתֵר

Optimierung
מִטּוּב, הֲבָאַת דְּבַר-מָה לַמַּצָּב הַטּוֹב וְהָרָצוּי בְּיוֹתֵר, אוֹפְּטִימָצְיָה

Optimismus
יַטְבָנוּת [מר״ח/497]. אוֹפְּטִימִיּוּת, אוֹפְּטִימִיזְם

Optimist(in)
יַטְבָן, יַטְבָנִית, אוֹפְּטִימִיסְט

optimistisch
יַטְבָנִי, אוֹפְּטִימִי

Optimum
מֵיטָב, אוֹפְּטִימוּם, הַטּוֹב בְּיוֹתֵר

Option
מִפְשָׁר (מִפְשָׁרִים), אוֹפְּצְיָה (אוֹפְּצְיוֹת), אֶפְשָׁרוּת, זְכוּת קְדִימָה

Optionsurkunde
שְׁטַר בֵּרוּרִין (משפ') [א״ח/ג/190]. שְׁטַר נְכוֹנוּת לְקַבֵּל מָרוּת שֶׁל שׁוֹפֵט מְסֻיָּם

optisch
תַּרְאִיָּתִי (פיס') [ק/ב/137]. מַבָּטִי, אוֹפְּטִי. מַרְאִי (פיס') [ק/ב/274]. שֶׁל חָכְמַת הַמַּרְאוֹת

Optometrie
מִשְׁקְפָנוּת (רפו', פיס') אוֹפְּטוֹמֶטְרִיָּה

Optometrist(in)
מִשְׁקְפָן, מִשְׁקְפָנִית (רפו', פיס') [מר״ח/497]. אוֹפְּטוֹמֶטְרִיסְט, אוֹפְּטִיקַאי

Opus ---> Werk

Orakel
אוּרִים וְתֻמִּים (דת) אוֹרָקֶל

oral
פּוּמִי (רפו', בלש') [מ״ב/155]. שֶׁל פֶּה, פּוּמָנִי, אוֹרָלִי

orale Phase ---> Phase, orale

Oralerotik
אַהֲבָה פּוּמִית (פסי') [ר/א/25]. אֵרוֹטִיּוּת אוֹרָלִית, שְׁאִיבַת עֹנֶג מִפְּעִילוּת הַקְּשׁוּרָה בַּפֶּה

Orange ---> Apfelsine

Orchester
תִּזְמֹרֶת (תִּזְמוֹרוֹת) (מוס') קְבוּצַת מְנַגְּנִים

Orchester, unsichtbares
תִּזְמֹרֶת סְמוּיָה (מוס', תאט')

Orchester, versenktes
תִּזְמֹרֶת מְשֻׁקַּעַת (מוס', תאט')

Orchesterraum
לֶשֶׁךְ תִּזְמֹרֶת (מוס') בֵּי תִּזְמֹרֶת

Orchesterstimmen
קוֹלוֹת הַתִּזְמֹרֶת (מוס') פַּרְטִיּוֹת הַתִּזְמֹרֶת

Orchestration ---> Orchestrierung

Orchestrator(in)
תַּזְמְרָן, תַּזְמְרָנִית (מוס') מִי שֶׁמְּתַזְמֵר יְצִירָה תַּנְעִימִית (מוּזִיקָלִית)

orchestrieren [---> instrumentieren]
תִּזְמֵר (מְתַזְמֵר) (מוס') הִכְשִׁיר יְצִירָה תַּנְעִימִית (מוּזִיקָלִית) לִנְגִינָה בְּתִזְמֹרֶת

Orchestrierung [---> Instrumentierung]
תִּזְמוּר (הַפְעָלָה), תִּזְמוּר (הַתּוֹצָאָה) (מוס') עִבּוּד יְצִירָה תַּנְעִימִית (מוּזִיקָלִית) לִנְגִינָה בְּהֶרְכֵּב תִּזְמָרְתִּי עַל יְדֵי יִחוּד תַּפְקִידִים לִכְלֵי הַנְּגִינָה הַשּׁוֹנִים

Orchitis ---> Hodenentzündung

Orden
מִסְדָּר (מִסְדָּרִים) (דת, פיל') [ק/ב/105]. כַּת (כִּתּוֹת), סִיעָה מְסִיעוֹת הַפִּילוֹסוֹפִים, הַחוֹקְרִים, בַּעֲלֵי הַדָּת וכיו״ב

Orden der Dominikaner
מִסְדַּר הַדּוֹמִינִיקָנִים (דת) [ק/א/148; ק/ב/106]. כַּת הַדַּרְשָׁנִים

ordentliche Generalversammlung ---> Generalversammlung, ordentliche

Ordermennig *{Agrimonia}*
אַבְגָּר (בוט') צֶמַח מִמִּשְׁפַּחַת הַוְּרָדִיִּים

Ordinale ---> Ordinalzahl

Ordinalskala
סֻלַּם סִדּוּרִי (סטט') [מ״מ/219; ר/ב/460; ד״מח/158]. סֻלַּם סוֹדֵר, - מְדִידָה הַמְּבַטֵּא אֶת הַגֹּדֶל הַיַּחֲסִי בֵּין מְשָׁאֵי הַמְּדִידָה, קְנֵה מִדָּה שֶׁבּוֹ קוֹבְעִים אוֹ יוֹצְרִים 'סִדְרָה תִּקְנִית' וּמְסַמְּנִים בְּמִדּוֹת עֲצָמִים אֲחֵרִים לְפִי יַחְסָם אֶל אֵבָרִים מַתְאִימִים בַּסִּדְרָה הַתִּקְנִית

Ordinalzahl
מִסְפָּר סוֹדֵר (בלש') [ק/ב/228]. מִסְפָּר סִדּוּרִי,

שֵׁם מִסְפָּר הַמְצַיֵּן אֶת סִדְרָם שֶׁל הַדְּבָרִים וְאֶת מְקוֹמָם בַּשּׁוּרָה, כְּגוֹן: "רִאשׁוֹן", "שֵׁנִי"

Ordinate

פּוֹסֵק (פּוֹסְקִים) (מתמ') אוֹרְדִינָטָה, קוֹאוֹרְדִינָטַת y

ordnen

סִדֵּר (מְסַדֵּר) [ק/ג/96]. תִּקֵּן, קָבַע תַּקָּנָה, עָרַךְ

Ordnen

סִדּוּר [ק/א/263]. הַעֲמָדָה, הֲכָנָה, זִמּוּן

Ordner ---> Briefordner

Ordnung

סֵדֶר (סְדָרִים) [ק/ב/71]. כּוֹנְנוּת (כּוֹנְנִיּוֹת), תִּקּוּן. סִדְרָה (סְדָרוֹת) (ביו') יְחִידַת מִיּוּן תַּחְיוּאִית (בִּיּוֹלוֹגִית) מִתַּחַת לְמַחְלָקָה וּמֵעַל לְמִשְׁפָּחָה

Ordnung, Faktor zweiter

גּוֹרֵם מְסַדֵּר שֵׁנִי (פסי, מ"ח) [ר/א/127; מ"מ/210]. גּוֹרֵם מִמַּעֲלָה שְׁנִיָּה, - שֶׁמּוּפָק בְּנִתּוּחַ גּוֹרְמִים בְּאֶמְצָעוּת אִמַּת הַמִּתְאָמִים (מַטְרִיצַת הַקּוֹרֶלַצְיוֹת)

Ordnung, gesellschaftliche

סֵדֶר חֶבְרָתִי (מ"ח, מדי') [ק/ג/31]. נִימוּס, סֵדֶר מְדִינִי. הַנְהָגָה (מ"ח) [ק/א/181]. אֹפֶן הִתְנַהֲגוּת בַּחֶבְרָה. חֹק (חֻקִּים) (מ"ח, מדי') [ק/א/324]. מִנְהָג, כְּלָל מְקֻבָּל. יִשּׁוּב (מ"ח, מדי') [ק/ב/53]. חַיֵּי חֶבְרָה וּמְדִינָה מְתֻקָּנִים, מַצָּב תָּקִין

Ordnung, staatliche ---> Ordnung, gesellschaftliche

Ordnung der Stufe ---> Stufe, Ordnung der

Ordnungsmappe

סוֹדְרָן (סוֹדְרָנִים) (מנה') תִּיק לְהַחְזָקַת נְיָרוֹת הַמְּחֻלָּק לִמְדוֹרִים

Ordnungsrelation

יַחֲסַת הַסֵּדֶר (מתמ')

Ordnungszahl ---> Ordinalzahl

orkanartiger Sturm ---> Sturm, orkanartiger

Orkanwellen ---> See, durcheinanderlaufende

Orpheusgrasmücke *{Sylvia hortensis}*

סִבְכִּי הַחֹרֶשׁ (זוא') עוֹף מִמִּשְׁפַּחַת הַסִּבְכִּיִּים

Organ

אֵבֶר (אֲבָרִים) (רפו') [ק/א/20]. חֵלֶק תִּפְקוּדִי שֶׁל גּוּף חַי. כְּלִי (רפו') [ק/ב/88]. כְּלִי חִישָׁה. אֵבֶר כְּלִיי (רפו') [ק/ב/90]. בִּטָּאוֹן (בִּטָּאוֹנִים) (תקש') כְּתַב עֵת הַמְּבַטֵּא דֵּעוֹת שֶׁל גּוּף חֶבְרָתִי מְסֻיָּם

Organelle

אֶבְרוֹן (ביו') [ל"ב/10]. מִבְנֶה בְּגִבְלִיל הַתָּא (צִיטוֹפְּלַזְמָה) שֶׁיֵּשׁ לוֹ צוּרָה וְתַפְקִיד

Organempfindung

תְּחוּשַׁת הַקְּרָבַיִם (פסי', רפו')

organisch

אוֹלְנִי, אוֹרְגָּנִי, שַׁיָּךְ לַכְּלָל, בִּלְתִּי נִפְרָד מֵהַשָּׁלֵם. אֶבְרִי (רפו') [ק/א/20]. בַּעַל אֲבָרִים, מִתְיַחֵס עַל הָאֲבָרִים. כְּלִיִי (מ"ט, פיל') [ק/ב/90]. שֶׁל אֵבֶר, מַה שֶּׁשַּׁיָּךְ לְגוּף הַחַי אוֹ הַצּוֹמֵחַ, אוֹ לְאַחַד מֵאֲבָרָיו, שֶׁל אוֹרְגָנִיזְם

organische Chemie ---> Chemie, organische

Organismus

אוּל (אוּלִים) (ביו') [מר"ח/497]. אוֹרְגָנִיזְם, יְצוּר (יְצוּרִים)

Organismus, Erschütterung des ---> Erschütterung des Organismus

Organist(in)

עוּגָבַאי, עוּגָבָאִית (מוס') אוֹרְגָנַאי

Organlageumkehrung *{Heterotaxie; Situs inversus viscerum}*

חִלְפוּת אֲבָרִים (רפו') [מר"ח/616]. חִלְפוּת הַקְּרָבַיִם, - אֵיבָרִים, מַצָּב שֶׁבּוֹ אֵבֶר שֶׁמְּקוֹמוֹ בְּצַד אֶחָד שֶׁל הַגּוּף נִמְצָא בַּצַּד הַשֵּׁנִי

Organon

כְּלִי (כֵּלִים) (פיל')

Organschwund infolge einer Durchblutungsstörung ---> Atrophie

Orgasmus

אֶבְיוֹנָה (פסי') [מר"ח/498]. אוֹרְגַזְם, רִוְיוֹן, שִׂיא הַהִתְרַגְּשׁוּת הַזּוּגִית (מִינִית)

orgastisch

אֶבְיוֹנִי (פסי') [מר"ח/498]. שֶׁל אוֹרְגַזְם, רִוְיוֹנִי

Orgel

עוּגָב (עוּגָבִים) (מוס') אוֹרְגָן

Orgelpfeife

קְנֵה עוּגָב (מוס')

Orgelpunkt

תַּו עוּגָב (מוס') תַּו אוֹרְגָן

orientierbar

כָּוִין (מתמ')

orientieren

אִצְפֵּן (מְאַצְפֵּן) (פסי', מ"ח) הִתְאַצְפֵּן (מִתְאַצְפֵּן), כִּוֵּן, אָסַף מֵידָע, הִתְמַצֵּא (מִתְמַצֵּא), יָדַע וְהִכִּיר הֵיטֵב אֶת הַמָּקוֹם וְהַמַּצָּב שֶׁהוּא נָתוּן בָּהֶם, הִתְעַדְכֵּן

orientiert

מְאֻצְפָּן (פסי', מ"ח) מְכֻוָּן, מִתְמַצֵּא

Orientierung

אִצְפּוּן (פסי', מ"ח) [ר/א/28]. הִתְמַצְּאוּת, הַכָּרַת הַמָּקוֹם וְהַמַּצָּב, בְּקִיאוּת בִּתְחוּם מְסֻיָּם, כִּשְׁרוֹן הַהִתְמַצְּאוּת, יְכֹלֶת לְהִתְמַצֵּא, אוֹרְיֶנְטַצְיָה, אִצְפֵּן, הִתְאַצְפְּנוּת, מְכֻוָּנוּת, מוּדָעוּת שֶׁל אָדָם לִמְקוֹמוֹ אוֹ לְעֶמְדָּתוֹ. זִקָּה, קֶשֶׁר אוֹ נְטִיָּה מְיֻחֶדֶת לְמַשֶּׁהוּ. כִּוּוּן (פסי', מ"ח) [ק/ב/67]. כַּוָּנָה, רִכּוּז הַדַּעַת לִדְבַר-מָה, מְגַמָּה, מַחֲשָׁבָה לַעֲשׂוֹת מַשֶּׁהוּ, מִכְוָן

Originalität

מְקוֹרִיּוּת, אוֹרִיגִינָלִיּוּת

Originalkapital

הוֹן רִאשׁוֹן (מ"ח, כלכ') הוֹן הַמָּצוּי כְּבָר בְּתַהֲלִיךְ הַיִּצּוּר

Originalquelle ---> Quelle erster Hand

Originaltext ---> Urtext

Origo largitatis

מְקוֹר הַהֲטָבָה (דת, פיל') [ק/א/168]

Ornament ---> Verzierung

Ornamentik ---> Verzierungskunst

Ort

מָקוֹם (מְקוֹמוֹת) (י"א, פיס') [ק/ב/265]. חֲלָלוֹ שֶׁל עוֹלָם וְכָל חֵלֶק מִמֶּנּוּ. מִשְׁכָּן (י"א, אדר')

[ק/ב/294]. מוֹשָׁב, נְקֻדָּה

Ort(es), Umstandssatz des ---> Umstandssatz des Ortes

Ort der Steuerung ---> Steuerung, Ort der

Orthopäde

תַּצְמוּדָן (רפו׳) אוֹרְתוֹפֶּד

Orthopädie

תַּצְמוּדָה (רפו׳) אוֹרְתוֹפֶּדְיָה

orthopädisch

תַּצְמוּדִי (רפו׳) אוֹרְתוֹפֶּדִי

Orthopnoe ---> Atemnot, höchste

Orthostat

אֶבֶן רִבּוּד (אדר׳)

orthostatisch ---> aufrecht

Ortolan *{Emberiza hortulana}*

גִּבְתּוֹן גַּנִּים (זוא׳) עוֹף מִמִּשְׁפַּחַת הַגִּבְתּוֹנִיִּים

Ortsbehörde

שִׁלְטוֹן מְקוֹמִי (מדי׳, מנה׳) רָשׁוּת מְקוֹמִית

Ortsbestimmung, Kategorie der ---> Kategorie der Ortsbestimmung

Ortsboden ---> Boden, autochtoner

ortsfest ---> stationär

Ortsregister

שֵׁמוֹן (ספרנ׳, י״א) מַפְתֵּחַ מְקוֹמוֹת

Ortsveränderung

שִׁנּוּי מָקוֹם (מ״ח, פסי׳, מ״ט) [ק/א/192]. הֶעְתֵּק, הַעְתָּקָה, תְּנוּעַת דָּבָר מִמָּקוֹם לְמָקוֹם, נִיעָה, הַשָּׂגַת שִׁנּוּי הִתְנַהֲגוּת עַל יְדֵי שִׁנּוּי מָקוֹם, עֲלִיָּה בַּסֻּלָּם הַחֶבְרָתִי, שִׁנּוּי מַצָּב בְּמֶרְחַב הַחַיִּים

Ortsverwaltung

שִׁלְטוֹן מְקוֹמִי (מדי׳)

Os breve ---> Knochen, kurzer

Os longum ---> Knochen, langer

Os planum ---> Knochen, platter

Oskulation

נִשּׁוּק (מתמ׳) אוֹסְקוּלַצְיָה, מַגָּע שֶׁל שְׁתֵּי עֲקֻמּוֹת

Oskulationskreis ---> Krümmungskreis

Osmose

פִּעְפּוּעַ (פיס׳, ביו׳) אוֹסְמוֹזָה, מַעֲבָר שֶׁל מֵמֵס דֶּרֶךְ מְחִיצָה חֲדִירָה לְמֶחֱצָה, דִּיּוּת

ossär ---> knochenbezüglich

Ossifikation ---> Knochenbildung

Osteitis ---> Knochenentzündung

Osteogenesis imperfecta

פָּרֶכֶת (רפו׳) פְּרִיכוּת הָעֲצָמוֹת

Osteologie

תַּגְרוּמָה (רפו׳) חֵקֶר הָעֲצָמוֹת

Osteomalazie ---> Knochenerweichung

Osteomyelitis ---> Knochenmarkentzündung

Osteoporose

חַלְחֶלֶת הָעֶצֶם (רפו׳) הִתְדַּלְדְּלוּת הָעֶצֶם

Osterglocke ---> Trompetennarzisse

Osterspiel

מַחֲזֶה לְפַסְחָה (דת, תאט׳)

ostinato

מַתְמִיד (מוס׳) אוֹסְטִינָטוֹ

Ostschermaus *{Arvicola terrestris}*

נַבְרַן הַמַּיִם (זוא׳) יוֹנֵק מִמִּשְׁפַּחַת הַנַּבְרָנִיִּים

Ostwind

רוּחַ קָדִים (מטא׳) [יל״ט/188]. רוּחַ חַמָּה הַנּוֹשֶׁבֶת מִכִּוּוּן מִזְרָח

Oszillation ---> Schwingung

Oszillationsbewegung ---> Schwingungsbewegung

Oszillator

מַתְנֵד (פיס׳) [מר״ח/501; ל״מ/426]. אוֹסְצִילָטוֹר, מְנַטְנֵט, הֶתְקֵן הַמְּחוֹלֵל תְּנוּדוֹת מְהִירוֹת

oszillieren ---> schwingen

oszillierend ---> schwingend

Oszillograf

רוֹשֵׁם תְּנוּדוֹת (פיס׳, טכנ׳)

Oszillogramm

רִשְׁמַת תְּנוּדוֹת (פיס׳, טכנ׳) גְּרַף תְּנוּדוֹת

Oszilloskop

מַשְׁקֵף תְּנוּדוֹת (פיס׳, טכנ׳) [ל״מ/30]. אוֹסְצִילוֹסְקוֹפּ, שְׁפוֹפֶרֶת רִיק הַפּוֹלֶטֶת אֲלֻמַּת חַשְׁמִילוֹנִים (אֶלֶקְטְרוֹנִים) צָרָה בְּאֶמְצָעוּת ״תּוֹתַח חַשְׁמִילוֹנִים״

Otitis ---> Ohrenentzündung

Otitis interna ---> Innenohrentzündung

Otitis media ---> Mittelohrentzündung

Otter *{Vipera}*

צֶפַע (זוא׳) סוּג נְחָשִׁים מִמִּשְׁפַּחַת הַצִּפְעוֹנִיִּים

Ottern *{Viperidae}*

צִפְעוֹנִיִּים (זוא׳) מִשְׁפָּחָה שֶׁל נְחָשִׁים

Output

פֶּלֶט (מחש׳) [דמ״א/74]. כָּל הַתּוֹצָאוֹת הַנִּפְלָטוֹת

Ouvertüre

פְּתִיחָה (פְּתִיחוֹת) (מוס׳) [למ״ו/389]. חִבּוּר כְּלִיִי שֶׁנִּכְתַּב כְּמָבוֹא לְאוֹפֶּרָה אוֹ לִיצִירָה קוֹלִית אַחֶרֶת

oval ---> eirund

Ovation

תְּשׁוּאוֹת חֵן (תאט׳, מוס׳) תְּרוּעָה וּמְחִיאוֹת כַּפַּיִם לְאוֹת עִדּוּד וְהַבָּעַת תּוֹדָה

Oxid

תַּחְמֹצֶת (תַּחְמוֹצוֹת) (כימ׳) [דח״ט/174]. תִּרְכֹּבֶת שֶׁל יְסוֹד כִּימִי מְסֻיָּם עִם חַמְצָן

Oxybiont ---> Aerobier

Oxyd ---> Oxid

oxydieren

חִמְצֵן (מְחַמְצֵן) (כימ׳) הִתְחַמְצֵן (מִתְחַמְצֵן)

Oxydierung

חִמְצוּן (כימ׳)

Oxymel

סִכַּנְגְּבִּין (חזו׳) [ק/ג/102]. מַאֲכָל מֵחֹמֶץ וּמִדְּבַשׁ

oxytoniert ---> ultimabetont

Oxytonon ---> Ultimabetonung

Ozon *{Trisauerstoff}*

אוֹזוֹן (כימ׳) תְּלַת חַמְצָן, גַּז שֶׁפְּרֻדָּתוֹ מֻרְכֶּבֶת מִשְּׁלֹשָׁה פְּרָדִים (אֲטוֹמִים) שֶׁל חַמְצָן

P

Paar ---> Dyade

Paar, geordnetes

זוּג סָדוּר (מתמ')

paaren

בִּרְזֵג (מְבַרְזֵג), עָשָׂה אוֹתוֹ לְבַר זוּג, זִוֵּג, הִתְבַּרְזֵג (מִתְבַּרְזֵג), הִזְדַּוֵּג

Paaren, mit ungleichen ---> ungleichen Paaren, mit

Paarhufer *{Artiodactyla}*

מַכְפִּילֵי פַּרְסָה (זוא') סִדְרָה שֶׁל יוֹנְקִים

Paarung

הִזְדַּוְּגוּת (ביו', פסי') מִשְׁגָּל. זִווּג (מתמ')

Paarung von Tieren

הַרְבָּעָה (זוא') זִווּג חַיּוֹת

Paarungsdrang

אֶלְצָן זְוִיגִי (ביו', פסי') אֶלְצָן מִינִי

Paarungsinstinkt

יִצְרוֹן הַהִזְדַּוְּגוּת (פסי') חֵישׁ הָרְבִיָּה, יֵצֶר הַזְּוִיגִיּוּת, אִינְסְטִינְקְט הַמִּינִיּוּת

Paarvergleich

הַשְׁוָאַת צֶמֶד (מדע) [ר/ב/587]. הַשְׁוָאַת זוּגוֹת, שִׁיטַת הַשְׁוָאוֹת צֶמֶד, הַצָּגַת צֶמֶד עֲצָמִים אוֹ גֵּרוּיִים לְהַשְׁוָאָה

paarweise Assoziation ---> Assoziation, paarweise

Paarwortmethode

דֶּרֶךְ הַצְּמָדִים (פסי') דֶּרֶךְ הַצְּמוּדִים

Pacht

חֲכִירָה (כלכ') [א"ת/ב/111]. שְׂכִירוּת קַרְקַע לִזְמַן מְסֻיָּם, חֲכִירוּת

Pacht-Leihe ---> Leihpacht

Pachtschilling

חָכוֹר (כלכ') [א"ת/ב/110]. דְּמֵי חֲכִירָה, הַחֵלֶק בַּיְּבוּל שֶׁהַחוֹכֵר נוֹתֵן לַמַּחְכִּיר

Pachtung

חֲכוּרָה, חֲכוֹרָה (כלכ') מֶשֶׁק חֲכִירָה, חַוַּת חֲכִירָה, קַרְקַע הַנִּתֶּנֶת בַּחֲכִירָה לְשֵׁם הֲפָקַת רְוָחִים לְמֶשֶׁךְ זְמַן מְסֻיָּם

Pachtvertrag

חוֹזֵה חֲכִירָה (משפ')

Pachtzins ---> Pachtschilling

Packeis

קֶרַח מְקֻבָּץ (מטא')

packen ---> mitreißen

Packlage ---> Unterbau

Pächter(in)

חוֹכֵר (חוֹכְרִים), חוֹכֶרֶת (חוֹכְרוֹת) (משפ', כלכ') [א"ת/ב/110]. מִי שֶׁשּׂוֹכֵר נְכָסִים לִזְמַן קָבוּעַ, אָרִיס, חוֹכֵר קַרְקַע, חָכוֹר

pädagogischer Test ---> Test, pädagogischer

pänultimabetont *{paroxytoniert}*

מִלְעֵילִי (בלש') [מ"ב/161]. בַּעַל נְגִינָה הַמֻּטְעֶמֶת עַל הַהֲבָרָה שֶׁלִּפְנֵי הָאַחֲרוֹנָה

Pänultimabetonung *{Paroxytonon}*

מִלְעֵיל (בלש') [מ"ב/161]. הַטְעָמַת הַנְּגִינָה עַל הַהֲבָרָה שֶׁלִּפְנֵי הָאַחֲרוֹנָה, לְמָשָׁל: "לֶחֶם", "מַיִם"

Päonie ---> Pfingstrose

Päonie, Chinesische *{Paeonia lactiflora}*

אַדְמוֹנִית צְחוֹרָה (בוט') צֶמַח מִמִּשְׁפַּחַת הָאַדְמוֹנִיתִיִּים

paginieren ---> numerieren

Paginierung ---> Seitenzählung

Palatal ---> Gaumenlaut

Palatum ---> Gaumen

palatinal ---> gaumenbezüglich

Palea ---> Spreublatt

palliativ ---> schmerzlindernd

Palliativum ---> Linderungsmittel

Palma Christi ---> Wunderbaum

Palmöl

שֶׁמֶן דְּקָלִים (טכנ') [דח"ט/166]. שֶׁמֶן צִמְחִי הַמּוּפָק מִצְּפַת פְּרִי שֶׁל דֶּקֶל הַפּוֹכִי (טְרוֹפִּי)

Palmtaube *{Streptopelia senegalensis}*

צוֹצֶלֶת (זוא') עוֹף מִמִּשְׁפַּחַת הַיּוֹנִיִּים

Palmzweig

חֲרָיָה (חֲרָיוֹת) (בוט') [א"ת/א/85]. כַּפַּת תְּמָרִים, עָנָף שֶׁל דֶּקֶל

Palpieren ---> Befühlen

Pampelmuse *{Citrus maxima}*
אֶשְׁכּוֹלִית (בוט') צֶמַח מִמִּשְׁפַּחַת הַפֵּיגָמִיִּים

Panacea ---> Allheilmittel

Pandekten
קֹבֶץ חֻקִּים (משפ', דת) [ק/א/245]. הִתְקַבְּצוּת

Paneel
סָפִין (סְפִינִים) (אדר') מִרְצֶפֶת שׁוּלַיִם

paneelieren ---> täfeln

Panelmethode
דֶּרֶךְ שֶׁל מִדְגָּם קָבַע (מדע) שִׁיטַת מֶחְקָר הַמְּבֻסֶּסֶת עַל בְּדִיקָה זֵהָה שֶׁל מַשָּׂאִים אוֹ שֶׁל תּוֹפָעוֹת בְּפִרְקֵי זְמַן קְבוּעִים

Panik
תַּבְהֵלָה (פסי') פָּנִיקָה, בֶּהָלָה, תְּגוּבַת מְנוּסָה מְהוּמְתָנִית שֶׁל הֲמוֹנֵי בְּנֵי אָדָם בְּסִבַּת מְאֹרָע פִּתְאֹמִי וּמְסֻכָּן

Pankrazlilie *{Pancratium}*
חֲבַצֶּלֶת (בוט') צֶמַח מִמִּשְׁפַּחַת הַנַּרְקִיסִיִּים

Pankreas ---> Bauchspeicheldrüse

Pankreassaftmangel *{Achylia pancreatica}*
חֲרֵבוּת הַלַּבְלָב (רפו')

Pankreatin
לַבְלְבָן (רפו') [מר״ח/506]. לַבְלְבָן

Pankreatitis ---> Bauchspeicheldrüsenentzündung

pankreatisch ---> Bauchspeicheldrüse betreffend, die

Pannus
תְּבַלּוּל (תְּבַלּוּלִים) (רפו') עֲכִירוּת קַרְנִית הָעַיִן

Pannus tenuis
דֹּק (רפו') [מר״ח/507]. תְּבַלּוּל דַּק

Pansen ---> Magen der Wiederkäuer, erster

Pantherlilie *{Lilium pardalinum}*
שׁוֹשַׁן נָקוֹד (בוט') צֶמַח מִמִּשְׁפַּחַת הַשּׁוֹשַׁנִּיִּים

Pantoffelblume *{Calceolaria}*
נַעֲלָנִית (בוט') צֶמַח מִמִּשְׁפַּחַת הַלּוֹעֲנִיתִיִּים

Panzer
שִׁרְיוֹן (שִׁרְיוֹנִים) (צבא) [א״ח/ב/315]. בִּגְדֵי מַתֶּכֶת לְאַנְשֵׁי צָבָא, טַנְק, כְּלִי רֶכֶב מִלְחַמְתִּי מְשֻׁרְיָן הַנָּע עַל שַׁרְשְׁרוֹת זַחַל

Panzerschleiche ---> Scheltopusik

Papageienblatt *{Alternanthera}*
בְּצָן (בוט') צֶמַח מִמִּשְׁפַּחַת הַיַּרְבּוּזִיִּים

Papageienfische *{Scaridae}*
תּוּכִינוּנִיִּים (זוא') מִשְׁפָּחָה שֶׁל דְּגֵי גֶּרֶם

Papatacifieber ---> Hundsfieber

Papel
חֲטָטִית (חֲטָטִיּוֹת) (רפו') חָטָט (חֲטָטִים), חֲזָזִית, אֲבַעְבּוּעָה קְטַנָּה וִיבֵשָׁה עַל הָעוֹר

Papelbildung
הִתְחַטְּטוּת (רפו') [מר״ח/508]. הִתְחַזְּזוּת, הִתְהַוּוּת חֲטָטִיּוֹת (חֲזָזִיּוֹת) עַל הָעוֹר

papelig
חֲטָטִי (רפו') חֲזָזִיתִי, חֲזָזִי

Papier, geschöpftes ---> Büttenpapier

Papierblume *{Xeranthemum}*
יַבְשׁוּשׁ (בוט') צֶמַח מִמִּשְׁפַּחַת הַמֻּרְכָּבִים

Papierboot *{Argonauta argo}*
מַדְגִּירָן לְבֶן בַּיִת (זוא') בַּעַל חַיִּים מִמִּשְׁפַּחַת הַמַּדְגִּירָנִיִּים (רֹאשׁ רַגְלָאִים)

Papiergeld
שְׁטַר מָמוֹן (כלכ') שְׁטַר כֶּסֶף

Papille
פִּטְמָה (פְּטָמוֹת) (רפו') פִּטֹּמֶת, פִּטְמִית

papillenförmig
פִּטְמָתִי (רפו') פִּטְמָנִי, דְּמוּי פִּטְמָה

Papillenödem
בַּצֶּקֶת הַפִּטּוֹטֶמֶת (רפו') בַּצֶּקֶת פִּטְמַת עֲצַב הָרְאִיָּה

Pappel *{Populus}*
צַפְצָפָה (בוט') צֶמַח מִמִּשְׁפַּחַת הָעַרְבָתִיִּים

Pappus ---> Federkelch

Paprika *{Capsicum}*
פִּלְפֶּלֶת (בוט') צֶמַח מִמִּשְׁפַּחַת הַסּוֹלָנִיִּים

Papula ---> Papel

Papyrus
גֹּמֶא (בוט', טכנ') [א״ח/א/211]

Papyrusstaude *{Cyperus papyrus}*
גֹּמֶא הַפַּפִּירוּס (בוט') צֶמַח מִמִּשְׁפַּחַת הַגֹּמְאִיִּים

Parabase
שִׂיחַ מֻסְגָּר (ספר', תאט')

Parabulie ---> Willensrichtung, Perversion der

Paradentose
חֲנֶכֶת (רפו') דַּלֶּקֶת הַחֲנִיכַיִם

Paradigma
עַלְדֶּגֶם (עַלְדְּגָמִים) (פיל') [ק/א/17]. אָב, אַבְדֶּגֶם, פָּרָדִיגְמָה, סִדְרָה שֶׁל צוּרוֹת בַּעֲלוֹת יְסוֹד מְשֻׁתָּף, דֻּגְמָה. גִּזְרָה (גְּזָרוֹת) (בלש') [ק/א/112]. גִּזְרָה, בִּנְיַן הַפְּעָלִים. מִשְׁקְלֵי הַפְּעָלִים (בלש') [ק/ב/303]. מַעֲרֶכֶת נְטִיַּת הַפְּעָלִים. מִשְׁקַל הַשֵּׁמוֹת (בלש') [ק/ד/157]. שֶׁקֶל, מַעֲרֶכֶת נְטִיַּת הַשֵּׁמוֹת, דֶּגֶם הַקִּנְיָן שֶׁל הַשֵּׁמוֹת

Paradox ---> Paradoxon

paradoxal
מַעְרְקָל, פָּרָדוֹקְסָלִי

paradoxe Wärmeempfindung ---> Wärmeempfindung, paradoxe

Paradoxia sexualis
מַעֲרְקָל זְוִיגִי (פסי') מַעֲרְקָל מִינִי, תַּאֲוָה זְוִיגִית (מִינִית) לִפְנֵי גִּיל הַהִתְבַּגְּרוּת אוֹ לְהִיטוּת זְוִיגִית בְּגִיל הַזִּקְנָה

Paradoxon
מַעֲרְקָל [ק/ב/130]. מַאֲמָר נִפְלָא, פָּרָדוֹקְס, כָּל מַה שֶּׁהוּא בְּנִגּוּד לַמְשֹׁעָר וְלַמְקֻבָּל אוֹ הַנִּרְאֶה כְּסוֹתֵר אֶת עַצְמוֹ

Parästhesie ---> Hautkribbeln

parästhetisch ---> hautkribbelnbezüglich

Paragraph
פִּסְקָה (פִּסְקָאוֹת, פְּסָקוֹת) (דפו', ספרנ') אֶפְסֶק, סָעִיף

Paragraphie ---> Schreibstörung

Paralalie ---> Lautverwechslung

Paralexie ---> Lesestörung

parallaktische Verschiebung ---> Parallaxe

Parallaxe
עֶתֶק (עֲתָקִים) (רפו', פסי') [ר/ב/521]. דְּפוּסֵי מַעְתָּקִים בִּתְנוּעָה הַנִּרְאֵית שֶׁל עֲצָמִים בִּשְׂדֵה הָרְאִיָּה בִּזְמַן שֶׁהַמִּסְתַּכֵּל זָז לִצְדָדִים, פָּרַלַּקְסָה, פָּרַלַּקְס, שִׁנּוּי כִּוּוּן. קֶשֶׁת הַחִלּוּף (אסט') [ק/ג/305]. קֶשֶׁת חִלּוּף הַהַבָּטָה, שִׁנּוּי מְדֻמֶּה בְּעֶמְדָּתוֹ שֶׁל גֶּרֶם שְׁמֵימִי כְּשֶׁהוּא נִצְפֶּה מִשְּׁתֵּי נְקֻדּוֹת תַּצְפִּית

Parallaxe, binokulare ---> Parallaxe, zweiäugige

Parallaxe, einäugige
עֶתֶק חַד עֵינִי (פסי', רפו'). פָּרַלַּקְסָה חַד עֵינִית

Parallaxe, zweiäugige
עֶתֶק דּוּ עֵינִי (פסי', רפו'). פָּרַלַּקְסָה דּוּ עֵינִית

parallel
מַקְבִּיל [ק/ב/321]. מִתְנַגְּדִי, מְכֻוָּן כְּנֶגֶד..., בְּאוֹתוֹ כִּוּוּן וּבְאוֹתוֹ מֶרְחָק. מְנֻגָּד [ק/ג/15]. הַנִּמְצָא מוּל עֶצֶם אַחֵר כְּשֶׁהַמֶּרְחַקִּים בֵּינֵיהֶם שָׁוִים בְּכָל מָקוֹם. נֹכַח [ק/ג/34]. מוּל, בִּפְנֵי..., כְּלַפֵּי..., כְּנֶגֶד, לְעֻמַּת, מִנֶּגֶד, נֶגֶד. נְכֹחִי [ק/ג/36]

Parallelbewegung
תְּנוּעָה מַקְבִּילָה (מוס')

Parallele
הַקְבָּלָה, עִמּוּת, הַעֲמָדַת דְּבָרִים זֶה מוּל זֶה לְשֵׁם הַשְׁוָאָה

parallele Linien ---> Linien, parallele

parallele Seiten ---> Seite(n), parallele

Parallelepipedon
מַקְבִּילוֹן (מתמ') [ל״מ/407]. גּוּף הַנְדָּסִי שֶׁבְּסִיסוֹ מְצֻלָּע וְדָפְנוֹתָיו מַקְבִּילִיּוֹת

Parallelepipedon, rechtwinkliges *{Quader}*
תֵּבָה (תֵּבוֹת) (מתמ')

Parallelgültigkeit
תְּקֵפוּת בּוֹ זְמַנִּית (סטט') [ר/ב/701; מ״מ/222]. תְּקֵפוּת מַקְבִּילָה, תֹּקֶף בּוֹ זְמַנִּי, - מַקְבִּיל, תְּקֵפוּת הַנִּמְשֶׁכֶת מִן הַיְכֹלֶת לַחֲזוֹת תּוֹצָאָה מְסֻיֶּמֶת בְּעֶזְרַת תּוֹצָאָה אַחֶרֶת שֶׁל אוֹתוֹ מִדְגָּם

Parallelisierung
צִמּוּד (מדע) [מ״מ/220]. זִוּוּג, הַתְאָמָה, מַעֲרָךְ נִסּוּיִי שֶׁבּוֹ הֶרְכֵּב קְבוּצַת הַנִּסּוּי תּוֹאֵם אֶת הֶרְכֵּב קְבוּצַת הַבִּקֹּרֶת

Parallelismus
הַקְבָּלָה [ק/א/202]. מַקְבִּילוּת, עֲרִיכַת שְׁנֵי דְּבָרִים אוֹ שְׁנֵי מֻשָּׂגִים זֶה לְעֻמַּת זֶה. נְכָחוּת, נְכֹחוּת, נְכֹחִיּוּת [ק/ג/36]. מַה שֶּׁמִּמּוּל, הֱיוֹת נֹכַח, - מְנֻגָּד, מַצַּב הַדְּבָרִים הַמַּקְבִּילִים זֶה לָזֶה, דִּמְיוֹן בֵּין דְּבָרִים בִּפְרָטִים אֲחָדִים וּבִתְכוּנוֹת אָפְיָנִיּוֹת. עִמּוּת [ק/ג/143]. תַּקְבֹּלֶת אֲבָרִים (ספר') [מ״ב/159]. צוּרַת מִשְׁקָל שִׁירִי שֶׁבָּהּ בָּאוֹת בִּשְׁתֵּי צְלָעוֹת הַטּוּר שְׁתֵּי מִלִּים נִרְדָּפוֹת אוֹ מְנֻגָּדוֹת, לְמָשָׁל: ״מָה אֱנוֹשׁ כִּי תִזְכְּרֶנּוּ // וּבֶן אָדָם כִּי תִפְקְדֶנּוּ״

Parallelität
מַקְבִּילוּת (מתמ')

Parallelkreis ---> Breitenkreis

Parallelogramm
מַקְבִּילִית (מַקְבִּילִיּוֹת) (מתמ') [ק/ב/275; ק/ג/36]. מְרֻבָּע נְכֹחִי, - שֶׁצַּלְעוֹתָיו הַנֶּגְדִּיּוֹת מַקְבִּילוֹת

Parallelprojektion
הֲטָלָה מַקְבִּילָה (מתמ')

Paralleltonart
סֻלָּם תּוֹאֵם (מוס')

Parallelvalidität ---> Parallelgültigkeit

Parallelverarbeitung
עִבּוּד בְּמַקְבִּיל (מחש') עִבּוּד מַקְבִּיל

Parallelverschiebung *{Translation}*
הַעְתָּקָה (פיס') תְּזוּזָה מַקְבִּילָה

Parallelversuch
שִׁנְסוּי (מדע) [מ״מ/221]. רֶפְּלִיקַצְיָה, חֲזָרָה עַל נִסּוּי אוֹ עַל מֶחְקָר לְשֵׁם בְּדִיקַת הַמְּהֵימָנוּת וְהַתְּקֵפוּת שֶׁל הַנִּסּוּי הָרִאשׁוֹן

Paralogie ---> Vorbeireden

Paralogismus ---> Trugschluß

Paralyse ---> Lähmung, motorische

Parameter
מֵצַד (מְצָדִים) (מתמ', סטט') [ר/ב/522; מ״מ/220; ל״מ/539]. פָּרָמֶטֶר, מַדָּד מְסַכֵּם שֶׁל אֻכְלוּסִיַּת נְקֻדִּים, קָבוּעַ הַיָּכוֹל לְקַבֵּל כָּל עֵרֶךְ מִסְפָּרִי וְהוּא נִשְׁאָר קָבוּעַ בְּשָׁעָה שֶׁחוֹקְרִים אֶת תְּכוּנוֹת הַמִּשְׁתַּנִּים הָאֲחֵרִים

Paramnesie
זִכְרוֹן שָׁוְא (פסי') [ר/ב/523]. פָּרַמְנֶזְיָה, תַּעְתּוּעַ הַזְּכִירָה, זִכְרוֹן מְסֻלָּף, זִכְרוֹן הַהֹוֶה, זִכְרוֹן מְעֻוָּת אוֹ שִׁקְרִי שֶׁל דְּבָרִים, סִלּוּף הַזְּכִירָה

Paranoia
יַהֶמֶת (פסי') [מר״ח/511]. פָּרָנוֹיָה, שִׁגָּעוֹן

paranoid
יַהַמְתִּי (פסי') פָּרָנוֹאִי, פָּרָנוֹאִידִי

paranoide Entwicklungspsychose ---> Entwicklungspsychose, paranoide

Paranoiker(in)
יָהֵם (יְהֵימִים), יְהֵימָה (יְהֵימוֹת) (פסי') [מר״ח/511]. יָהֵם, יַהֶמֶת, פָּרָנוֹאִיקָן, לְקוּי בְּיַהֶמֶת (פָּרָנוֹיָה)

paranoisch ---> paranoid

Paraphrase
פָּרָזָה (פָּרָזוֹת) (בלש') [מ״ב/159]. תַּעֲקִיף,

פַּרְפְּרָזָה, שִׁכְתּוּב, נִסּוּחַ חִלּוּפִי שֶׁל מִלָּה אוֹ שֶׁל פָּסוּק. אֹרֶךְ לָשׁוֹן (ספר׳) [ק/א/73]. מַאֲמָר מְפֹרָט (ספר׳, פיל׳) [ק/ב/248,130]. מְלִיצַת הַהַקָּפָה (ספר׳) [ק/ב/207]. אֲמִירַת דְּבָרִים בְּהַרְחָבָה לְלֹא דִּיּוּק. מִשְׁפָּט מְפֹרָט (פיל׳, ספר׳) [ק/ב/301,248]. גִּרְסָה (גְּרָסוֹת) (ספר׳) תִּרְגּוּם חָפְשִׁי אוֹ מְסִירָה חָפְשִׁית שֶׁל דִּבְרֵי אֲחֵרִים, גִּרְסָה חָפְשִׁית שֶׁל מְלִיל (מוֹטִיב) כָּלְשֶׁהוּ

Paraphrasie ---> Wortverwechslung

Paraphrenie ---> Entwicklungspsychose, paranoide

Parapraxie

כֶּשֶׁל (כְּשָׁלִים) (פסי׳) [ר/ב/525]. פָּרָפְּרַקְסִיּוּת, מַעֲשֵׂה שְׁגָגָה, פְּעֻלַּת כֶּשֶׁל, מַעֲשֵׂה כֶּשֶׁל, פְּלִיטָה, שְׁגִיאָה קַלָּה, פְּלִיטַת פֶּה, - קֻלְמוֹס, שְׁגִיאָה פְרוֹידִיאָנִית

Parasit

טַפִּיל (טַפִּילִים) (רפו׳) אוּל (אוֹרְגָנִיזְם) הַחַי עַל אוּל אַחֵר אוֹ בְּתוֹכוֹ וְנִזּוֹן מִמֶּנּוּ

Parasitenbefall

הִטַּפְּלוּת (רפו׳) שְׁרִיצָה

Parasitologe

טַפִּילַאי (טַפִּילָאִים) (רפו׳) פָּרָזִיטוֹלוֹג, חוֹקֵר טַפִּילִים

Parasitologie

טַפִּילָאוּת (רפו׳) פָּרָזִיטוֹלוֹגְיָה, חֵקֶר הַטַּפִּילִים

Parasympathikus

הֶעָצָב הַנָּדוּד (רפו׳)

Parataxe ---> Satzreihe

Parataxe, Nebensatz einer ---> Nebensatz einer Satzreihe

parathyreoidea, Glandula ---> Nebenschilddrüse

Parenchym ---> Bindegewebe

Parenthese

הֶסְגֵּר (בלש׳, ספר׳) [ק/א/197; מ״ב/160]. הַפְסָקָה, מִלָּה אוֹ מִלִּים שֶׁאֵינָן שַׁיָּכוֹת לְגוּף הַמִּשְׁפָּט וְהַמְצַיְּנוֹת רַק אֶת יַחְסוֹ שֶׁל הַמְדַבֵּר לַנֶּאֱמָר בַּמִּשְׁפָּט, לְמָשָׁל: ״**לְצַעֲרִי**, לֹא אוּכַל לְסַיֵּעַ בְּיָדְךָ״; ״מָה, **לְדַעְתְּךָ**, עָלֵינוּ לַעֲשׂוֹת?״ מַאֲמָר מֻסְגָּר (בלש׳) [ק/ב/130]

Parese, doppelseitige *{Paraparese}*

רִפְיוֹן הַגַּפַּיִם הַתַּחְתּוֹנִים (רפו׳)

Parfümbereiter(in) [---> Drogist; Spezereibereiter]

בַּסָּם, בַּסֶּמֶת (מלא׳) [א״ח/א/242]. בַּשָּׂם, רוֹקֵחַ בְּשָׂמִים

Parfümflasche

בַּקְבּוּק בֹּשֶׂם (טכנ׳) צְלוֹחִית בְּשָׂמִים, - כֹּחַל

pari stehen, über ---> Agio

pari, al ---> Nennwert, zum

pari, unter ---> Nennwerrt, unter dem

Paries [---> Wand]

דֹּפֶן (דְּפָנוֹת) (רפו׳, ביו׳) מְחִצָּה

parietal

דָּפְנִי (רפו׳, ביו׳) צִדְעִי, שֶׁל הַדֹּפֶן, הַשַּׁיָּךְ לַצֶּדַע

Parität ---> Gleichheit

Parkett sprechen, ins

דִּבֵּר אֶל הַקָּהָל (תאט׳) פָּנָה אֶל הַצּוֹפִים

Parkettierung

תַּשְׁבֵּץ (מחמ׳)

Parkinsonismus

רַטֶּטֶת (רפו׳) [מר״ח/514]. רַטָּטוֹן, מַחֲלַת פַּרְקִינְסוֹן

Parklandschaft

נוֹף מַטְלִיּוֹת חֹרֶשׁ (בוט׳, י״א) אֵזוֹר הַמְּשֻׁבָּץ בַּעֲצֵי יַעַר טִבְעִיִּים וְתַרְבּוּתִיִּים כְּאַחַת

Parlamentsakte

חֲקִיקַת הַמְּחוֹקֵק (מדי׳, משפ׳)

Parlamentsferien

פַּגְרַת בֵּית הַנִּבְחָרִים (מדי׳) פַּגְרַת הַכְּנֶסֶת

Parlamentsmitglied

חֲבֵר בֵּית הַנִּבְחָרִים (מדי׳) חֲבֵר כְּנֶסֶת

Parodie

סְלִיגָה (אמנ׳) פָּרוֹדְיָה, חִקּוּי מֻגְזָם שֶׁל יְצִירָה מְסֻיֶּמֶת כְּדֵי לְהַלְעִיג בָּהּ

parodieren

סִלֵּג (מְסַלֵּג) (אמנ׳) עָשָׂה פָּרוֹדְיָה

Parodieren

סִלּוּג (אמנ׳) עֲשִׂיַּת פָּרוֹדְיָה

parodistisch

סִלּוּגִי (אמנ׳) פָּרוֹדִיסְטִי

parodistische Erzählung ---> Erzählung, parodistische

Parole ---> Sprechen

Paronomasie

לָשׁוֹן נוֹפֵל עַל לָשׁוֹן (ספר׳, בלש׳) [מ״ב/159]. כֶּפֶל גְּזִירָה, שִׁמּוּשׁ בְּמִלִּים הַדּוֹמוֹת בְּצִלְצוּלָן וְשׁוֹנוֹת אוֹ דּוֹמוֹת בְּהוֹרָאָתָן, לְמָשָׁל: ״וּבָרַד בְּרֶדֶת הַיָּעַר // וּבַשִּׁפְלָה תִּשְׁפַּל הָעִיר״

Paronym

מִלָּה נִגְזֶרֶת (בלש׳) [מ״ב/161]. מִלִּים נִגְזָרוֹת הֵן מִלִּים הַדּוֹמוֹת זוֹ לָזוֹ בִּצְלִילָן אַךְ שׁוֹנוֹת בְּמַשְׁמָעוּתָן, לְמָשָׁל: הַמִּלָּה הַגֶּרְמָנִית kindlich שֶׁפֵּרוּשָׁהּ ״יַלְדוּתִי״ כְּנֶגֶד kindisch שֶׁמַּשְׁמָעָהּ ״מְגֻחָךְ״

Paroxysmus

קַדַּחְתָּנוּת

Parotis ---> Ohrspeicheldrüse

Parotitis ---> Ohrspeicheldrüsenentzündung

paroxytoniert ---> pänultimabetont

Paroxytonon ---> Pänultimabetonung

Parsing ---> Satzanalyse

parteiisch

נוֹשֵׂא פָּנִים (משפ׳) מַעֲדִיף צַד אֶחָד עַל פְּנֵי צַד שֵׁנִי

parteiisch werden

נָשָׂא פְּנֵי צַד אֶחָד (משפ׳) הִטָּה הַכַּף לְטוֹבַת פְּלוֹנִי, נָשָׂא פָּנִים לְ...., הֶעֱדִיף אֶת פְּלוֹנִי עַל אַלְמוֹנִי, הִכִּיר אֶת פְּלוֹנִי לְטוֹבָה

Parteilichkeit

מַשּׂוֹא פָּנִים (משפ׳) הַעְדָּפַת צַד אֶחָד, דִּין קְדִימָה, הַכָּרַת פָּנִים בַּדִּין, עֲדִפָנוּת

Parterre ---> Erdgeschoß

Participium passivum ---> Partizip passiv

Partie

פַּרְטִית (פַּרְטִיּוֹת) (תאט׳, מוס׳) תַּפְקִיד, חֵלֶק

partiell

חֶלְקִי [ק/א/308]. שֶׁל חֵלֶק

partielle Korrelation ---> Korrelation, partielle

partieller Begriff ---> Begriff, partieller

partieller Satz ---> Satz, partieller

Partikel

מִלִּית (מִלִּיּוֹת) (בלש') [ק/א/31; מ״ב/161]. אוֹת, מִלָּה, בְּגֶדֶר הַמִּלּוֹת נִמְנוֹת מִלִּים מִשְּׁלֹשָׁה סוּגִים: כָּל אוֹתָן מִלִּים שֶׁהֵן בְּגֶדֶר תֹּאַר הַפֹּעַל, מִלּוֹת הַיַּחַס וּמִלּוֹת הַקִּשּׁוּר, לְמָשָׁל: ״הֵיטֵב״, ״אֵצֶל״, ״אֲבָל״. מִלַּת הַטַּעַם (בלש') [ק/ב/19;204]. מִלָּה שֶׁאֵינָהּ לֹא שֵׁם וְלֹא פֹּעַל, מִלַּת יַחַס, מִלָּה הַמְצַיֶּנֶת אֶת הַיַּחַס בֵּין עֶצֶם לְעֶצֶם. מְדַבֵּק (בלש') [ק/ב/143]. מִלָּה מְדַבֶּקֶת

Partikel, einschränkender

מִלָּה מַגְבִּילָה (בלש') [ק/ב/140]. מִלִּית מַגְבִּילָה

partikulär

פְּרָטִי [ק/ג/212]. שֶׁל הַפְּרָט, יְחוּדִי, בִּלְבַדִּי, מְיֻחָד. חֶלְקִי [ק/ג/298]. קְצָתִי, פַּרְטִיקוּלָרִי

partikuläre Form ---> Form, partikuläre

partikulärer Satz ---> Satz, partikulärer

partikuläres Urteil ---> Urteil, partikuläres

Partikularisator *{Existenzoperator; Existenzquantor}*

כַּמַּת קִיּוּם (פיל', מתמ') [ת״ה/74; קמ״ל/314]. כַּמַּאי קִיּוּם, כַּמַּת יֵשׁוּתִי, - יֵשִׁי, הַבִּטּוּי: ״יֶשְׁנוֹ לְפָחוֹת x אֶחָד בְּתוֹךְ תְּחוּם הַ- x הַנָּתוּן אֲשֶׁר...״ הַמְסֻמָּל כַּנָּהוּג בְּאֶמְצָעוּת Ex אוֹ ∃x

partikularisiert

מְפֹרָט, הַמִּתְבַּטֵּא בִּפְרָטִים

Partikularismus-Universalismus

מֶחְלְקִיּוּת-שְׁלֵמִיּוּת (פסי') [ר/א/18; ר/ב/569]. פַּרְטִיקוּלָרִיּוּת-אוּנִיבֶרְסָלִיּוּת, הַמֶּחְלְקִיּוּת (פַּרְטִיקוּלָרִיּוּת) מְצַיֶּנֶת אֶת יַחֲסוֹ שֶׁל הַיָּחִיד לְיָחִיד אַחֵר כְּיַחַס מְיֻחָד, מַמָּשִׁי וְאִישִׁי, וְאִלּוּ הַשְּׁלֵמִיּוּת (אוּנִיבֶרְסָלִיּוּת) מַדְגִּישָׁה אֶת חֲשִׁיבוּתָם שֶׁל גּוֹרְמִים מֻפְשָׁטִים וּכְלָלִיִּים שֶׁאֵינָם תְּלוּיִים בַּגּוֹרְמִים הַפְּרָטִיִּים וְהַמְּיֻחָדִים

Partikularität

יְחוּדִיּוּת (פיל') [ק/ד/44]. רְמִיזוּת, עַצְמִיּוּת, פַּרְטִיקוּלָרִיּוּת

Partitaltöne

צְלִילִים עִלִּיִּים (מוס') צְלִילִים הַרְמוֹנִיִּים

partitiver Genitiv ---> Genitiv, partitiver

partitives Bindewort ---> Bindewort, partitives

Partitur

תַּכְלִיל (מוס') פַּרְטִיטוּרָה, יָתוּ

Partizip [---> Partizip Präsens, aktives; Partizip passiv]

בֵּינוֹנִי (בלש') [מ״ב/161]. צוּרָה בַּעֲלַת תְּכוּנַת שֵׁם וּתְכוּנַת פֹּעַל הַמְצַיֵּן בְּדֶרֶךְ כְּלָל אֶת הַהֹוֶה

Partizip aktiv ---> Partizip Präsens, aktives

Partizip passiv

בֵּינוֹנִי פָּעוּל (בלש') [ק/ג/174; מ״ב/162]. עָשׂוּי, זְמַן הֹוֶה שֶׁל פֹּעַל בְּצוּרָה סְבִילָה, בֵּינוֹנִי שֶׁל בִּנְיַן קַל הַמְשַׁמֵּשׁ הֵן כְּבֵינוֹנִי סָבִיל וְהֵן לִיצִירַת תְּאָרִים לֹא סְבִילִים, לְמָשָׁל: ״שָׁמוּר״, ״שָׁבוּר״, ״עָצוּם״, ״בָּטוּחַ״

Partizip Präsens, aktives

בֵּינוֹנִי פּוֹעֵל (בלש') [ק/ב/252; מ״ב/10]. מְצַדֵּד, בֵּינוֹנִי שֶׁל בִּנְיַן פָּעַל (קַל) שֶׁהוֹרָאָתוֹ פְּעִילָה, לְמָשָׁל: ״שׁוֹמֵר״, ״כּוֹתֵב״, ״מוֹרֵד״, ״מְכַשֵּׁף״

Partizipation

הִשְׁתַּתְּפוּת (מ״ח) [ר/א/226]. הִזְדַּהוּת עִם מוֹסָדוֹת, עֲרָכִים וּמִבְנִים חֶבְרָתִיִּים, לְקִיחַת חֵלֶק פָּעִיל בְּהִתְרַחֲשֻׁיּוֹת הַחֶבְרָתִיּוֹת

Partner(in)

בֶּן זוּג, בַּת זוּג, שֻׁתָּף, שֻׁתֶּפֶת

Parulis ---> Zahnfleischabzeß

Parvenü

עַשְׁרָן (עַשְׁרָנִים) (מ״ח) [י״א/463]. גְּדַלְדּוּל, מִי שֶׁנִּתְעַשֵּׁר לָאַחֲרוֹנָה, נְגִיד קִיקָיוֹן, נוּבוֹרִישׁ, גַּדְלָן, עַשְׁרָנִי

Parzelle

חֶלְקַת מְקַרְקְעִים (חקל', כלכ') חֶלְקַת מְקַרְקְעִין, חֶלְקָה שֶׁל אֲדָמוֹת

parzellieren

תִּחְלֵק (מִתְחַלֵּק) (חקל', כלכ') חִלֵּק קַרְקָעוֹת לַחֲלָקוֹת קְטַנּוֹת

Parzellieren

תִּחְלוּק (פְּעֻלָּה), תַּחְלוּקָה (תּוֹצָאָה) (חקל', כלכ') פַּרְצֶלַצְיָה, חֶלְקַת מִשְׁנֶה, תַּת חֲלֻקָּה, חֲלֻקַּת קַרְקָעוֹת לַחֲלָקוֹת קְטַנּוֹת

Paß

מַעֲבַר הָרִים (מַעַבְרֵי הָרִים) (י״א)

Passage ---> Ladenstraße, überdachte

Passagierschiff

אֳנִיַּת נוֹסְעִים (ימא')

Passant

הֵלֶךְ (הֲלָכִים), הוֹלֵךְ רֶגֶל (הוֹלְכֵי רֶגֶל), עוֹבֵר אֹרַח, - דֶּרֶךְ, עוֹבֵר וָשָׁב (עוֹבְרִים וְשָׁבִים), מְהַלֵּךְ, הוֹלֵךְ דֶּרֶךְ

passen zu ---> zusammenpassen

passend [---> anwendbar]

אָפוּץ לְ... (טכנ') מַתְאִים בְּדִיּוּק לְ...

passend zusammenstellen ---> zusammenstellen, passend

Passio

הִפָּעֲלוּת (פסי') [ק/א/197]. קַבָּלַת פְּעֻלָּה מִגּוּף אַחֵר שֶׁגּוֹרֶמֶת בְּגוּף הַנִּפְעָל (מְקַבֵּל הַפְּעֻלָּה) שִׁנּוּי וְהִתְרַגְּשׁוּת. הִתְפַּעֲלוּת (פסי') [ק/א/243]

Passion ---> Leidenschaft

passioniert ---> leidenschaftlich

Passionsblume *{Passiflora}*

שְׁעוֹנִית (בוט') צֶמַח מִמִּשְׁפַּחַת הַשְּׁעוֹנִיתִיִּים

Passionsspiel

מַחֲזֵה יִסּוּרִים (שֶׁל יֵשׁוּעַ) (דת, תאט')

passiv

סָבִיל (בלש') [ק/ב/326; מ״ב/162]. מִתְפָּעֵל, צוּרָה שֶׁבָּהּ הוֹפֵךְ מֻשָּׂא הַמִּשְׁפָּט לְנוֹשְׂאוֹ, לְמָשָׁל: ״הַבָּרָק פָּגַע בַּבַּיִת״ הוֹפֵךְ לְ-״הַבַּיִת נִפְגַּע עַל יְדֵי הַבָּרָק״. נִפְעָל [ק/ג/56]. מֻשְׁפָּע, מְקַבֵּל פְּעֻלָּה שֶׁאַחֵר עוֹשֶׂה אוֹתָהּ. נִפְגָּע.

קִבּוּלִי [ק/ג/258]. מְקַבֵּל, קוֹלֵט, סוֹפֵג, פָּסִיבִי

passive Immunisierung ---> Immunisierung, passive

Passivierung

אִדּוּשׁ (אלק׳) הַפְחָתַת יְכֹלֶת הַתְּגוּבָה הַכִּימִית שֶׁל מַתָּכוֹת לֹא אֲצִילוֹת

Passung [---> Einpassung]

אֲפִיצוּת (טכנ׳) הַתְאָמָה מְדֻיֶּקֶת, הִדּוּק

Passungsgrad

דַּרְגַּת הָאֲפִיצוּת (טכנ׳)

Paßwort ---> Kennwort

Pastabilia

נְלוֹשִׁים (פיל׳) [ק/ג/39]. אֶחָד מִשְּׁמוֹנָה עָשָׂר הֶבְדֵּלֵי הַדְּבָרִים שֶׁל אֲרִיסְטוֹ

Paste

מִרְחָה (מִרְחוֹת) (רפוי) מֶרַח, מִשְׁחָה סְמִיכָה, פַּסְטָה

Pastille

טַבְלִיַּת מְצִיצָה (טַבְלִיּוֹת מְצִיצָה) (רפוי) [מר״ח/427]. גְּרִיצִית (גְּרִיצִיּוֹת), לַכְסָנִית, תְּרוּפָה סֻכָּרִיָּתִית, רְקִיקִית, טַבְלִית לִמְצִיצָה

pastoral

רוֹעִי (מוס׳, אמנ׳) פַּסְטוֹרָלִי, קָרוֹב לַטֶּבַע

Pastorale

רוֹעִית (רוֹעִיּוֹת) (מוס׳, אמנ׳) [למ״ו/373]. פַּסְטוֹרָלָה, יְצִירָה בַּעֲלַת אֹפִי כַּפְרִי

Patent

חִדּוּשׁוֹר (חִדּוּשׁוֹרִים) (טכנ׳, משפ׳) אִשּׁוּר לְשִׁמּוּשׁ בִּלְעָדִי בְּהַמְצָאָה אוֹ בְּחִדּוּשׁ, פָּטֶנְט

patentbezüglich

חִדּוּשׁוֹרִי (טכנ׳, משפ׳) שֶׁל חִדּוּשׁוֹר (פָּטֶנְט)

patentierbar

חִדּוּשִׁיר (טכנ׳, משפ׳) רָאוּי לְחִדּוּשׁוֹר (פָּטֶנְט)

patentieren

חִדְשֵׁר (מְחַדְשֵׁר) (טכנ׳, משפ׳) רָשַׁם הַמְצָאָה אוֹ חִדּוּשׁ לְשֵׁם שִׁמּוּשׁ בִּלְעָדִי בָּהֶם

Patentierung

חִדְשׁוּר (טכנ׳, משפ׳) רִשּׁוּם הַמְצָאָה אוֹ חִדּוּשׁ לְשֵׁם שִׁמּוּשׁ בִּלְעָדִי בָּהֶם

Patentinhaber(in)

חַדְשָׁר, חַדְשָׁרִית (טכנ׳, משפ׳) בַּעַל חִדּוּשׁוֹר (פָּטֶנְט)

Pathetik

נִכְמָרוּת, כָּמְרָה, פָּטֵטִיּוּת, רַגְשָׁנוּת

pathetisch

נִכְמָר, פָּטֵטִי, רַגְשָׁנִי, מְרוֹעִי, מְרוּעָתִי, עַז רֶגֶשׁ, בְּעֹז רֶגֶשׁ, הַפָּעֳלוּתִי

pathogen

מַחְלִיא (רפוי, פסי׳) פָּתוֹגֶנִי, מְחוֹלֵל מַחֲלוֹת, מַחְלוּאִי, מַרְעָנִי

pathogener Keim ---> Krankheitserreger

Pathogenese

מַחְלוּאָה (רפוי, פסי׳) פָּתוֹגֶנֶזָה, הִוָּצְרוּת הַמַּחֲלָה

Pathogenie ---> Pathogenität

Pathogenität

מַרְעָנוּת (רפוי) יְכֹלֶת לִגְרֹם מַחֲלוֹת

Pathologe

תַּמְרוּעָן (תַּמְרוּעָנִים) (רפוי) פָּתוֹלוֹג

Pathologie

תַּמְרוּעָה (רפוי) פָּתוֹלוֹגְיָה

pathologisch

תַּמְרוּעִי (רפוי) פָּתוֹלוֹגִי

pathologische Anatomie ---> Anatomie, pathologische

Pathopsychologie ---> Psychopathologie

Pathos

כְּמוּר, כְּמִירָה, פָּתוֹס, מֵרוֹעַ, מְרוֹעַ, מְרוּעָה, הִפָּעֲלוּת

Pati

מַאֲמַר שֶׁיִּתְפָּעֵל (פיל׳) [ק/ב/132; ק/ד/91]. אֶחָד מֵעֲשֶׂרֶת הַיְסוֹדוֹת הָעֶלְיוֹנִים שֶׁל אֲרִיסְטוֹ. מִפְעָל (פיל׳) [ק/ב/247]. נַעֲשֶׂה (פיל׳) [ק/ג/52]. נִפְעָל (פיל׳) [ק/ג/56]. פָּעוּל (פיל׳) [ק/ג/197]

Patient(in)

מְטֻפָּל, מְטֻפֶּלֶת (רפוי, פסי׳) [מר״ח/517]. פַּצְיֶנְט, חוֹלֶה הַזָּקוּק לְטִפּוּל שֶׁל רוֹפֵא, נוֹעָץ, מָרִיעַ, מְרִיעָה

Patient, amnestischer

נַשְׁיָן (רפוי, פסי׳) מְטֻפָּל שֶׁחוֹלֶה בְּמַחֲלַת הַשִּׁכְחָה

Patria potestas

שִׁלְטוֹן אָבוֹת (אנת׳)

patriarchalisch

אֲבוּתִי (אנת׳) אֲבוֹתִיִּי, פַּטְרִיאַרְכָלִי

Patriarchat

אֲבוּתָה (אנת׳) אֲבוֹתִיּוּת, פַּטְרִיאַרְכָלִיּוּת, שִׁיטָה שֶׁבָּהּ הָאָב הוּא הַשּׁוֹלֵט בַּמִּשְׁפָּחָה, שִׁלְטוֹן הָאָבוֹת בַּחֶבְרָה

Patrize ---> Stempelform

patronymisch

אַבְהוּתִי (בלש׳) [מ״ב/163]. שִׁיּוּכִי, שַׁיָּךְ, מְצַיֵּן אֶת זִקַּת הַיּוּחֲסִין אֶל הָאָב הַמּוֹפִיעָה בִּשְׁמוֹת מִשְׁפָּחָה אוֹ בִּשְׁמוֹת פְּרָטִיִּים, לְמָשָׁל: ״בִּנְיָמִין״, ״מֶנְדֶּלְסוֹן״, ״אִבְּן עֶזְרָא״

Patrouille

סִיּוּר (צבא) פַּטְרוֹל, מִתְוָר, מִשְׁמָר נַיָּד, סַיֶּרֶת, סִיֶּרֶת

patrouillieren

סִיֵּר (מְסַיֵּר) (צבא) תִּוֵּר (מְתַוֵּר)

Pattern ---> Phrasenschema; Muster

Pauke

תֻּנְפָּן (מוס׳) תֹּף גָּדוֹל דְּמוּי דּוּד, טִימְפָּן, טַמְטַם

Paukenschläger(in)

תֻּנְפְּנָאי, תֻּנְפְּנָאִית (מוס׳) נַגָּן (נַגֶּנֶת) תֻּנְפָּן

Pauper

דַּל-אֶבְיוֹן (מ״ח, כלכ׳) קַבְּצָן

Pauperismus

דַּלּוּת (מ״ח, כלכ׳) עֹנִי

Pausalform

צוּרַת הֶפְסֵק (בלש׳) [מ״ב/163]. צוּרָה הַמּוֹפִיעָה בְּסוֹף פָּסוּק בַּתַּנַ״ךְ וְשֶׁבָּהּ עֲשׂוּיִים לָחוּל שִׁנּוּיִים בַּמִּלִּים, כְּגוֹן: ״דָּרֶךְ״ בְּהֶפְסֵק לְעֻמַּת ״דֶּרֶךְ״ בְּהֶקְשֵׁר, ״חָצִי״ כְּנֶגֶד ״חֲצִי״ בְּהֶפְסֵק

Pause

הֶפְסֵק [ק/ב/213]. מְנוּחָה, הַפְסָקָה, דְּמִימָה, רֶוַח בֵּין זְמַנֵּיהֶם שֶׁל שְׁנֵי דְּבָרִים. שְׁבִיתָה [ק/ד/70]. הֲפוּגָה, רֶגַע שֶׁל שְׁמִטָּה. פֶּסֶק זְמַן, פֶּרֶק זְמַן שֶׁמּוֹנְעִים בּוֹ הִתְרַחֲשִׁיּוֹת מְסֻיָּמוֹת,

תְּפוּגָה

pausieren

הִפְסִיק (מַפְסִיק), דָּמַם (דּוֹמֵם)

Pauspapier

נְיַר הַעְתָּקָה (אמנ׳) [ממ״ג/179]. נְיַר עֲקִיבָה

Pearsonscher Produkt-Moment-Korrelationskoeffizient ---> Korrelationskoeffizient, Pearsonscher Produkt-Moment-

Pech

זֶפֶת (כימ׳) [א״ח/ב/234]

Pech verschmieren, mit

זִפֵּת (מְזַפֵּת) (טכנ׳) זָפַת (זוֹפֵת), מָשַׁח בְּזֶפֶת

Pechlibelle, Große *{Ischnura elegans}*

שַׁפְרִירִית הֲדוּרָה (זוא׳) חֶרֶק מִתַּת סִדְרַת הַשַּׁפְרִירִיּוֹת

Peculiare

סְגֻלָּה (סְגֻלּוֹת) [ק/ג/91]. תְּכוּנָה מְשֻׁתֶּפֶת אַךְ בִּלְתִּי יְחוּדִית שֶׁל כָּל בְּנֵי מִין מְסֻיָּם, - בִּלְתִּי מַהוּתִית. פְּרָט [ק/ג/211]

Pedal

דַּוְשָׁה (דַּוְשׁוֹת) (מוס׳)

Pedal treten, das

דִּוּשׁ (מְדַוֵּשׁ) (מוס׳)

Pedalklaviatur

מִקְלֶדֶת רֶגֶל (מוס׳)

Pedanterie

קַפְּדָנוּת, נַקְּרֶת, נַקְרָנוּת, חַטְטָנוּת, דַּקְדְּקָנוּת, נוֹקְדָנוּת, פֶּדַנְטִיּוּת, דַּיְקָנוּת קִיצוֹנִית

pedantisch

קַפְּדָנִי, דַּיְקָנִי בְּיוֹתֵר, נַקְרָנִי, נוֹקְרָנִי, דַּקְדְּקָנִי, נוֹקְדָנִי, קָפוּד, חַטְטָנִי, פֶּדַנְטִי

Peer-Gruppe ---> Gleichaltrigengruppe

Pegel ---> Wasserstandspegel

Pegelbezugshöhe ---> Pegelnullhöhe

Pegelnullhöhe

אֶפֶס מַד הַמִּפְלָס (היד׳)

Pegelstab

טְבִיל (טְבִילִים) (היד׳)

Peilstock

גְּשׁוֹשׁ (גְּשׁוֹשִׁים) (ימא׳) [א״ח/ב/347]. מוֹט לִמְדִידַת עֹמֶק הַמַּיִם

Peilung

תִּכְוּוּן (מטא׳) [יל״ט/216]. הַזָּוִית הָאָפְקִית שֶׁבֵּין קַו הָאֹרֶךְ הָעוֹבֵר דֶּרֶךְ מְקוֹמוֹ שֶׁל הַצּוֹפֶה לַקַּו הַמְחַבֵּר בֵּינוֹ לְבֵין הָעֶצֶם שֶׁאֶת תִּכְוּוּנוֹ מְבַקְשִׁים לִמְדֹּד

Pein

סִגּוּף, עִנּוּי הַגּוּף, סִכּוּף

peinigen

צִעֵר (מְצַעֵר) [ק/ג/251]. הִצְעִיר, הִכְאִיב, הִדְאִיב, גָּרַם צַעַר, הֶעֱצִיב, הֶעֱגִים, הִמְרִיר, יָרַד (עִמּוֹ) לְחַיָּיו, סִגֵּף (מְסַגֵּף), סָכַף (סוֹכֵף), עִנָּה (מְעַנֶּה), סִכֵּף (מְסַכֵּף)

peinlich

מֵבִיךְ, לֹא נָעִים. נַקְרָנִי, נוֹקְדָנִי, קַפְּדָנִי

Peitsche

מַגְלֵב (מַגְלְבִים) (טכנ׳) [א״ח/ב/95]. שׁוֹט הַלְקָאָה

Pejoration ---> Bedeutungsverschlechterung

pejoratives Suffix ---> Suffix, pejoratives

pejorativ

פְּחוּת עֵרֶךְ (בלש׳) [מ״ב/164]

Pekannußbaum *{Carya illinoinensis}*

פֶּקָן תַּרְבּוּתִי (בוט׳) צֶמַח מִמִּשְׁפַּחַת הָאֱגוֹזִיִּים

pektanginös

תְּעוּקָתִי (רפו׳) אַנְגִּינָלִי, צִרְחָתִי, אַנְקָתִי

Pelikane *{Pelecanidae}*

שַׂקְנָאִיִּים (זוא׳) מִשְׁפָּחָה שֶׁל עוֹפוֹת מִסִּדְרַת הַשַּׂקְנָאִים

Pelikanfuß *{Aporrhais pes-pelecani}*

כַּף הַשַּׂקְנַאי (זוא׳) בַּעַל חַיִּים מִמִּשְׁפַּחַת הָאַפּוֹרְאִיסִיִּים (חֶלְזוֹנוֹת)

Pellagra

מַשֶּׁכֶת (רפו׳) [מר״ח/519]. פֶּלַגְרָה, מַחֲלַת עוֹר הַנִּגְרֶמֶת מֵחֹסֶר מִחְיוֹנִים (וִיטָמִינִים)

Pelvis ---> Becken

Pelvis renalis ---> Nierenbecken

pelvinus ---> beckenbezüglich

Pelzmotte *{Tinea pellionella}*

עָשׁ הַפַּרְווֹת (זוא׳) חֶרֶק מִמִּשְׁפַּחַת הָעֲשִׁיִּים

Pelztierzucht

גִּדּוּל חַיּוֹת פַּרְוָה (חקל׳)

Pemphigus ---> Blasensucht

Pendel

מְטֻטֶּלֶת (מְטֻטָּלוֹת) (פיס׳) [ל״מ/367]. מִשְׁקֹלֶת הַתְּלוּיָה בִּקְצֵה חוּט, גּוּף הַמִּתְנוֹדֵד סְבִיב נְקֻדָּה קְבוּעָה בְּתוֹכוֹ

Pendelgebiet

תְּחוּם הַיּוֹמְמוּת (כלכ׳)

Pendellänge, reduzierte

הָאֹרֶךְ הַשָּׁקִיל שֶׁל מְטֻטֶּלֶת (פיס׳)

Pendelwanderung

יוֹמְמוּת (כלכ׳) תְּנוּעַת בְּנֵי הָאָדָם הַנּוֹסְעִים יוֹם יוֹם מִמְּקוֹם מְגוּרֵיהֶם לִמְקוֹם עֲבוֹדָתָם

Pendler(in)

יוֹמֵם (יוֹמְמִים), יוֹמֶמֶת (יוֹמְמוֹת) (כלכ׳) אָדָם הַנּוֹסֵעַ יוֹם יוֹם מִמְּקוֹם מְגוּרָיו לִמְקוֹם עֲבוֹדָתוֹ וְהַחוֹזֵר לְבֵיתוֹ אַחַר הָעֲבוֹדָה

Penis

פִּין (רפו׳) [מר״ח/520]. שָׁפְכָה, אֵבֶר הַמִּין וְהַשֶּׁתֶן שֶׁל הַגֶּבֶר, זַיִן, אֵבֶר הַזַּכְרוּת

Penis, abnorme Länge des
גַּרְבְּתָנוּת (רפו׳) כְּשֶׁאֵבֶר הַזַּכְרוּת גָּדוֹל מִן הָרָגִיל

Penis, mit langem
גַּרְבְּתָן (רפו׳) בַּעַל אֵבֶר זַכְרוּת גָּדוֹל

Penis, Sklerose des *{Induratio penis}*
קַשֶּׁשֶׁת הַפִּין (רפו׳)

Penisdauererektion *{Priapismus}*
קִשָּׁאוֹן (רפו׳) [מר״ח/552]. זְקִפָה מִתְמֶדֶת, קִשּׁוּי אֵבֶר מַתְמִיד

Penisoberseite, Harnröhrenöffnung an - --> Harnröhrenöffnung an Penisoberseite

Pension
קִצְבָּה (קִצְבָּאוֹת) (כלכ׳) גִּמְלָה (גִּמְלָאוֹת), קִצְבָּה, פֶּנְסְיָה, תַּשְׁלוּם קָבוּעַ לְעוֹבֵד שֶׁהִגִּיעַ לְזִקְנָה

Pensionär(in)
בַּעַל קִצְבָּה, בַּעֲלַת קִצְבָּה (כלכ׳) גִּמְלַאי, גִּמְלָאִית, פֶּנְסְיוֹנֶר

pensionsberechtigt
בַּר קִצְבָּה (כלכ׳) מִי שֶׁזַּכַּאי לְקִצְבָּה, בַּר גִּמְלָה

Pentade ---> Fünftagesperiode

Pentagon ---> Fünfeck

Pentagramm ---> Sternfünfeck, regelmäßiges

Pentatonik ---> Tonleiter, fünfstufige

pentatonisch
חֲמִישׁ (מוס׳) פֶּנְטָטוֹנִי

Pepulbaum der Inder ---> Bobaum
per se ---> an sich
Perceptio ---> Wahrnehmung
Perfectio
שְׁלֵמוּת [ק/ד/119]. מַצַּב הַדָּבָר הַשָּׁלֵם, הֶעְדֵּר כָּל פְּגָם. הַגָּעָה [ק/א/157]. גְּמָר גָּדוֹל, בַּגְרוּת
Perfectum confidentiae
עָבָר מֻגְמָר (בלש׳) [מ״ב/164]. מְצַיֵּן פְּעֻלָּה הָעוֹמֶדֶת לְהִתְקַיֵּם וְהַנִּרְאֵית לַמְדַבֵּר כִּמְגֻמֶּרֶת, לְמָשָׁל: ״אוֹי לִי כִּי נִדְמֵיתִי!״ (= ״הִנְנִי אָבוּד״)
Perfectum propheticum
עָבָר נְבוּאִי (בלש׳) [מ״ב/164]. בִּלְשׁוֹן הַתָּנָ״ךְ: שִׁמּוּשׁ בֶּעָבָר לְתֵאוּר פְּעֻלָּה שֶׁתִּתְקַיֵּם בֶּעָתִיד, לְמָשָׁל: ״בְּרָעָב פָּדְךָ מִמָּוֶת״ (= ״אִם יִהְיֶה רָעָב בָּאָרֶץ, בְּיָדוֹ לְגָאָלְךָ מִמָּוֶת״)
Perfectus
מֻשְׁלָם [ק/ד/206]. תָּם, שָׁלֵם, שֶׁאֵין בּוֹ מוּם
Perfekt
עָבָר נִשְׁלָם (בלש׳) [ק/ג/121]. עָבָר בּוֹדֵד
perfektiv
הֶבֵּט הֶשְׁלֵם (בלש׳) [מ״ב/164]. מֻשְׁלָם, מֻגְמָר, אַסְפֶּקְט הַפֶּרְפֶקְט, עָבָר מֻשְׁלָם
Perfektivierung
שִׁנּוּי לְמֻגְמָר (בלש׳) [מ״ב/164]

Perforation ---> Durchbohrung
perforierend ---> durchbohrend
perforiert ---> durchbohrt
Pergament
קְלָף (קְלָפִים) [א״ח/ב/263]. גְּוִיל, עוֹר מְעֻבָּד שֶׁכּוֹתְבִים עָלָיו
perhorreszieren
עוֹרֵר (מְעוֹרֵר) פַּלָּצוּת
Peri-
מֵסַב, הַשֶּׁטַח מִסָּבִיב לְדָבָר-מָה
Perianthium ---> Blütenhülle
Perichondrium ---> Knorpelhaut
Perigäum
שֵׁפֶל רוּם (אסט׳) [ק/ד/149]. שָׁפָל, שֵׁפֶל, שֵׁפֶל גֹּבַהּ הָרוּם, נְקֻדַּת שֵׁפֶל, פְּרִיגֵאוֹן, הַנְּקֻדָּה הַקְּרוֹבָה בְּיוֹתֵר אֶל הַגּוּף הַמֶּרְכָּזִי בְּמַסְלוּלוֹ שֶׁל גֶּרֶם שְׁמֵימִי
Perikard ---> Herzbeutel
perineal ---> dammbezüglich
Perineum ---> Damm
Periode
עִדָּן (עִדָּנִים) [ק/ב/129]. מַאֲמָר אָרֹךְ, תְּקוּפָה, עוֹנָה, שָׁלָב (בְּהִתְפַּתְּחוּת), מֶשֶׁךְ הַזְּמַן שֶׁל מַחֲזוֹר אֶחָד, סִדְרָה, מַעֲרֶכֶת דְּבָרִים הַחוֹזֶרֶת וְנִשְׁנֵית בְּאוֹתוֹ סֵדֶר. מַחֲזֶרֶת (בלש׳) [מ״ב/165]. פֶּרְיוֹדָה, מִשְׁפָּט שֶׁמִּבְנֵהוּ מְסֹעָף וְרַעְיוֹנוֹ מְפֻתָּח וּמְפֹרָט
Periode, pränatale
תְּקוּפַת הָעֻבָּרוּת (רפו׳, פסי׳) [ר/ב/495]. הַתְּקוּפָה שֶׁקּוֹדֶמֶת לַלֵּדָה, עֻבָּרוּת
Periode, primitive ---> Grundperiode
Periodenbau
פְּסוּק הַדִּבּוּר (רטו׳) [ק/ג/196]. חֲלֻקַּת הַדִּבּוּר הָאָרֹךְ לַחֲלָקִים קְצָרִים
Periodenwechsel ---> Wechsel, periodischer
periodisch
עִדָּנִי, עוֹנָתִי, זְמַנִּי, מַחֲזוֹרִי, שֶׁחוֹזֵר וּבָא
periodischer Wechsel ---> Wechsel, periodischer
Periodizität
מַחֲזוֹרִיּוּת עִדָּנִית, עִדָּנִיּוּת, מַחֲזוֹרִיּוּת, פֶּרְיוֹדִיּוּת, הִשָּׁנוּת שֶׁל תּוֹפָעוֹת, תְּכִיפוּת
Periost ---> Knochenhaut
Peripathetiker, Schule der
הַהוֹלְכִים (פיל׳) [ק/א/175; ק/ב/17]. כִּנּוּי לְאַרִיסְטוֹ וְלַמַּחֲזִיקִים בְּשִׁיטָתוֹ שֶׁהָיוּ נוֹשְׂאִים וְנוֹתְנִים בְּפִילוֹסוֹפְיָה כְּשֶׁהֵם מְהַלְּכִים בְּאוּלַמֵּי הַלִּיצֵאוֹן. כַּת הַטַּיָּלִים, - הַטַּיְלָנִים (פיל׳) [ק/ב/106]. אַנְשֵׁי- (בַּעֲלֵי-, חַכְמֵי-) הַמֶּחְקָר (פיל׳) [ק/ב/184]. מַשָּׁאִיִּים (פיל׳) [ק/ב/289]
Peripetie
מִפְנֶה (ספר׳, תאט׳) פֶּרִיפֶּטְיָה, שִׁנּוּי בִּלְתִּי צָפוּי
peripher
הֶקֵּפִי, מַקְפוֹנִי, פֶּרִיפֶרִי
Peripherie
הֶקֵּף [מר״ח/523]. מַקְפּוֹן, מֶרְחָב חִיצוֹנִי, פֶּרִיפֶרְיָה, אֵזוֹר הַנִּמְצָא מִסָּבִיב לְמָקוֹם מֶרְכָּזִי, עִבּוּרוֹ שֶׁל מָקוֹם. מַקִּיף (מתמ׳) [ק/ב/268]. הֶקֵּף הַמַּעְגָּל. סוֹבֵב (מתמ׳)

[ק/ג/80]. אֹרֶךְ הַקַּו הַמַּקִּיף אֶת הַמַּעְגָּל, סְבִיבָה

Peripheriegerät

צִיּוּד הֶקֵּפִי (מחש') [דמ"א/78]

Periphrase

בִּטּוּי מְסֻרְבָּל (בלש') [מ"ב/165]. דִּבּוּר מְסֻרְבָּל, פֶּרִיפְרָזָה, דִּבּוּר מַרְחִיב וּמַאֲרִיךְ, שִׁמּוּשׁ בְּצִיּוּן עוֹקֵף וּמָאֳרָךְ שֶׁל מִלָּה אוֹ שֶׁל פָּסוּק בִּמְקוֹם בְּכִנּוּיֵיהֶם הַבְּרוּרִים, כְּגוֹן: "דְּמֵי עֵנָב" לְ"יַיִן", אוֹ "צוּף שָׂפָה" לְצִיּוּן רֹק הַפֶּה (הַנְּשִׁיקָה)

Peristaltik

זְחִיפָה (רפו') [מר"ח/523]. נִיעַ, פֶּרִיסְטַלְטִיקָה, גַּלֵּי הִתְכַּוְּצֻיּוֹת הַנָּעִים לְאֹרֶךְ אֵבָרִים צִנּוֹרִיִּים, נִיעוּת הַמֵּעַיִם

peristaltisch

זְחִיפָתִי, זְחִיפִי (רפו') פֶּרִיסְטַלְטִי, שֶׁל זְחִיפָה, - נִיעוּת הַמֵּעַיִם

Peristole

מִזְחָף (מִזְחָפִים) (רפו') [מר"ח/523]. גַּל הִתְכַּוְּצוּת

peritoneal ---> bauchfellbezüglich
Peritoneum ---> Bauchfell
Peritonitis ---> Bauchfellentzündung
P e r k u s s i o n ---> Körperoberflächenbeklopfung
Perkussionshammer

מַקָּשׁ (רפו') פַּטִּישׁוֹן נִקּוּשׁ

perkutan ---> Haut hindurch, durch die
Perlgras *{Melica}*

דִּבְשִׁית (בוט') צֶמַח מִמִּשְׁפַּחַת הַדְּגָנִיִּים

Permafrost ---> Dauerfrost
permanent

תְּמִידִי, מַתְמִיד, פֶּרְמָנֶנְטִי

Permanenz

תְּמִידוּת, הֶתְמֵד, פֶּרְמָנֶנְטִיּוּת

Permeabilität ---> Durchlässigkeit
P e r m e a m e t e r ---> Durchlässigkeitsmesser
Permissivität

מַתִּירָנוּת (מ"ח) [ר/ב/427]. גִּישָׁה סוֹבְלָנִית לִסְטִיּוֹת מִן הַמְּקֻבָּל וּלְהִתְנַהֲגוּת לֹא הוֹלֶמֶת, פְּרִיקַת עֹל הָאִסּוּרִים הַמְּקֻבָּלִים

Permutation

תְּמוּרָה (תְּמוּרוֹת) (מתמ') [ק/ד/208-209; מי"ב/223]. תְּמוּר, פֶּרְמוּטַצְיָה. מַחְבֶּרֶת מִתְחַלֶּפֶת בְּסֵדֶר לְבַד (מתמ') [ק/ב/175]. הֲמָרָה (בלש') [ק/א/179; מ"ב/165]. חִלּוּף, שִׁנּוּי סֵדֶר הָרְכִיבִים הַתַּחְבִּירִיִּים בְּמִשְׁפָּט, לְמָשָׁל: "הִיא נָתְנָה לַיֶּלֶד סֻכָּרִיָּה" כְּנֶגֶד "לַיֶּלֶד הִיא נָתְנָה סֻכָּרִיָּה". הֶעְתֵּק, הַעְתָּקָה (ספר') [ק/א/192]. מַאֲמָר שֶׁכַּוָּנָתוֹ מִתְחַלֶּפֶת בְּהוֹרָאוֹת דְּבָרָיו. הִתְחַלְּפוּת [ק/א/234]. הִשְׁתַּנּוּת, תַּהְפּוּכָה

Permutation, zyklische

תְּמוּרָה מַעְגָּלִית (מתמ') תְּמוּרָה צִיקְלִית, עֲגִיל

permutieren

תָּמַר (תּוֹמֵר) (מתמ') הִתְמִיר (מַתְמִיר)

perniziös ---> unheilbar
perniziöse Anämie ---> Anämie, perniziöse
peroral

מִלְּפוּמִי (רפו') דֶּרֶךְ הַפֶּה

Peroratio

חִתּוּם (ספר') [ק/א/337]. סִיּוּם, סוֹף, סוֹף הַדְּרוּשׁ

Perpetuum mobile

תְּנוּעַת נֶצַח, - עַד

Perplexitas

מְבוּכָה (פסי') [ק/ב/135]. אָבְדַן עֵצוֹת, טִלְטוּל הַדַּעַת, מְצוּקַת הַנֶּפֶשׁ, סָפֵק

Persenning

אַבְרֶזִין (ימא') בְּרֶזֶנְט, אֲרִיג חָזָק וּבִלְתִּי חָדִיר לְמַיִם

Perseveration

דְּבֵקוּת (פסי') [ר/א/147]. נְטִיָּה לְהַתְמִיד בִּדְפוּס הִתְנַהֲגוּת מְסֻיָּם, שְׁהִיָּה

P e r s e v e r a t i o n s f a k t o r ---> Wiederholungsfaktor
Perseverationstheorie

תּוֹרַת הַהִתְגַּבְּשׁוּת (פסי')

Persimone *{Diospyros virginiana}*

אֲפַרְסְמוֹן אֲמֶרִיקָנִי (בוט') צֶמַח מִמִּשְׁפַּחַת הָאֲפַרְסְמוֹנִים

persönlich

אִישִׁי [ק/א/109]. גּוּפִי

persönliches Fürwort ---> persönliches Pronemen
persönliches Konstrukt ---> Vorstellung, individuelle
Persönlichkeit [---> Charakter, literarischer]

אִישִׁיּוּת (פסי') [ר/א/51]

Persönlichkeit, desintegrierte

אִישִׁיּוּת מְפֹרֶדֶת (פסי') [ר/א/53]. אִישִׁיּוּת שֶׁנִּתְפָּרְדָה, - בּוֹגֶרֶת שֶׁאֵינָהּ מִתְפַּתַּחַת בְּהֶתְאֵם לְאֹפֶן הַכִּלּוּל הַהַדְרָגָתִי בֵּין גּוֹרְמִים

Persönlichkeit, Entfaltung der ---> Individualisierung
Persönlichkeit, gespaltene

אִישִׁיּוּת מְפֻצֶּלֶת (פסי') [ר/א/54, ר/ב/413]. אִישִׁיּוּת מְרֻבֶּבֶת, - מִתְחַלֶּפֶת, הִתְפּוֹרְרוּת הַכִּלּוּל (אִינְטֶגְרַצְיָה) בְּאִישִׁיּוּתוֹ שֶׁל אָדָם עַד כְּדֵי הִתְפַּצְּלוּת הָאִישִׁיּוּת לִשְׁתֵּי תַּת אִישִׁיּוֹת

Persönlichkeit, integrierte

אִישִׁיּוּת מְכֻלֶּלֶת, - כְּלוּלִית (פסי') [ר/א/53]. אִישִׁיּוּת שֶׁנִּתְכַּלְּלָה, - בּוֹגֶרֶת הַמִּתְפַּתַּחַת בְּהֶתְאֵם לְאֹפֶן הַכִּלּוּל הַהַדְרָגָתִי בֵּין גּוֹרְמִים

Persönlichkeit, modale

אִישִׁיּוּת שְׁכִיחָה (מ"ח, פסי') [ל"ס/15]. טִפּוּס אִישִׁיּוּת אָפְיָנִי לִקְבוּצַת בְּנֵי אָדָם בְּנֵי תַּרְבּוּת אַחַת

Persönlichkeit, multiple ---> Persönlichkeit, gespaltene
Persönlichkeit, Schichten der

שִׁכְבוֹת הָאִישִׁיּוּת (פסי')

Persönlichkeit, Struktur der

מִבְנֵה הָאִישִׁיּוּת (פסי') [ר/א/51]

Persönlichkeit, wechselnde ---> Persönlichkeit, gespaltene
Persönlichkeitsfragebogen ---> Persönlichkeitsinventar
Persönlichkeitsinventar

מְצָאֵי הָאִישִׁיּוּת (מ״ח, פסי') [ר/ב/646]. שְׁאֵלוֹן אִישִׁיּוּת, - לְהַעֲרָכַת אִישִׁיּוּת הַמֵּכִיל שְׁאֵלוֹת סְמוּיוֹת עַל הִתְנַהֲגוּת, תְּכוּנוֹת וְהֶרְגֵּלֵי הַנִּשְׁאָלִים

Persönlichkeitsrecht
זְכוּת אִישִׁית (משפ')

Person
גּוּף (בלש') [ק/א/108; מ״ב/166]. פַּרְצוּף, גּוּף דִּקְדּוּקִי, גִּבְלָה (קָטֵגוֹרְיָה) דִּקְדּוּקִית הַקַּיֶּמֶת בְּעִבְרִית בִּפְעָלִים וּבְכִנּוּיִים בְּצוּרוֹת הַבָּאוֹת: מְדַבֵּר, נוֹכַח, נִסְתָּר (בְּמִין זָכָר אוֹ נְקֵבָה, בְּיָחִיד אוֹ בְּרַבִּים). דְּמוּת [ק/א/140]. דִּמְיוֹן, צוּרָה מוּחֶשֶׁת, אִישׁ, אָדָם, יָחִיד. נֶפֶשׁ (נְפָשׁוֹת) (תאט) נֶפֶשׁ מְשַׂחֶקֶת, דְּמוּת בְּמַחֲזֶה

Person, die betreffende
בַּעַל דָּבָר, מְעֹרָב בָּעִנְיָן, צַד בַּדָּבָר, הַנּוֹגֵעַ בַּדָּבָר, צַד מְעֻנְיָן, שֶׁמְּדֻבָּר בּוֹ/עָלָיו, מִשְׁתַּתֵּף, בַּעַל עִנְיָן

Person, dritte
גּוּף שְׁלִישִׁי (בלש') [ק/א/108]. גּוּף נִסְתָּר, לְמָשָׁל: ״תָּפַר״, ״יִתְפֹּר״. שְׁלִישִׁי הַמְדֻבָּר (בלש') [ק/ב/145]. נִסְתָּר (בלש') [ק/ג/47]

Person, erste
גּוּף רִאשׁוֹן (בלש') [ק/א/108; ק/ב/145]. מְדַבֵּר בַּעֲדוֹ, גּוּף מְדַבֵּר, מְדַבֵּר אֶל נַפְשׁוֹ, - בְּעַד נַפְשׁוֹ, הַמְדַבֵּר הַמֵּחֵל, לְמָשָׁל: ״תָּפַרְתִּי״, ״אֶתְפֹּר״

Person, grammatische ---> Person

Person, isolierte
מְבוֹדָד (פסי') אָדָם לְלֹא קְשָׁרִים חֶבְרָתִיִּים רִאשׁוֹנִיִּים

Person, juristische ---> Körperschaft

Person, verweichlichte ---> Mannweib

Person, zweite
גּוּף שֵׁנִי (בלש') [ק/א/108]. גּוּף נוֹכַח, לְמָשָׁל: ״תָּפַרְתָּ״, ״תִּתְפְּרִי״. נֹכַח (בלש') [ק/ג/35]. נִמְצָא (בלש') [ק/ג/42]

Persona
אֲנָכָה (פסי') [ר/ב/572]. פֶּרְסוֹנָה, הַתַּפְקִיד שֶׁאָדָם נוֹטֵל עַל עַצְמוֹ כְּפְשָׁרָה בֵּין נְטִיּוֹת אָפְיוֹ לְבֵין הַלְחָצִים הַחֶבְרָתִיִּים (הָאֹפִי הַחִיצוֹנִי)

personal ---> persönlich

Personalform ---> Verbform, finite

personalisieren
אִיֵּשׁ (מְאַיֵּשׁ) (פסי', מ״ח) עָשָׂה לְאִישִׁי

Personalpronomen
כִּנּוּי גּוּף (בלש') [ק/ב/97; מ״ב/166]. גִּבְלָה (קָטֵגוֹרְיָה) דִּקְדּוּקִית הַכּוֹלֶלֶת אֶת הַכִּנּוּיִים הַפְּרוּדִים, כְּגוֹן: ״אֲנִי״, ״אַתְּ״, ״אַתֶּם״ וכו' וְאֶת הַכִּנּוּיִים הַחֲבוּרִים (הַדְּבוּקִים), כְּגוֹן: ״אָכַלְתִּי״, ״אָכַלְתָּ״ וכו'. מִלַּת הַגּוּף (בלש') [ק/א/108]. שֵׁם נִסְתָּר (בלש') [ק/ד/127]

Personalpsychologe
נַפְשׁוּתַן כֹּחַ אָדָם (פסי') [ר/ב/555]. פְּסִיכוֹלוֹג כֹּחַ אָדָם, - הָעוֹסֵק בְּמִיּוּן כֹּחַ אָדָם, הַנְחָיָתוֹ וְהַעֲרָכָתוֹ

Personenverzeichnis
רְשִׁימַת דְּמֻיּוֹת (ספר', תאט) רְשִׁימַת נְפָשׁוֹת

Personifikation ---> Vermenschlichung

personifizieren ---> vermenschlichen

personifiziert ---> vermenschlicht

personifiziertes Kapital ---> Kapital, personifiziertes

Personifizierung ---> Introjektion; Vermenschlichung

Perspektive
תִּשְׁקֹפֶת (פיס', אמנ', פיל') נִשְׁקוּף, פֶּרְסְפֶּקְטִיבָה, הַעֲרָכַת דָּבָר בְּיַחַס לְמַרְכִּיבִים אֲחֵרִים, נְקֻדַּת רְאוּת, צִיּוּר עֲצָמִים בִּשְׁלֹשָׁה מְמַדִּים, סִכּוּי

Perspektive, Lehre von der
תּוֹרַת הַתִּשְׁקֹפֶת (פיס') [ק/א/295]. חָכְמַת הַמַּבָּטִים, - הַהַבָּטָה, - הַמַּבָּט, - הַמַּרְאִים, - הַמַּרְאוֹת, - הָרְאוּת, - הָרְאִיָּה, - הַהַבָּטוֹת, - הֶחָזוֹן, תּוֹרַת הַפֶּרְסְפֶּקְטִיבָה

Perspektive, umkehrbare
תִּשְׁקֹפֶת (פֶּרְסְפֶּקְטִיבָה) הֲפוּכָה (פסי') [ר/ב/573]. תִּשְׁקֹפֶת מִתְחַלֶּפֶת, שִׁנּוּי הַתִּשְׁקֹפֶת כְּשֶׁמִּתְמַקְּדִים בְּגֵרוּי מְסֻיָּם בְּמֶשֶׁךְ זְמַן רַב

Perspektive, zeichnerische
תִּשְׁקֹפֶת (פֶּרְסְפֶּקְטִיבָה) קַוִּית (אמנ', פסי') [ר/ב/598]. אֶמְצָעֵי לִיצִירַת תְּחוּשַׁת עֹמֶק עַל מִישׁוֹר הַמְבֻסָּס עַל הָעֻבְדָּה הַגֵּאוֹמֶטְרִית שֶׁכְּכָל שֶׁעוֹלֶה מֶרְחַק הָעֶצֶם כָּךְ קְטַנָּה זָוִית הָרְאִיָּה שֶׁהוּא תּוֹפֵס בְּעֵין הַצּוֹפֶה

perspektivisch
נִשְׁקוּפָאִי (פיל', אמנ', פיס') תִּשְׁקָפְתִּי, פֶּרְסְפֶּקְטִיבִי

Perspektivismus
נִשְׁקוּפָאוּת (פיל') פֶּרְסְפֶּקְטִיבִיּוּת, הַדֵּעָה שֶׁהַכָּרַת הַמְּצִיאוּת מֻתְנֵית בִּנְקֻדַּת הָרְאוּת שֶׁל הַצּוֹפֶה

Pertussis ---> Keuchhusten

Perücke
פֵּאָה נָכְרִית (פֵּאוֹת נָכְרִיּוֹת) [א״ח/א/197]. קַפְלֶט (קַפְלֶטִים)

pervers
נָלוֹז (אתי', פסי') [ר/ב/566]. פֶּרְבֶרְסִי, מְסֻלָּף, מָשְׁחָת, נִשְׁחָת, סוֹטֶה מִין, הָפְכִּי, מְגֻנֶּה, סוֹטֶה

perverser Geschmack ---> Appetit, absonderlicher

Perversion
נְלִיזוּת (פסי') [ר/ב/387; ר/ב/566; מר״ח/525]. הֲפִכָה זִוּוּגִית, סְטִיָּה מִינִית, פֶּרְבֶרְסִיָּה, פֶּרְבֶרְטִיּוּת, הַשְׁחָתָה, סִלּוּף, תְּשׁוּקָה זִוּוּגִית שׁוֹנָה מִן הַמֻּסְכָּם וְהַמְקֻבָּל, נַעֲווּת, עִוּוּת הַנְּטִיּוֹת אוֹ הַיְּצָרִים

Pervertiertheit ---> Perversion

Perzeption ---> Wahrnehmung

perzeptiv ---> wahrnehmend

Pessar ---> Gebärmutter-schützvorrichtung

Pessimismus
יַרְעָנוּת (פסי') [ק/ד/87; מר״ח/526]. שִׁיטַת הַהֲרָעָה, פֶּסִימִיּוּת, פֶּסִימִיזְם, אִי אֱמוּנָה בַּטּוֹב, רְאִיַּת שְׁחוֹרוֹת, יַאֲשְׁתָּנוּת, נְטִיָּה לִרְאוֹת אֶת הָרַע שֶׁבָּעוֹלָם

Pessimist(in)
יַרְעָן, יַרְעָנִית (פסי') יַאֲשְׁתָּן, פֶּסִימִיסְט, רוֹאֶה שְׁחוֹרוֹת

pessimistisch

יַרְעָנִי (פסי') יַאֲשְׁתָּנִי, פֶּסִימִי
Pessimum
מֵרַע [מר״ח/526]. פֶּסִימוּם, הָרַע בְּיוֹתֵר
Pestbeule
טְעוֹן דִּבְרִי (טְעוֹנִים דִּבְרִיִּים) (רפו')
Pesthauch ---> Ausdünstung, krankmachende
Pestquelle
מְקוֹר סַפַּחַת
Petermännchen, Gewöhnliches *{Trachinus draco}*
דְּרָקוֹן שֵׁדִי (זוא') דָּג מִמִּשְׁפַּחַת הַדְּרָקוֹנִיִּים (דְּגֵי גֶּרֶם)
Petersfisch *{Zeus faber}*
מוֹרִיגַן הַכֶּתֶם (זוא') דָּג הַשַּׁיָּךְ לַמּוֹרִיגָנִיִּים (דְּגֵי גֶּרֶם)
Petersfische *{Zeiformes}*
מוֹרִיגָנִיִּים (זוא') דָּגִים הַשַּׁיָּכִים לִדְגֵי הַגֶּרֶם
Petersilie *{Petroselinum}*
פֶּטְרוֹסְלִינוֹן (בוט') צֶמַח מִמִּשְׁפַּחַת הַסּוֹכְכִיִּים
petitio principii
נֶעֱרָךְ עַל הַדְּרוּשׁ (פיל') [ק/ג/52]. טָעוּת הֶגְיוֹנִית, כַּאֲשֶׁר מִשְׁתַּמְּשִׁים בְּמִשְׁפָּט שֶׁעֲדַיִן לֹא הוּכַח לְשֵׁם הוֹכָחַת מִשְׁפָּט אַחֵר. דָּרוּשׁ עַל הַמַּעֲרָכָה (פיל') [ק/א/147]. מַעֲרָכָה עַל הַדְּרוּשׁ (פיל') [ק/ב/241]
Pfad
נָתִיב (נְתִיבִים) (מחש') [דמ״א/78]. מְסִלָּה, מַסְלוּל
Pfadanalyse
נִתּוּחַ נְתִיבִים, - מַסְלוּלִים (סטט') [מ״מ/218]. נִתּוּחַ סְטָטִיסְטִי שֶׁל דְּגָמִים סִבָּתִיִּים הַנּוֹתְנִים אֻמְדָּנִים כַּמּוּתִיִּים עַל הַשְׁפָּעַת מִשְׁתַּנֶּה אֶחָד עַל מִשְׁתַּנֶּה אַחֵר
pfänden
מִשְׁכֵּן (מְמַשְׁכֵּן) (כלכ', משפ') נָתַן דָּבָר בְּמַשְׁכּוֹן, מֻשְׁכַּן
Pfändung [---> Beschlagnahme]
עִקּוּל (משפ') שִׁעְבּוּד, מִשְׁכּוּן
Pfaffentum
כְּמוּרָה (דת) כְּמָרוּת, כְּמְרוּת
Pfahl
כְּלוֹנָס (כְּלוֹנְסָאוֹת, כְּלוֹנָסוֹת) (טכנ') [א״ח/ב/267]. מוֹט
Pfahlfundation
בְּסוּס כְּלוֹנְסָאוֹת (אדר') בְּסוּס כְּלוֹנָסוֹת
Pfahlrohr *{Arundo}*
עַבְקָנֶה (בוט') צֶמַח מִמִּשְׁפַּחַת הַדְּגָנִיִּים
Pfand
מַשְׁכּוֹן (מַשְׁכּוֹנוֹת) (כלכ', משפ') עֲבוֹט (עֲבוֹטִים), דְּבַר-מָה שֶׁהַלֹּוֶה מַפְקִיד בִּידֵי הַמַּלְוֶה כְּבִטָּחוֹן לִפְרִיעַת חוֹבוֹ, עֵרָבוֹן
Pfand auslösen, ein
פָּדָה (פּוֹדֶה) מַשְׁכּוֹן (כלכ', משפ')
Pfand setzen, etwas als ---> verpfänden, etwas
Pfandbrief
שְׁטַר מַשְׁכַּנְתָּה (שִׁטְרוֹת מַשְׁכַּנְתָּה) (כלכ', משפ') [א״ח/ג/188]. אַפּוֹתֵקָה (אַפּוֹתֵקוֹת, אַפּוֹתֵקָאוֹת), שְׁטַר אַפּוֹתֵקָאוֹת, - שִׁעְבּוּד נְכָסִים לַמַּלְוֶה
Pfandgeber ---> Pfandschuldner
Pfandgläubiger
מְקַבֵּל הַשִּׁעְבּוּד (כלכ', משפ')
Pfandhalter ---> Pfandgläubiger
Pfandleiher
מַשְׁכּוֹנַאי (מַשְׁכּוֹנָאִים) (כלכ') מִי שֶׁמַּלְוֶה כְּסָפִים וּמְקַבֵּל חֵפֶץ כָּלְשֶׁהוּ מִן הַלֹּוֶה לְהַבְטָחַת פֵּרָעוֹן חוֹבוֹ
Pfandschuldner
מְמַשְׁכֵּן (כלכ', משפ')
Pfanne *{Kasserolle}*
אִלְפָּס (אִלְפָּסִים) (טכנ') [א״ח/א/92]. לְפָס (לְפָסִים), קְדֵרָה, מַחֲבַת (מַחֲבַתּוֹת)
Pfeffer *{Piper}*
פִּלְפֵּל (בוט') צֶמַח מִמִּשְׁפַּחַת הַפִּלְפְּלִיִּים
Pfeffer, Spanischer ---> Paprika
Pfefferbaum *{Schinus}*
פִּלְפְּלוֹן (בוט') צֶמַח מִמִּשְׁפַּחַת הָאַלְתִּיִּים
Pfefferminze *{Mentha piperita}*
נַעֲנָה חֲרִיפָה (בוט') צֶמַח מִמִּשְׁפַּחַת הַשִּׂפְתָנִיִּים
Pfeife
מִקְטֶרֶת (מִקְטָרוֹת), כְּלִי לְעִשּׁוּן. מַשְׁרוֹקִית (אַרְכִית) (מוס') כְּלִי לְהַשְׁמָעַת שְׁרִיקָה
pfeifen
שָׁרַק (שׁוֹרֵק) (מוס') צִפְצֵף, הִשְׁרִיק
Pfeifenblume *{Aristolochia}*
סַפְלוּל (בוט') צֶמַח מִמִּשְׁפַּחַת הַסַּפְלוּלִיִּים
Pfeifenfisch *{Trigla lyra}*
טְרִיגְלָה קַלְשׁוֹנִית (זוא') דָּג מִמִּשְׁפַּחַת הַטְּרִיגְלִיִּים (דְּגֵי גֶּרֶם)
Pfeifente *{Anas penelope}*
בַּרְוָז צְהֹב מֵצַח (זוא') עוֹף מִמִּשְׁפַּחַת הַבַּרְוָזִיִּים
Pfeifton ---> Schrillton
Pfeil eines Bogens ---> Bogen(s), Pfeil eines
Pfeiler
אוֹמְנָה (אוֹמְנוֹת) (אדר') עַמּוּד סוֹמֵךְ
pfeilförmig ---> speerförmig
Pfeilhecht *{Sphyraena sphyraena}*
אַסְפִּירְנָה חֲלָקָה (זוא') דָּג מִמִּשְׁפַּחַת הָאַסְפִּירְנִיִּים (דְּגֵי גֶּרֶם)
Pfeilkraut *{Sagittaria}*
חַצְצוֹן (בוט') צֶמַח מִמִּשְׁפַּחַת כַּף הַצְּפַרְדֵּעַ
Pfeilnatter *{Coluber jugularis}*
זַעֲמָן שָׁחֹר (זוא') נָחָשׁ שָׁחֹר, זוֹחֵל מִמִּשְׁפַּחַת הַזַּעֲמָנִיִּים
pfeilrecht
חִצִּי (רפו')
Pfennigmagazin
כְּתַב עֵת קְלוֹקֵל (תקש')
Pferch [---> Kleinviehstall]
סַהַר (סְהָרִים) (אדר', חקל') חֲצַר מֻקֶּפֶת גָּדֵר הַמְּשַׁמֶּשֶׁת מִכְלָאָה לַצֹּאן
Pferd
סוּס (סוּסִים) (זוא', חקל')
Pferd, falbes
סוּס צָהֹב (זוא', חקל')
Pferde *{Equidae}*

סוּסִיִּים (זוא') מִשְׁפָּחָה שֶׁל פְּרִטְיֵי פַּרְסָה

Pferdeaktinie *{Actinia equina}*

שׁוֹשַׁנָּה אֲדֻמָּה (זוא') מִין מִמִּשְׁפַּחַת שׁוֹשַׁנִּיִּים (אַלְמֻגִּים)

Pferdeeppich *{Smyrnium olusatrum}*

מוֹרִית גְּדוֹלָה (בוט') צֶמַח מִמִּשְׁפַּחַת הַסּוֹכְכִיִּים

Pfiff

תַּעֲלוּל (תַּעֲלוּלִים)

pfiffig

עַרְמוּמִי וּמְזֻרָז, מְחֻכָּם

Pfingsten

שָׁבוּעַיָּה (דת) חַגָּא דְשָׁבוּעַיָּא, חַג הַשָּׁבוּעוֹת הַנּוֹצְרִי הַמְצַיֵּן אֶת הָאֲצָלַת רוּחַ הַקֹּדֶשׁ וְאֶת יְסוֹד הַכְּנֵסִיָּה, פֶּנְטֵקוֹסְטָה

Pfingstrose *{Paeonia}*

אַדְמוֹנִית (בוט') צֶמַח מִמִּשְׁפַּחַת הָאַדְמוֹנִיתִיִּים

Pfingstspiel

מַחֲזֶה לְשָׁבוּעַיָּה (דת, תאט')

Pfirsichbaum *{Prunus persica (Persica vulgaris)}*

אֲפַרְסֵק מָצוּי (בוט') צֶמַח מִמִּשְׁפַּחַת הַוְּרָדִיִּים

Pflanze

צֶמַח (צְמָחִים) (בוט') [ק/ג/248]. צוֹמֵחַ, כָּל מַה שֶּׁצּוֹמֵחַ. צִמְחוֹן (בוט') [ק/ג/249]

Pflanze, Auswuchs einer ---> Auswuchs einer Pflanze

pflanzen

שָׁתַל (שׁוֹתֵל) (חקל') [א"ח/ב/178]

Pflanzenauszug *{Decoctum}*

תַּשְׁלִיק (בוט', רפו')

Pflanzenreich *{Flora}*

צְמוּחָה (בוט') פְּלוֹרָה, צִמְחִיָּה, מַמְלֶכֶת הַצּוֹמֵחַ, כְּלַל הַצְּמָחִים. טֶבַע (פיל', בוט') [ק/ב/12]. עוֹלַם הַצְּמָחִים, הַנֶּפֶשׁ הַצּוֹמַחַת

Pflanzensaft

מֹהַל (מְהָלִים) (בוט') [א"ח/ב/135; 225]. שְׂרָף, מִיץ צְמָחִים, עָסִיס

Pflanzensamen ---> Sämerei

Pflanzenwelt ---> Pflanzenreich

Pflanzung [---> Plantage]

מַטָּע (חקל') מֶשֶׁק מַטָּעִים, שֶׁטַח נָטוּעַ עֵצִים אוֹ שִׂיחִים

Pflaster

מִרְצֶפֶת (מִרְצָפוֹת) (אדר') מַרְצֶפֶת. אִסְפְּלָנִית (אִסְפְּלָנִיּוֹת) (רפו')

pflastern

רִצֵּף (מְרַצֵּף) (אדר') [א"ח/א/36]. רָצַף (רוֹצֵף)

Pflaume *{Prunus}*

שְׁזִיף (בוט') צֶמַח מִמִּשְׁפַּחַת הַוְּרָדִיִּים

Pflege

אוֹמְנוּת (פסי', פדג') [ר/א/289]. טִפּוּחַ, מַתַּן תְּמִיכָה לִצְעִירִים וְלַחַלָּשִׁים, טִפּוּל מַתְמִיד, אָמְנָה (אוֹמְנָה), טִפּוּל מַתְמִיד, חִנּוּךְ

Pflegekind

(יֶלֶד) אָמוּן (מ"ח, פסי', פדג') יֶלֶד שֶׁנִּמְסַר לְחִנּוּךְ וְטִפּוּל מִחוּץ לְבֵיתוֹ

pflegen

אָמַן (אוֹמֵן) (מ"ח, פסי', פדג') טִפַּח (מְטַפֵּחַ), חִנֵּךְ, גִּדֵּל

Pflicht

חוֹבָה (חוֹבוֹת) (מ"ח) [ק/א/275]. הַמֻּטָּל עַל הָאָדָם לַעֲשׂוֹת, הִתְחַיְּבוּת

Pflicht, Gesichtspunkt der

פְּאַת חוֹב (פיל', אתי') [ק/ג/181]. נְקֻדַּת מַבָּט שֶׁל הַחוֹבָה, הֶבֵּט שֶׁל הַמֻּטָּל עַל הָאָדָם לַעֲשׂוֹת

Pflicht entledigen, sich einer

קִיֵּם (מְקַיֵּם) חוֹבָה

Pflicht restlos Erfüllende, der seine ---> Erfüllende, der seine Pflicht restlos

Pflichtbeobachtung

קִיּוּם חוֹבָה

Pflichtexemplar-Bibliothek

סִפְרִיָּה לְעָתְקֵי חוֹבָה (ספרנ', משפ') סִפְרִיָּה לְאֻמִּית שֶׁבָּתֵּי הַהוֹצָאָה לָאוֹר חַיָּבִים עַל פִּי הַחֹק לִמְסֹר לָהּ מִסְפָּר מְסֻיָּם שֶׁל עֳתָקִים שֶׁל כָּל פִּרְסוּם שֶׁהֵם מוֹצִיאִים

pflichtmäßig

בְּמַתְאִים לְחוֹבָה

pflichtwidrig

בְּנִגּוּד לְחוֹבָה, מְנֻגָּד לְחוֹבָה

Pflock

יָתֵד (יְתֵדוֹת) [א"ח/א/7]. יְתֵדָה

pflücken

קָטַף (קוֹטֵף) [א"ח/ב/186]. תָּלַשׁ, אָרָה (אוֹרֶה)

Pflücken

קְטִיפָה [א"ח/ב/186]. קִטּוּף, אֲרִיָּה

pflücken, Feigen ---> Feigen pflücken

Pflügen

חֲרִישָׁה (חקל') [א"ח/ב/169]. חָרִישׁ

Pflugschar

מַחֲרֵשָׁה (מַחֲרֵשׁוֹת) (טכנ', חקל') [א"ח/א/7]

Pflugsohle

סְלִיַּת חָרִישׁ (חקל')

Pförtner

אִישׁ מַפְתֵּחַ (אַנְשֵׁי מַפְתֵּחַ) (מנה') אָדָם שֶׁבּוֹרֵר וּמְשַׁנֶּה מֵידָע לִפְנֵי מְסִירָתוֹ לַמִּתְפְּנֶה (נִמְעָן)

Pforte

בָּב (בָּבִים) [מר"ח/545]. אַבּוּל (אַבּוּלִים), תְּרַע, שַׁעַר, מְבוֹא מְקֹרֶה, פֶּתַח, כְּנִיסָה

Pfosten [---> Türpfosten]

פַּצִּים (פַּצִּימִים) (אדר') [א"ח/א/37]. עַמּוּד, קוֹרָה

Pfriemengras ---> Federgras

Pfropf [---> Embolus]

חִבּוּר (חִבּוּרִים) [מר"ח/539]. פְּקָק, תֶּקַע, פְּקַק חִבּוּר

pfropfen

הִרְכִּיב (מַרְכִּיב) (חקל') [א"ח/ב/208]. עָשָׂה הַרְכָּבָה בִּצְמָחִים, הִשְׁתִּיל (מַשְׁתִּיל)

Pfropfen

מְגוּפָה (מְגוּפוֹת) (טכנ') פִּיקָה (פִּיקוֹת)

Pfropfung

הַרְכָּבָה (הַרְכָּבוֹת) (חקל') [א"ח/ב/208]. חִבּוּר עָנָף לְגֶזַע שֶׁל צֶמַח אַחֵר

Pfründner

בַּעַל קִצְבָּה (כלכ')

pfuschen ---> stümpern

Pfuscher ---> Stümper

Phänomen(on)
תּוֹפָעָה (תּוֹפָעוֹת) [ק/ד/185; המ״מ/225]. מוֹפָע, פֶנוֹמֶן. חִזָּיוֹן טֶבַע (חֶזְיוֹנוֹת טֶבַע) (מ״ט) [ק/א/280]. תּוֹפַעַת טֶבַע. נִרְאֶה [ק/ג/68]. כָּל דָּבָר הַנִּתְפָּשׂ בְּהִסְתַּכְּלוּת וּבְהַכָּרָה, לְהַבְדִּיל מִן הַדָּבָר כְּשֶׁלְּעַצְמוֹ (נוֹאוּמֶנוֹן), חִזָּיוֹן (חֶזְיוֹנִים)

Phänomen, autokinetisches
תּוֹפָעָה מְדֻמָּה (פסי׳) [ר/ב/677]. תּוֹפָעָה אוֹטוֹקִינֶטִית, - שֶׁבָּהּ כֶּתֶם אוֹר קָטָן בְּמָקוֹם חָשׁוּךְ נִרְאֶה כְּאִילוּ הוּא נָע

phänomenal
תּוֹפָעִי (פיל׳) פֶנוֹמֶנָלִי

Phänomenalismus
תּוֹפָעִיּוּת (פיל׳) פֶנוֹמֶנָלִיּוּת, פֶנוֹמֶנָלִיזְם, תּוֹרָה פִילוֹסוֹפִית שֶׁעַל פִּיהָ אֶפְשָׁר לְהַכִּיר אֶת הָעֲצָמִים רַק כְּפִי שֶׁהֵם נִרְאִים לָאָדָם וְלֹא כְּפִי שֶׁהֵם בְּעַצְמָם

Phänomenologie
מוֹפָעִיּוּת (פיל׳) פֶנוֹמֶנוֹלוֹגְיָה

Phänomenologie des Geistes
מוֹפָעִיּוּת הָרוּחַ (פיל׳) [פ״ר/102]. פֶנוֹמֶנוֹלוֹגְיָה שֶׁל הָרוּחַ, עַל פִּי הֶגֶל: הִתְהַוּוּת הַמַּדָּע בִּכְלָל אוֹ הִתְהַוּוּת הַדַּעַת שֶׁהִיא הַכָּרָה הַנִּבְדֶּלֶת גַּם מֵאֱמוּנָה גְּרֵידָא וְגַם מֵהִתְנַהֲגוּת וּפְעֻלָּה

Phänotyp
תּוֹרַשְׁחוּץ (ביו׳, פסי׳, רפו׳) [ר/ב/545]. פֶנוֹטִיפּ, הַמִּבְנֶה, הַתִּפְקוּד אוֹ הַהִתְנַהֲגוּת שֶׁל יְצוּר כָּלְשֶׁהוּ כְּפִי שֶׁהֵם נִרְאִים בְּעָלִיל

Phage ---> Bakteriophage

Phagozyt
בּוֹלְעָן (בּוֹלְעָנִים) (ביו׳) [ל״ב/185]. פָגוֹצִיט, תָּא הַבּוֹלֵעַ לְתוֹךְ גְּבוּל הַתָּא (צִיטוֹפְּלַזְמָה) שֶׁלּוֹ חֶלְקִיקִים שׁוֹנִים

Phagozytose
בּוֹלְעָנוּת (ביו׳) [ל״ב/185]. פָגוֹצִיטוֹזָה, בְּלִיעַת חֶלְקִיקִים שׁוֹנִים עַל יְדֵי הַתָּא

Phantasie
דִּמְיוֹן (פסי׳) [ר/א/168; ו״מ/א/176]. תַּהֲלִיךְ יְצִירַת דְּבַר-מָה חָדָשׁ עַל יְדֵי נֶפֶשׁ הָאָדָם מִתּוֹךְ הַחֹמֶר הַקַּיָּם. דִּמְיוֹנוּת (פסי׳) [ק/א/141]. יִצְרִי (פסי׳) [ק/ב/48]. הַכֹּחַ הַמְדַמֶּה. הַכֹּחַ הַמַּחְשַׁבְתִּי (בָּאָדָם) (פסי׳) [ק/ב/49]. הַכֹּחַ הָרַעְיוֹנִי, - הַשּׁוֹפֵט. מִתְדַּמֶּה (פסי׳) [ק/ב/312]. יְכֹלֶת הַהֲזָיָה. הִזָּיוֹן (פסי׳) [ר/ב/546]. פַנְטַזְיָה

Phantasie, konstruktive
דִּמְיוֹן בּוֹנֶה (פסי׳)

Phantasie, reproduktive
דִּמְיוֹן מַעֲלֶה (פסי׳)

Phantasie, schöpferische
דִּמְיוֹן יוֹצֵר (פסי׳)

Phantasiegebilde
הֲזָיָה (פסי׳) [ק/א/166]. דִּמְיוֹן כּוֹזֵב, יְצִיר הַדִּמְיוֹן

Phantasielüge
בִּדּוּי שֶׁבְּדִמְיוֹן (פסי׳) בְּדָיָה הֶזְיוֹנִית

phantasieren
גִּבֵּב דְּבָרִים (פסי׳) תִּדְמָה (מִתְדַּמֶּה), הֶעֱלָה בַּדִּמְיוֹן, צִיֵּר בְּדִמְיוֹנוֹ, דִּמְיֵן (מְדַמְיֵן), דִּמָּה, תֵּאֵר לְעַצְמוֹ, הֶעֱלָה בְּדַעְתּוֹ, הָזָה (הוֹזֶה), חָלַם בְּהָקִיץ, שָׁגָה בְּדִמְיוֹנוֹת, רָאָה בְּעֵינֵי רוּחוֹ, - מֵהִרְהוּרֵי לִבּוֹ

Phantasieren
גִּבּוּב דְּבָרִים (פסי׳) [ר/ב/603]. בִּדּוּי, הַמְצָאַת פְּרָטִים אוֹ מִלּוּי פְּעָרִים בַּזִּכָּרוֹן, יְצִירַת מְבַדֶּה, קוֹנְפַבּוּלַצְיָה. הַזָּיָנוּת (פסי׳) [ר/א/188]. הֲזָיָה, שְׁקִיעָה בַּהֲזָיוֹת, תְּעִיָּה נַפְשִׁית חַסְרַת תַּכְלִית וּמְלֻוָּה בְּמַצָּגִים דִּמְיוֹנִיִּים, בַּדָּאוּת, בַּדְיָנוּת

Phantasievorstellung
מַצָּג דִּמְיוֹנִי (פסי׳) מַצָּג שֶׁבַּדִּמְיוֹן

Phantasma ---> Halluzination

Phantasmagorie ---> Vision

phantastisch
דִּמְיוֹנִי

Phantom
לַעֲבוּבָה (לַעֲבוּבוֹת) [מר״ח/528]. תַּבְנִית אֵבֶר בְּגוּף לְשֵׁם לִמּוּד

Pharaonenziegenmelker *{Caprimulgus aegyptus}*
תַּחְמָס מִצְרִי (זוא׳) עוֹף מִמִּשְׁפַּחַת הַתַּחְמָסִיִּים

Pharmakologe [---> Pharmazeut]
תַּרְקוּחָן (תַּרְקוּחָנִים) (כימ׳, רפו׳) פַּרְמָקוֹלוֹג

Pharmakologie
תַּרְקוּחָה (כימ׳, רפו׳) פַּרְמָקוֹלוֹגְיָה, תּוֹרַת הָרוֹקְחוּת

pharmakologisch
תַּרְקוּחִי (כימ׳, רפו׳) פַּרְמָקוֹלוֹגִי

Pharmakon
תַּרְקִיחַ (תַּרְקִיחִים) (כימ׳, רפו׳) תַּכְשִׁיר רְקוּחִי, תְּרוּפָה

Pharmakopoe ---> Arzneienverzeichnis

Pharmazeut [---> Pharmakologe]
רוֹקֵחַ (רוֹקְחִים) (כימ׳, רפו׳)

pharmazeutisch
רוֹקְחִי (כימ׳, רפו׳) רְקוּחִי

Pharmazie
רוֹקְחוּת (כימ׳, רפו׳) [מר״ח/528]. רְקוּחָה

Pharyngitis ---> Halsentzündung

Phase
תּוֹר (תּוֹרִים) [מר״ח/529; 629]. פְּרוֹס, אֶשׁוֹן, שָׁלָב, תְּקוּפָה, יֶפַע, שָׁלָב מְסֻיָּם בְּהִתְפַּתְּחוּת, דַּרְגָּה. מוֹפָע (מוֹפָעִים) (פיס׳) [דח״ט/186]. פָּזָה, מַצַּב צְבִירָה, אֹפֶן הִתְלַכְּדוּת הַפְּרֻדּוֹת בַּחֹמֶר בִּשְׁלֹשֶׁת הַמַּצָּבִים הָעִקָּרִיִּים: גַּז, נוֹזֵל וּמוּצָק

Phase, anale
הַשָּׁלָב הַפִּיטַבַּעְתִּי, - הָאָנָלִי (פסי׳) [ר/א/67]. שְׁלַב הַהִתְפַּתְּחוּת הַזְּוִיגְנַפְשִׁית (פְּסִיכוֹסֶקְסוּאָלִית) הַמְאֻפְיָן בַּהֲפָקַת עֹנֶג חוּשָׁנִי מֵהַפְרָשַׁת הַצּוֹאָה וּמִן הַהִתְעַסְּקוּת הָעַצְמִית בְּאֵבְרֵי הַגּוּף, שְׁלַב הַהִתְפַּתְּחוּת הַקּוֹדֵם גֶּנִיטָלִית

Phase, genitale
הַשָּׁלָב הָעֶרְיָתִי, - הַגֶּנִיטָלִי (פסי׳) [ר/א/140]. הַשָּׁלָב הַמּוֹלָדִי, שְׁלַב הַשִּׂיא שֶׁל הַהִתְפַּתְּחוּת הַזְּוִיגְנַפְשִׁית (פְּסִיכוֹסֶקְסוּאָלִית) הַמְאֻפְיָן בְּהִתְפַּתְּחוּת קְשָׁרִים עִם בְּנֵי הַמִּין הַשֵּׁנִי

Phase, in einer
בְּמוֹפָע (פיס׳) בְּפָזָה

Phase, negativistische
שָׁלָב דַּוְקָאִי, - שְׁלִילָנִי (פסי׳) [ר/ב/429]. שָׁלָב

בְּהִתְפַּתְּחוּת יְלָדִים קְטַנִּים שֶׁבּוֹ הֵם מִתְנַגְּדִים בְּלֹא סִבָּה מַשְׂאִית לְכָל הַצָּעָה שֶׁהִיא, שְׁלַב הָאִיּוּן, - הַשְּׁלִילָנוּת

Phase, orale

הַשָּׁלָב הַפּוּמִי, - הָאוֹרָלִי (פסי') [ר/א/24]. הַשָּׁלָב הַמֻּקְדָּם שֶׁל הַהִתְפַּתְּחוּת הַזּוּיגְנַפְשִׁית (פְּסִיכוֹסֶקְסוּאָלִית) שֶׁבְּמַהֲלָכוֹ מֵפִיק הַיֶּלֶד אֶת הֲנָאוֹתָיו בְּאֶמְצָעוּת הַפֶּה

Phase, phallische

הַשָּׁלָב הַפִּינִי, - הַפָּלִי (פסי') [ר/א/24]. הַחֵלֶק הַמֻּקְדָּם שֶׁל הַשָּׁלָב הַשְּׁגוּלִי (גֶּנִיטָלִי) בְּהִתְפַּתְּחוּת הַזּוּיגְנַפְשִׁית (פְּסִיכוֹסֶקְסוּאָלִית) הַמְּאֻפְיָן בְּעִנְיָן הָרַב שֶׁהַיֶּלֶד מְגַלֶּה בַּפִּין וְהַיַּלְדָּה בַּדַּגְדְּגָן

Phasendifferenz

הֶפְרֵשׁ מוֹפָעִים (פיס') הֶפְרֵשׁ פָּזוֹת

Phasenverschiebung

תְּזוּזַת מוֹפָע (פיס')

Phasenwechsel

שִׁנּוּי שְׁלַבִּים

phasig, bi-

דּוּ שְׁלַבִּי, - פְּרוּסִי, - פָּזִי, בַּעַל שְׁנֵי שְׁלַבֵּי הִתְפַּתְּחוּת

Philister

קַרְתָּן, צַר מֹחַ, קַטְנוּנִי

Philologe

שְׂפָתַאי (שְׂפָתָאִים) (ספר', בלש') [ק/א/92]. בַּעַל הַלָּשׁוֹן, פִּילוֹלוֹג

Philologie

שְׂפָתָאוּת (ספר', בלש') פִּילוֹלוֹגְיָה, מַדַּע הַכְּתוּבִים

philologisch

שְׂפָתָאִי (ספר', בלש') פִּילוֹלוֹגִי

Philosoph

פִּילוֹסוֹף (פִּילוֹסוֹפִים) (פיל') [ק/א/289]. חֲכַם הַדַּעַת. בַּעַל דַּעַת (פיל') [ק/א/92]. (פיל') חֲכַם הַמֶּחְקָר [ק/א/290]. חֲכַם הָעִיּוּן. שִׂכְלִי (פיל') [ק/ד/107]. אֱלֹהִי (דת, פיל') [ק/א/46]. חָכָם בְּחָכְמַת הָאֱלֹהוּת אוֹ בְּחָכְמַת הַפִּילוֹסוֹפְיָה. בַּעַל מֶחְקָר [ק/א/92]. דּוֹד חָכְמוֹת (פיל') [ק/א/133]

Philosoph, echter

פִּילוֹסוֹף אֲמִתִּי (פיל', מדע) [ק/ב/133]. מְאַמֵּת, מַחֲזִיק בְּדֵעוֹת אֲמִתִּיּוֹת, חוֹקֵר דָּבָר לַאֲמִתּוֹ, מַאֲמִין

Philosoph, positiver ---> Philosoph, religiöser

Philosoph, religiöser

פִּילוֹסוֹף דָּתִי (דת, פיל') [ק/ג/188]

Philosophie

פִּילוֹסוֹפְיָה (פיל') [ק/ג/188]. תּוֹרַת הַסִּבּוֹת וְהָעֶקְרוֹנוֹת שֶׁל כָּל הַמַּדָּעִים, חָכְמַת עוֹלָם. חָכְמַת הָאוֹתוֹת הָעֶלְיוֹנִים, - הָאֱמֶת (פיל') [ק/א/294]. חָכְמָה חִיצוֹנִית, - נָכְרִיָּה, חָכְמַת חֻלִּין (פיל') [ק/א/296]. חָכְמַת הָעִיּוּן, - הַפִּילוֹסוֹפְיָה (פיל') [ק/א/298]

Philosophie, griechische

פִּילוֹסוֹפְיָה יְוָנִית (פיל') [ק/א/296]. חָכְמָה יְוָנִית

Philosophie, Grundfrage der

שְׁאֵלַת הַיְסוֹד שֶׁל הַפִּילוֹסוֹפְיָה (פיל') עַל פִּי מַרְקְס וְאֶנְגֶּלְס: שְׁאֵלַת יַחַס הַחֲשִׁיבָה לַהֲוָיָה שֶׁהִיא שְׁאֵלָה דּוּ צְדָדִית; צְדָּהּ הָרִאשׁוֹן הִיא שְׁאֵלַת הַמִּשְׁנֶה: לְמִי הַבְּכוֹרָה: לַחֲשִׁיבָה אוֹ לַהֲוָיָה, לָרוּחַ אוֹ לַטֶּבַע, לַתּוֹדָעָה אוֹ לַחֹמֶר; צִדָּהּ הַשֵּׁנִי הִיא שְׁאֵלַת הַמִּשְׁנֶה אִם הַחֲשִׁיבָה מְסֻגֶּלֶת לְהַכִּיר אֶת הַמְּצִיאוּת הַמַּשָּׂאִית (אוֹבְּיֶקְטִיבִית), אִם הִיא יְכוֹלָה לְשַׁקֵּף אֶת הַסְּבִיבָה הַמַּמָּשִׁית לַאֲמִתָּהּ

Philosophie, praktische

פִּילוֹסוֹפְיָה מַעֲשִׂית (פיל') [ק/א/298]. חָכְמַת הַפִּילוֹסוֹפְיָה הַמַּעֲשִׂית. חָכְמַת מַה שֶּׁאַחַר הַטֶּבַע הַטִּבְעִית (פיל') [ק/א/297]

Philosophie, spekulative

פִּילוֹסוֹפְיָה שְׂקָלְתִּית (שִׂיקוּלְתִּית) (פיל', מ״ט) [ק/א/297]. חָכְמַת הַמֶּחְקָר, פִּילוֹסוֹפְיָה סְפֶּקוּלָטִיבִית

Philosophie, theoretische

פִּילוֹסוֹפְיָה תּוֹרָאָתִית (פיל') [ק/א/298; ק/ג/190]. חָכְמַת הַפִּילוֹסוֹפְיָה הָעִיּוּנִית, - הַשִּׂכְלִית, פִּילוֹסוֹפְיָה תֵּאוֹרֶטִית. חָכְמַת מַה שֶּׁאַחַר הַטֶּבַע הָעִיּוּנִית (פיל') [ק/א/297; ק/ג/130]

Philosophie, transzendentale

פִּילוֹסוֹפְיָה עֵבֶר נִסְיוֹנִית (פיל') [ק/ב/91]. הַפִּילוֹסוֹפְיָה הַכּוֹלֶלֶת, פִּילוֹסוֹפְיָה טְרַנְסְצֶנְדֶנְטִית

Philosophie, wahre

פִּילוֹסוֹפְיָה אֲמִתִּית (פיל') [ק/ד/188]. תּוּשִׁיָּה, הַכָּרָה עֶלְיוֹנָה, - אֲמִתִּית

philosophieren

הִתְפַּלְסֵף (מִתְפַּלְסֵף) (פיל') [ק/ג/191]. חָקַר בִּבְעָיוֹת פִּילוֹסוֹפִיּוֹת, פִּלְסֵף (מְפַלְסֵף)

Philosophieren

הִתְפַּלְסְפוּת (פיל') [ק/א/243]. עִיּוּן וַחֲקִירָה בְּפִילוֹסוֹפְיָה וְעַל פִּי דַּרְכָּהּ, פִּלְסוּף

philosophierend

מִתְפַּלְסֵף (פיל') [ק/ב/246; ק/ב/325]. מְפַלְסֵף, עוֹסֵק בְּפִילוֹסוֹפְיָה, מְפַלְסֵף

philosophisch

פִּילוֹסוֹפִי (פיל') [ק/ג/188]. שֶׁל פִּילוֹסוֹפְיָה

philosophische Schule ---> Schule, philosophische

philosophische Spekulation ---> Spekulation, philosophische

Philtrum ---> Unternasenrinne

Phiole

בַּקְבּוּקִית (בַּקְבּוּקִיּוֹת) (טכנ', כימ') בַּקְבּוּק קָטָן

Phlegma

בֶּלְגָּם (רפו', פסי') [ק/א/88]. לֵחָה לְבָנָה, לְבָנִיּוּת (רפו', פסי') [ק/ב/113]. כִּנּוּי לְמֶזֶג קַר וְאָדִישׁ. אֲדִישׁוּת, קֵהוּת הַהַרְגָּשָׁה, הֶעְדֵּר מֶרֶץ. לֵחָה (רפו') [ק/ב/117]. חֶלֶט, חֹמֶר נוֹזְלִי שֶׁבְּגוּף בַּעֲלֵי הַחַיִּים. לַחְלוּחִית לְבָנָה (רפו') [ק/ב/118]

Phlegmatiker ---> phlegmatisch

phlegmatisch

בֶּלְגָּמִי (רפו', פסי') [ק/א/88; ק/ב/113]. לְבָנִי, בַּעַל לֵחָה לְבָנָה, מֵעִנְיַן הַלֵּחָה הַלְּבָנָה, אָדִישׁ, פְלֶגְמָטִי, פְלֶגְמָט, אָדָם קַר מֶזֶג

Phlegmone ---> Zellgewebsentzündung

Phobie

בַּעַת (בְּעָתִים) (פסי') [ר/ב/526; מר"ח/531]. דְּחִילָה, דַּחֶלֶת, פוֹבְּיָה, פַּחַד מַתְמִיד וְגָדוֹל מִפְּנֵי מַשֶּׁהוּ מְסֻיָּם

Phobie haben, eine

נִבְעַת (נִבְעָת) (פסי') דָּחַל (דּוֹחֵל), נִדְחַל, סָבַל מִבַּעַת (פוֹבְּיָה)

phobisch

בַּעֲתִי (פסי') דַּחֲלְתִּי, דָּחִיל, פוֹבִּי

Phönix

חוֹל (אנת') עוֹף אַגָּדִי

Phon

הֶגֶה (הֲגָאִים) (בלש') [מ"ב/167]. צְלִיל דִּבּוּר

Phonation

הֲגִיָּה, הֲגָיָה (בלש') [מ"ב/167]. בִּטּוּא צְלִילֵי הַדִּבּוּר

Phonem

הֶגֶן (הֲגָנִים) (בלש') [מ"ב/167]. פוֹנֵמָה, צְלִילָן, הֶגֶה דִּקְדּוּקִי, הַיְחִידָה הַלְּשׁוֹנִית הַקְּטַנָּה בְּיוֹתֵר הַמְּצַיֶּנֶת הֶבְדֵּלִים בֵּין מִלִּים

Phonem, zusammengesetztes

הֶגֶן מֻרְכָּב (בלש') [מ"ב/42]. פוֹנֵמָה מֻרְכֶּבֶת, צֵרוּף שֶׁל שְׁנֵי הֲגָנִים אוֹ יוֹתֵר, כְּגוֹן: הַדּוּ תְּנוּעוֹת (דִּיפְתוֹנְגִים), לְמָשָׁל: "גַּיְא", "נוֹי"

phonetisch

הֲגָאִי (בלש') [מ"ב/168]. פוֹנֵטִי, צְלִילִי, שַׁיָּךְ לַהֲגָאִים, נִגְזָר מֵהֲגָאִים אוֹ מִתְבַּסֵּס עֲלֵיהֶם

Phosphor

זַרְחָן (כימ') [דח"ט/56]. יְסוֹד אַלְמַתַּכְתִּי הַמּוֹפִיעַ בַּטֶּבַע בְּצוּרוֹת שׁוֹנוֹת, זַהֲרִית, זָהֳרָן

Phosphoreszenz

זַרְחוֹרָנוּת (פיס') [ל"מ/512]. פוֹסְפוֹרֶסֶנְטִיּוּת, כֹּשֶׁר הַזְּהִירָה שֶׁל חֹמֶר בְּפֶרֶק זְמַן אָרֹךְ יַחֲסִית לְאַחַר הַפְסָקַת הַגּוֹרֵם הַמְּעוֹרֵר אֶת הַזְּהִירָה

Phosphorylierung

זִרְחוּת (כימ') [ל"ב/190]. פוֹסְפוֹרִילַצְיָה, הִתְרַכְּבוּת שֶׁל חֻמְצָה זַרְחָתִית עִם חֹמֶר אַחֵר

Photobakterien ---> Leuchtbakterien

photogen

צְלִימָנִי (אמנ') פוֹטוֹגֶנִי, נוֹחַ לְצִלּוּם

Photokopie

הֶעְתֵּק צִלּוּם (דפו')

Photolumineszenz

נְהוֹרָנוּת אוֹר (פיס') פוֹטוֹלוּמִינֶסֶנְטִיּוּת

Photopathie

סַנְוֵרִים (רפו') לִקּוּי רְאִיָּה בְּשֶׁל אוֹר חָזָק

Photophobie ---> Lichtscheu

Photozelle

תָּא חַשְׁמַלּוֹרִי (פיס') תָּא פוֹטוֹאֶלֶקְטְרִי, הֶתְקֵן הַיּוֹצֵר זֶרֶם חַשְׁמַל כְּשֶׁנּוֹפֵל עָלָיו אוֹר

Phrase [---> Wortgruppe]

פְּסוּקָה (פְּסוּקוֹת) (מוס', ספר') [ל"מו/373]. פְּרָזָה, פָּסוּק, קֶטַע קָצָר בִּיצִירָה

Phrasenschema *{Pattern}*

דֶּגֶם (דְּגָמִים) (בלש') [מ"ב/163]. תַּבְנִית, בִּנְיָן, מִשְׁקָל, תַּרְשִׁים הַמְּיַצֵּג מִבְנֶה צוּרָאִי (מוֹרְפוֹלוֹגִי) אוֹ תַּחְבִּירִי הָאָפְיָנִי לַלָּשׁוֹן וְשֶׁנּוֹעַד לְהַדְגָּמָה לִמּוּדִית, לְמָשָׁל: הַדֶּגֶם "נוֹשֵׂא+פֹּעַל+מָקוֹר" מְיַצֵּג מִשְׁפָּט כְּגוֹן: "אָנוּ מַתְחִילִים לִלְמֹד"

phrasieren

פִּסֵּק (מְפַסֵּק) (מוס', ספר')

Phrasierung

פִּסְקָה (מוס', ספר') [ל"מו/365]. פִּסּוּק, אָמְנוּת הַהַפְרָדָה בֵּין פְּסוּקוֹת (פְּרָזוֹת) אוֹ בֵּין חֶלְקֵי פְּסוּקָה אַחַת בַּהֲפוּגוֹת הַנְּכוֹנוֹת

Phrenologie

יֶדַע מֹחַ (רפו', פסי') [ר/ב/572]. פְּרֶנוֹלוֹגְיָה, חֵקֶר הַקֶּשֶׁר בֵּין תִּפְקוּדִים שִׂכְלִיִּים לְבֵין אֲזוֹרֵי הַמֹּחַ, שִׁיטָה לִקְבִיעַת תְּכוּנוֹתָיו שֶׁל אָדָם לְפִי צוּרַת גֻּלְגָּלְתּוֹ

Phylogenese

תְּגִזָּעָה (ביו') פִילוֹגֶנְיָה, הִתְפַּתְּחוּת הַמִּינִים בַּטֶּבַע

phylogenetisch

תְּגִזָּעִי (ביו') פִילוֹגֶנֶטִי, פִילוֹגֶנִי

Phylogenie ---> Phylogenese

Physik

כַּיָּנָה (פיס') [מר"ח/532]. פִיזִיקָה. חָכְמָה הַטִּבְעִית, חָכְמַת הַטֶּבַע, - הַיְצִירוֹת, - הַתּוֹלָדוֹת, - תּוֹלְדוֹת הַשָּׁמַיִם וְהָאָרֶץ (מ"ט, פיס') [ק/א/296]

physikalisch

כַּיָּנִי (פיס') פִיזִיקָלִי

Physiker(in)

כַּיָּנַאי (כַּיָּנָאִים), כַּיָּנָאִית (כַּיָּנָאִיּוֹת) (פיס') פִיזִיקָן, פִיזִיקַאי

Physiognomik

חָכְמַת הַפַּרְצוּף (פסי') [ק/א/295; ק/ג/215]. חָכְמַת הַכָּרַת הַפָּנִים, פִיזְיוֹגְנוֹמְיָה, הַתּוֹרָה הַקּוֹבַעַת אֶת אָפְיוֹ שֶׁל אָדָם לְפִי תָּוֵי פָּנָיו, חָכְמַת הַהַכָּרָה

Physiognomiker

חֲכַם הַפַּרְצוּף (פסי') [ק/א/290]. חֲכַם הַפַּרְצוּפִים, פִיזְיוֹגְנוֹמַאי

Physiologe

גּוּפַאי (גּוּפָאִים) (ביו') כַּיּוּנַאי, פִיזְיוֹלוֹג, חוֹקֵר בְּמַדַּע הַגּוּפָאוּת (פִיזְיוֹלוֹגְיָה), גּוּפָאן

Physiologie

גּוּפָאוּת (ביו') [מר"ח/533]. כַּיּוּנָה, פִיזְיוֹלוֹגְיָה, תּוֹרַת חֵקֶר הַגּוּף הַחַי וּפְעֻלּוֹתָיו

physiologisch

גּוּפָאִי (ביו') כַּיּוּנִי, פִיזְיוֹלוֹגִי

physiologisch bedingter Trieb ---> Trieb, physiologisch bedingter

physiologische Anatomie ---> Anatomie, physiologische

physiologisches Alter ---> Alter, physiologisches

physiologisches Gleichgewicht ---> Gleichgewicht, physiologisches

physioplastisches Zeichnen ---> Zeichnen, physioplastisches

Physiotypie ---> Naturselbstdruck

physisch

גּוּפִי (פיס', ביו') פִיזִי, גּוּפָנִי, טִבְעִי

physische Vollkommenheit ---> Vollkommenheit, physische

physisches Modell ---> Modell, physisches

Pianist(in)

פִּסַנְתְּרָן, פְּסַנְתְּרָנִית (מוס')

piano
חֶרֶשׁ (מוס') חֲרִישִׁי, פְּיָאנוֹ

pianissimo
חֶרֶשׁ-חֶרֶשׁ (מוס') חֲרִישִׁי מְאֹד, פְּיָאנִיסִימוֹ

pianissimo, piano
חֶרֶשׁ מְאֹד-מְאֹד (מוס') חֲרִישִׁי מְאֹד-מְאֹד, פְּיָאנוֹ פְּיָאנִיסִימוֹ

Pianozug *{Piano-Pedal}*
דַּוְשַׁת עִמְעוּם (מוס') דַּוְשַׁת מֵיתָר אֶחָד

Pica ---> Appetit, absonderlicher

Piccolo
חֲלִילוֹן (מוס') חָלִיל זָעִיר, פִּיקוֹלוֹ

Piedestal ---> Sockel

piepen
צִיֵּץ (מְצַיֵּץ) (זוא') הִשְׁמִיעַ קוֹל צִיּוּץ

Pieper
פִּיפְיוֹן (זוא') שֵׁם שֶׁל עוֹף

Pier, entlang gehen an einem
הִרְצִיף (מַרְצִיף), הָלַךְ עַל הַמֵּזַח

Pigment
צִבְעָן (צִבְעָנִים) (ביו') [מר״ח/533; ל״ב/192]. לִיָן, צִבְעָן, פִּיגְמֶנְט

Pigmentablagerung ---> Pigmentierung

pigmentbezüglich
צִבְעָנִי (ביו') לִינִי, פִּיגְמֶנְטִי, צִבְעָנִי

Pigmentierung
צִבְעוּן, צִבְעָנוּת (ביו') לִיוּן, הִתְלַיְּנוּת, פִּיגְמֶנְטַצְיָה, צִבְעָנוּת

pikant
שְׁנָנִי, פִּיקַנְטִי, מְגָרֶה, מְעוֹרֵר עִנְיָן, חָרִיף

pikaresk ---> schelmenhaft

pikaresker Roman ---> Schelmenroman

Piktogramm ---> Ideogramm

Pilgerflasche ---> Feldflasche

Pille
גְּלוּלָה (גְּלוּלוֹת) (רפו')

Pillen- und Lehmwespen *{Eumenidae}*
כַּדִּיתִיִּים (זוא') מִשְׁפָּחָה שֶׁל דְּבוֹרָאִים

Pillendreher, Heiliger *{Scarabaeus sacer}*
זִבְלִית פַּרְעֹה (זוא') [מר״ח/600]. זַבְלִית (זַבְלִיּוֹת), גַּעֲלוּלִית, חִפּוּשִׁית הַזֶּבֶל, זַבָּל (זַבָּלִים), חַרְפּוּשִׁית, חִפּוּשִׁית פַּרְעֹה, חֶרֶק מִמִּשְׁפַּחַת הַזִּבְלִיתִיִּים (חִפּוּשִׁיּוֹת)

Pilotballon ---> Ballon

Pilotstudie ---> Teststudie

Pilus
שַׂעֲרִית (שַׂעֲרִיּוֹת) (ביו')

Pilz *{Fungus}*
פִּטְרִיָּה (פִּטְרִיּוֹת) (בוט', רפו') כְּמֵהָה (כְּמֵהוֹת)

pilzabtötend *{fungizid}*
קוֹטֵל פִּטְרִיּוֹת (בוט', רפו')

Pilze *{Fungi (Mycota)}*
פִּטְרִיּוֹת (בוט')

Pilzfelsen
סֶלַע פִּטְרִיָּה (גאו', י״א) סֶלַע דְּמוּי פִּטְרִיָּה

pilzförmig
פִּטְרִיָּתִי, כְּמֵהָנִי

Pilzkunde ---> Mykologie

Pinie *{Pinus pinea}*
אֹרֶן הַגַּלְעִין (בוט') צֶמַח מִמִּשְׁפַּחַת הָאָרְנִיִּים

Pinsel
מִכְחוֹל (מִכְחוֹלִים) (אמנ', טכנ') מַצְבּוֹעַ (מַצְבּוֹעִים)

Pinzette
מַלְקֵט (מַלְקְטִים) (טכנ') [מר״ח/534; א״ת/א/197]. צְבוֹבֶתֶת (צְבוֹבָתוֹת), מַלְקֶטֶת (מַלְקְטוֹת), פִּינְצֶטָה, מֶלְקָחַיִם קְטַנִּים, מֶלְקָטַיִם

Pipette
טִפִּיפִית (טִפִּיפִיּוֹת) (מ״ט) פִּיפֶּטָה, מַזְלֵף, מַזְלֶפֶת, מִזְלֶפֶת, פִּיפִית, צִנּוֹר זְכוּכִית לְטִפְטוּף נוֹזְלִים, כְּלִי לְהַעֲבָרָה אוֹ לִמְדִידָה שֶׁל נוֹזְלִים

pipettieren
טִיֵּף (מְטַיֵּף) (מ״ט) הִשְׁתַּמֵּשׁ בְּטִפִּיפִית (פִּיפֶּטָה)

Pipettieren
טִיּוּף (מ״ט) שִׁמּוּשׁ בְּטִפִּיפִית (פִּיפֶּטָה)

Pippau *{Crepis}*
נִיסָנִית (בוט') צֶמַח מִמִּשְׁפַּחַת הַמֻּרְכָּבִים

Pirol *{Oriolus oriolus}*
זַהֲבָן מְחַלֵּל (זוא') עוֹף מִמִּשְׁפַּחַת הַזַּהֲבָנִיִּים

Pirole *{Oriolidae}*
זַהֲבָנִיִּים (זוא') מִשְׁפָּחָה שֶׁל צִפֳּרֵי שִׁיר

Pisces
מַזַּל דָּגִים (אסט') [ק/א/132]. שֵׁם אַחַד הַמַּזָּלוֹת

Pissoir
מִשְׁתָּנָה [מר״ח/534]. בֵּית הַמַּיִם, מִשְׁתֶּנֶת עֲמִידָה, בֵּית שִׁמּוּשׁ צִבּוּרִי לִגְבָרִים

Pistazie *{Pistacia}*
אֵלָה (בוט') צֶמַח מִמִּשְׁפַּחַת הָאֵלָתִיִּים

Pistazie, Echte *{Pistacia vera}*
אֵלַת הַבָּטְנָה (בוט') צֶמַח מִמִּשְׁפַּחַת הָאֵלָתִיִּים

pittoresk
נִצְיָר (ספר', אמנ') פִּיקְטוֹרֶסְקִי, צִיּוּרִי, סַסְגּוֹנִי

Pityriasis ---> Schuppung, kleinförmige

più

יוֹתֵר (מוס') פְּיוּ

pizzicato

בְּפְרוּט (מוס') פִּיצִיקָטוֹ, פְּרִיטָה בְּאֶצְבָּעוֹת בִּכְלִי מֵיתָרִים

Plackerei

יְגִיעָה, עָמָל מְפָרֵךְ, עִצָּבוֹן יָדַיִם, יֶגַע, עִנּוּי נֶפֶשׁ

plädieren ---> geltendmachen

Plätschergeräusch *{Succussio}*

שִׁכְשׁוּךְ, הִשְׁתַּכְשְׁכוּת

Plagiat

גְּנֵבָה סִפְרוּתִית (ספר', משפ') גְּנוּב (גְּנוּבִים)

Plagiator

מְגַנֵּב סִפְרוּתִי (ספר', משפ') גַּנָּב סִפְרוּתִי

Plakat

כְּרָזָה (כְּרָזוֹת) (אמנ') פְּלָקָט

Plan

תָּכְנִית (תָּכְנִיּוֹת) [ק/ג/93]. סִדּוּר, עֲרִיכַת דְּבָרִים בְּסֵדֶר, שִׁיטָה. סֵדֶר [ק/ג/94]

Plan entwerfen, einen ---> planen

Plane

אֲבַרְזִין (אֲבַרְזִינִים) (טכנ') מִכְסֶה עָשׂוּי עוֹר, יְרִיעָה לְכִסּוּי

planen

תִּכְנֵן (מְתַכְנֵן), עָרַךְ תָּכְנִית, תָּכַן (תּוֹכֵן), תִּכֵּן (מְתַכֵּן)

Planet(en)

כּוֹכַב לֶכֶת (כּוֹכְבֵי לֶכֶת) (אסט') [ק/ב/68]. כּוֹכָב נְבוֹכָה, כּוֹכָב מְסוֹבֵב, - מְשָׁרֵת, - נָבוֹךְ, - רוֹעֶה. מְשָׁרְתִים (אסט') [ק/ב/304]. הָאִישִׁים הָעֶלְיוֹנִים (אסט') [ק/א/44]. שַׁמָּשׁ (אסט') [ק/ד/135]

Planet(en), scheinbar rückläufige Bewegung eines

נִזּוּר (אסט') [ק/ג/24]. סְטִיַּת כּוֹכַב לֶכֶת מִן הַמַּסְלוּל, נְסִיגָה לְאָחוֹר, סְטִיָּה מִן הַקַּו הַיָּשָׁר. נְזוּרוֹת, נְזוֹרִיּוֹת, נְזִירוּת, נְזִירָה (אסט') [ק/ג/25]

Planeten, Gebiet des höchsten Einflusses bestimmter

רוּם, רוּם גֹּבַהּ, רוּם רוֹמִים (אסט') [ק/ד/33]. מָקוֹם מְסֻיָּם בְּגַלְגַּל הַמַּזָּלוֹת, הַמְיֻחָד לְכוֹכַב לֶכֶת כָּלְשֶׁהוּ וּבוֹ מַגִּיעַ הַכּוֹכָב לְשִׂיא הַשְׁפָּעָתוֹ

Planeten, Konjunktionen der (insbesondere von Saturn und Jupiter)

דִּבּוּק (אסט') [ק/א/125]. חִבּוּרֵי הַכּוֹכָבִים, בְּיִחוּד: מַחְבְּרוֹת כּוֹכְבֵי הַלֶּכֶת. דְּבֵקוּת (אסט') [ק/א/129]. דְּבִיקָה. חִבּוּר (אסט') [ק/א/270]. דִּבּוּק שְׁנֵי כּוֹכָבִים, בְּיִחוּד: דִּבּוּק שַׁבְּתַאי וְצֶדֶק. קִבּוּץ (אסט') [ק/ג/259]. הִתְקַבְּצוּת, הִתְמַקְּמוּת שְׁנֵי כּוֹכְבֵי לֶכֶת בְּאוֹתוֹ קַו אֹרֶךְ

Planieren

יִשּׁוּר (טכנ')

Planiergerät

מַפְלֵס (מַפְלְסִים) (טכנ') מִפְלֶסֶת (מִפְלָסוֹת), מַכְשִׁיר לְיִשּׁוּר הַקַּרְקַע

plankonkave Linse ---> Linse, plankonkave

plankonvexe Linse ---> Linse, plankonvexe

planmäßig

תָּכוּן [ק/ב/70]. עָרוּךְ לְפִי תָּכְנִית, מְתֻכָּן, מְתֻכְנָן, תָּכְנִיתִי, סָדִיר, בְּהֶתְאֵם לְסֵדֶר מְסֻיָּם, בְּכַוָּנָה, בְּמִתְכַּוֵּן, בְּמַחֲשָׁבָה תְּחִלָּה, לֹא בְּמִקְרֶה

Planmäßigkeit

תְּכִינָה [ק/ב/70]. כַּוָּנָה, תִּכּוּן, תִּכְנוּן, עֲרִיכָה לְפִי תָּכְנִית, סְדִירוּת, תָּכְנִיתִיּוּת, לוּחַ זְמַנִּים

planparallele Platte ---> Platte, planparallele

Planspiegel

מַרְאָה מִישׁוֹרִית (פיס')

Plantage [---> Obstgarten]

פַּרְדֵּס (פַּרְדֵּסִים) (חקל') [א"ח/ב/202]. גַּן עֲצֵי פְּרִי, מַטַּע לְפֵרוֹת הָדָר

plantar ---> fußsohlenbezüglich

Planung

תִּכְנוּן

Planung, hierarchische

תִּכְנוּן תִּדְרוּגִי (מחש') תִּכְנוּן מְדֻרָּגִי, - הִיֶּרַרְכִי

Planungssprache

שְׂפַת תִּכְנוּן (מחש')

Plappern

לִמְלוּם, רִטְנוּן, מִלְמוּל, לְהוּג, פִּטְפּוּט, גִּבּוּב, רִטּוּן

Plaque, arteriosklerotische

רֹבֶד טָרַשְׁתִּי (רפו')

Plasma

נֵצֶח (רפו') [מר"ח/536]. פְּלַזְמָה

Plasmozytom ---> Myelom, multiples

plastisch

עִסִּי (פיס', טכנ', אמנ') גָּבִיל, פְּלַסְטִי, גָּמִישׁ, כִּיּוּרִי, מְכַיֵּר

plastischer Chirurg ---> Chirurg, plastischer

Plastizität

עִסִּיּוּת (פיס', טכנ', אמנ') [מר"ח/536]. גְּבִילוּת, פְּלַסְטִיּוּת, עִצּוּבִיּוּת, כִּיּוּרִיּוּת, רַכּוּת כְּמוֹ שֶׁל עִסָּה, גְּמִישׁוּת

Platane *{Platanus}*

דֹּלֶב (בוט') צֶמַח מִמִּשְׁפַּחַת הַדָּלְבִּיִּים

Plateau

מִישֹׁרֶת (פסי') [ר/ב/389]. פֶּרֶק זְמַן שֶׁבְּמַהֲלָכוֹ אֵין שִׁפּוּר בַּתְּגוּבָה הַנִּלְמֶדֶת, עֲמִידָה. רָמָה (רָמוֹת) (י"א)

Plateaugletscher

קַרְחוֹן רָמוֹת (גאו', י"א)

Platin

פָּז (כימ') פְּלַטִינָה, יְסוֹד כִּימִי מַתַּכְתִּי

Platitüde ---> Gemeinplatz

Platoniker

אַפְלָטוֹנִי (פיל') [ק/א/65]. מַחֲזִיק בְּשִׁטַּת הַפִּילוֹסוֹף אַפְלָטוֹן. כַּת חֲסִידֵי אַפְלָטוֹן (פיל') [ק/ב/105]

platonische Ideen ---> Idee(n), platonische

Platte

נִסְכָּה (נְסָכוֹת) [מר״ח/537; א״ת/ב/309]. טַס (טַסִּים), צַלַּחַת שְׁטוּחָה, לוּחַ, רִקּוּעַ, מַגָּשׁ

Platte, aufgerauhte

לוּחַ מְחֻסְפָּס (אמנ׳, טכנ׳) [ממ״ג/15]. לוּחַ טָרוּשׁ

Platte, planparallele

לוּחַ מַקְבִּיל מִישׁוֹרִים (טכנ׳)

Plattenrüttler ---> Rüttelplatte

Plattenspieler

מָקוֹל (מְקוֹלִים) (טכנ׳) גְּרָמוֹפוֹן, מַכְשִׁיר לְהַשְׁמָעַת צְלִילִים מֵעַל גַּבֵּי תַּקְלִיטִים

Plattenspur, Sektor einer

מִגְזַר תַּקְלִיטוֹן (מחש׳) [דמ״א/93]. מִגְזָר, קֶשֶׁת, חֵלֶק שֶׁל מְסִלָּה בְּתַקְלִיטוֹן אוֹ בְּסֶרֶט מַגְנֶטִי

Platterbse *{Lathyrus}*

טֹפַח (בוט׳) צֶמַח מִמִּשְׁפַּחַת הַפַּרְפָּרָנִיִּים

Plattmuscheln *{Tellinidae}*

טֶלִּינָתִיִּים (זוא׳) מִשְׁפָּחָה שֶׁל צְדָפוֹת

plattnässig

חָרוּם (רפו׳) שְׁקוּעַ אַף

plattschlagen

רִקֵּעַ (מְרַקֵּעַ) (טכנ׳) [א״ת/ב/303]. רִדֵּד (מְרַדֵּד), שִׁטַּח

plattvulgär

הֲמוֹנִי-סְתָמִי

Platz, öffentlicher

רְשׁוּת הָרַבִּים (משפ׳) [א״ת/ב/326]. קַרְקַע הַשַּׁיֶּכֶת לַצִּבּוּר, קִנְיָן צִבּוּרִי

Platz, privater

רְשׁוּת הַיָּחִיד (משפ׳) [א״ת/ב/326]. קַרְקַע הַשַּׁיֶּכֶת לְאָדָם פְּרָטִי, קִנְיָן פְּרָטִי

Platzangst

בַּעַת חוּצוֹת (פסי׳) דְּחִילַת מֶרְחָב, בַּעַת מֶרְחָב

platzen

פָּקַע (פּוֹקֵעַ), נִבְקַע, הִתְפַּקֵּעַ (מִתְפַּקֵּעַ), נִתְבַּקַּע, הִתְפּוֹצֵץ

plaudern

לָהַג (מְלַהֵג), לָהַג, פִּטְפֵּט, גָּלַג (גּוֹלֵג), גִּלֵּג (מְגַלֵּג)

plausibel

סָבִיר, מִתְקַבֵּל עַל הַדַּעַת, בְּגֶדֶר הַהִגָּיוֹן, נִסְבָּר, נִרְאֶה, מִסְתַּבֵּר

Plausibilität

סְבִירוּת [ק/א/210]. הֵרָאוּת, מַה שֶּׁנִּרְאֶה, הִתְקַבְּלוּת עַל הַדַּעַת, הֱיוֹת סָבִיר, קִרְבָה אֶל הָאֱמֶת

Plazebo

אֵינֶבּוֹ (רפו׳) [מר״ח/535]. סַם מְלַטֵּף, תְּרוּפַת דֶּמֶה, פְּלָצֶבּוֹ

Plazenta---> Mutterkuchen

Plazentaablösung, vorzeitige

פְּרִישַׁת הַשִּׁלְיָה (רפו׳)

Plazentalappen *{Kotyledon; Cotyledo}*

פְּסִיג (פְּסִיגִים) (רפו׳) [מר״ח/205]. פְּסִיסִית הַשִּׁלְיָה (פְּסִיסִיּוֹת הַשִּׁלְיָה), פְּסִיגֵי הַשִּׁלְיָה

Plazierung

הֲשָׂמָה (מ״ח, פסי׳, פדג׳) [ר/א/224]. תַּהֲלִיךְ קְבִיעַת הַמָּקוֹם הַמַּתְאִים לְאָדָם

Plektrum ---> Schlagfeder

Plenarsitzung

יְשִׁיבַת מְלִיאָה (מדי׳)

Plenum

מְלִיאָה (מדי׳) אֲסֵפָה שֶׁל כָּל חַבְרֵי גּוּף צִבּוּרִי

Pleonasmus ---> Tautologie

pleonastisch ---> tautologisch

Pleroma

מִלּוּא (פיל׳) [ק/ב/206]. הַדַּרְגָּה הָעֶלְיוֹנָה שֶׁל הַשֵּׂכֶל בְּתוֹרַת הַיַּדְעוּת (גְּנוֹסְטִיצִיזְם)

Pleuelstange ---> Schubstange

Pleura ---> Brustfell

pleural ---> brustfellbezüglich

Pleuritis ---> Rippenfellentzündung

Plexus ---> Geflecht

plötzlicher Übergang ---> Richtungswechsel

Plotter ---> Zeichengerät

Pluderhose

אַבְרַקַיִם (לבו׳) מִכְנָסַיִם רְחָבִים

plündern

בָּזַז (בּוֹזֵז) (משפ׳) שָׁדַד, גָּזַל

Plünderer

בּוֹזֵז (בּוֹזְזִים) (משפ׳) שׁוֹדֵד, גַּזְלָן

plump ---> ungeschickt

Plumpheit ---> Ungeschicklichkeit

Plural

רִבּוּי (בלש׳) [ק/ג/260; מ״ב/174]. קִבּוּץ, לְשׁוֹן רַבִּים, תַּת גִּבְלָה (קָטֵגוֹרְיָה) שֶׁל שֵׁם הַמִּסְפָּר שֶׁמִּבְנֶהָ הַצּוּרָאִי (מוֹרְפוֹלוֹגִי) נִגְזָר מִצּוּרַת הַיָּחִיד, לְמָשָׁל: ״גַּג - **גַּגּוֹת**״, ״כְּלוּב - כְּלוּבִ**ים**״. קָהָל (בלש׳) [ק/ג/272]. מִסְפַּר רַבִּים

Plural der Majestät

רִבּוּי מַלְכוּתִי (בלש׳) [מ״ב/174]. צוּרַת בִּטּוּי שֶׁל מֶלֶךְ אוֹ שֶׁל נָסִיךְ הַמְדַבְּרִים עַל עַצְמָם בִּלְשׁוֹן רִבּוּי, לְמָשָׁל: ״אָנוּ, פְרִידְרִיךְ הַשְּׁלִישִׁי, נְסִיךְ הַבְּחִירָה שֶׁל בְּרַנְדֶּנְבּוּרְג״

Pluraletantum

רִבּוּי תְּמִידִי (בלש׳) [מ״ב/174]. שֵׁם עֶצֶם הַמּוֹפִיעַ רַק בְּצוּרַת רִבּוּי, לְמָשָׁל: בְּגֶרְמָנִית: Eltern (= הוֹרִים), Masern (= חַצֶּבֶת); בְּעִבְרִית: ״רַחֲמִים״, ״שָׁמַיִם״

Pluralismus

רַבְשׁוֹנוּת (פיל׳, מ״ח) פְּלוּרָלִיזְם, רִבּוּיָנוּת

pluralistisch

רַבְשׁוֹנִי (פיל׳, מ״ח) פְּלוּרָלִיסְטִי, רִבּוּיָנִי

plus

יַתִּיר (מתמ׳) פְּלוּס, וְעוֹד

Plusquamperfekt

עָבָר לְעָבָר (בלש׳) [ק/ג/121; מ״ב/173]. עָבָר כְּבָר נִשְׁלָם, מַבִּיעַ פְּעֻלָּה שֶׁנִּסְתַּיְּמָה לִפְנֵי שֶׁהֵחֵלָּה פְּעֻלָּה אַחֶרֶת בֶּעָבָר, לְמָשָׁל: ״**וּשְׁמוּאֵל מֵת** (...) וְשָׁאוּל הֵסִיר הָאֹבוֹת וְאֶת הַיִּדְּעֹנִים מֵהָאָרֶץ״

Pneumatik

חֵקֶר הַגַּזִּים (פיס׳) [ק/ד/213]. חָכְמַת תְּנוּעַת הָאֲוִירִים, פְּנֵאוּמָטִיקָה

Pneumatose ---> Gasschwellungen im Gewebe

Pneumonia ---> Lungenentzündung

Po

poco

קְצָת (מוס׳) פּוֹקוֹ

Podagra ---> Gicht

Podium

דוּכָן (דוּכָנִים) (תאט׳) בִּימָה קְטַנָּה

Pöbel

אֲסַפְסוּף (מ״ח) [ר/א/83]. צִבּוּר בְּנֵי אָדָם נִרְגָּשִׁים בַּעֲלֵי כַּוָּנוֹת וּמַטָּרוֹת מִשְׁתַּפּוֹת פָּחוֹת אוֹ יוֹתֵר

Poesie

שִׁירָה (ספר׳) פִּיּוּט. מַחֲרוֹז, מַחֲרֹזֶת (ספר׳) [ק/ב/185]. מְלִיצָה כְּתוּבָה בַּחֲרוּזִים, שִׁירָה

Poetik

אֳמָנוּת הַשִּׁיר (ספר׳) [ק/א/299; ק/ד/90]. חָכְמַת הַשִּׁיר, מְלֶאכֶת הַשִּׁיר

poetisch

פִּיּוּטִי (ספר׳, אסת׳) [ק/ב/207]. מְלִיצִי, נִמְלָץ, מְשָׁלִי. שִׁירִי (ספר׳) [ק/ד/91]. פּוֹאֶטִי, שֶׁל שִׁירָה

poetische Ausdrucksform ---> Ausdrucksform, poetische

poetische Rede ---> Rede, gebundene

poetische Redeweise ---> Redeweise, poetische

poetischer Form sprechen, in ---> sprechen, in poetischer Form

Pointe

עֻקְצָה (עֻקְצוֹת) (ספר׳) פּוֹאֶנְטָה, עֹקֶץ, הַנְּקֻדָּה הַמֶּרְכָּזִית, חִדּוּד, שְׁנִינָה

Pointe fallen lassen

הִפִּיל עֻקְצָה (ספר׳) הוֹצִיא עֹקֶץ לְבַטָּלָה

Pointe herausbringen

הִבְלִיט עֻקְצָה (ספר׳) הִבְלִיט עֹקֶץ

Pointillismus

נְקֻדָּאוּת (אמנ׳) פּוֹאֶנְטִלִיסְטִיקָה, שִׁיטַת צִיּוּר בְּהַנָּחַת הַצְּבָעִים בִּנְקֻדּוֹת

Pointillist

נְקֻדַּאי (נְקֻדָּאִית) (אמנ׳) פּוֹאֶנְטִלִיסְט, צַיָּר הַמִּשְׁתַּמֵּשׁ בְּצִיּוּרָיו בְּשִׁיטָה שֶׁל נְקֻדּוֹת

Pol

קֹטֶב (קְטָבִים) (י״א) [ק/ג/276]. צִיר (צִירִים) (י״א) [ק/ג/244]. מַסְמֵר (י״א) [ק/ב/225]. קְצֵה הַצִּיר הַמְּדֻמֶּה שֶׁל כַּדּוּר הָאָרֶץ. סַדָּן (י״א) [ק/ג/94]. עַמּוּד (י״א) [ק/ג/143]. רֹאשׁ בְּרִיחַ (י״א) [ק/ד/13]

polar

קָטְבִּי, פּוֹלָרִי

Polarachse

צִיר קָטְבִּי (מתמ׳)

Polardreieck

מְשֻׁלָּשׁ קָטְבִּי (מתמ׳)

Polare

קַו קָטְבִּי (מתמ׳)

Polarimeter

מַד קִטּוּב (פיס׳, כימ׳) מַכְשִׁיר לִמְדִידַת פְּעִילוּת תְּרָאִיָּתִית (אוֹפְּטִית)

Polarisator

קַטָּב (פיס׳, כימ׳) מַכְשִׁיר לִיצִירַת אוֹר מְקֻטָּב קַוִּית

polarisierbar

קָטִיב, בַּר קִטּוּב

Polarisierbarkeit

קְטִיבוּת, יְכֹלֶת הִתְהַוּוּת שֶׁל שְׁנֵי קְטָבִים מְנֻגָּדִים

polarisieren

קִטֵּב (מְקַטֵּב), גָּרַם לְהוֹפָעַת דָּבָר וְהִפּוּכוֹ

polarisiert

מְקֻטָּב, קָטְבִּי, מְנֻגָּד

Polarisierung

קִטּוּב, הַחְרָפַת הַנִּגּוּדִים, נִגְדִּיּוּת, הִתְהַוּוּת שְׁנֵי הֲפָכִים, פּוֹלָרִיזַצְיָה

Polaritätenprofil ---> Differential, semantisches

Polarkreis

עִגּוּל הַקֹּטֶב (הַצְּפוֹנִי, הַדְּרוֹמִי) (י״א) [ק/ג/124]

Polarlicht

זֹהַר הַקֹּטֶב (מטא׳) [יל״ט/63]. הוֹפָעַת אוֹר בָּאֲוִירָה (אַטְמוֹסְפֵרָה) הַגְּבֹהָה שֶׁל הַקְּטָבִים

Polarwinkel

זָוִית קָטְבִּית (מתמ׳) אָזִימוּט

Polbahn ---> Basisgerade

Poldistanz

רֹחַק קָטְבִּי (י״א, אסט׳) קוֹדֶקְלִינַצְיָה

Poleigamander ---> Marienkraut

Poleiminze *{Mentha pulegium}*

נַעֲנַת הַכַּדּוּרִים (בוט׳) צֶמַח מִמִּשְׁפַּחַת הַשְּׂפָתָנִיִּים

polieren

מֵרֵק (מְמָרֵק), מָרַק (מוֹרֵק), מֵרֵט (מְמָרֵט), לִטֵּשׁ, לָטַשׁ, צִחְצֵחַ

Polieren

מֵרוּק [ק/ב/278]. לִטּוּשׁ, צִחְצוּחַ, מֵרוּט

Poliermaschine

מַלְטֶשֶׁת שָׁמִיר (טכנ׳) מְכוֹנַת לִטּוּשׁ

Polierrot

אֹדֶם (טכנ׳) [דח״ט/11]. תַּחְמֹצֶת בַּרְזֶל מְמֻיֶּמֶת בְּצוּרַת אַבְקָה אֲדֻמָּה הַמְּשַׁמֶּשֶׁת לְלִטּוּשׁ וּמֵרוּק מַתָּכוֹת

poliert
מְמֹרָק [ק/ב/277]. מָרוּק, מְלֻטָּשׁ, מְצֻחְצָח, מְמֹרָט, מְהֻקְצָע יָפֶה

Polis ---> Stadtstaat

Politik
מְדִינִיּוּת (מדי׳) [ק/ב/150]. מְדִינוּת, מְדִינָאוּת, פּוֹלִיטִיקָה. הַנְהָגַת הַמְּדִינָה (מדי׳) [ק/א/295,182]. חָכְמַת הַנְהָגַת הָאֻמָּה, - נְהִילַת הָעֵדָה (מדי׳) [ק/א/295]. חָכְמַת הַמְּדִינָה, חָכְמָה מְדִינִית, - נִימוּסִית, - חֻקִּית (מדי׳) [ק/א/297]. פִילוֹסוֹפְיָה אֱנוֹשִׁית, - מַעֲשִׂית (מדי׳) [ק/ג/189]

Politik am Rande des Abgrunds ---> Abgrund(s), Politik am Rande des

Politiker
מְדִינַאי, מְדִינָאִית (מדי׳) [ק/א/289]. חֲכַם הַמְּדִינָה, עַסְקָן צִבּוּרִי, פּוֹלִיטִיקַאי. מְדִינִי (מדי׳) [ק/ב/150]. שְׁלִיחַ הַצִּבּוּר

politisch
מְדִינִי (מדי׳, מ״ח) [ק/ב/150]. פּוֹלִיטִי, מַה שֶּׁמִּתְיַחֵס אֶל הַמְּדִינָה, חֶבְרָתִי, מְעֹרָב עִם הַבְּרִיּוֹת. נִימוּסִי (מדי׳) [ק/ג/32]. הַנְהָגִי, הַנְהָגָתִי (מדי׳) [ק/א/182]

politische Ökonomie ---> Ökonomie, politische

politisieren
מִפְלֵג (מְמַפְלֵג) (מדי׳) הָפַךְ לְפּוֹלִיטִיקָה

Politisierung
מִפְלוּג (מדי׳) פּוֹלִיטִיזַצְיָה, הֲפִיכָה לְפּוֹלִיטִיקָה

Politur
תַּמְרוּט (תַּמְרוּטִים) (טכנ׳) מִשְׁחַת פּוֹלִיטוּרָה, מְרִיקָה

Polizei
מִשְׁטָרָה (מדי׳, משפ׳) זְרוֹעַ מְבַצַּעַת שֶׁל הַמְּדִינָה הַמְשַׁמֶּשֶׁת לִשְׁמִירַת הַסֵּדֶר הַקַּיָּם. הַנְהָגַת הַמְּדִינָה (מדי׳) [ק/א/295,182; ק/ב/149]. חָכְמַת הַנְהָגַת הָאֻמָּה, - נְהִילַת הָעֵדָה (מדי׳) [ק/א/295]

Pollen ---> Blütenstaub

Pollenallergie ---> Heuschnupfen

Pollinose ---> Heuschnupfen

Pollution ---> Samenerguß, unwillkürlicher

Polyarthritis ---> Gelenkrheumatismus

Polyarthritis, chronische ---> Arthritis, rheumatoide

polychrom ---> vielfarbig

Polydipsie ---> Durst, krankhafter

Polyeder ---> Vielflächner

Polyederecke
זָוִית מְרֻחְבִית (מתמ׳) פִּנָּה

polyglott ---> vielsprachig

Polygon ---> Vieleck

Polygonboden
קַרְקַע מְצֻלָּעִים (גאו׳, י״א)

polykristallin
רַב גְּבִישִׁי (כימ׳)

polykrot
רַב פַּעְמִי (רפו׳) רַב דָּכְיִי

Polymenorrhoe ---> Regelblutungen, zu häufige

Polymorphie
רַב צוּרָתִיּוּת (רפו׳) פּוֹלִימוֹרְפִיזְם, יְכֹלֶת שֶׁל חֳמָרִים מְסֻיָּמִים לְהוֹפִיעַ בְּצוּרוֹת גְּבִישִׁיּוֹת שׁוֹנוֹת

Polynom, mehrgliedriger
רַב אֵיבָר (מתמ׳) פּוֹלִינוֹם

polynomisch
רַב אֵיבָרִי (מתמ׳) פּוֹלִינוֹמִי

Polyp
נִדְלְדוּל (רפו׳) [מר״ח/543]. דִּלְדּוּל, פּוֹלִיפּ

Polypenbildung
נִדַּלְדֶּלֶת (רפו׳) הִתְרַבּוּת נִדְלְדוּלִים (פּוֹלִיפִּים)

polysem
רַב מַשְׁמָעִי (בלש׳) [מ״ב/175]. פּוֹלִיסֶמִי, פּוֹלִיסֶמַנְטִי, רַב סִימָנְתִּי, בַּעַל מוּבָנִים אֲחָדִים

Polysemie
רִבּוּי מַשְׁמָעִים (בלש׳) [מ״ב/175]. פּוֹלִיסֶמְיָה, רִבּוּי עֲרָכִים, הַתּוֹפָעָה שֶׁלְּמִלָּה אַחַת יֵשׁ מוּבָנִים אֲחָדִים, לְמָשָׁל: לַמִּלָּה ״עָנָף״ הַמַּשְׁמָעֻיּוֹת הַבָּאוֹת: 1. חֵלֶק מֵעֵץ אוֹ מִשִּׂיחַ הַיּוֹצֵא מִן הַגֶּזַע, 2. גְּדִיל, צִיצִית, 3. חֵלֶק מִדָּבָר, סָנִיף, סָעִיף

Polysyllogismus, regressiver
הֶקֵּשׁ מְצוּעַ נַסְגָּנִי (פיל׳) סִילוֹגִיזְם רֶגְרֶסִיבִי, מִצְרָף (קוֹמְבִּינַצְיָה) שֶׁל הֶקֵּשִׁים מְצוּעִים שֶׁבּוֹ מִשְׁפַּט הַסֵּיפָה שֶׁל הֶקֵּשׁ מָצוּעַ אֶחָד הוּא הָאֶקְדֵּם (פְּרֶמִיסָה) שֶׁל הַהֶקֵּשׁ הַמָּצוּעַ הַבָּא. הַסָּקַת הַמַּסְקָנוֹת מִתְנַהֶלֶת מִן הַפָּחוֹת כְּלָלִי אֶל הַיּוֹתֵר כְּלָלִי, לְמָשָׁל: I) ״בַּעֲלֵי חֻלְיוֹת הֵם חַיּוֹת״, ״בַּרְדְּלָסִים הֵם בַּעֲלֵי חֻלְיוֹת״, לְפִיכָךְ: ״בַּרְדְּלָסִים הֵם חַיּוֹת״; II) ״חַיּוֹת הֵן אוּלִים (אוֹרְגָנִיזְמִים)״, ״בַּרְדְּלָסִים הֵם חַיּוֹת״, לְפִיכָךְ: ״בַּרְדְּלָסִים הֵם אוּלִים״

Polytheismus
רַבְאֵלִיּוּת (דת) [ק/ד/167]. שִׁתּוּף, רִבּוּי אֵלִים, אֱלִילוּת, אֱלִילָנוּת, אֱמוּנָה בְּאֵלִים רַבִּים, פּוֹלִיתֶאִיזְם

Polytheist(en)
רַבְאֵלִי (רַבְאֵלִיִּים) (דת) [ק/א/93]. בַּעַל הַשִּׁתּוּף (בַּעֲלֵי הַשִּׁתּוּף), מְשַׁתֵּף (מְשַׁתְּפִים). מְשַׁתֵּף (דת) [ק/ב/306]. הַמַּאֲמִין בְּהַרְבֵּה רְשֻׁיּוֹת אֱלֹהִיּוֹת, בְּנִגּוּד לַמְיַחֵד הַמַּאֲמִין בְּאֵל אֶחָד

Polyurie ---> Harnvermehrung

polyzystisch
רַב כִּיסְתִּי (רפו׳)

Polyzythämie
אַדְמֶמֶת (רפו׳) [מר״ח/543]. רִבּוּי תָּאֵי דָּם אֲדֻמִּים

Pomade
דֹּהַן [מר״ח/543]. מִשְׁחָה, מִשְׁחַת שְׂעָרוֹת מְבֻשֶּׂמֶת

pomadisieren
דִּהֵן (מְדַהֵן), הִדַּהֵן (מִדַּהֵן), מָרַח בְּמִשְׁחָה רֵיחָנִית

Pomeranze *{Citrus aurantium}*
חֻשְׁחָשׁ (בוט') צֶמַח מִמִּשְׁפַּחַת הַפֵּיגָמִיִּים
Pomeranzenelixier
מִצִּיוֹן תַּפּוּזִים (רפו', חזו')
pomposo
פְּאֵרִי (מוס') בִּפְאֵר, פּוֹמְפּוֹסוֹ
ponere
קִיֵּם (מְקַיֵּם) [ק/ג/285]. פָּסַק, גָּזַר, קָבַע
Ponor ---> Flußschwinde
Ponton ---> Hulk
Pool
מַאֲגָר (מַאֲגָרִים) (כלכ', ביו')
populär
תָּפֵץ (תְּפֵצָה) (מ"ח) [מר"ח/544]. פּוֹפּוּלָרִי, יַעֲמִי, עֲמָמִי, הֲמוֹנִי, מְפֻרְסָם, שָׁוֶה לְכָל נֶפֶשׁ
Popularisator(in)
מְתַפִּיץ, מְתַפִּיצָה (מ"ח) [י"א/403]. סַבָּר (סַבָּרִים), סַבָּרִית (סַבָּרוֹת), תַּסְבְּרָן, מִי שֶׁמַּסְבִּיר דְּבָרִים בְּצוּרָה מוּבֶנֶת לַהֲמוֹנֵי עָם, מְיַעֵם
popularisieren
הִתְפִּיץ (מַתְפִּיץ) (מ"ח) [י"א/403]. סִבֵּר (מְסַבֵּר), יִעֵם (מְיַעֵם), עָשָׂה פּוֹפּוּלָרִיזַצְיָה, הִסְבִּיר דְּבָרִים בְּצוּרָה פְּשׁוּטָה וּמוּבֶנֶת כְּדֵי לְהָפִיצָם בָּרַבִּים, עָשָׂה לְפוֹפּוּלָרִי
Popularisierung
הֶתְפֵּץ (מ"ח) [י"א/403]. סִבּוּר, הַתְפָּצָה, יִעוּם, פּוֹפּוּלָרִיזַצְיָה, הֲפָצַת דְּבָרִים עַל יְדֵי הַסְבָּרָה שָׁוָה לְכָל נֶפֶשׁ
Population ---> Grundgesamtheit
Pore
נַקְבּוּב (נַקְבּוּבִים) (ביו') פִּיּוֹנִית (פִּיּוֹנִיּוֹת)
Porentranspiration
דִּיוּת הַפִּיּוֹנִיּוֹת (בוט') [ל"ב/77]. טְרַנְסְפִּירַצְיָה, אִדּוּי מַיִם דֶּרֶךְ הַפִּיּוֹנִיּוֹת אֵצֶל צִמְחֵי הַיַּבָּשָׁה
Porenwasser
מֵי נַקְבּוּבִים (היד')
Porenziffer
חֲלָלִיּוּת (פיס')
Pornographie
נִבּוּלִיּוּת (אחי') פּוֹרְנוֹגְרָפְיָה, זִמָּה
pornographisch
נִבּוּלִי (אחי') פּוֹרְנוֹגְרָפִי, זִמָּתִי
pornographische Literatur ---> Literatur, pornographische
porös
נַקְבּוּבִי (פיס') [ק/ב/319]. מִתְלַבֵּד, חַלְחוּלִי, חַלְחוּלָנִי, מְחַלְחֵל, מְחֹרָר. סְפוֹגִי (פיס') [ק/ג/106]
Porose
נַקְבֹּבֶת (רפו') חַלְחֶלֶת, פּוֹרוֹזָה
Porosität
נַקְבּוּבִיּוּת (פיס') [ק/א/300]. חֲלוּלִיּוּת, חַלְחוּלִיּוּת. כֹּחַ סְפוֹגִי (פיס') [ק/ב/76]. סְפוֹגִיּוּת, סְפוֹגוּת (פיס') [ק/ג/106]. נְבִיבוּת
Porphyrie
אַרְגְּמֶנֶת (רפו')
Porphyrin
אַרְגְּמִין (ביו') פּוֹרְפִירִין
Porree *{Allium porrum}*
שׁוּם הַכְּרֵשׁ, כְּרֵשׁ (בוט') צֶמַח מִמִּשְׁפַּחַת הַשּׁוּשַׁנִּיִּים
Portament
הֶחְלֵק (מוס') [למ"ו/359]. פּוֹרְטָמֶנְטוֹ, מַעֲבָר חָלָק מִצְּלִיל לִצְלִיל
Portion
מָנָה (מָנוֹת), מִדָּה קְצוּבָה, שִׁעוּר, חֵלֶק (חֲלָקִים)
Porträt
דְּיוֹקָן (דְּיוֹקָנִים) [מר"ח/546]. יוֹקָן
porträtieren
הִצְלִם (מַצְלִם) (אמנ') צִיֵּר אוֹ צִלֵּם דְּמוּת שֶׁל...
Porträtieren
הַצְלָמָה (פְּעֻלָּה), הֶצְלֵם (תּוֹצָאָה) (אמנ') צִיּוּר אוֹ צִלּוּם דְּמוּת שֶׁל...
porträtiert
מֻצְלָם (אמנ') שֶׁדְּמוּתוֹ מְצֻיֶּרֶת אוֹ מְצֻלֶּמֶת
Portulak *{Portulaca}*
רְגֵלָה (בוט') צֶמַח מִמִּשְׁפַּחַת הָרְגֵלָתִיִּים
Porzellan
חַרְסִינָה (טכנ')
Porzellankrebse *{Porcellanidae}*
חַרְסִיתִיִּים (זוא') מִשְׁפָּחָה בְּסִדְרַת סַרְטָנִים מַעֲשִׂירֵי רֶגֶל
Porzellanschnecken ---> Kaurischnecken
Pose [---> Haltung]
הִתְעַמְּדוּת (תאט') הַעֲמָדַת פָּנִים, פּוֹזָה, יְצִיבָה כְּבוּלָה, - מְאֻמֶּצֶת
posieren
הִתְעַמֵּד (מִתְעַמֵּד) (תאט') הֶעֱמִיד פָּנִים
Position
תְּנוּחָה (תְּנוּחוֹת) (פיל') [ק/ד/194]. תְּכוּנָה, מַעֲמָד, עֶמְדָּה, הֲנָחָה, שִׂימָה, מַצָּב, תְּנָאִים, נְסִבּוֹת, דַּרְגָּה, מַדְרֵגָה, שָׁלָב. מָנֹחַ (מְנָחִים) (פסי') [ר/ב/505]. גִּישָׁה, דֵּעָה קְבוּעָה, מַצָּג. אֵיוּת (מחמ')
Positionsanzeigesymbol ---> Cursorpfeil
positiv
חִיּוּבִי [ק/א/286]. מֵעִנְיַן הַחִיּוּב, פּוֹזִיטִיבִי, חוֹיֵב, נְחִיב, שֶׁיֵּשׁ לְהַסְכִּים לוֹ, רָצוּי. עַל דֶּרֶךְ הַקִּנְיָן (פיל', ספר') [ק/א/190]. יֵשִׁי [ק/ב/54]. מַמָּשִׁי, מְצִיאוּתִי, יֵשׁוּתִי. מוֹדֶה [ק/ב/158]. מְחַיֵּב [ק/ב/178]. בְּנִגּוּד לְשׁוֹלֵל. מְקַיֵּם [ק/ב/267])
Positiv [---> Äquativ]
עֵרֶךְ הַשָּׁוֶה (בלש') [ק/ג/171]. עֵרֶךְ הַדִּמְיוֹן, - הַשִּׁוּוּי, דַּרְגַּת הַשִּׁוְיוֹן, - הַשְׁוָאָה בֵּין תְּאָרִים הַמְצַיֶּנֶת אֶת דִּמְיוֹן תְּכוּנוֹתֵיהֶם
positiv definit
חִיּוּבִי לַחֲלוּטִין (מחמ')
positiv semidefinit
אִי שְׁלִילִי (מחמ')
Positives
חִיּוּב [ק/א/284]. בְּנִגּוּד לִשְׁלִילָה: קִיּוּם דְּבַר-מָה. מַגִּיעַ [ק/ב/141]. הַנִּמְצָא בְּפֹעַל, הַיּוֹצֵא אֶל הַפֹּעַל. הֵן, הֵנִית [ק/א/181]
positive Dienstbarkeit ---> Dienstbarkeit, positive
positive Eigenschaft ---> Eigenschaft, positive

positive Kraft ---> Kraft, positive
positive Vernunft ---> Vernunft, erworbene
positiver Begriff ---> Begriff, positiver
positiver Intellekt ---> Intellekt, erworbener
positiver Philosoph ---> Philosoph, religiöser
positiver Satz ---> Satz, positiver
positives Attribut ---> Attribut, positives
Positivismus
חִיּוּבְנוּת (פיל׳) [רו/552] פּוֹזִיטִיבִיזְם, תּוֹרָה פִילוֹסוֹפִית הַשּׁוֹקֶדֶת עַל מֶחְקַר הַיֵּשׁ וְהַמַּמָּשִׁי וְהַשּׁוֹלֶלֶת אֶת כֵּנוּת הַהַכָּרָה אֶלָּא אִם כֵּן הִיא נוֹבַעַת מִנִּסְיוֹן הַחוּשִׁים
positivistisch
חִיּוּבְנִי (פיל׳) פּוֹזִיטִיבִיסְטִי
Posse [---> Burleske; Farce]
בַּדְחִית (בַּדְחִיּוֹת) (תאט׳)
possenhaft ---> burlesk
Possenreißer
מוּקְיוֹן (מוּקְיוֹנִים) (תאט׳) בַּדְחָן, לֵיצָן
Possenreißerei
דִּבְרֵי לֵיצָנוּת, הַבְלֵי מַהֲתַלּוֹת
Possessivpronomen
כִּנּוּי קִנְיָן (בלש׳) [ק/ב/97; מ״ב/176]. תַּת מַחְלָקָה שֶׁל כִּנּוּיֵי הַגּוּף, לְמָשָׁל: בְּעִבְרִית: כִּנּוּי גּוּף חָבוּר (דָּבוּק), כְּגוֹן: ״מְעִילִי״, ״מְעִילוֹ״, וְכִנּוּי גּוּף פָּרוּד, כְּגוֹן: ״שֶׁלִּי״, ״שֶׁלָּהּ״ וכו׳
possessorische Klage ---> Besitzklage
possibile
כְּכָל הָאֶפְשָׁר (בלש׳) פּוֹסִיבִּילֶה. אֶפְשָׁר [ק/א/68]. עוֹבֵר, מַה שֶּׁיָּכוֹל לְהִמָּצֵא
post festum
לְאַחַר מַעֲשֶׂה
post-hoc Mehrfachvergleiche ---> Mehrfachvergleiche, post-hoc
post mortem
לְאַחַר הַמָּוֶת (רפו׳, משפ׳) [מר״ח/546]. אַחֲרֵי מוֹת
Postament ---> Sockel
Postanweisung
הַמְחָאַת דֹּאַר (הַמְחָאוֹת דֹּאַר) (כלכ׳)
Posten
זָקִיף (זְקִיפִים) (צבא, מנה׳) מִי שֶׁעוֹמֵד עַל הַמִּשְׁמָר
Postillion *{Colias croceus}*
לַבְנִין הַתִּלְתָּן (זוא׳) חֶרֶק מִמִּשְׁפַּחַת הַלַּבְנִינִיִּים (פַּרְפָּרֵי יוֹם)
Postlingual ---> Hinterzungenlaut
Postposition
מִלַּת יַחַס סוֹפִית (בלש׳) [מ״ב/177]. מִלַּת יַחַס הַנִּמְצֵאת אַחֲרֵי הַשֵּׁם, לְמָשָׁל: בְּגֶרְמָנִית: zuliebe, halber (= ״לְמַעַן״, ״לְטוֹבַת״, ״לְשֵׁם״)
Postulat ---> Voraussetzung
postulieren ---> voraussetzen
potenter Mann ---> Mann, potenter
Potentia ---> Potenz
Potentia, in ---> potentiell
Potentia proxima
אֹזֶר קָרוֹב (פיל׳) [ק/ב/76]. כֹּחַ קָרוֹב
Potentia remota
אֹזֶר רָחוֹק (פיל׳) [ק/ב/76]. כֹּחַ רָחוֹק
Potential
אֹזֶר (אֲזָרִים) (פסי׳) [ר/ב/528; מר״ח/547]. יְכֹלֶת צְפוּנָה, פּוֹטֶנְצִיאָל, מַה שֶּׁיֵּשׁ בְּכֹחַ, מֶתַח, חֹזֶק
Potentialität
אֹזְרִיּוּת [ק/א/69]. אֶפְשָׁרוּת כְּמוּסָה, פּוֹטֶנְצִיאָלִיּוּת, כֹּחָנוּת, אֶפְשָׁרִיּוּת. יְכֹלֶת [ק/ב/38]. כֹּחַ [ק/ב/73]. כֹּחִיּוּת, כֹּחָנִיּוּת [ק/ב/84]. תְּכוּנַת דָּבָר הַנִּמְצָא בְּכֹחַ וְלֹא בְּפֹעַל
potentiell
אֹזְרִי (פיל׳) [ק/א/169]. הֵיוּלָאנִי, הֵיוּלָנִי, מַה שֶּׁהוּא בְּכֹחַ וְלֹא בְּפֹעַל. כֹּחִי, כֹּחָנִי [ק/ב/84]. פּוֹטֶנְצִיאָלִי, יְכָלְתִּי, יְכָלְתִּי, כֹּחִיִּי, הָרוּי
potentielle Vernunft ---> Vernunft, potentielle
potentielles Geld ---> Geld, potentielles
Potenz [---> Potential]
אוֹנוּת (רפו׳) [ק/ג/160; מר״ח/547]. עָצְמָה, אַבְּרוּת, כֹּחַ גַּבְרָא. אֹזֶר זִוּוּגִי (רפו׳, פסי׳) [ר/ב/529]. יְכֹלֶת מִינִית, כֹּחַ, פּוֹטֶנְצְיָה, יְכֹלָה (יוֹכְלָה), כֹּשֶׁר. הֲכָנָה (פסי׳) [ק/א/172]. כֹּחִיּוּת
Potenzen, aufsteigende
חֲזָקוֹת עוֹלוֹת (מתמ׳)
potenzieren
אִזֵּר (מְאַזֵּר), חִזֵּק, הִגְבִּיר, תִּגְבֵּר. הֶעֱלָה (מַעֲלֶה) לְחֶזְקָה (מתמ׳) הֶעֱלָה בְּחֶזְקָה
Potenzieren
הַעֲלָאָה לְחֶזְקָה (מתמ׳) הַעֲלָאָה בְּחֶזְקָה
potenzierte Arbeit ---> Arbeit, potenzierte
Potenzmenge
קְבוּצַת הַחֶזְקָה (מתמ׳)
Potenzreihe
טוּר חֲזָקוֹת (מתמ׳)
Potpourri
עֲרַבְרַב (מוס׳) פּוֹפּוּרִי, עֵרֶב לְחָנִים, יְצִירָה תַּנְעִימִית (מוּזִיקָלִית) הַמֻּרְכֶּבֶת מִקִּטְעֵי מַנְגִּינוֹת שׁוֹנוֹת, חֲרֹשֶׁת נִגּוּנִים
Pottasche *{Kaliumkarbonat}*
פַּחְמַת אַשְׁלְגָן (כימ׳) פּוֹטַשׁ, אֵפֶר מְבֻשָּׁל
Pottwal *{Physeter catodon (Physeter macrocephalus)}*
רֹאשְׁתָּן (זוא׳) יוֹנֵק מִמִּשְׁפַּחַת הָרֹאשְׁתָּנִיִּים (לִוְיָתָנָאִים)
Pottwale *{Physeteridae}*
רֹאשְׁתָּנִיִּים (זוא׳) מִשְׁפָּחָה שֶׁל לִוְיָתָנָאִים
Prachtkäfer *{Buprestidae}*
בַּרְקָנִיתִיִּים (זוא׳) מִשְׁפָּחָה שֶׁל חִפּוּשִׁיּוֹת
Prachtlilie *{Lilium speciosum}*
שׁוֹשַׁן הָדוּר (בוט׳) צֶמַח מִמִּשְׁפַּחַת הַשּׁוֹשַׁנִּיִּים
Prachttaucher *{Gavia arctica}*
צוֹלְלָן שְׁחֹר גָּרוֹן (זוא׳) עוֹף מִמִּשְׁפַּחַת הַצּוֹלְלָנִיִּים
Präambel [---> Einleitung]
מָבוֹא לְחוֹזֶה (משפ׳) הַקְדָּמָה

prädestiniert
קָבוּעַ מֵרֹאשׁ [ק/ג/18]. , נִגְזָר, קָצוּב מֵרֹאשׁ, מְטֻבָּע מִתְּחִלָּה לְ..., שֶׁהוֹעִידוֹ הַגּוֹרָל לְ..., נִקְבַּע מֵרֹאשׁ לְשֵׁם מַטָּרָה מְסֻיֶּמֶת, מְעֻתָּד, נוֹעָד, מְיֹעָד, צָפוּי. מְזֻמָּן [ק/ב/174]. דּוֹמֵם [ק/א/133]. פּוֹעֵל בְּלִי רָצוֹן, בְּהֶכְרֵחַ טִבְעוֹ (בְּנִגּוּד לַבֹּחֵר). מוּכָן [ק/ב/160]. עָרוּךְ, רָאוּי וּמֻכְשָׁר לַפְּעֻלָּה אוֹ לַתַּפְקִיד, מוּעָד לְ..., נוֹטֶה לְ...

prädeterminiert
גָּזוּר, נִגְזָר [ק/א/111]. קָצוּב מֵרֹאשׁ, מֻכְרָח

Prädikabilien
נֶאֱמָרָה (נֶאֱמָרוֹת) (פיל') [ק/ב/282; ק/ג/10]. מַשָּׂאִים, פְּרֶדִיקָבִּילְיוֹת, לְפִי פּוֹרְפִירְיוּס - חֲמֵשֶׁת מֻשְּׂגֵי הַהִגָּיוֹן שֶׁל אֲרִיסְטוֹ: סוּג, מִין, הֶבְדֵּל, סִימָן מַשְׁמָעוּתִי, סִימָן בִּלְתִּי מַשְׁמָעוּתִי

Prädikament
מַשָּׂא (מַשָּׂאִים) (פיל') [ק/ב/282]. פְּרֶדִיקָמֶנְט, אֶחָד מִשֵּׁשֶׁת הַמַּאֲמָרוֹת (קָטֵיגוֹרְיוֹת) הַסְּכוֹלַסְטִיִּים שֶׁל אַפְלָטוֹן וְאַרִיסְטוֹ. נְשִׂיאָה (פיל') [ק/ג/75]

Prädikanten, Orden der ---> Orden der Dominikaner

Prädikat
נָשׂוּא (נְשׂוּאִים) (בלש', פיל') [ק/ג/74]. חֵלֶק הַמִּשְׁפָּט הָאוֹמֵר מַשֶּׁהוּ עַל הַנּוֹשֵׂא, לְמָשָׁל: "וְיַעֲקֹב **הָלַךְ** לְדַרְכּוֹ"; "וְיוֹם הַשְּׁבִיעִי **שַׁבָּת**". מֻנָּח נָשׂוּא, פְּרֶדִיקָט, בְּאֶמְצָעוּתוֹ מְבַטְּאִים אֶת קִיּוּמוֹ אוֹ אֶת חֶסְרוֹנוֹ שֶׁל סוּגֵל הַמְּאַפְיֵן דָּבָר מְסֻיָּם, לְמָשָׁל: בַּמִּשְׁפָּט: "סְפִינַת הַמַּעְפִּילִים 'יְצִיאַת אֵירוֹפָּה תש"ז' הִגִּיעָה בַּ-18 בְּיוּלִי 1947 לִנְמַל חֵיפָה" מְהַוֶּה חֵלֶק הַמִּשְׁפָּט: "הִגִּיעָה בַּ-18 בְּיוּלִי 1947 לִנְמַל חֵיפָה" אֶת הַנָּשׂוּא. מִסְפָּר (בלש') [ק/ב/229]. מֻצָּע (בלש') [ק/ב/260]. מַשָּׂא (בלש') [ק/ב/283]. בְּנִגּוּד לַנּוֹשֵׂא (מֻצָּע), עֶצֶם, גּוּף מוּחָשׁ הַנִּמְצָא מְחוּצָה לָנוּ. סִפּוּר הַהַתְחָלָה (בלש') [ק/ג/108]. אִשּׁוּר [ק/א/74]. תֹּאַר, תְּכוּנָה, אֵיכוּת. הַגָּדָה (בלש') [ק/א/154]. כִּנּוּי [ק/ב/96]. לְוַאי

Prädikat, Satz mit fehlendem ---> Satz mit fehlendem Prädikat

Prädikat der Kategorie
נֶאֱמָרָה (נֶאֱמָרוֹת) (פיל') [ק/ג/10]. נְשׂוּא הַמַּאֲמָר, - הַגְבָּלָה

prädikatenlogische Aussageform ---> Aussageform, prädikatenlogische

Prädikation
הַשָּׂאָה (בלש') [מ"ב/178]. יַחַס יוֹצֵר מִשְׁפָּט, פְּרֶדִיקַצְיָה, יַחַס פְּרֶדִיקָטִיבִי, יְצִירַת מִשְׁפָּט בַּעַל נָשׂוּא, לְמָשָׁל: "הַיֶּלֶד הַזֶּה **הוּא תַּלְמִיד**"; "הַיֶּלֶד הַזֶּה **לוֹמֵד** בְּבֵית הַסֵּפֶר"

prädikativ
נְשׂוּאִי (פיל', בלש') [ק/ג/75; מ"ב/178]. הַמַּבִּיעַ אֶת הַנָּשׂוּא, הַמְשַׁמֵּשׁ כְּנָשׂוּא

Prädikatsadjektiv
תֹּאַר נְשׂוּאִי (בלש') [מ"ב/177]. תֹּאַר הַשָּׂאָה, הַשְׁלָמָה נְשׂוּאִית בְּצוּרַת שֵׁם תֹּאַר, לְמָשָׁל: "פָּנָיו **אֲדֻמִּים**"; "וּזְהַב הָאָרֶץ הַהִיא הוּא **הַטּוֹב בְּיוֹתֵר**"

Prädikatsgruppe ---> Prädikatsphrase

Prädikatsnomen
נָשׂוּא שֶׁמָנִי (בלש') [מ"ב/178]. שֵׁם נְשׂוּאִי, שֵׁם עֶצֶם הַמְשַׁמֵּשׁ כְּנָשׂוּא בְּמִשְׁפָּט, לְמָשָׁל: "רְאוּבֵן הוּא **הַבְּכוֹר**"

Prädikatsphrase
צֵרוּף נְשׂוּאִי (בלש') [מ"ב/178]. גַּרְעִינוֹ (הַפָּעֳלִי אוֹ הַשֶּׁמָנִי) שֶׁל הַחֵלֶק הַנְּשׂוּאִי שֶׁל הַמִּשְׁפָּט, לְמָשָׁל: "הַפְּרָחִים **פּוֹרְחִים**"; "הַמּוֹרֶה **מֵבִיא אֶת הַסֵּפֶר**"

Prädikatssatz
פְּסוּקִית נָשׂוּא (בלש') [מ"ב/178]. מִשְׁפַּט נָשׂוּא, מִשְׁפָּט טָפֵל הַמְשַׁמֵּשׁ נָשׂוּא לַנּוֹשֵׂא שֶׁבַּמִּשְׁפָּט הָעִקָּרִי, לְמָשָׁל: "הָרְעָמִים הַחֲזָקִים הֵם **שֶׁהִפְחִידוּ אֶת הַיֶּלֶד**"

Prädikatssatz einführendes Bindewort ---> Bindewort, Prädikatssatz einführendes

Prädiktion ---> Prognose; Vorhersage

Prädiktor
חַזַּאי (חַזָּאִים) (פיל', מדע) מַחֲוָן (אִינְדִיקָטוֹר) שֶׁל הִתְפַּתְּחֻיּוֹת עֲתִידִיּוֹת, פְּרֶדִיקְטוֹר

Prädilektion ---> Vorliebe

Prädilektionsstelle
מְקוֹם מַאֲוֶה (רפו') [מר"ח/548]. מְקוֹם אִוּוּי לְהִתְפַּתְּחוּת מַחֲלָה מְסֻיֶּמֶת

Prädisposition
מוּכָנוּת קוֹדֶמֶת (רפו', פסי')

prädizieren
יִחֵס (מְיַחֵס) [ק/ג/70]. נָשָׂא (נוֹשֵׂא), שִׁיֵּךְ דָּבָר לְדָבָר, תָּלָה דָּבָר-מָה בְּ-. הִשִּׂיא [ק/ג/71]

prädiziert
מְיֻחָס לְ... [ק/ג/70]. נָשׂוּא, מְשֻׁיָּךְ לְ..., שַׁיָּךְ לְ...

Prädizierung
יִחוּס (פיל') [ק/א/215]. הַשָּׂאָה, שִׁיּוּךְ, קְבִיעַת מֻשָּׂג עַל יְדֵי מִשְׁפָּט (פְּרֶדִיקָט)

Präfekt
אִפַּרְכוֹס (אִפַּרְכִים) (מדי', הסט') שַׂר גָּלִיל, - מָחוֹז

Präfektur
אִפַּרְכִיָּה (אִפַּרְכִיּוֹת) (מדי', מנה') חֶבֶל אֶרֶץ, יְחִידָה מִנְהָלִית אַרְצָנִית (טֶרִיטוֹרְיָאלִית), נָפָה

Präfix
תְּחִלִּית (תְּחִלִּיּוֹת) (בלש') [מ"ב/178]. פְּרֶפִיקְס, קִדֹּמֶת, צוּרָן (מוֹרְפֵמָה) נוֹסָף הַבָּא לִפְנֵי גֶּזַע מִלָּה אוֹ לִפְנֵי מִלָּה שְׁלֵמָה לְשֵׁם הַעֲנָקַת מַשְׁמָעוּת מְסֻיֶּמֶת לַמְחֻבָּר, לְמָשָׁל: בְּעִבְרִית: "**לֶ**אֱכֹל"; "**הַ**מּוֹרֶה"; "**מְ**רוּקָן". בְּגֶרְמָנִית: Urlaub (= חֻפְשָׁה), entlaufen (= בָּרַח)

Präformation
עִצּוּב בְּרֵאשִׁית (פסי') תּוֹרָאָה (תֵּאוֹרְיָה) בַּת הַמֵּאוֹת הַ-17 וְהַ-18 שֶׁעַל פִּיהָ כָּל אֵיבָרָיו שֶׁל אוּל (אוֹרְגָּנִיזְם) כְּבָר קַיָּמִים בַּזֶּרַע אוֹ בַּבֵּיצִית וְעַל כֵּן כָּל הַהִתְפַּתְּחוּת הִיא גְּדִילָה בִּלְבַד

Prägung
הַטְבָּעָה (פסי') [ק/א/325]. חִקּוּי, צִיּוּר, חִקּוּק, חֲקִיקָה, חֲרִיטָה, חֲרִיתָה, רִשּׁוּם. פִּתּוּחַ [ק/ג/221]. גִּלּוּף

Prälat
כֹּהֵן עֶלְיוֹן (דת) כֹּהֵן דָּת נוֹצְרִי בָּכִיר

Präliminar-

הֶקְדֵּמִי, פְּרֶלִימִינָרִי, מַקְדִּים, תְּחִלִּי, מִקְדָּמִי

präludieren

אִקְדֵּם (מְאַקְדֵּם) (מוס')

Präludium

אַקְדָּמָה (מוס') פְּרֶלוּד

Prämie

הֲטָבָה (הֲטָבוֹת) (כלכ') פְּרֶמְיָה, תּוֹסֶפֶת סְכוּם הַמְּשֻׁלֶּמֶת כְּעִדּוּד

Prämisse [---> Voraussetzung; Präsupposition; Antezedens; Vordersatz]

אֶקְדֵּם (אֶקְדֵּמִים) (פיל') [ק/א/203; ת"ה/291; קמ"ל/22]. הַקְדָּמָה, הֶקְדֵּם, הַמִּשְׁפָּט הַקְּדָמִי שֶׁל הַהֶקֵּשׁ שֶׁמִּמֶּנּוּ יוֹצֵאת הַתּוֹלָדָה, מִשְׁפָּט הַמְשַׁמֵּשׁ טִעוּן לְמִשְׁפַּט הַסֵּיפָה (קוֹנְקְלוּזְיָה) וְהוּא חֵלֶק הֶכְרֵחִי בְּכָל הֶקֵּשׁ בִּלְתִּי מָצוּעַ; בְּהֶקֵּשׁ הַבִּלְתִּי מָצוּעַ נוֹצָר מִשְׁפַּט הַסֵּיפָה מֵאֶקְדֵּם אֶחָד בִּלְבַד, לְמָשָׁל: "לְכָל הָאֶזְרָחִים מִגִּיל 18 וָמַעְלָה יֵשׁ זְכוּת הַצְבָּעָה", "לְפִיכָךְ יֵשׁ גַּם לְאֶזְרָחִים אֲחָדִים מִגִּיל 18 וָמַעְלָה זְכוּת הַצְבָּעָה". הַהֶקֵּשׁ הָאַפְּרוּטִי (דֶּדוּקְטִיבִי) שֶׁהוּא הֶקֵּשׁ מָצוּעַ (סִילוֹגִיזְם) מֵכִיל בְּדֶרֶךְ כְּלָל שְׁנֵי אֶקְדֵּמִים, לְמָשָׁל: "לְכָל הַמְּכוֹנִיּוֹת יֵשׁ מָנוֹעַ", "'קָדִילָק' הוּא מְכוֹנִית", לְפִיכָךְ: "לְ'קָדִילָק' יֵשׁ מָנוֹעַ". הַהֶקֵּשׁ הָאַכְלוּלִי (אִינְדוּקְטִיבִי) מֵכִיל בְּדֶרֶךְ כְּלָל יוֹתֵר מִשְּׁנֵי אֶקְדֵּמִים. הַנָּחָה (הַנָּחוֹת) (פיל') [ק/א/183]. אַב הַנָּחָה, סְבָרָה מְקֻדֶּמֶת, הַצָּעָה. מֻקְדָּמָה (פיל') [ק/ב/264]. מֻקְדָּמָה, טִעוּן, עִקָּרוֹן. מִשְׁפַּט הַהַנָּחָה (פיל') [ק/ב/300]. מִשְׁפָּט קָדוּם (פיל') [ק/ב/301; ק/ג/266]. הַשְׁעָרָה כִּיסוֹד לְדִיּוּן. קוֹדֵם (פיל') [ק/ג/268]. רִאשׁוֹן (פיל') [ק/ד/14]. אָב (פיל') [ק/א/17]. טַעַם (פיל') [ק/ב/19]. יְדִיעָה קוֹדֶמֶת (פיל') [ק/ב/28]. מוֹלִיד (פיל') [ק/ב/161]

Prämisse, erste ---> Prämisse major; Vordersatz

Prämisse, rhetorische

אֶקְדֵּם מַסְפִּיק (פיל') [ק/ב/226]. הַקְדָּמָה מַסְפִּיקָה, מֻקְדָּמָה מַסְפִּיקָה, רְאָיָה מַסְפִּיקָה, הוֹכָחָה עַל דֶּרֶךְ הַהֲלָצָה, הוֹכָחָה רֶטוֹרִית

Prämisse(n), Verbindung zweier ---> Verbindung zweier Prämissen

Prämisse, zweite ---> Prämisse minor

Prämisse eines Syllogismus ---> Syllogismus, Prämisse eines

Prämisse major [---> Vordersatz]

אֶקְדֵּם רִאשׁוֹן (פיל') [ק/א/203]. הַקְדָּמָה רִאשׁוֹנָה, הַנָּחָה רֵאשִׁית, הַמִּשְׁפָּט בַּעַל הָאֳפִי הַכְּלָלִי (הַמֵּכִיל אֶת הַמֻּשָּׂג הַכּוֹלֵל) בְּהֶקֵּשׁ הַמָּצוּעַ (סִילוֹגִיזְם), לְמָשָׁל: 1) "**כָּל הַנּוֹזְלִים הֵם גְּמִישִׁים**", 2) "מַיִם הֵם נוֹזְלִים", לְפִיכָךְ: 3) "מַיִם הֵם גְּמִישִׁים". גְּזֵרָה עֶלְיוֹנָה (פיל') [ק/א/111].

Prämisse minor

אֶקְדֵּם שֵׁנִי (פיל') הַנָּחָה מִשְׁנִית, הַמִּשְׁפָּט בַּעַל הָאֳפִי הַקָּשִׁי (קוֹנְקְרֶטִי) בְּהֶקֵּשׁ הַמָּצוּעַ (סִילוֹגִיזְם), לְמָשָׁל: 1) "כָּל הַמִּלְחָמוֹת הָאִמְפֶּרְיָאלִיּוֹת (אִימְפֶּרְיָאלִיסְטִיּוֹת) הֵן מִלְחָמוֹת בִּלְתִּי צוֹדְקוֹת", 2) "**מִלְחֶמֶת הָעוֹלָם הָרִאשׁוֹנָה הָיְתָה מִלְחָמָה אִמְפֶּרְיָאִית**", לְפִיכָךְ: 3) "מִלְחֶמֶת הָעוֹלָם הָרִאשׁוֹנָה הָיְתָה מִלְחָמָה בִּלְתִּי צוֹדֶקֶת". גְּזֵרָה תַּחְתּוֹנָה (פיל') [ק/א/111]. מְבַקֵּשׁ (פיל') [ק/ב/139]. הַהַקְדָּמָה הַקְּטַנָּה בְּהֶקֵּשׁ

pränatale Periode ---> Periode, pränatale

Präposition

מִלַּת יַחַס (בלש') [ק/ב/34;205; מ"ב/179]. מִלָּה הָעֲשׂוּיָה לִיצֹר יַחַס מְסֻיָּם בֵּין מִלִּים. בְּעִבְרִית בָּאָה כָּל מִלַּת יַחַס (יְכוֹלָה לִהְיוֹת אַף אוֹת אַחַת בִּלְבַד) גַּם בִּנְטִיָּה, לְמָשָׁל: "אֶל"; "עַל"; "אֵצֶל"; בִּשְׁבִיל"; "בְּ". קֶשֶׁר (בלש') [ק/ג/304]

Präpositionalphrase

צֵרוּף יַחַס (בלש') [מ"ב/179]. מִלַּת יַחַס+צֵרוּף שֵׁמָנִי (= שֵׁם עֶצֶם עִם מַשְׁלִימָיו הַמִּתְלַוִּים אֵלָיו כְּדֵי לְהַגְדִּירוֹ), לְמָשָׁל: "קִסְמָהּ שֶׁל יְצִירָה זוֹ הוּא גַּם **בְּחִדּוּשׁ**"

präpubertäre Geschlechtswünsche ---> Paradoxia sexualis

Präpubertät ---> Vorpubertät

Präsens

הֹוֶה, הוֹוֶה (בלש') [מ"ב/179]. זְמַן דִּקְדּוּקִי שֶׁבֵּין הֶעָבָר לֶעָתִיד, לְמָשָׁל: "אֲנִי **קוֹרֵא**"

Präsens, historisches

הֹוֶה הִסְטוֹרִי (בלש') [מ"ב/97]. בֵּינוֹנִי כְּעָבָר סִפּוּרִי, שִׁמּוּשׁ בְּצוּרַת הַהֹוֶה הַדִּקְדּוּקִי לְתֵאוּר פְּעֻלָּה שֶׁנֶּעֶשְׂתָה בֶּעָבָר, לְמָשָׁל: "בְּאוֹתָהּ שָׁעָה אָדָם יוֹצֵא לְטַיֵּל בַּשּׁוּק וּמְבַקֵּשׁ לִקַּח לוֹ חֵפֶץ"

präsent ---> vorhanden

Präsentation ---> Darbietung

Präsenz ---> Vorhandensein

Präsenz, geistige ---> Geistesgegenwart

Präsenzzeit

הֹוֶה נַפְשִׁי (פסי') [ר/א/183]. הֹוֶה נִרְאֶה, הַנְּקֻדָּה הַמַּפְרִידָה בֵּין מַה שֶּׁקָּרָה לְבֵין מַה שֶּׁעָתִיד לִקְרוֹת

Präservativ ---> Kondom

prästabilierte Harmonie ---> Harmonie, prästabilierte

Prästabilismus [---> Harmonie, prästabilierte]

שִׁיטַת הַקְּבִיעָה מֵרֹאשׁ (פיל') תּוֹרַת הָאַחְדוּת הַמְּיֻסֶּדֶת מֵרֹאשׁ שֶׁל לַיְבְּנִיץ הַטּוֹעֶנֶת שֶׁקַּיָּם תֹּאַם (הַרְמוֹנְיָה) אֱלֹהִי קָדוּם בֵּין גּוּף לְנֶפֶשׁ, כָּךְ שֶׁכָּל פְּעִילוּת רוּחָנִית שֶׁל הַנֶּפֶשׁ בָּאָה עַל בִּטּוּיָהּ בִּתְנוּעַת גּוּף וּלְהֶפֶךְ, אַף‑עַל‑פִּי שֶׁאֵין בֵּינֵיהֶם כָּל קֶשֶׁר נִסְבָּתִי

Praesumptio

קְדִימָה (רטו') [ק/ג/267]. מֶנַע, מְנִיעָה

Präsupposition [---> Voraussetzung; Prämisse]

הַנָּחָה מֻקְדֶּמֶת (בלש', פיל') [מ"ב/180]. קְדַם הַנָּחָה, הַנָּחָה מֵרֹאשׁ, - שֶׁמַּנִּיחַ הַדּוֹבֵר עַל יְדִיעוֹתָיו שֶׁל הַשּׁוֹמֵעַ כְּדֵי שֶׁדְּבָרָיו יוּבְנוּ, לְמָשָׁל: בַּמִּשְׁפָּט: "הוּא שָׁב מִדְּרָכָיו הַנְּלוֹזוֹת" קַיֶּמֶת הַנָּחָה מֻקְדֶּמֶת "הוּא הָלַךְ בֶּעָבָר בִּדְרָכִים נְלוֹזוֹת"

Prätendent

טוֹעֵן (טוֹעֲנִים) (מדי', משפ') בַּעַל דִּין, צַד אֶחָד בְּסִכְסוּךְ מִשְׁפָּטִי אוֹ מְדִינִי, מִי שֶׁתּוֹבֵעַ דָּבָר-מָה מִירִיבוֹ

Präteritum

עָבָר מֻשְׁלָם (בלש') [מ"ב/180]. זְמַן דִּקְדּוּקִי

שֶׁל הַפֹּעַל הַמְצַיֵּן פְּעֻלָּה שֶׁנִּסְתַּיְּמָה לִפְנֵי הַדִּבּוּר, לְמָשָׁל: בְּגֶרְמָנִית: Die Kinder schliefen (= ״הַיְלָדִים יָשְׁנוּ״). עָבָר בִּלְתִּי נִשְׁלָם (בלש׳) [ק/ג/121]

prävenieren ---> vorbeugen

Prävention ---> Vorbeugung

präventiv ---> vorbeugend

Präventivmedizin

רְפוּאָה מוֹנַעַת (רפו׳) רְפוּאָה מַעֲקִית

Präventorium ---> Erholungsheim

Präzedenzfall

תַּקְדִּים (תַּקְדִּימִים) (משפ׳) פְּסַק דִּין מַנְחֶה, עֻבְדָּה הַמְשַׁמֶּשֶׁת דֻּגְמָה בְּמִקְרִים דּוֹמִים

Präzession

נְקִיפָה (פיס׳) [ל״מ/544]. פְּרֶצֶסְיָה, תּוֹפָעָה הַמִּתְגַּלֵּית כְּשֶׁמַּפְעִילִים עַל גּוּף מִסְתּוֹבֵב צֶמֶד כֹּחוֹת הַמְּשַׁנֶּה אֶת כִּוּוּן צִיר הַסִּיבוּב

Präzipitat ---> Ausfällung, Produkt einer

Präzipitation ---> Ausfällung

präzipitieren ---> ausfällen

präzise

מְדֻיָּק [ק/ב/328]. מְתֻקָּן, מְכֻוָּן, מְדֻקְדָּק

Präzisionsnivellement

אִזּוּן דַּיִק (טכנ׳) אִזּוּן מְדֻקְדָּק

Präzisionswerkzeug

כְּלִי דַּיִק (כְּלֵי דַּיִק) (טכנ׳)

pragmatisch

עַשְׂוָאִי, פְּרַגְמָטִי, מַעֲשִׂי, שִׁמּוּשִׁי

pragmatische Norm ---> Norm, pragmatische

Pragmatismus

עַשְׂוָאוּת, פְּרַגְמָטִיּוּת, פְּרַגְמָטִיזְם, מַעֲשִׂיּוּת, שִׁמּוּשִׁיּוּת, תַּכְלִיתִיּוּת מַעֲשִׂית

Prahler

יָהֲרָן (יוֹהֲרָן) [שק״י/29]. גַּבְהָן בַּלָּשׁוֹן, מִתְהַלֵּל וּמְדַבֵּר גְּבֹהָה גְּבֹהָה, יָהֲרָן, יָהֲרְתָן, רַבְרְבָן

prahlerisch

יוֹהֲרָנִי, יָהֲרָנִי, מִתְרַבְרֵב, רַהַבְתָּנִי, רַבְרְבָנִי, נְטוּי גָּרוֹן, יָהִיר

Praktikant(in)

מִתְעַשְׂיֵן, מִתְעַשְׂיֶנֶת, מִי שֶׁמְּקַבֵּל הַדְרָכָה, מִתְאַמֵּן, טִירוֹן, שׁוּלְיָה

Praktiker(in)

עַשְׂיָן, עַשְׂיָנִית [מר״ח/548]

praktisch

מַעֲשִׂי [ק/ב/243]. עֲשׂוּתִי, מְלַאכְתִּי. אָמָּנִי [ק/א/55]. מְלָאכִי, מְלָאכוּתִי [ק/ב/203]. נִתָּן לְהֵעָשׂוֹת, בַּר בִּצּוּעַ. מִפְעָלִי [ק/ב/247]. עַמְלָנִי [ק/ג/145]. מַמָּשִׁי. שִׁמּוּשִׁי [ק/ד/130]. תַּכְלִיתִי [ק/ד/203]. מְכֻוָּן לְתוֹעֶלֶת מַעֲשִׂית, תּוֹעַלְתִּי, פְּרַקְטִי, עַשְׂיוֹנִי

Praktisches

הַתְּחוּם הַמַּעֲשִׂי

praktische Erfahrung ---> Erfahrung, praktische

praktische Intelligenz ---> Intelligenz, technische

praktische Kabbala ---> Kabbala, praktische

praktische Philosophie ---> Philosophie, praktische

praktische Übung ---> Übung, praktische

praktische Vernunft ---> Vernunft, praktische

praktische Wissenschaften ---> Wissenschaft(en), praktische

praktischer Satz ---> Satz, praktischer

praktischer Wirkungsgrad ---> Wirkungsgrad, effektiver

praktizieren

עִשְׂיֵן (מְעַשְׂיֵן), הִתְעַשְׂיֵן, עָסַק בְּאֹפֶן מַעֲשִׂי בִּדְבַר-מָה, הִתְעַסֵּק בְּדָבָר

Prallhang

גָּדָה תְּלוּלָה (היד׳, י״א) גְּדַת נָהָר בַּעֲלַת שִׁפּוּעַ זָקוּף כִּמְעַט בַּצַּד הַחִיצוֹנִי שֶׁל נַפְתּוּל

Pralltriller

צְבִיט עִלִּי (מוס׳) [למ״ו/260]. קִשּׁוּט הַמְצֻיָּן בְּסִימָן עַל הַתָּו

prangen

הִתְנַשֵּׂא(מִתְנַשֵּׂא) בְּהָדָר, הִתְרוֹמֵם, הִתְנוֹסֵס (מִתְנוֹסֵס) בְּהוֹד

Prasseln

פִּרְקוּעַ [מר״ח/229]. חִרְקוּשׁ

Praxis

יַעַשׂ [ק/א/55]. אָמָּנוּת, אֻמָּנוּת,פְּרַקְטִיקָה, עִשָּׂיוֹן, מְלָאכָה, עִשָּׂיוֹן, נִסָּיוֹן מַעֲשִׂי. מַעֲשֶׂה [ק/ב/242]. עֲשִׂיָּה, פְּעֻלָּה, אִמּוּן, תִּרְגּוּל, בְּנִגּוּד לְעִיּוּן וּלְתוֹרָאָה (תֵּאוֹרְיָה)

Preis

מְחִיר (מְחִירִים) (מ״ח, כלכ׳) [ק״מ/א/82]. כִּנּוּי הַמָּמוֹן לַעֲבוֹדָה שֶׁנִּתְגַּשְּׁמָה הִתְגַּשְּׁמוּת חֵפֶץ בִּסְחוֹרָה, עֵרֶךְ שֶׁל סְחוֹרָה הַמְּבֻטָּא בְּמָמוֹן וְהַנִּקְבָּע עַל יְדֵי הָעֲבוֹדָה הַחֶבְרָתִית הַהֶכְרֵחִית הַמֻּשְׁקַעַת בִּסְחוֹרוֹת

Preis, nomineller ---> Nominalpreis

Preis feststellen, einen

נָקַב מְחִיר (נוֹקֵב מְחִיר) (כלכ׳)

Preisangebot

הַצָּעַת מְחִיר (כלכ׳) הַצָּעָה מִסְחָרִית

preisbestimmte Ware ---> Ware, preisbestimmte

Preisbildung

תַּמְחִיר (כלכ׳) הַמְחָרָה, חִשּׁוּב הַמְּחִיר

preisen

שִׁבַּח (מְשַׁבֵּחַ) [א״ח/ב/38]. קִלֵּס (מְקַלֵּס), הִלֵּל, דָּרַשׁ לְשֶׁבַח אֶת..., דִּבֵּר בְּשִׁבְחוֹ שֶׁל..., פֵּאֵר, רוֹמֵם

Preisfall

יְרִידַת מְחִירִים (כלכ׳)

Preisform

צוּרַת מְחִיר (כלכ׳)

Preisgestaltung ---> Preisbildung

Preiskalkulation ---> Preisbildung

Preisreduktion

הֲנָחָה (הֲנָחוֹת) (כלכ׳) הוֹרָדָה בִּמְחִיר

Preisstück

מַחֲזֶה פְּרָס (תאט׳)

Preissumme
סְכוּם הַמְּחִירִים (כלכ')

Prellerei
הוֹנָאָה, מִרְמָה (משפ')

Prellereivorwand
תּוֹאֲנָה לְנִצּוּל רְמִיָּה (משפ') אֲמַתְלַת מִרְמָה

Preßbalken
קוֹרַת בֵּית הַבַּד (טכנ') [א"ח/ב/224]. קוֹרָה הַמְּשַׁמֶּשֶׁת לִסְחִיטַת זֵיתִים

Preßbrett
מְזוֹרָה (מְזוֹרוֹת) (טכנ') [א"ח/א/154]. כְּלִי עֵץ שֶׁהַכּוֹבֵס חוֹבֵט בּוֹ אֶת הַבְּגָדִים

Pressefreiheit
חֹפֶשׁ הָעִתּוֹנוּת (משפ', מדי')

Presseinformation
תַּמְסִיר (תַּמְסִירִים) (תקש') מֵידָע עִתּוֹנָאִי

pressen [---> keltern]
דָּפַס (דּוֹפֵס) (טכנ') כִּיֵּר בִּדְפוּס

Pressen
דְּפִיסָה (טכנ') [דח"ט/184]. עִצּוּב חֳמָרִים מְסֻיָּמִים בִּדְפוּסִים תּוֹךְ הַפְעָלַת לַחַץ אוֹ חֹם אוֹ שְׁנֵיהֶם

Preßkorb für Oliven
עֶקֶל (עֲקָלִים) (טכנ') [א"ח/ב/222]. סַל קָלוּעַ לִסְחִיטַת שְׁאֵרִית הַשֶּׁמֶן מִן הַזֵּיתִים

Prestige
יְקָרָה (פסי', מ"ח) פְּרֶסְטִיזָ'ה

Presto
אָץ (מוס') בְּאִיצָה, פְּרֶסְטוֹ

Pretest ---> Teststudie
preziös ---> geziert
Priapismus ---> Penisdauererektion
Prickeln
דִּקְרוּר (פסי', רפו') תְּחוּשַׁת דְּקִירוֹת קַלּוֹת

prickelnd ---> pikant
Priesterstaat ---> Staat, priesterlicher
Prigäum
גֹּבַהּ קָטָן (אסט') [ק/א/98]. גֹּבַהּ קָרוֹב

Prim
שֶׁבֶר רִאשׁוֹנִי (מתמ') [ק/ד/14]. רִאשׁוֹן, שֶׁבֶר רִאשׁוֹן

prim zu
רִאשׁוֹן אֶל... [ק/ד/15]

primär ---> ursprünglich
Primäraffekt
אוֹם, אוֹם הַנֶּגַע (רפו')

Primärelement
תָּא רִאשׁוֹנִי (פיס') תָּא חַשְׁמַלִּי הַהוֹפֵךְ מֶרֶץ (אֶנֶרְגִּיָּה) כִּימִי לְמֶרֶץ חַשְׁמַלִּי

primärer Reiz ---> Reiz, direkter
primäres Akzidens ---> Akzidens, primäres
Primärgruppe
קְבוּצַת פָּנִים אֶל פָּנִים (מ"ח, פסי') [ר/ב/594]. קְבוּצָה שֶׁבֵּין חֲבֵרֶיהָ עֲשׂוּיִים לְהִוָּצֵר קְשָׁרִים אִישִׁיִּים הֲדוּקִים

Primärkomplex ---> Primäraffekt
Primärlernen
לְמִידָה רִאשׁוֹנִית (פסי', פדג')

Primärproduktion
יִצּוּר רִאשׁוֹנִי (ביו')

Primat ---> Vorrang
Primat(en)
רִאשׁוֹנָשׁ (רִאשׁוֹנָשִׁים) (זוא', אנת') פְּרִימָט, יְצוּר מִסִּדְרַת הַיּוֹנְקִים הָעִלָּאִיִּים (הַקּוֹפִים וְהָאָדָם)

Primel *{Primula}*
בְּכוֹר הָאָבִיב (בוט') צֶמַח מִמִּשְׁפַּחַת הָרַקַּפְתִּיִּים

Primer ---> Starter
Primfaktor
גּוֹרֵם רִאשׁוֹנִי (מתמ')

Primigravida ---> Erstschwangere
Primiparia ---> Erstgebärende
primitiv
פְּטִירִי [מר"ח/552]. בְּרֵאשִׁיתִי, פְּרִימִיטִיבִי, פָּשׁוּט בְּיוֹתֵר, נֶחֱשָׁל, נַחְשָׁל

Primitivität
פְּטִירִיּוּת [מר"ח/552]. בְּרֵאשִׁיתִיּוּת, פְּרִימִיטִיבִיּוּת, נַחְשָׁלוּת

Primus motor ---> Triebkraft, erste
Primzahl
מִסְפָּר רִאשׁוֹנִי (מתמ') [ק/ג/56]. נִפְרָד, מִסְפָּר שֶׁאֵינוֹ כְּפוּלָה שֶׁל מִסְפָּר שָׁלֵם פְּרָט לְאֶחָד, - הַמִּתְחַלֵּק רַק בְּעַצְמוֹ וּבְאֶחָד, - פָּשׁוּט, - בִּלְתִּי מִתְפָּרֵק

Primzahlzwillinge
תְּאוֹמִים רִאשׁוֹנִיִּים (מתמ')

Principium contradictionis ---> Satz vom Widerspruch
Principium divisionis ---> Begriffsumfang(s), Einteilungsgrund des
Principium exclusi tertii ---> Satz vom ausgeschlossenen Dritten
Principium identitatis ---> Satz der unbedingten Identität
Principium rationis sufficientis ---> Satz vom zureichenden Grund
Prinzip
עִקָּרוֹן (עֶקְרוֹנוֹת) [ק/ד/160]. שֹׁרֶשׁ, הַנָּחַת יְסוֹד, כְּלָל עִקָּרִי, אַב מִשְׁנָה. עִקָּר (עִקָּרִים) [ק/ג/166]. חֹק (חֻקִּים) (מ"ט) [ק/א/324]. תּוֹפָעָה קְבוּעָה בַּטֶּבַע. תְּחִלָּה [ק/ד/190]. קַו יְסוֹד. בַּקָּשָׁה [ק/א/94]. הַצָּעָה עִיּוּנִית, דָּרוּשׁ, מְבֻקָּשׁ, שְׁאֵלָה. יְסוֹד [ק/ב/41,40]. מִשְׁפָּט. פִּנָּה [ק/ג/192]. רֵאשִׁית [ק/ד/16]

Prinzip, konstitutives
עִקָּר מְכוֹנֵן (פיל')

Prinzip, phylogenetisches
תּוֹרַאַת (תְּאוֹרִיַּת) הַהִשָּׁנוּת (ביו') הָעִקָּרוֹן הַפִּילוֹגֶנֶטִי, תְּאוֹרִיָּה הַטּוֹעֶנֶת שֶׁהִתְפַּתְּחוּת הַיָּחִיד (אוֹנְטוֹגֶנֶזָה) הִיא חֲזָרָה עַל הִתְפַּתְּחוּת הַמִּין (פִילוֹגֶנֶזָה)

Prinzip der Dinge
עִקְּרוֹן הַדְּבָרִים (פיל') [ק/א/233]. הַתְחָלָה, יְסוֹד, הַסִּבָּה הָרִאשׁוֹנִית, - הָעִקָּרִית, שֹׁרֶשׁ הַחָכְמָה

Prinzip der Kausalität *{Principium causalitatis}*

עֶקְרוֹן הַתְּסִיבָּה (פיל') עֶקְרוֹן הַסִּבָּתִיּוּת

Prinzip des Verwirklichungsvorgangs ---> Verwirklichungsvorgang(s), Prinzip des

Prinzip festsetzen, etwas als ---> festsetzen, etwas als Prinzip

Prinzipalfarbe

צֶבַע יְסוֹד (פיס', פסי') [ר/ב/577]. צֶבַע רָאשִׁי

Prinzipien, die drei (Stoff, Form, spezielle Privation)

שְׁלֹשָׁה רָאשִׁים (פיל') [ק/ד/13]. שָׁלֹשׁ הַהַתְחָלוֹת שֶׁל הַנִּמְצָאִים הַגַּשְׁמִיִּים: הַחֹמֶר, הַצּוּרָה וְהַהֶעְדֵּר הַמְיֻחָד

Priorität ---> Vorrang

Prioritätsaktie ---> Vorzugsaktie

Prise [---> Handvoll]

קֹמֶץ (קְמָצִים) [א״ח/ב/386]. מְלֹא שָׁלֹשׁ אֶצְבָּעוֹת

Prise nehmen

קָמַץ (קוֹמֵץ), הִקְמִיץ (מַקְמִיץ), לָקַח מְלֹא שָׁלֹשׁ אֶצְבָּעוֹת, נָטַל מְלֹא הַקֹּמֶץ

Prisma

מִנְסָרָה (מִנְסָרוֹת) (מתמ') [ק/ב/252; מר״ח/553]. מַצֵּבָה, מַצָּב, מִנְסֶרֶת, גּוּף הַנְדָּסִי מְגֻבָּל בִּשְׁנֵי מְצֻלָּעִים חוֹפְפִים וּמַקְבִּילִים (בְּסִיסִים) וּבְמִסְפָּר מַקְבִּילִיּוֹת (פֵּאוֹת) שֶׁמִּסְפָּרָם כְּמִסְפַּר צַלְעוֹת הַבְּסִיסִים, גּוּף בִּתְמוּנַת מְעֻקָּב, פְּרִיזְמָה

Prisma, fünfseitiges

מִנְסָרָה מְחֻמֶּשֶׁת (מתמ') [ק/ב/182]. מַצֵּבָה מְחֻמֶּשֶׁת

Prisma, sechsseitiges

מִנְסָרָה מְשֻׁשָּׁה (מתמ') [ק/ב/305]. מַצֵּבָה מְשֻׁשֶּׁת, מִנְסָרָה בַּעֲלַת שֵׁשׁ צַלְעוֹת בָּסִיס

Prisma, vierseitiges

מִנְסָרָה מְרֻבַּעַת (מתמ') פְּרִיזְמָה מְרֻבַּעַת

Prisma mit drei Seitenflächen

מִנְסָרָה מְשֻׁלֶּשֶׁת (מתמ') [ק/א/322]. מַצֵּבָה חֲצוּיָה

prismatisch

מִנְסַרְתִּי (מתמ') מִנְסוּרִי, פְּרִיזְמָתִי

Prismenastrolab

אַצְטְרוֹלָב מִנְסָרָה (אסט')

Privatdiskontsatz

שַׁעַר הָרִבִּית הַמְּקֻבָּל לְהַלְוָאוֹת (כלכ') [אב״מ/157]. רִבִּית בְּסִיסִית, שַׁעַר הָרִבִּית הַנָּמוּךְ בְּיוֹתֵר שֶׁהַבַּנְקִים הַמִּסְחָרִיִּים נוֹתְנִים לְלוֹוִים מֻבְחָרִים בְּהַלְוָאוֹת קְצָרוֹת מוֹעֵד

Privateigentum [---> Eigentum]

קִנְיָן פְּרָטִי (מ״ח, כלכ') צוּרָה שֶׁל קִנְיָן בְּאֶמְצָעֵי הַיִּצּוּר הַמְאַפְיֶנֶת בִּבְעָלוּתָם שֶׁל בְּנֵי אָדָם פְּרָטִיִּים אוֹ חֲבָרוֹת פְּרָטִיּוֹת עַל אֶמְצָעֵי יִצּוּר אֵלּוּ

privater Platz ---> Platz, privater

Privation [---> Negation]

הַעְדָּרָה (פיל') הֶעְדֵּר (פיל') [ק/א/189]. {וְיֵשׁ מַבְחִינִים בֵּין הֲסָרָה (הַעְדָּרָה) = privatio, וּבֵין שְׁלִילָה = negatio}. סִלּוּק (פיל') [ק/ג/102]. בִּטּוּל, אִי הַמְּצָאוּת, אִי נוֹכְחוּת, נִפְקָדוּת. הֲסָרָה [ק/א/186]

Privation, absolute

הֶעְדֵּר גָּמוּר (פיל') [ק/א/190]. אֲפִיסָה גְּמוּרָה, מֻחְלֶטֶת -

Privation als Gegensatz einer bestimmten Form

הֶעְדֵּר מְיֻחָד (פיל') [ק/א/190;ק/ב/191]. הָאֶפֶס הַמְגֻבָּל, הֶעְדֵּר צוּרָה מְיֻחֶדֶת, בְּנִגּוּד לְהֶעְדֵּר הַגָּמוּר

privativ [---> negativ]

הֶעְדֵּרִי (פיל') [ק/א/190]. שֶׁל הֶעְדֵּר, עַל דֶּרֶךְ הַהֶעְדֵּר. צֵין הַחִסָּרוֹן (בלש') [מ״ב/181]. צוֹרָן אוֹ מִלָּה הַמְבַטְּאִים שְׁלִילָה, חֹסֶר וכו', לְמָשָׁל: בְּעִבְרִית: ״בְּלֹא-״; ״בְּאֶפֶס-״; ״מֵאֵין-״; ״חֲסַר-״. בְּגֶרְמָנִית: הַתְחָלִית -ent כְּגוֹן: entfärben, entladen (= ״דָּהָה״, ״פָּרַק״)

privative Einleitung ---> Einleitung, privative

privativer Satz ---> Satz, privativer

privatives Nomen ---> Nomen, privatives

Privatrecht

הַדִּין הָאִישִׁי (משפ') הַדִּין הָאֶזְרָחִי

Privatrecht, internationales

מִשְׁפָּט בֵּינְלְאֻמִּי פְּרָטִי (משפ')

privatrechtlicher Titel ---> Titel, privatrechtlicher

Privatsatz ---> Privatdiskontsatz

Privatsphäre, Verletzung der

חֲדִירָה לִתְחוּם הַפְּרָט (משפ')

Privileg

יִתְרָה (יוֹתְרָה) (מ״ח) [א״ח/ב/99]. שְׁטָר שִׁחְרוּר, פְּרִיבִילֶגְיָה, זְכוּת יֶתֶר, יִתְרוֹן, כְּתַב זְכֻיּוֹת, שְׁטַר זְכֻיּוֹת

Pro-Kopf-Einkommen

הַכְנָסָה לְנֶפֶשׁ (כלכ')

pro rata

לְפִי הַיַּחַס

probabilistische Erklärung ---> Erklärung, probabilistische

Proband ---> Testperson

probatio

אִמּוּת (רטו') [ק/א/54]. קִיּוּם

Probe

תַּשְׁנוּן (תַּשְׁנוּנִים) (מוס') חֲזָרָה, שִׁנּוּן. מִבְחָן, בְּחִינָה, מַסָּה, נִסָּיוֹן, אֶבֶן בֹּחַן, קְנֵה מִדָּה לְהַעֲרָכַת דְּבָרִים. אֹזֶן [ק/א/32]. מֹאזְנַיִם

Probe, auf

בְּמִבְחָן

Probe stellen, auf die

נִסָּה (מְנַסֶּה), הֶעֱמִיד בְּמִבְחָן, בָּחַן (בּוֹחֵן)

Probeausgabe

מַהֲדוּרַת קֹדֶם (ספרנ')

Probedurchgang

נְסִיָּה (מדע) [ד״מח/131]. שִׁמּוּשׁ אֲרָעִי בְּאֶמְצָעִי כָּלְשֶׁהוּ שֶׁנִּבְחַר לְשֵׁם תַּכְלִית שֶׁאֵינָהּ מִתַּכְלִיּוֹת הַמֶּחְקָר

Probenehmer

כַּף דְּגִימָה (כימ')

Probestück

מִבְדָּק (מִבְדָּקִים) (טכנ') יְחִידָה מְסֻיֶּמֶת לִבְדִיקָה

probieren [---> überprüfen]
נָסָה (נוֹסֶה), נִסָּה (מְנַסֶּה)

Problem
בְּעָיָה (בְּעָיוֹת) [ק/א/91]. בַּעְיָה, עִנְיָן מְסֻבָּךְ, פְּרוֹבְּלֶמָה. שְׁאֵלָה (שְׁאֵלוֹת) [ק/ד/65]. עִנְיָן הַטָּעוּן בֵּרוּר אוֹ הַכְרָעָה. קֻשְׁיָה (קֻשְׁיוֹת) [ק/ג/303]. קֻשְׁיָא, עִנְיָן חָמוּר. בַּקָּשָׁה [ק/א/94]. הַצָּעָה עִיּוּנִית. דְּרוּשׁ (דְּרוּשִׁים) [ק/א/146]. הַנָּחָה, הַקְדָּמָה. דְּרִישָׁה (פיל׳) [ק/א/147]. מִבְקָשׁ [ק/ב/139]. מִדְרָשׁ [ק/ב/154]. תְּבִיעָה, מַשָּׂא הַחֲקִירָה. קֶשֶׁר [ק/ג/304]

Problematik
בְּעָיָתִיּוּת, בְּעוּת, פְּרוֹבְּלֶמָטִיקָה, בְּעָיָנוּת

problematisch
בְּעָיָתִי, בְּעָיָנִי, בְּגֶדֶר בְּעָיָה, צָרִיךְ עִיּוּן, בַּעֲיוֹנִי, פְּרוֹבְּלֶמָטִי, בְּגֶדֶר שְׁאֵלָה

problematisches Urteil ---> Urteil, problematisches

problematisches Verhalten ---> Verhalten, problematisches

Probleme, tiefe
בְּעָיוֹת כְּבֵדוֹת מִשְׁקָל [ק/ג/145]. עֲמֻקּוֹת, עִנְיָנִים עֲמֻקִּים, דְּבָרִים נִכְבָּדִים, שְׁאֵלוֹת מַפְתֵּחַ

Problemlösen
פִּתְרוֹן בְּעָיוֹת (מחש׳)

Problemlöser
פּוֹתְרָן בְּעָיוֹת (מחש׳)

Produkt
תּוֹצָר (תּוֹצָרִים) (כלכ׳) מוּצָר (מוּצָרִים), תּוֹצֶרֶת. צֵרוּף (מתמ׳) [ק/ג/253]. הֶפֵק. מַכְפֵּלָה (מתמ׳) [ק/ב/199]. תּוֹצְאַת פְּעֻלַּת הַכֶּפֶל. מָמוֹן [ק/ב/208]. נֶעֱרָךְ (מתמ׳) [ק/ג/52]. סְכוּם הַהַכְפָּלָה, סַךְ כֶּפֶל הַמִּסְפָּר, תּוֹצָאָה, תּוֹלָדָה. עֵרֶךְ (מתמ׳) [ק/ג/172]. סַךְ הַכֹּל, סְכוּם כְּלָלִי

Produkt, äußeres
מַכְפֵּלָה חִיצוֹנִית (מתמ׳)

Produkt, notwendiges
תּוֹלֶדֶת הֶכְרֵחַ

Produkt, unendliches
מַכְפֵּלָה אֵינְסוֹפִית (מתמ׳)

Produkt-Moment-Korrelationskoeffizient, Pearsonscher ---> Korrelationskoeffizient, Pearsonscher Produkt-Moment-

produktbildend
מְעַצֵּב תּוֹצֶרֶת (מ״ח, כלכ׳)

Produktbildner ---> produktbildend

Produktenaustausch, unmittelbarer
חֲלִיפֵי הַתּוֹצָרִים הַיְּשִׁירִים (מ״ח, כלכ׳) [ק״מ/א/91]

Produktenwert
עֵרֶךְ הַתּוֹצֶרֶת (מ״ח, כלכ׳) [ק״מ/ב/343]. סַךְ כָּל הַיְּסוֹדוֹת הַשּׁוֹנִים הַמְּהַוִּים אֶת עֶרְכָּהּ שֶׁל הַתּוֹצֶרֶת, הָעֵרֶךְ הַכּוֹלֵל שֶׁל הֲמוֹנֵי הַסְּחוֹרוֹת שֶׁהָתְקְנוּ בְּפֶרֶק זְמַן מְסֻיָּם

Produkthaftung
אַחֲרָיוּת לְמוּצָר פָּגוּם (כלכ׳)

Produktion, kombinierte
יִצּוּר מְצֻוָּת (מ״ח, כלכ׳)

Produktion, Vergesellschaftung der
הַחְבָּרַת הַיִּצּוּר (מ״ח, כלכ׳) תּוֹפָעָה הִסְטוֹרִית הֶכְרֵחִית מִבְּחִינָה מֶשָּׁאִית (אוֹבְּיֶקְטִיבִית) בְּשָׁלָב הַהִתְפַּתְּחוּת שֶׁל כֹּחוֹת הַיִּצּוּר שֶׁבּוֹ נְתוּנִים אֶמְצָעֵי הַיִּצּוּר לְשִׁמּוּשׁ רַק עַל יְדֵי כְּלַל הַיַּצְרָנִים, כְּלוֹמַר: בְּאֶמְצָעוּת הַעֲמָקַת הָאֹפִי הַחֶבְרָתִי שֶׁל תַּהֲלִיךְ הַיִּצּוּר

Produktionsagent
עַסְקַן יִצּוּר (כלכ׳)

Produktionsbedingungen
תְּנָאֵי הַיִּצּוּר (מ״ח, כלכ׳)

Produktionsgüter
נִכְסֵי יִצּוּר (מ״ח, כלכ׳)

Produktionskrise
מַשְׁבֵּר יִצּוּר (מ״ח, כלכ׳)

Produktionsmittel
אֶמְצָעֵי הַיִּצּוּר (מ״ח, כלכ׳) מִכְלוֹל אֶמְצָעֵי הָעֲבוֹדָה (צִיּוּד, מְכוֹנוֹת וכד׳) וּמַשָּׂאֵי הָעֲבוֹדָה (חָמְרֵי גֶּלֶם, מְחֻצָּבִים וכד׳) הַמְּשַׁמְּשִׁים אֶת הָאָדָם בִּיצִירַת נְכָסִים חָמְרִיִּים לְמִינֵיהֶם

Produktionsorganismus
מַנְגְּנוֹן הַיִּצּוּר (מ״ח, כלכ׳)

Produktionsprozeß
תַּהֲלִיךְ הַיִּצּוּר (מ״ח, כלכ׳)

Produktionsregel
כְּלָל יִצּוּר (כלכ׳, מחש׳)

Produktionssphäre
תְּחוּם הַיִּצּוּר (מ״ח, כלכ׳)

Produktionssystem
מַעֲרֶכֶת יִצּוּר (כלכ׳, מחש׳)

Produktionsverhältnisse
יַחֲסֵי הַיִּצּוּר (מ״ח, כלכ׳) [ק״ק/10; ל״ח/83; מ״פ/231]. יַחֲסִים חֶבְרָתִיִּים בְּזִקָּתָם לְתַהֲלִיךְ הַיִּצּוּר וּלְקִשְׁרֵי הַגּוֹמְלִין בֵּין כֹּחַ הָאָדָם לְבֵין אֶמְצָעֵי הַיִּצּוּר (צוּרַת הַבַּעֲלוּת עַל אֶמְצָעֵי הַיִּצּוּר)

Produktionsweise
אֹפֶן הַיִּצּוּר (מ״ח, כלכ׳) [ל״ח/7]. דֶּרֶךְ הָעֲשִׂיָּה, הַחֲלֻקָּה וְהַרְכִישָׁה שֶׁל מִצְרָכִים חָמְרִיִּים הַנְּחוּצִים לִבְנֵי הָאָדָם

Produktionszeit
זְמַן יִצּוּר (מ״ח, כלכ׳)

Produktionszweig
עֲנַף יִצּוּר (עַנְפֵי יִצּוּר) (כלכ׳)

produktive Arbeit ---> Arbeit, produktive

produktive Einbildungskraft ---> Einbildungskraft, produktive

produktive Konsumtion ---> Konsumtion, produktive

produktives Denken ---> Denken, produktives

produktives Kapital ---> Kapital, produktives

Produktivkräfte
כֹּחוֹת הַיִּצּוּר (מ״ח, כלכ׳) [מ״פ/233]. מִכְלוֹל הַגּוֹרְמִים הַנּוֹשְׂאִיִּים (סוּבְּיֶקְטִיבִיִּים) וְהַמַּשָּׂאִיִּים (אוֹבְּיֶקְטִיבִיִּים) בְּתַהֲלִיךְ הַיִּצּוּר שֶׁעִמָּהֶם נִמְנִים בְּעִקָּר כֹּחַ הָאָדָם, אֶמְצָעֵי הָעֲבוֹדָה וּמַשָּׂאֶיהָ לְרַבּוֹת הַמַּדָּע

Produzent

מְיַצֵּר (הָעוֹבֵד), יַצְרָן (בַּעַל הַהוֹן) (מ״ח, כלכ׳)

profan

חִלּוֹנִי, שֶׁאֵינוֹ דָּתִי

profane Wissenschaft ---> Wissenschaft, profane

Professio

הָאֱמָנָה [ק/א/150]. אֱמוּנָה

Professor(in)

מְדָרֵשׁ (מְדָרְשִׁים), מְדָרֶשֶׁת (מְדָרְשׁוֹת) (פדג׳) פְּרוֹפֶסוֹר, מוֹרֶה בְּמִכְלָלָה

Professur

מְדָרְשׁוּת (פדג׳) פְּרוֹפֶסוּרָה

Profil

צְדוּדִית (צְדוּדִיּוֹת) [מר״ח/554]. סְטָר, פְּרוֹפִיל, מַרְאֶה מִן הַצַּד, הֶטֵּל מִצַּד, מַרְאֶה מִצַּד, מַרְאֶה צַד. חֲתָךְ (חֲתָכִים)

Profil, psychologisches ---> Psychogramm

Profit ---> Gewinn

Profitrate

שַׁעַר רֶוַח (מ״ח, כלכ׳) יַחַס עֹדֶף הָעֵרֶךְ לִכְלָל הַהוֹן שֶׁשֻּׁדַּם (שֶׁנִּתַּן כְּמִקְדָּמָה)

Proformarechnung

חֶשְׁבּוֹן לִכְאוֹרָה (כלכ׳) חֶשְׁבּוֹן פְּרוֹפוֹרְמָה

profund ---> tiefliegend

Prognose [---> Vorhersage]

תַּחֲזוּת (תַּחֲזִיּוֹת) [ק/א/204; ר/ב/566]. הַקְדָּמַת הַהֶכֵּרוּת, חִזּוּי, סָכוּת, פְּרוֹגְנוֹזָה, סְכִיָּה (פְּעֻלָּה), סְכוּת (תּוֹצָאָה), הַעֲרָכַת סִכּוּיִים, קְבִיעַת הֶעָתִיד מִתּוֹךְ עֻבְדּוֹת הַהֹוֶה וּמִתּוֹךְ נִסְיוֹן הֶעָבָר, אַבְחָנָה מֵרֹאשׁ, נִבּוּי מַהֲלָכוֹ שֶׁל תַּהֲלִיךְ כָּלְשֶׁהוּ, תַּחֲזִית (תַּחֲזִיּוֹת)

Prognostiker(in)

תַּחֲזוּתָן, תַּחֲזוּתָנִית, פְּרוֹגְנוֹסְטִיקוֹן, פְּרוֹגְנוֹסְטִיקָן, מִי שֶׁמַּבְחִין מֵרֹאשׁ

prognostisch

תַּחֲזוּתִי, תַּחֲזִיתִי, סְכוּתִי, פְּרוֹגְנוֹזִי, שֶׁיֵּשׁ בּוֹ מִשּׁוּם נִבּוּי וְאַבְחָנָה מֵרֹאשׁ

prognostischer Test ---> Test, prognostischer

prognostizieren

תִּחְזָה (מְתַחְזֶה), תִּחְזָה (מְתַחֲזֶה), עָרַךְ פְּרוֹגְנוֹזָה, סָכָה (סוֹכֶה), חִזָּה (מְחַזֶּה), חָזָה מֵרֹאשׁ, סִכָּה (מְסַכֶּה), הֶעֱרִיךְ סִכּוּיִים, הִסְתַּכָּה (מִסְתַּכֶּה)

Programm

תָּכְנִית (תָּכְנִיּוֹת) (מחש׳) [דמ״א/82]. תָּכְנִית מַחְשֵׁב, סִדְרַת הוֹרָאוֹת הַכְּתוּבוֹת בִּשְׂפַת תִּכְנוּת וְהָעֲרוּכוֹת בְּסֵדֶר הֶגְיוֹנִי (לוֹגִי) לְשֵׁם בִּצּוּעַ מְשִׂימָה מְסֻיֶּמֶת בַּמַּחְשֵׁב

Programm, dialogfähiges

תָּכְנִית הִדּוּדִית (מחש׳) [דמ״א/56]. תָּכְנִית הַדִּבְרוּתִית, - הַפּוֹעֶלֶת בְּדוּ שִׂיחַ עִם הַמִּשְׁתַּמֵּשׁ

Programm, Setup-

תָּכְנִית הַתְקָנָה (מחש׳) [דמ״א/94]

Programm, verschiebbares *{Relativprogramm}*

תָּכְנִית זְחִיחָה (מחש׳) [דמ״א/88]. תָּכְנִית עוֹבֶרֶת

Programmablaufplan

תַּזְרִים תָּכְנִית (מחש׳) [דמ״א/83]. תַּרְשִׁים הַמְתָאֵר אֶת סֵדֶר הָהוֹרָאוֹת בְּתָכְנִית מַחְשֵׁב

Programmfehler

קוֹץ (קוֹצִים) (מחש׳) [דמ״א/19]. טָעוּת בְּתָכְנָה אוֹ בְּחָמְרָה שֶׁל מַחְשֵׁב

Programmieren, logisches

תִּכְנוּת הֶגְיוֹנִי (מחש׳) תִּכְנוּת לוֹגִי

Programmiersprache

שְׂפַת תִּכְנוּת (מחש׳) [דמ״א/83]. שָׂפָה מְלָאכוּתִית הַמְשַׁמֶּשֶׁת לִכְתִיבַת הוֹרָאוֹת לַמַּחְשֵׁב

Programmiersprache, höhere

שָׂפָה עִלִּית (מחש׳) [דמ״א/51]. שְׂפַת תִּכְנוּת שֶׁהוֹרָאוֹתֶיהָ נִתָּנוֹת בְּשָׂפָה טִבְעִית (אַנְגְּלִית בְּדֶרֶךְ כְּלָל)

Programmiersprache, maschinenorientierte

שָׂפָה נְמוּכָה (מחש׳) [דמ״א/63]. שְׂפַת תִּכְנוּת שֶׁהוֹרָאוֹתֶיהָ נִכְתָּבוֹת בְּצֹפֶן שֶׁל סְמָלִים רוֹמְזִים

Programmiersprache, nichtprozedurale

שָׂפָה לֹא נָהֳלִית (מחש׳)

Programmierung

תִּכְנוּת (מחש׳) [דמ״א/84]. כְּתִיבַת תָּכְנִיּוֹת בִּשְׂפַת מַחְשֵׁב

Programmierung, automatische

תִּכְנוּת נִתְגָּב (מחש׳) תִּכְנוּת אוֹטוֹמָטִי

Programmierung, objektorientierte

תִּכְנוּת מֻנְחֵה עֶצֶם (מחש׳) תִּכְנוּת מֻנְחֵה מַשָּׂא

Programmierung, strukturierte

תִּכְנוּת מִבְנָה (מחש׳) [דמ״א/98]. שִׁיטַת תִּכְנוּת הַמְפַשֶּׁטֶת תָּכְנִיּוֹת מְסֻבָּכוֹת עַל יְדֵי פֵּרוּקָן לִיחִידוֹת קְטַנּוֹת

Programmunterbrechung

פֶּסֶק (פְּסָקִים) (מחש׳) [דמ״א/57]. הוֹרָאָה לְהַפְסִיק זְמַנִּית אֶת פְּעֻלָּתָהּ שֶׁל תָּכְנִית מַחְשֵׁב

Progression

סִדְרָה (סְדָרוֹת) (מתמ׳) [ק/א/189]. הַעֲבָרָה, פְּרוֹגְרֶסְיָה, טוּר שֶׁל מִסְפָּרִים הַמִּשְׁתַּנִּים לְפִי חֹק אוֹ יַחַס מְסֻיָּם

Progression, geometrische

טוּר הַנְדָּסִי (מתמ׳) [ק/א/329]. חֲרוּזָה מְדִידִית, טוּר גֵּאוֹמֶטְרִי, מַעֲרֶכֶת מִסְפָּרִים שֶׁבָּהּ כָּל מִסְפָּר גָּדוֹל (אוֹ קָטָן) פִּי כַּמָּה מִקּוֹדְמוֹ

Progression, kontinuierliche

סִדְרָה תְּמִידִית, - מְדִידִית, - הַנְדָּסִית (מתמ׳) [ק/א/189]. הַעֲבָרָה הַנְדָּסִית, - מְדִידִית, - תְּמִידִית

Progression, stetige ---> Progression, kontinuierliche

progressiv

מִתְקַדֵּם, פְּרוֹגְרֶסִיבִי, קַדְמָנִי, קִדְמָתִי, שׁוֹאֵף לְקִדְמָה, סְלוּמִי, גָּדֵל וְהוֹלֵךְ, מִתְקַדֵּם וְגָדֵל

progressiver Beweis ---> Beweis, progressiver

Progressus in indefinitum

הִתְקַדְּמוּת לְלֹא סִיּוּם (פיל׳)

Progressus in infinitum

הִתְקַדְּמוּת לְאֵין סוֹף (פיל׳)

Projektion [---> Projizieren]
הֲטָלָה (פְּעֻלָּה), הֶטֵּל (תּוֹצָאָה) (פסי') [ר/א/191; ו"מ/ב/292]. הַקְרָנָה, הַשְׁלָכָה, פְּרוֹיֶקְצְיָה, תַּהֲלִיךְ שֶׁבּוֹ אָדָם מַשְׁלִיךְ אֶת חֲוָיוֹתָיו הַפְּנִימִיּוֹת עַל הָעוֹלָם הַחִיצוֹנִי, מַיְחַסֵן לַזּוּלַת וּמַכְחִישׁ אֶת קִיּוּמָן אֶצְלוֹ. שִׁדּוּי (טכנ')

Projektion, schiefe ---> Schrägbild

Projektion, winkeltreue
הֲטָלָה נִצָּבִית (מחמ')

Projektion nach außen ---> Externalisierung

Projektionsapparat ---> Projektor

Projektionsebene
מִישׁוֹר הֶטֵּלִים (טכנ', אמנ', מחמ') מִישׁוֹר הֲטָלָה

Projektionseinheit
מַעֲרֶכֶת הֲטָלָה (טכנ')

Projektionsstrahl
קֶרֶן מְטִילָה (טכנ', אמנ', מחמ')

projektiver Test ---> Test, projektiver

projektives Verfahren ---> Verfahren, projektives

Projektor
מַטּוֹל (מַטּוֹלִים) (טכנ') מַטּוֹל שְׁקוּפִיּוֹת, מַשְׁדֶּה, פְּרוֹיֶקְטוֹר, מַכְשִׁיר לַהֲטָלַת אוֹר עַל מִרְקָע

projizieren
הִשְׁלִיךְ (מַהֲשָׁלָךְ) (פיס', אמנ', טכנ') [מר"ח/555]. הִשְׁלִיךְ, שָׁדָה (מַשְׁדֶּה), הִשְׁתַּדָּה (מִשְׁתַּדֶּה), הֵטִיל מִתְאָר שֶׁל גּוּף אוֹ שֶׁל צוּרָה מְסֻיָּמִים עַל גַּבֵּי רֶקַע כָּלְשֶׁהוּ. הֵטִיל (מֵטִיל) (פסי') הֵטִיל, הִשְׁלִיךְ חֲוָיוֹת פְּנִימִיּוֹת עַל הָעוֹלָם הַחִיצוֹנִי

Projizieren [---> Projektion]
הַשְׁלוּךְ (פיס', אמנ', טכנ') הֲטָלָה (הֲטָלָה), הַשְׁלָכָה, תֵּאוּר שֶׁל עֶצֶם מְסֻיָּם עַל פְּנֵי שֶׁטַח, שִׁדּוּי, תַּשְׁדִּית

projizierende Ebene ---> Ebene, projizierende

projiziert
מְהֻשְׁלָךְ (פיס', אמנ', טכנ') מֻטָּל, מְשֻׁדֶּה, מֻשְׁלָךְ

Projizierung ---> Projizieren

prokative Hemmung ---> Hemmung, prokative

Proklise ---> Proklitikon

Proklitikon *{Proklise}*
קַדְמַת שָׂפָה (בלש', ספר') [מ"ב/181]. צוּרָה חַסְרַת הַטְעָמָה הַמִּצְטָרֶפֶת לְמִלָּה מֻטְעֶמֶת וְיוֹצֶרֶת אִתָּהּ יְחִידָה הֲגָאִית (פוֹנֶטִית) אַחַת, לְמָשָׁל: בְּעִבְרִית: "הָאָדָם", "מֵרֹאשׁ", "שֶׁפָּגַשׁוּ", בְּגֶרְמָנִית: **n** Tisch < ein Tisch, draußen < dar außen

Proktitis
דַּלֶּקֶת הַחַלְחֹלֶת (כלכ')

Prolapsus ---> Heraustreten innerer Organe

prolatio
אִמּוּת מֻקְדָּם (רטו') [ק/א/54]. אִמּוּת קוֹדֵם אִמּוּת

Prolegomenon ---> Exposition

Proletariat
עַמְלִיּוֹן (מ"ח) פְּרוֹלֶטַרְיוֹן, עַמְלִיּוֹן, מַעֲמַד הָעֲמֵלִים

Proletarier(in)
עָמֵל (עֲמֵל-, עֲמֵלִים, עֲמֵלֵי-), עֲמֵלָה (מ"ח) פְּרוֹלֶטָר

proletarisch
עַמְלִי (מ"ח) פְּרוֹלֶטָרִי

Prolog
פֶּתַח דָּבָר (ספר', מוס', אמנ') פְּרוֹלוֹג, פְּתִיחָה שֶׁל יְצִירָה כָּלְשֶׁהִי, מִפְתָּח

Promenade
טַיֶּלֶת (אדר') פְּרוֹמֶנָדָה

Promenadendeck
סִפּוּן טַיֶּלֶת (ימא')

Promiskuität
פַּקְרָנוּת (מ"ח, פסי') פְּרִיצוּת

Promotor ---> Förderer

Pronation ---> Einwärtsdrehung

pronieren ---> einwärts drehen

Pronomen
כִּנּוּי (כִּנּוּיִים) (בלש') [ק/ב/97; מ"ב/183]. גִּבְלָה (קָטֵגוֹרְיָה) הַכּוֹלֶלֶת: שְׁמוֹת גּוּף פְּרוּדִים (כְּגוֹן: "אֲנִי", "אַתָּה", "הוּא"), כִּנּוּיִים חֲבוּרִים (כְּגוֹן: "סִפְרֵךְ", "יַשְׁלִיכֵנִי"), כִּנּוּיֵי רֶמֶז (כְּגוֹן: "זֶה", "אֵלּוּ"), כִּנּוּיֵי שְׁאֵלָה (כְּגוֹן: "מִי", "מָה") וְכִנּוּיֵי סְתָמִיּוֹת (כְּגוֹן: "מִישֶׁהוּ", "מַשֶּׁהוּ"). גּוּף, שֵׁם גּוּף (בלש') [ק/א/108; ק/ד/126]. כִּנּוּי גּוּף. מִלַּת גּוּף (בלש') [ק/ב/205]. תְּמוּרָה (בלש') [ק/ד/209]. כִּנּוּי הַשֵּׁם. תַּחַת הַשֵּׁם (בלש') [ק/ד/191]

Pronomen, anaphorisches
כִּנּוּי מַפְנֶה לְקוֹדֵם (בלש') [מ"ב/17]. כִּנּוּי מַצְבִּיעַ לְאָחוֹר, - הַמְּכֻוָּן לְשֵׁם עֶצֶם אוֹ לְצֵרוּף שֶׁמָּנִי קוֹדֵם

Pronomen, besitzanzeigendes ---> Possessivpronomen

Pronomen, bestimmendes
שֵׁם גּוּף מַגְבִּיל (בלש') [ק/ב/140; ק/ד/126]. מִלָּה מַגְדִּירָה, מְיַדַּעַ, מִלָּה הַמְּצַמְצֶמֶת אֶת הַמַּשְׁמָע שֶׁל הַשֵּׁם

Pronomen, bezügliches ---> Relativpronomen

Pronomen, deiktisches ---> Demonstrativpronomen

Pronomen, emphatisches
כִּנּוּי מֻדְגָּשׁ (בלש') [מ"ב/72]. כִּנּוּי גּוּף הַמַּדְגִּישׁ פָּן מְסֻיָּם שֶׁל הַמַּבָּע, לְמָשָׁל: "טְפֵשׁ **הוּא** פְּלוֹנִי!"

Pronomen, fragendes ---> Interrogativpronomen

Pronomen, hinweisendes ---> Demonstrativpronomen

Pronomen, kataphorisches ---> Pronomen, vorausweisendes

Pronomen, korrelatives
רוֹמֵז הַזִּקָּה (בלש') [מ"ב/52]. זוֹקֵק תָּמִךְ, כִּנּוּי הַבָּא לִפְנֵי מִלַּת זִקָּה, לְמָשָׁל: "**מִי** שֶׁאֵין דְּבָרָיו דּוֹמִים לְמַעֲשָׂיו מְבַיֵּשׁ אֶת עַצְמוֹ", "**הוּא** אֲשֶׁר דִּבַּרְתִּי אֲלֵיכֶם"

Pronomen, persönliches

כִּנּוּי הַגּוּף (בלש׳) [ק/ב/97]. שֵׁם נִסְתָּר (בלש׳) [ק/ד/127]

Pronomen, retrospektives

כִּנּוּי מוּסָב (בלש׳) [מ״ב/195]. כִּנּוּי הַגּוּף בְּמִשְׁפָּט הַזִּקָּה הַמִּתְיַחֵס אֶל הַזּוֹקֵק וּמַתְאִים לוֹ בַּמִּין וּבַמִּסְפָּר, לְמָשָׁל: ״גֶּפֶן, שֶׁהִיא נְטוּעָה בֶּחָצֵר״, ״מָקוֹם, שֶׁכָּל הָרוֹאֶה אוֹתוֹ״

Pronomen, reziprokes

כִּנּוּי הֲדָדִיּוּת (בלש׳) [מ״ב/189]. כִּנּוּי גּוֹמְלִין, - הֲדָדִי, מִלָּה הַמְּבַטֵּאת אֶת הַיַּחַס הַהֲדָדִי שֶׁבֵּין שְׁנֵי דְּבָרִים, לְמָשָׁל: בְּעִבְרִית: ״זֶה אֶל זֶה״, ״אֵלּוּ אֶת אֵלּוּ״ וכו׳. בְּגֶרְמָנִית: einander. כִּנּוּי חוֹזֵר (בלש׳) [ק/ב/97]

Pronomen, unbestimmtes

כִּנּוּי סְתָמִי (בלש׳) [ק/ב/97; ק/ג/116; מ״ב/104]. כִּנּוּי בִּלְתִּי מְיֻחָד, - סוֹתֵם, - הַמַּבִּיעַ אִי יְדוּעַ, לְמָשָׁל: בְּגֶרְמָנִית: irgendwer, man, jemand בְּעִבְרִית: ״מִשֶּׁהוּ״, ״דְּבַר-מָה״, ״מִישֶׁהוּ״. שֵׁם גּוּף בִּלְתִּי מְגֻבָּל (בלש׳) [ק/ב/140; ק/ד/126].

Pronomen, unpersönliches ---> Pronomen, unbestimmtes

Pronomen, vorausdeutendes

כִּנּוּי מֻקְדָּם (בלש׳) [מ״ב/18]. כִּנּוּי מַקְדִּים, - הַמַּקְדִּים אֶת הַשֵּׁם שֶׁהוּא מִתְיַחֵס אֵלָיו, לְמָשָׁל: ״סִפְרוֹ שֶׁל הַתַּלְמִיד״

Pronomen, vorausweisendes

כִּנּוּי מַפְנֶה לְהַלָּן (בלש׳) [מ״ב/33]. כִּנּוּי קָטָפוֹרִי, - בְּגוּף שְׁלִישִׁי הַמִּתְיַחֵס לְשֵׁם הַמֻּזְכָּר בְּהֶמְשֵׁךְ הַדְּבָרִים, לְמָשָׁל: ״עַל אַף הַיְרֻשָּׁה שֶׁנָּפְלָה לוֹ, נִשְׁאַר אַבְרָהָם דַּל אֶמְצָעִים״

Pronomen als Objekt

כִּנּוּי מֻשָּׂא (בלש׳) [מ״ב/151]. כִּנּוּי מֻשָּׂאִי, - הַמְשַׁמֵּשׁ כְּמֻשָּׂא בַּמִּשְׁפָּט, לְמָשָׁל: ״הִשְׁבַּעְתִּי אוֹתְךָ״ = ״הִשְׁבַּעְתִּיךָ״

Pronomen indefinitum ---> Pronomen, unbestimmtes

Pronomen interrogativum ---> Pronomen, fragendes

Pronomen possessivum ---> Pronomen, besitzanzeigendes

Pronominalsuffix

כִּנּוּי חִבּוּר (בלש׳) [ק/ג/286; מ״ב/183]. קוֹנֶה, קִנְיָן, כִּנּוּי דָּבוּק, סוֹפִית הַמִּצְטָרֶפֶת לְשֵׁם עֶצֶם, לְפֹעַל אוֹ לְמִלַּת יַחַס וְיוֹצֶרֶת כִּנּוּי קִנְיָן אוֹ כִּנּוּי מֻשָּׂא, לְמָשָׁל: ״זְמַנְּךָ״, ״בִּקַּשְׁנִי״. שֵׁם נִסְתָּר (בלש׳) [ק/ד/127]

Propädeutik

הַקְדָּמָה [ק/א/202]. הַצָּעָה, מָבוֹא אֶל גּוּף הָעִנְיָן, פֶּתַח דָּבָר, הַתְחָלָה שֶׁל אֵיזוֹ חָכְמָה שֶׁהִיא, פְּרֶפֶּדוֹיְטִיקָה. חָכְמַת הַמּוּסָר, דַּעַת הַמּוּסָר (מחמ׳) [ק/ב/163]. חָכְמַת הַשִּׁמּוּשׁ, - הַלִּמּוּדִים. חָכְמָה הַרְגָּלִית (מ״ט) [ק/א/295,211]. חָכְמָה שִׁמּוּשִׁית, חָכְמַת הַשִּׁעוּרִים, חָכְמָה לִמּוּדִית

Propaganda

תַּעֲמוּלָה (מ״ח, תקש׳) פְּעֻלָּה מְכֻוֶּנֶת בְּכָל אֶמְצָעֵי תִּקְשֹׁרֶת לְשֵׁם שִׁכְנוּעַ וְהַשְׁפָּעָה

Propagation ---> Fortpflanzung; Fortpflanzung im Raum

propagieren

תִּעֲמֵל (מְתַעֲמֵל) (מ״ח, תקש׳) עָשָׂה תַּעֲמוּלָה

Propeller ---> Schraubenpropeller

Propfreis ---> Edelreis

prophetisch

נְבוּאִי, נְבִיאִי (דת) [ק/ג/13]. מִתְיַחֵס עַל הַנְּבוּאָה, שֶׁל נָבִיא

prophetische Inspiration ---> Inspiration, prophetische

prophylaktisch ---> verhütend

Prophylaxe ---> Verhütung

Propiozeptor

קוֹלֵט מִלְּגַו (פסי׳, ביו׳) [ר/ב/643]

Proportio continua

יַחַס מִתְדַּבֵּק (פיל׳) [ק/ב/34]

Proportio discreta

יַחַס מִתְפָּרֵד (פיל׳) [ק/ב/34]

Proportio permutata

יַחַס הַקִּבּוּל (פיל׳) [ק/ג/258]. יַחַס הַהִפּוּךְ, - הָפוּךְ, קֶשֶׁר מַקְבִּיל בֵּין שְׁנֵי דְּבָרִים: בְּמִדָּה שֶׁיִּגְדַּל הָאֶחָד, יִקְטַן הַשֵּׁנִי

Proportion

מַתְכֹּנֶת (מַתְכּוֹנוֹת) (מחמ׳, פיל׳) [ק/ג/170]. עֵרֶךְ, שִׁוְיוֹן יְחָסִים בֵּין גְּדָלִים שׁוֹנִים, מַתְכּוֹנָה (מַתְכּוֹנוֹת), פְּרוֹפּוֹרְצְיָה, מַתְכּוֹן. שִׁעוּר (פיל׳) [ק/ד/144]. קֶצֶם (קְצָמִים) [מר״ח/556]. יַחַס (יְחָסִים) (פיל׳) [ק/ב/33]. קֶשֶׁר וּתְלוּת שֶׁבֵּין שְׁנֵי דְּבָרִים

Proportion, arithmetische

מַתְכֹּנֶת מִסְפָּרִית (מחמ׳) [ק/ג/171]. עֵרֶךְ מִסְפָּרִי, יַחַס מִסְפָּרִי

Proportion, geometrische

מַתְכֹּנֶת הַנְדָּסִית (מחמ׳) [ק/ב/242,149]. מַעֲרָכָה מְדִידִית. מַעֲרָכָה הַנְדָּסִית (מחמ׳) [ק/ב/242]. מַתְכֹּנֶת מְדִידִית. עֵרֶךְ הַנְדָּסִי, - מְדִידִי (מחמ׳) [ק/ג/171]. יַחַס גֵּאוֹמֶטְרִי

Proportion, Glieder einer

נֶעֱרָכִים (מחמ׳) [ק/ג/52]. אֵבְרֵי הַמַּתְכֹּנֶת (שִׁוְיוֹן בֵּין יְחָסִים), חֶלְקֵי הַהַעֲרָכָה

Proportion, Hinterglied einer

נִמְשָׁךְ (מחמ׳) [ק/ג/44]. נֹקֶשׁ (מחמ׳) [ק/ג/68]. הָאֵבָר הַשֵּׁנִי שֶׁל הַמַּתְכֹּנֶת (פְּרוֹפּוֹרְצְיָה)

Proportion, Vertauschung der Glieder einer

תְּמוּרָה (מחמ׳) [ק/ד/209]. תְּמוּרָה בְּמַתְכֹּנֶת, חִלּוּף שִׁעוּרֵי הַיַּחַס בְּמַתְכֹּנֶת

proportional [---> proportioniert]

מַתְכָּנְתִּי [ק/ג/52]. נֶעֱרָךְ, בַּעַל עֵרֶךְ שָׁוֶה, עָרוּךְ בְּסֵדֶר אֶחָד, פְּרוֹפּוֹרְצְיוֹנָלִי, פְּרוֹפּוֹרְצְיוֹנִי, שָׁוֶה יַחַס, מְחֻלָּק לְפִי מַתְכֹּנֶת, קָצִים, מְקֻצָּם, קִצְמִי, קָצוּם, יַחֲסִי

proportional geschichtete Stichprobe ---> Stichprobe, proportional geschichtete

Proportionalität [---> Angemessenheit]

מַתְכָּנְתִּיּוּת, קְצִימוּת, פְּרוֹפּוֹרְצְיוֹנָלִיּוּת, יַחֲסִיּוּת

proportioniert [---> proportional]

מְאֻזָּן [ק/ב/127]. מֻתְאָם, בְּשִׁוּוּי מִשְׁקָל. מְמֻזָּג [ק/ב/208]. מְעֹרָב בְּמֶזֶג הַשָּׁוֶה, תּוֹאֵם, מְשֹׁעָר, מָדוּד, קָצוּב, מְעֻיָּן, שָׁקוּל. מְמֻסָּךְ [ק/ב/209]. מְסֻדָּר [ק/ב/222]. בְּהַתְאָמָה, לְפִי יַחַס מְסֻיָּם

proportioniert gestalten
מְתֻכָּן (מְמֻתְכָּן) [מר״ח/556]. הִקְצִים (מַקְצִים), הֶעֱמִיד עַל מַתְכֻּנְתּוֹ, הִתְאִים, תֵּאֵם, הֶהֱלִים
Proportionslehre
תּוֹרַת הַמַּתְכֹּנֶת (מתמ׳, פיל׳) [ק/א/298; ק/ג/171]. חָכְמַת הָעֲרָכִים
Propositio
מַאֲמָר (מַאֲמָרִים) (פיל׳) [ק/ב/129]. גְּזֵרָה. מִשְׁפָּט (פיל׳) [ק/ב/299]. הַחְלָטָה, הוֹרָאָה. קוֹדֵם (פיל׳) [ק/ג/268]. הַקְדָּמָה, הַנָּחָה מֻקְדֶּמֶת לְגוּף הָעִנְיָן
Propositio commutabilis
מַאֲמָר מִתְהַפֵּךְ (פיל׳) [ק/ב/130]
Propositio conversa
מִשְׁפָּט מְהֻפָּךְ (פיל׳) [ק/ב/300]
Propositio inversa
מִשְׁפָּט הָפוּךְ (פיל׳) [ק/ב/300]
Propositio major
הַקְדָּמָה גְּדוֹלָה (פיל׳) [ק/א/203]
Propositio minor
הַקְדָּמָה קְטַנָּה (פיל׳) [ק/א/203]
Propositio repugnans
מַאֲמָר מִתְנַגֵּד (פיל׳) [ק/ב/130]
Proposition
מֻקְדָּמָה (מֻקְדָּמוֹת) (פיל׳) [ק/ב/264]. מֻקְדָּמָה, טִעוּן, הַצָּעָה, הַנָּחָה, עִקָּרוֹן, הַקְדָּמָה, הַמִּשְׁפָּט הַקִּדְמִי שֶׁל הַהֶקֵּשׁ, טַעֲנָה
Propriozeption
קְלִיטַת מַצַּב גּוּפוֹ (רפו׳, פסי׳) [ר/ב/569]. פְּרוֹפְּרִיוֹצֶפְּצְיָה, מַתַּן מֵידָע עַל יַצִּיבוּת הַגּוּף, מְקוֹמוֹ וּתְנוּעָתוֹ עַל יְדֵי כָּל הַמַּעֲרָכוֹת הַחוּשִׁיּוֹת
Propriozeptor
קוֹלֵט מַצַּב גּוּפוֹ (רפו׳, פסי׳) [ר/ב/569]. פְּרוֹפְּרִיוֹצֶפְּטוֹר, קוֹלֵט חוּשִׁי הַנּוֹתֵן מֵידָע עַל מַצַּב הַגּוּף וּתְנוּעָתוֹ
Proprium ---> Merkmal, unabdingbares individuelles
Propulsion ---> Vorwärtsbewegung
Prosa
דִּבֹּרֶת (דִּבּוֹרֶת) (ספר׳) [ק/ב/245]. מְפֻזָּר, פְּרוֹזָה, סִפְרוּת כְּתוּבָה לְלֹא חֲרוּזִים, הַדִּבּוּר הַבִּלְתִּי שִׁירִי. דִּבּוּר פָּשׁוּט (ספר׳) [ק/א/126]. מְפֹרָד, מְפֹרָד (ספר׳) [ק/ב/247]
prosaisch
דִּבְרָתִי (דִּבּוֹרְתִי) (רטו׳, ספר׳) [ק/א/127]. דִּבּוּרִי, מִתְיַחֵס עַל הַדִּבֹּרֶת, פְּרוֹזָאִי
Proselyt
גֵּר (גֵּרִים) (דת) [א״ת/ב/100]. מִי שֶׁקִּבֵּל עַל עַצְמוֹ אֶת הַדָּת הַיְּהוּדִית
Proselyt werden
הִתְגַּיֵּר (דת) הִתְיַהֵד, נַעֲשָׂה יְהוּדִי, גִּיֵּר (מְגַיֵּר), יִהֵד (מְיַהֵד)
Prospekt
תַּשְׁקִיף, פְּרוֹסְפֶּקְט
Prosperität
גֵּאוּת (כלכ׳) גֵּאוּת כַּלְכָּלִית, רְוָחָה, הַרְוָחָה, עֹשֶׁר בְּמֶשֶׁךְ
Prostata ---> Vorsteherdrüse
prostatisch ---> Vorsteherdrüse

betreffend, die
Prostitution
זְנוּת (מ״ח, משפ׳) [מר״ח/558]. תַּזְנוּת, זְנוּנִים
Prostitution locken, zur
הִזְנָה (מַזְנֶה) (מ״ח, משפ׳) הֵבִיא לִידֵי זְנוּת
Prostration ---> Erschöpfung, hochgradige
Prosyllogismus ---> Vorschluß
Proszenium ---> Vorderbühne
Protagonist(in) ---> Held(in), literarische(r)
Protasis ---> Vordersatz
Protein, denaturiertes
חֶלְבּוֹן צָמוּת (ביו׳) חֶלְבּוֹן מָסִיס שֶׁשֻּׁנָּה מִבְנֵהוּ
Protektion ---> Beschützung
Protektionssystem
שִׁיטַת מִכְסֵי הַמָּגֵן (כלכ׳, מדי׳)
Protektorat ---> Schirmherrschaft
Protest ---> Einspruch
Protest, Zahlung unter ---> Zahlung unter Protest
protestieren ---> Einspruch erheben
Protestzahlung ---> Zahlung unter Protest
Prothese
תּוֹתָב (תּוֹתָבִים) (רפו׳) פְּרוֹטֶזָה
Prothrombin
טְרוֹם אֶפְקָק (ביו׳) פְּרוֹתְרוֹמְבִּין, חֶלְבּוֹן הַמְסַיֵּעַ בְּהַקְרָשַׁת הַדָּם
Protokoll
זִכְרוֹן דְּבָרִים, רְשׁוּמָה, פְּרוֹטוֹקוֹל, פְּרָטֵיכֹּל
protokollieren
רָשַׁם (רוֹשֵׁם)
Proton
חִיּוּבוֹן (חִיּוּבוֹנִים) (פיס׳) [ל״מ/534]. פְּרוֹטוֹן, חֶלְקִיק יְסוֹדִי יַצִּיב בַּעַל מִטְעָן חִיּוּבִי הַשָּׁוֶה בְּגָדְלוֹ לְמִטְעַן הַחַשְׁמִילוֹן (אֶלֶקְטְרוֹן)
protopathisch
פַּשְׁטִי (פסי׳) [ר/ב/567]. פְּרוֹטוֹפָּתִי, פְּטִירִי (פְּרִימִיטִיבִי) וְלֹא מַבְחִין, שֶׁל תְּחוּשָׁה קַמָּאִית
Protoplasma
גַּבְלִיל (ביו׳) [מר״ח/536]. פְּרוֹטוֹפְּלַזְמָה, אַבְחֹמֶר
protoplasmatisch
גַּבְלִילִי (ביו׳) פְּרוֹטוֹפְּלַזְמִי, אַבְחָמְרִי
Prototyp
אַבְטִיפּוּס (טכנ׳)
Protozoon
קַדְמָה (קַדְמָאוֹת) (ביו׳) פְּרוֹטוֹזוֹאוֹן, קְדוּמִית (קְדוּמִיּוֹת), יְצוּר חַד תָּאִי
Proverb
מַחֲזֶה פִּתְגָּם (ספר׳, תאט׳)
proviantieren, ein Schiff ---> Schiff proviantieren, ein
providentiell
הַשְׁגָּחִי [ק/א/218]. מִטֶּבַע הַהַשְׁגָּחָה
Provinz
פֶּלֶךְ (פְּלָכִים) (י״א) [ק/ג/191]. נָפָה, גָּלִיל.

מָחוֹז (י״א) [ק/ב/177]. חֶבֶל אֶרֶץ

provinziell

קַרְתָּנִי (מ״ח) פְּרוֹבִינְצִיאָלִי

Provinzler(in)

קַרְתָּן, קַרְתָּנִית (מ״ח) בֶּן/בַּת עִיר קְטַנָּה

Provision

עֲמָלָה (עֲמָלוֹת) (כלכ׳) עַמְלָה, דְּמֵי תִּוּוּךְ בְּמִסְחָר

Provokateur(in) [---> Agent provocateur]

אֶחְרָפָן, אֶחְרָפָנִית, גַּרְגָּן, גַּרָג, פְּרוֹבוֹקָטוֹר, תַּגְרִיתָן

Provokation

אֶחְרֶף (אֶחְרָפִים) [מר״ח/559]. גֵּרוּג, פְּרוֹבוֹקַצְיָה, פְּעֻלַּת הִתְגָּרוּת, תַּגְרִית (תַּגְרִיּוֹת)

provozieren

אִחְרֵף (מְאַחְרֵף) [מר״ח/559]. גֵּרֵג (מְגָרֵג), גָּרַם פְּרוֹבוֹקַצְיָה, הִתְגָּרָה. אִתְגֵּר (מְאַתְגֵּר), הִזְמִין וְתָבַע

provozierend

אֶחְרָפִי, מְאַחְרֵף, מְגָרֵג, גַּרְגָּנִי, פְּרוֹבוֹקָטִיבִי, מִתְגָּרֶה, תַּגְרִיתִי. מְאַתְגֵּר

provoziert

מְאֻחְרָף, מְגֹרָג, נִתְגָּר, שֶׁנִּגְרְמָה לוֹ פְּרוֹבוֹקַצְיָה. מְאֻתְגָּר

proximal ---> körpernah

proximaler Reiz ---> Reiz, proximaler

Prozedur ---> Verfahren

prozedural ---> verfahrenmäßig

Prozentsatz

תַּאֲחוּז (מתמ׳, כלכ׳) שִׁעוּר בַּאֲחוּזִים לְמֵאָה

Prozeß ---> Vorgang

Prozeß anstrengen, einen

פָּתַח בַּהֲלִיכִים (משפ׳)

prozeßführend

בַּעַל דִּין (משפ׳) תּוֹבֵעַ אוֹ נִתְבָּע בְּמִשְׁפָּט

Prozeßführung

הִתְדַּיְּנוּת (משפ׳) הִשְׁתַּתְּפוּת בְּדִין כְּתוֹבֵעַ אוֹ כְּנִתְבָּע

prozeßhindernde Einrede ---> Einrede, prozeßhindernde

prozessieren

הִתְדַּיֵּן (מִתְדַּיֵּן) (משפ׳)

Prozessieren ---> Prozeßführung

prozessierend

שָׁרוּי בְּתַהֲלִיכוֹ

prozessierender Wert ---> Wert, prozessierender

prozessierendes Geld ---> Geld, prozessierendes

Prozessionsspinner *{Thaumetopoeidae}*

תַּהֲלוּכָנִיִּים (זוא׳) מִשְׁפָּחָה שֶׁל פַּרְפָּרְאִים

Prozessor

מְעַבֵּד (מְעַבְּדִים) (מחש׳) [דמ״א/82]. פְּרוֹצֶסוֹר, הָרְכִיב הַחַשְׁמִילוֹנִי (אֶלֶקְטְרוֹנִי) הַיְסוֹדִי בַּמַּחְשֵׁב, יְחִידַת עִבּוּד מֶרְכָּזִית (יָע״ם)

Prozeßordnung

תַּקָּנוֹת סֵדֶר הַדִּין (משפ׳)

prozessual

עִצּוּמִי (משפ׳) [ק/ג/153]. מֵעִנְיַן הָעִצּוּם, מִתְיַחֵס עַל הָעֲצוּמָה, טְרוֹנְיָתִי, שֶׁיֵּשׁ בּוֹ מִן הַטַּעֲנָה

Prozeßverfahren ---> Gerichtsverfahren

prüfen

בָּחַן (בּוֹחֵן) (פדג׳) בָּדַק אֶת יְדִיעוֹתֵיהֶם שֶׁל הַתַּלְמִידִים בְּאֶמְצָעוּת בְּחִינָה

prüfen auf

בָּדַק (מְבַדֵּק) (מ״ט)

Prüfen

הוֹכָחָה (פיל׳) [פ״ר/110]

Prüflabor

מִבְדָּקָה (מ״ט)

Prüfling ---> Testperson

Prüfliste

רְשִׁימַת תִּיּוּג (מנה׳)

Prüfpfad

מַעֲקַב בִּקֹּרֶת (מחש׳) [דמ״א/12]. נְתִיב בִּקֹּרֶת, קֹבֶץ מַעֲקַב תַּהֲלִיכִים בַּמַּחְשֵׁב

Prüfspule

סְלִיל חוֹפֵשׂ (טכנ׳)

Prüfstein ---> Kriterium

Prüfung

בְּחִינָה (בְּחִינוֹת) (פיל׳, מדע, פדג׳) [ק/ג/27]. נְחִישָׁה, נִסָּיוֹן, נִסּוּי, בְּדִיקָה. בִּדּוּק (מ״ט)

Prunkbohne ---> Feuerbohne

Prunkwinde *{Ipomoea}*

לְפוּפִית (בוט׳) צֶמַח מִמִּשְׁפַּחַת הַחֲבַלְבַּלִּיִּים

Psalm

מִזְמוֹר תְּהִלִּים (דת, מוס׳) מִזְמוֹר תְּהִלִּי

Psalmgesang

תַּהֲלִילָה (מוס׳) זִמְרָה תְּהִלִּית

psalmodieren

תִּהֲלֵל (מְתַהֲלֵל) (מוס׳) זִמֵּר מִזְמוֹרֵי תְּהִלִּים

Psammomantik ---> Sanddeutung

Pseudo-

כּוֹזֵב, כּוֹזֶבֶת, כָּזוּב, כְּזוּבָה, כְּזִיב-, פְּסֶאוּדוֹ

Pseudoerinnerung ---> Paramnesie

Pseudokrupp

אַסְכָּרָה כּוֹזֶבֶת (רפו׳) [מר״ח/560]. זִבְחָה, אַסְכָּרָה כְּזוּבָה, קָרֶמֶת מְדֻמָּה

Pseudologia phantastica ---> Lügensucht, krankhafte

Pseudomnesie

זְכִירַת בְּדַאי (פסי׳) [ר/ב/548]. זִכָּרוֹן מְדֻמֶּה חָמוּר, פְּסֶאוּדוֹמְנֶזְיָה

Pseudonym ---> Deckname

Pseudopodium ---> Scheinfüßchen

Pseudowissenschaft

מַדָּע כָּזָב

Psoriasis

סַפַּחַת (רפו׳)

psoriatisch

סַפַּחְתִּי (רפו׳)

Psychasthenie

חֻלְשַׁת הַנֶּפֶשׁ (פסי׳) נִפְשׁוּת

Psychiater(in)

נַפְשַׁאי (נַפְשָׁאִים), נַפְשָׁאִית (נַפְשָׁאִיּוֹת) (פסי׳, רפו׳) רוֹפֵא נֶפֶשׁ, רוֹפְאַת נֶפֶשׁ, פְּסִיכִיאָטוֹר, פְּסִיכִיאָטֶר

Psychiatrie
נַפְשָׁאוּת (רפו׳, פסי׳) רְפוּאַת נֶפֶשׁ, פְּסִיכִיאַטְרִיָּה, תּוֹרַת מַחֲלוֹת הַנֶּפֶשׁ
psychiatrisch
נַפְשָׁאִי (רפו׳, פסי׳) פְּסִיכִיאַטְרִי
psychiatrische Heil- und Pflegeanstalt ---> Heil- und Pflegeanstalt, psychiatrische
psychisch
נַפְשִׁי, נַפְשָׁנִי (פסי׳) [ק/ג/60; מר״ח/562]. שֶׁל הַנֶּפֶשׁ, רוּחָנִי, פְּסִיכִי
psychische Anlage ---> Anlage, psychische
psychische Elemente ---> Elemente, psychische
psychische Gebilde ---> Gebilde, psychische
psychische Labilität ---> Labilität, psychische
psychische Retardierung ---> Retardierung, psychische
psychische Verbindungen ---> Verbindung(en), psychische
psychisches Leistungsvermögen ---> Leistungsvermögen, psychisches
Psychoanalyse
נִפְשׁוּר (פסי׳) [ר/ב/548]. פְּסִיכוֹאָנָלִיזָה, אַבְחָנֶפֶשׁ, אַבְחָנַת הַנֶּפֶשׁ, תּוֹרָה הַחוֹקֶרֶת אֶת הַמְּנִיעִים הַחֲבוּיִים שֶׁל הִתְנַהֲגוּת הָאָדָם
psychoanalysieren
נִפְשֵׁר (מְנֻפְשָׁר) (פסי׳) טִפֵּל בְּשִׁיטוֹת הַנִּפְשׁוּר, עָרַךְ פְּסִיכוֹאָנָלִיזָה
Psychoanalytiker(in)
נִפְשׁוֹרָן, נִפְשׁוֹרָנִית (פסי׳) פְּסִיכוֹאָנָלִיטִיקָן, פְּסִיכוֹאָנָלִיטִיקַאי, אַבְחָנַפְשַׁאי
psychoanalytisch
נִפְשׁוּרִי (פסי׳) פְּסִיכוֹאָנָלִיטִי, שֶׁל אַבְחָנַת הַנֶּפֶשׁ, אַבְחָנַפְשִׁי
Psychodiagnostik
אַבְחָנוּת נַפְשׁוּתִית (פְּסִיכוֹלוֹגִית) (פסי׳) [ר/א/2]. אִבְחוּן נַפְשׁוּתִי (פְּעֻלָּה), אַבְחָנָה נַפְשׁוּתִית (תּוֹצָאָה)
psychogen
לוּדְנַפְשִׁי (פסי׳) פְּסִיכוֹגֶנִי, שֶׁמְּקוֹרוֹ בַּנֶּפֶשׁ
psychogene Erkrankungen ---> Erkrankungen, psychogene
psychogene Stummheit ---> Mutismus
Psychogenese
הִתְהַוּוּת הַנֶּפֶשׁ (פסי׳, רפו׳) [ר/ב/549]. פְּסִיכוֹגֶנֶזָה, הִשְׁתַּלְשְׁלוּת חַיֵּי הַנֶּפֶשׁ, מוֹצָא נַפְשִׁי שֶׁל מַחֲלוֹת
psychogenetisch ---> psychogen
Psychograph ---> Psychogramm
Psychogramm
מִתְאַר הַנֶּפֶשׁ (פסי׳) [ר/ב/550]. פְּסִיכוֹגְרַמָּה, פְּרוֹפִיל הַנֶּפֶשׁ, מִתְאָר שֶׁל אָדָם מִתּוֹךְ מִגְוַן מִבְחָנִים
Psychohygiene
גֵּאוּת הַנֶּפֶשׁ (פסי׳) [ר/ב/446]. הִיגְיֶנָה נַפְשִׁית, פִּתּוּחַ בְּרִיאוּת הַנֶּפֶשׁ וּשְׁמִירָתָהּ

Psychologe
נַפְשׁוּתָן (נַפְשׁוּתָנִים) (פסי׳) פְּסִיכוֹלוֹג
Psychologie
נַפְשׁוּת (פסי׳) [ק/א/298]. חָכְמַת הַנֶּפֶשׁ, פְּסִיכוֹלוֹגְיָה. פִילוֹסוֹפְיָה שֶׁל הָרוּחָנִי (פסי׳) [ק/ג/190]. תּוֹרַת הַנֶּפֶשׁ
Psychologie, analytische
נַפְשׁוּת אַבְחָנָתִית (פסי׳) נַפְשׁוּת נִתְחוּנִית, פְּסִיכוֹלוֹגְיָה אָנָלִיטִית, - אַבְחָנָתִית, תּוֹרָה הָעוֹסֶקֶת בְּתַת הַמּוּדָע הַקּוֹלֶקְטִיבִי
Psychologie, angewandte
נַפְשׁוּת שִׁמּוּשִׁית (פסי׳) פְּסִיכוֹלוֹגְיָה שִׁמּוּשִׁית
Psychologie, beschreibende
נַפְשׁוּת מְתָאֶרֶת (פסי׳) פְּסִיכוֹלוֹגְיָה מְתָאֶרֶת
Psychologie, empirische
נַפְשׁוּת נִסְיוֹנִית (פסי׳) פְּסִיכוֹלוֹגְיָה נִסְיוֹנִית, - שֶׁל נִסָּיוֹן, - שֶׁמִּנִּסָּיוֹן
Psychologie, experimentelle
נַפְשׁוּת שֶׁל נִסּוּיִים (פסי׳) פְּסִיכוֹלוֹגְיָה שֶׁל נִסּוּיִים
Psychologie, industrielle
נַפְשׁוּת תַּעֲשִׂיָּתִית (פסי׳, מ״ח) פְּסִיכוֹלוֹגְיָה לְתַעֲשִׂיָּה
Psychologie, medizinische
נַפְשׁוּת רְפוּאִית (פסי׳, רפו׳) פְּסִיכוֹלוֹגְיָה רְפוּאִית
Psychologie, pädagogische
נַפְשׁוּת חִנּוּכִית (פסי׳, פדג׳) פְּסִיכוֹלוֹגְיָה חִנּוּכִית
Psychologie, rationelle
נַפְשׁוּת שִׂכְלָנִית (פסי׳, פיל׳) פְּסִיכוֹלוֹגְיָה שִׂכְלָנִית, - רַצְיוֹנָלִית
Psychologie, theoretische
נַפְשׁוּת עִיּוּנִית (פסי׳) פְּסִיכוֹלוֹגְיָה עִיּוּנִית
Psychologie, vergleichende
נַפְשׁוּת מַשְׁוָה (פסי׳) פְּסִיכוֹלוֹגְיָה מַשְׁוָה
Psychologie der Abnormen
נַפְשׁוּת שֶׁל סֵטִים (פסי׳) פְּסִיכוֹלוֹגְיָה שֶׁל סֵטִים (לֹא נוֹרְמָלִיִּים)
psychologisch
נַפְשׁוּתִי (פסי׳) פְּסִיכוֹלוֹגִי
psychologisches Profil ---> Psychogramm
psychologisches Subjekt ---> Subjekt, psychologisches
psychomotorisch ---> ideokinetisch
Psychoneurose
עַצֶּבֶת נַפְשָׁתִית (פסי׳, רפו׳) [ר/ב/557]. פְּסִיכוֹנֵירוֹזָה, הַפְרָעָה נַפְשִׁית הַמְּאֻפְיֶנֶת בַּחֲרָדָה, עַצֶּבֶת נַפְשָׁנִית
Psychopath
חוֹלֵה נֶפֶשׁ (חוֹלֵי נֶפֶשׁ) (פסי׳, רפו׳) [ר/ב/559]. פְּסִיכוֹפָּת, נַפְשְׁיָן, חוֹלֵה רוּחַ, אָדָם הַלּוֹקֶה בְּהַפְרָעָה נַפְשִׁית חֲמוּרָה
Psychopathologie
תַּמְרוּעַת הַנֶּפֶשׁ (פסי׳, רפו׳) [ר/ב/559]. פְּסִיכוֹפָּתוֹלוֹגְיָה, מַדַּע הַהַפְרָעוֹת הַנַּפְשִׁיּוֹת
Psychophysiologie
נַפְשׁוּת גּוּפָאִית (פסי׳, ביו׳) נַפְשׁוּת כַּיּוּנִית, פְּסִיכוֹלוֹגְיָה פִיזְיוֹלוֹגִית

Psychose
נֶפֶשֶׁת (נַפְשׁוֹת) (פסי', רפו') [ר/ב/551]. פְּסִיכוֹזָה, הַפְרָעָה פְּסִיכוֹטִית, מַחֲלַת רוּחַ, - נֶפֶשׁ, הַפְרָעָה נַפְשִׁית קָשָׁה, שִׁגָּעוֹן

Psychose, funktionelle
נֶפֶשֶׁת תִּפְקוּדִית (פסי', רפו') פְּסִיכוֹזָה תִּפְקוּדִית

Psychosomatik
גּוּפְשִׂיּוּת (פסי', רפו') גּוּפְנַפְשִׁיּוּת, פְּסִיכוֹסוֹמָטִיּוּת, מַדָּע הָעוֹסֵק בְּהַשְׁפָּעוֹת הֲדָדִיּוֹת בֵּין נֶפֶשׁ לְגוּף

psychosomatisch
גּוּפְשִׂי (פסי', רפו') [ר/ב/557; מר"ח/618]. גּוּפְנַפְשִׁי, נַפְשְׁאַרְנִי, פְּסִיכוֹסוֹמָטִי, שֶׁל גּוֹרְמִים נַפְשִׁיִּים וְגוּפָנִיִּים הַמַּשְׁפִּיעִים אֵלּוּ עַל אֵלּוּ

psychosomatischer Faktor ---> Faktor, psychosomatischer

Psychotherapie, nicht-direktive
טִפּוּל לֹא מֻנְחֶה (פסי') [ר/ב/707]. תֶּרַפְּיָה לֹא מֻנְחָה, שִׁיטַת טִפּוּל שֶׁבְּמִסְגַּרְתָּהּ נוֹתֵן הַמְּטַפֵּל מִדָּה מִזְעָרִית שֶׁל הַנְחָיוֹת וְעֵצוֹת

psychotisch
נַפְשְׁתִּי (פסי', רפו') פְּסִיכוֹטִי, שִׁגְעוֹנִי, מְטֹרָף

Ptosis ---> Herabhängen von Körperteilen

Pubertät
הִתְבַּגְּרוּת (רפו', פסי') [ר/א/106]. בְּגִירָה, בַּגְרוּת זִוּוּגִית (מִינִית), הַתְּקוּפָה שֶׁבְּמַהֲלָכָהּ מַתְחִילִים אֵבְרֵי הַמִּין לְתַפְקֵד כְּאֵבְרֵי רְבִיָּה

Pubertät, gestreckte
הִתְבַּגְּרוּת מְאֻרֶכֶת (רפו', פסי')

Pubertät, verzögerte
בְּגִירָה מְאֻחֶרֶת (רפו', פסי')

Pubertät, vorzeitige ---> Frühreife

Pubertätsakne
פִּצְעֵי בַּגְרוּת (רפו') [מר"ח/13]. חֲטֶטֶת הַנְּעוּרִים

Pubertierende(r)
מִתְבַּגֵּר, מִתְבַּגֶּרֶת (רפו', פסי') [ר/ב/424]. מִי שֶׁנִּמְצָא בַּתְּקוּפָה הַמֻּקְדֶּמֶת שֶׁל הַהִתְבַּגְּרוּת

Puddelroheisen
גֶּלֶם נַפָּחִים (טכנ') [דח"ט/42]. גֶּלֶם בַּרְזֶל הַמִּתְקַבֵּל אַחֲרֵי חִמְצוּן וְשִׁחְרוּר מַרְבִּית הַפַּחְמָן

Puerilismus ---> Verhalten, kindisches

Puerperium ---> Wochenbett

Puffer
חָצִיץ (חֲצִיצִים) (מדע, טכנ') [מר"ח/108]. בּוּפֶר, חוֹצֵץ (חוֹצְצִים), חֹמֶר בּוֹלֵם, - בְּלִימָה

pufferbezüglich
חֲצִיצִי (מדע, טכנ')

Pufferspeicher
הֶחְסֵן חֲצִיצִי (מחש') [דמ"א/18]. חוֹצֵץ (חוֹצְצִים), מִכְלָא, שֶׁטַח שֶׁבֵּין יְחִידַת הָעִבּוּד הַמֶּרְכָּזִית (יָע"ם) בַּמַּחְשֵׁב לְבֵין מַכְשִׁיר הָעוֹבֵד לְאַט בְּאֹפֶן יַחֲסִי

Puls
דֹּפֶק (רפו') [ק/א/144]. תְּנוּעַת הַדָּם בְּעוֹרְקֵי הַגּוּף

Puls, die Zeitspanne zwischen Bewegung und Ruhe im
אִזּוּן הַדֹּפֶק (רפו') [ק/א/31]. אִזּוּן, עֵרֶךְ הַזְּמַן שֶׁבֵּין תְּנוּעַת וְהַמְּנוּחַת הַדֹּפֶק

Puls, unregelmäßiger *{Pulsus alternans}*
דֹּפֶק חֲלִפָנִי (רפו') דֹּפֶק בִּלְתִּי סָדִיר

Pulsader
עוֹרֵק (עוֹרְקִים) (רפו') [ק/ג/128]. צִנּוֹר הַמּוֹלִיךְ דָּם מִן הַלֵּב אֶל כָּל הַגּוּף. דֹּפֶק, דֶּפֶק, דֶּפֶק (רפו') [ק/א/144]. עוֹרֵק דּוֹפֵק

Pulsdauer
מֶשֶׁךְ דֹּפֶק (רפו', מוס') מֶשֶׁךְ פְּעִימָה

Pulsgenerator
מְחוֹלֵל דְּפָקִים (פיס') מְחוֹלֵל פְּעִימוֹת

pulsieren
פָּעַם (פּוֹעֵם) [ק/א/144]. דָּפַק, הִדְפִּיק (מַדְפִּיק)

pulsierend
פְּעִימָתִי, דָּפְקִי, מְדַפֵּק

Pulsschlag
פְּעִימָה (פְּעִימוֹת) (רפו') [ק/א/143]. דְּפִיקָה, הַדְּפָקוֹת, תְּנוּעַת הַדֹּפֶק, דִּפּוּק

pulverförmig
אֲבָקִי (גאו') [ק/א/19]. מִטֶּבַע הָאָבָק וּמִסְּגֻלָּתוֹ

pulverisieren
אִבְקֵק (מְאַבְקֵק) (טכנ') עָשָׂה לְאָבָק, דִּקֵּק (מְדַקֵּק), שָׁחַק אוֹ שָׁבַר לַחֲלָקִים קְטַנִּים

Pulverisierung
אִבְקוּק (טכנ') עֲשִׂיָּה לְאָבָק, דִּקּוּק, דִּקּוּי, עֲשִׂיַּת דָּבָר לְדַק

punitiv ---> strafend

Punkt [---> Punktzahl]
נְקֻדָּה (נְקֻדּוֹת) (מתמ') [ק/ג/65]. הַחֵלֶק הַיּוֹתֵר קָטָן שֶׁל הַקַּו, מָקוֹם חָסֵר כָּל מְמַדִּים. חֵלֶק (מתמ') [ק/ג/66]. סִימָן עָגֹל קָטָן בְּיוֹתֵר, מְקוֹם הַחִתּוּךְ שֶׁל שְׁנֵי קַוִּים נֶחְתָּכִים

Punkt(en), auswerten nach ---> auswerten nach Punkten

Punkt, idealer
נְקֻדָּה בָּאֵינְסוֹף (מתמ') נְקֻדַּת אֵינְסוֹף

Punkt, unendlich ferner ---> Punkt, idealer

Punkte, disparate
נְקֻדּוֹת לֹא מַתְאִימוֹת (פיס', רפו')

Punkte, konjugierte *{Kardinalpunkte}*
נְקֻדּוֹת צְמוּדוֹת (פיס')

Punkte, korrespondierende ---> Deckpunkte

Punktebewertung
נִקּוּד, נְקִידָה (מ"ח, פסי') [ר/ב/448]. שִׁיטָה לְמַתַּן עֲרָכִים בְּאֶמְצָעוּת נְקֻדּוֹת

punktförmig
נְקֻדָּתִי, נְקֻדִּי, דְּמוּי נְקֻדָּה

punktförmige Lichtquelle ---> Lichtquelle, punktförmige

punktieren
נִקֵּר (מְנַקֵּר) (רפו') מִחֵט (מְמַחֵט), מִחְטֵט,

חִטֵּט בְּמַחַט, דָּקַר. נִקֵּד (מְנַקֵּד) (טכנ', אמנ') כִּסָּה שֶׁטַח בִּנְקֻדּוֹת, דִּקֵּר. הִנְקִיד (מַנְקִיד) [א״ח/ב/213]. נֻנְקַד, נִתְכַּסָּה נְקֻדּוֹת

punktiert
נָקוּד, מְנֻקָּד, שֶׁיֵּשׁ עָלָיו נְקֻדּוֹת

punktierte Linie ---> Linie, punktierte

Punktierung
נִקּוּר (רפו') מִחוּט, מְחֻטּוּט, חִטּוּט בְּמַחַט, דִּקּוּר, דְּקִירָה. נִקּוּד (טכנ', אמנ') כִּסּוּי שֶׁטַח בִּנְקֻדּוֹת, דִּקָּרוֹן

Punktion ---> Punktierung

Punktmalerei ---> Pointillismus

Punktskala
סֻלַּם נְקֻדּוֹת (סטט', מ״ח, פסי')

punktuell
הֶבֵּט רִגְעִי (בלש') [מ״ב/185]. אַסְפֶּקְט רִגְעִי, מְאַפְיֵן פְּעֻלּוֹת הַמִּסְתַּיְּמוֹת תֵּכֶף לְהִתְרַחֲשׁוּתָן, לְמָשָׁל: ״הִתְפּוֹצֵץ״, ״מֵת״

Punktwert ---> Punktzahl

Punktzahl
נֶקֶד (נְקָדִים), נְקֻדָּה (נְקֻדּוֹת) (מ״ח, פסי') [ר/ב/447]. צִיּוּן בְּמִבְחָן, יְחִידָה הַמְּשַׁמֶּשֶׁת לְיִצּוּג תְּגוּבוֹת מְסֻיָּמוֹת, יְחִידַת הֶשֵּׂגִים

Punze
מַקּוֹד (מַקּוֹדִים) (טכנ', אמנ') [ממ״ג/191]. מַכְשִׁיר חַד לְסִמּוּן נְקֻדּוֹת בְּמַתֶּכֶת, בְּעֵץ וכד'

Pupille
אִישׁוֹן (אִישׁוֹנִים) (רפו') בָּבָה (בָּבוֹת), בָּבַת עַיִן

Pupillenunruhe *{Hippus}*
רְעִידַת הָאִישׁוֹן (רפו') [מר״ח/352]. חוֹלְלוּת הָאִישׁוֹן

Puppenräuber *{Calosoma sycophanta}*
רָצָה צְפוֹנִית (זוא') חֶרֶק מִמִּשְׁפַּחַת הָרַצָּנִיתִיִּים (חִפּוּשִׁיּוֹת)

Puppenspieler(in)
מַצִּיג (מַצִּיגַת) בֻּבּוֹת (תאט')

Purgierkörner
זֵרְעוֹנֵי אֶכְרוֹעַ (בוט', רפו') זֵרְעוֹנֵי קְרוֹטוֹן

Purismus
טַהֲרָנוּת (בלש', מ״ח) [מ״ב/185]. פּוּרִיזְם, נִקָּיוֹן הַלָּשׁוֹן מִמִּלִּים זָרוֹת וּמְצוּרוֹת שֶׁאֵינָן לְפִי רוּחָהּ

Purist(in)
טַהֲרָן, טַהֲרָנִית (בלש', מ״ח) [מ״ב/185]. פּוּרִיסְט, מִי שֶׁמַּפְרִיז בְּהַקְפָּדָה עַל טָהֳרַת הַלָּשׁוֹן

puristisch
טַהֲרָנִי (בלש', מ״ח) פּוּרִיסְטִי, צְרוּפִי, שֶׁל שְׁמִירָה עַל טָהֳרַת הַלָּשׁוֹן מֵהַשְׁפָּעַת לְשׁוֹנוֹת זָרוֹת

Purpura
אַרְגָּמֶנֶת (רפו')

Purpurgranadilla *{Passiflora edulis}*
שְׁעוֹנִית נֶאֱכֶלֶת (בוט') צֶמַח מִמִּשְׁפַּחַת הַשְּׁעוֹנִיתִיִּים

Purpurreiher *{Ardea purpurea}*
אֲנָפָה אַרְגְּמָנִית (זוא') עוֹף מִמִּשְׁפַּחַת הָאֲנָפָתִיִּים

Purpurschnecke *{Truncularioppsis trunculus}*
אַרְגָּמוֹן קֵהֵה קוֹצִים (זוא') בַּעַל חַיִּים מִמִּשְׁפַּחַת הָאַרְגְּמוֹנִיִּים (חֶלְזוֹנוֹת)

Purpurskabiose *{Scabiosa atropurpurea}*
תַּגִּית אַרְגְּמָנִית (בוט') צֶמַח מִמִּשְׁפַּחַת הַשַּׁלְמוֹנִיִּים

Purpurstern *{Echinaster sepositus}*
צַלְעוֹן וָרֹד (זוא') בַּעַל חַיִּים מִמִּשְׁפַּחַת הַצַּלְעוֹנִיִּים (כּוֹכְבֵי יָם)

Pustel ---> Eiterbläschen

pustelig ---> eiterbläschenbezüglich

Pustulation ---> Eiterbläschenbildung

Putz
טִיחַ (אדר') תַּעֲרֹבֶת שֶׁל טִיט עִם מֶלֶט וּמַיִם לְצִפּוּי קִירוֹת

putzen [---> schmücken]
מֵרֵק (מְמָרֵק) [מר״ח/604]. שִׁזֵּג, הִשְׁתַּזֵּג, צִחְצַח, נִקָּה, טִהֵר

Putzen
מֵרוּק [ק/ב/278; מר״ח/604]. שִׁזּוּג, לִטּוּשׁ, צִחְצוּחַ, נִקּוּי, טִהוּר

Pyämie
מַגֶּלֶת (רפו') הִתְמַגְּלוּת רַב מוֹקְדִית

Pygmalionseffekt
תּוֹצָא פִּיגְמַלְיוֹן (פסי', מ״ח) [ר/ב/538; מ״מ/209]. נְטִיָּה שֶׁל בְּנֵי אָדָם לְהִתְנַהֵג עַל פִּי צִפִּיּוֹת הָאֲחֵרִים מֵהֶם

Pyjama ---> Schlafanzug

pyknisch ---> untersetzt

pyknischer Typus ---> Typus, pyknischer

Pylorus ---> Magenpförtner

Pyodermie ---> Eiterausschläge

pyramidal
חָדוּד (מתמ') [ק/א/272]. מְחֻדָּד, חֲדוּדִי, בַּעַל חֹד, דְּמוּי מוּצָק, - פִּירָמִידָה

Pyramide
פִּירָמִידָה (מתמ') [ק/ב/168]. מוּצָק, חֲדוּדִית, גּוּף שֶׁתַּחְתִּיתוֹ רְחָבָה וְרֹאשׁוֹ מִסְתַּיֵּם בְּחֹד נְקֻדָּתִי. תְּצוּקָה (מתמ') [ק/ד/215]

Pyramidenstumpf
פִּירָמִידָה קְטוּמָה (מתמ') [ק/ב/319]. מַצֵּבָה מִתְמוֹטֶטֶת, מוּצָק קָצוּץ, - קָטוּם. מַצֵּבָה קְטוּמָה (מתמ') [ק/ג/277]. מַצֵּבָה קְצוּצָה (מתמ') [ק/ג/296]

Pyromanie ---> Brandstiftungstrieb

Pyrosis ---> Sodbrennen

Pyrrhonisten, Schule der
בַּעֲלֵי הָעֲמִידָה (פיל') [ק/א/92; ק/ג/145]. חֲסִידֵי תּוֹרַת הַסְּפֵקָנוּת מִיסוֹדוֹ שֶׁל הַפִּילוֹסוֹף פִּירוֹ

Pythagoräer, Bund der
וַעֲדַת הַמִּתְוַעֲדִים (פיל') [ק/א/249; ק/ב/313]. כַּת תַּלְמִידֵי פִּתַּגּוֹרַס (פיל') [ק/ב/105]

Q

Quaddel *{Urtika}*
נִמְלָה (נְמָלוֹת) (רפו׳) [מר״ח/692]. אֲבַעְבּוּעָה

Quaddelbildung
חֵרוּל, הִתְחָרְלוּת (רפו׳) פְּרִיחַת נְמָלוֹת (אֲבַעְבּוּעוֹת) עַל הָעוֹר

Quaddelsucht *{Urtikaria}*
חָרֶלֶת (רפו׳) סִרְפֶּדֶת, מַחֲלַת גֵּרוּד הַמְּלֻוָּה בִּפְרִיחַת נְמָלוֹת (אֲבַעְבּוּעוֹת)

quaddelsuchtbezüglich *{urtikariell}*
חָרַלְתִּי (רפו׳)

Quader ---> Quaderstein; Parallelepipedon, rechtwinkliges

Quader mit erhöhtem Spiegel *{Bossenquader}*
אֶבֶן מְזֻיֶּזֶת (אדר׳)

Quader mit Randschlag
אֶבֶן שׁוּלַיִם (אדר׳)

Quaderstein
גָּזִית (אדר׳) [א״ח/א/12]. אֶבֶן גָּזִית (אַבְנֵי גָּזִית), - מְסֻתֶּתֶת

Quadrans Judaicus
כְּלִי הָרֹבַע (אסט׳) [ק/ד/21]. רֹבַע, - הָעִגּוּל, - יִשְׂרָאֵל, שֵׁם כְּלִי שִׁמּוּשׁ לְחוֹזִים בַּכּוֹכָבִים

Quadrant
רְבִיעַ (רְבִיעִים) (מחמ׳) מְרֻבּוּעַ, רֶבַע הָעִגּוּל, קְוַדְרַנְט. אֲנָךְ (פיס׳) [ק/א/63]. כְּלִי רָבוּעַ

Quadrat
רִבּוּעַ (רִבּוּעִים) (מחמ׳) [ק/ד/19]. רָבוּעַ, מְרֻבָּע רָבוּעַ (מחמ׳) [ק/ב/275]. מַלְבֵּן שֶׁצַּלְעוֹתָיו שָׁווֹת

Quadrat, magisches
רִבּוּעַ קֶסֶם (מחמ׳)

Quadrat-Elle
אַמָּה רְבוּעָה (מחמ׳) [ק/ד/20]. אַמָּה מְרֻבַּעַת, בְּעֵרֶךְ 0.3 מֶטֶר מְרֻבָּע

Quadrate, Methode der kleinsten
דֶּרֶךְ הָרִבּוּעִים הַמִּזְעָרִיִּים (סטט׳) [מ״מ/220]. שִׁיטַת הָרִבּוּעִים הַפְּחוּתִים, דֶּרֶךְ אֲמִידָה שֶׁעַל פִּיהָ מְזַעֲרִים אֶת סְכוּם רִבּוּעֵי הַסְּטִיָּה מִנְּקֻדָּה, מִקַּו אוֹ מִשֶּׁטַח

quadratisch
רִבּוּעִי

Quadratschein
קֶשֶׁת רְבִיעִית (אסט׳) [ק/ג/306]. מַבָּט מְרֻבָּע

Quadratur
נִצָּבוּת (אסט׳)

Quadratur des Kreises ---> Kreis(es), Quadratur des

Quadratwurzel
שֹׁרֶשׁ רִבּוּעִי (מחמ׳) [ק/ד/163]. גָּדֵר, גֶּדֶר (מחמ׳) [ק/א/105]. שֹׁרֶשׁ הַמִּסְפָּר הַמְּרֻבָּע

Quadratzahl
מִסְפָּר מְרֻבָּע (מחמ׳) [ק/ב/228; 275]. הַחֶזְקָה הַשְּׁנִיָּה שֶׁל מִסְפָּר, מִסְפָּר שֶׁנִּכְפַּל בְּעַצְמוֹ, מִסְפָּר רִבּוּעִי

Quadrilittera
שֹׁרֶשׁ רְבָעִי (בלש׳) [מ״ב/186]. שֹׁרֶשׁ מְרֻבָּע, - בַּעַל אַרְבָּעָה עִצּוּרִים, כְּגוֹן: ״כרס״ם״, ״ערג״ל״

Quadrupel ---> Vierling

quälen
סִגֵּף (מְסַגֵּף) [ק/ג/251; א״ח/ב/130; 322]. הִצְעִיר, הִכְאִיב, הִדְאִיב, צִעֵר, גָּרַם צַעַר, הֶעֱצִיב, הֶעֱגִים, הִמְרִיר, עִנָּה (מְעֻנֶּה), הִסְתַּגֵּף (מִסְתַּגֵּף), הִתְעַנָּה, הִתְנַזֵּר מֵהֲנָאוֹת

Quaestio
דְּרוּשׁ (דְּרוּשִׁים) [ק/א/146]. בַּקָּשָׁה, הֲנָחָה, תְּבִיעָה,הַקְדָּמָה. שְׁאֵלָה [ק/ד/65]

Qual ---> Not

Quale
מַאֲמַר הָאֵיךְ (פיל׳) [ק/ב/132]. אֶחָד מֵעֲשֶׂרֶת הַיְסוֹדוֹת הָעֶלְיוֹנִים שֶׁל אֲרִיסְטוֹ: מַאֲמַר אֵיכָה, - תֹּאַר, - כֵּיצַד. אֵיךְ (פיל׳) [ק/א/39]. מַאֲמַר הָאֵיכוּת. אֵיכוּת (פיל׳) [ק/א/40]. סְגֻלַּת הָאֵיךְ

Qualifikation
כִּשּׁוּר (כִּשּׁוּרִים) [ק/ב/228]. אֵיכוּת, מִסְפָּר, טִיב, תְּכוּנָה, תֹּאַר, סִפּוּר, צִבְיוֹן, סִימָן הֶכֵּר, סְגֻלָּה, מְסֻגָּלוּת, קְוָלִיפִיקַצְיָה, תְּכוּנוֹת הַדְּרוּשׁוֹת לְמִלּוּי תַּפְקִיד מְסֻיָּם

qualifizieren
אִיֵּךְ (מְאַיֵּךְ) [ק/א/39]. אִפְיֵן, יִחֵס אֵיכוּת לְדָבָר-מָה. הֶאֱמִיר [ק/א/58]. תֵּאֵר. סִפֵּר [ק/ג/113]. צִיֵּן, דֵּרֵג, נָתַן תֹּאַר לְ..., כִּנָּה, כִּשֵּׁר (מְכַשֵּׁר), הִכְשִׁיר

Qualifizierende, der
מְאַיֵּךְ (פיל׳, ספר׳) [ק/ב/229]. מְסַפֵּר, מְתָאֵר, מְכַשֵּׁר, מַכְשִׁיר

qualifiziert
מְאֻיָּךְ (פיל׳) [ק/ב/128]. בַּעַל אֵיכוּת מְסֻיֶּמֶת, כָּשִׁיר, מֻכְשָׁר, מֻסְמָךְ, מְתֹאָר בְּאֵיכוּתוֹ. מְאֻשָּׁר (פיל׳) [ק/ב/134]. מְסֻפָּר (פיל׳, ספר׳) [ק/ב/229]. דָּבָר שֶׁתֵּאֲרוּ אוֹתוֹ. מְתֹאָר [ק/ב/310]. מִי שֶׁמְּיַחֲסִים לוֹ תְּאָרִים

Qualifizierung

אִיוּךְ (פיל׳) [ק/א/39]. אִפְיוּן, תֵּאוּר בְּאֵיכוּת כָּלְשֶׁהִי, כִּשּׁוּר, הַכְשָׁרָה

Qualität
אֵיכוּת (אֵיכֻיּוֹת) (פיל׳) [ק/ד/192]. טִיב, מִכְלוֹל הַסְּגֻלּוֹת הַמַּהוּתִיּוֹת אֶת מַהוּתוֹ שֶׁל דָּבָר, תְּכוּנָה. מַאֲמַר הָאֵיךְ (פיל׳) [ק/ב/132]. מַאֲמַר אֵיכָה, - תֹּאַר, - כֵּיצַד

Qualität, Kategorie der ---> Kategorie der Qualität

Qualitäten, primäre
אֵיכֻיּוֹת רִאשׁוֹנִיּוֹת (פיל׳) עַל פִּי לוֹק: אֵיכֻיּוֹת מְשָׂאִיּוֹת (אוֹבְּיֶקְטִיבִיּוֹת) כְּגוֹן: תְּנוּעָה, אֲטִימוּת, צְפִיפוּת, נֶפַח, מִתְאָר

Qualitäten, sekundäre
אֵיכֻיּוֹת שְׁנִיּוֹנִיּוֹת (פיל׳) עַל פִּי לוֹק: אֵיכֻיּוֹת נוֹשְׂאִיּוֹת (סוּבְּיֶקְטִיבִיּוֹת) כְּגוֹן: צֶבַע, רֵיחַ, טַעַם

Qualitate prius
הַקּוֹדֵם בְּמַעֲלָה (פיל׳) [ק/ג/268]. הַקּוֹדֵם בִּשְׁלֵמוּת

qualitativ
אֵיכוּתִי (פיל׳) [ק/א/41]. מֵעִנְיַן הָאֵיכוּת

qualitative Analyse ---> Analyse, qualitative

qualitative Variable ---> Variable, qualitative

Qualle
רִיָּה (רִיּוֹת) (זוא׳) [מר״ח/445]. מֶדוּזָה

Quando ---> Kategorie der Zeitbestimmung

Quantifikation ---> Quantifizierung

Quantifikator ---> Quantifizierer

quantifizieren
כִּמָּה (מְכַמֶּה), כִּמֵּת (מְכַמֵּת), קָבַע אֶת הַכַּמּוּת שֶׁל מַשֶּׁהוּ, בִּטֵּא כַּמּוּת

Quantifizierer
כַּמָּת (בלש׳) [מ״ב/186]. כַּמַּאי, מְכַמֶּה, מִלָּה הַמְצַיֶּנֶת כַּמּוּת, כְּגוֹן: ״מְעַט״, ״הַרְבֵּה״, ״מַרְבִּית״, ״רֹב״

quantifiziert
מְכֻמָּת, דָּבָר שֶׁנִּקְבְּעָה כַּמּוּתוֹ

Quantifizierung
כִּמּוּת (פיל׳, מ״ט) כִּמּוּי, קְוַנְטִיפִיקַצְיָה, הִתְכַּמּוּת, מַתַּן בִּטּוּי לְדָבָר בְּמֻנָּחִים כַּמּוּתִיִּים, קְבִיעַת הַכַּמּוּת שֶׁל מַשֶּׁהוּ

Quantität
כַּמּוּת (כַּמֻּיּוֹת) (פיל׳, מ״ט) [ק/ב/93; 95; 132]. כַּמָּה, כַּמֶּה, שִׁעוּרוֹ שֶׁל דָּבָר מִבְּחִינַת מִדָּתוֹ, מִסְפָּרוֹ, גָּדְלוֹ, עֲצִימוּתוֹ אוֹ מִשְׁקָלוֹ וכד׳ הַמְאַפְיֵן אֶת הַצַּד הַכַּמּוּתִי שֶׁל אֵיכֻיּוֹת מְסֻיָּמוֹת וְהַבָּא לְבִטּוּי בִּתְכוּנוֹתֵיהֶן אוֹ בִּיסוֹדוֹתֵיהֶן הַבּוֹדְדִים, מַאֲמַר הַכַּמָּה, - הַכַּמּוּת, אֶחָד מֵעֲשֶׂרֶת הַיְּסוֹדוֹת הָעֶלְיוֹנִים שֶׁל אֲרִיסְטוֹ. כַּמִּיָּה (פיל׳) [ק/ב/96]. מַאֲמַר כַּמִּיָּה. שִׁעוּר (פיל׳) [ק/ד/143]. מַאֲמַר סְפִירָה (פיל׳) [ק/ג/110]

Quantität, Kategorie der ---> Kategorie der Quantität

Quantitas concreta
כַּמּוּת דְּבֵקָה (פיל׳) [ק/ב/96]

Quantitas discreta
כַּמּוּת נִפְרֶדֶת (פיל׳) [ק/ב/96]. כַּמּוּת שֶׁל בּוֹדְדִים

quantitativ
כַּמּוּתִי (פיל׳) [ק/ב/96]. שֶׁל כַּמּוּת, מַבִּיעַ אֶת הַכַּמּוּת

quantitativ bestimmbar [---> meßbar]
כַּמִּית (מדע, טכנ׳) בַּר כִּמּוּי, מִתְכַּמֶּה, שֶׁנִּתָּן לִמְדִידָה כַּמּוּתִית

quantitative Variable ---> Variable, quantitative

Quantor ---> Quantifizierer

Quantum ---> Quantität; Masse

Quarantäne
הֶסְגֵּר (רפו׳) קָרַנְטִינָה, בִּדּוּד רְפוּאִי

Quaritas
שְׁאֵלַת הַלָּמָּה (פיל׳) [ק/ב/120]. לָמָּה, עִנְיַן הַלָּמָּה שֶׁל הָעֶצֶם, תַּכְלִית, עִנְיָן. הַלָּמוּת (פיל׳) [ק/ב/122]. הַמַּדּוּעַ (פיל׳) [ק/ב/148]

Quartformat
תַּבְנִית רְבוּעַ כָּפוּל (דפו׳) [ק/ד/179]. כִּנּוּי לְגִלָּיוֹן נְיָר בַּעַל צוּרָה רְבוּעִית בְּקֵרוּב שֶׁמִּדּוֹתָיו בְּעֵרֶךְ 25x35 סַנְטִימֶטְרִים, קוֹוַרְטוֹ

Quarte
שֶׁבֶר רְבִיעִי (מתמ׳, אסט׳) [ק/ד/20]. רְבִיעִי, רֶגַע רְבִיעִי

Quartett
רְבִיעִיָּה (רְבִיעִיּוֹת) (מוס׳) רַבְעִית (רַבְעִיּוֹת), קְבוּצָה שֶׁל אַרְבָּעָה מְנַגְּנִים אוֹ זַמָּרִים

Quarz *{Siliciumdioxyd}*
חַלָּמִישׁ (גאו׳) [מר״ח/571]. קְוַרְץ

quasi
מֵעֵין, קְוָאזִי

quasi-experimentelle Versuchsanlage ---> Versuchsanlage, quasi-experimentelle

Quasigruppe mit neutralem Element *{Loop}*
לַהַק (לְהָקִים) (מתמ׳)

Quasikontrakt
חוֹזֶה מִכְלָלָא (משפ׳) חוֹזֶה לַהֲלָכָה

Quaste [---> Schaufädenquaste]
פְּתִיל (פְּתִילִים) [א״ח/א/142]. חוּט שָׁזוּר

quatenus
בִּבְחִינָה [ק/א/82]. כְּ...

Quaternio terminorum ---> Begriff(e), Vervierfachung der

Quecksilber
כַּסְפִּית (כימ׳) [מר״ח/358; דח״ט/75]. כֶּסֶף חַי, כַּסְפְּחַי, זִיבַק, יְסוֹד מַתַּכְתִּי כָּבֵד בְּצֶבַע כֶּסֶף הַמּוֹפִיעַ כְּנוֹזֵל בִּתְמוּרַת (טֶמְפֶּרָטוּרַת) חֶדֶר

Quecksilbervergiftung
הַרְעָלַת כַּסְפִּית (רפו׳) זַבֶּקֶת

Quelle
מוֹצָא (מוֹצָאִים) [ק/ב/167]. שֹׁרֶשׁ הַ..., מָקוֹם שֶׁמִּמֶּנּוּ יוֹצֵא דָּבָר. מָקוֹר (מְקוֹרוֹת) [ק/ב/267]. מַבּוּעַ. מֶשֶׁךְ [ק/ב/293]. מְקוֹר מַיִם (היד׳) [א״ח/א/212]. מַעְיָן (מַעְיָנוֹת)

Quelle, Erhebung an der
נִכּוּי בַּמָּקוֹר (כלכ׳) נִכּוּי מַס בַּמָּקוֹר

Quelle, heiße
מַעְיָן חַם (מַעְיָנוֹת חַמִּים) (היד', גאו') חַמִּין, מַעְיָן שֶׁתְּמוּדַת הַמַּיִם בּוֹ מֵעַל לְ-50 מַעֲלוֹת צֶלְזִיּוּס

Quelle erster Hand
מָקוֹר רִאשׁוֹן (מְקוֹרוֹת רִאשׁוֹנִים) (ספרנ')

Quelle zweiter Hand
מָקוֹר שֵׁנִי (מְקוֹרוֹת שְׁנִיִּים) (ספרנ')

Quellennachweis ---> Literaturangabe

Quellensteuer ---> Quelle, Erhebung an der

Queller ---> Glasschmalz

Quellgras *{Catabrosa}*
סָפָה (בוט') צֶמַח מִמִּשְׁפַּחַת הַדְּגָנִיִּים

Quengler
מַטְרִיד [ק/ב/189]. מוֹנֵעַ, מְעַכֵּב, מַפְרִיעַ

quer
לָרֹחַב [י״א/467]. פַּסְקִית, בְּהַצְלָבָה לְ...

Querdisparation
אִי הֶתְאֵם זָוִיתִי (פסי', רפו') [ר/א/35]

Quere kommen, in die
עָמַד לְשָׂטָן בִּפְנֵי...

Querpfeife
מַשְׁרוֹקִית רָחְבִּית (מוס') מַשְׁרוֹקִית אָפְקִית

Querflöte
חָלִיל רָחְבִּי (מוס') חָלִיל אָפְקִי

Querprofil
חֲתַךְ רֹחַב, חֲתָךְ רָחְבִּי, - לָרֹחַב

Querschnitt betreffend, den
בֵּין קְבוּצָתִי (כלש') [מ״ב/53]

Querschnittsbefragung
מִשְׁאָל חַד מַטְּחִי (מ״ח, פסי')

Querschnittsuntersuchung ---> Versuchsanlage, Querschnitts-

Querstand
יַחַס צָלוּב (מוס')

Querstück
לוּחַ עֶרֶב (אדר') לוּחַ רָחְבִּי

querüber ---> diagonal

Querulantenwahn
יַהֶמֶת הַנִּרְגָּנוּת (פסי')

querverlaufend *{transversal}*
מִלְרָחְבִּי (רפו') רָחְבִּי

Querwind
רוּחַ צַד (מטא') [יל״ט/187]. רוּחַ הַנּוֹשֶׁבֶת בְּנִצָּב לְכִוּוּן הַתְּנוּעָה שֶׁל עֶצֶם

Quetschung *{Kontusion}*
חַבּוּרָה (חַבּוּרוֹת) (רפו') מְעִיכָה

Quid facti
מַה לְעוּבְדָא

Quid iuris
מַה לְדִינָא

Quid pro quo
עִרְבּוּב פָּרָשִׁיּוֹת [ק/א/302]. חִלּוּף קְצָת בִּקְצָת, - קְצָתָם בִּקְצָתָם, הִתְחַלְּפוּת שֶׁל נוֹשְׂאִים, בִּלְבּוּל מֻשָּׂגִים, הִתְהַפְּכוּת הַיּוֹצְרוֹת, בִּלְבֹּלֶת, תֹּהוּ וָבֹהוּ

Quiddität ---> Wesen einer Sache

quieszierender Buchstabe ---> Buchstabe, quieszierender

"quinque voces", Porphyrs
נֶאֱמָרָה (נֶאֱמָרוֹת) (פיל') [ק/ג/10]. פְּרֶדִיקַבִּילְיוֹת, לְפִי פּוֹרְפִירְיוּס חֲמֵשֶׁת מֻשְּׂגֵי הַהִגָּיוֹן שֶׁל אֲרִיסְטוֹ: סוּג, מִין, הֶבְדֵּל, סִימָן מַשְׁמָעוּתִי, סִימָן בִּלְתִּי מַשְׁמָעוּתִי

Quinquelittera
שֹׁרֶשׁ חֲמֻשִּׁי (בלש') [מ״ב/187]. שֹׁרֶשׁ מְחֻמָּשׁ, - בַּעַל חֲמִשָּׁה עִצּוּרִים, כְּגוֹן: ״טלגר״ף״

Quinta essentia ---> Quintessenz

Quintessenz
הַמַּהוּת הַחֲמִישִׁית (אסט') [ק/ב/156]. גֶּשֶׁם חֲמִישִׁי (אסט') [ק/א/121]. חֹמֶר הַגְּרָמִים הַשְּׁמֵימִיִּים וְהַגַּלְגַּלִּים שֶׁלְּדַעַת הַקַּדְמוֹנִים אֵינוֹ מֻרְכָּב מֵאַרְבַּעַת הַיְסוֹדוֹת. חֹמֶר עֶלְיוֹנִי (אסט') [ק/א/312]

Quintett
חֲמִישִׁיָּה (חֲמִישִׁיּוֹת) (מוס') חַמְשִׁית (חַמְשִׁיּוֹת), יְצִירָה הַכְּתוּבָה לַחֲמִשָּׁה כֵּלִים אוֹ קוֹלוֹת

Quiproquo [---> Verwechslung]
חִלּוּפֵי גַּבְרָא (תאט') דִּחְלוּף, הַחֲלָפָה בְּטָעוּת שֶׁל דְּמוּת זוֹ בִּדְמוּת אַחֶרֶת

Quirl ---> Wirtel

Quitte *{Cydonia}*
חַבּוּשׁ (בוט') צֶמַח מִמִּשְׁפַּחַת הַוְּרָדִיִּים

Quittung
קַבָּלָה (קַבָּלוֹת) (כלכ', משפ') אִשּׁוּר בִּכְתָב עַל תַּשְׁלוּם, שׁוֹבֵר קַבָּלָה, שְׁטַר קַבָּלָה

Quittungsbeleg ---> Quittung

quod erat demonstrandum (q.e.d.) ---> beweisen war, was zu (w.z.b.w.)

Quotenauswahl
דְּגִימַת מִכְסָה (מ״ח, סטט') [ר/א/149; מ״מ/210]. דְּגִימַת מִכְסוֹת, שִׁיטַת דְּגִימָה לֹא הִסְתַּבְּרוּתִית שֶׁבָּהּ בּוֹחֲרִים מִכְסוֹת מִקְרִים מֵרְבָדִים שׁוֹנִים שֶׁל הָאֻכְלוּסִיָּה

Quotient
מָנָה (מָנוֹת) (מתמ') [מר״ח/572]. כַּמִּית, כַּמִּיָּה, הַתּוֹצָאָה הַמִּתְקַבֶּלֶת בִּפְעֻלַּת חִלּוּק

R

Rabatz machen ---> Skandal machen

Rabbanismus
רַבָּנוּת (דת) [ק/ד/20]. תּוֹרַת חַכְמֵי הַתַּלְמוּד

Rabbanit
רַבָּנִי (דת) [ק/ד/21]. מַחֲזִיק בְּתוֹרַת חַכְמֵי הַתַּלְמוּד. בְּנֵי בֵּי רַב (דת) [ק/א/90]. כִּנּוּי קָרָאִי לְרַבָּנִים

Rabenkrähe *{Corvus corone}*
עוֹרֵב אָפֹר (זוא׳) עוֹרֵב אֵירוֹפִּי, עוֹף מִמִּשְׁפַּחַת הָעוֹרְבִיִּים

Rabenvögel *{Corvidae}*
עוֹרְבִיִּים (זוא׳) מִשְׁפָּחָה שֶׁל צִפֳּרֵי שִׁיר

Rache
נְקָמָה (נְקָמוֹת), נָקָם, שִׁלֵּם

Rachen *{Pharynx}*
לֹעַ (רפו׳)

Rachitis
רַכֶּכֶת (רפו׳)

rachitisbezüglich
רַכַּכְתִּי (רפו׳) רַכַּכְתָּן, רִכֵּךְ

rachsüchtig
נַקְמָנִי, נוֹקְמָנִי

Racken *{Coraciidae}*
כְּחָלִיִּים (זוא׳) מִשְׁפָּחָה שֶׁל עוֹפוֹת מִסְדֶּרֶת הַכַּחְלָאִים

Rad, getriebenes ---> Turbinenrad

Radarm
זְרוֹעַ הַגַּלְגַּל (טכנ׳)

radial
חִשּׁוּרִי (רפו׳) שֶׁל עֶצֶם הַחִשּׁוּר, כַּרְכִּידִי, רָדִיאָלִי

Radiation ---> Strahlung

Radicula
שָׁרְשׁוֹן (מ״ט) שְׁרוֹשְׁרָשׁ, שֹׁרֶשׁ קְטַנְטַן, בֶּן שֹׁרֶשׁ, שְׁרַשְׁרַשׁ

Radierer(in)
תַּחֲרִיטָאִי, תַּחֲרִיטָאִית (אמנ׳) [ממ״ג/12]. תַּחֲרִיטָן, תַּחֲרִיטָר, חָרָט (חָרָטִים), חָרֶטֶת (חָרָטוֹת), הָאָמָן הַמִּשְׁתַּמֵּשׁ בְּחֶרֶט לַעֲשִׂיַּת תַּחֲרִיטִים

Radiernadel
חֶרֶט (חֲרָטִים) (טכנ׳, אמנ׳) [ממ״ג/194]. מַחַט הַקְּבוּעָה בְּתוֹךְ קַת שֶׁל עֵץ אוֹ שֶׁל מַתֶּכֶת

Radierung
תַּחֲרִיט (תַּחֲרִיטִים) (אמנ׳) [ממ״ג/194]. הֶדְפֵּס מֵעַל גַּבֵּי לוּחַ מַתֶּכֶת

Radieschen *{Raphanus sativus}*
צְנוֹנִית (בוט׳) צֶמַח מִמִּשְׁפַּחַת הַמִּצְלִיבִים

radikal
שָׁרְשִׁי, עִקָּרְיָנִי, רָדִיקָלִי

Radikal ---> Wurzelkonsonant

radioaktiv
זְהוֹרָנִי (פיס׳) רַדְיוֹאַקְטִיבִי

Radioaktivität
זְהוֹרָנוּת (פיס׳) רַדְיוֹאַקְטִיבִיּוּת

Radiofrequenz
תֶּדֶר רַדְיוֹ (תִּדְרֵי רַדְיוֹ) (פיס׳)

Radiographie ---> Röntgenaufnahme

Radiologe
תַּקְרוּנַאי (תַּקְרוּנָאִים) (רפו׳) רַדְיוֹלוֹג

Radiologie
תַּקְרוּנָה (רפו׳) [מר״ח/573]. רַדְיוֹלוֹגְיָה, תּוֹרַת הַקְּרִינָה הַמְּרַפֵּאת

radiologisch
תַּקְרוּנִי (רפו׳) רַדְיוֹלוֹגִי

Radiometer ---> Strahlungsmeßgerät

Radiosonde
מַדְמַד (מטא׳) [יל״ט/101]. מַדְמַד רַדְיוֹ, רַדְיוֹזוֹנְד, מַעֲרֶכֶת מַכְשִׁירֵי מְדִידָה מֶטֶאוֹרוֹלוֹגִיִּים הַמְּשֻׁגָּרִים לָרוּמִים הָעֶלְיוֹנִים שֶׁל הָאֲוִירָה (אַטְמוֹסְפֵרָה) בְּאֶמְצָעוּת בַּלּוֹן אוֹ טִיל

Radium
זְהוֹר (רפו׳) [מר״ח/573]. רַדְיוּם, יְסוֹד כִּימִי זְהוֹרָנִי (רַדְיוֹאַקְטִיבִי), אוֹרִית

Radius
מָחוֹג (מְחוֹגִים) (מחמ׳) [ק/א/48]. חֲצִי אֲלַכְסוֹן. חֲצִי קֹטֶר (מחמ׳) [ק/א/322; ק/ג/278,124]. קַו יָשָׁר מִמֶּרְכַּז הַמַּעְגָּל אֶל כָּל נְקֻדָּה שֶׁהִיא בְּהֶקֵּפוֹ, רַדְיוּס. כַּרְכִּיד (רפו׳) [מר״ח/571]. עֶצֶם הַחִשּׁוּר, הַסּוֹבֵב

Radius des Inkreises *{Apothema}*
הָרֹחַק הַקָּצָר (מחמ׳) [מי״ב/196]. הַנִּבְדָּל

Radizieren ---> Wurzelziehen
radizierte Zahl ---> Zahl, radizierte
Radix ---> Wurzel
Radnetzspinnen *{Araneidae}*
גַּלְגַּלָּנִיִּים (זוא') מִשְׁפָּחָה שֶׁל עַכְבִישָׁאִים
Radschiff
אֳנִיַּת מְשׁוֹטָה (ימא')
rächen
נָקַם (נוֹקֵם), נִקַּם (נַקֵּם), הִתְנַקֵּם
Rädchen
מַקֵּדָה (מַקֵּדוֹת) (טכנ') גַּלְגַּל מְשֻׁנָּן קָטָן הַמְּשַׁמֵּשׁ לְנִקּוּד
Räderwerk
עֲגָלָה (עֲגָלוֹת) (טכנ') [א"ח/א/95]
Ränkeschmied ---> Intrigant
Ränkespiel ---> Intrige
räsonieren
שָׁקַל וְטָעַן (פיל') [פ"ר/160]
Räsonieren
חֲשִׁיבָה טִעוּנִית (פיל') [פ"ר/160]
räsonierendes Verhalten ---> Verhalten, räsonierendes
Räsonnement
טִעוּן [פ"ר/117]
Rätsel
חִידָה (חִידוֹת) [ק/א/284]. מַאֲמָר סָתוּם, דָּבָר שֶׁקָּשֶׁה לַהֲבִינוֹ
Rätsel aufgeben
חָד, שָׁאַל חִידָה
Rätseltest
מִבְחַן חִידָה (פדג', פסי')
Räuber
שׁוֹדֵד (שׁוֹדְדִים) (משפ') [א"ח/ב/318]. לִסְטִים, לַסָּט (לַסָּטִים), גַּזְלָן
Räuchergefäß
מִקְטֵר (מִקְטְרִים) (טכנ', ארכ') כְּלִי קְטֹרֶת
Räucherlöffel
כַּף (כַּפּוֹת) קְטֹרֶת (טכנ', ארכ')
räuchern
עִשֵּׁן (מְעַשֵּׁן) (חזו') [א"ח/א/120]. שִׁמֵּר מָזוֹן בְּאֶמְצָעוּת עָשָׁן
Räucherschalle
קַעֲרַת הַמִּקְטֵר (טכנ', ארכ')
Räucherschaufel
מַחְתָּה (מַחְתּוֹת) (טכנ', ארכ')
Räucherständer
כַּן הַמִּקְטֵר (טכנ', ארכ')
räumlich
מֶרְחָבִי (פיס', פסי') [ר/ב/413]. שֶׁבַּמֶּרְחָב. מְקוֹמִי (פיל', פיס') [ק/ב/266]. מַה שֶּׁמִּתְיַחֵס אֶל הַמָּקוֹם
räumlicher Gegenstand ---> Gegenstand, räumlicher
Räumlichkeit
מֶרְחָבִיּוּת (פסי', פיס') [ר/ב/413]
Räumlichkeiten ---> Anwesen
Räumung eines Hauses
פִּנּוּי (משפ') פִּנּוּי בַּיִת בְּכֹחַ הַחֹק
räuspern, sich ---> hüsteln

Raffinierstahl ---> Gerbstahl
Raffung, literarische
כִּוּוּץ סִפְרוּתִי (ספר') [מ"ס/78]. שִׁיטַת סֵפֶר הַמַּצִּיגָה פֶּרֶק זְמַן נָתוּן בְּצִמְצוּם וּבְתַמְצִיתִיּוּת
Rahmenerzählung
סִפּוּר מִסְגֶּרֶת (ספר') [מ"ס/25]. סִפּוּר הַמַּצִּיג בְּדַרְכּוֹ כְּלָל אֶת הַמַּמָּצָב (סִיטוּאַצְיָה) שֶׁבּוֹ נִכְתְּבָה הַיְּצִירָה וְהַמְּשַׁמֵּשׁ מֵעֵין מָבוֹא לַסִּפּוּר הַפְּנִימִי
Rahmenerzählung mit Erzähler *{Skaz}*
דִּבּוּבִית (דִּבּוּבִיּוֹת) (ספר') [מ"ס/76]. מַעֲשִׂיַּת פֶּה, סְקָאז, סִפּוּר הַמְּסֻפָּר כִּבְיָכוֹל עַל יְדֵי מְסַפֵּר עֲמָמִי
Rahmenhandlung
עֲלִילָה מְתוּכֶכֶת (ספר', תאט') עֲלִילָה בְּתוֹךְ עֲלִילָה
Rallen *{Rallidae}*
רַלִּיתִיִּים (זוא') מִשְׁפָּחָה שֶׁל עוֹפוֹת מִסִּדְרַת הָעֲגוּרָאִים
Rallenreiher *{Ardeola ralloides}*
אַנְפִית סוּף (זוא') עוֹף מִמִּשְׁפַּחַת הָאַנְפָתִיִּים
RAM-Speicher ---> Speicher, RAM-
rammen
הָלַם (הוֹלֵם), הִקִּישׁ, דָּפַק, הִכָּה
Rammen
הֲלִימָה, הַקָּשָׁה, דְּפִיקָה, הַכָּאָה
Rammhammer
הַלְמָן (טכנ') מִתְקַן הֲלִימָה, פַּטִּישׁ גָּדוֹל
Rampe
סוֹלְלָה (סוֹלְלוֹת) (אדר', צבא) [א"ח/א/36]. כֶּבֶשׁ (כְּבָשִׁים), שֶׁטַח מֻגְבָּה וּמְיֻשָּׁר, מִשְׁטָח מְשֻׁפָּע לַעֲלִיָּה וְלִירִידָה
Rampenlicht
אוֹרוֹת הַכֶּבֶשׁ (תאט')
Rand
שִׂפְתָּה (שִׂפְתּוֹת) (טכנ') שָׂפָה (שְׂפָיוֹת), שׁוּלַיִם, קָצֶה שֶׁל כְּלִי וכד'
Rand-... ---> marginal
Randbedingung
תְּנַאי שָׂפָה (תְּנָאֵי שָׂפָה) (טכנ')
Randbemerkung
הֶעָרַת גִּלָּיוֹן (הֶעָרוֹת גִּלָּיוֹן) (ספרנ')
Rande befindlich, am ---> peripher
Randfigur
אִישׁ שׁוּלַיִם (אַנְשֵׁי שׁוּלַיִם)
Randgegend ---> Peripherie
Randhäufigkeit
שְׁכִיחוּת שׁוּלִית (סטט') [מ"מ/222]. סִכּוּם שְׁכִיחֻיּוֹת הַשּׁוּרוֹת אוֹ הַטּוּרִים בְּלוּחַ צוֹלֵב
Randkontrast
נִגּוּד מַצְרָנִי (פסי')
Randlochkarte
כַּרְטִיס מְנֻקָּב שׁוּלַיִם (מחש', ספרנ') כַּרְטִיס מְחֹרָק
Randnote ---> Randbemerkung
Randomisierung ---> Zufallsstreuung
R a n d p e r s ö n l i c h k e i t ---> Marginalexistenz
Randpunkt
נְקֻדַּת שָׂפָה (מתמ')

Randwinkel
זָוִית מַגָּע (זָוִיּוֹת מַגָּע) (פיס')
Rang
דַּרְגָּה (דְּרָגוֹת) (מ"ח) [ק/ב/236]. מַעֲלָה, גֹּבַהּ, שָׁלָב. מַדְרֵגָה (מ"ח) [ק/ב/154]. גְּדֻלָּה, מַעֲמָד. חֵלֶק (מ"ח) [ק/א/307]. עֵרֶךְ, מִדָּה. יָצִיעַ (יְצִיעִים) (תאט', מוס') גְּזוּזְטְרָה בְּאוּלָם תֵּאַטְרוֹן
Rang, hoher
מַעֲלַת עַל (מ"ח) [ק/ב/50]. יֹקֶר, יְקָרָה, מַעֲלָה עֶלְיוֹנָה, כָּבוֹד, גְּדֻלָּה
rangieren
עָרַךְ וְדֵרֵג [פ"ר/150]. מִיֵּן (מְמַיֵּן)
R a n g k o r r e l a t i o n ---> Rangordnungskorrelation
Rangordnung [---> Hierarchie]
סֻלַּם דְּרָגוֹת (סטט') מִיּוּן כַּמּוּתִי שֶׁל מִשְׁתַּנִּים רְצִיפִים שֶׁמִּרְוָחֵיהֶם בִּלְתִּי יְדוּעִים אוֹ בִּלְתִּי שָׁוִים, סֵדֶר דְּרָגוֹת
Rangordnungskorrelation
מִתְאָם דֵּרוּגִים (מ"ח, סטט') [ר/ב/390; 613; מ"מ/218]. מִתְאָם דְּרָגוֹת, - סֵדֶר דְּרָגוֹת, שִׁיטַת מִתְאָם לֹא פָּרָמֶטְרִית לְסֻלָּם סוֹדֵר בֵּין שְׁנֵי מִשְׁתַּנִּים סִדּוּרִיִּים (אוֹרְדִּינָלִיִּים) הַמְּבֻסֶּסֶת עַל דֵּרוּג הַנְּקֻדּוֹת בִּשְׁנֵי מִשְׁתַּנִּים וּבְאֶמְצָעוּתָהּ נִקְבָּעִים חֹזֶק וְכִוּוּן
Rangordnungsskala ---> Ordinalskala
Ranke
קְנוֹקֶנֶת (קְנוֹקָנוֹת) (בוט') [א"ח/ב/210]. בְּלִיטָה חוּטִית בִּקְצֵה הֶעָלֶה אוֹ בְּגִבְעוֹל הַנִּכְרֶכֶת סְבִיב מִשְׁעֶנֶת כָּלְשֶׁהִי
Ranke, gebogene
אַרְכּוּבָה (אַרְכּוּבוֹת) (חקל') [א"ח/ב/232]. עָנָף מִבְרָךְ לְכִוּוּן הַקַּרְקַע
rankender Zweig ---> Zweig, rankender
Rankenfüßer *{Cirripedia}*
זִיפְרַגְלָאִים (זוא') סִדְרָה שֶׁל סַרְטָנִים יַמִּיִּים
Ranunkel *{Ranunculus asiaticus}*
נוּרִית אֲסִיָּה (בוט') צֶמַח מִמִּשְׁפַּחַת הַנּוּרִיתִיִּים
Ranzen
יַלְקוּט (יַלְקוּטִים) [א"ח/ב/266]. תַּרְמִיל
ranzig
סָנוּחַ, מַסְנִיחַ [מר"ח/573]. סָרוּי, סָרוּחַ, מְעֻפָּשׁ
Ranzigkeit
סְנוּחַ, סְנִיחוּת [מר"ח/573]. סְרִיוּת, סַרְחוּת, עִפּוּשׁ
Rappe
סוּס שָׁחוֹר (זוא', חקל')
rapplig ---> zappelig
Rapport ---> Übereinstimmung, innere
Rapsöl ---> Kolzaöl
Raptus ---> Handlung, anfallsartige
Raptus melancholicus
מַתְקוֹף שְׁחוֹרָתִי (פסי') [מר"ח/574]
Raritas
סְפוֹגִיּוּת, סְפוֹגוּת (פיס') [ק/ג/106]. קְלִישׁוּת, דְּלִילוּת, רִפְיוֹן, רַפְיוּת, הַרְפָּיָה
rasches Gehen ---> Gehen, rasches
Rasen
עִשְׂבָּה (גאו', חקל') שִׁכְבַת הָאֲדָמָה הָעֶלְיוֹנָה עִם הָעֵשֶׂב שֶׁבָּהּ
rasend
גּוֹעֵשׁ (פסי') גַּעֲשׁוֹנִי, מָלֵא חֵמָה, רוֹתֵחַ וְנִסְעָר
Rasenkoralle *{Cladocora cespitosa}*
אַלְמֹג הַדֶּשֶׁא (זוא') בַּעַל חַיִּים הַשַּׁיָּךְ לָאַלְמֻגָּאִים
Raserei
חֵמָה (פסי') [ר/א/272]. גַּעַשׁ, כַּעַס שֶׁיָּצָא מִכְּלַל שְׁלִיטָה. בֻּלְמוּס (פסי') תַּאֲוָה עַזָּה, תְּשׁוּקָה
rasieren
גִּלַּח (מְגַלֵּחַ), הִתְגַּלֵּחַ, גִּלֵּב, הִתְגַּלֵּב. סִפֵּר (מְסַפֵּר)
Rasieren [---> Frisur]
תִּגְלַחַת (תִּגְלָחוֹת) [א"ח/א/196]. גִּלּוּחַ
Rasiermesser
תַּעַר (תְּעָרִים) (טכנ') [א"ח/א/196]. סַכִּין גִּלּוּחַ
Raspel
מָשׁוֹף (מְשׁוֹפִים) (טכנ') שׁוֹפִין קִרְצוּף
Rasse
גֶּזַע (גְּזָעִים) (ביו', מ"ח) [ל"ס/32]. צוּרָה מְקוֹמִית שֶׁל מִין שֶׁהִיא תּוֹצָאַת הִסְתַּגְּלוּת לִסְבִיבָה מְסֻיֶּמֶת בְּשֶׁל בְּרֵרָה טִבְעִית, תַּת מִין
Rasselblume *{Catananche}*
אֹזֶן הַגְּדִי (בוט') צֶמַח מִמִּשְׁפַּחַת הַמֻּרְכָּבִים
Rasselgeräusch *{Ronchus}*
חִרְחוּר (רפו')
Rasterpapier
נְיַר מְדֻגָּם (גרפ')
Rate
תַּשְׁלוּם לְשִׁעוּרִין (תַּשְׁלוּמִים לְשִׁעוּרִין) (כלכ')
raten
יָעַץ (יוֹעֵץ), יִיעֵץ (מְיַעֵץ)
ratifizieren
אִשְׁרֵר (מְאַשְׁרֵר) (מדי', משפ') אִשֵּׁר רִשְׁמִית, נָתַן תֹּקֶף
Ratifizierung
אִשְׁרוּר (מדי', משפ') אִשּׁוּר רִשְׁמִי, מַתַּן תֹּקֶף רִשְׁמִי לְדָבָר עַל יְדֵי סַמְכוּת גְּבֹהָה לְאַחַר שֶׁאֻשַּׁר עַל יְדֵי סַמְכוּת נְמוּכָה
Ratio ---> Denkvermögen
Ration
מְנַת מָזוֹן (תזו') רֶזֶק
rational
שִׂכְלָנִי (פיל') [ק/ד/108]. שִׂכְלִי, רַצְיוֹנָלִי, נָבוֹן, מְבֻסָּס עַל הַתְּבוּנָה, תַּכְלִיתִי, יָאֶה, רָאוּי, מַתְאִים. דָּבְרִי, דִּבְרִי (פיל') [ק/א/130]. שִׂכְלִי, עִיּוּנִי. דַּבְּרָן, דַּבְּרָנִי (פיל') [ק/א/131]. מְדַבֵּר. דַּעְנִי (פיל') [ק/א/142]. דַּעְתָּן [ק/א/143]. מַחֲשַׁבְתִּי (פיל') [ק/ב/187]. הֶגְיוֹנִי, שִׁיטָתִי, תְּבוּנָתִי

rationale Erkenntnis ---> Erkenntnis, rationale
rationale Linie ---> Linie, rationale
r a t i o n a l e V o r a u s s e t z u n g ---> Voraussetzung, rationale
rationale Zahl ---> Zahl, rationale
rationales Abbild ---> Abbild, rationales
rationales Vermögen ---> Vermögen, rationales
Rationalisation ---> Rationalisierung

rationalisieren
הִתְרִיץ (מַתְרִיץ) (פסי') [ר/א/642]. בִּסֵּס בְּאֹפֶן שִׂכְלִי הִתְנַהֲגוּת שֶׁמְּנִיעֶיהָ רִגְשִׁיִּים וְלֹא נְבוֹנִים. מִשְׂכֵּל (מְמַשְׂכֵּל), עָשָׂה רַצְיוֹנָלִיזַצְיָה, שִׂכְלֵן (מְשַׂכְלֵן)

rationalisiert
מְמֻשְׂכָּל (פיל', פסי') שֶׁעָבַר מִשְׂכּוּל (רַצְיוֹנָלִיזַצְיָה)

Rationalisierung
הַתְרָצָה (פסי', פיל') [ר/א/642]. מַנְגְּנוֹן הֲגַנָּה נַפְשִׁי הַמְסַפֵּק תֵּרוּצִים שִׂכְלִיִּים לְהַצְדָּקַת הִתְנַהֲגוּת שֶׁמְּנִיעֶיהָ רִגְשִׁיִּים וּבִלְתִּי נְבוֹנִים, הַסְבָּרַת דָּבָר וְהַצְדָּקָתוֹ לְאַחַר מַעֲשֶׂה. מִשְׂכּוּל, רַצְיוֹנָלִיזַצְיָה, שִׂכְלוּן, תַּהֲלִיךְ הֲפִיכַת דְּבָרִים מְעֻרְפָּלִים וּמְבֻלְבָּלִים לִבְהִירִים וְתַמְצִיתִיִּים

Rationalismus
שִׂכְלְתָנוּת (פיל') [ק/ד/108]. שִׂכְלָנוּת, שִׁיטָה פִילוֹסוֹפִית הָאוֹמֶרֶת שֶׁהַתְּבוּנָה וְהַשֵּׂכֶל הֵם מְקוֹר הַהַכָּרָה הַיָּחִיד, רַצְיוֹנָלִיזְם. תְּבוּנִיּוּת (פיל') [ק/ד/178]

Rationalist(en)
שִׂכְלְתָן (שִׂכְלְתָנִים) (פיל') [ק/ד/108]. מִי שֶׁסָּבוּר שֶׁהַתְּבוּנָה וְהַשֵּׂכֶל הֵם מְקוֹר הַהַכָּרָה הַיָּחִיד, רַצְיוֹנָלִיסְט, רַצְיוֹנָלִיסְטָן. חֲכַם הַשֵּׂכֶל (פיל') [ק/א/290]. הַסּוֹבְרִים (פיל') [ק/ג/89]. בַּעֲלֵי הַסְבָּרָה

rationalistisch
שִׂכְלְתָנִי (פיל', פסי') רַצְיוֹנָלִיסְטִי

Rationalität
מִשְׂכּוּלִיּוּת (פיל') [ק/ד/108]. שִׂכְלָנוּת, הַתְאָמָה לַהִגָּיוֹן וְלַתְּבוּנָה, תַּכְלִיתִיּוּת, רַצְיוֹנָלִיּוּת, תְּבוּנִיּוּת

rationell
מִשְׂכּוּלִי (פיל') [ק/ב/144]. מְדֻבָּר, שִׂכְלִי, שְׂכוּלִי, שֶׁיֵּשׁ בּוֹ שֵׂכֶל, תְּבוּנִי

rationelle Psychologie ---> Psychologie, rationelle

rationieren
הִקְצָה (מַקְצֶה) (כלכ') רִזֵּק (מְרַזֵּק), הִתְרַזֵּק, הִקְצִיב

Rationierung
הַקְצָאָה (כלכ') [מר"ח/575]. רִזּוּק, הַקְצָבָה

Ratioskala ---> Verhältnisskala

ratlos
אוֹבֵד עֵצוֹת (פסי') [ק/ג/13]. נָבוֹךְ, תּוֹעֶה לֵב, מִי שֶׁנִּמְצָא בִּמְבוּכָה רוּחָנִית, נוֹטֶה לְכָאן וּלְכָאן

Ratlosigkeit
אָבְדַן עֵצוֹת (פסי')

Ratschluß
פְּסַק הַכְרָעָה (משפ')

Ratsuchende
נוֹעָץ (נוֹעָצִים), נוֹטֵל עֵצָה, שׁוֹאֵל בַּעֲצַת...., מִתְיָעֵץ, לוֹקֵחַ עֵצָה

Raub
שֹׁד (משפ') גְּזֵלָה, עֹשֶׁק, גֶּזֶל

Raubadler ---> Steppenadler

Raubbau
נִצּוּל יֶתֶר (היד', גאו', כלכ') נִצּוּל חוֹמֵס, צוּרַת נִהוּל כַּלְכָּלִי הַמְכֻוֶּנֶת לְהַשָּׂגַת רֶוַח מְרַבִּי וּמִיָּדִי בְּלֹא הַבְטָחַת הַמַּשְׁאַבִּים לֶעָתִיד

rauben
שָׁדַד (שׁוֹדֵד) (משפ') [א"ח/ב/318]. לִסְטֵם (מְלַסְטֵם), גָּזַל, חָמַס (חוֹמֵס)

Raubfliegen *{Asilidae}*
טַרְפָנִיִּים (זוא') מִשְׁפָּחָה שֶׁל זְבוּבִים

Raubmöwen *{Stercorariidae}*
חַמְסָנִיִּים (זוא') מִשְׁפָּחָה שֶׁל שְׁחָפִים

Raubtiere *{Carnivora}*
טוֹרְפִים יַבַּשְׁתִּיִּים (זוא') סִדְרָה שֶׁל יוֹנְקִים

Raubwanzen *{Reduviidae}*
טוֹרְפָנִיתִיִּים (זוא') מִשְׁפָּחָה שֶׁל פִּשְׁפְּשִׁים יַבַּשְׁתִּיִּים

Raubwürger *{Lanius excubitor}*
חַנְקָן גָּדוֹל (זוא') עוֹף מִמִּשְׁפַּחַת הַחַנְקָנִיִּים

Rauchschwalbe *{Hirundo rustica}*
סְנוּנִית הָרְפָתוֹת (זוא') עוֹף מִמִּשְׁפַּחַת הַסְּנוּנִיתִיִּים

rauh
מְחֻסְפָּס, גַּלְמִי, חָסִיף, אָשׁוּן

Rauhfrost
קֶרַח כְּפוֹרִי (מטא') [יל"ט/178]. מִשְׁקָע קֶרַח שֶׁבֵּין גְּבִישָׁיו מִרְוְחֵי אֲוִיר

Rauheit
חִסְפּוּס [ק/ג/27]. נִחוּר, אֲשִׁינוּת, אִי חֲלָקוּת. שְׂעִירוּת [ק/ד/145]. שַׂעֲרִיּוּת [ק/ד/148]

Rauhreif
כְּפוֹר מְחֻסְפָּס (מטא') [יל"ט/93; א"ח/ב/154]. כְּפוֹר, הִתְעַבּוּת אֵדֵי מַיִם שֶׁל הָאֲוִיר בְּצוּרַת גְּבִישֵׁי קֶרַח קְטַנִּים, גְּלִיד (גְּלִידִים)

Rauhschopf *{Dasylirion}*
צִיצָנִית (בוט') צֶמַח מִמִּשְׁפַּחַת הַשּׁוֹשַׁנִּיִּים

Rauke *{Eruca}*
בֶּן חַרְדָּל (בוט') צֶמַח מִמִּשְׁפַּחַת הַמִּצְלִיבִים

Rauke *{Sisymbrium}*
תּוּדְרָה (בוט') צֶמַח מִמִּשְׁפַּחַת הַמִּצְלִיבִים

Raum
מֶרְחָב (פיל', פיס') [ק/ב/265]. מָקוֹם (מְקוֹמוֹת), חֵלֶק שֶׁכָּל גּוּף תּוֹפֵס בֶּחָלָל. אָנָה (פיל') [ק/א/61]. הַמָּקוֹם הַמֻּפְשָׁט. דֶּרֶךְ (פיל', פיס') [ק/א/147]. מֶרְחָק (פיס') [ק/ב/279]. מָקוֹם בַּעַל שְׁלוֹשָׁה מְמַדִּים. פֵּאָה (פיס') [ק/ג/180]. צַד (פיס') [ק/ג/225]. רֹחַק (פיס') [ק/ד/37]

Raum(es), Bestimmung des ---> Bestimmung des Raumes

Raum, dreidimensionaler
מֶרְחָב תְּלַת מְמַדִּי (מתמ')

Raum, dualer
מֶרְחָב צָמוּד (מתמ') מֶרְחָב דוּאָלִי

Raum, eingeschränkter
מָקוֹם מֻגְבָּל (פיל') [ק/ב/177]. מָחוֹז, שֶׁטַח תְּחוּם, גְּבוּל

Raum(es), Einnehmen eines
תְּפִיסַת מָקוֹם [ק/ג/150]. עִסּוּק

Raum, Fortpflanzung im ---> Fortpflanzung im Raum

Raum, leerer
חָלָל רֵיק (פיס') [ק/ד/54]. רֵיקוּת, מָקוֹם שֶׁאֵין בּוֹ שׁוּם חֹמֶר. פָּנוּי (פיס') [ק/ג/193]. רֵיק. פְּנַאי (פיס') [ק/ג/194]. רֵיקָנוּת. רֵיקָם (פיס') [ק/ד/40]

Raum, linearer ---> Vektorraum
Raum, separabler
מֶרְחָב פָּרִיד (מתמ')
Raum einnehmen, einen
תָּפַס (תּוֹפֵס) מָקוֹם [ק/ב/22]. הִטְרִיד מָקוֹם. מִלֵּא מָקוֹם [ק/ב/201]. עָשָׂה שֶׁיִּהְיֶה הַמָּקוֹם מָלֵא. עָסַק, עֵסֶק, הִתְעַסֵּק [ק/ג/151]
Raum einnehmend
תּוֹפֵס מָקוֹם [ק/ב/327]. מִתְקוֹמֵם, מְקוֹמָם, שֶׁמְּמַלֵּא אֶת הַמָּקוֹם
Raumfarbe
צֶבַע הַמֶּרְחָב (פיס', פסי') [ר/ב/580]. צֶבַע הַנֶּפַח, - הַצֶּבַע, - הַנִּרְאֶה כְּאִלּוּ הוּא מְמַלֵּא חָלָל תְּלַת מְמַדִּי
Raumgeräusch
רַעַשׁ אוֹפֶף (פיס')
Raumgestaltung
תִּכְנוּן מֶרְחָבִי (י"א) תִּכּוּן הַמֶּרְחָב
Rauminhalt
חָלָל (מתמ') [ק/א/102]. גַּג. חֲלָלוּת (מתמ') [ק/א/305]. שִׁעוּר חֲלַל הַגּוּף, נֶפַח. מְכִילָה (מתמ') [ק/ב/198]. מִדַּת דָּבָר חָלוּל, נְבִיבוּת. רִבּוּעַ (מתמ') [ק/ד/19]
Raumintegral
אַסְכֶּמֶת שְׁלוֹשָׁה (מתמ') אִינְטֶגְרַל שָׁלוֹשׁ
Raumkurve
עֲקֻמָּה מֶרְחָבִית (מתמ') (קַו) עָקֹל
Raumladung
מִטְעַן נֶפַח (פיס') [ל"מ/369]. מִטְעַן מֶרְחָב, מִטְעָן מֶרְחָבִי
Raumorientierung *{Tropismus; Taxis}*
כְּפִינוּת (ביו') [מר"ח/682; ל"ב/115]. נְהִירָה, נְטִיָּה שֶׁל אוּל (אוֹרְגָנִיזְם) אוֹ שֶׁל תָּא לָנוּעַ לְעֵבֶר מְקוֹר גֵּרוּי חִיצוֹנִי אוֹ בְּכִוּוּן הָפוּךְ מִמֶּנּוּ, הַמְּשִׁכוּת אַחַר מַשֶּׁהוּ, טַקְסִיס
Raumorientierung betreffend, die
כָּפִין (ביו') [מר"ח/682]. נִמְשָׁךְ אַחַר מַשֶּׁהוּ בַּמֶּרְחָב, נוֹטֶה לָנוּעַ לְעֵבֶר מְקוֹר גֵּרוּי כָּלְשֶׁהוּ אוֹ מִמֶּנּוּ וָהָלְאָה
Raumwahrnehmung
תְּפִיסַת הַמֶּרְחָב (פסי') [ר/ב/414]. תְּפִיסָה בְּמִשּׁוּשׁ
Raumwahrnehmung, genetische Theorie der
תּוֹרַת הִתְהַוּוּת שֶׁל תְּפִיסַת הַמֶּרְחָב (פסי') תּוֹרָה גֶּנֶטִית שֶׁל תְּפִיסַת הַמֶּרְחָב
Raupe
דֶּרֶן (דְּרָנִים) (זוא') זַחַל (זְחָלִים) שֶׁל חֲרָקִים
Raupenfliegen *{Tachinidae}*
זְרִיזְבוּבִיִּים (זוא') מִשְׁפָּחָה שֶׁל זְבוּבִים
Rauschbrand *{Gangraena emphysematosa}*
יָרֶמֶת (רפו')
rauschen
הִרְעִישׁ (מַרְעִישׁ) (מוס', פיס') רָעַשׁ (רוֹעֵשׁ), גָּעַשׁ, סָעַר, הָמָה, הִגְעִישׁ
Rauschen [---> Geräusch]
הַרְעָשָׁה (מוס', פיס') [ק/ג/248]. צִלְצֵל, צִלְצְלוּת, צִלְצוּל, הִצְטַלְצְלוּת, הַפָּקַת צְלִילִים, הַשְׁמָעַת הַקּוֹל, נִסּוּר הַקּוֹל לְמֶרְחָק, הֲקָמַת רַעַשׁ

rauschender Körper ---> Körper, rauschender
Rauschgift
סַם מְמַכֵּר (כימ', פסי') סַם מְשַׁכֵּר
Rauschgift aufputschen, mit ---> aufputschen, mit Rauschgift
Rauschgiftnehmer(in) [---> Narkomane]
מְסַמֵּם, מְסַמֶּמֶת (פסי', רפו') מְסֻמְמָן
Raute *{Ruta}*
פֵּיגָם (בוט') צֶמַח מִמִּשְׁפַּחַת הַפֵּיגָמִיִּים
Raygras, Englisches *{Lolium perenne}*
זוּן רַב שְׁנָתִי (בוט') צֶמַח מִמִּשְׁפַּחַת הַדְּגָנִיִּים
Raygras, Französisches *{Arrhenatherum elatius}*
בֶּלְבְּסָן קִפֵּחַ (בוט') צֶמַח מִמִּשְׁפַּחַת הַדְּגָנִיִּים
Raygras, Italienisches *{Lolium multiflorum}*
זוּן הַחוֹלוֹת (בוט') צֶמַח מִמִּשְׁפַּחַת הַדְּגָנִיִּים

Reagenzpapier
נְיַר מְגַיֵּב (כימ')

Reagieren(s), Gesetz der vielfachen ---> Reaktion, Gesetz der veränderten

Reaktant
חֹמֶר מֵגִיב (כימ')

Reaktanz
הֶגֶב (פיס') [ל"מ/197]. הַחֵלֶק הַמְדֻמֶּה שֶׁל הָעַכָּבָה (אִימְפֶּדַנְצְיָה), שֶׁל מַעְגַּל זֶרֶם חִלּוּפִים

Reaktion
תְּגוּבָה (תְּגוּבוֹת) (פסי') [ר/ב/672]. פְּעֻלָּה כְּתוֹצָאָה שֶׁל גֵּרוּי אוֹ מַעֲנֶה לִפְעֻלַּת אַחֵר, פְּעֻלָּה נֶגְדִּית, הֵעָנוּת, רֵאַקְצְיָה

Reaktion, Abnahme der
יְרִידַת הַתְּגוּבָה (פסי')

Reaktion, Antizipation der ---> Reaktion, Vorwegnahme der

Reaktion, Gesetz der veränderten
חֹק שִׁנּוּי הַתְּגוּבוֹת (פסי') חֹק רִבּוּי הַתְּגוּבוֹת

Reaktion, Latenz der
חֶבְיוֹן הַתְּגוּבָה (פסי') [ר/א/254]. הַזְּמַן שֶׁבֵּין הַצָּגַת הַגֵּרוּי לְהוֹפָעַת הַתְּגוּבָה הַגְּלוּיָה עָלָיו

Reaktion, Mäßigung der
מִתּוּן הַתְּגוּבָה (פסי')

Reaktion, Schwinden der
אֲפִיסַת הַתְּגוּבָה (פסי')

Reaktion, Steigerung der ---> Reaktion, Zunahme der

Reaktion, temporäre
תְּגוּבַת אַרְעַי (פסי') תְּגוּבַת עֲרַאי

Reaktion, umkehrbare
תְּגוּבָה הֲפִיכָה (כימ') תְּגוּבָה הֲפוּכָה, - שֶׁתּוֹצָרֶיהָ מְגִיבִים בֵּינֵיהֶם וְשׁוּב יוֹצְרִים אֶת חָמְרֵי הַמּוֹצָא

Reaktion, unbedingte ---> Reaktion, unkonditionierte

Reaktion, unkonditionierte
תְּגוּבָה לֹא מֻתְנֵית (פסי') [ר/ב/673]. תְּגוּבָה הַנִּגְרֶמֶת עַל יְדֵי גֵּרוּי לֹא מֻתְנֶה

Reaktion, variierte
תְּגוּבָה מְרֻבַּת פָּנִים (פסי')

Reaktion, verfrühte
תְּגוּבָה מֻקְדֶּמֶת (פסי')

Reaktion, vermittelnde
תְּגוּבָה מְתַוֶּכֶת (פסי')

Reaktion, verspätete
תְּגוּבָה מְאֻחֶרֶת (פסי')

Reaktion, verzögerte
תְּגוּבָה מֻשְׁהֵית, - שְׁהוּיָה (פסי') [ר/ב/369]. תְּגוּבָה הַבָּאָה לִידֵי בִּטּוּי זְמַן-מָה לְאַחַר הַפְסָקוּת הַגֵּרוּי

Reaktion, Verzögerung der
אִחוּר הַתְּגוּבָה (פסי')

Reaktion, vielfache ---> Reaktion, variierte

Reaktion, Vorwegnahme der
הֶקְדֵּם הַתְּגוּבָה (פסי')

Reaktion, Wiederherstellung der
הִתְחַדְּשׁוּת הַתְּגוּבָה (פסי')

Reaktion, Zunahme der
הַגְבָּרַת הַתְּגוּבָה (פסי')

reaktionsauslösender Reiz ---> Reiz, reaktionsauslösender

Reaktionsbereitschaft, angespannte ---> Voreinstellung

Reaktionsbildung
הֲגָבַת הִפּוּךְ (פְּעֻלָּה), תְּגוּבַת הִפּוּךְ (תּוֹצָאָה) (פסי') [ר/ב/672]. הֲגָבָה הֲפוּכָה, הִפּוּךְ תְּגוּבָה, הֲגָבָה מְהֻפֶּכֶת, תְּצוּרַת תְּגוּבָה, תַּהֲלִיךְ שְׁלִיטָה בְּרְגָשׁוֹת אוֹ בִּדְחָפִים אֲסוּרִים עַל יְדֵי יְצִירַת דְּפוּסֵי הִתְנַהֲגוּת שֶׁהֵם הִפּוּכֵיהֶם שֶׁל רְגָשׁוֹת אוֹ דְּחָפִים אֵלּוּ

reaktionsfähig
הֶגֵבִי (פסי', כימ') מְסֻגָּל לְהָגִיב

Reaktionsfähigkeit
הֶגֵבִיּוּת (פסי', כימ') יְכֹלֶת לְהָגִיב

Reaktionsverhalten ---> Verhalten, reaktives

Reaktionsversuch
נִסּוּי הַתְּגוּבָה (פסי')

Reaktionswort
מִלַּת תְּגוּבָה (פסי')

Reaktionszeit
זְמַן הַתְּגוּבָה (פסי', מחש') [ר/א/252; דמ"א/89]. הַזְּמַן הַמִּזְעָרִי הַחוֹלֵף מֵהוֹפָעַת הַגֵּרוּי עַד לִתְגוּבַת הַנִּבְדָּק לְגֵרוּי זֶה, שִׁעוּר הַזְּמַן בֵּין הַכְנָסַת הַקֶּלֶט לַמַּחְשֵׁב לְבֵין פְּלִיטַת הַפֶּלֶט

Reaktionszeit bei Assoziationen
זְמַן הַהֶחְבֵּר (פסי') [ר/א/252]. זְמַן הַסְּמוּךְ, - תְּגוּבָה אַסוֹצְיַאטִיבִי, הַזְּמַן הַחוֹלֵף מֵהַצָּגַת הַגֵּרוּי וְעַד לִתְגוּבַת הַמְּגָרֶה

reaktiv
מֵגִיב, תְּגוּבָתִי, רֵאַקְטִיבִי, מְגַּיֵּב, גַּיִּב

reaktives Verhalten ---> Verhalten, reaktives

reaktivieren
שִׁפְעֵל (מְשַׁפְעֵל), הִפְעִיל מֵחָדָשׁ

Reaktivierung
שִׁפְעוּל, הַפְעָלָה מֵחָדָשׁ, רֵאַקְטִיבַצְיָה

Reaktor
כּוּר (כּוּרִים) (פיס') [ל"מ/310]. מָגוֹב (מְגוֹבִים), רֵאַקְטוֹר, מִתְקָן שֶׁעוֹרְכִים בּוֹ בִּקּוּעַ גַּרְעִינֵי מְבֻקָּר הַמְּעוֹרֵר תְּגוּבוֹת שַׁרְשֶׁרֶת

real
מְצִיאוּתִי (פיל') [ק/ב/54]. יֵשִׁי, מַמָּשִׁי, יֵשׁוּתִי, יָשֶׁה, אֲמִתִּי

Realdefinition
הַגְדָּרָה עִנְיָנִית (פיל') [ק/א/104; ק/ג/150,149]. גֶּדֶר הָעִנְיָן, גְּדֵר עִנְיָנִי, גֶּדֶר עִנְיָנִי, הַגְדָּרַת הָעִנְיָן

reale Korrelation ---> Korrelation, reale
realer Bedingungssatz ---> Bedingungssatz, realer
realer Begriff ---> Begriff, realer
Realisatio
חִיּוּב [ק/א/286]. הַדָּבָר אֲשֶׁר בְּפֹעַל, הַהַגָּעָה, בְּנִגּוּד לְכֹחַ וּלְאֶפְשָׁרוּת
Realisation ---> Realisierung
realisierbar
בָּצִיעַ, שֶׁנִּתָּן לְבַצְּעוֹ

Realisierbarkeit
בְּצִיעוּת

realisieren
בִּצַּע (מְבַצֵּעַ) [ק/ב/45]. יָצָא (יוֹצֵא), הוֹצִיא לַפֹּעַל. מִמֵּשׁ (מְמַמֵּשׁ) (כלכ') הֵמִיר מוּצָרִים, רְכוּשׁ וכד' בְּכֶסֶף מְזֻמָּן, הֵפִיק תּוֹעֶלֶת, נִצֵּל
Realisierung
בִּצּוּעַ (בִּצּוּעִים) [ק/א/163]. הוֹצָאָה, - לַפֹּעַל. מִמּוּשׁ (כלכ') הֲפִיכַת צוּרַת הַמּוּצָר שֶׁל מוּצָרִים לְצוּרַת הַמָּמוֹן שֶׁלָּהֶם וְהַפְנָיָתָם לִצְרִיכָה הַיִּצְרָנִית אוֹ הַפְּרָטִית, הֲפָקַת תּוֹעֶלֶת. הֶגְלֵם (ספר') [מ"ס/63]. רֵאָלִיזַצְיָה, הַדֶּרֶךְ שֶׁבָּהּ מְאַרְגֵּן הַסּוֹפֵר אֶת יְחִידוֹת הַזְּמַן וּמִרְוָחָיו בְּמַהֲלַךְ הָעֲלִילָה

Realismus
מְצִיאוּתָנוּת (ספר', מוס', אמנ') רֵאָלִיזְם, יֵשְׁיוֹן
Realist(in)
מְצִיאוּתָן, מְצִיאוּתָנִית (ספר', מוס', אמנ') יַשְׁיָן. בַּעֲלֵי הָעַצְמִיִּים [ק/א/93]. חֲכַם הַמַּעֲשֶׂה [ק/א/290]

realistic

מְצִיאוּתָנִי (ספר׳, מוס׳, אמנ׳) רֵאָלִיסְטִי

realistisch darstellen ---> darstellen, realistisch

realistischer Roman ---> Roman, realistischer

Realität ---> Wirklichkeit

Realität, Grad der

דַּרְגַּת אֱמֶת (פיל׳) [ק/ב/154]. מַדְרֵגָה בַּמְּצִיאוּת

Realitätsleugnung

הַכְחָשַׁת הַמְּצִיאוּת (פיל׳, פסי׳)

Realitätsprinzip

עֶקְרוֹן הַמְּצִיאוּת (פסי׳) [ר/ב/408]. יְסוֹד הַמַּמָּשׁוּת, חֵלֶק הָאֲנִי הַמְּסַדֵּר אֶת הַתַּהֲלִיכִים הַנַּפְשִׁיִּים הַשְּׁנִיּוֹנִיִּים (בַּעֲלֵי תִּפְקוּד נַפְשִׁי מוּדָע וְהַכָּרָתִי) וּמַכְפִּיף אֶת צָרְכֵי עֶקְרוֹן הַהֲנָאָה לִדְרִישׁוֹת הַמְּצִיאוּת, הַכָּרַת הַיֶּלֶד בְּקִיּוּמָהּ שֶׁל הַסְּבִיבָה הַמְּצִיאוּתִית וְהִתְאַמְתּוֹ אֵלֶיהָ

Realitätsprüfung

מִבְחַן הַמְּצִיאוּת (פסי׳) [ר/ב/408]. תַּהֲלִיךְ הַמְּאַפְשֵׁר לָאָדָם לִקְבֹּעַ אֶת יְחָסָיו עִם הַסְּבִיבָה הַחִיצוֹנִית

Realitas

קִנְיָן [ק/ג/287]. אֵיכוּת חִיּוּבִית

Reallohn ---> Arbeitslohn, reeler

Reamputation ---> Stumpfverbesserung

Rebe *{Vitis}*

גֶּפֶן (בוט׳) צֶמַח מִמִּשְׁפַּחַת הַגְּפָנִיִּים

Rebendolde *{Oenanthe}*

יֵינִית (בוט׳) צֶמַח מִמִּשְׁפַּחַת הַסּוֹכְכִיִּים

Rebenstiel [---> Rute]

זְמוֹרָה (זְמוֹרוֹת) (בוט׳) [א״ח/א/81]. עֲנַף הַגֶּפֶן

Rebhuhn *{Perdix perdix}*

חָגְלִית (זוא׳) עוֹף מִמִּשְׁפַּחַת הַפַּסְיוֹנִיִּים

Recessus ---> Ausbuchtung

Rechenbrett *{Abakus}*

חֶשְׁבּוֹנִיָּה (טכנ׳, מחמ׳)

Rechengeld

מָמוֹן חִשּׁוּב (מ״ח, כלכ׳)

Rechenkundiger

חַשְׁבָן (חַשְׁבָנִים) (מחמ׳) [ק/א/332]. יוֹדֵעַ חֶשְׁבּוֹן

Rechenname

כִּנּוּי חִשּׁוּב (מחמ׳, כלכ׳)

Rechenprobe

בִּדּוּק (מחמ׳) בַּקָּרָה

Recherche ---> Untersuchung

Rechner(in) [---> Computer]

חַשָּׁב, חַשֶּׁבֶת (מ״ט, כלכ׳) מְנַהֵל חֶשְׁבּוֹנוֹת, עוֹרֵךְ תַּחְשִׁיבִים

rechnerabhängig *{on-line}*

מְקֻוָּן (מחש׳) [דמ״א/72]. מְחֻבָּר בְּאֹפֶן פָּעִיל לְמַחְשֵׁב (לְגַבֵּי צִיּוּד הֶקֵּפִי אוֹ מָסוֹף)

rechnergestützte Fertigungstechnologie ---> Fertigungstechnologie, rechnergestützte

rechnergestütztes Konstruieren ---> Konstruieren, rechnergestütztes

rechnerunabhängig *{off-line}*

בִּלְתִּי מְקֻוָּן (מחש׳) [דמ״א/72]. שֶׁאֵינוֹ מְחֻבָּר בְּאֹפֶן פָּעִיל לְמַחְשֵׁב (לְגַבֵּי צִיּוּד הֶקֵּפִי אוֹ מָסוֹף)

Rechnung

חֶשְׁבּוֹן (חֶשְׁבּוֹנוֹת) (מחמ׳) [ק/א/331]. פְּעֻלַּת הַמְּחַשֵּׁב מִסְפָּרִים. חִשּׁוּב (חִשּׁוּבִים) (מחמ׳) [ק/א/333]. חֶשְׁבּוֹנִית (חֶשְׁבּוֹנִיּוֹת) (כלכ׳) פֵּרוּט הַחֶשְׁבּוֹן לְשֵׁם תַּשְׁלוּם

Rechnung, ausgeglichene

חֶשְׁבּוֹן מְסֻלָּק (כלכ׳)

Rechnungsabschluß ---> Bilanz

Rechnungsjahr ---> Haushaltsjahr

Rechnungslegung ---> Buchführung

Rechnungsprüfer ---> Buchprüfer

Recht

זְכוּת (זְכֻיּוֹת) [ק/א/323]. חֹק, מִשְׁפָּט. צֶדֶק [ק/ג/228]. דִּין, - אֱמֶת

Recht, internationales öffentliches

מִשְׁפָּט בֵּינְלְאֻמִּי פֻּמְבִּי (משפ׳)

Recht, mit gutem ---> verdientermaßen

Recht, strenges

מִדַּת הַדִּין (משפ׳, פיל׳) [ק/ב/302]. מִשְׁפָּט עַל פִּי שׁוּרַת הַדִּין, שְׁפִיטָה בְּלֹא רַחֲמִים

Recht, unbeschränkt wirksames

זְכוּת טִבְעִית (משפ׳)

Recht, ungeschriebenes ---> Gewohnheitsrecht

recht haben ---> wahr sein

Recht verzichten, auf ein

וִתֵּר עַל זְכוּת (משפ׳)

Rechteck

מַלְבֵּן (מַלְבְּנִים) (מחמ׳) [ק/ב/275]. מְרֻבָּע אָרֹךְ, - מָאֳרָךְ, - נִצָּב. רִבּוּעַ אָרֹךְ (מחמ׳) [ק/ד/20]. נִצָּב (מחמ׳) [ק/ג/61]

rechter Winkel ---> Winkel, rechter

rechtfertigen

הִצְדִּיק (מַצְדִּיק) (משפ׳) דָּן לְכַף זְכוּת, צִדֵּק (מְצַדֵּק)

Rechtfertigung

צִדּוּק (משפ׳) הַצְדָּקָה

Rechthaberei

דַּעְתָּנוּת (פסי׳) תְּכוּנַת מִי שֶׁעוֹמֵד עַל דַּעְתּוֹ

rechthaberisch

דַּעְתָּנִי (פסי׳) הָעוֹמֵד עַל שֶׁלּוֹ, דַּעְתָּן, בַּעַל דֵּעָה קְבוּעָה, תַּקִּיף בְּדַעְתּוֹ

rechtmäßig

חֻקִּי (משפ׳) בַּר תֹּקֶף, תָּקֵף, כַּחֹק, כַּמִּשְׁפָּט, לְפִי הַחֹק, יָשָׁר, כָּשֵׁר

rechtmäßiger Besitz ---> Besitz, rechtmäßiger

Rechtmäßigkeit

חֻקִּיּוּת (משפ׳) תְּקֵפוּת, הִתְאָמָה לַחֹק, כַּשְׁרוּת

Rechtsanspruch

זְכוּת חֻקִּית (משפ׳) זְכוּת תְּבִיעָה לְ...

Rechtsanwaltskammer

לִשְׁכַּת עוֹרְכֵי הַדִּין (משפ׳)

Rechtsausübung

מִמּוּשׁ זְכוּת (משפ׳)

Rechtsberater

יוֹעֵץ מִשְׁפָּטִי (משפ')

Rechtsbestand ---> Rechtsgültigkeit

rechtschaffen

יָשָׁר [ק/א/252]. מְזֹהָר, זָהִיר, יְרֵא חֵטְא, בַּר לֵב, יְשַׁר דֶּרֶךְ, הָגוּן, כֵּן, מִי שֶׁפִּיו וְלִבּוֹ שָׁוִים

Rechtschaffenheit ---> Integrität

Rechtsdrehen

חִיגָה קְדִימָה (מטא) [יל"ט/73]. הִשְׁתַּנּוּת כִּוּוּן הָרוּחַ בְּכִוּוּן הַשָּׁעוֹן

rechtsdrehend ---> rechtsgängig

Rechtseinwand ---> Einwand; Einspruch

rechtsgängig

מַיְמִין, פּוֹנֶה לְיָמִין

Rechtsgewinde

תַּבְרִיג מַיְמִין (טכנ')

Rechtsgläubigkeit

אֱמוּנַת אֲדִיקוּת (דת)

Rechtsgrundsatz

עִקָּרוֹן מִשְׁפָּטִי (משפ') כְּלָל מִשְׁפָּטִי

Rechtsgültigkeit

תֹּקֶף חֻקִּי (משפ')

Rechtsgutachten

חַוַּת דַּעַת מִשְׁפָּטִית (משפ')

rechtshändig

יְמִינִי (רפו', פסי') הַמִּשְׁתַּמֵּשׁ בְּיַד יְמִינוֹ

Rechtshändigkeit

יְמִינוּת (רפו', פסי') שִׁמּוּשׁ בְּיַד יָמִין

rechtskräftig ---> gültig

Rechtspersönlichkeit

אִישִׁיּוּת מִשְׁפָּטִית (משפ') מוֹסָד בַּעַל זְכֻיּוֹת וְחוֹבוֹת כְּלַפֵּי הַחֹק וְהַמִּשְׁפָּט

Rechtspraxis

יִשּׂוּם הַחֹק (משפ')

Rechtsstreitigkeit, bürgerliche ---> Klage, zivilgerichtliche

rechtsverbindlich

מְחַיֵּב עַל פִּי דִּין (משפ')

rechtswendig ---> rechtsgängig

rechtswidrig ---> ungesetzlich

Rechtswirkung

תּוֹצָאָה מִשְׁפָּטִית (משפ')

Rechtswissenschaft

מִשְׁפָּטִים (משפ') [ק/א/297; ק/ב/302]. חָכְמַת הַמִּשְׁפָּט, - הַדִּינִים, תּוֹרַת הַמִּשְׁפָּט

Rechtswissenschaft, vergleichende

מִשְׁפָּט הַשְׁוָאָתִי (משפ') מִשְׁפָּט מַשְׁוֶה

rechtwinklig

נִצָּב (מתמ') יְשַׁר זָוִית

rechtwinklige Zerlegung ---> Zerlegung, rechtwinklige

rechtwinkliges Trapez ---> Trapez, rechtwinkliges

Rechtwinkligkeit

נִצָּבוּת (מתמ')

Recital

מֵיפָע (מֵיפָעִים) (מוס') רֶסִיטָל

Recke

גְּבַהּ קוֹמָה (רפו') [א"ח/א/250]. אָרֹךְ (אֲרֻכִּים)

rectum, Nomen ---> Nomen rectum

Rede [---> Sprechen]

דִּבּוּר (בלש') [ק/ב/238]. מַעֲנֶה, מַבָּע, מִבְטָא, בִּטּוּי שְׂפָתַיִם

Rede, direkte

דִּבּוּר יָשִׁיר (בלש') [מ"ב/65]. אֲמִירָה, חֲשִׁיבָה וכד' הַנִּמְסֶרֶת כִּלְשׁוֹנָהּ, כְּפִי שֶׁנֶּאֶמְרָה אוֹ נֶהֶגְתָה עַל יְדֵי נוֹשֵׂא הַמִּשְׁפָּט, לְמָשָׁל: "הִלֵּל אוֹמֵר: **'אַל תִּפְרֹשׁ מִן הַצִּבּוּר'**"

Rede, erlebte ---> Monolog, innerer

Rede, gebundene

כְּתִיבָה שְׁקוּלָה (ספר') [ק/ב/175]. מְחֻבָּר, כִּנּוּי לִכְתִיבָה בַּחֲרוּזִים שְׁקוּלִים, מְלִיצָה שִׁירִית, בְּנִגּוּד לִמְפֹרָד. מַחֲרוֹז, מַחֲרֹזֶת (ספר') [ק/ב/185]. שִׁירָה

Rede, Gliederung der

פְּסוּק הַדִּבּוּר (רטו') [ק/ג/196]. חֲלֻקַּת הַדִּבּוּר הָאָרֹךְ לַחֲלָקִים קְצָרִים

Rede, indirekte

דִּבּוּר עָקִיף (בלש') [מ"ב/105]. פְּסוּקִית מַשָּׂא הַמּוֹסֶרֶת אֶת תֹּכֶן הַדְּבָרִים שֶׁאָמַר הַדּוֹבֵר (הַנּוֹשֵׂא בַּמִּשְׁפָּט הָעִקָּרִי), לְמָשָׁל: "שָׁאַלְתִּי אוֹתוֹ, מָתַי הִגִּיעַ", "הַדּוֹבֵר הִדְגִּישׁ, שֶׁלְּטַעֲנַת הָאוֹפּוֹזִיצְיָה אֵין שַׁחַר"

Rede, mäßige

הַדִּבּוּר הַבֵּינוֹנִי (רטו') [ק/א/88]. הַמְּמֻצָּע שֶׁבִּשְׁלֹשֶׁת אָפְנֵי הַדִּבּוּר

Rede, poetische ---> Rede, gebundene

Rede, rhytmische ---> Rede, gebundene

Rede, ungebundene

כְּתִיבָה דִּבּוּרִית (ספר') [ק/ב/245]. מְפֻזָּר, דִּבֹּרֶת (פְּרוֹזָה), סִפְרוּת כְּתוּבָה לְלֹא חֲרוּזִים, הַדִּבּוּר הַפָּשׁוּט וְהַבִּלְתִּי שִׁירִי. מְפֹרָד, מְפֹרָד (ספר') [ק/ב/247]

Rede bezüglich, auf die

דִּבּוּרִי (רטו') [ק/א/127]. שֶׁל דִּבּוּר

Rede in figürlicher Bedeutung

לְשׁוֹן הָעִנְיָן (ספר', בלש') [ק/ב/126]. דֶּרֶךְ בִּטּוּי, מְלִיצָה

Redefluß

שֶׁטֶף הַדִּבּוּר [ק/א/113]. גִּלְגּוּל, הֶמְשֵׁךְ הַדִּבּוּר, מֵרוֹץ הַדְּבָרִים

Redefreiheit

חֹפֶשׁ הַדִּבּוּר (משפ', מדי')

Redekünste, die

הַחָכְמוֹת הַדִּבּוּרִיּוֹת (רטו') [ק/א/127]. הֲלָצָה (רֶטוֹרִיקָה), הִגָּיוֹן וְדִקְדּוּק. הַחָכְמוֹת הַדְּבָרִיּוֹת (רטו') [ק/א/130]

Redekunst ---> Vortragskunst

redend

מְדַבֵּר

Redensart *{Idiom}*

נִיב (נִיבִים) (ספר', בלש') [מ"ב/100]. אַבְטָא, בִּטּוּי, צֵרוּף מִלִּים מְסֻכָּם וּמְקֻבָּל בַּלָּשׁוֹן שֶׁהַמַּשְׁמָע הַכּוֹלֵל שֶׁלּוֹ שׁוֹנֶה מֵהַמַּשְׁמָע שֶׁל כָּל אַחַת מִמִּלּוֹתָיו, לְמָשָׁל: "פֶּה מֵפִיק מַרְגָּלִיּוֹת" (= נוֹאֵם מְעֻלֶּה)

Redeteil ---> Wortart

Redeweise, figürliche

הַשְׁאָלָה (בלש', ספר') [ק/ג/105]. סְמִיכוּת, שִׁמּוּשׁ בְּמִלָּה לֹא בְּמוּבָנָהּ הַפָּשׁוּט אֶלָּא בְּמוּבָנָהּ הַמֻּשְׁאָל, הַעֲבָרָה, מַשְׁמָעוּת מֻשְׁאֶלֶת.

קֵרוּב (בלש׳, ספר׳) [ק/ג/300]. הַרְחָבַת מֻשָּׂג, הַקְרָבָה. דֻּגְמָא (פיל׳) [ק/א/132]

Redeweise, gehobene
דִּבּוּר נִשָּׂא (רטו׳) [ק/ג/74]. דִּבּוּר מְפֹאָר, - מְרוֹמָם, - בְּמִשְׁלַב לָשׁוֹן גָּבֹהַּ מְאֹד

Redeweise, poetische
מְלִיצָה (ספר׳) [ק/ב/206]. דִּבּוּר עַל דֶּרֶךְ הַשִּׁיר, הַמָּשָׁל, הַהַשְׁאָלָה וכד׳

Redeweise, uneigentliche ---> Redeweise, figürliche

Redewendung
צַלְמַת לָשׁוֹן (צַלְמוֹת לָשׁוֹן) (ספר׳, בלש׳) [מ״ב/80]. בִּטּוּי צִיּוּרִי, פִיגוּרָה לְשׁוֹנִית

Redezwang *{Logorrhoe}*
דַּבֶּרֶת (פסי׳) דַּחַף כְּפִיָּתִי לְפַטְפֵּט, שֶׁטֶף מִלִּים, פַּטְפֶּטֶת

Redliche(r)
יַשְׁרָן, יַשְׁרָנִית (אתי׳) [ק/ב/57]. אָדָם הַנּוֹהֵג בְּמִדַּת הַיֹּשֶׁר, צַדִּיק

redlicher Wettbewerb ---> Wettbewerb, redlicher

Redlichkeit
יֹשֶׁר (אתי׳) [ק/ב/57,56]. כֵּנוּת, יְשָׁרָה, צֶדֶק. יַשְׁרוּת, יַשְׁרָנוּת (אתי׳) [ק/ב/57]. שֵׂכֶל יָשָׁר וְהֶגְיוֹנִי

Redner
נוֹאֵם (נוֹאֲמִים), נוֹאֶמֶת (נוֹאֲמוֹת) (רטו׳) [ק/א/131]. דַּבְּרָן, דַּבְּרָנִי, דַּרְשָׁן, מֵלִיץ, בַּעַל חָכְמַת הַהֲלָצָה

Redoxreaktion
חִמְזוּר (כימ׳, ביו׳) [ל״ב/232]. רֵדוֹקְס, חִזּוּר וְחִמְצוּן הֲדָדִי

Reductio ad absurdum ---> Widerspruchsbeweis

Reduktion
אִפְחוּת, הַפְחָתָה [מר״ח/578]. צִמְצוּם, נִקּוּץ, הִתְנַקְּצוּת, פְּחִיתָה, הַמְעָטָה, הוֹרָדָה, נִכּוּי. עֲתִיקָה [יל״ט/157]. תִּרְגּוּם שֶׁל נָתוּן שֶׁנִּתְקַבֵּל בִּמְדִידָה מְסֻיֶּמֶת לְנָתוּן תּוֹרָאָתִי (תֵּאוֹרֶטִי). חִזּוּר (כימ׳) תְּגוּבָה כִּימִית שֶׁבָּהּ מֻרְחָק חַמְצָן מִתַּחְמֹצֶת, תַּהֲלִיךְ כִּימִי שֶׁל קַבָּלַת חַשְׁמִילוֹנִים (אֶלֶקְטְרוֹנִים) עַל יְדֵי יָאוֹן (יוֹן), פְּרָד (אָטוֹם) אוֹ פְּרֶדָּה (מוֹלֶקוּלָה)

Reduktion von Brüchen
צִמְצוּם שְׁבָרִים (מתמ׳) [ק/ד/68]. הֲשָׁבָה, הֲשָׁבַת מִנְיָן עַל מִנְיָן

redundant ---> weitschweifig

Redundanz ---> Weitschweifigkeit

Reduplikation ---> Verdoppelung

reduplikativer Satz ---> Satz, reduplikativer

reduzibel ---> zerlegbar

reduzierbar
נִפְחָת, פָּחִית, נָקִיץ, שֶׁאֶפְשָׁר לְצַמְצְמוֹ, שֶׁנִּתָּן לְהַקְטָנָה

reduzierbar, nicht
לוּזִי, לֹא פָּרִיק, שֶׁאֵינוֹ נִתָּן לְאִפְחוּת, - לְנִקּוּץ

Reduzierbarkeit [---> Zerlegbarkeit]
פְּחִיתוּת [מר״ח/578]. נְקִיצוּת

reduzieren
אִפְחֵת (מְאַפְחֵת), הִפְחִית (מַפְחִית)

[מר״ח/578]. צִמְצֵם (מְצַמְצֵם), פִּחֵת (מְפַחֵת), נִקֵּץ (מְנַקֵּץ), הִתְנַקֵּץ, חִסֵּר, הִמְעִיט, נִתְמַעֵט, נִתְגָּרַע, הֶעֱמִיד עַל..., קָבַע וְהִקְטִין, הִגְבִּיל, פֵּרֵק. עָתַק (עוֹתֵק) [יל״ט/157]. תִּרְגֵּם נָתוּן שֶׁנִּתְקַבֵּל בִּמְדִידָה מְסֻיֶּמֶת לְנָתוּן עִיּוּנִי (תֵּאוֹרֶטִי). חִזֵּר (מְחַזֵּר) (כימ׳) הִרְחִיק חַמְצָן מִתַּחְמֹצֶת, גָּרַם לְקַבָּלַת חַשְׁמִילוֹנִים (אֶלֶקְטְרוֹנִים) עַל יְדֵי יָאוֹן (יוֹן), פְּרָד (אָטוֹם) אוֹ פְּרֶדָּה (מוֹלֶקוּלָה)

reduziert
מְאֻפְחָת, מֻפְחָת, מְנֻקָּץ, מְצֻמְצָם

reeler Arbeitslohn ---> Arbeitslohn, reeler

reell
מַמָּשִׁי, אֲמִתִּי, מְצִיאוּתִי, הֲוָיָתִי, עֻבְדָּתִי, קַיָּם, שָׁרִיר וְקַיָּם

Reep ---> Seil

Referat ---> Vortrag

Referent
מְסַמֵּן (בלש׳) [מ״ב/191]. רֶפֶרֶנְט, מְאֻזְכָּר, עֶצֶם מְכֻנֶּה, תּוֹפָעָה חוּץ לְשׁוֹנִית (חֵפֶץ מְסֻיָּם, נְסִבּוֹת, מַחֲשָׁבָה) שֶׁהַסִּימָן הַלְּשׁוֹנִי מְאַזְכֵּר אוֹתָהּ

Referenz
רְמִיזָה (בלש׳) [מ״ב/190]. אִזְכּוּר, הִתְיַחֲסוּת, הַיַּחַס בֵּין הַסִּימָן הַלְּשׁוֹנִי (צֵרוּף שֵׁמָנִי) לְבֵין מַשָּׂאוֹ בַּמְּצִיאוּת, לְמָשָׁל: הַמִּלָּה ״הַר״ וְהַר בַּמְּצִיאוּת. אַסְמַכְתָּה (אַסְמַכְתּוֹת), רְאָיָה לְדָבָר מִמָּקוֹר מֻסְמָךְ

reffen
צִמְצֵם (מְצַמְצֵם) מִפְרָשׂ (ימא׳) הִקְטִין אֶת שֶׁטַח הַמִּפְרָשׂ

Refikation ---> Verdinglichung

reflektierbar
בַּר הִשְׁתַּקְּפוּת (פיס׳, פיל׳, פסי׳) שֶׁנִּתָּן לְהַחְזָרָה. עָכִיס (רפו׳, פסי׳). בַּר שְׁעִיּוּן (פיל׳, פסי׳) כְּשַׁר עִיּוּן (רֶפְלֶקְסִיָּה)

Reflektierbarkeit
כֹּשֶׁר הִשְׁתַּקְּפוּת (פיס׳, פיל׳, פסי׳) יְכֹלֶת הַחְזָרָה, כֹּשֶׁר הֶחְזֵר. עֲכִיסוּת (רפו׳, פסי׳). כֹּשֶׁר שְׁעִיּוּן (פיל׳, פסי׳) כֹּשֶׁר עִיּוּן (רֶפְלֶקְסִיָּה)

reflektieren [---> abbilden]
שִׁעְיֵן (מְשַׁעְיֵן) (פיל׳, פסי׳) [ר/ב/640]. חָזַר וְעִיֵּן, חָשַׁב עַל חֲוָיָה אוֹ אֵרוּעַ קוֹדְמִים וְהַשְׁלָכוֹתֵיהֶם, הִרְהֵר, שִׁקֵּף בְּמֹחוֹ. הִשְׁתַּקֵּף (פיס׳) הֶחֱזִיר קְרִינָה, הִתְבַּבֵּא (מִתְבַּבֵּא), נִרְאֲתָה בָּבוּאָתוֹ, שִׁקֵּף (מְשַׁקֵּף). עָכַס (עוֹכֵס) (רפו׳, פסי׳) הֶעֱכִיס (מַעֲכִיס), הִתְעַכֵּס

reflektieren, in sich
הֶחֱזִיר בְּתוֹךְ עַצְמוֹ (פיל׳) [פ״ר/97]

reflektierend [---> abbildend, sich]
מְשַׁעְיֵן (פיל׳, פיס׳, פסי׳) [מר״ח/579]. חוֹזֵר וּמְעַיֵּן, מְהַרְהֵר, מִתְהַרְהֵר. מַחֲזִיר קְרִינָה (פיס׳) [ק/ג/24]. נָזוֹר, מַשְׁקֵף אוֹר, מִשְׁתַּקֵּף, בָּבוּאָתִי, מִתְבַּבֵּא. עוֹכֵס (רפו׳, פסי׳) מַעֲכִיס, עַכְסִי, תַּעֲכִיסִי, עָכוּס

Reflektierung ---> Reflexion

reflektives Denken ---> Denken, reflektives

Reflektor [---> Spiegelteleskop]
מַחֲזִירוֹר (פיס׳) רֶפְלֶקְטוֹר, מַחֲזִית (מַחֲזִיּוֹת), מַעֲכִיס

Reflex [---> Abbild]
הֶחְזֵר אוֹר (פיס׳) [ק/א/193; ל״מ/203]. הַחְזָרַת אוֹר, תּוֹפָעָה שֶׁבָּהּ מֻחְזָר חֵלֶק שֶׁל גַּל הָאוֹר מִסְּבִיבָה שֶׁפָּגַע בָּהּ לִסְבִיבָה שֶׁמִּמֶּנָּה בָּא, הִפּוּךְ הַנִּיצוֹץ. הִתְהַפְּכוּת נִיצוֹץ הַשֶּׁמֶשׁ (פיס׳) [ק/א/230]. חֲזָרַת הָאוֹר בְּפָגְעוֹ בְּגוּף מְלֻטָּשׁ. זִהוּר, זֹהַר (פיס׳) [ק/א/251]. אוֹר נֶאֱצָל מֵאוֹר אַחֵר, אוֹר חוֹזֵר. זַהֲרוּר, זַהֲרוּרִית, זַהֲרִיר, זַהֲרִירוּת (פיס׳) [ק/א/252]. תַּעֲכִיס (פסי׳, רפו׳) [ר/ב/639]. עֶכֶס (עֲכָסִים), הֶחְזֵר, רֶפְלֶקְס, קֶשֶׁר גֵּרוּי-תְּגוּבָה בִּלְתִּי נִלְמָד, תְּגוּבָה פְּשׁוּטָה יַחֲסִית בְּלֹא הִתְעָרְבוּתוֹ שֶׁל הָרָצוֹן, גִּיבָה

Reflex(es), Ausbreitung des
הִתְפַּשְּׁטוּת הַתַּעֲכִיס (רפו׳, פסי׳) הִתְפַּשְּׁטוּת הַתְּגוּבָה, קְרִינַת הַתְּגוּבָה, הִתְפַּשְּׁטוּת הָעֶכֶס

Reflex(es), Auslösung des
הִתְפָּרְצוּת הַתַּעֲכִיס (רפו׳, פסי׳) הִתְפָּרְצוּת הַתְּגוּבָה, - הָעֶכֶס

Reflex, bedingter
תַּעֲכִיס מֻתְנֶה (רפו׳, פסי׳) [ר/ב/370]. עֶכֶס מֻתְנֶה, רֶפְלֶקְס תָּלוּי, תְּגוּבָה מֻתְנֵית, - הַנִּלְמֶדֶת אוֹ מִשְׁתַּנָּה עַל יְדֵי הַתְנָיָה

Reflex, natürlicher ---> Reflex, unbedingter

Reflex, segmentärer
תַּעֲכִיס אֵזוֹרִי (רפו׳, פסי׳) רֶפְלֶקְס אֵזוֹרִי, עֶכֶס אֵזוֹרִי

Reflex, unbedingter
תַּעֲכִיס לֹא מֻתְנֶה (רפו׳, פסי׳) [ר/ב/640]. עֶכֶס לֹא מֻתְנֶה, רֶפְלֶקְס לֹא תָּלוּי

Reflex, ursprünglicher ---> Reflex, unbedingter

Reflex(es), Verallgemeinerung des
הַכְלָלַת הַתַּעֲכִיס (רפו׳, פסי׳) [ר/א/205]. הַכְלָלַת הַתְּגוּבָה, - הָעֶכֶס, נְטִיָּה שֶׁל תְּגוּבוֹת מְסֻיָּמוֹת לְהִוָּצֵר בְּמַצָּב הַהַתְנָיָה

Reflexbewegung
תְּנוּעָה הֶכְרֵחִית (רפו׳, פסי׳) [ק/א/174; ר/ב/639]. בְּנִגּוּד לִתְנוּעָה רְצוֹנִית

Reflexbogen
קֶשֶׁת הַתַּעֲכִיס (פסי׳, רפו׳) [ר/ב/640]. קֶשֶׁת הָרֶפְלֶקְס, - הָעֶכֶס, הַיְחִידָה הָעֲצַבִּית הַמְשֹׁעֶרֶת הַמְיַצֶּגֶת אֶת פְּעֻלַּת הָרֶפְלֶקְס

Reflexhandlung
פְּעֻלָּה חוֹזֶרֶת (מ״ט, פסי׳) [ק/ג/205]. פְּעֻלַּת הֶחְזֵר, - הַתַּעֲכִיס, - הָרֶפְלֶקְס, - הָעֶכֶס

Reflexion [---> Abbildung]
שְׁעִיּוּן (פיל׳, פסי׳, פיס׳) [ר/ב/640; מר״ח/579; פ״ר/97]. עִיּוּן, רֶפְלֶקְסִיָּה, הִשְׁתַּקְּפוּת מַחְשַׁבְתִּית, חֲשִׁיבָה עַל חֲוָיָה אוֹ אֵרוּעַ קוֹדְמִים וְהַשְׁלָכוֹתֵיהֶם, עֲכִיסָה. הַחְזָרָה (הַחְזָרוֹת) (פיל׳, פסי׳) [המ״מ/226]. פְּנִיַּת הַתּוֹדָעָה אֶל עַצְמָהּ. הַחְזָרָה (פיס׳) [ל״מ/203]. הִשְׁתַּקְּפוּת, הֶחְזֵר. הִתְבּוֹנְנוּת (פיל׳, פסי׳) [ק/א/227]. הִסְתַּכְּלוּת פְּנִימִית, הִרְהוּר. מַחְשָׁבָה (פיל׳, פסי׳) [ק/ב/186]. הָגוּת, חֲקִירָה

Reflexion, diffuse
הַחְזָרָה פְּזוּרִית (פיס׳)

Reflexion des Lichtes
חֲזָרַת הָאוֹר (פיס׳) [ק/א/281]. הִשְׁתַּקְּפוּת בָּבוּאָה. נִזּוּר (פיס׳) [ק/ג/24]

Reflexionsbestimmung ---> Definition, korrelative

Reflexionsgrad
הַחְזָרוּת (פיס׳) [ל״מ/203]. כֹּשֶׁר הַהַחְזָרָה, הַיַּחַס בֵּין שֶׁטֶף הַקְּרִינָה הַמֻּחְזֶרֶת מִמִּשְׁטָח לְבֵין שֶׁטֶף הַקְּרִינָה הַפּוֹגַעַת בּוֹ

Reflexionsvermögen
כֹּחַ הַהַבְחָנָה (פיל׳, פסי׳) [ק/ב/74]

Reflexionswinkel
זָוִית הַחְזָרָה (פיס׳) [ל״מ/203]. הַזָּוִית בֵּין קֶרֶן אוֹר הַמֻּחְזֶרֶת מִמִּשְׁטָח לְבֵין הַנִּצָּב לַמִּשְׁטָח בִּנְקֻדַּת הַהַחְזָרָה

reflexiv
עַכְסִי (רפו׳, פסי׳, פיל׳) רֶפְלֶקְסִיבִי, תַּעֲכִיסִי, תְּגוּבָתִי. שְׁעִיּוּנִי, בַּעַל עִיּוּן. חוֹזֵר (בלש׳) [מ״ב/191]. חוֹזֵר אֶל עַצְמוֹ

reflexives Verb ---> Verb, reflexives

Reflexivpronomen
כִּנּוּי חוֹזֵר (בלש׳) [מ״ב/191]. כִּנּוּי הַמִּתְיַחֵס כְּמֻשָּׂא לַנּוֹשֵׂא שֶׁל אוֹתוֹ מִשְׁפָּט וְזֵהֶה לוֹ, לְמָשָׁל: בְּעִבְרִית: ״יַזִּיר **עַצְמוֹ** מִן הַיַּיִן״, ״מֵשִׂים **עַצְמוֹ** כְּעָשִׁיר״. בְּגֶרְמָנִית: ich erkämpfte **mir** mein Recht (= בְּמַאֲבָק הִשַּׂגְתִּי אֶת זְכוּתִי)

Reflexivum ---> Verb, reflexives

Reflexlicht
אוֹר חוֹזֵר (פיס׳) [ק/א/27]. אוֹר מְבַצְבֵּץ

Reflux
תְּחֲזוּר (כימ׳) שִׂרְתּוּחַ, תַּהֲלִיךְ הַרְתָּחַת נוֹזֵל בִּכְלִי וְעִבּוּי אֵדָיו הַחוֹזְרִים כְּנוֹזֵל לַכְּלִי

refluxieren
תִּחְזֵר (מִתַּחְזֵר) (כימ׳) שִׂרְתֵּחַ (מְשַׂרְתֵּחַ), הַרְתָּחַת נוֹזֵל בִּכְלִי וְעִבּוּי אֶת אֵדָיו הַחוֹזְרִים כְּנוֹזֵל לַכְּלִי

Reform
שִׁעְצוּב, רֶפוֹרְמָה, שִׁנּוּי, תִּקּוּן

Refrain
חֲזֹרֶת (חֲזוֹרוֹת) (מוס׳, ספר׳) פִּזְמוֹן חוֹזֵר, חֲזָרָה קְצוּבָה עַל מִלָּה, טוּר אוֹ בַּיִת שָׁלֵם

Refraktion ---> Brechung

Refraktometer
מַד שְׁבִירָה (פיס׳) מַכְשִׁיר הַמּוֹדֵד אֶת שִׁנּוּי כִּוּוּנָם שֶׁל קֶרֶן אוֹ שֶׁל גַּל כְּשֶׁהֵם עוֹבְרִים מִתָּוֶךְ אֶחָד לְתָוֶךְ אַחֵר

Refraktor ---> Linsenfernrohr

Refutatio
בִּטּוּל [ק/א/85]. , שְׁלִילָה, סְתִירָה, הַכְחָשָׁה. דְּחִיָּה [ק/א/134]. הַפְרָכָה [ק/ד/70]. שְׁבִירָה

Regel
כְּלָל (כְּלָלִים) (פיל׳, מדע) [ק/ב/91]. מִשְׁפָּט מַקִּיף. מִנְהָג (מ״ח) [ק/ב/212]. נֹהַג (נְהָגִים), דֶּרֶךְ קְבוּעָה, טֶבַע, הֶרְגֵּל מְקֻבָּל עַל רַבִּים, מַעֲשֶׂה נָהוּג וּמְקֻבָּל, תֶּקֶן. חֹק (חֻקִּים) (מ״ט) [ק/א/324]. תּוֹפָעָה קְבוּעָה בַּטֶּבַע, עִקָּרוֹן. יְסוֹד [ק/ב/40]. עִקָּר. מְרוּצָה [ק/ב/277]. אֹרַח, דֶּרֶךְ. שֹׁרֶשׁ [ק/ד/160]. אַב מִשְׁגָּ, חַק בַּרְזֶל

Regel, in der
בְּנֹהַג, בָּרָגִיל, כַּמְּקֻבָּל, בְּדֶרֶךְ כְּלָל, כָּרָגִיל, כְּדֶרֶךְ הָעוֹלָם

Regelbasis

מַסַּד כְּלָלִים (פסי', פדג')

Regelbewußtsein

תּוֹדַעַת כְּלָל (פסי', מ"ח)

regelbezogenes System ---> System, regelbezogenes

Regelblutungen, zu häufige *{Polymenorrhoe}*

סִמּוּךְ וֶסֶת (רפו') [מר"ח/543]. וֶסֶת תְּכוּפָה

Regeldetri ---> Dreisatz

Regeldetri, zusammengesetzte ---> Dreisatz, zusammengesetzter

regellos

נְטוּל סֵדֶר, - כְּלָלִים

Regellosigkeit

אַנְדְּרְלָמוּסְיָה הֶעְדֵּר חֹק, חֹסֶר סֵדֶר

regelmäßig

סָדִיר, סָדוּר, לְפִי סֵדֶר, עַל הַסֵּדֶר, קָבוּעַ

Regelmäßigkeit

סְדִירוּת, הִתְרַחֲשׁוּת בְּסֵדֶר קָבוּעַ, קְבִיעוּת

regeln [---> regulieren]

הִסְדִּיר (מַסְדִּיר) [ק/ג/96]. סִדֵּר, תִּקֵּן, וִסֵּת (מְוַסֵּת), קָבַע תַּקָּנָה, עָרַךְ

regeln, außergerichtlich

יִשֵּׁב (מְיַשֵּׁב) סִכְסוּךְ מִחוּץ לְבֵית הַמִּשְׁפָּט (משפ')

regelnd

מַסְדִּיר [ק/א/157,148]. עַל דֶּרֶךְ הַהַגָּעָה, רֶגוּלָטִיבִי, מְכַוֵּן, מְוַסֵּת, בְּדֶרֶךְ הַהַגָּעָה

Regelung ---> Steuerung

Regelung, außergerichtliche

יִשּׁוּב סִכְסוּךְ מִחוּץ לְבֵית הַמִּשְׁפָּט (משפ')

regelwidrig

חָרִיג [ק/ג/37]. נָכְרִי, זָר, בִּלְתִּי טִבְעִי, לֹא נָהוּג, יוֹצֵא דֹּפֶן, - מִן הַכְּלָל, - מִן הַגֶּדֶר הָרָגִיל, סוֹטֶה

Regen

גֶּשֶׁם (גְּשָׁמִים) (מטא') [יל"ט/45]. מִשְׁקָעִים בְּצוּרַת טִפּוֹת מַיִם שֶׁקָּטְרָן חֲצִי מִילִימֶטֶר וָמַעְלָה

Regenabspülung ---> Regenabwaschung

Regenabwaschung

סַחַף גְּשָׁמִים (היד', י"א)

Regenbogen

קֶשֶׁת בֶּעָנָן (מטא') [יל"ט/180]. קֶשֶׁת, אֲלֻמָּה שֶׁל רְצוּעוֹת צִבְעוֹנִיּוֹת בְּצוּרַת חֲצִי מַעְגָּל הַנִּרְאֵית בָּאֲוִירָה (אַטְמוֹסְפֵרָה) כְּשֶׁהָאוֹר נִתְקָל בְּרֶקַע שֶׁל טִפּוֹת מַיִם שֶׁבָּאֲוִיר

Regenbogenforelle *{Salmo gairdneri}*

טְרוּטַת עֵין הַקֶּשֶׁת (זוא') דָּג מִמִּשְׁפַּחַת הַסַּלְמוֹנִיִּים

Regenbogenhaut *{Iris}*

קַשְׁתִּית (רפו') אִירִיס, קְרוּם צִבְעוֹנִי בָּעַיִן שֶׁבְּמֶרְכָּזוֹ נִמְצָא הָאִישׁוֹן

Regenbogenhaut, Spaltdefekt der *{Kolobom}*

חַדֶּקֶת (רפו') [מר"ח/173]. סֶדֶק בָּעַיִן

Regenbogenhautentzündung *{Iritis}*

דַּלֶּקֶת הַקַּשְׁתִּית (רפו')

regenerieren

הֶחְדִּישׁ (מַחְדִּישׁ) [מר"ח/580]. יִנֵּן (מְיַנֵּן), הִתְיַנֵּן (מִתְיַנֵּן), הֶחְדִּישׁ (מַחְדִּישׁ), חִדֵּשׁ, הִתְחַדֵּשׁ, יָצַר מֵחָדָשׁ, עָבַר רֶגֶנֶרַצְיָה, הִתְיַלֵּד, הִתְרַעֲנֵן, רִעְנֵן (מְרַעֲנֵן), הֶחֱיָה

regenerierend

מַחְדִּישׁ, מְחַדֵּשׁ, מְיַנֵּן, יוֹצֵר מֵחָדָשׁ, מְרַעֲנֵן, מְחַיֶּה

Regeneration [---> Rückschreibung]

הַחְדָּשָׁה [מר"ח/580]. יִנּוּן, הִתְיַנְּנוּת, הֶחְדֵּשׁ, חִדּוּשׁ, יְצִירָה מֵחָדָשׁ, רֶגֶנֶרַצְיָה, הִתְרַעַנְנוּת, תְּחִיָּה, הִתְאַבְּבוּת, הִתְחַיּוּת, הִתְהַוּוּת מֵחָדָשׁ

Regenguß

סַגְרִיר (סַגְרִירִים) (מטא') [א"ח/ב/155]. גֶּשֶׁם שׁוֹטֵף

Regenintensität

עָצְמַת הַמִּשְׁקָעִים (מטא') [יל"ט/149]. עָצְמַת הַגֶּשֶׁם, כַּמּוּת הַמִּשְׁקָעִים שֶׁנִּצְטַבְּרָה בִּיחִידַת זְמַן

Regenmesser

מַד גֶּשֶׁם (מטא') [יל"ט/98]. מַכְשִׁיר לִמְדִידַת כַּמּוּת מֵי הַגֶּשֶׁם

Regenperiode [---> Regenzeit]

פֶּרֶק גֶּשֶׁם (מטא') [יל"ט/163]. יָמִים אֲחָדִים שֶׁיּוֹרֵד בָּהֶם גֶּשֶׁם

Regenpfeifer *{Charadriidae}*

חוֹפָמִיִּים (זוא') מִשְׁפָּחָה שֶׁל עוֹפוֹת מִסִּדְרַת הַחוֹפָמָאִים

regens, Nomen ---> Nomen regens

Regenschreiber *{Hyetograph}*

רוֹשֵׁם גֶּשֶׁם (מטא') [יל"ט/191]. הִיאֶטוֹגְרָף, מַכְשִׁיר הַמּוֹדֵד אֶת כַּמּוּת מֵי הַגֶּשֶׁם וְרוֹשֵׁם מַעֲקָב רָצוּף שֶׁל הָעֲרָכִים הַמִּשְׁתַּנִּים

Regensturm

סוּפַת גֶּשֶׁם (מטא')

Regenüberschuß

עֹדֶף הַגְּשָׁמִים (מטא')

Regenverteilung

פֵּרוּס הַגְּשָׁמִים (מטא') [יל"ט/217]. תִּפְרֹסֶת הַגְּשָׁמִים, צוּרַת הַהִתְפַּלְּגוּת שֶׁל הַגְּשָׁמִים בְּאֵזוֹר מְסֻיָּם

Regenwolke *{Nimbostratus}*

רְפִידַת חַשְׁרָה (מטא') [יל"ט/132]. נִימְבּוֹסְטְרָטוּס, עָנָן נָמוּךְ וְכָבֵד שֶׁצִּבְעוֹ אָפוֹר וְאָפֵל

Regenzeit [---> Regenperiode]

עוֹנַת הַגְּשָׁמִים (מטא') [א"ח/ב/149]. יְמֵי רְבִיעָה

Regie

בִּמּוּי (תאט') בִּיּוּם

Regiebemerkung ---> Bühnenanweisung

regieren

הִצְרִיךְ (מַצְרִיךְ) (בלש') [מ"ב/92]. חִיֵּב שִׁמּוּשׁ בְּיַחֲסָה מְסֻיֶּמֶת, לְמָשָׁל: הַפֹּעַל "טִפֵּל" מַצְרִיךְ אֶת סִימַן הַיַּחַס "בּ..."

Regierung, geschäftsführende ---> Übergangsregierung

Regierung bilden, eine

הִרְכִּיב מֶמְשָׁלָה, מַרְכִּיב מֶמְשָׁלָה (מדי')

Regimen sanitatis

פִּקּוּחַ רְפוּאִי (רפו') [ק/ג/21]. נִהוּל, סֵדֶר הַנְהָגַת הַמִּתְרַפֵּא

regional
אֲזוֹרִי, חֶבְלִי, רֶגְיוֹנָלִי
Regionalisierung
אִזּוּר (מדי') רֶגְיוֹנָלִיזַצְיָה, מִחוּז, חֲלֻקָּה לַאֲזוֹרִים
Regionalismus
אֲזוֹרִיּוּת (מדי') רֶגְיוֹנָלִיזְם, מְחוֹזָאוּת
Regisseur
בַּמַּאי, בַּמָּאִית (תאט) בַּיָּם, בַּיֶּמֶת
Register [---> Stilschicht; Index]
מִשְׁלָב (מוס') [למ"ו/292]. קֶטַע מִתּוֹךְ מִנְעָד שֶׁל כְּלִי נְגִינָה אוֹ שֶׁל קוֹל אֱנוֹשִׁי, רֶגִיסְטֶר. אוֹגֵר (אוֹגְרִים) (מחש') [דמ"א/88]. רְכִיב בְּזִכָּרוֹן רָאשִׁי אוֹ בִּיחִידַת הָעִבּוּד הַמֶּרְכָּזִית (יָעַ"ם) שֶׁל מַחְשֵׁב הַמְּשַׁמֵּשׁ לְאִחְסוּן זְמַנִּי שֶׁל נָתוּן
Registertonne (RT)
טוֹן תְּפוּסָה (טוֹנֵי תְּפוּסָה) (ימא') יְחִידַת נֶפַח הַמְּקֻבֶּלֶת בַּיַּמָּאוּת: 2.8314 מֶטְרִים מְעֻקָּבִים
Registrator
רַשָּׁם (רַשָּׁמִים) (משפ', מנה') דִּפְתְּרָן (דִּפְתְּרָנִים)
Registrierballon ---> Sondierballon
registrieren ---> eintragen
Registrierung ---> Eintragung
Reglementierung
מִשְׁטוּר (מִשְׁטוּרִים) (מנה', מדי') הַטָּלַת פִּקּוּחַ מֶמְשַׁלְתִּי, רֶגְלֶמֶנְטַצְיָה, תִּקְנוּן, קְבִיעַת תַּקָּנוֹן
Regler ---> Regulator
regnen
מָטַר (מוֹטֵר) (מטא') הִתְמַטֵּר, יָרַד גֶּשֶׁם, - מָטָר, הִמְטִיר (מַמְטִיר)
regnerisch
גָּשׁוּם (מטא')
Regradation
שִׁדְרוּג, דֵּרוּג מֵחָדָשׁ
regradieren
שִׁדְרֵג (מְשַׁדְרֵג), דֵּרֵג מֵחָדָשׁ
regredieren
נָסוֹג (פסי') [ר/ב/693]. חָזַר לִדְפוּס הִתְנַהֲגוּת מֻקְדָּם
Regression
תְּסוּגָה (פסי', מחמ') [ר/ב/693]. חֲזָרָה לְשָׁלָב קוֹדֵם, רֶגְרֶסְיָה, נְסִיגָה, חֲזָרָה לִדְפוּס הִתְנַהֲגוּת מֻקְדָּם יוֹתֵר, תַּהֲלִיךְ שֶׁל נְסִיגָה לְאָחוֹר
Regression, mehrfache ---> Regression, multiple
Regression, multiple
תְּסוּגָה מְרֻבֶּבֶת (סטט') [מ"מ/221]. תְּסוּגָה מְרֻבָּה, - רַבַּת גּוֹרְמִים, שִׁיטָה סְטָטִיסְטִית לִבְדִיקָה בּוֹ זְמַנִּית שֶׁל הַיַּחַס בֵּין עֲרָכִים נִבְחָרִים שֶׁל מִשְׁתַּנֶּה תָּלוּי לְבֵין עֲרָכִים נְצָפִים שֶׁל מִשְׁתַּנִּים בִּלְתִּי תְּלוּיִים אֲחָדִים
Regression, statistische
תְּסוּגָה סְטָטִיסְטִית (סטט') [ר/ב/693; מ"מ/221]. תְּסוּגָה לַמְּמֻצָּע, יַחַס בֵּין עֲרָכִים נִבְחָרִים שֶׁל מִשְׁתַּנֶּה אֶחָד (x) לְבֵין עֲרָכִים נְצָפִים שֶׁל מִשְׁתַּנֶּה מְצֻמָּד אַחֵר (y)
Regressionsanalyse
נִתּוּחַ תְּסוּגָה (סטט') [ר/ב/694; מ"מ/218]. נִתּוּחַ תְּסוּגָה, שִׁיטָה סְטָטִיסְטִית לִבְחִינַת קְשָׁרִים בֵּין מִשְׁתַּנִּים רְצִיפִים
Regressionsgerade ---> Ausgleichsgerade
Regressionskoeffizient
מְקַדֵּם הַתְּסוּגָה (סטט') [ר/ב/693; מ"מ/216]. מְקַדֵּם הַמְּצַיֵּן שִׁנּוּי הַמִּשְׁתַּנֶּה הַתָּלוּי אִם הַמִּשְׁתַּנֶּה הַבִּלְתִּי תָּלוּי הִשְׁתַּנָּה בִּיחִידָה אַחַת
Regressionskoeffizient, standardisierter
מְקַדֵּם תְּסוּגָה תִּקְנִי (סטט') [מ"מ/216]. מְקַדֵּם הַמְּצַיֵּן בְּכַמָּה יְחִידוֹת סְטִיַּת תֶּקֶן יִשְׁתַּנֶּה הַמִּשְׁתַּנֶּה הַתָּלוּי בְּמִקְרֶה שֶׁהַמִּשְׁתַּנֶּה הַבִּלְתִּי תָּלוּי מִשְׁתַּנֶּה בִּיחִידָה אַחַת שֶׁל סְטִיַּת תֶּקֶן
regressiv
נָסְגָנִי, נְסוֹגָנִי, נָסוֹג, - אָחוֹר, רֶגְרֶסִיבִי, תְּסוּגָתִי
regressive Analyse ---> Analyse, regressive
regressiver Beweis ---> Beweis, regressiver
regressiver Polysyllogismus ---> Polysyllogismus, regressiver
Regreßrecht ---> Rückgriffsrecht
Regula falsi ---> Ansatz, Regel vom falschen
Regulation
תְּקִינָה, רֶגוּלַצְיָה, הַסְדָּרָה, קְבִיעַת סֵדֶר, וִסּוּת
regulativ ---> regelnd
Regulator
וַסָּת (וַסָּתִים), רֶגוּלָטוֹר, מְוַסֵּת
regulieren [---> regeln]
וִסֵּת (מְוַסֵּת)
Regung
רַחַשׁ (רְחָשִׁים) (פסי') פֶּרֶץ (פְּרָצִים)
Reh *{Capreolus capreolus}*
אַיַּל הַכַּרְמֶל (זוא') יוֹנֵק מִמִּשְׁפַּחַת הָאַיָּלִיִּים
Reibahle
מַקְדֵּד (מַקְדְּדִים) (טכנ') מַקְדֵּחַ גְּלִילִי
Reibelaut ---> Spirant
reiben
חִכֵּךְ (מְחַכֵּךְ) [א"ת/ב/267]. שָׁף, שִׁפְשֵׁף
Reibrad ---> Reibungsrad
Reibung
חִכּוּךְ (פיס') שִׁפְשׁוּף
Reibung, rollende
חִכּוּךְ הַחֲלָקָה (פיס')
Reibungsrad
גַּלְגַּל חִכּוּךְ (טכנ')
Reibungswalze
גְּלִיל חִכּוּךְ, גְּלִילֵי חִכּוּךְ (טכנ')
Reibwunde
כָּתִית (כְּתִיתִים) (רפו') פֶּצַע, חַבּוּרָה
reichen
הוֹשִׁיט (מוֹשִׁיט), פָּשַׁט, שָׁלַח, הִגִּישׁ
reichlich
שׁוֹפְעָנִי
Reichweite
מַשָּׂג, טְוָח הַגָּעָה, - הַשָּׂגָה
reif

בָּשֵׁל, גָּמֵל

Reif ---> Rauhreif

Reife

בְּשֵׁלוּת (רפו', פסי') [ק/א/157; ר/א/106]. הַגָּעָה, שְׁלֵמוּת, גֹּמֶר גְּדוֹל, בַּגְרוּת, גְּמֵלוּת, מַצָּב שֶׁל גְּדִילָה שֶׁהֻשְׁלְמָה, סִיּוּמוֹ שֶׁל תַּהֲלִיךְ הַהִתְבַּגְּרוּת

Reife, volle

צְמִילָה (ביו', פסי') [א"ת/ב/213]. צֶמֶל, הַבְשָׁלָה מְלֵאָה, בַּגְרוּת מֻשְׁלֶמֶת

reifen

הִבְשִׁיל (מַבְשִׁיל) (בוט', חקל') [א"ת/ב/160]. הִתְבַּכֵּר, הִבְגִּיר, גָּמַל (גּוֹמֵל), בָּשַׁל (בּוֹשֵׁל), הִבְכִּיר (מַבְכִּיר), נִהְיָה בָּשֵׁל, הִבְחִיל (מַבְחִיל), צָמַל (צוֹמֵל), הִצְמִיל, סָטַף (סוֹטֵף)

Reifen

צְמִיג (צְמִיגִים) (טכנ') חִשּׁוּק גּוּמִי הַמַּקִּיף אֶת הַגַּלְגַּל, סוֹבֵב (סוֹבְבִים)

Reifenpanne

נֶקֶר (נְקָרִים) (טכנ') חוֹר בִּצְמִיג

Reifung

הַבְשָׁלָה (רפו', פסי') [ר/א/120]. בְּשִׁילָה, תַּהֲלִיךְ הַהִתְפַּתְּחוּתִי הַמּוֹלִיךְ לְבַגְרוּת (בְּשֵׁלוּת), גְּמִילָה, סְטִיפָה

Reih und Glied, in

רֶגֶל בְּרֶגֶל, בְּסֵדֶר שׁוּרָתִי, בָּזֶה אַחַר זֶה, בְּסֵדֶר רָצוּף

Reihe [---> Reihenwerk]

שׁוּרָה (שׁוּרוֹת) (מתמ') [ק/ב/242]. מַעֲרָכָה, מַעֲרֶכֶת, טוּר (טוּרִים). עֲרִיכָה [ק/ג/170]. שׁוּרַת דְּבָרִים מְסֻדֶּרֶת, מַעֲרָךְ, דָּבָר מְסֻדָּר עַל מְקוֹמוֹ

Reihe, arithmetische

טוּר חֶשְׁבּוֹנִי (מתמ') [ק/ג/44]. נִמְשָׁךְ

Reihe, Stellung in einer ---> Stellung in einer Reihe

Reihe, oszillierende

טוּר מִתְנוֹדֵד (מתמ')

Reihe von Bänden

עֶקֶד (עֲקָדִים) (ספרנ') סִדְרַת כְּרָכִים

Reihen-Stellen Phänomen

תּוֹצָא מָקוֹם בַּסִּדְרָה (פסי', מ"ח) [ר/ב/455]. תּוֹפָעָה שֶׁבָּהּ הַסְּבִירוּת לְהִזָּכֵר בְּפָרִיט מְסֻיָּם בִּרְשִׁימָה שֶׁל נִסּוּי הַזְּכִירוּת חָפְשִׁית הִיא מְתֻנָּה (פוּנְקְצִיָּה) שֶׁל מְקוֹם הַפָּרִיט בָּרְשִׁימָה

Reihenentwicklung

פִּתּוּחַ לְטוּר (מתמ')

Reihenfolge

סֵדֶר [ק/ג/94]. סִדּוּר [ק/ג/93]. סֵדֶר זְמַנִּים, מַעֲרָכָה, סֵדֶר הַמַּעֲרָכָה, סִדְרָה שֶׁל תְּכִיפוּת

Reihenfolge, umgekehrte

הִפּוּךְ סֵדֶר הַמַּעֲרָכָה

Reihenschlußmotor

מָנוֹעַ טוּרִי (טכנ')

Reihensumme

סְכוּם שׁוּרָה (מתמ')

Reihenwerk

סִדְרָה (סְדָרוֹת) (ספרנ') מַעֲרֶכֶת פִּרְסוּמִים הַיּוֹצְאִים לָאוֹר בִּרְצִיפוּת מְסֻיֶּמֶת

Reihenwort ---> Kopulativkompositum

Reiher *{Ardeidae}*

אַנְפָתִיִּים (זוא') מִשְׁפָּחָה שֶׁל עוֹפוֹת מִסִּדְרַת הַחֲסִידָאִים

Reiherente *{Aythya fuligula}*

צוֹלֵל מְצֻיָּץ (זוא') עוֹף מִמִּשְׁפַּחַת הַבַּרְוָזִיִּים

Reiherfedergras *{Stipa barbata}*

מַלְעֲנִיאֵל הַנּוֹצוֹת (בוט') צֶמַח מִמִּשְׁפַּחַת הַדְּגָנִיִּים

Reiherschnabel *{Erodium}*

מַקּוֹר הַחֲסִידָה (בוט') צֶמַח מִמִּשְׁפַּחַת הַגֶּרָנִיִּים

rein

זַךְ [ק/א/259]. נָקִי, טָהוֹר, שָׁחַף מִפֶּשַׁע. בָּרוּר [ק/א/94]. מְבֹאָר, מְדֻיָּק, צָרוּף

Reineinkommen

הַכְנָסָה נְקִיָּה (כלכ') הַכְנָסָה לְאַחַר נִכּוּי הַמִּסִּים וְהוֹצָאוֹת אֲחֵרוֹת

Reinerlös ---> Reinertrag

Reinertrag

רֶוַח נָקִי (כלכ') סְכוּם הַמִּתְקַבֵּל לְאַחַר נִכּוּי כָּל הַהוֹצָאוֹת וְהַמִּסִּים מִן הָרְוָחִים

Reingewinn ---> Reinertrag

Reingoldlegierung

זָהָב אֲמֶרִיקָנִי (טכנ') [דח"ט/50]. זָהָב אֲמֶרִיקָאִי, רִקּוּעַ נְחֹשֶׁת מְעֻבָּד בְּאֵדֵי אָבָץ מִתּוֹךְ הַמַּקְנִים לוֹ צֶבַע זָהֹב

Reinheit

זַכּוּת [ק/א/260; א"ת/ב/56]. טָהֳרָה, זֹךְ, צְלִילוּת, טַהֲרָה, טֹהַר

reinigen

נִקָּה (מְנַקֶּה), זִכֵּךְ (מְזַכֵּךְ), עָשָׂה שֶׁיִּהְיֶה זַךְ, טִהֵר (מְטַהֵר), נִטְהַר, נִקָּה, הִטַּהֵר

reinigen, durch Ausbrühen ---> Ausbrühen reinigen, durch

Reinigungspapier

מַגָּבוֹן (מַגְּבוֹנִים) (טכנ') מַגֶּבֶת נְיָר, נְיַר נִקּוּי

Reinlichkeit

נְקִיּוּת [א"ת/א/251]

Reinverdienst ---> Reinertrag

Reis [---> Schößling]

Reis *{Oryza sativa}*

אֹרֶז תַּרְבּוּתִי (בוט') צֶמַח מִמִּשְׁפַּחַת הַדְּגָנִיִּים

Reiseausrüstung ---> Wegzehrung

Reisegefahr

סַכָּנַת דְּרָכִים (משפ') [א"ת/ב/319]

Reisekostenvergütung

קִצְבַּת נְסִיעָה (כלכ')

Reisekostenzulage ---> Reisekostenvergütung

Reisende(r) [---> Passant]

נוֹסֵעַ (נוֹסְעִים), נוֹסַעַת (נוֹסְעוֹת)

Reisepaß

דַּרְכּוֹן (דַּרְכּוֹנִים) (מדי') תְּעוּדַת מַסָּע, דַּרְכִּיָּה

Reisig

גְּבָבָה (חקל') [א"ת/א/85]. פְּסֹלֶת עֲנָפִים, זְרָדִים

Reismehlkäfer *{Tribolium confusum}*

שַׁחֲרוּרִית הַקֶּמַח (זוא') חֶרֶק מִמִּשְׁפַּחַת הַשַּׁחֲרוּרִיתִיִּים (חִפּוּשִׁיּוֹת)

Reißbrett

כַּנַּת סִרְטוּט (טכנ', אמנ')

Reißfeder

עֵט סִרְגּוּל (טכנ', אמנ') [ממ"ג/200]. שֶׂרֶד (שְׂרָדִים), עֵט סִרְטוּט, מַכְשִׁיר עָשׂוּי שְׁתֵּי שׁוֹקַיִם שֶׁאַחַת מֵהֶן קְבוּעָה וְהַשְּׁנִיָּה נָעָה וְהַמְּשַׁמֵּשׁ לְסִרְטוּט קַוִּים וְצוּרוֹת הַנְדָּסִיּוֹת

Reißfeder, Einsteckhülse der

קְנֵה עֵט סִרְגּוּל (טכנ', אמנ') קָנֶה

Reißfedereinsatz

מַקּוֹר לְעֵט סִרְגּוּל (טכנ', אמנ')

Reißnagel

נַעַץ (נְעָצִים) (טכנ') מַסְמֵר קָטָן שֶׁרֹאשׁוֹ גָּדוֹל וְעָגֹל

Reiterkrabbe *{Ocypode cursor}*

חוֹלוֹן הַחוֹף (זוא') סַרְטָן מִמִּשְׁפַּחַת הַחוֹלוֹנִיִּים (סַרְטָנִים מַעֲשִׂירֵי רֶגֶל)

Reitgerte

זְמוֹרָה (זְמוֹרוֹת) [א"ח/ב/333]. שׁוֹט רוֹכְבִים

Reitpferd

סוּס רְכִיבָה (זוא', ספו')

Reiz *{Stimulus}*

גֵּרוּי (גֵּרוּיִים) (פסי') [ר/א/132; מר"ח/636]. נַחַץ, גְּרִימַת רְגִישׁוּת, הַפְעָלָה, פְּעֻלָּה הַמְּעוֹרֶרֶת אֶת הַכֹּחוֹת הַנַּפְשִׁיִּים, תַּמְרִיץ

Reiz-Reaktionsfolge

עֹקֶב גֵּרוּי-תְּגוּבָה (פסי')

Reiz, adäquater

גֵּרוּי הוֹלֵם (פסי') [ר/א/132]. כָּל גֵּרוּי הַגּוֹרֵם לִתְגוּבָה בְּקוֹלְטָן (רֶצֶפְּטוֹר), גֵּרוּי יִחוּדִי

Reiz, äquivalenter

גֵּרוּי שְׁוֵה עֵרֶךְ (פסי')

Reiz, allgemeiner ---> Reiz, unadäquater

Reiz, direkter

גֵּרוּי יָשִׁיר (פסי')

Reiz, distaler

גֵּרוּי מְרֻחָק (פסי') [ר/א/134]. גֵּרוּי הַמְּרֻחָק מִן הַקּוֹלְטָן (רֶצֶפְּטוֹר) שֶׁעָלָיו הוּא פּוֹעֵל

Reiz, inadäquater ---> Reiz, unadäquater

Reiz, indirekter

גֵּרוּי עָקִיף (פסי')

Reiz, primärer ---> Reiz, direkter

Reiz, proximaler

גֵּרוּי קָרוֹב (פסי') [ר/א/134]. גֵּרוּי מְקֹרָב, הָאֶנֶרְגְּיָה הַפִּיסִית הַפּוֹעֶלֶת עַל הַקּוֹלְטָן (רֶצֶפְּטוֹר)

Reiz, reaktionsauslösender

גֵּרוּי דּוֹלֶה (פסי')

Reiz, schädlicher

גֵּרוּי מַזִּיק (פסי') גֵּרוּי מֵצִיק

Reiz, sekundärer ---> Reiz, indirekter

Reiz, spezifischer --->Reiz, adäquater

Reiz, unadäquater

גֵּרוּי לֹא הוֹלֵם (פסי') [ר/א/133]. גֵּרוּי כְּלָלִי, כָּל גֵּרוּי שֶׁצּוּרַת הַמֶּרֶץ (אֶנֶרְגְּיָה) שֶׁלּוֹ אֵינָהּ הַפְּעִלִית (אֶפֶקְטִיבִית) בְּדֶרֶךְ כְּלָל בְּיַחַס לָאָפְנוּת (מוֹדָלִיּוּת) חוּשִׁית מְסֻיֶּמֶת

Reiz, unterschwelliger

גֵּרוּי תַּת סִפִּי (פסי')

reizbar ---> erregbar

reizbaren Menschen, Temperamentstyp des ---> Temperamentstyp des jähzornigen Menschen

reizbarer Mensch ---> Mensch, jähzorniger

Reizbarkeit ---> Erregbarkeit; Affektivität; Erethismus

Reizempfänglichkeit

חִישׁוּנוּת (פסי'). כֹּשֶׁר הַחִישָׁה, - הַתְּפִיסָה בְּאֶחָד הַחוּשִׁים

reizen [---> necken; anregen]

הֶחְמִיד (מַחְמִיד) [שק"י/40]. הִקְסִים, הִרְהִיב, גָּרַם שֶׁיִּשְׁתּוֹקְקוּ אֵלָיו

Reizfindung

קְבִיעַת גֵּרוּי (פסי')

Reizkolon *{Colon irritabile}*

כַּרְכֶּשֶׁת רְגִיזָה (רפו', פסי') תִּסְמֹנֶת הַמְּעִי הָרָגִיז

Reizleitung

הוֹלָכָה (רפו', פסי') [ר/א/184]. הַעֲבָרַת דַּחַף עֲצַבִּי מִמָּקוֹם לְמָקוֹם

Reizmittel ---> Anregungsmittel

Reizquelle

מְקוֹר הַגֵּרוּי (פסי')

Reizschwelle

סַף הַגֵּרוּי (פסי', רפו') סַף הַנַּחַץ

Reizschwelle, unterste

סַף מִחְלָט (פסי', רפו') [ר/ב/488]. סַף מֻחְלָט, נְקֻדָּה עַל רֶצֶף הַגֵּרוּי שֶׁמִּמֶּנָּה וְאֵילָךְ נִתָּן לָחוּשׁ אֶת הַגֵּרוּי, סַף הָאִתּוּר

Reizstärke, Zuwachs der

תּוֹסֶפֶת עָצְמַת הַגֵּרוּי (פסי', רפו')

Reizung [---> Anregung]

גְּרִיָּה (פסי') [ר/א/142]. אֵרוּעַ מְסֻיָּם שֶׁגּוֹרֵם לְקוֹלְטָן (רֶצֶפְּטוֹר) חוּשִׁי לִפְעֹל בְּבוֹאוֹ עִמּוֹ בְּמַגָּע, עוֹרְרוּת, סְטִימוּלַצְיָה, גִּרְיוֹן, עֵרוּר, גֵּרוּי, תִּגְרוּי

Reizung betreffend, die

גִּרְיוֹנִי (פסי') עֵרוּרִי, מְעוֹרֵר

reizvoll ---> pikant

Reizwort

מִלַּת גֵּרוּי (פסי', מ"ח) [ר/א/133]. כָּל מִלָּה שֶׁמְּשַׁמֶּשֶׁת גֵּרוּי

Rekapitulation

שִׁנּוּי, חֲזָרָה סִכּוּמִית, רֶקַפִּיטוּלַצְיָה

rekategorisieren ---> reklassifizieren

Rekategorisierung ---> Reklassifizierung

reklassifizieren

סִסְוֵג (מְסַסְוֵג), סִוֵּג מֵחָדָשׁ

Reklassifizierung

סִסְווּג, סִוּוּג מֵחָדָשׁ

rekombinant

הֶצְרֵפִי (ביו')

Rekombinant

הֶצְרֵף (ביו') [ל"ב/237]. רֶקוֹמְבִּינַנְט, אוּל (אוֹרְגָנִיזְם), בְּדֶרֶךְ כְּלָל אוּלִיל (מִיקְרוֹאוֹרְגָנִיזְם), שֶׁהֶחְדַּר לְתוֹכוֹ לֵד (גֵּן) שֶׁל אוּל אַחֵר

Rekombination

הַצְרָפָה (ביו') [ל"ב/237]. רֶקוֹמְבִּינַצְיָה, תַּהֲלִיךְ יְצִירַת הֶצְרֵף (רֶקוֹמְבִּינַנְט)

rekonstruieren ---> wiederherstellen

Rekonstruktion ---> Wiederherstellung

Rektaszension ---> Aufsteigung, gerade

rektifizierbar ---> streckbar

Rektion

הַצְרָכָה (בלש') [מ"ב/189;92]. מַצָּב שֶׁבּוֹ מִלָּה מְסֻיֶּמֶת אוֹ צֵרוּף מִלִּים מְסֻיָּם מַצְרִיכִים שִׁמּוּשׁ בְּיַחֲסָה מְסֻיֶּמֶת, לְמָשָׁל: הַפֹּעַל "לְהִתְעַנְיֵן" מַצְרִיךְ אֶת סִימַן הַיַּחַס "בְּ-". צֵרוּף מְחַיֵּב שֶׁל מִלַּת יַחַס מְסֻיֶּמֶת לְפֹעַל מְסֻיָּם בְּתְחוּם מַשְׁמָעוּת אֶחָד, לְמָשָׁל: בְּצֵרוּף "הָיָה עִם..." (בְּמַשְׁמָעוּת שֶׁל "עָזַר לְ...") מַצְרִיךְ מֶרְכַּז הַצֵּרוּף ("הָיָה") אֶת הַמֻּצְרָךְ הַמִּתְלַוֶּה אֵלָיו ("עִם...")

Rektum ---> Mastdarm

Rekursionsgleichung

נֻסְחַת נְסִיגָה (מתמ')

rekursive Bestimmungsrelation ---> Beziehung, rekurrente

Relatio realis

הִצְטָרְפוּת עִנְיָנִית (פיל') [ק/ג/150]

Relation

יַחְסָה (יַחְסוֹת) [ק/ב/33]. יַחַס (יְחָסִים), קֶשֶׁר וּתְלוּת שֶׁבֵּין שְׁנֵי דְּבָרִים. לְוָיָה (פיל') [ק/ב/115]. מַאֲמַר הַמִּצְטָרֵף (פיל') [ק/ב/132; ק/ג/252]. אֶחָד מֵעֲשֶׂרֶת הַיְסוֹדוֹת הָעֶלְיוֹנִים שֶׁל אֲרִיסְטוֹ: מַאֲמַר חָבֵר, - חָבוּר, - טָפוּל, - טְפֵלָה, - יַחַס, - מְסַמֵּךְ, - מִסְמָךְ, - סְמִיכוּת, - צֵרוּף, - הִצְטָרְפוּת, - טָפֵל, - בְּיַחַד. מִצְטָרֵף [ק/ב/256]. יַחַס גּוֹמְלִין, יַחַס הֲדָדִי שֶׁל עֲצָמִים אוֹ מֻשָּׂגִים. מִתְאָם, זִיקָה. סְמִיכוּת (פיל') [ק/ג/104]. עֵרֶךְ [ק/ג/170]. טְפֵלִיּוּת (פיל') [ק/ב/21]. הִצְטָרְפוּת, יַחֲסוּת

Relation, intransitive

יַחְסָה לֹא עוֹבְרָנִית (מתמ')

Relation, Kategorie der ---> Kategorie der Relation

Relation, transitive

יַחְסָה עוֹבְרָנִית (מתמ')

Relation, "Zwischen"-

בֵּינִיּוּת (מתמ')

Relationsattribut

תֹּאַר יַחַס הַצֵּרוּף (פיל') [ק/ד/174]. תֹּאַר טְפֵלִי, - יִחוּסִי, - יַחֲסִי, - צֵרוּפִי

Relationsurteil

מִשְׁפָּט יַחְסָה (פיל') מִשְׁפָּט הַמֵּבִיא לִידֵי בִּטּוּי אֶת הַיַּחְסָה בֵּין שְׁנֵי עֲצָמִים, שְׁתֵּי סְגֻלּוֹת אוֹ שְׁתֵּי אֵיכֻיּוֹת בַּאֲשֶׁר לְגֹדֶל, רֶצֶף, מַעֲרָךְ בְּמָקוֹם אוֹ בִּזְמַן, קֶשֶׁר בֵּין סִבָּה וּפְעֻלָּה, קִרְבָה וכד', לְמָשָׁל: "הַיַּרְדֵּן אָרֹךְ מֵהַקִּישׁוֹן", "עָמוֹס עֹז נוֹלַד אַחֲרֵי מֹשֶׁה שָׁמִיר", "בִּנְיָמִין הוּא אָחִיו שֶׁל יְהוּדָה" אוֹ "הַחֶרְמוֹן גָּבֹהַּ מֵהַר מֵירוֹן"

relativ

יַחֲסִי (פיל') [ק/ב/36]. מִצְטָרֵף (פיל') [ק/ב/256]. שֶׁאֵינוֹ מֻחְלָט, תָּלוּי בְּגוֹרְמִים מִשְׁתַּנִּים. צֵרוּפִי (פיל') [ק/ג/254]. טְפֵלִי (פיל') [ק/ב/21]. יִחוּסִי, מֻתְנֶה

relativ zum Beobachter ---> Beobachter, relativ zum

relative Bestimmung ---> Bestimmung, relative

relative Bewegung ---> Bewegung, relative

relative Luftfeuchtigkeit ---> Feuchtigkeit, relative

relative Übervölkerung ---> Übervölkerung, relative

relative Wahrheit ---> Wahrheit, relative

relativer Begriff ---> Begriff, relativer

relativer Größenumfang ---> Größenumfang, relativer

relativer Mehrwert ---> Mehrwert, relativer

relativer Wert ---> Wert, relativer

relatives Gehör ---> Gehör, relatives

relatives Gleichgewicht ---> Gleichgewicht, relatives

relatives Nichts ---> Nichts, relativer

Relativgewicht

מִשְׁקָל יַחֲסִי (פיס') הַיַּחַס שֶׁבֵּין הַמִּשְׁקָל הַסְּגֻלִּי שֶׁל חֹמֶר לְבֵין הַמִּשְׁקָל הַסְּגֻלִּי שֶׁל מַיִם מְזֻקָּקִים בְּ-4 מַעֲלוֹת צֶלְזִיוּס

Relativität

יַחֲסוּת [ק/ג/302; ל"מ/299]. קִשּׁוּר, תְּנָאִיּוּת, הֱיוֹת קָבוּעַ כִּתְנַאי, הֱיוֹת מֻתְנֶה, תְּלִיּוּת, הֱיוֹת תָּלוּי בְּ..., קֶשֶׁר שֶׁאֵינוֹ מֻחְלָט, זִקָּה מֻתְנֵית, אִי הֶחְלֵטִיּוּת, תְּלוּת בְּגוֹרְמִים אֲחֵרִים. עִקָּרוֹן הַקּוֹבֵעַ שֶׁתֵּאוּר הָעוֹלָם עַל יְדֵי חֻקִּים כַּיָּנִיִּים (פִיזִיקָלִיִּים) אֵינוֹ תָּלוּי בַּצּוֹפֶה, יַחֲסִיּוּת

Relativitätstheorie

תּוֹרַת הַיַּחֲסוּת (פיס')

Relativpronomen

כִּנּוּי זִקָּה (בלש') [ק/ב/97; מ"ב/192]. כִּנּוּי מִצְטָרֵף, הַכִּנּוּי הַפּוֹתֵחַ מִשְׁפַּט זִקָּה, לְמָשָׁל: בְּעִבְרִית: "שֶׁ-"; "הַ-"; "אֲשֶׁר": "הָעָם, הַהוֹלְכִים בַּחֹשֶׁךְ רָאוּ אוֹר גָּדוֹל". בְּגֶרְמָנִית: לְמָשָׁל: der, die das; welcher...; wer, was Er las das Buch, **das** sie ihm geliehen hatte (= "הוּא קָרָא אֶת הַסֵּפֶר **שֶׁהִיא** הִשְׁאִילָה לוֹ")

Relativsatz

פְּסוּקִית זִקָּה (בלש') [מ"ב/192]. מִשְׁפַּט זִקָּה, פְּסוּקִית לְוַאי, מִשְׁפָּט טָפֵל הַנִּלְוֶה אֶל הַשֵּׁמוֹת שֶׁבַּמִּשְׁפָּט כְּדֵי לְתָאֲרוֹ אוֹ כְּדֵי לְהַגְדִּירוֹ. הַצֵּרוּף הַשֵּׁמָנִי שֶׁפְּסוּקִית הַזִּקָּה נִלְוֵית אֵלָיו נִקְרָא: זוֹקֵק. הַמִּלָּה הַמְקַשֶּׁרֶת אֶת פְּסוּקִית הַזִּקָּה עִם הַזּוֹקֵק נִקְרֵאת: מִלַּת זִקָּה (כְּגוֹן: "שֶׁ-"; "כִּי"; "הַ-"; "אֲשֶׁר"), לְמָשָׁל: "אָדָם, **שֶׁיַּעֲמֹד בִּשְׁנוֹת הָרָעָה**, יִזְכֶּה לִשְׁנוֹת הַטּוֹבָה". לְעִתִּים מִצְטָרֵף מִשְׁפַּט זִקָּה לַזּוֹקֵק בְּלִי מִלַּת זִקָּה, כְּגוֹן: "אַיֵּה הָעֵדֶר, **נִתַּן לָךְ**?"

Relativsatz, einschränkender

מִשְׁפַּט זִקָּה מְצַמְצֵם (בלש') [מ"ב/194]. מִשְׁפַּט זִקָּה הַמַּקְטִין אֶת הֶקֵּף הַשֵּׁם הַזּוֹקֵק, לְמָשָׁל: "הַגְּבָרִים **שֶׁאֵינָם חוֹבְשִׁים כּוֹבָעִים**...."

Relativsatz, kontinuativer

מִשְׁפַּט זִקָּה מַמְשִׁיךְ (בלש') [מ"ב/49]. פְּסוּקִית זִקָּה שֶׁאֵינָהּ מְתָאֶרֶת אֶת הַזּוֹקֵק אֶלָּא מַמְשִׁיכָה אֶת הָאֵרוּעַ שֶׁסֻּפַּר עָלָיו בַּמִּשְׁפָּט

הָעִקָּרִי, לְמָשָׁל: ״הַתַּלְמִידִים מָסְרוּ אֶת הַבַּקָּשָׁה לַמּוֹרֶה, **שֶׁהוֹדִיעַ, כִּי לֹא יוּכַל לְמַלְּאָהּ**״

Relativsatz, nicht einschränkender
מִשְׁפָּט זִקָּה לֹא מְצַמְצֵם (בלש׳) [מ״ב/147]. מִשְׁפָּט זִקָּה הַמְּסַפֵּק הֶסְבֵּר לַזּוֹקֵק וְאֵינוֹ מַגְבִּילוֹ, לְמָשָׁל: ״אוֹרְחֵי הַמָּלוֹן, **הַצּוֹפִים עֲדַיִן בַּסֶּרֶט**, יִכָּנְסוּ לַחֲדַר הָאֹכֶל בְּעוֹד שָׁעָה״

Relativsatz, restriktiver ---> Relativsatz, einschränkender

Relativsatz, unabhängiger
מִשְׁפָּט זִקָּה מְעֻצָּם (בלש׳) [מ״ב/104]. מִשְׁפָּט זִקָּה עַצְמָאִי, - הַבָּא בִּמְקוֹם זוֹקֵק וּמִשְׁפָּט הַזִּקָּה הַמִּתְיַחֵס אֵלָיו, לְמָשָׁל: ״וַיֵּדַע אֵת אֲשֶׁר עָשָׂה לוֹ״ (בִּמְקוֹם: ״וַיֵּדַע אֶת הַדָּבָר אֲשֶׁר עָשָׂה לוֹ״)

Relaxation ---> Entspannung

Relaxationsmethode
דֶּרֶךְ הַתְּפוּגָה (מתמ׳)

relaxieren ---> entspannen

relevant
נָגֵעַ, רֶלֶבַנְטִי, שַׁיָּךְ, מַתְאִים, שַׁיָּכָנִי, שַׁיָּכוֹנִי

Relevanz
נְגִיעוּת, רֶלֶבַנְטִיּוּת, שַׁיָּכוּת, שַׁיָּכָנוּת, נְגִיעָה, קֶשֶׁר לְ...

Reliabilität ---> Zuverlässigkeit

Relief
תַּבְלִיט (תַּבְלִיטִים) (גאו׳, י״א) תַּבְנִית בּוֹלֶטֶת עַל גַּבֵּי שֶׁטַח, כִּנּוּי לְמִכְלוֹל הַצּוּרוֹת שֶׁל פְּנֵי הָאֲדָמָה

Relief, geringes
תַּבְלִיט מָתוּן (גאו׳, י״א)

Relief, starkes
תַּבְלִיט עַז (גאו׳, י״א)

Relief, umgekehrtes [---> Reliefumkehr]
תַּבְלִיט מְהֻפָּךְ (גאו׳, י״א)

Reliefenergie
מֶרֶץ הַתַּבְלִיט (גאו׳, י״א) עֱזוּז הַתַּבְלִיט, אֶנֶרְגִּיַּת הַתַּבְלִיט, מְצַיֵּן אֶת הַמֶּרֶץ הָאֶזְרִי (פּוֹטֶנְצִיאָלִי) הַטָּמוּן בַּהֶבְדֵּלִים שֶׁבֵּין הַנְּקֻדָּה הַגְּבוֹהָה בְּיוֹתֵר לַנְּקֻדָּה הַנְּמוּכָה בְּיוֹתֵר שֶׁל אֵזוֹר מְסֻיָּם עַל פְּנֵי הָאֲדָמָה

Reliefumkehr
הִפּוּךְ תַּבְלִיט (גאו׳, י״א) תּוֹפָעָה שֶׁבָּהּ שֶׁקַע תַּאֲדָמִי (גֵאוֹלוֹגִי) הוֹפֵךְ לְהַר עֵקֶב פְּעִילוּת סְחִיפָה בִּסְבִיבָתוֹ

religiös
דָּתִי (דת) [ק/א/149]. מִתְיַחֵס עַל הַדָּת, בַּעַל דָּת. תּוֹרִי (דת) [ק/ד/186]. אָדוּק, חֲרֵדִי

religiöse Bestattungsgesellschaft ---> Bestattungsgesellschaft, religiöse

religiöse Gewissenhaftigkeit ---> Gewissenhaftigkeit, religiöse

religiöse Tradition ---> Tradition, religiöse

religiöse Überlieferung ---> Überlieferung, religiöse

religiöser Glaube ---> Glaube, religiöser

religiöser Philosoph ---> Philosoph, religiöser

Religion
דָּת (דת, משפט) [ק/א/148]. כְּלַל הַחֻקִּים וְהַנִּימוּסִים הָאֱלֹהִיִּים

Religion, spekulative
דָּת שִׂכְלְתִית (שִׂיכוֹלְתִית) (דת) [ק/א/210]. דָּת הֶקֵּשִׁית

Religionen, die Bekenner der verschiedenen
אַנְשֵׁי הַתּוֹרוֹת (דת) [ק/ד/185]. הָאֲדוּקִים בַּדָּתוֹת הַשּׁוֹנוֹת

Religionsbekenner ---> Religionsgenosse

Religionsgemeinschaft
קְהִלָּה דָּתִית (קְהִלּוֹת דָּתִיּוֹת) (דת) [ק/א/52]. אֻמָּה, כַּת דָּתִית גְּדוֹלָה

Religionsgenosse
בֶּן דָּת (בְּנֵי דָּת) (דת) [ק/א/93]. בַּעַל הַתּוֹרָה, תּוֹרִי (תּוֹרִיִּים). דָּתִי (דָּתִיִּים) (דת) [ק/א/149]. בַּעַל דָּת. בֶּן תּוֹרָה (דת) [ק/ד/186]. הַמַּחֲזִיק בַּתּוֹרָה, תּוֹפֵשׂ הַתּוֹרָה

Religionsgesetze
חֻקֵּי הַדָּת (דת, משפט) [ק/א/148]. דָּת, מַעֲרֶכֶת אֱמוּנוֹת וּמִצְווֹת הַנּוֹבְעוֹת מִן הָאֱמוּנָה הַבְּסִיסִית בְּקִיּוּם אֱלֹהִים

Religionsphilosoph
פִילוֹסוֹף הַדָּת (דת, פיל׳) [ק/א/289]. חֲכַם הָאֱמֶת

Religionsphilosophie
פִילוֹסוֹפְיָה שֶׁל הַדָּת (דת, פיל׳) [ק/א/299]. חָכְמַת הַתּוֹרָה עַל הָאֱמֶת

Religionsstifter
מְכוֹנֵן דָּת (מְכוֹנְנֵי דָּת) (דת) [ק/ב/194]. מְיַסֵּד. מֵנִיחַ, מְנִיחַ (דת) [ק/ב/215]. מֵשִׂים (דת) [ק/ב/285]. מְיַסֵּד הַנִּימוּס, מֵנִיחַ הַנִּימוּס (דת) [ק/ג/32]

Religionsstreitigkeit
מַחֲלֹקֶת דָּת (מַחְלְקוֹת דָּת) (דת)

Religionswahn
שִׁגָּיוֹן דָּת (שִׁגְּיוֹנוֹת דָּת) (דת, פסי׳)

religioso ---> andachtsvoll

Reling
מַעֲקֶה (מַעֲקִים) (ימא׳)

Remanenz ---> Magnetisierung, zurückbleibende

Reminiszenz
הִזָּכְרוּת (תַּהֲלִיךְ) (פסי׳) [ר/א/251]. זִכְרוֹנוֹת, הִזָּכְרוּת לֹא מוּדַעַת. זְכֹרֶת (זְכוֹרוֹת) (פסי׳) רֶמִינִיסֶנְצְיָה, זֵכֶר שֶׁל דְּבַר-מָה. הִזְדַּכְּרוּת (פסי׳) [ק/א/165]. הִתְאַמְּצוּת לִזְכֹּר, לְהִזָּכֵר. כֹּחַ הַהִזְדַּכְּרוּת (פסי׳) [ק/ב/74]. הַכִּשָּׁרוֹן הָרוּחָנִי לְחַדֵּשׁ וּלְהַעֲלוֹת דְּבָרִים בַּזִּכָּרוֹן. מְזַכֵּר (פסי׳) [ק/ב/173]

Remission ---> Nachlassen

remittierend ---> nachlassend

Rennmäuse *{Gerbillidae}*
גֶּרְבִּילִיִּים (זוא׳) מִשְׁפָּחָה שֶׁל מְכַרְסְמִים

Rennpferd
דַּהֲרָן (ספו׳) סוּס מֵרוֹץ

Rennvögel *{Glareolidae}*
שַׁדְמִיתִיִּים (זוא׳) מִשְׁפָּחָה שֶׁל עוֹפוֹת מִסְדֶּרֶת הַחוֹפְמָאִים

Rennvogel *{Cursorius cursor}*

רַץ הַמִּדְבָּר (זוא') עוֹף מִמִּשְׁפַּחַת הַשַּׁדְמִיתִיִּים

renommistisch

מִתְרַבְרֵב

rentabel

רִוְחִי (כלכ') [י"א/128]. הַכְנָסִי, רֶנְטָבִּילִי, מִשְׁתַּלֵּם

Rentabilität

רִוְחִיּוּת (כלכ') [י"א/128]. הַכְנָסִיּוּת, רֶנְטָבִּילִיּוּת

Rentabilitätsschwelle

נְקֻדַּת אִזּוּן (כלכ')

Rente [---> Pension]

מָלוּג (מְלוּגִים) (כלכ') רֶנְטָה, הַכְנָסָה קְבוּעָה מִנְּכָסִים, תּוֹצֶרֶת מוֹסֶפֶת שֶׁמְּיַצֶּרֶת עַל יְדֵי עוֹבְדֵי הָאֲדָמָה וְנִתֶּנֶת בִּשְׁלֵמוּתָהּ אוֹ בְּחֶלְקָהּ לְבַעֲלֵי הַקַּרְקַע

Rentner(in) [---> Pensionär(in)]

מְלוּגַאי, מְלוּגָאִית (כלכ') רֶנְטוֹר, מִי שֶׁמְּקַבֵּל מָלוּג (רֶנְטָה) מֵרְכוּשׁוֹ

Reorganisation

שִׁרְגּוּן, שְׁאֵרוּג, אִרְגּוּן מֵחָדָשׁ, רֵאוֹרְגָנִיזַצְיָה

reorganisieren

שִׁרְגֵּן (מְשַׁרְגֵּן), שְׁאֵרֵג (מְשַׁאֲרֵג), אִרְגֵּן מֵחָדָשׁ, עָשָׂה רֵאוֹרְגָנִיזַצְיָה

reorientieren

שִׁצְפֵּן (מְשַׁצְפֵּן), הִתְמַצֵּא מֵחָדָשׁ

Reorientierung

שִׁצְפּוּן, הִתְמַצְּאוּת מֵחָדָשׁ

Reparatur

תִּקּוּן, בֶּדֶק

reparzellieren

שִׁחְלֵק (מְשַׁחְלֵק) (חקל', כלכ') חִלֵּק קַרְקָעוֹת מֵחָדָשׁ

Reparzellieren

שִׁחְלוּק (פְּעֻלָּה), שַׁחְלוּקָה (תּוֹצָאָה) (חקל', כלכ') חֲלֻקַּת מִשְׁנֶה חֲדָשָׁה שֶׁל קַרְקָעוֹת

repatrieren

שׁוֹבֵב (מְשׁוֹבֵב) (מדי') [י"א/538]. הֵשִׁיב פְּלִיטִים לְאֶרֶץ מוֹלַדְתָּם, שׁוֹבֵב (מְשׁוֹבֵב)

Repatrieren

שְׁבוּת (מדי') [י"א/538]. רֶפַּטְרִיאַצְיָה, שִׁיבַת פְּלִיטִים לְאֶרֶץ מוֹלַדְתָּם

Repellent ---> Abschreckstoff

Repertoire

תַּחְזוּרָה (תאט') רֶפֶּרְטוּאָר, מְלַאי יְצִירוֹת הַמְיֻעָדוֹת לְהוֹפָעוֹת פֻּמְבִּיּוֹת, מַעֲרֶכֶת הַצָּגוֹת

Repertoire betreffend, das

תַּחְזוּרִי (תאט') רֶפֶּרְטוּאָרִי

repetierbar ---> wiederholbar

Repetitio

כֶּפֶל רֵאשִׁית (רטו') [ק/ב/103]. כֶּפֶל, חֲזָרָה עַל אוֹתָהּ מִלָּה בִּתְחִלַּת מִשְׁפָּטִים

Replik

מַעֲנֶה (מַעֲנִים), רֶפְּלִיקָה, תְּשׁוּבָה נִתְגָּבִית (אוֹטוֹמָטִית), מַעֲנֵה לָשׁוֹן

Replika-Technik

זְרִיעַת שִׁכְפּוּל (ביו')

Replikation

שִׁכְפּוּל (ביו') [ל"ב/236]. רֶפְּלִיקַצְיָה, הַעְתָּקָה שֶׁל פְּרֵדָה (מוֹלֶקוּלָה) מֻרְכֶּבֶת מִדֻּגְמָה קַיֶּמֶת

Repräsentation ---> Darstellung

Repräsentation, objektbezogene

יִצּוּג מְמֻרְכַּז עֶצֶם (פסי', פרג')

Repräsentationalismus

יְצִיגָאוּת

Repression ---> Unterdrückung

Repressor ---> Unterdrücker

Reprise

שְׁנַאי (שְׁנָאִים) (מוס') רֶפְּרִיזָה, חֲזָרָה עַל חֵלֶק בִּיצִירָה תַּנְעִימִית (מוּזִיקָלִית) לְאַחַר בִּצּוּעַ חֵלֶק אַחֵר

Reproduktion

שִׁצּוּר (מ"ח, כלכ') [י"א/241]. יִצְרוּר, רֶפְּרוֹדוּקְצְיָה, יִצּוּר חוֹזֵר, הַתַּהֲלִיךְ הָרָצוּף שֶׁל יִצּוּר חֶבְרָתִי שֶׁל סְחוֹרוֹת וְשֵׁרוּתִים הַחוֹזֵר וְנִשְׁנֶה בְּהִתְמָדָה, תִּצּוּר. שַׁעְתּוּק (שַׁעְתּוּקִים) (אמנ') הֶעְתֵּק שֶׁל יְצִירַת אֳמָנוּת מְקוֹרִית. הַעֲלָאָה (פיל', פסי') [רו'/723]. יְצִירָה מְחֻדֶּשֶׁת, חִדּוּשׁ תַּכְנֵי חֲוָיָה קוֹדְמִים בַּתּוֹדָעָה, הַחְיָאַת דִּמּוּיִים שֶׁנִּשְׁמְרוּ בַּזִּכָּרוֹן. הַעֲמָדָה [ק/א/191]. הֲשָׁבָה, הַחֲזָרָה. מַעְתָּק (סטט')

Reproduktion, aufgeschobene

הַעֲלָאָה מְאֻחֶרֶת (פיל', פסי')

Reproduktion, einfache

שִׁצּוּר פָּשׁוּט (מ"ח, כלכ') [ק"מ/ב/309]. רֶפְּרוֹדוּקְצְיָה פְּשׁוּטָה, תּוֹפָעָה הַמְאַפְיֶנֶת עַל יְדֵי חֲזָרָה וְהֶמְשֵׁכוּת שֶׁל תַּהֲלִיךְ הַיִּצּוּר בְּקְנֵה מִדָּה בִּלְתִּי מִשְׁתַּנֶּה

Reproduktion, erweiterte

שִׁצּוּר מֻרְחָב (מ"ח, כלכ') רֶפְּרוֹדוּקְצְיָה מֻרְחֶבֶת, תּוֹפָעָה הַמְאַפְיֶנֶת עַל יְדֵי הֶמְשֵׁכוּת תַּהֲלִיךְ הַיִּצּוּר בִּקְנֵה מִדָּה מֻרְחָב וְהוֹלֵךְ

reproduktiv

שִׁצּוּרִי (מ"ח, כלכ') [י"א/241]. יִצְרוּרִי, רֶפְּרוֹדוּקְטִיבִי, מַחֲזִיר, חוֹזֵר, תִּצּוּרִי. שַׁעְתּוּקִי (אמנ')

reproduktive Einbildungskraft ---> Einbildungskraft, reproduktive

reproduktive Phantasie ---> Phantasie, reproduktive

reproduktives Denken ---> Denken, reproduktives

reproduktives Gedächtnis ---> Gedächtnis, reproduktives

reproduzierbar

שָׁצִיר, יַצְרִיר, הָדִיר, שֶׁנִּתָּן לַחֲזֹר עָלָיו בְּתַהֲלִיךְ יִצּוּר עַל יְדֵי אָדָם אַחֵר וּבִתְנָאִים שׁוֹנִים

Reproduzierbarkeit

שְׁצִירוּת, יַצְרִירוּת, הֲדִירוּת, תְּכוּנַת הֱיוֹת הָדִיר

Reproduzierbarkeitskoeffizient

מְקַדֵּם הַשִּׁצּוּר (סטט') [ר/א/124; מ"מ/216]. מְקַדֵּם הַיִּצְרוּר, - הַשִּׁחְזוּר, מַדָּד לְהַעֲרָכַת עֲמִדּוֹת

reproduzieren

שִׁצֵּר (מְשַׁצֵּר) [רו'/723; י"א/241]. יִצְרֵר (מְיַצְרֵר), הֶעֱלָה (מַעֲלֶה), יִצֵּר מֵחָדָשׁ, שִׁעְתֵּק (מְשַׁעְתֵּק), יָצַר מֵחָדָשׁ, חִדֵּשׁ תַּכְנֵי חֲוָיָה קוֹדְמִים בַּתּוֹדָעָה, הֶחֱיָה דִּמּוּיִים שֶׁנִּשְׁמְרוּ בַּזִּכָּרוֹן

Republik

קְהִלָּיָה (קְהִלִּיּוֹת) (מדי׳) [ק/ב/150; ק/ג/261]. מְדִינָה מְקֻבֶּצֶת, - קְבוּצִית, - קְהִלִּית, קְהִלִּיָּתִית, רֶפּוּבְּלִיקָה

Repugnantia

מַאֲמָרִים מִתְנַגְּדִים (פיל׳) [ק/ב/321]

Repugnatio

תַּרְתֵּי דְּסָתְרֵי (פיל׳) סְתִירָה עֲקִיפָה הַנּוֹצֶרֶת כַּאֲשֶׁר מְצָרְפִים לְנוֹשֵׂא שֶׁל מִשְׁפָּט נָשׂוּא הַגּוֹרֵם לִשְׁלִילָה הֶגְיוֹנִית יְשִׁירָה שֶׁל הַנּוֹשֵׂא, לְמָשָׁל: ״מְשֻׁלָּשׁ יְשַׁר זָוִית הוּא שְׁוֵה צְלָעוֹת״

Repulsion ---> Abstoßung

Requisit

אַבְזָר (אַבְזָרִים) (תאט׳) מַכְשִׁיר עֵזֶר הַמְּשַׁמֵּשׁ בְּהַצָּגָה, רֶקְבִּיזִיט

Requisiteur

אַבְזְרָן (אַבְזְרָנִים) (תאט׳) מְמֻנֶּה עַל הָאַבְזָרִים

Res

עִנְיָן (פיל׳) [ק/ג/149]. נוֹשֵׂא, סוּגְיָה, עֵסֶק, פָּרָשָׁה, שְׁאֵלָה, חֵפֶץ, מַעֲשֶׂה. דָּבָר (מתמ׳) [ק/א/130]. שֹׁרֶשׁ הַמִּסְפָּר

Res divina

הָעִנְיָן הָאֱלֹהִי (דת) [ק/ג/149]

Reseda *{Reseda}*

רִכְפָּה (בוט׳) צֶמַח מִמִּשְׁפַּחַת הָרִכְפָּתִיִּים

Reservatio mentalis

הִסְתַּיְּגוּת מַחְשַׁבְתִּית (משפ׳, פסי׳) כַּאֲשֶׁר אָדָם אוֹמֵר דְּבַר-מָה בְּפִיו וּמִסְתַּיֵּג מִכָּךְ בְּמַחְשַׁבְתּוֹ

Reserve

עֲתוּדָה (עֲתוּדוֹת) (כלכ׳, צבא) [מר״ח/581]. דִּחַר, דְּחִירָה, רֶזֶרְבָה, מְלַאי, מִשְׁמֶרֶת, מִלּוּאִים, עָתוּד (עֲתוּדִים). חֲסִנָּה (חֲסִנּוֹת), חוֹסְנָה (כלכ׳, צבא) [י״א/206]. דָּבָר מוּכָן לֶעָתִיד

Reservearmee, industrielle

חֵיל מִלּוּאִים תַּעֲשִׂיָּתִי (מ״ח, כלכ׳) עֲתוּדָה תַּעֲשִׂיָּתִית, צוּרָה שֶׁל עֹדֶף אֻכְלוֹסִין יַחֲסִי הַנִּמְשָׁךְ מִתַּהֲלִיךְ הֶצְבֵּר הַהוֹן הַגּוֹרֵם לִדְחִיקַת רַגְלֵיהֶם שֶׁל עוֹבְדִים רַבִּים מִמַּעְגַּל הַיִּצּוּר לְמַעְיָן עֲתוּדַת מֻבְטָלִים תַּעֲשִׂיָּתִית הָעוֹמֶדֶת לְשִׁמּוּשׁ

Reservebestand

מַעֲתָד (כלכ׳, צבא) [מר״ח/582]. מִדְחָר, מְלַאי, מַאֲגָר

Reservefonds

קֶרֶן עֲתוּדָה (כלכ׳) קֶרֶן מִלּוּאִים, - שְׁמוּרָה

reservieren

עִתֵּד (מְעַתֵּד), הֶעְתִּיד (מַעְתִּיד) (כלכ׳, צבא) [מר״ח/582]. דָּחַר, דִּחֵר, נִדְחַר, הִצְטַיֵּד, שָׁמַר לַבָּאוֹת, יִמֵּן, זִמֵּן, הֵכִין

reserviert

עָתוּד (כלכ׳, צבא) דָּחוּר, מְדֻחָר, שָׁמוּר, שֶׁבִּמְלַאי

Reservierung

עִתּוּד, עֲתִידָה (כלכ׳, צבא) [מר״ח/582]. דְּחִירָה, דִּחוּר, הַדְחָרָה, שְׁמִירָה לַבָּאוֹת, זִמּוּן, יִמּוּן

Reservist(in)

עֲתוּדַאי, עֲתוּדָאִית (צבא) דָּחִיר, דְּחִירָה, מִי שֶׁנִּמְצָא בְּמִלּוּאִים

Reservoir ---> Reservebestand; Pool

Residualwahn

שְׂיָרֵי טֵרוּף (פסי׳) שְׂרִידֵי טֵרוּף

Residuum ---> Restgröße

Resignation

וִתּוּר, קַבָּלַת הַדִּין, הַשְׁלָמָה עִם הַמַּצָּב/הַגּוֹרָל, הִתְפַּשְּׁרוּת עִם הַמְּצִיאוּת, הִסְתַּלְּקוּת מִ..., רֶזִיגְנַצְיָה

resistent ---> widerstandsfähig

Resistenz ---> Widerstand

Resolution [---> Wiederauflösung]

הַפְרָדָה (מחש׳) יִשּׁוּב, רֶזוֹלוּצְיָה, צְפִיפוּת יְחִידוֹת הַתְּמוּנָה עַל צַג הַמַּחְשֵׁב אוֹ בַּהַדְפָּסָה

Resolutivbedingung ---> Bedingung, auflösende

Resolvente ---> Kern, lösender

Resolvieren

יְדִיעַת קֶצֶב מִנְיָן מִמִּנְיָן (מתמ׳) [ק/ג/292]. הַקָּשַׁת מִסְפָּר קָטָן אֶל מִסְפָּר גָּדוֹל, מִסְפָּר מְסַיֵּם הַמֻּבָּטָא בְּאֶמְצָעוּת יְחִידָה קְטַנָּה מִמֶּנּוּ

resonant ---> tönend

Resonanz ---> Widerhall

Resonanzboden

לוּחַ תְּהוּדָה (מוס׳)

Resonanzkasten

תֵּבַת תְּהוּדָה (מוס׳)

Resonanzöffnung

פִּי תְּהוּדָה (מוס׳)

Resonator

מָהוֹד (פיס׳) רֶזוֹנָטוֹר, מַכְשִׁיר מְהַדֵּד, - מַגְבִּיר צְלִילִים, הֶתְקֵן לִיצִירַת תְּהוּדָה

resonatorisch ---> widerhallbezüglich

resorbieren ---> wiederaufsaugen

Resorption ---> Wiederaufsaugung

Respekttage ---> Gnadenfrist

Rest [---> Restgröße]

שְׁאֵרִית (שְׁאֵרִיּוֹת) (מתמ׳) [ק/ד/66]. הַכַּמּוּת הָעוֹדֶפֶת בִּפְעֻלַּת חִלּוּק רְגִילָה. מִשְׁאָר, שָׂרִיד, שְׂיָרִים

Restauration [---> Wiederherstellung]

שִׁיּוּב (מ״ח, רפו׳) רֶסְטוֹרַצְיָה, הֲשָׁבַת הַיָּשָׁן עַל כַּנּוֹ, הֲבָאָה לַמַּצָּב הַקּוֹדֵם, שִׁקּוּם

restaurieren [---> wiederherstellen]

שִׁיֵּב (מְשַׁיֵּב), הִשְׁתַּיֵּב (מִשְׁתַּיֵּב) (מ״ח, רפו׳) הֶחֱזִיר לַמַּצָּב הַקּוֹדֵם, הֵשִׁיב לְקַדְמוּתוֹ, הִבְרִיא, שִׁקֵּם, הִשְׁתַּקֵּם, שׁוֹבֵב (מְשׁוֹבֵב)

restaurierend

מְשַׁיֵּב (מ״ח, רפו׳) מֵשִׁיב דְּבַר-מָה לְיָשְׁנוֹ, מְשׁוֹבֵב, מְשַׁקֵּם

restauriert

מְשֻׁיָּב (מ״ח, רפו׳) שֶׁהֻחְזַר לְמַצָּבוֹ הַקּוֹדֵם, מְשׁוֹבָב, מְשֻׁקָּם

Restberg

הַר מִשְׁאָר (גאו׳, י״א) הַר שֶׁנּוֹתַר מֵהִתְרוֹמְמוּת קְדוּמָה, כְּגוֹן: הַר בָּדָד אוֹ הַר קָשֶׁה

Restdifferenz ---> Restgröße

Reste, Methode der ---> Methode der Reste

Restgröße

שְׁאֵרִית (סטט׳) [ר/ב/647; מ״מ/221]. הַהֶפְרֵשׁ בֵּין הָעֲרָכִים הַנִּצְפִּים בְּמִשְׁתַּנֶּה הַתָּלוּי לְבֵין הָעֲרָכִים הַמְּנֻבָּאִים עַל פִּי מִשְׁוָאַת הַתְּסוּגָה,

סֶרַח (סְרָחִים)
restitutieren ---> wiederherstellen
Restitution ---> Wiederherstellung
Restitutionskoeffizient ---> Wiederherstellungskoeffizient
Restklasse
מַחְלֶקֶת לְוַאי (מתמ') קְבוּצַת לְוַאי
Restriktion
אִלּוּץ (אִלּוּצִים), הַגְבָּלָה, הַמְנָעָה, כֹּרַח
Restriktionserfüllung
קִיּוּם אִלּוּצִים (פסי', פדג')
Restriktionsfortpflanzung
הִתְפַּשְּׁטוּת אִלּוּצִים (פסי', פדג') הִתְקַדְּמוּת אִלּוּצִים
restriktiver Relativsatz ---> Relativsatz, einschränkender
Resümee ---> Zusammenfassung
resümieren ---> zusammenfassen
Resultat
תּוֹצָאָה (תּוֹצָאוֹת) [ק/ב/167]. מוֹצָא דָּבָר, מַה שֶּׁיּוֹצֵא מֵהַדָּבָר, סוֹף דָּבָר. הָעוֹלֶה [ק/ג/133]. מַסְקָנָה
Retamastrauch *{Retama}*
רֹתֶם (בוט') צֶמַח מִמִּשְׁפַּחַת הַפַּרְפְּרָנִיִּים
retardiert
מַשְׁהֶה, שָׁהוּי, מְעֻכָּב לְמֶשֶׁךְ זְמַן
Retardierung, psychische
פִּגּוּר שִׂכְלִי (פסי')
Retardierung, leichte psychische
פִּגּוּר שִׂכְלִי קַל (פסי') [ר/ב/538]. דַּרְגַּת פִּגּוּר שִׂכְלִי שֶׁל מִי שֶׁמְּנַת הַמִּשְׂכָּל שֶׁלּוֹ נָעָה בֵּין 50 לְ-69
Retardierung, mäßige psychische
פִּגּוּר שִׂכְלִי בֵּינוֹנִי (פסי') [ר/ב/538]. דַּרְגַּת פִּגּוּר שִׂכְלִי שֶׁל מִי שֶׁמְּנַת הַמִּשְׂכָּל שֶׁלּוֹ נָעָה בֵּין 35 לְ-49
Retardierung, starke psychische
פִּגּוּר שִׂכְלִי עָמֹק (פסי') [ר/ב/538]. דַּרְגַּת פִּגּוּר שִׂכְלִי שֶׁל מִי שֶׁמְּנַת הַמִּשְׂכָּל שֶׁלּוֹ נְמוּכָה מֵעֶשְׂרִים
Retention ---> Rückhaltung
Retentionswasser ---> Rückhaltungswasser
retentive Kraft ---> Kraft, retentive
Reticentia
הֶמְנֵעַ (ספר', רטו') [ק/א/177]. הַעֲלָמָה וְהִסְתַּתְּרָה בְּדִבּוּר, הַכְחָדָה תַּחַת לְשׁוֹנוֹ
Retina ---> Netzhaut des Auges
Retorte
אַבִּיק (כימ', טכנ') אַבִּיק זִקּוּק, כּוּר הַתּוּךְ
retroaktiv ---> rückwirkend
retroaktive Hemmung ---> Hemmung, retroaktive
retrograd
נָזוֹר [ק/ג/24]. שֶׁסּוֹטֶה מִן הַקַּו הַיָּשָׁר, נָסוֹג אָחוֹר בְּמַהֲלָכוֹ, הָפוּךְ, לֹא בְּסֵדֶר יָשָׁר, בִּיסְתּוֹרִי, נָסוֹג, מַפְרֵעִי, נְסִיגָתִי, מִפְנֶה לְאָחוֹר
Retrogradation
נְזוֹר (אסט') [ק/ג/24]. סְטִיַּת כּוֹכָב לֶכֶת מִן הַמַּסְלוּל, נְסִיגָה לְאָחוֹר, סְטִיָּה מִן הַקַּו הַיָּשָׁר. נְזוֹרוּת, נְזוֹרִיּוּת, נְזִירוּת, נְזִירָה (אסט') [ק/ג/25]
retrograde Ableitung ---> Ableitung, retrograde
Retrospektion
סְקוּחַ, רֶטְרוֹסְפֶּקְצְיָה, הִסְתַּכְּלוּת לְאָחוֹר, סְקִירַת דָּבָר מִן הַהֹוֶה אֶל הֶעָבָר, סְקָחוֹר
Retrospektion machen
סָקַח (סוֹקֵחַ), סָקַר דָּבָר לְאָחוֹר, עָשָׂה רֶטְרוֹסְפֶּקְצְיָה
retrospektiv
סָקִיחַ, רֶטְרוֹסְפֶּקְטִיבִי, מַה שֶּׁמְּכֻוָּן מִן הַהֹוֶה אֶל הֶעָבָר, סְקָחוֹרִי
Retrospektive
סְקִיחָה (אמנ') רֶטְרוֹסְפֶּקְטִיבָה, תַּעֲרוּכָה הַמַּצִּיגָה יְצִירוֹת שֶׁל אָמָן מְסֻיָּם מִכָּל זְמַן פְּעִילוּתוֹ
retrospektives Experiment ---> Versuchsanlage, Ex-post-facto
retrospektives Pronomen ---> Pronomen, retrospektives
retten
הִצִּיל (מַצִּיל), מִלֵּט (מְמַלֵּט), נִמְלַט, הִתְמַלֵּט, נֶחֱלַץ, נִצַּל, נָס
Rettich *{Raphanus}*
צְנוֹן (בוט') צֶמַח מִמִּשְׁפַּחַת הַמִּצְלִיבִים
Rettung
הַצָּלָה, מִלּוּט
Reue
חֲרָטָה [ק/א/281]. חֲזָרָה, תְּשׁוּבָה
Reusenschnecken *{Nassariidae}*
אַקוֹנִיִּים (זוא') מִשְׁפָּחָה שֶׁל חֶלְזוֹנוֹת
Reuter
רַחַת (רְחָתוֹת) (טכנ', חקל') [א"ח/א/95]. כְּלִי עֵץ לִזְרוֹת בּוֹ אֶת הַתְּבוּאָה
Revenue
הַכְנָסַת קֶבַע (כלכ')
reversibel ---> umkehrbar
Reversibilität ---> Umkehrbarkeit
Reversionspendel
מְטֻטֶּלֶת הֲפִיכָה (פיס')
Revision ---> Überprüfung; Korrektur
Revision vornehmen ---> überprüfen
revolutionäres Abenteuertum ---> Abenteuertum, revolutionäres
Reyon ---> Viskosefilamentfaser
Rezension ---> Besprechung
Rezept [---> Kochanweisung]
מִרְשָׁם (מִרְשָׁמִים) (רפו') [מר"ח/550]. מִרְשָׁם רְפוּאִי, וִצּוּי, צַוָּאָה, רֶצֶפֶט, פְּטִימַת רוֹפֵא, פֶּתֶק רְפוּאָה
Rezeptakulum ---> Blütenboden
rezeptiv
קוֹלֵט [ק/ג/258]. קִבּוּלִי, סָבִיל, מְקַבֵּל פְּעֻלָּה, מְקַבֵּל, סוֹפֵג
rezeptive Kraft ---> Kraft, rezeptive
Rezeptivität
קְלִיטוּת, קַבָּלָה, הִתְקַבְּלוּת, רְכִישָׁה, קִבּוּל, סְפִיגָה, הִסָּפְגוּת

Rezeptor
קוֹלְטָן (קוֹלְטָנִים) (פסי׳, ביו׳) [ר/ב/643; ל״ב/237]. קוֹלֵט (קוֹלְטִים), קַלָּט, אֵבֶר אוֹ עָצָב קוֹלֵט, רֶצֶפְּטוֹר, תָּא עָצָב הַמֵּגִיב לְגֵרוּיָה מְסֻיֶּמֶת, מְקַבְּלָן

Rezession
מִתּוּן (כלכ׳) קִפָּאוֹן הַפְּעִילוּת הַיַּצְרָנִית וִירִידָה זְמַנִּית בְּהֶקֵּף הַשְׁקָעוֹת הַהוֹן בַּמֶּשֶׁק הָרְכוּשָׁנִי (הַקַּפִּיטָלִיסְטִי)

rezessiv
נָסֵג (ביו׳, פסי׳) [ר/ב/643]. רֶצֶסִיבִי, נִסְגָּן, לֹא מְבֻטָּא, כַּאֲשֶׁר אֵלֶל אֶחָד מִזּוּג לְדִים (גֵּנִים) מְדֻכָּא עַל יְדֵי הַשֵּׁנִי וְאֵינוֹ בָּא לְבִטּוּי בַּתּוֹרַשְׁחוּץ (פֵנוֹטִיפּ), נִסְגָּנִי, לֹא שַׁלְטָנִי, עָצוּר, מְדֻכָּא, מֻכְנָע

rezidiv ---> rückfällig
Rezidiv ---> Rückfälligwerden
Rezipient(in) ---> Empfänger(in)
reziprok ---> wechselseitig
reziproke Begriffe ---> Wechselbegriffe
reziproke Translokation ---> Translokation, reziproke
Reziproken, Verhältnis der ---> Verhältnis der Reziproken
reziprokes Pronomen ---> Pronomen, reziprokes
reziprokes Verb ---> Verb, reziprokes
reziprokes Verhältnis ---> Verhältnis, reziprokes
Reziprozität ---> Wechselseitigkeit
Reziprozitätsgesetz der Begriffe ---> Begriffe, Reziprozitätsgesetz der
Rezitation ---> Deklamation
Rezitativ
מֻגָּד (מֻגָּדִים) (מוס׳, תאט׳) זִמְרָה מְדֻקְלֶמֶת, רֶצִיטָטִיב

Rhabarber *{Rheum}*
רִבָּס (בוט׳) צֶמַח מִמִּשְׁפַּחַת הָאַרְכֻּבִיתִיִּים

Rhetor ---> Rhetoriker
Rhetorik
דִּבּוּרִיּוּת (רטו׳) [ק/א/297,295; ק/ב/207; ק/ג/240]. חָכְמַת הַמְּלִיצָה, - הַצַּחוּת, תּוֹרַת הַנְּאוּם, צַחוּת הַלָּשׁוֹן, שְׁגִירוּת הַדִּבּוּר, דַּבְּרָנוּת, רֶטוֹרִיקָה. חָכְמַת הַדִּבּוּר (רטו׳) [ק/א/126].מְלֶאכֶת הַדִּבּוּר. דִּבְרָה (רטו׳) [ק/א/130]. דְּרָשׁ (רטו׳) [ק/א/148]. הַגָּדָה (רטו׳) [ק/א/154]. הַגָּעָה (רטו׳) [ק/א/295,157]. הֲלָצָה (רטו׳) [ק/א/295,175]

Rhetoriker(in)
דַּבְּרָן (דַּבְּרָנִים), דַּבְּרָנִית (דַּבְּרָנִיּוֹת) (רטו׳) [ק/א/131]. מֵלִיץ, דַּבְּרָנִי, בַּעַל חָכְמַת הַהֲלָצָה. הֲלָצִי (רטו׳) [ק/א/176]. לֵץ (רטו׳) [ק/ב/124]. בַּעַל חָכְמַת הַדִּבּוּר, נוֹאֵם, רֶטוֹרִיקָן. מְדַבֵּר (רטו׳) [ק/ב/145]

rhetorisch
דִּבּוּרִי (רטו׳) [ק/א/127]. דַּבְּרָנִי, מִתְיַחֵס עַל הַדִּבּוּר אוֹ עַל חָכְמַת הַדִּבּוּר. הַגָּדִי (רטו׳) [ק/א/154]. מִטְבַּע הַהַגָּדָה, עַל דֶּרֶךְ מְלִיצָה וְסִפּוּר. הֲלָצִי (רטו׳) [ק/א/176]. מְלִיצִי (רטו׳) [ק/ב/207]. רֶטוֹרִי, שֶׁל תּוֹרַת הַנְּאוּם. סִפּוּרִי (רטו׳) [ק/ג/109]

rhetorische Argumentation ---> Argumentation, rhetorische
rhetorische Prämisse ---> Prämisse, rhetorische
rhetorischer Beweis ---> Beweis, rhetorischer
rhetorischer Satz ---> Satz, rhetorischer
rhetorisches Argument ---> Argument, rhetorisches
Rheumatismus
שִׁגָּרוֹן (רפו׳) רֶאוּמָטִיזְם

rheumatisch
שִׁגְרוֹנִי (רפו׳) רֶאוּמָטִי

rheumatisches Fieber ---> Fieber, rheumatisches
rheumatoide Arthritis ---> Arthritis, rheumatoide
Rheumatologie
שִׁגְרוֹנָאוּת (רפו׳) חֵקֶר הַשִּׁגָּרוֹן

Rhinitis ---> Schnupfen
Rhinophym ---> Knollennase
Rhomboeder
מְעֻיָּנוֹן (מתמ׳) מַקְבִּילוֹן שֶׁפֵּאוֹתָיו מְעֻיָּנִים

Rhomboid
מְרֻבַּע דְּמוּי מְעֻיָּן (מתמ׳) [ק/ב/275,235]. מְרֻבַּע דּוֹמֶה לִמְעֻיָּן, מַקְבִּילִית, מְרֻבַּע שֶׁצַּלְעוֹתָיו הַנֶּגְדִּיּוֹת מַקְבִּילוֹת וְשָׁווֹת, הַזָּוִיּוֹת הַנֶּגְדִּיּוֹת אַף הֵן שָׁווֹת וְאִלּוּ הַזָּוִיּוֹת הַחַד צְדָדִיּוֹת הֵן זָוִיּוֹת מַשְׁלִימוֹת ל-180מַעֲלוֹת. רָבוּעַ דּוֹמֶה לִמְעֻיָּן (מתמ׳) [ק/ד/20]

Rhombus
מְעֻיָּן (מְעֻיָּנִים) (מתמ׳) [ק/ב/235]. מַקְבִּילִית שֶׁכָּל צַלְעוֹתֶיהָ שָׁווֹת זוֹ לָזוֹ, שְׁתַּיִם מִזָּוִיּוֹתֶיהָ חַדּוֹת וּשְׁתַּיִם קֵהוֹת (מְרֻוָּחוֹת). מְרֻבַּע מְעֻיָּן (מתמ׳) [ק/ב/275]. מְרֻבַּע שֶׁצַּלְעוֹתָיו הַנֶּגְדִּיּוֹת מַקְבִּילוֹת וְשָׁווֹת. רָבוּעַ מְעֻיָּן (מתמ׳) [ק/ד/20]

rhytmieren
מִקְצֵב (מְמַקְצֵב) (פסי׳, בלש׳, מוס׳)

rhytmisch
מִקְצָבִי (פסי׳, בלש׳, מוס׳) רִתְמִי

rhytmische Gliedmaßenzuckungen ---> Klonus
rhytmische Rede ---> Rede, gebundene
Rhytmus
מִקְצָב (פסי׳, בלש׳, מוס׳) [ר/ב/411]. רִתְמוּס, חֲזָרָה סְדִירָה שֶׁל דְּפוּס אֵרוּעִים, בְּעִקָּר עִם מַעֲרֶכֶת אֲחִידָה שֶׁל פְּעָמוֹת, דְּגָשִׁים אוֹ רְצָפִים מְקֻצָּבִים. מַעֲרָךְ שֶׁל יְחָסִים בֵּין מִשְׁכֵי הַצְּלִילִים

Rhyton ---> Becher

richten
שָׁפַט (שׁוֹפֵט) (פיל׳, משפ׳) [ק/ד/149]. גָּזַר, חָרַץ, הֶחְלִיט, דָּן, פָּסַק

richten, sich nach einer Sache
הֵסֵב (מֵסֵב) לִבּוֹ לְ... [ק/ג/262]. הִקְבִּיל, שָׂם דַּעְתּוֹ עַל..., הִתְמַסֵּר לְ..., כִּוֵּן לִבּוֹ לְ..., הִשְׁוָה דַּעְתּוֹ לְ...

Richter, beisitzender
עוֹזֵר לְשׁוֹפֵט (משפ׳)

Richterbank

מוֹתָב (מוֹתָבִים) (משפ') מוֹשַׁב הַשּׁוֹפֵט

richtig

נָכוֹן [ק/ב/46]. יַצִּיב, קַיָּם. נְכֹחַ [ק/ג/35]. יָשָׁר

"richtig-falsch"-Test ---> Test, "richtig-falsch"-

richtig geleitet

מֵישָׁר [ק/ב/196]. מִנְהָג נְכוֹנָה, מֻדְרָךְ בְּדֶרֶךְ יְשָׁרָה וַאֲמִתִּית

richtig halten, für

נִרְאָה (נִרְאֶה) לְ... [ק/ד/9]. רָאָה (רוֹאֶה) אֶת דִּבְרֵי-, הֶאֱמִין (מַאֲמִין) שֶׁ/כִּי/בְּ..., חָשַׁב (חוֹשֵׁב) לְנָכוֹן, הִתְקַבֵּל עַל דַּעְתּוֹ שֶׁ/כִּי...

richtig sein

צָדַק (צוֹדֵק) [ק/ג/229]. הָיָה אֱמֶת, - נָכוֹן, - הָגוּן, - רָאוּי

richtiger Gebrauch ---> Gebrauch, richtiger

richtiges Mischungsverhältnis ---> Mischungsverhältnis, richtiges

Richtigkeit

אֲמִתִּיּוּת (פיל') [ק/א/54]. אִמּוּת, אֲמִתַּת עִנְיָן-מָה. נְכוֹנוּת [ק/ג/36]. נְכֹחוּת, נְכֹחוּת, נְכֹחִיּוּת, יֹשֶׁר. צֶדֶק [ק/ג/228]. אֱמֶת, כֵּנוּת. צִחְצוּחַ (בלש', ספר') [ק/ג/241]. תְּכוּנַת דָּבָר בָּרוּר וּמְנֻסֶּה, תְּקִינוּת, בְּרִירוּת, מוּבָנוּת

Richtlinie *{Direktive}*

הַנְחָיָה (הַנְחָיוֹת) [ק/א/170]. הַיְשָׁרָה, הוֹרָאָה, הַדְרָכָה, הוֹלָכָה בְּדֶרֶךְ הַיָּשָׁר, דִּירֶקְטִיבָה, הֶעָרָה, רֶמֶז

Richtmeister ---> Monteur

Richtplatz

גַּרְדּוֹם (גַּרְדּוֹמִים) (משפ') מְקוֹם הַהוֹצָאָה לַהוֹרֵג

Richtung

כִּוּוּן (כִּוּוּנִים) [ק/א/61]. אָנָה, פְּנִיָּה לְ.... מְגַמָּה [ק/ב/141]. כַּוָּנָה, מַטָּרָה, תַּכְלִית. מַהֲלָךְ [ק/ב/157]. פֵּאָה [ק/ג/180]. צַד [ק/ג/225]

Richtung, gerade

יַשְׁרוּת (מתמ') [ק/ב/57,56]. יֹשֶׁר, כִּוּוּן יָשָׁר, יְשָׁרָה, מַצָּב יָשָׁר בְּלֹא עִקְמִימוּת, יְשָׁרוּת. יִשְׁרוֹן (מתמ') [ק/ב/57]. מִישׁוֹר (מתמ') [ק/ב/195]. צוּרַת הַקַּו הַיָּשָׁר. נְכֹחוּת, נְכֹחוּת, נְכֹחִיּוּת (מתמ') [ק/ג/36]. כִּוּוּן נָכְחִי, - שְׁמְמוּל, - יָשָׁר

Richtungsbestimmung ---> Orientierung

Richtungswechsel [---> Durchbruch]

הֶתֵּק, שִׁנּוּי כִּוּוּן, מִפְנֶה פִּתְאֹמִי וְחַד, שְׁבִירַת מְגַמָּה

Richtungswinkel ---> Polarwinkel

riechen

הֵרִיחַ (מֵרִיחַ) (רפו') שָׁאַף רֵיחַ אֶל אַפּוֹ

Riechen

הֲרָחָה (רפו') רִיחָה, שְׁאִיפַת רֵיחַ אֶל הָאַף

Riegel

בְּרִיחַ (בְּרִיחִים) (טכנ') לְשׁוֹן הַמַּנְעוּל

Riemen

רְצוּעָה (רְצוּעוֹת) (טכנ') [א״ח/א/180]

Riemen antreiben, eine Welle durch

הֵנִיעַ (מֵנִיעַ) גַּל בִּרְצוּעָה (טכנ')

Riemenantrieb

הֶנֵּעַ שֶׁל רְצוּעָה (טכנ')

Riemenvorgelege

מִמְסֶרֶת רְצוּעָה (טכנ')

Riemer

רַצְעָן (רַצְעָנִים) (מלא') עוֹשֶׂה כְּלֵי רִתְמָה

rieseln

פִּכְפֵּךְ (מְפַכְפֵּךְ) (היד') פִּכָּה (מְפַכֶּה), זָלַף, זָרַם

Riesen-Smaragdeidechse *{Lacerta trilineata}*

לְטָאָה יְרֻקָּה (זוא') זוֹחֵל מִמִּשְׁפַּחַת הַלְּטָאִיִּים

Riesenfenchel *{Ferula communis}*

כֶּלֶךְ מָצוּי (בוט') צֶמַח מִמִּשְׁפַּחַת הַסּוֹכְכִיִּים

Riesenhai *{Cetorhinus maximus}*

כָּרִישׁ עֲנָק יַם תִּיכוֹנִי (זוא') דָּג מִמִּשְׁפַּחַת כָּרִישׁ עֲנָקִיִּים (כְּרִישָׁאִים)

Riesenkürbis *{Cucurbita maxima}*

דְּלַעַת גְּדוֹלָה (בוט') צֶמַח מִמִּשְׁפַּחַת הַדְּלוּעִיִּים

Riesenschilf *{Arundo donax}*

עַבְקָנֶה שָׁכִיחַ (בוט') צֶמַח מִמִּשְׁפַּחַת הַדְּגָנִיִּים

Riesenschlangen *{Boidae}*

חֲנָקִיִּים (זוא') מִשְׁפָּחָה שֶׁל נְחָשִׁים

Riesenwuchs *{Gigantismus}*

עֲנָקוּת (רפו')

Riffel

אַדְוָה (אֲדָווֹת) (מטא') סַלְסַל, תְּנוּדַת גַּלִּים קַלִּים

Riffelblech

פַּח מָרוּג (טכנ')

rigid ---> steif; starr

Rigidität ---> Steifheit; Starrheit

Rigidität, dispositionelle ---> Perseveration

Rigor mortis ---> Totenstarre

rigoroso ---> Zeitmaß, streng im

Rigorosum ---> Doktorprüfung, mündliche

Rillenrad ---> Keilrad

Rillung

חֵרוּץ (היד', גאו') הִוָּצְרוּת חֲרִיצִים

Rinde *{Kortex}*

קְלִפָּה (קְלִפּוֹת) (רפו') [מר״ח/202]. חֲשִׂיפָּה, קְרוּם

rindenbezüglich *{kortikal}*

קְלִפָּתִי (רפו') חֲשִׂיפִי, קְרוּמִי

Rinderdasselfliege *{Hypoderma bovis}*

אֶסְטֵרִית הַבָּקָר (זוא') חֶרֶק מִמִּשְׁפַּחַת הָאֶסְטֵרִיתִיִּים (זְבוּבִים)

rinforzando

מִתְחַזֵּק (מוס') רִינְפוֹרְצַנְדוֹ

Ring, semiprimitiver

חוּג פָּשׁוּט לְמֶחֱצָה (מתמ')

Ringdrossel *{Turdus torquatus}*

קִיכְלִי סַהֲרוֹן (זוא') עוֹף מִמִּשְׁפַּחַת הַקִּיכְלִיִּים

Ringelblume *{Calendula}*

צִפָּרְנֵי הֶחָתוּל (בוט') צֶמַח מִמִּשְׁפַּחַת הַמֻּרְכָּבִים

Ringeltaube *{Columba palumbus}*

יוֹנַת עֲנָק (זוא') עוֹף מִמִּשְׁפַּחַת הַיּוֹנִיִּים

Ringelwürmer *{Annelida}*

תּוֹלָעִים טַבַּעְתִּיּוֹת (זוא')

ringen
נֶאֱבַק (נֶאֱבָק) (ספו') [א"ח/ג/114]. הִתְגּוֹשֵׁשׁ, נִלְחַם

ringen, nach Luft
פָּהַר (פּוֹהֵר) (רפו') פָּעַר פֶּה מֵחֹסֶר נְשִׁימָה

Ringen nach Luft
פְּהִירָה (רפו') פְּעִירַת פֶּה מֵחֹסֶר נְשִׁימָה

ringförmiger Körper ---> Körper, ringförmiger

ringsherum
סְחוֹר סְחוֹר, סָבִיב

Rinne
מִתְעָל (היד') עָרוּץ (עֲרוּצִים)

Rinne *{Semicanalis}*
חֲצִנּוֹר (חֲצִנּוֹרוֹת) (רפו') [מר"ח/609]

Rippel ---> Riffel

Rippenfellentzündung *{Pleuritis}*
צַדֶּרֶת (רפו') דַּלֶּקֶת הַצֶּדֶר, - קְרוּם הָרֵאָה

Rippenknochen *{Os costale}*
עֶצֶם הַצֵּלָע (עַצְמוֹת הַצְּלָעוֹת) (רפו')

Riß
סֶדֶק (סְדָקִים) [א"ח/א/158]. קֶרַע (קְרָעִים), מָקוֹם קָרוּעַ, בֶּזַע (בְּזָעִים)

Rißbildung
סְדִיקָה, הִתְהַוּוּת סֶדֶק

Rispe
מַכְבֵּד (מַכְבְּדִים) (בוט') תִּפְרַחַת מִסְתַּעֶפֶת

rissig werden
נִסְדַּק (נִסְדָּק)

Rispengras *{Poa}*
סִיסָנִית (בוט') צֶמַח מִמִּשְׁפַּחַת הַדְּגָנִיִּים

Ritardando
הָלוֹךְ וְהָאֵט (מוס') רִיטַרְדַּנְדוֹ

Ritenuto ---> Ritardando

Rittersporn *{Delphinium}*
דָּרְבָנִית (בוט') צֶמַח מִמִּשְׁפַּחַת הַנּוּרִיתִיִּים

Ritual
פֻּלְחָן (דת, פסי') [ר/ב/529]. עֲבוֹדָה, טֶקֶס, רֶצֶף פְּעֻלּוֹת אוֹ הִתְנַהֲגֻיּוֹת מְסֻגְנָנוֹת וְהֶטְפֵּסִיּוֹת

rituelle Mahlzeit ---> Mahlzeit, rituelle

rituelles Bad ---> Bad, rituelles

rituelles Baden ---> Baden, rituelles

ritzen ---> einritzen

Rivalin ---> Nebenfrau

Rizinusöl
שֶׁמֶן קִיק (רפו') [א"ח/ב/226; דח"ט/167]. שֶׁמֶן צִמְחִי הַמּוּפָק מִזַּרְעֵי הַקִּיקָיוֹן וּמְשַׁמֵּשׁ לִרְפוּאָה

robust
חָסֹן (רפו', פסי') עָמִיד, חָסוֹן, בַּעַל כֹּחַ עֲמִידָה בִּפְנֵי מַשֶּׁהוּ אוֹ מִישֶׁהוּ

Rochen *{Batoidei}*
בַּטָּאִים (זוא') סִדְרָה שֶׁל דְּגֵי סְחוּס

Rodung
בֵּרוּא (חקל') כְּרִיתַת עֲצֵי יַעַר

röchelnd *{stertorös}*
שְׁנָחוּרִי (רפו') חִרְחוּרִי, נַסְרָנִי

röchelnd atmen ---> atmen, röchelnd

röchelnde Atmung ---> Atmung, röchelnde

Röhrchen *{Tubulus}*
אֲבוּבִית (אֲבוּבִיּוֹת) (רפו') אַבּוּב קָטָן

Röhre
צִנּוֹר (צִנּוֹרוֹת) [ק/ב/230]. מַעֲבָר, מָקוֹם שֶׁאֶפְשָׁר לַעֲבֹר בּוֹ, חָלָל, נֶקֶב שֶׁעוֹבֵר בּוֹ דְּבַר-מָה, שְׁפוֹפֶרֶת (שְׁפוֹפָרוֹת)

Röhre *{Tubus}*
אַבּוּב (אַבּוּבִים) (רפו') קָנֶה (קָנִים)

Röhre, dünne
צַנְתָּר (צַנְתָּרוֹת) (טכנ') צִנּוֹר דַּק

Röhre, lichte Weite einer ---> Lumen

Röhren, kommunizierende
כֵּלִים שְׁלוּבִים (פיס')

Röhrenknochen ---> Knochen, langer

röntgen
גִּלְהֵהַ (מְגַלְהֵהַ) (רפו') צִלֵּם בְּאֶמְצָעוּת גְּלוֹהַ (קַרְנֵי רֶנְטְגֶן)

Röntgen
גְּלוֹהַּ (פיס', רפו') [מר"ח/590]. רֶנְטְגֶן, קַרְנֵי אִיקְס

Röntgen-Darstellung von Gefäßen ---> Gefäße(n), Röntgen-Darstellung von

Röntgen-Kontrastdarstellung der Gallenblase ---> Gallenblase, Röntgen-Kontrastdarstellung der

Röntgenaufnahme
תְּאִירַת גְּלוֹהַּ (רפו') [מר"ח/590]. צִלּוּם רֶנְטְגֶן, רֶנְטְגֶנוֹגְרַפְיָה, בְּדִיקָה בְּאֶמְצָעוּת גְּלוֹהַּ (קַרְנֵי רֶנְטְגֶן)

Röntgenbild
תַּגְלוֹהַּ (תַּגְלוֹהִים) (רפו') תַּצְלוּם גְּלוֹהַּ, - רֶנְטְגֶנִי

Röntgenisierung
הַגְלָהָה (רפו') [מר"ח/590]. רֶנְטְגֶנִיזַצְיָה

Röntgenologe
תַּגְלוּהָן (רפו') רֶנְטְגֶנוֹלוֹג

Röntgenologie
תַּגְלוּהָה (רפו') רֶנְטְגֶנוֹלוֹגְיָה

röntgenologisch
תַּגְלוּהִי (רפו') רֶנְטְגֶנוֹלוֹגִי

rösten
כִּבֵּב (מְכַבֵּב) (חזו') צָלָה בָּאֵשׁ, קָלָה (קוֹלֶה), הִבְהֵב בָּאֵשׁ

Röte
סֹמֶק (צבע, רפו') אֹדֶם, אַדְמוּמִיּוּת, אַדְמוּמִית, אַדְמוּת

Rötel
סִקְרִית (אמנ') [ממ"ג/204]. סִקְרָה, צֶבַע אָדֹם

Rötelfalke *{Falco naumanni}*
בַּז אָדֹם (זוא') עוֹף מִמִּשְׁפַּחַת הַבַּזִּיִּים

Rötelschwalbe *{Hirundo daurica (Cecropis daurica)}*
סְנוּנִית הַמְּעָרוֹת (זוא') עוֹף מִמִּשְׁפַּחַת הַסְּנוּנִיתִיִּים

röten
אִדֵּם (מְאַדֵּם), עָשָׂה לְאָדֹם

rötlich
אַדְמוֹנִי

Rötling ---> Fahnenbarsch, Roter
Roggen *{Secale}*
שִׁיפוֹן (בוט', חקל') [א"ח/א/100]. צֶמַח מִמִּשְׁפַּחַת הַדְּגָנִיִּים

roh
נָא (חזו') [א"ח/ג/32]. שֶׁלֹּא נִתְבַּשֵּׁל כָּל צָרְכּוֹ

Roheisen
גֶּלֶם בַּרְזֶל (טכנ') [דח"ט/42]. בַּרְזֶל חַי, - הַמּוּפָק יְשִׁירוֹת מֵעַפְרוֹת הַמַּתֶּכֶת בְּתַנּוּר

Roheit
גַּלְמִיּוּת [פ"ר/175]. בַּעֲרוּת

Rohplanum ---> Unterbausohle
Rohr ---> Schilf
Rohr, gewalztes
צִנּוֹר מְעֻרְגָּל (טכנ')

Rohrabschneider
מַחְתֵּךְ (מַחְתְּכִים) לְצִנּוֹרוֹת (טכנ')

Rohrammer *{Emberiza schoeniclus}*
גִּבְתּוֹן סוּף (זוא') עוֹף מִמִּשְׁפַּחַת הַגִּבְתּוֹנִיִּים

Rohrblatt
לְשׁוֹנִית (לְשׁוֹנִיּוֹת) (מוס')

Rohrbruch
פְּקִיעַת צִנּוֹר (טכנ') הִתְפַּקְּעוּת צִנּוֹר

Rohrdommel *{Botaurus stellaris}*
אֲנָפָה מְסֻרְטֶטֶת (זוא') עוֹף מִמִּשְׁפַּחַת הָאֲנָפָתִיִּים

Rohrflansch
אֹגֶן (אָגְנֵי) הַצִּנּוֹר (טכנ') שְׂפַת הַצִּנּוֹר

Rohrglanzgras *{Phalaris arundinacea}*
חֲפוּרִית עַבְקָנִית (בוט') צֶמַח מִמִּשְׁפַּחַת הַדְּגָנִיִּים

Rohrkolben *{Typha}*
סוּף (בוט') צֶמַח מִמִּשְׁפַּחַת הַסּוּפִיִּים

Rohrleitung
קַו צִנּוֹרוֹת (טכנ')

Rohrnetz
צַנֶּרֶת (טכנ') מַעֲרֶכֶת צִנּוֹרוֹת

Rohrsänger
קָנִית (זוא') שֵׁם שֶׁל עוֹף

Rohrschlüssel
מַפְתֵּחַ (מַפְתְּחוֹת) לְצִנּוֹרוֹת (טכנ')

Rohrweihe *{Circus aeruginosus}*
זַרְוֹן הַסּוּף (זוא') עוֹף מִמִּשְׁפַּחַת הַנִּצִּיִּים

Rohrzange
צְבָת (צְבָתוֹת) לְצִנּוֹרוֹת (טכנ')

Rolle [---> Partie; Zeichnungsrolle; Tauwerksrolle]
גַּלְגִּלָּה (גַּלְגִּלּוֹת) (טכנ')

Rolle einstudieren, eine ---> einstudieren, eine Rolle
Rollen
גִּלְגּוּל (פיס', פיל') [ק/ג/86]. סִבּוּב, טִלְטוּל

rollende Reibung ---> Reibung, rollende
Rollenfach
סוּג הַתַּפְקִידִים (תאט')

Rollenspiel
מִצְחַק תַּפְקִידִים (פסי', מ"ח) [ר/ב/699]. מִשְׂחַק תַּפְקִידִים, הַצָּגַת תַּפְקִיד מְסֻיָּם

Rollentausch
חִלּוּפֵי תַּפְקִידִים (תאט')

Roller [---> Kinderroller]
גַּלְגּוֹל (מטא') מִשְׁבָּר גָּדוֹל

Roller über Untiefe
גַּלְגּוֹל שִׂרְטוֹנִי (מטא')

Rollkreis
מַעְגַּל הַגִּלְגּוּל (טכנ')

Rollkugel
כַּדּוּר מַעֲקָב (מחש') [דמ"א/103]. כַּדּוּר קָטָן הַנָּתוּן בְּבָסִיס הַקָּשׁוּר לַמַּחְשֵׁב, וּבְעֶזְרָתוֹ אֶפְשָׁר לְצַיֵּר עַל צַג הַמַּחְשֵׁב, לְהָזִיז אֶת הַסַּמָּן וְעוֹד

Rollmaß ---> Bandmaß
Rollmops
דַּגְלִיל (דַּגְלִילִים) (חזו') [י"א/104]. דַּגְלוּל, דָּג כָּבוּשׁ הַמְגֻלְגָּל סְבִיב חֲתִיכַת מְלָפְפוֹן חָמוּץ

Rolltrommel
דַּרְדֶּרֶת (מוס')

ROM-Speicher ---> Speicher, ROM-
Roman
תַּסְפּוּר (תַּסְפּוּרִים) (ספר') [מ"ס/5]. רוֹמָן, צוּרָה סִפְרוּתִית סִפְרוּתִית (אֶפִּית) גְּדוֹלָה

Roman, realistischer
תַּסְפּוּר מְצִיאוּתָנִי (ספר') [מ"ס/14]. רוֹמָן רֵאָלִיסְטִי, סִפּוּר בָּדוּי שֶׁבּוֹ הַמְּסַפֵּר מִשְׁתַּדֵּל לְתָאֵר אֶת הַחַיִּים תּוֹךְ חֲשִׂיפַת מַהוּתָם הַמְּצִיאוּתִית

Romanliteratur ---> Erzählliteratur
Ronchus ---> Rasselgeräusch
Rorschachtest ---> Tintenflecktest
rosa
וָרֹד (צבע) [ק/א/249]. וַרְדִּי, כְּצֶבַע הַוֶּרֶד

Rosacea ---> Kupferfinnen
Rosapelikan *{Pelecanus onocrotalus}*
שַׂקְנַאי מָצוּי (זוא') עוֹף מִמִּשְׁפַּחַת הַשַּׂקְנָאִיִּים

Rose *{Rosa}*
וֶרֶד (בוט') צֶמַח מִמִּשְׁפַּחַת הַוַּרְדִּיִּים

Rose, Chinesische ---> Bengalrose
Rose von Jericho *{Anastatica}*
שׁוֹשַׁנַּת יְרִיחוֹ (בוט') צֶמַח מִמִּשְׁפַּחַת הַמִּצְלִיבִים

Rosenakne *{Acne hypertrophica}*
חַטֶּטֶת מְרֻבֶּלֶת (רפו')

Rosengarten
גִּנַּת וְרָדִים (חקל') [א"ח/ב/203]

Rosenkranz
מִשְׁבָּחָה (מִשְׁבָּחוֹת) (דת) [מר״ח/95]. מַחְרֹזֶת תְּפִלָּה
Rosenöl
שֶׁמֶן וֶרֶד [א״ח/א/236]. וַרְדִּינוֹן
Rosenstar *{Pastor roseus}*
זַרְזִיר אַרְבֶּה (זוא׳) עוֹף מִמִּשְׁפַּחַת הַזַּרְזִירִיִּים
Roseola
אֲדַמְדֶּמֶת (רפו׳) וַרְדִּית
Rosette
שׁוֹשֶׁנֶת (שׁוֹשָׁנוֹת) (בוט׳) עָלִים הָעֲרוּכִים מִסָּבִיב לִבְסִיס הַגִּבְעוֹל בְּצוּרַת שׁוֹשַׁנָּה
rosinenartige Weinbeere ---> Weinbeere, rosinenartige
Roßkastanie *{Aesculus}*
עַרְמוֹנִית (בוט׳) צֶמַח מִמִּשְׁפַּחַת הָעַרְמוֹנִיתִיִּים
Roßminze *{Mentha longifolia}*
נַעֲנָה מְשֻׁבֶּלֶת (בוט׳) צֶמַח מִמִּשְׁפַּחַת הַשְּׂפָתָנִיִּים
Rost [---> Bratrost]
סָרִיג (סְרִיגִים) (טכנ׳) מִבְנֶה עָשׂוּי סוֹרְגִים
Rost ansetzen ---> verrosten
rostral ---> schnabelbezüglich
Rot-Grünblindheit ---> Daltonismus
rot werden
הֶאְדִּים (מַאְדִּים), הִסְמִיק (מַסְמִיק), נַעֲשָׂה אָדֹם, הִתְאַדֵּם (מִתְאַדֵּם), סָמַק (סוֹמֵק), הִסְתַּמֵּק
Rotalgen *{Rhodophycophyta}*
אַצּוֹת אֲדַמִּיּוֹת (בוט׳)
Rotation ---> Drehung
Rotation, schiefwinklige
סִיבּוּב שִׁפּוּעִי (סטט׳) [מ״מ/221]. סִבּוּב שִׁפּוּעִי, מַצָּב בְּנִתּוּחַ גּוֹרְמִים
Rotationsfläche
מִשְׁטָח סִיבּוּבִי (פיס׳)
Rotbrasse *{Pagellus erythrinus}*
וַרְדִּית מְצוּיָה (זוא׳) דָּג מִמִּשְׁפַּחַת הַסְּפָרוּסִיִּים (דְּגֵי גֶּרֶם)
Rotbuche *{Fagus sylvatica}*
אַשּׁוּר הַיְּעָרוֹת (בוט׳) צֶמַח מִמִּשְׁפַּחַת הָאַלּוֹנִיִּים
Rotesche *{Fraxinus pennsylvanica}*
מֵילָה פֶּנְסִילְבָנִית (בוט׳) צֶמַח מִמִּשְׁפַּחַת הַזֵּיתִיִּים
Rotfuchs *{Vulpes vulpes}*
שׁוּעָל מָצוּי (זוא׳) יוֹנֵק מִמִּשְׁפַּחַת הַכַּלְבִּיִּים
Rotfußfalke *{Falco vespertinus}*
בַּז עֶרֶב (זוא׳) עוֹף מִמִּשְׁפַּחַת הַבַּזִּיִּים
rotglühen
אִדֵּם (מְאַדֵּם) (טכנ׳)
rotierend
חָג בְּסִבּוּב (פיס׳)
Rotkehlchen *{Erithacus rubecula}*
אֱדֹם חָזֶה (זוא׳) עוֹף מִמִּשְׁפַּחַת הַקִּיכְלִיִּים
Rotkehlpieper *{Anthus cervina}*
פִּפִּיּוֹן אֱדֹם גָּרוֹן (זוא׳) עוֹף מִמִּשְׁפַּחַת הַנַּחְלִיאֵלִיִּים
Rotkopfwürger *{Lanius senator}*
חַנְקָן אֱדֹם רֹאשׁ (זוא׳) עוֹף מִמִּשְׁפַּחַת הַחַנְקָנִיִּים
Rotlehm
חֲמָרָה (גאו׳) סְיָן אָדֹם
Rotschenkel *{Tringa totanus}*
בִּצָּנִית לִבְנַת כָּנָף (זוא׳) עוֹף מִמִּשְׁפַּחַת הַחַרְטוֹמָנִיִּים
Rotschwanz
חַכְלִילִית (זוא׳) שֵׁם שֶׁל עוֹף
Rotstirngirlitz *{Serinus pusillus}*
בַּזְבּוּז אֱדֹם מֵצַח (זוא׳) עוֹף מִמִּשְׁפַּחַת הַפְּרוּשִׁיִּים
Rotte
כְּנוּפְיָה (כְּנוּפְיוֹת), עֲדַת מְרֵעִים, קְהַל רְשָׁעִים
rotwärmen ---> rotglühen
Rouge
סִקְרָה (תאט׳) סָרָק, צֶבַע אִפּוּר אָדֹם
Roulette
דָּרְבָּנִית (אמנ׳, דפו׳) [מג״מ/206]. טַבַּעַת בַּעֲלַת זִיזִים הַקְּבוּעָה בְּתוֹךְ נִצָּב שֶׁל פְּלָדָה וּמְשַׁמֶּשֶׁת לְגִמּוּם לוּחַ הַנְּחֹשֶׁת
Routine
שִׁגְרָה [מר״ח/591]. דַּרְבָּה, רוּטִינָה
Routinier
בַּעַל שִׁגְרָה, שִׁגְרָן
routiniert
שִׁגְרָנִי
rubato, tempo ---> Zeitmaß, geraubtes
Rubidium
אַדְמָן (כימ׳) רוּבִּידְיוֹן, יְסוֹד כִּימִי מַתַּכְתִּי
Rubrik
טוּר (טוּרִים) [ק/א/18]. אֶבֶן, סִקְרָה, רוּבְּרִיקָה, מִשְׁבֶּצֶת, שׁוּרָה, עַמּוּדָה
rubrizieren
טִיֵּר (מְטַיֵּר), עָרַךְ בְּטוּרִים, סִקְרֵר (מְסַקְרֵר), עִמֵּד (מְעַמֵּד)
Rubrizierung
טִיּוּר [מר״ח/592]. סִקְרוּר, עֲרִיכָה בְּטוּרִים, עִמּוּד
ruckweise
בִּתְזוּזוֹת-דְּחִיפוֹת
Ruder
הֶגֶה (הֲגָיִים) (ימא׳)
Ruder!, Backbord
הַשְׂמֵאל (הַהֶגֶה)! (ימא׳)
Ruder!, Steuerbord
הַיְמֵן (הַהֶגֶה)! (ימא׳)
Ruderente, Weißkopf- *{Oxyura leucocephala}*
צַחְרֹאשׁ לָבָן (זוא׳) עוֹף מִמִּשְׁפַּחַת הַבַּרְוָזִיִּים
Rudiment
דַּבְלוּל (זוא׳, רפו׳) [מר״ח/592]. שְׂרִיד אֵבֶר
rudimentär
דַּבְלוּלִי (זוא׳, רפו׳) [מר״ח/592]. שֶׁל שְׂרִיד אֵבֶר, רֵאשִׁיתִי, רוּדִימֶנְטִי, רוּדִימֶנְטָרִי, שֶׁשָּׂרַד מִמַּשֶּׁהוּ שֶׁחָלַף וְאֵינֶנּוּ, מְנֻוָּן, בִּלְתִּי מְפֻתָּח, מְדֻלְדָּל
Rübe ---> Bete
Rübe, Weiße ---> Saatrübe

Rückansicht
מַרְאֶה מֵאָחוֹר (טכנ', אמנ') הֶטֵּל מֵאָחוֹר
rückbeobachten
הִסְתַּכֵּל בְּשֶׁעָבַר (פסי')
Rückbeobachtung
הִסְתַּכְּלוּת בְּשֶׁעָבַר (פסי')
rückbezüglich ---> reflexiv
Rückbildung ---> Regression; Ableitung, retrograde
Rückblende
נְסִיגָה סִפּוּרִית (ספר') [מ״ס/110]. הֶבְזֵק לְאָחוֹר, נְסִיגָה לְאָחוֹר בְּמַהֲלַךְ הַסִּפּוּר
Rückblick
מַבָּט לְאָחוֹר, תַּצְפִּית לְאָחוֹר
Rückdrehen
חִיגָה לְאָחוֹר (מטא') [יל״ט/73]. הִשְׁתַּנּוּת כִּוּוּן הָרוּחַ נֶגֶד כִּוּוּן הַשָּׁעוֹן
Rücken *{Dorsum}*
גַּב (גַּבִּים) (רפו') הַשֶּׁטַח הָאֲחוֹרִי שֶׁל גּוּף הָאָדָם
Rückenlage, in *{supine}*
אַפַּרְקְדָן (רפו') [מר״ח/645; א״ח/ג/5]. פְּרַקְדָן, פְּרַקְדָנִי, שָׁכוּב עַל גַּבּוֹ, שׁוֹכֵב עַל הַגַּב
Rückenlage wenden, sich in
הִתְפַּרְקֵד (מִתְפַּרְקֵד) [א״ח/ג/5]. נִשְׁכַּב עַל הַגַּב
Rückenschwimmer *{Notonectidae}*
שַׁטְגַּבִּיִּים (זוא') מִשְׁפָּחָה שֶׁל פִּשְׁפְּשִׁים הַחַיִּים בְּתוֹךְ הַמַּיִם
Rückerstattung
הֶשְׁבּוֹן (הֶשְׁבּוֹנוֹת)
rückfällig
חַזְרָנִי, נִשְׁנֶה, חוֹזֵר, דּוֹכֵס, נִדְכָּס, רֶצִידִיבִי, הָפִיךְ, שֶׁל מַצָּב הַנָּתוּן לְהֵהָפֵךְ
Rückfälligwerden
חַזְרָנוּת, הִשָּׁנוּת, רֶצִידִיבִיּוּת, דְּכִיסָה, הִדָּכְסוּת, דֶּכֶס
Rückfall ---> Rückfälligwerden; Regression
Rückfalltäter ---> Gewohnheitstäter
Rückfluß
זְרִימָה חוֹזֶרֶת
Rückflußdämpfung
מַדַּד הֶפְסֵד הַחֲזָרָה (פיס')
Rückflußkühler
מְעַבֵּה תִּחְזוּר (כימ')
Rückgang
נְסִיגָה
Rückgradstab *{Chorda dorsalis}*
מֵיתָר (רפו') [מר״ח/149]. נְחוּט הַשִּׁדְרָה
Rückgradstab betreffend, den
מֵיתָרִי (רפו') נְחוּטִי
Rückgradstab, Tierstämme mit
מֵיתָרָנִים (זוא') בַּעֲלֵי מֵיתָר, נְחוּטָנִים
Rückgriffsrecht
זְכוּת חֲזָרָה (כלכ', משפ') [אב״מ/48]. זְכוּתוֹ שֶׁל הַמַּלְוֶה לְחַיֵּב אֶת הֶעָרֵב בְּתַשְׁלוּם אִם הַלֹּוֶה אֵינוֹ מְקַיֵּם אֶת הִתְחַיְּבוּתוֹ
Rückhaltung *{Retention}*
שֶׁהִי (היד') חֲסִימַת דֶּרֶךְ הַקְּלִיחָה שֶׁל נוֹזְלִים

Rückhaltungsspeicherung
אֹגֶר שֶׁהִי (היד')
Rückhaltungswasser
מֵי שֶׁהִי (היד')
Rückkehr [---> Regression]
חֲזָרָה [ק/א/281]. תְּשׁוּבָה, חֲזִירָה, שִׁיבָה, פְּעֻלַּת הַשָּׁב לִמְקוֹמוֹ הַקּוֹדֵם. חִזּוּר [ק/א/281]
Rückkehrpunkt
נְקֻדַּת חֲזָרָה, - חֲזִירָה, - שִׁיבָה
Rückkopplung *{Feedback}*
מָשׁוֹב (פסי', מ״ח) [ר/ב/416]. תַּהֲלִיךְ שֶׁבּוֹ מֵידָע עַל תַּהֲלִיכִים קוֹדְמִים מְשַׁמֵּשׁ בָּסִיס לְשִׁנּוּיִים בְּמַהֲלָכִים עֲתִידִיִּים, הֶתְגֵּב, תְּגוּבַת הֵד, הִזּוּן חוֹזֵר, שִׁזּוּן
Rückkopplungshemmung
עִכּוּב מְשׁוֹבִי (מדע)
rückläufige Amnesie ---> Amnesie, rückläufige
rückläufige Assoziation ---> Assoziation, rückläufige
rücklings *{dorsal}* **[---> Rückenlage, in]**
גַּבִּי (רפו') גַּבְּנִי, דוֹרְזָלִי
Rücknahme einer Klage ---> Klagezurücknahme
Rückprallelastizität ---> Stoßelastizität
Rückreaktion ---> Reaktion, umkehrbare
Rückschreibung
רְעָנוּן (מחש') [דמ״א/88]. חִדּוּשׁ נִתְגָּב (אוֹטוֹמָטִי) שֶׁל מֵידָע הַמְּאֻחְסָן בְּזִכָּרוֹן נָדִיף
Rückschritt ---> Regression
Rücksetzen
אִפּוּס (מחש') [דמ״א/89]. שִׁצּוּב, הַחֲזָרַת הַמַּחְשֵׁב לְמַצַּב הַפְעָלָה תְּחִלִּי
Rücksicht
הִתְחַשְּׁבוּת [ק/א/152]. הַבָּטָה, הַשְׁקָפָה, כַּוָּנָה, הֲבָאָה בְּחֶשְׁבּוֹן, תְּשׂוּמֶת לֵב
Rücksicht nehmen
הִתְחַשֵּׁב בְּ.../עִם... [ק/ד/23]. הִרְגִּישׁ, חָשַׁשׁ, דָּאַג לְ..., חָרַד לְ.../עַל..., הִשְׁגִּיחַ בְּ.../עַל..., הִתְעַנְיֵן בְּ..., הֵבִיא בְּחֶשְׁבּוֹן אֶת... . רָעָה (רוֹעֶה) [ק/ד/46]. חָלַק תְּשׂוּמֶת לֵב לְ...
Rücksprung
נִסְגָּה (נִסְגּוֹת) (אדר') שֶׁקַע בַּקִּיר
Rückstellung ---> Rücksetzen
Rückverfolgung *{Backtracking}*
שִׁיבָה עַל עֲקֵבוֹת (פסי', פדג', מחש')
Rückverwandlung
הֲפִיכָה חוֹזֶרֶת
rückwärts
לְמַפְרֵעַ, לְאָחוֹר, עַל מַה שֶּׁהָיָה קֹדֶם לָכֵן
rückwärts gekrümmt *{recurvatus}*
חָגוּן (רפו') [מר״ח/577]. מְכֻפָּף לְאָחוֹר
Rückwärtsfahrt
הִלּוּךְ אֲחוֹרָה (ימא')
Rückwärtsfehlerfortpflanzung *{Backpropagierung}*
הִתְפַּשְּׁטוּת אֲחוֹרָנִית (פסי', פדג', מחש') הִתְקַדְּמוּת אֲחוֹרָנִית
rückwärtsgehend ---> retrograd

Rückwärtsverkettung
שִׁרְשׁוּר אֲחוֹרָנִית (פסי׳, פדג׳, מחש׳) שִׁרְשׁוּר לְאָחוֹר, דֶּרֶךְ לְהַתָּרַת בְּעָיָה

Rückweiser
מַחֲזִיר (מוס׳)

rückwirkend *{retroaktiv}*
מִפְּרֵעִי [י״א/17]. אֲחוֹרַנִּי, אֲחוֹרַנִּית, לְמַפְרֵעַ, בְּדִיעֲבַד, לְאָחוֹר, רֶטְרוֹאַקְטִיבִי, עַל מַה שֶּׁהָיָה, לְאַחַר הַמַּעֲשֶׂה, חָל עַל שֶׁעָבַר

rückwirkende Hemmung ---> Hemmung, retroaktive

Rückwirkung
הֶתְגֵּב, תְּגוּבָה חוֹזֶרֶת, הַשְׁפָּעָה חוֹזֶרֶת

rügen
נָזַף (נוֹזֵף), גָּעַר, גִּעֵר, הִזִּיף (מַזִּיף), סָנַט בְּ...., הִנְזִיף

rühmen ---> preisen

rühmen, sich
הִתְפָּאֵר, הִתְהַלֵּל

rühmlich
רָאוּי לִתְהִלָּה

rühren
כָּמַר (כּוֹמֵר) (פסי׳) נִכְמַר (נִכְמָר), נִתְעוֹרֵר לִבּוֹ

Rührer
מַבְחֵשׁ (מַבְחֲשִׁים) (טכנ׳) מַכְשִׁיר בְּחִישָׁה

Rührlöffel
תַּרְוָד (טכנ׳) כַּף בְּחִישָׁה, בַּחֲשָׁה (בַּחֲשׁוֹת)

Rührstab
בַּחַשׁ (בְּחָשִׁים) (טכנ׳) מוֹט בְּחִישָׁה

Rührstück
מַחֲזֶה בְּכִית (ספר׳, תאט׳)

Rührung
כְּמִירָה (פסי׳) הִתְעוֹרְרוּת הָרַחֲמִים

Rülpsen ---> Aufstoßen

Rüpelszene
מַעֲמַד מֻקְיוֹנִים (תאט׳)

Rüsselkäfer *{Curculionidae}*
חִדְקוֹנִיתִיִּים (זוא׳) מִשְׁפָּחָה שֶׁל חִפּוּשִׁיּוֹת

Rüster ---> Ulme

Rüsttag ---> Vorabend

Rüttelplatte
מַרְטֵט טַבְלָה (טכנ׳)

Rüttler ---> Vibrator

Ruffall ---> Vokativ

Ruhe
מְנוּחָה [ק/ב/213]. מַצָּב שֶׁל חֹסֶר תְּנוּעָה וּמַעֲשֶׂה. נִיחָה [ק/ג/31]. דּוּמִיָּה, הַפְסָקָה. נְפִישָׁה [ק/ג/53]. מָנוֹחַ, מַרְגּוֹעַ, שַׁלְוָה, שֶׁקֶט. עֲמִידָה [ק/ג/145]. הַשְׁבָּתָה, קִפָּאוֹן, פּוּגָה. שִׁכּוּן [ק/ד/91]. שְׁכִינָה [ק/ד/92]. שְׁקִיטָה [ק/ד/157]. אִי מַעַשׂ. הַשְׁכָּנָה [ק/א/219]. הַשְׁקֵט, מַצַּב הַהֶשְׁקֵט, הַשְׁקָטָה [ק/א/220]. בְּנִגּוּד לִפְעֻלָּה. נוֹחַ [ק/ג/22]. הִתְמַתְּנוּת, רְגִיעָה, הֲפוּגָה, אִי עֲשִׂיָּה

Ruhemoment
הֶפְסֵק [ק/ד/70]. שְׁבִיתָה, הֲפוּגָה, רֶגַע שֶׁל שְׁמִטָּה, פֶּסֶק, הַפְסָקָה, רֶוַח בֵּין זְמַנֵּיהֶם שֶׁל שְׁנֵי דְּבָרִים

ruhen
שָׁקַט (שׁוֹקֵט) [ק/ד/156]. הָיָה בִּמְנוּחָה, לֹא נָע. נָפַשׁ (נוֹפֵשׁ) [ק/ג/60]. נָח מֵעֲמָלוֹ, נִרְגַּע, מָצָא לוֹ מָנוֹחַ, נִשְׁקַט, שָׁלֵו. עָמַד (עוֹמֵד) [ק/ג/141]. הִפְסִיק, נָח, שָׁבַת, פָּסַק. שָׁכַן [ק/ד/108]. חָל [ק/א/300]. שָׁרָה, חָנָה

Ruhen
שְׁקִיטָה [ק/א/315]. חִנּוּי, חֲנָיָה, יְשִׁיבָה בְּשֶׁקֶט, הַמְּצָאוּת, הִשְׁתַּכְּנוּת, הִתְרַחֲשׁוּת. שְׁכִינָה [ק/ד/92]. הִכָּלְלוּת, קְבִיעָה בְּמָקוֹם. שְׁכִינוּת, שְׁכֵנוּת [ק/ד/93]. מְנוּחָה

ruhend
שׁוֹקֵט [ק/ג/26]. נָח, נָנוֹחַ, שָׁלֵו. קַיָּם [ק/ג/281]. עוֹמֵד, רָגוּעַ, נַיָּח, חֲדַל תְּנוּעָה

Ruhendes
הַשָּׁרוּי בִּמְנוּחָה (פיל׳) [פ״ר/91]

ruhendes Subjekt ---> Subjekt, ruhendes

Ruhepunkt *{Fermate}*
שְׁהִי, שֶׁהִי (מוס׳) נְקֻדַּת מַרְגּוֹעַ

Ruhewinkel
זָוִית הַתְּנוּחָה (פיס׳)

ruhig
בְּנַחַת, בְּשֶׁקֶט

ruhigstellen
יִנֵּחַ (מְיַנֵּחַ) (רפו׳) נִיֵּחַ (מְנַיֵּחַ), קָבַע, הֵבִיא לִידֵי מְנוּחָה

Ruhigstellung
יִנּוּחַ (רפו׳) [מר״ח/378]. נִיּוּחַ, קְבִיעָה, הֲבָאָה לִידֵי מְנוּחָה

Ruhr
טַחֶרֶת (רפו׳) [מר״ח/262]. דִּיזֶנְטֶרְיָה, בּוֹרְדָם

Ruhrkraut *{Gnaphalium}*
לְבַדְנִית (בוט׳) צֶמַח מִמִּשְׁפַּחַת הַמֻּרְכָּבִים

Rumpf *{Torso}*
גֹּלֶף (גְּלָפִים) (רפו׳) [מר״ח/672]. גּוּף בְּלֹא גַּפַּיִם וְרֹאשׁ

Rumpfgebirge
הָרֵי מִקְטָם (גאו׳, י״א) הָרִים שֶׁפָּעֲלוּ עֲלֵיהֶם גּוֹרְמֵי חֲסִיפָה וּסְחִיפָה לְאַחַר תֹּם הִתְחוֹלְלוּתָם הַתַּאֲדָמִית (גֵאוֹלוֹגִית) וְהִפְחִיתוּ אֶת נִפְחָם

Rundheit
עֲגִילוּת (טכנ׳)

Rundkolben
בַּקְבּוּק גֻּלָּה (כימ׳)

Rundlauffehler
חֲרִיגַת הֶקֵּף (מתמ׳, טכנ׳)

Rundschreiben
חוֹזֵר (חוֹזְרִים) (מנה׳) מִכְתָּב הַנִּשְׁלָח לִנְמְעָנִים שׁוֹנִים

Rundungsfehler
טָעוּת עִגּוּל (מתמ׳)

Rute [---> Rebenstiel]
נֵצֶר (נְצָרִים) (בוט׳) עָנָף דַּק

Rutschbahn
תְּלָלָה (תְּלָלוֹת) (טכנ׳)

rutschen ---> gleiten

Rutschen
הַחְלָקָה, גְּלִישָׁה עַל פְּנֵי שֶׁטַח חָלָק

S

Saatgerste *{Hordeum vulgare}*
שְׂעוֹרָה תַּרְבּוּתִית (בוט') צֶמַח מִמִּשְׁפַּחַת הַדְּגָנִיִּים

Saatkrähe *{Corvus frugilegus}*
עוֹרֵב מִזְרָע (זוא') עוֹף מִמִּשְׁפַּחַת הָעוֹרְבִיִּים

Saatplatterbse *{Lathyrus sativus}*
טֹפַח תַּרְבּוּתִי (בוט') צֶמַח מִמִּשְׁפַּחַת הַפַּרְפָּרָנִיִּים

Saatrübe *{Brassica rapa}*
כְּרוּב הַלֶּפֶת (בוט') צֶמַח מִמִּשְׁפַּחַת הַמִּצְלִיבִים

Saatschnellkäfer *{Agriotes lineatus}*
נַתּוּזִית הַפַּסִּים (זוא') חֶרֶק מִמִּשְׁפַּחַת הַנַּתּוּזִיתִיִּים (חִפּוּשִׁיּוֹת)

Saatweizen *{Triticum aestivum}*
חִטָּה רַכָּה (בוט') צֶמַח מִמִּשְׁפַּחַת הַדְּגָנִיִּים

Saatwicke *{Vicia sativa}*
בִּקְיָה תַּרְבּוּתִית (בוט') צֶמַח מִמִּשְׁפַּחַת הַפַּרְפָּרָנִיִּים

Sabäer, Sekte der
אֻמַּת הַצָּאבָּה (דת) [ק/א/52; ק/ג/225]. צָבָא, כַּת הַצָּאבָּה, - הַצָּבָאִים, שֵׁם עוֹבְדֵי הַכּוֹכָבִים הַקַּדְמוֹנִים. צָבִּי (דת) [ק/ג/225]. צְבָאִי, מַאֲמִין בְּתוֹרַת הַצָּאבָּה, עוֹבֵד כּוֹכָבִים וּמַזָּלוֹת

Sabbat, Ausgang des
מוֹצָאֵי שַׁבָּת (דת) [א״ת/ב/423]. זְמַן צֵאת הַשַּׁבָּת

Sabbatgrenze
תְּחוּם שַׁבָּת (דת) [א״ת/ב/391]. שֶׁטַח עַד לְמֶרְחַק אַלְפַּיִם אַמָּה שֶׁמֻּתָּר לָלֶכֶת בּוֹ בְּשַׁבָּת

Saburra ---> Ballaststoff

saburrös ---> ballaststoffbezüglich

Sachbegriff [---> Begriff]
גֶּדֶר (גְּדָרִים) (ספרנ')

Sache
עִנְיָן (עִנְיָנִים) (פיל') [ק/ג/149; פ״ר/50]. הַדָּבָר עַצְמוֹ, מַה שֶּׁנִּרְאֶה כְּמַמָּשִׁי וְחָשׁוּב, הַנּוֹשֵׂא הָעִקָּרִי שֶׁל הַדִּבּוּר אוֹ שֶׁל הַפְּעֻלָּה, סוּגְיָה, עֵסֶק, פָּרָשָׁה, שְׁאֵלָה, חֵפֶץ, מַעֲשֶׂה. דָּבָר (דְּבָרִים) (פיל') [ק/א/130]. יֵשׁ, נִמְצָא, נוֹשֵׂא

Sache, Wesen einer ---> Wesen einer Sache

Sache nach, der
לְפִי עִצּוּמוֹ שֶׁל דָּבָר

Sache selbst, die
הָעִנְיָן עַצְמוֹ (פיל') [ק/ג/157; פ״ר/50]. עֶצֶם, הַדָּבָר כְּשֶׁלְּעַצְמוֹ, גּוּף הַדָּבָר; לְפִי הֶגֶל: הַיֵּשׁ הָאֲמִתִּי כְּאַחְדוּת שֶׁל הַיֵּשׁ וְהַחֲשִׁיבָה

Sache willen, um der
לִשְׁמוֹ/לִשְׁמָהּ

Sache zuwenden, sich einer ---> zuwenden, sich einer Sache

Sachkatalog
רַשְׁמוֹן הַנּוֹשְׂאִים (ספרנ') קָטָלוֹג הַנּוֹשְׂאִים

Sachkenntnis
מֻמְחִיּוּת, הָאֵיכוּת אוֹ הַמַּצָּב שֶׁל הֱיוֹת מֻמְחֶה

sachlich ---> materiell

sachliche Eigenschaft ---> Eigenschaft, sachliche

sachliche Hülle ---> Hülle, sachliche

Sachlichkeit ---> Objektivität

Sachverhalt
חָזְיוֹ שֶׁל דָּבָר (חֶזְיֵיהֶם שֶׁל דְּבָרִים), הָעֻבְדּוֹת, נְסִבּוֹת, מַצַּב הַדְּבָרִים

Sachverständigenbeweis
עֵדוּת מֻמְחֶה (משפ')

Sachverwalter
פְּרַקְלִיט (פְּרַקְלִיטִים) (משפ', מנה') נָצִיג (נְצִיגִים), נֶאֱמָן, סוֹכֵן (סוֹכְנִים), אַפּוֹטְרוֹפּוֹס (אַפּוֹטְרוֹפְּסִים), בָּא כֹּחַ

Sachverweis
רְמִיזָה לְנוֹשֵׂא (ספרנ') אַפְנָיָה לְנוֹשֵׂא

Sackpfeife ---> Dudelsack

Sackträgermotten *{Psychidae}*
סַסְתִּיקִיִּים (זוא') מִשְׁפָּחָה שֶׁלִּפַרְפָּרָאִים

Säbelschnäbler *{Recurvirostra avosetta}*
סַיְפָן (זוא') עוֹף מִמִּשְׁפַּחַת הַסַּיְפָנִיִּים

sächlich
סְתָמִי (בלש') לֹא זָכָר וְלֹא נְקֵבָה

sächliches Geschlecht ---> Neutrum

säen
זָרַע (זוֹרֵעַ) (חקל') [א״ת/ב/177]

Säge
מַסּוֹר (מַסּוֹרִים) (טכנ')

Sägebarsch *{Serranellus cabrilla (Serranus cabrilla)}*
אוֹקוּנוּס פָּסוּס (זוא') דָּג מִמִּשְׁפַּחַת הַדַּקָּרִיִּים (דְּגֵי גֶּרֶם)

Sägeblatt
לַהַב הַמַּסּוֹר (טכנ')

Sägeblock
בּוּל עֵץ (טכנ')

Sägefinger ---> Fransenfinger

sägen

נֵסֶר (מְנַסֵּר) (טכנ׳)

Säger

מֶרְגּוֹן (זוא׳) שֵׁם שֶׁל עוֹף

Sägespäne

נְסֹרֶת (טכנ׳) [א״ת/ב/267]

Sägezahn *{Donax trunculus}*

סִירַת מֹשֶׁה (זוא׳) סִירָה קְטוּמָה, בַּעַל חַיִּים מִמִּשְׁפַּחַת הַסִּירָתִיִּים (צְדָפוֹת)

Säkularisation, sprachliche

חִלּוּן לְשׁוֹנִי (בלש׳) [מ״ב/200]. סֶקוּלָרִיזַצְיָה, מַעֲבָר שֶׁל מִלָּה מִתְּחוּם מַשְׁמָעוּת דָּתִי לִתְחוּם מַשְׁמָעוּת בִּלְתִּי דָּתִי, לְמָשָׁל: מַשְׁמָעוּת הַמִּלָּה ״מוּסָף״ הָיְתָה: קָרְבָּן מְיֻחָד שֶׁל שַׁבָּת וְחַג, וְאֵלּוּ מַשְׁמָעוּתָהּ כַּיּוֹם: ״נִסְפָּח״, ״תּוֹסֶפֶת״

Sämerei

זֵרָעוֹן (זֵרָעוֹנִים) (חקל׳) [א״ת/א/115]. זֶרַע הַמְּשַׁמֵּשׁ לְמַאֲכָל

sämtliche Werke ---> Werke, gesammelte

Sänfte

אַפִּרְיוֹן (אַפִּרְיוֹנִים) (טכנ׳)

Sänger *{Turdidae}*

קִיכְלִיִּים (זוא׳) מִשְׁפָּחָה שֶׁל צִפֳּרֵי שִׁיר

sättigen

רַוֵּה (מְרַוֶּה) (פסי׳, פיס׳) מַלֵּא חֹמֶר מְסֻיָּם לְתוֹךְ חֹמֶר אַחֵר עַד לְקָצֶה יְכָלְתּוֹ לִקְלֹט עוֹד, גַּדֵּשׁ, הֶעֱשִׁיר, הִשְׂבִּיעַ, הִרְוָה, רַוּוּת (מְרַוּוּת), הִתְרַוּוּת

Sättigung

רְוָיָה (פסי׳, פיס׳, מטא׳) [ר/ב/628; יל״ט/182]. בְּחֵקֶר הַצְּבָעִים: הַמֵּמַד שֶׁמְּשַׁקֵּף טֹהַר אוֹ עֲשִׁירוּת. הַגָּעָה לְקָצֶה הַיְכֹלֶת לִקְלֹט עוֹד, שֹׂבַע, שֶׁפַע. רִוּוּי {פְּעֻלָּה}, מִלּוּא חֹמֶר מְסֻיָּם לְתוֹךְ חֹמֶר אַחֵר כְּדֵי לְשַׁנּוֹת אֶת תְּכוּנוֹתָיו, הֶסְפֵּג, גָּדוּשׁ, הָעֲשָׁרָה, רַוּוּת, הִתְרַוּוּת, רִוָּיוֹן, רְוָיָה. הַמַּצָּב שֶׁבּוֹ הַתְּמוּדָה (טֶמְפֶּרָטוּרָה) שֶׁל אֵד מַתְאִימָה לִתְמוּדַת הָרְתִיחָה בִּתְנָאֵי הַלַּחַץ שֶׁמֵּעָלָיו

Sättigungsdampfdruck

לַחַץ רְוָיָה (פיס׳, מטא׳) [יל״ט/96]. לַחַץ הָאֵדִים כְּשֶׁהֵם בְּמַצָּב שֶׁל שִׁוּוּי מִשְׁקָל עִם הַנּוֹזֵל אוֹ עִם הַמּוּצָק; לַחַץ זֶה תָּלוּי בַּתְּמוּדָה (טֶמְפֶּרָטוּרָה)

Sättigungsgrad

דַּרְגַּת הָרְוָיָה (גאו׳, היד׳)

Sättigungspunkt

נְקֻדַּת רְוָיָה (פסי׳, פיס׳) קָצֶה הַיְכֹלֶת לִקְלֹט עוֹד, הַגְּבוּל שֶׁנּוֹזֵל יָכוֹל לְהָמֵס בְּתוֹכוֹ חֹמֶר כָּלְשֶׁהוּ

Sätze, einander widersprechende ---> Sätze, konträre

Sätze, entgegengesetzte

מִשְׁפָּטִים מִתְנַגְּדִים (פיל׳, בלש׳) [ק/ב/321]

Sätze, kontradiktorische

מִשְׁפָּטִים סוֹתְרִים (פיל׳, בלש׳) [ק/ב/301]

Sätze, konträre

מִשְׁפָּטִים הֲפֻכִּיִּים (פיל׳, בלש׳) [ק/ב/129; 300]. מַאֲמָרִים הֲפֻכִּיִּים

Sätze, nichtübereinstimmende

מַאֲמָרִים חִלּוּפִיִּים (פיל׳, בלש׳) [ק/ב/129]. מַאֲמָרִים מִתְחַלְּפִים

Sätze, übereinstimmende

מִשְׁפָּטִים מַסְכִּימִים (פיל׳, בלש׳) [ק/ב/300]. מִשְׁפָּטִים מִתְאִימִים

Säuferwahn ---> Alkoholdelirium

Säugamme

מֵינֶקֶת (מֵינִיקוֹת) (רפו׳) [א״ת/ב/9]. מֵינִיקָה, אִשָּׁה הַנּוֹתֶנֶת לְתִינוֹקוֹת לִמְצֹץ חָלָב מִשָּׁדֶיהָ

säugen

הֵינִיקָה (מֵינִיקָה) (רפו׳) [א״ת/ב/9]. נָתְנָה לְתִינוֹק לִמְצֹץ חָלָב מִשָּׁדֶיהָ

Säugetier, junges

גּוּר (גּוּרִים) (זוא׳) וָלָד שֶׁל חַיָּה מִמַּחְלֶקֶת הַיּוֹנְקִים

Säugetiere *{Mammalia}*

יוֹנְקִים (זוא׳) מַחְלָקָה שֶׁל בַּעֲלֵי חַיִּים

Säugling

תִּינוֹק (תִּינוֹקִים, תִּינוֹקוֹת) (רפו׳, פסי׳) [ר/ב/685]. יְצוּר אֱנוֹשִׁי בְּשָׁלָב הַיַּנְקוּת

Säugling, milchentwöhnter

גָּמוּל (גְּמוּלִים) (רפו׳) גָּמוּל מֵחָלָב, יֶלֶד שֶׁחָדַל לִינֹק, גְּמוּלִי

Säuglingsalter

יַנְקוּת (רפו׳, פסי׳) [ר/א/307]

Säule

עַמּוּד (עַמּוּדִים) (אדר׳) [ק/ב/254]. מָצוּק

Säulenhalle

אִסְטְוָנִית (אִסְטְוָנִיּוֹת) (אדר׳) [א״ת/ב/326]. שְׂדֵרַת עַמּוּדִים לִפְנֵי מִבְנֶה, אוּלָם עַמּוּדִים, סְטָו (סְטָוִים)

säumen

מָלַל (מוֹלֵל) (טכנ׳) [א״ת/א/158]. קִפֵּל אֶת שׁוּלֵי הַבֶּגֶד וּתְפָרָם, חָפַת (חוֹפֵת), חֵפֶת

Säure

חֻמְצָה (חֻמְצוֹת) (כימ׳) [דח״ט/57]. תִּרְכֹּבֶת כִּימִית הַמְּכִילָה מֵימָן וְהַמִּתְפָּרֶקֶת בְּמַיִם תּוֹךְ שִׁחְרוּר יְאוֹנִים (יוֹנִים) שֶׁל מֵימָן

säurearm *{subacidus; hypazid}*

מָזוּז (כימ׳, רפו׳) [מר״ח/642]. תַּת חָמוּץ, מְעַט חֻמְצָה, חָמוּץ מְעַט

säurebeständig

עֲמִיד חֻמְצָה (כימ׳, ביו׳) יַצִּיב חֻמְצָה, חֲסִין חֻמְצָה, שֶׁאֵינוֹ נִפְגָּע מֵחֻמְצָה

säurefest ---> säurebeständig

Säuregrad ---> Azidität

säureliebend *{azidophil}*

אוֹהֵב חֻמְצָה (כימ׳, ביו׳) [ל״ב/45]. אֲצִידוֹפִיל, אוֹל (אוֹרְגָנִיזְם) הַמִּתְקַיֵּם עַל גַּבֵּי מַצָּע חֻמְצִי

Säuremangel im Magensaft *{Subacidität; Hypazidität}*

מְזִיזוּת (רפו׳) [מר״ח/642]. מִעוּט חֻמְצָה בְּמִיץ הַקֵּבָה

säureüberschüssig *{superazid; hyperazid}*

חָמוּז (כימ׳, רפו׳) חָמוּץ יָתֵר

Säureüberschuß im Magensaft ---> Übersäuerung

Saflor ---> Färberdistel

Safran *{Crocus sativus}*

כַּרְכֹּם הַגִּנָּה (בוט׳) צֶמַח מִמִּשְׁפַּחַת הָאִירוּסִיִּים

Saft
מִיץ [ק/ב/117]. לֵחוּת, לֵחַ, לַחוּת, עֲסִיס, צוּף, רֹטֶב, לְשַׁד, מֹהַל
saftig
מִיצִי, דָּשֵׁן, עֲסִיסִי, לְשַׁדִּי, לָשׁוּד
saftig werden
הִתְעַסֵּס, נִהְיָה עֲסִיסִי, הִתְדַּשֵּׁן (מִתְדַּשֵּׁן), נִתְמַלֵּא דֶּשֶׁן
Sage
הַגָּדָה (הַגָּדוֹת) (ספר') [ק/א/154]. סִפּוּר פָּחוֹת אוֹ יוֹתֵר בָּדוּי, דִּמְיוֹנִי
sagen
אָמַר (אוֹמֵר), סָח, דִּבֵּר (מְדַבֵּר), שָׂח, סִפֵּר, הֵסִיחַ (מֵסִיחַ), סוֹחֵחַ (מְסוֹחֵחַ)
Sagen
אֲמִירָה, דִּבּוּר
sagen wollen ---> wollen, sagen
Sagittarius
קֶשֶׁת (אסט') [ק/ג/306]. שֵׁם אֶחָד מִשְּׁנֵים עָשָׂר הַמַּזָּלוֹת
Saharasteinschmätzer *{Oenanthe leucopyga}*
סַלְעִית שְׁחֹרַת בֶּטֶן (זוא') עוֹף מִמִּשְׁפַּחַת הַקִּיכְלִיִּים
Saite
מֵיתָר (מֵיתָרִים) (מוס')
Saite herunterstimmen
הִנְמִיךְ אֶת הַמֵּיתָר (מוס')
Saitenhalter
מִשְׁחָל (מוס')
Saiteninstrument
כְּלִי מֵיתָרִים (כְּלֵי מֵיתָרִים) (מוס')
Sakrament
תַּקְדִּישׁ (דת) טֶקֶס נוֹצְרִי קָדוֹשׁ
Salamander und Molche *{Salamandridae}*
סָלָמַנְדְּרִיִּים (זוא') מִשְׁפָּחָה שֶׁל דּוּחַיִּים
Salat
לְקָטָן (תזו') [מר"ח/595]. סָלָט
Salbe, flüssige *{Linimentum}*
מְשִׁיפָה (רפו') [מר"ח/423]. מִשְׁחָה נוֹזְלִית
Salbei *{Salvia}*
מַרְוָה (בוט') צֶמַח מִמִּשְׁפַּחַת הַשִּׂפְתָנִיִּים
salben
סָךְ [א"ח/א/229]. הֵסִיךְ, מָשַׁח, מָרַח בְּשֶׁמֶן
Salben
סִיכָה [א"ח/א/229]. מְשִׁיחָה, מְרִיחָה בְּשֶׁמֶן
Salbenmischer(in)
רַקָּח (רַקָּחִים), רַקַּחַת (רַקָּחוֹת) (כימ') [א"ח/א/242]. מַרְכִּיב בְּשָׂמִים, עוֹשֶׂה מִרְקַחַת
Salbenmischung
מִרְקַחַת (מִרְקָחוֹת) (כימ') [א"ח/א/242]. תַּעֲרֹבֶת שֶׁל חֳמָרִים שׁוֹנִים לִרְפוּאָה אוֹ לְבִשּׂוּם
saldieren ---> begleichen
Saldierung ---> Ausgleichung
Saldo
יִתְרָה (מחמ')
Salivation ---> Speichelvermehrung, krankhafte

Salon
טְרַקְלִין (טְרַקְלִינִים) (אדר')
Salonstück ---> Gesellschaftsstück
Salpetersäure
חֻמְצָה חַנְקָנִית (כימ') מַיִם מַפְרִידִים
saltando
בְּנִתּוּר (מוס') סַלְטַנְדוֹ
Salz
מֶלַח (מְלָחִים) (כימ') [דח"ט/88]. שֵׁם כּוֹלֵל לְתִרְכּוֹבוֹת שֶׁיֵּשׁ לָהֶן בְּמַצָּב מוּצָק מִבְנֶה שֶׁל סְרִיג יָאוֹנִים (יוֹנִים), תִּרְכּוֹבוֹת הַנּוֹצָרוֹת מֵחֻמְצוֹת עַל יְדֵי הַחְלָפַת מֵימָן בְּיָאוֹנִים (יוֹנִים) שֶׁל מַתָּכוֹת
Salz, basisches
מֶלַח בְּסִיסִי (כימ') מֶלַח הַמֻּרְכָּב מִמֶּלַח רָגִיל וּמִפְרָדָה (מוֹלֶקוּלָה) בַּעֲלַת תְּכוּנַת בָּסִיס
Salzbrühe
זוֹמִית (זוֹמִיּוֹת) (תזו') [א"ח/א/121]. רֹטֶב מָלוּחַ
salzen
הִמְלִיחַ (מַמְלִיחַ) (תזו') מָלַח (מוֹלֵחַ), מִלַּח (מְמַלֵּחַ), פִּזֵּר מֶלַח עַל דְּבַר-מָה
Salzhaltigkeit
מְלִיחוּת (כימ', תזו')
salzig
מָלֵחַ, מְלֵחָה (כימ', תזו') שֶׁיֵּשׁ בּוֹ מֶלַח רַב, מָלוּחַ
Salzsäure
חֻמְצַת מֶלַח (כימ') חֻמְצָה מִלְחִית, - מֵימָן כְּלוֹרִית
salzsauer ---> kochsalzwasserbezüglich
Samenanlage
בֵּיצִית (בֵּיצִיּוֹת) (בוט') [ל"ב/55]. תָּא הָרְבִיָּה הַנְּקֵבִי, הַגּוּפִיף שֶׁבְּשַׁחֲלַת הַצֶּמַח שֶׁמִּמֶּנּוּ מִתְפַּתֵּחַ הַזֶּרַע
samenbezüglich
זַרְעִי (ביו')
Samenblatt ---> Keimblatt
Samenbruch *{Spermatozele}*
כִּיסְתַּת זֶרַע (רפו') מַחְלַת זֶרַע, כִּיסְתָּה הַמִּתְפַּתַּחַת בְּשַׂק הָאֲשָׁכִים
Samenerguß *{Ejakulation}*
זְרִיָּה, זְרִיַּת זֶרַע (רפו') [מר"ח/271]. זְרִיַּת בֶּזֶר, פְּלִיטַת זֶרַע, הַפְלָטַת זֶרַע, הַשְׁפָּכָה, הַשְׁפָּכַת זֶרַע (פְּעֻלָּה), תִּשְׁפֹּכֶת, זְרִי (תּוֹצָאָה)
Samenerguß, fehlender ---> Aspermie
Samenerguß, unwillkürlicher *{Pollution}*
קֶרִי (רפו') קֶרִי, פְּלִיטַת זֶרַע מִקְרִית
Samenerguß haben, unwillkürlichen
רָאָה קֶרִי (רפו') אֵרְעָה לוֹ פְּלִיטַת זֶרַע מִקְרִית
Samenflüssigkeit ausspritzen *{ejakulieren}*
זָרָה (זוֹרֶה) (רפו') זָרָה זֶרַע, הִפְלִיט זֶרַע, הִשְׁפִּיךְ
Samenleiter
צִנּוֹר הַזֶּרַע (רפו') [מר"ח/231]. גּוּבַּת הַזֶּרַע
Samenspender
תּוֹרֵם זֶרַע (רפו') [מר"ח/257]. יוֹהֵב זֶרַע
Sammelbezeichnung *{Kollektivum}*

שֵׁם עֶצֶם קִבּוּצִי (בלש') [ק/ד/128; מ״ב/38; 130]. שֵׁם קִבּוּץ, שֵׁם עֶצֶם בְּיָחִיד הַמְּצַיֵּן קְבוּצָה כָּלְשֶׁהִי, לְמָשָׁל: ״חִטָּה״, ״צִבּוּר״, ״קָהָל״, ״טַף״

Sammellinse

עֲדָשָׁה מְכַנֶּסֶת (פיס')

Sammelliste ---> Aufzeichnung, additive

Sammelmappe

עוֹטְפָן (עוֹטְפָנִים), תִּיק סָגוּר לְהַחְזָקַת נְיָרוֹת

sammeln

לִקֵּט (מְלַקֵּט) [א״ח/א/84]. אָסַף, קִבֵּץ, קוֹשֵׁשׁ (מְקוֹשֵׁשׁ), נֶאֱסַף (נֶאֱסָף), נִצְבַּר (נִצְבָּר), הִתְקַבֵּץ (מִתְקַבֵּץ), קָוָה (קוֹוֶה), הִקְוָה (מַקְוֶה)

Sammeln

לִקּוּט, אִסּוּף, קְבִיצָה, קִבּוּץ

Sammelname ---> Sammelbezeichnung

sammelnder Meniskus ---> Linse, konkav-konvexe

Sammelregister ---> Aufzeichnung, additive

Sammelweg *{Bus}*

אָפִיק (אֲפִיקִים) (מחש') [דמ״א/19]. מַסְלוּל לְהַעֲבָרַת אוֹתוֹת בְּמַחְשֵׁב

Sammelwerk

קֹבֶץ (קְבָצִים) (ספרנ') כְּתָבִים מְקֻבָּצִים

Sammetgras ---> Hasenschwanzgras

Samtente *{Melanitta fusca}*

קְטִיפָנִית שְׁחַמָּה (זוא') עוֹף מִמִּשְׁפַּחַת הַבַּרְוָזִיִּים

Samtkopfgrasmücke *{Sylvia melanocephala}*

סִבְכִּי שְׁחֹר רֹאשׁ (זוא') עוֹף מִמִּשְׁפַּחַת הַסִּבְכִּיִּים

Samtmuschel, Violette *{Glycimeris cor (Glycimerus violacescens)}*

נַעֲמִית מְצוּיָה (זוא') בַּעַל חַיִּים מִמִּשְׁפַּחַת הַנַּעֲמִיתִיִּים (צְדָפוֹת)

Samtpappel ---> Eibisch

Sanatorium

מַבְרָאָה (רפו') סָנָטוֹרְיוּם

Sancta simplicitas

כְּסִילוּת קְדוֹשָׁה [ק/ב/99]. כִּנּוּי לְטִפְּשׁוּת הַבָּאָה מִתּוֹךְ כַּוָּנָה רְצוּיָה

Sandbank

שִׂרְטוֹן (שִׂרְטוֹנוֹת) (י״א) [א״ת/ב/158]. שְׁלַעְטוּט (שְׁלַעְטוּטִים), מִשְׁקָע חוֹל עַל קַרְקַע הַיָּם

Sandboa, Westliche *{Eryx jaculus}*

חֲנָק מַשְׁרִיץ (זוא') זוֹחֵל מִמִּשְׁפַּחַת הַחֲנָקִיִּים

Sandboden

חֲלָסִית (גאו', חקל') [א״ת/ב/159]. חֲלָסָה (חֲלָסָאוֹת), אַדְמַת חוֹל, חוֹל נָקִי

Sanddeutung *{Psammomantik}*

חָכְמַת הֶעָפָר (אנת', דת) [ק/א/298]. חָכְמַת הַחוֹל, - גּוֹרָלוֹת בֶּעָפָר, - גּוֹרַל הַחוֹל, מְלֶאכֶת מִשְׁפְּטֵי הַגּוֹרָל, - הַקַּו, - הַנְּקֻדּוֹת

Sanderling *{Calidris alba}*

חוֹפִית לְבָנָה (זוא') עוֹף מִמִּשְׁפַּחַת הַחַרְטוֹמָנִיִּים

Sandflughuhn *{Pterocles orientalis (Syrrhaptes orientalis)}*

קַטָּה גְּדוֹלָה (זוא') עוֹף מִמִּשְׁפַּחַת הַקַּטִּיִּים

Sandhose

תִּמֶרֶת אָבָק (תִּמְרוֹת אָבָק) (מטא') [יל״ט/217]. תִּמֶרֶת חוֹל, גְּלִיל אֲוִיר צַר הַמִּתְעַרְבֵּל בְּחָזְקָה וְגוֹרֵף עִמּוֹ חוֹל, אָבָק וכד' כְּלַפֵּי מַעְלָה

Sandkrebs *{Callianassa tyrrhena}*

נַסָּן מִתְחַפֵּר (זוא') סַרְטָן מִמִּשְׁפַּחַת הַנַּסָּנִיִּים (סַרְטָנִים מַעֲשִׂירֵי רֶגֶל)

Sandlaufkäfer *{Cicindelidae}*

גְּדִיתִיִּים (זוא') מִשְׁפָּחָה שֶׁל חִפּוּשִׁיּוֹת

Sandlerche *{Ammomanes cinctura}*

עֶפְרוֹנִי חַכְלִילִי (זוא') יְשִׁימוֹנִי חַכְלִילִי, עוֹף מִמִּשְׁפַּחַת הָעֶפְרוֹנִיִּים

Sandohrwurm *{Labidura riparia}*

צַבְתָּן חוֹפֵר (זוא') חֶרֶק מִסִּדְרַת הַצַּבְתָּנָאִים

Sandpapier

נְיַר שִׁיּוּף (טכנ') נְיַר זְכוּכִית, - לֶטֶשׁ

Sandrasselotter *{Echis colorata}*

אֶפְעֶה (זוא') נָחָשׁ מִמִּשְׁפַּחַת הַצִּפְעוֹנִיִּים

Sandregenpfeifer *{Charadrius hiaticula}*

חוֹפְמִי צַוָּארוֹן (זוא') עוֹף מִמִּשְׁפַּחַת הַחוֹפְמִיִּים

Sandrennmaus *{Psammomys obesus}*

פְּסַמּוֹן מִדְבָּר (זוא') יוֹנֵק מִמִּשְׁפַּחַת הָעַכְבָּרִיִּים

Sandschlange *{Eryx jaculus}*

חֲנָק (זוא') נָחָשׁ מִמִּשְׁפַּחַת הַחֲנָקִיִּים

Sandstein

אֶבֶן חוֹל (גאו') [דח״ט/9]. סֶלַע טִבְעִי

Sandsturm

סוּפַת אָבָק (מטא') [יל״ט/141]. סוּפַת חוֹל, רוּחַ עַרְבּוֹלִית חֲזָקָה הַגּוֹרֶפֶת עִמָּהּ חוֹל, אָבָק וכד' לַגֹּבַהּ

Sanduhr

שְׁעוֹן חוֹל (שְׁעוֹנֵי חוֹל) (טכנ') מִרְמֶלֶת (מִרְמָלוֹת), שְׁעוֹן רֶמֶל

Sandwahrsagerei ---> Sanddeutung

Sandwicke ---> Zottelwicke

Sandwüste

מִדְבַּר חוֹל (מִדְבְּרֵי חוֹל) (י״א)

sangbar

זְמוּרִי (מוס') בַּר זְמִרָה, זִמְרָנִי

Sanguiniker

רַתְחָן, רַתְחָנִית (פסי') [ק/א/23]. אֲדַמִּי, בַּעַל מָרָה אֲדֻמָּה, - לֵחָה אֲדֻמָּה. דָּמִי (פסי') [ק/א/139]. דַּמָּתָן

sanguinisch ---> Sanguiniker

sanguinisches Temperament ---> Temperament, sanguinisches

sanieren

שִׁפֵּחַ (מְשַׁפֵּחַ), פִּתַּח מֵחָדָשׁ, שִׁפֵּץ, שִׁפֵּר

Sanierung

שִׁפּוּחַ, פִּתּוּחַ מֵחָדָשׁ, שִׁפּוּץ, שִׁפּוּר

Sanitätsware ---> Steingut

Sankt Augustine-Gras *{Stenotaphrum secundatum}*

צְרָגֵב חַד צְדָדִי (בוט') צֶמַח מִמִּשְׁפַּחַת הַדְּגָנִיִּים

Sankion

תַּעֲנִישׁ (תַּעֲנִישִׁים) (מדי', משפ', מ"ח) פְּעֻלַּת עוֹנְשִׁין, סַנְקְצְיָה, עִצּוּם (עִצּוּמִים)

Sapientes

חַכְמֵי הַתּוּשִׁיָּה (פיל') [ק/ד/188]

Saprophyt

חַיְמָק (ביו') יְצוּר הַחַי בְּרִקְבּוּבִית, סַפְּרוֹפִיט

Sardine, Große *{Clupea aurita (Sardinella aurita)}*

טְרִית דַּקָּה (זוא') דָּג מִמִּשְׁפַּחַת הַסַּרְדִּינִיִּים (דְּגֵי גֶּרֶם)

Sardinen *{Clupeidae}*

סַרְדִּינִיִּים (זוא') מִשְׁפָּחָה שֶׁל דְּגֵי גֶּרֶם

Sarkom

בְּשַׂרְמֶת (רפו') בַּשְׂרֶמֶת, סַרְקוֹמָה, גִּדּוּל מַמְאִיר

Satan

שָׂטָן (דת) אַשְׁמְדַאי, מֶלֶךְ הַשֵּׁדִים

Satanslist

עָרְמַת שָׂטָן

Satellit

לַוְיָן (לַוְיָנִים) [מר"ח/597]. שְׁבִין, לִוְיוֹן

Satellitenstadt

עִיר בַּת (מדי') עִיר קְטַנָּה הַסְּמוּכָה לְעִיר גְּדוֹלָה מִמֶּנָּה

satirische Erzählung ---> Erzählung, satirische

satirisieren

סִטֵּר (מְסַטֵּר) (ספר', אמנ') עָשָׂה סָטִירָה

Sattel [---> Hochdrucksattel]

אֻכָּף (אֻכָּפִים) (חקל', ספו') [א"ת/ב/123]. כַּר עַל גַּב בְּהֵמַת רְכִיבָה. סְפִית (סְפִיּוֹת) (מוס') לוּחַ עֵץ הַמְּשַׁמֵּשׁ לְהַגְבָּהַת מֵיתְרֵי הַכִּנּוֹר

Satteldach

גַּג גַּמְלוֹן (אדר') גַּג מְשֻׁפָּע

Sattelgurt

חֶבֶק (חֲבָקִים) (חקל', ספו') חֲגוֹרַת הָאֻכָּף

Sattellage

חֲצִי מַנָּח (מוס')

satteln

אִכֵּף (מְאַכֵּף) (חקל', ספו') שָׂם אֻכָּף עַל גַּב בְּהֵמָה

Sattelpunkt

נְקֻדַּת אֻכָּף (מתמ')

Sattelung

אִכּוּף (חקל', ספו') הַנָּחַת אֻכָּף עַל גַּב בְּהֵמָה

Sattheit

תְּחוּשַׁת שֹׂבַע, - רְוָיָה (פסי')

Sattler

אֻכָּפָן (מלא') סַרָג, מַתְקִין אֻכָּפִים, רַצְעָן

Saturation ---> Sättigung

saturieren ---> sättigen

saturiert ---> gesättigt

Saturn

שַׁבְּתַאי (אסט') [ק/ד/74]. שֵׁם כּוֹכַב לֶכֶת

Satyromanie ---> Sexualbegehren(s), krankhafte Steigerung des männlichen

Satyrspiel

מַחֲזֵה שְׂעִירִים (תאט')

Satz

מִשְׁפָּט (מִשְׁפָּטִים) (בלש', פיל') [ק/ב/299]. קְבוּצַת מִלִּים הַמַּבִּיעָה רַעְיוֹן כָּלְשֶׁהוּ, הַחְלָטָה, הוֹרָאָה. פָּסוּק (פְּסוּקִים) (פיל', בלש') [ת"ה/67]. לְבוּשׁוֹ הַחִיצוֹנִי שֶׁל הַמִּשְׁפָּט. אִמְרָה (בלש') [ק/א/58]. גְּזֵרָה [ק/א/111]. הַקְדָּמָה. יְסוֹד [ק/ב/41]. חֹק, כְּלָל. מַאֲמָר (פיל', מוס') [ק/ב/129]. פֶּרֶק (פְּרָקִים) (מוס') קֶטַע שֶׁל יְצִירָה תַּנְעִימִית (מוּזִיקָלִית)

Satz, abhängiger ---> Nebensatz

Satz, absoluter

מִשְׁפָּט מֻחְלָט (פיל') [ק/ב/300]. מִשְׁפָּט נִמְצָא

Satz, allgemeiner

מִשְׁפָּט כְּלָלִי (פיל') [ק/ב/300] מַאֲמָר כּוֹלֵל (פיל') [ק/ב/130]

Satz, analytischer

מִשְׁפָּט הַפְרָדָה (פיל',בלש') [ק/א/199; מ"ב/16]. מִשְׁפָּט נִתְחוּנִי (אֲנָלִיטִי), - שֶׁאִי אֶפְשָׁר לְאַמְּתוֹ עַל סְמַךְ נְתוּנִים נִסְיוֹנִיִּים, לְמָשָׁל: "הָאִשָּׁה הַהִיא יָפָה"

Satz, apodiktischer ---> Satz, demonstrativer

Satz, bedingter

מִשְׁפָּט מַתְנֶה (פיל', בלש') [ק/ב/301]. מַאֲמָר מֻגְבָּל, - מַגְבִּיל (פיל', בלש') [ק/ב/130]

Satz, bejahender

מִשְׁפָּט חִיּוּבִי (פיל') [ק/ב/300]. מִשְׁפָּט מְחַיֵּב

Satz, demonstrativer

מַאֲמָר מוֹפְתִי (פיל', בלש') [ק/ב/130]. מֻשְׂכָּל שֵׁנִי (פיל') [ק/ב/288]. הַנָּחָה שֶׁיֵּשׁ לְהוֹכִיחַ אֶת אֲמִתּוּתָהּ עַל יְדֵי מוֹפֵת הֶגְיוֹנִי

Satz, deskriptiver

מִשְׁפָּט תֵּאוּרִי (פיל', בלש') מִשְׁפָּט מֵידָע אוֹ מִשְׁפָּט הַכָּרָתִי כְּגוֹן: "הַמָּטוֹס טָס בִּמְהִירוּת גְּדוֹלָה מִמְּהִירוּת הַקּוֹל"

Satz, dialektischer

מִשְׁפָּט תַּנְצוּחִי (פיל') [ק/ב/130]. מַאֲמָר נִצּוּחִי

Satz, disjunktiver [---> Disjunktion]

מִשְׁפָּט בְּרֵרָה (פיל', בלש') [ק/ב/130]. מַאֲמָר מְחַלֵּק, - נִבְדָּל, מִשְׁפָּט אַלְקְשָׁרִי

Satz, dreigliedriger

מִשְׁפָּט שְׁלִישׁוֹנִי (פיל', בלש') [ק/ד/114]. מִשְׁפָּט שְׁלִישִׁיִּי, - עִם פֹּעַל עֵזֶר

Satz, einfacher

מִשְׁפָּט פָּשׁוּט (בלש') [ק/ב/301]

Satz, eingebetteter

מִשְׁפָּט מְשֻׁבָּץ (בלש') [ק/ד/114; מ"ב/71]. מִשְׁפָּט נָטוּעַ, פְּסוּקִית (מִשְׁפָּט מְשֻׁעְבָּד) הַמֻּכְנֶסֶת לְתוֹךְ מִשְׁפָּט אַחֵר, לְמָשָׁל: "הַפּוֹעֲלִים, **שֶׁסִּיְּמוּ אֶת אֲרוּחָתָם**, חָזְרוּ לַעֲבוֹדָה"

Satz, eingliedriger

מִשְׁפָּט חַד אֵבָרִי (בלש') [מ"ב/153]. מִשְׁפָּט

חָסֵר, - שֶׁחָסֵר בּוֹ נָשׂוּא אוֹ נוֹשֵׂא וְנָשׂוּא וְשֶׁאֵינוֹ בַּר הַשְׁלָמָה, לְמָשָׁל: ״שֶׁקֶט!״ (= ״אֲנִי מְבַקֵּשׁ שֶׁקֶט״), ״אֵשׁ!״ (= ״תְּנוּ אֵשׁ!״)

Satz, einschränkender
מִשְׁפָּט מְצַמְצֵם (פיל׳, בלש׳) [ק/ב/259;301]. מַאֲמָר מְגַבֵּל (פיל׳, בלש׳) [ק/ב/140].

Satz, elliptischer [---> Ellipse]
מִשְׁפָּט חָסֵר (בלש׳) [מ״ב/135]. מִשְׁפָּט שֶׁחָסֵר בּוֹ נָשׂוּא אוֹ נוֹשֵׂא וְנָשׂוּא, לְמָשָׁל: ״מַזָּל טוֹב!״ (= ״אֲנִי מְאַחֵל לְךָ מַזָּל טוֹב״)

Satz, entkräftender
מַאֲמָר מְבַטֵּל (פיל׳, בלש׳) [ק/ב/130]

Satz, entlehnter
מִשְׁפָּט תּוֹשָׁב (פיל׳, בלש׳) [ק/ב/301; ק/ד/187]

Satz, erweislicher ---> Satz, demonstrativer

Satz, exklusiver
מַאֲמָר מְמַעֵט (פיל׳, בלש׳) [ק/ב/130]

Satz, exzeptiver
מַאֲמָר מוֹצִיא (פיל׳, בלש׳) [ק/ב/130]

Satz(es), Geltung eines
דִּין (פיל׳) [ק/א/136]. מִשְׁפָּט, גְּזֵרָה

Satz(es), Gliederung des
פִּסּוּק הַדִּבּוּר (בלש׳) [ק/ג/196]. קְבִיעַת סִימָנֵי הֶפְסֵק

Satz, identischer
מִשְׁפָּט זֶהוּתִי (פיל׳) [פ״ר/166]

Satz, indeterminierter
מִשְׁפָּט סְתָמִי (פיל׳, בלש׳) [ק/ב/301]. מִשְׁפָּט סָתוּם

Satz, individueller
מִשְׁפָּט יָחוּד (פיל׳) [ק/ב/299]. מִשְׁפָּט פְּרָטִי, - אִישִׁי

Satz, kategorischer
מַאֲמָר גּוֹזֵר (פיל׳) [ק/ב/129]

Satz, komparativer ---> Vergleichssatz

Satz, konditioneller ---> Bedingungssatz

Satz, kontrafaktischer
מִשְׁפָּט אַלְעֻבְדָּתִי (פיל׳, בלש׳) מִשְׁפָּט אִלּוּ, פְּסוּקִית תְּנַאי בָּטֵל, לְמָשָׁל: ״אִלּוּ הָיִינוּ רוֹאִים אוֹתוֹ לֹא הָיִינוּ נוֹתְנִים לוֹ לְהִכָּנֵס״

Satz(es), Konversion des ---> Konversion des Satzes

Satz, partieller
מִשְׁפָּט חֶלְקִי (פיל׳) [ק/ב/300]

Satz, partikulärer
מִשְׁפָּט פְּרָטִי (פיל׳) [ק/ב/299]. מִשְׁפָּט אִישִׁי. מַאֲמָר קְצָתִי (פיל׳) [ק/ב/130]

Satz, positiver
מִשְׁפָּט חִיּוּבִי (פיל׳) [ק/ב/300]. מִשְׁפָּט מְחַיֵּב

Satz, praktischer
מִשְׁפָּט מַעֲשִׂי (פיל׳) [ק/ב/300]

Satz, privativer
מִשְׁפָּט מְשַׁלֵּל (בלש׳) [ק/ב/163]. מִשְׁפָּט מְחֻסָּר, - מוּסָר, - שֶׁהוּסַר, - מוּסָרִי, - שֶׁנְּשׂוּאוֹ שֵׁם אוֹ פֹּעַל הַמְצַיֵּן הֶעְדֵּר, פְּחִיתוּת וכד׳

Satz, reduplikativer
מִשְׁפָּט כָּפוּל (פיל׳, בלש׳) [ק/ב/300]

Satz, rhetorischer
מִשְׁפָּט דִּבּוּר (ספר׳, רטו׳) [ק/ב/129]. מַאֲמָר הַגָּדִי, - הֶגֵּדִי, - סִפּוּרִי

Satz, singulärer
מַאֲמָר פְּרָטִי (פיל׳, בלש׳) [ק/ב/130]

Satz, sinnverwandter
מַאֲמָר דּוֹמֶה (פיל׳, בלש׳) [ק/ב/129]

Satz, spekulativer
מִשְׁפָּט שִׂכְלְתִּי (שִׂיקוּלְתִּי) (פיל׳) [פ״ר/166]. מִשְׁפָּט סְפֶּקוּלָטִיבִי, עַל פִּי הֶגֶל: שָׁלָב מַעֲבָר הַמּוֹלִיךְ מִן הַחֲשִׁיבָה הַטִּעוּנִית לַחֲשִׁיבָה שִׂכְלְתִּית (סְפֶּקוּלָטִיבִית)

Satz, synonymer
מַאֲמָר נִרְדָּף (בלש׳, פיל׳) [ק/ב/130]

Satz, synthetischer
מִשְׁפָּט הַרְכָּבָה (פיל׳) [ק/א/215]. מִשְׁפָּט קָשׁוּר (פיל׳) [ק/ג/302]

Satz, theoretischer
מִשְׁפָּט תּוֹרָאָתִי (פיל׳) [ק/ב/300]. מִשְׁפָּט לִמּוּדִי

Satz, übergeordneter
מִשְׁפָּט רוֹדֶה (בלש׳, פיל׳) [ק/ד/23]. מִשְׁפָּט מְשַׁעְבֵּד

Satz, unbestimmter
מַאֲמָר סְתָמִי (בלש׳, פיל׳) [ק/ב/130; ק/ג/116]. מִשְׁפָּט סְתָמִי, - סָתוּם (פיל׳, בלש׳) [ק/ב/301]

Satz, untergeordneter
מִשְׁפָּט נִרְדֶּה (בלש׳, פיל׳) [ק/ד/23]. מִשְׁפָּט מְשֻׁעְבָּד

Satz, unvollständiger
מִשְׁפָּט בִּלְתִּי נִשְׁלָם (פיל׳) [ק/ב/299]

Satz, verbaler
מִשְׁפָּט פָּעֳלִי (פּוֹעֳלִי) (בלש׳) [מ״ב/242]. מִשְׁפָּט שֶׁנְּשׂוּאוֹ פֹּעַל מְסֻיָּם בְּצוּרַת זְמַן דִּקְדּוּקִי כָּלְשֶׁהוּ, לְמָשָׁל: ״הַמְּכוֹנִית **שָׁקְעָה** בַּבֹּץ״

Satz, vollständiger
מִשְׁפָּט נִשְׁלָם (פיל׳) [ק/ב/301]

Satz, zusammengesetzter
מִשְׁפָּט מֻרְכָּב (בלש׳) [ק/ב/301; מ״ב/41]. מִשְׁפָּט שֶׁאֶחָד מִמַּרְכִּיבָיו עַצְמָאִי וּבִלְתִּי תָּלוּי (מִשְׁפָּט עִקָּרִי) וְאִלּוּ הָאַחֵר כָּפוּף וּמְשֻׁעְבָּד וְאֵינוֹ עוֹמֵד בִּרְשׁוּת עַצְמוֹ (מִשְׁפָּט טָפֵל, פְּסוּקִית), לְמָשָׁל: ״הַתַּלְמִיד שֶׁהִזְנִיחַ לִמּוּדָיו נִכְשַׁל״. מַאֲמָר מְחֻבָּר (בלש׳) [ק/ב/130]. מַאֲמָר מֻרְכָּב

Satz der unbedingten Identität *{Principium identitatis}*
מִשְׁפָּט הַזֶּהוּת (פיל׳) [ק/א/324]. חֹק הַהַסְכָּמָה, מִשְׁפָּט זֶהוּת הַבִּלְתִּי נִבְדָּלִים, חֹק הַזֶּהוּת, אֶחָד מִמִּשְׁפְּטֵי הַיְסוֹד שֶׁל תּוֹרַת הַהִגָּיוֹן הַצּוּרָנִית (פוֹרְמָלִית) הָאוֹמֵר שֶׁאִם טַעֲנָה כָּלְשֶׁהִי הִיא אֲמִתִּית הֲרֵיהִי אֲמִתִּית. יְסוֹד הָאַחְדוּת (פיל׳) [ק/ב/41]

Satz mit einem Hilfsverb
מִשְׁפָּט שְׁלִישׁוֹנִי (פיל׳, בלש׳) [ק/ד/114]. מִשְׁפָּט שְׁלִישִׁי, - עִם פֹּעַל עֵזֶר

Satz mit fehlendem Prädikat
מִשְׁפָּט חֲסַר נָשׂוּא (פיל׳, בלש׳) [ק/ב/300]

Satz mit fehlendem Subjekt
מִשְׁפָּט חֲסַר נוֹשֵׂא (פיל׳, בלש׳) [ק/ב/300]

Satz vom ausgeschlossenen Dritten *{Lex exclusi tertii}*

מִשְׁפַּט הַשְּׁלִישִׁי הַנִּמְנָע (פיל׳) [ק/א/324]. מִשְׁפַּט הַנִּמְנָע הַשְּׁלִישִׁי, חֹק הַשּׁוֹלֵל אֶת הַגְּבוּל הָאֶמְצָעִי, אֶחָד מִמִּשְׁפְּטֵי הַיְסוֹד שֶׁל תּוֹרַת הַהִגָּיוֹן הַצּוּרָנִית (פוֹרְמָלִית) הָאוֹמֵר שֶׁכָּל טַעֲנָה הִנָּהּ אֲמִתִּית אוֹ שִׁקְרִית. יְסוֹד הַדְּחָקַת הַשְּׁלִישִׁי (פיל׳) [ק/ב/41]. מַאֲמָר מַכְרִיעַ (פיל׳) [ק/ב/200;130]

Satz vom Widerspruch *{Lex contradictionis}*
מִשְׁפַּט הַסְּתִירָה (פיל׳) [ק/א/324]. חֹק הַסְּתִירָה, אֶחָד מִמִּשְׁפְּטֵי הַיְסוֹד שֶׁל תּוֹרַת הַהִגָּיוֹן הַצּוּרָנִית (פוֹרְמָלִית) הָאוֹמֵר שֶׁשְּׁתֵּי טְעָנוֹת סוֹתְרוֹת הַמִּתְיַחֲסוֹת לְאוֹתוֹ דָּבָר בִּזְמַן אֶחָד וּבְאוֹתוֹ הַקֶּשֶׁר אֵינָן יְכוֹלוֹת לִהְיוֹת אֲמִתִּיּוֹת בּוֹ בִּזְמַן. יְסוֹד הַסְּתִירָה (פיל׳) [ק/ב/41]

Satz vom zureichenden Grund *{Principium rationis sufficientis}*
מִשְׁפַּט הַסִּבָּה הַמַּסְפֶּקֶת (פיל׳) [ק/א/324]. חֹק הָעִלָּה הַמַּסְפֶּקֶת, אֶחָד מִמִּשְׁפְּטֵי הַיְסוֹד שֶׁל תּוֹרַת הַהִגָּיוֹן הַצּוּרָנִית (פוֹרְמָלִית) הָאוֹמֵר (עַל פִּי לַיְבְּנִיץ) שֶׁאֵין שׁוּם דָּבָר מִתְרַחֵשׁ בְּלֹא סִבָּה מַסְפֶּקֶת

Satzabbruch ---> Aposipese

Satzadverb
תֵּאוּר מִשְׁפָּט (בלש׳) [מ״ב/203]. תֹּאַר פֹּעַל הַמִּתְפַּקֵּד כְּהַגְדָּרָה תָּאֳרִית הַמִּתְיַחֶסֶת לַמִּשְׁפָּט כֻּלּוֹ, כְּגוֹן: ״כָּךְ״, ״לֹא״, ״כָּאן״, ״עַכְשָׁו״

Satzanalyse *{Parsing}*
נִתּוּחַ לִרְכִיבִים (פיל׳, מחש׳) נִתּוּחַ תַּחְבִּירִי

Satzaussage ---> Prädikat

Satzband ---> Kopula

Satzbruch *{Anakoluth}*
קְטוּעַ (בלש׳) [מ״ב/16]. סְטִיָּה מִמִּבְנֵה הַמִּשְׁפָּט וּמֵרְצִיפוּתוֹ, לְמָשָׁל: ״מִסְכֵּנָה הַיַּלְדָּה, לֹא הָיָה עָדִיף לְהִשָּׁאֵר בַּבַּיִת?״

Satzgegenstand
נוֹשֵׂא (נוֹשְׂאִים) (בלש׳, פיל׳) [ק/ג/73]. הַדָּבָר שֶׁמְּדֻבָּר עָלָיו בַּמִּשְׁפָּט

Satzglied ---> Satzteil

Satzmelodie ---> Intonation

Satzpartikel ---> Satzadverb

Satzreihe *{Parataxe}*
מִשְׁפָּט מְחֻבָּר (בלש׳) [מ״ב/42]. מִשְׁפָּט מְאֻחֶה, מִשְׁפָּט אִחוּי, צֵרוּף שֶׁל שְׁנֵי מִשְׁפָּטִים אוֹ יוֹתֵר שֶׁכָּל אֶחָד מֵהֶם יָכוֹל לְתַפְקֵד בְּאֹפֶן עַצְמָאִי, לְמָשָׁל: ״הַשֶּׁמֶשׁ וְהַיָּרֵחַ מִשְׁתַּחֲוִים לִי״ (= ״הַשֶּׁמֶשׁ מִשְׁתַּחֲוֵית לִי + הַיָּרֵחַ מִשְׁתַּחֲוֶה לִי״)

Satzteil
חֵלֶק מִשְׁפָּט (חֶלְקֵי הַמִּשְׁפָּט) (בלש׳) [ק/א/20; מ״ב/162]. אֵבֶר הַמַּאֲמָר, חֶלְקֵי הַמִּשְׁפָּט הֵם הַמִּלִּים אוֹ צֵרוּפֵי הַמִּלִּים שֶׁמֵּהֶם מֻרְכָּב הַמִּשְׁפָּט, כְּגוֹן: ׳נוֹשֵׂא׳, ׳נָשׂוּא׳, ׳לְוַאי׳, ׳מֻשָּׂא׳ וכד׳

Satzung
תַּקָּנוֹן (משפ׳, מ״ח) [ק/א/183]. מַעֲרֶכֶת תַּקָּנוֹת, מִצְווֹת. הַסְכָּמָה [ק/א/185]. הֶסְכֵּם, דֵּעָה מֻשְׁתֶּפֶת, מִנְהָג קָבוּעַ. קִבּוּץ [ק/ג/261]. הַסְכָּמָה כְּלָלִית, חֹק. הַנָּחָה (משפ׳, מ״ח) [ק/א/183]. נִימוּס

Satzung, allgemeine
תַּקָּנוֹת כְּלָל (דת, משפ׳) [ק/א/148]. דָּת, דִּין שָׁמַיִם, כְּלָל הַחֻקִּים וְהַמִּנְהָגִים הַדָּתִיִּים, מִשְׁפַּט אֱלֹהִים

Satzverbindung ---> Satzreihe

Saudistel *{Sonchus}*
מָרוֹר (בוט׳) צֶמַח מִמִּשְׁפַּחַת הַמֻּרְכָּבִים

sauer
חָמוּץ, חָמִיץ (פסי׳)

Sauerdorn *{Berberis}*
בְּרְבֶּרִית (בוט׳) צֶמַח מִמִּשְׁפַּחַת הָעַרְטָנִיתִיִּים

Sauerkirsche *{Prunus cerasus (Cerasus vulgaris)}*
דֻּבְדְּבָן חָמוּץ (בוט׳) צֶמַח מִמִּשְׁפַּחַת הַוְּרָדִיִּים

Sauerklee *{Oxalis}*
חַמְצִיץ (בוט׳) צֶמַח מִמִּשְׁפַּחַת הַחַמְצִיצִיִּים

Sauerstoff
חַמְצָן (כימ׳) [דח״ט/63]. יְסוֹד כִּימִי הַמּוֹפִיעַ כְּגַז חֲסַר צֶבַע וְרֵיחַ וְהַמְּהַוֶּה כְּ-21% מִנֶּפַח הָאֲוִיר, אַבְחֶמֶץ

Sauerstoffbedarf, biochemischer (BSB)
צְרִיכוּת חַמְצָן בִּיוֹכִימִית (צח״ב) (ביו׳, כימ׳) [ל״ב/214]. תַּבְחִין לִקְבִיעַת דַּרְגַּת הַזִּהוּם הָאוֹרְגָנִי (אוֹרְגָנִי) בְּדֻגְמַת מַיִם

Sauerstoffmangel
אַלְחַמְצָנוּת (רפו׳) חֹסֶר חַמְצָן

Sauerstoffmangel im Blut
אַלְחַמְצָנוּת חֶסֶרְדָּמִית (רפו׳) אֲנוֹקְסִיָּה, חֹסֶר חַמְצָן בַּדָּם

Sauerteig
שְׂאוֹר (תזו׳) [א״ח/א/99]. בָּצֵק חָמוּץ הַמּוּשָׂם בְּעִסָּה כְּדֵי לְהַתְפִּיחָהּ

Sauerzitrone ---> Zitrone

saufen
סָבָא (סוֹבֵא) (תזו׳, רפו׳) שָׁתָה לְשָׁכְרָה

saugen
יָנַק (יוֹנֵק) (רפו׳) [א״ח/ב/9]. מָצַץ חָלָב מִן הַשַּׁד

Sauger *{Aspirator}*
מַשְׁאֵף (טכנ׳, רפו׳) מַכְשִׁיר שְׁאִיפָה, - שְׁאִיבָה

saugfähig
סָפִיג

Saugflasche
מָנוֹק (מְנוֹקִים) (רפו׳) [מר״ח/97]. בַּקְבּוּק יְנִיקָה

Saugrohr
צִנּוֹר יְנִיקָה (היד׳)

Saugwirkung
יְנִיקָה (פיס׳) שְׁאִיבָה, קְלִיטָה, סְפִיגַת נוֹזְלִים

Saum
אִמְרָה (אֲמָרוֹת, אִמְרִיּוֹת) (טכנ׳) [א״ח/א/158;159]. מְלָל (מְלָלִים), אִמְרָא, שׁוּלֵי הַבֶּגֶד הַמְקֻפָּלִים לְמַעְלָה, שְׂפַת הָאָרִיג, חֵפֶת (חֲפָתִים)

Saum *{Limbus}*
חוּפָּה (רפו׳) גּוֹבֶלֶת

Saumfarn *{Pteris}*
אֶבְרָה (בוט׳) צֶמַח מִמִּשְׁפַּחַת הָאֶבְרָתִיִּים

Saumpferd ---> Tragpferd

Saumsattel ---> Lastsattel
Sawahirse ---> Weizenhirse
Scanner ---> Bildabtaster

Schabe, Amerikanische *{Periplaneta americana}*
תִּיקָן אֲמֶרִיקָנִי (זוא') חֶרֶק מִמִּשְׁפַּחַת הַתִּיקָנִיִּים

Schabe, Deutsche *{Blatella germanica}*
תִּיקָן גֶּרְמָנִי (זוא') חֶרֶק מִמִּשְׁפַּחַת הַתִּיקָנִיִּים

schaben
שִׁבֵּב (מְשַׁבֵּב) (טכנ') [א"ח/א/230;84]. גָּרַד (גּוֹרֵד), סִלֵּת (מְסַלֵּת), קִלֵּף וְחָתַךְ שְׁבָבִים, גֵּרֵד (מְגָרֵד)

Schabeisen
מִגְרֶדֶת (מִגְרָדוֹת) (טכנ') [א"ח/א/230]. מַגְרֵד (מַגְרֵדִים), מַגְרֵדָה, מַכְשִׁיר לְקִרְצוּף

Schaben *{Blattodea}*
תִּיקָנִים (זוא') תַּת סִדְרָה שֶׁל חֲרָקִים

Schaber ---> Schabeisen
Schablone
דֹּפֶס (דְּפָסִים) (טכנ', אמנ') [ממ"ג/212]. קְדָדָה (קְדָדוֹת), שַׁבְּלוֹנָה, תַּבְנִית, תַּדְמִית, לוּחַ דַּק שֶׁגְּזוּרָה בּוֹ צוּרָה מְסֻיֶּמֶת וּמוֹרְחִים עָלָיו צֶבַע לְשֵׁם הַעְתָּקָה עַל גַּבֵּי מִשְׁטָח כָּלְשֶׁהוּ

Schachbrettform
דֶּגֶם שְׁתִי וָעֵרֶב (טכנ', אמנ') דֶּגֶם לוּחַ שַׁחְמָט

Schacht
פִּיר (פִּירִים) (אדר') חֲפִירָה. מַחְצָבָה (גאו', טכנ') [ק/ב/183]. מַחְצֵב, מִכְרֶה, מַחְצָבָה, מָקוֹם שֶׁחוֹצְבִים בּוֹ אֲבָנִים. מָקוֹר (גאו', טכנ') [ק/ב/267]

Schachtelhalm *{Equisetum}*
שְׁבַטְבַּט (בוט') צֶמַח מִמִּשְׁפַּחַת הַשְּׁבַטְבַּטִּיִּים
Schachtelhandlung
מַחֲזֶה בְּתוֹךְ מַחֲזֶה (תאט')
Schachtfundation
יְסוֹדַת פִּירִים (אדר')
Schaden
נֶזֶק (נְזָקִים), הֶזֵּק, הַזָּקָה, הִתְנַזְּקוּת, מִפְסָד, נְזִיקִים, קִלְקוּל, קַלְקָלָה
Schaden, nicht wiedergutzumachender
נֶזֶק בִּלְתִּי הָפִיךְ (משפ')
Schadenersatz verlangen
הִגִּישׁ תְּבִיעַת נְזִיקִין (משפ')
Schadenersatz ---> Entschädigung
Schadenersatzklage wegen Vertragsverletzung ---> Vertragsverletzung, Schadenersatzklage wegen
Schadenersatzleistungen, Hauptklasse der
אַב (אֲבוֹת) נְזִיקִין (משפ') נֶזֶק רָאשִׁי וְעִקָּרִי
Schadenfreude
שִׂמְחָה לָאֵיד (פסי')
schadhaft ---> gestört; mangelhaft
schädelbezüglich *{kranial}*
גֻּלְגָּלְתִּי (רפוי')
Schädelbohrer *{Trepan}*
מַפְדֵּחַ (מַפְדְּחִים) (רפוי') [מר"ח/678]. מַקְדֵּחַ גֻּלְגֹּלֶת
Schädeldecke öffnen
פָּדַח (מְפַדֵּחַ) (רפוי') [מר"ח/678]. קָדַח בְּעַצְמוֹת הַגֻּלְגֹּלֶת לְשֵׁם פְּתִיחָתָהּ
Schädeleröffnung *{Trepanation}*
פִּדּוּחַ, פְּדִיחָה (רפוי') [מר"ח/678]. קִדּוּחַ הַגֻּלְגֹּלֶת וּפְתִיחָתָהּ
schädellos
חֲסוּךְ גֻּלְגֹּלֶת (רפוי') חֲסַר רֹאשׁ, וָלָד בְּלֹא גֻּלְגֹּלֶת
Schädellosigkeit
חֹסֶךְ גֻּלְגֹּלֶת (רפוי') חֹסֶר רֹאשׁ
schädigen
הִזִּיק (מַזִּיק), נִזֵּק (מְנַזֵּק), גָּרַם נֶזֶק, הִנְזִיק (מַנְזִיק), הוֹרַע (מוֹרִיעַ), קִפַּח, עָשָׂה רַע, קִלְקֵל, פָּסַד (פּוֹסֵד), פִּסֵּד (מְפַסֵּד), גָּרַם הֶפְסֵד
Schädigung, krankheitserzeugende *{Noxe}*
נְזִיק (נְזִיקִים) (רפוי') פֶּגַע (פְּגָעִים)
schädlicher Reiz ---> Reiz, schädlicher
Schäfchenwolken
עַנְנֵי כְּבָשִׂים (מטא') [יל"ט/154]. עֲנָנִים הַדּוֹמִים לְשׁוּרוֹת שֶׁל כְּבָשִׂים
Schäferlied
שִׁיר רוֹעִים (שִׁירֵי רוֹעִים) (מוס')
Schäferspiel
מַחֲזֶה רוֹעִים (מַחֲזוֹת רוֹעִים) (ספר', תאט')
schämen, sich
הִתְבַּיֵּשׁ, בּוֹשׁ, הִתְבּוֹשֵׁשׁ, נִכְלַם
schänden ---> mißbrauchen
schändlich [---> mißbräuchlich]
מְגֻנֶּה [ק/ב/141]. רָאוּי לִגְנוּת, מְכֹעָר
Schärfe
חַדּוּת (פסי') [ר/א/259]. חֲרִיפוּת, יְכֹלֶת תְּפִיסָה. חַרְפָּה (טכנ') הַצַּד הַחַד שֶׁל הַלַּהַב. צְלִילוּת (מוס')
schärfen, das Gehirn
חִדֵּד (מְחַדֵּד) [ק/א/272]. חִדֵּד אֶת הַשֵּׂכֶל, פִּתַּח אֶת הַמַּחְשָׁבָה. הִתְחַדֵּד [ק/א/272]. נַעֲשָׂה שָׁנוּן. לָטַשׁ רַעְיוֹנָיו, לִטֵּשׁ שִׂכְלוֹ [ק/ב/119]. שִׁפֵּר אֶת שִׂכְלוֹ, שִׁכְלֵל אֶת כֹּחוֹ הָרוּחָנִי
schätzen [---> bewerten]
אָמַד (אוֹמֵד) [ק/א/181; א"ח/ב/367]. אִכְסֵר (מְאַכְסֵר), הִנְדֵּס, הֶעֱרִיךְ (מַעֲרִיךְ), שִׁעֵר אֶת הַמִּדָּה, עָשָׂה מַשֶּׁהוּ בְּאֻמְדָּנָה, שָׁעַר (שׁוֹעֵר) דָּבָר, נָתַן שִׁעוּר, קָבַע שִׁעוּר, אִמֵּד, הֶאֱמִיד, שָׂם, סָלָא (מְסַלֵּא)
Schätzer(in)
שַׁמַּאי (שַׁמָּאִים), שַׁמָּאִית (שַׁמָּאִיּוֹת) (כלכ', משפ') מַעֲרִיךְ
Schätzskala ---> Bewertungsskala
Schätzung [---> Bewertung]
אֻמְדָּן (אֻמְדָּנִים) [ק/א/51]. אֹמֶד (אֳמָדִים), אֻמַּד, הַעֲרָכָה, שְׁקִילָה וּבְדִיקָה, הַשְׁעָרָה. אֲמִידָה [ק/א/55]. חֶשְׁבּוֹן לֹא מְדֻיָּק. גֻּזְמָא [ק/א/110]. קֵרוּב. שִׁעוּר [ר/ב/656]. יַחַס בֵּין מִסְפַּר הִתְרַחֲשֻׁיּוֹת כָּלְשֶׁהֵן בְּפֶרֶק זְמַן מְסֻיָּם

לְבֵין כָּל הַהִתְרַחֲשֻׁיּוֹת הָאֶפְשָׁרִיּוֹת מִסּוּג זֶה, שׁוּמָה. אַכְסָרָה [א״ח/ב/367]. אַכְסָר, עֲשִׂיַּת מַשֶּׁהוּ בְּאֹמֶד, - בְּהַשְׁעָרַת הַמִּדָּה, שְׂעִירָה, מַתַּן שִׁעוּר, קְבִיעַת שִׁעוּר

Schätzungsbrief

אִגֶּרֶת שׁוּמָה (כלכ׳) [א״ח/ג/190]. מִסְמָךְ הַעֲרָכַת נִכְסֵי בַּעַל חוֹב

schätzungsweise

בְּאֹמֶד [ק/א/51]. אֻמָּדוֹת, אֻמָּדוּת, לְפִי אֹמֶד הַדַּעַת. בְּקֵרוּב [ק/ג/300]. בְּעֵרֶךְ, קָרוֹב לְ..., פָּחוֹת אוֹ יוֹתֵר, כְּ...

Schaf(es), Fettschwanz des

אַלְיָה (אֲלָיוֹת) (זוא׳) זָנָב שֶׁל כְּבָשִׂים

Schafbiesfliege *{Osterus ovis}*

אֶסְטֶרִית הַצֹּאן (זוא׳) חֶרֶק מִמִּשְׁפַּחַת הָאֶסְטֶרִיתִיִּים (זְבוּבִים)

schaffen

יָצַר (יוֹצֵר) [ק/א/321]. חָצַב, בָּרָא. חָקַק [ק/א/328]. עָשָׂה. פָּעַל [ק/ג/204]. הִתְקִין, עוֹרֵר פְּעִילוּת, הִפְעִיל

schaffen machen, sich an etwas zu ---> handhaben

schaffende Natur ---> Natur, schaffende

Schafshaut ---> Amnion

Schafstelze *{Motacilla flava}*

נַחְלִיאֵלִי צָהֹב (זוא׳) עוֹף מִמִּשְׁפַּחַת הַנַּחְלִיאֵלִיִּים

Schaft

קָנֶה (קָנִים) (טכנ׳)

Schakal ---> Goldschakal

Schake

חֻלְיַת (חֻלְיוֹת) הַשַּׁרְשֶׁרֶת (טכנ׳)

Schale [---> Flächenschale]

קְעָרִית (קְעָרִיּוֹת) [א״ח/ב/277]. בְּזִיךְ (בְּזִיכִים), קְעָרָה, קַסְוָה (קְשָׂוֹת). כַּף (כַּפּוֹת) (טכנ׳) [א״ח/ב/400]. כַּף מֹאזְנַיִם. מַעֲטֶפֶת, קְלִפָּה

Schale der Weintraube ---> Weintraube, Schale der

Schalfrucht *{Karyopse}*

גַּרְגִּיר (גַּרְגִּירִים) (בוט׳)

Schall ---> Klang

Schallbecken

מְצִלְתַּיִם (מוס׳)

Schallbewegung

תְּנוּעַת גַּלֵּי הַקּוֹל (פיס׳) [ק/א/143]. דְּפִיקָה, הַקָּשָׁה, הַכָּאָה, הִזְדַּעְזְעוּת הָאֲוִיר עַל יְדֵי הַקָּשַׁת גּוּף בְּגוּף

Schalldurchlaßgrad

הַעֲבָרוּת (פיס׳) מְקַדֵּם הַעֲבָרָה

Schalltransmissionsgrad ---> Schalldurchlaßgrad

schallen

הֵרִיעַ (מֵרִיעַ) (מוס׳) הִשְׁמִיעַ תְּרוּעָה

Schallgeschwindigkeit

מְהִירוּת הַקּוֹל (פיס׳) [ל״מ/567]. מְהִירוּת הַהִתְפַּשְּׁטוּת שֶׁל גַּל קוֹל בְּתָוֶךְ חָמְרִי

Schallpegel

רָמַת הַקּוֹל (פיס׳)

Schallplatte [---> compact disc (CD)]

תַּקְלִיט (תַּקְלִיטִים) (טכנ׳, מוס׳) מַרְקַע עָגֹל שֶׁחֲרוּתִים בּוֹ צְלִילִים שֶׁנִּתָּן לְהַשְׁמִיעָם בְּאֶמְצָעוּת מָקוֹל (גְּרָמוֹפוֹן)

Schallplattensammlung

תַּקְלִיטִיָּה (ספרנ׳) אֹסֶף תַּקְלִיטִים

Schalmei

קַלְמִית (קַלְמִיּוֹת) (מוס׳) חֲלִיל רוֹעִים

Schaltelement, aktives

יְסוֹד פָּעִיל (אלק׳) אֶלֶמֶנְט פָּעִיל

Schalter

מֶתֶג (מְתָגִים) (טכנ׳) הֶתְקֵן לְחִבּוּר זֶרֶם חַשְׁמַל וּלְנִתּוּקוֹ

Schalterbeamter *{Kassier}*

כַּסְפָּר (כַּסְפָּרִים) (כלכ׳) פְּקִיד בַּנְק הַמְשָׁרֵת לָקוֹחוֹת

Schaltjahr

שָׁנָה מְעֻבֶּרֶת [ק/ב/63]. שָׁנָה כְּבוּשָׁה, - עִבְרִית בַּעֲלַת שְׁלֹשָׁה עָשָׂר חֳדָשִׁים

Schaltkarte

כַּרְטִיס מַעְגָּלִים (אלק׳) [דמ״א/22]

Schaltklinke ---> Sperrhacken

Schaltmonat

חֹדֶשׁ מְעֻבָּר,- הָעִבּוּר

Schaltrad ---> Sperrad

Schaltung(en), Druckvorlage für gedruckte

דְּגַם תַּדְמִית (אלק׳)

Schaltung, gedruckte

מַעְגָּל מֻדְפָּס (אלק׳) [דמ״א/81]. יְחִידַת מַסָּד לְמַעְגָּל מְכֻלָּל

Schaltung, integrierte

מַעְגָּל מְכֻלָּל (אלק׳) [דמ״א/56]. מַעְגָּל כָּלִיל, - חַשְׁמִילוֹנִי (אֶלֶקְטְרוֹנִי) זָעִיר הַמֻּדְפָּס עַל שְׁבָב שֶׁל צֹרָן

Schaltverbindung ---> Verkoppelung

Scham [---> Vulva; Penis]

בּוֹשָׁה (פסי׳) [ר/א/108]. מַצָּב רִגְשִׁי הַנִּגְרָם כְּשֶׁאָדָם מוּדָע לְהִתְנַהֲגוּת בִּלְתִּי מְכֻבֶּדֶת שֶׁלּוֹ

Schamahirse *{Echinochloa colonum}*

דַּחְנִית הַשֻּׁלְחָן (בוט׳) צֶמַח מִמִּשְׁפַּחַת הַדְּגָנִיִּים

Schambein *{Os pubis}*

עֶצֶם הַחֵיק (רפו׳)

Schamgegend *{Pubes}*

קֹבֶת (רפו׳) [מר״ח/563]. קֵבָה, אֵזוֹר הַמְּבוּשִׁים, חֵיק

Schamhaar

שְׂעַר הָעֶרְוָה (רפו׳) שַׂעֲרוֹת הָעֶרְוָה, זְקַן תַּחְתּוֹן

Schamhaftigkeit

בַּיְשָׁנוּת, צְנִיעוּת

Schamlaus

כִּלְמָה (כְּלָמוֹת) (זוא׳, רפו׳) [מר״ח/205]. כִּנַּת הָעֶרְוָה

Schamlippen, große *{Labia majora}*

שְׂפָיוֹת גְּדוֹלוֹת (רפו׳) שְׂפָתַיִם חִיצוֹנִיּוֹת בְּעֶרְוַת הָאִשָּׁה

Schamlippen, kleine *{Labia minora}*

שְׂפָיוֹת קְטַנּוֹת (רפו׳) שְׂפָתַיִם פְּנִימִיּוֹת בְּעֶרְוַת הָאִשָּׁה

schamlos ---> frech

Schande
גְּנַאי, קָלוֹן, חֶרְפָּה, בִּזָּיוֹן, כְּלִמָּה, בּוּשָׁה, בֹּשֶׁת

Schande machen, sich
הִתְגַּנָּה (מִתְגַּנֶּה) [א״ח/ב/46]. הִתְבַּזָּה, הָיָה לְלַעַג וּלְבוּז, הָיָה לְחֶרְפָּה, מִלֵּא פָּנָיו קָלוֹן, עָטָה חֶרְפָּה

Schande zufügen
הֵבִישׁ (מֵבִישׁ), הוֹבִישׁ, גָּרַם בּוּשָׁה, הִכְלִים, בִּיֵּשׁ (מְבַיֵּשׁ), גִּלָּה (מְגַלֶּה) פָּנִים

Schandpfahl
עַמּוּד קָלוֹן (משפ׳) עַמּוּד שֶׁהָיוּ קוֹשְׁרִים אֵלָיו פּוֹשְׁעִים, צְלִיבָה (צְלִיבוֹת)

Schandtat *{Obszönität}*
נְבָלָה (נְבָלוֹת) (משפ׳) תּוֹעֵבָה, נַבְלוּת

Schanker
כִּיב עַגֶּבֶת (כִּיבֵי עַגֶּבֶת) (רפו׳) [מר״ח/141]

Schar
הָמוֹן [ק/ב/201]. מְלֹא, צְבָא שֶׁל..., עֵדָה שֶׁל...

Scharbockskraut *{Ranunculus ficaria}*
נוּרִית הַלֵּב (בוט׳) צֶמַח מִמִּשְׁפַּחַת הַנּוּרִיתִיִּים

scharf
צוֹרֵב, חָרִיף. חַד, מְמֻקָּד, מְקֻיָּד

scharf eingestellt ---> Brennpunkt vereinigt, im
scharf einstellen ---> Brennpunkt vereinigen, im
scharf gewürzte Speise ---> Speise, scharf gewürzte
scharfe Spitze ---> Spitze, scharfe
Scharfrichter ---> Henker

Scharfsinn
שְׁנִינוּת [ק/א/272]. חִדּוּד, חֲרִיפוּת, חִדּוּד הַשֵּׂכֶל, מְמֻלָּחוּת

scharfsinnig
שָׁנוּן [א״ח/ב/19]. מְמֻלָּח, חָרִיף

scharfsinnige Erörterung ---> Erörterung, scharfsinnige
scharfspitzig ---> spitzgipflig
scharfstellen ---> Brennpunkt vereinigen, im

Scharlach *{Scarlatina}*
שָׁנִית (רפו׳) [מר״ח/600]. זְהוֹרִית, סְקַרְלָטִינָה

scharlachrot
שָׁנִי (צבע) אֹדֶם זְהוֹרִי, אָדֹם חָזָק

Scharlanterie
גַּנְבָּזוּת (משפ׳) גְּנֵבַת הַדַּעַת, רַמָּאוּת

Scharlatan
גַּנְבָּז (גַּנְבָּזִים) (משפ׳) [מר״ח/142]. גּוֹנֵב דַּעַת, רַמַּאי, נַכְלָן

Scharnier
מִפְרָק (מִפְרָקִים) (טכנ׳) פֶּרֶק (פְּרָקִים), צִיר

scharren ---> schüren

Scharte *{Serratula}*
דַּרְדֶּרֶת (בוט׳) צֶמַח מִמִּשְׁפַּחַת הַמֻּרְכָּבִים

Schatten werfen
הֵצֵל (מֵצֵל), כִּסָּה בְּצֵל

schattenhaft
נִגְוָן, מְלֵא צְלָלִים, אָפֵל

Schattenseite
תַּקָּלָה, קַלְקָלָה, טַעַם לִפְגַם

Schattentemperatur
תְּמוּדָה (טֶמְפֶּרָטוּרָה) בְּצֵל (מטא׳) [יל״ט/83]. תְּמוּדַת הָאֲוִיר הַנִּמְדֶּדֶת בְּמַדְחֹם הַמּוּגָן מִפְּנֵי קְרִינָה יְשִׁירָה

schattieren
צִלֵּל (מְצַלֵּל) (אמנ׳, טכנ׳) צִיֵּר בְּהַבְלָטַת הֶבְדֵּלֵי אוֹר וָצֵל

schattiert
מְצֻלָּל (אמנ׳, טכנ׳) מְצֻיָּר בְּהַבְלָטַת הֶבְדֵּלֵי אוֹר וָצֵל

schattierte Zeichnung ---> Zeichnung, schattierte

Schattierung
הַצְלָלָה (אמנ׳, טכנ׳) [ממ״ג/213]

Schatzamtdefizit
תַּקְצִיב גֵּרְעוֹנִי (כלכ׳, מדי׳)

Schatzbildner
צוֹבֵר אוֹצָרוֹת (כלכ׳)

Schatzbildung
צְבִירַת אוֹצָר (כלכ׳)

Schatzhaus
בֵּית גְּנָזִים (כלכ׳, מדי׳) אוֹצָר, גִּנְזַךְ (גִּנְזַכִּים)

Schatzmeister(in)
גִּזְבָּר, גִּזְבָּרִית (כלכ׳)

Schatzreservoir ---> Schatzhaus

Schauder
חַלְחָלָה (רפו׳, פסי׳) חִיל, צְמַרְמֹרֶת, רְעָדָה, רֶטֶט

Schaudergeschichte
סִפּוּר מֶתַח (ספר׳)

schauen
הִסְתַּכֵּל (רפו׳) הִסְתַּכָּה (מִסְתַּכֶּה), סָכָה (סוֹכֶה), רָאָה, הִבִּיט, סָקַר (סוֹקֵר), הִשְׁקִיף, נִסְקַר, נִרְאָה

Schauer
מִמְטָר (מִמְטָרִים) (מטא׳) [יל״ט/114]. מִשְׁקָעִים הַיּוֹרְדִים בְּקִלּוּחִים עַזִּים

Schauerstück
מַחֲזֶה זְוָעוֹת (ספר׳, תאט׳)

Schaufädenquaste
צִיצִית (צִיצִיּוֹת) (דת) [א״ח/א/146]. צְרוֹר פְּתִילִים בְּכָל אַחַת מֵאַרְבַּע כַּנְפוֹת הַטַּלִּית

Schaufel
יָעֶה (יָעִים) (טכנ׳) כְּלִי גְּרִיפָה

Schaufelkröte, Syrische *{Pelobates syriacus}*
חַפָּרִית עֵין הֶחָתוּל (זוא׳) רָפוּק, דּוּחִי מִמִּשְׁפַּחַת הַחַפָּרִיתִיִּים

Schaufensterpuppe
בֻּבְּנָה (בֻּבְּנוֹת) [מר״ח/437]. מָנֶקֶן, בֻּבַּת חַלּוֹן רַאֲוָה, תַּמְשִׁיל

Schaugerüst
בִּימַת פִּגּוּם (תאט׳) בִּימַת עֲרַאי

Schaumkämme
שֵׁיבַת גַּלִּים (מטא׳)

Schaumzikaden *{Ceropidae}*
קַצְפִּיּוֹת (זוא׳) מִשְׁפָּחָה שֶׁל חֲרָקִים

Schauplatz

מְקוֹם הָעֲלִילָה (ספר', תאט')

Schauprozeß

מִשְׁפַּט רַאֲוָה (משפ', מדי')

Schauspiel ---> Drama

Schauspieler(in)

שַׂחְקָן, שַׂחְקָנִית (תאט')

schauspielerisch

שַׂחְקָנִי (תאט')

Schautrieb ---> Voyeurismus

Scheck, uneingelöster

הַמְחָאָה מְחֻלֶּלֶת (כלכ')

Scheck, ungedeckter

הַמְחָאָה לְלֹא כִּסּוּי (כלכ')

Scheckhaut *{Leukoderm; Vitiligo}*

בַּהֶקֶת, בַּהֲקָנוּת (רפו') הוֹפָעַת כְּתָמִים לְבָנִים עַל הָעוֹר, בַּהֶרֶת

scheckig machen ---> fleckig machen

Scheckinhaber

מוֹסֵר כְּתָב זֶה (מוכ"ז) (כלכ')

Scheckkonto ---> Girokonto

Scheibe, getriebene

גַּלְגַּל מוּנָע (טכנ')

Scheibenfinger *{Hemidactylus turcicus}*

שְׂמָמִית בָּתִּים (זוא') זוֹחֵל מִמִּשְׁפַּחַת הַשְּׂמָמִיתִיִּים

Scheibenzüngler *{Discoglossidae}*

עֲגֻלְשׁוֹנִיִּים (זוא') מִשְׁפָּחָה שֶׁל דּוּחַיִּים

Scheibenzüngler, Schwarzer

עֲגֻלְשׁוֹן שְׁחֹר גָּחוֹן (זוא') דּוּחַי מִמִּשְׁפַּחַת הָעֲגֻלְשׁוֹנִיִּים

Scheide *{Vagina}*

נַרְתִּיק (רפו') [מר"ח/694]. לֶדֶן, בֵּית הָרֶחֶם, וָגִינָה

Scheide betreffend, die *{vaginal}*

נַרְתִּיקִי (רפו') לְדָנִי, וָגִינָלִי

Scheidebrief

גֵּט (גִּטִּים) (דת, משפ') [א"ח/ב/53]. תְּעוּדַת גֵּרוּשִׁין

Scheidemünze

מַטְבֵּעַ שֶׁל פְּרוּטוֹת (כלכ')

Scheidenblähung

אַוֶּרֶת הַנַּרְתִּיק (רפו') אַוֶּרֶת הַלֶּדֶן

Scheidenblatt

נָדָן (נְדָנִים) (בוט') בְּסִיס הֶעָלֶה הָעוֹטֵף אֶת הַגִּבְעוֹל

scheidend

מַבְדִּיל וּמְחַלֵּק

Scheidendiaphragma ---> Gebärmutterschutzvorrichtung

Scheidenkatarrh *{Vaginitis}*

נַרְתֶּקֶת (רפו') דַּלֶּקֶת הַנַּרְתִּיק, לַדֶּנֶת, דַּלֶּקֶת הַלֶּדֶן

Scheidenkrampf *{Vaginismus}*

עֲוִית הַנַּרְתִּיק (רפו') לְדָנִיּוּת, הִתְכַּוְּצוּת שְׁרִירֵי הַנַּרְתִּיק, וָגִינִיזְם

Scheidenmuschel, Große *{Solen marginatus}*

אֲבוּבִית יְשָׁרָה (זוא') בַּעַל חַיִּים מִמִּשְׁפַּחַת הָאֲבוּבִיתִיִּים (צְדָפוֹת)

Scheidenmuscheln *{Solenidae}*

אֲבוּבִיתִיִּים (זוא') מִשְׁפָּחָה שֶׁל צְדָפוֹת

Scheidentrockenheit, pathologische

יֹבֶשׁ הַנַּרְתִּיק (רפו') יַבֹּשֶׁת הַלֶּדֶן

Scheidenverschluß

אֲטִימוּת הַנַּרְתִּיק (רפו') אִטְמוּת הַלֶּדֶן

Scheidenverwachsung

רִתְקוּת (רפו') [מר"ח/47]. אִחוּי הַנַּרְתִּיק, - הַלֶּדֶן

Scheidewand

מְחִצָּה (מְחִצּוֹת) [ק/ב/179]. דָּבָר הַחוֹצֵץ וּמַבְדִּיל. מָסָךְ [ק/ב/223]

Scheidewasser ---> Salpetersäure

Scheidung

הַבְחָנָה (פיל') הַפְרָדָה. גֵּרוּשִׁים (משפ', דת) גֵּרוּשִׁין, הִפָּרְדוּת זוּג נָשׂוּי עַל יְדֵי גֵּט, הַפְקָעַת קֶשֶׁר הַנִּשּׂוּאִין, גֵּט

Schein

תַּדְמִית (פיל') [פ"ר/45]. מַרְאִית עַיִן, אַשְׁלָיָה, אֲחִיזַת עֵינַיִם, מֵעֵין...

Schein, äußerer

דַּמְיוּת [ק/ד/147]. שַׁעַר, דִּמִּי, דִּמְיוֹן חִיצוֹנִי

Schein, falscher

תַּדְמִית כּוֹזֶבֶת, מַרְאִית עַיִן כּוֹזֶבֶת

Schein, zum ---> scheinbar

Scheinarznei ---> Plazebo

scheinbar

לִכְאוֹרָה [ק/ג/275]. לְמַשְׁמַע הַקּוֹל, לְמַרְאִית עַיִן, כְּפִי שֶׁהַדָּבָר נִרְאֶה בְּהַשְׁקָפָה שִׁטְחִית, לַפָּנִים, לְפָנִים, שֶׁלְּפִי מַרְאִית עַיִן, נִדְמֶה

scheinbare Beziehung ---> Beziehung, scheinbare

scheinbare Eklipse ---> Eklipse, scheinbare

scheinbare Größe ---> Größe, scheinbare

scheinbarer Horizont ---> Horizont, scheinbarer

scheinbarer Zusammenhang ---> Beziehung, scheinbare

Scheinbewegung

תְּנוּעָה מְדֻמָּה (פסי') [ר/ב/691]. תְּנוּעָה נִרְאֵית, תּוֹפָעָה תְּפִיסָתִית שֶׁבָּהּ אָדָם רוֹאֶה לִכְאוֹרָה תְּנוּעָה בְּשָׁעָה שֶׁלַּמַּעֲשֶׂה הַמַּשָּׂאִים נַיָּחִים

Scheincharakter

סְגֻלַּת אֹפִי מְדֻמָּה (פסי')

Scheinfüßchen *{Pseudopodium}*

שְׁלוּחַת רֶגֶל (ביו') בְּלִיטָה שֶׁל גְּבוּל הַתָּא (צִיטוֹפְּלַזְמָה) בְּחַד־תָּאִיִּים מְסֻיָּמִים הַיְכוֹלָה לְשַׁמֵּשׁ כְּרֶגֶל

Scheinleistung

הֶסְפֵּק נִדְמֶה (פיס')

Scheinvariable

מִשְׁתַּנֶּה סְרָק (סטט') [מ"מ/217]. מִשְׁתַּנֶּה דֶּמֶה, - עֵזֶר, מִשְׁתַּנֶּה הַנּוֹצָר מִמִּשְׁתַּנֶּה מְסֻיָּם לְשֵׁם הַגְדָּרָתוֹ

Scheinviskosität ---> Wirbelviskosität

Scheinwiderstand *{Impedanz}*

עַכָּבָה (עַכָּבוֹת) (פיס') [ל"מ/481]. הַגֹּדֶל הַקּוֹבֵעַ אֶת מִשְׂרַעַת הַזֶּרֶם לְגַבֵּי מֶתַח נָתוּן

בְּמַעְגַּל זֶרֶם חִלּוּפִים, אִימְפֶּדַנְצְיָה

Scheit ---> Span

Scheit, halbverkohltes ---> Holzscheit, angebranntes

Scheitel

קָדְקֹד (קָדְקֳדִים) (רפוי)

Scheitelbein *{Os parietale}*

עֶצֶם הַקָּדְקֹד (רפוי)

Scheitelhöhe *{Bregma}*

גֹּבַהּ (רפוי)

Scheitellinie

קַו הַקָּדְקֹד (אסט', י״א) [ק/ג/274]. קַו נֹכַח הָרֹאשׁ

Scheitelpunkt

נֹכַח הַקָּדְקֹד (אסט', י״א) [ק/ג/35]. נְקֻדַּת הַגֹּבַהּ, נְקֻדָּה בַּשָּׁמַיִם מֵעַל לְרֹאשׁוֹ שֶׁל הַצּוֹפֶה וּמְרֻחֶקֶת בְּמִדָּה שָׁוָה מִכָּל נְקֻדָּה שֶׁבָּאֹפֶק, זֶנִיט, פִּסְגָּה, שִׂיא. נְקֻדַּת הַנֹּכַח, - נֹכַח הָרֹאשׁ (אסט', י״א) [ק/ג/65]

Scheitelwinkel

זָוִיּוֹת קָדְקֳדִיּוֹת (מתמ')

Schelladler *{Aquila clanga}*

עַיִט צְפַרְדְּעִים (זוא') עוֹף מִמִּשְׁפַּחַת הַנִּצִּיִּים

Schelle

מִצְלָה (מִצְלוֹת) (מוס') [א״ת/א/41]. זוֹג (זוֹגִים), פַּעֲמוֹן

Schellente *{Bucephala clangula (Glaucionetta clangula)}*

עֲבְרֹאשׁ יָרֹק (זוא') עוֹף מִמִּשְׁפַּחַת הַבַּרְוָזִיִּים

Schellentrommel *{Tamburin}*

טַנְבּוּרִית (טַנְבּוּרִיּוֹת) (מוס')

schelmenhaft

מַעֲלְלִי (ספר') פִּיקָרֶסְקִי

Schelmenroman *{Pikareske}*

תַּסְפּוּר מַעֲלְלִי (ספר') [מ״ס/26]. רוֹמָן פִּיקָרֶסְקִי, סִפּוּר הַרְפַּתְקָאוֹת שֶׁל נוֹכֵל עַרְמוּמִי וּמְמֻלָּח

schelten

גָּעַר (גּוֹעֵר), נָזַף, הוֹכִיחַ

Schelten

גְּעָרָה (גְּעָרוֹת), גַּעַר, נְזִיפָה, תּוֹכָחָה

Scheltopusik *{Ophiosaurus apodus}*

קַמְטַן הַחֹרֶשׁ (זוא') זוֹחֵל מִמִּשְׁפַּחַת הַקַּמְטָנִיִּים

Schema

מִתְוֶה (מִתְווֹת), מִתְוֶה (מִתְוִים), סְכֵמָה, תֵּאוּר שֶׁל דְּבַר-מָה בְּקַוִּים כְּלָלִיִּים, רָאשֵׁי קַוִּים. תַּרְשִׁים (אמנ', טכנ') תֵּאוּר גְּרָפִי מְפֻשָּׁט שֶׁל עֶצֶם, תְּנוּעָה אוֹ תַּהֲלִיךְ

schematisch

מִתְוִי, סְכֵמָטִי, תַּרְשִׁימִי

Schemel

שְׁרַפְרַף (שְׁרַפְרַפִּים) (טכנ') [א״ת/א/62]. הֲדוֹם לְרַגְלַיִם

Schemen

צֵל רְפָאִים

Schenkel

שׁוֹק (שׁוֹקַיִם) (מתמ') [ק/ד/83]. צֵלָע בִּמְשֻׁלָּשׁ הַנִּשְׁעֶנֶת עַל הַבָּסִיס

Schenkelblock

חֶסֶם צְרוֹר הַלֵּב (רפוי)

Schenkelmuskel, zweiköpfiger *{Biceps femoris}*

קִבֹּרֶת הַשּׁוֹק (רפוי)

schenken

הֶעֱנִיק (מַעֲנִיק) [ק/א/316]. חָנַן, נָתַן מַתָּנָה, זָבַד (זוֹבֵד), זִבֵּד (מְזַבֵּד)

Schenker

נוֹתֵן הַמַּתָּנָה (מ״ח)

Schenkung, testamentarische ---> Vermächtnis

Schenkungsempfänger

מְקַבֵּל הַמַּתָּנָה (מ״ח)

Schenkungsurkunde

שְׁטַר מַתָּנָה (כלכ', משפ') [א״ת/ג/189]

Schere

מִסְפָּרַיִם (טכנ') [א״ת/א/157]. מִסְפֶּרֶת (מִסְפָּרוֹת)

scheren [---> rasieren]

סוֹטֵט (מְסוֹטֵט) (ימא') הִתְקַדֵּם תּוֹךְ כְּדֵי סְטִיּוֹת מֵהַדֶּרֶךְ. גָּזַז (גּוֹזֵז) (חקל') [א״ת/א/196]

Scheren [---> Rasieren]

גְּזִיזָה (חקל') גִּזָּה

Scherpilzflechte *{Trichophytie}*

גַּזֶּזֶת (רפוי) מַחֲלַת עוֹר פִּטְרִיָּתִית הַגּוֹרֶמֶת לִנְשִׁירַת שְׂעָרוֹת

Scherspannung

מַאֲמַץ גְּזִירָה (פיס')

Scherung

גְּזִירָה, זִיחָה

scherzen

הִתְבַּדֵּחַ (מִתְבַּדֵּחַ) [א״ת/ג/103]. אִטְלֵל (מְאַטְלֵל), שִׂחֵק, הִתְלוֹצֵץ, הִלִּיז, לִעֵג, לָץ, הֵלִיץ, חָמַד לָצוֹן

scherzend

בִּבְדֵיחוּת

scherzhaft

בָּדֵחַ, בְּדֵחָה

Scherzhaftigkeit

הִתְבַּדְּחוּת [ק/ג/240]. צַחוּת, הִתְלוֹצְצוּת, עוֹקְצָנוּת

Scheu

בַּיְשָׁנוּת, רְתִיעָה, עַנְוְתָנוּת, שְׁפַל רוּחַ, דֵּעָה נְמוּכָה, חַשְׁשָׁנוּת, הִתְעַנְּווּת, הִתְבַּטְּלוּת לִפְנֵי..., יִרְאַת הָרוֹמְמוּת

scheuen ---> zurückschrecken

Scheuleder

סַכֵּי עֵינַיִם (חקל', ספו') דַּפֵּי עוֹר הַמּוֹנְעִים אֶת הַסּוּס מֵרְאִיָּה לַצְּדָדִים

Schicht *{Stratum}*

שִׁכְבָה (שְׁכָבוֹת), רֹבֶד (רְבָדִים), נִדְבָּךְ (נִדְבָּכִים). מַרְבִית (מַרְבִיּוֹת) [א״ת/א/12]

Schicht, tragfähige

רֹבֶד נוֹשֵׂא (אדר')

Schichten der Persönlichkeit ---> Persönlichkeit, Schichten der

Schichtflut

שִׁטְפוֹן שִׁטְחִי (היד', י״א)

Schichtfolge

סֵדֶר הָרְבָדִים (גאו') סֵדֶר הַשְּׁכָבוֹת

Schichtgitterstruktur
מִבְנֶה סְרִיגִי דָּפוּף (גאו')

Schichtstufe
רְבֵדָה (רְבֵדוֹת) (גאו', י"א) מִצְלַעַת (מִצְלָעוֹת), מַדְרֵגַת רֹבֶד הַנּוֹצֶרֶת כְּתוֹצָאָה מֵהֶבְדֵּלֵי הַקַּשְׁיוּת שֶׁבֵּין הָרְבָדִים הַמִּתְרַבְּצִים זֶה עַל גַּבֵּי זֶה, שֶׁכֵּן הַשְּׁכָבוֹת הָרַכּוֹת נִפְחָתוֹת וְהוֹלְכוֹת, וְהַשְּׁכָבוֹת הַקָּשׁוֹת נוֹתָרוֹת כְּמִצְלָעוֹת

Schichtung [---> Beschichten]
רִבּוּד (גאו') חֲלֻקָּה לִרְבָדִים

Schichtwolke
עָנָן שָׁטוּחַ (מטא) [יל"ט/153]. עָנָן רְפִידִי, - פָּרוּשׂ שֶׁעָבְיוֹ אָחִיד

schicklich
יָאוּת, נִכְשָׁר, כָּשֵׁר, רָאוּי, מַתְאִים

Schicksal
גּוֹרָל (אסט', אנת') [ק/ב/174]. מַזָּל, כֹּחוֹת הַגַּלְגַּלִּים וְהַכּוֹכָבִים הַמַּשְׁפִּיעִים לְדַעַת הַקַּדְמוֹנִים עַל הָאָרֶץ וְיוֹשְׁבֶיהָ, מְנִי, מְנִית

schicksalhaft ---> fatal

schicksalsmäßig
גּוֹרָלִי [ק/א/218]. הַשְׁגָּחִי, מִטֶּבַע הַהַשְׁגָּחָה

Schicksalsstunde ---> Wendepunkt

Schicksalstragödie
יְגוֹנַת גּוֹרָל (ספר', תאט') טְרָגֶדְיָה שֶׁל גּוֹרָל

Schiebebühne
בִּימָה זָזָה (תאט')

Schieben
דִּחוּף

Schieber
מָגוֹף (מְגוֹפִים) (טכנ') שַׁסְתּוֹם לְהַכְוָנַת נוֹזְלִים אוֹ גַּזִּים מִצִּנּוֹר לְצִנּוֹר. זַחִית (זַחִיתִים) (טכנ') סַרְגֵּל נָע

Schieblehre ---> Schublehre

Schiedsabkommen
הֶסְכֵּם בּוֹרְרוּת (משפ')

Schiedsgericht
בֵּית דִּין לְבוֹרְרוּת (משפ')

Schiedsgerichtsbarkeit
בּוֹרְרוּת (משפ')

Schiedsgerichtshof, gemischter
בֵּית מִשְׁפָּט מְעֹרָב לְבוֹרְרוּת (משפ', מדי')

Schiedsklausel
סְעִיף בּוֹרְרוּת (משפ')

Schiedsrichter ---> Schlichter

Schiedsverfahren, obligatorisches ---> Zwangsschlichtung

schief
עָקֹם, כָּפוּף, מְלֻכְסָן, עֲקַמּוּמִי, נָטוּי, עַקְמָנִי. מְסֻלָּף

Schiefe der Ekliptik ---> Ekliptik, Schiefe der

schiefe Ebene ---> Ebene, schiefe

Schieferfalke *{Falco concolor}*
בַּז שָׁחֹר (זוא') עוֹף מִמִּשְׁפַּחַת הַבַּזִּיִּים

Schieferton
טִין צִפְחָתִי (גאו') חַרְסִית צִפְחָתִית

Schiefhals *{Torticollis}*
צַוֶּרֶת (רפו') [מר"ח/672]. נֻקְשׁוּת הַצַּוָּאר וְעִקּוּמוֹ

schiefhalsig
צַוַּרְתִּי (רפו') [מר"ח/672]. צַוָּר, צַוַּרְתָּן, בַּעַל צַוָּאר נֻקְשֶׁה וְעָקוּם

Schiefheit
עֲקַמִּימוּת

schiefwinklige Rotation ---> Rotation, schiefwinklige

Schielen *{Strabismus}*
פְּזִילָה (רפו') פִּזָּלוֹן, פִּזּוּל, פְּזִילָה, פְּזִילוּת, פְּזָלוּת

Schienbein *{Tibia}*
שׁוֹקָה (רפו') עֶצֶם הַשּׁוֹק הַקִּדְמִית

schienbeinbezüglich
שׁוֹקָתִי (רפו') שֶׁל עֶצֶם הַשּׁוֹק הַקִּדְמִית

Schierling *{Conium}*
רוֹשׁ (בוט') צֶמַח מִמִּשְׁפַּחַת הַסּוֹכְכִיִּים

Schießcharte
חֶרֶךְ יְרִיָּה (חַרְכֵי יְרִיָּה) (אדר', צבא) חֶרֶךְ יְרִיָּה (חַרְכֵי יְרִיָּה), רֶוַח בֵּין שְׁתֵּי שִׁנּוֹת הַמִּזְדַּקְּרוֹת אֲנָכִית מֵחוֹמָה

Schiff
אֳנִיָּה (אֳנִיּוֹת) (ימא') סְפִינָה (סְפִינוֹת)

Schiff, flachbodiges
סְפִינָה שְׁטוּחַת תַּחְתִּית (ימא')

Schiff mit mechanischem Antrieb
סְפִינָה מְמֻנַּעַת (ימא') כְּלִי שַׁיִט מְמֻנָּע

Schiff proviantieren, ein
אִסְפֵּן (מְאַסְפֵּן) (ימא') אִיֵּשׁ סְפִינָה וְצִיְּדָהּ בְּכָל הַדָּרוּשׁ לְהַפְלָגָה

Schiffahrt
שַׁיִט (ימא') סַפָּנוּת

schiffbar
בַּר שַׁיִט (ימא')

Schiffbruch
הִטָּרְפוּת סְפִינָה בַּיָּם (ימא')

Schiffe, sämtliche
סְפוּנָה (ימא') כְּלַל הַסְּפִינוֹת

schiffen
שָׁט (ימא')

Schiffswerft
מִסְפָּנָה (מִסְפָּנוֹת) (ימא', טכנ') בֵּית מְלָאכָה לִסְפִינוֹת

Schikane
הִתְעַלְּלוּת, הַעֲרָמָה, תַּחְבּוּלָה לַעֲשִׂיַּת דְּבָרִים אֲסוּרִים

Schilddrüse *{Glandula thyreoidea}*
בַּלּוּטַת הַתְּרִיס (רפו') [מר"ח/666]

Schilddrüsenhormonmangel ---> Athyreose

Schilderhalter
בֵּית תָּוִית (טכנ', ספרנ') הֶתְקֵן שֶׁמַּכְנִיסִים בּוֹ תָּוִית

Schilderung ---> Darstellung

Schildkresse *{Fibigia}*
מִשְׁקְפַיִם (בוט') צֶמַח מִמִּשְׁפַּחַת הַמִּצְלִיבִים

Schildkröte
צָב (צַבִּים) (זוא') שֵׁם שֶׁל זוֹחֵל

Schildkröten *{Chelonia}*
צַבִּים (זוא') סִדְרָה שֶׁל זוֹחֲלִים

Schildläuse *{Coccoidea}*
כְּנִימוֹת מָגֵן (זוא') עַל מִשְׁפָּחָה שֶׁל כְּנִימוֹת (חֲרָקִים)
Schilf *{Phragmites}*
קָנֶה (בוט') צֶמַח מִמִּשְׁפַּחַת הַדְּגָנִיִּים
Schilfrohrsänger *{Acrocephalus schoenobaenus}*
קָנִית פַּסִּים (זוא') קָנִית מְפֻסְפֶּסֶת, זְמִיר סוּף מְפֻסְפָּס, עוֹף מִמִּשְׁפַּחַת הַסִּבְכִּיִּים
Schimmel
עֹבֶשׁ (בוט', ספרנ') פִּטְרִיּוֹת זְעִירוֹת הַצּוֹמְחוֹת בִּתְנָאֵי לַחוּת עַל חֳמָרִים אוֹרְגָנִיִּים (אוֹרְגָנִיִּים) שׁוֹנִים. סוּס לָבָן (זוא', חקל')
Schimpf ---> Schande
schimpflich
לִגְנַאי
Schinkenkraut *{Oenothera biennis}*
נֵר לַיְלָה דּוּ שְׁנָתִי (בוט') צֶמַח מִמִּשְׁפַּחַת נֵר הַלַּיְלָה
Schinkenmuschel ---> Steckmuschel
Schinnen [---> Schuppung, kleinförmige]
קַסְקַסִּים (רפו') [מר"ח/227]. פְּרוֹרִיּוֹת, קַשְׂקֶשֶׂת
Schirm
סוֹכֵךְ (סוֹכְכִים) (טכנ') מַחְסֶה (מַחֲסִים). מִרְקָע (טכנ')
Schirmdolde ---> Doldentraube
Schirmherrschaft
חָסוּת (מדי') שִׁלְטוֹן חָסוּת
Schirmquallen *{Scyphozoa}*
מֵדוּזוֹת הַסּוֹכֵךְ (זוא') מַחְלָקָה בְּמַעֲרֶכֶת הַצּוֹרְבִים
schizophren
מְבֻלָּק, בְּלֵק (פסי', רפו') [מר"ח/601]. סְכִיזוֹפְרֶנִי, מְפֻצָּל אִישִׁיּוּת
Schizophrenie
בַּלֶּקֶת (פסי', רפו') [מר"ח/601]. סְכִיזוֹפְרֶנְיָה, שִׁסָּעוֹן, שַׁסַּעַת, פִּצּוּל הָאִישִׁיּוּת
schizothymer Typus ---> Typus, schizothymer
schlachten
שָׁחַט (שׁוֹחֵט) (חקל') טָבַח (טוֹבֵחַ)
Schlachten, kultisches
זְבִיחָה (דת) זִבּוּחַ, שְׁחִיטַת בַּעֲלֵי חַיִּים לְשֵׁם קָרְבָּן
schlachten, Opfer
זָבַח (זוֹבֵחַ) (דת) שָׁחַט לְשֵׁם קָרְבָּן, טָבַח, זִבַּח (מְזַבֵּחַ)
Schlachtmesser
מַאֲכֶלֶת (מַאֲכָלוֹת) (טכנ', דת) סַכִּין שְׁחִיטָה, חַלָּף (חַלָּפִים)
Schlachtung
שְׁחִיטָה (חקל') טְבִיחָה, טִבּוּחַ
Schlacke
סִיג (סִיגִים) (טכנ') [א"ח/ב/308]. פְּסֹלֶת שֶׁל מַתֶּכֶת
schlackenlos
צָרוּף (טכנ') [א"ח/ב/308]. נְקִי מִסִּיגִים
Schlackerregen ---> Schneeregen
Schläfenbein *{Os temporale}*
רַקָּה (רַקּוֹת) (רפו') עֶצֶם הַצֶּדַע
schläfenbeinbezüglich *{temporal}*
רַקָּתִי (רפו') צִדְעִי
Schläfenhaar
פֵּאָה (פֵּאוֹת) [א"ח/א/194]. צִיצַת שֵׂעָר הַיּוֹרֶדֶת לְיַד הָאֹזֶן
schläfrig *{somnolent}* **---> [schlafsüchtig]**
מְנֻיָּם, נִימָנִי (פסי', רפו') נַיְמָן, נַיְמָתִי, יַשְׁנוּנִי
Schläfrigkeit *{Somnolenz}* **[---> Schlafsucht]**
נִיֶּמֶת, נַיִם (פסי', רפו') [מר"ח/618]. יַשְׁנוּנִיּוּת
Schläfrigkeit, starke ---> Lethargie
Schlägel
מַקֶּבֶת (מַקָּבוֹת) (טכנ')
schlämmen
פִּלֵּם (מְפַלֵּם), כִּסָּה בְּבֹץ, שָׁטַף (שׁוֹטֵף)
Schlaf
שֵׁנָה (פסי', רפו') תְּנוּמָה, תַּרְדֵּמָה
Schlaf, Sprechen im *{Somniloquie}*
נִמְלוּם (פסי', רפו') [מר"ח/618]. מִלְמוּל מִתּוֹךְ שֵׁנָה
Schlafanzug *{Pyjama}*
פַּרְזוּמָה (פַּרְזוּמוֹת) (לבו') [מר"ח/567]. פִּיגָ'מָה, פִּיזָ'מָה
schlaff ---> atonisch
Schlaflosigkeit
נְדוּדֵי שֵׁנָה (רפו', פסי') [מר"ח/25]. נְדוּדִים, נְדוּדֵי לַיְלָה
Schlafmittel
סַם מַרְדִּים (רפו') סַם מְרַדֵּם
Schlafmohn *{Papaver somniferum}*
פֶּרֶג תַּרְבּוּתִי (בוט') צֶמַח מִמִּשְׁפַּחַת הַפְּרָגִיִּים
Schlafredner(in)
נִמְלְמָן, נִמְלְמָנִית (פסי', רפו') [מר"ח/618]. מִי שֶׁמְּמַלְמֵל מִתּוֹךְ שֵׁנָה
Schlafsucht *{Sopor}*
רֶדֶם (פסי', רפו') [מר"ח/619]. שְׁקִיעָה בְּשֵׁנָה עַזָּה
schlafsüchtig *{soporosus}*
רָדוּם (פסי', רפו') מֻרְדָּם, שָׁטוּף בְּשֵׁנָה, מְשֻׁקָּע בְּתַרְדֵּמָה כְּבֵדָה
schlafvertreibendes Mittel ---> Mittel, schlafvertreibendes
Schlafwandeln *{Somnambulismus}*
סַהֲרוּרִיּוּת (רפו', פסי') [ר/ב/455]. סוֹמְנַמְבּוּלִיזְם, מַחֲלַת יָרֵחַ, הֲלִיכַת שֵׁנָה
Schlafwandler(in)
סַהֲרוּרִי, סַהֲרוּרִית (רפו', פסי') חוֹלֵה יָרֵחַ, סוֹמְנַמְבּוּלִיסְט
Schlag [---> Gang]
מַכָּה (מַכּוֹת), חֲבָטָה, נֶקֶף (נְקָפִים), נְקִיפָה, נֹקֶף. מַקָּשׁ (מוס'). עֶנֶד (עֲנָדִים) (טכנ') קֶשֶׁר שֶׁל חֶבֶל מִסָּבִיב לְגוּף כָּלְשֶׁהוּ
Schlagader ---> Arterie
Schlaganfall
אֵרוּעַ מֹחִי (רפו') שָׁבָץ
schlaganfallbezüglich
שְׁבָצִי (רפו')
Schlagbaum
מַחְסוֹם גְּבִיָּה (מדי')

schlagen [---> herniederstechen]
הַכָּה (מַכֶּה) [א״ת/ב/190]. חָבַט (חוֹבֵט), מָחָא (מוֹחֵא), הִקִּישׁ, נָקַף

Schlagen
הַכָּאָה, חִבּוּט, נִקּוּף

schlagen, mit der flachen Hand ---> Hand schlagen, mit der flachen

schlagen, mit gebalter Faust ---> Faust schlagen, mit gebalter

Schlagfeder *{Mediator; Plektrum; Plektron}*
מַפְרֵט (מוס׳) [למ״ו/283]. פִּסַּת חֹמֶר כָּלְשֶׁהוּ הַמְּשַׁמֶּשֶׁת לִפְרִיטָה עַל מֵיתְרֵיהֶם שֶׁל כְּלֵי מֵיתָרִים

Schlagfluß ---> Schlaganfall

Schlagschatten
צֵל מוּטָל (טכנ׳, אמנ׳)

Schlagschwirl *{Locustella fluviatilis}*
חַרְגּוֹלָן נְחָלִים (זוא׳) עוֹף מִמִּשְׁפַּחַת הַסִּבְכִיִּים

Schlagwort
מִלַּת נוֹשֵׂא (ספרנ׳) מִלָּה הַמְאַפְיֶנֶת בְּקִצְרָה אֶת תָּכְנוֹ שֶׁל פִּרְסוּם כָּלְשֶׁהוּ וְהַמַּדְגִּישָׁה אֶת מַהוּתוֹ אַךְ אֵינָהּ חַיֶּבֶת לְהוֹפִיעַ בְּכוֹתָרוֹ. סִיסְמַת קְרָב (צבא)

Schlagwortverzeichnis
רְשִׁימָה שֶׁל מִלּוֹת נוֹשְׂאִים (ספרנ׳)

Schlagzeug
כְּלֵי הַקָּשָׁה (כְּלֵי הַקָּשָׁה) (מוס׳) כְּלֵי נְקִישָׁה

Schlamm
בֹּץ (גאו׳) יָוֵן

Schlamm, feiner
מֶרֶס (כימ׳, גאו׳) בֹּץ דָּלִיל

Schlammeis
קְרוּחִית (מטא׳)

Schlammvulkan
מִגְעַשׁ בֹּץ (גאו׳, י״א)

schlampen ---> stümpern

schlampig
רַשְׁלָנִי, בַּטְלָנִי, רָשׁוּל, רַשְׁיש, רָשֵׁל, בַּטְלוּלִי, מְרֻשָּׁל

Schlange
נָחָשׁ (נְחָשִׁים) (זוא׳) חִוְיָה

Schlangen *{Ophidia (Serpentes)}*
נְחָשִׁים (זוא׳) תַּת סִדְרָה שֶׁל זוֹחֲלִים

Schlangenadler *{Circaetus gallicus}*
חִוְיַאי (זוא׳) עוֹף מִמִּשְׁפַּחַת הַנִּצִּיִּים

Schlangenauge, Europäisches *{Ophisops elegans}*
עֵינָחָשׁ עֲדִינָה (זוא׳) לְטָאַת עֵין הַנָּחָשׁ, זוֹחֵל מִמִּשְׁפַּחַת הַלְּטָאִיִּים

Schlangenbart *{Ophiopogon}*
זְקַן נָחָשׁ (בוט׳) צֶמַח מִמִּשְׁפַּחַת הַשּׁוֹשַׁנִּיִּים

Schlangenhaargurke *{Trichosanthes anguina}*
צֵיצַת נְחָשִׁית (בוט׳) צֶמַח מִמִּשְׁפַּחַת הַדְּלוּעִיִּים

Schlangenhorn ---> Serpent

Schlangenkurve *{Serpentine}*
נַחְשׁוֹן (מתמ׳) עֲקֻמָּה נַחְשׁוֹנִית

Schlangensterne *{Ophiuroidea}*
נַחְשׁוֹנֵי יָם (זוא׳) מַחְלָקָה בְּמַעֲרֶכֶת קוֹוְצֵי הָעוֹר

Schlangenwindung
נַפְתּוּל נַחַשׁ

Schlankheitsgrad
תְּמִירוּת (טכנ׳) דַּרְגַּת הַזְּקִיפוּת

Schlanknatter *{Coluber najadum}*
זַעֲמָן זֵיתָנִי (זוא׳) נָחָשׁ זֵיתָנִי, זוֹחֵל מִמִּשְׁפַּחַת הַזַּעֲמָנִיִּים

Schlauch
זַרְנוּק (זַרְנוּקִים) (טכנ׳) צִנּוֹר (צִנּוֹרוֹת) גּוּמִי

Schlauch, kleiner
נֹאד (נֹאדוֹת) (טכנ׳) [א״ת/א/99; א״ת/ב/236]. נוֹד (נוֹדוֹת), שַׂק שֶׁל עוֹר לְהַחְזָקַת נוֹזְלִים, חֵמֶת (חֲמָתוֹת), נֵבֶל (נְבָלִים), גּוֹד (גּוֹדִים)

Schlauheit
עַרְמוּמִיּוּת [ק/א/232]. הִתְחַכְּמוּת, עָרְמָה יְתֵרָה, עַרְמוּמִית

schlecht
רַע [ק/ד/46]. רֹעַ, מֻפְסָד, שְׁלִילִי, בִּלְתִּי כְּדָאִי, כּוֹשֵׁל, קָשֶׁה לְ..., אֵינוֹ רָאוּי לְ...

schlecht angepaßt ---> angepaßt, schlecht

schlechterdings
מִכֹּל וָכֹל, לְגַמְרֵי, לַחֲלוּטִין

Schlechteste, das
מֵרַע, הָרַע בְּיוֹתֵר

schlechthin
בְּהֶחְלֵט [ק/ג/116]. בִּסְתָם, לְגַמְרֵי, בְּוַדַּאי, סְתָם, פָּשׁוּט, בְּאֹפֶן חַד מַשְׁמָעִי, חַד וְחָלָק. לַחֲלוּטִין [ק/ד/109]. בִּשְׁלוּחָה, כֻּלּוֹ

Schleichen *{Anguidae}*
קַמְטָנִיִּים (זוא׳) מִשְׁפָּחָה שֶׁל לְטָאוֹת

Schleichkatze *{Herpestes ichneumon}*
נְמִיָּה (זוא׳) יוֹנֵק מִמִּשְׁפַּחַת הַגְּחָנִיִּים

Schleichkatzen *{Viverridae}*
גְּחָנִיִּים (זוא׳) מִשְׁפָּחָה שֶׁל טוֹרְפִים יַבַּשְׁתִּיִּים

Schleier
מָסָךְ (מָסַכִּים) [ק/ב/223]. מְחִצָּה הַמְּכַסָּה דָּבָר, וִילוֹן, פַּרְגּוֹד

Schleiereule *{Tyto alba}*
תִּנְשֶׁמֶת (זוא׳) עוֹף מִמִּשְׁפַּחַת הַתִּנְשָׁמֶת

Schleierkraut *{Gypsophila}*
גִּפְסָנִית (בוט׳) צֶמַח מִמִּשְׁפַּחַת הַצִּפָּרְנִיִּים

Schleife [---> Mäander]
עֲנִיבָה, לוּלָאָה, פִּתּוּל

Schleife, sekundäre
בֶּן נַפְתּוּל (היד׳)

Schleife binden
עָנַב (עוֹנֵב) [א״ת/ג/85]. קָשַׁר עֲנִיבָה

schleifen
הִשְׁחִיז (מַשְׁחִיז) (טכנ׳) [א״ת/ב/307]

Schleifenbildung ---> Mäandern

Schleifenblume *{Iberis}*
דּוּ כָּנָף (בוט׳) צֶמַח מִמִּשְׁפַּחַת הַמִּצְלִיבִים

Schleifenstrecke
רְצוּעַת הַנַּפְתּוּלִים (היד׳, י״א)

Schleifer
חֲלִיק (מוס׳) [למ״ו/476]. קִשּׁוּט בְּמוּסִיקָה כְּלֵיית (אִינְסְטְרוּמֶנְטָלִית)

Schleifmaschine
מַשְׁחֶזָה (מַשְׁחֵזוֹת) (טכנ׳) [א״ת/ב/307]. מַשְׁחֶזֶת (מַשְׁחָזוֹת), מְכוֹנַת הַשְׁחָזָה

Schleifrad ---> Schleifmaschine

Schleifsand
חוֹלְצוֹר (אמנ׳) [ממ״ג/79]. חוֹל שִׁיּוּף, - טָחוּן מִצּוֹר הַמְּשַׁמֵּשׁ לְחִסְפּוּס לוּחַ אֶבֶן הַהַדְפָּסָה וּלְשִׁיּוּפוֹ

Schleifstein
מַשְׁחֶזֶת (מַשְׁחָזוֹת) (טכנ׳)

Schleim *{Mucus}* **[---> Auswurf]**
רִיר (רפו׳) [מר״ח/100]. רִיר מְגֻלָּתִי, לֵחָה

Schleimbeutel *{Bursa}*
אַמְתַּחַת רִיר (אַמְתְּחוֹת רִיר) (רפו׳)

schleimbezüglich *{mukös}*
רִירָנִי (רפו׳) [מר״ח/100]. רִירִי, לֵחָתִי, רִירָנִי, רִירִי

Schleimfisch, Spitzkopf- *{Tripterygion tripteronotus}*
תִּלְתָּנִית מְבֹהֶקֶת (זוא׳) דָּג מִמִּשְׁפַּחַת הַתִּלְתָּנִיתִיִּים (דְּגֵי גֶּרֶם)

Schleimfische *{Blenniidae}*
קַרְנוּנִיִּים (זוא׳) מִשְׁפָּחָה שֶׁל דְּגֵי גֶּרֶם

Schleimfluß
רַיֶּלֶת (רפו׳) זִיבַת רִיל (לֵחָה)

Schleimpfropf
פְּקָק רִירִי (רפו׳) גּוּשׁ רִירִי הַחוֹסֵם אֶת צַוַּאר הָרֶחֶם בְּמֶשֶׁךְ הַהֵרָיוֹן

Schlemmer [---> Heißhungrige(r); Fresser(in)]
גַּרְגְּרָן (גַּרְגְּרָנִים) [א״ת/ב/47]. זוֹלֵל וְסוֹבֵא, רוֹדֵף הֲנָאוֹת, תַּאַוְתָן

schleppen
מָשַׁךְ (מְמַשֵּׁךְ), הִשְׁתָּרֵךְ, נִזְדַּחֵל, הִזְחִיל, הֶאֱט, אִטְאֵט, הִלְאִיט, גָּרַר (גּוֹרֵר), נִגְרַר, גֵּרֵר (מְגָרֵר), מָשַׁךְ, סָחַב

Schleppen
מִשּׁוּךְ, הִשְׁתָּרְכוּת, הִזְדַּחֲלוּת, הֶאָטָה, הִתְנַהֲלוּת בִּכְבֵדוּת, גְּרִירָה, סְחִיבָה, אִטְאוּט

schleppend
בְּמִשּׁוּךְ (מוס׳)

Schlepper
סְפִינַת גְּרַר (ימא׳) גּוֹרֶרֶת (גּוֹרְרוֹת)

Schleppfischer
סְפִינַת מִכְמֹרֶת (ימא׳) כַּמֶּרֶת (כַּמָּרוֹת)

Schleppkraft
כֹּחַ גְּרָר (היד׳) כֹּחַ הַהִתְנַגְּדוּת לִזְרִימָה

Schleppwiderstand
גְּרָר (היד׳) הִתְנַגְּדוּת לִזְרִימָה

Schleuder
מִקְלָעָה (טכנ׳) קֶלַע (קְלָעִים), כְּלִי לִזְרִיקַת אֲבָנִים

Schleuderer
קַלָּע (קַלָּעִים) (צבא, ספו׳) הַיּוֹרֶה לְמַטָּרָה

Schleuderschwanz ---> Hardun

Schleuse
מִתְעָל (טכנ׳) מִתְקָן מִתְעַל, תְּעָלַת מָגוֹף

Schleusenwärter ---> Pförtner

schlichten
הֶחְלִיק (מַחְלִיק) (טכנ׳)

Schlichter(in)
בּוֹרֵר, בּוֹרֶרֶת (משפ׳) מְתַוֵּךְ, מְפַיֵּס

Schlichtung eines Konflikts
יִשּׁוּב מַחְלֹקֶת (יִשּׁוּב מַחְלוֹקוֹת) (משפ׳, מדי׳) יִשּׁוּב סִכְסוּךְ

Schlick ---> Gezeitenablagerung

schließen ---> schlußfolgern

schließen, in sich
הֶחֱזִיק (מַחֲזִיק) בְּתוֹכוֹ [פ״ר/45]

Schließen, statistisches ---> Inferenz, statistische

Schließen, syllogistisches
הַקָּשָׁה (פיל׳) תַּהֲלִיךְ הוֹצָאַת מַסְקָנָה הֶגְיוֹנִית

Schließen, vom Möglichen auf die Existenz *{a posse ad esse}*
הַקָּשָׁה מֵאֶפְשָׁרוּת לְקִיּוּם (פיל׳) טָעוּת הֶגְיוֹנִית בְּהֶקֵּשׁ כַּאֲשֶׁר מֵאֶפְשָׁרוּת קִיּוּמוֹ שֶׁל דְּבַר-מָה מֻסֶּקֶת הַמַּסְקָנָה שֶׁדָּבָר זֶה אָכֵן קַיָּם

Schließen, vom Nichtwissen auf die Nichtexistenz *{a nescire ad non esse}*
הַקָּשָׁה מֵחֹסֶר יֶדַע לְאִי קִיּוּם (פיל׳) טָעוּת הֶגְיוֹנִית בְּהֶקֵּשׁ כַּאֲשֶׁר מֵחֹסֶר יֶדַע עַל אוֹדוֹת דְּבַר-מָה מֻסֶּקֶת הַמַּסְקָנָה שֶׁדָּבָר זֶה אֵינוֹ קַיָּם

Schließmuskel *{Konstriktor}*
מְהַצֵּר (מְהַצְּרִים) (רפו׳) מְכַוֵּץ, שְׁרִיר מְכַוֵּץ. עִזְקָה (עִזְקוֹת) (רפו׳) [מר״ח/623]. שְׁרִיר סוֹגֵר

Schlinge *{Ansa}*
לוּלָאָה (לוּלָאוֹת) (רפו׳) עֲנִיבָה, עֲנִיבָה. מַעֲנָב (ימא׳) קְשִׁירָה חֲזָקָה בְּצוּרַת עֲנִיבָה

Schlinge zum Fangen
פַּלְצוּר (פַּלְצוּרִים) (טכנ׳) פַּלְצוּר, חֶבֶל בַּעַל לוּלָאָה הַמְּשַׁמֵּשׁ לְצֵיד חַיּוֹת. נֶשֶׁב (נְשָׁבִים) (טכנ׳) [א״ת/ב/144]. מַלְכֹּדֶת

schlingen
הֶעֱנִיב (מַעֲנִיב), עִנֵּב (מְעַנֵּב), קָשַׁר עֲנִיבָה

schlingern
הִטַּלְטֵל (מִטַּלְטֵל) (ימא׳)

Schlingern
טִלְטוּל (ימא׳)

Schlingvermögen(s), schmerzhafte Störung des *{Dysphagia}*
לְקוּת בְּלִיעָה (רפו׳) פְּרוֹעַ בְּלִיעָה

Schlitz
חָרִיץ (חֲרִיצִים), בְּקִיעַ (בְּקִיעִים), שֶׁסַע, בֶּקַע, נְקִיעַ, סֶדֶק (סְדָקִים)

Schlucht
גַּיְא (גֵּיאָיוֹת) (י״א) עֵמֶק צַר בֵּין שְׁנֵי הָרִים

Schluchzen
הִתְיַפְּחוּת

Schluck
גְּמִיאָה (גְּמִיאוֹת), לְגִימָה, בְּלִיעַת מַשְׁקֶה, גְּמִיעָה

Schluckauf *{Singultus}*
שִׁהוּק (רפו׳)

schlürfen
גָּמָא (גּוֹמֵא), לָגַם, בָּלַע, גִּמֵּא (מְגַמֵּא), גָּמַע

Schlüsse je Sekunde (LIPS), logische
הֶסֵּק הֶגְיוֹנִי לִשְׁנִיָּה (פסי׳, מחש׳) הֶסֵּק לוֹגִי לִשְׁנִיָּה

Schlüssel

מִפְתֵּחַ (מַפְתְּחוֹת) [ר/ב/406]. כָּל אֶמְצָעִי הַמֵּכִיל מֵידָע הַנָּחוּץ לְשֵׁם הֲבָנַת עִנְיָן כָּלְשֶׁהוּ

Schlüsselbein *{Clavicula}*
עֶצֶם הַבְּרִיחַ (רפוי) [מר״ח/158]. מַפְתֵּחַ (מַפְתְּחִים)

Schlüsselkomödie
בְּדִיחָה רוֹמֶזֶת (תאט׳)

schlüssig [---> beweiskräftig]
חָלוּט, מָנוּי וְגָמוּר, מֻחְלָט

Schlummer
נִמְנוּם (רפו׳, פסי׳) תְּנוּמָה קַלָּה

schlummern
נִמְנֵם (מְנַמְנֵם) (רפו׳, פסי׳) הִתְנַמְנֵם, נִרְדַּם קְצָת

Schlummersucht ---> Narkolepsie

Schlund
בֵּית הַבְּלִיעָה (רפו׳)

Schlupfwespen *{Ichneumonidae}*
צִרְעֲתָנִיִּים (זוא׳) מִשְׁפָּחָה שֶׁל דְּבוֹרָאִים

Schlupfwinkel
מַחֲבוֹא (מַחֲבוֹאִים), מַחֲבָא (מַחֲבָאִים), מִסְתָּר, מַחֲבוֹי, מָקוֹם לְהִתְחַבְּאוּת

Schluß [---> Syllogismus; Kadenz]
הֶקֵּשׁ (הֶקֵּשִׁים) (פיל׳) [ק/א/184; 206]. הֶסֵּגֶר, הֶקֵּשׁ תְּבוּנָה, שִׁקּוּל, גְּזֵרָה הַמֻּרְכֶּבֶת מֵהַקְדָּמָה (אוֹ מֵהַקְדָּמוֹת) וּמַסְקָנָה (תּוֹלָדָה), מַסְקָנָה הֶגְיוֹנִית. חִתּוּם [ק/א/337]. סִיּוּם, סוֹף, הֶשְׂכֵּל, סִיָּם

Schluß, bedingter
הֶקֵּשׁ מֻתְנֶה (פיל׳) [ק/א/207]

Schluß, deduktiver
הֶקֵּשׁ אִפְרוּטִי (פיל׳) [מר״ח/230]. הֶקֵּשׁ כְּלָפוּרִי, - דֶּדוּקְטִיבִי, הֶשְׂכֵּל יָלִיף, שִׁקּוּל אִפְרוּטִי, - דֶּדוּקְטִיבִי, הֶקֵּשׁ מִן הַכְּלָל אֶל הַפְּרָט. קַיָּמִים שְׁלֹשָׁה מִינִים שֶׁל הֶקֵּשִׁים אִפְרוּטִיִּים: (I) הֶקֵּשׁ מִן הַיּוֹתֵר כְּלָלִי אֶל הַפָּחוֹת כְּלָלִי, לְמָשָׁל: 1) ״כָּל הַתַּבְלִינִים מְשַׁפְּרִים אֶת טַעַם הַמָּזוֹן״, 2) ״פִּלְפֵּל הוּא תַּבְלִין״, לְפִיכָךְ: 3) ״פִּלְפֵּל מְשַׁפֵּר אֶת טַעַם הַמָּזוֹן״; (II) הֶקֵּשׁ מִן הַכְּלָל עַל אוֹתוֹ כְּלָל, לְמָשָׁל: 1) ״כָּל הַכּוֹכָבִים מְאִירִים בְּאוֹר עַצְמָם״, 2) ״אַף כּוֹכָב לֶכֶת אֵינוֹ מֵאִיר בְּאוֹר עַצְמוֹ״, לְפִיכָךְ: 3) ״אַף כּוֹכָב אֵינוֹ כּוֹכָב לֶכֶת״; (III) הֶקֵּשׁ מִן הָאֶחָדִי אֶל הַפְּרָטִי (פַּרְטִיקוּלָרִי), לְמָשָׁל: 1) ״אוֹרֶן הוּא זִיהוֹרָנִי (רַדְיוֹאַקְטִיבִי)״, 2) ״אוֹרֶן הוּא יְסוֹד כִּימִי״, לְפִיכָךְ: 3) ״יְסוֹדוֹת כִּימִיִּים אֲחָדִים הֵם זִיהוֹרָנִיִּים״

Schluß, dialektischer
הֶקֵּשׁ תִּנְצוּחִי (פיל׳) [ק/א/103]. הֶקֵּשׁ נִצּוּחִי, - דִּיאָלֶקְטִי, גֹּדֶל

Schluß, direkter
הֶקֵּשׁ יָשָׁר (פיל׳) [ק/ב/233,161,56]. מוֹלִיד יָשָׁר

Schluß, disjunktiv-hypothetischer
הֶקֵּשׁ תְּנָאִי מִתְחַלֵּק (פיל׳) [ק/א/208;ק/ג/12]. הֶקֵּשׁ נֶחֱלָק, - מֻכְרָת, - מִתְפָּרֵד, - נִבְדָּל

Schluß, einfacher
הֶקֵּשׁ פָּשׁוּט (פיל׳) הֶקֵּשׁ שֶׁאִי אֶפְשָׁר לְפַצְּלוֹ לְהֶקֵּשִׁים אֲחֵרִים

Schluß, falscher
הֶקֵּשׁ שִׁקְרִי (פיל׳) הֶקֵּשׁ שָׁגוּי, - שֶׁבּוֹ הַמִּשְׁפָּט הַנִּגְזָר (הַמַּסְקָנָה) אֵינוֹ תּוֹאֵם אֶת הַמְּצִיאוּת

Schluß, indirekter
הֶקֵּשׁ עָקִיף (פיל׳) [ק/ב/233,161]. הֶקֵּשׁ מְעֻוָּת, מוֹלִיד מְעֻוָּת

Schluß, induktiver
הֶקֵּשׁ אִכְלוּלִי (פיל׳) [ק/א/207]. הֶקֵּשׁ הַחִפּוּשׂ, - הַפִּרְטוּל, - אִינְדוּקְטִיבִי

Schluß, kategorischer
הֶקֵּשׁ מַשָּׂאִי (פיל׳) [ק/א/207]. הֶקֵּשׁ מַשָּׂאִי, מִשְׁפָּט מַשָּׂאִי (פיל׳) [ק/ב/283]

Schluß, konjunktiv-hypothetischer
הֶקֵּשׁ תְּלוּיֵי הַשְׁעָרָתִי (פיל׳) [ק/א/208]. הֶקֵּשׁ תְּנָאִי מְדֻבָּק, - מִתְדַּבֵּק

Schluß, logischer
הֶסֵּק (פיל׳) מַסְקָנָה הֶגְיוֹנִית

Schluss(es), Materie des ---> Materie des Schlusses

Schluß, mittelbarer ---> Syllogismus

Schluß, unmittelbarer
הֶקֵּשׁ בִּלְתִּי מָצוּעַ (פיל׳) הֶקֵּשׁ בִּלְתִּי אֶמְצָעִי, - שֶׁבּוֹ נִגְזָר יֶדַע חָדָשׁ מֵאֻקְדָּם אֶחָד בִּלְבַד, לְמָשָׁל: ״כָּל הַמִּסְפָּרִים הָרִאשׁוֹנִיִּים מִתְחַלְּקִים רַק בְּעַצְמָם וּבְאֶחָד״, לְפִיכָךְ ״אַף אֶחָד מִשְּׁנֵי מִסְפָּרִים רִאשׁוֹנִיִּים הַשּׁוֹנִים זֶה מִזֶּה אֵינוֹ מִתְחַלֵּק בִּשְׁנַיִם״

Schluß, unvollständiger
הֶקֵּשׁ מְקֻטָּע (פיל׳) [ק/א/207]

Schluß, verkürzter ---> Syllogismus, verkürzter

Schluß, vollständiger
הֶקֵּשׁ שָׁלֵם (פיל׳) [ק/א/208]

Schluß der Kontraposition
הֶקֵּשׁ הַהֶנְגֵּד (פיל׳) הֶקֵּשׁ הַמְבֻסָּס עַל נִגּוּד בֵּין מִשְׁפָּטִים

Schluß der Subordination [---> Unterordnungsschluß, bewahrheitender; Unterordnungsschluß, widerlegender]
הֶקֵּשׁ הַשִּׁעְבּוּד (פיל׳) הֶקֵּשׁ הַמְבֻסָּס עַל יַחַס הַשִּׁעְבּוּד בֵּין מִשְׁפָּט כְּלָלִי וְחִיּוּבִי A וּבֵין מִשְׁפָּט פְּרָטִי (פַּרְטִיקוּלָרִי) וְחִיּוּבִי I, אוֹ בֵּין מִשְׁפָּט כְּלָלִי וּשְׁלִילִי E וּבֵין מִשְׁפָּט פְּרָטִי וּשְׁלִילִי O

Schluß vom Leichten aufs Schwere *{a minori ad majus}*
הֶקֵּשׁ קַל וָחֹמֶר (פיל׳) הֶסֵּק קַל וָחֹמֶר, הַסָּקַת מַסְקָנָה מִן הַדָּבָר הַקַּל עַל הֶחָמוּר מִמֶּנּוּ

Schluß vom Leichten aufs Schwere und umgekehrt *{a fortiori}*
הֶקֵּשׁ קַל וָחֹמֶר דּוּ סִטְרִי (פיל׳) הֶסֵּק קַל וָחֹמֶר דּוּ סִטְרִי, דֶּרֶךְ עֲשִׂיָּה (מוֹדוּס) שֶׁל הֶקֵּשׁ אִזְרִי (פּוֹטֶנְצְיָאלִי) כְּגוֹן: ״A גָּדוֹל מִ-B״, ״B גָּדוֹל מִ-C״, לְפִיכָךְ: ״A גָּדוֹל מִ-C״, לְמָשָׁל: ״תֵּל-אָבִיב גְּדוֹלָה מֵחֵיפָה״, ״חֵיפָה גְּדוֹלָה מִיַּבְנֶה״, מִכָּךְ נוֹבֵעַ: ״תֵּל-אָבִיב גְּדוֹלָה מִיַּבְנֶה״

Schluß vom Subordinierenden auf das Subordinierte *{ad subordinatem}*
הֶקֵּשׁ מִן הַמְשַׁעְבֵּד עַל הַמְשֻׁעְבָּד (פיל׳) צוּרָה שֶׁל הַהֶקֵּשׁ הַבִּלְתִּי מָצוּעַ שֶׁבּוֹ מוּצֵאת מַסְקָנָה מִן הָאֱמֶת שֶׁל מִשְׁפָּט כְּלָלִי חִיּוּבִי עַל הָאֱמֶת

שֶׁל מִשְׁפָּט פְּרָטִי (פַּרְטִיקוּלָרִי) חִיּוּבִי, לְמָשָׁל: מִן ״לְכָל הַחַקְלָאִים יֵשׁ גַּנֵּי פֵּרוֹת״ (אֱמֶת) עַל ״לְחַקְלָאִים אֲחָדִים יֵשׁ גַּנֵּי פֵּרוֹת״ (אֱמֶת)

Schluß vom Subordinierten auf das Subordinierende *{ad subordinandem}*

הֶקֵּשׁ מִן הַמְּשֻׁעְבָּד עַל הַמְּשַׁעְבֵּד (פיל׳) צוּרָה שֶׁל הַהֶקֵּשׁ הַבִּלְתִּי מָצוּעַ שֶׁבּוֹ מוֹצֵאת מַסְקָנָה מִן הַשְּׁקָרוּת שֶׁל מִשְׁפָּט פְּרָטִי (פַּרְטִיקוּלָרִי) חִיּוּבִי עַל הַשְּׁקָרוּת שֶׁל מִשְׁפָּט כְּלָלִי חִיּוּבִי, לְמָשָׁל: מִן ״סוּסִים אֲחָדִים הֵם מַכְפִּילֵי פַּרְסָה״ (שֶׁקֶר) עַל ״כָּל הַסּוּסִים הֵם מַכְפִּילֵי פַּרְסָה״ (שֶׁקֶר)

Schluß vom Wirklichen auf das Mögliche *{ab esse ad posse valet - a posse ad esse non valet}*

הֶקֵּשׁ מִן הַמַּמָּשִׁי עַל הָאֶפְשָׁרִי (פיל׳) הֶסֵּק מִן הַמַּמָּשִׁי עַל הָאֶפְשָׁרִי, כְּלָל שֶׁל תּוֹרַת הַהִגָּיוֹן הַצּוּרָנִית (פוֹרְמָלִית) שֶׁעַל פִּיו אֶפְשָׁר לְהַסִּיק מַסְקָנָה מִן הַמַּמָּשִׁי עַל הָאֶפְשָׁרִי אַךְ לֹא לְהֵפֶךְ, לְמָשָׁל: ״מַתָּכוֹת מִתְפַּשְּׁטוֹת בְּחֹם״, ״חֵפֶץ זֶה מַתֶּכֶת הוּא״, לְפִיכָךְ ״סָבִיר שֶׁחֵפֶץ זֶה יִתְפַּשֵּׁט בְּחֹם״

Schluß von der Falschheit eines allgemein bejahenden Urteils A auf die Wahrheit eines partikulär bejahenden Urteils I ---> Widerspruchsschluß, bewahrheitender *{ad contradictoriam}*

Schluß von der Wahrheit eines allgemein bejahenden Urteils A auf die Falschheit eines allgemein verneinenden Urteils E ---> Widerspruchsschluß, widerlegender *{ad contrariam}*

Schluß ziehen, einen ---> ziehen, einen Schluß

Schlußabsatz

סֵיפָה (בלש׳, ספר׳) סֵיפָא, הַפִּסְקָה הָאַחֲרוֹנָה

Schlußfigur

תְּמוּנַת הַהֶקֵּשׁ (פיל׳) [ק/ד/207]

schlußfolgern *{inferieren}*

שָׁקַל (שׁוֹקֵל) (פיל׳) הִקִּישׁ (מַקִּישׁ), הִסִּיק (מַסִּיק), בָּא לִידֵי מַסְקָנָה, הָגָה דָּבָר מִתּוֹךְ דָּבָר, הוֹצִיא מַסְקָנָה

Schlußfolgern ---> Schlußfolgerung

Schlußfolgern, approximatives ---> Denken, ungefähres

Schlußfolgern, datengesteuertes [---> Vorwärtsverkettung]

שִׁקּוּל יָעוּד נְתוּנִים (פיל׳, מחש׳) שִׁקּוּל כִּוּוּן נְתוּנִים

Schlußfolgern, induktives

שִׁקּוּל אִכְלוּלִי (פיל׳, מחש׳) שִׁקּוּל אִינְדּוּקְטִיבִי

Schlußfolgern, ungefähres

שִׁקּוּל מְשֹׁעָר (פיל׳, מחש׳) שִׁקּוּל אֻמְדָּנִי

Schlußfolgern, zielgerichtetes

שִׁקּוּל יָעוּד מַטָּרָה (פיל׳, מחש׳) שִׁקּוּל כִּוּוּן מַטָּרָה

Schlußfolgerung *{Inferenz}* **[---> Denken, logisches]**

שִׁקּוּל (שִׁקּוּלִים) (פיל׳) [ק/ב/229]. הַסָּקָה (פְּעֻלָּה) הֶסֵּק (תּוֹצָאָה), הוֹצָאַת מַסְקָנָה, מַה שֶּׁיּוֹצֵא מִתּוֹךְ חֲקִירָה אוֹ עִיּוּן. תּוֹלָדָה (פיל׳) [ק/ד/181]. תּוֹלֶדֶת, מַסְקָנָה, סֵיפָה, הַמַּאֲמָר הַמִּתְחַיֵּב מֵהַקְדָּמַת הַהֶקֵּשׁ. נִמְשָׁךְ (פיל׳) [ק/ג/42]. קִשְׁיוֹן (פיל׳) [ק/ג/303]. רְדִיפָה (פיל׳) [ק/ד/24]. תּוֹלֶדֶת הַהֶקֵּשׁ. דִּיּוּק (פיל׳) [ק/א/136; 206]. הֶקֵּשׁ. הוֹלָדָה (פיל׳) [ק/א/163]. הַרְדָּפָה (פיל׳) [ק/א/213]. חִיּוּב [ק/א/285]. הֶכְרֵחַ, תּוֹלָדָה מֻכְרַחַת, תְּנַאי מֻכְרָח. יְצִיאָה (פיל׳) [ק/ב/46]. תּוֹצָאָה הֶגְיוֹנִית. מַחֲשָׁבָה (פיל׳) [ק/ב/186]

Schlußfolgerung, apagogische

הֶסֵּק הַרְתִּיעָה (פיל׳) [ק/ד/63] הֶקֵּשׁ הַרְתִּיעָה

Schlußfolgerung, richtige

הֶסֵּק אֲמִתִּי, - הֶגְיוֹנִי (פיל׳) [ק/א/207] הֶקֵּשׁ אֲמִתִּי, - הֶגְיוֹנִי

Schlußfolgerung, zwingende

הֶסֵּק הֶכְרֵחִי (פיל׳) [ק/א/207] הֶקֵּשׁ הֶכְרֵחִי

Schlußform

צוּרַת סִיּוּם

Schlußmahl vor dem Fasten

סְעוּדָה מַפְסֶקֶת (דת) [א״ת/ג/35]. הָאֲרוּחָה הָאַחֲרוֹנָה שֶׁלִּפְנֵי תַּעֲנִית

Schlußrede

חִתּוּם (ספר׳) [ק/א/337]. סוֹף הַדְּרוּשׁ

Schlußvermögen

כֹּחַ הַמֵּקִישׁ (פיל׳) [ק/ב/76]

Schlußsatz

מִשְׁפַּט הַסֵּיפָה (פיל׳) הַמִּשְׁפָּט הַשְּׁלִישִׁי שֶׁל הֶקֵּשׁ מָצוּעַ (סִילוֹגִיזְם) הַכּוֹלֵל אֶת הַמַּסְקָנָה הַמֻּסֶּקֶת מִשְּׁנֵי מִשְׁפָּטִים הֶחְלֵטִיִּים הַקּוֹדְמִים לוֹ

Schlußwort ---> Epilog

schmackhaft

עָרֵב (פסי׳, חזו׳) טָעִים, חִכָּנִי, בָּסִים (בְּסִימָה), נָעִים

Schmackhaftigkeit

חִכָּנוּת (פסי׳, חזו׳) [ר/א/272]. עֲרֵבוּת לַחֵךְ, טְעִימוּת

schmähen

חֵרֵף (מְחָרֵף), גִּדֵּף, נִאֵץ (מְנַאֵץ), שִׁקֵּץ, חֹרַף, גַּדֵּף, נָאַץ, עָלַב (עוֹלֵב), הֶעֱלִיב (מַעֲלִיב), הִכְלִים, בִּיֵּשׁ (מְבַיֵּשׁ), פָּגַע בִּכְבוֹדוֹ, הִתֵּל (מְהַתֵּל), פֵּרַת (מְפָרֵת), הֵטִיל דֹּפִי בְּ..., הִבְאִישׁ אֶת..., הִשְׁמִיץ

schmählich

מַשְׁפִּיל, מַחְפִּיר, מֵבִישׁ

Schmährede

דִּבְרֵי שִׂטְנָה [ק/ב/154]. מִדְרָס, דִּבּוּר בְּדֶרֶךְ בִּזָּיוֹן, נְאוּם שִׂטְנָה, דִּבְרֵי אֵיבָה

Schmähschrift

כְּתַב פְּלַסְתֵּר (ספר׳) כְּתַב הַשְׁמָצָה

Schmähung

חֵרוּף (חֵרוּפִים), גִּדּוּף, נִאוּץ, נְאָצָה, שִׁקּוּץ

Schmarotzer ---> Parasit

schmatzen

לִסְלֵס (מְלַסְלֵס), לָעַס בְּקוֹל רָם

Schmeißfliegen *{Calliphoridae}*

בּוֹהֲקָנִיִּים (זוא׳) מִשְׁפָּחָה שֶׁל זְבוּבִים

schmelzen

הִתִּיךְ (מַתִּיךְ) (טכנ׳) [א״ת/ב/304]. הֵמֵס לְנוֹזֵל, מָג, מוֹגֵג (מְמוֹגֵג), הִתְמוֹגֵג

Schmelzen

הַמְסָה, הֵמֵס (טכנ') [ק/א/178]. הַתָּכָה, הִתְמוֹגְגוּת

schmelzend

מַתִּךְ (טכנ') נָמֵס, נָמוֹג, מִתְמוֹגֵג

Schmelzepithelgeschwulst *{Adamantinom}*

שִׁנְבּוֹמֶת (רפו')

Schmelzgut

נִתֹּכֶת (נִתוֹכוֹת) (טכנ') הַחֹמֶר שֶׁהֻתַּךְ

Schmelzmittel

מֶתֶךְ (מְתָכִים) (טכנ') [דח"ט/92]. קְבוּצַת חֳמָרִים הַמְּשַׁמְּשִׁים לְהוֹרָדַת נְקֻדַּת הַהִתּוּךְ שֶׁל מַתָּכוֹת וְסַגְסוֹגוֹת שׁוֹנוֹת

Schmelzofen

כּוּר (כּוּרִים) (טכנ') [א"ח/א/91]. תַּנּוּר הִתּוּךְ

Schmelzpunkt

נְקֻדַּת הַהִתּוּךְ (טכנ')

Schmelzschnee

שְׁלוּגִית (שְׁלוּגִיּוֹת) (מטא')

Schmelztiegel

כּוּרִית (כּוּרִיּוֹת) (טכנ') כְּלִי קָטָן הַמְּשַׁמֵּשׁ לְהַתָּכָה

Schmelzwasserebene

מִישׁוֹר נַהֲרֵי קַרְחוֹן (גאו', י"א)

Schmelzwasserrinne

אֲפִיק מֵי הַקַּרְחוֹן (גאו', י"א) חָלָל צַר וּמְאֹרָךְ שֶׁנּוֹצַר עַל יְדֵי מֵי הַפְּשָׁרָה תַּת קַרְחוֹנִיִּים (סוּבְּגְלַצְיָלִיִּים)

Schmerfluß *{Seborrhoe}*

דַּהֶנֶת (רפו') [מר"ח/606]. הַפְרָשַׁת חֵלֶב חוֹלָנִית

schmerflußbezüglich *{seborrhoisch}*

דַּהֲנָתִי (רפו')

Schmerlen *{Cobitidae}*

בֵּינוֹנִיִּים (זוא') מִשְׁפָּחָה שֶׁל דְּגֵי גֶּרֶם

Schmerz

כְּאֵב (כְּאֵבִים) (פסי', רפו') [ר/א/311]. צַעַר גּוּפָנִי, מַחוֹשׁ, מַכְאוֹב, אִי עֹנֶג

Schmerz beim Koitus ---> Koitus, Schmerz beim

Schmerz lindern, den

שִׁכֵּךְ (מְשַׁכֵּךְ) כְּאֵבִים (רפו', פסי') [מר"ח/505]. אִלֵּם (מְאַלֵּם), חִפֵּף (מְחַפֵּף), הֵטִיב, הֵקֵל, הִרְגִּיעַ, הִשְׁקִיט כְּאֵב

Schmerzhaftigkeit *{Algesia}*

רְגִישׁוּת לִכְאֵב (רפו', פסי')

schmerzlindernd *{palliativ}*

מְשַׁכֵּךְ כְּאֵבִים (רפו', פסי') [מר"ח/505]. מְאַלֵּם, אִלּוּמִי, מְחַפֵּף, מַרְגִּיעַ, מֵקֵל

Schmerzlinderung *{Analgesie}*

שִׁכּוּךְ כְּאֵבִים (רפו', פסי') אִלּוּם, אַל כְּאֵב, שִׁכּוּךְ תְּחוּשַׁת הַכְּאֵב בְּהַכָּרָה מְלֵאָה

Schmerzlosigkeit ---> Schmerzunempfindlichkeit

Schmerzunempfindlichkeit *{Analgesie}*

אַל כְּאֵב (רפו', פסי') [ר/א/67]. אִי רְגִישׁוּת לִכְאֵב, אַנַלְגֶזְיָה, קֵהוּת לִכְאֵב

schmerzvoll

דָּווּי, בְּדָוַי

Schmetterlinge *{Lepidoptera}*

פַּרְפָּרָאִים (זוא') סִדְרָה שֶׁל חֲרָקִים

Schmetterlingshafte *{Ascalaphidae}*

אֲרִימְחוֹשִׁיִּים (זוא') מִשְׁפָּחָה שֶׁל חֲרָקִים

schmettern

הִמְתִּיךְ (מַמְתִּיךְ) (מוס') טִרְטֵר, הִרְעִים (מַרְעִים), הִשְׁמִיעַ צְלִיל מַתַּכְתִּי

Schmettern

הַמְתָּכָה (מוס') טִרְטוּר, הַרְעָמָה, הַשְׁמָעַת צְלִיל מַתַּכְתִּי

Schmied

נַפָּח (נַפָּחִים) (מלא') [א"ח/ב/300]. חָרַשׁ בַּרְזֶל

schmiedbarer Guß ---> Guß, schmiedbarer

schmiedbares Eisen ---> Schmiedeeisen

Schmiede

מַפָּחָה (מַפָּחוֹת) (טכנ') נַפָּחִיָּה

Schmiedeeisen

בַּרְזֶל חָשִׁיל (טכנ')

schmieden

חִשֵּׁל (מְחַשֵּׁל) (טכנ') [א"ח/ב/303]. חָשַׁל (חוֹשֵׁל), לִהֵט מַתֶּכֶת בְּחֹם וְהִקִּישׁ עָלֶיהָ

schmieden, in Gesenk

חִשֵּׁל (מְחַשֵּׁל) בִּטְבִיעָה (טכנ') עִצֵּב מַתֶּכֶת עַל יְדֵי שֶׁעִבֵּד אוֹתָהּ בְּאֶמְצָעוּת מַטְבַּעַת

schmieden, kalt

חִשֵּׁל (מְחַשֵּׁל) בְּצוֹנֵן (טכנ') חִשֵּׁל בְּקֹר

Schmiedezange

צְבָת שֶׁל נַפָּחִים (טכנ')

Schmiege

מַזְוִית (מַזְוִיּוֹת) (טכנ') מַכְשִׁיר עָשׂוּי שְׁנֵי סַרְגֵּלִים הַמִּסְתּוֹבְבִים עַל צִיר מְשֻׁתָּף

schmiegen

עִדֵּן (מְעַדֵּן) [א"ח/א/234]. עָשָׂה לְעָדִין, הִשְׁבִּיחַ

Schmierbüchse

קֻפְסַת סִיכָה (טכנ') גֻּבַּת סִיכָה

Schmiere [---> Schmiermittel]

בִּימַת קְרָנוֹת (תאט')

schmieren

סָךְ (טכנ', רפו') [מר"ח/427]. מִלֵּץ (מְמַלֵּץ), מָרַח בְּחֹמֶר סִיכָה, מָשַׁח (מוֹשֵׁחַ)

Schmierenschauspieler(in)

שַׂחְקַן קְרָנוֹת, שַׂחְקָנִית קְרָנוֹת (תאט')

Schmierkanne

אָסוּךְ (טכנ') אֲסוּךְ יָד

Schmiermittel

חֹמֶר סִיכָה (טכנ', רפו') מֶלֶץ, מִשְׁחָה

Schmierung

סִיכָה (טכנ', רפו') [מר"ח/427]. מִלּוּץ, מְרִיחָה בְּשֶׁמֶן, מְשִׁיחָה

Schmiervorrichtung

מְסוּכָה (טכנ') אָסוּךְ, מַכְשִׁיר סִיכָה

Schminke

אִפּוּר, פִּרְכּוּס, יִפּוּי

schminken

אִפֵּר (מְאַפֵּר) [א"ח/א/239]. פִּרְכֵּס (מְפַרְכֵּס), פָּקַס (פּוֹקֵס), גִּנְדֵּר, יִפָּה (מְיַפֶּה)

schminken, die Augenlider

כָּחַל (כּוֹחֵל) [א"ח/א/239]. כִּחֵל (מְכַחֵל), אִפֵּר אֶת רִיסֵי עֵינָיו בְּכֹחַל

Schminkgefäß

כְּלִי פּוּךְ (טכנ׳, ארכ׳) כְּלִי לְחֹמֶר אִפּוּר

Schminkmaske

מַסֵּכַת אִפּוּר, מַסֵּכָה שֶׁל פִּרְכּוּס

Schminktopf

אֲסוּךְ אִפּוּר (טכנ׳, ארכ׳)

Schmirgel

שָׁמִיר (טכנ׳) [דח״ט/165]. מֶחְצָב בַּעַל קַשְׁיוּת גְּבֹהָה מְאֹד הַמְּשַׁמֵּשׁ לַהֲכָנַת חָמְרֵי לִטּוּשׁ וְהַשְׁחָזָה

Schmirgelleinen

בַּד שָׁמִיר (טכנ׳)

schmirgeln

לְטַשׁ (לוֹטֵשׁ) בְּשָׁמִיר (טכנ׳) לִטֵּשׁ (מְלַטֵּשׁ) בְּשָׁמִיר

Schmirgelpapier

נְיַר שָׁמִיר (טכנ׳)

schmökern

הֵצִיץ בִּסְפָרִים (ספרנ׳)

Schmollen

הַרְעָמַת פָּנִים (פסי׳) הִזְדַּעֲפוּת, הַזְעָפָה, זְעִיפוּת, זַעֲפוּת, זַעֲפָה, הֶסְתֵּר פָּנִים

Schmuck

קִשּׁוּט (אסת׳) [ק/א/257]. נוֹי, זִיּוּן. תַּכְשִׁיט (תַּכְשִׁיטִים) (טכנ׳, אמנ׳) [א״ח/א/198]. עֲדִי (עֲדָיִים), קוֹזְמִין, קוֹזְמְרִין

Schmuckkörbchen *{Cosmos}*

קוֹסְמוֹס (בוט׳) צֶמַח מִמִּשְׁפַּחַת הַמֻּרְכָּבִים

schmücken [---> verzieren]

קִשֵּׁט (מְקַשֵּׁט) (אסת׳) [ק/א/258; א״ח/א/198]. יִפָּה, זִיֵּן, הִתְקַשֵּׁט, הִתְיַפָּה, נִתְנָאָה (מִתְנָאֶה), הִתְנָאָה, הִזְדַּיֵּן, נִזְדַּיֵּן, עִטֵּר (מְעַטֵּר)

Schmücken ---> Schmückung

Schmückung [---> Garnierung]

הִתְקַשְּׁטוּת (אסת׳) [ק/א/258]. הִתְיַפּוּת, הִזְדַּיְּנוּת, קִשּׁוּט, עִטּוּר

Schmuggelware

סְחוֹרָה מְבֻרַחַת (משפ׳)

Schmutz

זֻהֲמָה, לִכְלוּךְ, טִנֹּפֶת, חֶלְאָה

Schmutzgeier *{Neophron percnopterus}*

רָחָם (זוא׳) עוֹף מִמִּשְׁפַּחַת הַנְּצִיִּים

schmutzig

מְזֹהָם [א״ח/א/137]. מְטֻנָּף, צָאוּי, מְלֻכְלָךְ, טָנֵף, זָהוּם

Schmutztitel ---> Schutztitel

Schnabel

מַקּוֹר (זוא׳). לְחִי (לְחָיַיִם) (טכנ׳) כָּל אֶחָד מִשְּׁנֵי חֶלְקֵי הַכְּלִי הַנָּעִים זֶה לִקְרַאת זֶה כְּדֵי לֶאֱחֹז בְּדָבָר

Schnabel, beweglicher

לְחִי זְחִיחָה (טכנ׳) לְחִי שֶׁל כְּלִי שֶׁאֶפְשָׁר לַהֲזִיזָהּ לִקְרַאת הַלְּחִי הַשְּׁנִיָּה

Schnabel einer Kanne ---> Ausgießer

schnabelbezüglich *{rostral}*

מַקּוֹרִי (זוא׳)

Schnabelkanne

כַּד מְחֻרְטָם (טכנ׳, ארכ׳)

Schnabelwale *{Ziphiidae}*

זִיפְיוּסִיִּים (זוא׳) מִשְׁפָּחָה שֶׁל לִוְיָתָנָאִים

Schnäpper *{Muscicapidae}*

חֲטַפִּיּוֹת (זוא׳) מִשְׁפָּחָה שֶׁל צִפֳּרֵי שִׁיר

schnäuzen, die Nase ---> Nase

schnäuzen, die

Schnaken *{Tipulidae}*

טִיפּוּלִדִיִּים (זוא׳) מִשְׁפָּחָה שֶׁל יַתּוּשִׁים

Schnalle

אַבְזָם (אַבְזָמִים) (טכנ׳) הֶתְקֵן לְחִבּוּר קְצוֹת הַחֲגוֹרָה

schnalzen

מִצְפֵּץ (מְמַצְפֵּץ) (בלש׳) הִשְׁמִיעַ קוֹל כִּצְלִילֵי הַמְּצִיצָה אוֹ הַנְּשִׁיקָה

Schnalzlaut *{Klix}*

מִצְפּוּץ (בלש׳) [מ״ב/35]. קְלִיק, צְלִיל הַנּוֹצָר כְּשֶׁזְּרִימַת הָאֲוִיר הִיא מִן הַחוּץ לְתוֹךְ הַפֶּה, לְמָשָׁל: קוֹלוֹת מְצִיצָה

schnappen

קָלַט (קוֹלֵט) (רפו׳) שָׁאַף (שׁוֹאֵף)

Schnatterente *{Anas strepera}*

בַּרְוָז אָפֹר (זוא׳) עוֹף מִמִּשְׁפַּחַת הַבַּרְוָזִיִּים

schnauben

הִתְנַשֵּׁף (רפו׳) הִתְנַשֵּׁם, נִחֵר (מְנַחֵר), נִשֵּׁף (מְנַשֵּׁף), נָשַׁם בִּכְבֵדוּת, נִשֵּׁם (מְנַשֵּׁם) בְּחָזְקָה

Schnauben

הִתְנַשְּׁפוּת (רפו׳) הִתְנַשְּׁמוּת, נַחֲרָה (נְחָרוֹת), נְשִׁימָה כְּבֵדָה, נִשּׁוּף

Schnauze

זַרְבּוּבִית (זַרְבּוּבִיּוֹת) (זוא׳) [מר״ח/617;591]. פַּרְטוֹשׁ, חַרְטוֹם, הָאַף וְהַפֶּה שֶׁל בַּעַל חַיִּים, חֹטֶם

Schnauzennatter, Gekrönte *{Lytorhynchus diadema}*

נְחַשׁ חוֹלוֹת (זוא׳) זוֹחֵל מִמִּשְׁפַּחַת הַזַּעֲמָנִיִּים

Schnecken *{Gastropoda}*

חֶלְזוֹנוֹת (זוא׳) מַחְלָקָה בְּמַעֲרֶכֶת הָרַכִּיכוֹת

Schneckenbohrer

מַקְדֵּחַ חֶלְזוֹנִי (טכנ׳)

schneckenförmig

לוֹלְבִי (טכנ׳) [ק/ב/116]. מְעֻקָּם, בְּצוּרַת סְלִיל בֹּרֶג, חֶלְזוֹנִי

Schneckenbohne *{Phaseolus caracalla}*

שְׁעוּעִית הַחִלָּזוֹן (בוט׳) צֶמַח מִמִּשְׁפַּחַת הַפַּרְפְּרָנִיִּים

Schneckenklee *{Medicago}*

אַסְפֶּסֶת (בוט׳) צֶמַח מִמִּשְׁפַּחַת הַפַּרְפְּרָנִיִּים

Schneckenlinie

קַו חֶלְזוֹנִי (טכנ׳) [ק/א/304; ק/ג/274]. קַו עָקוּם כְּצוּרַת חִלָּזוֹן, קַו סְלִילָנִי, - לְלְיָנִי, - סְפִּירָלִי, - לוֹלְבִי, לְלְיָן

Schneckenrad

גַּלְגַּל חֶלְזוֹנִי (טכנ׳)

Schnee-auf-dem-Berge *{Euphorbia marginata}*

חֲלַבְלוּב מָלוּל (בוט׳) צֶמַח מִמִּשְׁפַּחַת הַחֲלַבְלוּבִיִּים

Schneeball

כַּדּוּר שֶׁלֶג (כַּדּוּרֵי שֶׁלֶג) (מטא׳) [א״ח/ב/153]. עִגּוּל שֶׁלֶג

Schneeball *{Viburnum}*

מוֹרָן (בוט׳) צֶמַח מִמִּשְׁפַּחַת הַיַּעְרָתִיִּים

Schneeballauswahl

דְּגִימַת כַּדּוּר הַשֶּׁלֶג (מ״ח, סטט׳) [מ״מ/210]. שִׁיטַת דְּגִימָה בִּלְתִּי הִסְתַּבְּרוּתִית שֶׁעַל פִּיהָ מְשַׁמְּשִׁים מְשָׁאֵי הַבְּדִיקָה כְּאֶמְצָעֵי לִיצִירַת קֶשֶׁר עִם מְשָׁאִים נוֹסָפִים הַשַּׁיָּכִים לַקְּבוּצָה הַנֶּחְקֶרֶת

Schneebeere *{Symphoricarpos}*
גְּבוּב פְּרִי (בוט׳) צֶמַח מִמִּשְׁפַּחַת הַיַּעֲרָתִיִּים

Schneedecke
מַעֲטֵה שֶׁלֶג (מטא׳)

Schneeflocken
פְּתוֹתֵי שֶׁלֶג (מטא׳) [יל״ט/164]. מִשְׁקָעִים הַיּוֹרְדִים בְּמַצָּב שֶׁל קְפִיאָה

schneefrei
עֲרוּי שֶׁלֶג (מטא׳)

schneefreies Gebiet ---> Gebiet, schneefreies

Schneegestöber ---> Schneesturm

Schneegrenze
גְּבוּל הַשֶּׁלֶג (מטא׳)

schneeig
שָׁלוּג (מטא׳)

Schneematsch
דַּיֶּסֶת שֶׁלֶג (מטא׳)

Schneemaus *{Microtus nivalis}*
נַבְרַן הַשֶּׁלֶג (זוא׳) יוֹנֵק מִמִּשְׁפַּחַת הַנַּבְרָנִיִּים

Schneeregen
גֶּשֶׁם שֶׁלֶג (מטא׳) [יל״ט/46]. מִשְׁקָעִים בְּצוּרַת תַּעֲרֹבֶת שֶׁל גֶּשֶׁם וְשֶׁלֶג

Schneesturm
סוּפַת שֶׁלֶג (מטא׳) [יל״ט/143]

Schneetreiben
טְרִיד שֶׁלֶג (מטא׳) [יל״ט/87]. טְרִידַת שֶׁלֶג, שֶׁלֶג נִטְרָד, עֲרֵמַת שֶׁלֶג עַל הָאֲדָמָה הַמִּתְעַרְבֶּלֶת עַל יְדֵי רוּחַ חֲזָקָה

Schneeverdichtung
הִתְיַשְּׁנוּת הַשֶּׁלֶג (מטא׳)

Schneewehe
צְבֵרַת שֶׁלֶג (מטא׳) [יל״ט/165]. עֲרֵמַת שֶׁלֶג שֶׁרוּחַ עֲרָמָה אוֹתָהּ

Schneide
חֲרָפָה (חֲרָפוֹת) (טכנ׳) חֹד

Schneide *{Cladium}* [---> Schärfe]
מַכְבֵּד (בוט׳) צֶמַח מִמִּשְׁפַּחַת הַגֹּמְאִיִּים

Schneidebrenner
מַבְעֵר חִתּוּךְ (טכנ׳)

Schneideisen
לוּחַ תַּבְרוּג (טכנ׳)

schneiden [---> ausschneiden]
חָתַךְ (חוֹתֵךְ) (טכנ׳, מתמ׳) [א״ח/א/13; ק/א/337; ק/ג/29]. גָּמַם, נִסֵּר. נֶחְתַּךְ, נִפְגַּשׁ קַו בְּקַו אַחֵר וְחוֹצֵהוּ, נָגַע שֶׁטַח בְּשֶׁטַח לְפָחוֹת בִּשְׁתֵּי נְקֻדּוֹת. הִתְחַתֵּךְ (מתמ׳) [ק/א/338; ק/ג/38]. נִכְרַת, הִצְטַלֵּב

schneiden, Schrauben ---> Schrauben, schneiden

Schneider(in)
חַיָּט (חַיָּטִים), חַיֶּטֶת (חַיָּטוֹת) (מלא׳) [א״ח/א/157]. תּוֹפֵר בְּגָדִים

Schneiderbüste
אִמּוּם שֶׁל חַיָּטִים (טכנ׳) [א״ח/א/159]. תַּבְנִית לְבֶגֶד, בֻּבַּת חַיָּטִים

Schneiderhandwerk
חַיָּטוּת (מלא׳) [א״ח/א/159]. מַעֲשֵׂה מַחַט

schneidern
תָּפַר (תּוֹפֵר) (טכנ׳) [א״ח/א/157]. חִיֵּט (מְחַיֵּט)

schnell
חָפוּז [ק/ב/156]. מָהִיר, הַפּוֹעֵל אוֹ נִפְעָל מַהֵר, זָרִיז. נָחוּץ [ק/ג/27]. בָּהוּל, נֶחְפָּז, רָהוּט

Schnellarbeitsstahl
פְּלָדָה מְהִירָה (טכנ׳) [דח״ט/140]. פְּלָדָה עֲתִירַת סַגְסֹגֶת הַנִּתֶּנֶת לְחִסּוּם עָמֹק

Schnelle ---> Stromschnelle

Schnellentbindung
לֵדָה דְּחוּקָה (רפו׳) [מר״ח/10]

Schneller ---> Pralltriller

Schnelligkeit
חַפְזוּת [ק/א/289]. חִישָׁה. מְהוֹר [ק/ב/155]. תְּכוּנַת הַמָּהִיר, זְרִיזוּת. מְהִירוּת [ק/ב/156]

Schnellkäfer *{Elateridae}*
נַתּוּזִיתִיִּים (זוא׳) מִשְׁפָּחָה שֶׁל חִפּוּשִׁיּוֹת

Schnellkraft
קְפִיצוּת (פיס׳) [ק/ג/292]. גְּמִישׁוּת, כְּפִיפוּת, נוֹצִיּוּת

Schnellverfahren
סֵדֶר דִּין מְקֻצָּר (משפ׳)

Schnepfenfliegen *{Rhagionidae}*
רַגְיוֹנִיִּים (זוא׳) מִשְׁפָּחָה שֶׁל זְבוּבִים

Schnepfenvögel *{Scolopacidae}*
חַרְטוֹמָנִיִּים (זוא׳) מִשְׁפָּחָה שֶׁל עוֹפוֹת מִסִּדְרַת הַחוֹפָמָאִים

Schnitt *{Sektion}*
חִתּוּךְ (רפו׳) שְׂרִיטָה, בְּקִיעָה, חֲתָךְ, חֲתָךְ. מַחְתָּךְ (מַחְתָּכִים) (טכנ׳)

Schnitt, goldener [---> Teilung, stetige]
חִתּוּךְ הַזָּהָב (אמנ׳) [ממ״ג/95]. חֲלֻקַּת קֶטַע לִשְׁנֵי חֲלָקִים בִּלְתִּי שָׁוִים שֶׁיַּחַס הַחֵלֶק הַקָּטָן לַגָּדוֹל הוּא כְּיַחַס הַחֵלֶק הַגָּדוֹל לְכָל הַקֶּטַע

Schnittpunkt
נְקֻדַּת חִתּוּךְ (מתמ׳) [ק/א/322]. נְקֻדַּת הַחֲצִיבוּת, נְקֻדָּה שֶׁבָּהּ שְׁנֵי קַוִּים נִפְגָּשִׁים זֶה בָּזֶה. חִתּוּךְ (מתמ׳) [ק/א/336]

Schnittstelle *{Interface}*
מִנְשָׁק (מחש׳) [דמ״א/56]. מִשָּׁק, יְחִידַת קִשּׁוּר בֵּין שְׁתֵּי מַעֲרָכוֹת מַחְשֵׁב אוֹ בֵּין שְׁתֵּי יְחִידוֹת שֶׁל אוֹתָהּ מַעֲרֶכֶת

Schnittstelle, parallele
מִנְשָׁק מַקְבִּיל (מחש׳) [דמ״א/77]. מִנְשָׁק בַּעַל אָפִיק הַמְּאַפְשֵׁר הַעֲבָרָה בּוֹ זְמַנִּית שֶׁל כָּל סִבְיוֹת הַנָּתוּן בֵּין הַמַּחְשֵׁב לַצִּיּוּד הַהֶקֵּפִי

Schnittstelle, serielle
מִנְשָׁק טוּרִי (מחש׳) [דמ״א/94]. מִנְשָׁק סִדְרָתִי, - לְהַעֲבָרַת נְתוּנִים בְּדֶרֶךְ שֶׁל סִבְיוֹת אַחַר סִבְיוֹת

Schnittwinkel
זָוִית הַחִתּוּךְ (מתמ׳)

Schnitzen
חֲטִיטָה (אמנ׳) [ק/א/282]. פִּסּוּל, חֲרִיתָה. תֹּאַר וְתַבְנִית

Schnupfen *{Rhinitis}*
נַזֶּלֶת (רפו׳)

Schnur
מְשִׁיחָה (מְשִׁיחוֹת) (טכנ׳) [א״ח/א/180]. חֶבֶל דַּק, שֶׁנֶץ (שְׁנָצִים, שְׁנָצוֹת), רְצוּעַת קְשִׁירָה

schnurbezüglich
חֶבְלִי, שֶׁל חֶבֶל

Schnurlot
אֲנָךְ מִשְׁקֹלֶת (טכנ׳)

Schnurrbart
שָׂפָם (שְׂפָמִים) [א״ח/א/194]

Schnurrhaar von Katzen
זִיפִים (זִיפֵי אַפַּיִם) (זוא׳) שְׂפַם הֶחָתוּל

Schock
הֶלֶם (רפו׳, פסי׳) [מר״ח/613]. נֶזַע, חֶבֶט, זַעֲזוּעַ, שׁוֹק

Schock, anaphylaktischer
נֶזַע נִגְשׁוֹנִי (רפו׳) הֶלֶם אֲנָפִילַקְטִי

schocken
הָלַם (הוֹלֵם) (רפו׳, פסי׳) נָזַע (מְנַזֵּעַ), הָמַם (הוֹמֵם), גָּרַם לְהֶלֶם, הֶהֱלִים (מַהֲלִים)

schockieren ---> schocken

schockierend
מַהֲלִים (רפו׳, פסי׳) מְנַזֵּעַ, הוֹלֵם, גּוֹרֵם הֶלֶם, הוֹמֵם

schockiert ---> geschockt

Schöffe ---> Geschworene(r)

Schöffengericht [---> Geschworenen, die]
מִשְׁפָּט עִם חֶבֶר מֻשְׁבָּעִים (משפ׳)

schön machen ---> schmücken

Schönen, Idee des
חֲשִׁבַת הַיָּפֶה (אסת׳) [ק/ב/44]. יֹפִי, מֻשָּׂג הַיֹּפִי

schöngeformter Mann ---> Mann, schöngeformter

Schönheit
יֹפִי (אסת׳) נוֹי, חֵן, יְפוּת, יָפְיוּת

Schönheit dienen, der
הִתְנָאוּת (אסת׳) [ק/א/240]. הַכָּרַת הַנָּאֶה, חִקּוּי הַנָּאֶה, הִשְׁתַּדְּלוּת לְהֵרָאוֹת נָאֶה

Schönheitspflege ---> Kosmetik

Schönheitspfleger(in) ---> Kosmetiker(in)

Schönranke *{Eccremocarpus scaber}*
תְּלָא פְּרִי מְחֻסְפָּס (בוט׳) צֶמַח מִמִּשְׁפַּחַת הַבִּיגְנוֹנִיִּים

schöpfen
דָּלָה (דּוֹלֶה) [א״ח/א/81]. שָׁאַב וְהֶעֱלָה

Schöpfer
בּוֹרֵא (דת) [ק/ב/176]. מְחַדֵּשׁ, כִּנּוּי לֵאלֹהִים. מְכוֹנֵן (דת) [ק/ב/197]. מַמְצִיא [ק/ב/210]. יוֹצֵר דָּבָר שֶׁעֲדַיִן לֹא הָיָה כָּמוֹתוֹ. עוֹשֶׂה (דת) [ק/ג/173]. פּוֹעֵל (דת) [ק/ג/201]

Schöpfer(s), Selbstbeschränkung des ---> Selbstbeschränkung des Schöpfers

Schöpfer als Festsetzer der Sonderart eines jeden Wesens, der
הַמְיַחֵד (דת) [ק/ב/190]. הַבּוֹרֵא, אֱלֹהִים הַקּוֹבֵעַ לְכָל נִבְרָא אֶת צוּרָתוֹ וּתְכוּנָתוֹ הַמְיֻחֶדֶת

schöpferische Phantasie ---> Phantasie, schöpferische

Schöpfkännchen
מַשְׁאוֹב (מַשְׁאוֹבִים) (טכנ׳, ארכ׳) פַּכִּית שְׁאִיבָה

Schöpfkelle
מַצֶּקֶת (מַצָּקוֹת) (טכנ׳, ארכ׳)

Schöpfung
בְּרִיאָה (מ״ט, פיל׳) [ק/א/95]. כְּלַל הַנִּבְרָאִים, הַטֶּבַע, תּוֹלָדָה. הַמְצָאָה (מ״ט, פיל׳) [ק/א/178]. הוֹצָאַת יֵשׁ מֵאַיִן. חִדּוּשׁ (מ״ט, פיל׳) [ק/א/272]. חִדּוּשׁ הָעוֹלָם, הִתְהַוּוּת

Schößling
גְּרוֹפִית (גְּרוֹפִיּוֹת) (חקל׳) [א״ח/ב/210]. עָנָף שֶׁל זַיִת אוֹ שֶׁל עֵץ אַחֵר לִשְׁתִילָה

Scholastik
אַסְכּוֹלָאוּת (דת, פיל׳) [רו/516]. סְכוֹלַסְטִיקָה, הַפִילוֹסוֹפְיָה שֶׁל יְמֵי הַבֵּינַיִם שֶׁבִּקְּשָׁה לְהוֹכִיחַ אֶת אֱמִתּוּת הָאֱמוּנָה הַנּוֹצְרִית

Scholastiker
אַסְכּוֹלָאִי (אַסְכּוֹלָאִים) (דת, פיל׳) [ק/ב/145]. מְדַבֵּר, חֲכַם הָאַסְכּוֹלָה

scholastisch
אַסְכּוֹלָאִי (דת, פיל׳) סְכוֹלַסְטִי

Scholle, abgesunkene
גּוּשׁ נָחוּת (גאו׳, י״א) חֵלֶק מִקְּרוּם הָאֲדָמָה שֶׁשָּׁקַע בְּשֶׁל הַפְרָעוֹת מִבְנִיּוֹת (טֶקְטוֹנִיּוֹת) בְּצִדּוֹ הָאֶחָד אוֹ בִּצְדָדִים אֲחָדִים שֶׁלּוֹ

Scholle, gehobene
גּוּשׁ נָסוּק (גאו׳, י״א) חֵלֶק מִקְּרוּם הָאֲדָמָה שֶׁמְּגֻבָּהּ בְּשֶׁל הַפְרָעוֹת מִבְנִיּוֹת (טֶקְטוֹנִיּוֹת) בְּצִדּוֹ הָאֶחָד אוֹ בִּצְדָדִים אֲחָדִים שֶׁלּוֹ

Schollengebirge
הָרֵי הֶעְתֵּק (גאו׳, י״א) הָרִים שֶׁנּוֹצְרוּ כְּתוֹצָאָה מֵהֶעְתֵּק, כְּלוֹמַר: מִתְּזוּזָה אֲנָכִית אוֹ אָפְקִית שֶׁל גּוּשֵׁי קְלִפַּת הָאֲדָמָה הַנִּהְיֵית כְּתוֹצָאָה מֵהַפְרָעוֹת מִבְנִיּוֹת (טֶקְטוֹנִיּוֹת)

schonen
חָס, חָמַל, רִחֵם

Schonung
חִיסָה, חַיִס, חֶמְלָה, רַחֲמִים

Schopf
צִיצָה (צִיצוֹת) (בוט׳, זוא׳) קְבוּצַת חָפִים צִבְעוֹנִיִּים הַמִּתְנַשְּׂאִים בְּרֹאשׁ תִּפְרַחַת; קְוֻצַּת שְׂעָרוֹת

Schopflavendel *{Lavandula stœchas}*
אֲזוֹבְיוֹן דָּגוּל (בוט׳) צֶמַח מִמִּשְׁפַּחַת הַשְּׂפָתָנִיִּים

Schopfstirnmotten *{Tischeriidae}*
בְּלוֹרִיתִיִּים (זוא׳) מִשְׁפָּחָה שֶׁל פַּרְפָּרָאִים

Schornstein
מַעֲשֵׁנָה (מַעֲשֵׁנוֹת) (ימא׳) אֲרֻבַּת הֶעָשָׁן

Schoß
חֵיק (חֵיקִים) (רפו׳) הֶחָלָל שֶׁבֵּין הַיְּרֵכַיִם וְשִׁפּוּלֵי הַבֶּטֶן הַמִּתְהַוֶּה בְּעֵת יְשִׁיבָה. יוֹנֶקֶת (יוֹנְקוֹת) (בוט׳) [א״ח/ב/210]. נֶטַע רַךְ

Schoß vom Baum
יִחוּר (יְחוּרִים) (חקל׳) [א״ח/ב/208]. עָנָף לִשְׁתִילָה אוֹ לְהַרְכָּבָה

Schotter
גְּרֹפֶת (גאו׳) שִׁבְרֵי אֲבָנִים שֶׁנִּגְרְפוּ, צְרוֹרוֹת

schräg
מְלֻכְסָן (מתמ׳) [ק/א/48]. אֲלַכְסוֹנִי, נָטוּי, מֻטֶּה, בְּזָוִית לֹא יְשָׁרָה בְּיַחַס לְכִוּוּן אוֹ לְמִישׁוֹר

כָּלְשֶׁהוּ

Schrägbild

הֲטָלָה מְשֻׁפַּעַת (מתמ') הֲטָלָה מְלֻכְסֶנֶת

schräge Bewegung ---> Bewegung, schräge

Schrägschrift *{Kursivschrift}*

אוֹת נְטוּיָה (אוֹתִיּוֹת נְטוּיוֹת) (דפו')

schraffieren

קִוְקֵו (מְקַוְקֵו) (טכנ', אמנ')

Schraffierung

קִוְקוּו (טכנ', אמנ')

Schramme

שָׂרֶטֶת (שָׂרָטוֹת)

Schranke ---> Barriere

Schranke ziehen

תָּחַם (תּוֹחֵם) גְּבוּל

Schranken fordern, jemanden in die

הִזְמִין אֶת (מִישֶׁהוּ) לְזִירַת הַקְּרָב

Schraube

בֹּרֶג (בְּרָגִים) (טכנ') [ק/ב/116]. לוֹלָב, גְּלִיל מַתֶּכֶת חָרוּק בַּחֲרִיצֵי תַּבְרֹגֶת

Schraube anziehen, eine

הִדֵּק (מְהַדֵּק) בֹּרֶג (טכנ')

Schraube lockern, eine

רִפָּה (מְרַפֶּה) בֹּרֶג (טכנ')

Schraube ohne Ende

בֹּרֶג חֶלְזוֹנִי (טכנ') חִלָּזוֹן (חֶלְזוֹנוֹת)

Schrauben schneiden

תִּבְרֵג (מְתַבְרֵג) (טכנ') גִּיֵּץ חֲרִיצִים סְלִילִיִּים בְּבֹרֶג

schraubenartige Windung ---> Windung, schraubenartige

Schraubenbewegung

תְּנוּעָה בָּרְגִית (מתמ')

Schraubenbohrer ---> Gewindebohrer

Schraubenbolzen

לוֹלַב בֹּרֶג (טכנ')

Schraubenfeder

קְפִיץ בָּרְגִי (טכנ')

schraubenförmig

בָּרְגִי (טכנ') בְּצוּרַת בֹּרֶג

Schraubengewinde

תַּבְרִיג (טכנ') תַּבְרֹגֶת

Schraubenheber

מַגְבֵּהַּ בָּרְגִי (טכנ') הֶתְקֵן לַהֲרָמַת מַשָּׂאוֹת

Schraubenlinie

קַו בָּרְגִי (טכנ')

Schraubenmutter

אֹם (אֻמִּים) (טכנ')

Schraubenpropeller

מַדְחֵף (מַדְחֲפִים) (טכנ', ימא')

Schraubenrad

גַּלְגַּל בָּרְגִי (טכנ') גַּלְגַּל לְלְיָנִי, - סְפִּירָלִי

Schraubenregelfläche *{Helikoid}*

מִשְׁטָח בָּרְגִי (מתמ')

Schraubenschiff

אֳנִיַּת מַדְחֵף (ימא')

Schraubenschlüssel, verstellbarer

מַפְתֵּחַ מִתְכַּוְנֵן (טכנ') מַפְתֵּחַ שֶׁאֶפְשָׁר לְהַתְאִימוֹ לְפִי הַצֹּרֶךְ לְהַשָּׂגַת רֶוַח רָצוּי

Schraubenwindung

צְפִירַת הַבֹּרֶג (טכנ') כְּרִיכַת הַבֹּרֶג

Schraubklemme

מַלְחֵץ בֹּרֶג (טכנ')

Schraubstock

מֶלְחָצַיִם (טכנ')

Schraubzwinge

מַלְחֶצֶת (מַלְחָצוֹת) (טכנ')

Schrecken

פַּחַד (פסי') [ר/א/278]. מַצָּב רִגּוּשִׁי לֹא נָעִים שֶׁנִּגְרָם עַל יְדֵי מַשֶּׁהוּ כָּלְשֶׁהוּ וְהַמְלֻוֶּה בִּתְחוּשׁוֹת חֲשָׁשָׁנוּת, אִי נוֹחוּת וּמְצוּקָה, בַּעַת, בְּעָתָה, אֵימָה, חֲרָדָה, בְּעוּת

Schrei

צְעָקָה, צְוָחָה, צְרָחָה, זְעָקָה, צְרִיחָה, הֶצְוֵחַ, צְוִיחָה, זַעַק

Schreiadler *{Aquila pomarina}*

עַיִט חֹרֶף (זוא') עוֹף מִמִּשְׁפַּחַת הַנְּצִיִּים

Schreiber(in)

לַבְלָר (לַבְלָרִים), לַבְלָרִית (לַבְלָרִיּוֹת) (מלא') [א"ח/ב/263]. פָּקִיד, פְּקִידָה, רַשָּׁם, מַזְכִּיר

Schreibfähigkeit, Verlust der ---> Agraphie

Schreibfehler

פְּלִיטַת קוּלְמוֹס, טָעוּת סוֹפֵר, שְׁגִיאַת לַבְלָר

Schreibhast

בְּהִילוּת הַכְּתִיבָה (פסי', רפו') כְּתִיבָה חֲפוּזָה

Schreibstörung *{Paragraphie; Dysgraphie}*

לְעוּת הַכְּתִיבָה (פסי', רפו') קְשָׁיִים בִּכְתִיבָה, פֶּרַע כְּתִיבָה, הַפְרָעַת כְּתִיבָה

schreibunfähig

עִוֵּעַ כְּתִיבָה (פסי', רפו') שֶׁאֵינוֹ יָכוֹל לִכְתֹּב

schreien

צָעַק (צוֹעֵק) (פסי', רפו') צָוַח (צוֹוֵחַ), זָעַק, צִוַּח (מְצַוֵּחַ), הִצְטַוֵּחַ (מִצְטַוֵּחַ), הִצְוִיחַ, צָרַח (צוֹרֵחַ), הִצְרִיחַ, צֵרַח (מְצָרֵחַ)

Schreien ---> Schrei

Schreiner ---> Tischler

Schriftart *{Font; Type}*

גּוֹפָן (גּוֹפָנִים) (דפו', מחש') [דמ"א/46]. מַעֲרֶכֶת אוֹתִיּוֹת וְסִימָנֵי דְּפוּס מִסּוּג מְסֻיָּם

Schriftausleger

פַּרְשָׁן כְּתָבִים (דת)

Schriftbarsch *{Serranellus scriba (Serranus scriba)}*

אוֹקוּנוּס מְסֻרְטָט (זוא') דָּג מִמִּשְׁפַּחַת הַדַּקָּרִיִּים (דְּגֵי גֶּרֶם)

Schriftfarn *{Ceterach}*

דַּנְדָּנָה (בוט') צֶמַח מִמִּשְׁפַּחַת הָאַסְפְּלֵנִיִּים

Schriftfeder

צִפֹּרֶן (צִפָּרְנֵי) כְּתוּב (טכנ', אמנ')

Schriftgelehrsamkeit

לוֹמְדוּת חָכְמָה (דת) לַמְדָּנוּת הַכְּתָבִים

Schriftgelehrter

תַּלְמִיד חָכָם (תַּלְמִידֵי חֲכָמִים) (דת) [א"ח/ב/31]. לַמְדָן כְּתָבִים

Schriftsteller(n), Rivalität zwischen

קִנְאַת סוֹפְרִים (ספר') [א"ח/ב/257]

Schriftstellerei
סוֹפְרוּת (ספר׳) סוֹפְרִיּוּת, אֻמָּנוּת חִבּוּר דִּבְרֵי סִפְרוּת

Schriftwerk
חִבּוּר (חִבּוּרִים) (ספר׳) [ק/א/268]. סֵפֶר, מַעֲשֵׂה יְדֵי מְחַבֵּר, כְּתִיבַת סֵפֶר

schrill *{strident}*
שְׁרְנוּקִי (רפו׳, מוס׳) [מר״ח/638]. שׁוֹרְקָנִי, צַרְחָנִי, שָׁרִיק

Schrillton *{Stridor; Stridulus}*
שְׁרְנוּק (רפו׳) [מר״ח/638]. קוֹל צְרִיחָה, שְׁרִיקָה, קוֹל חַד וְגָבֹהַּ הַנִּגְרָם כַּאֲשֶׁר הָאֲוִיר נִתְקָל בַּחֲסִימָה בִּקְנֵה הַנְּשִׁימָה

Schröpfer(in)
כַּסָּל, כַּסָּלִית (רפו׳) מִי שֶׁשָּׂם כּוֹסְלוֹת (כּוֹסוֹת רוּחַ)

Schröpfglas
כּוֹסֶלֶת (כּוֹסְלוֹת) (רפו׳) [מר״ח/216]. כּוֹס (כּוֹסוֹת) רוּחַ

Schröpfung
כִּסּוּל (רפו׳) שִׂימַת כּוֹסְלוֹת, - כּוֹסוֹת רוּחַ

schroten
גָּרַס (גּוֹרֵס) (טכנ׳, חקל׳) טָחַן טְחִינָה גַּסָּה

Schroten
גְּרִיסָה (טכנ׳, חקל׳) טְחִינָה גַּסָּה

Schrotmeißel
אִזְמֵל קוֹטֵעַ (טכנ׳)

Schrumpfung *{Involution}*
הִצְטַמְּקוּת (רפו׳) [מר״ח/403]. גִּיּוּל, הִתְגַּיְּלוּת, נִוּוּן

Schrumpfung betreffend, die
הִצְטַמְּקוּתִי (רפו׳) גִּיּוּלִי, נִוּוּנִי

Schub *{Charge}*
אַצְוָה (אֲצָווֹת), סִדְרָה שֶׁל דְּבָרִים דּוֹמִים הַמּוֹפִיעִים בְּאוֹתָהּ שָׁעָה. דַּחַף (דְּחָפִים). זִיחָה

Schuber
נַרְתִּיק (נַרְתִּיקִים), קֻפְסָה (קֻפְסָאוֹת)

Schubkraft
כֹּחַ גְּזִירָה (פיס׳)

Schublehre
מַדִּיד זָחִיחַ (טכנ׳)

Schubmittelpunkt
מֶרְכַּז הַגְּזִירָה (פיס׳)

Schubstange
טַלְטַל (טַלְטַלִּים) (טכנ׳) פֶּרֶק בִּמְכוֹנָה הַמְּחַבֵּר אֶת הַבֻּכְנָה עִם גַּל הָאַרְכֻּבָּה

Schüler(in) [---> Studierende(r)]
מִתְלַמֵּד (מִתְלַמְּדִים), מִתְלַמֶּדֶת (מִתְלַמְּדוֹת) (פדג׳) [ק/ב/319]. תַּלְמִיד, תַּלְמִידָה לוֹמֵד

schüren
חָתָה (חוֹתֶה) [א״ח/א/86]. גָּרַף גֶּחָלִים בּוֹעֲרוֹת

Schüren
חִתּוּי, גְּרִיפַת גֶּחָלִים בּוֹעֲרוֹת

Schüssel
צַלַּחַת (צַלָּחוֹת) (טכנ׳) [א״ח/א/106]. פִּנְכָּה (פִּנְכּוֹת), פִּנָּךְ, פִּנְכָּא (פִּנְכָּאוֹת), קְעָרָה (קְעָרוֹת)

Schüsselchen
צְלוֹחִית (צְלוֹחִיּוֹת) (טכנ׳) צַלַּחַת קְטַנָּה

Schüttelapparat
מְנַעֵר (טכנ׳) מַכְשִׁיר נִעוּר

Schüttelfrost
צְמַרְמֹרֶת (רפו׳) צִינָּה

schütteln
נִעְנַע (מְנַעְנֵעַ) [א״ח/א/156; א״ח/ג/8]. שִׁכְשֵׁךְ (מְשַׁכְשֵׁךְ), נִעֵר (מְנַעֵר), הִתְנַעְנַע (מִתְנַעְנֵעַ), הִשְׁתַּכְשֵׁךְ, טִלְטֵל, כִּרְכֵּשׁ (מְכַרְכֵּשׁ), הֵנִיד, הֵנִיעַ, נָד, כִּשְׁכֵּשׁ (מְכַשְׁכֵּשׁ)

Schütteln
נַעֲנוּעַ, מָנוֹד (שֶׁל הַגּוּף, - הָרֹאשׁ), נִעְנוּעַ, טִלְטוּל, הִטַּלְטְלוּת, הִתְנוֹעֲעוּת, שִׁכְשׁוּךְ, כִּשְׁכּוּשׁ, כִּרְכּוּשׁ, הֲנָעָה, נִעוּר

schütter ---> bröckelig

Schütterzone
אֵזוֹר רָעִישׁ (גאו׳) אֵזוֹר סֵיסְמִי, - הַמּוּעָד לִרְעִידוֹת אֲדָמָה

Schüttladung
מִטְעָן בִּנְשֹׁפֶךְ (ימא׳)

Schütze
קֶשֶׁת (אסט׳) [ק/ג/306]. שֵׁם אֶחָד מִשְּׁנֵים עָשָׂר הַמַּזָּלוֹת, קַשָּׁת, יוֹרֶה בְּקֶשֶׁת

schützend
מְגוֹנֵן

Schuhe anziehen
נָעַל (נוֹעֵל) [א״ח/א/160]. לָבַשׁ נַעַל, הִנְעִיל

Schuhmacher
סַנְדְּלָר (סַנְדְּלָרִים) (מלא׳) [א״ח/א/176]. רַצְעָן, אֻשְׁכָּף

Schuld
אַשְׁמָה (אֲשָׁמוֹת) (משפ׳, אתי׳) עָווֹן (עֲוֹנוֹת)

Schuld, Anerkenntnis einer ---> Schuldanerkenntnis

Schuld, öffentliche ---> Staatsschuld

Schuld leugnen, seine
כָּפַר (כּוֹפֵר) בָּאַשְׁמָה (משפ׳) טָעַן לְחַפּוּת

Schuld bestreiten, seine ---> Schuld leugnen, seine

Schuldanerkenntnis
הוֹדָאָה בְּחוֹב (משפ׳)

Schuldbefreiung [---> Entlastung]
זִכּוּי מֵחוֹב (משפ׳) הֶפְטֵר, זִכּוּי

schuldbelastet
אָשֵׁם (משפ׳, אתי׳) אַשְׁמָאִי, נֶאְשָׁם

schuldbelasteter Mensch
אַשְׁמַאי (אַשְׁמָאִים) (משפ׳, אתי׳) אָשֵׁם (אֲשֵׁמִים)

Schuldbewußtsein ---> Schuldgefühl

Schuldbilanz
מַאֲזַן הַחוֹבוֹת (כלכ׳)

Schuldenregelung
סִלּוּק חוֹבוֹת (כלכ׳)

Schuldforderung
תְּבִיעַת חוֹב (משפ׳, כלכ׳)

Schuldgefühl
הַרְגָּשַׁת אַשְׁמָה (פסי׳, אתי׳) [ר/א/102]. הַרְגָּשַׁת אִי נוֹחוּת וְיִסּוּרֵי מַצְפּוּן שֶׁל אָדָם הַיּוֹדֵעַ שֶׁהוּא מֵפֵר אֶת אַמּוֹת הַמִּדָּה הַמּוּסָרִיּוֹת

Schuldgefühl, Erweckung von
נְטִיעַת אַשְׁמָה (פסי׳, אתי׳) עֵרוּר הַרְגָּשַׁת אַשְׁמָה

schuldig bekennen, sich
הוֹדָה (מוֹדֶה) בְּאַשְׁמָה (משפ')

schuldig bekennen, sich nicht ---> Schuld leugnen, seine

Schuldigkeit
חוֹבָה (מ״ח) [ק/א/275]. הַמֻּטָּל עַל הָאָדָם לַעֲשׂוֹת, הִתְחַיְּבוּת, חִיּוּב, אַחֲרָיוּת

schuldlos
חַף (משפ', אתי) חַפִּיף, חַף מֵאַשְׁמָה, - מֵאָשָׁם, נְקִי מֵאַשְׁמָה, זַכַּאי

Schuldlosigkeit
חַפּוּת (משפ', אתי) [מר״ח/392]. חַפִּיפוּת, תֹּם לֵב, הֶעְדֵּר אַשְׁמָה, זַכָּאוּת

Schuldlosigkeitsvermutung
חֶזְקַת חַפּוּת (משפ', אתי)

Schuldner
לֹוֶה, לוֹוֶה (משפ', כלכ') מִי שֶׁלּוֹקֵחַ כֶּסֶף בְּהַלְוָאָה

schuldrechtliche Klage ---> Forderungsklage

Schuldübertragung
הַמְחָאַת חִיּוּב (כלכ', משפ')

Schuldverschreibung, ablösbare
אִגֶּרֶת חוֹב הַנִּתֶּנֶת לְפִדְיוֹן (כלכ', משפ') [אב״נ/17]. אִגֶּרֶת חוֹב פְּדוּיָה, - שֶׁמְּשֻׁלֶּמֶת עַל יְדֵי הַמַּנְפִּיק בְּמוֹעֵד הַפִּדְיוֹן

Schuldzertifikat
שְׁטַר חוֹב (כלכ', משפ')

Schule, Ausfall aus der ---> Ausfall aus der Schule

Schule, philosophische
זֶרֶם פִילוֹסוֹפִי (זְרָמִים פִילוֹסוֹפִיִּים) (פיל') [ק/א/249]. וַעֲדָה, וְעָדָה, אַסְכּוֹלָה, סִיעָה פִילוֹסוֹפִית. כַּת (דת, פיל') [ק/ב/105]. כִּתָּה מִכִּתּוֹת הַפִילוֹסוֹפִים, הַחוֹקְרִים, בַּעֲלֵי הַדָּת וכיו״ב. סִיעָה [ק/ג/100]. חֲבוּרָה, חֶבֶר, אִחוּד, שִׁתּוּף, אֲגֻדָּה, שִׁיטָה

Schulleistungsalter ---> Lernalter

Schullogik
הִגָּיוֹן לִמּוּדִי (פיל') [ק/א/156]

Schulschwänzen
הִשְׁתַּמְּטוּת מִן הַשִּׁעוּרִים (פדג', פסי')

Schulterblatt *{Scapula}*
עָתֵק (עֲתֵקִים) (רפו') [מר״ח/600]. עֶצֶם הַשֶּׁכֶם

schulterblattbezüglich
עֲתֵקִי (רפו') שֶׁל עֶצֶם הַשֶּׁכֶם

Schultereckgelenk *{Articulatio acromioclavicularis}*
מִפְרַק הַחִירוֹם (רפו') מִפְרַק שִׂיא הַכָּתֵף וְהַבְּרִיחַ

Schulterhöhe *{Akromion}*
חִירוֹם (חִירוֹמִים) (רפו') [מר״ח/14]. שִׂיא הַכָּתֵף

Schulversager
נוֹשֵׁר (נוֹשְׁרִים) (פדג', פסי')

Schulmethode
מַדְרִיךְ שֶׁל מְלַמְּדֵי דַּרְדְּקֵי (פדג')

Schundliteratur
סִפְרוּת קְלוֹקֶלֶת (ספר')

Schuppenflechte ---> Psoriasis

Schuppenkopf *{Cephalaria}*
שַׁלְמוֹן (בוט') צֶמַח מִמִּשְׁפַּחַת הַשַּׁלְמוֹנִיִּים

Schuppung, kleinförmige *{Pityriasis}*
[---> Schinnen]
חַסֶּפֶת (רפו') [מר״ח/534]. חַסְפָּנִית, דַּלֶּקֶת עוֹר קַשְׂקַשִּׂית

Schußrinne
תְּלָלָה (טכנ') תְּעָלָה בִּדְמוּת מַרְזֵב הַיּוֹרֶדֶת בְּשִׁפּוּעַ תָּלוּל

Schusterpalme *{Aspidistra}*
מָגִנִּית (בוט') צֶמַח מִמִּשְׁפַּחַת הַשּׁוֹשַׁנִּיִּים

Schutt [---> Verwitterungsschutt; Schutthalde]
שְׁפֹכֶת (גאו', י״א) שְׁפֹכֶת בְּלִית, מִצְבּוֹר שֶׁל שִׁבְרֵי סְלָעִים וּמַחְצָבִים. שֶׁפֶךְ (ארכ') שֶׁפֶךְ עִיִּים

Schuttablagerung ---> Geröllablagerung

Schutthalde [---> Schutt]
שְׁפִיעַ (שְׁפִיעִים) (גאו', י״א) שְׁפִיעַ בְּלִית, תֵּל שֶׁל שִׁבְרֵי סְלָעִים וּמַחְצָבִים

Schutz unterliegend, nicht dem ---> ungeschützt

Schutzdeckschiff
אֳנִיַּת מַחְסֶה (ימא')

Schutzfirnis ---> Firnis

Schutzhaft
מַעֲצַר מֶנַע (משפ') מַעֲצָר מוֹנֵעַ

Schutzhülle
כְּסוּת [ק/ב/99]. כִּסּוּי, מַעֲטֶה הֲגַנָּה, מְסֻכָּה (מְסֻכּוֹת)

Schutzmarke, eingetragene ---> Warenzeichen, eingetragenes

Schutztitel
שַׁעַר מָגֵן (ספרנ') שַׁעַר חֶלְקִי, דַּף שֶׁנִּכְרָךְ לִפְנֵי שַׁעַר הַסֵּפֶר

Schutzumschlag
עֲטִיפָה (ספרנ') עֲטִיפַת סֵפֶר

Schutzwirkung
גּוֹנְנוּת

Schutzzoll
מֶכֶס מָגֵן (מִכְסֵי מָגֵן) (כלכ', מדי')

Schwa, bewegliches *{Schwa mobile}*
שְׁוָא נָע (בלש') [מ״ב/206;135]. מְסַמֵּן תְּנוּעָה קְצָרָה בְּיוֹתֵר הַנִּמְשֶׁכֶת אֶל הַהֲבָרָה שֶׁאַחֲרֶיהָ, לְמָשָׁל: "מְמַדִּים"

Schwa, ruhendes *{Schwa quiescens}*
שְׁוָא נָח (בלש') [מ״ב/206;120]. שְׁוָא בְּסוֹף הַהֲבָרָה הַמְצַיֵּן חֹסֶר תְּנוּעָה, לְמָשָׁל: "מִלְחָמָה", "מִזְמוֹר"

Schwa, schwebendes *{Schwa medium}*
שְׁוָא מְרַחֵף (בלש') [מ״ב/205]. שְׁוָא בֵּינוֹנִי, - נָע בִּמְקוֹרוֹ הַנֶּהֱגֶה כִּשְׁוָא נָח מִפְּנֵי שֶׁהַתְּנוּעָה הַבָּאָה לְפָנָיו יְסוֹדָהּ עַל פִּי רֹב שְׁוָא נָע אוֹ חָטֵף (דִּינוֹ כְּדִין שְׁוָא נָע), לְמָשָׁל: "בִּשְׁבִיל" בִּמְקוֹם: *בְּשְׁבִיל

Schwa medium ---> Schwa, schwebendes

Schwa mobile ---> Schwa, bewegliches

Schwa quiescens ---> Schwa, ruhendes

schwach
חַלָּשׁ [ק/ג/138]. עָלוּל , חוֹלָנִי, חָסֵר, בְּחֹלֶשׁ.

נָח (בלש׳) [ק/ג/26]. כִּנּוּי לְאוֹת שֶׁאֵינָהּ בִּתְנוּעָה, רָפָה, בִּלְתִּי דָּגוּשׁ, - נָד

schwaches Verb ---> Verb, schwaches

Schwachlautigkeit

רִפְיוֹן (בלש׳) [ק/ד/48]. תְּכוּנַת הַשָּׁרָשִׁים הַחֲסֵרִים אוֹ הַנָּחִים

Schwachsein ---> Asthenie

Schwachsichtigkeit *{Amblyopia}*

כְּהִיּוֹן עֵינַיִם (רפו׳) כִּהָיוֹן, כֵּהָיוֹן, כַּהֲיוֹן עֵינַיִם, עַצְלוּת הָעַיִן, כְּהִיּוֹן מֵאִי שִׁמּוּשׁ

Schwachsichtigkeit, toxische

כְּהִיּוֹן מַרְעוֹלִי (רפו׳)

Schwachsinn *{Amentia; Oligophrenie}*
[---> Kretinismus]

שְׁטִיוֹן (פסי׳) [ר/א/65]. לְקוּת שֵׂכֶל, רִפְיוֹן שֵׂכֶל, הֶסְתֵּר בִּינָה, אֲמֶנְצִיָּה. שַׁטְיוּת (פסי׳) [ר/ב/538; מר״ח/493]. פִּגּוּר שִׂכְלִי קָשֶׁה, שׁוֹטוּת, שַׁטְיָנוּת, קְלִישׁוּת הַדֵּעָה

Schwachsinn(s), an der Grenze des

נֶחְשָׁל (פסי׳) [ר/א/122]. בַּעַל מִשְׂכָּל גְּבוּלִי, מִי שֶׁלּוֹקֶה בְּפִגּוּר שִׂכְלִי גְּבוּלִי

Schwachsinn, moralischer

שְׁטִיוֹן מוּסָרִי (פסי׳) טֵרוּף מוּסָרִי

Schwachsinn, Übergang zum

נֶחְשָׁלוּת (פסי׳) [ר/א/122]. מִשְׂכָּל גְּבוּלִי, פִּגּוּר שִׂכְלִי גְּבוּלִי

schwachsinnig [---> kretinisch]

שׁוֹטִי (פסי׳) קְלוּשׁ דֵּעָה, קָהוּי, מְטֻמְטָם

Schwachsinnige(r) [---> Kretin]

שׁוֹטֶה, שׁוֹטָה (פסי׳) [ר/ב/538]. בַּעַל פִּגּוּר שִׂכְלִי קָשֶׁה, אֱוִיל, אִוֶּלֶת

Schwad

צֶבֶת (צְבָתִים) (חקל׳) חֹפֶן שִׁבֳּלִים לִקְצִירָה

Schwaden *{Glyceria}*

מִתְקָה (בוט׳) צֶמַח מִמִּשְׁפַּחַת הַדְּגָנִיִּים

Schwäche

חֲלִישׁוּת [ק/א/305; א״ח/א/250]. תְּשִׁישׁוּת, חֲלִישָׁה, תְּשִׁישָׁה, תַּשּׁוּת, רִפְיוֹן. לֵאוּת [ק/ב/111]. חֹסֶר יְכֹלֶת, עֲיֵפוּת, חֹסֶר כֹּחַ, חֻלְשָׁה, אִי שְׁלֵמוּת

schwächen

הֶחֱלִישׁ (מַחֲלִישׁ), נֶחֱלַשׁ, הִתְחַלֵּשׁ, הֶחְלַשׁ, הִתִּישׁ (מַתִּישׁ), דִּלְדֵּל (מְדַלְדֵּל), תָּשַׁשׁ (תּוֹשֵׁשׁ), תַּשׁ, נִתְשַׁשׁ, תִּשֵּׁשׁ (מְתַשֵּׁשׁ)

schwächlich

חָלוּשׁ (פסי׳, רפו׳) [ק/א/303]. חֲסַר כֹּחַ, חוֹלָנִי, תָּשִׁישׁ, תָּשׁוּשׁ, חַלָּשׁ

schwächlicher Typus ---> Typus, schwächlicher

schwächliches Aussehen ---> Aussehen, schwächliches

Schwächung

נְחוּת (נְחוּתִים), הַחְלָשָׁה, הַדְלָלָה, עִמּוּם

Schwägerschaft ---> Verschwägerung

Schwämme *{Porifera}*

סְפוֹגִים (זוא׳)

schwängern

עִבֵּר (מְעַבֵּר) (רפו׳, זוא׳) גָּרַם הֵרָיוֹן, הִרְבִּיעַ (מַרְבִּיעַ)

Schwängerung

עִבּוּר (רפו׳, זוא׳) גְּרִימַת הֵרָיוֹן, הַרְבָּעָה

schwärmen ---> Verzückung geraten, in

Schwärmer *{Sphingidae}*

רַפְרָפִיִּים (זוא׳) מִשְׁפָּחָה שֶׁל פַּרְפָּרָאִים

Schwärmerei

שְׁטִיפוּת [ק/ד/90]. שְׁטִיפָה, לְהִיטוּת, אֲדִיקוּת בְּדָבָר-מָה, הִתְלַהֲבוּת, כְּפִיָּתִיּוּת, נִלְהָבוּת, הֲזָיָה, הַזְיָנוּת, הִזָּיוֹן

schwärmerisch

שָׁטוּף בְּ.../אַחַר..., לָהוּט, שׁוֹקֵק, נִלְהָב, אָחוּז תְּזָזִית, הֲזָיָתִי

schwärzen

הִשְׁחִיר (מַשְׁחִיר) [א״ח/א/239]. פִּחֵם (מְפַחֵם)

Schwätzer(in)

פַּטְפְּטָן, פַּטְפְּטָנִית, פַּטָּט, פַּטִּיט

Schwager

גִּיס (גִּיסִים) (מ״ח) אֲחִי הַבַּעַל אוֹ אֲחִי הָאִשָּׁה, בַּעַל הָאָחוֹת

Schwagerehe, Vollzug der

יִבּוּם (דת) נְשִׂיאַת אַלְמָנָה בְּלֹא בָּנִים עַל יְדֵי אֲחִי בַּעְלָהּ

Schwagerehe vollziehen, die

יִבֵּם (מְיַבֵּם) (דת) נָשָׂא אֶת אֵשֶׁת אָחִיו שֶׁמֵּת בְּלֹא בָּנִים

Schwalben *{Hirundinidae}*

סְנוּנִיתִיִּים (זוא׳) מִשְׁפָּחָה שֶׁל צִפֳּרֵי שִׁיר

Schwalbenschwänze *{Papilionidae}*

צִבְעוֹנִיִּים (זוא׳) מִשְׁפָּחָה שֶׁל פַּרְפָּרָאִים

Schwalbenschwanz *{Papilio machaon}*

זְנַב סְנוּנִית נָאֶה (זוא׳) חֶרֶק מִמִּשְׁפַּחַת הַצִּבְעוֹנִיִּים (פַּרְפָּרֵי יוֹם)

Schwamm

סְפוֹג (סְפוֹגִים) [א״ח/א/231]. אִסְפּוֹג, חֹמֶר נַקְבּוּבִי הַמְשַׁמֵּשׁ לְנִקּוּי

schwammartig

סְפוֹגִי, אִסְפּוֹגִי

Schwammgurke *{Luffa aegyptiaca}*

לוּפָה גְּלִילִית (בוט׳) צֶמַח מִמִּשְׁפַּחַת הַדְּלוּעִיִּים

Schwammspinner *{Lymantria dispar}*

טַוָּאִית הָאַלּוֹן (זוא׳) חֶרֶק מִמִּשְׁפַּחַת הַטַּוָּאִיתִיִּים (פַּרְפָּרָאִים)

Schwan *{Cygnus}*

בַּרְבּוּר (זוא׳) עוֹף מִמִּשְׁפַּחַת הַבַּרְבּוּרִיִּים

schwanger werden

הָרְתָה (הוֹרָה, הוֹרִית) (רפו׳, זוא׳) הִתְעַבְּרָה (מִתְעַבֶּרֶת), עֻבְּרָה, הֻרְבְּעָה (מֻרְבַּעַת), נִרְבְּעָה (נִרְבַּעַת)

Schwangere

אִשָּׁה הָרָה (רפו׳) מְעֻבֶּרֶת, עֻבָּרָה, עֻבֶּרֶת

Schwank ---> Burleske; Posse

Schwank aufführen, einen ---> Burleske aufführen, eine

schwanken [---> unschlüssig sein]

הִתְמַגְמֵג [ק/ב/158]. הִתְמוֹגֵג, הִשְׁתַּהָה בְּהַתְמָדָה, הֶהְפִּיךְ בִּקְבִיעוּת, הִתְנוֹדֵד, נָד, מָג, הִתְמוֹטֵט. שָׁהָה [ק/ד/77]. הִסֵּס, פִּקְפֵּק, הִתְלַבֵּט, לֹא הֶחְלִיט דָּבָר, חָכַךְ בְּדַעְתּוֹ, עִכֵּב לַעֲשׂוֹת. פִּנְפֵּן (מְפַנְפֵּן), הִתְפַּנְפֵּן [מר״ח/693].

פָּנָה פַּעַם עַל יָמִין וּפַעַם עַל שְׂמֹאל

Schwanken [---> Unschlüssigkeit]

מִגְמוּג [מר״ח/693]. פִּנְפּוּן, הִתְפּוֹנְנוּת, הִסּוּס, פְּסִיחָה עַל שְׁתֵּי הַסְּעִפִּים, מַצָּב שֶׁל אִי הַכְרָעָה לְכָאן אוֹ לְכָאן

schwankend [---> unschlüssig]

מִתְמַגְמֵג [ק/ב/319]. מִתְמוֹגֵג, מִתְפּוֹנֵן, מְהַסֵּס, מִזְדַּעְזֵעַ, חוֹרֵג מִן הַמִּסְגֶּרֶת הַקְּבוּעָה, נָלוֹז, סוֹטֶה מִן הַמַּסְלוּל, - מִן הַדֶּרֶךְ הַיְשָׁרָה, פָּתוּחַ לִתְנוּדָה, נָד, מָג

Schwankung *{Fluktuation}*

מוֹגְגוּת [מר״ח/304]. נִיּוּד, תְּנוּדָה, הִשְׁתַּנּוּת מַתְמֶדֶת, פְלוּקְטוּאַצְיָה, הִתְמַגְמְגוּת, הִתְמוֹגְגוּת

Schwankung der Aufmerksamkeit ---> Aufmerksamkeit, Schwankung der

Schwankungsbereich ---> Spannweite

schwanzbezüglich *{kaudal}*

זְנָבִי (זוא׳)

schwanzförmig

מְזֻנָּב (זוא׳) דְּמוּי זָנָב

schwanzlos

חָסוּךְ זָנָב (זוא׳)

Schwanzlurche *{Caudata}*

דוּחַיִּים בַּעֲלֵי זָנָב (זוא׳) סִדְרָה שֶׁל דוּחַיִּים

schwarze Galle ---> Galle, schwarze

Schwarzgrundel *{Gobius jozo (Gobius niger)}*

קְבַרְנוּן שְׁחֹר סְנַפִּיר (קְבַרְנוּן הַמְּכֻמֹּרֶת) (זוא׳) דָּג מִמִּשְׁפַּחַת הַקְּבַרְנוּנִיִּים (דְּגֵי גֶּרֶם)

Schwarzholzakazie *{Acacia melanoxylon}*

שִׁטָּה שְׁחוֹרַת הָעֵצָה (בוט׳) צֶמַח מִמִּשְׁפַּחַת הַמִּימוֹסִיִּים

Schwarzkehlchen *{Saxicola torquata}*

דּוּחַל שְׁחֹר גָּרוֹן (זוא׳) עוֹף מִמִּשְׁפַּחַת הַקִּיכְלִיִּים

Schwarzkiefer *{Pinus nigra}*

אֹרֶן שָׁחוֹר (בוט׳) צֶמַח מִמִּשְׁפַּחַת הָאָרְנִיִּים

Schwarzkiefer, Japanische *{Pinus thunbergiana (Pinus thunbergii)}*

אֹרֶן יַפָּנִי (בוט׳) צֶמַח מִמִּשְׁפַּחַת הָאָרְנִיִּים

Schwarzkopfmöwe *{Larus melanocephalus}*

שַׁחַף שְׁחֹר רֹאשׁ (זוא׳) עוֹף מִמִּשְׁפַּחַת הַשַּׁחֲפִיִּים

Schwarzkopfschleimfisch *{Blennius nigriceps}*

קַרְנוּן אַדְמוֹנִי (זוא׳) דָּג מִמִּשְׁפַּחַת הַקַּרְנוּנִיִּים (דְּגֵי גֶּרֶם)

Schwarzkümmel *{Nigella}*

קֶצַח (בוט׳) צֶמַח מִמִּשְׁפַּחַת הַנּוּרִיתִיִּים

Schwarzmilan *{Milvus migrans}*

דַּיָּה מְצוּיָה (זוא׳) דַּיָּה שְׁחֹרָה, עוֹף מִמִּשְׁפַּחַת הַנְּצִיִּים

Schwarznußbaum *{Juglans nigra}*

אֱגוֹז שָׁחוֹר (בוט׳) צֶמַח מִמִּשְׁפַּחַת הָאֱגוֹזִיִּים

Schwarzpappel *{Populus nigra}*

צַפְצָפָה שְׁחוֹרָה (בוט׳) צֶמַח מִמִּשְׁפַּחַת הָעַרְבָתִיִּים

Schwarzrückensteinschmätzer *{Oenanthe lugens}*

סַלְעִית לְבֶנֶת כָּנָף (זוא׳) עוֹף מִמִּשְׁפַּחַת הַקִּיכְלִיִּים

Schwarzschnabelsturmtaucher *{Puffinus puffinus}*

יַסְעוּר מָצוּי (זוא׳) עוֹף מִמִּשְׁפַּחַת הַיַּסְעוּרִיִּים

Schwarzschwanz *{Cercomela melanura}*

שְׁחֹר זָנָב (זוא׳) עוֹף מִמִּשְׁפַּחַת הַקִּיכְלִיִּים

Schwarzseherei ---> Pessimismus

Schwarzstorch *{Ciconia nigra}*

חֲסִידָה שְׁחֹרָה (זוא׳) עוֹף מִמִּשְׁפַּחַת הַחֲסִידָתִיִּים

Schwarzwerden vor den Augen *{Skotodinie}*

חֲשַׁכְשֹׁכֶת (רפו׳) [מר״ח/604]. סְחַרְחֹרֶת עִם חֶשְׁכּוֹן עֵינַיִם

Schwarzwucherhaut *{Acanthosis nigricans}*

קַצַּחַת (רפו׳) [מר״ח/9]

Schwarzwurzel *{Scorzonera}*

הַרְדּוּפְנִין (בוט׳) צֶמַח מִמִּשְׁפַּחַת הַמֻּרְכָּבִים

schwatzen

פִּטְפֵּט (מְפַטְפֵּט), פָּטַט, פִּטֵּט (מְפַטֵּט), גִּבֵּב (מְגַבֵּב) דְּבָרִים

Schwatzhaftigkeit ---> Redezwang

Schwatzsucht ---> Redezwang

Schweb ---> Schwebstoffe

Schwebe halten, in der

הִתְלָה (מַתְלֶה) (משפ׳) דָּחָה עַד לְהַכְרָעָה

Schwebe sein, in der ---> schwebend

schwebend

מְרַחֵף [ק/ב/177]. מְחוֹפֵף, מְרַפְרֵף. תָּלוּי וְעוֹמֵד (משפ׳) נִמְצָא בִּסְפֵק וְאֵינוֹ מֻכְרָע לְשׁוּם צַד, מֻתְלֶה, טָעוּן הַכְרָעָה

Schwebestoff der Suspension ---> Suspension, Schwebestoff der

Schwebezustand, Versetzung in einen

הַתְלָיָה (משפ׳) דְּחִיָּה עַד לְהַכְרָעָה

Schwebfliegen *{Syrphidae}*

רַחֲפָנִיִּים (זוא׳) מִשְׁפָּחָה שֶׁל זְבוּבִים

Schwebstoffe [---> Suspension, Schwebstoff der]

סְחֹפֶת (היד׳) חֹמֶר שֶׁנִּסְחַף, רְחֹפֶת, חֲלַקִיקֵי חֹמֶר מַחְצָבִי (מִינֶרָלִי) וְאוֹרְגָנִי (אוֹרְגָּנִי) הַמְּרַחֲפִים בְּמֵי נְהָרוֹת

Schwebung

פְּעָמָה, פַּעֲמָה (מוס׳) מֶשֶׁךְ זְמַן הַמְּשַׁמֵּשׁ יְחִידַת מְדִידָה בִּיצִירוֹת תְּנוּעִימִיּוֹת (מוּזִיקָלִיּוֹת) קִצְבִּיּוֹת, יְחִידַת הַהֲדִיָּה

Schwefel

גָּפְרִית (גּוֹפְרִית) (כימ׳) [דח״ט/42]. יְסוֹד אַל מַתַּכְתִּי פָּרִיךְ וְרַךְ שֶׁצִּבְעוֹ צָהֹב כָּתֹם וְהוּא נָפוֹץ בַּטֶּבַע בְּצוּרוֹת שׁוֹנוֹת

schwefeln

גִּפֵּר (מְגַפֵּר) [א״ח/א/154]. נָתַן גָּפְרִית, עִשֵּׁן, קִטֵּר בְּגָפְרִית

schweifen lassen, die Gedanken

הָפַךְ בְּמַחְשְׁבוֹתָיו [ק/ד/81]. שׁוֹטֵט (מְשׁוֹטֵט), תָּר, הִתְבּוֹנֵן, הִפְלִיג בְּהִרְהוּרִים, צִיֵּר

בְּמַחֲשַׁבְתּוֹ, הָגָה בְּ..., עִיֵּן, נִתְפַּס לְמַחֲשָׁבוֹת

schweigen

שָׁתַק (שׁוֹתֵק) [א״ח/ג/14]. דָּמַם (דּוֹמֵם), הֶחֱרִישׁ

Schweine, altweltliche *{Suidae}*

חֲזִירִיִּים (זוא׳) מִשְׁפָּחָה שֶׁל שְׁסוּעֵי פַּרְסָה

Schweinhai *{Oxynotus centrina}*

טְרִיזָן צְנִינִי (זוא׳) דָּג מִמִּשְׁפַּחַת הַטְּרִיזָנִיִּים (כְּרִישָׁאִים)

Schweiß *{Sudor}*

זֵעָה (רפו׳)

Schweißabsonderung, verminderte

נְשִׁיתַת הַזֵּעָה (רפו׳) חֹסֶר זֵעָה

schweißbar

רָתִיךְ (טכנ׳)

Schweißbarkeit

רְתִיכוּת (טכנ׳)

Schweißbläschen *{Sudamen (Sudamina)}*

זוּעִית (זוּעִיּוֹת) (רפו׳) [מר״ח/644]. בּוּעִית זֵעָה

Schweißbrenner

מַבְעֵר רִתּוּךְ (טכנ׳)

Schweißeisen

בַּרְזֶל רִתּוּךְ (טכנ׳)

schweißen

רִתֵּךְ (מְרַתֵּךְ) (טכנ׳)

Schweißen

רִתּוּךְ (טכנ׳)

Schweißer(in)

רַתָּךְ, רַתָּכִית (מלא׳)

Schweißerei

רַתָּכוּת (טכנ׳)

Schweißfriesel ---> Frieselausschlag

Schweißperle

נְטִיפַת רִתּוּךְ (טכנ׳)

Schweißstahl

פְּלָדַת רִתּוּךְ (טכנ׳)

schweißtreibend

מְיַזֵּעַ (רפו׳) גּוֹרֵם לְהַזָּעָה

Schwelgerei

לְהִיטָה (פסי׳) [ק/ב/114]. פְּרִיצוּת וּשְׁטִיפוּת בְּתַאֲווֹת, תְּשׁוּקָה עַזָּה

Schwelle

סַף (פסי׳, רפו׳) [ר/ב/488]. נְקֻדָּה עַל רֶצֶף הַגֵּרוּי שֶׁמִּמֶּנָּה וְאֵילָךְ נִתָּן לָחוּשׁ אֶת הַגֵּרוּי

Schwelle, absolute ---> Reizschwelle, unterste

schwellen

גָּאָה וְעָלָה, הִגְאָה (מַגְאֶה, לְהַגְאוֹת), הִגְדִּיל, הֶעֱצִים, הִגְבִּיר

Schwellen-

סִפִּי, שֶׁעַל סַף מְסֻיָּם, גְּבוּלִי, -סַף

Schwellenstrom

זֶרֶם סַף (פיס׳)

Schwellenwert ---> Reizschwelle

Schwellenwert liegend, über einem ---> überschwellig

Schwellenwertlogik

הֶגְיוֹן סַף (מחש׳) לוֹגִיקַת סַף

schwellfähig ---> erigibel

schwellig

בְּסַף, סִפִּי (פסי׳, רפו׳) [ר/ב/489]. שֶׁל סַף

Schwellton

צְלִיל גּוֹאֶה (מוס׳)

Schwellwert

סַף הַהַבְחָנָה (טכנ׳)

schwenken ---> schütteln

schwer sein

כָּבַד (כָּבֵד) (פיס׳) [ק/ב/61]. הָיָה מִשְׁקָלוֹ רַב, הָיָה כָּבֵד, הִכְבִּיד (מַכְבִּיד), הִכְבַּד (מִכְבָּד)

schwer zu...

קָשֶׁה לְ... [ק/ב/60]. כָּבֵד לְ..., שֶׁאֵינוֹ נִתָּן לַהֲבָנָה אוֹ לַעֲשִׂיָּה בְּנָקֵל

Schwerachse

צִיר מֶרְכָּזִי (טכנ׳)

Schwere ---> Schwerkraft

schwere Masse ---> Masse, schwere

Schwereanziehung

מְשִׁיכַת הַכֹּבֶד (פיס׳)

Schwerefeld

שְׂדֵה כֹּבֶד (פיס׳)

Schwerempfindung

תְּחוּשַׁת מִשְׁקָל (פסי׳, רפו׳)

Schwergut

מִטְעַן מִשְׁקָל (ימא׳) מִטְעָן לְפִי הַמִּשְׁקָל

Schwerkraft [---> Gravitation]

כֹּבֶד (כְּבָדִים) (פיס׳) [ק/ב/61]. מִשְׁקָל, הַכֹּחַ שֶׁבּוֹ גּוּף נִמְשָׁךְ אֶל כַּדּוּר הָאָרֶץ, סְגֻלַּת הַדָּבָר הַכָּבֵד. כְּבֵדוּת [ק/ב/62]. כָּבֵד (פיס׳) [ק/ב/60]

schwerkraftbedingt

כָּבְדִּי (כּוֹבְדִּי) (פיס׳) גְּבִידִי, גְּבִידָתִי, כְּבֵדִי

schwerlich

בְּקֹשִׁי, בְּסָפֵק

schwermütig ---> melancholisch

Schwermütige(r) ---> Melancholiker(in)

Schwermut ---> Melancholie

Schwerpunkt

מֶרְכַּז הַכֹּבֶד (פיס׳) [ק/ב/62]. מֶרְכַּז הַמָּסָה (מתמ׳) מֶרְכַּז הַמָּסוֹת

Schwert

חֶרֶב (חֲרָבוֹת) (צבא) [א״ח/ב/315]. סַיִף (סַיָּפִים)

Schwertlilie *{Iris}*

אִירוּס (בוט׳) צֶמַח מִמִּשְׁפַּחַת הָאִירוּסִיִּים

Schwertträger

סַיָּף (סַיָּפִים) (צבא) נוֹשֵׂא חֶרֶב

Schwertwal, Unechter *{Pseudorca crassidens}*

עַב שֵׁן קַטְלָנִי (זוא׳) יוֹנֵק מִמִּשְׁפַּחַת הַדּוֹלְפִינִיִּים (לִוְיָתָנָאִים)

Schwestergesellschaft

חֶבְרָה מְסֻנֶּפֶת (משפ׳) חֶבְרָה שְׁלוּבָה

Schwiegersohn

חָתָן (חֲתָנִים) (מ״ח, דת) בַּעַל הַבַּת

schwierige Frage ---> Frage, schwierige

Schwierigkeit

קֹשִׁי (קָשָׁיִים) [ק/ב/61]. כֹּבֶד (כְּבָדִים), חֻמְרָה. לְחִיצָה [ק/ב/118]. דְּחִיקָה, דֹּחַק, הֲעָקָה. לַחַץ [ק/ב/119]. סָפֵק [ק/ג/111]. שְׁאֵלָה קָשָׁה, בְּעָיָה חֲמוּרָה, קֻשְׁיָה מְסֻבֶּכֶת. קֶשֶׁר [ק/ג/304]

Schwierigkeiten lösen
יִשֵּׁב קֻשְׁיִים [ק/ג/79]. הִתִּיר, פָּתַר, פֵּרֵק, תֵּרֵץ, הֵסִיר

Schwimmbad
בְּרֵכַת שְׂחִיָּה (ספו׳) [מר״ח/648]. מִשְׂחִיָּה

Schwimmdock
מִבְדּוֹק צָף (ימא׳)

Schwimmebene
מִישׁוֹר צִיפָה (היד׳)

schwimmen
צָף (פיס׳) שָׁט, עָלָה עַל פְּנֵי הַנּוֹזֵל, נִשָּׂא עַל פְּנֵי הַמַּיִם. שָׂחָה (שׂוֹחֶה) (ספו׳)

Schwimmen *{Flotation}*
צִיפָה (פיס׳) עֲלִיָּה עַל פְּנֵי נוֹזֵל. שְׂחִיָּה (ספו׳) סְחוּי. צִיּוּף (היד׳)

Schwimmer
מָצוֹף (מְצוֹפִים) (טכנ׳, ימא׳). שַׂחְיָן (שַׂחְיָנִים) (ספו׳)

schwimmfähig
צִיפָנִי, בַּעַל כֹּשֶׁר צִיפָה

Schwimmfähigkeit
צִיפָנוּת, כֹּשֶׁר לָצוּף, צַיִף, כֹּשֶׁר הַהִנָּשְׂאוּת עַל פְּנֵי הַמַּיִם

Schwimmkäfer *{Dytiscidae}*
שַׂחְיָנִיתִיִּים (זוא׳) מִשְׁפָּחָה שֶׁל חִפּוּשִׁיּוֹת

Schwimmkrabbe, Blaue *{Callinectes sapidus}*
שַׁיָּט כָּחֹל (זוא׳) סַרְטָן מִמִּשְׁפַּחַת הַשַּׁיָּטִיִּים (סַרְטָנִים מַעֲשִׂירֵי רֶגֶל)

Schwimmkrabben *{Portunidae}*
שַׁיָּטִיִּים (זוא׳) מִשְׁפָּחָה בְּסִדְרַת סַרְטָנִים מַעֲשִׂירֵי רֶגֶל

Schwimmsand
חוֹל טוֹבְעָנִי (גאו׳)

Schwindel *{Vertigo}*
סְחַרְחֹרֶת (רפו׳) סִחְרוּר

schwinden
אָפֵס, אָזַל, הִצְטַמֵּק, חָדַל, נֶעְדַּר

Schwinden [---> Schwindung]
אֲפִיסָה [ק/א/65]. הֶעְדֵּר, שְׁלִילָה, בִּטּוּל, חֶסְרוֹן הַהֲוָיָה, אִי הֱיוֹת, אֲפִיסוּת, דְּעִיכָה, הִצְטַמְּקוּת, אֲזִילָה

Schwinden der Reaktion ---> Reaktion, Schwinden der

Schwindsucht *{Tabes}*
שַׁחֶפֶת (רפו׳) [מר״ח/655]. שַׁדֶּפֶת, שִׁדָּפוֹן, שַׁחֲפָנוּת

schwindsüchtig
שַׁחַפְתִּי (רפו׳) שַׁדַּפְתִּי, שַׁחֲפָנִי, שִׁדְּפוֹנִי, שַׁדְּפָנִי, מְשֻׁדָּף

Schwindsüchtige(r)
שַׁחַפְתָּן, שַׁחַפְתָּנִית (רפו׳) שַׁדַּפְתָּן, חוֹלֵה שַׁחֶפֶת, - שַׁדֶּפֶת, שַׁחֲפָן

Schwindung [---> Schwinden]
אָזְלָה (אָזְלַת-) [י״א/16]. אֶזֶל, חֹסֶר, אַזְלוּת

Schwinge [---> Getreidesieb]
אֶבְרָה (אֲבָרוֹת) (זוא׳) נוֹצָה אֲרֻכָּה

Schwingel *{Festuca}*
בֶּן אֶפֶר (בוט׳) צֶמַח מִמִּשְׁפַּחַת הַדְּגָנִיִּים

schwingen *{oszillieren}*
הִתְנוֹדֵד (מִתְנוֹדֵד) (פיס׳) [מר״ח/500]. תָּנַד (תּוֹנֵד), נִטְנֵט (מְנַטְנֵט), הִתְנַטְנֵט, הִתְנַדְנֵד, הֵנִיד, נָד

schwingen, sich in die Höhe
הִתְנוֹפֵף (מִתְנוֹפֵף), הִתְרוֹמֵם, הִתְנַשֵּׂא, אִבֵּר (מְאַבֵּר), פָּרַשׂ כְּנָפָיו לָעוּף, הֶאֱבִיר (מַאֲבִיר)

schwingend *{oszillierend}*
מִתְנוֹדֵד (פיס׳) תּוֹנֵד, בִּתְנוּדָה, נִטְנוּטִי, בְּנִטְנוּט, מִתְנַטְנֵט

Schwingung *{Oszillation}*
תְּנוּדָה (תְּנוּדוֹת) (פיס׳) [ק/ד/213; מר״ח/501]. נִטְנוּט, תְּנוּדָה מַחֲזוֹרִית, אוֹסְצִילַצְיָה, תְּנוּפָה, תְּנוּעַת הֵנָּה וָהֵנָּה, תֶּדֶר, שִׁעוּר הַשָּׁנוּת הַתּוֹפָעָה לִיחִידַת זְמַן

S c h w i n g u n g s b e w e g u n g *{Oszillationsbewegung}*
תְּנוּעָה תּוֹנֶדֶת (פיס׳) תְּנוּעַת נִטְנוּט, תְּנוּעָה נִטְנוּטִית

Schwingungsbreite ---> Amplitude

Schwingungsdauer
תְּקוּפַת הַתְּנוּדָה (פיס׳) זְמַן הַנִּטְנוּט

Schwingungserzeuger ---> Oszillator

Schwingungsmittelpunkt
מֶרְכַּז הַתְּנוּדָה (פיס׳)

Schwingungsverdichter ---> Vibrator

Schwirren
רְטִיטָה (פיס׳) רֶטֶט

Schwitzen
הֲזָעָה (רפו׳) תְּזוּעָה, פְּלִיטַת זֵעָה

schwören, falsch ---> Meineid leisten, einen

schwül
הָבִיל (מטא׳) חַם וְלַח

schwülstig
מְנֻפָּח (ספר׳) מְלִיצִי, מֻגְזָם, מְאֻמָּץ, מְגֻבָּב, נִמְלָץ, מְסֻרְבָּל

Schwulst
גִּבּוּב מְלִיצוֹת (ספר׳)

Schwund [---> Verminderung]
נְשִׁיתָה (רפו׳) אֲזִילָה, פְּסִיקַת הַזְּרִימָה, דְּעִיכָה. הִצְטַמְּקוּת

Schwung
תְּנוּפָה, מָעוֹף, הֶנֶף, מָעוּף, מְעוּף, דַּחַף, מֶרֶץ

Schwungfeder
קְפִיץ תְּנוּפָה (טכנ׳)

Schwungrad
גַּלְגַּל תְּנוּפָה (טכנ׳)

schwungvoll
בִּתְנוּפָה, בְּמָעוֹף, בְּהֶנֶף, בִּמְעוּף

sciolto
פָּרוּק (מוס׳) בִּפְרִיקוּת

Scolex ---> Bandwurmkopf

Se

Séance ---> Sitzung

Seborrhoe ---> Schmerfluß

seborrhoisch ---> schmerflußbezüglich

Sechseck *{Hexagon}*
מְשֻׁשֶּׁה (מְשֻׁשִּׁים) (מתמ׳) [ק/ב/305; מר״ח/351]. מְשֻׁשֶּׁת (מְשֻׁשָּׁתִים), מְצֻלָּע בַּעַל שֵׁשׁ צְלָעוֹת, מְשֻׁדָּשׁ

Sechsflach *{Hexaeder}*
שִׁשּׁוֹן (מתמ׳)

Sechzehntelnote
ט״זִית תָּו (מוס׳) חֵלֶק שִׁשָּׁה עָשָׂר שֶׁל תָּו

Sedativum ---> Beruhigungsmittel

Sedez
תַּבְנִית חֲצִי שְׁמִינִית (דפו׳) [ק/ד/179]. סֶדֶץ, כִּנּוּי לְגִלָּיוֹן נְיָר שֶׁגָּבְהוֹ עַד 15 סַנְטִימֶטְרִים

Sediment ---> Bodensatz

Sedimentation ---> Bodensatzbildung

Sedimentation, äolische ---> Windablagerung

See, auf hoher
בְּלֵב יָם (ימא׳)

See, durcheinanderlaufende *{Orkanwellen}*
יָם נוֹרָא (מטא׳)

See, gewaltige ---> See, schwere

See, glatte
יָם שָׁקֵט (מטא׳)

See, grobe
יָם גְּבַהּ גַּלִּים (מטא׳)

See, hohe
יָם סוֹעֵר (מטא׳)

See, leichtbewegte
יָם נוֹחַ (מטא׳)

See, mäßig bewegte
יָם גַּלִּי (מטא׳)

See, schwere
יָם זוֹעֵף (מטא׳)

See, sehr grobe
יָם רוֹגֵשׁ (מטא׳)

See, sehr hohe
יָם גּוֹעֵשׁ (מטא׳)

See, spiegelglatte
יָם דּוֹמֵם (מטא׳)

See stechen, in ---> auslaufen

Seeadler *{Haliaeetus albicilla}*
עֵיטָם לְבֶן זָנָב (זוא׳) עוֹף מִמִּשְׁפַּחַת הַנְּצִיִּים

Seebeben
רַעַשׁ תַּת יַמִּי (גאו׳) רְעִידַת אֲדָמָה שֶׁמּוֹקְדָהּ תַּת יַמִּי

Seebrise ---> Seewind

Seedattel ---> Steindattel

Seefahrzeug
אֳנִיַּת יָם (ימא׳) סְפִינַת יָם

Seefrosch *{Rana ridibunda}*
צְפַרְדֵּעַ הַנְּחָלִים (זוא׳) [מר״ח/573]. יַקְרוּר, דּוּחִי מִמִּשְׁפַּחַת הַצְּפַרְדְּעִיִּים

Seegang
מַצַּב הַיָּם (מטא׳, ימא׳)

Seegras *{Zostera}*
שְׂרוֹכִית (בוט׳) צֶמַח מִמִּשְׁפַּחַת הַשְּׂרוֹכִיתִיִּים

Seegurken *{Holothurioidea}*
מְלָפְפוֹנֵי יָם (זוא׳) מַחְלָקָה בְּמַעֲרֶכֶת קוֹוצֵי הָעוֹר

Seehasen *{Aplysiidae}*
אַרְנָב יַמִּיִּים (זוא׳) מִשְׁפָּחָה שֶׁל חֶלְזוֹנוֹת

Seehecht *{Merluccius merluccius}*
בַּקָּלָה יָם תִּיכוֹנִית (זוא׳) דָּג מִמִּשְׁפַּחַת הַבַּקָּלָאִיִּים (דְּגֵי גֶּרֶם)

Seeigel *{Echinoidea}*
קִפּוֹדֵי יָם (זוא׳) מַחְלָקָה בְּמַעֲרֶכֶת קוֹוצֵי הָעוֹר

Seeigel, Schwarzer *{Arbacia lixula}*
קִפּוֹדָן שָׁחֹר (זוא׳) בַּעַל חַיִּים מִמִּשְׁפַּחַת הַקִּפּוֹדָנִיִּים (קִפּוֹדֵי יָם)

Seejungfrau, mythische *{Sirene}*
סִירוֹנִית (סִירוֹנִיּוֹת) (אגח׳, דת) סִילוֹנִית, סִירֶנָה, יְצוּר אַגָּדָתִי שֶׁחֶצְיוֹ הָעֶלְיוֹן גּוּף אִשָּׁה וְחֶצְיוֹ הַתַּחְתּוֹן דָּג

Seekiefer *{Pinus halepensis}*
אֹרֶן יְרוּשָׁלַיִם (בוט׳) צֶמַח מִמִּשְׁפַּחַת הָאָרְנִיִּים

Seekuh, Indische *{Dugong dugon}*
תַּחַשׁ (זוא׳) יוֹנֵק יַמִּי מִמִּשְׁפַּחַת הַסִּירֵנוֹת

Seele
נֶפֶשׁ (נְפָשׁוֹת) (פסי׳) [ק/ג/57]. נֶפֶשׁ הָאָדָם. רוּחַ (פיל׳, פסי׳, דת) [ק/ד/25]. נְשָׁמָה. אוֹר (פיל׳) [ק/א/28]

Seele, animalische
נֶפֶשׁ חַיָּתִית (מ״ט, פסי׳) [ק/א/287]. נֶפֶשׁ חִיּוּנִית, - חַיָּה

Seele, von ganzer
בְּלֵב וָנֶפֶשׁ

seelenbessernd
מֵטִיב נֶפֶשׁ (דת, פסי׳)

Seelenblindheit
עִוָּעוֹן הָרְאִיָּה (פסי׳, רפו׳)

Seelenkraft

כֹּחוֹת הַנֶּפֶשׁ (פסי׳) [ק/ג/47]. הַחוּשִׁים הַנִּסְתָּרִים, הַהַרְגָּשׁוֹת הַנִּסְתָּרוֹת

Seelenkraft, bewegende
מֵנִיעַ (פסי׳) [ק/ב/217]. כֹּחַ מֵנִיעַ, כֹּחַ הַנֶּפֶשׁ שֶׁתַּפְקִידוֹ לְקָרֵב אֶת הַמּוֹעִיל וּלְדָחוֹת אֶת הַמַּזִּיק לַגּוּף

Seelenlehre ---> Psychologie

Seelenruhe ---> Ataraxie

Seelentaubheit
עִוְעוֹן הַשְּׁמִיעָה (פסי׳, רפו׳)

Seelenunsterblichkeit
הִשָּׁאֲרוּת הַנֶּפֶשׁ (דת) הַשְׁאָרַת הַנֶּפֶשׁ, הָאֱמוּנָה שֶׁלְּאַחַר מוֹת הָאָדָם נִפְרֶדֶת הַנֶּפֶשׁ (נְשָׁמָה) מִן הַגּוּף וְנִשְׁאֶרֶת לִחְיוֹת לָעַד

Seelenvermögen
כֹּחַ הַנֶּפֶשׁ (פסי׳) [ק/ב/76]. כֹּחַ נַפְשִׁי

Seelenverwandtschaft
קִרְבַת רוּחַ (פסי׳, פיל׳) [פ״ר/147]

seelenvoll
מָלֵא רֶגֶשׁ (פסי׳)

Seelenwanderung
גִּלְגּוּל נְשָׁמוֹת (דת) [ק/א/113]. גִּלְגּוּל. נְסִיחָה (דת) [ק/ג/46]. נְסִיחַת נְפָשׁוֹת. גִּלְגּוּל נְפָשׁוֹת (דת) [ק/א/192]. הֶעְתֵּק, הַעְתָּקָה

seelisch ---> psychisch

seelisch bedingt ---> psychogen

seelische Kraft ---> Kraft, seelische

Seemann
יַמַּאי (יַמָּאִים) (ימא׳) [א״ח/ב/338]. סַפָּן (סַפָּנִים), יוֹרֵד יָם (יוֹרְדֵי יָם)

Seemannschaft
יַמָּאוּת (ימא׳) סַפָּנוּת

Seemannskunst ---> Seemannschaft

Seenadel, Große *{Syngnathus acus}*
אַבּוּבוֹן מַחֲטִי (זוא׳) דָּג מִמִּשְׁפַּחַת הָאַבּוּבוֹנִיִּים (דְּגֵי גֶּרֶם)

Seenadelfische *{Syngnathidae}*
אַבּוּבוֹנִיִּים (זוא׳) מִשְׁפָּחָה שֶׁל דְּגֵי גֶּרֶם

Seenadelschnecken *{Cerithiidae}*
מִגְדָּלוֹנִיִּים (זוא׳) מִשְׁפָּחָה שֶׁל חֶלְזוֹנוֹת

Seeohr *{Haliotis lamellosa}*
אֹזֶן הַיָּם (זוא׳) בַּעַל חַיִּים מִמִּשְׁפַּחַת אֹזֶן יָמִיִּים (חֶלְזוֹנוֹת)

Seepapagei *{Euscarus cretensis (Sparisoma cretense)}*
תֻּכִּינוֹן יָם תִּיכוֹנִי (זוא׳) דָּג מִמִּשְׁפַּחַת הַתֻּכִּינוֹנִיִּים (דְּגֵי גֶּרֶם)

Seepferdchen, Kurzschnauziges *{Hippocampus antiquorum (Hippocampus hippocampus)}*
סוּסוֹן יָם יָם תִּיכוֹנִי (זוא׳) דָּג מִמִּשְׁפַּחַת הָאַבּוּבוֹנִיִּים (דְּגֵי גֶּרֶם)

Seepocken *{Balanomorpha}*
בַּלּוּטֵי הַיָּם (זוא׳) סַרְטָנִים יַמִּיִּים

Seeprovinz
מְדִינַת הַיָּם (מְדִינוֹת הַיָּם) (מדי׳, י״א) [א״ח/ב/354]. אֶרֶץ שֶׁמֵּעֵבֶר לַיָּם, אֵזוֹר הַמִּשְׁתָּרֵעַ עַל חוֹף הַיָּם

Seerecht
דִּינֵי יַמָּאוּת (משפ׳) מִשְׁפָּט יַמִּי

Seeregenpfeifer *{Charadrius alexandrinus}*
חוֹפְמִי אֲלֶכְּסַנְדְּרִי (זוא׳) עוֹף מִמִּשְׁפַּחַת הַחוֹפְמִיִּים

Seeschwalben *{Sternidae}*
שַׁחֲפִיתִיִּים (זוא׳) מִשְׁפָּחָה שֶׁל עוֹפוֹת מִסִּדְרַת הַחוֹפְמָאִים

Seespinne, Große *{Maia squinado}*
עַכּוּבִית יָם תִּיכוֹנִית (זוא׳) סַרְטָן מִמִּשְׁפַּחַת הָעַכּוּבִיתִיִּים (סַרְטָנִים מַעֲשִׂירֵי רֶגֶל)

Seespinnen *{Maiidae}*
עַכּוּבִיתִיִּים (זוא׳) מִשְׁפָּחָה בְּסִדְרַת סַרְטָנִים מַעֲשִׂירֵי רֶגֶל

Seesterne *{Asteroidea}*
כּוֹכְבֵי יָם (זוא׳) מַחְלָקָה בְּמַעֲרֶכֶת קוֹוצֵי הָעוֹר

Seetaucher *{Gaviidae}*
צוֹלְלָנִיִּים (זוא׳) מִשְׁפָּחָה שֶׁל עוֹפוֹת מִסִּדְרַת הַצּוֹלְלָנָאִים

Seewalzen ---> Seegurken

Seewind
רוּחַ יָם (מטא׳) [יל״ט/186]. רוּחַ הַנּוֹשֶׁבֶת בַּיּוֹם מִן הַיָּם לְעֵבֶר הַיַּבָּשָׁה

Seezunge *{Solea solea (Solea vulgaris)}*
סוֹלִית שְׁכִיחָה (זוא׳) דָּג מִמִּשְׁפַּחַת הַסּוֹלִיתִיִּים (דְּגֵי גֶּרֶם)

Seezungen *{Soleidae}*
סוֹלִיתִיִּים (זוא׳) מִשְׁפָּחָה שֶׁל דְּגֵי גֶּרֶם

Segel
מִפְרָשׂ (מִפְרָשִׂים) (ימא׳)

Segel, alle
תִּפְרֹשֶׂת (ימא׳) מַעֲרֶכֶת מִפְרָשִׂים

Segel setzen
הִפְרִישׂ (מַפְרִישׂ) (ימא׳) פָּרַשׂ (פּוֹרֵשׂ) מִפְרָשׂ

segeln ---> schiffen

segeln, vor dem Wind
שָׁט עִם הָרוּחַ (ימא׳) פָּלַס (פּוֹלֵס)

Segelschiff
מִפְרָשִׂית (מִפְרָשִׂיּוֹת) (ימא׳) מִפְרָשִׂיָּה, סְפִינַת מִפְרָשׂ, אֳנִיַּת מִפְרָשִׂים

Segeltuch
צַדְרָה (ימא׳) אֲרִיג מִפְרָשִׂים

Segge *{Carex}*
כָּרִיךְ (בוט׳) צֶמַח מִמִּשְׁפַּחַת הַגֻּמְאִיִּים

Segler *{Apodidae}*
סִיסִיִּים (זוא׳) מִשְׁפָּחָה שֶׁל עוֹפוֹת

Segment
פֶּלַח (פְּלָחִים) (מתמ׳) [ק/א/337; מר״ח/608]. מִקְטָע, חֲתִיכַת הָעִגֻּלָּה, תֶּלַח (תְּלָחִים), צוּרָה שֶׁגְּבוּלָהּ הָאֶחָד הוּא קֶשֶׁת וּגְבוּלָהּ הַשֵּׁנִי יֶתֶר הַקֶּשֶׁת, סֶגְמֶנְט. שֶׁבֶר הָעִגּוּל, עִגּוּל פָּגוּם (מתמ׳) [ק/ג/124;182]. קֶטַע עִגּוּל. עִקּוּם (מתמ׳) [ק/ג/164]. עֲקִמִימוּת (מתמ׳) [ק/ג/166]. קֶשֶׁת (מתמ׳) [ק/ג/305]. שֶׁבֶר הָעִגֻּלָּה (מתמ׳) [ק/ד/72]. בֶּתֶר (בְּתָרִים) (בלש׳) [מ״ב/200]

segmentär
פָּלוּחַ, מְפֻלָּח (מתמ׳) [מר״ח/608]. תָּלוּחַ, מְתֻלָּח

segmentärer Reflex ---> Reflex, segmentärer

segmental
פִּלְחִי (מתמ׳) תִּלְחִי, סֶגְמֶנְטָלִי

Segmentierung
פִּלּוּחַ, הַפְּלָחוּת (מתמ׳) [מר״ח/608]. תִּלּוּחַ, הִתַּלְּחוּת, פְּלִיחָה לִפְלָחִים. בִּתּוּר (בלש׳) [מ״ב/200]

Sehabstand
רֹחַק רְאִיָּה (רפו׳)

Sehbarkeit ---> Sichtbarkeit

Sehbereich ---> Gesichtsumfang

Sehen
רְאִיָּה (רפו׳) [ק/ד/11]. הַבָּטָה, רְאוּת

Sehen, direktes
רְאִיָּה יְשָׁרָה (פסי׳, רפו׳)

Sehen, indirektes
רְאִיָּה עֲקִיפָה (פסי׳, רפו׳)

Sehen, maschinelles
רְאִיָּה מְמֻחְשֶׁבֶת (פסי׳, מחש׳)

Sehen, mehrfarbiges
רְאִיָּה רַב צִבְעִית (פסי׳, רפו׳)

Sehen, stereoskopisches
רְאִיָּה בְּמִבְלָט (רפו׳, פסי׳) [ר/ב/623]. רְאִיָּה סְטֶרֵאוֹסְקוֹפִּית, - תְּלַת מְמַדִּית שֶׁנּוֹצֶרֶת בְּעִקָּר מִתּוֹךְ מִזּוּג שְׁנֵי הַמַּרְאוֹת הַשּׁוֹנִים בְּמִקְצָת בְּכָל רִשְׁתִּית שֶׁל עַיִן

sehend
פִּקֵּחַ (פִּקְחִים), פִּקַּחַת (פִּקְחוֹת) (רפו׳) רוֹאֶה בְּעֵינָיו, שֶׁאֵינוֹ עִוֵּר

Sehenswürdigkeit
שְׁכִיָּה (שְׁכִיּוֹת) (י״א) [י״א/543]. שְׂכִיַּת חֶמְדָּה, מַרְאֶה יָפֶה

Seherspruch
חִיּוּב הַכּוֹכָבִים (אסט׳) [ק/א/286]. גְּזֵרַת הַכּוֹכָבִים לְפִי הָאִצְטַגְנִינוּת

Sehfeld ---> Gesichtsfeld

Sehgeist
הָרוּחַ הָרוֹאָה (רפו׳, פיל׳) [ק/ד/27]

Sehgröße
גֹּדֶל נִרְאֶה (פסי׳)

Sehkraft ---> Sehvermögen

Sehne *{Tendo}*
גִּיד (גִּידִים) (רפו׳) [ק/ב/196; מר״ח/661]. מֵיתָר (מֵיתָרִים), חוּט הַמְקַשֵּׁר אֶת הַשְּׁרִירִים אֶל הָעֲצָמוֹת. יֶתֶר (יְתָרִים) (רפו׳) [ק/ב/58]

Sehne des Kreisbogens ---> Kreisbogen(s), Sehne des

sehnen, sich
נִכְסַף (נִכְסָף) (פסי׳) [ק/ב/99]. כָּסַף (כּוֹסֵף), הִתְאַוָּה (מִתְאַוֶּה). הִשְׁתּוֹקֵק (פסי׳) [ק/א/176]. הָמָה (הוֹמֶה), כָּמַהּ (כָּמֵהַּ), הִתְגַּעְגֵּעַ (מִתְגַּעְגֵּעַ)

Sehnervpapille
פְּטוֹטֶמֶת (פְּטוֹטָמוֹת) (רפו׳) [מר״ח/507]. פִּטְמַת עֲצַב הָרְאִיָּה

sehnig *{tendinös}*
גִּידִי (רפו׳)

Sehnsucht
גַּעְגּוּעִים (פסי׳) [ק/ב/98; א״ת/ב/20]. כִּסּוּף (כִּסּוּפִים), עֶרְגָּה. כֹּסֶף (פסי׳) [ק/ב/99]. אַחֲלָיוּת (פסי׳) [ק/א/37]. תְּשׁוּקָה וְחֵפֶץ. הִשְׁתּוֹקְקוּת, הִשְׁתּוֹקֵק (פסי׳) [ק/א/222]. חֵשֶׁק. כְּלוֹת הַנֶּפֶשׁ, - הָרוּחַ, - הַלֵּב (פסי׳) [ק/ב/88]. גַּעְגּוּעַ עַז

Sehraum
מֶרְחָב נִרְאֶה (פסי׳, פיס׳) [ר/ב/413]

Sehschärfe
רָאִי (רֹאִי) (רפו׳) חַדּוּת הָרְאִיָּה

Sehschwäche
יְעֵפוּת (רפו׳) [מר״ח/76]. עֲיֵפוּת הָרְאִיָּה

Sehvermögen
רְאוּת (רפו׳) [ק/ד/10]. חוּשׁ הָרְאוּת, כֹּחַ הָרְאִיָּה, חוּשׁ הָרְאִיָּה. רְאִיָּה (רפו׳) [ק/ד/11]

Sehvermögen bezüglich, auf das
רְאוּתִי (רפו׳) [ק/ב/274]. מַרְאִי, מַה שֶּׁמִּתְיַחֵס אֶל הַמַּרְאָה, - אֶל חוּשׁ הָרְאוּת

Seide *{Cuscuta}* **[---> Stoff, seidener]**
כְּשׁוּת (בוט׳) צֶמַח מִמִּשְׁפַּחַת הַחֲבַלְבָּלִיִּים

Seidenreiher *{Egretta garzetta}*
לְבָנִית קְטַנָּה (זוא׳) אַנְפַּת כֶּסֶף, עוֹף מִמִּשְׁפַּחַת הָאַנְפָתִיִּים

Seidenschwänze *{Bombycillidae}*
צִיצָנִיתִיִּים (זוא׳) מִשְׁפָּחָה שֶׁל צִפֳּרֵי שִׁיר

seiend
בַּעַל הֲוָיָה (פיל׳) [פ״ר/155]

Seiende, das
מַה שֶּׁהוֹוֶה (פיל׳) [פ״ר/154]. הֹוֶה (פיל׳) [ק/א/160]. מַה שֶּׁהוּא (שֶׁיֵּשׁ) וּמַה שֶּׁמִּתְהַוֶּה. הַמָּצוּי (פיל׳) [ק/ב/253]. מָצוּא, מְצוּאִי, קַיָּם, שֶׁיֶּשְׁנוֹ בִּמְצִיאוּת. מְצִיאוּתִי (פיל׳) [ק/ב/258]. מְצִיאָיִי, שֶׁל הַמְּצִיאוּת, מַתְאִים לַמְּצִיאוּת. מַגִּיעַ (פיל׳) [ק/ב/141]. הַנִּמְצָא בְּפֹעַל, הַיּוֹצֵא אֶל הַפֹּעַל. מְשֻׁלָּח (פיל׳) [ק/ב/295]. מַמָּשִׁי, מוּחָשִׁי. נִמְצָא (פיל׳) [ק/ג/41]. הוּא (פיל׳) [ק/א/159]

Seife
סַבּוֹן (כימ׳) חֹמֶר נִקּוּי עָשׂוּי מִמִּלְחֵי נַתְרָן אוֹ אַשְׁלְגָן שֶׁל חֻמְצוֹת שׁוּמָנִיּוֹת

Seife, pflanzliche
בֹּרִית (כימ׳) [א״ת/א/154]. סַבּוֹן הַמּוּפָק מִצְּמָחִים

Seifenbaum *{Sapindus saponaria}*
סַבּוֹנָן מְעֻנָּב (בוט׳) צֶמַח מִמִּשְׁפַּחַת הַסַּבּוֹנָנִיִּים

seihen [---> durchsieben]
סִנֵּן (מְסַנֵּן) [א״ת/ב/308]. הֶעֱבִיר נוֹזֵל דֶּרֶךְ מְחִצָּה נַקְבּוּבִית, זִקֵּק

Seiher [---> Sieb]
מְסַנֶּנֶת (מְסַנְּנוֹת) (טכנ׳) מִסְנֶנֶת, כְּלִי לְסִנּוּן נוֹזְלִים

Seil
חֶבֶל (חֲבָלִים) (טכנ׳). מֵיתָר [א״ת/א/7]. יֶתֶר (יְתָרִים), חֶבֶל הָאֹהֶל

Seil abwickeln, ein
סָתַר (סוֹתֵר) חֶבֶל (טכנ׳) סָתַר עֲבוֹת, פֵּרַק חֶבֶל

Seil aufwickeln, ein
כִּנֵּן (מְכַנֵּן) חֶבֶל (טכנ׳) כִּנֵּן עֲבוֹת, כָּרַךְ חֶבֶל

Sein, das *{Esse}*
הֲוָיָה (פיל׳) [ק/א/161; פ״ר/58]. הַמְּצִאוּת, עוֹלָם אוֹ טֶבַע אֵינְסוֹפִי וּמַמָּשִׁי הַקַּיָּם בְּלֹא תְּלוּת בַּתּוֹדָעָה. הֱיוֹת (פיל׳) [ק/א/170]. הַמְּצִיאוּת הַמֻּפְשֶׁטֶת, הִתְהַוּוּת. הֱיוֹתוּת (פיל׳) [ק/א/170]. יֵשׁוּת. מְצִיאוּת (פיל׳) [ק/ב/257]. מְצִיאָה, קַיָּמוּת, קִיּוּם, נִמְצָאוּת. הוּא (פיל׳) [ק/א/159]. בְּמוּבַן הַיֵּשׁ

Sein, geistiges *{Esse, formale}*
הֲוָיָה רוּחָנִית (פיל') [ק/א/329]. חֵרוּץ, כִּנּוּי לְרוּחָנִיּוּת, יֵשׁוּת כְּשֶׁלְּעַצְמָהּ, יֵשׁוּת בְּפֹעַל
sein, nicht
נֶחְדַּל (פיל') [ק/א/274]. נִפְסַק, חָדַל מִלִּהְיוֹת
Sein, reines ---> Sein, geistiges
Sein, sukzessives
יֵשׁוּת תְּכוּפָה (פיל')
Sein, unbedingtes
הֲוָיָה בִּלְתִּי מֻתְנֵית (פיל') [פ"ר/100]
Sein-Sollen, das
הָרָאוּי לִהְיוֹת
seinem Wesen nach ---> Wesen nach, seinem
Seinkönnen, das
אֶפְשָׁרוּת הַהֱיוֹת (פיל') [ק/א/170]
Seinsboden
בָּסִיס קִיּוּמִי (פיל')
Seite
צַד (צְדָדִים, צִדִּים) (מחמ') [ק/ג/225]. עֵבֶר, כָּתֵף, רוּחַ. פֵּאָה (מחמ') [ק/ג/180]. שֶׁטַח מִישׁוֹרִי שֶׁל גּוּף הַנְדָּסִי. בְּחִינָה, נְקֻדַּת רְאוּת, פָּן, הֶבֵּט, מוּבָן, פָּנֶה. צֶלַע (צְלָעוֹת) (מחמ') [ק/ג/248,247]. קַו מִקְוֵי הֶקֵּף הַמְּצֻלָּע, הַחֵלֶק שֶׁאֵינוֹ בָּאֶמְצַע. אֲגַף מִשְׁוָאָה, אֶחָד מִשְּׁנֵי צִדֵּי הַמִּשְׁוָאָה בְּאַלְגֶּבְּרָה. קָצֶה (מחמ') [ק/ג/293]. צֶלַע הַשֶּׁטַח
Seite, hintere ---> Hinterfront
Seite(n), parallele
צְלָעוֹת מַקְבִּילוֹת (מחמ') [ק/ג/248]. צְלָעוֹת נִכְחִיּוֹת
Seite wenden, nach der
צָדַד (צוֹדֵד) [א"ח/ג/17]. צִדֵּד (מְצַדֵּד), הִטָּה וְהֵסֵב לְצַד מְסֻיָּם, נָטָה לְצַד כָּלְשֶׁהוּ, הִצְדִּיד
Seitenansicht ---> Profil
Seitenbau
אֲגַף הַבִּנְיָן (אַגְפֵי הַבִּנְיָן) (אדר')
Seitenbewegung ---> Bewegung, schräge
Seitendruck
לַחַץ צִדִּי (פיס') [ק/ד/188]. לְחִיצָה דָּפְנִית
Seitenerosion
סְחִיפַת רֹחַב (היד', גאו') סְחִיפָה הַנִּגְרֶמֶת עַל יְדֵי זְרִימַת מַיִם פּוֹרֶצֶת אוֹ מֵי גֵּאוּת
Seitenfenster
אֶשְׁקָף (אֶשְׁקָפִים) (ימא')
Seitenfläche [---> Seite]
מִשְׁטָח צִדִּי (מחמ') מַעֲטֶפֶת צִדִּית
Seitengletscher
קַרְחוֹן יוּבַל (גאו', י"א)
Seitenhalbierende *{Mitteltransversale}*
תִּיכוֹן (מחמ') קַו תִּיכוֹן בִּמְשֻׁלָּשׁ
Seitenkulisse
קַלְעֵי הַצְּדָדִים (תאט')
Seitenpaar
מִפְתָּח (דפו', ספרנ') זוּג עַמּוּדִים שֶׁל דְּבַר דְּפוּס כָּרוּךְ הַנִּרְאִים יַחַד כְּשֶׁהוּא פָּתוּחַ
Seitenschiff
סְטְרָה (סְטְרָאוֹת) (אדר', דת) אוּלָם צְדָדִי בִּכְנֵסִיָּה
Seitenwechselverfahren *{Paging-Technik}*
דִּפְדּוּף (מחש') [דמ"א/76]
Seitenzählung *{Paginierung}*
מִסְפּוּר עַמּוּדִים (דפו', ספרנ') סִפְרוּר, צִיּוּן מִסְפָּרִים
seitlich *{lateral}*
צִדִּי, צְדָדִי, צִדָּנִי, לָטֶרָלִי, כְּלַפֵּי הַצַּד
Sekret des Auges ---> Auge(s), Sekret des
Sekretion [---> Absonderung]
הַפְרָשָׁה (רפו') תַּפְרוּשָׁה, תַּפְרִישׁ
Sekte
כַּת (כִּתּוֹת) (מדי', דת) [ק/ב/105]. קְבוּצָה שֶׁחֲבֵרֶיהָ מְאֻחָדִים בְּכֹחַ תּוֹשְׁקָפָה (אִידֵאוֹלוֹגְיָה) מְשֻׁתֶּפֶת. סִיעָה (סִיעוֹת) [ק/ג/100]. חֲבוּרָה, חֶבֶר, אִחוּד, שִׁתּוּף, אֲגֻדָּה, עֵדָה
Sektenanhang
בָּאֵי הַכַּת (מדי', דת) אַנְשֵׁי הַכַּת, חַבְרֵי הַכַּת, אֲדִיקוּת בְּכַת
Sektenspaltung
פִּלּוּג כִּתָּתִי (מדי', דת)
sektiererisch
כִּתָּתִי (מדי', דת) כִּתָּנִי, מִפְלַגְתִּי
Sektion ---> Schnitt
Sektor
מִגְזָר (מִגְזָרִים) [ק/א/336; מר"ח/607]. הַתְּמוּנָה הַחִתּוּכִית, מִתְלָת, גִּזְרָה (גְּזָרוֹת). חוֹתֵךְ (מחמ') [ק/א/338]
Sektor einer Plattenspur ---> Plattenspur, Sektor einer
sekundär
שְׁנִיּוֹנִי [ק/ד/142]. שֵׁנִי, שְׁנִיִּי, תִּנְיָנִי, סֶקוּנְדֶּרִי, מִמַּדְרֵגָה שְׁנִיָּה, מִשְׁנִי, שֵׁנִי בְּמַעֲלָה
Sekundäranalyse
נִתּוּחַ תִּנְיָנִי (מדע) [מ"מ/219]. נִתּוּחַ תִּנְיָנִי, - מִשְׁנִי, - נְתוּנִים לְצֹרֶךְ שׁוֹנֶה מִזֶּה שֶׁנֶּאֶסְפוּ בַּמָּקוֹר
sekundäre Schleife ---> Schleife, sekundäre
sekundäre Ursache ---> Ursache, sekundäre
Sekundärelement *{Akkumulatorzelle}*
תָּא צְבִירָה (פיס') תָּא חַשְׁמַלִּי הַנִּתָּן לִטְעִינָה מֵחָדָשׁ
sekundärer Krankheitsgewinn ---> Krankheitsgewinn, sekundärer
sekundärer Reiz ---> Reiz, indirekter
sekundäres Akzidens ---> Akzidens, sekundäres
Sekundärreaktion
תְּגוּבָה שְׁנִיּוֹנִית (מ"ט)
Sekundärspeicher
זִכָּרוֹן מִשְׁנִי (מחש') [דמ"א/93]. זִכָּרוֹן בַּמַּחְשֵׁב שֶׁאֵלָיו מֻעֲבָרִים הַנְּתוּנִים הַמְּעֻבָּדִים לִשְׁמִירָה וְלִגְבּוּי
sekundieren
תִּנְיֵן (מְתַנְיֵן) (מוס') שָׁר אוֹ נִגֵּן אֶת הַפַּרְטִית הַשְּׁנִיָּה
selbst

אֲפִלּוּ [ק/א/50]. וְאִם, אַפְעַלְפִּי

Selbst, das

הָעַצְמִי (פיל׳) [ק/ג/59]. נֶפֶשׁ, עֶצֶם, כִּנּוּי הַגּוּף הַחוֹזֵר. עִצּוּם (פיל׳) [ק/ג/153]. גּוּפוֹ שֶׁל דָּבָר, טִבְעוֹ שֶׁל הָעֶצֶם, טִיב, עִקָּר, מַהוּת, עַצְמוּת

Selbst, das gegenständliche fixe

הָעַצְמִי הַמַּשָּׂאִי וְהַמְּקֻבָּע (פיל׳) [פ״ר/165]. עַל פִּי הֶגֶל: שְׁלַב הַמְּצִיאוּתָנוּת (רֵאָלִיזְם) הָאֲדוּקָה (דּוֹגְמָטִית) שֶׁבּוֹ תּוֹפְסִים אֶת הָעֶצֶם כְּיֵשׁ מַשָּׂאִי קָשִׁיחַ שֶׁאֵין לַמַּחְשָׁבָה שׁוּם חֵלֶק בּוֹ

selbst, für sich

בִּשְׁבִילוֹ-הוּא (פיל׳) [פ״ר/97]

Selbst, idealisiertes [---> Ich-Ideal]

הֶתְמֵס עַצְמוֹ (פסי׳) [ר/ב/511]. תְּפִיסָתוֹ שֶׁל אָדָם כֵּיצַד הוּא הָיָה רוֹצֶה לִהְיוֹת

selbst, sich

נַפְשׁוֹ [ק/ג/59]. עַצְמוֹ, גּוּפוֹ, הוּא וְלֹא אַחֵר

selbst, von

מֵאֵלָיו [ק/ג/181,158]. מֵעַצְמוֹ, מִפְּאַת עַצְמוֹ, מִמֶּנּוּ עַצְמוֹ וְלֹא מֵאֲחֵרִים, בְּלֹא סִבָּה חִיצוֹנִית, כְּשֶׁהוּא לְעַצְמוֹ, בִּיסוֹדוֹ, לְגוּפוֹ, בְּכֹחַ עַצְמוֹ, לֹא עַל-יְדֵי דָּבָר הַבָּא מִן הַחוּץ. מִתְנוֹעֵעַ מִצִּדּוֹ [ק/ג/227]. כְּשֶׁלְּעַצְמוֹ

selbst beobachten, sich ---> beobachten, sich selbst

selbst bezogen, auf sich ---> ipsativ

selbst erkennen, sich ---> Einsicht haben

selbst genug sein, sich

מַסְפִּיק בְּעַצְמוּתוֹ [ק/ב/226]

selbst wenn

אֲפִלּוּ, אַף אִם

Selbstachtung

הַחֲשָׁבַת עַצְמוֹ (פסי׳) רָמוּת, הוֹקָרַת עַצְמוֹ

selbständig

עַצְמָאִי [ק/ב/164]. מוֹעִיל, בַּעַל עֵרֶךְ אוֹ בַּעַל מַשְׁמָעוּת בִּפְנֵי עַצְמוֹ, עוֹמֵד בִּרְשׁוּת עַצְמוֹ. עוֹמֵד בְּעַצְמוֹ [ק/ג/158]. בִּלְתִּי תָּלוּי. עַצְמִי [ק/ג/162]. שֶׁאֵינוֹ תָּלוּי בַּאֲחֵרִים

Selbständige(r)

עַצְמָאִי (עַצְמָאִים), עַצְמָאִית (עַצְמָאִיּוֹת) (כלכ׳)

Selbständige, das

יֵשׁ (פיל׳) [ק/ב/52]. מַאֲמַר הָעֶצֶם

selbständige Existenz ---> Existenz, selbständige

Selbstaktualisierung ---> Selbstverwirklichung

Selbstanalyse

נִתּוּחַ עַצְמִי, נִתְחוּן עַצְמוֹ (פסי׳) נִתּוּחַ עַצְמִי, - עַצְמוֹ

Selbstanklagewahn

רַעְיוֹן שָׁוְא שֶׁל הַרְשָׁעַת עַצְמוֹ (פסי׳)

Selbstanschauung

הִסְתַּכְּלוּת עַצְמִית (פיל׳, פסי׳) [פ״ר/86]

Selbstbefriedigung ---> Onanie

Selbstbehauptung

הִתְעַצְּמוּת (פסי׳) הַעֲצָמָה

Selbstbehauptungsinstinkt

יִצְרוֹן הַהִתְעַצְּמוּת (פסי׳) חוּשׁ הָעֲמִידוּת, אִינְסְטִינְקְט הַהַעֲצָמָה

Selbstbeherrschung

שְׁלִיטָה עַצְמִית (פסי׳, מ״ח) [ק/ב/63]. כִּבּוּשׁ, כְּבִישׁוּת, שִׁלְטוֹן בְּתַאֲווֹתָיו, הַכְנָעַת הַיֵּצֶר, הִנָּזְרוּת, כְּבִישַׁת עַצְמוֹ. הִתְאַפְּקוּת [ק/א/226]. סַבְלָנוּת, הַעֲבָרָה עַל מִדּוֹתָיו, פְּרִישׁוּת

Selbstbejahung

קַבָּלַת עַצְמוֹ (פסי׳) [ר/ב/511]. סִפּוּק עַצְמִי שֶׁל אָדָם מִכִּשְׁרוֹנוֹתָיו עַל אַף הַכָּרָתוֹ בְּמִגְבְּלוֹתֵיהֶם

Selbstbeobachtung *{Introspektion}*

תִּשְׁקוּף (פסי׳, מ״ח) [ר/ב/588]. צְפִיָּה פְּנִימָה, הִתְבּוֹנְנוּת עַצְמִית, נִתּוּחַ נוֹשְׂאִי (סוּבְּיֶקְטִיבִי) וּצְפִיָּה שִׁיטָתִית שֶׁל חוֹקֵר בְּהִתְנַהֲגוּתוֹ הוּא, בְּדִיקָה עַצְמִית שֶׁל חֲוָיוֹת שִׂכְלִיּוֹת, אִינְטְרוֹסְפֶּקְצְיָה. חֶשְׁבּוֹן הַנֶּפֶשׁ (פסי׳, אתי׳) [ק/א/332]. חֶשְׁבּוֹן הָאָדָם עִם נַפְשׁוֹ מִבְּחִינַת הַמּוּסָר וְהַמַּצְפּוּן, בִּקֹּרֶת עַצְמִית, הִסְתַּכְּלוּת עַצְמִית

Selbstbeschränkung des Schöpfers

צִמְצוּם אֱלֹהִי (דת) [ק/ג/251]. עַל פִּי הַקַּבָּלָה: הַגְבָּלָה שֶׁהִגְבִּיל אֱלֹהִים אֶת עַצְמוֹ כְּדֵי לְפַנּוֹת מָקוֹם לְצֹרֶךְ בְּרִיאַת הָעוֹלָם

Selbstbesserung

הֲטָבָה עַצְמִית

Selbstbestimmung

הַגְדָּרָה עַצְמִית (משפ׳, מדי׳)

Selbstbestimmungsrecht

זְכוּת הַגְדָּרָה עַצְמִית (משפ׳, מדי׳) עֶקְרוֹן יְסוֹד בְּחֹק הַבֵּינְלְאֻמִּי הַמַּבְטִיחַ אֶת זְכוּת הָעַמִּים לְהַחְלִיט עַל מַעֲמָדָם הַמְּדִינִי בְּלֹא הִתְעָרְבוּת מִן הַחוּץ

Selbstbetrug ---> Selbsttäuschung

Selbstbewegung ---> Automatismus

selbstbewußt

תָּדֵעַ, תְּדֵעָה (פסי׳) חֲדוּר תּוֹדַעַת עַצְמוֹ, דַּעְתָּנִי, מוּדָע לְעַצְמוֹ

selbstbewußter Geist ---> Geist, selbstbewußter

selbstbewußter Mensch ---> Mensch, selbstbewußter

Selbstbewußtsein

תּוֹדָעָה עַצְמִית (פסי׳) [ק/ב/28]. יְדִיעַת עַצְמוֹ, יְדִיעַת הָעֶצֶם, יֶדַע עַצְמִי, הַכָּרָה עַצְמִית, הַעֲרָכַת עַצְמוֹ, הַחֲשָׁבַת עַצְמוֹ, כָּשְׁרוֹ שֶׁל הָאָדָם לִקְבֹּעַ אֶת מְקוֹמוֹ בָּעוֹלָם וְאֶת קְשָׁרָיו עִם בְּנֵי אָדָם אֲחֵרִים וְעִם הַטֶּבַע, לְהַעֲרִיךְ אֶת רְגָשׁוֹתָיו, רְצוֹנוֹתָיו, תַּעֲלָיו (הָאִינְטֶרֶסִים שֶׁלּוֹ) וְכַוָּנוֹתָיו, וְעַל בָּסִיס זֶה לְהִתְווֹת אֶת מַטְּרוֹתָיו וְאֶת תַּפְקִידָיו וּלְמַמְּשָׁם

Selbstbezichtigung

הַפְלָלָה עַצְמִית (משפ׳)

selbstbezogen

מְכֻוָּן לְעַצְמוֹ (פסי׳) מְכֻוָּן כְּלַפֵּי עַצְמוֹ

Selbstbezogenheit

מְכֻוָּנוּת לְעַצְמוֹ (פסי׳) מְכֻוָּנוּת כְּלַפֵּי עַצְמוֹ

Selbstbild

מֻשָּׂג עַצְמוֹ (פסי׳) [ר/ב/511]. דְּמוּת עַצְמוֹ, תַּדְמִית עַצְמוֹ, מִכְלוֹל הַשְׁקָפוֹתָיו שֶׁל אָדָם מְסֻיָּם עַל עַצְמוֹ, הָעַצְמִי, עַצְמִי, עַצְמוֹ, הָאֲנִי שֶׁנִּהְיָה מוּדָע לְעַצְמוֹ, גִּישַׁת הַפְּרָט לְעַצְמוֹ,

הָעַצְמִי שֶׁהָאָדָם מַנִּיחַ שֶׁהוּא כָּזֶה

Selbsterfahrungsgruppe

קְבוּצַת עֲמִוּת (פסי') [ר/ב/626]. קְבוּצָה לְאִמּוּן רְגִישׁוּת

Selbsterfüllung

הִתְעַלּוּת (פסי')

Selbsterhaltungskraft

כֹּחַ קִיּוּם עַצְמִי

Selbsterhaltungstrieb

יֵצֶר קִיּוּם עַצְמוֹ (ביו')

Selbsterkennen

הַכָּרַת עַצְמוֹ (פיל', פסי') [פ"ר/98]

Selbsterkenntnis ---> Einsicht

Selbsterkennung

דּוּחַ עַצְמִי (פסי')

Selbsterniedrigung

הַשְׁפָּלָה עַצְמִית (פסי') [ק/א/228]. הִתְגַּנּוּת, הַשְׁפָּלַת עַצְמוֹ, הִתְבַּזּוּת, הַכָּרַת הַמְּגֻנֶּה

Selbsterniedrigungsinstinkt

יִצְרוֹן הַשְׁפָּלַת עַצְמוֹ (פסי') חֵישׁ הַהִתְגַּנּוּת, אִינְסְטִינְקְט הַהִתְבַּזּוּת

Selbsterzeugung

הוֹלָדָה עַצְמִית (פיל') [פ"ר/151]

Selbstgefühl

הַרְגָּשַׁת עַצְמוֹ (פסי')

Selbstgelernter ---> Autodidakt

selbstgenügsam

סִתַפְּקָנִי [ק/ב/244]. מְעֻשָּׁר, דַּיּוּתִי, שֶׁיֵּשׁ לוֹ כָּל צָרְכּוֹ, שֶׁאֵינוֹ נִצְרָךְ, מִסְתַּפֵּק בְּמַה שֶּׁיֵּשׁ לוֹ, - בְּמוּעָט, מְעוּטָן, סַתְפְּקָן. מְסַלֵּק הַצֹּרֶךְ [ק/ג/174]. עָשִׁיר, בִּלְתִּי מִצְטָרֵךְ לְאַחֵר

Selbstgenügsamkeit

סִתַפְּקָנוּת [ק/א/136]. דַּיּוּת, מַה שֶּׁיֵּשׁ בּוֹ דַּי, מַה שֶּׁהוּא מַסְפִּיק לְעַצְמוֹ, הִסְתַּפְּקוּת בְּמוּעָט, מְעוּטָנוּת. הֶעְדֵּר הַצֹּרֶךְ [ק/ג/175]. עֹשֶׁר, הִסְתַּפְּקוּת עַצְמִית, אִי תְּלוּת כַּלְכָּלִית, כְּלָלוּת עַצְמִית, עֲמִידָה בִּרְשׁוּת עַצְמוֹ

Selbsthaß

שִׂנְאָה עַצְמִית (פסי') שִׂנְאַת עַצְמוֹ

selbstisch

דְּמוּי עַצְמִיּוּת (פיל') [פ"ר/121]

Selbstkonzept ---> Selbstbild

Selbstkostenberechnung

חִשּׁוּב עֲלוּת (כלכ') [אני"ח/169]. תַּמְחִיר, קְבִיעַת הָעֲלוּת (הַמְּחִיר הָעַצְמִי) לִיחִידַת תּוֹצֶרֶת אוֹ לִיחִידַת שֵׁרוּת כְּבָסִיס לִמְדִינִיּוּת מְחִירִים

Selbstkostenpreis ---> Kostpreis, Herstellungspreis

Selbstkritik

בִּקֹּרֶת עַצְמִית (פסי', מ"ח) [ק/א/332]. חֶשְׁבּוֹן הַנֶּפֶשׁ

Selbstliebe

אַהֲבָה עַצְמִית (פסי') לְהִיטוּת עַצְמִית

Selbstmordtrieb

מִתְאַבְּדָנוּת (פסי') הִתְאַבְּדָנוּת, יֵצֶר הִתְאַבְּדוּת

Selbstorientierung --->

Selbstbezogenheit

Selbstprüfung ---> Selbstkritik

Selbstrealisierung --->

Selbstverwirklichung

Selbstregierung ---> Autonomie

Selbstschädigung --->

Selbstverstümmelung

Selbstsucht ---> Selbstliebe

Selbstsucht, krankhafte --->

Selbstüberschätzung

selbsttätig ---> automatisch

Selbsttäuschung

אַשְׁלָיָה עַצְמִית, הוֹנָאָה עַצְמִית

Selbstüberschätzung

יְהֵרוּת (פסי') [מר"ח/270]. אֶגוֹמַנְיָה, אָנֹכִיּוּת חוֹלָנִית

Selbstverachtung

בִּזּוּי עַצְמִי (פסי')

Selbstversorgungswirtschaft

חַקְלָאוּת מִחְיָה (כלכ', חקל')

Selbstverstümmelung

הִתְחַבְּלוּת (רפו') [מר"ח/89]. הֶזֵּק עַצְמִי, חַבָּלָה עַצְמִית

Selbstverstümmler(in)

מִתְחַבְּלָן, מִתְחַבְּלֶנֶת (פסי') הַמְחַבֵּל בְּגוּפוֹ

Selbstversunkenheit

מְשֻׁקָּעוּת בְּעַצְמוֹ (פסי')

Selbstvertrauen

אֵמוּן עַצְמִי (פסי') בִּטָּחוֹן עַצְמִי, - בְּעַצְמוֹ

Selbstverwertung

רִבְרוּךְ עַצְמִי (מ"ח, כלכ') הִתְרַבְרְכוּת עַצְמִית, הִשְׁתַּעַרְכוּת, רִבּוּי הָעֵרֶךְ עַל יְדֵי יְצִירַת עֹדֶף עֵרֶךְ בְּעַצְמוֹ

selbstverwirklichen

הִתְחַיֵּשׁ (מִתְחַיֵּשׁ) (פסי') מִמֵּשׁ אֶת עַצְמוֹ, הִתְמַחֵשׁ, הִתְמַמֵּשׁ

Selbstverwirklichung

הִתְחַיְּשׁוּת (פסי') מִמּוּשׁ עַצְמִי, הִתְמַחֲשׁוּת, הִתְמַמְּשׁוּת עַצְמִית

Selbstzerstörung

כִּלּוּי עַצְמוֹ (פסי') הֶרֶס עַצְמִי

Selbstzweck

עֶצֶם הַתַּכְלִית (פיל') [ק/ב/124]. מְכֻוָּן לְעַצְמוֹ, מְבֻקָּשׁ לְעַצְמוֹ, תַּכְלִית לְכְשֶׁעַצְמָהּ, שֶׁל דָּבָר שֶׁיֵּשׁ לוֹ תַּכְלִית לְעַצְמוֹ וְשֶׁאֵינוֹ אֶמְצָעִי לְהַשָּׂגַת תַּכְלִית אַחֶרֶת. מְכֻוָּן רִאשׁוֹן (פיל') [ק/ב/197]. כַּוָּנָה רִאשׁוֹנָה

selektieren ---> auslesen

selektiert ---> ausgelesen

Selektion ---> Auslese

selektiv ---> auslesend

selektive Giftigkeit ---> Giftigkeit, selektive

selektive Verstärkung ---> Verstärkung, selektive

selektive Wahrnehmung ---> Wahrnehmung, selektive

Selektivität

בַּרְרָנוּת [מר"ח/608]. לְבִירוּת, לְבִירִיּוּת, סֶלֶקְטִיבִיּוּת, בְּחִירָתִיּוּת

Selektivnährboden

מַצָּע בּוֹרֵר (ביו')

Selektor

מַבְרֵר [מר״ח/608]. מַלְבֵּר, בּוֹרֵר, בּוֹחֵר, סֶלֶקְטוֹר

selig

מְאֻשָּׁר (פסי') שְׂבַע נַחַת, מָלֵא סִפּוּק, מְדֻשַּׁן עֹנֶג. מְבֹרָךְ (דת) בְּרוּךְ אֱלֹהִים, בַּר מַזָּל

Seligkeit

אֹשֶׁר (פסי') [ק/ג/168]. עֲרֵבוּת, נְעִימוּת, הַרְוָחָה, הֲנָאָה, עֹנֶג, תַּעֲנוּג. מְבֹרָכוּת (דת) תְּשׁוּעַת הַנֶּפֶשׁ

Seligkeitsrausch

אַהֲבָה רוּחָנִית עַזָּה (דת, פיל') [ק/א/335]. חֵשֶׁק, אַהֲבַת הָאֱלֹהִים

Seligmachung

יֶשַׁע (דת) הֲבָאַת יֶשַׁע

Sellerie *{Apium graveolens}*

כַּרְפַּס רֵיחָנִי (בוט') צֶמַח מִמִּשְׁפַּחַת הַסּוֹכְכִיִּים

selten

נָדִיר [ק/ב/233]. מְעַטִּי, מַה שֶּׁקּוֹרֶה לְעִתִּים רְחוֹקוֹת

Semantem ---> Semem

Semantik

סִימֹנֶת (בלש') [מ״ב/202]. סֶמַנְטִיקָה, תּוֹרַת הַמַּשְׁמָעוּת, מַשְׁמָעֻנוּת

semantisch

סִימָנְתִּי (סִימוֹנְתִּי) (בלש') סֶמַנְטִי, מַשְׁמָעִי, מַשְׁמָעֻנוּתִי

semantische Aphasie ---> Aphasie, semantische

semantische Norm ---> Norm, semantische

semantisches Differential ---> Differential, semantisches

semantisches Feld ---> Feld, semantisches

semantisches Merkmal ---> Merkmal, semantisches

semantisches Modell ---> Modell, semantisches

Semasiologie ---> Semantik

Semem

מַשְׁמָעָן (מַשְׁמָעָנִים) (בלש') [מ״ב/203]. סֶמֶמָה, רְכִיב מַשְׁמָעוּת, גַּרְעִין מַשְׁמָעוּת מִזְעָרִי

Semester

מִשְׁנוֹן (פדג') [מר״ח/609]. סֶמֶסְטֶר, מַחֲצִית שְׁנַת לִמּוּדִים

Semigruppe

אֲגֻדָּה (אֲגֻדּוֹת) (מתמ')

semikonvergent

מִתְכַּנֵּס לְמֶחֱצָה (מתמ')

semilunar

סַהֲרוֹנִי, דְּמוּי סַהַר

Semmelmehl

סֹלֶת (סְלָתוֹת) (חזו') [א״ח/א/99]. קֶמַח לָבָן מְשֻׁבָּח

sempre

הַתְמֵד (מוס') סֶמְפְּרֶה

Sender

שׁוֹלֵחַ (שׁוֹלְחִים) (חקש') מְתַקְשֵׁר, מִי שֶׁשּׁוֹלֵחַ מֵידָע אוֹ יְדִיעוֹת בְּתַהֲלִיךְ הַתִּקְשֹׁרֶת

Seneszenz ---> Altern

Senf *{Sinapis}*

חַרְדָּל (בוט') צֶמַח מִמִּשְׁפַּחַת הַמִּצְלִיבִים

Senf, Weißer *{Sinapis alba}*

חַרְדָּל לָבָן (בוט') צֶמַח מִמִּשְׁפַּחַת הַמִּצְלִיבִים

sengen ---> versengen

Senkel ---> Schnurlot

senken, sich

שָׁקַע (שׁוֹקֵעַ), הִתְמוֹכֵךְ (מִתְמוֹכֵךְ), טָמַשׁ, צָלַל

senkend, sich nach vorn

שְׁקוּעַ חַרְטֹם (כְּלֵי שַׁיִט) (ימא')

senkend, sich nach hinten

שְׁקוּעַ יַרְכָתַיִם (כְּלֵי שַׁיִט) (ימא')

Senkrechte

אֲנָךְ (אֲנָכִים) (מתמ') [ק/ג/142]. עַמּוּד, קַו נִצָּב, קַו הַיּוֹצֵר עִם קַו אַחֵר זָוִית יְשָׁרָה

Senkung

שְׁפִילָה (טכנ') [ק/ד/151]. שִׁפְלוּת, נְמִיכוּת, נֹמֶךְ, יְרִידָה, עֹמֶק, הִתְמוֹכְכוּת, שְׁקִיעָה, טְמִישָׁה

Senkungskurve

עָקֹם מוֹאָץ (היד')

Sensation

תַּרְעִישׁ (תַּרְעִישִׁים) (מ״ח, תקש', פסי') [ק/ב/159]. מוּחָשׁ, סֶנְסַצְיָה, מְאֹרָע הַגּוֹרֵם הִתְרַגְּשׁוּת צִבּוּרִית, רֹשֶׁם עַז, הַשָּׂגָה חוּשִׁית, תְּחוּשָׁה, תַּרְגָּשָׁה, פְּתִיעָה

sensibel

מְרַגֵּשׁ (פסי') [ק/ב/160]. גָּרוּי, מוּחָשִׁי, מוּחָשׁ, רָגִישׁ

sensibile

בְּרֶגֶשׁ (מוס') מָלֵא רֶגֶשׁ

sensibilisieren

רִגֵּשׁ (מְרַגֵּשׁ) (פסי') [ר/ב/488]. הֶעֱלָה אֶת הָרְגִישׁוּת, רִגֵּשׁ (מְרַגֵּשׁ)

Sensibilisierung

רִגּוּשׁ (פסי') [ר/ב/488]. סֶנְסִיטִיזַצְיָה, תַּהֲלִיךְ הַעֲלָאַת הָרְגִישׁוּת

Sensibilisierung und Antikörperbildung gegen Antigen ---> Allergisierung

Sensibilität ---> Empfindlichkeit

Sensibilität, Verlust der ---> Desensibilisierung

sensitiv ---> empfindlich

sensitivieren ---> sensibilisieren

Sensitivierung ---> Sensibilisierung

Sensor ---> Meßfühler

sensorisch ---> sinnlich

sensorisch-motorisch

חוּשְׁנוֹעִי (פסי')

Sensorium ---> Sinnesapparat

Sensus

חוּשׁ (פסי') [ק/א/277]. כֹּחַ בַּעֲלֵי הַחַיִּים לְהַרְגִּישׁ אֶת הַדְּבָרִים הַמּוּחָשִׁים. חוֹשֵׁשׁ (פסי') [ק/א/279]. הַרְגָּשָׁה. רֶגֶשׁ (פסי') [ק/ד/23]. הַרְגָּשָׁה בְּאַחַד הַחוּשִׁים, תְּחוּשָׁה

Sensus communis

הַחוּשׁ הַמְשֻׁתָּף (פסי', פיל') [ק/א/278; ק/ב/308]. הַחוּשׁ הַמִּשְׁתַּתֵּף, הַמַּרְגִּישׁ הַכְּלָלִי. הַהַרְגָּשָׁה הַמִּשְׁתַּתֶּפֶת (פסי', פיל') [ק/א/212; ק/ב/308]. כְּלַל הַהַשָּׂגוֹת הַחוּשִׁיּוֹת

וְהִתְאַחֲדוּתָן בְּנֶפֶשׁ הָאָדָם. הַגְבָּרַת הַדַּעַת (פיל', פסי') [ק/א/154]. [ק/א/278]

Sensus exterior
הֶרְגֵּשׁ חִיצוֹנִי (פסי') [ק/א/212]. הַרְגָּשָׁה יוֹצֵאת (פסי') [ק/א/213]

Sensus interior
הֶרְגֵּשׁ פְּנִימִי (פסי') [ק/א/212]

sentimental
תַּרְגִּישִׁי (פסי') רַגְשָׁנִי, סֶנְטִימֶנְטָלִי

Sentiment
תַּרְגִּישָׁה (תַּרְגִּישׁוֹת) (פסי') [ר/ב/487]. תַּרְגִּישׁ (תַּרְגִּישִׁים), סֶנְטִימֶנְט, נְטִיָּה נַפְשִׁית, - רִגְשִׁית, רֶגֶשׁ

Sentimentalität
רַגְשָׁנוּת (פסי') [ר/ב/487]. סֶנְטִימֶנְטָלִיּוּת, תַּרְגִּישׁוּת, תַּרְגִּישָׁנוּת, הַבָּעַת רְגָשׁוֹת מֻגְזֶמֶת וְשִׁטְחִית

separabel ---> **trennbar**

Separabilität ---> **Trennbarkeit**

separat
נִפְרָד [ק/ג/57]. בְּנִפְרָד, לְחוּד, לְבַד, בִּפְנֵי עַצְמוֹ. יוֹצֵא חוּץ לְעַצְמוֹ [ק/א/276]. מְפֹרָשׁ [ק/ב/249]. מֻבְדָּל, מֻרְחָק, נִבְדָּל, קַיָּם לְחוּד, עוֹמֵד בִּרְשׁוּת עַצְמוֹ, עַצְמָאִי

separate Intelligenz ---> **Intelligenz, separate**

separatim ---> **separat**

Separation der Variablen
הַפְרָדַת מִשְׁתַּנִּים (מתמ')

Separatorium ---> **Trennvorrichtung**

Sepien *{Sepiidae}*
דְּיוֹנוּנִיִּים (זוא') מִשְׁפָּחָה שֶׁל רֹאשׁ רַגְלָאִים

Sepiette, Große *{Sepietta oweniana}*
דְּיוֹנוּנִית מְכֻנֶּפֶת (זוא') בַּעַל חַיִּים מִמִּשְׁפַּחַת הַדְּיוֹנוּנִיתִיִּים (רֹאשׁ רַגְלָאִים)

Sepsis
אַלַּחַת (רפו') אֶלַח דָּם, הַרְעָלַת דָּם, אִלּוּחַ

Septett
שְׁבִיעִיָּה (מוס') שַׁבְעִית, קְבוּצָה שֶׁל שִׁבְעָה מְנַגְּנִים אוֹ זַמָּרִים

Septime
שְׁבִיעִי (מתמ', אסט') [ק/ד/70]

septisch
אִלְחִי (רפו') אַלַּחְתִּי, אַלְחִי, זִהוּמִי, מְזֹהָם, אָלוּחַ

Septum ---> **Trennwand**

Sequentiell ---> **fortlaufend**

Sequenz
רֶצֶף, הֶמְשֵׁךְ, מַעֲקָב

Sequestration
נִדּוּחַ, הִתְנַדְּחוּת (רפו') [מר״ח/612]. תַּהֲלִיךְ בִּדּוּד תּוֹךְ אֵבְרֵי שֶׁל רִקְמָה מֵתָה מֵרִקְמָה חַיָּה

Serenade
רַמְשִׁית (רַמְשִׁיּוֹת) (מוס') סֶרֶנָדָה, שִׁיר עֶרֶב

Serendipitätsmuster
דְּפוּס תַּגְלִיתִי [ר/ב/492; מ״מ/211]. סֶרֶנְדִּיפִּיּוּת, מִמְצָא בִּלְתִּי צָפוּי הַגּוֹרֵם לְשִׁנּוּי נִכָּר בְּתֵאוֹרִיּוֹת מְקֻבָּלוֹת

serielle Schnittstelle ---> **Schnittstelle, serielle**

serielle Verarbeitung ---> **Verarbeitung, serielle**

Serir ---> **Kieswüste**

serös
נַסְיוּבִי (רפו') נְסוֹבִי, שֶׁל נַסְיוּב, - סֶרוּם

Serologe
תַּנְסוּבָן (רפו') סֶרוֹלוֹג

Serologie
תַּנְסוּבָה (רפו') [מר״ח/612]. סֶרוֹלוֹגְיָה, מַדַּע הַנַּסְיוּב

serologisch
תַּנְסוּבִי (רפו') סֶרוֹלוֹגִי

Serpent
נַחְשׁוֹן (מוס') כְּלִי נְשִׁיפָה

Serum
נַסְיוּב (רפו') [מר״ח/612]. נְסוֹבֶת, נְסוֹב, נַסְיוּבָה, נוֹזֵל הַדָּם, סֶרוּם

Serumschock
אֵרוּעַ נַסְיוּבִי (רפו') אֵרוּעַ נְסוֹבִי

Servitut ---> **Dienstbarkeit**

Sesam *{Sesamum indicum}*
שֻׁמְשׁוּם (בוט') [א״ח/א/95]. צֶמַח מִמִּשְׁפַּחַת הַשֻּׁמְשֻׁמִיִּים, שֻׁמְשְׁמִין

Sesamöl
שֶׁמֶן שֻׁמְשְׁמִין (בוט') [א״ח/ב/226; דח״ט/167]. שֶׁמֶן שֻׁמְשֹׁם, - סוּמְסוּם, שֶׁמֶן צִמְחִי הַמּוּפָק מִזַּרְעֵי שֻׁמְשֹׁם

Sessel, dreibeiniger
טְרַסְקָל (טכנ') [א״ח/א/61]. כִּסֵּא בַּעַל שָׁלֹשׁ רַגְלַיִם

Seßhaftmachung
הוֹשָׁבַת נְוָדִים (מדי') מְדִינִיּוּת הַמְּבַקֶּשֶׁת לְפַקֵּחַ פִּקּוּחַ מָלֵא עַל הַנְּוָדִים עַל יְדֵי יִשּׁוּבָם בִּמְקוֹם מְגוּרִים קָבוּעַ

Setup-Programm ---> **Programm, Setup-**

Setzeisen ---> **Schrotmeißel**

setzen
הִצִּיב (מַצִּיב) [ק/ג/285]. קִיֵּם (מְקַיֵּם), שָׂם, הֶעֱמִיד (מַעֲמִיד) עַל..., יִסֵּד (מְיַסֵּד), בִּסֵּס. הִצִּיעַ (מַצִּיעַ) [ק/ב/48]. הֵנִיחַ הַנָּחָה. גָּזַר (גּוֹזֵר) [ק/א/110]. הוֹצִיא מִשְׁפָּט, פָּסַק, קָבַע, דָּן, חִיֵּב, הֶחֱלִיט

Setzen
הַצָּבָה [פ״ר/149]. שִׂימָה, הֲנָחָה

setzen, aufs Spiel ---> **Spiel setzen, aufs**

setzen, in Betrieb ---> **starten**

Setzhammer
מַרְזוֹף (מַרְזוֹפִים) (טכנ') פַּטִּישׁ נַפָּחִים

Setzling
שְׁתִיל (שְׁתִילִים) (חקל') [א״ח/ב/206]. שֶׁתֶל (שְׁתָלִים), נֶטַע

Setzung
תְּשׂוּמָה [ק/ד/219]. הֲנָחָה, הַצָּעָה

Seuche ---> **Epidemie**

seuchenbezüglich ---> **epidemisch**

Seufzer
אֲנָחָה (אֲנָחוֹת), אֲנָח

Sex-Appeal ---> **Anziehungskraft, sexuelle**

Sexagesimalbruch

שֶׁבֶר חָכְמַת הַתְּכוּנָה (אסט') [ק/ד/72]

Sexangulum ---> Sechseck

Sexte

שִׁשִּׁי (מתמ', אסט') [ק/ד/165]. חֵלֶק אֶחָד מִשִּׁשָּׁה, שִׁשִּׁית, רֶגַע שִׁשִּׁי

Sextett

שִׁשִּׁיָּה (מוס') שִׁתִּית, קְבוּצָה שֶׁל שִׁשָּׁה מְנַגְּנִים אוֹ זַמָּרִים

Sextilschein

מַבָּט שִׁשִּׁי (אסט') [ק/ד/165]. מַעֲמַד כּוֹכָבִים בִּזְמַן מְסֻיָּם שֶׁיֵּשׁ לוֹ לְדַעַת הַקַּדְמוֹנִים הַשְׁפָּעָה עַל הָעוֹלָם, אַסְפֶּקְט. קֶשֶׁת רְבִיעִית (אסט') [ק/ג/306]

Sexualbegehren(s), krankhafte Steigerung des männlichen *{Satyromanie}*

יִחְמוּת (פסי', רפו') שְׂעִירִיּוּת, יַחְמוּת, הִתְעַצְּמוּת חוֹלָנִית שֶׁל הַתְּשׁוּקָה הַמִּינִית אֵצֶל גְּבָרִים

Sexualität leidender Mann, an übersteigerter *{Satyromaner}*

יַחְמָן (פסי', רפו') יָחֵם, גֶּבֶר הַסּוֹבֵל מֵהִתְעַצְּמוּת חוֹלָנִית שֶׁל הַתְּשׁוּקָה הַמִּינִית

Sexualmanie

הֶמְיוֹן מִשְׁגָּל (פסי', רפו') שִׁגַּע מִין

sexuelle Anziehung ---> Anziehung, sexuelle

sexuelle Anziehungskraft ---> Anziehungskraft, sexuelle

sexuelle Begierde im Greisenalter ---> Paradoxia sexualis

sexuelle Energie ---> Libido sexualis

sforzando

מְגֻבָּר (מוס') סְפוֹרְצַנְדוֹ

Shift ---> Umstellung

Shunt ---> Nebenschluß

shunten ---> nebenschließen

Shunten ---> Nebenschließen

Sibilant ---> Zischlaut

sich, für

בִּפְנֵי עַצְמוֹ (פיל') [פ״ר/50; 90]. כְּשֶׁלְּעַצְמוֹ, לְחוּד, בְּעַצְמוֹ, בִּשְׁבִיל עַצְמוֹ

Sich-Besinnen, das

הִזְדַּכְּרוּת (פסי') [ק/א/165]. הִתְאַמְּצוּת לִזְכֹּר, לְהִזָּכֵר

sich selbst ---> selbst, sich

sich selbst genug sein ---> selbst genug sein, sich

Sich-Stellen, das ---> Verstellung

Sichanderswerden

הֵעָשׂוּת לְאַחֵר [פ״ר/82]

Sicheldüne

חוֹלִית סַהֲרוֹנִית (גאו', י״א) דְּיוּנָה דְּמוּיַת סַהַר

sichelförmig

חֶרְמְשִׁי, מְחֻרְמָשׁ, דְּמוּי חֶרְמֵשׁ, סַהֲרוֹנִי, דְּמוּי סַהַר, מַגָּלִי, דְּמוּי מַגָּל

Sichelstrandläufer *{Calidris ferruginea}*

חוֹפִית מַגָּלִית (זוא') מַגָּלָן, עוֹף מִמִּשְׁפַּחַת הַחַרְטוּמָנִיִּים

Sichelzellenanämie *{Drepanozytose}*

מִעוּט דָּם שֶׁמִּתָּאֵי חֶרְמֵשׁ (רפו')

sicher

בָּטוּחַ [ק/א/248]. וַדָּאִי, וַדַּאי, שֶׁאֵין בּוֹ סָפֵק, בָּרוּר, בְּאֹפֶן מֻחְלָט, בְּבִטָּחוֹן, בָּרִי

Sicherheit

בִּטָּחוֹן [ק/א/85]. וַדָּאוּת, בְּטִחָה, בְּטִיחוּת

Sicherheitsbereich ---> Konfidenzintervall

Sicherheitskoeffizient

מְקַדֵּם הַבְּטִחָה (טכנ') מְקַדֵּם הַבְּטִיחוּת

Sicherung, elektrische

נָתִיךְ (נְתִיכִים) (טכנ') [ל״מ/113]. בִּטְחוֹנִית, הֶתְקֵן עָשׂוּי תַּיִל חַשְׁמַל דַּק הַנִּתָּךְ כְּשֶׁעוֹבֵר דַּרְכּוֹ זֶרֶם גָּבֹהַּ יוֹתֵר מִדַּי הֶעָלוּל לְקַלְקֵל אֶת הַמַּכְשִׁיר הַחַשְׁמַלִּי

Sicherung von Dateien

גִּבּוּי (גִּבּוּיִים) (מחש') [דמ״א/14]. הֶעְתֵּד, יְצִירַת הֶעְתֵּק שֶׁל קֹבֶץ בְּהֶחְסֵן עֵזֶר (זִכָּרוֹן מִשְׁנִי) בַּמַּחְשֵׁב

Sicherungsdatei

קֹבֶץ גִּבּוּי (מחש') [דמ״א/14]. קֹבֶץ הֶעְתֵּד, הֶעְתֵּק שֶׁל קֹבֶץ בַּמַּחְשֵׁב

Sicherungsverwahrung ---> Schutzhaft

Sichler *{Plegadis falcinellus}*

מַגָּלָן חוּם (זוא') מַגָּלָן, עוֹף מִמִּשְׁפַּחַת הַכַּפָּנִיִּים

Sichselbstgleichheit

הַשְׁווּת לְעַצְמוֹ (פיל') [פ״ר/152]. עַל פִּי הֶגֶל: הַחֲשִׁיבָה שֶׁהִיא אֲחִיזָה בְּהַפְשָׁטָה טְהוֹרָה, כְּלוֹמַר: לְקִיחַת הַהֲוָיָה בְּפַשְׁטוּתָהּ כְּשָׁוָה לְעַצְמָהּ

Sichselbstsetzen

הַצָּבָה עַצְמִית (פיל') [פ״ר/82]

Sichselbstwerden

הֵעָשׂוּת לְעַצְמוֹ (פיל') [פ״ר/87]

Sicht

רְאִיָּה (רפו') [ק/ד/11]

Sichtanzeige

הֶצֵּג נְתוּנִים (טכנ')

sichtbar

נִרְאֶה [ק/ג/18]. רָאִי, נִגְלֶה, מוּחָשׁ בְּחוּשׁ הָרְאִיָּה, גָּלוּי, נִתָּן לִרְאוֹת

sichtbare Welt ---> Welt, sichtbare

sichtbares Ding ---> Ding, sichtbares

sichtbares Licht ---> Licht, sichtbares

Sichtbarkeit

רְאִיוּת (רפו', מטא') שְׁקִיפוּת, הַתְּנָאִים הַטּוֹבִים לִרְאִיָּה, הֵרָאוּת. נִרְאוּת, רְאוּת (פסי', רפו') [ר/ב/622]. תְּכוּנַת הַגֵּרוּי הַמּוּחָשׁ כִּרְאִיָּה

sichten

סָקַר (סוֹקֵר), בָּדַק בְּעֵינָיו

Sichtlochkarte

כַּרְטִיס סָוָאר (כַּרְטִיסֵי סָוָאר) (מחש', ספרנ') כַּרְטִיס סָוָר, - לְסִווּג חָזוּתִי

Sichtweite

רְאוּת [יל״ט/181]. הַמֶּרְחָק הַמְּרַבִּי שֶׁאֶפְשָׁר לִרְאוֹת עֶצֶם מְסֻיָּם

Sickerfläche

פַּן בִּצְבּוּץ (היד')

sickern
בִּצְבֵּץ (מְבַצְבֵּץ) (היד') [א״ת/ב/225]. בָּצַץ (בּוֹצֵץ), פִּעְפֵּעַ (מְפַעְפֵּעַ), בָּקַע וְעָלָה, נָבַע (נוֹבֵעַ), נִפְלַט, חִלְחֵל (מְחַלְחֵל)

Sickerschlitz
זְחִיל (זְחִילִים) (היד')

Sickerwasser
מֵי בִּצְבּוּץ (היד') מֵי חִלְחוּל, מְחַלְחֲלִים

siderisches Jahr ---> Sternjahr

Siderose ---> Eisenüberschuß im Gewebe

Sieb [---> Seiher]
כְּבָרָה (כְּבָרוֹת) (טכנ') נָפָה (נָפוֹת), רֶשֶׁת לְהַפְרָדַת חֲלָקִיקִים גַּסִּים מֵחֶלְקִיקִים דַּקִּים, מִכְבָּר (מִכְבָּרִים)

Siebbein *{Os ethmoidale}*
עֶצֶם הַכְּבָרָה (רפו')

Siebdruck
הַדְפָּסַת רֶשֶׁת (אמנ', טכנ') שִׁיטַת הַדְפָּסָה שֶׁבָּהּ מַעֲבִירִים בְּלַחַץ אֶת צֶבַע הַדְּפוּס דֶּרֶךְ חֲרִירֵי רֶשֶׁת עֲדִינָה

sieben ---> durchsieben

Siebeneck *{Heptagon}*
מְשֻׁבָּע (מְשֻׁבָּעִים) (מתמ') [ק/ב/289]. מְצֻלָּע בַּעַל שֶׁבַע צְלָעוֹת

Siebenpunkt *{Coccinella septempunctata}*
מוֹשִׁית הַשֶּׁבַע (זוא') פָּרַת מֹשֶׁה רַבֵּנוּ, חֶרֶק מִמִּשְׁפַּחַת הַמּוֹשִׁיתִיִּים (חִפּוּשִׁיּוֹת)

Siebentel
שְׁבִיעִית (שְׁבִיעִיּוֹת) (מתמ') [ק/ד/69]. שְׁבִיעַ

siebenter Ordnung, Bruch
שְׁבִיעִי (מתמ', אסט') [ק/ד/70]

siebförmig
מִכְבָּרִי (רפו') דְּמוּי מִכְבָּר, - כְּבָרָה

Siebung ---> Ausleseverfahren

sieden ---> brühen

Siedlung in Akropolislage
יִשּׁוּב חַקְרָה (י״א) יִשּׁוּב בְּרֹאשׁ הַר הַמִּתְנַשֵּׂא מֵעַל לִסְבִיבָתוֹ

Siedlungsgrenze
גְּבוּל הַיִּשּׁוּב (י״א) סְפַר הַנּוֹשָׁב

Sieg
נִצָּחוֹן (נִצְחוֹנוֹת) [ק/א/227]. הִתְגַּבְּרוּת, הִתְחַזְּקוּת, הִתְרַבּוּת

Siegel
חוֹתָם (חוֹתָמִים) (טכנ') [א״ת/א/200]. חוֹתֶמֶת (חוֹתָמוֹת)

Siegel versehen, mit einem
חִתֵּם (מְחַתֵּם) (משפ', אמנ') טָבַע חוֹתָם, חָתַם (חוֹתֵם), נֶחְתַּם, חֻתַּם (מְחֻתָּם), הֶחְתִּים, הִחְתִּים, גִּשְׁפֵּנְק (מְגַשְׁפֵּנְק), גֻּשְׁפַּנְק (מְגֻשְׁפָּנְק)

Siegelung
חִתּוּם (משפ', אמנ') חֲתִימָה, הֲנָחַת הַחוֹתָם

Siegelring
טַבַּעַת חוֹתָם (אמנ') [א״ת/א/201]. גּוּשְׁפַּנְקָה (גּוּשְׁפַּנְקוֹת)

siegen
נִצַּח (מְנַצֵּחַ), נָצַח (נוֹצֵחַ)

Sieger
מְנַצֵּחַ (מְנַצְּחִים), נָצוֹחַ (נְצוֹחוֹת)

Siegwurz ---> Gladiole

"Siehe"-Verweis
רְמִיזַת ״עַיֵּן״ (ספרנ') רְמִיזַת ״רְאֵה״, אַפְנָיַת ״עַיֵּן״

sieht, man
עֵינֵינוּ הָרוֹאוֹת

Sifâtija, Sekte der
מַאֲמִינֵי תְּאָרִים עַצְמִיִּים (פיל', דת) [ק/ב/129]. סִיעָה פִילוֹסוֹפִית מֻסְלְמִית הַמַּאֲמִינָה שֶׁאֵין לְיַחֵס לֵאלֹהִים תְּאָרֵי אֵיכוּת הָעֲלוּלִים לְהִשְׁתַּנּוֹת, אֶלָּא לְיַחֵס לוֹ תְּאָרִים עַצְמִיִּים בִּלְבַד

Sigmatismus ---> Lispeln

Sigmoid
פַּרְשְׁדוֹן (רפו') [מר״ח/615]. מְעִי הַפֶּרֶשׁ

sigmoidbezüglich
פַּרְשְׁדוֹנִי (רפו') שֶׁל מְעִי הַפֶּרֶשׁ

Signaldetektion ---> Signalentdeckung

Signalentdeckung
גִּלּוּי אוֹתוֹת (רפו', פסי') [ר/א/29]. הַבְחָנָה בְּאוֹתוֹת כַּנִּיִּים (פִיזִיקָלִיִּים) מְסֻיָּמִים עַל יְדֵי נִבְדָּק

Signalflagge
דֶּגֶל אִתּוּת (ימא', צבא)

Signatur [---> Unterzeichner]
סִימַן הַסֵּפֶר (ספרנ') סִיגְנָטוּרָה, סִימָן הַמֻּרְכָּב מֵאוֹתִיּוֹת וְ/אוֹ מִמִּסְפָּרִים הַנִּתָּן לִסְפָרִים בְּסִפְרִיָּה כְּדֵי לְהָקֵל עַל מִיּוּנָם

Signierung
סִמּוּן הַסֵּפֶר (ספרנ') מִסְפּוּר, נְתִינַת סִימָן לְכָל סֵפֶר בְּסִפְרִיָּה כְּדֵי לְהָקֵל עַל מִיּוּנוֹ

signifikant
מֻבְהָק, סִימָנוּתִי, סִיגְנִיפִיקַנְטִי, מַשְׁמָעוּתִי

Signifikanz
מֻבְהָקוּת, סִימָנוּת, סִיגְנִיפִיקַנְטִיּוּת, מַשְׁמָעוּת

Signifikanz, statistische
מֻבְהָקוּת סְטָטִיסְטִית (סטט') [ר/ב/467]

Signifikanzniveau
רָמַת מֻבְהָקוּת (סטט') [ר/ב/355; מ״מ/221; ד״מח/198]. הַסְתַּבְּרוּת הִתְרַחֲשׁוּתָהּ שֶׁל שְׁגִיאָה מִטִּפּוּס א' (כְּלוֹמַר: דְּחִיָּתָהּ שֶׁל הַשְׁעָרַת אֶפֶס נְכוֹנָה) אַגַּב שִׁמּוּשׁ בְּמִבְחָן נָתוּן

Signifikanztest
מִבְחַן מֻבְהָקוּת (סטט') [מ״מ/213]. מִבְחָן לִבְדִיקַת הַשְׁעָרָה הָאוֹמֶרֶת שֶׁהֶבְדֵּלִים בֵּין נְתוּנֵי מִדְגָּם מְשַׁקְּפִים הֶבְדֵּלִים בֵּין נְתוּנֵי הָאֻכְלוּסִיָּה כֻּלָּהּ

Silbe
הֲבָרָה (הֲבָרוֹת) (בלש') [מ״ב/220]. חֵלֶק מִמִּלָּה אוֹ מִלָּה קְצָרָה שֶׁבָּהֶם תְּנוּעָה אַחַת וְעִצּוּר אֶחָד אוֹ יוֹתֵר. הֲבָרָה פְּתוּחָה מִסְתַּיֶּמֶת בִּתְנוּעָה וַהֲבָרָה סְגוּרָה מִסְתַּיֶּמֶת בְּעִצּוּר, לְמָשָׁל: ״עֲרוּ-גָה״, ״שְׂמְ-לָה״, ״דָּג״

Silbe, geschlossene
הֲבָרָה סְגוּרָה (בלש') [מ״ב/36]. הֲבָרָה הַמֻּרְכֶּבֶת מֵעִצּוּר+תְּנוּעָה+עִצּוּר, לְמָשָׁל: ״סוּס״, ״עַכְבָּר״

Silbe, offene
הֲבָרָה פְּתוּחָה (בלש') [מ״ב/154]. הֲבָרָה הַמִּסְתַּיֶּמֶת בִּתְנוּעָה כּוֹלֵל אֵם קְרִיאָה, לְמָשָׁל:

״הָ-בָה״, ״קוֹ-רֵא״

Silbe(n), sinnlose

הֲבָרַת תֶּפֶל (הֲבָרוֹת תֶּפֶל) (פסי׳, ספר׳, בלש׳) [ר/א/179]. צֵרוּף חֲסַר מַשְׁמָעוּת שֶׁל עִצּוּר1+תְּנוּעָה+עִצּוּר2

Silbenmaß

מִשְׁקַל הַשִּׁיר (ספר׳) [ק/ב/148]. מִדָּה, רֶגֶל הַשִּׁיר

Silbenschichtung ---> Haplologie

Silbentrennung

מִקּוּף (מחש׳, דפו׳) [דמ״א/52]. שְׁבִירַת מִלִּים אַחֲרוֹנוֹת בְּשׁוּרַת הַתַּמְלִיל תּוֹךְ שִׁמּוּשׁ בְּמַקָּפִים

Silber

כֶּסֶף (כימ׳) [דח״ט/74]. יְסוֹד מַתַּכְתִּי שֶׁצִּבְעוֹ לָבָן מַבְרִיק וְהוּא בַּעַל מוֹלִיכוּת חֹם וְחַשְׁמַל הַגְּבֹהָה בְּיוֹתֵר מִכָּל הַמַּתָּכוֹת

Silberblattsalbei *{Salvia argentea}*

מַרְוָה מַכְסִיפָה (בוט׳) צֶמַח מִמִּשְׁפַּחַת הַשְּׂפָתָנִיִּים

Silberfischchen *{Lepisma saccharina}*

זַנְבְזִיף כַּסְפִּי (זוא׳) חֶרֶק מִסִּדְרַת הַזַּנְבְזִיפָאִים

Silbergras *{Corynephorus}*

אַלִּית (בוט׳) צֶמַח מִמִּשְׁפַּחַת הַדְּגָנִיִּים

Silberling

סֶלַע (סְלָעִים) (כלכ׳, ארכ׳) [א״ת/ב/412]. מַטְבֵּעַ כֶּסֶף קָדוּם

Silbermarke

סִימַן הַכֶּסֶף (טכנ׳, כלכ׳)

Silbermöwe *{Larus argentatus}*

שַׁחַף כַּסְפִּי (זוא׳) עוֹף מִמִּשְׁפַּחַת הַשַּׁחֲפִיִּים

Silberpappel *{Populus alba}*

צַפְצָפָה מַכְסִיפָה (בוט׳) צֶמַח מִמִּשְׁפַּחַת הָעַרְבָתִיִּים

Silberreiher *{Egretta alba (Casmerodius albus)}*

לַבְנִית גְּדוֹלָה (זוא׳) אֲנָפָה לְבָנָה, עוֹף מִמִּשְׁפַּחַת הָאֲנָפָתִיִּים

Silberweide *{Salix alba}*

עֲרָבָה לְבָנָה (בוט׳) צֶמַח מִמִּשְׁפַּחַת הָעַרְבָתִיִּים

Silhouette

צְלִית (צְלִיּוֹת) (טכנ׳, אמנ׳) תְּמוּנַת צֵל, צְלָלִית (צְלָלִיּוֹת), סִילוּאֶט

Silizium

צֹרָן (כימ׳) [דח״ט/152]. יְסוֹד אַלְמַתַּכְתִּי הַמָּצוּי בְּשֶׁפַע בַּטֶּבַע

Silo

מְגוּרָה (מְגוּרוֹת) (חקל׳) מַמְגּוּרָה, אָסָם

Simplifikation ---> Vereinfachung

Sims

כִּיר (כִּירִים) (אדר׳) תַּבְלִיט מְכַיָּר

Simse *{Scirpus}*

אַגְמוֹן (בוט׳) צֶמַח מִמִּשְׁפַּחַת הַגֻּמְאִיִּים

Simulant

מִתְחַלֶּה (רפו׳, פסי׳) מִתְחַלֶּה, מִי שֶׁמַּעֲמִיד פָּנִים כְּחוֹלֶה

Simulation

הַדְמָיָה (מדע) סִימוּלַצְיָה, תַּחְקִית, יְצִירָה מְלָאכוּתִית שֶׁל מַשָּׂאִים אוֹ אֵרוּעִים כְּדֵי לְחַקּוֹת אֶת הַמְּצִיאוּת. הִתְחַלּוּת (רפו׳, פסי׳) [ר/א/228]. הִתְחַלְּיָנוּת, הַעֲמָדַת פָּנִים כְּחוֹלֶה, זִיּוּף מְכֻוָּן שֶׁל מַחֲלָה

Simulation, visuelle

הַדְמָיָה חֲזוּתִית (מחש׳) סִימוּלַצְיָה וִיזוּאָלִית

Simulationsexperiment

נִסּוּי הַדְמָיָה (מדע) [ד״מח/127]. נִסּוּי תַּחְקִית, נִסּוּי עַל דֶּגֶם, תְּעוּדָתוֹ לְגַלּוֹת מַה יִּקְרֶה בִּתְנָאִים ״אֲמִתִּיִּים״ מְסֻיָּמִים הַקְּשׁוּרִים בְּבֵרוּר אֶל תְּנָאֵי הַנִּסּוּי

simulieren

הִתְחַלָּה (מִתְחַלֶּה) (רפו׳) הֶעֱמִיד פָּנִים כְּחוֹלֶה

Simulieren ---> Simulation

simultan ---> gleichzeitig

simultane Gleichungen ---> Gleichungssystem

Simultaneität ---> Gleichzeitigkeit

Simultankonditionierung

הַתְנָיָה בּוֹ זְמַנִּית (פסי׳) [ר/א/234]. תַּהֲלִיךְ הַתְנָיָה שֶׁיֵּשׁ בּוֹ הַצָּגָה וְסִיּוּם בּוֹ זְמַנִּיִּים שֶׁל הַגֵּרוּי הַמֻּתְנֶה וְהַגֵּרוּי הַבִּלְתִּי מֻתְנֶה

Simultankontrast

נִגּוּד בּוֹ זְמַנִּי (פסי׳) [ר/ב/602]. נִגּוּד חַד זְמַנִּי, מוּדָעוּת לְהֶבְדֵּלִים בֵּין שְׁנֵי אֵרוּעִים אוֹ גֵּרוּיִים הַבָּאִים יַחְדָּיו

Singdrossel *{Turdus philomelos}*

קִיכְלִי רוֹנֵן (זוא׳) עוֹף מִמִּשְׁפַּחַת הַקִּיכְלִיִּים

singen

זִמֵּר (מְזַמֵּר) (מוס׳) שָׁר, רָן, רִנֵּן (מְרַנֵּן)

Singschwan *{Cygnus cygnus}*

בַּרְבּוּר שָׁר (זוא׳) בַּרְבּוּר מְזַמֵּר, עוֹף מִמִּשְׁפַּחַת הַבַּרְוָזִיִּים

Singspiel

מַחֲזֶמֶר (מַחֲזֶמְרִים) (תאט׳, מוס׳) מַחֲזֵה זִמְרָה (מַחֲזוֹת זִמְרָה)

Singstimme

קוֹל זִמְרָה (מוס׳) פַּרְטִית זִמְרָה

singulärer Satz ---> Satz, singulärer

singular

יְחִידִי (מ״ח) [ק/ג/57]. נִפְרָד, יָחִיד, אִישִׁי, פְּרָטִי, סִינְגוּלָרִי, מְיֻחָד בְּמִינוֹ

Singular

יָחִיד (בלש׳) [מ״ב/207]. תַּת גִּבְלָה (קָטֵגוֹרְיָה) שֶׁל הַשֵּׁמוֹת הַדִּקְדּוּקִיִּים הַמְּשַׁמֶּשֶׁת לְגַבֵּי אֶחָד וְלֹא לְגַבֵּי רַבִּים

Singzikaden *{Cicadidae}*

צִיקָדִיִּים (זוא׳) מִשְׁפָּחָה שֶׁל חֲרָקִים

sinken ---> fallen

Sinkstoffe ---> Sediment

Sinn

הֶרְגֵּשׁ (הֶרְגֵּשִׁים) (פסי׳) [ק/א/211]. רֶגֶשׁ (רְגָשׁוֹת) (פסי׳) [ק/ד/23]. הַרְגָּשָׁה בְּאַחַד הַחוּשִׁים, תְּחוּשָׁה. הַרְגָּשָׁה (פסי׳) [ק/א/212]. כֹּחַ הַמַּרְגִּישׁ, - הַהַכָּרָה, טֶבַע. חוּשׁ (חוּשִׁים) (פסי׳) [ק/א/277]. מַשְׁמָעוּת [ק/ב/70]. הוֹרָאָה, כַּוָּנָה, מַשְׁמָע. טַעַם (פיל׳, אסת׳) [ק/ב/19]. כֹּחַ [ק/ב/83]. הִשְׁתַּמְּעוּת. לָמָּה (פיל׳) [ק/ב/120]. עִנְיַן הַלָּמָּה שֶׁל הָעֶצֶם, שְׁאֵלַת הַלָּמָּה, תַּכְלִית. לָמוּת (פיל׳) [ק/ב/122]. לָשׁוֹן (פיל׳) [ק/ב/125]. מוּבָן (פיל׳) [ק/ב/158; המ״מ/227]. עִנְיָן (פיל׳) [ק/ג/147]. חוּשׁ (פסי׳) [ק/א/279].תּוֹעֶפֶה (פסי׳) [ק/ד/185]. מְגַמָּה (טכנ׳)

Sinn, abgeleiteter

Sinn, äußerer

הֶרְגֵּשׁ חִיצוֹנִי (פסי') [ק/א/212]. הַרְגָּשָׁה יוֹצֵאת (פסי') [ק/א/213]

Sinn, äußerlicher

מַשְׁמָעוּת חִיצוֹנִית [ק/ד/89]. שֶׁטַח

Sinn, allegorischer ---> Sinn, innerer; Sinn, geheimer

Sinn, einfacher

מַשְׁמָעוּת פְּשׁוּטָה (בלש', פיל') [ק/ג/18]. נִגְלֶה, מַשְׁמָעוּת נִגְלֵית, - חִיצוֹנִית. נִרְאֶה (בלש', פיל') [ק/ג/68]

Sinn, erweiterter

הַרְחָבַת מַשְׁמָעוּת (בלש', ספר') [ק/א/213]. הַרְחָבָה, הַעֲבָרָה, הַרְחָבַת מֻשָּׂג

Sinn, figürlicher ---> Sinn, erweiterter

Sinn, geheimer [---> Sinn, innerer]

מַשְׁמָעוּת עֲלוּמָה (ספר') [ק/ג/98]. סוֹד, הַהוֹרָאָה הַפְּנִימִית. פְּנִימִיּוּת [ק/ג/196]. הַמַּשְׁמָעוּת הַכְּמוּסָה

Sinn, im eigentlichen *{i.e.S.}*

בְּמוּבָן הָעִקָּרִי [ק/ג/157]. בְּעֶצֶם, לְעַצְמוֹ שֶׁל דָּבָר, בְּעִקָּרוֹ שֶׁל דָּבָר, בֶּאֱמֶת, לַאֲמִתּוֹ שֶׁל דָּבָר, כְּשֶׁלְּעַצְמוֹ, כְּשֶׁהוּא נִפְרָד, לְגוּפוֹ שֶׁל דָּבָר. מִצַּד עַצְמוֹ [ק/ב/252]. כְּשֶׁהוּא לְעַצְמוֹ, בִּיסוֹדוֹ, לְגוּפוֹ, בִּבְחִינַת עַצְמוֹ

Sinn, im übertragenen

בְּמוּבָן מֻשְׁאָל (ספר', בלש') [ק/ב/231; 289]. מֻשְׁאָל, עַל דֶּרֶךְ הַהַשְׁאָלָה, מַעֲבָרִי, שֶׁיֵּשׁ לוֹ מוּבָן שׁוֹנֶה מִן הַמּוּבָן הַמְּקוֹרִי, צִיּוּרִי, מֶטָפוֹרִי. עַל צַד הַמַּעֲבָר (ספר', בלש') [ק/ב/230]. עוֹבֵר (ספר', בלש') [ק/ג/122]. עַל דֶּרֶךְ הַהַעֲבָרָה

Sinn, im weiteren *{i.w.S.}* **[---> Sinn, im übertragenen]**

בְּמוּבָן הָרָחָב

Sinn, innerer [---> Sinn, geheimer]

מַשְׁמָעוּת פְּנִימִית [ק/ד/180]. (ספר', פיל') תּוֹךְ, מַשְׁמָעוּת נֶעֱלָמָה. הַחוּשִׁים הַנִּסְתָּרִים, הַהַרְגָּשׁוֹת הַנִּסְתָּרוֹת (פסי') [ק/ג/47]. כֹּחוֹת הַנֶּפֶשׁ. הֶרְגֵּשׁ פְּנִימִי (פסי') [ק/א/212]

Sinn, motorischer

חוּשׁ הַתְּנוּעָה (פסי', רפו') [ק/א/279]

Sinn, übertragener ---> Metapher

Sinn, verborgener ---> Sinn, innerer

Sinn eines Zeichens ---> Zeichen(s), Sinn eines

Sinn schärfen, den ---> schärfen, das Gehirn

sinnen

הָגָה (הוֹגֶה) [ק/ד/81]. שׁוֹטֵט, תָּר, הִתְבּוֹנֵן, הָפַךְ בְּמַחְשְׁבוֹתָיו, הִפְלִיג בְּהִרְהוּרִים, צִיֵּר בְּמַחֲשַׁבְתּוֹ, עִיֵּן, נִתְפַּס לְמַחֲשָׁבוֹת

Sinnen

הָגוּת (פסי', פיל') [ק/ד/82]. שׁוֹטְטוּת, הִתְבּוֹנְנוּת, הִסְתַּכְּלוּת רוּחָנִית, שְׁקִיעָה בְּמַחֲשָׁבוֹת, עִיּוּן, מְעוּף הַמַּחֲשָׁבָה

Sinnending

נִרְאֶה (נִרְאִים) (פסי') [ק/ג/68]. מַה שֶּׁמּוּחָשׁ, שֶׁמֻּרְגָּשׁ בְּחוּשׁ

Sinnenschein

תַּדְמִית הַחוּשִׁים (פסי', פיל')

Sinnenwelt hinausgehen, über die Grenzen der ---> transzendent werden

Sinnesänderung

שִׁנּוּי דֵּעָה (פסי', פיל') שִׁנּוּי בִּתְפִיסָה

Sinnesapparat *{Sonsorium}*

מְחוּשָׁה (פסי', רפו') [ר/ב/487]. אֵיבַר הַחוּשׁ, מַעֲרֶכֶת הַחִישָׁה, אֲזוֹרֵי הַחִישָׁה בַּמֹּחַ הַקּוֹלְטִים מֵידָע חוּשִׁי נִכְנָס, סֶנְסוֹרְיוּם, מֶרְכַּז הַתְּחוּשָׁה, כְּלַל הַתְּחוּשׁוֹת, בֵּית הַתְּחוּשָׁה

Sinneseindruck ---> Sinnesempfindung

Sinnesempfindlichkeit

חִישׁוּנוּת (פסי') כֹּשֶׁר הַחִישָׁה, - הַתְּפִיסָה בְּאַחַד הַחוּשִׁים

Sinnesempfindung [---> Empfindung]

תְּחוּשָׁה (תְּחוּשׁוֹת) (פסי') [ר/ב/682]. חֲוָיָה בִּלְתִּי מְשֻׁפְרֶטֶת שֶׁל הַרְגָּשָׁה הַנִּגְרֶמֶת עַל יְדֵי גְּרִיָּה שֶׁל קוֹלְטָן. מוּחָשׁ (פסי') [ק/ב/159]. הַשָּׂגָה חוּשִׁית. מַרְגָּשָׁה (פסי') [מר״ח/610]

Sinnesenergien, spezifische

מְרָצִים סְגֻלִּיִּים שֶׁל חוּשִׁים (רפו', פסי') אֶנֶרְגִּיּוֹת סְגֻלִּיּוֹת שֶׁל חוּשִׁים

Sinnesmodalität

דַּרְכִּיּוּת הַחוּשׁ (פסי') [ר/א/21]. אָפְנוּת הַחוּשׁ, מַעֲרֶכֶת חוּשִׁית

Sinnesorgan

אֵיבַר חוּשׁ (אֵיבְרֵי חוּשׁ) (פסי', רפו') [ר/א/265]. מִבְנֶה נוֹירוֹלוֹגִי שֶׁמֵּגִיב לְסוּג מְסֻיָּם שֶׁל גְּרִיָּה

Sinnesschärfe

חַדּוּת הַחוּשִׁים (פסי')

Sinnestäuschung ---> Illusion; Halluzination

Sinneswahrnehmung [---> Wahrnehmung]

הֶחֵשׁ (פסי') [ק/ד/185]. תּוֹעָפָה (תּוֹעָפוֹת), הֶחָשָׁה, חוּשׁ, הַרְגָּשָׁה, תְּפִיסָה בְּחוּשִׁים

Sinneswahrnehmung, Objekt der

מוּחָשׁ (פסי') [ק/ב/283]. מֻשָּׂג, מַה שֶּׁהָאָדָם מַשִּׂיג בְּחוּשָׁיו אוֹ בְּשִׂכְלוֹ, נִתְפָּס

Sinneswahrnehmung, unmittelbare

הֶחֵשׁ בִּלְתִּי מָצוּעַ (פסי') [ק/א/124]. דִּבּוּק, הֶחָשָׁה בִּלְתִּי אֶמְצָעִית, פְּגִיעַת אֵיבְרֵי הַחוּשׁ בַּדָּבָר הַמּוּחָשׁ

Sinneszentrum ---> Sinnesapparat

Sinnfrei

נְטוּל חוּשִׁים (פסי', פיל') נְטוּל חוּשָׁנִיּוּת

sinnlich

חוּשִׁי (פסי') [ק/א/279]. שֶׁל חוּשׁ, חוּשָׁנִי. יִצְרִי (פסי') [ק/ב/49]. מִתְיַחֵס עַל יֵצֶר לֵב הָאָדָם, יִצְרוֹנִי, אִינְסְטִינְקְטִיבִי. מוּחָשִׁי (פסי') [ק/ב/160]. הַמֻּרְגָּשׁ בְּחוּשׁ, הַמִּתְיַחֵס אֶל הַמּוּחָשׁ, רִגְשִׁי. גַּשְׁמִי [ק/א/122]. מִתְיַחֵס עַל הַגּוּף, מִטֶּבַע הַחֹמֶר. גּוּפָנִי (פסי') [ק/ג/118]. עָב, עָבֶה, תַּאַוְתָנִי, חַמְדָנִי, חָמְרִי, חַמְרָנִי, תְּחוּשָׁתִי. מַרְגָּשָׁנִי (פסי') [מר״ח/610]. מְחוּשָׁתִי, חִישָׁתִי, תְּחוּשָׁנִי, מְמֻשָּׁשׁ

sinnliche Erfahrung ---> Erfahrung, sinnliche

sinnliche Form ---> Form, sinnliche

Sinnliche Materie ---> Materie, sinnliche

sinnliche Urteilskraft ---> Urteilskraft, sinnliche
sinnliche Vorstellung ---> Vorstellung, sinnliche
sinnliches Abbild ---> Abbild, sinnliches
sinnliches Bewußtsein ---> Bewußtsein, sinnliches

Sinnlichkeit
חוּשָׁנִיּוּת (פסי׳) [ק/ב/180]. מְחִישָׁה. תְּשׁוּקָה (פסי׳) [ק/א/18]. אֲבִיּוֹנָה, תַּאֲוַת בְּשָׂרִים. חָמְרִיּוּת [ק/א/314]. גּוּפָנִיּוּת, גַּשְׁמִיּוּת, לְהַבְדִּיל מִן רוּחָנִיּוּת

sinnlos
חֲסַר מַשְׁמָעוּת, נֶהְבָּל

sinnlose Silben ---> Silbe(n), sinnlose

Sinnspruch *{Motto}*
רְשֹׁמֶת רֹאשׁ (רְשׁוּמוֹת רֹאשׁ) (ספרנ׳) אֶפִּיגְרָף, אִמְרָה הַמּוּבֵאת בְּרֹאשׁ סֵפֶר

sinnverwandter Satz ---> Satz, sinnverwandter
sinnverwandtes Objekt ---> Objekt, sinnverwandtes

sinnvoll
בַּעַל מַשְׁמָעוּת, מַשְׁמָעוּתִי

sintern
דִּבְקֵק (מְדַבְקֵק) (טכנ׳) חִמֵּם אַבְקַת מַתָּכוֹת אוֹ גַּרְגְּרִים זְעִירִים שֶׁל חֳמָרִים חַרְסִיִּים (קֶרָמִיִּים) עַד לִנְקֻדַּת הַדִּבְקוּק (נְקֻדַּת הַהִתָּכָה בְּקֵרוּב) שֶׁבָּהּ מִתְקַשָּׁה כַּמִּיָּה (מַסָּה) זוֹ

Sinterglas
זְכוּכִית מְדֻבְקֶקֶת (טכנ׳)

Sinterungspunkt
נְקֻדַּת הַדִּבְקוּק (טכנ׳) מַעֲלַת חֹם שֶׁהַחֶרֶס נַעֲשֶׂה בָּהּ דּוֹמֶה לִזְכוּכִית בְּקַשְׁיוּתוֹ וּבְצוּרָתוֹ

Sinus
בֶּקַע (בְּקָעִים) (מתמ׳) [ק/א/93]. מֵיתַר מְחֻצֶּה, חֲצִי יֶתֶר, סִינוּס. חֵץ (חִצִּים) (מתמ׳) [ק/א/321]. קַו נִצָּב הַיּוֹרֵד מֵאֶמְצַע הַקֶּשֶׁת אֶל הַיֶּתֶר. נָכְחוּת (נָכְחִיּוֹת) (מתמ׳) [ק/ג/36]. שִׁעוּר הַיַּחַס שֶׁבֵּין הַזָּקִיף (נִצָּב) שֶׁמִּמּוּל הַזָּוִית הַחַדָּה וּבֵין הַיֶּתֶר בִּמְשֻׁלָּשׁ יְשַׁר זָוִית. גַּת (גִּתּוֹת) (רפו׳)

Sinus-Tafel
לוּחַ הַבְּקָעִים (מתמ׳) [ק/א/93]. לוּחַ סִינוּסִים

Sinusarrhythmie
הַפְרָעַת קֶצֶב גִּתִּית (רפו׳) הַפְרָעָה בְּקֶצֶב הַלֵּב

Sippe ---> Blutsverwandtschaft
Sirene ---> Seejungfrau, mythische

Sirius
כּוֹכַב הַכֶּלֶב (אסט׳) [ק/ב/87]. הַכֶּלֶב הַגִּבּוֹר, הַכּוֹכָב סִירְיוּס

Sirup
שִׁירוֹב (חזו׳, רפו׳) [מר״ח/653]. שֶׂרֶף, שִׁירוּב, סִירוֹפ

Sitte
מִנְהָג (מִנְהָגִים) (מ״ח) [ק/א/181; 324; ק/ב/212; ק/ג/31]. חֹק, נֹהַג (נְהָגִים) מְקֻבָּל, שִׂיג וָשִׂיחַ, הַנְהָגָה, דְּפוּס חֶבְרָתִי, נִימוּס, אֹפֶן הִתְנַהֲגוּת בַּחֶבְרָה. מוּסָר (מ״ח, אתי׳) [ק/ב/163]

Sitte(n), gute [---> Lebensart; Weltbrauch]
תַּאֲדִיב (אנת׳, מ״ח), חֻקִּים וְנִימוּסִים קְבוּעִים שֶׁל קִבּוּץ בְּנֵי אָדָם בַּעֲלֵי תַּרְבּוּת, הִלְכוֹת דֶּרֶךְ אֶרֶץ, גִּנּוּנִים

Sitten
הֲלִיכוֹת עַם (אנת׳, מ״ח) מִנְהָגִים, הִלְכוֹת מְדִינָה, נִימוּסִים מִנְהָגִיִּים שֶׁל עַם מְסֻיָּם

Sitten, Metaphysik der ---> Metaphysik der Sitten

Sittenkomödie
בַּדְּחַת מִדּוֹת (ספר׳, תאט׳)

Sittenlehre ---> Ethik

sittlich
מִדּוֹתִי (אתי׳) [ק/ב/148]. מִדִּי, בַּעַל מִדּוֹת טוֹבוֹת, מַה שֶּׁמִּתְיַחֵס לְמַעֲלוֹת הַמִּדּוֹת. מוּסָרָנִי (אתי׳, פסי׳) [ק/ב/237]. מוֹרָלִי, גְּדוּר בַּעֲרָיוֹת, צַדִּיק, שָׁלֵם בְּמִדּוֹת הַחֲסִידוּת. מוּסָרִי (אתי׳) [ק/ב/48]. אֶתִי, יְצִירִי, שֶׁל מִדָּה מוּסָרִית

sittliche Beschaffenheit ---> Beschaffenheit, sittliche
sittlicher Defekt ---> Defekt, sittlicher

Sittlichkeitsdelikt
מַעֲשֶׂה מְגֻנֶּה (משפ׳)

Sittlichkeitsverbrechen ---> Sittlichkeitsdelikt

Situation
מִמְצָב (מִמְצָבִים), סִיטוּאַצְיָה, מַעֲרֶכֶת נְסִבּוֹת וּמִקְרִים

Situation, epische
מִמְצָב סִפְרָתִי (סִיפּוּרְתִּי) (ספר׳) [מ״ס/73]. סִיטוּאַצְיָה אֶפִּית, מַצָּב שֶׁבּוֹ וּמִתּוֹכוֹ מִתְפַּתְּחוֹת הֵן הָעֲלִילָה הַחִיצוֹנִית הַמִּתְבַּטֵּאת בְּמַעֲשֵׂי הַדְּמֻיּוֹת וְהֵן הָעֲלִילָה הַפְּנִימִית הַמִּתְרַחֶשֶׁת בְּנַפְשׁוֹתֵיהֶן

Situationsanalyse
נִתּוּחַ מִמְצָבִי (פסי׳, מ״ח) [ר/ב/407]. נִתּוּחַ מַצָּבִי, - הָאֵרוּעִים בַּסְּבִיבָה הַטִּבְעִית כְּנֶגֶד מַעֲרָךְ מַעְבַּדְתִּי

Situationskomödie
בַּדְּחַת נְסִבּוֹת (ספר׳, תאט׳) בַּדְּחַת מִמְצָבִים

Situationsmuster ---> Handlungsrahmen

Situationstest
מִבְחַן מַצָּב (מ״ח, פסי׳) [ר/ב/407]. מִבְחָן מַצָּבִי, - תַּחְבּוּלָתִי הַמְחַקָּה אֶת הַמְּצִיאוּת לְשֵׁם קְבִיעַת תְּגוּבַת הַנִּבְחָן בְּמַצָּב מְסֻיָּם

Situm esse ---> Kategorie der Lage
Situs ----> Kategorie der Lage

Sitz [---> Passung]
מוֹשָׁב (מוֹשָׁבִים) [ק/ב/183]. מַחֲנֶה, מָקוֹם שֶׁיּוֹשְׁבִים בּוֹ, מְקוֹם חֲנִיָּה, חֲנָיָה. מִשְׁכָּן [ק/ב/294]. מָקוֹם. נָוֶה [ק/ג/22]. יִשּׁוּב, מְקוֹם מְגוּרִים, מָעוֹן, דִּירָה

Sitzart ---> Passungsgrad

Sitzbad
אַמְבַּט מָתְנַיִם (רפו׳) [מר״ח/616]. מֶרְחַץ יְשִׁיבָה

Sitzbein *{Os ischii}*
עֶצֶם הַשֵּׁת (רפו׳) שֵׁת

Sitzbeinnerv *{Nervus ischiadicus}*

עֶצֶב הַשֵּׁת (רפו׳) גִּיד הַנָּשֶׁה

Sitzung *{Seance}*

יְשִׁיבָה (יְשִׁיבוֹת) [מר״ח/606]. זְמָנָה (זְמָנוֹת)

Sitzungsberichte ---> Tagungsberichte

Skabies

חַכֶּכֶת (רפו׳) [מר״ח/598]. גָּרֶדֶת, הִטַּפְּלוּת אַקְרִיּוֹת

skabiesbezüglich

חַכַּכְתִּי (רפו׳)

Skabiose *{Scabiosa}*

תַּגִּית (בוט׳) צֶמַח מִמִּשְׁפַּחַת הַשַּׁלְמוֹנִיִּים

Skala [---> Tonleiter]

סֻלָּם (סֻלָּמוֹת) (מדע, טכנ׳) [ר/ב/458]. מַעֲרֶכֶת עֲרָכִים מְדֹרֶגֶת, קְנֵה מִדָּה, אֶמְצָעִי לְסִדּוּר מַשָּׂאִים אוֹ אֵרוּעִים לְפִי מֵמַד כָּלְשֶׁהוּ

Skala, revidierte

סֻלָּם מֻגָּה (סטט׳)

Skalenanalyse

נִתְחוּן סֻלָּמוֹת (סטט׳) [ר/ב/460]. נִתּוּחַ סֻלָּמוֹת, - הַמְּמַקֵּם פְּרִיט אוֹ מִשְׁתַּנֶּה כָּלְשֶׁהוּ בְּסֻלָּם נָתוּן

Skalenintervall

עֵרֶךְ שְׁנָתוֹת (טכנ׳)

Skalenteil

רֶוַח שְׁנָתוֹת (טכנ׳)

Skalenwert ---> Skalenintervall

skalierbar

מִסְתַּלֵּם, שֶׁנִּתָּן לְסִלּוּם

Skalierung

סִלּוּם (סטט׳) [ר/ב/479]. פִּתּוּחַ מַעֲרֶכֶת מִסְפָּרִית לִמְדִידַת תּוֹפָעָה מְסֻיֶּמֶת

Skalierung, multidimensionale (MDS)

סִלּוּם רַב מְמַדִּי (סטט׳) [ר/ב/473; מ״מ/220]. שִׁיטָה סְטָטִיסְטִית לַעֲרִיכַת נִתּוּחַ רַב מְמַדִּי

Skandal machen

שִׁעֲרֵר (מְשַׁעֲרֵר), הֵקִים שַׁעֲרוּרִיָּה

skandieren

שִׁנְהֵק (מְשַׁנְהֵק) (פסי׳, רפו׳, בלש׳) דִּבֵּר בְּהַטְעָמַת הֲבָרוֹת מֻגְזֶמֶת, חִתֵּךְ דִּבּוּרוֹ, דִּבֵּר קְטוּעוֹת. רוֹגֵל (מְרוֹגֵל) (ספר׳) סִמֵּן אֶת הַהֲבָרוֹת הַמֻּטְעָמוֹת בְּטוּר שִׁירִי, חִלֵּק שִׁיר לִרְגָלִים (חֲרוּזִים שִׁירִיִּים)

skandiert

שִׁנְהוּקִי, מְשֻׁנְהָק (פסי׳, רפו׳, בלש׳) מֻטְעָם אוֹ מֻדְגָּשׁ בְּצוּרָה מֻגְזֶמֶת, מְקֻטָּע

skandierte Sprache ---> Sprache, skandierte

Skarabäus ---> Mistkäfer

Skarifikation ---> Stichlung

Skaz ---> Rahmenerzählung mit Erzähler

Skepsis

סַפְקָנוּת (פיל׳) [ק/ב/202]. מְלֶאכֶת הָעֲמִידָה, סְקֶפְּטִיּוּת, הַטָּלַת סָפֵק, הִרְהוּרֵי דֵּעוֹת, עֶמְדָּה פַּקְפְּקָנִית, הֲלָכָה שֶׁל עִמְעוּם, סָפֵק

Skeptiker, Schule der

כַּת הַסַּפְקָנִים (פיל׳) [ק/ב/106]. סִיעַת הַמִּסְתַּפְּקִים

Sketch

מַחֲזִית (מַחֲזִיּוֹת) (תאט׳) סְקֶץ׳

Skizze ---> Entwurf

skizzieren

רִשֵּׁם (מְרַשֵּׁם) (אמנ׳) רָשַׁם (רוֹשֵׁם), תִּוָּה (מְתַוֶּה), רָשַׁם מִתְוָה

Skizzieren nach Augenmaß

רִשּׁוּם בִּטְבִיעַת עַיִן (אמנ׳) תִּוּוּי בְּסִקּוּר עַיִן

Skizzierpapier

נְיַר רִשֹּׁמֶת (אמנ׳)

Sklavenarbeit

עֲבוֹדַת עֲבָדִים (מ״ח, כלכ׳)

Sklerodermie ---> Darrsucht

Sklerom

טַרְשֹׁמֶת (רפו׳) סְקְלֶרוֹמָה

Sklerose

טָרֶשֶׁת (רפו׳) סְקְלֶרוֹזָה, הִתְקַשּׁוּת חוֹלָנִית שֶׁל רְקָמוֹת בַּגּוּף

Sklerose, multiple

טָרֶשֶׁת רַב מוֹקְדִית (רפו׳) טָרֶשֶׁת מְרֻבֶּבֶת

sklerotisch

טָרַשְׁתִּי (רפו׳) סְקְלֶרוֹטִי

Skoliose ---> Wirbelsäulenverkrümmung, seitliche

Skorbut

צַפְדִּינָה (רפו׳) [מר״ח/604]. צַפֶּדֶת, צִפָּדוֹן, מַחֲלָה הַנִּגְרֶמֶת מֵחֹסֶר מִחְיוֹן (וִיטָמִין) סִי

skorbutbezüglich

צִפְּדוֹנִי (רפו׳)

Skorpione *{Scorpiones}*

עַקְרַבָּאִים (זוא׳) סִדְרָה שֶׁל פְּרוּקֵי רַגְלַיִם

Skorpionskraut *{Coronilla scorpidides}*

כִּתְרוֹן עַקְרַבִּי (בוט׳) צֶמַח מִמִּשְׁפַּחַת הַפַּרְפְּרָנִיִּים

Skotodinie ---> Schwarzwerden vor den Augen

Skotom ---> Gesichtsfeldausfall

Skript ---> Handlungsrahmen

skrofulös

מַסַּסְתִּי (רפו׳) שֶׁל מַסֶּסֶת

Skrofulose

מַסֶּסֶת (רפו׳) [מר״ח/605]. חֲזִירִית, שַׁחֶפֶת קִשְׁרֵי לִימְפָה

Skrotum ---> Hodensack

Skrupel haben ---> Bedenken haben

Slang [---> Dialekt; Jargon]

לַהַג (לְהָגִים) (בלש׳) [מ״ב/207; י״א/450]. עִלּוּג, עֶלֶג (עֲלָגִים, עַלְגֵי-), תַּת לָשׁוֹן, עָגָה, סְלֶנְג, דִּבּוּר בִּלְתִּי רִשְׁמִי שֶׁכְּלָלֵי הַלָּשׁוֹן הַתִּקְנִית אֵינָם נִשְׁמָרִים בּוֹ וְהוּא מֻרְכָּב בְּעִקָּרוֹ מִמִּלִּים וּמִבִּטּוּיִים מְיֻחָדִים

Slot ---> Leerstelle

Smallest-Space-Analyse ---> Analyse, Smallest-Space-

Smaragd

אִזְמָרַגְד (אִזְמָרַגְדִּים) (מינ׳) אֶבֶן חֵן יְרֻקָּה

Smaragdeidechse *{Lacerta trilineata}*

לְטָאָה יְרֻקָּה (זוא׳) זוֹחֵל מִמִּשְׁפַּחַת הַלְּטָאִיִּים

Smaragdspint *{Merops orientalis}*

שְׁרַקְרַק גַּמָּדִי (זוא׳) עוֹף מִמִּשְׁפַּחַת הַשְּׁרַקְרַקִּיִּים

Smegma

לַחְנָה (רפוי) [מר״ח/617]. חֵלֶב הַמְּבוּשִׁים

Smog

עַרְפִּיחַ (מטא׳, רפוי) [מר״ח/617; יל״ט/155]. עַרְשָׁן, עֲרָפֶל מְעֹרָב עִם פִּיחַ אוֹ עִם עָשָׁן

Smorzando

דּוֹעֵךְ (מוס׳) סְמוֹרְצַנְדוֹ

So, das

כָּכוּת (פיל׳) [ק/ב/86]. כָּךְ, עִנְיַן הַכָּךְ, הַדָּבָר שֶׁהוּא כָּךְ וְלֹא אַחֶרֶת, הַתְּכוּנָה הַמְיֻחֶדֶת שֶׁבִּמְצִיאוּת מְסֻיֶּמֶת

so oft als

כָּל אֵימַת שֶׁ...

so wie...

כְּמוֹ שֶׁ... [ק/ג/132]. עַל מַה שֶּׁ... עָלָיו, כְּפִי מַה שֶּׁ..., כְּמוֹת שֶׁ...

sobald als...

בְּשָׁעָה שֶׁ..., כֵּיוָן שֶׁ..., כְּשֶׁ...

Sockel *{Postament}*

מַסָּד (מַסָּדִים) (אדר׳, טכנ׳) בָּסִיס, אֶדֶן (אֲדָנִים), יְסוֹד (יְסוֹדוֹת)

Sodbrennen *{Pyrosis}*

צָרֶבֶת (רפוי) [מר״ח/569]. חֲמַרְמֹרֶת

Soeinswesenheit ---> Essenz

sofern

עַד כַּמָּה שֶׁ..., בְּמִדָּה שֶׁ...

sofort

תֵּכֶף [ק/ד/204]. מִיָּד, בְּלֹא שְׁהִיָּה

Software

תָּכְנָה (תּוֹכְנָה) (מחש׳) [דמ״א/96]. שֵׁם כּוֹלֵל לְתָכְנִיּוֹת הַמֻּרְכָּבוֹת מִפְקָדוֹת וְהַנְחָיוֹת שׁוֹנוֹת הַמְּבַצְּעוֹת פְּעֻלּוֹת בַּמַּחְשֵׁב

sogleich ---> Stelle, auf der

Sohn(es), Zeremonie der Auslösung des erstgeborenen ---> Auslösung des erstgeborenen Sohnes, Zeremonie der

Sohnschaft

בְּנִיּוּת (אנת׳) [ק/א/91]. בְּנִיּוּת, יַחַס הַבֵּן אוֹ הַבַּת לְהוֹרֵיהֶם

Sojabohne *{Glycine max}*

סוֹיָה שְׂעִירָה (בוט׳) צֶמַח מִמִּשְׁפַּחַת הַפַּרְפָּרְנִיִּים

Sojaöl

שֶׁמֶן סוֹיָה (חזו׳) [דח״ט/166]. שֶׁמֶן צִמְחִי הַמּוּפָק מִזַּרְעֵי הַסּוֹיָה

solaris

שִׁמְשִׁי (אסט׳) [ק/ד/135]. שֶׁל הַשֶּׁמֶשׁ

Solarium

מִשְׁמָשָׁה (רפוי) [מר״ח/617]. סוֹלָרִיּוּם, הֶתְקֵן הַמַּקְרִין קְרִינָה עַל סְגֻלָּה

Solarzelle

תָּא שֶׁמֶשׁ (פיס׳) הֶתְקֵן הַהוֹפֵךְ מֶרֶץ (אֶנֶרְגִּיָּה) שֶׁמֶשׁ לְמֶרֶץ חַשְׁמַלִּי

Solawechsel

שְׁטָר חוֹב עַצְמִי (כלכ׳, משפ׳) הִתְחַיְּבוּת שֶׁל עוֹשֵׂה הַשְּׁטָר לְשַׁלֵּם בְּעַצְמוֹ אֶת סְכוּם הַשְּׁטָר

Soldat(in)

חַיָּל (חַיָּלִים), חַיֶּלֶת (חַיָּלוֹת) (צבא) אִישׁ צָבָא, לוֹחֵם (לוֹחֲמִים), קַלְגָּס (קַלְגָּסִים), סַרְדְּיוֹט (סַרְדְּיוֹטוֹת)

Solenoid

סְלִילוֹנִית (טכנ׳) [ל״מ/451]. סְלִיל רַב כְּרִיכוֹת

solid ---> solide

solidarisch

עַמָּדִי (מ״ח) אַחֲוָתִי, אַחֲוָאִי, סוֹלִידָרִי, אַחְדָנִי, עַרְבָנִי

solidarisieren

עָמַד (מְעַמֵּד) עִם.../לְצַד..., הִתְעַמֵּד (מִתְעַמֵּד) עִם.../לְצַד... (מ״ח) הָיָה סוֹלִידָרִי עִם..., הִתְאַחֲוָה (מִתְאַחֲוֶה) עִם...

Solidarität

עַמָּדִיּוּת עִם.../לְצַד... (מ״ח) אַחֲוָה, סוֹלִידָרִיּוּת, אַחְדָנוּת, עַרְבָנוּת

solide

צָלִיד, צָלוּד [מר״ח/617]. גַּלְדִּי, גָּלוּד, קָשֶׁה, קְרוּמִי, קַרְנִי, סוֹלִידִי

Solidität

צְלִידוּת [מר״ח/617]. קַשְׁיוּת, קְרִישׁוּת, מוּצָקוּת

Solifluktion ---> Bodenfließen

Solist(in)

אַחֲדִיתָן, אַחֲדִיתָנִית (מוס׳) סוֹלָן, סוֹלָנִית, נַגָּן אַחֲדִית (סוֹלוֹ), נַגֶּנֶת אַחֲדִית (סוֹלוֹ)

Sollen

הָרָאוּי (פיל׳)

sollizitieren

הוֹעִיד (מוֹעִיד), נוֹעַד, הִזְמִין, פָּנָה

Sollmaß

מִדָּה לַהֲלָכָה (טכנ׳)

Sollsaldo

יִתְרַת חוֹבָה (כלכ׳) חֶסְרָה

solo

אַחֲדִית (מוס׳) סוֹלוֹ, פַּרְטִית

Solstitium ---> Sonnenwende

Solvat

מֶסֶס (מְסָסִים) (כימ׳) תּוֹצָאַת הַמְּסִיסָה

Solvation

מְסִיסָה (כימ׳) הִתְחַבְּרוּת הַמֵּמֵס עִם הַמּוּמָס

Solvens

חֹמֶר מֵמֵס (כימ׳)

solvent ---> zahlungsfähig

Solventraffinat ---> Solvat

Solvenz ---> Zahlungsfähigkeit

solvieren ---> auflösen

Soma ---> Körper

somatisch ---> körperlich

Somästhesie

תְּחוּשַׁת הַגּוּף (פסי׳, רפוי) [ר/ב/462]. סוֹמֶסְתֶּזְיָה, הַחוּשׁ הַקָּשׁוּר לְמַגָּע הַגּוּפָנִי

somästhetisch

תְּחוּשְׁגּוּפִי (פסי׳, רפוי) [ר/ב/462]. שֶׁל תְּחוּשַׁת הַגּוּף, סוֹמֶסְתֶּזִי

somatogen

יְצִיר הַגּוּף (ביו׳, רפוי) סוֹמָטוֹגֶנִי, שֶׁנּוֹצַר בְּתָאֵי הַגּוּף

somatogene Erkrankungen ---> Erkrankungen, somatogene

Somatotyp

טִפּוּס גּוּף (רפוי, פסי׳) [ר/ב/461]

Sommer

קַיִץ (קֵיצִים) (מטא׳, חקל׳) [א״ח/ב/149]. יְמוֹת

הַחַמָּה, יְמֵי אִסּוּף הַפֵּרוֹת, עוֹנַת הַקָּטִיף, חֲצִי סִיוָן, תַּמּוּז וַחֲצִי אָב, יְמֵי הַגָּרִיד

Sommer zubringen lassen, den
קִיֵּץ (מְקַיֵּץ), בִּלָּה אֶת יְמֵי הַקַּיִץ

Sommeraster *{Callistephus}*
נִזְרָה (בוט׳) צֶמַח מִמִּשְׁפַּחַת הַמֻּרְכָּבִים

Sommerblutströpfchen *{Adonis aestivalis}*
דְּמוּמִית עֲבַת שִׁבֹּלֶת (בוט׳) צֶמַח מִמִּשְׁפַּחַת הַנּוּרִיתִיִּים

Sommerefeu *{Senecio mikanioides}*
סַבְיוֹן מְטַפֵּס (בוט׳) צֶמַח מִמִּשְׁפַּחַת הַמֻּרְכָּבִים

Sommerknoblauch *{Allium ampeloprasum}*
שׁוּם גָּבֹהַּ (בוט׳) צֶמַח מִמִּשְׁפַּחַת הַשּׁוֹשַׁנִּיִּים

sommerlich
קֵיצִי (קֵיצִיִּים), קֵיצָנִי, שֶׁל קַיִץ

Sommerwurz *{Orobanche}*
עַלֶּקֶת (בוט׳) צֶמַח מִמִּשְׁפַּחַת הָעַלַּקְתִּיִּים

Somnambulismus ---> Schlafwandeln

Somniloquie ---> Schlaf, Sprechen im

somnolent ---> schläfrig

Somnolenz ---> Schläfrigkeit

Sonde
מַחְדֵּר (מַחְדְּרִים) (רפוי) [מר״ח/620;103]. מַסְבֵּר, בּוֹצִין, גַּלַּאי, גַּשָּׁשׁ, זוֹנְדָה

Sonderart des Menschen ---> Mensch(en), Sonderart des

sonderbar
מוּזָר [ק/א/266]. זָר, מְשֻׁנֶּה, תָּמוּהַּ, יוֹצֵא מִגֶּדֶר הָרָגִיל. מֻפְלָא [ק/ב/245]. מְיֻחָד, מַתְמִיהַּ, יוֹצֵא דֹּפֶן

Sonderdruck *{Separatum}*
תַּדְפִּיס (תַּדְפִּיסִים) (ספרנ׳) מַאֲמָר מִתּוֹךְ כְּתַב עֵת הַמֻּדְפָּס בְּנִפְרָד

Sonderernährung ---> Zwangsernährung

sondern
הִפְרִיד (מַפְרִיד) [ק/ג/217]. הִפְרִישׁ (מַפְרִישׁ), יִחֵד (מְיַחֵד). הִבְחִין בֵּין... לְ... [ק/ג/216]. פֵּרֵק, פֵּרֵק, מִיֵּן, סִוֵּג, הִבְדִּיל בֵּין... לְבֵין...

sondernde Kraft ---> Kraft, sondernde

Sonderpfandrecht
שִׁעְבּוּד מְיֻחָד (משפ׳, כלכ׳)

Sonderung
הַבְחָנָה, נִפּוּי

Sondierballon
כַּדּוּר מַדְמֵד (מטא׳) [יל״ט/32]. בַּלּוֹן מַדְמֵד, - רַדְיוֹזוֹנְד, - תַּצְפִּיּוֹת גָּדוֹל הַנּוֹשֵׂא עִמּוֹ מַדְמֵד

sondieren
חִדֵּר (מְחַדֵּר) (רפוי) [מר״ח/620]. סִבֵּר (מְסַבֵּר), הִכְנִיס מַחְדֵּר (זוֹנְדָה) לְתוֹךְ פְּתָחִים בַּגּוּף כְּדֵי לְבָדְקָם. מִדְמֵד (מְמַדְמֵד) (מטא׳) [יל״ט/101]. הֶחְדִּיר מַכְשִׁיר לִמְדִידַת מַעֲקָב מֶטֶאוֹרוֹלוֹגִית לְשִׁכְבוֹת הָאֲוִירָה (אַטְמוֹסְפֵרָה). בְּחֵן (מְבַחֵן) (טכנ׳)

Sondieren
חִדּוּר (רפוי) [מר״ח/620]. סִבּוּר, בְּדִיקָה בְּאֶמְצָעוּת מַחְדֵּר (זוֹנְדָה). מִדְמוּד (מטא׳) [יל״ט/103]. שִׁגּוּר מַדְמֵד לִבְדִיקַת הַסְּבִיבָה הָאַטְמוֹסְפֵרִית, הַפְרָחַת רַדְיוֹזוֹנְד. בְּחוּן (טכנ׳)

Sonne, Erstrahlen der
זְרִיחַת הַשֶּׁמֶשׁ [א״ח/ב/420]. הֱנֵץ הַחַמָּה

Sonne bezüglich, auf die
שִׁמְשִׁי (אסט׳) [ק/ד/135]. שֶׁל הַשֶּׁמֶשׁ

sonnen
שִׁמֵּשׁ (מְשַׁמְשֵׁן), הִשְׁתַּמְשֵׁן (מִשְׁתַּמְשֵׁן) [מר״ח/394; י״א/581]. נִשְׁמַשׁ (נִשְׁמָשׁ), הִשְׁמִישׁ, סָפַג קְרִינַת שֶׁמֶשׁ, הָיָה מֻצָּג מוּל הַשֶּׁמֶשׁ

Sonnen
שִׁמְשׁוּן [י״א/581]. שְׁמִישָׁה, סְפִיגַת קְרִינַת שֶׁמֶשׁ

Sonnenbahn ---> Ekliptik

Sonnenbestrahlung *{Insolation}*
שִׁמְשׁוּן, הִשְׁתַּמְשְׁנוּת, שִׂימָה נֹכַח קְרִינַת הַשֶּׁמֶשׁ

Sonnenblende
סַךְ אוֹר (סַכֵּי אוֹר) (טכנ׳) הֶתְקֵן לְהֲגַנַּת הָעֲצָמִית (אוֹבְּיֶקְטִיב) מִפְּנֵי אוֹר

Sonnenblume *{Helianthus}*
חַמָּנִית (בוט׳) צֶמַח מִמִּשְׁפַּחַת הַמֻּרְכָּבִים

Sonnenblumenöl
שֶׁמֶן חַמָּנִיּוֹת (חזו׳) [דח״ט/166]. שֶׁמֶן צִמְחִי הַמּוּפָק מִזַּרְעֵי חַמָּנִיּוֹת

Sonnenfinsternis
לִקּוּי חַמָּה (אסט׳) [ק/ב/124]. לִקּוּת הַחַמָּה, הַקְדָּרַת אוֹר הַשֶּׁמֶשׁ עַל יְדֵי הַיָּרֵחַ. קַדְרוּת (אסט׳) [ק/ג/271]. לִקּוּת שִׁמְשִׁי (אסט׳) [ק/ד/136]

Sonnenfinsternis betreffend, die
קַדְרִי (אסט׳) [ק/ג/271]. שֶׁל קַדְרוּת, - לִקּוּי חַמָּה

Sonnenhof
הִלַּת שֶׁמֶשׁ (מטא׳) [יל״ט/52]. הִלָּה שֶׁל הַשֶּׁמֶשׁ, הוֹפָעַת טֶבַע לְבַנְבֶּנֶת סְבִיב הַשֶּׁמֶשׁ הַנִּגְרֶמֶת מִשְּׁבִירַת קַרְנֵי הָאוֹר שֶׁלָּהּ בְּהִתָּקְלָן בִּגְבִישֵׁי קֶרַח שֶׁבָּאֲוִירָה (אַטְמוֹסְפֵרָה)

Sonnenjahr
שְׁנַת חַמָּה (אסט׳)

Sonnenröschen *{Helianthemum}*
שִׁמְשׁוֹן (בוט׳) צֶמַח מִמִּשְׁפַּחַת הַלַּטְמִיִּים

Sonnenscheinautograph
רוֹשֵׁם זְהִירַת הַחַמָּה (מטא׳) [יל״ט/191]. רוֹשֵׁם זְהִירַת הַשֶּׁמֶשׁ, - זְהִירָה, מַכְשִׁיר לִרְשׁוּם מֶשֶׁךְ זְהִירַת הַשֶּׁמֶשׁ

Sonnenscheindauer
מֶשֶׁךְ זְהִירַת הַשֶּׁמֶשׁ (מטא׳) [יל״ט/129]. מֶשֶׁךְ זְהִירַת הַחַמָּה

Sonnentag, mittlerer
יְמַמַת חַמָּה מְמֻצַּעַת (אסט׳)

Sonnentag, wahrer
יְמַמַת חַמָּה אֲמִתִּית (אסט׳)

Sonnenuntergang
שְׁקִיעַת הַשֶּׁמֶשׁ [א״ח/ב/418]. הַעֲרֵב שֶׁמֶשׁ, שְׁקִיעַת הַחַמָּה

Sonnenwende *{Solstitium}*
הִפּוּךְ (אסט׳) [ק/א/193]. הִפּוּךְ הַחֹם, - הַקֹּר, - הַקַּיִץ, - הַחֹרֶף וכו׳. מוֹעֵד הַהִפּוּךְ, עֵת הַשָּׁנָה שֶׁהַשֶּׁמֶשׁ מִתְרַחֶקֶת בְּיוֹתֵר מִקַּו הַמַּשְׁוֶה. הֶפֶךְ (אסט׳) [ק/א/194]. הֶפֶךְ הַקַּיִץ, - הַחֹרֶף וכו׳. הִתְהַפְּכוּת (אסט׳) [ק/א/230]. הִתְהַפְּכוּת

הַקִּיצִית, - הַחֲרָפִית. נְקֻדַּת הַתְּמוּרָה (אסט׳) [ק/ג/65]. נְקֻדַּת הַהִפּוּךְ (בַּשָּׁמַיִם), סוֹלְסְטִיס

Sonnenzyklus

מַחֲזוֹר שֶׁל חַמָּה (אסט׳) [קב/178]. פֶּרֶק זְמַן שֶׁהַשֶּׁמֶשׁ מַשְׁלִימָה אֶת מַסְלוּלָהּ וְחוֹזֶרֶת לִמְקוֹמָהּ הָרִאשׁוֹן

Sonntag

יוֹם רִאשׁוֹן, אֶחָד בְּשַׁבָּת

sonor ---> wohlklingend

Sonorität ---> Wohlklang

sonstig

זוּלָתִי [ק/א/256]. שׁוֹנֶה, מִתְחַלֵּף, אַחֵר, זוּלַת

Soormykose *{Candidiasis; Candidose}*

[---> Candida, Erkrankung durch]

עֲבָשִׁית (רפו׳) [מר״ח/619]. פַּטֶּרֶת קַנְדִּידָה

Sophisma ---> Sophistik

Sophist(en)

שַׁפְשְׁטָן (שַׁפְשְׁטָנִים) (פיל׳) [ק/ג/99; מר״ח/619]. סוֹפִיסְט, מַהְבִּיל. בַּעֲלֵי הָעִקְּשׁוּת (פיל׳) [ק/א/93; ק/ג/168]. אַנְשֵׁי הָעִקְּשׁוּת. בַּעַל הַטְעָאָה, הַטְעָאִי, הֶטְעֵי (פיל׳) [ק/א/168]. זִיּוּפִי (פיל׳) [ק/א/257]. חֲכַם הַהַטְעָאָה (פיל׳) [ק/א/289]. סִיעַת הַמִּתְחַכְּמִים, כַּת חַכְמֵי הַהַתְעָיָה, כַּת הַמִּתְעַקְּשִׁים, בַּעֲלֵי חָכְמַת הַשֶּׁלִי (פיל׳) [ק/ב/325,106]. מְזַיֵּף (פיל׳) [ק/ב/173]. מִתְחַכֵּם [ק/ב/315]. שֶׁמַּעֲמִיד פְּנֵי חָכָם, מִתְעַקֵּשׁ, כִּנּוּי לְאָדָם הַמּוֹכִיחַ דְּבָרִים מִתּוֹךְ הֲנָחוֹת כּוֹזְבוֹת

Sophisterei ---> Sophistik

Sophistik

שִׁפְשׁוּט, שַׁפְשְׁטָנוּת [מר״ח/619]. סוֹפִיזְם, שַׁפְשָׁטָה, הִתְחַכְּמוּת, פִּלְפּוּל, נִכּוּל, הוֹלָכַת שׁוֹלָל, גְּנֵבַת הַדַּעַת בְּיוֹדְעִין, שִׁמּוּשׁ בְּטִעוּנֵי שָׁוְא, מַעֲשֵׂה נוֹכֵל. אֻמָּנוּת הַהַטְעָאָה (פיל׳) [ק/א/55]. הֶטְעָה (פיל׳) [ק/א/168]. דַּרְכֵי הַהֶקֵּשׁ הַכּוֹזֵב. הַתְעָיָה (פיל׳) [ק/א/242]. הִתְעַקְּשׁוּת (פיל׳) [ק/א/243]. זִיּוּף (פיל׳) [ק/א/257]. זַיָּפוּת, זִיְּפָנוּת [ק/א/259]. חָכְמַת הַהַטְעָאָה, - הַהַתְעָיָה, - הַזִּיּוּף, - הַשֶּׁלִי (פיל׳) [ק/א/299,295; ק/ד/113]

sophistisch ---> irreführend

Sopor ---> Schlafsucht

soporosus ---> schlafsüchtig

sorbieren

סָפָה (סוֹפֶה) (כימ׳) סָפַג אוֹ סָפַח

sorbiert

סָפוּי (כימ׳) סָפוּג אוֹ סָפוּחַ

Sorge

דְּאָגָה, חֲשָׁשׁ (חֲשָׁשׁוֹת)

Sorgen machen

דָּאַג (דּוֹאֵג), חָשַׁשׁ (חוֹשֵׁשׁ), חָרַד, פָּחַד עַל

sorgfältig

דַּיְקָנִי, מְדַקְדֵּק, קַפְּדָנִי, נוֹקְדָנִי

sorgfältig verfahren ---> verfahren, sorgfältig

Sorgfalt

הַקְפָּדָה [ק/א/146; 157]. הַגָּעָה, דַּקּוּת, דַּיְקָנוּת, חֹזֶק הַפְּעֻלָּה, הִשְׁתַּדְּלוּת וִיגִיעָה, הַשְׁגָּחָה מְעֻלָּה, שִׂימַת עַיִן, דַּיְקוּת, דַּקְדְּקָנוּת, קַפְּדָנוּת, נוֹקְדָנוּת

sorglos werden

שָׁלַו (שָׁלֵו) (פסי׳) הָיָה שָׁלֵו וְשָׁקֵט, שָׁלָה (שָׁלֶה), הִשְׁתַּלֵּו, הִשְׁלִיו (מַשְׁלִיו), נִשְׁלַו

Sorption

סְפִיָּה (כימ׳) מֻנָּח כְּלָלִי לִסְפִיגָה וּסְפִיחָה

Sortiermaschine

מְסַוֶּגֶת (טכנ׳, מנה׳)

Sortiernadel

מַחַט סִוּוּג (טכנ׳, ספרנ׳)

Sortierung

סִוּוּג (מדע) מִיּוּן

Sortierung, maschinelle

סִוּוּג מְמֻכָּן (טכנ׳, מנה׳)

Sorus ---> Sporenhäufchen

Soße

רֹטֶב (רְטָבִים) (תזו׳) צִיר, מִיץ מָלוּחַ

sostenuto

מָתוּג (מוס׳) סוֹסְטֶנוּטוֹ, מְרֻסָּן, עָצוּר, מְעֻצָּר, בְּרִסּוּן

Soubrette

מְזִמּוּטָאִית (תאט׳) בַּדְּרָנִית, רִיבָה

Souffleur

לַחְשָׁן (תאט׳)

Souffleuse

לַחְשָׁנִית (תאט׳)

soufflieren

לָחַשׁ (לוֹחֵשׁ) (תאט׳) רָמַז, הִזְכִּיר לְשַׂחְקָן אֶת דִּבְרֵי תַּפְקִידוֹ

Souffliermethode *{Prompting}*

מַדְרוּךְ (מְתוֹדַת) סִיּוּעַ (פסי׳) [ר/ב/472]. סִיּוּעַ, דֶּרֶךְ הַסִּיּוּעַ, מַתַּן סִיּוּעַ, נְתִינַת רֶמֶז אוֹ עֵצָה לְשִׁפּוּר הַזִּכָּרוֹן

Souterrain ---> Kellergeschoß

souverän

רִבּוֹנִי (מדי׳) סוּבֶרֶנִי

Souverän

רִבּוֹן (מדי׳) סוּבֶרֶן

Souveränität

רִבּוֹנוּת (מדי׳) סוּבֶרֶנִיּוּת

soweit das Auge reicht ---> Auge reicht, soweit das

Soziabilität [---> Freundschaft]

חֶבְרָתִיּוּת (מ״ח, פסי׳) [ר/א/255]. חֲבֵרוּתִיּוּת, זִקַּת הָאָדָם אֶל הַחֶבְרָה בָּהּ הוּא נִמְצָא, אַהֲבַת הַבְּרִיּוֹת, יַחֲסֵי אֱנוֹשׁ. צַוְתָּאוּת (מ״ח) [ק/ג/239]. צֶוֶת, צְוָת, צַוְתָּא, צַוְתָּה, הִתְחַבְּרוּת, הִקָּשְׁרוּת

sozial [---> freundschaftlich]

חֶבְרָתִי (מדי׳, מ״ח) [ק/ב/150]. מְדִינִי, מַה שֶּׁמִּתְיַחֵס אֶל הַקִּבּוּץ הָאֱנוֹשִׁי, סוֹצְיָאלִי, חֲבֵרוּתִי, מְעֹרָב עִם הַבְּרִיּוֹת, צַוְתָּאִי. מִנְהָגִי (מ״ח) [ק/ב/213; ר/א/255]. כְּדֶרֶךְ הַמִּנְהָג, עָשׂוּי לְפִי תֶּקֶן מְסֻיָּם, נִימוּסִי, הֶסְכֵּמִי, מְקֻבָּל

soziale Anpassungsfähigkeit ---> Anpassungsfähigkeit, soziale

soziale Ansteckung ---> Ansteckung, soziale

soziale Desintegration ---> Anomie

soziale Desirabilität ---> Erwünschtheit, soziale

soziale Distanz ---> Distanz, soziale
s o z i a l e   E r w ü n s c h t h e i t   ---> Erwünschtheit, soziale
soziale Kontrolle ---> Kontrolle, soziale
soziale Mobilität ---> Mobilität, soziale
soziale Tugend ---> Tugend, öffentliche
Sozialengineering
הַנְדּוּס חֶבְרָתִי (מדי', מ"ח) שִׁמּוּשׁ בִּתְוֹצָאוֹת מַדָּעֵי הַחֶבְרָה וּבְשִׁיטוֹתֵיהֶם לְשֵׁם פִּתְרוֹן בְּעָיוֹת חֶבְרָתִיּוֹת שׁוֹטְפוֹת
sozialer Kontext ---> Kontex, sozialer
sozialer Typus ---> Typus, sozialer
sozialer Wandel ---> Wandel, sozialer
soziales Alter ---> Alter, soziales
s o z i a l e s   K o l l e k t i v   --->   K o l l e k t i v , soziales
soziales Umfeld ---> Milieu
Sozialisation
חִבְרוּת (מ"ח, פסי') [ל"ס/57; ר/א/267]. סוֹצְיָאלִיזַצְיָה, תַּהֲלִיךְ עִצּוּב הִתְנַהֲגוּת הָאָדָם וּרְכִישַׁת הַיֶּדַע וְהָעֲרָכִים הַדְּרוּשִׁים לוֹ כְּדֵי לְהִקָּלֵט בַּחֶבְרָה
sozialisieren [---> verstaatlichen]
חִבְרֵת (מְחַבְרֵת) (מ"ח, פסי') הִקְנָה עֶרְכֵי חֶבְרָה
S o z i a l i s i e r u n g   --->   S o z i a l i s a t i o n ; Verstaatlichung
Sozialismus
חֶבְרָנוּת (מ"ח) סוֹצְיָאלִיזְם, מִשְׁטָר חֶבְרָתִי הַמְּבֻסָּס עַל כֹּחוֹ הַמְּדִינִי שֶׁל מַעֲמַד הַפּוֹעֲלִים וְעַל הַקִּנְיָן הַחֶבְרָתִי בְּאֶמְצָעֵי הַיִּצּוּר הַמִּתְקַיֵּם בִּשְׁתֵּי צוּרוֹת יְסוֹד: קִנְיָן כְּלַל חֶבְרָתִי שֶׁל הַמְּדִינָה וְקִנְיָן שֶׁל שִׁתּוּפִיּוֹת וַאֲגֻדּוֹת הֲדָדִיּוֹת
Sozialist(in)
חֶבְרָן, חֶבְרָנִית (מ"ח) סוֹצְיָאלִיסְט
sozialistisch
חֶבְרָנִי (מ"ח) סוֹצְיָאלִיסְטִי
Sozialklima
אַקְלִים חֶבְרָתִי (מ"ח)
Sozialpathologie
חֹלִי חֶבְרָתִי (מ"ח, פסי') פָּתוֹלוֹגְיָה חֶבְרָתִית
Sozialpsychologie
נַפְשׁוּת חֶבְרָתִית (פסי', מ"ח) פְּסִיכוֹלוֹגְיָה שֶׁל הַחֶבְרָה
Sozialtechnik ---> Sozialengineering
Sozialversicherung, staatliche
בִּטּוּחַ לְאֻמִּי (מדי', כלכ')
soziogen
יְצִיר חֶבְרָה (מ"ח, פסי') [ר/ב/463]. סוֹצְיוֹגֶנִי, שֶׁמְּקוֹרוֹ בַּחֶבְרָה
soziogenetisches Motiv ---> Motiv, soziogenetisches
Soziogramm
חֶבְרְשׁוּם (מ"ח, פסי') [ר/ב/463]. סוֹצְיוֹגְרָמָה, בִּטּוּי רִשּׁוּמִי (גְּרָפִי) שֶׁל מִבְנֵה יַחֲסֵי הַגּוֹמְלִין בֵּין חַבְרֵי קְבוּצָה מְסֻיֶּמֶת
Soziometrie
מִיּוּד חֶבְרָתִי (מ"ח, פסי') [ר/ב/463]. סוֹצְיוֹמֶטְרִיָּה, עֲנַף מַדָּעֵי הָעוֹסֵק בִּמְדִידָה כַּמּוּתִית שֶׁל יַחֲסֵי הַגּוֹמְלִין בֵּין בְּנֵי אָדָם מִצַּד הַהַעֲדָפָה, הָאֲדִישׁוּת וְהַדְּחִיָּה בְּמִמְצָב (סִיטוּאַצְיָה) בְּחִירָה
sozioökonomischer Status ---> Status, sozioökonomischer
Spachtel
מָרִית (מָרִיּוֹת) (טכנ') כַּף שְׁטוּחָה לִמְרִיחָה וּלְהַחֲלָקָה
Spadix ---> Kolben
spät
מְאֻחָר [ק/ב/310]. מִתְאַחֵר
späte Kindheit ---> Kindheit, späte
spätere Entstehung, ---> Entstehung, spätere
späteres Eintreffen ---> Eintreffen, späteres
Spätfrucht ---> Spätling
Spätling
אָחוּר (אֲחוּרִים) [ק/ב/310]. מִתְאַחֵר, אוֹחֵר (אוֹחֲרִים), מְאַחֵר בִּזְמַן. לָקִישׁ [מר"ח/658]. לַקִּישׁ, מְלֻקָּשׁ, שֶׁנּוֹלַד בִּמְאֻחָר, שֶׁצּוֹמֵחַ בִּמְאֻחָר. אָפִיל (אֲפִילִים) [א"ח/ב/150]. דָּבָר שֶׁאֵחַר לָבוֹא. סְתָוָנִית (סְתָוָנִיּוֹת) (חקל') [א"ח/ב/232]. פְּרִי הַמַּבְשִׁיל בַּסְּתָו, סִפְסוּף (סִפְסוּפִים), סְפוֹנִית (סְפוֹנִיּוֹת), סְפוֹף
Spätnachmittag
בֵּין הָעַרְבַּיִם [א"ח/ב/418]. לִפְנוֹת עֶרֶב
Spätreaktion ---> Reaktion, verzögerte
Spalier ziehen, auf ein hohes ---> hinaufziehen
Spalt *{Hiatus}*
מִבְקָע (רפו') פַּעַר (פְּעָרִים), סֶדֶק (סְדָקִים)
Spaltblume *{Schizanthus}*
שְׂסִיעָנִית (בוט') צֶמַח מִמִּשְׁפַּחַת הַסּוֹלָנִיִּים
Spalte *{Kolonne}* **[---> Schlitz]**
עַמּוּדָה (עַמּוּדוֹת) (דפו', ספרנ', מחמ') טוּר (טוּרִים)
spalten
בִּקֵּעַ (מְבַקֵּעַ) [א"ח/ב/220; 236]. פִּלַּח (פּוֹלֵחַ), בָּזַע (בּוֹזֵעַ), פִּצֵּל (מְפַצֵּל), בָּקַע, קָרַע, נִקְרַע, בִּזַּע (מְבַזֵּעַ), סָדַק (סוֹדֵק), סִדֵּק (מְסַדֵּק), נִסְדַּק, נִפְצַל, הִתְפַּצֵּל, נִבְקַע, סֻדַּק (מְסֻדָּק)
Spaltenfrost
סִדְקֵי קִפָּאוֹן (גאו') צוּרָה שֶׁל בְּלִיָּה כִּינִית (פִיזִיקָלִית) הַמִּתְהַוָּה כְּשֶׁמַּיִם שֶׁחָדְרוּ לְסִדְקֵי סְלָעִים וְקָפְאוּ גּוֹרְמִים לְנִפּוּצָם
Spaltenrang
דַּרְגַּת עַמּוּדָה (מחמ')
Spaltfrucht
מַפְרֶדֶת (מַפְרָדוֹת) (בוט') פְּרִי הַמִּתְפָּרֵק עִם הַבְשָׁלָתוֹ לַחֲלָקִים
Spaltung [---> Dissoziation]
בְּקוּעַ, פִּצּוּל
Spaltung, gruppeninterne
בְּקִיעִים תּוֹךְ קְבוּצָתִיִּים (פסי', מ"ח)
Spaltungsirresein ---> Schizophrenie
Span
קִיסָם (קִיסָמִים) (טכנ') [א"ח/א/86;68]. בְּקַעִית (בְּקָעִיּוֹת), גֶּזֶר עֵץ, שְׁבָב (שְׁבָבִים), בְּקַעַת
spannen

הָאֱמִיץ (מַאֲמִיץ) (פיס') הִפְעִיל כֹּחַ עַל יְחִידַת שֶׁטַח. מִתַּח (מְמַתֵּחַ) (טכנ') מָתַח (מוֹתֵחַ)

Spanner *{Geometridae}*

מוֹדְדִיִּים (זוא') מִשְׁפָּחָה שֶׁל פַּרְפָּרָאִים

Spannkraft ---> Elan

Spannung [---> Gespanntheit; Anspannung]

מַאֲמָץ (פיס') [ל"מ/343]. כֹּחַ הַפּוֹעֵל עַל יְחִידַת שֶׁטַח. מִתּוּחַ, מֶתַח (פיס') [ק/ב/313]. הִתְפַּשְּׁטוּת, הִתְמַתְּחוּת לִצְדָדִים, הַמְתָּחָה. מְתִיחָה (פיס') [ק/ב/317]. מְשִׁיכַת דָּבָר לָאֹרֶךְ אוֹ לָרֹחַב, שִׁעוּר הַלַּחַץ אוֹ הַהִתְפַּשְּׁטוּת

Spannung, elektrische

מֶתַח חַשְׁמַלִּי (פיס') [ל"מ/422]. כַּמּוּת הָעֲבוֹדָה הַדְּרוּשָׁה כְּדֵי לְהַעֲבִיר יְחִידַת מִטְעָן חִיּוּבִית מִנְּקֻדָּה בַּעֲלַת אֹזֶר (פּוֹטֶנְצִיאָל) חַשְׁמַלִּי נָמוּךְ לִנְקֻדָּה בַּעֲלַת אֹזֶר חַשְׁמַלִּי גָּבֹהַּ יוֹתֵר

Spannung, unter

בְּמֶתַח (פיס') חַי

Spannung der Aufmerksamkeit ---> Aufmerksamkeit, Spannung der

Spannungen entladen, seelische ---> abreagieren

Spannungsabfall *{Potentialabfall}*

מַפַּל מֶתַח (פיס')

Spannungsempfindung

תְּחוּשַׁת מֶתַח (פסי', רפו')

Spannungsirresein ---> Katatonie

Spannungskonzentration

רִכּוּז מַאֲמַצִּים (אדר', טכנ')

Spannungsmesser *{Voltmeter}*

מַד מֶתַח (פיס', טכנ') [ל"מ/235]. ווֹלְטְמֶטֶר, מַכְשִׁיר לִמְדִידַת מֶתַח חַשְׁמַלִּי

Spannungsstörung ---> Dystonie

Spannungsvektor

מִטְרָח (פיס') גְּרַמְגַּם הַמַּאֲמָץ (וֶקְטוֹר הַמַּאֲמָץ)

Spannungszustand [---> Gewebespannung]

יְתִינוּת (רפו') [מר"ח/671]. יַתְנוּת

Spannweite

טֹוַח (סטט') [ר/א/285; מ"מ/212]. מַדַּד הַמְּצַיֵּן אֶת הָרֶוַח בֵּין הָעֵרֶךְ הַנָּמוּךְ לָעֵרֶךְ הַגָּבֹהַּ בְּהִתְפַּלְּגוּת. מִפְתָּח (טכנ') מוּטָה (שֶׁל כְּנָפַיִם)

Spargel *{Asparagus}*

אַסְפָּרָג (בוט') צֶמַח מִמִּשְׁפַּחַת הַשּׁוֹשַׁנִּיִּים

Sparkonto

חֶשְׁבּוֹן חִסָּכוֹן (כלכ')

Spasmus ---> Krampf

Spasmus nutans

נִעְנוּעַ עֲוִיתִי (רפו')

spasmisch ---> krampfhaft

Spaß

בְּדִיחָה, הֲלָצָה, לָצוֹן

Spaßmacher(in)

בַּדְחָן, בַּדְחָנִית [א"ח/ג/104]. לֵיצָן, חוֹמֵד לָצוֹן

Spastik

עֲוִיתִיּוּת (רפו')

spastisches Augenlidzucken ---> Augenlidzucken, spastisches

Spatel

בָּדִיד (בְּדִידִים) (רפו') [מר"ח/621]. בַּדִּיד (בַּדִּידִים), בְּדִיד לָשׁוֹן, בַּדִּיד לָשׁוֹן, מָרִית, כַּפְסִיס (כַּפְסִיסִים), כְּפִיסוֹן, כַּף שְׁטוּחָה וּגְמִישָׁה הָעֲשׂוּיָה לָרֹב מֵעֵץ וְהַמְּשַׁמֶּשֶׁת לִמְרִיחָה אוֹ לִדְחִיקַת הַלָּשׁוֹן לְתַחְתִּית הַפֶּה בְּעֵת בְּדִיקָה רְפוּאִית

Spatelraubmöwe *{Stercorarius pomarinus}*

חַמְסָן רְחַב אֶבְרָה (זוא') עוֹף מִמִּשְׁפַּחַת הַחַמְסָנִיִּים

Spatha

מִתְחָל (מִתְחָלִים) (בוט') חֻפָּה גָּדוֹל, יָרֹק אוֹ צִבְעוֹנִי הָעוֹטֵף אֶת הַתִּפְרַחַת

Spatium ---> Zwischenraum

Spechte *{Picidae}*

נַקָּרִיִּים (זוא') מִשְׁפָּחָה שֶׁל עוֹפוֹת מִסִּדְרַת הַנַּקָּרָאִים

Spechtmeisen *{Sittidae}*

סִטִּיִּים (זוא') מִשְׁפָּחָה שֶׁל צִפֳּרֵי שִׁיר

Species ---> Spezies

Species remota

מִין רָחוֹק (פיל', מ"ט) [ק/ב/193]

Speck- und Pelzkäfer *{Dermestidae}*

עוֹרִיתִיִּים (זוא') מִשְׁפָּחָה שֶׁל חִפּוּשִׁיּוֹת

Speckbaum *{Portulacaria afra}*

רִגְלָנִית אַפְרִיקָנִית (בוט') צֶמַח מִמִּשְׁפַּחַת הָרִגְלָתִיִּים

speerförmig

מְרֻמָּח, דְּמוּי רֹמַח

Speiche ---> Radarm

Speichel

רֹק (רפו') [א"ח/א/251]

Speichelfluß ---> Speichelvermehrung, krankhafte

Speichelvermehrung, krankhafte *{Salivation}*

יָרֶרֶת (רפו') יַרְרָנוּת, רִקּוּק

Speichelsekretion, verminderte

נְשִׁיתַת הָרֹק (רפו')

Speicher

מַמְגּוּרָה (כלכ') מַחְסָן, אָסָם, מְגוּרָה, מַאֲגָר. זִכָּרוֹן (מחש') [דמ"א/66]. הֶחְסֵן, יְחִידָה חַשְׁמִילוֹנִית (אֶלֶקְטְרוֹנִית) בַּמַּחְשֵׁב הַמְשַׁמֶּשֶׁת לְאִחְסוּן נְתוּנִים וּלְאִחְזוּרָם

Speicher, flüchtiger

זִכָּרוֹן נָדִיף (מחש') [דמ"א/107]. הֶחְסֵן נָמוֹג, זִכָּרוֹן שֶׁנְּתוּנָיו נִמְחָקִים עִם הַפְסָקַת זֶרֶם הַחַשְׁמַל לַמַּחְשֵׁב

Speicher, nichtflüchtiger

זִכָּרוֹן לֹא נָדִיף (מחש') [דמ"א/71]. הֶחְסֵן נִשְׁמָר, זִכָּרוֹן שֶׁנְּתוּנָיו נִשְׁמָרִים גַּם לְאַחַר הַפְסָקַת זֶרֶם הַחַשְׁמַל לַמַּחְשֵׁב

Speicher, peripherer ---> Zubringerspeicher

Speicher, RAM-

זִכְרוֹן גִּישָׁה אַקְרָאִית (מחש') [דמ"א/86]. זִכָּרוֹן בַּמַּחְשֵׁב הַמְאַפְשֵׁר אִחְסוּן נְתוּנִים וְאִחְזוּרָם

Speicher, ROM-

זִכְרוֹן קְרִיאָה בִּלְבַד (מחש') [דמ"א/87]. הֶחְסֵן

קְרִיאָה בִּלְבַד, זִכָּרוֹן בְּמַחְשֵׁב הַמְּאַפְשֵׁר אִחְזוּר נְתוּנִים בִּלְבַד

Speicher, virtueller
זִכָּרוֹן יָכְלִי (יוּכְלִי) (מחש׳) [דמ״א/107]. זִכָּרוֹן וִירְטוּאָלִי, - רָאשִׁי מְדֻמֶּה הַנּוֹצָר עַל יְדֵי שִׁמּוּשׁ בְּזִכָּרוֹן מִשְׁנִי שֶׁאֶפְשָׁר לָגֶשֶׁת אֵלָיו כְּמוֹ לַזִּכָּרוֹן הָרָאשִׁי

Speicherbereinigung
אִסּוּף אַשְׁפָּה (פסי׳) אִסּוּף פְּסֹלֶת מִן הַזִּכָּרוֹן

Speichermechanismus
מַנְגְּנוֹן אֲגִירָה, - הַחְסָנָה (פסי׳)

speichern [---> anhäufen]
אָגַר (אוֹגֵר) [א״ח/ב/377]. אָצַר (אוֹצֵר), אִחְסֵן, אִסֵּם (מְאַסֵּם), הֶאֱצִיר, הֶאֱסִים, רִתֵּף (מְרַתֵּף), שָׂם בְּמַרְתֵּף

Speicherung
אֲגִירָה (כלכ׳, רפו׳, פסי׳, היד׳) אֲסִימָה, אִסּוּם, אַחְסָנָה, צְבִירָה

Speicherungsvermögen
אֲגִירוּת (היד׳) כֹּשֶׁר אֲגִירָה

Speicherverschränkung
עִלְעוּל (מחש׳) [דמ״א/56]. שִׁיטָה לְשִׁפּוּר מְהִירוּת עֲבוֹדָתָהּ שֶׁל יְחִידַת הָעִבּוּד הַמֶּרְכָּזִית (יָעַ״ם) בְּמַחְשֵׁב

speien ---> spucken

Speise, scharf gewürzte
מַחְרֵף (מַחְרְפִים) (חזו׳) מַאֲכָל חָרִיף

Speiseauster ---> Auster, Eßbare

Speisebrei in Darmlymphgefäßen, resorbierter *{Chylus}*
לְשַׁד (רפו׳) [מר״ח/153]. לִימְפָה שֻׁמְנִית

Speisebrei in Magen und Dünndarm, halbflüssiger
הֶמֶס (רפו׳) עִסָּה

speisen
אָכַל (אוֹכֵל) (רפו׳) סָעַד (סוֹעֵד)

Speiseolive
זֵית אֲכִילָה (זֵיתֵי אֲכִילָה) (חקל׳) [א״ח/ב/217]. זֵיתִים לְמַאֲכָל

Speiseröhre *{Oesophagus}*
וֶשֶׁט (רפו׳)

Speiseröhre, Dauerspasmus der *{Oesophagusachalasie}*
צְפִידוּת הַוֶּשֶׁט (רפו׳)

Speiseröhre betreffend, die
וִשְׁטִי (רפו׳) שֶׁל הַוֶּשֶׁט

Speiseröhrenbetrachtung
סְפֶּקְלוּר הַוֶּשֶׁט (רפו׳)

Speisesalz
מֶלַח בִּשּׁוּל (כימ׳) מֶלַח נֶאֱכָל, תִּרְכֹּבֶת שֶׁל נַתְרָן וּכְלוֹר

Speispinnen *{Scytodidae}*
יוֹרְקָנִיִּים (זוא׳) מִשְׁפָּחָה שֶׁל עַכְבִּישָׁאִים

spektral
בָּבוּאָרִי, תַּחְמִיתִי, סְפֶּקְטְרִי

Spektralgerät
רְאִי תַּחְמִית (פיס׳, רפו׳) [מר״ח/622]

Spektroskop ---> Spektralgerät

Spektrum
בָּבוּאָר (פיס׳) [ל״מ/464; מר״ח/622]. תַּחְמִית,

טוֹנַח, נְפִיצָה, הִתְפַּלְּגוּת, הַצָּגָה חָזוּתִית שֶׁל אָרְכֵי גַּל שֶׁל קְרִינוֹת

Spekulant
סַפְסָר (סַפְסָרִים) (כלכ׳) מִי שֶׁעוֹשֶׂה בְּעָרְמָה כְּדֵי לְהַשִּׂיג רְוָחִים מְרֻבִּים

Spekulation [---> Spekulieren]
שִׁקֹּלֶת (שִׁקּוֹלוֹת) (פיל׳) סְפֶּקוּלַצְיָה, עִיּוּן מֻפְשָׁט בְּלֹא בָּסִיס נָסוּיִי. הַקָּשָׁה (פיל׳) [ק/א/209]. הֶקֵּשׁ. חֲקִירָה (פיל׳) [ק/א/326]. מֶחְקָר, הִתְבּוֹנְנוּת בְּשֵׂכֶל. סְבָרָה, סְבָרָא [ק/ג/89]. דַּעַת, מַחֲשָׁבָה, הַכָּרָה, הִתְחַכְּמוּת, שִׁקּוּל, הַנָּחָה, דֵּעָה. סַפְסוּר (כלכ׳) שִׁמּוּשׁ בְּנִכְלוּלֵי סַחַר לְשֵׁם הַשָּׂגַת רְוָחִים מְרֻבִּים

Spekulation, Anhänger der
הַסּוֹבְרִים (פיל׳) [ק/ג/89]. בַּעֲלֵי הַסְּבָרָה

Spekulation, philosophische
שִׁקֹּלֶת פִילוֹסוֹפִית (פיל׳, מדע) [ק/ג/128]. עִיּוּן, דִּיּוּן פִילוֹסוֹפִי, לִבּוּן בְּעָיוֹת, חֲקִירָה, מֶחְקָר

spekulativ
שִׁקָּלְתִּי (שִׁיקוּלְתִּי) (פיל׳) [ק/ג/129]. עִיּוּנִי, סְפֶּקוּלָטִיבִי, מְבֻסָּס עַל שִׁקּוּל דַּעַת בְּלֹא בְּדִיקָה נִסּוּיִית, מַחְשַׁבְתִּי, שִׂכְלִי. חֲקִירִי (פיל׳) [ק/א/327]. מֵעִנְיַן הַחֲקִירָה. מַדָּעִי (פיל׳) [ק/ב/153]. שֶׁל מַדָּע, שֶׁל הַכָּרָה, מַחְשַׁבְתִּי. סְבָרִי, סְבָרִי (פיל׳) [ק/ג/91]. שֶׁל סְבָרָה, שֶׁנִּלְמַד מִן הַשֵּׂכֶל וְהַהִגָּיוֹן, הִסְתַּכְּלוּתִי. הֶקֵּשִׁי (פיל׳) [ק/א/210]. מִטֶּבַע הַהֶקֵּשׁ. סַפְסָרִי (כלכ׳)

spekulative Philosophie ---> Philosophie, spekulative

spekulative Religion ---> Religion, spekulative

spekulative Wissenschaft ---> Wissenschaft, spekulative

spekulativem Weg, auf ---> Weg, auf spekulativem

spekulativer Art, in ---> Art, in spekulativer

spekulativer Satz ---> Satz, spekulativer

spekulativer Theologe ---> Theologe(n), spekulative(r)

spekulieren
שִׁקֵּל (מְשַׁקֵּל) (פיל׳) עָרַךְ סְפֶּקוּלַצְיָה, עִיֵּן בְּלֹא לַעֲרֹךְ בְּדִיקָה נִסּוּיִית. הֵמֵר (מֵהֵמֵר) [ר/א/195]. הִתְחָרָה בְּנִחוּשׁ סִכּוּיֵי נִצָּחוֹן מְסֻיָּם. סִפְסֵר (מְסַפְסֵר) (כלכ׳) עָשָׂה בְּעָרְמָה כְּדֵי לְהַשִּׂיג רְוָחִים מְרֻבִּים

Spekulieren [---> Spekulation]
הִשְׁתַּקְּלוּת (פיל׳) עִסּוּק בִּסְפֶּקוּלַצְיָה, עִיּוּן בְּלֹא בְּדִיקָה נִסּוּיִית. הִמּוּר [ר/א/195]. נְטִילַת סִכּוּן עַל מְנָת לִזְכּוֹת בְּרֶוַח כָּלְשֶׁהוּ

Spekulum
מַחֲזִית (רפו׳) [מר״ח/622]. הֶתְקֵן לִבְדִיקַת אֵבָרִים צִנּוֹרִיִּים בַּגּוּף

Spende
תְּרוּמָה, יְהִיבָה, מַתָּנָה, מַתָּן

Spender(in) [---> Dispenser]
תּוֹרֵם, תּוֹרֶמֶת, יוֹהֵב, יוֹהֶבֶת

Sperber *{Accipiter nisus}*
נֵץ מָצוּי (זוא׳) עוֹף מִמִּשְׁפַּחַת הַנִּצִּיִּים

Sperbergrasmücke *{Sylvia nisoria}*

סִבְכִּי נְצִי (זוא') עוֹף מִמִּשְׁפַּחַת הַסִּבְכִּיִּים

Sperlinge *{Passeridae}*

דְּרוֹרִיִּים (זוא') מִשְׁפָּחָה שֶׁל צִפֳּרֵי שִׁיר

Sperma

בֶּזֶר (ביו') זֶרַע הַזָּכָר

Spermatozele ---> Samenbruch

Spermatozoon

זֶרְעוֹן (זֶרְעוֹנִים) (ביו') תָּא זֶרַע

Spermium ---> Spermatozoon

Sperrad

גַּלְגַּל הַמַּחְגֵּר (טכנ')

Sperrgebiet

תְּחוּם אָסוּר (משפ', צבא)

Sperrhacken

צִפֹּרֶן חוֹגֶרֶת (טכנ')

Sperrholz

לָבִיד (לְבִידִים) (טכנ') [דח"ט/77] לְבִיד, לָבוּד, דִּיקְט, חֹמֶר בְּנִיָּה הֶעָשׂוּי מִלּוּחוֹת דַּקִּים שֶׁל עֵץ הַמְּחֻבָּרִים זֶה לָזֶה בְּדֶבֶק

Spezerei

סַם (סַמִּים) (כימ') [א"ח/א/242] בֹּשֶׂם, אֲבָקָה לִרְפוּאָה אוֹ לְאִפּוּר

Spezereibereiter(in) [---> Drogist; Parfümbereiter]

פַּטְמָן, פַּטְמָנִית (כימ') [א"ח/א/242] פַּטָּם, פַּטֶּמֶת, מֵכִין תַּעֲרוֹבוֹת שֶׁל חֲמָרִים שׁוֹנִים

Spezereien, Bereitung von

הַפְטָמָה (כימ') [א"ח/א/241] פִּטּוּם, הֲכָנַת תַּעֲרֹבֶת מֵחֳמָרִים שׁוֹנִים, רִקּוּחַ, רְקִיחָה, עִרְבּוּב

Spezereien mengen

פִּטֵּם (פּוֹטֵם) (כימ') [א"ח/א/241] פִּטֵּם (מְפַטֵּם), הֵכִין תַּעֲרֹבֶת שֶׁל חֳמָרִים שׁוֹנִים, רָקַח

Spezialisation ---> Spezialisierung

spezialisiert

מְמֻקְצָע, שֶׁעָבַר הִתְמַקְצְעוּת (סְפֶּצְיָאלִיזַצְיָה)

Spezialisierung [---> Bedeutungsverengung]

הִתְמַקְצְעוּת, יִחוּד, סְפֶּצְיָאלִיזַצְיָה, מִמְחָנוּת, הִתְמַחוּת, פֵּרוּט

Spezialist(in)

מֻמְחָן (מֻמְחָנִים), מֻמְחָנִית (מֻמְחָנִיּוֹת) [ק/א/93] בַּעַל עִנְיָן (בַּעֲלֵי הָעִנְיָן), מֻמְחֶה (מֻמְחִים), בַּעַל מִקְצוֹעַ

speziell

מְיֻחָד [ק/ב/190]. נִבְדָּל, שׁוֹנֶה מֵאֲחֵרִים, בְּנִגּוּד לִכְלָלִי, חֶלְקִי. פְּרָטִי [ק/ג/212]. שֶׁל הַפְּרָט, יְחוּדִי, בִּלְבַדִּי. בָּדוּל [ק/א/79]. נִפְרָד

spezieller Begriff ---> Begriff, spezieller

Spezies ---> Art

Spezifikation

סִגּוּל (פיל') [ק/ג/91]. הַסְגָּלָה, לִחוּד, יִחוּד. הִתְיַחֲדוּת (פיל') [ק/א/235]. קְבִיעַת תְּכוּנָה מְיֻחֶדֶת לְדָבָר-מָה. תִּפְרוּט, סְפֶּצִיפִיקַצְיָה, פֵּרוּט דְּבָרִים, חֲלֻקַּת הַסּוּג לְמִינִים, מִפְרָט, כְּלַל הַפְּרָטִים שֶׁל דָּבָר מְסֻיָּם, תֵּאוּר מְדֻיָּק וּמְפֹרָט

Spezifikum

סְגֻלָּה (סְגֻלּוֹת) (רפו') [ק/ג/93]. תְּרוּפָה, תְּרוּפַת פֶּלֶא

spezifisch

סְגֻלִּי, לְחוּדִי, סְפֶּצִיפִי, יְחוּדִי

spezifische Arbeitsart ---> Arbeitsart, spezifische

spezifische Ausstrahlung ---> Ausstrahlung, spezifische

spezifische Bestimmung ---> Bestimmung, spezifische

spezifische Feuchtigkeit ---> Feuchtigkeit, spezifische

spezifische Lichtausstrahlung ---> Lichtausstrahlung, spezifische

spezifische Masse ---> Masse, spezifische

spezifische Nervenenergien ---> Nervenenergien, spezifische

spezifische Sinnesenergien ---> Sinnesenergien, spezifische

spezifischer Faktor ---> Faktor, spezifischer

spezifischer Reiz ---> Reiz, spezifischer

spezifischer Widerstand ---> Widerstand, spezifischer

spezifisches Gewicht ---> Gewicht, spezifisches

spezifizieren

פֵּרֵט (פּוֹרֵט) [ק/ג/212]. מָנָה אֶת הַפְּרָטִים, מָסַר דָּבָר בִּפְרוֹטְרוֹט

Spezifizität

סְגֻלִּיּוּת, סְפֶּצִיפִיּוּת, תְּכוּנַת הַדָּבָר הַמְּיֻחָד רַק לְמִין אֶחָד בִּלְבַד, לְחוּדִיּוּת, יְחִידִיּוּת

Sphäre

גַּלְגַּל הָרָקִיעַ (אסט') [ק/א/114]. גַּלְגַּל, עִגּוּל שְׁמֵימִי שֶׁלְּדַעַת הַקַּדְמוֹנִים קְבוּעִים בּוֹ הַכּוֹכָבִים, סְפֵרַת הַשָּׁמַיִם. כִּפַּת הַשָּׁמַיִם (אסט') [ק/ב/64]. כַּדּוּר, כַּדּוּר. עִגּוּל, עֲגֻלָּה (אסט') [ק/ג/124]. פֶּלֶךְ (אסט', י"א) [ק/ג/191]. סְבִיבָה, הֶקֵּף, חוּג. אֹפֶק [ק/א/26]. אוֹפָן

Sphäre, Beweger der ersten ---> Beweger der ersten Sphäre

Sphäre, die neunte alles umfassende

גַּלְגַּל הַמַּקִּיף (אסט') [ק/א/115; ק/ב/268]. גַּלְגַּל הַמַּקִּיף בַּכֹּל, - הַיּוֹמִי, - עֶלְיוֹן, - הַקִּיצוֹן, - הַדּוֹמֶה, - דּוֹמֶה לְגַלְגַּל הַמַּזָּלוֹת, הַגַּלְגַּל הַתְּשִׁיעִי, הַגַּלְגַּל הַמַּקִּיף אֶת כָּל הַגַּלְגַּלִּים שֶׁאֵין כּוֹכָבִים קְבוּעִים בּוֹ וְהוּא נָע בִּתְנוּעָה יוֹמִית מִמִּזְרָח לְמַעֲרָב וּמֵנִיעַ אֶת כָּל הַגַּלְגַּלִּים. סוֹבֵב (אסט') [ק/ג/80]. עֶלְיוֹן הַמַּקִּיף בַּכֹּל (אסט') [ק/ג/139]

Sphäre, exzentrische

גַּלְגַּל יוֹצֵא (אסט') [ק/א/114]. גַּלְגַּל יוֹצֵא הַמֶּרְכָּז, - יוֹצֵא חוּץ לַמֶּרְכָּז

Sphäre, gestirnte

כַּדּוּר מְצֻיָּר (אסט') [ק/ב/258,65]. גַּלְגַּל הָרָקִיעַ שֶׁקְּבוּעִים בּוֹ כּוֹכָבִים, בְּנִגּוּד לַגַּלְגַּל הַמַּקִּיף שֶׁאֵין בּוֹ כּוֹכָבִים

Sphäre der Intelligenz ---> Intelligenz, Sphäre der

Sphären

הַגַּלְגַּלִּים (אסט') [ק/ד/130]. שָׁמַיִם

Sphären, Einwirkung der

כֹּחַ גַּלְגַּלִּי (אסט') [ק/ב/74]. כֹּחַ הַגַּלְגַּלִּים שֶׁמִּסָּבִיב לְכַדּוּר הָאָרֶץ

Sphärengeister, einer der zehn ---> Wesen, geistiges

Sphärenkunde

חָכְמַת הַגַּלְגַּל (אסט') [ק/א/294]. חָכְמוֹת גַּלְגַּלִּיּוֹת. תְּכוּנָה (אסט') [ק/ד/194]. חָכְמַת הַכּוֹכָבִים, אַסְטְרוֹנוֹמְיָה

sphärisch

גַּלְגַּלִּי (אסט') [ק/א/115]. דּוֹמֶה לַגַּלְגַּל, מִתְיַחֵס עַל הַגַּלְגַּל. כַּדּוּרִי, כִּידוּרִי (אסט') [ק/ב/65]. שֶׁיֵּשׁ לוֹ צוּרַת כַּדּוּר. פִּלְכִּי (אסט') [ק/ג/191]. הֶקֵּפִי. רְקִיעִי (אסט') [ק/ד/56]. שֶׁל רָקִיעַ, מִתְיַחֵס עַל גַּלְגַּל הָרָקִיעַ, שֶׁל הָעוֹלָם שֶׁמִּסָּבִיב לְכַדּוּר הָאָרֶץ, סְפֵרִי

sphärische Kräfte ---> Kräfte, sphärische

sphärische Leitung ---> Leitung, sphärische

sphärische Trigonometrie ---> Trigonometrie, sphärische

sphärischer Winkel ---> Winkel, sphärischer

sphärisches Dreieck ---> Dreieck, sphärisches

Sphärizität

כַּדּוּרוּת (אסט', מתמ') [ק/ב/65]. צוּרַת כַּדּוּר, בְּדוֹמֶה לְכַדּוּר. כַּדּוּרִיּוּת, כַּדְּרִיּוּת (אסט', מתמ') [ק/ב/66]

Sphagnum

טַחַב (בוט', גאו')

Sphinx

אֶבְהוֹל (דת) [מר״ח/624]. סְפִינְקְס

Spiegel

רְאִי (רְאָיִים) (פיס') מַרְאָה (מַרְאוֹת), אַסְפַּקְלַרְיָה (אַסְפַּקְלַרְיוֹת)

Spiegelbild

בָּבוּאַת רְאִי (פיס') תְּמוּנַת רְאִי, אַסְפַּקְלַרְיָה

spiegeln, sich

הִתְרַשֵּׁם (מִתְרַשֵּׁם) (פסי') [ק/ב/328]. נֶחְרַת, נִשְׁאַר רִשּׁוּמוֹ, קִבֵּל (מְקַבֵּל) רֹשֶׁם, הֻשְׁפַּע (מֻשְׁפָּע), הִצְטַיֵּר, הִתְחַקָּה (מִתְחַקָּה)

Spiegelreflexion

הַחְזָרַת רְאִי (פיס') הַחְזָרָה אַסְפַּקְלָרִית, מְכֻוֶּנֶת -

Spiegelschrift

כְּתִיבַת רְאִי [מר״ח/459]. כְּתִיבַת מַרְאָה, כְּתִיבָה בְּסֵדֶר הָפוּךְ שֶׁל הָאוֹתִיּוֹת אוֹ שֶׁל הַמִּלִּים

Spiegelteleskop *{Reflektor}*

מִשְׁקֶפֶת מַרְאוֹת (פיס') שְׁפוֹפֶרֶת מַרְאָה

Spiegelung ---> Reflexion

Spiel

מִצְחָק (מִצְחָקִים) (פסי', מ״ח, ספו') [ר/ב/418]. שַׁעֲשׁוּעַ לְשֵׁם בִּלּוּי זְמַן. מִשְׂחָק (ספו', תאט') [ר/ב/417]. מִשְׂחַק תַּחֲרוּת, הִשְׁתַּתְּפוּת פְּעִילָה בְּהַצָּגַת תֵּאַטְרוֹן. נְגִינָה (מוס')

Spiel setzen, aufs

הִמֵּר (מְהַמֵּר), סִכֵּן, הִנִּיחַ הַכֹּל עַל קְלָף אֶחָד

Spielart

זַן (זַנִּים) (פיל') [ק/א/306]. חֵלֶק מִין, תַּת מִין, בֶּן מִין, גֶּזַע (גְּזָעִים)

Spieldefizit

גֵּרָעוֹן בְּמִצְחָק (פסי') גֵּרָעוֹן בְּמִשְׂחָק

spielen

צִחֵק (מְצַחֵק) (פסי', מ״ח, ספו') הִשְׁתַּעֲשַׁע לְשֵׁם בִּלּוּי זְמַן. שִׂחֵק (מְשַׂחֵק) (ספו', תאט') הִשְׁתַּתֵּף בְּמִשְׂחַק תַּחֲרוּת, לָקַח חֵלֶק פָּעִיל בְּהַצָּגַת תֵּאַטְרוֹן. נִגֵּן (מְנַגֵּן) (מוס')

spielen, "als ob" ---> "als ob" spielen

Spieler(in)

צַחְקָן, צַחְקָנִית (פסי', מ״ח, ספו') [ר/ב/418]. הַמִּשְׁתַּעֲשֵׁעַ לְשֵׁם בִּלּוּי זְמַן. שַׂחְקָן, שַׂחְקָנִית (ספו', תאט') [ר/ב/417]. הַמִּשְׁתַּתֵּף בְּתַחֲרוּת, הַלּוֹקֵחַ חֵלֶק פָּעִיל בְּהַצָּגַת תֵּאַטְרוֹן. נַגָּן, נַגֶּנֶת (מוס')

Spielmann *{Minstrel}*

נוֹגֵן (נוֹגְנִים) (מוס')

Spielplan

לוּחַ הַצָּגוֹת (תאט') לוּחַ מוֹפָעִים

Spielraum, logischer

רֹחַב הֶגְיוֹנִי (פיל') [ת״ה/123]

Spielsachen

אַבְזְרֵי מִצְחָק (מ״ח, פסי') אַבְזְרֵי מִשְׂחָק, צַעֲצוּעִים

Spieltheorie

תּוֹרַת הַמִּשְׂחָקִים (סטט') [ר/ב/418]. עָנָף בְּסְטָטִיסְטִיקָה הָעוֹסֵק בְּנִתּוּחַ מִמַּצָּבִים (סִיטוּאַצְיוֹת), מוֹסָדוֹת וְשִׁיטוֹת לְשֵׁם בְּחִירַת הַלּוּךְ מֵיטָבִי (אוֹפְּטִימָלִי) בְּמִקְרִים שֶׁבָּהֶם קַבָּלַת הַחְלָטוֹת אֵינָהּ תְּלוּיָה רַק בְּהִתְנַהֲגוּת הָעַצְמִית אֶלָּא בְּהִתְנַהֲגוּת הַיְּרִיבִים וּבְגוֹרְמִים מִקְרִיִּים גַּם כֵּן

Spieltherapie

רִפּוּי דֶּרֶךְ מִצְחָק (פסי', רפו') [ר/ב/418]. רִפּוּי דֶּרֶךְ מִשְׂחָק

Spieltrieb

יֵצֶר הַשַּׁעֲשׁוּעַ (פסי', מ״ח)

Spielwerk ---> Spiel

Spielzeug ---> Spielsachen

Spieß [---> Wurfspieß]

שִׁפּוּד (שִׁפּוּדִים) (טכנ') [א״ח/א/120]

Spießente *{Anas acuta}*

בַּרְוָז חַד זָנָב (זוא') עוֹף מִמִּשְׁפַּחַת הַבַּרְוָזִיִּים

Spießflughuhn *{Pterocles alchata}*

קַטָּה חַדַּת זָנָב (זוא') עוֹף מִמִּשְׁפַּחַת הַקַּטִּיִּים

Spinat *{Spinacia}*

תֶּרֶד (בוט') צֶמַח מִמִּשְׁפַּחַת הַסַּלְקִיִּים

Spindel

פֶּלֶךְ (פְּלָכִים) (טכנ') כִּישׁוֹר, קָנֶה שֶׁעָלָיו כּוֹרְכִים אֶת הַחוּט הַנִּטְוֶה. שִׁדְרָה (שְׁדָרוֹת) (בוט') צִיר הַתִּפְרַחַת שֶׁמְּחֻבָּרִים לוֹ שִׁבֳּלִיּוֹת, פְּרָחִים וּפֵירוֹת

Spindelschnecke, Mittelländische *{Fasciolaria lignaria}*

פִּלְכִּית חוּמָה (זוא') בַּעַל חַיִּים מִמִּשְׁפַּחַת הַפִּלְכִּיִּים (חֶלְזוֹנוֹת)

Spindelschnecken *{Fasciolariidae}*

פִּלְכִּיִּים (זוא') מִשְׁפָּחָה שֶׁל חֶלְזוֹנוֹת

Spindelstrauch *{Euonymus}*
פְּלְכּוֹן (בוט') צֶמַח מִמִּשְׁפַּחַת הַקֶּלַסְטְרִיִּים
spinnen
טָוָה (טוֹוֶה) (טכנ') [א"ת/א/148]. עָשָׂה חוּט מְסִיבִים
Spinner *{Lymantriidae}*
טַוָּאִיתִיִּים (זוא') מִשְׁפָּחָה שֶׁל פַּרְפָּרָאִים
Spinte *{Meropidae}*
שְׂרַקְרַקִּיִּים (זוא') מִשְׁפָּחָה שֶׁל עוֹפוֹת מִסְדֶּרֶת הַכַּחְלָאִים
Spion
מְרַגֵּל (מְרַגְּלִים) (צבא) אַלִּיל
spionieren
רִגֵּל (מְרַגֵּל) (צבא) אִלֵּל (מְאַלֵּל), חָקַר, חִפֵּשׂ
Spiralbohrer
מַקְדֵּחַ לָלְיָנִי (טכנ') מַקְדֵּחַ סְפִּירָלִי
Spirale
לוּלָב (לוּלָבִים) (טכנ') [ק/ב/116]. גְּלִיל מַתֶּכֶת חָרוּק בַּחֲרִיצֵי תִּבְרֹגֶת, בֹּרֶג. קַו חֶלְזוֹנִי (מתמ', טכנ') [ק/א/304; ק/ג/274]. קַו עָקוֹם כְּצוּרַת חִלָּזוֹן, תְּנוּעָה לָלְיָנִית, קַו סְלִילָנִי, - לָלְיָנִי, - סְפִּירָלִי, לָלְיָן
Spiralfeder
קְפִיץ לָלְיָנִי (טכנ')
Spirant
הֶגֶה חוֹכֵךְ (בלש') [מ"ב/85]. עִצּוּרִים כְּגוֹן: x, z, s, v, f
Spirillum
בֶּרֶג (בְּרָגִים) (ביו') [ל"ב/59]. סְפִּירִילוּם, חַיְדַּק סְלִילָנִי
Spiritismus ---> Geisterlehre
Spiritist ---> Geisterlehre, Anhänger der
spiritualisieren
רִחֵן (מְרַחֵן), הִתְרַחֵן, הִתְרוֹחֵן (פיל') [י"א/526]. עָשָׂה אֶת... רוּחָנִי, הָפַךְ לְרוּחָנִי, נַעֲשָׂה רוּחָנִי, הִרְחִין
Spiritualisieren
רִחוּן, הִתְרוֹחֲנוּת (פיל') סְפִּירִיטוּאָלִיזַצְיָה, הֲפִיכָה לְרוּחָנִי
Spiritualismus
רוּחָנוּת (פיל') סְפִּירִיטוּאָלִיּוּת, תּוֹרָה פִילוֹסוֹפִית הַטּוֹעֶנֶת שֶׁהַמְּצִיאוּת הִיא רוּחָנִית
Spiritualist(in)
רוּחָתָן, רוּחָתָנִית (פיל') סְפִּירִיטוּאָלִיסְט
Spiritualität
רוּחָנִיּוּת (פיל') [ק/ד/32]. רוּחָנוּת, הֶעְדֵּר גַּשְׁמִיּוּת, תְּכוּנַת הַדָּבָר הָרוּחָנִי
Spiritus ---> Alkohol
Spiritus animalis
רוּחַ חִיּוּנִית (מ"ט) [ק/א/287]
Spiritus visus
הָרוּחַ הָרוֹאָה (רפו', פיל') [ק/ד/27]
Spirometer ---> Atmungsmesser
Spirometrie ---> Atmungsmessung
spitz
חָדוּד (מתמ') [ק/א/272]. חַדּוּדִי, חַדּוּדִית, מְחֻדָּד, בַּעַל חֹד
spitz zulaufen ---> zuspitzen
Spitzbauch
בֶּטֶן חֲדוּצָה (רפו')

Spitze
קָדְקֹד (קָדְקֳדִים) (מתמ') שִׂיא, נְקֻדָּה שֶׁל יְצִיר הַנְדָּסִי (גֵאוֹמֶטְרִי) הַמְּרֻחֶקֶת בְּיוֹתֵר מִקַּו יְחוּס אוֹ מִמִּישׁוֹר יְחוּס. חֲדִידָה [ק/א/274]
Spitze *{Apex}*
חֹד (חֻדִּים) (רפו') [ק/א/271]. הַקָּצֶה אוֹ הָרֹאשׁ הֶחָד
Spitze, scharfe
חֹדֶץ, חֹד קָצֶה
Spitze eines Körpers
חֹדוֹ שֶׁל גּוּף (מתמ') [ק/ב/237]. מַעֲלִית, בְּנִגּוּד לְתַחְתִּית, הַחֵלֶק הָעֶלְיוֹן שֶׁל דָּבָר
spitze Gestalt ---> Gestalt, spitze
Spitzel ---> Informant
Spitzenwert
עֵרֶךְ שִׂיא
Spitzfindigkeit
פִּלְפּוּל, טַעֲנֵי טְעָנוֹת, נִצּוּחֵי שָׁוְא
spitzgipflig
חָדוּץ, בַּעַל פִּסְגָּה חַדָּה
Spitzhaue
צִפֹּרֶן (צִפָּרְנִים) (טכנ') [א"ת/א/11]
spitzig ---> spitz
Spitzklette *{Xanthium}*
לַכִּיד (בוט') צֶמַח מִמִּשְׁפַּחַת הַמֻּרְכָּבִים
Spitzköpfigkeit *{Akrozephalie}*
כִּלְנוּת (רפו') חַדּוּת גֻּלְגֹּלֶת
Spitzkopf
כִּלֵּן (כִּלְּנִים) (רפו') [מר"ח/14]. מְחֻדַּד גֻּלְגֹּלֶת, כִּילוֹן, שֶׁחַד מִלְמַעְלָה וְרָחָב מִלְּמַטָּה
Spitzkopf-Schleimfisch ---> Schleimfisch, Spitzkopf-
Spitzling *{Aelia acuminata}*
תְּרִיסִית הַדָּגָן (זוא') חֶרֶק מִמִּשְׁפַּחַת הַתְּרִיסִיתִיִּים (פִּשְׁפְּשִׁים יַבַּשְׁתִּיִּים)
Spitzmäuse *{Soricidae}*
חַדַּפִּיִּים (זוא') מִשְׁפָּחָה שֶׁל אוֹכְלֵי חֲרָקִים
Spitzsamen ---> Kanariengras
Spitzschnauzendelphine ---> Schnabelwale
Splicing
שִׁחְבּוּר (ביו') אִחוּי
Splint ---> Vorsteckkeil
Splitter
שְׁבָב (שְׁבָבִים)
Splittflagge ---> Doppelständer
Spötter [---> Leichtsinniger]
שִׁיחָנִית (זוא') שֵׁם שֶׁל עוֹף
Spondylose
נִוּוּן חֻלְיוֹת הַצַּוָּאר (רפו')
spontan
עַצְמוֹנִי [מר"ח/627]. סְפּוֹנְטָנִי, שֶׁמֵּעַצְמוֹ, שֶׁמֵּאֵלָיו, נוֹבֵעַ מֵעַצְמוֹ
Spontanabort, einmaliger
הַפָּלָה מֵאֵלֶיהָ (רפו') הַפָּלָה עַצְמוֹנִית, - טִבְעִית
Spontanabort, mehrmaliger
הַפָּלָה נִרְגֶּלֶת (רפו')
spontane Erholung ---> Erholung,

sopntane

spontane Kraft ---> Kraft, spontane

spontaner Bericht ---> Bericht, spontaner

Spontanität

עַצְמוֹנִיּוּת [מר״ח/627]. סְפּוֹנְטָנִיּוּת, נְבִיעָה עַצְמִית

sporadisch [---> gelegentlich]

פַּרְדָּנִי [מר״ח/627]. סְפּוֹרָדִי, שֶׁמּוֹפִיעַ בְּאֹפֶן בִּלְתִּי סָדִיר, פָּזוּר, בִּמְפֻזָּר, בְּאַקְרַאי

Sporadität

פַּרְדָּנִיּוּת [מר״ח/627]. סְפּוֹרָדִיּוּת, הוֹפָעָה לֹא קְבוּעָה

Sporangium ---> Sporenbehälter

Spore

נֶבֶג (נְבָגִים) (בוט') תָּא רְבִיָּה בִּצְמָחִים יְרוּדִים

Sporenbehälter *{Sporangium}*

מִנְבָּג (מִנְבָּגִים) (בוט') [ל״ב/152]. אֵבֶר בַּצֶּמַח שֶׁנּוֹצָרִים בּוֹ נְבָגִים אַל מִינִיִּים

Sporenbildung *{Sporulation}*

נְבִיגָה (בוט') יְצִירַת נְבָגִים

Sporenhäufchen *{Sorus}*

צֶבֶר (צְבָרִים) (בוט') צִבּוּר שֶׁל מִנְבָּגִים

Sporn

דָּרְבָן (דָּרְבָנוֹת) (בוט') גּוּף אָרֹךְ וּמְחֻדָּד הַמֵּכִיל אוֹ מַפְרִישׁ צוּף. שְׁלוּחָה (שְׁלוּחוֹת) (גאו', י״א) זִיז הָרִים הַנִּמְצָא בֵּין שְׁתֵּי בְּקָעוֹת מִתְלַכְּדוֹת

Sporn, abgestutzter

שְׁלוּחָה קְטוּמָה (גאו', י״א)

Spornblume *{Centranthus}*

חַד אַבְקָן (בוט') צֶמַח מִמִּשְׁפַּחַת הַוָּלֶרְיָנִיִּים

Spornkiebitz *{Holopterus spinosus (Vanellus spinosus)}*

סִיקְסָק (זוא') עוֹף מִמִּשְׁפַּחַת הַחוֹפְמִיִּים

Sporulation ---> Sporenbildung

Spott

לַעַג, גְּחוּךְ, לִגְלוּג

spotten [---> scherzen]

לָעַג (לוֹעֵג), הִלְעִיג, לִעֵג, גִּחֵךְ (מְגַחֵךְ), לִגְלֵג (מְלַגְלֵג), עָשָׂה אֶת מִישֶׁהוּ לִצְחוֹק, הִתְגַּחֵךְ, נַעֲשָׂה מְגַחֵךְ, סָנַט (סוֹנֵט), הִקְנִיט, סִנֵּט (מְסַנֵּט), קִנְטֵר

Sprache *{Langue}*

לְשׁוֹן הַכְּלָל (בלש', מ״ח) [מ״ב/120]. לָשׁוֹן, לֶגֶג, לְשׁוֹן הַחֶבְרָה, הַהִתְנַהֲגוּת הַלְּשׁוֹנִית שֶׁל הַכְּלָל שֶׁיֵּשׁ לָהּ כְּפִיפוּת לְמִגְבָּלוֹת וְלִכְלָלִים שֶׁאֵינָם כְּלוּלִים דַּוְקָא בִּלְשׁוֹן הַפְּרָט (דִּבּוּר, פָּרוֹל)

Sprache, agglutinierende

לָשׁוֹן מְדַבֶּקֶת (בלש') [מ״ב/14]. שָׂפָה אַגְלוּטִינָטִיבִית, לְשׁוֹן תַּדְבִּיק, שָׂפָה שֶׁבָּהּ מִצְטָרְפִים לַשֹּׁרֶשׁ בְּאֹפֶן קַוִּי צוּרָנִים כְּפוּפִים, לְמָשָׁל: בְּהוּנְגָּרִית kert ״הַגַּן״, kertet ״אֶת הַגַּן״, kertek ״הַגַּנִּים״

Sprache, amalgamierende ---> Sprache, verschmelzende

Sprache, analytische

לָשׁוֹן בְּדוּלָה (בלש') [מ״ב/16]. לָשׁוֹן אֲנָלִיטִית, שָׂפָה שֶׁיֵּשׁ בָּהּ מְעַט צוּרָנִים כְּפוּפִים וְרֹב הַמִּלִּים הֵן בְּנוֹת צוּרָן אֶחָד, וְהַיְּחָסִים הַדִּקְדּוּקִיִּים אֵינָם מְבֻטָּאִים בָּהּ בְּאֶמְצָעוּת יְסוֹדוֹת צוּרָנִיִּים הַמִּתְמַזְּגִים בַּמִּלָּה אֶלָּא עַל יְדֵי יְסוֹדוֹת עֵזֶר עַצְמָאִיִּים יַחְסִית, לְמָשָׁל: בְּסִינִית: wo xiao (= ״אֲנִי צוֹחֵק״), nimen xiao (= ״אַתֶּם צוֹחֲקִים״), tamen xiao (= ״הֵם צוֹחֲקִים״)

Sprache, flektierende

לָשׁוֹן נְטוּיָה (בלש') [מ״ב/106]. לָשׁוֹן שֶׁבָּהּ הַיְּחָסִים הַדִּקְדּוּקִיִּים מֻבָּעִים בְּאֶמְצָעוּת סוֹפִיּוֹת הַתְּלוּיוֹת בְּצוּרַת הַשֹּׁרֶשׁ, לְמָשָׁל: הַלְּשׁוֹנוֹת הַהֹדּוּ-אֵירוֹפִּיּוֹת וְהַלְּשׁוֹנוֹת הַשֵּׁמִיּוֹת

Sprache, Korrektheit der

טֹהַר הַלָּשׁוֹן (בלש') [ק/ג/240]. צַחוּת, לָשׁוֹן צָחָה, דִּבּוּר בָּהִיר, - מְיֻמָּן, נֹעַם הַדִּבּוּר

Sprache, natürliche

לָשׁוֹן טִבְעִית (בלש') [מ״ב/142]. לָשׁוֹן שֶׁהִתְפַּתְּחָה בְּמֶשֶׁךְ הַדּוֹרוֹת בְּנִגּוּד לְלָשׁוֹן מְלָאכוּתִית שֶׁהֻמְצְאָה לְצֹרֶךְ מְסֻיָּם, כְּגוֹן: שְׂפַת מַחְשֵׁב, מַעֲרֶכֶת הַסִּימָנִים שֶׁל הַלּוֹגִיקָה וְשֶׁל הַמָּתֶמָטִיקָה אוֹ לְשׁוֹן הָאֶסְפֶּרַנְטוֹ

Sprache, prozedurale

שָׂפָה נָהֳלִית (מחש', פיל')

Sprache, skandierte

דִּבּוּר שְׁנָהוּקִי (פסי', רפו', בלש') דִּבּוּר מְשֻׁנְהָק, - מְקֻטָּע וּמֻדְגָּשׁ בְּהַגְזָמָה

Sprache, synthetische

לָשׁוֹן אֲצֻרְפִית (בלש') [מ״ב/224]. לָשׁוֹן סִינְטֶטִית, שָׂפָה שֶׁיֵּשׁ בָּהּ הַרְבֵּה צוּרָנִים כְּפוּפִים וְהַיְּחָסִים הַדִּקְדּוּקִיִּים אֵינָם מְבֻטָּאִים בָּהּ עַל יְדֵי יְסוֹדוֹת עֵזֶר אֶלָּא בְּאֶמְצָעוּת יְסוֹדוֹת צוּרָנִיִּים הַמִּתְמַזְּגִים בַּמִּלָּה, לְמָשָׁל: ״מְצָאַנִי״ בִּמְקוֹם: ״הוּא מָצָא אוֹתִי״

Sprache, verschmelzende

לָשׁוֹן מְמֻזֶּגֶת (בלש') [מ״ב/15]. לָשׁוֹן נְטוּיָה שֶׁהַמּוּסָפִיּוֹת בָּהּ מִתְחַבְּרוֹת לְשָׁרְשֵׁי הַמִּלִּים מִבְּלִי לִשְׁמֹר אֶת צוּרָתָן הָעַצְמָאִית, לְמָשָׁל: הַלְּשׁוֹנוֹת הַשֵּׁמִיּוֹת

Sprache als Ausdruck der Gedanken ---> Ausdruck der Gedanken, Sprache als

Sprachgebrauch

שִׁמּוּשׁ הַלָּשׁוֹן (בלש') [ק/ד/130]. הִשְׁתַּמְּשׁוּת בִּלְשׁוֹן הַדִּבּוּר

Sprachgebrauch, korrekter

דַּיְּקוּת לָשׁוֹן (בלש') [ק/א/137]. דִּקְדּוּק הַלָּשׁוֹן

sprachgewandt

צַח לָשׁוֹן (בלש') [ק/ג/240]. שֶׁמְּדַבֵּר בְּשָׂפָה נְקִיָּה מִשִּׁבּוּשִׁים, יוֹדֵעַ הַלָּשׁוֹן עַל בֻּרְיָהּ, בַּעַל סִגְנוֹן, - לְשׁוֹנוֹת

Sprachlehre

תּוֹרַת הַלָּשׁוֹן (בלש') [ק/א/295]. בַּלְשָׁנוּת, חָכְמַת הַלָּשׁוֹן, - הַדִּקְדּוּק

sprachlich

לְשׁוֹנִי (בלש') [ק/ב/126]. מֵעִנְיַן הַלָּשׁוֹן, בַּלְשָׁנִי

sprachliche Versteinerung ---> Versteinerung, sprachliche

sprachlicher Ausdruck ---> Ausdruck, sprachlicher

sprachlos ---> sprachunfähig

sprachrichtig

מְתֻקָּן (בלש') [ק/ג/240]. צַח, מוּבָן, נָאֶה, בָּרוּר

Sprachstörung ---> Aphasie

sprachunfähig

לְמֵם (פסי', רפו') [מר״ח/26]

Sprachverlust ---> Aphonie

Sprachvermögen

כֹּשֶׁר דִּבּוּר (בלש',פיל') [ק/א/125]. דִּבּוּר, בִּטּוּי הַמַּחְשָׁבָה. מִבְטָא (בלש', פסי') [ק/ב/137]. כֹּחַ הַדִּבּוּר

Sprachverstehen

הֲבָנַת דִּבּוּר (פסי', מחש')

Sprachwerkzeuge

מוֹצָאֵי הָאוֹתִיּוֹת (בלש') [ק/ב/167]. מוֹצָאֵי הַלָּשׁוֹן, - הַדִּבּוּר, הַמָּקוֹם בַּפֶּה שֶׁבּוֹ נֶחְתָּכִים הַהֲגָאִים לְמִינֵיהֶם

Sprachwidrigkeitengebrauch

הִתְלַעֲזוּת (בלש') זָרוּת לָשׁוֹן, שִׁמּוּשׁ בְּמִלִּים שֶׁאֵינָן לְפִי רוּחַ הַלָּשׁוֹן, בַּרְבָּרִיזַצְיָה שֶׁל הַשָּׂפָה

Sprechchor

מַקְהֵלַת דּוֹבְרִים (תאט')

sprechen

דִּבֵּר (מְדַבֵּר) (פסי', בלש') אָמַר, הִבִּיעַ (מַבִּיעַ)

Sprechen *{Parole}*

דִּבּוּר (פסי', בלש') [ר/א/157; מ״ב/160]. הִתְבַּטְּאוּת בְּמִלִּים, פָּרוֹל, לְשׁוֹן הַפְּרָט, הָאֵרוּעַ הַלְּשׁוֹנִי הַמְּסֻיָּם שֶׁהַפּוֹעֵל בּוֹ הוּא תָּמִיד רַק אָדָם אֶחָד וְהוּא גִּלּוּי יְחִידָנִי שֶׁל הַהִתְנַהֲגוּת הַלְּשׁוֹנִית שֶׁל הַכְּלָל (לָנְג)

sprechen, die Wahrheit

דִּבֵּר אֱמֶת (מְדַבֵּר אֱמֶת) [ק/ג/229]. צָדַק (צוֹדֵק)

sprechen, in poetischer Form

הִתְמַלֵּץ (מִתְמַלֵּץ) (רטו') [ק/ב/282]. הִמְלִיץ, הִמְרִיץ, דִּבֵּר בִּמְלִיצוֹת, הִנְעִים

Sprechen, verlangsamtes

אִטְטוּת (רפו') [מר״ח/105]. אִטִּיּוּת הַדִּבּוּר

sprechend

מְדַבֵּר (מוס') בִּמְדַבֵּר

Sprechhast

בְּהִילוּת הַדִּבּוּר (פסי', בלש')

Sprechstörung *{Dysarthrie}*

עִלְּגוּת (רפו', פסי') הַפְרָעַת דִּבּוּר שֶׁמְּקוֹרָהּ בְּמוּם מֹחִי

Sprechunfähigkeit *{Alalie}*

לְמֵמוּת (רפו', פסי') [מר״ח/26]. אִי יְכֹלֶת לְבַטֵּא הֲבָרוֹת בְּרוּרוֹת

Spreite eines Blattes

טָרָף (טְרָפִים) (בוט') טְרַף הֶעָלֶה, הַחֵלֶק הַמֻּרְחָב שֶׁל הֶעָלֶה

Spreizfuß

רֶגֶל רְווּחָה (רפו')

sprengen ---> träufeln

Spreublatt *{Palea}*

מוֹץ (מוֹצִים) (בוט') אֶחָד מִשְּׁנֵי הַקַּשְׂקַשִּׂים הַמְּכַסֶּה אֶת גַּרְגֵּר הַתְּבוּאָה

Spreuschuppe ---> Spreublatt

Sprieß

תָּמוֹךְ (תְּמוֹכוֹת) (טכנ')

Sprießung

תִּמּוּךְ (טכנ') סְמִיכָה

Springbrunnen

מִזְרָקָה, מַזְרֵקָה, זַרְקֵרְקָה

springen

נִסְדַּק (נִסְדָּק). קָפַץ, דָּלַג (דּוֹלֵג), קִפֵּץ (מְקַפֵּץ)

Springen

הִסָּדְקוּת. קְפִיצָה, קִפּוּץ

Springflut

נֵד מַיִם (מטא')

Springkraut ---> Balsamine

Springkrebse *{Galatheidae}*

גָּלָתִיִּים (זוא') מִשְׁפָּחָה בְּסִדְרַת סַרְטָנִים מַעֲשִׂירֵי רֶגֶל

Springmaus, Große *{Jaculus orientalis}*

יַרְבּוֹעַ גָּדוֹל (זוא') יוֹנֵק מִמִּשְׁפַּחַת הַיַּרְבּוֹעִיִּים (מְכַרְסְמִים)

Springschwänze *{Collembola}*

קְפַצְּנְבָאִים (זוא') סִדְרָה שֶׁל חֲרָקִים

Springspinnen *{Salticidae}*

קוֹפְצָנִיִּים (זוא') מִשְׁפָּחָה שֶׁל עַכְבִּישָׁאִים

Spritze

מַזְרֵק (מַזְרְקִים) (רפו') מַזְרֶקֶת

spritzen

הִתִּיז (מַתִּיז), הִזָּה נוֹזֵל, נִתַּז (נִתָּז). הִזְרִיק (מַזְרִיק) (רפו')

Spritzer

נֶתֶז (נְתָזִים), רְסִיק (רְסִיקִים)

Spritzgurke *{Ecballium elaterium}*

יְרֹקַת הַחֲמוֹר (בוט') צֶמַח מִמִּשְׁפַּחַת הַדְּלוּעִיִּים

Spritzwasser

נְתָזִים (היד')

Spritzwürmer *{Sipunculida}*

תּוֹלָעִים סִיפּוּנִיּוֹת (זוא') מַחְלָקָה שֶׁל חַסְרֵי חֻלְיוֹת

spröde

פָּרִיךְ, מִתְפּוֹרֵר בְּקַלּוּת, שָׁבִיר

Sprödigkeit

פְּרִיכוּת, תְּכוּנַת הַחֹמֶר הַמִּתְפּוֹרֵר בְּנָקֵל

Sprößling ---> Abkömmling; Schoß

Sprosse einer Leiter

שְׁלִיבָה (שְׁלִיבוֹת) (טכנ') [א״ח/א/35]. חָוָק (חֲוָקִים), שָׁלָב בְּסֻלָּם

sprossen

הִצְמִיחַ (מַצְמִיחַ) [א״ח/ב/182]. לִבְלֵב (מְלַבְלֵב), הִתְחִיל לִפְרֹחַ, - לְהַצְמִיחַ עָלִים

Sprosser *{Luscinia luscinia}*

זָמִיר מְנֻמָּר (זוא') עוֹף מִמִּשְׁפַּחַת הַקִּיכְלִיִּים

Sprossung ---> Konspung

Spruch der Geschworenen ---> Wahrspruch

sprudeln [---> gähren]

בִּעְבֵּעַ (מְבַעְבֵּעַ) [א״ח/א/156; א״ח/ב/236]. הֶעֱלָה בּוּעוֹת גַּז, רָחַשׁ, פִּעְפֵּעַ (מְפַעְפֵּעַ), נָבַע (נוֹבֵעַ), שָׁפַע (שׁוֹפֵעַ)

Sprudeln

בִּעְבּוּעַ, פִּעְפּוּעַ, נְבִיעָה, שְׁפִיעָה

Sprue-Syndrom

קַצְפֶּפֶת (רפו') [מר״ח/628]. מַחֲלַת חֻלְשָׁה וְרָזוֹן הַמְּאֻפְיֶנֶת בְּהוֹפָעַת קֶצֶף לָבָן בַּצּוֹאָה

Sprühregen ---> Nieseln
Sprung ---> Riß
Sprung in der Einteilung ---> Einteilung, Sprung in der
Sprungfunktion
מִתְנֵה מַדְרֵגָה (מתמ') פוּנְקְצִיַּת מַדְרֵגָה
sprunghaft
קְפִיצָתִי, פִּתְאֹמִי, חָפוּז, בְּהֶפְתַּע, בִּקְפִיצָה, בְּחֵפֶז מוּאָץ
Sprunghöhe
עֹתֶק (עֲתָקִים) (גאו', י״א) הַמֵּמַד הָאֲנָכִי שֶׁל הֶעְתֵּק, כְּלוֹמַר: תְּזוּזָה אֲנָכִית שֶׁל סְלָעִים הַנִּהְיֵית כְּתוֹצָאָה מֵהַפְרָעוֹת מִבְנִיּוֹת (טֶקְטוֹנִיּוֹת)
spucken
רָקַק (רוֹקֵק) (רפו') [א״ת/א/251]. יָרַק (יוֹרֵק)
Spucknapf
מַרְקֵקָה (טכנ') מִרְקֶקֶת, רְקָקִית
Spülkasten
מְכַל הֲדָחָה (טכנ')
Spulbetrieb
אִגּוּם (מחש') [דמ״א/97]. שִׁמּוּשׁ בְּזִכָּרוֹן מִשְׁנִי בַּמַּחְשֵׁב לְשֵׁם תֵּאוּם מְהִירוּת פֶּלֶט יְחִידַת הָעִבּוּד הַמֶּרְכָּזִית (יָעָ״ם) וּמְהִירוּת הַמַּדְפֶּסֶת
Spule
סְלִיל (סְלִילִים) (טכנ') [א״ת/א/152]. גָּלִיל שֶׁחוּט כָּרוּךְ סְבִיבוֹ
Spullwurmbefall ---> Ascariasis
Spund
שֶׁגֶם (שְׁגָמִים) (טכנ') בְּלִיטָה בִּגְזִיר חֹמֶר מְסֻיָּם הַנִּכְנֶסֶת לְחָרִיץ בִּגְזִיר אַחֵר, מַחְבֵּר
Spundbohle
מִשְׁגָּם (מִשְׁגָּמִים) (טכנ') נֶסֶר בַּעַל שְׁגָמִים
Spundwand
קִיר מִשְׁגָּמִים (טכנ') חוֹמָה מְשֻׁגֶּמֶת
Spur [---> Anhaltspunkt; Track]
עִקְבָה (עֲקָבוֹת, עִקְבוֹת-) [ק/ד/58]. רִשּׁוּם, עָקֵב (עֲקֵבוֹת), שְׁאֵרִית (שְׁאֵרִיּוֹת), זְעֵרִית (זְעֵרִיּוֹת), זֵכֶר לְדָבָר, תּוֹצָאָה, סִימָן וָזֵכֶר. רֹשֶׁם [ק/ד/60]
Spuren verfolgen
עָקַב (עוֹקֵב) (משפ')
Spuren von Bewölkung ---> Bewölkung, Spuren von
Spurenelement
יְסוֹד קֹרֶט (כימ', גאו')
Spurpunkt
נְקֻדַּת עִקְבָה (מתמ', טכנ') עִקְבָה שֶׁל קַו
Sputum ---> Auswurf
Squatter
תּוֹפֵס אֲדָמוֹת (כלכ', משפ') תּוֹפֵס בִּנְיָנִים

St

הַצִּבּוּר

Staatsgesetz
חֹק הַמְּדִינָה (מדי', מ״ח) [ק/ג/31]. נִימוּס

Staatsgut ---> Staatseigentum

Staatshalter ---> Gouverneur

Staatshoheit ---> Souveränität

Staatskunst
מְדִינִיּוּת (מדי') [ק/א/297; ק/ב/150]. חָכְמַת הַמְּדִינָה, מְדִינוּת, חָכְמָה מְדִינִית, - נִימוּסִית, - חֻקִּית, הַנְהָגַת הַמְּדִינָה, סִדּוּר הַמְּדִינָה

Staatslenker(in)
מַנְהִיג, מַנְהִיגָה (מדי') [ק/ב/213]. אָדָם הָעוֹמֵד בְּרֹאשׁ מְדִינָה אוֹ צִבּוּר, מוֹרֵה דֶּרֶךְ

Staatsmann
מְדִינַאי (מְדִינָאִים) (מדי') [ק/א/289; ק/ב/150]. חֲכַם הַמְּדִינָה, מְדִינִי, שְׁלִיחַ הַצִּבּוּר, עַסְקָן צִבּוּרִי

Staatsordnung ---> Staatskunst

Staatsschuld
חוֹב לְאֻמִּי (חוֹבוֹת לְאֻמִּיִּים) (מדי', כלכ') הִתְחַיְּבֻיּוֹת הַמְּדִינָה לְטֹוַח קָצָר, בֵּינוֹנִי וְאָרֹךְ כְּלַפֵּי נוֹשִׁים פְּנִימִיִּים וְחִיצוֹנִיִּים

Staatstheater
תֵּאַטְרוֹן מַמְלַכְתִּי (תאט')

Staatsvertrag ---> Abkommen

Stab
מוֹט (מוֹטוֹת) (טכנ') מְטִיל (מְטִילִים), מַטֶּה (מַטּוֹת)

Stabdiagramm
תַּרְשִׁים עַמּוּדוֹת (גרפ', טכנ')

Stabeisen
בַּרְזֶל מְטִילִים (טכנ')

stabil [---> beständig]
יַצִּיב, קָבוּעַ, עָמִיד, עֲמִידִי, סְטָבִּילִי

Stabilisierung
יִצּוּב, הִתְיַצְּבוּת, בִּסּוּס, הִתְבַּסְּסוּת, הִתְקַבְּעוּת

Stabilität [---> Beständigkeit]
יַצִּיבוּת, קְבִיעוּת, עֲמִידוּת, סְטָבִּילִיּוּת, קֶבַע

Stabreim ---> Alliteration

staccato ---> skandiert

Stachel [---> Dorn]
שִׁיץ (שִׁיצִים) (מ״ט) [מר״ח/9]. קוֹץ

Stachelauster *{Spondylus gaederopus}*
שְׁדְרָנִית מְצוּיָה (זוא') בַּעַל חַיִּים מִמִּשְׁפַּחַת הַשְּׁדְרָנִיתִיִּים (צְדָפוֹת)

Staat
מְדִינָה (מְדִינוֹת) (מדי') [ק/ב/149]. מַמְלָכָה, עַל פִּי תּוֹרַת מַרְקְס וְלֶנִין הַמְּדִינָה הִיא כֹּחוֹ הַמְאֻרְגָּן שֶׁל הַמַּעֲמָד הַחֶבְרָתִי הַשּׁוֹלֵט. מַנְגָּנוֹן (מַנְגְּנוֹנִים) (פיל') [פ״ר/141]

Staat(es), Absterben des
גְּוִיעַת הַמְּדִינָה (מ״ח, מדי') עַל פִּי תּוֹרַת מַרְקְס וְלֶנִין לֹא תִּתְקַיֵּם הַמְּדִינָה כְּתוֹצָר הִסְטוֹרִי לְעוֹלְמֵי עַד, אֶלָּא ״תִּגְוַע״ בְּהַדְרָגָה בְּחֶבְרָה שִׁתּוּפִית (קוֹמוּנִיסְטִית) עֲתִידִית שֶׁתִּהְיֶה נְטוּלַת מַעֲמָדוֹת

Staat, der beste ---> Staat, vollkommener

Staat, geldlicher
מְדִינָה מָמוֹנִית (מדי', כלכ') [ק/ב/150]

Staat, gemeindlicher
מְדִינָה קְהִלָּתִית (מדי') [ק/ב/150]. מְדִינָה קְהִלִּית

Staat, kriegerischer
מְדִינָה צְבָאִית (מדי') [ק/ב/150]. מְדִינָה נִצּוּחִית, - מִילִיטָרִיסְטִית

Staat, priesterlicher
מְדִינָה כֹּהֲנִית (מדי', דת) [ק/ב/67; 150]. מְדִינָה כֹּהֲנוּתִית, מַמְלֶכֶת כֹּהֲנִים, תֵּאוֹקְרַטְיָה, מְדִינַת דָּת

Staat, vollkommener
מְדִינָה מֻשְׁלֶמֶת (מדי') [ק/ב/149; 150]. מְדִינָה שְׁלֵמָה, הַמְּדִינָה הַחֲשׁוּבָה

Staatenbund ---> Föderation

staatlich
מַמְלַכְתִּי (מדי', מ״ח) [ק/ב/150]. מְדִינָתִי, מְדִינִי, מַה שֶּׁמִּתְיַחֵס אֶל הַמְּדִינָה, חֶבְרָתִי, צִבּוּרִי, מֶמְשַׁלְתִּי

staatliche Ordnung ---> Ordnung, gesellschaftliche

staatliche Sozialversicherung ---> Sozialversicherung, staatliche

Staatlichkeit
מַמְלַכְתִּיּוּת (מדי', מ״ח) מְדִינָתִיּוּת, מֶמְשַׁלְתִּיּוּת

Staatsanzeiger
רְשׁוּמוֹת (מדי') עִתּוֹן רִשְׁמִי, יַלְקוּט הַפִּרְסוּמִים

Staatsbeamter
עוֹבֵד מְדִינָה (מדי') עוֹבֵד צִבּוּר, פָּקִיד נִדְרָשׁ, נוֹשֵׂא מִשְׂרָה

Staatsdefizit ---> Schatzamtdefizit

Staatsdienst ---> Dienst, öffentlicher

Staatseigentum
רְכוּשׁ צִבּוּרִי (משפ', מדי') רְכוּשׁ הַמְּדִינָה, -

Stachelhäuter *{Echinodermata}*
קוֹצֵי עוֹר (זוא') מַעֲרֶכֶת בַּעֲלֵי חַיִּים יַמִּיִּים

Stachelhaie *{Squalidae}*
קוֹצָנִיִּים (זוא') מִשְׁפָּחָה שֶׁל כְּרִישָׁאִים (דְּגֵי סְחוּס)

Stachelknötchenflechte *{Lichen ruber acuminatus}*
יַלֶּפֶת חֲדוּצָה (רפו')

Stachelmakrelen *{Carangidae}*
צְנִינִיתִיִּים (זוא') מִשְׁפָּחָה שֶׁל דְּגֵי גֶּרֶם

Stachelmaus *{Acomys cahirinus}*
קוֹצָן מָצוּי (זוא') יוֹנֵק מִמִּשְׁפַּחַת הָעַכְבָּרִיִּים

Stachelmohn *{Argemone}*
אַרְגְּמוֹן (בוט') צֶמַח מִמִּשְׁפַּחַת הַפְּרָגִיִּים

Stachelsalat *{Lactuca serriola}*
חַסַּת הַמַּצְפֵּן (בוט') צֶמַח מִמִּשְׁפַּחַת הַמֻּרְכָּבִים

Stachelschnecke ---> Brandhorn

Stachelschwein *{Hystrix indica}*
דַּרְבָּן (זוא') יוֹנֵק מִמִּשְׁפַּחַת הַדַּרְבָּנִיִּים (מְכַרְסְמִים)

Stachelschweine *{Hystricidae}*
דַּרְבָּנִיִּים (זוא') מִשְׁפָּחָה שֶׁל מְכַרְסְמִים

Stachelzellenhautschichtauflösung ---> Akantholyse

Stachelzellenhautschichtgeschwulst ---> Akanthom

Stadium ---> Phase

Stadtbebauungsplan
תָּכְנִית בִּנְיַן עָרִים (מדי')

Stadterneuerung
חִדּוּשׁ פְּנֵי הָעִיר (מדי', מ״ח)

Stadtkern
לֵב הָעִיר (י״א) לִבַּת עִיר

Stadtrat [---> Stadtverordneter]
מוֹעֶצֶת הָעִיר (מדי')

Stadtstaat
קֶרֶת (קְרָתוֹת) (מדי') פּוֹלִיס, מְדִינַת קֶרֶת, עִיר מְדִינָה

Stadttheater
תֵּאַטְרוֹן עִירוֹנִי (תאט')

Stadttor ---> Pforte

Stadtverordneter
חֲבֵר (חַבְרֵי) מוֹעֶצֶת הָעִיר (מדי')

Stäbchen
בַּדִּית (שֶׁל מְשֻׁלָּשׁ) (מוס')

Städtchen
עֲיָרָה (עֲיָרוֹת) (מ״ח, כלכ') עִיר קְטַנָּה

städtisch
עִירוֹנִי (מדי') שֶׁל עִירִיָּה

städtische Steuer ---> Steuer, städtische

stählen
חִסֵּם (מְחַסֵּם) (טכנ') [א״ת/ב/303]. חָסַם (חוֹסֵם), הִקְשָׁה מַתֶּכֶת

Stählung
חִסּוּם (טכנ') [א״ת/ב/152]. קִשּׁוּי, הֲפִיכָה לִפְלָדָה

Ständchen ---> Serenade

Stärke
חֹזֶק, עָצְמָה, תְּקִיפָה, תֹּקֶף, כֹּחַ, חֹסֶן, עֹז, תֹּקֶף. עֲמִילָן (כימ') [מר״ח/631]. נֶשֶׂא

Stärkegrad ---> Intensität

Stärkemais *{Zea mays}*
תִּירָס מָצוּי (בוט') צֶמַח מִמִּשְׁפַּחַת הַדְּגָנִיִּים

Stärkemesser ---> Intensimeter

stärken
חִזֵּק (מְחַזֵּק) [ק/ג/28]. נִחֵץ, הִדְגִּישׁ, עָשָׂה חִזּוּק וְתֹקֶף לְדָבָר, הִבְלִיט, הִתְחַזֵּק, נַעֲשָׂה חָזָק, שָׂגַב (שַׂגִּיב). עִמְלֵן (מְעַמְלֵן) [מר״ח/631]. נִשֵּׂא (מְנַשֵּׂא), הִשְׁרָה בְּמֵי עֲמִילָן

Stärker ---> Wäschestärker

Stätte
מִשְׁכָּן (מִשְׁכָּנִים, מִשְׁכָּנוֹת) (י״א, אדר') [ק/ב/294]. מוֹשָׁב, מָקוֹם. נָוֶה [ק/ג/22]. יִשּׁוּב, מְקוֹם מְגוּרִים, מָעוֹן, דִּירָה

Staffel ---> Skala

Staffelbruch
הֶעְתֵּק שְׁלַבִּים (גאו', י״א) מַעֲרֶכֶת הֶעְתֵּקִים שֶׁגּוּשֵׁי הַסְּלָעִים שֶׁלָּהֶם דְּמוּיֵי מַדְרֵגוֹת

Stagnation
נִוּוּן, עִמָּדוֹן, עֲמִידָה בְּמָקוֹם אֶחָד, קִפָּאוֹן

stagnierend
מִתְנַוֵּן [ק/ג/21]. זוּלַת נֶהֱיֶה, בְּלֹא הִתְהַוּוּת, בְּלִי הִתְפַּתְּחוּת, בִּקְפִיאָה עַל שְׁמָרִים, בְּנִוּוּן

Stahl
פְּלָדָה (טכנ') [דח״ט/135]. פֶּלֶד, מַתֶּכֶת קָשָׁה וּגְמִישָׁה הַמְּיֻצֶּרֶת עַל יְדֵי הַתָּכָה שֶׁל מַתָּכוֹת אֲחָדוֹת, בְּעִקָּר בַּרְזֶל עִם פַּחְמָן

Stahl, nichtrostender
פְּלָדָה לֹא חֲלִידָה (טכנ') [דח״ט/139]. פְּלֶדֶת כְּרוֹם דַּלַּת פַּחְמָן בַּעֲלַת עֲמִידוּת גְּבֹהָה בִּפְנֵי שִׁתּוּךְ (קוֹרוֹזְיָה)

Stahl, niedriglegierter
פְּלָדָה דַּלַּת סַגְסֹגֶת (טכנ') [דח״ט/136]. פְּלָדָה שֶׁבָּהּ כַּמּוּת חָמְרֵי הַסִּגְסוּג אֵינָהּ עוֹלָה עַל 5%

Stahlguß
יַצֶּקֶת פְּלָדָה (טכנ') [דח״ט/71]. פְּלָדָה יְצוּקָה, פְּלֶדֶת פַּחְמָן אוֹ פְּלָדָה דַּלַּת סַגְסֹגֶת הַנִּתָּנוֹת לִיצִיקָה בְּתַבְנִית

Stahlstich
פִּתּוּחַ פְּלָדָה (אמנ', דפו') [ממ״ג/228]

Stahlüberzug
הַפְלָדָה (טכנ', אמנ') [ממ״ג/229]. צִפּוּי פְּלָדָה, גִּלְדַּת פֶּלֶד

Stahlwolle
צֶמֶר פְּלָדָה (טכנ') [דח״ט/154]. סִיבֵי פְּלָדָה דַּקִּים הַמְּיֻעָדִים לְנִקּוּי וּלְקִרְצוּף מַתֶּכֶת

Stake ---> Peilstock

Stalagmit

נַטוּף נִצָּב (נַטוּפִים נִצָּבִים) (היד', גאו') נָטִיף תַּחְתִּי (נְטִיפִים תַּחְתִּיִּים), נַטוּף הָעוֹלֶה מִקַּרְקָעִית הַמְּעָרָה

Stalaktit

נַטוּף תָּלוּי (נַטוּפִים תְּלוּיִים) (היד', גאו') נָטִיף עִלִּי (נְטִיפִים עִלִּיִּים), נַטוּף הַיּוֹרֵד מִתִּקְרַת הַמְּעָרָה

Stallmann

סַיָּס (סַיָּסִים) (חקל') אֻרְוָן, סַוָּס (סַוָּסִים), הַמְּטַפֵּל בַּסּוּסִים

Stamen ---> Staubgefäß

Stamm [---> Truncus; Baumstamm]

זַן (זַנִּים) (ביו') תַּת מִין, גֶּזַע (גְּזָעִים)

Stamm, zweikonsonantischer

שֹׁרֶשׁ דּוּ עִצּוּרִי (בלש') [מ״ב/28]. שֹׁרֶשׁ הַמֻּרְכָּב מִשְּׁנֵי עִצּוּרִים וּמִתְּנוּעָה אֲרֻכָּה, לְמָשָׁל: ״לָן״ (לו״ן), ״רָב״ (רי״ב)

Stammaktie

מְנָיָה רְגִילָה (מְנָיוֹת רְגִילוֹת) (כלכ') [אב״נ/124]. מְנָיָה הַמַּקְנָה לְבַעֲלֶיהָ זְכֻיּוֹת רְגִילוֹת

Stammbaum ---> Baumdiagramm

Stammbegriff

מֻשָּׂג יְסוֹד (מֻשְּׂגֵי יְסוֹד) (פיל')

Stammbuchstabe

אוֹת שָׁרְשִׁית (בלש') [ק/ד/164]. אַחַת מֵאוֹתִיּוֹת הַשֹּׁרֶשׁ

Stammdatei

רַב קֹבֶץ (מחש') [דמ״א/66]. קֹבֶץ אָב

Stammeln ---> Stottern

Stammesgeschichte der Lebewesen ---> Phylogenese

Stammform [---> Wurzel]

גֶּזַע (בלש') [מ״ב/26;213]. בָּסִיס, דֶּגֶם סֵדֶר הַתְּנוּעוֹת שֶׁל צוּרָן (מוֹרְפֵמָה) הַיְּסוֹד בְּצֵרוּף מוּסְפִּיּוֹתָיו הָאָפְיָנִי בְּעִבְרִית לְבִנְיַן הַנְּטִיָּה שֶׁל הַפְּעָלִים אוֹ לְמִשְׁקַל הַגְּזִירָה שֶׁל הַשֵּׁמוֹת. לְמָשָׁל: ״**תָּפַר**-תִּי״, ״**תָּפַר**-תָּ״, ״אֶ-**תְפֹּר**״; ״**רַגְלְ**-י״, ״**רַגְלְ**-ךָ״, ״**רַגְלֶ**-יהָ״. בְּגֶרְמָנִית: הַצּוּרָה erledig-e מְאַפְיֶנֶת פֹּעַל בְּגוּף רִאשׁוֹן, יָחִיד בִּזְמַן הֹוֶה

Stammlösung

תְּמִסַּת אֵם (כימ', ביו')

Stammtafel

אִילַן יוּחֲסִין (הסט') שַׁלְשֶׁלֶת יוּחֲסִין, לוּחַ יוּחֲסִין

Stammzelle

נֶבֶט (נְבָטִים) (ביו')

Stampfbewegung

נִדְנוּד (ימא')

stampfen [---> treten, mit Füßen]

הִתְנַדְנֵד (מִתְנַדְנֵד) (ימא'). בָּטַשׁ (בּוֹטֵשׁ) [א״ת/א/154]. דָּשׁ, דָּרַךְ, רָמַס, דָּשַׁשׁ (דּוֹשֵׁשׁ), דָּרַס

Stampferde

עָפָר כָּבוּשׁ (ארכ')

Stand

רָמָה, דַּרְגַּת גֹּבַהּ, מַצָּב, מַצַּב הָעִנְיָנִים, עֶמְדָּה, מִכְלוֹל הַנְּסִבּוֹת

Stand, besitzender

אֲדוּנָּה (מ״ח) מַעֲמָד בַּעֲלֵי הָרְכוּשׁ, חֶבְרָה רָמָה

Stand, gesellschaftlicher

שִׁדְרָה (שְׁדֵרוֹת) (מ״ח) שִׁדְרָה חֶבְרָתִית, שִׁכְבָה חֶבְרָתִית שֶׁמַּעֲמָדָהּ מֻגְדָּר בַּחֹק

Standard [---> Norm]

תֶּקֶן (תְּקָנִים) [מר״ח/630]. קְנֵה, רָמָה

Standardabweichung [---> Varianz]

סְטִיַּת תֶּקֶן (סטט') [ר/ב/467; מ״מ/220; ד״מח/192]. סְטִיָּה תִּקְנִית, מַדָּד שֶׁל פִּזּוּר סְבִיב הַמְּמֻצָּע, הַשֹּׁרֶשׁ הָרִבּוּעִי שֶׁל הַשּׁוֹנוּת שֶׁתְּנוּדוֹת הַדְּגִימָה אֵינָן מַשְׁפִּיעוֹת עָלָיו יַחְסִית וְהוּא נוֹתֵן תְּמוּנָה מְהֵימָנָה לְמַדֵּי שֶׁל הַפִּזּוּר

Standardauswahl

בְּרֵרַת מֶחְדָּל (מחש') [דמ״א/33]. הָאֶפְשָׁרוּת לֹא לִבְחֹר בְּאַחַת הַבְּרֵרוֹת הַמֻּצָּגוֹת בְּתָכְנִית הַדּוּדִית (אִינְטֶרְאַקְטִיבִית)

Standardfehler

טָעוּת הַתֶּקֶן (סטט') [ר/ב/701; מ״מ/212]. סְטִיַּת הַתֶּקֶן שֶׁל הִתְפַּלְּגוּת דְּגִימָה עִיּוּנִית

standardisieren

תִּקְנֵן (מְתַקְנֵן) (מדע, טכנ') [מר״ח/630]. קִיֵּשׁ (מְקַיֵּשׁ), קָבַע תֶּקֶן, הִתְאִים לְתֶקֶן

standardisiert

תִּקְנִי, מְתֻקְנָן (מדע, טכנ') סְטַנְדַּרְטִי, עָשׂוּי לְפִי הַתֶּקֶן, מְקֻיָּשׁ

standardisierter Regressionskoeffizient ---> Regressionskoeffizient, standardisierter

Standardisierung

תִּקְנוּן (מדע, טכנ') [ר/ב/686; מר״ח/630]. קִיּוּשׁ, סְטַנְדַּרְטִיזַצְיָה, קְבִיעַת תֶּקֶן, הַתְאָמָה לְתֶקֶן, תְּקִינָה

Standardlösung

תְּמִסָּה תִּקְנִית (כימ') תְּמִסָּה שֶׁהֵן נֶפַח הַמֵּמֵס וְהֵן מִשְׁקַל הַמּוּמָס שֶׁבָּהּ יְדוּעִים

Standardpunktbewertung

נְקֻדַּת תֶּקֶן (מדע, טכנ')

Standardwert

עֵרֶךְ בְּרֵרַת מֶחְדָּל (מחש') שִׁקּוּל בְּרֵרַת מֶחְדָּל

Standarte

אוֹת (אוֹתוֹת) (ימא') סִימָן חֲזוּתִי לְהַעֲבָרַת הוֹדָעָה מִמֶּרְחָק, דֶּגֶל (דְּגָלִים), נֵס (נִסִּים), דִּגְלוֹן

Standespflicht ---> Berufspflicht

Standhaftigkeit

תַּקִּיפוּת דַּעַת [ק/א/143]. דַּעְתָּנוּת, עֲמִידָה עַל שֶׁלּוֹ, דְּבֵקוּת בַּמְּשִׂימָה, עֲמִידָה אֵיתָנָה

Standlinie ---> Kreisstandlinie

Standort

אֲתַר (אֲתָרִים), מְקוֹם הִמָּצְאוּת, מִקּוּם, מֻצָּב (מֻצָּבִים), עֶמְדָּה (עֲמָדוֹת), בָּסִיס, מָקוֹם. בֵּית גִּדּוּל (ביו') מְקוֹם גִּדּוּלוֹ הַטִּבְעִי שֶׁל הַצֶּמַח אוֹ בַּעַל הַחַיִּים

Standort, Differenz zwischen dem scheinbaren und dem wirklichen ---> Differenz zwischen dem scheinbaren und dem wirklichen Standort

Standortproblem

בְּעָיַת הָאֲתַר (מ״ח, פסי') [ד״מח/74]. בְּעָיָה שֶׁל בְּחִירַת הַנּוֹשֵׂא בְּמַדְּעֵי הַהִתְנַהֲגוּת, בְּחִירַת

תְּחוּם הַתְּאָרִים לְתֵאוּר הַנּוֹשֵׂא וּבְחִירַת הַמִּבְנֶה הַמֻּשָּׂגִי שֶׁבְּתוֹכוֹ יְנֻסְּחוּ הַהַשְׁעָרוֹת אוֹדוֹת הַנּוֹשֵׂא

Standpunkt [---> Blickpunkt]

עֶמְדָּה (עֲמָדוֹת) (פיל׳) [ק/ב/265]. מָקוֹם, יַחַס, נְקֻדַּת רְאוּת, גִּישָׁה, דֵּעָה קְבוּעָה, נְקֻדַּת מוֹצָא, הַנָּחָה שֶׁבִּיסוֹד הַדְּבָרִים הַנֶּאֱמָרִים, אַסְפַּקְלַרְיָה

Standpunkt, nihilistischer

עֶמְדַּת אֶפֶס (פיל׳) מַצַּע שָׁוְא, נְקֻדַּת רְאוּת אֲפוּסָה, עֶמְדָּה נִיהִילִיסְטִית

Standrecht

דִּינֵי צָבָא (משפ׳, צבא) חֻקַּת הַשִּׁפּוּט הַצְּבָאִי

Standsicherheit ---> Stabilität

Stange

עַמּוּד (עַמּוּדִים) (אדר׳) [א״ח/א/7]

Stanine *{Standardneun}*

תְּשִׁעוֹנִית (סטט׳, מ״ח, פסי׳) [ר/ב/709]. סֻלָּם תָּקְנִי שֶׁבְּאֶמְצָעוּתוֹ מְחַלְּקִים אֻכְלוּסִיָּה מְסֻיֶּמֶת לְתֵשַׁע קְבוּצוֹת שֶׁעֵרֶךְ יְחִידוֹתֵיהֶן תְּשִׁיעִית אַחַת (לְכָל קְבוּצָה וּקְבוּצָה) מִכָּל הַטְּוָח שֶׁל הַנְּתוּנִים הַמְפֻרְסָמִים נוֹרְמָלִית

Stanzer ---> Locher

Stapel [---> Schub]

סָוָר (סָוָרִים) (ימא׳) סָוָאר, עֲרֵמָה עֲרוּכָה וּמְסֻדֶּרֶת, חֲפִיסָה

Stapel lassen, vom

הִשִּׁיק (מַשִּׁיק) סְפִינָה (ימא׳) הוֹרִיד סְפִינָה חֲדָשָׁה לַמַּיִם

Stapellauf

הַשָּׁקָה (ימא׳) הֶשֵּׁק, הוֹרָדַת סְפִינָה חֲדָשָׁה לַמַּיִם

stapeln

סִוֵּר (מְסַוֵּר) (ימא׳) הֶעֱרִים, עָרַךְ דְּבָרִים זֶה עַל זֶה

Stapeln

סִוּוּר (ימא׳) עֲרִיכַת עֲרֵמָה מְסֻדֶּרֶת

Staphylococcus aureus

סֶגּוֹל זָהֹב (רפו׳) חַיְדַּק מַחְלִיא

Staphylokokke *{Staphylococcus}*

סֶגּוֹל (סֶגּוֹלִים) (רפו׳) חַיְדַּק דְּמוּי נְקֻדָּה

Star *{Sturnus vulgaris}*

זַרְזִיר מָצוּי (זוא׳) עוֹף מִמִּשְׁפַּחַת הַזַּרְזִירִיִּים

Star, grauer *{Katarakt}*

יָרוֹד (יְרוֹדִים) (רפו׳) [מר״ח/130]. מוּם בָּעַיִן הָעוֹכֵר אֶת הָעֲדָשָׁה

Star, grüner *{Glaukom}*

בַּרְקִית (רפו׳) [מר״ח/322]. גְּלָאוּקוֹמָה, מַחֲלַת עֵינַיִם הַנִּגְרֶמֶת מִלַּחַץ עַיִן מֻגְבָּר

Star bezüglich, auf den grünen

בַּרְקִיתִי (רפו׳) שֶׁל גְּלָאוּקוֹמָה

Stare *{Sturnidae}*

זַרְזִירִיִּים (זוא׳) מִשְׁפָּחָה שֶׁל צִפֳּרֵי שִׁיר

stark

חָזָק, גָּדֹל כֹּחַ, בְּחֹזֶק, בְּחָזְקָה

starker Wind ---> Wind, starker

starkes Verb ---> Verb, starkes

starr [---> steif]

צָפִיד [מר״ח/588]. קָפִיד, עַקְשָׁנִי, קִבְעוֹנִי, קָשִׁיחַ

Starre ---> Starrheit

starrer Körper ---> Körper, starrer

Starrheit [---> Steifheit]

צְפִידוּת [מר״ח/588]. קְפִידוּת, עַקְשָׁנוּת, קִבְעוֹנִיּוּת, קְשִׁיחוּת

Starrheit des Anschauungsbildes

---> Anschauungsbild(es), Starrheit des

Starrkrampf

תּוּנְבָּה (רפו׳) [מר״ח/130]

starrkrampfbezüglich *{kataleptisch}*

תּוּנְבָּתִי (רפו׳) תּוּנְבִּי

Starrsinniger

מִתְעַקֵּשׁ (מִתְעַקְּשִׁים) [ק/ב/325]. עִקֵּשׁ, נִפְתָּל, הֲפַכְפַּךְ, עַקְשָׁן

Start- und Landebahn

מַסְלוּל הַמְרָאָה (טכנ׳) מְסִלַּת הַמְרָאָה

starten

תִּחֵל (מְתַחֵל)

Starten

תִּחוּל

Starter

תַּחַל (תְּחָלִים, תַּחֲלֵי-) (טכנ׳)

Statal ---> Zustandsverb

Statik

תֵּנֶח (פיס׳) [ק/א/297]. חָכְמַת הַמִּשְׁקָלוֹת, - הַמִּשְׁקֹלֶת, - מְשִׁיכַת הַמִּשְׁקָלוֹת, סְטָטִיקָה, תְּנֻחוֹת, תּוֹרַת הַגּוּפִים הַנִּמְצָאִים בְּמַצַּב מְנוּחָה

Station, astronomische

תַּחֲנָה (תַּחֲנוֹת) (אסט׳) [ק/ב/182]. מַחֲנֶה

stationär

נַיָּח, נַיַּחַת [מר״ח/631]. עֲמִידָנִי, עוֹמֵד בְּעֵינוֹ, קָבוּעַ, תְּמִידִי

statisch

תֵּנֶח (תֵּנַחַת), סְטָטִי, נַיָּח, לֹא נָע, שֶׁאֵינוֹ מִשְׁתַּנֶּה

statische Empfindung ---> Empfindung, statische

Statist(in)

נִצָּב, נִצֶּבֶת (תאט׳, מוס׳)

statistische Inferenz ---> Inferenz, statistische

statistische Regression ---> Regression, statistische

statistische Signifikanz ---> Signifikanz, statistische

statistisches Schließen ---> Inferenz, statistische

Stativ [---> Zustandsverb]

מַעֲמוֹד (מַעֲמוֹדִים) (טכנ׳) [מר״ח/631]. סְטָטִיב

statt

בִּמְקוֹם, תְּמוּר, תְּמוּרַת.... חֵלֶף, תַּחַת, לַחֲלוּפִין

stattfinden

הִתְרַחֵשׁ (מִתְרַחֵשׁ) [ק/א/300]. חָל, אֵרַע, הִתְקַיֵּם. חָנָה [ק/א/315]. שָׁכַן, חָל, נָח. נָפַל בְּ... [ק/ג/54; 68]. קָרָה (קוֹרֶה), הִזְדַּמֵּן, נִכְנַס. שֻׁלַּם [ק/ד/118]. בָּא לִכְלַל מַעֲשֶׂה, הִתְבַּצֵּעַ, יָצָא מִן הַכֹּחַ אֶל הַפֹּעַל, הִתְמַמֵּשׁ, קָם וְנִהְיָה הַדָּבָר, הִתְחוֹלֵל

Stattfinden

הִתְרַחֲשׁוּת [ק/א/157]. הַגָּעָה, הֵעָשׂוּת, בִּצּוּעַ, הִתְקַיְּמוּת, יְצִיאָה אֶל הַפֹּעַל, הַהַגָּעָה אֶל הַמְּצִיאוּת, הִתְחוֹלְלוּת. חִנּוּי, חֲנָיָה [ק/א/315]. שְׁכִינָה, הִמָּצְאוּת, הִקָּרוּת, הִשְׁתַּכְּנוּת. נְפִילָה [ק/ג/53]. בִּיאַת דָּבָר

stattfindend
מִתְרַחֵשׁ [ק/ג/68]. נִקְרֶה, מְאֻנֶּה, אוֹרֵעַ, נֶאֱרָע, מְאֹרָע, חָל, מְאֹרָע, מִתְאָרֵעַ, מִזְדַּמֵּן, מִתְקַיֵּם, קוֹרֶה, מִתְחוֹלֵל

stattgeben, einem Antrag ---> Antrag

stattgeben, einem

statthaft
קָבִיל (משפ') רָאוּי לְהִתְקַבֵּל כְּעֵדוּת אוֹ כְּטַעֲנָה

Statthaftigkeit
קְבִילוּת (משפ') תְּכוּנַת הַדְּבָרִים הָרְאוּיִים לְהִתְקַבֵּל כְּעֵדוּת אוֹ כְּטַעֲנָה

statuarisch
מְצוּבִּי, תַּקָּנוֹנִי

statuieren
מִצֵּב (מְמַצֵּב), קָבַע הֲלָכָה, הִתְקִין תַּקָּנָה, נָתַן תֹּקֶף חֻקִּי לְ..., קָבַע מַסְמְרוֹת בַּדָּבָר, הֶאֱכִיף חֹק, קָבַע סוֹפִית

Statuieren
מִצּוּב, קְבִיעַת הֲלָכָה, הַתְקָנַת תַּקָּנָה, קְבִיעָה סוֹפִית, מַתַּן תֹּקֶף חֻקִּי לְ..., קְבִיעַת מַסְמְרוֹת בַּדָּבָר, אֲכִיפַת חֹק

Statur
קוֹמָה (רפו', אסת') [א"ח/א/248]. שִׁעוּר קוֹמָה

Status
מַצָּב (מַצָּבִים) (פסי', מ"ח) [ר/ב/465]. עֶמְדָּה (עוֹמְדָה), סְטָטוּס חֶבְרָתִי, מַצָּב, עֶמְדָּה, הָעֶמְדָּה שֶׁאָדָם אוֹ קְבוּצָה תּוֹפְסִים בַּמַּעֲרֶכֶת הַחֶבְרָתִית יַחֲסִית לַאֲחֵרִים

Status, sozioökonomischer
מַצָּב חֶבְרָתִי-כַּלְכָּלִי (מֶחְכָּ"ל) (מ"ח)

Status absolutus
יַחַס נִפְרָד (בלש') [ק/ב/35]. יַחַס מֻכְרָת, שֵׁם שֶׁאֵינוֹ נִסְמָךְ אֶל שֵׁם אַחֵר, פָּרוּד, נִכְרָת

Status absolutus stehendes Nomen, im
---> Nomen, im Status absolutus stehendes

Status constructus
סְמִיכוּת (בלש') [ק/ג/105; מ"ב/47]. שְׁתֵּי יְחִידוֹת שֶׁמָּנִיּוֹת הַסְּמוּכוֹת זוֹ לָזוֹ; הַחֵלֶק הָאֲחוֹרִי הוּא הַנִּסְמָךְ שֶׁחָל בּוֹ שִׁנּוּי צוּרָאִי (מוֹרְפוֹלוֹגִי) וְהַחֵלֶק הַקִּדְמִי הוּא הַסּוֹמֵךְ הַמְּמַלֵּא אֶת הַתִּפְקוּד הַתַּחְבִּירִי שֶׁל הַצֶּמֶד, לְמָשָׁל: "בֵּית דּוֹדִי", "נְקִי כַּפַּיִם". דְּבִיקָה (בלש') [ק/א/127]. יַחַס סָמוּךְ, - נִסְמָךְ, - דָּבוּק (בלש') [ק/ב/35]

Status constructus stehendes Nomen, im
---> Nomen regens

Status quo
עֶמְדָּה קַיֶּמֶת, סְטָטוּס קְווֹ, הַמַּצָּב הַקַּיָּם

Statut
תַּקָּנוֹן (תַּקָּנוֹנִים), מַעֲרֶכֶת תַּקָּנוֹת

Staub
אָבָק (גאו') [ק/ג/151]. עַפְרוּרִית

Staub wälzen, im ---> bestäuben, sich

staubartig
אֲבָקִי (גאו') [ק/א/19]. שֶׁל אָבָק. עָפְרִי (גאו') [ק/ג/151]. עַפְרוּתִי, עַפְרוּרִי, כְּגוֹן עָפָר

Staubbeutel *{Anthere}*
מַאֲבָק (מַאֲבָקִים) (בוט') [ל"ב/137]. הַחֵלֶק בָּאַבְקָן הַמֵּכִיל אֶת הָאַבְקָה

Staubblatt ---> Staubgefäß

Staubblüte
פֶּרַח אַבְקָנִי (בוט') פֶּרַח זְכָרִי הַמֵּכִיל רַק אַבְקָנִים

Staubecken
מַאֲגָר (מַאֲגָרִים) (היד') בְּרֵכָה גְּדוֹלָה לְאִסּוּף מַיִם

Staubfaden *{Filament}*
זִיר (זִירִים) (בוט') [ל"ב/194]. פִילָמֶנְט, הַחוּט הַנּוֹשֵׂא אֶת הַמַּאֲבָק

Staubgefäß *{Stamen; Stamina}*
אַבְקָן (אַבְקָנִים) (בוט') [ל"ב/10]. הָאֵבֶר הַזְּכָרִי שֶׁל הַפֶּרַח

Staublawine
גַּלְשׁוֹן תָּחוּחַ (מטא') מַפֹּלֶת שְׁלָגִים תְּחוּחָה

Staubmantel ---> Überzieher

Staubschrift
אוֹת אָבָק (דפו') [ק/א/19]. אָבָק

Staubsturm ---> Sandsturm

Staubtrombe ---> Sandhose

Staubzähler
מוֹנֵה אָבָק (מטא') [יל"ט/104]. מַכְשִׁיר לִמְדִידַת כַּמּוּת הָאָבָק הַנִּמְצֵאת בְּנֶפַח מְסֻיָּם שֶׁל אֲוִיר

stauchen
רָצַם (רוֹצֵם) (טכנ') מִעֵךְ, מָעַךְ, רָצַף (רוֹצֵף)

Stauchen
רְצִימָה (טכנ') מְעִיכָה, לְחִיצָה, רְצִיפָה

Staudamm ---> Talsperre

Staudenwicke *{Lathyrus latifolius}*
טֹפַח רְחַב עָלִים (בוט') צֶמַח מִמִּשְׁפַּחַת הַפַּרְפָּרָנִיִּים

stauen
סִפֵּן (סוֹפֵן) (ימא') פָּרַק וְטָעַן בַּנָּמֵל וּבָאֳנִיּוֹת

Stauer
סַוָּר (סַוָּרִים) (ימא') פּוֹעֵל נָמֵל

Stauerei
סַוָּרוּת (ימא') עֲבוֹדַת פְּרִיקָה וּטְעִינָה בַּנָּמֵל וּבָאֳנִיּוֹת

Staunässe ---> Nässe, gestaute

staune darüber!, ich
תְּמֵהַנִי!, אֶתְמְהָה!, תָּמֵהַּ אֲנִי!

staunen ---> verwundern; verblüffen

Staunen ---> Verwunderung; Verblüffung

Staunen(s), Modalität des
דַּרְכִּיּוּת הַתְּמִיהָה (בלש', רטו') [ק/ב/217; ק/ד/210]. מֵנִיעַ הַמַּאֲמָר שֶׁל הַתְּמִיהָה הַמְּשַׁמֵּשׁ לְהַבָּעַת תִּמָּהוֹן וּפְלִיאָה

Staupe
כּוּרְהָן (זוא', רפו') מַחֲלַת עֲוִיתוֹת שֶׁל בַּעֲלֵי חַיִּים

Stauung
מִקְבָּע, עִצּוּר, עִמָּדוֹן, קִפָּאוֹן, חֲסִימָה, עֲצִימָה,

חֲשָׁרָה (חֲשָׁרוֹת)
Stauungspapille ---> Papillenödem
stechen ---> sticheln
Stechfliege *{Stomoxys calcitrans}*
זְבוּב הַשּׁוֹקַיִם (זוא') חֶרֶק מִמִּשְׁפַּחַת הַזְּבוּבִיִּים
Stechmücke, Gemeine *{Culex pipiens}*
כּוּלְכִית הַבַּיִת (זוא', רפו') [מר"ח/217]. חָמוּס, חֶרֶק מִמִּשְׁפַּחַת הַכּוּלְכִיתִיִּים (יַתּוּשִׁים)
Stechmücken *{Culicidae}*
כּוּלְכִיתִיִּים (זוא') מִשְׁפָּחָה שֶׁל יַתּוּשִׁים
Stechpalme *{Ilex}*
צִינִית (בוט') צֶמַח מִמִּשְׁפַּחַת הַצִּינִיתִיִּים
Stechrochen, Gewöhnlicher *{Trygon pastinaca (Dasybatus pastinachus)}*
טְרִיגוֹן חַד אַף (זוא') דָּג מִמִּשְׁפַּחַת הַטְּרִיגוֹנִיִּים (בַּטָּאִים)
Stechwinde *{Smilax}*
קִיסוֹסִית (בוט') צֶמַח מִמִּשְׁפַּחַת הַשּׁוֹשַׁנִּיִּים
stecken ---> hineinstecken
Steckenkraut *{Ferula}*
כֶּלֶךְ (בוט') צֶמַח מִמִּשְׁפַּחַת הַסּוֹכְכִיִּים
Steckenpferd ---> Hobby
Steckling ---> Setzling
Steckmuschel *{Pinna nobilis}*
מְנִיפָנִית אֲצִילָה (זוא') בַּעַל חַיִּים מִמִּשְׁפַּחַת הַמְּנִיפָנִיתִיִּים (צְדָפוֹת)
Steckmuscheln *{Pinnidae}*
מְנִיפָנִיתִיִּים (זוא') מִשְׁפָּחָה שֶׁל צְדָפוֹת
Steg
גִּשְׁרִית (מוס') פִּסַּת עֵץ מֵעַל מֵיתְרֵי כְּלֵי מֵיתָרִים. פֶּשֶׁק (פְּשָׁקִים) (טכנ') מִרְוָח. דַּפְנִית (דַּפְנִיּוֹת) (טכנ'). שְׁבִיל (שְׁבִילִים), מִשְׁעוֹל
Stegkette
שַׁרְשֶׁרֶת פְּשָׁקִים (טכנ')
Stegreifkomödie
בַּדִּיחָה מְאֻלְתֶּרֶת (תאט') בַּדְּחָה מִנֵּהּ וּבֵהּ
stehend
מְעֻמָּד, בַּעֲמִידָה
Stehlzwang ---> Kleptomanie
steif [---> starr]
אָשׁוּן [מר"ח/635]. קָשִׁיחַ, אָקוּשׁ, צָפוּד, נִקְשֶׁה, קָשׁוּחַ
steifer Wind ---> Wind, steifer
Steifheit *{Rigidität}* **[---> Starrheit]**
אֲשִׁינוּת (טכנ') [מר"ח/635; דח"ט/184]. קְשִׁיחוּת, אֲקִישׁוּת, קִשָּׁיוֹן, צְפִידוּת, נִקְשׁוּת, קִשָּׁיוֹן, הִתְנַגְּדוּת הַחֹמֶר לְעִוּוּי הַנִּגְרָם עַל יְדֵי רִטּוּט
Steigbügel
מִשְׁוֶרֶת (מִשְׁוָרוֹת) (חקל', ספו') טַבַּעַת בְּצַד הָאֻכָּף שֶׁהָרוֹכֵב מַכְנִיס לְתוֹכָהּ אֶת רַגְלוֹ
steigen
גָּאָה (גּוֹאֶה), עָלָה (עוֹלֶה)
Steigen der Tide ---> Tide, Steigen der
steigern ---> potenzieren
steigernd
מַגְבִּיר, מַעֲצִם (מַעֲצִמִים)
Steigerung [---> Komparation]
הַגְבָּרָה [ק/ד/184]. תּוֹסֶפֶת, הַעֲצָמָה
Steigerung der Reaktion ---> Reaktion, Steigerung der
Steignatter ---> Schlanknatter
steil
תָּלוּל
Steilabfall
מִתְלוּל (י"א) מִתְלָל, מִדְרוֹן תָּלוּל
Steilhang
נֵד הָרִים (י"א)
Stein, gebrochener
אֶבֶן גְּרוּסָה (גאו')
Stein, rechteckig geformter
פָּתִין (פְּתִינִים) (אדר') [א"ח/א/23]. אֶבֶן רְחָבָה
Stein, roher ---> Bruchstein
Stein der Weisen
אֶבֶן הַחֲכָמִים (מ"ט) [ק/א/19]. חֹמֶר פִּלְאִי שֶׁבְּאֶמְצָעוּתוֹ קִוּוּ הָאַלְכִּימָאִים לַהֲפֹךְ מַתֶּכֶת כָּלְשֶׁהִי לְזָהָב
Stein des Anstoßes
אֶבֶן נֶגֶף, מִכְשׁוֹל
Stein einer Frucht
חַרְצָן (חַרְצָנִים) (בוט') [א"ח/ב/206]. גַּרְעִין שֶׁל תָּמָר, עֵנָב וכד'
Steinadler *{Aquila chrysaetos}*
עַיִט זָהֹב (זוא') עֵיט סְלָעִים, עוֹף מִמִּשְׁפַּחַת הַנְּצִיִּים
Steinanfall ---> Steinleiden
steinartig
אַבְנִי (גאו') [ק/א/19]. שֶׁל אֶבֶן, מַחְצָבִי
Steinbock, Nubischer *{Capra ibex nubiana}*
יָעֵל נוּבִּי (זוא') יוֹנֵק מִמִּשְׁפַּחַת הַפָּרִיִּים
Steinbock(s), Wendekreis des ---> Wendekreis des Steinbocks
Steinbrech *{Saxifraga}*
בְּקַעְצוּר (בוט') צֶמַח מִמִּשְׁפַּחַת הַבְּקַעְצוּרִיִּים
Steinbrecher
מַגְרֵסָה (מַגְרֵסוֹת) (טכנ') מְכוֹנָה לַעֲשִׂיַּת חָצָץ. חוֹצֵב (חוֹצְבִים) (מלא') [א"ח/א/12]. חַצָּב, כּוֹרֶה
Steinbutt, Augenfleckiger *{Platophrys podas}*
סַנְדָּל פִּזְלָן (זוא') דָּג מִמִּשְׁפַּחַת הַסַּנְדָּלִיִּים (דְּגֵי גֶּרֶם)
Steindattel *{Lithophaga lithophaga}*
תְּמַר הַיָּם (זוא') בַּעַל חַיִּים מִמִּשְׁפַּחַת הַבּוּצִיתִיִּים (צְדָפוֹת)
Steindruck *{Lithographie}*
דְּפוּס אֶבֶן (דפו', אמנ') [ממ"ג/146]. לִיטוֹגְרַפְיָה, שִׁיטָה הַמְּיֻסֶּדֶת עַל חֹסֶר כֹּשֶׁר מִזּוּג בֵּין שֶׁמֶן וּבֵין מַיִם, שֶׁבָּהּ מְצַיְּרִים תְּחִלָּה בְּגִיר דָּהִין (שַׁמְנוּנִי) אוֹ בִּדְיוֹת (טוּשׁ) דְּהִינָה עַל אֶבֶן סִיד וּמְקַבְּעִים אֶת הַצֶּבַע שֶׁבַּצִּיּוּר עַל יְדֵי תַּעֲרֹבֶת שֶׁל גּוּמִי וְחֻמְצַת מֶלַח וּמַרְטִיבִים אֶת הָאֶבֶן בְּמַיִם. לְאַחַר שֶׁמּוֹשְׁחִים אֶת הָאֶבֶן בְּצֶבַע הַדְּפָסָה דָּהִין נִדְבָּק הַצֶּבַע רַק בְּאוֹתָם מְקוֹמוֹת שֶׁנִּמְשְׁחוּ תְּחִלָּה בְּצִבְעֵי צִיּוּר דְּהִינִים, אַךְ לֹא בַּמְּקוֹמוֹת הָרְטוּבִים בְּמַיִם
Steindruckblatt
הֶדְפֵּס אֶבֶן (הֶדְפֵּסֵי אֶבֶן) (אמנ', דפו') [ממ"ג/146]. דַּף נְיָר שֶׁהֻדְפַּס בִּדְפוּס אֶבֶן

Steineiche *{Quercus ilex}*
אַלּוֹן הַגַּלְעִין (בוט') צֶמַח מִמִּשְׁפַּחַת הָאַלּוֹנִיִּים
Steineis
קֶרַח קְדוּמִים (מטא', גאו')
Steinfliegen *{Plecoptera}*
גְּדוֹתָאִים (זוא') סִדְרָה שֶׁל חֲרָקִים
Steinfrucht
בֵּית גַּלְעִין (בוט') פְּרִי עֲסִיסִי שֶׁאֵינוֹ נִפְתָּח
Steingut
פֶּחָר (פְּחָרִים) (טכנ') כְּלִי פַּחַר, חֶרֶס לָבָן וְנַקְבּוּבִי הַמְּשַׁמֵּשׁ לְהַתְקָנַת כְּלֵי תַּבְרוּאָה וּכְלֵי מִטְבָּח
Steinhuhn *{Alectoris graeca}*
חָגְלָה (חוּגְלָה) יְוָנִית (זוא') עוֹף מִמִּשְׁפַּחַת הַפַּסְיוֹנִיִּים
steinigen
סָקַל (סוֹקֵל), רָגַם (רוֹגֵם), יִדָּה אֲבָנִים, נִסְקַל, נִרְגַּם
Steinigung
סְקִילָה, רְגִימָה, הַשְׁלָכַת אֲבָנִים
Steinkauz *{Athene noctua}*
כּוֹס הֶחֳרָבוֹת (זוא') עוֹף מִמִּשְׁפַּחַת הַיַּנְשׁוּפִיִּים
Steinkohle *{Anthrazitkohle}*
פֶּחָם אֶבֶן (מינ') [דח"ט/131]. פֶּחָם שָׁחוֹר וּמַבְרִיק הַמּוּפָק בִּכְרִיָּה מִמַּעֲמַקֵּי הָאֲדָמָה וְהַנֶּחְשָׁב חֹמֶר דֶּלֶק מְשֻׁבָּח
Steinlage ---> Steinschicht
Steinleiden *{Lithiasis}*
חֲצֶצֶת (רפו') מַחֲלָה שֶׁל הִתְהַוּוּת אֲבָנִים בְּאֵבָרִים פְּנִימִיִּים
Steinlerche *{Ammomanes deserti}*
עֶפְרוֹנִי מִדְבָּר (זוא') יְשִׁימוֹנִי נֶגְבִּי, עוֹף מִמִּשְׁפַּחַת הָעֶפְרוֹנִיִּים
Steinlinde *{Phillyrea}*
בַּר זַיִת (בוט') צֶמַח מִמִּשְׁפַּחַת הַזֵּיתִיִּים
Steinmarder *{Martes foina}*
דָּלָק (זוא') יוֹנֵק מִמִּשְׁפַּחַת הַסַּמּוּרִיִּים
Steinmeißel
מַפְסֶלֶת לְאֶבֶן (טכנ') אִזְמֵל לְאֶבֶן
Steinmetz
סַתָּת (סַתָּתִים) (מלא') [א"ח/א/11]
Steinmetzzeichen
תַּו סַתָּתִים (מלא', אדר')
Steinplatte, viereckige
רָבִיד (רְבִידִים) (אדר') [א"ח/א/36]. לוּחַ אֶבֶן מְרֻבָּע
Steinrötel *{Monticola saxatilis}*
צוּקִית חַכְלִילִית (זוא') עוֹף מִמִּשְׁפַּחַת הַקִּיכְלִיִּים
Steinschicht
נִדְבָּךְ (נִדְבָּכוֹת, נִדְבָּכִים) (אדר') [א"ח/א/24]. שִׁכְבַת אֲבָנִים בְּבִנְיָן
Steinschlag
דַּרְדֶּרֶת (י"א) מַפֹּלֶת סְלָעִים
Steinschlagrinne
חֶרֶץ שֶׁל דַּרְדֶּרֶת (י"א) עָרוּץ שֶׁל מַפֹּלֶת סְלָעִים
Steinschmätzer *{Oenanthe oenanthe}*
סַלְעִית אֵירוֹפִּית (זוא') עוֹף מִמִּשְׁפַּחַת הַקִּיכְלִיִּים
Steinschüttung
מִלּוּי אֲבָנִים רְבוּגוֹת (טכנ')
Steinseeigel *{Paracentrotus lividus}*
קִפּוֹד יָם סָגֹל (זוא') בַּעַל חַיִּים מִמִּשְׁפַּחַת קִפּוֹדֵי הַיָּם
Steinsperling *{Petronia petronia}*
בְּאֵרִית הָרִים (זוא') עוֹף מִמִּשְׁפַּחַת הַדְּרוֹרִיִּים
Steintäschel *{Aethionema}*
דּוּפְרִית (בוט') צֶמַח מִמִּשְׁפַּחַת הַמִּצְלִיבִים
Steinwolle ---> Gesteinswolle
Steinwüste ---> Felswüste
Steinzeug
כְּלִי טִין-אֶבֶן (טכנ') כְּלִי מֵחֶרֶס סָמִיךְ, מְזֻגָּג וְצִבְעוֹנִי
Steißbein *{Os coccygis}*
עֶצֶם הָעֹקֶץ (רפו') הַחֻלְיָה הַתַּחְתּוֹנָה בְּעַמּוּד הַשִּׁדְרָה
Steißwirbel *{Vertebrae coccygeae}*
הַחֻלְיוֹת הַזְּנָבִיּוֹת (רפו') חֻלְיוֹת הָעֹקֶץ
Stek
רֶכֶס (רְכָסִים) (טכנ') קֶשֶׁר שֶׁל חֶבֶל בְּחֶבֶל
Stelle ---> Ort; Position
Stelle, auf der
לְאַלְתַּר, בּוֹ בַּמָּקוֹם, עַל אֲתַר
Stelle, erhöhte
מַרְבִּית (מַרְבִּיּוֹת) [א"ח/א/12]. גַּל אֲבָנִים
stellen, ans Feuer ---> Herd, ansetzen auf den
Stellenwechsel
חִלּוּף מָקוֹם
Stellenwertsystem, Darstellung im
יִצּוּג לְפִי הַמָּקוֹם (מתמ')
Stellung [---> Position; Lage]
תְּנוּחָה [ק/ד/219]. תְּשׁוּמָה, מַצָּב וְאֹפֶן שֶׁבּוֹ הַדָּבָר מֻנָּח, מַצָּב, מָקוֹם. עֶמְדָּה (פסי') [ר/ב/505]. מְכֻוָּנוּת (אוֹרְיֶנְטַצְיָה) הַפְּעַלְּתִית (אֶפֶקְטִיבִית) פְּנִימִית כְּלְשֶׁהִי שֶׁיְּכוֹלָה לְהַסְבִּיר אֶת פְּעֻלּוֹתָיו שֶׁל אָדָם
Stellung der Gestirne ---> Gestirne, Stellung der
Stellung in einer Reihe
מָקוֹם בְּסִדְרָה
Stellungsassoziation
הֶחְבֵּר לַמָּקוֹם (פסי') סְמִיכוּת לַמָּקוֹם
stellvertretend
נַיָּב, נַיֶּבֶת [מר"ח/705]. מְמַלֵּא מָקוֹם
Stelzen *{Motacillidae}*
נַחֲלִיאֵלִיִּים (זוא') מִשְׁפָּחָה שֶׁל צִפֳּרֵי שִׁיר
Stelzenläufer *{Himantopus himantopus}*
תַּמִּירוֹן (זוא') עוֹף מִמִּשְׁפַּחַת הַסִּיפָנִיִּים
Stelzenläufer *{Recurvirostridae}*
סִיפָנִיִּים (זוא') מִשְׁפָּחָה שֶׁל עוֹפוֹת מִסִּדְרַת הַחוֹפָמָאִים
Stelzfuß ---> Beinprothese
Stemma ---> Baumdiagramm
Stempel *{Pistillum}* **[---> Siegel]**
עֱלִי (עֱלָיִים) (בוט') הָאֵבֶר הַנְּקֵבִי שֶׁל הַפֶּרַח
Stempelblüte
פֶּרַח עֱלִינִי (בוט') פֶּרַח שֶׁיֵּשׁ בּוֹ עֱלִי בִּלְבַד

וְאֵין בּוֹ אַבְקָנִים

Stempelform *{Patrize}*
דְּפוּס פְּנִימִי (טכנ') דְּפוּס חוֹתָם

stempeln
חִתֵּם (מְחַתֵּם) (טכנ')

Stempeln
חִתּוּם (טכנ')

Stempeltechnik ---> Replika-Technik

Stengel [---> Stiel]
קֶלַח (קְלָחִים) (בוט') [א"ח/ב/183]. קָנֶה מְעֻבֶּה

Stengelglied *{Internodium}*
פֶּרֶק (פְּרָקִים) (בוט') קֶטַע שֶׁל הַגִּבְעוֹל שֶׁבֵּין שְׁנֵי מִפְרָקִים סְמוּכִים

Stengelknoten *{Nodus}*
מִפְרָק (מִפְרָקִים) (בוט') מְקוֹם חִבּוּר הֶעָלֶה אֶל הַגִּבְעוֹל; טַבַּעַת הַמַּפְרִידָה בֵּין שְׁנֵי פְּרָקִים

Stenokardie ---> Angina pectoris

Stenose ---> Verengung

Stentorrohrsänger *{Acrocephalus stentoreus}*
קָנִית אַפְרִיקָנִית (זוא') עוֹף מִמִּשְׁפַּחַת הַסִּבְכִּיִּים

Steppenadler *{Aquila rapax}*
עַיִט עֲרָבוֹת (זוא') עוֹף מִמִּשְׁפַּחַת הַנְּצִיִּים

Steppenkerze *{Eremurus}*
עֲרִיר (בוט') צֶמַח מִמִּשְׁפַּחַת הַשּׁוֹשַׁנִּיִּים

Steppenkiebitz *{Vanellus gregarius (Chettusia gregaria)}*
קִיוִית לַהֲקָנִית (זוא') עוֹף מִמִּשְׁפַּחַת הַחוֹפְמִיִּים

Steppenweihe *{Circus macrourus}*
זָרוֹן שָׂדוֹת (זוא') עוֹף מִמִּשְׁפַּחַת הַנְּצִיִּים

Steppergang ---> Hahnentritt

Sterbebett, Aussage auf dem ---> Aussage auf dem Sterbebett

Sterbekleid
תַּכְרִיךְ (תַּכְרִיכִים) (דת) [א"ח/ב/56]

sterben
מֵת (רפו') גָּוַע (גּוֹוֵעַ), נִפְטַר, גָּסַס, נִסְפָּה, נָפַח אֶת נִשְׁמָתוֹ, בָּא יוֹמוֹ, הָלַךְ בְּדֶרֶךְ כָּל הָאָרֶץ, דָּמַךְ (דּוֹמֵךְ), נִדְמַךְ, נִפְנָה (נִפְנֶה) מִן הָעוֹלָם

Sterben
מִיתָה (רפו') מָוֶת, גְּוִיעָה, גְּסִיסָה, פְּטִירָה, כְּלוֹת הַחַיִּים, דֶּרֶךְ כָּל הָאָרֶץ

sterbend *{moribundus}*
גּוֹסֵס (רפו') [מר"ח/463; א"ח/ב/54]. שְׁכִיב מְרַע, נֶחֱרָץ, חוֹלֶה נוֹטֶה לָמוּת, שָׁכִיב, חוֹלֶה אָנוּשׁ

Sterbeurkunde
תְּעוּדַת פְּטִירָה (משפ')

Sterblichkeit, gruppenspezifische
אָבְדָן בִּדּוּלִי (מ"ח) [מ"מ/209]. אָבְדָן דִּיפֶרֶנְצִיאָלִי, אֲחוּז הַנְּשִׁירָה אוֹ הַתְּמוּתָה בִּקְבוּצָה מְסֻיֶּמֶת

Sterblichkeitsrate *{Mortalitätsrate}*
שִׁעוּר הַתְּמוּתָה (רפו', מ"ח) תְּמוּתָה, מִסְפַּר מִקְרֵי הַמָּוֶת לְשָׁנָה בְּאוּכְלוֹסִיָּה שֶׁל מֵאָה אֶלֶף בְּנֵי אָדָם

Stereoagnosis
אַל תְּגוּשָׁה (רפו', פיס') אַל חִישַׁת הַצּוּרָה

Stereognosie
תְּגוּשָׁה (פסי', רפו') [ר/ב/469; מר"ח/633]. חִישַׁת הַצּוּרָה, תְּפִיסַת מְצָקִים, תְּפִיסָה שֶׁל גֹּדֶל, מִשְׁקָל וְצוּרָה שֶׁל עֲצָמִים עַל יְדֵי מַגָּע, סְטֶרֶאוֹגְנוֹזָה

stereognostisch
תְּגוּשָׁתִי (פסי')

Stereoskop
מְגוּשָׁה (מְגוּשׁוֹת) (רפו', פיס') מַכְשִׁיר לִרְאִיָּה תְּלַת מְמַדִּית, סְטֶרֶאוֹסְקוֹפּ

stereoskopisch
מְגוּשָׁתִי (רפו', פיס') שֶׁל רְאִיָּה תְּלַת מְמַדִּית, סְטֶרֶאוֹסְקוֹפִּי

stereoskopisches Sehen ---> Sehen, stereoskopisches

Stereotyp
הֶטְפֵּס (הֶטְפֵּסִים) [מר"ח/633; ר/ב/469]. טִפְסָה, סְטֶרֶאוֹטִיפּ, דִּמּוּי כּוֹלְלָנִי שֶׁל מַשָּׂא מְסֻיָּם

stereotyp ---> stereotypisch

stereotypes Verhalten ---> Verhalten, stereotypes

Stereotypie
הֶטְפֵּסִיּוּת (פסי') [ר/ב/469]. טִפְסָנִיּוּת, סְטֶרֶאוֹטִיפִּיּוּת, טִפְסִיּוּת, נְטִיָּה לְהִתְנַהֲגוּת חוֹזֶרֶת וְנִשְׁנֵית

stereotypisch
הֶטְפֵּסִי (פסי') טִפְסָתִי, סְטֶרֶאוֹטִיפִּי

steril [---> keimfrei]
עָקוּר (רפו') עָקָר, מְעֻקָּר, סְטֶרִילִי, חֲסַר פּוֹרִיּוּת, מְסֹרָס

steriler Abzeß ---> Abzeß, steriler

Sterilisation [---> Entkeimung]
עִקּוּר (רפו') הַעֲקָרָה, סְטֶרִילִיזַצְיָה, סֵרוּס

sterilisieren [---> entkeimen]
עִקֵּר (מְעַקֵּר) (רפו') גָּרַם לְחֹסֶר פּוֹרִיּוּת, סֵרֵס (מְסָרֵס)

sterilisierend [---> entkeimend]
מְעַקֵּר (רפו') מְסָרֵס, גּוֹרֵם לְחֹסֶר פּוֹרִיּוּת

sterilisiert ---> steril

Sterilität [---> Keimfreiheit]
עֲקִירוּת (רפו') מְעֻקָּרוּת, עֲקָרוּת, חֹסֶר פּוֹרִיּוּת, סְטֶרִילִיּוּת

Stern
כּוֹכָב (כּוֹכָבִים) (אסט') [ק/ב/68]. מָאוֹר שְׁמֵימִי. הָאִישִׁים הָעֶלְיוֹנִים (אסט') [ק/א/44]. כִּנּוּי לְכוֹכְבֵי הַלֶּכֶת וּלְכוֹכָבִים בִּכְלָל. מַזָּל (אסט') [ק/ב/173]

Stern(s), Aufsteigung eines ---> Aufsteigung eines Sterns

Stern(s), Breite eines
רֹחַב הַכּוֹכָב (אסט') [ק/ד/34]. קֶשֶׁת מְדֻמָּה שֶׁמֵּיתָרָהּ עוֹבֵר מִקֹּטֶב גַּלְגַּל הַמַּזָּלוֹת דֶּרֶךְ כּוֹכָב כָּלְשֶׁהוּ אֶל הַקֵּף הַגַּלְגַּל

Stern, oberer
כּוֹכָב עֶלְיוֹן (אסט') [ק/ב/68]. כּוֹכָב הַנִּמְצָא "לְמַעְלָה" מֵהַשֶּׁמֶשׁ: שַׁבְּתַאי, צֶדֶק, מַאְדִּים

Stern, unterer
כּוֹכָב תַּחְתּוֹן (אסט') [ק/ב/68]. כּוֹכָב הַנִּמְצָא "לְמַטָּה" מֵהַשֶּׁמֶשׁ: נֹגַהּ, כּוֹכָב חַמָּה, יָרֵחַ הָאָרֶץ

Stern, verheerender
כּוֹכַב הֶפְסֵד (אסט') [ק/ב/68]. כִּנּוּי לְמַאְדִּים

Sternanbeter
עוֹבֵד כּוֹכָבִים וּמַזָּלוֹת (עַכּוּ"ם) (דת) [ק/ד/32]. רוּחָנִי

Sternbalsam *{Zaluzianskya}*
דּוּ שִׂפְתָּן (בוט') צֶמַח מִמִּשְׁפַּחַת הַלּוֹעָנִיתִיִּים

Sternbild [---> Konstellation; Tierkreiszeichen]
מַזֶּלֶת (מַזָּלוֹת) (אסט') [ק/ב/173]. מַזָּל, קְבוּצַת כּוֹכָבִים, כִּנּוּי לְכָל אַחַת מִשְּׁתֵּים עֶשְׂרֵה קְבוּצוֹת כּוֹכְבֵי הַשָּׁמַיִם, קוֹנְסְטֶלַצְיָה, כּוֹכָב. מַעֲלָה (אסט') [ק/ב/236]. מַעֲרֶכֶת מַזָּל. צוּרָה (אסט') [ק/ג/239]. חַיִל (אסט') [ק/א/288]. צְבָא הַשָּׁמַיִם וּבִיחוּד חֵלֶק מֵחֶלְקֵי גַּלְגַּל הַמַּזָּלוֹת

Sternbild der Fische
מַזַּל דָּגִים (אסט') [ק/א/132]. שֵׁם אַחַד הַמַּזָּלוֹת

Sternbild der Jungfrau
בְּתוּלָה (אסט') [ק/א/97]. אֶחָד מִשְּׁנֵים עָשָׂר הַמַּזָּלוֹת

Sternbild der Zwillinge
תְּאוֹמִים (אסט') [ק/ד/172]. כִּנּוּי אֶחָד מִשְּׁנֵים עָשָׂר הַמַּזָּלוֹת

Sternbild des Bären
צוּרַת הַדֹּב (אסט') [ק/ג/239]. קְבוּצַת כּוֹכָבִים בַּשָּׁמַיִם הַצְּפוֹנִיִּים

Sternbild des Großen Hunds
הַכֶּלֶב הַגָּדוֹל (אסט') [ק/ב/87]. כִּנּוּי לִקְבוּצַת כּוֹכָבִים

Sternbild des Kleinen Hunds
הַכֶּלֶב הַקָּטָן (אסט') [ק/ב/87]. כִּנּוּי לִקְבוּצַת כּוֹכָבִים

Sternbild des Krebses
סַרְטָן (אסט') [ק/ג/114]. אֶחָד מִשְּׁנֵים עָשָׂר הַמַּזָּלוֹת בְּכוֹכְבֵי הַשָּׁמַיִם

Sternbild des Stiers
שׁוֹר (אסט') [ק/ד/83]. שֵׁם אַחַד הַמַּזָּלוֹת

Sternbild des Walfisches
דַּג הַיָּם (אסט') [ק/א/132]. קִבּוּץ יָדוּעַ שֶׁל כּוֹכָבִים

Sternbild des Widders
טָלֶה (אסט') [ק/ב/17]. אֶחָד מִשְּׁנֵים עָשָׂר הַמַּזָּלוֹת

Sternchen (*) *{Asteriskus}*
כּוֹכָבִית (*) (בלש') [מ"ב/23]. סִימָן (*) הַמְצַיֵּן צוּרָה הַסּוֹטָה מִן הַדִּקְדּוּק וּמִן הַהִגָּיוֹן אוֹ צוּרָה שֶׁאֵינָהּ קַיֶּמֶת בַּלָּשׁוֹן

Sterndeutung ---> Astrologie

Sterne, Aufgehen der
צֵאת הַכּוֹכָבִים [א"ח/ב/418]. זְמַן הוֹפָעַת הַכּוֹכָבִים בָּעֶרֶב

Sterne, Vorherbestimmung durch die ---> Sterndeutung

Sternfünfeck, regelmäßiges *{Pentagramm}*
כּוֹכָב מְחֻמָּשׁ (מתמ')

Sterngucker *{Uranoscopidae}*
אִצְטַגְנוּנִיִּים (זוא') מִשְׁפָּחָה שֶׁל דְּגֵי גֶּרֶם

Sternholz ---> Sperrholz

Sternjahr
שְׁנַת כּוֹכָבִים (אסט')

Sternkunde ---> Astronomie

Sternkundiger ---> Astronom

Sternmiere *{Stellaria}*
כּוֹכָבִית (בוט') צֶמַח מִמִּשְׁפַּחַת הַצִּפָּרְנִיִּים

Sternpolyeder, regelmäßiges
פֵּאוֹן מְשֻׁכְלָל (מתמ')

Sternschnuppe
כּוֹכָב נוֹפֵל (אסט') [ק/ב/68]. כּוֹכָב מְדַלֵּג, - רָץ

Sterntag
יְמָמַת כּוֹכָבִים (אסט') יְמָמַת כּוֹכָבִים

Sterntaucher *{Gavia stellata}*
צוֹלְלָן אֲדֹם גָּרוֹן (זוא') עוֹף מִמִּשְׁפַּחַת הַצּוֹלְלָנִיִּים

Sternwarte *{Observatorium}*
מִצְפֵּה כּוֹכָבִים (אסט') [מר"ח/488]. מִצְפִּיָּה, אוֹבְּסֶרְבָטוֹרְיָה

Sternzeit
זְמַן כּוֹכָבִים (אסט')

Stertor ---> Atmung, röchelnde

stertorös ---> röchelnd

Stethoskop
מַסְכֶּת (מַסְכְּתִים) (רפו') [מר"ח/635]. מַאֲזֶנֶת, קְנֵה שֶׁמַע, סְטֶתוֹסְקוֹפּ, מַכְשִׁיר רְפוּאִי הַמְּשַׁמֵּשׁ לִשְׁמִיעַת רְעָשִׁים בַּגּוּף

stetig
רָצִיף [ק/א/180]. הֶמְשֵׁכִי. רָצוּף [ק/ב/144]. מְדֻבָּק, בִּלְתִּי נִפְסָק. תָּדִיר [ק/ג/38]. נִכְרָךְ, תְּדִירִי, קָבוּעַ, נִמְשָׁךְ, מַתְמִיד. צֵרוּפִי [ק/ג/254]. תָּכוּף בָּזֶה אַחַר זֶה. מִתְדַּבֵּק [ק/ב/311]. בְּנִגּוּד לְמִתְפָּרֵק וּלְמִתְחַלֵּק, הַדְרָגָתִי

stetig, beidseitig
דּוּ רָצִיף (מתמ')

stetige Größe ---> Größe, kontinuierliche

stetige Progression ---> Progression, kontinuierliche

stetige Variable ---> Variable, stetige

Stetigkeit
רְצִיפוּת [ק/א/229]. הִתְדַּבְּקוּת, הֶמְשֵׁךְ, הֶמְשֵׁכִיּוּת, הַתְמָדָה. תְּמִידִיּוּת [ק/ד/210]. תְּכוּנַת הַדָּבָר שֶׁנַּעֲשֶׂה תָּמִיד, תְּדִירוּת, תְּכִיפוּת, סְמִיכוּת, עֲרִיכַת דְּבָרִים בָּזֶה אַחַר זֶה לְלֹא הֶפְסֵק

Steuer, gestaffelte
מַס מְדֹרָג (כלכ', מדי') מַס פְּרוֹגְרֶסִיבִי, - הַגָּדֵל וְהוֹלֵךְ בְּמִדָּה שֶׁהַהַכְנָסָה גְּדֵלָה

Steuer, indirekte
מַס עָקִיף (מִסִּים עֲקִיפִים) (כלכ', מדי') מַס עַל הוֹצָאָה, - שְׁלֹשֶׁת מַרְכִּיבָיו הָרָאשִׁיִּים הֵם: מֶכֶס הַמֻּטָּל עַל יְבוּא, בְּלוֹ וּמַס קְנִיָּה שֶׁהֵם הֻטְּלִים עַל הַיִּצּוּר הַמְּקוֹמִי

Steuer, städtische
אַרְנוֹנָה (כלכ', מדי') מַס עִירוֹנִי

Steuer belegen, mit einer ---> besteuern

Steuerabzug
נִכּוּי מַס (נִכּוּיֵי מַס) (כלכ', מדי')

Steueranreiz

תַּמְרִיץ מַס (כלכ׳, מדי׳)

Steuerbefreiung

פְּטוֹר מַס (כלכ׳, מדי׳) פְּטוֹר מִמַּס

Steuerbord Ruder! ---> Ruder!, Steuerbord

Steuerfreiheit ---> Steuerbefreiung

Steuergrundlage ---> Bemessungsgrundlage

steuerlastig

שְׁפוּעַ יַרְכָתַיִם (כְּלִי שַׁיִט) (ימא׳)

Steuermann

קַבַּרְנִיט (קַבַּרְנִיטִים) (ימא׳) [א״ח/ב/342]. רַב חוֹבֵל (רַבֵּי חוֹבְלִים)

steuern

נָהַג (מְנַהֵג) (ימא׳)

steuerpflichtig

חַיָּב מַס (כלכ׳, מדי׳)

steuerpflichtiges Einkommen ---> Einkommen, steuerpflichtiges

Steuerrückerstattung

הֶחְזֵר מַס (הֶחְזֵרֵי מַס) (כלכ׳, מדי׳) הַשְׁבּוֹן

Steuerung

בַּקָּרָה (טכנ׳) מַעֲקָב רָצִיף לְשֵׁם פִּקּוּחַ, הַנְחָיָה

Steuerung, Ort der

מְקוֹר הַשְּׁלִיטָה (פסי׳) [ר/ב/410]. הַשְׁקָפָתוֹ שֶׁל אָדָם עַל מְקוֹר הַשְּׁלִיטָה בְּהִתְנַהֲגוּתוֹ

Steuerungshöhe

רוּם הַהַנְחָיָה (מטא׳) [יל״ט/190]. הָרוּם שֶׁבּוֹ זוֹרֵם הַזֶּרֶם הַמַּנְחֶה

Steuerungsstrom

זֶרֶם מַנְחֶה (מטא׳) [יל״ט/65]

Steuervariable

מִשְׁתַּנֶּה חָפְשִׁי (מתמ׳)

Steuervermeidung

הִתְחַמְּקוּת מִתַּשְׁלוּם מַס (משפ׳)

Steuerzahler(in)

מְשַׁלֵּם הַמַּס, מְשַׁלֶּמֶת הַמַּס (כלכ׳) מְשַׁלֵּם הַמִּסִּים

Stich ---> Stek

Stichhaltigkeit ---> Gültigkeit

Stichel

נֶקֶר (נְקָרִים) (טכנ׳) מַפְסֶלֶת לִנְקִיבַת חוֹרִים

Stichelei ---> Neckerei

sticheln

דִּקֵּר (מְדַקֵּר) (טכנ׳) דָּקַר (דּוֹקֵר). סָנַט (סוֹנֵט) (מ״ח) הִקְנִיט, סִנֵּט (מְסַנֵּט), קִנְטֵר

Stichlung *{Skarifikation}*

סֵרוּט, שֵׂרוּט (רפו׳) צִלּוּק

Stichprobe

מִדְגָּם (מִדְגָּמִים) (סטט׳) [ר/ב/351; מ״מ/213]. חֵלֶק מֵאֻכְלוּסִיָּה הַנִּבְחָר לְיִצּוּג הָאֻכְלוּסִיָּה כֻּלָּהּ

Stichprobe, geschichtete

מִדְגָּם רִבּוּדִי (סטט׳) [ד״מח/195]. מִדְגָּם הַנִּלְקָח מִכָּל אַחַת מִתַּת מַחְלָקוֹת שֶׁל הָאֻכְלוּסִיָּה

Stichprobe, proportional geschichtete

דְּגִימַת שְׁכָבוֹת מַתְכֻּנְתִּית (מ״ח, סטט׳) [מ״מ/210]. דְּגִימַת שְׁכָבוֹת פְּרוֹפּוֹרְצְיוֹנָלִית, שִׁיטַת דְּגִימָה הִסְתַּבְּרוּתִית שֶׁבָּהּ מְחַלְּקִים אֶת הָאֻכְלוּסִיָּה לִשְׁכָבוֹת וּמִכָּל שִׁכְבָה נוֹטְלִים מִדְגָּם בְּאֹפֶן יַחֲסִי לְגָדְלָהּ

Stichproben erheben

דָּגַם (דּוֹגֵם) (סטט׳) בָּרַר מִדְגָּם

Stichprobenauswahl ---> Stichprobenerhebung

Stichprobenerhebung

דְּגִימָה (סטט׳) [ר/א/147; ל״ס/35]. בְּרֵירָה שֶׁל מִדְגָּם, נְטִילַת מִדְגָּם מֵאֻכְלוּסִיָּה לְשֵׁם הַסָּקַת מַסְקָנוֹת עַל הָאֻכְלוּסִיָּה כֻּלָּהּ

Stichprobengrundlage

מִסְגֶּרֶת הַדְּגִימָה (סטט׳) [ר/א/148; מ״מ/214]. מֶרְחַב הַדְּגִימָה, סַךְ כָּל יְסוֹדוֹת הָאֻכְלוּסִיָּה שֶׁמֵּהֶם נִטָּלִים מִדְגָּמִים

Stichprobenverfahren, bewußtes ---> Auswahl, bewußte

Stichprobenverteilung

הִתְפַּלְּגוּת הַדְּגִימָה (סטט׳) [ר/א/236; מ״מ/212]. הִתְפַּלְּגוּת הַנּוֹצֶרֶת מִנְּטִילַת מִדְגָּמִים בַּעֲלֵי גֹּדֶל קָבוּעַ מֵאֻכְלוּסִיָּה מֻגְדֶּרֶת

Stichwort

מִלַּת אֲחִיזָה (ספרנ׳) מִלָּה הַמּוֹפִיעָה בְּכוֹתֶר שֶׁל פִּרְסוּם כָּלְשֶׁהוּ וְהַמְאַפְיֶנֶת אֶת תָּכְנוֹ. פִּתְחוֹן (פִּתְחוֹנוֹת) (תאט׳, מוס׳) מִלָּה אוֹ רֶמֶז הַנִּתָּנִים לְשַׂחְקָן אוֹ לְנַגָּן כְּאוֹת לִכְנִיסָתָם לִפְעֻלָּה, סִימָנִית

Stichwortkatalog

רַשְׁמוֹן לְפִי מִלַּת אֲחִיזָה (ספרנ׳) קָטָלוֹג לְפִי מִלַּת אֲחִיזָה

Stickstoff

חַנְקָן (כימ׳) [דח״ט/65]. יְסוֹד כִּימִי הַמּוֹפִיעַ כְּגַז חֲסַר צֶבַע וָרֵיחַ וְהַמְּהַוֶּה כְּ-80% מִנֶּפַח הָאֲוִיר, אַבְחֶנֶק

stickstoffaufbauende Bakterien ---> Bakterien, nitrifizierende

Stickstoffbindung

קִבּוּעַ הַחַנְקָן (ביו׳) [ל״ב/221]. קְשִׁירַת הַחַנְקָן הַחָפְשִׁי בְּתִרְכּוֹבוֹת אוֹרְגָנִיּוֹת (אוֹרְגָנִיּוֹת) עַל יְדֵי אוֹרְגָנִיזְמִים (מִיקְרוֹאוֹרְגָנִיזְמִים) שׁוֹנִים

Stiefmütterchen *{Viola tricolor}*

אַמְנוֹן וְתָמָר (סֶגֶל תְּלַת גּוֹנִי) (בוט׳) צֶמַח מִמִּשְׁפַּחַת הַסִּגְלִיִּים

stiefmütterlich

חוֹרְגִי, כְּדַרְכָּהּ שֶׁל אֵם חוֹרֶגֶת

Stieglitz *{Carduelis carduelis}*

חוֹחִית (זוא׳) עוֹף מִמִּשְׁפַּחַת הַפְּרוּשִׁיִּים

Stiel

עֹקֶץ (עֳקָצִים, עֻקְצִים) (בוט׳) [א״ח/א/114]. הַקָּצֶה שֶׁהַפְּרִי מְחֻבָּר בּוֹ אֶל הֶעָנָף

Stiel der Note ---> Note, Stiel der

Stieleiche *{Quercus robur}*

אַלּוֹן אַנְגְּלִי (בוט׳) צֶמַח מִמִּשְׁפַּחַת הָאַלּוֹנִיִּים

Stier(s), Sternbild des ---> Sternbild des Stiers

Stiftung, fromme

בֵּית הֶקְדֵּשׁ (דת, כלכ׳) בֵּית מַחֲסֶה לַעֲנִיִּים

Stiftungsbrief ---> Stiftungsurkunde

Stiftungsurkunde

שְׁטַר נֶאֱמָנוּת (כלכ׳, משפ׳) שְׁטַר הַעֲבָרַת רְכוּשׁ לְנֶאֱמָן

Stigma

תַּג לְקוּת (תָּגֵי לְקוּת) (רפו', פסי') [ר/ב/467; מר"ח/635]. זְרָפָה (זְרָפוֹת), סִימַן לְקוּת, כֶּתֶם, תָּג, חוֹתָם, כָּל לִקּוּי גּוּפָנִי אוֹ נַפְשִׁי

stigmatisieren

תִּיֵּג (מְתַיֵּג) [ר/ב/467; מר"ח/635]. הִכְתִּים (מַכְתִּים), זָרַף (זוֹרֵף), זֵרֵף (מְזָרֵף), סִמֵּן

stigmatisiert

מְתֻיָּג [מר"ח/635]. מְזֹרָף, מְסֻמָּן, מֻכְתָּם

Stigmatisierung

תִּיּוּג (רפו', פסי') [מר"ח/635]. זֵרוּף, הִזְדָּרְפוּת, סִמּוּן לְקוּת, הַכְתָּמָה

Stil

סִגְנוֹן (סִגְנוֹנוֹת) (אמנ', ספר', מוס') אֹפֶן סְגֻלִּי שֶׁל עִצּוּב וּבִצּוּעַ אָמָּנוּתִיִּים

Stil, kognitiver

סִגְנוֹן הַכָּרָנִי (פסי', מ"ח) סִגְנוֹן קוֹגְנִיטִיבִי, מִכְלוֹל הַצּוּרוֹת הַיַּצִּיבוֹת יַחֲסִית שֶׁל הַהַכָּרָה וְהַמַּחֲשָׁבָה שֶׁל יָחִיד אוֹ שֶׁל צִבּוּר מְסֻיָּם

Stilebene ---> Stilschicht

stilisieren

סִגְנֵן (מְסַגְנֵן) (בלש', ספר', מוס')

stilisiert

מְסֻגְנָן (בלש', ספר', מוס')

Stilisierung

סִגְנוּן (בלש', ספר', מוס')

Stilistik

תּוֹרַת הַסִּגְנוֹן (בלש') [מ"ב/216]. סְטִילִיסְטִיקָה

Stilkunde ---> Stilistik

Stille [---> Windstille]

שַׁלְוָה, שֶׁקֶט, דּוּמִיָּה, דְּמָמָה, שְׁקִיטָה

Stilleben

דּוֹמֵם (אמנ') [ממ"ג/232]. תֵּאוּר אָמָּנוּתִי שֶׁנּוֹשְׂאוֹ הֵם עֲצָמִים שֶׁאֵינָם בַּעֲלֵי חַיִּים

stiller Gesellschafter ---> Gesellschafter, stiller

stillschweigend

בִּשְׁתִיקָה

stillschweigend mit inbegriffen ---> implizit

stillschweigende Annahme ---> Annahme, stillschweigende

stillschweigende Bedingung ---> Bedingung, stillschweigende

stillschweigende Genehmigung ---> Genehmigung, stillschweigende

Stillstand

דְּרִיכָה בַּמָּקוֹם [ק/ג/145]. עֲמִידָה, הַשְׁבָּתָה, קִפָּאוֹן, פּוּגָה. נִיחָה [ק/ג/31]. דּוּמִיָּה, הַפְסָקָה, שְׁבִיתָה, הֶפְסֵק מִתְּנוּעָה. שְׁקִיטָה [ק/ד/157]. אִי מַעַשׂ. הַשְׁקֵט, הֶשְׁקֵט, הַשְׁקָטָה [ק/א/220]. בְּנִגּוּד לִפְעֻלָּה וְלִתְנוּעָה. נְפִישָׁה [ק/ג/53]. מָנוֹחַ, מַרְגּוֹעַ, שַׁלְוָה, שֶׁקֶט. נוֹחַ [ק/ג/22]. מְנוּחָה, הִתְמַהְמְהוּת, רְגִיעָה, הֲפוּגָה, אִי עֲשִׂיָּה

stillstehen

דָּרַךְ בַּמָּקוֹם (דּוֹרֵךְ בַּמָּקוֹם) [ק/ג/141]. עָמַד, הִפְסִיק, נָח, שָׁבַת, פָּסַק

Stillunfähigkeit

אַל חָלָב (רפו') אִי יְכֹלֶת לְהֵינִיק, כְּזִיבַת חָלָב, חֹסֶר חָלָב בַּשָּׁדַיִם

Stilschicht

מִשְׁלַב סִגְנוֹן (בלש') [מ"ב/191]. רֶגִיסְטֶר, רָמַת סִגְנוֹן, גִּוּוּנֵי לָשׁוֹן בְּמִבְחַר הַמִּלִּים, בַּהֲגִיָּה, בַּהַנְגָּנָה וכו' שֶׁאוֹתוֹ אָדָם מִשְׁתַּמֵּשׁ בָּהֶם בְּנְסִבּוֹת חֶבְרָתִיּוֹת שׁוֹנוֹת

Stimmabgabe enthalten, sich der

נִמְנַע מֵהַצְבָּעָה (מדי')

Stimmapparat *{Glottis}*

מַעֲרֶכֶת הַקּוֹל (רפו') [מר"ח/324]. חוּלְקָה, פֶּתַח הַקָּנֶה. סֶדֶק הַקּוֹל (רפו', בלש') [מ"ב/92]. הַפֶּתַח בֵּין שִׂפְתוֹת הַקּוֹל בְּבֵית הַקּוֹל

Stimmbandentzündung

דַּלֶּקֶת מֵיתְרֵי הַקּוֹל (רפו')

Stimmbildung

הִגְהוּג (רפו', פסי') [ר/א/180]. הֲפָקַת צְלִילִים בְּאֶמְצָעוּת מַעֲרֶכֶת הַקּוֹל, הֲגִיַּת הַתְּנוּעוֹת

Stimmbogen

כַּוֶּנֶת (כַּוָּנוֹת) (מוס')

Stimme, allgemeine

הַסְכָּמָה כְּלָלִית (פיל', מ"ח)

Stimme, äußere

קוֹל קִיצוֹן (מוס') פַּרְטִית קִיצוֹנָה

Stimme, führende

קוֹל מוֹלִיךְ (קוֹלוֹת מוֹלִיכִים) (מוס')

Stimme, mit verstellter

בְּשִׁנּוּי קוֹל

Stimme ausbilden

פִּתַּח קוֹל, מְפַתֵּחַ קוֹל (מוס')

stimmen

כִּוֵּן (מְכַוֵּן) (מוס')

Stimmenmehrheit

רֹב קוֹלוֹת

Stimmer(in)

כַּוָּן, כַּוָּנִית (מוס')

Stimmerkennung

זִהוּי קוֹל (פסי', מחש')

Stimmführung ---> Intonation

Stimmgabel

קוֹלָן (מוס') [מר"ח/243]. שׁוֹזָן, מַזְלֵג קוֹל

stimmhaft

קוֹלִי (בלש') [מ"ב/245]. הֶגֶה הַמֻּפָּק בְּרֶטֶט שִׂפְתוֹת הַקּוֹל, לְמָשָׁל: b, d, g

Stimmkreuzung

צִלּוּב קוֹלוֹת (מוס')

stimmlich

קוֹלִי (רפו', מוס') שֶׁל קוֹל הָאָדָם

stimmlos

אִבֵּחַ, אִבַּחַת (רפו') [מר"ח/60]. חֲסַר קוֹל. אָטוּם (בלש') [מ"ב/245]. לֹא קוֹלִי, הֶגֶה הַמֻּפָּק בְּלֹא רֶטֶט שִׂפְתוֹת הַקּוֹל, לְמָשָׁל: p, t, k

Stimmlosigkeit

אִבְחוּת (רפו') חֹסֶר קוֹל

stimmritzenbezüglich

חוּלְקָתִי (רפו') שֶׁל מַעֲרֶכֶת הַקּוֹל, - פֶּתַח הַקָּנֶה

Stimmritzenkrampf *{Laryngismus stridulus}*

עֲוִית גָּרוֹן שׁוֹרְקָנִית (רפו') עֲוִית חוּלְקָתִית

Stimmstock
עמודית (בְּכִנּוֹר) (מוס')

Stimmumfang *{Diapason}*
מִנְעָד (מוס') [ל״מו/279]. מִסְלָם, מִגְבּוֹל הַקּוֹל, מִשְׂרַעַת שֶׁל קוֹל אוֹ שֶׁל כְּלִי נְגִינָה מִן הַטּוֹן הַנָּמוּךְ בְּיוֹתֵר עַד הַטּוֹן הַגָּבֹהַּ בְּיוֹתֵר שֶׁבְּכֹחוֹ לְהָפִיק, מִתְחוּם

Stimmung
מַצַּב רוּחַ (פסי') הַרְגָּשַׁת הַנֶּפֶשׁ בְּרֶגַע מְסֻיָּם, הֲלָךְ נֶפֶשׁ. כִּוְנוּן (מוס') אִזּוּן מֻשְׁוֶה, מִזּוּג, הַתְאָמַת הַכִּוּוּן שֶׁל מְרֻוָּחִים תַּנְעִימָתִיִּים (מוּזִיקָלִיִּים)

Stimmungsumschwung
חִלּוּפֵי מַצַּב רוּחַ (פסי')

Stimmwechsel *{Mutation}*
הִשְׁתַּנּוּת הַקּוֹל (רפו', מוס')

Stimulans ---> Anregungsmittel
Stimulation ---> Reizung; Anregung
stimulierend ---> anregend
Stimulierung ---> Reizung; Anregung
Stimulus ---> Reiz

stinken
הִסְרִיחַ (מַסְרִיחַ), הִצְחִין, הִבְאִישׁ, סָרַח, צָחַן

stinkend
מַסְרִיחַ, סָרוּחַ, מַצְחִין, מַבְאִישׁ

Stinkstrauch *{Anagyris foetida}*
צַחֲנָן מַבְאִישׁ (בוט') צֶמַח מִמִּשְׁפַּחַת הַפַּרְפְּרָנִיִּים

Stipendium
מַעֲנָק לְמוֹדִים (מַעַנְקֵי לְמוֹדִים) (כלכ', פדג') סְטִיפֶּנְדְיָה

Stirn, Kahlheit an der ---> Kahlheit an der Stirn

Stirnbein *{Os frontale}*
עֶצֶם הַמֵּצַח (רפו')

Stirnhang
מִתְלוּל הָרְבֵדָה (גאו', י״א)

Stirnrad
גַּלְגַּל גְּלִילִי (טכנ') גַּלְגַּל צִילִינְדְּרִי

Stirnrunzeln
קְמִיטַת מֵצַח

stochastisch ---> zufallsabhängig
stochastische Variable ---> Variable, zufällige

stochern, in den Zähnen
חָצַץ (חוֹצֵץ) [א״ח/ג/54]. חִצֵּץ (מְחַצֵּץ), נִקָּה אֶת הַשִּׁנַּיִם בְּאֶמְצָעוּת קֵיסָם

Stock
מַקֵּל (מַקְלוֹת) (טכנ') מַחְבּוֹט, מַחְבֵּט

stockend
קָפוּא, מְאֻבָּן

Stockente *{Anas platyrhynchos}*
בְּרֵכִיָּה (בוט') עוֹף מִמִּשְׁפַּחַת הַבַּרְוָזִיִּים

Stockflecken
כִּתְמֵי לַחוּת (ספרנ')

Stockmalve *{Alcea rosea}*
חֲטְמִית תַּרְבּוּתִית (בוט') צֶמַח מִמִּשְׁפַּחַת הַחֶלְמִיתִיִּים

Stockrose ---> Stockmalve
Stockung ---> Stauung

Stockwerk
קוֹמָה (קוֹמוֹת) (אדר') [א״ח/א/33]. דְּיוֹטָה (דְּיוֹטוֹת)

Stöcker *{Trachurus trachurus}*
טְרָכוֹן גְּדַל הַמָּגִנִּים (זוא') דָּג מִמִּשְׁפַּחַת הַצְּנִינִיתִיִּים (דְּגֵי גֶּרֶם)

stöhnen
נֶאֱנַק, גָּנַח (גּוֹנֵחַ), נֶאֱנַח בִּכְבֵדוּת

Stöhnen
אֲנָקָה, גְּנִיחָה, נְאָקָה (נְאָקוֹת), אֲנָחָה כְּבֵדָה

Stöpsel ---> Pfropfen

Störche *{Ciconiidae}*
חֲסִידָתִיִּים (זוא') מִשְׁפָּחָה שֶׁל עוֹפוֹת מִסְדֶּרֶת הַחֲסִידָאִים

stören
הִטְרִיד (מַטְרִיד) [ק/ב/22]. הִפְרִיעַ, הֵעִיק, עָצַר, מָנַע, טָרַד (טוֹרֵד)

störende Affäre ---> Affäre, störende
Störgeräusch ---> Grundgeräusch

Störenfried
טַרְדָן [ק/ב/189]. מַטְרִיד, טַרְחָן, מוֹנֵעַ, מְעַכֵּב, מַפְרִיעַ

störrig ---> widerspenstig

Störung [---> Gebrechen]
מִטְרָד [ק/ב/189]. מַטְרִיד, טֹרַח, הַפְרָעָה, מִכְשׁוֹל

Störung, zyklothyme
הַפְרָעָה מַחֲזוֹרִית (פסי') [ר/ב/586]. הַפְרָעָה צִיקְלוֹתִימִית, תְּנוּדוֹת מַחֲזוֹרִיּוֹת בְּמַצַּב הָרוּחַ הַמִּשְׁתַּנֶּה מֵהִתְרוֹמְמוּת לְדִכָּאוֹן וּלְהֶפֶךְ

Stößel
עֱלִי (עֱלָיִים) (טכנ') [א״ח/א/94]. מָדוֹךְ, בּוּכְנָה, מוֹט גְּלִילִי הַמְּשַׁמֵּשׁ לִכְתִישָׁה בְּתוֹךְ מַכְתֵּשׁ

stößig
נַגְחָנִי (זוא') [א״ח/ב/115]. נַגְחָן, בַּעֲטָנִי, בַּעֲטָן

Stoff ---> Materie
Stoff, agglutinierender ---> Agglutinator

Stoff, seidener
מֶשִׁי [א״ח/א/141]. שִׁירָאִים, שִׁירָאִין, אֲרִיגֵי מֶשִׁי

stofflich ---> materiell; trüb
stoffliche Form ---> Form, stoffliche

Stofflichkeit
חֳמְרִיּוּת (חוֹמְרִיּוּת) [ק/א/314]. גַּשְׁמִיּוּת, לְהַבְדִּיל מִן רוּחָנִיּוּת. גּוּפִיּוּת [ק/א/109]. תְּכוּנַת הַגּוּף אוֹ הַדָּבָר הַגּוּפָנִי, הַגַּשְׁמִי. גַּסּוּת [ק/א/119]. עֹבִיּוּת. גַּשְׁמוּת [ק/א/121]. גַּשְׁמָנִיָּה, גַּשְׁמָנִיּוּת [ק/א/123]. גּוּפָנִיּוּת. עֹבִי [ק/ג/120]. עֲכִירוּת [ק/ג/132]. אֵיכוּת גַּסָּה, - מְגֻשֶּׁמֶת

stoffloses Vernunftswesen ---> Vernunftswesen, stoffloses

Stoffwechsel *{Metabolismus}*
שִׁחְלוּף (ביו') [מר״ח/451]. חִלּוּף חֳמָרִים, מֶטַבּוֹלִיזְם

Stoffwechsel, gesellschaftlicher
שִׁחְלוּף חֶבְרָתִי (מ״ח, כלכ') חִלּוּף חֳמָרִים חֶבְרָתִי

stoffwechselbezüglich
שִׁחְלוּפִי (ביו') מֶטַבּוֹלִי, שֶׁל חִלּוּף חֳמָרִים

Stoffwechselprodukt *{Metabolit}*
שַׁחֲלִיף (שַׁחֲלִיפִים) (ביו') [ל״ב/144]. חֲלִיף (חֲלִיפִים), מֶטַבּוֹלִיט, חֹמֶר הַמִּשְׁתַּתֵּף בְּתַהֲלִיךְ חִלּוּף הַחֳמָרִים (מֶטַבּוֹלִיזְם)

Stoiker
סְטוֹאִיקָן (פיל') [ק/א/289]. חֲכַם הַטֶּבַע, - הַלִּשְׁכָּה. כַּת אַנְשֵׁי הַלִּשְׁכָּה, - לִשְׁכַּת הָעַמּוּדִים (פיל') [ק/ב/106]

Stollen
נִקְבָּה (נְקָבוֹת) (טכנ') מִנְהָרָה

stolz ---> hochmütig

Stolz
גַּאֲוָה (פסי') [ק/א/251]. זֵהוּת, יְהִירוּת, גַּבְהוּת

stolzieren
זִרְכֵּל (מְזַרְכֵּל), הִזְדַּרְכֵּל [מר״ח/633]. הִתְהַלֵּךְ בְּגַאֲוָה, הָלַךְ בְּרֶגֶל רָמָה, הִפְסִיעַ כְּתַרְנְגוֹל

Stomatitis ---> Mundentzündung

Stop!
עֲצוֹר!

stopfen
סִתֵּם (מְסַתֵּם), סָתַם, אָטַם, אִטֵּם

Stopftöne
צְלִילִים מְסֻתָּמִים (בוט')

Stoppelfeld
שֶׁלֶף (שְׁלָפִים) (חקל') [א״ת/ב/181]. שָׂדֶה קָצוּר וּמָלֵא קַשׁ

Stoppeln ---> Stroh

Stoppuhr
שְׁעוֹן עֶצֶר (טכנ') סְטוֹפֶּר

Storaxbaum *{Styrax}*
לִבְנֶה (בוט') צֶמַח מִמִּשְׁפַּחַת הַלִּבְנִיִּים

Storch
חֲסִידָה (זוא') שֵׁם שֶׁל עוֹף

Stoß
הֹלֶם (פיס') [ק/ג/182]. פְּגִישָׁה, דְּחִיָּה, חֶבֶט (חֲבָטִים), הֲדִיפָה, הֲטָחָה, הֶטֵּחַ (הֶטֵּחִים), דְּחִיפָה, דְּחִיף, חֲבָטָה, מַכָּה, מַגָּח, כֹּחַ הַפּוֹעֵל בְּמֶשֶׁךְ זְמַן קָצָר מְאֹד

Stoß und Druck
הֹלֶם וָלַחַץ (פיס') [ק/ב/291; ק/ג/182]. פְּגִישָׁה וּמִשּׁוּשׁ, הֲדִיפָה וְלַחַץ, מְשִׁיכָה וּדְחִיָּה

Stoßelastizität
שְׁבוּת (פיס', טכנ') [דח״ט/188]. מֶרֶץ (אֶנֶרְגִּיָּה) הַנּוֹצָר בְּחֹמֶר שֶׁחָל בּוֹ עִוּוּי גָּמִישׁ (אֶלַסְטִי) וְהוּא מְאַפְשֵׁר לוֹ לַחֲזֹר לְצוּרָתוֹ הַמְּקוֹרִית

stoßen
הָלַם (הוֹלֵם) [ק/א/87]. בָּטַשׁ, הָדַף, הִכָּה, דָּחַף, חָבַט, נָגַף, סָנַק (סוֹנֵק), סִלֵּק הַצִּדָּה, סִנֵּק (מְסַנֵּק)

stoßen, Nuten ---> Nuten stoßen

Stoßfuge
מִשַּׁק מְאֻנָּךְ (אדר') הָרֶוַח הַצַּר שֶׁבֵּין אֲרִיחִים, לוּחוֹת וכד' הַמֻּתְקָן מִלְמַעְלָה לְמַטָּה

Stoßkraft
כֹּחַ הַהֹלֶם (פיס')

Stoßlinie
קַו הַהֹלֶם (פיס')

Stoßmittelpunkt
מֶרְכַּז הַחֲבָטָה (פיס')

Stoßnormale
נִצַּב הַהֹלֶם (פיס')

stoßweise
גַּלִּים-גַּלִּים

Stottern
גִּמְגּוּם (פסי') עִלְּגוּת לָשׁוֹן

Strabismus ---> Schielen

Strähn
דּוּלְלָה (דוּלְלוֹת) (טכנ') פְּקַעַת שֶׁל חוּטִים, סְלִיל

sträuben, sich
סָלַד (סוֹלֵד), מֵאֵן (מְמָאֵן), סֵרֵב (מְסָרֵב), דָּחָה

strafbar
עָנִישׁ (משפ') בַּר עֳנָשִׁין, רָאוּי לְעֹנֶשׁ

strafbare Begünstigung ---> Verbrechen, Beihilfe zu einem

strafbare Fahrlässigkeit ---> Fahrlässigkeit, strafbare

strafbare Handlung ---> Straftat

Strafbestimmung
הוֹרָאָה עָנְשִׁית (משפ')

Strafe
עֹנֶשׁ (עֳנָשִׁים) (משפ') יִסּוּר, שֶׁפֶט (שְׁפָטִים)

Strafe, körperliche ---> Leibesstrafe

Strafe, Verhängung einer
הַעֲנָשָׁה (משפ') עֲנִישָׁה, הֲטָלַת עֹנֶשׁ

Strafe verhängen
עָנַשׁ (עוֹנֵשׁ) (משפ') הֶעֱנִישׁ (מַעֲנִישׁ), עִנֵּשׁ (מְעַנֵּשׁ)

strafen, zu ---> strafbar

strafend
עוֹנְשָׁנִי (פסי') [ר/ב/498]. מְאַפְיֵן אֶת הַנְּטִיָּה לְהָגִיב בְּכַעַס וּבְהַעֲנָשָׁה

Strafenhäufung
עֹנֶשׁ מִצְטַבֵּר (משפ')

straffrei ---> impunitiv

Strafgesetzbuch
הַחֹק הַפְּלִילִי (משפ')

Strafjustizverwaltung ---> Strafvollzugsbehörde

Strafklage
תְּבִיעָה פְּלִילִית (משפ') תְּבִעָנָה פְּלִילִית

Straflosigkeit
פְּטוּר מֵעֹנֶשׁ (משפ') שִׁחְרוּר מֵעֹנֶשׁ, פְּטוּר

Strafmaß, höchstes ---> Höchststrafe

Strafmilderung
הַמְתָּקַת עֹנֶשׁ (משפ') הֲקַלָּה בְּעֹנֶשׁ

Strafprozeßordnung
סֵדֶר הַדִּין הַפְּלִילִי (משפ') דִּיּוּן פְּלִילִי

Strafrecht
חֹק הָעָנְשִׁין (משפ')

strafrechtlich
פְּלִילִי (משפ') עָנְשִׁי

strafrechtlich verfolgbar ---> verfolgbar, strafrechtlich

strafrechtliche Verantwortlichkeit ---> Verantwortlichkeit, strafrechtliche

strafrechtliche Verfolgung --->

Strafverfolgung
strafrechtliches Verfahren ---> Strafverfahren
strafrechtliches Vergehen ---> Delikt
Strafregister
רִשּׁוּם פְּלִילִי (משפ')

Straftat
עָוֹון (עֲווֹנוֹת) (משפ') עֲבֵרָה פְּלִילִית, מַעֲשֵׂה הָעֲבֵרָה

Strafverfahren
הָלִיךְ פְּלִילִי (הֲלִיכִים פְּלִילִיִּים) (משפ')

Strafverfolgung
תְּבִיעָה (תְּבִיעוֹת) (משפ')

Strafvollzugsbehörde
שֵׁרוּת בָּתֵּי הַסֹּהַר (שב"ס) (משפ')

strafwürdig ---> strafbar
Stragel ---> Kaffeewicke
Strahl [---> Flüssigkeitsstrahl]
קֶרֶן (קְרָנַיִם) (פיס')

Strahl, auffallender
קֶרֶן פּוֹגַעַת (פיס')

Strahl, reflektierter
קֶרֶן מֻחְזֶרֶת (פיס')

Strahldichte
קְרִינוּת (פיס') צְפִיפוּת קְרִינָה בְּכִוּוּן מְסֻיָּם, בִּנְקֻדָּה עַל מִשְׁטַח שֶׁל מָקוֹר, אוֹ שֶׁל קוֹלֵט אוֹ בִּנְקֻדָּה בְּמַסְלוּל שֶׁל אֲלֻמָּה

Strahlen
קֵרוּן (פיס') [ק/א/202]. הֲצָצָה, הַקְרָנָה, הֶאָרָה, הַבְרָקָה

Strahlenbrechung ---> Brechung
Strahlenbündel
אֲלֻמַּת קְרָנַיִם (פיס')

strahlend
קוֹרֵן (פיס') [ק/ב/323]. מִתְנוֹצֵץ, מַקְרִין, מַבְרִיק, מַזְהִיר, מַבְהִיק, זוֹהֵר

Strahlenheilkunde ---> Radiologie
Strahlenpilz *{Aktinomyces}*
פִּטְרִיָּה קַרְנִית (בוט', רפוי') יַקְרוּנִית

Strahlenpilzkrankheit *{Aktinomykose}*
פַּטֶּרֶת קַרְנִית (רפוי') יַקְרֶנֶת

Strahlenteiler
מְפַצֵּל אֲלֻמָּה (פיס', טכנ')

Strahler
מַקְרֵן (פיס', טכנ') [ל"מ/409]. מְקוֹר קְרִינָה

Strahlpumpe
מַשְׁאֵבַת סִילוֹן (טכנ')

Strahlsauger *{Ejektor}*
מַדֵּחַ (מַדְּחִים) (טכנ') הֶתְקֵן שְׁטִיפָה

Strahlstärke
עָצְמַת הַקְּרִינָה (פיס') עָצְמַת קְרִינָה שֶׁל מָקוֹר בְּכִוּוּן מְסֻיָּם

Strahlung
קְרִינָה (פיס', פסי') הִתְפַּשְּׁטוּת מֶרֶץ (אֶנֶרְגִּיָּה) מִמָּקוֹר מְסֻיָּם, תִּקְרֹנֶת, הַקְרָנָה

Strahlung, monochromatische
קְרִינָה חַד צִבְעִית (פיס') [ל"מ/598]. קְרִינָה מוֹנוֹכְרוֹמָטִית, - הַמֻּרְכֶּבֶת רַק מִגַּלִּים בַּעֲלֵי אֹרֶךְ גַּל אֶחָד

Strahlungsausbeute
נְצִילוּת הַקְּרִינָה (פיס') נְצִילוּת שֶׁל מְקוֹר קְרִינָה

Strahlungsfluß
שֶׁטֶף קְרִינָה (פיס') הֶסְפֵּק קְרִינָה

Strahlungsflußdichte
צְפִיפוּת שֶׁטֶף קְרִינָה (פיס') עָצְמַת הַקְּרִינָה לִיחִידַת שֶׁטַח

Strahlungsmeßgerät *{Radiometer}*
מַד קְרִינָה (פיס') [יל"ט/100]. מַכְשִׁיר לִמְדִידַת עָצְמַת הַקְּרִינָה וּמִשְׁכָּהּ

Stranddistel *{Eryngium maritimum}*
חַרְחֲבִינָה חוֹפִית (בוט') צֶמַח מִמִּשְׁפַּחַת הַסּוֹכְכִיִּים

Strandkiefer *{Pinus pinaster}*
אֹרֶן הַחוֹף (בוט') צֶמַח מִמִּשְׁפַּחַת הָאָרְנִיִּים

Strandläufer
חוֹפִית (זוא') שֵׁם שֶׁל עוֹף

Strandschnecke, Gewöhnliche *{Littorina neritoides}*
חוֹפִית חִוֶּרֶת (זוא') בַּעַל חַיִּים מִמִּשְׁפַּחַת הַחוֹפִיתִיִּים (חֶלְזוֹנוֹת)

Strandterrasse *{Abrasionsterrasse}*
מַדְרֵגַת חוֹף (מטא', י"א) כִּבְרַת מִישׁוֹר לִפְנֵי חוֹף תָּלוּל שֶׁנּוֹצְרָה עֵקֶב פְּעִילוּת מִשְׁבְּרֵי הַחוֹף

Strandversetzung
טְרִידַת חוֹף (מטא', י"א) נְדִידַת חוֹל לְאֹרֶךְ הַחוֹף כְּתוֹצָאָה מִפְּעִילוּת הַמִּשְׁבָּרִים הַפּוֹגְעִים בַּחוֹף בַּאֲלַכְסוֹן

Strandwall
גַּב חוֹף (מטא', י"א) רְצוּעַת חוֹף הַמִּשְׂתָּרַעַת בִּקְצֵה מֶרְחַב פְּעִילוּתָם שֶׁל מִשְׁבְּרֵי הַחוֹף וְגַלֵּי הַגֵּאוּת וְהַמֻּרְכֶּבֶת מֵחוֹל אוֹ מֵחַלּוּקֵי אֲבָנִים

Strang *{Funiculus}*
חֶבֶל (חֲבָלִים) (רפוי') אֶשֶׁל (אֲשָׁלִים)

strangbezüglich
חֶבְלִי (רפוי') אֶשְׁלִי

Strangulation ---> Abschnürung
stranguliert ---> abgeschnürt
Straßendecke
מִרְצֶפֶת (מִרְצָפוֹת) (טכנ')

Straßenkarte
מַפַּת דְּרָכִים (י"א)

Straßenzoll
אַגְרַת כְּבִישִׁים (כלכ', מדי')

Strategie
הֶצְבֵּא (צבא) אִסְטְרָטֶגְיָה, אֳמָנוּת נִהוּל מִלְחָמָה בְּקַוִּים כְּלָלִיִּים, תִּכְנוּן כְּלָלִי שֶׁל עִנְיָן מְסֻיָּם

strategisch
הֶצְבֵּאִי (צבא) אִסְטְרָטֶגִי, שֶׁל נִהוּל מִלְחָמָה אוֹ שֶׁל נִהוּל עִנְיָן אַחֵר

stratiform
רְפִידִי (מטא') [יל"ט/194]. דְּמוּי סְטְרָטוּס, פָּרוּשׂ בְּשִׁכְבָה אָפְקִית רְחָבָה

Stratokumulus
רְפִידַת עָבִים (מטא') [יל"ט/144]. סְטְרָטוֹקוּמוּלוּס, רֹבֶד שֶׁל עֲנָנִים נְמוּכִים אֲפַרְפָּרִים אוֹ לְבַנְבַּנִּים

Stratum ---> Schicht
Stratus
רְפִידָה (מטא׳) [יל״ט/143]. סְטְרָטוּס, עָנָן נָמוּךְ וְאֶפְרְפַּר
straucheln
כָּשַׁל (כּוֹשֵׁל) [א״ת/ב/323].מָעַד (מוֹעֵד), נִכְשַׁל, נָפַל, נִתְקַל
straucheln lassen
הִכְשִׁיל (מַכְשִׁיל), שָׂם מִכְשׁוֹל, הִמְעִיד, הִתְקִיל (מַתְקִיל)
Strauchportulak *{Portulacaria}*
רִגְלָנִית (בוט׳) צֶמַח מִמִּשְׁפַּחַת הָרִגְלָתִיִּים
Strauß, Vogel
יָעֵן (יְעֵנִים), יַעֲנָה (יְעֵנוֹת) (זוא׳) נַעֲמִית (נַעֲמִיּוֹת), בַּת יַעֲנָה
Straußgras *{Agrostis}*
נַחְלִית (בוט׳) צֶמַח מִמִּשְׁפַּחַת הַדְּגָנִיִּים
Strebe
תּוֹמְכָה (תּוֹמְכוֹת) (טכנ׳) סוֹמְכָה, מִתְקָן תּוֹמֵךְ
streben
שָׁאַף (שׁוֹאֵף) [ק/ד/66]. הִשְׁתּוֹקֵק, הִשְׁתַּדֵּל לְהַשִּׂיג אֶת מְבֻקָּשׁוֹ, שָׂם מְגַמָּתוֹ
Streben
שְׁאִיפָה [ק/ד/64; ר/ב/646]. הִשְׁתּוֹקְקוּת. הִשְׁתַּדְּלוּת [ק/א/221]. הִשְׁתַּדְּלָה, רָצוֹן וְהִתְאַמְּצוּת לְהַשִּׂיג דְּבַר-מָה. חֲרִיצוּת [ק/א/330]. תְּכוּנַת הֶחָרוּץ, הַתְמָדָה, שַׁקְדָנוּת. שִׁדּוּל [ק/ד/76]. שְׁקִידָה, מֶרֶץ. תְּשׁוּקָה [ק/ד/220]. חֶמְדָּה, אִוּוּי, הִתְאַוּוּת, כְּמִיהָה. הַשְׁגָּחָה [ק/א/217]. מַאֲמָץ
Streben, edles
כְּמִיהָה, שְׁאִיפָה נֶאֱצֶלֶת
Streben, heftiges
הִתְעַצְּמוּת [ק/א/169; 242]. הַטְרָחָה, הִשְׁתַּדְּלוּת עֲצוּמָה, הִתְאַמְּצוּת מְרֻבָּה, יְגִיעָה רַבָּה
Streben, zielgerichtetes
שְׁקִיקָה (פסי׳) [ר/ב/667]. שְׁאִיפָה, חֲתִירָה לַמַּטָּרָה, הָרָצוֹן הַמּוּדָע, כַּוָּנַת הַבְּחִירָה, שִׁקּוּל תְּבוּנִי
strebend
שׁוֹקֵק, שׁוֹאֵף, מִשְׁתּוֹקֵק, חוֹתֵר לִקְרַאת..., נִכְסָף מְאֹד
Strebepfeiler
מִשְׁעֲנָה (מִשְׁעָנוֹת) (אדר׳)
Streber, mystische
בַּעֲלֵי הַהִשְׁתַּדְּלוּת (פיל׳) [ק/א/92]
strebsam ---> ambitiös
Strebsamkeit ---> Streben
streckbar *{rektifizierbar}*
יְשׁוּרִי (מתמ׳) בַּן יִשּׁוּר, שֶׁנִּתָּן לִקְבֹּעַ אֶת אָרְכּוֹ (שֶׁל קַו עָקֹם [עֲקֻמָּה])
Streckbarkeit *{Rektifizierbarkeit}*
יְשׁוּרִיּוּת(מתמ׳) יְכֹלֶת לִקְבֹּעַ אֶת אָרְכָּהּ שֶׁל עֲקֻמָּה
Strecke
קֶטַע שֶׁל קַו, קְטָעִים שֶׁל קַו (מתמ׳)
Streckeisen ---> Walzeisen
strecken ---> einrenken, Glieder
Streckhammer
פַּטִּישׁ רִקּוּעַ (טכנ׳) פַּטִּישׁ רִדּוּד
Strecktau ---> Manntau
Streckung
יִשּׁוּר, מִתּוּחַ
Streckungswachstum
צְמִיחָה אָרְכִּית (ביו׳) הַאֲרָכָה
Streich
מִמְשָׁךְ (מוס׳)
streichen
קָשַׁת (קוֹשֵׁת) (מוס׳) נִגֵּן בְּאֶמְצָעוּת קֶשֶׁת בִּכְלִי מֵיתָרִים
streicheln
לִטֵּף (מְלַטֵּף), גִּפֵּף, מִזְמֵז (מְמַזְמֵז), סוֹלֵל (מְסוֹלֵל), מִעֵךְ, סִלְסֵל
Streicher(in)
קַשְׁתָּן, קַשְׁתָּנִית (מוס׳) נַגָּן (נַגֶּנֶת) בִּכְלִי קֶשֶׁת
Streichinstrument
כְּלִי קֶשֶׁת (כְּלֵי קֶשֶׁת) (מוס׳)
Streichlinie
קַו שִׁלּוּחַ (טכנ׳)
Streichmasse, breiige
דַּיִס (טכנ׳) תַּעֲרֹבֶת דַּיְסָתִית לִמְרִיחָה
Streichorchester
תִּזְמֹרֶת כְּלֵי קֶשֶׁת (מוס׳) תִּזְמֹרֶת קַשְׁתָּנִים
Streichquartett
רְבִיעִיַּת כְּלֵי קֶשֶׁת (מוס׳) רַבְעִית כְּלֵי קֶשֶׁת, רְבִיעִיַּת מֵיתָרִים: שְׁנֵי כִּנּוֹרוֹת, כּוֹנֶרֶת (וִיאוֹלָה) וּבַטְנוּנִית (צֶ׳לּוֹ)
Streifen *{Stria}*
סֶטֶפֶת, סְטִיפָה (רפו׳) [מר״ח/637]. פַּס (פַּסִּים), שִׂרְטוּט. פְּסִיס (פְּסִיסִים)
Streifenprinie *{Prinia gracilis}*
פַּשּׁוֹשׁ (זוא׳) עוֹף מִמִּשְׁפַּחַת הַסִּבְּכִיִּים
Streik
שְׁבִיתָה (כלכ׳, מדי׳) הַפְסָקַת עֲבוֹדָה עַל יְדֵי עוֹבְדִים הַנֶּאֱבָקִים לְמִלּוּי תְּבִיעוֹתֵיהֶם
Streikbrecher
מֵפֵר שְׁבִיתָה (כלכ׳, מדי׳) שׁוֹבֵר שְׁבִיתָה
Streit ---> Streitigkeit
streiten
רָב, הֵרִיב (מֵרִיב), הִסְתַּכְסֵךְ, נֶאֱבַק, הִצָּה (מַצֶּה) בְּ.../עַל..., הִתְנַצָּה (מִתְנַצֶּה) בְּ.../עַל..., נִצָּה (נִצָּה) בְּ.../עַל..., נִלְחַם, לָחַם (לוֹחֵם), הִתְקוֹטֵט, בָּא בְּרִיב, נָפַל רִיב
Streitigkeit
מְרִיבָה (מְרִיבוֹת) [ק/ג/153]. עֵצוּם, קְטָטָה, רִיב, תִּגְרָה, מַצּוּת, מַצָּה, נִצּוּי, פְּלֻגְתָּה (פְּלֻגְתּוֹת), מַחֲלֹקֶת
Streitschrift
כְּתַב פֻּלְמוּס (ספר׳) כְּתַב פֻּלְמוּס
streitsüchtig *{extrapunitiv}*
עוֹנְשָׁנִי לְזוּלָתוֹ (פסי׳) [ר/ב/498] מִי שֶׁמֵּגִיב עַל תִּסְכּוּל בְּהַאֲשָׁמַת זוּלָתוֹ
Streitsüchtige(r)
סַכְסְכָן, סַכְסְכָנִית (פסי׳, מ״ח) מְחַרְחֵר רִיב, קַנְטְרָן, מַרְגִּיז, קַנְתְּרָן
streng
מְדַיֵּק (מוס׳) בִּמְדֻיָּק, בְּדִיּוּק. חָמוּר, מַקְפִּיד, קַפְּדָנִי, דַּיְקָנִי, מַחְמִיר
Strenge

חֻמְרָה [ק/ג/303]. קָשׁוּת, נְטִיָּה אֶל חֹמֶר הַדִּין, קַפְּדָנוּת יְתֵרָה, גִּישָׁה קִיצוֹנִית

Strenge des Gesetzes, die ---> Gesetz(es), die Strenge des

strenges Recht ---> Recht, strenges

Streß

עָקָה (פסי') [ר/א/155]. דְּחָק, מַצָּב שֶׁל מֶתַח נַפְשִׁי הַנִּגְרָם עַל יְדֵי לְחָצִים שׁוֹנִים, אֶכֶף, נֵטֶל, מַעֲמָסָה

Stretta ---> Engführung

Streubild ---> Streuungsdiagramm

streuen

פִּזֵּר (מְפַזֵּר), הִתְפַּזֵּר, בָּזַק (בּוֹזֵק), זָרָה (זוֹרֶה), נִזְרָה, נִבְזַק, הִתְבַּזֵּק, בִּזֵּר, הֵפִיץ

Streuschicht

רֶפֶד (רְפָדִים) (גאו')

Streusiedlung

יִשּׁוּב פְּזוּרוֹת (י״א) צוּרַת יִשּׁוּב שֶׁל בָּתִּים הַמְּרֻחָקִים זֶה מִזֶּה

Streuung [---> Standardabweichung; Diffusion; Varianz; Dispersion]

פִּזּוּר (סטט') [ד״מח/191]. שִׁעוּר הַסְּטִיָּה שֶׁל עֵרֶךְ אֶחָד אוֹ שֶׁל עֲרָכִים רַבִּים זֶה מִזֶּה אוֹ מֵעֵרֶךְ זִקָּה כָּלְשֶׁהוּ (הָעֵרֶךְ הַמְּמֻצָּע בְּדֶרֶךְ כְּלָל)

Streuungsbreite ---> Spannweite

Streuungsdiagramm

תַּרְשִׁים פִּזּוּר (סטט') [מ״מ/223]. תַּרְשִׁים גְּרָפִי דּוּ מְמַדִּי שֶׁל מְדִידַת שְׁתֵּי שׁוּרוֹת נְתוּנִים הַקְּשׁוּרוֹת זוֹ בָּזוֹ בְּמַעֲרֶכֶת קוֹאוֹרְדִינָטוֹת

Stria ---> Streifen

Strich

רְסִיק (רְסִיקִים) (טכנ', אמנ'). נִימָה (נִימוֹת) (טכנ') קַו חֲרוּת עַל זְכוּכִית. תָּג (תָּגִים)

Strichätzung *{Zinkographie}*

גְּלוּפַת קַוִּים (אמנ', דפו') [ממ״ג/234]. גְּלוּפָה הַנֶּעְתֶּקֶת בְּדֶרֶךְ שֶׁל צִלּוּם עַל גַּבֵּי לוּחַ אָבָץ

Strichdüne

חוֹלִית (חוֹלִיּוֹת) סַיִף (גאו', י״א) דְּיוּנַת סַיִף, חוֹלִית צָרָה וּמָאֳרֶכֶת

Strichkreuz

סָרִיג (סְרִיגִים) (טכנ')

Strichmarke ---> Teilstrich

Strichplatte

לוּחַ הַסָּרִיג (טכנ')

Strichpunktlinie

קַו מְקֻוְקָו (טכנ', אמנ') קַו מְקֻוְקָד

Strick

חֶבֶל (חֲבָלִים) (טכנ') כֶּבֶל, מוֹסֵרָה (מוֹסֵרוֹת), עֲבוֹת (עֲבוֹתוֹת)

strident ---> schrill

Stridor ---> Schrillton

Stridulus ---> Schrillton

Striegel

קַרְצֶפֶת (קַרְצָפוֹת) (חקל') [א״ת/א/230]. מַגְרֶדֶת (מַגְרֵדוֹת), מַגְרֵדָה, קַרְצָף, מַסְרֵק לְגֵרוּד עוֹר הַבְּהֵמָה

striegeln

קִרְצֵף (מְקַרְצֵף) (חקל') גֵּרֵד אֶת עוֹר הַבְּהֵמָה

Strieme

שָׂרֶטֶת (שָׂרָטוֹת) (רפו') [מר״ח/704]. צַלֶּקֶת, שְׂרִיטָה, פֶּצַע קַל בָּעוֹר

Striemen versehen, mit

שָׂרוּט (רפו') [מר״ח/704]. מְצֻלָּק, מְשֹׂרָט, סָטִיף, מְצֻלָּק

Striktur ---> Verengung, hochgradige

Stringendo

הָלוֹךְ וְהָחֵשׁ (מוס')

stringenter Beweis ---> Beweis, stringenter

strittiger Fall ---> Fall, unentschiedener

strittiger Gegenstand ---> Gegenstand, strittiger

Strobilus ---> Zapfen

stroboskopische Bewegung ---> Bewegung, stroboskopische

strömen ---> fließen

Strömung

זְרִימָה (פְּעֻלָּה) זֶרֶם (תּוֹצָאָה) (פיס', היד')

Strömung, gleichförmige

זְרִימָה קְצוּבָה (פיס')

Strömung, pulsierende

זְרִימָה מְדַפֶּקֶת (פיס')

Strömung, stationäre

זְרִימָה קְבוּעָה (פיס') זְרִימָה תְּמִידִית

Strömung, stromlinienförmige

זְרִימָה שְׁפוּיָה (פיס')

Strömungsgeschwindigkeit, Linie der größten ---> Stromstrich

Strömungsmesser

מַד סְפִיקָה (פיס')

Strömungswiderstand ---> Schleppwiderstand

Stroh

קַשׁ (חקל') [א״ת/א/85; מס״א/22]. הַקָּנֶה שֶׁל הַדְּגָנִים קֹדֶם שֶׁנֶּהֱפַךְ לְתֶבֶן וְכֵן חֲלָקָיו הַקָּשִׁים שֶׁל הַקָּנֶה שֶׁאֵינָם נִתָּנִים לִמְעִיכָה

Stroh, gehacktes

תֶּבֶן (חקל') [א״ת/א/85; מס״א/22]. רִבּוֹ שֶׁל קְנֵה הַדָּגָן (קַשׁ) שֶׁנִּתְרַכֵּךְ וְנִתְמַעֵךְ בְּשִׁינֵּי הַמּוֹרַג וּבִדְרִיכַת רַגְלֵי הַבְּהֵמָה

Strohblume *{Helichrysum}*

דַּם הַמַּכַּבִּים (בוט') צֶמַח מִמִּשְׁפַּחַת הַמֻּרְכָּבִים

Strohmann

דֶּמֶה (דְּמָיִים), דְּמוּת מְדֻמָּה

Strom

זֶרֶם (זְרָמִים) (היד') נָהָר (נְהָרוֹת), מֵרוֹץ (מְרוֹצִים)

Strom, elektrischer

זֶרֶם חַשְׁמַל (פיס')

Strom, reissender

נָהָר פּוֹחֵז (היד') מֵרוֹץ פּוֹחֵז

Strom, träger

נָהָר נִרְפֶּה (היד') מֵרוֹץ נִרְפֶּה

Strom führen, einen

הֶעֱבִיר (מַעֲבִיר) זֶרֶם (פיס') הִזְרִים (מַזְרִים)

Stroma ---> Stützgewebe

stromabwärts

בְּמוֹרָד, בְּמוֹרַד הַזֶּרֶם

stromaufwärts
בְּמַעְלֶה, בְּמַעֲלֵה הַזֶּרֶם

Stromerzeuger *{Generator}*
מְחוֹלֵל חַשְׁמַל (פיס', טכנ') [ל"מ/158]. גֶּנֶרָטוֹר

stromführend
מַעֲבִיר זֶרֶם (פיס')

Stromkreis
מַעְגָּל חַשְׁמַלִּי (פיס') מַעְגַּל חַשְׁמַל

Stromlinie
קַו זֶרֶם (פיס', טכנ', מטא') [יל"ט/171]

stromlinienförmig *{aerodynamisch; hydrodynamisch}*
זָרִים (פיס', טכנ')

Stromlinienform
זְרִימוּת (פיס', טכנ') תְּכוּנַת הַגּוּף הַמּוּצָק שֶׁהוּא בַּעַל צוּרָה זְרִימָה

Strommesser *{Amperemeter}*
מַד זֶרֶם (פיס', טכנ') [ל"מ/79]. אַמְפֶּרְמֶטֶר, מַכְשִׁיר לִמְדִידַת עָצְמַת הַזֶּרֶם הַחַשְׁמַלִּי

Stromnetz
רֶשֶׁת חַשְׁמַל (טכנ')

Stromröhrchen
שְׁפוֹפֶרֶת זֶרֶם (פיס')

Stromschnelle *{Katarakt}*
אֶשֶׁד (אֲשָׁדִים) (היד') קֶטַע בְּמֵרוֹץ מַיִם (נַחַל, נָהָר וכד') שֶׁבּוֹ הַזְּרִימָה עַזָּה מְאֹד בְּשֶׁל הִצָּרוּת הָאָפִיק אוֹ שִׁפּוּעַ

Stromschnelle, Erosion durch ---> Erosion durch Stromschnelle

Stromstärke
עָצְמַת הַזֶּרֶם (פיס')

Stromstrich
שִׁבֹּלֶת הַנָּהָר (היד') אֵזוֹר בַּנָּהָר שֶׁבּוֹ מְהִירוּת זְרִימַת הַמַּיִם הִיא הַגְּבֹהָה בְּיוֹתֵר

Stromversetzung
טְרִידָה (טְרִידוֹת) (היד', ימא') טְרִידַת זֶרֶם, סְטִיָּה מִן הַמַּסְלוּל עֵקֶב זֶרֶם יַמִּי

Stromwirbel ---> Strudel

Strophe
בַּיִת (בָּתִּים) (ספר', מוס') קֶטַע מִיצִירָה הַמְּהַוֶּה שְׁלֵמוּת קִצְבִּית וְרַעְיוֹנִית

Strudel
מְעַרְבֹּלֶת (מְעַרְבּוֹלוֹת) (היד', מטא') [יל"ט/115]. זֶרֶם מַעְגָּלִי חָזָק בַּמַּיִם. כְּרוּכִית (תזו') מַאֲפֶה כָּרוּךְ וּמְמֻלָּא פֵּרוֹת

Strudelloch *{Kolk}*
מַכְתֶּשֶׁת (מַכְתָּשׁוֹת) (היד', גאו') חֲתַר (חֲתָרִים), נִקְרָה אֲנָכִית וַעֲמֻקָּה בְּקַרְקָעִית אָפִיק שֶׁל נָהָר הַנּוֹצֶרֶת כְּתוֹצָאָה מֵחֲתִירַת מַיִם זוֹרְמִים

Struktur
מִבְנֶה (מִבְנִים) [מר"ח/639]. יְכוּנָה, מִרְקָם, תַּגְשִׁיד, תַּשְׁלִיב, סְטְרוּקְטוּרָה

Struktur, kognitive
מִבְנֶה הַכָּרָנִי (פיל', פסי') מִבְנֶה קוֹגְנִיטִיבִי, - הַכָּרָתִי

Struktur der Persönlichkeit ---> Persönlichkeit, Struktur der

Strukturalismus
מִבְנִיּוּת (פיל', פסי') [ר/ב/469]. סְטְרוּקְטוּרָלִיזְם

Strukturanalyse, latente
נִתּוּחַ הַמִּבְנֶה הַסָּמוּי (סטט', פסי', מ"ח) [ד"מח/53]. שִׁיטָה לְהַמְשָׂגָה, דֶּרֶךְ לִמְצִיאַת סִדְרָה שֶׁל תְּכוּנוֹת הַמַּבְטִיחָה מִסְפָּר מֵרַבִּי שֶׁל מִתְאָמִים בֵּין הַטִּיפוּסִים שֶׁזֵּהוּ תְּחִלָּה

strukturell
מִבְנִי [מר"ח/639]. יְכוּנִי, מִרְקָמִי, סְטְרוּקְטוּרָלִי, בַּעַל מִבְנִים וּתְצוּרוֹת קְבוּעִים, תַּשְׁלִיבִי, תַּגְשִׁידִי

Strukturfaktor
מַדַּד הַמִּבְנֶה (גאו')

strukturieren
הִבְנָה (מִבְנֶה) [ר/א/178]. עִצֵּב צוּרָה, - מִבְנֶה, אִרְגֵּן אוֹ הִרְכִּיב מִיסוֹדוֹת רַבִּים צוּרָה יַצִּיבָה יַחֲסִית, יִכֵּן (מְיַכֵּן)

strukturiert
מֻבְנֶה, מֻרְקָם, מְיֻכָּן, מְעֻצָּב, מִבְנֶה

Strukturierung
הַבְנָיָה [ר/א/178]. אִרְגּוּן אוֹ הַרְכָּבָה שֶׁל צוּרָה יַצִּיבָה יַחֲסִית מִיסוֹדוֹת רַבִּים, עִצּוּב צוּרָה, - מִבְנֶה, הִסְתָּעֲפוּת, הִתְפַּלְּגוּת

Strukturrahmen *{Frame}*
מִסְגֶּרֶת (מִסְגָּרוֹת) (מחש')

Strukturrahmenproblem *{Frame-Problem}*
בְּעָיַת מִסְגֶּרֶת (מחש')

Struma ---> Kropf

Strychnin
אֶפְלָץ (כימ', רפו') סְטְרִיכְנִין

Strychninvergiftung ---> Brechnußvergiftung

Stubenfliege *{Musca domestica}*
זְבוּב הַבַּיִת (זוא') חֶרֶק מִמִּשְׁפַּחַת הַזְּבוּבִיִּים

Student(in) einer Universität
מִכְלָלָן (מִכְלָלָנִים), מִכְלָלָנִית (מִכְלָלָנִיּוֹת), סְטוּדֶנְט, תַּלְמִיד מִכְלָלָה (אוּנִיבֶרְסִיטָה)

Student(in) eines College(s)
מִדְרְשָׁן (מִדְרְשָׁנִים), מִדְרְשָׁנִית (מִדְרְשָׁנִיּוֹת), תַּלְמִיד מִדְרָשָׁה, גִּימְנַזִיסְט, תַּלְמִיד בֵּית סֵפֶר תִּיכוֹן

Studie, explorative ---> Erkundungsstudie

Studienabbrecher ---> Schulversager

Studienabbrechung ---> Ausfall aus der Schule

Studienraum
חֲדַר עִיּוּן (חַדְרֵי עִיּוּן) (ספרנ')

Studierende(r) [---> Schüler(in)]
לוֹמֵד, לוֹמֶדֶת (פדג') [ק/ב/138]. מַבִּיט, מְעַיֵּן, קוֹרֵא. מְבַקֵּשׁ (פדג') [ק/ב/139]

Studium
לִמּוּד (פדג') [ק/א/238]. לִמּוּד בְּבֵית-סֵפֶר גָּבֹהַּ, הִתְלַמְּדוּת, קִנְיַן יְדִיעוֹת. הֶרְגֵּל (מ"ח)

Studium, stetiges und beharrliches
הַתְמָדָה (פדג') [ק/א/238]. שְׁקִידָה וְעִיּוּן מְרֻבֶּה

Stück [---> Drama]
חֲתִיכָה (חֲתִיכוֹת), נֵתַח (נְתָחִים), בֶּתֶר (בְּתָרִים)

Stückchen
בָּדָל (בְּדַל-, בְּדָלִים, בִּדְלֵי-), חֲתִיכָה קְטַנָּה,

מַשֶּׁהוּ, חֵלֶק קָטָן בְּיוֹתֵר, קֹרֶט (קְרָטִים), קַמְצוּץ

Stückgutladung

מִטְעָן בַּאֲרִיזוֹת (ימא׳)

Stücklohn

שָׂכָר לִיחִידָה (כלכ׳) שְׂכַר בְּקַבְּלָנוּת

stückweise

חֲלָקִים חֲלָקִים, חֲתִיכוֹת חֲתִיכוֹת, קַו לָקַו, שְׁלַבִּים שְׁלַבִּים, עַל יָד עַל יָד, אֶחָד אֶחָד, לְאַט לְאַט

stückweise nehmen

סָפַת (סוֹפֵת) [א״ח/א/114]. חָתַךְ חֲתִיכוֹת, בָּצַע, נָטַל חֲתִיכָה

Stümper

חַרְבְּשָׁן, רַשְׁלָן, נִרְפֶּה, מְרַשֵּׁל, רָשׁוּל, קְלוֹקֵל

stümpern

חִרְבֵּשׁ (מְחַרְבֵּשׁ), הִתְרַשֵּׁל, הִתְרַפָּה, נִרְשַׁל, עָשָׂה כִּלְאַחַר יָד, לֹא הִשְׁתַּדֵּל בִּמְלַאכְתּוֹ, עָבַד כְּדֵי לָצֵאת יְדֵי חוֹבָה, קִלְקֵל

stürmisch

סָעוּר (מטא׳) סוֹעֵר, שֶׁיֵּשׁ בּוֹ מַשְׁבֵּי רוּחַ חֲזָקִים. בְּזַעַף [א״ח/ב/151] בְּסַעַר, בִּסְעָרָה

stürmischer Wind ---> Wind, stürmischer

stürzen

מִגֵּר (מְמַגֵּר), הִפִּיל, הִכְרִיעַ

Stützblatt ---> Deckblatt

Stütze [---> Anlehnung]

תּוֹמְכָה (תּוֹמְכוֹת) (טכנ׳). אַסְמַכְתָּה (אַסְמַכְתּוֹת) (מדע) אַסְמַכְתָּא, סֶמֶךְ (סְמָכִים), רְאָיָה לְדָבָר, הִסְתַּמְּכוּת. סַעַד, סִיּוּעַ, תְּמִיכָה

Stütze, durchlaufende

עַמּוּד מֻמְשָׁךְ (טכנ׳)

stützen

סָעַד (סוֹעֵד) [ק/ג/106; א״ח/א/229]. סָמַךְ (סוֹמֵךְ), עָזַר, סִיַּע (מְסַיֵּעַ), , תָּמַךְ, סִמֵּךְ, סִעֵד (מְסַעֵד), נִסְעַד, נֶעֱזַר, נִתְמַךְ, הִסְתַּעֵד

Stützgewebe *{Stroma}*

מַצָּעָה (רפו׳) [מר״ח/638]. מַשְׁתִּית, מַצָּע, מַצַּעַת

stützgewebebezüglich

מַצַּעְתִּי (רפו׳) מַשְׁתִּיתִי

Stützkörper ---> Auflager

Stützlinie

קַו הַלְּחִיצָה (טכנ׳)

Stützmauer

מִתְמֶכֶת (מִתְמָכוֹת) (אדר׳) קִיר תּוֹמֵךְ, - סוֹמֵךְ

Stufe [---> Phase]

מַדְרֵגָה (מַדְרֵגוֹת) (אדר׳) [א״ח/א/3]. מַעֲלָה (מַעֲלוֹת)

Stufe, höhere

מַדְרֵגַת הַתַּכְלִית [ק/ד/200]. תַּכְלִית, פִּסְגָּה, שִׂיא, מַדְרֵגָה עֶלְיוֹנָה, מֵרַב, מָקוֹם רִאשׁוֹן בְּמַעֲלָה, דַּרְגָּה עִלָּאִית, תַּכְלִית הַמַּדְרֵגָה

Stufe, hohe

מַעֲלָה (מַעֲלוֹת) (מ״ח, התנ׳) [ק/ב/236]. דַּרְגָּה, מַדְרֵגָה, גֹּבַהּ, גְּדֻלָּה, עֵרֶךְ, שָׁלָב, יִתְרוֹן, עֲדִיפוּת

Stufe, Ordnung der

שִׁפְלוּת הַמַּעֲלָה (מתמ׳) [ק/ד/151]. הַמִּסְפָּר הַנָּמוּךְ בְּיוֹתֵר בְּשׁוּרַת מִסְפָּרִים

Stufe der Existenz, hohe ---> Existenz, hohe Stufe der

Stufenfabrikat

גֹּלֶם תּוֹצָר (כלכ׳) תּוֹצָר שֶׁבְּהַדְרָגָה, - הַמְּשַׁמֵּשׁ חֹמֶר גֹּלֶם בְּתַהֲלִיךְ עֲבוֹדָה נוֹסָף, מוּצָר לַחֲצָאִין, תּוֹצָר לַחֲצָאִין, מוּצָר בִּלְתִּי גָּמוּר

Stufenfolge

הַדְרָגָה (פיל׳) [ק/א/159]. הַדְרָכָה אוֹ הִתְקַדְּמוּת אִטִּית מִן הַנָּמוּךְ אֶל הַגָּבֹהַּ אוֹ מִן הַקַּל אֶל הַכָּבֵד

Stufengang ---> Stufenfolge

Stufenleiter ---> Skala

Stufenleiter, Argument der ---> Argument der Stufenleiter

Stufenterrasse

מַדְרֵגָה אֲנָכִית (גאו׳, חקל׳)

Stufentheater

תֵּאַטְרוֹן מַעֲלוֹת (תאט׳)

stufenweise

בְּהַדְרָגָה, הַדְרָגִי [ק/א/159]. בְּדֶרֶךְ הַהַדְרָגָה. רִאשׁוֹן רִאשׁוֹן [ק/ד/15]. מְעַט מְעַט, קִמְעָה קִמְעָה, לֹא בְּבַת אַחַת

stufenweise anleiten

הִדְרִיג (מַדְרִיג) [ק/א/146]. הִדְרִיךְ אָדָם מִן הַקַּל אֶל הַכָּבֵד

Stufung

דֵּרוּג (ספר׳) [מ״ס/119]. הִתְפַּתְּלוּת הַמַּהֲלָךְ הָעֲלִילָתִי הַמְּאַטָּה וּמְעַכֶּבֶת אֶת הַסִּפּוּר מִלְּהַגִּיעַ לְמַטְּרָתוֹ הָעֲלִילָתִית אוֹ הַלְּשׁוֹנִית

Stuhlgang haben ---> Notdurft verrichten

Stuhlverstopfung

עֲצִירוּת (רפו׳)

stumm

אִלֵּם (רפו׳) [א״ח/א/246]

Stummellerche *{Calandrella rufescens}*

עֶפְרוֹנָן גַּמָּד (זוא׳) עוֹף מִמִּשְׁפַּחַת הָעֶפְרוֹנִיִּים

Stummheit, psychogene ---> Mutismus

Stumpf

גֶּדֶם (גְּדָמִים) (רפו׳) גְּדָמָה, גָּדוּם, הַחֵלֶק שֶׁנִּשְׁאַר לְאַחַר כְּרִיתָה

Stumpfheit

כְּדִירוּת, כֵּדֶר (רפו׳, פסי׳) כֵּדֶר, תַּרְדֵּמַת אֵבָרִים בַּגּוּף, חֹסֶר תְּחוּשָׁה

Stumpfsinn

אֲטִימוּת (פסי׳) [ק/א/39]. קֹשִׁי הַהַשָּׂגָה, טִפְּשׁוּת. קֵהוּת (פסי׳) [ר/ב/538]. פִּגּוּר שִׂכְלִי קַל

stumpfsinnig

אָטוּם (פסי׳) [ק/א/39]. טִפֵּשׁ, כְּסִיל. קֵהוּי (פסי׳) [ר/ב/538]. בַּעַל פִּגּוּר שִׂכְלִי קַל

Stumpfverbesserung *{Reamputation}*

שִׁגְדּוּעַ (רפו׳)

stumpfwinklig

קְהֵה זָוִית (מתמ׳) [ק/ב/277]. מְרֻוַּח הַזָּוִית, בַּעַל זָוִית מְרֻוַּחַת, - קֵהֶה

Stunde

שָׁעָה (שָׁעוֹת) [ק/ד/142]. חֵלֶק אֶחָד מֵעֶשְׂרִים וְאַרְבָּעָה בִּיְמָמָה, יְחִידַת זְמַן בַּת שִׁשִּׁים דַּקּוֹת

Stunden, vierundzwanzig

יְמָמָה (יְמָמוֹת) [א״ת/ב/421]. מֵעֵת לְעֵת, עֶשְׂרִים וְאַרְבַּע שָׁעוֹת, יוֹם וָלַיְלָה

Stundenglas ---> Sanduhr

Stupor ---> Benommenheit

Stupor, manischer

בְּלָהוּת (פסי׳, רפו׳) טֵרוּף בְּלָהוֹנִי, תִּמָּהוֹן

Sturm

סַעַר עַז (מטא׳) [יל״ט/146; א״ת/ב/156]. עִלְעוֹל (עִלְעוֹלִים), דַּרְגָּה 9 בְּסֻלָּם בּוֹפוֹרְט לְחֹזֶק הָרוּחַ שֶׁמְּהִירוּתָהּ: 41-47 קְשָׁרִים

Sturm(s), Auge des

עֵין הַסּוּפָה (מטא׳) [יל״ט/166]. אֵזוֹר שֶׁקֶט יַחֲסִית בְּמֶרְכָּזוֹ שֶׁל צִיקְלוֹן טְרוֹפִּי עַז

Sturm, magnetischer

סְעָרָה שׁוֹאַבְנִית (מטא׳) סְעָרָה מַגְנֶטִית

Sturm, orkanartiger

סוּפָה עַזָּה (מטא׳) [יל״ט/146]. דַּרְגָּה 11 בְּסֻלָּם בּוֹפוֹרְט לְחֹזֶק הָרוּחַ שֶׁמְּהִירוּתָהּ: 56-63 קְשָׁרִים

Sturm, schwerer

סַעַר קָשֶׁה (מטא׳) [יל״ט/146]. סוּפָה, דַּרְגָּה 10 בְּסֻלָּם בּוֹפוֹרְט לְחֹזֶק הָרוּחַ שֶׁמְּהִירוּתָהּ: 48-55 קְשָׁרִים

Sturm und Drang

סַעַר וָפֶרֶץ (ספר׳) זֶרֶם תַּרְבּוּתִי בַּעַל אֹפִי מַהְפְּכָנִי בְּמִקְצָת בְּגֶרְמַנְיָה וּבְאוֹסְטְרִיָּה שֶׁל שִׁלְהֵי הַמֵּאָה הַ-18

Sturmbock ---> Mauerbrecher

Sturmdeckschiff

אֳנִיַּת גְּנוֹנָה (ימא׳)

Sturmflut

נֵד סוּפָה (מטא׳) הֶעֱרָמוּת שֶׁל מַיִם מוּל הַחוֹף עַל יְדֵי כֹּחוֹת הָרוּחַ

Sturmschwalbe *{Hydrobates pelagicus}*

יַסְעוּרוֹן קָטָן (זוא׳) יַסְעוּרוֹן קָט, עוֹף מִמִּשְׁפַּחַת הַיַּסְעוּרוֹנִיִּים

Sturmschwalben *{Hydrobatidae}*

יַסְעוּרוֹנִיִּים (זוא׳) מִשְׁפָּחָה שֶׁל עוֹפוֹת מִסִּדְרַת הַיַּסְעוּרָאִים

Sturmsegel

מִפְרַשׂ סוּפָה (ימא׳)

Sturmvögel *{Procellariidae}*

יַסְעוּרִיִּים (זוא׳) מִשְׁפָּחָה שֶׁל עוֹפוֹת מִסִּדְרַת הַיַּסְעוּרָאִים

Sturzsee ---> Brandungswellen

Stute

סוּסָה (סוּסוֹת) (זוא׳, חקל׳)

stutzen

תָּמַהּ (תָּמֵהַּ), הִשְׁתּוֹמֵם, עָמַד וְתָהָה, נִפְעַם, נִפְתַּע, נִתְמַהּ. זָמַר (זוֹמֵר) (חקל׳) [א״ת/ב/211]. קִצֵּץ זְמוֹרוֹת, גָּזַם (גּוֹזֵם), גִּזֵּם (מְגַזֵּם)

Stylopodium ---> Griffelpolster

Sub-

תַּחַת [ק/ד/191]. לְמַטָּה, תַּת..., כָּפוּף לְ..., - מִשְׁנֶה, חֶלְקִי, הֶטֵּל... (מחמ׳)

Subacidität ---> Säuremangel im Magensaft

subacidus ---> säurearm

subakut

תַּת חָרִיף (רפו׳) חָדִיד, חַד בְּמִקְצָת

subakute Krankheit ---> Krankheit, subakute

subaltern ---> untergeordnet

Subalternation ---> Begriffe(n), Subordination von

Subcontraria [---> Subkontrarietätsschluß]

תַּחַת הַמִּתְהַפֵּךְ (פיל׳) [ק/א/194; ק/ד/191]. תַּחַת הַמִּתְהַפְּכִים

Subdominantakkord

תַּצְלִיל הַתַּת גָּבֵר (מוס׳)

subglazial

תַּת קַרְחוֹנִי (גאו׳, י״א) סוּבְּגְלַצְיָלִי, שֶׁל תַּחְתִּית הַקַּרְחוֹן

Subiectio

מַעֲנֶה לְעַצְמוֹ (רטו׳) [ק/ב/239]

Subiunctio

כֶּפֶל סָמוּךְ (רטו׳, בלש׳) [ק/ב/103]. חֲזָרָה סְמוּכָה עַל אוֹתָהּ מִלָּה. כְּשֶׁלְּכָל נוֹשֵׂא בְּסִדְרַת מִשְׁפָּטִים צָמוּד פָּעֳלוֹ הַמְּיֻחָד

Subjekt

נוֹשֵׂא (נוֹשְׂאִים) (פיל׳, בלש׳) [ק/ג/73; פ״ר/79]. הַדָּבָר הָרָאשִׁי שֶׁעָלָיו מְדַבֵּר בַּמִּשְׁפָּט; עַל פִּי קַנְט: תּוֹדָעָה אַחְדוּתִית הַמְּיַחֶסֶת אֶל עַצְמָהּ, בְּתוֹר שֶׁלָּהּ, רִבּוּי שֶׁל דִּמּוּיִים וּמַחֲשָׁבוֹת. מֶצַע (פיל׳, בלש׳) [ק/ב/259]. רַעְיוֹן מֶרְכָּזִי

Subjekt, psychologisches [---> Topik; Thema]

עִנְיָן (בלש׳) [מ״ב/232]. נוֹשֵׂא הָרַעְיוֹן, נִדּוֹן, הַיְּסוֹד הַנָּתוּן, הַנּוֹשֵׂא הַנַּפְשׁוּתִי (פְּסִיכוֹלוֹגִי) שֶׁבַּמִּשְׁפָּט, מִלָּה אוֹ צֵרוּף הַבָּאִים לְהַפְנוֹת אֶל חֹמֶר מוּדָע (הַקְדָּמָה שֶׁבְּמַחֲשָׁבָה) לַדּוֹבֵר וְלַשּׁוֹמֵעַ, לְמָשָׁל: ״וְכָל כָּךְ (= ׳כָּל הַדְּבָרִים הָאֵלֶּה שֶׁנֶּאֶמְרוּ כָּאן, כְּלוֹמַר: כָּל הַגְּדוּלָּה הַזֹּאת׳) לָמָּה זָכָה שְׁלֹמֹה? מִפְּנֵי שֶׁלֹּא הִגְבִּיהַּ לִבּוֹ״

Subjekt, ruhendes

נוֹשֵׂא נָיֵחַ (פיל׳) [פ״ר/163]

Subjekt, Satz mit fehlendem ---> Satz mit fehlendem Subjekt

subjektiv

נוֹשְׂאִי (פיל׳) [ק/ג/73; ר/ב/456]. בִּבְחִינַת נוֹשֵׂא, שֶׁאֵינוֹ אוֹבְּיֶקְטִיבִי, סוּבְּיֶקְטִיבִי. בִּבְחִינַת נַפְשֵׁנוּ (פיל׳) [ק/א/82; ק/ג/73,60]. בְּדִמְיוֹן (פיל׳) [ק/א/140; ק/ג/73]. בִּבְחִינַת הַמַּשִּׂיג (פיל׳) [ק/ב/285; ק/ג/73]. נוֹגֵעַ בַּדָּבָר, תָּלוּי בַּהַרְגָּשָׁה הָאִישִׁית, רִגְשִׁי, מְבֻסָּס עַל רְאִיָּתוֹ הָעַצְמִית שֶׁל אָדָם

subjektive Vorstellung ---> Vorstellung, subjektive

subjektive Wiederholungstendenzen ---> Perseveration

subjektives Abbild ---> Abbild, subjektives

Subjektivität

נוֹשְׂאִיּוּת (פסי׳, פיל׳) [ר/ב/456]. סוּבְּיֶקְטִיבִיּוּת, פְּנִיָּה אִישִׁית, יַחַס הַמְּבֻסָּס עַל חֲוָיוֹתָיו הָאִישִׁיּוֹת וְגִישָׁתוֹ הַפְּרָטִית שֶׁל אָדָם

Subjektsatz

פְּסוּקִית נוֹשֵׂא (בלש׳) [מ״ב/216]. מִשְׁפָּט טָפֵל הַמְּשַׁמֵּשׁ נוֹשֵׂא לַנּוֹשֵׂא שֶׁבַּמִּשְׁפָּט הָעִקָּרִי,

לְמָשָׁל: ״**הַמֵּרִים יָד עַל חֲבֵרוֹ**, נִקְרָא רָשָׁע״

Subkontrarietätsschluß *{ad subcontrariam}*

הֶקֵּשׁ מִתְהַפְּכִים לְאֻמּוֹת (פיל׳) צוּרָה שֶׁל הֶקֵּשׁ בִּלְתִּי מְצוּעָע שֶׁבּוֹ מוֹצֵאת מַסְקָנָה מִן הַשְּׁקָרוּת שֶׁל מִשְׁפָּט I שֶׁהוּא פְּרָטִי (פַּרְטִיקוּלָרִי) וְחִיּוּבִי עַל אֲמִתּוּתוֹ שֶׁל מִשְׁפָּט O שֶׁהוּא פְּרָטִי וּשְׁלִילִי, לְמָשָׁל: מִן הַמִּשְׁפָּט: ״קִיבּוּצִים אֲחָדִים סִיְּמוּ אֶת הַקָּצִיר״ (שֶׁקֶר) עַל הַמִּשְׁפָּט: ״קִיבּוּצִים אֲחָדִים לֹא סִיְּמוּ אֶת הַקָּצִיר״ (אֱמֶת)

subkutante Blutung ---> Fleck, blauer

Sublimat

תַּמְרִיא (פיס׳) צוּרָה מוּצֶקֶת שֶׁל אֵד, סוּבְּלִימָט, תַּלְהִיג

Sublimation ---> Sublimierung

sublimierbar

מָרִיא (פיס׳) לָהִיג, בַּעַל יְכֹלֶת לַעֲבֹר מִמַּצָּב מוּצָק לְמַצָּב גָּזִי

Sublimierbarkeit

מְרִיאוּת (פיס׳) לְהִיגוּת, יְכֹלֶת לַעֲבֹר יְשִׁירוֹת מִמַּצָּב מוּצָק לְמַצָּב גָּזִי

sublimieren

עִדֵּן (מְעֻדָּן) (פסי׳) הִפְנָה רְגָשׁוֹת לְהִתְנַהֲגוּת מְקֻבֶּלֶת. מָרָא (מוֹרֵא), מֵרֵא (מְמֹרָא), נִמְרָא (פיס׳) לָהַג, הִלְהִיג, הִתְלַהֵג, הִמְרִיא, עָבַר יְשִׁירוֹת מִמַּצָּב מוּצָק לְמַצָּב גָּזִי

sublimiert

מְעֻדָּן (פסי׳) שֶׁעָבַר עִדּוּן (סוּבְּלִימַצְיָה). מְמֹרָא, מֻמְרָא (פיס׳) מְלֻהָג, מֻלְהָג

Sublimierung

עִדּוּן (פסי׳) [ר/ב/499]. **סוּבְּלִימַצְיָה**, הַעֲדָנָה, הָאֲצָלָה, הַפְנָיַת רְגָשׁוֹת וּדְחָפִים טִבְעִיִּים לְהִתְנַהֲגוּת נִלְמֶדֶת וּמְקֻבֶּלֶת, זִכּוּךְ הַגַּשְׁמִיּוּת. מֵרוּא, הִתְמָרְאוּת (פיס׳, מטא׳) (יל״ט/53]. מִרְאָה, הַמְרָאָה, הַלְהָגָה, לִהוּג, הִתְלַהֲגוּת, הֲפִיכַת מוּצָק לְגַז בְּלִי שֶׁיַּעֲבֹר אֶת מַצַּב הַבֵּינַיִם שֶׁל נוֹזֵל

subliminal ---> unterschwellig

Sublimisten

בַּעֲלֵי הַהַגְדָּלָה (הסט׳) [ק/א/92]

Subluxation ---> Verrenkung, unvollständige

Subnormallinie

קַו תַּחַת הָאֲנָךְ (מתמ׳) [ק/ד/191]

suboptimal

תַּת מֵיטָבִי, סוּבְּאוֹפְּטִימָלִי

Suboptimierung

תַּת מִטּוּב, סוּבְּאוֹפְּטִימִיזַצְיָה

Subordinate

תַּת גָּבֵר (מוס׳)

Subordination

שִׁעְבּוּד (בלש׳, פיל׳) [ק/ד/23; מ״ב/217]. **יַחַס** הַרְדִּיָּה, סוּבְּאוֹרְדִינַצְיָה, קֶשֶׁר תַּחְבִּירִי בֵּין מִשְׁפָּט עִקָּרִי לְבֵין פְּסוּקִית (מִשְׁפָּט טָפֵל, - מְשֻׁעְבָּד) בְּאֶמְצָעוּת סִימַן שִׁעְבּוּד, לְמָשָׁל: ״הָיָה מַחְסוֹר בְּחִטָּה, **מִפְּנֵי שֶׁ**הָיְתָה שְׁנַת בַּצֹּרֶת״

Subordination, Schluß der ---> Schluß der Subordination

Subordination von Begriffen ---> Begriffe(n), Subordination von

Subordination von Urteilen ---> Urteile(n), Subordination von

Subordinator ---> Bindewort, unterordnendes

subordinierend ---> unterordnend

subordinierender Begriff ---> Begriff, übergeordneter

subordinierter Begriff ---> Begriff, untergeordneter

Subreption [---> Erschleichung]

הֶשֵּׂקֶר (פיל׳) **סוּבְּרֶפְּצְיָה**, הַגְנָבָה, הוֹכָחָה שִׁקְרִית, הַטְעָאָה, הַנְמָקַת כָּזָב, שִׁמּוּשׁ מְכֻוָּן בְּהַנָּחוֹת שִׁקְרִיּוֹת כְּדֵי לְשַׁמֵּר מַסְקָנָה מַטְעִית, הַחְלָפָה שֶׁבְּטָעוּת. הַשָּׂגָה בְּמִרְמָה (משפ׳) הַגָּעָה לְמַשֶּׁהוּ בְּטַעֲנוֹת שָׁוְא, גְּנֵבַת הַדַּעַת בְּיוֹדְעִין

Subsidenz ---> Absinken

Subsistenzmittel

אֶמְצָעֵי הַפַּרְנָסָה (כלכ׳)

subsistieren *{subsistere}*

הִתְקַיֵּם (מִתְקַיֵּם) (פיל׳) [ק/ג/284]. **קָם, עָמַד** עַל מְכוֹנוֹ, נִמְצָא, הָיָה בּוֹ, הָיָה קַיָּם, עָמַד בִּרְשׁוּת עַצְמוֹ

Subskription [---> Abonnement]

מִנּוּי מֻקְדָּם (כלכ׳, ספרנ׳) חֲתִימָה מֻקְדֶּמֶת, סוּבְּסְקְרִיפְּצְיָה, הִתְחַיְּבוּת מֵרֹאשׁ לִרְכֹּשׁ מוּצָר מְסֻיָּם לִפְנֵי זְמַן יִצּוּרוֹ

Subskriptionspreis

מְחִיר לַמְנוּיִים (כלכ׳, ספרנ׳) מְחִיר לַחוֹתְמִים

Substantia

עַצְמוּת (פיל׳) [ק/ב/132]. **מַאֲמַר הָעֶצֶם**, אֶחָד מֵעֲשֶׂרֶת הַיְסוֹדוֹת הָעֶלְיוֹנִים שֶׁל אֲרִיסְטוֹ: מַאֲמַר מַמָּשׁ, - מַהוּת, - נִצָּב, - עִקָּר, - עִיּוּן, - יְסוֹד. **יֵשׁ** (פיל׳) [ק/ב/52]

Substantialität

עַצְמִיּוּת (פיל׳) [ק/ג/163]. מַהוּתִיּוּת, מַמָּשִׁיּוּת, מַמָּשׁוּת, תְּכוּנַת הַגּוֹרֵם הָעִקָּרִי, עִקָּרִיּוּת, תַּמְצִיתִיּוּת

substantiell

עַצְמוּתִי [ק/ג/161]. מַהוּתִי, עִקָּרִי. **עַצְמִי** [ק/ג/162]. **שֶׁל הָעֶצֶם**

Substantielle, das ---> Substantia

substantielle Ursache ---> Ursache, substantielle

substantielles Leben ---> Leben, substantielles

Substantiv ---> Nomen

Substantiv, abgeleitetes ---> Nomen, abgeleitetes

Substantiv(s) mit seinem Attribut, Zusammenstellung eines ---> Attribut, Zusammenstellung eines Substantivs mit seinem

Substanz

עֶצֶם הַדָּבָר (עַצְמֵי הַדָּבָר) (פיל׳) [ק/ג/154]. **עֶצֶם** (עֲצָמִים), דָּבָר כְּמוֹת שֶׁהוּא, חֹמֶר, מַהוּת, עַצְמוּת, תְּכוּנָה עִקָּרִית, **סוּבְּסְטַנְץ**. **עִקָּר** (עִקָּרִים) (פיל׳) [ק/ג/167]. **גֶּשֶׁם** (פיל׳) [ק/א/121]. **רֹאשׁ** (פיל׳) [ק/ד/12]. **שֹׁרֶשׁ** (פיל׳) [ק/ד/160]. יְסוֹד שֶׁל דָּבָר, עִקָּרוֹ שֶׁל דָּבָר.

תַּחַת הָעוֹמֵד (פיל') [ק/ד/191]. אֶדֶשׁ (פיל') [ק/א/23]. מַמָּשׁ. יֵשׁ (פיל') [ק/ב/52]. נְצִיב (פיל') [ק/ג/64]. נֹצֶב. עַיִן (פיל') [ק/ג/130]

Substanz, einfache
עֶצֶם פָּשׁוּט (פיל') [ק/ג/193]. פִּנָּה

Substanz, fünfte ---> Wesen, fünftes

Substanz, geistige
עֶצֶם רוּחָנִי (פיל') [פ״ר/97]. עַל פִּי הֶגֶל: עִקָּרוֹן הָרוּחַ הַמּוֹפִיעַ בְּצוּרַת עֶצֶם

Substanz, gemeinschaftliche
עַצְמוּת מְשֻׁתֶּפֶת (פיל')

Substanz, Kategorie der ---> Kategorie der Substanz

Substanz gestalten, sich zu einer
הִתְעַצֵּם (מִתְעַצֵּם) (פיל', פיס') [ק/ב/325]. הִתְקַשָּׁה (מִתְקַשֶּׁה) כְּעֶצֶם, הִתְגַּבֵּשׁ, קִבֵּל צוּרָה, הִתְגַּשֵּׁם

Substanz und Akzidens
הָעֶצֶם וְהַמִּקְרֶה (פיל') [ק/ד/12]. רָאשִׁים

substanzlos
חֲסַר עַצְמוּת (פיל')

Substitution
הַתְמָרָה (כימ') תְּגוּבָה כִּימִית שֶׁבָּהּ פְּרֶד (אָטוֹם) אוֹ קְבוּצַת פְּרָדִים בִּפְרֻדָּה (מוֹלֶקוּלָה) מְחֻלָּפִים בִּפְרָד אַחֵר אוֹ בִּקְבוּצַת פְּרָדִים אַחֶרֶת

Substrat ---> Träger

Substrat, materielles
מַצָּע חָמְרִי

Substrat sein
הִתְמַצֵּעַ (מִתְמַצֵּעַ) [ק/ג/70]. נָשָׂא (נוֹשֵׂא), שִׁמֵּשׁ מַצָּע לְ..., - בָּסִיס לְ..., - קַרְקַע. סָבַל [ק/ג/87]. שִׁמֵּשׁ מָקוֹם לְמִקְרִים

Subsumption---> Subsumtion

Subsumtion
כְּפִיפָה (פיל') שִׁעְבּוּד שֶׁל מֻשָּׂגִים תַּחַת מֻשָּׂג כּוֹלֵל אֶחָד

Subsumtion von Begriffen ---> Begriffe(n), Subsumtion von

Subtangente
הֶטֵּל מַשִּׁיק (מתמ') [ק/ג/19; ק/ד/191]. תַּחַת הַנּוֹגֵעַ, תַּת מַשִּׁיק

subtil
עָדִין [ק/ד/56]. רָקִיק, דַּקִּיק, רְקוּעִי, סוּבְּטִילִי. רָפִיעַ [ק/ב/282]. מְרֻקָּק, מְרֻקָּע, רָקוּעַ, דַּק, שַׁבְרִירִי

subtil werden
נִתְדַּקְדֵּק [ק/א/145]. נַעֲשָׂה דַּק

Subtilität
דַּקּוּת [ק/א/145]. דַּקִּיקוּת, דַּקִּיקִיּוּת [ק/א/146]. רְקִיקוּת [ק/ד/57]. עֲדִינוּת

subtilitas venerabilis
הַתַּחְבּוּלָה הָאֲדִינִית (מ״ח) [ק/א/23]

Subtonika
תַּת יָסֵד (מוס')

subtrahieren
הֶחֱסִיר (מַחְסִיר) (מתמ') [ק/א/317]. חִסֵּר (מְחַסֵּר) מִסְפָּר מִמִּסְפָּר. גָּרַע (מתמ') [ק/א/120]. הִפְחִית. נִכָּה (מְנַכֶּה) (מתמ') [ק/ג/34]. פָּחַת (מתמ') [ק/ג/185]. הִמְעִיט

Subtraktion
חִסּוּר (מתמ') [ק/א/316]. הַפְחָתַת מִסְפָּר מִמִּסְפָּר, הַחְסָרָה, גְּרִיעָה. גֵּרָעוֹן (מתמ') [ק/א/120]. מִגְרַעַת (מתמ') [ק/ב/142]. נִכּוּי (מתמ') [ק/ג/34]. חֶסֶר

subtropisch
תַּת הֲפוּכִי (מטא', י״א) תַּת הַפּוּכִי, סוּבְּטְרוֹפִּי

Subvention
תֶּמֶךְ (תְּמָכִים) (מדי', כלכ') סוּבְּסִידְיָה, תְּמִיכָה כַּסְפִּית

subventionieren
תִּמֵּךְ (מְתַמֵּךְ) (מדי', כלכ') סִבְּסֵד (מְסַבְּסֵד), נָתַן סַעַד כַּסְפִּי

Subventionierung
תִּמּוּךְ (מדי', כלכ') סִבְּסוּד, נְתִינַת סַעַד כַּסְפִּי

Suche, blinde
חִפּוּשׂ עִוֵּר (פסי', פדג', מחש')

Suche, exhaustive
חִפּוּשׂ מְמַצֶּה (פסי', פדג', מחש')

Suche, heuristische
חִפּוּשׂ תַּנְסוּתִי (פסי', פדג', מחש') חִפּוּשׂ הֶאוּרִיסְטִי

Suche, Vorwärts-Rückwärts-
חִפּוּשׂ דּוּ כִּוּוּנִי (פסי', פדג', מחש')

Suche im Zustandsraum ---> Zustandsraum, Suche im

suchen
חִפֵּשׂ (מְחַפֵּשׂ) [א״ח/ג/16]. שִׁחֵר (מְשַׁחֵר) אַחֲרֵי..., בִּקֵּשׁ (מְבַקֵּשׁ), דָּרַשׁ אַחֲרֵי..., שָׁחַר (שׁוֹחֵר)

Suchen
חִפּוּשׂ, חֲפִישָׂה

Sucherfernrohr
מִשְׁקֶפֶת חוֹפֶשֶׂת (פיס', טכנ')

Suchraum
מֶרְחַב חִפּוּשׂ (מחש')

Sucht [---> Manie]
הִתְמַכְּרוּת (פסי') [ר/א/230]. תְּלוּת יֶתֶר בְּסַם, מִכּוּר, הִשְׁתַּעְבְּדוּת

süchtig
מְמֻכָּר (פסי') מִתְמַכֵּר, מָכוּר, מִתְמַכְּרָן

Südlicht
זֹהַר הַדָּרוֹם (מטא') [יל״ט/63]. זֹהַר הַקֹּטֶב הַדְּרוֹמִי

Südpol
הַקֹּטֶב הַדְּרוֹמִי (י״א) [ק/ג/276]. הַקֹּטֶב הַיְּמָנִי

südwärts wenden, sich
הִדְרִים (מַדְרִים), פָּנָה לְכִוּוּן דָּרוֹם

Sühne
כַּפָּרָה (כַּפָּרוֹת) (דת, משפ') [א״ח/ב/61]. קָרְבָּן לְבִטּוּל הַחֵטְא, מְחִילַת עָווֹן, עֹנֶשׁ

sühnen
כִּפֵּר (מְכַפֵּר) (דת, משפ') עָשָׂה מַעֲשֶׂה הַמְבַטֵּל חֵטְא, רִצָּה (מְרַצֶּה), גָּרַם שֶׁיִּסְלְחוּ לוֹ, נֶעֱנַשׁ (נֶעֱנָשׁ), נִמְחַל עֲווֹנוֹ, נִסְלַח, כֻּפַּר (מְכֻפָּר), הִתְכַּפֵּר

Sühngeld
כֹּפֶר (כְּפָרִים) (דת, משפ') תַּשְׁלוּם הַבָּא לְכַפֵּר עַל חֵטְא

Sühnung

רִצּוּי עֹנֶשׁ (משפ') נְשִׂיאָה בְּעֹנֶשׁ

Sünde

חֵטְא (חֲטָאִים) (משפ', דת) עָווֹן (עֲווֹנוֹת), עֲבֵרָה

Sünde vergeben, jemanden eine

נָשָׂא עֲוֹנוֹ (משפ', דת) סָלַח לוֹ עַל חֶטְאוֹ

Sündenfall ---> Erbsünde

Sündenschuld

חוֹב שֶׁל חֵטְא (משפ') אַשְׁמַת הַחֵטְא

süß

מָתוֹק (חזו')

Süßholz *{Glycyrrhiza}*

שׁוּשׁ (בוט') צֶמַח מִמִּשְׁפַּחַת הַפַּרְפְּרָנִיִּים

Süßholz, Römisches *{Glycyrrhiza echinata}*

שׁוּשׁ קוֹצָנִי (בוט') צֶמַח מִמִּשְׁפַּחַת הַפַּרְפְּרָנִיִּים

Süßigkeit

מַמְתָּק (מַמְתַּקִּים) (חזו') [א"ח/ג/39]. תַּרְגִּימָה, מִגְדָּנִית (מִגְדָּנִיּוֹת), דְּבַר מְתִיקָה, מֶגֶד, דְּבַר לֶקֶק

Süßkartoffel *{Ipomoea batatas}*

לְפוּפִית הַבַּטָּטָה (בוט') צֶמַח מִמִּשְׁפַּחַת הַחֲבַלְבָּלִיִּים

Süßkirsche *{Prunus avium (Cerasus avium)}*

דֻּבְדְּבָן מָתוֹק (בוט') צֶמַח מִמִּשְׁפַּחַת הַוְּרָדִיִּים

Süßklee *{Hedysarum}*

מִשְׁנֶצֶת (בוט') צֶמַח מִמִּשְׁפַּחַת הַפַּרְפְּרָנִיִּים

Suffisance ---> Genügsamkeit

Suffix

סוֹפִית (סוֹפִיּוֹת) (בלש') [ק/ב/97; מ"ב/218]. כִּנּוּי, סִיֹּמֶת, סוּפִיקְס, סִימַן יַחַס הַגּוּף, צוּרָן (מוֹרְפֵמָה) הַנִּסְפָּח עַל סוֹפוֹ שֶׁל צוּרָן אַחֵר בִּגְזִירָה אוֹ בִּנְטִיָּה, לְמָשָׁל: "עִירֵנוּ", "עִירְכֶם", "מְצָאוּנִי", "מְצָאוּם", "שֶׁאֲפַתִּי"

Suffix, deterioratives ---> Suffix, pejoratives

Suffix, Nomen mit ---> Nomen mit Suffix

Suffix, pejoratives

סוֹפִית הַפְחָתַת הָעֵרֶךְ (בלש') [מ"ב/61]. סוֹפִית הַמַּפְחִיתָה בְּעֶרְכָּהּ הַתָּכְנִי שֶׁל הַמִּלָּה וּמוֹסִיפָה לָהּ נִימַת גְּנַאי, לְמָשָׁל: "יְהוּדוֹן"

Ṣufi, Sekte der

כַּת הַצּוּפִים (דת) [ק/ב/106; ק/ג/231]. כַּת בַּעֲלֵי הַסּוֹד בְּקֶרֶב הַמֻּסְלְמִים

suggerieren

הִשִּׁיא (מַשִּׁיא), הִתְנַשֵּׂא (פסי') [ר/א/223; מר"ח/644]. יִצַּע (מְיַצֵּעַ), שִׁעֵד (מְשַׁעֵד), הִשְׁתַּעֵד (מִשְׁתַּעֵד), הֵנִיעַ לְ..., הִכְנִיס לַלֵּב, הֶעֱלָה עַל הַדַּעַת, הִשְׁפִּיעַ עַל מִישֶׁהוּ לְקַבֵּל אֶת דְּבָרָיו לְלֹא בִּקֹּרֶת, סִבֵּר (מְסַבֵּר), שִׁדֵּל עַל יְדֵי סוּגֶסְטִיָּה, צָד דַּעַת פְּלוֹנִי, תָּפַס אֶת פְּלוֹנִי בְּלִבּוֹ

Suggerieren ---> Suggestion

Suggesteur

בַּעַל הַשָּׁאָה (פסי') בַּעַל סוּגֶסְטִיָּה

suggestibel

נֹחַ לְהַשָּׁאָה, מֻשָּׁאִי (פסי') [ר/ב/368]. מִי שֶׁנַּעֲנֶה בְּקַלּוּת לְהַשְׁפָּעוֹת שֶׁל אֲחֵרִים, נָתוּן לְהַשָּׁאָה

Suggestibilität

מֻשָּׁאוּת, מֻשָּׁאִיּוּת (פסי') [ר/ב/368]. סוּגֶסְטִיבִּילִיּוּת, נְכוֹנוּת לְקַבֵּל הַשְׁפָּעוֹת מֵאֲחֵרִים

Suggestion

הַשָּׁאָה (פסי') [ר/א/223; מר"ח/644]. יֶצַע, סוּגֶסְטִיָּה, תַּהֲלִיךְ נַפְשִׁי שֶׁבּוֹ אָדָם אֶחָד מֵטִיל עַל אַחֵר דֵּעוֹת אוֹ פְּעֻלּוֹת מִבְּלִי לְהִשְׁתַּמֵּשׁ בְּנִמּוּקִים הֶגְיוֹנִיִּים, עוֹרְרוּת, עֵרוּר, סִבְרוּר, שִׁדּוּל

Suggestionstherapie

רִפּוּי הַשָּׁאִי (פסי', רפו') רִפּוּי שִׁעוּדִי, - סוּגֶסְטִיבִי

suggestiv

מַשִּׁיא (פסי') יִצְעִי, הַשָּׁאִי, מְשַׁעֵד (מְשַׁעֵד), שִׁעוּדִי (שִׁעוּדִי), שַׁעֲוְדָנִי (שַׁעֲוְדָנִי), סוּגֶסְטִיבִי, מַשִּׂיאִי, מְעוֹרֵר, מְחוֹלֵל, מְסַבֵּר, בְּדֶרֶךְ הַשָּׁאָה

Suggestivfrage

שְׁאֵלָה מַנְחָה (משפ') שְׁאֵלָה מַשִּׁיאָה

Suggestor(in)

הַשָּׁאָן, הַשָּׁאָנִית (פסי') שַׁעֲוְדָן (שַׁעֲוְדָן), סוּגֶסְטוֹר

Suggillation ---> Blutunterlaufung

Sujet ---> Inhalt

Sukzession ---> Aufeinanderfolge

sukzessiv ---> aufeinanderfolgend

sukzessive Konstruktion ---> Konstruktion, sukzessive

sukzessiver Kontrast ---> Kontrast, sukzessiver

sukzessives Nichts ---> Nichts, sukzessives

Sumach *{Rhus}*

אוֹג (בוט') צֶמַח מִמִּשְׁפַּחַת הָאֵלָתִיִּים

Summa genera ---> Summum genus

Summa summarum

הַכְּלָל הָעוֹלֶה (פיל') [ק/ב/92; ק/ג/133]. הַמַּסְקָנָה הַמִּתְקַבֶּלֶת, כְּלָלוֹ שֶׁל דָּבָר, סִכּוּם הַדְּבָרִים, סִכּוּם הַסִּכּוּמִים, סַךְ הַכֹּל, חֶשְׁבּוֹן סוֹפִי

Summation

סִכּוּם (מתמ') חִשּׁוּב סַךְ הַכֹּל

Summationsindex

צִיּוּן דֶּמֶה (מתמ')

Summe

סְכוּם (סְכוּמִים) (מתמ') [ק/ג/26]. נֶחְבָּר, סַךְ הַכֹּל, תּוֹצָאָה שֶׁל חִבּוּר כַּמֻּיּוֹת אוֹ מִסְפָּרִים. כַּמּוּת (כַּמֻּיּוֹת) (פיל', מ"ט) [ק/ב/95]. מַאֲמַר הַכַּמָּה, שִׁעוּרוֹ שֶׁל דָּבָר. כַּמִּיָּה (פיל') [ק/ב/96]. נִקְבָּץ (מתמ') [ק/ג/64]

Summe, angesetzte ---> Betrag, gewährter

Summe, vektorielle

סְכוּם גְּרַמְגָּמִי (מתמ') סְכוּם וֶקְטוֹרִי

Summenfehler

טָעוּת סְכוּמִית (מתמ') טָעוּת מִצְטַבֶּרֶת

Summenlinie

עָקֹם סְכוּמִי (מתמ')

summierbar
סָכִים (מחמ') בַּר סִכּוּם, שֶׁנִּתָּן לְסִכּוּם
Summierbarkeit
סְכִימוּת (מחמ') הֱיוֹת סָכִים
summieren
סִכֵּם (מְסַכֵּם) (מחמ') [ק/ג/265]. הִתְקַבֵּץ, הִצְטַבֵּר (מִצְטַבֵּר), חִבֵּר יַחַד, הִתְוַסֵּף, הִסְתַּכֵּם, נוֹסַף, נִתְכַּנֵּס מִסְפָּר עִם מִסְפָּר, סִכֵּם, חִבֵּר, נִתְחַבֵּר, צֵרֵף מִסְפָּר אֶל מִסְפָּר
Summum genus
מִין עֶלְיוֹן (פיל') [ק/ב/193]. כָּל אֶחָד מֵעֲשֶׂרֶת הַמַּאֲמָרוֹת שֶׁל אֲרִיסְטוֹ. סוּג עֶלְיוֹן (פיל') [ק/ג/97]. סוּגֵי הַסּוּגִים
Sumpf
בִּצָּה (בִּצּוֹת) (היד')
Sumpfboot ---> Kahn
Sumpffarn *{Thelypteris plustris}*
שַׁרְכִית הַבִּצָּה (בוט') צֶמַח מִמִּשְׁפַּחַת הַשַּׁרְכִיתִיִּים
Sumpfläufer *{Limicola falcinellus}*
חֶרְמְשִׁית (זוא') עוֹף מִמִּשְׁפַּחַת הַחַרְטוּמָנִיִּים
Sumpfluchs *{Felis chaus}*
חֲתוּל בִּצּוֹת (זוא') יוֹנֵק מִמִּשְׁפַּחַת הַחֲתוּלִיִּים
Sumpfohreule *{Asio flammeus}*
יַנְשׁוּף שָׂדוֹת (זוא') עוֹף מִמִּשְׁפַּחַת הַיַּנְשׁוּפִיִּים
Sumpfrohrsänger *{Acrocephalus palustris}*
קָנִית חֹרֶף (זוא') עוֹף מִמִּשְׁפַּחַת הַסִּבְכִיִּים
Sumpfschildkröten *{Emydidae}*
צַבִּים בִּצָּתִיִּים (זוא') מִשְׁפָּחָה שֶׁל צַבִּים
superazid ---> säureüberschüssig
Superazidität ---> Übersäuerung
Supercomputer
מַחְשֵׁב עַל (מַחְשְׁבֵי עַל) (מחש') [דמ"א/99]
Superioritätskomplex ---> Überlegenheitskomplex
Superlativ
דַּרְגַּת הַהַפְלָגָה (בלש') [ק/ג/171; מ"ב/218]. עֵרֶךְ הַהַפְלָגָה, דַּרְגַּת הַמֻּפְלָג, הַדַּרְגָּה הַגְּבוֹהָה בְּיוֹתֵר בַּתְּאָרִים, צוּרָה שֶׁל שֵׁם תֹּאַר אוֹ שֶׁל תֹּאַר פֹּעַל הַמַּרְאָה שֶׁהַמְּתֹאָר עוֹלֶה עַל כָּל בְּנֵי סוּגוֹ אוֹ מִינוֹ בִּתְכוּנָה אוֹ בִּפְעֻלָּה מְסֻיֶּמֶת, לְמָשָׁל: בְּעִבְרִית: "הַ-21 בְּיוּנִי הוּא הַיּוֹם **הָאָרֹךְ בְּיוֹתֵר** בַּשָּׁנָה", "מָה אַתָּה זוֹכֵר מִשָּׁם **הֲכִי טוֹב**?". בְּגֶרְמָנִית: der **herrlichste** Baum (= "הָעֵץ הַנֶּהְדָּר **בְּיוֹתֵר**"). am **schönsten** (= "**הֲכִי יָפֶה** הָיָה שָׁם") war es dort
Superlegierung *{Superalloy}*
עַל סַגְסֹגֶת (טכנ') [דח"ט/120]. סַגְסֹגֶת בַּעֲלַת חֹזֶק רַב הָעֲמִידָה בִּפְנֵי חֻמְצוֹת וּבִפְנֵי שִׁתּוּךְ (קוֹרוֹזְיָה) בִּתְמוּדוֹת (טֶמְפֶּרָטוּרוֹת) גְּבוֹהוֹת
Supination ---> Auswärtsdrehung
Supinator ---> Auswärtsdreher
supine ---> Rückenlage, in
Suppenschildkröte *{Chelonia mydas}*
צַב יָם יָרֹק (זוא') קְרוֹקָה יְרַקָּה, זוֹחֵל מִמִּשְׁפַּחַת הַצַּבִּים הַיַּמִּיִּים
Supplement
נִסְפָּח (נִסְפָּחִים) [ק/ד/122]. שְׁלֵמוּת, תּוֹסֶפֶת מַשְׁלִימָה, הַשְׁלָמָה, מוּסָף. מַשְׁלִים [ק/ד/220]. תַּשְׁלוּם
Supplementwinkel
זָוִיּוֹת גּוֹמְרוֹת (מחמ') [ק/ד/221]. סְכוּמָן 180 מַעֲלוֹת
Suppletivform
תַּשְׁלִים (בלש') [מ"ב/219]. סוּפְּלֶצְיָה, הַשְׁלָמָה, מִלָּן (עֵרֶךְ מִלּוֹנִי; לֶקְסֶמָה) חָרִיג הַמּוֹפִיעַ כְּמַשְׁלִים צוּרָה חֲסֵרָה בְּמַעֲרֶכֶת נְטִיָּה (פָּרָדִיגְמָה) סְדִירָה שֶׁל חֶלְקֵי דִּבֵּר כָּלְשֶׁהֵם, לְמָשָׁל: בְּעִבְרִית מוֹפִיעִים פְּעָלִים אֲחָדִים בִּזְמַן עָבָר בְּבִנְיָן מְסֻיָּם וּבִזְמַן עָתִיד בְּבִנְיָן אַחֵר, כְּגוֹן: "יָעַץ" הֶעָבָר בְּבִנְיָן קַל וְאִלּוּ הֶעָתִיד "יִיָּעֵץ" הוּא בְּבִנְיָן פִּעֵל; בְּגֶרְמָנִית: wenig, weniger ("מְעַט", "פָּחוֹת") אֲבָל viel, mehr ("הַרְבֵּה", "יוֹתֵר")
Suppositio formalis
פַּנְבִּין רָגִיל (פיל', בלש') [ת"ה/50]. שִׁמּוּשׁ בְּשֵׁם בְּהוֹרָאָתוֹ הָרְגִילָה שֶׁבָּהּ הוּא מְסַמֵּן אֶת הָעֶצֶם, לְמָשָׁל: "הָאַפִּיפְיוֹר הוּא רֹאשׁ הַכְּנֵסִיָּה הַקָּתוֹלִית"
Suppositio materialis
פַּנְבִּין עַצְמִי (פיל', בלש') [ת"ה/50]. שִׁמּוּשׁ בְּסִימָן מִסִּימָנֵי הַשָּׂפָה בְּאֹפֶן שֶׁאֵינוֹ מְסַמֵּן אֶת הָעֶצֶם שֶׁאוֹתוֹ הוּא מְסַמֵּן כְּרָגִיל, אֶלָּא מְסַמֵּן אֶת עַצְמוֹ, כְּלוֹמַר: אֶת הַשֵּׁם, לְמָשָׁל: "הָאַפִּיפְיוֹר הוּא מִלָּה מֻרְכֶּבֶת מִשְּׁמוֹנֶה אוֹתִיּוֹת"
Suppositio naturalis
פַּנְבִּין טִבְעִי (פיל', בלש') [ת"ה/50]. שִׁמּוּשׁ בְּשֵׁם הַמְּיַצֵּג בְּאֹפֶן קִבּוּצִי (קוֹלֶקְטִיבִי) אֶת כָּל הָעֲצָמִים הַמְּסֻמָּנִים עַל יָדָיו, לְמָשָׁל: "הָאַפִּיפְיוֹר חַי בְּרוֹמָא", כְּלוֹמַר: כָּל אַפִּיפְיוֹר
Suppositio personalis
פַּנְבִּין פְּרָטִי (פיל', בלש') [ת"ה/50]. שִׁמּוּשׁ בְּשֵׁם הַמְּיַצֵּג עֶצֶם פְּרָטִי מְסֻיָּם, לְמָשָׁל: "הָאַפִּיפְיוֹר הוּא חוֹלֶה"
Suppositio simplex
פַּנְבִּין מֻשָּׂגִי (פיל', בלש') [ת"ה/50]. שִׁמּוּשׁ בְּשֵׁם הַמְּיַצֵּג לֹא אֶת הַמִּלָּה וְאַף לֹא אֶת הָעֶצֶם, אֶלָּא אֶת הַמֻּשָּׂג, לְמָשָׁל: "הָאַפִּיפְיוֹר הוּא מְשֻׁעְבָּד לְמֻשַּׂג הָאָדָם"
Supposition *{Suppositio}*
פַּנְבִּין (פיל', בלש') [ת"ה/49]. שִׁמּוּשׁ בְּמִלָּה אַחַת לְצִיּוּן דְּבָרִים שׁוֹנִים
Suppositorium ---> Zäpfchen
Suppressor
מְדַבֵּר (ביו') לֵד (גֵּן) הַמִּתְגַּמֵּל אוֹ מְדַכֵּא הַשְׁפָּעַת שְׁנוּרָה (מוּטַצְיָה) שֶׁל לֵד אַחֵר שֶׁאֵינוֹ אַלֵּל
Suppressorvariable
מִשְׁתַּנֶּה מְדַכֵּא (מ"ח, סטט') [ר/ב/423; מ"מ/217]. מִשְׁתַּנֶּה מְעַכֵּב, - מְנַבֵּא הַבָּא לְשַׁפֵּר אֶת תֹּקֶף הַנִּבּוּי שֶׁל אַמַּת מִדָּה מְסֻיֶּמֶת עַל יְדֵי דִּכּוּי חֲלָקִים בִּלְתִּי מַשְׁמָעוּתִיִּים אוֹ בִּלְתִּי רְצוּיִים שֶׁל מִשְׁתַּנִּים מְנַבְּאִים אֲחֵרִים
Supraleiter
עַל מֹלִיךְ (כימ', פיס') [דח"ט/119]. עַל מוֹלִיךְ, שֵׁם כּוֹלֵל לַחֳמָרִים שׁוֹנִים הַמְּאַבְּדִים אֶת הִתְנַגְּדוּתָם הַחַשְׁמַלִּית בִּתְמוּדוֹת (טֶמְפֶּרָטוּרוֹת) נְמוּכוֹת מְאֹד
Supraleitfähigkeit
עַל יְלִיכוּת (פיס') עַל מוֹלִיכוּת

Surplusarbeiterpopulation ---> Arbeiterbevölkerung, Zuschuß-
Surplusarbeitszeit ---> Mehrarbeitszeit
Surrealismus
על מציאותנות (אמנ׳) סוריאליזם
surrealistisch
על מציאותני (אמנ׳) סוריאליסטי
suspendieren
השעה (משעה) (משפ׳) הרחיק אדם מתפקידו על לבירור ענינו. תרחף (מתרחף) (כימ׳) עשה תרחיף, מרס (ממרס)
suspendiertes Kapital ---> Kapital, suspendiertes
Suspendierung
השעיה (משפ׳) הרחקת אדם מתפקידו עד לבירור ענינו. תרחוף (כימ׳) עשית תרחיף, מרוס
Suspension
תרחיף (כימ׳) נוזל שחלקיקי חמר מוצק מרחפים בתוכו
Suspension, Schwebestoff der
רחפת (כימ׳) חלקיקי החמר הנמצאים בתרחיף
Suspension sein, in
רחף (רוחף) (כימ׳)
Suspensivbedingung ---> Bedingung, aufschiebende
Sustentatio
תליה (רטו׳) [ק/ד/206]. דחית עקר המאמר לסופו
Suszeptanz
מניחות (פיס׳) מדת הנטיה לשאבון (מגנוט) של חמר מסים
Sutura ---> Naht
Swastika ---> Hakenkreuz
Sykomore *{Sycomorus}*
שקמה (בוט׳) צמח ממשפחת התותיים
Sykomorenfrucht
גמזית (גמזיות) (בוט׳) [א״ח/ב/209]. גמזוז (גמזוזים), גמזיה, פרי של תאנת בר או של שקמה
Sykophant
כותב פלסטר, אוכל קרצין, מלחך פנכה, זרזיר עט, שכיר עט
Syllogismus *{Schluß, mittelbarer}*
[---> Schluß]
הקש מצוע (אמצעי) (פיל׳) [ק/א/206; 207; ת״ה/291; קמ״ל/233]. הקש על ידי אמצעי, סילוגיזם, הקש המרכב משני אקדמים (הקדמות) הקשורים ביניהם על ידי משג אמצעי (הגבול האמצעי) והמולידים את משפט הסיפה (מסקנה, תולדה), למשל: 1) ״כל אדם מבגר רשאי לבחר״, 2) ״א׳ הוא אדם מבגר״, לפיכך: 3) ״א׳ רשאי לבחר״. הקשה (פיל׳) [ק/א/209]. חקירה שכלית. מוליד (פיל׳) [ק/ב/161]. הקש מחיב. מחשבית (מחשביות) (פיל׳) [ק/ב/187]. השואת דברים שיש ביניהם איזה דמיון שהוא, אנלוגיה. סברה [ק/ג/90]. דיוק (פיל׳) [ק/א/136]
Syllogismus, absteigender *{descendens}*
הקש מצוע יורד (פיל׳) הקש מצוע הפותח באקדם הראשון, למשל: ״לכל המדינות יש דגל״, ״ישראל היא מדינה״, לפיכך: ״לישראל יש דגל״
Syllogismus, aufsteigender *{ascendens}*
הקש מצוע עולה (פיל׳) הקש מצוע הפותח באקדם השני, למשל: ״נציץ הוא מחצב״, ״מחצבים נוצרים בקלפת האדמה״, לפיכך: ״נציץ נוצר בקלפת האדמה״
Syllogismus, bedingter
הקש מצוע מתנה (פיל׳) הקש מצוע שבו שני האקדמים ומשפט הסיפה הם משפטים מתנים, למשל: ״אם תחנת הכח אינה מספקת חשמל המחשב אינו פועל״, ״אם המחשב אינו פועל איני יכול לעבד״, לפיכך: ״אם תחנת הכח אינה מספקת חשמל איני יכול לעבד״; הנסחה הכללית של ההקש המצוע המתנה היא: ״אם A הוא B, הרי שC הוא D״, ״אם C הוא D, הרי שK הוא M״, לפיכך: ״אם A הואB, הרי ש הוא M״
Syllogismus, Endglieder eines ---> Endglieder eines Syllogismus
Syllogismus, falscher
הקש מצוע שקרי (פיל׳) [ק/א/207]. הקש הטעי, - זיופי
Syllogismus, Figur des ---> Figur des Syllogismus
Syllogismus, gehörnter *{Cornutus}*
הקש מצוע מקרין (פיל׳) הקש בעל קרנים, שפשוט (סופיזם) קדמון המבסס על עמימותו של המשג האמצעי בהקש מצוע, למשל: ״מה שלא אבדת, עדין יש לך״, ״קרנים לא אבדת״ לפיכך ״יש לך קרנים״ (כלומר: ״בעל קרנים אתה״)
Syllogismus, indischer
הקש מצוע הדי (הודי) (פיל׳) הקש מצוע המבסס על חמשה איברים א1 עד א5 בהבדל מן ההקש המצוע האריסטוטלי בעל שלשת האיברים, למשל: **א1**: הנחת יסוד (תזה): ״על הגבעה יש אש״, **א2**: סבה: ״כי על הגבעה יש עשן״, **א3**: דגמה: ״במקום שיש בו עשן, שם יש אש, כמו, למשל, במטבח; אבל בברכה, למשל, אין אש״, **א4**: שמוש: ״על הגבעה הזו יש עשן״, **א5**: משפט הסיפה: ״לפיכך יש על הגבעה הזו אש״. **א3** תואם בערך לאקדם הראשון של ההקש המצוע האריסטוטלי, **א2 וא4** תואמים לאקדם השני, **וא1 וא5** תואמים למשפט הסיפה שלו
Syllogismus, mittelbarer ---> Syllogismus
Syllogismus, Mittelbegriff des ---> Mittelbegriff des Syllogismus
Syllogismus, modaler
הקש מצוע דרכיותי (פיל׳) [ק/ג/228]. הקש מצוע צדדי, - צדדי
Syllogismus, Modus eines
דרך עשיה של הקש מצוע (פיל׳) תשנוי (וריאנט) של הקש מצוע (סילוגיזם) השונה מתשנויים אחרים בכמות או באיכות של משפטיו המהוים את אקדמיו; נהוג לסמן את דרכי העשיה של הקש מצוע בארבע

הָאוֹתִיּוֹת הַגְּדוֹלוֹת הַמְצַיְּנוֹת אֶת הַמִּשְׁפָּטִים הַכְּלוּלִים בָּהֶן: A לְמִשְׁפָּט חִיּוּבִי כְּלָלִי, E לְמִשְׁפָּט שְׁלִילִי כְּלָלִי, I לְמִשְׁפָּט חִיּוּבִי פְּרָטִי, O לְמִשְׁפָּט שְׁלִילִי פְּרָטִי, לְדֻגְמָה: דֶּרֶךְ הָעֲשִׂיָּה (מוֹדוּס) הָרִאשׁוֹנָה שֶׁל הַיְצִיר (פִיגוּרָה) הָרִאשׁוֹן שֶׁל הַהֶקֵּשׁ הַמָּצוּעַ יְצֻיַּן בְּ-AAA מִפְּנֵי שֶׁכְּלוּלִים בּוֹ שְׁלֹשָׁה מִשְׁפָּטִים חִיּוּבִיִּים כְּלָלִיִּים, לְמָשָׁל: (A) "לְכָל הַיּוֹנְקִים תְּמוּדַת גּוּף (טֶמְפֶּרָטוּרָה) יְצִיבָה", (A) "כָּל הַמִּכְרְסְמִים הֵם יוֹנְקִים", לְפִיכָךְ: (A) "לְכָל הַמִּכְרְסְמִים תְּמוּדַת גּוּף יְצִיבָה"

Syllogismus, negativer
הֶקֵּשׁ מָצוּעַ שְׁלִילִי (פיל') [ק/א/208]. הֶקֵּשׁ שְׁלִילִי, - שׁוֹלֵל

Syllogismus, Oberbegriff des ---> Oberbegriff des Syllogismus

Syllogismus, partikulärer
הֶקֵּשׁ מָצוּעַ חֶלְקִי (פיל') [ק/א/207]. הֶקֵּשׁ חֶלְקִי

Syllogismus, positiver
הֶקֵּשׁ מָצוּעַ חִיּוּבִי (פיל') [ק/א/207]. הֶקֵּשׁ חִיּוּבִי, - מְחַיֵּב

Syllogismus, Prämisse eines
אֶקְדֵּם הַהֶקֵּשׁ הַמָּצוּעַ (פיל') [ק/ג/85]. סִבָּה, הַקְדָּמַת הַהֶקֵּשׁ

Syllogismus, sophistischer
הֶקֵּשׁ הֲטָעִי, - זִיּוּפִי (פיל') [ק/א/207]

Syllogismus, unmittelbarer
הֶקֵּשׁ בִּלְתִּי מָצוּעַ (פיל') [ק/א/207]. הֶקֵּשׁ בְּלִי אֶמְצָעִי, - בִּלְתִּי אֶמְצָעִי

Syllogismus, verkürzter *{Enthymem; Syllogismus contractus}*
הֶקֵּשׁ מָצוּעַ לָקוּי (פיל') [ק/ג/100; ת"ה/306]. הֶקֵּשׁ לָקוּי, סִימָן, טַעֲנָה, הֶקֵּשׁ מָצוּעַ מְקֻצָּר, - שֶׁבּוֹ אֶקְדֵּם אֶחָד אֵינוֹ בָּא לִידֵי בִּטּוּי אַךְ עָשׂוּי לַעֲלוֹת בְּמַחֲשָׁבָה, לְמָשָׁל: בִּלְשׁוֹן הַדִּבּוּר אוֹמְרִים: "יִשְׂרָאֵל הִיא מְדִינָה; לְפִיכָךְ יֵשׁ לָהּ דֶּגֶל", בְּמִקְרֶה זֶה הֻשְׁמַט הָאֶקְדֵּם הָרִאשׁוֹן: "לְכָל מְדִינָה יֵשׁ דֶּגֶל". הֶקֵּשׁ נִסְתָּר (פיל') [ק/א/208]. הֶקֵּשׁ מָצוּעַ מְקַיֵּם (פיל') [ק/א/207]. הֶקֵּשׁ הַמְקַיֵּם אֶת הַתּוֹלָדָה

Syllogismus, zusammengesetzter
הֶקֵּשׁ מָצוּעַ מֻרְכָּב (פיל') [ק/א/207]. הֶקֵּשׁ מֻרְכָּב, מֶשֶׁךְ הֶקֵּשִׁים, שַׁרְשֶׁרֶת הֶקֵּשִׁים מְצוּעִים שֶׁבָּהּ מַסְקָנַת הַהֶקֵּשׁ הַמָּצוּעַ הָרִאשׁוֹן מְהַוָּה אֶת הַהַנְמָקָה לְאֶקְדֵּם הַהֶקֵּשׁ הַמָּצוּעַ הַבָּא אַחֲרָיו, לְמָשָׁל: 1.1: כָּל הַ-ב' הֵם א'. 1.2: כָּל הַ-ג' הֵם ב'. מַסְקָנָה: כָּל הַ-ג' הֵם א'. 2.1: כָּל הַ- ג' הֵם א'. 2.2: כָּל הַ-ד' הֵם ג'. מַסְקָנָה: כָּל הַ-ד' הֵם א'

Syllogismus absolutus
הֶקֵּשׁ מָצוּעַ מֻחְלָט (פיל') [ק/א/207]. הֶקֵּשׁ מֻשְׁלָם, - מֻחְלָט

Syllogismus compositus ---> Syllogismus, zusammengesetzter

Syllogismus contractus ---> Syllogismus, verkürzter

Syllogismus crypticus
הֶקֵּשׁ מָצוּעַ נִסְתָּר (פיל') [ק/א/208]

Syllogismus der Induktion [---> Induktion]
הֶקֵּשׁ מָצוּעַ אִכְלוּלִי (פיל') לְמָשָׁל: "נֹגַהּ, מַאְדִּים, אֶרֶץ וְכוֹכְבֵי לֶכֶת אֲחֵרִים נָעִים סְבִיב הַשֶּׁמֶשׁ מִמַּעֲרָב לְמִזְרָח", "נֹגַהּ, מַאְדִּים, אֶרֶץ וְכוֹכְבֵי לֶכֶת אֲחֵרִים הֵם כּוֹכְבֵי לֶכֶת מֻכָּרִים" לְפִיכָךְ "כָּל כּוֹכְבֵי הַלֶּכֶת הַמֻּכָּרִים נָעִים סְבִיב הַשֶּׁמֶשׁ מִמַּעֲרָב לְמִזְרָח"

Syllogismus ex auctoritate
הֶקֵּשׁ מָצוּעַ דִּבּוּרִי (רטו', פיל') [ק/א/207]. הֶקֵּשׁ הַהֲלָצָה, - הֲלָצִי, הֶקֵּשׁ מָצוּעַ רֶטוֹרִי

Syllogismus ex convenientia
הֶקֵּשׁ מָצוּעַ פָּשׁוּט (פיל') [ק/א/207]. הֶקֵּשׁ נָקִי, - פָּשׁוּט

Syllogismus poeticus
הֶקֵּשׁ מָצוּעַ שִׁירִי (פיל') [ק/א/208]

Syllogismus rectus
הֶקֵּשׁ מָצוּעַ יָשָׁר (פיל') [ק/א/207]

Syllogistik
חָכְמַת הַהֶקֵּשׁ (פיל') [ק/א/295]

syllogistisch
הֶקֵּשִׁי (פיל') [ק/א/210]. שֶׁל הֶקֵּשׁ, סִילוֹגִיסְטִי. סְבָרִי, סְבָרִי (פיל') [ק/ג/91]. הוֹרָאִי (פיל') [ק/א/164]. מִטְבַּע הַהוֹרָאָה (הוֹכָחָה)

syllogistische Operation ---> Operation, syllogistische

syllogistisches Schließen ---> Schließen, syllogistisches

Symbiont(in)
מָגוּר, מְגוּרָה (ביו', מ"ח) הַחַי חַיֵּי שִׁתּוּף, דַּיַּר מִשְׁנֶה

Symbiose
מְגוּרוּת (ביו', מ"ח) [מר"ח/648]. סִימְבְּיוֹזָה, חַיֵּי שִׁתּוּף

symbiotisch
מְגוּרִי (ביו', מ"ח) סִימְבְּיוֹטִי, שֶׁל חַיֵּי שִׁתּוּף

Symbol
סֵמֶל (סְמָלִים) [ר/ב/485]. כָּל דָּבָר שֶׁמְּיַצֵּג אוֹ מְסַמֵּן דָּבָר-מָה אַחֵר, סִימְבּוֹל, מַשָּׂא מְסַכֵּם וּקְלִיט חוּשִׁים שֶׁבְּאֶמְצָעוּתוֹ מְסַמְּנִים מֻשָּׂג, מַחֲשָׁבָה (אִידֵאָה), מַחֲשָׁבָה, עֶצֶם, פְּעֻלָּה אוֹ אֵרוּעַ כָּלְשֶׁהֵם

Symbolik
סִמְלוּת, סִימְבּוֹלִיקָה, מַעֲרֶכֶת הַסְּמָלִים בִּתְחוּם מְסֻיָּם, הַבָּעָה בְּאֶמְצָעוּת סְמָלִים

Symbolisation
הַסְמָלָה (פסי') [ר/ב/486]. סִמּוּל, שִׁמּוּשׁ בִּסְמָלִים, סִמְלִיּוּת. תַּהֲלִיךְ בִּלְתִּי מוּדָע שֶׁל הֲמָרַת מִשְׁאָלוֹת מֻדְחָקוֹת כְּדֵי שֶׁיִּהְיֶה אֶפְשָׁר לַעֲסֹק בָּהֶן בְּרָמָה הַמּוּדַעַת

symbolisch
סִמְלָתִי, סִימְבּוֹלִי, סִמְלִי

symbolische Verarbeitung ---> Verarbeitung, symbolische

symbolisieren
סִמֵּל (מְסַמֵּל), צִיֵּן

Symbolisierung ---> Symbolisation

Symmetrie
סִמְדּוּד [מר"ח/649]. תָּאֳמוּת, סִימֶטְרִיָּה, תּוֹאֳמוּת, תּוֹאֳמִיּוּת

symmetrisch
סִמְדּוּדִי [מר"ח/649]. תָּאֳמִי, סִימֶטְרִי, תּוֹאֳמִי, תּוֹאֳמוּתִי

sympathetisches Heilmittel ---> Heilmittel, sympathetisches

Sympathie [---> Zuneigung]
אַהֲדָה (מ״ח, פסי׳) [ר/ב/476]. סִימְפַּטְיָה, חִבָּה, הַכָּרָה לְטוֹבָה, נְטִיַּת חֶסֶד, מַעֲרָךְ שֶׁל נְסִבּוֹת שֶׁאָדָם שֻׁתָּף בּוֹ לְהַרְגָּשׁוֹת זוּלָתוֹ

Sympathikotonie
אֲהוּדָנוּת (רפו׳) גְּרִיּוּת מֻגְבֶּרֶת שֶׁל מַעֲרֶכֶת הָעֲצַבִּים הַסִּימְפָּתֶטִית הַמְּעַצְבֶּבֶת אֶת הַמֵּעַיִם וְאֶת כְּלֵי הַדָּם

Sympathikus *{Nervus sympathicus}*
הָעֶצֶב הָאָהוּד (רפו׳)

Symphonieorchester
תִּזְמֹרֶת סִמְפוֹנִית (מוס׳)

Symphyse ---> Verwachsung

Symposium
מַעֲמָת , סִימְפּוֹזְיוֹן, כִּנּוּס מַדָּעִי, רַב שִׂיחַ

Symposion ---> Symposium

Symptom
תַּסְמִין (תַּסְמִינִים), סִימָן הֶכֵּר לְהִתְרַחֲשׁוּת כָּלְשֶׁהִי, סִימְפְּטוֹם, אוֹת, סִימָן

symptomatisch
תַּסְמִינִי, סִימָנִי, סִימְפְּטוֹמָטִי

Symptomatologie
תַּסְמוּנָה (רפו׳) סִימְפְּטוֹמָטוֹלוֹגְיָה, חֵקֶר סִימָנֵי הַהֶכֵּר שֶׁל הַמַּחֲלוֹת

symptomatologisch
תַּסְמוּנִי (רפו׳) [ק/א/31]. אוֹתוֹתִי, שֶׁל סִימָנֵי הַמַּחֲלוֹת

Symptombildung ---> Reaktionsbildung

Symptomenkomplex, definierter ---> Syndrom

Symptomenlehre ---> Symptomatologie

Symptomenkomplex ---> Syndrom

Synästhesie ---> Mitempfindung

Synarthrose ---> Knochenverbindung, unbewegliche

Synchondrose ---> Knochenverbindung durch Knorpelgewebe

synchron [---> gleichzeitig]
חַדְעִתִּי, סִנְכְּרוֹנִי

synchronisieren
חִדְעֵת (מְחַדְעֵת), סִנְכְּרֵן, יִחֲדֵּו (מְיַחֲדֵּו), בִּזְמֵן (מְבַזְמֵן)

Synchronisierung
חִדְעוּת, סִנְכְּרוּן, יִחְדּוּו, בִּזְמוּן

Synchronismus [---> Gleichzeitigkeit]
חַדְעִתִּיּוּת, סִינְכְּרוֹנִיּוּת

Syndikat
סַנְדָּקוֹר (כלכ׳) סִינְדִּיקָט, מַאֲגָד, קוֹנְזוֹרְצִיּוּם, אִרְגּוּן סַחֲרוּדָה (מוֹנוֹפּוֹלִיסְטִי) שֶׁל מִפְעָלִים כַּלְכָּלִיִּים לְשֵׁם בִּצּוּעַ מִשְׁתָּף שֶׁל פְּעֻלּוֹת מִסְחָרִיּוֹת אוֹ כַּסְפִּיּוֹת, אֲגֻדָּה מִסְחָרִית

Syndikat, Effekten-Holding- ---> Effekten-Holding-Syndikat

Syndrom
תַּסְמֹנֶת (תַּסְמוֹנוֹת) (רפו׳, פסי׳) [ר/ב/694]. מִסְמָן, סִינְדְּרוֹמָה, מַעֲרֶכֶת סִימָנִים אָפְיָנִיִּים שֶׁל תּוֹפָעָה כָּלְשֶׁהִי, כְּלָל הַתַּסְמִינִים (סִימְפְּטוֹמִים) שֶׁל מַחֲלָה מְסֻיֶּמֶת, מִסְמָן

syndrombezüglich
תַּסְמָנְתִּי (תַּסְמוֹנְתִּי) (רפו׳, פסי׳) שֶׁל תַּסְמֹנֶת (סִינְדְּרוֹמָה), מִסְמָנִי

Synechie ---> Iris, Verwachsung der

Synekdoche [---> Metonymie]
חֲלַכְּל (חֲלַכּוֹל), חֲלַכְּלִים (חֲלַכּוֹלִים) (פיל׳) [ק/א/152; מ״ב/222]. הֲבָנָה, סִינֶקְדּוֹכָה, שִׁמּוּשׁ בִּפְרָט הַמְּיַצֵּג אֶת הַכְּלָל אוֹ לְהֶפֶךְ, לְמָשָׁל: כְּשֶׁמְּצַיְּנִים אֶת הַחֵלֶק בִּמְקוֹם הַשָּׁלֵם, כְּגוֹן: ״שְׁלֹשָׁה מִפְרָשִׂים״ בִּשְׁבִיל ״שָׁלֹשׁ אֳנִיּוֹת״, אוֹ כְּשֶׁמְּצַיְּנִים אֶת הָרַבִּים בִּמְקוֹם הַיָּחִיד, כְּגוֹן: ״בְּעָלִים״, ״אֲדוֹנִים״

synergetisch
סִפְעוּלִי, סִינֶרְגֶטִי, מִרְצוּמִי, פּוֹעֵל בְּיַחַד, תָּאוּם, מְצֹרָף בְּתוֹאֲמוּת

Synergie
סִפְעוּל [מר״ח/651]. סִינֶרְגְיָה, מִרְצוּם, אִחוּד מִינֵי מֶרֶץ (אֶנֶרְגְיָה) שׁוֹנִים לִפְעֻלָּה מְשֻׁתֶּפֶת, שִׁתּוּף פְּעֻלָּה, הַשְׁפָּעָה הֲדָדִית, צֵרוּף מְתֹאָם, הַסְדָּרָה

Synergist
סַפְעֲלָן, סִינֶרְגִיסְט

synergistisch ---> synergetisch

Synesis *{Constructio ad sensum}*
מִבְנֶה לְפִי מַשְׁמָעוּת (בלש׳) [מ״ב/47]. בְּנִיָּה לְפִי מַשְׁמָעוּת כַּאֲשֶׁר אֵין הַתְאֵם צוּרָה בֵּין הָרְכִיבִים הַלְּשׁוֹנִיִּים, לְמָשָׁל: ״וַיָּבִיאוּ הַקָּהָל זְבָחִים וְתוֹדוֹת״

syngenetisch
מוּלָד (ביו׳)

synkategorematischer Begriff ---> Begriff, synkategorematischer

synklinal
קַעֲרִי (גאו׳, י״א) שֶׁל קַעַר

Synklinalbecken
קַעֲרוּר (גאו׳, י״א) אַגַּן סִינְקְלִינָלִי

Synklinale
קַעַר (קְעָרִים) (גאו׳, י״א) סִינְקְלִינָה, פִּתּוּל שֶׁל קִמּוּט שִׁכְבוֹת סְלָעִים

Synklinorium
קְעֹרֶת (גאו׳, י״א) סִינְקְלִינוֹרִיּוֹן

Synkope
הֶחְרֵג טַעַם (בלש׳) [מ״ב/221]. סִינְקוֹפָּה, הַשְׁמָטָה, כִּוּוּץ הַמִּלָּה עַל יְדֵי הַחְסָרַת חֶלְקָהּ הָאֶמְצָעִי אוֹ תְּנוּעָתָהּ הָאֶמְצָעִית

Synkretismus
גִּבְבְּדַעַת (פיל׳, מדע) [ר/ב/478]. סִינְקְרֶטִיזְם, עִרְבּוּב רַעְיוֹנוֹת שׁוֹנִים לִשְׁלֵמוּת שֶׁאֵין בָּהּ אַחְדוּת פְּנִימִית

Synonym
תְּרְדִיף (בלש׳) [מר״ח/651]. נִרְדָּפוֹן, סִינוֹנִים. שֵׁם נִרְדָּף (בלש׳) [ק/ג/69]. מִלָּה הַקְּרוֹבָה בְּמַשְׁמָעוּתָהּ לַחֲבֶרְתָּהּ אַךְ נִבְדֶּלֶת מִמֶּנָּה בְּתַבְנִיתָהּ הַהֲגָאִית (פוֹנֶטִית). אֲחָדִים בְּ... [ק/א/34]. שָׁוִים, מַסְכָּמִים. אָחוּד (בלש׳) [ק/א/36]. מָה שֶׁהוּא שָׁוֶה מַמָּשׁ לַחֲבֵרוֹ, שֵׁם מִשְׁתָּף. שֵׁמוֹת בָּאִים זֶה אַחַר זֶה (בלש׳) [ק/א/76; ק/ד/126]. שֵׁם נִמְשָׁךְ (בלש׳) [ק/ג/43; ק/ד/127]. שֵׁם מִתְחַלֵּף (בלש׳) [ק/ד/127]. שֵׁם תָּכוּף (בלש׳) [ק/ד/128]

Synonyme gebrauchen

תַּרְדּוּף (בלש') [ק/א/213]. הַרְדָּפַת הַמְּלִיצָה, שִׁמּוּשׁ בְּמִלִּים נִרְדָּפוֹת, עַל דֶּרֶךְ הַהַרְדָּפָה

synonymer Satz ---> Satz, synonymer

Synonymie

תַּרְדִּיפוּת (בלש') [מר"ח/651]. נִרְדָּפוּת. הַרְדָּפָה (בלש') [ק/א/213]. סִינוֹנִימִיקָה, דֶּרֶךְ הַשֵּׁמוֹת הַנִּרְדָּפִים. רְדִיפָה (בלש') [ק/ד/24]

Synonymik ---> Synonymie

Synopse

תַּשְׁקִיף, סִינוֹפְּסָה, הַעֲרָכָה עַל פִּי תַּחֲזִית

synoptische Karte ---> Wetterkarte

Synostosis ---> Knochenverbindung durch Knochengewebe

Synovia ---> Gelenkflüssigkeit

Syntagma

תַּחְבִּירָן (תַּחְבִּירָנִים) (בלש') [מ"ב/223]. תַּחְבֵּר, סִינְטַגְמָה, יְחִידָה תַּחְבִּירִית הַבְּנוּיָה מֵאֵבָרִים שׁוֹנִים בְּדֶרֶךְ הָאִחוּי (כְּגוֹן: "הַמְּנַהֵל וְהַפָּקִיד") אוֹ בְּדֶרֶךְ הַשִּׁעְבּוּד (כְּגוֹן: "אַבִּיר", "סוּס הַמֶּלֶךְ") וְהִיא כְּלוּלָה בְּתוֹךְ הַמִּשְׁפָּט

Syntax

תַּחְבִּיר (בלש') [ק/ד/130; מ"ב/224]. שִׁמּוּשׁ הַלָּשׁוֹן, תְּחוּם בְּבַלְשָׁנוּת הַחוֹקֵר אֶת הִצְטָרְפוּת הַמִּלִּים לְמִבְנִים בַּעֲלֵי מַשְׁמָעוּת וּלְמִשְׁפָּטִים

Synthese

אַצְרָפָה (פיל', כימ') [ק/ג/302; מר"ח/652]. אִצְרוּף, הַנָּחַת קֶשֶׁר, סִינְתֶזָה, קִשּׁוּר, אִחוּד דְּבָרִים נִפְרָדִים לְמִקְשָׁה אַחַת, תִּרְכֹּבֶת, מְזִיגָה, מִזּוּג, מְזִיגָה, חִבּוּר

Synthesizer

מְמַזֵּג צְלִיל (מחש', מוס') [דמ"א/100]. סִינְתֵיסַיְזֶר, תָּכְנִית מַחְשֵׁב הַמְּשַׁמֶּשֶׁת לַהֲפָקַת צְלִילִים בְּמַעֲרֶכֶת חַשְׁמִילוֹנִית (אֶלֶקְטְרוֹנִית) הָעֲשׂוּיָה לְדַבֵּר

synthetisch

אַצְרָפִי (פיל', כימ') [ק/א/148;215; מר"ח/652]. אִצְרוּפִי, עַל דֶּרֶךְ הַהַרְכָּבָה, מַרְכִּיב, סִינְתֶטִי, מְאַצְרֵף, בָּלוּל, מְחֻבָּר. עַל דֶּרֶךְ הַקִּשּׁוּר (פיל', כימ') [ק/א/246; ק/ג/302]

synthetische Definition ---> Definition, synthetische

synthetische Intelligenz ---> Intelligenz, synthetische

synthetische Sprache ---> Sprache, synthetische

synthetischer Beweis ---> Beweis, synthetischer

synthetischer Satz ---> Satz, synthetischer

synthetisches Urteil ---> Urteil, synthetisches

synthetisieren

אִצְרֵף (מְאַצְרֵף) [מר"ח/652]. עָרַךְ סִינְתֶּזָה, אִחֵד לַחֲטִיבָה אַחַת

Syphilis

עַגֶּבֶת (רפו')

Syphilitiker(in)

עַגְּבְתָּן, עַגַּבְתָּנִית (רפו') חוֹלֵה עַגֶּבֶת

syphilitisch

עַגַּבְתִּי (רפו')

syphilitische Granulationsgeschwulst ---> Granulationsgeschwulst, syphilitische

System

מַעֲרֶכֶת (מַעֲרָכוֹת) [ק/ד/87]. שִׁיטָה (שִׁיטוֹת), מִכְלוֹל אֶמְצָעִים קְבוּעִים לְהַשָּׂגַת מַטָּרָה מְסֻיֶּמֶת. דֵּעָה (פיל') [ק/א/142]. סִיסְטֶמָה. דַּעַת (פיל') [ק/א/142]. דְּפוּס מַחֲשָׁבָה. דֶּרֶךְ (פיס') [ק/א/147]. סִדּוּר [ק/ג/93]. עֲרִיכַת דְּבָרִים בְּסֵדֶר, תָּכְנִית. סֵדֶר [ק/ג/95,94]. אֹפֶן עֲשִׂיָּה קָבוּעַ

System, abstraktes

מַעֲרֶכֶת מֻפְשֶׁטֶת (פיל') מַעֲרֶכֶת מְצֻרֶנֶת שֶׁעַל אוֹדוֹת מַשְׁאֶיהָ יָדוּעַ רַק לְאֵיזוֹ גְּבָלָה (קָטֵגוֹרְיָה) הֵם שַׁיָּכִים וְכֵיצַד הֵם מִתְאַמִּים עִם מִבְנֵה הַמַּעֲרֶכֶת

System, dialogfähiges

מַעֲרֶכֶת דּוּ שִׂיחַ (פסי', פדג', מחש')

System, formales

מַעֲרֶכֶת צוּרָנִית (פסי', פדג', מחש') מַעֲרֶכֶת פוֹרְמָלִית

System, intelligentes

מַעֲרֶכֶת נְבוֹנָה (פסי', פדג', מחש') מַעֲרֶכֶת חֲכָמָה

System, konservatives

מַעֲרֶכֶת מְשַׁמֶּרֶת (פיס') [ל"מ/418]

System, regelbezogenes

מַעֲרֶכֶת מְבֻסֶּסֶת כְּלָלִים (פסי', פדג', מחש')

System, wissensbasiertes

מַעֲרֶכֶת מְבֻסֶּסֶת יֶדַע (פסי', פדג', מחש')

Systemanalyse

נִתּוּחַ מַעֲרָכוֹת (מחש') נִתּוּחַ מַעֲרָכוֹת

systematisch

שִׁיטָתִי, מְסֻדָּר עַל פִּי שִׁיטָה, סִיסְטֶמָתִי, שִׁיטִי, שֶׁל שִׁיטָה

systematische Auswahl ---> Auswahl, systematische

systematischer Fehler ---> Fehler, systematischer

systematischer Katalog ---> Katalog, systematischer

systematischer Meßfehler ---> Meßfehler, systematischer

systematischer Verzerrungseffekt ---> Fehler, konstanter

systematisieren

שִׁטֵּט (מְשַׁטֵּט), קָבַע שִׁיטָה, עָרַךְ בְּשִׁיטָה

systematisiert

מְשֻׁטָּט

Systematisierung

שִׁטּוּט, עֲרִיכָה שִׁיטָתִית, שִׁיטָתִיּוּת, סִיסְטֶמָטִיזַצְיָה

Systemsturz

נְפִילַת מַעֲרֶכֶת (מחש') [דמ"א/100]. הַפְסָקָה בִּפְעֻלַּת הַמַּחְשֵׁב הַנִּגְרֶמֶת מִשְּׁגִיאָה, מֵהַפְסָקַת חַשְׁמַל וכד'

Systemauslegung

תֶּכֶן מַעֲרָכוֹת (מחש')

Systole

חֵבֶץ (חֲבָצִים) (רפו') [מר"ח/654]. סִיסְטוֹלָה,

כִּווּץ הַלֵּב, הִתְכַּוְּצוּת

systolisch

חַבְצִי (רפו׳) סִיסְטוֹלִי

systolisches Geräusch ---> Geräusch, systolisches

Szenario

תַּמְחִיז, תַּסְרִיט (תאט׳) סְצֶנָרְיוּם, פָּרָשַׁת הַמַּעֲמָדִים, כְּתוּב הַמַּחֲזֶה אוֹ כְּתוּב סֶרֶט הַקּוֹלְנוֹעַ בְּתוֹסֶפֶת הוֹרָאוֹת הַבִּמּוּי

Szene

מַעֲמָד (מַעֲמָדִים) (תאט׳) יְחִידָה קְטַנָּה בְּתוֹךְ מַעֲרָכָה שֶׁל מַחֲזֶה תֵּאַטְרוֹן, סְצֵנָה

Szientismus

מַדָּעָנִיּוּת (מדע) [ד״מח/318]. תּוֹרָה הַגּוֹרֶסֶת פִּתְרוֹן כָּל הַבְּעָיוֹת בְּאֶמְצָעוּת דְּרָכִים מַדָּעִיּוֹת

Szirrhus ---> Faserkrebs

T

Tabak *{Nicotiana}*
טַבַּק (בוט') צֶמַח מִמִּשְׁפַּחַת הַסּוֹלָנִיִּים

Tabellierung
לוּחַ, עֲרִיכַת טַבְלָאוֹת

Tabes ---> Schwindsucht

Tabetiker ---> Schwindsüchtige(r)
tabisch ---> schwindsüchtig

Tablette
טַבְלִיָּה (טַבְלִיּוֹת) (רפו') טַבְלִית (טַבְלִיּוֹת), גְּלוּלָה, כַּדּוּר

Tablette, längliche
קַפְלִיָּה (קַפְלִיּוֹת) (רפו') טַבְלִיָּה מָאֳרֶכֶת, קַפְלֶט

Tabu
מֻקְצֶה (מֻקְצִים) (דת, אנת', פסי') [ר/א/283]. טַאבּוּ, כָּל עֶצֶם, מַעֲשֶׂה אוֹ הִתְנַהֲגוּת אֲסוּרִים אוֹ מֻחֲרָמִים

Tabula rasa
לוּחַ חָלָק (פסי', פיל') [ק/ב/115]. לוּחַ, הַלּוּחַ הַשָּׁמוּר, טַבְלָה חֲלָקָה, נֶפֶשׁ הָאָדָם קוֹדֶם שֶׁתַּשִּׂיג הַמֻּשְׂכָּלוֹת, הַנֶּפֶשׁ הַהִיּוּלִית, דָּבָר טָהוֹר שֶׁעֲדַיִן לֹא נִפְגַּע וְלֹא חֻלַּל

Tabulator
מְלַוַּחַת (מחש') [דמ״א/101]. טַבְלָר

Tabulierung ---> Tabellierung

Tachykardie
רְהִיטוּת הַלֵּב (רפו') [מר״ח/655]. טָכִיקַרְדְּיָה, דֹּפֶק מוּאָץ

Tachykardie, paroxysmale supraventrikuläre
פִּרְחַת הַלֵּב (רפו') [מר״ח/655]

tachykardisch
רְהוּט לֵב (רפו') טָכִיקַרְדִּי

Tachyphagie ---> Essen, hastiges

Tachypnoe ---> Atemfrequenz, hohe

Tadel
גִּנּוּי [ק/ב/66]. כִּהוּי, גְּעָרָה, נְזִיפָה, תּוֹכָחָה, נִזּוּף, תּוֹכַחַת, גַּעַר

tadelhaft ---> tadelnswert

tadeln
גִּנָּה (מְגַנֶּה) אֶת... [ק/ב/66]. כִּהָה (מְכַהֶה) בְּ..., גָּעַר בְּ.../אֶת..., נָזַף (נוֹזֵף), הִנְזִיף, גָּעַר בְּ..., הוֹכִיחַ, גִּנָּה, נָזַף, נִזֵּף. דִּקְדֵּק עַל... [ק/א/145]. הֶאֱשִׁים אֶת...

tadelnswert
מְגֻנֶּה [ק/ב/141]. רָאוּי לִגְנוּת, - לְגִנּוּי, מְכֹעָר

täfeln [---> decken]
סִפֵּן (סוֹפֵן) (אדר') כִּסָּה בְּלוּחוֹת עֵץ

Täfelwerk
מְלֶאכֶת סִפֻּן (אדר') כִּסּוּי הַקִּירוֹת בְּלוּחוֹת עֵץ, קֵרוּי, עֲשִׂיַּת תִּקְרָה מְקוֹרוֹת

täglich
יוֹמִי, יְמָמִי

tägliche Erfahrung, ---> Erfahrung, tägliche

Taenia saginata
שַׁרְשׁוּר הָאָדָם (זוא', רפו') [מר״ח/656]. עַרְקָה, תּוֹלַעַת טַפִּילָה מִמַּחְלֶקֶת הַשַּׁרְשׁוּרִים (תּוֹלְעֵי שַׁרְשֶׁרֶת)

Taeniasis ---> Bandwurmbefall

täppisch
דֻּבִּי, כַּדֹּב, גָּלְמָנִי, כְּבַד תְּנוּעָה, מְסֻרְבָּל

Täschelkraut *{Thlaspi}*
חֲפְנַיִם (בוט') צֶמַח מִמִּשְׁפַּחַת הַמִּצְלִיבִים

tätig werden
פָּעַל (פּוֹעֵל), עָשָׂה (עוֹשֶׂה), עָלַל (עוֹלֵל), הִתְעַסֵּק

tätige Kraft ---> Kraft, tätige

tätiger Mensch ---> Mensch, tätiger

Tätigkeit
פְּעִילוּת [ק/ג/205]. פְּעֻלָּה, עִסּוּק, מִפְעָל, עֲשִׂיָּה

Tätigkeit, vulkanische
הִתְגַּעֲשׁוּת (הִתְגַּעֲשֻׁיּוֹת) (גאו', י״א) פְּעִילוּת גַּעַשׁ, הִתְפָּרְצוּתווּלְקָנִית

Tätigkeit bezüglich, auf die
פָּעֳלִי (פּוֹעוֹלִי) [ק/ג/206]. שֶׁיֵּשׁ בּוֹ מִשּׁוּם פְּעֻלָּה

Tätigkeitsattribut
מִדָּה פָּעֳלִית (פּוֹעוֹלִית) (פיל') [ק/ב/147]. תֹּאַר פְּעֻלָּה, - פָּעֳלִי, - מַעֲשִׂי, - מִפְעָלִי

tätowieren
קִעְקַע (מְקַעְקֵעַ) (אנת') צָרַב בְּעוֹר הַגּוּף

Tätowierung
קִעְקוּעַ (קִעְקוּעִים) (אנת') צְרִיבָה בְּעוֹר הַגּוּף

täuschen ---> irreführen; tarnen; illusionieren

täuschend ---> illusionierend

Täuschung [---> Tarnung; Illusion]
גְּנֵבַת דַּעַת [א״ח/ב/360; 369]. גְּנֵבַת עַיִן,

רַמָּאוּת, הַטְעָיָה, הוֹנָאָה, אֲחִיזַת עֵינַיִם
Tafel, die unbeschriebene ---> Tabula rasa
Tafelberg *{Mesa}*
הַר טַבְלָה (גאו', י"א) הַר שֶׁפִּסְגָּתוֹ שְׁטוּחָה
Tafelente *{Aythya ferina}*
צוֹלֵל חָלוּד (זוא') צוֹלֵל חֲלוּדִי, עוֹף מִמִּשְׁפַּחַת הַבַּרְוָזִיִּים
Tafelland
נוֹף טַבְלָה (גאו', י"א) אֵזוֹר שָׁטוּחַ הַבָּנוּי מִשְׁכְבוֹת סֶלַע הָרְבוּצוֹת אָפְקִית זוֹ עַל גַּבֵּי זוֹ
Tafelneigung
זָוִית הַנְּטִיָּה (מתמ') זָוִית הַשִּׁפּוּעַ
Tafelrunde ---> Trinkgelage
Tafelschere
גַּרְדֶּמֶת (גַּרְדָּמוֹת) (טכנ') מִסְפְּרֵי לוּחַ
Tag, bis zum Jüngsten
עַד שֶׁיָּבוֹא אֵלִיָּהוּ, עַד אֵין קֵץ, - עוֹלָם, - קֵץ הַיָּמִים
Tag von 24 Stunden, natürlicher
יְמָמָה, מֵעֵת לְעֵת, עֶשְׂרִים וְאַרְבַּע שָׁעוֹת
tagaus tagein
יוֹם יוֹם, מִדֵּי יוֹם בְּיוֹמוֹ, בְּכָל יוֹם וָיוֹם, יוֹם בְּיוֹם, כָּל הַיָּמִים, תָּמִיד
Tagebuch
יוֹמָן (יוֹמָנִים)
Tagebuchroman
תַּסְפּוּר יוֹמָן (ספר') [מ"ס/11]. תַּסְפּוּר (רוֹמָן) הַכָּתוּב כְּיוֹמָן, סִפּוּר בָּדוּי שֶׁבּוֹ הַמְּסַפֵּר נוֹתֵן לִיצִירָתוֹ צוּרַת יוֹמָן
Tagelöhner ---> Arbeiter
Tagesgeld ---> Unterhaltsgeld
Tagesordnung
סֵדֶר יוֹם (מנה')
Tagesordnung, Punkt auf der
סְעִיף בְּסֵדֶר יוֹם (מנה')
Tageswert
עֵרֶךְ יוֹמִי (מ"ח, כלכ') הָעֵרֶךְ לְיוֹם, הוֹצָאָה לְיוֹם עַל אֶמְצָעֵי קִיּוּם הַדְּרוּשִׁים כְּדֵי לְכַלְכֵּל אֶת הָעוֹבֵד וְאֶת מִשְׁפַּחְתּוֹ
Tagkleider
בִּגְדֵי יוֹם (לבו') [א"ח/א/159]. כְּסוּת יוֹם
Tagträumerei
חֲלִימָה בְּהָקִיץ (פסי') [ר/א/275]. הֲזָיָה בְּהָקִיץ, חֶזְיוֹן יוֹם, תְּעִיָּה שִׂכְלִית
Tagundnachtgleiche *{Äquinoktium}*
שִׁוּוּי (אסט') [ק/א/218]. הַשְׁוָאָה, הַשְׁוָיָה, הַשְׁוָאַת הַקַּיִץ, - הַחֹרֶף, הָעֵת שֶׁהַשֶּׁמֶשׁ עוֹבֶרֶת אֶת קַו הַמַּשְׁוֶה וְנִגְרָם שִׁוּוּי הַיּוֹם וְהַלַּיְלָה. הַשְׁוָאַת הַכּוֹכָבִים (אסט') [ק/ד/194]. אֶקְוִינוֹקְס
T a g u n d n a c h t g l e i c h e p u n k t *{Äquinoktialpunkt}*
נְקֻדַּת הַשִּׁוּוּי (אסט') [ק/ג/65]. נְקֻדַּת הַיֹּשֶׁר
Tagungsberichte
זִכְרוֹנוֹת (תקש', ספרנ') יְדִיעוֹת, דִּיּוּנִים
Tagwerk
הֶסְפֵּק לְיוֹם (כלכ') כַּמּוּת הָעֲבוֹדָה שֶׁמַּסְפִּיקִים לַעֲשׂוֹת בְּיוֹם
Takelwerk
מַעֲטֵה אֳנִיָּה (ימא') כְּלַל הַחֲבָלִים, הַתְּרָנִים וְהַמִּפְרָשִׂים בָּאֳנִיָּה
Takt
קֶצֶב (מוס', בלש') מִשְׁקָל. תֵּבָה (תֵּבוֹת) (מוס') [למ"ו/487]. קְבוּצַת פְּעָמוֹת הַנִּמְצָאוֹת בֵּין שְׁנֵי קַוִּים
Takt, geradzahliger
מִשְׁקָל זוּגִי (מוס')
Takt, im
בְּקֶצֶב (מוס')
Takt, ungeradzahliger
מִשְׁקָל לֹא זוּגִי (מוס')
Takt, zweiteiliger
מִשְׁקָל דּוּ חֶלְקִי (מוס')
taktgeben ---> taktschlagen
Taktik
תַּכְסְסָנוּת (צבא) טַקְטִיקָה, אֻמָּנוּת נִהוּל הַקְּרָב, תַּכְסִיסָנוּת, תַּכְסֵס
taktisch
תַּכְסְסָנִי (צבא) תַּכְסִיסִי, טַקְטִי, שֶׁל נִהוּל קְרָב, תַּכְסִיסִי, תַּכְסִיסָנִי
taktieren
תִּכְסֵס (מְתַכְסֵס) (צבא) הִשְׁתַּמֵּשׁ בְּתַכְסִיסֵי הַטַּקְטִיקָה
Taktieren
תִּכְסוּס (צבא)
Taktnote ---> Note, ganze
Taktschlag
הֶדֶה (הֲדָאִים) (מוס') [שא"מ/225]. תְּנוּעַת יָדוֹ שֶׁל הַמְּנַצֵּחַ הַמַּדְרִיכָה אֶת הַמְּבַצֵּעַ בְּכָל הַנּוֹגֵעַ לַקֶּצֶב
taktschlagen
הָדָה (הוֹדֶה) אֶת הַקֶּצֶב (מוס') נִצַּח, נָתַן סִימָן לְמִשְׁקָל אוֹ לְקֶצֶב
Taktschlagen
הֲדִיַּת הַקֶּצֶב (מוס') הֲנָעַת הַיָּד שֶׁל הַמְּנַצֵּחַ לְסִמּוּן הַמִּשְׁקָל אוֹ הַקֶּצֶב
Taktstock
שַׁרְבִיט נִצּוּחַ (מוס')
Taktstrich
קַו תֵּבָה (מוס')
Taktteil, guter
פַּעֲמָה כְּבֵדָה (מוס') יְחִידַת הַהֲדִיָּה הַמֻּטְעֶמֶת
Taktteil, schlechter
פַּעֲמָה קַלָּה (מוס') יְחִידַת הַהֲדִיָּה הַלֹּא מֻטְעֶמֶת
Talboden
קַרְקָעִית הָעֵמֶק (י"א)
Talent
כִּשָּׁרוֹן (כִּשְׁרוֹנוֹת) (פסי') [ר/א/315]. מִדָּה רַבָּה שֶׁל כֹּשֶׁר בִּתְחוּם מְסֻיָּם
talentiert ---> begabt
Talgdrüsenpfröpfe ---> Akne
Talgletscher
קַרְחוֹן עֲמָקִים (גאו', י"א) קַרְחוֹן עִמְקִי
Talismankunde
חָכְמַת הַצְּלָמִים (דת, אנת', אמנ') [ק/א/298]. חָכְמַת הַתְּרָפִים וְהַצְּלָמִים
Talismankundiger
חֲכַם הַצְּלָמִים (דת, אנת', אמנ') [ק/ד/207]. בַּעַל

הַתְּמוּנוֹת

Tallöl
שֶׁמֶן עֵץ (טכנ') [דח״ט/167]. חֹמֶר לְוַאי הַמּוּפָק בְּיִצּוּר כְּתֹשֶׁת עֵץ רַךְ

Talmudgelehrter
רַבָּנִי (דת) [ק/ד/21]. חָכָם בְּחָכְמַת הַתַּלְמוּד

Talquelle
מַעְיַן גַּיְא (היד')

Talschluß
מַחְסוֹם הָעֵמֶק (י״א)

Talspeicherung
אֹגֶר עֵמֶק (היד')

Talsperre
סֶכֶר גַּיְא (טכנ') סֶכֶר אֲגִירָה

Talwind
רוּחַ עֲמָקִים (מטא') [יל״ט/187]. רוּחַ הַנּוֹשֶׁבֶת בַּיּוֹם מִן הָעֲמָקִים לְעֵבֶר הֶהָרִים

Tamariske *{Tamarix}*
אֵשֶׁל (בוט') צֶמַח מִמִּשְׁפַּחַת הָאֶשְׁלִיִּים

Tambour ---> Militärtrommel

Tamburin ---> Schellentrommel

Tampon
חָדוּק (חֲדוּקִים) (רפו') [מר״ח/657]. סֶתֶם, מְגוּפָה, פְּקָק, טַמְפּוֹן

tamponieren
חִדֵּק (מְחַדֵּק) (רפו') סָתַם בְּאֶמְצָעוּת חָדוּק (טַמְפּוֹן)

Tamponierung
חִדּוּק (רפו') [מר״ח/657]. סְתִימָה בְּאֶמְצָעוּת חָדוּק (טַמְפּוֹן)

Tangente
מַשִּׁיק (מַשִּׁיקִים) (מתמ') [ק/ג/19]. נוֹגֵעַ, קַו מַשִּׁיק, נוֹגֵעַ הַקֶּשֶׁת, קַו הַנּוֹגֵעַ בְּקַו עָקֹם בִּנְקֻדָּה אַחַת בִּלְבַד אַךְ אֵינוֹ חוֹתֵךְ אוֹתוֹ

tangential
מַשִּׁיקִי (מתמ') טַנְגֶּנְטִי

tangieren
מָשַׁשׁ (מוֹשֵׁשׁ) [ק/ב/304]. מִשֵּׁשׁ (מְמַשֵּׁשׁ), גָּבַל בְּ..., הָיָה סָמוּךְ אֶל..., פָּגַשׁ, נָגַע (נוֹגֵעַ)

Tanker ---> Tankschiff

Tankschiff
מְכָלִית (מְכָלִיּוֹת) (ימא') אֳנִיַּת מֵכָל

Tannenhäher *{Nucifraga caryocatactes}*
קִיק (זוא') עוֹף מִמִּשְׁפַּחַת הָעוֹרְבִיִּים

Tannenklee *{Anthyllis vulneraria}*
שַׁלְחוּפָן עָטוּי (בוט') צֶמַח מִמִּשְׁפַּחַת הַפַּרְפָּרָנִיִּים

Tannenzapfen
אִצְטְרוֹבָל (בוט') [ק/א/71]. פְּקַעַת עֵץ הָאֹרֶן

tannenzapfenförmig
אִצְטְרוֹבָלִי [ק/א/71]. בְּצוּרַת שְׁקֵד הָאִצְטְרֻבָּל, אַלּוֹנִי

Tannin ---> Gerbsäure

Tanz
רִקּוּד (רִקּוּדִים) (מוס') מָחוֹל (מְחוֹלוֹת)

Tarantel *{Solifuga}*
עַכְשׁוּב (זוא') עַקְרַבּוּת, עַקְרַבִּישׁ, בַּעַל חַיִּים פְּרוּק רַגְלַיִם מִבַּת מַעֲרֶכֶת הָעַכְבִּישָׁנִיִּים

tardando
מִתְמַהְמֵהַּ (מוס') בְּהִתְמַהְמְהוּת

tarnen [---> irreführen]
טִשָּׁה (מְטַשֶּׁה) (רפו') הִסְוָה

Tarnung [---> Täuschung]
טִשּׁוּי (רפו') [מר״ח/116]. הַסְוָאָה, קָמוּפְלַז', פְּעֻלַּת הַטְעָיָה וְהַסְתָּרָה

Tarsus ---> Fußwurzel

Taschendieb
כַּיָּס (כַּיָּסִים) (משפ') מְשַׁמּוֹט

Taschenkrebs, Italienischer *{Eriphia verrucosa}*
סַלְעָן זִיפָנִי (זוא') סַרְטָן מִמִּשְׁפַּחַת הַסַּלְעָנִיִּים (סַרְטָנִים מַעֲשִׂירֵי רֶגֶל)

Taschenrechner
מַחְשְׁבוֹן (מחש') [דמ״א/38]. מַחְשֵׁב כִּיס, - חַשְׁמַלּוֹנִי (אֶלֶקְטְרוֹנִי) קָטָן

T a s c h e n s p i e l e r (i n)   ---> Zauberkünstler(in)

Tastatur
מִקְלֶדֶת (מִקְלָדוֹת) (טכנ', מוס', מחש') מַעֲרֶכֶת מַקָּשִׁים, לוּחַ קְלִידִים

tastbar
מָשִׁישׁ (רפו') שֶׁנִּתָּן לְמִשּׁוּשׁ

Taste
קְלִיד (קְלִידִים) (טכנ', מוס')

Tasten
מִשּׁוּשׁ (רפו') נְגִיעָה בַּיָּד, מִשְׁמוּשׁ

Tasten betreffend, das
מִשּׁוּשִׁי (רפו') שֶׁל מִשּׁוּשׁ

Tasterkennen ---> Stereognosie

Tastsinn
תְּמוּשָׁה (רפו') [ק/ב/290; מר״ח/656]. חוּשׁ הַמִּשּׁוּשׁ, אֶחָד מֵחֲמֵשֶׁת הַחוּשִׁים הָעִקָּרִיִּים שֶׁל הָאָדָם (וּבַעֲלֵי הַחַיִּים) הַמָּצוּי בָּעוֹר וּבְעִקָּר בִּקְצוֹת הָאֶצְבָּעוֹת. חוּשׁ מְמַשֵּׁשׁ (רפו') [ק/ב/211].

Tastsinn wahrnehmbar, durch den ---> wahrnehmbar, durch den Tastsinn

Tastsinnverlust *{Anaphie}*
אִי תְּמוּשָׁה (רפו', פסי') חֹסֶר חוּשׁ הַמִּשּׁוּשׁ

Tat
מַעֲשֶׂה (מַעֲשִׂים), פְּעֻלָּה, מַעֲלָל (מַעֲלָלִים)

Tat, böse
הֲזָדָה [ק/א/164]. מַעֲשֶׂה זָדוֹן

Tat, in der *{actu}*
לְמַעֲשֶׂה [ק/ג/199]. בְּפֹעַל, בַּעֲלִיל, בְּמַמָּשׁ, בַּעֲלִילוּת, בֶּאֱמֶת, בִּמְצִיאוּת, לַאֲמִתּוֹ שֶׁל דָּבָר, בַּאֲמִתּוֹ שֶׁל דָּבָר. בִּשְׁלוּחַ [ק/ד/110]. בְּפֹעַל, בְּעֶצֶם, אָכֵן, שְׁמַע מִינַּהּ, אָמְנָם, שְׁמַע מִמֶּנָּה, לְמַד מִכָּךְ

Tatbestand
מַצָּב, מַצַּב הָעִנְיָנִים, הַמַּצָּב הָעֻבְדָּתִי

Tatsache, Einräumung einer
הוֹדָאָה בְּעֻבְדָּה (משפ')

tatsächlich ---> Tat, in der

t a t s ä c h l i c h e r   W e r t   --->   W e r t ,   tatsächlicher

Tau [---> Seil]
טַל (טְלָלִים) (מטא') [יל״ט/81; א״ת/ב/154]. טִפּוֹת מַיִם הַנּוֹצָרוֹת מֵאֲוִיר לַח הַמִּתְעַבֶּה עַל גּוּפִים קָרִים
taub
חֵרֵשׁ (רפו') [א״ת/א/246]
Tauben *{Columbidae}*
יוֹנִיִּים (זוא') מִשְׁפָּחָה שֶׁל עוֹפוֹת מִסִּדְרַת הַיּוֹנָאִים
Taubenschnecken *{Pyrenidae}*
יוֹנִיתִיִּים (זוא') מִשְׁפָּחָה שֶׁל חֶלְזוֹנוֹת
Taubheitsgefühl ---> Stumpfheit
Taubnessel *{Lamium}*
נְזְמִית (בוט') צֶמַח מִמִּשְׁפַּחַת הַשִּׂפְתָנִיִּים
taubstumm
פִּקֵּק (פִּקְקִים) (רפו') [מר״ח/227]. חֵרֵשׁ אִלֵּם
Taucher
צוֹלְלָן (זוא') טַבְלָן, שֵׁם שֶׁל עוֹף
Taufbecken
אַגַּן טְבִילָה (אדר', דת)
Taufkapelle
בֵּית טְבִילָה (אדר', דת)
Taugenichts
רֵיק, פּוֹחֵז, סָרִיק (סְרִיקִים), כְּלוּמַאי, רוֹדֵף רוּחַ, חֲדַל עֵרֶךְ
Tauglichkeit
כֹּשֶׁר (כְּשָׁרִים) (רפו', פסי') יְכֹלֶת, כִּשָּׁרוֹן
Tauglichkeit, beste
הֲלִימוּת מֵיטָבִית (מתמ')
Taumelkäfer *{Gyrinidae}*
סְבִיבוֹנִיִּים (זוא') מִשְׁפָּחָה שֶׁל חִפּוּשִׁיּוֹת
Taumellolch *{Lolium temulentum}*
זוּן מְשַׁכֵּר (בוט') צֶמַח מִמִּשְׁפַּחַת הַדְּגָנִיִּים
Taumesser *{Drosometer}*
מַדְטַל (מטא') [יל״ט/99]. מַד טַל, מַכְשִׁיר לִמְדִידַת הַטַּל הַמִּתְעַבֶּה
Taupunkt
נְקֻדַּת הַטַּל (מטא') [יל״ט/134]. הַתְּמוּדָה (טֶמְפֶּרָטוּרָה) הַדְּרוּשָׁה לִרְוּוּי הָאֲוִיר תּוֹךְ כְּדֵי קֵרוּרוֹ בְּלַחַץ קָבוּעַ
Taurus
שׁוֹר (אסט') [ק/ד/83]. שֵׁם אַחַד הַמַּזָּלוֹת
Tauschgeschäft
עִסְקַת חִלּוּפִים (משפ', כלכ') עִסְקַת חֲלִיפִין
Tauschhandel
סְחַר חֲלִיפִין (משפ', כלכ')
Tauschierung ---> Füllung
Tauschwert
עֵרֶךְ חֲלִיפִין (מ״ח, כלכ') [ק״ק/17]. יַחַס כַּמּוּתִי הַנָּתוּן לְשִׁנּוּיִים מִתְמִידִים בְּהֶתְאֵם לַזְּמַן וְלַמָּקוֹם, קֶצֶם (פְּרוֹפּוֹרְצִיָּה) שֶׁלְּפִיו מִתְחַלְּפִים עֶרְכֵי שִׁמּוּשׁ מִסּוּג אֶחָד בְּעֶרְכֵי שִׁמּוּשׁ מִסּוּג אַחֵר
Tauschwirtschaft
מֶשֶׁק חֲלִיפִין (מ״ח, כלכ') מַיִר, מִיר
Tausendgüldenkraut *{Centaurium}*
עַרְבָּז (בוט') צֶמַח מִמִּשְׁפַּחַת הָעַרְבָּזִיִּים
Tausendschön ---> Gänseblümchen
Tautologie
יִתּוּר לָשׁוֹן (פיל', בלש') [ק/ב/59; מ״ב/227;173]. יִתְרוֹן, כֶּפֶל דְּבָרִים, טָאוּטוֹלוֹגְיָה, פְּלֵאוֹנַזְמָה, חֲזָרָה לְלֹא צֹרֶךְ עַל מִלָּה אוֹ עַל רַעְיוֹן, לְמָשָׁל: ״חֹשֶׁךְ וַאֲפֵלָה״, ״בְּעָיָה פְּרוֹבְּלֶמָטִית״. כֶּפֶל הַמַּאֲמָר, - לָשׁוֹן, - הָעִנְיָן [ק/ב/102]. מוֹתָר (פיל', בלש') [ק/ב/170]. יִתְרוֹן לָשׁוֹן
tautologisch
יָתֵר (פיל', בלש') בַּעַל תְּכוּנַת חֲזָרָה מְיֻתֶּרֶת עַל אוֹתוֹ רַעְיוֹן בְּמִלִּים שׁוֹנוֹת
Tauwerksrolle
צְנֵפָה (צְנֵפוֹת) (טכנ') גְּלִיל חֲבָלִים, פְּקַעַת חֲבָלִים, כְּרִיכָה
Taxe
אַגְרָה (אֲגָרוֹת) (כלכ') [א״ת/ב/375]. קִצְבָּה (קִצְבָּאוֹת), שִׁעוּר קָבוּעַ, הֶטֵּל קָבוּעַ, מַס
Taxis ---> Raumorientierung
Tazette *{Narcissus tazetta}*
נַרְקִיס מָצוּי (בוט') צֶמַח מִמִּשְׁפַּחַת הַנַּרְקִיסִיִּים

Technik [---> Verfahren]
עֲשִׂית (עֲשִׂיּוֹת) (טכנ') [ק/א/299; ק/ד/189]. חָכְמַת הַתַּחְבּוּלוֹת, - הַתַּחְבּוּלָה, טֶכְנִיקָה, טֶכְנָאוּת, יְדִיעַת הַשִּׁמּוּשׁ הַמַּעֲשִׂי בְּמַכְשִׁירִים וּבִמְכוֹנוֹת. מַעֲשֶׂה (מדע, טכנ') [ק/ב/242]. עֲשִׂיָּה, פְּעֻלָּה, אִמּוּן, תִּרְגּוּל, מְלָאכָה, בְּנִגּוּד לְעִיּוּן
technisch
עֲשׂוּתִי (טכנ', מדע, אמנ') [ק/ב/243]. מַעֲשִׂי, אָמְנוּתִי, מְלַאכְתִּי, שִׁמּוּשִׁי, בְּנִגּוּד לְעִיּוּנִי. פָּעֳלִי (טכנ') [ק/ג/206]. טֶכְנִי, מְלָאכוּתִי
technische Intelligenz ---> Intelligenz, technische
technisches Vorlagenbuch ---> Vorlagenbuch, technisches
Technologie
עֲשׂוּתָנוּת (טכנ') טֶכְנוֹלוֹגְיָה
technologisch
עֲשׂוּתָנִי (טכנ') טֶכְנוֹלוֹגִי
Teenager
בֶּן עֶשְׂרֵה, בַּת עֶשְׂרֵה, עֶשְׂרַאי, עַשְׂרָאִית, נַעַר אוֹ נַעֲרָה בְּגִיל שֶׁבֵּין 13 לְ-19
Teer
עִטְרָן (כימ') [א״ת/ב/226]. פְּסֹלֶת הַזֶּפֶת
Teergeruch
רֵיחַ עִטְרָן (פסי') מֵעֵין הַקֶּדַח, קִדְחִי, רֵיחַ בִּלְתִּי נָעִים שֶׁל שֶׁל זֶפֶת, עִטְרָנִי
Teeröl ---> Teer
Teerose *{Rosa odorata}*
וֶרֶד רֵיחָנִי (בוט') צֶמַח מִמִּשְׁפַּחַת הַוַּרְדִּיִּים
Teich ---> Bassin
Teichbildung
אִגּוּם (היד') הִוָּצְרוּת אֲגַם
Teichhuhn *{Gallinula chloropus}*
סוּפִית (זוא') עוֹף מִמִּשְׁפַּחַת הָרַלִּיתִיִּים
Teichläufer *{Hydrometridae}*
מוֹדְדֵי מַיִם (זוא') מִשְׁפָּחָה שֶׁל פִּשְׁפְּשִׁים הַחַיִּים עַל פְּנֵי הַמַּיִם
Teichläufer, Gemeiner *{Hydrometra stagnorum}*
מוֹדֵד מַיִם שָׁכִיחַ (זוא') חֶרֶק מִמִּשְׁפַּחַת מוֹדְדֵי

מַיִם (פִּשְׁפְּשִׁים הַחַיִּים עַל פְּנֵי הַמַּיִם)

Teichlinse *{Spirodela}*

אַגְמִית (בוט') צֶמַח מִמִּשְׁפַּחַת עֶדְשַׁת הַמַּיִם

Teichrohrsänger *{Acrocephalus scirpaceus}*

קָנִית קְטַנָּה (זוא') עוֹף מִמִּשְׁפַּחַת הַסִּבְכִּיִּים

Teichwasserläufer *{Tringa stagnatilis}*

בִּצָּנִית עֲדִינָה (זוא') עוֹף מִמִּשְׁפַּחַת הַחַרְטוֹמָנִיִּים

Teig

עִסָּה (עִסּוֹת) (חזו') [א"ח/א/100]. בָּצֵק, קֶמַח שֶׁנָּלוֹשׁ בְּנוֹזֵל

Teil

חֵלֶק (חֲלָקִים) [ק/ג/216]. פֶּרֶק, פֶּלֶג (פְּלָגִים), אֵבֶר. קְצָת [ק/ג/298]

Teil, aliquoter

חֵלֶק יְסוֹד

Teil, hinterer

חֵלֶק אֲחוֹרִי [ק/ב/128]. מְאָחָר, חֵלֶק אֲחוֹרַנִּי, אֲחוֹרֵי מְקוֹם-מָה

Teil, zum allergrößten

רֻבּוֹ דְּרֻבּוֹ

Teilakzept

קִבּוּל חֶלְקִי (כלכ', משפ') [אב"מ/161]. קִבּוּל הַנַּעֲשֶׂה תּוֹךְ הִתְחַיְּבוּת לְשַׁלֵּם רַק חֵלֶק מֵהַסְּכוּם הַנָּקוּב בִּשְׁטַר הַחֲלִיפִין

teilbar

חָלִיק, חֲלִיקָה (פיל', מתמ') [ק/ב/316]. מִתְחַלֵּק, נֶחְלָקִי, שֶׁנִּתָּן לְהֵחָלֵק

Teilbarkeit

חֲלִיקוּת (פיל') [ק/א/303;223]. חִלּוּק, חֲלֻקָּה, הַיְּכֹלֶת לְהִתְחַלֵּק, הַפְרָדָה לַחֲלָקִים

Teilchen

חֶלְקִיק (חֶלְקִיקִים) (פיס')

Teilchen, geladenes

חֶלְקִיק טָעוּן (פיס')

teilen

חִלֵּק (מְחַלֵּק) [ק/א/308]. הִתְחַלֵּק (מִתְחַלֵּק), פֵּרַק לַחֲלָקִים, פִּלֵּג (מְפַלֵּג), הִפְרִיד, הִתְפַּלֵּג, פָּלַג (מְפַלֵּג), נִפְלַג, נֶחְלַק, חָלַק זֶה מִזֶּה

teilen, in vier Teile

רִבֵּעַ (מְרַבֵּעַ), חִלֵּק לְאַרְבָּעָה חֲלָקִים, רָבַע (רוֹבֵעַ)

Teiler

מַשְׁנֶת (טכנ')

Teiler, gemeinsamer

מְחַלֵּק מְשֻׁתָּף (מתמ')

Teilfrucht *{Merikarp}*

פְּרוּדָה (פְּרוּדוֹת) (בוט') חֵלֶק אֶחָד מִן הַמִּפְרֶדֶת אוֹ מֵהַפְּרִי הַמִּקְבָּץ

Teilhaber *{Kompagnon}*

שֻׁתָּף (שֻׁתָּפִים) (כלכ', משפ') [א"ח/ב/363]

Teilhaber, stiller ---> Gesellschafter, stiller

teilhaftig

נוֹטֵל חֵלֶק בְּ...

Teilkreis

מַעְגַּל מַשְׁנֶת (אסט')

Teilmenge

תַּת קְבוּצָה (מתמ')

Teilmensch

קֶטַע אָדָם

Teilnahme ---> Interesse für...; Partizipation

teilnahmslos ---> apathisch; gleichgültig

Teilnahmslosigkeit ---> Apathie; Gleichgültigkeit

teilnehmende Beobachtung ---> Beobachtung, teilnehmende

teilnehmender Beobachter ---> Beobachter, teilnehmender

teils... teils

מֵהֶם... וּמֵהֶם [ק/ב/157]. חֵלֶק כָּךְ וְחֵלֶק כָּךְ. מִמֶּנּוּ... וּמִמֶּנּוּ [ק/ב/209]. אִם... אִם

Teilstrich

שֶׁנֶת (שְׁנָתוֹת) (מדע, טכנ') חָרִיץ לְסִימַן הַמִּדָּה

Teilstück ---> Segment

teilstückbezüglich ---> segmental

Teiltöne ---> Partitaltöne

Teilung

חֲלֻקָּה [ק/א/308]. פֵּרוּק, פִּלּוּג. חִלּוּק [ק/א/303]. הַפְרָדָה לַחֲלָקִים

Teilung, stetige

חִתּוּךְ הַזָּהָב (מתמ') חֲלֻקָּה רְצִיפָה

Teilungsmarke ---> Teilstrich

Teilwirksamkeit, Gesetz der

חֹק הַפְּעִילוּת הַחֶלְקִית (פסי') [ר/ב/562]. חֹק שֶׁעַל פִּיו חֵלֶק מִמַּצַּב הַלְּמִידָה עָשׂוּי לְהִשְׁתַּלֵּט וּלְעוֹרֵר תְּגוּבָה גַּם כְּשֶׁמַּצָּב זֶה מִשְׁתַּנֶּה

Teilwisser

מְקַצֵּר (מְקַצְּרִים) [ק/ב/269]. בַּעַל יְדִיעָה בִּלְתִּי שְׁלֵמָה, בַּעַל יְדִיעוֹת מֻגְבָּלוֹת, חֲצִי חָכָם

Teilzahlung ---> Rate

Teilzeichnung

סִרְטוּט פְּרָט (טכנ', אמנ')

Telefax ---> Faxgerät

telefaxen ---> durchfaxen

Telefaxschreiben ---> Faxschreiben

Telefon

קוֹלְחוּט (טכנ') טֶלֶפוֹן, שָׂח רָחוֹק

telefonieren

קִלְחֵט (מְקַלְחֵט) (טכנ') טִלְפֵּן (מְטַלְפֵּן)

Telencephalon ---> Endhirn

Teleologie

תַּכְלִיתָאוּת (פיל') טֶלֶאוֹלוֹגְיָה, הַשְׁקָפָה הַגּוֹרֶסֶת שֶׁכָּל הַמִּתְרַחֵשׁ מְכֻוָּן מִלְּכַתְּחִלָּה וְנִקְבָּע לְשֵׁם תַּכְלִית

Telepath(in)

אַשָּׁף, אַשָּׁפִית (פסי') [מר"ח/660]. טֶלֶפָּת, מַעֲבִיר מַחֲשָׁבוֹת

Telepathie

אַשָּׁפוּת, אִשּׁוּף, אֲשִׁיפָה (פסי') [מר"ח/659]. טֶלֶפַּתְיָה, הַעֲבָרַת מַחֲשָׁבוֹת

telepathisch

אַשָּׁפִי (פסי') טֶלֶפָּתִי

temere

צַד הַהִזְדַּמֵּן [ק/א/165]

Tempeldienst

עֲבוֹדַת מִקְדָּשׁ (דת)

Temperament

מֶזֶג (מְזָגִים) (פסי') [ק/ב/171; ר/ב/370]. מֶזֶג רוּחַ, אָפְיוֹ הַטִּבְעִי שֶׁל הָאָדָם וּנְטִיּוֹתָיו, הֶבֵּט שֶׁל טֶבַע הָאָדָם הַמְּאֻפְיָן בִּנְטִיָּה לִדְפוּסֵי תְּגוּבָה רִיגּוּשִׁיִּים מְסֻיָּמִים, טֶמְפֶּרָמֶנְט. דֵּעָה (פסי', פיל') [ק/א/142]. תְּכוּנָה הַמִּטְבַּעַת בָּאָדָם. חֵלֶט (חֲלָטִים) (רפו', פסי') [ק/א/304]. לֵחָה, לֵחוּת שֶׁבְּגוּף הָאָדָם וּבַעֲלֵי הַחַיִּים. טֶבַע (פסי', רפו') [ק/ב/12]. מְסִיכָה (רפו', פסי') [ק/ב/223]. פִּתּוּךְ (פסי', רפו') [ק/ג/222]. שֹׁרֶשׁ (פסי', רפו') [ק/ד/162]

Temperament, cholerisches

מֶזֶג מָרָתָנִי (רפו', פסי') [ק/ב/50]. יְרֻקָּה, מָרָה יְרֻקָּה, מֶזֶג כַּעֲסָנִי

Temperament, lebhaftes --->
Temperament, sanguinisches

Temperament, melancholisches

מֶזֶג שְׁחוֹרִי (פסי', רפו') [ק/ד/84]. מָרָה שְׁחוֹרָה, מְרִירָה שְׁחוֹרָה, נְטִיָּה לְמַצַּב רוּחַ מְדֻכְדָּךְ, אַחַת הַלֵּחוֹת הַנִּמְצֵאת לְדַעַת הַקַּדְמוֹנִים בְּגוּף הָאָדָם וְגוֹרֶמֶת לַעֲכִירוּת רוּחַ וּלְדִכָּאוֹן, מֶזֶג מֶלַנְכּוֹלִי, - שְׁחוֹרָתִי, - שְׁחוֹרָתָנִי

Temperament, sanguinisches

מֶזֶג רַתְחָנִי (פסי') [ק/א/22]. אֲדָמָה, מֶזֶג דָּמָתָנִי, מָרָה אֲדֻמָּה, רַתְחָנוּת. אֲדַמִּיּוּת (פסי') [ק/א/23]. טֶבַע אָדָם אֲדַמִּי, נְטִיָּה לְהִתְרַגְּזוּת

Temperament bezüglich, auf das

מִזְגִּי (פסי') שֶׁל מֶזֶג, - טֶמְפֶּרָמֶנְטִי

Temperamente

אַרְבַּע מִטְבָּעוֹת (פסי') [ק/ב/189]. אַרְבַּעַת מִזְגֵי הָאָדָם הַנִּמְשָׁכִים לְדַעַת הַקַּדְמוֹנִים מִמֶּזֶג אַרְבַּע הַלֵּחוֹת (חֲלָטִים) שֶׁבְּגוּפוֹ: לֵחָה אֲדֻמָּה: מֶזֶג רַתְחָנִי; לֵחָה יְרֻקָּה: מֶזֶג מָרָתָנִי; לֵחָה לְבָנָה: מֶזֶג לֵחָתָנִי; לֵחָה שְׁחֹרָה: מֶזֶג שְׁחוֹרִי

Temperamentseigenschaft

סְגֻלַּת מֶזֶג הַנֶּפֶשׁ (פסי')

Temperatur

תְּמוּדָה (תְּמוּדוֹת) (מטא', פיס', רפו') [ק/ב/172; מר"ח/660]. מֶזֶג הָאֲוִיר, דַּרְגַּת הַחֹם, טֶמְפֶּרָטוּרָה

Temperatur, absolute

תְּמוּדָה מֻחְלֶטֶת (מטא') [יל"ט/82]. תְּמוּדָה (טֶמְפֶּרָטוּרָה) הַנִּמְדֶּדֶת לְפִי סֻלַּם הַתְּמוּדוֹת שֶׁל קֶלְוִין

Temperaturbereich

תְּחוּם הַתְּמוּדָה (מטא') [יל"ט/211]. הַהֶבְדֵּל שֶׁבֵּין תְּמוּדַת הַמֵּרַב (מַקְסִימוּם) לְבֵין תְּמוּדַת הַמִּזְעָר (מִינִימוּם) בְּפֶרֶק זְמַן מְסֻיָּם

Temperaturfeld

מַעֲרַךְ הַתְּמוּדָה (מטא') [יל"ט/116]. מַעֲרַךְ הַטֶּמְפֶּרָטוּרָה, הַפְּרָסוּת הַתְּמוּדוֹת (טֶמְפֶּרָטוּרוֹת) בְּמִפְלָס מֻגְדָּר עַל פְּנֵי מַפַּת מֶזֶג הָאֲוִיר

Temperaturgefälle *{Temperaturgradient}*

שִׁעוּר מַפַּל הַתְּמוּדָה (טֶמְפֶּרָטוּרָה) (מטא') [יל"ט/200]. שִׁעוּר יְרִידַת הַתְּמוּדָה עִם גִּדּוּל הַגֹּבַהּ בָּאֲנָךְ

Temperaturgrad

מַעֲלָה (מַעֲלוֹת) (פיס') [ק/ב/237]. יְחִידַת מִדָּה שֶׁל הַתְּמוּדָה (טֶמְפֶּרָטוּרָה)

Temperaturgradient ---> Temperaturgefälle

Temperaturmessung

מִיּוּד הַתְּמוּדָה (מטא', פיס', רפו') מְדִידַת הַטֶּמְפֶּרָטוּרָה

Temperatursumme

תְּמוּדָה צְבוּרָה (מטא') [יל"ט/83]. הַסְּכוּם שֶׁל סְטִיּוֹת הַתְּמוּדָה (טֶמְפֶּרָטוּרָה) בְּפֶרֶק זְמַן מְסֻיָּם מֵעֵרֶךְ מְסֻכָּם (כְּגוֹן הַמְּמֻצָּע הַיּוֹמִי)

Temperaturumkehr *{Inversion}*

הֶפֶךְ מַפָּל (מטא') [יל"ט/20]. אִינְוֶרְסִיָּה, מַפָּל תְּמוּדָה (טֶמְפֶּרָטוּרָה) אֲנָכִי שֶׁבּוֹ הַתְּמוּדָה עוֹלָה עִם הַגֹּבַהּ

Temperguß ---> Guß, schmiedbarer

temperieren

אִזֵּן (מְאַזֵּן) (מוס')

temperiert ---> ausgeglichen

Tempo [---> Zeitmaß]

חִישָׁה [ק/א/289; מר"ח/660]. מְהִירוּת, אִיצָה, טֶמְפּוֹ, מֵילָךְ, עֶגֶל

tempo, a ---> Zeitmaß, im früheren
tempo giusto ---> Zeitmaß, in angemessenem
tempo primo ---> Zeitmaß, erstes
tempo rubato ---> Zeitmaß, geraubtes
Tempora des Verbums ---> Tempus

זְמַן, זְמָן (בלש') [ק/א/265]. הַזְּמַן הַדִּקְדּוּקִי

temporäre Reaktion ---> Reaktion, temporäre
temporales Bindewort ---> Bindewort, temporales
Temporalsatz ---> Umstandssatz der Zeit

Tempore prius

הַקּוֹדֵם בִּזְמַן (פיל') [ק/ג/268]

Tempus

זְמַן דִּקְדּוּקִי (בלש') [מ"ב/228; ק/א/265]. זְמַן, צוּרָה דִּקְדּוּקִית הַמֻּרְכֶּבֶת מְצוּרָנִים בְּהֶתְאֵם לְגִבְלָאוֹת (קָטֶגוֹרְיוֹת) צוּרָאִיּוֹת (מוֹרְפוֹלוֹגִיּוֹת) שֶׁהֵם מְקַיְּמִים. הֵם יְכוֹלִים לִהְיוֹת כְּבוּלִים (כְּגוֹן אוֹתִיּוֹת אית"ן: א+שמר = "אֶשְׁמֹר" וכו') אוֹ חָפְשִׁיִּים (כְּגוֹן: הַפֹּעַל "הָיָה" וכו'), לְמָשָׁל: הַזְּמַן הַדִּקְדּוּקִי "יִפְעַל" מְצַיֵּן בָּעִבְרִית הַחֲדָשָׁה זְמַן עָתִיד

Tendenz

מְגַמָּה (מְגַמּוֹת) [ק/ב/141]. כַּוָּנָה, כִּוּוּן, מַטָּרָה, פְּנִיָּה, תַּכְלִית. נְטִיָּה [ק/א/150]. הָאוֹתוּת. הָאָתוּת [ק/א/151]. הִתְאוֹתוּת [ק/א/224]. הַסְכָּמָה

Tendenz, determinierende

הַמְּגַמָּה הַגּוֹבֶרֶת

Tendenz, Ja-Sage-

מַעֲרַךְ תְּגוּבָה שֶׁל הַסְכָּמָה (מ"ח, פסי') [מ"מ/216]. נְטַאי בִּתְגוּבוֹת נִבְחָן לְכִוּוּן הַסְכָּמָה

Tendenz, zentrale

מְגַמָּה מֶרְכָּזִית (סטט') [ד"מח/189]. נְטִיָּה מֶרְכָּזִית, נְטִיָּתָם שֶׁל נְתוּנִים כַּמּוּתִיִּים לְהִתְקַבֵּץ סְבִיב עֵרֶךְ מֶרְכָּזִי מְסֻיָּם

tendenziös
מְגַמָּתִי [ק/ב/141]. בַּעַל מְגַמָּה וּפְנִיָּה, מְגַמּוּתִי
Tendenzstück
מַחֲזֶה מְגַמָּתִי (ספר', תאט')
tendinös ---> sehnig
Tendo ---> Sehne
Tenne
גֹּרֶן (גְּרָנוֹת) (חקל') [א"ח/ב/188]. מְקוֹם דִּישַׁת הַתְּבוּאָה
Tennis
רַחַת (ספו') [מר"ח/661]. מִשְׂחַק הָרַחַת, טֶנִּיס
Tennisellenbogen
מִרְפַּק הָרַחְתָּאִים (ספו', רפו') [מר"ח/661]. רַפֶּקֶת הָרַחְתָּאִים, מַרְפֵּק שַׂחֲקָנֵי רַחַת (טֶנִּיס)
Tensid
חֹמֶר פְּעִיל פָּנִים (כימ') טֶנְסִיד, תִּרְכֹּבֶת אוֹלָנִית (אוֹרְגָנִית) מְסִיסָה בְּמַיִם הַמּוֹרִידָה בְּהַרְבֵּה אֶת מֶתַח הַפָּנִים שֶׁל הַמַּיִם
Tension ---> Gespanntheit
Terebinthe ---> Pistazie
Term [---> Ausdruck; Glied]
מֻנָּח (מֻנָּחִים) (פיל') [ק/ב/214; ד"מח/50]. מְגַדֵּר, דָּבָר הַמַּגְדִּיר, כִּנּוּי מְדֻיָּק לְמֻשָּׂג אוֹ לְעֶצֶם מְסֻיָּם, יֵשׁוּת לְשׁוֹנִית כְּגוֹן שׁוּרַת סִימָנִים שֶׁיֵּשׁ בָּהּ מִשְׁתַּנִּים, קְבוּעִים וְכִנּוּיִים לְתַפְעוּלִים (אוֹפֵּרַצְיוֹת), וְהִיא מְתָאֶרֶת תַּהֲלִיךְ חִשּׁוּב כָּלְשֶׁהוּ, לְמָשָׁל: x+y, φ(x-y) הֵם מֻנָּחִים חֶשְׁבּוֹנִיִּים שֶׁמִּשְׁתַּנֵּיהֶם מְסַמְּלִים מִסְפָּרִים וְעֶרְכֵּיהֶם הֵם מִסְפָּרִים גַּם-כֵּן. קְבוּצַת מַבָּעִים הַדּוֹמִים מְאֹד זֶה לָזֶה וּמְצֹרָפִים יַחְדָּיו. גְּבוּל (פיל') [ק/א/100]. שֵׁם. גָּדֵר (גְּדֵרִים) (פיל') [ק/א/105]. אֶחָד מֵחֶלְקֵי הַהֶקֵּשׁ וּבְיִחוּד הַחֵלֶק הַמְּשֻׁתָּף לִשְׁנֵי הַקְּצָווֹת. כִּנּוּי (פיל') [ק/ב/97]. גְּבוּל הַהֶקֵּשׁ. מִלָּה (פיל') [ק/ב/205]
Terminal ---> Datenendstation
Terminalknoten ---> Endknoten
Termingeschäft
מוֹעֲדִית (כלכ') עִסְקָה לַמּוֹעֵד
Termingeschäft betreffend, das
מוֹעֲדִי (כלכ') שֶׁל עִסְקָה לַמּוֹעֵד
Terminus ---> Term
Terminus major ---> Oberbegriff des Syllogismus
Terminus medius ---> Mittelbegriff des Syllogismus
Terminus minor ---> Unterbegriff des Syllogismus
Terminus technicus
מֻנַּח עֲשׂוּת (מדע, פיל') [ק/ג/206]. מִלָּה פָּעֳלִית, מֻנַּח טֶכְנִי, בִּטּוּי מִקְצוֹעִי
Termiten *{Isoptera}*
טֶרְמִיטָאִים (זוא') סִדְרָה שֶׁל חֲרָקִים
Terrasse
מַדְרֵגָה (מַדְרֵגוֹת) (היד', חקל') רְצוּעַת אֲדָמָה מְיֻשֶּׁרֶת בְּמִדְרוֹן הַר
terrassieren
דֵּרֵג (מְדָרֵג) (היד', חקל') עָשָׂה מַדְרֵגוֹת בְּמִדְרוֹן הַר
Terrassierung
דְּרִיגָה (היד', חקל') עֲשִׂיַּת מַדְרֵגוֹת בְּמִדְרוֹן הַר
terrestrich
אַדְמִי (י"א, גאו') אַרְצִי
territorial
אַרְצָנִי (י"א) טֶרִיטוֹרְיָאלִי, אַרְצִי (אוֹרְצִי), אַרְצָתִי, הַשַּׁיָּךְ לְחֶבֶל אֶרֶץ מְסֻיָּם
territoriale Aufteilung der Welt ---> Welt, territoriale Aufteilung der
Territorium
אַרְצָה (י"א) אַרְצָה (אוֹרְצָה), טֶרִיטוֹרְיָה, חֶבֶל אֶרֶץ
Terror
יַאַם (משפ', צבא) טֶרוֹר, יְאֵמוּת, אֵימְתָנוּת, אַלָּמוּת
terrorisieren
יָאַם (יוֹאֵם) (משפ', צבא) יִאֵם (מְיָאֵם), הִפְעִיל טֶרוֹר, הִתְעַלֵּל, הִתְאַכְזֵר, הִתְקַלֵּס
Terrorist(in)
יָאֵם (יְאֵם-, יְאֵמִים, יַאֲמֵי-), יְאֵמָה (יְאֵמַת-, יְאֵמוֹת, יַאֲמוֹת-) (משפ', צבא) טֶרוֹרִיסְט, טֶרוֹרִיסְטִית, חַבְּלָן, אֵימְתָן, בִּרְיוֹן, אֵימְתָן, אַלָּם
terroristisch
יְאֵמִי (משפ', צבא) טֶרוֹרִיסְטִי, חַבְּלָנִי
tertiär
שְׁלִישׁוֹנִי
Terzett ---> Trio
Tessitura
מִתְחָם (מוס') [למ"ו/201]. טֶסִּיטוּרָה, תְּחוּם הַגֹּבַהּ שֶׁל קוֹל אוֹ שֶׁל כְּלִי בִּיצִירָה מְסֻיֶּמֶת
Test
מִבְחָן (מִבְחָנִים) (מדע, טכנ') [ר/ב/347]. כָּל שִׁיטָה לִמְדִידַת גּוֹרֵם אוֹ כֹּשֶׁר כָּלְשֶׁהֵם
Test, Chi-Quadrat
מִבְחַן חִי בְּרִבּוּעַ (סטט') [מ"מ/213]. מִבְחַן מֻבְהָקוּת סְטָטִיסְטִי
Test, diagnostischer
מִבְחַן אַבְחָנָתִי (סטט')
Test, Ein-Segment ---> Test, einseitiger
Test, einseitiger
מִבְחַן חַד צְדָדִי (סטט') [מ"מ/213]. מִבְחַן חַד זְנָבִי, מִבְחַן הַשְׁעָרָה הַמִּשְׁתַּמֵּשׁ בְּאֵזוֹר דְּחִיָּה הַנִּמְצָא בְּצַד אֶחָד שֶׁל הִתְפַּלְּגוּת הַדְּגִימָה שֶׁל הָעֵרֶךְ הַמְּסַכֵּם אִפְיוּן שֶׁל מִדְגָּם
Test, Finden-des-Gemeinsamen-
מִבְחַן תְּפִיסַת הַצַּד הַשָּׁוֶה (סטט')
Test, Finden-des-Wesentlichen-
מִבְחַן תְּפִיסַת הָעִקָּר (סטט')
Test, geeichter
מִבְחָן מְתֻקְנָן (סטט') [ר/ב/348]. מִבְחָן שֶׁנִּקְבְּעָה מְהֵימָנוּתוֹ וּתְקֵפוּתוֹ
Test(s), Güte eines ---> Trennschärfe eines Tests
Test, "ja-nein"-
מִבְחַן "הֵן וָלָאו" (סטט')
Test, pädagogischer
מִבְחַן הֶשֵּׂגִים (פדג', סטט')
Test, prognostischer
מִבְחַן סְכוּתִי (סטט') מִבְחָן תַּחֲזִיתִי, - פְּרוֹגְנוֹסְטִי

Test, projektiver [---> Verfahren, projektives]

מִבְחָן הֵטֵל (פסי', מ״ח)

Test, "richtig-falsch"-

מִבְחָן ״נָכוֹן וְכוֹזֵב״ (סטט')

Test(s), Trennschärfe eines ---> Trennschärfe eines Tests

Test, unverzerrter

מִבְחָן לֹא מֻטֶּה (מתמ')

Test, Zwei-Segment ---> Test, zweiseitiger

Test, zweiseitiger

מִבְחָן דּוּ צְדָדִי (סטט') [ר/א/150; מ״מ/213]. מִבְחָן דּוּ זְנָבִי, מִבְחַן הַשְׁעָרָה לִבְדִיקַת הַמֻּבְהָקוּת הַסְּטָטִיסְטִית שֶׁל הֶבְדֵּלִים נִצְפִּים וְהַמִּשְׁתַּמֵּשׁ בְּאֵזוֹרֵי דְּחִיָּה הַנִּמְצָאִים מִשְּׁנֵי צִדֵּי (זְנָבוֹת) הִתְפַּלְּגוּת הַדְּגִימָה שֶׁל הָעֵרֶךְ הַמְּסַכֵּם אִפְיוּן שֶׁל מִדְגָּם

Testament vor Zeugen, mündliches

צַוָּאָה שֶׁבְּעַל פֶּה (משפ')

testamentarische Schenkung ---> Vermächtnis

Testamentserbe

יוֹרֵשׁ (יוֹרְשִׁים) (משפ')

Testamentseröffnung und Erteilung eines Erbscheins

קִיּוּם צַוָּאָה (משפ') אִשּׁוּר צַוָּאָה

Testator

מוֹרִישׁ (משפ') הַמְּצַוֶּה, עוֹשֵׂה הַצַּוָּאָה

Testbestanddiagnostik

אִבְחוּן הַמַּצָּב (מדע, טכנ') אַבְחָנוּת הַמַּצָּב

testen

בָּחַן (בּוֹחֵן) (מדע, טכנ') עָרַךְ מִבְחָן, עָשָׂה מִבְחָן

Testen

עֲרִיכַת מִבְחָן (מדע, טכנ')

Tester

בּוֹחֵן (בּוֹחֲנִים) (מדע, טכנ')

Testperson

נִבְחָן, נִבְחֶנֶת (מדע, טכנ') בָּחוּן (בְּחוּנִים)

Testreihe

מַעֲרֶכֶת מִבְחָנִים (מדע, טכנ')

Testskalierung ---> Teststaffelung

Teststaffelung

דֵּרוּג הַמִּבְחָנִים (מדע, טכנ')

Teststudie

מֶחְקָר נוֹתֵב (מדע) [ר/ב/374; מ״מ/214; ד״מח/126-127]. מֶחְקָר חָלוּץ, מֶחְקָר גִּלּוּי, - גִּשּׁוּשׁ, מֶחְקָר מְגַשֵּׁשׁ, - רִאשׁוֹנִי, מִבְחָן מֻקְדָּם, נִסּוּי סִיָּרְנִי, גִּרְסָה מַקְדִּימָה וּמְקֻצֶּרֶת שֶׁל הַמֶּחְקָר, נִסּוּי שֶׁנּוֹעַד לִקְבֹּעַ אֶת גָּדְלֵיהֶם שֶׁל מִשְׁתַּנִּים מְסֻיָּמִים שֶׁתַּפְקִיד לָהֶם בְּנִסּוּי גָּדוֹל הָעוֹמֵד לְהֵעָשׂוֹת

Testteil

פְּלַג מִבְחָן (מדע, טכנ')

Tetanie

כַּוֶּצֶת (רפו') [מר״ח/663]. צוֹפְדוּת, עֲוִיתוֹת בְּשְׁרִירֵי הַגַּפַּיִם כְּתוֹצָאָה מִירִידַת רָמַת הַסִּידָן בַּדָּם

Tetanus ---> Wundstarrkrampf

tetrachorische Korrelation ---> Korrelation, tetrachorische

Tetraeder ---> Vierflach

tetragonal

אַרְבְּעָנִי (כימ')

Teuerung

יֹקֶר (כלכ') [א״ח/ב/369]

Teufelsgezücht

חִיצוֹנִים (דת) [ק/א/289]. בִּלְשׁוֹן הַמְּקֻבָּלִים: כֹּחוֹת הַטֻּמְאָה, קְלִפּוֹת, כֹּחוֹת חִיצוֹנִיִּים

Teufelsszene

מַעֲמַד שֵׁדִים (תאט')

Teufelszwirn *{Lycium}*

אָטָד (בוט') צֶמַח מִמִּשְׁפַּחַת הַסּוֹלָנִיִּים

teuflich

שְׂטָנִי

Texel ---> Dechsel

texeln ---> dechseln

Text

כָּתוּב (כְּתוּבִים) [ק/ד/217; דמ״א/101]. תֹּרֶף (תְּרָפִים), תַּמְלִיל, טֶקְסְט, נֹסַח כָּתוּב, נוּסָח כָּתוּב, גִּרְסָה

Text, Einschaltung in einen ---> Einschaltung in einen Text

textlich

כְּתוּבִי (בלש') [מ״ב/229]. טֶקְסְטוּאָלִי, הֶקְשֵׁרִי

Textur

מַאֲרָג (טכנ') טֶקְסְטוּרָה, מִרְקָם, גִּיּוּד

Textverarbeitung

עִבּוּד תַּמְלִילִים (מחש') [דמ״א/102]

Textverderbnis

שִׁבּוּשׁ נוּסָח (ספר') סִלּוּף נֹסַח

Thalamus

אַפֶּדֶן (רפו') [מר״ח/664]. רָמָה

thalamusbezüglich

אַפַּדְנִי (רפו') [מר״ח/664]. רָמָתִי

Thallium

נֶשֶׁם (כימ') [מר״ח/664]. תַּלְיוּם, יְסוֹד מַתַּכְתִּי רָעִיל

Theater

תֵּאַטְרוֹן (תֵּאַטְרוֹנִים) (תאט')

Theaterschneider ---> Kostümier

theatralisch

תֵּאַטְרוֹנִי (תאט')

Theist

אֱלֹהִי (דת) [ק/א/47]. מַאֲמִין בֵּאלֹהִים

Thema [---> Subjekt, psychologisches]

נוֹשֵׂא (נוֹשְׂאִים) [ק/ג/73]. רַעְיוֹן מֶרְכָּזִי, מַהוּת עִקָּרִית, עָנוּת, תֵּמָה. חֹמֶר [ק/א/314]. תֹּכֶן, הַנִּדּוֹן

Thema(s), Umkehrung des ---> Umkehrung des Hauptsatzes

thematisch

נוֹשְׂאִי, שֶׁל נוֹשֵׂא

thematische Arbeit ---> Arbeit, thematische

Theologe

אֱלוֹמְדָן (אֱלוֹמְדָנִים) (דת) [ק/א/93; ק/ד/186]. חוֹקֵר הַדָּת, בַּעַל הַתּוֹרָה, תּוֹרִי, בַּעַל תּוּשִׁיָּה, חָכָם בְּחָכְמַת הַדָּת, תֵּאוֹלוֹג. דָּתִי (דת) [ק/א/149]. בַּעַל דָּת, פִילוֹסוֹף דָּתִי. חֲכַם הַתּוֹרָה, חֲכַם תּוֹרִי, חֲכַם הַתּוּשִׁיָּה (דת) [ק/א/290]. פִילוֹסוֹף אֱלֹהִי (דת) [ק/ג/187]. תּוֹרָנִי (דת) [ק/ד/187]

Theologen, spekulative
הַשָּׁרְשִׁיִּים (דת) [ק/ד/164]. חַכְמֵי שָׁרְשֵׁי הַדָּת, הַמְדַבְּרִים

Theologie
אֱלוֹמְדָנוּת (דת) [ק/א/46]. חֵקֶר הַדָּת, חָכְמַת הָאֱלָהוּת, תֵּאוֹלוֹגְיָה. חָכְמָה אֱלֹהִית, חָכְמַת הַיִּחוּד, הַחָכְמָה הָרַבָּנִית, - הָרַבּוֹנִית, חָכְמַת הַחָכְמוֹת, - הַחָכְמָה (דת) [ק/א/294]. חָכְמַת הַדָּת (דת) [ק/א/295]. חָכְמָה עֶלְיוֹנָה, - פְּנִימִית (דת) [ק/א/298]. חָכְמַת הַתּוֹרָה, חָכְמָה תּוֹרִית (דת) [ק/א/299]

Theologie, geoffenbarte
אֱלוֹמְדָנוּת שֶׁנִּתְגַּלְּתָה (דת) תֵּאוֹלוֹגְיָה שֶׁנִּתְגַּלְּתָה

theologisch
אֱלוֹמְדָנִי (דת) [ק/א/46]. אֱלֹהִי, דָּתִי, תֵּאוֹלוֹגִי, הַשַּׁיָּךְ לְתוֹרַת הָאֱמוּנָה. רַבָּנִי (דת) [ק/ד/20]

Theorem
תּוֹרָאָן (פיל', מתמ') מִשְׁפָּט אוֹ טַעֲנָה שֶׁהוּכְחוּ עַל סָמַךְ וַדָּאָה (אַקְסִיוֹמָה) אוֹ עַל סָמַךְ מִשְׁפָּטִים שֶׁהוּכְחוּ בֶּעָבָר

Theoretiker(in)
תּוֹרָאָתָן, תּוֹרָאָתָנִית (פיל', מדע) [ק/ב/234]. מְעַיֵּן, עַיָּן, מִתְבּוֹנֵן, תֵּאוֹרֶטִיקַאי, תֵּאוֹרֶטִיקוֹן, תֵּאוֹרֶטִיקָן, קוֹבֵעַ הֲלָכָה, חוֹשֵׁב, חוֹקֵר

theoretisch
תּוֹרָאָתִי (פיל') [ק/ג/129]. עִיּוּנִי, דָּבָר שֶׁבְּעִיּוּן, לַהֲלָכָה וְלֹא לְמַעֲשֶׂה, תֵּאוֹרֶטִי. דְּבָרִי, דִּבְרִי (פיל') [ק/א/130]. לִמּוּדִי (פיל') [ק/ב/121]. בְּנִגּוּד לַמַּעֲשִׂי. מַדָּעִי (פיל') [ק/ב/153]. שֶׁל מַדָּע, שֶׁל הַכָּרָה, מַחְשַׁבְתִּי. מַחֲשַׁבִי (פיל') [ק/ב/187]. שִׂכְלִי (פיל') [ק/ד/107]. תְּבוּנִי (פיל') [ק/ד/177]

theoretische Definition ---> Definition, theoretische
theoretische Intelligenz ---> Intelligenz, theoretische
theoretische Kabbala ---> Kabbala, theoretische
theoretische Philosophie ---> Philosophie, theoretische
theoretische Psychologie ---> Psychologie, theoretische
theoretische Vernunft ---> Vernunft, theoretische
theoretische Wissenschaft(en) ---> Wissenschaft(en), theoretische
theoretischer Satz ---> Satz, theoretischer
theoretischer Typus ---> Typus, theoretischer

Theorie
תּוֹרָאָה (תּוֹרָאוֹת), תֵּאוֹרְיָה, עִיּוּן

Theorie des Messens ---> Messen(s), Theorie des

Theorie-Experiment
נִסּוּי תּוֹרָאָה (מדע) [ד"מח/129]. נִסּוּי עִיּוּנִי, - הַנַּעֲשֶׂה לְפִי תָּכְנִית מַחְשֶׁבֶת וְהַמִּתְפָּרֵשׁ לְאוֹר תּוֹרָאָה (תֵּאוֹרְיָה) מַקִּיפָה וְלֹא לְפִי הַשְׁעָרָה מְצֻמְצֶמֶת

theosophische Meditation ---> Meditation, theosophische

Therapeut(in)
תַּרְפּוּאָן, תַּרְפּוּאָנִית (רפו') תֶּרַפּוֹיְט, תֶּרַפִּיסְט

Therapeutik
תַּרְפּוּאָה (רפו') תּוֹרַת הָרִפּוּי, תֶּרַפּוֹיְטִיקָה

therapeutisch
תַּרְפּוּאִי (רפו') טִפּוּלִי, רְפוּאִי, תֶּרַפּוֹיְטִי

Thermogramm
רִשְׁמַת הַתְּמוּדָה (טֶמְפֶּרָטוּרָה) (מטא') [יל"ט/220]. הָרִשְׁמָה שֶׁרוֹשֵׁם הַתֶּרְמוֹגְרָף (רוֹשֵׁם תְּמוּדָה) כְּמַעֲקָב רָצוּף שֶׁל הָעֲרָכִים הַמִּשְׁתַּנִּים

Thermograph
רוֹשֵׁם תְּמוּדָה (מטא') [יל"ט/220]. רוֹשֵׁם טֶמְפֶּרָטוּרָה, מַכְשִׁיר הַמּוֹדֵד אֶת הַתְּמוּדָה (טֶמְפֶּרָטוּרָה) וְרוֹשֵׁם מַעֲקָב רָצוּף שֶׁל הָעֲרָכִים הַמִּשְׁתַּנִּים

Thermometer
מַדְחֹם (מַדְחֻמִּים) (מדע, טכנ') [יל"ט/221]. תֶּרְמוֹמֶטֶר, מַכְשִׁיר לִמְדִידַת הַתְּמוּדָה (טֶמְפֶּרָטוּרָה)

Thermometer, feuchtes
מַדְחֹם רָטֹב (מטא') [יל"ט/224]. מַדְחֹם (תֶּרְמוֹמֶטֶר) רְטֹב הַגֻּלָּה, תֶּרְמוֹמֶטֶר כַּסְפִּית שֶׁגֻּלַּת הַכַּסְפִּית שֶׁלּוֹ מְרֻטֶּבֶת בְּמֶשֶׁךְ כָּל הַתַּצְפִּית בְּאֶמְצָעוּת אָרִיג רָטֹב

Thermometer, Schwarzkugel-
מַדְחֹם שְׁחֹר הַגֻּלָּה (מטא') [יל"ט/224]. מַדְחֹם (תֶּרְמוֹמֶטֶר) שֶׁגֻּלַּת הַכַּסְפִּית שֶׁלּוֹ מֻשְׁחֶרֶת

Thermometer, trockenes
מַדְחֹם יָבֵשׁ (מטא') [יל"ט/222]. מַדְחֹם (תֶּרְמוֹמֶטֶר) יְבֵשׁ הַגֻּלָּה, תֶּרְמוֹמֶטֶר כַּסְפִּית

Thermostat
סְדַרְחֹם (טכנ') תֶּרְמוֹסְטָט, הֶתְקֵן לְוִסּוּת חֹם

Thesaurus
עָרוּךְ (עֲרוּכִים) (בלש', ספרנ') אוֹצָר (אוֹצָרוֹת), אֶגְרוֹן, מִלּוֹן עָרוּךְ לְפִי הַמַּשְׁמָעִים, תֶּזָאוּרוּס

These
הַנָּחַת יְסוֹד (פיל') [ק/א/183]. הַנָּחָה, דֵּעָה אוֹ סְבָרָה שֶׁיֵּשׁ לְהוֹכִיחָן , תֵּזָה. בַּקָּשָׁה [ק/א/94]. הַצָּעָה עִיּוּנִית, שְׁאֵלָה. גְּזֵרָה [ק/א/111]. מִשְׁפָּט, הַקְדָּמָה. דְּרוּשׁ (דְּרוּשִׁים) [ק/א/146]. מְבֻקָּשׁ. דְּרִישָׁה (פיל') [ק/א/147]. טַעַם (פיל') [ק/ב/19]. מַאֲמָר (פיל') [ק/ב/129]. מֻקְדָּמָה, מִקְדָּמָה (פיל') [ק/ב/264]. טִעוּן, עִקָּרוֹן, הַמִּשְׁפָּט הַקִּדְמִי שֶׁל הַהֶקֵּשׁ. מִשְׁפָּט מֻנָּח (פיל') [ק/ב/300]

Thesis ---> These

Thetik
מַעֲרֶכֶת הַנָּחוֹת (פיל')

thorakal ---> brustkorbbezüglich

Thrombin
אֶפְקָק (ביו') תְּרוֹמְבִּין, אֶתְסָס (אֶנְזִים) שֶׁנּוֹצָר

מִן הַחֶלְבּוֹן טְרוֹם אֶפְקֵק (פְּרוֹתְרוֹמְבִּין) וּמְסַיֵּעַ בְּהַקְרָשַׁת הַדָּם

Thrombose

פַּקֶּקֶת (רפו׳) תְּרוֹמְבּוֹזָה, קְרִישַׁת דָּם בְּתוֹךְ כְּלֵי הַדָּם בַּגּוּף

thrombosenbezüglich

פַּקַּקְתִּי (רפו׳) שֶׁל פַּקֶּקֶת (תְּרוֹמְבּוֹזָה)

Thrombus

פְּקִיק (פְּקִיקִים) (רפו׳) פֶּקֶק, קְרִישׁ דָּם הַמִּתְהַוֶּה בִּכְלֵי הַדָּם בַּגּוּף

Thron

כֵּס מוֹשָׁל (מדי׳)

Thunfische ---> Makrelen

Thymian *{Thymus}*

בַּת קוֹרָנִית (בוט׳) צֶמַח מִמִּשְׁפַּחַת הַשִּׂפְתָנִיִּים

Thymus

הֶרֶת (רפו׳) תִּימוּס

Tick

פִּיק (פסי׳, רפו׳) [ר/א/291; מר״ח/667]. פִּרְכּוּס, טִיק, הִתְכַּוְּצוּת עֲוִיתִית לֹא רְצוֹנִית שֶׁל הַשְּׁרִירִים, עֲוִית עַצְבָּנִית

Tide, Fallen der [---> Gezeiten]

שְׁפִילָה (י״א) יְרִידַת מֵי הַיָּם בְּעֵת שֵׁפֶל

Tide, Steigen der

גְּאִיָּה (י״א) עֲלִיַּת מֵי הַיָּם בְּעֵת גֵּאוּת

Tide, Stillstand der

בֵּינֵי מוֹעֵד הַיָּם (י״א) בֵּינֵי גֵּאוּת וָשֵׁפֶל

Tidenkentern ---> Tidenwechsel

Tidenwechsel

חִלּוּף בְּמוֹעֵד הַיָּם (י״א) חִלּוּף גֵּאוּת וָשֵׁפֶל

Tief ---> Tiefdruckgebiet

Tiefdruck

דְּפוּס שֶׁקַע (אמנ׳, דפו׳) [ממ״ג/240]. שִׁיטַת הַדְּפָּסָה שֶׁבָּהּ הַצּוּרוֹת הַשְּׁקוּעוֹת נִמְרָחוֹת בְּצֶבַע וְהַחֹמֶר שֶׁעָלָיו מַדְפִּיסִים נִלְחָץ לְתוֹכָן

Tiefdruckgebiet *{Zyklon}*

שֶׁקַע (שְׁקָעִים) (מטא׳) [יל״ט/204]. שֶׁקַע בָּרוֹמֶטְרִי, אֵזוֹר בְּמִפְלָס מְסֻיָּם שֶׁהַלַּחַץ הָאֲוִירִי (אַטְמוֹסְפֶרִי) בְּמֶרְכָּזוֹ נָמוּךְ מִן הַלְּחָצִים הַמַּקִּיפִים אוֹתוֹ

Tiefdruckgebiet(s), Auflösung eines

הִתְמַלְּאוּת שֶׁקַע (מטא׳) [יל״ט/57] עֲלִיַּת הַלַּחַץ בְּמֶרְכַּז שֶׁקַע בָּרוֹמֶטְרִי

Tiefdruckgebiet(s), Bildung eines *{Zyklogenese}*

הִתְפַּתְּחוּת שֶׁקַע (מטא׳) [יל״ט/59]

Tiefdruckgebiet(s), Vertiefung eines

הִתְעַמְּקוּת שֶׁקַע (מטא׳) [יל״ט/58] יְרִידַת הַלַּחַץ בְּמֶרְכַּז שֶׁקַע בָּרוֹמֶטְרִי

Tiefdruckrinne

אָפִיק (אֲפִיקִים) (מטא׳) [יל״ט/26]. אֵזוֹר לַחַץ הַנִּפְרָשׂ מֵעֶבְרוֹ שֶׁל שֶׁקַע בָּרוֹמֶטְרִי

Tiefe

עַמְקוּת (מ״מ, פיל׳) [ק/ג/146]. עֹמֶק (עֲמָקִים), הַמֵּמַד הַשְּׁלִישִׁי, שִׁעוּר הַמֶּרְחָק בֵּין הַמִּפְלָס הָעֶלְיוֹן עַד הַתַּחְתִּית, תְּכוּנָתוֹ שֶׁל הַדָּבָר הֶעָמֹק, מַעֲמָק (מַעֲמַקִּים). נְמִיכוּת (מ״מ) [ק/ג/39]. נְמִיכָה, תְּכוּנַת הַמָּקוֹם הַנָּמוּךְ, נֹמֶךְ, שֵׁפֶל. שִׁפְלוּת (מ״מ, פיל׳) [ק/ד/151]. לָמָּה (פיל׳) [ק/ב/120]. עִנְיַן הַלָּמָּה שֶׁל הָעֶצֶם, שְׁאֵלַת הַלָּמָּה, תַּכְלִית, עִנְיָן. לָמוּת (פיל׳) [ק/ב/122]

Tiefe, kritische

עַמְקוּת בִּקָּרְתִּית (מ״מ, פיל׳)

Tiefe im geistigen Sinne

עֹמֶק רַעְיוֹנִי [ק/ג/146]. עֹמֶק, מַשְׁמָעוּת פְּנִימִית, הָרַעְיוֹן הַפְּנִימִי, הַתֹּכֶן, תַּמְצִית, עִקָּר

Tiefenerosion ---> Erosion, rückschreitende

Tiefeninterview

רֵאָיוֹן מַעֲמִיק חָדֵר (מ״ח) דֶּבֶב עָמֹק

Tiefenstruktur

מִבְנֶה עֹמֶק (בלש׳) [מ״ב/56]. מִבְנֶה עָמֹק, מִבְנֶה תַּשְׁתִּית, מִבְנֶה תַּחְבִּירֵי מִשְׁפָּט הַמַּרְאֶה אֶת הַיְּחָסִים הַדִּקְדּוּקִיִּים שֶׁל הַיְסוֹדוֹת הַתַּחְבִּירִיִּים וְאֶת תִּפְקוּדֵיהֶם וְהַמַּבְטִיחַ פֵּרוּשׁ סֵמָנְתִּי (סֵמַנְטִי) מָלֵא שֶׁל מִשְׁפָּט

Tiefenwahrnehmung

תְּפִיסַת הָעֹמֶק (פסי׳, רפו׳) [ר/ב/496]. רְאִיַּת הָעוֹלָם בִּשְׁלֹשָׁה מְמַדִּים

Tiefenpsychologie

נַפְשׁוּת הַנְּבָכִים (פסי׳) [ר/ב/403]. פְּסִיכוֹלוֹגְיָה שֶׁל הַנְּבָכִים, - שֶׁל הַמַּעֲמַקִּים, תּוֹרָה פְּסִיכוֹלוֹגִית הַמְחַפֶּשֶׂת אֶת הַהֶסְבֵּרִים לְהִתְנַהֲגוּת הָאָדָם בָּרֶבֶד הַלֹּא מוּדָע שֶׁלּוֹ

Tiefensuche

חִפּוּשׂ לָעֹמֶק תְּחִלָּה (פסי׳, פדג׳) חִפּוּשׂ לָעֹמֶק

Tiefenwissen

יֶדַע עָמֹק (פסי׳, פדג׳) יֶדַע מַעֲמִיק

Tiefgang

שֹׁקַע (ימא׳)

Tiefkühlfach

מַקְפֵּא (טכנ׳) תָּא הַקְפָּאָה בְּמַקְרֵר

Tiefland

אֶרֶץ שְׁפֵלוֹת (י״א)

tiefliegend *{profund}*

מָעֳמָק (רפו׳) עָמֹק, מַעֲמִיק, עָמִיק, מַעֲמַקִּי

Tiefpunkt

נְקֻדַּת שֵׁפֶל (אסט׳) [ק/ד/149]. שֵׁפֶל, שְׁפֵל, - רוּם, - גֹּבַהּ הָרוּם, פְּרִיגֵאוֹן, הַנְּקֻדָּה הַקְּרוֹבָה בְּיוֹתֵר אֶל הַגּוּף הַמֶּרְכָּזִי בְּמַסְלוּלוֹ שֶׁל גֶּרֶם שְׁמֵימִי

Tiefsinn

עַמְקָנוּת (פיל׳, פסי׳) מוּבָן מַעֲמִיק, עִמְקֵי הֶהָגוּת, מַשְׁמָעוּת עֲמֻקָּה

Tiefstand der Aufmerksamkeit ---> Aufmerksamkeit, Tiefstand der

Tiegel [---> Schmelztiegel]

צִנְצֶנֶת (צִנְצָנוֹת) (טכנ׳, ארכ׳)

Tiegelstahl

פְּלָדַת כּוּר (טכנ׳)

Tier

חַיָּה (חַיּוֹת) (זוא׳) [ק/א/287]. חִיּוּנִי, בַּעַל חַיִּים

Tier, enthäutetes

גְּלוּד (גְּלוּדִים) (זוא', חקל') בַּעַל חַיִּים פָּשׁוּט עוֹר

Tierarzt *{Veterinär}*

רוֹפֵא חַיּוֹת (זוא', רפו') [מר"ח/704]. טַבָּב, טַבִּיב, רוֹפֵא בְּהֵמוֹת, וֶטֶרִינָר

Tierheilkunde *{Veterinärmedizin}*

רְפוּאַת חַיּוֹת (זוא', רפו') [מר"ח/704]. טַבָּבוּת, טִבּוּב, רְפוּאַת בְּהֵמוֹת, וֶטֶרִינָרִיּוּת

Tierheit

בַּהֲמִיּוּת (מ"ח) חַיָּתִיּוּת, אֲנִימָלִיּוּת, חַיְּוֹנִיּוּת, גַּשְׁמִיּוּת, פִּרְאִיּוּת, הִתְנַהֲגוּת מְחֻסֶּרֶת תַּרְבּוּת וּמוּסָר, הִתְפָּרְאוּת הַיְּצָרִים, גַּסּוּת

tierisch [---> animalisch]

בַּהֲמִי (מ"ח) [ק/א/81]. מַה שֶּׁיֵּשׁ בּוֹ מִטֶּבַע הַבְּהֵמָה, חָמְרִי, גַּשְׁמִי, חַיָּתִי, אֲנִימָלִי, חַיְּוֹנִי, שֶׁמִּטֶּבַע בַּעֲלֵי הַחַיִּים, מְבֹהָם, פִּרְאִי, חֲסַר תַּרְבּוּת וּמוּסָר, גַּס

Tierische, das

הַחַיָּתִי [פ"ר/177]

tierische Natur ---> Natur, tierische

Tierkreis

גַּלְגַּל הַמַּזָּלוֹת (אסט') [ק/א/115]. חֲגוֹרָה (אסט') [ק/א/271]. חֲגוֹרַת הַמַּזָּלוֹת, הֶקֵּף עִגּוּל הַמַּזָּלוֹת. הַגַּלְגַּל הַנּוֹטֶה (אסט') [ק/ג/29]. עֲגֻלַּת הַמַּזָּלוֹת (אסט') [ק/ג/124]. קַו הַלִּקּוּת, אֶקְלִיפְּטִיק. אֲפֻדָּה (אסט') [ק/א/64]. אֵזוֹר הַמַּזָּלוֹת בָּרָקִיעַ

Tierkreiszeichen [---> Sternbild]

מַזָּל (מַזָּלוֹת) (אסט') [ק/ב/173]. כִּנּוּי לְכָל אַחַת מִשְּׁתֵּים עֶשְׂרֵה קְבוּצוֹת כּוֹכְבֵי הַשָּׁמַיִם, כּוֹכָב

Tierkreiszeichen als Ort eines bestimmten Planeten

בֵּית מַזָּל (בָּתֵּי מַזָּל) (אסט') [ק/א/88]. בַּיִת (בָּתִּים), חֵלֶק אֶחָד מִשְּׁנֵים עָשָׂר חֶלְקֵי גַּלְגַּל הַמַּזָּלוֹת בְּתוֹר מָקוֹם לְכוֹכָב לֶכֶת

Tierpsychologie

נַפְשׁוֹת שֶׁל בַּעֲלֵי חַיִּים (פסי', זוא') פְּסִיכוֹלוֹגְיָה שֶׁל בַּעֲלֵי חַיִּים

Tierreich *{Fauna}*

חַיּוּתָה (זוא') פָאוּנָה, מַמְלֶכֶת הַחַי

Tierstämme mit Rückgradstab ---> Rückgradstab, Tierstäme mit

Tiger *{Panthera tigris}*

טִיגְרִיס (זוא') יוֹנֵק מִמִּשְׁפַּחַת הַחֲתוּלִיִּים

Tigeriltis *{Vormela peregusna}*

סַמּוּר (זוא') יוֹנֵק מִמִּשְׁפַּחַת הַסַּמּוּרִיִּים

Tigerlilie *{Lilium lancifolium (Lilium tigrinum)}*

שׁוֹשַׁן נְמֵרִי (בוט') צֶמַח מִמִּשְׁפַּחַת הַשׁוֹשַׁנִּיִּים

tilgbar

בַּר פִּדְיוֹן, בַּת פִּדְיוֹן (כלכ', משפ') שֶׁנִּתָּן לְפִדְיוֹן, נִפְדֶּה, נִפְדֵּית

tilgen

סַלֵּק (מְסַלֵּק) [א"ח/א/155]. הֶעֱבִיר (מַעֲבִיר), בִּטֵּל (מְבַטֵּל), פָּרַע

tilgen, Hypothek ---> Hypothek tilgen

Timbre ---> Klangfarbe

Tinea

גַּזֶּזֶת (רפו') [מר"ח/668]. נֶתֶק, מַחֲלַת עוֹר הַגּוֹרֶמֶת נְשִׁירַת שְׂעָרוֹת

Tinktur

תַּשְׁרִית (חזו', רפו') טִינְקְטוּרָה, מִשְׁרָה

Tinnitus ---> Ohrenrauschen

Tintenfisch, Gemeiner *{Sepia officinalis}*

דְּיוֹנוֹן יָם תִּיכוֹנִי (זוא') בַּעַל חַיִּים מִמִּשְׁפַּחַת הַדְּיוֹנוֹנִיִּים (רֹאשׁ רַגְלָאִים)

Tintenflecktest

מִבְחַן כִּתְמֵי דְּיוֹ (פסי') [ר/ב/629]. מִבְחַן רוֹרְשָׁאךְ, - תִּסְפּוּג

Tischcomputer

מַחְשֵׁב אִישִׁי (מחש') [דמ"א/33]. מַחְשֵׁב שֻׁלְחָנִי

Tischgenosse

חֲבֵר שֻׁלְחָן

Tischler

נַגָּר (נַגָּרִים) (מלא') [א"ח/ב/266]. חָרַשׁ עֵצִים

Tischtuch

מַפָּה (מַפּוֹת) [א"ח/א/102]. מַפַּת שֻׁלְחָן

Titel

כּוֹתֶר (כּוֹתָרִים) (ספרנ') הַשֵּׁם הַמָּלֵא שֶׁל פִּרְסוּם דְּפוּס כְּפִי שֶׁהוּא נִתָּן בַּשַּׁעַר

Titel, privatrechtlicher

תְּבִיעָה חֻקִּית-פְּרָטִית (משפ')

Titelaufnahme

רִשְׁמוּן לְפִי כּוֹתֶר (ספרנ') עִיּוּל לְפִי כּוֹתֶר, רִשּׁוּם עַל פִּי כּוֹתֶר

Titelblatt

שַׁעַר (שְׁעָרִים) (ספרנ') הָעַמּוּד הָרִאשׁוֹן בְּפִרְסוּם שֶׁמְּדֻפָּסִים עָלָיו שֵׁם הַפִּרְסוּם וְהַמְּחַבֵּר

Titelblatt, doppeltes

שַׁעַר דּוּ עַמּוּדִי (ספרנ')

Titeleintragung ---> Titelaufnahme

Titelseite ---> Titelblatt

Titer

כַּיִל (כימ')

titrieren

כִּיֵּל (מְכַיֵּל), הִתְכַּיֵּל (כימ') [ל"מ/233]. עָשָׂה טִיטְרַצְיָה

Titrierung

כִּיּוּל (כימ') [ל"מ/233]. טִיטוּר, טִיטְרַצְיָה, הוֹסָפָה לְנֶפַח מָדוּד שֶׁל תְּמִסָּה נִבְדֶּקֶת תְּמִיסַּת חֹמֶר אַחֵר (מַפְעִיל) עַד שֶׁתֻּשְׁלַם הַתְּגוּבָה הַכִּימִית בֵּין שְׁנֵי הַחֳמָרִים

Tod, nach dem ---> post mortem

Todeserklärung, gerichtliche

הַצְהָרַת מָוֶת (משפ')

Todeskampf

גְּסִיסָה (רפו') יִסּוּרֵי מִיתָה

Todesstatistik

פִּנְקָדָן (רפו', משפ') [מר"ח/475]. רְשִׁימַת מִקְרֵי הַמָּוֶת, פִּנְקַס הַנִּפְטָרִים

Todesstrafe

עֹנֶשׁ מָוֶת (משפ')

Todesurteil

גְּזַר דִּין מָוֶת (משפ')

tödlich ---> letal

tödliche Dosis ---> Dosis, tödliche

Tölpel *{Sulidae}*
סוּלָתִיִּים (זוא׳) מִשְׁפָּחָה שֶׁל עוֹפוֹת מִסְדֶּרֶת הַשַּׁקְנָאִים

tölpelhaft ---> ungeschickt

tönen ---> klingen

tönend *{resonant}*
תּוֹהֵד (פיס׳, מוס׳) מַחֲזִיר צְלִילִים, שֶׁנִּמְצָא בִּתְהוּדָה

Töpfer(in)
קַדָּר, קַדָּרִית (מלא׳) [א״ת/ב/272]. יוֹצֵר, עוֹשֵׂה כְּלֵי חֶרֶס

Töpferei
בֵּית הַיּוֹצֵר (בָּתֵּי יוֹצְרִים) (מלא׳) בֵּית מְלָאכָה לַעֲשִׂיַּת כְּלֵי חֶרֶס

Töpferhandwerk
קַדָּרוּת (מלא׳) עֲשִׂיַּת כְּלֵי חֶרֶס

Töpferofen
כִּבְשַׁן הַיּוֹצֵר (טכנ׳) [א״ת/ב/274]. כִּבְשָׁן שֶׁל יוֹצְרִים, כִּבְשַׁן קַדָּרִים

Töpferscheibe
אָבְנַיִם (טכנ׳) אָבְנֵי יוֹצֵר

Töpfertretscheibe
אָבְנֵי מִדְרָךְ (טכנ׳)

töricht verhalten, sich ---> verhalten, sich töricht

töten
הֵמִית (מֵמִית) (ביו׳, משפ׳) קָטַל (קוֹטֵל), הָרַג, מוֹתֵת (מְמוֹתֵת), קִטֵּל (מְקַטֵּל), גּוֹעַ, הִגְוִיעַ, הוֹמֵת, נֶהֱרַג, נִקְטַל, נִסְפָּה

töten, durch Halsstich
נָחַר (נוֹחֵר) (חקל׳) הֵמִית בַּעַל חַיִּים בִּדְקִירָה בַּגָּרוֹן

Tötung
הֲמָתָה (ביו׳, משפ׳) קְטִילָה, קֶטֶל, הֲרִיגָה, הֶרֶגָה

Tötung durch Halsstich
נְחוֹר (חקל׳) נְחִירָה (נְחִירוֹת), הֲמָתַת בַּעֲלֵי חַיִּים בִּדְקִירָה בַּגָּרוֹן

tolerant
סוֹבְלָנִי, מַתִּירָנִי, טוֹלֶרַנְטִי, חֲסַר קַנָּאוּת

Toleranz [---> Fehlertoleranz]
סוֹבְלָנוּת, מַתִּירָנוּת, טוֹלֶרַנְטִיּוּת, רַחֲבוּת נֶפֶשׁ, מִדַּת חֲסִידוּת, סַבְלָנוּת

toller Hund ---> Hund, toller

Tollheit
הוֹלֵלוּת (מ״ח) הוֹלֵלָה, לֵיצָנוּת, שׁוֹבְבוּת

Tollkirsche ---> Belladonna

Tollwut *{Rabies}*
כַּלֶּבֶת (רפו׳) חֳלִי הַכֶּלֶב, כַּלְבִּיּוּת, מַחֲלַת שְׁטוּת הַכֶּלֶב

Tomate *{Lycopersicon}*
עַגְבָנִיָּה (בוט׳) צֶמַח מִמִּשְׁפַּחַת הַסּוֹלָנִיִּים

Ton [---> Klang]
טוֹן (טוֹנִים) (מוס׳) צְלִיל תַּנְעִימִי (מוּזִיקָלִי) בַּעַל גֹּבַהּ מֻגְדָּר. טִין (גאו׳, טכנ׳) [א״ת/ב/158]. עָפָר לַח הַמְּשַׁמֵּשׁ חֹמֶר לְתַעֲשִׂיַּת הַקַּדָּרוּת, חַרְסִית, חֵמָרָה

Ton, feingeschlämmter
טִין מְפֻלָּם דַּק (טכנ׳)

Ton, Gefäß aus ungebranntem
כְּלִי אֲדָמָה (טכנ׳) כְּלִי מִטִּין בִּלְתִּי שָׂרוּף

Ton, gesprenkelter
טִין נָקֹד (טכנ׳)

Ton, grobgeschlämmter
טִין מְפֻלָּם גַּס (טכנ׳)

Ton, kalkhaltiger
טִין סִיד (טכנ׳)

Ton, körniger
טִין חֲצָצִי (טכנ׳)

Ton, magerer ---> Ton, sandiger

Ton, sandiger
טִין חוֹלִי (טכנ׳)

Tonabnehmer
לַקְטָן (טכנ׳, מוס׳) מַכְשִׁיר בִּקְצֵה זְרוֹעַ הַמָּקוֹל (גְּרָמוֹפוֹן) וּבוֹ מַחַט הַמּוּשֶׂמֶת עַל הַתַּקְלִיט

Tonalität
תְּצִלָּה (מוס׳) טוֹנָלִיּוּת

Tonart ---> Tonleiter

Tonball
בֵּיצַת יוֹצְרִים (טכנ׳) גּוּשׁ טִין בְּצוּרַת בֵּיצָה

Tonbandgerät
רְשַׁמְקוֹל (טכנ׳) מַכְשִׁיר הַמַּקְלִיט צְלִילִים עַל גַּבֵּי סֶרֶט מַגְנֵטִי וּמַשְׁמִיעָם

Tonbinder
קַשְׁרָן טִינִי (גאו׳) קַשְׁרָן חַרְסִיתִי

Tonerhöhung
הַנְסָקָה (מוס׳) הַגְבָּהַת הַצְּלִיל הַנָּתוּן עַל יְדֵי נָסֵק (דִּיאֶז) בַּחֲצִי טוֹן

Tonerniedrigung
הַנְחָתָה (מוס׳) הַנְמָכַת צְלִיל מְסֻיָּם עַל יְדֵי נָחֵת (בֶּמוֹל) בַּחֲצִי טוֹן

Tonfall *{Inflexion}*
נְטִי קוֹל (מוס׳) נֶטִי

Tonfraktion
פְּרִיד טִין (גאו׳) פְּרִיד חַרְסִית

Tonhaltungspedal

דּוּשַׁת שְׁהוּי (מוס')

Tonhöhe
גֹּבַהּ הַצְּלִיל (פיס', מוס') [למ"ו/92]. גָּבְהוֹ שֶׁל צְלִיל בְּיַחַס לִצְלִילִים אֲחֵרִים הַנִּקְבָּע עַל פִּי מִסְפַּר הַתְּנוּדוֹת לִשְׁנִיָּה שֶׁל מְקוֹר הַצְּלִיל

Tonhöhenverlauf ---> Intonation

Tonika
יָסֵד (מוס') טוֹנִיקָה, הַטּוֹן הַיְסוֹדִי בְּסֻלָּם רַבִּיב (מָג'וֹרִי) אוֹ בְּסֻלָּם זָעִיר (מִינוֹרִי) שֶׁעַל פִּיו נִקְבָּע שֵׁם הַסֻּלָּם

Tonikum
סַם מְיַתֵּן (רפו') סַם מְחַזֵּק

tonisieren
יַתֵּן (מְיַתֵּן) (רפו') [מר"ח/671]. חִזֵּק, עוֹדֵד

Tonisieren
יִתּוּן (רפו') [מר"ח/671]. חִזּוּק, עִדּוּד

Tonleiter *{Skala}*
סֻלָּם (סֻלָּמוֹת) (מוס') [שא"מ/590]. סֻלָּם תַּנְעִימִי (מוּזִיקָלִי), שׁוּרַת צְלִילִים הַמְּשַׁמֶּשֶׁת בָּסִיס לְחִבּוּר תַּנְעִימִי כָּלְשֶׁהוּ

Tonleiter, homonyme
סֻלָּמוֹת צְמוּדִים (מוס') סֻלָּמוֹת הוֹמוֹנִימִיִּים

Tonleiter, fünfstufige *{Pentatonik}*
סֻלָּם חֲמִישׁ (מוס') סֻלָּם פֶּנְטָטוֹנִי, חָמוּשׁ

Tonne ---> Boje

Tonnengehalt, festgestellter
תְּפוּסָה (ימא') הַנֶּפַח שֶׁדָּבָר-מָה תּוֹפֵס בְּמָקוֹם מְסֻיָּם

Tonnschnecken ---> Faßschnecken

Tonschicht, verdichtete
סְלִיַּת טִין (גאו') סְלִיַּת חַרְסִית

Tonschneider
מָלוּשׁ (טכנ') מְכוֹנָה הַלָּשָׁה אֶת הַטִּין הַלַּח וּמַעֲבִירָה אוֹת בְּמַעְגִּילָה

Tonsetzer ---> Komponist(in)

Tonspur *{Soundtrack}*
פַּסְקוֹל (פַּסְקוֹלִים) (טכנ') קֶטַע שֶׁל סֶרֶט קוֹלְנוֹעַ שֶׁהַקּוֹל מֻקְלָט עָלָיו

Tonstärke
עָצְמַת הַצְּלִיל (פיס', מוס')

Tonus
יֶתֶן (רפו') [מר"ח/671]. טוֹנוּס

tonusbezüglich
יָתוּן (רפו') [מר"ח/671]. טוֹנִי

tonuslos ---> atonisch

Tonusmangel ---> Atonie

Tonverschmelzung
מְזִיגַת צְלִילִים (מוס', פסי')

Topf ---> Kochtopf

Topfstelle
בֵּית שְׁפִיתָה (טכנ') [א"ח/א/91]. מָקוֹם בַּכִּירָה לִשְׁפִיתַת הַסִּיר

Tophus ---> Knoten

Topik [---> Subjekt, psychologisches]
מִשְׁפַּט יִחוּד (בלש') [מ"ב/32]. מִשְׁפָּט שֶׁצֵּרוּף שֵׁמָנִי מוּצָא מִמֶּנּוּ וּמֻצָּב לְפָנָיו כְּשֶׁאֵת מְקוֹמוֹ הַמְּקוֹרִי מְמַלֵּא כִּנּוּי, לְמָשָׁל: "**יְרוּשָׁלַיִם** רַבִּים עוֹלִים **אֵלֶיהָ** לְרֶגֶל" (בִּמְקוֹם: "רַבִּים עוֹלִים לִירוּשָׁלַיִם לְרֶגֶל"). אֻמָּנוּת הַנִּצּוּחַ (פיל') [ק/א/55]. חָכְמָה פִילוֹסוֹפִית, - מְקוֹמִית (פיל') [ק/א/297]. חָכְמַת הַנִּצּוּחַ (פיל') [ק/א/298]. תּוֹרַת סְדָרִים, תּוֹרַת הַמָּקוֹם

Topikalisierung
יִחוּד (בלש') [מ"ב/232]. מִקּוּד, מַתַּן יֶתֶר חֲשִׁיבוּת לְרָכִיב מְסֻיָּם עַל יְדֵי הַעֲבָרָתוֹ לִתְחִלַּת הַמִּשְׁפָּט

Topinambur ---> Erdbirne

topische Demonstration ---> Demonstration, topische

Topograph(in)
אַתְרַאי, אַתְרָאִית (י"א) [מר"ח/672]. טוֹפּוֹגְרָף

Topographie
אַתְרָה, תַּאֲתוּרָה (י"א) [מר"ח/672]. טוֹפּוֹגְרַפְיָה

topographisch
אַתְרִי, תַּאֲתוּרִי (י"א) [מר"ח/672]. טוֹפּוֹגְרָפִי

Topologie
אֲתָרִיּוּת [ר/א/288]. טוֹפּוֹלוֹגְיָה, גֵּאוֹמֶטְרִיָּה שֶׁל עִוּוּתִים הָעוֹסֶקֶת בְּחֵקֶר הַתְּכוּנוֹת הַגֵּאוֹמֶטְרִיּוֹת שֶׁל גּוּפִים שֶׁאֵינָם מִשְׁתַּנִּים אַף אִם חָלִים בָּהֶם שִׁנּוּיִים זְמַנִּיִּים

Tor
שׁוֹטֶה (שׁוֹטִים) (פסי') [א"ח/א/246]. חֲסַר דֵּעָה, טִפֵּשׁ

Tora bezüglich, auf die
תּוֹרִי (דת) [ק/ד/186]. מִתְיַחֵס עַל הַתּוֹרָה, דָּתִי, אָדוּק, חֲרֵדִי

Torf
כָּבוּל (גאו') חֹמֶר אוּלְנִי (אוֹרְגָנִי) שֶׁנּוֹצָר בְּהֶעְדֵּר חַמְצָן מֵהִתְפַּחֲמוּת חֶלְקִית שֶׁל שְׂרִידֵי צְמָחִים וְהַמָּצוּי בַּטֶּבַע בְּאֵזוֹרֵי בִּצּוֹת

Torgebäude
בֵּית שַׁעַר (אדר', ארכ') [א"ח/א/52]. תָּא הַשּׁוֹעֵר בִּמְבוֹא הַשַּׁעַר, סֻכַּת הַשּׁוֹמֵר לְיַד הַשַּׁעַר

Torheit
הֲזָיָה (הֲזָיוֹת) (פסי') [ק/א/166]. דִּמְיוֹן כּוֹזֵב. סִכְלוּת

torpid ---> träge

Torpor ---> Trägheit

Torsion
פִּתּוּל (פיס'). עִקּוּל (מחמ') פִּתּוּל שֶׁל עָקֹל

Torsionsmittelpunkt
מֶרְכַּז הַפִּתּוּל (פיס')

Torso ---> Rumpf

Torticollis ---> Schiefhals

Torus ---> Wulst

Totalisator
מַד גֶּשֶׁם אוֹגֵר (מטא') [יל"ט/99]. מַד גֶּשֶׁם הַצּוֹבֵר מֵי גֶּשֶׁם בְּפִרְקֵי זְמַן מִמֻשָּׁכִים

totalitär
כָּלָנִי (מ"ח) טוֹטָלִיטָרִי

Totalität ---> Ganzheit

Totalitarismus
כָּלָנִיּוּת (מ"ח) טוֹטָלִיטָרִיּוּת

Toteis
קַרְחוֹן מֵת (גאו', י"א) שְׁיָרֵת קֶרַח שֶׁל קַרְחוֹן הַנֶּאֱגֶרֶת בְּאֵזוֹרֵי שְׁפֹכֶת קַרְחוֹנִית

Totenbahre ---> Leichenbahre

Totenbeschwörer
בַּעַל אוֹב (דת, אנת') קוֹסֵם הַמְּדַבֵּר מִבִּטְנוֹ

בְּשֵׁם הַמֵּת הַנִּדְרָשׁ
Totenklage anstellen ---> Klagefeier abhalten
Totenkopf *{Acherontia atropos}*
גֻּלְגֹּלֶת הַמֵּת (זוא') חֶרֶק מִמִּשְׁפַּחַת הַרַפְרָפִיִּים (פַּרְפָּרָאִים)
Totenschein ---> Sterbeurkunde
Totenstarre *{Rigor mortis}*
צְפִידַת הַמֵּת (רפו') צְפִידַת מָוֶת, קִפְדּוֹן הַמָּוֶת
Totentanz
מְחוֹל מָוֶת (מוס') מְחוֹל מֵתִים
totgeborenes Kind
וָלָד מֵת (רפו') [מר״ח/636]. יְלוּד דּוּמָה
Totgeburt
לֵדַת מֵת (רפו') [מר״ח/636]. לֵדַת דּוּמָה
Totschlag
הֲרִיגָה (משפ') גְּרִימַת מָוֶת
toto coelo ---> Beziehung, in jeder
Totum dividendum ---> Begriff, einzuteilender
touchieren ---> befingern
Touchieren ---> Befingern
Tour ---> Umdrehung
Tournee
סִיבּוּב הוֹפָעוֹת (תאט', מוס') טוּרְנֶה
Toxämie
מְרַעֶלֶת (רפו') טוֹכְּסֶמְיָה, רַעֶלֶת דָּם
Toxikation ---> Vergiftung
Toxikologe
תַּרְעוּלָן (רפו') טוֹכְּסִיקוֹלוֹג
Toxikologie
תַּרְעוּלָה (רפו') טוֹכְּסִיקוֹלוֹגְיָה, תּוֹרַת הָרְעָלִים
toxikologisch
תַּרְעוּלִי (רפו') טוֹכְּסִיקוֹלוֹגִי
Toxikose ---> Vergiftungskrankheit
Toxin
רַעֲלָן (רפו') [ל״ב/113]. חֹמֶר רַעַל מִמָּקוֹר תַּחְיוּאִי (בִּיוֹלוֹגִי), טוֹכְּסִין
Toxine, Vergiftung durch ---> Intoxikation
toxisch
רָעִיל (רפו') רַעֲלִי, רַעֲלָנִי
toxische Schwachsichtigkeit ---> Schwachsichtigkeit, toxische
Toxizität ---> Giftigkeit
Toxoid
רַעֲלִילָן (רפו') טוֹכְּסוֹאִיד, רַעֲלָן (טוֹכְּסִין) שֶׁהֻחְלַשׁ וְאֵינוֹ רָעִיל
Trab
רְהִיטָה (ספו') רִיצָה
Trabekel ---> Bälkchen
Traber(in)
רַהֲטָן, רַהֲטָנִית (ספו') רָץ, רָצָה
Trachea ---> Luftröhre
Tracheitis ---> Luftröhrenentzündung
Trachom
גַּרְעֶנֶת (רפו') [מר״ח/674]. רַמֶּצֶת, טְרָכוֹמָה, מַחֲלַת עֵינַיִם מִדַּבֶּקֶת
Track

מְסִלָּה (מְסִלּוֹת) (מחש') [דמ״א/102]. נָתִיב בִּיחִידַת זִכָּרוֹן כְּגוֹן: תַּקְלִיטוֹן הַמְּחֻלָּק לִמְגִזָּרִים
Tradent [---> Traditionsgläubiger]
בַּעַל מְסוֹרָה (דת) [ק/ב/244]. מַעְתִּיק, כִּנּוּי לְחַכְמֵי הַתַּלְמוּד שֶׁהֶעְתִּיקוּ וּמָסְרוּ אֶת תּוֹרַת הָאָבוֹת לַדּוֹרוֹת הַבָּאִים
tradieren
בָּא בְּמָסֹרֶת (דת, הסט', ספר') [ק/ג/179]. הֶעְתִּיק, מָסַר עִנְיָן מְקֻבָּל מִדּוֹר לְדוֹר, אָחַז מַעֲשֵׂי אֲבוֹתָיו בְּיָדָיו, עָמַד בִּשְׁמוּעָתוֹ
tradiert [---> traditionell]
שֶׁבָּא בְּמָסֹרֶת (ספר', דת, הסט') [ק/ב/245]. מָעְתָּק, מָסוּר מִדּוֹר לְדוֹר. תָּכוּף (ספר' דת, הסט') [ק/ד/204]. נִמְשָׁךְ מִ... מָעֳבָר מֵאָבוֹת לְבָנִים
Tradition
מָסֹרֶת (דת, הסט') [ק/ב/297]. מִשְׁמָע, מְסוֹרָה, בְּנִגּוּד לְמַדָּע, מוֹרָשָׁה, מוֹרֶשֶׁת. שֶׁמַע (דת) [ק/ד/133]. קַבָּלָה
Tradition, religiöse
מָסֹרֶת דָּתִית (דת) [ק/ג/263]. קַבָּלָה, מְסוֹרָה תּוֹרָנִית
Tradition, ununterbrochene
מָסֹרֶת נֶצַח (דת, ספר', הסט') [ק/ד/196]. תְּכוּפוֹת
traditionell [---> tradiert]
מְסוֹרָתִי (דת, הסט') [ק/ב/245]. מָעְתָּק, מָסָרְתִּי, מוֹרַשְׁתִּי, מְקֻבָּל, נָהוּג, נֶאֱמָן לַמּוֹרֶשֶׁת
traditionelle Lebensart ---> Lebensart, traditionelle
traditionelle Wahrheiten ---> Wahrheit(en), traditionelle
Traditionsgläubiger [---> Tradent]
מְקַבֵּל (דת) [ק/ב/263]. מִי שֶׁקִּבֵּל דֵּעוֹת וֶאֱמוּנוֹת בְּמָסֹרֶת, נֶאֱמָן לְמוֹרַשְׁתּוֹ
Traductio
כֶּפֶל מִתְהַפֵּךְ (רטו') [ק/ב/103]. שִׁמּוּשׁ בְּנִרְדָּפוֹת לְצֹרֶךְ הַכְּפָלָה
träge *{torpid}*
עָצֵל (רפו', פסי') [מר״ח/672]. שָׁפִיל, שַׁפְלָן, עַצְלָנִי, נִרְפֶּה, קָהוּי, רָדוּם, אָדִישׁ, רְפֵה יָדַיִם
träge machen
עִצֵּל (מְעַצֵּל) [ק/ג/153]. הֵבִיא לִידֵי עַצְלוּת, שִׁפֵּל (מְשַׁפֵּל)
träge Masse ---> Masse, träge
träge Materie ---> Materie, träge
Träger [---> Keimträger] *{Substrat}*
נוֹשֵׂא (נוֹשְׂאִים) [ק/ג/71]. עֶצֶם אוֹ חֹמֶר שֶׁהוּא מְקוֹם לְמִקְרִים אוֹ לְאֵיכֻיּוֹת. תַּשְׁתִּית [ק/ב/162]. מוּסָד, יְסוֹד, בָּסִיס, מַסָּד. מַנָּח [ק/ב/215]. הַדָּבָר הָרָאשִׁי שֶׁעָלָיו מְדֻבָּר, מַשְׁתִּית. חִנּוּי, חֲנָיָה [ק/א/315]. מֵרִים, מַחֲזִיק. מַצָּע (מַצָּעִים) [ק/ב/259]. מַצָּע, הֲנָחָה יְסוֹדִית, רַעְיוֹן מֶרְכָּזִי, רֶקַע. מָקוֹם [ק/ב/266]. מִשְׁכָּן [ק/ב/294]. מוֹחַל [ק/ב/159]. מֶרְכָּבָה, מֶרְכֶּבֶת [ק/ב/280]. קַרְקַע לְ..., אֻשְׁיָה. סֶמֶךְ (סְמָכִים) (מתמ')
träger Strom ---> Strom, träger
Trägerplatte ---> Grundplatine
Trägerrost
סְרִיג קוֹרוֹת (אדר', טכנ')

Trägerschaft
נְשִׂיאָה, נְשִׂיאוּת (פיל׳, בלש׳) [ק/ג/75]. תְּכוּנַת הַנּוֹשֵׂא וְיַחֲסוֹ אֶל הַנָּשׂוּא (מַשָּׂא)

Trägersubstanz
נַשָּׂא (נַשָּׂאִים) (ביו׳, כימ׳) [ל״ב/82]. תִּרְכֹּבֶת כִּימִית יְחוּדִית הַמִּשְׁתַּתֶּפֶת בִּתְגוּבוֹת הַכִּימִיּוֹת הַקְּשׁוּרוֹת בְּהוֹבָלָה הַפְּעִילָה בְּגוּף הָאוֹלִים (אוֹרְגָנִיזְמִים)

Trägersuche *{Beam-Suche}*
חִפּוּשׂ אֲלֻמָּה (פסי׳, פדג׳) חִפּוּשׂ תְּנִסּוּתִי (הֶאוּרִיסְטִי) אַחַר שׁוּרַת חֲלוּפוֹת מֵיטָבִיּוֹת (אוֹפְּטִימָלִיּוֹת)

Trägheit *{Torpor; Indolenz; Inertia}*
שְׁפִילוּת (רפו׳, פסי׳) [מר״ח/672]. שַׁפְלָנוּת, שִׁפְלוֹן, קֵהָיוֹן, אֲדִישׁוּת, הִתְאַדְּשׁוּת, קִפָּאוֹן, טִמְטוּם הַלֵּב. עַצְלוּת [ק/ג/154]. רַשְׁלָנוּת, נִרְפּוּת, בַּצְלָנוּת, בַּטְלָנוּת, עַצְלָנוּת, חִבּוּק יָדַיִם, אִי רָצוֹן לַעֲבֹד. הֶתְמֵד (פיס׳) [ל״מ/228]. הַתְמָדָה, אִינֶרְצְיָה, תְּכוּנָתוֹ שֶׁל הַחֹמֶר הַמִּתְבַּטֵּאת בְּהִתְנַגְּדוּתוֹ לְשִׁנּוּיִים בְּמַצַּב תְּנוּעָתוֹ

Trägheitsachse
צִיר הַהֶתְמֵד (פיס׳)

Trägheitskraft
כֹּחַ הֶתְמֵד (פיס׳)

trällern
פִּזֵּם (מְפַזֵּם) (מוס׳)

Träne
דִּמְעָה (דְּמָעוֹת) (רפו׳)

tränen [---> weinen]
דָּמַע (דּוֹמֵעַ) (רפו׳) הִזִּיל דְּמָעוֹת, נִדְמַע, הִדְמִיעַ, זָלַף דְּמָעוֹת

Tränenapparat
מִדְמָע (רפו׳) כְּלֵי הַדֶּמַע, מַנְגְּנוֹן הַדְּמָעוֹת

Tränenbein *{Os lacrimale}*
עֶצֶם הַדְּמָעוֹת (רפו׳)

Tränenkiefer *{Pinus wallichiana (Pinus excelsa)}*
אֹרֶן רָם (בוט׳) צֶמַח מִמִּשְׁפַּחַת הָאָרְנִיִּים

Tränenträufeln *{Epiphora}*
דַּמַּעַת (רפו׳)

tränken
רִוָּה (מְרַוֶּה) (חקל׳) הִשְׁקָה דֵּי הַצֹּרֶךְ

Tränkrinne
שֹׁקֶת (שְׁקָתוֹת) (חקל׳) [א״ח/א/82]. כְּלִי קָעוּר לְהַשְׁקָיַת בְּהֵמוֹת

Tränkung *{Imprägnierung}*
הַסְפָּגָה (טכנ׳) [דח״ט/184]. אִימְפְּרֶגְנַצְיָה, הַרְוָיָה, הֶסְפֵּג, הַחְדָּרַת נוֹזְלִים לְתוֹךְ מוּצָק כְּדֵי לְשַׁנּוֹת אֶת תְּכוּנוֹתָיו

träufeln
זִלֵּף (מְזַלֵּף) [א״ח/א/228; א״ח/ב/325]. זִלַּח (מְזַלֵּחַ), זָלַח (זוֹלֵחַ), הִתִּיז נוֹזְלִים, הִזָּה (מַזֶּה), טִפְטֵף, נָזָה (נוֹזֶה)

Träufeln
זִלּוּף, הַזָּאָה, הַתָּזַת נוֹזְלִים, זִלּוּחַ, טִפְטוּף

träumen [---> phantasieren]
חָלַם (חוֹלֵם) (פסי׳) נֶחֱלַם, הִתְחַלֵּם

Träumen
חֲלִימָה (פסי׳)

Träumerei ---> Phantasieren

Tragant *{Astragalus}*
קֶדֶד (בוט׳) צֶמַח מִמִּשְׁפַּחַת הַפַּרְפְּרָנִיִּים

Tragbalken des Baugerüstes
כֹּפֶת (כְּפָתִים) (אדר׳) [א״ח/ב/267]. כָּפוּת, קוֹרַת תְּמִיכָה בְּבִנְיָן

Tragblatt ---> Deckblatt

tragen [---> beladen]
נָשָׂא (נוֹשֵׂא) [ק/ג/70]. שִׁמֵּשׁ קַרְקַע לְ..., - בָּסִיס לְ... . סָבַל [ק/ג/87]. שִׁמֵּשׁ מָקוֹם לְמִקְרִים

tragfähige Schicht ---> Schicht, tragfähige

Tragflächenboot
סְנַפִּירִית (סְנַפִּירִיּוֹת) (ימא׳)

Tragflügelboot ---> Tragflächenboot

Traghebel
נוֹשֵׂא הַסֵּבֶל (פיס׳) [ק/ג/73]

tragikomisch
יְגוֹנְבַּדְּחִי (ספר׳, תאט׳) טְרָגִיקוֹמִי

Tragikomödie
יְגוֹנְבַּדְּחָה (ספר׳, תאט׳) טְרָגִיקוֹמֶדְיָה

tragisch
יְגוֹנִי (יְגוֹנִית), טְרָגִי

Tragödie
יְגוֹנָה (יְגוֹנוֹת) (ספר׳, תאט׳) [י״א/176]. מַעֲגָם (מַעֲגָמִים, מַעַגְמֵי-), טְרָגֶדְיָה, חֶזְיוֹן תּוּגָה

Tragpfahl
כְּלוֹנָס נוֹשֵׂא (כְּלוֹנְסָאוֹת נוֹשְׂאִים) (אדר׳)

Tragpferd
סוּס מַשָּׂא (זוא׳, כלכ׳)

Tragung der Kosten ---> Kosten, Tragung der

Trainingsgruppe ---> Selbsterfahrungsgruppe

Traktat
מַאֲמָר (מַאֲמָרִים) (ספר׳) [ק/ב/133]. סֵפֶר, קֻנְטְרֵס, פֶּרֶק אוֹ חֵלֶק מִיצִירָה סִפְרוּתִית. אִגֶּרֶת (ספר׳) [ק/א/20]. דָּבָר (ספר׳) [ק/א/130]. חִבּוּר

Trance
חֲרָגוֹן (פסי׳) [ר/א/298]. טְרַנְס, מַצָּב שֶׁל מוּדָעוּת רָפָה אוֹ נֶעְדֶּרֶת לַחֲלוּטִין, חֶרְגּוֹן

Tranquilizer ---> Beruhigungsmittel

Transaktion ---> Geschäft

Transduktion
פִּרְטוּר (פיל׳) טְרַנְסְדוּקְצְיָה, לְמִידָה מִן הַפְּרָט עַל הַפְּרָט. הַשְׁנָיָה (ביו׳) [ל״ב/117]. הַעֲבָרַת חֹמֶר תּוֹרַשְׁתִּי מֵחַיְדַּק אֶחָד לְחַיְדַּק אַחֵר בְּאֶמְצָעוּת זוֹלְעָן (בַּקְטֶרְיוֹפָאז׳)

transduzieren
פִּרְטֵר (מְפַרְטֵר) (פיל׳) לָמַד מִן הַפְּרָט עַל הַפְּרָט. הִשְׁנָה (מַשְׁנֶה) (ביו׳) הֶעֱבִיר חֹמֶר תּוֹרַשְׁתִּי מֵחַיְדַּק אֶחָד לְחַיְדַּק אַחֵר בְּאֶמְצָעוּת זוֹלְעָן (בַּקְטֶרְיוֹפָאז׳)

Transfer ---> Übertragung

Transfer, negativer ---> Übertragung, negative

transfinit ---> überendlich

Transform
מַעְתֵּק (בלש׳) [מ״ב/232]. טְרַנְסְפוֹרְם, הַתּוֹצָאָה הַסּוֹפִית שֶׁל הַגִּלְגּוּל (טְרַנְסְפוֹרְמַצְיָה), לְמָשָׁל: ״רְאוּבֵן, שֶׁהָיָה עֵיֵף, יָשֵׁן״ הוּא מַעְתֵּק שֶׁל: ״רְאוּבֵן יָשֵׁן; רְאוּבֵן הָיָה עֵיֵף״

Transformation [---> Umwandlung; Umformung; Umgestaltung]
גִּלְגּוּל תַּחְבִּירִי (בלש׳) [מ״ב/233]. טְרַנְסְפוֹרְמַצְיָה, הֲפִיכָה, מַעֲבָר מִמִּבְנֶה תַּחְבִּירִי אֶחָד לְמִשְׁנֵהוּ עַל פִּי חֻקִּים מְסֻיָּמִים, לְמָשָׁל: ״עֵינֵי הֶחָכָם בְּרֹאשׁוֹ״ יָכוֹל לְהֵהָפֵךְ לְ- ״הֶחָכָם עֵינָיו בְּרֹאשׁוֹ״. הַתְמָרָה (ביו׳, מתמ׳) [ל״ב/117]. הַחְלָפָה, הַעֲבָרַת מֵידָע תּוֹרַשְׁתִּי מֵחַיְדַּקִּים מִזַּן אֶחָד לְחַיְדַּקִּים מִזַּן אַחֵר עַל יְדֵי גִּדּוּל הַזַּן הַקּוֹלֵט עַל מַצָּע הַמֵּכִיל מִצּוּי שֶׁל הַזַּן הַתּוֹרֵם

Transformation, geometrische
מִפּוּי (מתמ׳) טְרַנְסְפוֹרְמַצְיָה הַנְדָּסִית

Transformator
שַׁנַּאי (שַׁנָּאִים) (פיס׳, טכנ׳) [ל״מ/645]. טְרַנְסְפוֹרְמָטוֹר, מַכְשִׁיר חַשְׁמַלִּי הַמְּשַׁנֶּה אֶת שִׁעוּרֵי מֶתַח הַחִלּוּפִים וְהַזֶּרֶם הָעוֹבְרִים בּוֹ, מַשְׁגֵּן, מְשַׁגֵּן

transformierbar ---> umformbar

Transformierbarkeit ---> Umformbarkeit

transformieren
גִּלְגֵּל (מְגַלְגֵּל) (בלש׳) [מ״ב/233]. הָפַךְ מִבְנֶה תַּחְבִּירִי אֶחָד לְמִשְׁנֵהוּ, לְמָשָׁל: ״הַכֶּלֶב נָשַׁךְ אֶת הֶחָתוּל״ הוֹפֵךְ לְ- ״הֶחָתוּל נָשַׁךְ עַל יְדֵי הַכֶּלֶב״. הִתְמִיר (מַתְמִיר) (ביו׳) [ל״ב/117]. הֶעֱבִיר מֵידָע תּוֹרַשְׁתִּי מֵחַיְדַּקִּים מִזַּן אֶחָד לְחַיְדַּקִּים מִזַּן אַחֵר

Transfusion
עֵרוּי, טְרַנְסְפוּזְיָה, הַעֲבָרַת נוֹזְלִים מִכְּלִי לִכְלִי, שְׁפִיכָה

transire
עָבַר (עוֹבֵר) [ק/ג/122]. יָצָא מִנּוֹשֵׂא-מָה אֶל נוֹשֵׂא אַחֵר, הִתְפַּשֵּׁט

Transition
סְטִי (מוס׳) סְטִיָּה לְסֻלָּם אַחֵר. הֶחְלֵף בְּדוֹמֶה (ביו׳)

transitives Verb ---> Verb, transitives

Transitivität
עֲבִירוּת, יְכֹלֶת מַעֲבָר, עוֹבְרָנִיּוּת

transkribieren
תִּעְתֵּק (מְתַעְתֵּק) (בלש׳, ביו׳) [מ״ב/232]. רָשַׁם בִּכְתָב כָּלְשֶׁהוּ צְלִילֵי לָשׁוֹן מְסֻיֶּמֶת. בִּצֵּעַ (מְבַצֵּעַ) תִּעְתּוּק

Transkript
תַּעְתִּיק (ביו׳) תּוֹצָאַת הַתִּעְתּוּק (טְרַנְסְקְרִיפְּצְיָה)

Transkription
תַּעְתִּיק הֲגָאִים (בלש׳) [מ״ב/232]. טְרַנְסְקְרִיפְּצְיָה, רִשּׁוּם שֶׁל צְלִילֵי לָשׁוֹן מְסֻיֶּמֶת בְּאֶמְצָעוּת כְּתָב כָּלְשֶׁהוּ. תַּעְתִּיק (מוס׳) שִׁנּוּי מִסְפַּר הַקּוֹלוֹת בִּיצִירָה תַּנְעִימִית (מוּזִיקָלִית) אוֹ הַחְלָפַת שִׁיטַת הַתִּוּוּי שֶׁלָּהּ. תִּעְתּוּק (ביו׳) [ל״ב/118]. הִוָּצְרוּת RNA-שָׁלִיחַ הַמַּעֲבִיר אֶת הַמֵּידָע הַתּוֹרַשְׁתִּי עַל פִּי הַ-DNA הַמָּצוּי בְּגַרְעִין הַתָּא

Translation
תִּרְגּוּם (ספר׳, רטו׳) [ק/ג/95]. הֶעְתֵּק לָשׁוֹן

Transliteration
תַּעְתִּיק אוֹתִיּוֹת (בלש׳) [מ״ב/234]. טְרַנְסְלִיטֶרַצְיָה, רִשּׁוּם כְּתָב שֶׁל לָשׁוֹן אַחַת בְּאוֹתִיּוֹת שֶׁל לָשׁוֹן אַחֶרֶת, לְמָשָׁל: רִשּׁוּם הַכְּתָב הָעִבְרִי בְּאוֹתִיּוֹת הָאָלֶף-בֵּית הַלָּטִינִי: dvarxa (״דְּבָרְךָ״), masa'axa (״מַשָּׂאֲךָ״)

Translokation
הַתָּקָה (ביו׳) [ל״ב/117]. טְרַנְסְלוֹקַצְיָה, שִׁנּוּי מִנְיוֹנִי (כְּרוֹמוֹזוֹמָלִי)

Translokation, reziproke
הַתָּקָה הֲדָדִית (ביו׳)

Transmigration ---> Überwanderung

transmigrieren ---> überwandern

Transmissivität
תּוֹלְכָה (היד׳)

Transnominatio
חִלּוּף הַשֵּׁם (בלש׳, ספר׳) [ק/א/302]. טְרַנְסְנוֹמִינַצְיָה, שִׁמּוּשׁ בְּמִלָּה נִרְדֶּפֶת, הַחְלָפַת מִלָּה אַחַת בְּאַחֶרֶת לְשֵׁם קִצּוּר

Transnomission
הַעֲבָרָה (פיס׳, טכנ׳)

Transnomissionsgrad ---> Durchlässigkeitsfaktor

Transnomissionsmechanismus
הֶתְקֵן הַעֲבָרָה (טכנ׳) מַנְגְּנוֹן לְהַעֲבָרָה

Transparenz ---> Durchsichtigkeit

Transpiration [---> Porentranspiration; Hauttranspiration]
דִּיּוּת (בוט׳, מטא׳) [יל״ט/48]. טְרַנְסְפִּירַצְיָה, אִדּוּי מַיִם, תַּהֲלִיךְ הִתְאַדּוּת הַמַּיִם מִן הַצִּמְחִיָּה

Transpirationsverhältnis
יַחַס הַדִּיּוּת (בוט׳, מטא׳)

transpirieren
דִּיֵּת (מְדַיֵּת) (בוט׳, מטא׳) אִדָּה מַיִם

Transplantat
שֶׁתֶל (שְׁתָלִים) (רפו׳) אֵבֶר אוֹ רִקְמָה שֶׁנִּשְׁתָּלִים מִגּוּף אֶחָד לְגוּף אַחֵר, תַּשְׁתִּיל

Transplantation
הַשְׁתָּלָה (רפו׳) הֶשְׁתֵּל, שְׁתִילַת רִקְמָה אוֹ אֵבֶר בַּגּוּף, טְרַנְסְפְּלַנְטַצְיָה

transplantieren
הִשְׁתִּיל (מַשְׁתִּיל) (רפו׳) שָׁתַל בַּגּוּף רִקְמַת תָּאִים אוֹ אֵבֶר

Transponder ---> Antwortsender

Transponierbarkeit der Gestalt ---> Gestalt, Transponierbarkeit der

transponieren ---> umstellen

transponierendes Instrument ---> Instrument, transponierendes

Transport
תַּחְבּוּרָה (טכנ׳) תַּעֲבוּרָה. הוֹבָלָה (הוֹבָלוֹת) (ימא׳)

transportfähig
יָבִיל [מר״ח/676]. נָקִיל, בַּר הַעֲבָרָה

Transportfähigkeit
יְבִילוּת, נְקִילוּת, אֶפְשָׁרוּת הַהַעֲבָרָה

transportieren

הוֹבִיל, הֶעֱבִיר (מַעֲבִיר) מִמָּקוֹם לְמָקוֹם, שִׁנַּע (מְשַׁנֵּעַ), נִטֵּל (מְנַטֵּל)

Transportieren

הוֹבָלָה, הַסָּעָה, הַעֲבָרָה, שִׁנּוּעַ, נִטּוּל, תּוֹבָלָה, תּוֹבֶלֶת

transportiertes Material ---> Material, transportiertes

Transportmittel

אֶמְצָעֵי תַּחְבּוּרָה (טכנ') אֶמְצָעֵי תַּעֲבוּרָה

Transposition ---> Umstellung

Transpositionsverhalten

הִתְנַהֲגוּת הַעֲבָרָה (פסי', רפו') [ר/א/214]. בְּחִירַת תְּגוּבָה לִשְׁנֵי גֵּרוּיִים (אוֹ יוֹתֵר) עַל סֶמֶךְ הַיַּחַס בֵּין הַגֵּרוּיִים וְלֹא עַל סֶמֶךְ תְּכוּנוֹתֵיהֶם הַפִּיזִיּוֹת הַמֻּחְלָטוֹת

T r a n s s u b s t a n t i a t i o n ---> Wesensverwandlung

Transsudat

תַּשְׁחִיל (רפו') תַּשְׁפִּיךְ לֹא דַּלַּקְתִּי בֶּחָלָל גּוּפָנִי כָּלְשֶׁהוּ, מַחְלְחֵל

Transumtio

סִבּוּב (רטו') [ק/ג/86]. אֶחָד מִמִּינֵי הַהֶעְתֵּק, הֲסַבַּת הַמַּשְׁמָעוּת מֵעִנְיָן לְעִנְיָן

transversal ---> querverlaufend

transvestieren

חִלְפֵּשׂ (מְחַלְפֵּשׂ), הִתְחַלְפֵּשׂ (פסי') [מר"ח/677]. לָבַשׁ בִּגְדֵי הַמִּין הָאַחֵר וְהִתְנַהֵג כָּמוֹהוּ

Transvestismus

חַלְפְּשָׂנוּת (פסי') [מר"ח/677]. טְרַנְסְבֶסְטִיזְם, לְבִישַׁת בִּגְדֵי הַמִּין הָאַחֵר וְחִקּוּי הִתְנַהֲגוּתוֹ

Transvestit

חַלְפְּשָׂן (פסי') [מר"ח/677]. טְרַנְסְבֶסְטִיט, מִי שֶׁלּוֹבֵשׁ בִּגְדֵי הַמִּין הָאַחֵר וּמִתְנַהֵג כְּמוֹתוֹ

transzendent [---> unkörperlich]

עֵבֶר נִסְיוֹנִי (פיל', דת) [ק/ג/66]. נְקִי מִן הַחֹמֶר, טְרַנְסְצֶנְדֶּנְטִי. נִבְדָּל (פיל', דת) [ק/ג/11]. רוּחָנִי, מֻפְשָׁט, בִּלְתִּי גַּשְׁמִי, נִפְרָד, עַל טִבְעִי, שֶׁמִּחוּץ לִתְחוּם הַתּוֹדָעָה, שֶׁמֵּעֵבֶר לְכָל נִסָּיוֹן, מְעֻבָּר

transzendent sein

עוֹבֵר (מְעוֹבָר) (פסי', פיל', דת) עוֹבֵר (מְעוֹבֵר), חָצָה אֶת גְּבוּל הַבִּינָה, נִהְיָה לְעֵבֶר נִסְיוֹנִי (טְרַנְסְצֶנְדֶּנְטִי), הָפַךְ לְעַל טִבְעִי

transzendentale Form ---> Form, transzendentale

transzendentale Philosophie ---> Philosophie, transzendentale

transzendente Vorstellung ---> Vorstellung, transzendente

Trapez

קְטוּמָה (קְטוּמוֹת) (מתמ') [ק/ג/277]. קְטוּמַת רֹאשׁ, מְשֻׁלָּשׁ שֶׁרֹאשׁוֹ קָטוּם, טְרַפֵּז, מְרֻבָּע שֶׁשְּׁתַּיִם מִצַּלְעוֹתָיו (בְּסִיסִים) מַקְבִּילוֹת וּשְׁתַּיִם אֵינָן מַקְבִּילוֹת (שׁוֹקַיִם)

Trapez, gleichschenkliges

קְטוּמָה שְׁוַת שׁוֹקַיִם (מתמ') [ק/ג/277]. קְטוּמַת רֹאשׁ שָׁוָה, טְרַפֵּז שְׁוֵה שׁוֹקַיִם

Trapez, rechtwinkliges

קְטוּמָה יִשְׁרַת זָוִית (מתמ') [ק/ג/277]. חֲצִי קְטוּמָה, טְרַפֵּז יְשַׁר זָוִית

Trapez mit einem stumpfen Winkel

קְטוּמָה קֵהַת זָוִית (מתמ') [ק/ג/277]. קְטוּמַת רֹאשׁ מִתְמוֹטֶטֶת, טְרַפֵּז קְהֵה זָוִית

Trapez mit ungleichen Schenkeln

קְטוּמָה שׁוֹנַת שׁוֹקַיִם (מתמ') [ק/ג/277]. קְטוּמַת רֹאשׁ חֲלוּפָה, - מִתְחַלֶּפֶת הַשּׁוֹקַיִם, טְרַפֵּז שׁוֹנֵה שׁוֹקַיִם

Trapp *{Leontice}*

עַרְטָנִית (בוט') צֶמַח מִמִּשְׁפַּחַת הָעַרְטָנִיתִיִּים

Trappen *{Otididae}*

חֻבָּרִיִּים (זוא') מִשְׁפָּחָה שֶׁל עוֹפוֹת מִסִּדְרַת הָעֲגוּרָאִים

Tratte ---> Akzept

Traube (Blütenstand)

אֶשְׁכּוֹל (אֶשְׁכּוֹלוֹת) (בוט') אֶשְׁכּוֹלֶת, תִּפְרַחַת שֶׁפְּרָחֶיהָ נִשָּׂאִים עַל עֳקָצִים וְצוֹמְחִים לְאֹרֶךְ צִיר רָצִיף

Traubenhaut *{Uvea}*

עִנְבִּית (רפו') [ק/ב/179]. מְחִצָּה עִנְבִּית, עִנְבִיָּה, גַּמִּית, הָרֹבֶד הַכֵּהֶה שֶׁל רִשְׁתִּית הָעַיִן

Traubenhautentzündung *{Uveitis}*

דַּלֶּקֶת הָעִנְבִּית (רפו') דַּלֶּקֶת הָעִנְבִיָּה

Traubenhyazinthe *{Muscari}*

כַּדָּן (בוט') צֶמַח מִמִּשְׁפַּחַת הַשּׁוֹשַׁנִּיִּים

Traubensaft

תִּירוֹשׁ (חזו') [י"א/620]. מִיץ עֲנָבִים

trauen

קִדֵּשׁ (מְקַדֵּשׁ) אִשָּׁה (דת, משפ') [א"ח/ב/23]. נָשָׂא אִשָּׁה בְּטֶקֶס דָּתִי

Trauer

אֵבֶל (דת, פסי') אִבּוּל, אֲבֵלוּת, הִתְאַבְּלוּת

Trauer, Zerreißen des Obergewandes in der ---> Zerreißen des Obergewandes in der Trauer

Trauerente *{Melanitta nigra}*

קְטִיפָנִית שְׁחֹרָה (זוא') עוֹף מִמִּשְׁפַּחַת הַבַּרְוָזִיִּים

Trauergesang [---> Klagelied]

שִׁיר אֵבֶל (מוס') שִׁיר מִסְפֵּד

Trauermarsch

צְעוֹדַת אֵבֶל (מוס') מַרְשׁ אֵבֶל

Trauernde(r)

אָבֵל (אֲבֵלִים), אֲבֵלָה (אֲבֵלוֹת) (דת, מ"ח) [א"ח/ב/70]. מִי שֶׁמִּתְאַבֵּל עַל מֵת

Trauernde(n), Trösten von ---> Trösten von Trauernden

Trauerrede

הֶסְפֵּד (הֶסְפֵּדִים) (דת, ספר') [א"ח/ב/68]. דִּבְרֵי אֵבֶל, נְאוּם אֵבֶל

Trauerredner(in)

סַפְדָן, סַפְדָנִית (דת, ספר') [א"ח/ב/68]. מִי שֶׁסּוֹפֵד לַמֵּת

Trauerschnäpper *{Ficedula hypoleuca}*

חֲטָפִית שְׁחֹרַת עֹרֶף (זוא') עוֹף מִמִּשְׁפַּחַת הַחֲטָפִיּוֹת

Trauerseeschwalbe *{Chlidonias niger}*

מְרוֹמִית שְׁחֹרָה (זוא') עוֹף מִמִּשְׁפַּחַת הַשַּׁחֲפִיתִיִּים

Trauerzypresse *{Chamaecyparis funebris (Cupressus funebris)}*

בְּרוֹשׁ בָּכוֹת (בוט') צֶמַח מִמִּשְׁפַּחַת הַבְּרוֹשִׁיִּים

Traufe

דֶּלֶף (דְּלָפִים) (אדר׳) [א״ח/א/33]. צִנּוֹר אָפְקִי בְּשׁוּלֵי הַגַּג הַמְשַׁמֵּשׁ לִקְלִיטַת מֵי הַגְּשָׁמִים

Traufröhre ---> Wasserspeier

traufständig

מַקְבִּיל לָרְחוֹב (אדר׳)

Trauma

חֲבָלָה (חֲבָלוֹת) (רפו׳, פסי׳) [ר/א/295]. טְרָאוּמָה, פְּגִיעָה גּוּפָנִית אוֹ נַפְשִׁית חֲמוּרָה, חַבָּלָה, חֶבֶט

traumatisch

חוֹבְלָנִי (רפו׳, פסי׳) חַבָּלָתִי, חַבְטִי

Traumbewußtsein

דִּמְדּוּמֵי תּוֹדָעָה (פסי׳)

Traumdeutekunst

תּוֹרַת פֵּשֶׁר הַחֲלוֹמוֹת (פסי׳, אנת׳) [ק/א/298; ק/ג/224]. חָכְמַת הַפִּתְרוֹן

traumhafte Bewußtseinsstörung ---> Bewußtseinsstörung, traumhafte

Traumsymbol

סֵמֶל שֶׁבַּחֲלוֹם (פסי׳)

traurig

עָצוּב (פסי׳) דָּווּי, דּוֹאֵב, מָלֵא צַעַר

traurig sein

הִתְעַצֵּב (מִתְעַצֵּב) (פסי׳) דָּוָה (דָּוֶה), הִצְטַעֵר, דָּאַב (דּוֹאֵב)

Traurigkeit

עַצְבוּת (פסי׳) דְּוַי, צַעַר, דְּוָיָה, דְּאָבָה

Travestie

עִקְּמָה (ספר׳, תאט׳) טְרָוֶסְטִיָּה, הִתְחַפְּשׂוּת בְּצוּרָה מְבַדַּחַת

travestieren

עִקֵּם (מְעַקֵּם) (ספר׳, תאט׳) הִתְחַפֵּשׂ בְּצוּרָה מְבַדַּחַת

treffen ---> begegnen

Treffermethode ---> Paarwortmethode

Treibeis

טְרִיד קֶרַח (מטא׳) קֶרַח נִטְרָד

treiben ---> wegwehen

Treiben, bloßes

דַּחַף בְּעָלְמָא (פיל׳) [פ״ר/50]

treibendes Motiv ---> Motiv, treibendes

Treiber

מַדְחֵף (מַדְחֲפִים) (מחש׳) [דמ״א/37]. קֹבֶץ הַנְחָיוֹת לְפְעֻלַּת יְחִידוֹת הַקְּפִיּוֹת בְּמַחְשֵׁב

Treibgeschwindigkeit

מְהִירוּת הַטְּרִידָה (היד׳)

Treibholz

עֵצִים נִטְרָדִים (היד׳) עֵצִים שֶׁנָּפְלוּ לִנְהָרוֹת וּלְיַמִּים וְצָפִים עַל פְּנֵי מֵימֵיהֶם

Treibkette

שַׁרְשֶׁרֶת הֲנָעָ (טכנ׳)

Treibrad

גַּלְגַּל מֵנִיעַ (טכנ׳)

Treibriemen

רְצוּעַת הֲנָעָה (טכנ׳)

Treibsand [---> Sandboden]

חוֹל נוֹדֵד (גאו׳)

Treibschnee

טְרִיד שֶׁלֶג (מטא׳) שֶׁלֶג נִטְרָד

tremolieren

רִעֵדֵד (מְרַעֲדֵי) (מוס׳)

Tremolo

רַעֲדוּד (מוס׳)

Tremor ---> Zittern

Tremulation ---> Zitterbewegung, feinschlägige

trennbar *{separabel}* **[---> dissoziierbar]**

פָּרִיד [ק/ג/57]. נִפְרָד, נִתָּן לְהִפָּרֵד, בַּר פֵּרוּד, פָּרִיק

Trennbarkeit *{Separabilität}*

פְּרִידוּת, פְּרִיקוּת

Trennbruch

שֶׁבֶר נִתּוּק (טכנ׳)

trennen [---> dissoziieren]

הִפְרִיד (מַפְרִיד) (פיל׳) [ק/א/307]. חִלֵּק (מְחַלֵּק), סָתַר, עָשָׂה הֶבְדֵּל בֵּין דָּבָר לְדָבָר, הִבְדִּיל, פָּרַד (פּוֹרֵד), פֵּרֵד (מְפָרֵד), הֵפְרֵד, פֹּרַד (מְפֹרָד), פֵּרֵק (מְפָרֵק), נִפְרַד

trennende Disjunktion ---> Disjunktion, trennende

trennende Kraft ---> Kraft, trennende

Trennfestigkeit

חֹזֶק שֶׁבֶר (טכנ׳)

Trennschärfe eines Tests

עָצְמַת הַמִּבְחָן (סטט׳) [ר/ב/498; מ״מ/220; ד״מח/199]. עָצְמָה סְטָטִיסְטִית שֶׁל מִבְחָן, הַהִסְתַּבְּרוּת שֶׁהַמִּבְחָן הַסְּטָטִיסְטִי יִדְחֶה הַשְׁעָרָה מֻטְעֵית (הַשְׁעָרַת אֶפֶס לֹא נְכוֹנָה)

Trennschicht ---> Grenzschicht

Trennung [---> Dissoziation; Absonderung]

הַפְרָדָה [ק/א/199]. בְּנִגּוּד לְקִבּוּץ וּלְהַרְכָּבָה. הִתְפָּרְדוּת [ק/א/244]. פֵּרוּד [ק/ג/208]. פְּרִישָׁה, בִּדּוּד. פֵּרוּק [ק/ג/209]. פִּלּוּג, בִּדּוּל, בְּדִילָה. פְּרִידָה [ק/ג/213]. נִתּוּק, חֲלֻקָּה

Trennungsfläche

פַּן בֵּינַיִם (אמנ׳, פיס׳) פַּן בֵּינִי

Trennverfahren ---> Diskriminanzanalyse

Trennvorrichtung *{Separatorium}*

מִבְדָּל (רפו׳) [מר״ח/611]. מִבְדָּדָה, מָקוֹם מְבֻדָּד מֵאֲחֵרִים

Trennwand *{Septum}*

חַיִץ (חֲיָצִים) (רפו׳) מְחִצָּה (מְחִצּוֹת), קִיר מַבְדִּיל, חֲצִיצָה, חָצִיץ

Trepan ---> Schädelbohrer

Trepanation ---> Schädeleröffnung

trepanieren ---> Schädeldecke öffnen

Trespe *{Bromus}*

בְּרוֹמִית (בוט׳) צֶמַח מִמִּשְׁפַּחַת הַדְּגָנִיִּים

Trester

גֶּפֶת (חקל׳) [א״ח/א/85; א״ח/ב/226]. פְּסֹלֶת שֶׁל פֵּרוֹת לְאַחַר סְחִיטָתָם

treten, ins Dasein ---> Dasein treten, ins

treten, mit Füßen [---> stampfen]

דָּשׁ בַּעֲקֵבָיו [פ״ר/177]. זִלְזֵל בְּ..., דָּרַס בְּרֶגֶל גַּאֲוָה עַל..., הִגְדִּיל עָקֵב עַל

treu ---> loyal

Treubruch

בְּגִידָה (פסי׳, מ״ח) אִי נֶאֱמָנוּת, הֲפָרַת אֱמוּנִים
Treue [---> Loyalität]
נֶאֱמָנוּת (פסי׳, מ״ח) [ק/ג/10]. אֵמוּן, מְהֵימָנוּת, מְסִירוּת. דְּבֵקוּת (דת, פסי׳) [ק/א/229]. הִתְדַּבְּקוּת
Treue brechen ---> Vertrauen verdienen, kein
Treueid
שְׁבוּעַת אֱמוּנִים (משפ׳)
Treuhänder
נֶאֱמָן (משפ׳, כלכ׳) אַפּוֹטְרוֹפּוֹס, מִי שֶׁנִּמְסַר לוֹ רְכוּשׁ כָּלְשֶׁהוּ לְשֵׁם פִּקּוּחַ וְנִהוּל, שׁוֹמֵר
Treuhänderrat
חֶבֶר הַנֶּאֱמָנִים (משפ׳, כלכ׳)
Treuhänderschaft
נֶאֱמָנוּת (משפ׳, כלכ׳) אַחְרָיוּת וּפִקּוּחַ שֶׁנִּמְסְרוּ לִידֵי מִישֶׁהוּ
Treuhandgesellschaft
חֶבְרַת נֶאֱמָנוּת (משפ׳, כלכ׳) [אב״מ/69]. חֶבְרָה לְנֶאֱמָנוּת, - הַמְּנַהֶלֶת נְכָסִים עֲבוּר לָקוֹחוֹת
Treuhandvermögen
נֶכֶס הַמֻּחְזָק בְּנֶאֱמָנוּת (משפ׳, כלכ׳)
treulos handeln
בָּגַד (בּוֹגֵד), הֵפֵר (מֵפֵר) אֱמוּנִים, מָעַל (מוֹעֵל) בְּאֵמוּן
Treupflicht, Verletzung der
הֲפָרַת אֱמוּנִים (משפ׳) מְעִילָה בְּאֵמוּן
Triade ---> Trio; Dreiklang
Triangel
מְשֻׁלָּשׁ (מוס׳) כְּלִי הַקָּשָׁה מַתַּכְתִּי
Triangularzahl
מִסְפָּר מְשֻׁלָּשִׁי (מתמ׳)
Triangulation
תִּלּוּת (מתמ׳) שִׁיטָה לִמְדִידַת שְׁטָחִים
triangulieren
תִּלֵּת (מְתַלֵּת) (מתמ׳)
Triangulum ---> Dreieck
Trias ---> Trio
Tribut
מַס אֶשְׁכָּר (מדי׳, כלכ׳)
Trichophytie ---> Scherpilzflechte
Trichter *{Infudibulum}*
מַשְׁפֵּךְ (מַשְׁפְּכִים) (רפו׳)
Trichtermündung
פִּי הַנָּהָר (היד׳)
Trichterwolke
עֲנַן מַשְׁפֵּךְ (מטא׳) [יל״ט/152]. עָנָן שֶׁמִּבְּסִיסוֹ יוֹצֵא חֵלֶק דְּמוּי חָרוּט שֶׁחֻדּוֹ כְּלַפֵּי מַטָּה
Trick, figürlicher
הַנְפָשָׁה (מחש׳) [דמ״א/10]. יְצִירַת מַצָּב שֶׁבּוֹ עֲצָמִים נִדְמִים כְּמִתְנוֹעֲעִים
Trieb [---> Impuls; Triebkraft]
יֵצֶר (יְצָרִים) (פסי׳) [ק/ב/322]. הַכֹּחַ הַתַּאֲוִי, כֹּחַ הַמִּתְאַוֶּה. דַּחַף (דְּחָפִים) (פסי׳) [ר/א/155]. הִתְעוֹרְרוּת פְּנִימִית פִּתְאוֹמִית לַעֲשׂוֹת דְּבַר-מָה, פֶּרֶץ, דְּחִיפָה. כֹּחַ רַעְיוֹנִי (פסי׳) [ק/ב/76; ק/ד/47]. הַכֹּחַ הַמִּתְנוֹעֵעַ. הַכֹּחַ הַמִּתְעוֹרֵר (פסי׳) [ק/ב/324]. כֹּחַ הַתַּאֲוָה (פסי׳) [ק/ד/170]
Trieb, böser
יֵצֶר הָרַע (פסי׳) הַנְּטִיָּה הַנַּפְשִׁית לַעֲשׂוֹת רַע
Trieb, guter
יֵצֶר הַטּוֹב (פסי׳) [א״ח/ג/222]. הַנְּטִיָּה הַנַּפְשִׁית לַעֲשׂוֹת טוֹב
Trieb, physiologisch bedingter
יֵצֶר גּוּפָנִי (רפו׳, פסי׳) יֵצֶר כִּיּוּנִי, - שֶׁמִּקֶּרֶב הַגּוּף, - שֶׁמִּקְּרָבַיִם
Trieb bezüglich, auf den
יִצְרִי (פסי׳) [ק/ב/49]. מִתְיַחֵס עַל יֵצֶר לֵב הָאָדָם, יִצְרוֹנִי, אִינְסְטִינְקְטִיבִי. תַּאֲוִי, תַּאֲוָנִי (פסי׳) [ק/ד/171]. שֶׁל תַּאֲוָה, מְעוֹרֵר תַּאֲוָה
Triebdrang ---> Impuls
Triebe, Unterdrückung der ---> Unterdrückung der Triebe
Triebfeder
מֵנִיעַ מַמְרִיץ
triebhaft ---> impulsiv
Triebkraft [---> Trieb]
כֹּחַ מֵנִיעַ [מר״ח/557]. כֹּחַ דִּחְקוּף, תֶּנַע
Triebkraft, erste *{Primus motor}*
מֵנִיעַ רִאשׁוֹן (פיל׳, דת) כִּנּוּי לֵאלֹהִים
Triebrad
סַבֶּבֶת (סַבָּבוֹת) (טכנ׳) גַּלְגַּל שִׁנַּיִם קָטָן הַמְּסוֹבֵב גַּלְגַּל שִׁנַּיִם גָּדוֹל
triefäugig
זַבְלְגָן (רפו׳) שֶׁעֵינָיו זוֹלְגוֹת, צִירָן, זָב עַיִן, חוֹלֵה עֵינַיִם
triefen ---> tropfen
Triel *{Burhinus oedicnemus}*
כְּרָוָן (זוא׳) עוֹף מִמִּשְׁפַּחַת הַכְּרָוָנִיִּים
Triele *{Burhinidae}*
כְּרָוָנִיִּים (זוא׳) מִשְׁפָּחָה שֶׁל עוֹפוֹת מִסִּדְרַת הַחוֹפָמָאִים
Trift ---> Weide, offene
Trigeminusneuralgie
מַעֲצוּב הַשָּׁלוֹשׁ (רפו׳) כְּאֵב הָעֶצֶב הַשָּׁלוֹשׁ
Trigon
שְׁלִשְׁמַזָּל (אסט׳) [ק/ב/23]. טְרִיגוֹן, מַחְלָקָה שֶׁל שְׁלֹשָׁה מַזָּלוֹת
trigonal
שְׁלוֹשָׁנִי (כימ׳)
Trigonalschein
קֶשֶׁת שְׁלִישִׁית (אסט׳) [ק/ג/306]. מַבָּט מְשֻׁלָּשׁ
Trigonometrie
מְשֻׁלָּשׁוּת (מתמ׳) טְרִיגוֹנוֹמֶטְרִיָּה
Trigonometrie, sphärische
מְשֻׁלָּשׁוּת כַּדּוּרִית (מתמ׳) [ק/ב/297]. חָכְמַת הַמְּשֻׁלָּשִׁים הַכַּדּוּרִיִּים
Triller
סַלְסֶלֶת (מוס׳) עֲלִיּוֹת וִירִידוֹת הַקּוֹל
trillern
סִלְסֵל (מְסַלְסֵל) (מוס׳) סִלְסֵל בְּקוֹלוֹ, הֶעֱלָה וְהוֹרִיד אֶת קוֹלוֹ
trilitterale Wurzel ---> Wurzel, trilitterale
Trimester
שְׁלִישׁ (שְׁלִישִׁים) (פדג׳) [מר״ח/609]. מְשָׁלוֹשׁ, טְרִימֶסְטֶר, שְׁלֹשָׁה חָדְשֵׁי לִמּוּדִים
trimmen
שִׁפֵּעַ (מְשַׁפֵּעַ) (ימא׳) כִּיֵּן (מְכַיֵּן), אִזֵּן אֳנִיָּה
Trinitätslehre, Anhänger(in) der --->

Christ(in)

Trinkgelage

מְסִבָּה (מְסִבּוֹת) [א״ח/ג/45]. מִשְׁתֶּה (מִשְׁתָּאוֹת)

Trinkgeschirr ---> Kanne

Trinklied

שִׁיר יַיִן (שִׁירֵי יַיִן) (מוס׳) שִׁיר מִשְׁתֶּה

Trinom

תְּלַת אֵיבָר (מתמ׳)

Trio

שְׁלִישִׁיָּה (שְׁלִישִׁיּוֹת) [מר״ח/679]. שְׁלֹשֶׁת, קְבוּצָה שֶׁל שְׁלוֹשָׁה, מְשֻׁלּוֹשׁ, מַעֲרָךְ שֶׁל שְׁלֹשָׁה, שַׁלְשִׁית

trionfante

בִּתְרוּעַת נִצָּחוֹן (מוס׳) נִצְחוֹנִית

Triphtong

תְּלַת תְּנוּעָה (בלש׳) [מ״ב/235]. רֶצֶף שֶׁל שָׁלֹשׁ תְּנוּעוֹת הַשַּׁיָּכוֹת לְאוֹתָהּ הֲבָרָה וְהַמִּבְטָאוֹת בְּבַת אַחַת, לְמָשָׁל: בְּסִינִית: xiao

Triplizität

הַשְׁלוּשׁ (פיל׳) [פ״ר/144]. עַל פִּי קָנְט: כָּל גְּבָלָה (קָטֵגוֹרְיָה) שְׁלִישִׁית בְּכָל קְבוּצַת גְּבָלָאוֹת הִיא קִשּׁוּר (סִינְתֶּזָה) שֶׁל שְׁתֵּי קוֹדְמוֹתֶיהָ

Tripper ---> Gonorrhoe

Trisauerstoff ---> Ozon

Trismus ---> Kiefersperre

Tristitia

שְׁפַל רֹאשׁ (אנח׳) [ק/ד/150]. אַחַת הַתְּמוּנוֹת בְּחָכְמַת הַחוֹל (גֵּאוֹמַנְטִיָּה)

Tristramstar *{Onychognathus tristrami}*

טְרִיסְטְרָמִית (זוא׳) עוֹף מִמִּשְׁפַּחַת הַזַּרְזִירִיִּים

Tritt

שְׁרַפְרַף (שְׁרַפְרַפִּים) (טכנ׳)

Trittleiter

דְּרַגְרַג (טכנ׳) סֻלָּם קָטָן בַּעַל מַדְרֵגוֹת מִשְּׁנֵי צְדָדָיו

Trituration [---> Zerstoßen]

הֲדָקָה (טכנ׳) דִּקּוּק חֹמֶר לַאֲבָקָה בְּתוֹךְ נוֹזֵל

triturieren [---> zerstoßen]

הֵדֵק (מֵדֵק) (טכנ׳) דִּקֵּק חֹמֶר לַאֲבָקָה בְּתוֹךְ נוֹזֵל

triumphieren

נִצַּח (מְנַצֵּחַ) (צבא) נָחַל נִצָּחוֹן, הִדְבִּיר תַּחְתָּיו אֶת..., חָגַג נִצָּחוֹן, צָהַל (צוֹהֵל)

triumphierend

מְנַצֵּחַ, חוֹגֵג נִצָּחוֹן, צוֹהֵל, עֲטוּר נִצָּחוֹן

Triumphmarsch

צְעוּדַת נִצָּחוֹן (מוס׳) צְעוּדַת תְּרוּעָה

trivial

פְּשׁוּטִי, שָׁדוּף, טְרִיבִיאָלִי, זוֹל, שׁוּקִי, סַר טַעַם, קַל עֵרֶךְ, בָּטֵל, קִיקְיוֹנִי, שְׁטוּתִי, זָל וְקַל

triviales Ding ---> Ding, triviales

Trivialität

פְּשׁוּטִיּוּת, שְׁדִיפוּת, טְרִיבִיאָלִיּוּת, קִיקְיוֹנִיּוּת, שְׁטוּתִיּוּת

Trizeps ---> Muskel, dreiköpfiger

trocken

צָחִיחַ (מטא׳) יָבֵשׁ, חָרֵב, צָחוּי, צָרִיד

Trockendock

מִבְדּוֹק (ימא׳) מִסְפַּן בֶּדֶק

Trockene, das

יֹבֶשׁ (פיל׳, פיס׳) [ק/ב/24]. יָבֵשׁ, יְבֵשׁוּת, חֹסֶר לַחוּת, אַחַת מֵאַרְבַּע הָאֵיכֻיּוֹת הָרִאשׁוֹנוֹת הַנִּמְצָאוֹת בְּאַרְבַּעַת הַיְסוֹדוֹת

Trockeneis

קֶרַח יָבֵשׁ (כימ׳, טכנ׳) [דח״ט/161]. פַּחְמָן דּוּ חַמְצָנִי (דּוּ תַּחְמֹצֶת הַפַּחְמָן) קָפוּא

Trockenelement

תָּא יָבֵשׁ (פיס׳) [ל״מ/651]. סוֹלְלָה חַשְׁמַלִּית שֶׁאֵינָהּ מְכִילָה נוֹזֵל

trockenes Thermometer ---> Thermometer, trockenes

trockengelegt [---> entwässert]

מְנֻקָּז (היד׳) מְיֻבָּשׁ (הַקַּרְקַע)

Trockengewicht

מִשְׁקָל בְּיָבֵשׁ (מ״ט)

Trockenheit, starke ---> Xerose

trockenlegen [---> entwässern]

נִקֵּז (מְנַקֵּז) (היד׳) יִבֵּשׁ אֶת הַקַּרְקַע

Trockenlegung *{Dränage}* **[---> Entwässerung]**

נִקּוּז (היד׳) יִבּוּשׁ הַקַּרְקַע

Trockenmaß

מִדַּת הַיָּבֵשׁ [א״ת/ב/396]. מִדָּה שֶׁל יָבֵשׁ, יְחִידַת מְדִידָה שֶׁל נֶפַח חֳמָרִים יְבֵשִׁים

Trockenperiode

פֶּרֶק חֹרֶב (מטא׳) [יל״ט/163]. יָמִים אֲחָדִים שֶׁאֵין יוֹרֵד בָּהֶם גֶּשֶׁם

Trockenschwindung

הִצְטַמְּקוּת בְּיִבּוּשׁ

Trockentemperatur

תְּמוּדַת הַיָּבֵשׁ (מטא׳) [יל״ט/84]. תְּמוּדַת (טֶמְפֶּרָטוּרַת) הַמַּדְחֹם (תֶּרְמוֹמֶטֶר) יְבֵשׁ הַגֻּלָּה

Trödel

גְּרוּטָאָה (גְּרוּטָאוֹת) (טכנ׳) [א״ת/ב/303]. גְּרוּטָה (גְּרוּטוֹת), שִׁבְרֵי כֵּלִים

Trödler

גְּרוּטָאִי (גְּרוּטָאִים) (מלא׳) [א״ת/ב/303]. סוֹחֵר גְּרוּטָאוֹת

Tröpfchen

טִפִּית (טִפִּיּוֹת), טִפָּה קְטַנָּה

tröpfeln ---> tropfen

trösten

נִחֵם (מְנַחֵם) (דת, מ״ח) הִבִּיעַ תַּנְחוּמִים לְ..., הִרְגִּיעַ, הֵסִיר עַצְבוּת מִלִּבּוֹ שֶׁל..., הִתְנַחֵם, נִחַם (מְנֻחָם), קִבֵּל תַּנְחוּמִים

Trösten

נִחוּם (נִחוּמִים) (דת, מ״ח) אֲמִירַת תַּנְחוּמִים

Trösten von Trauernden

תַּנְחוּמֵי אֲבֵלִים (דת, מ״ח) [א״ת/ב/70]. נִחוּם אֲבֵלִים

Tröstung

נֶחָמָה (נֶחָמוֹת) (דת, מ״ח)

Trog

שֹׁקֶת (שְׁקָתוֹת) (אדר׳, חקל׳) כְּלִי קָעוּר לְהַשְׁקָאַת בְּהֵמוֹת. עֲרֵבָה (עֲרֵבוֹת) (טכנ׳) [א״ת/א/18]. גִּגִּית

Trogmuschel, Große *{Mactra corallina}*

עֲרֵבָה מְצוּיָה (זוא') בַּעַל חַיִּים מִמִּשְׁפַּחַת הָעֲרֵבָתִיִּים (צְדָפוֹת)

Trogmuscheln *{Mactridae}*

עֲרֵבָתִיִּים (זוא') מִשְׁפָּחָה שֶׁל צְדָפוֹת

Trokar

מַבְרֵז (רפוּ') [מר״ח/680]. מַכְשִׁיר נִתּוּחִי לְהוֹצָאַת נוֹזְלִים מִן הַגּוּף, מַחְדֵּר, נַקָּז

Trommel

תֹּף (תֻּפִּים) (מוּס')

trommeln

תּוֹפֵף (מְתוֹפֵף) (מוּס') תִּפֵּף (מְתַפֵּף), תָּפַף (תּוֹפֵף), הִקִּישׁ בַּתֹּף

Trommelschlegel

אוּכָּל (אוּכָּלִים) (מוּס') מַקּוֹשׁ הַתֹּף

Trommelwirbel

דִּרְדּוּר תֻּפִּים (מוּס')

Trommler(in)

תַּפָּף, תַּפֶּפֶת (מוּס') מְתוֹפֵף, מְתוֹפֶפֶת

Trompete

חֲצוֹצְרָה (חֲצוֹצְרוֹת) (מוּס')

trompeten

חִצֵּר (מְחַצֵּר), חִצְצֵר (מְחַצְצֵר) (מוּס') תָּקַע בַּחֲצוֹצְרָה

Trompetenblume *{Campsis}*

עֲקוּלִית (בּוֹט') צֶמַח מִמִּשְׁפַּחַת הַבִּיגְנוֹנִיִּים

Trompetennarzisse *{Narcissus pseudonarcissus}*

נַרְקִיס עָטוּר (בּוֹט') צֶמַח מִמִּשְׁפַּחַת הַנַּרְקִיסִיִּים

Trompetenzunge *{Salpiglossis sinuata}*

זוֹגִית מְפֹרֶצֶת (בּוֹט') צֶמַח מִמִּשְׁפַּחַת הַסּוֹלָנִיִּים

Trompeter(in)

חֲצוֹצְרָן, חֲצוֹצְרָנִית (מוּס')

tropfbar

נָגִיר (פִּיס') [ק/ג/19]. נִגָּר, נִשְׁפָּךְ, נוֹזְלִי, נָטוּף, מְטַפְטֵף, שָׁפִיךְ

Tropfbarkeit

נְגִירוּת (פִּיס') [ק/ג/19]. נוֹזְלִיּוּת, יְכֹלֶת לִנְזֹל

tropfen

נִטֵּף (מְנַטֵּף) [א״ח/ב/155]. טִפְטֵף

Tropfenflughuhn *{Pterocles senegallus (Nyctiperdix senegalla)}*

קַטָּה סֶנֶגָלִית (זוא') עוֹף מִמִּשְׁפַּחַת הַקַּטִּיִּים

Tropfflasche

בַּקְבּוּק טִפְטוּף (כִּימ')

Tropfstein [---> Stalagmit; Stalaktit]

נָטוּף (נְטוּפִים) (היד', גאו') נְטִיף (נְטִיפִים)

Tropftrichter

מַשְׁפֵּךְ טִפְטוּף (כִּימ') כְּלִי מַעְבָּדָה כִּימִית

tropisch

הֲפוּכִי (י״א) [מר״ח/682]. טְרוֹפִּי, הֲפוּכִי

Tropismus ---> Raumorientierung

Trosse

עֲבוֹת (עֲבוֹתוֹת) (ימא') חֶבֶל קָלוּעַ

Trostlosigkeit

אֶפֶס נִחוּמִים (פסי') אָבְדַן תִּקְוָה, מַצָּב לְלֹא מוֹצָא, יֵאוּשׁ

Trotz

מְרִי, סֵרֶב, הַמְרָיָה, הֶתְרֵס, מַרְדּוּת, מֵאוּן, מַרְדָּנוּת

trotzdem

אַף־עַל־פִּי כֵן

Trotzen [---> Schmollen]

הִסְתַּרְבוּת, הַפְכָנוּת, עִקְּשׁוּת

trotzig

מַמְרֶה, עִקֵּשׁ, סַרְבָנִי

Trotzphase

תְּקוּפַת הַמְּרִי (פסי') שְׁלַב הָעַקְשָׁנוּת בְּהִתְפַּתְּחוּת יְלָדִים

trüb

עָכוּר [ק/ג/132]. דָּלוּחַ, לֹא צָלוּל, גַּשְׁמִי, גַּס, עָבֶה, חָמְרִי, מְעֻרְפָּל

trübe Beschaffenheit ---> Beschaffenheit, trübe

trüben

עָכַר (עוֹכֵר) (פסי') [ק/ג/132; 270]. הִתְעַכֵּר, קָדַר (קוֹדֵר), נַעֲשָׂה עָכוּר, דָּלַח (דּוֹלֵחַ), נִדְלַח, נַעֲשָׂה לֹא צָלוּל, - לֹא זַךְ, הִתְעַבָּה, הִתְגַּסֵּס, נַעֲשָׂה גַּס, הִדַּכְדֵּךְ, הָלַךְ קְדוֹרַנִּית, חָשַׁךְ עוֹלָם בַּעֲדוֹ

Trübsal

יָגוֹן (פסי')

Trübung

עֲכִירוּת (מטא') [ק/ג/132; יל״ט/150]. מַצַּב הָאֲוִירָה (אַטְמוֹסְפֵרָה) שֶׁאֵינוֹ מְאַפְשֵׁר רְאוּת בְּרוּרָה דַּרְכָּהּ, דְּלִיחוּת, אִי בְּהִירוּת, עִרְפּוּל

Trübungsmesser *{Turbidimeter}*

מַד עֲכִירוּת (טכנ')

Trug

כָּזָב (כְּזָבִים) [ק/ב/71]. הוֹלָכַת שׁוֹלָל, לְשׁוֹן מִרְמָה, שֶׁקֶר

Trugbild ---> Halluzination

Trugkadenz

תְּנַח חוֹמֵק (מוּס') קָדֶנְצָה חוֹמֶקֶת

Trugschluß *{Paralogismus}*

הֶסֵּק שָׁוְא (הֶסֵּקֵי שָׁוְא) (פיל', מתמ') [ק/א/207]. הֶקֵּשׁ כּוֹזֵב, - כְּזָבִי, - מַטְעֶה, - מְבַלְבֵּל, - בִּלְתִּי מוֹלִיד, מַסְקָנָה כּוֹזֶבֶת, - מַטְעָה

Truncus

גִּזְעוֹל (רפוּ') [מר״ח/682]

Trunk

תֵּבָה (תֵּבוֹת) (ימא') גּוּף הַסְּפִינָה

Trunkdeckschiff ---> Kofferdeckschiff

Trunkenheit

שִׁכְרוּת (רפוּ')

trunkiert ---> gestutzt

Truppe

לַהֲקָה (לַהֲקוֹת), חֲבוּרָה, קְבוּצָה. יְחִידָה צְבָאִית (צבא) גַּיִס (גְּיָסוֹת)

Truppentransporter

מוֹבֶלֶת צָבָא (מוֹבְלוֹת צָבָא) (ימא', צבא)

Truthahn *{Meleagris gallopavo}*

תַּרְנְגוֹל הֹדּוּ (זוא', חקל') [י״א/624]. תַּרְנְהוֹד (תַּרְנְהוֹדִים), עוֹף בֵּית מִסְדֶּרֶת הַתַּרְנְגוֹלָאִים

Tsetsefliege *{Glossina}*

יַלְשׁוֹן (יַלְשׁוֹנִים) (זוא', רפוּ') זְבוּב הַצֶּא־צֶא הַמַּעֲבִיר אֶת מְעוֹרֵר מַחֲלַת הַשֵּׁנָה

Tsunami
נַחְשׁוֹל רַעַשׁ (גאו') צוּנָמִי, נַחְשׁוֹל סֵיסְמִי, גַּל גָּדוֹל בַּיָּם שֶׁמְּקוֹרוֹ בְּרַעַשׁ תַּת יַמִּי

Tube
שְׁפוֹפֶרֶת (שְׁפוֹפָרוֹת) (טכנ') [א״ת/א/242]

Tuber ---> Höcker
Tuberkel ---> Höckerchen
Tuberkulinisierung
שִׁחוּף (רפו')

tuberkulös
שַׁחַפְתִּי (רפו') מְשֻׁחָף, שַׁחֲפָנִי

Tuberkulose
שַׁחֶפֶת (רפו')

tuberös ---> höckrig
Tubulus ---> Röhrchen
Tubus ---> Röhre

tüchtig
חָרוּץ [ק/ב/156; א״ת/ב/19]. מָהִיר, מְזֹרָז, הַפּוֹעֵל אוֹ נִפְעָל מַהֵר, זָרִיז, מֻמְחֶה, שׁוֹקֵד, בָּקִי. מְחֻדָּד [ק/ב/176]. חָרִיף שֵׂכֶל, מֻפְלָג בְּחָכְמָה כָּלְשֶׁהִי אוֹ בִּמְלָאכָה מִן הַמְּלָאכוֹת

Tücke
עָרְמָה, מְזִמָּה, זְמָם, נֵכֶל, הֲזָדָה

Tümmler, Großer *{Tursiops truncatus}*
דּוֹלְפִינָן יָם תִּיכוֹנִי (זוא') יוֹנֵק מִמִּשְׁפַּחַת הַדּוֹלְפִינִיִּים (לִוְיָתָנָאִים)

Tünche
סִיד (אדר') צֶבַע לָבָן הַמִּתְקַבֵּל מִשְּׂרֵפַת גִּיר

tünchen
סִיֵּד (מְסַיֵּד) (אדר') סָד, סִיֵּד, מָרַח בְּסִיד

Tünchen
סִיּוּד (אדר') מְרִיחָה בְּסִיד

Tüpfelfarn *{Polypodium}*
רַב רֶגֶל (בוט') צֶמַח מִמִּשְׁפַּחַת הָרַב רַגְלִיִּים

Tüpfelsumpfhuhn *{Porzana porzana}*
בְּרֵדִית גְּדוֹלָה (זוא') עוֹף מִמִּשְׁפַּחַת הָרַלִּיתִיִּים

Tür sein, vor der
מָצוּי לְפֶתַח

Türangel
צִיר הַדֶּלֶת (צִירֵי הַדֶּלֶת) (טכנ') [א״ת/א/39]. וָו שֶׁהַדֶּלֶת סוֹבֶבֶת עָלָיו

Türhüter ---> Pförtner
Türkenbundlilie *{Lilium martagon}*
שׁוֹשַׁן תֻּרְכִּי (בוט') צֶמַח מִמִּשְׁפַּחַת הַשּׁוֹשַׁנִּיִּים

Türkentaube *{Streptopelia decaocto}*
תּוֹר הַצַּוָּארוֹן (זוא') עוֹף מִמִּשְׁפַּחַת הַיּוֹנִיִּים

Türöffnung, überdachte
מִקְמֹרֶת (אדר') פֶּתַח מְקֹרֶה

Türpfanne
פּוֹתָה (פּוֹתוֹת) (טכנ') [א״ת/א/39]. הַנֶּקֶב שֶׁצִּיר הַדֶּלֶת נָתוּן בּוֹ

Türpfosten [---> Pfosten]
מְזוּזָה (מְזוּזוֹת) (אדר') [א״ת/א/37]. עַמּוּד בְּכָל אֶחָד מִשְּׁנֵי צִדֵּי הַדֶּלֶת

Türrand ---> Pfosten
Türstock
מַלְבֵּן שֶׁל פֶּתַח (אדר') [א״ת/א/37]

Türsturz
מַשְׁקוֹף (מַשְׁקוֹפִים) (אדר') [א״ת/א/37;3]. שְׁקוֹף (שְׁקוֹפִים), הַקּוֹרָה שֶׁמֵּעַל לַדֶּלֶת, אַסְקֻפָּה עֶלְיוֹנָה

Türzapfen ---> Türangel
tuffato
מְסֻתָּם (מוס') בְּסִתּוּם

Tugend
מִדָּה טוֹבָה (הַמִּדּוֹת הַטּוֹבוֹת) (פסי', אתי') [ק/ב/146]. מִדָּה, תְּכוּנָה מוּסָרִית הַמְּטֻבַּעַת בְּנֶפֶשׁ הָאָדָם. מַעֲלָה (אתי') [ק/ב/235]. שְׁלֵמוּת הַמַּעֲשֶׂה. צֶדֶק (אתי') [ק/ג/228]. דִּין, שׁוּרַת הַדִּין, אִי מַשּׂוֹא פָּנִים, מִדַּת הַדִּין, טֹהַר הַמִּדּוֹת, דִּין אֱמֶת. חֲשִׁיבוּת [ק/א/334]. שֶׁבַח. טוֹבִיּוּת [ק/ב/17]. תְּכוּנַת מִי שֶׁהוּא טוֹב. יְצִירָה (פסי', אתי') [ק/ב/47]. אוֹפִי, תְּכוּנָה נַפְשִׁית, נֹהַג מוּסָרִי. כֹּשֶׁר [ק/ב/104]. כִּשְׁרוֹן הַמַּעֲשֶׂה. כִּשְׁרוֹן [ק/ב/105]

Tugend(en), ethische
מַעֲלוֹת הַמִּדּוֹת (אתי') [ק/ב/236,146]. הָעֲרָכִים הַמּוּסָרִיִּים, מִדּוֹת גּוּפִיּוֹת. מַעֲלוֹת מִדּוֹתִיּוֹת (אתי') [ק/ב/236]

Tugend(en), intellektuelle
מַעֲלוֹת שִׂכְלִיּוֹת (פיל') [ק/א/131; ק/ב/236,146]. הַמַּעֲלוֹת הַדִּבְרִיּוֹת, כִּשְׁרוֹנוֹת הַמַּחֲשָׁבָה וְהַשֵּׂכֶל, מִדּוֹת שִׂכְלִיּוֹת, - נַפְשִׁיּוֹת. מַעֲלוֹת מַחְשְׁבִיּוֹת (פיל') [ק/ב/187]. מַעֲלוֹת דִּבּוּרִיּוֹת, - מַדָּעִיּוֹת (פיל') [ק/ב/236]

Tugend, öffentliche
צֶדֶק חֶבְרָתִי (מ״ח) [ק/ג/229]. צֶדֶק רַבִּים

Tugend, soziale ---> Tugend, öffentliche
tugendhaft [---> moralisch]
צָנוּעַ, צְנוּעָה [ק/א/333]. חָשׁוּב, בַּעַל מִדּוֹת טוֹבוֹת, צַדִּיק, אִישׁ תְּרוּמוֹת, יְקַר רוּחַ

Tugendhaftigkeit [---> Moral]
צְנִיעוּת [א״ת/ב/48]. הַמְּנִיעוּת מֵהוֹלֵלוּת וּמִפְּרִיצוּת

Tugendlehre
תּוֹרַת הַמִּדּוֹת (אתי')

Tularämie ---> Hasenpest
Tulpe *{Tulipa}*
צִבְעוֹנִי (בוט') צֶמַח מִמִּשְׁפַּחַת הַשּׁוֹשַׁנִּיִּים

Tulpenbaum *{Liriodendron}*
שׁוֹשָׁן (בוט') צֶמַח מִמִּשְׁפַּחַת הַמַּגְנוֹלִיִּים

Tumor ---> Geschwulst
Tumor, benigner ---> Geschwulst, gutartige
Tumor, bösartiger ---> Geschwulst, bösartige
Tumor, gutartiger ---> Geschwulst, gutartige
Tumor, maligner ---> Geschwulst, bösartige
Tun *{Facere}*
עֲשִׂיָּה, פְּעִילוּת

Tun(s), Kategorie des ---> Kategorie des Tuns

Tungölbaum *{Aleurites fordii}*
קְמָחִית פּוֹרְד (בוט') צֶמַח מִמִּשְׁפַּחַת הַחַלַבְלוּבִיִּים

Tunica ---> Hülle

Tunlichkeit *{Fazilität}*
אַפְשֶׁרֶת
Tupfenechse *{Eumeces schneideri}*
חֹמֶט מְנֻמָּר (זוא') זוֹחֵל מִמִּשְׁפַּחַת הַחֲמָטִיִּים
Tupfer
מָטוֹשׁ (מְטוֹשִׁים) (רפו') פְּסִיס דַּק שֶׁבְּקָצֵהוּ כְּרִיכַת צֶמֶר גֶּפֶן
Turbanschnecke *{Monodonta turbinata}*
חַד שֵׁן מְשֻׁבָּץ (זוא') כִּפָּה סְרוּגָה, בַּעַל חַיִּים מִמִּשְׁפַּחַת הַגַּלְגִּילָנִיִּים (חֶלְזוֹנוֹת)
Turbidimeter ---> Trübungsmesser
Turbinenrad
גַּלְגַּל מוּנֵעַ (טכנ') טֻרְבִּינָה
Turbulenz
סְעִירָה (סְעִירוֹת), טוּרְבּוּלֶנְטִיּוּת, הִתְגָּעֲשׁוּת, מְהוּמָה, עִרְבּוּבְיָה, מְעַרְבֹּלֶת, עִוְעָה
Turgesenz ---> Geschwollensein
Turgor ---> Gewebespannung
Turmdecker ---> Turmdeckschiff
Turmdeckschiff
אֳנִיַּת צְרִיחַ (ימא')
Turmfalke *{Falco tinnunculus}*
בַּז מָצוּי (זוא') עוֹף מִמִּשְׁפַּחַת הַבַּזִּיִּים
Turmschädel ---> Spitzkopf
Turmschnecke, Gemeine *{Turritella communis}*
טוּרִית מְצוּיָה (זוא') בַּעַל חַיִּים מִמִּשְׁפַּחַת הַטּוּרִיתִיִּים (חֶלְזוֹנוֹת)
Turmschnecken *{Turritellidae}*
טוּרִיתִיִּים (זוא') מִשְׁפָּחָה שֶׁל חֶלְזוֹנוֹת
turnen
הִתְעַמֵּל (מִתְעַמֵּל) (ספו') [א״ח/א/230]
Turnen
הִתְעַמְּלוּת (ספו') [מר״ח/335]. תַּעֲמֹלֶת
Turner(in)
מִתְעַמֵּל, מִתְעַמֶּלֶת (ספו') תַּעֲמוּלַאי, תַּעֲמוּלָאִית
turnerisch
הִתְעַמְּלוּתִי (ספו') שֶׁל הִתְעַמְּלוּת, תַּעֲמוּלִי
turpis
מְגֻנֶּה [ק/ב/141]. רָאוּי לִגְנוּת, מְכֹעָר
Turteltaube *{Streptopelia turtur}*
תּוֹר מָצוּי (זוא') עוֹף מִמִּשְׁפַּחַת הַיּוֹנִיִּים
Tusch ---> Fanfare
Tusche, lithographische
דְּיוֹת דְּהִינָה (אמנ', דפו') [ממ״ג/147]. דְּיוֹת שַׁמְנוּנִית לִדְפוּס אֶבֶן
Tuschefüller
נוֹבְעָן (טכנ', אמנ') נוֹבְעָן סִרְטוּט
Tympanist ---> Paukenschläger(in)
Typ ---> Typus
Typbestimmung
סִוּוּג (מדע) טִיּוּף, מִיּוּן
Type ---> Schrift
Typhus
עֲטֶפֶת (רפו') טִיפוּס
Typhus abdominalis ---> Bauchtyphus, epidemischer
typisch
טִיפּוּסִי, אָפְיָנִי
typisieren
סִוֵּג (מְסַוֵּג) (מדע) [מר״ח/686]. טִיֵּף (מְטַיֵּף), מִיֵּן (מְמַיֵּן)
Typologie
טִיפֹּסֶת (פיל', מדע) [ר/א/289]. טִיפּוֹלוֹגְיָה, חֵקֶר הַטִּיפּוּסִים וְתַהֲלִיךְ סִוּוּגָם
typologisch
טִיפָּסְתִּי (טִיפּוֹסְתִּי) (פיל', מדע) טִיפּוֹלוֹגִי
Typus
טִיפּוּס (פיל', מדע) [ר/א/290]. טִבּוּעַ
Typus, ästhetischer
טִיפּוּס תַּרְאוּתִי (מ״ח, פסי') טִיפּוּס אֶסְתֶּטִי, מִי שֶׁיֵּשׁ בּוֹ מִן הַיֹּפִי וְהַטַּעַם הַטּוֹב וְהַיּוֹדֵעַ לְהַעֲרִיךְ תְּכוּנוֹת אֵלּוּ
Typus, asthenischer
טִיפּוּס כָּחוּשׁ (רפו', פסי') [ר/א/84]. טִיפּוּס אַסְתֵּנִי, - לֶפְּטוֹסוֹמִי, בַּעַל מִבְנֶה גּוּף צָנוּם הַנּוֹטֶה לַעֲיֵפוּת וּלְהֶעְדֵּר שִׂמְחַת חַיִּים
Typus, athletischer
טִיפּוּס מוּצָק (רפו', פסי') [ר/א/290]. טִיפּוּס אַתְלֶטִי, בַּעַל מִבְנֶה גּוּף מְאֻזָּן וְתוֹאֵם, טִבּוּעַ גַּבְרִי
Typus, desintegrierter
טִיפּוּס פָּרוּד (פסי') טִיפּוּס מְפֹרָד
Typus, dysplastischer
טִיפּוּס דִּבְלוּנִי (פסי') טִיפּוּס דִּסְפְּלַסְטִי, אָדָם מְעֻוָּת מָלֵא עֲכָבוֹת, דְּחִיק עַצְמוֹת
Typus, extravertierter
טִיפּוּס מֻפְנֶה חוּץ (פסי') [ר/ב/365]. מֻפְנֶה חוּצָה, אֶקְסְטְרוֹבֶרְט, בַּעַל נְטִיָּה לִהְיוֹת עָסוּק בִּסְבִיבָה הַגּוּפִית (פִיזִית) וְהַחֶבְרָתִית
Typus, integrierter
טִיפּוּס כָּלוּל (פסי') טִיפּוּס מְכֻלָּל, - כְּלוּלִי
Typus, introvertierter
טִיפּוּס מֻפְנֶה פְּנִים (פסי') [ר/ב/365]. מֻפְנֶה פְּנִימָה, אִינְטְרוֹבֶרְט, בַּעַל נְטִיָּה לְהֵרָתַע מִמַּגָּעִים חֶבְרָתִיִּים וְלִהְיוֹת שָׁקוּעַ בְּמַחְשְׁבוֹתָיו
Typus, krimineller
טִיפּוּס פְּלִילִי (מ״ח) טִבּוּעַ פּוֹשְׁעָנִי
Typus, pyknischer
טִיפּוּס בָּשָׁן (רפו', פסי') טִיפּוּס כַּרְסָנִי, - כַּרְסְתָנִי, כְּבַד בָּשָׂר, כַּרְסְתָן, בַּעַל גּוּף
Typus, schizothymer
טִיפּוּס תִּמְהוֹנִי (פסי') [ר/ב/482]. טִיפּוּס סְכִיזוֹתִימִי, בַּעַל נְטִיָּה לִדְפוּסֵי חֲשִׁיבָה וְהִתְנַהֲגוּת מְבֻלְבָּלִים
Typus, schwächlicher
טִיפּוּס חָלוּשׁ (רפו') טִבּוּעַ חָלוּשׁ
Typus, sozialer
טִיפּוּס חֶבְרוּתִי (פסי')
Typus, theoretischer
טִיפּוּס עִיּוּנִי (פסי')
Typus, zyklothymer
טִיפּוּס מַחֲזוֹרִי (פסי') [ר/ב/586]. טִיפּוּס קִיקְלוֹתִימִי, בַּעַל תְּנוּדוֹת מַחֲזוֹרִיּוֹת בְּמַצַּב הָרוּחַ

U

Ubi ---> Kategorie der Ortsbestimmung
Ubitas
אָנִיּוּת (פיל') [ק/א/63]. סְגֻלַּת הָאָנָה
Übel
צָרָה, רָעָה, קִלְקוּל, תַּקָּלָה
Übel, notwendiges
תַּקָּלָה הֶכְרֵחִית
übel anwenden ---> mißbrauchen
übel riechen, aus dem Mund ---> Mund
übel riechen, aus dem
Übelkeit, morgendliche *{Nausea gravidarum}*
הֲקָאַת בֹּקֶר (רפוי) חֹלִי הַתּוֹקֶף נָשִׁים בִּתְחִלַּת הַהֵרָיוֹן
Übeltäter ---> Missetäter
üben ---> ausüben
Üben
תִּרְגּוּל
Üben, stückweises
תִּרְגּוּל בְּסֵרוּגִין (פסי', פדג')
Über-
-יֶתֶר
über etwas hinaus sein ---> hinaus sein, über etwas
Über-«Ich»
הָ"אֲנִי" הָעֶלְיוֹן (פסי') [ר/ב/462]. סוּפֶּרְאֶגוֹ, הַיְסוֹד הַמּוּסָרִי וְהַמַּצְפּוּנִי הַמְּפַקֵּחַ עַל הַהִתְנַהֲגוּת הַתִּקְנִית, אַחַד הַמַּרְכִּיבִים בְּדֶגֶם הַתְּלַת חֶלְקִי שֶׁל הַמַּנְגָּנוֹן הַנַּפְשִׁי (לְצַד הַיִּצְרָה וְהָאֲנִי)
über pari stehen ---> Agio
überall
בְּכָל מָקוֹם (מתמ') בַּכֹּל
überall, fast
כִּמְעַט בְּכָל מָקוֹם (מתמ')
Überarbeit
יֶתֶר עֲבוֹדָה (מ"ח, כלכ') הָאֲרָכַת מֶשֶׁךְ הָעֲבוֹדָה בְּאֶמְצָעוּת כֹּרַח כַּלְכָּלִי יָשִׁיר אוֹ עָקִיף מֵעַל לִזְמַן הָעֲבוֹדָה הַחוֹזִי, הַחֻקִּי אוֹ הַמְּקֻבָּל
Überbau
מִבְנֶה עַל (מ"ח) [מ"פ/104]. בִּנְיָן עַל, הַשְׁקָפוֹתֶיהָ הַמְּדִינִיּוֹת, הַמִּשְׁפָּטִיּוֹת, הַדָּתִיּוֹת, הָאָמָּנוּתִיּוֹת וְהַפִילוֹסוֹפִיּוֹת שֶׁל חֶבְרָה מְסֻיֶּמֶת
Überbelastung
חִיּוּב מֻפְרָז (כלכ', משפ'). עֹמֶס יֶתֶר (פיס') עֹמֶס יַתִּיר. הָאֲמָצָה יְתֵרָה (טכנ')
überbevölkert ---> übervölkert
Überbevölkerung, relative ---> Übervölkerung, relative
Überbeweglichkeit ---> Hyperkinese
Überbewertung ---> Überschätzung
Überbleibsel ---> Rudiment
Überbrücken
גִּשּׁוּר, קִשּׁוּר, חִבּוּר
Überbrückungsdraht
חִבּוּר דּוֹלֵג (אלק')
überdachte Ladenstraße ---> Ladenstraße, überdachte
überdachte Türöffnung ---> Türöffnung, überdachte
Überdämpfung
שִׁכּוּךְ יֶתֶר, עִמּוּם יֶתֶר
Überdecke
לַחַף (לְחָפִים), שְׂמִיכַת מַרְבַד לְחִפּוּי הַמִּטָּה
Überdecken
כִּסּוּי יֶתֶר
überdeterminiert
גְּדוּשׁ קַבָּעִים (מדע) מְרֻבֵּה מַגְדִּירִים, מֻפְלַג קוֹבְעִים, רַב סִבָּתִי
Überdeterminierung
גְּדִישׁוּת קַבָּעִים (מדע) רִבּוּי מַגְדִּירִים, רֹב קוֹבְעִים, רַב סִבָּתִיּוּת. גְּרִימַת יֶתֶר (פסי') הֲנָעָה מְרֻבַּת צְדָדִים, יְעִידָה כְּפוּלָה, גֹּדֶשׁ קַבָּעִים
überdies
עוֹד זֹאת [ק/ב/175]. מְחֻבָּר לְ.../אֶל..., מִלְּבַד אֲשֶׁר..., נוֹסָף עַל, לֹא זוֹ אַף זוֹ, חוּץ מִזֶּה שֶׁ... מְצֹרָף לְ... [ק/ב/261]. חוּץ מִמַּה..., וְנִלְוֶה אֵלָיו גַּם-כֵּן...
Überdruck
לַחַץ יֶתֶר (פיס')
Überdruß
בְּסִירָה (פסי', רפוי) [ק/ג/282]. קִיצָה, בְּחִילָה, מֵאוּס, גֹּעַל נֶפֶשׁ, תְּקוּצָה, תְּחוּשַׁת רְוָיָה, -שֹׂבַע
überdurchschnittlich
לְמַעְלָה מִבֵּינוֹנִי
Übereilung
חִפָּזוֹן [ק/ב/156]. מְהִירוּת, עֲשִׂיָּה בִּזְמַן קָצָר
übereinandersetzen
רִכֵּב (מְרַכֵּב)
Übereinkunft
הַסְכָּמָה הֲדָדִית [ק/א/185]. הַסְכָּמָה, הֶסְכֵּם, דֵּעָה וְהַחְלָטָה מְשֻׁתֶּפֶת. מִנְהָג וְחֹק קָבוּעַ שֶׁהֶחֱזִיקוּ בּוֹ רַבִּים מִזְּמַן קָדוּם
übereinstimmen [---> harmonieren]
הִסְכִּים (מַסְכִּים) [ק/א/31]. נָאוּת, הִתְאִים, הָיָה נָאֶה וְרָאוּי. שָׁוָה [ק/ד/80]. הָיָה שָׁוֶה, דָּמָה, הָיָה דּוֹמֶה לְ..., הָיָה בְּדִיּוּק כְּמוֹ..., תָּאַם,

הָיָה זֵהֶה לְ.../עִם..., הִתְאִים (מַתְאִים)

übereinstimmend

מַסְכִּים [ק/ב/224]. מְסֻכָּם, מְכֻוָּן, תּוֹאֵם, הוֹלֵם, חוֹפֵף. הוֹלֵךְ עַל... [ק/א/175]. מֵפִיק [ק/ב/245]. יָפֶה לְ... מִשְׁתַּתֵּף [ק/ב/308]. מַתְאִים [ק/ב/310]. נִמְצָא בְּהַתְאָמָה. נָאוֹת [ק/ג/9]. נִמְשָׁךְ עַל... [ק/ג/43]

übereinstimmende Sätze ---> Sätze, übereinstimmende

Übereinstimmung [---> Kongruenz; Harmonie]

הַסְכָּמָה [ק/א/185]. הֶסְכֵּם. הֲפָקָה [ק/א/199]. הַשְׁוָאָה, הַשְׁוָיָה [ק/א/218]. תֹּאַם. הִשְׁתַּוּוּת [ק/א/222]. הַתְאָמָה [ק/א/225]. תּוֹאֲמוּת. אוֹתוּת [ק/א/31]. הָאוֹתוּת [ק/א/150]. נְטִיָּה. הַמָּקוֹם הָרָאוּי, הָעִנְיָן הַנָּאֶה. הֵאָתוּת [ק/א/151]. הֶתְאֵם (בלש׳) [מ״ב/14]. הַתְאָמָה דִּקְדּוּקִית שֶׁל שְׁתֵּי מִלִּים אוֹ יוֹתֵר מִצַּד הַיִּדּוּעַ, הַיַּחֲסָה, הַמִּין, הַמִּסְפָּר וְהַגּוּף, לְמָשָׁל: ״תַּלְמִיד חָרוּץ״, ״תַּלְמִידָה חֲרוּצָה״, ״הַתַּלְמִידָה הַחֲרוּצָה״

Übereinstimmung, fehlende ---> Anpassung, mangelnde

Übereinstimmung, genaue

הַסְכָּמָה גְּמוּרָה, אֲחִידוּת מֻחְלֶטֶת, הֲלִימוּת דֵּעוֹת, תְּמִימוּת דֵּעִים. הַרְכָּבָה [ק/א/214]. חִבּוּר חֲלָקִים אוֹ יְסוֹדוֹת שׁוֹנִים וְעֵרוּבָם

Übereinstimmung, innere [---> Zuverlässigkeit]

הַתְאָמָה פְּנִימִית (מדע, טכנ׳) [ר/ב/516]. עֲקִיבוּת פְּנִימִית, הֶעְדֵּר סְתִירוֹת בְּמַעֲרֶכֶת מַדָּעִית כָּלְשֶׁהִי. זִקָּה, קֶשֶׁר (מ״ח, פסי׳) [ר/א/250]. יַחַס תַּקִּין בֵּין בְּנֵי אָדָם, אֲוִירָה נִנוֹחָה בְּקְשָׁרִים בֵּינְאִישִׁיִּים, קֵרוּב לְבָבוֹת

Übereinstimmungsvalidität ---> Konvergenzvalidität

überempfindlich

רְגִישׁ יָתֵר (פסי׳) אִסְטְנִיס

Überempfindlichkeit

רְגִישׁוּת יְתֵרָה (פסי׳) אִסְטְנִיסוּת, אִסְטְנִיסִיּוּת, רְגִישׁוּת יָתֵר

überendlich *{transfinit}*

עַל סוֹפִי (מתמ׳)

überfällig

שֶׁעָבַר מוֹעֵד פֵּרְעוֹנוֹ (כלכ׳, משפ׳) שֶׁעָבַר זְמַנּוֹ, שֶׁפָּג תָּקְפּוֹ

überfallen

הִתְנַפֵּל, הִסְתַּקֵּף (מִסְתַּקֵּף), הִתְקִיף, תָּקַף, הִסְתָּעֵר, נָפַל עַל..., פָּשַׁט עַל...

überflüssig

מְיֻתָּר [ק/ב/169]. מוּתָר, יַתִּיר, יָתֵר, עוֹדֵף, לְקוּי בְּיַתִּיר, שֶׁאֵין בּוֹ כָּל תּוֹעֶלֶת, עָקָר. מוֹתָרִי [ק/ב/170]. יוֹתֵר מִן הַמִּדָּה. מַסְפִּיק מִן... [ק/ב/226]. מַה שֶּׁיֵּשׁ בּוֹ דַּי עַד שֶׁאֵין בּוֹ צֹרֶךְ, לֹא דָרוּשׁ, בִּלְתִּי מַהוּתִי

Überfluß

מְיֻתָּרוּת [ק/ב/59]. יִתְרוֹן (יִתְרוֹנוֹת), מְיֻתָּרִיּוּת, עֲדִפוּת, יִתּוּר, יַתִּירוּת, עֹדֶף, צֹרֶךְ יָתֵר עַל הַהֶכְרֵחַ, דָּבָר מְיֻתָּר. מוֹתָר (מוֹתָרוֹת), מוֹתְרֵי הָעוֹלָם [ק/ב/169]. דִּבְרֵי תַּעֲנוּגוֹת יְתֵרִים, צְרָכִים שֶׁאֵינָם הֶכְרֵחִיִּים, שֶׁפַע

Überforderung

הַפְקָעַת מְחִיר (כלכ׳)

überführen

הוֹכִיחַ אַשְׁמָה (משפ׳)

Überfülle *{Plethora}*

מְלָאוֹן [מר״ח/538]. גֹּדֶשׁ יֶתֶר

überfüllt ---> gestaut

Übergang, gezogener

מְצַמֶּת מְשִׁיכָה (אלק׳)

Übergang

מַעֲבָר [ק/א/147]. דְּרִיכָה. הַעֲבָרָה [ק/א/189]

Übergang, plötzlicher ---> Richtungswechsel

Übergangsbestimmung

הוֹרָאַת מַעֲבָר (משפ׳, כלכ׳)

Übergangsobjekt

חֵפֶץ מַעֲבָר (פסי׳) [ר/א/10]. אוֹבְּיֶקְט חֲלִיפִי, חֵפֶץ שֶׁיְּלָדִים מִשְׁתַּמְּשִׁים בּוֹ לְהַרְגָּעָה

Übergangsregierung

מֶמְשֶׁלֶת מַעֲבָר (מדי׳) מֶמְשָׁלָה זְמַנִּית

übergehen

עָבַר (עוֹבֵר) [ק/ג/122]. יָצָא מִנּוֹשֵׂא-מָה אֶל נוֹשֵׂא אַחֵר, הִתְפַּשֵּׁט

übergenau

דַּיְקָנִי [מר״ח/606]. דַּיְקָן, נוֹקְדָן, דַּיְּקָן, קַפְּדָנִי, מַצְפּוּנִי בְּיוֹתֵר

übergeordneter Begriff ---> Begriff, übergeordneter

übergeordneter Satz ---> Satz, übergeordneter

übergeordnetes Urteil ---> Urteil, übergeordnetes

Übergewicht [---> Überwiegen]

הַכְרָעָה [ק/א/174]. הַטָּיַת כַּף הַמֹּאזְנַיִם. הַחְלָטָה, בְּחִירָה בְּאַחַת מִן הַקְּצָווֹת. הִתְגַּבְּרוּת [ק/א/227]. הִתְחַזְּקוּת, הִתְרַבּוּת, נִצָּחוֹן. מִשְׁקַל יֶתֶר

Übergewinnsteuer

מַס יֶסֶף (כלכ׳, מדי׳) מַס רְוָחֵי יֶתֶר

übergewissenhaft ---> übergenau

Übergreifen ---> Übergriff

übergreifen, auf etwas

הִסִּיג (מַסִּיג) גְּבוּל (משפ׳) נִכְנַס לִתְחוּמוֹ שֶׁל אַחֵר

Übergriff

הַסָּגַת גְּבוּל (משפ׳) כְּנִיסָה לִתְחוּמוֹ שֶׁל אַחֵר שֶׁלֹּא בִּרְשׁוּת, פְּלִישָׁה

Überhandnehmen

גָּבַר (מדי׳) [ק/א/102]. שִׁלְטוֹן, הִתְגַּבְּרוּת

überheben

הִתְנַשֵּׂא, הִתְגַּבֵּהַּ, הִתְגַּדֵּל, הִתְרַהֵב, יָהַר (יוֹהֵר), הִתְיַהֵר, הִשְׁתַּחֵץ

Überhebung

הִתְנַשְּׂאוּת [ק/א/227]. הִתְגַּבְּרוּת, תַּקִּיפוּת, הִתְגַּדְּלוּת, רְדִיפַת כָּבוֹד, הִשְׁתַּחֲצוּת

überholen

שִׁפֵּץ (מְשַׁפֵּץ), תִּקֵּן, שִׁפֵּר

überholt ---> obsolet

Überholung

שִׁפּוּץ, תִּקּוּן, שִׁפּוּר

«Überich» ---> Über-«Ich»
überirdische Form ---> Form, überirdische
Überkapazität
קִבּוּל יֶתֶר, כֹּשֶׁר יֶתֶר
Überlagerung [---> Interferenz]
שִׁכְבֶת (שְׁכוּבוֹת) (גאו')
Überlapp
חֲפִי (חֲפִים) (טכנ', ימא')
überlappen
חָפָה (חוֹפֶה), חָפַף (חוֹפֵף), חִפָּה, כִּסָּה
überlappend
חוֹפֶה, חָפֵף, מְכַסֶּה
überlappende Einteilung ---> Einteilung, überlappende
Überlappung
חֲפִיָּה (מתמ') חֲפִיפָה, כִּסּוּי. מַחְבֵּר חֲפִי (טכנ', ימא')
überlassen
נָטַשׁ (נוֹטֵשׁ), עָזַב, וִתֵּר
Überlassung
נְטִישָׁה, עֲזִיבָה, הִסְתַּלְּקוּת, וִתּוּר
Überlauf
בֵּרוּץ, הָעוֹלֶה עַל גְּדוֹתָיו, נֶזֶל (נְזָלִים), נְזִילָה, זִיבָה, טִפְטוּף
überlaufen lassen
בֵּרֵץ (מְבָרֵץ), הִגְדִּישׁ, הִבְרִיץ
überleben
הִשְׁתָּאֵר (מִשְׁתָּאֵר) [י״א/84]. בִּלָּה (מְבַלֶּה), הִמְשִׁיךְ לִחְיוֹת וּלְהִתְקַיֵּם, קִפֵּחַ (מְקַפֵּחַ) אֶת..., הֶאֱרִיךְ יָמִים מִ.../אַחֲרֵי...
Überleben
הִשְׁתָּאֲרוּת, הִשָּׁאֲרוּת בַּחַיִּים
überlegen *(Verb)*
נִמְלַךְ (נִמְלָךְ) [א״ח/ב/319]. שָׁקַל בְּדַעְתּוֹ, חָשַׁב בְּדָבָר, בָּחַן
überlegen *(Adjektiv)*
עָדִיף [ק/ג/125]. מְרֻבֶּה יוֹתֵר, מְעֻלֶּה, יָתֵר עַל..., טוֹב מִ..., עָדִיף, מְעֻדָּף, עוֹלֶה עַל... מַעֲלוֹתִי (אחי', מ״ח) [ק/ב/237]. מְדוֹתִי, בַּעַל מַעֲלָה וַחֲשִׁיבוּת
Überlegenheit [---> Dominanz]
עִלָּאוּת, עֶלְיוֹנוּת, נַעֲלוּת
Überlegenheitskomplex
תַּסְבִּיךְ עֶלְיוֹנוּת (פסי') [ר/ב/693]. תַּסְבִּיךְ שֶׁל מִי שֶׁמַּעֲרִיךְ אֶת עַצְמוֹ הַעֲרָכָה מֻגְזֶמֶת וּבִלְתִּי מְצִיאוּתִית
Überlegung
שִׁקּוּל דַּעַת (פיל') [ק/ד/155]. סְבָרָה, מַחֲשָׁבָה, פְּעֻלָּה מַחֲשַׁבְתִּית, עִיּוּן מְדֻקְדָּק, רְאִיָּה, הִרְהוּר, חִבּוּט מֹחִין. הִתְיַשְּׁבוּת (פסי') [ק/א/236]. הִתְבּוֹנְנוּת
Überlegung, vorherige
כַּוָּנָה תְּחִלָּה (משפ')
Überleitung
מַעֲבָר (מוס') גְּשִׁירָה
Überleitungsbestimmung ---> Übergangsbestimmung
Überlernen
לְמִידַת יֶתֶר (פסי') [ר/א/338].

überliefern
מָסַר (מוֹסֵר) (ספר', דת, הסט') [ק/ג/179]. הֶעְתִּיק (מַעְתִּיק), הֶעֱבִיר עִנְיָן מְקֻבָּל מִדּוֹר לְדוֹר, אָחַז מַעֲשֵׂי אֲבוֹתָיו בְּיָדָיו, עָמַד בִּשְׁמוּעָתוֹ
überliefert
נִמְסָר (ספר' דת, הסט') [ק/ב/229]. מְסֻפָּר, מְקֻבָּל, שֶׁבָּא בְּמָסֹרֶת. תָּכוּף (ספר' דת, הסט') [ק/ד/204]. נִמְשָׁךְ מִ..., מָעֳבָר מֵאָבוֹת לְבָנִים
Überlieferung
מָסֹרֶת (ספר', דת, הסט') [ק/א/192]. הַעְתָּקָה, מְסִירָה. הַגָּדָה (ספר', דת, הסט') [ק/א/154]. הַסִּפּוּרִים הַמְקֻבָּלִים. הֶעְתֵּק, מִסְפָּר (ספר', דת, הסט') [ק/ב/229]. מוֹרָשָׁה. סִפּוּרִים הַתְּכוּפִים (דת, ספר', הסט') [ק/ג/109]. הַקַּבָּלָה הַבִּלְתִּי פּוֹסֶקֶת. שְׁמוּעָה תְּכוּפָה (דת, ספר', הסט') [ק/ד/128]. שַׁלְשֶׁלֶת הַמּוֹרָשָׁה
Überlieferung, religiöse
מָסֹרֶת הַדָּת (דת) [ק/ג/88]. סֵבֶל הַיְרֻשָּׁה, מָסֹרֶת דָּתִית, סֵבֶל יוֹרְשִׁים, מוֹרֶשֶׁת אָבוֹת. קַבָּלָה (דת) [ק/ג/263]
überlisten
הֶעֱרִים (מַעֲרִים) עַל..., נָהַג בְּעָרְמָה, הֶעֱקִיף (מַעֲקִיף), עָקַף, רִמָּה (מְרַמֶּה)
Überlistung
הַעֲרָמָה (משפ') עֲשִׂיַּת מַעֲשֵׂה עָרְמָה
übermächtig
אַלִּים כֹּחַ
übermäßig
מֻגְדָּל
übermäßige Arbeit ---> Arbeit, übermäßige
übermäßige Belastung ---> Überbelastung
übermäßige Beschützung ---> Beschützung, übermäßige
übermäßige Zuneigung ---> Zuneigung, überrmäßige
übermäßiger Geschlechtstrieb ---> Aphrodisie
Übermaß
יַתִּירוּת [ק/ד/179]. תִּגְבֹּרֶת, מִדָּה יְתֵרָה, אֹמֶד יָתֵר, הַגְזָמָה, הַפְלָגָה, רִבּוּי. תּוֹסֶפֶת [ק/ד/183]. עֹדֶף, יוֹתֶרֶת, מוֹתָר, הַגְדָּשָׁה, בֵּרוּץ, הַפְרָזָה. גְּרִימוּת (טכנ', מתמ')
Übermaß aufweisend
גָּרוּם (טכנ', מתמ')
Übermaß im Bösen oder Guten
הֶפְרֵז טוֹב אוֹ רַע [ק/א/316]. חֶסֶד, הַפְלָגָה וְקִיצוֹנִיּוּת בַּעֲשִׂיַּת טוֹב אוֹ רַע
übermütig
יָהִיר, גֵּאֶה
Übermut
יְהִירוּת, גַּאַוְתָנוּת, יָהֳרָה
Übernehmer [---> Erwerber]
נִמְחֶה (כלכ', משפ') נֶעֱבָר, מִי שֶׁנִּהְיָה נוֹשֶׂה בִּמְקוֹם מִישֶׁהוּ אַחֵר
überordnen
הִשְׁלִיט (מַשְׁלִיט), קָבַע כְּחֹק אוֹ כְּנֹהַג
Überproduktion

יִצּוּר יֶתֶר (מ״ח, כלכ׳) תּוֹפָעָה כַּלְכָּלִית בְּמִשְׁטָר הָרְכוּשָׁנִי הַמְּאֻפְיֶנֶת בְּהֶצֵּעַ סְחוֹרוֹת גָּדוֹל יוֹתֵר מִן הַבִּקּוּשׁ בַּעַל כֹּשֶׁר הַפֵּרָעוֹן

überprüfbar ---> nachweisbar

Überprüfbare, das ---> Nachweisbare, das

überprüfen [---> probieren]

אִבְדֵּק (מְאַבְדֵּק), עָרַךְ רְבִיזְיָה, בִּדֵּק (מְבַדֵּק), בָּדַק הֵיטֵב

Überprüfung

אֶבְדָּק, אֶבְדֵּק, רְבִיזְיָה, בִּדּוּק

Überraschung

הַפְתָּעָה, אַפְתָּעָה, מִפְתָּע, הֶפְתֵּעַ, פְּתִיעָה, הִתְפַּתְּעוּת

überreden

הִשִּׂיא (מַשִּׂיא), נִשָּׂא, שִׁדֵּל (מְשַׁדֵּל), הִשְׁדִּיל, שִׁכְנַע (מְשַׁכְנֵעַ), מָשַׁךְ, פִּתָּה (מְפַתֶּה), נִתְפַּתָּה, שָׁדַל, פָּתָה, שִׁרְגֵּג (מְשַׁרְגֵּג)

Überredung

הַשָּׂאָה, שִׁדּוּל, שִׁכְנוּעַ, מְשִׁיכָה, פִּתּוּי, שִׁרְגּוּג

Überrest

פְּלֵטָה, שְׁאֵרִית, שָׂרִיד

Übersättigung

רְוָיַת יֶתֶר (מטא׳) [יל״ט/182]. מַצָּב שֶׁבּוֹ מֵכִיל הָאֲוִיר יוֹתֵר אֵדֵי מַיִם מִן הַדָּרוּשׁ לְמַצָּב שֶׁל רְוָיָה. רִוּוּי יֶתֶר (כימ׳) מַצָּב שֶׁבּוֹ רִכּוּז הַחֹמֶר הַמּוּמָס בִּתְמִסָּה גָּדוֹל מִן הַיְכֹלֶת שֶׁלּוֹ לְהִתְמוֹסֵס בָּהּ בִּתְמוּרָה (טֶמְפֶּרָטוּרָה) מְסֻיֶּמֶת

Übersäuerung *{Superazidität; Hyperazidität}*

חֲמִיצוּת (כימ׳, רפו׳) [מר״ח/645;362]. חַמְצִיּוּת יֶתֶר, חֲמִיצוּת יֶתֶר

überschätzen

יִתֵּר (מְיַתֵּר) בָּאֹמֶד (פסי׳) הִגְזִים בְּהַעֲרָכָה, הִפְרִיז בַּאֲמִידָה

Überschätzung

אֹמֶד יֶתֶר (פסי׳) הַעֲרָכָה מֻפְרֶזֶת, הַעֲרָכַת יֶתֶר

überschatten

צֵאֵל (מְצָאֵל), הֵטִיל צֵל

überschießen

עָדַף (עוֹדֵף), הָיָה יוֹתֵר מִן הַצֹּרֶךְ

Überschlag eines Funkens

רֶשֶׁף (רְשָׁפִים) (פיס׳)

überschneidend ---> überlappend

überschreien

הֶחֱרִישׁ (מַחֲרִישׁ) בְּקוֹלוֹ אֶת... [י״א/128]. גָּבַר בְּקוֹלוֹ עַל...

überschreiten [---> transzendent sein]

עָבַר (עוֹבֵר) [ק/ג/122]. יָצָא מִנּוֹשֵׂא מְסֻיָּם אֶל נוֹשֵׂא אַחֵר, הִתְפַּשֵּׁט

Überschrift

כּוֹתֶרֶת (כּוֹתָרוֹת) (ספרנ׳, דפו׳) כּוֹתָרוֹן, כְּתֹבֶת הַבָּאָה בְּרֹאשׁ פֶּרֶק אוֹ מַאֲמָר

überschüssig sein

הִתְעַדֵּף (מִתְעַדֵּף)

Überschuß

עֹדֶף (עֲדָפִים) (מחמ׳) [ק/ב/59]. יִתְרוֹן. עֲדִיפָה [ק/ג/125]. יִתְרוֹן זְכוּת, שֶׁפַע, רִבּוּי, יְתֵרוּת. שְׁאֵרִית [ק/ד/66]. הַחֵלֶק הָעוֹדֵף, יִתְרָה, יוֹתֶרֶת. תּוֹסֶפֶת (מחמ׳) [ק/ד/184]

überschwellig

עַל סִפִּי (פסי׳, רפו׳) [ר/ב/488]. שֶׁמֵּעַל לַסַּף, מֵעֵבֶר לִגְבוּל הָרְגִישׁוּת הָעֶלְיוֹנָה לְגֵרוּי כָּלְשֶׁהוּ

überschwemmen

הֵצִיף (מֵצִיף) (היד׳) הִשְׁטִיף, כִּסָּה בְּמַיִם

Überschwemmung

הֲצָפָה (היד׳) שִׁטָּפוֹן (שִׁטְפוֹנוֹת)

Überschwemmungsgebiet

פֶּשֶׁט הַהֲצָפָה (היד׳)

Überschwemmungszone

אֵזוֹר הַגֵּאוּת (י״א, היד׳)

überschwenglich ---> verzückt

Überschwenglichkeit ---> Verzückung

übersehbar

סָקִיר, שֶׁאֶפְשָׁר לְסָקְרוֹ

übersetzen

תִּרְגֵּם (מְתַרְגֵּם) (ספר׳) [ק/ג/179]. הֶעְתִּיק מִלָּשׁוֹן לְלָשׁוֹן

Übersetzer(in)

מְתַרְגֵּם, מְתַרְגֶּמֶת (ספר׳) [ק/ב/244]. מַעְתִּיק, מְתֻרְגְּמָן, תֻּרְגְּמָן. סַרְסוּר (ספר׳) [ק/ג/115]. מֵלִיץ, מְתַוֵּךְ. חֲכַם הַהַעְתָּקָה (ספר׳) [ק/א/289]

übersetzt

מְתֻרְגָּם (ספר׳) [ק/ב/245]. מָעְתָּק

Übersetzung, automatische

תִּרְגּוּם מִתְגַּבֵּי (פסי׳, מחש׳) תִּרְגּוּם אוֹטוֹמָטִי, - נִתְגַּב

Übersetzungsverhältnis

תִּמְסֹרֶת (תִּמְסוֹרוֹת) (טכנ׳)

Übersicht

סֶקֶר (סְקָרִים) (מ״ח, פסי׳) [ר/ב/492]. הַעֲרָכָה כְּלָלִית, תַּסְקִיר. סְקִירָה מִגַּבֹּהַּ (פיל׳) [פ״ר/151]

Übersichtsplan

סִרְטוּט מַפְתֵּחַ (טכנ׳) תַּרְשִׁים מַפְתֵּחַ

übersinnlich

עַל חוּשִׁי (פיל׳) עַל חוּשָׁנִי

Überspanntheit ---> Verzückung

Überspitzung

חֲדִידָה, הַרְחָקַת לֶכֶת, הַקְצָנָה, קִצּוּן, הַקְצָוָה, קַצְוָה, הֶפְרֵז, הַפְרָזָה, מִגְזָם

übersprachliches Denken ---> Denken, übersprachliches

überspringen

דִּלֵּג (מְדַלֵּג), קָפַץ מִמָּקוֹם לְמָקוֹם, פָּסַח (פּוֹסֵחַ), דָּלַג

Überstauung

הַשְׁקָיָה בְּאַגָּנִים (היד׳)

überstimmen

רִיֵּב (מְרַיֵּב) (מדי׳) נִצַּח בְּהַצְבָּעָה בְּרֹב קוֹלוֹת

Überstimmung

רִיּוּב (מדי׳) [מר״ח/434]. נִצָּחוֹן בְּאֶמְצָעוּת הַצְבָּעַת רֹב

überstürzt

בָּהוּל, חָפוּז, נֶחְפָּז, נִמְהָר

Überstunden ---> Überzeit

übertragbar [---> begebbar]

נִתָּן לְהַמְחָאָה (כלכ׳, משפ׳) עָבִיר, שֶׁאֶפְשָׁר לְהַעֲבִירוֹ

Übertragbarkeit [---> Begebbarkeit]

עֲבִירוּת (כלכ׳, משפ׳) [אב״מ/142]. אֶפְשָׁרוּת הַעֲבָרַת חוֹבוֹת מִיֵּשׁוּת אַחַת לַשְּׁנִיָּה

Übertragbarkeit, kommerzielle ---> Begebbarkeit

übertragen *(Verb)*

הִמְחָה (מַמְחֶה) (כלכ׳, משפ׳) נָתַן הַמְחָאָה, הִקְצָה. נָשָׂא (נְשִׂיאַת) (רפו׳) הֶעֱבִיר (מַעֲבִיר, מַעֲבֶרֶת)

übertragen *(Adjektiv)*

מֻעְתָּק (ספר׳) [ק/ב/245]. צִיּוּרִי, בְּהוֹרָאָה שְׁאוּלָה, בְּמוּבָן מֻשְׁאָל

Übertragende(r) [---> Veräußerer]

מַמְחֶה, מְמַחָה (כלכ׳, משפ׳) מַעֲבִיר, נוֹשֶׂה הַמַּעֲבִיר אֶת זְכוּתוֹ לִגְבּוֹת חוֹבוֹת מְסֻיָּמִים לְמִישֶׁהוּ אַחֵר

übertragene Bedeutung ---> Bedeutung, übertragene

übertragene Kraft ---> Kraft, übertragene

übertragenen Sinn, Bezeichnung im ---> Bezeichnung im übertragenen Sinn

übertragener Sinn ---> Sinn, übertragener

übertragener Wert ---> Wert, übertragener

Übertragung

הֶעֱבֵר, הַעֲבָרָה (פסי׳) [ר/א/299, 300]. מְסוֹר, מִמְסָר, מְסִירָה, תִּמְסֹרֶת, הַמְסָרָה, טְרַנְסְפֶר, תַּהֲלִיךְ שֶׁבּוֹ הִתְנַסּוּת בְּמַטָּלָה אַחַת מַשְׁפִּיעָה עַל בִּצּוּעָהּ שֶׁל מַטָּלָה אַחֶרֶת, הַעֲבָרָה שֶׁל רְגוּשׁ מֵאָדָם אֶחָד לְאָדָם אַחֵר. הַעֲבָרַת בַּעֲלוּת (כלכ׳, משפ׳) שִׁעְבּוּד. הֶעְתֵּק, הַעְתָּקָה [ק/א/192]. תְּנוּעַת דָּבָר מִמָּקוֹם לְמָקוֹם

Übertragung, negative

הֶעֱבֵר שְׁלִילִי (פסי׳) [ר/א/300]. טְרַנְסְפֶר שְׁלִילִי, הָעֻבְדָּה שֶׁיֶּדַע אוֹ מְיֻמָּנוּת שֶׁנִּרְכְּשׁוּ בְּהֶקְשֵׁר אֶחָד מְבִיאִים לְבִצּוּעַ מֻפְחָת בְּהֶקְשֵׁר אַחֵר

Übertragungsdämpfung

הֶפְסֵד תִּמְסֹרֶת (פיס׳, תקש׳) הֶפְסֵד הַעֲבָרָה

Übertragungsfehler

שְׁגִיאַת תִּקְשֹׁרֶת (מחש׳, תקש׳) [דמ״א/103]. טָעוּת תִּמְסֹרֶת

Übertragungsurkunde

הַמְחָאָה (הַמְחָאוֹת) (כלכ׳, משפ׳)

Übertreffen

עֲדִיפוּת [ק/א/189]. הַעֲדָפָה, יִתְרוֹן, יְתֵרוּת, עִלּוּי עַל...., עֶלְיוֹנוּת

übertreiben

הִפְרִיז (מַפְרִיז), הִגְזִים, הִפְלִיג

Übertreibung [---> Hyperbel]

הַפְרָזָה [ק/א/155]. הַגָּעָה [ק/א/157]. הַגְדָּלָה, הֶגְדֵּל. הַפְלָגָה [ק/א/196]. עֲלִיָּה עַל הַמִּדָּה הָרְגִילָה, שִׁעוּר גָּדוֹל, רִבּוּי, חֹזֶק, גֻּזְמָה, קִיצוֹנִיּוּת, הִתְאַמְּצוּת יְתֵרָה, הַגְזָמָה

übertreten, das Gesetz ---> verstoßen, gegen das Gesetz

Übertreter [---> Zuwiderhandelnder]

עַבְרָיָן (עֲבַרְיָנִים) (משפ׳) מֵפִיר חֹק, חוֹטֵא

Übertretung

עֲבֵרָה (עֲבֵרוֹת) (משפ׳) מַעֲשֶׂה, נִסָּיוֹן אוֹ מֶחְדָּל שֶׁדִּינָם עֲנִישָׁה

Übertretung, verkehrspolizeiliche

עֲבֵרַת תַּעֲבוּרָה (משפ׳)

Überveranlagung

שׁוּמַת יֶתֶר (כלכ׳, משפ׳) שׁוּמָה מֻפְרֶזֶת

übervölkert

מְאֻכְלָס יֶתֶר (מ״ח, כלכ׳)

Übervölkerung

אִכְלוּסִיַּת יֶתֶר (מ״ח, כלכ׳)

Übervölkerung, relative

עֹדֶף אֻכְלוּסִין יַחֲסִי (מ״ח, כלכ׳) מַצָּב שֶׁנִּמְשָׁךְ מַתְהֲלִיךְ הַצְּבֵר הַהוֹן הַגּוֹרֵם לִדְחִיקַת רַגְלֵיהֶם שֶׁל עוֹבְדִים רַבִּים מִמַּעְגַּל הַיִּצּוּר לְמֵעֵין חֵיל מִלּוּאִים תַּעֲשִׂיָּתִי שֶׁל מֻבְטָלִים הָעוֹמְדִים לְשִׁמּוּשׁ

übervoll

מִלְאוֹנִי, גָּדוּשׁ

übervorteilen

הוֹנָה (מוֹנֶה) (משפ׳) [א״ח/ב/368]. רִמָּה (מְרַמֶּה), הִפְקִיעַ אֶת הַשַּׁעַר, הֶעֱלָה אֶת הַמְּחִיר יוֹתֵר מִדַּי, קִפֵּחַ (מְקַפֵּחַ), עָשַׁק (עוֹשֵׁק)

Übervorteilung

אוֹנָאָה (אוֹנָאוֹת) (משפ׳) [א״ח/ב/87]. הַפְרָזָה בִּמְחִיר, הוֹנָאָה, הוֹנָיָה, רַמָּאוּת, קִפּוּחַ, עֹשֶׁק

Überwachung ---> Kontrolle

Überwachungsausschuß ---> Kontrollkommission

Überwachungsstelle

תַּחֲנַת הַשְׁגָּחָה (מטא׳) [יל״ט/215]. מֶרְכָּז מֶטֶאוֹרוֹלוֹגִי הָעוֹקֵב וּמְקַיֵּם הַשְׁגָּחָה רְצוּפָה עַל תְּנָאֵי מֶזֶג הָאֲוִיר

Überwältigung

הִתְגַּבְּרוּת [ק/א/227]. הִתְחַזְּקוּת, הִתְרַבּוּת, נִצָּחוֹן

überwandern *{transmigrieren}*

נָדַד (נוֹדֵד) [מר״ח/676]. הִתְהַגֵּר, הִתְגַּלְגֵּל

Überwanderung *{Transmigration}*

נְדִידָה [מר״ח/676]. מַהֲגֵרָה, גִּלְגּוּל

überweisen

הִמְחָה (מַמְחֶה) (כלכ׳) [א״ח/ב/105]. נָתַן הַמְחָאָה, הִרְחִיק מֵעַצְמוֹ וְנָתַן לְאַחֵר, נָתַן הוֹרָאָה לְמִישֶׁהוּ לְשַׁלֵּם לוֹ סְכוּם מְסֻיָּם

Überwertigkeitsgefühl

רֶגֶשׁ הָעֶלְיוֹנוּת (פסי׳) [ר/ב/693]. רִגְשֵׁי עֶלְיוֹנוּת, תַּסְבִּיךְ עֶלְיוֹנוּת, אֱמוּנָתוֹ שֶׁל אָדָם שֶׁהוּא נַעֲלֶה מֵאֲחֵרִים

überwiegen

הִכְרִיעַ (מַכְרִיעַ) [מר״ח/549; א״ח/ב/400]. רָגַח (רוֹגֵחַ), הִכְרִיעַ הַכַּף, הִטָּה כְּלַפֵּי מַטָּה

überwiegend

מַכְרִיעַ, רוֹגֵחַ, עָדִיף

Überwiegen

הַכְרָעָה [מר״ח/549]. רְגִיחָה, רִגָּחוֹן, הַכְרָעַת הַכַּף

Überwurf, grober

חֲמִילָה (חֲמִילוֹת) (לבו׳) [א״ח/א/138]. בֶּגֶד גַּס

überzählig ---> überflüssig

Überzähligmachung, relative

עֲשִׂיָּה לְמֻיתָּר בְּמִנְיָן מִבְּחִינָה יַחֲסִית (מ״ח, כלכ׳) [ק״מ/א/520]. חֹק אֻכְלוּסִין הַמְּיֻחָד לְאֹפֶן הַיִּצּוּר הָרְכוּשָׁנִי שֶׁלְּפִיו אֻכְלוּסִיַּת הָעוֹבְדִים, עִם שֶׁהִיא מְיַצֶּרֶת אֶת הֶצְבֵּר הַהוֹן, מְיַצֶּרֶת אֶת הָאֶמְצָעִים שֶׁעוֹשִׂים אוֹתָהּ עַצְמָהּ לְמֻיתֶּרֶת בְּמִנְיָן מִבְּחִינָה יַחֲסִית

Überzeit

יֶתֶר זְמַן (כלכ׳) שָׁעוֹת נוֹסָפוֹת

überzeugen

שִׁכְנֵעַ (מְשַׁכְנֵעַ), הֵבִיא הוֹכָחוֹת שֶׁדָּבָר מְסֻיָּם צוֹדֵק, עִיֵּד (מְעַיֵּד), הִשְׁפִּיעַ עַל מִישֶׁהוּ שֶׁיְּקַבֵּל דֵּעָה כָּלְשֶׁהִי

überzeugt

מְשֻׁכְנָע, בָּטוּחַ שֶׁדָּבָר מְסֻיָּם צוֹדֵק, מְעֻיָּד, מַאֲמִין

Überzeugung

שִׁכְנוּעַ, הֲבָאַת הוֹכָחוֹת שֶׁדָּבָר מְסֻיָּם צוֹדֵק, עִיּוּד, הַשְׁפָּעָה עַל מִישֶׁהוּ שֶׁיְּקַבֵּל דֵּעָה כָּלְשֶׁהִי, הִשְׁתַּכְנְעוּת. הָאֱמָנָה [ק/א/150; ר/א/176]. אֱמוּנָה, בִּטָּחוֹן, סְבָרָה, דֵּעָה מְשֻׁרֶשֶׁת לְגַבֵּי עִנְיָן מְסֻיָּם, הַבִּטָּחוֹן שֶׁכָּךְ הוּא וְלֹא אַחֶרֶת

überziehen [---> Haut bilden]

מָרַח (מוֹרֵחַ) (טכנ׳, אמנ׳) [א״ת/א/233]. טָפַל (טוֹפֵל), טָח

Überzieher

מְעִפֹּרֶת (מְעִפּוֹרוֹת) (לבו׳) [א״ת/א/196]. לְבוּשׁ עֶלְיוֹן, מְעִיל עֶלְיוֹן לַדֶּרֶךְ, מְעִפֹּרֶת

Überziehungskredit ---> Kontenüberziehung

Überzug

חִפּוּי (חִפּוּיִים) [א״ת/ב/264]. כִּסּוּי, צִפּוּי

Überzug, dünner

מֶרַח (מְרָחִים) (טכנ׳, אמנ׳) חִפּוּי שֶׁל צֶבַע דָּלִיל

üblich sein

נָהַג (נוֹהֵג) לְ... [ק/ד/49]. רָץ, הָיָה רָגִיל, נִרְגַּל (נִרְגָּל) לְ.../בְּ...

übrig

מִשְׁאָרִי, שְׂרִידִי, מַה שֶּׁנִּשְׁאַר, שִׁיּוּרִי

übrigbleiben

שִׁיֵּר (מְשַׁיֵּר), הִשְׁאִיר, הִשְׁתַּיֵּר, נִשְׁאַר, שֻׁיַּר (מְשֻׁיָּר), הוֹתִיר (מוֹתִיר), הוּתַר, נוֹתַר (נוֹתָר), הִתְיַתֵּר

übrigbleibender Fehler ---> Fehler, übrigbleibender

übrigens

אַגַּב, אַף זֹאת, נוֹסָף עַל...

Übriggebliebenes

נוֹתָר (נוֹתָרִים), נִשְׁאָר, מְשֻׁיָּר

Übung

תַּרְגִּיל (תַּרְגִּילִים) (מדע, אמנ׳) [ק/ב/242]. מַעֲשֶׂה, בְּנִגּוּד לְעִיּוּן, פְּעֻלָּה, אִמּוּן, הִתְאַמְּנוּת, תִּרְגּוּל, מְלָאכָה. עֲשִׂיָּה (פדג׳, מ״ח) [ק/ג/174]. שִׁמּוּשׁ. רְגִילוּת (מ״ח) [ק/ד/22]. שִׁגְרָה, נֹהַג מְקֻבָּל, מִנְהָג. הֶרְגֵּל (מ״ח) [ק/א/211]. דָּבָר שֶׁהִתְרַגֵּל הָאָדָם לַעֲשׂוֹתוֹ. הִתְלַמְּדוּת (פדג׳, מ״ח) [ק/א/238]. לִמּוּד וְקִנְיַן יְדִיעוֹת

Übung, praktische

שִׁמּוּשׁ [ק/ד/129]. שֵׁרוּת, תַּרְגִּיל שִׁמּוּשִׁי, עֲשִׂיָּה, הִשְׁתַּמְּשׁוּת

üppig ---> luxuriös

Üppigkeit ---> Luxus

Ufer

שְׂפַת נָהָר (י״א, היד׳) שָׂפָה, גַּפָּה (גַּפּוֹת), גַּף (גַּפִּים)

Ufersand

חֲלָסִית (גאו׳) [א״ת/א/18]. חֲלָסָה, אַדְמַת חוֹל, חוֹל הַחוֹף

Uferschnepfe *{Limosa limosa}*

לִימוֹזָה מְצוּיָה (זוא׳) עוֹף מִמִּשְׁפַּחַת הַחַרְטוֹמָנִיִּים

Uferschwalbe *{Riparia riparia}*

כּוּכִית גְּדוֹת (זוא׳) סְנוּנִית גָּדוֹת, עוֹף מִמִּשְׁפַּחַת הַסְּנוּנִיתִיִּים

Uhr

שָׁעוֹן (שְׁעוֹנִים) (טכנ׳) אוֹרְלוֹגִין (אוֹרְלוֹגִינִים)

Uhranzeige

הוֹרָיַת הַשָּׁעוֹן (טכנ׳)

Uhrzeigersinn, gegen den

נֶגֶד מְגַמַּת הַשָּׁעוֹן

Uhrzeigersinn, im

עִם מְגַמַּת הַשָּׁעוֹן (מחמ׳) בִּמְגַמָּה שְׁלִילִית

Uhu *{Bubo bubo}*

אֹחַ (זוא׳) עוֹף מִמִּשְׁפַּחַת הַיַּנְשׁוּפִיִּים

Ukbariten, Sekte der

עֻכְבְּרִיִּים (דת, פיל׳) [ק/ג/131]. כַּת דָּתִית שֶׁיִּסֵּד יִשְׁמָעֵאל אִישׁ עֻכְבָּרָה. כַּת הָעֻכְבְּרִיִּים (דת, פיל׳) [ק/ב/106]

Ulkus ---> Geschwür

Ulme *{Ulmus}*

בּוּקִיצָה (בוט׳) צֶמַח מִמִּשְׁפַּחַת הַמֵּישִׁיִּים

Ultima

מִלְּרַע (בלש׳) [מ״ב/236]. הַהֲבָרָה הָאַחֲרוֹנָה שֶׁל מִלָּה

ultimabetont *{oxytoniert}*

מִלְּרַעִי (בלש׳) [מ״ב/157]. בַּעַל נְגִינָה הַבָּאָה עַל הַהֲבָרָה הָאַחֲרוֹנָה שֶׁל מִלָּה, לְמָשָׁל: ״רִאשׁוֹן״, ״בַּרְזֶל״

Ultimabetonung *{Oxytonon}*

מִלְּרַע (בלש׳) הַטְעָמַת הַנְּגִינָה עַל הַהֲבָרָה הָאַחֲרוֹנָה, לְמָשָׁל: ״פְּלוּמָה״, ״מַסּוֹר״

Ultimatum

הַתְרָאָה אַחֲרוֹנָה (משפ׳, מדי׳) אוּלְטִימָטוּם, אַזְהָרָה אַחֲרוֹנָה

ultra vires ---> Vollmachten hinausgehend, über die

Ultrafiltration

סִנּוּן דָּקִיק (טכנ׳)

Ultraschall betreffend, den

עַל שִׁמְעִי (פיס׳, רפו׳) [ל״מ/655]. שֶׁמֵּעַל לִתְחוּם הַתְּדִירֻיּוֹת הַנִּקְלָטוֹת עַל יְדֵי אֹזֶן הָאָדָם

Ultraschallreiniger

מְנַקֶּה עַל שִׁמְעִי (טכנ׳)

Ultraviolettstrahlung
קְרִינָה עַל סְגֻלָּה (פיס') גַּלִּים חַשְׁמִילוֹ-שׁוֹאַבְנִיִּים (אֶלֶקְטְרוֹמַגְנֶטִיִּים) בִּלְתִּי נִרְאִים

Ultrazentrifuge
סַרְכֶּזֶת עָל (טכנ') אוּלְטְרָצֶנְטְרִיפוּגָה

Ulzeration ---> Geschwürbildung

ulzerieren ---> geschwürig sein

um herum ---> Peri-

um so mehr
לֹא כָּל שֶׁכֵּן, עַל אַחַת כַּמָּה וְכַמָּה, קַל וָחֹמֶר

um wieviel mehr ---> um so mehr

um... willen
בְּשֶׁל..., בִּשְׁבִיל..., בְּדִיל...

um zu
כְּדֵי, לְשֵׁם, לְמַעַן, עַל מְנָת שֶׁ.../לְ...

umarmen
חִבֵּק (מְחַבֵּק) [א״ח/ג/9]. גִּפֵּף (מְגַפֵּף)

Umarmung
חִבּוּק (חִבּוּקִים) [א״ח/ג/9]. גִּפּוּף (גִּפּוּפִים)

Umbau
מְסִכָּה (מְסִכּוֹת) (ימא')

umbauen ---> wiederaufbauen
Umbenennung ---> Antonomasie
Umberfische *{Sciaenidae}*
מַסְרִיִּים (זוא') מִשְׁפָּחָה שֶׁל דְּגֵי גֶּרֶם

umbilden ---> umgestalten
Umbildung ---> Umgestaltung

umbinden
כָּרַךְ (כּוֹרֵךְ), קָשַׁר מִסָּבִיב, עָנַד (עוֹנֵד)

umdrehen, jemanden den Arm
אָבַק (אוֹבֵק) אֶת הַיָּד (ספו') [י״א/4]. סוֹבֵב אֶת הַיָּד, - הַזְּרוֹעַ

Umdrehung
סֶבֶב (סְבָבִים) [ק/א/281]. חֲזָרָה, הַקָּפָה, סִיבוּב שָׁלֵם מִסָּבִיב לְצִיר, סִבּוּב מָלֵא, תְּנוּעָה בְּמַסְלוּל סָגוּר מִנְּקֻדָּה מְסֻיֶּמֶת לְאוֹתָהּ נְקֻדָּה. שְׁטִיטָה [ק/ד/89]

Umdrehung des Armes
אֲבִיקַת יָד (ספו') [י״א/4]. סִבּוּב יָד, - זְרוֹעַ

Umdrehungsachse ---> Drehachse

Umdruck [---> Abklatsch]
הַשָּׂאָה (הַשָּׂאוֹת) (אמנ') [ממ״ג/2]. הֶדְפֵּס הַנַּעֲשֶׂה מֵהֶדְפֵּס שֶׁהָעְתַּק מִלּוּחַ בְּעוֹד הַחֲרִתָּה (צֶבַע הַדְּפָסָה) לַחָה

umerziehen
תִּחְנֵךְ (מְתַחְנֵךְ) (פדג') חִנֵּךְ מֵחָדָשׁ

Umerziehung
תִּחְנוּךְ (פדג') חִנּוּךְ מֵחָדָשׁ

Umfang
הֶקֵּף (מתמ', פיל') [ק/א/205]. אֹרֶךְ הַקַּו הַמַּקִּיף. חוֹמָה (פיל') [ק/א/276]

Umfang, der allgemein bejahende
הַהֶקֵּף הַכְּלָלִי הַמְּחַיֵּב (פיל') [ק/א/205]

Umfang, der allgemein verneinende
הַהֶקֵּף הַכְּלָלִי הַשּׁוֹלֵל (פיל') [ק/א/205]

Umfang, der partikulär bejahende
הַהֶקֵּף הַחֶלְקִי הַמְּחַיֵּב (פיל') [ק/א/205]

Umfang, der partikulär verneinende
הַהֶקֵּף הַחֶלְקִי הַשּׁוֹלֵל (פיל') [ק/א/205]

Umfang, logischer ---> Anwendbarkeit, Bereich der

Umfang, realer
הֶקֵּף יֵשִׁי (פיל') [ק/א/205]

Umfang betreffend, den
הֶקֵּפִי (מתמ') שֶׁל הֶקֵּף

Umfang der Aufmerksamkeit ---> Aufmerksamkeit, Umfang der

Umfangswinkel
זָוִית הֶקֵּפִית (מתמ')

umfassen
הִקִּיף (מַקִּיף) [ק/א/319]. חָפַף. חָבַק (חוֹבֵק) [ק/א/270]. כָּלַל, נִכְלַל (פיל') [ק/ב/22]. טָרַד, נִטְרַד. סָבַב [ק/ג/80]. הֵכִיל [ק/ג/248]. הִצְלִיעַ, הָיָה בּוֹ, הֶחֱזִיק בְּתוֹכוֹ. אָסַף [ק/א/64]

umfassend
מַקִּיף [ק/ב/268]. כּוֹלֵל (פיל') [ק/ב/90]. כְּלָלִי, עוֹלָמִי, שֶׁל כְּלַל הָאֱנוֹשׁוּת

umfassende Art ---> Art, umfassende
umfassende Erkenntnis ---> Erkenntnis, umfassende
Umfeld, soziales ---> Milieu
umformbar [---> verarbeitbar]
שָׁגִין [מר״ח/676]. בַּר שִׁנּוּי

Umformbarkeit [---> Verarbeitbarkeit]
שְׁגִינוּת [מר״ח/676]. אֶפְשָׁרוּת שִׁנּוּי צוּרָה

umformen [---> formen; umgestalten; umwandeln]
שִׁגֵּן (מְשַׁגֵּן), הִשְׁתַּגֵּן [מר״ח/676]. שִׁנָּה אֶת צוּרָתוֹ

Umformer
מֵמִיר (פיס') [ל״מ/390]. מִתְקָן הַמְּשַׁנֶּה תְּכוּנוֹת כַּמּוּתִיּוֹת (פִיזִיקָלִיּוֹת), לְמָשָׁל: הוֹפֵךְ זֶרֶם חִלּוּפִים לְזֶרֶם יָשָׁר

Umformung [---> Formung; Umwandlung; Umgestaltung; Transformation]
שִׁגּוּן, הִשְׁתַּגְּנוּת [מר״ח/676]. שִׁנּוּי צוּרָה

Umfrage
מִשְׁאָל (מִשְׁאָלִים) (מ״ח, פסי') [ר/ב/416]. שִׁיטָה לַחֲקִירַת עֶמְדּוֹת וְדֵעוֹת בְּאֶמְצָעוּת שְׁאֵלוֹנִים

umfrieden
סָג, גָּדַר מִסָּבִיב, הִקִּיף, סִיֵּג (מְסַיֵּג)

Umfriedung
סוּגָה (סוּגוֹת), גָּדֵר (גְּדֵרוֹת), סְיָג (סְיָגִים)

Umgangsform ---> Sitte(n), gute
Umgangssprache
לְשׁוֹן מְדֻבֶּרֶת (בלש') [מ״ב/39]. דִּבֹּרֶת, לְשׁוֹן דִּבּוּרִית, דִּבּוּר עֲמָמִי, שְׂפַת הַיּוֹמְיוֹם, שָׂפָה

מְדַבֶּרֶת

umgeben
הִקִּיף (מַקִּיף) [ק/א/319]. חָפַף. כָּפָה [ק/ב/100]. סָבַב

umgebend
מַקִּיף [ק/ב/268]. מְחוֹפֵף [ק/ב/177]. דָּבָר הַסּוֹבֵב דְּבָרִים אֲחֵרִים

Umgebung [---> Hintergrund]
בְּנוֹתָה, סְבִיבָה, הַסָּבִיב

Umgehungsleitung ---> Umleitung

umgekehrt ---> vice versa

umgekehrte Reihenfolge ---> Reihenfolge, umgekehrte

umgestalten [---> umwandeln; umformen]
שִׁעֲצֵב (מְשַׁעֲצֵב) [ק/א/305]. הִתְחוֹלֵל, שִׁצֵּב (מְשַׁצֵּב), עִצֵּב מֵחָדָשׁ, הִתְגַּלְגֵּל, הִשְׁתַּנָּה, הִתְחַלֵּף. הִתְחַלֵּק [ק/א/308]

Umgestaltung [---> Umwandlung; Umformung; Transformation]
שִׁעֲצוּב [ק/א/179]. הֲמָרָה, חִלּוּף, עִצּוּב מֵחָדָשׁ, שִׁצּוּב, שִׁנּוּי. הִפּוּךְ (פיס׳) [ק/א/193]. שִׁנּוּי צוּרָה. חִלּוּל [ק/א/300]. תְּמוּרָה, תְּמוּר [ק/ד/208]. תַּהְפּוּכָה, שִׁנּוּי דְּמוּת, הִשְׁתַּנּוּת. מַחְלֶפֶת (ביו׳) מֶטָמוֹרְפוֹזָה, גִּלְגּוּל צוּרָה

umgrenzen ---> abgrenzen

Umhang ---> Überwurf, grober

umherschweifen ---> herumstreifen

umhüllen
עָטַף (עוֹטֵף) [א״ת/א/160]. עָטָה (עוֹטֶה), לָבַשׁ, כִּסָּה, הִתְעַטֵּף, כִּבֵּן (מְכַבֵּן)

Umhüllen
עִטּוּף, כִּסּוּי, עִטּוּי, עֲטִיָּה

Umhüllung
עֲטִיפָה, עָטִיף

umkehrbar *{reversibel}*
הָפִיךְ, שֶׁאֶפְשָׁר לְהָפְכוֹ, בֶּן הִפּוּךְ

umkehrbar, nicht ---> irreversibel

Umkehrbarkeit *{Reversibilität}*
הֲפִיכוּת

umkehren
הָפַךְ (מְהַפֵּךְ) [ק/ג/26]. נָזַר (נוֹזֵר), הָפַךְ לְאָחוֹר, הִתְהַפֵּךְ

Umkehrformel
נֻסְחַת הֲפִיכָה (מתמ׳)

Umkehrfunktion ---> Funktion, inverse

Umkehroperation ---> Operation, inverse

Umkehrperspektive ---> Perspektive, umkehrbare

Umkehrung *{Inversion}*
הִפּוּךְ (פסי׳) [ר/א/197]. נְסִיגָה זְמַנִּית, כָּל תַּהֲלִיךְ שֶׁל פְּנִיָּה מִבִּפְנִים לַחוּץ אוֹ מִלְּמַעְלָה לְמַטָּה. חֲפִיתָה, הִתְחַפְּתוּת [מר״ח/402]. אִינְבֶרְזִיָּה. הֵפֶךְ, הֶפֶךְ, הֲפִיכָה [ק/א/194]. תְּמוּרָה, שִׁנּוּי, חִלּוּף. הִתְהַפֵּךְ [ק/א/230]. סְגֻלַּת הַהִתְהַפְּכוּת. כֶּפֶל אַחֲרִית (רטו׳) [ק/ב/103]. חֲזָרָה עַל אוֹתָהּ מִלָּה בְּסוֹף הַמִּשְׁפָּט. קִבּוּל [ק/ג/258]. נִגּוּד. הִפּוּךְ סֵדֶר (בלש׳) [מ״ב/113]. חִלּוּף סֵדֶר, הַחֲלָפָה, שִׁנּוּי סֵדֶר הַמִּלִּים הַתִּקְנִי בְּמִשְׁפָּט, לְמָשָׁל: ״אוֹתוֹ נָשְׂאוּ הַסַּבָּלִים״ (בִּמְקוֹם: ״הַסַּבָּלִים נָשְׂאוּ אוֹתוֹ״)

Umkehrung, einfache *{Conversio simplex}*
הִפּוּךְ פָּשׁוּט (פיל׳) הֶקֵּשׁ לֹא מָצוּעַ (בִּלְתִּי אֶמְצָעִי) שֶׁבְּבִצּוּעוֹ הוֹפֵךְ הַנָּשׂוּא (פְּרֶדִיקָט) לְנוֹשֵׂא (סוּבְּיֶקְט), אֲבָל גַּם הַנּוֹשֵׂא הוֹפֵךְ לְנָשׂוּא מִבְּלִי לְשַׁנּוֹת אֶת הֶקֵּפוֹ, לְמָשָׁל: הַמִּשְׁפָּט ״פְּרָדִים (אֲטוֹמִים) הֵם הַחֶלְקִיקִים הַקְּטַנִּים בְּיוֹתֵר שֶׁל יְסוֹד כִּימִי״ יִתְהַפֵּךְ לַמִּשְׁפָּט הַפָּשׁוּט: ״כָּל הַחֶלְקִיקִים הַקְּטַנִּים בְּיוֹתֵר שֶׁל יְסוֹד כִּימִי הֵם פְּרָדִים״

Umkehrung, logische *{Inversion, logische}*
הִפּוּךְ הֶגְיוֹנִי (פיל׳) תִּפְעוּל טַעֲנָה חֶלְקִי הַמַּצְמִיד לְכָל טַעֲנָה הֶשְׁמֵעִית (אִימְפְּלִיקָטִיבִית) מֻרְכֶּבֶת: ״אִם A, אָז B״ אֶת הַטַּעֲנָה: ״אִם לֹא A, אָז לֹא B״, שֶׁהִיא טַעֲנַת הִפּוּךְ לְטַעֲנַת הַמּוֹצָא; הַטַּעֲנוֹת הנ״ל בְּדֶרֶךְ כְּלָל אֵינָן שְׁקִילוֹת (שְׁווֹת עֵרֶךְ) מִבְּחִינָה הֶגְיוֹנִית; אִם A הוּא שִׁקְרִי וְ- B אֲמִתִּי הוּא, הֲרֵי שֶׁ״אִם A, אָז B״ הוּא אֲמִתִּי, אֲבָל ״אִם לֹא A, אָז לֹא B״ הוּא שִׁקְרִי; כְּנֶגֶד זֶה, הַהִפּוּךְ הַהֶגְיוֹנִי ״אִם לֹא A, אָז לֹא B״ וְהַהֲמָרָה הַהֶגְיוֹנִית ״אִם B, אָז A״ הֵם שְׁקִילִים מִבְּחִינָה הֶגְיוֹנִית

Umkehrung, richtige
הִפּוּךְ צוֹדֵק (רטו׳, פיל׳) [ק/א/193]

Umkehrung des Hauptsatzes *{conversio propositionis}*
הִפּוּךְ הַמִּשְׁפָּט, - הַגְּזֵרָה (רטו׳, ספר׳) [ק/א/193].
הֶפֶךְ הַמִּשְׁפָּט, - הַגְּזֵרָה (רטו׳, ספר׳) [ק/א/194]

Umkreis
מַעְגָּל מַקִּיף (מתמ׳)

umkreisen
הִקִּיף (מַקִּיף) [ק/ג/80]. סָבַב (סוֹבֵב), הִתְנוֹעֵעַ תְּנוּעָה סִבּוּבִית. סִבֵּב (מְסַבֵּב) [ק/ג/81]. חָזַר וְהָלַךְ, סוֹבֵב (מְסוֹבֵב), כִּתֵּר (מְכַתֵּר), הָלַךְ אוֹ עָמַד מִסָּבִיב לְ...

umladen
שִׁטְעֵן (מְשַׁטְעֵן) (ימא׳) טָעַן מֵחָדָשׁ. שִׁנֵּעַ (מְשַׁנֵּעַ) (טכנ׳) הֶעֱבִיר מִטְעָן מִמָּקוֹם לְמָקוֹם, חָזַר וְטָעַן

Umladung
שִׁטְעוּן (ימא׳) טְעִינָה מֵחָדָשׁ. שִׁנּוּעַ (טכנ׳) הַעֲבָרַת מִטְעָן מִמָּקוֹם לְמָקוֹם

Umlauf
הַקָּפָה (הַקָּפוֹת) (אסט׳) תְּנוּעָה בְּמַסְלוּל סָגוּר מִנְּקֻדָּה מְסֻיֶּמֶת לְאוֹתָהּ נְקֻדָּה עַצְמָהּ. סִיבּוּב (סִיבּוּבִים) (טכנ׳)

Umlauf sein, im ---> kreisen; zirkulieren

Umlaufberg
גִּבְעַת נַפְתּוּל (היד׳) גִּבְעָה שֶׁנַּפְתּוּל נָהָר מַקִּיפָהּ מִכָּל צְדָדֶיהָ

umlaufendes Geld ---> Geld, umlaufendes

Umlaufzeit
זְמַן סִבּוּב

Umlaufzettel
דַּף נִתּוּב (מנה׳, ספרנ׳)

Umleitung
מַעֲקָף (מַעֲקָפִים), מַטָּיָה (מַטָּיוֹת), עֲקִיפַת

דֶּרֶךְ מְקֻלְקֶלֶת

Ummantelung ---> Schutzhülle

umordnen ---> neugestalten

Umordnung ---> Neugestaltung

umrahmen

תִּסְגֵּר (מְתַסְגֵּר) [ק/ב/100]. כָּפָה (כּוֹפֶה), הִקִּיף מִכָּל הַצְּדָדִים, סָבַב. חָפַף [ק/א/319]

umrahmt

מְתֻסְגָּר [ק/ב/269]. מְקֻפָּל, נִכְפָּה, מְמֻסְגָּר, נָתוּן בְּמִסְגֶּרֶת, מְכֻתָּר, סָבוּב, תָּפוּס

Umrahmung

תִּסְגּוּר, מַתַּן מִסְגֶּרֶת, מִסְגּוּר

Umrechnung

הֲמָרָה (מתמ׳)

Umrechnungskurs ---> Devisenkurs

Umrechnungstabelle

לוּחַ הֲמָרָה (מתמ׳)

Umriß, in

בְּמִתְאָר

Umrißkarte

מַפַּת מִתְאָר (י״א)

Umrißlinie

מִתְאָר, קוֹנְטוּרָה, קַו הַמַּקִּיף אֶת הַצּוּרָה

umrühren ---> kneten

Umsatz ---> Geschäftsumsatz

Umsatzsteuer

מַס קְנִיָּה (כלכ׳, מדי׳) מַס רְכִישָׁה, - עָקִיף הַמֻּטָּל עַל מְחִיר הַתּוֹצָר כְּחֵלֶק בִּלְתִּי נִפְרָד מִמֶּנּוּ

Umschanzung

דָּיֵק (דָּיֵקִים) (אדר׳, צבא) כַּרְקוֹם, סוֹלְלַת מָגֵן מִסָּבִיב לְבִצּוּר

Umschlag ---> [Geschäftsumsatz]

רְטִיָּה (רְטִיּוֹת) (רפו׳) [מר״ח/180]. מַחֲלוּף (מ״ח, כלכ׳) **צוּרַת תְּנוּעָה שֶׁל אֶמְצָעִים** חָמְרִיִּים מְשֻׁדָּמִים (שֶׁנִּתְּנוּ כִּמְקַדָּמָה) בְּתַהֲלִיךְ הַשִּׁצּוּר (רֶפְּרוֹדוּקְצִיָּה), צוּרַת תְּנוּעָה שֶׁל הוֹן מְשֻׁדָּם (שֶׁנִּתַּן כִּמְקַדָּמָה)

Umschlag des Kapitals ---> Kapital(s), Umschlag des

Umschlag machen

רָטָה (רוֹטֶה), הִרְטָה (מַרְטֶה) (רפו׳) הִנִּיחַ רְטִיָּה

umschlagen

חִלֵּף (מְחַלֵּף) (מ״ח, כלכ׳) הָיָה בְּמַחֲלוּף, חִזֵּר (מְחַזֵּר). נִטֵּל (מְנַטֵּל) מִטְעָן (ימא׳) טִפֵּל בִּסְחוֹרוֹת שֶׁל אֳנִיָּה

Umschlagklappe

דַּשׁ הָעֲטִיפָה (ספרנ׳)

Umschlagszyklen

מַעְגְּלֵי מַחֲלוּפִים (מ״ח, כלכ׳) מַעְגְּלֵי מַחֲזוֹרִים

umschlingen

לָפַת (לוֹפֵת), חָבַק, אִמֵּץ בְּחָזְקָה, חִבֵּק

umschlossen

מְכֻתָּר [ק/א/63]. אָסוּף, כָּלוּל, מֻקָּף. מְקֻפָּל [ק/ב/269]. מֻכְנָס, מְכֻלָּל, סָבוּב. נִשְׁקָע [ק/ג/77]. שָׁקוּעַ, נָתוּן בְּתוֹךְ דָּבָר הַמַּקִּיפוֹ, מֻכְנָס פְּנִימָה, תָּקוּעַ, שֶׁאֵינוֹ בּוֹלֵט

umschreibendes Bindewort ---> Bindewort, umschreibendes

umschrieben

מִכְתָּב [ק/ב/201]. מְכֻתָּב, קָבוּעַ, מְתֹאָר, כָּתוּב, מֻכְנָס בִּרְשִׁימָה, מִי שֶׁנִּקְבַּע לְמַטָּרָה מְסֻיֶּמֶת, נוֹעָד. רָשׁוּם [ק/ד/59]. מְסֻיָּם, יָדוּעַ וּמֻגְדָּר

umschriebener Kreis ---> Umkreis

umschriebenes Dreieck ---> Dreieck, umschriebenes

Umschrift [---> Transkription]

תַּעְתִּיק (בלש׳) כְּתִיבַת דְּבָרִים בְּשָׂפָה מְסֻיֶּמֶת בִּכְתָב שֶׁל שָׂפָה אַחֶרֶת, טְרַנְסְקְרִיפְּצְיָה

Umschwung ---> Wende, günstige

umsetzen

הִתְבַּצֵּעַ (מִתְבַּצֵּעַ), עָבַר וְהָלַךְ

umsonst

לְבַטָּלָה, לְחִנָּם, לַשָּׁוְא, לְלֹא תּוֹעֶלֶת, בְּחִנָּם, לְלֹא תַּשְׁלוּם

Umständen ergebend, sich aus den

מִשְׁתַּמֵּעַ, מִכְּלָלָא, מִכְּלָל, מִן הַהֶקְשֵׁר

Umstand

נְסִבָּה (נְסִבּוֹת) [ק/א/24]. אוֹדוֹת, עֻבְדָּה, טַעַם, מִקְרֶה, מְאֹרָע, מְסִבָּה. מַקִּיף [ק/ב/268]. סִבָּה, מַעֲרֶכֶת סִבּוֹת, נִמּוּק לְדָבָר

Umstand, äußerer

נְסִבָּה חִיצוֹנִית (פיל׳) [ק/ב/271]. מִקְרֶה חִיצוֹנִי, - מִבַּחוּץ, עֻבְדַּת חוּץ

Umstand, innerer

נְסִבָּה פְּנִימִית (פיל׳) [ק/ב/271]. מִקְרֶה פְּנִימִי, - מִבִּפְנִים, עֻבְדַּת פְּנִים

Umstand, konditioneller

נְסִבַּת תְּנַאי (פיל׳) [ק/ב/272]. מִקְרֶה תְּנַאי, עֻבְדָּה מֻתְנָה

Umstandsangabe ---> Umstandsbestimmung

Umstandsbestimmung

תֵּאוּר (בלש׳) [מ״ב/12]. תֵּאוּר פֹּעַל, חֵלֶק הַמִּשְׁפָּט הַמְּתָאֵר אֶת הַפְּעֻלָּה הַמֻּבַּעַת בַּנָּשׂוּא מִבְּחִינוֹתֶיהָ הַשּׁוֹנוֹת: מָקוֹם, זְמַן, אֹפֶן, מִדָּה, סִבָּה, תַּכְלִית, תְּנַאי וְוִתּוּר, לְמָשָׁל: ״הוּא בָּא **אֵלַי שְׁלֹשׁוֹם בַּבֹּקֶר**״

Umstandssatz [---> Adverbialsatz]

פְּסוּקִית תֵּאוּר (בלש׳) [מ״ב/12]. מִשְׁפַּט תֵּאוּר, מִשְׁפָּט טָפֵל הַמְּשַׁמֵּשׁ כְּתֵאוּר בְּמִשְׁפָּט, לְמָשָׁל: ״**לִכְשֶׁיָּאִיר הַשַּׁחַר**, הֵם יֵצְאוּ לַעֲבוֹדָה״

Umstandssatz der Art und Weise *{Modalsatz}*

פְּסוּקִית אֹפֶן (בלש׳) [מ״ב/12]. מִשְׁפַּט (תֵּאוּר) אֹפֶן, מִשְׁפָּט הַמְּתָאֵר אֶת אֹפֶן הַפְּעֻלָּה, לְמָשָׁל: ״**כְּשֵׁם שֶׁעָשָׂה לִי**, כֵּן אֶעֱשֶׂה לוֹ״. פְּסוּקִית מַצָּב (בלש׳) [מ״ב/34]. מִשְׁפַּט מַצָּב, מִשְׁפָּט טָפֵל הַמְּתָאֵר אֶת הַמַּצָּב בִּשְׁעַת הַפְּעֻלָּה שֶׁבַּמִּשְׁפָּט הָעִקָּרִי, לְמָשָׁל: ״פָּגַשְׁתִּי אוֹתוֹ **כְּשֶׁהוּא מְטַיֵּל לַהֲנָאָתוֹ בָּרְחוֹב**״. מַאֲמָר בִּלְתִּי גּוֹזֵר, - צְדָדִי (פיל׳, בלש׳) [ק/א/110]. מִשְׁפָּט מוֹדָלִי

Umstandssatz der Zeit *{Temporalsatz}*

פְּסוּקִית זְמַן (בלש׳) [מ״ב/228]. מִשְׁפָּט טָפֵל הַמְצַיֵּן אֶת זְמַן הַפְּעֻלָּה שֶׁבַּמִּשְׁפָּט הָעִקָּרִי, לְמָשָׁל: ״**לִכְשֶׁיָּאִיר הַשַּׁחַר**, נֵצֵא לַעֲבוֹדָה״

Umstandssatz des Grades

פְּסוּקִית מִדָּה (בלש׳) [מ״ב/12]. מִשְׁפַּט (תֵּאוּר)

מִדָּה, מִשְׁפָּט הַמְּתָאֵר אֶת הַמִּדָּה, לְמָשָׁל: ״לֹא יָדַעְתִּי **עַד כַּמָּה הִרְחַקְתִּי לֶכֶת**״

Umstandssatz des Grundes *{Kausalsatz}*

פְּסוּקִית סִבָּה (בלש׳) [מ״ב/33]. מִשְׁפַּט תֵּאוּר סִבָּה, מִשְׁפָּט טָפֵל הַמְּצַיֵּן אֶת הַסִּבָּה לַפְּעֻלָּה שֶׁבַּמִּשְׁפָּט הָעִקָּרִי, לְמָשָׁל: ״**לְפִי שֶׁבָּא לִכְלַל כַּעַס** - בָּא לִכְלַל טָעוּת״

Umstandssatz des Ortes *{Lokalsatz}*

פְּסוּקִית מָקוֹם (בלש׳) [מ״ב/126]. מִשְׁפַּט תֵּאוּר מָקוֹם, מִשְׁפָּט טָפֵל הַמְּצַיֵּן אֶת מְקוֹם הַפְּעֻלָּה שֶׁבַּמִּשְׁפָּט הָעִקָּרִי, לְמָשָׁל: ״הַמְּכוֹנִית חָנְתָה **בְּשׁוּלֵי הַכְּבִישׁ**״

Umstandswort ---> Adverb

Umstellbarkeit

תְּמוּרִיּוּת [ק/א/230]. הִתְהַפֵּךְ, חֲלִיפִיּוּת, סְגֻלַּת הַהִתְהַפְּכוּת, כֹּשֶׁר הַהֶחְלֵף, סְגִילוּת

umstellen *{transponieren}* **[---> neugestalten]**

סֵרֵמֵס (מְסָרְמֵס), הִסְתַּרְמֵס [מר״ח/677]. שִׁכֵּל, שִׁנָּה סֵדֶר, הֶעְתִּיק מִמְּקוֹמוֹ, הִשִּׂיא. שִׁחְלֵף (מְשַׁחְלֵף) (מחמ׳)

Umstellung *{Transposition}* **[---> Interversion; Permutation; Neugestaltung]**

הַעֲבָרָה (מדע) [ר/א/214]. חִלּוּפֵי הֶבֵּטִים בֵּין שְׁנֵי מַרְכִּיבִים (אוֹ יוֹתֵר) בְּמַעֲרֶכֶת. סֵרְמוּס [מר״ח/677]. שִׁכּוּל, שִׁנּוּי סֵדֶר, הַעְתָּקָה מִמָּקוֹם לְמָקוֹם, תְּמוּרָה, חֲלִיפִין. הַשָּׂאָה (מוס׳) הֶשֵּׂא. הֶסֵּט תּוֹרַשְׁתִּי (ביו׳). שִׁחְלוּף (מחמ׳)

umstimmen

שִׁנָּה (מְשַׁנֶּה) אֶת הַכִּוְנוּן (מוס׳)

umwälzen

הָפַךְ (מְהַפֵּךְ) עַל פִּיהוּ, הָפַךְ אֶת הַיּוֹצְרוֹת

Umwallung ---> Umschanzung

umwandelbar

בַּר הֲמָרָה

umwandeln

שִׁנָּה (מְשַׁנֶּה) [ק/ד/136]. הָפַךְ דָּבָר לְדָבָר אַחֵר, הֶחֱלִיף

Umwandlung [---> Konversion; Transformation; Umformung; Umgestaltung]

גִּלְגּוּל צוּרָה (פסי׳) [ר/א/299]. הֲפִיכָה

Umweg

עִקּוּף [ק/ג/114]. מַעֲקָף (מַעֲקָפִים), סֶרֶךְ (סְרָכִים), דֶּרֶךְ בִּלְתִּי יְשָׁרָה, - עֲקִיפָה, - עֲקַלָּתוֹן

Umwelt [---> Milieu]

סְבִיבָה [ר/ב/453]

Umwelt betreffend, die

סְבִיבָתִי, שֶׁל הַסְּבִיבָה

Umweltforschung [---> Milieuforschung]

חֵקֶר הַסְּבִיבָה (מ״ח, אקו׳)

Umweltschutz

אֵיכוּת הַסְּבִיבָה (אקו׳)

Umzäunung

גְּדֵרָה (גְּדֵרוֹת) (חקל׳) גֶּדֶרֶת, מָקוֹם גָּדוּר לִבְהֵמוֹת

Umzug

מִרְהָב, תַּהֲלוּכָה, מִצְעָד חֲגִיגִי

un...

בִּלְתִּי (בלש׳) [ק/א/89]. מִלָּה שׁוֹלֶלֶת אֶת הַתֹּאַר אוֹ אֶת הַבֵּינוֹנִי הַבָּא אַחֲרֶיהָ. זוּלַת, זוּלָתִי [ק/א/255]. בְּלִי, בְּלֹא

unabhängig

עַצְמָאִי, יְחִידָתִי, בִּלְתִּי תָּלוּי

unabhängige Variable ---> Variable, unabhängige

unabhängiger Relativsatz ---> Relativsatz, unabhängiger

unabsehlich

נִמְנַע חִזּוּי

unabsichtlicherweise

בְּשׁוֹגֵג, בְּטָעוּת, לְלֹא כַּוָּנַת זָדוֹן

unabtretbarer Besitz ---> Besitz, unveräußerlicher

Unabwendbarkeit

הֶכְרֵחִיּוּת, עֲמִידַת הֶחְלֵט

Unachtsamkeit

הִתְרַשְּׁלוּת [ק/א/190]. הֶעְלֵם, הַעֲלָמָה, חֹסֶר הַשְׁגָּחָה, שִׁכְחָה

unadäquater Reiz ---> Reiz, unadäquater

Unadäquatheit ---> Unzulänglichkeit

Unähnlichkeit

אִי דִּמְיוּת

Unangemessenheit ---> Unzulänglichkeit

unannehmbar ---> unzulässig

Unannehmbarkeit ---> Unzulässigkeit

unanschauliches Denken ---> Denken, unanschauliches

Unansprechbarkeit

אֲטִימוּת הַכָּרָה (פסי׳, רפו׳) אֲטִימוּת רוּחַ, - אָזְנַיִם, - לֵב

unanwendbar auf jemanden

רָחוֹק מִ... [ק/ד/36]. מְסֻלָּק מִמֶּנּוּ, בִּלְתִּי רָאוּי לוֹ

Unartigkeit ---> Ungezogenheit

Unaufrichtigkeit

אִי כֵּנוּת

Unausgeglichenheit ---> Dekompensation

unauslöschlich

בִּלְתִּי כָּלֶה, - נִמְחֶה

Unauslöschlichkeit

אִי הִמָּחוּת

unbedachtsam

קַל דַּעַת, פּוֹחֵז

Unbedachtsamkeit

קַלּוּת דַּעַת, הֲקַלַּת רֹאשׁ, פַּחֲזוּת, פַּחְזָנוּת, חוֹפְזָנוּת

unbedingt

הֶחְלֵטִי [ק/א/90]. בִּלְתִּי תְּנָאִי, לְלֹא תְּנַאי, לֹא מֻתְנֶה. נְשׂוּאִי [ק/ג/75]. מַשָּׂאִי, בְּהֶחְלֵט, מֻחְלָט, שֶׁאֵינוֹ תָּלוּי בְּגוֹרְמִים וּבְמְסִבּוֹת, לֹא יַחְסִי, שֶׁאֵין לְשַׁנּוֹתוֹ

unbedingte Reaktion ---> Reaktion, unkonditionierte

unbedingte Verpflichtung ---> Verpflichtung, unbedingte

unbedingter Reflex ---> Reflex, unbedingter

unbedingtes Sein ---> Sein, unbedingtes

unbedingtes Urteil ---> Urteil, unbedingtes

Unbedingtheit

חֲלִיטוּת [ק/א/304]. תְּכוּנָתוֹ שֶׁל הַדָּבָר הַמֻּחְלָט, - הַבִּלְתִּי מֻתְנֶה, - הַבִּלְתִּי תְּנַאי

unbefangen

חֲסַר פְּנִיּוֹת

unbefugt

לֹא מֻסְמָךְ (משפ׳) לְלֹא סַמְכוּת, בְּלֹא רְשׁוּת

unbefugtes Hineinschauen ---> Hineinschauen, unbefugtes

unbegreiflich

בִּלְתִּי נִתְפָּס [ק/ג/50]. נֶעְלָם

unbegrenzt

בִּלְתִּי מֻגְבָּל, לְלֹא גְּבוּל

Unbehagen [---> Unlust]

כְּרִיהוּת (רפו׳) הַרְגָּשַׁת חֹלִי

Unbeherrschtheit ---> Inkontinenz

unbekannt

בִּלְתִּי יָדוּעַ [ק/ב/224]. מְסֻכָּל, חֲסַר יֶדַע, בּוּר. נִסְכָּל [ק/ג/46]. נֶעְלָם [ק/ג/50]. סָתוּר [ק/ג/115]. נִסְתָּר, כָּמוּס

Unbekannte(r)

נֶעְלָם (נֶעְלָמִים), נֶעְלֶמֶת (נֶעְלָמוֹת) (מתמ׳)

Unbekanntschaft

בּוּרוּת, אִי יְדִיעָה, חֹסֶר יֶדַע, קִצְרוֹן יְדִיעָה, אֵין יֶדַע

unbelastet ---> Hypothekenfrei

unberechenbar ---> unbeständig; launisch

unberechtigt ---> unbefugt

Unbescheidenheit

חֹסֶר עֲנָוָה, אֶפֶס הִצְטַנְּעוּת, אִי הִתְבַּטְּלוּת, יֻהֲרָה, הִשְׁתַּחֲצוּת, הִתְחַצְּפוּת, הֲרָמַת רֹאשׁ

unbescholten ---> integer

unbeschränkt [---> unbegrenzt]

מֻחְלָט, מֻחֲלָט [ק/ב/181]. נֶחֱרָץ, נִקְבָּע בְּוַדָּאוּת שֶׁהוּא כָּךְ, לְלֹא סָפֵק, מַה שֶּׁאֵין בּוֹ שׁוּם הַגְבָּלָה וּתְנַאי

unbesehen

בְּלִי מֵשִׂים, בְּהֶסַּח הַדַּעַת

unbeständig [---> labil]

הֲפַכְפַּךְ, הֲפַכְפְּכָן (פסי׳) [ק/א/195]. מִי שֶׁמִּתְהַפֵּךְ בְּדֵעוֹתָיו, בְּדִבּוּרוֹ אוֹ בְּמַעֲשָׂיו, שֶׁאֵין לוֹ עֶמְדָּה קְבוּעָה, לֹא יַצִּיב

Unbeständigkeit [---> Launenhaftigkeit; Labilität]

הֲפַכְפְּכָנוּת [ק/א/230]. הִתְחַלְּפוּת, הִתְהַפְּכוּת, הֲפַכְפְּכוּת, הִשְׁתַּנּוּת. מִדַּת מִי שֶׁאֵינוֹ עוֹמֵד בְּדֵעוֹתָיו אוֹ בְּדִבּוּרוֹ, נְמוֹרוּת, אִי יַצִּיבוּת, רְפִיפוּת. הַפְּכִיּוּת, הַפְּכָנוּת [ק/א/195]. סְגֻלַּת מַה שֶּׁהוּא הֲפַכִּי

Unbeständigkeit der Vorstellung ---> Vorstellung, Unbeständigkeit der

unbestimmt *{indeterminiert}*

סְתָמִי [ק/ג/116]. לֹא מְפֹרָשׁ, - מֻגְדָּר בְּדִיּוּק, - מְפֹרָט, כְּלָלִי, לֹא אִישִׁי. סָתוּם [ק/ג/115]. בִּלְתִּי מְיֻחָד, לֹא מְסֻיָּם, בְּלֹא פֵּרוּשׁ, בִּלְתִּי מְיֻדָּע. לְשׁוֹן סְתָם [ק/ג/116]. כָּלְשֶׁהוּ, בְּעָלְמָא. פָּרוּץ [ק/ג/209]. פָּרוּז, בִּלְתִּי נִגְדָּר בְּהֶקֵּף, חָפְשִׁי, חֵרוּתָנִי, בִּלְתִּי תָּלוּי, לֹא פַּסְקָנִי, עָמוּם

unbestimmt lassen

סָתַם (סוֹתֵם), הִשְׁאִיר בְּלֹא הֶסְבֵּר, אָמַר בְּאֹפֶן סְתָמִי, לֹא פֵּרֵשׁ

unbestimmte Größe ---> Größe, unbestimmte

unbestimmter Artikel ---> Artikel, unbestimmter

unbestimmter Satz ---> Satz, unbestimmter

Unbestimmtes

פַּלְמוֹן (פַּלְמוֹנִים) (מתמ׳)

unbestimmtes Nomen ---> Nomen, unbestimmtes

unbestimmtes Pronomen ---> Pronomen, unbestimmtes

Unbestimmtheit

עֲמִימוּת [פ״ר/176]. חֹסֶר בְּהִירוּת, סְתָמִיּוּת

Unbestimmtheitsgrenze

קִיצוֹן (קִיצוֹנִים) (מתמ׳) עֶרֶךְ קִיצוֹן

unbeweglich

נַיָּח [ק/ג/281]. קַיָּם, עוֹמֵד, רָגוּעַ, חֲדַל תְּנוּעָה, נָח, שׁוֹקֵט

Unbeweglichkeit ---> Bewegungslosigkeit

unbewegt

בִּלְתִּי מוּנָע [פ״ר/91]

unbewegt bleiben

עָמַד (עוֹמֵד) בִּמְנוּחָתוֹ

unbewohnt

לֹא נוֹשָׁב [ק/ג/18]. נִגְזָר, בִּלְתִּי מְיֻשָּׁב, - מְאֻכְלָס, רֵיק מֵאָדָם, שׁוֹמֵם, פְּנוּי מִתּוֹשָׁבִים

unbewußt

לֹא מוּדָע (פסי׳) [ר/א/325]. תַּת מוּדָע, שֶׁמִּחוּץ לַתּוֹדָעָה

unbewußter Konflikt ---> Konflikt, unbewußter

Unbewußtes

הַלֹּא מוּדָע (פסי׳) [ר/א/325]. רֹבֶד הַמֻּשָּׂגִים וְהָרְגָשׁוֹת שֶׁמִּתַּחַת לְהַכָּרָתָהּ שֶׁל הַנֶּפֶשׁ

Unbewußtes, kollektives

לֹא מוּדָע קִבּוּצִי (פסי׳) [ר/ב/600]. לֹא מוּדָע קוֹלֶקְטִיבִי, הַלֹּא מוּדָע הַמְּשֻׁתָּף לַכֹּל

Unbotmäßigkeit *{Insubordination}*

מִרְיוֹן (פסי׳, מ״ח) מְרִיָּה, מֶרִי, הִתְמָרְדוּת, הִתְקוֹמְמוּת

und so weiter (usw)

וְכוּלֵי (וכו׳) [ק/א/128]. וּמַה שֶּׁדָּבֵק, וּמַה שֶּׁדְּבֵקוֹ, וְגוֹמֵר (וגו׳)

undankbar

כְּפוּי טוֹבָה, שֶׁאֵינוֹ מַכִּיר תּוֹדָה, חֲסַר תּוֹדָה

Undankbarkeit

כְּפִיּוּת טוֹבָה, אִי הַכָּרַת תּוֹדָה, כְּפִיַּת טוֹבָה,

הֲשָׁבַת רָעָה תַּחַת טוֹבָה

undefinierbar

בִּלְתִּי נִגְדָּר (פיל׳) בִּלְתִּי גָּדִיר, שֶׁאֵינוֹ נִתָּן לְהַגְדָּרָה

undefinierbarer Begriff ---> Begriff, undefinierbarer

undenkbar

נְטוּל סְבִירוּת [ק/א/86]. בָּטֵל, שֶׁאֵין הַדַּעַת סוֹבַלְתּוֹ, הֶבֶל, כּוֹזֵב, שָׁוְא, שֶׁאֵין לְהַעֲלוֹתוֹ עַל הַדַּעַת, מִן הַנִּמְנָע, לֹא יִתָּכֵן. כָּזָב [ק/ב/72]. הֶבֶל, שְׁטוּתִי, חֲדַל תַּכְלִית. מְגֻנֶּה [ק/ב/142]. קְלוֹשׁ, חֲדַל עֵרֶךְ. מָנוּעַ, מְנוּעִי [ק/ב/214]. חֲסַר אֶפְשָׁרוּת, לֹא יָכוֹל. שֶׁקֶר [ק/ד/158]. חֲסַר טַעַם, נְטוּל יְסוֹד

undenkbar sein

הָיָה בִּלְתִּי סָבִיר [ק/ב/180]. מָחַל, הָיָה לְאַיִן, הֻמְעַט עֶרְכּוֹ, הִזְדּוֹלֵל, הֶהְבִּיל, הִפְסִיד טַעְמוֹ. לֹא בָּא בְּחֶשְׁבּוֹן, בָּטֵל . בֻּטַּל (פיל׳) [ק/א/86]. הִכְחִישׁ, סָתַר, שָׁלַל, הוֹרָה עַל בִּטּוּל דֵּעָה מִן הַדֵּעוֹת

Undenkbarkeit

אִי סְבִירוּת (פיל׳) [ק/א/85]. בִּטּוּל, תְּכוּנַת הַדָּבָר שֶׁאֵין הַדַּעַת סוֹבַלְתּוֹ. גְּנוּת [ק/א/118]. דֵּעָה בְּטֵלָה וּמְשֻׁבֶּשֶׁת. מְחִילוּת [ק/ב/179]. מִסְטָה, דְּבַר תִּפְלָה, שְׁטוּת, רְעוּת רוּחַ. מְנִיעָה, מְנִיעוּת [ק/ב/218]. הִמָּנְעוּת, אִי אֶפְשָׁרוּת

undeterminiert

בִּלְתִּי מֻתְנֶה [ק/ג/116]. לְשׁוֹן סְתָם, שֶׁאֵינוֹ קָבוּעַ כִּתְנַאי, בְּעָלְמָא

undeutlich

נִסְכָּל [ק/ג/46]. מֻסְכָּל, לֹא בָּרוּר, בִּלְתִּי מוּבָן

undeutlicher Begriff ---> Begriff, undeutlicher

Undifferenziertheit

חַדְנִימִיּוּת

Unding

דָּבָר-לֹא-דָּבָר (פיל׳)

undiszipliniert

נֶעְדַּר מִשְׁמַעַת, מֻפְקָר

Undulation ---> Bewegung, wellenförmige

undurchdringlich ---> undurchlässig

undurchlässig

אָטִים, בִּלְתִּי חָדִיר, בִּלְתִּי נֶעֱבָר

Undurchlässigkeit

אֲטִימוּת, אִי חֲדִירוּת, - הֵחָדְרוּת

Unebenheit

מַעֲקָם, הָדוּר (הֲדוּרִים), גַּבְנוּנִית, שֶׁטַח שׁוֹקֵעַ אוֹ בּוֹלֵט. חִסְפּוּס [ק/ג/27]. נְחוֹר, אֲשִׁינוּת, שְׂעִירוּת, אִי חֲלָקוּת

unecht

שִׁקְרִי [ק/ד/159]. כְּזָבִי, מְדֻמֶּה, כּוֹזֵב, בָּדוּי, חֲסַר יְסוֹד, שֶׁיֵּשׁ בּוֹ מִן הַשֶּׁקֶר, זִיּוּפִי, כָּזוּב

unechte Kapitalisierung ---> Kapitalisierung, unechte

unedel

בִּלְתִּי אָצִיל

uneigennützig

לְלֹא פְּנִיָּה עַצְמִית, זוּלָתָנִי, חֲסַר אַהֲבַת עַצְמוֹ

uneigentlich

בִּדְיוֹנִי (ספר׳, בלש׳) [ק/ג/122]. עוֹבֵר, עַל דֶּרֶךְ הַהַעֲבָרָה, - הַהַשְׁאָלָה, בִּלְתִּי מְצִיאוּתִי, שֶׁאֵין בּוֹ מַמָּשׁ. מֻשְׁאָל (ספר׳, בלש׳) [ק/ב/231]. מַעֲבָרִי, שֶׁיֵּשׁ לוֹ מוּבָן שׁוֹנֶה מִן הַמּוּבָן הַמְּקוֹרִי, צִיּוּרִי, מֶטָפוֹרִי

uneigentliche Bezeichnung ---> Bezeichnung, uneigentliche

uneigentliche Definition ---> Definition, uneigentliche

uneigentliche Redeweise ---> Redeweise, figürliche; Ungenauigkeit

uneingelöster Scheck ---> Scheck, uneingelöster

uneingeschränkt ---> unbegrenzt; unbeschränkt

uneingeschränktes Indossament ---> Indossament, uneingeschränktes

uneinheitlich ---> ungleichförmig

Uneinigkeit ---> Zwietracht

uneintreibbare Forderung ---> Forderung, uneintreibbare

unempfindlich

חֲסַר רֶגֶשׁ (פסי׳) [ק/ג/184]. פְּחוּת נֶפֶשׁ, שֶׁאֵינוֹ חָשׁ בְּבִזְיוֹנוֹ, אָדִישׁ, קֵהֶה, אֲטוּם לֵב, קְהֵה רֶגֶשׁ, שְׁוֵה נֶפֶשׁ, קְהוּי לֵב

unendlich

אֵינְסוֹפִי (מחמ׳, פיל׳) [ק/א/42]. אֵין סוֹף, לְאֵין שִׁעוּר. בִּלְתִּי בַּעַל תַּכְלִית (בב״ת) (פיל׳) [ק/א/78]

unendliche Aufeinanderfolge ---> Aufeinanderfolge, unendliche

Unendliche, der (=Gott)

הַבִּלְתִּי סוֹפִי (דת) [ק/א/42]. אֵין סוֹף, כִּנּוּי לֵאלֹהִים

unendlicher Begriff ---> Begriff, unendlicher

unendliches Urteil ---> Urteil, unendliches

Unendlichkeit

אֵינְסוֹף (מחמ׳, פיל׳) [ק/א/42]

unentbehrlich

הֶכְרֵחִי, שֶׁאִי אֶפְשָׁר בִּלְעָדָיו, חִיּוּנִי, נָחוּץ, מְחֻיַּב הַמְּצִיאוּת, שֶׁאֵין לְוַתֵּר עָלָיו

unentgeltlich

לְלֹא תַּשְׁלוּם, חִנָּם, לְלֹא תְּמוּרָה

unentschieden sein ---> schwebend

unentschiedener Fall ---> Fall, unentschiedener

unentschlossen ---> unschlüssig

unentschlossen sein ---> unschlüssig sein; schwanken

Unentschlossenheit ---> Unschlüssigkeit; Schwanken

Unerfahrenheit

חֹסֶר נִסָּיוֹן [ק/ג/223]. פְּתַיּוּת, טִפְּשׁוּת, קַלּוּת דַּעַת, תְּמִימוּת, חֹסֶר בַּגְרוּת

unerforschlich ---> unergründlich

Unerforschlichkeit ---> Unergründlichkeit

unergründlich

נִמְנַע חֵקֶר, שֶׁאֵין לוֹ חֵקֶר, בֶּן בְּלִי חֵקֶר

Unergründlichkeit
נִמְנָעוּת חֵקֶר (פיל') [ק/ג/146]. עֹמֶק אֵין חֵקֶר, נוֹשֵׂא שֶׁאֵינוֹ נִתָּן לַחֲקִירָה מִפְּנֵי עָמְקוֹ

unerheblich
לֹא מַהוּתִי

unerklärlich
סָתוּם, בִּלְתִּי מֻסְבָּר, לֹא בָּרוּר, עֲלוּם הֲבָנָה, לְלֹא פֵּשֶׁר, שֶׁאֵין לוֹ הֶסְבֵּר, שֶׁלֹּא נוֹדַע פִּשְׁרוֹ

Unerklärlichkeit
סְתִימוּת, אִי מֻסְבָּרוּת

unerläßlich
הֶכְרֵחִי, נָחוּץ, חִיּוּנִי, דָּרוּשׁ, מְחֻיַּב הַמְּצִיאוּת, בִּלְתִּי מַרְפֶּה

unerlaubt
אָסוּר בְּ... [ק/ג/120]. זוּלַת עוֹבֵר, לֹא יִתָּכֵן, אִי אֶפְשָׁר, מָנוּעַ

unerlaubterweise ---> gesetzwidrig

unerlaubtes Fernbleiben ---> Fernbleiben, unerlaubtes

Unersättlichkeit
לְהִיטָה (פסי') [ק/ב/114]. פְּרִיצוּת וּשְׁטִיפוּת בְּתַאֲווֹת, תְּשׁוּקָה עַזָּה

unerschaffen
שֶׁלֹּא נִבְרָא [ק/ב/55]. נִצְחִי, יָשָׁן, בִּלְתִּי בָּרוּא, קַדְמוֹן, בִּלְתִּי מְחֻדָּשׁ. עַתִּיק (דת) [ק/ג/177]. שֶׁאֵין רֵאשִׁית לְרֵאשִׁיתוֹ וְאֵין תַּכְלִית לְקַדְמוּתוֹ, כִּנּוּי לֵאלֹהִים

unerschöpflich
בִּלְתִּי נִדְלֶה, - אָזִיל

unerwarteter Glücksfall ---> Glücksfall, unerwarteter

unerweislich
לֹא יָכִיחַ, שֶׁאִי אֶפְשָׁר לְהוֹכִיחוֹ

unfähig
חֲסַר כֹּשֶׁר, לֹא כָּשִׁיר

Unfähigkeit
הֶעְדֵּר כֹּשֶׁר, אִי כְּשִׁירוּת

Unfalleignung
מוּעָדוּת לִתְאוּנָה

unfallgeeignet
מוּעָד לִתְאוּנָה

unfaßbar
בִּלְתִּי נִתְפָּס (פיל') [ק/ב/25]. יָגֵעַ, מַה שֶּׁהַשֵּׂכֶל נִלְאֶה מִלַּעֲמֹד עַל מַהוּתוֹ

unfrei
מֻכְרָח [ק/ב/200]. אָנוּס בְּמַעֲשָׂיו, בְּנִגּוּד לְבַעַל בְּחִירָה, כָּפוּי, מְאֻלָּץ, בִּלְתִּי חָפְשִׁי

Unfreiheit
הֶכְרֵחַ (דת, פיל') [ק/א/111]. גְּזֵרָה, מַה שֶּׁנִּגְזָר עַל הָאָדָם מִלְמַעְלָה. שִׁעְבּוּד (מדי') כְּפִיפוּת, תְּלוּת

unfreiwillig
שֶׁלֹּא מֵרָצוֹן [ק/א/133]. דּוֹמֵם, בְּהֶכְרֵחַ טִבְעוֹ (בְּנִגּוּד לְבוֹחֵר), בְּאֹנֶס

unfruchtbar ---> steril

ungeachtet
לְלֹא תְּשׂוּמֶת לֵב, בְּלֹא הִתְחַשְּׁבוּת בְּ..., לַמְרוֹת, חֵרֶף, עַל אַף

ungebildet
לֹא מְתֻרְבָּת [פ"ר/103]. לֹא מְחֻנָּךְ, בִּלְתִּי מְעֻצָּב

Ungebildeter
עַם הָאָרֶץ (עַמֵּי אֲרָצוֹת) [א"ח/ג/3]. אָדָם שֶׁלֹּא לָמַד, בּוּר

ungebräuchlich
לֹא נָהוּג [ק/ג/37]. נָכְרִי, זָר, בִּלְתִּי טִבְעִי, חָרִיג, יוֹצֵא דֹּפֶן, - מִן הַכְּלָל, - מִן הַגֶּדֶר הָרָגִיל, סוֹטֶה

ungebunden
לֹא מְכֹרָךְ (מלא', ספרנ')

ungebundene Rede ---> Rede, ungebundene

ungedeckt
לֹא כָּסוּי, - מְכֻסֶּה, חֲסַר כִּסּוּי

ungedeckter Scheck ---> Scheck, ungedeckter

Ungeduld
אִי סַבְלָנוּת, חֹסֶר סַבְלָנוּת, קֹצֶר רוּחַ

Ungefähr
אֻמְדַּן הַדַּעַת [ק/ב/272]. מִקְרֶה, אֻמְדָּן, אֹמֶד, הַעֲרָכָה, אֹמֶד הַדַּעַת, - הַלֵּב, שִׁעוּר שׁוּמָה, הַשְׁעָרָה מְקֹרֶבֶת. צַד הַהִזְדַּמֵּן [ק/א/165]. צַד הַהִזְדַּמֵּן

ungeheuer
עָצוּם, כַּבִּיר

ungehindert
לְלֹא מַעְצוֹר

Ungehörigkeit
הֲגַסָּה [ק/ב/239]. מַעֲמָס, הָעֲזָה, הַחְצָפָה, שַׁחֲצוּת, חֲצִיפוּת, מִטְרָד, הֶטְרֵחַ, חִסָּרוֹן, פְּגָם, מִגְרַעַת

ungehorsam ---> widerspenstig

Ungehorsam, ziviler
מְרִי אֶזְרָחִי (מדי')

ungemein
בִּלְתִּי רָגִיל

ungenau
חֲסַר דִּיּוּק, אֻמְדָּנִי, לֹא מְדֻיָּק, עַל דֶּרֶךְ הַקֵּרוּב, בְּקֵרוּב, בְּעֵרֶךְ, בְּאֹמֶד, אָמוּד, בִּסְבִיבַת...

Ungenauigkeit
אִי דִּיּוּק [ק/א/204]. הֶקֵּל, הָקֵל, אֻמְדָּנוּת

ungenügende Leistung ---> Leistung, ungenügende

ungerade
אִי זוּגִי (מתמ')

ungerade Zahl ---> Zahl, ungerade

ungeraten
לָקוּי, לֹא נָאוֹת, שֶׁאֵינוֹ מַשְׂבִּיעַ רָצוֹן

ungerecht
חֲסַר צֶדֶק, בִּלְתִּי צוֹדֵק, נֶעְדַּר יֹשֶׁר

ungerechtfertigte Bereicherung ---> Bereicherung, ungerechtfertigte

ungereimt
מְבֻלְבָּל [ק/ב/142]. מְגֻנֶּה, מְשֻׁבָּשׁ, בִּלְתִּי מְסֻדָּר, בְּלֹא כָּל שִׁיטָה, לְלֹא סֵדֶר, קָלוּשׁ, חֲדַל עֵרֶךְ. מֻרְחָק [ק/ב/278]. שְׁטוּתִי, הַבְלִי, תָּפֵל, רָחוֹק, לֹא מִתְקַבֵּל עַל הַדַּעַת, זָר. מָשְׁחָת, מָשְׁחֶתֶת [ק/ב/291]. בָּטֵל, שִׁקְרִי, לֹא הֶגְיוֹנִי, אַבְּסוּרְדִּי.

שָׂנוּא [ק/ד/137]. עָקָר, רָחוֹק מִן הַשֵּׂכֶל, הַבְלוּתִי

Ungereimtheit

בִּלְבֹּלֶת [ק/א/118]. גְּנוּת, בִּלְבּוּל, הִשְׁתַּבְּשׁוּת, שִׁגּוּשׁ, אִי סֵדֶר, שִׁבּוּץ דְּבָרִים בְּמָקוֹם הַלֹּא נָכוֹן, דֵּעָה בְּטֵלָה וּמְשֻׁבֶּשֶׁת. דָּבָר נִמְנָע. דִּבָּה [ק/א/124]. הֶבֶל, זָרוּת. הַרְחָקָה [ק/א/214]. דֵּעָה רְחוֹקָה וְזָרָה שֶׁקָּשֶׁה לְקַבֵּל אוֹתָהּ וּלְהַסְכִּים עָלֶיהָ. פַּסְלוּת [ק/ג/197]. שְׁקָרוּת, נִכְלוּת, זִיּוּף, רְמִיָּה. רִחוּק [ק/ד/35]. שְׁטוּת, הַבְלוּת, תִּפְלוּת. שְׁחוּת [ק/ד/85]. רְעוּת רוּחַ

ungesättigt

בִּלְתִּי מְשֻׂבָּע, - מְרֻוֶּה, לֹא רָווּי

Ungeschicklichkeit

דַּבִּיּוּת, אִטְרוּת, לֹא יִצְלָחִיּוּת, גָּלְמִיּוּת, גִּמְלוֹנִיּוּת, כְּבֵדוּת מַחֲשָׁבָה, גַּסּוּת, סִרְבּוּל, לִקּוּי-סִרְבּוּל

ungeschickt

דַּבִּי, אִטֵּר, לֹא מְיֻמָּן, מְסֻרְבָּל, רְפֵה יָדַיִם, לֹא יִצְלַח, גָּלְמָנִי (גּוֹלְמָנִי), כְּבַד תְּנוּעָה, מְגֻשָּׁם, גִּמְלוֹנִי, כְּגֹלֶם, כְּאִטֵּר

ungeschlacht

גַּס [ק/ב/143]. מְגֻשָּׁם, בּוּר, סָכָל, חָמְרִי, מְחֻסְפָּס

ungeschriebenes Recht ---> Gewohnheitsrecht

ungeschützt

בִּלְתִּי מוּגָן

ungesellig ---> asozial

ungesetzlich

לֹא חֻקִּי (משפ׳)

Ungesetzlichkeit

אִי חֻקִּיּוּת (משפ׳)

ungeteilt

בִּלְתִּי נֶחְלָק (פיל׳) [ק/א/90]. בִּלְתִּי נֶחֱלָק

ungetrennt

בִּלְתִּי נִפְרָד [ק/ב/144]. מְדֻבָּק, אָחִיד, אַחְדוּתִי, מְחֻבָּר, מְצֻמָּד

ungetrübt

בִּלְתִּי מֻפְרָע

ungeübt ---> ungeschickt

ungewiß

חֲסַר וַדָּאוּת [ק/ג/182]. פָּגוּם, לֹא וַדָּאִי, מְסֻפָּק, בִּלְתִּי בָּרוּר, נָתוּן בְּסָפֵק, לוּט בַּעֲרָפֶל, עוֹמֵד בְּסָפֵק

Ungewißheit

חֹסֶר וַדָּאוּת [ק/ג/111]. סָפֵק (סְפֵקוֹת), בִּטְחַת שָׁוְא, אִי וַדָּאוּת, אִי בְּטִיחוּת, חֲשָׁשׁ, פִּקְפּוּק. שִׁבּוּשׁ [ק/ד/68]. מְבוּכָה

Ungewißheit, Modalität der

דַּרְכִּיּוּת הַסָּפֵק (בלש׳, רטו׳) [ק/ב/218]. מֵנִיעַ הַמַּאֲמָר שֶׁל הַסָּפֵק, לְהַבָּעַת סַפְקָנוּת וְאִי וַדָּאוּת

ungewöhnlich

בִּלְתִּי רָגִיל [ק/א/266]. זָר, מְשֻׁנֶּה, מוּזָר, יוֹצֵא מִגֶּדֶר הָרָגִיל, תָּמוּהַּ, יוֹצֵא דֹּפֶן, לֹא נָהוּג

ungewohnt

בִּלְתִּי מֻרְגָּל

Ungezogenheit

שׁוֹבְבוּת, שׁוֹבְבָנוּת, קוּנְדֵסוּת

ungläubig

כּוֹפֵר (דת, פיל׳) פּוֹקֵר, בִּלְתִּי מַאֲמִין, חֲסַר אֱמוּנָה, אַלְדָּתִי

ungläubig sein

פָּקַר (פּוֹקֵר) (דת, פיל׳) [ק/ג/207]. כָּפַר בְּעִקָּרֵי הָאֱמוּנָה, הִתְנַגֵּד לַדָּת, הִתְפַּקֵּר

Ungläubiger

כּוֹפֵר (כּוֹפְרִים) (דת, פיל׳) [ק/ב/103]. כַּפְרָן, כּוֹפֵר בְּעִנְיְנֵי דָּת וֶאֱמוּנָה, אַתֵּאִיסְט, אֶפִּיקוֹרוֹס, מִי שֶׁאֵינוֹ מַאֲמִין, אַלְדָּתִי

Unglaube

כְּפִירָה (דת, פיל׳) [ק/ב/102]. הַכְחָשַׁת עֶקְרוֹנוֹת הַדָּת, מִינוּת, אֶפֶס אֱמוּנָה, חֹסֶר אֱמוּנָה, אֶפִּיקוֹרְסוּת. כַּפְרָנוּת (דת, פיל׳) [ק/ב/103]. כּוֹפְרוּת, כּוֹפְרָנוּת, כְּפִירָה בִּמְצִיאוּתוֹ שֶׁל אֱלֹהִים, אַתֵּאִיזְם, אַלְדָּתוּת

ungleich

זָגוּד, בִּלְתִּי שָׁוֶה

ungleichartig

לֹא חַדְמִינִי (פיל׳) מִמִּין שׁוֹנֶה, - אַחֵר

ungleichen Paaren, mit

זַגְדָּן (רפו׳) מִי שֶׁאֵין שְׁנֵי אֵבָרִים זוּגִיִּים שֶׁלּוֹ שָׁוִים

ungleichförmig

שׁוֹנִי, לֹא אָחִיד, - קָצוּב

Ungleichheit

אִי הַתְאָמָה (פיל׳) [פ״ר/120;47]. סְתִירָה, חֹסֶר שָׁווּת, פַּעַר. עִוּוּת [ק/ג/126; מר״ח/46]. עִוּוּי, עִקּוּם, עֲקַמּוּמִית, זְגִידוּת. אִי שִׁוְיוֹן (אִי שִׁוְיוֹנוֹת) (מחמ׳)

Unglück

אָסוֹן (אֲסוֹנוֹת) [ק/ג/256]. צָרָרָה, צָרָה (צָרוֹת), מִקְרֶה רַע, פֻּרְעָנוּת. רַע, רָעָה [ק/ד/45]. אֵיד (אֵידִים), פֶּגַע, מְרוֹרָה, מַתְלָאָה, תְּלָאָה, שׁוֹאָה. מַעֲרָכָה הַפְּכִית, - רָעָה (אסט׳) [ק/ב/241]. סֵדֶר שֶׁל כּוֹכָבִים הַמַּשְׁפִּיעַ לְרָעָה עַל גּוֹרַל בְּנֵי הָאָדָם לְדַעַת הָאִצְטַגְנִינִים

unglücklich

אֻמְלָל, אָמֵל, מְאֻמְלָל, קְטוּעַ מַזָּל, דָּוּוּי, מְדֻכָּא, מִסְכֵּן, דַּךְ, דְּכֵא רוּחַ, שָׁרוּי בְּצָרָה, עָכוּר

Unglückseligkeit

אֻמְלָלוּת, אֲמֵלוּת, מַצַּב אֻמְלָל

ungültig

לֹא תָּקֵף (משפ׳) בָּטֵל וּמְבֻטָּל, מְחֻסַּר כָּל עֵרֶךְ, בָּטֵל לְגַמְרֵי, פַּג תָּקְפּוֹ

ungültig machen *{invalidieren}*

פָּסַל (פּוֹסֵל), הִפְרִיךְ, בִּטֵּל תֹּקֶף

Ungültigkeit

אִי תְּקֵפוּת (משפ׳) בִּטּוּל, פְּקִיעָה

Ungültigkeitserklärung einer Ehe ---> Ehe, Ungültigkeitserklärung einer

Ungültigsprechung *{Invalidation}*

פְּסִילָה, הַפְרָכָה, בִּטּוּל תֹּקֶף

ungünstig

לֹא נוֹחַ [ק/ד/46]. רַע, מַפְסִיד, שְׁלִילִי, בִּלְתִּי כְּדָאִי, כּוֹשֵׁל, קָשֶׁה לְ..., לֹא רָאוּי

unhaltbar

מֻפְרָךְ, לְלֹא בָּסִיס שֶׁל הִגָּיוֹן, חֲסַר שַׁחַר, לְלֹא יְסוֹד, בִּלְתִּי מִתְקַבֵּל עַל הַדַּעַת

unhaltbare Definition ---> Definition,

unhaltbare
unheilbar *{perniziös}*
חָשׂוּךְ מַרְפֵּא (רפוי) מַמְאִיר, בִּלְתִּי רָפִיא, אָבְדָנִי, שֶׁאֵינוֹ נִתָּן לְהֵרָפֵא
unheilkündend ---> ominös
Union ---> Verband
unitarisch
אֶחָד (פיל׳, מ״ח, דת) אוּנִיטָרִי, מַאֲמִין בְּאֵל אֶחָד, שׁוֹאֵף לְאַחְדוּת
Unitarismus
אַחְדוּת (פיל׳, מ״ח, דת) אוּנִיטָרִיּוּת, הָאֱמוּנָה בְּאֵל אֶחָד, שְׁאִיפָה לְאַחְדוּת
Universalia
כְּלָלִיּוּת (פיל׳) [ק/ב/89]. תְּכוּנַת דָּבָר כְּלָלִי, - כְּלָלִי. כְּלָלִיּוֹת (פיל׳) [ק/ב/93]. מֻשָּׂגִים כְּלָלִיִּים שֶׁל הַסּוּג וְהַמִּין. עִנְיָנִים כְּלָלִיִּים (פיל׳) [ק/ג/149]. דְּבָרִים כְּלַל עוֹלָמִיִּים
universalis
כּוֹלֵל (פיל׳) [ק/ב/90]. כְּלָלִי, מַקִּיף, עוֹלָמִי, שֶׁל כְּלַל הָאֱנוֹשׁוּת
Universalismus, Partikularismus- ---> Partikularismus-Universalismus
Universalität
כּוֹלְלָנִיּוּת (פיל׳) [ק/ב/90]. כְּלִילָה, שְׁלֵמוּת, כְּלָלִיּוּת, רְאִיַּת דָּבָר בְּהֶקֵּפוֹ הַשָּׁלֵם, כְּלָלִיּוּת, אוּנִיבֶרְסָלִיּוּת, עוֹלָמִיּוּת, שְׁלֵמִיּוּת
Universalmenge
קְבוּצַת הַכֹּל (מתמ׳)
Universalmittel
אֶמְצָעִי חוֹבֵק כֹּל (פיל׳) [פ״ר/147]
universell
כּוֹלְלָנִי (פיל׳) [ק/ב/89]. כְּלָלִי, שֶׁל הַכֹּל, כּוֹלֵל, כְּלָלִי, עוֹלָמִי, שֶׁל כְּלַל הָאֱנוֹשׁוּת, שְׁלֵמִי
universelle Intelligenz ---> Intelligenz, universelle
universitär
מִכְלָלִי, אוּנִיבֶרְסִיטָאִי, שֶׁל מִכְלָלָה
Universität
מִכְלָלָה, אוּנִיבֶרְסִיטָה
Universität, Student einer ---> Student einer Universität
Universitätsbibliothek
סִפְרִיָּה מִכְלָלִית (ספרנ׳) סִפְרִיָּה אוּנִיבֶרְסִיטָאִית
Universum
יְקוּם (מ״ט) [ק/ב/257]. מְצִיאָה, מְצִיאוּת, כְּלַל הַנִּמְצָאִים, הֶחָלָל, תֵּבֵל
Univocum
שֵׁם מְיֻחָד (פיל׳, בלש׳) [ק/ב/191; ק/ד/126]. שֵׁם מְסֻגָּל (פיל׳, בלש׳) [ק/ד/127]
Unkenntnis
אִי יֶדַע [ק/א/26]. אִוֶּלֶת, חֹסֶר יְדִיעָה, חֶסְרוֹן יְדִיעָה. סִכְלוּת [ק/ג/101]. דַּלּוּת הַדַּעַת, קִצְרוֹן יְדִיעָה, קֹצֶר דַּעַת
Unkenntnis, Modalität der
דַּרְכִּיּוּת קֹצֶר הַדַּעַת (בלש׳, רטו׳) [ק/ב/218]. מֶנִיעַ הַמַּאֲמָר שֶׁל לֹא דַּעַת הַמְשַׁמֵּשׁ לְהַבָּעַת אִי יְדִיעָה וְחֹסֶר דַּעַת
Unkenntnis des Gesetzes ---> Gesetz(es), Unkenntnis des

unklar
מְטֻשְׁטָשׁ [ק/ג/115]. סָתוּם, בִּלְתִּי בָּרוּר, מְשֻׁגָּשׁ, מְעֻרְפָּל, מְעֻמְעָם, דָּלוּחַ, טָשִׁישׁ. טָרוּד [ק/ב/22]. מְעֻרְבָּב, מְסֻבָּךְ
unklar sein
הִטַּשְׁטֵשׁ (מִטַּשְׁטֵשׁ) [ק/ד/76]. הִשְׁתַּגֵּשׁ (מִשְׁתַּגֵּשׁ), עָמַד בְּסָפֵק, הָיָה מֻטָּל בְּסָפֵק, הִתְבַּלְבֵּל, הִשְׁתַּבֵּשׁ, טִשְׁטֵשׁ (מְטַשְׁטֵשׁ), נִדְלַח, הִדְלִיחַ, דָּלַח (מְדַלֵּחַ)
unklare Erkenntnis ---> Erkenntnis, unklare
Unklarheit
טִשְׁטוּשׁ [ק/ג/115]. סִתּוּם, אִי בְּהִירוּת, עִרְפּוּל, עִמְעוּם, הַקְדָּרָה, דְּלִיחוּת, עֲכִירוּת. עִרְבּוּב [ק/ג/168]. עִוְעִים, הֶעְדֵּר דִּיּוּק, בִּלְבּוּל. שִׁבּוּשׁ [ק/ד/68]. מְבוּכָה, סָפֵק, פִּקְפּוּק. אִי בֵּרוּר [ק/א/94]
unkörperlich [---> transzendent]
בִּלְתִּי גַּשְׁמִי (פיל׳, דת) [ק/ג/11]. נִבְדָּל, לֹא גּוּפָנִי, רוּחָנִי, מֻפְשָׁט, נִפְרָד, עַל טִבְעִי. נָקִי מִן הַחֹמֶר (פיל׳, דת) [ק/ג/66]
unkörperliche Form ---> Form, unkörperliche
unkörperliche Größe ---> Größe, immaterielle
unkonditionierte Reaktion ---> Reaktion, unkonditionierte
unkontrollierte Zufallsstichprobenbildung ---> Gelegenheitsauswahlverfahren
Unkosten
הוֹצָאוֹת סְרָק (כלכ׳) הוֹצָאוֹת בְּטֵלוֹת
Unkraut
עֵשֶׂב (עֲשָׂבִים) (חקל׳) [א״ח/ב/185; י״א/504]. קִמּוֹשׂ (קִמּוֹשִׂים), עֵשֶׂב רַע (עֲשָׂבִים רָעִים), עֲשָׂבִים הַמַּזִּיקִים לְצִמְחֵי הַתַּרְבּוּת
unkundig, einer Sache
סָכָל בְּ... [ק/ג/101]. חֲסַר יְדִיעָה בְּעִנְיָן מְסֻיָּם
unlängst ---> kürzlich
Unlauterkeit
אִי הֲגִינוּת, עֲכִירוּת, אִי בְּהִירוּת, הֶעְדֵּר זַכּוּת
unlöslich *{insolubel}*
קָשֶׁה תֶּמֶס (כימ׳)
Unlogik
אִינְגְּיוֹן (פיל׳) חֹסֶר הִגָּיוֹן, תִּפְלוּת, דִּבְרֵי תִּפְלָה, הַבְלוּת, רְעוּת רוּחַ
unlogisch [---> irrational; unvernünftig]
אִינְגְּיוֹנִי (פיל׳) [ק/א/276; ק/ב/45]. חֲסַר הִגָּיוֹן, יוֹצֵא חוּץ לַהֶקֵּשׁ, יוֹצֵא מִגֶּדֶר הַשֵּׂכֶל וְהַסְבָּרָה, דָּבָר הַמִּתְנַגֵּד לַהִגָּיוֹן הַיָּשָׁר, בִּלְתִּי הֶגְיוֹנִי, נְטוּל הִגָּיוֹן, הֶבֶל, שְׁטוּתִי, תָּפֵל
Unlust
סְלִידָה (פסי׳, פיל׳) [ר/א/47; ג״פ/63]. אִי נְעִימוּת, הִשְׁתַּקְּפוּתָהּ שֶׁל מְנִיעַת סִפּוּק הַצֹּרֶךְ בַּתּוֹדָעָה, צַעַר, כְּאֵב, חֲוָיָה רִגְשִׁית שֶׁאֵיכֻיּוֹתֶיהָ שְׁלִילִיּוֹת אוֹ דּוֹחוֹת, אִי הֲנָאָה, חֹסֶר חֵשֶׁק
Unmäßigkeit
הֶעְדֵּר מְתִינוּת [ק/א/188]. בִּלְתִּי הִסְתַּפְּקוּת. הֶשְׁטֵף (פסי׳) [ק/א/219]. פְּרִיצוּת וּשְׁטִיפָה. זוֹלְלוּת [ק/א/254]. מִדַּת הַזּוֹלֵל לְהָהוֹט אַחַר

רִבּוּי הָאֲכִילָה

unmerklich ---> wahrnehmbar, nicht

unmischbar

לֹא מָזִיג (כימ׳) שֶׁאֵינוֹ מִתְעָרֵב בְּנוֹזֵל אַחֵר

Unmischbarkeit

אִי מְזִיגוּת (כימ׳) תְּכוּנַת נוֹזֵל לֹא לְהִתְעַרְבֵּב בְּנוֹזֵל אַחֵר

unmittelbar

לֹא מָצוּעַ [ק/א/57]. בִּלְתִּי אֶמְצָעִי, מִבִּלְתִּי אֶמְצָעִי, לֹא בְּמִצוּעַ, זוּלַת אֶמְצָעִי. לֹא בֵּינוֹנִי [ק/א/88]. כֵּיוָן [ק/ב/70]. יָשִׁיר, מִיָּד, לְלֹא עִכּוּב. תֵּכֶף [ק/ד/204]. בְּלֹא שְׁהִיָּה

unmittelbar aufeinanderfolgen lassen ---> aufeinanderfolgen lassen, unmittelbar

Unmittelbare, das

הָאִי אֶמְצָעִי (פיל׳) [פ״ר/89]. הַבִּלְתִּי מָצוּעַ

unmittelbare Einsicht ---> Intuition

unmittelbare Folge ---> Folge, unmittelbare

unmittelbare Gewißheit ---> Gewißheit, unmittelbare

unmittelbare Inhärenz ---> Inhärenz, unmittelbare

unmittelbare Materie eines Körpers ---> Materie eines Körpers, unmittelbare

unmittelbare Sinneswahrnehmung ---> Sinneswahrnehmung, unmittelbare

unmittelbare Ursache ---> Ursache, unmittelbare

unmittelbarer Produktenaustausch ---> Produktenaustausch, unmittelbarer

unmittelbarer Syllogismus ---> Syllogismus, unmittelbarer

unmittelbares Behalten ---> Behalten, unmittelbares

unmittelbares Hervorgehen ---> Hervorgehen, unmittelbares

Unmittelbarkeit

חֹסֶר אֶמְצָעִיּוּת (פיל׳) [פ״ר/115]. אִי אֶמְצָעִיּוּת פְּנִימִית, צַד הַיֵּשׁוּת שֶׁל הָ״אֲנִי״

unmöglich

בִּלְתִּי אֶפְשָׁרִי [ק/ב/214]. מָנוּעַ, מְנוּעִי, חֲסַר אֶפְשָׁרוּת, לֹא יָכוֹל. נִמְנָע [ק/ג/40]. אִי אֶפְשָׁר. זוּלַת עוֹבֵר [ק/ג/120]. לֹא יִתָּכֵן

unmöglich, erweisen als ---> undenkbar, erweisen als

Unmögliche, das

הַבִּלְתִּי אֶפְשָׁרִי (פיל׳) [ק/ב/301]. מִשְׁפָּט נִמְנָע

Unmöglichkeit

אִי אֶפְשָׁרוּת [ק/א/177]. הַמְּנָעָה, תְּכוּנַת הַנִּמְנָע. הַמְּנָעוּת, תְּכוּנַת הַבָּטֵל, - הַבִּלְתִּי אֶפְשָׁרִי, - הַנִּמְנָע, הַבִּטּוּל שֶׁמְּבַטְּלִים שְׁנֵי כֹּחוֹת מִתְנַגְּדִים זֶה אֶת זֶה. הֲנָעָה [ק/א/184]. מְנִיעָה, מְנִיעוּת [ק/ב/218]

unnachsichtig

לְלֹא מַשּׂוֹא פָּנִים

unnatürlich

בִּלְתִּי טִבְעִי [ק/ג/37]. נָכְרִי, זָר, חָרִיג, לֹא נָהוּג, יוֹצֵא דֹּפֶן, - מִן הַכְּלָל, - מִן הַגֶּדֶר

הָרָגִיל, סוֹטֶה

unnatürliche Zahlenreihe ---> Zahlenreihe, unnatürliche

Unordnung

מְהוּמָה [ק/ג/168]. עִרְבּוּב, אִי סְדָרִים, מְבוּכָה, עִוְעִים, הֶעְדֵּר בְּהִירוּת וְדִיּוּק, בִּלְבּוּל

unpaar

פָּזוּג (רפו׳) [מר״ח/92]. לֹא זוּגִי

Unpaarhufer *{Perissodactyla}*

פַּרְטָיֵי פַּרְסָה (זוא׳) פְּזוּגֵי פַּרְסָה, סִדְרָה שֶׁל יוֹנְקִים

unpäßlich

כָּרִיהַ, כְּרִיהָה (רפו׳) [מר״ח/385]. שֶׁאֵינוֹ בְּקַו הַבְּרִיאוּת, מַרְגִּישׁ לֹא טוֹב

Unpäßlichkeit

כְּרִיהוּת (רפו׳) מֵחוֹשׁ, מַצַּב בְּרִיאוּת לֹא תָּקִין

unparteiisch ---> neutral; unbefangen

unpassend

בִּלְתִּי נָאוֹת [ק/ב/278]. מְרֻחָק, רָחוֹק, מְסֻלָּק, בִּלְתִּי רָאוּי, חָרִיג

unpersönlich

לֹא אִישִׁי [ק/ג/116]. סְתָמִי, כְּלָלִי

unpersönliches Pronomen ---> Pronomen, unbestimmtes

unproduktive Arbeit ---> Arbeit, unproduktive

Unrat

אַשְׁפָּה, סוּחָה

Unrecht

עָוֶל (מ״ח, משפ׳) חֹסֶר יֹשֶׁר, אִי צֶדֶק, עַוְלָה (עַוְלוֹת)

unrecht handeln

עִוֵּל (מְעַוֵּל) (מ״ח, משפ׳) עָשָׂה עָוֶל

unrechtmäßig ---> ungesetzlich

unrechtmäßigerweise ---> gesetzwidrig

Unredlichkeit

חֹסֶר יֹשֶׁר, אֶפֶס יֹשֶׁר, אִי יַשְׁרוּת

Unreduzierbarkeit

לוּזִיּוּת, אִי פְּרִיקוּת, הֶמְנֵעַ צִמְצוּם

unregelmäßig

חָרִיג, בִּלְתִּי סָדִיר, יוֹצֵא מִן הַכְּלָל

unregelmäßige Form ---> Form, unregelmäßige

unregelmäßiges Verb ---> Verb, unregelmäßiges

Unregelmäßigkeit der Verben ---> Verben, Unregelmäßigkeit der

unreif

בָּסִיר, לֹא בּוֹגֵר, בָּסוּר, לֹא בָּשֵׁל, בָּסֵר, בְּסוּרִי

Unreife

בְּסִירוּת [מר״ח/377]. אִי בְּשֵׁלוּת, בַּסְרוּת, לֹא בְּשֵׁלוּת, בֹּסֶר, אִי בַּגְרוּת

unrein

טָמֵא, מְסֹאָב, מְלֻכְלָךְ, מְטֻנָּף, מְזֹהָם

Unreinheit

טֻמְאָה, סֵאוּב, לִכְלוּךְ, זֻהֲמָה

Unreinheit, erster Grad der

אַב הַטֻּמְאָה (אֲבוֹת הַטֻּמְאוֹת) (דת) רִאשׁוֹן לְטֻמְאָה

unrichtig
כּוֹזֵב [ק/ב/72]. בִּלְתִּי נָכוֹן, מֻטְעֶה, מְשֻׁבָּשׁ, בִּלְתִּי צוֹדֵק. שִׁקְרִי [ק/ד/159]. כִּזְבִי, בָּדוּי, חֲסַר יְסוֹד, שֶׁיֵּשׁ בּוֹ מִן הַשֶּׁקֶר, זִיּוּפִי
unrichtige Angabe ---> Erklärung, falsche
Unrichtigkeit
כַּזָּבוּת [ק/ד/159]. שִׁקְרוּת, תְּכוּנַת הַשֶּׁקֶר, דְּבַר שֶׁקֶר, כַּזְבָנוּת, כְּזִיבָה, אִי נְכוֹנוּת. פְּגָם [ק/ג/183]. אִי דִּיּוּק, הֶעְדֵּר אֱמֶת
unrückfällig
לֹא הָפִיךְ, שֶׁאֵינוֹ נִתָּן לְהֵהָפֵךְ
Unruhe ---> Aufregung
Unruhe in Unterschenkeln und Füßen *{Anxietas tibiarum}*
חַלְחָלַת רַגְלַיִם (רפו׳) [מר״ח/58]. הַרְגָּשַׁת אִי שֶׁקֶט בָּרַגְלַיִם
unruhig ---> erregt; zappelig
unschädlichmachend
מְאַדֵּשׁ (פיל׳, מדע) [ק/ב/246]. מַפְסִיד, הַדָּבָר הַמְּבַטֵּל פְּעֻלַּת כֹּחַ מְסֻיָּם, שׁוֹלֵל
unscharf
מְטֻשְׁטָשׁ, אָבִיךְ, מְעֻרְפָּל, טָשִׁישׁ, לֹא חַד
unscharfe Logik ---> Logik, unscharfe
unscheinbar
בִּלְתִּי מֻבְחָן
unschlüssig [---> schwankend]
הַסְסָנִי (פסי׳) [ק/ג/13; מר״ח/383]. נָבוֹךְ, אוֹבֵד עֵצוֹת, הַסְסָן, תּוֹעֵה לֵב, מִי שֶׁנִּמְצָא בִּמְבוּכָה, נוֹטֶה לְכָאן וּלְכָאן, חֲלוּק לֵב, רַפְיָנִי, רַפְיָן, פַּסְחָן, הַפּוֹסֵחַ עַל שְׁתֵּי הַסְּעִפִּים, חֲמַר-גָּמָל, מִי שֶׁדַּעְתּוֹ חֲלוּקָה, פַּקְפְּקָן
unschlüssig sein [---> schwanken]
הֵסֵס (מְהַסֵּס) [ק/ד/77]. שָׁהָה (שׁוֹהֶה), פִּקְפֵּק (מְפַקְפֵּק), הִתְלַבֵּט, לֹא הֶחֱלִיט דָּבָר, חָכַךְ בְּדַעְתּוֹ, עִכֵּב לַעֲשׂוֹת, פָּסַח עַל שְׁתֵּי הַסְּעִפִּים
Unschlüssigkeit [---> Schwanken]
הַסְסָנוּת (פסי׳) [ק/ב/135]. מְבוּכָה, אָבְדַן עֵצוֹת, הִסּוּס, טִלְטוּל הַדַּעַת, מְצוּקַת הַנֶּפֶשׁ, סָפֵק, תְּלִיָּה, חֲכִיכָה אֵילָךְ וְאֵילָךְ, דִּשְׁדּוּשׁ בַּמָּקוֹם, רַפְיָנוּת, אִי וַדָּאוּת, פַּסְחָנוּת, פַּקְפְּקָנוּת
Unschuld [---> Schuldlosigkeit]
תֹּם, תְּמִימוּת, יֹשֶׁר, אֶפֶס אַשְׁמָה
unschuldig ---> schuldlos
unschuldig erklären, sich für ---> Schuld leugnen, seine
unselig
שֶׁאֵינוֹ מְבֹרָךְ
Unsicherheit
אִי בִּטְחָה, פַּקְפְּקָנוּת, הִסּוּס, אִי בִּטָּחוֹן, לֹא בִּטְחָה
unsichtbar
סָמוּי [ק/ג/195]. פְּנִימִי, בִּלְתִּי נִרְאֶה, נִסְתָּר, סוֹדִי, חָסוּי, נֶעְלָם
unsichtbares Orchester ---> Orchester, unsichtbares
Unsinn
הַבְלוּת [המ״מ/227]. הֶעְדֵּר מַשְׁמָעוּת, חֹסֶר מַשְׁמָעוּת, הֶבֶל, דְּבַר הֲבַאי

unsinnig
נֶהְבָּל, חֲסַר מַשְׁמָעוּת, נֶעְדַּר מַשְׁמָעוּת, דַּל תַּכְלִית, חֲסַר שַׁחַר
Unsitte ---> Mißbrauch
unsittlich berühren ---> Unzucht treiben
unsozial ---> asozial
unspezifisch
לֹא יִחוּדִי, - סְגֻלִּי
Unstabilität ---> Labilität
unstatthaft ---> unzulässig
Unsterblichkeit
אַלְמָוֶת (פיל׳, דת) [ק/א/49]. נִצְחִיּוּת, הַשְׁאָרַת הַנֶּפֶשׁ. הַשְׁאָרָה (דת, פיל׳) [ק/א/216]. הֶשְׁאֵר, מְצִיאוּת, קִיּוּם וְהִתְמָדָה וּבִפְרָט קִיּוּם נֶפֶשׁ הָאָדָם אַחַר מוֹת הַגּוּף. הִשָּׁאֲרוּת (דת, פיל׳) [ק/א/216]. קִיּוּם בְּאִישׁ (דת, פיל׳) [ק/ג/280]. הִמָּצְאוּת בַּחַיִּים, אֹרֶךְ יָמִים, חַיֵּי נֶצַח
unstetige Variable ---> Variable, unstetige
Unstetigkeit *{Inkonsistenz}*
אִי רְצִיפוּת (מחמ׳) אִי עֲקִיבוּת
Unsträflichkeit
אִי הֵעָנְשׁוּת (משפ׳)
unsystematisch
אֵינְשִׁיטָתִי, בִּלְתִּי שִׁיטָתִי, אִי שִׁיטָתִי
untätig machen ---> inaktivieren
untätig machend ---> inaktivierend
untauglich
חֲסַר תּוֹעֶלֶת, לֹא צָלֵחַ, פָּסוּל, לֹא כָּשִׁיר, שֶׁאֵינוֹ רָאוּי, פָּגוּם
Untauglichkeit
חֹסֶר תּוֹעֶלֶת, אִי צְלֵחוּת, פְּסָלוּת, אִי כְּשִׁירוּת, חִדְלוּת
unteilbar
בִּלְתִּי מִתְחַלֵּק (פיל׳) [ק/א/90]
Unter-
תַּת... [ק/ד/191]. תַּחַת, לְמַטָּה, ...חֶסֶר, כָּפוּף לְ..., ...מִשְׁנֶה, חֶלְקִי, הֶטֵּל... (מחמ׳)
unter pari ---> Nennwert, unter dem
Unterabteilung
תַּת מַחְלָקָה [ק/ג/150]. עָנָף, סְנִיף, סָעִיף, תּוֹלָדָה
Unterärmel
שַׁרְווּלִית (שַׁרְווּלִיּוֹת) (לבו׳) [א״ח/א/159]. חֵפֶת (חֲפָתִים), קֵפֶל שֶׁל שַׁרְווּל
Unterarm *{Antebrachium}*
אַמָּה, אַמַּת הַיָּד (רפו׳) [מר״ח/54]
Unterausschuß
וַעֲדַת מִשְׁנֶה (מדי׳)
Unterart, letzte
מִין הַמִּינִים (פיל׳, מ״ט) [ק/ב/192]
Unterbau *{Packlage}* **[---> Grundbau]**
תַּשְׁתִּית (אדר׳) שִׁכְבָה תַּחְתּוֹנָה
Unterbausohle *{Rohplanum}*
שְׁתִית (גאו׳, אדר׳) קַרְקַע שְׁתִית, תַּחְתִּית הַתַּשְׁתִּית, סֶלַע שְׁתִית
Unterbauchgegend
שִׁפּוּלַיִם (רפו׳) [מר״ח/366]. שִׁפּוּלֵי הַבֶּטֶן, הַחֵלֶק הַתַּחְתּוֹן שֶׁל הַבֶּטֶן
Unterbegriff des Syllogismus *{Terminus*

minor} [---> Spezies]
מִשְׂג תַּחְתּוֹן (פיל׳) [ק/א/99]. גְּבוּל קָטָן, מֻשָּׂג נִכְלָל, נוֹשֵׂא (סוּבְּיֶקְט) הָאֶקְדֵּם הַשֵּׁנִי וּמִשְׁפָּט הַסֵּיפָה, לְמָשָׁל: 1) ״כָּל כּוֹכְבֵי הַלֶּכֶת נָעִים סְבִיב הַשֶּׁמֶשׁ״, 2) ״**מַאְדִּים** הוּא כּוֹכַב לֶכֶת״, לְפִיכָךְ: 3) ״**מַאְדִּים נָע סְבִיב הַשֶּׁמֶשׁ**״. הַקָּצֶה הָאַחֲרוֹן (פיל׳) [ק/ג/293]. הַקָּצֶה הַקָּטָן

Unterbeschäftigung
גֶּרַע תַּעֲסוּקָה (מ״ח, כלכ׳) אַבְטָלָה סְמוּיָה, אִי הַפָקַת תּוֹעֶלֶת מֵיטָבִית (אוֹפְּטִימָלִית) מִכֹּחַ הָאָדָם הַמָּעֳסָק

unterbevölkert
מְאֻכְלָס חָסֵר (מ״ח, כלכ׳)

Unterbevölkerung
אֻכְלוּסִיַּת חָסֵר (מ״ח, כלכ׳)

Unterbewertung ---> Unterschätzung

unterbewußt
תַּת מוּדָע (פסי׳) **עָלוּם**

Unterbewußtes
הַתַּת מוּדָע (פסי׳) [ר/ב/710]. מֵידָע הַנִּמְצָא מִחוּץ לְהַכָּרָתוֹ הָעַכְשָׁוִית שֶׁל אָדָם אַךְ עָשׂוּי לָבוֹא בְּנָקֵל לִכְלַל מוּדָעוּת. תַּעֲלוּם (פסי׳) [מר״ח/689]. הַלֹּא מוּדָע, תַּת הַהַכָּרָה

Unterbewußtsein ---> Unterbewußtes

Unterbezirk
נָפָה (נָפוֹת) (מדי׳) תַּת מָחוֹז

unterbinden ---> hemmen

Unterboden ---> Unterbausohle

unterbrechen
הֵפֵג (מְהַפֵּג), הִתְהַפֵּג (מִתְהַפֵּג), הִפְסִיק זְמַנִּית, נִפְסַק לִזְמַן-מָה

unterbrechend
מְהַפֵּג, מַפְסִיק לִזְמַן-מָה, גּוֹרֵם לַהֲפוּגָה

Unterbrechung
הֲפוּגָה, הַפְסָקָה זְמַנִּית, פֶּסֶק

unterbrochen
מְקֻטָּע [ק/ב/230]. מְסֹרָג, לֹא בִּרְצִיפוּת, - קָשׁוּר לְהֶמְשֵׁךְ, בִּלְתִּי דָּבֵק, - רָצוּף. מְפֹרָק [ק/ב/249]. בְּנִגּוּד לִמְדֻבָּק, בִּלְתִּי תָּכוּף. מִתְפַּסֵּק [ק/ב/325]. נֶחְתָּךְ, נִתָּק, נֶחְדָּל. נִפְסָק [ק/ג/55]. בִּלְתִּי מַתְמִיד, לִמְקֻטָּעִין, לְסֵרוּגִין, בִּלְתִּי תָּכוּף, מְהֻפָּג

unterbrochene Zeitreihe ---> Zeitreihe, unterbrochene

Unterdruck
לַחַץ חָסֵר (פיס׳)

unterdrücken, Begierde ---> bezähmen, Begierde

Unterdrücker *{Repressor}*
דַּכְּאָן (ביו׳)

unterdrückt
נִדְכָּא, מְדֻכָּא

Unterdrückung *{Repression}*
דִּכּוּי (ביו׳). הֶמְנֵעַ (ספר׳, רטו׳) [ק/א/177]. הַעֲלָמָה וְהַסְתָּרָה בְּדִבּוּר, הַכְחָדָה תַּחַת לְשׁוֹנוֹ

Unterdrückung der Triebe
כִּבּוּשׁ הַיֵּצֶר (פסי׳, מ״ח) [ק/א/316]. חֲסִימָה, פְּרִישׁוּת. כִּבּוּשׁ, כְּבִישׁוּת (פסי׳, מ״ח) [ק/ב/63; ר/א/159]. שִׁלְטוֹן בְּתַאֲווֹתָיו, הַכְנָעַת הַיֵּצֶר, הִנָּזְרוּת, דִּכּוּי, הַפְסָקָה מוּדַעַת וּרְצוֹנִית שֶׁל הִתְנַהֲגוּת כָּלְשֶׁהִי

unterdurchschnittlich
לְמַטָּה מִבֵּינוֹנִי

untere Grenze ---> Grenze, untere

Untereigentum
קִנְיָן מְפֻקָּד (כלכ׳, משפ׳)

Unterentwicklung
פִּתּוּחַ חָסֵר (כלכ׳, מ״ח)

Unterfangung ---> Untermauerung

Untergang
תְּמוּטָה, הִתְמוֹטְטוּת

Untergang eines Gestirns ---> Gestirn(s), Untergang eines

untergeordnet *{subaltern}* [---> sekundär]
כָּפוּף, מְשֻׁעְבָּד, תָּלוּי, גָּרוּר, נִשְׁלָט

untergeordneter Begriff ---> Begriff, untergeordneter

untergeordneter Satz ---> Satz, untergeordneter

untergeordnetes Urteil ---> Urteil, untergeordnetes

Untergesenk
שֶׁכֶב הַמַּטְבַּעַת (טכנ׳) הַחֵלֶק הַתַּחְתּוֹן שֶׁל מַכְשִׁיר לְהַטְבָּעַת צוּרוֹת בְּמַתֶּכֶת

Untergestell ---> Schemel

Untergliederungsgesichtspunkt
בְּסִיס הַחֲלֻקָּה (ספרנ׳) עִקָּרוֹן הַחֲלֻקָּה

untergraben
חָתַר (חוֹתֵר) תַּחַת.... פָּעַל בַּחֲשַׁאי נֶגֶד...

Untergrenzeffekt
תּוֹצָא רִצְפָּה (פסי׳, מ״ח) [ר/ב/703; מ״מ 209]. אֶפֶקְט רִצְפָּה, אִי רְגִישׁוּת לְהֶבְדֵּלִים זְעִירִים בַּגְּבוּל הַתַּחְתּוֹן שֶׁל בִּצּוּעַ מַטָּלָה כָּלְשֶׁהִי

Untergruppe
תַּת חֲבוּרָה (מתמ׳)

Unterhändler ---> Makler(in)

Unterhalt ---> Lebensunterhalt

unterhalten
שׂוֹחַח (מְשׂוֹחֵחַ), הֵשִׂיחַ (מֵשִׂיחַ), שָׂח. בִּדֵּר (מְבַדֵּר)

Unterhaltsbetrag
דְּמֵי מְזוֹנוֹת (משפ׳) קִצְבָּה שֶׁמְּשַׁלֵּם אָדָם לְאִשְׁתּוֹ הַגְּרוּשָׁה וְלִילָדָיו

Unterhaltsgeld
קִצְבַּת כַּלְכָּלָה (משפ׳, כלכ׳)

Unterhaltsklage
תְּבִיעַת מְזוֹנוֹת (משפ׳) תְּבִיעָה לִדְמֵי מְזוֹנוֹת

Unterhaltungslektüre
סִפְרוּת קַלָּה (ספר׳) סִפְרוּת מְשַׁעְשַׁעַת

unterhöhlen ---> aushöhlen

unterirdisch
תַּת קַרְקָעִי

unterirdische Aushöhlung ---> Aushöhlung, unterirdische

unterirdischer Abfluß ---> Abfluß, unterirdischer

Unterjochungsmittel

אֶמְצָעֵי לְהַכְנָעָה

Unterkiefer *{Mandibula}*
מַלְתָּעָה (מַלְתָּעוֹת) (רפוי) [מר״ח/436]. לֶסֶת תַּחְתּוֹנָה

Unterkiefer(s), Vorlage des *{Progenie}*
בְּלִיטַת הַמַּלְתָּעָה (רפוי) [מר״ח/554]. כְּסָסוֹת, מוּם בִּלִיטַת הַלֶּסֶת הַתַּחְתּוֹנָה

unterkieferbezüglich *{mandibular}*
מַלְתָּעִי (רפוי) לִסְתִּי, שֶׁל הַלֶּסֶת הַתַּחְתּוֹנָה

Unterkörper
תַּת שָׂדֶה (מחמ׳)

Unterkühlung
קֵרוּר יֶתֶר (פיס׳, מטא׳) [יל״ט/176]. קֵרוּר נוֹזֵל אֶל מִתַּחַת לִנְקֻדַּת הַקִּפָּאוֹן בְּלִי לְהִקָּפֵא

Unterlagsscheibe
דִּסְקִית (דִּסְקִיּוֹת) (טכנ׳)

Unterlassende(r)
נִמְנָע, נִמְנַעַת [ק/ב/324]. מִתְעַלֵּם, הֶחָדֵל מִלַּעֲשׂוֹת דְּבַר-מָה

Unterlassung
הִמָּנְעוּת [ק/ד/70]. שְׁבִיתָה, מֶחְדָּל (מֶחְדָּלִים), אִי עֲשִׂיָּה, חֲדִילָה מִמַּעֲשֶׂה

Unterlassung der Anzeige eines Verbrechens, pflichtwidrige ---> Verbrechen(s), pflichtwidrige Unterlassung der Anzeige eines

unterlegen
מְנֻצָּח [ק/ב/220]. נוֹפֵל מִפְּלוֹנִי, חָסֵר מִמֶּנּוּ

unterliegen
נָפַל תַּחַת... [ק/ג/54]. הֻכְרַע עַל יְדֵי..., נִכְפַּף לְ..., נִכְנַע לְ..., נִקְלַע תַּחַת יָדוֹ שֶׁל..., שֻׁעְבַּד לְ..., נֶהְדַּף, הֻפַּל, הֻכְנַע, נִשְׁלַט

unterliegen, Einwirkung ---> Einwirkung erleiden

Untermaß
גְּמִידוּת (טכנ׳, מחמ׳)

Untermaß aufweisend
גָּמוּד (טכנ׳, מחמ׳)

Untermauerung
אִשּׁוּי (אדר׳)

Untermieter
דַּיַּר מִשְׁנֶה (משפ׳, כלכ׳)

Untermietsverhältnis
חֲכִירַת מִשְׁנֶה (משפ׳, כלכ׳) שְׂכִירוּת מִשְׁנֶה

unterminieren ---> aushöhlen

unterminiert ---> ausgehöhlt

Unternasenrinne *{Philtrum}*
נַעֲוָה (רפוי) [מר״ח/529]. אֹרַח, הַשֶּׁקַע שֶׁמִּתַּחַת לָאַף בְּקַו הָאֶמְצַע שֶׁל הַשָּׂפָה הָעֶלְיוֹנָה

Unternehmen [---> Firma]
מֵיזָם (מֵיזָמִים) (כלכ׳) מִפְעָל יָזוּם

Unternehmer
יַזָּם (יַזָּמִים) (כלכ׳) יוֹזֵם, יוֹזְמָן, אִישׁ עֲסָקִים, קַבְּלָן, בַּעַל הוֹן

unterordnen
שִׁעְבֵּד (מְשַׁעְבֵּד), הִכְנִיעַ, הֶעֱמִיד (מַעֲמִיד) כְּכָפוּף, הִטִּיל מָרוּת, הֶעֱמִיד תַּחַת...

unterordnend *{subordinierend}*
מְשַׁעְבֵּד, מַכְפִּיף, שׁוֹלֵט, גּוֹרֵר

Unterordnung [---> Subordination]
שִׁעְבּוּד (מ״ח) [ק/ד/159]. שֵׁרוּת, כְּפִיפוּת, עֲמִידָה בְּצִוּוּיוֹ שֶׁל..., קַבָּלַת מָרוּת, הֱיוֹת כָּפוּף לְתַדְרוּגָה, כְּפִיתוּת, הִשְׁתַּעְבְּדוּת

Unterordnungsschluß, widerlegender *{ad subalternantem}* **[---> Schluß der Subordination]**
הֶקֵּשׁ שִׁעְבּוּד לְבִטּוּל (פיל׳) הַקָּשָׁה יְשִׁירָה מִן הַשִּׁקְרוּת שֶׁל מִשְׁפָּט I שֶׁהוּא מְשֻׁעְבָּד וּפְרָטִי (פַּרְטִיקוּלָרִי) עַל שִׁקְרוּתוֹ שֶׁל מִשְׁפָּט A שֶׁהוּא מְשַׁעְבֵּד וּכְלָלִי, לְמָשָׁל: אִם הַמִּשְׁפָּט: ״גַּזִּים אֲחָדִים אֵינָם נִתָּנִים לִדְחִיסָה״ הוּא שִׁקְרִי, הֲרֵי שֶׁהַמִּשְׁפָּט הַבָּא שִׁקְרִי גַּם-כֵּן: ״כָּל הַגַּזִּים אֵינָם נִתָּנִים לִדְחִיסָה״

Unterordnungsschluß, bewahrheitender *{ad subalternatem}* **[---> Schluß der Subordination]**
הֶקֵּשׁ שִׁעְבּוּד לְאִמּוּת (פיל׳) הַקָּשָׁה יְשִׁירָה מִן הָאֲמִתּוּת שֶׁל הַמִּשְׁפָּט הַכְּלָלִי A עַל אֲמִתּוּתוֹ שֶׁל מִשְׁפָּט I שֶׁהוּא מְשֻׁעְבָּד לְ-A, פְּרָטִי (פַּרְטִקוּלָרִי) וְחִיּוּבִי, לְמָשָׁל: אִם הַמִּשְׁפָּט: ״לְכָל הַחֶלְקִיקִים הַבְּסִיסִיִּים יֵשׁ מַסָּה וּמִטְעָן״ הוּא אֲמִתִּי, הֲרֵי שֶׁהַמִּשְׁפָּט הַבָּא אֲמִתִּי גַּם-כֵּן: ״לְחֶלְקִיקִים בְּסִיסִיִּים אֲחָדִים יֵשׁ מַסָּה וּמִטְעָן״

Unterproduktion
יִצּוּר חָסֵר (כלכ׳)

Unterprogramm *{Subroutine}*
תָּכְנִית שִׁגְרָה (מחש׳) [דמ״א/99]. שִׁגְרָה, תַּת תָּכְנִית לְבִצּוּעַ מְשִׂימָה הַחוֹזֶרֶת תְּכוּפוֹת

Unterraum, invarianter
תַּת מֶרְחָב שָׁמוּר (מחמ׳)

Unterricht (ICAI), intelligenter rechnergestützter
הוֹרָאָה נְבוֹנָה בְּעֶזְרַת מַחְשֵׁב (פדג׳, טכנ׳) הוֹרָאָה נְבוֹנָה בְּסִיּוּעַ מַחְשֵׁב

unterrichtet
יָדַע, יוֹדֵעַ, מַכִּיר, מוּדָע

Untersagung ---> Verbot

Untersatz ---> Prämisse, minor

unterschätzen
חִסֵּר בָּאֹמֶד (פסי׳) מִעֵט בַּהַעֲרָכָה

Unterschätzung
אֹמֶד חָסֵר (פסי׳) מִעוּט בַּהַעֲרָכָה, הַעֲרָכַת חֶסֶר. שׁוּמַת חֶסֶר (כלכ׳) הַמְעָטַת עֵרֶךְ, הַעֲרָכָה פְּחוּתָה

unterscheiden
הִבְדִּיל בֵּין... לְבֵין [ק/ג/216]. פֵּרֵק, פִּרֵק, הִתְבַּדֵּל, נִבְדַּל, הִבְחִין בֵּין... לְ..., עָשָׂה הֶבְדֵּל בֵּין דָּבָר לְדָבָר. חִלֵּק (מְחַלֵּק) [ק/א/307]. סָתַר, הָיָה שׁוֹנֶה, נִשְׁתַּנָּה מִזּוּלָתוֹ

unterscheidend, sich
נִבְדָּל [ק/ב/317]. מִתְיַחֵד, מְיֻחָד, שׁוֹנֶה, יוֹצֵא דֹּפֶן, מִשְׁתַּנֶּה

unterscheidender Begriff ---> Begriff, unterscheidender

Unterscheidung
הַבְדָּלָה [ק/ג/209]. פֵּרוּק, הַבְחָנָה

Unterscheidungsbaum *{Diskriminationsbaum}*
עֵץ הַפְלָיָה (פיל׳, פסי׳, מחש׳)

Unterscheidungsmerkmal ---> Kriterium

Unterscheidungsvermögen

כִּשְׁרוֹן הַהַבְחָנָה (פיל', פסי') [ק/ב/75;140]. כֹּחַ מְבָרֵר. הַבְחָנָה (פיל', פסי') [ק/א/152; ר/א/178]. כֹּחַ הַשֵּׂכֶל הַמַּבְחִין, הַיְּכֹלֶת לִתְפֹּס הֶבְדֵּלִים בֵּין שְׁנֵי גֵרוּיִים אוֹ יוֹתֵר

Unterscheidungsversuch

נִסּוּי הַהַבְחָנָה (פסי') נִסּוּי הַבּוֹדֵק אֶת יְכֹלֶת תְּפִיסַת הַהֶבְדֵּלִים בֵּין שְׁנֵי גֵרוּיִים אוֹ יוֹתֵר

Unterschicht ---> Unterbau

unterschieben

הִדְבִּיהַּ (מַדְבִּיהַּ) לְ..., יִחֵס לְמִישֶׁהוּ דְּבַר-מָה כּוֹזֵב מִתּוֹךְ כַּוָּנַת זָדוֹן, הֶעֱלִיל עֲלִילַת שָׁוְא עַל...

Unterschiebung

הַדְבָּהָה, יִחוּס דְּבַר-מָה חֲסַר שַׁחַר מִתּוֹךְ כַּוָּנָה רָעָה

Unterschied

הֶבְדֵּל (הֶבְדֵּלִים) [ק/א/199]. הֶפְרֵשׁ, הַבְדָּלוּת. חִלּוּף [ק/א/301]. הִתְחַלְּפוּת, שִׁנּוּי. חִלּוּק [ק/א/302]. הֶפְרֵשׁ. פֵּרוּד [ק/ג/208]. פְּרִידָה [ק/ג/213]. שֹׁנִי, שׁוֹנוּת, הֶפְרֵד. פֶּרֶק [ק/ג/216]

Unterschied, allgemeiner

הֶבְדֵּל כּוֹלֵל [ק/א/152]

Unterschied, ebenmerklicher

הֶבְדֵּל שֶׁל תְּחִלַּת הֶכֵּר, - מִזְעָרִי לְהֶכֵּר (פסי', רפו') [ר/א/177]. הֶבְדֵּל בַּר הַבְחָנָה, - בֵּין שְׁנֵי גֵרוּיִים שֶׁאֶפְשָׁר לְהַבְחִין בּוֹ

Unterschied, eigentlicher

הֶבְדֵּל מְיֻחָד [ק/א/152]

Unterschied, kennzeichnender *{Differentia spezifica}*

הֶבְדֵּל סְגֻלִּי (פיל') הַהֶבְדֵּל מַגְדִּיר הַמִּין, - יוֹצֵר הַמִּין, הַבְדָּלָה סְגֻלִּית, סִימָן אוֹ תְּכוּנָה שֶׁעַל פִּיהֶם נִבְדָּל מִין מְסֻיָּם מִן הַסּוּג שֶׁמֵּעָלָיו הַכּוֹלֵל אוֹתוֹ יַחַד עִם מִינִים נוֹסָפִים, לְמָשָׁל: הַמְשֻׁלָּשׁ מִתְפָּרֵט לִמְשֻׁלָּשׁ שְׁוֵה הַצְּלָעוֹת עַל יְדֵי תּוֹסֶפֶת הַהֶבְדֵּל הַסְּגֻלִּי יוֹצֵר הַמִּין: "שְׁוֵה צְלָעוֹת"

Unterschied(s), Methode des ---> Methode des Unterschieds

Unterschied, wesentlicher

הֶבְדֵּל עַצְמִי [ק/א/151]

Unterschiede, Methode der ebenmerklichen

מַדְרוּךְ הַגְּבוּלוֹת (פסי') [ר/א/177]. דֶּרֶךְ (מְתוֹדָה) שֶׁל הַגְּבוּלוֹת, מְבֻסֶּסֶת עַל הֶבְדֵּלִים בְּנֵי הַבְחָנָה בֵּין גֵרוּיִים

unterschiedlich ---> ungleich

unterschiedslos

נְטוּל הֶבְדֵּל

Unterschiedsschwelle

סַף הַהֶבְדֵּל (פסי', רפו') [ר/ב/488]. נְקֻדָּה סְטָטִיסְטִית שֶׁל עָצְמַת הַהֶבְדֵּל בֵּין שְׁנֵי גֵרוּיִים שֶׁמִּמֶּנָּה וְאֵילָךְ נִתָּן לְהַבְחִין כִּי שְׁנֵיהֶם שׁוֹנִים זֶה מִזֶּה

unterschlagen ---> veruntreuen

Unterschlagung ---> Veruntreuung

unterschreiben

חָתַם (חוֹתֵם) (משפ') רָשַׁם שְׁמוֹ

Unterschrift beglaubigen, die Echtheit einer

אִמֵּת (מְאַמֵּת) חֲתִימָה (משפ')

Unterschriftszeuge ---> Beglaubigungszeuge

Unterschwelle

סַף (סִפִּים) (אדר') [א"ח/א/38]. אַסְקֻפָּה, מִפְתָּן

unterschwellig

שֶׁמִּתַּחַת לַסַּף, תַּת סִפִּי (פסי', רפו') [ר/ב/710]. שֶׁמִּתַּחַת לַסַּף הַמֻּחְלָט

unterschwelliger Reiz ---> Reiz, unterschwelliger

untersetzt *{pyknisch}*

בָּשֵׁן, בְּשֵׁנָה (רפו') [מר"ח/568]. שְׁמַנְמַן, עָבֶה, עֲגַלְגַּל

Untersicht

מַרְאֶה מִלְּמַטָּה (טכנ', אמנ') הֶטֵּל מִלְּמַטָּה

Unterspülung ---> Erosion

unterste Reizschwelle ---> Reizschwelle, unterste

Unterstimme

קוֹל תַּחְתּוֹן (מוס') פַּרְטִית תַּחְתּוֹנָה

unterstützendes Beweismaterial ---> Beweis, bestätigender

Unterstützung

תְּמִיכָה (פסי') [ר/ב/690]. סִיּוּעַ, סִיַּעְתָּא, עֶזְרָה. גְּמִלָּה (גְּמִלָּאוֹת) (כלכ') הָעֲנָקָה כַּסְפִּית מְיֻחֶדֶת כְּגוֹן: קִצְבָּה, מַעֲנָק וכיו"ב

Unterstützungskasse

עֲמוּתָה (משפ') קֶרֶן צְדָקָה, אֲגֻדָּה שֶׁמַּטְּרָתָהּ צִבּוּרִית

Unterstützungsverein

חֶבְרָה לְבִטּוּחַ הֲדָדִי (משפ')

untersuchen

בָּדַק (בּוֹדֵק) [ק/א/42; 146]. דִּקֵּק (מְדַקֵּק), אִיֵּן (מְאַיֵּן), חָקַר, דָּרַשׁ

Untersuchung

בְּדִיקָה (בְּדִיקוֹת) [ק/ב/184]. מֶחְקָר, בֵּרוּר, גִּלּוּי. חֲקִירָה [ק/א/326]. תַּבְחִין (רפו') בְּדִיקַת מַעְבָּדָה. בְּחִינָה (פיל') [ק/א/81]. עִיּוּן וְהִתְבּוֹנְנוּת בַּשֵּׂכֶל. דְּרִישָׁה (פיל') [ק/א/147]. חִפּוּשׂ (פיל') [ק/א/318]. מִדְרָשׁ [ק/ב/154]. דְּרוּשׁ, תְּבִיעָה

Untersuchung, amtliche

חֲקִירָה רִשְׁמִית (משפ')

Untersuchung, Gegenstand der

דְּרוּשׁ (דְּרוּשִׁים) [ק/ב/154]. מִדְרָשׁ, מַשָּׂא הַחֲקִירָה

Untersuchung, genaue

חֲקִירַת פְּרוֹטְרוֹט [ק/א/225]. הִתְאַמְּתוּת, חֲקִירָה מְדֻיֶּקֶת

Untersuchung, interkulturelle

מֶחְקָר בֵּין תַּרְבּוּתִי (אנת', מ"ח) שִׁיטַת מֶחְקָר לִבְדִיקַת הַשְׁעָרוֹת מַדָּעִיּוֹת עַל יְדֵי הַשְׁוָאַת הַתּוֹפָעוֹת הַנֶּחְקָרוֹת בְּתַרְבֻּיּוֹת שׁוֹנוֹת

Untersuchungsanlage ---> Forschungsanlage

Untersuchungsausschuß

וַעֲדַת חֲקִירָה (משפ', מדי')

Untersuchungseinheit ---> Analyseeinheit

Untersuchungsgefängnis
בֵּית מַעֲצָר (משפ׳) מִתְקָן לִכְלִיאָה אֲרָעִית שֶׁל חָשׁוּד עַד פְּסִיקַת דִּינוֹ
Untersuchungsrichter [---> Leichenbeschauer]
שׁוֹפֵט חוֹקֵר (משפ׳)
Untertan
נָתִין (נְתִינִים) (מדי׳) [ק/ב/213]. מֻנְהָג (מֻנְהָגִים), מִי שֶׁיֵּשׁ לוֹ מַנְהִיג וּמוֹשֵׁל, נִשְׁלָט
Untertaneneid ---> Treueid
unterteilen
תִּחְלֵק (מִתְחַלֵּק), חִלֵּק חֲלֻקַּת מִשְׁנֶה
Untertitel
כּוֹתֶר מִשְׁנֶה (ספרנ׳) כּוֹתֶר מִשְׁנִי
Untertreibung *{Litotes; Litota}*
חִלּוּף שׁוֹלֵל (פיל׳, בלש׳) לְשׁוֹן הַמְעָטָה, בִּטּוּי מְסֻרְבָּל (פְּרִיפְרָזָה) הַשְּׁלִילִי בְּצוּרָתוֹ אַךְ חִיּוּבִי בְּתָכְנוֹ הַמַּחֲלִיף בִּטּוּי חִיּוּבִי בְּתַכְלִית, לְמָשָׁל: כַּאֲשֶׁר בִּמְקוֹם "זֶה מֻתָּר" אוֹמְרִים "זֶה אֵינוֹ אָסוּר", כְּשֶׁאוֹמְרִים "זֶה לֹא רַע" בִּמְקוֹם "זֶה טוֹב"
unterverkaufend
מוֹרִיד שְׁעָרִים (כלכ׳)
Untervermieten
שְׂכִירוּת מִשְׁנֶה (כלכ׳, משפ׳)
Unterversicherung
תַּת בִּטּוּחַ (משפ׳) סְכוּם בִּטּוּחַ בִּלְתִּי מַסְפִּיק
Unterweisung, computerunterstützte
הוֹרָאָה בְּעֶזְרַת מַחְשֵׁב (פדג׳, טכנ׳) הוֹרָאָה בְּסִיּוּעַ מַחְשֵׁב
unterwerfen
נִכְנַע לְ.../לִפְנֵי.../מִפְּנֵי..., כָּפַף (כּוֹפֵף), כָּפָה, הִכְרִיחַ, קִבֵּל מָרוּת, הִתְבַּטֵּל לִפְנֵי, בִּטֵּל עַצְמוֹ בִּפְנֵי..., הִכְנִיעַ. נָפַל תַּחַת... [ק/ג/54]. הִכְרִיעַ, נִכְפַּף לְ..., נִקְלַע תַּחַת יָדוֹ שֶׁל..., שֻׁעְבַּד לְ..., נֶהְדַּף, הֻפַּל, נִשְׁלַט. הִתְכַּנֵּעַ (מִתְכַּנֵּעַ) [ק/ד/150]. שָׁפַל (שׁוֹפֵל), הִתְעַנָּה, הָיָה כָּנוּעַ
Unterwerfung [--->Unterwürfigkeit]
נִכְנָעוּת (מ״ח, פסי׳) [ר/ב/443]. קַבָּלַת מָרוּת, קוֹנְפוֹרְמִיּוּת
Unterwerfungsinstinkt
יִצְרוֹן הַכְּנִיעָה (פסי׳) חוּשׁ הַנִּכְנָעוּת, אִינְסְטִינְקְט הַכְּנִיעָה
unterwürfig [---> fügsam]
כָּנוּעַ, נִכְנָע, שְׁפַל בֶּרֶךְ, שַׁח עֵינַיִם, עָנָו
Unterwürfigkeit [---> Fügsamkeit]
הַכְנָעוּת [ק/ד/85]. שַׁחוּת, - הַנֶּפֶשׁ, עֲנָוָה, כְּנִיעוּת, שִׁפְלוּת, הִתְבַּטְּלוּת לִפְנֵי..., כְּנִיעַת נֶפֶשׁ, הַעֲנוּת, הֵעָתְרוּת
Unterzeichner(in)
חוֹתֵם, חוֹתֶמֶת (משפ׳) הַצַּד הֶחָתוּם, חָתוּם (חֲתוּמִים), מִי שֶׁרָשַׁם אֶת שְׁמוֹ אוֹ הִטְבִּיעַ אֶת חוֹתָמוֹ
Untiefe [---> Flach]
שִׂרְטוֹן (שִׂרְטוֹנִים) (היד׳, י״א) מִשְׁקְעֵי חוֹל אוֹ אֲבָנִים שֶׁהִפְחִיתוּ אֶת עֹמֶק הַמַּיִם עַד כְּדֵי סִכּוּן הַשַּׁיִט, רְקָק
untrennbar
לְלֹא הֶפְרֵד, בִּלְתִּי נִפְרָד
untrennbare Verbindung ---> Verbindung, untrennbare

unübertragbar
לֹא סָחִיר (כלכ׳) שֶׁאִי אֶפְשָׁר לִסְחֹר בּוֹ וּלְהַעֲבִירוֹ לְאַחֵר, לֹא עָבִיר, בִּלְתִּי עָבוּר
unumgänglich ---> unvermeidlich
unumkehrbar ---> irreversibel
Unumkehrbarkeit ---> Irreversibilität
unumschränkte Besitzerschaft ---> Besitzerschaft, unumschränkte
unumstößlich ---> unwiderleglich
ununterbrochen
בִּלְתִּי נִפְסָק [ק/א/127]. דָּבֵק, מַתְמִיד, עוֹמֵד, תָּדִיר, תְּמִידִי, קָבוּעַ, תָּכוּף, רָצוּף. מְדֻבָּק [ק/ב/144]. נִמְשָׁךְ [ק/ג/43]. שֶׁיֵּשׁ לוֹ הֶמְשֵׁךְ, שֶׁעוֹד לֹא נִסְתַּיֵּם
ununterbrochene Aufeinanderfolge ---> Aufeinanderfolge, ununterbrochene
ununterbrochene Tradition ---> Tradition, ununterbrochene
Ununterbrochenheit, zeitliche
הֶמְשֵׁכִיּוּת [ק/ד/196]. תְּכוּפוּת, הִתְמַשְׁכוּת בִּזְמַן, הַתְמָדָה, עֲקִיבוּת, רְצִיפוּת זְמַן
unveränderlich [---> fixiert]
בִּלְתִּי מִשְׁתַּנֶּה [ק/א/159;ק/ג/26]. נָח, קָבוּעַ, הוּא, מִתְקַיֵּם, עוֹמֵד, שָׁרִיר, עוֹמֵד עַל תִּלּוֹ, תָּדִיר, קַיָּם, מַתְמִיד, תְּמִידִי
Unveränderlichkeit ---> Konstanz
unveräußerlich
שֶׁאֵין לְהַפְקִיעוֹ (כלכ׳, משפ׳) שֶׁאֵינוֹ לְהַעֲבָרָה, - לִמְכִירָה
unveräußerlicher Besitz ---> Besitz, unveräußerlicher
unverbunden ---> asyndetisch
unverdaulich
לֹא עָכִיל (רפו׳) תָּחִים, גּוֹרֵם לְתַחֲמָה (קָשְׁיֵי עִכּוּל)
unverdrossen
לֹא נִלְאֶה
unvereinbar ---> inkompatibel
Unvereinbarkeit ---> Inkompatibilität; Inkonsistenz
unverfälscht
לְלֹא סִלּוּף
unvergänglich
נִצְחִי [ק/ג/63]. קַיָּם וְנִשְׁאָר לָעַד, הֹוֶה לְעוֹלָם, תְּמִידִי
Unvergänglichkeit
נִצְחִיּוּת (דת, פיל׳) [ק/א/216]. הַשְׁאָרָה, הַשְׁאֵר, מְצִיאוּת, קִיּוּם וְהַתְמָדָה, קִיּוּם נֶפֶשׁ הָאָדָם אַחַר מוֹת הַגּוּף
unvergleichbar
לְאֵין הַשְׁוָאָה
Unverheiratete ---> Frau, ledige
unverhohlen
חָשׂוּף, לְלֹא כְּסוּת, גָּלוּי
unvermeidlich
בִּלְתִּי נִמְנָע, שֶׁאֵין לְהִמָּלֵט מִמֶּנּוּ, אֵין מָנוֹס מִ..., אִי אֶפְשָׁר לְהִמָּנַע מִ...
unvermengt
בִּלְתִּי מְעֹרָב, בְּלֹא תַּעֲרֹבֶת
unvermindert

לְלֹא הַפְתָּחָה

unvermittelt

בְּלֹא מְצוּעַ [פ״ר/114]. פִּתְאוֹם, בְּפִתְאוֹם, לְפֶתַע פִּתְאוֹם, כְּהֶרֶף, בְּפֶתַע

Unvermögen

לֵאוּת [ק/ב/111]. חִדְלוּת, חֹסֶר יְכֹלֶת, אֶפֶס יְכֹלֶת, עֲיֵפוּת, חֹסֶר כֹּחַ, - אוֹנִים, חֻלְשָׁה, אִי שְׁלֵמוּת. עַצְלוּת [ק/ג/154]. אֶזְלַת יָד, אֵין אוֹנִים. קִצּוּר [ק/ג/296]. אִי כְּשִׁירוּת, מֻגְבָּלוּת, אִי סְפִיקָה, דַּלּוּת הַיְּכֹלֶת, חֶסְרוֹן, פְּגַם, מִגְבָּלָה, פַּסְלוּת, כֹּשֶׁר לָקוּי, חֹסֶר שְׁלִיטָה

unvermögend

נִלְאֶה [ק/ג/38]. שֶׁאֵינוֹ יָכוֹל, חֲדַל אוֹנִים, נְטוּל כֹּחַ, נֶעְדַּר יְכֹלֶת, לוֹאֶה. חַלָּשׁ [ק/א/309]. חִדֵּל, רְפֵה כֹּחַ. לוֹאֶה [ק/ב/110]. בִּלְתִּי יָכוֹל, חֲסַר כֹּחַ, בִּלְתִּי מְשֻׁלָּם

unvermögend sein

לָאָה (לֵאֶה) [ק/ב/110]. לֹא הָיָה יָכוֹל

unvernünftig [---> irrational; unlogisch]

אֵינְתְּבוּנִי [ק/א/254]. חֲסַר תְּבוּנָה, זוֹל, זוֹלֵל, בָּזוּי

Unvernünftigkeit

אֵינְתְּבוּנָה, חֹסֶר תְּבוּנָה

Unverschämtheit

עַזּוּת מֵצַח, חֻצְפָּה, שַׁחֲצָנוּת

unversehrt ---> integer

Unversehrtheit ---> Integrität

unverständlich

בִּלְתִּי מוּבָן [ק/ב/224]. מְסֻכָּל, לֹא בָּרוּר. נִסְכָּל [ק/ג/46]

unverteidigt

לְלֹא הֲגַנָּה (משפ׳)

unverträglich ---> inkompatibel

Unverträglichkeit ---> Inkompatibilität; Intoleranz

unverwerflich

שֶׁאֵין לְבַזּוֹתוֹ, שֶׁאֵינוֹ נִתָּן לִפְסִילָה

unvollendet ---> imperfektiv

unvollkommen

פָּגוּם [ק/א/317]. חָסֵר, לָקוּי, בִּלְתִּי שָׁלֵם, שֶׁאֵין לוֹ מַה שֶּׁדָּרוּשׁ, קָטוּעַ. לוֹאֶה [ק/ב/110]. בִּלְתִּי יָכוֹל, חֲסַר כֹּחַ, בִּלְתִּי מְשֻׁלָּם. מְעַטִּי [ק/ב/233]. נָבָל [ק/ג/14]. פָּחוּת, נָחוּת, יָרוּד, נִפְסָד, שְׁפַל עֵרֶךְ. קָצֵר [ק/ג/297]. לֹא כַּשּׁוּרָה, מֻגְבָּל, חֲסַר עֵרֶךְ

unvollkommen sein

נִפְגַּם [ק/א/282]. חָטָא, חָסַר מִן הַשְּׁלֵמוּת, נִגְרַע

unvollkommener Mensch ---> Mensch, unvollkommener

Unvollkommenheit [---> Mangelhaftigkeit; Unvollständigkeit]

פְּגִימוּת [ק/א/282]. חֵטְא, הֶעְדֵּר שְׁלֵמוּת, אִי שְׁלֵמוּת, הַפְּגָמוּת, לְקִיָּה. חֶסְרוֹן [ק/א/317]. לִקּוּי, מִגְרַעַת. פְּגַם [ק/ג/183]. מוּם, שִׁבּוּשׁ. מִדָּה פְּחוּתָה [ק/ג/184]. קִצּוּר [ק/ג/296]. אִי כְּשִׁירוּת, מֻגְבָּלוּת, מִגְבָּלָה. תַּקְצִיר [ק/ד/216]. חֶסְרוֹן, לְקוּת

unvollständiger Begriff ---> Begriff, unvollständiger

unvollständiger Satz ---> Satz, unvollständiger

unvollständiger Schluß ---> Schluß, unvollständiger

unvollständiges Lernen ---> Lernen, unvollständiges

Unvollständigkeit [---> Mangelhaftigkeit; Unvollkommenheit]

חֶלְקִיּוּת [ק/א/309]. נְקִיצוּת [מר״ח/80]

unvorhergesehen

בִּלְתִּי צָפוּי

unvorsätzlich

לֹא בְּכַוָּנָה, נֶעְדַּר כַּוָּנָה, לֹא בְּמֵזִיד, בִּשְׁגָגָה

unvorstellbar ---> unfaßbar

unvorteilhaft

מַפְסִיד [ק/ד/46]. רַע, שְׁלִילִי, בִּלְתִּי כְּדָאִי, כּוֹשֵׁל, קָשֶׁה לְ..., אֵינוֹ רָאוּי לְ...

unwahr

בָּדוּי [ק/א/79]. מְחֻדָּשׁ מִלֵּב, דִּמְיוֹנִי. סָרָה [ק/ג/114]. שִׁקְרִי, כּוֹזֵב

unwahr sein

כָּזַב (כּוֹזֵב) [ק/ב/72]. נִהְיָה כּוֹזֵב

unwahre aber nicht undenkbare Behauptung ---> Behauptung, unwahre aber nicht undenkbare

unwahrscheinlich

חָדְלִי (חוּדְלִי) [ק/ד/35]. בִּלְתִּי סָבִיר, רָחוֹק, בִּלְתִּי מִסְתַּבֵּר

unwahrscheinlich halten, für

הֶחְדִּיל (מַחְדִּיל) [ק/ד/38]. הִרְחִיק (מַרְחִיק), רִחֵק, רָאָה כְּבִלְתִּי סָבִיר, חָשַׁב שֶׁדְּבַר-מָה אֵינוֹ מִסְתַּבֵּר

Unwahrscheinliches

חָדְלָה (חוּדְלָה) [ק/ד/35]. רָחוֹק (רְחוֹקִים), דָּבָר שֶׁאֵינוֹ מִתְקַבֵּל עַל הַדַּעַת, - שֶׁאֵינוֹ מִסְתַּבֵּר

Unwahrscheinlichkeit

חָדְלוּת (חוּדְלוּת) [ק/א/214]. אִי סְבִירוּת, הַרְחָקָה, חָדְלִיּוּת (חוּדְלִיּוּת), רִחוּק, דֵּעָה רְחוֹקָה וְזָרָה שֶׁקָּשֶׁה לְקַבֵּל אוֹתָהּ וּלְהַסְכִּים עָלֶיהָ. רֹחַק [ק/ד/36]

unwesentlich

טָפֵל, לֹא עִקָּרִי

unwesentliches Merkmal ---> Merkmal, unwesentliches

unwiderleglich *{apodiktisch}*

בִּלְתִּי סָתִיר, שֶׁאִי אֶפְשָׁר לִסְתֹּר אוֹתוֹ, מוֹפְתִי

unwidersprechbar

בִּלְתִּי חָלִיק, שֶׁאִי אֶפְשָׁר לַחֲלֹק עָלָיו

unwidersprochen [---> widerspruchsfrei]

בִּלְתִּי מֻכְחָשׁ

unwiderstehlicher Drang ---> Zwang

unwillkürlich

שֶׁלֹּא מֵרָצוֹן, לֹא רְצוֹנִי, בִּלְתִּי שְׁרִירוּתִי

unwillkürliches Blinzeln ---> Blinzeln, unwillkürliches

unwirklich

מְדֻמֶּה [ק/ב/151]. נֶעְדַּר מְצִיאוּת, הָזוּי, בְּנִגּוּד לַמֻּשְׂכָּל. מַחֲשַׁבִי [ק/ב/187]. דִּמְיוֹנִי

unwissend

חֲסַר יֶדַע, בּוּר, סָכָל, בַּעַר, בְּלֹא דַּעַת

Unwissenheit

אִי יֶדַע [ק/ג/101]. סִכְלוּת, אֵין יֶדַע, דַּלּוּת הַדַּעַת, קִצְרוֹן יְדִיעָה, קֹצֶר דַּעַת, בּוּרוּת, בַּעֲרוּת. אִוֶּלֶת [ק/א/26]. חֹסֶר יְדִיעָה, חֶסְרוֹן יְדִיעָה

Unwürdigkeitswahn

רַעְיוֹן שָׁוְא שֶׁל שִׁפְלוּת (פסי')

unzerlegbar

לֹא פָּרִיק (מחמ')

Unzerlegbarkeit

אִי פְּרִיקוּת (מחמ')

unzertrennlich

כָּרוּךְ לְלֹא הִפָּרֵד

Unziemlichkeit

מִטְרָד [ק/ב/239]. מַעֲמָס, הֶטְרֵחַ, חִסָּרוֹן, פְּגָם, מִגְרַעַת

Unzucht

נִאוּף (פסי', מ"ח) זִמָּה, תּוֹעֵבָה

Unzucht treiben

נָאַף (נוֹאֵף) (פסי', מ"ח) סִלֵּד (מְסַלֵּד), קִיֵּם יַחֲסֵי מִין סוֹטִים, נִאֵף (מְנָאֵף), עָשָׂה מַעֲשֵׂה זִמָּה

unzüchtige Literatur ---> Literatur, pornographische

unzugänglich

מְסֻגָּר [ק/א/93]. נִבְצָר, נֶעְדָּר, נִמְנָע, אָטוּם, סָגוּר, אָטִים, רָכוּס, מְאֻטָּם

unzulänglicher Weise handeln, in ---> Weise handeln, in unzulänglicher

Unzulänglichkeit

אִי כְּשִׁירוּת [ק/ג/296]. קִצּוּר, מֻגְבָּלוּת, דַּלּוּת הַיְּכֹלֶת, אָזְלַת יָד, אֵין אוֹנִים, חֶסְרוֹן, פְּגָם, מִגְבָּלָה. קֹצֶר [ק/ג/297]. חֹסֶר יְכֹלֶת, קֹצֶר יָד, אִי הֲלִימוּת

unzulässig

בִּלְתִּי קָבִיל (משפ') לֹא קָבִיל, שֶׁאֵינוֹ מִתְקַבֵּל עַל הַדַּעַת

Unzulässigkeit

אִי קְבִילוּת (משפ')

unzulässiger Beweis ---> Beweis, unzulässiger

unzusammenhängend

מְסֹרָג (פיל') [ק/ב/230]. מְקֻטָּע, לֹא בִּרְצִיפוּת, לֹא קָשׁוּר לְהֶמְשֵׁךְ, בִּלְתִּי דָּבֵק, בִּלְתִּי רָצוּף

Urämie ---> Harnvergiftung

urämische Erblindung ---> Erblindung, urämische

Urat

שִׁתְנָר (רפו') מֶלַח שֶׁל חֻמְצַת הַשֶּׁתֶן, שִׁינָן

urban

עִירִי (מ"ח, י"א) אוּרְבָּנִי, עִירוֹנִי

urbanisieren

עִיֵּר (מְעַיֵּר) (מ"ח, י"א) [י"א/150]. הָפַךְ יִשּׁוּב כְּלִשְׁהוּ לְעִיר, הִתְעַיֵּר, עָשָׂה עִיר

Urbanisieren

עִיּוּר (מ"ח, י"א) [י"א/150]. אוּרְבָּנִיזַצְיָה, הִתְעַיְּרוּת, הֲפִיכָה לְעִיר, הֲלִיכָה לָעִיר

Urbanität

עִירִיּוּת (מ"ח, י"א) אוּרְבָּנִיּוּת, עִירוֹנִיּוּת, רֹחַב אֳפָקִים

urbar machen

נָר (חקל') [א"ת/ב/181]. חָרַשׁ, עָבַד אֶת הָאֲדָמָה, נוֹנַר (מְנוֹנָר), נֶחֱרַשׁ, נֶעֱבַד

Urbegriff

מֻשָּׂג בְּרֵאשִׁית (פיל', פסי') [ק/ג/242]. צִיּוּר עִקָּרִי, מֻשָּׂג קַמָּאִי

Urbild

אַב דְּמוּת (פיל') אַב דְּיוֹקָן

Urea ---> Harnstoff

Ureingabe

תִּחוּל (מחש') [דמ"א/18]. הַפְעָלַת שִׁגְרָה הַטּוֹעֶנֶת מַעֲרֶכֶת הַפְעָלָה לַזִּכָּרוֹן הָרָאשִׁי

Ureingabeprogramm

מַטְעֵן תָּכְנִית תִּחוּל (מחש') [דמ"א/18]. מַטְעֵן חָלוּץ

Ureter ---> Harnleiter

Urethra ---> Harnröhre

Urethralerotik

אַהֲרָה שָׁפְכָנִית (פסי') [ר/א/283]. אֶרוֹטִיּוּת אוּרֶתְרָלִית, עֹנֶג הַמּוּפָק מִן הַשָּׁפְכָה

Urethritis ---> Harnröhrenentzündung

urewig

קַמָּאִי (פיל') [ק/ג/265]. קָדוּם, עַתִּיק. קַדְמוֹן (פיל') [ק/ג/268]. רִאשׁוֹן (פיל') [ק/ד/13]

Urewigkeit

קַמָּאוּת (פיל') [ק/ג/270]. קַדְמוּת, עַתִּיקוּת. רִאשׁוֹנוּת (פיל') [ק/ד/15]. קְדִימוּת (פיל') [ק/ג/267]. תְּכוּנַת הַדָּבָר שֶׁהוּא מֵאָז וּמִקֶּדֶם

Urform ---> Urgrund

Urgrund

סִבַּת יְסוֹד (פיל') [ק/א/17]. אָב, מָקוֹר, סִבָּה רֵאשִׁיתִית, נִמּוּק רֵאשִׁיתִי, טַעַם בְּרֵאשִׁית, עִקָּרוֹ שֶׁל דָּבָר. אֵם (פיל') [ק/א/49]. כְּלָל. יְסוֹד [ק/ב/40] בָּסִיס. עִקָּר [ק/ג/166]. מוֹצָא, תַּשְׁתִּית. שֹׁרֶשׁ [ק/ד/160]. רֵאשִׁית

Urheber

יוֹצֵר רֵאשִׁיתִי (פיל')

Urheberrecht

זְכוּת יוֹצְרִים (משפ') מְחַבְּרוּת, זְכוּת מְחַבְּרִים

Urheberrechtslizenzgebühr

תַּמְלוּג (תַּמְלוּגִים) (משפ') תַּשְׁלוּם עֲבוּר רְשׁוּת שִׁמּוּשׁ בִּזְכוּת יוֹצְרִים

Urheberschaft ---> Autorschaft

Urhorde

לַהֲקָה קַמָּאִית (מ"ח, פסי')

Urin ---> Harn

Uringlas

מִשְׁתֶּנֶת (מִשְׁתָּנוֹת) (רפו') [מר"ח/692]. כְּלִי לְשֶׁתֶן

Urkunde *{Dokument}*

רְשׁוּמָה (רְשׁוּמוֹת) (משפ', ספרנ') דּוֹקוּמֶנְט, תְּעוּדָה, מִסְמָךְ, עֵדוּת רֵאשִׁית, תְּעֻדַּת רֵאשִׁית

Urlandschaft

נוֹף טִבְעִי (גאו', י"א) נוֹף קְדוּמִים

Urlaub

חֻפְשָׁה (משפ') רְשׁוּת לְהֵעָדֵר, פַּגְרָה

Urmaß

מִדַּת אָב (טכנ')

Urmaterie ---> Urstoff

Urobilin ---> Gallenfarbstoff im Harn

urogenital

מִשְׁתָּנִי-אֶבְרָמִינִי (ביו') מִשְׁתָּנִי-מְלוֹדִי, אוּרוֹגֶנִיטָלִי, שֶׁל מַעֲרֶכֶת הַשֶּׁתֶן וְאֶבְרֵי הַמִּין

Urquelle

מְקוֹר בְּרֵאשִׁית (פיל')

Ursache

סִבָּה (סִבּוֹת) [ק/ג/81]. דָּבָר שֶׁמֵּבִיא לִכְלַל תּוֹצָאָה, מֵנִיעַ, מְסַבֵּב, נְסִבָּה, גּוֹרֵם. עִלָּה [ק/ג/134]. עֲלִילָה [ק/ג/139]. תּוֹאֲנָה [ק/ד/180]. אָב [ק/א/17]. מָקוֹר, עִקָּרוֹ שֶׁל דָּבָר. אוֹדוֹת [ק/א/24]. אֵם [ק/א/49]. יְסוֹד, שֹׁרֶשׁ, עִקָּר, כְּלָל. גִּלְגּוּל [ק/א/113]. גֹּרֶם. טַעַם [ק/ב/18]. טַעֲנָה, נִמּוּק לְדָבָר. מְסִבָּה [ק/ב/221]. מָקוֹם [ק/ב/266]

Ursache, äußerlich bewirkende

סִבָּה חִיצוֹנִית (פיל') [ק/ג/136]. עִלָּה פּוֹעֶלֶת

Ursache, auf Instinkthandlungen beruhende

סִבָּה רְצוֹנִית (פיל', פסי') [ק/ג/85]. סִבָּה בְּרָצוֹן, - בְּחֵפֶץ

Ursache, bewegende

סִבָּה גּוֹרֶמֶת (פיל') [ק/ג/83]. פּוֹעֵל (פיל') [ק/ג/202]

Ursache, bildende ---> Ursache, gestaltende

Ursache, durch freien Willen herbeigeführte

סִבָּה בְּחִירִית (פיל') [ק/ג/83]. סִבָּה בִּבְחִירָה

Ursache, einfache

סִבָּה פְּשׁוּטָה (פיל') [ק/ג/84]

Ursache, erstere

סִבָּה רִאשׁוֹנָה (פיל') [ק/ג/267]. קוֹדֵם, סִבָּה קוֹדֶמֶת

Ursache, ewige

סִבָּה מַתְמֶדֶת (פיל') [ק/ג/136]. עִלָּה קַדְמוֹנִית

Ursache, geschaffene

עִלָּה חֲדָשָׁה (פיל') [ק/ג/136]

Ursache, gestaltende

סִבָּה מְעַצֶּבֶת (פיל') [ק/ג/136]. עִלָּה צוּרִית

Ursache, indirekte

סִבָּה עֲקִיפָה (פיל') [ק/א/119]. גֹּרֶם, סִבָּה בִּלְתִּי יְשָׁרָה

Ursache, körperliche

סִבָּה גַּשְׁמִית (פיל') [ק/ג/136]. עִלָּה גַּשְׁמָנִית

Ursache, materielle

סִבָּה חָמְרִית (פיל') [ק/ג/84]. סִבָּה הִיוּלִית. עִלָּה חָמְרִית (פיל') [ק/ג/136]. עִלָּה הִיוּלִית, - יְסוֹדִית

Ursache, natürliche

סִבָּה טִבְעִית (פיל') [ק/ג/84]. עִלָּה טִבְעִית (פיל') [ק/ג/136]

Ursache, sekundäre

סִבָּה שְׁנִיּוֹנִית (פיל') [ק/ג/136]. עִלָּה שְׁנִיָּה

Ursache, substantielle ---> Ursache, wesentliche

Ursache, unmittelbare

סִבָּה בִּלְתִּי מְצוּעָה (פיל') [ק/ב/141]. סִבָּה מַגִּיעָה, - בִּלְתִּי אֶמְצָעִית, בְּנִגּוּד לְסִבָּה חִיצוֹנִית. סִבָּה קְרוֹבָה (פיל') [ק/ג/84]

Ursache, veranlassende

סִבָּה שֶׁבְּהִזְדַּמְּנוּת

Ursache, vorhergehende

סִבָּה קוֹדֶמֶת (פיל') [ק/ג/84]. סִבָּה מַקְדִּימָה, - קְדוּמָה

Ursache, wesentliche

סִבָּה מַהוּתִית (פיל') [ק/ג/84]. סִבָּה עַצְמִית, סִבַּת בְּעֶצֶם

Ursache, wirkende

סִבָּה פּוֹעֶלֶת (פיל') [ק/ג/84]. פּוֹעֵל (פיל') [ק/ג/202]

Ursache des Verwirklichungsvorgangs --> Verwirklichungsvorgang(s), Prinzip des

Ursache und Wirkung

סִבָּה וּמְסוֹבָב [ק/ג/136]

Ursachen, Lehre von den ---> Ätiologie

ursächlich

נְסִבָּתִי [ק/ג/81]. סוּבָבִי, שֶׁל סִבָּה, שֶׁיֵּשׁ בּוֹ נְסִבָּה, הַתָּלוּי בִּנְסִבָּה, סִבָּתִי, שֶׁיֵּשׁ לוֹ סִבָּה. סִבִּי [ק/ג/87]

ursprünglich

מְקוֹרִי [ק/א/234; ר/ב/624]. הַתְחָלִי, רִאשׁוֹנִי, בְּכוֹרִי, רֵאשִׁיתִי, שֶׁל הַתְחָלָה, פְּרִימָרִי, יְסוֹדִי, בְּסִיסִי, הַקָּדוּם בְּיוֹתֵר

ursprüngliche Akkumulation ---> Akkumulation, ursprüngliche

ursprüngliche Bedeutung ---> Bedeutung, ursprüngliche

ursprünglicher Reflex ---> Reflex, unbedingter

Ursprung

מָקוֹר (מְקוֹרוֹת) [ק/ב/267]. מַבּוּעַ, מַעְיָן, הַתְחָלָה. אֵם [ק/א/49]. עִקָּר, כְּלָל. יְסוֹד [ק/ב/40] בָּסִיס, רֵאשִׁית. מוֹצָא [ק/ב/167]. מָקוֹם שֶׁמִּמֶּנּוּ יוֹצֵא דָּבָר. מַחְצָב [ק/ב/183]. תְּחִלַּת כֹּל. מֶשֶׁךְ [ק/ב/293]. שֹׁרֶשׁ [ק/ד/160]. תְּחִלָּה [ק/ד/190]

Ursprung der Freigebigkeit ---> Freigebigkeit, Ursprung der

Urstoff *{Materia prima}*

חֹמֶר רִאשׁוֹנִי (פיל') [ק/א/169; 312]. הַיּוּלִי, הִיּוּלִי, חֹמֶר רִאשׁוֹן, - קַדְמוֹן, - הִיּוּלִי, - קָדוּם, - מְשֻׁתָּף, - מִשְׁתַּתֵּף, - תַּחְתּוֹן, - תַּחְתּוֹנִי, - שָׁפָל. יְסוֹד (פיל') [ק/ב/41]. מַמָּשׁ (פיל') [ק/ב/210]. מַעְיָן (פיל') [ק/ב/233]. פִּנָּה (פיל') [ק/ג/193]. חֹמֶר יְסוֹד. קָצֶה (פיל') [ק/ג/293]. אָב (פיל') [ק/א/17]. הָאֶבֶן הַקְּדוּמָה. אֶבֶן (פיל') [ק/א/18]. גּוּף (פיל') [ק/א/108]. יְסוֹד מֵאַרְבַּעַת הַיְסוֹדוֹת. גֹּלֶם (פיל') [ק/א/116]

Urstromtal

עֵמֶק קְדוּמִים (גאו', י"א) עֵמֶק שֶׁנּוֹצַר בְּעִדַּן תַּאֲדָמִי (גֵאוֹלוֹגִי) קָדוּם עַל יְדֵי מֵי הַפְשָׁרָה שֶׁל קַרְחוֹנִים

Urteil

מִשְׁפָּט (מִשְׁפָּטִים) (פיל') [ק/ב/302,299]. הוֹרָאָה, צוּרָה שֶׁל מַחֲשָׁבָה שֶׁבָּהּ נִטְעֶנֶת טַעֲנָה הַמִּתְיַחֶסֶת לִתְכוּנוֹת, קְשָׁרִים וְיַחֲסוֹת שֶׁל עֲצָמִים אוֹ שֶׁל תּוֹפָעוֹת לְחִיּוּב אוֹ לִשְׁלִילָה; הַמִּשְׁפָּט יָכוֹל לִהְיוֹת אֲמִתִּי כְּגוֹן: "בַּרְזֶל הוּא יְסוֹד כִּימִי", "לִנְחָשִׁים אֵין רַגְלַיִם" אוֹ שִׁקְרִי

מְתוּקוֹת״

Urteil, disjunktiv-hypothetisches

מִשְׁפָּט אַלְקַשְׁרִי הַשְׁעָרָתִי (פיל׳) [ק/ב/301].
מִשְׁפַּט תְּנַאי נֶחֱלָק, - - נִבְדָּל

Urteil, disjunktives

מִשְׁפָּט אַלְקַשְׁרִי (פיל׳) מִשְׁפָּט מֻרְכָּב שֶׁבּוֹ מְחֻבָּרִים בְּאֶמְצָעוּת הָאַלְקֶשֶׁר (דִּיסְיוּנְקְצִיָּה) הַהֶגְיוֹנִי ״אוֹ״ מִשְׁפָּטִים רַבִּים זֶה לָזֶה הַמְּבַטְּאִים סוּגִים שׁוֹנִים שֶׁל עֶצֶם אוֹ שֶׁל תּוֹפָעָה; הַנֻּסְחָה הַכְּלָלִית שֶׁל הַמִּשְׁפָּט הָאַלְקַשְׁרִי הִיא: ״A הוּא B אוֹ C אוֹ D״

Urteil, distribuierendes ---> Urteil, disjunktives

Urteil, distributives ---> Urteil, ausschließend-disjunktives

Urteil, einfaches

מִשְׁפָּט פָּשׁוּט (פיל׳) מִשְׁפָּט הַמֵּכִיל רַק נוֹשֵׂא וְנָשׂוּא וְשֶׁבּוֹ נֶחְיֶבֶת (נַעֲשֵׂית חִיּוּבִית) אוֹ נִשְׁלֶלֶת הִשְׁתַּיְּכוּתוֹ שֶׁל סוּג כָּלְשֶׁהוּ לְעֶצֶם כָּלְשֶׁהוּ, לְמָשָׁל: ״הַבַּיִת הוּא בִּנְיָן״, ״מַיִם אֵינָם מוּצָק״

Urteil, einschließend-disjunktives ---> Urteil, nichtausschließend-disjunktives

Urteil, einschließendes

מִשְׁפָּט מַכְלִיל (פיל׳) מִשְׁפָּט שֶׁבּוֹ נֶחְיֶבֶת (נַעֲשֵׂית חִיּוּבִית) אוֹ נִשְׁלֶלֶת הִשְׁתַּיְּכוּתָם שֶׁל סוּגִים רַבִּים לְעֶצֶם אֶחָד בְּאֶמְצָעוּת וָו הַחִבּוּר, לְמָשָׁל: ״יְרוּשָׁלַיִם מְמֻקֶּמֶת בְּהָרֵי יְהוּדָה וְהִיא עִיר הַבִּירָה שֶׁל יִשְׂרָאֵל״

Urteil, einschränkendes

מִשְׁפָּט מַגְבִּיל (פיל׳) מִשְׁפָּט שֶׁבְּנִסּוּחוֹ הַלְּשׁוֹנִי מוֹפִיעוֹת הַמִּלִּים ״רַק״ אוֹ ״בִּלְבַד״, לְמָשָׁל: ״הָרַעְיוֹן הַזֶּה הָיָה יָכוֹל לָבוֹא **רַק** מִמֶּנּוּ״; כְּמִשְׁפָּט מַגְבִּיל גַּם מְצֻיָּנִים מִשְׁפָּט שֶׁבּוֹ הַשְּׁלִילָה אֵינָהּ מוֹפִיעָה כְּמִלַּת שְׁלִילָה עַצְמָאִית שֶׁל הָאוֹגֵד אֶלָּא מוֹפִיעָה בְּאֹפֶן בִּלְתִּי מָצוּעַ לִפְנֵי הַנָּשׂוּא הַשְּׁמָנִי, לְמָשָׁל: ״הָאָדָם הוּא לֹא-שַׁחְיָן מִלֵּדָה״. כַּאֲשֶׁר מִלּוֹת הַשְּׁלִילָה ״אֵין״, ״לֹא״ אוֹ ״בִּלְתִּי״ מִתְיַחֲסוֹת הֵן לָאוֹגֵד וְהֵן לַנָּשׂוּא הַשְּׁמָנִי מְדֻבָּרִים עַל מִשְׁפָּט מַגְבִּיל נִשְׁלָל, לְמָשָׁל: ״אַף נַחַל אֵינוֹ לֹא-מַיִם״

Urteil, Enthaltung vom ---> Enthaltung vom Urteil

Urteil, exzeptives

מִשְׁפָּט מוֹצִיא, - מְמַעֵט (פיל׳) [ק/ב/300]

Urteil, gesundes

הַשֵּׂכֶל הַיָּשָׁר (משפ׳)

Urteil, hypothetisches

מִשְׁפָּט בִּתְנַאי (פיל׳) [ק/ב/299; ק/ד/211].
מִשְׁפַּט תְּנַאי, - מְסַדֵּר שֵׁנִי (פיל׳) [ק/ב/301]

Urteil, implikatives ---> Urteil, bedingtes

Urteil, kategorisches

מִשְׁפָּט מַכְרִיעַ (פיל׳) [ק/א/110; ק/ג/197].
מַאֲמָר גּוֹזֵר, - פּוֹסֵק, מִשְׁפָּט פּוֹסֵק, גְּזֵרָה, מִשְׁפָּט שֶׁמֵּבִיא לִידֵי בִּטּוּי אֶת שַׁיָּכוּתוֹ אוֹ אֶת אִי שַׁיָּכוּתוֹ שֶׁל סוּג לְעֶצֶם מְסֻיָּם בְּלֹא תְּלוּת בִּתְנָאִים כָּלְשֶׁהֵם, לְמָשָׁל: בְּמִשְׁפָּטִים ״פִּטְרִיָּה הִיא צֶמַח נִבְגִּים״, ״לִוְיָתָנִים אֵינָם דָּגִים״.
הֶקֵּשׁ מַשָּׂאִי, מִשְׁפָּט מַשָּׂאִי (פיל׳) [ק/ב/301,283]. מִשְׁפָּט בְּלִי תְּנַאי (פיל׳)

כְּגוֹן: ״הַשֶּׁמֶשׁ נָעָה סְבִיב הָאָרֶץ״, ״בְּנֵי אָדָם אֵינָם בְּנֵי תְּמוּתָה״. אִמּוּת, חִקּוּר, עִיּוּן מַעֲמִיק. הַכְרָעָה, גְּמִירַת אֹמֶר. סְבָרָה [ק/ג/89]. דַּעַת, סְבָרָא, הַכָּרָה, תְּבוּנָה, הִתְבּוֹנְנוּת, הִתְחַכְּמוּת, שִׁקּוּל, הַנָּחָה, הַשְׁעָרָה, דֵּעָה, מַחֲשָׁבָה, שֶׁפֶט, שְׁפִיטָה, שִׁקּוּל דַּעַת. גְּזַר דִּין [ק/א/111]. גְּזֵרָה, מַאֲמָר, הַקְדָּמָה. דִּין (משפ׳) [ק/א/136]. גְּזֵר [ק/א/111]. הַחְלָטָה

Urteil, analytisches

מִשְׁפָּט נִתּוּחוֹנִי (פיל׳) [ק/ב/300]. מִשְׁפָּט הַפְרָדָה, - הֶתֵּר, מִשְׁפָּט מְחַתֵּךְ, - מַפְרִיד, - אֲנָלִיטִי

Urteil, apodiktisches

מִשְׁפָּט וַדָּאִי (פיל׳) [ק/ב/300]. מִשְׁפָּט הֶכְרֵחִי, - שֶׁמִּשְׁתַּקֵּף בּוֹ סוּג מְסֻיָּם שֶׁל עֶצֶם וְהוּא מְאַפְיֵן אֶת הַמֻּשָּׂא הַזֶּה בְּכָל הַתְּנָאִים, לְמָשָׁל: ״לְכָל תּוֹפָעָה יֵשׁ סִבָּה״, ״גּוּף הַמְּאַבֵּד אֶת מִשְׁעַנְתּוֹ נוֹפֵל לְמַטָּה״

Urteil, assertorisches

מִשְׁפָּט טַעֲנָה (פיל׳) [ק/ב/54; 300]. מִשְׁפָּט יֵשִׁי, - הֶחְלֵטִי, - שֶׁנִּטְעָן בּוֹ קִיּוּמוֹ אוֹ חֶסְרוֹנוֹ שֶׁל סוּג מְסֻיָּם שֶׁל עֶצֶם, לְמָשָׁל: ״תֵּל אָבִיב יוֹשֶׁבֶת עַל חוֹף הַיָּם הַתִּיכוֹן״, ״אֶתְמוֹל הִתְקַיְּמָה הַרְצָאָה עַל נְגִיפִים״

Urteil, ausschließend-disjunktives
[---> Disjunktion, ausschließende]

מִשְׁפָּט אַלְקַשְׁרִי מְבַלְחֵד (פיל׳) מִין שֶׁל הַמִּשְׁפָּט הָאַלְקַשְׁרִי שֶׁבּוֹ מְבַלְחֲדִים הַסּוּגִים הַשּׁוֹנִים זֶה אֶת זֶה, לְמָשָׁל: ״מְשֻׁלָּשׁ זֶה הוּא חַד זָוִית **אוֹ** יְשַׁר זָוִית **אוֹ** קֵהֵה זָוִית״; הַנֻּסְחָה הַכְּלָלִית שֶׁל מִשְׁפָּט זֶה הִיא: ״A הוּא אַךְ וְרַק B אוֹ אַךְ וְרַק C אוֹ אַךְ וְרַק D״

Urteil, ausschließendes

מִשְׁפָּט מְבַלְחֵד (פיל׳) מִשְׁפָּט שֶׁנְּשׂוּאוֹ מִתְיַחֵס לַנּוֹשֵׂא כֻּלּוֹ מִלְּבַד לְמִקְרִים יוֹצְאִים מִן הַכְּלָל שֶׁהַנָּשׂוּא אֵינוֹ חָל עֲלֵיהֶם, לְמָשָׁל: ״כָּל כּוֹכְבֵי הַלֶּכֶת חוּץ מִנֹּגַהּ וּמִמֶּרְקוּר נִמְצָאִים מִחוּץ לְמַסְלוּל כַּדּוּר הָאָרֶץ״; נֻסְחַת הַמִּשְׁפָּט הַמְּבַלְחֵד הִיא: ״כָּל A חוּץ מִB הֵם/אֵינָם C״

Urteil, bedingtes

מִשְׁפָּט מֻתְנֶה (פיל׳) מִשְׁפָּט הַמְּשַׁקֵּף תְּלוּת שֶׁל תּוֹפָעָה בִּתְנָאִים כָּלְשֶׁהֵם וְשֶׁבּוֹ מֻבָּעוֹת הַהַנְמָקָה וְהַתּוֹצָאָה בַּמִּבְנֶה: ״אִם... (אָז)...״, לְמָשָׁל: ״אִם מְשַׁפְשְׁפִים עֶצֶם כָּלְשֶׁהוּ הוּא מַתְחִיל לְהִתְחַמֵּם״

Urteil, beschränktes *{limitatives Urteil}*

מִשְׁפָּט מֻגְבָּל (פיל׳) מִשְׁפָּט שֶׁעַל פִּי צוּרָתוֹ הוּא שְׁלִילִי אַךְ עַל פִּי תָּכְנוֹ הוּא חִיּוּבִי, לְמָשָׁל: ״הַנֶּפֶשׁ הִיא בַּת **אַלְמָוֶת**״

Urteil, beschreibendes *{deskriptives Urteil}*

מִשְׁפָּט תֵּאוּרִי (פיל׳) מִשְׁפָּט מְתָאֵר, - פָּשׁוּט שֶׁבּוֹ מוֹפִיעַ כְּנוֹשֵׂא רַק מֻשָּׂג אֶחָד, לְמָשָׁל: ״זֶה שָׁחֹר״

Urteil, deskriptives ---> Urteil, beschreibendes

Urteil, dichotomisches

מִשְׁפָּט דּוּ פִּלְגִּי (פיל׳) מִשְׁפָּט דִּיכוֹטוֹמִי, - הַמְּבַטֵּא אֶת תּוֹצְאַת הַחֲלֻקָּה שֶׁל קְבוּצַת עֲצָמִים לִשְׁנֵי פְּלָגִים; פֶּלֶג אֶחָד מְאַפְיֵן בְּקִיּוּמוֹ שֶׁל סוּג מְסֻיָּם וּפֶלֶג שֵׁנִי מְאַפְיֵן בְּחֶסְרוֹנוֹ, לְמָשָׁל: ״יֵשׁ יַמּוֹת מְתוּקוֹת וְיַמּוֹת לֹא

[ק/ב/299; ק/ד/211]. מִשְׁפָּט מְסֻדָּר רִאשׁוֹן (פיל׳) [ק/ב/301]

Urteil, konjunktiv-hypothetisches

מִשְׁפָּט חִבּוּר הַשְׁעָרָתִי (פיל׳) [ק/ב/301]. מִשְׁפַּט תְּנַאי מְדֻבָּק

Urteil, kopulatives

מִשְׁפָּט אוֹגְדִי (פיל׳) מִשְׁפָּט שֶׁבּוֹ מְחֻבָּרִים מִשְׁפָּטִים רַבִּים בְּאֶמְצָעוּת וָו הַחִבּוּר אוֹ בְּאֶמְצָעוּת הַמִּבְנִים הַלְּשׁוֹנִיִּים: ״הֵן... וְהֵן...״, אוֹ ״גַּם... וְגַם...״ וכד׳, לְמָשָׁל: ״הֵן נְחֹשֶׁת, הֵן בַּרְזֶל וְהֵן כֶּסֶף מוֹלִיכִים זֶרֶם חַשְׁמַלִּי״

Urteil, limitatives ---> Urteil, beschränktes

Urteil, modales

מִשְׁפָּט דַּרְכִּיּוּתִי (פיל׳) [ק/ג/228]. מִשְׁפָּט צִדְדִי, - מוֹדָלִי, - הַמְשַׁקֵּף אֶת אֶפְשָׁרוּת הַקִּיּוּם אוֹ הֶחָסְרוֹן שֶׁל סוּגֵל מְסֻיָּם שֶׁל עֶצֶם, לְמָשָׁל: ״יִתָּכֵן שֶׁהַלַּהֲקָה תּוֹפִיעַ מָחָר בָּעֶרֶב״

Urteil(s), Modalität des

חָמְרֵי הַנְּשִׂיאוּת (פיל׳) [ק/א/313; ק/ג/76]. בְּחִינַת יַחַס הַנָּשׂוּא (מַשָּׂא) אֶל נוֹשְׂאוֹ אִם הוּא מְחֻיָּב (הֶכְרֵחִי), אֶפְשָׁרִי אוֹ מְצִיאוּתִי. צַד (פיל׳) [ק/ג/226]. אֹפֶן הַמִּשְׁפָּט

Urteil, multiples

מִשְׁפָּט מְרֻבָּב (פיל׳) מִשְׁפָּט הַמְשַׁקֵּף אֶת הַשְׁתָּפוּת בֵּין סוּגְלֵי עֲצָמִים שׁוֹנִים וּבֵין קְבוּצוֹת שֶׁל עֲצָמִים, לְמָשָׁל: בַּמִּשְׁפָּט ״בַּזִּים וְנִצִּים הֵם עוֹפוֹת טוֹרְפִים״ מִשְׁתַּקֶּפֶת הַשְׁתָּפוּת בֵּין בַּזִּים וְנִצִּים

Urteil(s), Natur des

טֶבַע הַשִּׁפּוּט (פיל׳) [פ״ר/166]. עַל פִּי הֶגֶל: הַהַפְרָדָה בֵּין נוֹשֵׂא לְנָשׂוּא

Urteil, negatives

מִשְׁפָּט שְׁלִילִי (פיל׳) [ק/א/111]. גְּזֵרָה שְׁלִילִית, - הֶעְדֵּרִית, - מוּסֶרֶת, מִשְׁפָּט נִשְׁלָל, - הַמְשַׁקֵּף אֶת הָעֻבְדָּה שֶׁסּוּגֵל כָּלְשֶׁהוּ אֵינוֹ הוֹלֵם מַשָּׂא מְסֻיָּם, לְמָשָׁל: ״עוֹפוֹת אֲחָדִים אֵינָם יְכוֹלִים לָעוּף״

Urteil, negierendes

מִשְׁפָּט שׁוֹלֵל (פיל׳) מִשְׁפָּט שֶׁבּוֹ נִשְׁלֶלֶת הָאֲמִתּוּת שֶׁל מִשְׁפָּט אַחֵר, לְמָשָׁל: ״זֶה לֹא נָכוֹן שֶׁאַף תַּלְמִיד מִן הַמַּחֲזוֹר שֶׁלָּנוּ אֵינוֹ תַּלְמִיד מִצְטַיֵּן״; בְּמִשְׁפָּט זֶה נִשְׁלֶלֶת הָאֲמִתּוּת שֶׁל הַמִּשְׁפָּט: ״אַף תַּלְמִיד מִן הַמַּחֲזוֹר שֶׁלָּנוּ אֵינוֹ תַּלְמִיד מִצְטַיֵּן״

Urteil, negiertes ---> Urteil, negatives

Urteil, nichtausschließend-disjunktives [---> Disjunktion, nichtausschließende]

מִשְׁפָּט אַלְקְשְׁרִי בִּלְתִּי מְבַלְעֵד (פיל׳) מִין שֶׁל הַמִּשְׁפָּט הָאַלְקְשְׁרִי שֶׁבּוֹ מִשְׁתַּקְּפִים סוּגְלִים רַבִּים שֶׁל עֶצֶם אוֹ שֶׁל תּוֹפָעָה, לְמָשָׁל: ״הַצְלָחַת הַנִּבְחֶרֶת הִיא תּוֹצָאָה שֶׁל הֶרְכֵּב מֻצְלָח **אוֹ** שֶׁל תְּנָאִים מַשְׂבִּיעֵי רָצוֹן **אוֹ** שֶׁל אִמּוּן מְאַמֵּץ״; כָּאן יֵשׁ לְ״**אוֹ**״ מַשְׁמָעוּת שֶׁל ״**וְ/אוֹ**״

Urteil, partikuläres

מִשְׁפָּט פְּרָטִי (פיל׳) מִשְׁפָּט פַּרְטִיקוּלָרִי, - שֶׁבּוֹ נִטְעֶנֶת טַעֲנָה כָּלְשֶׁהִי עַל אוֹדוֹת חֵלֶק מֵעַצְמֵי קְבוּצַת עֲצָמִים מְסֻיֶּמֶת, לְמָשָׁל: ״מַתָּכוֹת אֲחָדוֹת צָפוֹת עַל פְּנֵי הַמַּיִם״; נֻסְחַת הַמִּשְׁפָּט הַפְּרָטִי הִיא: ״S אֲחָדִים הֵם/אֵינָם P״

Urteil, positives

גְּזֵרָה חִיּוּבִית (פיל׳) [ק/א/111]. גְּזֵרָה פְּשׁוּטָה

Urteil, privatives ---> Urteil, negatives

Urteil, problematisches

מִשְׁפָּט בְּעָיָתִי (פיל׳) [ק/ב/299]. מִשְׁפָּט אֶפְשָׁרִי

Urteil, synthetisches

מִשְׁפָּט אַצְרָפִי (פיל׳) [ק/ב/300,282]. מִשְׁפָּט מַרְכִּיב, - מֻרְכָּב, - סִינְתֶטִי. מִשְׁפַּט הַרְכָּבָה, - קִשּׁוּר, מִשְׁפָּט מְקַשֵּׁר (פיל׳) [ק/ב/300]

Urteil, übergeordnetes

מִשְׁפָּט מַקִּיף (פיל׳) [ק/ב/301,268]

Urteil(s), Umkehrung des ---> Umkehrung des Hauptsatzes

Urteil, unbedingtes

מִשְׁפָּט בִּלְתִּי מֻתְנֶה (פיל׳) מִשְׁפָּט שֶׁנֶּאֱמַר בּוֹ מַשֶּׁהוּ לְחִיּוּב אוֹ לִשְׁלִילָה עַל אוֹדוֹת דְּבַר-מָה שֶׁאֵינוֹ מֻתְנֶה בְּשׁוּם תְּנַאי, לְמָשָׁל: ״מַתָּכוֹת אֲחָדוֹת קַלּוֹת מִמַּיִם״

Urteil, unendliches

מִשְׁפָּט אֵינְסוֹפִי (פיל׳) [ק/ב/299]. מִשְׁפָּט בִּלְתִּי תַּכְלִיתִי

Urteil, untergeordnetes

מִשְׁפָּט כָּפוּף (פיל׳) [ק/ב/301,268]. מִשְׁפָּט מֻקָּף

Urteil, wechselseitiges

מִשְׁפָּט חוֹזֵר (פיל׳) [ק/ב/300]

Urteil(s), Zurückhaltung des ---> Zurückhaltung des Urteils

Urteil bezüglich, auf das

מִשְׁפָּטִי (משפ׳, פיל׳) [ק/ב/303]. גְּזֵרָתִי

Urteil verkünden

הוֹצִיא פְּסַק דִּין (משפ׳)

urteilen

גָּזַר (גוזר) [ק/א/110]. הוֹצִיא מִשְׁפָּט, דָּן, קִיֵּם, חִיֵּב, הֶחְלִיט. שָׁפַט [ק/ד/149]. חָרַץ, פָּסַק, שָׁקַל בְּדַעְתּוֹ

Urteilen ---> Denken, logisches

Urteilen, Relationen zwischen

יַחֲסוּת בֵּין מִשְׁפָּטִים (פיל׳) שִׁפּוּק מַחֲשַׁבְתִּי שֶׁל יַחֲסוּת בֵּין מִשְׁפָּטִים עַל אוֹדוֹת עֲצָמִים שֶׁל הָעוֹלָם הַחָמְרִי. לְאַחַר שֶׁנֶּחֱרַץ מִשְׁפָּט יְסוֹדִי עַל עֶצֶם כָּלְשֶׁהוּ, חוֹזְרִים לָעֶצֶם הנ״ל הַנִּבְחָן שׁוּב לְשֵׁם חֲרִיצַת מִשְׁפָּט חָדָשׁ הַמֻּשְׁוֶה לַמִּשְׁפָּט הָרִאשׁוֹן, תַּהֲלִיךְ הַמַּרְחִיב אֶת הַיֶּדַע וּמַעֲמִיקוֹ

Urteilen, Subordination von

שִׁעְבּוּד מִשְׁפָּטִים (פיל׳) יַחַס בֵּין מִשְׁפָּטִים כְּלָלִיִּים וְחִיּוּבִיִּים לְבֵין מִשְׁפָּטִים פְּרָטִיִּים (פַּרְטִיקוּלָרִיִּים) וְחִיּוּבִיִּים, לְמָשָׁל: הַמִּשְׁפָּט ״תַּלְמִידִים אֲחָדִים הֵם חֲרוּצִים״ מְשֻׁעְבָּד לַמִּשְׁפָּט ״כָּל הַתַּלְמִידִים הֵם חֲרוּצִים״, וְהַמִּשְׁפָּט ״תַּלְמִידִים אֲחָדִים מִכִּתָּתֵנוּ אֵינָם יוֹדְעִים צָרְפָתִית״ מְשֻׁעְבָּד לַמִּשְׁפָּט ״אַף תַּלְמִיד מִכִּתָּתֵנוּ אֵינוֹ יוֹדֵעַ צָרְפָתִית״

urteilen, vernünftig ---> denken, logisch

Urteilsfindung

קְבִיעַת מִשְׁפָּט (פסי׳)

Urteilsgläubiger

נוֹשֶׁה עַל פִּי דִּין (משפ׳)

Urteilskraft

כֹּחַ שִׁפּוּט (פיל׳, פסי׳) [ק/ב/49]. כֹּחַ מַחֲשַׁבְתִּי, - מִשְׁפָּט. כֹּחַ הַמַּחֲשָׁב, - הַמַּחֲשַׁבְתִּי (פיל׳, פסי׳)

- ,כֹּחַ שׁוֹפֵט .כֹּשֶׁר שִׁקּוּל הַדַּעַת [ק/ב/187,75]
שְׁפִיטָה (פיל', פסי') [ק/ב/77]. שְׁפִיטָה (פיל',
פסי') [ק/ד/149]

Urteilskraft, sinnliche

הַכֹּחַ הַיִּצְרִי (זוא', פסי') [ק/ב/49]. הַכֹּחַ
הַמְדַמֶּה בְּבַעַל חַיִּים. הַכֹּחַ הָרַעְיוֹנִי (פסי')
[ק/ד/47]. כֹּשֶׁר שִׁפּוּט יִצְרִי, יֵצֶר

Urteilsspruch

פְּסַק דִּין (פִּסְקֵי דִּין) (משפ') חֲרִיצַת מִשְׁפָּט

Urteilsvermögen

מַחֲשָׁב (פסי') [ק/ב/186; ק/ד/47]. הַכֹּחַ
הַמַּחֲשָׁבִי הַשּׁוֹפֵט, כֹּשֶׁר הַשִּׁפּוּט

Urtext *{Originaltext}*

נֹסַח מְקוֹרִי (ספרנ') נוּסָח מְקוֹרִי

Urtika ---> Quaddel

Urtikaria ---> Quaddelsucht

urtikariell ---> quaddelsuchtbezüglich

urtümlich

בְּרֵאשִׁיתִי

Urwesen

מַהוּת בְּרֵאשִׁית (פיל') עֶצֶם בְּרֵאשִׁית, הֲוָיָה
קַמָּאִית, יֵשׁ רֵאשִׁיתִי

Urzeugung *{Abiogenese}*

בְּרִיאָה מֵאֵלֶיהָ (ביו') [ל"ב/60]. בְּרִיאָה
סְפּוֹנְטָנִית, הִוָּצְרוּת אוֹל (אוֹרְגָנִיזְם) חַי
מֵחֹמֶר דּוֹמֵם. מוֹלָד (פיל') [ק/ב/161]. הֲוָיָה

urzuständlich ---> urtümlich

Usurpation

תְּפִיסָה בִּזְרוֹעַ (מדי', כלכ') תְּפִיסַת גֶּזֶל, מַעֲשֵׂה
עֲשִׁיקָה

Utilismus ---> Utilitarismus

Utilitarismus

תּוֹעַלְתָּאוּת (פיל', מדי', פסי') [ד"מח/286].
תּוֹעַלְתָּנוּת, אוּטִילִיטָרִיזְם, אוּטִילִיטָרִיּוּת,
הַשְׁקָפָה הָרוֹאָה בַּתּוֹעֶלֶת אֶת אַמַּת הַמִּדָּה
הַחֲשׁוּבָה בְּיוֹתֵר לְהַעֲרָכַת דְּבָרִים, תּוֹרָה
הַמַּנִּיחָה כִּי שׁוּם דָּבָר אֵינוֹ נֶחְשָׁק לְשֵׁם עַצְמוֹ
אֶלָּא בְּשֶׁל הַהֲנָאָה שֶׁהוּא גּוֹרֵם

Utilitarist(in)

תּוֹעַלְתָּאִי, תּוֹעַלְתָּאִית (פיל', מדי') חָסִיד
הָאוּטִילִיטָרִיּוּת, - הַתּוֹעַלְתָּאוּת, תּוֹעַלְתָּן

utilitaristisch

תּוֹעַלְתָּאִי (פיל', מדי') אוּטִילִיטָרִי, תּוֹעַלְתָּנִי,
שִׁמּוּשִׁי, תּוֹעַלְתִּי

Uvea ---> Traubenhaut

Uveitis ---> Traubenhautentzündung

Uvula ---> Gaumenzäpfchen

Uvular ---> Zäpfchenlaut

V

Vagabund ---> Landstreicher

Vagabundenleben ---> Landstreicherei

vagabundieren
שׁוֹטֵט (מְשׁוֹטֵט) (משפ׳) שָׁטַט (שׁוֹטֵט), הָלַךְ אָנֶה וָאָנָה, הִסְתּוֹבֵב, הִתְהַלֵּךְ בְּלֹא מַטָּרָה בְּרוּרָה, נָד, צָעַן (צוֹעֵן), נִטַּלְטֵל (מִטַּלְטֵל), נָדַד (נוֹדֵד), הִתְשׁוֹטֵט

vage ---> unscharf

Vagina ---> Scheide
vaginal ---> Scheide betreffend, die

Vaginismus ---> Scheidenkrampf

Vaginitis ---> Scheidenkatarrh

Vagus
הָעָצָב הַנָּדוּד (רפו׳) [מר״ח/695]. וָגוּס, הָעָצָב הַתּוֹעֶה, נַדְדָן, עָצָב הַמְּאַט אֶת פְּעֻלַּת שְׁרִירֵי הַוֶּשֶׁט, הַקֵּבָה וְהַלֵּב אֵצֶל יוֹנְקִים

Vagusdurchtrennung *{Vagotomie}*
חִתּוּךְ הָעָצָב הַנָּדוּד (רפו׳) חִתּוּךְ הַוָּגוּס

vagusgesteuert
נְדוּדָנִי (רפו׳) שֶׁנִּשְׁלָט עַל יְדֵי הָעָצָב הַנָּדוּד (וָגוּס)

Vakuole
הֲרִיקִית (הֲרִיקִיּוֹת) (ביו׳) [ל״ב/111]. וָקוּאוֹלָה, מְקוֹם רִכּוּז הַנּוֹזְלִים בְּתוֹךְ גְּבוּלִיל הַתָּא (צִיטוֹפְּלַזְמָה), חֲלָלִית, בּוּעִית (בּוּעִיּוֹת)

Vakuolenbildung
הרוק, הִתְאַרְקוּת (ביו׳) הִוָּצְרוּת הֲרִיקִיּוֹת (וָקוּאוֹלוֹת)

Vakuum
רֵיקוּת (פיס׳) [ק/ד/54]. רִיק, הֶרֶק, וָקוּאוּם. רֵיקָנוּת (פיס׳) [ק/ב/279]. מֶרְחָק, מַצַּב הַדָּבָר הָרֵיק. הֶעְדֵּר הָעֶצֶם, אֲפִיסַת הָעֶצֶם (פיס׳, פיל׳) [ק/א/190]. רֹחַק נִבְדָּל (פיס׳) [ק/ג/12]. מֶרְחָב שֶׁאֵין בּוֹ חֹמֶר. פָּנוּי (פיס׳) [ק/ג/193]. רֵיק, שֶׁאֵין בּוֹ כְּלוּם. פְּנַאי (פיס׳) [ק/ג/194]. רֹחַק (פיס׳) [ק/ד/37]. , חָלָל רֵיק. רֵיקָם (פיס׳) [ק/ד/40]

Vakuumpumpe
מַשְׁאֵבַת רִיק (טכנ׳)

Vakuumzerstäuben
הִתְרוֹסְסוּת (פיס׳, טכנ׳) רִסּוּס מוּצָקִים בְּאֶמְצָעוּת הַפְצָצַת יְאוֹנִים (יוֹנִים)

Vakzination [---> Impfung]
הַרְכָּבָה (רפו׳) שִׁמּוּשׁ בְּתַרְכִּיב כְּדֵי לְחַסֵּן נֶגֶד מַחֲלוֹת

Vakzine [---> Impfstoff]
תַּרְכִּיב (רפו׳) חֹמֶר חִסּוּן הֶעָשׂוּי מִמְּחוֹלְלֵי מַחֲלוֹת חַיִּים אוֹ מֵתִים

vakzinieren [---> impfen]
הִרְכִּיב (מַרְכִּיב) (רפו׳) הֶחְדִּיר לַגּוּף חִסּוּן נֶגֶד מַחֲלוֹת

Valenz ---> Aufforderungscharakter; Wertigkeit
valgus ---> innen gewölbt, nach
valid ---> gültig
Validation ---> Gültigkeitserklärung
validieren ---> gültig machen
Validität ---> Gültigkeit
Validität, externe ---> Gültigkeit, externe
Validität, interne ---> Gültigkeit, interne
Validität, offensichtliche ---> Gültigkeit, augenscheinliche
Valvula ---> Klappe
valvulär ---> Klappe betreffend, die
variabel
שׁוּנִי, וָרִיאַבְּלִי, חָלִיף, בַּר שִׁנּוּי

Variabilität
מִשְׁתַּנּוּת (מתמ׳)

Variable
מִשְׁתַּנֶּה (מִשְׁתַּנִּים) (סטט׳) [מ״מ/217; ר/ב/422]. גֹּדֶל כַּמּוּתִי בַּר שִׁנּוּי הֶעָשׂוּי לְקַבֵּל עֲרָכִים מִסְפָּרִיִּים שׁוֹנִים, תְּכוּנָה מִשְׁתַּנָּה לְמַשָּׂאִים שׁוֹנִים

Variable, abhängige
מִשְׁתַּנֶּה תָּלוּי (סטט׳) [ק/ד/205; ר/ב/423; מ״מ/217]. מִשְׁתַּנֶּה שֶׁעֲרָכָיו נִמְשָׁכִים מִן הַשִּׁנּוּיִים בְּעֶרְכֵי הַמִּשְׁתַּנֶּה הַבִּלְתִּי תָּלוּי

Variable, dichotome
מִשְׁתַּנֶּה דּוּ פַּלְגִּי (סטט׳) [מ״מ/217]. מִשְׁתַּנֶּה דִּיכוֹטוֹמִי, - בַּעַל שְׁנֵי עֲרָכִים בִּלְבַד

Variable, diskrete
מִשְׁתַּנֶּה כַּמּוּתִי בָּדִיד (סטט׳) [מ״מ/217]. מִשְׁתַּנֶּה שֶׁבֵּין עֶרְכּוֹ הַגָּבֹהַּ בְּיוֹתֵר וְהַנָּמוּךְ בְּיוֹתֵר עָשׂוּי לְהִתְקַיֵּם מִסְפָּר סוֹפִי שֶׁל עֲרָכִים

Variable, gebundene
מִשְׁתַּנֶּה קָשׁוּר (מתמ׳) מִשְׁתַּנֶּה דֻּמֶּה

Variable, intervenierende
מִשְׁתַּנֶּה מִתְעָרֵב (סטט׳) [ר/ב/423; מ״מ/217].

מִשְׁתַּנֶּה הַמַּשְׁפִּיעַ עַל הַקֶּשֶׁר בֵּין הַמִּשְׁתַּנִּים הַבִּלְתִּי תְּלוּיִים לְבֵין הַמִּשְׁתַּנִּים הַתְּלוּיִים אַךְ אֵינוֹ מָעֳרָךְ בַּמֶּחְקָר הַנָּתוּן

Variable, kontinuierliche ---> Variable, stetige

Variable, qualitative

מִשְׁתַּנֶּה אֵיכוּתִי (סטט') [מ"מ/217]. מִשְׁתַּנֶּה הַשַּׁיָּךְ לִגְבֻלָה (קָטֶגוֹרְיָה) אַחַת שֶׁאֵין לָהּ מַשְׁמָעוּת מִסְפָּרִית

Variable, quantitative

מִשְׁתַּנֶּה כַּמּוּתִי (סטט') [מ"מ/217]. מִשְׁתַּנֶּה שֶׁעֲרָכָיו מְצֻיָּנִים כַּמֻּיּוֹת

Variable, stetige

מִשְׁתַּנֶּה כַּמּוּתִי רָצִיף (סטט') [מ"מ/217]. מִשְׁתַּנֶּה שֶׁבֵּין עֶרְכּוֹ הַגָּבֹהַּ בְּיוֹתֵר וְהַנָּמוּךְ בְּיוֹתֵר עָשׂוּי לְהִתְקַיֵּם מִסְפָּר אֵין סוֹפִי שֶׁל עֲרָכִים

Variable, stochastische ---> Variable, zufällige

Variable, unabhängige *{Determinante}*

מִשְׁתַּנֶּה בִּלְתִּי תָּלוּי (סטט') [ר/ב/423; מ"מ/217]. מִשְׁתַּנֶּה לֹא תָּלוּי, - הַמַּשְׁפִּיעַ עַל הַמִּשְׁתַּנֶּה הַתָּלוּי, אַרְגוּמֶנְט, קַבָּע (קַבָּעִים), קוֹבֵעַ (קוֹבְעִים), מַגְדִּיר

Variable, unstetige ---> Variable, diskrete

Variable, vermittelnde ---> Variable, intervenierende

Variable, zufällige

מִשְׁתַּנֶּה אַקְרָאִי (מתמ') מִשְׁתַּנֶּה סְטוֹכַסְטִי, מִשְׁתַּנֶּה אַקְרָאִי

variables Kapital ---> Kapital, variables

Variante [---> Abart]

תַּשְׁנוּי (תַּשְׁנוּיִים) וָרְיַאנְט, חָלִיף, גִּרְסָה שׁוֹנָה, נֹסַח אַחֵר, זַן

Varianz

שׁוֹנוּת (סטט') [ר/ב/650; מ"מ/221; ד"מח/191]. מַדַּד פִּזּוּר הָעֲרָכִים הַבּוֹדְדִים (הַנְּקֻדִּים) סְבִיב הַמְּמֻצָּע

Varianzanalyse, faktorielle (ANOVA)

נִתּוּחַ שׁוֹנוּת גּוֹרְמִי (סטט') [ר/ב/442; מ"מ/219]. שִׁיטָה סְטָטִיסְטִית לַעֲרִיכַת הַשְׁוָאוֹת בּוֹ זְמַנִּיּוֹת בֵּין מְמֻצָּעִים שֶׁל קְבוּצוֹת אֲחָדוֹת

Varianzanalyse, multivariate (MANOVA)

נִתּוּחַ שׁוֹנוּת רַב מִשְׁתַּנִּי (סטט') [מ"מ/219]. שִׁיטָה סְטָטִיסְטִית לְנִתּוּחַ בּוֹ זְמַנִּי שֶׁל מִשְׁתַּנִּים תְּלוּיִים אֲחָדִים

Variation

שׁוֹנָה (שׁוֹנוּת) (מתמ') [ק/ב/175]. מַחְבֶּרֶת מִתְחַלֶּפֶת אִם בְּסֵדֶר אִם בְּנוֹשְׂאָהּ, תַּחֲלוּף, הִשְׁתַּנּוּת, חֲלִיפָה, וָרִיאַצְיָה. תְּמוּרָה [המ"מ/227]

Variation, beschränkte

הִשְׁתַּנּוּת חֲסוּמָה (מתמ')

Varietät ---> Vielfältigkeit

Variété

גּוֹנֵי גּוֹנִים (תאט') הוֹפָעוֹת בְּדוּר קַלּוֹת, וָרְיֶטֶה

variierte Reaktion ---> Reaktion, variierte

varikös ---> krampfadrig

Varikose ---> Krampfaderleiden

Varix ---> Krampfader

Varizellen ---> Windpocken

varus ---> außen gewölbt, nach

vasomotorische Extremitätenneurose ---> Extremitätenneurose, vasomotorische

Vater, Kind mit unbekanntem ---> Kind mit unbekanntem Vater

Vaterschaft

אַבְהוּת, אָבוּת (משפ', מ"ח) [ק/א/18]

Vaterschaft, Feststellung der

קְבִיעַת אַבְהוּת (משפ')

Vatersnamen betreffend, den ---> patronymisch

vegetativ

צוֹמְחָנִי (בוט', רפו') [ק/ג/250]. צִמְחִי, וֶגֶטָטִיבִי. טִבְעִי (מ"ט, פיל') [ק/ב/14]. מַה שֶּׁמִּתְיַחֵס עַל הַטֶּבַע, כְּמוֹ שֶׁהוּא מִטִּבְעוֹ, אֲמִתִּי, בְּנִגּוּד לַמְּלָאכוּתִי

vegetative Kraft ---> Kraft, vegetative

vegetativen Vermögens, Eigenart des ---> Vermögen(s), Eigenart des vegetativen

Vehikel

כְּלִי רֶכֶב (טכנ') מֶרְכָּבָה, מַכְשִׁיר, אֶמְצָעִי, מַנְגָּנוֹן

Veilchen *{Viola}*

סֶגֶל (בוט') צֶמַח מִמִּשְׁפַּחַת הַסִּגְלִיִּים

Veilchenschnecken *{Janthinidae}*

סִגְלִיתִיִּים (זוא') מִשְׁפָּחָה שֶׁל חֶלְזוֹנוֹת

Veilchenstrauch *{Iochroma}*

סִגְלָן (בוט') צֶמַח מִמִּשְׁפַּחַת הַסּוֹלָנִיִּים

Veitstanz *{Chorea}*

חַגֶּגֶת (רפו', פסי') [מר"ח/150]. מְחוֹלִית, מַחֲלַת עֲוִיתוֹת, פַּרְכֶּסֶת

Vektor [---> Krankheitsträger]

גְּרַמְגָּם (פיס') [ר/א/244]. וֶקְטוֹר, גּוֹרֵם בַּעַל כִּוּוּן וְעָצְמָה

Vektorfunktion

מַתְנֶה גְּרַמְגָּם (מתמ') פוּנְקְצִיַּת וֶקְטוֹר

vektorielle Summe ---> Summe, verktorielle

Vektorraum

מֶרְחָב גְּרַמְגָּמִי (מתמ') מֶרְחָב וֶקְטוֹרִי, מֶרְחַב גְּרַמְגָּמִים, - וֶקְטוֹרִים

vektorwertige Funktion ---> Funktion, vektorwertige

Vene

וְרִיד (וְרִידִים) (רפו') [ק/א/249]. וָרִיד, צִנּוֹר בַּגּוּף הַמּוֹבִיל דָּם אֶל הַלֵּב

venerisches Geschwür ---> Schanker

venös

וְרִידִי, וְרִידָנִי (רפו')

Ventil

שַׁסְתּוֹם (טכנ') הֶתְקֵן לְוִסּוּת נִתְגָּב (אוֹטוֹמָטִי) שֶׁל מַעֲבַר נוֹזְלִים אוֹ גָּזִים

verästelter Fluß ---> Fluß, verästelter

Veräußerer [---> Übertragender]

מַעֲבִיר הָרְכוּשׁ (משפ', כלכ')

veräußerlich ---> begebbar

veräußerte Ware ---> Ware, veräußerte

Veräußerung

הַעֲבָרַת רְכוּשׁ (משפ', כלכ') הַעֲבָרָה-מְכִירָה

Verallgemeinerung

הַכְלָלָה (פיל') [ר/א/204]. קְבִיעַת כְּלָל עַל פִּי פְּרָטִים, כִּלּוּל, הִתְכַּלְּלוּת, תֵּאוּר עִיּוּנִי שֶׁל תְּכוּנוֹת הַמַּתְאִימוֹת לִקְבוּצַת עֲצָמִים מְסֻיֶּמֶת, מַעֲבָר מִן הַיָּחִיד אֶל הַכְּלָלִי

Verallgemeinerung, einfache

הַכְלָלָה פְּשׁוּטָה (פיל') [ד"מח/95]. פְּרִי שֶׁל אִכְלוּל (אִינְדוּקְצִיָּה) פָּשׁוּט מֵחֵלֶק שֶׁל סוּג מִפְּרָט אֶל כֻּלּוֹ

Verallgemeinerung, erweiterte

הַכְלָלָה מֻרְחֶבֶת (פיל') [ד"מח/95]. מַכְלִילִים בָּהּ לֹא יְחִידִים אֶלָּא סוּגִים: אֵין אוֹמְרִים כִּי כָּל הַיְּחִידִים מִסּוּג מְסֻיָּם יִהְיוּ כְּמוֹ אֵלֶּה שֶׁהִכַּרְנוּ, אֶלָּא שֶׁיְּחִידִים מִסּוּגִים אֲחֵרִים יִהְיוּ כְּמוֹ אֵלֶּה שֶׁהִכַּרְנוּ

Verallgemeinerung des Reflexes ---> Reflex(es), Verallgemeinerung des

Verallgemeinerung eines Begriffs

הַכְלָלַת מֻשָּׂג (פיל') תִּפְעוּל (אוֹפֶּרַצְיָה) הֶגְיוֹנִי שֶׁמַּטְּרָתוֹ לִמְצֹא בִּשְׁבִיל מֻשָּׂג מְסֻיָּם מֻשָּׂג נוֹסָף בַּעַל הֶקֵּף רָחָב יוֹתֵר, שֶׁבְּהֶקֵּפוֹ יִכָּלֵל גַּם הֶקֵּף מֻשָּׂג הַמּוֹצָא, לְמָשָׁל: אִם רוֹצִים לִגְרוֹם לְהַכְלָלַת הַמֻּשָּׂג "כּוֹכָב" צָרִיךְ לְהַכְלִיל אֶת הֶקֵּפוֹ שֶׁל מֻשָּׂג זֶה בְּהֶקֵּף הַמֻּשָּׂג "גּוּף שְׁמֵימִי". לְשֵׁם עֲשִׂיַּת הַכְלָלָה יֵשׁ לְסַלֵּק סוֹגְלִים מְסֻיָּמִים שֶׁל מֻשָּׂג הַמּוֹצָא הַמַּתְאִימִים רַק לַעֲצָמִים הַמְּהַוִּים אֶת הֶקֵּף הַמֻּשָּׂג הַזֶּה

veralten ---> obsoleszieren

Veralten ---> Obsoleszenz

veraltet ---> obsolet

verankert im Gedächtnis ---> Gedächtnis festgehalten, im

Verankerung

עִגּוּן (פסי', מ"ח, טכנ') [ר/א/256]. אֲחִיזָה, עִגּוּן חֶבְרָתִי, תַּהֲלִיךְ שֶׁל עִצּוּב עֶמְדּוֹת אִישִׁיּוֹת בְּיַחַס לָעֶמְדּוֹת שֶׁל קְבוּצָה חִיצוֹנִית

veranlagt

נוֹטֶה לְ... [ק/ב/160]. מוּכָן, עָרוּךְ וּמְזֻמָּן, מֻכְשָׁר לְ..., שֶׁיֵּשׁ לוֹ נְטִיָּה לְמַשֶּׁהוּ, בַּעַל נְטִיָּה, רָאוּי לְ..., מוּעָד לְ..., נִקְבַּע מֵרֹאשׁ לְשֵׁם מַטָּרָה מְסֻיֶּמֶת

Veranlagung [---> Anlage; Neigung]

נְטִיָּה (נְטִיּוֹת) (פסי') [ר/א/315]. כִּשָּׁרוֹן (בְּדֶרֶךְ כְּלָל בְּכֹחַ), הָאֶפְשָׁרוּת שֶׁיֵּשׁ לָאָדָם לְהִתְאַמֵּן עַד שֶׁיַּגִּיעַ לְרָמָה נְתוּנָה שֶׁל כֹּשֶׁר. שׁוּמָה (כלכ', משפ') הַעֲרָכַת מַס, אֻמְדָּן

Veranlagung, gefühlsmäßige ---> Emotionalität

Veranlagung, hysterische

יַפְחִיתִיּוּת (פסי') הִיסְטֶרִיּוּת

Veranlagung, zu hohe ---> Überveranlagung

Veranlagungsbescheid

הוֹדָעַת שׁוּמָה (כלכ', מדי')

Ventiltrompete

חֲצוֹצְרַת שַׁסְתּוֹמִים (מוס')

Venus

נֹגַהּ (אסט') [ק/ג/16]. כּוֹכַב הַלֶּכֶת נֹגַהּ

Venusmuschel, Gemeine *{Chamelea gallina}*

וֶנוּס מְצוּיָה (זוא') בַּעַל חַיִּים מִמִּשְׁפַּחַת הַוֶּנוּסִיִּים (צְדָפוֹת)

Venusmuscheln *{Veneridae}*

וֶנוּסִיִּים (זוא') מִשְׁפָּחָה שֶׁל צְדָפוֹת

Venusnabel ---> Nabelkraut

Venusspiegel *{Legousia speculum-veneris}*

אַסְפַּקְלַרְיָה נָאָה (בוט') צֶמַח מִמִּשְׁפַּחַת הַפַּעֲמוֹנִיתִיִּים

verabscheuen

מָאַס (מוֹאֵס) בְּ..., בָּסַר (בּוֹסֵר) בְּ..., בִּסֵּר (מְבַסֵּר) עַל..., תִּעֵב (מְתַעֵב) אֶת..., בָּחַל בְּ..., קָט בְּ..., קָץ בְּ..., חַת מִן..., חָשׁ גֹּעַל כְּלַפֵּי..., נִמְאַס עַל..., הִתְקַהָה עַל..., סָלַד מִפְּנֵי..., תָּעַב (תּוֹעֵב), נִתְעַב

verachten

בָּז, רָחַשׁ בּוּז, זִלְזֵל, בָּזָה (בּוֹזֶה), בִּזָּה (מְבַזֶּה), הִשְׁפִּיל, הִתְיַחֵס בְּבוּז, חִלֵּל

Verachtung [---> Mißachtung]

בִּזּוּי [א"ח/ב/62]. בִּזָּיוֹן (בִּזְיוֹנוֹת), בּוּז, רְחִישַׁת בּוּז

verächtlich

בָּזוּי [ק/א/254]. זוֹל, זוֹלֵל, חֲסַר תְּבוּנָה

Verächtlichkeit

בִּזּוּי [ק/א/263]. זָלוּת, זִלְזוּל, בִּזָּיוֹן, יַחַס שֶׁל בּוּז, קַלּוּת, שִׁפְלוּת עֵרֶךְ

veränderlich

מִשְׁתַּנֶּה [ק/ב/306]. נִתָּן לְשִׁנּוּיִים, בַּר שִׁנּוּי, שֶׁאֵינוֹ קָבוּעַ. מִתְחַדֵּשׁ [ק/ב/314]. הָפִיךְ, מְטֻלְטָל תְּמוּרוֹת

Veränderlichkeit

הִשְׁתַּנּוּת, נְמוֹרוּת

verändern

שִׁנָּה (מְשַׁנֶּה) [ק/ד/136]. הָפַךְ דָּבָר לְדָבָר אַחֵר, הֶחֱלִיף, הֶחְלִף. הִשְׁתַּנָּה (מִשְׁתַּנֶּה) [ק/א/305; ק/ד/136]. הִתְחוֹלֵל, נַעֲשָׂה אַחֵר מִמַּה שֶּׁהָיָה, קִבֵּל שִׁנּוּי, הִסְתּוֹבֵב, הִתְגַּלְגֵּל, הִתְחַלֵּף. הִתְחַלֵּק [ק/א/308]. נָמַר (מְנַמֵּר), הִנְמִיר (מַנְמִיר), תָּמַר (תּוֹמֵר), הֵמִיר, נִתְמַר, הִתְמִיר, הִתְמַר

verändert

בְּשִׁנּוּי

Veränderung [---> Modifikation]

שִׁנּוּי (שִׁנּוּיִים) [ק/ד/137]. הִפּוּךְ. הִשְׁתַּנּוּת (הִשְׁתַּנּוּיוֹת) [ק/א/223]. תְּמוּרָה. הִתְהַפְּכוּת [ק/א/230]. הִתְחַלְּפוּת [ק/א/234]. חִלּוּף [ק/א/301]. הֶבְדֵּל

Veränderung, dauernde ---> Wechsel, beständiger

Veränderungen, Methode der begleitenden ---> Methode der begleitenden Veränderungen

Verärgerung

הַרְגָּזָה, קִנְטוּר (קִנְטוּרִים), הַקְנָטָה, הַכְעָסָה, קִנְתּוּר

veranlagungsgemäß ---> konstitutionell
veranlassen
הֵבִיא (מֵבִיא) לְ.../לִידֵי.../לִכְלַל... [ק/ג/81]. גָּרַם (גּוֹרֵם), סִבֵּב (מְסַבֵּב), שִׁמֵּשׁ סִבָּה, הֵסֵב, הֵנִיעַ
Veranlassung
הֲבָאָה לְ.../לִידֵי.../לִכְלַל... [ק/א/113]. גְּרִימָה, הַגְרָמָה, הַגְּרָמוּת, הִסְתַּבְּבוּת, גּוֹרֵם (גּוֹרְמִים), נְסִבָּה (נְסִבּוֹת), סִבָּה, גִּלְגּוּל, עִלָּה. גְּרַם [ק/א/119]. מֵנִיעַ
Veranlassungsverb ---> Verb, bewirkendes
Veranschaulichung
הַדְגָּמָה [ק/א/205]. הַקְרָבָה, הַסְבָּרָה, הַמְחָשָׁה, נְתִינַת דֻּגְמָה, סִבּוּר, הֶפְגֵּן, הֶאָרַת עֵינַיִם, מַתַּן טַעַם וּרְאָיָה
veranschlagen
הֶעֱרִיךְ (מַעֲרִיךְ)
Verantwortlichkeit [---> Zurechnungsfähigkeit]
נְשִׂיאַת אַחֲרָיוּת (משפ', פסי', מ"ח) נְשִׂיאַת אַשְׁמָה, מַתַּן דִּין, דִּוּוּחִיּוּת, נְתִינַת דִּין
Verantwortlichkeit, strafrechtliche
אַחֲרָיוּת פְּלִילִית (משפ')
Verantwortung
אַחֲרָיוּת (משפ', פסי', מ"ח) עֲרֵבוּת, הַכָּרָה בְּחוֹבָה מוּסָרִית
verantwortungsbewußt
אַחֲרָאִי (אחי') [ק/ב/237]. מַעֲלוֹתִי, נֶאֱמָן, אֶתִּי, מוּסָרִי
verarbeitbar [---> umformbar]
עָבִיד (טכנ') שֶׁנִּתָּן לְעַבְּדוֹ
Verarbeitbarkeit [---> Umformbarkeit]
עֲבִידוּת (טכנ') אֶפְשָׁרוּת לְעַבֵּד דְּבַר-מָה
verarbeitet [---> verfeinert]
מְעֻבָּד (טכנ') מְשֻׁפָּר
Verarbeitung [---> Verfeinerung]
עִבּוּד (טכנ') שִׁפּוּר, שִׁכְלוּל, שִׁפְרוּר, שִׁפּוּץ, עִדּוּן
Verarbeitung, numerische
עִבּוּד מִסְפָּרִי (פיל', מחש') עִבּוּד נוּמֶרִי
Verarbeitung, serielle
עִבּוּד סִדְרָתִי (מחש') עִבּוּד סֶרְיָלִי, - הֶעָרוּךְ בִּרְצִיפוּת
Verarbeitung, symbolische
עִבּוּד סְמָלִים (מחש')
Verarmungsmittel
אֶמְצָעִי לְדִלְדּוּל
verausgaben
בָּזַר (בּוֹזֵר), נִבְזַר (נִבְזָר) (מ"ח, כלכ') הוֹצִיא מָמוֹן, הִשְׁקִיעַ כֹּחַ עֲבוֹדָה
verausgabt
מְבֻזָּר, מְבֻזֶּרֶת (מ"ח, כלכ') מוּצָא (כֶּסֶף), מֻשְׁקָע (עֲבוֹדָה), נִבְזָר
Verausgabung
בְּזִירָה (מ"ח, כלכ') הוֹצָאָה כַּסְפִּית, הַשְׁקָעָה שֶׁל כֹּחַ עֲבוֹדָה, הוֹצָאָה
Verb
פֹּעַל (פְּעָלִים) (בלש') [ק/ג/200]. מִלָּה הַמַּבִּיעָה פְּעִילוּת, אֵרוּעַ אוֹ מַצָּב. פְּעֻלָּה (בלש') [ק/ג/206]. דִּבּוּר (בלש') [ק/א/126]. דָּבָר (בלש') [ק/א/129]
Verb(s), Beugung des ---> Konjugation
Verb, bewirkendes
פֹּעַל גּוֹרֵם (בלש') [מ"ב/33]. פֹּעַל גְּרִימָה, - הַגּוֹרֵם פְּעֻלָּה אוֹ הַמְחוֹלֵל שִׁנּוּי מַצָּב, לְמָשָׁל: "שִׂמֵּחַ" (="גָּרַם לְשִׂמְחָה"), "הֵמִית" (="גָּרַם לְמָוֶת")
Verb, duratives
פֹּעַל מֶשֶׁךְ (בלש') [מ"ב/69]. **פֹּעַל הַמְצַיֵּן** הֶמְשֵׁךְ וְהִתְמָדָה, כְּגוֹן: "הוֹסִיף", "הִמְשִׁיךְ"
Verb, ingressives
פֹּעַל שִׁנּוּי מַצָּב (בלש') [מ"ב/107]. **פֹּעַל** אִינְגְרֶסִיבִי, - הַתְחָלָה, לְמָשָׁל: "הָיָה לְ...", "נֶהֱפַךְ לְ...", "הִשְׁתַּנָּה"
Verb, initives ---> Verb, ingressives
Verb, intransitives
פֹּעַל עוֹמֵד (בלש') [ק/ג/201;142; מ"ב/112]. פֹּעַל שֶׁאֵינוֹ יָכוֹל לִצְרֹף מֻשָּׂא בְּיַחֲסַת "אֶת" (אַקוּזַטִיב), לְמָשָׁל: "אֲנִי מוֹדֶה לְךָ", "הוּא בָּא". פֹּעַל בְּעֶצֶם (בלש') [ק/ג/158]. **פֹּעַל עוֹמֵד** בְּעַצְמוֹ. פֹּעַל עַצְמוֹנִי (בלש') [ק/ג/201;160]. פֹּעַל בּוֹדֵד (בלש') [ק/א/78]. **פֹּעַל בִּלְתִּי** מִתְעַבֵּר
Verb, kopulatives
פֹּעַל עֵזֶר אוֹגְדִי (בלש') [מ"ב/51]. **פֹּעַל עֵזֶר** הֶעָשׂוּי לְצַיֵּן שִׁנּוּי וְהִתְהַוּוּת וּמְשַׁמֵּשׁ כְּאוֹגֵד (כְּגוֹן: הָפַךְ, נֶהֱפַךְ, נַעֲשָׂה, נִהְיָה), לְמָשָׁל: "הָאוֹיֵב **נֶהֱפַךְ** לְיָדִיד", "גְּדָיִים **נַעֲשׂוּ** תְּיָשִׁים"
Verb, reflexives
פֹּעַל חוֹזֵר (בלש') [מ"ב/191]. **פֹּעַל** שֶׁמֻּשָּׂאוֹ הַמְסֻמָּן (הַחוּץ לְשׁוֹנִי) זֶהֶה לַנּוֹשֵׂא, כְּלוֹמַר: הַפְּעֻלָּה חוֹזֶרֶת לְאָחוֹר, לְמָשָׁל: בְּעִבְרִית: "הִתְנַקָּה" (= "הוּא **נִקָּה** אֶת **עַצְמוֹ**"). בְּגֶרְמָנִית: Du hast **dir** etwas **angeeignet**, (= **נִכַּסְתָּ** דָּבָר worauf du kein Recht hast שֶׁאֵין לְךָ עָלָיו כָּל זְכוּת)
Verb, reziprokes
פֹּעַל הֲדָדִי (בלש') [מ"ב/189]. **פֹּעַל הַמְצַיֵּן** פְּעֻלָּה הֲדָדִית, כְּגוֹן: "נִלְחַם", "הִשְׁתַּתֵּף", "הִתְרָאָה"
Verb, schwaches
פֹּעַל רָפֶה (בלש') [ק/ב/181; ק/ג/201]. **פֹּעַל** מְחֻלָּה, - הַשַּׁיָּךְ לְאַחַת מִגְּזָרוֹת הַפֹּעַל שֶׁאֵינָן שְׁלֵמִים. עָלוּל (בלש') [ק/ג/201,138]. **פֹּעַל** עָלוּל. פֹּעַל חָסֵר, - נָח (בלש') [ק/ג/201]. **פֹּעַל** חַלָּשׁ
Verb, starkes
פֹּעַל שָׁלֵם (בלש') [ק/ג/201]. **פֹּעַל הַשַּׁיָּךְ** לִגְזֵרַת הַשְּׁלֵמִים, - חָזָק
Verb, transitives
פֹּעַל יוֹצֵא (בלש') [ק/ג/201; מ"ב/234]. **פֹּעַל** שֶׁפְּעֻלָּתוֹ עוֹבֶרֶת בְּמֵישָׁרִין לְמַשְׁלִים מֻשָּׂאִי, כְּגוֹן: "הוּא **אָכַל לֶחֶם**", "הוּא **אָהַב אֶת הָאִשָּׁה הַהִיא**", "הוּא **גָּר בַּגָּלִיל**", "הוּא **דָּמָה לְאָבִיו**". פֹּעַל מִתְעַבֵּר (בלש') [ק/ב/323]. **עַל עוֹבֵר** (בלש') [ק/ג/122]
Verb, unregelmäßiges ---> Verb, schwaches
Verb, zweiradikaliges ---> Stamm, zweikonsonantischer
Verb, zweiwertiges

פֹּעַל כְּפוּל מַשָּׂא (בלש') [מ"ב/67]. **פֹּעַל בַּעַל** הַצְרָכָה כְּפוּלָה, - הַמְקַבֵּל שְׁנֵי מַשָּׂאִים, לְמָשָׁל: "הָאִישׁ נָתַן **לַחֲבֵרוֹ** אֶת **הַסֵּפֶר**"

Verb in der einfachen Form ---> Verba, Grundform der

Verb mit abgeleiteter Form

פֹּעַל כָּבֵד (בלש') [ק/ג/201]

Verba, Grundform der

בִּנְיָן קַל (בלש') [ק/ג/283]. כִּנּוּי לְבִנְיָן **פָּעַל** שֶׁהוּא הַבִּנְיָן הָרִאשׁוֹן בִּנְטִיַּת הַפֹּעַל. **פֹּעַל קַל** (בלש') [ק/ג/201]

Verba mediae gutturalis ---> Verba mediae laryngalis

Verba mediae laryngalis

עַ"ן גְּרוֹנִית (בלש') [מ"ב/132]. שֹׁרֶשׁ שֶׁל **פֹּעַל** עִבְרִי שֶׁהָעִצּוּר הָאֶמְצָעִי בּוֹ הוּא גְּרוֹנִי (א', ה', ח', ע', ר'), לְמָשָׁל: **שא"ף**, **מח"ט**

Verba primae laryngalis

פֵּ"א גְּרוֹנִית (בלש') [מ"ב/180]. שֹׁרֶשׁ שֶׁל **פֹּעַל** שֶׁעִצּוּרוֹ הָרִאשׁוֹן הוּא גְּרוֹנִי (א', ה', ח', ע', ר'), לְמָשָׁל: **עמ"ד**, **חפ"ץ**, **אכ"ל**

verbal

מִלּוּלִי, וֶרְבָּלִי

Verbaladjektiv ---> Gerundivum

verbaler Satz ---> Satz, verbaler

verbales Komplement ---> Komplement, verbales

Verbalform

צוּרָה **פָּעֳלִית** (פּוֹעֳלִית) (בלש') [ק/א/19]. אֶבֶן (אֲבָנִים), תְּמוּנַת הַפְּעָלִים

verbalistisch

נִמְלָל, שֶׁל הַבָּעָה בְּמִלִּים

Verbalklasse

גִּזְרָה (גְּזָרוֹת) (בלש') [ק/א/112]. בִּנְיַן הַפְּעָלִים, מִשְׁקָל, גִּזְרָה

Verbalnote

אִגֶּרֶת מְקֻרְאַת (מדי')

Verbalphrase

צֵרוּף **פָּעֳלִי** (פּוֹעֳלִי) (בלש') [מ"ב/243]. **פֹּעַל** עִם מַשְׁלִימָיו הַמְּצָרְכִים (כְּגוֹן: "הָרוֹפֵא טִפֵּל **בַּחוֹלֶה**") וְהַבִּלְתִּי מְצָרְכִים (כְּגוֹן: "הָרוֹפֵא טִפֵּל בַּחוֹלֶה **בְּבֵית הַחוֹלִים**")

Verbalsubstantiv ---> Gerundium

Verband [---> Syndikat]

אִגּוּד (אִגּוּדִים) (משפ') אֲגֻדָּה. אֶגֶד (אֲגָדִים) (טכנ') צְרוֹר, חֲבִילָה

Verband, linearer

שַׁרְשֶׁרֶת (שַׁרְשְׁרוֹת) (מחמ')

verbannen

הִגְלָה (מַגְלֶה) (משפ') הֶגְלָה, גֵּרֵשׁ מִן הָעִיר אוֹ מִן הָאָרֶץ

Verbannung

הַגְלָיָה (משפ') גָּלוּת (גָּלֻיּוֹת), גֵּרוּשׁ מִמְּקוֹם הַמְּגוּרִים

Verben, Unregelmäßigkeit der

רִפְיוֹן **פְּעָלִים** (בלש') [ק/ד/48]. תְּכוּנַת הַשָּׁרָשִׁים הַחֲסֵרִים אוֹ הַנָּחִים

verbergen

הִסְתִּיר (מַסְתִּיר), הֶחְבִּיא, סִתֵּר (מְסַתֵּר), הִסְתַּתֵּר, הִתְחַבֵּא, **צָנַע** (צוֹנֵעַ), הִצְנִיעַ, הִטְמִין, **צָפַן** (צוֹפֵן), הִצְפִּין, הֶחְבִּיא

verbessern

שִׁפֵּר (מְשַׁפֵּר) [א"ת/ב/241]. הִשְׁבִּיחַ (מַשְׁבִּיחַ), תִּקֵּן, הֵיטִיב (מֵיטִיב), נִטַּיֵּב, הֵטִיב, שִׁכְלֵל

Verbesserung

שִׁפּוּר [ק/ד/215]. תִּקּוּן, הַשְׁבָּחָה, שִׁכְלוּל, הֲטָבָה, יִעוּל

Verbesserung, Beständigkeit der

הַתְמָדַת הַהַשְׁבָּחָה

Verbesserungsgleichung ---> Beobachtungsgleichung

verbeugen ---> bücken; verneigen

Verbform, finite *{Verbum finitum}*

פֹּעַל מְפֹרָשׁ (בלש') [מ"ב/81]. **צוּרַת פֹּעַל** הַמְצַיֶּנֶת אֶת הַגּוּף, הַמִּסְפָּר וְהַזְּמַן הַדִּקְדּוּקִי, לְמָשָׁל: "תְּפַר", "יִתְפְּרוּ"

verbinden [---> assoziieren; vereinigen; abbinden]

חִבֵּר (מְחַבֵּר) [ק/ב/115]. לִוָּה, הִלְוָה, סָמַךְ, הִסְמִיךְ, קֵרֵב, צֵרֵף. קִבֵּץ [ק/ג/264; א"ת/א/223]. שִׁגֵּם (מְשַׁגֵּם), אִחֵד, צִמֵּד, לִבֵּד, לִבֵּד (מְלַבֵּד), הִלְבִּיד, נִלְבַּד

verbindlich

חִיּוּבִי (משפ') אוֹבְּלִיגָטוֹרִי, מְחַיֵּב. מְנֻמָּס (מ"ח) אָדִיב, אֲסִיר תּוֹדָה

Verbindlichkeit

חָבוּת (משפ') מַצָּב אוֹ תְּכוּנָה שֶׁל הֱיוֹת חַיָּב, אַחֲרָיוּת, הִתְחַיְּבוּת, הִתְקַשְּׁרוּת מְחַיֶּבֶת, חִיּוּב

Verbindlichkeit, bedingte

חָבוּת מֻתְנֵית (משפ')

Verbindung [---> Kommissur; Konjunktion]

תִּצְרֹפֶת (תִּצְרוֹפוֹת) [ק/א/268]. חִבּוּר. הַרְכָּבָה [ק/א/214]. **שִׁלּוּב חֲלָקִים אוֹ יְסוֹדוֹת שׁוֹנִים וְעֵרוּבָם**. הִתְדַּבְּקוּת (פיס', פיל') [ק/א/228]. דְּבֵקוּת, הִדָּבְקוּת, לִכּוּד, הִתְלַכְּדוּת, דִּבּוּק. הִתְחַבְּרוּת [ק/א/232]. קִשּׁוּר. **צֵרוּף** [ק/ג/253]. הַצְמָדָה. קִבּוּץ [ק/ג/260]. כִּנּוּס, מִזּוּג. קֶשֶׁר [ק/ג/304]. קִשְׁרוֹן, קִשְׁרוֹן [ק/ג/305]. מַגַּעַת (מַגָּעוֹת) (אלק') קוֹנְטַקְט

Verbindung, äußere

תַּעֲרֹבֶת (תַּעֲרוּבוֹת) (פיס') [ק/ד/109]. הַרְכָּבַת שְׁכֵנוּת, תִּצְרֹפֶת כַּיָּנִית (פִיזִיקָלִית) שֶׁאֵין בָּהּ קְשָׁרִים כִּימִיִּים בֵּין הַחֳמָרִים, הַרְכָּבָה שְׁכֵנִית, חִבּוּר חֲלָקִים שׁוֹנִים לְגוּף אֶחָד, עִרְבּוּב חֳמָרִים שׁוֹנִים זֶה בָּזֶה. חִבּוּר עַל דֶּרֶךְ הַשְּׁכוּנָה (פיס') [ק/א/148]. שְׁכוּנָה (פיס') [ק/ד/92]. הִסְפָּחוּת, הִקָּשְׁרוּת

Verbindung, chemische

תִּרְכֹּבֶת (תִּרְכּוֹבוֹת) (כימ') [ק/ב/173]. מְזִיגָה, תִּצְרֹפֶת כִּימִית שֶׁתְּכוּנוֹתֶיהָ הַכִּימִיּוֹת שׁוֹנוֹת מֵאֵלּוּ שֶׁל מַרְכִּיבֶיהָ, הַרְכָּבַת מֶזֶג, עֵרוּב גָּמוּר, הִתְרַכְּבוּת כִּימִית, הִתְחַבְּרוּת, בְּנִגּוּד לְהַרְכָּבָה שְׁכֵנִית (=תַּעֲרֹבֶת). חִבּוּר עַל דֶּרֶךְ הַמְּזִיגָה (כימ') [ק/א/148]. הַמְזָגָה (כימ', מ"ט) [ק/א/176]. הַרְכָּבָה הֶמְזֵגִית, - מְזִיגוּת (כימ') [ק/א/215]. הִתְגַּמְּלוּת (כימ', מ"ט) [ק/א/227]. הִתְאַחֲדוּת. הִתְמַזְּגוּת (כימ', מ"ט) [ק/א/239]. הַרְכָּבַת מִמְסָךְ (כימ', מ"ט) [ק/ב/209]

Verbindung, geistige

הִתְדַּבְּקוּת רוּחָנִית (פסי') [ק/א/124]. דִּבּוּק. דְּבֵקוּת (פסי') [ק/א/128]

Verbindung, mechanische ---> Verbindung, äußere

Verbindung, mehrkernige

תִּרְכֹּבֶת רַב מֶרְכָּזִית (כימ')

Verbindung, Neigung zu chemischen ---> Affinität, chemische

Verbindung(en), psychische

קְשׁוּרִים נַפְשִׁיִּים (פסי') קְשׁוּרִים פְּסִיכִיִּים

Verbindung, untrennbare

הִתְכַּלְּלוּת [ק/א/237]. הִתְאַחֲדוּת, הִתְמַזְּגוּת, הֱיוֹת פְּרָט מְכֻנָּס לְתוֹךְ כְּלָל. חִיּוּב (פיל') [ק/א/286]. דְּבֵקוּת הַתֹּאַר בַּמְּתֹאָר אוֹ דְּבֵקוּת שְׁנֵי דְּבָרִים מְחֻבָּרִים חִבּוּר עַצְמִי. סְמִיכוּת [ק/ג/105]. טְבִיעוּת, עַצְמִיּוּת, קֶשֶׁר שֶׁל קְיָמָא

Verbindung zweier Prämissen

חִבּוּר אֶקְדָּמִים (פיל') [ק/א/269]. זִוּוּג אֶקְדָּמִים (פיל') [ק/א/253]. הַצְמָדַת שְׁתֵּי הַקְדָּמוֹת וְהַרְכָּבָתָן

Verbindung zweier Wörter durch Konjunktion

עֶטֶף (בלש') [ק/ג/128]. עִטּוּף, חִבּוּר מִלָּה אֶל מִלָּה אַחֶרֶת

Verbindungselement

מְחַבֵּר (מְחַבְּרִים) (טכנ') מְחֻבָּר (מְחֻבָּרִים), אַבְזָר לְחִבּוּר צִנּוֹרוֹת אוֹ מוֹטוֹת

Verbindungsstelle ---> Junktur

Verbindungswort ---> Kopula

Verbindungsziegel *{Mönch}*

רוֹכֵב (רוֹכְבִים) (אדר') הָרַעַף הַמְחַבֵּר שְׁנֵי רְעָפִים שְׁטוּחִים

Verblassen

פִּיגָה (פסי') [ר/א/170]. דְּעִיכָה, מַצָּב שֶׁבּוֹ גֵּרוּי יָשָׁן פּוֹחֵת בְּהַדְרָגָה וְגֵרוּי חָדָשׁ מַשְׁפִּיעַ עַל הַתְּגוּבָה

Verblödung ---> Demenz

verblüffen [---> verwundern]

נִדְהַם, הֻדְהַם, דָּהַם (דּוֹהֵם), הִדְהִים, הֵמֵם (מְהַמֵּם), הֻמַּם, נֶהֱמַם, הִפְתִּיעַ, הֻפְתַּע

Verblüffung [---> Verwunderung]

הִדָּהֲמוּת, דְּהִימָה, הַפְתָּעָה, הַדְהָמָה, הִמּוּם

verbolzen

חִבֵּר בְּלוֹלָבִים (טכנ')

verborgen

נֶעְלָם [ק/ג/50]. מֻסְתָּר, כָּמוּס, בִּלְתִּי יָדוּעַ, - נִתְפָּס. סוֹדִי [ק/ג/99]. חָסוּי, חֲשָׁאִי, עָלוּם, סָמוּי, חָתוּם בִּפְנֵי אֲחֵרִים, מֻסְתָּר. סָתוּם, סָתוּר [ק/ג/115]. פְּנִימִי [ק/ג/195]. נִסְתָּר. פְּנִינִי [ק/ג/196]. סָגוּר וְחָבוּי כְּמוֹ פְּנִינָה. צָפוּן [ק/ג/252]. טָמוּן, מֻחְבָּא, מַחְבָּא

verborgene Kraft ---> Kraft, verborgene

verborgene Mauer ---> Mauer, verborgene

verborgener Sinn ---> Sinn, innerer

Verborgenheit

צְנִעָה, חֲשָׁאִיּוּת, סֵתֶר

Verbot

אִסּוּר (אִסּוּרִים) [מר"ח/555]. זִגּוּר

Verbrauch

צְרִיכָה (כלכ') שִׁמּוּשׁ בְּמַשֶּׁהוּ כְּדֵי לְסַפֵּק צֹרֶךְ מְסֻיָּם

verbrauchen [---> verausgaben]

צָרַךְ (צוֹרֵךְ) (כלכ') מִשְׁתַּמֵּשׁ בִּדְבַר-מָה כְּדֵי לְסַפֵּק אֵיזֶה צֹרֶךְ שֶׁהוּא

Verbraucherpreisindex

מַדַּד הַמְּחִירִים לַצַּרְכָן (כלכ')

Verbrauchssteuer ---> Umsatzsteuer

Verbrechen, Anstiftung zum

הֲסָתָה לִדְבַר עֲבֵרָה (משפ')

Verbrechen, Beihilfe zu einem

שֻׁתָּפוּת לִדְבַר עֲבֵרָה (משפ')

Verbrechen(s), pflichtwidrige Unterlassung der Anzeige eines

הִמָּנְעוּת מִגִּלּוּי מַעֲשֵׂה פֶּשַׁע (משפ')

Verbrechen(s) beschuldigen, jemanden eines

הִפְלִיל (מַפְלִיל) (משפ') הֶאֱשִׁים אֶת מִישֶׁהוּ שֶׁעָבַר עֲבֵרָה פְּלִילִית

Verbrecher ausliefern

הִסְגִּיר פּוֹשֵׁעַ (משפ')

verbreiten [---> ausbreiten]

הֵפִיץ (מֵפִיץ) [ק/ג/220]. בִּזֵּר, פִּזֵּר, בָּזַר, זָרָה

verbreiten, sich

פָּשַׁט (פּוֹשֵׁט) [ק/ג/220]. נָפוֹץ, הִתְפַּשֵּׁט, הִשְׂתָּרַע

Verbreitung [---> Ausbreitung]

הִתְפַּשְּׁטוּת [ק/א/245; מר"ח/252]. הֲפָצָה, הִתְבַּזְּרוּת, זְרִיעָה

Verbreitung, allgemeine

פִּרְסוּם [ק/ג/214]. הִתְפַּשְּׁטוּת כְּלָלִית, מַתַּן פֻּמְבֵּי לְ..., פֻּמְבִּיּוּת

Verbrennung

בְּעֵרָה (כימ') תַּהֲלִיךְ כִּימִי מְלֻוֶּה בְּאֵשׁ, שְׂרֵפָה, סֵרוּף

Verbrennungsrohr

שְׁפוֹפֶרֶת שְׂרֵפָה (כימ', טכנ') צִנּוֹר שֶׁבְּתוֹכוֹ שׂוֹרְפִים חֹמֶר

verbrüdern, sich *{fraternisieren}*

הִתְאַחֲוָה (מִתְאַחֲוֶה) (מ"ח) [י"א/146]. כָּרַת בְּרִית אַחֲוָה, הִתְיַדֵּד

Verbrüderung *{Fraternisation}*

הִתְאַחֲווּת (מ"ח) [י"א/146]. הִתְאַחֲוָיָה, כְּרִיתַת בְּרִית אַחֲוָה, הִתְיַדְּדוּת

verbürgen, sich

עָרַב (עוֹרֵב) (משפ') קִבֵּל עָלָיו אַחֲרָיוּת לִדְבַר-מָה

Verbürgung ---> Bürgschaft

verbüßen, Gefängnisstrafe ---> Gefängnisstrafe verbüßen

Verbum auxiliare

פֹּעַל עֵזֶר (בלש') [ק/א/126]. דִּבּוּר הַמְּצִיאוּת. מִלַּת הַצְּדָדִים (בלש') [ק/ג/226]

Verbum finitum

פֹּעַל בְּדֶרֶךְ מֻגְבָּל (בלש') [ק/ב/140]

Verbum quiescens ---> Verb, schwaches

Verbundelement

אֵיבַר מֻרְכָּב (טכנ')

verbunden [---> abgebunden]

לָבוּד [ק/א/21]. אָדוּק, צָמוּד, אָחוּז. מִתְלַבֵּד [ק/ב/319]. מִתְאַחֵז, מְעֹרָב. עָמוּת [ק/ג/143]. חָבוּר, זָווּג, מְזֻוָּג. רָתוּם [ק/ד/63]. כָּרוּךְ

[ק/א/125]. דָּבוּק. דָּבֵק [ק/א/128]. קָשׁוּר. מְחֻבָּר [ק/ב/175]. מְצֹרָף. מִתְעַטֵּף [ק/ב/324]. מִתְקַשֵּׁר, מִתְחַבֵּר. נֶחְבָּר [ק/ג/26]. מְקֻשָּׁר. נִסְמָךְ [ק/ג/47]. מִיַּחֵס לְ..., מְשַׁיֵּךְ לְ...

Verbundenheit

לְבִידוּת [ק/א/187]. הִסְתַּבְּכוּת, הִסְתַּבֵּךְ, צְמִידוּת, אֲדִיקָה, הֲדִיקוּת, הַזְנָגָה, קָשׁוּר, הַצְמָדָה, הֶצְמֵד, צָמוּד, מְעֹרָבוּת

Verdacht

חֲשַׁד (חֲשָׁדוֹת)

Verdachtsgrund, hinreichender

עִלָּה מִסְתַּבֶּרֶת (משפ׳) חֲשַׁד מְבֻסָּס

verdampfen ---> verdunsten

Verdampfung ---> Verdunstung

Verdampfer

מְאַדֶּה (רפו׳) [מר״ח/697]. מַהְבֵּל, מַהְבֶּלֶת, מְאַיֵּד, מַכְשִׁיר אֵדִים

verdauende Kraft ---> Kraft, verdauende

Verdauungsstörung

לְקוּת עִכּוּל (רפו׳) [מר״ח/385;263]. הַפְרָעַת עִכּוּל, אִי עִכּוּל, קָבָס, פְּרוֹעַ עִכּוּל, תַּחֲמָה, קָשְׁיֵי עִכּוּל

verderben [---> anbrennen lassen]

הִתְקַלְקֵל (מִתְקַלְקֵל) [מר״ח/17]. מָזַר (מוֹזֵר), הִתְמַזֵּר (מִתְמַזֵּר), נִתְקַלְקֵל, נִרְקַב, בָּאַשׁ, הִסְתָּאֵב, הִתְפַּגֵּל, נִסְרַח, סָאַב (מְסָאֵב), הִשְׁחִית (מַשְׁחִית), פָּסַד (פּוֹסֵד), נִפְסַד, קָסַס (קוֹסֵס), הֶחְמִיץ, קִלְקֵל (מְקַלְקֵל), הִתְרִיף

verderblich

מְקַלְקֵל [ק/ג/55]. נִפְסָד, מַשְׁגֶּה, מַשְׁחִית, מוֹזֵר, מַתְרִיף, קוֹסֵס, מְסַלֵּף. אַרְסִי [ק/א/74]. מַזִּיק, מְסֻכָּן. מַפְסִיד [ק/ב/246]. מַטְעֶה, מְשַׁבֵּשׁ, בִּלְתִּי צוֹדֵק, שֶׁיֵּשׁ בּוֹ טָעוּת, לֹא נָכוֹן

Verderbtheit

שְׁחִיתוּת, הִסְתָּאֲבוּת, הִתְפַּסְּדוּת, הִתְקַלְקְלוּת הַמִּדּוֹת

verdeutlichend ---> demonstrativ

Verdichtbarkeit

כֹּשֶׁר הִתְהַדְּקוּת

verdichten

הִתְעַבָּה (מִתְעַבֶּה) [ק/ג/118]. נַעֲשָׂה עָבֶה, - סָמִיךְ, - גַּס, הִשְׁמִין, קִבֵּל צוּרַת גּוּף גַּשְׁמִי, עִבָּה (מְעַבֶּה), עָשָׂה שֶׁיִּהְיֶה סָמִיךְ, אִשֵּׁשׁ (מְאַשֵּׁשׁ), הִדֵּק (מְהַדֵּק), צִפֵּף (מְצַפֵּף). נֶעֱצַר [ק/ג/163]. הִתְגַּשֵּׁם, נַעֲשָׂה גַּס, - מְגֻשָּׁם. הִתְגַּבֵּשׁ [ק/א/118]. הִתְגַּשֵּׁם, הִתְאַשֵּׁשׁ (מִתְאַשֵּׁשׁ)

verdichtend, sich

מִתְעַבֶּה (פיס׳) [ק/ב/323]. נַעֲשָׂה עָבֶה, - סָמִיךְ, - גַּס, - גַּשְׁמִי

Verdichtung

הִתְעַבּוּת (פיס׳) [ק/א/241]. דְּחִיסוּת, הֲהָפְכוּת לְעָבֶה אוֹ לְסָמִיךְ, קַבָּלַת הָעֹבִי. עִבּוּי (פיס׳, פסי׳) [ר/ב/499]. דְּחִיסָה, מִזּוּג, תַּהֲלִיךְ הִתְחַבְּרוּת שֶׁל שְׁתֵּי בְּבוּאוֹת אוֹ יוֹתֵר לְבָבוּאָה מֻרְכֶּבֶת אַחַת

Verdichtungsgrad der Arbeit ---> Arbeit, Verdichtungsgrad der

verdicken ---> dickflüssig machen

Verdicken ---> Dickflüssigwerden

Verdickungsmittel

מְסַמֵּךְ (מְסַמְּכִים), חֹמֶר סִמּוּךְ

Verdienst

זְכוּת (זְכֻיּוֹת)

verdienstlich

רַב זְכוּת, - זְכֻיּוֹת, בַּעַל זְכֻיּוֹת

verdientermaßen

בְּצֶדֶק, בְּיֹשֶׁר

Verdikt ---> Urteilsspruch

Verdinglichung *{Refikation}* **[---> Objektivierung]**

גִּשּׁוּם (מ״ח, כלכ׳) תַּהֲלִיךְ שֶׁבּוֹ יְחָסִים בֵּין בְּנֵי אָדָם מִשְׁתַּנִּים לִיחָסִים בֵּין חֲפָצִים כְּתוֹצָאָה מֵהֲפִיכַת תּוֹצַר הָעֲבוֹדָה וְכֹחַ הָעֲבוֹדָה לִסְחוֹרוֹת

verdoppeln

כָּפַל (כּוֹפֵל) (מחמ׳) הִכְפִּיל

Verdoppelung

הַכְפָּלָה (בלש׳) [מ״ב/190]. כְּפִילוּת, חֲזָרָה עַל מִלָּה אוֹ עַל חֵלֶק מִמִּלָּה, כְּגוֹן: ״הֲפַכְפַּךְ״, ״גַּלְגַּל״, ״יוֹמְיוֹם״. כִּפּוּל, כְּפִילָה (מחמ׳) [ק/ב/101]. הִשָּׁנוּת, מִכְפּוּל, הִתְמַכְפְּלוּת. כֶּפֶל הַקְּצָווֹת (רטו׳) [ק/ב/103]. חֲזָרָה עַל אוֹתָהּ מִלָּה בִּתְחִלַּת הַמִּשְׁפָּט הַבָּא. כֶּפֶל קוֹשֵׁר (רטו׳) [ק/ב/103]. כְּשֶׁאוֹתָהּ מִלָּה מוֹפִיעָה בְּסוֹף מִשְׁפָּט אֶחָד וּבְרֵאשִׁית הַמִּשְׁפָּט הַבָּא אַחֲרָיו

Verdoppelungszeit

זְמַן הַכְפָּלָה (ביו׳)

verdorben [---> faulig]

מְקֻלְקָל, מוֹזֵר (מוֹזֶרֶת), רָקוּב, בָּאוּשׁ, נִשְׁחַת, נִשְׁחֶתֶת, עָפוּשׁ, מְאֻפָּשׁ, נִרְקָב, מְסֹאָב, נִפְסָד

Verdorbenheit

הֶשְׁחֵת, הִשְׁתַּחֲתוּת, הַשְׁחָתָה

verdorrt ---> eingeschrumpft

verdrängen

הִדְחִיק (מַדְחִיק) (פסי׳) [ר/א/182]. הִדְחָה (מַדְחֶה), דָּחָה מֵהַכָּרָתוֹ, מָנַע מִתְכָנִים נַפְשִׁיִּים מְסֻיָּמִים לְהַגִּיעַ אֶל הַמּוּדָעוּת

verdrängt

מֻדְחָק

Verdrängung

הַדְחָקָה (פסי׳) [ר/א/182]. הַדְחָיָה, תַּהֲלִיךְ הַפּוֹעֵל בְּרָמָה לֹא מוּדַעַת וְתַפְקִידוֹ לְהָגֵן עַל הָאָדָם מִפְּנֵי רַעְיוֹנוֹת וּדְחָפִים בִּלְתִּי נְעִימִים, מְנִיעָה מִתְּכָנִים נַפְשִׁיִּים מְסֻיָּמִים לְהַגִּיעַ אֶל הַמּוּדָעוּת. הֶדְחֵק (פיס׳) נֶפַח מְסֻיָּם שֶׁל מַיִם שֶׁנִּדְחָק עַל יְדֵי גּוּף הַמְּשֻׁקָּע בְּתוֹכָם

Verdrängung, beladene

הֶדְחֵק בְּטָעוּן (ימא׳) דְּחִיקַת נֶפַח מְסֻיָּם שֶׁל מַיִם עַל יְדֵי אֳנִיָּה טְעוּנָה

Verdrängung, leere

הֶדְחֵק בְּרֵיק (ימא׳) דְּחִיקַת נֶפַח מְסֻיָּם שֶׁל מַיִם עַל יְדֵי אֳנִיָּה בִּלְתִּי טְעוּנָה

verdrehen

עִוֵּת (מְעַוֵּת), עִקֵּם, סִלֵּף (מְסַלֵּף), הִסְתַּלֵּף, נִתְעַקֵּם, נִתְעַוֵּת, עָקַשׁ (עוֹקֵשׁ), עִקֵּשׁ (מְעַקֵּשׁ)

Verdrehung [---> Darstellung, falsche]

עִוּוּת (פסי׳, רפו׳) [ר/ב/500]. עִקּוּם אוֹ קִלְקוּל שֶׁל דְּבַר-מָה, סִלּוּף. עִבּוּר (פיס׳) שִׁנּוּי בְּצוּרָתוֹ שֶׁל גּוּף וְלֹא בְּנַפְחוֹ, פִּתּוּל. פֶּתֶל (פְּתָלִים) (טכנ׳)

verdrießlich
רַטְנָנִי (פסי') רַטְנוּנִי, רוֹטְנָנִי, נִרְגָּן, תּוֹרְעֲמָנִי, חֲדוּר מֹרַת רוּחַ, מַר נֶפֶשׁ, מְמֻרְמָר, דָּאוּג, מְדֻכְדָּךְ, נוֹאָשׁ
Verdrießlichkeit
רַטְנָנוּת (פסי') רוֹטְנָנוּת, רַטְנוּנִיּוּת, אִי שְׂבִיעַת רָצוֹן
verdrossen ---> verdrießlich
Verdrossenheit ---> Verdruß; Verdrießlichkeit
Verdruß
מֹרַת רוּחַ (פסי') מַפַּח נֶפֶשׁ, מְרִירוּת, דִּכְדּוּךְ נֶפֶשׁ, אָבְדַן עֵצוֹת, חֹסֶר תּוֹחֶלֶת, יֵאוּשׁ
verdünnen
קִלֵּשׁ (מְקַלֵּשׁ) (גַּזִּים), דִּלֵּל (מְדַלֵּל) (נוֹזְלִים) (פיס') הוֹרִיד אֶת הַצְּפִיפוּת, הִקְלִישׁ, מָהַל (מוֹהֵל), עָשָׂה לְדָלִיל
verdünnte Lösung ---> Lösung, verdünnte
Verdünnung [---> Abschwächung]
קִלּוּשׁ (שֶׁל גַּזִּים), דִּלּוּל (שֶׁל נוֹזְלִים) (פיס') הוֹרָדַת הַצְּפִיפוּת, מְהִילָה, מִהוּל
Verdünnungsmittel
מְדַלֵּל (מְדַלְּלִים) (כימ') חֹמֶר דִּלּוּל
verdüstert ---> schattenhaft
verdummen
הִטְפִּישׁ (מַטְפִּישׁ), טִמְטֵם אֶת הַדַּעַת, עָשָׂה אֶת מִישֶׁהוּ טִפֵּשׁ
Verdummung
הַטְפָּשָׁה, טִמְטוּם דַּעַת
verdunkeltes Kompositum ---> Mischwort
verdunsten
אִדָּה (מְאַדֶּה) (פיס') הִתְאַדָּה (מִתְאַדֶּה), אִיֵּד, הֶהְבִּיל
Verdunstung
אִדּוּי (פיס') [ק/א/21]. אֲדוּת, אֲדִיּוּת, אִיּוּד, הִתְאַדּוּת. חֵלֶק אֵדִי, הִתְאַיְּדוּת, הִבּוּל
Verdunstungsmesser
מַד הִתְאַדּוּת (מטא') [יל"ט/99]. מַכְשִׁיר לִמְדִידַת כַּמּוּת הַמַּיִם הַמִּתְאַדִּים אֶל הָאֲוִירָה (אַטְמוֹסְפֶרָה) בְּפֶרֶק זְמַן נָתוּן
Verdunstungsvermögen
כֹּשֶׁר הַהִתְאַדּוּת (פיס')
Veredelung ---> Verarbeitung
Verehrung *{Adoration}*
הַעֲרָצָה (דת, מ"ח) [ק/א/335]. חֵשֶׁק, אַהֲבָה רוּחָנִית עַזָּה, יִרְאַת כָּבוֹד, סְגִידָה
Verein ohne Gewerbezwecke
מוֹסָד לְלֹא כַּוָּנַת רֶוַח (מלכ"ר) (כלכ', משפ')
vereinbar ---> kompatibel
Vereinbarkeit ---> Kompatibilität
vereinbarter Entwurf ---> Entwurf, vereinbarter
Vereinbarung
הֶסְכֵּם (מדי', משפ') הַסְכָּמָה מְחַיֶּבֶת
Vereinfachung *{Simplifikation}*
פִּשּׁוּט, עֲשִׂיָּה לְפָשׁוּט, סִימְפְּלִיפִיקַצְיָה
vereinheitlichen
אוֹחֵד (מְאוּחָד), עָשָׂה לְאֶחָד, הֶאֱחִיד (מַאֲחִיד)
vereinheitlichende Kraft ---> Kraft, vereinheitlichende
vereinigen
אִחֵד (מְאַחֵד), חִבֵּר יַחַד, שִׁתֵּף. הִתְאַחֵד [ק/א/33]. הִתְחַבֵּר וְהִתְקַשֵּׁר
vereinigen, zwei Hohlorgane
לִפֵּם (מְלַפֵּם), הִתְלַפֵּם (מִתְלַפֵּם) (רפו') [מר"ח/40]. הִשִּׁיק, חִבֵּר שְׁנֵי אֵבָרִים צִנּוֹרִיִּים
vereinigt
אָחוּד [ק/ב/327]. מִתְקַבֵּץ, מִתְכַּנֵּס, נֶאֱסָף, מְאֻחָד
Vereinigung *{Nexus}* **[---> Einigung; Verband; Zusammenfluß]**
הִתְאַחֲדוּת [ק/א/225]. אַחְדוּת גְּמוּרָה, זֶהוּת, הִתְקַשְּׁרוּת, הִתְדַּבְּקוּת. קִבּוּץ [ק/ג/259]. אִחוּד. זִקָּה (פיל') [ת"ה/126; בת"ט/119]
Vereinigung mehrerer Formen zu einer Wesenheit
הִתְעַצְּמוּת (פיל', פיס') [ק/א/242]. הִתְגַּשְּׁמוּת, הֱיוֹת עֶצֶם וָגוּף, הִתְאַחֲדוּת עֶצֶם בְּעֶצֶם
Vereinigung zweier Hohlorgane ---> Anastomose
Vereinzelung
בְּדִידוּת, בְּדִילָה [ק/א/79]. יְחִידוּת [ק/ב/33]. הֱיוֹת לְבַד, הַפְרָטָה
vereist
מְקֻרְחָן (מטא')
Vereisung
הִתְקָרְחוּת (מטא') [יל"ט/59]. הִתְהַוּוּת קֶרַח
Vereitelung
סִכּוּל, הֲפָרָה, בִּטּוּל
verengend, sich
מוּצָר [ק/ב/260]. צַר וְהוֹלֵךְ, נַעֲשָׂה צַר יוֹתֵר
Verengung *{Stenose}*
הֶצָּרוּת (הֶצָּרְיוּת) (רפו') צָרוּת, הֱיוֹת צַר, סְטֶנוֹזָה
Verengung, hochgradige *{Striktur}*
הֵצֶר (הֲצָרִים) (רפו') הֶצָּרוּת קָשָׁה, מֵצַר, הִתְכַּוְּצוּת
vererbbar
יָרִישׁ (ביו', משפ') נוֹרָשׁ, בַּר הוֹרָשָׁה, נָחִיל
vererben
הוֹרִישׁ (מוֹרִישׁ) (ביו', משפ') הֶעֱבִיר מִתְּכוּנוֹתָיו לְצֶאֱצָאָיו, הִנְחִיל (מַנְחִיל), נִחֵל (מְנַחֵל), נָחַל (מְנָחָל)
vererbt *{hereditär}*
מוֹרָשׁ (ביו', משפ') שֶׁעָבַר בִּירֻשָּׁה, מְנֻחָל, מָנְחָל
vererbte Eigenschaft ---> Eigenschaft, angeborene
Vererbung
הוֹרָשָׁה (פְּעֻלָּה) תּוֹרָשָׁה (תּוֹצָאָה) (ביו', משפ') [ר/ב/679; מר"ח/348]. מוֹרָשָׁה, הַהַעֲבָרָה הַתַּחֲיוּאִית (בִּיּוֹלוֹגִית) שֶׁל מְאַפְיְנִים גֶּנֶטִיִּים מֵהוֹרֶה לְצֶאֱצָא, מָסוֹר, הַמְסָרָה, הַנְחָלָה, נִחוּל, הַעֲבָרָה. יְרִישָׁה (מחש')
Vererbungsgraph
תְּאַר יְרִישָׁה (מחש') גְּרַף יְרִישָׁה
Vererbungshierarchie
תַּדְרוּגַת יְרִישָׁה (מחש') מִדְרַג יְרִישָׁה

verfälschen, Lebensmittel ---> Lebensmittel verfälschen
verfälschendes Mittel ---> Mittel, verfälschendes
verfälscht
מְנֻכָּל (חזו׳) (מָזוֹן) מְזֻיָּף
Verfälschung ---> Sophistik
Verfahren *{Prozedur}*
נֹהַל (נְהָלִים) (מדע) [ר/ב/653; ד״מח/28]. שִׁיטַת עֲבוֹדָה עֲשׂוּתִית (טֶכְנִית), נֹהַג עֲבוֹדָה סִגְלֵי הַנִּנְקָט בְּמַדָּע מְסֻיָּם, סֵדֶר עֲבוֹדָה, דֶּרֶךְ, פְּרוֹצֶדוּרָה, שִׁיטָה, כָּל עֲשׂוּת (טֶכְנִיקָה) לְבִקֹּרֶת הַגּוֹרְמִים הַנּוֹגְעִים לָעִנְיָן, הָלִיךְ (הֲלִיכִים), סֵדֶר הַדִּין
Verfahren(s), Aussetzung des
עִכּוּב הֲלִיכִים (משפ׳)
Verfahren, beschleunigtes ---> Schnellverfahren
Verfahren, gerichtliches ---> Gerichtsverfahren
Verfahren, projektives [---> Test, projektiver]
שִׁיטַת הַטָּלָה (פסי׳, מ״ח) [ר/א/191]. טֶכְנִיקָה הֶטֵּלִית, שִׁיטָה לְסִפּוּק מֵידָע עַל אִישִׁיּוּת הָאָדָם דֶּרֶךְ תְּגוּבוֹתָיו לְמַצָּב אוֹ לְמַשָּׂא כָּלְשֶׁהוּ
verfahren, sorgfältig
דִּקֵּק (מְדַקֵּק) [ק/א/146; א״ח/ג/233]. דָּק, חָקַר בְּעִיּוּן רַב, דָּרַשׁ, עִיֵּן הֵיטֵב, דִּיֵּק
Verfahren, strafrechtliches ---> Strafverfahren
Verfahren, zeitlich begrenztes
נֹהַל מֻגְבָּל בִּזְמַן (מ״ח, כלכ׳) מַדְרוּךְ (מֻתְוֶדָה) שֶׁל עֲבוֹדָה מֻגְדֶּרֶת, דֶּרֶךְ שֶׁל עֲבוֹדָה מֻגְדֶּרֶת
verfahrensmäßig *{prozedural}*
נָהֳלִי, נָהֳגִי, דִּיּוּנִי, פְּרוֹצֶדוּרָלִי
Verfahrensregeln ---> Prozeßordnung
Verfall
פִּיגָה [ר/ב/536] פְּחִיתָה, הִסְתַּיְּמוּת פֶּרֶק הַזְּמַן שֶׁבּוֹ הָיָה דְּבַר-מָה טוֹב לְשִׁמּוּשׁ
Verfallsdatum
תַּאֲרִיךְ פִּיגָה, הַתַּאֲרִיךְ שֶׁבּוֹ חוֹלֵף מוֹעֵד אַחֲרוֹן לִהְיוֹת דְּבַר-מָה טוֹב לְשִׁמּוּשׁ
verfassen
חִבֵּר (מְחַבֵּר) (ספר׳) [ק/ג/179]. הֶעְתִּיק, כָּתַב (כּוֹתֵב)
Verfasser(in)
מְחַבֵּר, מְחַבֶּרֶת (ספר׳, ספרנ׳) סוֹפֵר, סוֹפֶרֶת
Verfasser(s), ohne Angabe des
בְּעִלּוּם שֵׁם (ספרנ׳) בְּהֶסְתֵּר שֵׁם הַמְחַבֵּר
Verfasser zweifelhaft
מְחַבֵּר מְסֻפָּק (ספר׳, ספרנ׳)
Verfasseranteil ---> Verfassertantieme
Verfasserhonorar ---> Verfassertantieme
verfasserlos *{anonym}*
עֲלוּם שֵׁם (ספרנ׳)
Verfassertantieme [---> Urheberrechtslizenzgebühr]
שְׂכַר סוֹפְרִים (כלכ׳, משפ׳)

Verfassung, geistige
רוּחַ (פסי׳) מוֹרָל, כֹּחַ עֲמִידָה נַפְשִׁית, רוּחַ קְרָב
verfassunggebende Versammlung ---> Versammlung, verfassunggebende
Verfassungsgericht
בֵּית הַמִּשְׁפָּט הַגָּבֹהַּ לְצֶדֶק (בג״ץ) (משפ׳)
verfaulen
נָמַק, נִרְקַב, הִתְנַוֵּן, נִמּוֹק, הִתְמַקֵּק (מִתְמַקֵּק), הֵמַק, הִרְקִיב, מִקְמֵק (מְמַקְמֵק), הִתְמַקְמֵק, נִשְׁחַת
verfeinden
עִיֵּן (עוֹיֵן), אָיַב (אוֹיֵב), שָׂנֵא (שׂוֹנֵא), צָהַב (צוֹהֵב), הָיָה בְּלִבּוֹ עַל..., שָׂטַם
verfeindet
עוֹיֵן, אוֹיְבִי, צָהוּב, שָׁרוּי בְּרֹגֶז עַל..., כָּעוּס, שָׂטוּם, מְאֻיָּב
verfeinern
תִּכְלֵל (מְתַכְלֵל) (טכנ׳) עִבֵּד הֵיטֵב, שִׁכְלֵל, חִדֵּד (מְחַדֵּד), עִדֵּן (מְעַדֵּן)
verfeinert [---> gekünstelt]
מְתֻכְלָל (טכנ׳) מְעֻבָּד וּמֻרְכָּב מְאֹד, מְשֻׁכְלָל, מְחֻדָּד, מְעֻדָּן
Verfeinerung
תִּכְלוּל (טכנ׳) עִבּוּד מֻרְכָּב מְאֹד, שִׁכְלוּל, חִדּוּד, עִדּוּן
Verfertigung
הַתְקָנָה
verfestigen
צִלֵּד (מְצַלֵּד), הִצְטַלֵּד (מִצְטַלֵּד) [מר״ח/617]. הִקְשָׁה, הִתְקַשָּׁה, גָּלַד (גּוֹלֵד), נִגְלַד, הִגְלִיד, צָפַד, נִקְרַשׁ, הִתְקָרֵשׁ, מִצֵּק (מְמַצֵּק), הִתְמַצֵּק (מִתְמַצֵּק), יִצֵּב (מְיַצֵּב)
Verfestigung
צִלּוּד, הִצְטַלְּדוּת [מר״ח/617]. הִתְקָרְשׁוּת, קְרִימָה, קִשּׁוּי, הִתְקָרְנוּת, קְפִיאָה, מִצּוּק, הִתְמַצְּקוּת, יִצּוּב
verfinstern
קָדַר (קוֹדֵר) [ק/ג/270]. הִתְקַדֵּר, נִקְדַּר, נִתְכַּסָּה בַּאֲפֵלָה, חָשַׁךְ, אָפַל, נִתְעַרְפֵּל, לָקָה אַחַד הַמְּאוֹרוֹת
Verflacher
שַׁטְחָן, אָדָם שִׁטְחִי
verflechten
הִסְתַּבֵּךְ (מִסְתַּבֵּךְ) [ק/ג/87]. נִשְׁתַּלֵּב זֶה בְּתוֹךְ זֶה לְלֹא סֵדֶר, הִשְׂתָּרֵג, נֶאֱחַז, נִכְנַס בִּסְבַךְ, שִׁלֵּב (מְשַׁלֵּב), הִשְׁתַּלֵּב
Verflechtung
סִבּוּךְ [ק/ד/68]. שִׂבּוּךְ, הִסְתַּבְּכוּת, עִנְיָן מְסֻבָּךְ, גְּרִימַת בִּלְבּוּל, מֻרְכָּבוּת, שִׁלּוּב
Verfließen
קְלִיחָה, קִלּוּחַ, זְרִימָה, נְקִיפָה
verfluchen
קִלֵּל (מְקַלֵּל), אָרַר (אוֹרֵר), נָתַן אֶת פְּלוֹנִי לִקְלָלָה, נָשָׂא אָלָה בְּ..., הֶאֱרִיר
Verfluchung
אֲרִירָה, אֲמִירַת קְלָלָה, הִתְקַלְּלוּת, נְתִינַת פְּלוֹנִי לִקְלָלָה
Verfluchung, Modalität der
דַּרְכִּיּוּת (מוֹדָלִיּוּת) הַקְּלָלָה (בלש׳, רטו׳) [ק/ב/217]. מֵנִיעַ הַמַּאֲמָר שֶׁל הָאָלָה הַמְּבַטֵּא

קללה וזעם, דרכיות הארור

verflüchtbar

נדיף (פיס') בעל יכלת להתנדף, מתנדף בקלות

Verflüchtbarkeit *{Fugazität}*

נדיפות (פיס') יכלתו של חמר להתנדף

verflüchtigen

נדף (מנדף) (פיס') אדה לגמרי, התנדף (מתנדף), התאדה לחלוטין

Verflüchtigung

נדוף (פיס') התנדפות, אדוי גמור, התאדות גמורה

verflüssigen

נזל (מנזל) (פיס') התנזל (מתנזל), העביר חמר ממצב של גז למצב של נוזל על ידי הורדת התמודה (טמפרטורה) והעלאת הלחץ

Verflüssiger

מנזל (מנזלים) (טכנ') מכשיר נזול

Verflüssigung

נזול (פיס') התנזלות, תהליך הפיכת גז לנוזל על ידי הורדת התמודה (טמפרטורה) והעלאת הלחץ

verfolgbar, strafrechtlich

בר אשום (משפ') שניתן להאשימו

verfolgen

אלל (מאלל) אחרי (מדע) עקב אחרי, דרש, חקר, חפש, התבונן במתרחש

verfolgen, Spuren ---> Spuren, verfolgen

Verfolgung, strafrechtliche ---> Strafverfolgung

Verfolgungswahn

טרוף הנרדפות (פסי') [ר/א/167]. טרוף הרדיפות, דלוזיות של רדיפה, כשאדם חש שלכאורה מתנכלים לו

Verformung ---> Deformation

verfremden

הזיר (מזיר) (ספר', אמנ') גרם להזרה, עשה שדבר-מה יהיה משנה ויוצא מן הכלל, הוזר (מוזר)

Verfremdung

הזרה (ספר', אמנ') [מ"ס/118]. הצגת תופעה מכרת היטב באור חדש ושונה מן הרגיל, עצוב אמנותי של משא מסים כך שהוא נראה מתמיה ומוזר

verfrühte Reaktion ---> Reaktion, verfrühte

Verfrühung

הטרמה, טרום, הטרם, הקדם, טרומיות, קדימה, ביאה קדם, הקדמה

verfügbar [---> disponiert]

זמין, נשיג, נתן להשגה, נמצא, נזיל, שנתן להזמינו או להשיגו, מן המדף

verfügbare Aktiven ---> Aktiven, verfügbare

Verfügbarkeit

זמינות, נשיגות, המצאות, נמצאות, נזילות

verfügen

החזיק (מחזיק) ברשותו

Verfügung, einstweilige

צו בינים (משפ') צו מניעה זמני

Verfügung, endgültige

צו סופי (משפ') צו מחלט, - מניעה קבוע

Verfügung, gerichtliche

צו מניעה (משפ') צו, פקדת בית המשפט הבאה למנע מישהו מעשית דבר מסים

verführbar

נוח להתפתות, פתוי

Verführung

פתוי (פתויים), שדול, משיכה, השאה

Vergällung ---> Denaturierung

vergänglich

חולף [ק/ב/87]. כלה, עובר. ארעי [ק/ב/306]. משתנה, בלתי יציב, עראי, זמני. הפסדי [ק/א/197]. מטבע ההפסד והכליון. נמס [ק/ג/41; 49]. נעדר [ק/ג/49]. שעבר מן העולם, אפוס, בטל, שנעלם. נפסד [ק/ג/54]. מזמן לכליון. בלוי [ק/א/89]. עלול להפסד. דמיוני [ק/א/140]. כוזב, בטל

vergänglich sein ---> vergehen

Vergängliche, das

החולף [ק/א/265]. זמן, זמן, חיי העולם הזה

Vergänglichkeit

חלוף [ק/א/301]. חלף, חולפיות, עראיות, ארעיות, חלופיות, כליה, חליפה, חלוף. בליה [ק/א/89]. הפסד, כליון. יגיעה [ק/ב/25]

Vergangenheit

עבר [ק/ג/121]. עובר, מה שהיה מלפנים. חלף [ק/א/305]. הזמן העובר, תכונת החולף ועובר

vergasen

גאז (מגאז) (פיס', כימ') הפך לגז, הרעיל בגז

Vergasung

גאוז (פיס', כימ') הפיכה לגז, הרעלה בגז

vergeblich

חסר תועלת [ק/ד/78]. שוא, חסר ערך, חדל תכלית, בטל ברב

vergegenständliche Arbeit ---> Arbeit, vergegenständliche

vergegenständlichen *{hypostasieren}*

[---> objektivieren]

רתעצם (מתעצם) (פיל') [ק/ג/159]. עצם, נעשה לעצם, קבל ישות עצמית, התממש, יצא לפעל, הוצא לפעל, הפך למוחשי, התגשם ב..., התגלם (מתגלם), התמחש, לבש דמות, עצם (מעצם)

Vergegenständlichung *{Hypostasierung}*

[---> Objektivierung; Verdinglichung]

עצום (פיל', דת) הפיכה לעצם, הוכחה בטלה בדבר קיומו של איזה משא שהוא על סמך הטענה שמלים המציינות משאים בתודעה מתקימות אפעלפי שמשאים אלו אינם קימים במציאות, למשל: "שד היער", "אל השאול" וכד', הפיכת משגים מפשטים למשהו המתקים כביכול בלא תלות בחמר ובטבע

Vergegenständlichung von Arbeit ---> Arbeit, Vergegenständlichung von

vergegenwärtigen

נכח (מנכח) (פסי') המחיש לעצמו, שוה (משוה) לנגד עיניו, דמה בדעתו, החזה

(מַחֲזֶה). עִצֵּם (מְעַצֵּם) (פיל', דת)

vergegenwärtigend

מְנַכֵּחַ (פסי'). מְעַצֵּם (פיל', דת)

Vergegenwärtigung

הַנְכָּחָה (פסי') הַמְחָשָׁה עַצְמִית, דִּמּוּי. הַעֲצָמָה (פיל', דת)

vergehen

כָּלָה (כָּלֶה) [ק/א/305]. חָלַף (חוֹלֵף), נֶעֱלַם, אָבַד, חָלַף וְעָבַר, - וְאֵינֶנּוּ. עָבַר (עוֹבֵר) [ק/ג/49; 121]. נִגְמַר. נֶעְדַּר [ק/ג/126]. בָּטֵל, חָסֵר, עָבַר מִן הָעוֹלָם, אָפֵס, הִתְאַיֵּן, הִתְאַפֵּס. נִפְסַד [ק/ג/196]. נִשְׁמַד, בָּא קִצּוֹ, תַּם. נִשְׁחַת [ק/ד/86]. חָדַל לְהִתְקַיֵּם

Vergehen

כְּלָיָה [ק/א/89]. בְּלִיָּה, חִדָּלוֹן. כִּלָּיוֹן [ק/ב/89]. אֲבַדּוֹן. הֶפְסֵד [ק/א/196]. בִּטּוּל הַמְּצִיאוּת. הֶפְקֵד (פיל') [ק/א/198]. הֶעְדֵּר. כִּחוּד [ק/ב/83]. אֲפִיסָה

Vergehen, strafrechtliches ---> Straftat

vergeistigen ---> spiritualisieren

Vergeistigen ---> Spiritualisieren

vergelten

גָּמַל (גּוֹמֵל), הֶחֱזִיר לוֹ כְּפָעֳלוֹ

Vergeltung

תְּמוּרָה, תְּמוּר (כלכ') [ק/ד/208]. גְּמוּל, שָׂכָר, עֵרֶךְ דָּבָר בְּכֶסֶף. שִׁלּוּמָה (שִׁלּוּמוֹת), עֹנֶשׁ

vergesellschaften

חִבְרֵת (מְחַבְרֵת), הִתְחַבְרֵת (מ"ח) [ק/ג/265]. הִתְקַבֵּץ, הִתְחַבֵּר לִחְיוֹת חַיִּים חֶבְרָתִיִּים, חִבְרֵת (מְחַבְרֶת), חִבְרֵר, שִׁחְבֵּר

vergesellschaftet

מְחֻבָּר, מְחֻבֶּרֶת (מ"ח)

vergesellschaftete Arbeit ---> Arbeit, vergesellschaftete

Vergesellschaftung

חִבְרוּת, הַחְבָּרָה (מ"ח, כלכ') חִבְרוּר, שִׁחְבּוּר, עִצּוּב חֶבְרָתִי, שֶׁלַּב הִתְפַּתְּחוּת הַסְטוֹרִי בְּהַעֲמָקַת אָפְיוֹ הַחֶבְרָתִי שֶׁל תַּהֲלִיךְ הַיִּצּוּר

Vergesellschaftung der Arbeit ---> Arbeit, Vergesellschaftung der

Vergesellschaftung der Produktion ---> Produktion, Vergesellschaftung der

Vergessen

שִׁכְחָה, שְׁכִיחָה (פסי') [ר/ב/654]. אִי יְכֹלֶת לְהִזָּכֵר בְּדָבָר-מָה שֶׁאֵרַע בֶּעָבָר

Vergewaltigung

אֹנֶס (משפ') אִנּוּס, אֲנִיסָה, קִיּוּם מַגָּע מִינִי עִם אִשָּׁה בְּנִגּוּד לִרְצוֹנָהּ

Vergiftung *{Toxikation}*

הַרְעָלָה (רפו') [מר"ח/673]

Vergiftung durch Toxine ---> Intoxikation

Vergiftung mit Endotoxinen

רַעֶלֶת לוֹדַת פְּנִים (רפו')

Vergiftung mit Exotoxinen

רַעֶלֶת לוֹדַת חוּץ (רפו')

Vergiftungskrankheit *{Toxikose}*

רַעֶלֶת (רפו') טוֹקְסִיקוֹזָה

Vergiftungsmächtigkeit ---> Giftigkeit

vergilben

הִצְהִיב (מַצְהִיב) (ספרנ') קִבֵּל צֶבַע צָהֹב מֵחֲמַת יֹשֶׁן

Vergißmeinnicht *{Myosotis}*

זִכְרִינִי (בוט') צֶמַח מִמִּשְׁפַּחַת הַזִּיפָנִיִּים

Vergleich

הַשְׁוָאָה (הַשְׁוָאוֹת) [ק/א/138]. דִּמּוּי, הַמְשָׁלָה, דִּמְיוֹן. חִקּוּי [ק/א/325]. מָשָׁל, הֶקֵּשׁ. צֵרוּף [ק/ג/252]

Vergleich mit..., im

בְּהַשְׁוָאָה לְ.../אֶל... [ק/א/201; 206]. בְּהִצְטָרֵף אֶל..., בְּיַחַס אֶל.../לְ..., בְּהֶקֵּשׁ אֶל..., בְּדִמְיוֹן אֶל...

Vergleich zu..., im ---> Vergleich mit..., im

vergleichbar

הַשְׁוָאוּתִי [ק/א/133] דּוֹמֶה, בַּר הַשְׁוָאָה, בֶּן הַשְׁוָאָה, שֶׁנִּתָּן לְהַשְׁוָאָה

Vergleichbarkeit

הַשְׁוָאוּת

vergleichen [---> kollationieren]

הִשְׁוָה (מַשְׁוֶה) זֶה לָזֶה [ק/א/331]. דִּמָּה (מְדַמֶּה), חִשֵּׁב

vergleichende Psychologie ---> Psychologie, vergleichende

vergleichende Rechtswissenschaft ---> Rechtswissenschaft, vergleichende

Vergleichspaar(e)

צֶמֶד מַתְאָם (פסי')

Vergleichssatz

פְּסוּקִית הַשְׁוָאָה (בלש') [מ"ב/40]. מִשְׁפַּט (תֵּאוּר) הַשְׁוָאָה, מִשְׁפָּט טָפֵל הַמַּשְׁוֶה אֹפֶן הִתְנַהֲגוּת מְסֻיָּם לַנֶּאֱמָר בַּמִּשְׁפָּט הָעִקָּרִי, לְמָשָׁל: "**יוֹתֵר מִמָּה שֶׁהָעֵגֶל רוֹצֶה לִינֹק**, הַפָּרָה רוֹצָה לְהָנִיק". מִשְׁפַּט הַדִּמְיוֹן, - הַדִּמּוּי (פיל') [ק/ב/299]

Vergleichsstufe ---> Komparativ

Vergleichung [---> Kollation]

דִּמּוּי [ק/א/138]. הַמְשָׁלָה. הֶקֵּשׁ [ק/א/206]. הַשְׁוָאַת דְּבָרִים שֶׁיֵּשׁ בֵּינֵיהֶם אֵיזֶה דִּמְיוֹן שֶׁהוּא, גּוּף הַדִּמְיוֹן. הַשְׁוָאָה, הַשְׁוָיָה [ק/א/218]. עֵרֶךְ [ק/ג/170]

Vergleichung, Gegenstand der

מַשָּׂא הַהַשְׁוָאָה [ק/ג/170]. עָרוּךְ

Vergletscherung

הִתְקַרְחֲנוּת (גאו') תַּהֲלִיךְ הִוָּצְרוּת קַרְחוֹן עַל יְדֵי דְּחִיסַת שֶׁלֶג לְקֶרַח

Vergnügung

עִנּוּג (עִנּוּגִים) [א"ח/ב/3]. תַּפְנוּק, שַׁעֲשׁוּעַ, תַּעֲנוּג (תַּעֲנוּגוֹת)

Vergnügungssteuer

הֶטֵּל עִנּוּגִים (כלכ', מדי')

vergönnen [---> Nachsicht üben]

רִתָּה (מְרַתֶּה), רָאָה בְּעַיִן טוֹבָה אֶת הַצְלָחָתוֹ שֶׁל פְּלוֹנִי, לֹא הִתְקַנֵּא בִּכְבוֹדוֹ שֶׁל אַחֵר, הֵנִיחַ אֶת פְּלוֹנִי לְ...

Vergönnen

רִתּוּי, רַתְיָנוּת

Vergötterung

הַאֲלָהָה, הַעֲרָצָה

vergriffen

אָזַל (אוֹזֵל), כָּלָה

vergröbern, sich

הִתְגַּסָּה (מִתְגַּסֶּה) [ק/ג/163]. נֶעֱצַר, נַעֲשָׂה גַּס, - מְגֻשָּׁם, - עָבָה, - סָמִיךְ, קִבֵּל צוּרַת גּוּף גַּשְׁמִי. הִתְעַבָּה (מִתְעַבֶּה) (פיס׳) [ק/ב/323]. הִתְגַּסֵּס [ק/א/118]. הִתְגַּשֵּׁם

Vergröberung

הִתְגַּסּוּת [ק/א/228]. הִתְעַבּוּת, הִתְגַּשְּׁמוּת, הֵעָשׂוּת גַּס

vergrößern

הִגְדִּיל (מַגְדִּיל) (דפו׳)

Vergrößern

הַגְדָּלָה (דפו׳)

Vergrößerung

הֶגְדֵּל (דפו׳) תּוֹצָאַת הַהַגְדָּלָה

Vergrößerungsglas *{Lupe}*

מַגְדֶּלֶת (מַגְדָּלוֹת) (פיס׳) זְכוּכִית מַגְדֶּלֶת, מַצְהֶרֶת

Vergrößerungssuffix ---> Augmentativum

Vergütung ---> Zuschuß

Verhältnis [---> Übereinstimmung, innere]

יַחַס (יְחָסִים) [ק/ב/33]. קֶשֶׁר וּתְלוּת שֶׁבֵּין שְׁנֵי דְּבָרִים. מַדְרֵגָה (פיל׳) [ק/ב/154]. סְמִיכוּת [ק/ג/104]. עֵרֶךְ [ק/ג/170]. מַתְכֹּנֶת. צֵרוּף [ק/ג/252]. זִקָּה, שַׁיָּכוּת, דִּמְיוֹן, נְטִיָּה. שִׁעוּר [ק/ד/144]. הִצְטָרְפוּת (פיל׳) [ק/א/201]. הִתְיַחֲסוּת (פיל׳) [ק/א/235]. חֶבֶר (פיל׳) [ק/א/270]. חִבּוּר, מִתְאָם. יִחוּס (פיל׳) [ק/ב/32]. קְבִיעַת שַׁיָּכוּתוֹ שֶׁל דָּבָר אֶחָד לְדָבָר אַחֵר

Verhältnis, ein mit sich selbst multipliziertes

יַחַס שְׁנוּי בְּיַחַס (פיל׳) [ק/ד/136]

Verhältnis, Figur-Grund- ---> Figur-Grund-Verhältnis

Verhältnis, gegenseitiges

יַחַס גּוֹמְלִין (יַחֲסֵי גּוֹמְלִין) (פיל׳) [ק/א/269]. חִבּוּר, יַחַס הֲדָדִי (יְחָסִים הֲדָדִיִּים), הִצְטָרְפוּת, צֵרוּף, קֶשֶׁר

Verhältnis, geometrisches ---> Proportion, geometrische

Verhältnis, reziprokes

יְחָסָה הֲפוּכָה (מתמ׳)

Verhältnis, vertragsähnliches ---> Quasikontrakt

Verhältnis der Reziproken

יַחַס הָפוּךְ (מתמ׳)

verhältnismäßig ---> proportional; angemessen

verhältnismäßige Größe ---> Größe, verhältnismäßige

Verhältnismäßigkeit ---> Proportionalität; Angemessenheit

Verhältnisskala

סֻלַּם מָנוֹת, - יַחַס (סטט׳) [מ״מ/219; ר/ב/459; ד״מח/159]. סֻלַּם מָנָה, מוֹצָאוֹ מְנֻקַּדַּת אֶפֶס בִּלְתִּי שְׁרִירוּתִית וְיֵשׁ בּוֹ רְוָחִים שָׁוִים

Verhältniswahlsystem

שִׁיטַת בְּחִירוֹת יַחֲסִיּוֹת (מדי׳) יִצּוּג יַחֲסִי, שִׁיטָה שֶׁבָּהּ חֶלְקַת הַנְּצִיגִים נַעֲשֵׂית בְּהֶתְאֵם לְמִסְפַּר הַקּוֹלוֹת שֶׁקִּבְּלוּ כָּל מֻעֲמָד אוֹ רְשִׁימָה

Verhältniswort ---> Präposition

verhängen, Strafe ---> Strafe verhängen

Verhängnis

גְּזֵרָה (דת, פיל׳) [ק/א/111]. גְּזֵרַת גּוֹרָל, הַהֶכְרֵחַ בְּמַעֲשֵׂי הָאָדָם וּבְמְאֹרְעוֹת חַיָּיו, מַה שֶּׁנִּגְזַר עָלָיו מִלְמַעְלָה, כֹּרַח בִּלְתִּי נִמְנָע, מְנָת גּוֹרָלוֹ שֶׁל אָדָם

verhängnisvoll ---> ominös; fatal

Verhängung einer Strafe ---> Strafe, Verhängung einer

verhärtend

מְקַשֶּׁן (רפו׳)

verhärtet

מְקֻשָּׁן, מְקֻשֶּׁנֶת (רפו׳) קָשׁוּן, קְשׁוּנָה

Verhärtung *{Induration}* **[---> Stählung]**

קְשִׁינוּת (רפו׳) קַשֶּׁנֶת, הִתְקַשְּׁנוּת, הִתְקַשּׁוּת

Verhalten

הִתְנַהֲגוּת (פסי׳, מ״ח) [ר/א/230]. הִתְיַחֲסוּת (פיל׳) [פ״ר/95]

verhalten

מְאֻפָּק, מְעֻצָּר, עָצוּר, כָּבוּשׁ, מְרֻסָּן, מְמֻשְׁמָע, מְדֻכָּא

Verhalten, abweichendes

סְטִיָּה מִתְּקוּנָה (נוֹרְמָה) (פסי׳, מ״ח) [ר/ב/467; ל״ס/118]. חֲרִיגָה מִתְּקוּנָה הִתְנַהֲגוּתִית כָּלְשֶׁהִי, הִתְנַהֲגוּת הַמֵּפֵרָה אֶת הַכְּלָלִים הַקַּיָּמִים בַּחֶבְרָה וְהַגּוֹרֶרֶת גִּנּוּי אוֹ עֹנֶשׁ, שִׁנּוּז, הִשְׁתַּנְּזוּת, הִתְנַהֲגוּת חֲרִיגָה

Verhalten, angeborenes

הִתְנַהֲגוּת מֻטְבַּעַת (פסי׳) הִתְנַהֲגוּת שֶׁמִּלֵּדָה

Verhalten, angepaßtes

הִתְנַהֲגוּת מְסֻגֶּלֶת (פסי׳)

Verhalten, automatisches

הִתְנַהֲגוּת נִתְגֶּבֶת (פסי׳) [ר/א/13]. הִתְנַהֲגוּת אוֹטוֹמָטִית, - לֹא מְכֻוֶּנֶת, - לְלֹא הִרְהוּר אוֹ מַחְשָׁבָה

Verhalten, erworbenes

הִתְנַהֲגוּת נִקְנֵית (פסי׳) הִתְנַהֲגוּת נִרְכֶּשֶׁת

Verhalten, exploratives ---> Erkundungsverhalten

Verhalten, kindisches *{Puerilismus}*

הִתְנַהֲגוּת יַלְדוּתִית (פסי׳) [מר״ח/564]. יַלְדוּתִיּוּת, תִּינוֹקִיּוּת, דַּרְדְּקָנוּת, דַּרְדְּקָאוּת, דַּרְדַּקִיּוּת

Verhalten, problematisches

הִתְנַהֲגוּת מֻקְשָׁה (פסי׳) [ר/א/116]. הִתְנַהֲגוּת בְּעָיָתִית, - בִּלְתִּי חֶבְרָתִית, - הַרְסָנִית

Verhalten, räsonierendes

עֶמְדָּה טִעוּנִית [פ״ר/161]. גִּישָׁה טִעוּנִית

Verhalten, reaktives

הִתְנַהֲגוּת נַעֲנִית (פסי׳)

verhalten, sich töricht

שִׁנֵּז (מְשַׁנֵּז), הִשְׁתַּנֵּז (מִשְׁתַּנֵּז) (פסי׳, רפו׳) הִתְנַהֵג בַּחֲרִיגוּת, הָבַל (הוֹבֵל), סָכַל (סוֹכֵל), הָיָה סָכָל, הִתְנַהֵג בְּסִכְלוּת, נִסְכַּל

Verhalten, stereotypes

הִתְנַהֲגוּת הֶטְפֵּסִית (פסי׳) הִתְנַהֲגוּת

סְטֶרֶאוֹטִיפִּית

Verhalten, zweckmäßiges

הִתְנַהֲגוּת תַּכְלִיתִית (פסי')

Verhaltende, das sich

זֶה שֶׁנִּכְנָס לְיַחֲסִים (פיל') [פ"ר/96]

Verhaltensforschung ---> Behaviorismus

Verhaltensmodifikation

הַסְגָּלַת הִתְנַהֲגוּת (פסי')

Verhaltensproblem

בְּעָיַת הִתְנַהֲגוּת (פסי') [ר/א/231]. קֹשִׁי הִתְנַהֲגוּת, תּוֹפָעָה הַקַּיֶּמֶת אֵצֶל מִי שֶׁמַּתְמִיד בְּהִתְנַהֲגוּת בִּלְתִּי חֶבְרָתִית

verhaltenspsychologisch ---> behavioristisch

Verhaltensstichprobe, Erhebung einer ---> Erhebung einer Verhaltensstichprobe

Verhaltensvariable ---> Mustervariable

Verhaltensweise

צוּרַת הִתְנַהֲגוּת (פסי') אֹפֶן הִתְנַהֲגוּת

verhandeln

דָּן עִם... [א"ח/ב/353]. נָשָׂא וְנָתַן, דִּיֵּן (מְדַיֵּן), הִתְדַּיֵּן, הַדַּיֵּן (מִדַּיֵּן), שָׁקַל וְטָרָה, הִתְמַקֵּחַ (מִתְמַקֵּחַ)

Verhandlung

דִּיּוּן (דִּיּוּנִים) [א"ח/ב/353]. מַשָּׂא וּמַתָּן, מִקָּח וּמִמְכָּר, שַׁקְלָה וְטַרְיָה

Verhandlungsort ---> Gerichtsstand

verharren

שָׁקַד (שׁוֹקֵד) עַל... [ק/ד/155]. הִתְמִיד לַעֲשׂוֹת דְּבַר-מָה, עָבַד בַּחֲרִיצוּת

Verharren

שָׁהוּת, שְׁהִיָּה, הִשְׁתַּהוּת, שְׁקִידָה עַל...

Verhauchung

נְפִיחָה, מַפָּח, הוֹצָאַת הָרוּחַ

verheeren

חָרַב (חָרֵב), שָׁמַם (שׁוֹמֵם), הֶחֱרִיב (מַחֲרִיב), הִשְׁמִים (מַשְׁמִים), הָפַךְ לִשְׁמָמָה, נֶחֱרַב, נִשְׁמַם

verheerender Stern ---> Stern, verheerender

verheimlichen

הִסְתִּיר, הֶעְלִים (מַעְלִים), כִּסָּה (מְכַסֶּה) עַל...,
הָעֳלַם, הֻסְתַּר, נִסְתַּר

verheiratete Frau ---> Frau, verheiratete

verheißen

יִחֵל (מְיַחֵל) [ק/ב/33]. הִבְטִיחַ גְּמוּל טוֹב. יָעַד, יִעֵד [ק/ב/42]. נָדַר, יָעַד אֶת פְּלוֹנִי. מְיֻעָד [ק/ב/194]. מְעֻתָּד, מֻבְטָח, שֶׁנִּתְּנָה לוֹ הַבְטָחָה, שֶׁעָתִיד לִהְיוֹת מַשֶּׁהוּ, מוּכָן, מְזֻמָּן לְמַטָּרָה מְסֻיֶּמֶת, שֶׁנִּקְבַּע מֵרֹאשׁ

Verheißung

יִחוּל [ק/ב/32]. הַבְטָחָה. יַעַד [ק/ב/43]. יִעוּד. מוֹעֵד [ק/ב/164]

verheißungsvoller Ansatz ---> Ansatz, vielversprechender

verherrlichen

הֶאְדִּיר (מַאְדִּיר, לְהַאְדִּיר), שִׁבַּח, פֵּאֵר

verhindern

מָנַע (מוֹנֵעַ), גָּדַר בִּפְנֵי, - בְּעַד, הִפְרִיעַ, כִּהָה (מְכַהֶה) בְּ..., עָצַר, עִכֵּב

Verhinderung

מְנִיעָה, מַעְצוֹר, עַכָּבָה, עִכּוּב, הַפְרָעָה, גְּדִירָה, גִּדּוּר, עֲצִירָה

Verhör

גְּבִיַּת עֵדוּת (משפ') חֲקִירַת עֵדִים, תַּחְקִיר, חֲקִירָה מְפֹרֶטֶת, חִקּוּר

verhören

חָקַר (חוֹקֵר) (משפ') גָּבָה עֵדוּת, חִקֵּר (מְחַקֵּר)

verholen

עִתֵּק (מְעַתֵּק) אֳנִיָּה (ימא') מָשַׁךְ אֳנִיָּה מִמְּקוֹמָהּ

Verholung

עִתּוּק אֳנִיָּה (ימא') מְשִׁיכַת אֳנִיָּה מִמְּקוֹמָהּ

verholzt

מְעֻצֶּה, קָשֶׁה כָּעֵץ

verhüllen ---> umhüllen

verhüllende Form ---> Form, verhüllende

Verhüllung ---> Euphemismus

verhütend [---> vorbeugend]

תַּמְנִיעִי, מַמְנִיעַ, פְּרוֹפִילַקְטִי, מוֹנֵעַ

Verhütung *{Prophylaxe}* **[---> Vorbeugung]**

תַּמְנִיעָה, פְּרוֹפִילַקְטִיקָה, מְנִיעָה

Verifikation

אִמּוּת [ק/א/53]. וִדּוּא. הַאֲמָתָה (פיל', מדע) [ק/א/151; ר/א/39]. אִשּׁוּר דָּבָר שֶׁהוּא אֱמֶת, תַּהֲלִיךְ קְבִיעַת אֲמִתּוּתָהּ שֶׁל הַשְׁעָרָה. צִדּוּק [ק/ג/228]. הַצְדָּקָה, הוֹכָחָה, וֶרִיפִיקַצְיָה

verifizierbar

אָמִית, שֶׁנִּתָּן לְאַמְּתוֹ, וָדִיא, שֶׁאֶפְשָׁר לְוַדְּאוֹ

verifizieren

אִמֵּת (מְאַמֵּת), וִדֵּא (מְוַדֵּא), בָּדַק אֶת אֲמִתּוּת הַדָּבָר הַנִּבְדָּק

Verifizierung ---> Verifikation

verinnerlichen

הִפְנִים (מַפְנִים) (מ"ח, פסי') [ר/א/216]. הִטָּה לִפְנִים, קִבֵּל לְתוֹכוֹ עֲרָכִים, מִנְהָגִים וכד'

Verinnerlichung

הַפְנָמָה (מ"ח, פסי') [ר/א/216]. תַּהֲלִיךְ שֶׁבּוֹ הַפְּרָט מְקַבֵּל אֶת דַּרְכֵי הַהִתְנַהֲגוּת, אֶת הַתְּקָנִים וְאֶת הָעֲרָכִים שֶׁל הַחֶבְרָה וּמִתְנַהֵג עַל פִּיהֶם

Verirrung

תְּעִיָּה (תְּעִיּוֹת) [ק/א/242]. הַתְעָיָה, הַטְעָאָה, הֲבָאָה לִידֵי טָעוּת, מִכְשׁוֹל, בִּלְבּוּל

Verirrung, geistige

הִשְׁתַּבְּשׁוּת הַדַּעַת (פסי', פיל') [ק/א/221]. הִשְׁתַּבְּשׁוּת, עִרְבּוּב הַדֵּעוֹת וְהַמַּעֲשִׂים, מִסְטֵה, טִלְטוּל הַנֶּפֶשׁ. בִּלְבּוּל הַחוּשִׁים [ק/ב/181]. מַחֲלָה, שִׁבּוּשׁ הַדַּעַת

Verjährung

הִתְיַשְּׁנוּת (משפ') עִם תֹּם מוֹעֵד מְסֻיָּם פְּקִיעַת תְּקֵפָהּ שֶׁל הַזְּכוּת לְמִמּוּשׁ תְּבִיעָה עוֹמֶדֶת בְּעֶזְרַת הַמְּדִינָה

verkäuflich

מָכִיר (כלכ') בַּר מְכִירָה, שֶׁנִּתָּן לִמְכִירָה

Verkalkung

הִסְתַּיְּדוּת (כימ', גאו')

Verkapselung

כָּמוּס (מחש')

Verkauf

מְכִירָה (כלכ') [א"ח/ב/353]. מִמְכָּר (מִמְכָּרִים)

verkaufen

מָכַר (מוֹכֵר) (כלכ') זִבֵּן (מְזַבֵּן), נִמְכַּר, הִזְדַּבֵּן

Verkaufspreis

מְחִיר מְכִירָה (כלכ') הַמְּחִיר לַצַּרְכָן

Verkaufsvertreter, konzessionierter

עוֹסֵק מֻרְשֶׁה (משפ', כלכ')

Verkaufszeit

זְמַן הַמִּמְכָּר (כלכ')

Verkehr setzen, in ---> begeben

verkehren

הֶהְפִּיךְ (מְהַפִּיךְ), הִפֵּךְ, הָפַךְ

verkehrsfähiges Wertpapier ---> Verkehrspapier

Verkehrspapier

מִסְמָךְ סָחִיר (מִסְמָכִים סְחִירִים) (כלכ', משפ') [אב"נ/129; אב"מ/120]. מִסְמָךְ כַּסְפִּי שֶׁאֶפְשָׁר לְהַעֲבִירוֹ מִבְּעָלִים אֶחָד לַשֵּׁנִי בִּמְסִירָה אוֹ בְּהֶסֵּב

verkehrspolizeiliche Übertretung ---> Übertretung, verkehrspolizeiliche

Verkehrsweise

אֹפֶן הַמַּשָּׂא וּמַתָּן

verkehrt

מְהֻפָּךְ, הָפוּךְ

Verkehrtheit [---> Pervertiertheit]

הֹפֶךְ שֵׂכֶל [ק/א/195]. הֹפֶךְ, דֵּעָה וּמַחֲשָׁבָה הֲפוּכָה וּמְעֻקֶּלֶת, הַבְלוּת. הִתְהַפְּכוּת [ק/א/230]. מַה שֶּׁמִּתְנַגֵּד לְחֻקֵּי הַשֵּׂכֶל וְהַהִגָּיוֹן, הַנִּמְנָע, הַבָּטֵל

Verkehrung

הַהֲפָכָה, הִפּוּךְ, הֶהָפְכוּת

verkeilen

קִטְרֵב (מְקַטְרֵב) (טכנ') חִזֵּק לוֹלָב בְּאֶמְצָעוּת פִּין (קִטְרֵב), טֵרֵז (מְטָרֵז), תָּקַע טְרִיז

Verkeilung

קִטְרוּב (טכנ') טֵרוּז, חִזּוּק בְּאֶמְצָעוּת תְּקִיעַת טְרִיז

verkennen

שָׁגָה (שׁוֹגֶה)

Verkennen

הַכָּרַת כָּזָב (פיל') [פ"ר/89] שְׁגִיאַת הַכָּרָה

verketten

שִׁרְשֵׁר (מְשַׁרְשֵׁר), שֻׁרְשַׁר (מְשֻׁרְשָׁר), חִבֵּר בְּשַׁרְשֶׁרֶת

Verkettung

שִׁרְשׁוּר (בלש') [מ"ב/43]. יְצִירַת רֶצֶף קַוִּי שֶׁל יְסוֹדוֹת לְשׁוֹנִיִּים אוֹ גְּבָלָאוֹת (קָטֵגוֹרְיוֹת) בַּלְשָׁנִיּוֹת, לְמָשָׁל: אוֹתִיּוֹת, צוּרָנִים, מִלִּים, מִשְׁפָּטִים וּסְמָלִים אֲחֵרִים. הִשְׁתַּלְּבוּת, הִרָתְקוּת, רִתּוּק, צִמּוּד, שִׁלּוּב שֶׁל חֲלָקִים לְשַׁרְשֶׁרֶת

Verkettung hervorgehend, aus kausaler ---> hervorgehend, aus kausaler Verkettung

verklärte Wesenheit ---> Wesenheit, verklärte

verklagen, jemanden [---> anklagen]

הִגִּישׁ תְּבִיעָה נֶגֶד... (משפ') תָּבַע (תּוֹבֵעַ) לְדִין אֶת...

verklebt ---> verwachsen, mit etwas

Verklebung ---> Verwachsung

verkleiden

הֵלִיט (מֵלִיט, לְהָלִיט), עָטָה, עָטַף

verkleinern

הִקְטִין (מַקְטִין), עָשָׂה אוֹתוֹ קָטָן, קִטֵּן (מְקַטֵּן), הֻקְטַן, נִקְטַן

Verkleinerungsform *{Diminutivum}*

הַקְטָנָה (בלש') [מ"ב/64]. צוּרָה הַנִּגְזֶרֶת מִשֵּׁם עֶצֶם לְצִיּוּן מִדָּה קְטַנָּה שֶׁלּוֹ, לְמָשָׁל: עַל יְדֵי הַכְפָּלַת אוֹת אַחֲרוֹנָה אוֹ הַכְפָּלַת שְׁתֵּי אוֹתִיּוֹת, כְּגוֹן: "דַּק - דַּקִּיק", "כֶּלֶב - כְּלַבְלָב"; סִיּוּם '-ית' אוֹ '-וֹן', כְּגוֹן: "תֵּל - תְּלוּלִית", "יֶלֶד - יַלְדּוֹן"

Verkleinerungssatz

מַאֲמָר מַקְטִין (פיל', בלש') [ק/ב/130]

verklingen

דָּעַךְ (דּוֹעֵךְ), נָמוֹג, נֶעְלַם, נֶחֱלַשׁ

Verklonung ---> Klonung

verknöchern

הִתְגָּרֵם (מִתְגָּרֵם) (רפו') גֵּרֵם (מְגָרֵם), נֶהֱפַךְ לְגֶרֶם, נִהְיָה לְעֶצֶם, הִגְרִים (מַגְרִים)

verknüpfen

הִצְמִיד (מַצְמִיד) [ק/ב/115]. לִוָּה, הִלְוָה, סָמַךְ, חִבֵּר, הִסְמִיךְ, קֵרֵב, צֵרֵף, צִמֵּד (מְצַמֵּד), הִצְטַמֵּד, צָמַד (צוֹמֵד), נִצְמַד

verknüpft

מְצֻמָּד [ק/ב/324]. מִתְעַטֵּף, צָמוּד, מְחֻבָּר, מִתְקַשֵּׁר, מִתְחַבֵּר

Verknüpfung *{Konnexion}*

קִשּׁוּרִיּוּת (בלש') [מ"ב/45]. תְּכוּנַת קִשְׁרֵי הַמַּשְׁמָעוּת בֵּין יְסוֹדוֹת לְשׁוֹנִיִּים שׁוֹנִים, לְמָשָׁל: בְּמִשְׁפָּט: "הַיֶּלֶד מְשַׂחֵק" (הַקֶּשֶׁר בֵּין: הַיֶּלֶד + מְשַׂחֵק). קִשּׁוּר (פיל') [ק/א/246]. צִמּוּד, הִתְקַשְּׁרוּת, חִבּוּר, קֶשֶׁר בֵּין מֻשָּׂגִים. הִלּוּךְ [ק/א/174]

Verkörperlichung Gottes ---> Gott(es), Verkörperlichung

verkörpern [---> darstellen]

הִתְגַּשֵּׁם (מִתְגַּשֵּׁם) (פיל', פיס') [ק/א/117; ק/ב/311]. הִתְגַּלֵּם (מִתְגַּלֵּם), נִגְלַם, הֻגְלַם, נִתְלַבֵּשׁ בְּגוּף, קִבֵּל צוּרַת גּוּף גַּשְׁמִי, נִתְעַצֵּם, נַעֲשָׂה גּוּף

verkörpert

מְגֻשָּׁם, מֻגְשָּׁם (אנת', דת) [ק/ב/143]. כְּשֶׁהָאֵל אוֹ דּוֹמֶם מְתֹאָר בִּתְכוּנַת הָאָדָם אוֹ בְּצוּרָה גַּשְׁמִית, דִּמּוּי אָדָם, מְאֻנָּשׁ

Verkörperung [---> Darstellung]

הִתְגַּשְּׁמוּת (פיל', פיס') [ק/א/228]. קַבָּלַת צוּרָה גַּשְׁמִית, הֱיוֹת לְגוּף. הִתְלַבְּשׁוּת (פיל', פיס') [ק/א/237]. הִתְגַּלְּמוּת. הִתְעַצְּמוּת (פיל', פיס') [ק/א/242]. הֱיוֹת עֶצֶם, הִתְאַחֲדוּת עֶצֶם בְּעֶצֶם

Verkörperung betreffend, die

הִתְגַּשְּׁמוּתִי (פיל', פיס') [ק/א/243]. הִתְעַצְּמִי, עַל דֶּרֶךְ הַהִתְעַצְּמוּת, הִתְגַּלְּמוּתִי

verkohlen

פִּחֵם (מְפַחֵם) (כימ') הָפַךְ לְפֶחָם, הִתְפַּחֵם (מִתְפַּחֵם)

Verkohlung

פִּחוּם (כימ') הֲפִיכָה שֶׁל חֹמֶר אוּלָנִי (אוֹרְגָנִי) לְפֶחָם עַל יְדֵי חִמּוּם בִּתְנָאֵי חֹסֶר חַמְצָן אוֹ בִּדְרָכִים אֲחֵרוֹת

Verkoppelung

חִבּוּר בֵּינִי (אלק')

verkorken

פָּקַק (פּוֹקֵק) [א"ח/ב/237]. גָּף, הֵגִיף, סָתַם פִּי כְּלִי

verkümmert ---> rudimänter

verkünden, Urteil ---> Urteil verkünden

verkündigen, öffentlich

פִּרְסֵם (מְפַרְסֵם) בְּפֻמְבֵּי (מדי', משפ') [א"ח/ב/63]. שִׁמַּע (מְשַׁמֵּעַ), הִשְׁמִיעַ בָּרַבִּים, הִכְרִיז, כָּרַז (כּוֹרֵז), הוֹדִיעַ, הִשְׁמִיעַ

Verkündigung

פִּרְסוּם פֻּמְבִּי (מדי', משפ') שִׁמּוּעַ, הַכְרָזָה, אַכְרָזָה, פִּרְסוּם רִשְׁמִי

Verkündung ---> Verkündigung

verkürzen

קִצֵּר (מְקַצֵּר), הִתְקַצֵּר, קֻצַּר (מְקֻצָּר)

verkürzte Wiedergabe ---> Wiedergabe, verkürzte

verkürzter Schluß ---> Schluß, verkürzter

verkürztes Nomen ---> Nomen, verkürztes

Verkürzung

קִצּוּר, הִתְקַצְּרוּת

Verkürzung des Weges ---> Wegabkürzung

Verkürzung von Fingern und Zehen

קִזְמוּת (רפו') [מר"ח/104]. מוּם שֶׁל אֶצְבָּעוֹת קְצָרוֹת בְּיוֹתֵר

verladen

טָעַן (טוֹעֵן) (ימא')

Verladung

טְעִינָה (ימא')

verlängertes Nomen ---> Nomen, verlängertes

Verlängerung

אַרְכָּה (משפ', כלכ') הַאֲרָכָה. הִתְאָרְכוּת (טכנ')

Verlag

בֵּית הוֹצָאָה לָאוֹר (תקש', דפו' כלכ') הוֹצָאָה לָאוֹר, מו"לוּת

verlagert

נָזוּחַ [מר"ח/252]. מוּזָח, מָעְתָּק, מֻסָּט, מֻעֲבָר

Verlagerung

הֲזָחָה, הַעֲבָרָה, הַעְתָּקָה

Verlagerung des Anschauungsbildes ---> Anschauungsbild(es), Verlagerung des

verlangen

הִשְׁתּוֹקֵק, כָּמַהּ, חָמַד, הָמָה (מְהַמֶּה), הָמָה (הוֹמֶה), דָּרַשׁ, הִפְצִיר

Verlangen

תְּשׁוּקָה [ק/ד/220; א"ח/ב/20]. גַּעְגּוּעִים, חֶשְׁקָה שֶׁל יֵצֶר, חֶמְדָּה, אִוּוּי, הִתְאַוּוּת, כְּמִיהָה, מְשִׁיכָה, שְׁאִיפָה, מִשְׁאָלָה, חֵשֶׁק, הֶמְיָה, צֹרֶךְ עַז. הַמְרָצָה [ק/א/179]. הַכְבָּרָה, הַעְתָּרָה, הַפְצָרָה, תַּחֲנוּנִים רַבִּים. הִתָּלוּת (פסי')

[ק/א/238]. הִשְׁתּוֹקְקוּת

verlangsamte Herztätigkeit ---> Herztätigkeit, verlangsamte

verlangsamtes Sprechen ---> Sprechen, verlangsamtes

Verlangsamung

הָאָטָה, הֵאָטוּת, הִתְאַטּוּת

verlassen

עָזַב (עוֹזֵב), נָטַשׁ, זָנַח (זוֹנֵחַ), הִזְנִיחַ, הִפְקִיר, שָׁבַק (שׁוֹבֵק)

Verlassen

עֲזִיבָה, נְטִישָׁה, זְנִיחָה, הַזְנָחָה, הַפְקָרָה

Verlassen der gewohnten Umgebung im Dämmerzustand ---> Dämmerzustand, Verlassen der gewohnten Umgebung im

verlassene Frau, ohne Scheidung ---> Frau, ohne Scheidung verlassene

verlebt ---> abgelebt

verlegen

הוֹצִיא לָאוֹר (תקש', דפו', כלכ') פִּרְסֵם בְּבֵית הוֹצָאָה לָאוֹר. הִתְקִין (מַתְקִין) (טכנ')

verlegen

נָבוֹךְ (פסי') [ק/ג/13]. אוֹבֵד עֵצוֹת, תּוֹעֵה לֵב, מִי שֶׁנִּמְצָא בִּמְבוּכָה רוּחָנִית, נוֹטֶה לְכָאן וּלְכָאן

Verlegen

הֶסַּח הַנָּחָה (פסי')

Verlegenheit [---> Ängstlichkeit]

מְבוּכָה (פסי') [ק/ב/135]. אָבְדַן עֵצוֹת, טִלְטוּל הַדַּעַת, מְצוּקַת הַנֶּפֶשׁ, סָפֵק, נְבוֹכוּת

Verleger(in)

מוֹצִיא לָאוֹר, מוֹצִיאָה לָאוֹר (תקש', דפו', כלכ') מו"ל, מו"לִית

Verleihung

הַקְנָיָה, הַקְנָאָה [ק/א/204]. נְתִינָה, מְסִירָה

Verleitung

הַשָּׁאָה [ק/א/215]. פִּתּוּי, הַשְׁפָּעָה

Verlesen

הֶסַּח קְרִיאָה (פסי')

Verletzbarkeit ---> Empfindlichkeit

verletzen

פָּצַע (פּוֹצֵעַ) [א"ח/ב/20]. חָבַל (חוֹבֵל), נֶחְבַּל, הִשְׁחִית, פָּגַע (פּוֹגֵעַ), נִשְׁחַת, נִפְצַע, נִפְגַּע, חִבֵּל

verletzlich

נוֹחַ לְהִפָּגַע (פסי') נוֹחַ לְהֵעָלֵב

Verletzung der Privatsphäre ---> Privatsphäre, Verletzung der

Verletzung der Treupflicht ---> Treupflicht, Verletzung der

Verletzung fremder Rechte ---> Beeinträchtigung

verleumden

הִשְׁמִיץ (מַשְׁמִיץ) (משפ') הוֹצִיא דִּבָּה, הֵלִיז (מֵלִיז), דִּבֵּר סָרָה, הוֹצִיא לַעַז, הֶעֱלִיל (מַעֲלִיל) עַל..., דִּבֵּר דֹּפִי בְּ..., רִנֵּן

Verleumder

מַשְׁמִיץ (משפ') מוֹצִיא דִּבָּה, טוֹפֵל שֶׁקֶר

verleumderisch

שַׁמְצָנִי (משפ') מַשְׁמִיץ, הַשְׁמָצָתִי

Verleumdung

הַשְׁמָצָה (משפ') דִּבָּה (דִּבּוֹת), עֲלִילָה, דֹּפִי, לַעַז, הַלְעָזָה

verliehen ---> ausgeliehen
verlobtes Mädchen ---> Mädchen, verlobtes
Verlobung
אֵרוּסִים (משפ', מ״ח, דת) הַבְטָחַת נִשּׂוּאִין, אֵרוּסִין
Verlöbnis ---> Verlobung
verlöschen ---> verklingen
verlöten ---> löten
verlorener Gegenstand
אֲבֵדָה (אֲבֵדוֹת), דָּבָר שֶׁאָבַד
verlorengehen
הָלַךְ לְאִבּוּד [א״ח/ג/198]. נִרְכַּס, אָבַד (אוֹבֵד)
Verlust
הֶפְסֵד [ק/א/219]. הֶשְׁמֵט, אָבְדָן, הֶעְלֵם, חִדָּלוֹן, אֲבֵדָה
Verlust, schmerzlicher
אָבְדָן מַכְאִיב, הֶפְסֵד כָּבֵד, שְׁכוֹל
Verlust der Eigentümlichkeit
הֶשְׁמֵט צוּרָה [ק/א/219]
Verlust der Schreibfähigkeit ---> Agraphie
Verlust der Sensibilität ---> Desensibilisierung
Verlust des Geruchssinns ---> Geruchssinn(s), Verlust des
Vermächtnis *{Legat}*
יְרֻשָּׁה (יְרֻשּׁוֹת) (משפ') עִזָּבוֹן, מַה שֶּׁאָדָם הִשְׁאִיר אַחַר מוֹתוֹ
Vermächtnis(ses), Widerruf eines
סִכּוּל הַעֲבָרַת רְכוּשׁ (משפ')
Vermächtnis unter Auflage
יְרֻשָּׁה עַל תְּנַאי (משפ')
vermännlichen
זִכְרֵר (מְזַכְרֵר) (רפו', פסי') זִכֵּר, הִזְדַּכֵּר, נַעֲשָׂה מִין זָכָר, הוֹפִיעוּ בּוֹ סִימָנֵי גַּבְרוּת
vermännlichte Frau ---> Frau, vermännlichte
Vermännlichung
זִכְרוּר (רפו', פסי') זִכּוּר, הִזְדַּכְּרוּת, הֵעָשׂוּת לְזָכָר, הוֹפָעַת סִימָנֵי גַּבְרוּת
Vermännlichung von Frauen *{Viraginität; Virilismus}*
גַּבְרָנוּת (רפו', פסי') גַּבְרָנִיּוּת
vermehrbar
בַּר רִבּוּי [ק/ב/328]. מִתְרַבֶּה
vermehren
רָבָה (רוֹבֶה), רִבָּה (מְרַבֶּה), הִתְרַבָּה (מִתְרַבֶּה), הִרְבָּה (מַרְבֶּה), סָגָה (סוֹגֶה), הָיָה הַרְבֵּה, - גָּדוֹל, הִסְגָּה (מַסְגֶּה), הִסְגִּיא, הִגְדִּיל, הִסְתַּגָּה (מִסְתַּגֶּה)
Vermehrung
רִבּוּי [ק/ד/183]. תּוֹסֶפֶת, הִתְרַבּוּת, הַגְבָּרָה, הַגְדָּלָה
Vermehrung, natürliche
רִבּוּי טִבְעִי (ביו', מ״ח)
Vermeidung
הֶמְנֵעַ [ק/א/177]. הִמָּנְעוּת, שְׁבִיתָה, עִכּוּב, בִּטּוּל, מְנִיעָה
vermeintlich
נִתְפָּס בִּסְבָרָה (פיל') [פ״ר/90]. מְדֻמֶּה
vermengen
עֵרֵב (מְעָרֵב), חִבֵּר (מְחַבֵּר), בָּלַל, בָּל, עִרְבֵּב (מְעַרְבֵּב)
Vermengung *{Compositio}*
עֵרוּב (פיל') [ת״ה/126; בת״ט/119]. חִבּוּר, בְּלִילָה, עִרְבּוּב
vermenschlichen *{personifizieren}*
אִנֵּשׁ (מְאַנֵּשׁ) (אנח', דת) הֶאֱנִישׁ, אִיֵּשׁ (אוֹיֵשׁ), יִחֵס תְּכוּנָה אֱנוֹשִׁית לְ...
Vermenschlicher *{Anthropomorphist}*
מְאַנֵּשׁ (דת) [ק/א/92]. בַּעַל הַהַגְדָּלָה, מִי שֶׁמְּיַחֵס סְגֻלּוֹת אֱנוֹשִׁיּוֹת לֵאלֹהִים. מַאֲמִין הַהַגְשָׁמָה (דת) [ק/ב/129]. מַאֲמִין הַהַגְדָּלָה, כִּנּוּי לְמִי שֶׁמַּאֲמִין בְּגַשְׁמִיּוּתוֹ שֶׁל הָאֱלֹהִים. מַגְשִׁים (דת) [ק/ב/143]
vermenschlicht *{anthropomorphisch; personifiziert}*
מְאֻנָּשׁ (פיל', דת) [ק/א/122; ק/ב/143]. גַּשְׁמִי, נֶאֱנָשׁ, שֶׁמִּתְיַחֲסוֹת לוֹ סְגֻלּוֹת אֱנוֹשִׁיּוֹת אַפְעַלְפִּי שֶׁאֵינוֹ אָדָם. גַּשְׁמָנִי, גָּשְׁמָנִי [ק/א/122]. גּוּפָנִי, חָמְרִי. מְגֻשָּׁם, מָגְשָׁם (אנח', דת) [ק/ב/143]. כְּשֶׁהָאֵל אוֹ דּוֹמֶה מְתֹאָר בִּתְכוּנַת הָאָדָם אוֹ בְּצוּרָתוֹ, דְּמוּי אָדָם
Vermenschlichung *{Anthropomorphismus; Personifikation}*
אִנּוּשׁ (פְּעֻלָּה), הַאֲנָשָׁה (תּוֹצָאָה) (פיל', דת) [ק/א/158; ק/ד/221]. הַגְשָׁמָה, תַּת גּוּף, - דִּבּוּר, אִיּוּשׁ, הַאֲיָשָׁה, יִחוּס סְגֻלּוֹת אֱנוֹשִׁיּוֹת לְמִי שֶׁאֵינוֹ אָדָם, הַמְחָשַׁת מֻשָּׂג מֻפְשָׁט בִּדְמוּת אָדָם. גַּשְׁמוּת, גַּשְׁמִיּוּת (דת, פיל') [ק/א/121]. הַגְדָּלָה
Vermenschlichung, krasse *{Anthropomorphismus, krasser}*
אִנּוּשׁ יָתֵר (פיל') [ק/א/103]. גְּדֻלָּה, הַפְלָגָה יְתֵרָה, הַגְשָׁמָה גַּסָּה
vermessen [---> anmaßend]
נוֹעָז, עוֹבֵר עַל הַמִּדָּה, מַסִּיג גְּבוּל
vermessen, sich [---> anmaßen]
הֵעֵז (מֵעֵז) [ק/ג/207]. פָּצַר, הֶחֱצִיף, חָצַף, הֵעֵז מֵצַח עִם..., הֶעֱמִיד פָּנִים בְּ..., הֵעִיז פָּנָיו, הֶעְפִּיל, הִרְהִיב עֹז. הָרַס [ק/א/215]. יָצָא חוּץ לַגֶּדֶר הָרָאוּי וְהַנָּכוֹן, עָבַר עַל הַמִּדָּה
Vermessenheit [---> Anmaßung]
הֶעָזָה [ק/א/214]. הֲרִיסָה, עַזּוּת, הַעְפָּלָה, חֲצִיפוּת, שַׁחֲצָנוּת, הַחְצָפַת פָּנִים, עַזּוּת פָּנִים
Vermessungsschiff
אֳנִיַּת סֶקֶר (ימא')
Vermietung
הַשְׂכָּרָה (כלכ', משפ')
vermindern
מִעֵט (מְמַעֵט), הִמְעִיט, הִפְחִית, הִקְטִין, חִסֵּר, גָּרַע מִ..., נִכָּה (מְנַכֶּה), פִּחֵת, הִתְמַעֵט, נַעֲשָׂה מְעַט, צָעַר (צוֹעֵר), נִצְעַר
verminderte Harnabsonderung ---> Harnabsonderung, verminderte
verminderte Menses ---> Menstruationsschwund
verminderte Schweißabsonderung --->

Schweißabsonderung, verminderte
verminderte Speichelsekretion ---> Speichelsekretion, verminderte
Verminderung [---> Schwund]
פְּחִיתָה [ק/א/236]. הַתָּכָה, הַתִּיכָה הִתּוּךְ, הַמְעָטָה, גֶּרַע, גְּרִיעָה, הִתְפָּרְדוּת, הֶפְסֵד, חֶסְרוֹן, גֵּרוּעַ, פְּחָת, גֵּרָעוֹן, הַנְכָּיָה, נִכּוּי, הַפְחָתָה

vermischen
עִרְבֵּב (מְעַרְבֵּב), בָּלַל (בּוֹלֵל), פָּתַךְ (פּוֹתֵךְ), פִּתֵּךְ (מְפַתֵּךְ), מָזַג

Vermischung
עִרְבּוּב, עֲשִׂיַּת תַּעֲרֹבֶת, פֶּתֶךְ

vermitteln
תִּוֵּךְ (מְתַוֵּךְ), מִצַּע (מְמַצֵּעַ), הִתְוִיךְ (מַתְוִיךְ), יָצַר קֶשֶׁר בֵּין בְּנֵי אָדָם, פִּשֵּׁר. הִתְמַצֵּעַ (מִתְמַצֵּעַ), הָיָה לִמְמַצֵּעַ

vermittelnd *{intermediär}*
מְתַוֵּךְ [ק/ב/313]. מַתְוִיךְ, מְמַצִּיעַ, מְקַשֵּׁר. מְתֻוָּךְ[ק/ב/317]. מְמֻצָּע. בֵּינוֹתִי [מר״ח/398]. אֶמְצָעִי, בֵּינַיְמִי, שֶׁל בֵּינַיִם, בֵּינוֹנִי. בֵּינִי (מתמ׳)

vermittelnde Reaktion ---> Reaktion, vermittelnde
vermittelnde Variable ---> Variable, intervenierende
vermittels
בְּמִצּוּעַ [ק/ב/254]. בְּאֶמְצָעוּת, עַל יְדֵי, בְּתִוּוּךְ, בְּעֶזְרַת

Vermittler
אֶמְצָעִי [ק/א/56]. מְתַוֵּךְ, שָׁלִיחַ, מֶצַע (מְצָעִים). מַתְוִיךְ [ק/ב/313]. מַמְצִיעַ, מְקַשֵּׁר

Vermittlung
הִתְמַצְּעוּת [ק/א/240]. תִּוּוּךְ, קִשּׁוּר. מִצּוּעַ [ק/ב/254; פ״ר/88]. אֶמְצָעוּת, עַל פִּי הֶגֶל: הַשָּׁווּת הָעַצְמִית הַמְּנִיעָה אֶת עַצְמָהּ. מְצִיעוּת [ק/ב/258]

Vermittlung von..., durch ---> vermittels
Vermögen [---> Potenz; Bestiz; Fähigkeit]
כֹּשֶׁר (פסי׳) [ק/א/324]. חֹק, כֹּחַ טִבְעִי, סְפִיקָה, כֹּחוֹת הַנֶּפֶשׁ. רְכוּשׁ (כלכ׳) טוּבִין, כְּבֻדָּה, הוֹן

Vermögen, bewegliches ---> Habe, bewegliche
Vermögen(s), Eigenart des vegetativen
צִמְחִיּוּת (מ״ט) [ק/ג/250]. תְּכוּנַת הַכֹּחַ הַצִּמְחִי

Vermögen, natürliches
כֹּחַ טִבְעִי (מ״ט, פיל׳) [ק/ב/74]. כֹּחַ, תְּכוּנָה מֻטְבַּעַת בְּעֶצֶם כָּלְשֶׁהוּ, סְגֻלָּה טִבְעִית

Vermögen, rationales
כֹּחַ שִׂכְלִי (פיל׳, פסי׳) [ק/א/131; ק/ב/74; ק/ג/59]. הַכֹּחַ הַדִּבְרִי, כֹּחַ הַשֵּׂכֶל, - רוּחָנִי. הִגָּיוֹן (פיל׳, פסי׳) [ק/א/155]. כֹּחַ הַהַכָּרָה הַשִּׂכְלִית. הִשְׂתַּכְּלוּת (פסי׳, פיל׳) [ק/א/222]. הַכֹּחַ שֶׁבָּאָדָם לְהָבִין וּלְהַשְׂכִּיל. כֹּחַ מְדַבֵּר (פסי׳, פיל׳) [ק/ב/75]. הַנֶּפֶשׁ הַמְדַבֶּרֶת (פיל׳, פסי׳) [ק/ג/59]. הַנֶּפֶשׁ הַמַּשְׂכֶּלֶת, - הַנַּפְשִׁית, - הַחֲכָמָה, - הַהוֹגָה, - הַדַּבְּרָנִית

vermögend
בַּעַל רְכוּשׁ (מ״ח, כלכ׳) עָשִׁיר, כָּבֵד בְּמָמוֹן. כָּהֵל [ק/ב/67]. יָכוֹל

Vermögensabgabe ---> Kapitalabgabe
Vermögensgewinnsteuer ---> Kapitalgewinnsteuer
Vermögensteuer
מַס רְכוּשׁ (כלכ׳, משפ׳)

Vermögenswerte
נְכָסִים מוּחָשִׁיִּים (כלכ׳, משפ׳)

vermuten
שִׁעֵר (מְשַׁעֵר) [ק/ד/147]. שִׁעֵר בְּדַעְתּוֹ, דִּמָּה בְּנַפְשׁוֹ, צִיֵּר לְעַצְמוֹ, תֵּאֵר בְּדִמְיוֹנוֹ. סָבַר (סוֹבֵר) [ק/ג/88]. חָשַׁב, דִּמָּה בְּלִבּוֹ, הָיָה בְּדַעְתּוֹ. זָמַם (זוֹמֵם) (פסי׳) [ק/א/264]. הִשִּׂיג בְּהַכָּרָה בִּלְתִּי בְּרוּרָה, - בְּדִמְיוֹן

Vermutung
הַשְׁעָרָה (הַשְׁעָרוֹת) [ק/א/220]. אֹמֶד הַדַּעַת. סְבָרָה (סְבָרוֹת) [ק/ג/89]. שִׁקּוּל, הַנָּחָה, דֵּעָה, מַחֲשָׁבָה. אֻמְדָּן [ק/א/51]. אֻמְדַּן דַּעַת. אֻמְתְּלָא (פיל׳) [ק/א/61]. זְמָם (זְמָמִים) (פסי׳) [ק/א/263]. דִּמְיוֹן. נְחִישָׁה (פיל׳, מדע) [ק/ג/27]

Vermutung, begründete
הַשְׁעָרָה מְבֻסֶּסֶת [ק/א/206]. הַקְרָבָה, סְבָרָה מְבֹרֶרֶת, הַנָּחָה מְחֻוֶּרֶת

Vermutung beruhend, auf
הַשְׁעָרָתִי (פיל׳) [ק/ג/91]. סְבָרִי, סְבָרִי, שֶׁל סְבָרָה, שֶׁנִּלְמַד מִן הַשֵּׂכֶל וְהַהִגָּיוֹן, הִסְתַּכְּלוּתִי, מְבֻסָּס עַל שִׁקּוּל דַּעַת לְלֹא בְּדִיקָה נִסְיוֹנִית, עִיּוּנִי

vernachlässigbar
זָנִיחַ, שֶׁנִּתָּן לְהַזְנִיחוֹ, - לֹא לְהִתְחַשֵּׁב בּוֹ, - לְהַעְלִים עַיִן מִמֶּנּוּ

Vernachlässigung
הַזְנָחָה [ק/א/190]. הֶעְלֵם, הַעֲלָמָה, הַסָּחַת הַדַּעַת, אִי הִתְחַשְּׁבוּת, עֲזִיבָה, הַעֲלָמַת עַיִן, חֹסֶר הַשְׁגָּחָה, הִתְרַשְּׁלוּת, שִׁכְחָה

Vernässung
טוֹבְעָנוּת (היד׳)

vernageln
סִמֵּר (מְסַמֵּר) (טכנ׳) סָמַר, הִסְמִיר (מַסְמִיר), חִבֵּר בְּמַסְמְרִים, נִסְמַר

Vernehmen
מִשְׁמָע, מַה שֶּׁשּׁוֹמְעִים

Vernehmender
מַשְׂכִּיל (פיל׳) [ק/ב/286]. הוֹגֶה דֵּעוֹת, חוֹשֵׁב, בַּעַל הַכָּרָה, יַדְעָן

vernehmlich ---> hörbar
Vernehmung ---> Verhör
verneigen
קַד, קָדָה (קוֹדֶה), הִרְכִּין רֹאשׁוֹ, הִשְׁתַּחֲוָה

Verneigung
קִדָּה (קִדּוֹת), כְּפִיפַת רֹאשׁ, הִשְׁתַּחֲוָיָה

verneinen
שָׁלַל (שׁוֹלֵל) [ק/ד/115]. הִתְנַגֵּד, נִשְׁלַל, לֹא הִסְכִּים, מָנַע, אִפֵּס, הִכְחִישׁ, לֹא נָתַן, סָתַר, כָּפַר בְּ..., הִרְחִיק, סִלֵּק, כִּחֵשׁ בְּ..., נָגַד, פָּסַל. אֵין (מְאַיֵּן) [ק/א/42]. אַיֵּן, בִּטֵּל

Verneiner der göttlichen Wesensattribute ---> Wesensattribute, Verneiner der göttlichen
Verneinung ---> Negation
vernichtbar, durch Anfechtung
בָּטִיל (משפ׳) נִתָּן לְבִטּוּל עַל יְדֵי עִרְעוּר

vernichten
הַשְׁמִיד (מַשְׁמִיד) [ק/ג/126]. הֶעֱדִיר, הֶאֱפִיס (מַאֲפִיס), עָשָׂה לְאֶפֶס, - לְבִלְתִּי קַיָּם, הֶחֱסִיר, הֶאֱבִיד, הִכְחִיד (מַכְחִיד), בִּעֵר, נִשְׁמַד, נִכְחַד, כִּלָּה (מְכַלֶּה), חִסֵּל, מָחָה (מוֹחֶה), סָף, הֵבִיא סוֹף

Vernichtung
הַשְׁמָדָה, כְּלָיָה, כִּלּוּי, הַכְחָדָה, בִּעוּר, הַכְרָתָה, מְחִיָּה, חִסּוּל, הִכָּחֲדוּת

vernieten ---> nieten

Vernietung ---> Nietung

Vernommene, das
מֻשְׂכָּל (פיל', פסי') [ק/ב/286]. דָּבָר הַמֻּשָּׂג בַּשֵּׂכֶל, בְּנִגּוּד לְמוּחָשׁ, הַמֻּשָּׂג בְּחוּשׁ

Vernünftelei
חַכְמָנוּת [ק/ג/89]. סְבָרָה, הִתְחַכְּמוּת, פִּלְפּוּל, הִתְפַּלְפְּלוּת, חִכּוּם

vernünfteln
הִתְחַכֵּם (מִתְחַכֵּם), הִתְפַּלְפֵּל, חִכֵּם (מְחַכֵּם)

vernünftelnd
חַכְמָן, מִתְחַכֵּם, חַכְמָנִי, תְּבוּנִי כְּבְיָכוֹל, פַּלְפְּלָן

vernünfteltes Wesen ---> Wesen, vernünfteltes

vernünftig
נָבוֹן [ק/א/299]. חַכְמִי, חַכְמָנִי, חַכְמוֹנִי, תְּבוּנִי, שְׂכוּלִי, שִׂכְלִי, תְּבוּנָתִי, בַּעַל תְּבוּנָה

vernünftig handeln ---> handeln, vernünftig

vernünftig urteilen ---> denken, logisch

vernünftiges Wissen ---> Wissen, vernünftiges

Vernünftigkeit
תְּבוּנִיּוּת (פיל') [פ״ר/157]

Vernunft
תְּבוּנָה (פיל') [פ״ר/46]. תְּבוּנָה פִילוֹסוֹפִית. דָּבָר (פיל') [ק/א/129]. מַחֲשָׁבָה, הִגָּיוֹן. הַקָּשָׁה (פיל') [ק/א/209]. חֲקִירָה שִׂכְלִית. חָכְמָה (פיל', פסי') [ק/א/290]. שֵׂכֶל (פיל', פסי') [ק/ב/286; ק/ד/93]. כֹּשֶׁר הַחֲשִׁיבָה, יְכֹלֶת הַהֲבָנָה, בִּינָה, שְׂכוֹל

Vernunft, gebildete
הַתְּבוּנָה הַמִּתְרַבֶּתֶת (פיל') [פ״ר/177]

Vernunft, erworbene
תְּבוּנָה נִקְנֵית (פסי', פיל') [ק/ד/104]. הַשֵּׂכֶל הַנִּקְנֶה, - הַנֶּאֱצָל, - הַקָּנוּי, - הַמְקֻבָּל, הַהַכָּרָה הַשִּׂכְלִית הַנִּקְנֵית עַל יְדֵי הַלִּמּוּד, תְּבוּנָה נִרְכֶּשֶׁת

Vernunft, hylische ---> Vernunft, potentielle

Vernunft, positive ---> Vernunft, erworbene

Vernunft, potentielle
תְּבוּנָה אִזְרִית (פיל') [ק/ד/104]. תְּבוּנָה בְּכֹחַ, הַשֵּׂכֶל בְּכֹחַ, - הַהִיּוּלָנִי, - הַהִיּוּלִי, - הַחָמְרִי, - הָעִקָּרִי, - הַמְקַבֵּל, - הַנִּפְעָל

Vernunft, praktische
תְּבוּנָה מַעֲשִׂית (פיל') [ק/ד/177]. כֹּחַ פּוֹעֵל (פיל') [ק/ב/76; ק/ג/203]. הַשֵּׂכֶל הַיָּשָׁר, הַהִגָּיוֹן הַפָּשׁוּט. הַשֵּׂכֶל הַמַּעֲשִׂי (פיל') [ק/ד/104]

Vernunft, theoretische
תְּבוּנָה עִיּוּנִית (פיס') [ק/ב/76]. כֹּחַ סְפוּגִי, תְּבוּנָה תּוֹרְאָתִית (תֵּאוֹרֶטִית). הַשֵּׂכֶל הָעִיּוּנִי (פיל') [ק/ד/104]. אִזּוּן, שְׁקִילָה מְדֻיֶּקֶת

Vernunft in actu
תְּבוּנָה בְּפֹעַל (פיל') [ק/ד/104]. הַשֵּׂכֶל בְּקִנְיָן, - בְּפֹעַל

Vernunft unterordnen, der
הִתְבִּין (מַתְבִּין) (פיל') הִכְפִּיף לַתְּבוּנָה, שִׂכְלֵן (מְשַׂכְלֵן)

vernunftbegabt
תְּבוּנִי (פיל') [ק/א/131]. דַּבְּרָן, דַּבְּרָנִי, נָבוֹן, דִּבְרִי, שִׂכְלִי. דַּעְתָּן [ק/א/143]. מְדַבֵּר (פיל') [ק/ב/144]. שֶׁיֵּשׁ בּוֹ דֵּעָה, בַּעַל שֵׂכֶל וְהַכָּרָה

Vernunftbegriff
מֻשָּׂג תְּבוּנִי (פיל') [ק/ג/242]. צִיּוּר שִׂכְלִי, - תְּבוּנִי

Vernunftbestimmung
יִעוּד הַתְּבוּנָה (פיל')

Vernunfterkenntnis
הַכָּרָה תְּבוּנִית (פיל') [ק/א/82]. הַכָּרָה שִׂכְלִית. דֵּעָה (פיל') [ק/א/141]. הַשָּׂגָה שִׂכְלִית (בְּנִגּוּד לַדִּמְיוֹן), יְדִיעָה. הֶקֵּשׁ (פיל') [ק/א/206]. בִּינַת הָאָדָם. הָעוֹלֶה בְּשֵׂכֶל (פיל') [ק/ג/133]. אֲשֶׁר יַעֲלֶה בְּשֵׂכֶל, הַמֻּשְׂכָּלוֹת הָעִיּוּנִיּוֹת וְהַמַּעֲשִׂיּוֹת, הַדְּבָרִים הַמֻּשָּׂגִים בְּשֵׂכֶל

Vernunfterwägungen beruhend, auf
סְבָרִי, סִבְרִי (פיל') [ק/ג/91]. שֶׁל סְבָרָה, שֶׁנִּלְמַד מִן הַשֵּׂכֶל וְהַהִגָּיוֹן, הִסְתַּכְּלוּתִי, מְבֻסָּס עַל שִׁקּוּל דַּעַת לְלֹא בְּדִיקָה נִסּוּיִית, עִיּוּנִי

Vernunftgebot(e)
מוּדָע (מוּדָעִים) (דת) [ק/ב/159]. מִצְוָה שֶׁטַּעְמָהּ הַשִּׂכְלִי יָדוּעַ וּמוּבָן, בְּנִגּוּד לְמִשְׁמַע (=מִצְוָה שִׁמְעִית). מִצְווֹת שִׂכְלִיּוֹת [ק/ב/253]

vernunftgemäß
תְּבוּנִי (פיל') [ק/א/142]. דַּעֲנִי, תְּבוּנָתִי. שִׂכְלִי (פיל') [ק/ד/106]. שֶׁל שֵׂכֶל, בִּינָתִי, מַחֲשַׁבִי, הַכָּרָתִי, הֶגְיוֹנִי

Vernunftglaube
אֱמוּנַת תְּבוּנָה (דת, פיל')

Vernunftschluß
הֶקֵּשׁ תְּבוּנָה (פיל') [ק/א/206]. הֶקֵּשׁ, גְּזֵרָה הַמֻּרְכֶּבֶת מֵהַקְדָּמָה (אוֹ מֵהַקְדָּמוֹת) וְתוֹלָדָה. מַסְקָנָה הֶגְיוֹנִית. מוֹלִיד (פיל') [ק/ב/161]. הֶקֵּשׁ מְחַיֵּב

Vernunftsvermögen
כֹּשֶׁר הַתְּבוּנָה (פיל')

Vernunftswesen
יֵשׁ שֶׁבַּתְּבוּנָה (פיל')

Vernunftswesen, stoffloses
מֻשְׂכָּל מֻבְדָּל (פיל', דת) [ק/ב/135]. כִּנּוּי לְמַלְאָךְ הַנִּבְדָּל מִן הַחֹמֶר הָעָכוּר. עִנְיָן נִבְדָּל (פיל', דת) [ק/ג/149]. דֵּעָה פְּרוּדָה (פיל', דת) [ק/ג/208]. שֵׂכֶל נִבְדָּל, - נִפְרָד, - מֻפְשָׁט, - נִפְשָׁט (פיל', דת) [ק/ד/104]. עֶצֶם רוּחָנִי

vernunftwidrig
נוֹגֵד תְּבוּנָה (פיל') [ק/ב/45]. חֲסַר תְּבוּנָה, יוֹצֵא חוּץ לְהֶקֵּשׁ, כִּנּוּי לְדָבָר הַמִּתְנַגֵּד לַהִגָּיוֹן הַיָּשָׁר, בִּלְתִּי תְּבוּנִי

vernutzen
בִּלָּה (מְבַלֶּה), קִלְקֵל בְּרֹב שִׁמּוּשׁ

veröden
נָתַס (נוֹתֵס), נִתֵּס (מְנַתֵּס) (רפו') [מר״ח/488].

הוֹצִיא מִכְּלַל שִׁמּוּשׁ עַל יְדֵי נִתּוּחַ, סָתַם

Verödung

נְתִיסָה, נִתּוּס (רפוּ') [מר״ח/488]. הוֹצָאָה מִכְּלַל שִׁמּוּשׁ עַל יְדֵי נִתּוּחַ, סְתִימָה, פִּקּוּק

Verödung, affektive ---> Anhedonie

veröffentlichen ---> verkündigen, öffentlich

Veröffentlichung, laufende

סִדְרוֹן (סִדְרוֹנִים) (תקש', ספרנ') כָּל פִּרְסוּם הַמּוֹפִיעַ בְּהֶמְשֵׁכִים, כְּגוֹן: עִתּוֹנִים, כִּתְבֵי עֵת וכו'

verordnen [---> verschreiben; anordnen]

הִתְקִין (מַתְקִין) (משפ') [א״ח/ב/385]. תִּקֵּן (מְתַקֵּן), הִנְהִיג מִנְהָג, קָבַע תַּקָּנָה, חָקַק (חוֹקֵק)

Verordnung [---> Regel; Rezept; Anordnung]

תַּקָּנָה (תַּקָּנוֹת) (משפ') צַו קָבוּעַ, כְּלָל, הוֹרָאָה, פְּקֻדָּה לִנְהֹג קָבוּעַ, צִוּוּי (צִוּוּיִים)

Verpachtung

הַחְכָּרָה (כלכ', משפ')

Verpächter

מַחְכִּיר (כלכ', משפ')

verpechen ---> Pech verschmieren, mit

verpfänden, etwas [---> Hypothek belasten, mit einer]

מִשְׁכֵּן (מְמַשְׁכֵּן) (כלכ', משפ') עָבַט (עוֹבֵט), הֶעֱבִיט (מַעֲבִיט), נָתַן בַּעֲבוֹט, הִפְקִיד דְּבַר-מָה בִּידֵי הַמַּלְוֶה כְּבִטָּחוֹן לְפֵרָעוֹן חוֹבוֹ, נֶעֱבַט, הָעֳבַט

Verpfändung ---> Hypothekenbestellung

verpflanzen ---> transplantieren

Verpflanzung ---> Transplantation

Verpflegungssatz ---> Ration

Verpflichtung [---> Obliegenheit]

חִיּוּב (חִיּוּבִים) (משפ') חִיּוּבְנוּת, הֲטָלַת חוֹבָה, הִתְחַיְּבוּת (הִתְחַיְּבֻיּוֹת), קַבָּלַת חוֹבָה עַל עַצְמוֹ

Verpflichtung, bedingte

הִתְחַיְּבוּת מֻתְלֵית (משפ') הֶסְכֵּם מֻתְלֶה

Verpflichtung, innere ---> Engagement

Verpflichtung, unbedingte

אַחֲרָיוּת מֻחְלֶטֶת (משפ')

verputzen

טָח (אדר') צִפָּה בְּטִיחַ, טִיֵּחַ (מְטַיֵּחַ), טֻיַּח (מְטֻיָּח)

Verrechnungsabkommen

הֶסְכֵּם סְלוּקִין (משפ', כלכ') הֶסְכֵּם בֵּין מְדִינוֹת הַמְּבֻסָּס עַל סִלּוּק הֲדָדִי שֶׁל הִתְחַיְּבֻיּוֹת מִבְּלִי לְהִשְׁתַּמֵּשׁ בְּאֶמְצָעֵי תַּשְׁלוּם

Verrechnungskasse ---> Abrechnungsstelle

Verrechnungsscheck

הַמְחָאָה מְשֻׂרְטֶטֶת (כלכ') הַמְחָאָה שֶׁשֻּׂרְטְטוּ עָלֶיהָ שְׁנֵי קַוִּים מַקְבִּילִים כְּסִימָן לִמְנִיעַת תַּשְׁלוּם בִּמְזֻמָּנִים

verrenken

נָקַע (נוֹקֵעַ), נִקַּע (מְנַקֵּעַ) (רפוּ') פָּשַׁח (פּוֹשֵׁחַ), נִפְשַׁח

verrenkt

נָקוּעַ (רפוּ') נָזוּחַ, מְנֻזָּח, מוּצָא מֵהַמָּקוֹם, פָּרוּק

verrenkt, unvollständig

יָקוּעַ (רפוּ') [מר״ח/643]. נָקוּעַ מְעַט

verrenktem Oberschenkel, mit ---> Oberschenkel, mit verrenktem

Verrenkung

נְקִיעָה (פְּעֻלָּה), נֶקַע (נְקָעִים) (תּוֹצָאָה) (רפוּ') [מר״ח/627;254;251]. נְזִיחָה, נֶזַח, פְּרִיקָה, פְּשִׁיחָה, פֶּשַׁח, יְצִיאַת פֶּרֶק מִמְּקוֹמוֹ

Verrenkung, unvollständige *{Subluxation}*

יְקִיעָה (פְּעֻלָּה), יֶקַע (יְקָעִים) (תּוֹצָאָה) (רפוּ') [מר״ח/643]. תַּת פְּרִיקָה

verrichten, Notdurft ---> Notdurft verrichten

verriegeln

הִבְרִיחַ (מַבְרִיחַ) (טכנ') סָגַר בִּבְרִיחַ

Verringerung

הַמְעָטָה [ק/א/231]. הִתּוּךְ, הַתָּכָה, מְעִיטָה, מִעוּט, הַפְחָתוּת, הַפְחָתָה, הִתְמַעֲטוּת, הִתְפַּחֲתוּת, הַקְטָנָה, זִטּוּר, הִתְקַטְּנוּת

Verrohrung

דִּפּוּן (טכנ') צִפּוּי בְּחָמְרֵי חִזּוּק

verrosten

הֶחֱלִיד (מַחֲלִיד) (כימ') [א״ח/ב/307]. הֶעֱלָה חֲלֻדָּה

Verrückung ---> Verschiebung

Vers

טוּר (טוּרִים) (ספר') חֲרוּזָה, פָּסוּק, שׁוּרָה בְּשִׁיר

Versäumnisurteil

פְּסַק דִּין בְּהֶעְדֵּר הַצַּד הָאַחֵר (ספר') פְּסַק דִּין בְּהֶעְדֵּר צַד אֶחָד

Versagung ---> Frustration

Versalbuchstabe ---> Großbuchstabe

versammeln

הִקְהִיל (מַקְהִיל) [ק/א/117]. הִתְגַּמֵּל, הִתְאַסֵּף, הִתְכַּנֵּס יַחַד, קִהֵל (מְקַהֵל), כִּנֵּס (מְכַנֵּס), הִתְקַהֵל, נִקְהַל

Versammlung, gesetzgebende

מוֹעָצָה מְחוֹקֶקֶת (משפ', מדי')

Versammlung, verfassunggebende

אֲסֵפָה מְכוֹנֶנֶת (משפ', מדי')

Versandung

טִיּוּן חוֹלִי (היד', גאו')

Versatzstück

מִטַּלְטֵל (מִטַּלְטְלִים) (תאט') אַבְזָר שֶׁל תַּפְאוּרַת בִּימָה

Versbau

יִטּוּר, יְטִירָה (פְּעֻלָּה), מְטוּרָה, מִטְרָר (תּוֹצָאָה) (ספר') כְּתִיבָה בְּטוּרִים, אֻמָּנוּת הַכְּתִיבָה בְּטוּרִים, וֶרְסִיפִיקַצְיָה

verschachteln

תּוֹכֵךְ (מְתוֹכֵךְ), תּוֹכַךְ (מְתוֹכָךְ), נִמְצָא בְּתוֹךְ סִדְרַת עֲצָמִים זֵהִים אוֹ דּוֹמִים זֶה לָזֶה

verschachtelt

מְתוֹכָךְ, מְתוֹכֶכֶת

verschärfen

הֶחֱרִיף (מַחֲרִיף)

verschaffen, sich

הִקְנָה (מַקְנֶה) לְעַצְמוֹ

verschieben
הִתִּיק (מַתִּיק), עִתֵּק (מְעַתֵּק), הֵזִיז, עָתַק (עוֹתֵק), זָז מִמְּקוֹמוֹ, הֵזִיחַ (מֵזִיחַ), הוּזַח (מוּזָח)

verschiebend ---> verrenkt

Verschiebung
הַתָּקָה (פסי') [ר/א/239]. הֶתֵּק, הַעֲבָרַת רֶגֶשׁ מִמַּשָּׂאוֹ הַמְּקוֹרִי לְמַשָּׂא אַחֵר, הַחֲלָפַת תְּגוּבָה אַחַת בְּאַחֶרֶת. הֲזָחָה (פְּעֻלָּה), הֶזַּח (תּוֹצָאָה) (טכנ') הֲזָזָה, הֲסָטַת דָּבָר מִמְּקוֹמוֹ, הֶסֵּט. תְּזוּזָה (פיס') הֶעְתֵּק (לְגַבֵּי נְקֻדָּה), מַעְתָּק (מַעְתָּקִים)

Verschiebung, Gesetz der assoziativen
חֹק הַתָּקַת הַסְּמִיכוּת (פסי') חֹק הַתָּקַת הַהֶחְבֵּר

Verschiebung, parallaktische ---> Parallaxe

verschieden
שׁוֹנֶה [ק/א/301]. חָלוּף, חִלּוּף, נִבְדָּל מִן..., אַחֵר. חָלוּק [ק/א/302]. מְחֻלָּף [ק/ב/181]. מִשְׁתַּנֶּה [ק/ב/306]. שֶׁאֵינוֹ דּוֹמֶה. מִתְחַלֵּף [ק/ב/315]. בְּנִגּוּד לְשָׁוֶה, נִפְלֶה. זוּלָתִי [ק/א/256]. מַטְבֵּעַ הַזּוּלַת. חֵלֶף [ק/א/305]

verschiedenartig
תְּשׁוּנִי, מְגֻוָּן, רַבְגּוֹנִי

Verschiedenartigkeit
תְּשׁוּנָה [ק/א/223]. הִשְׁתַּנּוּת, הִתְפָּרְדוּת לְמִינִים שׁוֹנִים. הִתְחַלְּפוּת [ק/א/234]. הִתְחַלְּקוּת [ק/א/235]. רַבְגּוֹנִיּוּת, שׁוֹנוּת, רִבּוּי

Verschiedenheit [---> Disparation]
שׁוֹנוּת [ק/א/256; פ״ר/51]. זוּלָתִיּוּת, אִי זֶהוּת. חִלּוּף [ק/א/301]. הֶבְדֵּל. חִלּוּפִיּוּת [ק/א/302]. שִׁנּוּי [ק/ד/137]. אֲחֵרוּת, אִי דַּמְיוּת, הִבָּדְלוּת מִ...

Verschiedenheiten
יַחֲסֵי שֹׁנִי

verschiedenseitiges Dreieck ---> Dreieck, verschiedenseitiges

Verschiffung
מִשְׁלוֹחַ בָּאֳנִיָּה (ימא')

verschimmeln
הִתְעַפֵּשׁ (מִתְעַפֵּשׁ) (בוט') הֶעֱלָה עֹבֶשׁ, עָפַשׁ (עוֹפֵשׁ), נֶעֱפַשׁ, עִפֵּשׁ (מְעַפֵּשׁ)

verschlägt (jemandem) nichts, etwas ---> macht (jemandem) nichts aus, etwas

Verschlag
אָגוּר (אֲגוּרִים) (טכנ') מַחְסָן, קִיטוֹן

verschlammen
טִיֵּן (מְטַיֵּן) (היד', גאו') גָּרַם לְהִוָּצְרוּת טִין, שָׁקַע (מְשַׁקֵּעַ) סְחֹפֶת, מִלֵּא (מְמַלֵּא) טִין

Verschlammung
טִיּוּן (היד', גאו') הִטַּיְּנוּת, הִוָּצְרוּת טִין, מִלּוּי בְּטִין

Verschleiß [---> Erosion]
בְּלַאי (כלכ') אַמּוֹרְטִיזַצְיָה, מִדַּת הַפְּחָת הַנִּגְרָם לְחֵפֶץ מְסֻיָּם, בְּלִיָּה, בָּלָיָה, בִּלּוּי

verschließen
נָעַל (נוֹעֵל) (טכנ', רפו') סָגַר, הִגִּיף (מַגִּיף), סָתַם, סִתֵּם (מְסַתֵּם), הִסְתַּתֵּם, נִסְתַּם, נִסְגַּר, אָטַם, חָסַם (חוֹסֵם)

Verschließen
נְעִילָה (טכנ', רפו') סְגִירָה, הֲגָפָה, חִסּוּם

verschließend *{obstruktiv}*
חֲסִימָתִי (רפו') חוֹסֵם

verschlimmern
הֶחְמִיר (מַחְמִיר) (רפו', פסי') [מר״ח/24]. הִתְעַזֵּז, עִזֵּז (מְעַזֵּז), הֶחֱרִיף, הוּרַע, הִגְרִיעַ, רֻעֲרַע, הִתְרַעֲרַע, נַעֲשָׂה רַע

verschlimmert
מַחְמָר (רפו', פסי') מְעֻזָּז, מָחְרָף, מְרֻעֲרָע, שֶׁנַּעֲשָׂה רַע, שֶׁהִדַּרְדֵּר

Verschlimmerung
הַחְמָרָה (רפו', פסי') רְעָרוּעַ, הִתְרַעְרְעוּת, הִתְדַּרְדְּרוּת, הֲרָעָה, הִתְמָאֲרוּת, הַחֲרָפָה, הִתְלַקְּחוּת

verschlingen
זָלַע (זוֹלֵעַ), הִזְדַּלֵּעַ (מִזְדַּלֵּעַ) (רפו') בָּלַע/נִבְלַע בְּלֹא לְעִיסָה

Verschlingen
זְלִיעָה (רפו') [מר״ח/527]. בְּלִיעָה בְּלֹא לְעִיסָה

verschlucken, sich
הִשְׁתַּנֵּק (מִשְׁתַּנֵּק) (רפו') [מר״ח/647]. הִתְבַּלְעֵם, הִקְדִּים קָנֶה לְוֵשֶׁט

verschlucken lassen [---> mästen]
הִלְעִיט (מַלְעִיט) (חקל') [א״ח/ב/132]. הֶאֱכִיל, הִשְׁקָה

verschlüsseln ---> kodieren

verschlungen
שָׁלוּב, מְשֻׁלָּב

Verschluß
סֶגֶר (סְגָרִים) (טכנ'). מְגוּפָה (מְגוּפוֹת) (טכנ') [א״ח/ב/237]. מָגוֹף, פְּקָק, מִכְסֶה, מַסְתֵּם, חֶתֶם (חֲתָמִים), סִתּוּם, סְתִימָה

Verschluß *{Obstruktion}*
חֲסִימָה (רפו') הַעֲצָרָה, הֶעְצֵר, סְתִימָה, חֶסֶם (חֲסָמִים), מַעְצוֹר

Verschluß, luftdichter
חֶתֶם אָטִים (אלק')

Verschluß natürlicher Körperöffnungen ---> Atresie

verschmachten
נֶעֱטַף (רפו') נֶחֱלַשׁ, הִתְעַלֵּף, הִתְעַטֵּף, הֶעֱטִיף, כָּלָה כֹּחוֹ מֵרָעָב וּמִצָּמָא

verschmelzen
הִתְמַזֵּג (מִתְמַזֵּג) [ק/א/117]. הִתְגַּמֵּל, הִתְאַסֵּף, הִתְכַּנֵּס יַחַד, הִתְאַחָה, לִכֵּד

verschmelzende Sprache ---> Sprache, verschmelzende

Verschmelzung ---> Mischbildung; Kontraktion

verschmutzen
זִהֵם (מְזַהֵם), לִכְלֵךְ, טִנֵּף, זָהַם (זוֹהֵם), הִזְדַּהֵם

Verschnittener ---> Kastrat

verschobene Aggression ---> Aggression, verschobene

verschönend ---> kosmetisch

Verschönung
הִתְנָאוּת (אסת') [ק/א/240]. הַכָּרַת הַנָּאֶה, חִקּוּי הַנָּאֶה, הִשְׁתַּדְּלוּת לְהֵרָאוֹת נָאֶה

verschrauben

הִבְרִיג (מַבְרִיג) (טכנ׳) בָּרַג (בּוֹרֵג), חִבֵּר בִּבְרָגִים, חִזֵּק בִּבְרָגִים

verschreiben

מִרְשֵׁם (מִמְרְשֵׁם) (רפו׳) [מר״ח/550]. וְצָה (מְוַצֶּה), רָשַׁם מִרְשָׁם, נָתַן פֶּתֶק רְפוּאָה

Verschreiben ---> Schreibfehler

Verschulden, Haftung für fremdes ---> Haftung für fremdes Verschulden

Verschulden, mitwirkendes ---> Mitverschulden

verschuldet, selbst

בְּאַשְׁמָתוֹ שֶׁלּוֹ

Verschuldung

חִיּוּב (משפ׳, כלכ׳) הַרְשָׁעָה בַּדִּין, שְׁקִיעָה בְּחוֹבוֹת

verschwägern

הִשְׁתַּדֵּךְ (מִשְׁתַּדֵּךְ) (משפ׳, מ״ח) שִׁדֵּךְ (מְשַׁדֵּךְ), חִתֵּן, הִתְחַתֵּן

Verschwägerung [---> Heirat]

הִשְׁתַּדְּכוּת (משפ׳, מ״ח) קִרְבַת חִתּוּן, מִתְחַתְּנוּת, חֲתֻנּוֹת

verschwenden

בִּזְבֵּז (מְבַזְבֵּז), פִּזֵּר, הוֹצִיא לְלֹא חֶשְׁבּוֹן

verschwinden

נֶעְלַם [ק/ג/126]. נֶעְדַּר, בָּטַל, חָסַר, עָבַר מִן הָעוֹלָם, אָפֵס, הִתְאַיֵּן, הִתְאַפֵּס, כָּלָה, עָבַר מִן הָאָרֶץ, בָּטֵל מִן הָעוֹלָם

Verschwinden

הֵעָלְמוּת (פיל׳) [ק/א/190]. הֵעָלוּת, הִסְתַּלְּקוּת, הֶעְדֵּר

verschwindende Größe ---> Größe, verschwindende

Verschwörung ---> Konspiration

Versdrama

מַחֲזֶה בַּחֲרוּזִים (ספר׳, תאט׳)

Verse machen

יָטַר (יוֹטֵר) (ספר׳) כָּתַב בְּטוּרִים

Versehen

הֶסַּח עַיִן

verselbständigen

הִתְעַצְמֵן (מִתְעַצְמֵן), נִהְיָה לְעַצְמָאִי

Verselbständigung

הִתְעַצְמְנוּת, הִתְעַצְמָאוּת, הֵעָשׂוּת עַצְמָאִי

versengen

חָרַךְ (חוֹרֵךְ) [א״ת/א/120]. שָׂרַף קְצָת, סִפְסֵף (מְסַפְסֵף)

versenkbar

בַּר שְׁקִיעַ, שׁוֹקֵעַ

Versenker

מַשְׁקֵעַ (מַשְׁקְעִים) (טכנ׳)

versenkt

מְשֻׁקָּע, שָׁקוּעַ

Versenkung

שְׁקִיעָה בְּמַחֲשָׁבוֹת (פיל׳) [ק/א/220]. הַשְׁקָעָה, הִתְעַמְּקוּת הַמַּחֲשָׁבָה. שִׁקּוּעַ

Versenkungsbühne

בִּימַת שְׁקוּעִים (תאט׳)

Versetzung [---> Umstellung]

הֶעְתֵּק, הַעְתָּקָה [ק/א/192]. תְּנוּעַת דָּבָר מִמָּקוֹם לְמָקוֹם, הַעֲבָרָה, הַפְנָיָה, הַתָּקָה, הֲסָבָה

Versetzungszeichen *{Akzidentale}*

סִימָנִית עֲרַאי (מוס׳)

Verseuchung

זִהוּם (רפו׳) נְגוּעַ, הַדְבָּקָה

Versfuß

רֶגֶל הַשִּׁיר (ספר׳) [ק/א/19]. אֶבֶן

Versicherer

מְבַטֵּחַ (כלכ׳, משפ׳)

Versicherter

מְבֻטָּח (כלכ׳, משפ׳)

Versicherung

מִבְטָחָה (מִבְטָחוֹת) (פיל׳) [פ״ר/45]. קְבִיעָה סְתָמִית

Versicherungspolice

תְּעוּדַת בִּטּוּחַ (כלכ׳, משפ׳) פּוֹלִיסַת בִּטּוּחַ

Versickerung

חִדּוּר (הידׄ) חִלְחוּל

versifizieren ---> Verse machen

versilbern

הִכְסִיף (מַכְסִיף), הִתְכַּסֵּף

Versinken

שְׁקִיעָה [ק/א/224]. הִשְׁתַּקְּעוּת, צְלִילָה, הִתְעַמְּקוּת

Versinnbildlichung ---> Symbolisation

Versinnlichung

הִתְמַחְשׁוּת (פסי׳) [ק/א/240]. בֵּרוּר עִנְיָן-מָה בְּאֶמְצָעוּת הַחוּשִׁים, הֵעָשׂוּת מוּחָשׁ, הַמְחָשָׁה

Version ---> Fassung

Verslehre, schreiben nach der

חָרַז (חוֹרֵז) (ספר׳) [ק/א/32]. אִזֵּן (מְאַזֵּן), בִּמְלֶאכֶת הַשִּׁיר: עָרַךְ לְפִי הַמִּשְׁקָל

Versmaß *{Metrum}*

מִשְׁקָל (ספר׳, בלש׳) [ק/ב/303; מ״ב/133]. מִשְׁקַל הַשִּׁיר, צוּרַת הַמְּקֻצָּב בַּשִּׁיר, מִסְפַּר הַתְּנוּעוֹת וְהַהַטְעָמוֹת בְּבַיִת שֶׁל שִׁיר וְסִדְרָן הַקָּבוּעַ. סִדּוּר (ספר׳) [ק/ג/94]. אֹזֶן (ספר׳) [ק/א/32]. חִבּוּר (ספר׳) [ק/א/269]. מִדָּה (ספר׳) [ק/ב/148]. מִקְצָב (ספר׳) [ק/ב/269]

Versöhnung

פִּיּוּס, הִתְפַּיְּסוּת, רִצּוּי, הִתְרַצּוּת

versorgen

הִשְׁבִּיר (מַשְׁבִּיר) (כלכ׳) סִפֵּק, מָכַר. אָגַר, הֶחְסִין (פסי׳)

Versorgungsschiff

אֳנִיַּת הַסְפָּקָה (ימא׳) סַפֶּקֶת (סַפָּקוֹת)

verspäten

אִחֵר (מְאַחֵר) [מר״ח/658]. לָקַשׁ (לוֹקֵשׁ), בָּא בִּמְאֻחָר, הִלְקִישׁ (מַלְקִישׁ), גָּרַם לְאִחוּר

verspätet

מִתְאַחֵר [ק/ב/310]. מְאֻחָר בִּזְמַן, שֶׁבָּא בְּאִחוּר זְמַן, לוֹקֵשׁ

verspätete Reaktion ---> Reaktion, verspätete

Verspätung

אִחוּר, פִּגּוּר, הִתְאַחֲרוּת, דִּחוּי, הִתְבּוֹשְׁשׁוּת, הַלְקָשָׁה

Verspätung, kulturelle ---> Kulturgefälle

Versprechen

הַבְטָחָה (משפ׳) הִתְחַיְּבוּת, קַבָּלַת חוֹבָה עַל עַצְמוֹ, הִתְקַשְּׁרוּת, הֲקָמַת דְּבָרִים, הַצְהָרַת הִתְחַיְּבוּת, מוֹצָא דָּבָר, חִיּוּב מִשְׁפָּטִי

versprechen, sich

נִכְשַׁל בִּלְשׁוֹנוֹ, נִשְׁתַּבֵּשׁ בִּלְשׁוֹנוֹ, נוֹקַשׁ בְּאִמְרֵי פִּיו, - בִּלְשׁוֹנוֹ, נִכְשַׁל בְּדִבּוּרוֹ, טָעֲתָה לְשׁוֹנוֹ

Versprecher *{Lapsus linguae}*

פְּלִיטַת פֶּה (פסי׳, בלש׳) [מ״ב/208]. מַעֲקַשׁ לָשׁוֹן, שְׁגִיאָה קְטַנָּה בְּדִבּוּר הַנּוֹבַעַת מִמִּשְׁאָלוֹת וּמִנְּגָשִׁים (קוֹנְפְלִיקְטִים) לֹא מוּדָעִים

verstaatlichen

הִלְאִים (מַלְאִים) (מדי׳, כלכ׳) הֶעֱבִיר מֵרְשׁוּת הַפְּרָט לְבַעֲלוּת הַמְּדִינָה

Verstaatlichung

הַלְאָמָה (מדי׳, כלכ׳) הַעֲבָרַת אֶמְצָעֵי יְצוּר מִבַּעֲלוּת פְּרָטִית לְבַעֲלוּת הַמְּדִינָה

verstädtert

מְעֻיָּר (מ״ח, כלכ׳) עִירוֹנִי

Verstädterung

עִיּוּר (מ״ח, כלכ׳) תַּהֲלִיךְ צְמִיחַת הֶעָרִים

verstählen

הִפְלִיד (מַפְלִיד) (טכנ׳) צִפָּה פְּלָדָה

verständig

מֵבִין [ק/ג/38]. בַּעַל הֲבָנָה, נִלְבָּב, נָבוֹן, שִׂכְלִי, בֶּן דַּעַת, מַשְׂכִּיל, בַּעַל עַיִן חַדָּה, מְהִיר תְּפִיסָה

verständig handeln

שָׂכַל (שׂוֹכֵל), נָהַג בְּשֵׂכֶל, חָכַם (חוֹכֵם)

Verständige(r)

דַּעְתָּן, דַּעְתָּנִית (פיל׳, פסי׳) [ק/א/143]. בַּעַל דַּעַת, - שֵׂכֶל וּבִינָה

Verständigkeit

שִׂכְלִיּוּת (פיל׳) [פ״ר/157]

Verständigungsunfähigkeit ---> **Asymbolie**

verständlich

מוּבָן [ק/ג/300]. סָבִיר, קָרוֹב, מִתְקַבֵּל עַל הַדַּעַת, נִרְאֶה, קָרוֹב לְוַדַּאי, מִסְתַּבֵּר, בָּרוּר, מֻשְׂכָּל

Verständnis

הֲבָנָה (פיל׳, פסי׳) [ק/ג/14]. נְבִינוּת, מְבִינוּת, הַכָּרָה. עֲמִידָה עַל... (פיל׳, פסי׳) [ק/ג/145]. הַבְחָנָה, קְלִיטָה, תְּפִיסָה. הַשָּׂגָה (פיל׳, פסי׳) [ק/א/216]. הַכֹּחַ הַשִּׂכְלִי וְהַחוּשִׁי שֶׁל הָאָדָם לְהַשִּׂיג מֻשָּׂגִים וּלְצַיְּרָם לוֹ בְּשִׂכְלוֹ. לִבּוּב (פסי׳, פיל׳) [ק/ב/112]. מַעֲלוֹת הָרוּחַ, - הַשֵּׂכֶל, בִּינָה, מַחֲשָׁבָה שֶׁבַּלֵּב

Verständnis, einsichtvolles ---> Einsicht

verständnisvoll ---> mitfühlend

verstärken

חִזֵּק (מְחַזֵּק), הִגְבִּיר, הִתְחַזֵּק, הֶעֱזִיז (מַעֲזִיז)

Verstärker

צַיָּן עָצְמָה (עוֹצְמָה) (בלש׳) [מ״ב/109]. מַגְבִּיר, מְחַזֵּק, בִּטּוּי הַמְּשַׁמֵּשׁ כְּמַגְבִּיר אֵיכוּת שֶׁל שֵׁם תֹּאַר אוֹ שֶׁל תֹּאַר הַפֹּעַל, כְּגוֹן: ״מְאֹד״, ״כָּל עִקָּר״, ״יוֹתֵר״. מַגְבֵּר (טכנ׳) [ל״מ/344]. הֶתְקֵן הַמַּגְבִּיר אֶת הָעָצְמָה שֶׁל הַקּוֹל אוֹ שֶׁל הַתְּמוּנָה בְּמַכְשִׁירִים חַשְׁמַלִּיִּים

Verstärkung [---> Intensivierung]

חִזּוּק (פסי׳) [ר/א/267]. הַעֲצָמָה, הַגְבָּרַת הָעֲצִימוּת וְהַתְּדִירוּת שֶׁל הִתְנַהֲגוּת תְּגוּבָתִית בְּאֶמְצָעוּת גֵּרוּי אוֹ הַמְרָצָה. הַגְבָּרָה, הֶגְבֵּר

Verstärkung, selektive

חִזּוּק בּוֹרֵר (פסי׳) הַעֲצָמָה בּוֹרֶרֶת

Verstand

שֵׂכֶל (פיל׳, פסי׳) [ק/ד/93; פ״ר/155]. כֹּשֶׁר הַחֲשִׁיבָה, יְכֹלֶת הַהֲבָנָה, שְׂכוֹל. שֵׂכֶל צוּרָנִי (פיל׳) [פ״ר/46]. בִּינָה (פיל׳, פסי׳) [ק/א/87]. הַשֵּׂכֶל הָאֱנוֹשִׁי הַטִּבְעִי. חָכְמָה (פיל׳, פסי׳) [ק/א/290]

Verstand, denkender

הַשֵּׂכֶל הַהוֹגֶה (פיל׳, פסי׳)

Verstand, gemeiner

דַּעַת מְשֻׁתֶּפֶת [ק/א/142; ק/ב/307]. דַּעַת מְשֻׁתָּף, הַהַכָּרָה הַפְּשׁוּטָה הַמְּשֻׁתֶּפֶת לְכָל בְּנֵי הָאָדָם. הַסְּבָרָה הַמִּשְׁתַּתֶּפֶת [ק/ג/90]

Verstand, latenter

שֵׂכֶל כָּמוּס (פיל׳) [ק/א/169]. שֵׂכֶל הַיּוּלָנִי, הַשֵּׂכֶל בְּכֹחַ, שֵׂכֶל חָבוּי

Verstand, tätiger

שֵׂכֶל פּוֹעֵל (דת) [ק/א/43]. שֵׂכֶל מַפְעִיל, אִישִׁים, כִּנּוּי לַכֹּחַ הָאֱלֹהִי הַמַּפְעִיל יַחַד עִם הַמַּלְאָכִים אֶת שֵׂכֶל הָאָדָם

Verstand bezüglich, auf den

שִׂכְלִי (פיל׳) [ק/ד/106]. שֶׁל שֵׂכֶל, בִּינָתִי, מַחְשַׁבְתִּי, הַכָּרָתִי, הֶגְיוֹנִי, תְּבוּנִי, תְּבוּנָתִי

Verstand schärfen, den ---> schärfen, das Gehirn

verstandesbegabt

נָבוֹן [ק/א/299]. חַכְמִי, חַכְמָנִי, חַכְמוֹנִי

Verstandesbegriff

מֻשַּׂג שֵׂכֶל (פיל׳)

Verstandeserkenntnis betreffend, die

מֻשְׂכָּל (פיל׳) [ק/ב/25]. יָדוּעַ, דָּבָר הַמֻּשָּׂג בַּשֵּׂכֶל, יְדִיעִי

Verstandeserleuchtung

הֶאָרַת הַשֵּׂכֶל (פיל׳)

Verstandeskraft

כֹּחַ שִׂכְלִי (פסי׳, פיל׳) [ק/ב/74]. כֹּחַ אֱנוֹשִׁי

verstandesmäßig

שִׂכְלִי (פיל׳) [ק/ד/106]. שֶׁל שֵׂכֶל, בִּינָתִי, מַחְשַׁבְתִּי, הַכָּרָתִי, הֶגְיוֹנִי, תְּבוּנִי, תְּבוּנָתִי

Verstandesreife

גְּמַר דַּעַת (פסי׳) [ק/א/118]. שְׁלֵמוּת הַדַּעַת

Verstandestätigkeit

הִשְׂתַּכְּלוּת (פסי׳, פיל׳) [ק/א/222]. עִיּוּן וְהִתְבּוֹנְנוּת שִׂכְלִית וּמַדָּעִית, הִתְאַמְּצוּת הַשֵּׂכֶל

verstauchen ---> verrenken

Verstauchung ---> Verrenkung

Versteck

מַחֲבוֹא, סֵתֶר (סְתָרִים), סִתְרָה, מִסְתָּר, מִסְתּוֹר, טֶמֶן, חֶבְיוֹן, חֶבֶא, גֶּנֶז

verstecken

הֶחְבִּיא (מַחְבִּיא), הִסְתִּיר, גָּנַז, הִטְמִין, הֶעְלִים, הִטְמִיר, הִצְפִּין, צָפַן, טָמַן, כָּמַן

Verstecken

הַחְבָּאָה, הַסְתָּרָה, הַעֲלָמָה, הַכְמָנָה, הַצְפָּנָה, הַטְמָנָה, טְמִינָה, כְּמִינָה

verstehen

הֵבִין (מֵבִין) [ק/ג/141]. עָמַד עַל..., עָמַד בְּ..., הִשִּׂיג בְּכֹחַ הַשֵּׂכֶל, תָּפַס בְּשִׂכְלוֹ, יָדַע, הִכִּיר

versteinert ---> fossilisiert
Versteinerung ---> Fossil
Versteinerung, sprachliche
הִתְאַבְּנוּת לְשׁוֹנִית (בלש׳) [מ״ב/84]. אִבּוּן לְשׁוֹנִי, תּוֹפָעָה לְשׁוֹנִית (בְּעִקָּר בִּתְצוּרַת הַמִּלִּים) שֶׁקָּשָׁה לְהַסְבִּירָהּ בְּאֹפֶן חַדְעִתִּי (סִינְכְּרוֹנִי), לְמָשָׁל: בְּגֶרְמָנִית Bräutigam =) חָתָן. gomo = ״אִישׁ״ בְּגֶרְמָנִית עַתִּיקָה)
verstellbar
מִתְכַּוְנֵן (טכנ׳) שֶׁאֶפְשָׁר לְהַתְאִימוֹ לְפִי הַצֹּרֶךְ לְהַשָּׂגַת רֶוַח רָצוּי
verstellbarer Schraubenschlüssel
---> Schraubenschlüssel, verstellbarer
verstellen
שָׂם שֶׁלֹּא בִּמְקוֹמוֹ. הִתְחַזָּה (מִתְחַזֶּה) [א״ח/ג/233]. שִׁבֵּשׁ (מְשַׁבֵּשׁ), סֵרֵס (מְסָרֵס), סִלֵּף
verstellter Stimme, mit ---> Stimme, mit
verstellter
Verstellung
הִתְחַזּוּת [ק/א/231]. הִתְנַכְּרוּת, הִתְוַדְּעוּת, הִתְחַפְּשׂוּת, שִׁנּוּי, שִׁבּוּשׁ
verstimmen
סִלֵּף (מְסַלֵּף) אֶת הַכִּוּנוּן (מוס׳) זִיֵּף (מְזַיֵּף), זֻיַּף (מְזֻיָּף). הִשְׁתִּיק (מַשְׁתִּיק)
verstimmt
סְלוּף כִּוּנוּן (מוס׳) מְזֻיָּף
Verstimmung [---> Niedergeschlagenheit]
רוּחַ סָרָה (פסי׳)
Verstockter
מִתְעַקֵּשׁ [ק/ב/325]. עִקֵּשׁ, נִפְתָּל, הֲפַכְפַּךְ, עַקְשָׁן
verstoffwechseln
הִשְׁתַּחְלֵף (מִשְׁתַּחְלֵף) (ביו׳) שִׁחְלֵף (מְשַׁחְלֵף), חִלֵּף (מְחַלֵּף), הִשְׁתַּתֵּף בְּתַהֲלִיךְ חִלּוּף הַחֳמָרִים (מֶטַבּוֹלִיזְם)
verstopfen
סָתַם (סוֹתֵם), אָטַם, פָּקַק (פּוֹקֵק), פִּקֵּק (מְפַקֵּק), נִסְתַּם, פֻּקַּק (מְפֻקָּק)
Verstopfung ---> Stuhlverstopfung
verstoßen, gegen das Gesetz
עָבַר עֲבֵרָה (משפ׳) עָבַר עַל הַחֹק, חָטָא, הֵפֵר חֹק
Verstoßener [---> Gebannter]
מְנֻדֶּה (מְנֻדִּים) (דת, מ״ח) [א״ח/ג/218]. מִי שֶׁנִּגְזַר עָלָיו נִדּוּי, - שֶׁהֻרְחַק מִן הַצִּבּוּר
Verstoßung
נִדּוּי (דת, מ״ח) הַרְחָקָה מִן הַחֶבְרָה
Verstrickung
הִסְתַּבְּכוּת [ק/א/187]. הִסְתַּבֵּךְ
verstümmeln
מִוֵּם (מְמַוֵּם), הִתְמַוֵּם (רפו׳) [מר״ח/434]. הִטִּיל מוּם, קָטַם (קוֹטֵם)
verstümmelt
מוּמִי, קָטוּם, בַּעַל מוּם, מוּמָם
Verstümmelte(r) ---> Amputierte(r)
Verstümmelung
מִוּוּם, הִתְמַוְּמוּת (רפו׳) הַטָּלַת מוּם
Versuch
נִסּוּי (נִסּוּיִים) (פיל׳, מדע) [ק/ג/27]. נִחִישָׁה, יְחִידָה שֶׁל נִסּוּי בְּתוֹךְ סִדְרָה (נִסָּיָה), נִסָּיוֹן, נִסּוּי, בְּדִיקָה, בְּחִינָה
Versuche anstellen
נִסְיֵן (מְנַסְיֵן) (מדע). נִסָּה, עָרַךְ נִסּוּיִים, עָשָׂה נִסּוּיִים
Versuchen
נִסָּיָה (מדע)
Versuchs-Irrtum-Experiment --->
Versuchs-Irrtum-Lernen
Versuchs-Irrtum-Lernen
נִסָּיָה וּטְעִיָּה (פסי׳) [ר/א/338]. נִסָּיוֹן וּטְעִיָּה, לְמִידַת נִסּוּי וּטְעִיָּה, שִׁיטָה לִמְצִיאַת פִּתְרוֹן בְּאֶמְצָעוּת נִסָּיִים וְתִקּוּן הַטָּעוּיוֹת מִנִּסּוּי לְנִסּוּי
Versuchsanlage, Ex-post-facto
מַעֲרַךְ מֶחְקָר בְּדִיעֲבַד (מדע) תָּכְנִית אַחַר בִּלְבַד (שֶׁל נִסּוּי), נִסּוּי מְבֻקָּר שֶׁבְּמַהֲלָכוֹ נִמְדַּד הַמִּשְׁתַּנֶּה הַתָּלוּי בִּקְבוּצַת הַנִּסּוּי וּבִקְבוּצַת הַבִּקֹּרֶת לְאַחַר שֶׁנִּבְדְּקָה הַשְׁפָּעַת הַמִּשְׁתַּנֶּה הַבִּלְתִּי תָּלוּי עַל קְבוּצַת הַנִּסּוּי, תָּכְנִית חֲקִירָה לְמַפְרֵעַ
Versuchsanlage, experimentelle
מַעֲרַךְ מֶחְקָר נִסּוּיִי (מדע) [מ״מ/215]. מַעֲרַךְ שֶׁמַּשְׁפִּיעִים בּוֹ בְּמִתְכַּוֵּן עַל הַמִּשְׁתַּנֶּה הַבִּלְתִּי תָּלוּי
Versuchsanlage, faktorielle
מַעֲרַךְ גּוֹרְמִי (מדע) [מ״מ/215]. מַעֲרַךְ מֶחְקָר שֶׁמִּשְׁתַּתְּפִים בּוֹ בְּעֵת אַחַת שְׁנֵי מִשְׁתַּנִּים בִּלְתִּי תְּלוּיִים לְכָל הַפָּחוֹת
Versuchsanlage, quasi-experimentelle
מַעֲרַךְ דְּמוּי נִסּוּיִי (מדע) [מ״מ/215]. מַעֲרַךְ שֶׁחֲסֵרִים בּוֹ מְאַפְיְנִים כָּלְשֶׁהֵם שֶׁל מַעֲרַךְ נִסּוּיִי אֲמִתִּי
Versuchsanlage, Querschnitts-
מַעֲרַךְ מֶחְקָר בְּחֲתָךְ רֹחַב (מדע) [ר/א/174, 274; מ״מ/215]. דֶּרֶךְ הַחֲתָךְ לָרֹחַב, מַעֲרַךְ אִסּוּף נְתוּנִים בּוֹ זְמַנִּי, דֶּרֶךְ הַחֲתָךְ הָרָחְבִּי
Versuchsanlage in der Zeitfolge
מַעֲרַךְ לִפְנֵי-אַחֲרֵי (מדע) [ר/ב/677; מ״מ/215]. שִׁיטַת נִסּוּי שֶׁמִּשְׁתַּמֶּשֶׁת בְּקֹדֶם מִבְחָנִים וּבְאַחַר מִבְחָנִים לְנִבְדְּקֵי הַנִּסּוּי וּלְנִבְדְּקֵי הַבִּקָּרָה, תָּכְנִית קֹדֶם וְאַחַר (שֶׁל נִסּוּי), נִסּוּי מְבֻקָּר שֶׁבְּמַהֲלָכוֹ נִמְדָּד הַמִּשְׁתַּנֶּה הַתָּלוּי בִּקְבוּצַת הַנִּסּוּי וּבִקְבוּצַת הַבִּקֹּרֶת הֵן לִפְנֵי הַפְסָקַת הַשְׁפָּעַת הַמִּשְׁתַּנֶּה הַבִּלְתִּי תָּלוּי עַל קְבוּצַת הַנִּסּוּי וְהֵן אַחֲרֶיהָ
Versuchslauf ---> Probedurchgang
Versuchsleiter(in)
נַסְיָן, נַסְיָנִית (מדע) מִי שֶׁעוֹרֵךְ נִסּוּיִים, נִסְיוֹנַאי, נַסַּאי
Versuchsleiter(s), Erwartungsverzerrung des ---> Erwartungsverzerrung des Versuchsleiters
Versuchsperson
נִבְדָּק, נִבְדֶּקֶת (מדע)
Versuchsplanung ---> Versuchsanlage, experimentelle
Versuchstiereffekt ---> Meerschweincheneffekt
Versuchung

הַשָּׂאָה [ק/א/215]. פִּתּוּי. מַסָּה (מַסּוֹת), מִבְחָן, נִסָּיוֹן

versüßen
הִמְתִּיק (מַמְתִּיק), עָשָׂה שֶׁיִּהְיֶה מָתוֹק

Verszeile
מִדָּה (ספר') [ק/ב/148]. מִשְׁקַל הַשִּׁיר

vertauschbar
תְּמוּרָתִי (מתמ') הִתְחַלְּפוּתִי, בַּר תְּמוּרָה

Vertauschbarkeit
תְּמוּרָתִיּוּת (מתמ') יְכֹלֶת הַהִתְחַלְּפוּת, - הַהִשְׁתַּנּוּת

vertauschen
הֵמִיר (מֵמִיר), הֶחֱלִיף, הוּמַר (מוּמָר), נָמַר, הָחְלַף

Vertauschung ---> Umkehrung

Verteidiger
סַנֵּגוֹר (משפ') פְּרַקְלִיט הַמְלַמֵּד זְכוּת עַל הַנֶּאֱשָׁם

Verteidigung
הֲגָנָּה [ק/א/242]. הִתְעַצְּמוּת, הִתְנַצְּלוּת, הִצְטַדְּקוּת

Verteidigung, ohne ---> unverteidigt

Verteidigungsbündnis
בְּרִית הֲגָנָה (מדי')

Verteidigungshaltung ---> Abwehrhaltung

verteilen ---> distribuieren

verteilt
מְפֹרָס

Verteilung [---> Distribution; Dispersion]
פֵּרוּס (פְּעֻלָּה), תְּפֹרֹסֶת (תּוֹצָאָה) (סטט') [ר/א/235]. דִּיסְטְרִיבּוּצְיָה, הִתְפַּלְּגוּת, הִתְחַלְּקוּת, הִתְפָּרְסוּת עֲרָכִים מְסֻיָּמִים עַל פְּנֵי כְּלַל הָעֲרָכִים הָאֶפְשָׁרִיִּים

Verteilung der Intelligenzquotienten ---> Intelligenzquotienten, Verteilung der

Verteilungsprinzip
חֹק הַפִּלּוּג (מתמ') חֹק הַדִּיסְטְרִיבּוּטִיבִיּוּת

Vertiefen
הַעֲמָקָה [ק/א/191]. עִיּוּן עָמֹק

Vertiefung
שֶׁקַע (שְׁקָעִים) [ק/ג/257; א"ח/א/3]. קִבּוּב, {לְדַעַת י' קלצ'קין: קִבּוּב = קַעֲרִירוּת. לְפִי דֵּעָה אַחֶרֶת: קִבּוּב = קִמָּרוֹן, קָמוּר, גַּבְנוּנִית}, מַכְתֶּשֶׁת, מַכְתֵּשׁ, גֻּמָּץ. הַשְׁקָעָה (פיל') [ק/א/220]. הִתְעַמְּקוּת הַמַּחֲשָׁבָה

Vertiefung, kleine *{Foveola}*
גֻּמְמִית (גֻּמְמִיּוֹת) (רפו')

Vertigo ---> Schwindel

vertikal ---> lotrecht

Vertikalebene ---> Aufrißebene

Vertikalkreis ---> Höhenkreis

vertonen [---> komponieren]
הִנְגִּין (מַנְגִּין) (מוס') הִצְלִיל, כָּתַב תַּנְעִימָה (מוּזִיקָה) לְ...

verträglich ---> kompatibel

Verträglichkeit ---> Kompatibilität

Vertrag
חוֹזֶה (חוֹזִים) (משפ') הֶסְכֵּם רִשְׁמִי בִּדְבַר הִתְחַיְּבוּת הֲדָדִית

Vertrag, bindender
הֶסְכֵּם כּוֹבֵל (משפ')

Vertrag, einseitiger
חוֹזֶה חַד צְדָדִי (משפ') [אב"מ/74]. חוֹזֶה הַמְחַיֵּב רַק צַד אֶחָד

Vertrag, internationaler ---> Abkommen

Vertrag, mündlicher
הֶסְכֵּם בְּעַל פֶּה (משפ')

Vertrag, vorläufiger ---> Vorvertrag

vertragsähnliches Verhältnis ---> Quasikontrakt

Vertragsbestimmung
תְּנָיָה, תְּנָיַת חוֹזֶה (משפ') תְּנָאָה, תְּנָאַת חוֹזֶה, סְעִיף בְּחוֹזֶה הַמְשַׁמֵּשׁ תְּנַאי לְבִצּוּעוֹ, קְבִיעָה מַסְכֶּמֶת

Vertragsklausel ---> Vertragsbestimmung

Vertragspflicht
חֹפֶשׁ הַחוֹזִים (משפ', מדי')

Vertragsverletzung, Schadenersatzklage wegen
תְּבִיעָה עַל הֲפָרַת חוֹזֶה (משפ')

Vertragsverpflichtung
חִיּוּב מִכֹּחַ חוֹזֶה (משפ')

Vertrauen verdienen, kein
שָׁקַר (שׁוֹקֵר, לִשְׁקֹר), מָעַל בְּאֵמוּנוֹ, הֵפֵר שְׁבוּעָה, שָׁקַר בִּשְׁבוּעָה, - בִּבְרִית, חִלֵּל בְּרִיתוֹ, בָּגַד בָּאֵמוּן שֶׁנִּתַּן לוֹ

Vertrauensintervall ---> Konfidenzintervall

Vertrauensmann ---> Treuhänder

Vertrauensschein
שְׁטַר אֲמָנָה (כלכ', משפ') [א"ח/ג/187]. סוּג שֶׁל שְׁטַר חוֹב

Vertrauensseligkeit
פְּתַיּוּת (פסי') [ק/ג/222]. פִּתּוּי, אֵמוּן, קַלּוּת אֱמוּנָה, קַלּוּת דַּעַת, תְּמִימוּת

vertraulich
מְהֵימָן, חָסוּי, סוֹדִי, חֲשָׁאִי

Vertraulichkeit [---> Intimität]
קְרִיבוּת, קֻרְבוּת, קִרְבָה, קָרְבָה, יַחַס שֶׁל קְרוֹבִים, יְחָסִים קְרֵבִיִּים (אִינְטִימִיִּים), חִסּוּי, חֲסִיּוּת, סוֹדִיּוּת, חֲשָׁאִיּוּת

vertraut
מְיֻדָּע, מוּדָע, מֻכָּר

Vertrautheit
מְיֻדָּעוּת, מוּדָעוּת, מֻכָּרוּת

vertreiben
מִשֵּׁל (מְנַשֵּׁל) [א"ח/ב/96]. גֵּרֵשׁ (מְגָרֵשׁ), טֵרַד (טוֹרֵד), טֵרֵד, שִׁלַּח, סִלֵּק

Vertreibung
נִשּׁוּל (משפ') סִלּוּק יָד, גֵּרוּשׁ, טֵרוּד, סִלּוּק

vertretbar, nicht ---> unhaltbar

Vertreter, amtlich zugelassener
נוֹשֵׂא שְׁלִיחוּת מְדִינִית (מדי') אִישׁ סֶגֶל שַׁדְרִירִי (דִּיפְּלוֹמָטִי)

vertrocknen
חָרֵב (חָרֵב) [א"ח/ב/205]. נַעֲשָׂה יָבֵשׁ, נִפְסְקוּ

מֵימָיו

verunreinigen

סֵאֵב (מְסָאֵב), סֹאַב (מְסֹאָב), לִכְלֵךְ, טִנֵּף, טֻנַּף, הִסְתָּאֵב, נִטְמָא, נִתְלַכְלֵךְ

verunstalten

נִוֵּל (מְנַוֵּל), כִּעֵר (מְכַעֵר), הִשְׁחִית, הִטִּיל מוּם, עִוֵּת אֶת הַמַּרְאֶה, נִבֵּל, הִתְנַוֵּל, הִכְעִיר

Verunstaltung

נִוּוּל, הַשְׁחָתַת הַחֵן, הֲטָלַת מוּם, נִבּוּל, כִּעוּר, עִוּוּת הַמַּרְאֶה, הִתְנַוְּלוּת, נִבּוּל

veruntreuen

מָעַל (מוֹעֵל) (משפ')

Veruntreuer

מוֹעֵל (מוֹעֲלִים) (משפ')

Veruntreuung

מְעִילָה (משפ')

verursachen

גָּרַם (גּוֹרֵם) [ק/א/113]. גִּלְגֵּל, שִׁמֵּשׁ סִבָּה. סִבֵּב [ק/ג/81]. הֵבִיא לִידֵי.../לִכְלַל... . עָלַל [ק/ג/140]. הֵסֵב, חוֹלֵל. נִגְרַם [ק/ג/140]. הִתְעוֹלֵל, סֻבַּב

verursacht

גּוֹרֵם [ק/ג/137]. עָלוּל, מֵבִיא לִידֵי.../לִכְלַל..., מוֹלִיד, מְחוֹלֵל, מְסַבֵּב, מְשַׁמֵּשׁ סִבָּה

Verursachte, das

מְאֻנֶּה (פיל') [ק/ב/134]. מְסוֹבָב, מְסֻבָּב, תּוֹצָאָה, דָּבָר שֶׁנּוֹלַד מִן הַסִּבָּה, עָלוּל

Verursachtsein

עָלוּל [ק/ג/138]. קִיּוּם עַל יְדֵי סִבָּה

Verurteilung in Abwesenheit ---> Versäumnisurteil

vervielfältigen

שִׁכְפֵּל (מְשַׁכְפֵּל) (דפו') הִדְפִּיס עֲתָקִים רַבִּים בְּמַשְׁכֶּפֶלֶת

Vervielfältigungsapparat

מַשְׁכֶּפֶלֶת (דפו') מְכוֹנַת שִׁכְפּוּל, שַׁכְפֵּלָה, מַכְפֶּלֶת

Vervielfältigungszahl ---> Multiplikativzahl

Vervierfachung der Begriffe ---> Begriff(e), Vervierfachung der

vervollkommnen

תִּכְלֵל (מְתַכְלֵל), שִׁכְלֵל, שִׁפֵּר, עִבֵּד, הִשְׁבִּיחַ

Vervollkommnung

תִּכְלוּל [ק/ד/215]. תִּקּוּן, שִׁפּוּר, הַשְׁבָּחָה, שִׁכְלוּל, הֲטָבָה. הַשְׁלָמָה [ק/א/219]. גְּמָר, תַּשְׁלוּם, מִלּוּי הֶחָסֵר, שְׁלֵמוּת. הִשְׁתַּלְּמוּת [ק/א/219]. הִשְׁתַּכְלְלוּת, הִתְקַדְּמוּת אֶל הַשְּׁלֵמוּת. הִשְׁתַּלְּמוּת [ק/א/223]. קַבָּלַת שְׁלֵמוּת

vervollständigen ---> integrieren

Vervollständigung ---> Integration

verwachsen

הִתְמַזֵּג (מִתְמַזֵּג), הִתְאַחָה (מִתְאַחֶה), נֶאֱחָה, הִסְתָּרֵךְ

verwachsen, mit etwas

נִדְבָּק (רפו') מִסְתָּרֵךְ, נִסְרָךְ, סָרִיךְ, דָּבִיק, נִצְמָד, צְמִיגִי

Verwachsung *{Symphyse; Adhäsion}*

מִדְבָּק (רפו') [מר״ח/649]. סִרְכָה (סְרָכוֹת), הִסְתָּרְכוּת, סֵרוּךְ, סְרִיכָה, דִּבּוּק רְקָמוֹת אוֹ אֲבָרִים, הַצְמָדָה, תְּצְמֹדֶת, אִחוּי. הִדַּבְּקוּת (פיס') [דח״ט/184]. אַדְהֶזְיָה, הִצָּמְדוּת שְׁנֵי חֳמָרִים זֶה לָזֶה בִּגְלַל כֹּחוֹת בֵּין פְּרֻדָּתִיִּים הַפּוֹעֲלִים בֵּינֵיהֶם

Verwachsung der Iris ---> Iris, Verwachsung der

verwachsungbezüglich

מִדְבָּקִי (רפו') שֶׁל תְּצְמֹדֶת

Verwahrer ---> Treuhänder

verwahrloses Kind ---> Kind, verwahrloses

Verwaltung, dezentralisierte ---> Ortsverwaltung

Verwaltung, öffentliche

מִנְהָל צִבּוּרִי (מדי')

Verwaltungsbeamter ---> Staatsbeamter

Verwaltungsgericht

בֵּית דִּין לְמִנְהָל (משפ') בֵּית דִּין מִנְהָלִי

Verwaltungsrat ---> Vorstandsmitglied

verwandeln

הִשְׁתַּנָּה (מִשְׁתַּנֶּה) [ק/ד/136]. הִתְהַפֵּךְ, הִתְחַלֵּף, הִתְגַּלְגֵּל, גִּלְגֵּל (מְגַלְגֵּל). שִׁנָּה (מְשַׁנֶּה) [ק/ד/136]. הָפַךְ דָּבָר לְדָבָר אַחֵר, הֶחֱלִיף

verwandeln, in Nichts

הֶאֱפִיס (מַאֲפִיס) (פיל') [ק/א/67]. הֶעְדִּיר [ק/ג/126]. עָשָׂה לְאֶפֶס, - לִבְלְתִּי קַיָּם, הֶחֱסִיר, הִשְׁמִיד, הֶאֱבִיד, הִכְחִיד

verwandelte Gestalt ---> Gestalt, verwandelte

Verwandlung

גִּלְגּוּל [ק/א/300]. חִלּוּל, חִלּוּף, שִׁנּוּי, הִתְגַּלְגְּלוּת

verwandte Begriffe ---> Begriffe, verwandte

Verwandtschaft [---> Blutsverwandtschaft]

קִרְבָה (פיל', ביו') [ק/א/118]. גְּנִסוּת, דִּמְיוֹן, קִרְבָה, שְׁאֵרוּת, שְׁאֵרוּת, קִרְבַת מִשְׁפָּחָה, שְׁאֵרוּת בָּשָׂר

Verwandtschaft, geistige ---> Affinität

Verwandtschaft, nahe ---> Blutsverwandtschaft

Verwandtschaftsverhältnis ---> Blutsverwandtschaft

Verwarnung

אַזְהָרָה, הַזְהָרָה, הַתְרָאָה

verwechseln

דִּחְלֵף (מְדַחְלֵף), חָשַׁב בְּטָעוּת שֶׁדְּמוּת זוֹ דְּמוּת אַחֶרֶת הִיא, הֶחֱלִיף בְּטָעוּת, עִרְבֵּב, בִּלְבֵּל

Verwechslung

דִּחְלוּף, מַחֲשֶׁבֶת שָׁוְא שֶׁדְּמוּת זוֹ דְּמוּת אַחֶרֶת הִיא, הַחֲלָפָה בְּטָעוּת, זִהוּי מֻטְעֶה, חִלּוּפֵי גַּבְרָא, - דְּמוּתָא, עִרְבּוּב, בִּלְבּוּל

Verwechslungskomödie

בַּדְּחַת דִּחְלוּף (ספר', תאט') קוֹמֶדְיַת טָעֻיּוֹת

Verwechslung einer Sache mit einer anderen

חִלּוּף קְצָת בִּקְצָת [ק/א/302] חִלּוּף קְצָתָם

בִּקְצָתָם

verweiblichen
נִשְׁיֵן (מְנַשְׁיֵן) (פסי׳, רפו׳, מ״ח) הִתְנַשְׁיֵן

verweiblicht
נַשְׁיָנִי (פסי׳, רפו׳, מ״ח)

Verweiblichung
נִשְׁיוּן (פסי׳, רפו׳, מ״ח) הִתְנַשְּׁיְנוּת, קַבָּלַת אֹפִי וְסִימָנֵי הֶכֵּר נָשִׁיִּים. עֲלִיָּה בְּמִסְפַּר הַנָּשִׁים בִּתְחוּם מְסֻיָּם, פֶמִינִיזַצְיָה

verweichlichen ---> verzärteln
verweichlichte Person ---> Mannweib
Verweigerung
אַמְנָעָה, סֵרוּב, מֵאוּן, סָרְבָנוּת, אִי הֵעָנוּת

verweilen
שָׁהָה (שׁוֹהֶה), הָיָה בְּמָקוֹם מְסֻיָּם, הִתְמַהְמַהּ (מִתְמַהְמֵהַּ), הִשְׁתַּהָה (מִשְׁתַּהֶה), הִתְעַכֵּב

Verweilen
שְׁהִיָּה (שְׁהִיּוֹת), הִמָּצְאוּת בְּמָקוֹם מְסֻיָּם, הִתְמַהְמְהוּת, הִתְעַכְּבוּת, הִשְׁתַּהוּת

Verweis
רְמִיזָה (ספרנ׳) אַפְנָיָה, תַּעֲרִיךְ, מַרְאֵה מָקוֹם, אִזְכּוּר. נְזִיפָה (מנה׳) צִיּוּן לִגְנַאי

Verweisung an ein anderes Gericht
---> Gericht, Verweisung an ein anderes
verweltlichen *{säkularisieren}*
חִלֵּן (מְחַלֵּן) (פיל׳) הִפְקִיעַ מֵרְשׁוּת הַדָּת

Verweltlichung *{Säkularisierung}* [---> **Säkularisation, sprachliche**]
חִלּוּן (פיל׳) סֶקוּלָרִיזַצְיָה, חֲשִׂיפַת הָאֹפִי הַשִּׂכְלָנִי (רַצְיוֹנָלִי) שֶׁל דָּבָר מְקֻדָּשׁ לַדָּת, הַפְקָעָה מֵרְשׁוּת הַדָּת אוֹ הַמּוֹסָדוֹת הַדָּתִיִּים

Verwendung
הִשְׁתַּמְּשׁוּת [ק/א/223]. שִׁמּוּשׁ

verwerfen [---> widerlegen]
דָּחָה (דּוֹחֶה) [ק/ד/38]. הִרְחִיק, לֹא קִבֵּל, הִסְתַּיֵּג, הִדְחָה. מֵאֵן לְקַבֵּל [ק/א/95]. בָּרַח, הִתְנַגֵּד

verwerflich
דָּחוּי, פָּסוּל, מְמֹאָן, רָאוּי לִגְנוּי

Verwerfung [---> Widerlegung]
דְּחִיָּה [ק/א/96]. בְּרִיחָה, הַרְחָקָה, אִי הַסְכָּמָה, פְּסִילָה. הֶעְתֵּק (גאו׳, י״א) תְּזוּזָה אֲנָכִית אוֹ אָפְקִית שֶׁל גּוּשֵׁי קְרוּם הָאֲדָמָה הַנִּהְיֵית כְּתוֹצָאָה מֵהַפְרָעוֹת מִבְנִיּוֹת (טֶקְטוֹנִיּוֹת)

Verwerfungswasser
מֵי הֶעְתֵּק (היד׳)

verwerten ---> realisieren
verwerten des Werts ---> Wert(s), verwerten des
Verwertung ---> Realisierung
Verwertung des Werts ---> Wert(s), Verwertung des
Verwertungsprozeß
תַּהֲלִיךְ הָרְבְרוּךְ (מ״ח, כלכ׳) תַּהֲלִיךְ הַשְׁעָרוּךְ

verwickeln
סִבֵּךְ (מְסַבֵּךְ), סָבַךְ (סוֹבֵךְ), שִׁלֵּב זֶה בָּזֶה, נִסְבַּךְ, סֻבַּךְ (מְסֻבָּךְ), הִסְתַּבֵּךְ, הֻסְבַּךְ

Verwicklung
הִסְתַּבְּכוּת [ק/א/187]. הִסְתַּבֵּךְ. סִבּוּךְ [ק/ד/68]. שִׁבּוּךְ, עִנְיָן מְסֻבָּךְ, גְּרִימַת בִּלְבּוּל

verwildern
הִתְפָּרֵא (מִתְפָּרֵא) (מ״ח) הָפַךְ לְפֶרֶא

verwildert
מִתְפָּרֵא (מ״ח) שֶׁנִּהְיָה פִּרְאִי

Verwilderung
הִתְפָּרְאוּת (מ״ח) הֵהָפְכוּת לְפֶרֶא

verwirklichen
מִמֵּשׁ (מְמַמֵּשׁ), פִּעֵל (מְפַעֵל), הִגְשִׁים, הוֹצִיא לְפֹעַל. הִגִּיעַ [ק/א/157;ק/ג/19]. בָּא לִידֵי מְצִיאוּת, יָצָא אֶל הַפֹּעַל, הִתְמַמֵּשׁ, נִתְגַּשֵּׁם, בָּא לִכְלַל מַעֲשֶׂה. נָפַל [ק/ג/54]. נִהְיָה, נַעֲשָׂה, קָרָה, מֻמַּשׁ, הֻגְשַׁם, בֻּצַּע

Verwirklichung
מִמּוּשׁ [ק/א/157]. הַגָּעָה, - אֶל הַמְּצִיאוּת, הַגְשָׁמָה, יְצִיאָה אֶל הַפֹּעַל. הוֹצָאָה [ק/א/163]

Verwirklichungsform
צוּרַת מִמּוּשׁ, - הַגְשָׁמָה

Verwirklichungsvorgang(s), Prinzip des
עֶקְרוֹן הַמִּמּוּשׁ (פיל׳) [ק/ב/216]. מֵנִיעַ, הַגּוֹרֵם לִתְנוּעָה, מְסַבֵּב הַתְּנוּעָה, סִבַּת הַיְצִיאָה מִן הַכֹּחַ אֶל הַפֹּעַל, הַכֹּחַ הַפּוֹעֵל בַּחֹמֶר לְקַבֵּל צוּרָה יְדוּעָה. מְעוֹרֵר (פיל׳) [ק/ב/233]. מַשְׁפִּיעַ

Verwirklichungsvorgang in Gang setzt, derjenige, der den ---> Vollstrecker
verwirren
הִתְבַּלְבֵּל (מִתְבַּלְבֵּל) (פסי׳) [ק/ד/76]. בָּא לִידֵי בִּלְבּוּל הַדַּעַת, נִטַּלְטְלָה עָלָיו דַּעְתּוֹ, הִשְׁתַּבֵּשׁ, הִשְׁתַּגֵּשׁ. שִׁבֵּשׁ (מְשַׁבֵּשׁ) [ק/ד/74]. בִּכְבֵּךְ (מְבַכְבֵּךְ), הֵבִיךְ, בִּלְבֵּל, זָרַע מְבוּכָה, בָּהָה (בּוֹהֶה), הָמַם (הוֹמֵם), הֵבִיא בִּמְבוּכָה, טִלְטֵל דַּעַת, שִׁגֵּשׁ (מְשַׁגֵּשׁ)

verwirrt
מְבֻלְבָּל (פסי׳) [ק/ב/22]. טָרוּד, מְעֻרְבָּב, מְשֻׁבָּשׁ, מְבֻכְבָּךְ, נָבוֹךְ, דָּהוּם, מְבֻלְבָּל, אוֹבֵד עֵצוֹת, חֲדַל יֶשַׁע, בּוֹהֶה, מְטֹרָף, מְשֻׁגָּשׁ, בִּלְתִּי בָּרוּר

Verwirrung
בִּלְבּוּל מֹחַ (פסי׳) [ק/א/221]. הִשְׁתַּבְּשׁוּת, בִּלְבּוּל, - הַדֵּעוֹת וְהַמַּעֲשִׂים, בִּשְׁבּוּשׁ, נְטִיָּה מֵהַדֶּרֶךְ הַיְּשָׁרָה בִּפְעֻלּוֹת וּבְמַחֲשָׁבוֹת, שִׁגּוּשׁ. שִׁבּוּשׁ [ק/ד/68]. אִי וַדָּאוּת, מִדְחֶה, הֶסֵּחַ הַדַּעַת, בִּכְבּוּךְ, אָבְדַן עֵצוֹת, נְבִיכוּת, בֶּהָיָה, הֲמָמָה, תַּדְהֵמָה, טֵרוּף. עִרְבּוּב [ק/ג/168]. מְבוּכָה, אִי סְדָרִים, מְהוּמָה, בֶּהָלָה, עִוְעִים, הֶעְדֵּר בְּהִירוּת וְדִיּוּק

verwischen, sich
הִטַּשְׁטֵשׁ וְהָלַךְ

verwittern
בָּלָה (בּוֹלֶה) (גאו׳, י״א) הִתְפּוֹרֵר (מִתְפּוֹרֵר), הִתְבַּלָּה, נִבְלָה

Verwitterung
בְּלִיָּה (גאו׳, י״א) הִתְפּוֹרְרוּת שֶׁל סְלָעִים וּמַחְצָבִים עַל פְּנֵי הָאֲדָמָה בְּהַשְׁפָּעַת גּוֹרְמִים כִּינָנִיִּים (פִיזִיקָלִיִּים), כִּימִיִּים אוֹ תַּחֲיוּאִיִּים (בִּיּוֹלוֹגִיִּים)

Verwitterung, mechanische
הִתְפּוֹרְרוּת (גאו׳, י״א) בְּלִיָּה מְכוֹנָתִית (מֵכָנִית)

Verwitterung, organische
בְּלִיָּה אוֹלָנִית (גאו׳, י״א) בְּלִיָּה אוֹרְגָנִית, - הַנִּגְרֶמֶת עַל יְדֵי אוֹלִים (אוֹרְגָנִיזְמִים)

Verwitterungsboden
קַר־קַע שִׂיֹּרֶת (גאו׳, י״א) קַרְקַע שֶׁנּוֹצְרָה

מִבְּלִית

Verwitterungsschutt [---> Schutt]

בְּלִית (גאו', י״א) שִׁבְרֵי סְלָעִים וּמַחְצָבִים שֶׁמְּקוֹרָם בִּבְלָיָה כָּלְשֶׁהִי

Verwölbung ---> Aufwölbung

verwohlfeilern

הוֹזֵל וְהָלַךְ (כלכ') זָל וְהָלַךְ

Verwohlfeilerung

הוֹזָלָה (כלכ')

verworren ---> verwirrt

Verworrenheit ---> Verwirrung

verwundbar

פָּגִיעַ (פסי', רפו') פָּצִיעַ

Verwundbarkeit

פְּגִיעוּת (פסי', רפו') פְּצִיעוּת

verwunden

פָּצַע (פּוֹצֵעַ) (רפו') סָקַב (סוֹקֵב), סִקֵּב (מְסַקֵּב)

verwundern [---> verblüffen]

הִשְׁתּוֹמֵם (מִשְׁתּוֹמֵם), הִתְפַּלֵּא, תָּמַהּ (תָּמֵהַּ), נִתְמַהּ, הִתְמִיהַּ, עוֹרֵר תִּמָּהוֹן, תִּמַּהּ (מְתַמֵּהַּ)

Verwunderung [---> Verblüffung]

הִשְׁתּוֹמְמוּת, פְּלִיאָה, תִּמָּהוֹן, הִשְׁתָּאוּת, תְּמִיהָה, בְּהִיָּה

Verwunderung, Modalität der

דַּרְכֵּיוּת הַתְּמִיהָה (בלש', רטו') [ק/ב/217; ק/ד/210]. מְנִיעַ הַמַּאֲמָר שֶׁל הַתְּמִיהָה הַמְּשַׁמֵּשׁ לְהַבָּעַת תִּמָּהוֹן וּפְלִיאָה

verzärteln

פִּנֵּק (מְפַנֵּק) (פדג') [א״ת/ב/23]. עִדֵּן, נָהַג בְּרַכּוּת

Verzagtheit

רִפְיוֹן רוּחַ (פסי')

Verzahnung

תִּשְׁלֹבֶת שִׁנַּיִם (טכנ')

verzanken, sich

נִתְבָּאֵשׁ (מִתְבָּאֵשׁ) עִם... [י״א/65]. נִבְאַשׁ בְּ..., הִתְנַצָּה, הִתְרוֹבֵב עִם..., נֶחֱרָה בְּ..., נִצָּה בְּ.../עִם..., צָהַב אֶת.../עִם..., בָּא בְּרִיב עִם..., רָב עִם...

verzehren

הִבְרָה (מַבְרֶה, מַבְרָה), צָרַךְ, הִשְׁתַּמֵּשׁ בִּדְבַר-מָה לִצְרָכָיו

verzeichnen ---> eintragen

Verzeichnis

מָדוֹר (מְדוֹרִים) (מחש') [דמ״א/35]. קְבוּצַת קְבָצִים הַמְּאֻחְסָנִים בְּמַחְשֵׁב תַּחַת שֵׁם מְשֻׁתָּף

Verzeichnung ---> Eintragung

verzeihen

סָלַח (סוֹלֵחַ), מָחַל (מוֹחֵל), נִמְחַל, נִסְלַח, כִּפֵּר

Verzeihung

סְלִיחָה, מְחִילָה

verzerrt

מְנֻטֶּה (מחמ')

Verzerrung *{Bias}* **[---> Verdrehung]**

נְטַאי (מחמ')

Verzerrung durch Nichtbeantwortung ---> Ausfallfehler

Verzerrungseffekt, systematischer ---> Fehler, konstanter

Verzicht

וִתּוּר, מְחִילַת זְכוּת

verzichten, auf ein Recht ---> Recht verzichten, auf ein

verzichten, auf einen Anspruch ---> Anspruch verzichten, auf einen

verzieren

עִטֵּר (מְעַטֵּר) (אמנ', מוס') קִשֵּׁט, הִתְאִיר

Verzierung *{Ornament}* **[---> Garnierung]**

עִטּוּר (עִטּוּרִים) (אמנ', מוס') קִשּׁוּט (קִשּׁוּטִים)

Verzierungskunst *{Ornamentik}*

עִטּוּרִיּוּת (אמנ', מוס') סִגְנוֹן הַקִּשּׁוּט, אוֹרְנָמֶנְטִיקָה

Verzierungsmuster

צִיּוּרֵי דְּגָמִים (אמנ')

Verzierungsnote

תַּו עִטּוּר (מוס')

verzögern

הִשְׁהָה (מַשְׁהֶה) [מר״ח/658]. הִלְקִישׁ (מַלְקִישׁ), עִכֵּב, הֶאֱחִיר

verzögert

מֻשְׁהֶה, שָׁהוּי, מְעֻכָּב לְמֶשֶׁךְ זְמַן, מֻלְקָשׁ, מוּאָט

verzögerte Bewegung ---> Bewegung, verzögerte

verzögerte Pubertät ---> Pubertät, verzögerte

verzögerte Reaktion ---> Reaktion, verzögerte

Verzögerung

הַשְׁהָיָה [ק/א/36]. אִחוּר, הָאָטָה, שִׁהוּי, מִתּוּן. עִכָּבָה, עִכּוּב [ק/ג/131]. סַחֶבֶת, הַמְשָׁכָה, הִתְמַהְמְהוּת, מַעֲצוֹר, מְנִיעָה. פִּגּוּר (פסי') [ר/ב/537]. הִתְקַדְּמוּת שִׂכְלִית אִטִּית מִן הָרָגִיל. תְּאוּטָה (פיס')

Verzögerung, literarische

הַשְׁהָיָה סִפְרוּתִית (ספר') [מ״ס/116]. עִכּוּב מְכֻוָּן בְּהִתְקַדְּמוּת הָעֲלִילָה וּדְחִיַּת הַתָּרָתָהּ שֶׁל הִתְרַחֲשׁוּת רַבַּת מְתִיחוּת

Verzögerung der Reaktion ---> Reaktion, Verzögerung der

Verzögerungskraft

כֹּחַ מֵאֵט (פיס')

verzollen

מָכַס (מוֹכֵס) (מדי', כלכ') [א״ת/ב/375]. נִמְכַּס (נִמְכָּס), גָּבָה מֶכֶס, שִׁלֵּם מֶכֶס

verzückt [---> ekstatisch]

נִלְהָב (פסי') מְסֹעָר, מֻרְעָשׁ, נִרְגָּשׁ, נִסְעָר, מְרֻמְרָם, נִפְעָם

Verzückung [---> Ekstase]

הִתְלַהֲבוּת (פסי') [ק/א/237]. הִתְרַגְּשׁוּת גְּדוֹלָה, הִתְפַּעֲלוּת רוּחָנִית, רִמְרוּם, הִתְרַמְרְמוּת, הִפָּעֲמוּת

Verzückung geraten, in

הִתְלַהֵב (מִתְלַהֵב) (פסי') רִמְרֵם (מְרַמְרֵם), הִתְפָּעֵם

Verzug sein, im

פִּגֵּר (מְפַגֵּר) בְּתַשְׁלוּם (כלכ')

Verzweiflung

יֵאוּשׁ (פסי') אָבְדַן הַתִּקְוָה, תְּחוּשַׁת אֵין מוֹצָא, מַפַּח נֶפֶשׁ

verzweigen

הִסְתָּעֵף (מִסְתָּעֵף) [ק/ב/230]. הִתְחַלֵּק לִסְעִיפִים, הִתְפַּצֵּל. הִתְיַלֵּד [ק/ב/318]. סֹעֵף לְתוֹלָדוֹת. הִסְתַּבֵּךְ [ק/ג/87]. נִשְׁתַּלֵּב זֶה בְּתוֹךְ זֶה לְלֹא סֵדֶר, הִשְׂתָּרֵג, נֶאֱחַז, נִכְנַס בִּסְבַךְ

Verzweigung

הִסְתָּעֲפוּת [ק/א/187]. הִתְפָּרְדוּת וְהִתְפַּצְּלוּת לִסְעִיפִים רַבִּים, הִשְׁתַּלְשְׁלוּת. הִסְתַּבְּכוּת, הִסְתַּבֵּךְ [ק/א/187]

Verzweigungspunkt

נְקֻדַּת הִסְתָּעֲפוּת (מתמ')

Verzweigungsschnitt

חֲתַךְ הִסְתָּעֲפוּת (מתמ')

Vesica ---> Blase

Vesikel ---> Bläschen

vesikulär ---> blasenförmig

Vestibül ---> Vorhalle

vestibulär ---> vorhofbezüglich

Vestibulum ---> Vorhof

Veterinär ---> Tierarzt

Veterinärmedizin ---> Tierheilkunde

Veto

סֶרֶב (סְרָבִים) (מדי') וֶטוֹ, זְכוּת בִּטּוּל הַחְלָטָה, עִרְעוּר

Veto einlegen, ein

הֵטִיל סֶרֶב (מדי') הֵטִיל וֶטוֹ, חָסַם בְּהַצְבָּעָה

Vetternwirtschaft

עִדּוּף (משפ', כלכ') נֶפּוֹטִיזְם, הַעֲדָפַת קְרוֹבֵי מִשְׁפָּחָה, מַשּׂוֹא פָּנִים

Vexierbild

דְּמוּת מְבֻלַּעַת (פסי') [ר/א/167]. דְּמוּת מְשֻׁקַּעַת, צוּרָה פְּשׁוּטָה הַמְּשֻׁקַּעַת בְּתוֹךְ שָׂדֶה גָּדוֹל וּמֻרְכָּב יוֹתֵר

Vi

Vibration
רֶטֶט (רְטָטִים) (פיס') [ק/ד/213; מר״ח/704].
רִטְרוּט, וִיבְּרַצְיָה, רִטּוּט, תְּזוּעָה, רְתוּת
Vibrationsempfindung
תְּחוּשַׁת רֶטֶט (פסי', רפו') תְּחוּשַׁת רְתוּת

vibrato
בְּתַרְטִיט (מוס')

Vibrato
תַּרְטִיט (מוס') וִיבְּרָטוֹ

Vibrator
רַטָּט (רַטָּטִים) (טכנ') מְרַטְרֵט, וִיבְּרָטוֹר

vibrieren
רִטֵּט (מְרַטֵּט), הִרְטִיט (מַרְטִיט) (פיס')
הִתְרַטֵּט, נִרְטַט, רִטְרֵט, הִתְרַטְרֵט

vibrierend
רִטּוּטִי (פיס') רִטְרוּטִי, בְּרִטּוּט

Vibrissae ---> Naseneingang(s), Borstenhaare des

vice versa
(וְ)חִלּוּף הַדְּבָרִים

Vicomte
רוֹזֵן מִשְׁנֶה (מדי') תֹּאַר אֲצֻלָּה

Vicomtesse
רוֹזֶנֶת מִשְׁנֶה (מדי') תֹּאַר אֲצֻלָּה

Video
חֹזִי (טכנ') וִידֵאוֹ

Videokamera
מַצְלֵמַת חֹזִי (טכנ') מַצְלֵמַת וִידֵאוֹ

Viehbesitz
מִקְנֶה (חקל') כְּלָל הַבְּהֵמוֹת הַנִּמְצָאוֹת בִּרְשׁוּתוֹ שֶׁל מִישֶׁהוּ

Viehexkremente
גֶּלְלֵי בְּהֵמָה (חקל') [א״ח/ב/131]

Viehfarm
חַוַּת מִקְנֶה (חקל')

viehisch
בַּהֲמִי [ק/ב/87]. כַּלְבִּי, גַּס וּמְטֻמְטָם מֹחַ, חַיָּתִי

viehische Natur ---> Natur, tierische

Viehtreiber
בֶּהָם (בֶּהָמִים) (חקל') [א״ח/ב/128]. בֶּהָמִי,
מוֹלִיךְ הַבְּהֵמוֹת

Viehzucht
בּוֹקְרוּת (חקל') גִּדּוּל מִקְנֶה, - בְּהֵמוֹת

Viehzüchter
בּוֹקֵר (בּוֹקְרִים) (חקל') מְגַדֵּל בָּקָר
Vielborster *{Polychaeta}*
רַב זִיפִיּוֹת (זוא') מַחְלָקָה שֶׁל תּוֹלָעִים טַבַּעְתִּיּוֹת
Vieldeutigkeit ---> Mehrdeutigkeit
Viele, das
הַרְבֵּה [ק/ד/17]. רַב, הָרַבִּים בְּמִסְפָּר, כַּמּוּת גְּדוֹלָה
Vieleck *{Polygon}*
מְצֻלָּע (מְצֻלָּעִים) (מתמ') [ק/ב/274; ק/ג/248].
מַרְבֵּה צְלָעוֹת, גּוּף הַנְדָּסִי מַרְבֵּה צְלָעוֹת.
שֶׁטַח מַרְבֵּה צְלָעִים (מתמ') [ק/ד/88]
Vieleck, konvexes
מְצֻלָּע קָמוּר (מתמ')
Vieleck, regelmäßiges
מְצֻלָּע מְשֻׁכְלָל (מתמ')
vielfache Reaktion ---> Reaktion, variierte
Vielfachheit
רִבּוּב
Vielfachmeßinstrument *{Multimeter}*
רַב מוֹדֵד (טכנ')
vielfältig [---> multipel; multiplex]
רַב אַנְפִּין [ק/ב/328]. מִתְרַבֶּה, תְּשׁוּנִי, רַבְגּוֹנִי,
מְגֻוָּן, בַּעַל הֶרְכֵּב שׁוֹנֶה, רַב פָּנִים, מְעֹרָב,
מֻרְכָּב, לֹא אָחִיד. רַב [ק/ד/17]. רַב צְדָדִי
Vielfältigkeit *{Varietät; Diversifikation}*
[---> Multiplizität]
רַב אַנְפִּיּוּת [ק/ב/278]. מֶרְחָב, מִגְוָן, תְּשׁוּנָה,
רַבְגּוֹנִיּוּת, קִיּוּם פְּרָטִים שׁוֹנִים זֶה מִזֶּה, גִּוּוּן,
שִׁנּוּיִים קַלִּים בֵּין פְּרָט לִפְרָט. רֹחַב [ק/ד/34].
הִשְׁתַּנּוּת, הִתְגַּוְּנוּת
vielfarbig *{polychrom}*
רַב צִבְעִי (צבע)
Vielflächner *{Polyeder}*
פֵּאוֹן (פֵּאוֹנִים) (מתמ') גּוּף הַנְדָּסִי הַתָּחוּם
מִכָּל צְדָדָיו בְּשְׁטָחִים יְשָׁרִים (פֵּאוֹת)
vielformig ---> mehrformig
vielgehetzt
נִרְדָּף עַל צַוָּאר לְלֹא הֲפוּגוֹת
Vielgestaltigkeit ---> Komplexität
Vielgötterei ---> Polytheismus
Vielheit
רִבּוּי [ק/ד/17]. רַב, תְּכוּנַת הַדָּבָר הָרַב. מִנְיָן
(מתמ') [ק/ב/215]

Vielkant ---> Polyederecke
vielleicht
אוּלַי, שֶׁמָּא, פֶּן, אֶפְשָׁר שֶׁ..., אִם
vielmehr
יְתֵרָה מִזּוֹ, - עַל זֹאת, יָתֵר עַל זֶה, - עַל כֵּן, - מִכֵּן
Vielseitigkeit des Interesses ---> Interesse(s), Vielseitigkeit des
vielsilbig
רַב הֲבָרָתִי (בלש') [מ"ב/140]. רַב הֲבָרוֹת
vielsprachig *{polyglott}*
רַב לְשׁוֹנִי (בלש') [מ"ב/174]. פּוֹלִיגְלוֹטִי
vielstimmig ---> mehrstimmig
vielversprechender Ansatz ---> Ansatz, veilversprechender
Viereck
מְרֻבָּע (מְרֻבָּעִים) (מתמ') [ק/ב/275]. מְצֻלָּע בַּעַל אַרְבַּע צְלָעוֹת, תְּמוּנָה מְרֻבַּעַת
Viereck, ein dem Kreis umgeschriebenes
מְרֻבָּע הַמַּשִּׁיק לְמַעְגָּל (מתמ') [ק/ב/275]. מְרֻבָּע מוּשָׁשׁ לְעִגּוּל
Viereck, unregelmäßiges
מְרֻבָּע נִפְתָּל (מתמ') [ק/ב/275]. מְרֻבָּע שֶׁיֵּשׁ בּוֹ זוּג אֶחָד בִּלְבַד שֶׁל צְלָעוֹת מַקְבִּילוֹת
Vierecke, ähnliche
מְרֻבָּעִים דּוֹמִים (מתמ') [ק/ב/275]. מְרֻבָּעוֹת דּוֹמוֹת
viereckig machen
רִבֵּעַ (מְרֻבָּע), עָשָׂה בְּצוּרַת רִבּוּעַ
viereckige Form ---> Form, viereckige
Vierflach *{Tetraeder}*
אַרְבָּעוֹן (מתמ') פִּירָמִידָה מְשֻׁלֶּשֶׁת
Vierhügelhirn ---> Mittelhirn
Vierkant
פִּנָּה מְרֻבַּעַת (מתמ')
Vierling *{Quadrupel}*
רְבִיעִיָּה (רְבִיעִיּוֹת) (מתמ')
Vierstreifennatter *{Elaphe quatuorlineata}*
כַּרְכַן הַקְּרָנַיִם (זוא') זוֹחֵל מִמִּשְׁפַּחַת הַזַּעֲמָנִיִּים
Viertel
רֹבַע (רְבָעִים) (מדי', כלכ') שְׁכוּנָה
Viertelkreis ---> Quadrant
Viertelnote
רֶבַע תָּו (מוס')
Vierundsechzigstelnote
ס"דִית תָּו (מוס') חֵלֶק שִׁשִּׁים וְאַרְבָּעָה שֶׁל תָּו
vierundzwanzig Stunden ---> Stunde(n), vierundzwanzig
vigoroso
עֹז (מוס') בְּעֹז
vikariierend ---> stellvertretend
Villa
חֲוִילָה (חֲוִלָאוֹת) (אדר') וִילָּה
Villus ---> Zotte
Viola
כּוֹנֶרֶת (כּוֹנָרוֹת) (מוס') וִיאוֹלָה
Viola da gamba
כּוֹנֶרֶת בֶּרֶךְ (מוס') וִיאוֹלָה דָא גַמְבָּא
Viola d'amore
כּוֹנֶרֶת אַהַב (מוס') וִיאוֹלַת אַהֲבָה
violente
פּוֹרֵץ (מוס') בְּפֶרֶץ
Violine
כִּנּוֹר (כִּנּוֹרוֹת) (מוס')
Violinist(in)
כַּנָּר, כַּנֶּרֶת (מוס')
Violoncello ---> Cello
Vipern ---> Ottern
Viraginität ---> Vermännlichung von Frauen
Virga ---> Fallstreifen
Virgo
בְּתוּלָה (אסט') [ק/א/97]. אֶחָד מִשְּׁנֵים עָשָׂר הַמַּזָּלוֹת
virilisieren ---> vermännlichen
Virilisierung---> Vermännlichung
Virtualität
יְכֹלוּת (יוֹכְלוּת), וִירְטוּאָלִיּוּת, תְּכוּנַת הַדָּבָר שֶׁבְּכֹחַ, דִּמְיוֹנוּת
virtuell
יָכְלִי (יוֹכְלִי) [ק/ב/84]. מְדֻמֶּה, כֹּחִי, כֹּחָנִי, שֶׁבְּכֹחַ, אֹזְרִי, מַה שֶּׁהוּא בְּכֹחַ וְלֹא בְּפֹעַל, וִירְטוּאָלִי, נֶעְדַּר מְצִיאוּת, אֶפְשָׁרִי, שֶׁעָשׂוּי לְהִתְגַּלּוֹת
virtuelle Bedeutung ---> Bedeutung, geheime
virtuos
יָמֵן (אמנ') וִירְטוּאוֹזִי
Virtuose
יָמָן (יָמָנִים) (אמנ') וִירְטוּאוֹז
Virtuosität
יַמְנָה (יוֹמְנָה) (אמנ') וִירְטוּאוֹזִיּוּת, תְּכוּנַת הָאָמָן שֶׁהִגִּיעַ לְדַרְגָּה גְּבוֹהָה שֶׁל בִּצּוּעַ
Virtus
מַעֲלָה (מַעֲלוֹת) (אתי',פסי') [ק/ב/235]. שְׁלֵמוּת הַמַּעֲשֶׂה, מִדָּה טוֹבָה, כֹּשֶׁר, חֲשִׁיבוּת. מִדָּה (מִדּוֹת) (פסי', אתי') [ק/ב/146]. תְּכוּנָה מוּסָרִית הַמִּטְבַּעַת בְּנֶפֶשׁ הָאָדָם, וּבְיִחוּד קִנְיַן הַמִּדּוֹת הַטּוֹבוֹת
virulent ---> ansteckend
Virulenz ---> Ansteckungsfähigkeit
Virus
נְגִיף (נְגִיפִים) (רפו') [מר"ח/707]. זַהַר, נָגִיף, וִירוּס
Vis
עָצְמָה (עוֹצְמָה) [ק/ג/160]. עֹז, אוֹן, יְכֹלֶת, כֹּחַ
Vis absorbens
כֹּחַ מְעַכֵּל (רפו') [ק/ב/75]. כֹּחַ מְבַשֵּׁל
Vis contractilis
כֹּחַ מְצַמְצֵם [ק/ב/76]
Vis expansiva
כֹּחַ הַפָּשׁוּט [ק/ב/76]
Vis expulsiva
כֹּחַ הַדּוֹחֶה (רפו') [ק/א/133; ק/ב/74]. כֹּחַ הַמּוֹצִיא אֶת פְּסֹלֶת הַמָּזוֹן מִתּוֹךְ הַגּוּף. הַכֹּחַ הַפּוֹלֵט (מ"ט) [ק/ג/191]. כֹּחַ הַדְּחִיָּה, - הַגּוֹרֵם לְהַרְחָקָתָם שֶׁל גּוּפִים זֶה מִזֶּה

Vis retentiva
הַכֹּחַ הָעֹצֵר (מ״ט) [ק/ג/163]. הַכֹּחַ הַמַּחֲזִיק

Vis vitalis
הַכֹּחַ הַחִיּוּנִי (מ״ט, פסי׳) [ק/א/287; ק/ב/75]. הַנֶּפֶשׁ הַחִיּוּנִית, נֶפֶשׁ חַיָּה, - הַחַי, הַנֶּפֶשׁ הַבַּהֲמִית, - הַיִּצְרִית, - הַמַּרְגֶּשֶׁת (מ״ט, פסי׳) [ק/ג/59]. רוּחַ (מ״ט) [ק/ד/25]. כֹּחַ הַחַיִּים, סִבַּת הַהַרְגָּשָׁה וְהַתְּנוּעָה שֶׁבְּבַעֲלֵי הַחַיִּים

Vision
חָזוּת (פסי׳, דת) [ק/ב/273; ר/א/206]. מַרְאֶה, מַרְאֵה שָׁוְא, חִזָּיוֹן, מַחֲזֶה, רְאִיָּה בְּעֵינֵי רוּחַ, מַה שֶּׁהָעַיִן רוֹאָה בְּנִגּוּד לַאֲמִתַּת הַדָּבָר וְעַצְמוּתוֹ, חֶזְיוֹן שָׁוְא, תְּחוּשַׁת שָׁוְא, הַלּוּצִינַצְיָה, חֲזוֹן תַּעְתּוּעִים, מַחֲזֶה שָׁוְא, הֲזָיָה, טָעוּת הַחוּשִׁים

viskos ---> zähflüssig

Viskosefilamentfaser *{Reyon}*
זְהוֹרִית (טכנ׳) [דח״ט/50]. סִיבִים הַמּוּפָקִים מִתָּאִית וּמִתִּרְכּוֹבוֹתֶיהָ וּמֻכָּרִים כְּמֶשִׁי מְלָאכוּתִי

Viskosimeter ---> Zähigkeitsmesser

Viskosität ---> Zähflüssigkeit

Viskosität, virtuelle ---> Wirbelviskosität

visualisieren
הֶחֱזָה (מַחֲזֶה), הִמְחִישׁ בְּאֹפֶן חָזוּתִי

Visualisieren
הַחֲזָיָה, וִיזוּאָלִיזַצְיָה, הַמְחָשָׁה חָזוּתִית

visuell
חָזוּתִי, רְאוּתִי, נִרְאֶה, וִיזוּאָלִי

Viszera ---> Eingeweide

viszeral ---> eingeweidebezüglich

vital
חִיּוּנִי (מ״ט, פיל׳) [ק/א/287]. שֶׁל הַחַיִּים, שֶׁיֵּשׁ בּוֹ חַיִּים

vitale Form ---> Form, vitale

vitale Kraft ---> Kraft, vitale

Vitalität
חִיּוּנִיּוּת (מ״ט, פיל׳, פסי׳) [ק/א/287; ר/א/267]. עִנְיַן הַכֹּחַ הַחִיּוּנִי, כֹּחַ הַחַיִּים, דְּפוּס הִתְנַהֲגוּת הַמְּאֻפְיָן בְּמֶרֶץ וַעֲמִידוּת. נֶפֶשׁ (מ״ט, פסי׳) [ק/ג/57]. בְּנִגּוּד לַשֵּׂכֶל

Vitalkapazität
יְכֹלוּת חִיּוּנִית (רפו׳) נֶפַח חִיּוּנִי

Vitamin
מִחְיוֹן (מִחְיוֹנִים) (רפו׳) [מר״ח/708]. חִיּוּנִין (חִיּוּנִינִים), וִיטָמִין

Vitaminmangel
אִי מִחְיוֹנִיּוּת (רפו׳) אִי חִיּוּנִינוּת, חֹסֶר וִיטָמִינִים, - מִחְיוֹנִים

Vitiligo ---> Scheckhaut

Vitium
מִדָּה פְּחוּתָה [ק/ג/184]. חֵטְא, מַעֲשֶׂה רַע. פְּחוּתוּת, פְּחִיתוּת, פְּחִיתָה [ק/ג/185]. נֹהַג בִּלְתִּי מוּסָרִי, גְּנַאי, דָּבָר נִפְסָד וּפָסוּל, מַחֲשֶׁבֶת פִּגּוּל, נֶגַע רוּחָנִי

Vitrage
מִזְגָּג (אמנ׳) וִיטְרַז׳, צִיּוּר עַל גַּבֵּי זְכוּכִית

vivace
חַי (מוס׳) בְּחִיּוּת, וִיוָצֶ׳ה

Vivisektion
הֲדוּם (ביו׳) [מר״ח/708]. נִתּוּחַ חַיָּה בְּעוֹדָהּ בַּחַיִּים בְּמִסְגֶּרֶת נִסּוּי מַדָּעִי, וִיוִיסֶקְצְיָה

vivisezieren
הֲדִם (מְהַדֵּם) (ביו׳) [מר״ח/708]. נִתֵּחַ בַּעֲלֵי חַיִּים בְּעוֹדָם בַּחַיִּים בְּמִסְגֶּרֶת נִסּוּי מַדָּעִי

voce, mezza
בַּחֲצִי קוֹל (מוס׳)

Vögel *{Aves}*
עוֹפוֹת (זוא׳) מַחְלָקָה שֶׁל בַּעֲלֵי חַיִּים

Völkerpsychologie
נַפְשׁוּת שֶׁל הָעַמִּים (פסי׳, מ״ח) פְּסִיכוֹלוֹגְיָה שֶׁל הָעַמִּים

Völkerrecht
מִשְׁפַּט הָעַמִּים (משפ׳, מדי׳) חֹק בֵּינְלְאֻמִּי

Völlerei
זוֹלְלוּת [ק/א/254]. מִדַּת הַזּוֹלֵל, הַלָּהוּט אַחַר רִבּוּי הָאֲכִילָה, זְלִילָה, פְּרִיצוּת וּשְׁטִיפָה בְּתַאֲווֹת. גַּרְגְּרָנוּת [ק/ב/206]. מִלּוּא, מִלּוּי, רַעַבְתָנוּת

völlig
לַחֲלוּטִין [ק/א/300]. לְגַמְרֵי, לִצְמִיתוּת, בְּהֶחְלֵט. בַּכֹּל וּמִכֹּל, בַּכֹּל מִכֹּל, מִכֹּל וָכֹל [ק/ב/87]. בִּשְׁלֵמוּת, כָּל עִקָּר

vogelfrei
הֶפְקֵר כְּעוֹף הַשָּׁמַיִם (משפ׳) מִי שֶׁכָּל אֶחָד רַשַּׁאי לִפְגֹּעַ בּוֹ

Vogelmiere *{Stellaria media}*
כּוֹכָבִית מְצוּיָה (בוט׳) צֶמַח מִמִּשְׁפַּחַת הַצִּפָּרְנִיִּים

Vogelkirsche ---> Süßkirsche

Vokabular ---> Wortschatz

Vokal
תְּנוּעָה (תְּנוּעוֹת) (בלש׳) [ק/ד/213; מ״ב/245]. הֶגֶה שֶׁבְּעֵת הֲגִיָּתוֹ נָע הָאֲוִיר בְּאֹפֶן חָפְשִׁי וְאֵינוֹ נִתְקָל בְּמַעֲצוֹר כָּלְשֶׁהוּ, לְמָשָׁל: a, e, i, o, u

Vokal, anaptyktischer
תְּנוּעַת חֲצִיצָה (בלש׳) [מ״ב/17]. תְּנוּעָה אֲנַפְטִיקְטִית, תְּנוּעַת עֵזֶר, תְּנוּעָה הַמֻּכְנֶסֶת בֵּין שְׁנֵי עִצּוּרִים לַהֲקַלַּת הַהֲגִיָּה כְּגוֹן הַפַּתַּח הַגְּנוּבָה, לְמָשָׁל: ״תָּמֵהַּ״, ״פָּתוּחַ״

Vokal, enger
תְּנוּעָה צָרָה (בלש׳) [מ״ב/36]. תְּנוּעָה סְגוּרָה, - גְּבֹהָה, - הַנֶּהֱגֵית כְּשֶׁהַלָּשׁוֹן קְרוֹבָה לַחֵךְ, לְמָשָׁל: הַתְּנוּעוֹת ü, u, i

Vokal, geschlossener ---> Vokal, gespannter; Vokal, enger

Vokal, gespannter
תְּנוּעָה עֲצוּרָה (בלש׳) [מ״ב/34]. תְּנוּעָה הַבָּאָה רַק בַּהֲבָרָה סְגוּרָה, לְמָשָׁל: הַתְּנוּעוֹת בַּמִּלִּים: ״דַּרְדַּר״, ״כַּרְכֹּב״

Vokal, kurzer
תְּנוּעָה קְצָרָה (בלש׳) [מ״ב/205]. בְּעִבְרִית:

פַּתָּח, סֶגּוֹל, חִירִיק קָטָן, קֻבּוּץ וְקָמָץ קָטָן

Vokal versehen, mit

נָע (בלש') [ק/ג/48]. הָגוּי בְּמִבְטָא, בַּעַל תְּנוּעָה

Vokalbuchstaben *{Matres lectionis}*

אִמּוֹת הַקְּרִיאָה (בלש') [מ״ב/131]. הָעִצּוּרִים אהו״י הַמְּשַׁמְּשִׁים בְּעִבְרִית לְצִיּוּן הַתְּנוּעוֹת, לְמָשָׁל: ״מָצָא״, ״רָאָה״, ״יוֹם״, ״מִין״

Vokaldehnung

תַּשְׁלוּם דָּגֵשׁ (בלש') [מ״ב/41]. הַאֲרָכַת תְּנוּעָה לִפְנֵי עִצּוּר שֶׁהַדְגָּשָׁתוֹ אֵינָהּ רְצוּיָה, לְמָשָׁל: לִפְנֵי הָעִצּוּרִים הַגְּרוֹנִיִּים (לָרִינְגָלִיִּים) וְהַלּוֹעִיִּים (פָרִינְגָלִיִּים), כְּגוֹן: ״פֵּרֵשׁ״ (בִּמְקוֹם: *פֵּרֵשׁ)

Vokalisation ---> Stimmbildung

vokallos

נָח (בלש') [ק/ג/26]. כִּנּוּי לְאוֹת שֶׁאֵינָהּ בִּתְנוּעָה, בִּלְתִּי דָּגוּשׁ, רָפֶה, בִּלְתִּי נָד

Vokallosigkeit, Zeichen der ---> Schwa quiescens

Vokalzeichen, hebräischer Buchstabe mit ---> Buchstabe mit Vokalzeichen, hebräischer

Vokativ

יַחֲסַת הַפְּנִיָּה (בלש') [מ״ב/244]. יַחֲסָה שֶׁבָּהּ מַצָּב שֵׁם הָאָדָם שֶׁאֵלָיו הַדּוֹבֵר פּוֹנֶה, לְמָשָׁל: ״מָה אַתָּה רוֹאֶה, **יִרְמְיָהוּ**?״

volar ---> hohlhandbezüglich

Volitio

רְצִיָּה [ק/ד/53]. נְטִיַּת הַנֶּפֶשׁ, רָצוֹן מְסֻיָּם, - פְּרָטִי

Volitiv ---> Voluntativ

Volksetymologie

גִּזָּרוֹן עֲמָמִי (בלש') [מ״ב/82]. אֶטִימוֹלוֹגְיָה עֲמָמִית, דִּמְיוֹן הַשְּׁמוֹת, זִקָּה שֶׁל מִלָּה מְסֻיֶּמֶת לְמִלָּה אַחֶרֶת כְּשֶׁאֵין בֵּין שְׁתֵּי הַמִּלִּים קֶשֶׁר גִּזְרוֹנִי (אֶטִימוֹלוֹגִי) הִסְטוֹרִי, לְמָשָׁל: שֵׁם הַתֹּאַר ״לְאֻמִּי״ הַגָּזוּר מִשֵּׁם הָעֶצֶם ״לְאֹם״ מִתְנַהֵג כְּתֹאַר הַמִּתְיַחֵס לְשֵׁם הָעֶצֶם ״אֻמָּה״ וְנִתְפָּס כְּאִלּוּ הוּא גָּזוּר מִמֶּנּוּ

Volksgenosse

בֶּן עַם (אנת') [ק/א/270]. חָבֵר, אֶחָד מִן הָאֻמָּה

Volkslied

זֶמֶר עַם (מוס') שִׁיר עַם

Volksstück

מַחֲזֶה עֲמָמִי (ספר', תאט')

volkstümlich ---> populär

Volksweisheit

חָכְמָה עֲמָמִית, חָכְמַת הַבְּרִיּוֹת הַמְּהַלֶּכֶת

Volldecker ---> Volldeckschiff

Volldeckschiff

אֳנִיָּה כְּלִילַת מִדִּים (ימא')

vollenden

הִשְׁלִים (מַשְׁלִים) [ק/ד/108; 118]. שִׁכְלֵל (מְשַׁכְלֵל), גָּמַר, נִגְמַר, תַּם, בָּא/הֵבִיא לִידֵי סִיּוּם, שָׁלֵם (שָׁלַם). הִתְמִים [ק/ד/211]. הֵבִיא לִידֵי שְׁלֵמוּת, סִיֵּם (מְסַיֵּם), כִּלֵּל (מְכַלֵּל)

vollendend

מַשְׁלִים [ק/ב/320]. מַתְמִים, מֵבִיא לִידֵי גְּמַר

vollendet

מֻשְׁלָם [ק/ד/117]. שָׁלֵם, מְכֻלָּל, שֶׁאֵינוֹ חָסֵר כְּלוּם, בְּלֹא פְּגָם, מְבֻנֶּה מִכָּל מוּם, גָּמוּר, כָּלִיל, מֻגְמָר. תָּמִים, תְּמִימִי [ק/ד/210]. הֶחְלֵטִי [ק/א/167]. בְּהֶחְלֵט, מֻחְלָט. תָּם [ק/ד/206]

Vollendung [---> Fertigbearbeitung]

הַשְׁלָמָה [ק/א/219]. גְּמָר, סִיּוּם, תַּשְׁלוּם, מִלּוּי הֶחָסֵר, הִשְׁתַּלְּמוּת. מִכְלָל, מִכְלוֹל [ק/ב/199]. מְתֹם, כְּלִילָה. שְׁלֵמוּת (פיל') [ק/ד/119; 121]. כֹּשֶׁר הַחֹמֶר לְקַבֵּל צוּרָה מְסֻיֶּמֶת וּקְבוּעָה, אֶנְטֶלֶכְיָה, הֶעְדֵּר כָּל פְּגָם, הַגְשָׁמָה, הוֹצָאָה לַפֹּעַל, הִתְגַּשְּׁמוּת. הַגָּעָה [ק/א/157]. מַצַּב הַדָּבָר הַשָּׁלֵם, גְּמַר גָּדוֹל, בַּגְרוּת. תַּמּוּת [ק/ד/209]. תַּכְלִית [ק/ד/200]. מְתֹם, מְלוֹא, בֹּרִי. תְּמִימוּת [ק/ד/210]

vollhaarig

בְּלוֹרִיתָנִי [א״ת/א/191]. קָוֻץ, קְוֻּץ

Vollhaariger

בְּלוֹרִיתָן [א״ת/א/191]. קְוֻּץ (קְוֻּצִים), בַּעַל קְוֻצּוֹת עַל רֹאשׁוֹ

Vollheit

מְלֵאוּת (פיס') [ק/ב/201]. מַצַּב הַדָּבָר הַמָּלֵא, בְּנִגּוּד לְרֵיקוּת, הַמָּקוֹם הַמָּלֵא חֹמֶר. מְלוֹא, מִלּוּי (פיס') [ק/ב/206]

vollkommen ---> vollendet

vollkommene Wirklichkeit ---> Wirklichkeit, vollkommene

vollkommener Mensch ---> Mensch, vollkommener

vollkommenes Wesen ---> Wesen, vollkommenes

Vollkommenheit ---> Vollendung

Vollkommenheit, ethische

שְׁלֵמוּת מַעֲלוֹת הַמִּדּוֹת (אתי') [ק/ד/121]. שְׁלֵמוּת מוּסָרִית

Vollkommenheit, höchste

שְׁלֵמוּת עֶלְיוֹנָה [ק/ד/120]. שְׁלֵמוּת אַחֲרוֹנָה

Vollkommenheit, intellektuelle

שְׁלֵמוּת שִׂכְלִית (פיל') [ק/ד/121]. שְׁלֵמוּת אֱנוֹשִׁית אֲמִתִּית

Vollkommenheit, physische

שְׁלֵמוּת הַגּוּף [ק/ד/121]. שְׁלֵמוּת גּוּפָנִית

Vollkommenheit, Vorstufe der

שְׁלֵמוּת טְרוּמִית [ק/ד/120]. שְׁלֵמוּת רִאשׁוֹנָה, - טְרוּמָה

Vollkommenheit des Besitzes

שְׁלֵמוּת הַקִּנְיָן [ק/ד/120]

Vollkostenrechnung

תַּמְחִיר סְפִיגָה (כלכ') [אני״ת/170]. שִׁיטַת תַּמְחִיר שֶׁבָּהּ כָּל עֲלוּת יִצּוּר הֵן קְבוּעָה וְהֵן מִשְׁתַּנָּה מֻקְצֵית לַסְּחוֹרוֹת בְּשָׁלַבֵּיהֶן הַשּׁוֹנִים

Vollkreis

עִגּוּל שָׁלֵם (מתמ') [ק/ג/124]. עִגּוּל תָּמִים

Vollmacht

יִפּוּי כֹּחַ (יִפּוּיֵי כֹּחַ) (משפ') [א״ת/ג/189]. הַרְשָׁאָה (הַרְשָׁאוֹת), הַסְמָכָה, סַמְכוּת, הַרְשָׁיָה

Vollmachten hinausgehend, über die

מִחוּץ לַסַּמְכוּת (משפ') חוֹרֵג מִסַּמְכוּת

Vollmachtsübertragung

הַאֲצָלַת סַמְכֻיּוֹת (משפ')

Vollschiff ---> Segelschiff

vollständiger Satz ---> Satz, vollständiger

vollständiger Schluß ---> Schluß, vollständiger

Vollständigkeit [---> Integrität; Ganzheit]

כּוֹלְלָנוּת, שְׁלֵמוּת, כּוֹלְלוּת, מֻשְׁלָם, מְלִיאוּת, מַלְיוּת

Vollständigkeit der Gestalt ---> Gestalt, Vollständigkeit der

vollstreckbar, nicht

בִּלְתִּי אָכִיף (משפ') שֶׁאֵינוֹ נִתָּן לַאֲכִיפָה

Vollstrecker

מְבַצֵּעַ (מְבַצְּעִים) [ק/ב/199]. מֵכִין, מֵנִיעַ, הַמּוֹצִיא דְּבַר-מָה מִן הַכֹּחַ אֶל הַפֹּעַל

Vollstreckungsaussetzung

עִכּוּב בִּצּוּעַ פְּסַק דִּין (משפ')

Vollstreckungsgläubiger ---> Urteilsgläubiger

vollziehbarer Begriff ---> Begriff, vollziehbarer

vollziehen, sich

הִתְחוֹלֵל (מִתְחוֹלֵל), הִתְרַחֵשׁ, חָל, נֶאֱרַע, אָרַע (אוֹרֵעַ), אֵרַע, הִתְקַיֵּם

Voltmeter ---> Spannungsmesser

Volumen

נֶפַח (מחמ') [ק/א/305]. חֲלָלוּת. שִׁעוּר חֲלַל הַגּוּף. רִבּוּעַ (מחמ') [ק/ד/19]. תִּשְׁבֹּרֶת (מחמ') [ק/ד/217]. מִדַּת הַנֶּפַח. גַּג (מחמ') [ק/א/102]. חָלָל

Volumenbestimmung ---> Kubatur, numerische

voluntarisch

רְצוֹנִי [ק/ד/53]. מִדַּעַת, מִתּוֹךְ רָצוֹן טוֹב, ווֹלוּנְטָרִי, בְּמִתְכַּוֵּן, מִתּוֹךְ מַחֲשָׁבָה תְּחִלָּה. הִתְנַדְּבוּתִי [ק/ב/136]. מִבְּחִירִי, שֶׁל בְּחִירָה חָפְשִׁית, בְּחִירִי. חֶפְצִי [ק/א/320]. שֶׁמֵּרְצוֹן עַצְמוֹ

Voluntas

רָצוֹן [ק/ד/50]. מִשְׁאָלָה, כֹּשֶׁר לִרְצוֹת דְּבַר-מָה וּלְהַשִּׂיגוֹ, חֵפֶץ

Voluntativ

רְצִיָּה (בלש') [מ"ב/245]. דֶּרֶךְ פֹּעַל (מוֹדוּס) הַמַּבִּיעָה אֶת הָרָצוֹן אוֹ אֶת הַכַּוָּנָה שֶׁל הַדּוֹבֵר, לְמָשָׁל: "**אֵלְכָה אֲנִי** וַאֲנַסֶּה דָּבָר אֶל אוֹתוֹ אִישׁ" (צֵרוּף שְׁתֵּי צוּרוֹת פָּעֳלִיּוֹת), "**הָיִיתִי מְבַקֵּשׁ** לִפְתֹּחַ אֶת הָאֲסֵפָה" (הָיָה+בֵּינוֹנִי)

Volvulus ---> Darm(s), Achsendrehung des

von da an und weiter

מִכָּאן וְאֵילָךְ

von Geburt an ---> angeboren

von Natur aus ---> Natur aus, von

von selbst ---> selbst, von

voneinander abhängig ---> korrelativ

vor

לִפְנֵי [ק/א/87]. בֵּין יְדֵי

Vorabdruck

הֶדְפֵּס מֻקְדָּם (דפו', ספרנ')

Vorabend

עֶרֶב (עֲרָבִים) (דת) [א"ת/ב/419]. יוֹם שֶׁלִּפְנֵי חַג אוֹ שַׁבָּת

Vorahnung

יֶגֶשׁ (יְגָשִׁים) (פסי') [מר"ח/551]. הוֹגָשָׁה, הַרְגָּשָׁה תְּחִלָּה, תְּחוּשָׁה טְרוּמָה

vorangehend

קוֹדֵם [ק/ג/66]. נִקְדָּם, מִי שֶׁהוֹפִיעַ קוֹדֵם לַחֲבֵרוֹ, הַמִּתְרַחֵשׁ לִפְנֵי כֵן, שֶׁכְּבָר הָיָה

Vorangehender ---> Antezedens

Voranmeldung

הוֹדָעָה מֵרֹאשׁ (משפ')

Voranschlag

אֻמְדָּן, הַעֲרָכָה, שִׁעוּר עַל דֶּרֶךְ קֵרוּב, אֹמֶד, אֻמְדָּנָה, הָאֲמָדָה, שׁוּמָה, הַצָּעָה, סְבָרָה

Voranzeige ---> Voranmeldung

voraus fühlen, im ---> fühlen, im voraus

Vorausassoziation

הֶחְבֵּר לְפָנִים (פסי') [ר/א/81]. סְמִיכוּת לְפָנִים, קֶשֶׁר בֵּין פְּרִיט אֶחָד לִפְרִיט אוֹ לִפְרִיטִים שֶׁבָּאִים אַחֲרָיו בִּרְשִׁימָה שֶׁל מַטְלַת לְמִידָה סִדְרָתִית

vorausbestimmt

נִגְזָר [ק/ג/18]. קָצוּב מֵרֹאשׁ, קָבוּעַ מֵרֹאשׁ, מֻטְבָּע מִתְּחִלָּה לְ..., שֶׁהוֹעִידוֹ הַגּוֹרָל לְ..., מֻחְלָט וְאֵין לְשַׁנּוֹתוֹ, בִּלְתִּי נִמְנָע

vorausdeutendes Pronomen ---> Pronomen, vorausdeutendes

Vorausfahrt

הִלּוּךְ קָדִימָה (ימא')

vorausgesetzt

מֻאֲקְדָּם, שֶׁמַּנִּיחִים אוֹתוֹ מֵרֹאשׁ

vorausgesetzt, daß...

אִם מַנִּיחִים שֶׁ... [ק/א/169]. אִם הָיָה שֶׁ..., בְּהַנָּחָה שֶׁ..., אִם תִּמְצָא לוֹמַר

voraussagbar

נִצְפֶּה, שֶׁאֶפְשָׁר לִצְפּוֹת אוֹתוֹ, שֶׁנִּתָּן לַחֲזוֹתוֹ מֵרֹאשׁ

Voraussagbarkeit

נִצְפּוּת, אֶפְשָׁרוּת לַחֲזוֹת דְּבַר-מָה מֵרֹאשׁ

Voraussagegültigkeit

תְּקֵפוּת נִבּוּי (סטט') [ר/ב/702; מ"מ/222]. תֹּקֶף נִבּוּי, תְּקֵפוּת שֶׁקְּנֵה הַמִּדָּה שֶׁלָּהּ הוּא הַיְכֹלֶת לַחֲזוֹת מֵרֹאשׁ עֲתִידִי עַל סָמַךְ תּוֹצָאוֹת מִבְחָן עַכְשָׁוִיּוֹת

Voraussageindikator ---> Prädiktor

Vorausschau

חָזוּת, מַה שֶּׁנִּשְׁקָף, - שֶׁבְּגֶדֶר הַצָּפוּי

vorausschicken

הִקְדִּים (מַקְדִּים) [ק/ב/48]. הִצִּיג (מַצִּיג), עָשָׂה דָּבָר אֶחָד לִפְנֵי דָּבָר שֵׁנִי

voraussetzen *{postulieren}*

הִנִּיחַ (מַנִּיחַ) מֵרֹאשׁ, אִקְדֵּם (מְאַקְדֵּם), הָאֳקְדַּם (מֻאֲקְדָּם), סָבַר (סוֹבֵר) מֵרֹאשׁ

voraussetzen, daß...

נַנִּיחַ שֶׁ.../כִּי..., הַנַּחְנוּ שֶׁ..., אֵין צָרִיךְ לְהַנִּיחַ אֶלָּא...

Voraussetzung *{Postulat}* **[--->**

Präsupposition; Prämisse]
הַנָּחָה מֵרֹאשׁ [ק/ב/53; פ״ר/94]. **יִשּׁוּב**, דֵּעָה, הַשְׁעָרָה, פּוֹסְטוּלָט, תְּנַאי. מְנֵּחַ (פיל׳) [ק/ב/215]. סְבָרָה מֻקְדֶּמֶת. אֻמְדָּן (פיל׳) [ק/א/51]. אֻמְדַּן דַּעַת. דְּרוּשׁ (דְּרוּשִׁים) (פיל׳) [ק/א/146; 203]. בַּקָּשָׁה, דְּרִישָׁה, הַקְדָּמָה. הַנָּחָה (פיל׳) [ק/א/183]. הַצָּעָה. מְבֻקָּשׁ (פיל׳) [ק/ב/139]. הַנָּחָה הַמְּקֻבֶּלֶת כֶּאֱמֶת בְּלֹא הוֹכָחוֹת. מֻשְׂכָּל נָחוּץ (פיל׳) [ק/ב/289]. שְׁאֵלָה (פיל׳) [ק/ד/65]. תְּשׂוּמָה (פיל׳) [ק/ד/219]

Voraussetzung, rationale
הַנָּחָה הֶגְיוֹנִית (פיל׳) [ק/ב/187]. הַקְדָּמָה מַחֲשַׁבְתִּית

Voraussicht
סְכִיָּה (פסי׳) רְאִיַּת הַנּוֹלָד

Vorauswahl ---> Ausleseverfahren

vorausweisendes Pronomen ---> Pronomen, vorausweisendes

Vorbeben
זַעֲזוּעַ מְבַשֵּׂר (גאו׳) רַעַד אֲדָמָה הַבָּא לִפְנֵי הָרַעַשׁ

Vorbedacht
חִשּׁוּב תְּחִלָּה

Vorbedingung
קֹדֶם תְּנַאי

Vorbehalt [---> Klausel, bedingte]
הִסְתַּיְּגוּת (הִסְתַּיְּגֻיּוֹת) (מ״ח, פסי׳) אִי הַסְכָּמָה לְדַעַת אֲחֵרִים, הוֹצָאַת עַצְמוֹ מִן הַכְּלָל, הֲבָאַת סְפֵקוֹת, הִבָּדְלוּת, הִתְבַּדְּלוּת, בְּדִילָה

Vorbeireden *{Paralogie}*
חִמְקוּת (פסי׳) [מר״ח/510]. הִתְחַמְּקוּת מִתְּשׁוּבוֹת לָעִנְיָן, חַמְקָנוּת, שְׁתַּמְטָנוּת, הִשְׁתַּמְּטוּת, חוֹמְקָנוּת

Vorbemerkung [---> Einleitung]
מָבוֹא (מְבוֹאוֹת) [ק/א/203]. הַקְדָּמָה, הֶעָרַת רֵאשִׁית. הַזְמָנָה [ק/א/166]. הַצָּעָה [ק/א/202]. דִּבְרֵי פְּתִיחָה, פֶּתַח דָּבָר

vorbereiten
הִתְכּוֹנֵן (מִתְכּוֹנֵן) [ק/ג/176]. עִתֵּד (מְעַתֵּד), נִתְעַתֵּד, הֵכִין לֶעָתִיד לָבוֹא, זִמֵּן

vorbereitende Maßnahme ---> Maßnahme, vorbereitende

Vorbereitung
הֲכָנָה (הֲכָנוֹת) [ק/א/38]. אַט (אִטִּים), הַיְשָׁרָה. דְּרִיכָה [ק/א/147]. אַקְדֵּם, עִתּוּד. הִזְדַּמְּנוּת [ק/א/165]. הַזְמָנָה [ק/א/166]. הַצָּעָה [ק/א/202]. מָבוֹא אֶל גּוּף הָעִנְיָן, הַקְדָּמָה, הַתְחָלָה. זִמּוּן [ק/א/263]. הַעֲמָדָה. לְאוּט [ק/ב/110]. הַדְרָכָה שֶׁנַּעֲשֵׂית לְאַט לְאַט

vorbeugen
מָנַע (מוֹנֵעַ) [מר״ח/552]. עָקָה (עוֹקָה), הִקְדִּים רְפוּאָה לְמַכָּה, קִדֵּם אֶת פְּנֵי הָרָעָה

vorbeugend [---> verhütend]
מוֹנֵעַ, מַעֲקִי

vorbeugende Medizin ---> Präventivmedizin

Vorbeugung [---> Verhütung]
מְנִיעָה [ק/ג/267; מר״ח/552]. קְדִימָה, מֶנַע, עֲקִיָּה, פְּעֻלַּת מֶנַע

vorbewußt
קֹדֶם מוּדָע (פסי׳) [ו״מ/א/100]. סָמוּךְ לַמּוּדָע, עַל סַף הַמּוּדָע

Vorbewußtheit
קֹדֶם מוּדָעוּת (פסי׳) [ו״מ/א/100]. טְרוֹם יֶדַע, הַשֶּׁטַח הַנַּפְשִׁי שֶׁבּוֹ נִכְלָלִים הַנִּסָּיוֹן וְהַיֶּדַע שֶׁאֵינָם נִמְצָאִים בַּמּוּדָע אַךְ נָקֵל לְהַעֲלוֹתָם לְפִי הַצֹּרֶךְ לַתּוֹדָעָה הַמַּבְדִּילָה

Vorbild
דֶּגֶם (דְּגָמִים) [המ״מ/227]. דֻּגְמָה (דֻּגְמוֹת), מוֹפֵת (מוֹפְתִים)

Vorblatt *{Brakteole}*
חָפִית (חָפִיּוֹת) (בוט׳) חֻפָּה קָטָן הַיּוֹשֵׁב עַל עֹקֶץ הַפֶּרַח אוֹ בִּבְסִיסוֹ

Vorblick
מַבָּט קָדִימָה, תַּצְפִּית קָדִימָה

Vorbote
מַטְרִים, מַקְדִּים, חָלוּץ, מְטֹרָם, קוֹדֵם, מְבַשֵּׂר

vorbringen ---> einwenden; geltendmachen

Vorbringen
עֲצוּמָה (עֲצוּמוֹת) [ק/ג/153]. עִצּוּם, תְּבִיעָה, בַּקָּשַׁת רַבִּים, פְּטִיצְיָה, עַרְעָר, טַעֲנָה

Vorderansicht
מַרְאֶה מִפָּנִים (טכנ׳, אמנ׳) הֶטֵּל מִפָּנִים

Vorderbühne *{Proszenium}*
חֲזִית הַבִּימָה (תאט׳) קִדְמַת הַבִּימָה

Vorderglied
מַקָּשׁ (מחמ׳) [ק/ב/273]

Vordergrund *{Front}*
חֲזִית (חֲזִיתוֹת), הַצַּד הַקִּדְמִי, קֵדְמָה, צַד הַפָּנִים

Vordersatz *{Protasis}* **[---> Antezedens; Prämisse; Prämisse major]**
רֵישָׁה (רֵישׁוֹת) (בלש׳) [מ״ב/184]. רֵישָׁא, מִשְׁפָּט טָפֵל הַמְּמֻקָּם לָרֹב בִּתְחִלַּת הַמִּשְׁפָּט וְהַמְּצַיֵּן אֶת הַתְּנַאי לְקִיּוּם הַפְּעֻלָּה שֶׁבַּמִּשְׁפָּט הָעִקָּרִי, לְמָשָׁל: ״**אִם שָׁמַרְתָּ פִּיךָ מִלְּשׁוֹן הָרַע**, תְּהֵא כָּל יָמֶיךָ בְּשָׁלוֹם״. גְּזֵרָה רִאשׁוֹנָה (פיל׳, בלש׳) [ק/א/111]. קוֹדֵם (פיל׳) [ק/ג/268]. הַקְדָּמָה, הַנָּחָה מֻקְדֶּמֶת לְגוּף הָעִנְיָן. מַאֲמַר רֹאשׁ (מוס׳) רֹאשָׁה

Vorderschiff
קִדְמַת הַגּוּף (ימא׳) קֵדְמָה

Vorderseite ---> Verdergrung

Vordersinn
הַמּוּבָן שֶׁבְּגָלוּי (פיל׳)

Vordeutung *{Antizipation}*
חֲזוּת סִפּוּרִית (ספר׳) [מ״ס/111]. הֶטְרֵם הֶעָתִיד בְּמַהֲלַךְ הַסִּפּוּר

Voreilung
הֶקְדֵּם (הֶקְדֵּמִים)

voreingenommen [---> parteiisch]
מֻנְטֶה, שֶׁיֵּשׁ לוֹ דֵּעָה קְדוּמָה

Voreingenommenheit ---> Vorurteil; Parteilichkeit

Voreinstellung
הִתְכַּוְּנוּת מְזֻמֶּנֶת (פסי׳)

Vorerhebung ---> Teststudie

Vorfahr und Nachkomme
שַׁלְשֶׁלֶת הַדּוֹרוֹת [ק/ג/150]. שֹׁרֶשׁ וְעָנָף, אָבוֹת וּבָנִים

Vorfall
זִמְיוֹן [ק/א/263]. מִקְרֶה
Vorform *{Lötpastille}*
צוּרִית (צוּרִיּוֹת) (אלק')
Vorführer ---> Demonstrator
Vorgänger
קוֹדֵם (קוֹדְמִים)
vorgängig
הַקְּדָמִי [ק/א/204]. שֶׁל הַקְדָּמָה
Vorgang
מַהֲוֶה (מַהֲוִים) (פסי') [ר/ב/675]. תַּהֲלִיךְ, הִתְפַּתְּחוּת מַדְרֵגַת, אֵרוּעַ, תּוֹפָעָה מִתְהַוָּה, מֶהֱוֶה, מַהֲלָךְ, חִזָּיוֹן (חֶזְיוֹנוֹת). תַּהֲלִיךְ (תַּהֲלִיכִים)
vorgeblich ---> angeblich
vorgefaßte Meinung ---> Meinung, vorgefaßte
Vorgefühl ---> Vorahnung
vorgehen, gegen jemanden gerichtlich ---> gerichtlich vorgehen, gegen jemanden
Vorgehen ---> Verfahren
Vorgenannte, das ---> Obenerwähnte, das
Vorgeschichte ---> Anamnese
vorgeschossen
שֻׁדָּם (מְשֻׁדָּם) (כלכ') נִתָּן כְּמִקְדָּמָה
vorgeschossenes Kapital ---> Kapital, vorgeschossenes
Vorgesetzte(r)
עֶלְיוֹן, עֶלְיוֹנִית (מנה') מְנַחֶה, מְמֻנֶּה, מְנַהֵל, אַחֲרַאי, בַּעַל סַמְכוּת
vorgestellt
מְיֻצָּג
Vorgestellte, das
מְדֻמֶּה (פיל', פסי') [ק/ב/151; פ"ר/113]. יְצִיר דִּמְיוֹן, פְּרִי הַדִּמְיוֹן. מְצֻיָּר (פסי') [ק/ב/258]. הַמֻּשָּׂג בְּכֹחַ הַצִּיּוּר, - בְּשֵׂכֶל, - בְּכֹחַ הַדִּמְיוֹן
vorgreifen *{antizipieren}*
הִטְרִים (מַטְרִים), הִקְדִּים אֶת הַמְאֻחָר
Vorgriff *{Antizipation}*
טֵרוּם (פיל') [פ"ר/94]. הֶטְרֵם, הַטְרָמָה, הֶקְדֵּם, הַקְדָּמָה, אַנְטִיצִיפַּצְיָה, צְפִיָּה מֵרֹאשׁ, רְאִיַּת הַנּוֹלָד, מַקְדִּים
Vorhalle *{Vestibül}*
אַכְסַדְרָה (אַכְסַדְרוֹת, אַכְסַדְרָאוֹת) (אדר') [א"ח/א/52;49]. מִסְדְּרוֹן (מִסְדְּרוֹנוֹת), פְּרוֹזְדוֹר (פְּרוֹזְדוֹרִים), חֲדַר כְּנִיסָה, מָבוֹא (מְבוֹאוֹת)
Vorhand ---> Vorkaufsrecht
vorhanden [---> gegenwärtig]
יָשׁוּי [ק/ג/284; מר"ח/550]. קַיָּם, קָם, נִמְצָא, עוֹמֵד עַל מְכוֹנוֹ, יֵשׁ בּוֹ, מָצוּי, הֹוֶה, נוֹכֵחַ, מִתְקַיֵּם, עוֹמֵד, יֶשְׁנוֹ
vorhanden, nicht
אֵינֶנּוּ [ק/א/64]. אָפוּס, אֵינוֹ, לֹא קַיָּם, נֶעְדָּר. אַפְסִי (פיל') [ק/א/67]. נֶעְדַּר הַמְּצִיאוּת. מְאֻפָּס [ק/ב/134]. בָּטֵל, מְאַיָּן
Vorhandensein
יֶשְׁנוּת (פיל') [ק/ג/281]. קִימָה, יֶשְׁיָה, קִיּוּם, מְצִיאוּת, נִמְצָאוּת, עֲמִידָה, הֲוָיוֹת, הִמָּצְאוּת, נוֹכְחוּת
Vorhandensein, gleichzeitiges
קִבּוּץ [ק/ג/259]. כִּנּוּס, הֵאָסְפוּת, הִמָּצְאוּת יַחַד, הִתְכַּנְּסוּת בּוֹ זְמַנִּית
Vorhang
וִילוֹן (וִילוֹנוֹת) [א"ח/א/39]. פַּרְגּוֹד (פַּרְגּוֹדִים), מָסָךְ, יְרִיעָה, פָּרֹכֶת (פָּרֹכוֹת)
Vorhautverengung *{Phimose}*
עָרֶלֶת (רפו') הִצָּרוּת הָעָרְלָה
vorher
לְפָנִים, קֹדֶם
Vorherbeschließen
הַכְרָעָה מֵרֹאשׁ
vorherbestimmt
מְיֻעָד [ק/ב/194]. מְעֻתָּד, מֻבְטָח, שֶׁנִּתְּנָה לוֹ הַבְטָחָה שֶׁעָתִיד לִהְיוֹת מַשֶּׁהוּ, מוּכָן, מְזֻמָּן לְמַטָּרָה מְסֻיֶּמֶת, שֶׁנִּקְבַּע מֵרֹאשׁ. דּוֹמֵם [ק/א/133]. פּוֹעֵל בְּלִי רָצוֹן, בְּהֶכְרֵחַ טִבְעוֹ (בְּנִגּוּד לַבּוֹחֵר)
Vorherbestimmung
יִעוּד (פיל', דת) [ק/ד/145]. שִׁעוּר, גּוֹרָלִיּוּת, מַצָּב שֶׁנִּקְבַּע מֵרֹאשׁ וְאֵין לְשַׁנּוֹתוֹ. הֶכְרֵחַ (פיל', דת) [ק/א/173]. גְּזֵרָה, בְּנִגּוּד לְמֻשַּׂג הַבְּחִירָה הַחָפְשִׁית
Vorherbestimmung durch die Sterne ---> Sterndeutung
vorhergehend
קוֹדְמָן [ק/א/204]. הַקְּדָמִי, שֶׁל הַקְדָּמָה, קוֹדֵם. קָדוּם [ק/ג/265]. עַתִּיק, מִן הַזְּמַן שֶׁעָבַר, קַדְמוֹנִי, יָשָׁן
vorhergehende Ursache ---> Ursache, vorhergehende
vorherige Überlegung ---> Überlegung, vorherige
vorherrschend
רוֹוֵחַ [ק/א/102]. גּוֹבֵר, נוֹהֵג לָרֹב, שׁוֹלֵט
vorherrschende Meinung ---> Meinung, vorherrschende
Vorhersagbarkeit
חֲזִיּוּת, יְכֹלֶת לַחֲזוֹת
Vorhersage [---> Prognose]
חִזּוּי (פְּעֻלָּה), תַּחֲזִית (תּוֹצָאָה) (מדע, טכנ') [ר/ב/435]. נִבּוּי, מִבְחָן חָמוּר שֶׁל תֵּאוֹרְיָה מַדָּעִית הַמְנֻסַּחַת כְּהִסְתַּבְּרוּת
Vorhersagekarte
מַפָּה חֲזוּיָה (מטא') [יל"ט/119]. מַפָּה פְּרוֹגְנוֹסְטִית, מַפַּת מֶזֶג הָאֲוִיר שֶׁהַמַּעֲרָכִים הָאֲוִירוֹנִיִּים (מֶטֶאוֹרוֹלוֹגִיִּים) הַמֻּצָּגִים עָלֶיהָ חֻשְּׁבוּ וְחֻזּוּ לְמוֹעֵד שֶׁל עָתִיד מֻגְדָּר
vorhersagen
חִזָּה (מְחַזֶּה) (מטא') קָבַע מֵרֹאשׁ אֶת תַּחֲזִית מֶזֶג הָאֲוִיר, חָזָה (חוֹזֶה), רָאָה מֵרֹאשׁ, נִבָּא
Vorherwissen
עֲתִידָאוּת (מדע) [ק/ג/266]. הַמַּדָּע הַקָּדוּם, הַדַּעַת הַקְּדוּמָה, יְדִיעַת הָעֲתִידוֹת, עֲתִידָנוּת, מַדָּע הָעוֹסֵק בְּחֵקֶר הֶעָתִיד
vorherzusagend ---> voraussagbar
Vorhof
עֲזָרָה (עֲזָרוֹת) (אדר') חֲצַר בַּחֲזִית הַבַּיִת
Vorhof *{Vestibulum}*
פְּרוֹזְדוֹר (פְּרוֹזְדוֹרִים) (רפו') [מר"ח/85].

אַכְסַדְרָה (אַכְסַדְרָאוֹת), אַכְסַדְרַת הַלֵּב, עֲלִיָּה, פְּרוֹזְדוֹר הַלֵּב

vorhofbezüglich *{vestibulär}*

פְּרוֹזְדוֹרִי (רפו׳) שֶׁל פְּרוֹזְדוֹר הַלֵּב

Vorhofflattern

רִפְרוּף הַפְּרוֹזְדוֹר (רפו׳)

Vorhofflimmern

פִּרְפּוּר הַפְּרוֹזְדוֹר (רפו׳)

Vorkaufsrecht

רְכִישָׁה מִכֹּחַ זְכוּת קְדִימָה (משפ׳)

Vorkehrung

הֲכָנָה [ק/א/147]. דְּרִיכָה, עִתּוּד

vorkommen [---> eintreten]

הוֹפִיעַ (מוֹפִיעַ) [ק/א/113]. הִתְגַּלְגֵּל, נִכְנַס, הִתְגַּלָּה (מִתְגַּלֶּה), נִכְלַל, נִשְׁתַּרְבֵּב, נִסְתַּבֵּב, עָלָה וְהוֹפִיעַ (עוֹלֶה וּמוֹפִיעַ)

Vorkommen [---> Eintreten]

הוֹפָעָה, הִתְגַּלּוּת

vorkommend, häufig

תָּדִיר [ק/ג/43]. נִמְשָׁךְ, רָגִיל, שָׁכִיחַ, תָּכוּף

Vorkommnis ---> Ereignis

Vorladung

הַזְמָנָה לְדִין (משפ׳)

Vorladung Folge leisten, einer

הִתְיַצֵּב לְדִין (משפ׳)

Vorläufer ---> Vorbote

vorläufig

קְדָמִי, מַקְדִּים, מֻקְדָּם, זְמַנִּי, אֲרָעִי

vorläufige Anordnung ---> Anordnung, vorläufige

vorläufiger Vertrag ---> Vorvertrag, vorläufiger

Vorlagenbuch, technisches

מִפְרָט (טכנ׳)

Vorland

מֶרְחָב קִדְמִי (י״א) הַמֶּרְחָב שֶׁמֵּעֵבֶר לַיָּם שֶׁנָּמֵל קָשׁוּר אֵלָיו מִבְּחִינָה כַּלְכָּלִית

Vorlandgletscher

קַרְחוֹן הַדּוֹם (גאו׳, י״א)

vorlaut

צַעֲקָנִי

Vorliebe

מַאֲוַי (מַאֲוַיִּים) [מר״ח/548]. מַאֲוָה

Vorlust

קֹדֶם הֲנָאָה (פסי׳) [ר/ב/595]. קֹדֶם עֹנֶג, עֶרֶב עֹנֶג, הַשָּׁלָב הַהַתְחָלָתִי שֶׁל תַּעֲנוּגוֹת הַחִמּוּד הַמּוֹבִיל לְשָׁלָב פֻּרְקַן הַמֶּתַח (סוֹף עֹנֶג)

vormachen

הִשְׁלָה (מַשְׁלֶה), גָּנַב דַּעַת פְּלוֹנִי, הִתְעָה, הִטְעָה, תִּעְתַּע (מְתַעְתֵּעַ)

Vormilch *{Kolostrum}*

חֲלֵב רֵאשִׁית (רפו׳) הַפְרָשָׁה מִן הַשָּׁדַיִם הַחֵל מִן הַשָּׁבוּעַ הַשִּׁשִּׁי שֶׁל הַהֵרָיוֹן וְעַד הַשָּׁבוּעַ הַשְּׁלִישִׁי לְאַחַר הַלֵּדָה

Vormund

אַפּוֹטְרוֹפּוֹס (אַפּוֹטְרוֹפְּסִים) (משפ׳) [א״ח/ב/54]. אֶפִּיטְרוֹפּוֹס, מְמֻנֶּה לְטִפּוּל בִּיתוֹמִים וּבְנִכְסֵיהֶם

vorn gesehen, von

לְפָנַאי, כְּנֶגֶד פָּנִים, פְּנֵי הַדָּבָר נוֹכַח פָּנָיו

vornehm

אֲצִילִי, עָדִין, אָנִין, אֲנִין דַּעַת, הָדוּר, מְיֻקָּר, אוֹמֵר כָּבוֹד, רָם מַעֲלָה

vornehmer Mensch ---> Mensch, vornehmer

Vornehmheit

אֲצִילוּת, אֲצִילִיּוּת, דִּקּוּק, עִדּוּן, דַּקּוּת, הָדָר, הוֹד, נִשְׂגָּבוּת, שַׂגִּיאוּת, גְּדֻלָּה

vornehmlich

בְּרֹאשׁ וְרִאשׁוֹנָה

Vorort

פַּרְוָר (פַּרְוָרִים) (י״א) פַּרְבָּר, שְׁכוּנָה בְּפָאַת הָעִיר

Vorpubertät

קֹדֶם בַּגְרוּת (רפו׳, פסי׳) [ר/ב/595]. הַתְּקוּפָה שֶׁמִּן הַלֵּדָה וְעַד תְּחִלַּת הַהִתְבַּגְּרוּת, עֶרֶב בַּגְרוּת, שֶׁלַּב קֹדֶם הִתְבַּגְּרוּתִי

Vorräte

מַשְׁאַבִּים (כלכ׳) מִכְלוֹל הַמְּקוֹרוֹת הַנִּתָּנִים לְנִצּוּל כַּלְכָּלִי

Vorrang *{Priorität; Primat}*

קְדִימוּת (קְדִימֻיּוֹת) [ק/ג/266; ר/ב/595]. קְדִימָה, מַצַּב הַדָּבָר הַקּוֹדֵם לַאֲחֵרִים, זְכוּת קְדִימָה, דִּין קְדִימָה. בְּכוֹרָה [ק/ד/16]. רֵאשִׁיּוּת, רִאשׁוֹנוּת, יִתְרוֹן, הֱיוֹת יָתֵר עַל..., זְכוּת עֲדִיפוּת. קְדִימַת הַמִּשְׁפָּט [ק/ג/267]. מַתַּן זְכוּת רִאשׁוֹנוּת

Vorrat

מְלַאי (כלכ׳) אַפְסַנְיָה, צֵידָה, צִיּוּד

Vorratbildung

הִתְהַוּוּת הַמְּלַאי (כלכ׳)

Vorratsgefäß ---> Kanne

Vorratskammer

מְזָוֶה (מְזָוִים) (אדר׳) מַחְסַן מָזוֹן

Vorraum ---> Vorhalle

Vorrede ---> Einleitung

Vorrichtung

הֶתְקֵן (הֶתְקֵנִים) (טכנ׳) כְּלִי, מִתְקָן אוֹ מַכְשִׁיר הַמְיֻחָד לְתַכְלִית מְסֻיֶּמֶת

vorsätzlich

בְּמֵזִיד (משפ׳) בְּכַוָּנָה

Vorsatz

כַּוָּנָה [ק/ג/152]. עֵצָה, בְּמַחֲשָׁבָה תְּחִלָּה, הִתְכַּוְּנוּת, שְׁאִיפָה, גְּמִירַת אֹמֶר, רָצוֹן, תַּכְלִית

Vorsatzblatt

דַּף מָגֵן (ספרנ׳)

vorschießen

שִׁדֵּם (מְשַׁדֵּם), שֻׁדַּם, נִשְׁדַּם (כלכ׳) נָתַן בְּמִקְדָּמָה, הִלְוָה

Vorschießen

שִׁדּוּם (כלכ׳) נְתִינַת מִקְדָּמָה

Vorschlag, letzter ---> Ultimatum

Vorschluß *{Prosyllogismus}* **[---> Syllogismus, zusammengestzter]**

הֶקֵּשׁ מָצוּעַ טְרוֹמִי (פיל׳) הֶקֵּשׁ מַתְנֶה, הֶהֶקֵּשׁ הַמָּצוּעַ (סִילוֹגִיזְם) הָרִאשׁוֹן בְּשַׁרְשֶׁרֶת הֶקֵּשִׁים מְצוּעִים הַמְּהַוֶּה אֶת הַהַנְמָקָה לְאֶקְדֵּם הַהֶקֵּשׁ הַמָּצוּעַ הַבָּא אַחֲרָיו

Vorschrift ---> Verordnung

Vorschulkind

פָּעוֹט (פָּעוֹטוֹת) (פסי') יֶלֶד צָעִיר כְּבֶן שֵׁשׁ אוֹ שֶׁבַע שָׁנִים

Vorschuß

תַּשְׁדּוּם (כלכ') מִקְדָּמָה, דְּמֵי קְדִימָה, מִפְרָעָה

Vorsehung

הַשְׁגָּחָה (דת) [ק/א/218]. הַהַשְׁגָּחָה וְהַהַנְהָגָה הָאֱלֹהִית

Vorsehung bestimmt, von der

הַשְׁגָּחִי [ק/א/218]. מִטֶּבַע הַהַשְׁגָּחָה

Vorsicht

זְהִירוּת [ק/א/251]. שְׁמִירַת עַצְמוֹ שֶׁלֹּא לְהִנָּזֵק

vorsichtig

מְזֻהָר [ק/א/252]. זָהִיר, יְרֵא חֵטְא

Vorsilbe ---> Präfix

Vorsitz

רָאשׁוּת (מדי', מנה')

Vorsitzender

יוֹשֵׁב רֹאשׁ (יו"ר) (מדי', מנה')

Vorspannung

דְּרִיכָה (טכנ') מְתִיחָה, הֲבָאָה לְמַצָּב שֶׁל דְּרִיכוּת

Vorspiel ---> Präludium; Prolog

vorsprachliches Denken ---> Denken, vorsprachliches

vorspringende Wand ---> Wand, vorspringende

Vorsprung

קַדְמָה (קַדְמוֹת) (אדר') זִיז, בְּלִיטָה

Vorstandsmitglied [---> Direktor]

רַבְנְהֵל (רַבְנְהֵלִים, רַבְנְהֲלֵי-), רַבְנְהֶלֶת (רַבְנְהָלוֹת) (כלכ', מדי') דִּירֶקְטוֹר, חֲבֵר מוֹעֶצֶת מְנַהֲלִים

Vorsteckkeil

קֶטֶרֶב (קְטָרְבִים) (טכנ') קַטְרֵב (קַטְרֵבִים), פִּין אוֹ יָתֵד לְחִזּוּק לוֹלָבִים

Vorsteher

פַּרְנָס (פַּרְנָסִים) (מ"ח) [א"ח/ג/61]. עַסְקָן בָּכִיר, מְנַהֵל, גַּבַּאי

Vorsteherdrüse *{Prostata}*

עַרְמוֹנִית (רפו') [מר"ח/557]. שַׁעֲבֵז, בַּלּוּטַת הָעַרְמוֹנִית

Vorsteherdrüse betreffend, die

עַרְמוֹנִיתִי (רפו') שֶׁל בַּלּוּטַת הָעַרְמוֹנִית, שַׁעַבְזִי

Vorsteherdrüse, Entleerung der *{Prostatorrhoe}*

זִיבַת הָעַרְמוֹנִית (רפו') [מר"ח/557]. זִיבַת מְזִי, - הַשַּׁעֲבֵז, - תַּפְרִישׁ מִבַּלּוּטַת הָעַרְמוֹנִית

vorstellen

הִצִּיג (מַצִּיג), הִדְגִּים, שָׂם לְרַאֲוָה

Vorstellen

תַּדְמוּת (פסי') [ר/ב/674]. עוֹלַם הַתַּדְמִיּוֹת, תַּהֲלִיךְ הַדִּמְיוֹן, דִּמּוּי

vorstellen, sich [---> phantasieren]

דִּמָּה (מְדַמֶּה) (פסי') [ק/א/138]. צִיֵּר (מְצַיֵּר) (פסי') [ק/ג/244]. חָשַׁב, צִיֵּר לְעַצְמוֹ. שִׁעֵר (פסי') [ק/ד/147]. דִּמָּה בְּנַפְשׁוֹ, תֵּאֵר בְּדִמְיוֹנוֹ

vorstellende Kraft ---> Kraft, vorstellende

vorstellendes Denken ---> Denken, vorstellendes

Vorstellung [---> Darbietung]

דִּמּוּי (דִּמּוּיִים) (פיל', בלש', פסי') [ק/א/138; ת"ה/69]. פְּעֻלָּה מַחֲשַׁבְתִּית שֶׁנִּתָּן לָהּ בִּטּוּי לְשׁוֹנִי. רַעְיוֹן (רַעְיוֹנוֹת) (פיל') [ק/ד/47]. דִּבּוּר (פסי') [ק/א/125]. הָעִנְיָן הַמֻּשְׂכָּל. הֶצֵּג (הֶצֵּגִים) (פיל') [המ"מ/227]. הַצָּגָה (פְּעֻלָּה), מֻצָּג (תּוֹצָאָה), דֶּרֶךְ הִסְתַּכְּלוּת. דִּמְיוֹן (פסי') [ק/א/139]. פְּעֻלַּת הַכֹּחַ הַמְדַמֶּה. הִצְטַיְּרוּת (פסי') [ק/א/201]. כֹּחַ הַצִּיּוּר שֶׁל הַנֶּפֶשׁ. חֲקִיקָה (פסי') [ק/א/326]. רֹשֶׁם, חֲרִיתָה. יָדוּעַ (פיל') [ק/ב/25]. מֻשְׂכָּל, דָּבָר הַמֻּשָּׂג בַּשֵּׂכֶל, בְּנִגּוּד לְמוּחָשׁ הַמֻּשָּׂג בְּחוּשׁ, יְדִיעָה. מְדַמֶּה (פסי') [ק/ב/152]. מַרְאִית הַלֵּב. צִיּוּר (פסי') [ק/ג/241]. צִיּוּר מַחֲשַׁבְתִּי, כֹּחַ הַדִּמְיוֹן. סְבָרָה מְקֻבֶּלֶת (פיל') [פ"ר/123]

Vorstellung, allgemeine

דִּמּוּי כְּלָלִי (פיל') [פ"ר/46]. עַל פִּי הֶגֶל: הַגְדָּרָה שֶׁאֵינֶנָּה מֻשָּׂג בְּמוּבָן הַמֻּבְהָק אֶלָּא שַׁיֶּכֶת לְרָמָה הֶגְיוֹנִית נְמוּכָה

Vorstellung, Erfassen durch

הֲבָנָה דִּמּוּיִית (פסי', פיל') [ק/א/153]. הֲבָנָה צִיּוּרִית, בְּנִגּוּד לַהֲבָנָה אֲמוּתִית

Vorstellung, Flüchtigkeit der

נְגוֹזוּת הַמֻּצָּג (פסי')

Vorstellung, freisteigende

מֻצָּג עוֹלֶה מֵאֵלָיו (פסי')

Vorstellung, Gegenstand der ---> Erkenntnis, Gegenstand der

Vorstellung, geistige

דִּמּוּי רוּחָנִי (פיל') [ק/ג/242]. צִיּוּר רוּחָנִי

Vorstellung, hypothetische ---> Konstrukt, hypothetisches

Vorstellung, imaginäre

דִּמּוּי דִּמְיוֹנִי (פסי', פיל') [ק/ג/242]. צִיּוּר דִּמְיוֹנִי

Vorstellung, individuelle

צֶרֶף אִישִׁי (פסי') [ר/ב/589]. מֻשָּׂג אִישִׁי

Vorstellung, kombinierte

מֻצָּג מֻרְכָּב (פסי') מֻצָּג מְצֹרָף

Vorstellung, Lebhaftigkeit der

חִיּוּת הַמֻּצָּג (פסי')

Vorstellung, Lückenhaftigkeit der

פְּגִימוּת הַמֻּצָּג (פסי')

Vorstellung, Objekt der

מַשָּׂא הַדִּמּוּי (פסי') [ק/ג/242,75]. נְשׂוּא הַצִּיּוּר, מַשָּׂא שֶׁבַּמַּחֲשָׁבָה וְשֶׁבַּדִּמְיוֹן

Vorstellung, objektive

דִּמּוּי מַשָּׂאִי (פסי', פיל') [ק/ג/242]. צִיּוּר נְשׂוּאִי

Vorstellung, sinnliche

דִּמּוּי חוּשִׁי (פסי', פיל') [ק/ג/242]. צִיּוּר חוּשִׁי, - הַמּוּחָשׁוּת

Vorstellung, subjektive

דִּמּוּי נוֹשְׂאִי (פסי', פיל') [ק/ג/242]. צִיּוּר דִּמְיוֹנִי, - נוֹשְׂאִי

Vorstellung, transzendente

דִּמּוּי עֵבֶר נִסְיוֹנִי (פסי', פיל') [ק/ג/242]. צִיּוּר עוֹבֵר הַגְּבוּל

Vorstellung, Unbeständigkeit der

רְפִיפוּת הַמֻּצָּג (פסי')

Vorstellung, vulgäre

דִּמּוּי גַּס (פסי', פיל') [ק/ג/242]. צִיּוּר הֲמוֹנִי

Vorstellungsart
צוּרַת דִּמּוּי (פסי׳, פיל׳) אֹרַח דִּמּוּי, אֹפֶן תֵּאוּר

Vorstellungsassoziation ---> Ideenassoziation
Vorstellungsbild
תַּדְמִית (תַּדְמִיּוֹת) (פסי׳) [ר/א/167; מר״ח/377]. יִקְנָה, דְּמוּת, תְּמוּנָה שִׂכְלִית בְּמֹחוֹ שֶׁל הָאָדָם הַמַּקְבִּילָה לַתְּמוּנָה שֶׁבַּמְּצִיאוּת, דְּמוּתָהּ, דְּיוֹקָן, בָּבוּאָה אוֹפְּטִית, הִשְׁתַּקְּפוּת מַשָּׂא בְּמַרְאָה, בַּעֲדָשָׁה וכד׳. צִיּוּר שֶׁל דִּמּוּי, צִיּוּר-דִּמּוּי (פסי׳) [ק/א/138; ק/ג/242]. צוּרָה דִּמְיוֹנִית (פסי׳) [ק/ג/237]. צִיּוּר דִּמְיוֹנִי (פסי׳) [ק/ג/242]
Vorstellungsbild, eidetisches ---> Anschauungsbild
Vorstellungskraft ---> Einbildungskraft
Vorstellungsverlauf
מַהֲלַךְ הַהַצָּגָה (פסי׳)
Vorstellungsvermögen ---> Einbildungskraft
Vorstudie ---> Erkundungsstudie
Vorstufe
קְדַם שָׁלָב [ק/א/203]. הַקְדָּמָה, קְדַם דַּרְגָּה, שָׁלָב מֻקְדָּם, מָבוֹא לְגוּף הָעִנְיָן. הַצָּעָה [ק/א/202]. הַתְחָלָה
Vorstufe der Vollkommenheit ---> Vollkommenheit, Vorstufe der
Vorstufe einer Krankheit ---> Krankheit, Vorstufe einer
Vorteil
יִתְרוֹן (יִתְרוֹנוֹת) [ק/א/163]. הוֹעָלָה. תּוֹעֶלֶת [ק/ד/184]. הֲנָאָה
Vortrag *{Referat}*
הַרְצָאָה (הַרְצָאוֹת), דְּרָשָׁה
Vortragsbezeichnung
צִיּוּן בִּצּוּעַ (מוס׳)
Vortragskunst
תַּרְבּוּת הַדִּבּוּר (בלש׳) [מ״ב/71]. תּוֹרַת הַהֲגִיָּה (הֲגִיָּה)
Vortraum
קְדַם חֲלוֹם (פסי׳)
vortrefflich ---> vorzüglich
Vortrefflichkeit ---> Vorzüglichkeit
Vortritt ---> Vorrang
vorübergehen
עָבַר (עוֹבֵר), חָלַף
vorübergehend
אֲרָעִי [ק/ב/87]. כָּלֶה, חוֹלֵף, עוֹבֵר. נִפְסָק [ק/ג/55]. זְמַנִּי, אַרְעִי, לֹא קָבוּעַ, לִזְמַן מֻגְבָּל
vorübergehende Erscheinung ---> Erscheinung, vorübergehende
vorübergehende Mischung einzelner Elemente ---> Mischung einzelner Elemente, vorübergehende
vorübergehendes Behalten ---> Behalten, vorübergehendes
Voruntersuchung ---> Teststudie
Vorurteil
דֵּעָה קְדוּמָה (פיל׳, מ״ח) [ק/ג/266]. נְטַאי (נְטָאִים) (פיל׳, מ״ח) [ק/ב/301]. נְטַי, מִשְׁפָּט קְדָם, מִשְׁפָּט סוֹמֶא. מִשְׁפָּט קָדוּם (פיל׳, מ״ח) [ק/ב/301; ר/ב/422]. דֵּעָה שֶׁיֵּשׁ לְאָדָם טֶרֶם שֶׁקִּבֵּל מֵידָע מַסְפִּיק וּלְלֹא בֵּרוּר הָעֻבְדּוֹת
vorurteilsfrei
חַף מִדֵּעוֹת קְדוּמוֹת (פיל׳, מ״ח) נְקִי מִנְּטָאִים
Vorvergangenheit ---> Plusquamperfekt
Vorvertrag
זִכְרוֹן דְּבָרִים (משפ׳)
vorwärts genommen
קְדוּמָנִי
Vorwärts-Rückwärts-Suche ---> Suche, Vorwärts-Rückwärts-
Vorwärtsbewegung *{Propulsion}*
דִּחְקוּף (רפו׳) [מר״ח/557]. הִדָּחֲפוּת קָדִימָה
vorwärtstreibend
מְדַחְקֵף (רפו׳) [מר״ח/557]. דּוֹחֵף קָדִימָה
Vorwärtsverkettung [---> Schlußfolgern, datengesteuertes]
שַׁלְשֶׁלֶת קְדוּמָנִית (פסי׳, פרג׳) שִׁרְשׁוּר קְדוּמָנִי, - לְפָנִים, דֶּרֶךְ לְהַתָּרַת בְּעָיָה
Vorwalten
שְׂרָרָה (מדי׳) [ק/א/154,102]. גֹּבַר, הִשְׂתָּרְרוּת, שְׂרָרוּת, חֲלִישָׁה עַל..., שִׁלְטוֹן, הִתְגַּבְּרוּת, הַגְבָּרָה, הַשְׁלָטָה, רְדִיָּה, רִדּוּי, הִשְׁתַּלְּטוּת
Vorwand
תֵּרוּץ (תֵּרוּצִים) [ק/ב/20]. טַעֲנָה, אֲמַתְלָה (אֲמַתְלוֹת), הִתְנַצְּלוּת, טַעֲנַת אֲמַתְלָה, מַסְוֶה
Vorwegnahme der Reaktion ---> Reaktion, Vorwegnahme der
vorwiegen ---> überwiegen
vorwiegend ---> überwiegend
vorwiegende Meinung ---> Meinung, vorwiegende
Vorwort ---> Einleitung
Vorzeichen
סִימָן מֻקְדָּם, אוֹת טְרוֹמִי, מְבַשֵּׂר. צִיּוּן מַפְתֵּחַ (מוס׳) סִימָנִית קֶבַע
Vorzeichen eines Anfalls ---> Anfall(s), Vorzeichen eines
Vorzeichenumkehr
הִפּוּךְ סִימָן (מתמ׳)
vorzeitig
טְרוּם [מר״ח/549]. מֻקְדָּם, חֲסוּרִי, לִפְנֵי זְמַנּוֹ, מֻטְרָם
vorzeitige Pubertät ---> Frühreife
vorzüglich
מְצֻיָּן [ק/ב/63]. כְּבוּדִי, נִכְבָּד, חָשׁוּב. עָדוּף [ק/ג/125]. מְרֻבֶּה יוֹתֵר, מְעֻלֶּה, יָתֵר עַל..., טוֹב מִ..., עָדִיף, מָעֳדָף, עוֹלֶה עַל..., עִלָּאִי, מְעֻלֶּה, מֻסְלָת, מֻבְחָר
Vorzüglichkeit
הִצְטַיְּנוּת [ק/א/334]. חֲשִׁיבוּת, מִדָּה טוֹבָה, מַעֲלָה, שֶׁבַח, עִלָּאוּת, עִלָּאוּת
Vorzug
קְדִימָה [ק/ג/266]. מַצָּב הַדָּבָר הַקּוֹדֵם לָאֲחֵרִים, קְדִימוּת, זְכוּת קְדִימָה, דִּין קְדִימָה, בְּכוֹרָה, מַתַּן זְכוּת רִאשׁוֹנוּת. הַעֲדָפָה [ק/א/189]. חֲשִׁיבוּת [ק/א/334]. מִדָּה טוֹבָה, שֶׁבַח. יִתְרוֹן [ק/ב/58]. מַעֲלָה יְתֵרָה. מַעֲלָה

דַּלֶּקֶת הַפֹּת (רפו') דַּלֶּקֶת הָעֶרְוָה, - הָעֶרְיָה

vulvär

פֹּתִי (רפו') עֶרְיָתִי

[ק/ב/236]. גֹּבַהּ, גְּדֻלָּה, עֵרֶךְ, עֲדִיפוּת. עַדְפָנוּת [ק/ג/125]. עִלּוּי [ק/ג/133]

Vorzugsaktie

מְנָיַת בְּכוֹרָה (כלכ') [אב״נ/120]. מְנָיָה הַמַּעֲנִיקָה לִבְעָלֶיהָ עֲדִיפוּת בַּאֲשֶׁר לְתַשְׁלוּם גְּזִירָוַח (דִיבִידֶנְדָה)

Vorzugssuche

חִפּוּשׂ מֵיטָב תְּחִלָּה (פסי', פדג')

Vorzukunft ---> Futurum perfectum

Vox literata

קוֹל אוֹתוֹיִי (בלש') [ק/א/31]. קוֹל מְחֻתָּךְ הַמְּשַׁמֵּשׁ בַּלָּשׁוֹן

Voyeur

מְצִיצָן (פסי') [ר/ב/408]. סְתַכְּלָן, בַּעַל רָצוֹן חוֹלָנִי לְהִסְתַּכֵּל בְּמִשְׁגָּל שֶׁל אֲחֵרִים

Voyeurismus

מְצִיצָנוּת (פסי') [ר/ב/408; מר״ח/709;460]. סְתַכְּלָנוּת, נִבּוּל עַיִן, הַשָּׂגַת גֵּרוּי מִינִי עַל יְדֵי הֲצָצָה בִּפְעִילוּת קִרְבִית (אִינְטִימִית) שֶׁל אֲחֵרִים

Voyeurtum ---> Voyeurismus

vulgär

גַּס, נִבְעָר, נִבְעָרָה, ווּלְגָרִי, בַּהֲמִי, מְבֹהָם, גָּלְמָנִי, עַמְאֲרָצִי

vulgäre Vorstellung ---> Vorstellung, vulgäre

Vulgärökonomie

כַּלְכָּלָה נִבְעָרָה (כלכ', מ״ח) כַּלְכָּלָה עַמְאֲרָצִית

vulgarisieren

גִּשָּׁה (מְגַסֶּה)

Vulgarisieren

גִּסּוּי, ווּלְגָרִיזַצְיָה, מַתַּן צוּרָה אוֹ אֹפִי גַּסִּים (ווּלְגָרִיִּים)

Vulkan

הַר גַּעַשׁ (הָרֵי גַּעַשׁ) (גאו', י״א) ווּלְקָן, מִבְנֶה תַּאֲדָמִי (גֵאוֹלוֹגִי) שֶׁל קְלִפַּת הָאֲדָמָה שֶׁנּוֹצָר כְּתוֹצָאָה מִפְּעֻלַּת גַּעַשׁ

Vulkan, erloschener

הַר גַּעַשׁ כָּבוּי (גאו', י״א)

Vulkan, tätiger

הַר גַּעַשׁ פָּעִיל (גאו', י״א)

vulkanisch

גַּעֲשִׁי (גאו', י״א) ווּלְקָנִי

vulkanische Tätigkeit ---> Tätigkeit, vulkanische

Vulkanismus

גַּעֲשׁוּת (גאו', י״א) כְּלָל הַתּוֹפָעוֹת הַקְּשׁוּרוֹת בְּהָרֵי גַּעַשׁ, ווּלְקָנִיּוּת

Vulva

פֹּת, פּוֹת (רפו') [מר״ח/710;589]. אֵבֶר הַמִּין הַחִיצוֹנִי שֶׁל הָאִשָּׁה, עֶרְיָה, עֶרְוָה, כּוּס, בֵּית הַתֶּרְפָּה, מְבוּשֵׁי הַנְּקֵבָה, תֹּרֶף, תֻּרְפָּה, חֲרִיץ הָעֶרְוָה

Vulvaentzündung *{Vulvitis}*

W

Waage
מֹאזְנַיִם (טכנ') [א"ת/ב/398]

waagerecht *{horizontal}*
אָפְקִי (פיס') [ק/א/68]. מְאֻזָּן, מְשֻׁכָּב

Wabenverwitterung
בְּלָיָה רִשְׁתִּית (גאו', י"א) מִבְנֶה סַלְעֵי דְּמוּי חַלַּת דְּבַשׁ שֶׁנִּתְהַוָּה מִבְּלָיָה

wach
עֵר (רפו', פסי') [ק/ב/49]. יָקֵץ, זָרִיז, עֵרָנִי, מַשְׁגִּיחַ, קָשׁוּב וְדָרוּךְ

wachen ---> erwachen

Wachen ---> Erwachen

Wachheit
עֵרוּת (רפו', פסי') יְקִיצָה, זְרִיזוּת, פִּכְּחוֹן, עֵרָנוּת, הַשְׁגָּחָה, הֲשָׁמַת עַיִן

Wacholder *{Juniperus}*
עַרְעָר (בוט') צֶמַח מִמִּשְׁפַּחַת הַבְּרוֹשִׁיִּים

Wacholderdrossel *{Turdus pilaris}*
קִיכְלִי אָפֹר (זוא') עוֹף מִמִּשְׁפַּחַת הַקִּיכְלִיִּים

wachrufen ---> heraufbeschwören

Wachsblatt
שַׁעֲוִית (שַׁעֲוִיּוֹת) (דפו') שַׁעֲוָנִיָּה, גִּלָּיוֹן מְצֻפֶּה שַׁעֲוָה הַמְּשַׁמֵּשׁ לְהַתְקָנַת עֲתָקִים רַבִּים בִּמְשַׁכְפֶּלֶת (מְכוֹנַת שִׁכְפּוּל)

Wachsblume *{Cerinthe}*
דּוֹנַגִּית (בוט') צֶמַח מִמִּשְׁפַּחַת הַזִּיפָנִיִּים

Wachsblume *{Hoya}*
בַּת שֶׁבַע (בוט') צֶמַח מִמִּשְׁפַּחַת הָאַסְקְלֶפִּיִּים

wachsend
גּוֹבֵר, גָּדֵל

Wachsrose *{Anemonia sulcata}*
דּוֹנַגִּית צוֹרֶבֶת (זוא') מִין בְּמִשְׁפַּחַת שׁוֹשַׁנִּיִּים (אַלְמֻגִּים)

Wachstum
גְּדִילָה (מ"ט, כלכ') [ק/ג/249]. גִּדּוּל, צִמְחוֹן. צְמִיחָה (מ"ט, כלכ') [ק/ג/250]. הִתְפַּתְּחוּת, פְּרִיָּה. רִבּוּי (מ"ט) [ק/ד/18]. תּוֹסֶפֶת (מ"ט, כלכ') [ק/ד/183]. כֹּחַ מְגַדֵּל (מ"ט) [ק/ב/75]

Wachstum, logarithmisches ---> Exponentialwachstum

Wachstum, zweiphasisches *{Diauxie}*
גְּדִילָה דּוּ שְׁלַבִּית (ביו') [ל"ב/65]. גִּדּוּל דִּיאוּקְסִי, גְּדִילָה שֶׁל אוּלִילִים (מִיקְרוֹאוֹרְגָנִיזְמִים) בַּת שְׁנֵי שְׁלַבִּים שֶׁבֵּינֵיהֶם מַפְרִידָה תְּקוּפַת חֹסֶר גִּדּוּל

Wachstumskurve
עֲקֻמַּת גִּדּוּל (כלכ', מתמ')

Wachstumsschub
מְאוֹץ הַגְּדִילָה (רפו', פסי')

Wachtel *{Coturnix coturnix}*
שְׂלָו (זוא') עוֹף מִמִּשְׁפַּחַת הַפַּסְיוֹנִיִּים

Wachtelkönig *{Crex crex}*
מַלְכִּישְׂלָו (זוא') עוֹף מִמִּשְׁפַּחַת הָרַלִּיתִיִּים

wacker
אַמִּיץ, נוֹעָז, עַז לֵב

Wadenbein *{Fibula}*
שׁוֹקִית (רפו') עֶצֶם הַשּׁוֹק הָאֲחוֹרִית

wadenbeinbezüglich
שׁוֹקִיתִי (רפו') שֶׁל עֶצֶם הַשּׁוֹק הָאֲחוֹרִית

Wächterhütte
שׁוֹמֵרָה (שׁוֹמֵרוֹת) [א"ת/א/8]. סֻכַּת הַשּׁוֹמֵר

wählen
בָּחַר (בּוֹחֵר)

Wählerliste
רְשִׁימַת הַבּוֹחֲרִים (מדי')

wähnen
סָבַר (סוֹבֵר) [ק/ג/88]. שִׁעֵר בְּדַעְתּוֹ, חָשַׁב, דִּמָּה בְּלִבּוֹ, הָיָה בְּדַעְתּוֹ. זָמַם (זוֹמֵם) (פסי') [ק/א/264]. הִשִּׂיג בְּהַכָּרָה בִּלְתִּי בְּרוּרָה, - בְּדִמְיוֹן

während
בִּזְמַן שֶׁ..., עַד שֶׁ..., בְּעוֹד שֶׁ..., - אֲשֶׁר..., בְּשָׁעָה שֶׁ..., תּוֹךְ כְּדֵי כָּךְ, בְּתוֹךְ כָּךְ, אַגַּב כָּךְ, תּוֹךְ כְּדֵי

Währungsabwertung ---> Geldabwertung

Währungskontrolle ---> Devisenkontrolle

Währungspolitik
מְדִינִיּוּת מָמוֹנִית (כלכ', מדי') מְדִינִיּוּת מוֹנִיטָרִית

wälzen
הִתְפַּלֵּשׁ (מִתְפַּלֵּשׁ), הִתְגַּלְגֵּל

Wälzen
סִבּוּב (פיס', פיל') [ק/ג/86]. גִּלְגּוּל, טִלְטוּל, אַחַת מֵאַרְבַּע הַדְּרָכִים (מְשִׁיכָה, דְּחִיָּה, מַשָּׂא וְסִבּוּב) שֶׁמֵּנִיעַ חִיצוֹנִי מֵנִיעַ בָּהֶן אֶת הַחֹמֶר

Wärme
חֹם (פיס', פסי') [ר/א/261]. תְּכוּנַת הַדָּבָר הַחַם, חֲוָיָה חוּשִׁית בִּתְגוּבָה לְגֵרוּי שֶׁמִּדַּת הַחֹם שֶׁלּוֹ גְּבֹהָה מֵחֹם הָעוֹר

Wärme, latente
חֹם כָּמוּס (פיס', מטא') [יל"ט/68]. כַּמּוּת הַחֹם הַדְּרוּשָׁה כְּדֵי לַהֲפֹךְ גֶּרֶם שֶׁל חֹמֶר מִמַּצָּב צְבִירָה אֶחָד לְמַצַּב צְבִירָה אַחֵר תּוֹךְ שְׁמִירָה עַל תְּמוּדָה (טֶמְפֶּרָטוּרָה) קְבוּעָה

wärmebeständig
עֲמִיד חֹם (פיס')

Wärmeempfindung, paradoxe

חֹם מַעַרְקָלִי (פָּרָדוֹקְסִי) (פסי') [ר/ב/564]. תְּחוּשַׁת חֹם כְּשֶׁעֶצֶם קַר יַחֲסִית מְגָרֶה אֶת הָעוֹר

wärmeleitfähig

יְלִיךְ חֹם (פיס') מוֹלִיךְ חֹם

Wärmesumme ---> Temperatursumme

wärmeunbeständig *{thermolabil}*

מְעִיד חֹם (פיס')

Wärmflasche

בּוּקְחָם (בּוּקְחָמִים) (רפו') [מר"ח/665]. בַּקְבּוּק חַם

Wärzchen ---> Karunkel

Wäscher(in)

כּוֹבֵס (כּוֹבְסִים), כּוֹבֶסֶת (כּוֹבְסוֹת) (מלא') [א"ח/א/153]. כַּבָּס

Wäschestärke

מְעַמְלֵן [מר"ח/631]. נַשַּׂאי

wässern

טָמֵשׁ (טוֹמֵשׁ), טִמֵּשׁ (מְטַמֵּשׁ) (רפו') טָבַל, הִטְבִּיל

Wässerung *{Immersion}*

טְמִישָׁה, טִמּוּשׁ (רפו') [מר"ח/378]. טְבִילָה

Waffe

כְּלִי נֶשֶׁק (כְּלֵי נֶשֶׁק) (צבא) [א"ח/ב/257]. כְּלִי מִלְחָמָה

Waffel

אֲפִיפִית (אֲפִיפִיּוֹת) (תזו') וַפְלָה

Waffenfliegen *{Stratiomyidae}*

אַסְטְרַטְיוֹנִיִּים (זוא') מִשְׁפָּחָה שֶׁל זְבוּבִים

Waffenruhe

הַפְסָקַת אֵשׁ (מדי', צבא) הֲפוּגָה, הַפְסָקָה אַרְעִית שֶׁל קְרָבוֹת

Waffenstillstand

שְׁבִיתַת נֶשֶׁק (מדי', צבא) הַפְסָקַת קְרָבוֹת

wagen

הֵעֵז (מֵעֵז) [ק/א/305]. נֶחֱלַץ, נִתְחַזֵּק, עָרַב אֶת לִבּוֹ, הִרְהִיב עֹז, לָקַח לוֹ לֵב

Wagen

עֲגָלָה (עֲגָלוֹת) (טכנ') [א"ח/ב/336]. מֶרְכָּבָה, קָרוֹן (קְרוֹנוֹת)

Wagenspiel

מַחֲזֵה קְרוֹנוֹת (תאט') הַצָּגָה שֶׁמַּצִּיגִים עַל גַּבֵּי קְרוֹנוֹת

Wahl

בְּחִירָה, אֶפְשָׁרוּת לַעֲשׂוֹת כָּךְ אוֹ אַחֶרֶת

Wahl, mehrfache

בְּחִירָה מְרֻבּוֹת

Wahlbezirk

מְחוֹז בְּחִירוֹת (מדי')

Wahlen, Methode der erzwungenen

מַתְכֹּנֶת בְּחִירָה מְאֻלֶּצֶת (מ"ח, פסי') [מ"מ/220]. מַתְכֹּנֶת שְׁאֵלוֹן שֶׁבּוֹ לְכָל שְׁאֵלָה נְתוּנוֹת רַק שְׁתֵּי אֶפְשָׁרֻיּוֹת תְּשׁוּבָה

wahlfrei ---> fakultativ

Wahlliste ---> Wählerliste

Wahlrecht

זְכוּת בְּחִירָה (מדי')

Wahlurne

קַלְפִּי (קַלְפִּיּוֹת) [א"ח/ב/294]. קַלְפִּי, תֵּבָה שֶׁשָּׂמִים בָּהּ פִּתְקֵי בְּחִירוֹת אוֹ תָּוִיּוֹת הַגְּרָלָה

Wahlversuch

נִסּוּי הַבְּחִירָה (פסי') [ר/א/108]. נִסּוּי שֶׁבּוֹ עַל הַנִּבְדָּק לִבְחֹר תְּגוּבָה אַחַת מִבֵּין שְׁתֵּי תְּגוּבוֹת לְפָחוֹת עַל שְׁנֵי גֵּרוּיִים אוֹ יוֹתֵר

Wahn ---> Wahnsinn; Wahnvorstellung; Paranoia

Wahngebilde ---> Halluzination

wahnhaft

תַּעְתּוּעִי (פסי') אִטְלוּלִי, אַשְׁלָיָתִי

Wahnidee ---> Wahnvorstellung

Wahnsinn [---> Manie]

אִי שְׁפִיּוּת (פסי') [ר/א/55]. שִׁגָּעוֹן, טֵרוּף הַדַּעַת, בִּלְבּוּל הַחוּשִׁים, חֳלִי הַנֶּפֶשׁ, לִקּוּת הַשֵּׂכֶל, מַחֲלַת רוּחַ

Wahnvorstellung [---> Paranoia]

רַעְיוֹן שָׁוְא (פסי') [ר/א/166; מר"ח/234]. דְּלוּזְיָה, רַעְיוֹן רוּחַ, רְעוּת רוּחַ, אֱמוּנָה בִּדְבָרִים עַל אַף נְתוּנִים מַסְפִּיקִים לְהַפְרָכָתָם, אִטְלוּלָה, מַחְשֶׁבֶת שָׁוְא, תַּעְתּוּעַ, הַשְׁלָיָה, אַשְׁלָיָה, שְׁגָגַת תַּעְתּוּעִים

Wahnwitz

בִּלְבּוּל מֹחַ

wahr

אֲמִתִּי [ק/א/60]. שֶׁל אֱמֶת. צִדְקִי, צִדְקָנִי [ק/ג/231]. צוֹדֵק, נָכוֹן

wahr erweisen, sich als

אֻמַּת (מְאֻמָּת) [ק/א/60]. הִתְבָּרֵר שֶׁהַדָּבָר אֱמֶת, הִתְאַמֵּת (מִתְאַמֵּת), הֻכַּר, הֻשַּׂג. צָדַק (צוֹדֵק) [ק/ג/229]. הָיָה אֱמֶת, - נָכוֹן, - הָגוּן, - רָאוּי. נִתְכּוֹנֵן [ק/ב/71]. נִתְבָּאֵר, נַעֲשָׂה בָּרוּר וְיָדוּעַ

Wahre, das

הָאֲמִתִּי, הַצּוֹדֵק, הַנָּכוֹן

wahre Bedeutung, ---> Bedeutung, wahre

wahre Erkenntnis ---> Erkenntnis, wahre

wahre Philosophie ---> Philosophie, wahre

wahrer Begriff ---> Begriff wahrer

Wahrgenommene, das sinnlich ---> Wahrnehmbare, das sinnlich

wahrhaftig

בֶּאֱמֶת, בְּצֶדֶק

Wahrhaftigkeit

אֲמִתִּיּוּת, אֲמִתּוּת, הֶאֱמְנוּת

Wahrheit

אֱמֶת (פיל') [ק/א/60,58]. אֲמִתָּה, אֲמִתּוּת, עֶצֶם הַדָּבָר וּמַהוּתוֹ הָאֲמִתִּית. צֶדֶק [ק/ג/228]. יֹשֶׁר, כֵּנוּת, אֲמִתִּיּוּת, נְכוֹנוּת

Wahrheit, absolute

אמת מחלטת (פיל') ידע משלם וסופי המשקף הבט מסים של עצם, של תהליך או של תופעה השומר בכל תנאי על משמעותו והוא בלתי מפרך בהוה ובעתיד, למשל: "הבחירות לכנסת הראשונה התקימו ב-25 בינואר 1949"

Wahrheit(en), allgemein bekannte
נמשכות [ק/ג/43]. השמועות התכופות, העניינים המפרסמים שנתאמתו על ידי תכיפות ספורי בני אדם

Wahrheit, Aufrechterhaltung der ---> Begründungsverwaltung

Wahrheit, in
לאמתו של דבר [ק/ג/167]. על העקר, - האמת והעקר, באמת, לפי האמת, על צד האמת, בדיוק, למעשה. בשלוח [ק/ד/110]

Wahrheit(en), konventionelle
מפרסמה (מפרסמות) (פיל', מ"ח) [ק/ב/248]. בנגוד למשכל (משכלות), דעה מסכמת שאינה מיסדת על ההקש ההגיוני אלא על דעת הקהל

Wahrheit, Kriterium der ---> Kriterium der Wahrheit

Wahrheit(en), landläufige ---> Wahrheit(en), allgemein bekannte

Wahrheit, logische
אמת הגיונית (פיל') [ק/א/54]. אמות מחשבי. אמת מחשבית (פיל') [ק/ב/187]

Wahrheit, metaphysische
אמת עלכנית (פיל') [ק/א/54]. אמות גמור, - מחלט, אמת מטפיזית

Wahrheit, moralische
אמת מוסרנית (פיל') [ק/א/54]. אמות מדותי, אמת מורלית. האמת המדותית (פיל') [ק/ב/148]

Wahrheit, relative
אמת יחסית (פיל') חלק מן האמת המחלטת; בתהליך המתמיד של רכישת ידע דרך אמתות יחסיות וטעיות יחסיות מגשימים את הכרת האמת המחלטת ומתקרבים אליה

Wahrheit(en), traditionelle
מקבלות (דת, הסט') [ק/ב/263]. עניינים שנתאמתו על ידי המסרת, ירשת הדורות, מורשה דתית, מסור במסרת מאבות

Wahrheit entstellen, die ---> entstellen, die Wahrheit

Wahrheit sprechen, die ---> sprechen, die Wahrheit

Wahrheitsmenge
קבוצת האמת (מחמ')

Wahrheitssucher
דורש אמת (דורשי אמת) (פיל', מדע) [ק/ב/133]. מאמת (מאמתים), מחזיק בדעות אמתיות, חוקר דבר לאמתו, מאמין, בעל הבטחה (בעלי הבטחה), צמא אמת, איש אמת

Wahrheitstafel
טבלת אמת (מחש') לוח אמת

wahrnehmbar
תפיס (פיל', פסי') [ק/ב/276]. מרגש, בר תפיסה, נתפס, יחיש, בר חישה. משג (פסי', פיל') [ק/ב/283]. נתן להשגה, מה שאפשר להשיג בחוש או בשכל. נרגש (פסי', פיל') [ק/ג/69]. נכר בחושים, משא ההבחנה. מוחש (פסי') [ק/ב/159]

wahrnehmbar, durch den Tastsinn
משיש (רפו') [ק/ב/211]. ממשש, מרגש בחוש המשוש, נתן למשוש

wahrnehmbar, nicht
בלתי תפיס (פיל', פסי', רפו') שאי אפשר להשיגו בחוש או בשכל, בלתי יחיש, שאינו נתן לתחושה

wahrnehmbare Materie ---> Materie, sinnliche

wahrnehmbare Welt ---> Welt, wahrnehmbare

Wahrnehmbares
נוחש (פסי') [ק/א/336; ר/ב/574]. חששא, מה שנכר ושנקלט באמצעות החושים, מה שנתפס

Wahrnehmbarkeit
תפיסות (פסי') היכלת להכיר ולקלט באמצעות החושים, פרצפטואליות

wahrnehmen *{perzipieren; registrieren}* **[---> auffassen]**
תפס (תופס) (פסי') [ק/ג/74; 131]. השיג בשכל, - בחושים, הבין, עין (מעין), עין (מעין), הבחן, הכר. הרגיש (מרגיש) (פסי') [ק/ד/23]. רגש (רוגש), הכיר בהכרתו, נתן את הדעת ל..., שם לב ל...., הבחין. חש (פסי') [ק/א/330]

wahrnehmend *{perzeptiv}*
תופס (פסי', פיל') [ק/ב/275]. מרגיש, המשיג בהכרה, תפיסתי, של תפיסה, יחישי, יחש

wahrnehmende Kraft ---> Kraft, wahrnehmende

Wahrnehmung *{Perzeption}* **[---> Auffassen]**
תפיסה (פיל', פסי') [ק/ב/180; ק/ד/214; ג"פ/37]. תחושה, תפישה, הבחנה חושית, מחישה. השגה (פיל', פסי') [ק/א/216]. הבנה, קליטת תכן הדברים בחוש או בשכל. יחישה (פיל', פסי') התפס, התפש, פרצפציה. החשה (פסי') [ק/א/167]. הצטירות (פסי') [ק/א/201]. כח הציור של הנפש. הרגש (פסי') [ק/א/211]. כח ההרגשה. הרגשה (פסי') [ק/א/212]. כח המרגיש, - ההכרה, חוש מחמשת החושים, טבע. השגה עצמית, השגת הלב (פיל', פסי') [ק/א/217]. חישה (פסי') [ק/א/289]. מחוש (פסי') [ק/ב/178]

Wahrnehmung, dreidimensionale
תפיסה תלת ממדית (פסי', ביו')

Wahrnehmung, Gegenstand der
נתפס (פיל', פסי') [ק/ב/276]. מרגש, דבר שמשג על ידי ההרגשה או על ידי החושים. נרגש (פסי', פיל') [ק/ג/69]. משא ההבחנה

Wahrnehmung, innere ---> Selbstbeobachtung

Wahrnehmung, selektive
תפיסה בוררת (פסי', מ"ח) נטיה של קולטי

תִּקְשֹׁרֶת לְהַבְחִין רַק בְּתַכְנִים הַהוֹלְמִים וּמְבַסְּסִים אֶת דֵּעוֹתֵיהֶם וּלְהִתְעַלֵּם מֵאֵלּוּ הַסּוֹתְרִים אוֹתָן

Wahrnehmung, unterschwellige

תַּת תְּחוּשָׁה (פסי')

Wahrnehmung, zweidimensionale

תְּפִיסָה דּוּ מְמַדִּית (פסי', ביו')

Wahrnehmung betreffend, die

תְּפִיסָתִי (פסי') שֶׁל תְּפִיסָה

Wahrnehmungsfeld

שְׂדֵה תְּפִיסָה (פסי') [ר/ב/697]. כָּל הֶבֵּטֵי הַגֵּרוּי הַגּוּפָנִי שֶׁאָדָם מוּדָע לָהֶם

Wahrnehmungsgruppierung

הַקְבָּצָה בִּתְפִיסָה (פסי')

Wahrnehmungsvermögen

כֹּחַ הַהֶרְגֵּשׁ (פסי') [ק/ב/74]

wahrsagen

הִגִּיד (מַגִּיד) עֲתִידוֹת (אנח', דת) נִחֵשׁ (מְנַחֵשׁ), גִּלָּה עֲתִידוֹת, נָחַשׁ (נוֹחֵשׁ)

Wahrsagerei

הַגָּדַת עֲתִידוֹת (אנח', דת) [ק/ב/67]. כְּהוּן, נַחַשׁ (נְחָשִׁים), קֶסֶם, כִּשּׁוּף

wahrscheinlich

סָבִיר [ק/ג/300]. קָרוֹב, מִסְתַּבֵּר, מִתְקַבֵּל עַל הַדַּעַת, נִרְאֶה, קָרוֹב לְוַדַּאי, בַּעַל הִסְתַּבְּרוּת גְּבֹהָה, כְּפִי שֶׁמִּסְתַּבֵּר

Wahrscheinliche, das

הַמִּסְתַּבֵּר [ק/ג/68]. נִרְאֶה, מַה שֶּׁקָּרוֹב לְוַדַּאי, שֶׁמִּתְקַבֵּל עַל הַדַּעַת

wahrscheinlicher Fehler ---> Fehler, wahrscheinlicher

Wahrscheinlichkeit

הִסְתַּבְּרוּת (סטט') [ר/א/211; ל״ס/48]. עֵרֶךְ מִסְפָּרִי הַמַּבִּיעַ אֶת הַסִּכּוּי שֶׁאֵרוּעַ מְסֻיָּם יִתְרַחֵשׁ. אֻמְדָּן (פיל') [ק/א/51]. אֻמְדַּן דַּעַת. אֻמְדְּלָא (פיל') [ק/א/61]. דַּעַת נוֹטָה, דַּעַת הַקָּרוֹב (פיל') [ק/א/143]. הַגְבָּרַת הַדַּעַת (פיל') [ק/א/154]. הַקְרָבָה [ק/א/206]. הַקָּרוֹב לְוַדַּאי, הַשְׁעָרָה. הֵרָאוּת (פיל') [ק/א/210]. מַה שֶּׁנִּרְאֶה וּמִתְקַבֵּל עַל הַדַּעַת

Wahrscheinlichkeitsauswahl

דְּגִימָה הִסְתַּבְּרוּתִית (מ״ח, סטט') [ר/א/148; מ״מ/210]. תַּהֲלִיךְ שֶׁבּוֹ יֵשׁ לְכָל מַרְכִּיב בָּאֻכְלוּסִיָּה הִסְתַּבְּרוּת יְדוּעָה לְהִכָּלֵל בַּמִּדְגָּם

Wahrscheinlichkeitsrechnung

תּוֹרַת הַהִסְתַּבְּרוּת (מחמ') [ק/א/52]. אֻמְדָּנוּת. חֶשְׁבּוֹן הָאֻמְדּוֹת, - הָאֻמְדָּנוּת (מחמ') [ק/א/332]

Wahrscheinlichkeitsschluß

הֶקֵּשׁ סְבִירוּת (פיל') הֶקֵּשׁ הַשְׁעָרָתִי, - מָצוּעַ (סִילוֹגִיזְם) שֶׁמִּשְׁפַּט הַסֵּיפָה שֶׁלּוֹ אֵינוֹ מֵכִיל יֶדַע חַד וְהֶחְלֵטִי אֶלָּא יֶדַע סָבִיר בִּלְבַד, לְמָשָׁל: 1) ״מַאְדִּים דּוֹמֶה מְאֹד לְכַדּוּר הָאָרֶץ״, 2) ״עַל כַּדּוּר הָאָרֶץ יֵשׁ חַיִּים אוֹרְגָנִיִּים (אוֹרְגָנִיִּים)״, לְפִיכָךְ: 3) ״סָבִיר לְהַנִּיחַ שֶׁגַּם עַל מַאְדִּים יֵשׁ חַיִּים אוֹלָנִיִּים״. הַנֻּסְחָה הַכְּלָלִית שֶׁל הֶקֵּשׁ הַסְּבִירוּת: 1) ״M הוּא לָרֹב P״, 2) ״S הוּא M״, לְפִיכָךְ: 3) ״S הוּא מִן הַסְּתָם P״

Wahrscheinlichkeitsurteil

מִשְׁפַּט סְבִירוּת (פיל') מִשְׁפַּט הַשְׁעָרָתִי, - שֶׁנֶּאֱמַר בּוֹ מַשֶּׁהוּ סָבִיר לְחִיּוּב אוֹ לִשְׁלִילָה עַל הַשְׁעָרָה כָּלְשֶׁהִי, לְמָשָׁל: ״קָרוֹב לְוַדַּאי שֶׁהוּא יַצְלִיחַ מָחָר בַּבְּחִינָה״

Wahrscheinlichkeitsverteilung

הִתְפַּלְּגוּת הַהִסְתַּבְּרוּת (סטט') פֵּרוּס הַהִסְתַּבְּרוּת

Wahrspruch

פְּסַק דִּין (משפ') הַכְרָעַת הַדִּין

Waise

יָתוֹם (יְתוֹמִים), יְתוֹמָה (יְתוֹמוֹת) [א״ח/ב/54]. מִי שֶׁמֵּתוּ אָבִיו אוֹ אִמּוֹ אוֹ שְׁנֵיהֶם

Waisenkind ---> Waise

Waldbaumläufer *{Certhia familiaris}*

טַפַּס עֵצִים (זוא') עוֹף מִמִּשְׁפַּחַת הַטַּפָּסִיִּים

Walddattel *{Phoenix sylvestris}*

תְּמַר הַיְּעָרוֹת (בוט') צֶמַח מִמִּשְׁפַּחַת הַדְּקָלִיִּים

Waldhorn

קֶרֶן יַעַר (קַרְנוֹת יַעַר) (מוס') כְּלִי נְשִׁיפָה מְמַתֶּכֶת, קֶרֶן צָרְפָתִית

Waldhyazinthe *{Platanthera}*

מֵירוֹנִית (בוט') צֶמַח מִמִּשְׁפַּחַת הַסַּחְלָבִיִּים

Waldkauz *{Strix aluco}*

לִילִית מְצוּיָה (זוא') עוֹף מִמִּשְׁפַּחַת הַיַּנְשׁוּפִיִּים

Waldlaubsänger *{Phylloscopus sibilatrix (Rhadina sibilatrix)}*

עַלְוִית יְרֻקָּה (זוא') עוֹף מִמִּשְׁפַּחַת הַסַּבְכִּיִּים

Waldmaus *{Apodemus sylvaticus}*

יַעֲרוֹן קָטָן (זוא') יוֹנֵק מִמִּשְׁפַּחַת הָעַכְבָּרִיִּים

Waldohreule *{Asio otus}*

יַנְשׁוּף עֵצִים (זוא') עוֹף מִמִּשְׁפַּחַת הַיַּנְשׁוּפִיִּים

Waldplatterbse *{Lathyrus sylvestris}*

טֹפַח הַיְּעָרוֹת (בוט') צֶמַח מִמִּשְׁפַּחַת הַפַּרְפָּרָנִיִּים

Waldrapp *{Geronticus eremita}*

מַגְלָן מְצִיָּץ (זוא') מַגְלָן מְצִיָּץ, עוֹף מִמִּשְׁפַּחַת הַכַּפָּנִיִּים

Waldrebe *{Clematis}*

זַלְזֶלֶת (בוט') צֶמַח מִמִּשְׁפַּחַת הַנּוּרִיתִיִּים

Waldschnepfe *{Scolopax rusticola}*

חַרְטוֹמָן יְעָרוֹת (זוא') חַרְטוֹמָן, עוֹף מִמִּשְׁפַּחַת הַחַרְטוֹמָנִיִּים

Waldvöglein *{Cephalanthera}*

סַחְלָבָן (בוט') צֶמַח מִמִּשְׁפַּחַת הַסַּחְלָבִיִּים

Waldwasserläufer *{Tringa ochropus}*

בִּצָּנִית שְׁחֹרַת כָּנָף (זוא') עוֹף מִמִּשְׁפַּחַת הַחַרְטוֹמָנִיִּים

Walfisch(es), Sternbild des ---> Sternbild des Walfisches

Walker

לַבָּד (לַבָּדִים) (מלא') עוֹשֶׂה לֶבֶד

Wall ---> Festungswall

Wallach

סוּס מְסֹרָס (זוא', חקל')

Walnußbaum *{Juglans}*

אֱגוֹז (בוט') צֶמַח מִמִּשְׁפַּחַת הָאֱגוֹזִיִּים

Walnußöl

שֶׁמֶן אֱגוֹזִים (חקל') [א״ח/ב/226]

walten

הִשְׁגִּיחַ (מַשְׁגִּיחַ) [ק/ד/75]. נָתַן דַּעְתּוֹ עַל....

יִחֵד תְּשׂוּמֶת לֵב לְ...., שָׂם לִבּוֹ אֶל...

Waltiere *{Cetacea}*

לִוְיָתָנָאִים (זוא') סִדְרָה שֶׁל יוֹנְקִים

Walze [---> Fräse]

מַעְגִּילָה (מַעְגִּילוֹת) (טכנ') [ק/ב/231; א"ח/ב/312]. מַעְגִּיל, מַעְגָּלָה, מַכְבֵּשׁ (מַכְבְּשִׁים)

Walzeisen

בַּרְזֶל מְעֻרְגָּל (טכנ')

Walzenechse ---> Walzenskink, Gefleckter

Walzenskink, Gefleckter *{Chalcides ocellatus}*

נְחוּשִׁית עֵינוֹנִית (זוא') חֹמֶט עֵינוֹנִי, זוֹחֵל מִמִּשְׁפַּחַת הַחֻמְטִיִּים

Wand [---> Paries]

קִיר (קִירוֹת) (אדר') כֹּתֶל (כְּתָלִים)

Wand, baufällige

קִיר מָט (אדר')

Wand, vorspringende

קִיר גּוֹחֶה (אדר') קִיר קָמוּר

Wand gehörend, zur ---> parietal

Wandel

הִתְחַדְּשׁוּת [ק/א/232]. שִׁנּוּי, תְּמוּרָה

Wandel, sozialer

תְּמוּרָה חֶבְרָתִית (מ"ח) [ל"ס/172]. שִׁנּוּי חֶבְרָתִי, שִׁנּוּי בְּמִבְנֶה הַחֶבְרָה הַנּוֹבֵעַ מֵהִתְפַּתְּחוּת הַמַּדָּע וְהָעֲשִׂיָּה (טֶכְנִיקָה)

wandelbar

בַּר תְּמוּרָה [ק/ב/306]. בַּר שִׁנּוּי, מִשְׁתַּנֶּה, נִתָּן לְשִׁנּוּיִים, שֶׁאֵינוֹ קָבוּעַ, עוֹבֵר, חוֹלֵף

Wandelbarkeit

הִשְׁתַּנּוּת [ק/א/223]. תְּמוּרָה. הִתְהַפְּכוּת [ק/א/230]. הִתְחַלְּפוּת [ק/א/234]. חִלּוּפִיּוּת [ק/א/302]. הַפְכִּיּוּת [ק/א/195]. סְגֻלַּת מַה שֶּׁהוּא הַפְכִּי

wandeln, sich

הִשְׁתַּנָּה (מִשְׁתַּנֶּה) [ק/ד/136]. הִתְהַפֵּךְ, הִתְחַלֵּף, שֻׁנָּה (מְשֻׁנֶּה), נַעֲשָׂה אַחֵר מִמַּה שֶּׁהָיָה, קִבֵּל שִׁנּוּי

Wandelstern ---> Planet

Wanderer

הֵלֶךְ (הֲלָכִים), נוֹדֵד (נוֹדְדִים), עוֹבֵר אֹרַח, מְשׁוֹטֵט

Wanderfalke *{Falco peregrinus}*

בַּז נוֹדֵד (זוא') עוֹף מִמִּשְׁפַּחַת הַבַּזִּיִּים

Wanderfeldbau

עִבּוּד נְדוּדִים (חקל', מ"ח)

Wanderheuschrecke *{Locusta migratoria}*

חָגָב נוֹדֵד (זוא') חֶרֶק מִמִּשְׁפַּחַת הַחֲגָבִיִּים

Wanderinstinkt

יִצְרוֹן הַנְּדִידָה (פסי') חוּשׁ הַנּוֹדְדוּת, אִינְסְטִינְקְט הַנְּדוּדִים

wandernd

נוֹדֵד

Wanderratte *{Rattus norvegicus}*

חֻלְדַּת הַחוֹף (זוא') יוֹנֵק מִמִּשְׁפַּחַת הָעַכְבָּרִיִּים

Wandertierhaltung

מַחֲזוֹר נְדוּדִים (שֶׁל עֲדָרִים) (חקל')

Wandertrieb ---> Davonlaufen

Wandertrieb, krankhafter *{Poriomanie}*

צְעָנוּת (פסי') [מר"ח/544]. הֲמִיּוֹן נְדוּדִים, שִׁגָּעוֹן לִנְדוּדִים

Wandertruppe

לַהֲקָה נוֹדֶדֶת (תאט')

Wanderung, jahreszeitliche

נְדִידָה עוֹנָתִית (מ"ח)

Wandervolk

עַם נַוָּדִים (מ"ח)

Wandler

מַתְמֵר (פיס') הֶתְקֵן הַהוֹפֵךְ מֶרֶץ (אֶנֶרְגִּיָה) אֶחָד לְמֶרֶץ אַחֵר

Wandlung

שִׁנּוּי [ק/ד/137]. הִפּוּךְ (פיס') [ק/א/193]. שִׁנּוּי צוּרָה. הֶפֶךְ, הֶפֶךְ, הֲפִיכָה [ק/א/194]. תְּמוּרָה, הִפּוּךְ, חִלּוּף. הִתְחַדְּשׁוּת [ק/א/232]. הִתְחַלְּפוּת [ק/א/234]. הִשְׁתַּנּוּת

Wandtafel *{Blackboard}*

לוּחַ (לוּחוֹת) (פדג') לוּחַ קִיר

Wandtafelarchitektur

אַרְכִיטֶקְטוּרַת לוּחַ (פדג', פסי')

wankelmütig

הֲפַכְפַּךְ, הֲפַכְפְּכָן (פסי') [ק/א/195]. מִי שֶׁמִּתְהַפֵּךְ בְּדֵעוֹתָיו, בְּדִבּוּרוֹ וּבְמַעֲשָׂיו, מִי שֶׁאֵין לוֹ עֶמְדָּה קְבוּעָה

Wankelmut

הֲפַכְפְּכוּת (פסי') [ק/א/196]. סְגֻלַּת הַהֲפַכְפַּךְ וּמִדָּתוֹ. הִתְהַפְּכוּת [ק/א/230]. הֲפַכְפְּכָנוּת, מִדַּת מִי שֶׁאֵינוֹ עוֹמֵד בְּדֵעוֹתָיו וּבְדִבּוּרוֹ

Wanken

הִתְעַרְעֲרוּת, הִתְרוֹפְפוּת

wankend machen

עִרְעֵר (מְעַרְעֵר) [ק/ג/183]. הִפְגִּים, רוֹעֵעַ (מְרוֹעֵעַ), רוֹעֵעַ (מְרוֹעֵעַ), רִעַע (מְרַעֵעַ), זִעְזַע, רוֹפֵף (מְרוֹפֵף), רִפֵּף (מְרַפֵּף), קִלְקֵל, גָּרַם לִפְגָם

wann

מָתַי

wann, von

מִמָּתַי

Ware

סְחוֹרָה (סְחוֹרוֹת) (מ"ח, כלכ') [ק"ק/9; א"ח/ב/349]. פְּרַקְמַטְיָה, מוּצָר עֲבוֹדָה הַמְּיֻצָּר לֹא לְשִׁמּוּשׁ הָעַצְמִי שֶׁל הַיַּצְרָן אוֹ שֶׁל הָאֲנָשִׁים הַקְּשׁוּרִים בּוֹ אֶלָּא לְתַכְלִית הַחֲלִיפִין בְּמוּצָרִים אֲחֵרִים

Ware, kaufbare

סְחוֹרָה בַּת מִקָּח (מ"ח, כלכ') סְחוֹרָה הַנִּתֶּנֶת לִקְנִיָּה

Ware, preisbestimmte

סְחוֹרָה נְקוּבָה בִּמְחִירָהּ (מ"ח, כלכ')

Ware, veräußerte

סְחוֹרָה מָעֳבֶרֶת-מֻחְלֶפֶת (מ"ח, כלכ')

Waren, leichtverderbliche

מוּצָרִים מִתְכַּלִּים

Warenbesitzer

בַּעַל הַסְּחוֹרָה (מ"ח, כלכ')

Warenfälschung

זִיּוּף סְחוֹרוֹת (כלכ')

Warenfetischismus [---> Entfremdung]

גִּלְגּוּלִיּוּת הַסְּחוֹרוֹת (מ״ח, כלכ׳) [מ״פ/465;
ק״ק/16]. פֶטִישִׁיזְם הַסְּחוֹרוֹת, הַהֲפֵכַת (הִפּוּךְ)
הַיְחָסִים הַחֶבְרָתִיִּים שֶׁל יַצְרָנֵי הַסְּחוֹרוֹת עַל
פְּנֵי הַשֶּׁטַח לִיחָסִים בֵּין חֲפָצִים הַנִּמְשֶׁכֶת
בְּאֹפֶן מַשָּׂאִי (אוֹבְּיֶקְטִיבִי) מִיצוּר הַסְּחוֹרוֹת
הַפְּרָטִי וּמֵחֹסֶר יְכָלְתָּם שֶׁל יַצְרָנֵי הַסְּחוֹרוֹת
לְהַכִּיר אֶת חֻקֵּי אֹפֶן הַיִּצּוּר שֶׁלָּהֶם כְּפִי שֶׁהֵם
בִּמְצִיאוּת

Warenhandel

מִסְחָר בִּסְחוֹרוֹת (מ״ח, כלכ׳)

Warenhandlungskapital

הוֹן לְמִסְחָר בִּסְחוֹרוֹת (מ״ח, כלכ׳)

Warenleib

גּוּף הַסְּחוֹרָה (מ״ח, כלכ׳)

Warenkapital

הוֹן הַסְּחוֹרוֹת (מ״ח, כלכ׳) הוֹן שֶׁל סְחוֹרָה, - הַסְּחוֹרָה

Warenkapital(s), Ersatzelemente des

יְסוֹדוֹת לְהַחֲלָפַת הוֹן הַסְּחוֹרָה (מ״ח, כלכ׳)

Warenmasse

כַּמּוּת הַסְּחוֹרוֹת (מ״ח, כלכ׳)

Warenmetamorphose

גִּלְגּוּל הַסְּחוֹרָה (מ״ח, כלכ׳) מַחְלֶפֶת הַסְּחוֹרָה,
חִלּוּף צוּרָה שֶׁל הַסְּחוֹרָה בְּתַהֲלִיךְ הַחֲלִיפִין
לְשֵׁם תִּוּוּךְ בְּשִׁחְלוּף (חִלּוּף חֳמָרִים) הַחֶבְרָתִי.
מַעֲבָר סְחוֹרוֹת מִידֵי בַּעֲלֵיהֶן, שֶׁעֲבוּרָם
חַסְרוֹת עֵרֶךְ שִׁמּוּשׁ הֵן, לִידֵי בְּעָלִים הַצּוֹרְכִים
אוֹתָן כְּעֶרְכֵּי שִׁמּוּשׁ

Warennatur

טֶבַע הַסְּחוֹרוֹת (מ״ח, כלכ׳)

Warenprodukt

תּוֹצֶרֶת סְחוֹרָה (מ״ח, כלכ׳)

Warenproduktion

יִצּוּר הַסְּחוֹרוֹת (מ״ח, כלכ׳) אִרְגּוּן הַיִּצּוּר
הַחֶבְרָתִי שֶׁבּוֹ יַחֲסֵי הַגּוֹמְלִין בֵּין הַיַּצְרָנִים
וְתַהֲלִיךְ הַשִּׁצּוּר (רֶפְּרוֹדוּקְצִיָּה) הַחֶבְרָתִי
מְקַבְּלִים צוּרָה שֶׁל יִצּוּר סְחוֹרוֹת וְשֶׁל חִלּוּף
מוּצְרֵי הָעֲבוֹדָה כִּסְחוֹרוֹת

Warenwechsel ---> Akzept

Warenzeichen, eingetragenes

סִימָן מִסְחָרִי רָשׁוּם (משפ׳, כלכ׳)

Warenzirkulation

מַחֲזוֹר הַסְּחוֹרוֹת (מ״ח, כלכ׳) תְּפוּצַת
הַסְּחוֹרוֹת, סִבּוּב הַסְּחוֹרוֹת

Warme, das

חֹם [ק/ד/63]. רֶשֶׁף

warnen

הִתְרָה (מַתְרֶה), הִזְהִיר

Warnstreik

שְׁבִיתַת הַזְהָרָה (כלכ׳, מדי׳) שְׁבִיתַת אַזְהָרָה

Warnung

הַתְרָאָה [ק/ב/218]. מְנִיעָה, מְנִיעוּת, הַזְהָרָה,
אַזְהָרָה, אַתְרָאָה

Warnung, ernste

הַזְהָרָה חֲמוּרָה, הַתְרָאָה חֲמוּרָה

warten

הִמְתִּין (מַמְתִּין), חִכָּה (מְחַכֶּה)

Warten

הַמְתָּנָה, חִכִּיָּה

Wartezeit

זְמַן הַמְתָּנָה (מחש׳) [דמ״א/108]. שִׁעוּר הַזְּמַן
שֶׁבֵּין גְּמַר הָעִבּוּד וּבֵין תְּחִלַּת הַקְּלִיטָה שֶׁל
נְתוּנִים חֲדָשִׁים

Warze

יַבֶּלֶת (יַבָּלוֹת) (רפו׳) יַבְּלִית, סַפַּחַת נֻקְשָׁה עַל
הָעוֹר

Warzengeschwulst *{Kondylom}*

עֲפוֹל (עֳפוֹלִים) (רפו׳) [מר״ח/184]. גַּבְשׁוּשִׁית

warzig

יַבַּלְתִּי, מְיֻבָּל (רפו׳)

was zu beweisen war (w.z.b.w) ---> beweisen war, was zu (w.z.b.w.)

Waschen

כְּבִיסָה [א״ת/א/129]. תִּכְבֹּסֶת

waschen, Haare ---> Haare waschen

Waschteich

מִשְׁרָה (מִשְׁרוֹת) [א״ת/א/154]. נִבְרֶכֶת
(נִבְרָכוֹת), בְּרֵכַת מַיִם קְטַנָּה

Waschung

רְחִיצָה, תַּרְחִיץ, רָחְצָה, שְׁטִיפָה

Washeit *{Quiddität}* **---> Wesen einer Sache**

Wasser(s), Eigenschaft des

מֵימִיּוּת (כימ׳) [ק/ב/192]. סְגֻלַּת הַמַּיִם

Wasser, eingesickertes

מֵי חִדּוּר (היד׳)

Wasser, fossiles

מַיִם שְׁבוּיֵי שִׁקּוּעַ (היד׳)

Wasser, gestandenes

מַיִם עוֹמְדִים (היד׳) [א״ת/א/252]. מַיִם מְגֻלִּים,
- שֶׁאֵינָם זוֹרְמִים

Wasser, hartes

מַיִם קָשִׁים (כימ׳) [דח״ט/86]. מַיִם הַמְּכִילִים
מְלָחִים שֶׁל סִידָן אוֹ שֶׁל גַּלְזֶרֶד (מַגְנֶזְיוּם)

Wasser, juveniles

מַיִם חֲדָשִׁים (היד׳)

Wasser, kaltes

צוֹנְנִים, מַיִם קָרִים

Wasser, kosmetisches ---> Lotion

Wasser, schweres

מַיִם כְּבֵדִים (כימ׳, פיס׳) [דח״ט/86]. מַיִם
שֶׁפְּרָדִים (אֲטוֹמִים) שֶׁל מֵימָן מֻחְלָפִים בָּהֶם
בִּפְרָדִים שֶׁל שַׁוְדּוּךְ (אִיזוֹטוֹפּ) שֶׁל מֵימָן
(דֵּיטֶרְיוּם) וְהֵם מְשַׁמְּשִׁים בְּהַנְדָּסָה גַּרְעִינִית

Wasser, verjüngtes

מַיִם מְחֻדָּשִׁים (היד׳)

Wasser, versorgen mit

סִפֵּק (מְסַפֵּק) מַיִם (היד׳)

Wasser, weiches

מַיִם רַכִּים (כימ׳) [דח״ט/86]. מַיִם חָפְשִׁיִּים
מִמִּלְחֵי סִידָן וְגַלְזֶרֶד (מַגְנֶזְיוּם)

Wasser anstauen

נִקְוָה (נִקְוֶה) (היד׳) הִקְוָה (מַקְוֶה)

Wasser betreffend, das

מֵימִי (כימ׳) [ק/ב/192]. מִטֶּבַע הַמַּיִם

Wasser fördern

סָנַק (סוֹנֵק) מַיִם (היד׳)

Wasser stehend, im ---> gewässert

Wasserähre *{Aponogeton}*

שִׁבֹּלֶת הַמַּיִם (בוט׳) צֶמַח מִמִּשְׁפַּחַת שִׁבֹּלֶת

הַמַּיִם

Wasseramsel *{Cinclus cinclus}*
אֲמוֹדַאי (זוא') עוֹף מִמִּשְׁפַּחַת הָאֲמוֹדָאִיִּים

Wasseranziehungsfähigkeit ---> Hygroskopizität

wasserbassin ---> Bad, rituelles

wasserbewohnend
מֵימִי (בוט', זוא')

Wasserblase *{Hydatide}*
מֵימוֹהִית (מֵימוֹהִיּוֹת) (רפו') בּוּעִית מַיִם

Wasserblattern ---> Windpocken

Wasserbruch *{Hydrozele}*
אוֹדְרָה (רפו') [מר״ח/360]. מַיֶּמֶת

Wasserdampf
אֱדֵי מַיִם (מטא')

Wasserdampf-Gehalt
תְּכוּלַת אֱדֵי מַיִם (מטא') [יל״ט/216]. כַּמּוּת אֱדֵי מַיִם בִּיחִידָה נְתוּנָה שֶׁל אֲוִיר

wasserdicht
אֲטִים מַיִם (טכנ')

Wasserdichtigkeit
אֲטִימוּת מַיִם (טכנ')

Wasserdost *{Eupatorium}*
אֶבְפָּטוֹרְיוֹן (בוט') צֶמַח מִמִּשְׁפַּחַת הַמֻּרְכָּבִים

Wasserdruckhöhe
עֹמֶד מַיִם (היד')

Wasserdurchgang ---> Wassereinbruch

Wassereinbruch
מַחְתּוֹר (היד')

Wasserentzug ---> Entwässerung

Wasserfahrzeug
כְּלִי (כְּלֵי) שַׁיִט (ימא') סְפִינָה

Wasserfall
מַפַּל מַיִם (י״א) אֲשֵׁדָה, אֶשֶׁד

Wasserfangmulde
מַדְרֵגַת נִקּוּז (היד', חקל')

Wasserförderung
סְנִיקַת מַיִם (היד')

wasserfrei
אַלְמֵימִי (כימ') חֹמֶר לְלֹא מַיִם בַּמִּבְנֶה הַגְּבִישִׁי שֶׁלּוֹ

Wasserfrosch
צְפַרְדֵּעַ נְחָלִים (זוא') דּוּחַי מִמִּשְׁפַּחַת הַצְּפַרְדְּעִיִּים

wasserführend
נוֹשֵׂא מַיִם (היד')

Wassergehalt
תְּכוּלַת הַמַּיִם (היד') כַּמּוּת הַמַּיִם שֶׁמֵּכִיל גּוּף מְסֻיָּם

Wasserhahn ---> Hahn

Wasserhahnenfuß *{Ranunculus aquatilis}*
נוּרִית הַמַּיִם (בוט') צֶמַח מִמִּשְׁפַּחַת הַנּוּרִיתִיִּים

Wasserharnruhr *{Diabetes insipidus}*
תַּפֶּלֶת הַשֶּׁתֶן (רפו')

Wasserhose
עַלְעוֹל מַיִם (מטא') [יל״ט/151]. תִּמְרַת מַיִם, עַלְעוֹל רוּחַ הַמִּתְרַחֵשׁ עַל פְּנֵי מַיִם וְגוֹרֵף עִמּוֹ טִפּוֹת מַיִם כְּלַפֵּי מַעְלָה

Wasserkäfer *{Hydrophilidae}*
חוֹבְבֵי מַיִם (זוא') מִשְׁפָּחָה שֶׁל חִפּוּשִׁיּוֹת

Wasserkanne
קִיתוֹן (קִיתוֹנוֹת) (טכנ', ארכ')

Wasserkopf *{Hydrozephalus}*
מֵירֹאשֶׁת (רפו') מַיֶּמֶת הָרֹאשׁ, הִדְרוֹקָן, מַחֲלָה שֶׁל הִצְטַבְּרוּת מַיִם בָּרֹאשׁ

Wasserlache
גֵּב (גֵּבִים) (היד') מִקְוֵה מַיִם

Wasserläufer *{Gerridae}*
רָצֵי מַיִם (זוא') מִשְׁפָּחָה שֶׁל פִּשְׁפְּשִׁים הַחַיִּים עַל פְּנֵי הַמַּיִם

Wasserläufer, Dunkler *{Tringa erythropus}*
בִּצָּנִית אֲדֻמַּת רֶגֶל (זוא') עוֹף מִמִּשְׁפַּחַת הַחַרְטוֹמָנִיִּים

Wasserlauf
מְרוֹץ מַיִם (היד') מַיִם הַזּוֹרְמִים בְּאָפִיק

Wasserlauf, aussetzender
מְרוֹץ אַכְזָב (היד') נַחַל אַכְזָב, - עוֹנָתִי, - הַמִּתְיַבֵּשׁ בְּהֶעְדֵּר גְּשָׁמִים

Wasserlauf, ganzjähriger
מְרוֹץ אֵיתָן (היד') מַיִם הַזּוֹרְמִים בְּאָפִיק כָּל הַשָּׁנָה

Wasserlauf, stabiler
מְרוֹץ מְמֻתָּן (היד') נָהָר מְמֻתָּן

wasserlebend ---> wasserbewohnend

Wasserleitung
אַמַּת מַיִם (היד') [מר״ח/66; א״ח/ב/77]. שִׁיחַ, תְּעָלַת מַיִם, אַקְוָדוּקְט, אוּבָל

Wasserlinse *{Lemna}*
עֲדַשַׁת הַמַּיִם (בוט') צֶמַח מִמִּשְׁפַּחַת עֲדַשַׁת הַמַּיִם

Wassermelone *{Citrullus}*
אֲבַטִּיחַ (בוט') צֶמַח מִמִּשְׁפַּחַת הַדְּלוּעִיִּים

Wassermühle
רֵחַיִם שֶׁל מַיִם (טכנ') [א״ח/א/97]

Wassernabel *{Hydrocotyle}*
סַפְלִילָה (בוט') צֶמַח מִמִּשְׁפַּחַת הַסּוֹכְכִיִּים

Wasserpieper *{Anthus spinoletta}*
פִּפְיוֹן מַיִם (זוא') עוֹף מִמִּשְׁפַּחַת הַנַּחְלִיאֵלִיִּים

Wasserralle *{Rallus acuaticus}*
רָלִית (זוא') רַגְלִי, עוֹף מִמִּשְׁפַּחַת הָרָלִיתִיִּים

Wasserratte ---> Ostschermaus

Wasserraubtiere *{Pinnipedia}*
טוֹרְפִים יַמִּיִּים (זוא') סִדְרָה שֶׁל יוֹנְקִים

Wasserrinne ---> Wasserleitung

Wasserscheide
פָּרָשַׁת מַיִם (היד') קַו הָעוֹבֵר לְאֹרֶךְ שִׂיא שַׁלְשֶׁלֶת הָרִים וְהַמַּפְרִיד בֵּין שְׁנֵי גְּלִילוֹת נְהָרוֹת

Wasserschildkröte, Kaspische *{Mauremys caspica}*
צַב בִּצּוֹת (זוא') שַׁלְחוּפִית הַמַּיִם הַמְּצוּיָה, צַב הַבִּצָּה, זוֹחֵל מִמִּשְׁפַּחַת הַצַּבִּים הַבִּצָּתִיִּים

Wasserskorpione *{Nepidae}*
עַקְרַבָּנִיִּים (זוא') מִשְׁפָּחָה שֶׁל פִּשְׁפְּשִׁים הַחַיִּים בְּתוֹךְ הַמַּיִם

Wasserspeier *{Akroterion}* [---> Dachrinne; Dachtraufe]

מַרְזֵב (מַרְזְבִים) (אדר') [א"ח/א/34]. צִנּוֹר מְחֻבָּר אֶל הַגַּג שֶׁמִּמֶּנּוּ דּוֹלְפִים מֵי הַגְּשָׁמִים לְמַטָּה

Wasserspiegel

מִפְלַס הַמַּיִם (היד')

Wasserspitzmaus *{Neomys anomalus}*

חַדַּף מַיִם (זוא') יוֹנֵק מִמִּשְׁפַּחַת הַחַדָּפִיִּים

Wasserstand ---> Wasserspiegel

Wasserstandserhöhung

גַּל נֵד (מטא') גַּל שֶׁחֲזִיתוֹ כִּמְעַט זְקוּפָה

Wasserstandspegel

מַד מִפְלָס (היד')

Wasserstern *{Callitriche}*

טוֹבְעָנִית (בוט') צֶמַח מִמִּשְׁפַּחַת הַטּוֹבְעָנִיתִיִּים

Wasserstoff

מֵימָן (כימ') [דח"ט/86]. יְסוֹד גָּזִי חֲסַר צֶבַע, טַעַם וְרֵיחַ וְהוּא דָּלִיק בְּיוֹתֵר, אַבְמַיִם

Wasserstoff entziehen *{dehydrieren}*

נָטַל מֵימָן (כימ') גֵּרֵם בְּאֶמְצָעוּת תְּגוּבָה כִּימִית שֶׁפְּרֵדָה (מוֹלֶקוּלָה) אוֹלָנִית (אוֹרְגָנִית) מְאַבֶּדֶת מֵימָן

Wasserstoffentzug *{Dehydrierung}*

נְטִילַת מֵימָן (כימ') תְּגוּבָה כִּימִית הַגּוֹרֶמֶת לְאָבְדַן מֵימָן מִתּוֹךְ תִּרְכֹּבֶת אוֹלָנִית (אוֹרְגָנִית), דֶּהִידְרוֹגֶנַצְיָה

Wassersucht

בַּצֶּקֶת (רפו') [ק/ד/155; מר"ח/39]. מַיֶּמֶת, שִׁקּוּי, הִצְטַבְּרוּת נוֹזְלִים יְתֵרִים בְּרִקְמוֹת הַגּוּף, תַּפַּחַת

Wassersucht des Unterhautgewebes *{Anasarka}*

מַיֶּמֶת כְּלָלִית (רפו')

wassersüchtig

בַּצַּקְתִּי (רפו') תַּפַּחְתִּי, תָּפוּחַ, מַיַּמְתִּי, חֲבִיוֹנְתִּי, בָּצוּק, חֲבִיוֹנִי, בַּצַּקְתָּן

Wasserverdrängung ---> Verdrängung

Wasserversorgung

הַסְפָּקַת מַיִם (היד')

Wasserwanzen *{Hydrocorisae}*

פִּשְׁפְּשִׁים הַחַיִּים בְּתוֹךְ הַמַּיִם (זוא')

Wattmeter ---> Leistungsmesser

Wattstundenmesser

מוֹנֵה חַשְׁמַל (טכנ') מוֹנֵה וַט לְשָׁעָה, מַכְשִׁיר הַמּוֹדֵד אֶת כַּמּוּת תִּצְרֹכֶת הַחַשְׁמַל

Waw consecutivum

וָו הַרֶצֶף (בלש') [מ"ב/46]. בָּעִבְרִית הַמִּקְרָאִית כִּנּוּי לַוָּו הַמְחַבֶּרֶת הִתְרַחֲשֻׁיּוֹת הַבָּאוֹת זוֹ אַחַר זוֹ, לְמָשָׁל: "וְנֹחַ בֶּן שֵׁשׁ מֵאוֹת שָׁנָה", "וְהַמַּבּוּל הָיָה מַיִם עַל הָאָרֶץ"

Waw des Imperfekt consecutivum

וָו הַהִפּוּךְ מֵעָתִיד לְעָבָר (בלש') [מ"ב/247]. וָו הַבָּאָה בְּרֹאשׁ פֹּעַל בֶּעָתִיד בְּהוֹרָאַת עָבָר, לְמָשָׁל: "וַיִּקַּח הָעֶבֶד עֲשָׂרָה גְמַלִּים מִגְּמַלֵּי אֲדֹנָיו וַיֵּלֶךְ" (= "הָעֶבֶד לָקַח עֲשָׂרָה גְּמַלִּים מִגְּמַלֵּי אֲדֹנָיו וְהָלַךְ")

Waw des Perfekt consecutivum

וָו הַהִפּוּךְ מֵעָבָר לֶעָתִיד (בלש') [מ"ב/247]. וָו הַבָּאָה בְּרֹאשׁ פֹּעַל בֶּעָבָר בְּהוֹרָאַת עָתִיד, לְמָשָׁל: "וְאָכַלְתָּ וְשָׂבָעְתָּ" (= "תֹּאכַל וְתִשְׂבַּע")

weben

אָרַג (אוֹרֵג) (טכנ') [א"ח/א/149]. עָשָׂה אֶרֶג מְחוּטִים

Weben

אֲרִיגָה (טכנ')

Weber

אוֹרֵג (אוֹרְגִים) (מלא') [א"ח/א/149]

Weberknechte *{Opiliones}*

רַגְלְבִישָׁאִים (זוא') סִדְרָה שֶׁל פְּרוּקֵי רַגְלַיִם

Webspinnen *{Araneae}*

עַכְבִּישָׁאִים (זוא') סִדְרָה שֶׁל פְּרוּקֵי רַגְלַיִם

Wechsel

הֲמָרָה [ק/א/179]. חִלּוּף, שִׁנּוּי. הִתְהַפְּכוּת [ק/א/230]. הִתְחַלְּפוּת [ק/א/234]. הִשְׁתַּנּוּת. תְּמוּרָה, תְּמוּר [ק/ד/208]. תַּהְפּוּכָה. תְּנוּעָה [ק/ד/212]. חִלּוּפִים

Wechsel, akzeptierter ---> Akzept

Wechsel, beständiger

הֲגָרָה (פיל') [ק/א/158]. הַשִּׁנּוּי וְהַחִלּוּף הַבִּלְתִּי פּוֹסְקִים שֶׁל כָּל הַנִּמְצָאִים בָּעוֹלָם, תְּנוּדָה, זֶרֶם, זְרִימָה מַתְמֶדֶת, הִשְׁתַּנּוּת בִּלְתִּי פּוֹסֶקֶת. שֶׁטֶף (היד')

Wechsel, nicht akzeptierter

שְׁטַר מְמֹאָן (כלכ', משפ') [אב"מ/172]. שְׁטָר שֶׁהֻצַּג לְפֵרָעוֹן אַךְ סֹרַב וְלֹא נַעֲשָׂה לוֹ קִבּוּל

Wechsel, periodischer

תְּמוּרָה עִדָּנִית (תְּמוּרוֹת עִדָּנִיּוֹת) (מ"ח, כלכ') תְּמוּרָה פֶּרְיוֹדִית, חֲלִיפָה תְּקוּפָתִית (חֲלִיפוֹת תְּקוּפָתִיּוֹת), חִלּוּף תְּקוּפָתִי

Wechsel(s), Vermerk auf der Rückseite eines ---> Indossament

Wechsel begeben, ---> begeben, Wechsel

Wechsel Bürgschaft übernehmen, für einen ---> Bürgschaft übernehmen, für einen Wechsel

Wechsel einlösen

פָּרַע (פּוֹרֵעַ) שְׁטָר (כלכ')

Wechsel indossieren

הֵסֵב (מֵסֵב) שְׁטָר (כלכ') הֶעֱבִיר שְׁטָר לְאָדָם אַחֵר עַל יְדֵי חֲתִימָה עַל גַּב הַשְּׁטָר

Wechselagame *{Agama pallida}*

חַרְדּוֹן מִדְבָּר (זוא') זוֹחֵל מִמִּשְׁפַּחַת הַחַרְדּוֹנִיִּים

Wechselakzept

קִבּוּל שְׁטָר (משפ', כלכ') [אב"מ/161]. חֲתִימַת הַנִּמְשָׁךְ (מִי שֶׁמֻּפְנֵית אֵלָיו דְּרִישָׁה לְתַשְׁלוּם) הַמְחַיֶּבֶת אוֹתוֹ לִפְרֹעַ שְׁטָר מָשׁוּךְ עָלָיו בְּמוֹעֵד מְסֻיָּם

Wechselannahme ---> Wechselakzept

Wechselbegriffe *{reziproke Begriffe}*

[---> Begriffe, Reziprozitätsgesetz der]

מֻשָּׂגִים מִתְחַלְּפִים (פיל') [ק/ב/284; ת"ה/113]. מֻשָּׂגִים מִתְיַחֲסִים, - מִשְׁתַּתְּפִים, - שְׁוֵי תֹּקֶף, שְׁנֵי מֻשָּׂגִים אוֹ יוֹתֵר שֶׁהֵם בַּעֲלֵי אוֹתוֹ הֶקֵּף עַצְמוֹ אַךְ בַּעֲלֵי תֹּכֶן שׁוֹנֶה, לְמָשָׁל: "מְשֻׁלָּשׁ שְׁוֵה צְלָעוֹת" וּ-"מְשֻׁלָּשׁ שְׁוֵה זָוִיּוֹת"

Wechselbeziehung ---> Korrelation

Wechselbeziehung stehen, in ---> korrelieren

Wechselbeziehung stehend, in ---> korrelativ

Wechseldiskontierung
נִכְּיוֹן שְׁטָר (כלכ') [אב"מ/131]. מְכִירַת שְׁטַר חוֹב לִפְנֵי מוֹעֵד פֵּרָעוֹנוֹ בְּנִכּוּי רִבִּית

Wechseldusche
מִזְלַחַת חִלּוּפִית (רפו') מִקְלַחַת מַיִם חַמִּים וְקָרִים לְסֵרוּגִין

Wechselfälle
הַמִּתְחַדְּשִׁים [ק/ב/314]. הַמִּקְרִים הַמִּתְרַחֲשִׁים

wechselfarbig
מְסֻבְרָק (ביו', צבע) סַבְרְקָנִי, מַבְרִיק בִּצְבָעִים רַבִּים

Wechselfarbigkeit
סִבְרוּק (ביו', צבע) הַבְרָקָה בְּהַרְבֵּה צְבָעִים

Wechseljahre [---> Klimakterium]
תְּקוּפַת הַמַּעֲבָר (רפו') [מר"ח/141]. שְׁנוֹת הַיֵּאוּשׁ

Wechselkröte *{Bufo viridis}*
קַרְפָּדָה יְרֻקָּה (זוא') דּוּחַי מִמִּשְׁפַּחַת הַקַּרְפָּדִיִּים

Wechselkurs
שַׁעַר הַחֲלִיפִין (כלכ') שַׁעַר שְׁטָרוֹת

Wechselliebe
אַהֲבָה הֲדָדִית (פסי', מ"ח)

wechselnd
מִתְחַדֵּשׁ [ק/ב/177]. שֶׁנַּעֲשֶׂה כְּחָדָשׁ, מִשְׁתַּנֶּה. מִתְחַדֵּשׁ [ק/ב/314]. בַּר שִׁנּוּי, הָפִיךְ, מְטֻלְטָל תְּמוּרוֹת

wechselnde Persönlichkeit ---> Persönlichkeit, gespaltene

Wechselnote
תָּו חִלּוּף (מוס')

Wechselnote, eigentliche
תָּו חוֹרֵג (מוס')

wechselseitig *{reziprok}* **[---> gegenseitig]**
הֲדָדִי, שֶׁל גּוֹמְלִין, אֲהַדָּדֵי

wechselseitig kompensieren, sich ---> kompensieren, sich wechselseitig

wechselseitiges Urteil ---> Urteil, wechselseitiges

Wechselseitigkeit *{Reziprozität}*
הֲדָדִיּוּת, זִקַּת גּוֹמְלִין

Wechselstrom
זֶרֶם חִלּוּפִים (פיס') [ל"מ/252]. זֶרֶם חַשְׁמַלִּי שֶׁבּוֹ כִּוּוּן זְרִימַת הַמִּטְעָן הַחַשְׁמַלִּי מִשְׁתַּנֶּה בְּאֹפֶן מַחֲזוֹרִי

Wechselwinkel
זָוִיּוֹת מִתְחַלְּפוֹת (מחמ')

Wechselwinkel, äußere
זָוִיּוֹת חִיצוֹנִיּוֹת מִתְחַלְּפוֹת (מחמ')

Wechselwinkel, innere
זָוִיּוֹת פְּנִימִיּוֹת מִתְחַלְּפוֹת (מחמ')

Wechselwirkung ---> Interaktion

Wechselwirt
מְאַכְסֵן חִלּוּפִי (ביו') פּוּנְדְּקַאי חִלּוּפִי

Wechselwirtschaft
מַחֲזוֹר זְרָעִים (חקל') מַחֲזוֹר גִּדּוּלִים, שִׁיטָה הַמְבֻסֶּסֶת עַל מַחֲזוֹר אַרְבַּע שְׁנָתִי, כְּלוֹמַר: שְׁנֵי סוּגֵי תְּבוּאָה הַמִּתְחַלְּפִים בְּגִדּוּלֵי לֶפֶת מִזֶּה וּבְצִמְחֵי קִטְנִיּוֹת מִזֶּה

Wechsler
חַלְפַן כְּסָפִים (כלכ') [א"ח/ב/411]. שֻׁלְחָנִי (שֻׁלְחָנִים), שֻׁלְחָנַאי (שֻׁלְחָנָאִים)

wecken
עוֹרֵר (מְעוֹרֵר), הֵעִיר (מֵעִיר)

weder... noch...
לֹא... וְלֹא...

Wegabkürzung
קִצּוּר דֶּרֶךְ [א"ח/ב/321]. קְפִיצַת הַדֶּרֶךְ, קַפֶּנְדַּרְיָה (קַפֶּנְדְּרִיּוֹת), דֶּרֶךְ מְקֻצֶּרֶת, קַפֶּנְדַּרְיָא

Wegelagerer
אוֹרֵב (אוֹרְבִים) (משפ') [א"ח/ב/318]. צוֹדֶה, מִי שֶׁיּוֹשֵׁב בְּמַאֲרָב

wegen
בִּגְלַל [ק/ב/108]. לְ..., מִפְּנֵי, בִּשְׁבִיל. בְּגִין [ק/ב/109]. לְמָה שֶׁ..., מִפְּנֵי שֶׁ..., מֵאַחַר שֶׁ..., מֵחֲמַת, מִשּׁוּם, עַל שׁוּם

Wegerich *{Plantago}*
לֶחֶךְ (בוט') צֶמַח מִמִּשְׁפַּחַת הַלַּחְכִּיִּים

Wegezoll ---> Straßenzoll

Wegführen eines Glieds ---> Glied(s), Wegführen eines

weghexen
הִרְחִיק דְּבַר-מָה בְּמַעֲשֵׂה כְּשָׁפִים

Weglänge
דֶּרֶךְ (פיס') הַמֶּרְחָק לְאֹרֶךְ הַמַּסְלוּל

weglassen
זָנַח (זוֹנֵחַ)

Wegmalve *{Malva neglecta}*
חֶלְמִית מְזֻנַּחַת (בוט') צֶמַח מִמִּשְׁפַּחַת הַחֶלְמִיתִיִּים

Wegrauke *{Sisymbrium officinale}*
תּוֹדְרָה רְפוּאִית (בוט') צֶמַח מִמִּשְׁפַּחַת הַמִּצְלִיבִים

wegscharren
גָּרַף (גּוֹרֵף), פִּנָּה (מְפַנֶּה), סִלֵּק, הוֹצִיא, גֵּרֵף (מְגָרֵף)

Wegscharren
גְּרִיפָה, פִּנּוּי, סִלּוּק

wegschnappen
קָפַשׁ (קוֹפֵשׁ), חָטַף וְאָכַל

wegschwemmen
סָחַף (סוֹחֵף) (היד') [א"ח/ב/151]. גָּרַף, סָחַב, שָׁטַף

wegstoßen
דָּחָה (דּוֹחֶה) [א"ח/ג/7]. הָדַף, הִרְחִיק, הִדִּיחַ (מַדִּיחַ), הֵדַח, גֵּרֵשׁ, דָּחַף גֵּרֵשׁ

Wegwarte *{Cichorium}*
עֹלֶשׁ (בוט') צֶמַח מִמִּשְׁפַּחַת הַמֻּרְכָּבִים

wegwehen
סֵעֵר (מְסָעֵר), הֵפִיץ בִּסְעָרָה, עִלְעֵל (מְעַלְעֵל)

Wegweiser
מוֹרֵה דֶּרֶךְ [ק/ב/195]. מְיַשֵּׁר, מַדְרִיךְ

wegwenden
פָּנָה (פּוֹנֶה) עֹרֶף

wegwerfen
הִשְׁלִיךְ (מַשְׁלִיךְ), זָרַק, הֵטִיל, הֵעִיף

Wegwerfen
הַשְׁלָכָה, זְרִיקָה, הֲטָלָה, הֲעָפָה
Wegwespen *{Pompilidae}*
צִרְעַכְבִישִׁיתִיִּים (זוא׳) מִשְׁפָּחָה שֶׁל דְּבוֹרָאִים
Wegzehrung
אִצְטַרְכִיָּה [א״ת/ב/322]. צֵידָה לַדֶּרֶךְ, הִצְטָרְכוּת
Weh
דְּאָבוֹן (פסי׳) מוּעָקָה, דַּאֲבוֹן לֵב, צַעַר, כְּאֵב הַנֶּפֶשׁ
wehen
נָשַׁב (נוֹשֵׁב) (מטא׳) [א״ת/ב/157]
wehen lassen
הִנְשִׁיב (מַנְשִׁיב) (מטא׳) [א״ת/ב/157]. נִשֵּׁב (מְנַשֵּׁב), הֵשִׁיב (מַשִּׁיב), גָּרַם לִנְשִׁיבַת רוּחַ
wehklagen ---> heulen
Wehklagen ---> Heulen
Wehmut
נְכָאִים (פסי׳)
Wehr [---> Damm]
מִגְלָשׁ (טכנ׳) מַעֲבָר לְנוֹזְלִים גּוֹלְשִׁים
Wehr(es), Schneide eines ---> Damm(es), Krone eines
weibliche Brust ---> Busen
weibliches Geschlecht ---> Femininum
Weiblichkeit
נָשִׁיּוּת (מ״ח, ביו׳) נַקְבוּת
Weiche ---> Flanke
weichen
מָשׁ, זָז, סָר, הֵמִישׁ (מֵמִישׁ)
Weiches
מוֹג (מוֹגִים), מַשֶּׁהוּ רַךְ
Weichfedersturmvogel *{Pterodroma mollis}*
סַעֲרוֹן קַט (זוא׳) סַעֲרוֹן צַוָּארוֹן, עוֹף מִמִּשְׁפַּחַת הַיַּסְעוּרִיִּים
Weichheit
רַכּוּת [ק/ד/42]. רִכּוּךְ, רֹךְ. רִפְיוֹן [ק/ד/48]
Weichkäfer *{Cantharidae}*
קַנְתָּרִיתִיִּים (זוא׳) מִשְׁפָּחָה שֶׁל חִפּוּשִׁיּוֹת
Weichmais ---> Stärkemais
Weichschildkröte *{Trionyx triunguis}*
צָב רַךְ (זוא׳) זוֹחֵל מִמִּשְׁפַּחַת הַצַּבִּים הָרַכִּים
Weichselkirsche ---> Sauerkirsche
Weichtiere *{Mollusca}*
רַכִּיכוֹת (זוא׳) מַעֲרֶכֶת בַּעֲלֵי חַיִּים
Weichwanzen *{Miridae}*
רַכְנָפִיִּים (זוא׳) מִשְׁפָּחָה שֶׁל פִּשְׁפְּשִׁים יַבַּשְׁתִּיִּים
Weide
מִרְעֶה (חקל׳)
Weide, eingezäunte
מִרְעֶה גָּדוּר (חקל׳)
Weide, offene *{Trift}*
מִרְעֶה פָּתוּחַ (חקל׳)
Weide *{Salix}*
עֲרָבָה (בוט׳) צֶמַח מִמִּשְׁפַּחַת הָעֲרָבָתִיִּים
Weidegrund ---> Wiese
Weidelgras, Deutsches ---> Raygras, Englisches
Weidelgras, Welsches ---> Raygras, Italienisches
weiden
רָעָה (רוֹעֶה) (חקל׳) אָכַל עֵשֶׂב, הוֹלִיךְ בְּהֵמוֹת לַמִּרְעֶה. שָׂשׂ (פסי׳) שָׂמַח (שָׂמֵחַ)
Weiden
רְעִיָּה (חקל׳) אֲכִילַת עֵשֶׂב עַל יְדֵי הַבְּהֵמוֹת, הוֹלָכַת הָעֵדֶר לַמִּרְעֶה
Weidensperling *{Passer hispaniolensis}*
דְּרוֹר סְפָרַדִּי (זוא׳) עוֹף מִמִּשְׁפַּחַת הַדְּרוֹרִיִּים
Weiderich *{Lythrum}*
שָׁנִית (בוט׳) צֶמַח מִמִּשְׁפַּחַת הַכֻּפְרִיִּים
Weidevieh
בְּקַר מִרְעֶה (חקל׳)
weigern, sich
סֵרֵב (מְסָרֵב), מֵאֵן (מְמָאֵן), לֹא הִסְכִּים
Weigerung
סֵרוּב, מֵאוּן, אִי הֵעָנוּת, דְּחִיָּה
Weihe
זָרוֹן (זוא׳) שֵׁם שֶׁל עוֹף
weihen
יִחֵד (מְיַחֵד) [ק/ב/30]. הִקְדִּישׁ (מַקְדִּישׁ), הִבְדִּיל אוֹתוֹ מֵאֲחֵרִים מִתּוֹךְ רָצוֹן כָּלְשֶׁהוּ, הִקְצָה, קָבַע לְתַכְלִית מְסֻיֶּמֶת
Weihinschrift
כְּתֹבֶת הַקְדָּשָׁה (ארכ׳)
Weihnachtsspiel
מַחֲזֵה חַג הַמּוֹלָד (דת, תאט׳) הַצָּגַת חַג הַמּוֹלָד
Weihnachtsstern *{Euphorbia pulcherrima}*
חַלַבְלוּב הַדּוּר (בוט׳) צֶמַח מִמִּשְׁפַּחַת הַחַלַבְלוּבִיִּים
Weihrauch
קְטֹרֶת, עֲשַׁן רֵיחָנִי הַנּוֹצָר מִשְּׂרֵפַת חֳמָרִים מְבֻשָּׂמִים
weil ---> da
weil nicht
מִבְּלִי, מִבִּלְתִּי [ק/ב/138]. מֵאֵין, מֵחֹסֶר
weil ohne ---> weil nicht
weilen
שָׁהָה (שׁוֹהֶה) [ק/ד/164]. שֵׁרֵת, נִמְשַׁךְ הַזְּמַן, בִּלָּה אֶת זְמַנּוֹ, גִּלְגֵּל בְּשָׁעוֹת
Weiler
כְּפִיר (כְּפִירִים) (י״א) בִּקְתָה, קְבוּצַת בִּקְתוֹת, כְּפָר קָטָן בְּיוֹתֵר, יִשּׁוּב קָטָן בְּלֹא רָשׁוּת מְקוֹמִית
Wein, mit Wasser vermischter
יַיִן מָזוּג (חזו׳) [א״ת/ב/241]. יַיִן מָהוּל, - שֶׁמָּזְגוּ בּוֹ מַיִם
Wein, parfümierter
יַיִן מְבֻשָּׂם (חזו׳) [א״ת/ב/242]. יַיִן הָרֶקַח, יֵין רֶקַח
Wein, roher
יַיִן חַי (חזו׳) [א״ת/ב/241]. יַיִן בִּלְתִּי מָהוּל
Wein, Wilder *{Parthenocissus quinquefolia}*
גַּפְנִית מְחֻמֶּשֶׁת (בוט׳) צֶמַח מִמִּשְׁפַּחַת הַגַּפְנִיִּים
Weinbeere, rosinenartige

דַּמְדְּמָנִית (דַּמְדְּמָנִיּוֹת) (חקל׳) [א״ת/ב/232]. עֵנָב מְצֻמָּק

weinen [---> tränen]

בָּכָה (בּוֹכֶה) (רפו׳, פסי׳) מֵרַר (מְמָרֵר) בַּבֶּכִי, גָּעָה בִּבְכִיָּה

Weinen

בְּכִי (רפו׳, פסי׳) בְּכִיָּה

Weingeist ---> Alkohol

Weinküfer ---> Kipper

Weinlese

בָּצִיר (בְּצִירִים) (חקל׳) [א״ת/ב/214]. קְטִיף הָעֲנָבִים

Weinrebe *{Vitis vinifera}*

גֶּפֶן הַיַּיִן (בוט׳) צֶמַח מִמִּשְׁפַּחַת הַגְּפָנִיִּים

Weinrebe, kriechende

רוֹגְלִית (רוֹגְלִיּוֹת) (בוט׳) [א״ת/ב/230]. גֶּפֶן שֶׁעֲנָפֶיהָ מִתְפַּשְּׁטִים עַל גַּבֵּי הַקַּרְקַע

Weinrose *{Rosa rubiginosa (Rosa eglanteria)}*

וֶרֶד אֶגְלַנְטִין (בוט׳) צֶמַח מִמִּשְׁפַּחַת הַוַּרְדִּיִּים

Weinschwärmer, Großer *{Hippotion celerio}*

רַפְרַף כַּסְפִּי (זוא׳) חֶרֶק מִמִּשְׁפַּחַת הָרַפְרָפִיִּים (פַּרְפָּרָאִים)

Weinstock ---> Weinrebe

Weintraube, Schale der

זָג (זָגִים) (בוט׳) [א״ת/א/85; א״ת/ב/232]. קְלִפַּת עֲנָבִים

Weintrauben lesen

בָּצַר (בּוֹצֵר) (חקל׳) קָטַף עֲנָבִים

weise

נִלְבָּב [ק/ג/38]. נָבוֹן, בַּעַל הֲבָנָה, בֶּן דַּעַת, מֵבִין, מַשְׂכִּיל, בַּעַל עַיִן חַדָּה, מָהִיר תְּפִיסָה

Weise

נְעִימָה (מוס׳) מַנְגִּינָה, לַחַן

Weise, Art und ---> Art und Weise

Weise, charakteristische

קַו אָפְיָנִי

Weise als er ist, auf andere

בְּאֹפֶן אַחֵר מִכְּפִי שֶׁהוּא [ק/א/255]. עַל זוּלַת מַה שֶּׁהוּא (עָלָיו)

Weise handeln, in unzulänglicher

עָמַל (עָמֵל) לַשָּׁוְא [ק/ג/297]. קִצֵּר (מְקַצֵּר), מְעַט מִכְּפִי הַצֹּרֶךְ, טָח טָפֵל, לֹא הִשִּׂיג הַשָּׂגָה שְׁלֵמָה

weise machen

חִכֵּם (מְחַכֵּם) (פדג׳) [ק/א/290]. לִמֵּד חָכְמָה, עָשָׂה פְּלוֹנִי לְחָכָם

Weisen, Stein der ---> Stein der Weisen

Weisheit erwerbend

קוֹנֶה דַּעַת (פיל׳) [ק/ב/315]. מִתְחַכֵּם, רוֹכֵשׁ הַשְׂכָּלָה, שֶׁנַּעֲשָׂה חָכָם

Weisheit, Freund der

חוֹבֵב חָכְמָה (פיל׳) [ק/א/133]. דּוֹד חָכְמוֹת, פִילוֹסוֹף, גְּדָל דֵּעוֹת, בַּעַל אֲסֻפּוֹת

Weisheitslehre

תּוֹרַת חָכְמָה (פיל׳)

weiß machen

הִלְבִּין (מַלְבִּין) [א״ת/א/137]. לִבֵּן (מְלַבֵּן), עָשָׂה דְּבַר-מָה לָבָן

weissagen

חָזָה (חוֹזֶה) (דת) נִחֵשׁ אֶת הֶעָתִיד, נִבֵּא (מְנַבֵּא), נִבָּא, צָפָה, נָבָא, רָאָה בֶּחָזוֹן

weissagen aus dem Vogelflug

טִיֵּר (מְטַיֵּר) (אנת׳) נִחֵשׁ עֲתִידוֹת לְפִי מְעוֹף הָעוֹפוֹת

Weissagung

חֲזוּת (דת) חָזוֹן, חִזּוּי, נִחוּשׁ הֶעָתִיד, נִבּוּי, דִּבְרֵי נְבִיאוּת

Weissagung aus dem Vogelflug

טַיִר (אנת׳) נִחוּשׁ עֲתִידוֹת לְפִי מְעוֹף הָעוֹפוֹת

Weißbrot

לֶחֶם לָבָן (תזו׳) פַּת נְקִיָּה

Weißbürzelsteinschmätzer ---> Saharasteinschmätzer

Weißdorn *{Crataegus}*

עֻזְרָר (בוט׳) צֶמַח מִמִּשְׁפַּחַת הַוַּרְדִּיִּים

Weiße

לְבָנִיּוּת (צבע) [ק/ב/113]. לַבְנוּת, לֹבֶן, הַגּוֹן שֶׁל דָּבָר לָבָן

weißen

סִיֵּד (מְסַיֵּד) (אדר׳) מָרַח בְּסִיד

Weißesche *{Fraxinus americana}*

מֵילָה אֲמֵרִיקָנִית (בוט׳) צֶמַח מִמִּשְׁפַּחַת הַזֵּיתִיִּים

Weißflügelgimpel *{Rhodospiza obsoleta}*

חֲצוֹצְרָן שְׁחֹר מַקּוֹר (זוא׳) עוֹף מִמִּשְׁפַּחַת הַפְּרוּשִׁיִּים

Weißflügelseeschwalbe *{Chlidonias leucopterus}*

מֵרוֹמִית לִבְנַת כָּנָף (זוא׳) עוֹף מִמִּשְׁפַּחַת הַשַּׁחֲפִיתִיִּים

weißglühen

לִבֵּן (מְלַבֵּן) (טכנ׳)

Weißhäutigkeit, pathologische ---> Achromodermie

Weißklee *{Trifolium repens}*

תִּלְתָּן זוֹחֵל (בוט׳) צֶמַח מִמִּשְׁפַּחַת הַפַּרְפְּרָנִיִּים

Weißlinge *{Pieridae}*

לַבְנִינִיִּים (זוא׳) מִשְׁפָּחָה שֶׁל פַּרְפָּרָאִים

Weißlupine *{Lupinus albus}*

תּוּרְמוּס תַּרְבּוּתִי (בוט׳) צֶמַח מִמִּשְׁפַּחַת הַפַּרְפְּרָנִיִּים

Weißrandfledermaus *{Pipistrellus kuhli}*

עֲטַלֵּפוֹן לְבֶן שׁוּלַיִם (זוא׳) יוֹנֵק מִמִּשְׁפַּחַת הַנִּשְׁפוֹנִיִּים (עֲטַלֵּפִים)

Weißschwanzsteppenkiebitz *{Vanellus leucurus (Chettusia leucura)}*

קִיוִית לִבְנַת זָנָב (זוא׳) עוֹף מִמִּשְׁפַּחַת הַחוֹפְמִיִּים

Weißschwielenkrankheit *{Leukoplakie}*

שַׁלֶּקֶת (רפו׳) [מר״ח/421]. קָרֶנֶת בּוֹהֶקֶת

Weißstirnlerche *{Eremopteryx nigriceps}*

צְחִיחָן שְׁחֹר כִּפָּה (זוא׳) עוֹף מִמִּשְׁפַּחַת הָעֶפְרוֹנִיִּים

Weißstorch *{Ciconia ciconia}*

חֲסִידָה לְבָנָה (זוא׳) עוֹף מִמִּשְׁפַּחַת הַחֲסִידָתִיִּים

weit
רָווּחַ, רְווּחָה, רָחָב, מְרֻוָּח, מְרֻוָּח, רָוֵחַ

Weite
רֹחַק [ק/ד/37]. מֶרְחָב, שֶׁטַח רָחָב, חֲלַל אֵין סוֹף

weite Definition, zu ---> Definition, zu weite

weiter Begriff ---> Begriff, weiter

Weitere, das
נוֹסָף (נוֹסָפִים) [ק/ב/162]. מוֹסִיף, שֶׁנּוֹסָף עַל הַקּוֹדֵם, שֶׁבָּא כְּתוֹסֶפֶת לְמַשֶּׁהוּ

weiteren Sinn, im ---> Sinn, im übertragenen

weitergetrieben
מַרְחִיק לֶכֶת

weitschweifig *{redundant}*
יַתִּיר, יָתֵר, עוֹדֵף, מֻגְזָם, לָקוּי בְּיַתִּיר, מֻפְלָג, מְנֻפָּח, לְמַעְלָה מִן הַמִּדָּה

Weitschweifigkeit *{Redundanz}*
יַתִּירוּת, עוֹדְפוּת, רִבּוּי יָתֵר, נִפּוּחַ, גִּדּוּשׁ, גְּדִישָׁה

weitverbreitet ---> häufig

Weizen *{Triticum}*
חִטָּה (חִטִּים) (בוט', חקל') [א"ח/א/100]. צֶמַח מִמִּשְׁפַּחַת הַדְּגָנִיִּים

Weizengrütze
דַּיְסָה (דַּיְסוֹת) (תזו') [א"ח/א/95]. תַּבְשִׁיל שֶׁל גְּרִיסִים

Weizenhirse *{Echinochloa crus-galli}*
דֹּחֲנִית הַתַּרְנְגוֹלִים (בוט') צֶמַח מִמִּשְׁפַּחַת הַדְּגָנִיִּים

welk
נָבוּל (בוט') כָּמוּשׁ, קָמֵל

welken
נָבַל (נוֹבֵל) (בוט') כָּמַשׁ (כּוֹמֵשׁ), קָמַל

Wellblech
פַּח גַּלִּים (טכנ')

Welle [---> Antriebswelle]
גַּל (גַּלִּים) (פיס') [ל"מ/149]. תְּנוּעָה קְצוּבָה

Welle, kleine
אַדְוָה (אֲדָווֹת) (היד') גַּל זָעִיר

Wellen, Zerfall der
דְּעִיכַת הַגַּלִּים (מטא')

Wellen der Aufmerksamkeit ---> Aufmerksamkeit, Wellen der

Wellenberg
דַּבֶּשֶׁת הַגַּל (היד') הַחֵלֶק הַבּוֹלֵט שֶׁל הַגַּל

Wellenbewegung
הִתְמוֹגְגוּת [ק/א/239]. תְּנוּעַת הַגַּלִּים

wellenförmig
גַּלִּי [ק/א/116]. בְּצוּרַת גַּלֵּי הַיָּם

wellenförmige Bewegung ---> Bewegung, wellenförmige

Wellenförmigkeit
גַּלִּיּוּת [ק/א/116]. תְּכוּנַת דָּבָר דּוֹמֶה לְגַלֵּי הַיָּם

Wellengruppe
חֲבוּרַת גַּלִּים (פיס')

Wellenkamm
רֶכֶס הַגַּל (היד') הַקַּו הַגָּבֹהַּ שֶׁל דַּבֶּשֶׁת הַגַּל

Wellenperiode
תְּקוּפַת הַגַּל (היד')

Wellental
גֵּיא הַגַּל (היד') הַחֵלֶק הַשָּׁקוּעַ שֶׁל הַגַּל, מִשְׁפַּל הַגַּל

Wellenzug
שַׁיֶּרֶת גַּלִּים (פיס') [ל"מ/153]. חֲבִילַת גַּלִּים, סִדְרַת גַּלִּים הַנּוֹצָרִים עַל יְדֵי גּוּף מִתְנוֹדֵד

Wellrad
אוֹפַן וָסֶרֶן (פיס')

Welt, sichtbare ---> Welt, wahrnehmbare

Welt, territoriale Aufteilung der
חֲלֻקָּה אַרְצָתִית (טֶרִיטוֹרִיאָלִית) שֶׁל הָעוֹלָם (כלכ', מדי')

Welt, wahrnehmbare
נִגְלֶה (פיל', פסי') [ק/ג/18]. הָעוֹלָם הַמּוּחָשׁ, - הַנִּרְאֶה לָעַיִן

Weltachse
בְּרִיחַ (מחמ') [ק/א/95]. קֹטֶר הָאָרֶץ אוֹ הָעוֹלָם

Weltäquator
קַו הַמַּשְׁוֶה (י"א) [ק/ב/195]. גַּלְגַּל הַמִּישׁוֹר

Weltall
יְקוּם (מ"ט) [ק/ב/257]. מְצִיאָה, מְצִיאוּת, הֶחָלָל, חֶלֶד, תֵּבֵל, כְּלַל הַנִּמְצָאִים

Weltanschauung
הַשְׁקָפַת עוֹלָם (מ"ח, פיל') [ק/א/280]. חָזוּת, הִסְתַּכְּלוּת עוֹלָמִית

Weltbrauch [---> Lebensart; Sitte(n), gute]
מִנְהַג עוֹלָם (אנת', מ"ח) [א"ח/ג/2]. מִנְהָגוֹ שֶׁל עוֹלָם, מַה שֶּׁמְּקֻבָּל בָּעוֹלָם

Weltganze, das
כֹּל עוֹלָם (פיל') כְּהָעוֹלָם בִּשְׁלֵמוּתוֹ

Weltgeist
רוּחַ הָעוֹלָם (פיל') [ק/ד/28; פ"ר/106]. עַל פִּי הֶגֶל: הַנּוֹשֵׂא (סוּבְּיֶקְט) שֶׁל הַהִיסְטוֹרְיָה הָעוֹלָמִית. הַשֵּׂכֶל הַפּוֹעֵל (פיל') [ק/ד/100]. הַכֹּחַ הָעֶלְיוֹן הַמּוֹצִיא אֶת שֵׂכֶל הָאָדָם מִן הַכֹּחַ אֶל הַפֹּעַל. הַשֵּׂכֶל הָעֲשִׂירִי, - הַכְּלָלִי (פיל') [ק/ד/104]

Weltgeld
מָמוֹן עוֹלָמִי (כלכ', מדי') כֶּסֶף כְּלָל עוֹלָמִי, צוּרַת מָמוֹן הַבָּאָה לִידֵי בִּטּוּי בְּשֵׁרוּת הַתַּשְׁלוּמִים וְהַסִּלּוּקִים הַבֵּינְלְאֻמִּי וּבְהַסָּבַת רְכוּשׁ בֵּין מְדִינוֹת בַּעֲלוֹת מַטְבְּעוֹת שׁוֹנִים

weltklug
מַשְׂכִּיל, בָּקִי, מִתְחַכֵּם, שִׂכְלְתָנִי, מְעֻדָּן

Weltklugheit
מַשְׂכִּילוּת, בְּקִיאוּת, תִּחְכּוּם, עִדּוּן

weltlich
אַרְצִי (פיל', דת) עוֹלָמִי, חִלּוֹנִי, סֶקוּלָרִי, לֹא דָּתִי

Weltlichkeit
אַרְצִיּוּת (פיל', דת) [פ"ר/118]. עוֹלָמִיּוּת, חִלּוֹנִיּוּת, אִי דָּתִיּוּת, סֶקוּלָרִיזְם, חֹפֶשׁ הַמַּחְשָׁבָה

Weltordnung
חֻקֵּי הַטֶּבַע (מ"ט) [ק/ג/94]. סֵדֶר, סִדְרֵי בְּרֵאשִׁית

Weltraum
חֲלַל הַיְקוּם (פיס') חֲלָל קוֹסְמִי
Weltseele ---> Weltgeist
Welttheater
מַחֲזֶה מִדּוֹת (תאט')
Weltuntergang
שְׁקִיעַת הָעוֹלָם (דת, הסט')
Welturheber
מְחוֹלֵל עוֹלָם (דת) כִּנּוּי לֵאלֹהִים
Weltursache
סִבַּת עוֹלָם (פיל')
Weltwesen ---> Weltall
Wende, günstige
מִנְדָּר (רפו') [מר״ח/432]. שִׁנּוּי לְטוֹבָה לְאַחַר מַשְׁבֵּר, יְצִיאָה מִכְּלַל סַכָּנָה, הֶחְלֵשׁוּת הַמַּחֲלָה, תְּמוּרָה
Wendehals *{Jynx torquilla}*
סַבְרָאשׁ (זוא') עוֹף מִמִּשְׁפַּחַת הַנַּקָּרִיִּים
Wendeisen
מַסְבֵּב (מַסְבְּבִים) (טכנ')
Wendekreis
חוּג הַפּוּךְ (אסט') [ק/ג/124]. עִגּוּל הָעֲמָדַת הַשֶּׁמֶשׁ, - הַהִפּוּךְ, אֶחָד מִשְּׁנֵי קַוֵּי הָרֹחַב בַּחֲצִי הַצְּפוֹנִי וְהַדְּרוֹמִי שֶׁל כַּדּוּר הָאָרֶץ (חוּג הַסַּרְטָן וְחוּג הַגְּדִי) שֶׁאֲלֵיהֶם מַגִּיעָה הַשֶּׁמֶשׁ מִדֵּי שָׁנָה בִּמְסִלּוּלָהּ הַמְּדֻמֶּה בִּשְׁנֵי מוֹעֲדֵי הַהִפּוּךְ
Wendekreis des Krebses
חוּג הַסַּרְטָן (אסט', י״א) קַו רֹחַב בַּחֲצִי הַצְּפוֹנִי שֶׁל כַּדּוּר הָאָרֶץ שֶׁאֵלָיו מַגִּיעָה הַשֶּׁמֶשׁ בְּ-21 בְּיוּנִי הַקָּרוּי מוֹעֵד הַהִפּוּךְ (סוֹלְסְטִיס) שֶׁל הַקַּיִץ בַּחֲצִי הַכַּדּוּר הַצְּפוֹנִי וְשֶׁל הַחֹרֶף בַּחֲצִי הַכַּדּוּר הַדְּרוֹמִי
Wendekreis des Steinbocks
חוּג הַגְּדִי (אסט', י״א) קַו רֹחַב בַּחֲצִי הַדְּרוֹמִי שֶׁל כַּדּוּר הָאָרֶץ שֶׁאֵלָיו מַגִּיעָה הַשֶּׁמֶשׁ בְּ-22 בְּדֶצֶמְבֶּר הַקָּרוּי מוֹעֵד הַהִפּוּךְ (סוֹלְסְטִיס) שֶׁל הַקַּיִץ בַּחֲצִי הַכַּדּוּר הַדְּרוֹמִי וְשֶׁל הַחֹרֶף בַּחֲצִי הַכַּדּוּר הַצְּפוֹנִי
Wendeltreppe, Gemeine *{Epithonium clathrus}*
סֻלָּמִית רְגִילָה (זוא') בַּעַל חַיִּים מִמִּשְׁפַּחַת הַסֻּלָּמִיִּים (חֶלְזוֹנוֹת)
Wendeltreppenschnecken *{Epitoniidae}*
סֻלָּמִיִּים (זוא') מִשְׁפָּחָה שֶׁל חֶלְזוֹנוֹת
wenden ---> lavieren; drehen
Wenden ---> Lavieren
wenden, nach der Seite ---> Seite
wenden, nach der
Wendepunkt
נְקֻדַּת מִפְנֶה (רפו') [מר״ח/35]. בּוֹחְרָן, תַּפְנִית, הַטָּיָה לְ..., שִׁנּוּי חָרִיף
Wendepunkt betreffend, den
מִפְנִי (רפו') בּוֹחְרָנִי, שֶׁל מִפְנֶה חַד, תַּפְנִיתִי
Wendepunkt der Handlung
מִפְנֶה סִפּוּרִי (ספר') [מ״ס/86]. שִׁנּוּי חַד בִּתְנוּעַת הָעֲלִילָה
wendig ---> manövrierbar
Wendigkeit ---> Manövrierfähigkeit
Wendung
תִּפְנוּי (רפו') [מר״ח/702]. הַטָּיָה, תְּנוּחַת הָעֻבָּר בִּזְמַן הַלֵּדָה
Wendung, plötzliche
הֶסֵּב הַדִּבּוּר (רטו') [ק/א/184]
Wendung nach einem bestimmten Ort hin
הַצְדָּדָה [ק/ב/71]. כַּוָּנָה (כַּוָּנוֹת), הֲסִבַּת פָּנִים לְ..., הַטָּיָה לְצַד מְסֻיָּם, הִצְטַדְּדוּת, צִדּוּד, הֶכְוֵן, פְּנִיָּה
wenig, ein
מְעַט, קִמְעָה, קֹמֶץ, קְצָת, מִצְעָר
wenigstens
לְמִצְעָר, לְכָל הַפָּחוֹת
wenn
אִם, אִלּוּ
Wenn-Dann-Satz, irrealer ---> Bedingungssatz, irrealer
wenn nicht
אִלּוּלֵא, אִלּוּלֵי, אִלּוּלֵי שֶׁ..., אִלְמָלֵא, אִלְמָלֵי
wenn und nur wenn
אִם וְרַק אִם (או״א) (מתמ', פיל')
Werbung
חִזּוּר (פסי') הִשְׁתַּדְּלוּת לְהַשִּׂיג, שְׁקִידָה וְשִׂימַת לֵב כְּלַפֵּי מַשָּׂא שֶׁל מְשִׁיכָה מִינִית
werden
הָיָה (הוֹוֶה) [ק/ד/66]. שָׁב, נִהְיָה (נִהְיֶה), נַעֲשָׂה (נַעֲשֶׂה)
Werden, das
הִתְהַוּוּת (פיל', מ״ט) [ק/א/229; פ״ר/84]. הִוָּצְרוּת, הֵעָשׂוּת, הִתְיַלְּדוּת. הֲוָיָה (פיל') [ק/א/161]. הֱיוֹת. הִוּוּי (פיל') [ק/א/161]
Werden, entfaltetes
הִתְהַוּוּת מִתְפָּרֶשֶׂת (פיל') [פ״ר/91]
Werdende, das
מִתְהַוֶּה (פיל') [ק/ב/312]. מִתְחַדֵּשׁ, שֶׁבָּא לִידֵי הֲוָיָה. הֹוֶה (פיל') [ק/א/160]. מַה שֶּׁהוּא (שֶׁיֵּשׁ) וּמַה שֶּׁנַּעֲשֶׂה וְהוֹלֵךְ
werdende Natur ---> Natur, schaffende
werfen ---> projizieren
Werfen ---> Projizieren
werfen, Erstgeborene ---> Erstgeborene werfen
Werk *{Opus}*
פֹּעַל [ק/ג/198]. מַעַשׂ, עִסּוּק. מִפְעָל [ק/ג/197]. פָּעוּל, מוּצָר אוֹ תּוֹצָאָה שֶׁל הָעֲשִׂיָּה. עָשׂוּי [ק/ג/174]. שֶׁנַּעֲשָׂה, נוֹצָר, פְּעֻלָּה, יְצִירָה, בְּרִיאָה, מִיצוּר. חִבּוּר (ספר') [ק/א/268]. סֵפֶר, מַעֲשֵׂה יְדֵי מְחַבֵּר, כְּתִיבַת סֵפֶר. מַאֲמָר (ספר') [ק/ב/133]. קֻנְטְרֵס. מַחְבֶּרֶת (ספר') [ק/ב/176]. חוֹבֶרֶת
Werk, klassisches
סֵפֶר מוֹפֵת (ספר') חִבּוּר קְלַסִּי
Werkbank
סָדוֹר (סְדוֹרוֹת) (טכנ') שֻׁלְחַן עֲבוֹדָה
Werkchen
מַאֲמָר קָטָן (ספר') [ק/א/20]. אִגֶּרֶת
Werke, ausgewählte
כְּתָבִים נִבְחָרִים (ספר', ספרנ')
Werke, gesammelte

כָּל כִּתְבֵי... (ספר', ספרנ') כְּתָבִים מְקֻבָּצִים שֶׁל סוֹפֵר מְסֻיָּם

Werke, sämtliche ---> Werke, gesammelte

werkfähig

רָאוּי לִפְעֻלָּה

Werkstatt

סַדְנָה (סַדְנָאוֹת) (טכנ', כלכ') בֵּית מְלָאכָה לְתִקּוּן מְכוֹנוֹת וּמַכְשִׁירִים

Werkstein

אֶבֶן מְסֻתֶּתֶת (אדר')

Werkzeug

כְּלִי (כֵּלִים) (טכנ') [ק/ב/88]. חֵפֶץ אוֹ מַכְשִׁיר לִפְעֻלָּה כָּלְשֶׁהִי, אֶמְצָעִי

Werkzeugfall ---> Instrumental

Werkzeugmacher(in)

חָרַשׁ כֵּלִים, חָרֶשֶׁת כֵּלִים (מלא')

Werkzeugmacherei

סַדְנַת כֵּלִים (טכנ')

Werkzeugmaschine ---> Arbeitsmaschine

Werkzeugsystem

עֶרְכַּת כֵּלִים (מחש') כְּלַל הָעֲשִׂיּוֹת (טֶכְנִיקוֹת) הַמְּיֻשָּׂמוֹת לִבְעָיָה מְסֻיֶּמֶת

Wermut *{Artemisia absinthium}*

לַעֲנָה מְצוּיָה (בוט') צֶמַח מִמִּשְׁפַּחַת הַמֻּרְכָּבִים

werpen ---> verholen

Wert

עֵרֶךְ (עֲרָכִים) (פסי', מ״ח, כלכ') [ר/ב/517]. קִבּוּעַ הַהַעֲרָכָה בַּתּוֹדָעָה הַחֶבְרָתִית בְּצוּרָה שֶׁל הַשְׁקָפוֹת, גִּישׁוֹת, תְּקָנִים וּרְגָשׁוֹת וְאִשּׁוּרָם הַחֶבְרָתִי כַּעֲרָכִים. דִּמּוּי מוּדָע אוֹ לֹא מוּדָע שֶׁל הַמְּאֻוֶּה הַבָּא לִידֵי בִּטּוּי כְּהַעֲדָפָה בִּבְחִירָה בֵּין חֲלוּפוֹת. אֵיכוּת אוֹ תְּכוּנָה שֶׁל דְּבַר-מָה הָעוֹשִׂים אוֹתוֹ שִׁמּוּשִׁי, רָצוּי אוֹ חָשׁוּב. גִּבְלָה (קָטֵגוֹרְיָה) כַּלְכָּלִית שֶׁל יִצּוּר הַסְּחוֹרוֹת הַמְּבַטֵּאת אֶת הָעֲבוֹדָה הַהֶכְרֵחִית מִבְּחִינָה חֶבְרָתִית שֶׁמִּתְגַּלֶּמֶת בִּסְחוֹרָה וּמְהַוָּה יַחַס חֶבְרָתִי

Wert, aktiver

עֵרֶךְ פָּעִיל (פדג', טכנ')

Wert, effektiver ---> Wert, tatsächlicher

Wert, häufigster ---> Modalwert

Wert, hoher

יֹקֶר, יְקָרָה (מ״ח) [ק/ב/50]. מַעֲלָה, כָּבוֹד, גְּדֻלָּה. שִׁעוּר (מ״ח) [ק/ד/144]. עֵרֶךְ, חֲשִׁיבוּת

Wert, immaterieller

נֶכֶס לֹא מוּחָשִׁי (כלכ', משפ') נֶכֶס מֻפְשָׁט

Wert, kritischer

עֵרֶךְ מַכְרִיעַ (סטט') [מ״מ/220]. הָעֵרֶךְ הַמִּסְפָּרִי שֶׁל מִדָּה מְסֻיֶּמֶת בְּרָמַת מֻבְהָקוּת נְתוּנָה

Wert, prozessierender

עֵרֶךְ שֶׁל תַּהֲלִיךְ (מ״ח, כלכ') עֵרֶךְ הַשָּׁרוּי בְּתַהֲלִיךְ

Wert, relativer

עֵרֶךְ יַחֲסִי (מ״ח, כלכ') עֵרֶךְ שֶׁל סְחוֹרָה הַבָּא לִידֵי בִּטּוּי בְּעֵרֶךְ הַשִּׁמּוּשׁ שֶׁל סְחוֹרָה אַחֶרֶת; תַּשְׁתִּית עֵרֶךְ הַחֲלִיפִין

Wert, tatsächlicher

עֵרֶךְ בְּפֹעַל (כלכ') [אב״נ/155]. עֵרֶךְ מַמָּשִׁי, מְחִיר נְיַר עֵרֶךְ בַּשּׁוּק הַפָּתוּחַ

Wert, übertragener

עֵרֶךְ מֻעֲבָר (כלכ')

Wert(s), verwerten des

רִבְרֵךְ (מְרַבְרֵךְ), רֻבְרַךְ (מְרֻבְרָךְ), הִתְרַבְרֵךְ (מִתְרַבְרֵךְ) (מ״ח, כלכ') רִבָּה אֶת הָעֵרֶךְ עַל יְדֵי יְצִירַת עֹדֶף עֵרֶךְ, שִׁעֲרֵךְ, שֻׁעֲרַךְ, הִשְׁתַּעֲרֵךְ

Wert(s), Verwertung des

רִבְרוּךְ (מ״ח, כלכ') הִתְרַבְרְכוּת, רִבּוּי הָעֵרֶךְ עַל יְדֵי יְצִירַת עֹדֶף עֵרֶךְ, הִשְׁתַּעַרְכוּת, שִׁעֲרוּךְ הָעֵרֶךְ

Wert einer Variablen, zulässiger

עֵרֶךְ מֻתָּר שֶׁל מִשְׁתַּנֶּה (מחמ')

Wertabgabe

הַפְרָשַׁת עֵרֶךְ (מ״ח, כלכ') מְסִירַת עֵרֶךְ

Wertausdruck

בִּטּוּי הָעֵרֶךְ (מ״ח, כלכ') בִּטּוּי עֶרְכִּי

Wertbegriff

מֻשַּׂג הָעֵרֶךְ (מ״ח, כלכ')

Wertbereich

מִטְוָח (מחמ') הַתְּחוּם שֶׁבּוֹ הַמִּתְנֶה (פוּנְקְצִיָּה) מְקַבֵּל עֲרָכִים

Wertbestandteile ---> Wertzusammensetzung

Wertbestimmung

קְבִיעַת עֲרָכִין

wertbildend

מְעַצֵּב עֵרֶךְ (מ״ח, כלכ') יוֹצֵר עֵרֶךְ

Wertbildner ---> wertbildend

Wertbildung

יְצִירַת עֵרֶךְ (מ״ח, כלכ') הִתְהַוּוּת עֵרֶךְ, עִצּוּב עֵרֶךְ

Wertbildungsprozeß

תַּהֲלִיךְ לִיצִירַת עֵרֶךְ (מ״ח, כלכ') יְצִירַת עֵרֶךְ הַסְּחוֹרוֹת עַל יְדֵי בְּזִירַת (הַשְׁקָעַת) כֹּחַ עֲבוֹדָה אֱנוֹשִׁי בְּתַהֲלִיךְ הַיִּצּוּר בִּתְנָאִים חֶבְרָתִיִּים מְסֻיָּמִים, תַּהֲלִיךְ עִצּוּב עֵרֶךְ

Wertding

דְּבַר עֵרֶךְ

Werte, greifbare ---> Vermögenswerte

Wertelement

יְסוֹד עֶרְכִּי (מ״ח, כלכ')

werten

הֶעֱרִיךְ (מַעֲרִיךְ)

Wertersatz

הַחְלָפַת עֲרָכִין (מ״ח, כלכ')

Wertexistenz

יֵשׁוּת עֵרֶךְ (יֵשׁוּת עֲרָכִין) (מ״ח, כלכ')

Wertfall

יְרִידַת הָעֵרֶךְ (מ״ח, כלכ')

Wertform

צוּרַת הָעֵרֶךְ (מ״ח, כלכ') צוּרַת הִתְפַּתְּחוּת הִסְטוֹרִית שֶׁל עֵרֶךְ הַחֲלִיפִין הַתּוֹאֶמֶת אֶת שְׁלַב הַהִתְפַּתְּחוּת שֶׁל חֲלִיפִין הַסְּחוֹרוֹת, צוּרַת בִּטּוּי שֶׁל עֵרֶךְ הַסְּחוֹרוֹת

Wertform, relative

צוּרַת הָעֵרֶךְ הַיַּחֲסִית (מ״ח, כלכ') [ק״מ/א/43]. עֵרֶךְ סְחוֹרָה אַחַת כְּשֶׁהוּא מְבֻטָּא בְּעֵרֶךְ הַשִּׁמּוּשׁ שֶׁל סְחוֹרָה אַחֶרֶת יֵשׁ לוֹ צוּרַת עֵרֶךְ יַחֲסִית

W e r t g e g e n s t ä n d l i c h k e i t --->
Wertexistenz
Wertgesetz
חֹק הָעֵרֶךְ (מ״ח, כלכ׳) חֹק כַּלְכָּלִי שֶׁל תַּהֲלִיךְ הַיִּצּוּר הָאוֹמֵר כִּי עֶרְכָּהּ שֶׁל כָּל סְחוֹרָה נִקְבָּע עַל יְדֵי כַּמּוּת הָעֲבוֹדָה שֶׁנִּתְגַּשְּׁמָה בְּעֵרֶךְ הַשִּׁמּוּשׁ שֶׁלָּהּ וְעַל יְדֵי זְמַן הָעֲבוֹדָה הַהֶכְרֵחִי לְיִצּוּרָהּ מִבְּחִינָה חֶבְרָתִית. לְפִיכָךְ הַיַּחַס שֶׁבֵּין עֶרֶךְ סְחוֹרָה אַחַת לְבֵין עֶרְכָּהּ שֶׁל סְחוֹרָה אַחֶרֶת - כַּיַּחַס שֶׁבֵּין זְמַן הָעֲבוֹדָה הַהֶכְרֵחִי לְיִצּוּרָהּ שֶׁל הַסְּחוֹרָה הָאַחַת לְבֵין זְמַן הָעֲבוֹדָה הַהֶכְרֵחִי לְיִצּוּרָהּ שֶׁל הַסְּחוֹרָה הָאַחֶרֶת

Wertgestalt
דְּמוּת עֵרֶךְ (מ״ח, כלכ׳)

Wertgröße
שִׁעוּר הָעֵרֶךְ (מ״ח, כלכ׳) [ק״ק/24]. הַכַּמּוּת שֶׁל עֲבוֹדָה הֶכְרֵחִית מִבְּחִינָה חֶבְרָתִית, אוֹ זְמַן הָעֲבוֹדָה הַהֶכְרֵחִי מִן הַבְּחִינָה הַחֶבְרָתִית לְיִצִירַת עֵרֶךְ שֶׁל שִׁמּוּשׁ; מְבֻטָּא עַל יְדֵי יַחֲסוֹ לְשִׁעוּר הָעֵרֶךְ אוֹ לְשִׁעוּרֵי הָעֵרֶךְ שֶׁל סְחוֹרָה אַחֶרֶת אוֹ שֶׁל כַּמָּה וְכַמָּה סְחוֹרוֹת אֲחֵרוֹת בְּאֶמְצָעוּת יַחַס הַחֲלִיפִין שֶׁלָּהֶן

Wertigkeit *{Valenz}*
עֶרְכּוּת (עֶרְכִּיּוּת) (כימ׳) עֶרְכִּיּוּת, מִסְפַּר פְּרָדֵי (אֲטוֹמֵי) הַמֵּימָן הַקְּשׁוּרִים לִפְרָד (אָטוֹם) מְסֻיָּם אוֹ מִסְפַּר פְּרָדֵי הַמֵּימָן שֶׁאוֹתוֹ פְּרָד מְסֻגָּל לְהִתְרַכֵּב אִתָּם

Wertkörper
גּוּף עֵרֶךְ (מ״ח, כלכ׳)

wertlos
נְטוּל עֵרֶךְ [ק/א/140]. דִּמְיוֹנִי, כָּלֶה, כּוֹזֵב, בָּטֵל, מַה שֶּׁאֵין לוֹ מְצִיאוּת אֶלָּא בְּדִמְיוֹן (בְּנִגּוּד לַאֲמִתִּי, לַשִּׂכְלִי), חֲסַר עֵרֶךְ, חֲסַר שַׁחַר

Wertmarke
סִימַן עֵרֶךְ (כלכ׳)

Wertmaß
תַּעֲרִיךְ (פיל׳, כלכ׳, מ״ח) [ק/ד/214]. קְנֵה מִדָּה לִקְבִיעַת הָעֵרֶךְ, שׁוּמָה, אֹמֶד, הַעֲרָכָה, מִדַּת הָעֵרֶךְ, אַמַּת מִדָּה לִקְבִיעַת שִׁעוּר הָעֵרֶךְ שֶׁל סְחוֹרָה (יְחִידַת זְמַן שֶׁל הָעֲבוֹדָה הַמֻּשְׁקַעַת). תִּפְקוּדוֹ שֶׁל הַמָּמוֹן הַמְּסַפֵּק לְעוֹלַם הַסְּחוֹרוֹת אֶת הַמִּדָּה לְחִשּׁוּב הָעֵרֶךְ וְלִמְדִידָתוֹ

W e r t p a p i e r ,   v e r k e h r s f ä h i g e s   --->
Verkehrspapier
Wertpapierbörse
בּוּרְסַת נְיָרוֹת הָעֵרֶךְ (כלכ׳) בּוּרְסָה, שׁוּק מְאֻרְגָּן לִקְנִיָּה וְלִמְכִירָה שֶׁל נְיָרוֹת עֵרֶךְ

Wertprodukt
תּוֹצֶרֶת הָעֵרֶךְ (מ״ח, כלכ׳) [ק״מ/ב/343]. תּוֹצֶרֶת הָעֲרָכִים, הָעֵרֶךְ שֶׁנּוֹצַר מֵחָדָשׁ בְּפֶרֶק זְמַן מְסֻיָּם בְּצוּרַת סְחוֹרוֹת

Wertregel ---> Wertgesetz
Wertrevolution
מַהְפֵּכַת עֲרָכִין (מ״ח, כלכ׳) פְּחוּת קְפִיצָתִי שֶׁל הָעֵרֶךְ שֶׁנִּתְגַּלֵּם בְּאֶמְצָעֵי הַיִּצּוּר הַמִּתְפַּקְּדִים הַנִּמְשָׁךְ מֵעֲלִיָּה מַשְׁמָעוּתִית בְּפִרְיוֹן הָעֲבוֹדָה עֵקֶב הַקִּדְמָה הָעֲשׂוּתִית (טֶכְנִית) וְהַשִּׁמּוּשׁ בְּגִלּוּיֵי הַמַּדָּע בְּתַהֲלִיךְ הַיִּצּוּר

Wertschöpfung
יְצִירַת עֵרֶךְ (מ״ח, כלכ׳)

Wertsubstanz
עַצְמוּת עֵרֶךְ (מ״ח, כלכ׳)

Wertsumme
סְכוּם הָעֵרֶךְ (מ״ח, כלכ׳) סְכוּם עֲרָכִין

Wertteil
חֵלֶק עֲרָכִין (מ״ח, כלכ׳)

Wertträger
נוֹשֵׂא עֵרֶךְ (מ״ח, כלכ׳)

Wertumschlag
מַחֲלוֹף הָעֲרָכִין (מ״ח, כלכ׳) מַחֲזוֹר הָעֲרָכִין

Wertung
הַעֲרָכָה

Werturteil
שְׁפִיטָה עֶרְכִּית (מ״ח, פסי׳)

Wertverhältnis
יַחַס הָעֵרֶךְ (מ״ח, כלכ׳) יַחַס חֶבְרָתִי הַמּוֹפִיעַ בְּהֶכְרֵחַ בְּתַהֲלִיךְ יִצּוּר הַסְּחוֹרוֹת בֵּין יַצְרָנֵי הַסְּחוֹרוֹת שֶׁתָּכְנוֹ הִיא הָעֲבוֹדָה הַנִּבְזֶרֶת (מֻשְׁקַעַת) שֶׁל יַצְרָנִים עַצְמָאִיִּים מִבְּחִינָה כַּלְכָּלִית בְּמִסְגֶּרֶת חֲלֻקַּת הָעֲבוֹדָה

Wertverlust
הֶפְסֵד עֵרֶךְ (מ״ח, כלכ׳)

Wertverschiedenheit
הֶבְדֵּל עֲרָכִין (מ״ח, כלכ׳)

Wertwechsel
שִׁנּוּי עֵרֶךְ (מ״ח, כלכ׳)

Wertzeichen
סֵמֶל הָעֵרֶךְ (מ״ח, כלכ׳)

Wertzusammensetzung
הֶרְכֵּב הָעֲרָכִים (מ״ח, כלכ׳) חֲלָקִים כַּמּוּתִיִּים הַמְּהַוִּים הֵן אֶת עֶרְכָּהּ שֶׁל סְחוֹרָה בּוֹדֶדֶת וְהֵן אֶת עֵרֶךְ הַתְּפוּקָה הַחֶבְרָתִית הַכּוֹלֶלֶת, וּלְכָל חֵלֶק כָּזֶה תִּפְקוּד סְגֻלִּי בְּתַהֲלִיךְ הַשִּׁצּוּר (רֶפְּרוֹדוּקְצְיָה)

Wertzusammensetzung des Kapitals
---> Kapital(s), Wertzusammensetzung des

Wertzuwachssteuer auf Grundbesitz
מַס שֶׁבַח (כלכ׳)

Wesen *{Essenz}* **[---> Gebilde]**
מַהוּת (פיל׳) [ק/ב/156; פ״ר/96]. עַצְמוּתוֹ שֶׁל דָּבָר, תָּכְנוֹ הַפְּנִימִי שֶׁל דָּבָר. עֶצֶם (פיל׳) [ק/ג/155]. מַהוּת הָעִנְיָן. עַצְמוּת (פיל׳) [ק/ג/160]. טִיבוֹ הַיְּסוֹדִי שֶׁל הַחֹמֶר, עִנְיַן הָעֶצֶם, מַהוּת הָעֶצֶם, תְּכוּנָה עַצְמִית. תּוּשִׁיָּה (פיל׳) [ק/ד/188]. תְּכוּנָה בְּפֹעַל (פיל׳) [ק/ד/192]. תָּכְנִית (פיל׳) [ק/ד/204]. הַדָּבָר-כְּשֶׁהוּא-לְעַצְמוֹ, תַּמְצִית. אֶדֶשׁ (פיל׳) [ק/א/23]. עִקָּר, מַמָּשׁ. גֶּדֶר [ק/א/105]. גֶּדֶר, מִקְצוֹעַ, גְּבוּל, מַצָּב, תְּכוּנָה, מְחִצָּה. גּוּף (פיל׳) [ק/א/108]. גֶּשֶׁם (פיל׳) [ק/א/121]. הֲוָיָה, הֲוָיוֹת (פיל׳) [ק/א/162,161]. הִתְהַוּוּת וֶהֱיוֹת, נִמְצָא וּבָרוּא. טֶבַע [ק/ב/11]. תְּכוּנָה קְבוּעָה וְעַצְמִית, אֹפִי, צִבְיוֹן. יֵשׁ (פיל׳) [ק/ב/51]. דָּבָר שֶׁבְּנִמְצָא, יֵשׁוּת, מְצִיאוּת, מַה שֶּׁקַּיָּם. כְּלוּם (פיל׳) [ק/ב/87]. דָּבָר. נִמְצָא (פיל׳) [ק/ג/41]. נֶפֶשׁ (פיל׳) [ק/ג/59]. כִּנּוּי הַגּוּף הַחוֹזֵר. עַיִן (פיל׳) [ק/ג/130]. חֹמֶר, תְּכוּנָה עִקָּרִית, עֶצֶם הַדָּבָר. עֲמִידָה (פיל׳) [ק/ג/143]. עִנְיָן (פיל׳) [ק/ג/149,147]. עִצּוּם (פיל׳) [ק/ג/153]. גּוּפוֹ שֶׁל דָּבָר, עִקָּר. תַּעֲצוּם (פיל׳) [ק/ד/214]

Wesen, allerrealstes

יֵשׁ מַמָּשִׁי בְּיוֹתֵר (פיל')

Wesen, ausstrahlendes ---> ausstrahlendes Wesen

Wesen, formales

מַהוּת צוּרָנִית (פיל') [ק/א/329]. חֲרוּצִי, הַמָּצוּי כְּשֶׁלְּעַצְמוֹ, דָּבָר הַנִּמְצָא בְּפֹעַל, מָצוּי רוּחָנִי

Wesen, fünftes

חֹמֶר עֶלְיוֹנִי (אסט') [ק/א/312]. חֹמֶר הַגְּרָמִים הַשְּׁמֵימִיִּים, הַחֹמֶר הַחֲמִישִׁי

Wesen, geflügeltes

מְכֻנָּף (מְכֻנָּפִים) (זוא') [ק/ב/232]. מְעוֹפֵף (מְעוֹפְפִים), בַּעַל כְּנָפַיִם

Wesen, geistiges

עֶצֶם רוּחָנִי (פיל') [ק/א/121]. גֶּשֶׁם. דֵּעָה (פיל') [ק/א/141]. שֵׂכֶל נִבְדָּל, - מֻפְשָׁט, - מֻפְשָׁט, - נִפְשָׁט. חֲרוּצִי (פיל') [ק/א/329; ק/ד/104]. הַמָּצוּי כְּשֶׁלְּעַצְמוֹ גַּם מִחוּץ לְיַחַס הַנּוֹשֵׂא אֵלָיו, דָּבָר הַנִּמְצָא בְּפֹעַל, מָצוּי רוּחָנִי. נִפְרָד (דת, אסט') [ק/ג/56; ק/ג/11]. נִבְדָּל, מַלְאָךְ, אֶחָד מֵעֲשֶׂרֶת הַשְּׂכָלִים הָעֶבְרֵ נִסְיוֹנִיִּים (מַלְאָכִים) הַמְּנִיעִים אֶת הַגַּלְגַּלִּים (מַסְלוּלֵי הַמַּזָּלוֹת). עִנְיָן נִבְדָּל (פיל', דת) [ק/ג/149]. הָעִנְיָנִים הַנִּבְדָּלִים, הַשְּׂכָלִים הַנִּבְדָּלִים, כִּנּוּי לְמַלְאָכִים הַנִּבְדָּלִים מִן הַחֹמֶר הָעָכוּר. דֵּעָה פְּרוּדָה (פיל', דת) [ק/ג/208]. צוּרָה נִבְדֶּלֶת, - נִפְרֶדֶת (פיל', דת) [ק/ג/237]. רוּחַ (פיל', דת) [ק/ד/27]. רוּחָנִי (פיל', דת) [ק/ד/29]. עֶצֶם שֶׁאֵינוֹ חָמְרִי. שֵׂכֶל (פיל', דת) [ק/ד/98]. שְׁנַיִם (פיל', דת) [ק/ד/140]. טְהוֹרֵי עֶצֶם. עִלָּה שְׁנִיָּה (דת, אסט') [ק/ג/136]. מַשְׂכָּל מֻבְדָּל (פיל', פסי') [ק/ב/135]

Wesen, gleiches

דִּין אֶחָד (משפ', פיל') [ק/ב/302]. מִשְׁפָּט, גְּזֵרָה שָׁוָה, שְׁוֵה עֵרֶךְ

Wesen, göttliches

הַמַּהוּת הָאֱלֹהִית (פיל') [פ״ר/62]

Wesen, immaterielles ---> Wesen, geistiges

Wesen, irdisches

נִמְצָא גַּשְׁמִי (אנת', פיל') [ק/ג/155; ק/ד/150]. שָׁפָל, נִמְצָא תַּחְתּוֹן, יְצוּר אֶרֶץ, - חֹמֶר, כִּנּוּי לְאָדָם

Wesen, körperliches ---> Wesen, irdisches

Wesen, vernünfteltes

יֵשׁ שֶׁבְּפִלְפּוּל (פיל')

Wesen, vernünftiges

יֵשׁ תְּבוּנִי (פיל')

Wesen, vollkommenes

מָצוּי שָׁלֵם (פיל') [ק/ב/253]. יְצִיר מֻשְׁלָם

Wesen, wahres

אֲמִתָּה, אֲמִתּוּת (פיל') [ק/א/60]. עֶצֶם הַדָּבָר וּמַהוּתוֹ הָאֲמִתִּית, תְּכוּנַת הָאֱמֶת

Wesen des..., im

בְּעִנְיַן פְּלוֹנִי [ק/א/323]. בְּחֹק פְּלוֹנִי, בְּיַחַס לִפְלוֹנִי

Wesen einer Sache *{Quiddität}*

מַהוּת הָעִנְיָן (פיל') [ק/ג/157]. עֶצֶם, - הַדָּבָר, עַצְמוּת הַדָּבָר, תָּכְנוֹ הַפְּנִימִי שֶׁל דָּבָר. מָה (פיל') [ק/ב/154]. טִיב, תְּכוּנָה עִקָּרִית. הוּא (פיל') [ק/א/159].

Wesen einer Sache ausmachend, das ---> ausmachend, das Wesen einer Sache

Wesen nach, seinem

עַל פִּי טִבְעוֹ [ק/ב/123]. לְנַפְשׁוֹ, עַל פִּי עַצְמוּתוֹ וְטִבְעוֹ, בְּהֶתְאֵם לְמַהוּתוֹ. בְּעַצְמוֹ [ק/ג/158]. לְעַצְמוֹ, בְּנַפְשׁוֹ, בְּעֵינוֹ

Wesenheit

מַהוּתִיּוּת (פיל') [ק/ג/162]. עַצְמוּתִיּוּת. עַצְמִיּוּת (פיל') [ק/ג/163]. מַמָּשִׁיּוּת, מַמָּשׁוּת, תְּכוּנַת הַגּוֹרֵם הָעִקָּרִי, עִקָּרִיּוּת, תַּמְצִיתִיּוּת

Wesenheit, Annahme einer

הִתְעַצְּמוּת (פיל', פיס') [ק/א/242]. הִתְגַּשְּׁמוּת, הֱיוֹת עֶצֶם וְגוּף, הִתְאַחֲדוּת עֶצֶם בְּעֶצֶם. תַּעֲצוּם (פיל') [ק/ד/214]

Wesenheit, die verklärte

הַמַּהוּתִיּוּת הַקּוֹרֶנֶת בְּשִׁנּוּי צוּרָתָהּ (פיל') [פ״ר/99]

Wesenheit, geistige

יֵשׁוּת רוּחָנִית (פיל') [פ״ר/116]. עַל פִּי הֶגֶל: גְּבָלָה (קָטֵגוֹרְיָה), עִקָּרוֹן שֶׁל הַמְּצִיאוּת הַמַּמָּשִׁית (אוֹבְּיֶקְטִיבִית)

Wesenheit, Vereinigung mehrerer Formen zu einer ---> Vereinigung mehrerer Formen zu einer Wesenheit

Wesensart, erworbene

תְּכוּנָה נִרְכֶּשֶׁת (פסי', פיל') [ק/ג/286]. קְנִיָּה, טֶבַע שֵׁנִי, מִדָּה הַנִּמְשֶׁכֶת מֵהֶרְגֵּל

Wesensattribut

מִדָּה עַצְמִית (פיל') [ק/ב/147]. תֹּאַר עַצְמוּתִי (פיל') [ק/ג/162]. תֹּאַר הָעֶצֶם, - הָעַצְמוּת, - עַצְמִי, - הַנֶּפֶשׁ, - נַפְשִׁי (פיל') [ק/ד/174]. אִשּׁוּר לְנַפְשׁוֹ (פיל') [ק/ב/123]. תְּכוּנָה קַיֶּמֶת, תֹּאַר שֶׁאֵינוֹ מִשְׁתַּנֶּה, תְּכוּנָה מַהוּתִית

Wesensattribute, Verneiner der göttlichen

מְיַחֵד (מְיַחֲדִים) (דת) [ק/ב/189]. מַאֲמִין בְּאַחְדוּתוֹ שֶׁל הָאֱלֹהִים, שׁוֹלֵל הַתְּאָרִים הָעַצְמִיִּים מֵהַבּוֹרֵא

Wesensattribute beschrieben, durch

מְאֻיָּךְ (פיל') [ק/ב/134]. מְאֻשָּׁר, מְתֹאָר בִּתְאָרִים עַצְמִיִּים, בַּעַל אֵיכוּת מְסֻיֶּמֶת

Wesenserschauung

רְאִיַּת מַהֻיּוֹת (פיל') [המ״מ/227]

Wesensgleichheit

שִׁוְיוֹן שֶׁבְּמַהוּת (פיל')

Wesensnotwendigkeit

כֹּרַח הַמַּהוּת (פיל')

Wesensschau ---> Wesenserschauung

Wesensverwandlung *{Transsubstantiation}*

גִּלְגּוּל עַצְמוּת (דת) עַל פִּי הָאֱמוּנָה הַנּוֹצְרִית גִּלְגּוּל עַצְמוּת הַלֶּחֶם וְהַיַּיִן בְּעֵת מִיסַּת הַסְּעוּדָה הַקְּדוֹשָׁה בִּבְשָׂרוֹ וּבְדָמוֹ שֶׁל יֵשׁוּעַ

Wesenszug ---> Charakterzug

wesentlich *{essentiell}*

מַהוּתִי (פיל') [ק/ב/156; ת״ה/19]. הַמִּתְיַחֵס אֶל הַמַּהוּת. מְמַלֵּא [ק/ב/208]. קוֹבֵעַ, מַה שֶּׁקּוֹבֵעַ מַהוּתוֹ שֶׁל דָּבָר. מַעֲמִיד [ק/ב/238]. גּוֹרֵם מַכְרִיעַ, הַצִּיר שֶׁעָלָיו יִסֹּב דָּבָר, הָעִנְיָן הַמְּקַיֵּם עַצְמוּת דְּבַר-מָה, גּוֹרֵם הַקּוֹבֵעַ אֶת יִחוּדוֹ אוֹ צוּרָתוֹ שֶׁל דְּבַר-מָה. מְקַיֵּם

[ק/ב/267]. חָשׁוּב, חִיּוּנִי, מֶרְכָּזִי, בַּעַל חֲשִׁיבוּת מֶרְכָּזִית. מַשְׁלִים [ק/ב/295]. עִקָּרִי, בְּסִיסִי, נִכָּר. מְתֻקָּן [ק/ב/327]. בְּעֶצֶם [ק/ג/157]. לְעַצְמוֹ שֶׁל דָּבָר, בְּעִקָּרוֹ שֶׁל דָּבָר, בֶּאֱמֶת, לַאֲמִתּוֹ שֶׁל דָּבָר, כְּשֶׁלְּעַצְמוֹ, כְּשֶׁהוּא נִפְרָד, לְגוּפוֹ שֶׁל דָּבָר. עַצְמוּתִי [ק/ג/161]. עַצְמִי [ק/ג/162]

Wesentliche, das ---> Essenz

wesentliche Form ---> Form, wesentliche

Wesentliches eines Dinges

מַהוּת הַדָּבָר (פיל', מ"ט) [ק/ב/194]. מִינוּת, מִינִיּוּת, אֵיכוּת שֶׁל מִין, אָפְיוֹ הַכְּלָלִי שֶׁל דָּבָר וְטִיבוֹ, תְּכוּנָתוֹ הָעִקָּרִית, עֶצֶם הַדָּבָר

wesentliche Ursache ---> Ursache, wesentliche

wesentliches Akzidens ---> Akzidens, wesentliches

Wesentlichkeit ---> Wesenheit

Wespenbussard *{Pernis apivorus}*

אַיַּת צְרָעִים (זוא') אַיָּה, עַקָּב צְרָעִים, עוֹף מִמִּשְׁפַּחַת הַנְּצִיִּים

Westblindmaus *{Spalax leucodon}*

חֹלֶד (זוא') יוֹנֵק מִמִּשְׁפַּחַת הַחֲלָדִיִּים

Westigel *{Erinaceus europaeus}*

קִפּוֹד מָצוּי (זוא') יוֹנֵק מִמִּשְׁפַּחַת הַקִּפּוֹדִיִּים

Wettbewerb ---> Wettstreit

Wettbewerb, redlicher

תַּחֲרוּת הוֹגֶנֶת (כלכ')

Wettbewerbsbeschränkung

הֶגְבֵּל עִסְקִי (כלכ', מדי')

Wetteifer

הִתְנַצְּחוּת, תַּחֲרוּת

Wetter

מֶזֶג אֲוִיר (מטא') [יל"ט/105]. מַצַּב הָאֲוִיר בִּזְמַן וּבְמָקוֹם מְסֻיָּם מִצַּד הִשְׁתַּנּוּיוֹת הַתְּמוּדָה (טֶמְפֶּרָטוּרָה), הַלַּחוּת, הָעֲנָנוּת, הָרְאוּת וְהַמִּשְׁקָעִים

Wetter, bedecktes

מֶזֶג אֲוִיר מְעֻנָּן (מטא') [יל"ט/106]. מֶזֶג אֲוִיר מוּעָב שֶׁיֵּשׁ בּוֹ עֲנָנִים הַמְכַסִּים שֵׁשׁ עַד שְׁמוֹנֶה שְׁמִינִיּוֹת מִפְּנֵי הַשָּׁמַיִם

Wetter, diesiges

מֶזֶג אֲוִיר אָבִיךְ (מטא') [יל"ט/107]

Wetter, dunstiges

מֶזֶג אֲוִיר עַרְפִּלִּי בְּמִקְצָת (מטא') [יל"ט/107]. כְּשֶׁהָרְאוּת לְקוּיָה מֵחֲמַת עֲרָפֶל קַל

Wetter, gewitteriges

מֶזֶג אֲוִיר רָעוּם (מטא') מֶזֶג אֲוִיר שֶׁמִּתְחוֹלֶלֶת בּוֹ סוּפוֹת רְעָמִים

Wetter, heiteres ---> Wetter, schönes

Wetter, nebliges

מֶזֶג אֲוִיר עַרְפִּלִּי (מטא') [יל"ט/107]

Wetter, schönes

מֶזֶג אֲוִיר צַח (מטא') [יל"ט/106]. מֶזֶג אֲוִיר בָּהִיר כְּשֶׁאֵין עֲנָנִים אוֹ אָבָק עַל פְּנֵי הַשָּׁמַיִם

Wetter, schwüles

מֶזֶג אֲוִיר הָבִיל (מטא') [יל"ט/107]. כְּשֶׁהַלַּחוּת בָּאֲוִיר גְּבֹהָה

Wetter, stürmisches

מֶזֶג אֲוִיר סָעוּר (מטא') [יל"ט/107]. מֶזֶג אֲוִיר סוֹעֵר שֶׁיֵּשׁ בּוֹ מַשְּׁבֵי רוּחַ חֲזָקִים

Wetter, ziemlich heiteres

מֶזֶג אֲוִיר מְעֻנָּן חֶלְקִית (מטא') [יל"ט/106]. מֶזֶג אֲוִיר שֶׁיֵּשׁ בּוֹ עֲנָנִים הַמְכַסִּים אַרְבַּע עַד שֵׁשׁ שְׁמִינִיּוֹת מִפְּנֵי הַשָּׁמַיִם

Wetterberater(in)

חַזַּאי (חַזָּאִים), חַזָּאִית (חַזָּאִיּוֹת) (מטא') אֲוִירִיוֹנַאי (מֶטֶאוֹרוֹלוֹג) הַמֵּכִין אֶת תַּחֲזִית מֶזֶג הָאֲוִיר

Wetterfahne

שַׁבְשֶׁבֶת (שַׁבְשָׁבוֹת) (מטא') [יל"ט/197]. מַכְשִׁיר הַמִּסְתּוֹבֵב בָּרוּחַ כְּדֵי לְהַרְאוֹת אֶת כִּוּוּן מַשַּׁב הָרוּחוֹת

Wetterkarte

מַפַּת מֶזֶג אֲוִיר (מטא') [יל"ט/119]. מַפָּה סִינוֹפְּטִית, - גֵּאוֹגְרָפִית שֶׁמֻּצָּגִים עָלֶיהָ מַעֲרְכֵי נְתוּנִים שֶׁל הַתַּצְפִּיּוֹת הָאֲוִירִיוֹנִיּוֹת (מֶטֶאוֹרוֹלוֹגִיּוֹת)

Wetterleuchten

בְּרִיקָה רְחוֹקָה (מטא') [יל"ט/37]. זִיק רָחוֹק הַנִּרְאֶה בָּאֹפֶק וְהוּא רָחוֹק מִכְּדֵי שְׁמִיעַת הָרַעַם

Wettervorhersagekarte ---> Vorhersagekarte

Wettstreit

תַּחֲרוּת (תַּחֲרֻיּוֹת) (פסי') [ר/א/309]. הִשְׁתַּפְּעֲלוּת (אִינְטֶרַאַקְצְיָה) בֵּין יֵשׁוּיוֹת שׁוֹנוֹת הַמְעֻנְיָנוֹת לְהַגִּיעַ לְאוֹתָן מַטָּרוֹת, יְרִיבוּת, רָצוֹן לִהְיוֹת הַמְנַצֵּחַ

Weymouthskiefer *{Pinus strobus}*

אֹרֶן לָבָן (בוט') צֶמַח מִמִּשְׁפַּחַת הָאַרְנִיִּים

Wichte ---> Gewicht, spezifisches

Wichtigkeit

חֲשִׁיבוּת [ק/ג/159]. עֹצֶם, גְּדֻלָּה. מַעֲלָה (מ"ח) [ק/ד/144]. שִׁעוּר, עֵרֶךְ

Wicke *{Vicia}*

בִּקְיָה (בוט') צֶמַח מִמִּשְׁפַּחַת הַפַּרְפָּרְנִיִּים

Wicke, Französische *{Vicia narbonensis}*

בִּקְיָה צָרְפָתִית (בוט') צֶמַח מִמִּשְׁפַּחַת הַפַּרְפָּרְנִיִּים

Wicke, Wohlriechende *{Lathyrus odoratus}*

טֹפַח רֵיחָנִי ("אֲפוּנָה רֵיחָנִית") (בוט') צֶמַח מִמִּשְׁפַּחַת הַפַּרְפָּרְנִיִּים

wickeln

לִפֵּף (מְלַפֵּף) [א"ח/ב/8]. עָטַף, חִתֵּל (מְחַתֵּל)

Wickler *{Tortricidae}*

עַשְׁפְּרִיִּים (זוא') מִשְׁפָּחָה שֶׁל פַּרְפָּרָאִים

Wicklung

לִפּוּף (טכנ') עִטּוּף, חִתּוּל, חֲבִישָׁה

Widder

אַיִל (אֵילִים) (זוא') זָכָר הַכְּבָשִׂים

Widder(s), Sternbild des ---> Sternbild des Widders

Widderchen *{Zygaenidae}*

סַסְמַבְרִיקִיִּים (זוא') מִשְׁפָּחָה שֶׁל פַּרְפָּרָאִים

widerfahren

אֻנָּה (מְאֻנֶּה), קָרָה, הִזְדַּמֵּן, אִנָּה (מְאַנֶּה), הִקְרָה, זִמֵּן

Widerhall *{Resonanz}*
תְּהוּדָה (מוס', פיס', פסי') [ר/ב/675]. הַגְבָּרַת הַקּוֹל עַל יְדֵי הַחְזָרָתוֹ אוֹ עַל יְדֵי תְּנוּדוֹת, רֶזוֹנַנְס, יְצִירַת תְּנוּדוֹת בְּמַעֲרֶכֶת מְסֻיֶּמֶת בִּתְנָאֵי שֶׁתְּדִירוּת הַגּוֹרֵם הַמְּאַלֵּץ אֶת הַמַּעֲרֶכֶת לְהִתְנוֹדֵד שָׁוָה לִתְדִירוּתָהּ הַטִּבְעִית, מַצָּב שֶׁל הַסְכָּמָה רִגְשִׁית בֵּין בְּנֵי אָדָם. צְלִיל, צְלִילָה (פיס') [ק/ג/246]. הֵד, בַּת קוֹל. קוֹל חוֹזֵר, - מִתְחַזֵּר (פיס') [ק/ג/275]. הֶתְגֵּב, עֲנִיַּת הֵד, הִדְהוּד

widerhallbezüglich *{resonatorisch}*
תּוֹהֵד (מוס', פיס') רֶזוֹנַנְטִי, מְהַדְהֵד, רַב מִצְלוֹל

widerhallen
הֵיד (מְהֵיד) (פיס', מוס') [מר"ח/583]. בָּא לִידֵי תְּהוּדָה, הֶחֱזִיר קוֹל, הִדְהֵד (מְהַדְהֵד)

Widerklage ---> Gegenklage

Widerlager
יַרְכָה (יַרְכָתַיִם) (אדר') מַשְׁעֵנָה

widerlegbar
מֻפְרָךְ, כָּחִישׁ, סָתִיר, שֶׁנִּתָּן לְהַכְחָשָׁה, - לִסְתֹר אוֹתוֹ, חָלִיק, שֶׁנִּתָּן לַחֲלֹק עָלָיו

widerlegen [---> verwerfen]
הִפְרִיךְ (מַפְרִיךְ) [ק/א/86]. בִּטֵּל (מְבַטֵּל), הִכְחִישׁ (מַכְחִישׁ), הֵזֵם (מֵזֵם), הִזְמִים, הוּזַם, הֻפְרַךְ. דָּחָה (דּוֹחֶה) [ק/א/133]. שָׁלַל. חָלַק (חוֹלֵק) בְּ...עַל... (פיל') [ק/א/307]. חִלֵּק. הִשִּׂיג (מַשִּׂיג) עַל.../כְּנֶגֶד... [ק/ג/74]. עִרְעֵר, הִתְנַגֵּד, טָעַן עַל..., הִקְשָׁה. פֵּרַךְ [ק/ג/214]. הִכָּה עַל קָדְקֹד אֵיזוֹ דֵּעָה שֶׁהִיא [ק/ג/263; 270]. סָתַר (סוֹתֵר) דֵּעָה מְסֻיֶּמֶת, הִקְבִּיל, כָּפַר (כּוֹפֵר) בְּדָבָר-מָה. שָׁבַר [ק/ד/73]

Widerlegung [---> Verwerfung; Widerspruch]
הַפְרָכָה [ק/א/171]. הַכְחָשָׁה, הֲזַמָּה, כְּפִירָה. שְׁלוּל (מדע) [ד"מח/42]. שִׁקּוּר, פַלְסִיפִיקַצְיָה, הַכְזָבָה, דְּחִיַּת הַשְׁעָרוֹת אוֹ תּוֹרוֹת עִיּוּנִיּוֹת. בִּטּוּל [ק/א/85]. שְׁלִילָה, סְתִירָה. מִדְחֶה [ק/ב/148]. הַשָּׂגָה. נְתִיצָה [ק/ג/77]. חִלּוּף הַדְּבָרִים. פִּרְכָה, פִּרְכָא, פֶּרֶךְ [ק/ג/214]. שְׁבִירָה [ק/ד/70]. שֶׁבֶר [ק/ד/71]. דְּחִיָּה [ק/א/134]. הַפָּלָה [ק/א/196]. חִיּוּב [ק/א/285]. טַעֲנָה מַכְרַעַת, תְּשׁוּבָה נִצַּחַת. טִעוּן, טֵעוּן [ק/ב/18]. הֲבָאַת טַעֲנָה לִסְתֹּר

widerlegungswürdig ---> widerlegbar
חַיָּב [ק/א/284]. מִי שֶׁיֵּשׁ לְהָשִׁיב עַל דְּבָרָיו תְּשׁוּבָה נִצַּחַת

widerlich
דּוֹחֶה (פסי') לֹא נָעִים, קָנֵט (קְנֵטָה), מָאוּס

Widermenschliche, das
הַנֶּגֶד אֱנוֹשִׁי (פיל') [פ"ר/177]. הָאַנְטִי אֱנוֹשִׁי

widerrechtlich ---> gesetzwidrig

widerrechtliche Aneignung ---> Aneignung, widerrechtliche

Widerrechtlichkeit---> Gesetzwidrigkeit

Widerruf
בִּטּוּל, הֲפָרָה, עֲשִׂיָּה לְאַל, פְּקִיעָה, סִכּוּל

Widerruf eines Vermächtnisses ---> Vermächtnis(ses), Widerruf eines

widerruflich
בָּטִיל, בַּר בִּטּוּל, שֶׁנִּתָּן לְבִטּוּל, מְבֻטָּל

Widersacher *{Opponent}* **[---> Antagonist]**
יָרִיב (יְרִיבִים), מִתְנַגֵּד, שָׂטָן, סָטָן, עוֹיֵן, בַּעַל דְּבָב, - דְּבָבָא, אוֹיֵב בְּנֶפֶשׁ, אִישׁ חֶרְמוֹ

Widerschein
בָּבוּאָה (פיס', פיל') [ק/א/193]. הִפּוּךְ הַנִּיצוֹץ, חֲזָרַת הָאוֹר בְּפָגְעוֹ בְּגוּף מְלֻטָּשׁ. הִתְהַפְּכוּת נִיצוֹץ הַשֶּׁמֶשׁ (פיס') [ק/א/230]. חֲזָרַת קַרְנֵי הָאוֹר. זָהוֹר, זֵהוּר (פיס') [ק/א/251]. אוֹר נֶאֱצָל מֵאוֹר אַחֵר, אוֹר חוֹזֵר. צֵל (פיס', פיל') [ק/ג/245]. בַּת אוֹר, הַחְזָרַת אוֹר, דְּמוּת גּוּף הַנִּרְאֵית בְּמַרְאָה

Widersinn
חֹסֶר שַׁחַר [ק/א/79]. דֵּעָה בְּטֵלָה, בְּדוּת, חֹסֶר תַּכְלִית, דָּבָר בָּדוּי, - בָּטֵל, - זָר, נִמְנָע. בִּטּוּל (פיל') [ק/א/85]. גְּנוּת [ק/א/118]. דֵּעָה מְשֻׁבֶּשֶׁת. הֶבֶל [ק/א/124]. דִּבָּה, זָרוּת. הִתְהַפְּכוּת [ק/א/230]. מַה שֶּׁמִּתְנַגֵּד לְחֻקֵּי הַשֵּׂכֶל וְהַהִגָּיוֹן. מְחִילוּת [ק/ב/179]. מִסְטֶה, דְּבַר תִּפְלָה, שְׁטוּת, רְעוּת רוּחַ. שְׁחוּת [ק/ד/85]. שְׁקָרוּת [ק/ד/159]. גֹּבַב, דְּבַר הֲבַאי

widersinnig
חֲסַר שַׁחַר [ק/א/86]. בָּטֵל, כּוֹזֵב, חֲסַר תַּכְלִית, שֶׁאֵין לוֹ מוּבָן, מִן הַנִּמְנָע, לֹא יִתָּכֵן. כָּזָב [ק/ב/72]. הָבֵל, שְׁטוּתִי, חֲדַל תַּכְלִית. שָׁוְא [ק/ד/77]. תָּפֵל, נְטוּל הִגָּיוֹן, רָחוֹק מִן הַשֵּׂכֶל. שָׁנוּא [ק/ד/137]. עָקֹר, הַבְלוּתִי. שֶׁקֶר [ק/ד/158]. חֲסַר טַעַם, נְטוּל יְסוֹד. אֱלִיל [ק/א/48]

widersinnig sein
בָּטֵל (בּוֹטֵל) [ק/ב/180]. מָחַל, הִמְעִט עֶרְכּוֹ, הִזְדּוֹלֵל, הָיָה לְאַיִן, הֶהְבִּיל (מַהְבִּיל), הִפְסִיד טַעְמוֹ, לֹא בָּא בְּחֶשְׁבּוֹן

widerspenstig
סוֹרֵר, סַרְבָנִי, סַרְבָן, מָאֵן, שֶׁאֵינוֹ מְקַבֵּל עָלָיו מָרוּת, מַמְרֶה, עַקְשָׁנִי

widerspenstig sein
סָרַר (סוֹרֵר), הִמְרָה (מַמְרֶה), לֹא צִיֵּת, מָרַד, מָרָה (מוֹרֶה), הִתְמָרָה (מִתְמָרֶה), הִתְמָרֵד

Widerspenstigkeit
סוֹרְרוּת, מַרְיָנוּת, מְרִיָּה, סֶרֶב, סַרְבָנוּת, עַקְשָׁנוּת, מַרְדָנוּת

widerspiegeln ---> reflektieren; abbilden

widerspiegelnd ---> reflektierend

Widerspiegelung ---> Reflexion; Abbildung

Widerspiegelungstheorie ---> Abbildtheorie

widersprechbar ---> widerlegbar

widersprechen ---> widerlegen

widersprechend
סוֹתֵר [ק/ג/116]. מַכְחִישׁ, מִתְנַגֵּד, נוֹגֵד, חוֹלֵק

widersprechende Sätze, einander ---> Sätze, einander widersprechende

Widerspruch [---> Widerlegung]
סְתִירָה [ק/ג/116]. פַּעַר בִּלְתִּי גָּשִׁיר, דָּבָר וְהִפּוּכוֹ. הִתְנַגְּדוּת [ק/א/240]. חִלּוּף [ק/א/301]. חִלּוּק [ק/א/303]. מַחְלֹקֶת. נְתִיצָה [ק/ג/77]. פִּרְכָה, הַפְרָכָה, הַכְחָשָׁה, הֶכְחֵשׁ (הֶכְחֵשִׁים), כְּפִירָה, עֵדוּת נֶגְדִּית, חִלּוּף הַדְּבָרִים. דִּבָּה [ק/א/124]. טַעֲנָה, הַשָּׂגָה. הַכְזָבָה [ק/א/171]. הִפּוּךְ [ק/א/193]. נִגּוּד. הֵפֶךְ, הֶפֶךְ, הֲפִיכָה [ק/א/194]

Widerspruch, dialektischer
סְתִירָה תַּנְצוּחִית (פיל') סְתִירָה דִיאָלֶקְטִית, זִקַּת גּוֹמְלִין בֵּין נִגּוּדִים בְּתוֹךְ עֲצָמִים, מֻשָּׂגִים, טַעֲנוֹת אוֹ תּוֹרָאוֹת (תֵּאוֹרִיּוֹת). הַנִּגּוּדִים הַלָּלוּ קְשׁוּרִים לְלֹא הִנָּתֵק זֶה בָּזֶה בְּאוֹתָהּ מִדָּה שֶׁהֵם מְנֻגָּדִים זֶה לָזֶה, וְעַל אַף הַנִּגּוּד שֶׁבֵּינֵיהֶם הֵם חוֹדְרִים הֲדָדִית, לְמָשָׁל: הַסְּתִירָה בֵּין חָדָשׁ וְיָשָׁן, בֵּין צוּרָה וְתֹכֶן, בֵּין כֹּחוֹת הַיִּצּוּר וּבֵין יַחֲסֵי הַיִּצּוּר

Widerspruch, direkter
סְתִירָה יְשִׁירָה (פיל') סְתִירָה הֶגְיוֹנִית הַקּוֹרֵית כַּאֲשֶׁר מְיַחֲסִים לְעֶצֶם סוּג מְסֻיָּם הַשּׁוֹלֵל יְשִׁירוֹת סוּג אַחֵר שֶׁל הָעֶצֶם הָאָמוּר, לְמָשָׁל: "הַשֻּׁלְחָן הַמְּרֻבָּע הוּא עָגֹל"

Widerspruch(s), Lösung eines ---> Lösung einer Frage

Widerspruch, Satz vom ---> Satz vom Widerspruch

Widerspruch, unmittelbarer *{Contradictio in adjecto}*
סְתִירָה לֹא מְצוּעָה (בִּלְתִּי אֶמְצָעִית) (פיל') [ק/א/194; ק/ג/116]. נִגּוּד, סְתִירָה, חִלּוּף הַדְּבָרִים, פַּעַר בִּלְתִּי גָשִׁיר, דָּבָר וְהִפּוּכוֹ, סְתִירָה הֶגְיוֹנִית הַמּוֹפִיעָה בְּמֻשָּׂגִים וּבְמִשְׁפָּטִים וְהַמִּתְבַּטֵּאת בְּכָךְ שֶׁבְּמֻשָּׂג מְסֻיָּם נִכְלָל סוּג הַסּוֹתֵר אוֹתוֹ. לְדָבָר כָּלְשֶׁהוּ מְיַחֵס סוּג הַנִּשְׁלָל עַל יְדֵי הַדָּבָר הָאָמוּר, לְמָשָׁל: "שֶׁלֶג לָבָן הוּא שָׁחֹר"

Widerspruch in sich ---> Widerspruch, unmittelbarer

Widerspruchsbeweis *{Reductio ad absurdum}*
הוֹכָחָה דֶּרֶךְ שְׁלִילָה (פיל', מתמ') הַפְרָכַת סְבָרָה מְסֻיֶּמֶת עַל יְדֵי שֶׁמּוֹכִיחִים קִיּוּם סְתִירָה הֶגְיוֹנִית בָּהּ

widerspruchsfrei *{konsistent}* [---> unwidersprochen]
מִתְיַשֵּׁב (מדע) חֲסַר סְתִירָה

Widerspruchsfreiheit [---> Konsistenz]
מִתְיַשְּׁבוּת (מדע) חֹסֶר סְתִירָה

Widerspruchsschluß, bewahrheitender *{ad contradictoriam}*
הֶקֵּשׁ סְתִירָה לְאִמּוּת (פיל') צוּרָה שֶׁל הֶקֵּשׁ בִּלְתִּי מָצוּעַ שֶׁבּוֹ מוֹצֵאת מַסְקָנָה מִן הַשְּׁקָרוּת שֶׁל מִשְׁפָּט A שֶׁהוּא כְּלָלִי וְחִיּוּבִי עַל אֲמִתּוּתוֹ שֶׁל מִשְׁפָּט I שֶׁהוּא פְּרָטִי (פַּרְטִיקוּלָרִי) וְחִיּוּבִי, לְמָשָׁל: מִן הַמִּשְׁפָּט "לְכָל כּוֹכְבֵי הַלֶּכֶת יֵשׁ אֲוִירָה (אַטְמוֹסְפֵרָה)" (שֶׁקֶר) עַל הַמִּשְׁפָּט "לְכוֹכְבֵי לֶכֶת אֲחָדִים יֵשׁ אֲוִירָה" (אֱמֶת)

Widerspruchsschluß, widerlegender *{ad contrariam}*
הֶקֵּשׁ סְתִירָה לְבִטּוּל (פיל') צוּרָה שֶׁל הֶקֵּשׁ בִּלְתִּי מָצוּעַ שֶׁבּוֹ מוֹצֵאת מַסְקָנָה מִן הָאֲמִתּוּת שֶׁל מִשְׁפָּט A שֶׁהוּא כְּלָלִי וְחִיּוּבִי עַל שִׁקְרוּתוֹ שֶׁל שֶׁל מִשְׁפָּט E שֶׁהוּא כְּלָלִי וּשְׁלִילִי, לְמָשָׁל: מִן הַמִּשְׁפָּט "כָּל הַמַּתָּכוֹת מוֹלִיכוֹת חֹם" (אֱמֶת) עַל הַמִּשְׁפָּט "אַף מַתֶּכֶת אֵינָהּ מוֹלִיכַת חֹם" (שֶׁקֶר)

Widerstand
הִתְנַגְּדוּת [ק/א/194; ר/א/230]. (פסי') סֵרוּב לְהָפֵךְ אֶת מַה שֶּׁלֹּא מוּדָע לְמוּדָע. תְּנֻגֹּדֶת (רפו') [מר"ח/582]. עַצְּיוּת, עֶצְיוֹן, כֹּשֶׁר הַהִתְנַגְּדוּת שֶׁל הַגּוּף, עֲמִידוּת. הֶפֶךְ [ק/ב/222]. מַסְטִין, מוֹנֵעַ, מַעֲצוֹר, מַחְסוֹם, הֲפִיכָה, סְתִירָה. מֵעִיק [ק/ב/235]. מִכְשׁוֹל, מִפְגָּע, נֶגֶף, סֵרוּב

Widerstand, elektrischer
הִתְנַגְּדוּת חַשְׁמַלִּית (פיס') [ל"מ/228]. תְּכוּנָה חָמְרִית שֶׁל מוֹלִיךְ (מוֹלִיךְ) הַקּוֹבַעַת אֶת כָּשְׁרוֹ לְהַעֲבִיר זֶרֶם דַּרְכּוֹ

Widerstand, mit
נַגְדּוּתִי (פיס')

Widerstand, spezifischer
הִתְנַגְּדוּת סְגֻלִּית (פיס') [ל"מ/229]. קָבוּעַ הַמְאַפְיֵן אֶת הַהִתְנַגְּדוּת הַחַשְׁמַלִּית שֶׁל חֹמֶר נָתוּן

Widerstand betreffend, den
נַגְדּוּתִי, מִתְנַגֵּד

Widerstandsempfindung
תְּחוּשַׁת הִתְנַגְּדוּת (פסי', רפו')

widerstandsfähig *{resistent}* [---> beständig]
תְּנֻגָּדִי (רפו') [מר"ח/582]. עֶצְיוֹנִי, עַצְיָן, עָצוּי, חָסִין, בַּעַל כֹּשֶׁר הִתְנַגְּדוּת טִבְעִי. עָמִיד (טכנ') שֶׁמַּחֲזִיק מַעֲמָד בִּפְנֵי פְּגָעִים שׁוֹנִים

Widerstandskraft
כֹּחַ הִתְנַגְּדוּת (פיס')

Widerstandskörper, elektrischer
נַגָּד חַשְׁמַלִּי (פיס')

Widerstandsmesser *{Ohmmeter}*
מַד הִתְנַגְּדוּת (פיס', טכנ') אוֹהְמֶטֶר, מַכְשִׁיר לִמְדִידַת הִתְנַגְּדוּת חַשְׁמַלִּית

Widerstandstemperaturkoeffizient
מְקַדֵּם תְּמוּדָה (טֶמְפֶּרָטוּרָה) שֶׁל הִתְנַגְּדוּת (פיס')

Widerstoß ---> Meerlavendel

Widerstrebung
שְׁאִיפַת נֶגֶד

Widerstreit [---> Antagonismus; Gegensatz]
מַחְלֹקֶת (מַחֲלוֹקוֹת) [ק/א/303]. חִלּוּק, נִגּוּד, סְתִירָה, סִכְסוּךְ, נֶגֶשׁ (נְגָשִׁים), פֻּלְמוּס

Widerstreit der Motive ---> Motive, Widerstreit der

Widerstreit verursachen ---> Antagonismus anregen

Widerwille [---> Aversion]
סְלִידָה (פסי', רפו') [ק/ג/282]. קִיצָה, גְּעִילָה, בְּחִילָה, מְאוּס, בְּסִירָה, מֹרַת רוּחַ

Widerwillensinstinkt
יִצְרוֹן הַגְּעִילָה (פסי') חֵישׁ הַגֹּעַל, אִינְסְטִינְקְט הַגְּעִילָה

widerwillig ---> aversiv

Widmung
הַקְדָּשָׁה, יִחוּד דְּבַר-מָה לִכְבוֹד מִישֶׁהוּ

Widmungsexemplar
עֹתֶק בְּהַקְדָּשָׁה (ספרנ')

wie
אֵיךְ, כֵּיצַד, הֵיאַךְ, כְּדֶרֶךְ שֶׁ..., כְּמוֹ שֶׁ..., כְּמוֹת שֶׁ...

wie, ähnlich ---> wie, so etwas

wie, so etwas

בִּבְחִינָה (פיל') [ק/א/82]. כְּ...

wie dem auch sei

מִכָּל מָקוֹם, בֵּין כָּךְ וּבֵין כָּךְ, אִסְכֹּה וְאִם כֹּה, בְּכָל אֹפֶן, מִמֵּילָא

wie er/sie

כְּמוֹת שֶׁהוּא/שֶׁהֵם [ק/ג/132]. עַל מַה שֶּׁהוּא/שֶׁהֵם עָלָיו, כְּפִי מַה שֶּׁהוּא/שֶׁהֵם, כְּמוֹ שֶׁ...

wie... so...

כְּ... כָּךְ...

Wiedehopf *{Upupa epops}*

דּוּכִיפַת (זוא') עוֹף מִמִּשְׁפַּחַת הַדּוּכִיפַתִּיִּים

Wiedehopfe *{Upupidae}*

דּוּכִיפַתִּיִּים (זוא') מִשְׁפָּחָה שֶׁל עוֹפוֹת מִסִּדְרַת הַכַּחְלָאִים

Wiederanlauf *{Restart}*

שִׁתְחוּל (מחש') [דמ"א/89]. הַתְחָלָה מֵחָדָשׁ

wiederanlaufen lassen

שִׁתְחֵל (מְשַׁתְחֵל), הִתְחִיל מֵחָדָשׁ

Wiederanpassung

שִׁסְתַּגְּלוּת, הִסְתַּגְּלוּת חוֹזֶרֶת, - מֵחָדָשׁ

Wiederaufbau

שִׁקּוּם, בִּנּוּי, בְּנִיָּה מֵחָדָשׁ

wiederaufbauen

שִׁקֵּם (מְשַׁקֵּם), בִּנָּה (מְבַנֶּה), בָּנָה מֵחָדָשׁ, - שׁוּב

Wiederaufführung

הַצָּגָה מֵחָדָשׁ (תאט')

Wiederaufleben

הַחֲיָאָה (רפו') יִחוּי, הַחֲזָרָה לְחַיִּים, הֲשָׁבָה לִתְחִיָּה

wiederauflösen

שֵׁרָה (מְשָׁרֶה), הִשְׁתָּרָה (מִשְׁתָּרֶה) (רפו') [מר"ח/583]. הִתְמוֹסֵס, נָמוֹג, מָסַס, הִתְרַכֵּךְ, רָכַךְ, הִתְפּוֹרֵר, נִגְרַע, הָיָה לְאַיִן

Wiederauflösung *{Resolution}*

שֵׁרוּי, הִשְׁתָּרוּת (רפו') [מר"ח/583]. רֶזוֹלוּצְיָה, נְסִיגַת דַּלֶּקֶת, רִכּוּךְ, הַתָּרָה, הַפְשָׁרָה, הֲמַסָּה

wiederaufsaugen

יִמֵּץ (מְיַמֵּץ), הִתְיַמֵּץ (ביו') סָפַג מֵחָדָשׁ, הִסְתַּפֵּג

Wiederaufsaugung *{Resorption}*

יִמּוּץ, הִתְיַמְּצוּת (ביו') סְפִיגָה חוֹזֶרֶת, הִסְתַּפְּגוּת

Wiederbelebung

תְּחִיָּה (מֵעַצְמָהּ), הַחֲיָאָה (עַל יְדֵי אַחֵר) (רפו', הסט') הַחֲזָרָה לְחַיִּים

Wiederdasein

חֲזָרַת הֲוָיָה (פיל')

Wiedereingewöhnung

הִסְתַּגְּלוּת מֵחָדָשׁ

Wiedereinräumung des Besitzes, Klage auf ---> Klage auf Wiedereinräumung des Besitzes

Wiedereinsetzung ---> Wiederherstellung

wiedererkennen

הִכִּיר (מַכִּיר) (פסי') [ר/א/205]. יָדַע שֶׁרָאָה אוֹ שֶׁחָוָה בֶּעָבָר מַשָּׂא אוֹ אֵרוּעַ מְסֻיָּם

Wiedererkennen

הֶכֵּר (פסי') [ר/א/205]. מוּדָעוּתוֹ שֶׁל אָדָם לְמַשָּׂאִים אוֹ לְאֵרוּעִים שֶׁרָאָה אוֹ שֶׁחָוָה בֶּעָבָר

Wiedererlernungsmethode ---> Ersparnismethode

Wiedergabe ---> Abspielen

Wiedergabe, verkürzte

תַּקְצִיר [ק/ד/216]. קִצּוּר, תַּמְצִית שֶׁל דָּבָר כָּתוּב

Wiedergabequalität ---> Wiedergabetreue

wiedergabetreu *{von Hi-Fi-Qualität}*

רַב אֹמֶן (טכנ') בַּעַל דִּיּוּק מֵרַבִּי בְּשִׁפּוּק (הַשְׁמָעָה חוֹזֶרֶת) שֶׁל חֹמֶר מֻקְלָט

Wiedergabetreue

אֹמֶן (טכנ') דִּיּוּק בְּשִׁפּוּק (הַשְׁמָעָה חוֹזֶרֶת) שֶׁל חֹמֶר מֻקְלָט

Wiedergabetreue, hohe *{High-Fidelity (Hi-Fi)}*

אֹמֶן רַב (טכנ') דִּיּוּק מֵרַבִּי בְּשִׁפּוּק (הֲבָאָה לִידֵי שְׁמִיעָה חוֹזֶרֶת) שֶׁל חֹמֶר מֻקְלָט

Wiedergewinnung

אִחְזוּר (מחש') [דמ"א/90]. קְרִיאַת נְתוּנִים מִזִּכְרוֹן הַמַּחְשֵׁב

wiederherstellen [---> restaurieren]

קוֹמֵם (מְקוֹמֵם), הֵקִים מֵחָדָשׁ, בִּנָּה (מְבַנֶּה), שִׁחְזֵר (מְשַׁחְזֵר), שָׁב וְהֶעֱמִיד אֶת...

Wiederherstellung *{Rekonstruktion; Restitution}* **[---> Restauration]**

קִמּוּם [ק/א/191; מר"ח/584]. הַעֲמָדָה, בִּנּוּי, בְּנִיָּה מֵחָדָשׁ, הֲשָׁבָה, שִׁחְזוּר, הֲקָמָה מֵחָדָשׁ, תְּקוּמָה, רֶקוֹנְסְטְרוּקְצְיָה. שִׁיבּוּב (ביו', רפו') רֶסְטִיטוּצְיָה, הֲשָׁבַת חֶלְקֵי גוּף פְּגוּעִים לְתִקְנָם, תְּחְלוּף, הַחְלָפָה

Wiederherstellung der Reaktion ---> Reaktion, Wiederherstellung der

Wiederherstellungskoeffizient *{Restitutionskoeffizient}*

מְקַדֵּם הַתְּקוּמָה (פיס')

wiederholbar *{repetierbar}*

נִשְׁנֶה, שֶׁנִּתָּן לַחֲזֹר עָלָיו עַל יְדֵי אוֹתוֹ אָדָם וּבְאוֹתָם תְּנָאִים, חוֹזֵר

Wiederholbarkeit *{Repetierbarkeit}*

נִשְׁנוּת, תְּכוּנַת הֱיוֹת נִשְׁנֶה, חֲזָרָה

wiederholen

שָׁנָה (שׁוֹנֶה) [ק/ד/136]. עָשָׂה אֶת הַדָּבָר עוֹד פַּעַם

Wiederholte, das

מִשְׁנֶה [ק/ב/298]. מַה שֶּׁנַּעֲשָׂה עוֹד פַּעַם, שָׁנוּי

Wiederholung [---> Parallelversuch; Iteration]

חֲזָרָה [ק/א/220]. הִשָּׁנוּת, הוֹפָעָה בְּפַעַם נוֹסֶפֶת. כֶּפֶל הַמַּאֲמָר, - לָשׁוֹן, - הָעִנְיָן [ק/ב/102]. כִּנּוּי לִדְבָרִים מְיֻתָּרִים, חֲזָרָה לְלֹא צֹרֶךְ עַל מִלָּה אוֹ רַעְיוֹן. כֶּפֶל רֵאשִׁית (רטו') [ק/ב/103]. חֲזָרָה עַל אוֹתָהּ מִלָּה בִּתְחִלַּת מִשְׁפָּטִים אוֹ חֶלְקֵי מִשְׁפָּט רַבִּים. שִׁנּוּן, תִּרְגּוּל. הֶכְפֵּל [ק/א/173]. הַכְפָּלָה

Wiederholungsdauer

כְּדֵי חֲזָרָה

Wiederholungsfaktor

גּוֹרֵם הַשְׁהִיָּה (מ״ח, פסי׳)

Wiederholungsreliabilität ---> Wiederholungszuverlässigkeit

Wiederholungstendenzen, subjektive ---> Perseveration

Wiederholungszeichen

סִימַן חֲזָרָה (מוס׳)

Wiederholungszuverlässigkeit

מְהֵימָנוּת מִבְחָן (מ״ח, פסי׳) [ר/ב/354; מ״מ/214]. מְהֵימָנוּת מִבְחָן חוֹזֵר, מַדָּד מְהֵימָנוּת הַמְּהַוֶּה מִתְאָם בֵּין נִקְדֵּי בְּחִינָה אַחַת לְנִקְדֵּי בְּחִינָה חוֹזֶרֶת

Wiederholungszwang

כְּפִיַּת חֲזָרָה (פסי׳) [ר/א/267]. טוֹרְדָנוּת הַחֲזָרָה, חֲזָרָה כְּפִיָּתִית, דַּחַף כְּפִיָּתִי לַחֲזָרָה עַל הִתְנַהֲגוּת מְסֻיֶּמֶת

wiederkäuen

הֶעֱלָה (מַעֲלֶה) גֵּרָה (זוא׳) הִגְרִיר (מַגְרִיר)

Wiederkäuen

הַעֲלָאַת גֵּרָה (זוא׳) הַגְרָרָה

wiederkäuend

מַעֲלֵה גֵּרָה (זוא׳) מַגְרִיר

Wiederkehr [---> Rückfälligwerden]

חֲזָרָה [ק/א/281]. הַקָּפָה, סִבּוּב, תְּנוּעָה סִבּוּבִית. הִשָּׁנוּת [ק/א/220]. הוֹפָעָה בְּפַעַם נוֹסֶפֶת, הַכְפָּלָה

Wiederkehr, regelmäßige ---> Periodizität

wiederkehrend ---> rückfällig; periodisch

Wiederlernen

לְמִידָה חוֹזֶרֶת (פסי׳, פדג׳) [ר/א/336]. מִשְׁנֵה לְמִידָה, שִׁלְמוּד

Wiege

עֲרִיסָה (עֲרִיסוֹת) [א״ח/ב/331]

wiegen

שָׁקַל (שׁוֹקֵל) (פיס׳) קָבַע אֶת הַמִּשְׁקָל, אִזֵּן (מְאַזֵּן)

Wiegenlied

שִׁיר עֶרֶשׂ (מוס׳) עַרְשִׁית

wiehern

צָהַל (צוֹהֵל) (זוא׳) צָנַף (צוֹנֵף), הִשְׁמִיעַ קוֹל שֶׁל סוּס, צִנֵּף (מְצַנֵּף)

Wiehern

צָהֳלָה (צָהֳלוֹת) (זוא׳) צְנִיפָה (צְנִיפוֹת), צֶנֶף (צְנָפִים), צַהֲלָה, קוֹל הַסּוּס

Wiese

אָפָר (אֲפָרִים) (חקל׳) [א״ח/ב/159]. מְקוֹם מִרְעֶה, אָחוּ

Wiesenboden

קַרְקַע אָפָר (גאו׳, חקל׳)

Wiesenknopf *{Sanguisorba}*

בֶּן סִירָה (בוט׳) צֶמַח מִמִּשְׁפַּחַת הַוַּרְדִּיִּים

Wiesenmargerite *{Chrysanthemum leucanthemum}*

חַרְצִית לִבְנַת פְּרָחִים (בוט׳) צֶמַח מִמִּשְׁפַּחַת הַמֻּרְכָּבִים

Wiesenpieper *{Anthus pratensis}*

פִּפְיוֹן שָׂדוֹת (זוא׳) עוֹף מִמִּשְׁפַּחַת הַנַּחְלִיאֵלִיִּים

Wiesenschwingel *{Festuca pratensis}*

בֶּן אֲפַר הָאָחוּ (בוט׳) צֶמַח מִמִּשְׁפַּחַת הַדְּגָנִיִּים

Wiesenweihe *{Circus pygargus}*

זַרְוֹן הַפַּס (זוא׳) עוֹף מִמִּשְׁפַּחַת הַנִּצִּיִּים

Wildbachschlucht

חָרוּץ (חֲרוּצִים) (היד׳, י״א) גַּיְא צַר בֵּין שְׁנֵי הָרִים שֶׁנּוֹצַר עַל יְדֵי נַחַל

Wildesel, Nubischer *{Equus asinus}*

עָרוֹד (זוא׳) יוֹנֵק מִסִּדְרַת מַפְרִיטֵי הַפַּרְסָה

Wildkatze *{Felis silvestris}*

חָתוּל בָּר (זוא׳) יוֹנֵק מִמִּשְׁפַּחַת הַחֲתוּלִיִּים

Wildlein *{Linum bienne}*

פִּשְׁתָּה צָרַת עָלִים (בוט׳) צֶמַח מִמִּשְׁפַּחַת הַפִּשְׁתִּיִּים

Wildling

כַּנָּה (כַּנּוֹת) (בוט׳, חקל׳) צֶמַח שֶׁמַּרְכִּיבִים עָלָיו זַן אוֹ מִין רָצוּי אַחֵר

Wildschwein *{Sus scrofa}*

חֲזִיר הַבָּר (זוא׳) יוֹנֵק מִמִּשְׁפַּחַת הַחֲזִירִיִּים

Wildwestgeschichte

מַעֲרָבוֹן (ספר׳) סִפּוּר שֶׁעֲלִילָתוֹ מִתְרַחֶשֶׁת בַּמַּעֲרָב הַפָּרוּעַ

Wille

רָצוֹן (רְצוֹנוֹת) [ק/ד/50; ר/ב/641]. מִשְׁאָלָה, רְצִיָּה, כֹּשֶׁר לִרְצוֹת דְּבַר-מָה וּלְהַשִּׂיגוֹ, יְכֹלֶת לְהַחְלִיט בְּאֹפֶן חָפְשִׁי. חֵפֶץ [ק/א/319]. מִדְרָשׁ [ק/ב/154; ר/ב/643]. בַּקָּשָׁה, תְּבִיעָה

Wille, determinierter

רָצוֹן מְעֻזָּם (דת, פיל׳) [ק/א/319; ק/ב/174]. חֵפֶץ מְזֻמָּן, רָצוֹן שֶׁנִּקְבַּע מֵרֹאשׁ

Wille, freier

רָצוֹן חָפְשִׁי (פסי׳) [ר/א/263]. חֹפֶשׁ הָרָצוֹן, בְּחִירָה, יְכֹלֶת הָאָדָם לְהִתְנַהֵג עַל פִּי רְצוֹנוֹ

Wille, göttlicher

הָרָצוֹן הָאֱלֹהִי (דת) [ק/א/58]. אִמְרָה, הָאִמְרָה הַפּוֹעֶלֶת

Willen, begabt mit

בּוֹחֵר [ק/א/84]. בַּעַל בְּחִירָה וְרָצוֹן

Willen herbeigeführte Ursache, durch freien ---> Ursache, durch freien Willen herbeigeführte

Willenlosigkeit, depressive ---> Willensschwäche

Willens-

רְצִיָּתִי (פסי׳) שֶׁל רְצִיָּה

Willensakt

רְצִיָּה (פסי׳) [ר/ב/643]. בְּחִירָה מוּדַעַת וּרְצוֹנִית בְּאֶפְשָׁרוּת מְסֻיֶּמֶת מִתּוֹךְ מִבְחַר אֶפְשָׁרֻיּוֹת

Willensbeherrschung ---> Willenskraft

Willensfaktor

גּוֹרֵם הָרָצוֹן (פסי׳)

willensfrei

בְּרִירִי (פיל׳) [ק/א/83]. בּוֹחֵר [ק/א/84]. בַּחֲרִי [ק/א/84]. בַּעַל בְּחִירָה חָפְשִׁית (פיל׳) [ק/א/70]. חָפְשִׁי [ק/א/321]. בִּלְתִּי מֻכְרָח בְּמַעֲשָׂיו אוֹ בְּדֵעוֹתָיו, רַשַּׁאי לַעֲשׂוֹת מַה שֶּׁהוּא רוֹצֶה. יָכוֹל [ק/ב/36]. שַׁלִּיט בְּמַעֲשָׂיו

Willensfreiheit

בְּחִירִיּוּת (פיל׳, דת) [ק/א/84]. בְּחִירָה חָפְשִׁית.

בְּחִירָה (פיל', דת) [ק/א/82]. חֹפֶשׁ הַבְּחִירָה, יְכֹלֶת הָאָדָם לַעֲשׂוֹת מַעֲשָׂיו עַל פִּי רְצוֹנוֹ. חָפְשִׁיּוּת [ק/א/321]. חֹפֶשׁ, מַעֲמָדוֹ שֶׁל הַחָפְשִׁי. יְכֹלֶת [ק/ב/37]. כֹּחַ בִּצּוּעַ, אֶפְשָׁרוּת לַעֲשׂוֹת מַשֶּׁהוּ. צֶדֶק [ק/ג/228]

Willensfreiheit, Lehre von der---> Indeterminismus

Willensgesinnung

מַעַרְכֵי רָצוֹן (פסי', פיל') רַחֲשֵׁי רָצוֹן

Willenskraft

כֹּחַ הָרָצוֹן (פסי') [ק/א/320; ר/א/313]. חֶפְצִי, שְׁלִיטָה עַצְמִית, יְכֹלֶת לַעֲמֹד בְּפִתּוּיִים. כֹּחַ חֶפְצִי [ק/ב/75]. שִׁלְטוֹן הָרָצוֹן

Willensmeinung

הִתְכַּוְּנוּת הָרָצוֹן (פיל', פסי')

Willensrichtung, Perversion der *{Parabulie}*

זוֹר הָרָצוֹן (פסי')

Willensschwäche

רִפְיוֹן הָרָצוֹן (פסי') [מר"ח/8]. חֹסֶר רִצָּיוֹן

Willenstrieb ---> Streben, zielgerichtetes

willensunabhängige Handlung ---> Automatismus

Willensverhältnis

יַחַס שֶׁבְּרָצוֹן (מ"ח, פסי') יַחַס רְצוֹנִי

Willensvorgang ---> Willensakt

Willfährigkeit ---> Nachgiebigkeit; Unterwürfigkeit

Willkür

רְצִיָּה, שְׁרִירוּת

Willkür, böse

רְצִיָּה רִשְׁעִית, שְׁרִירוּת זְדוֹנִית

Willkür, freie

רְצִיָּה חָפְשִׁית (פיל') [פ"ר/143]. חֹפֶשׁ הַבְּחִירָה, עַל פִּי הֶגֶל: הַחְלָטָה שְׁרִירוּתִית וַאֲדוּקָה (דוֹגְמָטִית)

willkürlich

רְצוֹנִי [ק/ד/53]. שְׁרִירוּתִי, מֵרָצוֹן. חֶפְצִי [ק/א/320]. שֶׁמֵּרְצוֹן עַצְמוֹ, נַעֲשֶׂה מִתּוֹךְ רָצוֹן וְכַוָּנָה, מוּנָע עַל יְדֵי כֹּחַ הָרָצוֹן

wimmeln

רָחַשׁ (רוֹחֵשׁ), שָׁרַץ (שׁוֹרֵץ), זָחַל, נָע, זָע, הִתְנוֹעֵעַ, רִחֵשׁ (מְרַחֵשׁ), הִרְחִישׁ

Wimmern

יְבָבָה, יִבּוּב

Wimpel

נֵס (נִסִּים) (ימא', צבא) דֶּגֶל מְשֻׁלָּשׁ

Wimper ---> Flimmerfortsatz

Wimper(n), Einwärtskehrung der *{Trichiasis}*

שֶׁעֶרֶת (רפו') צְמִיחַת הָרִיסִים לְכִוּוּן הָעַיִן, שְׂעַר פְּנִים הָעַפְעַף

Wimper(n), mit ausgefallenen

תְּמוּז (תְּמוּזִים) (רפו') מִי שֶׁנָּשְׁרוּ רִיסֵי עֵינָיו

Wimperfledermaus ---> Fledermaus, gewimperte

Wimperspitzmaus *{Suncus etruscus}*

חַדַּף זָעִיר (זוא') יוֹנֵק מִמִּשְׁפַּחַת הַחַדָּפִיִּים

Wimpertierchen *{Ziliophoren; Ziliaten}*

רִיסָנִיּוֹת (זוא') מַחְלֶקֶת חַדְתָּאִיִּים

wimprisch

רִיסִי, רִיסָנִי

Wind

רוּחַ (רוּחוֹת) (מטא') [יל"ט/182]. זֶרֶם אֲוִיר הַנָּע בְּכִוּוּן מְסֻיָּם

Wind, auflandiger

רוּחַ לַיַּבָּשָׁה (מטא') [יל"ט/186]. רוּחַ הַנּוֹשֶׁבֶת לְעֵבֶר הַיַּבָּשָׁה

Wind(es), Drehung des

חִיגַת הָרוּחַ (מטא') [יל"ט/74]. חִיגָה, הִשְׁתַּנּוּת כִּוּוּן הָרוּחַ

Wind, starker

רוּחַ עַזָּה (מטא') [יל"ט/187]. דַּרְגָּה 6 בְּסֻלַּם בּוֹפוֹרְט לְחֹזֶק הָרוּחַ שֶׁמְּהִירוּתָהּ: 22-27 קְשָׁרִים

Wind, steifer

רוּחַ סוֹעֶרֶת (מטא') [יל"ט/186]. דַּרְגָּה 7 בְּסֻלַּם בּוֹפוֹרְט לְחֹזֶק הָרוּחַ שֶׁמְּהִירוּתָהּ: 28-33 קְשָׁרִים

Wind, stürmischer

סַעַר (מטא') [יל"ט/186]. דַּרְגָּה 8 בְּסֻלַּם בּוֹפוֹרְט לְחֹזֶק הָרוּחַ שֶׁמְּהִירוּתָהּ: 34-40 קְשָׁרִים

Wind, vorherrschender

רוּחַ שְׁכִיחָה (מטא') [יל"ט/188]

Wind ablandig

רוּחַ מִן הַחוֹף (מטא', ימא')

Wind auflandig

רוּחַ אֶל הַחוֹף (מטא', ימא')

Wind fahren, Kopf in den

פָּנָה (פּוֹנֶה) מוּל הָרוּחַ (ימא') הִפְנָה אֶת הָאֳנִיָּה מוּל הָרוּחַ

Wind gehen lassen ---> furzen

Wind querein ---> Wind von der Seite

Wind segeln, vor dem ---> segeln, vor dem Wind

Wind von achtern ---> Wind von hinten

Wind von der Seite

רוּחַ לַמִּצְעָה (ימא')

Wind von hinten

רוּחַ גַּב (ימא')

Wind von vorne

רוּחַ לַחַרְטֹם (ימא')

Windablagerung *{Äolische Sedimentation}*

מִרְבַּד רוּחוֹת (גאו', י"א) מִרְבָּד שֶׁל רוּחוֹת, הִתְרַבְּצוּת חֶלְקִיקֵי בְּלִיָּה שֶׁנִּסְחֲפוּ עִם הָרוּחַ

Winde [---> Wellrad]

כַּנֶּנֶת (כַּנָּנוֹת) (טכנ', ימא') מִתְקָן לַהֲרָמַת מַשָּׂאוֹת

Windeisen ---> Wendeisen

Windemaschine ---> Haspel

winden

לִפֵּף (מְלַפֵּף), כָּרַךְ, כִּנֵּן (מְכַנֵּן)

Windfahne ---> Wetterfahne

Windgeschwindigkeit

מְהִירוּת הָרוּחַ (מטא') [יל"ט/103]. שִׁעוּר הַמֶּרְחָק שֶׁהָאֲוִיר עוֹבֵר בְּמֶשֶׁךְ זְמַן קָצוּב

Windhafer ---> Flughafer

Windharfe *{Äolsharfe}*

נֵבֶל רוּחַ (מוס') נֵבֶל אֵיאוֹלִי

Windpfeil
חֵץ הָרוּחַ (מטא') [יל"ט/78]. קַו קָצָר הַמְּסֻרְטָט עַל מַפַּת מֶזֶג הָאֲוִיר לְסִמּוּן כִּוּוּן הָרוּחַ

Windpfeil, Fahne am
נֵס (נִסִּים) (מטא') [יל"ט/133]. מְשֻׁלָּשׁ אָטוּם הַמְּסֻרְטָט עַל מַפַּת מֶזֶג הָאֲוִיר מִשְּׂמֹאל לְחֵץ הָרוּחַ לְסִמּוּן מְהִירוּת הָרוּחַ שֶׁל חֲמִשִּׁים קְשָׁרִים

Windpfeil, Feder am
קֶרֶס (קְרָסִים) (מטא') [יל"ט/179]. קַו יָשָׁר הַמְּסֻרְטָט עַל מַפַּת מֶזֶג הָאֲוִיר מִשְּׂמֹאל לְחֵץ הָרוּחַ לְסִמּוּן מְהִירוּת הָרוּחַ

Windpocken *{Varizellen}*
אֲבַעְבּוּעוֹת רוּחַ (רפו') [מר"ח/697]. בַּעְבּוּעִיּוֹת

Windrose
שׁוֹשַׁנַּת רוּחוֹת (מטא') [יל"ט/198]. חֲלֻקַּת כִּוּוּנֵי הַשָּׁמַיִם מִסָּבִיב לִנְקֻדָּה מְסֻיֶּמֶת

Windsack
שַׁרְווּל רוּחַ (מטא') [יל"ט/207]. הֶתְקֵן דְּמוּי שַׁרְווּל הַסּוֹבֵב עִם הָרוּחַ וּמַרְאֶה אֶת כִּוּוּן מַשַּׁב הָרוּחוֹת

Windschreiber *{Anemograph}*
רוֹשֵׁם רוּחַ (מטא') [יל"ט/25]. אֲנֶמוֹגְרָף, מַכְשִׁיר הַמּוֹדֵד אֶת מְהִירוּת הָרוּחַ וְאֶת כִּוּוּנָהּ וְרוֹשֵׁם מַעֲקָב רָצוּף שֶׁל הָעֲרָכִים הַמִּשְׁתַּנִּים

Windstärke
חֹזֶק הָרוּחַ (מטא') [יל"ט/67]. הַכֹּחַ שֶׁמַּפְעִילָה רוּחַ נוֹשֶׁבֶת עַל עֶצֶם

Windstärken, Beaufortskala für ---> Beaufortskala für Windstärken

Windstille
דְּמָמַת רוּחַ (מטא') [יל"ט/49]. דְּמָמָה, שֶׁקֶט, דַּרְגַּת אֶפֶס בְּסֻלָּם בּוֹפוֹרְט לְחֹזֶק הָרוּחַ שֶׁמְּהִירוּתָהּ פְּחוּתָה מִקֶּשֶׁר אֶחָד

Windung [---> Mäander]
כְּרִיכָה (מחמ', טכנ') צְפִירָה (צְפִירוֹת)

Windung, schraubenartige
לוּלְבִיּוּת (מחמ', טכנ') [ק/ב/116]. צוּרַת הַתַּבְרֹגֶת (מַעֲרֶכֶת חֲרִיצִים סְלִילִיִּים בְּבֹרֶג) וּתְכוּנָתָהּ

Windungsmaß
פְּתִילוּת (היד')

Windungszahl
מִסְפַּר הַכְּרִיכוֹת (טכנ', מחמ')

Wink
רְמִיזָה [ק/ד/44; א"ח/ג/7]. מָחוֹג (מְחוֹגִים), רֶמֶז, סִימָן הַנִּתָּן בִּתְנוּעַת יָד אוֹ אֶצְבָּעוֹת, בִּקְרִיצַת עַיִן וכד'

Winkel
זָוִית (זָוִיּוֹת) (מחמ') [ק/א/253]. מָקוֹם בֵּין שְׁנֵי קַוִּים הַנִּפְגָּשִׁים בִּנְקֻדָּה אַחַת. מִקְצוֹעַ (מחמ') [ק/ב/269]. פִּנָּה. קֶרֶן (מחמ') [ק/ג/301]

Winkel, ausspringender
זָוִית קְמוּרָה (בְּמִצְלָע) (מחמ')

Winkel, ebener
זָוִית מִישׁוֹרִית (מחמ')

Winkel, einspringender
זָוִית קְעוּרָה (שֶׁל מִצְלָע) (מחמ')

Winkel, flacher
זָוִית שְׁטוּחָה (מחמ') [ק/א/254; ק/ד/87]. זָוִית פְּשׁוּטָה (מחמ') [ק/ג/218]. זָוִית בַּת 180 מַעֲלוֹת

Winkel, gemeinsamer
זָוִית מְצָרָנִית (מחמ') [ק/א/254]

Winkel, gestreckter ---> Winkel, flacher

Winkel, kubischer *{Angulus solidus}*
זָוִית מְעֻקֶּבֶת (מחמ') [ק/א/254; ק/ב/143]. זָוִית מְגֻשֶּׁמֶת, - קוּבִּית

Winkel, rechter
זָוִית יְשָׁרָה (מחמ') [ק/א/254; מי"ב/50]. זָוִית נִצָּבָה (מחמ') [ק/ג/61]. זָוִית נִצָּב, - עוֹמֶדֶת

Winkel(s), Seite eines
חוֹפֶפֶת (מחמ') [ק/א/319]. אֶחָד מִשְּׁנֵי צִדֵּי הַזָּוִית

Winkel, sphärischer
זָוִית כַּדּוּרִית (מחמ') [ק/א/ 254; ק/ב/66].

Winkel, spitzer
זָוִית חַדָּה (מחמ') [ק/א/254]. זָוִית צָרָה, - קְטַנָּה מִתִּשְׁעִים מַעֲלוֹת. חַד, חַדָּה (מחמ') [ק/א/271]

Winkel, stumpfer
זָוִית קֵהָה (מחמ') [ק/א/254; ק/ג/69; מי"ב/75]. זָוִית מְרֻוַּחַת, - נִרְוַחַת, - רְחָבָה, - גְּדוֹלָה מִתִּשְׁעִים מַעֲלוֹת

Winkel, Trapez mit einem stumpfen ---> Trapez mit einem stumpfen Winkel

Winkel, voller
זָוִית מְלֵאָה (מחמ')

Winkelabstand
רֹחַק זָוִיתִי (מחמ')

Winkelgeschwindigkeit
מְהִירוּת זָוִיתִית (מטא')

Winkelklammern
סוֹגְרַיִם מְזֻוָּיִם (מחמ')

Winkelminute
שֶׁבֶר (שְׁבָרִים) (מחמ') [ק/ד/72]. דַּקָּה, אֶחָד מִשִּׁשִּׁים בְּמַעֲלָה מִמַּעֲלוֹת הַמַּעְגָּל אוֹ הַזָּוִית

Winkelspinnen *{Agelenidae}*
מַשְׁפֵּכָנִיִּים (זוא') מִשְׁפָּחָה שֶׁל עַכָּבִישָׁאִים

Winkelverschiebung
עֶתֶק (רפו', פסי') [ר/ב/521]. דְּפוּסֵי מַעְתָּקִים בִּתְנוּעָה הַנִּרְאֵית שֶׁל עֲצָמִים בִּשְׂדֵה הָרְאִיָּה בִּזְמַן שֶׁהַמִּסְתַּכֵּל זָז לִצְדָדִים, פָּרַלַקְסָה

Winkelzahn
שֵׁן מְזֻוָּה (טכנ')

winklig
זָוִיתִי (מחמ')

winseln
יִבֵּב (מְיַבֵּב), יִלֵּל, בָּכָה, הִתְיַפֵּחַ (מִתְיַפֵּחַ)

winselnd
יַבְּבָנִי, יַלְלָנִי, יַפְּחָנִי, בַּכְיָנִי

Winter
חֹרֶף (חֲרָפִים) (מטא', חקל') [א"ח/א/263; א"ח/ב/149]. יְמוֹת הַצִּנָּה, - הַגְּשָׁמִים, חֲצִי כִּסְלֵו טֵבֵת וַחֲצִי שְׁבָט

Wintergoldhähnchen *{Regulus regulus}*
מַלְכִּילוֹן הָאֳרָנִים (זוא') עוֹף מִמִּשְׁפַּחַת הַסִּבְכִּיִּים

Winterlauch ---> Porree

Winzer(in)

כּוֹרֵם (כּוֹרְמִים), כּוֹרֶמֶת (כּוֹרְמוֹת) (מלא') [א"ח/ב/232]. בּוֹצֵר

Winzermesser

מַזְמֵרָה (מַזְמֵרוֹת) (טכנ', חקל') [א"ח/ב/232]. סַכִּין לִזְמֹר בָּהּ אֶת הַגְּפָנִים

Wir-Gefühl

הַרְגָּשַׁת הָ"אֲנַחְנוּ" (פסי', מ"ח) [ר/ב/594]. תְּחוּשַׁת הָעֲמָדִיּוּת (סוֹלִידָרִיּוּת) וְהַהִזְדַּהוּת שֶׁל חַבְרֵי קְבוּצָה מְסֻיֶּמֶת עִם קְבוּצָתָם

Wirbel

עַרְבֹּלֶת (עַרְבּוֹלוֹת) (הידר')

Wirbel *{Spondylus}*

חֻלְיָה (חֻלְיוֹת) (רפו'). יָתֵד (יְתֵדוֹת) (מוס') יְתַד כִּוּנוּן

Wirbelkasten

מֵיתָד (מוס') בֵּית הַיְּתֵדוֹת

Wirbelsäule

עַמּוּד הַשִּׁדְרָה (רפו')

Wirbelsäulenverkrümmung, seitliche *{Skoliose}*

עַקֶּמֶת הַיְצִיבָה (רפו') עַקֶּמֶת, עַקְמֶמֶת, עִקּוּם הַשִּׁדְרָה

Wirbelsäulenverkrümmung betreffend, die

עַקְמָתִי (רפו')

Wirbelströmung

זְרִימָה עַרְבּוּלִית (פיס')

Wirbelstrom

זֶרֶם עַרְבֹּלֶת (פיס')

Wirbelvektor ---> Wirbelwert

Wirbelviskosität *{virtuelle Viskosität}*

צְמִיגוּת עַרְבּוּלִית (מטא') [יל"ט/170]

Wirbelwert

עַרְבּוּלִיּוּת (מטא') [יל"ט/155]. שִׁעוּר הַנְּטִיָּה שֶׁל חֹמֶר לְהִתְעַרְבֵּל

Wirbelwind

עַלְעוֹל רוּחַ (מטא') [יל"ט/151]. גְּלִיל אֲוִיר אֲנָכִי הַמִּתְעַרְבֵּל בְּחָזְקָה וּמִתַּמֵּר כְּלַפֵּי מַעְלָה

wirblig

עַרְבּוּלִי, מִתְעַרְבֵּל

Wirkanteil *{Wattkomponente}*

רְכִיב פָּעִיל (אלק')

wirken

פָּעַל (פועל) [ק/ג/204]. עָשָׂה, עָבַד. רָשַׁם (פסי') [ק/ד/62]. הִרְשִׁים, הִשְׁאִיר רֹשֶׁם, טָבַע אֶת רִשּׁוּמוֹ עַל..., הִטְבִּיעַ אֶת חוֹתָמוֹ בְּ.../עַל..., הִשְׁפִּיעַ

wirkend

פּוֹעֵל [ק/ב/201; ק/ג/203]. מַכְתִּים, מַשְׁאִיר רֹשֶׁם, מַשְׁפִּיעַ, מַרְשִׁים, מַפְעִיל. מֵשִׂים [ק/ב/285]. עוֹשֶׂה [ק/ג/173]. פְּעַלְתָּן, עַשְׂיָן, מִי שֶׁנְּרָתָּם לִפְעֻלָּה

wirkende Kraft ---> Kraft, wirkende

wirkende Natur ---> Natur, schaffende

wirkende Ursache ---> Ursache, wirkende

wirkender Geist ---> Geist, wirkender

Wirkleistung

הֶסְפֵּק פָּעִיל (פיס')

wirklich ---> Tat, in der

Wirkliches

הַמַּמָּשִׁי (פיל') [ק/ב/258]. הַמְּצִיאוּתִי, מְצִיאוּתִי, מַה שֶּׁמִּתְיַחֵס אֶל הַמְּצִיאוּת, הַנִּמְצָא בְּפֹעַל, מַתְאִים לַמְּצִיאוּת. מְשֻׁלָּח (פיל') [ק/ב/295]. קַיָּם בֶּאֱמֶת, מוּחָשִׁי

Wirkliche, das daseiende

הַמַּמָּשִׁי הַנִּמְצָא (פיל') [פ"ר/91]

wirklicher Mensch ---> Mensch, wirklicher

wirkliches Erkennen ---> Erkennen, wirkliches

Wirklichkeit *{Realität}*

מַמָּשׁוּת (פיל') [ק/ב/211; פ"ר/48]. עַל פִּי הֶגֶל: הַשָּׁלָב הַגָּבֹהַּ בְּיוֹתֵר שֶׁל הַהֲוָיָה, קַיָּמוּת. תּוּשִׁיָּה (פיל') [ק/ד/188]. מְצִיאוּת (פיל') [ק/ב/54]. יֵשׁוּת, עִנְיַן הַיֵּשׁ, הֲוָיָה, קִיּוּם, עֲלִילוּת, יֵשׁוּתִיּוּת. יֶשְׁנוּת (פיל') [ק/ב/55]. עֶצֶם. מַמָּשׁ (פיל') [ק/ב/210]. מוּחָשִׁיּוּת, תְּכוּנַת הַדָּבָר הַנִּתָּן לְמִמּוּשׁ. מַעֲשֶׂה [א"ח/ג/105]

Wirklichkeit, in ---> Tat, in der

Wirklichkeit, vollkommene

מַמָּשׁוּת מֻשְׁלֶמֶת (פיל') [פ"ר/67]

Wirklichkeitsform ---> Indikativ

Wirklichkeitsverlust *{Derealisation}*

אָבְדַן תְּחוּשַׁת הַמְּצִיאוּת (פסי') [ר/א/9]. דֶּרֵאָלִיזַצְיָה, טִשְׁטוּשׁ הַמַּמָּשׁוּת, אָבְדַן הַקֶּשֶׁר עִם הַמְּצִיאוּת הַחִיצוֹנִית

wirksam [---> effektiv]

יָעִיל, מוֹעִיל

wirksame Dosis ---> Dosis, wirksame

Wirksamkeit [---> Effektivität]

יְעִילוּת [ק/ג/139]. עֲלִילָה, הַכֹּשֶׁר לִזְכּוֹת בְּהַצְלָחָה גְּדוֹלָה יַחֲסִית לַמַּאֲמָץ שֶׁהֻשְׁקַע לְשֵׁם הַשָּׂגָתָהּ, מַעֲשֶׂה, שִׁמּוּשִׁיּוּת, תִּפְקוּד. פֹּעַל [ק/ג/198]. פְּעֻלָּה [ק/ג/205]. פְּעִילוּת, עִסּוּק. רִצּוּי [ק/ד/49]. פְּעֻלָּה מְכֻוֶּנֶת, פְּעִילוּת מְחֻשֶּׁבֶת. תְּקֵפוּת

Wirksamkeit, Gesetz der stückweisen ---> Teilwirksamkeit, Gesetz der

Wirkstelle

אֲתַר פָּעִיל (ביו') [ל"ב/51]. אֲתַר פְּעִילוּת, הָאֵזוֹר בִּפְרֶדֶת (מוֹלֶקוּלַת) הָאֶתְסֶס (אֶנְזִים) הַמִּתְקַשֵּׁר אֶל הַמּוּסָב (סוּבְּסְטְרָט)

Wirkung *{Effectus}* **[---> Effekt]**

הַשְׁפָּעָה (פיל') [ק/ג/85]. סִבָּה, נִגְרָם, רֹשֶׁם, פְּעֻלָּה. תּוֹלָדָה (פיל') [ק/ד/181]. תּוֹלֶדֶת, תּוֹצָאַת הַפְּעֻלָּה. עָלוּל (פיל') [ק/ב/128; ק/ג/137]. תּוֹצָאָה מֵעִלָּה. מְאֻנֶּה (פיל') [ק/ב/134]. תּוֹצָאָה. מְסוֹבָב, מְסֻבָּב (פיל') [ק/ב/221]. דָּבָר שֶׁנּוֹלַד מִן הַסִּבָּה, מַסְקָנָה. מְעוּלָל (פיל') [ק/ב/231]. מֻעְתָּל (פיל') [ק/ב/245]. מִתְאַחֵר (פיל') [ק/ב/309]. פֹּעַל יוֹצֵא שֶׁל...

Wirkung, Gesetz der ---> Erfolg(s), Gesetz des

Wirkung, hauptsächliche ---> Haupteffekt

Wirkung, indirekte

הַשְׁפָּעָה עֲקִיפָה (מ"ח) [מ"מ/212]. הַשְׁפָּעָה שֶׁל מִשְׁתַּנֶּה אֶחָד עַל מִשְׁתַּנֶּה אַחֵר דֶּרֶךְ מִשְׁתַּנֶּה מִתְעָרֵב בִּדְגָם סִבָּתִי

Wirkung, Ursache und
סִבָּה וּמְסוּבָב [ק/ג/136]

Wirkungserfolg ---> Effekt

Wirkungsgrad
נְצִילוּת (פיס׳, כלכ׳) הַיַּחַס בֵּין הַתְּפוּקָה לְבֵין הַהַשְׁקָעָה, יְעִילוּת, דַּרְגַּת הַהַשְׁפָּעָה

Wirkungsgrad, effektiver
נְצִילוּת לְמַעֲשֶׂה (פיס׳, כלכ׳) נְצִילוּת מַמָּשִׁית

Wirkungsgrad, idealer
נְצִילוּת לַהֲלָכָה (פיס׳, כלכ׳) נְצִילוּת אִידֵאָלִית

Wirkungsintegral
אַסְכֶּמֶת פְּעֻלָּה (מתמ׳) אִינְטֶגְרַל אַקְצִיָּה

wirkungslos werden ---> abschwächen

Wirkungsraum
חָלָל הַפְּעֻלָּה

Wirkungsvermögen ---> Potenz

Wirrwarr
בִּשְׁבּוּשׁ, דְּבַר בִּישׁ, הִשְׁתַּבְּשׁוּת, עִרְבּוּבְיָה

Wirt
מְאַכְסֵן (מְאַכְסְנִים) (ביו׳) [ל״ב/189]. פֻּנְדְּקָאִי (פֻּנְדְּקָאִים), אוּל (אוֹרְגָנִיזְם) הַמְּכַלְכֵּל טַפִּיל כָּלְשֶׁהוּ

Wirtel
דּוּר (דּוּרִים) (ביו׳) קְבוּצַת אֵבָרִים הָעֲרוּכִים בְּמַעְגָּל

Wirtschaft
מֶשֶׁק (כלכ׳) כַּלְכָּלָה

Wirtschaftlichkeitsgrenze ---> Rentabilitätsschwelle

Wirtschaftspferd
סוּס חֲרִישָׁה (זוא׳, חקל׳) סוּס מֶשֶׁק

Wirtschaftsprüfer ---> Buchprüfer

Wismut
מַרְקָשִׁית (כימ׳) [מר״ח/99]. בִּיסְמוּת, מַתֶּכֶת לְבָנָה כְּסוּפָה הַמְּשַׁמֶּשֶׁת לִרְפוּאָה

Wissen
יֶדַע (פיל׳) [ק/ב/26]. יְדִיעָה, הַשָּׂגָה, הַכָּרָה. דַּעַת (פיל׳) [פ״ר/64]. עַל פִּי הֶגֶל: כָּל סוּג שֶׁל תְּפִיסָה אוֹ מוּדָעוּת שֶׁל הַיֵּשׁ, בִּכְלָל זֶה חוּשִׁית אוֹ חֲוָיָתִית. מַדָּע (פיל׳) [ק/ב/152]. שֵׂכֶל, הֲבָנָה. תּוּשִׁיָּה (פיל׳) [ק/ד/189]

Wissen, aposteriorisches
יֶדַע נִסְיוֹנִי (פיל׳) יֶדַע מִלְּאַחַר, - שֶׁמּוּפָק מִן הַנִּסָּיוֹן וּמִתְּפִיסַת הַחוּשִׁים

Wissen, Erwerben von
הִשְׂתַּכְּלוּת [ק/א/231]. הִתְוַדְּעוּת, קִנְיַן יְדִיעָה וְהַכָּרָה

Wissen, deklaratives
יֶדַע הַכְרָזָתִי (פסי׳, פדג׳)

Wissen(s), Gegenstand des
מֻשְׂכָּל (פסי׳, פדג׳) [ק/ב/159]. יָדַע, מוּדָע, דָּבָר הַמֻּשָּׂג בְּשֵׂכֶל, יְדִיעָה

wissen, genau
יָדַע בְּדִיּוּק [ק/א/145]. דִּקְדֵּק (מְדַקְדֵּק)

wissen, intuitiv ---> Einsicht haben

Wissen, kompiliertes
יֶדַע מְהֻדָּר (פסי׳, פדג׳)

wissen, nicht
סָכַל (סוֹכֵל) [ק/ג/101]. לֹא יָדַע (אֵינוֹ יוֹדֵעַ), הָיָה סָכָל

Wissen, oberflächliches
יֶדַע רָדוּד (פסי׳, פדג׳, מחש׳)

Wissen, prozedurales
יֶדַע נָהֳלִי (נוֹהוֹלִי) (מחש׳)

Wissen, vernünftiges
דַּעַת תְּבוּנִית (פסי׳, פדג׳) [פ״ר/71]

Wissen betreffend, das
יְדִיעִי (פסי׳, פדג׳) [ק/ב/28]. מֵעִנְיַן הַיְּדִיעָה

wissend ---> bewußt

Wissensaktualisierung
הַעֲלָאַת יְדִיעָה (פסי׳, פיל׳)

Wissensalter (AA)
גִּיל הַהֶשֵּׂג (פסי׳) [ר/א/130]. גִּיל הַשֵּׂגִים, מַדַּד הַהֶשֵּׂג הַנִּקְבָּע כְּגִיל הַמְּמֻצָּע שֶׁמַּשֶּׂגֶת בּוֹ רָמַת בִּצּוּעַ מְסֻיֶּמֶת

Wissensakquisition ---> Wissenserwerb

wissensbasiert
מְבֻסָּס יֶדַע (פדג׳, פסי׳)

wissensbasiertes System ---> System, wissensbasiertes

Wissensbasis
מַסַּד יֶדַע (פדג׳, פסי׳)

Wissenschaft
מַדָּע (מַדָּעִים) (פיל׳) [ק/ב/152; פ״ר/54]. כְּלַל הַיְּדִיעוֹת בְּמִקְצוֹעַ מְסֻיָּם; עַל פִּי הֶגֶל: מַעֲרֶכֶת יֶדַע מְבֻסֶּסֶת וּנְטוּלַת סְפֵקוֹת. תְּבוּנָה (פיל׳, מ״ט) [ק/ד/177]. חָכְמַת הַטֶּבַע, מַדָּעֵי הַטֶּבַע. תּוּשִׁיָּה (פיל׳) [ק/ד/189]. אָמְנוּת, אֻמָּנוּת (אמנ׳, מדע) [ק/א/55]. מְלָאכָה, מַעֲשֶׂה. דַּעַת (פיל׳) [ק/א/143]. חָכְמָה (פיל׳) [ק/א/290]. תּוֹרָה

Wissenschaft(en), angewandte
מַדָּע מַעֲשִׂי (אמנ׳ מדע) [ק/א/294]. חָכְמוֹת אוּמָּנִיּוֹת, - מְלָאכִיּוֹת, - מְלַאכְתִּיּוֹת, - מַעֲשִׂיּוֹת, - עַמְלָנִיּוֹת, בְּנִגּוּד לַחָכְמוֹת הָעִיּוּנִיּוֹת וְהַשִּׂכְלִיּוֹת

Wissenschaft, Element einer ---> Element einer Wissenschaft

Wissenschaft(en), exakte
מַדָּעִים מְדֻיָּקִים (מ״ט) [ק/א/297]. חָכְמוֹת מוֹפְתִיּוֹת. חָכְמוֹת אֲמִתִּיּוֹת (מ״ט) [ק/א/294]. בְּנִגּוּד לַחָכְמוֹת הַדִּמְיוֹנִיּוֹת וְהַהֶסְכֵּמִיּוֹת

Wissenschaft, externe
חָכְמָה חִיצוֹנִית (פיל׳, דת) [ק/א/296]. חָכְמָה נָכְרִיָּה, חָכְמַת חֻלִּין, פִילוֹסוֹפְיָה

Wissenschaft(en), heilige
חָכְמָה פְּנִימִית (דת, פיל׳) [ק/א/298]

Wissenschaft(en), imaginäre
חָכְמוֹת דִּמְיוֹנִיּוֹת (פיל׳, דת) [ק/א/295]

Wissenschaft(en), konventionelle
חָכְמוֹת הֶסְכֵּמִיּוֹת (פיל׳) [ק/א/295]

Wissenschaft, mathematische
מַדָּע הַחֶשְׁבּוֹן (מתמ׳) [ק/א/211] חָכְמָה הֶרְגֵּלִית, - שִׁמּוּשִׁית, חָכְמַת הַשִּׁעוּרִים, חָכְמָה לִמּוּדִית, חָכְמַת הַמּוּסָר, מָתֶמָטִיקָה

Wissenschaft(en), praktische ---> Wissenschaft(en), angewandte

Wissenschaft, profane ---> Wissenschaft, externe

Wissenschaft, spekulative
מַדָּע שִׁקְלְתִּי (שִׁיקוּלְתִּי) (פיל׳, מ״ט)

[ק/א/297]. חָכְמַת הַמֶּחְקָר, מַדָּע סְפֶּקוּלָטִיבִי

Wissenschaft(en), theoretische

מַדָּע עִיּוּנִי (מדע, פיל') [ק/ב/202]. הַמְּלָאכָה הַלִּמּוּדִית, מַדָּע תֵּאוֹרֵטִי. חָכְמוֹת מוּפְתִּיּוֹת (מדע, פיל') [ק/א/297]. חָכְמָה עִיּוּנִית, - מַחְשַׁבְתִּית, - שִׂכְלִית (מדע, פיל') [ק/א/298]. בְּנִגּוּד לְחָכְמָה מַעֲשִׂית, אוּמָנִית, מְלָאכִית אוֹ עַמְלָנִית

wissenschaftlich

מַדָּעִי (מדע) [ק/א/299]. חָכְמִי, חָכְמָנִי, חָכְמוֹנִי

wissenschaftliche Arbeit ---> Arbeit, wissenschaftliche

wissenschaftliches Gespräch ---> Kolloquium

Wissenschaftlichkeit

מַדָּעִיּוּת (פיל') [פ"ר/57]. עַל פִּי הֶגֶל: שִׁיטָה כּוֹלֶלֶת

Wissenschaftlichkeit, die Natur der

טֶבַע הַמַּדָּעִיּוּת (פיל') [פ"ר/117]. עַל פִּי הֶגֶל: תְּנוּעַת הַיֵּשׁוּיוֹת הָרוּחָנִיּוֹת (הַגִּבְלָאוֹת [הַקָּטֵגוֹרִיּוֹת])

Wisseneinheit *{Korn}*

גַּרְגֵּר (גַּרְגְּרִים) (פסי', פדג', מחש') יְחִידַת יֶדַע

Wissenserwerb

רְכִישַׁת יֶדַע (פסי')

Wissensingenieur(in)

מְהַנְדֵּס יֶדַע, מְהַנְדֶּסֶת יֶדַע (מדע, טכנ')

Wissensquelle

מְקוֹר יֶדַע (פסי', פדג', מחש')

Wissensquotient (AQ)

מְנַת הַהֶשֵּׂג (פסי') [ר/ב/637]. מַדַּד רָמַת הַהֶשֵּׂג

Wissensrepräsentation

יִצּוּג יֶדַע (פסי', פדג', מחש')

Wissenssystem

מַעֲרֶכֶת יֶדַע (פסי', פדג', מחש')

Wissensverarbeitung

הַנְדָּסַת יֶדַע (פסי', פדג', מחש')

Wissensverfeinerung

עִדּוּן יֶדַע (פסי', פדג', מחש')

wissentlich ---> bewußt

Witwe(r)

אַלְמָנָה, אַלְמָן (משפ', דת) [א"ח/ב/53]

Witwe(r) sein

הִתְאַלְמֵן (מִתְאַלְמֵן) (משפ', דת)

Witwenschaft

אַלְמָנוּת (משפ', דת)

Witz [---> Klugheit]

חִדּוּד [ק/א/284]. חִידוֹת, חִדּוּד הַשֵּׂכֶל, בְּדִיחָה

Witzigkeit

בְּדִיחוּת [ק/ג/240]. צַחוּת, הִתְבַּדְּחוּת, הִתְלוֹצְצוּת, עוֹקְצָנוּת, לֵיצָנוּת, בַּדְּחָנוּת

wo

אֵיפֹה, הֵיכָן, אַיֵּה

Wochenbett *{Puerperium}*

נִפְשָׁה (רפו') [מר"ח/564]. מִשְׁכַּב הַלֵּדָה, נֹפֶשׁ אַחַר לֵדָה, תְּקוּפָה בַּת שִׁשָּׁה שָׁבוּעוֹת בְּעֵרֶךְ לְאַחַר הַלֵּדָה

wochenbettbezüglich

נִפְשָׁתִי (רפו') שֶׁל תְּקוּפַת הַנִּפְשָׁה, בָּתַר לֵדָתִי

Wochenbettdepression

דִּכָּאוֹן שֶׁלְּאַחַר לֵדָה (פסי')

wodurch

שֶׁעַל יְדֵי...

Wöchnerin *{Puerpera}*

נִפִישָׁה (נְפִישׁוֹת) (רפו') [מר"ח/564]. אִשָּׁה הַנּוֹפֶשֶׁת לְאַחַר הַלֵּדָה

wölben

הִתְקַמֵּר (מִתְקַמֵּר), נַעֲשָׂה קָמוּר, קָמַר (קוֹמֵר), קִמֵּר, כָּדַד (כּוֹדֵד), כִּדֵּד (מְכַדֵּד), כִּדֵּד

Wölbung [---> Kurtosis]

קִמְרוֹן (קִמְרוֹנוֹת) [ק/ג/164]. עִקּוּם, כֹּ'ד, גַּבְנִינוּת, גַּבְנוּנִית, קְמִירוּת, בְּלִיטָה בְּצוּרַת קֶשֶׁת. עֹקֶם, עַקְמוּמִית, עַקְמוּמִיּוּת [ק/ג/165]. עַקְמִימָה, עַקְמִימוּת [ק/ג/166]. קִבּוּב [ק/ג/257]. קָמוּר, כִּפָּה, קֶשֶׁת, גַּבְנוּנִית, גַּבְנוּנִיּוּת (לְדַעַת י' קלצ'קין: קִבּוּב = קְעָרִירוּת). כִּפָּה (כִּפּוֹת) [א"ח/א/27]. פִּיקָה, פִּקָּה

Woge

נַחְשׁוֹל (נַחְשׁוֹלִים) (מטא') גַּל רַב עָצְמָה

woher

מֵאַיִן, מֵהֵיכָן

wohin

לְאָן (פיל') [ק/א/41]. אַיִן, מַאֲמַר הָאָנָה, לְהֵיכָן

"Wohin", Eigenschaft des

לְאָנִיּוּת (פיל') [ק/א/63]. אָנִיּוּת, סְגֻלַּת הָאָנָה, תְּכוּנַת הַ"לְאָן"

"Wohin" gehörig, dem

לְאָנִי (פיל') [ק/א/63]. אָנִי, מִטֶּבַע הָאָנָה, שֶׁל הַ"לְאָן"

Wohl, öffentliches ---> Gemeinwohl

Wohlbefinden ---> Wohlergehen

Wohlbehagen

נוֹחוּת, רְוָחָה, הֲקָלָה, הַרְוָחָה

wohldenkend

חוֹשֵׁב נְכֹחָה

Wohlergehen

שְׁלוֹמוּת (רפו',פסי') שָׁלוֹם (כְּגוֹן: שְׁלוֹמוֹ)

Wohlfahrt

רְוָחָה [ק/ב/17]. טוֹבָה. טוֹב [ק/ב/16]. אֹשֶׁר, הַצְלָחָה

Wohlfahrt, öffentliche

טוֹבַת הַצִּבּוּר (מדי',משפ') רְוָחַת הַצִּבּוּר, עֲבוֹדוֹת שֵׁרוּת לְטוֹבַת הַצִּבּוּר

wohlfeile Arbeit ---> Arbeit, wohlfeile

Wohlfeilheit

זוֹלוּת (כלכ') זִיל

wohlgefällig

רָצוּי, מֵיטִיב, מוֹעִיל, כְּדָאִי, מוֹצֵא חֵן בְּעֵינֵי..., מֵפִיק רְצוֹנוֹ שֶׁל..., מַעֲלֶה חֵן לִפְנֵי...

Wohlgefallen

הֲפָקַת נַחַת [ק/א/319]. חֲפִיצָה, חֵפֶץ, נְטִיָּה לְדָבָר-מָה, רָצוֹן, תְּשׁוּקָה, עִנְיָן שֶׁהַלֵּב נוֹטֶה אַחֲרָיו, בַּקָּשַׁת הָרָצוֹת, נְשִׂיאַת חֵן, הֲפָקַת רָצוֹן, הַשְׂבָּעַת רְצוֹן מִישֶׁהוּ

wohlgeführt

נָהוּג כַּיָּאוּת

wohlgeordnet

סִדּוּר הֵיטֵב (מתמ')

wohlgeraten

נָאוֹת [א״ח/ב/19]. הָגוּן, מַשְׂבִּיעַ רָצוֹן

Wohlgeruch ---> Aroma

Wohlklang *{Sonorität}* [---> **Euphonie**]

רְנִימוּת (מוס׳) [מר״ח/619]. צוֹלְלוּת, בְּהִירוּת הַצְּלִיל, רְנִינוּת. צַחוּת (בלש׳) [ק/ג/240]. נֹעַם הַדִּבּוּר, חִתּוּךְ דִּבּוּר צָלוּל, טֹהַר הַלָּשׁוֹן, לָשׁוֹן צְחָה, דִּבּוּר בָּהִיר, - מְיֻמָּן

wohlklingend *{sonor}*

רָנִים (מוס׳) [מר״ח/619]. מְצַלְצֵל, צוֹלֵל, עָרֵב לָאֹזֶן, סוֹנוֹרִי, רַב מִצְלוֹל, רָנִין

wohlriechend ---> aromatisch

wohltätig

נָדִיב (אתי׳) גּוֹמֵל חֶסֶד, בַּעַל צְדָקָה, נַדְבָן, מֵטִיב, רוֹדֵף צְדָקָה וָחֶסֶד, גּוֹמֵל חֲסָדִים, עוֹשֶׂה טוֹבָה

Wohltätigkeit

נְדִיבוּת (אתי׳) [ק/ג/230; א״ח/ג/64]. צְדָקָה (צְדָקוֹת), מַעֲשֶׂה טוֹב, גְּמִילוּת חֲסָדִים, מַתַּן צְדָקָה, רֹחַב לֵב, נְדָבָה לְעָנִי

wohltemperiert

מְאֻזָּן יָפֶה (מוס׳)

Wohlverhalten

הִתְנַהֲגוּת מְהֻגֶּנֶת (מ״ח) דֶּרֶךְ אֶרֶץ, דַּרְכֵי נֹעַם, הֲלִיכוֹת הָעוֹלָם, נֹעַם הֲלִיכוֹת

Wohlwollen

טוּבַת עַיִן, נְטִיַּת חֶסֶד, רֹחַב לֵב, יַחַס חִיּוּבִי וְאוֹהֵד, הַסְבָּרַת פָּנִים, עַיִן טוֹבָה, - יָפָה, נְדִיבוּת לֵב, רָצוֹן טוֹב

wohlwollend

טוֹב עַיִן, רְחַב לֵב, טוֹב לֵב, גְּדָל חֶסֶד, עָרֵב וְנוֹחַ, מַסְבִּיר פָּנִים

wohnen lassen

דִּיֵּר (מְדַיֵּר), הִשְׁכִּין (מַשְׁכִּין), יִשֵּׁב, הוֹשִׁיב, שִׁכֵּן (מְשַׁכֵּן)

Wohnhaus im Gemeinbesitz

בַּיִת מְשֻׁתָּף (משפ׳)

Wohnsitz, ständiger

מְגוּרֵי קֶבַע (משפ׳)

Wohnung

דִּירָה (דִּירוֹת) (אדר׳) מִשְׁכָּן (מִשְׁכָּנוֹת), מָעוֹן

Wohnzimmer

חֲדַר שֶׁבֶת (אדר׳) חֲדַר אוֹרְחִים, סָלוֹן

Wolf *{Canis lupus}*

זְאֵב (זוא׳) יוֹנֵק מִמִּשְׁפַּחַת הַכַּלְבִּיִּים

Wolfsmilch *{Euphorbia}*

חַלַבְלוּב (בוט׳) צֶמַח מִמִּשְׁפַּחַת הַחֲלַבְלוּבִיִּים

Wolfsspinnen *{Lycosidae}*

זְאֵבָנִיִּים (זוא׳) מִשְׁפָּחָה שֶׁל עַכָּבִישָׁאִים

Wolfstrapp *{Lycopus}*

כַּף הַזְּאֵב (בוט׳) צֶמַח מִמִּשְׁפַּחַת הַשִּׂפְתָנִיִּים

Wolke

עָנָן (עֲנָנִים) (מטא׳) [יל״ט/151]. רִכּוּז נִרְאֶה לָעַיִן שֶׁל חֶלְקִיקֵי מַיִם אוֹ חֶלְקִיקֵי קֶרַח זְעִירִים הַמְּרַחֲפִים בָּאֲוִיר בִּגְבָהִים שׁוֹנִים

Wolke, linsenförmige *{Lentikulariswolke}*

עָנָן דְּמוּי עֲדָשָׁה (מטא׳) [יל״ט/152]. עָנָן דְּמוּי עֲדָשָׁה הַנּוֹצָר מֵעֵרְבּוּל בְּצַד חָסוּי הָרוּחַ שֶׁל הַר

Wolken deuten

עוֹנֵן (מְעוֹנֵן) (אנת׳) נִחֵשׁ בַּעֲנָנִים

Wolkenbank

נֵד עָנָן (נְדֵי עָנָן) (מטא׳) [יל״ט/131]. עֲנָנִים הָעֲרוּכִים בְּסוֹלְלָה רְצוּפָה וּבְמִפְלָס אָחִיד וּמְכַסִּים חֶלְקִית אֶת הַשָּׁמַיִם

Wolkenbildung

הִתְעַנְּנוּת (מטא׳) [יל״ט/58]. הֵעָרְמוּת עֲנָנִים

Wolkenbruch

פֶּרֶץ עָנָן (מטא׳) [יל״ט/163]. שֶׁבֶר עָנָן, מִמְטָר קָשֶׁה וְכָבֵד מְאֹד

Wolkendecke, geschlossene

כְּסוּת עֲנָנִים (מטא׳)

Wolkendeuterei

עִנּוּן (אנת׳) נִחוּשׁ עַל יְדֵי הִסְתַּכְּלוּת בַּעֲנָנִים

Wolkenfahne

עֲנַן דֶּגֶל (מטא׳) [יל״ט/152]. עָנָן דְּמוּי דֶּגֶל הַמּוֹפִיעַ בְּצִדּוֹ חֲסוּי הָרוּחַ שֶׁל הַר

Wolkenfetzen

פּוֹרְחוֹת (מטא׳) [יל״ט/158]. עָנָן קָרוּעַ, קִרְעֵי עָנָן הַנִּשָּׂאִים בִּמְהִירוּת רַבָּה מִתַּחַת לְחַשְׁרַת עַנְנֵי גֶּשֶׁם

Wolkenhöhe

רֹקַע עֲנָנִים (מטא׳) [יל״ט/191]. גֹּבַהּ בְּסִיס הֶעָנָן מִפְּנֵי הָאָרֶץ

Wolkenhöhenmesser

מַד רֹקַע (מטא׳) [יל״ט/100]. מַכְשִׁיר הַמּוֹדֵד אֶת גֹּבַהּ הַבָּסִיס שֶׁל הָעֲנָנִים וְרוֹשֵׁם אֶת הַגְּבָהִים הַנִּמְדָּדִים

wolkenlos

צַח (מטא׳) בְּלֹא עֲנָנִים

wolkenloser Himmel ---> Himmel, wolkenloser

Wolkenschicht

רֹבֶד עֲנָנִים (מטא׳) [יל״ט/182]

Wolle

צֶמֶר (חקל׳) שְׂעַר הַצֹּאן

Wolle, abgeschorene

גִּזָּה (גִּזּוֹת) (חקל׳) גֵּז, הַצֶּמֶר הַגָּזוּז

Wollen ---> Wille

wollen, sagen

חָשַׁב לוֹמַר [ק/ד/49]. רָצָה, נִתְכַּוֵּן, הָיָה בְּדַעְתּוֹ, עָלָה עַל לִבּוֹ

Wollende, der

חָפֵץ (חֲפֵצִים) [ק/א/320]. רוֹצֶה

Wollhaar *{Lanugo}*

כְּשׁוּת (רפו׳) שֵׂעָר מוֹךְ עַל כָּל הַגּוּף, פְּלוּמַת שֵׂעָר

Wollhändler(in)

צַמָּר, צַמָּרִית [א״ח/א/137]. סוֹחֵר צֶמֶר

Wollkrabbe *{Dromia personata}*

עֲמוּסִית יָם תִּיכוֹנִית (זוא׳) סַרְטָן מִמִּשְׁפַּחַת הָעֲמוּסִיתִיִּים (סַרְטָנִים מַעֲשִׂירֵי רֶגֶל)

Wollmispel *{Eriobotrya}*

שֶׁסֶק (בוט׳) צֶמַח מִמִּשְׁפַּחַת הַוְּרָדִיִּים

Wollsackverwitterung

הִתְכַּדְּדוּת (גאו׳, י״א) תַּהֲלִיךְ בְּלִיָּה הָאָפְיָנִי לְסַלְעֵי שַׁחַם (גְּרָנִיט) וְשֶׁבּוֹ מְקַבְּלִים הַסְּלָעִים צוּרָה מְעֻגֶּלֶת דְּמוּיַת שַׂק

wollüstig

חַשְׁקָנִי (פסי׳) [ק/א/335; מר״ח/421]. חִשְׁקִי,

חֲמוּדִי, חַמְדָּנִי, תַּאַוְתָנִי

Wollung

רְצִיָּה [ק/ד/53]. נְטִיַּת הַנֶּפֶשׁ, רָצוֹן מְסֻיָּם, - פְּרָטִי

Wollust

חֲשֶׁקְנוּת (פסי׳) חֲמִידָה, תַּאַוְתָנוּת, תַּאֲוַת בְּשָׂרִים

Wollziest *{Stachys byzantina (Stachys olympica)}*

אֶשְׁבֹּל צָמִיר (בוט׳) צֶמַח מִמִּשְׁפַּחַת הַשְּׂפְתָנִיִּים

Wonne

עֹנֶג (עֲנָגִים) (פסי׳) הֲנָאָה, נֹעַם

worfeln

זָרָה (זוֹרֶה) (חקל׳) [א״ח/ב/191]. זֵרָה (מְזָרֶה), נִקָּה אֶת גַּרְגְּרֵי הַתְּבוּאָה מִמֹּץ

Worfschaufel

רַחַת (רְחָתוֹת) (טכנ׳, חקל׳) [א״ח/ב/191]. יָעֶה הַמְּשַׁמֵּשׁ לִזְרִיַּת הַתְּבוּאָה

Wort

מִלָּה (מִלִּים) (בלש׳) [ק/ב/129]. מַאֲמָר, יְחִידַת דִּבּוּר. תֵּבָה (תֵּבוֹת) (בלש׳) [ק/ד/176]

Wort, abgeleitetes

מִלָּה נִגְזֶרֶת (בלש׳) [ק/א/322]. מִלָּה חֲצוּבָה, - נֶחְצֶבֶת, - גְּזוּרָה מִשֵּׁם אַחֵר אוֹ מִשֹּׁרֶשׁ

Wort, göttliches

דְּבַר אֱלֹהִים (פיל׳, דת) [ק/א/58]. אִמְרָה, הָאִמְרָה הַפּוֹעֶלֶת, הָרָצוֹן הָאֱלֹהִי הַפּוֹעֵל וְיוֹצֵר. דִּבּוּר (פיל׳, דת) [ק/א/126]. דְּבַר הָאֵל (דת) [ק/ג/109]. סִפּוּר

Wort, hybrides

מִלַּת כִּלְאַיִם (בלש׳) [מ״ב/98]. מִלָּה הַנּוֹצֶרֶת מִיסוֹדוֹת הַבָּאִים מִשְּׁתֵּי שָׂפוֹת שׁוֹנוֹת, לְמָשָׁל: Television שֶׁתְּחִלָּתָהּ מִיְּוָנִית וְסוֹפָהּ מֵאַנְגְּלִית

Wort, nur einmal belegtes ---> Hapaxlegomenon

Wort, proklitisches ---> Proklitikon

Wortart

חֵלֶק דִּבֵּר (חֶלְקֵי דִּבֵּר) (בלש׳) [מ״ב/34;162]. חֵלֶק דִּבּוּר, קְבוּצָה צוּרָאִית (מוֹרְפוֹלוֹגִית), מַחְלָקָה, קְבוּצַת יְחִידוֹת לְשׁוֹנִיּוֹת בַּעֲלוֹת תְּכוּנָה צוּרָאִית (מוֹרְפוֹלוֹגִית) הַמְּיַחֶדֶת רַק לָהֶם, לְמָשָׁל: מֵרֹב שְׁמוֹת הָעֶצֶם אֶפְשָׁר לִיצֹר רִבּוּי וּלְהוֹסִיף עֲלֵיהֶם כִּנּוּיֵי קִנְיָן (״סֵפֶר״: ״סְפָרִים״, ״סִפְרִי״, ״סְפָרַי״). אוֹצַר הַמִּלִּים שֶׁל הַלָּשׁוֹן מִתְחַלֵּק לְפִי תָּכְנָן וּמַשְׁמָעָן שֶׁל הַמִּלִּים לְעֶשֶׂר קְבוּצוֹת הַנִּקְרָאוֹת חֶלְקֵי הַדִּבֵּר: 1. שְׁמוֹת הָעֶצֶם, 2. שֵׁם הַגּוּף (כִּנּוּי), 3. שֵׁם תֹּאַר, 4. שֵׁם מִסְפָּר, 5. הַפֹּעַל, 6. תֹּאַר הַפֹּעַל, 7. מִלַּת יַחַס, 8. מִלַּת חִבּוּר, 9. מִלַּת קְרִיאָה, 10. מִלַּת שְׁאֵלָה

Wortbildungsmorphem *{Derivativ}*

צוֹרָן גְּזִירָה (בלש׳) [מ״ב/60]. מוֹרְפֶמַת גְּזִירָה, כִּנּוּי שֶׁל תְּחִילִית (פְּרֶפִיקְס) אוֹ שֶׁל סוֹפִית (סוּפִיקְס) הַנּוֹסֶפֶת לַשֹּׁרֶשׁ אוֹ לַגֶּזַע וְיוֹצֶרֶת צוּרָה לְשׁוֹנִית עַצְמָאִית, לְמָשָׁל: הַצּוֹרָן הַפָּעֳלִי ״הִתְפַּלַּלְתִּי״ נוֹצַר מִצּוֹרַן הַשֹּׁרֶשׁ פל״ל שֶׁאֵלָיו נוֹסַף צוֹרַן הַגְּזִירָה הִתְ- (סִימַן הַבִּנְיָן הִתְפַּעֵל) וְצוֹרַן הַגְּזִירָה -תִּי (מֵאוֹתִיּוֹת הַשִּׁמּוּשׁ)

Wortblindheit ---> Alexie

Worten, mit anderen

בְּמִלִּים אֲחֵרוֹת, לָשׁוֹן אַחֵר

Wortform

צוּרַת הַמִּלָּה (בלש׳) [ק/א/32]. אֹזֶן, בִּנְיַן הַמִּלָּה

Wortgedächtnis

זִכָּרוֹן מִלּוּלִי (פסי׳) [ר/א/248]. זִכָּרוֹן לֶקְסִיקָלִי, זִכְרוֹן הַמִּלִּים שֶׁאָדָם יוֹדֵעַ בְּלֹא מַשְׁמָעוּתֵיהֶן

wortgetreu

מִלּוּלִי, מִלָּה בְּמִלָּה, כָּל מִלָּה לְלֹא שִׁנּוּי, מִלָּה לְמִלָּה

Wortgruppe *{Phrase}*

צֵרוּף (בלש׳) [מ״ב/171]. בִּטּוּי, קְבוּצַת מִלִּים בְּלֹא נוֹשֵׂא וְנָשׂוּא, לְמָשָׁל: ״מִלּוֹן הַלָּשׁוֹן הַמְּדֻבֶּרֶת״, ״בֶּאֱמֶת, עָלִיז מְאֹד״

Wortklasse ---> Wortart

Wortkunde ---> Lexikologie

Wortlaut, folgern aus dem

עָלַל (עוֹלֵל) [ק/א/137]. דִּיֵּק (מְדַיֵּק), לָמַד דָּבָר מִתּוֹךְ דָּבָר. דִּקְדֵּק (מְדַקְדֵּק) (בלש׳, פיל׳) [ק/א/145]. הוֹכִיחַ מִדִּיּוּק הַלָּשׁוֹן

Wortlaut, Folgerung aus dem

עוֹלְלוֹת [ק/א/135]. דִּיּוּק, לִמּוּד דָּבָר מִתּוֹךְ דָּבָר

Wortmalerei ---> Onomatopöie

Wortschatz

אוֹצַר מִלִּים (בלש׳, פסי׳) [ר/א/23; מ״ב/243]. כָּל הַמִּלִּים שֶׁאָדָם יוֹדֵעַ

Wortsinn

מַשְׁמָעוּת מִלּוּלִית (בלש׳, פיל׳) [ק/ג/18]. נִגְלֶה. נִרְאֶה (בלש׳, פיל׳) [ק/ג/68]

Wortsinn, äußerer

מַשְׁמָעוּת מִלּוּלִית חִיצוֹנִית (ספר׳, פסי׳) [ק/א/289]. חִיצוֹן, חִיצוֹנִי, הַכַּוָּנָה הַחִיצוֹנָה, - הַגְּלוּיָה, - הַפְּשׁוּטָה

Wortsinn, einfacher

מַשְׁמָעוּת מִלּוּלִית פְּשׁוּטָה (פיל׳) [ק/א/115]. גָּלוּי, הַנִּגְלֶה, הַמַּשְׁמָעוּת הַפְּשׁוּטָה. פָּשׁוּט [ק/ג/219]. מַה שֶּׁבָּרוּר וּמוּבָן לַכֹּל

Wortsinn, genauer

מַשְׁמָעוּת מִלּוּלִית כְּפִי שֶׁהִיא (ספר׳) [ק/א/136]. דִּיּוּק, הַהוֹרָאָה הַפְּשׁוּטָה וְהַמְּדֻקְדֶּקֶת (בְּנִגּוּד לְהַעֲבָרָה וּלְהַרְחָבָה)

Wortstamm ---> Stammform; Wurzel

Worttaubheit ---> Aphasie

Wortverwechslung *{Paraphasie; Paraphrasie}*

לְעוּת הַדִּבּוּר (פסי׳, רפו׳) [מר״ח/510]. סֵרוּס מִלִּים בְּדִבּוּר

Wucherblume *{Chrysanthemum}*

חַרְצִית (בוט׳) צֶמַח מִמִּשְׁפַּחַת הַמֻּרְכָּבִים

Wucherer

נוֹשֵׁךְ (נוֹשְׁכֵי) נֶשֶׁךְ (כלכ׳) מַלְוֶה בְּרִבִּית

Wucherkapital

הוֹן נֶשֶׁךְ (מ״ח, כלכ׳) צוּרָה הִסְטוֹרִית שֶׁל הוֹן נוֹשֵׂא רִבִּית

wuchern

שִׂגְשֵׂג (מְשַׂגְשֵׂג), הִשְׂתַּגְשֵׂג, יִפֵּר (מְיַפֵּר), הִתְיַפֵּר, גָּדַל פֶּרֶא, הָלַךְ וְרָב, צָמַח, הִסְתָּעֵף, הִתְרַבָּה, עָצַם, רָבַב, רִבֵּב, הִפְרִיץ, הִרְבִּיב,

הִתְפַּשֵּׁט בְּמִדָּה מְסֻכֶּנֶת

wuchernd
מְשַׂגְשֵׂג, יָפִיר, מִתְרַבֶּה בְּמִדָּה מְסֻכֶּנֶת, גּוֹדֵל פֶּרֶא

Wucherung
שִׂגְשׂוּג, יְפִירָה, יִפּוּר, גְּדִילַת פֶּרֶא, צְמִיחָה, הִתְרַבּוּת, הִסְתָּעֲפוּת

Wucherzinsen
רִבִּית קְצוּצָה (כלכ׳) נֶשֶׁךְ, רִבִּית נֶשֶׁךְ, - מֻפְרֶזֶת

Wucht
עָצְמַת כֹּבֶד

wuchtig *{pesante}*
טָעִין (מוס׳) בְּטֹעַן, פֶּזַנְטֶה

wühlen
נָבַר (נוֹבֵר) (זוא׳) [א״ח/ב/183]. חָפַר, חָתַר, חִטֵּט

Wühlmäuse *{Microtidae}*
נַבְרָנִיִּים (זוא׳) מִשְׁפָּחָה שֶׁל מְכַרְסְמִים

Wülsten, Aufbau aus
מִבְנֶה חֲלָיוֹת (טכנ׳) מִבְנֶה תְּפָחִים

Wünschen(s), Modalität des
דַּרְכִּיּוּת הַמִּשְׁאָלָה (בלש׳, רטו׳) [ק/ב/218]. דֶּרֶךְ הָאִוּוּי, מְנִיעַ הַמַּאֲמָר שֶׁל הַתַּאֲוָה הַמַּבִּיעַ מִשְׁאָלָה אוֹ אִוּוּי

wünschenswert
רָצוּי, רָאוּי לְמִשְׁאָלָה

Würde
בָּרוּת (מ״ח) הִתְנַהֲגוּת בְּכָבוֹד עַצְמִי, הַכָּרַת עֶרֶךְ. חֵלֶק (מ״ח) [ק/א/307]. מַעֲלָה, עֶרֶךְ, - פְּנִימִי, מִדָּה. מַדְרֵגָה (מ״ח) [ק/ב/154]. גְּדֻלָּה, מַעֲמָד, דַּרְגָּה

Würdenträger
אִישׁ הַמַּעֲלָה, אָדָם רַב מוֹנִיטִין, רָם דֶּרֶג, אִישִׁיּוּת רָמַת הַמַּעֲלָה

würdig
הָגוּן, נִכְבָּד, זַכַּאי, רָאוּי

würdigen
הִמְלִיץ (מַמְלִיץ) [ק/ב/116]. הֵלִיץ, דִּבֵּר בִּזְכוּתוֹ

Würdigkeit
רְאוּיוּת [ק/ד/12]. רֵאָיוֹן, תְּכוּנַת מִי שֶׁהוּא רָאוּי, הִתְאָמָה, נְאוֹתוּת, כְּשִׁירוּת, הוֹלְמוּת, מְסֻגָּלוּת, הֲגִינוּת, זַכָּאוּת

Würfel
קֻבִּיָּה (קֻבִּיּוֹת) (מתמ׳) [ק/ב/240]. מְעֻקָּב, קֻבִּיָּה, גּוּף הַנְדָּסִי בַּעַל שֵׁשׁ פֵּאוֹת רְבוּעוֹת שָׁווֹת זוֹ לָזוֹ. עֻקָּב, עָקָב (מתמ׳) [ק/ג/163]. גּוּף הַנְדָּסִי בַּעַל שְׁלֹשָׁה מְמַדִּים, שֶׁגָּבְהוֹ וְרָחְבּוֹ וְאָרְכּוֹ שָׁוִים

würfelförmig
קֻבִּיָּתִי (מתמ׳) [ק/ג/164]. עֻקָּבִי, עֻקָּבִי, בְּצוּרַת קֻבִּיָּה

Würfelnatter *{Natrix tesselata}*
נְחַשׁ מַיִם מְשֻׁבָּץ (זוא׳) נְחַשׁ הַמַּיִם, זוֹחֵל מִמִּשְׁפַּחַת הַזַּעֲמָנִיִּים

Würfelverdoppelung
הַכְפָּלַת הַקֻּבִּיָּה (מתמ׳)

Würger *{Laniidae}*
חַנְקָנִיִּים (זוא׳) מִשְׁפָּחָה שֶׁל צִפֳּרֵי שִׁיר

Würgfalke *{Falco cherrug}*
בַּז צַיָּדִים (זוא׳) עוֹף מִמִּשְׁפַּחַת הַבַּזִּיִּים

Würmer ablesen
תִּלַּע (מְתַלֵּעַ) (חקל׳) נִקָּה מִתּוֹלָעִים אוֹ מִזַּחֲלֵי חֲרָקִים

Würzelchen
שָׁרְשׁוֹן (בוט׳) הַשֹּׁרֶשׁ שֶׁל הַנֶּבֶט

würzen
תִּבֵּל (מְתַבֵּל) (חזו׳) [א״ח/א/122]. לִפֵּת (מְלַפֵּת)

würzig
מֵעֵין הַתְּבָלִים (פסי׳) בַּעַל רֵיחַ תְּבָלִים, חָרִיף

Würzwein
יֵין הָרֶקַח (חזו׳) [א״ח/א/242]. יַיִן מְתֻבָּל בִּבְשָׂמִים

Wüstenfalke *{Falco pelegrinoides}*
בַּז מִדְבָּרִי (זוא׳) בַּז אֲדֹם רֹאשׁ, עוֹף מִמִּשְׁפַּחַת הַבַּזִּיִּים

Wüstengimpel *{Bucanetes githagineus (Rhodopechys githaginea)}*
חֲצוֹצְרַן הַמִּדְבָּר (זוא׳) עוֹף מִמִּשְׁפַּחַת הַפְּרוּשִׁיִּים

Wüstenhuhn, Arabisches *{Ammoperdix heyi}*
קוֹרֵא (זוא׳) עוֹף מִמִּשְׁפַּחַת הַפַּסְיוֹנִיִּים

Wüstenlack
מִקְרָם מִדְבָּרִי (גאו׳, י״א) צִפּוּי חוּם כֵּהֶה עַל אֲבָנִים וּסְלָעִים הַמֻּרְכָּב בְּעִקָּר מִתַּחְמֹצֶת בַּרְזֶל

Wüstenluchs *{Felis (Lynx) caracal}*
קַרַקַל (זוא׳) יוֹנֵק מִמִּשְׁפַּחַת הַחֲתוּלִיִּים

Wüstenmaus *{Gerbillus gerbillus}*
גֶּרְבִּיל דְּרוֹמִי (זוא׳) יוֹנֵק מִמִּשְׁפַּחַת הָעַכְבָּרִיִּים

Wüstenmaus, Große *{Meriones tristrami}*
מֶרְיוֹן מָצוּי (זוא׳) יוֹנֵק מִמִּשְׁפַּחַת הָעַכְבָּרִיִּים

Wüstenpflaster
חַסְפֶּסֶת (גאו׳, י״א)

Wüstenprinie *{Scotocerca inquieta}*
מִדְבָּרוֹן (זוא׳) מִדְבָּרִית כֵּהַת זָנָב, עוֹף מִמִּשְׁפַּחַת הַסִּבְכִּיִּים

Wüstenrabe *{Corvus ruficollis}*
עוֹרֵב חוּם עֹרֶף (זוא׳) עוֹף מִמִּשְׁפַּחַת הָעוֹרְבִיִּים

Wüstenregenpfeifer *{Charadrius leschenaultii}*
חוֹפְמִי הַחוֹף (זוא׳) עוֹף מִמִּשְׁפַּחַת הַחוֹפְמִיִּים

Wüstenrenner *{Eremias sp.}*
מִדְבָּרִית (זוא׳) זוֹחֵל מִמִּשְׁפַּחַת הַלְּטָאִיִּים

Wüstenschildkröte *{Testudo kleinmanni}*
צַב יַבָּשָׁה מִדְבָּרִי (זוא׳) שַׁלְחוּפִית הַדָּרוֹם, זוֹחֵל מִמִּשְׁפַּחַת הַצַּבִּים הַיַּבַּשְׁתִּיִּים

Wüstenspringmaus *{Jaculus jaculus}*
יַרְבּוֹעַ מָצוּי (זוא׳) יוֹנֵק מִמִּשְׁפַּחַת הַיַּרְבּוֹעִיִּים (מְכַרְסְמִים)

Wüstentrompeter ---> Wüstengimpel

Wüstenwaran *{Varanus griseus}*
כֹּחַ (זוא׳) זוֹחֵל מִמִּשְׁפַּחַת הַכֹּחִיִּים

Wüstlingsleben ---> Ausschweifung
wütend ---> rasend
Wulst
חֲלִיָה (חֲלִיוֹת) (טכנ׳)
Wulst *{Torus}*
בֶּלֶט (בְּלָטִים) (רפו׳) תֶּפַח (תְּפָחִים)
Wunde
פֶּצַע (פְּצָעִים) (רפו׳) חַבּוּרָה, מַכָּה, כְּתִית (כְּתִיתִים), מָקוֹם שֶׁנִּמְעָךְ
wunderbar
פִּלְאִי [ק/ג/45]. נִסִּי, שֶׁל נֵס
wunderbarer Ausspruch ---> Ausspruch, wunderbarer
Wunderbaum *{Ricinus}*
קִיקָיוֹן (בוט׳) צֶמַח מִמִּשְׁפַּחַת הַחֲלַבְלוּבִיִּים
Wunderblume *{Mirabilis jalapa}*
לֵילָנִית רַב גּוֹנִית (מַלְכַּת הַלַּיִל) (בוט׳) צֶמַח מִמִּשְׁפַּחַת הַלֵּילָנִיִּים
Wundergabe
מַתַּת פְּלָאִים
Wunderkur
סְגֻלָּה (רפו׳) [ק/ג/93]. תְּרוּפָה, תְּרוּפַת פֶּלֶא
wunderlich
מוּזָר, מְשֻׁנֶּה, מַתְמִיהַּ, תָּמוּהַּ, מֻפְלָא, תִּמְהוֹנִי
wundern, sich über jemand oder etwas
הִתְפַּלֵּא (מִתְפַּלֵּא) עַל... [ק/ג/190]. הִפְלִיא (מַפְלִיא) מ..., תָּמַהּ (תָּמֵהַּ) עַל..., הִשְׁתּוֹמֵם, נִפְלָא עַל..., נִפְתַּע
Wunderstrauch *{Codiaeum}*
קוֹדָן (בוט׳) צֶמַח מִמִּשְׁפַּחַת הַחֲלַבְלוּבִיִּים
Wundklee *{Anthyllis}*
שַׁלְחוּפָן (בוט׳) צֶמַח מִמִּשְׁפַּחַת הַפַּרְפָּרָנִיִּים
Wundliegen ---> Druckgeschwür
Wundrose *{Erysipel}*
וְרֶדֶת (רפו׳) שׁוֹשַׁנָּה
Wundstarrkrampf *{Tetanus}*
פַּלֶּצֶת (רפו׳) [מר״ח/663]. טֶטָנוּס, צַפֶּדֶת
wundstarrkrampfbezüglich *{tetanisch}*
פַּלַּצְתִּי (רפו׳) [מר״ח/664]. שֶׁל פַּלֶּצֶת (טֶטָנוּס)
Wundtoilette *{Debridement}*
הַטְרָיַת פֶּצַע (רפו׳)
Wunsch
מִשְׁאָלָה (מִשְׁאָלוֹת) (פסי׳) [ק/א/37]. אַחֲלָיוּת, תְּשׁוּקָה וְחֵפֶץ, בַּקָּשָׁה, רָצוֹן
Wunschform *{Optativ}*
דֶּרֶךְ הָאִוּוּי (בלש׳, ספר׳) [ק/ב/130; מ״ב/155]. מַאֲמַר הַמִּתְאַוֶּה, הַבָּעַת מִשְׁאָלָה, - אִוּוּי, דֶּרֶךְ הַפֹּעַל (מוֹדוּס) הַמַּבִּיעָה אֶת נְטִיַּת לִבּוֹ שֶׁל הַדּוֹבֵר, לְמָשָׁל: בְּעִבְרִית: ״צָרִיךְ שֶׁיִּהְיוּ הַשּׁוֹפְטִים בַּעֲלֵי זְרוֹעַ״. בְּגֶרְמָנִית: Möge er „kommen!" (= ״רָצוּי שֶׁהוּא יָבוֹא״)
Wurf
זְרִיקָה (פיס׳)
Wurfgabel
מַלְגֵּז (מַלְגְּזִים) (טכנ׳, חקל׳) [א״ח/ב/191]. מִזְרֶה, קִלְשׁוֹן הַמְּשַׁמֵּשׁ לִזְרִיַּת הַתְּבוּאָה כְּדֵי לְנַקּוֹתָהּ מִן הַמֹּץ
Wurfgeschütz
בַּלִּיסְטְרָה (בַּלִּיסְטְרוֹת, בַּלִּיסְטְרָאוֹת) (צבא) מַרְגֵּמָה הַיּוֹרָה אֲבָנִים

Wurfprobe
מִבְחַן הֶלֶם (טכנ׳)
Wurfspieß
כִּידוֹן (כִּידוֹנִים) (צבא) [א״ח/ב/310]. חֲנִית
Wurfweite
טְוַח הַזְּרִיקָה (פיס׳)
Wurfwinkel
זָוִית הַזְּרִיקָה (פיס׳)
Wurmfarn *{Dryopteris}*
שְׁרָכִיָּה (בוט׳) צֶמַח מִמִּשְׁפַּחַת הַשְּׁרָכִינִיִּים
wurmig werden
הִתְלִיעַ (מַתְלִיעַ) (זוא׳, חקל׳) [א״ח/ב/182]. נִמְלָא תּוֹלָעִים אוֹ זַחֲלֵי חֲרָקִים
Wurmschnecke, Dreikant- *{Vermetus triqueter}*
שִׁלְשׁוּלָן מְשֻׁלָּשׁ (זוא׳) בַּעַל חַיִּים מִמִּשְׁפַּחַת הַשִּׁלְשׁוּלָנִיִּים (חֶלְזוֹנוֹת)
Wurmschnecken *{Vermetidae}*
שִׁלְשׁוּלָנִיִּים (זוא׳) מִשְׁפָּחָה שֶׁל חֶלְזוֹנוֹת
Wurmstich
מַחֲלַת עֵץ (ספרנ׳) מַחֲלַת תּוֹלָעִים בְּסֵפֶר
wurmstichig
אָכוּל עָשׁ (ספרנ׳)
Wurstvergiftung
נַקְנֶקֶת (רפו׳, תזו׳) הַרְעָלַת נַקְנִיק
Wurzel [---> Stammform]
שֹׁרֶשׁ (שָׁרָשִׁים) (מחמ׳, בלש׳) [ק/ד/162;163; מ״ב/ק/א/196; 130]. שֹׁרֶשׁ הַמִּלָּה, צוּרָן (מוֹרְפֵמָה) יְסוֹד שֶׁל מִלָּה הַנּוֹשֵׂא אֶת הוֹרָאָתָהּ, בְּעִבְרִית מֻרְכָּב הַשֹּׁרֶשׁ עַל הָרֹב מִשְּׁלֹשָׁה עִצּוּרִים, כְּגוֹן: ״ינ״ק״; ״קל״ט״. בְּגֶרְמָנִית כּוֹלֵל הַשֹּׁרֶשׁ גַּם תְּנוּעוֹת, לְמָשָׁל: be-arbeit-en, An-fertig-ung דָּבָר, מִסְפָּר שֶׁאִם יֻכְפַּל בּוֹ בְּעַצְמוֹ פַּעַם אוֹ פְּעָמִים רַבּוֹת יִתֵּן מִסְפָּר מְסֻיָּם. עִקָּר (מדע, בלש׳) [ק/ג/166;167]. יְסוֹד, בָּסִיס, מוֹצָא, עַמּוּד הַתָּוֶךְ
Wurzel, die gefundene
שֹׁרֶשׁ מוֹצָא (מחמ׳) [ק/ד/163]
Wurzel, die sich ergebende
שֹׁרֶשׁ יוֹצֵא (מחמ׳) [ק/ד/163]
Wurzel, dreifache
שֹׁרֶשׁ שָׁלוֹשׁ (מחמ׳)
Wurzel, mehrfache
שֹׁרֶשׁ מְרֻבָּב (מחמ׳)
Wurzel, trilitterale
שֹׁרֶשׁ שְׁלָשִׁי (בלש׳) [מ״ב/234]. שֹׁרֶשׁ מְשֻׁלָּשׁ, - תְּלַת עִצּוּרִי, - בֶּן שְׁלֹשָׁה עִצּוּרִים, כְּגוֹן: ״זר״ז״; ״צל״ל״
Wurzel aus einer Zahl ziehen
הוֹצִיא שֹׁרֶשׁ (מִמִּסְפָּר) (מחמ׳) [ק/ב/45]. מָצָא מִסְפָּר שֶׁמַּכְפֶּלְתּוֹ בְּעַצְמוֹ נוֹתֶנֶת אֶת הַמִּסְפָּר הַנָּתוּן
Wurzel schlagen
הִשְׁרִישׁ (מַשְׁרִישׁ) (בוט׳) [א״ח/ב/182]. הִכָּה שָׁרָשִׁים
wurzelhaft
שָׁרְשִׁי [ק/ב/41]. יְסוֹדִי, בְּסִיסִי
Wurzelkonsonant *{Radikal}*
יְסוֹד שָׁרְשִׁי (שׁוֹרְשִׁי) (בלש׳) [מ״ב/188]. עִצּוּר שָׁרְשִׁי, אֶחָד מֵעִצּוּרֵי הַשֹּׁרֶשׁ. אוֹת שָׁרְשִׁית

(בלש') [164/ד/ק]

Wurzelschlagen

הַשְׁרָשָׁה (בוט') הַכָּאַת שֹׁרֶשׁ, הִשְׁתָּרְשׁוּת

Wurzelstock

קְנֵה שֹׁרֶשׁ (קְנֵי שֹׁרֶשׁ) (בוט') גִּבְעוֹל תַּת קַרְקָעִי הֶעָשׂוּי לְהַצְמִיחַ נְצָרִים מִן הַנִּצָּנִים שֶׁעָלָיו

Wurzelziehen *{Radizieren}*

הוֹצָאַת שֹׁרֶשׁ (מתמ')

Wut [---> Raserei]

חֵמָה (פסי') זַעַם, חֲמַת זַעַם

Wut, Kraft der ---> Kraft der Wut

Wutanfall

הִתְפָּרְצוּת זַעַם (פסי') [ר/א/237]. הִתְגָּעֲשׁוּת, גַּעֲשׁוֹן, תְּזָזִית

X

X-Beine *{Genu valgum}*

בִּרְכַּיִם נוֹשְׁקוֹת (רפו')

x-förmige Kreuzung ---> Chiasma

Xanthelasma

צַהֲבוּבוֹמֶת (רפו') כַּתֶּמֶת הָעַפְעַף

Xanthin

אֶצְהָב (ביו') כַּתְמָן

Xanthom

צַהֲבוֹמֶת (רפו') כַּתֶּמֶת צְהֻבָּה

Xenophobie

בַּעַת זָרִים (פסי') דְּחִילַת זָרִים, קְסֶנוֹפוֹבְּיָה

Xerodermie

יְבֹשֶׁת הָעוֹר (רפו') יֹבֶשׁ הָעוֹר

Xerose

יְבֹשֶׁת (רפו') יֶתֶר יֹבֶשׁ

Xerostomie

יְבֹשֶׁת הַפֶּה (רפו') יֹבֶשׁ הַפֶּה

Z

Zabier ---> Sabäer
Zackenbarsch, Brauner *{Serranus gigas (Epinephelus gigas)}*
דַּקַּר הַסְּלָעִים (זוא׳) דָּג מִמִּשְׁפַּחַת הַדַּקָּרִיִּים (דְּגֵי גֶּרֶם)
Zackenfirm ---> Büsserschnee
zähflüssig *{viskös; viskos}*
צְמִיג [מר״ח/707]. לָזִיג, סָמִיךְ, דָּבִיק
Zähflüssigkeit *{Viskosität}*
צְמִיגוּת [מר״ח/707]. לְזִיגוּת, סְמִיכוּת, דְּבִיקוּת
Zähigkeit [---> Ziehbarkeit]
עַקְשָׁנוּת, עֲמִידָה עַל (דַּעְתּוֹ, רְצוֹנוֹ, שֶׁלּוֹ וכו׳)
Zähigkeitsmesser *{Viskosimeter}*
מַד צְמִיגוּת (פיס׳)
zählbar
סָפִיר (מתמ׳) [ק/ב/214]. מָנוּי, מַה שֶּׁנִּתָּן לְהִמָּנוֹת, - לְהִסָּפֵר
zählen [---> gelten]
סָפַר (סוֹפֵר) (מתמ׳) [ק/ג/112]. מָנָה (מוֹנֶה), נִמְנָה (נִמְנֶה), נִסְפַּר עָלָה בְּמִנְיָן, נֶחְשַׁב, עָלָה מִן הַמִּנְיָן, נִכְלַל בְּתוֹךְ הַחֶשְׁבּוֹן, נִלְקַח בְּחֶשְׁבּוֹן, עָלָה לְ...
zählen, in Zweierschritten
סָפַר בְּדִלּוּג (שְׁתַּיִם) (מתמ׳) מָנָה בְּדִלּוּג (שְׁתַּיִם)
Zähler
מוֹנֶה (מוֹנִים) (מתמ׳) הַמִּסְפָּר שֶׁמֵּעַל קַו הַשֶּׁבֶר הַמְּצַיֵּן אֶת מִסְפַּר חֶלְקֵי הַשֶּׁבֶר
Zählung
סְפִירָה (מתמ׳) [ק/ב/215]. מִנְיָן, מְנִיָּה, מִסְפָּר, חֶשְׁבּוֹן. סְפָר (מתמ׳) [ק/ג/112]
Zählzeit ---> Schwebung
zähmen
רִסֵּן (מְרַסֵּן), בָּלַם, הִגְבִּיל
Zähmung ---> Züchtung
Zähneknirschen, nervöses
חֲרֶקֶת (פסי׳) עֲצֶבֶת (נֵירוֹזָה) שֶׁל חֲרִיקַת שִׁנַּיִם
Zänker
חַרְחֲרָן, אִישׁ מָדוֹן, קַנְטְרָן, מֵצִיק
Zänkerei
רִיב, מָדוֹן, הִתְגּוֹדְדוּת (הִתְגּוֹדְדֻיּוֹת), הִתְנַצּוּת, קִנְטוּר
Zäpfchen *{Suppositorium}*
פְּתִילָה (פְּתִילוֹת) (רפו׳) נֵר, תְּרוּפָה דְּמוּיַת חָרוּט הַמֻּכְנֶסֶת לְפִי הַטַּבַּעַת אוֹ לַנַּרְתִּיק (וָגִינָה)
Zäpfchenlaut *{Uvular}*
הֶגֶה עִנְבָּלִי (בלש׳) [מ״ב/239]. עִצּוּר הַנֶּהְגֶּה בְּמַגַּע הַלָּשׁוֹן בָּעִנְבָּל, לְמָשָׁל: בְּגֶרְמָנִית: R כְּגוֹן zehren בַּמִּלָּה

Zärtlichkeit
רֹךְ (פסי׳) חִבּוּב, רֹךְ לֵב, עֲדִינוּת, אֲנִינוּת נֶפֶשׁ, חֲבִיבוּת, חִבָּה
Zäsur ---> Einschnitt
zäumen
מִתֵּג (מְמַתֵּג) (חקל׳, ספו׳) שָׂם מֶתֶג בְּפִי הַבְּהֵמָה, רִסֵּן (מְרַסֵּן)
Zahl [---> Numerus]
מִסְפָּר (מִסְפָּרִים) (מתמ׳) [ק/ב/227]. בִּטּוּי הַמַּבִּיעַ כַּמּוּת, מְסַמֵּן מִנְיָן שֶׁל קְבוּצַת עֲצָמִים אוֹ אֶת מְקוֹמוֹ שֶׁל עֶצֶם בִּרְשִׁימָה מְסֻדֶּרֶת. סְפָר (מתמ׳) [ק/ג/112]. חֶשְׁבּוֹן (מתמ׳) [ק/א/331]. עֶצֶם הַמִּסְפָּר. מִנְיָן (מתמ׳) [ק/ב/215]
Zahl, abstrakte
מִסְפָּר לֹא מְכֻנֶּה (מתמ׳) מִסְפָּר מֻפְשָׁט
Zahl, alte arabische ---> Ziffer, alte arabische
Zahl, ausreichende ---> Anzahl, beschlußfähige
Zahl, benannte
מִסְפָּר מְכֻנֶּה (מתמ׳) גֹּדֶל מְכֻנֶּה
Zahl, bestimmte
מִסְפָּר מְסֻיָּם (מתמ׳) [ק/ג/292]. קֶצֶב, קֹצֶב, מִסְפָּר קָבוּעַ
Zahl, Eigenschaft der geraden
זוּגִיּוּת (מתמ׳) [ק/א/253]. סְגֻלַּת הַמִּסְפָּר הַזּוּגִי
Zahl, gegebene
מִסְפָּר נָתוּן (מתמ׳) [ק/ב/215; 228]. מִסְפָּר מֻנָּח
Zahl, gemischte
מִסְפָּר מְעֹרָב (מתמ׳)
Zahl, gerade
מִסְפָּר זוּגִי (מתמ׳) [ק/א/252]. זוּג, בְּנִגּוּד לְנִפְרָד, הַמִּסְפָּר הַמִּתְחַלֵּק בִּשְׁתַּיִם לְלֹא שְׁאֵרִית
Zahl, gerade und ungerade
מִסְפָּר זוּג וְאֵינוֹ זוּג (מתמ׳) [ק/ב/228]. מִסְפָּר זוּגִי שֶׁאִם יִתְוַסֵּף עָלָיו מִסְפָּר לֹא זוּגִי יִהְיֶה לְלֹא זוּגִי
Zahl, grammatische
מִסְפַּר הַשֵּׁם (בלש׳) [ק/ב/228]. מִסְפָּר, מְצַיֵּן יָחִיד זוּגִי אוֹ רַבִּים בַּשֵּׁם וּבַפֹּעַל וְקוֹבֵעַ אֶת הַתְאָמָתָם לִרְכִיבִים אֲחֵרִים בַּמִּבָּע
Zahl, hyperkomplexe
מִסְפָּר עַל מֻרְכָּב (מתמ׳)
Zahl, irrationale
מִסְפָּר בִּלְתִּי מֻגְדָּר (מתמ׳) [ק/ב/228]. מִסְפָּר אִלֵּם, - שׁוֹטֶה, - מַמָּשִׁי שֶׁאֵינוֹ מָנָה שֶׁל שְׁנֵי

מִסְפָּרִים שְׁלֵמִים, מִסְפָּר אִירַצְיוֹנָלִי. מִסְפָּר חֵרֵשׁ (פיל', מתמ') [ק/א/330]. בְּנִגּוּד לְמִסְפָּר מְדַבֵּר אוֹ מְדֻבָּר

Zahl, komplexe

מִסְפָּר מֻרְכָּב (מתמ') מִסְפָּר מְדֻמֶּה

Zahl, natürliche

מִסְפָּר טִבְעִי (מתמ') מִסְפָּר שָׁלֵם חִיּוּבִי

Zahl, perfekte

מִסְפָּר מְשֻׁכְלָל (מתמ')

Zahl, radizierte

מִסְפָּר נִשְׁרָשׁ (מתמ') [ק/ג/77]. מִסְפָּר מֻשְׁרָשׁ, - שֶׁהוּצָא לוֹ שֹׁרֶשׁ

Zahl, rationale

מִסְפָּר גָּדוּר (מתמ') [ק/א/103]. מִסְפָּר הַמֻּרְכָּב מִמִּסְפָּרִים יְסוֹדִיִּים. מִסְפָּר מְדַבֵּר (מתמ') [ק/ב/228,146]. מִסְפָּר רַצְיוֹנָלִי, - מַמָּשִׁי, הַנִּתָּן לְבִטּוּי כְּמָנָה שֶׁל שְׁנֵי מִסְפָּרִים שְׁלֵמִים (שְׁלִילִיִּים אוֹ חִיּוּבִיִּים). מִסְפָּר מְדֻבָּר, - מֻגְדָּר (מתמ') [ק/ב/228]

Zahl, Stellenwert der

מְקוֹם הַסִּפְרָה (מתמ') [ק/א/112]. גִּילְיוֹת, מְקוֹם הַמִּסְפָּר

Zahl, transfinite ---> Zahl, überendliche

Zahl, überendliche

מִסְפָּר עַל סוֹפִי (מתמ')

Zahl, ungerade

מִסְפָּר נִפְרָד (מתמ') [ק/ב/228; ק/ג/56]. מִסְפָּר שֶׁאֵינוֹ זוּגִי, פֶּרֶד, פֶּרֶט, מִסְפָּר חָסֵר. פָּשׁוּט (מתמ') [ק/ג/218]

Zahl, zusammengesetzte

מִסְפָּר פָּרִיק (מתמ')

Zahl bezüglich, auf die

מִסְפָּרִי (מתמ') [ק/ב/229]. שֶׁל מִסְפָּר

Zahl- und Maßeinheit dienen, als

נִסְפַּר (נִסְפָּר) (מתמ') [ק/ג/112]. נִמְנָה (נִמְנֶה), סָפַר (סוֹפֵר), שִׁמֵּשׁ יְסוֹד וּמִדָּה לְחֶשְׁבּוֹן

zahlbar

בַּר פֵּרָעוֹן (כלכ', משפ') עוֹמֵד לְתַשְׁלוּם, נִפְרָע

Zahlen, befreundete

מִסְפָּרִים רֵעִים (מתמ') [ק/ב/216; 228]. מִנְיָן הַנֶּאֱהָב

zahlen, zu ---> zahlbar

Zahlenebene, komplexe

מִישׁוֹר הַמֻּרְכָּבִים (מתמ') הַמִּישׁוֹר הַמֻּרְכָּב

Zahlenklasse

מַעֲלָה (מתמ') [ק/ב/237]. מַעֲרֶכֶת מִסְפָּר

zahlenmäßig

מִסְפָּרִי [ק/ב/216]. מִנְיָנִי

Zahlenreihe

טוּר (טוּרִים) (מתמ') [ק/ב/228; ק/ג/44]. מִסְפָּרִים נִמְשָׁכִים, טוּר הַמִּסְפָּרִים הַטִּבְעִיִּים (הַמִּסְפָּרִים הַשְּׁלֵמִים הַחִיּוּבִיִּים), מַעֲרֶכֶת מִסְפָּרִים מְסֻדֶּרֶת

Zahlenreihe, natürliche

טוּר טִבְעִי (מתמ') [ק/ג/44]. נִמְשָׁכִים בְּדֶרֶךְ הַמִּסְפָּר

Zahlenreihe, unnatürliche

טוּר לֹא טִבְעִי (מתמ') [ק/ג/44]. נִמְשָׁכִים שֶׁלֹּא בְּדֶרֶךְ הַמִּסְפָּר

Zahlung, Ausbleiben der --->

Nichtzahlung

Zahlung, gestundete

תַּשְׁלוּם דָּחוּי (כלכ')

Zahlung unter Protest

תַּשְׁלוּם בִּמְחָאָה (משפ', כלכ')

Zahlungs- und Verrechnungsverkehr

שֵׁרוּת תַּשְׁלוּמִים וְסִלּוּקִים (כלכ')

Zahlungsaufschub, Gewährung von

---> Moratorium

Zahlungsbedingungen

תְּנָאֵי תַּשְׁלוּם (כלכ', משפ')

Zahlungsbeleg ---> Ausgabenbeleg

Zahlungsberechtigter --->

Zahlungsempfänger

Zahlungsempfänger

מוּטָב (כלכ', משפ') [אב"מ/134]. נִפְרָע, מִי שֶׁשְּׁמוֹ מוֹפִיעַ בְּמִסְמָךְ חוֹב וּלְפָקֻדָּתוֹ יְשֻׁלַּם הַסְּכוּם שֶׁרָשׁוּם בְּאוֹתוֹ מִסְמָךְ

zahlungsfähig

כְּשִׁיר פֵּרָעוֹן (כלכ', משפ') בַּעַל כֹּשֶׁר פֵּרָעוֹן, בֶּן יְכֹלֶת תַּשְׁלוּם

Zahlungsfähigkeit

כֹּשֶׁר פֵּרָעוֹן (כלכ', משפ')

Zahlungsmittel

אֶמְצָעִי (אֶמְצָעֵי) תַּשְׁלוּם (כלכ')

zahlungsunfähig

חֲדַל פֵּרָעוֹן (כלכ', משפ') פּוֹשֵׁט רֶגֶל

Zahlungsunfähigkeit

חִדְלוּת פֵּרָעוֹן (כלכ', משפ') פְּשִׁיטַת רֶגֶל

Zahlwort *{Numerale}*

שֵׁם מִסְפָּר (בלש') [ק/ב/228; ק/ד/127; מ"ב/150]. מִלָּה הַמַּבִּיעָה מִסְפָּר וְהַכּוֹלֶלֶת שֵׁם מִסְפָּר מוֹנֶה (- יְסוֹדִי) הַמּוֹרֶה עַל כַּמּוּת הַדְּבָרִים, כְּגוֹן: "אֶחָד", "שְׁנַיִם", שֵׁם מִסְפָּר סוֹדֵר (- סִדּוּרִי) הַמְצַיֵּן אֶת סִדְרָם שֶׁל הַדְּבָרִים וְאֶת מְקוֹמָם בְּשׁוּרָה, כְּגוֹן: "רִאשׁוֹן", "שֵׁנִי", שֵׁם מִסְפָּר חֶלְקִי, כְּגוֹן: "חֵצִי", "שְׁלִישׁ" וְשֵׁם מִסְפָּר כּוֹפֵל, כְּגוֹן: "כִּפְלַיִם"

Zahlwort, allgemeines

מִסְפָּר כְּלָלִי (בלש') [ק/ב/228]

Zahlwort, bestimmtes

מִסְפָּר מְיֻעָד (בלש') [ק/ב/228]. מִסְפָּר מְצֻמְצָם

Zahn [---> Klaue]

שֵׁן (שִׁנַּיִם) (רפוי')

Zahnbein

שֶׁנְהָב (רפוי') דֶּנְטִין, חֹמֶר הַשֵּׁן

Zahnbelag

אַבְנִית הַשֵּׁן (רפוי') דּוּרְדִית הַשִּׁנַּיִם, רֹבֶד הַשֵּׁן

Zahnfach

מַכְתֶּשֶׁת הַשֵּׁן (רפוי')

Zahnfleisch

חֲנִיכַיִם (רפוי')

Zahnfleischabzeß *{Parulis}*

מֻרְסַת הַחֲנִיכַיִם (רפוי') [מר"ח/515]. דּוּרְשִׁינָה

Zahnfleischentzündung

דַּלֶּקֶת הַחֲנִיכַיִם (רפוי')

Zahngesperre

מַחְגֵּר שִׁנַּיִם (טכנ') מַחְגֵּר מְשֻׁנָּן, מַנְגָּנוֹן שֶׁבּוֹ גַּלְגַּל מְשֻׁנָּן מִסְתּוֹבֵב עַל יְדֵי לָשׁוֹן הַנִּכְנֶסֶת בֵּין שִׁנָּיו

Zahnkaries ---> Karies
Zahnkranz
גַּב גַּלְגַּל שִׁנַּיִם (טכנ')
Zahnkronenschmelz
שֶׁנֶב הַשֵּׁן (רפו')
zahnlos
דֵּרֶד (דֵּרָדִים), דֵּרֶדֶת (דֵּרָדוֹת) (רפו') [מר״ח/230]. חֲסַר שִׁנַּיִם
Zahnrad
גַּלְגַּל שִׁנַּיִם (גַּלְגַּלֵּי שִׁנַּיִם) (טכנ')
Zahnradgetriebe
מִמְסֶרֶת גַּלְגַּלֵּי שִׁנַּיִם (טכנ')
Zahnradvorgelege
מַעֲרֶכֶת גַּלְגַּלֵּי שִׁנַּיִם (טכנ')
Zahnreihenschluß *{Okklusion}*
מִסְגָּר (רפו') [מר״ח/490]. סֶגֶר הַשִּׁנַּיִם
Zahnreihenschluß, nicht normaler
מִסְגָּר שָׁנוּז (רפו')
Zahnschmelz *{Enamelum}*
שֶׁנֶב (רפו')
Zahnspinner *{Notodontidae}*
שֶׁנְגַּבִּיִּים (זוא') מִשְׁפָּחָה שֶׁל פַּרְפָּרָאִים
Zahnsprenglaut *{Dental}*
הֶגֶה שִׁנִּי (בלש') [מ״ב/110;59]. עִצּוּר הַנֶּהְגֶּה בְּמַגָּע חֹד הַלָּשׁוֹן בַּשִּׁנַּיִם הַחוֹתְכוֹת הָעֶלְיוֹנוֹת, לְמָשָׁל: t, d
Zahnstein ---> Zahnbelag
Zahnstocherkraut *{Ammi visnaga}*
אַמִּיתָה קֵיצִית (בוט') צֶמַח מִמִּשְׁפַּחַת הַסּוֹכְכִיִּים
Zahnung
הַשְׁנָנָה, הֶשְׁנֵן (רפו') מַעֲרֶכֶת שִׁנַּיִם
Zahnverlust
דֵּרְדוּת (רפו') מַחֲלַת רִקָּבוֹן שִׁנַּיִם וּנְשִׁירָתָן
Zange
צְבָת (צְבָתוֹת), מֶלְקָחַיִם
Zapfen *{Strobilus}*
אִצְטְרֻבָּל (אִצְטְרֻבָּלִים) (בוט') הַפְּרִי שֶׁל הַמַּחְטָנִיִּים שֶׁבְּחֵיקוֹ נִמְצָאִים הַזְּרָעִים
zappelig
קַרְטְעָן (פסי', רפו') מִי שֶׁמְּקַרְטֵעַ וּמְפַרְכֵּס מֵחֹסֶר מְנוּחָה
zappeln
קִרְטַע (מְקַרְטֵעַ) (פסי', רפו') פִּרְכֵּס, פִּרְפֵּר
Zarge
דֹּפֶן (דְּפָנוֹת)
Zartheit
עֲדִינוּת, רֹךְ, עֲנִיגוּת
Zauberer
אַשָּׁף (אַשָּׁפִים) (אנת', דת) מְכַשֵּׁף, חוֹבֵר (חוֹבְרִים), יִדְעוֹנִי, כַּשָּׁף
Zauberkünstler(in)
קוֹסֵם, קוֹסֶמֶת (תאט') חָרָשׁ (חֲרֶשֶׁת) לְהָטִים
zaubern
כִּשֵּׁף (מְכַשֵּׁף) (אנת', דת) עָשָׂה כְּשָׁפִים, הִלֵּךְ קְסָמִים עַל..., יָדַע בִּקְסָמִים, לָחַשׁ לְחָשִׁים. קָסַם (מְקַסֵּם) (תאט') קָסַם (קוֹסֵם), עָשָׂה בְּלָהָטִים, אִחֵז (מְאַחֵז) עֵינַיִם
Zauberposse
מַחֲזֶה כְּשָׁפִים (ספר', תאט')
Zauberquadrat ---> Quadrat, magisches
Zaubervorstellung
הַצָּגַת לְהָטִים (תאט')
zaudern ---> schwanken
Zaudern ---> Schwanken
Zaumzeug
רֶסֶן (רְסָנִים) (חקל') [א״ת/ב/124]. רִתְמַת רֹאשׁ הַבְּהֵמָה, פְּרַמְבִּיָּה, מֶתֶג (מְתָגִים)
Zaunkönig *{Troglodytes troglodytes}*
גִּדְרוֹן (זוא') עוֹף מִמִּשְׁפַּחַת הַגִּדְרוֹנִיִּים
Zaunkönige *{Troglodytidae}*
גִּדְרוֹנִיִּים (זוא') מִשְׁפָּחָה שֶׁל צִפֳּרֵי שִׁיר
Zaunrose, Schottische ---> Weinrose
Zaunrübe *{Bryonia}*
דְּלַעַת הַנָּחָשׁ (בוט') צֶמַח מִמִּשְׁפַּחַת הַדְּלוּעִיִּים
Zebrakärpfling *{Aphanius fasciatus}*
נָאוִית הַפַּסִּים (זוא') דָּג מִמִּשְׁפַּחַת הַנָּאוִיתִיִּים
Zecke
קַרְצִית (זוא') פְּרוּק רַגְלַיִם מִסִּדְרַת הָאֲקָרִיּוֹת
Zeckenbefall
קָרֶצֶת (זוא', רפו') מַכַּת קַרְצִיּוֹת
Zedent ---> Übertragender
Zeder *{Cedrus}*
אֶרֶז (בוט') צֶמַח מִמִּשְׁפַּחַת הָאַרְזִיִּים
Zederngirlitz *{Serinus syriacus}*
בַּזְבּוּז הַלְּבָנוֹן (זוא') עוֹף מִמִּשְׁפַּחַת הַפְּרוּשִׁיִּים
zedieren ---> übertragen
Zedrachbaum *{Melia azedarach}*
אִזְדָּרֶכֶת מְצוּיָה (בוט') צֶמַח מִמִּשְׁפַּחַת הָאִזְדָּרַכְתִּיִּים
Zehe
בְּהוֹן (בְּהוֹנוֹת) (רפו') [מר״ח/499]. אֶצְבַּע הָרֶגֶל
Zehneck *{Dekagon}*
מְעֻשָּׂר (מתמ') [ק/ב/244]. מְצֻלָּע בַּעַל עֶשֶׂר צְלָעוֹת, דֶּקָגוֹן
Zehnerbruch ---> Dezimalbruch
Zehnjahresperiode *{Dezennium}*
עָשׂוֹר (עֲשׂוֹרִים), עֶשֶׂר שָׁנִים
Zehntagesperiode *{Dekade}*
עֲשֶׂרֶת יָמִים, עֲשָׂרָה יָמִים
Zehnter
מַעֲשֵׂר (מַעַשְׂרוֹת) (דת, חקל') [א״ת/ב/189]. עֲשִׂירִית הַיְּבוּל הַמְיֻעֶדֶת לְמַטָּרָה דָּתִית אוֹ חֶבְרָתִית
Zeichen, aufsteigendes
הַמַּזָּל הָעוֹלֶה (אסט') [ק/ג/133]. הַמַּזָּל הַצּוֹמֵחַ (אסט') [ק/ג/249]
Zeichen(s), Bedeutung eines
הוֹרָאָה שֶׁל סִימָן (פיל', בלש') [ח״ה/50]. מְצִיֶּנֶת בְּאֶמְצָעוּת מַשְׁמָעוּתוֹ שֶׁל הַסִּימָן הַמִּתְבַּטֵּאת עַל יָדָיו
Zeichen, diakritisches
סִימַן הֶבְחֵן (בלש') [מ״ב/62]. נְקֻדַּת הֶבְחֵן, סִימָן דִּיאַקְרִיטִי, - מַבְחִין, - הַבָּא לְשַׁנּוֹת הֲגִיָּה שֶׁל אוֹת, לְמָשָׁל: š = sch, č = tsch
Zeichen(s), Sinn eines

מַשְׁמָעוּת שֶׁל סִימָן (פיל׳, בלש׳) [ת״ה/50]. מוּבָנוֹ הַתִּפְקוּדִי אוֹ אַף הֶחָזוּתִי שֶׁל סִימָן כָּלְשֶׁהוּ

Zeichenerklärung *{Legende}*

מִקְרָא (י״א) בֵּאוּר סִימָנִים

Zeichenfeder

צִפֹּרֶן (צִפָּרְנַיִ) סִרְטוּט (טכנ׳, אמנ׳)

Zeichengebung ---> Wink

Zeichengerät *{Plotter}*

תַּוְיָן (תַּוְיָנִים) (מחש׳) [דמ״א/80]. הֶתְקֵן הַמְּסַרְטֵט תַּרְשִׁימִים וכד׳ עַל פִּי הוֹרָאוֹת הַמַּחְשֵׁב, פְּלוֹטֶר

Zeichenkode

צֹפֶן תָּוִי (מחש׳) [דמ״א/21]

zeichnen

רָשַׁם (רוֹשֵׁם) (אמנ׳) צִיֵּר (מְצַיֵּר), תִּוָּה (מְתַוֶּה)

Zeichnen

צִיּוּר (אמנ׳) תִּוּוּי

Zeichnen, ideoplastisches

צִיּוּר לְפִי הַדִּמּוּי (אמנ׳, פסי׳)

Zeichnen, physioplastisches

צִיּוּר לְפִי הַמּוּחָשׁ (אמנ׳, פסי׳)

Zeichner(in)

רַשָּׁם, רַשֶּׁמֶת (אמנ׳) [ממ״ג/261]

zeichnerische Perspektive ---> Perspektive, zeichnerische

Zeichnung

רִשּׁוּם (רִשּׁוּמִים) (אמנ׳)

Zeichnung, schattierte

סִרְטוּט מְצֻלָּל (אמנ׳, טכנ׳) צִיּוּר הֶעָשׂוּי בְּהַבְלָטַת הֶבְדֵּלֵי אוֹר וָצֵל

Zeichnung, maßstäbliche

סִרְטוּט בִּקְנֵה מִדָּה (אמנ׳, טכנ׳)

Zeichnungsbefugnis

זְכוּת חֲתִימָה (כלכ׳, משפ׳) [אב״מ/65]. זְכוּת הַמְּעֻנֶּקֶת לְמִישֶׁהוּ עַל יְדֵי חֶבְרָה אוֹ אָדָם לִפְעֹל בִּשְׁמָם וְלַחְתֹּם עַל מִסְמָכִים

Zeichnungsberechtigung ---> Zeichnungsbefugnis

Zeichnungskopie [---> Lichtpause]

הֶעְתֵּק (הֶעְתֵּקִים) (אמנ׳, טכנ׳) הֶעְתֵּק אוֹר

Zeichnungsrolle

זְבִיל (זְבִילִים) (אמנ׳, טכנ׳) בֵּית קִבּוּל גְּלִילֵי לְגִלְיוֹנוֹת נְיָר

Zeigelust ---> Exhibitionismus

zeigen ---> demonstrieren

Zeigen ---> Bekundung

zeigen, mit dem Finger ---> Finger zeigen, mit dem

Zeiger ---> Anzeiger

Zeigewort ---> Demonstrativpronomen

Zeisig *{Spinus spinus (Carduelis spinus)}*

חַרְפִּי (זוא׳) עוֹף מִמִּשְׁפַּחַת הַפְּרוּשִׁיִּים

Zeit

זְמַן, זְמָן (פיס׳, פיל׳) [ק/א/264]. הָעֵת הַמִּתְפַּשֶּׁטֶת

Zeit-

תּוֹר

Zeit, erzählte

זְמַן מְסֻפָּר (ספר׳) [מ״ס/146]. הַזְּמַן שֶׁגְּבוּלוֹ הָאֶחָד הוּא הָאֵרוּעַ הַמֻּקְדָּם בְּיוֹתֵר הַמְּצֻיָּן בְּמַהֲלַךְ הַסִּפּוּר, וּגְבוּלוֹ הָאַחֵר הוּא הָאֵרוּעַ הַמְּאֻחָר בְּיוֹתֵר

Zeit, festgesetzte

מוֹעֵד (מוֹעֲדִים), זְמַן קָבוּעַ

Zeit, Umstandssatz der ---> Umstandssatz der Zeit

Zeit, zur gleichen

בּוֹזְמַנִּית, סִימוּלְטָנִי, בּוֹ בַּזְּמַן

Zeit, zusammengesetzte

זְמַן מֻרְכָּב (בלש׳) [מ״ב/43]. צוּרַת זְמַן הַנּוֹצֶרֶת בְּאֶמְצָעוּת פֹּעַל עֵזֶר אוֹ מִלָּה אַחֶרֶת, לְמָשָׁל: ״הָיָה עוֹלֶה״ (כְּנֶגֶד: ״עָלָה״)

Zeit der Aussaat ---> Aussaat, Zeit der

Zeit der Erdtrockenheit ---> Sommer

Zeit der Ernte ---> Ernte, Zeit der

Zeit der Hitze ---> Hitzezeit

Zeit der Kälte ---> Kälte, Zeit der

Zeit der Obstlese ---> Sommer

Zeitabschnitt ---> Periode

Zeitabstand

רֶוַח זְמַן (פיס׳)

Zeitatom

זְמַן פְּרָדִי (פיס׳) [ק/א/265; ק/ג/208]. זְמַן אָטוֹמִי, יְחִידַת הַזְּמַן שֶׁאֵינָהּ נִתֶּנֶת לְהֵחָלֵק מֵחֲמַת קֹצֶר שִׁעוּרָהּ. עֵתָּה (פיס׳) [ק/ג/176]. יְחִידַת זְמַן קְטַנָּה בְּיוֹתֵר. רֶגַע (פיס׳) [ק/ד/22]

Zeitbegrenzungsmethode

מַדְרוּג שֶׁל זְמַן מֻגְדָּר (מ״ח, כלכ׳) דֶּרֶךְ (מְתוֹדָה) שֶׁל זְמַן מֻגְדָּר

Zeitbestimmung, Kategorie der ---> Kategorie der Zeitbestimmung

Zeitdauer

מֶשֶׁךְ (פיס׳) מֶשֶׁךְ זְמַן

Zeiteinheit, kleine

רֶגַע (רְגָעִים) (פיס׳) [ק/ד/22]. יְחִידַת זְמַן קְטַנָּה. עֵתָּה (פיס׳) [ק/ג/176]

Zeitenfolge *{Consecutio temporum}*

מַעֲקֹבֶת זְמַנִּים (בלש׳) [מ״ב/46]. כִּוּוּן זְמַנִּים, הֶתְאֵם בְּשִׁמּוּשׁ זְמַנִּים, כְּלָלִים לְהַתְאָמַת הַזְּמַנִּים בֵּין מִשְׁפָּט מְשַׁעְבֵּד לְבֵין מִשְׁפָּט מְשֻׁעְבָּד

Zeitfolgenexperiment ---> Versuchsanlage in der Zeitfolge

Zeitkonstante

קְבוּעַ הַזְּמַן (פיס׳)

Zeitlang, eine

זְמַן מְסֻיָּם (פיס׳) [ק/ב/148]. מִדָּה, שִׁעוּר זְמַן

zeitlich

זְמַנִּי (פיס׳) [ק/א/265]. מֵעִנְיַן הַזְּמַן

zeitlich begrenztes Verfahren ---> Verfahren, zeitlich begrenztes

zeitliche Abstimmung ---> Abstimmung, zeitliche

zeitliche Ununterbrochenheit ---> Ununterbrochenheit, zeitliche

Zeitlohn

שָׂכָר לִזְמַן (כלכ׳)

Zeitlose *{Colchicum}*
סִתְוָנִית (בוט') צֶמַח מִמִּשְׁפַּחַת הַשּׁוֹשַׁנִּיִּים
Zeitmaß [---> Tempo]
מִפְעָם (מוס') טֶמְפּוֹ, הַמֶּשֶׁךְ הַמֻּחְלָט שֶׁל הַפְּעָמוֹת
Zeitmaß, erstes *{tempo primo}*
מִפְעָם רִאשׁוֹן (מוס') טֶמְפּוֹ פְּרִימוֹ
Zeitmaß, geraubtes *{tempo rubato}*
בְּמִפְעָם מְשֻׁלָּח (מוס') טֶמְפּוֹ רוּבָּטוֹ, בְּמִפְעָם חָפְשִׁי, בִּמְשֻׁלָּח
Zeitmaß, im früheren *{a tempo}*
בְּמִפְעָם (מוס') אַ טֶמְפּוֹ
Zeitmaß, in angemessenem *{tempo giusto}*
בְּמִפְעָם נָכוֹן (מוס') טֶמְפּוֹ ג'וּסְטוֹ
Zeitmaß, streng im *{rigoroso}*
בְּמִפְעָם מְדֻיָּק (מוס') רִיג'וֹרוֹזוֹ
Zeitpunkt
רֶגַע (פיס')
Zeitpunkt, gegenwärtiger
עַתָּה [ק/ג/176]. הָרֶגַע הָעוֹמֵד, הֹוֶה, הַזְּמַן הַנּוֹכְחִי, עַכְשָׁו
Zeitraum
פֶּרֶק זְמַן [ק/א/205]. הֶקֵּף, זְמַן מְסֻיָּם, פֶּלֶג עִדָּן, תְּקוּפָה
Zeitrechnung
מִנְיָן [ק/ב/216]. סְפִירַת הַשָּׁנִים לְפִי תַּאֲרִיךְ יָדוּעַ
Zeitreihe, multiple
מַעֲרָךְ סְדָרוֹת עִתִּיּוֹת מְרֻבּוֹת (מדע) [מ"מ/215]. מַעֲרָךְ דִּמּוּי נִסּוּיֵי עִם קְבוּצַת נִסּוּי וּקְבוּצַת בִּקֹּרֶת שֶׁאֵינָן בְּהֶכְרֵחַ דּוֹמוֹת
Zeitreihe, unterbrochene
מַעֲרָךְ סְדָרוֹת עִתִּיּוֹת עִם הַפְסָקוֹת (מדע) [מ"מ/215]. מַעֲרָךְ דִּמּוּי נִסּוּיֵי עִם קְבוּצָה אַחַת
Zeitschätzung
אֹמֶד הַזְּמַן (פסי')
Zeitscheibe
פֶּלַח זְמַן (מחש') [דמ"א/102]. מְנַת זְמַן
Zeitsekunde
שְׁנִיָּה (שְׁנִיּוֹת) (פיס') [ק/ד/141]. אֶחָד מִשִּׁשִּׁים בְּדַקָּה
Zeitsekunde, Sechzigstel einer
שְׁלִישִׁי, שְׁלִישִׁית, שְׁלִישִׁיָּה (פיס') [ק/ד/114]. אֶחָד מִשִּׁשִּׁים בִּשְׁנִיָּה
Zeitspanne
שִׁעוּר זְמַן (פיס') [ק/ב/148]. מִדָּה
Zeitstichprobe
דְּגִימָה בִּזְמַנִּים (מ"ח, סטט')
Zeitstrecke ---> Intervall
Zeitumstände
נְסִבּוֹת [ק/ב/221]. מְסִבּוֹת, הִשְׁתַּלְשְׁלוּת שֶׁל סִבּוֹת, תְּנָאִים, מַצַּב הַדְּבָרִים
Zeitungsausschnitt
גְּזִיר עִתּוֹן (גְּזִירֵי עִתּוֹנִים) (חקש', ספרנ') גְּזִיר (גְּזִירִים)
Zeitungshalter
מַאֲחֵז עִתּוֹנִים (ספרנ')
Zeitverwandlung
הֲמָרַת הַזְּמַן (אסט')
Zeitwahrnehmung
תְּפִיסַת הַזְּמַן (פסי') [ר/א/252]. הַתְּפִיסָה שֶׁל הִתְמַשְּׁכוּת הַזְּמַן וּמַעֲבָרוֹ
zeitweilig
זְמַנִּי (פיס') [ק/א/265]. עִתִּי, אַרְעִי, חוֹלֵף
Zeitwort ---> Verb
Zeitzone
אֵזוֹר זְמַן (י"א) אֵזוֹר שָׁעָה, - הַנִּמְצָא בֵּין שְׁנֵי קַוֵּי אֹרֶךְ מְסֻיָּמִים וְשֶׁבּוֹ נִקְבְּעָה יְחִידַת זְמַן הַהוֹלֶמֶת פָּחוֹת אוֹ יוֹתֵר אֶת זְמַן הַשֶּׁמֶשׁ הַמְּדֻיָּק
zelebrieren
פִּלְחֵן (מְפַלְחֵן), חִגֵּג (מְחַגֵּג), קִיֵּם בְּטֶקְסִיּוּת
Zelebrierung
פִּלְחוּן, חִגּוּג, קִיּוּם טֶקְסִי
Zelle
תָּא (תָּאִים) (ביו') תָּאִית (תָּאִיּוֹת)
zellenlos ---> nichtzellig
Zellgewebsentzündung *{Phlegmone}*
שָׂרֶפֶת (רפו')
Zellgift *{Zytotoxin}*
רַעֲלַן תָּאִים (רפו')
Zellhaut ---> Zellmembran
Zellkultur
תַּרְבִּית תָּאִים (ביו') [ל"ב/250]. תַּרְבִּית רִקְמָה, גִּדּוּל תָּאִים בְּמַצָּע מָזוֹן מַתְאִים בְּמַעְבָּדָה
Zellmembran
קְרוּם הַתָּא (ביו') [ל"ב/227]. הַקְּלִפָּה הַחִיצוֹנִית שֶׁל כָּל תָּא חַי הַמְּוַסֶּתֶת כְּנִיסַת חָמְרֵי מָזוֹן לְתוֹכוֹ וִיצִיאַת חָמְרֵי פְּסֹלֶת מִמֶּנּוּ
Zellreihe
שׁוּרַת תָּאִים (ביו')
Zellsaftraum ---> Vakuole
Zellstoff *{Zellulose}*
תָּאִית (בוט', טכנ') [דח"ט/173]. צֶלּוּלוֹזָה, תָּאוֹנֶת, חֹמֶר פַּחְמִימָנִי שֶׁמִּמֶּנּוּ בְּנוּיֵי דֹּפֶן הַתָּא הַצִּמְחִי, וְהוּא מוּפָק עַל יְדֵי עִבּוּדִים מְכוֹנָתִיִּים (מֶכָנִיִּים) וְכִימִיִּים שֶׁל חֹמֶר הַגֶּלֶם
Zellulose ---> Zellstoff
Zeltlager
מַאֲהָל, מַחֲנֵה אֹהָלִים
Zelttuch
יְרִיעָה (יְרִיעוֹת) [א"ח/א/7]. אָרִיג אוֹ עוֹר שֶׁמִּמֶּנּוּ עָשׂוּי הָאֹהֶל
Zement
מֶלֶט (אדר') תַּעֲרֹבֶת סִיד עִם חוֹל וּמַיִם
zementieren
מָלַט (מוֹלֵט) [י"א/338]
zementiert
מָלוּט, מְלוּטָה [י"א/338]
Zenit
נֹכַח הָרֹאשׁ (אסט', י"א) [ק/ג/35]. נֹכַח הַקָּדְקֹד, נְקֻדַּת הַגֹּבַהּ, נְקֻדָּה בַּשָּׁמַיִם מֵעַל לְרֹאשׁוֹ שֶׁל הַצּוֹפֶה וּמְרֻחֶקֶת בְּמִדָּה שָׁוָה מִכָּל נְקֻדָּה שֶׁבָּאֹפֶק, זֵנִיט, פִּסְגָּה, שִׂיא. נְקֻדַּת הַנֹּכַח (אסט', י"א) [ק/ג/65]. נְקֻדַּת נֹכַח הָרֹאשׁ. לְעֻמַּת הָרֹאשׁ (אסט', י"א) [ק/ג/146]
zensieren
אִפְקֵחַ (מְאַפְקֵחַ) (פסי', מדי') [י"א/487]. בָּדַק

(מְבַדֵּק), בָּדַק (מְבֻדָּק), צִנְזֵר (מְצַנְזֵר) אֶת...,
צֻנְזַר (מְצֻנְזָר), אֻפְקַח (מְאֻפְקָח), פָּקַח (פּוֹקֵחַ)
עַל..., פֻּקַּח (מְפֻקָּח) עַל יְדֵי..., עָרַךְ צֶנְזוּרָה.
נָתַן (נוֹתֵן) צִיּוּן (פדג׳, מ״ח, פסי׳) קִבֵּל (מְקַבֵּל)
צִיּוּן

Zensor(in)
אֶפְקוֹחַ, אֶפְקוֹחִית (מדי׳) [י״א/487]. בּוֹדֵק,
בּוֹדֶקֶת, צֶנְזוֹר, אֶפְקָח, אֶפְקָחִית

Zensorieren
אִפְקוּחַ (מדי׳) [י״א/487]. בְּדוּק, בְּדֹקֶת, צִנְזוּר

Zensur
אַפְקָחָה (פסי׳, מדי׳) [ר/ב/587; י״א/487].
מִבְדָּקָה, פַּקָּחָה, צֶנְזוּרָה, תַּפְקִיד מְשֻׁתָּף שֶׁל
״הָאֲנִי״ וְ״הָאֲנִי הָעֶלְיוֹן״ לְקַבֵּל אוֹ לִדְחוֹת
רַעְיוֹנוֹת וּדְחָפִים הָעוֹלִים מִן הַלֹּא מוּדָע.
בִּקֹּרֶת מִטַּעַם הַשִּׁלְטוֹן עַל דִּבְרֵי כְּתָב וְעַל
הַתִּקְשֹׁרֶת. צִיּוּן (צִיּוּנִים) (פדג׳, מ״ח, פסי׳)

zentesimal ---> hundert beruhend, auf der Zahl

zentrale Tendenz ---> Tendenz, zentrale

Zentraleinheit
יְחִידַת עִבּוּד מֶרְכָּזִית (יָעָ״ם) (מחש׳)
[דמ״א/21]. הַיְחִידָה בַּמַּחְשֵׁב הָעוֹשָׂה אֶת כָּל
פְּעֻלּוֹת עִבּוּד הַנְּתוּנִים

Zentralfaktortheorie
תּוֹרַת הַגּוֹרֵם הַמֶּרְכָּזִי (מ״ח, פסי׳) [ר/א/127;
128]

Zentralisation des Kapitals ---> Kapital(s), Zentralisation des

Zentralkörper
גֶּרֶם רִאשׁוֹנִי (פיס׳)

Zentralnervensystem (ZNS)
מַעֲרֶכֶת הָעֲצַבִּים הַמֶּרְכָּזִית (מַעֲ״מ) (רפו׳)

Zentralprojektion ---> Kegelprojektion

Zentralsinn
הַחוּשׁ הַמְּשֻׁתָּף (פסי׳, פיל׳) [ק/א/278;
ק/ב/308]. הַחוּשׁ הַמִּשְׁתַּתֵּף, הַמַּרְגִּישׁ הַכְּלָלִי,
כְּלַל הַהַשָּׂגוֹת הַחוּשִׁיּוֹת וְהִתְאַחֲדוּתָן בְּנֶפֶשׁ
הָאָדָם. הַרְגָּשָׁה הַמִּשְׁתַּתֶּפֶת (פסי׳, פיל׳)
[ק/א/212; ק/ב/308]

Zentralspeicher ---> Arbeitsspeicher

Zentralwert ---> Median

Zentralwinkel ---> Mittelpunktswinkel

zentrifugal
סִרְכּוּזִי (טכנ׳, מ״ט) דָּפוּחַ, צֶנְטְרִיפוּגָלִי, מַרְחִיק
מִן הַמֶּרְכָּז

Zentrifuge
סִרְכֶּזֶת (סִרְכָּזוֹת) (טכנ׳, מ״ט) מַדְפֵּחַ,
צֶנְטְרִיפוּגָה, מַכְשִׁיר לְהַפְרָדַת חֳמָרִים
בְּאֶמְצָעוּת כֹּחַ סִרְכּוּזִי הַדּוֹחֵף מִן הַמֶּרְכָּז אֶל
הַהֶקֵּף

zentrifugieren
סִרְכֵּז (מְסַרְכֵּז) (טכנ׳, מ״ט) דִּפַּח (מְדַפֵּחַ)

Zentrifugieren
סִרְכּוּז (טכנ׳, מ״ט) [מר״ח/138]. דְּפִיחָה, דִּפּוּחַ

Zentrum
מֶרְכָּז (מתמ׳) [ק/ב/281]. אֶמְצַע. נְקֻדָּה, -
אֶמְצָעִית (מתמ׳) [ק/ג/65]. מֶרְכַּז הָעִגּוּלָה, צִיר
הָעִגּוּל (מתמ׳) [ק/ג/124]. מוּצָק [ק/ב/168].
יְסוֹד

Zentrum, aktives ---> Wirkstelle

zerebellar ---> kleinhirnbezüglich

Zerebellum ---> Kleinhirn

zerebral ---> großhirnbezüglich

Zerebrum ---> Großhirn

Zerbrechlichkeit
שְׁבִירוּת, שַׁבְרִירוּת

zerbröckeln
פּוֹרֵר (מְפוֹרֵר), פֵּרֵךְ (מְפָרֵךְ), פָּתַת (פּוֹתֵת),
פִּתֵּת (מְפַתֵּת)

Zerbröckeln
פֵּרוּר [ק/ג/213]. פְּרִיכָה, הִתְפּוֹרְרוּת, פִּצּוּל
לַחֲתִיכוֹת קְטַנּוֹת, פִּתּוּת

zerebrale Lokalisierung ---> Lokalisierung, zerebrale

Zeremonialgesetze
מִצְוֹת שִׁמְעִיּוֹת (דת) [ק/ב/253]. מִצְוֹת
הַשֵּׁמַע, - מַעֲשִׂיּוֹת שֶׁחַיָּבִים לְקַיְּמָן, אַף שֶׁאֵין
יוֹדְעִים טַעְמָן וְנִמּוּקָן לְפִי שֶׁהֵן גְּזֵרַת הַתּוֹרָה

Zerfällung
הִסְתָּעֲפוּת, פִּצּוּל, פִּלּוּג, הִפָּלְגוּת, סֵעוּף

Zerfällungskörper
שְׂדֵה פִּצּוּל (מתמ׳)

Zerfall
הִתְפּוֹרְרוּת [ק/א/244; ר/א/237]. הִתְפָּרְקוּת,
הִתְפָּרְדוּת, הֶרֶס, הֲרִיסוּת, הֵחָרְבוּת, חֻרְבָּן,
מִטְמוּט, מַטּוּת, דְּעִיכָה, הִתְעַרְעֲרוּת, הֶפְסֵד,
הֲמַסָּה, בְּלִיָּה, הִתְמוֹטְטוּת. הַפְרָדָה [ק/א/199].
בְּנִגּוּד לְקִבּוּץ וּלְהַרְכָּבָה. הִתּוּךְ [ק/א/231].
הַתָּכָה, בְּנִגּוּד לִצְמִיחָה, לְהַרְכָּבָה וּלְהִתְמַזְּגוּת.
הִתְמוֹגְגוּת [ק/א/239]

Zerfall, chemischer
הִתְפָּרְדוּת (כימ׳, גאו׳) הִתְפָּרְקוּת כִּימִית

Zerfall, mechanischer
הִתְפָּרְטוּת (גאו׳) הִתְפּוֹרְרוּת מְכוֹנָתִית
(מֶכָנִית)

Zerfall der Wellen ---> Wellen, Zerfall der

zerfallen
הִתְפָּרֵק (מִתְפָּרֵק) [ק/ג/206]. נֶהֱרַס, הִתְפּוֹצֵץ,
הִתְחַלֵּק, הִתְפּוֹרֵר, הִתְפָּרֵד, פֹּרַק, הִתְפַּזֵּר.
נִתַּק [ק/ג/78]. נִתַּךְ, נִפְרָד, מְפֹרָד, סָתוּר, חָרֵב,
נָתוּץ, רָעוּעַ, הָרוּס

zerfallend
מִתְפָּרֵק [ק/ב/316]. מִתְחַלֵּק, מִתְפּוֹרֵר, נֶהֱרָס,
מִתְפַּצֵּל, מְפֻצָּל, מְפֹרָד, חָלוּק, מְחֻלָּק

zerfließen
נָמַס (נָמֵס), הִתְמוֹגֵג, מָג, הֵמֵס, מָגַג (מוֹגֵג),
מוֹגֵג (מְמוֹגֵג), הִתְמָרֵךְ, נִתְרַכֵּךְ

Zerfließen
הֲמַסָּה, מְגִיגָה

zerfließend
פּוֹלֵג, מִתְפּוֹרֵר, נוֹזֵל, נָמֵס, נָמוֹג, מִתְמַסְמֵס,
מִתְמוֹגֵג

zerfressen ---> erodieren

zerfressend ---> erodierend

Zerfressung ---> Erosion

zergliedern
פֵּרֵק (מְפָרֵק) [ק/ג/78]. הִתִּיךְ, הִפְרִיד, נִתֵּק,
הִתִּיק, חִלֵּק, בָּתַר, פִּצֵּל

Zergliederung

פֵּרוּק [ק/א/236]. הַתָּכָה, הַפְרָדָה, הִתְפָּרְדוּת. הַתִּיכָה [ק/א/236]. הִתּוּךְ. הֵתֵּר, הַתָּרָה (פיל') [ק/א/246]. הֶתֵּר הֶקֵּשׁ, חִלּוּק וּבִתּוּר הֶגְיוֹנִי

Zerkleinerungsmaschine

מַגְרֵסָה (טכנ')

zerklüftet

שָׁבוּר, מְנֻתָּץ, סָדוּק, רָסוּק, מְבֻקָּע

zerknirscht

דַּךְ (דַּכִּים) (פסי') מְדֻכָּא, נִדְכָּא, רָצוּץ

Zerknirschung

דִּכְדּוּךְ (פסי') דַּכְאוּת

zerlegbar *{reduzibel}*

פָּרִיק (מתמ') בַּר צִמְצוּם, צִמְצוּמִי, מִצְטַמְצֵם

Zerlegbarkeit *{Reduzibilität}*

פְּרִיקוּת (מתמ') מִצְטַמְצְמוּת, צִמְצוּמִיּוּת

zerlegen

הִפְרִיד (מַפְרִיד) [ק/ג/78]. הִתִּיךְ, הִתְפָּרֵד, נָתַךְ, כָּלָה, הִתְפּוֹרֵר, פֵּרֵק (מְפָרֵק), הִתְפָּרֵק, נִתֵּק, הִתִּיק, חִלֵּק, בָּתַר, פִּצֵּל, הֵפִיץ, הוּפַץ (מוּפָץ)

zerlegtes Licht ---> Licht, zerlegtes

Zerlegung [---> Dispersion]

הַפְרָדָה, פֵּרוּק, הַפְרָקָה, הִתְפָּרְקוּת, חִלּוּק לַחֲלָקִים. הֶתֵּר, הַתָּרָה (פיל') [ק/א/246]. חִלּוּק וּבִתּוּר הֶגְיוֹנִי. נִתּוּחַ [ק/ג/77]. בְּחִינָה מְדֻקְדֶּקֶת, עִיּוּן מַעֲמִיק

Zerlegung, rechtwinklige

הַפְרָדָה יְשָׁרַת זָוִית (פיס')

zerlesen

בָּלוּי (ספרנ') מְקֻלְקָל מֵרֹב שִׁמּוּשׁ

zermalmen ---> zerstoßen

zernagend ---> erodierend

zernagt ---> erodiert

zerreiben ---> zerstoßen

Zerreiche *{Quercus cerris}*

אַלּוֹן שָׁסוּעַ (בוט') צֶמַח מִמִּשְׁפַּחַת הָאַלּוֹנִיִּים

zerreißen

קָרַע (קוֹרֵעַ), פָּרַע (פּוֹרֵעַ), בִּתֵּק (מְבַתֵּק), פָּשַׁח (פּוֹשֵׁחַ), בִּקַּע, פִּשַּׁח (מְפַשֵּׁחַ), נִקְרַע, נִפְשַׁח, נִבְקַע

Zerreißen

קְרִיעָה (קְרִיעוֹת) [א"ח/א/158]. בִּתּוּק, שִׁסּוּעַ

Zerreißen des Obergewandes in der Trauer

קְרִיעָה (קְרִיעוֹת) (דת) קְרִיעַת בֶּגֶד לְאוֹת אֵבֶל

Zerreißung *{Rhexis}*

תְּלִיחָה (רפו') [מר"ח/587]. הִקָּרְעוּת, קֶרַע, פְּרִיעָה

Zerring

כֶּפֶת (כְּפָתִים) (ימא') חֶבֶל לִקְשִׁירַת מִטְעָן וכד'

Zerrissenheit innerhalb der Gruppe ---> Spaltung, gruppeninterne

Zerrissenheit zwischen den Gruppen ---> Inter-Gruppenspaltung

zerrühren

בָּחַשׁ (בּוֹחֵשׁ) [א"ח/ב/165]. מֵרֵס (מְמָרֵס), עִרְבֵּב

zerschellen

נִטְרַף (נִטְרָף) (ימא') [א"ח/ב/345]. נִשְׁבַּר בִּסְעָרָה וְטָבַע (כְּלִי שַׁיִט)

Zerschluchtung

עֵרוּץ (היד', גאו') סְחִיפַת עֲרוּצִים, הִוָּצְרוּת עֲרוּצִים

zerschmettern

מָחַץ (מוֹחֵץ), רִצֵּץ, מִחֵץ (מְמַחֵץ), רִטֵּשׁ

zerschneiden [---> schaben]

קִצֵּץ (מְקַצֵּץ), קִרְטֵט (מְקַרְטֵט), חָתַךְ לַחֲתִיכוֹת קְטַנּוֹת, קָצַץ, קִצֵּץ, קִרְטֵט

zerschnitten

קָצוּץ, מְקֻצָּץ, מְקֻרְטָט, מְחֹרָץ, חָתוּךְ, מְבֻתָּר, בָּתוּר, גָּזוּר, מְשֻׁסָּע, מְחֻתָּךְ, חָרוּק

zerstäuben ---> atomisieren

Zerstäuben ---> Atomisieren

Zerstäuber von Flüssigkeiten ---> Atomiseur

Zerstäubung ---> Atomisation

zerstören

הָרַס (הוֹרֵס), סָתַר (סוֹתֵר), נִתֵּץ, פָּכַר (פּוֹכֵר), הֶחֱרִיב (מַחֲרִיב), פִּכֵּר (מְפַכֵּר)

zerstörend

מְהָרֵס, הַרְסָנִי, מַחֲרִיב

zerstört

הָרוּס, סָתוּר, חָרֵב, פָּכוּר, נָתוּץ

Zerstörung

הֵרוּס, הֲרִיסָה, סְתִירָה, נִתּוּץ

zerstoßen [---> triturieren]

שָׁחַק (שׁוֹחֵק) [א"ח/א/118; 241]. כָּתַת, שִׁחֵק, פּוֹרֵר לְאָבָק. כָּתַשׁ (כּוֹתֵשׁ) [א"ח/ב/217]. חָבַט, מָעַךְ, נִמְעַךְ, גֵּרֵס (מְגָרֵס), טָחַן, שִׁבֵּר, גָּרַס, חָבַס, נֶחְבַּס, רוֹצֵץ (מְרוֹצֵץ), רוֹצֵץ, פָּרַךְ, פֵּרֵךְ (מְפָרֵךְ), רִסֵּק

Zerstoßen [---> Trituration]

שְׁחִיקָה, כְּתִיתָה, כְּתִישָׁה, מְעִיכָה, גְּרִיסָה, טְחִינָה, שְׁבִירָה, רִסּוּק, חֲבִיסָה, רִצּוּץ, פֵּרוּךְ

zerstreuen [---> dispergieren]

פִּזֵּר (מְפַזֵּר) [מר"ח/251]. זֵרָה (מְזָרֶה), הֵפִיץ. בִּדֵּר (מְבַדֵּר) (אמנ')

Zerstreuer(in)

בַּדְּרָן, בַּדְּרָנִית (אמנ') מִי שֶׁמְּבַדֵּר קָהָל

zerstreut

פִּזּוּר דַּעַת (פסי') מְפֻזָּר, לֹא מְרֻכָּז בְּמַחֲשַׁבְתּוֹ. מְבֻדָּר (אמנ')

zerstreutes Licht ---> Licht, diffuses

Zerstreutheit

פִּזּוּר הַדַּעַת (פסי') חֹסֶר רִכּוּז הַמַּחֲשָׁבָה, פִּזּוּר

Zerstreuung [---> Diffusion; Zerteilung]

תְּעוּרָה (פיס') [ק/ד/214]. מַעֲבָר שֶׁל צוּרַת מֶרֶץ (אֶנֶרְגִּיָּה) הָפִיךְ לְמֶרֶץ חֹם. בִּזְבּוּז, פִּזּוּר, הֲפָצָה. הֶסַּח הַדַּעַת (פסי'). בִּדּוּר (אמנ')

Zerstreuungskreis

עִגּוּל הַפִּזּוּר (רפו', פסי') [ר/ב/539]. מַעְגַּל הַפִּזּוּר, עִגּוּל הָאוֹר שֶׁנִּרְאֶה כְּשֶׁמִּסְתַּכְּלִים בְּמוֹקֵד נְקֻדָּתִי

Zerstreuungslinse

עֲדָשָׁה מְבַדֶּרֶת (פיס')

zersetzen

מוֹטֵט (מְמוֹטֵט) [ק/ג/78]. הִתִּיךְ, חִבֵּל (מְחַבֵּל), חָתַר תַּחַת..., עָסַק בְּחַתְרָנוּת, פֵּרֵק (מְפָרֵק), הָרַס, אִבֵּד, קִעְקֵעַ, חִסֵּל, כִּלָּה,

הִתְפָּרֵק

Zersetzung

מִטּוּט [ק/א/231]. הִתּוּךְ, מִטְמוּט, הִתְפָּרְקוּת, חַבָּלָה, חֲתִירָה, חַתְרָנוּת. הַתָּכָה [ק/א/236]. הַתִּיכָה, הִתְמַסְמְסוּת, הִתְמוֹסְסוּת [ק/א/240]. הֲמַסָּה, הִתְמוֹגְגוּת. הֶתֵּר, הַתָּרָה [ק/א/246]

Zersetzungsgrad

דַּרְגַּת הַהִתְפָּרְקוּת (כימ׳, ביו׳)

zerteilen

פֵּרֵק (מְפָרֵק), פִּזֵּר, הִפְרִיד, פִּצֵּל, פָּסַס (פּוֹסֵס), פּוֹרֵר, הֶפְרֵד, פּוֹרֵר, נִפְסַס, פֹּרַק (מְפֹרָק)

Zerteilung [---> Zerstreuung]

פֵּרוּק [ק/ג/209]. רִפּוּף, רְפִיפוּת, הִתְפָּרְקוּת

Zertifizierung ---> Beglaubigen

zervikal ---> halsbezüglich

Zervix ---> Gebärmutterhals

Zession ---> Übertragung

Zessionar ---> Übernehmer

Zettel, angeklebter

מַדְבֵּקָה (מַדְבֵּקוֹת) (מנה׳, ספרנ׳) פִּסַּת נְיָר לְהַדְבָּקָה

Zeuge, falscher

עֵד (עֵדִי) שֶׁקֶר (משפ׳) עֵד זוֹמֵם (עֵדִים זוֹמְמִים)

Zeugen versehen, mit

סִהֵד (מְסַהֵד) (משפ׳) אִשֵּׁר בְּעֵדִים, עָשָׂה דָּבָר בְּנוֹכְחוּת עֵדִים

Zeugenaussage

הָעֵדָה (משפ׳) הַעֲדָאָה, אֲמִירַת עֵדוּת, הַגָּדַת עֵדוּת

Zeugenbeeinflussung ---> Zeugeneinschüchterung

Zeugeneinschüchterung

הַפְחָדַת עֵד (משפ׳) הַטָּיַת עֵד

Zeugma

צִמּוּד מְסַלֵּף (בלש׳) [מ״ב/251]. רֶתֶם, מִבְנֶה סִגְנוֹנִי הַמֻּרְכָּב מִשְּׁתֵּי הַשְׁלָמוֹת אוֹ יוֹתֵר לְמִלָּה אַחַת (שְׁמוֹת תֹּאַר לְשֵׁם עֶצֶם, תְּאָרֵי פֹּעַל אוֹ מַשָּׂאִים לִפְעָלִים וכו׳). אַחַת הַהַשְׁלָמוֹת מַתְאִימָה לַמִּלָּה וְאִלּוּ הַיֶּתֶר אֵינָן מַתְאִימוֹת לָהּ כַּיָּאוּת, לְמָשָׁל: ״הָוַעֲדָה אֲשֶׁר דָּנָה, הַתּוֹכְחָה וְאִשְּׁרָה אֶת הַהַצָּעוֹת״ (בִּמְקוֹם: ״הַוַּעֲדָה אֲשֶׁר דָּנָה בַּהַצָּעוֹת; הִתְוַכְּחָה עַל הַהַצָּעוֹת; אִשְּׁרָה אֶת הַהַצָּעוֹת״)

Zeugnis

עֵדוּת (עֵדֻיּוֹת) (משפ׳) דִּבְרֵי הָעֵד, סָהֲדוּת. עֵד [ק/ג/125]. הוֹכָחָה, רְאָיָה

Zeugnis ablegen

הֵעִיד(מֵעִיד) (משפ׳) סָהַד

Zeugung

הוֹלָדָה (בוט׳, זוא׳) [ק/א/163]. הַכֹּחַ הַמּוֹלִיד שֶׁבַּצְּמָחִים וּבְבַעֲלֵי הַחַיִּים

Zeugung, ohne ---> zeugungslos

zeugungslos

בִּלְתִּי פּוֹרֶה [ק/ג/21]. זוּלַת נֶהֱוֶה, מִי שֶׁאָבַד לוֹ כֹּחַ הַהוֹלָדָה, עָקָר, מִתְנַוֵּן, בְּלֹא הִתְהַווּת, בְּלִי הִתְפַּתְּחוּת, בִּקְפִיאָה עַל שְׁמָרִים, בְּנִוּוּן

Zischlaut {*Sibilant*}

הֶגֶה שׁוֹרֵק (בלש׳) [מ״ב/205]. הֶגֶה חוֹכֵךְ שׁוֹרֵק, כְּגוֹן: s, ß, sch, z, tz

Zichorie, Wilde {*Cichorium intybus*}

עֹלֶשׁ תַּרְבּוּתִי (בוט׳) צֶמַח מִמִּשְׁפַּחַת הַמֻּרְכָּבִים

Zickzacklinie

סִכְסָךְ (סִכְסָכִים) (טכנ׳, אמנ׳) קַו זְגְזַגִּי

Ziegel, gebrannte

לְבֵנָה שְׂרוּפָה (לְבֵנִים שְׂרוּפוֹת) (אדר׳)

Ziegenbock

תַּיִשׁ (תְּיָשִׁים) (זוא׳) צָפִיר (צְפִירִים), שָׂעִיר (שְׂעִירִים)

Ziegenmelker {*Caprimulgus europaeus*}

תַּחְמָס אֵירוֹפִּי (זוא׳) עוֹף מִמִּשְׁפַּחַת הַתַּחְמָסִיִּים

Ziehbarkeit {*Duktilität*}

מְשִׁיכוּת (טכנ׳) תְּכוּנַת הַחֹמֶר הַנִּמְשָׁךְ

ziehen

הוֹצִיא (מוֹצִיא)

ziehen, die Wurzel aus einer Zahl

הוֹצִיא שֹׁרֶשׁ (מִמִּסְפָּר) (מתמ׳) [ק/ב/45]. מָצָא מִסְפָּר שֶׁמַּכְפֵּלָתוֹ בְּעַצְמוֹ נוֹתֶנֶת אֶת הַמִּסְפָּר הַנָּתוּן

ziehen, einen Schluß

הוֹצִיא מַסְקָנָה מֵהֶקֵּשׁ (פיל׳) [ק/ב/38]. יִלֵּד (מְיַלֵּד), הוֹצִיא תּוֹלָדָה הֶגְיוֹנִית מֵהַקְדָּמוֹת הַהֶקֵּשׁ, לָמַד מֵהֶקֵּשׁ

ziehen, in Betracht ---> Betracht ziehen, in

ziehen, in Zweifel ---> Zweifel ziehen, in

Ziehfeder ---> Reißfeder

Ziehharmonika ---> Akkordeon

Ziehklinge ---> Ziehmesser

Ziehmesser

מַעֲצָד (מַעֲצָדִים) (טכנ׳) סַכִּין לְבִקּוּעַ עֵץ וּלְהַקְצָעָתוֹ. מַכְשִׁיר לִמְשִׁיכַת לוּחוֹת הַטִּין לְשֵׁם דִּקּוּקָם

Ziel

מַטָּרָה [ר/ב/377]. דָּבָר שֶׁרוֹצִים לְהַשִּׂיגוֹ אוֹ לְהַגִּיעַ אֵלָיו. כַּוָּנָה [ק/ב/70]. תַּכְלִית. מְגַמָּה [ק/ב/141]. פְּנִיָּה

Zielachse

צִיר הַכְּוָנָה (טכנ׳)

zielen, auf etwas

כִּוֵּן (מְכַוֵּן) (פסי׳) [ק/ג/131]. עִיֵּן (מְעַיֵּן), הִתְכַּוֵּן (מִתְכַּוֵּן), חָשַׁב, הָיָה בְּדַעְתּוֹ, הָיְתָה כַּוָּנָתוֹ

Zielbevölkerung

אֻכְלוּסִיַּת יַעַד (מ״ח) [מ״מ/209]. אֻכְלוּסִיָּה שֶׁמְּבַקְּשִׁים לְהַחִיל עָלֶיהָ תּוֹצְאוֹת מֶחְקָר שֶׁנִּתְקַבְּלוּ מִדְּגִימָה

Zielbewußtsein

תּוֹדַעַת מַטָּרָה

Zieleinrichtung

הֶתְקֵן הַכְּוָנָה (טכנ׳)

Zielfunktion

מִתְנֵה מַטָּרָה (מחש׳) פּוּנְקְצִיַּת מַטָּרָה

zielgerichtetes Streben ---> Streben,

zielgerichtetes
Zielgruppe ---> Zielbevölkerung
Zielpunkt
נְקֻדַּת תַּכְלִית [ק/א/157]. הַגָּעָה, הַקָּצֶה הָאַחֲרוֹן, הַנְּקֻדָּה שֶׁרוֹצִים לְהַגִּיעַ אֵלֶיהָ
Zielscheibe
מַטָּרָה (מַטָּרוֹת) (צבא, ספו') קוֹרַת הַחִצִּים, לוּחַ שֶׁאֵלָיו מְכַוְּנִים אֶת הַיְּרִיָּה
Zielung
הַכְוָנָה
Zielzustand
מַצַּב מַטָּרָה
Ziemende, das sich
הָגוּן, מַה שֶּׁרָאוּי, - שֶׁמַּתְאִים
Zierart
עִטּוּר, קִשּׁוּט
zieren, sich
הִתְחַנֵּן (מִתְחַנֵּן), הִתְגַּנְדֵּר, עָשָׂה כְּווּנֵי חֵן
zierlich
עָדִין [ק/ג/240]. צַח, שַׁבְרִירִי
Zierlichkeit des Ausdrucks
צַחוּת לָשׁוֹן (בלש', ספר') [ק/ג/241]. צַחְצוּחַ, סִגְנוֹן מַבְרִיק וְנָקִי מִשְּׁגִיאוֹת
Zierquitte *{Choenomeles}*
פְּרִישׁ (בוט') צֶמַח מִמִּשְׁפַּחַת הַוֻּרְדִּיִּים
Ziest *{Stachys}*
אֶשְׁבָּל (בוט') צֶמַח מִמִּשְׁפַּחַת הַשִּׂפְתָנִיִּים
Ziffer
סִפְרָה (סְפָרוֹת) (מחמ')
Ziffer, alte arabische
סִפְרָה עַרְבִית עַתִּיקָה (מחמ') [ק/א/332]. חֶשְׁבּוֹן בְּנֵי-הֹדּוּ, - הָאָבָק, - הָאֶצְבָּעוֹת, מִסְפַּר הֶעָפָר
Ziffer, bedeutsame
סִפְרַת עֵרֶךְ (מחמ')
Ziffer, binäre
סִבִּית (סִבִּיּוֹת) (מחמ') סִפְרָה בִּינָרִית, כָּל אַחַת מִן הַסְּפָרוֹת אֶפֶס וְאַחַת הַמְּשַׁמְּשׁוֹת בַּשִּׁיטָה שֶׁבְּבְסִיסָהּ הוּא שְׁתַּיִם
Zifferblatt
דֶּרֶג (מדע, טכנ') [מר"ח/243]. טַבְלַת סְפָרוֹת, לוּחַ שְׁעוֹנִים
Zigarettenblümchen *{Cuphea ignea}*
גַּבְנוּן סָמוּק (בוט') צֶמַח מִמִּשְׁפַּחַת הַכָּפְרִיִּים
Ziliaten ---> Wimpertierchen
Zilie ---> Flimmerfortsatz
Ziliophoren ---> Wimpertierchen
Zilpzalp *{Phylloscopus collybita}*
עַלְוִית חֹרֶף (זוא') עוֹף מִמִּשְׁפַּחַת הַסִּבְכִּיִּים
Zimbelkraut *{Cymbalaria muralis}*
צֶלְצֶלֶת הַגְּדֵרוֹת (בוט') צֶמַח מִמִּשְׁפַּחַת הַלּוֹעָנִיתִיִּים
Zimmerkalla *{Zantedeschia aethiopica}*
בַּת קַלָּה חַבָּשִׁית (בוט') צֶמַח מִמִּשְׁפַּחַת הַלּוּפִיִּים
Zimmermann ---> Tischler
Zink
אָבָץ (כימ') [דח"ט/9]. מַתֶּכֶת רַכָּה בְּצֶבַע לָבָן-כְּחַלְחַל שֶׁהִנָּהּ יְסוֹד כִּימִי
Zinkographie ---> Strichätzung
Zinn
בְּדִיל (כימ') [דח"ט/29]. מַתֶּכֶת רַכָּה וַחֲשִׁילָה בְּצֶבַע לָבָן-כְּחַלְחַל שֶׁהִנָּהּ יְסוֹד כִּימִי
Zinne
שֵׁנָּה (שִׁנּוֹת) (אדר', צבא) זִיז דְּמוּי שֵׁן הַמִּזְדַּקֵּר אֲנָכִית מֵחוֹמָה בֵּין שְׁנֵי חָרְכֵי יְרִיָּה
Zinsen, aufgelaufene ---> Zinsen, fällige
Zinsen, fällige
רִבִּית מִצְטַבֶּרֶת (כלכ')
Zinsen fordern
לָקַח נֶשֶׁךְ (כלכ') נָשַׁךְ (נוֹשֵׁךְ), הִלְוָה בְּרִבִּית
Zinseszins
רִבִּית דְּרִבִּית (כלכ') רִבִּית מִצְטַבֶּרֶת, - הַמְּחֻשֶּׁבֶת הֵן עַל הַקֶּרֶן וְהֵן עַל הָרִבִּית הָעִקָּרִית שֶׁהִצְטַבְּרָה
Zinsfuß ---> Zinssatz
Zinsnahme
נֶשֶׁךְ (כלכ') הַלְוָאָה בְּרִבִּית
Zinssatz
שַׁעַר הָרִבִּית (כלכ') קְבִיעַת הָרֶוַח בַּאֲחוּזִים מְסֻיָּמִים לְמֵאָה
zinstragendes Depositum ---> Depositum, zinstragendes
zinstragendes Kapital ---> Kapital, zinstragendes
Zippammer *{Emberiza cia}*
גִּבְתּוֹן סְלָעִים (זוא') עוֹף מִמִּשְׁפַּחַת הַגִּבְתּוֹנִיִּים
Zirbeldrüse *{Corpus pineale}*
בַּלּוּטַת הָאִצְטְרֻבָּל (רפו') בַּלּוּטַת הַסָּחִישׁ
Zirbelnuß
אִצְטְרֻבָּל (בוט') [ק/א/71]. פְּקַעַת עֵץ הָאֹרֶן. שְׁקֵד הָאִצְטְרֻבָּל (בוט') [ק/ד/155]. הַפְּרִי שֶׁל עֲצֵי הַמַּחַט
Zirkel
מְחוּגָה (מְחוּגוֹת) (טכנ') [ק/א/275]. חוּג, מַכְשִׁיר בַּעַל שְׁתֵּי שׁוֹקַיִם לְסִרְטוּט מַעְגָּלִים וּקְשָׁתוֹת. מַעְגָּל (טכנ') [ק/ב/231]
Zirkelschluß
הֶקֵּשׁ סִבּוּבִי (פיל') [ק/א/208]. מַסְקָנָה סִבּוּבִית. הֶקֵּשׁ הַסִּבּוּב (פיל') [ק/ג/87,86]. סִבּוּב
zirkulär
מַעְגָּלִי, סִבּוּבִי, מַחְזוֹרִי, מַחְגּוֹלִי, חֲגוֹלִי, חִזּוּרִי
Zirkulant
מַחֲזוֹרָן (מחמ')
Zirkulation [---> Kreislauf; Zyklus]
סִבּוּב [מר"ח/155]. מַחֲזוֹר, מַחְגּוֹל, חִגּוּל, תְּנוּעָה הוֹלֶכֶת וְחוֹזֶרֶת, צִירְקוּלַצְיָה, תְּפוּצָה, חִזּוּר
Zirkulation, atmosphärische
חִזּוּר הָאֲוִירָה (אַטְמוֹסְפֵרָה) (מטא') [יל"ט/75]. הַתְּנוּעָה בָּאֲוִירָה
Zirkulation, meridionale
חִזּוּר אָרְכִּי (מטא') [יל"ט/74]. הַחִזּוּר הָאֲוִירָתִי (אַטְמוֹסְפֵרִי) לְאֹרֶךְ קַו אֹרֶךְ
Zirkulation, zonale
חִזּוּר רָחְבִּי (מטא') [יל"ט/76]. הַחִזּוּר הָאֲוִירָתִי (אַטְמוֹסְפֵרִי) לְאֹרֶךְ קַו רֹחַב
zirkulationsfähig
נוֹחַ לְמַחְזוֹר

Zirkulationskapital
הוֹן שֶׁבְּסִבּוּב (מ״ח, כלכ׳) [ק״מ/ב/151]. חֵלֶק מִן הַהוֹן הַתַּעֲשִׂיָּתִי הַנִּמְצָא בְּצוּרָה פְּעִילָה אוֹ כְּמוּסָה בִּתְחוּם הַסִּבּוּב, כְּלוֹמַר: מִתְקַיֵּם בְּצוּרַת מָמוֹן אוֹ בְּצוּרַת סְחוֹרוֹת

Zirkulationsmittel
אֶמְצָעֵי מַחֲזוֹר (מ״ח, כלכ׳) סְחוֹרָה מְיֻחֶדֶת (בְּכָל הַכַּלְכָּלוֹת הַלְּאֻמִּיּוֹת: הַמָּמוֹן) שֶׁבִּתְווּכָהּ מִתְקַיְּמִים מַחֲזוֹר הַסְּחוֹרוֹת וְחִלּוּפָן

Zirkulationsprozeß
תַּהֲלִיךְ הַמַּחֲזוֹר (מ״ח, כלכ׳) שָׁלָב הֶכְרֵחִי בְּתַהֲלִיךְ הַשִּׁצּוּר (רֶפְּרוֹדוּקְצְיָה) הַמַּקִּיף אֶת מִמּוּשׁ הַתּוֹצֶרֶת וְאֶת הַחֲזָרַת תְּנָאֵי הַיִּצּוּר הַחָמְרִיִּים לְקַדְמוּתָם

Zirkulationssphäre
תְּחוּם הַמַּחֲזוֹר (מ״ח, כלכ׳) תְּחוּם הַסִּבּוּב

Zirkulationsweise
אֹרַח הַסִּבּוּב (מ״ח, כלכ׳)

zirkulatorisch
מַחֲזוֹרִי, מַחְגּוֹלִי, סִבּוּבִי

zirkulieren [---> kreisen]
סָבַב (סוֹבֵב), הִסְתּוֹבֵב, חִזֵּר (מְחַזֵּר), נָע בְּמַחֲזוֹר, חִגֵּל (מְחַגֵּל), חָגַל (חוֹגֵל), הִתְחַגֵּל (מִתְחַגֵּל), זָרַם

Zirkulieren [---> Kreisen]
סִבּוּב, חִגּוּל, חִזּוּר

zirkulierendes Kapital ---> Kapital, flüssiges

zirkumpolar
סְבִיב קָטְבִּי (מטא׳, י״א)

Zirkumpolarstern
כּוֹכָב לֹא שׁוֹקֵעַ (כּוֹכָבִים לֹא שׁוֹקְעִים) (אסט׳)

Zirrhose
צַמֶּקֶת (רפו׳) צִירוֹזָה

Zirrus ---> Federwolke

Zisterne ---> Grube, gebaute

Zistrose *{Cistus}*
לֹטֶם (בוט׳) צֶמַח מִמִּשְׁפַּחַת הַלַּטְמִיִּים

Zitadelle
מְצוּדָה (מְצוּדוֹת) (אדר׳, צבא) צִיטָדֶלָּה

Zitat
מוּבָאָה (מוּבָאוֹת), צִיטָטָה

zitieren
הֵבִיא (מֵבִיא) דְּבָרִים, צִטֵּט (מְצַטֵּט)

Zitierform
צוּרָה מִלּוֹנִית (בלש׳) [מ״ב/34]. צוּרָה מְבֻדֶּדֶת, צוּרַת צִטּוּט, הָעֵרֶךְ הַלֶּקְסִיקָלִי כְּפִי שֶׁהוּא מוֹפִיעַ בְּדֶרֶךְ כְּלָל בְּמִלּוֹנִים, לְמָשָׁל: בְּעִבְרִית - שֵׁם עֶצֶם: יָחִיד בְּלֹא נְטִיָּה, פֹּעַל: גּוּף שְׁלִישִׁי יָחִיד בִּזְמַן עָבָר

Zitronatzitrone *{Citrus medica}*
אֶתְרוֹג (בוט׳) צֶמַח מִמִּשְׁפַּחַת הַפִּיגָמִיִּים

Zitrone *{Citrus limon}*
לִימוֹן חָמוּץ (בוט׳) צֶמַח מִמִּשְׁפַּחַת הַפִּיגָמִיִּים

Zitterbewegung, feinschlägige *{Tremulation}*
רְעָדוּד, רַעֲדִיד [מר״ח/678]. רִטּוּט קַל

Zittergras *{Briza}*
זַעֲזוּעִית (בוט׳) צֶמַח מִמִּשְׁפַּחַת הַדְּגָנִיִּים

zitterig
מַרְעִיד [מר״ח/678]. רוֹטֵט, רוֹעֵד, מְרַעֲדֵד, רָטוּט, רַעַדְדָן, מְרַטֵּט, מַרְטִיט, רַטְטָן, רוֹתֵת, מְרַתֵּת

zittern
רָעַד (רוֹעֵד), הִרְעִיד, רִטֵּט (מְרַטֵּט), רָטַט, רָתַת, נִרְתַּת, רִתֵּת, הִרְתִּית (מַרְתִּית)

Zittern *{Tremor}*
רַעַד [מר״ח/678]. רְעָדָה, רֶטֶט, הַרְטָטָה, רְעִידָה, רִתּוּת, רְתִיתָה, רֶתֶת

zitternd ---> zitterig

zitternde Bewegung ---> Bewegung, zitternde

Zitterrochen *{Torpedinidae}*
חַשְׁמַלָּנִיִּים (זוא׳) מִשְׁפָּחָה שֶׁל בַּטָּאִים (דְּגֵי סְחוּס)

Zitterspinnen *{Pholcidae}*
רַעֲדָנִיִּים (זוא׳) מִשְׁפָּחָה שֶׁל עַכְבִּישָׁאִים

zivilgerichtliche Klage ---> Klage, zivilgerichtliche

Zivilisation [---> Gesittung]
תַּנְשֶׁבָה (מ״ח, מדי׳) [ק/ב/53]. יִשּׁוּב, תַּרְבּוּת חָמְרִית מְפֻתַּחַת וְחַיֵּי חֶבְרָה מְתֻקָּנִים יַחֲסִית, סֵדֶר, מַצָּב תָּקִין, הַנְהָגָה, נְאוֹרוּת, נִימוּסֵי הַהִתְנַהֲגוּת, צִיבִילִיזַצְיָה

zivilisatorisch [---> gesittet]
תַּנְשְׁבִי (מ״ח, מדי׳) צִיבִילִיזָטוֹרִי

zivilisieren
תִּנְשֵׁב (מְתַנְשֵׁב) (מ״ח, מדי׳) קִדֵּם אֶת הַתַּנְשֶׁבָה (צִיבִילִיזַצְיָה)

zivilisiert [---> gesittet]
מְתֻנְשָׁב (מ״ח, מדי׳) צִיבִילִיזָטוֹרִי

Zivilisierung
תִּנְשׁוּב (מ״ח, מדי׳) קִדּוּם הַתַּנְשֶׁבָה (צִיבִילִיזַצְיָה), פִּתּוּחַ הַתַּרְבּוּת הַחָמְרִית וְעִדּוּן נִימוּסֵי הַהִתְנַהֲגוּת

Zivilprozeßordnung
סֵדֶר הַדִּין הָאֶזְרָחִי (משפ׳)

Zivilrecht ---> Privatrecht

Zivilrechtsverfahren
הָלִיךְ אֶזְרָחִי (הֲלִיכִים אֶזְרָחִיִּים) (משפ׳)

Zivilverwaltung
רָשׁוּת אֶזְרָחִית (רָשֻׁיּוֹת אֶזְרָחִיּוֹת) (מדי׳)

Zodiakus
גַּלְגַּל הַמַּזָּלוֹת (אסט׳) [ק/א/115]. חֲגוֹרָה (אסט׳) [ק/א/271]. חֲגוֹרַת הַמַּזָּלוֹת. אֵזוֹר (אסט׳) [ק/א/32]. עִגּוּל הַמַּזָּלוֹת בָּרָקִיעַ. אֲפֻדָּה (אסט׳) [ק/א/64]

zögern
הִסֵּס (מְהַסֵּס) [ק/ד/77]. שָׁהָה (שׁוֹהֶה), פִּקְפֵּק (מְפַקְפֵּק), הִתְלַבֵּט, לֹא הֶחְלִיט דָּבָר, חִכֵּךְ בְּדַעְתּוֹ, עִכֵּב לַעֲשׂוֹת

Zögern
הִסּוּס, אִי וַדָּאוּת, פִּקְפּוּק

Zölibat
נְזִירוּת הַכְּהֻנָּה (דת) צֶלִיבָּט, רַוָּקוּת חוֹבָה לִכְמָרִים

Zofe
חַדְרָנִית (חַדְרָנִיּוֹת), רִיבָה, נַעֲרָה

Zoll
מֶכֶס (מְכָסִים) (מדי׳, כלכ׳) [א״ת/ב/375]. מַס

מְמִשְׁלַחְתִּי עַל סְחוֹרוֹת מְיֻבָּאוֹת אוֹ מְיֻצָּאוֹת

Zollagent(in)

עֲמִיל מֶכֶס, עֲמִילַת מֶכֶס (כלכ') מִי שֶׁמְּשַׁחְרֵר סְחוֹרוֹת מִבֵּית הַמֶּכֶס בִּשְׁבִיל בַּעֲלֵי עֲסָקִים תְּמוּרַת עֲמָלָה, קוֹמִיסְיוֹנֶר

Zollamt

בֵּית הַמֶּכֶס (מדי', כלכ') [א״ח/ב/375]

Zollbeamter

מוֹכֵס (מוֹכְסִים) (מדי', כלכ') [א״ח/ב/375]. פְּקִיד מֶכֶס, גּוֹבֵה מֶכֶס

Zollgebühren

דְּמֵי מֶכֶס (מדי', כלכ')

zollpflichtige Brücke ---> Brücke, zollpflichtige

Zolltarif

תַּעֲרִיף הַמֶּכֶס (מדי', כלכ')

zonale Zirkulation ---> Zirkulation, zonale

Zone

אֵזוֹר (אֲזוֹרִים) (י״א) [ק/א/32]. אֵזוֹר הָאָרֶץ. מָחוֹז (מְחוֹזוֹת) (י״א) [ק/ב/177]. חֶבֶל אֶרֶץ. פֶּלֶךְ (פְּלָכִים) (י״א) [ק/ג/191]. נָפָה (נָפוֹת). אֹפֶק (מטא') [ק/א/68]. אַקְלִים (מטא') [ק/א/73]. גָּלִיל (י״א) [ק/א/116]. נוֹף (מטא', י״א) [ק/ג/23]. סְבִיבָה, אֵזוֹר אַקְלִימִי, מַרְאֵה טֶבַע. רְצוּעָה (י״א) [ק/ד/53]

Zone, gemäßigte

אֵזוֹר מְמֻזָּג (י״א) אֵזוֹר מְתֻמָּד

zonieren

אִזֵּר (מְאַזֵּר) (י״א, מדי') קָבַע אֲזוֹרִים

Zonierung

אִזּוּר (י״א, מדי') קְבִיעַת אֲזוֹרִים

Zoo

גַּן חַיּוֹת (גַּנֵּי חַיּוֹת) (זוא') בֵּיבָר (בֵּיבָרִים)

Zoologe

תַּחְיוּנַאי (תַּחְיוּנָאִים) (זוא') זוֹאוֹלוֹג

Zoologie

תַּחְיוּנָה (זוא') [ק/א/294]. תּוֹרַת בַּעֲלֵי הַחַיִּים, זוֹאוֹלוֹגְיָה

zoologisch

תַּחְיוּנִי (זוא') זוֹאוֹלוֹגִי

Zorn [---> Raserei]

זַעַם (פסי') [ר/א/317]. כַּעַס, חֵמָה, חֲמַת זַעַם, חָרוֹן, עֶבְרָה, רִתְחָה

Zornanfall ---> Zornausbruch

Zornausbruch

זְעִימָה (פסי') הִתְקַצְּפוּת, הִתְפָּרְצוּת חֵמָה, קִצָּפוֹן, קְצָפָה, קֶצֶף, הִתְרַתְּחוּת

zornig

זַעֲמָנִי (פסי') [ק/ב/100]. כַּעְסִי, כַּעְסָנִי, זוֹעֲמָנִי, זַעֲמוּמִי, חָמוּם, רַתְחָנִי

zornig machen

הִזְעִים (מַזְעִים) (פסי') הִכְעִיס, הִרְגִּיז, מָרָה (מוֹרֶה)

Zornvermögen

זְעִימוּת (פסי') [ק/ב/75]. כֹּחַ הַכַּעַס, - כַּעְסִי, - כַּעְסָנִי

Zotte *{Villus}*

סִיס (סִיסִים) (רפו') צִיף (צִיפִים), בְּלִיטָה מִקְּרוּם רִירִי, גְּדִיל

Zottelwicke *{Vicia villosa}*

בִּקְיָה שְׂעִירָה (בוט') צֶמַח מִמִּשְׁפַּחַת הַפַּרְפְּרָנִיִּים

Zottenhaut *{Chorion}*

שָׁפִיר (רפו') [מר״ח/150]. הָעֲטִיפָה הַחִיצוֹנִית שֶׁל הַוָּלָד, סִיסִית, הַקְּרוּם הַחִיצוֹן שֶׁל הַבֵּיצָה הַמֻּפְרֵית

zottenhautbezüglich

שְׁפִירִי (רפו') סִיסִי

zu etwas führen, notwendig ---> führen, notwendig zu etwas

zu etwas machen ---> machen, zu etwas

zu verstehen geben ---> implizieren; andeuten

Zubehör

אַבְזָר (אַבְזָרִים) (טכנ') אֲבִיזָר, מַכְשִׁיר עֵזֶר, דְּבַר לְוַאי, טָפֵל (טְפֵלִים), חֵלֶק מִכְּלִי

Zubilligung von Kosten ---> Kosten, Zubilligung von

Zubringer

מֵזִין (מְזִינִים) (מחש')

Zubringerspeicher *{Peripherer Speicher}*

הֶחְסֵן עֵזֶר (מחש') [דמ״א/13]. זִכָּרוֹן מִשְׁנִי בַּמַּחְשֵׁב

Zucht [---> Disziplin]

הִתְנַהֲגוּת רְאוּיָה (מ״ח, פסי') [ק/א/181]. הַנְהָגָה, תַּרְבּוּת, חֻקִּים וְנִימוּסִים קְבוּעִים שֶׁל קִבּוּץ בְּנֵי אָדָם, מִדּוֹת נְכוֹנוֹת. תּוֹכָחָה (מ״ח) [ק/ב/163]. מוּסָר, אַזְהָרָה לִבְנֵי הָאָדָם שֶׁיֵּיטִיבוּ אֶת מַעֲשֵׂיהֶם

Zucht, schlechte

תַּרְבּוּת רָעָה (מ״ח, פדג') [א״ח/ב/19]. הִתְנַהֲגוּת בִּלְתִּי רְאוּיָה

Zuchtwahl, natürliche

לְבִירָה טִבְעִית (ביו') [מר״ח/608]. בְּרֵרָה טִבְעִית

zucken

פִּרְפֵּר (מְפַרְפֵּר), פִּרְכֵּס (מְפַרְכֵּס), רָעַד

Zucken

פִּרְפּוּר, פִּרְכּוּס, רַעַד

Zuckerhutberg

כַּדּוּד (כַּדּוּדִים) (גאו', י״א) הַר דְּמוּי פַּעֲמוֹן שֶׁמּוֹרְדוֹתָיו תְּלוּלִים וּבְסִיסוֹ מְעֻגָּל

zuckerkrank

סֻכַּרְתִּי (רפו') סֻכַּרְתִּי, צַקְרָתִי, שֶׁל מַחֲלַת סֻכָּר

Zuckerkranke(r)

סֻכַּרְתָּן, סֻכַּרְתָּנִית (רפו') סֻכַּרְתָּן, צַקְרָתָן, חוֹלֵה סֻכָּר, חוֹלַת סֻכָּר

Zuckerkrankheit *{Diabetes mellitus}*

סֻכֶּרֶת (רפו') סֻכֶּרֶת, מַחֲלַת סֻכָּר, צַקֶּרֶת

Zuckermelone *{Cucumis melo}*

מֶלוֹן מָתוֹק (בוט') צֶמַח מִמִּשְׁפַּחַת הַדְּלוּעִיִּים

Zuckerrohr *{Saccharum}*

קְנֵה סֻכָּר (בוט') צֶמַח מִמִּשְׁפַּחַת הַדְּגָנִיִּים

Zuckmücken *{Chironomidae}*

יַמְשׁוּשִׁיִּים (זוא') מִשְׁפָּחָה שֶׁל יַתּוּשִׁים

zuckungsfähig

כָּוִיץ (רפו', ביו') נוֹחַ לְהִתְכַּוֵּץ

Zuckungsfähigkeit

כְּוִיצוּת (רפוי, ביו') יְכֹלֶת לְהִתְכַּוֵּץ בְּנָקֵל
zudrehen, den Hahn ---> Hahn
zudrehen, den
zudringlich ---> aufdringlich
züchten
תִּרְבֵּת (מְתַרְבֵּת) (ביו', חקל') תִּרְבֵּת (מְתַרְבֶּת), גִּדֵּל בְּאֹפֶן מְבֻקָּר בַּעֲלֵי חַיִּים אוֹ צְמָחִים
züchtigen
יִסֵּר (מְיַסֵּר) [א"ת/ב/19]. רָדָה, עָנַשׁ, הֶעֱנִישׁ, הִתְיַסֵּר, נֶעֱנַשׁ, סָבַל יִסּוּרִים
Züchtigkeit ---> Tugendhaftigkeit
Züchtigung, körperliche ---> Leibesstrafe
Züchtung
תִּרְבּוּת (ביו', חקל') אִלּוּף, בִּיּוּת, הֲפִיכָה שֶׁל אוֹלֵי (אוֹרְגָנִיזְמִים) בָּר לְבֵיתִיִּים
Zügel
מוֹשְׁכָה (מוֹשְׁכוֹת) (חקל') [א"ת/ב/124]. מוֹסֵרָה (מוֹסֵרוֹת), רְצוּעָה הַקְּשׁוּרָה לְרֶסֶן הַבְּהֵמָה כְּדֵי לְהַטּוֹתָהּ יָמִינָה אוֹ שְׂמֹאלָה
zügellos
פָּרוּץ [ק/ב/295]. מְשֻׁלָּח, עֶבֶד תַּאֲוֺתָיו, מֻפְקָר, פּוֹרֵק עֹל
zügellos sein
הִפְרִיץ (מַפְרִיץ), הִתְפַּקֵּר, פָּקַר (פּוֹקֵר), פָּרַץ גָּדֵר, נִפְרַע, שָׁלַח רֶסֶן מִפָּנָיו
Zügellosigkeit
פְּרִיצוּת [ק/ד/111; א"ת/ב/48]. שִׁלּוּחַ, הִתְפַּקְּרוּת, הֶפְקֵר, הִתְהוֹלְלוּת. קַלּוּת [ק/ג/284]. הַתָּרַת הָרֶסֶן, פְּרִיקַת עֹל, הֶפְקֵרוּת
Zueignungsschein
שְׁטַר הַקְנָיָה (כלכ', משפ/) [א"ת/ג/187]. שְׁטַר הַקְנָאָה
Zünder ---> Starter
Zünder, mürber
נְעֹרֶת פְּרִיכָה לְהַצָּתָה
Zündspannung
מֶתַח נִיצוֹץ (פיס')
Zünsler *{Pyralidae}*
עַשְׁנוּרִיִּים (זוא') מִשְׁפָּחָה שֶׁל פַּרְפָּרִים
Zürgelbaum *{Celtis}*
מֵיִשׁ (בוט') צֶמַח מִמִּשְׁפַּחַת הַמֵּישִׁיִּים
zufällig
בְּאַקְרַאי [ק/ב/272]. מִקְרִי, אֲרָעִי, אַקְרָאִי, בְּמִקְרֶה, בְּלֹא כַוָּנָה, בְּהִזְדַּמֵּן
zufällig ereignen, sich ---> ereignen, sich
zufällig
Zufällige, das
מִקְרֶה [ק/ב/169]. מוֹתָר, נִקְרֶה, הָעִנְיָן הַמִּקְרִי הַנּוֹסָף עַל הָעִנְיָן הַטִּבְעִי, תּוֹסֶפֶת, נִסְפָּח מִקְרִי
zufällige Variable ---> Variable, zufällige
Zufälligkeit
אַקְרָאִיּוּת, מִקְרִיּוּת
Zufall
מִקְרֶה (מִקְרִים) [ק/ב/272]. אַקְרַאי, זִמּוּן מִקְרִי, דְּבַר-מָה הַמִּתְנַהֵג בְּמַהֲלָךְ שֶׁל נְסִבּוֹת חִיצוֹנִיּוֹת, בְּנִגּוּד לַהֶכְרֵחַ הַמִּתְנַהֵג בְּטִבְעָם הַפְּנִימִי שֶׁל הַדְּבָרִים. הִזְדַּמְּנוּת [ק/א/165]. הִזְדַּמֵּן, צֵרוּף שֶׁל סִבּוֹת שֶׁבָּאוֹת בְּלֹא כַוָּנָה תְּחִלָּה וּבְלֹא הֶכְרֵחַ. קְרִי [ק/ג/301]
zufallsabhängig *{stochastisch}*
הִסְתַּבְּרוּתִי (סטט') סְטוֹכַסְטִי, אַקְרָאִי
Zufallsauswahl
דְּגִימָה אַקְרָאִית (מ"ח, סטט') [ר/א/148]. נְטִילַת מִדְגָּם שֶׁבּוֹ לְכָל פְּרִיט יֵשׁ סִכּוּי שָׁוֶה לְהִבָּחֵר
Zufallsauswahl, einfache
דְּגִימָה אַקְרָאִית פְּשׁוּטָה (מ"ח, סטט') [ר/א/148; מ"מ/210]. תַּהֲלִיךְ דְּגִימָה הִסְתַּבְּרוּתִית שֶׁבָּהּ יֵשׁ לְכָל מַרְכִּיב בָּאֻכְלוּסִיָּה הִסְתַּבְּרוּת שָׁוָה לְהִכָּלֵל בַּמִּדְגָּם
Zufallsauswahl, geschichtete
דְּגִימַת שְׁכָבוֹת אַקְרָאִית (מ"ח, סטט') [מ"מ/210]. שִׁיטַת דְּגִימָה הִסְתַּבְּרוּתִית שֶׁבָּהּ מְחַלְּקִים אֶת הָאֻכְלוּסִיָּה לִשְׁכָבוֹת וּמִכָּל שִׁכְבָה וְשִׁכְבָה נוֹטְלִים מִדְגָּם אַקְרַאי
Zufallsdrift
טְרִידָה אַקְרָאִית (ביו')
Zufallsfehler
טָעוּת אַקְרָאִי (סטט') טָעוּת אַקְרָאִית
Zufallsfolge
רֶצֶף אַקְרָאִי (סטט')
Zufallsmeßfehler
טָעוּת מְדִידָה אַקְרָאִית (מ"ח, סטט') [ר/א/294; מ"מ/212]. טָעוּת מִקְרִית שֶׁאֵינָהּ קְשׁוּרָה לַתְּכוּנָה הַנִּמְדֶּדֶת
Zufallsstichprobe
מִדְגָּם אַקְרָאִי (מ"ח, סטט') [ר/ב/351]. מִדְגָּם שֶׁלְּכָל מֵשָׁא בְּאֻכְלוּסִיָּה יֵשׁ הִסְתַּבְּרוּת שָׁוָה וְלֹא תְּלוּיָה לְהִכָּלֵל בּוֹ
Zufallsstichprobenbildung, unkontrollierte ---> Gelegenheitsauswahlverfahren
Zufallsstreuung *{Randomisierung}*
אִקְרוּי (מ"ח, סטט')
Zufallsschwankung
תְּנוּדַת אַקְרָאִי (מ"ח, סטט')
Zufallsweg
מַהֲלָךְ אַקְרָאִי (מתמ') מַהֲלָךְ אַקְרָאִי
Zufallszahl
מִסְפָּר אַקְרָאִי (מתמ')
Zufluchtsort
מִקְלָט, מָנוֹס (מְנוּסִים), מְקוֹם מִקְלָט, מְקוֹם מַחְסֶה
Zufluß ---> Nebenfluß
Zufriedenheit
מְרֻצּוּת (פסי') [ק/א/236]. הִתְיַשְּׁבוּת, שְׂבִיעוּת רָצוֹן, קֹרַת רוּחַ, דַּרְגָּה נֶאֱצֶלֶת שֶׁל סִפּוּק, נַחַת רוּחַ, קֹרַת נֶפֶשׁ
zuführen
עִיֵּל (מְעַיֵּל), הִכְנִיס לְתוֹךְ, הוֹבִיל לְ...., זִמֵּן (מְזַמֵּן)
zuführend
מְעַיֵּל, מַכְנִיס לְתוֹךְ, מוֹבִיל לְ...., מְזַמֵּן
Zufuhr
אַסְפָּקָה
Zug
מְתִיחָה (פיס')

Zug, leiser

נְשִׁיבָה קַלָּה (מטא׳) [יל״ט/134]. דַּרְגָּה 1 בְּסֻלַּם בּוֹפוֹרְט לְחֹזֶק הָרוּחַ שֶׁמְּהִירוּתָהּ: 1-3 קְשָׁרִים

zugänglich

נָגִישׁ, נוֹחַ לְגִישָׁה, גִּישָׁנִי, נָשִׂיג, נִתָּן לְהַשָּׂגָה, נָבוֹא

Zugänglichkeit

נְגִישׁוּת [מ״ב/9]. גִּישָׁנוּת, אֶפְשָׁרוּת הַשָּׂגָה, נְשִׂיגוּת

Zugang ---> Zutritt; Eingang; Zuwachs; Flur

zugeben

הוֹדָה (מוֹדֶה) בְּדְבַר-מָה [ק/ג/283]. הֵקֵל, הִסְכִּים, נִתְרַצָּה

zugehörend ---> innewohnend

Zugehörigkeit [---> Mitgliedschaft]

שַׁיָּכוּת (פסי׳, מ״ח) [ר/ב/654]. הַדֵּעָה שֶׁהַסְּבִירוּת לְצִמּוּדָם שֶׁל גֵּרוּיִים עוֹלָה אִם נִרְאָה אֵיזֶה קֶשֶׁר שֶׁהוּא בֵּינֵיהֶם, תְּחוּשַׁת הִשְׁתַּלְּבוּת בִּקְבוּצָה, חֲבֵרוּת, הִשְׁתַּיְּכוּת

Zugelement

אֵיבָר נִמְתָּח (טכנ׳)

zugeordnet [---> entsprechend]

מְתֹאָם, שֶׁחֲלָקָיו מְתֹאָמִים זֶה לָזֶה אוֹ לִדְבַר-מָה אַחֵר, מְשֻׁלָּב, מַקְבִּיל

zugeschrieben

מְיֻחָס אֶל.../לְ... [ק/ב/191]. מְשֻׁיָּךְ לְ..., שַׁיָּךְ לְ... מִתְיַחֵס [ק/ב/317]. שֶׁיֵּשׁ לוֹ יַחַס לְ..., שֶׁנִּקְבְּעָה שַׁיָּכוּתוֹ לְ... . סָמוּךְ אֶל.../לְ... [ק/ג/104]. נֶאֱמַר (נֶאֱמָר) עַל... [ק/א/58]. יֻחַס לְ... חַיָּב לְ... [ק/א/282]. נִתְחַיֵּב, הִתְחַיֵּב דָּבָר לְדָבָר [ק/א/283]. הֻחְלַט כִּי יֵשׁ דָּבָר בְּדָבָר

zugespitzt

מְחֻדָּד [מר״ח/15]

Zugeständnis

וִתּוּר [ק/א/246]. הֶתֵּר, הַתָּרָה, הַרְשָׁאָה, הוֹדָאָה, הַצְהָרָה שֶׁל אָדָם הַמּוֹדֶה שֶׁהוּא עָשָׂה דְּבַר-מָה, הוֹדָיָה, הִתְוַדּוּת, וִדּוּי

zugleich ---> gleichzeitig

Zugmesser ---> Ziehmesser

Zugriff

גִּישָׁה (גִּישׁוֹת) (מחש׳) [דמ״א/7]. כְּנִיסָה לְזִכְרוֹן הַמַּחְשֵׁב

Zugriff, abgesetzter ---> Fernzugriff

Zugriffszeit

זְמַן גִּישָׁה (מחש׳) [דמ״א/7; 66]. מֶשֶׁךְ הַזְּמַן שֶׁבֵּין הַגִּישָׁה לְזִכְרוֹן הַמַּחְשֵׁב וְעַד שֶׁהַנָּתוּן הַנִּדְרָשׁ מוּכָן לְשִׁמּוּשׁ

zugrunde geht, was

אָבֵד (אֲבֵדִים), דָּבָר שֶׁאִי אֶפְשָׁר לְהַחֲזִירוֹ

zugrunde legen

בִּסֵּס (מְבַסֵּס) עַל..., הִנִּיחַ (מַנִּיחַ) מֵרֹאשׁ

Zugspannung

מַאֲמַץ מְתִיחָה (פיס׳)

Zugstange

קָנֶה זָחִיחַ (מוס׳, טכנ׳)

Zugstück

מַחֲזֶה מוֹשֵׁךְ קָהָל (תאט׳)

Zugtier ---> Großvieh

Zugtrompete

חֲצוֹצְרָה שְׁחִילָה (מוס׳)

zuknöpfen

רָכַס (רוֹכֵס), כִּבֵּן (מְכַבֵּן), הִדֵּק (מְהַדֵּק)

zukommen ---> begegnen

zukünftig

מְעֻתָּד [ק/ב/244]. עֲתִידִי, שֶׁל הֶעָתִיד, מְמַשְׁמֵשׁ וּבָא, צָפוּי, הוֹלֵךְ וּבָא, מְיֹעָד, בְּהִתְהַוּוּתוֹ, לֶעָתִיד לָבוֹא, לְהַבָּא

Zukunft

עָתִיד [ק/ג/177]. הַזְּמַן הַבָּא

zulänglich

צָלֵחַ, מֻצְלָח, מַסְפִּיק, מַשְׂבִּיעַ רָצוֹן, מְסַפֵּק

Zulänglichkeit

צְלֵחוּת, מֻצְלָחוּת, הַשְׂבָּעַת רָצוֹן, דֵּיּוּת, סֶפֶק

zulässig [---> statthaft]

מֻתָּר [ק/ד/203]. יִתָּכֵן, אֶפְשָׁר, רַשַּׁאי, קָבִיל, מִתְקַבֵּל, אֶפְשָׁרִי, רָשׁוּי, רְשׁוּתִי, מֻרְשֶׁה, לֹא מִן הַנִּמְנָע. כָּשֵׁר [ק/ב/104]. רָאוּי, הָגוּן, נָאוֹת, צוֹדֵק, יָשָׁר, הוֹלֵם, מַתְאִים

zulässige Abweichung ---> Fehlergrenze

zulässiges Beweismittel ---> Beweismittel, zulässiges

Zulässigkeit [---> Statthaftigkeit]

מֻתָּרוּת [ק/ג/122]. עֲבֵרָה, הֶתֵּר, רְשׁוּת, הַתָּרָה, מֻתָּרִיּוּת, הַרְשָׁאָה, הַרְשָׁיָה, יִתָּכְנוּת, אֶפְשָׁרוּת, סִכּוּי, פָּנִים, קְבִילוּת, נוֹשֵׂא לְדִיּוּן. הָעֲבָרָה (פיל׳, פסי׳) [ק/א/188]. מַה שֶּׁאֶפְשָׁר בְּדִמְיוֹן. אִשּׁוּר [ק/ב/135]. מָבוֹא, מַתַּן תְּנָאִים, חֹפֶשׁ לִפְעֹל, יְכֹלֶת, הֶכְשֵׁרוּת, זְכוּת, רִשּׁוּי

zulassen

הִתִּיר (מַתִּיר) [ק/ג/87; 120]. סָבַל, הֻתַּר (מֻתָּר), הִרְשָׁה (מַרְשֶׁה), הֻרְשָׁה, אִפְשֵׁר, הִתְאַפְשֵׁר, אֻפְשַׁר, נָתַן אֶפְשָׁרוּת לְ..., הִנִּיחַ מָקוֹם לְ..., נִתַּן לְ..., יָכֹל לְהָבִין, - לְהָכִיל, קִבֵּל, הִתְקַבֵּל (מִתְקַבֵּל), עָבַר (עוֹבֵר), נִתְכַּן. כָּשַׁר (כּוֹשֵׁר) [ק/ב/104]. הָיָה רָאוּי, הָלַם, הָיָה טוֹב לְ..., הִתְאִים

zuleitende Gefäße ---> Gefäße, zuleitende

zuletzt

לָאַחֲרוֹנָה, בָּאַחֲרוֹנָה

Zulieferer

קַבְּלַן מִשְׁנֶה (קַבְּלָנֵי מִשְׁנֶה) (כלכ׳)

Zumutung

תְּבִיעָה מֻגְזֶמֶת, דְּרִישָׁה לְקוּיָה בְּיַתֵּר, צִפִּיָּה מֻפְלֶגֶת, בַּקָּשָׁה נִפְרָזָה

Zunahme

צְמִיחָה (מ״ט, כלכ׳) [ק/ג/250]. רִבּוּי, הוֹסָפָה, הַכְבָּדָה, רְבִיָּה. תּוֹסֶפֶת (מ״ט, כלכ׳) [ק/ד/183]. הַגְבָּרָה. פְּרִיָּה (מ״ט, כלכ׳) [ק/ג/213]. גִּדּוּל, הִתְרַבּוּת

Zunahme der Reaktion ---> Reaktion, Zunahme der

zunehmen

הוֹסִיף וְהָלַךְ, רָבָה (רָבֶה, לִרְבּוֹת), נִתְרַבָּה (מִתְרַבֶּה), צָמַח (צוֹמֵחַ)

Zuneigung [---> Sympathie]

זִקָּה (פסי׳) [ק/ג/168]. עֲרֵבוּת, מְשִׁיכָה, כְּמֵהוּת, חִבָּה, קִרְבָה, קֻרְבָה. נְטִיָּה (נְטִיּוֹת) (פסי׳) [ק/ג/31]. נְטִיָּה נִמְשֶׁכֶת, רָצוֹן בִּדְבַר-מָה,

תְּשׁוּקַת הַלֵּב, חֵפֶץ, נְכוֹנוּת נַפְשִׁית לְדָבָר, כַּוָּנַת הַלֵּב, כֹּשֶׁר נַפְשִׁי

Zuneigung, gegenseitige
זִקַּת גּוֹמְלִין [ק/א/150]. הָאוֹתוּת, נְטִיָּה הֲדָדִית

Zuneigung, mangelnde
זִקַּת חֶסֶר (פסי') חִבַּת חֶסֶר

Zuneigung, übermäßige
זִקַּת יֶתֶר (פסי') חִבַּת יֶתֶר

Zunft
אֲגֻדַּת אוּמָנִים (מ״ח, כלכ') אִגּוּד בַּעֲלֵי מְלָאכָה עַצְמָאִיִּים בִּימֵי הַבֵּינַיִם

Zunfthandwerker
אוּמָן אִגּוּדִי (מ״ח, כלכ') בַּעַל מְלָאכָה עַצְמָאִי שֶׁהִנּוֹ חָבֵר בַּאֲגֻדַּת אוּמָנִים

Zunftmeister
רַב אוּמָן (מ״ח, כלכ')

Zunftwesen
מַעֲרֶכֶת אֲגֻדּוֹת הָאוּמָנִים (מ״ח, כלכ') הִתְאַגְּדוּת בַּעֲלֵי מְלָאכָה עַצְמָאִיִּים לְמִקְצוֹעוֹתֵיהֶם שֶׁהָיְתָה מְקֻבֶּלֶת בִּימֵי הַבֵּינַיִם

Zunge, Rücken der
לַהַב הַלָּשׁוֹן (רפו', בלש') [מ״ב/28]. גַּב הַלָּשׁוֹן בְּסָמוּךְ לְחֻדָּהּ. מְשַׁמֵּשׁ בַּהֲגִיַּת הָעִצּוּרִים הַחִכִּיִּים

Zungenbein *{Os hyoideum}*
עֶצֶם הַלָּשׁוֹן (רפו')

Zungenblatt ---> Rohrblatt

Zungenentzündung *{Glossitis}*
דַּלֶּקֶת הַלָּשׁוֹן (רפו')

Zungenfliege ---> Tsetsefliege

Zungenverwachsung mit dem Mundhöhlenboden
עִקְדּוּת (רפו') [מר״ח/48]. רַתֶּקֶת הַלָּשׁוֹן

zuordnen
הִתְאִים (מַתְאִים), תֵּאֵם (מְתָאֵם), כָּלַל (כּוֹלֵל). צִמֵּד (מְצַמֵּד), אִחָה (מְאַחָה), חִבֵּר

Zuordnung
הַתְאָמָה (מתמ') שִׁבּוּץ, קוֹרֶסְפּוֹנְדֶנְצִיָּה, הַכְלָלָה, כְּלִילָה, הִכָּלְלוּת. צִמּוּד, אִחוּי, חִבּוּר, זִוּוּג

Zuordnung, eineindeutige *{Korrespondenz, eineindeutige}*
הַתְאָמָה חַד חַד עֶרְכִּית (מתמ')

Zuordnungsdefinition
הַגְדָּרַת הַהַתְאָמָה (פיל') [ת״ה/149]

zupfen
פָּרַט (פּוֹרֵט) (מוס') הִקִּישׁ עַל מֵיתָרִים אוֹ צָבַט אוֹתָם בְּאֶצְבְּעוֹתָיו

Zupfinstrument
כְּלִי פְּרִיטָה (מוס') כְּלִי מֵיתָרִים שֶׁפּוֹרְטִים בּוֹ בְּאֶצְבָּעוֹת אוֹ בְּמַפְרֵט

zurechnen
שִׁיֵּךְ (מְשַׁיֵּךְ), יִחֵס (מְיַחֵס)

Zurechnung
שִׁיּוּךְ, יִחוּס

zurechnungsfähig
שְׁפִיוֹנִי (משפ', פסי', מ״ח) שָׁפוּי, בַּעַל כֹּשֶׁר לְדִין וְחֶשְׁבּוֹן

Zurechnungsfähigkeit [---> Verantwortlichkeit]
שִׁפְיוֹן (משפ', פסי', מ״ח) שְׁפִיּוּת, כֹּשֶׁר לְדִין וְחֶשְׁבּוֹן

zurechtstellen
הֶעֱמִיד (מַעֲמִיד) בַּמָּקוֹם הָרָאוּי

zurichten
הִכְשִׁיר (מַכְשִׁיר), הֵכִין, עָשָׂה דְּבַר-מָה לְרָאוּי

Zurichtung
הַכְשָׁרָה, הֶכְשֵׁר, הֲכָנָה קוֹדֶמֶת, עֲשִׂיָּה שֶׁהַדָּבָר יִהְיֶה מַתְאִים

zuriegeln ---> verriegeln

zurren, seefest
כִּפֵּת (מְכַפֵּת) (ימא') קָשַׁר הֵיטֵב בְּחֶבֶל

zurückbilden, sich ---> regredieren

zurückführen
הֵשִׁיב (מֵשִׁיב) לְ.../אֶל... [ק/ד/67]. צָמַח מִ..., יָצָא מִ..., נִמְשַׁךְ מִ..., נָבַע מִ..., שִׁיֵּךְ לְ...

Zurückführen ---> Zuschreiben

Zurückgabe
הַחְזָרָה, הֲשָׁבָה, הֵשֵׁב

zurückgeblieben ---> rudimänter

zurückgehen, in sich
חָזַר (חוֹזֵר) אֶל עַצְמוֹ (פיל')

Zurückgekehrte, das in sich
מַה שֶּׁחָזַר אֶל תּוֹךְ עַצְמוֹ (פיל')

zurückgezogen
בָּדוּל [ק/ג/18]. נִגְזָר, בּוֹדֵד, מִתְבַּדֵּל, מִתְבּוֹדֵד, מְצַמְצֵם בְּתוֹךְ עַצְמוֹ, מְרַחֵק מִן הַבְּרִיּוֹת, פּוֹרֵשׁ, מִתְיַחֵד, פָּרוּשׁ

Zurückgezogenheit
הִתְבַּדְּלוּת [ק/א/226]. הִתְבַּדְּדוּת, הִתְרַחֲקוּת מִן הַחֶבְרָה, הִתְבּוֹדְדוּת, פְּרִישָׁה מִן הַצִּבּוּר, הִתְגַּדְּרוּת, הִתְיַחֲדוּת, נִתּוּק חֶבְרָתִי

zurückhalten
הִבְלִיג (מַבְלִיג) [ק/ג/141]. מָנַע (מוֹנֵעַ), הִסְתַּיֵּג (מִסְתַּיֵּג) מִ..., הִתְאַפֵּק, נִמְנַע מִ..., אָנַס אֶת עַצְמוֹ מִ..., עָמַד (עוֹמֵד), חָדַל, נִרְתַּע מִ..., עָצַר, עִכֵּב, בָּלַם, גָּדַר בְּעַד..., פָּסַק

Zurückhaltung
הַבְלָגָה [ק/א/177]. הֶמְנַע, שְׁבִיתָה, עִכּוּב, הִסְתַּיְּגוּת, בִּטּוּל. הִתְאַפְּקוּת [ק/א/226]. סַבְלָנוּת, הַעֲבָרָה עַל מִדּוֹתָיו, פְּרִישׁוּת, הֶצְנֵעַ, עֲנָיוּת. מְנִיעָה, מְנִיעוּת [ק/ב/218]. זְהִירוּת שֶׁלֹּא לְהַחְלִיט דָּבָר, הִסּוּס, פְּסִיחָה עַל שְׁתֵּי הַסְּעִפִּים, הִמָּנְעוּת מִלַּעֲשׂוֹת דָּבָר, נִמְנָעוּת

Zurückhaltung des Urteils
הִמָּנְעוּת [ק/ג/144]. עֲמִידָה, מְנִיעַת עַצְמוֹ מִלַּעֲשׂוֹת דָּבָר, חִדָּלוֹן, זְהִירוּת שֶׁלֹּא לְהַחְלִיט דָּבָר בָּרוּר, חֻלְשַׁת כֹּחַ הַהַכְרָעָה, הַסְסָנוּת

zurücklegen, einen Weg
גִּמֵּא (מְגַמֵּא) דֶּרֶךְ [ק/א/110]. גָּזַר, עָבַר (עוֹבֵר), הָלַךְ, גָּמָא (גּוֹמֵא) מֶרְחָק, גִּמֵּא אֶרֶץ, עָשָׂה דַּרְכּוֹ

Zurückrufen in die Erinnerung ---> Erinnerung, Zurückrufen in die

zurückschrecken
סִיֵּט (מְסַיֵּט), הִסְתַּיֵּט (מִסְתַּיֵּט) (פסי') נִבְהַל מִפְּנֵי..., חָשַׁשׁ מִ..., נִרְתַּע

Zurückstoßung ---> Abstoßung

zurückstrahlendes Licht ---> Licht, zurückstrahlendes

zurückweichen ---> zurückschrecken
Zurückweichung ---> Einbuchtung
Zurückweisung ---> Abweisung; Ablehnung
Zurückweisungsbereich
אֵזוֹר הַדְּחִיָּה (מ״ח, סטט׳) [ר/ב/681; מ״מ/209]. תְּחוּם הַדְּחִיָּה, מִרְוַח עֲרָכִים מֻגְדָּר מֵרֹאשׁ שֶׁאִם תּוֹצָאַת מִבְחָן סְטָטִיסְטִי נִמְצֵאת בִּתְחוּמוֹ אֲזַי תִּדָּחֶה הַשְׁעָרַת הָאֶפֶס וְתִתְקַבֵּל הַהַשְׁעָרָה הַחֲלוּפִית
zurückwerfen
הִפְשִׁיל (מַפְשִׁיל) [א״ח/ב/107]. הִשְׁלִיךְ לַאֲחוֹרָיו
zurückziehen
נִמְשַׁךְ בַּחֲזָרָה
zurückziehen, sich
פָּרַשׁ (פּוֹרֵשׁ)
zusätzlich ---> akzessorisch
zusätzliche Bestimmung ---> Bestimmung, zusätzliche
Zusage
הַבְטָחָה [ק/ב/43]. יַעַד, יִעוּד, הָעֵדָה, עֵדוּת
Zusammenarbeit
שִׁתּוּף (מ״ח, כלכ׳) [ק״ק/12]. שִׁתּוּף פְּעֻלָּה, קוֹאוֹפֶּרַצְיָה, צוּרַת הָעֲבוֹדָה שֶׁל בְּנֵי אָדָם רַבִּים הָעוֹבְדִים יַחְדָּו בְּאֹרַח קֶבַע וּבְשִׁיטָתִיּוּת בְּתַהֲלִיךְ יִצּוּר אֶחָד אוֹ בְּתַהֲלִיכִים שׁוֹנִים הַקְּשׁוּרִים הֲדָדִית
Zusammenarbeit, mangelnde ---> Koordinationsstörung
zusammenarbeiten
שִׁתֵּף (מְשַׁתֵּף, אֲשַׁתֵּף), שֻׁתַּף (מְשֻׁתָּף, אֲשֻׁתַּף), הִשְׁתַּתֵּף (מִשְׁתַּתֵּף, אֶשְׁתַּתֵּף), שִׁתֵּף פְּעֻלָּה
zusammenarbeitend
מְשַׁתֵּף, שִׁתּוּפִי, מִשְׁתַּתֵּף, שִׁתּוּפוֹלָר, מְשַׁתֵּף פְּעֻלָּה, קוֹאוֹפֶּרָטִיבִי
zusammenbacken ---> sintern
zusammenballen, sich
דָּבַק (דּוֹבֵק)
Zusammenballung [---> Agglutination]
דְּבִיק (דְּבִיקִים)
zusammenbinden
אָגַד (אוֹגֵד) [א״ח/ב/188]. קָשַׁר, צָרַר (צוֹרֵר)
zusammenbrechen
הִתְמוֹטֵט (מִתְמוֹטֵט) (רפו׳, פסי׳) חָמַט (חוֹמֵט), חִמֵּט (מְחַמֵּט)
zusammenbringen ---> vereinigen
Zusammenbruch
הִתְמוֹטְטוּת (רפו׳, פסי׳) [מר״ח/171]. חֶמֶט, מִיט, מַפֹּלֶת, תֶּמֶט, תְּמוּטָה, יְרִידָה פִּתְאֹמִית בִּפְעִילוּת הַחִיּוּנִית שֶׁל הַגּוּף, שִׁבָּרוֹן (שִׁבְרוֹנִים). תְּבוּסָה (צבא) מַפָּלָה
zusammendrehen
שָׁזַר (שׁוֹזֵר) (טכנ׳) עָשָׂה גְּדִיל מִחוּטִים
zusammendrückbar *{kompressibel}*
דָּחִיס (פיס׳)
Zusammendrückbarkeit
דְּחִיסוּת (פיס׳)
zusammendrücken
דָּחַס (דּוֹחֵס), כִּוֵּץ (מְכַוֵּץ)
Zusammendrückung
דְּחִיסָה, דִּחוּס, צִפּוּף, כִּוּוּץ, הִתְכַּוְּצוּת
zusammenfabeln
בָּדָה (מְבַדֶּה) (פסי׳) [ר/ב/603]. הִמְצִיא פְּרָטִים אוֹ מִלֵּא פְּעָרִים בַּזִּכָּרוֹן, גִּבֵּב דְּבָרִים
Zusammenfall ---> Koinzidenz
Zusammenfall der Entgegengesetzten
אַחְדוּת הַנִּגּוּדִים (פיל׳) [ק/ג/259]. קִבּוּץ שְׁנֵי הֲפָכִים
zusammenfallen ---> koinzidieren
zusammenfallend ---> koinzident
zusammenfalten
קִפֵּל (מְקַפֵּל), קָפַל, גָּלַל, כָּרַךְ, הִקְפִּיל, הִתְקַפֵּל, נִקְפַּל, נִגְלַל, נִכְרַךְ
zusammenfassen *{resümieren}*
סִכֵּם (מְסַכֵּם) [ק/ג/102]. עָרַךְ וְהִדְגִּישׁ אֶת תַּמְצִית הַדְּבָרִים, הוֹצִיא אֶת עִקְּרֵי הַדְּבָרִים, הִסִּיק מַסְקָנוֹת, מִצָּה אֶת הָעִנְיָן
Zusammenfassung *{Resümee}*
סִכּוּם [ק/ג/101]. תַּמְצִית, מַסְקָנָה. רָאשֵׁי דְּבָרִים, רָאשֵׁי דְּבָרִים [ק/ד/13]. רָאשֵׁי פְּרָקִים, עִקְּרֵי הַדְּבָרִים וְתַמְצִיתָם, תַּקְצִיר. הִתְכַּלְּלוּת [ק/א/237]. הִתְאַחְדוּת, הִתְמַזְּגוּת, לִכּוּד, הַכְנָסַת הַפְּרָט לְתוֹךְ הַכְּלָל
zusammenfließend
מְאֻשָּׁד, מִתְמַזֵּג
Zusammenfluß
הִתְאַשְּׁדוּת, הִתְמַזְּגוּת. מִפְגַּשׁ נְהָרוֹת (היד׳)
zusammengebrochen
מְמֻטָּט (רפו׳, פסי׳) [מר״ח/171]. חָמוּט, מְחֻמָּט, מְחֻמָּט, מְמֻטְמָט
zusammengehörig, eng
מְסֻמָּךְ
zusammengepreßt
מְצֻיָּק, מוּצָר
zusammengerechnet, alles ---> Summa summarum
zusammengesetzt
מֻרְכָּב, מְרֻכָּב [ק/ב/280]. מְרֻבָּב. מִתְרַבֶּה [ק/ב/328]. רַבְגּוֹנִי, מְגֻוָּן, בַּעַל הֶרְכֵּב שׁוֹנֶה, רַב פָּנִים, מְעֹרָב, לֹא אָחִיד. מִתְרַכֵּב [ק/ב/328]. נִקְבָּץ [ק/ג/64]. מְלֻכָּד. בָּנוּי [ק/א/90]. מְצֹרָף. הַרְכָּבִי, הֶרְכֵּבִי [ק/א/215]. שֶׁל הֶרְכֵּב. מְחֻבָּר [ק/ב/175]. מְאֻחָד. מְקֻבָּץ [ק/ב/264]. מְלֻקָּט יַחַד
zusammengesetzt, nicht
פָּשׁוּט [ק/ג/217]. בִּלְתִּי מֻרְכָּב, - מְסֻבָּךְ
zusammengesetzte Linse ---> Linse, zusammengesetzte
zusammengesetzte Zeit ---> Zeit, zusammengesetzte
zusammengesetzter Kern ---> Kern, zusammengesetzter
zusammengesetzter Satz ---> Satz, zusammengesetzter
zusammengesetztes Phonem ---> Phonem, zusammengesetztes
zusammengestellt
צוֹבֵר, צָבִיר, מִצְטַבֵּר

zusammenhängen ---> kohärieren
zusammenhängend [---> kohärent]
מְקֻשָּׁר [ק/ב/311]. מִתְדַּבֵּק, לָכִיד, מְחֻבָּר, קָשׁוּר לְ..., מְתֹאָם. דָּבֵק [ק/א/127]. תָּכוּף, בִּלְתִּי נִפְסָק, רָצוּף
Zusammenhalt ---> Kohäsion; Bindekraft
zusammenhaltend ---> kohäsiv
Zusammenhang [---> Kohärenz; Korrelation]
קִשּׁוּר הֲדָדִי [ק/א/179; פ״ר/117]. הֶמְשֵׁךְ. הַמְשָׁכַת דְּבָרִים [ק/א/180]. הֶמְשֵׁךְ דְּבָרִים. הַקְשָׁרָה, הֶקְשֵׁר [ק/א/210]. חִבּוּר וְיַחַס רוּחָנִי. הִתָּלוּת [ק/א/238]. יַחַס הַדְּבָרִים וְשַׁיָּכוּתָם זֶה לָזֶה. מָבוֹא [ק/ב/135]. הַשְׁפָּעַת גּוֹמְלִין, שַׁיָּכוּת. סֵדֶר הַדְּבָרִים [ק/ג/95]. רֶצֶף. קֶשֶׁר [ק/ג/304]. קִשָּׁרוֹן, קִשְׁרוֹן [ק/ג/305]. תְּלוּת, תְּלִיָּה [ק/ד/205]. זִקָּה, יַחֲסֵי גּוֹמְלִין, מִרְקַם הַיְחָסִים שֶׁבֵּין... וּבֵין, הֲדָדִיּוּת
Zusammenhang, scheinbarer ---> Beziehung, scheinbare
Zusammenhang bringen, in ---> assoziieren
zusammenhanglos
מְשֻׁבָּשׁ, מְפֹרָע, אִי לָזִיב, לֹא לָכִיד, מְבֻלְבָּל, לֹא רָצוּף, לְלֹא קֶשֶׁר הֲדָדִי
Zusammenhanglosigkeit
שִׁבּוּשׁ, פְּרִיעוּת, פְּרִיעָה, אִי לְזִיבוּת, בִּלְבּוּל, אִי לְכִידוּת, - רְצִיפוּת
Zusammenhangstheorie des Lernens ---> Konnektionismus
zusammenheften
הִכְלִיב (מַכְלִיב) [א״ח/א/158]. שָׁלַל (שׁוֹלֵל), תָּפַר בְּתֶפֶר גַּסִּים, כִּלֵּב (מְכַלֵּב), כָּלַב (מַכְלָב)
zusammenklappbar
קָפִיל, שֶׁנִּתָּן לְקִפּוּל
zusammenkommen
הִתְכַּנֵּס (מִתְכַּנֵּס) יַחַד [ק/א/117]. הִתְאַסֵּף (מִתְאַסֵּף), הִתְגַּמֵּל, הִתְמַזֵּג, הִתְוַעֵד (מִתְוַעֵד)
Zusammenkunft
הִתְכַּנְּסוּת (מ״ח) [ק/א/269]. הִתְוַעֲדוּת, חִבּוּר, הִתְחַבְּרוּת בְּנֵי אָדָם, חֲבוּרָה, וְעוּד, כִּנּוּס, אֲסֵפָה
Zusammenlaufen ---> Konvergenz
zusammenlaufend ---> konvergent
zusammenlaufende Kräfte ---> Kräfte, zusammenlaufende
zusammenlegen
אִגֵּם (מְאַגֵּם), אָגַם (אוֹגֵם), רִכֵּז, כִּנֵּס, כָּנַס, קִבֵּץ
Zusammenlegung
אִגּוּם, רִכּוּז, כִּנּוּס, קְבִיצָה
zusammenlöten
הִלְחִים (מַלְחִים) בְּיַחַד (טכנ׳)
zusammennähen
אִחָה (מְאַחֶה) (טכנ׳) [א״ח/א/157]. תָּפַר וְחִבֵּר יַחַד
Zusammennähen
אִחוּי (טכנ׳) חִבּוּר עַל יְדֵי תְּפִירָה

zusammennehmen
סָנַף (סוֹנֵף), חִבֵּר, כָּלַל (כּוֹלֵל), סִנֵּף (מְסַנֵּף)
zusammenpassen [---> harmonieren]
תָּאַם (תּוֹאֵם) [מר״ח/302]. לָבַק (לוֹבֵק), הִתְאִים לְ...
Zusammenprall ---> Zusammenstoß
zusammenpressen
הִדֵּק (מְהַדֵּק) [א״ח/ב/282]. אָפַץ (אוֹפֵץ), סָגַר הֵיטֵב. צִיֵּק (מְצַיֵּק), הִצְטַיֵּק (מִצְטַיֵּק) [מר״ח/164]. הֵצֵר, הִצְטָרֵר
Zusammenpressung
הִדּוּק, הֲדִיקָה, צִמּוּד, צְמִידָה, צִיּוּק, הִצְטַיְּקוּת, הֲצָרוּת
Zusammenrollen
קִרְפּוּץ [מר״ח/628]. הִצְטַנְּפוּת, הִתְקַפְּלוּת
zusammenrollen, sich
קִרְפֵּץ (מְקַרְפֵּץ), הִתְקַרְפֵּץ (מִתְקַרְפֵּץ) [מר״ח/628]. הִצְטַנֵּף, כִּוֵּץ, כִּנֵּס יָדָיו וְרַגְלָיו, הִתְקַפֵּל
Zusammenrottung
הִתְקַהֲלוּת בִּלְתִּי חֻקִּית (משפ׳)
zusammenschließen ---> vereinheitlichen
zusammenschrauben
הִבְרִיג (מַבְרִיג) יַחַד (טכנ׳) בָּרַג (בּוֹרֵג) יַחַד
zusammenschrumpfen
צָמַק (צוֹמֵק), הִצְטַמֵּק, הִתְכַּוֵּץ, צִמֵּק (מְצַמֵּק), כִּוֵּץ, הִצְטַמְצֵם, הִצְטַנֵּף, הִתְקַפֵּל, הִתְקַפֵּד
zusammenschütten
עִרְבֵּב (מְעַרְבֵּב)
Zusammensein
יַחְדוּת, יַחְדָּוִיּוּת
zusammensetzen
מָזַג (מוֹזֵג) (כימ׳, מ״ט) [ק/ב/170]. עִרְבֵּב דָּבָר בְּדָבָר, מִזֵּג. קִבֵּץ (מְקַבֵּץ) [ק/ג/264]. אִחֵד, צִמֵּד. הִרְכִּיב [ק/ד/41]. חִבֵּר דְּבָרִים שׁוֹנִים, יָצַר דָּבָר שָׁלֵם מֵחֲלָקִים מְצֹרָפִים
zusammensetzend
מְמַזֵּג [ק/ב/174; 282]. מַרְכִּיב, מְחַבֵּר, מְאַחֵד, מְלַקֵּט
Zusammensetzung [---> Kompositum]
מִזּוּג (כימ׳, מ״ט) [ק/א/239]. הִתְמַזְּגוּת. חִבּוּר [ק/א/268]. עֵרוּב [ק/ג/169]. הֶרְכֵּב, הַחֲלָקִים שֶׁהַדָּבָר מֻרְכָּב מֵהֶם. צֵרוּף [ק/ג/253]. שִׁלּוּב, הַצְמָדָה, לִכּוּד, קִשּׁוּר. קִבּוּץ [ק/ג/260]. כִּנּוּס. רִכּוּב [ק/ד/41]. רְכִיבָה [ק/ד/42]. הַרְכָּבָה [ק/א/214]. חִבּוּר חֲלָקִים אוֹ יְסוֹדוֹת שׁוֹנִים וְעֵרוּבָם, בְּנִגּוּד לִפְשִׁיטוּת וְאַחְדוּת
Zusammensetzung beruhend, auf bloßer
מִזְגִּי (כימ׳, מ״ט) [ק/ב/172]. מְבֻסָּס עַל הִתְמַזְּגוּת דְּבָרִים שׁוֹנִים לְאֶחָד
Zusammensetzung des Kapitals, organische ---> Kapital(s), organische
Zusammensetzung des
Zusammensetzung des Kapitals, technische ---> Kapital(s), technische
Zusammensetzung des
zusammenstellen, passend
תֵּאֵם (מְתָאֵם)
Zusammenstellung
לֶקֶט (ספרנ׳) לִקּוּטִים, קֹבֶץ הַמֵּכִיל קְטָעֵי

חִבּוּרִים שֶׁלֻּקְּטוּ מִמְּקוֹרוֹת שׁוֹנִים. צָמוּד (מחמ') [ק/ב/175]. מַחְבֶּרֶת, הַרְכָּבָה

Zusammenstoß *{Kollision}*
הִתְנַגְּשׁוּת (הִתְנַגְּשֻׁיּוֹת) [ק/א/87]. בְּטָשָׁה, בְּטִישָׁה, הַכָּאָה, פְּגִישָׁה בְּכֹחַ

zusammentragen
גָּבָה (גּוֹבֶה), צָבַר, גִּבֵּב (מְגַבֵּב), אָסַף

zusammentreffen [---> koinzidieren; schneiden, sich]
נִפְגַּשׁ (נִפְגָּשׁ) (אסט') [ק/ג/265]. הִתְקַבֵּץ, פָּגַשׁ, הִתְפַּגֵּשׁ, הִתְחַבֵּר, הִתְקָרֵב, נִדְבַּק, נִזְדַּמֵּן זֶה לְיַד זֶה

Zusammentreffen ---> Koinzidenz; Aufeinanderstoßen

Zusammenwirken ---> Zusammenarbeit

zusammenzählen
הִסְתַּכֵּם כְּדֵי (מחמ')

zusammenziehbar
כָּוִיץ, שֶׁיָּכוֹל לְהִתְכַּוֵּץ

Zusammenziehbarkeit
כְּוִיצוּת, יְכֹלֶת לְהִתְכַּוֵּץ

zusammenziehen
הִתְכַּוֵּץ (מִתְכַּוֵּץ) [ק/ג/265; א"ח/א/198]. הִתְקַבֵּץ, צִמֵּת (מְצַמֵּת), הִצְטַמְצֵם, הִתְקַטֵּן, נִגְמַד, גָּמַד (גּוֹמֵד), כִּנֵּס, אָסַף, כִּוֵּץ, הִדֵּק, צָפַד (צוֹפֵד), נִצְפַּד, נִקְמַז, הִתְקַצֵּר. הִתְקַשֵּׁר (מִתְקַשֵּׁר) [א"ח/ב/154]. נִצְטַבֵּר. קָפַץ (קוֹפֵץ) [א"ח/ג/7]. סָגַר

zusammenziehender Geschmack ---> Geschmack, zusammenziehender

Zusammenziehung [---> Kontraktion]
כִּוּוּץ [ק/ג/261]. קִבּוּץ, צִמּוּת, הִתְכַּוְּצוּת, הִתְקַבְּצוּת, צִמְצוּם, הִדּוּק, אִסּוּף, קְפִיצָה, קֶפֶץ

Zusammenziehungskraft
כֹּחַ כִּוּוּץ [ק/ב/76]. כֹּחַ מְצַמְצֵם

Zusatz
תּוֹסֶפֶת (תּוֹסָפוֹת) [ק/ד/183]. עֹדֶף, יוֹתֶרֶת, יַתִּירוּת, מוֹתָר, תֹּסֶף

Zusatzkapital
הוֹן נוֹסָף (כלכ')

Zusatzvertrag
חוֹזֶה נִסְפָּח (משפ')

zuschlagen ohne zu schließen
הֵגִיף (מֵגִיף) [א"ח/א/41]. סָגַר אַךְ לֹא נָעַל

Zuschlagssteuer
מַס יֶסֶף (כלכ', מדי')

zuschließen ---> verschließen

zuschrauben ---> verschrauben

zuschreiben
שִׁיֵּךְ לְ... (מְשַׁיֵּךְ לְ...) [ק/ג/105]. סָמַךְ לְ... הֶאֱמִיר (מַאֲמִיר) [ק/א/58]. תֵּאֵר, אִיֵּךְ (מְאַיֵּךְ). חִיֵּב [ק/א/282]. יִחֵס [ק/ב/35]. יִחֵס לְ..., יִחֵס אֶת... לְ.../אֶל..., הִשְׁאִיל לְ..., תָּלָה דְּבַר-מָה (תְּכוּנָה, תֹּאַר וכד') בִּפְלוֹנִי. נָשָׂא [ק/ג/70]. הִשִּׂיא [ק/ג/71]

Zuschreibung
שִׁיּוּךְ (פיל', פסי') קְבִיעַת הַשַּׁיָּכוּת שֶׁל דְּבָרִים וְיַחְסָם זֶה לָזֶה, הַתַּהֲלִיךְ שֶׁבּוֹ רוֹכֵשׁ הַפְּרַט מַצָּב (סְטָטוּס) מְסֻיָּם עַל סָמַךְ תְּכוּנוֹת שֶׁאֵינָן בִּשְׁלִיטָתוֹ

Zuschuß
מַעֲנָק (מַעֲנָקִים) (כלכ') קִצְבָּה (קִצְבּוֹת), סְכוּם כֶּסֶף הַנִּתָּן לְמַטָּרָה מְסֻיֶּמֶת

Zuschuß-Arbeiterbevölkerung ---> Arbeiterbevölkerung, Zuschuß-

Zuschußkapital
תּוֹסֶפֶת הוֹן (כלכ')

Zusicherung ---> Zusage

zuspitzen
חִדֵּד (מְחַדֵּד), הִתְחַדֵּד (מִתְחַדֵּד)

zuspitzend, sich
מוּצָר [ק/ב/260]. צַר וְהוֹלֵךְ, נַעֲשָׂה צַר יוֹתֵר

Zuspitzung
חִדּוּד [ק/א/272]. חִדּוּד, עֹקֶץ, חֹד, בְּלִיטָה חַדָּה

zuständige Behörde ---> Behörde, zuständige

Zustand
מַצָּב (מַצָּבִים) [ק/א/100]. גְּבוּל, תְּחוּם, רְשׁוּת. גֶּדֶר (גְּדָרִים) [ק/א/105]. מִקְצוֹעַ, תְּכוּנָה, מְחִצָּה. הֲקָמָה [ק/א/204]. קִיּוּם וְהַעֲמָדָה. עִנְיָן [ק/ג/148]. עֶמְדָּה, נְסִבּוֹת, תְּנָאִים

Zustand, dauernder
מַצָּב שָׁרִיר (פיל') [ק/ג/288]. קִנְיָן, מִדָּה קְבוּעָה וְקַיֶּמֶת, מַצָּב קַיָּם

Zustand, früherer
מַצָּב קוֹדֵם, יָשָׁן, מַעֲמָדוֹ הַקּוֹדֵם שֶׁל הַדָּבָר

Zustand, guter
מַצָּב תַּקִּין [ק/ב/71]. כּוֹנְנוּת (כּוֹנְנֻיּוֹת), סֵדֶר, תִּקּוּן, מַצָּב טוֹב

Zustandsänderung
שִׁנּוּי מַצָּב

Zustandsbild ---> Erscheinungsbild

Zustandsraum, Suche im
חִפּוּשׂ מֶרְחַב הַמַּצָּבִים (מחש')

Zustandsverb *{Stativ}*
פֹּעַל מַצָּב (בלש') [מ"ב/212]. פֹּעַל סְטָטִי, - שֶׁבְּמַהֲלַךְ פְּעֻלָּתוֹ אֵין חָלִים שִׁנּוּיִים בַּנּוֹשֵׂא אוֹ בַּמֻּשָּׂא, לְמָשָׁל: "שָׁכַב", "שָׁתַק"

zustimmen
הִסְכִּים (מַסְכִּים), חִיֵּב (מְחַיֵּב), אִשֵּׁר (מְאַשֵּׁר)

Zustimmung
הַסְכָּמָה, שִׁוְיוֹן בְּדֵעָה, הֶסְכֵּם, הֵעָתְרוּת, מַתַּן אָמֵן, מַעֲנֶה אָמֵן, אִשּׁוּר, חִיּוּב

Zustimmungstendenz ---> Tendenz, Ja-Sage-

zustoßen ---> ereignen, sich

zuteil werden lassen
הִקְנָה (מַקְנֶה) [ק/ב/43; 164]. הוֹעִיל (מוֹעִיל) אֶת..., נָתַן, יִעֵד (מְיַעֵד), יָעַד

zuteilen ---> rationieren

Zuteilung
הַקְצָאָה, יִחוּד דָּבָר לְמַטָּרָה כָּלְשֶׁהִי

Zuteilungsmenge ---> Ration

zutragen, sich ---> ereignen, sich

zutrauen
נָתַן (נוֹתֵן) אֵמוּן בְּ..., נִבְטַח עַל..., הֶאֱמִין (מַאֲמִין), נָתַן מִבְטַחוֹ בְּ..., תָּלָה בִּטְחוֹנוֹ בְּ..., יִחֵס (מְיַחֵס) בִּבְטָחָה, שָׂם בִּטְחוֹנוֹ בְּ...

Zutrauen

אֵמוּן [ק/ג/222]. פְּתַיּוּת, קַלּוּת אֱמוּנָה, בִּטְחָה, פְּתַיּוּת, קַלּוּת דַּעַת, תְּמִימוּת

zutreffend

נָכוֹן [ק/ב/104]. כָּשֵׁר, מַתְאִים, רָאוּי, הָגוּן, נָאוֹת, צוֹדֵק, יָשָׁר, הוֹלֵם, טוֹב לְ..., מַה שֶּׁקּוֹלֵעַ אֶל הַמַּטָּרָה. נָכֹחַ [ק/ג/303]. קֹשֶׁט, קֹשֶׁט, נְכוֹנָה, נְכֹחָה

Zutritt

דְּרִיסַת רֶגֶל (משפ') גִּישָׁה

zuverlässig

מְהֵימָן

Zuverlässigkeit *{Reliabilität}*

מְהֵימָנוּת (מדע, טכנ') [ר/ב/516,354; מ״מ/213; ד״מח/162]. עֲקִיבוּת פְּנִימִית, קְנֵה מִדָּה לְשִׁעוּר קְבִיעוּתָהּ שֶׁל מְדִידָה כְּשֶׁחוֹזְרִים עָלֶיהָ בִּתְנָאִים הַנֶּחְשָׁבִים כִּקְבוּעִים, יְכָלְתּוֹ שֶׁל מִבְחָן אוֹ שֶׁל דֶּרֶךְ אַחֶרֶת לָתֵת תּוֹצָאוֹת דּוֹמוֹת בִּמְדִידוֹת חוֹזְרוֹת, אֲמִינוּת

Zuversicht [---> Optimum]

מִבְטָח

zuvorkommen ---> vorbeugen

Zuvorkommen ---> Vorbeugung

zuvorkommend ---> vorbeugend

Zuwachs

תּוֹסֶפֶת (מתמ') [ק/ד/184]. חִבּוּר, אֲסִיפָה, קִבּוּץ, כִּנּוּס, גִּדּוּל, גְּדִילָה, רִבּוּי. רְכוּשָׁה (רְכוּשׁוֹת) (ספרנ') סְפָרִים שֶׁנִּרְכְּשׁוּ לְסִפְרִיָּה

Zuwachs der Reizstärke ---> Reizstärke, Zuwachs der

Zuwachssumme

סְכוּם תּוֹסֶפֶת (מתמ')

Zuwahl *{Kooptation}*

צֵרוּף בֶּן חָסוּת (מנה') קוֹאוֹפְּטַצְיָה, צֵרוּף חֲבֵרִים לְמוֹסָד כָּלְשֶׁהוּ עַל יְדֵי חַבְרֵי הַמּוֹסָד הַוָּתִיקִים

zuweilen

לִפְעָמִים [ק/ג/175]. עֵת, עִתּוֹת, לִפְרָקִים, מִזְּמַן לִזְמַן

Zuweisung [---> Zuteilung; Zuschreibung]

הֲשָׂמָה (מחש') [דמ״א/12]. הַצָּבָה, הַכְנָסַת עֵרֶךְ

zuwenden, sich einer Sache

הִתְמַסֵּר (מִתְמַסֵּר) לְ... [ק/א/113]. הִתְגַּלְגֵּל, פָּנָה אֶל דְּבַר מָה. הִקְבִּיל [ק/ג/262]. הֵסֵב לִבּוֹ לְ..., שָׂם דַּעְתּוֹ עַל..., כִּוֵּן לִבּוֹ לְ..., הִשְׁוָה דַּעְתּוֹ לְ... . רָץ [ק/ד/48]. הִפְנָה דַּעְתּוֹ לְ... . הִשְׁגִּיחַ [ק/ד/75]. נָתַן דַּעְתּוֹ עַל..., יִחֵד תְּשׂוּמֶת-לֵב לְ..., שָׂם לִבּוֹ אֶל...

Zuwendung ---> Zuschuß

zuwider

מְנֻגָּד, נוֹגֵד, נֶגְדִּי, סוֹתֵר. מָאוּס, מְעוֹרֵר גֹּעַל, דּוֹחֶה, מַבְחִיל, מְתֹעָב, מַגְעִיל

Zuwiderhandelnder

מַסִּיג גְּבוּל (משפ') מִי שֶׁחוֹדֵר לְלֹא רְשׁוּת לְתוֹךְ שִׁטְחוֹ שֶׁל אַחֵר, מִי שֶׁדּוֹחֵק רַגְלֵי אַחֵר

zuziehen

הִתְקַבֵּץ (מִתְקַבֵּץ) (מתמ') [ק/ג/265]. נוֹסַף, נִתְכַּנֵּס מִסְפָּר עִם מִסְפָּר, סִכֵּם, חִבֵּר, נִתְחַבֵּר, צֵרֵף מִסְפָּר אֶל מִסְפָּר

Zwang

כֹּרַח [ק/א/135]. דֹּחַק, דַּחַק, הַכְרָחָה, הַזְקָקָה, אֹנֶס, הֶכְרֵחַ. כְּפִיָּה [ק/ב/200]. מַכְרִיחַ. כְּפִיתָה (פסי') [ר/א/318]. קוֹמְפּוּלְסִיָּה, הַמַּצָּב הַנַּפְשִׁי שֶׁבּוֹ אָדָם מַרְגִּישׁ שֶׁהוּא נֶאֱלָץ לִפְעֹל בְּנִגּוּד לִרְצוֹנוֹ, הַכֹּחַ הַכּוֹפֶה

Zwang der Verhältnisse

כֹּרַח הַנְּסִבּוֹת

zwanghaft

כְּפִיָּתִי (פסי') טָרְדָנִי, אִלּוּצִי, מְאַלֵּץ

Zwanglauf

מִמְנָע (טכנ')

Zwangsarbeit

עֲבוֹדַת כְּפִיָּה (משפ') עֲבוֹדַת פֶּרֶךְ

Zwangsbewegung

תְּנוּעָה טוֹרְדָנִית (פסי') תְּנוּעָה כְּפִיָּתִית

Zwangsdenken

חֲשִׁיבָה טוֹרְדָנִית (פסי') [ר/א/11]. הַפְרָעָה אוֹבְּסֶסִיבִית-קוֹמְפּוּלְסִיבִית, - טָרְדָנִית-כְּפִיָּתִית, מַחֲשָׁבוֹת וְרַעֲיוֹנוֹת חוֹזְרִים וּמַתְמִידִים

zwangsenteignen ---> enteignen

Zwangsenteignung ---> Enteignung

zwangsernähren

יָגֹר (יָגוּר) (רפוי') בָּלַע בְּעַל כָּרְחוֹ, פִּטֵּם, הוֹגִיר (מוֹגִיר), הֶאֱכִיל מִישֶׁהוּ בִּכְפִיָּה

Zwangsernährung

יִגּוּר (רפוי') [מר״ח/316]. פִּטּוּם, הַאֲכָלָה בְּצִנּוֹר

Zwangsidee [---> Besessenheit]

רַעְיוֹן טוֹרְדָנִי (פסי') [ר/א/34]. רַעְיוֹן תָּקוּעַ, - שֶׁנִּתְקַע, - מְקֻבָּע, - טוֹרֵד, אִידֵאָה פִיקְס, שִׁגָּעוֹן לְדָבָר אֶחָד

Zwangskurs

שַׁעַר חוֹבָה (כלכ') שַׁעַר כְּפִיָּה

zwangsläufig

הֶכְרֵחִי [ק/א/63]. אָנְסִי, בְּהֶכְרֵחַ, מְחֻיָּב הַמְּצִיאוּת, מַכְרֵחַ, מְכֻפֶּה, כָּפוּי, בִּכְפִיָּה, בְּאֵין מָנוֹס, בְּאֹנֶס

Zwangsläufigkeit

הֶכְרֵחִיּוּת (דת, פיל') [ק/א/111]. גְּזֵרָה, הַהֶכְרֵחַ בְּמַעֲשֵׂי הָאָדָם וּבְמְאֹרְעוֹת חַיָּיו, מַה שֶּׁנִּגְזָר עָלָיו מִלְמַעְלָה. הֶכְרֵחַ [ק/א/173]. בְּנִגּוּד לַבְּחִירָה הַחָפְשִׁית

Zwangslage

נַחַץ

Zwangsneurose

עַצֶּבֶת אִלּוּץ (פסי') נֵירוֹזָה כְּפִיָּתִית, עַצֶּבֶת טוֹרְדָנִית

Zwangsschlichtung

בּוֹרְרוּת חוֹבָה (משפ')

Zwangsverhältnis

יַחַס שֶׁל כְּפִיָּה

Zwangsverwalter, gerichtlicher ---> Konkursverwalter

Zwangsverwalter(s), Gerichtsbeschluß auf Einsetzung eines ---> Beschlagnahmeverfügung

Zwangsvorstellung ---> Besessenheit

Zweck

תַּכְלִית (פיל') [ק/ד/200]. כַּוָּנָה [ק/ב/70]. תִּכְלָה [ק/ד/196]. צְדִיָּה [ק/ג/228]. כִּוּוּן הַדַּעַת, יִעוּד. לָמָּה (פיל') [ק/ב/120]. עִנְיַן הַלָּמָּה שֶׁל הָעֶצֶם,

שְׁאֵלַת הַלָּמָה, עִנְיָן. לָמוּת (פיל') [ק/ב/122]. מְבֻקָּשׁ [ק/ב/139]. הַמְגַמָּה הַנִּרְצָה. מְכֻוָּן [ק/ב/197]. מַטָּרָה. מִקָּח [ק/ב/267]. יַעַד, טַעַם, הִגָּיוֹן, יְסוֹד. נִרְצָה [ק/ג/69]

Zweck, ausgeführter

תַּכְלִית שֶׁהוּצְאָה לַפֹּעַל (פיל') [פ״ר/91]

Zweck, Mittel zum ---> Mittel zum Zweck

Zweck, vollkommener

מְבֻקָּשׁ שָׁלֵם [ק/ב/139]

zweckbestimmt ---> zweckdienlich

zweckdienlich

תַּכְלִיתִי [ק/ד/203]. מְכֻוָּן לְתוֹעֶלֶת מַעֲשִׂית, תּוֹעַלְתִּי, שְׂכוּלִי, נָבוֹן, יָאֶה, הוֹלֵם, שָׁמִישׁ, יָעִיל, מוֹעִיל, מֻתְאָם לְתַכְלִיתוֹ

zweckdienliche Beziehungen ---> Beziehungen, zweckdienliche

Zweckdienlichkeit

תַּכְלִיתִיּוּת, מַכְשִׁירִיּוּת, אֶמְצָעוּתִיּוּת, שְׁמִישׁוּת, תּוֹעַלְתִּיּוּת, יְעִילוּת

zweckgebunden

מְכֻוָּן לְתַכְלִית מְסֻיֶּמֶת, נוֹעָד לְמַטָּרָה כָּלְשֶׁהִי

zweckgemäß ---> zweckdienlich

zwecklos

נְטוּל תַּכְלִית

zweckmäßig ---> zweckdienlich

zweckmäßiges Verhalten ---> Verhalten, zweckmäßiges

Zweckmäßigkeit ---> Zweckdienlichkeit

Zweckursache

סִבַּת הַתַּכְלִית (פיל') [ק/ב/296; ק/ג/136]. עִלַּת תַּכְלִית, עִלָּה מַשְׁלִימָה, סִבָּה תַּכְלִיתִית. עִלָּה מַתְמִימָה, - מַתְמֶמֶת (פיל') [ק/ב/320; ק/ג/136]. עִלָּה אַחֲרוֹנָה, - תְּמִימִית, - קְצָוִית, - שְׁלֵמִית

Zweckvorstellung

דִּמּוּי שֶׁל תַּכְלִית (פיל')

zweckwidrig

מְקַפֵּחַ אֶת הַמַּטָּרָה (פיל') [פ״ר/45]

Zwei-Faktoren-Theorie

תּוֹרַאת שְׁנֵי הַגּוֹרְמִים (מ״ח, פסי') [ר/א/127-128]. תּוֹרָאָה (תֵּאוֹרְיָה) הַמְיַחֶסֶת אֶת כָּל הֶשֵּׂגֵי הַמִּשְׂכָּל לִשְׁנֵי גּוֹרְמִים: לְגוֹרֵם כְּלָלִי מְשֻׁתָּף (g) וּלְגוֹרֵם כִּשְׁרוֹן סְגֻלִּי (s)

Zwei-Segment Test ---> Test, zweiseitiger

zweiäugig *{binokular}*

דּוּ עֵינִי (פיס', רפו')

zweiäugige Parallaxe ---> Parallaxe, zweiäugige

Zweibindenbrasse *{Diplodus vulgaris}*

סַרְגּוּס כְּתֵפִי (זוא') דָּג מִמִּשְׁפַּחַת הַסְּפָּרוֹסִיִּים (דְּגֵי גֶּרֶם)

zweideutig

דּוּ מַשְׁמָעִי, עָמוּם, מִשְׁתַּמֵּעַ לִשְׁתֵּי פָּנִים

Zweideutigkeit *{Amphibolie}*

דּוּ מַשְׁמָעוּת, עֲמִימוּת

zweidimensionale Analyse ---> Analyse, bivariate

zweidimensionale Wahrnehmung ---> Wahrnehmung, zweidimensionale

Zweieck, sphärisches

סַהֲרוֹן כַּדּוּרִי (מתמ')

Zweier-Verbindung ---> Dyade

Zweierschritten zählen, in ---> zählen, in Zweierschritten

Zweifachheit

שְׁנִיּוּת (פיל') [ק/ד/142]. כְּפִילוּת, תְּכוּנַת הַמֻּרְכָּב מִשְּׁנֵי עִנְיָנִים, שְׁנֵי הֲפָכִים בְּנוֹשֵׂא אֶחָד

zweifarbig

דּוּ צִבְעִי (צבע)

Zweifel

סָפֵק (סְפֵקוֹת) [ק/ג/111]. דָּבָר בִּלְתִּי וַדָּאִי, - מְפֻקְפָּק, אִי וַדָּאוּת, אִי בִּטְחוֹנוּת, חֲשָׁשׁ, פִּקְפּוּק. פּוּגָה [ק/ג/183]. הִתְפּוֹגְגוּת [ק/א/243]. הֱיוֹת בְּסָפֵק. מְבוּכָה (פסי') [ק/ב/135]. אָבְדַן עֵצוֹת, טִלְטוּל הַדַּעַת, מְצוּקַת הַנֶּפֶשׁ. פּוּנָה [ק/ג/184]. הַסְפָּקָה [ק/א/186]. הִסְתַּפְּקוּת [ק/א/188]

Zweifel(s), Modalität des ---> Ungewißheit, Modalität der

Zweifel lösen

הֵסִיר סָפֵק [ק/ג/79]. הִתִּיר, פָּתַר, פֵּרֵק, יִשֵּׁב, תֵּרֵץ

Zweifel ziehen, in ---> zweifeln

zweifelhaft

מְסֻפָּק [ק/ב/227]. מַה שֶּׁיֵּשׁ בּוֹ סָפֵק, לֹא וַדָּאִי, מְפֻקְפָּק, מֻטָּל בְּסָפֵק

zweifelhafte Homonymie ---> Homonymie, unvollständige

zweifelhafte Lage ---> Lage, zweifelhafte

zweifeln

הֵטִיל (מֵטִיל) סָפֵק בְּ... [ק/ג/112]. סִפֵּק בְּ.../עַל..., פִּקְפֵּק (מְפַקְפֵּק), טָעַן עַל.../כְּנֶגֶד..., בָּא בְּטַעֲנָה. הִשְׁתַּגֵּשׁ (מִשְׁתַּגֵּשׁ) [ק/ד/76]. עָמַד בְּסָפֵק, הָיָה מֻטָּל בְּסָפֵק. שִׁבֵּשׁ (מְשַׁבֵּשׁ) [ק/ד/74]. הִרְהֵר אַחַר..., הָיָה בְּסָפֵק, הִתְעוֹרֵר בּוֹ סָפֵק. פָּג, הִתְפּוֹגֵג [ק/ג/182]

Zweiflügler *{Diptera}*

זְבוּבָאִים (זוא') סִדְרָה שֶׁל חֲרָקִים

Zweifüßer

מְהַלֵּךְ שְׁתַּיִם (זוא', רפו') [מר״ח/98]

Zweig

עָנָף (עֲנָפִים) [ק/ג/150]. סְנִיף. יוֹנֵק (יוֹנְקוֹת) [ק/ב/39]. תּוֹלָדָה, סָעִיף

Zweig, rankender

דָּלִית (דָּלִיּוֹת) (בוט') [א״ח/ב/230]. דָּלִיָּה, עָנָף אָרֹךְ וְדַק הַנִּכְרָךְ סָבִיב מִשְׁעֶנֶת כָּלְשֶׁהִי

Zweige abschneiden ---> abschneiden, Zweige; stutzen

Zweiglein

פְּסִיגָה (פְּסִיגוֹת) (בוט') [א״ח/ב/232]. עָנָף קָטָן שֶׁל אֶשְׁכּוֹל

zweigliedrig ---> binomisch

zweihäusig *{diözisch}*

דּוּ בֵּיתִי (בוט') [ל״ב/73]. צְמָחִים שֶׁפִּרְחֵיהֶם הַזְּכָרִיִּים נִמְצָאִים עַל פְּרָט אֶחָד וְהַנְּקֵבִיִּים עַל פְּרָט אַחֵר שֶׁל אוֹתוֹ מִין

Zweiheit ---> Dyade

Zweikeimblättrige *{Dicotyledoneae}*
מַחְלֶקֶת הַדּוּ פְּסִיגִיִּים (בוט')

zweikonsonantischer Stamm ---> Stamm, zweikonsonantischer

zweilippig
דּוּ שְׂפָתָנִי (בוט') בַּעַל שְׁתֵּי שָׂפוֹת

zweiradikaliges Verb ---> Stamm, zweikonsonantischer

Zweireihenkorrelation
מִתְאָם דּוּ סִדְרָתִי (סטט) [ר/ב/389; מ"מ/217]. מִתְאָם בֵּין מִשְׁתַּנֶּה רָצִיף לְבֵין מִשְׁתַּנֶּה דּוּ פַּלְגִּי (דִּיכוֹטוֹמִי) מְלָאכוּתִי

zweiseitiger Test ---> Test, zweiseitiger

Zweisilbig
דּוּ הֲבָרָתִי (בלש') [מ"ב/67]. בַּעַל שְׁתֵּי הֲבָרוֹת, לְמָשָׁל: "פַּרְדֵּס", "דֶּקֶל", "חִישָׁה"

zweisprachig *{bilingual}*
דּוּ לְשׁוֹנִי (בלש') [מ"ב/27]. שֶׁיָּכוֹל לְדַבֵּר בִּשְׁתֵּי שָׂפוֹת בְּאוֹתָהּ רְהִיטוּת

Zweisprachigkeit *{Bilinguismus}* [---> Diglossie]
דּוּ לְשׁוֹנִיּוּת (בלש') [ר/א/151; מ"ב/27]. יְכֹלֶת לְדַבֵּר בִּשְׁתֵּי שָׂפוֹת בְּאוֹתָהּ רְהִיטוּת

zweistellig
דּוּ סִפְרָתִי (מתמ') בַּעַל שְׁתֵּי סְפָרוֹת

zweit, zu
טַנְדּוּ, בִּשְׁנַיִם, בְּיַחַד

zweite Person ---> Person, zweite

Zweiteilung
פְּלִיגָה (פְּלִיגוּת), הִתְפַּלְּגוּת לִשְׁנַיִם

zweiter Ordnung, Faktor ---> Ordnung, Faktor zweiter

Zweiunddreißigstelnote
לַבּ"ית תָּו (מוס') חֵלֶק שְׁלֹשִׁים וּשְׁנַיִם שֶׁל תָּו

Zweivierteltakt
מִשְׁקָל דּוּ רִבְעִי (מוס')

zweiwertiges Verb ---> Verb, zweiwertiges

Zweizahl ---> Dual

Zweizahn *{Bidens}*
דּוּשֵׁן (בוט') צֶמַח מִמִּשְׁפַּחַת הַמֻּרְכָּבִים

zweizeilig
בְּשׁוּרָתַיִם

zweizipfelig
דּוּ עוֹקְצָנִי (רפו') [מר"ח/97]. דּוּ חַדִּי

Zwenke *{Brachypodium}*
בֶּן עֻקְצָר (בוט') צֶמַח מִמִּשְׁפַּחַת הַדְּגָנִיִּים

Zwerchfell *{Diaphragma}*
סַרְעֶפֶת (רפו') [ק/ג/117]. הַסֶּתֶר הַמַּבְדִּיל, הַמְּחִצָּה בֵּין חֲלַל הֶחָזֶה לַחֲלַל הַבֶּטֶן. הַקְּרוּם הַחוֹלֵק (רפו') [ק/ג/301]

Zwerg
גַּמָּד (רפו') נַנָּס

Zwergadler *{Hieraaetus pennatus}*
עַיִט גַּמָּדִי (זוא') עוֹף מִמִּשְׁפַּחַת הַנְּצִיִּים

Zwergdommel *{Ixobrychus minutus}*
אֲנָפִית גַּמָּדִית (זוא') עוֹף מִמִּשְׁפַּחַת הָאֲנָפָתִיִּים

Zwergfledermaus *{Pipistrellus pipistrellus}*
עֲטַלֵּפוֹן אֵירוֹפִּי (זוא') יוֹנֵק מִמִּשְׁפַּחַת הַנִּשְׁפוֹנִיִּים (עֲטַלֵּפִים)

Zwerghamster, Grauer *{Cricetulus migratorius}*
בַּר אוֹגֵר (זוא') יוֹנֵק מִמִּשְׁפַּחַת הָאוֹגְרִיִּים

Zwerghirse *{Eragrostis tef}*
בֶּן חִילָף חַבָּשִׁי, טֵף (בוט') צֶמַח מִמִּשְׁפַּחַת הַדְּגָנִיִּים

Zwerghufeisennase *{Rhinolophus hipposideros}*
פַּרְסַף גַּמָּדִי (זוא') יוֹנֵק מִמִּשְׁפַּחַת הַפַּרְסָפִיִּים (עֲטַלֵּפִים)

Zwerglinse *{Wolffia arrhiza}*
כַּדְרוּרִית הַמַּיִם (בוט') צֶמַח מִמִּשְׁפַּחַת עַדְשַׁת הַמַּיִם

Zwergmispel *{Cotoneaster}*
חַבּוּשִׁית (בוט') צֶמַח מִמִּשְׁפַּחַת הַוְּרָדִיִּים

Zwergmöwe *{Larus minutus}*
שַׁחַף גַּמָּד (זוא') שַׁחַף גַּמָּדִי, עוֹף מִמִּשְׁפַּחַת הַשְּׁחָפִיִּים

Zwergmotten *{Nepticulidae}*
גַּמַּדְעָשִׁיִּים (זוא') מִשְׁפָּחָה שֶׁל פַּרְפָּרָאִים

Zwergmuschel *{Mytilaster minimus}*
בּוּצִית קְטַנָּה (זוא') בַּעַל חַיִּים מִמִּשְׁפַּחַת הַבּוּצִיתִיִּים (צְדָפוֹת)

Zwergnatter, Kopfbinden- *{Eirenis modestus}*
שַׁלְוָן קוֹלָר (זוא') זוֹחֵל מִמִּשְׁפַּחַת הַזַּעֲמָנִיִּים

Zwergohreule *{Otus scops}*
שְׂעִיר מָצוּי (זוא') עוֹף מִמִּשְׁפַּחַת הַיַּנְשׁוּפִיִּים

Zwergrückenschwimmer *{Pleidae}*
שְׂטַגַבּוֹנִיתִיִּים (זוא') מִשְׁפָּחָה שֶׁל פִּשְׁפְּשִׁים הַחַיִּים בְּתוֹךְ הַמַּיִם

Zwergscharbe *{Phalacrocorax pygmeus}*
קוֹרְמוֹרָן גַּמָּדִי (זוא') עוֹף מִמִּשְׁפַּחַת הַקּוֹרְמוֹרָנִיִּים

Zwergseeschwalbe *{Sterna albifrons}*
שְׁחָפִית גַּמָּדִית (זוא') עוֹף מִמִּשְׁפַּחַת הַשְּׁחָפִיתִיִּים

Zwergstrandläufer *{Calidris minuta}*
חוֹפִית קְטַנָּה (זוא') עוֹף מִמִּשְׁפַּחַת הַחַרְטוֹמָנִיִּים

Zwergstrandschnecke ---> Strandschnecke, Gewöhnliche

Zwergstrauch
בֶּן שִׂיחַ (בוט') צֶמַח רַב שְׁנָתִי מְעֻצֶּה וְנָמוּךְ

Zwergtaucher *{Tachybaptus ruficollis}*
טַבְלָן גַּמָּדִי (זוא') טַבְלָן גַּמָּד, עוֹף מִמִּשְׁפַּחַת הַטַּבְלָנִיִּים

Zwergwuchs *{Nanosomie; Nanismus}*
גַּמָּדוּת (רפו') [מר"ח/80]. נִקְצוֹן, נַנָּסוּת

Zwergzikaden *{Cicadellidae}*
צִיקָדִיתִיִּים (זוא') מִשְׁפָּחָה שֶׁל חֲרָקִים

Zwetschge *{Prunus domestica}*
שְׁזִיף הַגַּן (בוט') צֶמַח מִמִּשְׁפַּחַת הַוְּרָדִיִּים

zwicken ---> kneifen

Zwiebel
בָּצָל (בְּצָלִים) (בוט') הַחֵלֶק הֶחָבוּי בָּאֲדָמָה שֶׁל צְמָחִים מְסֻיָּמִים הֶעָשׂוּי גְּלָדִים בַּשְׂרָנִיִּים

Zwiebel *{Allium cepa}*

בְּצַל הַגִּנָּה (בוט') שׁוּם נָבוּב, צֶמַח מִמִּשְׁפַּחַת הַשּׁוֹשַׁנִּיִּים

Zwiebelmuscheln *{Anomiidae}*
אֲנוֹמִיִּים (זוא') מִשְׁפָּחָה שֶׁל צְדָפוֹת

zwiegespalten
שָׁסוּעַ (רפו') [מר"ח/97]

Zwielaut ---> Diphthong

Zwielicht ---> Dämmerung

Zwietracht säen ---> aufhetzen

Zwillinge, eineiige
תְּאוֹמִים זֵהִים (ביו') [ר/ב/670; מר"ח/151]. תְּאוֹמִים מוֹנוֹזִיגוֹטִיִּים, - חַד בֵּיצִיִּים, תְּאוֹמֵי בֵּיצָה אַחַת, תְּאוֹמִים שֶׁהִתְפַּתְּחוּ מִבֵּיצִית אַחַת, תְּאוֹמֵי שָׁפִיר

Zwillinge, Sternbild der ---> Sternbild der Zwillinge

Zwillinge, zweieiige
תְּאוֹמִים לֹא זֵהִים (ביו') [מר"ח/151]. תְּאוֹמֵי שְׁפִירִים, תּוֹמִים, תְּאוֹמֵי שְׁתֵּי בֵּיצִיּוֹת

zwingen
הִכְרִיחַ (מַכְרִיחַ), אִלֵּץ (מְאַלֵּץ), דָּפַן (דּוֹפֵן), לָחַץ אֶל הַדֹּפֶן, כָּפָה (כּוֹפֶה), אָכַף. חִיֵּב (מְחַיֵּב) [ק/א/283]. חַיֵּב

zwingend
מַכְרֵחַ [ק/ב/200]. מַכְרִעַ עַל יְדֵי הַהִגָּיוֹן אוֹ עַל יְדֵי רְאָיוֹת בְּרוּרוֹת שֶׁהַדָּבָר הוּא כָּךְ, מְחַיֵּב

zwingende Schlußfolgerung ---> Schlußfolgerung, zwingende

zwingender Beweis ---> Beweis, zwingender

zwingender Grund ---> Grund, zwingender

zwirnen
שָׁזַר (שׁוֹזֵר) (טכנ') פָּתַל, קָלַע

"zwischen"-Relation ---> Relation, "zwischen"-

Zwischenakt
בֵּין הַמַּעֲרָכוֹת (תאט', מוס')

Zwischendeck
בֵּינַת סְפוּנִים (ימא')

Zwischending
מְמֻצָּע [ק/ב/210]. דָּבָר הָעוֹמֵד בַּתָּוֶךְ, בֵּינוֹנִי, אֶמְצָעִי, רָחוֹק מִשְּׁנֵי הַקְּצָווֹת

Zwischenentscheid ---> Zwischenurteil

Zwischenfall
תַּקְרִית (תַּקְרִיּוֹת) [י"א/361]. מִפְגָּע (מִפְגָּעִים), אִינְצִידֶנְט

Zwischenfeststellungsklage erheben
טָעַן (טוֹעֵן) בֵּינַיִם (משפ')

Zwischenform
צוּרַת בֵּינַיִם (פיל') [ק/ג/237]. צוּרָה אֶמְצָעִית

Zwischengeschoß *{Mezzanin}*
קוֹמַת בֵּינַיִם (אדר')

Zwischenglied
בֵּינָה (בֵּינוֹת) [ק/א/56]. אֶמְצָעִי, עוֹמֵד בָּאֶמְצַע

Zwischenkiefer *{Os incisivum}*
עֶצֶם הַחוֹתְכוֹת (רפו')

Zwischenknoten ---> Stengelglied

zwischenmenschlich
בֵּין אִישִׁי

zwischenmenschliche Beziehungen ---> Beziehungen, zwischenmenschliche

Zwischenraum *{Spatium}*
רֶוַח (רְוָחִים) [ק/א/200; א"ח/ג/161; ק/ד/37]. הֶפְרֵשׁ, רֹחַק, רֶוַח רֵיק, מֶרְחָב רֵיק, סְפָצְיָה. פֶּסֶק (פְּסָקִים) (מוס') הַפְסָקָה

Zwischenrelation
בֵּינִיּוּת (מתמ')

Zwischenresultat
תּוֹצָאַת בֵּינַיִם (מתמ') [ק/ד/128]. שָׁמוּר, מִסְפָּר שָׁמוּר

Zwischenspiel *{Interludium}*
נְגִינַת בֵּינַיִם (מוס'). מַחֲזֵה בֵּינַיִם (תאט')

Zwischenstecker ---> Adapter

Zwischenstück ---> Adapter

Zwischenton ---> Mittelton

Zwischenurteil
פְּסַק בֵּינַיִם (משפ')

Zwischenwertsatz
מִשְׁפַּט הָעֵרֶךְ הַבֵּינִי (מתמ')

Zwitracht
מַחֲלֹקֶת, פְּלֻגְתָּה

Zwitter ---> Hermaphrodit

Zwittertum ---> Hermaphroditismus

Zwölfeck *{Dodekagon}*
מִתְרֻסָּר (מתמ') מְצֻלָּע בֶּן שְׁתֵּים עֶשְׂרֵה צְלָעוֹת

Zwölfersystem *{Duodezimalsystem}*
שִׁיטָה תְּרֵיסָרִית (מתמ') שִׁיטַת מִסְפָּרִים תְּרֵיסָרִית

Zwölffingerdarm *{Duodenum}*
תְּרֵיסַרְיוֹן (רפו') [מר"ח/260]. עֲקַלָּתוֹן

zwölffingerdarmbezüglich
תְּרֵיסַרְיוֹנִי (רפו') עֲקַלָּתוֹנִי

Zwölffingerdarmentzündung
דַּלֶּקֶת הַתְּרֵיסַרְיוֹן (רפו') דַּלֶּקֶת הָעֲקַלָּתוֹן

Zwölfflach *{Dodekaeder}*
תְּרֵיסָרוֹן (מתמ') גּוּף הַמֻּגְבָּל עַל יְדֵי שְׁנֵים עָשָׂר מִשְׁטָחִים

Zyanose
כְּחָלוֹן (רפו') צִיאָנוֹזָה

zyanotisch
כַּחְלוֹנִי (רפו') צִיאָנוֹטִי

Zygose ---> Einzellerkopulation

Zygote ---> Eizelle, befruchtete

zyklisch
מַעְגָּלִי (מתמ') צִיקְלִי

zyklische Permutation ---> Permutation, zyklische

Zyklogenese ---> Tiefdruckgebiet(s), Bildung eines

Zyklon ---> Tiefdruckgebiet

Zyklopenauge
עֵין קִיקְלוֹפּ (רפו', פסי') [ר/ב/501]. עַיִן קִיקְלוֹפִּית, - הַשְׁעָרָתִית (הִיפּוֹתֶטִית) בְּמִישׁוֹר הַתִּיכוֹן בֵּין שְׁתֵּי הָעֵינַיִם שֶׁהִיא מֵעֵין רְתוּפָה (קוֹאוֹרְדִינַטָה) עִיּוּנִית שֶׁל שְׁתֵּי הָעֵינַיִם

zyklothyme Störung ---> Störung, zyklothyme

zyklothymer Typus ---> Typus,

zyklothymer

Zyklus [---> Kreislauf]

מַחֲזוֹר [ק/ב/178]. שִׁיבַת אֵיזֶה דָּבָר אֶל נְקֻדַּת מוֹצָאוֹ, סִבּוּב, מַעְגָּל, תְּנוּעָה הוֹלֶכֶת וְחוֹזֶרֶת, סַבְגָּל, סַבְגּוּל, סִבּוּב (שֶׁל) מַעְגָּל

Zyklus, anovulatorischer

מַחֲזוֹר לְלֹא בִּיּוּץ (רפו׳)

Zyklus, industrieller

מַעְגָּל תַּעֲשִׂיָּתִי (מ״ח, כלכ׳)

Zylinder

גָּלִיל (גְּלִילִים) (מתמ׳) [ק/ב/252]. מַצֵּבָה, צִילִינְדֶּר, גּוּף הַנְדָּסִי הַמְּגֻבָּל עַל יְדֵי מִשְׁטָח גְּלִילִי: מַעֲטֶפֶת הַגָּלִיל וּשְׁנֵי מִישׁוֹרִים מַקְבִּילִים: בְּסִיסֵי הַגָּלִיל. אִסְטְוָנָה (מתמ׳) [ק/א/63]. אִצְטְוָנָה (מתמ׳) [ק/א/71]. גֹּלֶם הַמַּצֵּבָה (מתמ׳) [ק/א/117]. מַעְגִּיל, מַעְגִּילָה, מַעְגָּלָה (מתמ׳) [ק/ב/231]. עַמּוּד עָגֹל. מַצָּב, מָצוּק (מתמ׳) [ק/ב/254]. עַמּוּד (מתמ׳) [ק/ג/143]

Zylinder, gerader

גָּלִיל יָשָׁר (מתמ׳)

Zylinderprojektion ---> Parallelprojektion

Zyniker(in)

יוּקְחָן, יוּקְחָנִית, יָקוּחַ (יְקוּחִים), יְקוּחָה (יְקוּחוֹת), צִינִיקָן. בַּת הַכְּלָבִים (פיל׳) [ק/ב/87; 106]. כַּלְבִּיִּים, צִינִיקָנִים, סִיעַת אֲנָשִׁים שֶׁחָיוּ בְּיָוָן הָעַתִּיקָה וְהִטִּיפוּ לִפְרִישׁוּת וּלְהִסְתַּפְּקוּת בְּמֻעָט

zynisch

יוּקְחָנִי, צִינִי

Zynismus

יוּקְחָה [מר״ח/223]. יוּקְחָנוּת, צִינִיּוּת

Zypergras *{Cyperus}*

גֹּמֶא (בוט׳) צֶמַח מִמִּשְׁפַּחַת הַגָּמְאִיִּים

Zypresse *{Cupressus}*

בְּרוֹשׁ (בוט׳) צֶמַח מִמִּשְׁפַּחַת הַבְּרוֹשִׁיִּים

Zypresse, Echte *{Cupressus sempervirens}*

בְּרוֹשׁ מָצוּי (בוט׳) צֶמַח מִמִּשְׁפַּחַת הַבְּרוֹשִׁיִּים

Zyste

כִּיסְתָּה (כִּיסְתּוֹת) (רפו׳) [מר״ח/224]. כִּיסָה (כִּיסוֹת), צִיסְטָה, גִּדּוּל דְּמוּי כִּיס הַמֵּכִיל חֹמֶר נוֹזְלִי, כִּיסִיָּה (כִּיסִיּוֹת), כִּיסִית

Zyste betreffend, die

כִּיסְתִּי (רפו׳) שֶׁל כִּיסְתָּה (צִיסְטָה), כִּיסִיָּתִי, כִּיסָתִי

Zytoplasma

גַּבְלִיל הַתָּא (ביו׳) צִיטוֹפְּלַזְמָה

zytostatisch

רְעִיל (רְעִילֵי) תָּא (רפו׳) צִיטוֹסְטָטִי

Zytotoxin ---> Zellgift

חידושי מילים של מחבר המילון
Neuwörter des Verfassers

אוֹחְרָן
Konsequens, Folgerung
הָאֵבֶר הָאַחוֹרִי שֶׁל הֶשְׁמֵעַ (אִימְפְּלִיקַצְיָה)

אֲוִירְיוֹנַאי, אֲוִירְיוֹנָאִית
Meteorologe, Meteorologin
מֶטֶאוֹרוֹלוֹג, מֶטֶאוֹרוֹלוֹגִית

אֲוִירְיוֹנוּת
Meteorologie
מֶטֶאוֹרוֹלוֹגְיָה

אֲוִירְיוֹנִי
meteorologisch
מֶטֶאוֹרוֹלוֹגִי

אִידַעַת
Agnostizismus
אַגְנוֹסְטִיצִיזְם

אִידַעְתִּי
agnostizistisch
אַגְנוֹסְטִיצִיסְטִי

אֵינְגָּיוֹן
Unlogik
חֹסֶר הִגָּיוֹן

אֵינְגְּיוֹנִי
unlogisch
חֲסַר הִגָּיוֹן

אַלְחֶבֶר
Anomie, soziale Disintegration
אָנוֹמְיָה

אַלְדָּתוּת
Atheismus
אֶפִּיקוֹרְסוּת, אַתֶאִיזְם, אַלְדָּתִיּוּת

אַלְדָּתִי
atheistisch, Atheist
אֶפִּיקוֹרוֹס, אֶפִּיקוֹרְסִי, אַתֶאִיסְט, אַתֶאִיסְטִי

אֱלוֹמְדָן
Theologe
תֶּאוֹלוֹג

אֱלוֹמְדָנוּת
Theologie
תֶּאוֹלוֹגְיָה

אֱלוֹמְדָנִי
theologisch
תֶּאוֹלוֹגִי

אַלְקֶשֶׁר
Disjunktion
דִיסְיוּנְקְצְיָה, נִתְקֶשֶׁר, מִבָּע הַמֵּכִיל שְׁנֵי אֲבָרִים שֶׁלְּפָחוֹת אֶחָד מֵהֶם נָכוֹן וּבֵין שְׁנֵיהֶם מוּסֶפֶת מִלַּת הַקִּשּׁוּר ״אוֹ״

אַלְקִשְׁרִי
disjunktiv
דִיסְיוּנְקְטִיבִי, נִתְקִשְׁרִי

אַלְשְׂרָרָה
Anarchie
אָנַרְכְיָה

אַלְשְׂרָרִי
anarchisch
אָנַרְכִי

אַלְשְׂרָרָן, אַלְשְׂרָרָנִית
Anarchist(in)
אָנַרְכִיסְט, אָנַרְכִיסְטָן

אַלְשְׂרָרָנוּת
Anarchismus
אָנַרְכִיזְם

אַלְשְׂרָרָנִי
anarchistisch
אָנַרְכִיסְטִי

אֲמְנֹכִיּוּת
Ethnozentrismus
אֶתְנוֹצֶנְטְרִיּוּת

אֲמְנֹכִיִּי, אֲמְנֹכִי
ethnozentrisch

אֶתְנוֹצֶנְטְרִי

אִפְקוּחַ

Zensieren

צֶנְזוּר

אִפְקֵחַ (מְאַפְקֵחַ), אֻפְקַח (מְאֻפְקָח)

zensieren

צִנְזֵר (מְצַנְזֵר)

אַפְקָח (אַפְקָחִים), אַפְקָחִית (אַפְקָחִיּוֹת)

Zensor(in)

צֶנְזוֹר, צֶנְזוֹרִית

אַפְקָחָה

Zensur

צֶנְזוּרָה, פַּקָּחָה

אַרְצָנִי

territorial

טֶרִיטוֹרְיָאלִי

אֲתָרִיּוּת

Topologie

טוֹפּוֹלוֹגְיָה

בָּבוּאָר

Spektrum

סְפֶּקְטְרוּם, הַצָּגָה חָזוּתִית שֶׁל אָרְכֵּי גַּל שֶׁל קְרִינוֹת

בָּבוּאָרִי

spektral, spektrumbezüglich

סְפֶּקְטְרִי

בַּדְּחָה (בַּדְּחוֹת)

Komödie

קוֹמֶדְיָה

בְּזִירָה

Verausgabung

הוֹצָאָה כַּסְפִּית, הַשְׁקָעָה שֶׁל כֹּחַ עֲבוֹדָה

בָּזַר (בּוֹזֵר), נִבְזַר (נִבְזָר)

verausgaben, ausgeben, verbrauchen

הוֹצִיא מָמוֹן, הִשְׁקִיעַ כֹּחַ עֲבוֹדָה

בִּטְגּוּל

Aufhebung

שִׂימָה לְעַל

בִּטְגֵּל (מְבַטְגֵּל)

aufheben

שָׂם לְעַל

בֵּינְשֵׁמוּת

Metonymie

מֶטוֹנִימְיָה, הַחְלָפַת שֵׁם בְּשֵׁם אַחֵר הַקָּרוֹב לוֹ בְּמַשְׁמָעוּתוֹ

בְּכוֹרִי

primär, ursprünglich

פְּרִימָרִי, רִאשׁוֹנִי

בִּלְחֵד (מְבַלְחֵד, אֲבַלְחֵד)

ausschließen

הוֹצִיא מַשֶּׁהוּ מִכְּלָל אֶפְשָׁרוּת

בִּלְחוּד

Ausschließen, Ausschließung

הוֹצָאָה מִכְּלָל אֶפְשָׁרוּת

בִּלְחוּדִיּוּת

Ausschließlichkeit

תְּכוּנַת הַהוֹצָאָה שֶׁל מַשֶּׁהוּ מִכְּלָל אֶפְשָׁרוּת

בֶּן תַּרְאוּת, בַּת תַּרְאוּת

Ästhet(in)

אֶסְתֵּטִיקָן

בִּנּוּן

Meditation

מֶדִיטַצְיָה

בִּנֵּן (מְבַנֵּן), בֻּנַּן (מְבֻנָּן)

meditieren

עָשָׂה מֶדִיטַצְיָה

גִּבַּבְדַּעַת

Synkretismus

סִינְקְרֶטִיזְם

גִּבַּבְדַּעְתָּנִי

synkretistisch

סִינְקְרֶטִיסְטִי

גַּוָּאוּת

Autismus

אוֹטִיזְם

גַּוַּאי, גַּוָּאִית

Autist(in)

אוֹטִיסְט

גַּוָּאִי

autistisch

אוֹטִיסְטִי

גּוּפְשִׁי, גּוּפְנַפְשִׁי

psychosomatisch

פְּסִיכוֹסוֹמָטִי

גּוּפְשִׁיּוּת, גּוּפְנַפְשִׁיּוּת

Psychosomatik

פְּסִיכוֹסוֹמָטִיּוּת

גּוֹרְלָן, גּוֹרְלָנִית

Fatalist(in)

פָטָלִיסְט, מַאֲמִין הַהֶכְרֵחַ הַגּוֹרָלִי

גְּזִירֶוַח (גְּזִירְוָחִים, גְּזִירְוְחֵי-)

Dividende

דִּיוִידֶנְד, דִּיוִידֶנְדָּה

גְּרַמְגַּם

Vektor

וֶקְטוֹר, גּוֹרֵם בַּעַל כִּוּוּן

גְּרַמְגַּמִּי

vektorbezüglich

שֶׁל וֶקְטוֹר, וֶקְטוֹרִי

דִּבּוּבִית (דִּבּוּבִיּוֹת)

Skaz, Rahmenerzählung mit Erzähler

סְקָאז, מַעֲשִׂיַּת פֶּה, סִפּוּר הַמְסֻפָּר כִּבְיָכוֹל עַל יְדֵי מְסַפֵּר עֲמָמִי

דְּבוּקִי

inhärent

אִינְהֶרֶנְטִי, שֶׁמִּטֶּבַע בְּרִיָּתוֹ, מִטִּבְעוֹ

דּוּ פַּלְגּוּת

Dichotomie

דִּיכוֹטוֹמְיָה

דּוּ פַּלְגִּי

dichotom

דִּיכוֹטוֹמִי

דּוּכְשׁוֹן

Alibi

הֵעָדְרוּת מִמְּקוֹם הַפֶּשַׁע בִּזְמַן בִּצּוּעוֹ

דִּחְלוּף

Verwechslung

מַחֲשֶׁבֶת שָׁוְא שֶׁדְּמוּת מְסֻיֶּמֶת דְּמוּת אַחֶרֶת הִיא, הַחְלָפָה בְּטָעוּת, חִלּוּפֵי גַּבְרָא, עִרְבּוּב, בִּלְבּוּל

דִּחְלֵף (מְדַחְלֵף, אֲדַחְלֵף, לְדַחְלֵף)

verwechseln

חָשַׁב בְּטָעוּת שֶׁדְּמוּת מְסֻיֶּמֶת דְּמוּת אַחֶרֶת הִיא, הֶחְלִיף בְּטָעוּת, עִרְבֵּב, בִּלְבֵּל

דַּרְכּוּת

Methodologie

מֶתוֹדוֹלוֹגְיָה, עִסּוּק בְּשִׁיטוֹת עֲבוֹדָה מַדָּעִיּוֹת וּבְעֶקְרוֹנוֹת בֵּינוֹנֵי טֹוַח

דַּרְכִּיּוּת

Modalität

מוֹדָלִיּוּת, מֻשָּׂג הַמְצַיֵּן אֶת הַסְּבִירוּת, הָאֶפְשָׁרוּת, הַצֹּרֶךְ, הָרָצוֹן, הַיְכֹלֶת אוֹ הַהֶכְרֵחַ בְּמַבָּע מְסֻיָּם

דַּרְכִּיּוּתִי

modal

מוֹדָלִי

הִגְבּוּר

Intensifikation

אִינְטֶנְסִיפִיקַצְיָה, הַמְרָצָה, הַגְבָּרָה, חִזּוּק

הַדְבָּהָה

Unterschiebung

יִחוּס דְּבַר-מָה חָסֵר שַׁחַר מִתּוֹךְ כַּוָּנַת זָדוֹן

הִדְבִּיהַּ (מַדְבִּיהַּ) לְ...

unterschieben

יִחֵס לְמִישֶׁהוּ דְּבַר-מָה מִתּוֹךְ כַּוָּנַת זָדוֹן, הֶעֱלִיל עַל... עֲלִילַת שָׁוְא

הֶהְפִּיךְ (מַהְפִּיךְ)

verkehren

הִפֵּךְ, הָפַךְ

הַהֲפָכָה

Verkehrung

הִפּוּךְ, הֲהָפְכוּת

הִזְדַּיֵּק (מִזְדַּיֵּק, אֶזְדַּיֵּק)

beziehen

נִקְשַׁר בְּזִקָּה, הִתְיַחֵס לְ...

הִזְדַּיְּקוּת

Beziehen

יְצִירַת זִקָּה, יִחוּס, הִתְיַחֲסוּת

הַזְדַּמְנָה

Konjunktur

קוֹנְיוּנְקְטוּרָה, שְׁעַת כֹּשֶׁר

הַזְדַּמְנִי

konjunkturell

קוֹנְיוּנְקְטוּרִי, קוֹנְיוּנְקְטוּרָלִי

הִכְפִּיז (מַכְפִּיז)

telefaxen, faxen

שָׁלַח מִכְתָּב בְּפַקְס, הֶחְפִּיז (מַחְפִּיז, אַחְפִּיז)

הִמְתִּיךְ (מַמְתִּיךְ)

schmettern

הִרְעִים (מַרְעִים), הִשְׁמִיעַ צְלִיל מַתַּכְתִּי, טִרְטֵר

הַמְתָּכָה

Schmettern

הַרְעָמָה, הַשְׁמָעַת צְלִיל מַתַּכְתִּי, טִרְטוּר

הִפּוּכְתָּב

Anagramm

אֲנַגְרָמָה, שִׁנּוּי סֵדֶר הָאוֹתִיּוֹת בְּמִלָּה כְּדֵי לִיצוֹר מִלָּה אַחֶרֶת

הֶפְרֵשׁוֹי

agio

אַג'יוֹ, הֶפְרֵשׁ בֵּין הָעֵרֶךְ הַמַּמָּשִׁי לְבֵין הָעֵרֶךְ הַנָּקוּב

הֵצִיד (מֵצִיד)

erschleichen

הִשִּׂיג בְּטַעֲנוֹת שָׁוְא, הִשִּׂיג בְּמִרְמָה

הֶשְׁקֵר

Subreption

סוּבְּרֶפְּצְיָה, הוֹכָחָה שִׁקְרִית, הַנְמָקָה הַמְּבֻסֶּסֶת עַל הַנָּחוֹת שִׁקְרִיּוֹת

הִשְׁתַּנֵּר (מִשְׁתַּנֵּר)

mutieren

עָבַר שְׁנוּרָה (מוּטַצְיָה)

זְוִיגְנַפְשִׁי

psychosexuell

פְּסִיכוֹסֶקְסוּאָלִי

זוֹמְנָן, זוֹמְנָנִית

Opportunist(in)

אוֹפּוֹרְטוּנִיסְט, סְתַגְּלָן, מִי שֶׁמְּוַתֵּר עַל עֶקְרוֹנוֹתָיו לְטוֹבַת הֶשֵּׂגֵי רֶגַע חֶלְקִיִּים

זוֹמְנָנוּת

Opportunismus

אוֹפּוֹרְטוּנִיזְם, הִתְנַהֲגוּת חַסְרַת עֶקְרוֹנוֹת, וִתּוּר עַל הַשְׁקָפַת עוֹלָם יְסוֹדִית לְטוֹבַת הֶשֵּׂגֵי רֶגַע חֶלְקִיִּים

זוֹמְנָנִי

opportunistisch

אוֹפּוֹרְטוּנִיסְטִי, סְתַגְּלָנִי

זִיּוּק

Beziehen

יְצִירַת זִקָּה, יִחוּס, הִתְיַחֲסוּת

זִיֵּק (מְזַיֵּק, אֲזַיֵּק), זֻיַּק (מְזֻיָּק)

beziehen

יָצַר זִקָּה, יִחֵס, הִתְיַחֵס

זִפּוּךְ

Antinomie

אַנְטִינוֹמְיָה, סְתִירָה שֶׁבֵּין שְׁתֵּי הַנָּחוֹת הַמְּקֻבָּלוֹת כִּנְכוֹנוֹת וְהַמַּפְרִיכוֹת זוֹ אֶת זוֹ

זִפּוּכִי

antinomisch

אַנְטִינוֹמִי, סוֹתֵר

חֶבְרָן, חֶבְרָנִית
Sozialist(in)
סוֹצְיָאלִיסְט

חֶבְרָנוּת
Sozialismus
סוֹצְיָאלִיזְם

חֶבְרָנִי
sozialistisch
סוֹצְיָאלִיסְטִי

חֶבְרְשׁוּם
Soziogramm
סוֹצְיוֹגְרָמָה

חַדְאֵלִי
monotheistisch, Monotheist
הַמַּאֲמִין בְּאֵל אֶחָד, מוֹנוֹתֶאִיסְט, מוֹנוֹתֶאִיסְטִי

חַדְאֵלִיּוּת
Monotheismus
אֱמוּנָה בְּאֵל אֶחָד, מוֹנוֹתֶאִיזְם

חָדְלָה (חוֹדְלָה)
Unwahrscheinliches
דָּבָר בִּלְתִּי סָבִיר

חָדְלוּת (חוֹדְלוּת)
Unwahrscheinlichkeit
אִי סְבִירוּת, חָדְלִיּוּת (חוֹדְלִיּוּת)

חָדְלִי (חוֹדְלִי)
unwahrscheinlich
בִּלְתִּי סָבִיר

חִדְעוּת
Synchronisieren, Synchronisierung
סִינְכְּרוּן

חִדְעֵת (מְחַדְעֵת)
synchronisieren
סִינְכְּרֵן

חַדְעִתִּי
synchronisch
סִינְכְּרוֹנִי

חַדְעִתִּיּוּת
Synchronismus
סִינְכְּרוֹנִיזְם

חַדְשׁוּמוֹן
Denotat
מוּצָן פְּרָטִי, דֶּנוֹטָט, שֵׁם שֶׁמְּצַיֵּן בְּאֶמְצָעוּת צִיּוּן וּמִתְיַחֵס לְעֶצֶם פְּרָטִי מְסֻיָּם הַשַּׁיָּךְ לְסוּג עֲצָמִים כָּלְשֶׁהוּ

חִדְשׁוּר
Patentierung
רִשּׁוּם דְּבַר-מָה כְּחַדְשׁוּר (פָּטֶנְט)

חַדְשׁוּר (חַדְשׁוּרִים)
Patent
פָּטֶנְט, אִשּׁוּר לְשִׁמּוּשׁ בִּלְעָדִי בְּהַמְצָאָה אוֹ בְּחִדּוּשׁ

חַדְשׁוּרִי
patentbezüglich
שֶׁל חַדְשׁוּר (פָּטֶנְט)

חַדְשִׁיר
patentierbar
רָאוּי לְחַדְשׁוּר (פָּטֶנְט)

חִדְשֵׁר (מְחַדְשֵׁר)
patentieren
הִגִּישׁ בַּקָּשָׁה לְחַדְשׁוּר (פָּטֶנְט) אוֹ רָשַׁם דְּבַר-מָה כְּחַדְשׁוּר

חַדְשָׁר, חַדְשָׁרִית
Patentinhaber(in)
בַּעַל חַדְשׁוּר, בַּעַל פָּטֶנְט

חוּשְׁנוּעַ
Kinästhesie
תְּחוּשַׁת תְּנוּעָה, חוּשׁ נִיעָה, קִינֶסְתֶזָה

חוּשְׁנוּעִי
kinästhetisch
שֶׁל תְּחוּשַׁת תְּנוּעָה, קִינֶסְתֶטִי

חֶזֶר (חֲזָרִים)
Anaphora, Anapher
אֲנָפוֹרָה

חִיּוּבָה
Obligation, Obliegenheit,

Verpflichtung
חִיּוּבָנוּת

חִיּוּבוֹן (חִיּוּבוֹנִים)
Proton
פְּרוֹטוֹן

חִיּוּבָנִי
obligatorisch, verpflichtend
אוֹבְּלִיגָטוֹרִי, מְחַיֵּב, שֶׁל חִיּוּב

חֲלְכָּל (חֲלְכּוּל), חֲלְכָּלִים (חֲלְכּוּלִים)
Synekdoche
סִינֶקְדוֹכָה, שִׁמּוּשׁ בְּחֵלֶק בִּמְקוֹם בְּשָׁלֵם, אוֹ בְּשָׁלֵם בִּמְקוֹם בְּחֵלֶק

חָמְדָּה (חוֹמְדָּה)
Erotik
אֶרוֹטִיקָה, חִמּוּד

חָמְדִּי (חוֹמְדִּי), חָמְדִּיִּים (חוֹמְדִּיִּים)
erotisch
אֶרוֹטִי, חִמּוּדִי

חִפּוּץ
Instrumentalisierung
שִׁמּוּשׁ בְּדָבָר-מָה כְּבְמַכְשִׁיר לַהֲפָקַת תּוֹעֶלֶת

חִפֵּץ (מְחַפֵּץ)
instrumentalisieren
הִשְׁתַּמֵּשׁ בְּדָבָר-מָה כִּבְמַכְשִׁיר לְמַטְּרוֹתָיו

חֲשְׁבָה (חֲשְׁבוֹת)
Idee
אִידֵאָה, בָּבוּאַת הַהֲוָיָה בַּתּוֹדָעָה

חֲשְׁבִּי
ideell
אִידֵאִי, מַחֲשַׁבְתִּי, שֶׁל אִידֵאָה

חֲשְׁבָנוּת
Idealismus
אִידֵאָלִיזְם, הַשְׁקָפָה פִילוֹסוֹפִית הָרוֹאָה אֶת הַהֲוָיָה כְּהִתְגַּלְּמוּת הַתּוֹדָעָה (הָרוּחַ)

חֲשְׁבָנִי
idealistisch
אִידֵאָלִיסְטִי

חִשְׁתֵּב (מְחַשְׁתֵּב)
E-Mail senden
שַׁגֵּר דֹּאַר חַשְׁמִילוֹנִי בְּאֶמְצָעוּת מַחְשֵׁב וכד׳

חִשְׁתָּב (חִשְׁתָּבִים, חִשְׁתְּבֵי-)
E-Mail
דֹּאַר חַשְׁמִילוֹנִי הַנִּשְׁלָח בְּאֶמְצָעוּת מַחְשֵׁב וכד׳

טְבוּעִי
immanent
טָבוּעַ בְּתוֹךְ, כָּלוּל בְּתוֹךְ, אִימָּנֶנְטִי, מַהוּתִי, פְּנִימִי, תּוֹכִי, מְלַגַּוִּי

טְבוּעִיּוּת
Immanenz
אִימָּנֶנְטִיּוּת, מַהוּתִיּוּת, פְּנִימִיּוּת

טַעֲנָגְדָה (טַעֲנוּגְדָה)
Antithese
הֲנָחַת נִגּוּד, אַנְטִיתֶזָה

יְגוֹנְבַּדְחָה
Tragikomödie
טְרָגִיקוֹמֶדְיָה

יְגוֹנְבַּדְחִי
tragikomisch
טְרָגִיקוֹמִי

יְגוֹנָה
Tragödie
טְרָגֶדְיָה, חֶזְיוֹן תּוּגָה

יוֹשֶׁה
innewohnend

יָחֵד
idiographisch, eigentümlich
אִידְיוֹגְרָפִי, מִתְיַחֵס לִפְרָטִי וְלִיחוּדִי

יָכְלִי (יוֹכְלִי)
virtuell
וִירְטוּאָלִי, מַה שֶּׁבְּכֹחַ, אֶפְשָׁרִי, שֶׁעָשׂוּי לְהִתְגַּלּוֹת

יָכְלוּת (יוֹכְלוּת)

Virtualität

וִירְטוּאָלִיּוּת, תְּכוּנַת הַדָּבָר שֶׁבְּכֹחַ

יָשָׁה (יָשִׁיתִי, יוֹשֶׁה, אִישֶׁה, לִישׁוֹת)

innewohnen

יְשִׁיָּה

Innewohnen

כִּדְרוּץ

Globalisierung

גְּלוֹבָּלִיזַצְיָה, תַּהֲלִיךְ הַגְּלוֹבָּלִיּוּת

כַּדְּרָץ

Globus

גְּלוֹבּוּס, תַּבְנִית כַּדּוּר הָאָרֶץ

כַּדְּרָצִי

global

גְּלוֹבָּלִי, שֶׁל כַּדּוּר הָאָרֶץ

כַּדְּרָצִיּוּת

Globalismus

גְּלוֹבָּלִיּוּת

כָּחִישׁ

widerlegbar

סָתִיר, נִתָּן לִסְתִירָה, נִתָּן לְהַכְחָשָׁה

כְּפוּלְשׁוֹנָה

Diglossie, Zweisprachigkeit

דִּיגְלוֹסְיָה, שִׁמּוּשׁ בִּשְׁתֵּי לְשׁוֹנוֹת אוֹ שְׁתֵּי עָגוֹת לְמַטָּרוֹת שׁוֹנוֹת בְּחֶבְרָה אַחַת

כְּשִׁיר פֵּרָעוֹן

zahlungsfähig, solvent

בַּעַל כֹּשֶׁר פֵּרָעוֹן

מַאֲלָם (מַאֲלָמִים)

Gewalttat

פְּעֻלָּה אַלִּימָה, מַעֲשֵׂה אַלִּים

מֻבְזָר (מֻבְזֶרֶת)

verausgabt, verbraucht

מֻשְׁקָע (עֲבוֹדָה), מוּצָא (מָמוֹן)

מְבַלְחֵד

ausschließend

מוֹצִיא מִכְּלָל אֶפְשָׁרוּת

מֻבְלְחָד

ausschließlich *(Adj.)*

מוּצָא מִכְּלָל אֶפְשָׁרוּת

מִגֵּעַ (מְמַגֵּעַ, אֲמַגֵּעַ, מַגֵּעַ!, לְמַגֵּעַ עִם.../ אֶת...)

mit jmd. Fühlung (Kontakt) aufnehmen

בָּא בְּמַגָּע עִם..., יָצַר וְקִיֵּם מַגָּע עִם...

מוֹפָעִיּוּת

Phänomenologie

פֶנוֹמֶנוֹלוֹגְיָה

מוּצָן כְּלָלִי

Designat

דֶּסִיגְנָט, שֵׁם שֶׁמְּצַיֵּן בְּאֶמְצָעוּת צִיּוּן וּמִתְיַחֵס לְכָל הָעֲצָמִים הַשַּׁיָּכִים לְסוּגוֹ

מַחֲלוֹף

Umschlag

מַחֲזוֹר

מֶחְלָקִיּוּת

Partikularismus

פַּרְטִיקוּלָרִיּוּת

מִכְפָּז (מִכְפָּזִים)

Faxschreiben

מִכְתָּב שֶׁנִּשְׁלַח בְּפַקְס, מֶחְפָּז (מֶחְפָּזִים, מֶחְפְּזֵי-)

מִכְפָּזוֹר

Telefax, Faxgerät

מַכְשִׁיר פַּקְס, מֶחְפָּזוֹר

מִלָּן (מִלָּנִים)

Lexem

לֶקְסֶמָה, עֵרֶךְ מִלּוֹנִי, מִלָּה בַּעֲלַת עֵרֶךְ מִלּוֹנִי

מְמֹרָא, מְמֻרָא

sublimiert

שֶׁעָבַר יְשִׁירוּת מִמַּצָּב מוּצָק לְמַצָּב גַּזִּי

מִנְגָּן

Konzert

קוֹנְצֶרְט

מְנֻעָד

befristet

מֻגְבָּל בִּזְמַן, שֶׁנִּקְבַּע לוֹ מוֹעֵד

מְפֻעָל (מְפֻעָלִים)

Operant

יֵשׁוּת הַמִּשְׁתַּנֵּית עַל יְדֵי מְפַעֵל (אוֹפֶּרָטוֹר)

מְפַעֵל (מְפַעֲלִים)

Operator

מַה שֶּׁגּוֹרֵם שִׁנּוּיִים בַּמְּפֻעָל (אוֹפֶּרַנְט)

מִפְרָז

Hyperbel, Übertreibung

הִיפֶּרְבּוֹלָה, לְשׁוֹן גֻּזְמָה

מִפְשָׁר (מִפְשָׁרִים)

Option

אוֹפְּצִיָּה, אֶפְשָׁרוּת, זְכוּת קְדִימָה

מַצְפּוּנָה

Ethik

אֶתִיקָה

מִצְפּוּץ

Klix, Schnalzlaut

קְלִיק, צְלִיל הַנֶּהְגֶּה כְּשֶׁזְּרִימַת הָאֲוִיר הִיא מִן הַחוּץ לִפְנִים הַפֶּה

מִצְפֵּץ (מְמַצְפֵּץ)

schnalzen

הִשְׁמִיעַ קוֹל כְּקוֹל הַמְּצִיצָה אוֹ הַנְּשִׁיקָה

מֵרוּא

Sublimation, Sublimierung

מְרָאָה, הִתְמָרְאוּת, מַעֲבָר יָשִׁיר מִמַּצָּב מוּצָק לְמַצָּב גָּזִי

מָרָא (מוֹרֵא)

sublimieren

עָבַר יְשִׁירוֹת מִמַּצָּב מוּצָק לְמַצָּב גָּזִי

מֵרֵא (מְמָרֵא); מֹרָא (מְמֹרָא)

durch Sublimation gewinnen

הֶעֱבִיר יְשִׁירוֹת מִמַּצָּב מוּצָק לְמַצָּב גָּזִי

מָרִיא

sublimierbar

שֶׁיָּכוֹל לַעֲבֹר יְשִׁירוֹת מִמַּצָּב מוּצָק לְמַצָּב גָּזִי

מְרִיאוּת

Sublimierbarkeit

יְכֹלֶת מַעֲבָר יָשִׁיר מִמַּצָּב מוּצָק לְמַצָּב גָּזִי

מֶרְכַּזְאֲנִי

egozentrisch

מֶרְכַּזְנֹכִי, אֶגוֹצֶנְטְרִי

מֶרְכַּזְאֲנִיּוּת

Egozentrik

מֶרְכַּזְנֹכִיּוּת, אֶגוֹצֶנְטְרִיּוּת

מִרְצוּם

Synergie

סִינֶרְגִיָּה, אִחוּד מִינֵי מֶרֶץ (אֶנֶרְגִיָּה) שׁוֹנִים לִפְעֻלָּה מְשֻׁתֶּפֶת

מִרְצוּמִי

synergistisch

סִינֶרְגֶטִי

מִרְשֵׁם (מְמַרְשֵׁם)

verschreiben

רָשַׁם מִרְשָׁם, נָתַן פֶּתֶק רְפוּאָה

מִשּׂוּא, הִתְמַשְּׂאוּת

Objektivierung, Vergegenständlichung

הֲפִיכַת דָּבָר לְמַשָּׂא (אוֹבְּיֶקְט)

מִשֵּׂא (מְמַשֵּׂא); הִתְמַשֵּׂא

objektivieren, konkretisieren

הָפַךְ דָּבָר לְמַשָּׂא (אוֹבְּיֶקְט)

מִשְׂגּוֹן

Ideogramm, Piktogramm

סִימָן כְּתִיב שֶׁל כְּתַב תְּמוּנוֹת,כְּגוֹן: כְּתַב הַחַרְטֻמִּים הַמִּצְרִי, הַכְּתָב שֶׁל סִין וְיַפָּן בְּיָמֵינוּ

מְשֻׁלְדָּע

desinformiert

שֶׁקִּבֵּל מֵידָע כּוֹזֵב, שֶׁהוּלַךְ שׁוֹלָל

מַשְׁמָעָן

Glossem

גְּלוֹסֵימָה, הַיְחִידָה הַבַּלְשָׁנִית הַקְּטַנָּה בְּיוֹתֵר שֶׁיֵּשׁ לָהּ מַשְׁמָעוּת

מְשַׁתֵּף

kooperativ, zusammenarbeitend

שִׁתּוּפִי, מְשַׁתֵּף פְּעֻלָּה, קוֹאוֹפֶּרָטִיבִי

מִתְאָם אַרְבַּע טוּר

tetrachorische Korrelation

מִתְאָם טֶטְרָכוֹרִי

מְתֻנְשָׁב

zivilisiert

שֶׁקִּבֵּל עָלָיו אֶת הַתַּנְשֶׁבָה (צִיוִילִיזַצְיָה)

מִתְפַּנֶּה

Adressat, Empfänger,Angeredeter

הָאָדָם שֶׁפּוֹנִים אֵלָיו, נִמְעָן, מִי שֶׁקִּבֵּל פְּנִיָּה

מְתֻשְׁגָּר

konventionalisiert

שֶׁהָיָה לְקוֹנְבֶנְצְיוֹנָלִי, שֶׁהָיָה לְתַשְׁגִּירִי

נֶגֶדֶת (נְגָדוֹת)

Antonym, Gegenwort

נִגּוּד, הֶפֶךְ, מִלָּה בַּעֲלַת מַשְׁמָעוּת הֲפוּכָה לְמִלָּה אַחֶרֶת

נִמְרָא

sublimiert sein

הָעֳבַר יְשִׁירוּת מִמַּצָּב מוּצָק לְמַצָּב גַּזִּי

נִעֵד (מְנַעֵד, לְנַעֵד)

befristen

קָבַע מוֹעֵד, הִגְבִּיל בַּזְּמַן, נָעַד (נוֹעֵד, לִנְעֹד), נִנְעַד, נֻעַד (מְנֻעָד), הִנְעִיד (מַנְעִיד, לְהַנְעִיד)

נִעוּד

Befristung

קְבִיעַת מוֹעֵד, הַגְבָּלָה בַּזְּמַן, הַנְעָדָה, נְעִידָה

נִפְשׁוּר

Psychoanalyse

פְּסִיכוֹאָנָלִיזָה, אַבְחָנֶפֶשׁ

נִפְשׁוּרִי

psychoanalytisch

פְּסִיכוֹאָנָלִיטִי, אַבְחָנַפְשִׁי

נִפְשׁוּרָן, נִפְשׁוּרָנִית

Psychoanalytiker(in)

פְּסִיכוֹאָנָלִיטִיקָן, אַבְחָנַפְשַׁאי

נִפְשֵׁר (מְנַפְשֵׁר)

psychoanalysieren

טִפֵּל בְּשִׁיטַת הַנִּפְשׁוּר (פְּסִיכוֹאָנָלִיזָה)

סַבּוֹר (סַבּוֹרִים, סַבּוֹרֵי-)

Glosse

גְּלוֹסָה, הֶעָרָה מְפֹרֶשֶׁת בְּשׁוּלֵי כְּתוּבִים

סַבּוֹרוֹן

Glossar

מִלּוֹן מְפָרֵשׁ לְגוּף סִפְרוּתִי מְסֻיָּם

סִבְשֵׁב (מְסַבְשֵׁב), סֻבְשַׁב (מְסֻבְשָׁב), הִסְתַּבְשֵׁב (מִסְתַּבְשֵׁב)

kreisen, im Umlauf sein, zirkulieren

סִבְגֵּל (מְסַבְגֵּל), סֻבְגַּל (מְסֻבְגָּל), הִסְתַּבְגֵּל (מִסְתַּבְגֵּל)

סַבְשָׁב

Kreislauf

מַחְזוֹר, סַבְגָּל

סִבְשׁוּב

Zirkulieren, Kreisen

סִבְגּוּל

סִגְרָה (סְגָרוֹת)

Kaste

קַסְטָה (קַסְטָאוֹת)

סִחְרֵד (מְסַחְרֵד, אֲסַחְרֵד)

monopolisieren

עָשָׂה מוֹנוֹפּוֹלִיזַצְיָה

סַחֲרְדִיָּה (סַחֲרְדִיּוֹת)

Monopol

מוֹנוֹפּוֹל

סְחַרְדִיּוּת

Monopolisierung

מוֹנוֹפּוֹלִיזַצְיָה

סְחַרוֹדֶה (סְחַרוֹדָה)

Monopolist, monopolistisch

מוֹנוֹפּוֹלִיסְטִי

סִלֵּג (מְסַלֵּג)

parodieren

עָשָׂה פָּרוֹדְיָה

סִלּוּג

Parodieren

עֲשִׂיַּת פָּרוֹדְיָה

סִלּוּגִי

parodistisch

פָּרוֹדִיסְטִי

סְלִיגָה

Parodie

פָּרוֹדְיָה, חִקּוּי שֶׁל יְצִירָה מְסֻיֶּמֶת לְשֵׁם הִתּוּל

סִקּוּחַ

Retrospektion

רֶטְרוֹסְפֶּקְצְיָה, סְקִירַת דָּבָר לְאָחוֹר, סְקְחוּר

סָקַח (סוֹקֵחַ)

Retrospektion machen

סָקַר דָּבָר לְאָחוֹר, עָשָׂה רֶטְרוֹסְפֶּקְצְיָה

סָקִיחַ

retrospektiv

רֶטְרוֹסְפֶּקְטִיבִי, מַה שֶּׁמְּכֻוָּן מִן הַהֹוֶה אֶל הֶעָבָר, סְקְחוּרִי

סְקִיחָה

Retrospektive

רֶטְרוֹסְפֶּקְטִיבָה, תַּעֲרוּכָה הַמַּצִּיגָה יְצִירוֹת שֶׁל אָמָן מְסֻיָּם מִכָּל זְמַן פְּעִילוּתוֹ

עִדּוּף

Vetternwirtschaft

הַעֲדָפַת קְרוֹבִים, נֶפּוֹטִיזְם

עוֹבְדַּל (עוֹבְדַּלֵּי-)

Lumpenproletarier

מִי שֶׁנִּמְנֶה עִם פְּרוֹלֶטַרְיוֹן הָאֲסַפְסוּף, עַבְדַּל

עוֹבְדָּלְיוֹן

Lumpenproletariat

פְּרוֹלֶטַרְיוֹן הָאֲסַפְסוּף, עֵרֶב רִישׁ, עַבְדָּלְיוֹן

עָלוּי (עֲלוּי-)

Meta-

מֵטָא, ״מֵעַל...״, ״מֵעֵבֶר לְ...״

עֶלְיָן, עֶלְיָנִית

Vorgesetzter

מְמֻנֶּה, מְנַהֵל, אַחֲרַאי

עַלְשֵׁם

Eponym

אֶפּוֹנִים, גְּזוּר שֵׁם אָדָם מְפֻרְסָם

עֲמֵלְיוֹן

Proletariat

פְּרוֹלֶטַרְיוֹן, מַעֲמַד הָעֲמֵלִים, עֲמָלְיוֹן

עַצְבּוֹרֶת

Neurodermitis

דַּלֶּקֶת עוֹר עֲצַבִּית

פְּחַסְגַּל

Ellipse

אֶלִיפְּסָה

פְּחַסְדּוּר

Ellipsoid

אֶלִיפְּסוֹאִיד

פַּנְבִּין

Supposition

שִׁמּוּשׁ בְּמִלָּה אַחַת לְצִיּוּן דְּבָרִים שׁוֹנִים

פַּנְבִּין מִשְׂגִּי

Suppositio simplex

שִׁמּוּשׁ בְּשֵׁם הַמְּיַצֵּג לֹא אֶת הַמִּלָּה וְאַף לֹא אֶת הָעֶצֶם אֶלָּא אֶת הַמֻּשָּׂג

פַּנְבִּין עַצְמִי

Suppositio materialis

שִׁמּוּשׁ בְּסִימָן מִסִּימָנֵי הַשָּׂפָה בְּאֹפֶן שֶׁאֵינוֹ מְסַמֵּן אֶת הָעֶצֶם שֶׁאוֹתוֹ הוּא מְסַמֵּן כָּרָגִיל, אֶלָּא מְסַמֵּן אֶת עַצְמוֹ

פַּנְבִּין פְּרָטִי

Suppositio personalis

שִׁמּוּשׁ בְּשֵׁם הַמְּיַצֵּג עֶצֶם פְּרָטִי מְסֻיָּם

פַּנְבִּין רָגִיל

Suppositio formalis

שִׁמּוּשׁ בְּשֵׁם בְּהוֹרָאָתוֹ הָרְגִילָה שֶׁבָּהּ הוּא מְסַמֵּן אֶת הָעֶצֶם

פִּעוּל

Operationalisierung

אוֹפֶּרַצְיוֹנָלִיזַצְיָה

פֹּעַל דַּרְכִּי

Modalverb

פֹּעַל הַמַּבִּיעַ דַּרְכִּיּוּת (מוֹדָלִיּוּת)

פְּרָזָה

Paraphrase

פָּרָפְרָזָה, שִׁכְתּוּב

רַבְאֵלִי

Polytheist

הַמַּאֲמִין בְּאֵלִים רַבִּים, פּוֹלִיתֶאִיסְט

רַבְאֵלִיּוּת

Polytheismus

רִבּוּי אֵלִים, פּוֹלִיתֶאִיזְם

רַבְנַהֵל (רַבְנַהֲלִים, רַבְנַהֲלֵי-), רַבְנַהֶלֶת (רַבְנַהֲלוֹת)

Direktor, Vorstandsmitglied

דִּירֶקְטוֹר, חֲבֵר מוֹעֶצֶת מְנַהֲלִים

רִבְרוּךְ

Verwertung des Wertes

שִׁעֲרוּךְ הָעֵרֶךְ, הִשְׁתַּעַרְכוּת הָעֵרֶךְ, רִבּוּי הָעֵרֶךְ עַל יְדֵי יְצִירַת עֹדֶף עֵרֶךְ, הִתְרַבְּרְכוּת

רִבְרֵךְ (מְרַבְרֵךְ), רֻבְרַךְ (מְרֻבְרָךְ), הִתְרַבְרֵךְ (מִתְרַבְרֵךְ)

den Wert verwerten

שִׁעֲרֵךְ אֶת הָעֵרֶךְ, שֻׁעֲרַךְ, הִשְׁתַּעֲרֵךְ, רִבָּה אֶת הָעֵרֶךְ עַל יְדֵי יְצִירַת עֹדֶף עֵרֶךְ

רַבְשׁוֹנוּת

Pluralismus

פְּלוּרָלִיזְם

רַבְשׁוֹנִי

pluralistisch

פְּלוּרָלִיסְטִי

רִשְׁמוּן

Katalogisierung

קִטְלוּג

רַשְׁמוֹן (רַשְׁמוֹנִים)

Katalog

קָטָלוֹג

רַשְׁמוֹנַאי, רַשְׁמוֹנָאִית

Katalogisierer(in)

סַפְרָן הָעוֹבֵד בְּרִשְׁמוּן (קִטְלוּג)

רִשְׁמֵן (מְרַשְׁמֵן)

katalogisieren

קִטְלֵג (מְקַטְלֵג)

רִשְׁמֵר (מְרַשְׁמֵר)

bibliographieren

עָרַךְ בִּיבְּלִיוֹגְרַפְיָה

רַשְׁמְרָן, רַשְׁמְרָנִית

Bibliograph(in)

בִּיבְּלִיוֹגְרָף

רִשְׁמֹרֶת (רִשְׁמוֹרוֹת)

Bibliographie

בִּיבְּלִיוֹגְרַפְיָה

רִשְׁמֹרֶת מוּעֶרֶת

annotierte Bibliographie

בִּיבְּלִיוֹגְרַפְיָה מוּעֶרֶת

רִשְׁמָרְתִּי (רִשְׁמוֹרְתִּי)

bibliographisch

בִּיבְּלִיוֹגְרָפִי, שֶׁל רִשְׁמֹרֶת

שְׁאִבּוּן

Magnetisieren

מִגְנוּט, עֲשִׂיַּת דְּבַר-מָה לְמַגְנֶטִי

שִׁאְבֵּן (מְשַׁאְבֵּן)

magnetisieren

מִגְנֵט, עָשָׂה לְמַגְנֶטִי

שָׁבוּעַיָּה

Pfingsten

פֶּנְטֵקוֹסְטָה, חַגָּא דְשָׁבוּעַיָּא, חַג הַשָּׁבוּעוֹת הַנּוֹצְרִינָתֵן מִקְדָּמָה, הַלְוָה

שׁוֹאֶבֶן (שׁוֹאֲבָנִים, שׁוֹאַבְנֵי-)

Magnet

מַגְנֵט

שׁוֹאַבְנִי, שׁוֹאַבְנוּנִי

magnetisch

מַגְנֶטִי

שַׁוְדּוּךְ (שַׁוְדּוּכִים)

Isotop

אִיזוֹטוֹפּ

שַׁוְדּוּכִי

isotopisch

אִיזוֹטוֹפִּי

שְׁוֵה זְוִיגִיּוּת

Homosexualität

הוֹמוֹסֶקְסוּאָלִיּוּת

שְׁוֵה זְוִיגִי

homosexuell

הוֹמוֹסֶקְסוּאָלִי

(הַ)שָּׁלָב הָעֶרְוָתִי

genitale Phase

הַשָּׁלָב הַגֶּנִיטָלִי בְּהִתְפַּתְּחוּת הַזְּוִיגְנַפְשִׁית (פְּסִיכוֹסֶקְסוּאָלִית)

(הַ)שָּׁלָב הַפּוּמִי

orale Phase

הַשָּׁלָב הָאוֹרָלִי בְּהִתְפַּתְּחוּת הַזְּוִיגְנַפְשִׁית

(הַ)שָּׁלָב הַפִּיטַבַּעְתִּי

anale Phase

הַשָּׁלָב הָאָנָלִי בְּהִתְפַּתְּחוּת הַזְּוִיגְנַפְשִׁית

(הַ)שָּׁלָב הַפִּינִי

phalische Phase

הַשָּׁלָב הַפָּלִי בְּהִתְפַּתְּחוּת הַזְּוִיגְנַפְשִׁית

שִׁלְדּוּעַ

Desinformieren

מְסִירַת מֵידָע כּוֹזֵב, הוֹלָכַת שׁוֹלָל

שִׁלְדַּע (מְשַׁלְדֵּעַ, אֲשַׁלְדֵּעַ)

desinformieren

מָסַר מֵידָע כּוֹזֵב, הוֹלִיךְ שׁוֹלָל

שַׁלְדַּעַת

Desinformation

דֶּזְאִינְפוֹרְמָצְיָה, שַׁלְדָּע, מֵידָע כּוֹזֵב, הַטְעָיָה מְכֻוֶּנֶת

שְׁלֵמִיּוּת

Universalismus

אוּנִיבֶרְסָלִיּוּת

שֵׁמְעַצְמִי

autonym

אוֹטוֹנִימִי, כְּשֶׁסִּימָן נֶחְשָׁב לִשְׁמוֹ הָעַצְמִי

שְׁנוּר

Mutieren

תַּהֲלִיךְ הַשְּׁנוּרָה (מוּטַצְיָה)

שְׁנוּרָה

Mutation

מוּטַצְיָה, תַּשְׁנוּי

שְׁנוּרִי

mutiert

שִׁנְזֵר (מְשַׁנְזֵר), שִׁנְזַר (מְשֻׁנְזָר)

Glieder einrenken, strecken

הֵשִׁיב אֵבֶר נָקוּעַ לִמְקוֹמוֹ

שִׁנְסָה (מְשַׁנְסֶה, אֲשַׁנְסֶה)

replizieren

עָשָׂה רֶפְּלִיקָצְיָה, חָזַר עַל נִסּוּי

שִׁנְסוּי

Replikation

רֶפְּלִיקָצְיָה, חֲזָרָה עַל נִסּוּי

שִׁנֵּר (מְשַׁנֵּר)

mutieren

גָּרַם לְשְׁנוּרָה (מוּטַצְיָה)

שִׁנְשׁוּם

Umbenennung, Antonomasie

אַנְטוֹנוֹמַסְיָה, שִׁנּוּי שֵׁם, הֲמָרַת שֵׁם

שְׁעִיּוּן

Reflexion

עִיּוּן, רֶפְלֶקְסְיָה

שְׁעִיֵּן (מְשַׁעְיֵן)

reflektieren

עִיֵּן

שְׂפָתָאוּת

Philologie

פִּילוֹלוֹגְיָה, מַדַּע הַכְּתוּבִים

שְׂפָתָאִי

philologisch

פִּילוֹלוֹגִי

שְׂפָתַאי (שְׂפָתָאִים)

Philologe

פִּילוֹלוֹג

שְׂפָתָאִית (שְׂפָתָאִיּוֹת)

Philologin

פִּילוֹלוֹגִית

שִׁפְתּוּחַ

Sanierung

פִּתּוּחַ מֵחָדָשׁ, שִׁפּוּץ

שִׁפְתֵּחַ (מְשַׁפְתֵּחַ)

sanieren

פִּתַּח מֵחָדָשׁ, שִׁפֵּץ

שִׁצֵּב (מְשַׁצֵּב)

umbilden

עִצֵּב מֵחָדָשׁ

שִׁצּוּב

Umbildung

עִצּוּב מֵחָדָשׁ

שִׁצּוּר

Reproduktion

רֶפְּרוֹדוּקְצְיָה

שִׁצּוּרִי

reproduktiv

רֶפְּרוֹדוּקְטִיבִי

שִׁצֵּר (מְשַׁצֵּר)

reproduzieren

עָרַךְ רֶפְּרוֹדוּקְצְיָה

שְׁקֹלֶת (שְׁקוֹלוֹת)

Spekulation

סְפֶּקוּלָצְיָה

שְׁקָלְתִּי (שִׁיקוֹלְתִּי)

spekulativ

סְפֶּקוּלָטִיבִי, עִיּוּנִי, מְבֻסָּס עַל שִׁקּוּל דַּעַת בְּלֹא בְּדִיקָה נִסּוּיִית

שָׁתְפָה (שׁוּתְפָה)

Koalition

קוֹאָלִיצְיָה, בְּרִית זְמַנִּית לְשִׁתּוּף פְּעֻלָּה

שִׁתְפּוּל

Kooperation, Zusammenarbeit

שִׁתּוּף פְּעֻלָּה, קוֹאוֹפֶּרַצְיָה

שִׁתְפֵּל (מְשַׁתְפֵּל, אֲשַׁתְפֵּל), שֻׁתְפַּל (מְשֻׁתְפָּל), הִשְׁתַּתְפֵּל (מִשְׁתַּתְפֵּל)

kooperieren, zusammenarbeiten

שִׁתֵּף פְּעֻלָּה

שִׁתְפֶּלֶת (שִׁתְפָּלוֹת, שִׁתְפְּלוֹת-)

Kooperativ

מִפְעָל שִׁתּוּפִי, קוֹאוֹפֶּרָטִיב

תָּהֳוִי (תּוֹהוֹוִי)

chaotisch

כָּאוֹטִי, שֶׁל תֹּהוּ

תְּוִיךְ (תְּוִיכִים)

Medium

מֶדְיוּם

תּוֹשְׁקָפָה

Ideologie

אִידֵאוֹלוֹגְיָה

תּוֹשְׁקָפָתִי
ideologisch
אִידֵאוֹלוֹגִי

תַּלְחִין (תַּלְחִינִים)
musikalisches Werk
יְצִירָה מוּזִיקָלִית

תִּמּוּךְ
Subventionieren, Subventionierung
סִבְּסוּד

תִּמֵּךְ (מְתַמֵּךְ, אֲתַמֵּךְ, לְתַמֵּךְ)
subventionieren
סִבְּסֵד

תֶּמֶךְ (תְּמָכִים)
Subvention
סוּבְּסִידְיָה

תַּמְרִיא
Sublimat
חֹמֶר גָּזִי שֶׁהָפַךְ יְשִׁירוֹת לְמוּצָק

תַּנְסוּת
Heuristik
הֶאוּרִיסְטִיקָה, שִׁיטָה שֶׁמַּטְּרָתָהּ לְהוֹלִיד רַעְיוֹנוֹת וְלִפְתֹּר בְּעָיוֹת

תַּנְסוּתִי
heuristisch
הֶאוּרִיסְטִי, מְסַיֵּעַ לְהוֹלִיד רַעְיוֹנוֹת וְלִפְתֹּר בְּעָיוֹת

תַּנְעִימָה (תַּנְעִימוֹת)
Musik
מוּזִיקָה

תַּנְעִימִי
musikalisch
מוּזִיקָלִי

תַּנְעִימָן, תַּנְעִימָנִית
Musiker(in)
מוּזִיקַאי, מוּזִיקָאִית

תַּנְעִימַת טְרַקְלִין
Kammermusik
מוּזִיקָה קָמֶרִית

תִּנְעֵם (מְתַנְעֵם)
musizieren
הִשְׁמִיעַ תַּנְעִימָה (מוּזִיקָה)

תִּנְשֵׁב (מְתַנְשֵׁב)
zivilisieren
קִדֵּם אֶת הַתַּנְשֵׁבָה (צִיוִילִיזַצְיָה)

תַּנְשֵׁבָה
Zivilisation
צִיוִילִיזַצְיָה

תַּנְשֵׁבִי
zivilisatorisch
שֶׁל תַּנְשֵׁבָה, צִיוִילִיזָטוֹרִי

תִּנְשׁוּב
Zivilisierung
קִדּוּם הַתַּנְשֵׁבָה (צִיוִילִיזַצְיָה)

תִּסְכּוּם
Konsens
קוֹנְזֶנְסוּס, תֵּאוּם דֵּעוֹת

תַּסְפּוּר (תַּסְפּוּרִים)
Roman
רוֹמָן, יְצִירָה סִפְרוּתִית גְּדוֹלָה

תַּעֲוָיָה
Mimik
מִימִיקָה, עֲשִׂיַּת הַעֲוָיוֹת

תֹּעַל (תְּעָלִים, תָּעֳלֵי-)
Interesse
אִינְטֶרֶס, תּוֹעֶלֶת, נְגִיעָה בְּדָבָר

תָּעֳלִי (תּוֹעוֹלִי)
den Interessenten betreffend
אִינְטֶרֶסֶנְטִי, נוֹגֵעַ בְּדָבָר

תָּעֳלִיּוּת (תּוֹעוֹלִיּוּת)
Interessieren, Interessiertheit
אִינְטֶרֶסֶנְטִיּוּת, נְגִיעָה בְּדָבָר

תָּעֳלָן (תּוֹעוֹלָן)
Interessent
אִינְטֶרֶסֶנְט, נוֹגֵעַ בְּדָבָר

תִּפְנָה (מִתְפְּנֶה, אֶתְפְּנֶה)

anreden, adressieren
קִבֵּל פְּנִיָּה

תְּקוּנָה
Norm
נוֹרְמָה

תַּרְאוּת
Ästhetik
אֶסְתֵּטִיקָה

תִּרְאוּת
Ästhetisierung
עֲשִׂיָּה לְתַרְאוּתִי (אֶסְתֵּטִי)

תַּרְאוּתִי
ästhetisch
אֶסְתֵּטִי

תַּרְאָנוּת
Ästhetizismus
אֶסְתֵּטִיזְם, אֶסְתֵּטָנוּת

תַּרְאָן, תַּרְאָנִית
Ästhetizist(in)
אֶסְתֵּטָן, אֶסְתֵּטָנִית

תַּרְאָנִי
ästhetizistisch
אֶסְתֵּטָנִי

תִּרְאֵת (מְתַרְאֵת)
ästhetisieren
עָשָׂה לְתַרְאוּתִי (אֶסְתֵּטִי)

תַּשְׁגִּיר
Konvention
קוֹנְבֶנְצִיָּה, דָּבָר מְקֻבָּל וְנָהוּג

תַּשְׁגִּירִי
konventionell
קוֹנְבֶנְצִיוֹנָלִי, מְקֻבָּל, רוֹוֵחַ

תִּשְׁגֵּר (מְתַשְׁגֵּר)
konventionalisieren
עָשָׂה לְקוֹנְבֶנְצִיוֹנָלִי, עָשָׂה לְתַשְׁגִּירִי

תַּשְׁדּוּם
Vorschuß
מִקְדָּמָה

תַּשְׁנוּי (תַּשְׁנוּיִים)

Variant
וָרִיאַנְט

